GRUNDRISS

DER

PATHOLOGISCHEN ANATOMIE.

———

SCHMAUS' GRUNDRISS

DER

PATHOLOGISCHEN ANATOMIE

NEU BEARBEITET UND HERAUSGEGEBEN

VON

PROF. DR. GOTTHOLD HERXHEIMER

PROSEKTOR AM STÄDT. KRANKENHAUS ZU WIESBADEN.

MIT 851 GRÖSSTENTEILS FARBIGEN ABBILDUNGEN IM TEXT
UND AUF SIEBEN TAFELN.

DREIZEHNTE UND VIERZEHNTE AUFLAGE.

WIESBADEN.

VERLAG VON J. F. BERGMANN.

1919.

ISBN-13: 978-3-642-89327-8   e-ISBN-13: 978-3-642-91183-5

DOI: 10.1007/978-3-642-91183-5

Vorwort zur 13. und 14. Auflage.

Zur Jahreswende 1914/15 hatte ich fern der Heimat das Vorwort zur letzten Auflage geschrieben und 1917, als sich das Bedürfnis nach einer neuen Auflage wiederum geltend machte, schritt ich, auch noch nicht zurückgekehrt, zur Neubearbeitung meines „Grundrisses". Dem Druck aber wurden die Zeitumstände so ungünstig, daß eine wesentliche Verzögerung in der Herausgabe der neuen Auflage eintrat. So erschien notgedrungen zuerst der allgemeine Teil allein, jetzt folgt der spezielle. Beide sollen aber wieder zu einem Bande vereinigt werden, ein äußeres Wahrzeichen der inneren Zusammengehörigkeit von allgemeiner und spezieller pathologischer Anatomie.

Wiederum wurde der ganze Stoff neu durchgearbeitet, überall gefeilt, zusammengefaßt, die neueste Literatur berücksichtigt. Gerade die pathologische Anatomie ist eine deutsche Wissenschaft; das zeigte sich so recht zur Zeit unseres Abschlusses. Pathologisch-anatomische Forschung blieb rege, auf vielen Gebieten wurde der Krieg mit seinen neuen Fragestellungen sogar zum besonderen Anreger. Traumen, insbesondere Schußverletzungen, und dann vor allem das große Feld der Infektionskrankheiten traten aus der Fülle der neuer Erforschung unterworfenen Objekte in schärferer Betonung denn je hervor. Erstere wurden im Kapitel VI des Buches etwas genauer dargestellt. Die auch noch jetzt nach dem Kriege für die Volksgesundheit besonders wichtigen Infektionskrankheiten, besonders die akuten, aber wurden zu einem eigenen neuen Kapitel, dem letzten des Werkes, zusammengestellt. Eine gedrängte Zusammenfassung ihrer Anatomie in übersichtlicher Form schien mir lehrreich für den Lernenden wie den, welcher sich schnell orientieren will. Das Kapitel mußte dem speziellen Teil — dem es sich an sich vielleicht nicht ganz eingliedert — und zwar als Schluß angefügt werden, weil zu seinem Verständnis Kenntnis der einzelnen Vorgänge Voraussetzung ist.

Andere Abschnitte des Buches sind völlig umgearbeitet, einzelne ihrer Bedeutung entsprechend weiter ausgebaut worden. So im allgemeinen Teil vor allem der einleitende Abschnitt, die trübe Schwellung, die Einleitung zu Kapitel III, das Allgemeine über „Entzündung". Bei der Tuberkulose wurde die Rankesche Stadieneinteilung gewürdigt, den spezifischen infektiösen Granulationen die Mykosis fungoides zugefügt. Das Kapitel „Bakterien" wurde dem jetzigen Stand unserer Kenntnisse angepaßt; die sogenannten Chlamydozoen fanden genauere Darstellung. In den Abschnitt „Innere Krankheitsbedingungen" wurde die Immunität (die bisher mit den Bakterien mitbesprochen worden war) eingefügt, um bessere Einheitlichkeit dieses besonders wichtigen Gebietes zu erzielen; hier wurde auch der „Konstitution" etwas genauere Besprechung zuteil. Im letzten Kapitel des allgemeinen Teiles wurden vor allem die Abschnitte „Herzhypertrophie" und „Innere Sekretion" gänzlich umgearbeitet und erweitert. Im speziellen Teil geschah dies insbesondere mit den beiden Abschnitten, welche von der Lungentuberkulose sowie den Nierenerkrankungen handeln. Sind beide doch nicht nur von ganz besonderer Wichtigkeit, sondern stehen auch im Mittelpunkt gegenwärtig besonders reger Forschung Auch Teile des Nervensystemabschnittes wurden umgearbeitet, die endokrinen Drüsen in ein Kapitel zusammengestellt. An der Grundtendenz des „Grundrisses" aber, nur Wichtiges ausführlich, das andere kürzer darzustellen, wurde nicht gerüttelt.

Auch der Bildteil des Werkes wurde mit besonderer Sorgfalt weiter ausgebaut. Dem Wunsch eines Referenten, aus anderen Werken besonders desselben Verlages entnommene Abbildungen auszumerzen, um so äußere Einheitlichkeit zu gewährleisten, konnte — abgesehen davon, daß ich ihm nicht restlos beistimmen kann — unter den jetzigen Umständen nicht in vollem Umfange entsprochen werden. Aber ein größerer Teil besonders solcher Reproduktionen aus anderen Werken, welche sich dem Gesamtrahmen formal wenig anpaßten, ist durch neue Originalbilder ersetzt, ein Teil verkleinert, ein anderer durch sonstige Veränderung der äußeren Form der Einheitlichkeit eher angepaßt worden. Zudem wurde eine Reihe weiterer neuer Zeichnungen, teils makroskopischer, meist aber mikroskopischer Objekte, aus der geübten Hand von Fräulein Wolff - Malm dem Buche eingefügt. So weist die vorliegende Auflage wiederum 70 neue und einen Zuwachs der Gesamtzahl um 31 Abbildungen gegenüber der letzten Auflage auf.

Trotz der Erweiterung einer Reihe von Kapiteln und der Einfügung der neuen Bilder ist es durch das größere Format, das der „Grundriß" in dieser Auflage angenommen, durch Zusammenfassungen in weniger wichtigen Abschnitten, sowie Verwendung von Kleindruck gelungen, die Gesamtseitenzahl sogar wesentlich zu verringern.

Seit der letzten Auflage ist der Verleger des Buches, Herr Dr. med. h. c. Fritz Bergmann, gestorben. Er hat stets durch sein warmes Interesse und verständnisvolles Entgegenkommen alle Auflagen dieses Buches wesentlich gefördert und so darf ich ihm hier ein Wort des Dankes nachrufen. Aber auch sein Neffe und Nachfolger, Herr Gecks, hat sich mit der gleichen Sorgfalt unter besonders schwierigen Umständen der Neuauflage angenommen, und deren trotz allem erreichte Ausstattung — ich hoffe hierin Zustimmung zu finden — ist des ein Zeugnis. Bei Besorgung und Lesen der Korrekturen, mit denen jetzt gerade hier besondere Schwierigkeiten verknüpft waren, bin ich meinem Schüler, Herrn cand. med. Willy Roscher, für seine rastlos tätige Hilfe zu besonders herzlichem Danke verpflichtet.

Ein pathologisch-anatomisches Lehrbuch kann und soll nie den lebendigen Unterricht der Vorlesung und Kurse ersetzen. Aber als Ergänzung dieser kann es große Bedeutung haben in der Erziehung zum Arzt. Bei dem eigenartigen Werdegang der Studien, wie ihn die letzten Jahre für viele mit sich brachten, ist Eindringen in das Verständnis der Pathologie und pathologischen Anatomie als der das Wissen der Spezialfächer einigenden Grundlage noch wesentlicher denn je. Auch muß die deutsche Vereinigung von Theorie und Praxis, auf der die Stärke auch unserer Ärzte beruht, erhalten bleiben. Zugleich wissende und gute Ärzte sind für die Zukunft unseres auch physisch schwer leidenden Volkes von äußerster Bedeutung. Mein Teil zur Ausbildung solcher Ärzte beizutragen, ist die ideale Aufgabe, die ich mir bei der Neubearbeitung des „Grundrisses" wiederum gestellt habe.

Wiesbaden, August 1919.

G. Herxheimer.

Inhaltsverzeichnis.

Allgemeiner Teil.

Kapitel V. Störungen der Gewebe während der Entwickelung.

Spezieller Teil.

Kapitel I. Erkrankungen des Blutes und der blutbildenden Organe.

Kapitel II. Erkrankungen des Zirkulationsapparates.

Kapitel III. Erkrankungen des Respirationsapparates.

Kapitel IV. Erkrankungen des Verdauungsapparates und seiner Drüsen.

Kapitel V. Erkrankungen des Harnapparates.

Kapitel IX. Erkrankungen der endokrinen Drüsen.

Kapitel X. Allgemeine pathologische Anatomie der äußeren Haut.

Kapitel XI. (Akute) Infektionskrankheiten.

Allgemeiner Teil.

Einleitung. (Allgemeine Pathologie der Zelle.)

Die **Pathologie,** die „Leidenslehre", umfaßt die ganze Lehre vom „Krankhaften" im allgemeinen. Wir können zwei große Gruppen unterscheiden, krankhafte Vorgänge und krankhafte Zustände. Zu ersteren gehören die **Krankheiten.** Es sind dies Vorgänge, bei welchen ein lebendes System (Zellen, Gewebe, Organe) in einem oder mehreren Lebensäußerungen so verändert ist, daß eine Funktionsstörung mit Gefährdung der Fortdauer des Organismus resultiert. Die Gefahr für den Organismus gehört zu dem Begriff der „Krankheit" hinzu, denn Funktionsausfall kann auch schon im normal-physiologischen Leben vor sich gehen ohne irgendeine „Krankheit" darzustellen, z. B. die physiologische Involution des Thymus. Und ebenso ist damit gesagt, daß die Funktionsstörungen ein die funktionelle Variationsbreite überschreitendes Maß darbieten und eine gewisse längere Dauer haben müssen. Das normal-physiologische Leben, d. h. die biologische Existenz eines Organismus, wird dadurch gesichert, daß er sich durch Selbstregulationen dem Wechsel der äußeren Lebensbedingungen genügend anpassen kann. Können sich die Regulationsmechanismen nicht genügend anpassen, so daß Störungen, welche die biologische Existenz gefährden, resultieren, so sind dies eben „Krankheiten". Es liegt hier also auch ein Weiterleben vor, aber ein solches unter veränderten Bedingungen. Die Lebensvorgänge unterscheiden sich quantitativ von den normal-physiologischen oder es finden solche an falschem Ort oder zu falscher Zeit — „anachronistisch" — statt. Man kann auch kurz sagen, daß es sich um einen Prozeß bei der Krankheit handelt, bei dem eine „Störung des vitalen Gleichgewichts" besteht. Dieser Vorgang kann entweder auf den Ausgangspunkt zurückkehren (Heilung) oder wenigstens zu einem dem ursprünglichen Zustand ähnlichen zurückführen (unvollständige Heilung) oder aber er bleibt, nachdem er eine gewisse Höhe erreicht hat, ungefähr, oder doch mit geringen Schwankungen, auf dieser stehen (chronische Krankheit), oder endlich er führt zu einer so hochgradigen Funktionsstörung des Gesamtorganismus, daß der Tod eintritt. Die Lehre von den Krankheiten wird als **Nosologie** bezeichnet. Krankhafte Vorgänge sind des weiteren Störungen in der Entwickelung, hauptsächlich der embryonalen, eines Organismus; und zwar haben wir hier solche im Auge, welche auf im Keimplasma gelegenen inneren Bedingungen beruhen. Wir können die Lehre von diesen Entwicklungsstörungen als **Dysontologie** bezeichnen und der Nosologie an die Seite stellen.

Von den krankhaften Vorgängen zu trennen sind die krankhaften Zustände. Sie können direkt entstehen und sind dann meist vorübergehender Natur; oder sie entstehen indirekt, d. h. sie resultieren aus krankhaften Vorgängen, sind dann meist dauernder Natur und viel wichtiger. Andererseits können sich an krankhafte Zustände auch krankhafte Vorgänge anschließen, oder sie können gleichzeitig nebeneinander verlaufen. Die krankhaften Zustände, besonders die aus Krankheiten resultierenden, können wir als „Schaden" (Schwalbe) bezeichnen, die auf Grund von Entwickelungsstörungen entstehenden als

„**Mißbildungen**". Eine scharfe Grenze zwischen „Vorgang" und „Zustand" ist praktisch allerdings nicht stets zu ziehen.

Nach dem Gesagten können wir allgemein einteilen:

Pathologie = Lehre vom „Krankhaften".

I. Lehre von den krankhaften Vorgängen:
1. Lehre von den Krankheiten (Nosologie).
2. Lehre von den Entwickelungsstörungen (Dysontologie).

II. Lehre von den krankhaften Zuständen:
1. Lehre von den „Schäden".
[2. Lehre von den Mißbildungen (Teratologie).]

Da die Krankheiten — die der Wichtigkeit nach an erster Stelle stehen — Funktionsstörungen darstellen, ist die Kenntnis der normalen Funktionen der Organe also eine Grundlage der Pathologie. Die Funktionen der normalen Organe hängen von ihrem anatomischen Bau ab. Sind erstere gestört, besteht also eine Krankheit, so ist auch die anatomische Struktur des oder der betreffenden, bzw. betroffenen, Organe verändert. Die Funktionsveränderungen gehören in das Gebiet der pathologischen Physiologie. Die Struktur-, d. h. Formveränderungen bei krankhaften Vorgängen wie Zuständen bilden das Objekt der **pathologischen Anatomie**. Diese ist also die Lehre vom Bau des menschlichen Körpers bzw. seiner Organe allgemein unter pathologischen, d. h. krankhaften Bedingungen. Es ergibt sich aus alledem, daß ebenso wie normale Anatomie und Physiologie, auch pathologische Anatomie und pathologische Physiologie bzw. Pathologie überhaupt eng zusammengehören. Ebenso wie die makroskopische und mikroskopische Anatomie eine Voraussetzung für die Lehre von den Funktionen der Organe ist, so ist gründliche Kenntnis der pathologischen Anatomie — der makroskopischen wie histologischen — Vorbedingung für das Verständnis der Krankheiten selbst, wie sie dem Arzte am Krankenbett entgegentreten, und in letzter Linie auch für deren rationelle Behandlung und Bekämpfung. Geht hieraus auf der einen Seite die enorme Wichtigkeit der pathologischen Anatomie für die klinische Medizin hervor, da ihr Bestreben, den anatomischen Tatbestand festzustellen, allein das richtige Verständnis der Krankheitssymptome ermöglicht, so ist auf der anderen Seite leicht zu ersehen, daß ein lediglich praktisches Bedürfnis die pathologische Anatomie als eigene Disziplin abgegrenzt hat, daß sie aber mit allen anderen Zweigen der Medizin in engster Fühlung steht und stehen muß, ein Gesichtspunkt, den ihr Altmeister Virchow bei jeder Gelegenheit scharf betonte. Auch die Wichtigkeit der pathologischen Physiologie als eines Bindegliedes zwischen pathologischer Anatomie und klinischer Pathologie geht aus dieser Überlegung klar hervor.

Bei den meisten Krankheiten kennen wir die entsprechenden Veränderungen der anatomischen Struktur, die es ohne weiteres erklärlich machen, daß die Organfunktion eine beeinträchtigte sein muß; oder es finden sich wenigstens, wenn die Organzellen selbst zunächst unverändert erscheinen, abnorme Zustände der Blut- oder Lymph-Zirkulation, welche die Funktionsänderung beziehungsweise den Ausfall der Funktion erklären und meist dann doch noch zu Veränderungen der Organzellen selbst führen.

Bei einem Teile der Krankheiten aber können wir bisher in den Organen, deren Funktion gestört ist, und deren Gefäßen keinerlei anatomisch wahrnehmbare Formveränderung makroskopisch oder histologisch in dem Grade erkennen, daß diese den Symptomenkomplex der Krankheit in genügender Weise erklären könnte, auch Veränderungen anderer Organe — die infolge von Fernwirkung bei der Korrelation der Organe in Betracht kommen — nicht verantwortlich machen. Ebenso gibt es einige Krankheiten, bei welchen der Gesamtorganismus falsche Leistungen aufweist, also in seiner Funktion gestört ist, ohne daß wir anatomisch bisher irgendein Organ regelmäßig so verändert gefunden hätten, daß wir es beschuldigen könnten. Wir sprechen in diesen unserem Verständnis zunächst schwerer zugänglichen Fällen von **rein funktionellen Störungen,** weil eben ihr anatomisches Substrat sich unserer Kenntnis entzieht. Hierher gehören vor allem Erkrankungen des Nervensystems, wie Neurasthenie und Hysterie, Neurosen und zahlreiche psychische Affektionen.

Das Gebiet dieser funktionellen Störungen ist aber ein relativ kleines, die fortschreitende Vervollkommnung der Untersuchungsmethoden hat es immer mehr eingeschränkt und engt es immer mehr ein; besonders die verfeinerte mikroskopische Technik, die Vervollkommnung des Mikroskops und die Ausarbeitung feinster Farbmethoden haben hier mitgewirkt. Es ergibt sich schon hieraus die große Wichtigkeit moderner histologischer Methodik, die, wie der Meister dieses Gebietes Carl Weigert stets betonte, eben nie Selbstzweck, sondern ein Mittel fortschreitender Erkenntnis sein muß. Auch die neue Methode, Zellen des Körpers außerhalb dieses am Leben zu halten, nach Art der Bakterien zu züchten und an ihnen Studien vorzunehmen (Harrison, Carrel), soll hier erwähnt werden. Ferner ist die anatomische Grundlage mancher Erkrankungen besonders aufgedeckt worden, seitdem wir wissen, daß diese nicht in dem anscheinend erkrankten Organ zu liegen braucht, sondern an anderer Stelle des Körpers liegen kann, vermittelt durch Störung der „inneren Sekretion" u. dgl., und daß die sogenannten „endokrinen Drüsen" untereinander funktionell eng zusammenhängen. Je enger aber der Kreis der funktionellen Störungen, bei denen die pathologische Anatomie noch versagt, wird, desto mehr weitet sich das Gebiet dieser letzteren.

Wir teilen die pathologische Anatomie in eine **allgemeine** und eine **spezielle** ein. Erstere umfaßt die allgemeinen Gesetze, welche für Veränderungen gelten, die sich in allen oder den meisten Organen und Geweben abspielen. Die spezielle pathologische Anatomie befaßt sich mit den krankhaften Strukturveränderungen, welche die einzelnen Organe erleiden.

Daß eine allgemeine, die pathologischen Veränderungen der einzelnen Organgewebe unter gemeinsamen Gesichtspunkten zusammenfassende Darstellung überhaupt möglich ist, beruht auf der allen Körperteilen gemeinsamen Zusammensetzung aus Zellen oder deren Derivaten. Auch die Fasern des Bindegewebes, der Muskeln und Nerven sind Abkömmlinge von Zellen, und Blut und Lymphe hängen von zellulären Vorgängen, besonders auch der blutbildenden Organe ab. Wird neuerdings auch auf bestimmte Stoffe (Antistoffe) des Blutes ein besonderes Gewicht gelegt, so sind sie auch nach den Ehrlichschen Vorstellungen doch auf Zellentätigkeit zurückzuführen. Die zelligen Elemente, diese Bausteine des Körpers, sind die eigentlichen Träger der Lebenserscheinungen, der normalen wie der krankhaften, und aus der Summe der Zellveränderungen setzt sich jene Organveränderung zusammen, als deren Ausdruck sich das Krankhafte uns darstellt. Unsere ganze Pathologie ist somit in diesem Sinne eine „**Zellularpathologie**" (Virchow). Es ist klar, daß diese allgemeine zusammenfassende Darstellung anatomischer Veränderungen vielfach nicht von dem Gebiete der pathologischen Physiologie beziehungsweise der allgemeinen Pathologie abgegrenzt werden kann.

Ist bei der normalen Zelle der anatomische Bau mit den Lebensäußerungen dieses Elementarorganismus eng verknüpft, so ist dasselbe unter krankhaften Bedingungen der Fall. Die Lebensäußerungen der lebenden Zelle äußern sich im Stoffwechsel, Kraftwechsel und Formwechsel. Doch hängen diese Lebensbetätigungen eng miteinander zusammen, sind voneinander abhängig, gewissermaßen dieselben Vorgänge nur unter verschiedenen Gesichtspunkten betrachtet. Der Stoffwechsel ist Zeichen des Lebens, er kann also auch bei der Krankheit, da diese ja nicht Tod, sondern Weiterleben unter veränderten Bedingungen bedeutet, nicht etwa sistieren, muß aber verändert sein. Bei dem Stoffwechsel wird Substanz umgesetzt — Dissimilation —, sie muß ersetzt werden — Assimilation. Die Ernährung der Zelle ist somit eine Voraussetzung für ihre Erhaltung. Die Nährstoffe kommen aus der Blutzufuhr und dem Kontakt mit der aus dem Blute transsudierten Flüssigkeit. Störungen in der Verteilung dieser Körperflüssigkeiten, **Zirkulationsstörungen,** bilden daher eine besondere Gruppe von Krankheiten, welche ohne weiteres eine Funktionsverminderung oder einen Funktionsausfall zur Folge haben und sich anatomisch in den veränderten Zirkulationsverhältnissen und bei längerer Dauer auch in Strukturveränderungen der Zellen selbst äußern. Wegen seiner allgemeinen Bedeutung stellen wir das Kapitel über diese Zirkulationsstörungen daher voran, und zwar nur die lokalen, während wir die allgemeinen, besonders vom Herzen ausgehenden, erst später besprechen, da zu ihrem Verständnis die vorangegangene Schilderung anderer Veränderungen Voraussetzung ist.

Unter den energetischen Umsetzungen der Zelle interessieren uns diejenigen, welche zur spezifischen Funktion führen, am meisten, es ist dies die auffallendste Lebenstätigkeit der Zellen und Gewebe im normalen Geschehen und in einer Funktionsstörung sahen wir ja auch schon ein Charakteristikum des Lebens unter krankhaften Bedingungen, der Krankheit. Eine Veränderung der Form ist naturgemäß mit verknüpft; auf ihr beruht ja die Möglichkeit anatomischer Erkennung. Einen mehr selbständigen Charakter haben diejenigen Formveränderungen der Zellen, welche „Rekonstruktion" von verloren gegangener Zellsubstanz und darüber hinaus Wachstum und Fortpflanzung bedeuten.

Die Zellen befinden sich nicht in Ruhelage, dann wäre ein Leben nicht möglich, die Worte Stoff- etc. „wechsel" deuten das schon an. Sie werden durch **Reize** beeinflußt, unter welchen wir alle Veränderungen in den äußeren Lebensbedingungen verstehen können und die Zellen besitzen die Fähigkeit der **Reizbarkeit,** d. h. sich auf derartige Reize hin selbsttätig zu verändern. Virchow unterschied den Hauptlebensäußerungen entsprechend drei Reize, den nutritiven, funktionellen und formativen Reiz; der erste sollte die Zelle zur Ernährung, der zweite zur Ausübung ihrer Funktion und der dritte zu Wachstum und Vermehrung anregen und somit am Leben erhalten. Dies geschieht unter normalen und in vermehrtem oder vermindertem Maße unter pathologischen Bedingungen. Diese Beeinflussungen der Zelle sind nun aber einander nicht ganz gleich zu stellen. Naturgemäß kann eine Zelle nur Lebensäußerungen betätigen, zu denen sie befähigt ist, nur was in ihr „determiniert" ist, kann „realisiert" werden. Ein äußerer direkter Reiz führt — wie wir wohl mit Weigert annehmen dürfen — nur einen Verlust von Zellsubstanz herbei. Es ist dies bei der Funktion der Fall, bei welcher ja, wie bei Sekretionsvorgängen, Bewegungen etc. lebende Substanz verbraucht wird (Katabiose). Unter pathologischen Bedingungen tritt dasselbe zumeist in noch vermehrtem Maße ein, wenn irgend eine Noxe die Zelle angreift und stört. Im Gegensatz zu diesen mit Zellsubstanzabbau einhergehenden Prozessen wird bei den nutritiven und formativen Vorgängen lebende Substanz neu gebildet, indem die Zelle infolge ihrer Assimilationsfähigkeit Nährstoffe aufnimmt und zu organischer Substanz umbaut, infolgedessen sich wieder rekonstruiert und unter Umständen darüber hinaus wächst bzw. sich teilt, so daß neue Zellen entstehen. Solche bioplastischen Vorgänge scheinen im Gegensatz zu den oben genannten mit Substanzverlust einhergehenden nicht durch äußere Reize direkt veranlaßt zu werden, sondern durch innere jeder Zelle von Haus aus innewohnende Kräfte; diese sind ihr vom Keimplasma mitgegeben, vererbt. Während des Wachstums des Organismus ist die bioplastische Energie der Zellen eine sehr lebhafte — kinetische —, später ruht sie, weil die geschlossene Zellstruktur und der enge Zellverband die einzelnen Zellteile und Zellen an der Betätigung dieser Fähigkeit hindern; allein die bioplastische Energie ist ihnen bewahrt geblieben, wenn auch nur potentiell. Sobald die Zellstruktur und besonders der Zellverband gelockert wird, eben dadurch, daß lebende Substanz verloren geht, wie bei jeder Funktion oder bei dem physiologischen Absterben einzelner Zellen, oder einem störenden Eingriff (s. oben), und somit eine Entspannung eintritt, so wird eine Umwandlung der bioplastischen Energie aus potentieller in kinetische, ein Wachsen und Vermehren der Zellsubstanz die Folge sein, mindestens bis der Substanzverlust gedeckt ist. Dasselbe kann auch durch Fernwirkung von einem anderen Organ her bewirkt werden, da wir jetzt wissen, daß die „Korrelationen der Organe" eine sehr große Rolle spielen und somit Störung eines Organes diejenige eines anderen bedingen kann. Wir sehen somit, wie äußere Reize physiologisch die Funktion direkt anregen, die inneren nutritiven und formativen Fähigkeiten der Zelle aber indirekt durch äußeren Reiz ausgelöst werden. Die enge Zusammengehörigkeit der verschiedenen Lebensäußerungen der Zelle zeigt sich hierbei gleichzeitig.

Unter pathologischen Bedingungen können wir somit auch 2 Hauptgruppen von Veränderungen der Zellen und ihrer Lebensäußerungen aufstellen. Die erste umfaßt solche, welche zu einem **Substanzverlust** führen (**katabiotische** nach Weigert). Sie ver danken nach dem Gesagten ihre Entstehung einem für die Zelle äußeren Reiz, welcher also hier als Schädlichkeit die Zelle trifft, sei es z. B. ein Giftstoff, Unterernährung oder dergleichen. Hierbei wird vornehmlich der Stoffwechsel der Zelle nachteilig beeinflußt, wir können daher auch von **Stoffwechselstörungen** sprechen oder die Vorgänge, da sie besonders rückgängiger Natur sind, unter der Bezeichnung der **regressiven Prozesse** zusammenfassen. Entweder verändert sich das Gewebe quantitativ, indem sich seine Substanz einfach vermindert — **Atrophie** —, oder auch qualitativ, indem sie sich ändert — **Degeneration** —, oder es kommt zu einem völligen Absterben von Zellen — lokaler Gewebstod oder **Nekrose.**

Auf der anderen Seite steht die zweite Hauptgruppe, Prozesse, welche mit Vermehrung von Zellsubstanz einhergehen (bioplastische nach Weigert). Man kann sie unter der Bezeichnung der **progressiven** zusammenfassen und den regressiven gegenüberstellen. Diese werden in Kraft treten, wenn unter pathologischen Bedingungen nach Lockerung der Zellstruktur und besonders des Zellverbandes, Substanzverlusten etc., die Zellen wie oben besprochen kraft der ihnen innewohnenden bioplastischen Energie das Bestreben haben, zum Ersatz des Verlorenen und dadurch angeregt eventuell noch weiter zu wuchern. Solche Prozesse schließen sich daher besonders an regressive, d. h. Schädigungen an, bzw. werden durch sie eingeleitet; es sind Selbstregulationen, welche — im normal-physiologischen Leben vorgebildet — dem Schutze des Organismus dienen. Wir können unter ihnen 2 bzw. 3 Gruppen unterscheiden. Die Prozesse dienen entweder einfach dem Ersatz verloren gegangener Zellen (wenn nur veränderte Teile von Zellen zur Norm zurückkehren bzw. durch gesunde wieder ersetzt werden, so können wir von Erholung, Rekreation, sprechen) durch gleichgeartete: **Regeneration,** und hinzurechnen können wir, da zumeist auf ähnlichen Voraussetzungen beruhend, wenn auch mehr gebildet wird, als dem Verlorengegangenen entsprach, **die Hypertrophie.** Oder es liegen kompliziertere Vorgänge vor, welche sowohl Ausgleich der Schädigung wie Abwehr gegen die Schädlichkeit bewirken; sie stellen das große Kapitel der **Entzündung** dar. Je nachdem das eine oder andere Moment, das der Wiederherstellung oder das der Abwehr = Verteidigung, im Vordergrund steht, können wir sie in eine **reparatorische (einfache Wundheilung, Organisation)** und in eine **defensive (= eigentliche) Entzündung** einteilen.

Wachstumsvorgänge sind nun zwar in exzessivster Weise auch ein Hauptcharakteristikum bestimmter Prozesse, die wir als **Geschwülste** zusammenfassen. Sie sind aber in ihrer letzten Entstehungsursache noch nicht völlig geklärt und darum am besten gesondert zu behandeln.

Vergleichen wir diese pathologischen Lebensäußerungen mit den physiologischen, so sehen wir den Grundsatz Virchows klar zutage treten, daß beide nicht grundsätzlich, sondern nur dem Grade nach verschieden sind.

Wie der Organismus zur Zeit des extrauterinen Lebens, so ist auch der Fötus den verschiedensten krankmachenden Schädlichkeiten ausgesetzt; es gibt wahre **Fötalkrankheiten,** welche den Krankheiten des späteren Lebens gleichen; hierher gehören vor allem Entzündungen. Es kommen aber auch mechanische Beeinflussungen mit ihren Folgen hinzu, welche auf ungünstigen Verhältnissen des Medium (Uterus, Eihäute etc.) beruhen. Zu den Krankheiten gesellen sich hier, wie oben gestreift, besonders im fötalen Leben, die **Störungen in der Keimentwickelung,** welche auf inneren ererbten Krankheitsanlagen beruhen, oder spontan ohne nachweisbaren Grund zustande kommen, so zwar daß die formative Tätigkeit während der Entwickelung beeinflußt wird. Daß Krankheiten wie Entwickelungsstörungen, da sie den im Werden begriffenen Organismus betreffen, auch die weitere Entwickelung nachteilig beeinflussen und so bedeutende Formveränderungen verursachen können, liegt auf der Hand. Wir können nun aber gerade hier den krankhaften Vorgang als solchen selten beobachten und haben meist nur das Resultat, den fertigen krankhaften Zustand, d. h. den „Schaden" bzw. also hier die **Mißbildung,** vor uns, und können für deren Werdegang oft nur vermutungsweise auf eine fötale Krankheit oder eine Entwickelungsstörung schließen. Wir fassen daher das ganze Kapitel einheitlich zusammen.

Wir haben im Vorhergehenden stets von Zellen gesprochen, welche das Objekt der Veränderungen darstellen; es handelt sich somit um die aus den Zellen zusammengesetzten Gewebe. In der Tat spielen sich die meisten Krankheiten fast stets zugleich an einer Vielheit von Zellen ab. Die Gewebsveränderung setzt sich somit zusammen aus den Veränderungen der einzelnen Zellen und den Störungen der Beziehungen der erkrankten Zellen zueinander. Die einzelnen Zellen brauchen nicht in gleichem Sinne verändert zu sein. Einzelne können noch Zeichen regressiver Prozesse zeigen, während andere schon progressive, z. B. regeneratorische Prozesse aufweisen.

Beschränken wir uns bei der Darstellung der pathologischen Anatomie naturgemäß also nicht auf die einzelne Zelle, sondern richten unser Augenmerk auf eine Vielheit von solchen, so können wir die meisten Prozesse aber auch an der einzelnen Zelle verfolgen. Auch hier können wir vor allem regressive und progressive Vorgänge unterscheiden. Wir können die Atrophie der Zelle, ihre verschiedenen Arten der Degeneration, also Stoffwechselveränderungen mit Ablagerungen von Fett, Lipoiden, Glykogen, Pigment, Kalk etc. und endlich den Tod der einzelnen Zelle einzeln verfolgen. Letzterer offenbart sich vor allem in Kernveränderungen, die zu Kernzerfall und -verlust führen. Desgleichen progressive Veränderungen der einzelnen Zelle. Hierzu gehören auch Störungen ihrer besonderen Vermehrungsvorgänge; veränderte, besonders asymmetrische Mitosen und amitotische Kernteilung, welche in der Regel überhaupt schon einen abnormen Vorgang der Zellvermehrung darstellt.

Aber nicht nur die einzelnen Zellen, sondern selbst deren einzelne Teile kommen in Betracht.

Die Zellularpathologie fußt naturgemäß auf der durch Schwann und Schleiden inaugurierten Zellenlehre der normalen Anatomie. Müssen wir auch an der Zelle als dem Elementarorganismus der Gewebe festhalten — und dürfen nicht Zellteile als solche betrachten —, so können wir doch die Zelle morphologisch noch weiter gliedern in einen Kern mit seinem Chromatin und Kernkörperchen und in das Protoplasma, sowie die Membranen beider, und endlich das Centrosoma. Wir wissen aus der Zellphysiologie, daß zwar der Kern und das Protoplasma verschiedene Bedeutung besitzen — Protoplasma ohne Kern kann sich nicht regenerieren und ist nicht lebensfähig, Kern mit wenig Protoplasma ist lebensfähig —, daß sie aber doch in steter Wechselwirkung stehen. Das Protoplasma nimmt aus der Umgebung Nährstoffe auf und vermittelt sie dem Kern, der Kern umgekehrt produziert Sekrete, Pigmente oder dergleichen und gibt sie dem Protoplasma und durch dieses nach außen ab, und er bedingt vor allem die Fortpflanzung der Zelle. Sehr wichtig scheinen auch fermentative Tätigkeiten der Zelle zu sein. Wir stehen hier erst am Anfang unserer Kenntnisse, können aber z. B. im Protoplasma von Zellen Granula durch Färbung direkt sichtbar machen, welche als Überträger aktiven Sauerstoffs anzusehen sind (sog. Oxydasen). Die Fähigkeit zu den verschiedensten Funktionen hängt mit dem Bau und Aggregatzustand der Zelle, die wir uns als flüssig vorstellen müssen, zusammen. Die einzelnen Tropfen, ebenso in die Strukturen eingelagerte kleinste Körnchen werden wahrscheinlich von feinsten Fett- oder Lipoidhüllen umgeben, welche die Mischung verhindern. Desgleichen die Membranen, bei deren Permeabilität osmotische Gesetze maßgebend sind. Diese Verhältnisse spielen sicher auch bei den krankhaften Veränderungen der einzelnen Zelle eine große Rolle. Viele Stoffe krankhaften Stoffwechsels, wie Fett oder Glykogen, erscheinen, wie besonders aus den ausgedehnten Untersuchungen von Arnold hervorgeht, zuerst um die genannten (Altmannschen) Granula abgelagert, das Glykogen tritt unter verschiedenen Bedingungen je nachdem im Kern oder Protoplasma auf; eine nicht richtige Abgabe des Kernes als Stoffproduzenten muß ebenso wie nicht richtige Ernährung des Kernes von seiten des Protoplasmas — und dergleichen Dinge müssen als Folge von veränderten osmotischen Verhältnissen der Membranen eintreten — das Verhältnis zwischen Kern und Protoplasma verschieben, den Stoffwechsel einer Zelle und somit ihre Funktionen stören. Vor allem scheinen Störungen der Lipoide der Zellen einen sehr weitgehenden Einfluß auf ihr funktionelles Verhalten auszuüben und so manche krankhafte Zellveränderung zu erklären. Hierauf weisen mancherlei Versuche mit lipoidlöslichen Mitteln hin. Auf einer mit den Lipoiden zusammenhängenden Störung beruht wohl auch die Änderung des physikalischen Aufbaus der Zelle, die Albrecht als „tropfige Entmischung" bezeichnet hat. Es ergibt sich hieraus, daß eine Schädigung nicht nur eine einzelne Zelle angreifen kann, sondern auch die einzelnen Teile einer solchen, z. B. „partielle Zellnekrose" (Weigert). Die gleichen regressiven und progressiven Prozesse können sich somit auch in der Einzelzelle abspielen, ein Kampf ums Dasein ihrer einzelnen Teile.

Wie Kern und Protoplasma auf dieselbe Schädigung verschieden reagieren können, zeigen z. B. die Epitheloidzellen des Tuberkels, deren Kerne sich noch teilen, während das Protoplasma dazu nicht mehr imstande ist. Resultat: nicht mehrere Zellen, sondern eine mit zahlreichen Kernen, eine sogenannte Riesenzelle (siehe dort).

Diese krankhaften Vorgänge innerhalb der Zellen selbst mögen manches erklären, insbesondere auch manche der oben sogenannten funktionellen Störungen; angeborene, von der Norm abweichende Zustände der inneren Organisation der Zelle könnten eine Grundlage bilden für Entwickelungsfehler — Mißbildungen —, oder, wenn sie zunächst labil bleiben und sich erst später äußern, für Geschwülste. Wir befinden uns hier aber auf einem Gebiet, das entsprechend unseren noch ungenügenden Kenntnissen der normalen Zellphysiologie, erst in den allerersten Anfängen ist.

Alle die Veränderungen der einzelnen Zelle und eventuell ihrer Teile brauchen wir hier nicht einzeln durchzugehen; sie kommen in den krankhaften Störungen der Gewebe zum Ausdruck und werden somit in den folgenden Kapiteln dargestellt. Hier kommen zu den Veränderungen der einzelnen Zellen, wie oben angedeutet, Störungen ihrer Beziehungen zueinander hinzu. Die Zellen können in ihrem Verbande gelockert sein, Dissoziation — dies spielt ja gerade (s. oben) bei progressiven Prozessen eine Hauptrolle — oder die formgestaltenden Wechselwirkungen, welche z. B. normaliter zwischen Epithel und Bindegewebe herrschen, können gestört sein. Auch Zellen weitentfernter Organe beeinflussen sich durch sogenannte „Hormone" (Stoffe, die in das Blut und durch dieses in entfernte Gegenden des Organismus gelangen). Störungen dieser physiologischen Korrelationen der Organe müssen auch als krankhafte Vorgänge auftreten.

Die pathologisch-anatomische Forschung hat sich bei der Feststellung der anatomischen Veränderungen, also des Gewebszustandes, welcher einem als Krankheit sich äußernden abnormen Vorgang entspricht, gleichzeitig die Frage nach der Entwickelung der veränderten Gewebsstruktur aus der normalen vorzulegen. Man soll also dem morphologischen Befund die sofortige Erforschung der Entstehungsart der Veränderung, der „**Pathogenese**" der Erkrankung anreihen. Wir bezeichnen diese auch als formale Genese, weil das formale Geschehen erforscht werden soll.

Jedes Ergebnis irgend eines Zweiges menschlicher Forschung legt wieder neue Fragen vor, weil jede gewonnene Erkenntnis nur ein Glied in der Kette der Erscheinungen betrifft, deren vollkommenes Verstehen bis zur Grundursache des Lebens zurückführen müßte; so entsteht auch nach Feststellung der Veränderungen, welche etwas Krankhaftes bedeuten und nach der Erkenntnis, wie diese sich entwickeln, die weitere Frage, wodurch denn diese Veränderungen der Struktur veranlaßt sein mögen: die Frage nach den Krankheitsursachen, der **Ätiologie** der Erkrankung.

Diese können wir auch als „kausale Genese" der formalen anreihen, wodurch schon ausgedrückt ist, wie eng die Entstehungsursache und der Entstehungsvorgang einer krankhaften Veränderung zusammengehören. Die Genese, die formale wie die kausale, weisen auch auf die so sehr wichtige Erkenntnis des Zusammenhanges verschiedener oder gleicher Veränderungen mehrerer Organe hin, sei es, daß diese Veränderungen voneinander abhängen oder auf eine gemeinsame Ursache zu beziehen sind. Zu den Krankheitsursachen gehören die mannigfachen äußeren Einflüsse, welchen der Organismus unterworfen ist, und welche eine Schädigung desselben veranlassen können; es sind dies die sogenannten **äußeren Krankheitsursachen.** Unter diesen spielen nun belebte Organismen, **Parasiten** — Tiere und Pflanzen —, eine besondere Rolle: die durch pflanzliche Mikroorganismen hervorgerufenen Erkrankungen werden als Infektionskrankheiten, die durch höhere tierische bewirkten als Invasionskrankheiten bezeichnet. Am wichtigsten sind hier kleinste pflanzliche Lebewesen, deren Erforschung sich ihrer Wichtigkeit wegen zu einer eigenen Disziplin, der Bakteriologie, ausgewachsen hat. Auch kleinste tierische Mikroorganismen spielen nach den Entdeckungen der letzten Jahre als Erreger von Krankheiten eine wichtige Rolle. Von den äußeren Ursachen können naturgemäß nur diese Krankheitserreger, die als Parasiten an höheren Tieren und Menschen leben, direkt morphologisch nachgewiesen werden. Andere äußere Krankheitsursachen, eine Verletzung (Trauma) z. B., kann man anatomisch nicht direkt wahrnehmen, sondern nur deren Folgezustände und dadurch jene erschließen. Außer den Krankheiten mit solchen äußeren Krankheitsursachen gibt es nun andere, bei welchen wir solche nicht nachweisen oder annehmen können und für welche in erster Linie **innere** im Körper selbst wirksame **Ursachen** in Betracht kommen, wie bei den ererbten Entwickelungsstörungen.

Aber auch bei den Krankheiten mit äußeren Krankheitsursachen kommen noch Momente innerer Natur zugleich in Betracht, welchen es zugeschrieben werden muß, daß die Krankheit nicht die einfache Folge äußerer Einwirkung ist. Läßt sich für eine Krankheit der Nachweis einer bestimmten äußeren Ursache führen, so ist nämlich damit unsere Erkenntnis ihrer Ätiologie zwar wesentlich gefördert aber noch nicht abgeschlossen, und noch weniger ist das Wesen der Krankheit damit schon klar gelegt. Denn letztere ist nicht einfach gleichzusetzen mit der Wirkung irgend eines Agens, beispielsweise eines tierischen oder pflanzlichen Krankheitserregers; das äußere Agens ist nicht einfach die „Causa efficiens aller jener Folgeerscheinungen“, die im Körper nach seiner Einwirkung auftreten, sondern die Krankheit ist ein Vorgang, welcher die Veränderungen des Körpers umfaßt, die von der Art und Weise abhängen, wie der betroffene Organismus auf die Einwirkung eines Agens reagiert. Also auch die Wirkung der äußeren Krankheitsursachen ist zum größten Teil abhängig von gewissen inneren Einrichtungen des Körpers selbst; ganz verschiedenartige Einflüsse können unter Umständen die gleichen Krankheitsprozesse veranlassen und das nämliche Agens kann in verschiedenen Fällen ganz ungleiche Erscheinungen auslösen. Man bezeichnet diesen Faktor, welcher im Bau des Körpers selbst liegt, als **Krankheitsanlage** oder **Disposition**. Diese kann in der Keimanlage begründet, also ererbt, oder intrauterin bzw. extrauterin erworben sein. Auch ist sie kein konstanter Faktor, sondern kann zeitlich, örtlich etc. wechseln. Ist gar keine solche Disposition vorhanden, so daß es trotz des Vorhandenseins der äußeren Ursache, z. B. pathogener Bakterien, nicht zur Erkrankung kommt, so bezeichnen wir diesen Zustand als **Immunität.** Diese kann auch künstlich erworben sein.

Gegenüber den äußeren Ursachen tritt bei den meisten Krankheiten die innere Anlage, die „Disposition“, scheinbar in den Hintergrund, weil wir die ersteren vielfach in konkreter Form vor uns sehen, die letztere aber nur indirekt aus dem in verschiedenen Fällen wechselnden Verhalten des Organismus erschließen können. Aber trotzdem sind die hier berührten Punkte Disposition, Immunität und Vererbung von der größten Bedeutung. Wir fassen zunächst die äußeren Krankheitsursachen — die Parasiten gesondert — und ihre Folgen in eigenen Kapiteln zusammen. Ein weiteres Kapitel umfaßt dann Disposition, Immunität und Vererbung als innere Krankheitsursachen. Die Pathogenese ist von den krankhaften Vorgängen bzw. Zuständen nicht zu trennen und wird mit diesen besprochen. Ein einschlägiges Kapitel aber haben wir am Schlusse des allgemeinen Teiles besonders behandelt, nämlich den Zusammenhang zwischen Störungen einzelner Organe und denjenigen des Gesamtorganismus. Hier gehören auch die allgemeinen Zirkulationsstörungen besonders vom Herzen aus im Gegensatz zu den eingangs besprochenen lokalen Zirkulationsstörungen hin.

Das eigentliche Wesen der Krankheit besteht aber trotz allem nach dem Gesagten in den abnormen Äußerungen des Zellenlebens, und alle ätiologischen Ergebnisse machen uns nur mit Momenten bekannt, welche zu jenen den Anstoß geben. Deshalb kann auch die Frage nach dem Wesen einer Krankheit nur durch das Studium der Veränderungen der Zellen und ihrer Derivate wirklich gelöst werden. Die Zellularpathologie bleibt auch nach den ätiologischen Errungenschaften der letzten Jahrzehnte die Grundlage pathologischer Forschung und hat um so größere Aussicht auf Erfolg, wenn zu der pathologischen Anatomie ergänzend die pathologische Physiologie hinzutritt, d. h. zu der morphologischen Untersuchungsmethode die chemische und physikalische. Bei Erforschung aller kausalen Bedingungen von Krankheiten spielt außer diesen Untersuchungsmethoden besonders noch das **Tierexperiment** eine Hauptrolle, dessen Bedeutung für die Erforschung der Pathologie überhaupt scharf betont werden muß.

Signa mortis.   Bevor wir auf das Gebiet der eigentlichen pathologisch-anatomischen Veränderungen eingehen, müssen wir die Erscheinungen besprechen, welche sich mit dem Tode des ganzen Organismus einstellen und zum Teil als **Signa mortis** an demselben auftreten.

Algor mortis.   Die **Erkaltung** des Körpers, Algor mortis, ist in bezug auf die Zeit ihres Eintretens wesentlich von der Temperatur der Umgebung abhängig; es kann bis zu 24 Stunden dauern, bis die Leiche die Temperatur dieser angenommen hat. Der Temperaturherabsetzung geht gleich nach dem Tode eine kurzdauernde Erhöhung der Temperatur voraus.

Rigor mortis.   Die **Totenstarre,** Rigor mortis, wird auf eine (vorübergehende) Gerinnung des Muskel-Eiweißes (Myosin) zurückgeführt. Meistens tritt sie etwa 6 Stunden nach dem Tode ein; sie beginnt meist an den

Unterkiefermuskeln, den Muskeln des Halses und des Nackens, um von da nach abwärts zu steigen und löst sich nach einer Dauer von ungefähr 24—48 Stunden in der nämlichen Reihenfolge. Nach dem Tode unmittelbar vorausgegangener starker Muskelanstrengung pflegt die Totenstarre sehr rasch einzutreten und fixiert dadurch manchmal noch bestimmte, im Moment des Todes vorhandene Stellungen des Körpers und der Extremitäten. Das Herz geht nach dem Tode in schlaffen diastolischen Zustand über, verharrt nicht in der Systole. Besonders starke Füllung des linken Ventrikels soll bei Herzlähmung, solche des rechten Herzens besonders bei Erstickurg bestehen. Bei Verblutungstod ist das ganze Herz nur sehr gering gefüllt. Auch der Herzmuskel erstarrt sehr früh (10—30 Minuten nach dem Tode); die Lösung erfolgt hier durchschnittlich nach $3^1/_2$—25 Stunden. Die Totenstarre der Skelettmuskulatur wie des Herzens tritt bei Menschen, die aus voller Gesundheit plötzlich sterben (das Herz also bis zum Schluß gut arbeitet), besonders früh auf.

Die Blutverteilung im Körper weicht mit dem Eintritt des Todes in mehreren Beziehungen von jener während des Lebens ab. Auf sie wirken dreierlei Einflüsse ein: Blutver-
teilung an
der Leiche.

1. Die beim Tod eintretende energische Kontraktion der Arterien, durch welche fast alles Blut aus denselben in die Kapillaren und die Venen getrieben wird. Die Ursache dieser Kontraktion ist die durch das Aufhören der Herztätigkeit bewirkte venöse Beschaffenheit des Blutes, durch welche das vasomotorische Zentrum in der Medulla oblongata gereizt wird. Erregung der Vasokonstriktoren kontrahiert hierbei die Arterien ad maximum. Wahrscheinlich beteiligt sich auch die Totenstarre, welche an den glatten Muskelfasern der Gefäße ebenso wie an der Muskulatur des Herzens eintritt, am Zustandekommen dieser Kontraktion.

2. Die postmortale Senkung des Blutes — soweit dasselbe noch flüssig geblieben ist — der Schwere nach, da nach Aufhören der Herztätigkeit und der den venösen Blutumlauf unterstützenden Momente die Schwerkraft allein herrscht. So entstehen einerseits postmortale Hypostasen in den inneren Organen, andererseits die sogenannten Totenflecke. Erstere machen sich besonders an den Lungen geltend, wo bei Rückenlage der Leiche das Blut sich in die hinteren Abschnitte senkt; ferner im Gehirn, wo bei gleicher Lage konstant der hintere Teil starke Füllung der meningealen Venen aufweist. Auch im Magendarmkanal pflegen an der Leiche mehr oder minder zahlreiche hypostatische Venenfüllungen sichtbar zu sein, die in der Schleimhaut desselben als dunkelrote, bei genauem Besehen in feine Verästelungen auflösbare Flecke erscheinen. Auf die Lage, in diesem Falle also Senkung des Blutes, ist es auch öfters zu beziehen, wenn postmortal eine Niere eine andere Blutfüllung als die andere aufweist. Hypo-
stasen.

Die Totenflecke, Livores, beruhen zum Teil auf dieser Blutsenkung, zum anderen Teil auf Diffusion des Blutfarbstoffes in die Umgebung. Im ersteren Falle läßt sich durch Druck die Röte zum Verschwinden bringen — und beim Anschneiden erscheint Blut —, im letzteren nicht. Sie treten zuerst am Rücken, überhaupt den tief liegenden Teilen, in der Regel nach 3—4 Stunden, auf. Toten-
flecken.

3. Erfolgt der Tod durch Herzlähmung, so steht der linke Ventrikel in Diastole still und ist also prall mit Blut gefüllt. Mit dem Eintreten der Totenstarre des Herzmuskels und der mit ihr verbundenen Kontraktion treibt aber der linke Ventrikel das in ihm enthaltene Blut in die Aorta und den Vorhof, so daß er selbst leer gefunden wird; dieser Vorgang bleibt nur dann aus, wenn hochgradige Veränderungen der Muskulatur vorhanden waren. Den rechten Ventrikel trifft man gemäß seiner dünneren Wand und damit geringeren Kraft der Kontraktion meist mehr oder weniger mit Blut gefüllt an.

Das im Herzen und den großen Gefäßen befindliche Blut erleidet nach dem Tode, zum Teil schon während der Agone, in der Regel eine Gerinnung. Man unterscheidet zweierlei Gerinnsel: die schwarzroten Cruorgerinnsel, welche in ihrer Beschaffenheit dem Blutkuchen des extravaskulär gerinnenden Blutes gleichen, und die Speckgerinnsel (Faserstoffgerinnsel oder Fibringerinnsel). Letztere bilden sich vorzugsweise bei länger dauernder Agone, wenn die Herztätigkeit sehr allmählich erlahmt, und entstehen dadurch, daß die roten Blutkörperchen noch fortbewegt werden und so eine Scheidung derselben von den übrigen Blutbestandteilen stattfindet, welch letztere nun an der Wand anhaftende, weiße Faserstoffgerinnsel bilden. Gerinnsel.

Mangelnde oder fehlende Gerinnbarkeit des Blutes findet sich beim Erstickungstode, ferner bei gewissen Vergiftungen, bei hydropischer Beschaffenheit des Blutes, endlich bei septischen und pyämischen Erkrankungen.

Die Cornea wird einige Zeit nach dem Tode trüb und sinkt, wenn die Lider nicht geschlossen wurden, infolge von Wasserverdunstung im Bulbus ein. In diesem Falle zeigen sich am freiliegenden Teile des Auges auch Vertrocknungserscheinungen. Verände-
rungen der
Cornea.

Von den eigentlichen Leichenerscheinungen zu unterscheiden sind jene der eintretenden Fäulnis; zu ihnen gehören der Leichengeruch, die grünlich bis schmutzig-braune Verfärbung der Haut, welche gewöhnlich zuerst an den Bauchdecken eintritt, Gasbildung im Gewebe, Blasenbildung unter der Epidermis und in inneren Organen, Auftreten von Schaum im Blut. Fäulnis.

Kadaveröse Veränderungen des Blutfarbstoffes. Nach dem Tode findet eine allmähliche Lösung des Blutfarbstoffes und Auslaugung desselben aus den roten Blutkörperchen statt, wodurch das Gewebe mit intensiv roter Farbe gleichmäßig oder fleckig imbibiert wird. Man kann dies Verände-
rungen des
Blutfarb-
stoffes.

sehr häufig an der Gefäßintima und den Herzklappen beobachten und muß sich hüten, diese rote Imbibition — also eine postmortale Erscheinung — mit einer Hyperämie oder Entzündungsröte dieser Teile zu verwechseln.   Die Imbibition ist an ihrer diffusen Ausbreitung — die auch in gefäßarmen Bezirken recht ausgedehnt ist —, an ihrem Mangel an Gefäßverzweigungen und dem mehr schmutzig-roten Farbton zu erkennen.   Durch die Einwirkung von Schwefelwasserstoff — es bildet sich dabei Methämoglobin durch die Einwirkung des Schwefels auf Oxyhämoglobin — kann die rote Farbe sich in eine schmutzig-grüne bis schwarze umwandeln, eine Verfärbung, welche namentlich am Magen-Darmkanal, sowie an den dem Darm anliegenden Teilen von Leber, Milz und Nieren häufig zu beobachten ist.   Auch körniges Blutpigment kann in der Leiche eine schwarze Farbe annehmen und dann große Ähnlichkeit mit Kohlenpigment erhalten; durch Einwirkenlassen von Schwefelsäure kann man unter dem Mikroskop leicht den Blutfarbstoff erkennen, da dieser sich in ihr unter Rückkehr der rötlichen Farbe — bei langsamer Einwirkung unter Eintreten der für die Gallenfarbstoffreaktion charakteristischen Farbennuancen (blau, grün, rosarot, gelb) — löst.

Selbstverdauung.   Am Magen, zum Teil auch am Ösophagus, kommt ferner noch die kadaveröse Selbstverdauung der Wände in Betracht, welche sich über den Magen hinaus in andere Gewebe ausdehnen kann.   Ebenso weisen einige Drüsen, besonders das Pankreas, sehr schnell nach dem Tode Zeichen kadaveröser Selbstverdauung auf.   Es handelt sich hier um Autolyse infolge Fermentwirkung, welche die toten Zellen angreift.   Bei der Autolyse der Gewebe nach dem Tode im allgemeinen leiden deren feinere Strukturen, besonders die sogenannten Altmannschen Granula sehr schnell.

Allgemeine pathologische Anatomie der Gewebe.

Kapitel I.
Störungen der Gewebe durch lokale Veränderungen des Kreislaufs.

I. Lokale Blutüberfüllung. Hyperämie.

Als Hyperämie bezeichnen wir eine lokale Blutüberfüllung der Gefäße. Diese kann bedingt sein A. durch eine vermehrte Zufuhr von der arteriellen Seite her und heißt dann aktive Hyperämie (arterielle, kongestive, Wallungs-Hyperämie, Fluxion) oder B. durch verminderten Abfluß des Blutes nach den Venen und wird dann als passive Hyperämie (venöse, Stauungs-Hyperämie) bezeichnet.

A. Eine **aktive (arterielle) Hyperämie,** auch kongestive oder Wallungs-Hyper- ^{A. Aktive Hyperämie.} ämie oder Fluxion benannt, stellt sich immer dann ein, wenn die Widerstände in irgend einem Teil des arterio-kapillaren Gefäßsystems geringer geworden sind; dies ist der Fall, wenn die Gefäßlumina entweder 1. durch lokale Einflüsse auf die Muskulatur der Gefäßwand, oder 2. durch Einwirkung auf die vasomotorischen Nerven erweitert werden und damit dem einströmenden Blut ein breiteres Strombett zur Verfügung stellen. Doch ist die Beeinflussung von Gefäßwand und Gefäßnerven oft nicht scharf zu trennen, so daß beide als neuromuskulärer Apparat zusammengefaßt werden müssen.

1. Direkte Einwirkung auf die Muskularis der Gefäßwand mit Erschlaffung ^{1. Myo-paralytische Form.} dieser führt zu einer Hyperämie; man kann dies an der äußeren Haut, z. B. durch Erhöhung der Temperatur eines Teiles, sowie mechanische Einflüsse, Reibung, fortwährend wiederkehrenden Druck, Streichen etc., bewirken. Ähnlich wirken viele chemische und toxischbakterielle Einflüsse; manche derselben nach einem vorausgehenden Stadium von Gefäßkontraktion und Blutarmut. Doch wirken hier auch Einflüsse auf die Gefäßnerven mit (s. unten). Auch die sogenannte sekundäre Fluxion gehört hierher, welche sich dann ^{Sekundäre Fluxion.} einstellt, wenn lange Zeit ein äußerer Druck auf einem Gefäßgebiet gelastet hat und dieser nun plötzlich aufgehoben wird.

Wahrscheinlich ist diese Erscheinung darauf zurückzuführen, daß die Gefäßwände bei lange dauerndem äußeren Druck eine Schädigung ihrer Elastizität und Kontraktilität erfahren haben und nach Entfernung des Druckes dem einströmenden Blut stark nachgeben.

Diese Hyperämie tritt z. B. am Peritoneum oder an der Pleura nach plötzlicher Entleerung reichlicher Exsudatmengen ein; sie kann so stark werden, daß andere Teile hierdurch in einen Zustand hochgradiger Blutleere geraten, und z. B. durch Blutentziehung des Gehirns sich Ohnmachten einstellen. Hierher gehören auch die starken, oft zu heftigen parenchymatösen Blutungen führenden sekundären Hyperämien, welche nach Lösung des Esmarchschen, Blutleere bewirkenden, Schlauches gefahrdrohend eintreten. Überhaupt schlägt ein heftiger Kontraktionszustand der Gefäßmuskulatur gerne in den entgegengesetzten Zustand hochgradiger Erschlaffung um. Auch die therapeutische „Ansaugungs-Hyperämie" Biers gehört hierher.

    2. Zu Hyperämie führende Störungen in der Tätigkeit der Vasomotoren können in Lähmung der Gefäßverenger — neuroparalytische Hyperämie — oder Reizung der Gefäßerweiterer — neuroirritative Hyperämie — bestehen.

    Die erstere wurde experimentell konstatiert nach Durchschneidung des gefäßverengende Fasern führenden Sympathikus, (Cl. Bernard); nach dessen Durchtrennung am Hals kann man beim Kaninchen auf derselben Seite Hyperämie und Rötung des Ohres neben Temperaturerhöhung und Verengerung der Pupille beobachten; elektrische Reizung des obersten Halsganglions bewirkt umgekehrt Kontraktion der Gefäße mit Verminderung der Blutzufuhr und Temperaturerniedrigung. Nach Durchschneidung des Nervus splanchnicus kommt es zu starker Hyperämie der Gefäße der Bauchhöhle.

    Auch für den Menschen liegen analoge Beobachtungen nach Verletzungen, Entartung des Sympathikus durch Kompression seitens Tumoren etc. vor. Vielleicht gehören auch die beim Morbus Basedow auftretenden aktiven Kongestionen hierher. Auch die im Verlaufe mancher Infektionskrankheiten auftretenden Hyperämien (Splanchnikusgebiet) werden auf Lähmung des Vasokonstriktorenzentrums durch Toxine bezogen. Reizung der Dilatatoren mit konsekutiver Hyperämie stellen gewisse Angioneurosen dar, vorübergehende, aber sich häufig wiederholende Hyperämien bestimmter Gefäßbezirke zusammen mit sensiblen Reizungen. Auch gewisse Hauterkrankungen, wie flüchtige Eytheme, Urticaria nach Genuß mancher Speisen gegen die „Idiosynkrasie" besteht, Quaddeln nach Berührung mit Brennesseln, gewissen Insekten, Spinnen etc. und wohl auch der Herpes zoster gehören hierher. Die Nervenerregung, welche zur Hyperämie führt, kann auch auf den Umweg des Zentralnervensystems vor sich gehen — reflektorische Hyperämie (Zorn- oder Schamröte) bei manchen Hirnerkrankungen, bei Hysterie etc.

    Als kollaterale (kompensatorische) Hyperämie bezeichnet man jene Formen von Blutfülle, welche in der Umgebung blutleer oder blutarm gewordener Bezirke auftreten. Wird z. B. eine Arterie durch ein Gerinnsel oder eine Ligatur abgeschlossen, so strömt das Blut in vermehrter Menge in die anderen Äste desselben Arteriengebietes beziehungsweise durch Kollateralen in benachbarte.

    Für dieses vermehrte Einströmen kann nicht allein ein erhöhter Blutdruck proximal von der Sperrungsstelle verantwortlich gemacht werden, da ein solcher sich oft erst spät einstellt und jedenfalls durch Verteilung auf das ganze Gefäßsystem bald wieder ausgeglichen werden muß. Wahrscheinlich sind hier auch vasomotorische, vielleicht reflektorische Vorgänge mit im Spiel. Desgleichen bei den aktiven Hyperämien, z. B. der äußeren Haut bei Wärmewirkung, und — zumeist nach anfänglicher Anämie (s. dort) — auch bei Kälteeinwirkung.

    Eine aktive Hyperämie tritt erfahrungsgemäß an allen Organen ein, welche eine erhöhte Funktion leisten oder in denen die Zersetzungsvorgänge gesteigert sind; so finden wir einen vermehrten Blutgehalt an stärker sezernierenden Drüsen, an entzündeten Geweben etc.

Kenn-
zeichen ar-
teriell hy-
perämi-
scher Ge-
biete.

    Ein arteriell hyperämisches Gebiet läßt sich als solches erkennen. Es ist hellrot gefärbt, denn der Blutstrom innerhalb desselben ist beschleunigt, damit der Kontakt mit dem Gewebe ein kürzerer und die Abgabe des Sauerstoffs vermindert, so daß das Blut noch arteriell, mit hochroter Farbe, in die Venen gelangt. Zufolge der starken Injektion der Gefäße treten nun auch die kleineren hervor, besonders deutlich an durchsichtigeren Geweben, z. B. der Konjunktiva. Die pralle Füllung der Kapillargebiete verleiht dem hyperämischen Bezirk eine diffus rote, auf Druck verschwindende Farbe und einen vermehrten Turgor. Die Pulsation tritt stärker und auch an kleinen Gefäßen hervor; an äußeren Körperteilen, die unter normalen Verhältnissen infolge der Abkühlung niedriger temperiert sind als innere Organe, steigt auch die Temperatur. Im allgemeinen führt die Kongestion allein nicht zur Bildung von ausgesprochenen Ödemen (s. später). Die normale Transsudation ist aber infolge des erhöhten Druckes vermehrt, wodurch eine stärkere Durchfeuchtung der Gewebe und Gewebsschwellung herbeigeführt wird.

Da bei der Hyperämie eine Erweiterung der Gefäße stattfindet, so sollte man bei ihr eigentlich eine Verlangsamung des Blutstromes erwarten; indes ist zu bedenken, daß hier die Gesetze der Strömung in Kapillarröhren in Betracht kommen, und daß nach diesen die Stromgeschwindigkeit innerhalb kapillarer Röhren dem Quadrate des Durchmessers proportional ist (Poiseuille); außerdem kommen auch vielleicht noch die Verminderung der Reibungs-Widerstände und andere Momente mit in Rechnung.

Das Bild der Hyperämie, wie das aller Zirkulationsstörungen, verwischt sich an der Leiche, da die Blutverteilung sich überhaupt (s. S. 11) nach dem Tode ändert. Insbesondere aktive und passive Hyperämie läßt sich dann oft nicht unterscheiden.

Die unkomplizierte aktive Hyperämie stellt in der Regel nur einen bald vorübergehenden Zustand dar. Ihre weiteren Folgezustände sind daher im allgemeinen von keiner besonderen Bedeutung. Dennoch kann sie unter Umständen durch Beeinträchtigung der Organfunktion gefahrdrohend werden, namentlich in Hirn und Lunge; ferner kann es zu Blutungen kommen, besonders bei der Hyperämie neugebildeter Gefäße, und es können Gefäße mit pathologisch veränderter Wand unter dem Einfluß der prallen Füllung zerreißen. Oft bedeutet die Hyperämie nur die Einleitung einer Entzündung. Mit dieser sollen auch die auf Hyperämien folgenden Gewebsneubildungen besprochen werden. Hier sei nur noch erwähnt, daß bei länger anhaltender Hyperämie die Intima der Gefäße selbst infolge der durch die Gefäßerweiterung hervorgerufenen Gewebsentspannung wuchert. *Folgen aktiver Hyperämie.*

B. Die passive (venöse) Hyperämie entsteht durch verminderten Abfluß des Blutes. Sie wird, da meist durch Behinderung des Blutlaufes in den Venen bedingt, auch als **Stauungshyperämie** bezeichnet. *B. Passive Hyperämie.*

Die Ursachen der venösen Stauung liegen in verschiedenen Vorgängen begründet. Es können 1. mechanische Hindernisse den Blutabfluß direkt hemmen, 2. Hindernisse in vermehrtem Maße zur Wirkung kommen, die schon normalerweise dem Venenstrom entgegenstehen, aber unter physiologischen Verhältnissen von ihm überwunden werden, 3. eine oder mehrere der Hilfskräfte zu wirken aufhören, die unter physiologischen Umständen den venösen Blutlauf unterstützen. Die beiden letzteren Momente wirken weniger oft für sich allein, als zusammen oder mit denen der ersten Gruppe kombiniert.

1. Was die ersten der genannten Ursachen, also die mechanischen Hindernisse des Blutabflusses, betrifft, so können sie allgemeine oder lokale Stauungen hervorbringen; erstere, wenn das Hindernis von dem den gesamten Blutkreislauf regulierenden Herzen ausgeht. Findet infolge von Herzschwäche eine unvollständige Entleerung der Ventrikel statt, so wird einerseits das Aortensystem weniger gefüllt und der Arteriendruck erniedrigt; andererseits kann das Blut zur Zeit der Diastole aus den Hohlvenen nicht in gehöriger Menge in den während der Systole mangelhaft entleerten rechten Ventrikel einströmen, was eine Rückstauung des Blutes ins Venensystem und eine Drucksteigerung in dem letzteren zur Folge hat. Aus der Herabsetzung des Druckes in den Arterien und der Druckerhöhung in den Venen resultiert eine Stromverlangsamung und Drucksteigerung in den Kapillaren. In ähnlicher Weise wirken unkompensierte Klappenfehler, welche eine mangelhafte Entleerung des Herzens und damit eine Rückstauung des Blutes in den Hohlvenen zur Folge haben (Näheres s. u.). *1. Mechanische Hindernisse des Blutabflusses: a) allgemeiner Natur.*

Die häufigste Quelle lokaler Stauung durch mechanische Hindernisse ist ein durch Verstopfung, Kompression oder sonstwie, also von außen oder innen zustande kommender Verschluß größerer Venen; indes muß auch nach Verlegung sehr großer Venen nicht notwendig eine venöse Stauung zustande kommen, denn in den meisten Fällen verfügt der Blutstrom selbst dann, wenn mehrere Venenzweige undurchgängig werden sollten, über eine größere Zahl von Abflußwegen, da auf eine Arterie in der Regel zwei oder mehr Venen treffen, welche durch zahlreiche Anastomosen miteinander verbunden zu sein pflegen. Die letzteren, welche dem Blut ein seitliches Abströmen ermöglichen, heißen Kollateralen, die Herstellung des seitlichen Abflusses, welcher unter Erweiterung und stärkerer Füllung derselben gebildet wird, Kollateralkreislauf. Naturgemäß ist die Stauung um so ausgesprochener, je weniger eine Vene kollaterale Abflußwege hat. *b) lokaler Natur.*

So findet man nach Unterbindung einzelner Extremitätenvenen, selbst großer Äste, kaum eine starke Stauung oder diese gleicht sich doch in kurzer Zeit wieder aus, während eine solche nach Verschluß der Pfortader sich in deren Wurzelgebiet (Magen, Darm, Milz) sehr intensiv zeigt.

Die venöse Stauung bleibt natürlich auch bei Verschluß der Venen aus, wenn gleichzeitig die arterielle Zufuhr entsprechend herabgesetzt wird, wenn z. B. auch die zuführenden Arterien eines Organes hochgradig komprimiert werden.

Als weitere Ursache mehr oder minder ausgedehnter Stauungshyperämie sind endlich noch Erkrankungen des Respirationsapparates zu nennen. So erschweren Hustenstöße den Blutabfluß aus den Jugularvenen. Auch allgemeine venöse Stauung kann durch Lungenkrankheiten hervorgerufen werden, indem durch Verödung von zahlreichen Lungenkapillaren der kleine Kreislauf und mittelbar hierdurch auch der Rückfluß des Blutes zum Herzen gestört wird.

2. Überwiegen von schon physiologisch wirksamen Hindernissen.

2. Haben sich einmal gewisse Hemmnisse für den venösen Rücklauf ausgebildet, so kommt die oben an zweiter Stelle genannte Ursache der Stauung zur Geltung, nämlich jene Momente, welche schon unter physiologischen Verhältnissen dem Rückfluß des Blutes entgegenstehen und von demselben überwunden werden müssen; das ist in erster Linie die Wirkung der Schwere. Fehlen z. B. bei dauernder, aufrechter Haltung die Muskelbewegungen der unteren Extremitäten, so kann sich durch die überwiegende Wirkung der Schwere

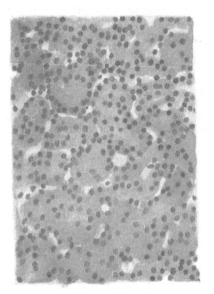

Fig. 1.
Normale Leber (³⁵⁰⁄₁).

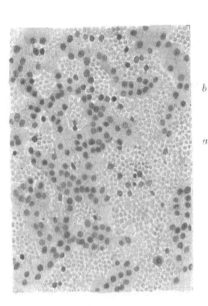

Fig. 2.
Hyperämie der Leber (³⁵⁰⁄₁).
Die Kapillaren, mit Blut gefüllt, zwischen den Leberzellbalken sehr erweitert (a). Die Leberzellen sind atrophisch (b).

das Blut in den Venen ansammeln und sogar Erweiterung dieser, sogenannte Varicen, hervorrufen. In ähnlicher Art entstehen bei sitzender Lebensweise die sogenannten Hämorrhoiden durch Erweiterung der Venae haemorrhoidales (doch sind dabei meist auch angeborene Anomalien der betreffenden Gefäße mit im Spiel, welche die Erweiterung derselben begünstigen). Erleichtert werden derartige Blutsenkungen, wenn gleichzeitig mangelhafte Herztätigkeit das Abfließen aus den großen Hohlstämmen erschwert, oder in den großen Venenstämmen Hindernisse auftreten. Daher entstehen Varicen am Unterschenkel mit besonderer Vorliebe in der Gravidität, wenn der Uterus die Venen im kleinen Becken komprimiert und gleichzeitig die Schwere des Blutes in den unteren Extremitäten, z. B. durch vieles Stehen, zur Wirkung kommt.

Atonische Hyperämie.

Eine venöse Blutüberfüllung von Organteilen kann endlich durch verminderte Zufuhr von der arteriellen Seite her zustande kommen, weil dann die vis a tergo fehlt und bei langem Bestand der Blutüberfüllung die Kapillaren sich dauernd dem vermehrten Füllungszustand anpassen und sich nicht mehr zu kontrahieren vermögen. Solche Zustände, welche man als asthenische oder atonische Hyperämie bezeichnet, stellen sich dann ein, wenn die Herzkraft nachläßt und der sinkende Blutdruck nicht mehr imstande ist, die der Blutzirkulation entgegenstehende Wirkung der Schwere zu überwinden. Es kann daher zu diffusen Überfüllungen ausgedehnter Kapillargebiete kommen. Atonische Hyperämien kommen mit besonderer Vorliebe an bestimmten Stellen zur Ausbildung, welche, wie die Hohlhand, die Nägel, die Lippen, die Nase, die Ohren, schon unter normalen Verhältnissen blutreicher sind. Ähnlich wirkt eine zu Verminderung der Elastizität und Kontraktionsfähigkeit der Wände führende Erkrankung der Arterien, und insbesondere machen sich diese Hyperämien in charakteristischer Weise in den tiefer liegenden unteren, resp. bei Rückenlage den hinteren Teilen der Organe bemerkbar — z. B. in der Lunge in den hinteren Teilen der Unterlappen — und werden hier als **Hypostasen** bezeichnet.

Hypo-
stasen.
3. In-
suffizienz
von nor-
maliter
den Rück-
fluß unter-
stützenden
Hilfs-
kräften.

3. Liegt eine Insuffizienz von Hilfskräften vor, die unter normalen Bedingungen den Rückfluß des Venenblutes unterstützen, so haben wir die dritte Ursache für die venöse Stauung. Dieses Moment kommt auch oft bei schon aus anderer Ursache bestehender Stauung zur Geltung. Hierher gehören die, wenn auch geringe, Elastizität und Kontraktilität der Venenwände, welche bei der dauernden Erweiterung dieser Gefäße verloren gehen, ferner die Klappen der Venen, die unter normalen Verhältnissen ein etwaiges Rückströmen des Blutes gegen den Strom hindern und bei krankhafter Erweiterung des Lumens oder pathologischen Wandveränderungen insuffizient werden können. Endlich ist zu erwähnen, daß auch Störungen der Respiration den venösen Rücklauf eines Hilfsmomentes berauben können. Bekannt ist, daß unter normalen Verhältnissen bei jeder Inspiration der Blutstrom in den Lungengefäßen beschleunigt wird. Auch die Kontraktionen der Muskeln tragen, namentlich an den Extremitäten, wesentlich zur Erleichterung des venösen Rückflusses bei.

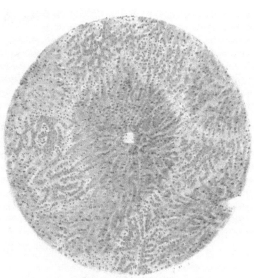

Fig. 3.
Stauungshyperämie der Leber.

In der Mitte die Zentralvene. Herum die stark erweiterten blutgefüllten Kapillaren (gelb) mit Atrophie der Leberzellen. Diese sind am Rande der Acini noch gut erhalten. (Kerne mit Hämatoxylin blau gefärbt.

Gestaute Bezirke haben ein charakteristisches Aussehen. Da das Blut bei der venösen Stauung längere Zeit mit den Geweben in Kontakt bleibt, so gibt es mehr Sauerstoff an diese ab und nimmt mehr Kohlensäure auf. Hierdurch erhalten das Blut wie die mit Blut überfüllten Bezirke eine dunkelrote zyanotische Farbe (Zyanose = Blausucht). Allgemeine Zyanose bei allgemeiner Stauung als Folge von Herzfehlern oder Herzschwäche macht sich schon am Lebenden, besonders an peripheren Teilen, den Fingern und Zehenspitzen, ferner an den äußerlich sichtbaren Schleimhäuten bemerkbar. Stark gefüllte Venenverzweigungen treten nach dem Tode noch stärker hervor, weil hier die Gefäßfüllung durch postmortale Hypostase erhöht wird (s. o. S. 11). Der Druck in den Venen gestauter Bezirke ist erhöht, indem er von der Arterie her auf das Venensystem übertragen wird. Die Venen können daher Pulsation zeigen. Die Temperatur in venöser Stauung begriffener Bezirke ist im allgemeinen nach anfänglicher mäßiger Steigerung herabgesetzt, was als Folge der bei der Stromverlangsamung vermehrten Wärmeabgabe aufgefaßt werden muß. Die Konsistenz der Gewebe ist in diesem Zustande vermehrt, es transsudiert mehr Flüssigkeit — Stauungsödem.

Folgen der
Stauung.

Die Folgen der Stauungshyperämie sind im ganzen meist schwerer als die der arteriellen. Selbstverständlich sind die Folgen der Hyperämie verschieden, je nachdem der Abfluß vollkommen aufgehoben oder nur erschwert ist. Über die Zirkulationsveränderungen, die hierbei auftreten, hat vor allem das Experiment Aufschluß gegeben. Unter normalen Verhältnissen fließen bekanntlich innerhalb der kleineren Gefäße die roten Blutkörperchen vorzugsweise in der Mitte des Lumens, hier den sogenannten Achsenstrom bildend; an den äußeren Teilen strömt Blutplasma ohne rote Blutkörperchen, die sogenannte plasmatische Randzone. Innerhalb letzterer bewegen sich auch vorzugsweise die weißen Blutkörperchen, und zwar in bedeutend langsamerem Tempo als die roten. Nur in den eigentlichen Kapillaren, deren Querschnitt bloß für je ein Blutkörperchen Raum hat, fließen die letzteren einzeln hintereinander durch. Wird nun der venöse Abfluß plötzlich vollkommen sistiert, was man z. B. beim Frosch durch Ligatur der Vena femoralis herstellen kann, so muß die erste Folge eine Drucksteigerung innerhalb des Stauungsbezirkes sein, da ja die unbehinderte arterielle Zufuhr immer noch neue Blutmengen andrängen läßt; und zwar steigt der Druck so lange, bis er die mittlere Höhe des Arteriendruckes erreicht hat. In den Gefäßen des Stauungsbezirkes tritt zunächst eine Stromverlangsamung, dann eine pulsierende Bewegung, endlich bei jeder Diastole ein Zurückweichen des Blutes („mouvement de va et vient") ein. Aus kleinen Gefäßen bilden sich große Kollateralgefäße. Mit der stärkeren Füllung der Gefäße schwindet in den Venen die plasmatische Randzone, indem die Blutkörperchen das Lumen völlig ausfüllen und also auch der Wand des Gefäßes anliegen. Schließlich legen sie sich innig aneinander und verkleben unter sich, so daß man ihre Grenzen nicht mehr unterscheiden kann; so entstehen homogene rote Blutzylinder, in welchen nur hie und da Leukozyten als ungefärbte Kugeln hervortreten. Diesen Zustand des Stillstands der Zirkulation ohne

Stase

Gerinnung bezeichnet man als venöse **Stase.** Mit der Druckerhöhung nimmt auch die physiologisch vor sich gehende Transsudation, d. h. der Austritt flüssiger Blutbestandteile durch die Gefäßwand, erheblich zu; nach einiger Zeit werden auch einzelne, schließlich zahlreichere rote Blutkörperchen durch die Gefäßwand hindurchgepreßt, und zwar geschieht das da, wo an den Grenzen der einzelnen Endothelzellen des Kapillarrohres stärkere Anhäufungen einer weichen Kittsubstanz vorhanden sind; bei praller Füllung des Kapillarrohres und Auseinanderweichen der Endothelzellen lockert sich diese und weist sogenannte Stomata auf, welche die Blutkörperchen durchtreten lassen. Diesen Vorgang bezeichnet man als Diapedesis. Durch diese wird also das Transsudat zu einem Blutzellen führenden, hämorrhagischen. Der Austritt der roten Blutkörperchen findet nur aus Kapillaren und kleinen Venen, nicht aber aus Arterien statt. Es kann so auch zu reinen Blutungen kommen (s. unter Blutung).

Stase kann außer auf Stauung in anderen Fällen auf chemische Einwirkung von Säuren, Ammoniak etc. — am besten an der Froschzunge zu verfolgen — oder auf physikalische Wirkungen, besonders Verdunstung, Temperaturerhöhung bezogen werden. Die Stase hat große Bedeutung für die „Entzündung", wo noch von ihr die Rede sein wird.

Vollständige, dauernde venöse Stase führt Aufheben des Gasaustausches mit den Geweben, also innere Erstickung — Asphyxie —, und wenn sie sich nicht bald wieder löst, infolge der Ernährungsistierung Absterben, Nekrose des Stauungsbezirkes, herbei.

In den meisten praktisch vorkommenden Fällen venöser Hyperämie handelt es sich nicht um diese vollständige Sistierung des Blutabflusses — Stase —, sondern nur um eine mehr oder minder ausgeprägte Erschwerung desselben. In diesem Zustand kommt es zwar gleichfalls zu einer Drucksteigerung im Stauungsgebiet, Dilatation seiner Gefäße mit leichter hämorrhagischer Transsudation, aber die schlimmste Folge der völligen Stauung, die Nekrose des Bezirkes, bleibt aus. Der Effekt ist dann der, daß Zufuhr und Abfuhr des Blutes sich wieder ins Gleichgewicht setzen, d. h. es strömt ebensoviel Blut durch die Arterien zu, wie durch die Venen abfließt, während allerdings der Stauungsbezirk mit Blut überfüllt und der Druck in demselben erhöht bleibt. Aber auch dann treten bei höheren Graden der Stauung infolge des Sauerstoffmangels bzw. der Kohlensäurezunahme funktionelle Störungen ein (bei venöser Hyperämie des Gehirns Schwindel und Depressionserscheinungen, bei solcher der Lunge Dyspnoe, der Niere Albuminurie). Anatomisch findet sich oft Verfettung z. B. im Herzmuskel, in den Nieren etc. Auch leidet die Gefäßwand selbst; es kommt meist zu Verfettungen der Endothelien. In Fällen chronischer Stauung kann der Druck der gedehnten Kapillaren zusammen mit dieser schlechten Ernährung Schädigungen empfindlicher Elemente veranlassen, sogenannte Stauungsatrophien, z. B. in der Leber. *Stauungsatrophien.* Andererseits verleiht die starke Dehnung und Schlängelung der Kapillaren und kleinsten Gefäße und deren starke Füllung zusammen mit einem Derberwerden des umliegenden Bindegewebes und einer eventuellen Wucherung dieses nach Atrophie der Organzellen (aber weniger ins Gewicht fallend) den Organen neben der blauroten Farbe eine gewisse Derbheit — zyanotische Induration. Als Begleiterscheinung finden wir endlich häufig Pigmentablagerungen, welche als Residuen der bei Stauung sehr gerne eintretenden Diapedesisblutungen (s. oben) zurückbleiben.

Stauungshyperämie wird künstlich zu Heilzwecken bakterieller Erkrankungen erzeugt. Die Wirkung beruht wohl auf den durch sie herbeigeführten Stoffwechselveränderungen der Gewebe, welchen die Lebensbedingungen der Bakterien wenig angepaßt sind.

II. Lokale Blutarmut. Anämie.

Unter Anämie verstehen wir Blutarmut. Die der einzelnen Organe kann Teilerscheinung allgemeiner Anämie sein (siehe II. Teil, Kap. I); die lokale Anämie — wenn hochgradig, d. h. wenn das Blut völlig abgesperrt ist, auch Ischämie genannt — entsteht durch Verminderung oder Aufhebung der arteriellen Zufuhr bei ungehindertem Abfluß des Blutes. Verminderte Herztätigkeit hat zwar auch Herabsetzung der lokalen Blutmenge, besonders der peripheren Körperteile (sie äußert sich im Gehirn durch Ohnmachten, Schwindel, Schwäche etc.), zur Folge, doch bewirkt sie zumeist, wie aus dem vorigen Abschnitt hervorgeht, obwohl die Blutzufuhr verringert ist, trotzdem eine Stauungshyperämie, die aus der Behinderung des venösen Abflusses entspringt.

Anämien können durch verschiedene Ursachen herbeigeführt werden: *Ursachen bzw. Formen der Anämie:* 1. Durch äußeren Druck auf ein Organ, und zwar in der Regel nur dann, wenn er *1. Druckanämie.* sehr hohe Grade erreicht, so daß auch die Arterien oder die kapillaren Gefäße komprimiert werden, während mäßige Kompression meist nur auf die dünnwandigen Venen wirkt und statt Anämie vielmehr eine Stauungshyperämie hervorruft. Beispiele von Druckanämie sind die Esmarchsche Blutleere, ferner durch Geschwülste, Ansammlungen großer Flüssigkeitsmengen, z. B. im Pleuralraum oder in den Gehirnventrikeln (Hydrocephalus internus), Narben, Fremdkörper etc. bewirkte Anämien.

2. Ausgesprochene Anämie entsteht durch Verstopfung oder sonstigen Verschluß *2. Anämie durch Arterienverschluß oder Lumenverengerung.* der zuführenden Arterien in solchen Bezirken, zu denen eine Blutzufuhr von anderen Gefäßen her nicht möglich ist; d. i. also dann, wenn der verschlossene Arterienast, resp. seine Verzweigungen peripherwärts von der Verschlußstelle keine Anastomosen mit anderen Arterien besitzen, oder wenn diese nicht durchgängig, resp. nicht in genügendem Grade erweiterungsfähig sind. (Näheres hierüber s. Abschnitt 6.)

Verminderung der Blutzufuhr entsteht ferner unter den gleichen Bedingungen durch Verengerung des Gefäßlumens, so durch Erkrankungen der Gefäßwand, welche mit Verdickung der Intima einhergehen und nach und nach bis zum völligen Verschluß des Lumens fortschreiten können (z. B. Atherosklerose, Amyloidentartung von Gefäßen, Thromben).

3. Bei kongestiver Hyperämie einzelner Gefäßprovinzen muß das ihnen in vermehrter *3. Kollaterale Anämie.* Menge zuströmende Blut anderen Gebieten entzogen, in letzteren also ein Zustand der Anämie hervorgebracht werden, den man als kollaterale Anämie bezeichnet.

So entstehen Bewußtseinsstörungen durch Anämie des Gehirns nach rascher Entleerung großer pleuraler oder peritonealer Exsudate oder Transsudate, wenn zu den Gefäßen dieser serösen Häute die oben (S. 13) erwähnte, sekundäre Fluxion stattfindet. Eine analoge Wirkung hat die Durchschneidung der Splanchnici, auf welche eine starke Blutanhäufung in den Organen des Unterleibs erfolgt (s. S. 14).

4. Als spastische Anämie bezeichnet man eine durch Gefäßkontraktion verursachte *4. Spastische (neurotische Anämie.* Blutleere; sie stellt zwar meist nur einen vorübergehenden Zustand dar und schlägt in der

Regel durch Ermüdung der Gefäßmuskulatur bald in den entgegengesetzten Zustand, den der Blutfülle durch Erschlaffung, um; bei längerer Dauer kann sie aber unter Umständen selbst zum Absterben von Gewebsteilen führen. Die Kontraktion wird durch die Gefäß-nerven vermittelt, teils direkt, teils reflektorisch. Lokal wirken chemische Stoffe, unter denen als besonders praktisch wichtig das Adrenalin genannt sei, und vor allem Kälte auf die Vasomotoren und erzeugen Anämie. So ist die direkte Wirkung der Kälte auf die Haut, die schon in dem Grade, als sie durch Verdunstung entsteht, Blässe und Kühle derselben hervor-bringt, bekannt. Die Frostbeulen gehören hierher. Ätherspray bewirkt bekanntlich auch lokale Anämie. Daß man experimentell durch Reizung des Sympathikus eine Kontraktion der Gefäße und konsekutive Anämie hervorrufen kann, wurde bereits erwähnt; eine Sym-pathikusreizung ist bei gewissen, mit halbseitigem Gefäßkrampf auftretenden, Formen von Migräne sicher konstatiert. Auf zentrale Vasomotorenreizung wird auch z. B. die sogenannte Raynaudsche symmetrische Gangrän der Finger, Zehen etc. bezogen. Auch die Anämie der Haut im Fieberfrost ist zentralen Ursprungs. Als Beispiel reflektorischer Anämie sei das bekannte Erblassen bei plötzlichem Schreck, bei Angst etc. erwähnt. Arbeitende Körper-teile bekommen auf reflektorischem Wege viel Blut, ruhende wenig. So zeigen gelähmte Gliedmaßen kontrahierte Gefäße und geringen Blutgehalt (paralytische Anämie).

Kenn-zeichen der Anämie. Die Zeichen des Blutmangels bestehen zunächst in Abblassen der betroffenen Bezirke und somit Hervortreten ihrer Eigenfarbe, Abnahme ihrer Temperatur und ihres Volumens und ferner in Undeutlicherwerden und weniger geschlängeltem Ver-lauf der Gefäße, da dieselben bei dem geringeren Blutgehalt sich kontrahieren oder kolla-bieren.

Folgen der Anämie. Die Folgen sind abhängig von Grad und Dauer der Blutleere — so sind spastische Anämien oft nur vorübergehender Natur ohne schwere Folgen —, der Empfindlichkeit des betreffenden Organes — so ist Gehirn wie überhaupt funktionell sehr hochentwickeltes Gewebe, z. B. auch die Niere, besonders empfindlich — und von den Zirkulationsverhältnissen der Umgebung. Zunächst besteht nach dem Eintreten einer lokalen Anämie ein gewisses Bestreben nach einem Ausgleich; das Blut strömt von der Stelle der Sperrung, resp. des Hindernisses, in vermehrter Menge in die Gefäße der Umgebung. Diese kollaterale Hyperämie (vgl. S. 14) macht sich nach Verlegung eines Gefäßstammes an jenen Ästen geltend, welche oberhalb des Hindernisses abgehen, und ebenso, wenn von paarigen Gefäßen das eine undurchgängig wird, an den Bahnen der anderen Seite.

Nach Unterbindung der einen Carotis wird von der anderen, sowie auch von den Arteriae vertebrales dem Gehirn eine absolut größere Menge Blut zugeführt, so daß der durch einseitige Unterbindung entstandene Ausfall wieder gedeckt wird; nach Unterbindung der Cruralis in der Mitte des Oberschenkels erweitert sich namentlich die Arteria profunda femoris und führt durch ihre Anastomosen den unteren Ästen der Femoralis — mit denen ihre weiteren Verzweigungen mehrfach zusammenhängen — wieder Blut zu; ja nach Unterbindung der Aorta nimmt das Blut seinen Weg zum Teil durch die sich erweiternden Aae. mammariae internae und die mit ihnen zusammenhängenden Epigastricae zu den unteren Extremitäten.

Kollateral-kreislauf. Es entwickelt sich also in diesen Fällen ein ähnlicher Vorgang, wie an den Venen, wenn deren Lumen verlegt wird, ein Kollateralkreislauf, der auf Umwegen das Blut wieder zu den Organen führt. Fraglich bleibt freilich in vielen Fällen, ob die kollaterale Blutzufuhr genügt, um die Ernährung der betreffenden Organe zu bewerkstelligen, ein Umstand, der nicht nur von der Zahl der in einem Gebiete vorhandenen Kollateralen, sondern auch von deren Erweiterungsfähigkeit, also ihrem gesunden oder kranken Zustand, sowie von der Herzkraft abhängt, welche ihre Füllung bewirkt. Wir kommen auf diese Verhältnisse bei der Besprechung der embolischen Infarkte ausführlicher zurück.

Wird die Anämie nicht beseitigt, so sind ihre Folgen Sistierung der Nahrungs- und Sauerstoffzufuhr und Ansammlung der Zersetzungsprodukte, da ja auch die Wegfuhr der letzteren mit dem Aufhören des arteriellen Stromes aufhört.

So kommt es zu Funktionsstörungen. Empfindliche Organe stellen sofort ihre Funktion ein, wie die Lähmung der Beine beim Stensonschen Versuch (Unterbindung der Aorta und damit Ischämie des Lendenmarks) lehrt. Auch schon leichtere Grade der

Anämie rufen funktionelle Störungen hervor: im Gehirn Bewußtseinsstörungen, in anderen Fällen auch Erregungszustände (Krämpfe); in der Haut Störungen der Sensibilität (Analgesie), neben Erregungszuständen (Kontraktion der Musculi arrectores pilorum, „Gänsehaut“) etc. Nach erster anfänglicher Überreizung kommt es zu Herabsetzung der Reaktionsfähigkeit, infolge von Stoffwechselherabsetzung zu regressiven Prozessen, Verfettung etc. Ist die Anämie eine dauernde und vollständige, so stirbt das Gewebe ab, es verfällt der anämischen Nekrose. Anämische
Nekrose.

III. Blutung. Hämorrhagie.

Unter Blutung, Hämorrhagie, versteht man den Austritt von Blut, also vor allem von roten Blutkörperchen, aus der Gefäßbahn. Den Vorgang benennt man auch Extravasation, das ausgetretene Blut Extravasat.

Blutungen einiger Organe haben bestimmte Namen erhalten: Blutungen aus der Nase bezeichnet man als Epistaxis, Blutungen in den Magen, von wo das Blut vielfach durch Erbrechen entleert wird, als Hämatemesis; Lungenblutungen, bei denen das Blut zum Teil ausgehustet wird, als Hämoptoe; Blutungen aus der Niere mit Auftreten von Blutkörperchen im Harn als Hämaturie (im Gegensatz zur Hämoglobinurie, wobei nur durch gelöstes Hämoglobin der Harn rot gefärbt wird); Blutungen in die oder aus der Uterushöhle Metrorrhagien, solche in das Cavum vaginale des Hodens Hämatocele; stärkere Blutanhäufungen im Herzbeutel heißen Hämatoperikard, solche im Pleuraraum Hämatothorax; Gehirnblutungen mit einem schlagartigen Aufhören der Funktion bezeichnet man als Apoplexien. Andere Namen gelten der äußeren Beschaffenheit der Blutungen: Kleine flache Blutungen der äußeren Haut, der serösen Häute und Schleimhäute heißen Petechien bzw. Ecchymosen, größere der Haut, namentlich wenn sie unter Zersetzung des Blutfarbstoffes verschiedene Farbennuancen annehmen, nennt man Sugillationen oder Suffusionen. Massige Blutungen, die eine Auftreibung der Oberfläche bewirken

Besondere
Bezeich-
nungen.

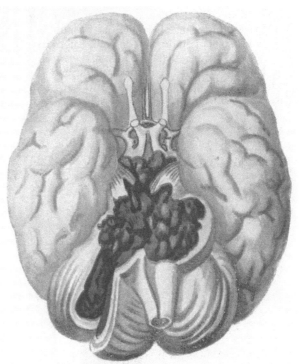

Fig. 4.
Blutung in Pons und Kleinhirn.
z. T. nach Cruveilhier, Anatomie pathologique du corps humain.

(Beulen), namentlich solche, die durch bindegewebige Bildungen abgekapselt werden oder in von Bindegewebe umschlossene Räume hinein stattfinden, nennt man — wenig gut — Hämatome. Endlich unterscheidet man nach der Art der blutenden Gefäße arterielle, venöse und kapillare Blutungen. Parenchymatöse Blutungen sind solche, die aus vielen kleinen Gefäßen zugleich stattfinden, wie sie z. B. nach einer sekundären arteriellen Fluxion nach vorhergegangener künstlicher Blutleere an Wundflächen sich einstellen können.

Nach der Art der Blutung, d. h. des Blutaustritts, können wir 2 Formen unterscheiden: Formen der
Blutungen:

A. Bei gröberen Verletzungen der Gefäßwand, z. B. Einreißen derselben — sei es durch Trauma, also eine Gewalteinwirkung von außen, sei es durch extreme Steigerung des Blutdruckes, also eine Wirkung von innen, oder bei so hochgradiger Veränderung der A. Blu-
tungen per
rhexin und
diabrosin.

Gefäßwand, daß diese ohne weiteres einreißt —, ist das Zustandekommen einer Blutung leicht erklärlich: Hämorrhagie **per rhexin.** Ebenso dann, wenn innerhalb geschwürig zerfallender Gewebe Gefäße in das Bereich der Zerstörung fallen und arrodiert werden: Hämorrhagie **per diabrosin.** Hier kommen Entzündungen, besonders Eiterungen — z. B. Magengeschwüre — wie nekrotisch zerfallende Tumoren und besonders tuberkulöse Prozesse — Lungenkavernen — in Betracht.

B. Blu-
tungen per
diapedesin. B. Aber auch ohne grob mechanische Verletzung der Gefäßwand können, wie wir schon bei der Stauung gesehen haben, Blutaustritte zustande kommen. Hier treten die roten Blutkörperchen nicht durch Risse der Wand, sondern an solchen Stellen der Gefäßwand aus, wo zwischen deren Endothelzellen präformierte Öffnungen — die Stomata Arnolds — vorhanden sind und sich bei der starken Über-füllung weiten. Diese Art von Austritt roter Blutkörperchen, also ohne Zusammenhangstren-nung der Wand des Gefäßes, nennt man Blutung **per diapedesin.** Sie erfolgt nur aus kleinen Ge-fäßen und spielt gerade bei den sogen. paren-chymatösen Blutungen (z. B. des Magens) eine große Rolle. Auch die Menstruationsblutung ge-hört hierher. Bei diesen anscheinend spontan auftretenden Blutungen liegt die Ursache in einem

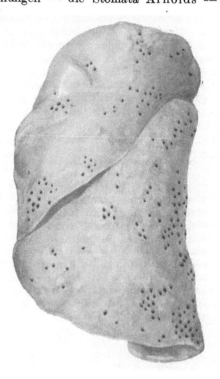

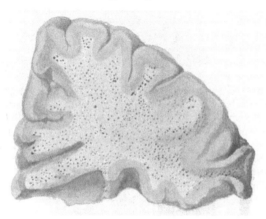

Fig. 5.
Zahlreiche kleine Blutungen in der weißen Substanz des Gehirns, sogenannte Purpura haemorrhagica des Gehirns.

Fig. 6.
Zahlreiche kleine subpleurale Blutungen (beim Erstickungstod kleiner Kinder).

Mißverhältnis zwischen dem auf der Gefäßwand lastenden Blutdruck und der Widerstands-fähigkeit der Wand; dies Mißverhältnis ist teils durch eine abnorme Steigerung des Blut-druckes gegeben, teils durch einen durch krankhafte Veränderungen bewirkten Mangel an Festigkeit der Gefäßwände. Meist wirken beide Momente zusammen.

Einteilung
nach ver-
anlassenden
Bedin-
gungen:
1. Blu-
tungen
durch
Druck-
steigerung. Nach den veranlassenden Bedingungen können wir so eine Reihe von Gruppen unter-scheiden:

1. Eine Erhöhung des Druckes kann Folge einer kongestiven oder einer passiven Hyper-ämie sein; bei beiden kommen auch Blutungen vor; bei der Stauung sind, abgesehen von den auch hier vorkommenden Rhexisblutungen, besonders die Diapedesisblutungen zu nennen, welche dem dabei auftretenden Transsudat einen hämorrhagischen Charakter verleihen und, z. B. an ein geklemmten Darmschlingen (Hernien), eine förmliche hämorrhagische Infiltra-tion bewirken.

Ein gutes Beispiel einer Stauungsblutung sind die meist tödlichen Blutungen aus bei Leber-cirrhose sich ausbildenden Venenerweiterungen (Varicen) des Ösophagus. Hierher gehören auch die Fälle, in denen der Blutdruck nur relativ zu hoch ist, wie bei der Anwendung von Schröpf-köpfen, die eine starke Luftverdünnung unter Ansaugung der Haut bewirken, also einen negativen Druck in derselben schaffen. In analoger Weise macht sich beim Aufsteigen in große Höhen die Abnahme des Atmosphärendruckes geltend.

2. Diese zur Gefäßzerreißung tendierende Wirkung des Blutdruckes wird also wesentlich begünstigt, wenn die Widerstandsfähigkeit der Gefäßwand durch Veränderungen herabgesetzt ist. Bei Verfettungen derselben (namentlich an kleineren Gefäßen), Athero-sklerose, variköser oder aneurysmatischer Erweiterung ist dies der Fall. Unter solchen Umständen vermögen schon kleine Traumata oder einfache arterielle Kongestionen, wie sie durch plötzliche Erregungen, namentlich bei vorhandener Herzhypertrophie auftreten, nicht nur kleine kapillare Blutextravasate, sondern auch große, selbst tödliche Blutungen hervorzurufen. Hier ist auch noch zu erwähnen, daß junge und daher noch zartwandige Gefäße schon an sich sehr zu Blutungen neigen, wie man das an granulierenden Wundflächen

2. Blu-tungen infolge von Ge-fäß-erkran-kungen.

Fig. 7.
Zahlreiche kleine Blutungen im Gehin (sogenannte Ring-blutungen).

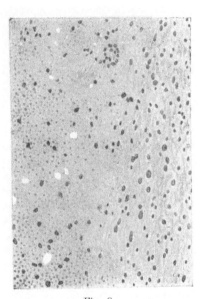

Fig. 8.
Blutung ins Gehirn.

bei geringen Anlässen beobachten kann. Doch ist bei schweren Traumen auch ein Reißen der unverletzten Aorta und tödliche Blutung beobachtet worden, während das Herz wohl nur, wenn es verändert ist — besonders Myomalacie (s. dort) — perforiert.

3. Auch die Kapillaren anämisch-ischämisch gewesener Bezirke neigen zu Blutungen, wahrscheinlich weil die Wände durch Störung der Ernährung durchlässiger geworden sind. Folgt bei Verstopfung der Arterien der anfangs bestandenen Anämie eine starke kollate-rale Fluxion und füllt die Gefäße des Bezirkes in stürmischer Weise wieder, so kommt es zum Teil wenigstens hierdurch zu Blutaustritten. So entsteht die Mehrzahl der sogenannten hämorrhagischen Infarkte, welche ein gleichmäßige, dichte Durchsetzung eines um-schriebenen Bezirkes, eine „hämorrhagische Infarzierung" desselben bewirken. Wir werden bei der Thrombose und Embolie ausführlicher auf sie zurückkommen. Indes gibt es auch hämorrhagische Infarkte, die nicht auf Gefäßverstopfung, sondern auf primärer Blutung beruhen. Auch wenn hyaline Thromben Kapillaren verstopfen, treten Blutungen auf.

3. Blu-tungen durch Ge-fäßver-stopfung.

4. Infek-
tiös-toxi-
sche Blu-
tungen.

4. Zum Teil können auf Verstopfungen von Arterien oder auch auf Veränderungen, z. B. fettige Degeneration, der Gefäßwand auch jene meist kleineren Blutungen zurückgeführt werden, die bei einer Reihe von Allgemeinerkrankungen auftreten; zum anderen Teil wird bei diesen freilich eine meist hypothetische Änderung in der Beschaffenheit des Blutes selbst angenommen, die ihm ein leichteres Durchtreten durch das Gefäßrohr ermöglichen soll. Es sind dies die infektiös-toxischen Blutungen. Hierher gehören die Blutungen bei allgemeinen Infektionskrankheiten, besonders im Verlauf pyämischer und septischer Infektionen, bei welchen für manche Fälle Verstopfungen der Blutgefäße durch Kokkenhaufen oder septische Emboli — z. B. Hautblutungen bei ulzeröser Endokarditis — konstatiert sind (eigentliche infektiöse Blutungen), oder Blutungen bei Diphtherie, Tetanus etc., wo die Bakterientoxine als wirksames Agens anzusehen sind (infektiös-toxische Blutungen), ferner Vergiftungen mit zahlreichen Giften, wie Phosphor oder Quecksilber oder auch Schlangengiften (toxische Blutungen) und endlich Blutungen, welche auf Autointoxikationen zu beziehen sind, so bei schwerem Ikterus (Cholämie), Eklampsie, Leukämie und Anämie, sowie Nephritiden (autotoxische Blutungen). Im letzteren Falle mag allerdings auch Blutdrucksteigerung mitwirken; bei den eigentlichen Blutkrankheiten wie Leukämie und Anämie, ist natürlich die Beschaffenheit des Blutes selbst neben den Gefäßwandveränderungen in Betracht zu ziehen. Besonders bei akuten Leukämien finden sich ausgedehnteste Blutungen vor allem in der Mundhöhle und im Darm. Auch die Blutungen bei Skorbut und Möller-Barlowscher Krankheit (s. unten) gehören wahrscheinlich als gastrointestinale Autointoxikationen hierher, während sich die als Purpura senilis auftretenden Hautblutungen ziemlich sicher auf atheromatöse Veränderungen der Gefäße zurückführen lassen.

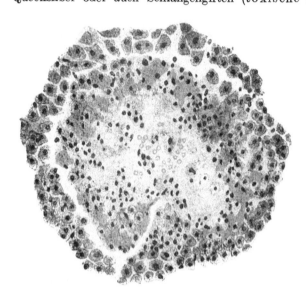

Fig. 9.
Toxische Blutung.
Blutungsherd in der Leber bei Eklampsia puerperalis.
(Nach Lubarsch, Die allgemeine Pathologie.)

5. Neuro-
tische
Blutungen.

5. Noch ganz unklar sind jene Blutungen, die durch nervöse Einflüsse zustandekommen; so sicher das Auftreten von Hautblutungen im Verlauf allgemeiner Neurosen (Stigmata der Hysterischen) von „supplementären" oder „vikariierenden" Blutungen (in den Respirationsorganen, der Mundhöhle etc.), nach Ausbleiben der Menstruation etc. konstatiert ist, so wenig sind wir über die Art ihres Zustandekommens unterrichtet; doch hängen sie jedenfalls mit vasomotorischen Einflüssen eventuell reflektorischer Art zusammen. Hormone sind dabei allerdings auch in Betracht zu ziehen. Blutextravasate in Lunge, Magen und Darm bei Gehirnaffektionen werden zum Teil zu den Verstopfungs- und toxisch-infektiösen Blutungen (Lubarsch) gerechnet.

Hämorrha-
gische
Diathese.

Eine besondere Neigung zu Blutungen, die sich in multiplem spontanem Auftreten oder unverhältnismäßiger Stärke und Dauer bei geringfügigen Anlässen zeigt, bezeichnet man als **hämorrhagische Diathese**. Es gehören hierher der Skorbut, eine geschwürige Affektion des Zahnfleisches mit hämorrhagischer Infiltration desselben, ev. zugleich mit spontanen Blutungen in andere Schleimhäute, in die äußere Haut (Purpura scorbutica), in Gelenke etc.; die Erkrankung entwickelt sich als Folgezustand schlechter Ernährung, besonders bei Mangel gewisser Nahrungsmittel (von Pflanzenkost). Dem Skorbut entspricht völlig die Möller-Barlowsche Erkrankung der kleinen Kinder. Ferner ist hier zu nennen die **Purpura haemorrhagica** oder der **Morbus maculosus Werlhofii**, bei dem ebenfalls neben Blutungen in die Haut solche in die Schleimhäute und oft auch erhebliche Extravasate in die inneren Organe (Gehirn, Nieren) stattfinden. Eine angeborene hämorrhagische Diathese ist die sogenannte **Bluterkrankheit, Hämophilie**, die oft eigentümliche Vererbungserscheinungen zeigt. ("Bluterfamilien" siehe unter "Vererbung"). Sie ist, abgesehen von den auch bei ihr vielfach vorkommenden anscheinend spontanen Blutungen, dadurch ausgezeichnet, daß schon nach geringfügigen Verletzungen schwere, ja tödliche Blutungen entstehen, ein Verhältnis, das sich wahrscheinlich durch einen Mangel an Gerinnungsfermentbildung erklärt.

Hämophilie.

Die **Folgen der Blutungen** sind teils allgemeine (konsekutive Anämie, Verblutungstod, vgl. II. Teil, Kap. I), teils lokale, welch letztere — Druck und Zertrümmerungen —, abgesehen von dem Umfang des Extravasates, von der Beschaffenheit des betroffenen Organes abhängen. Während z. B. in der Haut oder dem Unterhautbindegewebe die Folgen gering sind, haben Blutungen in der Lunge und besonders die so häufigen im Gehirn Substanzzerstörungen und unter Umständen schlagartige Sistierung der Funktion mit tödlichem Ausgang zur Folge (Apoplexie). Für gewöhnlich steht die Blutung nach einiger Zeit, d. h. sie hört auf, weil das (per rhexin) blutende Gefäß durch einen Thrombus, der später durch Bindegewebe ersetzt wird, verschlossen wird. Tritt dies nicht ein — wie bei der Hämophilie — oder handelt es sich um ein so großes Gefäß, daß sofort zu viel Blut austritt, so kann es zu direkt tödlichen Blutungen kommen.

Folgen der Blutungen.

Ist das Blut aus der lebenden Gefäßwand in die Umgebung ausgetreten und dem Einfluß der ersteren entzogen, so fällt es in der Regel sehr bald einer Gerinnung anheim. Bei dieser wird eine gewisse Menge des Plasmas aus dem Blutkuchen ausgepreßt und rasch resorbiert; die roten Blutkörperchen verlieren ihren Farbstoff, welcher die Umgebung rötlich imbibiert; er macht eine Reihe mit Farbveränderung einhergehender Umwandlungen durch, die z. B. den blutigen Sugillationen der Haut ihre nach Tagen auftretenden verschiedenen Nuancen (braun, gelblich, grün, blau) verleihen, und läßt als Residuum schließlich eine Pigmentierung an der Stelle der Hämorrhagie zurück. Wir kommen darauf noch zurück. Auch das Fibrin löst sich allmählich auf, respektive zerfällt zu einer detritusartigen Masse.

War durch die Blutung eine Gewebszerstörung gesetzt worden, so kann unter günstigen Bedingungen eine Regeneration stattfinden, das Gerinnsel kann ebenso wie der Thrombus organisiert, d. h. durch Narbengewebe ersetzt werden (s. u.). Bei manchen Blutungen, namentlich solchen im Gehirn, kann auch die Organisation auf die peripheren Partien beschränkt bleiben, während in den zentralen Teilen allmählich Blut und Gewebsdetritus durch klarere Flüssigkeit ersetzt werden, so entsteht eine von bindegewebiger Wand umgebene Zyste.

IV. Thrombose.

Bei der Gerinnung des Blutes scheidet sich das Fibrin in Form einer faserigen Masse aus, in welche die Blutkörperchen eingeschlossen werden; so entsteht der **Blutkuchen** oder **Cruor**. Die nach Ausfällen des Fibrins vom Blutplasma übrig bleibende Flüssigkeit heißt **Blutserum**. Findet die Gerinnung langsam statt, so senken sich die roten Blutkörperchen zu Boden, und der obenbleibende Teil des Blutplasmas scheidet sich bei der Gerinnung in Serum und Fibrin, welch letzteres keine oder nur spärliche Blutzellen eingeschlossen enthält. Es entsteht dann neben dem Blutkuchen eine gelbliche, zähe, elastische Substanz, die fast nur aus Fibrin zusammengesetzt ist, das sog. **Faserstoff-** (Fibrin) oder **Speckgerinnsel** (Fig. 10). Es hat sich also eine Scheidung des blutkörperhaltigen **Blutkuchens** (Cruor) und des **Faserstoffs** (Fibrin) vollzogen, eine Erscheinung, welche innerhalb der großen Gefäße und des Herzens nach dem Tode vielfach eintritt (vgl. S. 11). Das Fibrin gerinnt und bildet dann Netze feiner Fäden; in seltenen Fällen kristallisiert es aus.

Allgemeines über Blutgerinnung.

Die Ausfällung des Faserstoffes geschieht unter dem Einfluß eines **Ferments** (Fibrinferment, **Thrombin**). Eine Vorstufe desselben ist im Blut vorhanden, das **Thrombogen**. Die Umwandlung dieses in das Thrombin geht unter Einwirkung der aktivierenden **Thrombokinase** bei Gegenwart von Kalksalzen (welche das Blut enthält) vor sich. Das Fibrinogen des Blutes wird jetzt von dem Thrombin in Fibrinoglobulin und eben das **Fibrin** gespalten. Da sich nun das aktivierende Moment, die Thrombokinase, nicht im Blute findet, dagegen von Gewebszellen und besonders zerfallenden Blutplättchen geliefert wird, erklärt es sich, daß für gewöhnlich die Gerinnung des Blutes ausbleibt und diese nur unter besonderen Bedingungen eintritt. Zudem produzieren besonders die Gefäßendothelien gerinnungshemmende Stoffe (**Antithrombin**).

Es treten bei der Gerinnung sowohl an einem Teil der weißen, besonders aber an vielen roten Blutkörperchen Zerfallserscheinungen auf, welche nach älterer Ansicht der Bildung der sogenannten "Blutplättchen" zugrunde liegen sollten; die letztgenannten Gebilde entstehen danach teils durch Ausstoßung kleiner Teilchen aus dem Zellplasma, teils durch Abschnürung von Partikeln aus ihm, teils durch Zerfall desselben in kleinere Teilstücke. Nach neueren Untersuchungen entstehen die Blutplättchen aber offen-

Blutplättchen.

bar nicht aus Blutkörperchen, sondern durch Abschnürungen aus den sogenannten Megakaryozyten des Knochenmarks. Die Blutplättchen können auch im normalen Blute nachgewiesen werden, indes wechselt ihre Menge je nach der angewandten Untersuchungsmethode; vermutlich sind sie, wenn auch konstant vorhandene, so doch keine selbständigen Elemente des Blutes, entstehen vielmehr in geringer Menge schon unter normalen Verhältnissen in der eben angedeuteten Art und Weise. Vermehrt sind sie z. B. nach Blutungen, bei Chlorose etc. Sie sind von verschiedener Größe und Form, von dem Umfang eines halben roten Blutkörperchens bis zu ganz kleinen punktförmigen Gebilden herab, sogenannten „Blutstäubchen“. Im Zentrum weisen die Blutplättchen einen spezifisch färbbaren granulierten „Innenkörper“ auf. Sie degenerieren sehr leicht. Hierbei tragen sie zur Bildung der oben genannten Thrombokinase bei. In den Leichengerinnseln finden sich die Blutplättchen (im Gegensatz zu den Thromben s. u.) gewöhnlich nur in geringer Menge.

Auch während des Lebens können feste Abscheidungen aus dem Blute zustande kommen; solche bezeichnet man, wenn außerhalb des Blutstromes entstanden, wie die postmortal gebildeten, als Blutgerinnsel, den Vorgang als Gerinnung, wenn innerhalb der Gefäßbahn, im Herzen, in Arterien, Venen oder Kapillaren an dem Fundorte erfolgt, als **Thromben** oder Blutpfröpfe, den Vorgang als Thrombose. Einfache Blutgerinnung wie Thrombose

Blutgerinnung. Thrombose und Thromben.

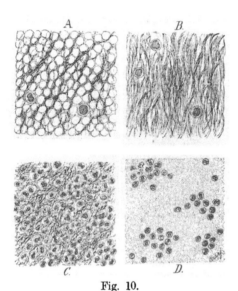

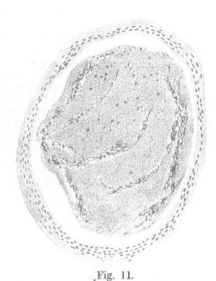

Fig. 10.

A Cruorgerinnsel. B Fibringerinnsel. C Leukozytenthrombus (mit Fibrin). D Plättchenthrombus (mit einzelnen Leukozyten).

Fig. 11.

Gefäß mit einem roten Thrombus.

Der Thrombus besteht aus roten Blutkörperchen (gelb), dazwischen Fibrin mit Leukozyten (blau). Außen Gefäßwand.

bestehen in einem Übergang des Blutes in den festen Aggregatzustand. Die einzelnen Blutelemente zeigen bei der Thrombose starke Zerfallserscheinungen, welche zum Teil erst wieder die weiteren Vorgänge, insbesondere die Gerinnung bedingen. Beneke definiert daher die Thrombose als eine Form intravaskulärer Blutnekrose, deren aus mechanischen und chemischen Ursachen abgestorbenes Material feste lumenverlegende Produkte aus einzelnen oder aus mehreren konfluierenden Komponenten des Blutes bildet.

Findet eine Thrombose durch allmähliche Absetzung von Niederschlägen an die Gefäßwand statt, so ist der entstehende Thrombus zunächst ein wandständiger, resp. an den Venenklappen ein klappenständiger. Wächst der wandständige Thrombus durch fortwährende Anlagerung neuer Massen, bis er das Gefäßlumen ganz ausfüllt oder ist dies von vornherein der Fall, so spricht man von obturierendem oder obstruierendem Thrombus. Auch in der Längsrichtung kann der Thrombus zunehmen; an Arterien erstreckt er sich dann peripherwärts gegen die kleinen Äste, an Venen wächst er proximalwärts nach dem nächst größeren Hauptstamm zu und ragt oft noch ein Stück weit in diesen hinein. So entsteht der fortgesetzte Thrombus im Gegensatz zum autochthonen, d. h. ursprünglich an Ort und Stelle entstandenen. Innerhalb der Herzhöhlen entstandene Thromben lösen sich unter Umständen von der Wand ab und

Formen der Thromben.

werden durch die Kontraktionen des Herzens abgerundet, so daß sie kugelige, an der Oberfläche glatte, konzentrisch geschichtete, frei bewegliche Massen in der Herzhöhle bilden, sogenannte **Kugelthromben.**

Der Thrombus zeigt meist eine deutliche Riffelung der Oberfläche in Gestalt einer netz- oder strichförmigen Zeichnung, die durch feine helle Erhabenheiten dargestellt wird. Diese quergestellten Oberflächen leisten entsprechen dem unten zu beschreibenden Lamellenbau der Thromben.

Aus praktischen Gründen behalten wir die alte Einteilung der Thromben in **rote,** graue oder **weiße** und **gemischte** Thromben bei.

Einteilung der Thromben in rote, weiße und gemischte.

Die Beschaffenheit eines Thrombus ist wesentlich abhängig von den Bedingungen, unter welchen seine Bildung stattfindet, **ob sie in rasch strömendem oder ob sie in stagnierendem (bzw. langsam fließendem) Blute** vor sich geht.

Fig. 12.
Weißer Thrombus mit typischem Bau s. auch Fig. 13.

Im letzteren Falle, der z. B. bei doppelter Unterbindung eines Gefäßes gegeben sein kann, gerinnt das eingeschlossene Blut in seiner ganzen Menge, es entsteht ein Produkt, welches dem postmortalen Cruorgerinnsel in jeder Beziehung gleicht und wie dieses rote und weiße Blutzellen in demjenigen Mengenverhältnis enthält, das der normalen Blutmischung zukommt, also weitaus mehr rote als weiße; zwischen ihnen findet sich fädig ausgeschiedenes Fibrin (Fig. 10 *A*); so entsteht das sogenannte **intravitale rote Gerinnsel**, der **rote Thrombus.** Anfangs unterscheidet er sich nicht vom kadaverösen Cruorgerinnsel, aber schon nach 1—2 Tagen erhält er eine hellere Farbe, wird durch Wasserabgabe trockener und bröckeliger, zeigt die oben erwähnte Riffelung und verklebt mit der Gefäßwand, während die Leichengerinnsel dieser nur locker anhaften, ein diagnostisch sehr wichtiges Unterscheidungsmerkmal beider.

Roter Thrombus.

Tritt eine Thrombenbildung jedoch **innerhalb** des strömenden Blutes ein, so finden Vorgänge statt, die sich wesentlich von der postmortalen Gerinnung entfernen; es handelt sich jetzt überhaupt keineswegs oder auch vorzugsweise bloß um Gerinnung; vielmehr nehmen die einzelnen, aus dem Blute stammenden Bestandteile, also rote und weiße

Blutzellen, Blutplättchen und Fibrin in sehr verschiedenem Mengenverhältnis an der Zusammensetzung des Thrombus teil, und es gelangen auch die einzelnen der genannten Bestandteile unter sehr verschiedenen Bedingungen zur Abscheidung. Diejenigen Elemente,
welche hier an die Gefäßwand abgesetzt werden und sich an derselben anhäufen, sind ganz
besonders die Blutplättchen und die weißen Blutzellen, während die roten Blutkörperchen größtenteils vorbeiströmen und nur spärlich in den Thrombus eingeschlossen werden;
dazu findet mehr oder minder reichliche Fibrinabscheidung statt. So bildet sich im Gegensatz zu dem dunkelroten Gerinnsel des stagnierenden Blutes ein solches von heller, grauer

Weißer Thrombus. bis weißer Farbe — **grauer** oder **weißer Thrombus.** Dieser kann also, wenn ganz rein, wesentlich aus dreierlei Bestandteilen zusammengesetzt sein: Fibrin, Leukozyten und Blutplättchen. Die Plättchen und Leukozyten liegen meist in Haufen zusammen; erstere verlieren sehr rasch ihre normale Gestalt und verkleben miteinander zu körnigen oder homogen

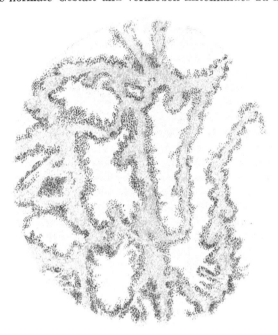

Fig. 13.

Typischer Aufbau eines frischen (weißen) Thrombus: Das dunklere Balkenwerk besteht aus Blutplättchen.
Die Balken sind von einem Leukozytensaum eingerahmt. In den hell gehaltenen Lücken befindet sich
rotes Blut. (Nach Aschoff-Gaylord, Kursus der pathol. Histologie nebst einem Atlas.)

aussehenden hyalinen Massen: Agglutination (Fig. 13). Indes können feinkörnige
Zerfallsprodukte auch aus Fibrin entstehen. Rote Blutkörperchen kommen zumeist — wenn
auch nur vereinzelt — doch noch dazu (s. unten). Der Thrombus weist nun bei der mikroskopischen Untersuchung eine gewisse Architektur auf, und zwar in der Weise, daß die miteinander verklebten Blutplättchen einen korallenstockartigen Grundstock
bilden. Den Lamellen der Blutplättchen liegt eine ungleich breite Schicht von weißen Blutkörperchen auf. Die spezifisch leichteren weißen Blutzellen lagern sich nämlich infolge der
verlangsamten Blutströmung an den Rand ab, nur daß der Strom durch die sich bildenden
Blutplättchenberge gewissermaßen in zahlreiche Unterströme geteilt wird und so in jedem
dieser die weißen Blutzellen sich an den Rand stellen und sich daher den Rändern der Plättchenhaufen anlagern. Es ist der Blutstrom selbst, der diese Architektur formt, ähnlich wie
die Ablagerung von Sinkstoffen in strömenden Flüssigkeiten vor sich geht und bei Stromverlangsamung ähnliche Lamellen bildet (Aschoff). In den Zwischenräumen dieses Balken-

gerüstes liegt bald dichter, bald lockerer ein Fibrinnetz, in dessen Maschen rote und eventuell noch weiße Blutkörperchen gelegen sind

Je mehr die Blutströmung verlangsamt ist, der Stagnation sich nähert, um so reichlicher werden rote Blutkörperchen in die Thromben mit eingeschlossen und um so mehr nähern diese sich dann in Aussehen und Zusammensetzung den roten Thromben; es erklärt sich das dadurch, daß mit abnehmender Stromenergie leichter rote Blutkörperchen an die Gefäßwand abgesetzt werden. Da im strömenden Blute diese Beimischung nicht gleichmäßig stattfindet — wie ja die Thrombenbildung überhaupt nicht plötzlich und auf einmal vor sich geht —, sondern bald zahlreiche Erythrozyten mit eingeschlossen werden, bald vorwiegend farblose Massen sich anlegen, so erhält der Thrombus oft eine deutliche Schichtung, die an seinem Querschnitt schon makroskopisch in hellen und dunklen, miteinander abwechselnden, Lagen hervortritt; so entsteht der **gemischte Thrombus.** Stagniert das Blut ganz, so bildet sich jetzt als „Schwanz" des Thrombus ein einfacher **roter Thrombus.** Gemischter Thrombus.

Die weißen Thromben kann man also nach ihrer Entstehung im fließenden Blut auch als Abscheidungsthromben bezeichnen. In den größeren Gefäßen bei vitalen Vorgängen handelt es sich fast stets um solche Abscheidungsthromben. Durch einen solchen wird das Gefäß verschlossen, das Blut dahinter kommt zur Stase und gerinnt. Nun liegt ein fortgesetzter Thrombus mit einem weißen Verschlußthrombus am Kopf und einem roten Schwanz vor. Diesen roten Thrombus können wir daher auch als Koagulations- oder Gerinnungsthrombus (im stagnierenden Blut entstanden) bezeichnen. Nach dieser Lehre (Aschoff) beginnt jeder Thrombus mit Bildung eines weißen Thrombus. Dieser bietet eine architektonische Struktur dar, indem er ein kompliziertes System von Balken aufweist, welche vor allem eine zur Gefäßwand und zur Stromrichtung senkrecht verlaufende Richtung haben. Auf diesen Lamellen bauen andere auf. Die Lamellen sind aus Blutplättchen mit einer Randzone von Leukozyten zusammengesetzt. Dazwischen liegen rote Blutkörperchen, Leukozyten, Fibrin (s. oben). Die letzte Ursache für die Ausscheidung der Plättchen und somit die Bildung des Thrombus ist einerseits die **Blutstromverlangsamung,** andererseits die **Agglutinationsfähigkeit der Blutplättchen.** Hinzu kommt evtl. eine Schädigung der Gefäßwand, insbesondere des Endothels. Die Plättchenablagerung folgt dabei bestimmten physikalischen Gesetzen, die aber noch nicht genauer eruiert sind. Die Fibringerinnung schließt sich erst an diese Agglutination an.

Hier anzureihen sind noch mehrere nicht ganz so wichtige Thrombenformen: Plättchenthromben und hyaline Thromben. Reine Plättchenthromben sind von hell grauroter oder grauer, körniger Oberfläche, meistens sehr weich. Sie zersplittern leicht wieder. Zuweilen wandeln sich Fibrin und Plättchenhaufen besonders unter toxischen oder infektiös-toxischen Bedingungen in eine derbere, glasig aussehende, dicke Balken bildende Masse um — „hyaliner Thrombus". Solche kommen namentlich in Kapillaren und kleinsten Gefäßen vor. Beneke nennt den Vorgang, welcher an abgestorbenem Zellmaterial zu dieser glasigen Umwandlung der Eiweißkörper führt, „Kongelation". Plättchenthrombus. Hyaliner Thrombus.

Gelegentlich findet man die Fibrinfäden um einzelne veränderte Leukozyten, um abgestoßene Endothelzellen etc. oder besonders Plättchenhaufen derartig angeordnet, daß sie von dem genannten Element büschelförmig nach verschiedenen Seiten ausstrahlen — sogenannte Gerinnungszentren —, welche zu der Gerinnungsbildung beigetragen haben (s. Fig. 14). Häufiger werden letztere bei der extravaskulären Blutgerinnung vorgefunden.

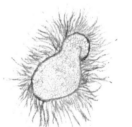

Fig. 14.
Blutplättchen als Gerinnungszentren in der Pfortader bei Pyämie nach K. Zenker $(\frac{100}{1})$. Gerinnungszentren.

Die Vorgänge bei der Thrombose kann man also bezeichnen (Beneke) als Zellagglutination (besonders Blutplättchen), Fibrinkoagulation (Gerinnung) und evtl. Kongelation: Sie sind die Folge teils mechanischer (was das Wichtigste ist), teils chemischer Einwirkungen. Bedingungen der Thrombose. Bei den ersteren kann man auf die Schwächung der Stromkraft und Richtungsänderungen derselben (Beneke) als Folge der Blutstromverlangsamung (s. oben), Wirbel- und Wellenbewegungen das Hauptgewicht legen. Hierdurch wird die plasmatische Randzone im Verhältnis zum Axialstrom verbreitert (s. S. 28 und unten). Die chemischen Verhältnisse sind sehr kompliziert; es spielen Stoffe, welche durch Zerfall der Blutelemente frei werden, ebenso mit wie Stoffe, welche von Zellen der Gefäßwand, besonders den Endothelien stammen, Gerinnung etc. bewirkende ebenso, wie solche hemmende. Auch Fremdkörper können chemisch einwirken.

Einteilung nach zur Thrombose führenden Be-dingungen:

Für das Eintreten aller dieser Veränderungen sind nun im Körper unter verschiedenen Verhältnissen die Bedingungen gegeben; man kann die letzteren in drei Gruppen einteilen: 1. Veränderungen des Blutes selbst, 2. Veränderungen der Blutströmung und 3. Veränderungen der Gefäßwand.

1. Verände-rungen des Blutes.

1. Veränderungen des Blutes. In diese Gruppe gehört die Anwesenheit größerer Mengen von Fibrinogen oder gerinnungserregenden Stoffen im Blute (Thrombin, s. o.), wenn die aktivierende Thrombokinase von zerfallenden und zerstörten Gewebsteilen (oder Blutelementen) herstammen kann. Durch

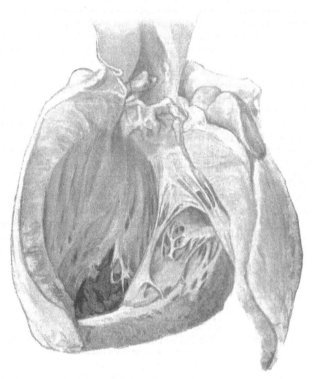

Fig. 15.
Thrombus im aneurysmatisch erweiterten linken Ventrikel nahe der Spitze.

Resorption von solchen wird unter Umständen eine Temperaturerhöhung, ein sogenanntes „aseptisches Wundfieber" hervorgerufen. Es gehören ferner hierher die Thrombosen, welche bei verschiedenen In-

Infektiös-toxische Throm-bosen.

fektionskrankheiten (Typhus abdominalis, fibrinöser Pneumonie, eiterigen Allgemeininfektionen, Erysipel, Dysenterie etc.) auftreten, sowie jene, die sich bei gewissen Vergiftungen und Autointoxikationen (siehe Kapitel VI), sowie bei Blutkrankheiten einstellen können. Was alle diese „infektiöstoxischen Thrombosen" anlangt, so handelt es sich bei der Wirkung der Bakterien oder der von solchen gebildeten Stoffe nur zum Teil um direkte Zerstörung von Blutkörperchen, zum Teil auch um Schädigung der Gefäßwände (s. u.) oder der Herztätigkeit. Allerdings spielen außer den oben betonten mechanischen Momenten hier wohl sicher chemische eine Hauptrolle, die aber nicht im einzelnen erforscht sind. Bei den Vergiftungen (besonders Vergiftungen mit Morcheln, mit Kalium chloricum, mit Quecksilbersalzen etc.) kommen die Thrombosen ebenfalls vielfach durch direkte Zerstörung von roten Blutkörperchen zustande. Auch das Blut anderer Tierarten, und zwar selbst in defibriniertem Zustande injiziert, kann durch Zerstörung der roten Blutkörperchen des so behandelten Tieres die nämliche Wirkung ausüben. Bei den Autointoxikationen wirken giftige Stoffe, welche in dem erkrankten Organismus selbst gebildet werden, wie z. B. bei der Puerperaleklampsie. Bei Verbrennungen und Erfrierungen bilden sich Thromben besonders in kapillaren Gefäßen teils an den Stellen der direkten Einwirkung der Schädlichkeit, teils an entfernten Stellen (in den Kapillaren des Gehirns, des Magendarmkanals, der Nieren); in den letzteren Fällen liegt der Thrombenbildung wahrscheinlich ebenfalls eine Autointoxikation mit Giftstoffen zugrunde, die sich aus den Zerfallsprodukten der zerstörten Blutkörperchen, respektive Gewebszellen (Nekrosen) bilden und zur Resorption kommen. Bei der Kältewirkung können auch Kontraktionen kleiner Gefäße hier Thromben bewirken. Bei den verschiedenen Blutkrankheiten, Leukämie, Anämie, Chlorose etc. finden sich Thromben mit Vorliebe in den Ober- und Unterschenkelvenen, sowie im großen Längsblutleiter der Dura mater des Gehirns. Bei allen diesen Vorgängen spielen wohl neben der Blutveränderung Ernährungsstörungen der Gefäßwände (s. u.) infolge der Anämie eine maßgebende Rolle, eventuell auch noch Kreislaufstörungen. Ob die Zahl der Blutplättchen, welche nach Blutverlusten besonders groß zu sein scheint, oder eine Vermehrung des Fibrinferments etc. auch von Bedeutung ist, ist noch durchaus zweifelhaft. In das Blut gelangte Fremdkörper, namentlich mit rauher Oberfläche, rufen öfters Thrombose hervor. In erster Linie sind hier Thromben selbst, welche als Emboli (s. nächstes Kap.) an andere Stellen gelangen, zu nennen. Sie fördern hier teils durch Wellenbildungen, teils chemisch Anlagerungen größerer, lokal entstehender Thromben. So können aus kleinen Thromben große Emboli werden. Auch verschleppte Geschwulstzellen können thrombotische Auflagerungen veranlassen. Endlich sind hier ins Blut gelangte exogene Fremdkörper zu nennen. Außer durch Beobachtungen am Menschen sind alle diese Blutverhältnisse durch zahllose Experimente erforscht.

2. Von den Veränderungen der Blutströmung sind es namentlich Verlangsamung derselben, ferner Wirbelbildungen an bestimmten Stellen der Gefäßbahn, die eine Thrombose begünstigen (s. oben). Die wichtigste hierher gehörige Form ist die Stagnationsthrombose, die bei aufgehobenem oder erheblich verlangsamtem Blutstrom entstehen kann (s. auch oben). Indes genügt auch eine vollständige Stockung des Blutlaufes für sich allein nicht, um eine Thrombose hervorzurufen. Wenn man ein Blutgefäß mit sorgfältiger Schonung seiner Wand an zwei Stellen unterbindet, zwischen welchen keine Verzweigung abgeht, so kann man noch nach Wochen das Blut in dem abgebundenen Abschnitt flüssig finden. Es müssen also noch andere Momente hinzukommen, die wohl in einer Schädigung der Gefäßwand liegen. In dieser Beziehung wirkt übrigens die Stagnation oder verlangsamte Blutströmung selbst direkt, indem durch sie die Ernährung der Gefäßwand leidet und die untergehenden Endothelien Ferment bilden.

2. Veränderungen der Blutströmung

Eine zur Thrombose disponierende langsame Strömung kommt auch bei einfachen Gefäßunterbindungen zustande, und zwar in demjenigen Gefäßabschnitte, der zwischen der Ligaturstelle und dem letzten (bei Arterien proximal, bei Venen distalwärts) abgehenden Seitenaste liegt. Eine einfache Überlegung zeigt, daß der Blutstrom dann sofort vorwiegend in dem letzteren seinen Weg nehmen wird, während in dem Abschnitt zwischen ihm und der Ligaturstelle nur ein geringer Wechsel des Blutes vor sich geht. Eine Verlangsamung des Blutstromes entsteht ferner bei Stauungen, bei Herzschwäche etc., bei denen sich auch gerne Thromben in den peripheren Venenästen ausbilden. Im gleichen Sinne wie eine Stauung wirkt auch eine Kompression von Venenstämmen: Kompressionsthrombose (s. auch Fig. 16).

Kompressionsthrombose

An manchen Stellen der Blutbahn bestehen teils normaliter plötzliche Erweiterungen derselben (Herz, Arcus aortae, Stellen oberhalb der Venenklappen), teils kommen solche durch pathologische Prozesse (Varicen, Aneurysmen) zustande. In ihnen lagern sich mit Vorliebe Thromben ab, deren Bildung durch die lokalen Verhältnisse insofern begünstigt ist, als hier Wirbelbildungen infolge der plötzlichen Erweiterung des Strombettes eintreten: Dilatationsthrombose. Indes wirken hier sicher noch andere Faktoren, namentlich Alterationen der Gefäßwand, Abnahme der Stromenergie und Veränderungen des Blutes selbst mit.

Dilatationsthrombose

Für die sogenannte marantische Thrombose bzw. die so gebildeten **marantischen Thromben** ist Abnahme der Stromenergie infolge von Herzschwäche ein wesentliches, aber jedenfalls auch nicht das einzig wirkende Moment. Vielleicht sind auch bei der Bildung marantischer Thromben Schädigungen der Gefäßwände und insbesondere ihrer Endothelien durch gestörte Ernährung von Bedeutung. Man findet die (meist weißen, vorzugsweise aus Blutplättchen bestehenden) marantischen Thromben besonders in den Auriculae der Vorhöfe, an der Spitze der Herzkammern („Herzpolypen"), in den Klappentaschen der Venen, besonders aber in den Venae femorales, sowie im Uterin- bzw. Prostatageflecht.

Marantische Thrombose

Daß die Thromben sich zumeist in Venen finden, rührt von der hier viel leichter eintretenden Stromverlangsamung her. Hierfür ist vor allem eine Erweiterung der Venen, z. B. an den unteren Extremitäten infolge der Belastung bei aufrecht stehendem Körper oder eine physiologische Erweiterung wie im Gebiet der Venenklappen oder Herzohren verantwortlich zu machen. Diese Momente erklären so auch den Prädilektionssitz. Bei längerem Liegen finden sich die Thromben besonders in der Vena femoralis, weil hier im Gebiete der Klappen und des Ligamentum Pouparti gerade bei etwa wagerechter Haltung des Körpers eine Steigung zu überwinden ist.

3. Veränderungen der Gefäßwand

3. Von Veränderungen der Gefäßwand schreibt man Rauhigkeiten der Innenwand mindestens eine Begünstigung der Thrombose zu. In dieser Beziehung befördert alles die Thrombenbildung, was das Endothel der Intima, welches, in seinem nor-

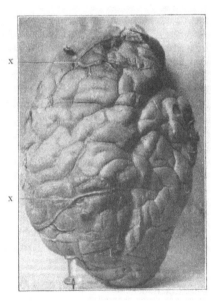

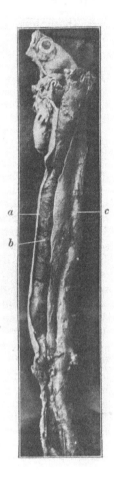

Fig. 16.
Thromben der Piagefäße (bei x) infolge von Kompression durch Geschwülste der Dura mater.

Fig. 17.
Thrombus auf Grund einer atherosklerotischen Aorta.

Fig. 18.
Thrombus der Vena femoralis.

a Wand der Vene, *b* Thrombus, *c* Arterie.

malen Zustande, gerinnungshemmend wirkt, erheblich verändert: mechanische oder chemische Schädigungen desselben, entzündliche Prozesse, Atheromatose, (s. Fig. 17), Varicen und Aneurysmen, welche alle mit Veränderungen der Gefäßwand, insbesondere auch des Endothels, einhergehen. Indes ist auch hier die Stromenergie des Blutes von Einfluß. Schwächerer Strom begünstigt Thrombenbildung. Auch bei verhältnismäßig bedeutenden Veränderungen ihrer Intima bilden sich in der Aorta nur selten und nur bei starker Herabsetzung der Herzleistung Thromben, leicht hingegen, wenn hier Aneurysmen mit ihrer Stromverlangsamung bestehen, während sich eine Thrombose in kleinen Arterien und in Venen öfters schon an geringfügige Veränderungen anschließt. Phlebitiden führen besonders leicht zu Thromben.

Bei entzündlichen und septischen Prozessen sind es zumeist solche Veränderungen der Gefäßwände und vielleicht dadurch bedingte Blutveränderungen, welche die Thromben bewirken, nicht die einfache Anwesenheit von Bakterien im Blut (s. oben). Doch kann das Blut auch in transplantierten Gefäßen z. B. flüssig bleiben.

Bald gehen weitere Veränderungen am Thrombus vor sich. Die Thromben wachsen einerseits, da die ursprünglich kleineren Thromben zu neuen Wirbel- etc. Bildungen Veranlassung geben. Auch sonst liegen im Thrombus die Bedingungen zur Anlagerung größerer thrombotischer Massen. Andererseits zersetzt sich aber der Thrombus autolytisch. Die roten Blutkörperchen werden durch Abgabe des Hämoglobins zu „Schatten" und zerfallen bald unter Bildung vielgestaltiger Formen. Durch Auflösung des Hämoglobins wird der Thrombus heller gefärbt, oder indem sich hierbei Blutpigment bildet, braun. Hierdurch wie durch Zerfallserscheinungen der weißen Blutkörperchen, sowie Auflösung des Fibrins und der Blutplättchen kann — besonders bei Blutplättchenthromben im Innern des Thrombus — die sogenannte „puriforme" Erweichung (die aber mit eigentlicher Eiterung nichts zu tun hat) zustande kommen. Wirkliche Vereiterung oder Verjauchung ist möglich bei sekundärer Infektion mit Bakterien, besonders von der Gefäßwand aus.

(Marginalien rechts: Veränderungen der Thromben. — Puriforme Erweichung.)

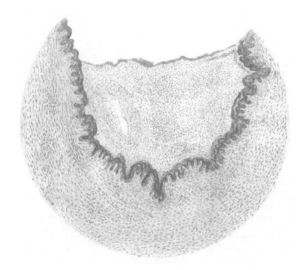

Fig. 19.
Organisierter und vaskularisierter wandständiger Thrombus.
Die Kerne sind rot (Karmin), die elastischen Fasern violett gefärbt. Man erkennt die Begrenzung der alten Intima an der geschlängelten elastischen Grenzlamelle und eine feine neugebildete Elastika, welche über den organisierten Thrombus hinüberzieht.

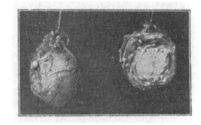

Fig. 20.
Großer Phlebolith; links noch in der Vene gelegen, rechts auf dem Durchschnitt.

Am häufigsten findet von der Wand des thrombosierten Gefäßes her nach einiger Zeit eine **Organisation** des Thrombus statt, indem junges Bindegewebe und Gefäße in dessen Masse hineinwachsen und dieselbe unter Resorption allmählich ersetzen (vgl. Kap. III). Hierbei begünstigt die Retraktion des Thrombus durch Wasserverlust die Wucherung von der Gefäßwand aus infolge der so eintretenden Entspannung. Durch Erweiterung der einwachsenden Gefäße kann der Thrombus kanalisiert, d. h. das Gefäß teilweise für Blut wieder durchgängig werden. So können sich ganz kavernöse Bildungen z. B. an thrombosierten Pfortaderästen ergeben. Auch Kalk kann sich in den in Organisation befindlichen Thromben ablagern. So bilden sich besonders in Venen die sogenannten Venensteine, „Phlebolithen" (s. Fig. 20). Organisierte Klappenthromben des Herzens bei Endokarditis können völlig an tumorartige Bildungen wie Angiome, Myxome etc. erinnern. *(Marginalie: Organisation.)*

Als Folgen der Thrombose kommen zunächst Blutstauung, Blutungen und Hydrops, sodann Gewebsveränderungen an den Gefäßen selbst und Ernährungsstörungen der zugehörigen Bezirke in Betracht. Die größte Gefahr liegt in einer Embolie (s. unten). *(Marginalie: Folgen der Thrombose.)*

Die Unterscheidung von Thromben und postmortalen Gerinnseln hat im allgemeinen schon nach ihrem makroskopischen Verhalten keine Schwierigkeiten: die Thromben sind fast stets trockener, von

Unterscheidung
zwischen
Thromben
und kada-
verösen Ge
rinnseln.

festerer Konsistenz, brüchiger; ihre Oberfläche ist mehr oder weniger körnig, oft deutlich geriffelt oder gerippt, der Durchschnitt meist schon makroskopisch ungleichmäßig, oft geschichtet; endlich ist der Thrombus meist schon nach 24 Stunden mit der Gefäßwand verklebt und wird später immer stärker adhärent. Demgegenüber sind die Gerinnsel, und zwar sowohl Cruorgerinnsel wie Fibringerinnsel, mehr oder weniger elastisch, an der Oberfläche zumeist glatt und spiegelnd, auf dem Durchschnitt gleichmäßig, von der Unterlage leicht abziehbar, höchstens an bestimmten Stellen (zwischen den Trabekeln des Herzmuskels, an Venenklappen) mit denselben verfilzt. Allerdings kann auch nach Herzstillstand noch Blutbewegung vor sich gehen, so daß so gebildete Gerinnsel in manchen Punkten an Thromben erinnern können. Dazu kommen die sich aus dem oben Gesagten ergebenden Unterschiede in der mikroskopischen Zusammensetzung: Der größere Gehalt der Thromben an Leukozyten oder Blutplättchen, die geschilderte Architektur, die sich in der gegenseitigen Anordnung der einzelnen Bestandteile zu erkennen gibt. Schwierigkeiten können eigentlich nur dann entstehen, wenn es sich darum handelt, ganz frisch entstandene, rein rote, intravitale Thromben (s. o.) von sehr blutkörperchenreichen Gerinnseln oder sehr fibrinreiche weiße Thromben von Fibringerinnseln zu unterscheiden; doch reichen auch hier bei genauer

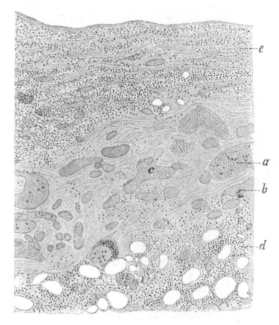

Fig. 21.

Kapillare Stasen, aus einem beginnenden Ulcus ventriculi.

a Gefäß mit noch erhaltenen roten Blutkötperchen. *b* Stase. *c* Gefäß mit Stase und noch einigen Blutkörperchen. *d* Submukosa. *e* Oberfläche Schleimhautschichten; hier und da in den tieferen Partien der Mukosa teilweise Nekrose (kernlose Partien). Oberflächenepithel fehlt.

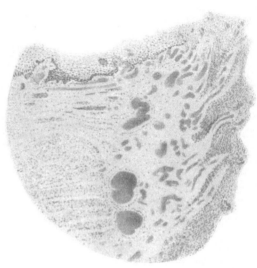

Fig. 22.

Stase zahlreicher Kapil'aren (braun) bei Ätzung der Haut.

Oben ist die Epidermis gut erhalten, unten beginnt sie nekrotisch zu werden.

Beachtung die oben angeführten Merkmale fast immer aus, um wenigstens 1—2 Tage alte Thromben von Leichengerinnseln zu unterscheiden.

Auch wenn Geschwülste, tuberkulöse oder syphilitische Wucherungen ein Gefäß blockieren, spricht man zumeist, wenn auch nicht sehr gut, von Geschwulstthrombose. Sie kann sehr ausgedehnt sein.

Kapillare
Stase.

Innerhalb der Kapillarbahnen bildet sich bei dauernder Anschoppung des Blutes die schon S. 18 erwähnte Stase aus, und zwar sowohl bei Zirkulationshemmung infolge von Stauung, als auch durch anderweitige Einwirkungen, wie hohe Temperaturen, umgekehrt intensive Kältewirkung, chemische, namentlich ätzende Stoffe, Bakteriengifte, Verdunstung, wie man es am ausgespannten freiliegenden Mesenterium des Frosches direkt unter dem Mikroskop verfolgen kann. Es kommt zu einer Zusammenpressung der Blutkörperchen in dem stockenden Blute und Bildung homogener Zylinder. Unter Stase verstehen wir also den vollständigen Blutstillstand, bei dem es nicht zur Gerinnung, sondern zur Erhaltung der körperlichen Blutbestandteile kommt. Die homogenen Blutzylinder beruhen nicht auf Gerinnung, sondern die roten Blutkörperchen legen sich infolge davon, daß das Blut sein Plasma völlig verliert, so dicht aneinander, daß die Erkennung der Grenzen der einzelnen Zellen optisch unmöglich wird. Direkt ist somit die Stase wohl auf den Wasserverlust — als Folge der oben genannten Einwirkungen — zu beziehen oder in allerletzter Instanz auf die hierdurch (und eventuell auch auf anderem Wege) bewirkte Dehnbarkeitsabnahme und geringere Beweglichkeit der roten Blutkörperchen (v. Recklinghausen). Stase kann überall da eintreten, wo ein völliger Stillstand der Zirkulation vorkommt. Bei Verminderung der Sekundäre vis a tergo infolge von Herzschwäche genügen oft geringe lokale Hemmnisse, die in Veränderungen der Verände- kleinsten Gefäße oder lokalen vasomotorischen Störungen begründet sind, um Stase hervorzurufen, namentlich rung der Zirkula- lich wenn noch äußere Schädlichkeiten, wie Druck (Decubitus), kleine Verletzungen (Gangraena senilis) tion infolge hinzukommen. Bei so hochgradiger Veränderung wird die Stase unlösbar, während in den leichteren von Stase. Graden nach Beseitigung des die Stase bewirkenden Einflusses (z. B. der Zirkulationshemmung) die scheinbar verschmolzenen roten Blutkörper sich wieder voneinander trennen.

Eine über größere Gebiete ausgebreitete Stase veranlaßt im zuführenden Teil des Gefäßsystems eine Drucksteigerung, im abführenden Teile eine Druckverminderung. Erstere kann unter günstigen Umständen eine Lösung der Stase bewirken; außerdem entstehen im zuführenden Teil die oben angegebenen Erscheinungen der Stauung: Schwinden der Randzone, Transsudation und Diapedesis roter Blutkörperchen. In den vom Bezirk wegführenden Gefäßen sinkt der Druck und es stellt sich damit eine Verlangsamung der Strömung ein, womit eine Verbreiterung der sog. plasmatischen Randzone (S. 18) entsteht; in der letzteren ist die Fortbewegung der weißen Blutkörperchen noch mehr verlangsamt, oft bleiben diese längere Zeit stehen und sammeln sich schließlich in dichten Reihen an der Gefäßwand an: dieses Phänomen bezeichnet man als Randstellung der weißen Blutkörperchen. Vollständige, dauernde Stase verursacht Nekrose des Gewebes.

V. Metastase und Embolie.

Von frisch gebildeten, noch lockeren oder, nach eingetretener Erweichung, auch von 1. Throm- älteren Thromben werden nicht selten Stücke, öfters mit Hilfe von Gefäßkontraktionen, benembolie durch den Blutstrom abgelöst und mit fortgeschwemmt. Das abgerissene Stück wird soweit fortgetragen, bis die Gefäßbahn für es zu eng wird, es keilt sich an dieser Stelle ein. Ein solches abgelöstes und eingekeiltes Thrombusstück bezeichnet man als **Embolus,** den Vorgang der Einkeilung selbst als **Embolie** (ἐμβάλλειν = hineinwerfen). An den oberflächlich gelegenen Venen kann eine solche Loslösung von Partikeln schon durch geringe mechanische Einwirkungen, z. B. unvorsichtige manuelle Untersuchung, veranlaßt werden.

Meist bleibt der Embolus, wenn er in eine Arterie gelangt, an einer Teilungsstelle derselben stecken, da hier das Lumen plötzlich an Weite abnimmt. Länglich geformte Emboli können auch auf dem Steg der Verzweigungsstelle „reitend" gefunden werden, in der Weise, daß in jeden der beiden Gefäßäste ein Ende des Embolus hineinragt. An den Embolus lagert sich oft ein lokaler Thrombus an (s. S. 32).

Der Weg, den mit dem **Blutstrom** verschleppte Partikel einschlagen, hängt natürlich Verschlep- von der Richtung des letzteren ab. Vom peripheren Venensystem aus gelangen sie pungs-wege: ins rechte Herz und von da in die Äste der Lungenarterie. **Embolie der Lungenarterie,** Auf dem die oft in mehrfachen Nachschüben auftritt und, wenn sie Hauptäste betrifft (s. Fig. 25), Blutwege. meist zu plötzlichem Tode führt, läßt also zunächst an Thrombose der Venen, besonders der Venae femorales (s. oben), oder an solche der rechten Herzhälfte denken. Sie kommt nach dem oben Gesagten also hauptsächlich bei marantischen Thromben vor und ist die Hauptgefahr dieser. Embolien in den Körperarterien leiten sich von Thromben in den Körperarterien weiter rückwärts bzw. solchen der linken Herzhälfte (Klappen bei Endokarditis, linkes Herzohr) ab.

Einen eigenen Kreislauf für sich bildet das Pfortadergebiet in der Leber; letztere ist die Ablagerungsstätte für alle Körper, die aus den Wurzeln der Vena portae stammen.

Die **Lymphe** nimmt sowohl von außen stammendes, wie auch innerhalb des Körpers Auf dem selbst gebildetes Material in sich auf, führt es in die Lymphgefäße und von diesen in die Lymph-wege. nächsten Lymphdrüsen-Gruppen, wo es vielfach angesammelt wird; die Lymphdrüsen wirken also als Filter, doch kann unter Umständen durch die Vasa efferentia hindurch ein Weitertransport von Partikeln in andere, mehr proximal gelegene Lymphdrüsen und eventuell auch schließlich ins Venenblut stattfinden. Dabei beteiligen sich die Zellen der Lymphe vielfach aktiv, indem sie korpuskuläre Elemente in sich aufnehmen (Phagozyten), mit forttragen und nicht selten an anderen Stellen durch Zerfall ihrer eigenen Substanz frei werden lassen.

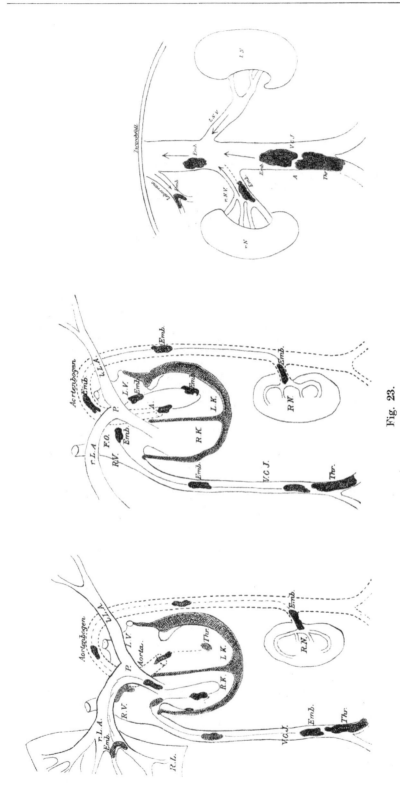

Fig. 23.

Schema der rückläufigen Verschleppung in den Blutadern.

Thrombus in der unteren Hohlvene (*V. C. J.*), der bei *A* losgerissen und zum Embolus (*Emb.*) wird; ein Teil des Pfropfes wird dem normalen Blutstrom folgend in der Richtung des nach oben gerichteten Pfeiles verschleppt, während andere Teile bei Stromumkehr in der Richtung des nach unten gerichteten Pfeiles in die rechte Nierenvene und die Lebervene verschleppt werden.

Schema der paradoxen Embolie.

Ein Thrombus (*Thr.*) der unteren Hohlvene (*V. C. J.*) fliegt in den rechten Vorhof (*R. V.*) und bei *F. O.* durch das offene Foramen ovale in den linken Vorhof (*L. V.*), und weiter die linke Herzkammer (*L. K.*) und die Aorta und bleibt dann als Embolus (*Emb.*) in der rechten Nierenarterie stecken.

Schema der typischen Embolie im kleinen und großen Kreislauf.

Ein Thrombus aus der unteren Hohlvene (*V. C. J.*) gelangt als Embolus in das rechte Herz (*R. K.*), von dort in den Stamm der Pulmonalis (*P.*) und wird an der Teilungsstelle eines Astes der rechten Lungenarterie (*r. L. A.*) als reitender Embolus festgehalten. Ein Thrombus (*Thr.*) des linken Herzens (*L. K.*) gelangt in die Aorta und wird als Embolus (*Emb.*) in der rechten Nierenarterie festgehalten.

Nach Lubarsch, Die allgemeine Pathologie.

Während naturgemäß die Richtung der Embolie in der Regel mit der Stromesrichtung der die Partikel tragenden Flüssigkeit übereinstimmt, „typische Embolie", gibt es unter besonderen Umständen zwei Formen von „atypischer Embolie", die **retrograde** = rückläufige und **paradoxe** = gekreuzte (s. Fig. 23).

Erstere kommt zustande, wenn (nicht selten) eine Stromumkehr und damit eine Verschleppung in der dem normalen Blut- oder Lymphstrom entgegengesetzten Richtung eintritt. Am häufigsten ist dies im Lymphstrom der Fall und zwar nach Verschluß der Hauptbahn durch irgendwelche pathologische Verhältnisse. Die wichtigsten Beispiele finden sich bei

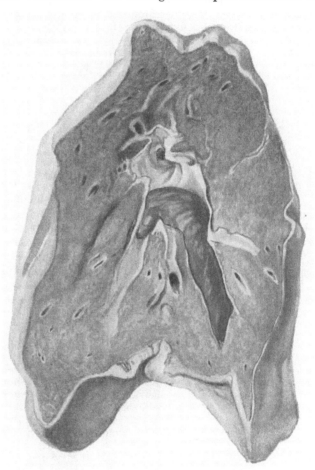

Fig. 24.   Fig. 25.
Femoralvene. Thrombus in einer   Embolus im Hauptast der Arteria pulmonalis.
       Femoralvene.

malignen Geschwülsten. Treten z. B. bei Karzinom des Magens oder der Leber Krebsknoten in den retroperitonealen Lymphdrüsen auf, so sind diese so zu erklären. Auch im Blutstrom — in großen Venen — kommt retrograde Embolie, z. B. von Thrombusteilen aus der unteren Hohlvene in die Nierenvene oder Lebervene vor, aber wie es scheint ist ein rückläufiger Strom hier zumeist nur möglich, wenn als Folge von Veränderungen der Atmungsorgane (Emphysem etc. oder starke Hustenstöße) eine Druckänderung im Brustraum — Umwandlung des sogenannten negativen (verglichen mit dem Atmosphärendruck) Druckes in einen positiven — auch eine wenigstens kurze Druckänderung in den Venen bewirkt. Auch Tricuspidalfehler können retrograde Embolie in Venen bewirken. Besonders leicht findet eine Umkehr des Stromes im Pfortadergebiet mit seinem geringen Druck statt (Payr). Zum Teil erfolgt die retrograde Bewegung nicht auf einmal, sondern in der Weise, daß bei jeder Herzkontraktion durch kleine, stoßweise rückläufige Blutströmungen kleinere, der Venenwand leicht anhaftende Partikel allmählich peripherwärts selbst bis in kleine Äste zurückgeschoben werden (retrograder Transport).

Paradoxe Embolie. Von paradoxer oder gekreuzter Embolie spricht man dann, wenn der Embolus sich auf der entgegengesetzten Seite des Kreislaufes befindet wie der primäre Thrombus; also z. B. letzterer im Venensystem (speziell der Vena cava inferior), ersterer im Arteriensystem. Es kann dies (wenn wir von der Passage durch den gesamten Lungenkreislauf, was nur bei kleinsten Partikeln möglich ist, absehen) nur dadurch zustande kommen, daß der Embolus durch das offen gebliebene Foramen ovale (bzw. einen Defekt in einem der Herzsepten) in den großen Kreislauf gelangt ist, besonders wenn der Blutdruck im rechten Herzen (durch Lungenerkrankungen) erhöht ist, so daß der Embolus durch das offene Foramen in das linke Herz ausweicht.

Unterscheidungsmerkmale von Thromben und Emboli. Die Frage, ob an einer gegebenen Stelle ein autochthoner (resp. fortgesetzter) Thrombus oder ein Embolus vorliegt, ist nicht immer leicht zu entscheiden. Zunächst ist natürlich der Nachweis eines Thrombus von Wichtigkeit, welcher als Ausgangspunkt der Embolie in Betracht kommt (s. unten). Von Bedeutung ist hierbei die Übereinstimmung des Embolus in Farbe, Konsistenz, Zusammensetzung und sonstiger Beschaffenheit mit dem als Ausgangspunkt in Betracht kommenden Thrombus, sowie das Vorhandensein einer meist treppenförmig gestalteten Bruchfläche an der dem Embolus zugewendeten Seite des Thrombus. Der primäre Thrombus kann aber auch in toto losgerissen und selbst bei der Verschleppung zertrümmert worden sein, so daß man ihn nun an seiner früheren Stelle nicht mehr findet. Ganz lose der Gefäßwand anliegende (im Leben entstandene) Massen sind meist als Emboli zu diagnostizieren, andererseits verkleben später auch Emboli mit der Gefäßwand und werden dieser adhärent. Oft sind dünnere, aus engen Gefäßen stammende, embolisierte Thromben in größeren Gefäßen mehrfach geknickt oder verschlungen. Erhöht wird die Schwierigkeit der Unterscheidung dadurch, daß sich lokal (oder auch schon während der Passage besonders durch das Herz) an den Embolus, durch die Veränderung der Blutströmung und des Blutes bewirkt, Thromben ansetzen können (s. oben).

Folgen der Embolie für die Gewebe. Verstopft der Embolus einen Arterienast vollkommen oder kommt eine völlige Verlegung des Lumens noch nachträglich zustande, indem sekundäre Gerinnsel sich anlegen, so muß notwendig eine Blutsperre des peripher gelegenen Verzweigungsgebietes der verstopften Arterie die Folge sein. Dagegen strömt das Blut in vermehrter Menge in die Gefäßbahnen der Umgebung, und so entsteht in dieser eine kollaterale Hyperämie (s. o.). Stehen nun, wie es in vielen Organen der Fall ist, die einzelnen Gefäßverzweigungen, wenigstens die Kapillaren, durch reichliche Anastomosen miteinander in Verbindung (Fig. 27) — welche sich jetzt infolge ihrer funktionellen Anpassungsfähigkeit erweitern und in ihrer Wand verdicken —, so strömt von der Seite her auch wieder Blut in den gesperrten Bezirk, und der anfänglichen Anämie folgt nun ein Stadium hyperämischer Blutfüllung, worauf die Blutzirkulation nach und nach sich wieder ausgleicht.

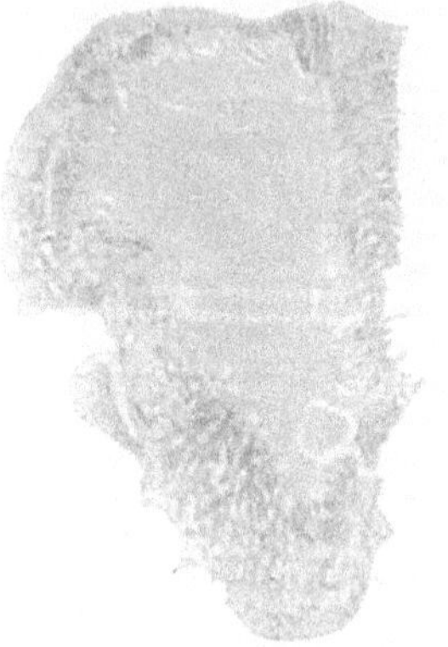

In anderen Fällen aber führt die Arterienverstopfung zu dauernder Zirkulationsstörung, welche auf die Ernährung des gesperrten Bezirkes einen deletären Einfluß ausübt. Dem von der Seite her zuströmenden Blut stellen sich nämlich innerhalb des Sperrungsbezirkes Hindernisse entgegen, die uns freilich nur zum Teil bekannt sind, wahrscheinlich auch von verschiedener Art sein können. Befindet sich z. B. das Organ, innerhalb dessen ein Arterienast verlegt wurde, im Zustande venöser Stauung, herrscht also innerhalb seines Kapillarsystems ein erhöhter Druck (s. o.), so wird derselbe unter dem Einflusse der nun eintretenden kollateralen Hyperämie noch weiter vermehrt werden und zu einer Dehnung der Kapillaren führen, welcher diese nicht immer standhalten. In anderen Fällen bilden sich, zum Teil vielleicht schon unter dem Einfluß einer durch die Anämie bedingten Ernährungsstörung der Gefäßwände, in jenen Kapillaren Stasen und sekundäre Thrombosen aus, welche dem zuströmenden Blut den Weg verlegen; von Bedeutung ist endlich wohl auch das naturgemäß sich einstellende Zurückströmen des Blutes aus den Venen in die leer gewordenen Kapillaren des Sperrungsbezirkes, wo es dem von den

Fig. 26.
Hämorrhagischer Infarkt der Lunge.
Etwa an der Spitze des Keils der Embolus.

Kollateralen hineindringenden Blute begegnet. Aber die Folgen des Gefäßverschlusses hängen nur von dem zur Verfügung stehenden Kollateralkreislauf und der Schnelligkeit der Ausbreitung nicht dieses, sondern auch von der Empfindlichkeit der einzelnen Organe, welche gegenüber schlechter Blutversorgung sehr verschieden ist, ab.

Alle diese dem seitlich zuströmenden Blut sich entgegenstellenden Hemmnisse kommen namentlich dann zur Wirkung, wenn die ihm zur Verfügung stehenden Gefäßbahnen gering an Zahl sind, d. h. in Organen, deren arterielle Verzweigungen (Fig. 28) nur wenige Anastomosen unter sich aufweisen, während da, wo solche reichlich vorhanden sind, die energisch sich einstellende kollaterale Zufuhr die lokalen Hemmnisse nicht zur Entwickelung kommen läßt resp. sie überwindet. Arterien, deren Anastomosen so gering entwickelt sind, daß sie unter diesen Verhältnissen nicht ausreichen, um eine für die Ernährung genügende Blutmenge herbeizuführen, bezeichnet man als Endarterien (Cohnheim). Zu solchen gehören die des Gehirns, der Leber, Milz, Nieren. In anderen Organen sind zwar reichlichere Anastomosen vorhanden, die aber unter Umständen ebenfalls ungenügend sein können, wie in Lunge, Herz und Magendarmkanal. Man nennt sie auch „funktionelle Endarterien". Während also in Organen, deren Arterien sehr reichliche Verbindungen ihrer Äste aufweisen, namentlich solchen, die von zwei oder mehr größeren Stämmen her versorgt werden, höchst selten die jetzt zu besprechenden Folgen auftreten, veranlassen im anderen Falle, wenn es sich also um sogenannte Endarterien (eventl. funktionelle solche) im Cohnheimschen Sinne handelt, die lokalen Hemmnisse Überfüllung und Stase in den Kapillaren und schließ-

Begriff der Endarte- rien.

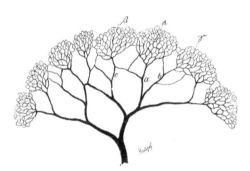

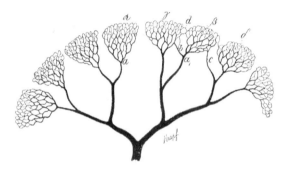

Fig. 27.

Schema der Gefäßverzweigung mit Anastomosenbildung.

Sowohl die Kapillargebiete α, β, γ wie die zu ihnen führenden Gefäße a, b, c sind miteinander durch Anastomosen verbunden.

Fig. 28.

Schema von Arterien mit geringer Anastomosenbildung (sog. Endarterien).

Links: Reine Endarterien (a, α). Rechts: Geringfügige Anastomosen der Kapillargebiete (β, γ, δ) und der zuführenden Gefäße (α₁, b, c).

lich durch Diapedesis bedingten Blutaustritt aus denselben, der in so reichlichem Maße vor sich gehen kann, daß der vorher anämische Bezirk nun dicht mit roten Blutkörperchen durchsetzt wird und durch die pralle Füllung eine schwarzrote Farbe erhält. So entsteht das paradox erscheinende Vorkommnis, daß sich infolge von Arterienverschluß eine heftige Blutung einstellt. Den von letzterer betroffenen Bezirk bezeichnet man als **hämorrhagischen** oder **roten, embolischen Infarkt.** Innerhalb desselben gehen die intensivsten Störungen der Ernährung des Gewebes sehr schnell vor sich. Das Gewebe stirbt ab, es erleidet eine Nekrose, die sich schon nach kurzer Zeit durch Verschwinden der Zellkerne äußert. (Vgl. Kap. II unter XI.)

Hämor- rhagischer Infarkt.

In einer zweiten Reihe von Fällen fehlt die Blutfüllung des gesperrten Bezirkes, entweder weil dessen Kapillaren keine oder nur äußerst spärliche Kommunikationen mit denen der Nachbarschaft haben, oder weil diese Kommunikationen durch krankhafte Prozesse undurchgängig geworden sind, oder endlich, weil bei Abnahme der Herzkraft die Energie des Blutstroms nicht mehr ausreicht, um die Verbindungsäste rechtzeitig zu füllen. Dann beschränkt sich die Wirkung der kollateralen Hyperämie auf eine stärkere Injektion der Umgebung, respektive die Hyperämie dringt nur eine Strecke weit in die Randpartien des gesperrten Bezirkes ein, um den letzteren einen roten, hyperämischen oder auch hämorrhagischen Hof bildend. Der Sperrungsbezirk selbst bleibt aber, wenigstens zum größten

Teil, blutleer, im Zustande der Anämie, in welchem seine Ernährung natürlich ebenso unmöglich ist, wie unter obigen Verhältnissen. Auch hier ist also sein Absterben die unvermeid-
liche Folge, aber es fehlt die Blutung und der nekrotische Teil bleibt anämisch. Man hat
nun den, ursprünglich eine hämorrhagische Durchsetzung bezeichnenden Namen „Infarkt"
auch auf solche, durch anämische Nekrose entstandene Herde übertragen und nennt sie
anämische oder **weiße Infarkte**, im Gegensatz zu den hämorrhagischen, roten Infarkten.
Zwischen beiden finden sich nicht selten Übergangsformen, d. h. unvollkommen hämorrhagische Durchsetzungen des Gewebes. Am Rand des anämischen Infarktes befindet sich
die oben genannte Zone hyperämischer Gefäße, welche daher rot erscheint und dazwischen
eine gelb erscheinende, weil sich hier viel Fett, besonders in den hier massenhaft abgelagerten
Leukozyten findet; desgleichen Glykogen.

Anämi-
scher
Infarkt.

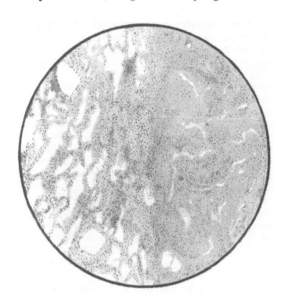

Fig. 29.
Hämorrhagischer Infarkt der Lunge.

Wie die Entstehungsweise bei beiden
Formen des embolischen Infarktes insofern die gleiche ist, als sie beide durch
Verschluß von arteriellen Gefäßen zustande kommt, so haben sie auch weitere
Eigentümlichkeiten gemeinsam. Sie liegen
konstant an der Peripherie der Organe,
weil gegen diese zu die Gefäßverzweigung
sich ausbreitet. Ihre Gestalt ist annähernd **kegelförmig**, und zwar so,
daß die Spitze des Kegels dem Embolus,
seine Basis der Oberfläche des Organes
entspricht. Der Umfang des Infarktes
geht nicht unter eine gewisse Größe,
im allgemeinen nicht unter Erbsengröße
herab, da bei Verstopfung ganz kleiner
Arterienäste die kollaterale Blutzufuhr
in der Regel genügt, um die kleinen
Bezirke am Leben zu erhalten. Beim
anämischen Infarkt zeigt das abgestorbene Gewebe eine **helle, lehmgelbe**
Farbe und auffallend derbe Konsi-
stenz, welche den Eindruck macht, als
ob hier eine Gerinnung des Gewebes
eingetreten wäre. Mikroskopisch zeigt sich
die Nekrose schon nach 12 bis 24 Stunden durch Schwinden der Kerne.

Eine Sonderstellung nimmt in bezug auf das Verhalten der nekrotischen Stellen das
Zentralnervensystem ein. Hier treten nämlich nach Verstopfung einer Arterie in der Regel
keine festen Infarkte auf, sondern das nekrotische Gewebe erleidet wohl infolge von Autolyse
eine Verflüssigung; statt der anämischen Infarkte treten anämische **Erweichungsherde** auf.
Ihre Genese entspricht aber vollkommen den Infarkten anderer Organe.

Erwei-
chungs-
herde im
Gehirn.

Entsprechend dem anatomischen Verhalten der Gefäßeinrichtungen zeigt das Auftreten der Infarkte
in den einzelnen Organen eine gewisse Regelmäßigkeit. In manchen Organen sind sie konstant hämorrhagisch, in anderen ebenso regelmäßig anämisch, in wieder anderen kommen in wechselnder Häufigkeit beide Arten, resp. gemischte Formen von Infarkten vor. Anämisch sind regelmäßig die Erweichungsherde des Gehirns, wo meist nur am Rand derselben öfters kleine Kapillarapoplexien auftreten. Auch
die Infarkte der Nieren sind in der Regel anämische und meist bloß dann hämorrhagische, wenn sie an
Stellen entstehen, wo gerade eine Kapselarterie in das Nierengewebe einmündet, weil dann diese eine
stärkere kollaterale Blutzufuhr bedingt; ebenso treten in der Netzhaut nach Verstopfung der Arteria
centralis retinae weiße Infarkte auf. Des weiteren im Herzen, nach Verstopfungen der Coronararterien.
Meistens hämorrhagisch sind die Herde im Magen und Darmkanal, wo reichlichere Anastomosen
der kleinen Äste vorhanden sind und deshalb eine embolische Infarzierung in der Regel überhaupt nur
bei Verlegung der arteriellen Hauptstämme zustande kommt. In der Milz kommen bald hämorrhagische,
bald anämische Infarkte vor. In der Lunge, wo die Pulmonalarterien nicht bloß kapilläre Anastomosen
mit den Ästen der Arteriae pleurales und bronchiales besitzen, sondern auch unter sich durch außerordent-

lich reichliche und weite Kapillaranastomosen in Verbindung stehen, tritt unter normalen Verhältnissen kaum je ein Infarkt auf; solche finden sich fast nur an Lungen, deren Gefäße durch chronische Stauung verändert sind, wobei die Blutstauung in den Venen das Abströmen des Blutes aus dem Infarkte hintanhalten hilft, und die Kapillaren, wie die zahlreichen, auch an anderen Stellen vorhandenen Pigmentierungen zeigen, an sich schon zu Blutungen disponiert sind. Es sind also die Infarkte der Lunge hämorrhagische. In der Leber kommen Infarkte nur selten vor (vgl. II. Teil, Kap. IV).

Sind die embolischen Teilchen klein, so kann das Haftenbleiben unter Umständen erst in den Kapillaren der Fall sein; durch Verstopfung der letzteren entstehen die sogenannten Kapillarembolien, die bei vereinzeltem Auftreten — abgesehen von infektiösen Stoffen — unschädlich sind, bei großer Ausbreitung aber perniziöse Folgen für die Blutzirkulation und damit auch für die Funktion der Organe nach sich ziehen können. Es ist klar, daß eine durch kleine Partikel bewirkte Verlegung aller oder der meisten Kapillaren eines Bezirkes in dem zuführenden Arterienast die gleichen Folgen haben kann wie eine größere Thrombose oder Embolie (hämorrhagische oder anämische Infarktbildung). Besonders in der Lunge kann das beobachtet werden.

Ebenso wie durch Embolie kann unter Umständen eine Infarktbildung auch durch einen **thrombotischen** oder sonstwie verstandenen Verschluß einer Arterie veranlaßt werden. Doch ist die Infarzierung in solchen Fällen schon wegen ihres langsameren Zustandekommens in der Regel viel weniger ausgeprägt. *Thrombotischer Infarkt.*

Fig. 30.
Embolus bei *a* mit anämischem Infarkt der Milz bei *b*.

Was die weiteren Schicksale der Infarkte betrifft, so wird das Nähere im III. Kapitel angegeben werden. Indem das nach und nach zerfallende nekrotische Gewebe einerseits resorbiert, andererseits durch junges Granulationsgewebe ersetzt wird, nimmt der Infarkt an Volumen ab und sinkt gegen die Oberfläche und Schnittfläche ein. An seiner Stelle bildet das eingedrungene Granulationsgewebe nach und nach die „**embolische Narbe**", die sich als an der Oberfläche eingezogener, im allgemeinen noch die Keilform zeigender, fibröser, derber, weißgrauer Herd darstellt. Daneben scheint auch das Bindegewebe des infarzierten Gebietes selbst durch Vermehrung (bei größeren Infarkten) oder Bildung eines Granulationsgewebes (besonders bei kleinen Infarkten) mehr als man früher annahm zur Vernarbung beizutragen. In anderen Fällen, namentlich bei größeren Erweichungen, bilden sich Zysten (s. Kap. III). *Embolische Narbe.*

Ist der Embolus mit Bakterien durchsetzt (infiziert), z. B. bei ulzeröser Endokarditis, so kommt es nicht zur Organisation des Infarkts, sondern zur Eiterung. *Infizierter Embolus.*

Wir haben, um direkter an die Thrombose anschließen zu können, im vorhergehenden nur eine bestimmte Form der Embolie kennen gelernt, nämlich den Transport thrombotischer Massen an andere Stellen der Gefäßbahn. Nun können aber auch andere Substanzen diese Wanderung durchmachen. Manche Autoren bezeichnen nur die Verschleppung der Thromben als Embolie, den weiteren Begriff der Verschleppung und Festsetzung irgendwelchen in Blut- oder Lymphbahnen gelangten Materials in diesen als Metastase. Demnach wäre die Embolie eine Unterabteilung der Metastase. Meist aber werden beide Ausdrücke promiscue gebraucht. Ursprünglich verstand man — und am

Embolie
und
Metastase.

besten versteht man — unter **Embolie** einen jeden derartigen Transport, während
der Ausdruck **Metastase** am besten nur für einen solchen gebraucht wird, bei dem
am neuen Ansiedelungsort ein dem Ausgangsherd gleichartiger Erkrankungsherd wieder entsteht.

Einteilung
nach dem
ver-
schleppten
Material.

Gegenstand embolischer Verschleppung können sowohl von außen stammende, wie
im Körper selbst gebildete Partikel sein. Es kommen hier in Betracht:

1. Thrombotische Massen — Embolie im engeren Sinne,
   welche bereits besprochen ist
2. Fettembolie
3. Gasembolie
4. Pigmentembolie   im Körper
5. Gewebe- und Zellenembolie   gebildetes Material
6. Geschwulstembolie   verschleppt.
7. Luftembolie   körperfremdes
8. Fremdkörper-Parasiten(Bakterien)embolie   Material verschleppt.

2. Fett-
embolie.

Fettembolie entsteht bei Zerreißungen des subkutanen Fettgewebes, oder sonstiger
Fettdepots, oder bei Knochenbrüchen vom Knochenmark aus, oder bei Erkrankungen des letzteren, wenn Fett in
gleichzeitig mit eröffnete Venenlumina gelangt; auch eine heftigere
Erschütterung des Knochens genügt, um Fettpartikel in das Gefäßsystem übertreten zu lassen;
durch die Venen wird das Fett in
das rechte Herz und von da in die
Lungen weiter getragen, deren Kapillaren hierdurch verlegt werden
(s. Fig. 31). Ausgedehnte Kapillar-
verstopfung durch reichliche Fett-
mengen kann raschen Tod durch
Respirationslähmung zur Folge haben. Eigentliche Infarkte bilden
sich dabei in der Regel nicht. Auch
Transport durch die Lymphbahnen
ist möglich. In hochgradigen Fällen
findet man auch Fett, welches die
Lungen passiert hat, in den Kapillaren anderer Organe, namentlich
der Nieren-Glomeruli, denen des
Gehirns (hier von besonderer Bedeutung wegen der sich anschlies-
senden Gehirnblutungen [„purpura
cerebri"]), der Milz, des Herzens
etc. Die anliegenden Gewebszellen
oder Leukozyten können das Fett
aus den Kapillaren resorbieren,
oder dasselbe wird verseift und
resorbiert.

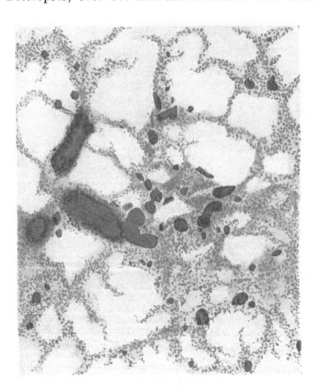

Fig. 31.
Fettembolie der Lunge.
Die Kapillaren der Alveolarsepten sind mit Fettropfen (mit
Scharlachrot rot gefärbt) angefüllt.

Daß ältere Leute mehr zu Fett-
embolie neigen, erklärt sich (Beneke) mit der größeren Dünnflüssigkeit (Oleinsäuregehalt) des Fettes
bei ihnen.

3. Gas-
embolie.

Auf Entweichung von **Gasblasen** (Stickstoff) aus dem Blut und Gewebe beruhen die
Erkrankungen, welche sich bei Arbeitern in sogenannten Caissons (bei Brückenbauten),

unter stark vermehrtem Luftdruck, sowie bei Tauchern einstellen, wenn sie plötzlich in normale Luftdruckverhältnisse übergehen; diese können ebenfalls raschen oder später erfolgenden tödlichen Ausgang herbeiführen. Man kann hier außer im Herzen eine Überschwemmung des ganzen Gefäßsystems mit Gasblasen vorfinden. Der Tod erfolgt durch Steckenbleiben der Luft im rechten Ventrikel, resp. in der Lunge. Auch das Rückenmark kann schwer geschädigt sein.

Besonders häufig Gegenstand der Embolie sind **Pigmente,** sowohl nichtorganische, durch die Haut oder die Atmungsorgane aufgenommene, wie im Körper selbst entstandene. Sie bleiben oft in der nächsten Lymphdrüse hängen und werden von Phagozyten aufgenommen. Es können sich dann, wie bei der Anthrakose (s. dort), entzündliche Prozesse anschließen. Auch können die Pigmente (Kohle) direkt oder indirekt (durch den Ductus thoracicus) ins Blut gelangen und sich in den Organen des großen Kreislaufes ansiedeln.

4. Pigmentembolie.

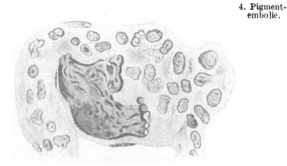

Fig. 32.
Knochenmarkriesenzellenembolie in Lungenkapillaren. Freier Kern.
Nach Lubarsch, Die allgemeine Pathologie.

Normale oder pathologisch veränderte Gewebe und Zellen können besonders in die Lungen verschleppt werden — **Gewebeembolien** und **Zellenembolien.**

5. Gewebe- und Zellenembolie.

Von ersteren kommen in Betracht Lebergewebe, Plazentarzotten, Herzklappenstücke, Knochenmarkgewebe und Kleinhirngewebe; von letzteren Milzpulpaelemente, Leberzellen, Plazentarzellen, Riesenzellen und -kerne, seltener Flimmerepithelien, Fettzellen, Osteoklasten. Leberzellenembolien entstehen bei traumatischen oder toxischen Schädigungen, Plazentarzellenembolien selbst bei normalen Schwangerschaften. Knochenmarkriesenzellenembolien (s. Fig. 32) (bzw. nur deren Kerne zumeist in geschrumpftem pyknotischem Zustand), besonders bei Reizzuständen des Knochenmarks, bei Infektionen und verschiedensten Erkrankungen, Knochenmarkgewebsembolien besonders bei Erschütterungen des Knochensystems und Veränderungen des letzteren. Am häufigsten finden sich aber diese Gewebsembolien bei Puerperaleklampsie. Die verschleppten Zellen gehen allmählich zugrunde, sie wuchern nicht.

Hier anreihen kann man Stoffe, welche von anderen Stellen des eigenen Organismus stammend in gelöster Form durch das Blut transportiert, an bestimmten Stellen ausfallen und liegen bleiben, z. B. Kalk, welcher aus zerstörten Knochen stammt, sogenannte **Kalkmetastase.**

In mehr aktiver Weise brechen bösartige **Tumoren** in die **Blutgefäße** (Venen) oder die **Lymphbahnen** ein (Geschwulstthromben, s. o.), und von ihnen losgelöste Teile geben Gelegenheit zu embolischer Verschleppung in der gleichen Weise wie dies, wie oben berichtet, sonstige Zellen tun; sie unterscheiden sich aber zum Nachteil des Organismus von diesen dadurch, daß die abgetrennten Elemente mit besonderer Wucherungskraft begabte Zellen sind, welche an den Ablagerungsstellen sehr häufig zu gleichgearteten Tumoren, sogenannten **metastatischen Geschwulstknoten** heranwachsen (vgl. Kap. IV Allgem. und Fig. 33).

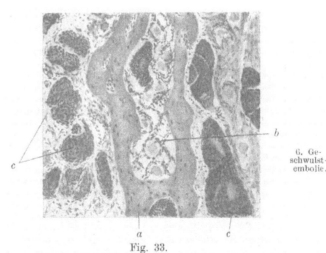

6. Geschwulstembolie.

Fig. 33.
Krebsmetastasen ins Knochenmark verschleppt und hier weiter gewuchert.
a Knochensubstanz, *b* Knochenmark, *c* Krebsmassen.

Von Fremdkörpern sind es unter anderen ins Blut gelangte Luftblasen, die innerhalb des Körpers verschleppt werden; auf diese Weise entsteht die sogenannte **Luftembolie.** Da

7. Luftembolie.

der Druck in den großen Venenstämmen wenigstens zeitweise negativ ist, kann bei ihren Verletzungen (Operationen) gelegentlich Luft in sie eingesaugt werden, und diese so in den rechten Ventrikel gelangen, wo sie mit dem Blut eine schaumige Masse bildet. Auch vom Uterus aus kann bei Verletzungen, besonders während der Geburt, eine Aufnahme von Luft in die eröffneten Venenlumina stattfinden und raschen Tod veranlassen. Bei forcierten Atembewegungen, besonders bei Neugeborenen und kleinen Kindern, können Luftblasen, ohne daß Zerreißungen zustande kommen, in das Lungenvenen- und somit Körperblut gelangen und besonders die Gefäße des Herzens oder Gehirns blockieren.

Durch die sich erwärmende und ausdehnende Luft kann der Ventrikel bei Luftembolie ballonartig aufgetrieben werden, ohne daß es seiner Triebkraft gelingt, die Luft aus seinem Lumen und durch die Lungenkapillaren hindurch zu treiben; es hängt diese Möglichkeit außer von der Menge der aufgenommenen Luft, vornehmlich von der Beschaffenheit des Herzens selbst ab. Geringe Luftmengen werden meist ohne Schaden zu stiften resorbiert.

Die Schwierigkeit, die Luft auszutreiben, nimmt die Arbeit des rechten Ventrikels so sehr in Anspruch, daß nach kurzer Zeit oder auch noch nachträglich, nachdem die Austreibung der Luft mehr oder weniger vollkommen gelungen ist, durch Herzschwäche ein tödlicher Ausgang erfolgen kann; im letzteren Falle findet man keine Gasblasen mehr im Blut, sondern bloß die allgemeinen Erscheinungen der venösen Stauung und des Erstickungstodes: dunkles flüssiges Blut, starke Füllung der Venen, besonders in den Bauchorganen, Ekchymosen in verschiedenen Organen, Lungenödem. Zumeist aber bleibt die Luft wohl in den kleinen Kapillaren der Lunge stecken und bewirkt durch Respirationshemmung den Tod.

Es darf jedoch bei der Beurteilung solcher Fälle nicht vergessen werden, daß durchaus nicht jeder Befund von schaumigem Blut im Herzen auf Luftembolie oder Entwickelung von Gasblasen im Blute bezogen werden darf; schon bei der Sektion gelangt häufig Luft durch die eröffneten Halsvenen in die Venen des Gehirns, in denselben leicht verschiebbare, reihenförmig gelegene Bläschen bildend; außerdem finden wir schaumiges Blut im Herzen sowie in Gefäßen als Folge der Fäulnis und durch Einwirkung bestimmter Bakterienarten, von denen ein Teil schon bei Lebzeiten oder in der letzten Zeit vor dem Tode eine Gasentwickelung in den Organen (z. B. Schaumleber) hervorrufen kann. (Vgl. Kap. VII.)

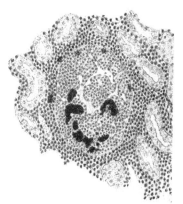

8. Fremd-körper-Parasiten-(Bakterien-)Embolie.

Fig. 34.

Streptokokkenembolien von Glomeruluskapillaren bei ulzeröser Endokarditis mit anschließenden miliaren Nierenabszessen.

(Nach Lubarsch, Die allgemeine Pathologie.)

Von **organisierten Fremdkörpern** sind tierische (Trichinen, Bilharzia, Echinokokken, Filaria sanguinis, Malariaplasmodien etc.) und namentlich pflanzliche **Parasiten** (Bakterien) zu nennen, welche teils von der Einbruchsstelle aus weiter getragen werden, teils von der Stelle ihrer Entwickelung aus sich sekundär weiter verbreiten. Von Bakterienembolie, besonders Kokkenembolie, im engeren Sinne spricht man dann, wenn größere Bakterienhaufen mit dem Blutstrom fortgeschleppt, durch ihre Masse (evtl. erst infolge ihrer Vermehrung am sekundären Ort) völlige Verlegung von kapillaren Gefäßen bewirken; es kommt das z. B. nicht selten in den Glomerulusschlingen der Nieren vor (s. Fig. 34). Metastatisch kommen von diesen embolisch oder einzeln verschleppten Eitererregern ausgehende, über den ganzen Körper verbreitete, multiple Abszeßbildungen zustande. Während der Passage können sich die Bakterien im Blute vermehren. An Bakterienembolien können sich auch multiple Blutungen z. B. der Haut anschließen.

Über Pyämie s. unter „Entzündung"; über die durch Verschleppung von Bakterien entstehenden embolischen Aneurysmen im speziellen Teil unter „Gefäße".

Metastasen im engeren Sinne. Wir haben im vorhergehenden den Namen Embolie für alle diese Verschleppungen gebraucht. Von Metastasen im engeren Sinne (s. S. 42 o.) würden wir in den Fällen reden, wo die verschleppten Gegenstände an ihrem neuen Ort dieselbe Erkrankung wie am Ursprungsort hervorrufen.

In Betracht kommen hier von den oben aufgezählten Fällen:

1. Geschwulstzellen — Geschwulstmetastasen (s. S. 43). Nicht jede embolisch verschleppte Geschwulstzelle wächst zu einer Metastase heran. Viele gehen wieder unter. Die Metastase kann außer durch

Embolie (auf dem Lymph- und Blutwege) auch durch direkte Impfung in die Nachbarschaft — Implantationsmetastase — zustande kommen.

2. Parasitenmetastasen, besonders Bakterienmetastasen (auch bereits oben erwähnt).

3. Kohlenpigmentmetastasen, s. Fig. 36. Dieselben entzündlichen Veränderungen, welche die Kohle in der Lunge setzt, kann sie nach embolischer Verschleppung — auf dem Blutwege (besonders nach Verwachsung der Lungenhilusdrüsen mit Gefäßen und Durchbruch in diese), auf dem Lymphwege und retrograd — auch am Ansiedelungsort hervorrufen.

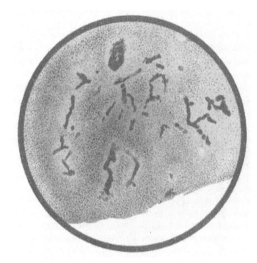

Fig. 35.
Kokkenembolien in zahlreichen Kapillaren. In nächster Nähe Nekrose, in einiger Entfernung Eiter.

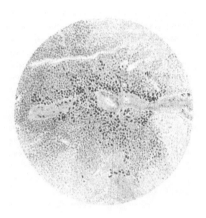

Fig. 36.
Anthrakose (Kohlenpigmentmetastase) der Milz.

VI. Störungen der Lymphzirkulation. — Wassersucht. — Hydrops.

Die Lymphbildung und -strömung ist in letzter Instanz von der Blutzirkulation abhängig, Störungen jener von Störungen dieser. Daher müssen wir auch sie hier einreihen.

Zwischen den Gefäßen und den Geweben besteht ein Stoffaustausch; es erfolgt aus den Gefäßen eine Transsudation, d. h. ein Durchtritt von flüssigen Blutbestandteilen aus den Kapillaren in die Umgebung. Die durchtretende Flüssigkeit ist das physiologische Transsudat. Es sind hierbei zunächst zweierlei Kräfte wirksam, denn es handelt sich 1. um Filtrationsvorgänge, 2. um Diffusionsvorgänge, für welche im einzelnen folgende Momente in Betracht kommen: a) Unterschiede in der Höhe des endokapillären und des Gewebedruckes; je größer ersterer gegenüber letzterem, um so stärker ist die Filtration nach außen; b) die chemische Zusammensetzung der Blut- und der Gewebeflüssigkeit, welche wesentlich bestimmend für die vom Filtrationsdruck unabhängige Diffusion ist (osmotischer Druck); c) die Durchlässigkeit der Kapillarwandung, welche sowohl für die Filtration, wie auch für die Diffusion mitbestimmend ist (Filtrationspermeabilität und Diffusionspermeabilität nach Klemensiewicz). Neben diesen Momenten spielt aber auch 3. eine aktive, zum Teil elektive Tätigkeit der Kapillarwände, d. h. ihrer Endothelien, sicher eine Hauptrolle. Endlich haben 4. die vasomotorischen Nerven einen Einfluß. Dem Transsudat entnehmen nun die durchtränkten Gewebe einerseits die zugeführten Nährstoffe, andererseits geben sie Wasser und darin gelöste Stoffwechselprodukte an es ab. So entsteht durch eine Art innerer Sekretion die Gewebeflüssigkeit, welche die Gewebespalten erfüllt. Sie ergießt sich als Lymphe in die Lymphkapillaren, die ersten blind abgeschlossenen, von Endothel umrandeten Anfänge des Lymphgefäßsystems. Sie gelangt dann in die eigentlichen Lymphgefäße, die ihrerseits ihren Inhalt durch die Lymphdrüsen hindurch in die großen, unmittelbar ins Venensystem mündenden Lymphstämme weiter geben. Die Lymphe fließt aber nicht bloß als Lymphe in die Lymphbahnen ab, sondern es findet auch durch eine, sozusagen rückläufige, Transsudation eine Wiederaufnahme von Flüssigkeit und in ihr gelösten Stoffen zurück in die Kapillaren statt. (Rücktranssudation oder Resorption.)

Der chemischen Zusammensetzung nach unterscheiden sich das Transsudat, die Gewebeflüssigkeit und die Lymphe vom Blutplasma durch einen bedeutend geringeren Gehalt an Eiweiß, während der Gehalt an Salzen ungefähr derselbe ist. Die Eiweißstoffe sind vorzugsweise Serumalbumin und Serumglobulin, dagegen äußerst wenig Fibrinferment und fibrinogene Substanz; daher zeigt

[Marginalien:] Physiologisches Transsudat, Gewebeflüssigkeit, Lymphe.

Ihre chemische Zusammensetzung.

das Transsudat auch viel weniger Neigung zur Gerinnurg. In der Flüssigkeit der Lymphe finden sich
weiße Blutkörperchen (Lymphozyten). Übrigens hat die innerhalb der einzelnen Organe, sowie die zur
Feuchthaltung der serösen Häute des Körpers abgesonderte Gewebeflüssigkeit nicht überall die gleiche
Beschaffenheit, namentlich ist auch in den einzelnen Organen ihr Eiweißgehalt ein etwas verschiedener.
Auch das weist auf eine lokal verschiedene elektive Tätigkeit der Zellen hin.

Die in den vom Magendarmkanal stammenden Lymphgefäßen strömende Lymphe heißt Chylus;
sie unterscheidet sich bloß zur Zeit der Resorption von der gewöhnlichen Lymphe, und zwar durch die
Anwesenheit reichlicher Mengen von äußerst fein verteiltem Fett, welches ihr ein milchähnliches
Aussehen verleiht.

Hydrops.

Eine vermehrte Ansammlung dieser, also in geringen Massen normalen,
transsudierten Flüssigkeit in den Geweben oder in den physiologischen Hohlräumen
des Körpers bezeichnet man als **Hydrops.** Die Flüssigkeit ist im allgemeinen klar, leicht
gelblich gefärbt, reagiert alkalisch, gerinnt in der Regel nicht spontan und enthält
keine oder nur Spuren von Fibrinflocken.

Chemische
Zusammen-
setzung des
Hydrops.

Seiner chemischen Zusammensetzung nach entspricht das pathologische Transsudat im allgemeinen der Gewebeflüssigkeit: es ist demnach ärmer an Eiweiß als das Blutplasma (0,5—2% gegenüber
8—10%, doch sehr schwankend) und dadurch auch von geringerem spezifischen Gewicht. Naturgemäß

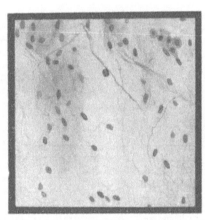

Fig. 37.
Lockeres ödematöses Bindegewebe.

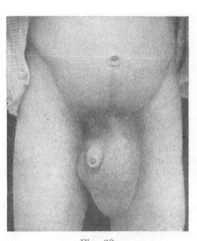

Fig. 38.
Hydrocele sinistra.
Aus Pagenstecher, Klinische Diagnose der
Bauchgeschwülste.

ist auch die Beschaffenheit des Blutes selbst von Einfluß; bei hydrämischen Zuständen ist auch das Transsudat eiweißärmer; andererseits gehen abnorme Beimengungen der Blutflüssigkeit in dieses über; Gallenfarbstoff findet sich in ihm bei Ikterus, Harnstoff bei Urämie. Andere Stoffe werden von den Zellen des
hydropischen Gewebes selbst der Flüssigkeit beigemischt, wie Schleim- und Fettpartikel; auch enthält
das Transsudat einzelne Leukozyten.

Höhlen-
wasser-
sucht und
Ödem.

Der Hydrops kann in allgemeiner Verbreitung oder lokal auftreten und hat im letzteren Falle je
nach der Örtlichkeit verschiedene Namen. Hydrops im engeren Sinne ist die **Höhlenwassersucht,** die
in der Pleurahöhle als Hydrothorax, im Herzbeutel als Hydroperikard, in der Bauchhöhle als Aszites,
in den Ventrikeln des Gehirns als Hydrocephus internus, in den Gelenkhöhlen als Hydarthros,
im Cavum vaginale des Hodens als Hydrocele bezeichnet wird. Dem Höhlenhydrops gegenüber steht
die gleichmäßige Durchtränkung der Gewebe mit vermehrter Gewebeflüssigkeit, der infiltrierende
Hydrops oder das **Ödem,** so das der Lunge, des Gehirns, der Muskeln, des Unterhautbindegewebes,
letzteres auch als Anasarka oder Hyposarka bezeichnet.

Kenn-
zeichen,
Ursachen
und For-
men des
Hydrops.

Die ödematösen Teile sind geschwellt und haben eine auffallend weiche teigige
Konsistenz; ihre Zellen und Fasern befinden sich, besonders in muzinreichem Gewebe,
in einem Zustande der Quellung; sie lösen sich bei der Höhlenwassersucht zum Teil aus
ihrem Zusammenhang und bleiben in der serösen Flüssigkeit suspendiert. Die Zellen zeigen
häufig Vakuolen. Infolge der starken Durchtränkung sind ödematöse Organe voluminös,
prall; die Haut zeigt sich bei hochgradigem Anasarka geradezu gespannt. Die Elastizität

ist herabgesetzt; Fingereindrücke bleiben lange bestehen. Beim Einschneiden ergießt sich aus dem ödematösen Gewebe oft schon spontan eine dünne, klare Flüssigkeit; große Mengen davon kann man durch mäßigen Druck auspressen. Da bei starkem Ödem die Gefäße komprimiert werden, ist die Farbe der ödematösen Teile blaß.

Die Ursachen des Hydrops beruhen auf pathologischen Zuständen, welche die Momente beeinflussen, von denen normalerweise die Menge des im Gewebe enthaltenen Fluidums abhängt. Wir können unterscheiden: A. Den aktiven Hydrops, d. h. Transsudatansammlungen, welche auf einer vermehrten Zufuhr von Flüssigkeit aus den Kapillaren in die Gewebe beruhen. Dies wird bewirkt durch Vermehrung des intrakapillären und Herabsetzung des Gewebedruckes, durch Steigerung der Permeabilität der Kapillarwände und insbesondere Schädigung der Endothelien, durch chemische Veränderung von Blutplasma und Gewebeflüssigkeit (Verminderung des osmotischen Drucks). B. Den passiven Hydrops, Stauungshydrops, welcher durch Störung im Abfluß der Gewebeflüssigkeit aus den Geweben durch die Lymphbahnen oder auch Blutbahnen bedingt wird. Meist kommen mehrere dieser Zustände zugleich als Ursachen eines Hydrops in Betracht; aber nicht nur von ihrer Intensität an und für sich, sondern auch von individuellen Eigentümlichkeiten des Organismus („hereditärer Hydrops"), besonders der betroffenen Stelle, hängt die Größe der hydropischen Ansammlung ab. Dies zeigt sich besonders bei dem allgemeinen Hydrops. Denn hier kommen Allgemeinstörungen nicht überall gleich stark hydroperzeugend zur Wirkung, sondern zuerst und am meisten an gewissen besonders disponierten Stellen. Hierbei spielt offenbar die erschwerte Rücktranssudation in die Blutgefäße, welche an Geweben von festem Gefüge ausgiebiger vor sich gehen kann, eine Rolle (nach Klemensiewicz). Eine solche Disposition zu Ödemen zeigt z. B. das locker gefügte Gewebe der Augenlider, sowie der äußeren Genitalien, ferner alle tiefliegenden Körperteile, an denen unter Umständen die Wirkung der Schwere auf die Blutströmung mehr zur Geltung kommt; besonders sind es der Fußrücken, die Gegend der Knöchel, überhaupt der Unterschenkel, wo sich bei allgemeiner Zirkulationsstörung zuerst leichte Schwellung und teigige Beschaffenheit der Haut bemerkbar machen. Bei den serösen Höhlen kommt außer den genannten Momenten noch als sehr wichtiges Moment der Zustand der Wand, insbesondere des Epithelbelages hinzu. Ähnlich in der Lunge derjenige der Alveolarepithelien und im Gehirn der der Epithelien der Plexus chorioidei, welche ja zum größten Teil den Liquor cerebrospinalis erzeugen sollen. Speziell für das Zustandekommen des so wichtigen Lungenödems betont Klemensiewicz noch besonders die besondere Beschaffenheit der Lungenkapillaren. Das Lungenödem ist auch nicht nur Stauungsfolge, sondern oft entzündlich.

Unter Berücksichtigung des oben Gesagten können wir folgende Gruppen aufstellen: Einteilung.

A. Aktiver Hydrops:
    1. kongestiver Hydrops bei kongestiver Hyperämie, ⎫ Erhöhung des intra-
    2. neuropathischer Hydrops, ⎬ kapillären Druckes,
    3. Hydrops ex vacuo — Herabsetzung des Gewebedruckes,
    4. toxisch-infektiöser Hydrops — vermehrte Durchlässigkeit der Gefäßwände,
    5. dyskrasischer Hydrops — chemische Veränderung des Blutes.
B. Passiver Hydrops = Stauungshydrops:
    1. Abflußstörung durch die Blutbahn,
    2. Abflußstörung durch die Lymphbahn.

    1. Kongestiver Hydrops. Die kongestive Hyperämie bewirkt an sich nur einen erhöhten Gewebsturgor durch verstärkte Transsudation; erhöhte Rücktranssudation in die Gefäße gleicht diese aber aus. Erst durch Hinzutreten von Stauungshyperämie, entzündlicher Reizung, chemischer Schädigung der Kapillarwand oder Erschwerung des Lymphabflusses etc. kommt es dann zu ausgesprochenem Hydrops. Diese Momente wirken auch zusammen beim sogenannten kollateralen Ödem, das oft in ziemlich weitem Umkreis von Entzündungsherden auftritt. Hier geht die Ödemflüssigkeit in entzündliches Transsudat (seröses Exsudat) über, was im allgemeinen durch vermehrten Eiweißgehalt angezeigt wird, ohne daß man aber auf Grund des letzteren eine scharfe Grenze zwischen einfachem Transsudat und entzündlichem Exsudat zu ziehen vermöchte.

A. Aktiver Hydrops: 1. Kongestiver Hydrops.

2. Neuro-
pathischer
Hydrops.

2. Als neuropathischen Hydrops bezeichnet man eine Anzahl von hydropischen Zuständen, welche als Folge nervöser Einflüsse — Reizung der Vasodilatatoren oder Lähmung der Vasokonstriktoren — aufgefaßt werden.   Solche scheinen bei Nervenkrankheiten (Myelitis, Syringomyelie, Lähmung des Halssympathikus, Ischias, Tabes, Trigeminusneuralgie, Hysterie), bei Einwirkung thermischer (Brandblasen, Erkältungsödem), toxischer und traumatischer Reize die Vasomotoren direkt oder reflektorisch zu treffen.   Die so alterierten Gefäßnerven bewirken ihrerseits Zirkulationsstörungen des Blutes und der Lymphe, an die sich dann das Ödem anschließt. Dasselbe ist oft lokal umschrieben und vergeht schnell wieder (Oedema fugax).   Doch kommen auch hier noch manche andere Momente (Fehlen der Muskeltätigkeit bei Lähmungen, direkte Einwirkungen auf Durchgängigkeit und Sekretionstätigkeit der Kapillarwand) in Betracht.

Hier anzuschließen ist der Hydrops bei hydrämischer Plethora, weil er ebenfalls (wie 1 und 2) zum großen Teil auf Erhöhung des intrakapillären Druckes beruht.   Auf diese Plethora (infolge Verminderung der Harnmenge) ist wohl teilweise der Hydrops bei akuter Nierenentzündung zu beziehen.   Daß hierbei eine Wasserretention im Körper in der Tat mitwirkt — wohl neben Kapillarschädigungen und anderen Momenten — wird dadurch gezeigt, daß das Ödem mit der Menge der Harnausscheidung schwankt und selbst bei Anurie ausbleiben kann, wenn Wasserausscheidung auf anderem Wege (starke Transspiration, reichliche dünnflüssige Stühle) erfolgt; auch der Nachweis von Harnstoff in der transsudierten Flüssigkeit weist darauf hin.

3. Hydrops
ex vacuo,

3. Hydrops ex vacuo.   Er beruht auf einem vermehrten Übertritt von Flüssigkeit aus den Kapillaren in die Gewebe, wofür als wesentliche Ursache eine Herabsetzung des Gewebedruckes maßgebend ist.   Dies ist der Fall, wenn durch atrophische Prozesse, Gewebsverluste und ähnliche Vorgänge Hohlräume entstanden oder erweitert sind, die gewissermaßen vakuumartig wirken.   Ein Beispiel ist das Piaödem nach Gehirnatrophie.

4. Infek-
tiös-toxi-
scher
Hydrops.

4. Als infektiös-toxischen Hydrops kann man Ödeme zusammenfassen, welche sich, durch vermehrte Durchlässigkeit der Kapillarwände verursacht, bei gewissen Allgemeinerkrankungen ohne Störung der Herz- und Nierentätigkeit (s. dort) finden, z. B. bei Scharlach, Masern, Influenza, Diphtherie, Gelenkrheumatismus, Milzbrand und ähnlich auch bei gewissen Vergiftungen und Autointoxikationen — bei Insektenstichen, Schlangengiften, bei manchen Menschen nach Genuß von Erdbeeren, Krebsen etc. —.   Hierher gehören auch manche Lungenödeme.

5. Dyskra-
sischer
Hydrops.

5. Der dyskrasische Hydrops ist Teilerscheinung von Affektionen, welchen eine Verschlechterung der Blutbeschaffenheit, namentlich Verminderung des Eiweißgehaltes (Hypoalbuminose) durch dauernde Albuminurie (Eiweißausscheidung mit dem Harn) und damit relativ erhöhter Wassergehalt (relative Hydrämie) gemeinsam ist; diese bringen zum Teil auch eine Wasserretention und damit wirkliche absolute Vermehrung des Wassers im Blute, also eine echte Hydrämie, mit sich.   Es findet sich dieser kachektische oder dyskrasische Hydrops besonders im Verlaufe von chronischen Nierenerkrankungen, ferner bei Zuständen allgemeiner Amyloiddegeneration, bei Skorbut, allgemeiner Kachexie, besonders der Malariakachexie, bei primären und konsekutiven, durch Blutverluste entstandenen Anämien.   Bei Hydrämie wirkt einmal die wässerige Blutbeschaffenheit an sich fördernd auf Filtration und Diffusion, wie es denn auch gelungen ist, bei experimentell (durch Kochsalztransfusion) erzeugter akuter Hydrämie neben einer bedeutenden Vermehrung der wässerigen Ausscheidungen und des Lymphstroms eine starke wässerige Durchtränkung mancher Organe hervorzurufen; doch ist bei anhaltender Hydrämie der Schädigung der Gefäßwand und besonders der größeren Durchlässigkeit der Kapillarwände die überwiegende Bedeutung für das Zustandekommen des Hydrops beizumessen.   Die durch abnorme Blutbeschaffenheit bedingte mangelhafte Ernährung der Gewebe mit Herabsetzung ihrer Elastizität begünstigt ebenfalls den dyskrasischen Hydrops.

Der Umstand, daß auch beim dyskrasischen Hydrops vorzugsweise eine Lokalisation auf bestimmte Stellen (Augenlider, Gesicht überhaupt, Genitalien, untere Extremitäten) bemerkbar ist, scheint auf eine gewisse Mitbeteiligung zirkulatorischer und mechanischer Einflüsse, wenigstens in Form von Hilfsursachen hinzudeuten; sicher aber fällt bei den gegen Ende chronischer Nierenkrankheiten auftretenden allgemeinen Ödemen der Erlahmung der Herztätigkeit eine wesentliche Rolle zu (vgl. Kap. IV, 1).   Sie sind wesentlich Stauungsödeme, welche auf eine schließlich eingetretene Herzinsuffizienz zurückgeführt werden müssen.

Maran-
tischer
Hydrops.

Auch das marantische oder senile Ödem gehört hierher, insofern es vorzugsweise durch den Ausfall der die Lymphbewegung unterhaltenden Momente (Mangel an Muskeltätigkeit, respiratorische und kardiale Schwäche) bei erschöpfenden Krankheiten und im Greisenalter unter der Mitwirkung gleichzeitig vorhandener Kachexie zu erklären ist.   Doch spielen beim senilen Ödem auch Gefäßalterationen ähnlich wie beim toxischen Ödem eine große Rolle.

B. Passiver
(Stauungs-)
Hydrops:
6. durch
Blutbahn-
störung.

6. Ein Stauungshydrops kommt zunächst durch erschwerten oder gesperrten venösen Rückfluß (S. 15) zustande.   Durch die hierbei erzeugte Blutstauung wird der intrakapilläre

Druck erhöht, infolge von Ernährungsstörungen die Kapillarwand hinsichtlich ihrer Permeabilität und Sekretionstätigkeit verändert, das umgebende Gewebe in seiner Elastizität alteriert und durch all dies die Ansammlung von Gewebeflüssigkeit gesteigert. Daher geht bei lokaler Venensperre das Auftreten und die Intensität des Ödems parallel mit dem Grade der Zirkulationshemmung und der Hydrops bleibt aus oder schwindet nach kurzem Bestand, wenn ein ausreichender venöser Kollateralkreislauf sich entwickeln kann, wie bei Unterbindung selbst großer Venen der unteren Extremität. Andererseits bildet sich konstant ein Ascites (Bauchwassersucht) infolge dauernder Obturation der Pfortader (s. Fig. 39), so bei der Lebercirrhose, einer Erkrankung, die eine Verödung zahlreicher feiner Pfortaderäste im Gefolge hat, da sich in diesen Fällen nur sehr ungenügende kollaterale Abflußwege für das Pfortaderblut eröffnen (Äste zu den Venen des Ösophagus, der Nierenkapseln, der Bauchwand und den Venae spermaticae). Bei Kompression der großen Venen im kleinen Becken durch Tumoren oder den schwangeren Uterus entstehen Ödeme, wenn noch die Wirkung der Schwere auf den Rücklauf des Blutes hinzukommt (s. S. 16). Natürlich bleibt der Hydrops bei Unterbindung auch großer Venenstämme aus, wenn gleichzeitig auch die arterielle Zufuhr vollständig gehemmt wird; dagegen steigert bei schon vorhandener venöser Stauung eine sich etwa einstellende arterielle Hyperämie die Transsudation in demselben Grade, wie sie auf die Stauung selbst verstärkend einwirkt; so erhält man nach experimenteller Unterbindung der Vena cava inferior und gleichzeitiger Durchschneidung des Nervus ischiadicus ein starkes Ödem der Beine, weil dann durch Lähmung der Vasokonstriktoren eine kongestive Hyperämie zur Stauung hinzukommt. Hierher gehört auch ein Teil der Lungenödeme (s. Fig. 40),

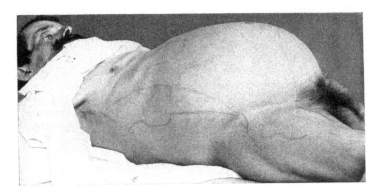

Fig. 39.
Ascites bei Pfortaderthrombose.
Aus Pagenstecher, Klinische Diagnose der Bauchgeschwülste.

wenn Stauung infolge ungenügender Tätigkeit des linken Herzens (z. B. bei Coronararteriensklerose) in der Lunge einsetzt. Im Gefolge von unkompensierten Herzfehlern und von Herzinsuffizienz überhaupt tritt, entsprechend der allgemeinen venösen Stauung, auch ein allgemeiner Hydrops auf; doch zeigt sich auch hier, wenigstens im Beginn, die dem Hydrops eigentümliche Lokalisation an den oben erwähnten Stellen.

7. Zweitens sind die Bedingungen für einen Stauungshydrops gegeben durch Verlegung oder Hinderung des Lymphabflusses. Jedoch kommt diese für sich allein viel weniger wie die venöse Stauung als Ursache hydropischer Zustände in Betracht; jedenfalls hauptsächlich deshalb, weil in den reichlich vorhandenen, vielfach verzweigten und anastomosierenden Lymphbahnen so viele Abflußwege der Gewebeflüssigkeit zur Verfügung stehen, daß eine Stauung dieser nicht leicht eintritt. Selbst Verschluß des Ductus thoracicus macht in den meisten Fällen keinen Hydrops. Nur dann, wenn der größere Teil der Lymphwege eines Bezirkes verlegt ist, kann eine Stauung der Lymphe in ihm stattfinden, welche dann aber auch nicht allein das Ödem bewirkt, sondern die Entstehung dieses aus anderen Ursachen (Gefäße etc.) nur begünstigt, wie wir das z. B. bei gewissen Formen von Elephantiasis wahrnehmen, wenn entzündliche Prozesse zu starker bindegewebiger Hyperplasie und Verödung aller Lymphwege führen.

7. durch Lymphbahnstörung.

Die **Folgen** des Hydrops sind verschieden nach Dauer, Ausbreitung und Sitz, d. h. Empfindlichkeit der ödematösen Organe. Hydropische Quellung der Nervenelemente z. B. kann nicht nur funktionelle Störungen, sondern auch völlige Degeneration derselben bewirken. Im übrigen sind die Folgen meistens

Folgen des Hydrops.

von den Grundursachen des Hydrops abhängig. Höhlenwassersucht kann eine Kompression von Organen, z. B. der Lunge, zur Folge haben; ebenso stehen hydropische Ergüsse in die Hirnventrikel in zweifelloser Beziehung zu dem als Hirndruck bekannten Symptomenkomplex. Sehr häufig überhaupt schließen sich an Ödeme entzündliche Vorgänge an, besonders da, wo sich schon normalerweise Mikroorganismen in der Umgebung finden, z. B. Unterschenkelgeschwüre, die sich oft an chronisches Ödem der Haut dieser Gegend anschließen.

Sack-
wasser-
sucht. Im Anschluß an den Hydrops ist noch ein äußerlich ähnlicher Zustand zu erwähnen: sogenannte **Sackwassersucht,** falscher Hydrops. Sie findet sich in präformierten mit Schleimhaut ausgekleideten Hohlräumen, wenn bei Verschluß der Ausführungsgänge sich das Sekret zunächst staut und den Raum erweitert, später aber das Sekret fast ganz resorbiert wird, und eine vorzugsweise wässerige Flüssigkeit den erweiterten Raum ausfüllt. In dieser Weise entstehen große, sackförmige Erweiterungen der Gallenblase (Fig. 41), des Processus vermiformis, des Uterus, der Tuben oder des Nierenbeckens, um den Hoden etc.

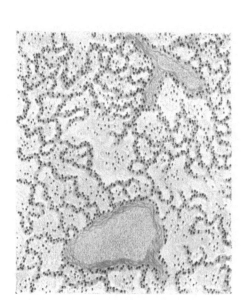

Fig. 40.
Hyperämie und Ödem der Lunge.

Fig. 41.
Hydrops vesicae felleae.

(Hydrops vesicae felleae, des Processus vermiformis, Hydrometra, Hydrosalpinx, Hydronephrose, Hydrocele, s. Fig. 38).

Fötale
Wasser-
sucht. Als besondere Art des Hydrops soll hier noch die zahlreiche Körperhöhlen zugleich befallende fötale Wassersucht genannt werden. Sie scheint verschiedene Ursachen haben zu können, unter anderen auch solche, die zu den Mißbildungen gehören, so Stenose des Ductus Botalli. Eine schärfer umschriebene Gruppe läßt sich (Schridde) als Anämie des neugeborenen Kindes (wohl von der Mutter aus auf Grund toxischer Bedingungen) deuten. Es besteht zugleich Herzhypertrophie und es weisen die blutbildenden Organe besondere Verhältnisse auf (daher auch als Erythroblastose bezeichnet).

Lymphorrhagie.

Lymphor-
rhagie. Durch Zerreißung von Lymphgefäßen kann sich Lymphe frei an die Oberfläche eines Organs oder in Körperhöhlen hinein ergießen, ein Vorgang, welcher als Lymphorrhagie bezeichnet wird; wird die Öffnung des Lymphgefäßes nicht verschlossen, so können sich sogar Lymphfisteln bilden, aus denen sich dauernd die Flüssigkeit entleert. Bei dem geringen Druck, unter dem die Lymphe strömt, kann bloß eine Zerreißung größerer Lymphstämme von Bedeutung in dieser Beziehung werden; es wird eine Zerreißung hier und da beobachtet am Ductus thoracicus, und zwar als Folge des Verschlusses dieses durch tuberkulöse oder narbige Prozesse, Tumoren oder traumatische Einwirkungen; die Lymphe kann sich dann in die Pleurahöhle, seltener in den Herzbeutel, ergießen und dem Inhalt der serösen Höhlen Hydrops
chylosus. beimischen, welcher dadurch milchig getrübt wird. Kleinere Lymphorrhagien finden sich nach Zerreißung der Chylusgefäße des Darms. So entsteht der sogenannte **Hydrops chylosus** bzw. **Ascites chylosus.**

Chylurie ist die Beimengung chylusartig aussehender, aus Leukozyten, Fett und reichlichem Eiweiß **Chylurie.** bestehender Massen zum Harn; sie erfolgt von den Lymphbahnen der Blase aus und wird durch einen in den Lymphgefäßen des Abdomens sich aufhaltenden Parasiten, das Schistosomum haematobium, verursacht, welcher zeitweise auch ins Blut übertritt.

Bei Lymphangitiden etc. kann es zu thrombotischen Verschlüssen von Lymphgefäßen kommen.

Kapitel II.

Störungen der Gewebe unter Auftreten von ihren Stoffwechsel verändernden (regressiven) Prozessen.

Vorbemerkungen (s. auch S. 6 ff.).

Wenn eine Schädlichkeit irgendwelcher Art Gewebe oder Zellen angreift in einem solchen Maße, daß nicht ohne weiteres ein Ausgleich möglich ist, anderseits aber auch die Zellen nicht direkt abgetötet werden, so werden ihre Lebensvorgänge verändert und dementsprechend ändert sich auch ihre Form. Es ist insbesondere der Stoffwechsel, welcher sich ändert. Man kann daher diese Veränderungen auch als solche des **Stoffwechsels** bezeichnen. Die Zellen bzw. Gewebe werden infolgedessen weniger leistungsfähig, ihre Funktionstüchtigkeit ist fast ausnahmslos vermindert. Man faßte daher diese auf Schädigungen folgenden Veränderungen besonders früher auch als sogenannte „**regressive**" Prozesse zusammen.

Der Stoffwechsel und dementsprechend die funktionelle Leistungsfähigkeit kann einfach gleichmäßig quantitativ herabgesetzt sein, dann pflegt sich auch nur das Volumen der Gewebe und Zellen auf ein geringeres Maß zu reduzieren; so entsteht die einfache **Atrophie.** **Atrophie.**

In anderen Fällen kommt es zu qualitativen Veränderungen bzw. zu ungleich quantitativen, indem ein Stoff vermindert, ein anderer vermehrt ist oder dgl., so daß die Veränderung als qualitative imponiert. Sie sind je nach Ursache der Störung sowie nach Beschaffenheit und Funktion der betreffenden Gewebsart verschieden — **Degenerationen.** Es kann sich die Veränderung des Stoffwechsels in einer **Degenera-** Anhäufung von Stoffen äußern, die von der normalen Zelle weiter zersetzt werden, z. B. von Fett oder **tionen und** von Glykogen innerhalb der Leberzellen; in anderen Fällen werden Substanzen abgelagert, welche nicht **tionen.** der normalen Reihe der Stoffwechselprodukte angehören, oder doch unter physiologischen Verhältnissen nicht in fester Form zur Abscheidung gelangen, wie das Amyloid und zum Teil auch das Hyalin, welche sich im bindegewebigen Gerüst und dem Gefäßapparat der Organe ablagern, die Kalksalze und die Harnsäure, welche absterbende Gewebsbestandteile aller Art, sowie sogenannte Konkremente imprägnieren, und manche Pigmente. Stets wird hierbei vollwertiges Material durch minderwertiges ersetzt, die Leistungsfähigkeit der Zelle daher stets herabgesetzt. Ist die Schädigung der Gewebe eine relativ geringe und stammt das Ersatzmaterial von außerhalb der Zelle, in der es jetzt liegt, so spricht man von einer Infiltration mit fremdartigen oder doch in abnormer Menge angehäuften Stoffen; kommt es aber auch zu einer tiefgreifenden Schädigung der Gewebselemente, so daß der protoplasmatische Bestand der Zellen selbst angegriffen wird, und vor allem, handelt es sich um lokale Umwandlung desselben in minderwertige Stoffe, so spricht man von Degenerationen im engeren Sinne.

Atrophie wie Degenerationen bedeuten also ein Weiterleben der Zellen, aber mit verändertem Stoffwechsel und in minder funktionstüchtigem Zustand. Hört die Einwirkung der verursachenden Schädlichkeit auf und ist die Schädigung keine sehr hochgradige, so kann sich die Zelle erholen — Rekreation — und so zu ihrem gewohnten Stoffwechsel und auch zu ihrer früheren Form zurückkehren. Oder es können mancherlei Stoffe dauernd abgelagert bleiben, besonders solche, welche keine allzu hochgradige Schädigung und Funktionsbeeinträchtigung bedeuten; die Zelle lebt dauernd in diesem Zustand, wenn auch natürlich verändert, weiter. Oder aber die Einwirkung der Schädlichkeit ist so stark, daß ihr Weiterleben sistiert wird; sie stirbt ab.

Diesen Zustand des lokalen Gewebstodes benennen wir **Nekrose.** Liegt der eben geschilderte **Nekrose** — häufigere — Fall vor, daß die Schädlichkeit die Zellen erst verändert und dann erst völlig tötet, so **und Nekro-** spricht man insbesondere von Nekrobiose. Der Tod entwickelt sich hier aus dem Leben auf dem Wege **biose.** über Degenerationen. Wirkt die Schädlichkeit von vornherein so stark ein, daß sie die Zellen direkt tötet, so liegt Nekrose im engeren Sinne vor. Ist das abgetötete Zellgebiet kein allzu ausgedehntes, so können, besonders wenn die Schädlichkeit einzuwirken aufhört, die Zelltrümmer hinweggeschafft werden und

4*

gleichwertiger Ersatz vom Nachbargewebe aus. — Regeneration — oder wenigstens eine Ersatzwucherung durch indifferentes Gewebe — Reparation — erfolgen.

Da bei den ganzen „regressiven" Prozessen ja Zellsubstanz durch Einwirkung der Schädlichkeit abgebaut wird, handelt es sich um katabiotische Vorgänge (s. die Einleitung), und solche lösen nach dem dort Gesagten bioplastische („progressive") Prozesse aus.

Über alle diese Folgen der regressiven Prozesse vergleiche das nächste Kapitel.

I. Atrophie.

Einfache Atrophie.

Unter Atrophie versteht man die Volumenabnahme eines Organs, welche auf einem einfachen Verlust von spezifischen Gewebselementen beruht. Die einzelne Zelle zeigt bei Atrophie Verkleinerung ihres Zellumfanges ohne wesentliche qualitative Veränderungen. Als physiologischen Grundtypus können wir hier die Ermüdung und Erschöpfung der Zellen nach ihrer Funktion anführen. In den reinsten Fällen von Atrophie werden also die Organelemente, die Zellen etc., einfach kleiner und somit verkleinern sich auch die aus ihnen zusammengesetzten Organe; so finden wir z. B. bei manchen Fällen von Atrophie der Skelettmuskulatur oder des Herzens die Muskelfasern verschmälert und ver-

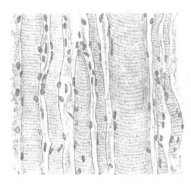

Fig. 42.
Muskelfasern in einfacher Atrophie.

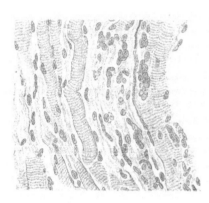

Fig. 43.
Atrophie eines Muskels mit starker Vermehrung der Muskelkerne.

kürzt, aber mit bis zuletzt erhaltener Struktur, der charakteristischen Querstreifung (Fig. 42). Die Atrophie der äußeren Haut kann sich in einer Verdünnung ihrer Epidermislage und Verschmälerung der Papillen äußern. In parenchymatösen Organen atrophieren fast stets die höher entwickelten und somit leichter verletzbaren spezifischen Parenchymzellen zuerst. In dieser reinen Form ist aber die Atrophie der Zellen bloß in einer beschränkten Anzahl von Fällen zu finden. Bei der Atrophie des Fettgewebes finden wir schon außer dem Kleinerwerden der einzelnen Fettzelle und ihres Fettgehaltes eine Änderung, indem die Fettkugel meist in mehrere kleine Tropfen zerfällt. Bei der Atrophie von Ganglienzellen schwindet ihr normaler Gehalt an Nisslschen Körpern. Vielfach zeigt sich die Atrophie mit degenerativen Vorgängen verbunden; so erscheint die Atrophie der Muskelfasern (und Epithelien) Pigment- häufig zusammen mit Pigmentdegeneration, die man zusammenfassend als Pigment-(braune) atrophie oder braune Atrophie bezeichnet; hierbei finden sich Pigmentkörnchen in die Atrophie. verschmälerten Fasern eingelagert (Genaueres s. später). Außer der Pigmenteinlagerung kommen in atrophierenden Muskeln nicht selten eine Vakuolisierung sowie eine Zerklüftung und Spaltung ihrer Fasern, endlich auch gleichzeitig eine Wucherung der Muskelkerne (s. Fig. 43) zur Beobachtung. Die Atrophie der Knochensubstanz erfolgt unter Auftreten von kleinen, rundlichen Vertiefungen an der Oberfläche der Knochenbälkchen, sogenannten Howshipschen Lakunen, wodurch die Bälkchen zackig und allmählich verschmälert, sowie schließlich durchbrochen werden. Ähnliches findet sich auch an der Wand der Haversschen Kanäle; so kommt es zu einer Erweiterung dieser sowie der Markräume der Spongiosa. (Näheres im II. Teil, Kap. VII.)

In wieder anderen Fällen stellt die Atrophie einer Zelle den Schlußeffekt einer echt degenerativen Veränderung dar, bei der die Zerfallsprodukte bereits durch Resorption weggeschafft worden sind, so daß die Zelle nun nur noch quantitativ verändert — verkleinert — erscheint. Oder wenn in einem Gewebe die degenerativ zugrunde gegangenen Gewebselemente bereits resorbiert sind, erscheint das übrige Gewebe zellärmer, verkleinert, also einfach atrophisch. *Atrophie als Schlußeffekt von Degenerationen.*

Innerhalb drüsiger Organe verlieren bei der Atrophie vielfach die sezernierenden Drüsenzellen, wie z. B. die Epithelzellen der Tubuli contorti der Harnkanälchen oder die Leberzellen ihre charakteristische Beschaffenheit und gleichen dann in ihrem Aussehen den weniger hoch organisierten Epithelzellen der Ausführungsgänge; die Zellen der gewundenen Nierenkanälchen werden dann denen der geraden Harnkanälchen, die Leberzellen denen der Gallengänge ähnlich. Diese Umwandlung wird von Ribbert als Rückbildung (Rückkehr zu einem weniger differenzierten Zustand) bezeichnet. *Rückbildung.*

Nach den Ursachen der Atrophie können wir verschiedene Formen derselben unterscheiden: *Formen der Atrophie nach Ursachen:*

Die senile Atrophie stellt einen besonders hohen und nicht mehr reparablen Grad von Erschöpfungsatrophie dar, der im Alter infolge der Abnutzung durch Summation der Reize (bzw. Mangel an Rekonstruktionsfähigkeit) eintritt. Sie steht somit an der Grenze des Physiologischen, ist individuell sehr verschieden und befällt besonders die Gefäße, die Haut, das Gehirn und den Herzmuskel, ferner Knochen und Knorpel. Ihr am nächsten stehen gewisse kachektische und marantische Zustände, ferner die Atrophie, welche unter dem Einfluß des Fiebers durch einen vermehrten Stoffzerfall entsteht, endlich diejenige, welche sich an übermäßige Leistung einzelner Organe, besonders der Drüsen, anschließt. Alle diese Formen sind wesentlich zellulärer, d. h. primär in den Zellen begründeter Art, wenn auch, namentlich bei den anämischen Zuständen, der herabgesetzten Ernährungszufuhr ein gewisser ursprünglicher Anteil zugesprochen werden muß. *Rein zellu-läre Formen. Senile Atrophie u. dgl.*

Eine allgemeine Herabsetzung der Ernährung kann auch für sich allein Atrophie der Organe veranlassen, wie der Hungerzustand z. B. bei chronischen Krankheiten des Verdauungskanals zeigt; hierbei nehmen die einzelnen Organe in sehr verschiedenem Maße ab: in erster Linie das Fettgewebe, die Körpermuskulatur, die Leber, das Blut; am wenigsten Herz und Zentralnervensystem, die sich während des Hungerzustandes aus den Zerfallsprodukten der anderen Gewebe erhalten. Als Folgen mangelhafter Ernährung bei atherosklerotischen oder anderen Erkrankungen umschriebener Gefäßgebiete pflegen sich herdweise Atrophien einzelner Organabschnitte einzustellen, die zum Teil auf einem Untergang einzelner Organelemente beruhen. So finden sich z. B. in atherosklerotischen Nieren häufig atrophische, an der Oberfläche eingesunkene Herde, ähnlich auch im Gehirn. Auch bei Zuständen chronischer venöser Blutüberfüllung kommen atrophische Veränderungen an den Parenchymteilen vor (s. zyanotische Atrophie). *Zirkula-torische Atrophie.*

Wahrscheinlich besteht auch ein „trophischer", d. h. die Ernährung bestimmender Einfluß der Nerven auf Zellen. Hierfür sprechen die nach Nervenläsion und Rückenmarkskrankheiten verschiedener Art auftretenden trophischen Störungen an den zugehörigen Bezirken der Haut, der Muskeln und anderer Organe; vasomotorische Störungen wirken bei vielen dieser „Trophoneurosen" mit, genügen aber nicht allein, um deren Auftreten zu erklären. Zu den neurotischen Atrophien bestimmter Nervengebiete gehört auch die halbseitige Atrophie des Gesichtes, welche mit Veränderungen am Trigeminus zusammenhängt, die Hemiatrophia facialis, welche zerebralen Ursprungs ist, eine gekreuzte Atrophie, die den Kopf auf der einen, die Extremitäten auf der entgegengesetzten Seite betrifft, endlich die Störungen der Haut bei leprösen Veränderungen der Nerven (Ausfallen der Haare, Schwinden der Haut im Bereich der Lepraknoten, Geschwürsbildung, abnorme Pigmentbildung u. a.). *Tropho-neurotische Atrophie.*

Herabsetzen oder Aufhören einer Zellfunktion führt Atrophie durch Nichtgebrauch herbei, Inaktivitätsatrophie, so an Knochen und Muskeln gelähmter oder sonstwie *In-aktivitäts-atrophie,* dem Gebrauch entzogener Extremitäten, an Amputationsstümpfen und an den Kiefern nach Ausfallen der Zähne. Durchschnittene Nerven atrophieren selbst nach ganz bestimmten Gesetzen (s. dort).

Druck-
atrophie.

Druckatrophie entsteht durch anhaltenden mäßigen Druck, während durch sehr starken Druck Nekrosen erzeugt werden können. Beispiele von Druckatrophie sind die durch Aneurysmen, Zystengeschwülste und harte Tumoren an verschiedenen Organen hervorgerufenen lokalen Atrophien, ferner die Vertiefungen an der Innenfläche des Schädeldaches, welche durch die Wucherung der sogenannten Pacchionischen Granulationen hervorgerufen werden, und die allgemeine Verdünnung des Schädeldaches bei Hydrozephalus. Hierbei ist zu beachten, daß vielfach gerade weiche Organe (Gehirn) von derartigen mechanischen Einflüssen weniger geschädigt werden, als der sonst viel widerstandsfähigere Knochen, weil ersteren ein weit größeres Anpassungsvermögen zukommt.

Atrophie
durch
chemische
Stoffe.

Endlich haben auch gewisse chemische Stoffe die Eigenschaft, eine Substanzverminderung einzelner Teile herbeizuführen; das Jod übt z. B. einen solchen Einfluß auf Drüsengewebe aus.

Die Atrophie ist scharf zu trennen von der Agenesie bzw. Hypoplasie, d. h. von Störungen in der Entwickelung.

II. Trübe Schwellung.

Trübe
Schwellung.

An den Epithelien drüsiger Organe, besonders denen der Leber (s. Fig. 44) und Niere, sowie auch am Sarkoplasma der Muskelfasern findet man unter bestimmten Bedingungen eine Veränderung des Zellkörpers, welche man als trübe Schwellung (albuminöse Degeneration) bezeichnet. Bei hohem Grad derselben haben die Organe makroskopisch eine eigentümlich trübe Beschaffenheit, sie erscheinen vergrößert und sehen wie gekocht aus; mikroskopisch zeigt es sich, daß die Zellen, resp. die Muskelfasern — in Wasser oder Kochsalzlösung untersucht — ein auffallend stark gekörntes, trübes Aussehen aufweisen und im ganzen vergrößert erscheinen. Beides beruht auf der Einlagerung zahlreicher feiner Eiweißkörnchen, welche in den Epithelien oft den Zellkern verdecken und in den Muskelfasern in das zwischen den Primitivfibrillen gelegene Sarkoplasma eingelagert sind; auf Zusatz von

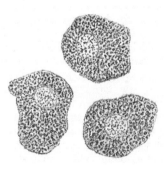

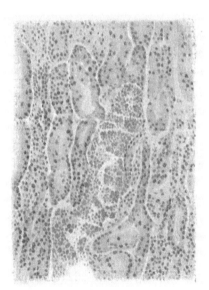

Fig. 44.
Leberzellen in trüber Schwellung ($\frac{350}{0}$).

Fig. 45.
Tropfiges Hyalin der Niere.

Essigsäure hellen sie sich (im Gegensatz zu Fetttröpfchen) auf, worauf dann auch der vorher verdeckte Kern wieder deutlich hervorzutreten pflegt (Zusatz von Kalilauge hellt die Zellen gleichfalls auf, bringt aber auch die Kerne zur Auflösung).

Wahrscheinlich handelt es sich bei der trüben Schwellung um Zerfall der feinsten fädigen Elemente des Protoplasmas in Körnchen, verbunden mit einer durch den chemischen

Zerfall bedingten Quellung der Zellen. Bei der Destruktion wirken wahrscheinlich auto-
lytische Vorgänge mit.

Die feinste Struktur der Zellen selbst leidet danach bei der trüben Schwellung, d. h. die sogenannten
Mitochondrien verändern sich, zum Teil quellen sie wohl zunächst und bilden sich in Tropfen um, um dann
zu zerfallen, zum Teil tritt letzteres von vornherein auf. Die Epithelien der Niere verlieren ihren Stäb-
chensaum.

In typischer Weise tritt die trübe Schwellung an den sogenannten parenchymatösen
Organen (Leber, Niere, Herz etc.), unter dem Einfluß von allgemeinen Infektionskrankheiten
(Diphtherie, Typhus etc.) und Intoxikationen mit verschiedenen Giften (Phosphor, Arsen etc.)
auf. Mit dem Schwinden der Allgemeininfektion kann die Veränderung wieder rückgängig
werden, in vielen Fällen aber schließt sich eine weitere Degeneration an, zumeist Verfettung.

Nierenepithelien weisen im Zustand der Schädigung irgendwelcher Art neben der Zerfallskörnelung
häufig auch flüssige Tropfen auf, die als feinste besonders tingierbare Tröpfchen, dann als größere solche
die Zellen oft in großer Menge befallen und als tropfiges Hyalin (s. Fig. 45) bezeichnet werden. Der   Tropfiges
Kern der Zelle ist anfänglich gut erhalten, dann schwindet er, die Zelle zerfällt, die hyalinen Tropfen werden   Hyalin.
frei und bilden wahrscheinlich durch Zusammenfluß hyaline Zylinder. Bei dem ganzen Prozeß handelt
es sich wohl auch um eine Degeneration.

Kurz erwähnen wollen wir die hydropische Quellung bzw. vakuoläre Degeneration, welche   Vakuoläre
auf Wasseraufnahme und Abscheidung in Vakuolen beruhend, sich oft mit der trüben Schwellung zu-   Degenera-
sammen findet und keine selbständige Bedeutung hat. Sie findet sich in der quergestreiften Muskulatur   tion.
sowie in Epithelien, vor allem in Karzinomen, hier besonders ausgebreitet nach Röntgenbehandlung.

III. Störungen des Fett(Lipoid)stoffwechsels der Gewebe: Verfettung.
(Fett-, Lipoid- und Myelin-Degeneration und -Infiltration.)

Die hauptsächlichste Quelle für die Fettbildung im Körper ist das mit der Nahrung
zugeführte Fett, welches teils in Emulsion, teils in verseiftem Zustande von der Darmwand
aus in die Chylusgefäße aufgenommen und mit dem Blute den Organen zugeführt wird.
Ihrer chemischen Zusammensetzung nach sind die im Körper vorkommenden Fette größtenteils Triglyzeride der Fettsäuren: Stearin, Palmitin und Olein; nur in geringer Menge kommen
unter normalen Verhältnissen freie Fettsäuren vor. Innerhalb des Körpers werden die
hauptsächlichsten Fettdepots von dem Fettgewebe, dem subkutanen und intermuskulären,
sowie dem in der Subserosa der Bauchhöhle und dem Mesenterium gelegenen repräsentiert,
welche bei reichlicher Ernährung eine entsprechende Zunahme erfahren. Die eigentümliche,
je nach der Art der Nahrung und den sonstigen Verhältnissen etwas wechselnde Farbe verdankt das Fettgewebe gewissen in ihm gelösten Farbstoffen.

Außerhalb des eigentlichen Fettgewebes findet sich Fetteinlagerung, und zwar
meist in Form kleiner Tröpfchen, schon
normalerweise auch in den Zellen zahlreicher Organe, zunächst in vielen Drüsenzellen, besonders der Leber und Nebenniere, ferner auch der Niere (Henlesche
Schleifen und Schaltstücke), des Hodens,
des Thymus, der Speicheldrüse, Tränen-
drüse, Schilddrüse, sowie ferner in der
Muskularis, der Haut, deren Schweiß- und
Talgdrüsen, nervösen Organen etc. Am
meisten Fett weist meist die Leber auf, bei
einigermaßen reichlicher Einlagerung in
Form großer Fettropfen, welche oft fast die
ganze Zelle ausfüllen und den Kern beiseite

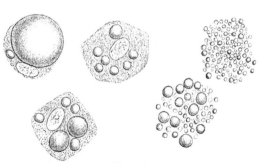

Fig. 46.
Leberzellen im Zustande der Verfettung ($\frac{250}{1}$).
Links drei Zellen mit Fettropfen. Rechts Umwandlung der
Zellen in fettigen Detritus.

drängen (Fig. 46). Offenbar spielt die Leber eine wichtige Rolle für den intermediären
Stoffwechsel, indem Fett in erster Linie in sie einwandert und hier wahrscheinlich in diejenige Verbindung umgewandelt wird, welche für den weiteren Aufbau in den übrigen

Organen dienlich ist. Denn jedenfalls wird das Fett nicht als solches in die Zellen aufgenommen, sondern in Form seiner einzelnen Komponenten (Seifen, Fettsäuren etc.) und in der Zelle wieder zusammengesetzt („Fettsynthese").

Das Fett in allen diesen Organen ist nur als Zeichen der Tätigkeit, der Funktion, d. h. des Stoffwechsels der Drüsen etc. bei der Funktion aufzufassen. Diese normale Quantität Fett bedeutet also nicht Krankheit, sondern gerade Leben. Auch ist ja in manchen Drüsensekreten, wie Talg oder Milch, Fett enthalten. Ferner findet sich beim Neugeborenen Fett **Physio-** in zahlreichen Organen. Alle diese Zustände kann man als **physiologische Fettinfiltration** **logische** **Fett-** zusammenfassen. Es ist wichtig, sie zu kennen, um so nicht Normales für pathologisch **infiltration.** Verändertes zu halten.

An der Grenze der physiologischen und pathologischen Fettinfiltration stehen die großen Fettmassen, welche die Zellen im Alter und im Mast- und Hungerzustande enthalten. Gewisse Zellen, wie die Sternzellen der Leber, Gefäßendothelien etc. nehmen

Fig. 47.
Verfettung der Herzmuskelfasern (Übersichtsbild).
(Färbung mit Scharlach R).

Fig. 48.
Verfettung der Herzmuskelfasern.

Pathologi- besonders leicht das Fett auf. In anderen Fällen nimmt die **Fettinfiltration** einen aus-
sche Fett- gesprochen pathologischen Charakter an schon wegen der großen Quantität des Fettes,
infiltration. welches aber auch, wie der Name „Infiltration" sagt, von außen (Blutweg) in die Zellen gelangt; so bei der Adipositas (Polysarkie), ferner der Fettleber, wo das Fett große Tropfen bildet (s. Fig. 49—51). Vielfach finden sich stärkste Fettinfiltrationen hier gerade in Zuständen von allgemeiner Abmagerung; zum Teil ist dies mit einer Stoffwechselstörung der Zellen in Beziehung zu bringen, als deren Folge das Fett mangelhaft verbrannt an Ort und Stelle liegen bleibt. Auch bei allgemeinen Störungen des Fettstoffwechsels mit vermehrter Zufuhr von Fett tritt in manchen Zellen Fett auf, so z. B. bei Diabetes (Nieren).

In Gegensatz zu dieser **Fettinfiltration** = Fettablagerung stellte man nun früher die **Die sog.** sogenannte „**Fettige Degeneration**" oder „**Fettmetamorphose**", weil bei dieser eine lokale **„fettige** Umwandlung von Eiweiß durch das Stadium der sogenannten trüben Schwellung hindurch **Degene-** in Fett vor sich gehen sollte. **ration".**

Virchow stützte sich hierbei auf die Ansicht Voits, daß chemisch eine solche Umwandlung anzunehmen sei. Schritt auf Schritt aber deckte Pflüger die Einwände auf, die sich gegen die Einzelpunkte der Beweisführung Voits anführen lassen und konnte so auch das Gesamtergebnis erschüttern. Somit ist die Möglichkeit eines Umsatzes von Eiweiß in Fett, so wie er im Körper vor sich gehen könnte, d. h. unter Ausschluß von Bakterien, noch keineswegs bewiesen. Gegen eine solche scharfe Unterscheidung der „Fettinfiltration" und „fettigen Degeneration" spricht zudem, daß man mikroskopisch die für die Unterschiede beider angegebenen Kriterien — so sollte meist in der Leber das Fett bei ersterer in großen, bei letzterer in kleinen Tropfen abgelagert sein — nicht durchgehends findet; wo solche Unterschiede aber vorhanden sind, muß man sie auf den Zustand der Zelle, nicht auf die Art der Fettbildung selbst beziehen.   Ferner findet sich auch bei der sogenannten „fettigen Degeneration" das Fett zunächst den Gefäßen benachbart (wir werden dies noch, z. B. in der Niere, sehen), was auch hier auf eine „Infiltration" hinweist. Und zuletzt sprechen hierfür zahlreiche Versuche, z. B. solche, welche zeigten, daß, wenn man bei Hunden durch Nähren mit Hammeltalg diesen in den Fettdepots zum Ansatz bringt und nun die Hunde mit Giften, welche das klassische Beispiel der „fettigen Degeneration" hervorrufen (z. B. Phosphor), vergiftet, sich in diesen verfetteten Organen nicht Hundefett, sondern Hammeltalg findet; also ebenfalls ein von außen — den Fettdepots — dorthin infiltriertes Fett.

Diese Gründe zwingen zu der Annahme, daß auch dies Fett der sogenannten „fettigen Degeneration" im wesentlichen Infiltrationsfett ist. Zweifelt man somit an der degenerativen Natur des Fettes als solchem, so bleibt doch die Tatsache, daß dieses Fett in vielen Organen, der alten Virchowschen Lehre entsprechend, ein Zeichen für degenerative Zustände und somit praktisch-diagnostisch von höchster Bedeutung für den Zustand des betreffenden Organes ist, vollauf bestehen. Die Ablagerung von Fett ist somit in diesen Fällen der Ausdruck einer hochgradigen Schädigung der Zelle. Es tritt also auch eine Änderung der Protoplasmastruktur der Zelle und ihrer Kerne ein. Aber die Zelle darf nicht tot sein, denn außer der Zufuhr des Fettes von außen ist noch eine Tätigkeit der Zelle selbst, ein, wenn auch veränderter, Stoffwechsel zu ihrer Verfettung Voraussetzung. Also nur noch lebende Zellen verfetten, schon

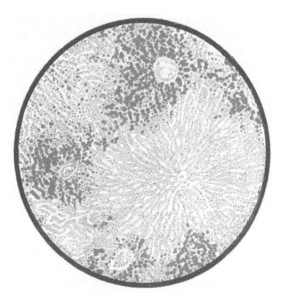

Fig. 49.
Fettinfiltration der Leber (Übersichtsbild).

abgestorbene nicht. Die Zelle kann dann allerdings vollständig zu einem fettigen Detritus zerfallen (s. Fig. 46). Zirkulationsverhältnisse wie Lebenstätigkeit der Zelle beeinflussen den Fettstoffwechsel der Zelle, und die „Verfettung" ist ein Ausdruck des veränderten Stoffwechsels derselben.

Daher findet sich Verfettung nicht in abgestorbenen Gebieten wie den schon erwähnten Infarkten, sondern nur an deren Rand, und ebenso bei Tuberkeln nur am Rand nekrotischer Bezirke. In nekrotischen Gebieten kann sich natürlich auch schon vorher hier gelegenes Fett finden.

Von diesen Gesichtspunkten aus konnte man die Bezeichnungen „Fettinfiltration" und „degenerative Fettinfiltration" wählen, um somit den gemeinsamen Ursprung des Fettes physiologisch und unter pathologischen Bedingungen anzudeuten. Gewissermaßen als Abkürzung des letzteren Ausdruckes würde man dann den von alters her eingebürgerten Namen „fettige Degeneration" betrachten. Am besten aber spricht man einfach von Verfettung. *Degenerative Fettinfiltration.*

Bei den Zuständen dieser letzteren kommen allerdings außer der Infiltration auf dem Blutwege wahrscheinlich noch lokale Momente in Betracht; zwar keine Umwandlung von Eiweiß in Fett, die also, wie oben dargelegt, als vorkommend nicht sicher bewiesen ist,

Lokale
Momente,
welche bei
der Ver-
fettung
in Betracht
kommen.

wohl aber ein Entstehen des Fettes beim Abbau fettverwandter Substanzen (Lipoide, Myeline, s. S. 60 ff.). Und ferner sammeln sich gewissermaßen in den Zellen vorhandene, feinst verteilte, färberisch nicht darstellbare Fett(bzw. Lipoid-)tröpfchen (die in der Zusammensetzung und dem physikalischen Verhalten der Zellsubstanz überhaupt eine große Rolle zu spielen

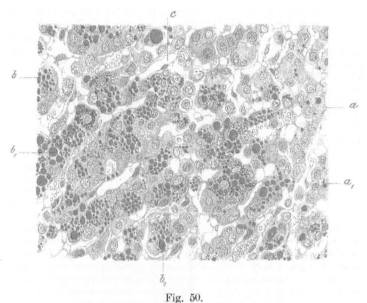

Fig. 50.
(Großtropfige) Fettinfiltration der Leber ($\frac{250}{1}$).
a, a₁ Leberzellen, *b, b₁, b₂* Fettropfen (rot) in solchen, *c* Kapillaren.

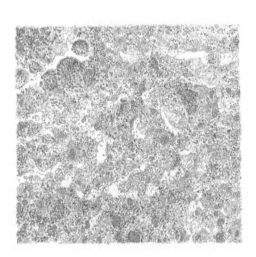

Fig. 51.
Schnitt von derselben Leber wie Fig. 50 ($\frac{250}{1}$).
Das Fett ist durch Alkohol extrahiert; an seiner Stelle
finden sich größere und kleinere Vakuolen.

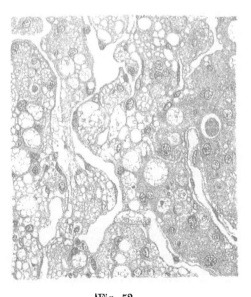

Fig. 52.
Kleintropfige „degenerative Fettinfiltration" der
Leber (akute gelbe Leberatrophie) ($\frac{250}{1}$).
Statt des Lebergewebes erkennt man fast nur einen mehr
von kleinen Fettröpfchen durchsetzten Detritus.

scheinen), unter pathologischen Bedingungen, vielleicht weil sie mit Eiweiß oder anderen Substanzen normaliter in einer Art Seitenkettenverbindung verkettet waren und bei deren Verfall jetzt frei und nicht weiter verbrannt werden. Wieweit im Einzelfall das Fett diesen lokalen Momenten, wieweit der Zufuhr von außen seine Ablagerung verdankt, läßt sich nicht abgrenzen.

Fett kann von Zellen von außen aufgenommen werden, nicht nur mit dem Blutstrom hierher gebracht, sondern auch, wenn fetthaltige Zellen in der Nähe zerfallen. Man hat diese Form der Fettinfiltration als resorptive Verfettung bezeichnet. Diesen Vorgang sehen wir zum Teil in der Umgebung von Infarkten, haben ihn schon bei der Fettembolie erwähnt und können auch die Körnchenkugeln des Zentralnervensystems hierher rechnen, welche das Fett zerfallener Markscheiden phagozytär aufnehmen. Ferner gehört die Kolostrumbildung vielleicht hierher, und auch in der Gallenblasenwand haben wir Fettresorption.

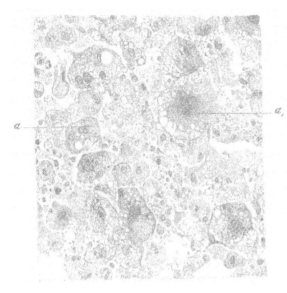 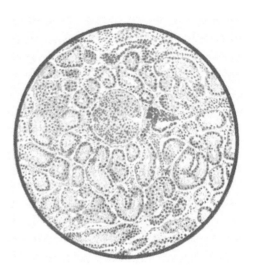

Fig. 53.
Schnitt aus derselben Leber wie Fig. 52.
Das Fett ist extrahiert. Detritus; bei *a* und *a₁* noch erkennbare, in Degeneration begriffene Leberzellen.

Fig. 54.
Verfettung der Niere.

Alles zusammengenommen kann also die Verfettung als ein Ausdruck einer auf die verschiedenste Weise zustande gekommenen Störung des Fettstoffwechsels betrachtet werden.

Daß in Fällen, in denen das Mikroskop eine das normale Maß weit übertreffende Fettmenge festUnterstellt, bei chemischer Untersuchung der Fettgehalt nicht stets vermehrt gefunden wird, mag damit zuschiede in sammenhängen, daß die S. 58 o. u. S. 60 ff. erwähnten fettähnlichen Körper sich zum Teil wohl noch nicht der mikromit Sicherheit vom Fett trennen lassen, sowie darauf, daß das schon zuvor in feinster Verteilung oder lös-skopischen licher Form (Seifen) vorhandene Fett zwar chemisch nachweisbar war, aber mikroskopisch erst bei der schen FestUmformung in Tröpfchen in Erscheinung tritt. Zum Teil mag dies ferner darauf beruhen, daß die che-stellung mische Untersuchung nur das Gesamtfett ganzer Organteile, nicht, wie die mikroskopische Untersuchung, gehaltes. einzelne Zellen in Betracht ziehen kann.

Die Diagnose der Verfettung ist im allgemeinen leicht und in einigermaßen aus-Diagnose geprägten Fällen schon mit bloßem Auge nach der gelben Verfärbung der ergriffenen fettung. Organe — ausgesprochen gelb verfärbte Organe sind stets auf Fett verdächtig — und ihrem, namentlich auf der Schnittfläche deutlichen, matten Fettglanz zu stellen.

Mikroskopisch sind die Fettröpfchen durch ihr starkes Lichtbrechungsvermögen (Abblenden!), ihre Unlöslichkeit in Säuren und Alkalien und Löslichkeit in Äther und Alkohol als solche zu erkennen. In hochgradigen Fällen sind sie so dicht gelagert, daß sie die Struktur der betreffenden Organe, z. B. die Querstreifung der Muskelfasern, die Kerne etc. verdecken. Bei der gewöhnlichen Behandlung von Präparaten (Alkohol und Äther oder Xylol) wird das Fett gelöst, und der Raum, wo dasselbe gelegen, erscheint leer, hell. Durch Osmiumsäure läßt sich das Fett (soweit es Olein oder Ölsäure enthält) schwarz färben, mit bestimmten Farbstoffen (Sudan III, Scharlach-R) tingiert es sich rot, wobei Alkohol und andere Fettlösungsmittel vermieden werden müssen.

Vorkommen der Verfettung.   Was das Vorkommen der Verfettung betrifft, so kann sie fast in allen Geweben des Körpers eintreten: an den Muskelfasern, namentlich denen des Herzens, den Epithelien der Drüsen, der Media und Intima der Gefäße, dem Endokard, den Nervenfasern etc. Die Verfettung ist eine fast allgemein vorkommende Erscheinung an allen in Rückbildung begriffenen Teilen, mögen dieselben durch Darniederliegen der Zirkulation oder durch entzündliche Prozesse affiziert sein.

Lage des Fettes.   Das Fett liegt in den Nierenepithelien, besonders der gewundenen Kanälchen, zunächst in ihrem basalen Zellabschnitt, in den Herzmuskelzellen anfangs in regelmäßigen Längsreihen in dem interfibrillären Sarkoplasma, und zwar fleckweise besonders um die Venen angeordnet (sauerstoffärmste Gebiete), in den Leberzellen vorzugsweise um den Kern, in der Fettleber mehr peripher im Azinus (s. Fig. 49), bei Stauungszuständen, toxischen oder dgl. mehr zentral. Bei der Intimaverfettung (Atherom siehe dort) finden sich die Fettropfen in den ganzen Intimazellen mit ihren Ausläufern.

Ursachen der Verfettung.   Verfettung findet sich bei allgemeinen Infektionskrankheiten und gewissen Vergiftungen (besonders mit Phosphor, Arsenik, Chloroform), sowie bei der akuten gelben Leberatrophie (s. Fig. 52/53 und II. Teil, Kap. IV). Eine andere Gruppe ausgebreiteter Verfettungen tritt bei vielen anämischen Zuständen auf, besonders bei Leukämie, perniziöser Anämie oder nach starken Blutverlusten und betrifft neben den parenchymatösen Organen insbesondere den Herzmuskel, die Wandungen der Blutgefäße und das Endokard. Ganz besonders häufig findet sich Verfettung des Herzmuskels und der Nieren zusammen bei irgendwie unter toxischen Bedingungen Gestorbenen.

Von den genannten Formen der Fetteinlagerung in Zellen sind andere Formen der Verfettung wohl zu unterscheiden, bei welchen es sich um eine Wucherung des interstitiellen, zwischen den Organelementen gelegenen physiologischen Fettgewebes handelt und welche am besten als **Lipomatose** zu bezeichnen sind. Sie kann universell sein infolge verringerter Fettverbrennung (Alkoholismus) oder lokal besonders als Ersatzwucherung. Wir werden auf sie bei dem Kapitel der Hypertrophie genauer einzugehen haben.

Außer den eigentlichen Fetten (Neutralfette der Triglyzerinester der Fettsäuren) finden sich nun im Gewebe unter normalen, wie pathologischen Zuständen noch andere **fettähnliche Körper.** Von den verschiedenen Namen und Einteilungen, welche für sie gewählt wurden, wollen wir derjenigen, welche auf den Untersuchungen Aschoffs und Kawamuras basiert, folgen. Hiernach fassen wir diese fettähnlichen *Lipoide.*   Körper als **Lipoide** zusammen. Zu ihnen gehören:

1. P und N freie Substanzen wie Cholesterin, Cholesterinfettsäureester, ferner freie Fettsäuren (Ölsäure) und Seifen (ölsaures Natrium) etc.

2. N haltige, aber P freie Substanzen, sogenannte Cerebroside, vor allem das Phrenosin.

3. N und P haltige Körper, sogenannte Phosphatide, besonders das Kephalin, ein Monamidokörper, und das Sphingomyelin, ein Diamidokörper.

Des weiteren kommen Cholesteringemische in Betracht. Das sogenannte „Protagon" besteht hauptsächlich aus Gemischen von Phosphatiden und Cerebrosiden; ob das sogenannte „Lezithin" der Zellen reinem Lezithin entspricht, ist noch fraglich.

Diese fettähnlichen Körper, welche im Aufbau des Protoplasmas auch der normalen Zelle offenbar eine überaus große Rolle spielen, unterscheiden sich zum großen Teil dadurch von den Neutralfetten, daß sie im polarisierten Licht Doppelbrechung aufweisen. Die Doppelbrechung im polarisierten Licht zeigen die Cholesterinester und Cholesterinfettsäuregemische, bei leichtem Erwärmen geht sie bei diesen Körpern verloren, kehrt aber beim Erkalten wieder; ferner das Sphingomyelin, die Cerebroside und Kephalincholesteringemische, bei welchen die Reaktion nach leichtem Erwärmen nicht verloren geht. Die Seifen weisen fragliche Doppelbrechung, die Fettsäuren und naturgemäß die Neutralfette (gewöhnliche Fette) keine solche auf. Des weiteren stehen uns zu der obigen Trennung der Körper zu Gebote: einmal die Fischlersche Modifikation einer Bendaschen Methode, welche ihrerseits auf der bekannten Weigertschen Markscheidenmethode basiert. Nach Fischler sind vor allem die Fettsäuren darstellbar. Des weiteren ist wichtig ebenfalls eine Modifikation der Weigertschen Markscheidenmethode nach Lorrain-Smith-Dietrich und die Färbung mit Nilblausulfat, sowie eine Methode von Ciaccio. Mit Hilfe dieser mikrochemischen Reaktionen und der Untersuchung im polarisierten Licht gelingt die Trennung in obige Körper. Die meisten derselben färben sich mit den Diazofarben Sudan III und Scharlach R, aber lange nicht so intensiv dunkelgelb, bzw. rot, wie die Neutralfette. Nach den oben genannten verschiedenen Stoffen und ihrer Trennung durch die angeführten Reaktionen kann man die Verfettung nach Aschoff in drei Gruppen einteilen:

1. Die Glyzerin-Ester = Neutralfettverfettung, welcher die gewöhnliche Verfettung entspricht.
2. Cholesterin-Esterverfettung.
3. Lipoidverfettung, welche die übrigen fettähnlichen Körper zusammenfaßt.

Von der Neutralverfettung war oben in extenso die Rede. Cholesterinester finden sich physiologisch in der Nebennierenrinde, in dem Thymus (nur in den ersten Jahren) und in den Luteinzellen, ja auch in gewöhnlichem Fettgewebe mit dem Neutralfett in verschiedenen Mengenverhältnissen gemischt. Sie kommen auch unter pathologischen Bedingungen sehr zahlreich vor, besonders bei Atherosklerose, bei durch Zirkulations- und Ernährungsstörungen verursachten Vitalitätsstörungen mancher Epithelien, so der Lungen und Nieren, bei chronischen Entzündungen (Nephritiden und Amyloidniere) und in Geschwulstzellen: ganz besonders in Nebennierentumoren, Grawitzschen Geschwülsten (s. unter Niere),

Fig. 55.
Pseudoxanthom.
Granulationsgewebe mit sehr viel Fett und Lipoiden. Die hellen Stellen
entsprechen Cholesterinkristallen.

Xanthomen (s. unter Haut), ferner bei Pseudoxanthomen. Als letztere faßt man bei Entzündungen an verschiedensten Stellen zu findende, makroskopisch durch ihre intensiv gelbe Farbe charakterisierte Bildungen zusammen, welche mikroskopisch von Neutralfetten und Cholesterinestern massig durchsetzte große Granulationszellen, sowie ferner meist in großen Haufen Cholesterinkristalle und um diese herum häufig Fremdkörperriesenzellen aufweisen.

Die Lipoidverfettung findet sich mit der Cholesterinesterverfettung zusammen physiologisch in der Nebennierenrinde, dem Thymus und in den Luteinzellen. An der Grenze des Pathologischen stehend sind die obengenannten Lipochrome = Abnutzungspigmente und auch unter pathologischen Bedingungen finden sich die Lipoide häufig mit Neutralfetten und Cholesterinestern vergesellschaftet, so am Rande von Infarkten, Verkäsungen etc.

Es sei betont, daß der Ausdruck Lipoide neuerdings nicht nur für die oben charakterisierten Körper gebraucht wird, sondern ganz allgemein für Fett, wobei offen gelassen wird, ob es sich um echtes Fett (Neutralfett) oder fettähnliche Stoffe handelt.

Ganz zu trennen von diesen Lipoiden, welche also ganz entsprechend den Neutralfetten und oft mit ihnen zusammen unter physiologischen Bedingungen oder bei Degenerationszuständen sich in den Zellen finden, sind die **Myeline.** Sie sind charakterisiert durch die Myelinfiguren, welche sie bilden, und Myeline.

durch ihre Färbung mit Neutralrot. Sie erscheinen nur als Absterbephänomene von Zellen, sei es bei nekrobiotischen Vorgängen der Zellen (s. im letzten Teil dieses Kapitels) oder aber bei der postmortalen Autolyse der Organe (s. S. 12). In der Regel schwindet gleichzeitig der Kern. Wahrscheinlich entstehen die Myeline durch Übertritt der Kernphosphatide und -Cerebroside in das Protoplasma. Sind bei diesen nekrobiotischen und autolytischen Vorgängen schon vorher Fett- oder Lipoidsubstanzen vorhanden gewesen, so verwandeln sich diese Körper bei dem Zellzerfall ebenfalls und weisen jetzt Färbbarkeit mit Neutralrot auf. Man kann nach dem Gesagten die Bildung dieser Myeline als Absterbephänomene von Zellen auch zur Diagnose der Nekrose heranziehen (s. unten).

Cholesterin.

Wo Fett in größerer Menge angesammelt wird, namentlich in Zerfallsherden, kleinen und größeren Hohlräumen, scheiden sich an der Leiche die schwerer schmelzbaren Fette häufig in Form sogenannter Fett- und Margarinsäurekristalle aus, die in einzelnen Nadeln oder in Büscheln zusammenliegen, wie wir sie auch im Innern von Fettgewebszellen öfters finden. Unter ähnlichen Verhältnissen findet sich auch häufig Cholesterin in Form von dünnen, rhombischen Tafeln (s. Fig. 57), die vielfach übereinander geschichtet sind und bei reichlicher Anwesenheit schon makroskopisch wahrnehmbare, perlmutterartige

Fig. 56.

Leucin. Tyrosin.

(Nach Seifert-Müller, Med.-klin. Diagnostik. 11. Aufl.)

Fig. 57.

Cholesterintafeln.

Schüppchen im Gewebe bilden. Durch Zusatz einer Mischung von 5 Teilen Schwefelsäure und einem Teil Wasser werden die Tafeln von den Rändern her zuerst karminrot, dann violett, durch Zusatz von Schwefelsäure und nachherigem Jodzusatz nach und nach violett, blaugrün und blau.

IV. Schleimige Degeneration.

Muzine.

Als **Muzine** faßt man eine Anzahl von Körpern zusammen, welche zähflüssige, fadenziehende Massen darstellen, die in Wasser nicht löslich sind, sondern nur quellen, durch Essigsäure fädig oder flockig ausgefällt und im Überschuß nicht wieder gelöst werden.

Mukoide.

Alkohol bewirkt ebenfalls eine Fällung, die jedoch (im Gegnsatz zu der durch Essigsäure) bei Wasserzusatz wieder aufgehoben wird. Ihrer chemischen Zusammensetzung nach gehören die echten Muzine zu den Glykoproteiden und geben als nächste Spaltungsprodukte Eiweiß und Kohlehydrate. Leicht löslich ist der Schleim in alkalischen Flüssigkeiten. Beim Sieden mit verdünnter Säure geben die Muzine eine Kupferoxyd reduzierende Substanz. Doch werden unter dem Namen Schleim auch noch andere, von den echten Muzinen mehr oder weniger verschiedene Stoffe (Mukoide) aufgeführt, die zum Teil nicht scharf von ihnen trennbar sind. Hierher gehört z. B. das Pseudomuzin, die schleimige Masse in Ovarialcystomen, das Chondromuzin in Knorpel, das sogenannte Paralbumin, welches wahrscheinlich ein Gemenge von Pseudomuzin mit Eiweiß darstellt, u. a. Echtes Muzin findet sich in Schleimhäuten, den Schleimdrüsen, im Bindegewebe des Nabelstranges.

Vermehrte Schleimbildung in Epithelien.

Bei der pathologischen Schleimbildung muß man zwischen gesteigerter Schleimbildung seitens schon normaliter Schleim produzierender epithelialer Elemente und mit Schleimbildung einhergehender Entartung von Epithelien einerseits, schleimiger Entartung von Bindesubstanzen andererseits unterscheiden. Bei der gesteigerten Schleimbildung in Epithelien, wie sie bei Katarrhen in den Zylinderepithelien der Schleimhäute und den Epithelien der Schleimdrüsen auftritt, findet man zunächst die Erscheinungen, wie sie bei der Schleimsekretion überhaupt auftreten; es entstehen dabei in vermehrter Menge sogenannte Becherzellen, bei denen sich ein Teil des Zellkörpers zu einem Schleimtropfen umbildet, der sich zunächst in dem oberen Teile der Zelle ansammelt; nachdem dieser ausgetreten ist, bildet die Zelle einen, nach der Oberfläche zu offenen, becherartigen Hohlraum, in dessen

Grund der Kern mit dem nicht zur Schleimbildung verwendeten Rest des Protoplasmas liegt (Fig. 59). Dann sieht man an den Epithelien schleimproduzierender Drüsen vielfach die ganze Zelle von Schleim erfüllt und dadurch hell und durchsichtig, während an der Wand

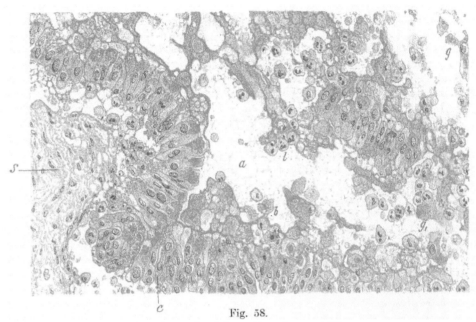

Fig. 58.

Aus einem glandulären Cystadenom ($\frac{350}{1}$).

a Lumen einer Cyste; *s* bindegewebiges Stroma; *c* Epithelbelag der Cyste; in den Epithelien reichlich Schleim, welcher dunkler rot tingiert ist; einige abgestoßene Epithelzellen (*b, g, g₁*) rundlich, schleimig umgewandelt. *l* Leukozyten; Färbung mit Muzikarmin, welches den Schleim dunkelrot tingiert, und Hämatoxylin.

der Drüsenalveolen nur noch halbmondförmig gestaltete, den Zellkern aufweisende Protoplasmareste sitzen. In dem schleimigen Sekret finden sich neben reichlichem Muzin zahl-reiche abgestoßene Epithelien, welche teils Schleim in Form von kleineren und größeren Tropfen enthalten, teils ganz schleimig um-gewandelt erscheinen und dann vielfach zu unregelmäßigen rundlichen Gebilden aufquel-len; des weiteren treten schleimig gequollene Rundzellen, sogenannte Schleimkörperchen auf. In Tumoren (Krebsen) findet sich eben-falls eine schleimige Umwandlung der Epi-thelien.

Von diesen Vorgängen wesentlich ver-schieden ist die Schleimbildung im Binde-gewebe, Knorpel oder Knochen. Sie ge-schieht hier durch schleimige Entartung der Grundsubstanz, welche dabei in eine fadenzie-hende, glasige, gallertartige Masse umgewandelt wird (nicht zu verwechseln mit einer nur öde-matösen Durchtränkung des Bindegewebes).

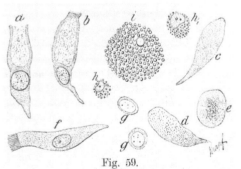

Fig. 59.

Zellen aus dem Sekret einer katarrhalischen Bronchitis.

a Becherzelle; *b* Zylinderzelle mit teilweiser schleimiger Umwandlung des Protoplasmas; *c, d* schleimig umge-wandelte Epithelien; *f* normale Zylinderepithelzelle mit Flimmern; *e, g* Schleimkörperchen, *h, h₁, i* in fettiger Degeneration begriffene Zellen.

Schleimige Umwand-lung von Binde-substanzen.

Die Zellen des Gewebes können dabei eine fettige oder schleimige Degeneration erleiden. Auf einer schleimigen Umwandlung des Bindegewebes der Haut beruht das sogenannte Myxödem (s. Kap. IX, VI); am Knorpel, wo der Verschleimung in der Regel eine Auffaserung der Grundsubstanz vorhergeht, findet sie sich als senile Erscheinung, sowie bei verschiedenen Gelenkaffektionen; auch Fettgewebe kann schleimig entarten. Endlich findet sich die schleimige Umbildung der Grundsubstanz bindegewebiger Bestandteile als häufiges Vorkommnis bei Tumoren.

V. Hyaline Degeneration.

Hyaline
Degene-
ration.   Unter hyaliner Degeneration versteht man gegenwärtig hauptsächlich eine eigentümliche Umwandlung von bindegewebigen Teilen und Gefäßwänden, welche durch eine glasig-homogene, dabei feste, derbe Beschaffenheit und ziemlich große Widerstandsfähigkeit der veränderten Teile gegen Säuren und Alkalien dokumentiert wird und besondere Affinität zu sauren Anilinfarben, im übrigen aber wenig charakteristische Merkmale aufweist. Daneben gibt es auch „Hyalin", welches von Epithelien abzuleiten ist. Das Hyalin steht höchst-

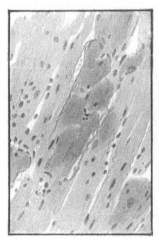

Fig. 60.
Nekrose von Herzmuskelfasern mit Bildung
hyaliner Schollen.

Fig. 61.
Hyaline Entartung der Intima der Aorta bei
Atherosklerose.

wahrscheinlich dem Amyloid (s. u. S. 67 ff.) nahe und stellt vielleicht eine Vorstufe desselben dar. Offenbar wird chemisch verschiedenes als „Hyalin" zusammengefaßt.

a) des
fibrillären
Binde-
gewebes.   Im fibrillären Bindegewebe macht sich die hyaline Degeneration dadurch geltend, daß die feinfaserige Struktur des Gewebes allmählich verloren geht und dieses aus dicken homogenen Zügen zusammengesetzt erscheint, welche sich auch ihrerseits wieder dicht zusammenfügen und ausgedehnte homogene Massen bilden, innerhalb welcher bloß hier und da noch einzelne schmale, mit spärlichen Zellen ausgekleidete Spalten bestehen bleiben. Nach und nach gehen die Zellen vollkommen zugrunde. Diese „Sklerose des Bindegewebes", wie der Prozeß auch genannt wird, kommt vielfach sowohl an präexistierendem wie an neugebildetem Bindegewebe vor, z. B. bei chronischen, interstitiellen Entzündungen, in der Intima der Blutgefäße bei der atheromatösen (Fig. 61) und luetischen Erkrankung derselben, wie überhaupt bei Prozessen, welche zu einer Verdickung der Gefäßintima führen.

b) des reti-
kulären
Binde-
gewebes.   Im retikulären Bindegewebe, wie es z. B. in lymphatischen Apparaten vorkommt, führt die hyaline Entartung zu einer Verdickung des die Maschenräume bildenden Faserwerkes; dieses nimmt dabei eine grob-balkige, durch die besonders starke Verdickung der Knotenpunkte knorrig-ästige Beschaffenheit an; die Binnenräume des Maschenwerkes können bis zum völligen Verschwinden eingeengt werden, so daß größere Strecken des Gewebes ein gleichmäßiges, homogenes Aussehen erhalten. Die in den Maschenräumen des Retikulums enthaltenen Lymphozyten gehen dabei allmählich, besonders durch Druckatrophie, zugrunde (Fig. 62).

Ähnlich können sich die Gitterfasern anderer Organe verhalten, und ferner homogene Membranen, wie die Membranae propriae an Drüsen, z. B. in den Hoden oder an den Nieren-kanälchen, oder die Bowmansche Kapsel der Glomeruli. Man hat auch von „Ödemsklerose"

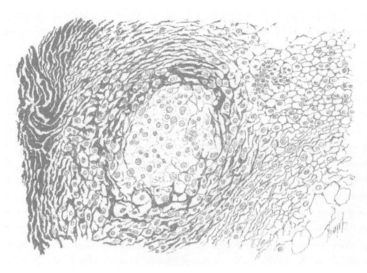

Fig. 62.
Hyaline Entartung des faserigen und retikulären Bindegewebes einer Lymphdrüse in der Umgebung eines Tuberkels.
Am Rande links fibröses, sonst retikuläres (verdicktes) Gewebe; der Tuberkel erscheint als helleres Knötchen. Rechts normales, nicht verdicktes Retikulum.

gesprochen. Auch kann eine solche hyaline Verdickung dadurch verstärkt werden, daß Züge hyalin werdenden Fasergewebes sich der Außenseite solcher Membranen anlegen und mit diesen verschmelzen.

An Kapillaren, wo die hyaline Degeneration ein sehr häufiges Vorkommnis darstellt, ruft sie ein ähnliches Bild hervor, wie die Amyloidentartung (Fig. 63 und 64); die Endothelien sind zunächst noch erkennbar; später kann das Lumen der Kapillaren vollständig verschlossen werden. Kleine, kapillare Arterien und Venen erleiden gelegentlich eine totale hyaline Umwand-lung, indem nicht bloß ihre Intima und das Binde-gewebe der Adventitia, sondern auch die Media unter Verlust ihrer Muskelfasern hyalin degene-rieren. Auch größere hyaline Gefäße finden sich besonders oft in den weiblichen (auch männ-lichen) Geschlechtsorganen.

c) der Kapillaren.

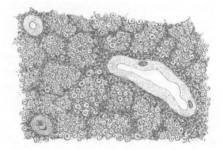

Fig. 63.
Hyaline Entartung kleiner Gefäße im Rücken-mark ($\frac{250}{1}$).

Bei dieser hyalinen Umwandlung handelt es sich wohl außer der Aneinanderlagerung und Verschmelzung der Fibrillen und Fibrillenbündel auch um Einlagerung einer neuen Substanz, welche zur Auftreibung und Verklebung der Fasern beiträgt.

Folgen der hyalinen Entartung sind Atrophien und Degenerationen, die, wie sich aus dem Vorhergehenden ergibt, teils durch Druck der hyalinen Massen, teils durch die von der hyalinen Veränderung der Gefäße bewirkte schlechte Ernährung bedingt sind.

Sonstige
Bildungen
„hyaliner"
Sub-
stanzen.

Außer aus bindegewebigen Teilen bilden sich homogene oder schollige Massen auch vielfach in anderer Weise.   So kann z. B. bei kruppösen und diphtherischen Entzündungen eine Fibrinausscheidung von Anfang an in Form eines dickbalkigen, knorrig ästigen Netzwerkes zustande kommen, oder es kann feinfaseriges Fibrin im weiteren Verlauf eine Art von Homogenisierung erleiden.   Aus Thromben entstehen homogene, strukturlose Massen, sogenannte hyaline Thromben.   Muskelfasern erleiden bei einer bestimmten Form der Degeneration, der sogenannten „wachsartigen Degeneration", eine Zerklüftung in Bruckstücke und Umwandlung dieser letzteren zu homogenen Schollen.   Auch im Herzmuskel treten bei hochgradig degenerativen Zuständen ähnliche Bilder mit hyalinen Schollen auf (Fig. 60); wahrscheinlich können endlich Bindegewebsfasern infolge Durchtränkung mit einer hinterher gerinnenden Transsudatflüssigkeit zu fibrinähnlichen, dicken, homogenen Balken umgewandelt werden, welche nachher zerfallen und sich zerklüften.   Eine solche „fibrinoide Umwandlung" von Bindegewebe kommt, wie es scheint, namentlich bei tuberkulösen Prozessen vor.   (Vgl. auch schleimige und kolloide Degeneration.)

Kolloid.

Zu den von Epithelien abgeleiteten hyalinen Substanzen gehört das **Kolloid** der Schilddrüse; dies ist aber auch mit dem Muzin und insbesondere den Pseudomuzinen verwandt, unterscheidet sich jedoch von diesen durch die festere, an Leimgallerte erinnernde Konsistenz, durch eine in der Regel mehr gelbliche oder bräunliche Farbe, sowie dadurch, daß Essigsäure keine Gerinnung in ihm hervorruft.   Chemisch ist das Schilddrüsenkolloid durch an Eiweiß gebundenes Jod charakterisiert.

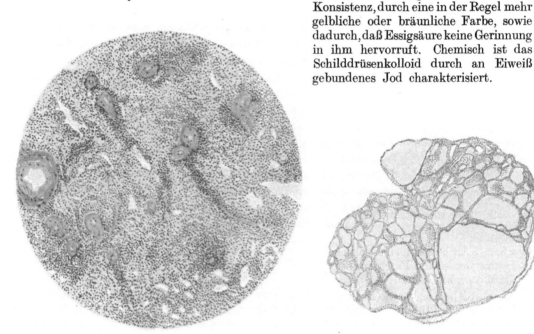

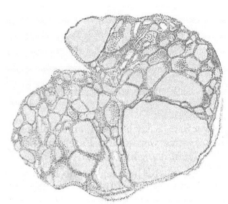

Fig. 64.
Hyaline Veränderung der kleinen Milzgefäße.

Fig. 65.
Struma colloides. Drüsenräume zum Teil stark
erweitert, mit Kolloid gefüllt.

Die Bildungsstelle des Kolloids sind die Epithelien der Schilddrüse, in deren Drüsenräumen regelmäßig mehr oder minder reichliche Mengen des Kolloids in Form kleiner sagoähnlicher Körner zu finden sind; bei stärkerer Ansammlung sind die Drüsenbläschen derart ausgedehnt, daß es zu einer Atrophie der Scheidewände und Bildung größerer Zystenräume kommt (Fig. 65).   Häufig enthalten die kolloiden Massen auch festere, geschichtete Körper, sogenannte Kolloidkonkremente, sowie einzelne Zellen eingeschlossen.   Bei hyperplastischen Zuständen weist die Thyreoidea oft kolossale Mengen von Kolloid auf.   Letzteres kann auch das Bindegewebe zwischen den Follikeln durchtränken.   Die Hypophyse enthält ein dem der Schilddrüse ähnliches Kolloid.

Andere Bildungsstätten von Stoffen, die als kolloid oder kolloidähnlich, besser aber als epitheliales Hyalin bezeichnet werden, sind Retentionszysten der Zervikalschleimhaut eventuell der Harnkanälchen, manche Ovarialtumoren, sowie verschiedene andere Geschwülste.   Auch die hyalinen Harnzylinder gehören zum Teil wenigstens zu den hyalinen Substanzen epithelialer Herkunft. Endlich können abgestorbene Gewebszellen überhaupt — so z. B. Epithelien innerhalb anämischer Infarkte — zusammensintern unter homogener Umwandlung ihres Protoplasmas.

VI. Amyloiddegeneration.

Die Amyloiddegeneration besteht in der Ablagerung der als Amyloid bezeichneten Substanz, welche physikalisch durch ihren starken Glanz, eine gewisse Transparenz und eine sehr feste, etwas elastische Beschaffenheit charakterisiert ist. Bei intensiver Amyloiddegeneration ändert sich das makroskopische Aussehen der entarteten Organe; sie werden größer, derber; bei diffuser Amyloidose erscheinen die ganzen Organe speckig, etwas

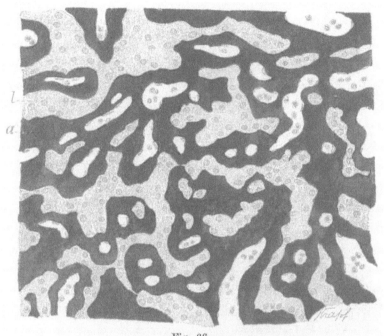

Fig. 66.
Amyloiddegeneration der Leber ($\frac{250}{1}$).
a Amyloid, l Leberzellbalken (Färbung mit Methylviolett).

transparent, bei fleckweiser Entartung nur die betroffenen Stellen, die sich dann manchmal, besonders in der Milz, wenn deren Follikel befallen sind, wie „gekochte Sagokörner" in der übrigen Substanz des Organs ausnehmen — „Sagomilz" (s. auch S. 69). Geringe Amyloidmengen sind oft nur mikroskopisch erkennbar.

Das Amyloid ist seiner chemischen Zusammensetzung nach eine esterartige Bindung der Chondroitinschwefelsäure an eine (im normalen Organismus nicht vorhandene, sondern erst unter dem Einfluß kachektischer Zustände entstehende) Eiweißsubstanz; da erstere sich im Knorpel und im elastischen Gewebe findet, ist bei der Bildung der Amyloidsubstanz an beide, besonders an den Knorpel gedacht worden. Doch scheint die Chondroitinschwefelsäure kein unumgänglicher Bestandteil des Amyloids zu sein, eine Rolle spielt sie aber wohl bei der Bildung desselben; denn zum mindesten sind die Organe, in welchen sich das Amyloid findet, überaus reich an Chondroitinschwefelsäure. Dagegen spielen nach neueren Untersuchungen (Leupold) geparten Schwefelsäuren und eine Insuffizienz der Elimination dieser bei der Amyloidentstehung eine Rolle. Der Eiweißkörper des Amyloids ist ein basischer, ähnlich den Histonen. Ferner ist zur Entstehung des Amyloids offenbar ein Ferment nötig. Im übrigen ist uns seine Abstammung gänzlich unbekannt; möglicherweise ist an eine Ablagerung aus dem Blut in die Organe zu denken, vielleicht sind auch Stoffe bei seiner Entstehung beteiligt, die lokal aus Zellen

5*

abgeschieden werden, und es entstammt nur das zur Amyloidbildung nötige Ferment dem Blute. Am besten ist wohl die Vorstellung, daß es sich um einen fermentativen Gerinnungsvorgang handelt, welcher außerhalb der Zellen in den Gewebsspalten und Lymphbahnen zur Abscheidung der Substanz führt (M. B. Schmidt). Auf jeden Fall liegt bei der Amyloidosis eine Stoffwechselerkrankung vor, bei welcher sich ähnlich wie bei der „Verfettung" lokale, degenerative und infiltrative Prozesse zu kombinieren scheinen.

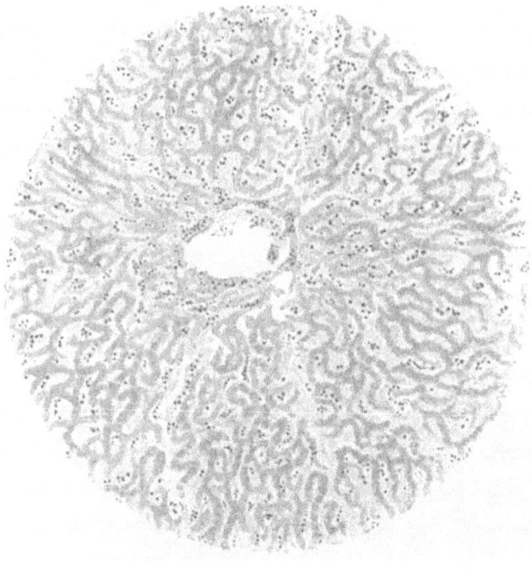

Das Amyloid ist sehr widerstandsfähig gegen Säuren, wie gegen Alkalien, dagegen nach Oxydation mit Kaliumpermanganat in Ammoniak, Natronlauge, Barytwasser (löslich (Leupold). Mit mehreren Stoffen zeigt es charakteristische Farbreaktionen. Auf Zusatz von Jodlösung färben sich amyloide Teile mahagonibraun, während das übrige Gewebe nur einen gelben Farbton annimmt. Durch Einwirkung von Jod mit nachfolgendem langsamen Schwefelsäurezusatz erhalten amyloide Partien eine dunkelrote, dann violette und schließlichblaue Farbe, ein Verhalten, das dem Amyloid seinen Namen gegeben hat, da Stärke (Amylum) mit Jod, allerdings schon mit diesem allein, eine Blaufärbung zeigt. Die Reaktion ist makroskopisch wie mikroskopisch anwendbar. Zu letzterem Zwecke stehen uns noch andere Methoden zur Verfügung, bei welchen das Amyloid „Metachromasie", d. h. Farbumschlag zeigt. Durch Methylviolett werden die amyloiden Massen rubinrot gefärbt, während die anderen Partien eine blauviolette Farbe annehmen; mit Jodgrün färbt sich das Amyloid ebenfalls rubinrot, das übrige Gewebe blaugrün. Durch diese Farbreaktionen ist die Substanz von anderen, physikalisch ähnlichen Stoffen (Hyalin) stets leicht zu unterscheiden. Beimengung lipoider Substanzen verleiht dem Amyloid oft Färbbarkeit mit Fettfarbstoffen (Scharlach-R).

Als Ursache für die allgemeine Amyloiddegeneration sind eine Reihe von Allgemeinerkrankungen, denen kachektische mit Gewebszerfall einhergehende Zustände des Körpers gemeinsam sind, anzusehen; es sind dies vor allem Tuberkulose (Fig. 68), besonders chronische tuberkulöse Gelenk- und Knocheneiterungen, Syphilis, Intermittens und Geschwulstkachexien.

Was die Form der Einlagerung betrifft, so bildet das Amyloid schollige oder klumpige Massen, die außerhalb der Zellen in die Zwischensubstanz, und zwar wohl in Lymph-

Charakte-
ristische
Farbreak-
tionen.

Fig. 67.
Amyloiddegeneration der Leber.   Übersichtsbild
(Färbung mit Methylviolett).

Ursachen
der
Amyloid-
degene-
ration.

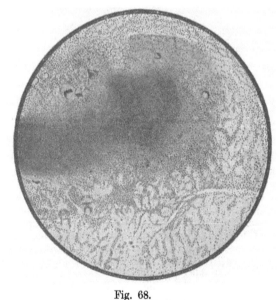

Form und
Lage des
Amyloids.

Fig. 68.
Amyloid und Tuberkulose der Leber.
Epitheloidzellentuberkel mit Riesenzellen und Nekrose. In der unteren Hälfte der Figur glasige Massen (Amyloid), ausgehend von den Kapillaren zwischen den Leberzellen, diese zu atrophischen Zellreihen komprimierend.

spalten, eingelagert sind. Es zeigt eine Vorliebe für gewisse Gewebe, und auch an diesen tritt es besonders wieder innerhalb bestimmter Organe auf; indes kommt auch allgemein verbreitete Amyloiddegeneration an den verschiedensten Teilen des Körpers vor. Von den bevorzugten Geweben stehen in erster Linie die Gefäße und zwar die kleinsten Arterien, dann die Kapillaren. An den ersteren zeigen sich die amyloiden Einlagerungen zuerst in der Media, zwischen den glatten Muskelfasern, die dann dabei zugrunde gehen; an den Kapillaren lagert sich das Amyloid in Form von homogenen Massen dem Endothelrohr an, dieses nach und nach verengernd. Weiter ergreift die Amyloidentartung auch bindegewebige Substanzen, namentlich das retikuläre Gerüst der Milz und der Lymphdrüsen, welches dadurch in ein Netzwerk dicker, klumpiger Balken umgewandelt wird (vgl. II. Teil, Milz). An den drüsigen Organen kann sich außer an den Kapillaren und kleinen Arterien das Amyloid auch zwischen den Basalmembranen und den Epithelien ablagern, so z. B. in der Niere zwischen den Membranae propriae und den Epithelien der geraden Harnkanälchen. Endlich findet man hier und da Amyloiddegeneration in der Grundsubstanz des Knorpels. Zellen und insbesondere Epithelien entarten in lebendem Zustande nie amyloid.

Von den einzelnen Organen sind von der Amyloidentartung besonders bevorzugt: die Milz (wo man zwei Formen unterscheidet: wenn vorzugsweise die Follikel ergriffen sind, die sogenannte „Sagomilz", wenn besonders die Pulpa entartet ist, die sogenannte „Schinkenmilz"), die Niere (wo hauptsächlich die Kapillaren der Glomeruli, die Gefäße und die Membranae propriae besonders der geraden Harnkanälchen amyloid entarten), die Leber (wo die Kapillaren, besonders einer mittleren Zone des Azinus, amyloid entarten und so die Leberzellen komprimieren) (Fig. 67 und 68). Dann folgen Nebenniere (deren

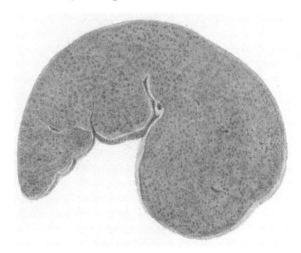

Hauptsächlich befallene Gewebe und Organe.

Fig. 69.
Amyloid(Sago-)Milz.

Rinde), Darm, Lymphdrüsen, Haut (besonders der Achselhöhle und des Kopfes), seltener die Intima der großen Gefäße, Herz (besonders das Endokard), Thyreoidea, Ovarien, Uterus u. a. Auch die Nerven werden häufig mitbefallen, besonders auch die sympathischen und zwar die Gefäße derselben und das Bindegewebe (Peri- und Endoneurium). Die Entartung betrifft zumeist gleichzeitig mehrere dieser Organe, besonders die an erster Stelle genannten.

Als Folge der Amyloiddegeneration kommt es in hochgradigen Fällen — sei es durch die Gefäßverödung, sei es durch direkten Druck der Amyloidsubstanz — konstant zu Entartungen des Parenchyms der Organe; teils tritt einfache Atrophie, teils Verfettung ein. Dies findet man in der Leber am deutlichsten ausgesprochen. Die Unterernährung führt in der Niere meist zu beträchtlicher Verfettung. *Folgen der Amyloiddegeneration.*

An dieser Stelle sollen eigentümliche Bildungen kurz erwähnt werden, die sogenannten lokalen Amyloidtumoren, besser lokale ev. tumorartige Amyloidose genannt. Es handelt sich hier um Bildungen, welche in so hohem Grade aus Amyloid bestehen, daß sie ganz durch das oben geschilderte Bild des Amyloids auch makroskopisch charakterisiert sind, während sich im übrigen Körper Amyloid nicht findet. Fast alle derartige außerordentlich seltene Bildungen wurden an der Conjunctiva oder in den Respirationsorganen — meist deren oberem Abschnitte — beobachtet. Ein großer Teil der Amyloidsubstanz liegt hierbei in den Lymphbahnen. Riesenzellen bilden sich um die amyloiden Massen und nehmen eventuell solche phagozytär auf. Die Pathogenese und Ätiologie dieser Erkrankungen ist noch in völliges Dunkel gehüllt. Doch scheinen, teilweise wenigstens, auch hier Allgemeinerkrankungen mitzuspielen. Ein Teil jener Bildungen erscheint auch mehr lokal begründet, so wenn sich Amyloid lokal in Tumoren, besonders Sarkomen findet. *Lokale Amyloidtumoren.*

Experimentell hat man bei Tieren Amyloiddegeneration durch chronische Bakterieninfektion, aber auch durch sonstige Hervorrufung von Gewebszerfall (Übertragung von Tumoren auf Mäuse) erzeugt.

VII. Glykogendegeneration.

Physio-
logischer
Glykogen-
befund. Unter den im Organismus vorkommenden, der Kohlehydratreihe angehörigen Stoffen findet man das Glykogen in reichlicher Menge in den Geweben des Körpers angehäuft, besonders in der Leber und den Muskeln, sowie Leukozyten. Besonders große Mengen von Glykogen finden sich in embryonalen Geweben. Seiner chemischen Zusammensetzung nach dem Dextrin verwandt, kann das Glykogen $(C_5H_{10}O_6)n + H_2O$ sowohl aus Kohlehydraten wie Fetten und wahrscheinlich auch aus Eiweißstoffen der Nahrung gebildet werden; seine Menge ist daher abhängig von der Ernährung; im Hungerzustand verschwindet das

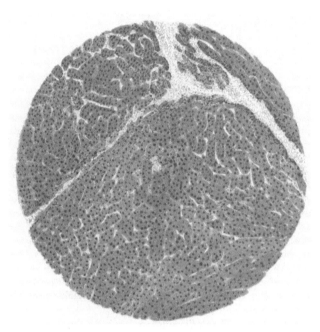

Fig. 70.
Glykogengehalt der Leberzellen.
(Kerne mit Hämatoxylin blau, Glykogen nach Best rot gefärbt.)

Glykogen sehr rasch aus der Leber, etwas langsamer aus den Muskeln; ebenso bei lebhafter Bewegung.

Glykogen-
degenera-
tion bzw.
Infiltration. Es scheint, daß die Glykogenbildung eine allgemeine Funktion aller Zellen ist, daß aber besonders die Leber größere Mengen von Zucker in Glykogen verwandelt und als Reservedepot für den Körper (in den Leberzellen selbst) aufspeichert. Andererseits findet aber in der Leber, wie auch in anderen Organen eine weitere Umsetzung des Glykogens statt, so daß seine Anhäufung nicht bloß durch vermehrte Bildung, sondern auch durch verminderten Verbrauch bedingt sein kann. So ist es vielleicht zu erklären, daß unter pathologischen Bedingungen Glykogen in abnormer Menge in Zellen angehäuft wird, in welchen es sonst mikroskopisch nicht nachweisbar ist. In Leukozyten findet sich Glykogen besonders häufig schon bei geringen Schädigungen; die Epithelien der sogenannten Übergangsstücke (Enden der gewundenen Harnkanälchen, welche bis ins Mark hineinragen, s. unter Niere), sowie Henleschen Schleifen, ferner Glomeruluskapselräume der Niere (sowie Kapselepithelien) und Kanälchenlumina weisen bei Diabetes mellitus eine Glykogenablagerung oft in großer Menge auf. Doch handelt es sich hier wohl eher um erhöhtes Angebot aus dem Blut (evtl. in Form von Zucker) mit evtl. sekundären Störungen in der Zellentätigkeit, denn um wirkliche Degeneration (vgl. auch unter Diabetes, Kap. IX). Bei Diabetes mellitus tritt Glykogen auch in den Leberzell- und Nierenzellkernen auf. Ferner findet sich Glykogen bei zahlreichen Entzündungen und besonders in sehr vielen Tumoren, wie es scheint vornehmlich den embryonal angelegten, ferner bei Abstammung der Tumoren von schon glykogenhaltigen Zellen und bei Vorhandensein von Zirkulationsstörungen.

Man spricht bei Glykogenablagerung unter pathologischen Bedingungen von Glykogendegeneration, doch handelt es sich in allen diesen Fällen wahrscheinlich um eine Infiltration, mit Stoffen vom Blut her, kombiniert mit einer Tätigkeit der Zelle selbst, so daß hierdurch erst das Glykogen entsteht. Abgestorbene Zellen enthalten solches nicht, wohl aber mit Vorliebe solche, deren Stoffwechsel verändert ist; so gleicht die Glykogenbildung in manchen Punkten der Fettbildung, mit der sie auch in Wechselbeziehungen zu stehen scheint (gemeinsames Vorkommen beider am Rand von Infarkten).

Die Glykogendegeneration scheint eine Rückkehr zu weniger differenzierten, vereinfachten Stoffwechselvorgängen auf Grund einer Zellschädigung zu bedeuten. Auf jeden Fall zeigt sie eine Störung des Kohlehydratstoffwechsels der betreffenden Zellen an.

Wahrscheinlich lagert sich das Glykogen zuerst den Altmannschen Granula der Zellen an oder durchtränkt in gelöster Form die Zellen, wird aber beim Einlegen der Organe in Alkohol in Form von Tropfen und Körnern ausgeschieden, welche sich durch Zusatz von Jod intensiv braun färben; an der frischen, glykogendurchtränkten Zelle kann man durch Jodzusatz auch einen diffusen braunen Farbton erhalten. Im Wasser ist das Glykogen leicht löslich (im Gegensatz zu dem sich mit Jod auch bräunenden Amyloid); nach dem Tode geht es allmählich in Zucker über.

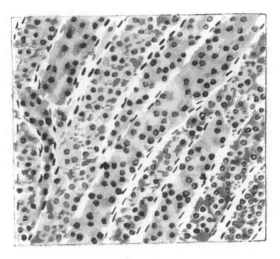

Fig. 71.
Glykogendegeneration der Niere bei Diabetes.
Glykogen mit Karmin (nach Best) rot, Kerne mit Hämatoxylin blau gefärbt.

VIII. Pathologische Verhornung.

Die Verhornung, wie sie in den obersten Lagen der Epidermis physiologisch auftritt, stellt eine Umwandlung der sich abplattenden Epithelzellen zu kernlosen Lamellen dar, welche aus einem eigentümlichen festen Eiweißkörper, dem Keratin, bestehen; dieses ist unlöslich in verdünnten Säuren und Alkalien, dagegen löslich in starken Alkalien. Als Begleiterscheinung tritt eine eigentümliche Substanz, das Keratohyalin, auf, welches sich in Form von Körnern den Zellen einlagert und vielleicht von dem Chromatin der bei der Verhornung zugrunde gehenden Kerne herstammt. Pathologisch kommt eine Verhornung entweder in der Weise vor, daß sie das Epithel in abnormer Tiefenausdehnung ergreift und die Hornbildung nur das physiologische Maß übersteigt, so an Stellen der Haut, welche auf Druck etc. reagieren, wie Hühneraugen, Schwielen etc. Oder so, daß sie an Epithelien plattenepitheltragender Schleimhäute, welche unter physiologischen Bedingungen keine Hornschicht bilden (Mundhöhle, Schleimhaut der Harnwege), als sogenannte prosoplastische Bildung (s. unter Metaplasie) oder (sehr selten) auch an Schleimhäuten mit sonst anders gestalteten Epithelien auftritt. Zumeist finden sich pathologische Verhornungsvorgänge bei hyperplastischen Prozessen (z. B. Ichthyosis oder entzündlichen Prozessen, wie bei der Psoriasis) bzw. Tumoren (besonders Kankroiden, Cholesteatomen etc.) (Kap. VI und Teil II, Kap. VII A, e, I).

Verhornung.

Kerato hyalin.

IX. Abnorme Pigmentierungen.

Unter Pigmentierung versteht man die Einlagerung gefärbter Substanzen in die Körpergewebe, so daß die letzteren von der färbenden Substanz diffus durchtränkt, oder daß sie durch körnige Abscheidungen derselben imprägniert sind. Es finden sich normale Pigmentierungen, ferner solche unter pathologischen Bedingungen; letztere können mit Degenerationserscheinungen der Zelle verbunden sein, brauchen es aber nicht. Das Pigment

Quellen der Pigmentierung. kann im Körper selbst gebildet sein oder von außen stammen. Als Quelle der Pigmentierung

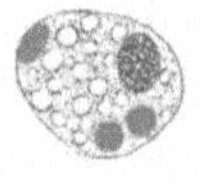

Fig. 72.

Blutkörperchenhaltige Zelle aus einem frischen Blutherd im Gehirn (Hämatoxylin-Eosin) ($\frac{250}{1}$).

Kern und Zellkörper violett gefärbt, im letzteren kleine, extrahiertem Fett entsprechende Vakuolen. Rote Blutkörperchen durch Eosin gefärbt.

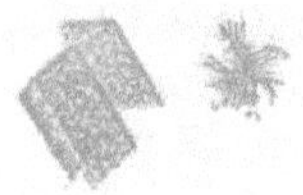

Fig. 73.

Hämatoidinkristalle in Nadeln und rhombischen Tafeln ($\frac{250}{1}$).

ersterer Art kommen vor allem der Blutfarbstoff, sowie die aus demselben bereiteten Gallenfarbstoffe in Betracht.

1. Entstehung der Pigmente aus Blutfarbstoff. Eine Bildung von Pigment aus Blutfarbstoff erfolgt, weil die roten Blutkörperchen selbst zwar kein autolytisches Ferment enthalten, Organgewebe aber deren Autolyse bewirkt, an allen Stellen, wo rote Blutkörperchen aus der Zirkulation ausgeschaltet werden, also vornehmlich bei Blutungen und Thromben. Aus dem eisenhaltigen Pigmentkerne des Hämoglobins, welcher auch Hämochrom benannt wird, können zwei verschiedene Pigmente entstehen, und zwar ein eisenhaltiges und ein eisenfreies. Das vom Hämoglobin ableitbare eisenhaltige

Hämosiderin. Pigment, das Hämosiderin, entsteht im lebenden Gewebe. Der Blutfarbstoff erleidet dabei eine Modifikation zu einer Masse, welche eine bräunliche bis gelb-

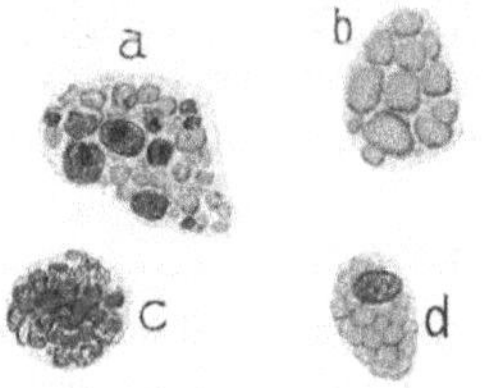

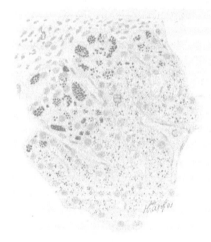

Fig. 74.

Pigmenthaltige Zellen aus einem alten Blutherd im Gehirn ($\frac{250}{1}$).

Hämosiderin, durch Ferrocyankalium und Salzsäure blau gefärbt. Nur in der Zelle *d* der Kern sichtbar, in den anderen Zellen ist er verdeckt.

Fig. 75.

Pigmentierung der Leberzellen bei Lebercirrhose (Hämosiderosis) ($\frac{250}{1}$).

a Leberzellreihen, *b* gewuchertes interlobuläres Gewebe, *c* Kapillare.

liche Farbe zeigt und dadurch ausgezeichnet ist, daß sie mikrochemisch die Eisenreaktion gibt, d. h. mit Schwefelammonium schwarz, mit Ferrozyankalium und Salzsäure blau gefärbt wird (Berlinerblaureaktion); dies Hämosiderin ist des weiteren in Säuren löslich, hingegen gegen Alkalien und ebenso gegen Bleichungsreagenzien resistent. Das Hämosiderin kommt körnig oder diffus vor. Besonders findet sich das Hämosiderin in Zellen abgelagert, sei es, daß Zellen mit phagozytären Eigenschaften, welche in Blutergüssen oder dgl. eingewandert sind, zunächst als „rote Blutkörperchen haltige Zellen" (Fig. 72) rote Blutkörperchen aufnehmen, aus denen das Hämoglobin erst gebildet wird, sei es, daß das Pigment als solches schon von den Zellen aufgenommen wird — „pigmenthaltige Zellen". Vielfach wird das Blutpigment außer von Phagozyten auch von Zellen der Organgewebe und zwar fast von allen Zellen (außer Lymphozyten und glatten Muskelfasern) aufgenommen; auch wird es mit den Zellen zum Teil weiter getragen. Andererseits kann das Pigment durch Zerfall der Zellen wieder frei werden. Körniges oder kristallinisches Pigment kann lange Zeit, jahrelang an der Stelle einer früheren Blutung liegen bleiben und zeigt, wenn es in größerer Menge vorhanden ist, durch die gelbbräunliche Farbe das frühere Vorhandensein einer Blutung an (Fig. 76). Allerdings kann das Hämosiderin auch schwinden, wie in anämischen Infarkten, was Hueck auf die bei Autolyse der Gewebe entstandenen Säuren und die hierdurch bedingte Eisenlösung bezieht. Findet sich Hämosiderin in größeren Massen an Stelle von Blutungen, so kommt es in kleinen Massen auch schon normal in Organen, in welchen einzelne rote Blutkörperchen zugrunde gehen, vor, so im Knochenmark, der Milz, sowie in der Leber. Nach M. B. Schmidt enthalten auch die Lymphfollikel der Tonsillen des Wurm-

fortsatzes etc. schon normaliter (und in größerer Menge bei Infektionskrankheiten) Hämosiderin, was auf eine hämolytische Funktion der Lymphapparate bezogen wird. Bei Erkrankungen mit Zersetzung einer größeren Zahl von roten Blutkörperchen finden sich größere Mengen von Hämosiderin in diesen Organen, so bei Infektionskrankheiten, bei welchen in der Milz ein stärkerer Blutzerfall stattfindet in dieser und in der Leber, und vor allem bei gewissen Anämieformen, Malaria, Leberzirrhose, manchen Vergiftungen (mit chlorsaurem Kalium, Arsenwasserstoff, Morcheln) etc., also besonders, wenn innerhalb der Blutbahn eine Zerstörung von roten Blutkörperchen in ausgedehntem Maße stattfindet. Durch Auflösung von Hämoglobin kommt auch eine Hämoglobinurie (s. S. 21) zustande. Findet eine Ablagerung von häma-

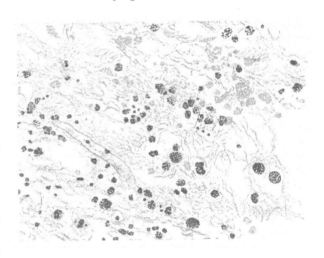

Fig. 76.
Apoplektische Narbe; mehrere Monate nach einer Blutung im Gehirn. Behandlung des Schnittes mit Ferrocyankalium und Salzsäure.
Hämosiderin blau, rote Blutkörperchen und Hämatoidin gelb, das Gewebe rot.

togenem Pigment in größerer Menge in die verschiedensten Organe des Körpers statt, so spricht man von Hämochromatosis, besser wohl von einer Hämosiderosis (Askanazy).

Entgegen dem Hämosiderin scheint das eisenfreie Blutpigment, das sogenannte Häma- toidin, nicht in lebendem Gewebe, sondern nur in absterbendem, also vornehmlich in Blut- koagula gebildet zu werden. Es fällt in Form von körnigen Massen oder rhombischen Tafeln und Nadeln, den Hämatoidin-Kristallen (Fig. 73), aus. Das Hämatoidin ist dadurch charakterisiert, daß es mit konzentrierter Schwefelsäure oder Salpetersäure in ähnlicher Weise wie der Gallenfarbstoff eine typische Reaktion gibt, nämlich das Erscheinen der Regenbogenfarben, während dann allmählich das Pigment aufgelöst wird. Das Hämatoidin steht also dem Bilirubin und dem aus dem Hämoglobin künstlich darstellbaren eisenfreien, ebenfalls diese Farbreaktion mit rauchender Salpetersäure gebenden, Hämatoporphyrin nahe.

Während im allgemeinen die Meinung vertreten wurde, daß aus dem Hämosiderin ein eisenfreies Pigment später entstehen kann, betont neuerdings Hueck, daß nur von vornherein eisenfreies Hämatoidin oder eisenhaltiges Hämosiderin entsteht und letzteres später nicht in ein eisenfreies Pigment übergeht. Das Eisen kann allerdings in so geringer Menge vorhanden sein, daß es dem Nachweis leicht entgeht.

Häma-
toidin.

Das bei hochgradigen Kachexien des Organismus, bei starkem Marasmus senilis, malignen Tumoren, manchen Fällen von Tuberkulose u. a. neben dem Hämosiderin gefundene eisenfreie feinkörnige gelblichbraune Pigment, welches bei Potatoren in besonderer Menge in den glatten Muskelfasern des Dünndarmes nachzuweisen ist, wird zumeist als **Hämofuszin** bezeichnet und auch als eisenfreies Blutpigment aufgefaßt, muß aber nach **Hueck** von diesem getrennt·und zu den gleich zu besprechenden fetthaltigen Pigmenten gerechnet werden.

Hämofuszin.

Bei der **Malaria** kommt neben dem Hämosiderin noch ein anderer, und zwar schwarzer, eisenfreier **Farbstoff** in den Malariaplasmodien selbst, auf deren Tätigkeit die Bildung des Farbstoffes beruht, sowie in den Organen, besonders den Gefäßendothelien, vor; er wird als **Malaria-Melanin** oder auch **-Hämatin** bezeichnet, da auch dies Pigment aus dem bei der Zerstörung der roten Blutkörperchen durch die Malariaplasmodien (Kap. VII) frei werdenden und von den Mikroorganismen umgearbeiteten Hämoglobin entsteht. Dasselbe ist sehr resistent gegen wässerige Mineralsäuren, hingegen wie es scheint nicht gegen alkoholische, nimmt mit Alkalien eine gelbe Farbe an und löst sich in diesen wie in Schwefelammonium. Hier zu erwähnen sind noch die bei Härtung in Formol in den Organen auftretenden sogenannten **Formolniederschläge**, weil dieses Pigment nach **Hueck** dem Malariapigment außerordentlich nahe steht. Auch dieses ist von dem Blutfarbstoff abzuleiten.

Malariapigment.

Formolniederschläge.

Über die grüne Verfärbung bluthaltiger Leichenteile s. S. 12. Über die von Blutfarbstoffen gebildeten Konkrementinfarkte der Nieren s. T. II, Kap. V.

In quergestreiften Muskeln tritt bei deren Atrophie ein eisenhaltiges Pigment auf, welches sich nicht vom Blutfarbstoff, sondern vom sog. Muskelhämoglobin ableitet.

Hier sei erwähnt, daß der Organismus auch einen **Eisenstoffwechsel** besitzt, da er ja Eisen zum Aufbau des Hämoglobins braucht; er nimmt solches mit der Nahrung auf und scheidet es zum Teil auch wieder aus. Auch besitzen bestimmte Organe wie Milz und Leber einen Vorrat an (Reserve-) Eisen. Die Leber soll hierbei mehr frischresorbiertes Eisen, die Milz nur durch Abbau freigewordenes speichern in Gestalt eisenhaltigen Blutpigments. Letzteres wird wohl der Leber zugeführt und hier in Eisen, welches die Leber wieder verläßt, und Bilirubin d. h. zu Gallenfarbstoff verarbeitet (M. B. Schmidt). Föten übernehmen viel Eisen von der Mutter.

Eisenstoffwechsel.

Eine zweite Quelle der Pigmentierung sind die **Gallenfarbstoffe.** Bei der Bereitung der Galle findet in der Leber bekanntlich ein Untergang roter Blutkörperchen und eine Verarbeitung ihres Farbstoffes zu Gallenfarbstoffen statt, als deren wichtigster Repräsentant das **Bilirubin** zu nennen ist, dessen chemische Zusammensetzung mit der des Hämatoidins übereinstimmt. Kommt es zu einem Übertritt von Galle ins Blut, so entsteht eine gallige Verfärbung der die Organe durchtränkenden Gewebeflüssigkeit und damit auch eine allgemeine gelbe bis gelbgrüne, ja olivengrüne Verfärbung der Organe selbst, welche schon während des Lebens besonders an der Haut, der Konjunktiva und anderen Schleimhäuten wahrnehmbar ist und als **Ikterus** bezeichnet wird. In den meisten Fällen handelt es sich dabei um einen sogenannten Resorptionsikterus, bei dem ein Hindernis für das Abfließen der Galle aus den Gallenwegen besteht; doch kann auch eine vermehrte Bildung von Galle dem Ikterus zugrunde liegen, wenn auf einmal große Mengen roter Blutkörperchen zugrunde gehen und daher in der Leber Galle in vermehrter Menge gebildet wird. (Näheres s. Kap. IX.) Neben dieser ikterischen Verfärbung der Organe durch Imbibition mit gallig gefärbter Flüssigkeit kommt es zur Ablagerung fester, körniger oder scholliger Niederschläge von Gallenfarbstoff, und zwar in den Leberzellen, besonders in den Sekretvakuolen, sowie in den Gallenkapillaren, auch in den Kupfferschen Sternzellen der Leber, in den Epithelien der Nieren, sowie in Bindegewebszellen verschiedener Organe. In den Nieren können durch die Abscheidung von Gallenfarbstoff in die Harnkanälchen sogenannte **Bilirubininfarkte** (II. Teil, Kap. VI A, d) zustande kommen. Kristallinische Abscheidungen von Gallenfarbstoffen finden sich hier und da bei Neugeborenen (Icterus neonatorum, s. Kap. IX). Bei diesen ist auch eine Gelbfärbung der Ganglienzellen einzelner Nervenkerne beobachtet worden (sog. Kernikterus).

2. Entstehung der Pigmente aus Gallenfarbstoffen.

Ikterus.

Ablagerung fester Gallenfarbstoffniederschläge.

Außer den hier besprochenen, von Blutfarbstoff oder Gallenfarbstoff herleitbaren Pigmenten kommen verschiedene andere Arten von Pigment im Organismus vor, deren Quellen noch nicht sicher festgestellt sind, deren Entstehung aber

sicher mit besonderen Eigentümlichkeiten der Gewebsbezirke, wo sie auftreten, zusammen- 3. Auto-
chthone
Pigmente.
hängt. Man pflegt sie als autochthone Pigmente zusammenzufassen.

Wie aus dem oben Gesagten hervorgeht, ist wohl der Eisengehalt eines Pigmentes fast stets beweisend für dessen hämatogene Abstammung, nicht aber darf umgekehrt wegen des negativen Ausfalles der Eisenreaktion die Genese eines Pigments aus dem Blutfarbstoff ausgeschlossen werden. So ist es auch für die sogenannten autochthonen Pigmente nicht ohne weiteres auszuschließen, daß wenigstens das Material zu der Bildung eines Teiles von ihnen dem Blute entnommen ist, wenn es auch vielleicht erst in den Zellen zu dem spezifischen Farbstoff verarbeitet wird. Andererseits wird von vielen der reichliche Gehalt mancher dieser autochthonen Pigmente an Schwefel in dem Sinne gedeutet, daß das Pigment durch eine spezifische Zelltätigkeit aus einem ursprünglich farblosen, vom Blute unabhängigen Eiweißstoff gebildet werde.

Zu den sogenannten autochthonen Pigmenten gehören zunächst im Körper weit ver- a) Lipo-
chrom und
Lipo-
fuszin.
breitete eisenfreie Pigmente, welche durch Gehalt von, bzw. durch ihre nahe Verwandtschaft zum Fett und den Lipoiden charakterisiert sind. Diese Pigmente werden zumeist als Lipochrome bezeichnet, da aber dieser Name von solchen Pigmenten (in der Botanik) herstammt,

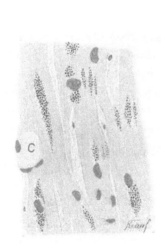

Fig. 77.
Lipofuszin (Abnutzungspigment)
im Herzen ($\frac{300}{1}$).

Fig. 78.
Lipofuszin (Abnutzungspigment) im Herzen, mit dem
Fettfarbstoff Scharlach-R braunrot gefärbt.

welche typische Schwefelsäure-Jodkalireaktion geben, gebraucht man am besten den Namen Lipochrom auch hier nur für die diese Reaktion gebenden Pigmente. Solche Lipochrome finden sich im Fettgewebe und in den Luteinzellen und unter pathologischen Bedingungen in der Leber, besonders in deren Sternzellen. Überaus viel verbreiteter sind die eben häufig auch Lipochrom genannten Pigmente, welche die Schwefelsäure-Jodkalireaktion nicht geben, im übrigen aber den Fetten, genauer gesagt den Lipoiden, ebenfalls nahe stehen; diese Pigmente färben sich daher auch mit Fettfarbstoffen und geben die spezifischen Reaktionen für Lipoide. Diese im Körper überaus verbreiteten Pigmente finden sich schon physiologischerweise in den meisten drüsigen Organen (Leber, Niere, Nebenniere, Hoden, Samenbläschen etc.) und den Muskelfasern, besonders denen des Herzens, auch den glatten Muskelfasern, ferner in den Ganglienzellen, im Knorpel etc. etc. Findet sich dies Pigment in den genannten Organen in der Jugend schon in geringer Menge, so nimmt es im Alter, oder wenn chronische Krankheiten zu kachektischen Zuständen mit Degenerationen der Organzellen führen, beträchtlich zu. Man kann daher jene Pigmente als fetthaltige Abnutzungspigmente bezeichnen oder auch als Lipofuszin (Borst). Findet sich dasselbe in atrophischen Organen in größerer Menge, so gewinnt das ganze Organ eine braune Färbung, man spricht von Pigmentatrophie oder brauner Atrophie. Dieses Lipofuszin stellt also eine Art Verbindung von Lipoid mit Pigment dar. Man kann sich vorstellen, daß das Pigment selbst vielleicht eine als Zersetzungsprodukt der Lipoide auftretende in ein braunes Produkt umgewandelte Fettsäure darstellt, daß das Pigment also direkt von den Lipoiden abhängt (Hueck), oder daß bei der Atrophie der Zellen sich die Lipoidkomponente mit einer Eiweißpigmentkomponente verankert.

b) Melanotisches Pigment Pseudomelanose. Zu den autochthonen Pigmenten gehört ferner das melanotische Pigment, welches in Form brauner bis schwarzer Körnchen in der Epidermis und den obersten Lagen des Korium, der Retina und Chorioidea des Auges, sowie in der Pia in der Gegend der Medulla oblongata physiologisch vorhanden ist; auch in den Ganglienzellen und vor allem denen der Substantia nigra scheint echtes Melanin vorzukommen. Wahrscheinlich bilden die Zellen, besonders die Epithelien der Epidermis (sowie andere ektodermatische Elemente),

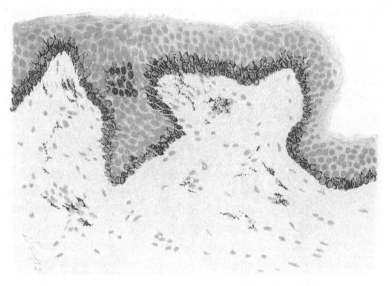

Fig. 79.
Haut von einem Falle von Morbus Addisonii ($\frac{300}{1}$).
a Epidermis, *b* Kutis. In der Epidermis reichlich Pigment, ebenso in der Kutis, in letzterer innerhalb länglicher und verästelter Zellen (Chromatophoren).

selbst das Pigment, und Wanderzellen nehmen es nur als sogenannte Chromatophoren auf und tragen es weiter (Fig. 79). Eine Vermehrung des physiologisch vorhandenen Melanins tritt schon physiologischerweise bei stärkerer Lichteinwirkung auf die Haut auf (Ephelides, Sommersprossen), ferner an der Mamilla, an der Mittellinie des Abdomens und als sogenanntes Cloasma uterinum (s. II. Teil, Kap. IX) bei der Gravidität; auf einer pathologischen Vermehrung dieses Pigmentes beruhen die Verfärbungen der Haut bei Morbus Addisonii, der sogenannten Bronzekrankheit (Fig. 79 und II. Teil, Kap. IX), sowie in vielen Naevi und bösartigen melanotischen Geschwülsten, welche fast stets von den normaliter pigmentierten Geweben, besonders den pigmentbildenden Epidermisepithelien der Haut ausgehen (vgl. Kap. IV B). Das Melanin ist eisenfrei und reduziert Silber.

Melanose der Dickdarmschleimhaut. Die sogenannte „Melanose der Dickdarmschleimhaut" wird durch Vermehrung eines zuweilen hier zu findenden Pigmentes bedingt, welches von manchen Seiten für echtes Melanin (Pick), von anderen für ein dem Lipofuszin näher stehendes Pigment (Hueck), von wieder anderen für keines von beiden (Henschen und Bergstrand) gehalten wird und an Stromaelemente gebunden ist. Diese Melanose findet sich in ausgesprochenem Maße besonders bei älteren Individuen und wie es scheint in Zusammentreffen mit chronischer Obstipation. Ebenfalls im Darme findet sich eine sogenannte pseudomelanotische Pigmentierung, bei welcher entweder die Follikel gefärbt sind, „noduläre Pseudomelanose", oder die Zottenspitzen, sogenannte „Zotten-(Pseudo-)melanose". Hier handelt es sich um eine Umwandlung von Hämosiderin in schwarzes Schwefeleisen. Bei der Zottenmelanose ist auch an eine Resorption von aus der Leber stammendem Eisen, das mit der Galle den Darm erreicht und dann hier in den Zotten zu Schwefeleisen umgewandelt wird, gedacht worden.

Sehr selten kommt besonders an den Knorpeln, Gelenkkapseln, aber auch in der Niere. c) Pigment
Haut (Talgdrüsen), Sklera (bes. im Gebiet der Lidspaltenzone) etc. eine tintenartige dunkle der Verfärbung vor, Ochronose, bei der diffuses — ev. an Ort und Stelle körnig werdendes Ochronose
— dunkles Pigment die Gewebe imbibiert; es kann auch mit dem Urin ausgeschieden werden. Diese Ochronose findet sich bei Alkaptonurie (Braunfärbung des Urins), welche auf einer Insufficienz des intermediären Eiweiß-Stoffwechsels beruht, wobei die vor allem aus Tyrosin (Eiweißabbauprodukt) entstehende Homogentisinsäure nicht weiter abgebaut wird und daher im Urin erscheint. Fermente bewirken dann offenbar die Melaninbildung und Ablagerung in den Geweben. Auch an dem Lipofuszin nahe stehende Pigmente wird von manchen Seiten gedacht. Bei dauernder Verwendung von Karbolsäure kann ein ähnliches Pigment auftreten.

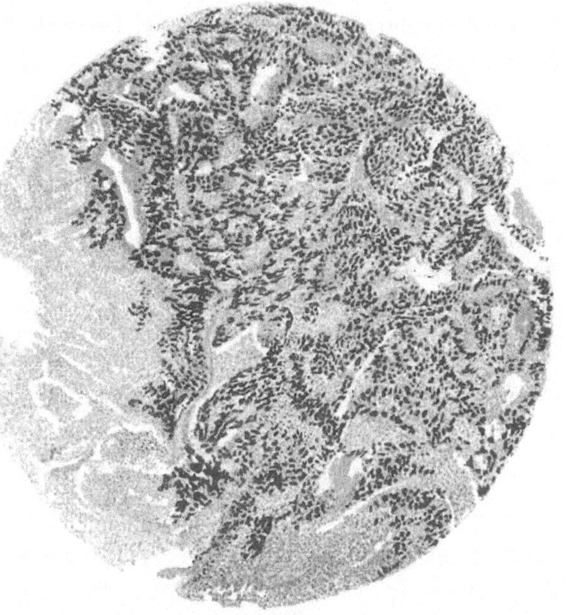

Fig. 80.
Anthrakotische bronchiale Lymphdrüse (links Wand des Bronchus).

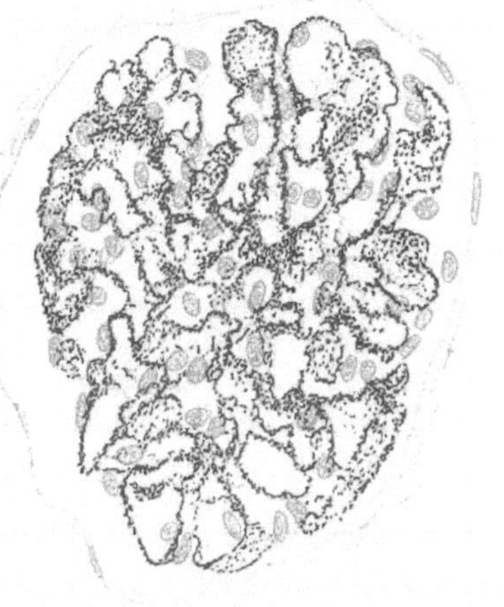

Fig. 81.
Silberimprägnation eines Glomerulus bei Argyrosis der Niere ($\frac{350}{1}$).
Die Kapillarwände sind mit feinen, schwarzen Silberniederschlägen besetzt.

Der grüne Farbstoff in den Chloromen (tumorartigen Bildungen von lymphosarkomatösem oder myelosarkomatösem Bau, Kap. IV, Anhang) ist uns im einzelnen nicht genauer bekannt.

Eine letzte Gruppe von Pigmenten wird dem Körper von außen zugeführt, von 4. Von ihm durch die Haut oder die Atmungsorgane aufgenommen und teils in diesen Organen außen ein-geführtes selbst abgelagert, teils mit der Lymphe in andere Organe verschleppt. Bekannt sind die Pigment. Pigmenteinlagerungen, welche nach Tätowierung der Haut in den nächstgelegenen a) Täto-Lymphdrüsengruppen auftreten, ebenso die Schwarzfärbung der Lunge durch Kohlen- wierung staub, der mit der Atemluft inhaliert wird und von den Alveolen aus mit Hilfe des Lymph- der Haut. stromes, zum Teil in Zellen eingeschlossen, in das interstitielle Bindegewebe, die bronchialen Lymphdrüsen und die Pleura gelangt; daß Kohlenstaub auch ins Blut aufgenommen und mit ihm sowie auf dem Lymphwege in andere Organe, wo er sich ansiedelt, weiter transportiert werden kann, ist bereits S. 45 erwähnt. Ebenso wie Kohle werden unter Umständen auch andere Staubarten, Steinstaub, Eisenteilchen oder organischer Staub in die Lunge eingeatmet, abgelagert und von hier aus weiter transportiert; sie bewirken verschieden gefärbte Pigmentierungen und oft auch ausgedehnte Schrumpfungsprozesse. Man bezeichnet derartige Staubkrankheiten als Koniosen. Die häufigsten dieser sind die exzessive Einlagerung von Kohlenstaub (Anthracosis), diejenige von Kalkstaub (Chalicosis) und von Eisenstaub (Siderosis, vgl. II. Teil, Kap. III).

b) Kohle- und Staub- pigmente der Lunge Koniosen.

5. Nieder- schläge ge- löster Farbstoffe.

Endlich können auch in Lösung befindliche Stoffe körnige Pigmentierungen einzelner Körperteile verursachen, wenn sie sich in den letzteren niederschlagen. So findet man in allen möglichen Organen, besonders in den Plexus chorioidei, den Nieren (Fig. 81), und der Haut, bei längerem innerlichen Gebrauch von Argentum nitricum schwarze Silberniederschläge, die durch Reduktion an Ort und Stelle entstehen und besonders an die elastischen Fasern gebunden sind. Solche treten auch im Bindegewebe und in den Gefäßwandungen der Konjunktiva nach längerem Einträufeln des Silbersalzes in den Konjunktivalsack auf. Bei langdauernder Beschäftigung mit Blei kann dies am Zahnfleischrand als grauschwarzer, sogenannter Bleisaum abgelagert werden. Noch anzuführen sind die von gewissen Bakterien gebildeten Farbstoffe (grüner Eiter u. a., vgl. Kap. VII).

Silber und Blei.

X. Verkalkung und Ablagerung anderer Salze. Konkrementbildung.

Die Bedingungen, unter welchen eine Verkalkung (Petrifikation) von Geweben zustande kommt, lassen sich der Hauptsache nach in zwei Gruppen einteilen; in den einen Fällen besteht eine besondere Disposition bestimmter Gewebsarten sich mit Kalksalzen zu imprägnieren, die Zellen sind „kalkgierig" (v. Gierke), in anderen liegt der Einlagerung eine vermehrte Zufuhr von Kalk mit dem Blute, also eine Überladung des Blutes mit Kalksalzen als wesentliches Moment zugrunde.

Örtliche Disposition für Kalk- imprägna- tion.

1. Produkte der Fibrin- gerinnung und hyaline Substanzen.

Was die ersteren, die örtlichen Bedingungen. für die Kalkimprägnation betrifft, so ist vor allem hervorzuheben, daß gewisse Einzelsubstanzen eine besondere Affinität zu Kalksalzen besitzen und daher solche leicht in sich aufspeichern, auch wenn sie nicht in übergroßer Menge mit dem Blutstrom zugeführt werden. Es sind dies vor allem die Produkte der Fibringerinnung, welche ja ohnedies schon unter Mitwirkung von Kalksalzen aus dem Blute zustande kommt (vgl. Kap. I, S. 25); es gehören hierher fibrinöse Exsudate und Thromben (Venensteine, besonders im Ligamentum latum und der Milz), eingedickte käsige Exsudate etc., alles Prozesse, bei denen eine Fibrinausscheidung eine wichtige Rolle spielt. Dem anzuschließen sind Kalkablagerungen im Kolloid der Thyreoidea und in hyalinen Massen, z. B. hyalin veränderten Gefäßen oder den hyalinen Bildungen der Psammome. Zweitens finden sich Verkalkungen in abgestorbenen Gewebsteilen aller Art, im Käse bei Tuberkeln oder in nekrotischen Teilen von Gummata oder z. B. bei Pankreasnekrose im abgestorbenen Fettgewebe, oder in alten Infarkten bzw. nekrotischen Epithelien, wie sie namentlich infolge gewisser Vergiftungen (besonders mit Quecksilber u. a.) in den Nieren (s. Fig. 82) fast konstant beobachtet werden. In letzterem Falle steht die Kalkablagerung auch damit im Zusammenhang, daß die Nieren sich an der Abscheidung des Kalkes aus dem Organismus beteiligen. Auch oberflächliche nekrotische Schichten der Schleimhäute (z. B. Harnblase) können verkalken. Sehr häufig findet man Verkalkung auch an abgestorbenen Ganglienzellen. Sehr ausgedehnte Verkalkung tritt ferner an abgestorbenen Föten — dann als Lithopädien bezeichnet — ein, wobei die äußeren Partien der Frucht fast vollkommen mit Kalksalzen imprägniert werden können.

2. Ab- gestorbene (und ab- sterbende) Massen.

Auch solche Gewebsteile, welche im Absterben begriffen oder doch, sei es durch verminderte Blutzufuhr oder aus anderen Ursachen, in ihrer Vitalität stark herabgesetzt sind, zeigen eine höhere Neigung zur Inkrustation mit Kalksalzen. Auf diese Kalkeinlagerung in absterbende und abgestorbene Teile sind auch die Kalkimprägnationen zurückzuführen, die man so häufig in der Plazenta gegen Ende der Schwangerschaft, sowie in Tumoren, namentlich solchen, welche von Gewebsteilen des Skelettsystems ihren Ursprung nehmen, findet.

Des weiteren läßt sich allgemein sagen, daß Knorpel (z. B. des Kehlkopfes und der Rippen bei alten Leuten) und überhaupt dem Knochen- und Knorpelgewebe nahe-

stehende Gewebe (z. B. Periost), ferner elastische Fasern, Grenzmembranen von 3. Be-
sondere Ge-
webe wie
Knochen,
Knorpel etc.
Drüsen (Tunicae. propriae), sowie die Wände der Blutgefäße eine größere Neigung zur
Kalkaufnahme aufweisen. An den Gefäßen sind es einerseits besonders sklerotische Verdickungen der Innenhaut, andererseits die Media der Arterien (besonders Mediaverkalkung
der Extremitätenarterien), aber nicht selten auch die Kapillarwände, welche diese Eigenschaft zeigen. Endlich haben noch hyalines Bindegewebe und besonders bindegewebige
Schwarten, die an die Stelle alter Exsudate getreten sind, sowie bindegewebige Produkte
chronischer Entzündungsprozesse überhaupt starke Neigung zur Kalkimprägnation, desgleichen gewisse Tumoren, wie Psammome, auch Karzinome.

Während bei den bisher besprochenen Kalkeinlagerungen örtliche Bedingungen die Vermehrte
Zufuhr von
Kalk-
salzen.
Hauptrolle spielen, tritt bei anderen, nunmehr zu erwähnenden Formen, die man auch als
Kalkmetastasen zusammenfaßt, eine vermehrte Zufuhr von Kalksalzen mit dem
Blut in den Vordergrund. Bei bös-
artigen Geschwülsten des Knochensystems, primären oder metastatischen, und eventuell anderen Erkrankungen desselben muß man
eine ausgedehnte Zerstörung von

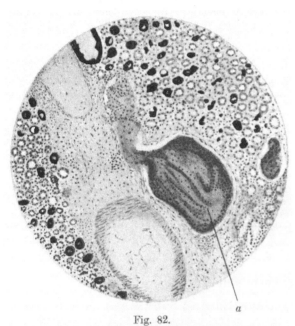

Fig. 82.
Verkalkung nekrotischer Harnkanälchenepithelien bei
Sublimatvergiftung.
Die verkalkten scholligen Massen sind blauviolett (Hämatoxylin)
gefärbt. *a* Thrombus.

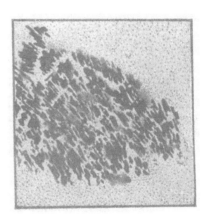

Fig. 83.
Verkalkung abgestorbener Herzmuskelfasern bei Paratyphus.

Knochengewebe und damit einen vermehrten Übergang von Kalksalzen ins Blut voraussetzen, welche dann an anderen, allerdings hierfür besonders disponierten — d. h. im allgemeinen schon geschädigten — Stellen wieder zur Abscheidung gelangen können. Auch
ein mehr lokaler Kalktransport wird in Betracht gezogen.

Außer den genannten Momenten können noch andere vermehrte Kalkzufuhr bewirken:
die Menge des mit der Nahrung aufgenommenen Kalkes, sowie primäre Erkrankung und
damit Insuffizienz der Ausscheidungsorgane; als solche fungieren in erster Linie der Darm
($90^0/_0$ des zur Ausscheidung kommenden Kalkes), sodann die Nieren ($10^0/_0$). Es ist anzunehmen, daß — wie es für die Niere auch bei der Ausscheidung von Uraten erwiesen ist —
bei übermäßiger Zufuhr von Kalk schließlich diese Organe gleichsam erlahmen, den Kalk
in sich anhäufen, und dadurch die Epithelien zum Absterben gebracht werden. Es gehören
hierher auch die Kalkablagerungen in den Tunicae propriae, Epithelien, Kapillarwänden
und eventuell Zylindern der Marksubstanz der Nieren, bei denen übrigens noch ein weiteres
Moment mitspielt, daß nämlich durch eine in den geraden Harnkanälchen der Marksubstanz

vor sich gehende Wasserresorption eine Ausfällung gelöst gewesenen Kalkes in ihnen vorkommt.

Eine seltene mehr allgemeine Verkalkung (Calcinosis) ist auch als Stoffwechselanomalie aufzufassen. Wahrscheinlich kommt es hierbei allenthalben zu Nekrosen, die dann verkalken.

Formen und Chemie der Kalkablagerungen.

Die abgeschiedenen Kalksalze imprägnieren die Gewebe in Form krümeliger Einlagerungen, welche unregelmäßig eckige oder mehr gleichmäßige oder rundliche, bei auffallendem Licht glänzende Körnchen darstellen. Bei höheren Graden der Kalkeinlagerung zeigen die betreffenden Gewebe schon

Ossifikation

Fig. 84.

Niere eines am 4. Tage verstorbenen Neugeborenen (nicht ganz ausgetragen), mit Harnsäureinfarkten. Vergr. $^1/_1$.
(Nach Handbuch der Geburtshilfe, herausgegeben von F. v. Winckel.)

Ablagerung von Uraten

für das bloße Auge weißliche, beim Einschneiden knirschende, fleckige oder streifige Stellen von harter, mörtelartiger oder kreideartiger, brüchiger Konsistenz. Ihrer chemischen Beschaffenheit nach sind die abgelagerten Salze teils kohlensaurer, teils phosphorsaurer, weniger oxalsaurer Kalk, häufig sind ihnen Magnesiumsalze beigemischt. Auf Zusatz von Salzsäure lösen sich die Massen auf, bei Anwesenheit von kohlensaurem Kalk unter Entwickelung von Kohlensäurebläschen. Setzt man Schwefelsäure zu, so sieht man unter dem Mikroskop zierliche Gipsnadeln aufschießen. Des weiteren findet sich fettsaurer Kalk z. B. bei den Fettgewebsnekrosen, in Atheromen etc., hier bindet sich der Kalk mit Produkten der Fettspaltung (Fettsäuren) zu Kalkseifen.

Von der Verkalkung ist wohl zu unterscheiden die Ossifikation, d. h. die Bildung von Knochengewebe aus anderen Bindesubstanzen. Diese, bei welcher sich nicht bloß verkalktes Gewebe, sondern richtiger Knochen bildet, gehört dem Kapitel der sog. Metaplasie an (vgl. unten).

In ähnlicher Weise wie Kalk können auch Harnsäure und harnsaure Salze eine Imprägnation von Gewebsteilen herbeiführen; es geschieht dies bei der sogenannten harnsauren Diathese (Gicht) namentlich in den Gelenkknorpeln, den Gelenkkapseln, den Arterien, den Ohrknorpeln, der Niere. Vgl. Kap. IX und II. Teil, Kap. VIII B. Hierher gehören auch die sogenannten Harnsäureinfarkte der Neugeborenen (Fig. 84).

Ablagerung von Eisen

Eisen findet sich im allgemeinen unter denselben Bedingungen wie Kalk in pathologischen Produkten, so vor allem ebenfalls in gewissen durch Nekrose hervorgerufenen Eiweißformationen, wie abgestorbenen Ganglienzellen und Nierenepithelzylindern. Diese Gerinnungsprodukte scheinen manchmal größere Affinität zum Kalk, manchmal größere zum Eisen zu besitzen, sehr oft aber ist sie zu beiden sehr groß, so daß sich Kalk und Eisen nebeneinander finden. Auch physiologisch finden sich beide zusammen in fötalen Knochen, namentlich an der Epiphysenlinie.

Konkrementbildung.

Konkremente

Unter Konkrementen versteht man Abscheidungen fester Massen, welche entweder in physiologischen Sekreten und Exkreten, oder innerhalb der Körpergewebe als umschriebene Körper auftreten. Im letzteren Falle sind sie von der Verkalkung insofern nicht scharf zu trennen, als sie vielfach durch Verkalkung umschriebener Gewebeteile zustande kommen und häufig noch mit dem übrigen Gewebe zusammenhängen oder nur durch eine fibröse Kapsel von diesem getrennt sind.

Der Konkrementbildung innerhalb physiologischer Sekrete und Exkrete liegen verschiedene Ursachen zugrunde: Änderungen in der Konzentration der Flüssigkeit oder abnorme chemische Zusammensetzung derselben und damit Änderung der Löslichkeitsverhältnisse, wodurch einzelne Bestandteile ausgefällt werden (Sedimentbildung im Harn und Konkrementbildung in den Lumina der Harnkanälchen, z. B. von Kalk, Harnsäure, Gallenfarbstoff etc.), abnorme Beimengungen von Schleim oder Eiweißmassen (Fibrin), Verhältnisse, wie sie durch Sekretstagnation, entzündliche Prozesse an den sezernierenden Organen, allgemeine Konstitutionsanomalien etc. hervorgerufen werden können; zum großen Teil handelt es sich auch hier um Bildung fester Körper aus abgestoßenen nekrotischen Zellen und Inkrustation solcher mit ausgefällten Sekretbestandteilen oder mit Kalk; nicht selten geben auch Fremdkörper den Kern ab, um welchen herum die Konkremente sich anlagern.

Das Nähere über diese Konkrementbildungen, zu denen die Gallensteine (Fig. 85) und Harnsteine, die Speichelsteine, Pankreassteine, Kotsteine, Tonsillarsteine

u. a. gehören, wird bei den einzelnen Organen besprochen werden (s. II. Teil, die einzelnen Kapitel).

Hier sollen nur die sogenannten Corpora amylacea (Fig. 86) erwähnt werden, rund-liche oder eckige, homogene oder (meist) konzentrisch geschichtete Körper, die sich manch- Corpora amylacea.

Fig. 85.
Gallensteine.
Aus Fütterer, Über die Ätiologie des Karzinoms etc. Wiesbaden, Bergmann 1901.

mal mit Jod blau färben, was ihnen ihren Namen verschafft hat. Sie finden sich in großer Menge in der Prostata vor allem älterer Personen, wo sie eine bedeutende Größe erreichen und oft bräunlich gefärbt sind (Prostatakörperchen); ferner kommen sie hier und da in der Lunge vor (in alten Exsudaten und Infarkten, bei Stauung etc.), endlich im Zentral-nervensystem, wo sie im Rücken-mark, unter dem Ependym der Hirn-ventrikel, unter der Pia sowie im Tractus olfactorius bei alten Leuten und vor allem in Degenerationsherden in größerer Menge zu finden sind. Sie haben eine verschiedene Genese: in der Prostata entstehen sie aus abge-

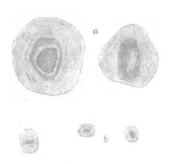

Fig. 86.
Corpora amylacea ($\frac{250}{1}$).
a aus der Prostata, b aus dem Rückenmark.

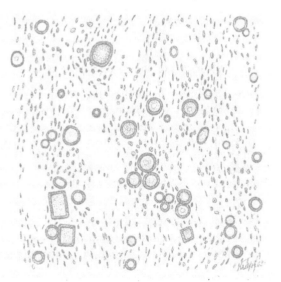

Fig. 87.
Psammom (Fibrosarkom mit runden und eckigen Kalk-einlagerungen). Karmin-Pikrinsäurefärbung.

stoßenen Zellen und eingedickten Sekretmassen, in der Lunge aus dem Eiweiß des Blutes oder der Exsudate sowie wohl auch aus zusammengeflossenen abgestoßenen Zellen und oft um Kohlepartikel oder dergleichen herum, im Zentralnervensystem nach einer Ansicht aus Teilen degenerierender Nervenelemente, nach einer anderen auch hier durch Ausfällung aus der Gewebeflüssigkeit. Mit der Amyloiddegeneration haben sie nichts zu tun und besitzen keine größere pathologische Bedeutung.

Die **Psammomkörner des Nervensystems** (Fig. 87) (Hirnsand in der Zirbeldrüse) und vieler Geschwülste sind Kalkkörner, welche im letzteren Falle durch Inkrustation von Zellen entstehen (vgl. Kap. IV, bei Tumoren).

XI. Lokaler Tod. Nekrose.

Nekrose.

Unter Nekrose, (lokaler Tod Mortifikation, Brand) versteht man den **lokalen Gewebstod**, also das Absterben eines Gewebsteiles innerhalb des lebenden Körpers. Findet das Absterben der Elemente nicht plötzlich, sondern allmählich statt, meist so, daß sich zuerst degenerative Prozesse — z. B. fettigdegenerative — abspielen, welche zuletzt zum völligen Tod führen, so bezeichnet man den Vorgang als Nekrobiose. Infolge hiervon ist auch die Form bei dieser Nekrobiose verändert, während sie bei dem plötzlichen Tode — der eigentlichen Nekrose — ziemlich gut erhalten ist.

Nekro-biose.

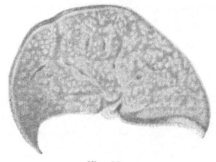

Fig. 88.
Multiple Nekrosen (hell) in der Leber eines Neugeborenen.

Die Ursachen, welche der Nekrose und Nekrobiose zugrunde liegen, sind sehr mannigfaltige. Zunächst werden **direkte äußere Einwirkungen**, starke Quetschung oder Zertrümmerung der Gewebe, häufig Ursache des Absterbens ausgedehnter Gebiete; nach heftigen Erschütterungen verfallen nicht selten Ganglienzellen und Nervenfasern in größerer Zahl einer Nekrose; Elektrizität und Röntgenstrahlen können auch gewebstötend wirken. An empfindlichen Organen reicht auch schon das durch eine heftige Blutung gesetzte Trauma hin, um Gewebszerreißungen und ausgedehnte Substanzzerstörungen zu bewirken.

Ursachen der Nekrose:
1. direkte äußere Einwirkungen,
traumatische,
thermische.

Durch dauernden, intensiv wirkenden Druck kann unter bestimmten Verhältnissen an einzelnen Körperteilen ein sogenannter Dekubitus (Druckbrand, II. Teil, Kap. IX) hervorgerufen werden. Thermische Einwirkungen, sowohl sehr hohe (besonders über 60°), wie sehr niedere Temperaturgrade, haben Gewebstod zur Folge (s. Verbrennungen und Erfrierungen, Kap. VI).

2. Toxisch infektiöse Einwirkungen.

In sehr vielen Fällen veranlassen **toxische** oder **toxisch-infektiöse** Schädlichkeiten ein Absterben von Geweben. Dabei bewirken chemische Gifte entweder direkt von außen eingeführt an der Stelle ihrer ersten unmittelbaren Einwirkung Abtötung des Gewebes, beziehungsweise eigentümliche Veränderung desselben, wofür die Ätzschorfe der äußeren Haut und der Schleimhäute (bei Trinken von Gift) Beispiele bieten (s. II. Teil, Kap. IV). Oder sie wirken vom Blute aus auf die Gewebe und rufen dann an den verschiedensten Organen, namentlich den Ausscheidungsorganen (Nieren, Darm) Nekrosen oder Nekrobiosen hervor (z. B. Sublimat, chlorsaures Kalium, chromsaure Salze, Phosphor u. a.). Auch viele entzündungserregende Agentien haben bei sehr intensiver Einwirkung häufig eine Gewebsnekrose zur Folge (Kap. IV). Endlich können auch im Körper selbst gebildete Stoffe (Harnsäure, Galle, Pankreassaft, wenn aus dem Gang ausgetreten etc.) unter Umständen toxische Nekrosen bewirken; so z. B. gelegentlich eine Nekrose der Epithelien der Harnkanälchen oder anderer empfindlicher Teile, denen sie mit dem Blute zugeführt werden.

3. Einwirkung von Zirkulationsstörungen.

Alle **Zirkulationsstörungen,** welche die Zufuhr neuen Blutes unter ein gewisses Minimum herabsetzen und nicht innerhalb einer gewissen Zeit ausgeglichen werden, müssen ein Absterben des von diesen Gefäßen versorgten Gewebsbezirkes herbeiführen. Die so entstandenen Nekrosen nennt man indirekte oder zirkulatorische. Ihrerseits kann die Zirkulationsstörung durch verschiedene Einwirkungen veranlaßt werden. Bei Besprechung der Zirkulationsstörungen (S. 13 ff.) wurden bereits die Bedingungen erwähnt, unter denen nach

Arterienverschluß (einerlei ob durch Thromben, Emboli, dauernde Kompression oder Ligatur) eine anämische Nekrose des Verzweigungsgebietes erfolgt. Des weiteren wurde schon früher erwähnt, daß derartige Prozesse sowie eine vollkommene, bis zur venösen Stase führende Hemmung des venösen Rückflusses eine hämorrhagische Infarzierung

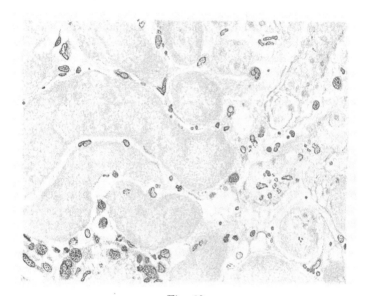

Fig. 89.
Aus einem anämischen Infarkt der Niere ($\frac{350}{1}$).
Die Harnkanälchenepithelien größtenteils kernlos; in einigen (links) noch Kerntrümmer. Das interstitielle Gewebe noch kernhaltig. Färbung mit Hämatoxylin und Orange.

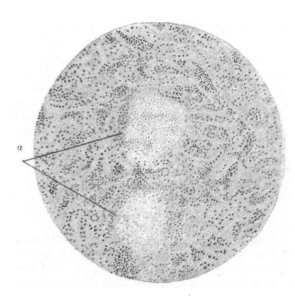 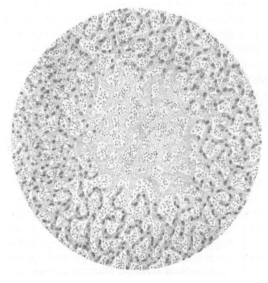

Fig. 90.
Blutreiche akute Milzschwellung mit nekrotischen Stellen (a) bei Typhus.

Fig. 91.
Nekrose der Leberzellenbalken inmitten eines Stauungsbezirkes.

6*

und Nekrose des Gewebes herbeiführen (S. 39). Endlich wirken lokale Störungen der Zirkulation auch bei den schon erwähnten thermischen (Verbrennungen, Erfrierungen) und chemischen Nekrosen mit; in letzteren Fällen spielen ausgedehnte kapillare Stasen eine bedeutende Rolle (S. 34).

4. Neurotische Einwirkungen.

In anderen Fällen beruhen die der Nekrose zugrunde liegenden Zirkulationsstörungen auf abnormer Funktion der Gefäßnerven, so z. B. einer Kontraktion der Arterienmuskulatur durch Erregung der Vasokonstriktoren; in solcher Weise entstehen gelegentlich Nekrosen unter Einwirkung gewisser, maximale Gefäßkontraktionen auslösender Gifte, z. B. durch Ergotin. Hierher gehören auch viele der sogenannten **neurotischen Nekrosen,** wie sie bei verschiedenartigen Affektionen des Nervensystems (Lepra, Herpes zoster, sowie nach Durchschneidung von Nerven) an den von letzteren versorgten Gewebsbezirken auftreten. Wahrscheinlich handelt es sich auch hierbei vorzugsweise um vasomotorische Störungen, welche durch Wegfall der die Weite des Gefäßlumens regulierenden Nervenfasern bedingt sind, dazu aber kommt hier noch die Wirkung der Anästhesie, infolge der die betreffenden Körperteile nicht mehr vor äußeren Schädigungen geschützt werden. Möglicherweise kommt bestimmten Nervenfasern auch ein direkter Einfluß auf die Ernährungsvorgänge zu. Soviel ist sicher, daß nach Kontinuitätstrennung von Nervenstämmen oder nach Degeneration der ihnen als Ursprung dienenden nervösen Zentralapparate die unterbrochenen Fasern sehr rasch einer Nekrobiose verfallen und daß ebenso die von ihnen innervierten Muskelfasern eine Degeneration erleiden (vgl. II. Teil, Kap. VI).

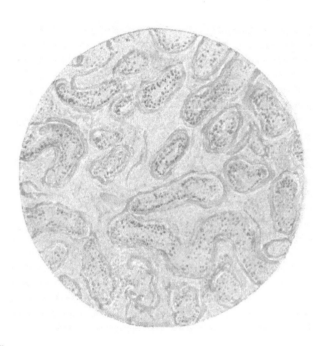

Nekrosen, abhängig vom Grad der Einwirkung von Schädlichkeiten.

Fig. 92.

Nekrose des Hodens (alle Kerne sind verschwunden bzw. zerfallen, nur noch die Gesamtstruktur zu erkennen).

Dieselben Schädlichkeiten, welche in geringerer Stärke degenerative Prozesse auslösen, führen, wenn sie in großer Stärke einwirken, direkt oder wenigstens sehr bald nach einem kurzen Stadium eines degenerativen Zustandes zur Nekrose (beziehungsweise statt der Nekrose zur Nekrobiose, siehe oben). Der Grad, bis zu welchem äußere Einwirkungen ein Gewebe schädigen, ist wesentlich von den besonderen Eigentümlichkeiten des Gewebes abhängig; so kann es kommen, daß unter dem Einfluß einer Schädlichkeit die eine Gewebsart eines Organes abstirbt, während eine andere, weniger empfindliche, erhalten bleibt. Im allgemeinen ist der höher entwickelte Bestandteil eines Organes der empfindlichere, in sogenannten parenchymatösen Organen also die spezifischen Epithelien; ähnlich im Herzmuskel die Muskelfasern, im Nerven die Nervenfasern. Die Epithelien der Hauptstücke (gewundenen Harnkanälchen) z. B. zeigen Absterbeerscheinungen, wenn die Arteria renalis für $1/4$ bis $1/2$ Stunde unterbunden wird, während das bindegewebige Gerüst der Niere dabei erhalten bleibt. Ebenso zeichnen sich die Nervenelemente durch hohe Empfindlichkeit gegenüber Schädlichkeiten aller Art aus. Die in entzündlichen Exsudaten enthaltenen Zellen sterben in der Regel schon nach relativ kurzer Zeit ab.

Die für die mikroskopische Untersuchung abgestorbener Gewebeteile bedeutungs-
vollste Veränderung besteht in dem sich sehr rasch einstellenden, meist nach 12 bis 24 Stunden
vollendeten **Schwund der Kerne** (Fig. 92), welcher teils auf einer Auflösung des Kerns —
Karyolyse —, teils auf Umwandlungen und Umlagerungen des Chromatins desselben —
Karyorrhexis — bzw. auf **Pyknose** — Verklumpungen des Chromatins und Bildung kleiner
dunkler Kernreste — (Fig. 98) beruht. Auch das Protoplasma geht Veränderungen ein;
Verklumpung durch Gerinnungen, veränderte Färbbarkeit oder gänzliche Auflösung der
Altmannschen Granula etc. treten auf; so wird die ganze Zelle in eine gleichmäßige, homogene
bis schollige oder körnige Masse verwandelt, in welcher weder durch Färbung, noch durch
Essigsäure Kerne mehr nachgewiesen werden können. Auch Interzellularsubstanzen

können quellen oder zerfallen. Dagegen
bleibt die grobe Struktur des nekrotischen Gewebes vielfach erkennbar, so
daß man die einzelnen Gewebselemente,
z. B. Drüsen, Blutgefäße, Bindegewebe
etc. noch längere Zeit hindurch unterscheiden kann, bis sich schließlich der
ganze nekrotische Teil in eine gleichmäßig strukturlose Masse verwandelt.

In Kernteilung begriffene Kerne
verhalten sich bei der Nekrose anders als
ruhende. Es kommt bei Schädigungen zu
asymmetrischen, hypo- und hyperchro-
matischen Mitosen etc. Auch die amitotische Kernvermehrung bedeutet wahrscheinlich zumeist überhaupt einen regressiven
Vorgang.

Bei der Kernauflösung werden Stoffe
frei, die sich an die Myelinsubstanzen (s. S.
61) anlagern. Dies äußert sich in der Färbbarkeit des Myelins mit Neutralrot, welche
somit auch als mikroskopisches Zeichen der
Nekrose diagnostisch wertvoll sein kann.

Die abgestorbenen, innerhalb des
lebenden Körpers liegen bleibenden Gewebeteile unterliegen nun weiter einer
Reihe von Veränderungen; diese hängen
teils von der Art des Zustandekommens der Nekrose, teils von dem betroffenen Gewebe, teils endlich von
Reaktionen ab, welche die lebende
Umgebung im weiteren Verlaufe eingeht. Wir können danach die Nekrose
in bestimmte Formen einteilen. Für
das Aussehen der nekrotischen Partien

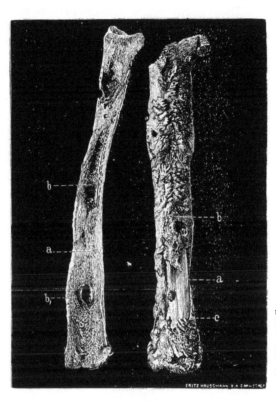

Fig. 93.
Auf der rechten Seite bei *a* Nekrose (Sequesterbildung),
bei *b* Osteophytenbildung infolge von Osteomyelitis,
c Knochenlade.

ist vielfach ihr Blutgehalt, respektive die weitere Veränderung des etwa in ihnen
enthaltenen Blutes maßgebend; die infolge von Anämie abgestorbenen Teile erscheinen
naturgemäß blaß, gelblich oder weiß; hämorrhagisch infarzierte Gebiete erscheinen zunächst
dunkelrot und machen durch die Zersetzung des in ihnen enthaltenen Blutes eine Reihe
von Farbveränderungen durch, bis sie schließlich ebenfalls ein helles oder durch Pigmentflecke gesprenkeltes Aussehen gewinnen. Bei der Nekrose durch Chemikalien hängt Farbe
und Konsistenz der betroffenen Gewebe auch von diesen ab. Teile von sehr fester Konsistenz, wie elastisches Gewebe, Knorpel, Knochen, zeigen kurz nach dem Absterben für das bloße Auge kaum eine Veränderung und lassen sich anfangs oft nur
durch das Fehlen von Lebenserscheinungen von der Umgebung abgrenzen. So unterscheidet
sich ein abgestorbenes Knochenstück in seiner äußeren Beschaffenheit und Struktur kaum

von der lebenden Umgebung, wohl aber durch das Fehlen der in letzterer in diesen Fällen meist sehr ausgesprochenen Reaktionen: Periostwucherungen und Osteophyten (Fig. 93).

An weicheren Gewebeteilen ist schon kurz nach Eintritt der Nekrose vielfach eine Veränderung des Aggregatzustandes wahrzunehmen, und zwar meistens in dem Sinne, daß der abgestorbene Teil eine eigentümlich derbe und dabei trockene Beschaffenheit annimmt. Sehr deutlich läßt sich dies an den anämischen Infarkten der meisten Organe beobachten. Ihre Konsistenz erinnert an jene geronnener Eiweißmassen; ihr Volumen ist gegenüber der Umgebung eher etwas vergrößert, wenigstens springt der ganz frische Infarkt etwas über die Schnittfläche und Oberfläche vor, Eigenschaften, die ihm in Verbindung mit den schon oben angegebenen ein sehr charakteristisches Aussehen verleihen.

Diese eigentümliche Konsistenzvermehrung der abgestorbenen Teile ist auf eine Gerinnung derselben zurückzuführen. Es handelt sich dabei nicht, oder doch nur zum geringen Teil, um eine Fibrinabscheidung zwischen die Gewebselemente, sondern vor allem um eine

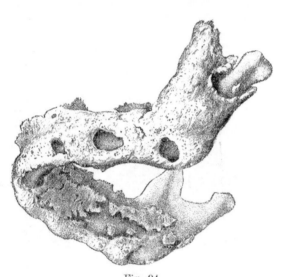

Fig. 94.
Phosphornekrose.
Aus Ziegler, Lehrb. der allg. u. spez. Pathologie. Jena, Fischer.

Fig. 95.
Myelinfiguren.
Aus Albrecht, Experimentelle Untersuchungen über die Kernmembran.
Wiesbaden, Bergmann 1903.

Koagulation des Zellprotoplasmas selbst, welche unter dem Einflusse der die abgestorbenen Massen durchtränkenden Lymphe zustande kommt. Man bezeichnet daher den ganzen *1. Koagulationsnekrose.* Vorgang als **Koagulationsnekrose**. Dazu, daß diese Gerinnung zustande kommt, ist ein Absterben der Gewebe Vorbedingung, auch müssen gerinnungsfähige Substanzen (Eiweiß) und reichlich plasmatische Substanz vorhanden sein, und ferner müssen gerinnungshemmende Substanzen, wie lebende Epithelzellagen, fehlen.

Verkäsung. In gewissen Fällen weisen die abgestorbenen Massen eine eigentümlich opake, gelbe, trockene oder feste oder auch mehr schmierige Beschaffenheit auf, welche ihnen eine Ähnlichkeit mit festem oder weichem Käse verleiht und dem Prozeß den Namen **Verkäsung** verschafft hat; in besonders typischer Weise stellt sich eine solche bei exsudativen und bei Wucherungsprodukten tuberkulöser (wo oft allein der Terminus „Verkäsung" gebracht wird) und syphilitischer Prozesse, aber auch bei Tumoren ein. Diese käsige Nekrose tritt nicht auf einmal, sondern in allmählicher Weise, also als Nekrobiose, auf. Es handelt sich bei ihr um eine Koagulationsnekrose, bei deren Zustandekommen aber die Abscheidung eines aus dem Blute stammenden Gerinnungsproduktes eine größere Rolle zu spielen scheint, als sonst bei der Koagulationsnekrose. Man findet in verkäsenden Teilen frühzeitig eine reichliche Menge einer teils feinfaserigen, teils dickbalkigen,

hyalinen Masse zwischen den zelligen Elementen, welche die Farbreaktionen des gewöhnlichen Fibrins nur zum Teil gibt und als Fibrinoid oder hyalines Fibrin bezeichnet worden ist (Fig. 96). Etwas später findet man eine schollige bis körnige, sehr dichte Masse, welche zum Teil aus dem sich schollig zerklüftenden Fibrinoid, zum Teil aus den beim Absterben kernlos und schollig gewordenen, in Bruchstücke zerfallenden Gewebszellen besteht, welch letztere wahrscheinlich ebenfalls eine Gerinnung (s. o.) erlitten haben. Im weiteren Verlaufe findet eine fortschreitende weitere Zerklüftung der Masse in immer kleinere Partikel statt, so daß schließlich ein dichter körniger Detritus entsteht, der auch unter dem Mikroskop ein trübes, körniges, wie bestäubtes Aussehen aufweist. Zusatz von Essigsäure oder Kalilauge löst die Trübung allmählich auf.

Oberflächlich gelegene Partien trocknen nach dem Absterben nicht selten durch Wasserabgabe an die äußere Luft ein und werden damit hart und derb, mumienartig, meist schwärzlich verfärbt, ein Zustand, den man als **Mumifikation (trockener Brand)** bezeichnet. Sie findet sich beim sogenannten senilen Brand, der besonders an den Zehen und Füßen in Zuständen abnehmender Herzkraft und seniler Veränderungen der Gefäße eintritt; Analoges findet sich im Gefolge von Arterienverschluß (Fig. 100) oder von vasomotorischen Störungen, endlich im Anschluß an akzidentelle mechanische Einwirkungen. Ein physiologisches Vorbild der Mumifikation ist die Vertrocknung und Abstoßung des Nabelschnurrestes.

Auch an abgestorbenen inneren Teilen, namentlich verkästen Partien, kann es in späteren Stadien zur Resorption der in ihnen enthaltenen Flüssigkeit mit Eindikkung **(Inspissation)** und Schrumpfung der Massen kommen.

Den bisher erwähnten Fällen, in denen die Gewebeteile nach dem Ableben eine festere Konsistenz annehmen, stehen andere gegenüber,

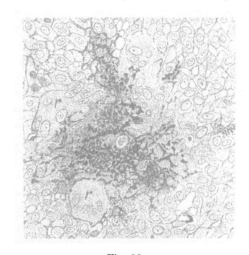

Fig. 96.
Junger Lebertuberkel mit beginnender zentraler Fibrinoidausscheidung (Verkäsung).
r Riesenzellen, *l* lymphoide Rundzellen, die übrigen Epitheloidzellen; zwischen denselben ein feines Retikulum.

2. Mumifikation.

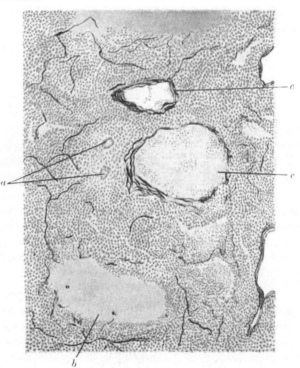

3. Inspissation.

Fig. 97.
Käsige Pneumonie.

Die elastischen Fasern (blauschwarz nach Weigert gefärbt) sind zum Teil zerstört. Alle Alveolen sind mit zelligen Massen dicht infiltriert welche sich durch Riesenzellen (*a*) und Nekrose (*b*) als tuberkulös erweisen. *c* = Gefäße.

4. Kolliquationsnekrose. in welchen sich an die Nekrose eine Erweichung und spätere Verflüssigung des Gewebes anschließt. Man stellt solche Fälle der Koagulationsnekrose als **Kolliquationsnekrose** gegenüber. In typischer Weise tritt diese an abgestorbenen Bezirken des Zentralnervensystems auf; so hat eine anämische Nekrose im Gehirn — ihrer Genese nach das vollkommene Analogon der anämischen Milz- und Niereninfarkte — fast nie feste Infarzierung, sondern im Gegenteil ein Aufquellen und eine Verflüssigung des Gewebes zur Folge, eine Erscheinung, welche wahrscheinlich auf die Eigentümlichkeit des Nervenmarks zurückzuführen ist, leicht Wasser aufzunehmen. Hierher gehört ferner der Mazerationsprozeß, den abgestorbene („todfaule") Früchte bei längerem Verweilen innerhalb des Uterus durchmachen, wobei zuerst die Epidermis in Blasen abgehoben, und zuletzt auch die tiefer liegenden Weichteile mehr oder weniger verflüssigt werden.

Mitwirken von Fermenten.   In manchen Fällen geschieht diese Verflüssigung des Gewebes durch Einwirkung von Fermenten, welche aus den absterbenden Gewebeteilen entstehen oder von Bakterien ge

Autolyse.

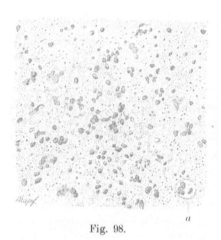

Fig. 98.

Aus einem käsigen Herd einer tuberkulösen Lunge. Vorgeschrittenes Stadium mit starkem körnigen und scholligen Zerfall der Masse; nur noch eine erhaltene Zelle mit drei Kernen bei a; sonst nur Zellfragmente und feinkörniger Detritus $\left(\frac{250}{1}\right)$.

liefert werden, also durch eine Art von Verdauungsvorgang, Autolyse, welcher auch in ähnlicher Weise sonst, z. B. bei Lösung des fibrinösen Exsudates der kruppösen Pneumonie, eine große Rolle zukommt. In allen solchen Fällen werden

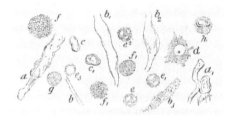

Fig. 99.

Zupfpräparat aus einem Erweichungsherde im Gehirn $\left(\frac{250}{1}\right)$.

a, a_1 Achsenzylinder mit gequollenem Mark, z. T. der erstere frei, b, b_1, b_2 nackte, z. T. stark gequollene Achsenzylinder, b_3 solcher mit körniger Trübung, c, c_1 Myelintropfen (freies Mark), d in Zerfall begriffene Ganglienzelle mit Fetttropfen, e, e_1, e_2, e_3 Wanderzellen, f, f_1 Fettkörnchenzellen, g Wanderzelle, die vier rote Blutkörperchen aufgenommen hat, h solche mit einem Myelintropfen.

bloß die abgestorbenen oder schwer geschädigten Gewebselemente von der Autolyse betroffen, während die gesunden Teile von ihr verschont bleiben.

Mit Sicherheit ist eine fermentative Wirkung auch in jenen Fällen anzunehmen, in denen unter dem Einfluß von Fäulnisbakterien eine Gewebszersetzung stattfindet, welche **5. Gangrän.** man als **feuchten Brand** oder **Gangrän** bezeichnet. Meist gelangen die Fäulnisbakterien direkt von der Außenwelt heran, das heißt Gangrän findet sich am häufigsten in der Lunge und an der Körperoberfläche. Bei ihr erhalten die ergriffenen Teile durch Imbibition mit zersetztem Blutfarbstoff ein mißfarbiges, schmutzig grünes bis schwarzes Aussehen; in den Zerfallsmassen finden sich reichlich Zersetzungsprodukte, Kristalle von Leuzin, Tyrosin (s. S. 62), Ammoniakmagnesiumphosphat, Fettkristalle, sowie amorphes und kristallinisches Blutpigment. Die Zersetzungsprodukte sind zum Teil giftiger Natur (s. II. Teil, Kap. V). Sie verbreiten einen übelriechenden Geruch. Vielfach geht die Fäulnis mit Ansammlung von Gasblasen im Gewebe einher, wodurch das sogenannte brandige Emphysem zustande kommt.

Endlich liegt eine Fermentwirkung überall da vor, wo Gewebe durch eiterige

Infiltration zur Einschmelzung gebracht werden, in Abszessen, bei phlegmonösen Pro- *6. Eiterige Einschmelzung.* zessen etc. Die Fermente werden dabei von den durch die Eiterbakterien herangelockten, als Eiterzellen auftretenden Leukozyten geliefert (Kap. III unter Entzündung).

Die abgestorbenen Teile erleiden nun des weiteren verschiedene Schicksale. Soweit es sich um Auflösungsprozesse handelt, können die verflüssigten Partien direkt durch das Blut und die Lymphe resorbiert werden, während einzelne kleine Zerfallspartikel durch Wanderzellen aufgenommen und fortgeschafft werden; am längsten widerstehen der Einschmelzung, abgesehen von Knochen und Knorpel, die zäheren Gewebeteile, Gefäßwände, straffes Bindegewebe, elastisches Gewebe etc., von welchen man in den halb verflüssigten Massen vielfach noch fetzige Reste vorfindet. Werden nekrotische Massen nicht verflüssigt und direkt resorbiert, sondern bleiben sie zunächst liegen — wobei sie auch, wie bereits beschrieben, gerne verkalken —, so kommt es in der Umgebung zu einer entzündlichen Reaktion, welche in einer im nächsten Kapitel zu beschreibenden Weise die Resorptionsprozesse einleitet und Bindegewebe etc. an Stelle der nekrotischen Massen entstehen läßt. In manchen Fällen werden auch die abgestorbenen Massen durch eiterige Prozesse der Umgebung aus dem Zusammenhang mit dem lebenden Gewebe losgelöst (Demarkation, siehe Entzündung) und werden dadurch zu sogenannten Sequestern; diese können abgestoßen werden, so daß größere und kleinere Defekte zustande kommen. Findet ein allmählich um sich greifender Zerfall des Gewebes mit Verflüssigung oder Abstoßung kleinster Partikel statt, so entstehen an Oberflächen Gewebsdefekte oberflächlicher Natur, sogenannte Erosionen, oder tiefere als Geschwüre, Ulzera bezeichnete, von welchen vorläufig nur das Knochengeschwür (Karies), das runde Magengeschwür (II. Teil, Kap. IV) und das Mal perforant du pied (II. Teil, Kap. XI) erwähnt werden sollen. Oder es bilden sich Höhlen im *Kavernenbildung.* Gewebe, sogenannte **Kavernen.**

Weitere Schicksale nekrotischer Teile.

Reaktion der Umgebung.

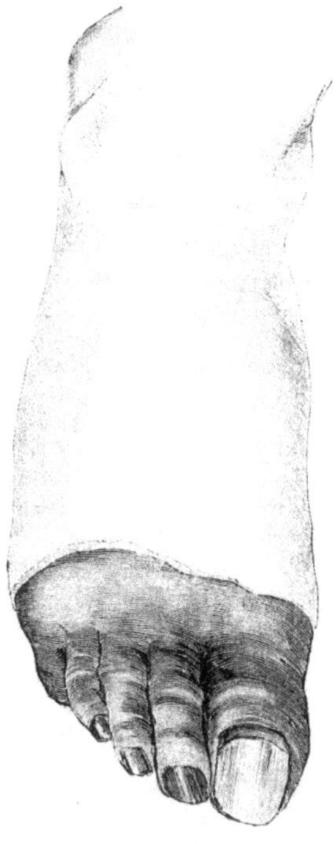

Fig. 100.
Trockener Brand der Zehen, entstanden nach Verengerung und Verschluß der zugehörigen Arterien durch Atherosklerose.
Aus Ziegler, l. c.

Erosionen und Ulzerationen.

Kapitel III.

Störungen der Gewebe unter Auftreten von Wiederherstellung oder Abwehr bewirkenden (progressiven) Prozessen.

Vorbemerkungen.

Wir haben bisher die regressiven Vorgänge besprochen, also diejenigen, welche mit Abbau von Zellsubstanz einhergehen (katabiotische Vorgänge Weigerts), und kommen nunmehr zu einer Gruppe von Vorgängen, denen eine krankhafte Steigerung der vitalen Tätigkeit gemeinsam ist. Da bei diesen Erscheinungen also Vermehrung von Lebensvorgängen von Zellen vorliegt, zumeist auch diejenigen Prozesse, welche zu einer Zunahme der Gewebselemente an Volumen oder Zahl führen, also Wachstumsvorgänge, eine besondere Rolle spielen, so wurde die ganze Gruppe besonders früher als solche der „progressiven" Prozesse bezeichnet.

Progressive Prozesse.

Diese progressiven Prozesse gehen demnach mit Neubildung von Zellmaterial und Zellen einher, sie sind also bioplastischer Natur. Ganz allgemein kommt jeder Zelle eines Organismus die Fähigkeit zu, fremde Stoffe zu assimilieren und aus unorganisiertem Material lebende Substanz zu bilden, und so das bei der Dissimilation Verlorengegangene an Zellsubstanz zu ersetzen. Darauf beruht die „Rekonstruktion" der Zellen. Aber darüber hinaus ist jede Zelle auch zur Vermehrung der lebendigen Substanz in Gestalt von Wachstum befähigt, und hierzu gehört auch ihre Fortpflanzung, d. h. die Erzeugung zweier Tochterindividuen, durch Kern- und Protoplasmateilung. Wie wir im Kapitel Vererbung noch genauer sehen werden, wird diese Eigenschaft schon bei der Befruchtung auf jeden neuentstehenden Keim übertragen, sie kommt allen Zellen des sich bildenden Organismus, sowie auch des fertigen Lebewesens zu. Es handelt sich hier also um eine idioplasmatisch vererbte Eigenschaft. Woher dieselbe in letzter Instanz stammt, wissen wir nicht, da wir über die Bildung des ersten Lebewesens überhaupt, also über die Urzeugung, nicht orientiert sind. Wir müssen diese „bioplastische Energie" heute als den Zellen immanent zugehörend betrachten; dieselbe äußert sich in weitestem Umfange während der embryonalen wie extrauterinen Wachstumsepoche, und hierauf beruht ja die Entwickelung des Organismus. Aber sie bleibt auch später den Zellen noch zu eigen, nur daß dann die bioplastische Energie bloß potentiell vorhanden ist und bestimmter Auslösungsbedingungen bedarf, um in kinetische Energie umgesetzt zu werden. Ohne diese Fähigkeit könnte ja kein Organismus auf die Dauer bestehen, da einzelne Teile desselben sich „im Kampfe der Teile" des Organismus aufreiben, oder schon bei der Funktion zugrunde gehen, oder durch Schädlichkeiten vernichtet werden, und somit, wenn nicht ein Ersatz möglich wäre, der Gesamtorganismus sehr bald in Gefahr schweben würde. Das nun was im fertig entwickelten Organismus die bioplastische Energie zurückhält, so daß sie ruht, ist die geschlossene Struktur der Zelle und insbesondere der enge Verband der Zellen untereinander, d. h. also die ihr hierdurch gesetzten Widerstände. Als Auslösungsbedingung, daß die latente bioplastische Energie auch hier im ausgewachsenen Organismus sich wieder betätigen kann, ist demnach jede Beseitigung des genannten Widerstandes anzusehen. Eine solche wird immer stattfinden, wenn Zellen oder Zellteile (Zellsubstanz) verloren gehen und somit der Zellverband gelockert wird, oder wenn sonst in diesem irgend eine Entspannung durch Lückenbildung oder dgl. eintritt, ferner aber auch in der einzelnen Zelle, wenn irgend eine Dekonstruktion des chemisch-physikalischen Aufbaues derselben stattfindet. Also auch feinere chemische Schädigungen u. dgl. sind hier heranzuziehen und von solchen Gesichtspunkten aus spielen hier auch die Beziehungen der Organe untereinander, ihre sogenannten Korrelationen (Darwin) eine Rolle. Durch Störung dieser werden auch Widerstände oder dgl. beseitigt. Daß bei allen im vorigen Kapitel geschilderten krankhaften Vorgängen Zellsubstanz vernichtet und somit auch Widerstände im eben gekennzeichneten Sinne beseitigt werden, liegt auf der Hand. Wir können alle diese Schädigungen von Zellen und Zellteilen gut als Mikronekrose (E. Neumann) bezeichnen. Auf irgend eine Beseitigung der entgegenstehenden Hemmung hin wird also die bioplastische Energie wieder tätig und Zellsubstanzvermehrung (Wachstum) tritt ein.

Frage nach dem formativen Reiz. Wir haben schon eingangs erwähnt, daß diese Darstellung im wesentlichen der Lehre Weigerts folgt, welcher die bioplastische Tätigkeit der Zellen als ihnen vererbte Eigenschaft aller Zellen auffaßt und die durch äußere Reize bzw. Schädlichkeiten verursachten mit Zellsubstanzverlust einhergehenden Prozesse nur als die äußere Bedingung bzw. Auslösungsursache auffaßt, durch welche die freie Betätigung der bioplastischen Energie ermöglicht wird. Somit werden nach dieser Lehre nur diese katabiotischen Vorgänge direkt durch äußere Reize verursacht, wie dies ja sicher schon bei jeder Zellfunktion und erst recht, wenn Zellsubstanz äußeren Schädlichkeiten wie bei den Degenerationen zum Opfer fällt, der Fall ist, während die bioplastische Tätigkeit nur indirekt auf äußere Reize zu beziehen ist. Auf der anderen Seite hat Virchow, wie ebenfalls schon im Einleitungskapitel erwähnt, zu den äußeren Reizen auch den formativen gerechnet, also einen Reiz, welcher mehr direkt als Wucherungsreiz die Zellen zu bioplastischer Tätigkeit anregen soll.

Zugunsten dieser direkten formativen Reizung werden vor allem Beispiele aus dem Pflanzen- und Tierleben angeführt, da sich dort diese komplizierten Verhältnisse leichter überschauen lassen. So wird bei manchen Tieren die an bestimmte Zeiten gebundene Neubildung der Geweihe, d. h. die Tatsache, daß diese sich nur zur Brunstzeit neubilden, im Sinne einer direkten formativen Reizung, welche eben das Hervorsprossen des Geweihes bewirkt, gedeutet, und ähnlich die Entwickelung der Mammae zur Zeit der Schwangerschaft; allerdings ist hiergegen eingewandt worden, daß es sich hier um physiologische Vorgänge von Organen handelt. In diesen Fällen also offenbar um Stoffe, welche zu bestimmten Zeiten von den Keimdrüsen (Zwischenzellen) ausgehen und welche die Geweihbildung bzw. die Mammaentwickelung veranlassen, und daß es sich bei diesen „Hormon"wirkungen auch um chemische Beeinflussung im Sinne eines Angreifens an den Zellen des sekundären Ortes und so ausgelöster Wachstumsbetätigung dieser handelt. Noch mehr wird zugunsten der direkten formativen Reizung die sogenannte Gallenbildung der Pflanzen angeführt. Diese Gallen sind im ganzen Pflanzenreiche überaus verbreitet; sie befallen die verschiedensten Teile der Pflanzen, unter welchen nur die Blätter, z. B. der Eichen und die überaus zahlreichen Gallen der Leguminosen genannt seien. Hervorgerufen werden die Gallen zum Teil durch Tiere, welche man dann (Thomas) als Zedidozoen bezeichnen kann (hierher gehören vor allem die Arthropoden), zum Teil auch gallenerzeugende Pflanzen, welche man Zedidophyten benannte (hierher gehören Myxomyzeten, Bakterien, Algen, Pilze etc.). Allgemein kann man als Gallen alle diejenigen durch einen fremden Organismus veranlaßten Bildungsabweichungen bezeichnen, welche eine Wachstumsreaktion der Pflanze auf die von dem fremden Organismus ausgehenden Reize darstellen, und zu welchen die fremden Organismen in irgendwelchen ernährungsphysiologischen Beziehungen stehen (E. Küster).

Wie schon aus dieser Definition hervorgeht, handelt es sich bei der Gallenbildung um die Folge eines dem Eindringling abhängigen Reizes, also um eine von diesem ausgelöste bzw. bewirkte formative Tätigkeit. Wird somit auch die Gallenbildung der Pflanzen mit Recht zugunsten des direkten formativen Reizes angeführt, so scheinen doch allerdings auch hier die Verhältnisse nicht ganz so einfach zu liegen, da einmal auch nicht alle Pflanzenzellen zur Gallenbildung fähig sind, sondern nach dem von Thomas aufgestellten Fundamentalsatz fast ausnahmslos nur noch in der Entwickelung begriffene Pflanzenteile, und andererseits Küster in seinem neuen Lehrbuch (,,Die Gallen der Pflanzen") die Gallenbildung außer auf chemische Reize doch vielfach auch auf sogenannte ,,Verwundungsreize" beziehen, welche also auch hier auf primäre Schädigung und erst sekundär einsetzende Zellneubildung hinweisen.

Der Gegensatz der Auffassung läßt sich zum größten Teil überbrücken, wenn wir daran denken, daß die Zellschädigung, welche mit Substanzverlust einhergeht, sich nicht in der einen Zelle, die infolgedessen frei werdende bioplastische Tätigkeit sich in anderen Zellen abzuspielen braucht, sondern daß beide Prozesse Teile einer Zelle ergreifen und sich somit neben- bzw. nacheinander in derselben Zelle abspielen können; d. h. also, daß äußere Reize wie die Funktion oder vor allem schädliche Einwirkungen von Giften etc. eine Zelle nur partiell im Sinne von Zellabbau beeinflussen und nunmehr dadurch veranlaßt, diese selbe Zelle neues Zellmaterial bilden kann. Wie Orth neuerdings wieder betonte, hat Virchow sich den formativen Reiz, welcher also eine Zelle zur Neubildung veranlaßt, in dieser Weise vorgestellt. Der Reiz also bewirkt eine mehr passive Veränderung in der Zelle, und der aktive Vorgang der Neubildung ist als positive Leistung die Folge. Können sich also jene Vorgänge in derselben Zelle abspielen und sind sie oft nicht als rein mechanische aufzufassen, so ist der gewöhnliche Fall gerade im krankhaften Geschehen doch der, daß eine Gruppe von Zellen geschädigt wird, eine andere unversehrter geblieben, infolge der so bedingten Entspannung wächst, und daher sind doch die Weigertschen Darlegungen von den katabiotischen Prozessen und der bioplastischen Energie besonders geeignet, uns die Verhältnisse bei den in diesem Kapitel darzustellenden Prozessen zu verdeutlichen und deswegen sind wir auf diese ganze Frage etwas genauer eingegangen.

Vermittelnder Standpunkt.

War eben von den Auslösungsbedingungen der progressiven Prozesse die Rede, so sollen diese selbst nunmehr kurz skizziert bzw. eingeteilt werden. Der einfachste Fall ist der, daß das zerstörte Zellmaterial beseitigt wird und die so entstandenen Zellücken vom Nachbargewebe derselben Art durch Wachstum dieses gefüllt werden. Diesen Vorgang nennen wir **Regeneration.** Es äußert sich dies schon unter physiologischen Bedingungen, da ja auch hier Ersatz stets vonnöten ist (physiologische Regeneration); aber hier tritt diese formative Tätigkeit der Zellen nur in dem geringen Maße zutage, welches nötig ist, um einzelne zugrunde gegangene Zellen oder Teile solcher zu ersetzen. In weit höherem Maße muß sich dieselbe aber entfalten, wenn größere Zellverluste durch krankhafte Störungen eingetreten sind, und dies ist ja bei den im vorigen Kapitel besprochenen regressiven Vorgängen der Fall. Hier nimmt also unter pathologischen Bedingungen die auf Wiederersatz gerichtete bioplastische Tätigkeit größere Dimensionen an, da ein größerer Defekt ausgeglichen werden muß. Dieser Ersatz kann ein unvollständiger (Hyporegeneration oder besser Subregeneration), vollständiger — je größer der Verlust, desto stärker die Anregung zum Wachstum, die zum Ersatz führt — oder aber selbst ein übermäßiger sein. Letzteres kommt dadurch zustande, daß die Neubildung auch nach Füllung des Defektes noch anhalten und somit das neugebildete Gewebe gegenüber dem zugrunde gegangenen ein Plus darstellen kann: Hyperregeneration oder besser Superregeneration (Barfurth). Ein gutes Beispiel sind z. B. die an Wunden sich anschließenden stärkeren Wucherungsprozesse — sog. Keloide. Im Tierreich gibt es ganz offenkundige Beispiele solcher Superregeneration. So kann man durch Verletzung der Extremitäten von Tritonen etc. Doppel- und Mehrbildungen von Extremitäten, Köpfen etc. erzeugen (Barfurth, Tornier). Zum Teil wenigstens auf derartige hyperregeneratorische Vorgänge ist auch das zu beziehen, was wir als **Hypertrophie** bezeichnen. Es kommt hier eben auch zu einem über das gewöhnliche Maß hinausschießenden Wachstum, und wenn bei diesen hypertrophischen Vorgängen auch nicht stets die das Wachstum und Überersatzwucherung veranlassende Auslösungsbedingung in Gestalt einer vorhergegangenen Schädigung erkennbar ist, so ist sie doch für viele Fälle anzunehmen und in den anderen Fällen ist uns zunächst überhaupt noch jeder Einblick in das Kausale des Vorgangs versagt. Wir hängen das Kapitel der Hypertrophie an das der Regeneration als dieser am nächsten stehend an. In anderen Fällen nun wird eine Gewebslücke zwar auch durch Gewebe gedeckt, welches der Nachbarschaft entstammt, aber nicht durch spezifisches und spezifisch funktionierendes, von der Art, welches zuvor bestand, sondern durch indifferentes weniger oder nicht funktionsfähiges (im Sinne der früher hier gelegenen Zellen), d. h. vor allem durch Bindegewebe, weil dieses mit besonderer Wucherungsfähigkeit begabt, dem spezifischen Gewebe bei der lückenfüllenden Wucherung gewissermaßen den Rang abläuft; man spricht dann von Reparation. Diese Vorgänge leiten nun über zu dem, was wir unter dem Gesamtbegriff **Entzündung** zusammenfassen. Auch hier wird der Auftakt durch eine Schädlichkeit dargestellt, welche Gewebe schädigt und hier nun auch in besonderer Weise auf Gefäße einwirkt und insbesondere Reaktionen von seiten beweglicher Zellen, welche auch progressiver Natur sind (hier gesteigert funktionelle), sowie auch Ersatzwucherungen auslöst. Alle Einzelheiten können erst unten geschildert werden. Während die Ersatzwucherung auch hier Wiederherstellung bewirkt, gilt die Gefäß- und Blutzellenreaktion direkt der Abwehr gegen die Schädlichkeit selbst. Je nachdem nun das eine oder andere im Vordergrund steht, können wir zwei große Gruppen unterscheiden. In der ersten treten morphologisch die eigentlichen Entzündungskennzeichen (Gefäßreaktion, Anlockung beweglicher Zellen, s. unten) zumeist mehr zurück und die Ersatzwucherung steht im Vordergrund; dem Wesen nach handelt es sich hier also um eine Wiederherstellung, die Ersatz für den entstandenen Schaden bewirkt. Wir können diese Vorgänge, zu denen die einfache **Wundheilung** und die sogenannte **Organisation** gehören, daher als **reparatorische Entzündung** zusammenfassen. Sie schließt

Regeneration.

Physiologische Regeneration.

Superregeneration.

Hypertrophie.

Entzündung:

reparatorische.

sich naturgemäß eng an die oben geschilderte Regeneration an. Die zweite Gruppe stellt die eigentliche Entzündung dar. Hier treten morphologisch die Merkmale dieser ganz ausgeprägt in die Erscheinung, dem Wesen nach richten sich die Vorgänge daher auch besonders gegen die Schädlichkeit selbst, d. h. bewirken Abwehr des Organismus gegen diese. Man kann daher (mit Aschoff) von **defensiver Entzündung** sprechen. Hinzu kommen drittens als eigene Gruppe, wenn auch in das große Gebiet der Entzündung gehörend Vorgänge, welche durch spezifische Erreger hervorgerufen werden und daher charakteristische Kennzeichen besitzen. Hierher gehört die Tuberkulose, Syphilis usw. Wir fassen sie als **spezifische infektiöse Granulationen** zusammen.

defensive.

Alle diese progressiven Vorgänge zusammen können wir nach alledem als „Selbstregulationen" des Organismus bezeichnen, d. h. als Reaktionen, durch die er Schutz gegen Schädigungen und Schädlichkeiten bewirken kann im Kampfe um seine bzw. seiner Art Erhaltung. Nach dem Gesagten können wir diese Reaktionen in drei große Gruppen gliedern:

    I. Regenerative Vorgänge.
    II. Entzündungen.
        A. Reparatorische Entzündungen.
        B. Defensive Entzündungen.
    III. Spezifische infektiöse Granulationen (Entzündungen).

Wenn im vorhergehenden von „Ersatz", „Abwehrbewirkung" und dgl. die Rede war, so geht dies über das der einfachen morphologischen Beobachtung Zugängliche hinaus, wir sind aber durchaus berechtigt, eine derartige Betrachtungsweise anzuwenden, ja sie ist bei diesen Vorgängen zum richtigen Verständnis sogar nötig, weil wir sehen, daß unter gegebenen Bedingungen, hier also beim Inkrafttreten der kurz skizzierten Vorgänge, wenn diese bis zu Ende ablaufen, eine bestimmte Wirkung in die Erscheinung tritt. Nur die kausalen bzw. konditionalen Verhältnisse sollen damit also zum Ausdruck gebracht werden, während man Worte wie „Abwehrbewirkung" u. dgl. keineswegs in dem Sinne — teleologisch — auffassen soll, daß etwa diese Vorgänge zu dem bewußten „Zweck" einer Abwehrbewirkung vor sich gingen. Auch das Wort „zweckmäßig" kann man in der Naturwissenschaft unter Absehen von jeder gestaltenden „Psyche" so verstehen, daß die Erhaltung des Organismus bzw. der Art bewirkt wird. Man verwendet dann besser Ausdrücke wie „dauermäßig" oder „angepaßt" oder allgemein „wirkungsmäßig". Diese Worte kann man daher auch für die oben genannten Reaktionen (Selbstregulationen) anwenden.

Tumoren.

Eine letzte und wichtigste Gruppe pathologischer Wachstumserscheinungen — welche wir daher auch als progressive Prozesse bezeichnen könnten —, nämlich die Geschwülste — **Tumoren** —, rechnen wir nicht hierher, sondern müssen ihnen ein eigenes Kapitel (das nächste) einräumen, weil sie uns in ihrer letzten Entstehungsursache noch unklar sind, hier aber auf jeden Fall außer den gekennzeichneten Momenten noch andere wesentlichere mitspielen, welche auf besondere, den Zellen selbst anhaftende und ihnen wohl oft aus der Embryonalzeit überkommene Eigenschaften bezogen werden müssen.

Kern-
teilungen.

Wie wir oben schon gestreift haben, leitet eine fortlaufende Kette von dem unter physiologischen Bedingungen vor sich gehenden Wachstum und somit auch Zellersatz zu den unter pathologischen Bedingungen auftretenden Zellneubildungen über, und ebenso sind die Mittel, welche die Zellen bei ihrer Neubildung verwenden, die gleichen; es handelt sich hier wie dort um Zellteilungen, und zwar sind solche auf dem Wege der Amitose und der Mitose (Karyokinese) möglich. Ebenso wie unter physiologischen Bedingungen von der ersten Furchung angefangen bis zum letzten Wiederersatz einzelner verlorener Zellen die Mitose die Zellteilungsart von ganz überwiegender Bedeutung ist, so geht es auch bei der unter pathologischen Bedingungen vor sich gehenden Zellteilung. Auf mitotischem Wege bilden sich also auch die pathologischen Zellneubildungen zumeist, daneben aber finden sich hier doch immerhin häufig auch amitotische Zellneubildungen, und diese zeigen wahrscheinlich in den meisten Fällen eine gewisse Schädigung der Zellen, so daß sie sich zwar noch teilen können, aber nicht mehr zur Mitose befähigt sind, an. Aber auch unter den mitotischen Kernteilungen finden wir manche Abweichung von der Norm. Der Vorgang der Zellteilung ist zwar der der Mitose, diese verläuft aber in abnormen Bahnen, und es finden sich abnorme Formen derselben. Als solche sind zunächst drei- und mehrpolige (tripolare etc.) Mitosen zu nennen, wobei wir also drei Spindeln und eine Orientierung der Schlingen nach drei (myolithischen) Punkten wahrnehmen. Ferner kommen hyper- und hypochromatische Mitosen vor, und endlich sind die unsymmetrischen, die inäqualen etc. zu nennen. Kommen solche atypische Mitosen vereinzelt auch unter physiologischen Bedingungen vor, so weisen sie doch auf eine Schädigung des normalen Mechanismus der mitotischen Kernteilung hin, und sie finden sich in größerer Zahl nur unter pathologischen und ganz besonders unter solchen Bedingungen, unter welchen die Zellen sich hier wie dort in überstürzter Weise in großen Massen stets wieder weiter teilen, also unter Bedingungen besonders rapider Zellneubildung. Wir finden sie daher bei manchen Entzündungen und ganz besonders auf dem Gebiete der mit der allerexzessivsten Neubildung einhergehenden Prozesse, d. h. bei den echten Geschwülsten; bei ihnen soll daher von diesen abnormen Formen der Kernteilung noch weiter die Rede sein. Als charakteristisch oder nur bei Geschwülsten vorkommend, wie man eine Zeitlang glaubte, sind sie auf jeden Fall nicht zu bezeichnen. Des weiteren sei hier noch erwähnt, daß Zellen auch Kernteilungen eingehen können, so daß mehrere Kerne resultieren, die Zelle sich aber doch in einem dermaßen geschädigten Zustand befindet, daß sie, obwohl sie zu Kernteilungen fähig war, eine Protoplasmateilung und somit Vollendung der Zellteilung nicht folgen lassen kann. Es resultieren dann große Zellen mit mehreren Kernen, und man bezeichnet dieselben als **Riesenzellen**. Ein Teil derselben wird wenigstens als auf diese Weise entstanden erachtet. Bemerkenswert ist auch, daß man bei diesen Riesenzellen fast niemals Zeichen sich abspielender oder abgelaufener Mitosen gefunden hat, und daß darum diese Kernteilung in den Riesenzellen offenbar auf amitotischem Wege als weiteres Zeichen einer Schädigung der Zellen vor sich gegangen ist.

Haben wir somit die Neubildung von Zellen unter physiologischen und pathologischen Bedingungen kurz beleuchtet, so handelt es sich nunmehr noch um die Frage, welche Art von Gewebe die Zellen bei solchen Neubildungsprozessen entstehen lassen, d. h. zu dem Hervorbringen welcher Zellarten die bioplastische Energie der verschiedenen Zellen befähigt ist. Hatte schon Harvey den Satz geprägt „omne vivum ex ovo", und basiert unsere ganze Zellularpathologie auf der Virchowschen Erkenntnis „omnis cellula e cellula", so müssen wir bei den beiden Worten „cellula" die Frage hinzusetzen „cuius generis?" Der erste Furchungskern, welcher nach Verschmelzung des Spermienkopfes mit dem weiblichen Vorkerne entsteht, ist naturgemäß omnipotent, denn auf ihn gehen ja in letzter Instanz alle Gewebe des Organismus zurück. Aber auch noch die dann entstehenden beiden Furchungszellen (Blastomeren) sind noch omnipotent bzw. „totipotent". Es geht dies aus sehr feinen Forschungen von Roux, Driesch etc. hervor. Wenn man nämlich bei einem Froschembryo die eine Blastomere entfernt, bzw. mit einer heißen Nadel abtötet, so bildet sich aus der anderen Blastomere zunächst ein der Länge nach halbierter Froschhalbembryo; später jedoch wandelt sich dieser doch in einen ganzen, wenn auch verkleinerten Froschembryo um. Jede der beiden Blastomeren besitzt also die Potenz zu einem ganzen Individuum, wenn dieselbe auch zumeist nur latent, und beim normalen Verlauf der Entwickelung jede Blastomere zur Bildung nur einer Körperhälfte spezialisiert ist. Wir sehen hier auch den allgemeinen Grundsatz, daß die „prospektive Potenz" der Zellen, also das was sie unter gegebenen Umständen leisten können, größer ist als ihre „prospektive Bedeutung", d. h. die Leistungen, welche sie unter normalen Umständen erzielen (Driesch). Aus anderen Versuchen an Seeigeleiern etc. geht hervor, daß selbst die einzelnen Blastomeren des 8 Zellen-, ja vielleicht sogar des 32 Zellenstadiums die Fähigkeit zu einem vollkommenen Organismus, also Totipotenz, latent in sich beherbergen. Diese Omnipotenz von Blastomeren sehen wir auch beim Menschen in die Erscheinung treten bei den verschiedenen Gewebsarten der als Teratom bezeichneten Geschwulst, welche ja, wie dort noch genauer auszuführen sein wird, auf versprengte Blastomeren bezogen wird. In späteren Zeiten embryonaler Entwickelung geht nun diese Totipotenz und auch Omnipotenz verloren; mit der Ausbildung des Gastrulastadiums und besonders nach Entstehung der Keimblätter sind die Potenzen so differenziert, daß die betreffenden Zellen nicht mehr die den anderen Zellschichten zukommenden Gebilde erzeugen können. Eine gewisse Multipotenz, sobald sie nur eben den Keimblättern nicht widerspricht, bleibt aber zunächst noch bestehen; aber auch diese nimmt immer mehr und mehr ab. So wächst bei jungen Froschlarven ein abgeschnittenes Bein noch nach, was bei fertigen Fröschen nicht mehr möglich ist (Barfurth). Auch beim menschlichen Organismus sehen wir, daß, je jünger ein Individuum ist, desto größer in der Regel die regeneratorische und Wachstumsfähigkeit seiner Zellen ist, wie dies auch noch im Kapitel „Transplantation" zu erwähnen sein wird.

Wir sehen somit, wie ontogenetisch, d. h. in der Entwickelungsgeschichte des einzelnen Individuums, mit der höheren Differenzierung der Zellen zu besonderen Zellarten die bioplastische Potenz derselben, wie sie bei der Regeneration etc. in die Erscheinung tritt, immer mehr und mehr abnimmt, d. h. spezialisiert wird. Eine ähnliche Wandlung können wir nun auch in der Phylogenese, d. h. in der Entwickelung der Arten, feststellen. Ein abgeschnittener, unter die nötigen Ernährungsbedingungen gestellter Weidenzweig kann Wurzeln schlagen und zu einem vollständigen Weidenbaum auswachsen; bei der Begonie z. B. können Blätter ganze neue Pflanzen hervorbringen. Auch niedere Tiere wie Hydren besitzen noch ein überaus großes Regenerationsvermögen; aber hier ist schon eine gewisse Spezialisierung vorhanden, indem aus Ektoderm nur ektodermale Gebilde, aus dem Entoderm nur entodermale neu entstehen. Auch bei vielen Würmern, z. B. Regenwürmern, können Teilstücke den ganzen Wurm wieder ersetzen. Aber allmählich in der Reihe der Tiere nach oben gehend, nimmt diese Fähigkeit immer mehr und mehr ab. Beim Salamander kann ein abgerissenes Bein als solches wenigstens wieder nachgebildet werden, wobei sich aber Muskelgewebe schon nur aus Muskelgewebe, Nervengewebe nur aus Nervengewebe etc. neu bildet. Bei den höheren Säugetieren und beim Menschen ist hiervon nicht mehr die Rede. Hier wachsen amputierte Gliedmaßen nie nach; einzelne Gewebe können sich regenerieren, komplizierte Organe sich nicht neubilden. So sehen wir hier die Übereinstimmung der phylogenetischen und ontogenetischen Entwickelung, wie sie dem sogenannten biogenetischen Grundgesetz Haeckels entspricht. Am Ende der phylogenetischen plus ontogenetischen Reihe aber steht der erwachsene Mensch, und bei ihm sind denn die einzelnen Zellarten am höchsten differenziert und dementsprechend auch in der regeneratorischen oder sonstigen Neubildungsmöglichkeit der einzelnen Gewebe am spezialisiertesten, d. h. am beschränktesten. Fast stets lassen die einzelnen Zellen, wenn ihre bioplastische Energie in Tätigkeit tritt, nur Zellen ihresgleichen neu entstehen; ganz besonders handelt es sich hierbei um die Spezifität der einzelnen Keimblätter. Und so ist denn von Bard der Satz formuliert worden: „Omnis cellula e cellula ejusdem generis". Es ist wohl zweifellos, daß dieser Grundsatz in großen Zügen anzuerkennen ist, trotzdem mögen einzelne Ausnahmen hiervon vorkommen, welche uns zu dem Begriff der „Metaplasie" überleiten, von dem nunmehr die Rede sein soll.

Metaplasie.

Wir haben soeben gesehen, daß nach Ausbildung der aus den verschiedenen Keimblättern hervorgegangenen Gewebe ein Übergang einmal differenzierter Gewebsarten kaum mehr stattfindet. Es ist dies das Gesetz der **Spezifität** der Gewebe. So stammen Bindesubstanzen auch bei pathologischen Neubildungen stets von ebensolchen, Epithel stets von Epithel ab.

Von dem Gedanken ausgehend, daß sich aber doch wenn auch nur selten und unter besonderen Bedingungen, Gewebe in morphologisch und funktionell anders geartete umwandeln können, sprechen wir von **Metaplasie.** Jedoch ist diese zumeist nur vorgetäuscht, zunächst, indem keine Umänderung der Gewebsart, sondern nur äußerliche Formveränderung vorliegt (Pseudometaplasie oder formale Akkommodation). So können sich Zylinderepithelien abflachen, ohne aber zu echten Plattenepithelien zu werden, und umgekehrt. Auch kann es sich um einen „Rückschlag" (Ribbert) zu einem einfacheren, entwickelungsgeschichtlich früheren Zustand der Zellen, also um eine „Entdifferenzierung" handeln. Oder Metaplasie wird vorgetäuscht, indem ein Gewebe durch ein anderes verdrängt wird, z. B. durch Überwuchern von der Nachbarschaft her oder auf Grund embryonaler Keimversprengung. Oder endlich regressive Veränderungen täuschen metaplastische Vorgänge vor, z. B. können schleimig entartete Knochen, Knorpel, Bindegewebe einem myxomatösen Gewebe sehr gleichen. Des weiteren können Epithelien ihre „prospektive Potenz" weiter entfalten als es sonst in den betreffenden Gebieten stattfindet, sich also weiter entwickeln, das Übergangsepithel der Harnwege z. B. zu hornbildendem Plattenepithel. Schridde bezeichnet dies als Prosoplasie. Sehr häufig spielen offenbar entwickelungsgeschichtliche Momente mit. Die Zellen bewahren sich von früheren embryonalen, indifferenten Stufen die Fähigkeit, sich in einer anderen als der sonst ortsdominierenden Richtung zu entwickeln, z. B. die so häufigen Magenschleimhautinseln im Ösophagus sind so zu erklären (Heteroplasie Schriddes, Dysplasie Orths). Solche Zellgruppen, die bei der ersten embryonalen Entwickelung auf einer indifferenten Epithelstufe stehen geblieben waren und sich nun in verschiedener Richtung entwickeln können, müssen wir besonders auch zum Verständnis von Geschwülsten, welche aus ortsfremden Epithelien bestehen, wie Kankroide an Zylinderepithel tragenden Schleimhäuten (z. B. der Gallenblase) heranziehen. Alle diese Erklärungen engen natürlich das Gebiet der echten Metaplasie, d. h. des direkten Überganges einer Gewebsart in eine andere, überaus ein. Ob solche bei Epithelien überhaupt vorkommt, er-

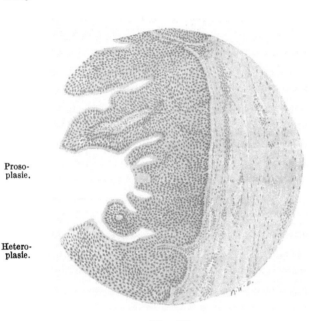

Fig. 101.

Fibroepithelialer Tumor der Stirnhöhle mit Pseudometaplasie. Das Epithel erscheint als geschichtetes Plattenepithel, ist aber gewuchertes Zylinderepithel, am freien Rand als solches noch deutlich zu erkennen.

scheint durchaus zweifelhaft; höchstens kommt etwas Ähnliches vor, wenn Zellen sich teilen und nun von diesem Rückdifferenzierungsstadium aus sich anders geartete Epithelien bilden (Schridde bezeichnet dies als indirekte Metaplasie). Dies findet sich denn auch fast nur zu Zeiten von stärkeren Zellwucherungen, bei Entzündungen, oder besonders bei Tumoren. Eher ist eine echte Metaplasie an den Bindesubstanzen, die sich ja auch gegenseitig nahe stehen, anzunehmen, Bindegewebe wird zu Knochengewebe u. dgl. Teils können die Zellen, teils evtl. die Interzellularsubstanzen 'Orth) hierbei metaplasieren. Vielleicht liegt auch hier nicht einfache Umwandlung vor. Alle diese „metaplastischen" Vorgänge finden sich am häufigsten bei Zellneubildungen, sei es regenerativer Natur, sei es in Tumoren.

Transplantation.

Die Erfahrung, daß abgetrennte kleine Gewebestückchen außerhalb des Körpers eine Zeitlang lebend erhalten werden können, hat zu dem Versuch geführt, solche einem anderen Individuum oder einer anderen Stelle desselben Individuums entnommene Hautstückchen auf langsam heilende granulierende Wunddefekte zu überpflanzen, um an diesen die Überhäutung zu beschleunigen. Man bezeichnet dies und überhaupt die Übertragung lebender Gewebsteile eines Organismus an eine andere Stelle desselben oder in einen fremden Organismus als Transplantation. Tatsächlich wachsen solche Stückchen unter günstigen Umständen an und fördern auch wesentlich die Überhäutung der Granulationsfläche. Am sichersten sind die Resultate bei Bildung eines gestielten, mit seiner ursprünglichen Umgebung noch durch eine Brücke zusammenhängenden Lappens, welcher um seinen Stiel gedreht und so an einer anderen Stelle befestigt und zum Anheilen gebracht wird; die Anheilung erfolgt hier leicht, weil das bloß teilweise abgetrennte Stückchen von der stehen gebliebenen Brücke her ernährt wird, bis es mit seiner Unterlage vollkommen verwachsen ist. Aber auch durch Überpflanzen von kleinen Epidermisscheiben (Thiersche Transplantation) mit oder ohne eine geringe Menge ihrer bindegewebigen Unter-

Pseudo-
metaplasie.
Rück-
schlag.

Proso-
plasie.

Hetero-
plasie.

Indirekte
Metaplasie.

Transplan-
tation.

lage, selbst durch Übertragung von Epithelbrei, hat man unter Umständen günstige Resultate erzielt; die übertragenen Epidermisteilchen bleiben zum Teil wenigstens erhalten, heilen an und wachsen durch Zellvermehrung. Auch Schleimhäute sind mit Erfolg transplantiert worden und zwar in der verschiedensten Art, so Lippenrot für Konjunktiven. Ferner wurde Transplantation von Knochenstückchen zum Verschluß von Knochendefekten vielfach mit großem Erfolg verwandt; zwar geht der überpflanzte Knochen nach einiger Zeit zugrunde, aber von dem mitübertragenen Mark und Periost her geht eine Wucherung und Neubildung osteoiden Gewebes aus. Ja neuerdings wurden ganze Gelenke transplantiert. Des weiteren sind Gefäßtransplantationen in hohem Maße gelungen, und hierdurch eröffnen sich neue Ausblicke auf Organtransplationen. Funktionelle Anpassung (s. unten) erlaubt es Venen an Stelle von Arterien zu setzen und dergleichen mehr.

Implantation von Organstückchen, d. h. Einheilung solcher in das subkutane Gewebe, oder das Innere anderer Organe, oder in Körperhöhlen ist experimentell vielfach, besonders mit jugendlichem Gewebe, gemacht worden; im allgemeinen kann man sagen, daß die Stückchen zwar einheilen, und sogar eine Zeitlang weiter wachsen können, früher oder später aber wieder zugrunde gehen. Manchmal kann aber ein implantiertes Organgewebe an seinem neuen Standort dauernd bestehen bleiben und seine Funktion vollkommen erfüllen; so hat man in die Bauchhöhle von Kaninchen überpflanzte Ovarien nicht nur anheilen und persistieren, sondern sogar reife Eier produzieren sehen; nach Exstirpation der Schilddrüse und Implantation eines Teiles derselben in die Milz bleiben die sich sonst an die Wegnahme der Thyreoidea konstant anschließenden Erscheinungen (vgl. Kap. VIII) gewöhnlich aus, ähnlich bei dem Pankreas. *Implantation (von Organstückchen experimentell).*

In das subkutane Gewebe überpflanzte, mit etwas anhaftendem Bindegewebe versehene Epidermisstückchen bilden manchmal Epithelzysten indem das transplantierte Epithel wuchert und den Hohlraum, in welchem das Stückchen lag, auskleidet.

Bedingung für alle Überpflanzungen — Transplantation wie Implantation — ist, daß das zu übertragende Gewebe noch lebend ist; doch hat sich gezeigt, daß manche Gewebe (Kornea, äußere Haut) sehr lange, selbst wochenlang nach dem Tode des Tieres oder ihrer Entfernung aus dem Tierkörper noch erholungsfähig waren und mit Erfolg transplantiert werden konnten, wenn sie vor Vertrocknung und exzessiven Temperaturen geschützt wurden, und die Verpflanzung ohne störende Nebeneffekte, wie Eiterung etc. geschah. Des weiteren ist ausreichende Ernährung conditio sine qua non, ebenso aseptisches Verfahren. Unter diesen Bedingungen verhalten sich aber verschiedene Gewebe auch noch, und zwar im allgemeinen ihrer Regenerationsfähigkeit entsprechend, verschieden. Daher wird am besten jugendliches Gewebe übertragen, auch gelingt die Transplantation bei jugendlichen Individuen leichter. Bei niederen Tierarten entspricht dem größeren Regenerationsvermögen auch eine größere Transplantationsfähigkeit der Organe im Vergleich zu höheren Tieren. Auch der Verpflanzungsort ist von Bedeutung. Am besten gelingt die Transplantation von Organteilen auf andere Stellen des gleichen Individuums (Autotransplantation), dann die von einem Individuum auf ein anderes der gleichen Spezies (Homoiotransplantation); hierbei ist Blutsverwandtschaft am vorteilhaftesten. Bei Übertragungen auf artfremde Individuen (Heterotransplantation) kommt es fast stets zur Degeneration des übertragenen Gewebes. Schneller Anschluß an Funktionen erhöht auch die Aussichten der Transplantation. Dies zeigt sich besonders bei solcher von Drüsen.

Eine Vereinigung mehrerer Individuen (sogar verschiedenen Geschlechts) ist bei Tieren als sogenannte Parabiose gelungen. Sie diente zu sehr interessanten Versuchen mit Exstirpation des einen Pankreas u. dgl. Hier erwähnt werden soll noch die Weiterzüchtung von Geweben außerhalb des Körpers in geeigneten Nährflüssigkeiten (Harrison, Carrel). Die Zellen vermehren sich ganz ähnlich, wie dies Bakterien tun. Diese Methode bietet die weitesten Ausblicke für experimentelle Studien an einzelnen Zellen wie Geweben und über deren Korrelationen.

I. Regeneration.

Regeneration bedeutet Ersatz verloren gegangener Zellen durch gleichgeartete der Umgebung an der Stelle jener. Die Fähigkeit der Regeneration ist jeder Zelle angeboren, ererbt (s. o. S. 91). Sie ist beim Menschen relativ beschränkt und tritt bei jüngeren Individuen vollständiger ein als bei älteren (s. auch oben). Die Regenerationsfähigkeit ist an den einzelnen Gewebearten sehr verschieden. Die Zellneubildungsvorgänge der Regeneration entsprechen oft, aber lange nicht stets, den embryonalen Bildungsprozessen. Am günstigsten liegen für eine vollkommene Wiederherstellung des ursprünglichen Zustandes die Verhältnisse dann, wenn nur einzelne Zellen oder Zellkomplexe verloren gegangen sind, die Gesamtstruktur des Gewebes aber, insbesondere die Struktur des bindegewebigen Gerüstes der Organe, intakt geblieben ist. Hierher gehört alles, was man als physiologische Regeneration (siehe S. 92) bezeichnet. So findet an den Deckepithelien der äußeren Haut eine fortwährende Abnutzung und Wiederherstellung von Elementen statt, ebenso auch an den Epidermoidal- *Regeneration.* *a) physiologische,* gebilden, den Haaren und Nägeln. Etwas Ähnliches finden wir auch an den Lieberkühnschen Krypten des Darmes. Ferner an den Talgdrüsen, wo das Sekret durch Degeneration geliefert wird, sowie in der laktierenden Mamma, wo indes meist nur Teile von Zellen zugrunde gehen und in die Milch übertreten. In ausgedehntem Maße treten Regenerationsvorgänge an der Uterusschleimhaut post partum auf; auch bei der Menstruation kommt es zu umschriebenen Epitheldefekten, welche durch regenerative Wucherung gedeckt werden müssen. Außer an Epithelien spielt sich eine physiologische, durch fortwährenden Verlust bedingte Regeneration auch an den Elementen des Blutes ab; die Lebensdauer der einzelnen, besonders der roten, Blutkörperchen ist eine verhältnismäßig kurz bemessene und somit ist das Bedürfnis nach fortwährender Neubildung solcher gegeben. Auch weiße Blutzellen gehen dauernd durch Austritt an die Schleimhautoberflächen, namentlich über follikulären Apparaten, verloren und werden in den Keimzentren der Lymphdrüsen und den Follikeln der Milz und des Darmes, sowie im Knochenmark neugebildet und dem Blute zugeführt. Endlich gehört die fortwährende Neubildung von Samenfäden hierher.

b) patho-
logische,

Auch unter pathologischen Bedingungen entstandene Verluste einzelner Gewebselemente werden unter den angegebenen Bedingungen im allgemeinen leicht ersetzt, so daß eine vollkommene Restitutio ad integrum eintreten kann. Wir wollen das kurz für die einzelnen Gewebsarten erläutern.

Das Bindegewebe und mit ihm die Gefäße haben besonders große Regenerationsfähigkeit. Die Regeneration geht auf dem Wege über (Rundzellen und) Fibroblasten vor sich. Auch der Knochen ist zu besonderer Regeneration befähigt. Einzelheiten werden erst im Kapitel „Wundheilung" dargestellt werden. Lymphdrüsengewebe kann sich aus fibrillärem Bindegewebe und besonders Fettgewebe regeneratorisch neubilden.

Nach oberflächlichen Epidermisverlusten an der äußeren Haut stellt sich die Epitheldecke wieder her. Hierbei bekunden die Epithelien ausgesprochene Wanderungsfähigkeit. Sie „gleiten" auf der Wundfläche der einzelnen Organe. Talg- und Schweißdrüsen bilden sich in der Haut nur neu, wenn Reste der Drüsenkörper stehen geblieben waren. Nach einem Schleimhautkatarrh, in dessen Verlauf zahlreiche Epithelien abgestoßen worden sind, wird der Verlust von der Nachbarschaft her gedeckt und auch nach diphtherischen Entzündungen, bei denen oft ausgedehnte Epithelstrecken durch Nekrose zugrunde gehen, regeneriert sich der Epithelbelag wieder in vollkommener Weise. In ähnlicher Weise können auch in der Magen- und Darmschleimhaut Drüsenschläuche von erhalten gebliebenen Resten her regeneriert werden. Bei der Regeneration des Magens kommt es zu einer Schleimhaut von der Struktur derjenigen der Pylorusgegend. Im Darm ist die Regeneration nach Typhusgeschwüren und wenigstens eine teilweise nach tuberkulösen Geschwüren bekannt.

der
einzelnen
Organe.

Auch innerhalb drüsiger Organe können Verluste von sezernierenden Epithelien wieder ersetzt werden; Beobachtungen am Menschen und Tierversuche lehren, daß in der Niere eine Regeneration der Epithelien möglich ist, aber nur, wenn der Verlust eine sehr geringe Ausdehnung nicht überschritten hat und die Harnkanälchen in ihrer Form resp. ihre Membranae propriae erhalten sind. Dann kann auch bei diffusen Parenchymschädigungen die Regeneration ausgedehnt sein, und hierbei können atypische Epithelformen und besonders Riesenzellen auftreten. Günstiger liegen die Verhältnisse in der Leber; hier geht die Regeneration von den Leberzellen, sowie — was aber bestritten wird — auch der ersten entwickelungsgeschichtlichen Anlage der Leber entsprechend, von den Epithelien der Gallengänge aus; von letzteren aus entstehen Sprossungen, welche sich nicht nur mit noch erhaltenem sezernierendem Leberparenchym in Verbindung setzen, sondern sich wahrscheinlich auch direkt in solches umwandeln können. Andererseits entdifferenzieren sich hierbei auch Leberzellen und bilden gallengangartige Strukturen. Bei der Regeneration der Leberzellen finden sich auch sonstige atypische Zellformen wie Riesenzellen und große helle Zellen mit großem Kern. Die Regeneration der Leber spielt auch bei Infektionskrankheiten (Typhus, Hübschmann) eine Rolle, besonders aber bei der Leberzirrhose. Die Leber kann $^4/_5$ ihres Gewichtes ersetzen. Die Speicheldrüsen zeigen zwar regeneratorische Bestrebungen, aber es kommt nicht zu funktionstüchtigem Drüsengewebe. Das Pankreas ist äußerst wenig regenerations-

fähig. Die Thyreoidea hat ziemlich großes Regenerationsvermögen. Die Hoden haben geringeres, aber immerhin ein größeres als meist angenommen wird. Am leichtesten wuche-
rungsfähig sind die Zwischenzellen, und die Sertolischen Fußzellen. Samen-kanälchenepithelien können sich von re-stierenden Spermatogonien regenerieren, wenn die Form der Kanälchen erhalten ist. Vielleicht können sich auch vom Rete aus Kanälchen neubilden, aber nur wenn Zwischenzellen, welche hier eine trophische Rolle spielen, gewuchert sind. Auch der Canalis epididymidis und das Vas deferens weisen ausgesprochene Re-generationsfähigkeit des Epithels auf. Die Ovarien zeigen regeneratorische Vor-gänge vom Keimepithel aus bis zur Bil-dung von Primordialeiern. Im Uterus hat nur die Schleimhaut und besonders deren Epithel Regenerationsvermögen, aber um so bedeutenderes (Schwanger-schaft, Menstruation). An quergestreif-ten Muskelfasern führt eine regenera-tive Wucherung unter Umständen zu Wiederersatz des verlorenen, so in den Fällen sogenannter wachsartiger Degene-ration (Fig. 102), wo einzelne Muskelfasern einer Nekrose verfallen und ebenso bei jenen vorübergehenden trophischen Stö-rungen, bei denen infolge einer Leitungs-unterbrechung in den peripheren Nerven ein Teil der Muskelfasern zugrunde geht (vgl. II. Teil, Kap. VI). Die Bildung der Muskelsubstanz geht bei ihrer Regenera-tion zumeist durch terminale Knospung von den restierenden Muskelfasern aus kontinuierlich vor sich; daneben kommt es bei stärkerer Zerstörung zu diskonti-nuierlicher Neubildung aus Sarkoblasten. Bei diesen regeneratorischen Vorgängen kommt es zumeist auf amitotischem Wege zu Riesenzellbildung. Es ist dies ein gutes Beispiel sogenannter „atrophi-scher" Kernwucherung, welche so zu deuten ist, daß es sich um Anfänge einer Regeneration nach Atrophien handelt. An der glatten Muskulatur geht die nur sehr unvollkommene Regeneration auf dem Wege der Teilung der Muskelzellen, welcher eine Kernteilung in gewöhnlicher Weise vorangeht, vor sich. Der Herz-muskel zeigt fast keine Regenerations-fähigkeit. Ob solche nach toxischen Schä-digungen (Diphtherie) vorkommt, ist noch zweifelhaft. Eine große Regenerations-

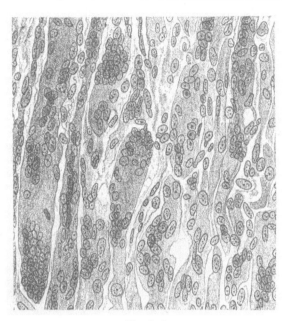

Fig. 102.
Regenerative Wucherung der Muskelkörper-chen nach wachsartiger Degeneration in einem Falle von Typhus abdominalis; Myoblasten, Bildung von Riesenzellen ($\frac{250}{1}$).

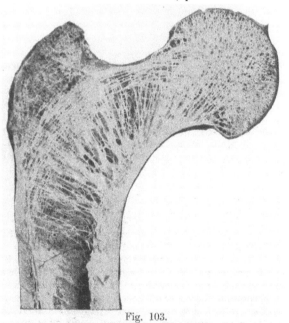

Fig. 103.
Normales oberes Femurende.
(Aus Ribbert, Lehrbuch d. allg. Pathol. und der patholog. Anatomie. 3. Aufl. Leipzig, Vogel 1908.)

fähigkeit besitzen die peripheren Nerven, bei denen auch nach Zugrundegehen sämtlicher Fasern über größere Gebiete hin eine vollkommene Wiederherstellung stattfinden kann. Es handelt sich hierbei um ein Auswachsen der Nervenfasern, während beim Menschen wenigstens eine autogene diskontinuierliche Nervenfaserneubildung aus Zellen der Schwannschen Scheide nicht anzunehmen ist. (Näheres s. II. Teil, Kap. VI.) Die Regeneration von Nervenfasern im Zentralnervensystem ist auf jeden Fall sehr gering, eine solche von Ganglienzellen scheint nicht möglich zu sein. Die Milz zeigt fast keine Regenerationsfähigkeit, die Blutelemente haben eine überaus große (s. unter „Blut").

Aus dem eben bei den einzelnen Geweben Gesagten geht schon hervor, daß die Regeneration sehr oft keine vollständige ist. Besonders bei hochentwickelten Geweben ist dies der Fall. Dann findet auch eine Ersatzwucherung statt, aber sie geht dann vom Stützgewebe, dem ja fast überall vorhandenen Bindegewebe, im Zentralnervensystem auch von der Glia, aus. Das Bindegewebe ist ja gerade als indifferentes Gewebe um so besser und schneller wachstumsfähig und seine Wucherung läuft dann der der spezifischen Parenchymelemente (Epithelien, Muskelfasern, Nervenfasern etc.) gewissermaßen den Rang ab. Es liegt dann ein weniger spezifisch funktionsfähiges

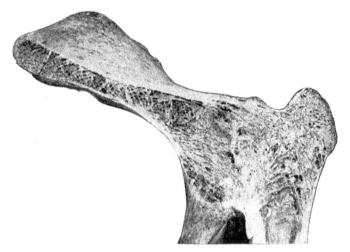

Fig. 104.
Ankylose des Hüftgelenkes. Die Struktur des Femurs setzt sich teilweise, zumal oben, kontinuierlich in die des Beckens fort.
(Aus Ribbert, Lehrbuch d. allg. Pathol. und der patholog. Anatomie. 3. Aufl. Leipzig, Vogel 1908.)

Flickgewebe vor, in dem sich evtl. nur Ansätze von Regenerationen auch der Parenchymelemente vorfinden. Wenn man es so ausdrücken will, handelt es sich um eine Regeneration von Bindegewebe, welche man der oben beschriebenen echten Regeneration auch als unvollkommene Reparation. Regeneration oder einfache **Reparation** an die Seite stellen kann.

In diesem Fall ist das Endresultat also nicht wie bei der Regeneration Ersatz durch gleichwertiges Gewebe vom ursprünglichen hier ortsansässigen Charakter, sondern nur durch Stützgewebe, d. h. Bindegewebe, welches allmählich derber wird und schrumpft. Wir sprechen dann von einer Narbe oder Schwiele. Solche kommen aber weit häufiger auf Grund komplizierterer Vorgänge, welche in dem nächsten Kapitel als „Entzündung" besprochen werden sollen, zustande. Hieraus geht schon die nahe Verwandtschaft der Regeneration und einfachen Reparation zu den dort zu schildernden Vorgängen, insbesondere denjenigen, bei welchen letzten Endes auch die Ersatzwucherung das Maßgebende ist und die wir daher auch als reparative Entzündung bezeichnen können, hervor. In der Tat zeigen auch die Vorgänge der Regeneration vermehrte Saftströmung, und die Trümmer des zugrunde gegangenen Zellmaterials, welches ersetzt wird, müssen auch hier resorbiert werden. Liegen also auch Anknüpfungspunkte an die Entzündung vor — es gehören ja alle diese progressiven Wachstumsprozesse zusammen —, so steht bei den oben beschriebenen Vorgängen die reine Ersatzwucherung doch so im Vordergrund, daß eine Abgrenzung gegenüber den Entzündungsprozessen gerechtfertigt erscheint.

Da bei der Regeneration das Wachstum, welches auf gesteigerter Assimilation beruht, das Bild beherrscht, müssen wir, wie überhaupt für jedes Wachstum, eine vermehrte Herbeischaffung der Bausteine, aus denen sich das neu entstehende Zellmaterial erst bilden kann, d. h. eine gewisse Intensität der Zirkulation erwarten. In der Tat ist bekannt, daß in Fällen, wo eine ausreichende, die Ernährung der jungen Gewebselemente gewährleistende Blutzufuhr durch lokale Verhältnisse oder infolge allgemeiner Schwäche des Organismus nicht zustande kommt, die Regeneration ausbleibt oder unvollkommener ausfällt. Eine weitere Vorbedingung ist das Fernbleiben störender äußerer, insbesondere entzündungserregender Einflüsse. Die regenerativ wuchernden Zellen müssen sich also **unter guter Ernährung und in gutem Zustande befinden.**

An der Haut wie in den Drüsen geht die Regeneration zumeist von besonderen Bezirken — Proliferationszentren — aus. Hier sind die Zellen indifferenter geblieben — daher auch **Indifferenzzonen** genannt — und so regenerationsfähiger; also gegenüber den funktionell hochentwickelten Drüsenzellen eine zweckmäßige Arbeitsteilung.

Die bei bzw. nach der Regeneration etwa bestehenden Abweichungen vom normalen Bau werden dadurch in ihrer Wirkung abgeschwächt, daß das Gewebe — z. B. der Knochen nach Knochenbrüchen — sich den neuen mechanischen Verhältnissen durch Umgestaltung der Form und Strukturänderungen möglichst anpaßt, „transformiert", um so doch noch eine möglichst vollkommene Funktion zu leisten: **Gesetz der funktionellen Anpassung.** Stärker beanspruchte Teile verdicken sich, die nicht benutzten atrophieren. Ein derartiger Umbau findet sich außer an Knochen (Fig. 103, 104) z. B. an Gelenken und ferner am Bindegewebe, insbesondere bei der Bildung von Sehnengewebe, sowie an Gefäßen. Nach Exstirpation eines Stimmbandes ordnet sich das Bindegewebe wieder ganz in Form langgestreckter Züge an (Fig. 105). Dies Gesetz der funktionellen Anpassung spielt ja auch bei den physiologischen Wachstumsbedingungen der zweiten embryonalen Epoche als Gestaltungsmoment nach Roux die Hauptrolle.

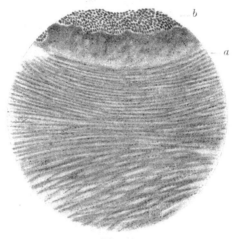

Fig. 105.
Funktionelle Anpassung.

Nach Exstirpation eines Stimmbandes ordnet sich das Bindegewebe (*a*) unter dem Epithel (*b*) in Form langgestreckter an ein Stimmband erinnernder Züge an.

Hypertrophie.

Unter Hypertrophie versteht man ein über das normale Maß hinausgehendes Wachstum von Körperbestandteilen; sie kann einzelne Zellen und Gewebe, oder auch ganze Organe betreffen; vorausgesetzt ist dabei, daß die Zunahme die eigentlichen spezifischen Organelemente (Muskel-, Nervenfasern, Epithelien etc.) betrifft; beruht die Vergrößerung eines Organs auf Wucherung anderer Gewebsarten, etwa des bindegewebigen Stützapparates oder des Fettgewebes, so spricht man von falscher oder **Pseudohypertrophie** (s. u.).

Die Zunahme der Gewebe kann auf **Vergrößerung** ihrer einzelnen **Elemente** (Zellen, Muskelfasern etc.) beruhen — **Hypertrophie** im engeren Sinne; oder sie ist durch **Vermehrung der Zahl** der einzelnen Zellen etc. bedingt — **Hyperplasie**; freilich werden diese Unterschiede in praxi kaum scharf auseinander gehalten.

Manche Formen von Hypertrophie kommen als **physiologische** Zustände vor; hierher gehört die Hypertrophie des graviden Uterus, in welchem eine Vergrößerung der Muskelfasern bis zum Fünffachen in der Breite und Sieben- bis Elffachen in der Länge zustande kommt, die Hypertrophie der laktierenden Mamma, jene stark arbeitender Muskeln (Fig. 106) etc.

Von den unter pathologischen Bedingungen auftretenden Hypertrophien ist zunächst eine Form zu nennen, welche sich eng an die soeben besprochene Regeneration anschließt. Es kann nämlich, wie schon erwähnt, eine Neubildnng von Zellen, welche zum Ersatz von zugrunde gegangenen dient, das nötige Maß überschreiten — **Superregeneration** —, so daß jetzt ein Plus, eine Vergrößerung eines Organteiles vorliegt (s. a. S. 91),

7*

also eine Hypertrophie, beziehungsweise da es sich hier um Zellvermehrung handelt, eine Hyperplasie.

Als Beispiel sei erwähnt, daß nach Knochenbrüchen mehr Material gebildet wird, als zum Ersatz des zerstörten dient; dies neue Mehr tritt in Gestalt des sogenannten „Kallus" schon makroskopisch in die Erscheinung.

Ferner seien die in der Nähe von Knochenabbauprozessen auftretenden Osteophyten (geschwulstartige Knochenhypertrophien, siehe unter „Geschwülste") genannt; oder die sich an Vernarbung von Hautwunden anschließenden Keloide (s. unter Fibrome).

Kompensatorische Hypertrophie. Dieser Form reiht sich eine andere an. Wenn nach Gewebsverlusten eine mangelhafte Regeneration oder ein Ersatz durch eine nicht funktionstüchtige Gewebsart stattfindet, so hypertrophieren oft andere erhalten gebliebene Teile der von dem Verlust betroffenen Gewebsart, so daß hierdurch ein funktioneller Ersatz zustande kommen kann. Es geschieht dies mittels einer Vergrößerung oder auch Vermehrung der restierenden Organelemente unter Erhaltung ihrer physiologischen Struktur; so kann man einen großen Teil (bei Kaninchen $^4/_5$) der Leber abtragen, worauf das Organ durch Hypertrophie des Restes sich fast wieder zu seiner normalen Größe ergänzt. In geringerem Grade kommt ähnliches auch an

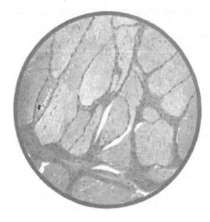

Fig. 106.
Hypertrophie von Muskelfasern.

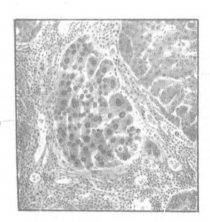

Fig. 107.
Leberzirrhose mit hypertrophischen Leberzellen (b).
Bei a Reste von Lebergewebe.

der Niere und Schilddrüse zur Beobachtung. In solchen Fällen ist also die Hypertrophie eine kompensatorische, indem sie den Verlust von funktionierendem Parenchym mehr oder weniger vollkommen ausgleicht.

Arbeitshypertrophie. Eine ausgesprochen kompensatorische Hypertrophie ist ferner gegeben, wenn von paarigen Drüsen die eine auf irgend eine Weise zugrunde geht oder funktionsunfähig wird und nun die andere unter Zunahme ihrer Elemente funktionierend dafür eintritt. So z. B. die kompensatorische Vergrößerung der einen Niere, welche sich, wenigstens bei jugendlichen Individuen, bei Aplasie oder Verödung beziehungsweise Exstirpation der anderen einstellt. Auch andere paarige Drüsen zeigen ein ähnliches Verhalten; nach Verlust des einen Hodens oder der einen Mamma kann sich bei jungen Individuen eine Hypertrophie des entsprechenden Organs der anderen Seite einstellen; auch kann diese Erscheinung bei Tieren experimentell verfolgt werden. Endlich können auch verschiedene, aber funktionell einander nahestehende Organe für einander eintreten. So stellt sich z. B. nach Exstirpation der Milz eine Hypertrophie des Knochenmarks und der lymphatischen Apparate, ferner eine besondere Ausbildung gewisser Zellen in der Leber (Kuppffersche Sternzellen) ein. Diese kompensatorischen Hypertrophien, z. B. diejenige der einen Niere bei Untätigkeit der anderen, lassen sich auf die größeren an das Organ gestellten Anforderungen zurückführen und stellen somit eine Arbeitshypertrophie dar.

Reine Arbeitshypertrophien finden sich ferner auch ohne vorausgegangene größere Gewebsverluste, wenn erhöhte, an ein Organ gestellte Anforderungen eintreten, denen gegenüber die physiologische Masse funktionierenden Parenchyms relativ zu klein ist; hiervon gehört manches noch in das Bereich des Physiologischen, wie z. B. die Hypertrophie der Muskeln, welche sich bei wiederholter kräftiger Anstrengung derselben (z. B. bei Turnern) einstellt. Unter pathologischen Bedingungen finden sich solche Arbeitshypertrophien in besonders typischer Weise am Herzen. Ist z. B. das Aortenostium durch Verwachsungen

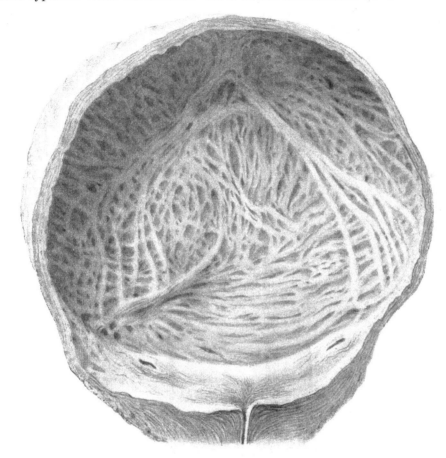

Fig. 108.
Arbeitshypertrophie der Harnblase (Balkenblase). Natürl. Größe.
Aus Burkhardt-Polano, Die Untersuchungsmethoden und Erkrankungen der männlichen und weiblichen Harnorgane etc.
Wiesbaden, Bergmann 1908.

seiner Klappen verengt, so wird bei gewöhnlicher Arbeitsleistung des Herzens eine geringere Blutmenge als vorher in die Aorta eingetrieben und also auch weniger Blut den Organen zugeführt werden. In solchen Fällen schafft sich — unter Vorhandensein günstiger allgemeiner Bedingungen — der Organismus eine Kompensation, indem durch vermehrte Arbeitsleistung des Herzens trotz der Widerstände eine größere Blutmasse durch das verengte Ostium hindurchgezwängt wird; infolge dieser erhöhten Kraftleistung der Muskulatur des Ventrikels stellt sich eine Hypertrophie derselben ein (Fig. 109). (Näheres siehe im Kap. IX.) Auch Organe mit glatter Muskulatur können derartige Arbeitshypertrophie aufweisen; bei Stenose des Pylorus hypertrophiert die Magenmuskulatur, weil die Speisenbeförderung eine erschwerte ist; ebenso die Muskulatur des Darmes oberhalb einer verengten

Stelle; an der Blase findet man bei Verengerung des Harnröhre mit Erschwerung des Harnabflusses, z. B. durch eine vergrößerte Prostata, eine starke Zunahme der Wanddicke und besonders ihrer Muskularis (Fig. 108). (Näheres im II. Teil, Kap. V, B.)

Über die „funktionelle Anpassung" bei kompensatorischen Vorgängen s. S. 100.

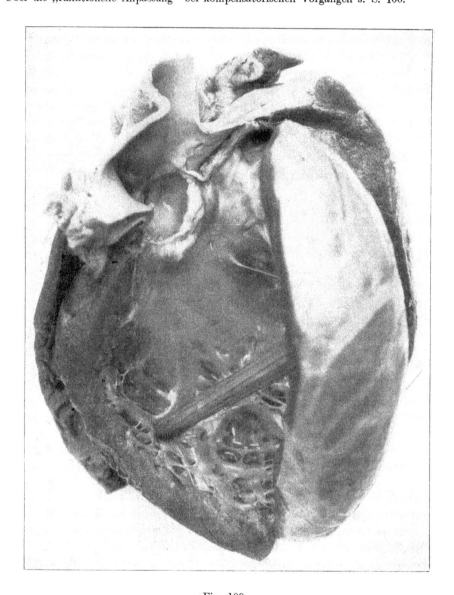

Fig. 109.
Alte Endocarditis aortica mit Stenose und Insuffizienz der Aorta. Starke Hypertrophie des Herzens, besonders des linken Ventrikels.
Nach Herxheimer aus Schwalbe, Morphologie der Mißbildungen. Fischer Jena.

Hypertrophie durch physikalische und chemische Einflüsse, z. B. Druck: Auch physikalische und chemische Einflüsse verschiedener Art können auf Wachstumsvorgänge im Gewebe einwirken. Bekannt ist, daß an der äußeren Haut durch dauernden Druck auf bestimmte einer harten Unterlage (Knochen) aufliegende Stellen Verdickungen der Epidermis sowie umschriebene Wucherungen der Hornschicht entstehen, welche als Schwielen und Clavi (Hühneraugen) bezeichnet werden; ähnlich entstehen wohl auch — durch Reibung — die sogenannten Sehnenflecke des Perikardium (s. Teil II, Kap. II); und — infolge steten Anpralls des zurückströmenden Blutes — bei Aorteninsuffizienz Endokardschwielen im linken Ventrikel. Bei dauernder Druckerhöhung im Arteriensystem (z. B. bei Hypertrophie des linken Ventrikels infolge von Nierenkrankheiten) nimmt die Intima der Arterien an Dicke zu (vgl. unten). Vielleicht kommt auch gewissen Stoffwechselprodukten (Kap. IX), sowie gewissen Chemikalien (Arsenik) eine ähnliche Wirkung auf mancherlei Gewebe zu.

Eine unverkennbare Einwirkung auf das Wachstum zeigt in vielen Fällen die Ver- *durch vermehrte Blutzufuhr:* mehrung der Blutzufuhr; Durchschneidung des Halssympathikus, welche Lähmung der Vasokonstriktoren und damit arterielle Kongestion zur Folge hat, kann am Kaninchenohr, wenigstens junger noch wachsender Tiere, ein gesteigertes Wachstum hervorbringen; ebenso wenn das eine Ohr solcher Tiere künstlich bei höherer Temperatur gehalten wird, wobei dem durch die Erwärmung gesteigerten Blutzufluß ebenfalls die Hauptrolle zukommt, wenn auch die Erwärmung selbst die Wachstumsvorgänge zu beschleunigen pflegt. Andererseits beobachtet man auch an Organen, die sich im Zustande einer chronischen Stauungshyperämie befinden, Hypertrophien. Indessen liegen hier bei diesen sich an Zirkulationsänderungen anschließenden Hypertrophien meist komplizierte Verhältnisse vor; so handelt es sich häufig neben der Blutanhäufung noch um die Wirkung des von den strotzend gefüllten Gefäßen auf die Umgebung ausgeübten Druckes, und besonders um entzündliche Prozesse, zu welchen Stauungsgebiete hervorragend disponiert sind oder von welchen jene Zirkulationsstörung nur der erste Ausdruck ist.

Auch nervöse Einflüsse — teils vasomotorischer, teils trophischer Art — können wahrscheinlich das Wachstum der Gewebe beeinflussen; so sind mehrfach hypertrophische Zustände verschiedener Gewebsteile im Zusammenhang mit Veränderungen der peripheren Nervenstämme oder des Rückenmarks und oft auch kompliziert mit anderen trophischen Störungen, Ulzerationen, Pigmentveränderungen, lokalem Haarausfall etc. beobachtet worden.

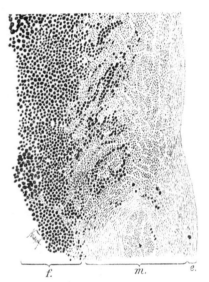

durch neurotische Einflüsse,

Fig. 110.
Querschnitt durch die Wand des rechten Ventrikels bei Adipositas cordis ($\frac{12}{1}$).
f Subepikardiales Fett, in die Muskulatur *m* eindringend, durch Osmiumsäure schwarz gefärbt, *e* Endokard.

Auch im Anschluß an Entzündung können durch Superregeneration Hypertrophien entstehen; es sei daher auf die enge Zusammengehörigkeit der Hypertrophie mit entzündlichen Prozessen hingewiesen und bemerkt, daß sich Entzündung, Regeneration und Hypertrophie oft nur künstlich trennen lassen, so daß manche Punkte, die wir im Kapitel „Entzündung" besprechen, auch hierher gerechnet werden könnten.

Nach der Vorstellung Weigerts, welcher vor allem die Zellwucherung im Anschluß an Zellschädigungen scharf betonte, kann man annehmen, daß auch bei der Arbeits- und der kompensatorischen — ebenso wie bei der sich direkt an eine Regeneration anschließenden — Hypertrophie der letzte Anlaß zu dieser in einer Zellschädigung zu suchen ist. Nur daß diese hier in den kleinsten Schädigungen besteht, wie sie stärker funktionell angestrengte Zellen — z. B. diejenigen einer Niere nach Verlust der anderen oder Muskeln beim „Trainieren" — durch die stärkere Funktion selbst, bei der ja ein Abbau lebender Substanz stattfindet, erleiden. Hierzu kommen wohl auch noch Entspannung durch die Hyperämie, wie letztere stärker arbeitenden Organen zukommt, sowie ähnliche Momente. Ebenso könnte man Hypertrophien nach Druck, z. B. Hühneraugen, als Folge der bei diesem gesetzten Zellschädigung auffassen; desgleichen Hypertrophien bei Stauung auf die hierbei ebenfalls durch Druck bzw. die schlechte Ernährung gesetzten Zellschädigungen, sowie die sonstigen Entspannungen, beziehen. So könnte man die bisher aufgeführten Formen der Hypertrophie einheitlich unter dem Gesichtspunkte (s. oben) zusammenfassen, daß durch Abbau lebender Substanz infolge von Schädigungen einzelner Zellen sowie durch andere Momente Zellstruktur und Zellverband gelockert bzw. gestört wird, und

somit infolge der Entspannung die Zellen selbst bezw. andere in guter Verfassung befindliche Nachbarzellen wuchern, und zwar über das zum Ersatz nötige Maß hinaus, wodurch die Hypertrophie entsteht.

Fig. 111.

Ichthyosis mit Verkürzung der Haut.

Aus Lang, Lehrbuch der Hautkrankheiten.

Idio-
pathische
Hyper-
trophien.

Es gibt nun auch Formen der Hypertrophie, für welche bis jetzt keinerlei ausreichende Ursache namhaft zu machen ist. Man faßt sie als „idiopathische Hypertrophien" zusammen. Hier anzuführen sind solche ganzer Organe, diejenige der Thyreoidea,
einer oder beider Nieren, der Leber, einer oder
beider Brustdrüsen und besonders der Prostata
(im Alter). Letztere wird neuerdings auch als die
Folge einer Atrophie von Prostataelementen infolge von Schädigung aufgefaßt; dann wären auch
hier die oben gekennzeichneten Gesichtspunkte
der „Superregeneration" maßgebend. Im übrigen
stellt ein Teil solcher „idiopathischer" Hypertrophien von Organen echte Geschwülste — Adenome, s. unten — dar. Hier noch angeführt
werden kann allgemeine übermäßige Fettwucherung, Adipositas, da wir sie oft nicht auf äußere
Ursachen zurückführen können.

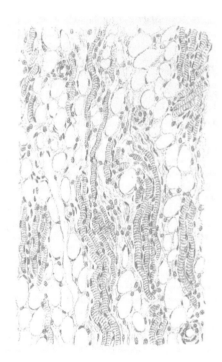

Fig. 112.

Atrophie eines Muskels mit Lipomatose ($\frac{250}{1}$).

Die Muskelfasern stark verschmälert; dazwischen reichlich gewuchertes Fettgewebe; da das Fett bei der Härtung und Einbettung des Präparates extrahiert wurde,
erscheinen die Fettzellen als Lücken.

Eine allgemeine Adipositas kommt eben nicht nur
bei Überernährung des Körpers zustande, sondern es
handelt sich hier zum Teil um angeborene Eigentümlichkeiten bestimmter Individuen, wie ja das Auftreten von
Fettsucht auch schon in der frühesten Kindheit beobachtet wird; sie ist daher als Konstitutionsanomalie
aufzufassen. Ähnlich sind andere hyperplastische Prozesse auf kongenitale Anlage zurückzuführen, welche
schon vor der Geburt oder bald nach dieser, oder doch
wenigstens noch innerhalb der Wachstumsperiode des
Individuums hervortreten; es gehört hierher die Vergrößerung des ganzen Körpers, der sog. Riesenwuchs,
der sich namentlich in einem besonders starken Längenwachstum des Körpers ausprägt. Ferner partielle Vergrößerungen, bei denen nur einzelne Körperteile ein vermehrtes Wachstum aufweisen, sog. partieller Riesenwuchs; z. B. die Knochen des Gesichtes (Leontiasis),
einzelne Finger oder Zehen (Makrodaktylie). Die
Grenze gegenüber den Mißbildungen ist hier sehr nahe,
besonders wenn das abnorme Wachstum sich schon im
fötalen Leben lebhaft äußert. Bei den erst später auftretenden Vergrößerungen ist zuweilen noch eine Gelegenheitsursache, z. B. ein Trauma, zu berücksichtigen.

Die „Akromegalie", eine Vergrößerung der vorragenden Teile, Extremitäten, Kopf, ist mit
Veränderungen der Hypophyse (Hypertrophie, Adenome) und dadurch bedingten Stoffwechselanomalien
in Zusammenhang zu bringen. (S. Kap. IX.)

Hier anzuschließen sind ferner eine Anzahl teils umschriebener, teils diffus ausgebreiteter hyperplastischer Zustände an der Epidermis und ihren Anhangsgebilden: auf einer Hypertrophie der Hornschicht beruht die Ichthyosis (Fig. 111), bei welcher die Haut mit zahlreichen Hornplatten besetzt ist und ein förmlich gefeldertes Aussehen zeigen kann. Die sog. Hauthörner, Cornua cutanea, entstehen durch eine Wucherung und Verlängerung von Papillen neben starker Wucherung der sie bekleidenden Hornschicht. Die Hypertrichosis beruht auf Vermehrung und Persistieren der Lanugohärchen oder abnorm starkem Wachstum der bleibenden Haare, resp. Auftreten solcher an sonst unbehaarten Stellen; die Onychogryphosis bedeutet eine krallenartige Verlängerung und Verunstaltung der Nägel. (Vgl. diese Formen sowie über Elephantiasis II. Teil, Kap. IX.)

An die hypertrophischen Prozesse läßt sich die mangelhafte Rückbildung von solchen Organen anschließen, welche physiologisch bloß zeitweise eine größere Ausbildung aufweisen. Hierher gehört das Persistieren des Thymus in höherem Alter, sowie die mangelhafte Involution des puerperalen Uterus, wobei freilich vielfach auch entzündliche Prozesse mitspielen (vgl. Teil II, Kap. VIII). *Unvollkommene Rückbildung.*

Beruht die Vergrößerung eines Organs auf Wucherung eines für dieses nicht charakteristischen Bestandteiles, so bezeichnet man dies als Pseudohypertrophie (s. o. S. 99). Diese schließt sich meist an eine Abnahme der charakteristischen Zellart an. In besonderem Maße ist diese Eigenschaft einer sekundären Wucherung, einer „Wucherung ex vacuo", außer dem Bindegewebe dem Fettgewebe eigen; auch bei Personen, welche sich keineswegs durch besonderen allgemeinen Fettreichtum auszeichnen, findet man sehr häufig eine starke Zunahme des die Niere umgebenden und den Nierenhilus ausfüllenden Fettgewebes, wenn die Niere selbst durch atrophische Prozesse an Volumen abgenommen hat. Bei gewissen Formen von Atrophie der Skelettmuskulatur — mögen diese nun neurotischen oder primär myopathischen Ursprungs sein — findet eine starke Zunahme des intermuskulären Fettgewebes und Bildung von Fettgewebe zwischen den einzelnen Muskelfibrillen statt, so daß trotz einer sehr erheblichen Abnahme an spezifischen Elementen die Muskeln im ganzen sogar stark an Volumen zunehmen. Ähnlich bei Atrophie des Pankreas (z. B. bei Diabetes). *Pseudohypertrophie (Wucherung ex vacuo).*

Die Hypertrophien der einzelnen Organe entsprechen nicht ihrer Regenerationsfähigkeit, sie stehen sogar häufig im umgekehrten Verhältnis.

II. Entzündung.

Da bei der „Entzündung" außerordentlich zahlreiche und komplizierte Vorgänge zusammenwirken, wollen wir diese zuerst besprechen, um dann erst aus ihnen Wesen und Einteilung der Entzündungen abzuleiten und zusammenzufassen. *Vorgänge, die sich bei der Entzündung abspielen.*

Allgemeine Vorgänge bei der Entzündung.

Unter Entzündung verstand man ursprünglich einen rein klinischen Symptomenkomplex, wie er sich der direkten Beobachtung an äußerlich sichtbaren Teilen darstellt und aus den bekannten vier Celsus-Galenschen Kardinalsymptomen, Rubor, Tumor, Calor und Dolor (sowie der „Functio laesa") zusammensetzt. Großenteils nach Analogieschlüssen setzte man nun ähnliche Erscheinungen auch für gewisse Erkrankungen innerer Organe voraus, obwohl die Untersuchung von Leichenteilen, auf welche man hier naturgemäß angewiesen war, von den genannten Erscheinungen nur ein unvollkommenes Bild geben kann und von denselben höchstens noch den Rubor und Tumor erkennen läßt. Ein genaueres Studium der anatomischen Vorgänge ergab nun, daß der oben angeführte Symptomenkomplex besonders auf eigentümlichen lokalen Zirkulationsstörungen (s. unten) und ihren Folgen, welche makroskopisch das Bild beherrschen, beruht. *Kardinalsymptome der Entzündung.*

a) Degenerative und funktionelle Gewebsstörungen bei der Entzündung. Die Schädlichkeiten, welche die Entzündung bewirken, schädigen das Organgewebe und rufen, namentlich im Parenchym der entzündeten Organe, Störungen in nutritiver und funktioneller Beziehung hervor. Erstere äußern sich in den im II. Kapitel beschriebenen Stoffwechselanomalien, also in den uns bereits bekannten regressiven Erscheinungen der trüben Schwellung oder fettigen Degeneration (S. 55 ff.), zum Teil auch je nach der Art des betroffenen Gewebes in anderen Degenerationsformen, z. B. schleimiger Entartung, und können so weit gehen, daß sie nach und nach oder sofort zum völligen Untergang der ergriffenen Elemente — Nekrose — führen. So bewirken Eitererreger oft in ihrer nächsten Umgebung, wo sie am stärksten einwirken, völlige Nekrose, etwas weiter entfernt Degenerationen. Vielfach finden sich degenerierte Epithelien als Bestandteile entzündlicher Sekrete. Ganz allgemein *a) Degenerative und funktionelle Schädigung der Gewebe bei der Entzündung.*

soll bemerkt werden, daß bei Einwirkung von Schädlichkeiten auf Gewebe die höchst differenzierten Elemente in der Regel zuerst und am meisten leiden, in den parenchymatösen Organen also das Parenchym, und zwar in der Niere z. B. meist zu allererst die Epithelien der Hauptstücke (gewundenen Harnkanälchen). Da die degenerativen Vorgänge der geschädigten Gewebe hier ganz die oben besprochenen sind, braucht hier nicht näher auf sie eingegangen zu werden.

In funktioneller Beziehung haben die entzündlichen Prozesse in der Regel eine Herabsetzung der Leistungsfähigkeit, namentlich auch eine Störung der sekretorischen Funktion zur Folge („Functio laesa" als Entzündungssymptom); in manchen Fällen aber hat die Funktionsstörung zeitweilig den Charakter eines übermäßigen Erregungszustandes; ein Beispiel hierfür ist die massenhafte Schleimproduktion, die man bei Schleimhautkatarrhen beobachtet und die so stark sein kann, daß die schleimproduzierenden Zellen sich völlig erschöpfen und zugrunde gehen, indem schließlich nicht mehr wie normal, bloß ein Teil ihres Protoplasmas, sondern der gesamte Zellkörper in Muzinbildung aufgeht (vgl. Fig. 59, S. 63). Also auch in diesen Fällen besteht die Neigung zum Umschlagen des Reizzustandes in Erlahmung, und in jedem Falle liegt eine qualitative oder quantitative Funktionsverschlechterung vor.

b) Vaskuläre Störung bei der Entzündung. Entzündliche Exsudation.
Aktive Hyperämie. b) Die vaskuläre Störung bei der Entzündung: entzündliche Exsudation. Gleichzeitig mit der Gewebsschädigung bewirken die entzündungserregenden Agentien auch eine vaskuläre Schädigung, d. h. eine Zirkulationsstörung, Zunächst — und das ist das erste, was man bei den meisten Entzündungen wahrnimmt — im Sinne einer aktiven Hyperämie mit Erweiterung der Gefäße und Beschleunigung des Blutstromes, welche dem entzündeten Teile eine scharlachrote Farbe (Rubor, s. oben) verleiht und stärkere Pulsation hervorruft. Von der einfachen kongestiven Hyperämie, wie eine solche z. B. nach irgend einem leichten mechanischen Reiz auftritt und bald wieder schwindet, unterscheidet sich die entzündliche Hyperämie durch ihre Dauer. Letztere beruht darauf, daß auch die schädigende Einwirkung auf die Gefäßwand eine anhaltende ist. Hierbei bleibt aber die anfängliche Strombeschleunigung keineswegs konstant bestehen, ja die meisten Experimentaluntersuchungen haben im weiteren Verlauf des Prozesses eine Stromverlangsamung — bei dilatiert bleibender Blutbahn — ergeben, welche die Anschoppung des Blutes in dem ergriffenen Bezirk zustande bringt. Unter Umständen ist auch eine Verlangsamung des Blutstromes schon von Anfang an vorhanden, nämlich dann, wenn in venöser Stauung begriffene Gewebsteile, z. B. inkarzerierte Darmschlingen in Entzündung geraten, oder wenn das entzündungserregende Agens an sich Stase (S. 18 u. 34) hervorruft.

Entzündliche Exsudation. An die entzündliche Hyperämie schließt sich nun unmittelbar die entzündliche Exsudation an. Sie besteht darin, daß durch die Kapillarwände hindurch eine vermehrte Menge von Flüssigkeit aus dem Blute austritt; diese unterscheidet sich aber von dem normalen Transsudat durch einen höheren Gehalt an Eiweiß und die Neigung spontan zu gerinnen, wodurch Fibrinabscheidungen in der Flüssigkeit und dem von ihr durchtränkten Gewebe zustande kommen. In anderen Fällen beherrschen sogar diese gerinnenden Fibrinmassen völlig das Bild. Über die Ursache dieser Erscheinungen sind wir noch nicht völlig im klaren; jedenfalls liegt dem Vorgang nicht eine einfache Filtration von Blutplasma, sondern eine, freilich noch nicht näher bekannte, durch das entzündungserregende Agens gesetzte Alteration der Gefäßwände zugrunde.

Emigration von Leukozyten. Ebenfalls schon frühzeitig bewirkt die entzündliche Kongestion eine Randstellung der weißen Blutkörperchen innerhalb der affizierten Venen und Kapillaren, und im weiteren schließt sich daran ein Vorgang, welcher für alle Formen der Entzündung von der größten Bedeutung ist, die Auswanderung der sehr bewegungsfähigen weißen Blutzellen. So gelangen diese — und ebenso evtl. rote Blutkörperchen — in mehr oder weniger großen Massen auch ins Exsudat, also außerhalb der Gefäße. Weil aber hier besondere Kräfte mitwirken, soll dies gesondert besprochen werden.

Diese aus dem Blute ausgetretene, mehr oder weniger eiweißreiche und von weißen und eventuell roten Blutkörperchen und Fibrinabscheidungen durchsetzte Flüssigkeit bildet das entzündliche Exsudat, welches im einzelnen Falle je nach seiner vorzugsweisen Beschaffenheit ein seröses, oder fibrinöses, oder ein zelliges sein kann. Durchtränkt dasselbe bloß das Gewebe — entzündliches Ödem bzw. Infiltrat —, so bewirkt es eine Anschwellung desselben, den Entzündungstumor; wird es an Oberflächen von Schleimhäuten abgesondert, so heißt es entzündliches Sekret.

Wie der Entzündungstumor, so lassen sich auch die übrigen Kardinalsymptome der akuten Entzündung leicht aus den besprochenen Vorgängen erklären; durch die Kongestion kommt es an den entzündeten Bezirken zur Rötung (Rubor) und Temperaturerhöhung (Calor), durch die Reizung der sensiblen Nervenendigungen zum Entzündungsschmerz (Dolor). Bewirkt werden alle diese Erscheinungen und

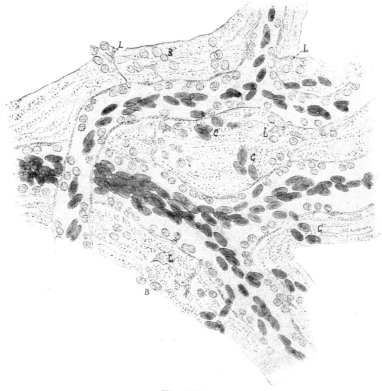

Fig. 113.

Entzündetes Mesenterium des Frosches. Vermehrung und Randstellung der Leukozyten in den weiten Gefäßen.

Emigration bei *L*. Bei *B* runde Leukozyten im Gewebe, bei *C* rote Blutkörperchen im Gewebe. (Aus Ribbert, Lehrbuch der allg. Pathol. und der patholog. Anatomie. 3. Aufl. Leipzig, Vogel 1908.)

die ihnen zugrunde liegenden oben geschilderten Vorgänge durch ein die Gefäße treffendes schädliches Agens, welches die Entzündung hervorruft.

c) **Emigration, Chemotaxis und die Rolle der Wanderzellen bei der Entzündung.** Dasselbe entzündungserregende Agens, welches die sub a) besprochene Gewebeschädigung und die sub b) erläuterte vaskuläre Beeinflussung bewirkt, übt auf die infolge der Kongestion schon randständigen Leukozyten eine besondere Anziehungskraft aus. Es lockt sie an und bewirkt ihren Austritt aus den Gefäßen. Diese Kraft wird als **Chemotaxis** bezeichnet. Es sind besonders entzündungserregende Bakterien bzw. deren Toxine, welche in dieser Weise wirksam sind, ferner evtl. auch beim Zugrundegehen von Zellen infolge der primären Gewebeschädigung frei werdende und nunmehr zunächst liegen bleibende Stoffe. Der ganze Vorgang läßt sich bei entsprechender Versuchsanordnung, z. B. einfacher Anspannung des Mesenteriums des Frosches, leicht unter dem Mikroskop verfolgen.

c) Emigration, Chemotaxis und Rolle der Wanderzellen bei der Entzündung.

Während die roten Blutkörperchen in der mittleren Blutschicht rasch weiterströmen, verlangsamt sich die Strömung der jetzt am Rande gelegenen weißen Blutkörperchen sehr, und diese bleiben endlich ganz liegen. Die wandständigen weißen Blutzellen vollziehen nun ihren Durchschnitt durch die Gefäßwand in der Weise, daß an ihnen Fortsätze sichtbar werden, welche sich durch die Gefäßwand hindurch schieben und an der Außenseite des Gefäßes zum Vorschein kommen; dann schieben sie sich mehr und mehr mit der ganzen Zelle hindurch; oft sieht man sie dabei deutlich „insektentaillenartig" eingeschnürt, während innen und außen von der Kapillarwand ein Teil des Zelleibes liegt. Schließlich schiebt sich die ganze Zelle nach; sie ist jetzt völlig durch die Gefäßwand hindurch getreten und weist außerhalb des Gefäßes amöboide Bewegungen auf. Diese **Emigration** von Leukozyten stellt einen aktiven Vorgang dieser eben infolge der chemotaktischen Anziehung dar; sie findet nur an den kleinen Venen und Kapillaren statt, ist dagegen an Arterien nicht zu beobachten. Was die Stellen der Gefäßwand betrifft, wo der Durchtritt der Zellen stattfindet, so sind es hier dieselben Stomata, von denen wir schon bei der Stauungsdiapedesis erwähnt haben, daß sie kleinste Lücken der Kittsubstanz zwischen den Endothelien darstellen. Die Leukozyten häufen sich nach dem Durchtritt zunächst im Gewebe an und durchsetzen dieses manchmal so dicht, daß man von den eigentlichen Gewebsbestandteilen kaum mehr etwas

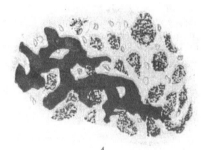
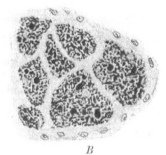

A Fig. 114. B

A Einführung mit blauem Leim injizierter Lunge in eine Lymphdrüse. Starke Vergr. Man sieht erhaltene Lungenkapillaren und Zellen mit blauen Körnchen vollgepfropft.
B Vollendete Resorption eines mit blauem Leim injizierten Lungenstückchens. Man sieht eine Gruppe großer zum Teil mehrkerniger Zellen mit blauen Körnchen gefüllt.

(Aus Ribbert, Lehrbuch d. allgem. Pathologie.)

wahrnehmen kann; sie sind an den eigentümlichen Kernformen, welche sie zumeist aufweisen (s. u.), leicht zu erkennen. Die Bedeutung dieser Leukozytenemigration für die Entzündung hat zuerst Cohnheim erwiesen.

Die chemotaktische Anziehungskraft bewirkt nicht nur die Auswanderung der Leukozyten, sondern sie wirkt auch in die Gefäße hinein und zieht so Leukozyten in größerer Menge in die Gefäße der betreffenden Gebiete, ja sie wirkt bis ins Knochenmark, von wo die Leukozyten herausgelockt werden, und wo ihr Ersatz statt hat.

Die ausgewanderten Leukozyten sind zumeist die gewöhnlichen mit neutrophilen Granula. Besonders unter bestimmten Bedingungen, d. h. von besonderen Reizstoffen angelockt finden sich auch zahlreichere eosinophile Leukozyten. Im Anfang meist spärlich, später zahlreicher wandern auch einkernige Leukozyten und Lymphozyten aus den Gefäßen aus. Sie werden vielleicht von Stoffen, welche als „lymphozytotaktisch" chemotaktisch wirkende von den „leukozytotaktischen" (Schridde) zu unterscheiden sind, angelockt. Dann sind zumeist zu Beginn des Prozesses letztere, später erstere (selten vom Anfang an) besonders wirksam. Doch wird die Einteilung der chemotaktisch wirkenden Stoffe in diese Gruppen auch bestritten, denn auch dieselben Stoffe können erst die eine, später die andere Zellart anlocken (s. u.).

Ribbert betont noch kleinste lymphknötchenartige Ansammlungen von Lymphozyten, die sich bei der Entzündung stark vermehren. Er betrachtet die Bildung von Lymphfollikeln und Lymphdrüsen überhaupt phylogenetisch als durch Gegenwirkung gegen eingedrungene Schädlichkeiten entstanden.

Aus den Kapillaren treten neben den Leukozyten auch rote Blutkörperchen aus, letztere indessen sicher nur passiv, da ihnen ja die amöboide Bewegungsfähigkeit mangelt. Sind zahlreiche rote Blutkörperchen mit in das Exsudat gelangt, so erhält dieses eine mehr oder weniger rötliche Farbe. Man spricht dann von einem hämorrhagischen Exsudat.

Mit der Emigration von Leukozyten und Lymphozyten aus dem Blut und ihrem Übertritt in das entzündliche Exsudat ist aber weder die Rolle, welche diese Wanderzellen bei der Entzündung spielen, noch die Herkunft der entzündlichen Infiltrate erschöpft. Es besteht noch eine andere Quelle. Bei der embryonalen Entwickelung des Organismus nämlich finden sich Wanderzellen in allen Geweben, da diese ebenso wie die Bindesubstanzen von dem überall verbreiteten Mesenchym, wahrscheinlich von den ganz indifferenten sogenannten primären Wanderzellen Saxers, herstammen, und sich erst später die Fähigkeit, derartige Blutelemente zu bilden, auf bestimmte Körpergewebe beschränkt, vor allem das Knochenmark und das lymphadenoide Gewebe, von denen aus die Wanderzellen als Leukozyten, sowie Lymphozyten (s. u.) auswandern. Bei der Entwickelung des Bindegewebes setzen sich nun von den ursprünglich in demselben befindlichen Wanderzellen viele im Gewebe fest, ordnen sich in das Gefüge dieses ein und werden so zu seßhaften Elementen, welche auch in ihrer Form vielfach den eigentlichen Bindegewebszellen so sehr gleichen, daß sie kaum mehr von ihnen unterschieden werden können; besonders findet man solche indifferenten seßhaft gewordenen („ruhenden") Wanderzellen in der Umgebung der Blutgefäße (sogenannte adventitielle Zellen, auch Klasmatozyten genannt), aber auch an anderen Stellen. Ferner kommen die Retikulum- und Endothelzellen besonders der Lymphdrüsen, des Knochenmarks, der Milz (-Follikel und in ähnlicher Weise Pulpazellen), der Leber (Kupffersche Sternzellen), aber auch des Thymus, der Nebenniere etc. in Betracht. Normaliter werden von diesen, besonders den letztgenannten, Zellen manche schon stets mobil und gelangen ins Blut (s. dort) als sog. Bluthistiozyten. Gerade bei der Entzündung sehen wir nun teils diese letzterwähnten Zellen mit den Leukozyten und Lymphozyten an die Entzündungsstelle gelangen, und besonders werden Zellen, welche den zuerst genannten adventitiellen Zellen entstammen, also ortsansässige Zellen, wieder protoplasmareich, mobil, wandern, demselben chemotaktischen Zuge folgend, und mengen sich den sich im Gewebe ansammelnden Blutelementen bei; auch besitzen sie die Fähigkeit, sich wieder zu teilen und junge Wanderzellen hervorzubringen. Dieselben Schädlichkeiten, welche auf die Gefäße einwirken und chemotaktisch Emigration der Leukozyten bewirken, locken diese Wanderzellen teils direkt ebenfalls herbei, teils führen sie indirekt hierzu, wie wir dies noch genauer sehen werden. Wir können diese Zellen Histiozyten benennen, sie sind in hervorragendem Maße Freßzellen, und zwar sog. Makrophagen (s. dort); sie stehen den Lymphozyten nahe, sehen besonders den größeren sehr ähnlich, sind aber von ihnen zu trennen. Ob sie ineinander übergehen können, ist noch fraglich. Dazu kommen ferner gewöhnliche Zellen des Bindegewebes, wie sie sich überall finden; auch diese runden sich ab, werden angelockt und wandern, wenn meist auch nicht sehr weit, zum Entzündungsherd. Ihre prospektive Potenz entspricht ihrer Vergangenheit; sie sind Bindegewebszellen und Bindegewebsbildner; wir nennen sie daher Fibroblasten.

Wir haben es also in den entzündlichen Infiltraten mit Wanderzellen verschiedener Herkunft zu tun; die meisten derselben stammen aus dem Blute, ein Teil aus dem Gewebe selbst. Bei ersteren haben wir 3 Arten zu unterscheiden: 1. polymorphnukleäre Leukozyten, 2. Lymphozyten, 3. Bluthistiozyten. Die überwiegende Mehrzahl der aus dem Blute stammenden Elemente entspricht den mit besonderer Wanderungsfähigkeit begabten polymorphkernigen, neutrophilen Leukozyten (welche ja auch im Blute bekanntlich die Mehrzahl der Leukozyten darstellen). Die Minderzahl der aus dem Blute kommenden Zellen sind Lymphozyten bzw. Bluthistiozyten. Die aus dem umliegenden Gewebe zuwandernden, seßhaft gewesenen und wieder mobil gewordenen histiozytären Wanderzellen stellen ebenfalls solche einkernige, runde Elemente dar, welche sich zunächst von den zuletzt besprochenen aus dem Blute stammenden, kaum unterscheiden, so daß man der einzelnen derartigen Zelle ihre Herkunft nicht ansehen kann. Man bezeichnet sie daher am besten zusammen indifferent als Rundzellen oder, weil sie das Hauptkontingent aller Granulationen bilden, als Granulationszellen.

Wegen der verschiedenartigen Formen, welche Zellen mit dem einfachen runden Kern annehmen können, wurde auch der Name Polyblasten für sie vorgeschlagen (Maximow, Ziegler).

Bei den exsudativen Prozessen im akuten Stadium der Entzündung sind naturgemäß die aus dem Blute stammenden Elemente, also vorzugsweise die polymorphkernigen Leukozyten, angehäuft. Da diese aber schnell und leicht zugrunde gehen und sich die aus den Gewebezellen gebildeten Wanderzellen beimischen, finden sich in älteren Stadien der Entzündung, seltener schon von Anbeginn an (s. o.), vorwiegend die einkernigen Formen der Wanderzellen. Sie können ihre Form verändern und sich zu großen runden, oder auch unregelmäßigen Zellen umwandeln („leukozytoide Zellen", Marchand).

Ein Teil der Lymphozyten, mögen sie aus dem Blut, oder von anderen Orten (Bindegewebe) oder von beiden stammen, besonders die erstgenannten, wandeln sich durch Aufnahme einer größeren Menge eines Eiweißmaterials in Zellen um, welche einen eigenartigen exzentrisch gelegenen radspeichenähnlichen Kern und ein reichlicheres stark basophil reagierendes Protoplasma, sowie einen perinukleären hellen Hof besitzen; sie werden als Plasmazellen (Fig. 115) bezeichnet und finden sich besonders bei chronischen Entzündungen.

Genügt das Gesagte, um Herkunft und Form der Wanderzellen zu charakterisieren, so ist die funktionelle Tätigkeit dieser Zellen nicht etwa mit ihrem Wandern, d. h. ihrem Erscheinen auf dem Kampfplatz erledigt, sondern ihre Haupttätigkeit setzt jetzt erst ein, sie nehmen aktiv am Kampfe gegen die Schädlichkeiten teil; soweit diese korpuskulärer Natur sind, besitzen die Wanderzellen die Fähigkeit, sie in sich aufzunehmen. Sie verdanken dies ihrer besonderen Beweglichkeit (Bildung von Pseudopodien, ähnlich wie bei den Amöben), d. h. also denselben Merkmalen, auf denen ja auch ihre Wanderungsfähigkeit beruht. Gerade dadurch werden diese Zellen zu den „Soldaten des Gesamtorganismus". Ihre Tätigkeit wendet sich gegen fremde korpuskuläre, schädigende Agentien, aber auch gegen eventuelle Zerfallsprodukte von Gewebe. Die Zellen nehmen also solche Massen in sich auf; sie fressen sie; man bezeichnet den Vorgang als Phagozytose, die Zellen von diesem — funktionellen — Standpunkte als Phagozyten. Metschnikoff, der Hauptschöpfer dieser Lehre, hat die Leukozyten als Mikrophagen, die „Rundzellen" als Makrophagen bezeichnet. Die Wichtigkeit der ersteren besteht darin, daß sie zuerst erscheinen und handeln. Dagegen sind es die „Makrophagen", welche wirksamer als Phagozyten fungieren und das Wegschaffen von Zerfallsprodukten des Gewebes sowie anderen Gebilden besorgen. Bei der Neubildung von Bindegewebe (s. unter d) werden nur die einkernigen Wanderzellen und wohl nur diejenigen von ihnen, welche sich von Zellen des Gewebes (nicht des Blutes) ableiteten, zum

Plasmazellen.

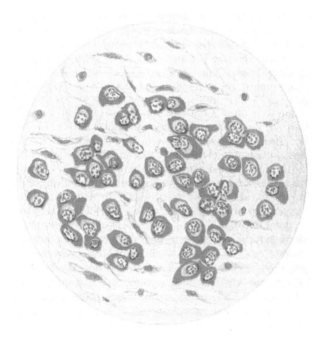

Fig. 115.
Plasmazellen mit radspeichenartigem Kern, perinukleärem, hellem Hof und basophilem Protoplasma.
Pyronin-Methylgrünfärbung nach Unna-Pappenheim.

Phagozytose.

Teil wieder zu seßhaften Zellen, welche sich in der erwähnten Weise dem Gewebe einordnen. Besonders ist dies mit den Fibroblasten der Fall, und diese bilden dann auch wieder Stützsubstanz.

d) Die Gewebsneubildung bei der Entzündung. Die sub a) besprochenen regressiven Erscheinungen an den Organzellen haben nach früher mitgeteilten allgemeinen Prinzipien naturgemäß eine regenerative Neubildung zur Folge, welche bestrebt ist, einen einfachen Wiederersatz zu bewirken. Wir sehen dies zunächst an den Epithelien. Im Verlaufe der Entzündung beobachten wir starke Neubildungsvorgänge an ihnen, z. B. Drüsenwucherungen an Schleimhäuten, Wucherungen von Gallengängen in der Leber u. a. Auch die lange Zeit massenhaft in den Urin bei Nephritis übergehenden Epithelien und solche, die der katarrhalischen Flüssigkeit von Schleimhäuten beigemengt sind, beweisen andauernde Wucherung epithelialer Elemente, sowie ferner die Tatsache, daß diese neugebildeten Zellen sehr labil sind, unter Zeichen der Degeneration zugrunde gehen und so die Neubildung wieder neu schüren. Die Vorgänge von Gewebsneubildung, mit welchen wir es in diesem Abschnitt zu tun haben, tragen aber einen etwas anderen und im allgemeinen komplizierteren Charakter als jene, die wir bereits bei der einfachen Regeneration kennen gelernt haben.

d) Gewebsneubildung bei der Entzündung.

Vorgänge an den Epithelien.

Wir haben schon gesehen, welch reger Einfluß bei der Entzündung auf das Bindegewebe ausgeübt wurde. Von hier stammt ein Teil der Wanderzellen, also schon ein aktiver, mit erhöhter Lebenstätigkeit einhergehender Prozeß von Elementen, die zum Bindegewebe im weitesten Sinne zu rechnen sind, denn mesenchymale bisher in Ruhe ansässige Zellen werden in lebhaft proliferierende phagozytäre Wanderzellen verwandelt, die sich auch dem Exsudat beimengen. Aber auch der Hauptsitz von Zellwucherungen bei der Entzündung, so daß diese an Masse und Schnelligkeit denen der parenchymatösen Elemente wie Epithelien, Muskelfasern etc. den Rang abzulaufen pflegen, ist überhaupt der Gefäß-Bindegewebs-apparat, das Interstitium der drüsigen Organe, das Periost und Markgewebe der Knochen, das Perichondrium des Knorpels, das Peri- und Endoneurium der Nerven, das intermuskuläre Bindegewebe etc.; im zentralen Nervensystem nimmt die Neuroglia als Stützsubstanz eine analoge Stellung ein wie das Bindegewebe in anderen Organen. Die entzündliche Bindegewebsneubildung ist dadurch ausgezeichnet, daß es durch lebhafte Zellwucherung zuerst zur Bildung eines zunächst rein zelligen, reichlich vaskularisierten, im übrigen aber fast aller Zwischensubstanz entbehrenden, indifferent aussehenden Keimgewebes, eines sogenannten Granulationsgewebes kommt. Dieses junge Granulationsgewebe ist zunächst stets reichlich von den in ihrer Herkunft schon besprochenen Wanderzellen durchsetzt, welche in den Anfangsstadien der akuten Reizung vorwiegend von gewöhnlichen Leukozyten (S. 109), später überwiegend von den teils aus dem Blute oder den Lymphfollikeln ausgewanderten, teils aus dem Gewebe stammenden einkernigen Elementen repräsentiert werden. Dazu kommen aber eben infolge der im Bindegewebe selbst vor sich gehenden Zellneubildungen zahlreiche, größere, längliche, verzweigte Zellen mit hellem, meist ovalem Kern und deutlicher Struktur — Fibroblasten —, die vom Bindegewebe stammen und deren Bestimmung darin liegt, solches wieder zu bilden, indem sie in ihrem Protoplasma zunächst feine Fibrillen aufweisen, die dann die Interzellularsubstanz bilden und sich durch Spaltung vermehren. Beim Übergang des Granulationsgewebes in Fasergewebe werden auch die Wanderzellen zum Teil wieder zu seßhaften, dem Gewebe eingeordneten Elementen (s. o.). Die Zellen treten an Zahl zurück und nehmen ihre gewöhnliche Form wieder an. Die Zwischensubstanz vermehrt sich immer mehr. Doch bleiben lange Zeit hindurch, bei chronischen Entzündungen während der ganzen Dauer des Prozesses, mehr oder minder zahlreiche Ansammlungen kleiner Wanderzellen als sogenannte Rundzellen (kleinzellige) — Infiltrate bestehen. Bei anderen Stützsubstanzen treten Osteoblasten etc. an die Stelle der Fibroblasten und erzeugen die entsprechende Zwischensubstanz. Gleichzeitig mit den Wucherungserscheinungen an den eigentlichen Bindegewebszellen finden sich ganz die gleichen an den Endothelien der Gefäße, besonders auch der Kapillaren (evtl. auch der Lymphgefäße). Die Endothelien schwellen zu Elementen an, die sich von den Fibroblasten kaum unterscheiden lassen, und sie bilden als Angioblasten neue Kapillaren. Über alles Genauere vgl. die Prozesse der Wundheilung und der pathologischen Organisation (s. u.).

Vorgänge am Gefäß-Bindegewebs-apparat.

Granulationsgewebe.

Fibroblasten.

Besonders wo größere Substanzverluste oder Lücken in höher differenzierten Geweben entstanden waren, führt die anschließende Gewebsneubildung meist nicht zum Ersatz der Lücke durch vollwertiges Parenchym, sondern eben nur zu diesen Granulationen und zu dem aus diesen gebildeten Bindegewebe. Hierin kann sich auch unzureichend gewuchertes Parenchym finden. Man bezeichnet diesen bindegewebigen Ersatz als **Narbe**. Diese ist, *Narbe,* da auch zahlreiche feine Gefäße sich aus den alten neu gebildet haben, zunächst sehr gefäßreich. Über die spätere Schrumpfung dieses Bindegewebes und die Unterschiede des Narbengewebes von gewöhnlichem Bindegewebe vgl. die Wundheilung (s. u.). Die Narbe bedeutet nicht nur eine Veränderung der anatomischen Struktur, sondern auch eine funktionelle Beeinträchtigung des Organes, die auch nach Ablauf der Entzündung bestehen bleibt.

Allgemeine Erschei- nungen bei der Ent- zündung. Bei einer Entzündung irgendwie höheren Grades haben die beschriebenen lokalen Prozesse auch allgemeine den ganzen Körper betreffende Folgen, die Ribbert besonders betont hat. Es sind die Stoffe des Entzündungserregers selbst, also z. B. Toxine von Bakterien, oder es sind nachteilige Stoffwechselprodukte des erkrankten Gewebes, welche den Gesamtkörper in Mitleidenschaft ziehen. Es äußert sich dies einmal in degenerativen Prozessen — wie trübe Schwellung, fettige Degeneration — weiter entfernter Organe, ferner in allgemeiner Lymphdrüsenschwellung, in Fieber, Leukozytenvermehrung im Knochenmark und somit im Blute — Leukozytose — (s. auch oben) und in der Bildung der gegen die giftigen und fremden Stoffe gerichteten Gegenstoffe, der „Antitoxine" und Abwehrfermente. Man kann also hier von allgemeiner Entzündung sprechen.

Ätiologie und Wesen der Entzündung.

Es handelt sich nun darum, die im vorhergehenden vor allem morphologisch geschilderten, sich in komplizierter Weise aus Gewebs- und Gefäßschädigung, chemotaktisch bedingter Zellwanderung und Phagozytose sowie Zellneubildung zusammensetzenden Prozesse in ihrem formal-genetischen Werdegang und in ihrer kausalen Genese kurz zusammenzufassen, um so der Frage nach **Wesen und Bedeutung der Entzündung** näher treten zu können.

Ätiologie der Ent- zündung. Was zunächst die diese Entzündung bewirkenden Faktoren, also die **Ätiologie der Entzündung** betrifft, so können wir die als letzte Ursache wirkenden schädigenden Agentien in zwei Gruppen teilen. Die erste häufigere und wichtigere umfaßt die von außen her auf den Organismus einwirkenden Schädlichkeiten, wobei die Verhältnisse zumeist am deutlichsten liegen. Hier sind in erster Linie infektiöse Ursachen, d. h. belebte fremde Organismen, besonders **Bakterien** zu nennen, welche in den Organismus eindringen und seine Elemente angreifen, in zweiter Linie sind die nicht infektiösen Schädlichkeiten, wie mechanische, thermische, chemische etc. zu nennen; zu diesen gehören auch die oben schon gestreiften Fremdkörper u. dgl. Die zweite Gruppe umfaßt Schädlichkeiten, als welche veränderte Bestandteile des Organismus selbst — z. B. abgestorbene Zellen — oder im Stoffwechsel des Organismus entstandene Gebilde — z. B. Harnsäurekristalle — auf die Umgebung wirken. Derartige Schädlichkeiten müssen ja in letzter Instanz auch auf eine außerhalb des Organismus gelegene Ursache bezogen werden, doch kann diese anderweitig oder zuerst anders eingewirkt haben, oder sie läßt sich nicht mehr erkennen. Wir können ätiologisch danach in exogen bedingte (bei weitem die häufigeren und wichtigeren) und endogen bedingte Entzündungen einteilen.

Disposition einzelner Gewebe für Entzün- dungen, In Betracht gezogen werden muß nun außer diesen äußeren und inneren direkten Ursachen eine besondere Prädisposition gewisser Gewebe für Entzündungen, so daß der zunächst maßgebende Faktor in einer eigentümlichen, meist krankhaften Beschaffenheit des Gewebes begründet ist, während die äußeren Einflüsse mehr oder minder nur die Rolle von Gelegenheitsursachen spielen.

infolge wieder- holter Ent- zündungen, Hierher gehören zunächst Veränderungen in der Reaktionsfähigkeit des Gewebes, welche sich auf Grund sehr lange dauernder oder oft wiederholter Entzündungen selbst ausbilden. Erfahrungsgemäß ist bei chronischen Entzündungen eine stark erhöhte Reizbarkeit des Gewebes vorhanden, und diese zeigt sich schon darin, daß bei Einwirkung selbst ganz leichter äußerer Reize ein heftiges Aufflackern florider Entzündungserscheinungen eintritt und so immer wiederkehrende akute Exazerbationen des Prozesses zustande kommen, so daß letzterer sich nach jeder neuen Attacke unvollkommener zurückbildet. Man kann diese Erscheinungen namentlich bei chronischen Schleimhautkatarrhen beobachten. Auch nach Ablauf der eigentlichen Entzündungserscheinungen kann ein derartiger Zustand — Disposition zu erneuter Erkrankung — noch längere Zeit zurückbleiben.

Auch Konstitutionsanomalieen stellen häufig eine Disposition dar, z. B. Skrofulose, desgleichen Organe, welche sich infolge allgemeiner oder lokaler Zirkulationsstörungen in einem Zustand dauernder venöser Hyperämie befinden, Stauungskatarrhe; endlich lassen sich noch gewisse Formen chronischer Endometritis hier anschließen, welche sich als Begleiterscheinung anderweitiger Erkrankungen des Uterus oder seiner Adnexe einstellen, also z. B. bei Lageveränderungen oder Tumoren der Gebärmutter, Erkrankungen der Tuben oder der Ovarien etc. auftreten. infolge anderer Erkrankungen.

Wie der Allgemeinzustand des Organismus, so sind auch (abgesehen von ihrem oben gekennzeichneten eventuellen Einfluß bei Beginn der Entzündung überhaupt auf die Gefäße) nervöse Einflüsse für das Zustandekommen und den Verlauf entzündlicher Prozesse von Bedeutung. Die sogenannten „neurotischen" Entzündungen beruhen allerdings zum Teil auf Lähmung der Sensibilität, wodurch die Fernhaltung oder willkürliche Wegschaffung äußerer, z. B. mechanischer Schädlichkeiten, wegfällt, wie das am Auge nach Durchschneidung des Nervus trigeminus der Fall ist; die sogenannte „Vagus-Pneumonie" stellt eine Fremdkörperpneumonie dar, die durch Aspiration von Schleim, Speiseteilen, Mageninhalt (beim Erbrechen) etc. durch den gelähmten Kehlkopf hindurch zustande kommt. Indessen kann nicht geleugnet werden, daß auch vasomotorische Störungen, wie solche mit vielen Affektionen des zentralen und peripheren Nervensystems einhergehen (z. B. Herpes zoster nach Läsion der Spinalganglien), sowie trophische Einflüsse, wie wir sie bei den regressiven Prozessen wirksam sahen (S. 84), von Einfluß auf die Art und den Verlauf des Entzündungsvorganges sein können; mindestens scheinen sie in manchen Fällen dessen Entstehung zu begünstigen. Neurotische Einflüsse auf die Entzündung.

Die Entzündung umfaßt die reaktiven Vorgänge gegen das schädigende Agens. Dies trifft gleichzeitig Gewebe und besonders die Gefäße, letztere teils direkt, teils indirekt durch reflektorische Reizung der Gefäßnerven. Die Folge der Gefäßschädigung ist Hyperämie, Erweiterung des Strombettes und Verlangsamung des Blutstromes. Eine Folge der letzteren (wahrscheinlich physikalisch zu erklären) ist die Randstellung der spezifisch leichteren Leukozyten. Teils hierdurch, vor allem aber als direkte Folge chemotaktischer Anlockung von seiten des schädigenden Agens, zumeist Bakterien bzw. deren Toxine, sowie ferner Zerfallsprodukte von Zellen, oder Fremdkörper, kommt es auf Grund ihrer aktiven Beweglichkeit zur Emigration der Leukozyten und eventuell Lymphozyten etc. Eventuell werden rote Blutkörperchen passiv mit ausgeschwemmt. Die Folge der Verlangsamung des Blutstroms und der Gefäßschädigung ist ferner Austritt von Flüssigkeit ins Gewebe. Dies Exsudat ist also die Folge der Gefäßschädigung und besteht demnach aus eiweißhaltiger Flüssigkeit, Fibrin, Leukozyten etc. und eventuell roten Blutkörperchen. Ein derartiges entzündliches Exsudat unterscheidet sich von einfachen Ausschwitzungen, Transsudaten, durch größeren Reichtum an Leukozyten, Eiweiß und Fibrin. Werdegang der Vorgänge bei der Entzündung.

Jene erste Schädigung nun, welche die Gefäße getroffen, hat gleichzeitig auch die Gewebe selbst mehr oder weniger mit angegriffen; dies äußert sich in degenerativen Zuständen — Verfettung etc. — derselben.

Außer an den Gefäßen und an den Geweben spielen sich nun auch Veränderungen ab, die nicht zu den schon erwähnten regressiven, direkt auf die Schädigung zu beziehenden gehören, sondern umgekehrt proliferativer Natur sind. Deren Hinzutreten wird verschieden gedeutet. Während eine ältere Auffassung diese proliferativen Gewebewucherungen auf einen direkten „Reiz" des die Entzündung bedingenden Agens bezieht, hält eine neuere Auffassung diese Neubildung von Zellen nur für eine regenerative, für die Folge einer Entspannung des Zellverbandes (Freiwerden der bioplastischen Energie, wie dies öfters besprochen worden ist), welche die naturgemäße Folge der degenerativen Prozesse des Gewebes und ferner wohl auch der entzündlichen Hyperämie, Ödembildung und Emigration ist. Diese entzündliche Neubildung wäre also bei dieser Auffassung indirekt ebenfalls auf das primär schädigende Agens zu beziehen. Bei ihr entstehen im Bindegewebe zahlreiche wanderfähige Zellen mit rundem Kern, welche wahrscheinlich von ursprünglichen Wanderzellen, die im Bindegewebe besonders in der Umgebung der Blutgefäße sessil geworden waren, abstammen. Auch diese Wanderzellen werden nun von jenen selben oben erwähnten Stoffen chemotaktisch angelockt und mischen sich den aus dem Blut stammenden Zellen bei; sie besitzen noch mehr wie die Blutzellen die Fähigkeit, Fremdkörper in sich aufzunehmen und so unschädlich zu machen — Phagozytose. Aber auch die übrigen Gewebe, sowohl das Bindegewebe mit seinen Gefäßen, wie das Parenchym wuchern aus den oben besprochenen Gründen. Das neugebildete Gewebe neigt, besonders wenn das schädigende Agens weiter wirkt, wiederum zu regressiven Metamorphosen. Sehr häufig tritt der Ersatz des Parenchyms in einem Organ nicht durch vollwertiges Material ein — wie wir gesehen haben, regeneriert sich ein Gewebe, je höher es differenziert ist, in der Regel um so schwerer bzw. schlechter —; an seine Stelle wuchert dagegen das indifferente Bindegewebe, und so entsteht die Narbe. Ebenso an Stelle von Fremdkörpern oder abgestorbenen Geweben. Fassen wir somit das Gesamtbild der Entzündung in der Folge der Prozesse zusammen, so handelt es sich **Wesen der Entzündung.** um **eine durch irgend ein Agens gesetzte Schädigung der Gefäße und Gewebe und eine dadurch bedingte Steigerung vitaler Lebenstätigkeit von Zellen.**

Physiologische Vorgänge als Vorbilder der Entzündung. Als gesteigerte Lebensvorgänge — und wir sehen auch hier, wie physiologische und pathologische Lebensvorgänge dem Grade nach, nicht dem Wesen nach verschieden sind — betrachten wir die Hyperämie, Emigration, Exsudation und besonders Zellneubildung, sowie Phagozytose. Diese Lebensvorgänge sind bei der Entzündung nur gesteigert, denn sie finden sich in geringem Maße auch unter physiologischen Bedingungen. Aktive Hyperämie, Übertritt von Flüssigkeit und Zellen aus dem Blut in die Gewebe durch Kapillarwände sind physiologische Vorgänge, die der Ernährung der Gewebe dienen. Eine aktive Hyperämie findet sich z. B. im Magen zur Zeit der Verdauung; Zellneubildung (und Wanderung nebst Phagozytose) kommt wenigstens unter gewissen Bedingungen auch physiologisch vor, z. B. erstere wie in der Einleitung zu den progressiven Prozessen schon ausgeführt wurde, zum Ersatz einzelner im Kampfe der Teile abgestorbener Zellen. Mit der Steigerung der vitalen Vorgänge sind pathologische Modifikationen verbunden, die durch die Entzündung bzw. das diese bewirkende Agens bedingt sind. Das Exsudat ist eiweiß-fibrin-zell-reicher als ein physiologisches Transsudat; die neugebildeten Zellen sind oft besonders schnell wieder dem Untergange geweiht etc.

Gesamtbild und Definition der Entzündung. Was nun das Wesen, d. h. die Bedeutung der Entzündung im allgemeinen betrifft, so handelt es sich nach dem oben Gesagten um eine Selbstregulation, d. h. eine **Reaktion, welche auf eine durch ein schädigendes Agens gesetzte Schädigung hin im Organismus statthat und mit Steigerung von Lebensprozessen einhergeht.** Es kann keinem Zweifel unterliegen, daß diese Prozesse **gegen die Schädlichkeit und die Schädigung gerichtet sind, Abwehr gegen erstere Wiederherstellung nach letzterer bedeuten.** Die Zellwanderung und Phagozytose vor allem dient ersterer. Die Schädlichkeit selbst, welche im übrigen nur katabiotische Vorgänge setzt, das heißt „störend" auf Gewebe und Gefäße einwirkt und so nur indirekt die zur Restitution führenden Wachstumsprozesse bewirkt — wie wir das auch sonst überall gesehen haben —, wirkt hier für die Wanderzellen, besonders Leukozyten, direkt als funktioneller Reiz, sie so zu Wanderung und Phagozytose veranlassend. Sind es in der Regel nur physiologische adäquate äußere Reize, die auf die Zellen als funktionelle wirken, so sind es hier gerade Reize unter pathologischen Bedingungen, die auf diese Zellen als funktionelle wirken, aber es handelt sich auch gerade bei diesen Wanderzellen — Leukozyten etc. — um Zellen, die gewissermaßen auf pathologische Reize eingestellt sind, d. h. erst unter pathologischen Bedingungen ihre Funktion hauptsächlich entfalten, die infolge der besonders leichten Beweglichkeit ihrer Zellform — und der so ermöglichten Wanderung und Phagozytose — der Abwehr, d. h. der Verteidigung des Gesamtorganismus gilt. Diese Zellen sind somit Soldaten, denen die Verteidigung der in ihrer Funktion höher und spezifischer entwickelten, aber weniger verteidigungsfähigen Parenchym- etc. Zellen und somit des Gesamtorganismus obliegt. Die hohe Arbeitsteilung beruht auf „altruistischen" Prinzipien. Wollen wir somit die biologische Bedeutung der „Entzündung" werten, so können wir etwa so definieren: „**Entzündung ist die Summe der auf Selbstregulation der lebendigen Substanz beruhenden gesetzmäßigen komplexen Vorgänge, welche auf durch schädigende Agentien gesetzte Schädigungen hin im Sinne der Abwehr und Beseitigung ersterer und der Heilung letzterer wirken.**"

Somit ist die Entzündung ein im naturwissenschaftlichen Sinne (s. oben) „zweckmäßiger"

Vorgang. Dies soll aber im einzelnen erst nach Besprechung der gesamten Entzündung erörtert werden.

Nach dem Dargelegten umfaßt die Entzündung ein überaus großes Kapitel mit sehr verschiedenen Vorgängen. Prinzipiell sehen wir stets alle diese oben dargestellten Vorgänge angedeutet, aber im einzelnen kann das doch sehr verschieden sein. Selbst bei dem ersten Abschnitt dieses Kapitels, der Regeneration, sahen wir nahe Berührungspunkte zu den Merkmalen der „Entzündung", auch dort Schädigung und Ersatzwucherung; aber diese beherrschen das Bild, die Abwehr gegen die Schädlichkeit fehlt, die vaskuläre Störung mit ihren Folgen ist nur angedeutet. Darum können wir gerade der Bedeutung nach die Ersatzwucherung ganz in den Vordergrund stellen und konnten somit die Regeneration abtrennen. Die schon kurz erwähnte Reparation führte schon zur Entzündung über, der Bedeutung des Endresultates nach Flickwucherung statt vollwertiger Ersatzwucherung. Und auch der Weg hierzu ist ein komplizierterer, die Merkmale der Entzündung mit Gefäßalteration und Zellwanderung sind schon deutlicher. Aber auch hier steht die Defektfüllung, also nach dem oben Gesagten nur der eine Teil der Definition, die Heilung der Schädigung der Bedeutung nach im Vordergrunde, die Abwehr gegen die Schädlichkeit, d. h. der andere Teil derselben, tritt zurück. Es ist das deswegen der Fall, weil die Wechselwirkung zwischen der Schädlichkeit und der Reaktion, wie sie besonders von Aschoff betont wird, keine sehr rege ist. Es handelt sich mehr um die schon gesetzte Schädigung als solche und ihre Heilung; so stehen die reparatorischen Zellwucherungen im Vordergrund, die der Abwehr geltenden Reaktionen treten zumeist mehr zurück. Diese und somit alle Merkmale der Entzündung sind aber morphologisch voll entwickelt und die Bedeutung der Abwehr auch gegen die Schädlichkeit selbst tritt weit schärfer zutage bei den eigentlichen Entzündungen, bei denen länger dauernde gegenseitige Wechselwirkung zwischen Schädlichkeit und reaktiven Zellvorgängen besteht. Es ist leicht zu verstehen, daß dies mehr bei exogenen Entzündungserregern und besonders bei Einwirkung fremder Lebewesen wie Bakterien der Fall ist, während die zuerst geschilderten Bedingungen mehr bei exogenen Ursachen nach Art einfacher Traumen u. dgl. und dann vor allem bei endogenen Ursachen (s. oben) gegeben sind. Die eigentliche Entzündung ist nach alledem im höchsten Sinne eine Defensio (Aschoff).

Nachdem wir die Regeneration (man könnte auch evtl. von „regenerativer Entzündung" oder „regenerativer Reaktion" sprechen) aus praktischen Gründen schon für sich (als Abschnitt I) besprochen haben, wollen wir die Entzündung (Abschnitt II) in zwei große Gruppen teilen:

A. Reparative Entzündungen: vor allem Wundheilung und pathologische Organisationen.

B. Eigentliche = defensive Entzündung mit allen Einzelformen. (Vgl. auch das Schema auf S. 92.)

Dazu kommen dann (als Abschnitt III) die ebenfalls auf allgemeinen Entzündungsvorgängen beruhenden, aber durch besondere Merkmale charakterisierten spezifischen infektiösen Granulationen.

A. Reparative Entzündungen.
1. Wundheilung.

Kompliziert gestaltet sich der Heilungsvorgang in jenen Fällen, wenn nicht nur einzelne Gewebselemente zu Verlust gekommen sind und regeneriert werden können (s. S. 95 ff.), sondern das Organgewebe eine Durchtrennung (wie bei Schnitt- oder Stichwunden) oder einen größeren Gewebsdefekt erlitten hat, also in den Fällen von eigentlicher Wundheilung und Heilung größerer Substanzverluste. In diesen Fällen erfolgt die Wiedervereinigung der getrennten Teile beziehungsweise die Ausfüllung der Lücke der Hauptsache nach durch eine Wucherung von Stützgewebe, und zwar in den meisten Fällen von faserigem Bindegewebe, im Zentralnervensystem auch von Gliagewebe; die eigentlichen Organelemente

8*

(Drüsenepithelien, Muskelfasern etc.) beteiligen sich zwar ebenfalls vielfach an der Neubildung, so daß die junge Bindegewebsmasse mehr oder minder dicht von ihnen durchsetzt wird, ohne daß jedoch die normale Struktur des Organgewebes vollständig wieder hergestellt würde; das Bindegewebe überwiegt eben; ja selbst das neugebildete Bindegewebe entspricht in seiner Struktur nicht vollkommen dem normalen Bindegewebe der betreffenden Stellen. Man bezeichnet die neugebildete, einen Defekt im Gewebe ausfüllende, aber mehr oder minder vom normalen Gewebe abweichende Gewebsmasse als Narbe und den ganzen Prozeß als **Narben-** **bildung.** N a r b e n b i l d u n g oder auch als entzündliche Bindegewebsbildung, denn hier handelt es sich nicht um einfache Regeneration, sondern um Prozesse, die dem großen Gebiet der (reparativen) Entzündung zugehören. (Schon im Anschluß an Regeneration S. 98 kurz erwähnt.)

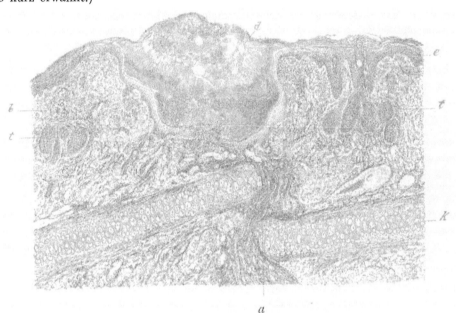

Fig. 116.
Heilung einer Schnittwunde unter dem Schorf (Wunde am Kaninchenohr) am 5. Tage ($\frac{40}{1}$).

a Zellwucherung an Stelle des früheren Schnittes, b Kutisgewebe, e Epithel; letzteres sich unter den aus eingetrocknetem Wundsekret bestehenden Schorf d vorschiebend, noch nicht ganz vereinigt, c Blutgefäß, t Talgdrüsen, k Knorpel, die Schnittenden etwas gegeneinander verschoben.

Formen der Wundheilung: Indem wir die einzelnen Vorgänge der Wundheilung zunächst an der äußeren Haut verfolgen, können wir drei Formen der Wundheilung auseinander halten: die **Primär-** **heilung** oder **Heilung durch direkte Vereinigung,** die **Heilung unter dem Schorf** und die **Sekundärheilung** oder **Heilung durch Granulationsbildung.**

1. Primär- **heilung.** Die **Primärheilung** besteht darin, daß die Wundränder zunächst miteinander verkleben und dann durch bindegewebige Neubildung miteinander verwachsen; sie kommt an glattrandigen Schnitt- und Stichwunden zustande, wenn die Wundränder sich wieder aneinander legen oder, etwa durch eine Naht, künstlich fixiert werden; Voraussetzung ist dabei, daß alle Komplikationen, wie z. B. eine erhebliche Quetschung oder sonstige Läsionen der Wundränder, fehlen, insbesondere auch, daß Infektionen der Wunde fern bleiben.

Dann gestaltet sich der Heilungsverlauf so, daß zunächst die etwa noch zwischen den Wundrändern übrig bleibenden Spalten durch eine, aus den Blutgefäßen der Wundränder transsudierende, an Fibrin reiche Flüssigkeit ausgefüllt werden, und dann unter leichter kongestiver Hyperämie eine Durchsetzung des Gewebes mit Leukozyten, welche aus den Gefäßen auswandern, eintritt. Wir sehen hier die Beziehungen zur Entzündung im allgemeinen. Daran schließt sich einerseits eine Neubildung von Epithel, welche den in der Epidermis bestehenden Defekt überbrückt, andererseits zeigen die Bindegewebszellen der Kutis an den Wundrändern Teilungs- und Wucherungsvorgänge, welche zahlreiche junge Zellen entstehen lassen, die sich zunächst in den Bindegewebsspalten anhäufen, dann aber auch in die, die früheren Wundspalten ausfüllenden, Fibrinmassen hinein vorrücken und diese durchsetzen. Indem die jungen Bindegewebszellen faserige Interzellularsubstanz bilden, kommt es zu einer Verdichtung des fibrillären Kutisgewebes an den Wundrändern und zur Bildung von Fasergewebe an Stelle des Fibrins, welches allmählich resorbiert wird. Entsprechend der geringeren Ausdehnung des ganzen Prozesses entsteht eine schmale Zone jungen Gewebes, welche sich allmählich in derbfaseriges, zellarmes Bindegewebe umwandelt; an Stelle der Wundspalte ist eine lineare Narbe entstanden, in deren Bereich aber noch die regelmäßige parallelfaserige Struktur des normalen Kutisgewebes fehlt, welche auch noch keine elastischen Fasern und Nerven aufweist und an der Oberfläche der Haut als weißliche Linie hervor-

Fig. 117.
Wundheilung durch Granulationsbildung (eiternder Hautdefekt vom Kaninchen, am 9. Tag; im Schnitt ist der linke Rand des Defektes enthalten) ($\frac{40}{1}$).

tritt. Hat die Narbe eine sehr geringe Ausdehnung, so wird sie mit der Zeit undeutlicher und kann auch fast vollkommen verschwinden (Fig. 116).

Die **Heilung unter dem Schorf** (Fig. 116) erfolgt an solchen Substanzverlusten, welche durch eingetrocknetes Sekret (s. u.), oder Blut, oder durch vertrocknende nekrotische Gewebeschichten, z. B. Ätzschorfe, mumifizierte Gewebeschichten etc. von der äußeren Luft abgeschlossen werden. — 2. Heilung unter dem Schorf.

Dabei schiebt sich die Epidermis von den Wundrändern her allmählich zwischen den Grund des Defektes und den ihn bedeckenden Schorf vor; sobald die Überhäutung vollendet ist, fällt der Schorf ab. Bei oberflächlichen Defekten kommt das Niveau wieder ohne weiteres in das der übrigen Haut zu stehen, nach tieferen Substanzverlusten entwickelt sich am Grunde des Defekts eine Wucherung von Bindegewebszellen und Bildung junger Fasern zwischen den Fibrillen des schon bestehenden Gewebes, so daß ein dicht faseriges Narbengewebe entsteht, welches im weiteren Verlauf schrumpfen und eine Einziehung der vernarbten Stelle herbeiführen kann.

Die dritte Art der Wundheilung ist die durch Granulationsbildung (Fig. 117 ff) oder die **Sekundärheilung**; sie kommt an freiliegenden, resp. mit Verbandstoffen bedeckten — 3. Sekundärheilung.

Substanzverlusten vor, also bei Schnittwunden mit klaffenden Rändern oder in solchen Fällen, wo von Anfang durch eine Verletzung, oder durch eiterige Abstoßung eines Schorfes,

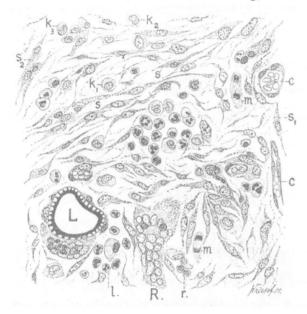

Fig. 118.

Granulationsgewebe vom Peritoneum eines Meerschweinchens nach Injektion von Lykopodiumsamen in die Bauchhöhle.
S, S_1, S_2 Fibroblasten; m solche mit Kernteilung, k_1, k_2, k_3 große, r kleine einkernige Wanderzellen (Polyblasten), l Leukozyten mit polymorphen oder fragmentierten Kernen, R Riesenzelle, c junge Kapillaren, L Leukopodiumkorn, an demselben eine Riesenzelle.

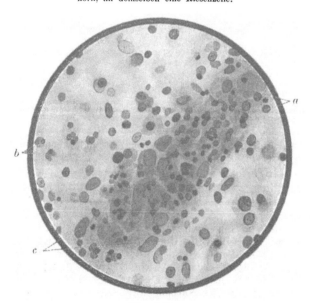

Wund-
granula-
tionen.

Fig. 119.
Frische Granulationen.
a Rundzellen, b polymorphkernige Leukozyten, c Fibroblasten.

oder eines abgestorbenen Gewebestückes ein größerer Defekt entstanden war, endlich in allen Fällen, in denen der Heilungsverlauf durch die Einwirkung von Eitererregern kompliziert wird.

Diese Sekundärheilung besteht darin, daß die Wundlücke durch neugebildetes, gefäßreiches Bindegewebe, sogenanntes Granulationsgewebe, ausgefüllt wird, welches sich schließlich in ein Narbengewebe umwandelt, während die Epidermis von den Seiten her über die Granulationen hinwächst und so diese mit einem Epithelüberzug versieht.

Der ganze Vorgang vollzieht sich unter Auftreten intensiver Reizerscheinungen entzündlicher Art. Schon sehr bald sondert die Wundfläche eine sero-fibrinöse oder blutigseröse Flüssigkeit (Wundsekret) ab, welche zum Teil gerinnt und sich als zartes, fibrinöses Netzwerk in den obersten Schichten der Wundfläche niederschlägt. Frühzeitig kommt es auch zu einer Durchsetzung der oberflächlichen Gewebsschichten mit Leukozyten; diese entstammen den Kapillaren des Gewebes, mischen sich dem Wundsekret bei und verleihen ihm, wenn sie in reichlicher Menge auftreten, einen mehr oder weniger eiterigen Charakter. Wird eine Infektion der Wunde mit Bakterien ausgeschlossen — wie es durch die moderne antiseptische und aseptische Wundbehandlung wenigstens bei von Anfang an reinen Wunden ermöglicht ist —, so bleibt die sogenannte Sekretion der Wunde auch im weiteren Verlaufe eine geringe.

Ungefähr vom dritten Tage ab erkennt man am Grunde der Wunde, welche sich durch die Absonderung nunmehr als Geschwürsfläche darstellt, zarte, leicht blutende, rötliche Fleckchen, die sich rasch vergrößern und zu kleinen warzenartigen Erhebungen heranwachsen; man bezeichnet sie als „Wundgranulationen" oder „Fleischwärzchen". Diese bestehen aus jungem, sehr gefäßreichen Bindegewebe, dem sog. Granulationsgewebe

(Fig. 118—123), welches sich vom Grunde, resp. den Rändern der Wundfläche, aus entwickelt (Fig. 117). Die Bildung dieses Granulationsgewebes, das durch reichlicheFlüssigkeitsbeimengung eine sukkulente, weiche Beschaffenheit hat, nimmt ihren Ausgang von den bindegewebigen Elementen der Kutis; die zunächst runden Zellen vergrößern sich durch Anschwellung ihrer Zellkörper zu breiteren, ovalen oder spindeligen Gebilden mit helleren Kernen (Fibroblasten, s. S. 111); durch fortgesetzte Teilung oder Vermehrung lassen sie eine größere Masse junger Zellen hervorgehen, welche anfangs vorwiegend eine rundliche bis ovale, später eine mehr langgestreckte Form aufweisen. Neben diesen, im allgemeinen ziemlich großen Zellformen („epitheloide" Zellen), finden sich in wechselnder Menge kleinere, welche, wenigstens in den ersten Stadien der Gewebsneubildung, größtenteils polymorphkernigen, aus dem Blutgefäßsystem ausgewanderten Leukozyten (S. 109), später Rundzellen (Granulations-

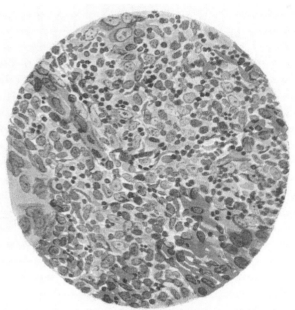

Neu-
bildung
von Blut-
gefäßen.

zellen) entsprechen. (Alle Einzelheiten s. unter „Entzündung".) Mit der Wucherung der Bindegewebszellen geht eine Neubildung von Blutgefäßen Hand in Hand; auch diese nimmt ihren Ausgang von dem Gewebe der Wundfläche, und zwar geschieht sie in der Weise (Fig. 127), daß an den Kapillaren derselben sich eigentümliche sprossenartige Fortsätze entwickeln, welche anfangs solide Auswüchse der Endothelien, welche hier also als Angioblasten dienen, darstellen, dann aber hohl werden und auch selbständige Kerne erhalten; letztere stammen gleichfalls von den alten Endothelien her, und zwar entstehen sie in der Weise, daß die Endothelkerne sich teilen und dann der eine der beiden jungen Kerne in die Sprosse hineinrückt; oder die hervorsprossende Endothelzelle teilt sich in der Weise, daß zwischen den beiden jungen Zellen ein, mit dem Kapillarlumen in Verbindung stehender spaltförmiger Hohlraum zustande kommt, der sich dann

Fig. 120.
Etwas ältere Granulationen. Rundzellen, Fibroblasten bzw.
geschwollene Endothelien, ganz vereinzelte polymorphkernige
Leukozyten.

mit anderen jungen Kapillaren in Verbindung setzt. Aus jungen Kapillaren entstehen größere arterielle oder venöse Gefäße dadurch, daß sich an die Kapillare Muskelfasern und elastische Fasern anlegen, welche aus der Wand älterer Gefäße hervorwachsen. Indem sich die jungen Gefäßsprossen weiter verzweigen und miteinander in Verbindung treten, und, nachdem sie hohl geworden sind, Blut in sie einströmt, bildet sich ein System reichlicher, sehr zartwandiger Gefäße.

Dies junge gefäßreiche Granulationsgewebe, welches also mit dem bei der Entzündung allgemein besprochenen im wesentlichen übereinstimmt und dieselben Quellen hier wie dort hat, durchsetzt zunächst die Spalten des Bindegewebes am Grunde und den Rändern der Wundfläche, schiebt sich aber dann in die der Wundfläche aufliegende Fibrinschicht und nach oben wachsend gegen die freie Oberfläche zu vor; so entstehen die hier sichtbaren „Fleischwärzchen" (s. o.).

Bei ungestörtem Heilungsverlauf schließt sich an das genannte Stadium eine Umbildung des rein zelligen Granulationsgewebes in faseriges Bindegewebe an, Neubildung
des Binde-
gewebes.

und zwar geht diese von den genannten Abkömmlingen der Bindegewebszellen aus, welche eben deswegen den Namen „Fibroblasten“, Bindegewebsbildner, erhalten haben (Fig. 119, 120). Diese Zellen, welche im weiteren Verlauf immer mehr eine langgestreckte, spindelige

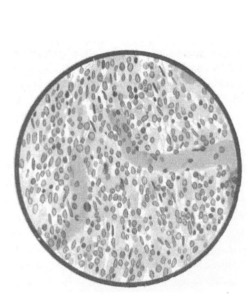

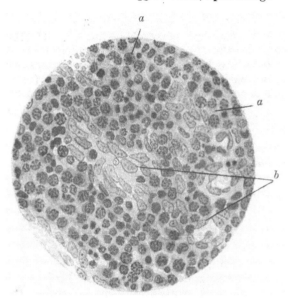

Fig. 121.
Ältere Granulationen (gelb die Gefäße), teils aus Rundzellen, teils aus Spindelzellen bestehend.

Fig. 122.
Ältere Granulationen.
Plasmazellen bei *a*, geschwollene Endothelien bei *b*.

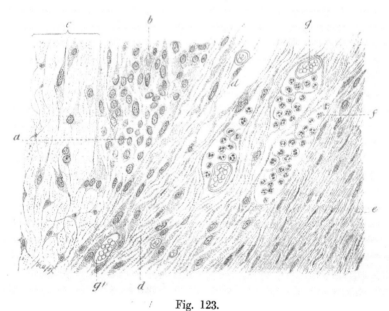

Fig. 123.
Granulationsgewebe, älteres Stadium ($\frac{350}{1}$).

a Rundzellen, *b*, *c* Fibroblasten zum Teil mit Ausläufern und zusammenhängend, dazwischen etwas Grundsubstanz, welche durch die Härtung leicht körnig geworden ist, *d* Auftreten von Fasern neben den hier meist spindeligen Zellen, *e* deutlich faserige Partie, *f* Infiltrate von Leukozyten mit polymorphen Kernen, *g*, *g*[1] Gefäße.

Gestalt annehmen, zeigen nach einiger Zeit an ihren zugespitzten Enden Ausläufer, die in zarte, manchmal feine Büschel bildende Fasern übergehen; manche Zellen, welche eine mehr eckige, sternförmige Gestalt angenommen haben, senden nach verschiedenen Seiten solche Ausläufer aus. Der Hauptsache nach aber scheint die Bildung der fibrillären Zwischensubstanz in der Weise vor sich zu gehen, daß sich die Fibroblasten reihenförmig der Länge nach aneinander legen und nun durch fibrilläre Umwandlung eines Teiles ihrer Zellkörper oder eine Art von Abspaltung Fibrillenbündel bilden, die man bald in größerer Menge zwischen den Zellen hinziehen sieht. Mit der Zunahme der Interzellularsubstanz nehmen die Zellen selbst an Größe ab, da eben die Zellkörper mehr und mehr in der Bildung von Fasern aufgehen; schließlich bleibt von den meisten Zellen nur noch ein schmaler, spindeliger oder linear gestalteter Kern übrig, welchem an den beiden Polen noch geringe Reste von körnigem Protoplasma anliegen; es sind also Zellformen entstanden, wie sie im fertigen Bindegewebe vorherrschen. Doch bleiben noch längere Zeit hindurch größere Zellen sowie reichlichere Wanderzellen in dem jungen Narbengewebe liegen (Fig. 124).

Fig. 124.
Schwiele im Herzmuskel. Bindegewebe, durchsetzt von Rundzellen, ist an die Stelle der zugrunde gegangenen Muskelfasern getreten.

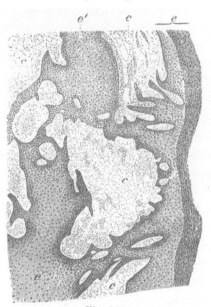

Fig. 125.
Atypische Epithelwucherung.
e Oberflächen-Epithel, c Korium (zellig infiltriert),
e_1 in die Tiefe dringende Epithelwucherungen.

Während der Bildung der Granulationen hat auch in der Epidermis der Wundränder eine reichliche Zellteilung und Vermehrung stattgefunden, und die so entstandene Epithelmasse schiebt sich in dem Maße, als die Wundfläche sich mit Granulationen bedeckt, von den Seiten her über diese vor; während dieses Überhäutungsprozesses bilden sich entsprechend der höckerigen Beschaffenheit der Granulationen vielfach Einsenkungen des Epithels, welche die zwischen den einzelnen Granulationen bestehenden Zwischenräume ausfüllen und, den unregelmäßigen Spalten der Oberfläche folgend, oft tief in das junge Gewebe hineindringen. Man bezeichnet diese Gebilde als atypische Epithelwucherungen (Fig. 125); auch die Epithelien der Talgdrüsen und Haarbälge können ähnliche Wucherungen aufweisen. Solche können auch von alten in der Wunde stehen gebliebenen, ja eventuell sogar künstlich in die Tiefe verlagerten, Epithelinseln ausgehen. *(Neubildungsprozesse in der Epidermis. Atypische Epithelwucherungen.)*

Das in Fasergewebe umgewandelte Granulationsgewebe zeigt also im allgemeinen den Bau des Bindegewebes, aber es weicht doch (s. o.) in seiner feineren Struktur von dem normalen Kutisgewebe ab; es liegt etwas Besonderes, eben ein Narbengewebe vor. Dies *(Gesamtstruktur der Narbe.)*

zeigt noch nicht die regelmäßige parallelfaserige Anordnung der Fibrillen zu geschlossenen Bündeln, welche sich erst später teilweise herstellt und ist noch ziemlich reich an größeren Spindelzellen, sowie größeren und kleineren rundlichen Wanderzellen. Es fehlt ein regelmäßiger Papillarkörper; die neu gebildete Epidermis ist dünn und leicht verletzlich und, da auch die normalen Leisten und Furchen der Haut nicht ausgebildet sind, glatt und gespannt; Pigment fehlt der jungen Oberhaut ebenfalls; Talg- und Schweißdrüsen, sowie die Haarbälge stellen sich nur dann wieder her, wenn Reste von ihnen erhalten geblieben waren. Endlich stellen sich in der Narbe noch weitere Veränderungen ein: ihr ursprünglich reich entwickeltes Gefäßsystem bildet sich größtenteils zurück, die restierenden Gefäße werden enger und dickwandiger, das ganze Gewebe dadurch blasser; das narbige Bindegewebe selbst

Narben-
schrump-
fung. erfährt eine sehr erhebliche Schrumpfung, die sogenannte Narbenkontraktion, durch welche die Narbe auf ein wesentlich geringeres Volumen reduziert und gleichzeitig sehr hart und derb wird, so daß die Beweglichkeit der betreffenden Teile manchmal stark beeinträchtigt wird („Narbenkontrakturen"). Eine feste Narbe hat also makroskopisch ein weißlich-graues Aussehen, ist sehr derb, an der Oberfläche glatt, unter dem Niveau der übrigen Haut gelegen und trägt keine oder nur spärliche Haare und Drüsen.

Wenn bei einer Verletzung eine starke Quetschung der Wundränder stattfindet oder in anderer Weise eine Nekrose von Gewebsteilen entsteht, kommt es zunächst bei der Heilung unter reichlicher Auswanderung weißer Zellen zu einer **Demarkation** der toten Teile gegen die lebenden, und zwar mittels des sogenannten demarkierenden Eiterung (s. dort). Indem hierdurch nach und nach die toten Teile abgestoßen werden und dann auch die Leukozyten wieder verschwinden, vollzieht sich zunächst eine Reinigung der Wundfläche, an welche sich erst dann die eigentlichen Heilungsvorgänge anschließen.

Mit stär-
keren Ent-
zündungs-
erschei-
nungen
komplizier-
te Wund-
heilung:

Demarka-
tion.

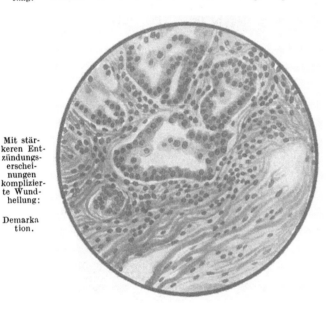

Fig. 126.
Atypische Wucherung der Alveolarepithelien (nach Art von Drüsen) bei Lungensklerose.

Eiterung
mit Kompli-
kation. Wenn der Verlauf der Wundheilung durch die **Einwirkung von Eitererregern** kompliziert wird, stellt sich eine stärkere eiterige Sekretion (s. u. unter B. 1 c) der Wundfläche ein; die zur Ausbildung kommenden Wundgranulationen sind stärker von Leukozyten durchsetzt und erleiden vielfach selbst wieder eine eiterige Einschmelzung; statt sich in faseriges Bindegewebe umzuwandeln, bildet die Geschwürsfläche vielmehr andauernd eine Quelle eiteriger Absonderung, und erst nach Überwindung der Infektion stellen sich die Heilungsvorgänge in regulärer Weise ein. Der stärkere Reizzustand des Gewebes äußert sich in solchen Fällen vielfach in einem übermäßigen Wachstum der Wundgranulationen, die dann erheblich über das Niveau der Geschwürsfläche emporwachsen und andauernd an Masse zunehmen, Caro
luxurians. ohne zu einer regulären Rückbildung und Überhäutung zu gelangen (Caro luxurians). Ähnliche Wucherungen treten vielfach auch da auf, wo es aus anderen Ursachen, z. B. infolge lokaler Zirkulationsstörungen, etwa durch Stauungen (Beispiel: variköse Unterschenkelgeschwüre) oder infolge allgemeiner Ernährungsstörungen (hochgradige allgemeine Anämie, seniler und kachektischer Marasmus etc.) zu einer Verzögerung des Heilungsverlaufes kommt.

In ganz analoger Weise wie an der Haut erfolgt die **Heilung von Verletzungen und Defekten an anderen Organen**; wo es zu einer Primärheilung kommt, verkleben die Wundränder miteinander, aber deren definitive Vereinigung erfolgt durch Bildung einer schmalen, bindegewebigen Narbe, welche sich von den Wundrändern aus in der geschilderten Weise entwickelt; wo größere Defekte vorliegen, erfolgt eine Ausfüllung derselben durch Granulationsbildung und Sekundärheilung mit Hinterlassung von Narben größeren Umfanges. Fast ohne weiteres wiederholen sich die an der äußeren Haut geschilderten Vorgänge der Wundheilung an den Schleimhäuten; nur daß hier vielfach von erhalten gebliebenen Drüsenresten und der Nachbarschaft her Drüsenwucherungen in das Granulationsgewebe ein-

Wundheilung von anderen Geweben (als der Haut):

von Schleimhäuten;

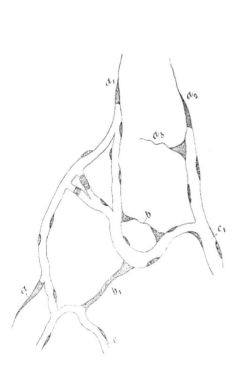

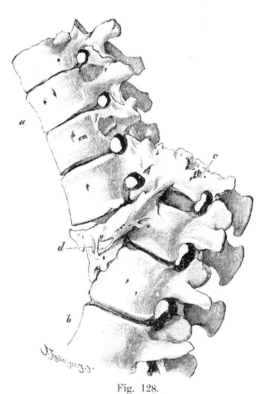

Fig. 127.
Kapillargefäßbildung ($\frac{320}{1}$).

Nach Arnold, Virchows Archiv. Bd. 53 u. 54.

a, a_1, a_2, a_3 Sprossen, b, b_1 in Verbindung getretene Sprossen, $c\ c_1$ ausgebildete junge Kapillaren.

Fig. 128.
9 Monate alte mit starker Dislokation der Wirbel geheilte Fraktur der Wirbelsäule.

a = Brustwirbelsäule. b = Lendenwirbelsäule. c = Kallus, welcher sich der unteren Hälfte des frakturierten ersten Lendenwirbels aufgelagert hat. d = oben abgerissene und nach vorn und unten dislozierte Hälfte des ersten Lendenwirbels, welche durch Knochenspangen mit den Vorderflächen des II. und III. Lendenwirbels verbunden ist.

Aus Zieglers Lehrb. d. allg. u. spez. patholog. Anat. 7. Aufl. Jena, Fischer 1892.

dringen und zum Teil auch in ihm erhalten bleiben; die Wirkung der Narbenkontraktion ist an Schleimhäuten oft eine sehr erhebliche, indem einigermaßen tief greifende Narben starke Formveränderungen, namentlich Stenosen von Hohlorganen, zur Folge haben können. In der Umgebung der Narbe entstehen häufig starke Faltungen der Schleimhaut, die meist eine ausgesprochen radiäre, vom narbigen Zentrum ausstrahlende Anordnung zeigen. An der Verkleinerung der Schleimhautdefekte beteiligen sich übrigens die Wundränder auch unmittelbar in der Weise, daß sie sich über die äußeren Partien des Substanzverlustes hinlegen und so von vornherein einen Teil desselben decken. Auch in drüsigen Organen entwickelt sich nach Verletzungen und Substanzverlust ein die Wundspalte ausfüllendes Granulations-

von drüsigen Organen;

gewebe, in welches von der Umgebung her Drüsenwucherungen eindringen. Derartiges ist bei Wunden der Leber, der Niere, der Brustdrüse, der Speicheldrüsen etc. zu beobachten; zu einer Wiederherstellung völlig normalen funktionierenden Parenchyms (s. unter Regeneration) kommt es also in der Regel nicht. Ähnlich wie bei der Haut beschrieben, kann es auch an Schleimhäuten und Drüsen (Fig. 126) zu atypischen Epithelwucherungen kommen.

von Muskulatur; Muskelwunden heilen auch bei genauester Aufeinanderpassung der Schnittenden durch Bildung einer schmalen Narbe, welche indessen die Funktion nicht behindert und gleichsam nur eine pathologisch entstandene Inscriptio tendinea darstellt. Durchschnittene Sehnen heilen nach sorgfältiger Vereinigung der Enden durch narbiges Bindegewebe zusammen, jedoch kann sich auch noch bei ziemlich bedeutender Retraktion der Sehnenstümpfe eine Wiedervereinigung herstellen. Eigentümliche Verhältnisse zeigt das Nervensystem. In den Zentralorganen desselben entsteht auch bei geringfügigen Verletzungen eine ausgebreitete Degenerationszone (sogenannte Zone der traumatischen Degeneration), innerhalb welcher das Nervengewebe abstirbt und zerfällt; an seiner Stelle entwickelt sich dann eine *im Nervensystem;* gliöse oder bindegewebige Narbe. Werden durchtrennte periphere Nervenstämme durch eine Naht wieder vereinigt, so entwickelt sich an der Läsionsstelle eine schmale Zone von Granulationsgewebe, welche aber frühzeitig von Nervenfasern durchsetzt werden kann; diese wachsen aus dem zentralen Stumpf des durchtrennten Nerven heraus und dringen durch das Granulationsgewebe hindurch in den peripheren Stumpf vor; bleibt zwischen beiden Enden ein größerer Zwischenraum bestehen, so entwickelt sich eine entsprechend längere Narbe, aber auch diese kann unter Umständen von den aus dem zentralen Nervenstumpf hervorsprossenden jungen Nervenfasern durchsetzt werden, so daß sich wieder eine Verbindung mit der Peripherie herstellt. In anderen Fällen verlieren sich die hervorwachsenden Nervenfasern in dem Gewebe der Narbe und bilden dann oft knäuelförmige Auftreibungen, sogenannte Neurome (s. unter Tumoren).

von Bindesubstanzen; Bei den verschiedenen Geweben der Bindesubstanzgruppe heilen Kontinuitätstrennungen ebenfalls durch gewöhnliche, aus faserigem Bindegewebe bestehende Narben; das ist z. B. bei Verletzungen im Lymphdrüsengewebe, im Fettgewebe, Schleimgewebe, im Knorpelgewebe der Fall; doch hat das vom Bindegewebe bestimmter Stellen ausgehende Granulationsgewebe unter Umständen die Fähigkeit, wieder bestimmte Arten von Bindesubstanzen hervorzubringen. Beim Knochen kommt in der Regel Regeneration zustande. *von Knochen.* Bei Knochenfrakturen erfolgt die Wiedervereinigung der getrennten Stümpfe durch ein vom Periost und vom Knochenmark ausgehendes Granulationsgewebe — Bindegewebskallus —, welches aber vermöge seiner Abstammung die Fähigkeit besitzt, später zunächst Knorpel und dann auf dem Wege der Osteoblasten teils vom Mark aus (innerer Kallus), teils vom Periost aus (äußerer Kallus) wieder Knochensubstanz zu bilden und so eine knöcherne Vereinigung der Bruchenden herzustellen. Zunächst übertrifft der knöcherne Kallus die gesetzte Lücke; er wird erst später auf das nötige Maß reduziert und dabei dem alten Knochen möglichst ähnlich transformiert. Über eventuelle funktionelle Anpassungserscheinungen s. S. 99.

Die Wundheilung als Entzündung. Daß die Wundheilung ein (reparativer) entzündlicher Prozeß ist, ist oben dargelegt. Hier liegt ein größerer makroskopischer Defekt vor, der geheilt wird, bei der „eigentlichen" = defensiven Entzündung kleinere „Mikronekrosen" durch die einwirkende Schädlichkeit verursacht. Bei letzterer kann sich daher ein parenchymatösen Organen das Parenchym eher wieder ersetzen, und nur wenn der Ausfall groß geworden ist, tritt das ein, was für die größeren Defekte, welche die Wundheilung füllen muß, die Regel ist, hauptsächlicher Ersatz durch Bindegewebe. Entstehen durch die Entzündung, z. B. durch eine eiterige, größere Gewebsdefekte, Geschwüre, und hört die Entzündung bewirkende Schädlichkeit auf, so verhält sich ein derartiger Defekt ganz wie ein mechanisch gesetzter, und es kommt dann zu den Prozessen der Wundheilung.

2. Pathologische Organisationen: Einheilung von Fremdkörpern, Resorption und Organisation.

Einheilung von Fremdkörpern, Hier fassen wir der reparativen Entzündung zugehörige Vorgänge zusammen, welche dann auftreten, wenn Fremdkörper durch ihre Anwesenheit das Gewebe stören. Ganz genau wie Fremdkörper verhalten sich Bestandteile desselben Organismus, wenn sie an eine fremde

Stelle gelangen; sie stellen dann für diese gewissermaßen einen Fremdkörper dar. Auch abgestorbene Massen verhalten sich ähnlich.

Unter den Fremdkörpern gibt es nun solche, welche rein, nicht infiziert, sind — sogenannte blande — blanden; und auch keine besondere chemische Reizwirkung entfalten. Hier handelt es sich also nur um mechanische Schädigung der Gewebe, in welche jene Körper gelangen. Eine andere Gruppe derselben ist infiziert, infizierten trägt also z. B. Bakterien mit sich. Hier werden die für die betreffenden Bakterien spezifischen Wirkungen die Folge sein, z. B. bei Kokken Eiterung. Werden diese Stoffe sodann eliminiert, also sterben z. B. die Kokken ab, so liegt auch dann nur noch ein einfacher Fremdkörper vor, der in seiner jetzt nur noch mechanischen (evtl. noch chemischen) Wirkung einem blanden Körper entspricht. Wir brauchen daher nur diese hier zu betrachten, während die Wirkungen der mit einem infizierten Fremdkörper eingeführten Schädlichkeiten selbst im folgenden Abschnitt der eigentlichen Entzündung Besprechung finden.

Je nach der Beschaffenheit der Fremdkörper unterscheiden wir verschiedene Vorgänge:

a) **Geringe Mengen kleiner korpuskulärer Substanzen** — wie solche als Staub, a) Ein-heilung Pigment etc. von außen in den Organismus gelangen oder innerhalb desselben gebildet werden geringer können — werden teils direkt mit dem Saftstrom weggeführt, also resorbiert, teils von kleiner kor-puskuläre Sub-stanzen;

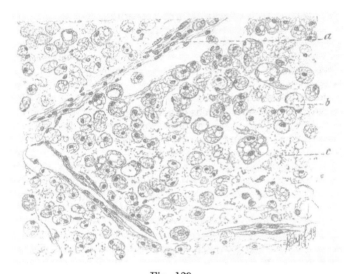

Fig. 129.
Schnitt aus einem ca. 14 Tage alten Erweichungsherd ($\frac{250}{1}$).
a erhalten gebliebene Bindegewebszüge, *b* (entfettete) Körnchenzellen, *c* Detritus.

Leukozyten und anderen Zellen phagozytär aufgenommen (vgl. S. 110 und S. 126) und so weggetragen.

b) **Reichliche Mengen feinkörnigen Materials oder größere weiche, nur** b) reich-licherer teilweise resorbierbare Fremdkörper, ferner aus irgend einer Ursache abgestorbene Mengen und liegen gebliebene Gewebsbestandteile — besonders Infarkte oder sonstige solcher oder größerer nekrotische bzw. einfach erweichte Massen (Fig. 129) — sowie feste innerhalb oder weicher außerhalb der Blutbahn entstandene Abscheidungen — z. B. Thromben, Blut-Massen. extravasate, fibrinöse Exsudate etc. — rufen stärkere Reaktionen hervor. Diese bestehen zunächst zwar auch in einer Auflösung und Resorption der von den Körper-säften angreifbaren Bestandteile, sowie in phagozytärer Wegschaffung kleinerer Zerfallspartikel; hier reichen aber die Prozesse zum Wegschaffen der abgestorbenen Massen oder dergleichen nicht aus, es kommt zudem zu einer Substituierung durch ein junges Gewebe. Man bezeichnet diese ganzen Vorgänge als **Organisation.** Endresultat ist Ver-narbung.

Bei den Vorgängen stellt sich zunächst eine Emigration von Leukozyten (S. 108) ein, welche sich um die toten Massen herum ansammeln und auch in etwaige Spalten und Lücken dieser eindringen; indes gehen diese Zellen bald wieder zugrunde, ohne viel Material resorbieren oder wegschaffen zu können. Der Hauptsache nach erfolgt dies durch die jetzt auftretenden oben (S. 110) besprochenen rundkernigen Wanderzellen, welche teils aus dem Blute stammen, teils im Bindegewebe, besonders um die Gefäße herum, seßhaft waren und auf den Reiz hin wieder amöboid geworden sind (besonders die Histiozyten). Diese anfangs kleinen, mit einem einfachen runden Kern versehenen Rundzellen (Fig. 118) sammeln sich jetzt im Bereich der zu resorbierenden Massen in großer Menge an und dringen in die Spalten und Lücken derselben vor; sie wandeln sich dabei in größere Elemente um (Fig. 129 und S. 110). Sie nehmen korpuskuläre Zerfallsprodukte der abgestorbenen Massen auf, und so finden wir sie mit den verschiedensten Stoffen beladen: mit Blutpigment, Nervenmark, Eiweißkörnchen; auch etwa noch erhaltene rote Blutkörperchen werden von ihnen eingeschlossen; so entstehen „Fettkörnchenzellen“, „pigmenthaltige“, „myelinhaltige“, „roteblutkörperchenhaltige Zellen“ (Fig. 72 und 74, Fig. 129 und 130). Namentlich die ersteren sind, oft in unzähliger Menge, vorhanden und bilden ziemlich voluminöse, schon bei schwacher Vergrößerung deutlich hervortretende, trübgraue Elemente, in denen man mit stärkeren Objektiven reichliche Fettkörnchen und -tröpfchen erkennt. Die besprochenen Zellen wirken also als Phagozyten, und zwar handelt es sich um Makrophagen (s. S. 109); die Phagozytose dient hier einfacher Resorption. Zum großen Teil gelangen die Zellen, mit den Zerfallsprodukten des Gewebes beladen, an andere Orte, besonders in die Lymphbahnen, zum Teil gehen sie bei dieser phagozytären Tätigkeit zugrunde.

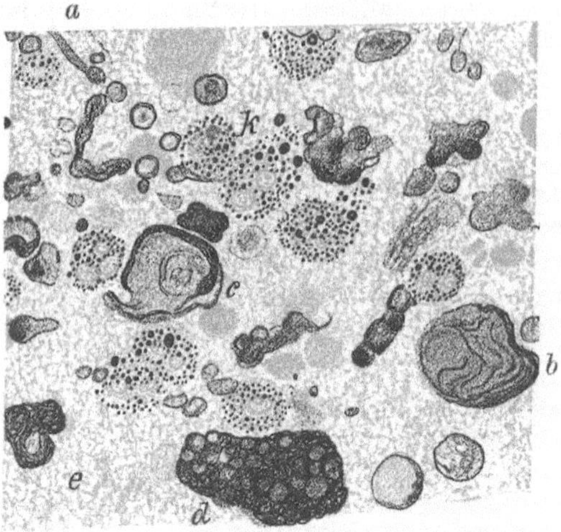

Im Verlauf der Resorptionsprozesse findet man ferner, und zwar oft in erheblicher Zahl, eigentümliche, große, das Volumen der übrigen Zellen um das Mehrfache übertreffende Elemente mit zahlreichen Kernen, die sogenannten Fremdkörperriesenzellen; diese liegen der Oberfläche der fremden Massen an, respektive nehmen die letzteren, wenn sie klein genug sind, in sich auf; die Kerne, von denen man gelegentlich bis zu hundert und mehr in einer einzigen dieser Zellen zählen kann, haben in

Fig. 130.

Schnitt aus einem mit Osmiumsäure behandelten Stückchen von einem frischen anämischen Erweichungsherd aus dem Gehirn ($\frac{250}{1}$).

Die fettigen Substanzen sind durch die Osmiumsäure geschwärzt, das übrige in gelbem Grundton. *a* gequollener Achsenzylinder, *b, c, d* Myelinkörper, *k* Fettkörnchenzellen, *e* körnig zerfallene Masse mit einzelnen hyalinen Schollen (gelb).

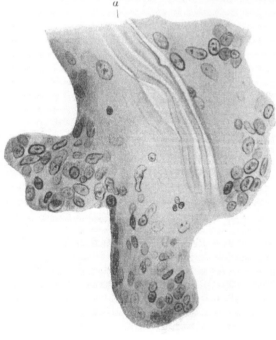

Phagozyten.

Fremdkörperriesenzellen; Herkunft, Entstehungsweise und Wirksamkeit derselben.

Fig. 131.

Fremdkörperriesenzellen um einen Seidenfaden (*a*).

der Regel eine randständige Anordnung, d. h. sie liegen an der Peripherie des Zellkörpers, während dessen innere Partien kernfreies Protoplasma, eventuell mit dem Fremdkörper, aufweisen (Fig. 118, 131 u. 132); wo Riesenzellen einem Fremdkörper flächenhaft anliegen, befinden sich die Kerne in dem vom ersteren abgewendeten Teil des Protoplasmaleibes. Was die Herkunft der Riesenzellen betrifft, so gehen sie aus obigen einkernigen Phagozyten, vor allem von Bindegewebselementen abstammenden, hervor. Sie entwickeln sich unter dem Einfluß des Fremdkörpers als Reaktion gegen ihn. Während sie wohl zumeist in der Weise entstehen, daß innerhalb einer, dabei an Größe zunehmenden, Zelle zwar eine fortgesetzte (amitotische) Kernteilung stattfindet, die Teilung des Zellkörpers aber ausbleibt, weil infolge der Schädigung durch den Fremdkörper die Kraft hierzu nicht mehr ausreicht, kommen sie nach einer anderen Ansicht durch Verschmelzung mehrerer Zellen zu einem einheitlichen Gebilde zustande; vielleicht kommen beide Entstehungsarten nebeneinander vor. Diese Riesenzellen sind, wie ihre Stammzellen, wanderfähig und wie sich aus dem Vorhergehenden ergibt, im höchsten Grade begabt, Fremdkörper aufzunehmen, also phagozytär.

Die Tätigkeit aller dieser Zellarten — und wahrscheinlich auch der eigentlichen Fibroblasten — ist indessen keineswegs darauf beschränkt, kleine Zerfallspartikel in sich aufzunehmen und wegzuschaffen;

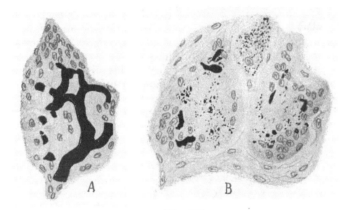

Fig. 132.
Riesenzellen nach Einbringung mit blauem Leim injizierter Lungenstückchen unter die Haut.
In *A* enthält die Riesenzelle nach 4 Tagen noch ganze injizierte Kapillarschlingen, in *B* nach 10 Tagen nur noch kleine Bröckchen und Körnchen. (Aus Ribbert, Lehrb. d. allg. Path. etc.)

vielmehr kommt ihnen, wenigstens gewissen Stoffen gegenüber, auch eine direkt verdauende Fähigkeit zu, d. h. das Vermögen diese aufzulösen und so zu zerstören; endlich sind sie auch imstande, größere Massen, soweit diese überhaupt einer Resorption zugänglich sind, anzunagen und so allmählich der Auflösung entgegenzuführen; es haben diese Prozesse ihr physiologisches Vorbild in der physiologischen Resorption von Knochensubstanz durch die Osteoklasten (vgl. II. Teil, Kap. VII).

Dienen die geschilderten Vorgänge der Resorption der abgestorbenen Massen bzw. des Fremdkörpers soweit wie möglich, so hat das Granulationsgewebe, besonders soweit es dem umliegenden Bindegewebe entstammt, einen weiteren Vorgang eingeleitet, eben den der „Organisation". Mit den Wanderzellen dringen Fibroblasten und junge Blutgefäße in die zu organisierenden Massen vor und nehmen den durch Wegschaffung der toten Teile frei gewordenen Raum ein; nach und nach treten an Stelle der Wanderzellen mehr und mehr die bekannten langspindeligen Formen der jugendlichen Bindegewebszellen, welche dann auch faserige Zwischensubstanz bilden und ein richtiges Narbengewebe produzieren (alles Genauere siehe oben).

Man sieht, es handelt sich streng genommen nicht um eine Organisation der toten Teile, sondern um eine Substitution derselben durch gefäßhaltiges und dadurch zu dauerndem Bestehen fähiges Gewebe, welches alle Eigenschaften jungen Narbengewebes aufweist und wie dieses nach einiger Zeit einer Schrumpfung, der Narbenkontraktion, verfällt

Eigentliches Wesen der sog. Organisation.

So entsteht in der Regel, z. B. an Stelle eines alten Infarktes, ein derber, fibröser, weißgrauer Herd, der als Narbe nach der Schrumpfung an der Oberfläche des Organs eine tiefe Einziehung hervorrufen kann (s. o. S. 122). So wird auch ein Thrombus in einem Gefäß ganz durch Bindegewebe ersetzt.

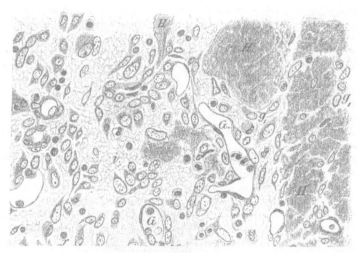

Fig. 133.

Granulationsgewebe aus einer Auflagerung auf dem Epikard bei Pericarditis fibrinosa ($\frac{250}{1}$).

g_1 Fibroblasten, r Lymphozyten, dazwischen i feinfaserige Interzellularsubstanz, G Blutgefäße, H hyalines Fibrin.

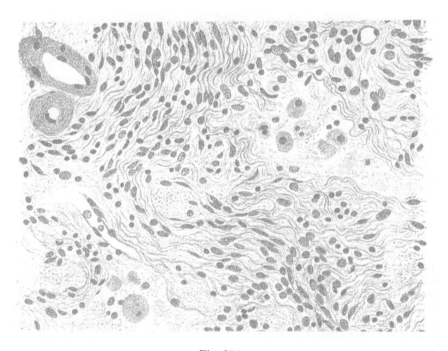

Fig. 134.

Alter, größtenteils narbig umgewandelter Erweichungsherd aus dem Rückenmark ($\frac{250}{1}$).

Nur an einzelnen Stellen, rechts und links unten, Lücken mit Detritus und einzelnen Körnchenzellen; im übrigen faseriges, mit spindeligen Kernen versehenes Bindegewebe: links oben zwei Gefäße mit hyalin verdickter Wand.

Sind die abgestorbenen Massen zu umfangreich, um einer vollständigen Re- Schicksal
nicht völlig
resorbier-
ter Fremd-
körper.
sorption zugänglich zu sein, oder ist die Resorptiontätigkeit des Organismus
nicht ausreichend, sie völlig zu entfernen, so bleiben die Zerfallsmassen lange Zeit als
körniger Detritus liegen, in welchem häufig Fettnadeln, Tyrosinkristalle und Cholesterinkristalle (s. S. 62) ausgeschieden werden. Nicht selten erhält die Masse durch Wasserabgabe
und Eindickung eine trockene, käseähnliche Beschaffenheit, in anderen Fällen wird sie mit
Kalkablagerungen imprägniert, ein Schicksal, welches unter Umständen auch die den Herd
umgebenden und durchziehenden, neu gebildeten Bindegewebsmassen erleiden können.

c) Derbe, nicht resorbierbare Fremdkörper bewirken zunächst in ihrer Um- c) Schick-
sal nicht
resorbier-
barer
Fremd-
körper.
gebung eine Ansammlung von Leukozyten, sodann eine Wucherung von Bindegewebszellen,
die ihren Ausgang in Bindegewebsbildung nimmt; der ganze Vorgang unterscheidet sich
von der zuletzt besprochenen Organisation nur dadurch, daß eben der vom Fremdkörper
eingenommene Raum nicht durch Granulationsgewebe angefüllt werden kann (weil der Fremd-
körper nicht resorbierbar ist) und letzteres nur eine fibröse Umhüllung, eine Kapsel um den Kapsel-
bildung um
diese.
Fremdkörper bildet. So können verschiedene Fremdkörper, Nadeln, abgebrochene Teile von
Instrumenten, Geschosse, Glassplitter, Seidenfäden etc. ins Gewebe einheilen, ohne anderen
Schaden zu veranlassen als den, welchen
ihr Eindringen, z. B. durch Zerstören von
Gewebselementen, schon vorher verursacht hatte oder den sie durch ihre Lage
in empfindlichen Organen, durch Druckwirkungen etc. hervorrufen. Ist der
Fremdkörper porös, so findet (wie man
bei künstlicher Einheilung von asepti-
schen Schwämmchen, Holundermark-
stückchen etc. studieren kann), zuerst
eine Einwanderung leukozytärer Elemente in seine Lücken statt, woran sich
eine solche junger Bindegewebszellen anschließt. Also der Fremdkörper wird
von Bindegewebe durchwachsen und dem
Organismus in einem nicht weiter irri-
tierenden Zustand dauernd einverleibt;
das gleiche findet statt, wenn aseptische
Fremdkörper nicht in das Innere des
Gewebes, sondern von der Oberfläche
einer Körperhöhle aus einheilen.

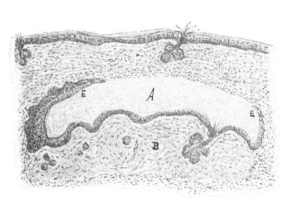

Fig. 135.
Transplantation von Kaninchenhaut unter die Haut des
Ohres. Oben die normale Epidermis.
B das verpflanzte Bindegewebe, auf ihm das Epithel, welches bei
EE auf das gegenüber liegende Bindegewebe wächst und so den
Hohlraum *A* auskleidet. (Aus Ribbert, Lehrb. d. allg. Path.
u. path. Anat. 3. Aufl. Leipzig.)

d) Verflüssigte nekrotische Teile (wie besonders Erweichungen im Zentralnerven- d) Ein-
heilung von
Fremd-
körpern
mit Zysten-
bildung.
system) zeigen häufig besondere Verhältnisse. Sind sie auch im allgemeinen leichter einer
Resorption zugänglich und vernarben somit, wie unter b ausgeführt, so finden wir doch
oft, daß sich durch die bindegewebige Wucherung des umgebenden Gewebes nach Analogie
der Vorgänge bei c nur eine Art fibröser Kapsel um den flüssigen Herd bildet, während
innen Flüssigkeit erhalten bleibt, und daß der anfangs trübe Inhalt durch Resorption nach
und nach entfernt und durch klare seröse Flüssigkeit ersetzt wird. Diese bleibt dauernd
erhalten und ist von der bindegewebigen Kapsel, welche sich nunmehr nach innen gegen die
Flüssigkeit scharf absetzt, umgeben. So wird der Herd schließlich zu einer glattwandigen
sogenannten Zyste (s. S. 150ff.). Wo Blutungen vorhanden waren, erleidet, soweit nicht die
Blutzellen und der ausgelaugte Blutfarbstoff resorbiert wurden, der Blutfarbstoff die S. 72 ff.
angeführten Umwandlungen, welche der späteren Narbe, wenn eine solche zustande kommt,
eine mehr oder minder intensiv braune Pigmentierung verleihen, oder wenn Zysten entstehen,
lange Zeit hindurch den Inhalt dieser bräunlich färben und auch ihre Umgebung mehr oder
minder stark pigmentiert erscheinen lassen.

In ähnlicher Weise wie Fremdkörper wirken auch viele Konkremente, s. S. 80; hierher gehören Einheilung
von Kon-
krementen.
Kalkkonkremente sowie Ausfällungen aus Gallen- oder Harnbestandteilen, soweit diese innerhalb der

Gewebe abgelagert werden. Treten solche nur in geringer Menge auf, so können sie ohne stärkere Reaktionserscheinungen zur Resorption gebracht werden; bilden sie sich in größerer Menge, so können sie, wie andere Fremdkörper und abgestorbene Massen von Bindegewebe, eingekapselt und durchwachsen werden, um dann als Caput mortuum liegen zu bleiben, sofern sie nicht durch chemische Reizung dauernd Reaktionserscheinungen von seiten der Umgebung hervorrufen (s. u.).

B. (Eigentliche = defensive) Entzündung.

Diente die bisher besprochene reparative Entzündung mehr der Heilung des durch eine Wunde oder einen Fremdkörper gesetzten Defektes evtl. unter Resorption und Substituierung des letzteren, so kommen wir jetzt zu dem großen viele Einzelformen umfassenden Kapitel der eigentlichen Entzündung, die bei enger gegenseitiger Einwirkung zwischen Schädlichkeit und Gewebsreaktion der Abwehrbewirkung und gleichzeitig der Heilung gilt. Hier sind zwar alle oben geschilderten Entzündungsvorgänge nach- bzw. nebeneinander vorhanden, und zwar gerade hier bei der Entzündung kat exochen besonders ausgeprägt. aber im einzelnen bestehen große Variationen. Es hängt dies einmal damit zusammen, daß die verschiedenen Ursachen der Entzündung nun je nach Quantität und Qualität recht verschieden wirken. Andererseits bedingen die Lokalität und das Gewebe, in dem sich die Entzündung abspielt, Verschiedenheiten der Reaktionen — sind doch die beteiligten Zellen zum Teil lokaler Herkunft. So entstehen die verschiedenen **Entzündungsformen.** Die oben gegebenen Grundzüge der die „Entzündung" darstellenden Prozesse müssen ja stets vorhanden sein, quantitativ aber tritt bald der eine, bald der andere Einzelprozeß mehr in den Vordergrund oder mehr zurück, so daß das Bild der Entzündung ein gar vielseitiges sein kann.

Ans diesen Gesichtspunkten ergibt sich eine Einteilung zunächst in zwei verschiedene Hauptentzündungsformen:

1. exsudative Entzündung, bei welcher die Exsudation das Bild beherrscht. Diese ist aber je nach Beschaffenheit des Exsudates weiter einzuteilen in eine seröse, fibrinöse, eiterige, hämorrhagische oder jauchige Form. Das Genauere s. weiter unten.

2. produktive Entzündung, bei welcher die (regenerativen) Gewebsneubildungen in den Vordergrund treten.

Ferner kann man die Entzündungen nach ihrer Dauer — zumeist abhängig von der Dauer der Einwirkung des Entzündungsreizes — in Formen einteilen:

1. akute Form, bei der es sich um eine einmalige vorübergehende Schädigung handelt, nach deren Sistierung die krankhaft gesteigerten Lebensvorgänge zum normalen Maß zurückkehren und die etwa zurückgebliebenen Produkte der Exsudation oder der Degeneration weggeschafft werden.

2. chronische Form, bei der die Wirkung einer Schädlichkeit auf das Gewebe eine dauernde ist, so daß diese Form sich gewissermaßen aus einer Reihe akuter Reizzustände zusammensetzt.

Zwischenformen zwischen diesen beiden kann man als subakute Entzündungen bezeichnen.

Nicht zu verwechseln mit chronischen Entzündungsformen sind Endresultate abgelaufener entzündlicher Vorgänge d. h. Zustände, welche also zu den „Schäden" zu rechnen sind (s. S. 3). Hierher gehören die sogenannten Schwielen u. dgl.

Endlich hat man noch nach einem dritten Gesichtspunkt eine Einteilung vorgenommen, je nachdem nämlich die Entzündung das Parenchym oder das Zwischengewebe angreift, in eine

1. parenchymatöse,

2. interstitielle Entzündung.

Nun sind die Parenchymveränderungen im Anfang besonders, wie wir gesehen haben, degenerativer Natur. Wo sich nur degenerative Veränderungen allein ohne Zeichen von Entzündung finden, dürfen wir natürlich noch nicht von Entzündung sprechen, sondern eine solche erst annehmen, wenn es zu Veränderungen am Gefäßsystem bzw. Bindegewebe — also vor allem einem Exsudat — gekommen ist. Eine solche Entzündung folgt ja allerdings den einfachen Degenerationen des Parenchyms häufig auf dem Fuße. Unter parenchymatöser Entzündung könnten wir also nicht solche verstehen, welche sich nur am Parenchym abspielen, denn solche Entzündungen gibt es nicht — das sind eben nur Parenchymdegenerationen —, sondern nur solche, wo neben wirklich entzündlichen Erscheinungen die regressiven, eventuell auch progressiven Vorgänge am Parenchym besonders im Vordergrund stehen. Andererseits ist jede Entzündung eine interstitielle, denn sie spielt sich ja besonders im Interstititum, zu dem auch die Gefäße gehören, ab. Man könnte also hier von interstitieller Entzündung nur in dem Sinne sprechen, daß die Vorgänge am Parenchym gegenüber denen des Interstitium stark zurücktreten. Man vermeidet diese Unterscheidung, die auf anderen Anschauungen aufgebaut war, heute daher am besten.

Ich habe daher oben auch nur in 1. exsudative, 2. produktive Entzündung eingeteilt, nicht wie es zumeist geschieht noch 3. eine parenchymatöse oder alterative Entzündung unterschieden. Bei dieser ständen also die degenerativen Gewebsveränderungen besonders des Parenchyms im Vordergrund.

Besondere Modifikationen erfährt das Gesamtbild des Entzündungsvorganges an den ganz oder teilweise gefäßlosen Geweben, der Kornea, dem Knorpel, den Herzklappen. Das typische Bild der Entzündung kann sich hier von vornherein nicht ganz entwickeln, weil durch den Mangel an Blutgefäßen die anatomischen Vorbedingungen etwas verschieden sind, doch kommt es auch hier von der gefäßhaltigen Umgebung her zum Eindringen von sero-fibrinösem Exsudat und Leukozyten in die Spalträume des gefäßlosen Gewebes. Bei den Entzündungen dieser Teile, in den Frühstadien wenigstens, stehen aber die Erscheinungen an den Gewebszellen, welche einerseits in degenerativen Veränderungen, andererseits aber auch in Wucherung und Vermehrung derselben bestehen können, im Vordergrund. In späteren Stadien der Entzündung wachsen an diesen sonst gefäßlosen Teilen infolge von Chemotaxis Gefäße von der Umgebung ein. *Entzündung gefäßloser Gewebe.*

Man bezeichnet eine Entzündung, indem man an den griechischen Namen des Organs die Endung „itis" anhängt, also z. B. Hepatitis, Nephritis, Pleuritis etc. Einige an und für sich sehr schlechte Zusammensetzungen lateinischer Worte mit dieser Endigung sind Sprachgebrauch geworden, so Konjunktivitis, Tonsillitis und vor allem Appendizitis. Die Vorsetzung von „peri" vor eine Entzündungsbezeichnung drückt aus, daß die Entzündung auch den serösen Überzug des Organes ergriffen hat, „para", daß auch die Umgebung daran teilnimmt, z. B. Perityphlitis und Peri- bzw. Parametritis. Für einige Organe werden besondere Worte zur Bezeichnung von Entzündungen gebraucht, so vor allem Pneumonie = Lungenentzündung, Angina = Entzündung der Mandeln. *Bezeichnung der Entzündungen.*

Wir gehen jetzt zu den einzelnen Formen über.

Einzelne Entzündungsformen.

1. Exsudative Entzündungen.

Bei diesen treten mindestens in den Anfangsstadien der Entzündung die Exsudationserscheinungen in den Vordergrund. Ist, wie bei fibrinösen und manchen eiterigen Entzündungen nach Ablauf des Prozesses eine tote Exsudatmasse zurückgeblieben, so erfolgt die definitive Heilung des Prozesses dadurch, daß die Exsudatreste, ebenso wie abgestorbene Gewebsteile, auf dem Wege der Organisation (Genaueres siehe S. 127) entfernt und substituiert werden. Es schließt sich also an das exsudative Stadium ein Stadium produktiver Entzündung an, welches aber in diesen Fällen nur der Wegschaffung der Exsudatreste dient und demnach als Heilungsvorgang betrachtet werden muß, daher schon unter den reparativen Entzündungen besprochen ist. *1. exsudative Entzündungen*

Wir können je nach der Beschaffenheit des Exsudates ein seröses, serofibrinöses, eiteriges, jauchiges und hämorrhagisches Exsudat unterscheiden. Das letzte — es handelt sich hierbei nur um Blutbeimengung infolge Blutung (per diapedesin oder per rhexin) aus kleinen Gefäßen — bedarf keiner besonderen Besprechung, das jauchige kann mit dem eiterigen, mit dem es sich kombiniert, zusammen besprochen werden; ebenso das sero-fibrinöse mit dem mehr rein serösen. Besonders zu besprechen haben wir somit die seröse, fibrinöse und eiterige Entzündung. Ein Exsudat kann in ein Gewebe hinein oder auf eine Oberfläche abgeschieden werden. Es herrschen hierbei Verschiedenheiten, die zum Teil im einzelnen besprochen werden müssen. Ein Gewebe kann von dem Exsudat mehr diffus durchsetzt werden oder zirkumskript unter Abheben der Oberfläche wie bei den Blasen der Haut. Wenn ein Exsudat auf eine Oberfläche austritt, welche eine größere geschlossene Höhle umgibt, z. B. eine seröse Höhle, so sammelt sich das Exsudat, soweit es flüssig ist, in der ganzen Höhle, diese erweiternd. Gelangt aber ein flüssiges Exsudat auf eine Schleimhaut, so kann es sich hier nicht ansammeln, sondern muß abfließen. Man bezeichnet eine solche Entzündung als Katarrh. Da dieser nun seinem Ausgangsorte entsprechend einige Besonderheiten zeigt, besprechen wir ihn als katarrhalische Entzündung nach den oben genannten Formen noch besonders.

a) seröse
Ent-
zündung.

a) Die seröse Entzündung.

Eine wässerige s e r ö s e Exsudation findet sich als Initialstadium anderer Entzündungen an allen möglichen Organen und bildet, soweit sie die Gewebsspalten ausfüllt, das sogenannte „entzündliche Ödem", soweit sie frei in Körperhöhlen abgelagert wird, den entzündlichen „Hydrops". Ein solches Exsudat ist nach dem oben Gesagten im ganzen eiweißreicher als ein einfaches Ödem (Transsudat). Auch enthält es mehr Zellen (Leukozyten) und Fibrin als ein Transsudat, aber immerhin nur wenig Fibrin und nur vereinzelte Leukozyten.

Kommt es unter der Wirkung zerfallender Zellen zur Gerinnung der Eiweißkörper, so findet sich in der Flüssigkeit viel Fibrin, man spricht jetzt von einer sero-fibrinösen Entzündung; oder wenn das Fibrin ganz vorherrscht, die Flüssigkeitsmenge relativ sehr gering ist, so handelt es sich um:

b) fibrinöse
Ent-
zündung.

b) die fibrinöse Entzündung.

Diese findet sich vor allem auf freien Oberflächen, den Schleimhäuten, serösen Häuten, Gelenken etc. Hierher ist auch die Lunge zu rechnen, deren Alveolarwände gewissermaßen lauter kleine Hohlräume begrenzende Oberflächen darstellen. Eine besondere Besprechung dieser fibrinösen Entzündung ist dadurch bedingt, daß sie an verschiedenen Orten in etwas verschiedener Form auftritt.

α) seröser
Häute.

α) Fibrinöse Entzündung seröser Häute.

Das exsudierte Fibrin lagert sich an der Oberfläche der serösen Häute ab und bewirkt an ihnen zuerst eine samtartige Trübung; dann kommt es zur Bildung zarter, grauer oder grau-gelber, oft deutlich netzförmig gezeichneter, in größeren Lagen abziehbarer Membranen; in hochgradigen Fällen endlich entstehen dicke, zottige oder warzige, untereinander verfilzte Massen. Ist die Abscheidung eine rein fibrinöse, so entstehen die „trockenen" Formen der fibrinösen Pleuritis, Perikarditis etc. In der Regel kommt aber noch eine Ausscheidung seröser Flüssigkeit hinzu, in welcher dann ebenfalls Fibrinflocken, oder Membranen, oder auch größere gequollene Fibrinklumpen suspendiert sind — sero-fibrinöse Pleuritis etc. Namentlich in schweren Fällen kann dem serofibrinösen Exsudat auch reichlich Blut beigemischt sein (hämorrhagische Form). Mikroskopisch findet man den Endothelbelag auf größere Strecken zugrunde gegangen; es herrschen hier im wesentlichen dieselben Verhältnisse, wie wir sie sogleich bei der fibrinösen Entzündung der Schleimhäute noch etwas genauer besprechen wollen. Direkt auf der Serosa findet sich das Fibrin vermischt mit einzelnen Leukozyten. Teils ist ersteres feinfaserig, teils bildet es dicke Balken, sogenanntes hyalines Fibrin (S. 66). Auch in den oberen Lagen der Serosa selbst kann man Fibrinfäden finden.

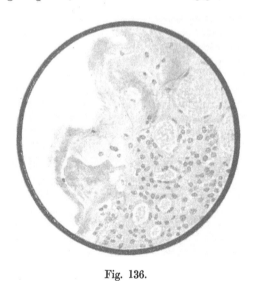

Fig. 136.
Fibrinöse Pleuritis.
Blau = Fibrin an der freien Oberfläche; rot = Kerne des Granulationsgewebes mit zahlreichen Gefäßen. (Färbung mit Karmin und nach Weigert.)

Die Heilung der in Rede stehenden Entzündungsformen erfolgt, soweit es sich um die seröse Flüssigkeit oder geringe Fibrinmengen handelt, durch einfache Resorption; wo aber reichliche Fibrinabscheidungen stattgefunden haben, stellen sich die gleichen Organisationsvorgänge ein, wie bei den Thromben oder anderen ausgeschiedenen oder toten Massen (s. S. 127). Es bildet sich von der Serosa aus eine Schicht von Granulationsgewebe (Fig. 136, und 138), welches zugleich mit zahlreichen Gefäßen in die Fibrinmassen hineinwächst und in dem Maße, als letztere resorbiert werden, eine Umwandlung in narbiges Bindegewebe erfährt; so entstehen an Stelle des Exsudates schwielige, bindegewebige Verdickungen der Oberfläche, die z. B. als Pleuraschwarten bekannt sind. Auf die Oberfläche dieser können vom Rande her die Serosadeckzellen hinüberwuchern. Wo zwei Blätter einer serösen Haut sich berühren, kann zunächst eine Verklebung derselben mittels Fibrin und später eine Verwachsung durch Bindegewebe eintreten (Adhäsionen); doch kann dies nur da statt finden, wo Deckzellen (Endothelien), welche evtl. wieder herübergewuchert sind, fehlen oder erst abgerieben sind, da diese, so lange vorhanden, die Verwachsung hindern.

Wird auf diese Verwachsungen ein Zug ausgeübt, wie durch die Verschiebungen der Lunge oder die Kontraktionen des Herzens, so bewirkt er eine Dehnung der verbindenden Bindegewebsmassen, welche hierdurch zu bandartigen Streifen, sogenannten Synechien, ausgezogen werden. War die fibrinöse Exsudation eine sehr reichliche, so bilden sich an der Oberfläche der Organe oft flächenhaft ausgebreitete

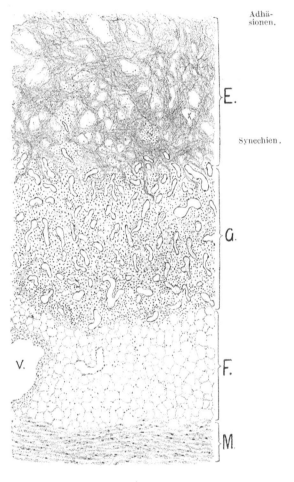

Adhä-
sionen.

Synechien.

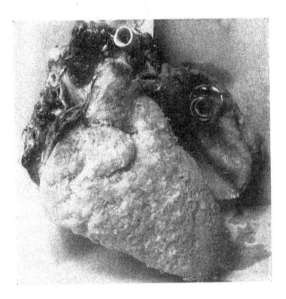

Fig. 137.
Fibrinöse Perikarditis.

Fig. 138.
Pericarditis fibrinosa ($\frac{250}{1}$).
E Fibrinöses Exsudat. *G* Granulationsschicht. *F* subepikardiales Fettgewebe. *V* Vene in demselben. *M* Herzwand.

bindegewebige, später nicht selten zum großen Teil verkalkende Schwarten; ein ganzer Hohlraum, z. B. die Perikardhöhle, kann so verschlossen werden. Soweit eine Resorption der Exsudatmassen nicht in hinreichender Weise zustande kommt, bleiben diese eventuell in Bindegewebsmassen eingeschlossen liegen, und zwar in Form trockener, käseähnlicher und selbst verkalkender Massen, welche öfters auch fettigen Detritus, sowie Cholesterin und Tyrosin enthalten.

Das Organisationsstadium einer fibrinösen Entzündung der serösen Häute unterscheidet sich makroskopisch von dem früheren Stadium der rein fibrinösen Entzündung dadurch, daß das Fibrinhäutchen zur Zeit der Organisation nicht mehr lose auf der Serosa sitzt, also leicht abstreifbar ist, sondern schon fester anhaftet; nach vollendeter Organisation liegt eine dickere, festere Schwarte vor. Mikroskopisch sieht man während der Organisation das Granulationsgewebe bzw. die Fibroblasten nebst den Gefäßen meist zugweise von der Serosa aus in den Fibrinbelag hineinziehen und trifft alle Stadien der Bildung von Bindegewebe. Weiter nach der Serosa zu findet sich also das erste Bindegewebe, während nach der freien Oberfläche zu zunächst noch Fibrin gelegen ist.

Tritt die sero-fibrinöse Exsudation in chronischer Weise auf, so nimmt auch die Wucherung des Granulationsgewebes einen mehr selbständigen Charakter an und überwiegt schließlich über die Exsudationserscheinungen; der Prozeß ist in eine produktive Entzündung übergegangen.

Ganz ähnlich wie die serösen Häute verhalten sich das Endokard, die Gelenke und wohl auch zuweilen die Kapseln der Glomeruli in der Niere.

β) von Scheimhäuten.

β) Fibrinöse Entzündung von Schleimhäuten (diphtherische oder pseudomembranöse Entzündung).

Die fibrinösen Entzündungen gewisser Schleimhäute haben obige Bezeichnung erhalten. Was sie charakterisiert, ist das Auftreten sogenannter Pseudomembranen, d. h. zusammenhängender, gelblich-weißer, etwas elastischer Häute an der Oberfläche, welche aus geronnenen Eiweißmassen zusammengesetzt sind, aber ihre Entstehung nicht nur einer Membranbildung in Gestalt exsudativer Vorgänge, besonders Fibrinbildung, sondern zugleich Nekrose eines Teiles der Schleimhaut selbst verdanken. Man unterscheidet oberflächliche und tiefe Formen, anatomisch

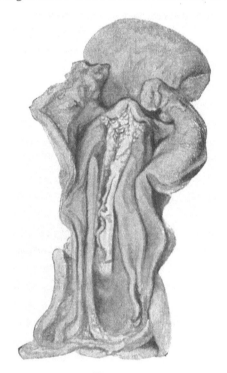

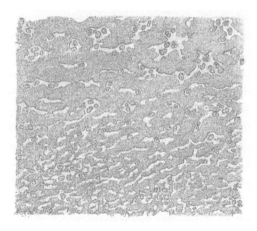

Fig. 139.
Hyaline Fibrinabscheidung aus einem kruppösen Belag der Rachenschleimhaut ($\frac{250}{1}$).
In den Lücken zwischen den hyalinen Balken liegen Leukozyten.

Fig. 140.
Diphtherie des Larynx und der Trachea.
(Die Pseudomembran ist abgehoben und füllt das Lumen.)

Krupp und Diphtherie, wenngleich dieser Unterschied früher stärker als jetzt betont wurde, da man jetzt meist der Bezeichnung ,,Diphtherie'' die ätiologische Bedeutung der Diphtheriebazillen zugrunde legt.

Diphtherie.

Die als **Diphtherie** bezeichneten Erkrankungen, besonders des Isthmus faucium, des Rachens und der oberen Luftwege, aber auch z. B. des Darms, beginnen meist mit leichten, flockigen Auflagerungen, die aber dann so sehr an Volumen zunehmen können, daß sie Organe mit verhältnismäßig engem Lumen, wie z. B. bei Kindern den Kehlkopf und die Trachea, vollkommen zu verlegen imstande sind. Auch an Breitenausdehnung nehmen die Auflagerungen oft bedeutend zu, so daß man sie in dicken, zusammenhängenden Lagen abziehen kann. Häufig zeigen die Membranen eine deutlich netzförmig gezeichnete, grubig vertiefte Unterfläche. Die grubigen Vertiefungen liegen über den Mündungen der Schleimdrüsen und entstehen durch den aus letzteren hervorquellenden Schleim (Fig. 141 e), welcher die Membranen, so lange sie noch dünn sind, sogar siebförmig durchlöchern kann. Hebt man den Belag ab, was nur an manchen Stellen leichter gelingt, so bekommt man eine feucht glänzende, stark gerötete, häufig mit kleinen Blutungen durchsetzte Fläche zu Gesicht, welche der ihres Epithels beraubten und auch sonst mit einem Substanzverlust — wenn auch meist einem ziemlich oberflächlichen — versehenen Schleimhaut entspricht.

Untersucht man die abgezogenen Membranen mikroskopisch, so findet man, daß sie zunächst zum größten Teil aus Fibrin bestehen, welches in feineren und dickeren Fasern und Netzen angeordnet ist (s Fig. 138, 139, 141). Namentlich, soweit sie aus der Mund- und Rachenhöhle stammen, zeigen viele dieser Membranen schollige und balkige, oft vielfach anastomosierende und zusammenhängende hyaline Massen, sowie alle Übergänge vom feinfaserigen Fibrin zu diesen Massen. In dies vom Fibrin gebildete Maschenwerk finden sich meist mehr oder minder reichlich Leukozyten eingeschlossen. Mit dem Fibrin zugleich zeigt die abgezogene Pseudomembran aber nekrotische Gewebsmassen. Untersucht man nun auch die liegen gebliebene Mukosa genauer, so sieht man zunächst, daß ihr da, wo die Membran auflag, das Epithel fehlt, mithin lag die Membran nicht auf dem Epithel, sondern an Stelle desselben, und zwar nachdem letzteres nekrotisch zugrunde gegangen. Diese Epithelnekrose (meist Koagulationsnekrose, siehe S. 86) ist eine notwendige Einleitung der ganzen fibrinösen Exsudation; denn erhaltenes Epithel hindert die Fibrinauflagerung. Manchmal finden sich noch Reste vom Epithel unterhalb des Fibrins erhalten. Man muß dann annehmen, daß das Fibrin zwischen solchen Stellen ausgetreten und in halb geronnenem Zustande über sie hinübergeflossen ist. Außer dem Epithel sind bei der Diphtherie auch die

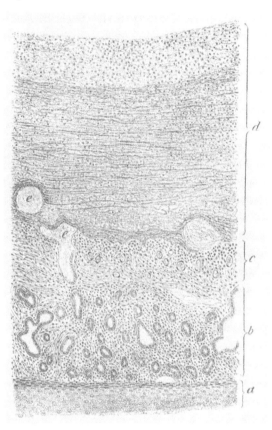

Fig. 141.
Krupp des Larynx ($\frac{40}{1}$).
a Knorpel, *b* Submukosa mit reichlichen Schleimdrüsen, *c* Schleimhaut, *d* fibrinöser Belag, *e* Schleimpfröpfe in Ausführungsgängen von Drüsen.

oberflächlichen Schleimhautschichten von Fibrin durchsetzt und nekrotisch, tragen also zur Pseudomembran bei.

Die tiefgreifenden Formen, bei welchen die Schleimhaut selbst in größerer oder geringerer Tiefe einer Nekrose anheimfällt und zu einer weißlichen, kernlosen, teils schollgen, teils feinkörnigen, starren, „schorfartigen“ Masse umgewandelt wird (Fig. 143), lassen, wie bereits gesagt, die Pseudomembran nicht ohne Verletzung der Mukosa abziehen, und geschieht dies mit Gewalt, so muß ein Defekt in der Schleimhaut entstehen; ebenso ist klar, daß da, wo solche Schorfe sich spontan ablösen — was unter eiteriger Demarkation (s. u.) vor sich geht — tiefere Substanzverluste, d. h. Geschwüre entstehen müssen, welche dann nur unter mehr oder minder ausgedehnter Narbenbildung zur Heilung gelangen. Diese

Tiefergreifende Formen.

recht tiefgreifenden Formen kommen seltener bei der gewöhnlichen Halsdiphtherie, verhältnismäßig häufiger dagegen an der Darmschleimhaut vor.

Im Gegensatz zur Diphtherie werden oberflächliche Entzündungsformen, denen von der Schleimhaut selbst nur das Epithel — ganz unter Veränderungen, wie eben geschildert — zum Opfer gefallen ist und mit dem Fibrin eine Pseudomembran bildet, als **Krupp** bezeichnet. Löst man bei diesem die Pseudomembran los, so zeigt die Schleimhaut naturgemäß kein Epithel, ist aber sonst intakt. Hier haften die Membranen weniger fest; nur an einzelnen Stellen und zwar an den Tonsillen, an den wahren Stimmbändern und der Epiglottis sitzen die Membranen fester und sind nur schwerer abzulösen. Das festere Anhaften der Membranen an solchen Stellen wird besonders dadurch bewirkt, daß an diesen, ein Plattenepithel tragenden Teilen (Epiglottis, Stimmbänder, Tonsillen) eine Basalmembran

Krupp.

Festeres Haften der Membranen.

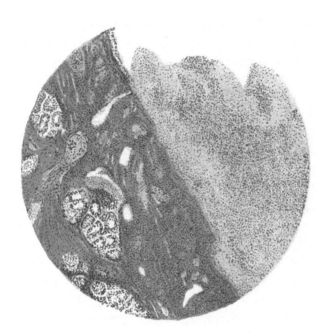

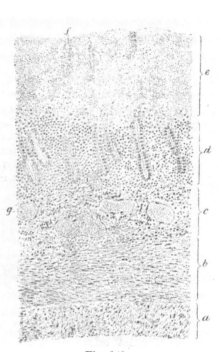

Fig. 142.
Diphtherie des Larynx.

Bindegewebe (rot) mit Schleimdrüsen, des Oberflächenepithels beraubt, bedeckt von der Pseudomembran (gelb), oben an der von Auflagerung freien Stelle Oberflächenepithel noch erhalten.

Fig. 143.
Diphtherie des Darmes (Dysenterie) ($\frac{40}{1}$).

a, b Muskularis, c Submukosa, d erhaltener, e nekrotischer Teil der Schleimhaut mit Fibrin, f Reste von Drüsen, g Gefäße.

unter dem Epithel fehlt, daher die Auflagerungen direkt dem darunter gelegenen Gewebe anliegen; an den Tonsillen auch noch dadurch, daß die Exsudatmassen in deren Lakunen hineingehen.

Die gleiche Rolle, wie bei Diphtherie und Krupp die Schleimhautepithelien, spielen an serösen Häuten die Deckzellen (Endothelien oder Epithelien). Auch sie hindern die Fibringerinnung, werden aber zu allererst zerstört und finden sich daher bei fibrinöser Entzündung in größerer Ausdehnung nicht mehr (siehe oben).

Die fibrinöse Entzündung der Lunge verläuft der der Schleimhäute prinzipiell ähnlich (s. dort).

Ätiologie.
Die pseudomembranösen Entzündungen können durch verschiedenartige Einflüsse hervorgerufen werden; in der Regel liegt ihnen eine infektiöse Ursache zugrunde, besonders die Löfflerschen Diphtheriebazillen oder auch Streptokokken bei den pseudomembranösen Entzündungen der Halsorgane. Bei den an der Darmschleimhaut auftretenden Formen handelt es sich teils um pathogene Bakterien, teils um pathogen gewordene Darmbakterien, welch letztere durch besondere Umstände eine höhere Virulenz er-

halten haben, oder für deren pathogene Wirkung die Darmschleimhaut infolge mechanischer, zirkulatorischer oder chemischer Einflüsse (Kotstauung, Einklemmung von Darmschlingen, Vergiftungen, allgemeine Kachexie etc.) besonders disponiert geworden ist; von toxischen Ursachen diphtherischer Enteritis ist namentlich die Vergiftung mit Quecksilber zu nennen.

Bei den mit dem Behringschen Diphtherieheilserum behandelten Fällen von Halsdiphtherie findet man vielfach statt der festen Kruppmembranen erweichende, in Auflösung begriffene Massen.

c) Die eiterige Entzündung.

Bei dieser ist das Exsudat infolge besonderer Beteiligung der Emigration der Leukozyten ein fast rein zelliges. Dies eigentümliche, als Eiter bezeichnete Exsudat stellt eine dickflüssige, undurchsichtige, gelbliche oder gelblich-grüne, oft etwas fadenziehende Masse dar, die im frischen Zustande alkalisch reagiert und aus zwei Bestandteilen, dem Eiterserum und den Eiterkörperchen zusammengesetzt ist. Ersteres stellt das flüssige Exsudat, also im wesentlichen eine eiweißhaltige Flüssigkeit dar, welche nicht selten etwas in Flocken oder Membranen ausgeschiedenes Fibrin oder auch Schleim beigemischt enthält; die Eiterkörperchen, welche sich also in großen Massen finden, sind eben nichts anderes als die aus dem Gefäßsystem stammenden Leukozyten und als solche durch ihre polymorphen oder fragmentierten Kerne (s. S. 109) und meist neutrophilen (selten eosinophilen) Granula erkennbar. Die Emigration ist bereits S. 106 besprochen. Diese Zellen stammen aus dem Blut und in letzter Instanz dem Knochenmark, wo auch ihr Ersatz stattfindet. Die große Masse der Leukozyten ist also das für den Eiter charakteristische; es finden sich Übergänge zu eiterig-serösem oder eiterig-fibrinösem und auch eiterig-hämorrhagischem Exsudat.

Wir unterscheiden bei der eiterigen Entzündung zunächst zwei Hauptformen: α) die auf Oberflächen von Schleimhäuten und serösen Häuten etc. sich abspielenden und β) die im Innern der Gewebe auftretenden sogenannten interstitiellen Eiterungen.

α) Eiterige Prozesse an Oberflächen.

Hierher gehört an Schleimhäuten der eiterige Katarrh, Blennorrhöe, bei welchem das abgesonderte Sekret von eiteriger Beschaffenheit ist, ohne daß es jedoch zu einer Zer-

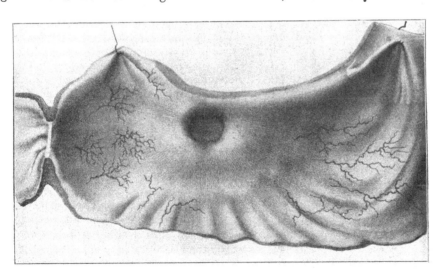

Fig. 144.
Geschwür des Magens (Ulcus pepticum).
Nach Cruveilhier, Anatomie pathologique.

störung der dies Sekret liefernden Schleimhaut käme; höchstens bilden sich einzelne oberflächliche Substanzverluste. Zu den Oberflächeneiterungen gehören ferner die als **Pusteln** bekannten kleinen Eiteransammlungen im Rete Malpighii der Epidermis; auch in Körperhöhlen hinein abgesetzte, seröse oder sero-fibrinöse, manchmal auch hämorrhagische Exsudate erhalten nicht selten sekundär einen eiterigen Charakter; man bezeichnet Eiteransammlungen in präformierten Höhlen, wie serösen Höhlen (z. B. Pleurahöhle), Gelenken

Empyeme. und gewissen Knochenhöhlen (z. B. Highmorshöhle) als **Empyeme.** Diejenigen der serösen Höhlen haben meist dauernd reichlich Fibrin dem Eiter beigemengt.

Als weitere Form lassen sich die nach einer Oberfläche zu offenen, Eiter sezernierenden

Geschwüre, Substanzverluste anschließen, welche man als **Geschwüre** (Fig. 144) bezeichnet, gleichviel
Fisteln und
Erosionen. in welcher Weise sie im einzelnen Falle entstanden sind: durch eiterige Einschmelzung der oberen Gewebsschichten der äußeren Haut oder von Schleimhäuten, oder durch Losstoßung eines nekrotischen Gewebsschorfes vermittels eiteriger Demarkation (S. 139), oder durch Eiterung an einer durch Verletzung entstandenen Wundfläche, oder endlich dadurch, daß ein in der Tiefe gelegener Eiterherd nach der Oberfläche durchgebrochen ist; entstehen im letzteren Falle statt breiter Kommunikationen bloß schmale, aus dem Gewebe nach außen führende Gänge, so bezeichnet man sie als **Fisteln**; ganz oberflächliche, die tieferen Gewebsschichten intakt lassende Defekte nennt man **Erosionen.**

β) Eite-
rungen im
Innern von
Gewebe
(inter-
stitielle).
β) Im Innern der Gewebe sich abspielende, (interstitielle) Eiterungen.

Sie beginnen mit Ausscheidung einer serösen oder fibrinhaltigen Flüssigkeit, welche das Gewebe zunächst ödematös durchtränkt, bald aber durch starke zellige — Leukozyten- Eiterkörperchen — Beimischung eine trübe Beschaffenheit annimmt; man spricht dann von einem akuten purulenten Ödem. Im weiteren Verlaufe kommt es, soweit nicht etwa der Prozeß wieder zurückgeht, stets zu einer Einschmelzung des Gewebes, welche dadurch erfolgt, daß die eiterig durchsetzten Teile absterben und durch ein von den Eiterzellen abgeschiedenes, peptonisierendes Ferment zur Lösung (Histolyse) gebracht werden. Auch das Fibrin, welches im Beginn der eiterigen Entzündungen oft in reichlicher Menge ausgeschieden wird, erfährt dann großenteils wieder eine Einschmelzung.

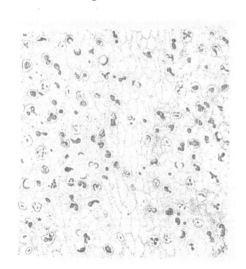

Phleg-
mone.

Je nach der Ausbreitung und der Art des Auftretens führt die eiterige Einschmelzung des Gewebes zu verschiedenen Formen. Diffuse, eiterige Infiltration, welche meist mit einem akuten, purulenten Ödem beginnt und im weiteren Verlauf zu diffusen Einschmelzungen führt, bezeichnet man als **Phlegmone**; sie hat eine ausgesprochene Neigung ohne scharfe Grenze sich weiter auszubreiten und findet sich namentlich in lockeren Geweben, so der Subkutis, im subperitonealen Gewebe oder der Submukosa der Schleimhäute. Neben der eiterigen Durchtränkung des Gewebes und dessen Einschmelzung kommt es gerade bei der

Fig. 145.
Eiterndes Bindegewebe (Schnitt durch ein phleg-
monös entzündetes Unterhautbindegewebe) ($\frac{250}{1}$).
Eiterzellen mit polymorphen und fragmentierten Kernen.

Phlegmone vielfach auch zu ausgedehnten Nekrosen, und dann findet man in den vereiterten Teilen Fetzen von abgestorbenem Bindegewebe, oder elastischem Gewebe, bei fortschreitender Ausdehnung des Prozesses auch Teile von Muskeln, Faszien oder Sehnen; namentlich von diesen letzteren Geweben, welche zunächst der eiterigen Einschmelzung größeren Widerstand entgegensetzen, sterben nicht selten ausgedehntere Partien ab und flottieren dann in der flüssigen Eitermasse. Schließlich können selbst Knochen und Knorpel angegriffen und Partikel von ihnen dem Eiter beigemengt werden. Die phlegmonösen Eiterungen sind relativ häufig mit jauchigen und gangränösen Prozessen verbunden.

Die **Abszesse** bilden inmitten der Organe gelegene, durch eiterige Einschmelzung des Gewebes entstandene Höhlen (Fig. 146, 147 und 149); sie sind gegenüber den phlegmonösen Prozessen verhältnismäßig scharf umgrenzt. Der Inhalt dieser Höhlen ist naturgemäß Eiter, des weiteren abgestorbene Gewebsmassen. So findet man z. B. nicht selten in den Abszessen der Leber, Nieren und anderer Organe in nächster Nähe von Kokken etc. völlige Nekrose, erst in einiger Entfernung die Eiterkörperchen (Fig. 148). Abszesse.

Wenn Abszeßeiteransammlungen durch eine Senkung von höher gelegenen Teilen in tiefere Partien gelangen, so bezeichnet man sie als Kongestionsabszesse oder Senkungsabszesse. So kann z. B. bei Karies der Wirbelsäule der Eiter sich von den Wirbeln hinter dem Peritoneum dem Musculus psoas entlang senken und als sogenannter Psoasabszeß unter dem Ligamentum Poupartii zum Vorschein kommen. Ebenso besteht bei Eiterungen am Hals und bei Retropharyngealabszessen die Gefahr einer Eitersenkung in das Mediastinum.

Zirkumskripte, „eiterig-nekrotisierende" Entzündungen um die Haarbälge stellen die **Furunkel** der Haut oder, wenn mehrere Haarfollikel zusammen ergriffen sind — so daß es sich um große Herde handelt —, die **Karbunkel** dar. Furunkel und Karbunkel.

Entwickelt sich in der Umgebung eines nekrotischen Gewebsstückes eine diese abgrenzende Eiterung, so nennt man sie eine **demarkierende Eiterung.** Eine solche findet sich relativ häufig an Knochen, wo das abgestorbene, als Sequester bezeichnete Stück (Fig. 93, S. 85), auf diese Weise von seiner Umgebung losgelöst wird; es kann dann unter Umständen ausgestoßen werden, wodurch die Möglichkeit der Heilung gegeben ist. In ganz ähnlicher Weise werden nicht selten eiternde embolische Infarkte (s. u.) demarkiert; freilich sind an den inneren Organen, wo solche Embolien meistens statthaben, die Chancen der Heilung nicht so günstige, weil die nekrotische Masse nicht leicht entleert werden kann und die Eiterung gerne noch weiter um sich greift. Demarkierende Eiterung.

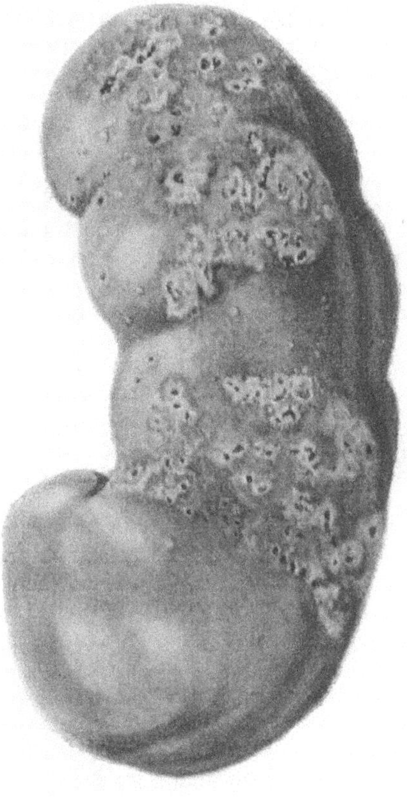

Fig. 146.
Niere von zahlreichen Abszessen durchsetzt. Man sieht die Niere von der Oberfläche; die Kapsel ist abgezogen. Die Abszesse sind gelb gefärbt, ihre Mitte zum Teil ausgefallen, um sie herum liegt ein roter (hyperämischer) Hof.

Was nun den weiteren Verlauf aller dieser Eiterungen betrifft, so kann man im allgemeinen sagen, daß es sich im wesentlichen um fortdauernde eiterige Exsudation einerseits, um Gewebsproliferation, also Granulationsbildung andererseits handelt, daß aber die letztere so lange nicht zur definitiven Gewebsproduktion führt, als die eiterige Sekretion in heftigem Maße fortbesteht; vielmehr bilden die oft üppig wuchernden jungen Granulationen (s. auch unter „Wundheilung" S. 118), wie schon früher bemerkt, ihrerseits eine fortwährende Quelle eiteriger Sekretion, wobei sie selbst wieder eine Einschmelzung erfahren können. Zusammen bilden sie an der Begrenzung von Geschwüren eine weiche, gelbliche Schicht, die auch als pyogene Membran bezeichnet wird. So lange noch Eiter und üppig wuchernde Granulationen vorhanden sind, spricht man von einem ungereinigten, später, wenn der Rand glatt wird, von einem gereinigten Geschwüre. Mikroskopisch finden sich jetzt neben den Eiterzellen Fibroblasten und vor allem Rundzellen, zum großen Teil in Form von Phagozyten, und zwar letztere in um so reichlicherer Menge, je mehr abgestorbene Gewebs- oder Fibrinmassen, Reste von Blutungen etc. vorhanden sind; sie besorgen, wenn der Prozeß in das Stadium der Heilung eintritt, die Reinigung der Geschwürs- Verlauf und Heilung der Eiterungsprozesse: der Geschwüre:

fläche; dann gewinnt das Wachstum der Granulationen über die Exsudation das Übergewicht, und es tritt eine Umwandlung ersterer in faseriges Bindegewebe, in eine Narbe, ein.

Im allgemeinen ähnlich verhalten sich die Veränderungen bei den abgeschlossenen, in der Tiefe der Organe gelegenen, als Abszesse und Phlegmone bezeichneten Eiterherden; auch hier entwickelt sich an der Grenze der Eiteransammlung gegen das noch nicht eingeschmolzene Gewebe eine Schicht von Granulationen, welche eine Art von pyogener Membran bilden und weiterhin

Der Abszesse und Phlegmone;

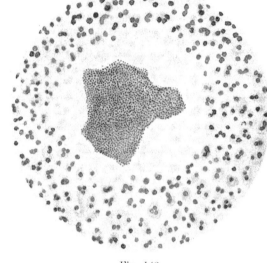

Fig. 148.
Abszeß.
In der Mitte ein Kokkenhaufen; herum Nekrose; außen Eiter
(polymorphkernige Leukozyten).

Fig. 147.
Eingekapselter Kleinhirnabszeß.
Substanzverlust im Kleinhirn nach Entleerung eines
eingekapselten Abszesses. Aus: Macewen-Rudloff,
Die infektiös-eiterigen Erkrankungen des Gehirns und
Rückenmarks. Wiesbaden, Bergmann.

Eiter in die Höhle hinein absondern; diese Membran, welche sich bei chronischen Abszessen zu einer schärfer abgrenzbaren, später zum Teil sogar fibrösen Schicht verdichten kann, heißt hier auch Abszeßmembran. Nach Stillstehen der Eiterung — Sistieren der Schädlich-

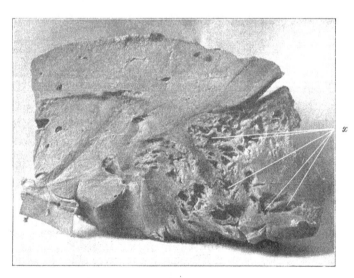

Fig. 149.
Leber von zahlreichen Abszessen (x) durchsetzt.

keit — wird der Abszeß gegen die Umgebung durch neugebildetes Bindegewebe abgekapselt oder ganz von der Umgebung aus organisiert, so daß sich an Stelle des Abszesses ebenfalls eine Narbe entwickelt. Wird ein Abszeß eröffnet oder bricht er nach außen durch, so daß der Eiter nach außen entleert wird, so erfolgt die Heilung in der gleichen Weise, wie bei den offenen Geschwüren mit dem Endresultat einer Narbe (Fig. 150).

Ähnlich gestalten sich die Verhältnisse da, wo Oberflächeneiterungen in abgeschlossene Höhlen, z. B. seröse Höhlen oder Gelenkhöhlen hinein stattgefunden haben, soweit nicht auf natürlichem oder künstlichem Wege der Eiter entfernt wird. Es kann dann, wenn der Eiterungsprozeß spontan still steht, was nach Absterben der ihn hervorrufenden Mikroorganismen möglich ist, das abgelagerte Exsudat in der gleichen Art organisiert werden; es wird von Granulationsgewebe durchwachsen und durch eine Narbe (S. 112) ersetzt. Dabei kommt es vielfach zur Entstehung sehr dicker, nicht selten später verkalkender, bindegewebiger Schwarten und Adhäsionen. Ist die Eitermasse aber eine sehr große, so reicht die Bindegewebswucherung oft nur aus, um den Herd einzukapseln, mit fibrösem Gewebe

der Oberflächeneiterung in abgeschlossene Höhlen.

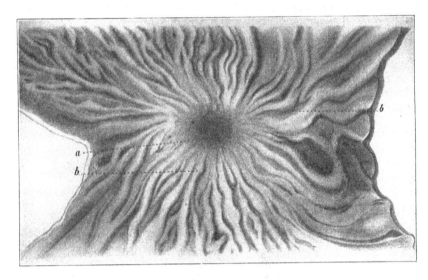

Fig. 150.
Narbe an Stelle eines Magengeschwüres. *a* Narbe, *b* strahlig angeordnete Falten.
Nach Lebert, Traité d'anatomie pathologique.

zu umgeben; in den inneren Teilen bleibt der Eiter zu einer trockenen, käseähnlichen Masse eingedickt liegen, zum Teil kann er sogar später eine Verkalkung eingehen.

Das Zustandekommen der eiterigen Entzündung muß auf eine gesteigerte chemotaktische Erregung der Leukozyten, verbunden mit besonders hohen Graden der übrigen, die akute Entzündung auszeichnenden Veränderungen zurückgeführt werden (Marchand). Bewirkt werden diese Phänomene durch bestimmte, in dieser besonderen Weise und besonders heftig wirkende Agentia. Wohl in allen praktisch vorkommenden Fällen sind dies Mikroorganismen, von denen besonders die **Staphylokokken** und **Streptokokken,** ferner die Diplokokken Fränkels und Weichselbaums, die Gonokokken, endlich das Bacterium coli zu nennen sind; doch sind auch mannigfache andere Bakterien als Ursache eiteriger Entzündungen aufgefunden worden. Experimentell können wohl auch gewisse Chemikalien (z. B. Terpentin) eine eiterige Entzündung hervorrufen, während vielen anderen, im übrigen sogar sehr heftig wirkenden und nekrotisierenden Giften diese Fähigkeit fehlt.

Durch die von den Bakterien produzierten Gifte gehen schließlich auch die ausgewanderten Leukozyten selbst zugrunde; sie zeigen Erscheinungen der Nekrobiose, weiteren

Ätiologie der eiterigen Entzündung.

Zerfall ihrer Kerne zu kleinen Bruchstücken, fettige Degeneration des Zellkörpers, Auftreten von Vakuolen in diesem, in manchen Fällen (bei Katarrhen gewisser Schleimhäute) auch schleimige Degeneration. Aus den absterbenden Leukozyten wird aber gleichzeitig eine Substanz frei, welche ihrerseits bakterizid, d. h. bakterientötend wirkt, eine Tatsache, welche für das Vorkommen einer Spontanheilung eiteriger Entzündungsherde von Bedeutung ist.

Jauchiger Eiter. Auch Fäulniserreger können unter Umständen eine Eiterung hervorrufen; noch häufiger kommt es vor, daß solche nachträglich oder gleichzeitig mit den gewöhnlichen Eitererregern ins Gewebe eindringen und dem Eiter eine eigentümliche jauchige Beschaffenheit verleihen. Unter dem Einfluß der durch sie bedingten putriden Zersetzung kommt es zu Fäulnisvorgängen, manchmal auch zur Entwickelung von Gasblasen („brandiges Emphysem", S. 88). Der jauchige Eiter ist dünnflüssig, durch zersetzten Blutfarbstoff schmutzig braunrot gefärbt und von stinkendem Geruch; ihm gegenüber bezeichnete man früher den reinen rahmigen Eiter, dessen Auftreten bei der (sekundären) Wundheilung man für eine Notwendigkeit hielt, als „Pus bonum et laudabile".

Metastatische Ausbreitung eiteriger Entzündungen. Gerade die eiterige Entzündung nun kann auf **metastatischem Wege** (s. S. 44) von einer Stelle des Körpers aus in anderen Teilen des Organismus ebenfalls auftreten; durch die Lymphgefäße gelangen die Bakterien zuerst in die Lymphdrüsen und rufen in diesen meist Abszedierungen hervor. Auch auf dem **Blutwege** können Kokkenhaufen teils frei, teils in Thromben eingeschlossen, verschleppt werden und in anderen Kapillargebieten sich ansiedeln. Wir haben früher nur solche Thrombosen und Embolien betrachtet, welche „bland", d. h. frei von irgendwelchen Nebenwirkungen waren, um diese Prozesse rein kennen zu lernen; vielfach anders gestalten sich aber die Verhältnisse, wenn ein Thrombus pathogene Mikroorganismen enthält oder unter Einwirkung solcher zustande gekommen ist; sind doch in entzündeten Geweben Thromben ein besonders häufiges Vorkommnis, namentlich wenn eine eiterige Entzündung die Gefäßwand selbst lädiert. Solche Thromben haben eine viel größere Neigung zur Erweichung, indem sie leicht eiterig zerfallen; es ist daher von ihnen aus viel eher Gelegenheit zur Weiterverschleppung kleiner Partikel auf dem Wege der Embolie gegeben. Bleiben Stückchen solcher Thromben an irgend einer Stelle des großen oder des kleinen Kreislaufes stecken, so entfalten auch dort die mitgeführten Mikroorganismen ihre spezifische Tätigkeit, wobei es gar nicht notwendig ist, daß der Embolus eine Endarterie (S. 39) verstopft; das einfache Haftenbleiben an irgend einer Stelle genügt, um an derselben eine **metastatische Infektion** hervorzurufen. Von eiterig erweichten Thromben werden leicht auch sehr fein zerstäubte Teile losgerissen, welche erst in den kleinsten Gefäßverzweigungen stecken bleiben. Es bilden sich daher bei infektiösen Embolien viel unregelmäßigere und meist auch kleinere Herde als die (nichtinfizierten) „blanden" Infarkte; sie finden sich nicht bloß an der Oberfläche der Organe, sondern auch in deren Tiefe. Wird durch einen infektiösen Embolus eine Endarterie verstopft, so entsteht unter den schon besprochenen Verhältnissen auch hier ein Infarkt, der anämisch oder auch hämorrhagisch sein kann, welcher aber sehr bald durch die mitgeführten Eitererreger in einen eiterigen Entzündungsherd umgewandelt wird. Derartige Infarkte treten oft in größerer Zahl und in regelloser Lage auf.

In dieser Weise kann auf dem Lymph- und Blutwege die Eiterung förmlich über den Körper generalisiert werden. In allen seinen Teilen treten dann multiple kleine Abszesse bzw. infarzierte Infarkte auf; es entsteht das Bild der Pyämie (s. Kap. VII).

d) Die katarrhalische Entzündung.

d) katarrhalische Entzündung. An Schleimhäuten kann wie an anderen Oberflächen eine wesentlich seröse oder serös-zellige mehr oder weniger eiterige Exsudation zustande kommen, ein Vorgang, welchen wir als (akuten) Katarrh (siehe Seite 131) bezeichnen; in den meisten Fällen erhält aber ein derartiges entzündliches Exsudat dadurch einen besonderen Charakter, **α) Akuter Katarrh.** daß das Epithel stark beteiligt ist. Es kommt dann zu einer massenhaften Schleimproduktion seitens der Deckepithelien und der Epithelien der Schleimdrüsen; des weiteren auch zu einer lebhaften Wucherung von Epithelien, welche wiederum in großen Mengen eine schleimige oder fettige Degeneration erleiden, von der Oberfläche abgestoßen werden (Fig. 151 und 152) und sich dem Exsudat beimischen. Man findet dann in dem letzteren neben leukozytären Elementen in großer Menge mehr oder weniger veränderte Epithelzellen; soweit sie von Zylinderepithel tragenden Schleimhäuten stammen, weisen sie zwar oft noch den Zilienbesatz auf, sind aber in ihrer Form durch schleimige Quellung verändert und zu glasigen, rundlichen, klumpigen Körpern, den sogenannten Schleimkörperchen, umgewandelt. Für gewöhnlich ist der Verlauf eines Schleimhautkatarrhs, der daß nach einem Stadium trockener Anschwellung und Rötung der Mukosa ein anfangs seröses Exsudat, dann eine mehr schleimige Sekretion folgt, an welche sich durch starke Leukozytenauswanderung eine vorwiegend zellige Exsudation zugleich mit starker Epithelabschuppung anschließt. Tritt die Exsudation gegenüber der Sekretbildung zurück, d. h. liegt vor allem starke Epithelproduktion mit Schleimbildung oder Verfettung und Abstoßung vor, so bezeichnet man den Katarrh als einen desquamativen.

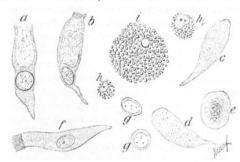

Fig. 151.
Zellen aus dem Sekret einer katarrhalischen Bronchitis.
a Becherzelle; *b* Zylinderzelle mit teilweiser schleimiger Umwandlung des Protoplasmas; *c, d* schleimig umgewandelte Epithelzellen; *f* normale Zylinderepithelzelle mit Flimmern; *e, g* Schleimkörperchen; *h, h₁, i* in fettiger Degeneration begriffene Zellen.

Die meisten akuten Katarrhe sind insofern gutartige Prozesse, als die Erkrankung auf die Oberfläche beschränkt bleibt und weder zu tiefergreifenden Veränderungen der Mukosa, noch zu Geschwürsbildung führt; die Heilung kann in sehr einfacher Weise dadurch zustande kommen, daß sich das Epithel unter Zurückgehen der Exsudations- und Sekretionserscheinungen regeneriert.

β) Chronischer Katarrh.

Wenn der Katarrh zu einem chronischen wird, oder von Anfang an sich als solcher entwickelt, wird auch das Bindegewebe und der Drüsenapparat der Mukosa affiziert; der exsudative Zustand geht mehr und mehr in eine produktive Entzündung über. Freilich dauert auch beim chronischen Katarrh die vermehrte Sekretion an, das Sekret weicht aber in seiner Zusammensetzung häufig vom normalen ab, und insbesondere treten Blutungen kapillären Ursprunges fast konstant auf und hinterlassen schließlich eine bräunliche Pigmentierung der entzündeten Stellen. Durch stellenweisen Verlust des Epithels oder oberflächlicher Schleimhautpartien bilden sich dabei auch häufig kleine Defekte, Erosionen. Was aber dem ganzen Prozeß wesentlich seinen Charakter verleiht, ist, daß mehr und mehr der Vorgang der Gewebsneubildung und zwar sowohl an den Drüsen (Fig. 153), als auch im Binde-

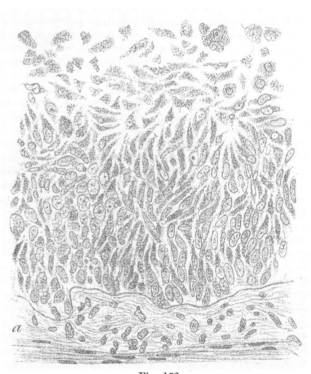

Fig. 152.
Bronchitis catarrhalis ($\frac{250}{1}$).
a Bindegewebe der Mukosa. Das Epithel darüber in starker Wucherung und Abschuppung. In vielen Zellen reichlich Schleim (dunkler gefärbt); im Lumen des Bronchus (oben) viele abgestoßene, gequollene, zum Teil kernlos gewordene Zellen.

gewebe der Schleimhaut in den Vordergrund tritt. Wir finden an den ersteren Wucherung und Bildung neuer Drüsenschläuche, die durch Veränderung und Unregelmäßigkeit ihrer Form erheblich von dem für die betreffende Stelle physiologischen Typus abweichen können; im Interstitium zwischen den Drüsen sehen wir starke kleinzellige Infiltration und Wucherungserscheinungen, die mit Zellvermehrung beginnen und bis zur Bildung fibrillären Gewebes fortschreiten können.

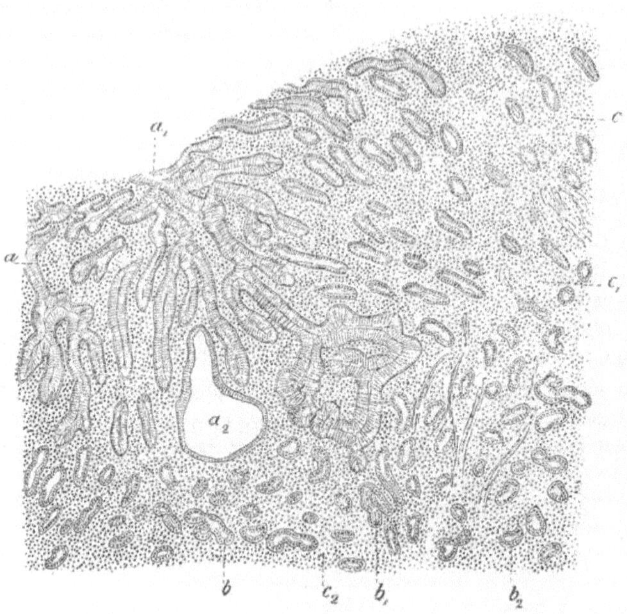

Fig. 153.

Gastritis chronica ($\frac{40}{1}$).

a, a_1, a_2 Drüsen in Wucherung und zum Teil in Erweiterung (a_2). b, b_1, b_2 nicht gewucherte Drüsen, die von dem in Wucherung begriffenen interstitiellen Bindegewebe c, c_1, c_2 auseinander gedrängt sind.

So kommt es zu umschriebenen Verdickungen der Schleimhaut, welche knotige oder gestielte Vorragungen bilden und als Polypen bezeichnet werden. Sind in diesen alle Elemente der gewucherten Schleimhaut gleichmäßig vertreten, so bezeichnet man sie als Schleimhautpolypen, bestehen sie vorwiegend aus gewucherten Drüsen als Drüsenpolypen. Auch einzelne, durch Sekretretention stark erweiterte Drüsen können die Schleimhaut an einer Stelle polypös vorziehen. In anderen Fällen ist die Wucherung diffus, und es entstehen mehr gleichmäßige fungöse Verdickungen der Schleimhaut. Schließlich können diese Wucherungen gerade wie eine Narbe ihren Ausgang in Schrumpfung nehmen, wobei gleichzeitig die Drüsen durch Atrophie zugrunde gehen; dann wird die Schleimhaut, wenn die Verdickung eine gleichmäßige war, glatt, dünn, durch die Schrumpfung des Bindegewebes derber und erhält durch das Nachlassen der Hyperämie eine blasse Oberfläche, an der häufig noch einzelne, stark gefüllte venöse Gefäße und durch kleine Blutungen entstandene Pigmentflecke hervortreten; der Prozeß hat seinen Ausgang in Atrophie der Schleimhaut genommen.

In ähnlicher Weise kommen auch mit Epithelwucherung und Abschuppung verbundene Prozesse in der Lunge, an der äußeren Haut, sowie in anderen Organen vor, worüber im II. Teil das Genauere anzugeben sein wird.

2. Produktive Entzündung.

Als produktive Entzündungen bezeichnen wir alle diejenigen Formen, bei welchen die Vorgänge der entzündlichen Gewebsneubildung in den Vordergrund treten. In geringerem Maße haben wir eine solche schon bei allen Entzündungsformen auftreten sehen, und zwar, wie bereits besprochen, besonders in deren späteren Stadien, wo die Neubildungsvorgänge sich am deutlichsten als solche regenerativer Natur dokumentieren. Hier seien einige Beispiele einer stärkeren Gewebsneubildung genannt. Von ihrem Anteil an Katarrhen war eben die Rede. Wie nahe diese entzündlich-regenerativen Vorgänge den schon besprochenen regenerativen überhaupt stehen zeigt die Wundheilung, wo ja nur stärkere Gewebsbildung den Defekt heilen kann. Einen der produktiven Entzündung naheliegenden Prozeß lernten wir schon kennen, die Organisation von Thromben etc., bei der auch Bindegewebe neugebildet wird und sich an die Stelle der Thromben setzt. Ähnliches findet bei der Abkapselung von Fremdkörpern statt. Ganz ähnliche Wucherungsvorgänge stellen sich sehr häufig auch in

der Umgebung destruktiver entzündlicher Prozesse ein, wo sie zum Teil eine Art von Schutzwall für die Nachbarschaft bilden; hierher gehören z. B. die periostalen Knochenwucherungen
und Sklerosen des Knochenmarks in der Umgebung osteomyelitischer Herde, Bindegewebswucherungen in der weiteren Umgebung eiteriger, tuberkulöser oder luetischer Zerfallsherde,
die sogenannte Endarteriitis obliterans, welche durch Verschluß des Gefäßlumens einen
Schutz gegen das Einbrechen destruktiver Prozesse in die Blutbahn bietet (s. II. Teil, Kap. II).
In allen diesen Fällen stellt die produktive Entzündung zunächst einen reparativen Vorgang
dar, welcher zur Wiedervereinigung getrennter Gewebsteile oder zum narbigen Ersatz abgestorbener Massen führt. Aber auch diese an sich heilsamen Prozesse können über die

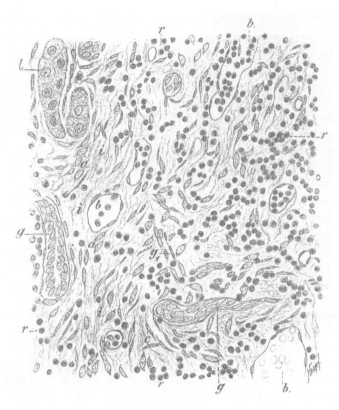

Fig. 154.
Interstitielle Hepatitis ($\frac{350}{1}$).
a Fibroblasten, r Lymphozyten, i neugebildetes faseriges Interstitium mit spindeligen Zellen; b, c junge Gefäße, g, junge
Gallengänge, l vom wuchernden Bindegewebe umwachsene Gruppen von Leberzellen.

Grenzen eines Heilungsvorganges hinausgehen und durch pathologische Steigerung und
abnorm lange Dauer den Charakter selbständiger proliferativer Prozesse erhalten.

 Als primäre produktive Entzündung bezeichnet man gerne solche Formen, bei
denen die entzündliche Neubildung von Anfang an im Vordergrunde des Krankheitsbildes steht; aber auch hier ist „primär" nicht ganz richtig. Denn die proliferativ-regene-
rativen Prozesse setzen hier zwar sehr früh ein, aber Zirkulationsstörungen und Zelldegenerationen gehen ihnen doch auch hier wie bei der Entzündung stets voraus. Wie erwähnt,
sind es namentlich chronische Formen der Entzündung, welche diesen Charakter
zeigen. Sie finden sich in verschiedenen Organen. Die an den serösen Häuten vorkommenden
haben wir bereits erwähnt (S. 132). In der Lunge entstehen im Anschluß an dauernde Einatmung von reichlichem Kohlen-, Kalk- oder Metallstaub, sowie anderen Staubarten inter-

*Sog. pri-
märe pro-
duktive
Ent-
zündung.*

stitielle Entzündungsprozesse, die freilich mit Katarrhen einhergehen, wobei aber doch produktive Prozesse von Anfang an das Krankheitsbild beherrschen. Überhaupt ist es nament-

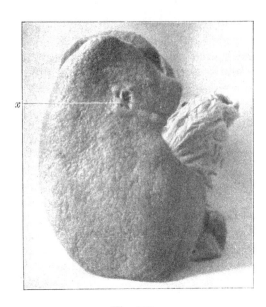

Fig. 155.
Chronische produktive Entzündung der Niere.
Granularatrophie (bei *x* eine Zyste).

lich das bindegewebige Gerüst der Organe, welches bei diesen Formen beteiligt erscheint, ein Umstand, der ihnen auch den Namen interstitielle Entzündungen (s. o.) verschafft hat; epitheliale Elemente können in beschränkterem Maße auch wuchern. Das wuchernde interstitielle Gewebe zeigt sich mehr oder weniger dicht durchsetzt von den oben (S. 109) erwähnten, aus kleinen einkernigen Rundzellen, Plasmazellen, Fibroblasten (über deren Herkunft etc. siehe S. 111) zusammengesetzten Zellmassen, welche mit Vorliebe in Häufchen angeordnet auftreten. Die Zunahme des interstitiellen Gewebes geschieht auch hier durch Vermehrung und Wucherung der Bindegewebszellen, deren Abkömmlinge wieder faseriges Gewebe bilden, welches dann in Narbengewebe umgewandelt wird. So ist eine Verkleinerung des Organs neben einer Verhärtung desselben die Folge, eine Atrophie, welche wesentlich auf Kosten der eigentlichen Organelemente vor sich geht. Als typische Fälle dieser Art kann man namentlich gewisse chronische Entzündungen der Leber und Niere betrachten.

Es kommt in diesen Organen, da die Bindegewebswucherungen und damit auch die Schrumpfungsprozesse in Herden auftreten, zu einer Granularatrophie, wobei das Organ eine

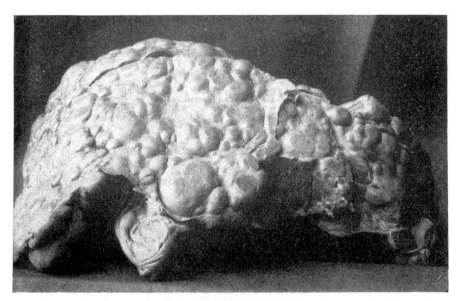

Fig. 156.
Chronisch produktive Entzündung der Leber. Leberzirrhose.

unregelmäßige, höckerige Beschaffenheit erhält. Zwischen den einzelnen Granula bestehen Einziehungen; letztere entsprechen den Schrumpfungsherden, die vorragenden Teile den noch relativ gesunden evtl. sogar vikariierend hypertrophischen Partien des Organgewebes. Ähnliche Veränderungen kommen in anderen drüsigen Organen zustande. An der Milz äußert sich der Prozeß hauptsächlich durch Verdickung der Kapsel, der Trabekel und des retikulären Gerüstes. Analoge indu-rierende Prozesse finden sich in den Lymphdrüsen, der Intima der Gefäße (Atherosklerose), dem Periost und Knochenmark, dem Perichondrium etc., endlich auch im Zentralnerven-system. Im letzteren Falle ist es statt des Bindegewebes die Neuroglia, deren Wucherung den Charakter des Prozesses bestimmt, und zwar sind die hierher gehörigen Formen im all-gemeinen durch einen großen Reich-tum an Gliazellen, insbesondere gro-ßen verästelten Zellen, sogenannten Spinnenzellen, ausgezeichnet (siehe II. Teil, Kap. VI). Neben dem inter-stitiellen Bindegewebe ist namentlich auch der Blutgefäßapparat Sitz chro-nisch entzündlicher Veränderungen, welche sich hier in Form zelliger In-filtrationen und Wucherungen der Gefäßwände, namentlich der Intima und Adventitia, mit Ausgang in Ver-dickung äußern.

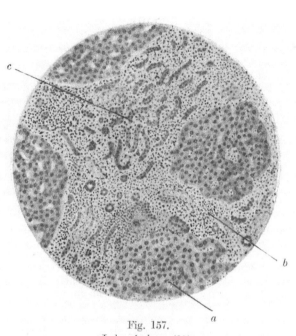

Fig. 157.
Leberzirrhose ($\frac{2.0}{1}$).
Lebergewebe (*a*). Das stark vermehrte (rot gefärbte) Bindegewebe (*b*) enthält zahlreiche Rundzellen und gewucherte Gallengänge (*c*). Färbung nach van Gieson.

Nochmals sei betont, daß wir von chronischen Entzündungen in diesen Fällen nur so lange reden dürfen, als dieselben noch fortschreiten. Wenn sie abgelaufen sind, so liegt keine Entzündung, sondern nur das Endresultat einer solchen in Gestalt von Bindegewebsmassen oder dergleichen vor.

Soweit durch produktive Entzündungen umschriebene Gewebswucherungen zustande kommen, zeigen sie manchmal Übergänge zu Tumoren, namentlich wenn sie durch besonders starkes Wachstum eine gewisse Selbständigkeit aufweisen; es gehören hierher manche umschriebene Schleimhautwucherungen bei chronischen Katarrhen (S. 143, 144), sowie Wucherungen im Papillarkörper der äußeren Haut (sogen. Papillome) etc. (Näheres im Kap. IV.)

Noch erwähnt werden soll die schon in der Einleitung genannte fötale Entzündung. Daß eine solche im embryonalen Leben vorkommt, ist zweifellos, z. B. die Endocarditis foetalis besonders der rechten Herzhälfte; sie ist aber im Einzelfall von Entwickelungsstörungen schwer abzugrenzen. Sehen wir von spezifischen Entzündungen, besonders der Syphilis ab, so ist auch die Ätiologie völlig unbekannt.

Bedeutung der Entzündung überhaupt und ihrer Formen für den Organismus.

Die Entzündung als Reaktionsvorgang.

Daraus, daß die Entzündung einen Reaktionsvorgang lokaler und allgemeiner Art, bewirkt durch die Erreger der Entzündung und gegen diese gerichtet, darstellt, ergibt sich schon, wie dargelegt, daß die Entzündung den Charakter einer gewissen Abwehr und Heilungstendenz nach ein-getretenen Schädigungen und gegen deren Verursacher an sich trägt. Wir müssen somit die Entzündung als eine unendlich wirksame Selbstregulation des Organismus betrachten, welche seine Existenzfähigkeit im Kampfe überaus erhöht. Wurde all dies oben schon betont, so soll es hier zum Schluß für die einzelnen Entzündungsformen, nachdem wir diese kennen gelernt haben, noch etwas genauer dargelegt werden. Bei der Regeneration, also dem einfachen Ersatz eines Defektes, liegt die „Heilung" und somit die Nützlichkeit auf der Hand, und ebenso bei dem ganzen Kapitel der reparativen Entzündungen, so bei der „Wundheilung", welche ja ebenfalls einen

10*

Ersatz größerer Gewebsverluste bewirkt, oder bei der Resorption, welche ja direkt Fremdkörper entfernt und der Organisation, welche sie auch teilweise zugleich resorbiert, zum Teil aber, soweit die Fremdkörper nicht resorbierbar sind, sie durchdringt und durchwächst oder zum wenigsten einkapselt und somit unschädlich macht. Dies ist aber auch bei allen Formen der eigentlichen Entzündung, wo es nur etwas schwerer zu erkennen ist, ebenfalls der Fall, und wir können verfolgen, wie die einzelnen gesteigerten vitalen Prozesse, deren Zusammenfassung ja, wie oben dargelegt, die „Entzündung" darstellt, eben Abwehr und unter Umständen auch Heilung herbeiführen. Die aktive Hyperämie setzt die Zellen unter besonders gute Ernährungsbedingungen und stärkt sie somit in ihrem Kampfe gegen die entzündungserregenden Agentien; zugleich ist gute Ernährung ja, wenn die Entzündungserreger in ihrer Virulenz herabgesetzt oder gar vernichtet sind, eine Voraussetzung, daß die der regeneratorischen Heilung dienenden proliferativen Prozesse einsetzen und eine Regeneration oder wenigstens Reparation herbeiführen können.

Einzelne Vorgänge. Auf der aktiven Hyperämie beruht aber auch der Austritt von Flüssigkeit und auf ihr wie besonders auf der direkten chemotaktischen Anlockung durch die Entzündungserreger die Exsudatbildung und insbesondere die Emigration von Leukozyten und Lymphozyten, sowie auf letzterer auch das Erscheinen der histiozytären Wanderzellen. Alle diese Zellen werden zu Phagozyten (Mikro- und Makrophagen s. S. 110), d. h. gerade sie nehmen direkt den Kampf mit den Entzündungserregern auf. Wir sehen sie die Bakterien etc. in sich einschließen und sie zum Teil direkt vernichten; ihre Enzyme spielen dabei offenbar eine Hauptrolle. Ferner geben die Leukozyten Fermente nach außen ab, welche die Verdauung der Bakterien auch außerhalb der Zelle vollziehen können (Abderhalden). Aber auch soweit eine Vernichtung nicht gelingt, sind die Bakterien doch in Leukozyten etc. eingeschlossen und somit in ihrer schädlichen Wirkung wenigstens teilweise paralysiert, indem sie nach Möglichkeit von den wertvolleren lokalen Zellen vor allem den hochdifferenzierten Epithelien fern gehalten werden. Gelangen aber die Phagozyten mit ihren Einschlüssen in die Lymphbahnen und somit in Lymphdrüsen, so fungieren die letzteren gewissermaßen als Filter, indem jene hier zurückgehalten werden und somit der übrige Körper vor ihrer Verbreitung geschützt wird, in den Lymphdrüsen aber besonders gute Kräfte der Abwehr zur Verfügung stehen; aber auch die bei der Entzündung auftretenden Lymphdrüsenschwellungen, soweit sie direkt durch die hierher gelangten freien, d. h. nicht in Phagozyten eingeschlossenen Entzündungserreger entstehen, dienen im höchsten Grade der Abwehr, indem auch sie eine Reaktion der Lymphdrüsen darstellen, welche einmal ein Zurückhalten der Entzündungserreger und sodann, soweit es möglich ist, ein Schadlosmachen derselben bewirkt. Ähnlich verhalten sich z. B. Milz und Knochenmark. Die im Knochenmark hervorgerufene und auch im Blute sich äußernde Vermehrung von Leukozyten aber stellt insofern ein wesentlich nützliches Moment dar, als hierdurch einmal der Nachschub von Leukozyten an die gefährdete Stelle möglich wird und vor allem hierdurch nicht der übrige Körper bzw. das Blut an den so nötigen Leukozyten verarmt. Mit den Lymphozyten und Leukozyten hängen in letzter Instanz wohl auch die Stoffe, welche, wie die Antitoxine direkt schon in ihrem Namen, das Wesen der gegen feindliche Stoffe gerichteten Abwehr an sich tragen, zusammen. Sie neutralisieren nicht nur die Toxine, sondern nach der Ehrlichschen Seitenkettentheorie fangen sie ja, wenn sie vermehrt im Blute vorhanden sind, jene direkt ab, und halten sie somit von den Organzellen fern. Der Nutzen aber, welche derartige Reaktionen des Organismus gegen Krankheitserreger für die Zukunft des Organismus bewirken, liegt auf der Hand, wenn wir daran denken, daß derartige Stoffe ja direkt unter Umständen eine Neuerkrankung derselben Art unmöglich machen, d. h. den Körper in den Zustand der Immunität versetzen können. Darüber wird in einem späteren Kapitel noch zu berichten sein. So bedeuten die ganzen gesteigerten vitalen Prozesse der Entzündung einen Kampf der dem Organismus zur Verfügung stehenden Kräfte gegen die schädigenden Agentien, und es handelt sich für den Ausgang nur darum, ob sich diese Kräfte als wirksam genug erweisen, um mit jenen schädigenden Wirkungen fertig zu werden, oder ob sie nicht genügen und vor allem die Entzündungserreger sich weiter vermehren und so siegen, so daß der Organismus zum Schluß der Schädigung anheimfällt. Aber auch in diesen Fällen, in welchen die Reaktionen des Körpers nicht Sieger bleiben, bewirken sie wenigstens eine Zeitlang ein Aufhalten des Prozesses, vor allem indem sie, besonders die Phagozyten, den Prozeß lokalisieren. Je schneller aber und je ausgedehnter eine Verbreitung der Entzündungserreger vor allem auf dem Blutwege durch den Körper vor sich gehen kann, desto gefährlicher zumeist die Folgen. Wir sehen dies besonders an den

Entzündung als abwehrbewirkender nützlicher Vorgang. glücklicherweise immerhin sehr seltenen Fällen, in welchen Eitererreger oder dgl. sich so schnell über den ganzen Körper verbreiten, daß es nur zu relativ geringen lokalen Reaktionen kommt, und gerade infolgedessen zumeist sehr schnell das deletäre Ende folgt. Gerade das Versagen der das Wesen der Entzündung darstellenden Prozesse in diesen seltenen Fällen zeigt ihre Bedeutung in der überwiegenden Mehrzahl der anders verlaufenden Fälle; so sehen wir, daß trotz der mit den Entzündungsprozessen verbundenen Schädigungen wie den degenerativen Prozessen und manchen Gefahren, die mit Blockierung z. B. der Lungenalveolen mit Exsudatbestandteilen verknüpft sind, doch die Entzündung im ganzen als ein abwehr- und heilungs- (ganz oder teilweise) bewirkender für den Organismus in seiner physiologischen Bedeutung höchst nützlicher Prozeß anzusehen ist. Auch die einzelnen Entzündungsformen zeigen dies, wie hier nur noch kurz angedeutet werden soll, zum großen Teil deutlich. Bei der serösen Entzündung ist die ödematöse Flüssigkeit bzw. der Hydrops geeignet die Erreger gewissermaßen zu „verdünnen", d. h. ihren direkten Kontakt mit den Organzellen zum Teil wenigstens zu beheben. Auch enthält ein derartiges entzündliches Ödem ja stets eine gewisse Menge an Zellen, welche als Phagozyten fungieren können. Bei der fibrinösen Entzündung ist das Fibrin auch geeignet, einen Teil der Entzündungserreger gewissermaßen festzulegen; kommt es bei geringeren Entzündungen zu einem Erlöschen der Entzündungerreger, so ist das Ödem oder auch eine mäßige Fibrinein- bzw. -auflagerung leicht zu resorbieren, und auch der Epithelverlust, welcher ja z. B. bei der Diphtherie unter der Einwirkung der Entzündungserreger den Prozeß einleitet und die fibrinöse Exsudatbildung überhaupt erst ermöglicht, ist ein Verlust, welcher später leicht ausgeglichen werden kann, indem sich ja das Epithel sehr leicht regeneriert. So sehen wir nach der pseudomembranösen Entzündung des Kehlkopfes bei der Diphtherie zumeist eine vollständige Restitutio ad integrum; bei den noch leichteren Formen des sogenannten Krupp ist dies erst recht der Fall. Ähnlich liegen die Verhältnisse bei der fibrinösen Entzündung der Lungen. Auch hier fällt ja, wenn die Entzündungserreger nicht weiter als solche wirken, das Fibrin der Autolyse anheim, und zumeist stellt in sehr schneller Weise die Lunge ihren vorherigen Zustand wieder her. Ähnlich liegen die Verhältnisse auch bei den leichten Formen der fibrinösen bzw. serofibrinösen Entzündungen der serösen Häute. Wenn aber hier stärker wirkende Entzündungserreger hochgradigere Entzündungen fibrinöser Art hervorgerufen haben, dann setzen dieselben Vorgänge ein, welche bei der Resorption und Organisation in ihrem Nützlichkeitswert schon oben besprochen sind, und welche sich auch hier als von solchem dokumenticren. Die Entzündungserreger werden, soweit es geht, vernichtet, das Fibrin zumeist resorbiert, an Stelle der zunächst hier aufgetretenen Zellen tritt Neubildung von Bindegewebe, zugleich wachsen zahlreiche neue Kapillaren ein, deren gute Ernährung das junge Gewebe auch unter besonders gute Bedingungen setzt, und zum Schluß kommt es zu einer festen Verwachsung des viszeralen und parietalen Blattes der serösen Häute, und wenn schon die vorherige durch Fibrin bewirkte Verklebung der Blätter die Wirkung der Entzündungserreger eindämmen mußte, so kann sich nunmehr, wenn eine feste Adhäsion eingetreten ist, dieselbe in keiner Weise mehr entfalten. Auch die Eiterung, welche an sich besondere Gefahren in sich zu bergen scheint, zeigt diese nicht durch die Eiterungsprozesse an sich bewirkt, sondern eben mit den dieselbe hervorrufenden Erregern verknüpft; gehören diese doch zum größten Teil zu den allervirulentesten und den Körper schädigendsten Angreifern. Daher auch bei der Eiterung die Hochgradigkeit der Reaktionen. Aber auch der Eiterungsprozeß ist ein solcher von hochgradigster Nützlichkeit, wenn derselbe auch oft genug nicht ausreicht, den Körper zu schützen. Der Eiter besteht aus lauter Leukozyten, und gerade diese nehmen ja in besonders aktiver Weise den Kampf mit den Eitererregern, welche sie angelockt haben, auf. Soweit eine Vernichtung der Eitererreger oder der von diesen produzierten giftigen Stoffe nicht gelingt, hemmen sie wenigstens den Prozeß, indem sie die Wirkung der Eitererreger abschwächen oder zum mindesten ein weiteres Vordringen der Kokken etc. hintanhalten, also möglichst lange den Prozeß lokalisieren. Abgesehen von besonders empfindlichen Sitzen, wie Gehirn etc., sehen wir die Eitererreger zumeist erst dann ihre ganze Schädlichkeit entfalten und den Organismus töten, wenn die lokalen mit der Eiterung verknüpften Abwehrmaßregeln des Organismus versagen, die Eitererreger metastatisch an viele Orte des Organismus gelangen und vielerorts ihre deletäre Tätigkeit entfalten. Geschwüre können wir auch insofern als mit relativer Nützlichkeit verknüpft betrachten, als hierdurch die Bakterien und ihre Giftstoffe leichter nach außen gelangen und somit vom übrigen Körper fern gehalten werden; so wurde es ja auch in der voroperativen Zeit stets als ein gutes Omen betrachtet, wenn Abszesse oder Furunkel etc. sich nach außen öffneten, also in Geschwüre verwandelten. Die sogenannte demarkierende Eiterung zeigt ihre Nützlichkeit besonders deutlich, indem sie abgestorbene Gewebsteile, z. B. im Knochen sogenannte Sequester, loslöst und entfernt, soweit dies möglich ist, und somit erst die regenerativen Heilungsprozesse einleitet. Ist nach dem Erlöschen der Einwirkung von Eitererregern eine Abkapselung eines Abszesses eingetreten, so wird hierdurch zumeist eine Reparation in Gestalt einer Narbe bewirkt. Auch wenn eingedickter Eiter und eventuell einzelne Eitererreger noch liegen bleiben, aber eine Abkapselung durch neugebildetes Bindegewebe gegen die Umgebung eintritt, ist wenigstens einer Weiterverbreitung des Prozesses

Einzelne
Entzündungs-
formen
in dieser
Betrachtungsweise.

Einhalt getan. Die katarrhalische Entzündung braucht nur kurz erwähnt zu werden, da wir hier dieselben Faktoren der serösen Exsudation, Auswanderung der Leukozyten, und hier noch hinzukommend die vermehrte schleimige Sekretion wirksam sehen, die wir oben betrachteten, und wenn wir uns an die wörtliche Bezeichnung dieser Form der Entzündung halten wollen, das „Hinunterfließen" des Sekretes ja auch die Entfernung der Erreger mit sich bringt. Was endlich die produktiven Entzündungen betrifft, so schließen sie sich oft genug an akute Prozesse der fibrinösen etc. Entzündung an, und auch die Organisation und verwandte Vorgänge, die wir vom Standpunkt des Nützlichkeitswertes aus oben betrachtet haben, sind in gewisser Hinsicht zu ihnen zu rechnen. Ähnliche Bedeutung haben auch die „primären" produktiven Entzündungen, nur daß hierbei die Steigerung der lokalen und vor allem allgemeinen Abwehrprozesse, den nur wenigen und allmählich wirksamen entzündungserregenden Agentien und dem ganzen chronischen Verlauf entsprechend, wenig in die Erscheinung tritt. Aber auch hier sehen wir die produktiven Prozesse einmal die Bindegewebsneubildung, vor allem aber, soweit wie sie sich entfalten kann, die eigentliche Regeneration der parenchymatösen Elemente, eine Ausgleichung der gesetzten Defekte nach Möglichkeit bewirken. Hierbei treten zuweilen an den besser erhaltenen Elementen hyperplastische oder hypertrophische Vorgänge zutage, welche offenbar auch vikariierenden funktionellen Charakter oder wenigstens die Richtung nach einem solchen an sich tragen.

Aus allen diesen Erwägungen, denen wir noch das Fieber als die Entzündung begleitende Reaktion, von dem aber hier nicht weiter die Rede sein soll, anschließen könnten, ergibt sich, daß die Entzündung im allgemeinen und in ihren einzelnen Formen durch die Steigerung vitaler Vorgänge eine den Organismus schützende Tätigkeit entfaltet und somit als Prototyp der abwehrbewirkenden im Organismus vor sich gehenden und letzter Hand „angepaßten" Vorgänge, wenn sie sich auch als von den physiologischen quantitativ abweichende pathologische darstellen, zu betrachten ist. Dieselben Kräfte sehen wir auch bei den unten zu besprechenden spezifischen infektiösen Granulationen, welche ja den Entzündungen, wie wir sehen werden, zuzurechnen sind, als Reaktion des Körpers einsetzen, wenn sie dort auch zumeist bei den dauernder wirkenden und besonders lebensfähigen Krankheitserregern weniger wirksam sind.

Zysten-
bildung.

Anhang: **Zystenbildung.**

Unter Zysten fassen wir Gebilde ganz verschiedener Genese nach rein morphologischen Gesichtspunkten zusammen. Da ein größerer Teil derselben sich im Anschluß an Entzündungen ausbildet, soll die Zystenbildung im allgemeinen hier ihren Platz finden.

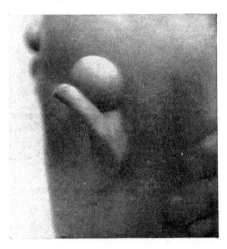

Er-
weichungs-
zysten.

Fig. 158.
Atherom (Balggeschwulst) an der Hinterseite der Ohrmuschel.
Aus Körner, Lehrbuch der Ohren-, Nasen- und Kehlkopfkrankheiten. 3. Aufl. Wiesbaden, Bergmann 1912.

Unter dem Namen Zysten versteht man abgeschlossene, mit einem flüssigen oder breiigen Inhalt gefüllte, einfache oder mehrkammerige mit einer Wand versehene Hohlräume, welche in sehr verschiedener Weise zustande kommen können. Ein Teil solcher Zysten — Erweichungszysten — geht, wie wir schon im vorhergehenden gesehen haben, aus Erweichungsherden hervor, wie sie im Anschluß an anämische Nekrose besonders im Zentralnervensystem entstehen. Auch schleimige Erweichung, umschriebene Degeneration, Zerstörung eines empfindlichen Gewebes durch Hämorrhagien oder Traumen kann ihnen zugrunde liegen. Sehr oft sind sie auch in Tumoren zu beobachten. Diese Zysten besitzen meist eine bindegewebige Wand, indem sich um den Zerfallsherd herum das wuchernde Bindegewebe zu einer fibrösen Kapsel verdichtet, während die Zerfallsmassen nach und nach resorbiert und durch seröse Flüssigkeit ersetzt werden (s. o.). In vielen Fällen sind solche zystöse Hohlräume nicht scharf abgegrenzt, vielfach auch von bindegewebigen Spangen durchzogen. In ganz ähnlicher Weise bildet sich eine fibröse Kapsel um nicht resorbierbare Fremdkörper („Fremdkörperzysten"), ebenso vielfach auch um tierische Parasiten, welche oft selbst blasige Gebilde darstellen und sich wie zystöse Einlagerungen ausnehmen (Zystizerken, Echinokokken).

Echte
Zysten.

Im Gegensatz zu allen diesen zystenartigen Bildungen entstehen die sogenannten echten Zysten — von welchen der Einfachheit halber hier kurz die Rede mit sein soll — durch Erweiterung präformierter

Hohlräume des Körpers und sind demzufolge mit Epithel oder Endothel ausgekleidet; teils liegen sie ohne weitere Begrenzung in dem Organgewebe, teils zeigen sie außer dem Epithel- resp. Endothelbelag noch eine fibröse Kapsel von verschiedener Mächtigkeit. Der Inhalt dieser Zysten ist verschieden, je nach dem Organ, in welchem sie sich bilden, und wird teils von den Zellen des Wandbelages sezerniert — entspricht also dem Sekret des betreffenden Organes —, teils kommt er durch Transsudation seröser Flüssigkeit in die Zystenräume hinein zustande. Er ist dementsprechend flüssig oder breiig, serös oder schleimig, kolloid etc.; ferner kann er durch Beimengung von fettigen Massen oder Cholesterin, von Blut oder Kalk eine besondere Beschaffenheit erhalten.

Was zunächst die mit Epithel ausgekleideten Zysten betrifft, so findet man den Hohlraum je nach der Abstammung der Zyste mit plattem oder zylindrischem Epithel ausgekleidet. Man führt im allgemeinen die Bildung solcher epithelialer Zysten darauf zurück, daß entweder das Drüsensekret infolge von Ver-

Mit Epithel ausgekleidete Zysten.

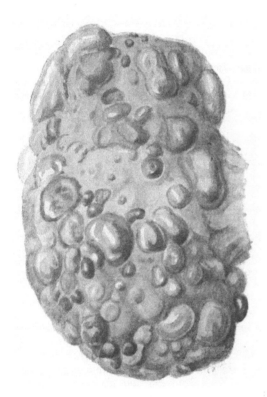 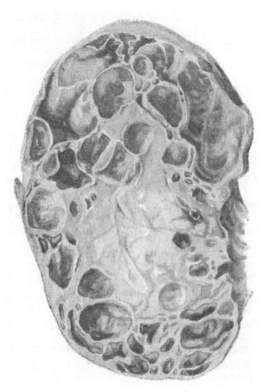

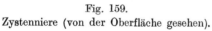

Fig. 159.	Fig. 160.
Zystenniere (von der Oberfläche gesehen).	Zystenniere auf dem Durchschnitt.

legung der Ausführungsgänge oder der Drüsenmündungen nicht abfließen kann, oder daß es in abnorm großer Menge gebildet wird. Die Verlegung der Abflußwege wird von innen durch Verstopfung mit Konkrementen oder eingedicktem Sekret oder nach Entzündungen durch narbigen Verschluß, von außen durch Kompression etc. verursacht. Man bezeichnet diese Zysten als Retentionszysten. Solche finden sich in der Leber als Gallengangszysten, in der Mundhöhle als Ranula (s. dort), in den Speicheldrüsen, dem Pankreas etc. Auch ganze Hohlorgane können so zu zystenartigen Bildungen anwachsen so z. B. die Gallenblase (Hydrops vesicae felleae), das Nierenbecken (Hydronephrose), die Tuben (Hydrosalpinx). Endlich können die Zysten auch aus Resten von Drüsengängen entstehen, welche in der Periode des fötalen Lebens vorhanden sind, später aber veröden oder nur in unvollkommenen Resten persistieren sollen. Hierher gehören die Parovarialzysten, die Morgagnische Hydatide des Hodens, die Kiemengangszysten u. a.

Retentionszysten.

Mit Endothelien ausgekleidete Zysten entstehen in der gleichen Weise durch Verschluß und Ektasie von Lymphgefäßen oder Lymphspalten, von Sehnenscheiden und Schleimbeuteln, unter Umständen auch von Blutgefäßen, ebenfalls zumeist im Anschluß an Verschluß im Verlauf von Entzündungen.

Mit Endothel ausgekleidete Zysten.

Nicht bei allen diesen Retentionszysten handelt es sich ausschließlich um passive Dehnung des Drüsenlumens; es scheinen vielmehr vielfach aktive Proliferationsvorgänge an Bindegewebe und

Epithel mitzuspielen. Beispiele solcher Zysten sind die sogenannten Follikularzysten der äußeren Haut, zu welchen ein Teil der Atherome (Fig. 158), die Komedonen und das Milium gehören (s. II. Teil, Kap. IX).

Zysten, die zu den Geschwülsten gehören. Diese leiten über zu anderen Zysten, bei welchen es sich von Anfang an um proliferative Prozesse handelt, und welche entweder an kongenital verlagerten Keimen oder an vorher normalen Drüsen (Zystadenome) resp. an Endothel führenden Teilen (Zystenhygrome u. a.) zur Ausbildung kommen. Solche Formen gehören zu den echten Geschwülsten und können nur bei diesen besprochen werden.

III. Spezifische infektiöse Granulationen (Entzündungen).

Infektiöse Granulationen im allgemeinen. Unter dem Namen **infektiöse Granulationen** faßt man eine Anzahl von Erkrankungsformen zusammen, welche, durch spezifische Infektionserreger hervorgerufen, die Neigung besitzen, in Form zahlreicher umschriebener Erkrankungsherde aufzutreten. Auf der einen Seite bestehen diese aus denselben Elementen, die wir schon bei der Entzündung kennen lernten, so daß man auch von „spezifischen Entzündungen" spricht — zumal sie auch ihrem Wesen nach zu den „Entzündungen" gehören —, auf der anderen Seite nähert sich ihre umschriebene Herdform in ihrer Gestaltung den Geschwülsten. Doch haben die meisten der diese herdförmigen Granulationen hervorrufenden Entzündungserreger auch die Fähigkeit, diffuse Entzündungsprozesse zu veranlassen.

A. Tuberkulose.

A. Tuberkulose.

1. Morphologie der Tuberkulose.

1. Morphologie derselben: Seit der Entdeckung des Tuberkelbazillus ist der Begriff der Tuberkulose ein rein ätiologischer geworden, d. h. man bezeichnet als tuberkulös alle Veränderungen, welche durch die Wirkung des genannten Bazillus zustande kommen.

Man muß hierbei ein gewisses Gewicht darauf legen, daß die Tuberkelbazillen nicht nur anwesend sind, sondern auch das ätiologische Moment der Erkrankung darstellen. Anwesend findet sich der Bazillus nämlich öfters auch bei Nichttuberkulösen, z. B. in der Mundhöhle. In Schnittpräparaten durch das Innere von Organen wird Anwesenheit von Bazillen wohl stets mit der krankheitserregenden Wirkung derselben zusammenfallen. Über die Bazillen selbst s. Kap. VII.

Der Tuberkel. Die Veränderungen, welche der Tuberkelbazillus setzt, können sehr verschiedener Art sein, doch steht im Vordergrund seine Fähigkeit, in den befallenen Organen mehr oder minder zahlreiche, umschriebene, hirsekorngroße bis höchstens hanfkorngroße, knötchenförmige Herde hervorzurufen; diese prominieren an der Oberfläche, weniger an der Schnittfläche der Organe und werden als Tuberkel oder ihrer Größe nach als Miliartuberkel **Seine Bestandteile:** (Milium = Hirsekorn) bezeichnet. Anfangs sind sie von grauer Farbe und etwas durchscheinender Beschaffenheit; dies zusammen mit der Knötchenform und Kleinheit charakterisiert diese Tuberkel schon makroskopisch. Ganz kleine sind nur mikroskopisch wahrzunehmen.

Ihrer Struktur nach sind die knötchenförmigen Herde nicht überall gleichmäßig gebaut; wo sie in typischer Form auftreten, zeigen sie sich der Hauptsache nach aus ziemlich großen, vieleckigen, spindeligen oder unregelmäßigeren, mit einem großen hellen Kern versehenen Zellen zusammengesetzt; diese entsprechen in erster Linie den größeren jener Zellformen, die bei der entzündlichen Bindegewebsneubildung auftreten (Makrophagen bzw. auch Fibro**a) Epitheloidzellen**blasten) und werden hier, da sie ja Epithelien sehr gleichen, als epitheloide Zellen bezeichnet (vgl. S. 119 und Fig. 161 sowie Fig. 163). Mit großer Regelmäßigkeit enthalten die Tuberkel eine oder mehrere große Riesenzellen, d. h. also Zellen mit einer größeren **b) Langhanssche Riesenzellen mit wandständigen Kernen.** Zahl von Kernen (Fig. 162). Sie liegen zwischen den epitheloiden Zellen, aus denen sie auch entstehen, oft mit Vorliebe zentral im Tuberkel. Ihre Kerne liegen am Rand der Zelle, welcher häufig Ausläufer erkennen läßt. Diese Zellen sind zwar ganz besonders charakteristisch für Tuberkulose, kommen aber auch bei anderen infektiösen Granulationen und ferner, wie wir schon gesehen haben, auch bei Fremdkörpern vor. Man bezeichnet diese Riesenzellen mit wand- oder randständigen Kernen auch als Langhanssche Riesenzellen. Über ihre Entstehung siehe unten. Ferner finden sich in größerer oder geringerer Zahl im Tuberkel kleinere runde Zellen, Lymphozyten, höchstens mit einigen polymorph-

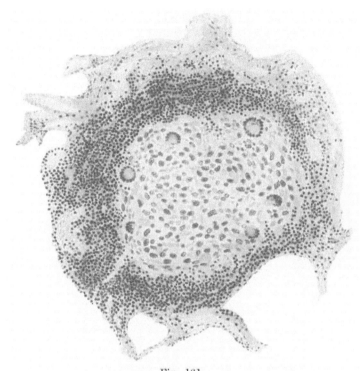

Fig. 161.
Tuberkel der Lunge.
Innen Epitheloidzellen mit 6 Riesenzellen. Außen Lymphoidzellen.

kernigen Leukozyten (S. 109) vermischt. Diese Zellen liegen besonders am Rande der c) Rundzellen. Knötchen, außen von den Epitheloidzellen. Beherrschen sie den ganzen Tuberkel, so spricht man auch von einem Lymphoidzellentuberkel im Gegensatz zu dem — häufigeren — eben beschriebenen Epitheloidzellentuberkel.

Außer den Zellen findet sich im Tuberkel schon in einem frühen Entwickelungsstadium eine netzförmig angeordnete, faserige Zwischensubstanz; sie stellt ein wirkliches Retikulum dar, dessen Fasern zwischen den Zellen hinziehen und in dessen Knotenpunkten auch einzelne Zellen vorhanden sind, deren Ausläufer in das Retikulum ausstrahlen. Charakteristisch ist für die Tuberkel, daß sie stets der Blutgefäße entbehren, weil diese am Ort der Tuberkelbildung frühzeitig zugrunde gehen und die Neubildung selbst keine Gefäße enthält. Die Tuberkelbazillen finden sich namentlich in und zwischen den Epitheloidzellen und ganz vorzugsweise in den Riesenzellen.

d) Retikulum des Tuberkels.

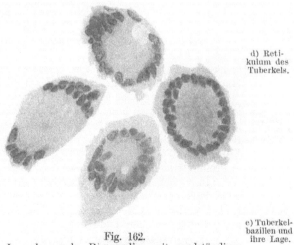

e) Tuberkelbazillen und ihre Lage.

Fig. 162.
Langhanssche Riesenzellen mit randständigen Kernen.

Wir haben somit die Morphologie des gewöhnlichen frischen, vollausgebildeten Tuberkels kennen gelernt. Er besteht also aus Epitheloidzellen und zwischen diesen meist einer oder mehreren Riesenzellen, sowie Rundzellen an seinem äußeren Rand. Allerdings sind nicht stets alle diese Elemente so typisch vertreten.

Sekundäre Veränderungen: a) Verkäsung. In späteren Stadien nun tritt im Tuberkel, zunächst in seinem Zentrum, sodann sich gegen den Rand desselben ausbreitend, als sekundäre Veränderung eine Koagulationsnekrose ein, die Verkäsung. Bei dieser verlieren die sämtlichen Zellen allmählich ihre Kerne (s. S. 86); schon bei Einleitung der Nekrose tritt ein feines fibrinöses Netz auf; die nekrotischen Zellen bilden mit ihm zusammen eine schollige bis feinkörnige, sehr dichte, im übrigen strukturlose Masse. Ganz zu Beginn der Nekrose kommen chemotaktisch angelockt multiformnukleäre Leukozyten herbei, welche aber bald zerfallen. Älterer Käse bildet eine ganz

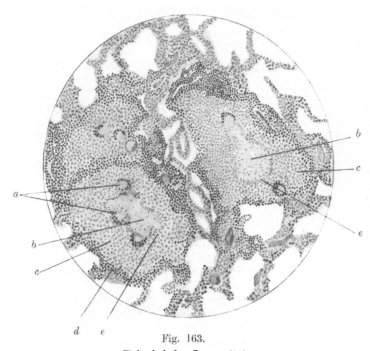

Fig. 163.

Tuberkel der Lunge ($\frac{90}{1}$).

a Riesenzellen, *b* Nekrose, *c* Epitheloidzellen, *d* einkernige Rundzellen, *e* Wirbelzellenstellung um die Nekrose.

strukturlose, gleichmäßige Masse, höchstens mit einigen liegen gebliebenen Kerntrümmern. Häufig erscheinen direkt um den Käse die Zellen konzentrisch gerichtet und von länglicher Gestalt mit ebensolchen Kernen. Der zentrale dem Käse zugelegene Teil dieser Zellen ist **Arnoldsche Wirbelzellenstellung.** in die Verkäsung einbezogen. Man bezeichnet diese Erscheinung als (Arnoldsche) Wirbelzellenstellung oder als palisadenförmige Stellung der Zellen. Makroskopisch ist der Käse durch seine im Gegensatz zum grauen Tuberkel gelbe Farbe und seine geronnenem Fibrin gleichende Beschaffenheit charakterisiert. Die Bazillen liegen in dem Käse zunächst in großer Zahl, um später, wenn sie hier kein Nährmaterial mehr finden, meist abzusterben.

In vielen, namentlich langsam verlaufenden Fällen von Tuberkulose, welche eine gewisse Heilungstendenz zeigen — wenn also die Tuberkelbazillen spärlich oder gar abgestorben **b) Fibröshyaline Umwandlung.** sind — findet in späteren Zeiten am Rande der Knötchen eine fibrös-hyaline Umwandlung statt, indem von der Umgebung aus schmälere, mehr spindelförmige Zellen (Fibroblasten), oft in konzentrischer Anordnung, und schließlich auch faserige Bindegewebszüge auftreten. Dabei erfahren dieselben sowie auch das schon im Tuberkel vorhandene, an sich spärliche

Retikulum meist eine hyaline Verdickung, ähnlich wie sie S. 64 für das Retikulum der Lymphdrüsen beschrieben worden ist. Die fibrös-hyaline Umwandlung pflegt konzentrisch von
außen nach innen fortzuschreiten. So kann das ganze Knötchen in Bindegewebe umgewandelt
werden, sogenannter fibröser Tuberkel; oder wenn schon größere Teile verkäst sind, bildet
sich eine fibrös-hyaline Kapsel um diese.

Häufig konfluieren die kleinen Knötchen zu größeren oder sogar sehr großen Knoten,
deren Zusammensetzung aus kleinen Knötchen sich noch durch die Kontur dokumentiert;
man bezeichnet sie als Konglomerattuberkel (in manchen Organen auch weniger exakt
als Solitärtuberkel, Fig. 161). In ihrer Umgebung findet man fast immer einen Kranz

Konglo-
merat-
tuberkel.

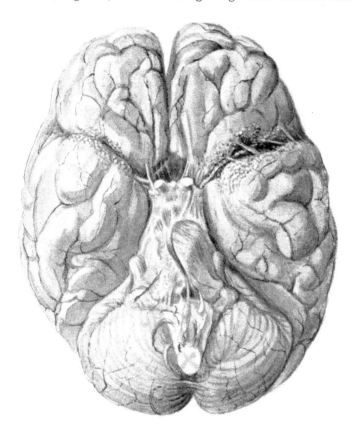

Fig. 164.

Tuberkulöse Meningitis. Die einzelnen Tuberkel stehen am dichtesten beiderseits in der Gegend der Fossa
Sylvii (links im Bilde in situ gelassen, rechts die Arterie freigelegt). Unterhalb des Chiasma findet sich
das bei tuberkulöser Meningitis meist vorhandene sulzige Ödem.

von frischen kleinen Knötchen, welche weiterhin mit dem primären Herd verschmelzen;
diese sekundären Knötchen, die sogenannten Resorptionstuberkel, kommen dadurch zustande, daß aus dem primären Herd Bazillen mittels der Lymphe in die Umgebung verschleppt
werden und daselbst zunächst junge Tuberkel hervorrufen. Derartige Konglomerattuberkel
kommen in verschiedenen Organen vor: Lunge, Leber, Milz, Nieren, Gehirn etc. Sie wachsen
meist langsam, gehören also den mehr chronisch verlaufenden Tuberkuloseformen an; sie
enthalten daher zentral fast stets ausgedehnte verkäste Stellen.

In anderen Fällen entstehen unter der Einwirkung des Tuberkelbazillus weniger die
bisher beschriebenen zirkumskripten Knötchen, es kommt vielmehr, wie z. B. häufig in
Schleimhäuten, Lymphdrüsen, Gelenken etc. zur Bildung eines diffusen, meist aber auch

Tuber-
kulöses
mehr dif-
fuses Gra-
nulations-
gewebe.

von kleinen Knötchen durchsetzten Granulationsgewebes; man findet in späteren Stadien auch in dieses eingesprengt unregelmäßige, derbe, gelbe, käsige Herde, während das übrige Gewebe, abgesehen von dem oft reichlichen Gehalt an Riesenzellen, die Struktur gewöhnlichen Granulationsgewebes aufweist. Auch dieses Granulationsgewebe kann in großer Ausdehnung eine narbig-fibröse Umwandlung erleiden, besonders wenn Verkäsungsprozesse überhaupt ausbleiben (sog. fungöse Formen).

Tuberkulöse (käsige) Entzündung (exsudative Prozesse). Außer bzw. neben der Fähigkeit, kleine Knötchen oder umfangreiche tuberkulöse Granulationswucherungen zu bilden, kann der Tuberkelbazillus auch exsudative Entzündungsprozesse von serösem, sero-fibrinösem oder eiterigem, wie auch hämorrhagischem Charakter bewirken. Solche finden sich sehr häufig bei der Tuberkulose der Lunge, ferner auf den serösen Häuten, den Meningen, Gelenken. Man spricht in solchen Fällen von „tuberkulöser Entzündung", im Gegensatze zur gewöhn-

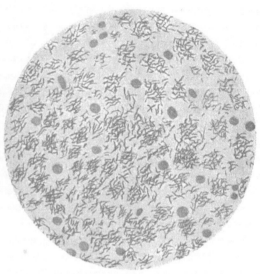

Fig. 165.

Tuberkel (der Milz) mit Entwickelung hyalinen Bindegewebes außen um die Nekrose als Zeichen einer Heilungstendenz. Im Zentrum Käse. Außen herum fibröse Kapsel.

Fig. 166.

Tuberkelbazillen in der zentral beginnenden Nekrose eines Tuberkels der Lunge ($\frac{150}{1}$).

Tuberkelbazillen rot, restierende Zellkerne blau (Färbung mit Karbolfuchsin und Hämatoxylin).

lichen tuberkulösen Neubildung. Die Knötchenbildung kann gegenüber diesen exsudativen Entzündungsprozessen ganz in den Hintergrund treten, so daß der Prozeß unter dem Bilde einer gewöhnlichen katarrhalischen, fibrinösen oder eiterigen Exsudation beginnt. Später zeigt sich auch hier die charakteristische tuberkulöse Eigenschaft eines solchen Exsudates, indem auch dies verkäst: „käsige Entzündung". Ein Beispiel derselben ist vor allem die käsige Pneumonie (Fig. 97, S. 87).

Weitere Veränderungen tuberkulöser Produkte: Der weitere Verlauf und der Ausgang der tuberkulösen Lokalaffektionen ist ein sehr wechselnder und in erster Linie von der Menge und der Virulenz der Bazillen, also davon abhängig, ob der Herd verkäst oder Neigung zu fibröser Umwandlung, wie dies bereits oben beschrieben wurde, zeigt und welche Ausdehnung er bereits gewonnen hat.

Resorption. Kleine käsige Herde können, wenn die in ihnen enthaltenen Bazillen absterben, zur Resorption kommen, und dann kann Bindegewebe an die Stelle treten; ist dies unmöglich, so bleibt der Käse unresorbiert liegen — eventuell tritt Kalkeinlagerung in ihm auf —, während von der Umgebung eine bindegewebige Kapsel um ihn gebildet wird. Auch eine echte Verknöcherung kommt hier vor. In völlig fibrös umgewandelten, sowie in vollständig verkalkten Partien und ebenso in den oben beschriebenen fibrösen Tuberkeln findet man oft nach einiger Zeit keine lebensfähigen Tuberkelbazillen mehr, und Verimpfung solcher Herde auf Versuchstiere gibt meistens ein negatives Resultat. Die lokale Tuberkulose kann *Verkalkung und Einkapselung von Käsemassen.*

also auf diese Weise spontan heilen, und zwar ist das ein sehr häufiges Vorkommnis; man findet Residuen abgeheilter tuberkulöser Herde, namentlich in der Lunge, wo sie sich in Form derber, bindegewebiger Schwielen oder eingekapselter Kalkknoten darstellen, sehr häufig als Nebenbefund an Leichen solcher Personen, die an anderen Krankheiten gestorben sind. Ebenso findet man nicht selten geheilte Tuberkulose in Lymphdrüsen, Knochen und Gelenken. Im allgemeinen kann man sagen, daß die spontane Heilung der Tuberkulose gerade an denjenigen Organen am ehesten eintritt, welche am häufigsten von ihr befallen werden. Auf der anderen Seite stehen die progredienten Formen mit immer mehr um sich greifender und ausgedehnter Verkäsung. Hier stellt sich gerne eine Erweichung und Verflüssigung der verkästen Massen ein. Liegen derartige erweichende und zerfallende Käsemassen in der Nähe von Hohlorganen oder von Oberflächen, so können sie nach denselben zu durchbrechen; so entstehen die tuberkulösen Höhlen — Kavernen —

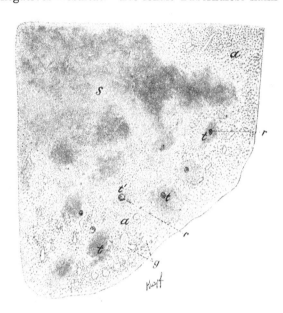

Fig. 167.
Konglomerattuberkel des Gehirns ($\frac{12}{1}$)
mit zahlreichen kleinen Resorptionstuberkeln $t\,t'$ in der Umgebung; in den letzteren Riesenzellen r; a kleinzellige Infiltration, g Gefäße, s Käse.

Erweichung käsiger Massen.

Bildung von Kavernen und Geschwüren.

der Lunge, die ihren Inhalt in Bronchien (oder die Pleurahöhle) entleeren, so die tuberkulösen Geschwüre der Haut und der Schleimhäute (Fig. 168); sie zeigen anfangs breite, wulstige, später unregelmäßige, scharfe, oft sinuös unterwühlte Ränder und lassen an letzteren, sowie an ihrem Grund meist schon mit bloßem Auge frische, graue oder ältere, verkäsende Knötchen er-

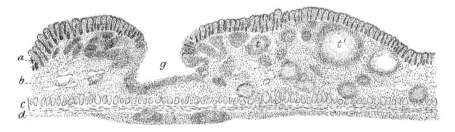

Fig. 168.
Tuberkulöses Darmgeschwür ($\frac{12}{1}$).
a Schleimhaut, b Submukosa, c und d Muskularis, g Geschwür, t Tuberkel in der Schleimhaut, t' im Zentrum zerfallener Käseherd.

kennen. Führen die tuberkulösen Prozesse in dieser Weise zu großer Zerstörung und allgemeinem Schwinden der Kräfte, so spricht man von **Phthise.** Doch kann auch hier, selbst wenn schon Kavernen gebildet sind, der Prozeß noch still stehen, wenn die Bazillen absterben oder in ihrer Vermehrung und Virulenz herabgesetzt sind. Dann kommt eine bindegewebige

Umwandlung der Kavernenwand zum Abschluß, und es entsteht eine glattwandige, scharf umschriebene Höhle (vgl. Teil II, Kap. III, Lunge). Selbst wenn hier noch Tuberkelbazillen vorhanden sind, so sind sie eventuell eingeschlossen, so daß gewöhnlich keine Infektion der Umgebung mehr stattfindet; man kann dann von latenter Tuberkulose sprechen.

2. Wir-
kungsweise
des Tu-
berkel-
bazillus im
allge-
meinen,
2. Wirkungsweise des Tuberkelbazillus und Bildungsweise des Tuberkels.

Der Tuberkelbazillus führt zu der Tuberkel genannten Neubildung nach der verbreitetsten Anschauung, indem er, beziehungsweise seine Toxine, direkt die spezifische Zellproliferation bewirkt; nach einer anderen, besonders experimentell begründeten Darstellung, indem er eine schädigende — Zellen und Zwischengewebe, wie elastische Fasern, zugrunde richtende — Wirkung ausübt, und nun infolge

Fig. 169.
Epitheloidzellen mit einem Kern. Der Kern ist durch die große blasige Sphäre an den Rand gedrückt. In deren Mitte die Zentrosomen.

Fig. 170.
Mehrkernige Epitheloidzelle. Die Sphäre in der Mitte ist sehr groß und blasig. In ihrer Mitte die Zentrosomen. Die Kerne am Rand; oben einer, unten mehrere durch amisotische Kernteilung entstanden.

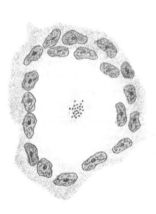

Fig. 171.
Riesenzelle mit wandständigen Kernen. In der Mitte zahlreiche Zentrosomen. Die Sphäre verschwindet. Am Rande die zahlreichen Kerne.

Fig. 172.
Riesenzelle mit wandständigen Kernen. Zentrosomen und Sphäre verschwinden. So wird das Zentrum nekrotisch. Auch nach unten zu gehen die wandständigen Kerne zugrunde.

Entspannung andere Zellen zunächst regenerativ, dann darüber hinausgehend, wuchern und so den Tuberkel bilden.

Die das Bild der tuberkulösen Neubildung beherrschenden epitheloiden Zellen stammen meist von Retikulumzellen bzw. Endothelien, von histiozytären Makrophagen, zum Teil auch von echten Bindegewebszellen (Fibroblasten), auf jeden Fall zu allermeist von vorher fixen Zellen

der Gewebe ab; daß sie trotzdem zunächst und in der Regel kein Bindegewebe bilden, hängt
ebenfalls damit zusammen, daß die Tuberkelbazillen die Zellen weiter schädigen und so die
Bindegewebsbildung hintanhalten; es ist dies ferner auch auf die Gefäßlosigkeit des Tuberkels
zu beziehen, da ja auch ausreichende Ernährung zur Bindegewebsneubildung vonnöten wäre.

Eine Folge der fortgesetzt zellschädigenden Einwirkung des Bazillus ist ferner die
Bildung der Langhansschen Riesenzellen mit den randständigen Kernen. Die beste Vorstellung der Entstehung dieser ist folgende: Bei der Wucherung der Epitheloidzellen teilen sich
deren Kerne; infolge der Schädigung durch die Bazillen aber kann sich das Protoplasma nicht
teilen. So entsteht eine Zelle mit zahlreichen Kernen, d. h. eben eine Riesenzelle. Die Kerne
teilen sich amitotisch, was auch auf eine Schwächung der Zelle hinweist. Nach der Darstellung
Weigerts tritt nun bald dieselbe regressive Metamorphose (s. u.) an der Riesenzelle ein, wie
am Gesamttuberkel: Verkäsung. Auch hier in der Riesenzelle beginnt sie (aus denselben Gründen
wie unten bei der Verkäsung angegeben) zentral. Hier also gehen die Kerne zugrunde, während
sie am Rande noch gelegen sind. So entsteht der Langhanssche Typus (randständige Kerne).
Richtiger ist aber wohl die Auffassung, daß von vornherein bei der Bildung der Riesenzellen aus
Epitheloidzellen die Kerne am Rand gelegen sind und bleiben, weil sich in der Mitte der Zelle
zunächst die Zentrosomen mit ihrer hier besonders groß und blasig gewordenen Sphäre befinden.
Später kann es aber auch zu Nekrose des Zentrums der Riesenzellen kommen. Dies Zentrum färbt
sich wie der Käse mit sauren Anilinfarben; ferner spricht dafür, daß es sich um Nekrose handelt, daß,
wenn eine solche Zelle Kalk enthält, dieser sich nur im Zentrum findet, wie ja nekrotische Massen
überhaupt eine besondere Affinität zu Kalk besitzen (s. S. 78), des weiteren, daß wie sich im Käse
kein tropfiges Fett findet, sondern nur an seinem Rande (da ja zur Fettbildung Leben des Gewebes gehört, s. S. 57), so auch im Zentrum der Riesenzellen sich kein Fett nachweisen läßt,
sondern am Rand im Bereiche der noch erhaltenen Kerne. Die Tuberkelbazillen liegen zunächst in
dem zentraleren Bezirk der Zelle; wie aber im Käse so können sie sich auch hier infolge mangelnder Nährstoffe nicht dauernd halten. Sie liegen jetzt daher nur noch am Rande der Zellen zwischen
den Kernen bzw. an der Grenze dieser und der Nekrose; allmählich richten die Bazillen die Kerne
auch hier zugrunde. So wird die ganze Riesenzelle nekrotisch und zerfällt. Wir sehen also, daß
die Riesenzelle überhaupt dem Kampfe gegen die Bazillen ihre Existenz verdankt. Sie entsteht
durch Kernteilung einer geschädigten Zelle, der eine Zellteilung nicht folgt. (Im übrigen kann
eine Riesenzelle vielleicht auch durch Konglomeration mehrerer Epitheloidzellen zustande kommen.)
Diese Riesenzelle bietet die besondere Form des Langhansschen (tuberkulösen) Typus, d. h.
die Randstellung der Kerne dar; später kommt es zum oben beschriebenen Prozeß der partiellen
Zellnekrose. Auf letztere ist in ganz ähnlicher Weise auch die Bildung der Wirbelzellen (siehe
S. 154) zu beziehen. Zuletzt fällt die Riesenzelle den Bazillen ganz zum Opfer.

Daß nun aber auch der ganze Tuberkel Nekrose zeigt, d. h. verkäst, ist in erster Linie
auf die fortgesetzt und jetzt besonders schwer schädigende Wirkung der Bazillen, die
sich in loco vermehrt haben, zu beziehen, in zweiter Linie ist es die Folge der Gefäßlosigkeit
des Tuberkels, also eine anämische Nekrose. Der zentrale Beginn der Verkäsung ist ebenfalls
darauf zu beziehen, daß wegen dieser Gefäßlosigkeit die Ernährung der Neubildung im Zentrum
unter den allerschlechtesten Bedingungen steht, ferner daß hier die Bazillen besonders zahlreich
liegen.

Die andauernde Wirkung des Tuberkelbazillus ist nach alledem das einzige
für den Tuberkel ganz Charakteristische. Hierdurch wird es auch verständlich, daß
tuberkelähnliche Bazillen und bei Experimenten auch abgestorbene Tuberkelbazillen, ja eventuell
auch sonstige Fremdkörper Knötchen, welche im Anfang den Tuberkeln sehr gleichen, hervorrufen
können. Hier aber hört die Wirkung dieser Agentia später auf und so heilt das Knötchen, d. h.
es wird bindegewebig substituiert. Beim Tuberkel aber wirken die Tuberkelbazillen, die sich vermehren, weiter ein und führen so zur Verkäsung. Nur wenn die Bazillen in ihrer Wirkung nachlassen oder absterben, kommt auch hier der Prozeß durch Bindegewebsneubildung zum Stillstand.

3. Eingangspforten der Tuberkulose und erste Lokalisation derselben.

Die allgemein anerkannte Tatsache, daß die Tuberkulose mit Vorliebe solche Individuen
befällt, deren Eltern schon der gleichen Erkrankung erlegen waren, hat zu der Annahme ihrer
direkten erblichen Übertragbarkeit geführt. Es ist auch sichergestellt, daß bei schweren
Fällen von Tuberkulose Bazillen in die Plazenta eindringen und hier tuberkulöse Veränderungen
setzen; in einzelnen Fällen können die Bazillen auch durch die Plazenta in den Fötus eindringen
und in dessen Organen nachgewiesen werden; indes stellt der Übergang der Bazillen durch die

der Riesen-
zellen;

Gründe für
die (zentral
beginnende)
Nekrose,

3. Ein-
gangspfor-
ten und
erste Lo-
kalisation
der Tuber-
kulose.

Kongenitale
Tuber-
kulose.

Plazenta auch bei schwerster tuberkulöser Erkrankung der Mutter ein immerhin seltenes Vorkommnis dar. Die Annahme, daß Tuberkelbazillen mit dem Sperma auf die Eizelle übertragen werden können, ist experimentell nicht mit aller Sicherheit begründet. Auch bei Tieren ist eine kongenitale Tuberkulose nur in verhältnismäßig wenigen Fällen festgestellt worden.

Primäre Entstehung der erworbenen Tuberkulose: a) in den Respirationsorganen (aërogen);

Schon die Seltenheit der sicher gestellten Fälle erblicher Übertragung, sowie die mit dem nach der Geburt zunehmenden Alter sich mehrende Häufigkeit auch frischer Tuberkulosen macht es im höchsten Grade wahrscheinlich, daß in weitaus den meisten Fällen die Tuberkulose erst im postuterinen Leben erworben wird. Hier kommt in erster Linie die Infektion durch die Respirationsorgane in Betracht, in denen man auch bei sonst von Tuberkulose freien Individuen am häufigsten (in 95% der Tuberkulosen nach manchen Autoren) tuberkulöse Herde antrifft. Eine Hauptquelle der Verbreitung der Bazillen bildet sicher das Sputum der Phthisiker, welches die Bazillen in ungeheuren Massen an die verschiedensten Orte und Gegenstände überträgt und, wenn es in vertrocknetem Zustande zu Staub zerfällt, Gelegenheit zur Infektion Gesunder geben kann; besonders aber direkt kann durch ausgehustete, fein verteilte Sputumtröpfchen eine Infektion statthaben, ein Modus, der auch durch das Tierexperiment erwiesen ist. Allerdings ist aus der Tatsache, daß die Lunge mit so großer Vorliebe von der Tuberkulose ergriffen wird, noch kein strikter Beweis für deren primäre Entstehung in diesem Organ zu entnehmen, denn die in verschiedener Weise angestellten Tierversuche lehren, daß bei allen Arten der Infektion, mag dieselbe nun durch das Blut, oder durch subkutane Impfung, oder durch Impfung in die Bauchhöhle etc. bewerkstelligt worden sein, die Lunge einen bevorzugten Sitz für die Ansiedelung der Bazillen darstellt, also eine besondere Organdisposition aufweisen muß; immerhin spricht aber die Häufigkeit isolierter oder auch schon geheilter tuberkulöser Lungenaffektionen bei Fehlen anderweitiger Organtuberkulose und die oft nachweisbare spätere Entstehung der letzteren im Anschluß an Lungentuberkulose, ebenso wie zahlreiche Experimente mit größter Wahrscheinlichkeit für die „aërogene" Infektion. Innerhalb der Lunge zeigt sich, beim Erwachsenen wenigstens, fast immer die Lungenspitze zuerst ergriffen; zur Erklärung dieser besonderen Neigung der Lungenspitze zu tuberkulöser Erkrankung scheinen eine ganze Reihe von Momenten herangezogen werden zu müssen; so sind es die geringeren Atemexkursionen und damit eine mangelhafte Ventilation dieser Teile, ferner wohl auch koniotische Prozesse (Staub) mit Veränderung der Lymphbahnen, welche der Bazillen-Ansiedelung hier Vorschub leisten (ein wichtiges weiteres Moment s. unten unter f). Neben den Spitzen zeigen auch die hinteren Lungenabschnitte und zuweilen noch die untersten Teile der Unterlappen eine besondere Lokaldisposition, wenigstens treten hier oft sehr frühzeitig isolierte käsige Herde auf. In einigen Fällen wurden auch an größeren Bronchialverzweigungen primäre tuberkulöse Affektionen nachgewiesen. Über die genaueren Angriffspunkte der Bazillen in den Lungen siehe Teil II, Kap. III. Trotz der großen Neigung der Lunge zur tuberkulösen Infektion treten häufig Tuberkelbazillen, welche eingeatmet wurden, durch sie hindurch, um mit den Lymphbahnen in die Bronchialdrüsen zu gelangen, und hier, weniger an der Eintrittsstelle, das heißt der Lunge selbst, Veränderungen zu bewirken. Dies ist besonders bei Kindern der Fall. Hier findet man dann verkäste Bronchialdrüsen, doch sind auch die Lungen, wenn auch weniger in die Augen fallend, auch bei Kindern schon primär affiziert. Sekundär werden dann die Lungen auch noch von den Lymphdrüsen her infiziert, und zwar in Gestalt größerer Herde. Neben den Bronchialdrüsen werden nicht selten auch die mediastinalen und andere Lymphdrüsengruppen ergriffen.

Die oberen Teile des Respirationstraktus, der Kehlkopf, die Trachea, sowie auch in den meisten Fällen die großen Bronchialäste werden erst sekundär durch von der Lunge her passierendes, bazillenhaltiges Sputum infiziert, doch kommen — selten — auch Fälle primärer Tuberkulose an diesen Organen vor.

b) durch den Verdauungstraktus (mit Nahrungsmitteln);

Von Nahrungsmitteln, die möglicherweise Tuberkelbazillen enthalten und so eine Infektion durch den Verdauungstraktus bewirken können, kommt in erster Linie die Milch perlsüchtiger Kühe in Betracht, welche nachgewiesenermaßen auch dann Bazillen enthalten kann, wenn nicht eine Tuberkulose des Euters, sondern nur eine solche innerer Organe vorhanden ist. Im Gegensatz zur Milch ist das Fleisch tuberkulöser Rinder — das ja noch dazu fast nur in gekochtem Zustande genossen wird — wahrscheinlich weniger gefährlich, da Impfungen mit dem Muskelfleisch tuberkulöser Rinder nur dann ein positives Resultat ergaben, wenn das Fleisch von vorgeschrittenen und hochgradigen Fällen herrührte. Allerdings tritt die Tuberkulose beim Rind in etwas anderer Form auf als beim Menschen, nämlich als sogenannte **Perlsucht.** Sie ruft

Perlsucht der Rinder;

in verschiedenen Organen meist größere, reichlich konglomerierende Knoten hervor, die mehr sarkomähnliche Wucherungen darstellen und auch bei der mikroskopischen Untersuchung eine gewisse Ähnlichkeit mit sarkomatösen Geschwülsten erkennen lassen. Der Bazillus der Rindertuberkulose ist aber, wenn nicht mit dem der menschlichen Tuberkulose identisch, so doch sehr nahe mit ihm verwandt und stellt höchstens eine Varietät desselben dar; auch erleiden die Perlknoten des Rindes ähnliche weitere Umwandlungen wie die tuberkulösen Produkte der menschlichen Tuberkulose, Verkäsung, Verkalkung etc. Jedenfalls kann heute als sichergestellt betrachtet werden, daß die Erreger der so nahe mit der diesbezüglichen Erkrankung des Menschen verwandten Rindertuberkulose auch beim Menschen infektiös wirken können.

Eine nicht unwichtige Eingangspforte der Tuberkulose stellen die **Schleimhäute des obersten Abschnittes des Verdauungs- und Respirationstraktus** dar. Nachgewiesenermaßen können Tuberkelbazillen durch die (eventuell selbst unverletzte) Mund- und Rachenschleimhaut, wohin sie also zumeist mit der Luft, aber auch mit der Nahrung gelangen können, resorbiert werden; namentlich sind in dieser Beziehung die Tonsillen und die Follikel des Zungengrundes, sowie die sogenannte Rachentonsille wichtig; weniger in dem Sinne, daß in ihnen öfters primäre Manifestationen der Tuberkulose gefunden würden, als in der Weise, daß die Bazillen durch die genannten Organe hindurchtreten und sich erst in den submaxillaren, zervikalen und anderen Lymphdrüsengruppen ansiedeln; hier rufen sie dann scheinbar primäre tuberkulöse Veränderungen hervor, von denen aus sie aber häufig auch eine weitere Ausbreitung über den Körper erlangen. *(Randnote: von den Tonsillen aus;)*

Der normal sezernierende Magen sichert zwar nicht gegen das Durchtreten lebender Tuberkelbazillen in den Darm, erkrankt aber selbst nur äußerst selten. Im Darmkanal kann die Tuberkulose **primär** auftreten, wenn bazillenhaltige Nahrungsmittel, z. B. Milch perlsüchtiger Kühe (s. o.), den Darm direkt infizieren; ebenso aber auch, wenn eingeatmete, also im wesentlichen von Menschen stammende Bazillen mit Sputum und Nahrung verschluckt werden. Immerhin ist eine solche primäre Darmtuberkulose relativ selten und bei weitem am häufigsten noch bei Kindern zu beobachten. Ungleich häufiger entsteht, wenigstens beim Erwachsenen, die Darmtuberkulose **sekundär** durch verschlucktes tuberkulöses Sputum bei tuberkulöser Lungenerkrankung. Vom Darm aus erkranken die Lymphdrüsen. Gegenüber diesen — den mesenterialen und den retroperitonealen — kann die Darmschleimhaut aber auch ein ähnliches Verhalten aufweisen, wie die Schleimhäute der Mundhöhle gegenüber den Drüsen des Halses (und wie in gewissem Maße die Lunge gegenüber den Bronchiallymphdrüsen), d. h. es ist ein Durchtreten der Bazillen durch den Darm, ohne diesen zu verändern, in diese Drüsen möglich; dies findet sich bei der primären wie sekundären Darmtuberkulose auch hier besonders bei Kindern. Oft sind die sämtlichen Drüsen der Peritoneal höhle ergriffen, geschwellt und von Käseherden durchsetzt (,,Tabes meseraica"). *(Randnote: vom Darm aus;)* *(Randnote: Tabes meseraica.)*

Gegenüber den erwähnten Infektionsmöglichkeiten spielt die **Inokulationstuberkulose**, d. h. die tuberkulöse Wundinfektion, jedenfalls nur eine untergeordnete Rolle; es kommen gelegentlich zufällige Verunreinigungen von Wunden mit tuberkulösem Sputum, oder durch tuberkulöse menschliche Leichenteile (bei Anatomen, Anatomiedienern) respektive perlsüchtige Organe (bei Metzgern) vor; auch durch Insektenstiche können Tuberkelbazillen übertragen werden, wenigstens sind Tuberkelbazillen in den Exkrementen von Fliegen und Wanzen nachgewiesen worden. Im allgemeinen kommt den tuberkulösen Hautinfektionen weniger Neigung zu progressiver Ausbreitung zu; doch liegen immerhin auch Beobachtungen über schwere Erkrankungen nach tuberkulösen Hautaffektionen vor. Eine Allgemeininfektion wurde endlich auch infolge der rituellen Beschneidung konstatiert, bei welcher in niederen jüdischen Volksklassen die Wunde mit dem Munde ausgesaugt wird; hier wurde die Infektion jedenfalls durch den bazillenhaltigen Speichel des phthisischen Beschneiders verursacht. Indes handelt es sich in diesen Fällen nicht um Impfung in die Haut, sondern in das viel besser disponierte Unterhautbindegewebe. Die geringe Disposition der Haut zur Tuberkulose zeigt sich auch in der Unfähigkeit der Tuberkelbazillen durch die Poren der unverletzten Haut einzudringen, während manchen anderen Bakterienarten eine solche Fähigkeit zukommt. *(Randnote: c) per inoculationem;)*

In manchen Fällen ist endlich auch eine Infektion durch den **Genitaltraktus** angenommen worden; es wurden anscheinend primäre tuberkulöse Erkrankungen der weiblichen Genitalien, besonders der Tuben, auf eine Infektion mit tuberkelhaltigem Sperma zurückgeführt; nun ist zwar sichergestellt, daß bei schwerer Tuberkulose, auch ohne daß Hodentuberkulose vorhanden sein müßte, Tuberkelbazillen in das Sperma übergehen können, ein Beweis für die Entstehung der weiblichen Genitaltuberkulose durch Infektion mit bazillenhaltigem Sperma ist aber noch nicht geliefert. (II. Teil, Kap. VIII.) *(Randnote: d) vom Genitaltraktus aus.)*

Für eine Infektion mit Tuberkulose, falls alle Eingangspforten versagen, kommt endlich der Gedanke, daß es sich um eine **kongenitale Tuberkulose** handelt, in Betracht. Sie könnte mit dem Sperma oder von dem mütterlichen Blut durch die Plazenta entstanden sein. Nun ist aber angeborene Tuberkulose, d. h. solche bei Neugeborenen, nur in seltenen Ausnahmefällen beobachtet worden (s. oben). Selbst bei schwersten Tuberkulosen der Mutter machen die tuberkulösen Veränderungen meist in der Plazenta halt. Kurz nach der Geburt aber kann es sich bereits um eine erworbene Krankheit handeln. Andererseits nehmen einzelne Autoren, vor allem v. Baumgarten, die angeborene Tuberkulose als häufiger an, nur bleibe dieselbe dann lange Zeit latent.

Zusammenfassung des über die Eingangspforte des Tuberkelbazillus Bekannten.

Es ergibt sich aus dem oben Gesagten, daß die Feststellung des Ausgangspunktes der Tuberkulose in einigermaßen vorgeschrittenen Fällen sehr große Schwierigkeiten bietet und vielfach schon deswegen ganz unmöglich ist, weil die sämtlichen als Eingangspforte in Betracht kommenden Organe auch auf sekundäre Weise, mit dem Blut oder der Lymphe, infiziert werden können; dazu kommt, daß von einem kleinen, oft verborgen bleibenden Herde aus eine ausgedehnte Tuberkulose in anderen Organen zustande kommen und die sekundäre Tuberkulose schneller wachsen und dann eine primäre Erkrankung vortäuschen kann. So kommt es, daß die Frage, in welcher Weise in den meisten Fällen die Infektion des Menschen mit dem tuberkulösen Virus erfolgt, gegenwärtig noch nicht in einheitlichem Sinne beantwortet wird und noch keineswegs als definitiv gelöst betrachtet werden darf. Aus allem Bekannten ist aber zu schließen, daß die bei weitem häufigste Entstehungsart der Tuberkulose eine aërogene primäre Lungentuberkulose ist. Seltener gelangen die Bazillen mit der Nahrung in die Verdauungswege, diese primär affizierend; hierbei können die Bazillen die Tonsillen oder den Darm, ohne ihn anzugreifen, passieren und in den entsprechenden Lymphdrüsen die ersten Veränderungen setzen. Die dritte Entstehungsart der Tuberkulose, die angeborene, ist als sehr selten zu betrachten. Die Inokulationstuberkulose und die primäre Tuberkulose des Genitaltraktus kommen für allgemeine Tuberkulose kaum in Betracht.

Unbekannte Eintrittspforten.

Es soll aber nicht verschwiegen werden, daß sich in letzter Zeit noch eine andere Ansicht Bahn gebrochen hat. Nach dieser finden sich vereinzelte Tuberkelbazillen außerordentlich häufig latent in Lymphdrüsen. Von hier aus können die vermehrten Bazillen dann den Körper überschwemmen, und auch hierbei erweist sich die Lungenspitze als das bevorzugte Organ. Also eine Phthisis pulmonum würde auch in diesen Fällen resultieren, in denen keine aërogene Infektion vorzuliegen brauchte, sondern sich über die erste Eintrittspforte der Bazillen gar nichts aussagen ließe. Denn das eine ist vor allem experimentell festgelegt, daß auch bei Verbreitung der Tuberkelbazillen auf dem Blutwege von irgend einem Teile des Körpers aus die Lungen Prädilektionssitze darstellen, und es so auch vor allem vom perivaskulären Lymphgewebe der Lunge aus zur Lungenphthise kommt.

Die Phthise als Doppelinfektion.

Nach einer ebenfalls verbreiteten Ansicht handelt es sich bei der Phthise, wenigstens in einem Teil der Fälle, um eine Doppelinfektion. Die erste Infektion soll (nach v. Behring durch den Darmkanal kleiner Kinder) latent bleiben. Hierdurch aber werde die Resistenz des Körpers erhöht; findet nun evtl. aërogen eine zweite Infektion statt oder geht diese von den latenten Herden nach Vermehrung der Bazillen aus — kommt es also auf irgendeine Weise exogen oder endogen zu einer Reinfektion mit virulenten Bazillen —, so sollen die phthisischen Erscheinungen die Folge sein. Orth nimmt an, daß in solchen Fällen die Lunge besondere Disposition durch die erste Infektion erlangt habe und es sich bei der zweiten um eine neue exogene Reinfektion handelt.

Experimentelle Lungenphthise.

Auch experimentell ist es gelungen — zum Teil durch Nachahmung der eben angedeuteten Doppelinfektion —, Lungenphthise, nicht nur allgemeine Miliartuberkulose, bei Tieren zu erzeugen. Auch hierbei tritt bei Infektion von anderer Stelle aus trotzdem die Phthise der Lunge in den Vordergrund.

4. Ausbreitung der Tuberkulose im Organismus.

4. Ausbreitung der Tuberkulose:

Von einem primären tuberkulösen Herd her kann eine weitere Verbreitung der Bazillen durch Kontaktinfektion oder auf metastatischem Wege mit dem Blut- oder dem Lymphstrom erfolgen.

a) durch Kontaktinfektion;

Durch Kontaktinfektion geschieht die Ausbreitung besonders an Oberflächen oder an Innenflächen von Körperhöhlen oder Kanalsystemen. So werden Tuberkelbazillen über größere Strecken disseminiert, wenn ein zerfallender Herd seinen Inhalt in die Pleurahöhle oder in die Bauchhöhle entleert; ferner bei Nierentuberkulose, indem der bazillenhaltige Harn das Nierenbecken, die Ureteren und die Blase mit Bazillen überschwemmt; am häufigsten findet sich dieser Vorgang in den Respirationsorganen, wo in Bronchien durchbrechende Kavernen ihren Inhalt dem Sputum beimischen, so daß er die Wand der Bronchien berührt und weiter auch in feinere Äste der Bronchialverzweigungen aspiriert wird. So folgt die Ausbreitung der Lungenphthise oft fast genau dem Bronchialwege. In gleicher Weise geschieht durch das vorüberströmende Sputum die Infektion der Kehlkopfschleimhaut, endlich auch die Infektion der Darmschleimhaut, welche in den meisten Fällen durch verschlucktes, bazillenhaltiges Sputum bewirkt wird.

Auf dem Lymphwege entstehen, vermittelt durch die eigentlichen Lymphgefäße wie durch die Saftspalten des Bindegewebes, sog. Resorptionstuberkel in der Umgebung eines primären Herdes; so breiten sich die Knötchen oft in reichlicher Zahl über große Gebiete eines Organes aus und durchsetzen es mehr oder weniger dicht; indem die Wand der Lymphgefäße durch die mit der Lymphe verschleppten Bazillen infiziert wird, kommt es nicht selten zur Entstehung zahlreicher rosenkranzförmig angeordneter Knötchenreihen, welche als Stränge im Gewebe den Verlauf der Lymphgefäße markieren (tuberkulöse Lymphangitis). Mit dem Lymphstrom gelangen die Bazillen in die zugehörigen Lymphdrüsen, sammeln sich hier an und werden gleichsam abfiltriert; so kommt es auch in diesen besonders häufig zur Entstehung tuberkulöser Herde. *b) auf dem Lymphwege;*

Werden nur geringe Mengen von Tuberkelbazillen durch den Blutstrom verschleppt, wie dies von den häufig vorkommenden Herden an kleinen Blutgefäßen aus der Fall sein muß, oder gelangen von einem oder mehreren Zerfallsherden aus nach und nach reichlichere Mengen von Bazillen ins Blut — man findet sie auch nicht selten im Blute auf —, so kommen bloß da und dort einzelne Tuberkel zur Entwickelung, und zwar da, wohin Bazillen gerade eingeschwemmt werden. Entsprechend dem langsamen Verlauf des Prozesses können die so entstandenen Herde sich weiter ausbreiten und zu einer ausgedehnten Organtuberkulose führen; bei großer Ausbreitung des Prozesses über viele Organe hin nähert derselbe sich dem Bilde der akuten allgemeinen Miliartuberkulose (s. u.), zeigt aber durch die ungleiche Größe und Beschaffenheit der einzelnen Eruptionen das verschiedene Alter und die sukzessive Entstehung derselben an. Vereinzelte kleine durch Metastase auf dem Blutwege entstandene tuberkulöse Herde sind bei schwerer Organtuberkulose etwas sehr Gewöhnliches. *c) auf dem Blutwege.*

Durch Einbruch tuberkulöser Herde in ein Arterienlumen kann es zur Ausbreitung von Bazillen über ein umschriebenes Gefäßgebiet und Durchsetzung desselben mit sehr zahlreichen Tuberkeleruptionen kommen; unter Umständen kommen auch durch Verschluß von Arterien auf thrombotischem und embolischem Wege Infarkte zustande, in deren Bereich sich gleichfalls Tuberkel entwickeln können.

Bei der Ausbildung und Verbreitung der tuberkulösen Prozesse spielt sicher auch der Zustand des infizierten Organismus eine sehr wesentliche Rolle. Von diesem Gesichtspunkte aus hat man neuerdings auch den Versuch gemacht (Ranke), besonders nach der zeitlich verschiedenen Beteiligung der Lymphdrüsen am tuberkulösen Prozeß diesen — insbesondere der Lungen — in drei Stadien einzuteilen, ähnlich wie bei der Syphilis (s. unten). Zuerst erscheint der Primäraffekt bzw. der primäre Komplex, d. h. der primäre konglomerierte Lungenherd unter Beteiligung des zugehörenden Lymphstromgebietes in der Lunge und über diese hinaus bis zu den zugehörenden Hiluslymphdrüsen. Außer der Einwirkung der Tuberkelbazillen gewissermaßen als Fremdkörper mit toxischen Eigenschaften sollen toxische Fernwirkungen in die Umgebung wirken und hier „perifokale Entzündung" in Gestalt von Schwellungen, entzündlichen Wucherungen, Abkapselungen etc. bei den Lymphdrüsen Adenitis und Periadenitis, bewirken. So kommt es zum typischen Nebeneinander von Verkäsungen und Bindegewebswucherung, ein Bild, das durch alle späteren Stadien erhalten bleibt. Diese perifokalen Entzündungen sollen der Ausdruck einer allmählich auftretenden Allergie, d. h einer erhöhten Giftempfindlichkeit des Organismus sein. Diese erreicht ihren Höhepunkt, nach Art einer Anaphylaxie (s. Kap. VIII) im 2. Stadium, d. h. dem der generalisierten Tuberkulose. Die Tuberkulose der Lunge wie Lymphdrüsen, die Verkäsungen, andererseits auch die toxischen Entzündungen nehmen zu. Hämatogen oder lymphogen breitet sich die Tuberkulose in anderen Organen aus. Gegen Schluß dieser Periode tritt die toxische Komponente zurück, d. h. mit der Erwerbung einer relativen Giftfestigkeit; jetzt steht die obengenannte Fremdkörperwirkung des Bazillus im Vordergrunde als Charakteristikum der 3. Periode, d. h. der der isolierten Phthise. Infolgedessen hören die „perifokalen Entzündungen" jetzt auf, die Ausbreitung auf Lymph- und Blutweg tritt zurück. Die Organherde stehen im Vordergrunde, so in der Lunge und die Verbreitung in Kanälen, also z. B. den Bronchien der Lunge und mit dem Sputum in Kehlkopf, Magendarmkanal etc. Das letzte Stadium der Phthise ist also auch nach dieser Betrachtung Ausdruck einer erworbenen relativen Immunität (s. Kap. VIII, b) gegen die Wirkung der Tuberkelbazillen. *Ausbreitung der Tuberkulose abhängig von dem Reaktionszustand des menschlichen Organismus.*

Eine besondere Form der Tuberkulose, welche auf dem Blutwege entsteht, müssen wir hier anschließen. Gelangt nämlich auf einmal oder doch innerhalb eines kurzen Zeit-

Akute all-
gemeine
Miliar-
tuber-
kulose.

raumes eine sehr große Menge von Tuberkelbazillen in das zirkulierende Blut, so daß hierdurch die Organe mit solchen überschwemmt werden, so entsteht eine in wenigen Wochen tödlich verlaufende Allgemeinerkrankung, welche sich durch das Auftreten zahlreicher disseminierter Tuberkel in den verschiedensten Organen charakterisiert, die **akute allgemeine Miliartuberkulose.** Diese stellt also eine allgemeine Überschwemmung des Körpers mit Tuberkelbazillen dar und weicht daher auch klinisch von den sonstigen Formen der Tuberkulose ab, während sie den akuten Infektionskrankheiten, z. B. der Pyämie — Überschwemmung des Blutes mit Eiterkokken — näher steht.

Ent-
stehung
derselben.

Die Hauptfrage ist nun, wie kommt es zu einer derartigen Überschwemmung des Gesamtkörpers mit zahllosen Tuberkelbazillen. Bei weitem am häufigsten sind hier zwei Wege. Ein tuberkulöser Herd bricht entweder in den Ductus thoracicus (bzw. einen seiner großen Äste) ein, oder aber in die Venen, besonders die Lungenvenen. Es entwickelt sich dann in ersterem oder letzteren ein Tuberkel. Wenn dieser verkäst, werden die gerade zuerst im Käse massenhaft gelegenen Bazillen von dem vorbeieilenden Blut- oder Lymphstrom mitgerissen und gelangen, wenn von den Lungenvenen ausgehend direkt, wenn von anderen Venen oder dem Ductus thoracicus (der ja auch in eine Vene mündet) ausgehend indirekt, in den linken Vorhof, sodann in den linken Ventrikel und in die Aorta, um so in alle Organe ausgestreut zu werden. Vielleicht bewirken auch mehrere solche Einbrüche kleinerer Tuberkel in den Ductus thoracicus oder in die Venen das gleiche, und es kommen auch Fälle mit zahlreichen großen Einbrüchen vor; die Regel aber bildet eine einmalige plötzliche Überschwemmung des Gesamtkörpers mit Bazillen. Dementsprechend finden sich die nun auftretenden Tuberkel fast in allen Organen des Körpers, auch da, wo tuberkulöse Veränderungen sonst selten sind, so am Endokard des Herzens (besonders des rechten Ventrikels) und in der Schilddrüse. Die Tuberkel der verschiedenen Organe müssen sich, da zur gleichen Zeit entstanden, zur Zeit des Todes etwa auf der gleichen Entwickelungsstufe befinden. Unterschiede in der Entwickelung, Größe etc. der Tuberkel, die hier trotzdem bestehen, sind darauf zu beziehen, daß die Bazillen in einem Organ günstigere Wachs-

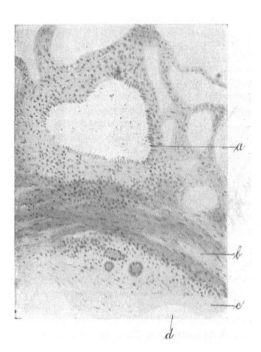

Fig. 173.

Akute allgemeine Miliartuberkulose; Durchbruch-
stelle in eine Lungenvene ($\frac{90}{1}$).

a Tuberkel in der Umgebung einer Lungenvene mit zentraler Nekrose und Wirbelzellenstellung am Rande dieser; *b* eingewuchert in die Venenwand; *c* Tuberkel mit Riesenzellen und Nekrose im Innern der Vene; *d* Lumen der letzteren.

tumsbedingungen finden (s. später) als in anderen. Hierauf beruht es, daß die Tuberkel in der Leber meist besonders klein bleiben und an den Lungenspitzen schneller wachsen als in den unteren Lungenteilen. Nach dem oben Gesagten ist also zum Durchbruch eines tuberkulösen Herdes in eine Vene oder den Ductus thoracicus und somit zur Entstehung der akuten allgemeinen Miliartuberkulose überhaupt das Vorhandensein eines älteren tuberkulösen Herdes nötig. Dieser liegt zumeist im Oberlappen einer Lunge, wo ja die Tuberkulose in der weit überwiegenden Mehrzahl der Fälle beginnt. Ein derartiger Herd, welcher also in der Umgebung jener Gefäße gelegen sein muß und am allerhäufigsten von den kleinen, die Gefäße etc. umgebenden Lymphfollikeln (sog. Arnoldsche Drüsen), ausgeht, ist aber meist so klein, daß er makroskopisch nicht nachweisbar ist, weil er eben schon sehr frühzeitig in die Gefäße hineinwuchert. In diesen selbst aber — also einer Vene oder dem Ductus thoracicus — kann man fast ausnahmslos den Befund des Einbruchsherdes, also eines großen verkäsen Tuberkels nachweisen, da ja eben der Herd hier eine gewisse Größe erreicht haben muß, bevor es zu einer ausgedehnten Verkäsung mit Freiwerden einer großen Zahl von Bazillen kommen kann. Der Herd ist meist 1—2 cm lang und in der Längs- richtung des Gefäßes gestellt, gelb und weich (verkäst). Die Durchbruchsstelle findet sich im Ductus thoracicus besonders in solchen Fällen, in denen eine Verwachsung der Pleura- blätter besteht. In sehr seltenen Fällen können auch große Tuberkel an den Herzklappen und dem Endokard des Herzens, oder der Intima der Aorta, oder sonstiger Arterien, in der gleichen Weise zu allgemeiner akuter Miliartuberkulose führen.

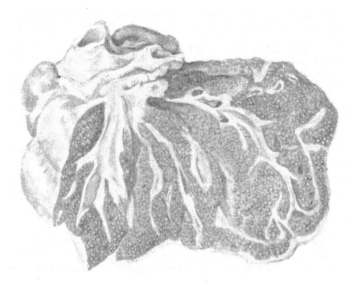

Fig. 174.

Akute allgemeine Miliartuberkulose. Lunge von miliaren Tuberkeln durchsetzt. Im Lumen einer Lungen- vene findet sich ein großer verkäster (gelb gezeichneter) tuberkulöser Einbruchsherd, welcher die akute miliare Aussaat bewirkt hat.

Im allgemeinen ist das Auftreten einer akuten allgemeinen Miliartuberkulose, ent- sprechend dem spärlichen Vorkommen der oben genannten Herde an den größeren Venen und Lymphstämmen, gegenüber der kolossalen Zahl der Tuberkulosefälle ein seltener Be- fund; daß nicht durch kleinere Gefäße hindurch viel häufiger, als es tatsächlich geschieht, ein Einbruch von Bazillen in die Blutbahn stattfindet, ist darauf zurückzuführen, daß in den meisten Fällen von drohendem Durchbruch an Arterien sowie an Venen eine progressive Verdickung der Intima, eine sogenannte Endarteriitis resp. Endophlebitis obliterans (II. Teil, Kap. II) vorher noch einen Verschluß des Lumens herbeiführt, und daß erweichende Lymph- drüsenherde meist von derben fibrösen Kapseln eingeschlossen werden.

Gründe für die relativ Seltenheit derselben.

5. Häufigkeit der Tuberkulose.

5. Häufig- keit der Tuber- kulose;

Die Tuberkulose ist eine der häufigsten Erkrankungen, und man kann sagen, daß ca. $^1/_4$ aller Menschen einer tuberkulösen Phthise erliegt. Noch viel höher stellt sich die Morbiditätsziffer. Übereinstimmende Statistiken haben ergeben, daß — mit Ausschluß des Säuglingsalters — in großen Städten bei mindestens 40—50% aller Leichen entweder die Tuberkulose Todesursache ist, oder Spuren geheilter, resp. latenter Tuberkulose (S. 158) nachweisbar sind. Auch im Kindesalter ist die Erkrankung sehr häufig. In Kinderspitälern großer Städte bildet sie ca. 30% der Todesfälle und findet sich bei 18,8% der Leichen als Nebenbefund. Am seltensten tritt sie im 1. Lebensalter, dann in sehr hohen Prozentsätzen im 2.—6. Jahre auf, um vom 7. Jahre bis zur Pubertät etwas abzunehmen. Von den späteren Lebens- jahren fällt der größte Prozentsatz von tödlichen Erkrankungen in das Alter von 15—30 Jahren.

besonders
latenter
Herde.

Noch viel größer wird der Prozentsatz von Tuberkulose, wenn man nicht bloß die mit bloßem Auge wahrnehmbaren progressiven und latenten Veränderungen, sondern auch jene latenten Herde berücksichtigt, welche bei anscheinend tuberkulosefreien Individuen durch eine genaue mikroskopische Durchsuchung der verschiedenen Körperorgane, besonders der bronchialen, mediastinalen und peritrachealen Lymphdrüsen nachzuweisen sind; diesbezügliche statistische Erhebungen ergaben in 80 %, andere sogar in 97 % aller Leichen Erwachsener, besonders älterer, Anzeichen oder Residuen tuberkulöser Prozesse. Doch handelte es sich hier um Krankenhausmaterial. Die Zahl der Personen mit tuberkulösen Lungenherden wird von Orth als 68 % von Lubarsch als 69,2 % angenommen. Eine Aufnahme von Tuberkelbazillen findet also auf jeden Fall bei den meisten aller Menschen im Laufe eines längeren Lebens statt und ruft lokale Reaktion hervor, daran schließt sich aber meist keine progressive tuberkulöse Erkrankung an, also keine Phthise. Im jugendlichen Alter ist der Prozentsatz derartiger unbedeutender tuberkulöser Befunde geringer, während er mit dem Alter fortwährend zunimmt, was auf die im Laufe der Jahre immer öfter wiederholte Aufnahme von Tuberkelbazillen zurückzuführen ist; umgekehrt ist die Disposition zu schwerer und tödlicher Erkrankung im Jugendalter größer und nimmt in den folgenden Jahrzehnten progressiv ab.

Häufig-
keits-
skala der
einzelnen
Organe.

Was die einzelnen Organe betrifft, so werden sie sehr unregelmäßig von tuberkulösen Affektionen befallen. Während manche mit großer Häufigkeit erkranken, sind andere, wie z. B. die Muskeln, nahezu immun. Nach den makroskopisch feststellbaren Befunden läßt sich folgende Häufigkeits-Skala für einige Organe aufstellen: Lunge, Lymphdrüsen, Darmschleimhaut, Kehlkopf, äußere Haut, Zentralnervensystem, Muskeln (vgl. unten); von den nichtgenannten Organen erkranken aber auch z. B. Leber, Niere, Nebenniere, Knochen häufig an Tuberkulose (öfter als die in der Liste an letzter Stelle genannten Gewebe).

Die Tuberkulose ist in Deutschland in der Abnahme begriffen, besonders die Tuberkulose der Erwachsenen.

6. Bedin-
gungen der
Infektion.

6. Bedingungen der Infektion, Disposition.

Die kolossale Verbreitung der Tuberkulose, deren Voraussetzung eine eben so große des tuberkulösen Virus ist, berechtigt zu der Frage, wie es kommt, daß nicht jeder Mensch von dem letzteren wirksam infiziert wird, da doch die Gelegenheit zur Aufnahme von Tuberkelbazillen sicher für jeden vielfach genug gegeben ist. Sicher bleibt auch ein großer Teil solcher Menschen frei von Phthise, welche durch ihren Beruf oder sonstige Lebensverhältnisse ganz besonders der Gelegenheit zur Infektion ausgesetzt sind (Krankenwärter, Ärzte), während Angehörige anderer Berufsarten viel regelmäßiger befallen werden, wie z. B. Schleifer, viele Fabrikarbeiter u. a. Gewisse, mit fast konstanter Regelmäßigkeit zu beobachtende Verhältnisse lassen sich nur erklären, wenn wir daran festhalten, daß die Gegenwart des Infektionserregers einerseits, eines der Infektion zugänglichen Individuums andererseits noch nicht genügen, letzteres tatsächlich schwerer zu infizieren, sondern daß die Infektion im Sinne einer dauernden wirksamen Ansiedelung der Bakterien im Körper an gewisse Bedingungen geknüpft ist. Allerdings kommt es ja meist zu einer gewissen Reaktion der Gewebe, aber der Prozeß bleibt ein ganz lokaler und heilt ab. So entstehen die oben besprochenen Lungenherde latenter Tuberkulose. Es bleiben mit anderen Worten in dem Kampfe der Zellen und Bazillen doch die ersteren glücklicherweise in vielen Fällen Sieger, und die Eindringlinge werden eliminiert.

Die
Bazillen
müssen in
genügen-
der Zahl
und infek-
tionsfähig
eindringen
und einige
Zeit ver-
weilen.

Es müssen also bestimmte Bedingungen für die Weiterverbreitung des Prozesses, für das weitere Wachstum der Bazillen gegeben sein. Hierzu gehört vor allem, daß die Tuberkelbazillen in genügender Zahl und in infektionstüchtigem Zustande in den Körper eindringen und sich wenigstens eine Zeitlang in ihm aufhalten. Jeder dieser drei Faktoren ist von Wichtigkeit, und jedem derselben stehen von Natur schon gewisse Hemmnisse entgegen. Was das Haften des Infektionserregers innerhalb des Körpers betrifft, so stehen dem Organismus eine Reihe von Schutzvorrichtungen zur Verfügung. Befinden sich Tuberkelbazillen in der Inspirationsluft, so werden sie wie andere korpuskuläre Elemente zum Teil in den Nasenmuscheln mit ihren labyrinthartigen Gängen zurückgehalten, andere bleiben in den oberen Luftwegen stecken, und ein weiteres Hilfsmoment ist die nach aufwärts gerichtete Zilienbewegung des Schleimhautepithels in den Respirationswegen, welche ja auch Staubteile wieder nach außen befördert und gewiß auch Bakterien aller Art wieder entfernen kann. Ist so den Bazillen schon überhaupt der Zutritt zur Lunge erschwert, so muß dies um so mehr ins Gewicht fallen, je geringer ihre Zahl und Infektionstüchtigkeit ist. In weitaus den meisten Fällen werden sicher nur höchst geringe Mengen aufgenommen. Inhalationsexperimente an Tieren, bei welchen Unmassen fein verstäubter Bazillen in engem Raum eingeatmet (und verschluckt) werden, entsprechen natürlich nicht im entferntesten den wirklichen Verhältnissen; im Gegenteil haben Versuche mit vereinzelt suspendierten (und ebenso mit abgeschwächten) Bazillen nachgewiesen, daß die Infektion um so unsicherer eintritt und die Krankheit sich um so langsamer entwickelt, je geringer Zahl und Virulenz der Bazillen waren, wenn auch die Grenze, bei welcher das verdünnte Virus unwirksam wird, nicht scharf

bestimmt werden kann. Letzteres ist schon deshalb unmöglich, weil man auch mit der Infektionsfähigkeit rechnen muß. Zwar können Tuberkelbazillen diese auch in eingetrocknetem Zustande
nachgewiesenermaßen $^1/_2$—$^3/_4$ Jahre bewahren, aber sicher bleiben sie dabei nicht unverändert
und ungeschwächt. Ist die Infektionsfähigkeit doch schon verschieden bei tuberkulösem Material,
welches verschiedenen Tierarten entnommen ist (vgl. oben). Ganz ähnlich liegt die Sache für
die Infektion vom Darm aus. So wird es schon zum Teil erklärlich, warum trotz der kolossalen
Verbreitung der Tuberkelbazillen doch nur ein Teil der Menschen von ihnen infiziert wird.

Die Erfahrung hat uns aber auch eine Reihe spezieller Verhältnisse zur Kenntnis gebracht, Im Or-
ganismus
selbst ge-
legene Be-
dingungen
der Infek-
tion.
die noch näheren Aufschluß über die Bedingungen der tuberkulösen Infektion zu geben imstande
und im Organismus selbst gelegen sind. Es sind nämlich die allgemeinen Bedingungen von
seiten der Infektionserreger wohl für alle Menschen im großen und ganzen gleich, und auch der
Gelegenheit zur Infektion werden von gesunden Eltern abstammende Individuen durchschnittlich in dem gleichen Maße und ebenso ausgesetzt sein wie Kinder, welche zwar von tuberkulösen
Eltern abstammen, aber nicht mit ihren kranken Eltern zusammenleben; auch die physiologischen,
dem Schutze des Organismus dienenden Einrichtungen haben bei allen Individuen den gleichen
Bau, und doch finden wir die tuberkulöse Erkrankung ganz überwiegend bei bestimmten Gruppen
angehörigen Individuen. Bei der großen Mehrzahl der an Tuberkulose leidenden Individuen
läßt sich nämlich eine erbliche Belastung, d. h. Abstammung von tuberkulösen Eltern, nachweisen; diese Leute nun besitzen einen besonderen Körperbau, den sogenannten „phthisischen
Habitus" (s. u.). Oder man kann nachweisen, daß bei ihnen im späteren Leben allgemein
schwächende oder auch besonders die Lungen schädigende Einflüsse (z. B. Staubkrankheiten)
stattgefunden haben. Diese Faktoren müssen also in irgendeiner Beziehung zur Erkrankung
stehen, und zwar in der Weise, daß sie deren Eintreten erleichtern; den durch sie geschaffenen
Zustand des Körpers, wodurch dieser für die Infektion empfänglicher wird, bezeichnet man als
individuelle Disposition. Selbstverständlich kann auch z. B. ein hereditär nicht belastetes, Indivi-
duelle Dis-
position.
kräftiges Individuum der Infektion erliegen, und wir können uns vorstellen, daß reichliche Mengen
sehr virulenter Bazillen keiner besonderen Disposition des Individuums zu ihrer Ansiedelung
und Wirksamkeit bedürfen, aber bei Ansiedelung nur weniger Bazillen — wie es wohl die Regel
ist — hängt das Eintreten der Erkrankung nnd deren weiteres Fortschreiten von dem Vorhandensein jener disponierenden Bedingungen ab.

Betrachten wir zuerst die erbliche Belastung. Erfahrungsgemäß ist dieselbe seit langem Ange-
borene Dis-
position
(erbliche
Be-
lastung).
bekannt. Ebenso daß sich diese angeborene Disposition sehr häufig im sogenannten Thorax
phthisicus äußert, der in Schmalheit und geringer Tiefe, sowie in eingesunkenen Klavikular-
gruben besteht. Daß nun gerade die Lunge zur Tuberkulose disponiert ist erscheint bei der Annahme der Inhalationstuberkulose als der weitaus häufigsten Infektionsform nicht wunderbar.
Für Prädisposition der Lungenspitzen gerade sind eben in letzter Zeit auf alten Beobachtungen
Freunds fußende Befunde erhoben worden, welche uns gleichzeitig die erbliche bzw. angeborene
Disposition und jene Thoraxform zu klären geeignet sind, aber allerdings auch nicht unwider-
sprochen geblieben sind. Man hat bei Phthisikern schon früher unvollkommene Entwickelung
lebenswichtiger Organe — Hypoplasie des Herzens, Enge der Aorta — gefunden; als Haupt-
ausdruck einer solchen allgemeinen Entwickelungshemmung wird aber eine abnorme
Kürze der ersten Rippenknorpel, beziehungsweise rudimentäre Entwickelung der
ersten Rippe, welche zunächst latent bleiben kann, angesehen. Durch diese Momente kommt
es zu einer Formveränderung der oberen Thoraxapertur, so daß diese aus der querovalen
in die gradovale, oft unsymmetrische, übergeht. Als Folge bildet sich der Thoraxbau aus, den
man als „phthisicus" bezeichnet. Andererseits wird die naturgemäß entstandene Stenose
der oberen Thoraxapertur durch Raumbeeinträchtigung, indem vor allem die Bronchien
komprimiert werden — manchmal findet man unterhalb der Lungenspitze als Zeichen des Druckes
eine nach ihrem Entdecker Schmorl zu benennende Furche —, die respiratorische Funktion
hemmen. Gelangen nun Tuberkelbazillen in die Lungenspitze, so werden sie infolgedessen
hier länger zurückgehalten, also abgelagert und vermehren sich so hier leichter. Sind sie aber
mit dem Blutstrom zugeführt, so wird jene Kompression, welche ja auch den Blutstrom verlangsamt, auch so das Haftenbleiben der Bazillen begünstigen. Hinzu kommt die Schädigung des Gewebes durch die Kompression. So wäre eine angeborene und ererbte Disposition zu einer Anomalie
der ersten Rippen eines derjenigen Momente — und das einzige bisher genauer bekannte —,
welches durch mechanische Störungen eine ererbte Disposition der Lungenspitzen für tuberkulöse Phthise herbeiführt. Der Thorax phthisicus ist Ausdruck derselben Anomalie. Da sich
ihre Folgen meist erst in späteren Jahren äußern, besteht bei Kindern keine Prädisposition der
Spitzen — oder eines anderen besonderen Abschnittes — der Lungen für die Tuberkulose. Die

tuberkulösen Herde finden sich bei ihnen denn auch ungleichmäßig in der ganzen Lunge verteilt bzw. sehr häufig in der Gegend des Hilus.

Erworbene Disposition. Nicht der Tuberkelbazillus wird also (in weitaus den meisten Fällen) direkt intrauterin übertragen, sondern die Disposition zur Tuberkulose ist in diesen Fällen kongenital und erblich. Dazu kommt bei Kindern phthisischer Eltern die stete Gefahr der zahlreichen Bazillen in der Umgebung (Exposition).

Daß die erhöhte Empfänglichkeit für das tuberkulöse Virus auch im späteren Leben erworben werden kann, beweist das vielfache Vorkommen der Tuberkulose bei den Arbeitern der „Staubgewerbe" (Steinmetze, Schleifer, Feilenhauer, Kohlenarbeiter, überhaupt aller Berufsaretn, bei denen die Inhalationsluft durch Staub stark verunreinigt wird), bei den Inwohnern der Gefängnisse und anderen, unter schlechten hygienischen Verhältnissen, in dumpfen, wenig ventilierten Räumen, bei schlechter Nahrung lebenden Menschen, endlich bei solchen, die durch schwächende Krankheiten, insbesondere Diabetes, durch zahlreiche Wochenbette, sexuelle Exzesse, Alkoholismus oder auch geistige Depression heruntergekommen sind. In den letzteren Fällen, besonders bei Diabetes, findet sich denn auch eine atypische Lungentuberkulose ohne Bevorzugung der Spitzen, weil diese hier weniger mechanisch disponiert sind. Oder wenn z. B. ein Aortenaneurysma einen Bronchus komprimiert und nur diese Lunge Tuberkulose aufweist, während die andere frei bleibt, ist die erworbene lokale Disposition besonders deutlich. Auch eine der oben beschriebenen ererbten Disposition ähnliche kann erworben werden. Altersveränderungen können nämlich die Knorpelgrundsubstanz des ersten Rippenringes treffen und so ebenfalls eine Stenose der oberen Thoraxapertur und somit Disposition der Lungenspitzen zur Tuberkulose erzeugen (hier tritt dann öfters eine Gelenkbildung an der ersten Rippe ein, eine Art Selbsthilfe, so daß in diesen Jahren eine Heilung eher ermöglicht wird). Während mit dem zunehmenden Alter der Einfluß der erblichen Belastung allmählich zurücktritt, wiegt die erworbene Disposition immer mehr vor, und ihr erliegen auch die von Natur kräftigsten, erblich nicht belasteten, Individuen.

Noch mehr kommt natürlich die Disposition zur Geltung, wenn sich eine erworbene Disposition zu einer erblichen Belastung hinzugesellt, wenn z. B. erblich belastete Individuen einen Beruf ergreifen, der erfahrungsgemäß in dieser Hinsicht gefahrbringend ist.

Verhältnis von Infektion und Disposition zueinander. Mag die Disposition nun eine ererbte oder eine erworbene sein, so begünstigt sie jedenfalls die Infektion um so mehr, in je höherem Maße sie selbst vorhanden ist. Je ausgesprochener die Disposition, um so geringer braucht die Infektion quantitativ zu sein, je geringer die Disposition, um so intensiver und reichlicher müssen die Infektionskeime einwirken, um eine Phthise entstehen zu lassen. Die Tuberkelbazillen sind so verbreitet, daß man wohl annehmen darf, daß jeder Mensch gelegentlich solche in sich aufnimmt; bei dem größeren Teil der Menschen kommt die Phthise nicht zur Entwickelung, weil die Bazillen entweder in zu geringer Menge, wohl auch nicht immer in infektionstüchtigem Zustande, eingedrungen sind, oder weil sie durch die physiologischen Kräfte des gesunden Organismus wieder vernichtet werden. Die Gefahr der Infektionsgelegenheit ist, beim Erwachsenen wenigstens, viel geringer anzuschlagen, als die Gefahr der Disposition. Daher sind auch Ärzte und Krankenwärter weniger gefährdet als z. B. die Nadelschleifer, Steinmetzen oder Gefangenen. Speziell an den Krankenwärtern zeigt sich der Einfluß der erworbenen Disposition ganz evident. Während dieselben für gewöhnlich keine besonders hohe Mortalität an Tuberkulose aufweisen, erkrankt an bestimmten krankenpflegenden Orten, nämlich da, wo zur Gelegenheit der Infektion noch weitere ungünstige Verhältnisse (Fasten, schlechte Ernährung, Mangel an frischer Luft, überhaupt die schädigenden Einflüsse strengen klösterlichen Lebens) hinzukommen, eine enorm hohe Zahl, die in manchen Krankenhäusern bis auf 60—70% steigt.

Aus dem Gesagten ergibt sich von selbst, daß für die Prophylaxis der Tuberkulose die Bekämpfung der Disposition, soweit dies möglich ist, mindestens so bedeutungsvoll ist, als die — auch nur unvollkommen durchführbare — Hintanhaltung der Infektionsmöglichkeit.

Zusammenfassung. Zum Zustandekommen einer tuberkulösen Erkrankung ist also unter allen Umständen eine Infektion des Organismus mit Tuberkelbazillen notwendig; unter Umständen — bei Infektion mit reichlichen Mengen vollvirulenter Bazillen — genügt auch diese allein, um die tödliche Erkrankung hervorzurufen; unter den gewöhnlichen Verhältnissen aber spielen jene Faktoren, welche die Infektion erleichtern, indem sie die Widerstände von seiten des Körpers herabsetzen, eine wesentlich mitbestimmende Rolle.

Einteilung in Gruppen: Nach dem Verhältnis von Infektion und Disposition und der Art der letzteren kann man folgende Gruppen tuberkulöser Erkrankungen unterscheiden:

I. **Infektion ohne individuelle Disposition.** Hierher gehören die Fälle, in denen *1. Infektion ohne individuelle Disposition.* kräftig gebaute, gesunde und weder erblich belastete noch sonst unter disponierenden Bedingungen lebende Individuen der Infektion erliegen. Weitaus die meisten Infektionen bleiben aber bei solchen Individuen lokal, resp. heilen nach einiger Zeit unter Zurücklassung der so häufig zu findenden Residuen ab. Zum Tode führende Erkrankung wird bei solchen Individuen durch zufällige Infektionen mit sehr reichlichen, vollvirulenten Bazillen bewirkt, in ähnlicher Weise wie es z. B. bei manchen Tierarten der Fall ist, welche zwar spontan nicht an Tuberkulose erkranken, durch Einimpfung sehr reichlicher Mengen von Bazillen aber sozusagen mit Gewalt infiziert werden können.

II. **Infektion erblich belasteter Individuen.** Bei $^1/_3$—$^2/_3$ aller an Tuberkulose Er- *2. Infektion bei erblicher Disposition.* krankten ist die erbliche Belastung nachweisbar, und sie prägt sich namentlich in dem allgemeinen Körperbau, dem phthisischen Habitus mit seinen Merkmalen und während des Kindesalters in der großen Neigung zu skrofulösen Erkrankungen (s. unten) aus. Für die mit ihren Eltern zusammenlebenden, erblich belasteten Kinder kommt noch hierzu die fortwährende Gefahr der direkten, besonders großen kontagiösen Infektion.

III. **Infektion bei erworbener Disposition.** Diese beruht entweder auf allgemeiner *3. Infektion bei erworbener Disposition.* Schwächung des Körpers, wie, sie besonders durch gewisse Allgemeinkrankheiten (Diabetes), ferner durch schlechte Ernährung, ungenügende hygienische Verhältnisse herbeigeführt wird, oder auf lokalen Schädigungen der Lungen, wie bei den Staubgewerben.

IV. **Infektion bei erworbener und vererbter Disposition.** Wenn erblich be- *4. Infektion bei erworbener und erblicher Disposition.* lastete Individuen durch allgemeine Schädigung des Körpers oder lokale Schädigung der Respirationsorgane (Berufskrankheiten) eine weitere Schwächung erleiden, erkranken sie besonders leicht.

Bei weitem am häufigsten wird die Tuberkulose besonders des Erwachsenen durch den *Infektion mit dem Typus humanus und bovinus.* Typus humanus hervorgerufen, und dementsprechend ist der schwindsüchtige Mensch die Hauptgefahr der Krankheitsübertragung auf andere Menschen. Daneben ist aber (besonders bei Kindern) in einem Teil der Fälle (vielleicht etwa 10 %, nach andern auch in 20 %) der Typus bovinus als ätiologisches Moment nachgewiesen worden. Als Quelle kommt hier besonders die Milch perlsüchtiger Kühe in Betracht. Denken wir uns die Phthise als das Ergebnis einer Reinfektion (s. oben), so kommt dieser Infektion der Säuglinge und kleinen Kinder noch größere Bedeutung zu. Prophylaktisch ist daher auch die Berücksichtigung dieser Infektionsquelle sehr wichtig.

7. Die Skrofulose.

Die sogenannte Skrofulose tritt vorwiegend im Alter von 2—13 Jahren auf; sie ist eine *7. Skrofulose.* dem kindlichen Alter eigentümliche Erkrankung, welche namentlich durch Affektion der Lymphdrüsen, besonders der Drüsengruppen am Hals, ausgezeichnet ist. Die Skrofulose stellt eine Abart der Tuberkulose dar, unterscheidet sich aber von dieser vielleicht durch eine geringere Virulenz der Bazillen. Daß vorwiegend Kinder skrofulös werden, hängt mit der öfters betonten Prädisposition der Kinder für tuberkulöse Lymphdrüsenerkrankungen zusammen. Die Drüsen zeigen sich dabei, zu Paketen geschwellt, im Zustand starker Hyperplasie; ihren Ausgang nehmen die Drüsenaffektionen teils in Rückgang der Schwellung mit fibröser Induration der ergriffenen Drüsen, teils in Verkäsung, Vereiterung und Erweichung derselben mit Durchbruch und Hinterlassung oft hartnäckiger Fistelgänge. In manchen Fällen geht der Prozeß durch progressive Ausbreitung über fast das ganze lymphatische System in ein der Pseudoleukämie (s. u.) ähnliches Bild über. Neben den sogenannten skrofulösen „Lymphomen" finden sich häufig mannigfache Affektionen der äußeren Haut, in Form von sogenannten skrofulösen Ekzemen oder in Form der als Skrofuloderma bekannten Hauterkrankung, der Schleimhäute in Form chronischer *Nebenkrankheiten der Skrofulose.* Katarrhe, der sogenannten skrofulösen Lippe, phlyktänulöser Konjunktivitis und Keratitis, Nasen-, Mittelohr- und Rachenkatarrhe, adenoider Vegetationen und Schwellung der Tonsillen. Die genannten Erkrankungen entsprechen zum Teil den Ausgangspunkten der Lymphdrüsenaffektionen, indem an jenen Stellen die Eingangspforte für die Infektionserreger zu suchen ist. Zum Teil sind sie die Folgen der Lymphdrüsenaffektionen. Sie sind keineswegs sämtlich tuberkulösen Ursprungs, und vielfach zeigen sich weder anatomisch noch ätiologisch (kein Befund von Bazillen im Sekret) Anzeichen eines tuberkulösen Charakters, wohl aber können häufig andere, namentlich pyogene Mikroorganismen an den ergriffenen Stellen

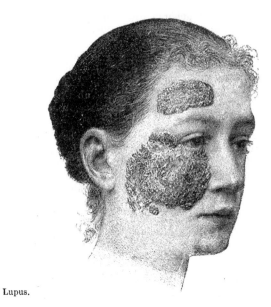

Lupus.

Fig. 175.

Lupus an der Wange, dem Augenlid, dem äußeren Augenwinkel und der Stirne rechterseits.

Aus Lang, Lehrb. d. Hautkr. l. c.

nachgewiesen werden. Oft schließen sich tuberkulöse Erkrankungen anderer Organe — besonders der Lungen und Knochen — an die Skrofulose an; zuweilen auch eine akute allgemeine Miliartuberkulose.

Unter Skrofulose werden vielfach überhaupt stark geschwollene Lymphdrüsen von Kindern, eventuell unter gleichzeitigem Auftreten von Ekzemen etc., wenn sie auch nicht tuberkulöser Natur sind, verstanden. Dann beruhen sie auf einer Konstitutionsanomalie mit erhöhter Disposition zu verschiedenartigen Infektionen, besonders allerdings auch dann zur Tuberkulose (man spricht jetzt auch klinisch von exsudativer Diathese). Die besonders große Vulnerabilität, welche dem skrofulösen Organismus zukommt, ist neben anderen Eigentümlichkeiten vielleicht in einem besonderen anatomischen Bau der meist betroffenen Teile (besonderer Lockerheit des submukösen Gewebes), in Lymphstauungen, größerer Aufnahmefähigkeit für verschiedene bakterielle Gifte etc. zu suchen.

Der **Lupus** (s. Fig. 175) ist eine eigenartige Form von tuberkulöser Erkrankung der äußeren Haut und gewisser Schleimhäute (der Lippen, der Mundhöhle, des Kehlkopfes) und wird eben so wie das Skrofuloderma (ebenfalls eine tuberkulöse Hautaffektion) bei diesen Organen besprochen werden (s. II. Teil, Kap. IV und IX).

B. Syphilis.

B. Syphilis.

Die Krankheitserscheinungen der Syphilis sind der Effekt eines sehr bald eine Allgemein-Infektion des Körpers herbeiführenden spezifischen Virus, und zwar (nachdem alle sogenannten Syphiliserreger, auch der von Lustgarten entdeckte Bazillus sich als nicht spezifisch erwiesen), der Spirochaete pallida (Fig. 176, 177), die wohl zu den Protozoen zu rechnen ist. (Näheres darüber siehe Kap. VII.)

Ätiologie.

Die Infektion erfolgt in weitaus den meisten Fällen durch den geschlechtlichen Verkehr, selten auf anderen Wegen: durch Wundinfektion, durch die Mamilla (beim Säugen syphilitischer Kinder an einer gesunden Amme), durch den Mund, durch verunreinigte, infizierte Operationsinstrumente, durch Eßgeräte, bei der Vakzination etc.

Eingangspforte.

Allgemeiner Verlauf der Syphilis:

1. Primäraffekt (Initialsklerose, harter Schanker).

An der Eingangspforte des syphilitischen Virus entwickelt sich nach einer Inkubationszeit von durchschnittlich 3—4 Wochen der sog. **Primäraffekt.** An der Haut des Penis, dem Präputium, dem Sulcus coronarius (Fig. 178), dem Frenulum, resp. den Labien oder der Vulva entsteht er in Form einer flachen Papel; an Schleimhäuten bildet sich meist zuerst ein kleines herpesähnliches Bläschen, das bald aufbricht und eine kleine Erosion darstellt. Auch die Papeln der Haut zeigen bald eine oberflächliche, wenig sezernierende Ulzeration. Nun wird das Knötchen, resp. die Umgebung der Erosion hart, ein Verhalten, welches der Affektion den Namen **Initialsklerose** gegeben hat. Indem die Ulzeration zunimmt, entsteht ein kleines, mit derben, eigentümlich speckigen Rändern versehenes Geschwür, der sogenannte harte oder Huntersche **Schanker, das Ulcus durum.** Das Schankergeschwür heilt nach einiger Zeit unter Hinterlassung einer mehr oder weniger deutlich persistierenden Narbe ab. In seltenen Fällen entsteht der Primäraffekt an anderen Stellen, den Lippen, den Fingern, der Brustwarze, je nach der Stelle der Infektion. Fast immer ist nur ein Primäraffekt vorhanden.

Bubonen.

2. Sekundärstadium.

3. Tertiäres Stadium; a) produktive Entzündungen,

Bald nach dem Auftreten des Primäraffektes zeigen sich sehr derbe Anschwellungen der nächstgelegenen Lymphdrüsen, in der Regel also der Inguinaldrüsen, die sog. harten oder indolenten (schmerzlosen) **Bubonen,** welche durch Resorption des Virus auf dem Lymphwege zustande kommen. Das Gift hat die Fähigkeit, die Lymphfollikel zu passieren und verbreitet sich nun über den ganzen Körper, dessen Infektion sich in einer Reihe verschiedenartiger Eruptionsformen äußert, deren Auftreten das Sekundärstadium, die **konstitutionelle Syphilis,** bezeichnet. Diese entwickelt sich meist ungefähr 6—7 Wochen nach der Entstehung des Primäraffekts und kann sehr mannigfaltige Veränderungen an verschiedenen Teilen des Organismus, besonders an der Haut und den Schleimhäuten, hervorrufen. Diesem sogenannten zweiten Stadium schließt sich, in einer Anzahl von Fällen nach einer verschieden langen Latenzperiode ein tertiäres Stadium an (**Spätformen der Lues**). In diesem finden sich in allen möglichen Organen

einmal ziemlich uncharakteristische **produktive Entzündungen**, sodann vor allem die für dies Stadium
charakteristischen syphilitischen Neubildungen, die **Gummata.**

Von der Anatomie der Veränderungen, welche bei Syphilis recht mannigfaltig sind,
sei folgendes hervorgehoben:

Die **syphilitische Initialsklerose** stellt im wesentlichen ein starres Gewebsinfiltrat dar,
in welchem die Gewebsspalten von kleinen, spindeligen, gewucherten Bindegewebszellen
und kleinen Rundzellen erfüllt sind. Es besteht in einem besonders hohen Grade eine Proliferation von Zellen um die Lymphkapillaren und kleinen Venen, später auch um die kleinen
Arterien. Aus den Zellen geht derbes kollagenes Bindegewebe hervor, worauf die Härte des
Schankers beruht. Es bildet sich eine Ulzeration und später eine Narbe, die wieder gänzlich
verschwinden kann. Rundzellenhaufen, besonders um die Gefäße, finden sich hier aber
noch lange. In der Wand der von der Initialsklerose wegführenden Lymphgefäße, sowie in

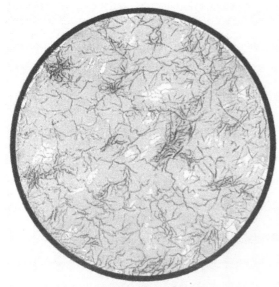

Fig. 176.
Große Massen der Spirochaete pallida (aus der Leber
eines kongenital-syphilitischen Kindes).
Imprägnation nach Levaditi.

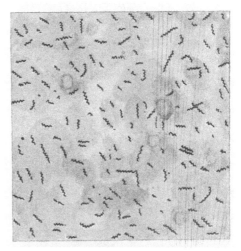

Fig. 177.
Kongenitale Syphilis der Leber.
In dieser zahlreiche Exemplare der Spirochaete pallida
(nach Levaditi mit Silber schwarz imprägniert).

der Umgebung derselben kommt es ebenfalls in ganz analoger Weise zu Zellwucherungen
— dem sogenannten **Lymphgefäßstrang** —, welcher sich bis in die nächsten Lymphdrüsengruppen hinein verfolgen läßt. Diese verändern sich in ähnlicher Weise durch Zellhyperplasie, doch sind diese **Bubonen** histologisch wenig charakteristisch.

Die Erscheinungen der **sekundären Periode** sind im allgemeinen exsudativ-ent-
zündlicher Natur und treten namentlich an Haut und Schleimhäuten als sogenannte
Syphilide, und zwar als makulöse, papulöse, pustulöse etc. auf (siehe II. Teil, Kap. IX).
Auch bei diesen stehen Gefäßveränderungen im Vordergrund; unter den entzündlichen
Zellen sind viele sogenannte **Plasmazellen** (s. S. 110 und Fig. 115). Auch Pigmentverschie-
bungen treten hierbei ein (so das sogenannte **Leucoderma syphiliticum**, Flecke mit
Mangel an Pigment). Einer lokalen Steigerung der entzündlichen Prozesse entsprechen
die **breiten Kondylome**, welche an Schleimhäuten in der etwas modifizierten Form der so-
genannten „**Plaques muqueuses**" (s. u.) auftreten. Die breiten Kondylome der äußeren
Haut finden sich hauptsächlich an gewissen Stellen, namentlich da, wo zwei Hautflächen
sich berühren und kommen wahrscheinlich unter dem Einfluß starker Gewebsreizung (durch
Feuchtigkeit, Schweiß, Wärme, Hautbakterien) zustande. Ihre Lieblingsorte sind die

Genitalien, und zwar besonders die Schamlippen und die entsprechenden Flächen der Oberschenkel, die Analfurche, das Skrotum und die Hinterfläche des Penis, die Achselhöhle, die Mundwinkel, die Zehenfalten. Im wesentlichen stellen sie Papeln mit starker Schwellung der Papillen dar. Da die Schwellung der Papillen gruppenweise stattfindet und diese dabei sehr an Volumen zunehmen, so bilden sich breite Erhabenheiten, über denen das Epithel erweicht, mazeriert und schließlich abgestoßen wird; dadurch erhalten die Kondylome eine nässende, ein dünnflüssiges oder eiteriges Sekret absondernde Oberfläche; oft auch erleiden sie einen geschwürigen Zerfall. Die ihrem Bau nach ebenso zusammengesetzten Plaques muqueuses oder Schleimhautpapeln finden sich an den Übergangsstellen der äußeren Haut und der Schleimhäute, am inneren Blatt des Präputium, den inneren Teilen der Vulva, ferner an der Portio vaginalis uteri, an den Schleimhäuten der Mundhöhle oder des Larynx.

An den Knochen des Schädels und auch der Extremitäten, namentlich an den dicht unter der Haut liegenden Knochen (Tibia, Vorderarmknochen), stellt sich im Verlaufe der Sekundärperiode öfters eine leichte Periostitis ein. Alle diese Entzündungen sind verhältnismäßig gutartig und heilen ohne tiefer greifende Organzerstörungen.

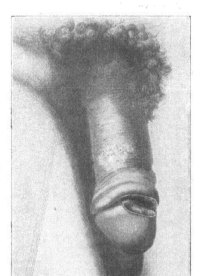

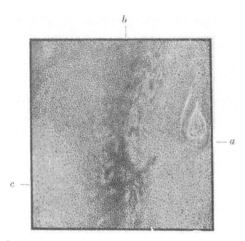

Fig. 178.
Primäraffekt.
Nach Lebert, Traité d'anatomie pathologique.

Fig. 179.
Gummiknoten der Leber.
a Lebergewebe, b gummöse Infiltration, c Nekrose in dieser.

Tertiär-
periode.

Gummi-
knoten.

Den bisher erwähnten wesentlich exsudativ-entzündlichen Veränderungen stellt man die gummösen Prozesse gegenüber, welche im allgemeinen der Spätperiode der Lues angehören; indessen sind weder die beiden Gruppen anatomischer Prozesse scharf voneinander zu trennen, noch ist das Auftreten der einzelnen derselben genauer an eine bestimmte Zeitperiode gebunden; so können sich z. B. gummöse Prozesse schon wenige Monate, ja selbst schon wenige Wochen nach der Infektion einstellen. Die Gummiknoten oder Syphilome (s. Fig. 179—182) stellen die für das Syphilisvirus typische Neubildung dar; sie sind somit dem Tuberkel zu vergleichen und entstehen wie dieser der Hauptsache nach weniger durch Exsudation, als durch Gewebsneubildung. Sie treten in Form von rundlichen oder unregelmäßigen, oft gelappten Knoten oder von flächenhaften, häufig verwaschen begrenzten Einlagerungen in die Gewebe auf, können jede Größe von submiliarer bis Faustgröße — besonders in Gehirn und Leber — erreichen und kommen oft zahlreich in einem Organ oder zugleich in vielen Organen vor. Sie bestehen im frischen Zustande aus einem grauroten, weichen Gewebe. Dies ist aus meist kleinen, spindeligen Zellen und dichten Rundzellenanhäufungen,

welche im Beginn in innigem Kontakt mit Gefäßen stehen, zusammengesetzt und pflegt
reichlich vaskularisiert zu sein. Die spindeligen Zellen sind junge Bindegewebszellen und
bilden auch meist sehr bald eine mehr oder weniger reichliche fibrilläre Interzellularsubstanz.
Auch Riesenzellen, welche sich von den in Tuberkeln gefundenen höchstens durch nicht ganz
so charakteristisches Verhalten unterscheiden, können im Gummi — wenn auch seltener —
vorhanden sein. Manche Gummiknoten, insbesondere die periostalen, wie auch jene der
Kutis, der Subkutis und mancher Schleimhäute, bilden sich bald in eine gallertige, schleimartige Masse um, welche nach völliger Erweichung und Verflüssigung nach der Oberfläche
zu durchbricht und Geschwüre mit speckigen Rändern und oft serpiginösem Charakter
(s. Fig. 182) entstehen läßt. Sehr häufig äußert sich in den Gummiknoten die sekundäre
Metamorphose in hochgradiger Fettansammlung in den Zellen, was sich makroskopisch
durch eine ausgesprochen gelbe Farbe dokumentiert. Diese ist oft sehr charakteristisch.
In anderen Fällen, insbesondere bei Gummiknoten innerer Organe, der Leber, des Gehirns
und seiner Häute, des Hodens ets. kommt es ähnlich wie im Tuberkel und wohl auch als

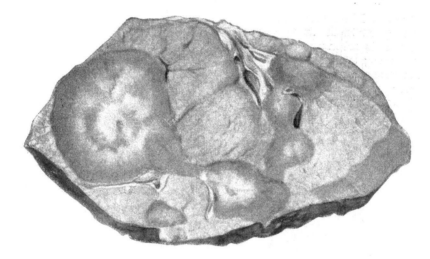

Fig. 180.
Multiple Gummata der Leber.

Folge der chronischen Einwirkung des Virus zu einer zentralen käsigen Umwandlung, wodurch dann in dem grauroten Gewebe zäh-derbe, gelbe, häufig unregelmäßig zackige, oft
zu landkartenartigen Figuren konfluierende Einlagerungen vom Aussehen geronnenen
Fibrins zustande kommen. Es unterscheidet sich der Gummiknoten vom Tuberkel, abgesehen vom Vorhandensein von Gefäßen, meist durch das Vorhandensein kleinerer
Granulationszellen im Gegensatz zu den Epitheloidzellen dort und durch das stärkere
Hervortreten von Fibroblasten und faserigem Bindegewebe im Gummi, ferner durch
die festere Konsistenz, welche die verkästen Partien des Gummi meist gegenüber den
weicheren und zur Einschmelzung mehr geneigten Käseherden der tuberkulösen Prozesse
aufweisen; es beruht dies eben darauf, daß schon eine reichlichere, faserige Interzellularsubstanz im Gummi vorhanden ist, und sich die Nekrose hier langsamer als im Tuberkel
entwickelt. Selbst an vollkommen verkästen Stellen des Gummiknotens kann man mikroskopisch daher meist noch den faserigen Charakter des Gewebes erkennen und die Konturen
wie durch einen Schleier erhalten sehen. Doch soll betont werden, daß Gummata den Tuberkeln ganz gleichen können und daß sich ferner beide Bildungen auch kombinieren können.
Dann treten die Riesenzellen meist weit deutlicher hervor als in den reinen Gummata, in
denen sie spärlicher als im Tuberkel gefunden werden. Um die käsigen Massen des Gummiknotens findet man lange Zeit hindurch eine breite Zone von frischerem Granulationsgewebe.

Durch Eindringen dieses in die abgestorbenen Massen und Resorption derselben sowie Umwandlung der Granulationen in Bindegewebe kann es schließlich zur Bildung stark schrumpfender Narben kommen, welche sehr tiefe Einziehungen an der Oberfläche der Organe bewirken und mit radiären Zügen in die Umgebung ausstrahlen. Überhaupt ist die Neigung zu fibröser Umwandlung und zur Bildung eines derben, stark schrumpfenden Narbengewebes für die syphilitische Neubildung charakteristisch und kommt kaum bei einem anderen Prozesse in ähnlichem Grade vor. In vielen Fällen kommt es auch gar nicht zur Erweichung oder käsigen Nekrose, sondern die ganze neugebildete Masse wandelt sich direkt in ein derbes, schwieliges Produkt um. Es tritt eine solche totale fibröse Umwandlung besonders in Fällen auf, wo

Diffuse gummöse Infiltration. die gummöse Wucherung keine umschriebene Einlagerung in das Gewebe, also keine eigentlichen tumorartigen Gummiknoten bildet, sondern d i f f u s e, breitere und schmälere, dem Interstitium der Organe (z. B. der Leber) oft in großer Ausdehnung folgende Züge und Flecke darstellt. Eine solche diffuse gummöse Infiltration kann, besonders wenn sie schon im Stadium der Bindegewebsbildung ist, den nicht spezifischen Entzündungen sehr gleichen. Aus zirkumskripten und diffusen gummösen Prozessen entstehen später strahlige Narben, welche recht typisch sein können. Man findet sie z. B. vielfach an der Leber, doch

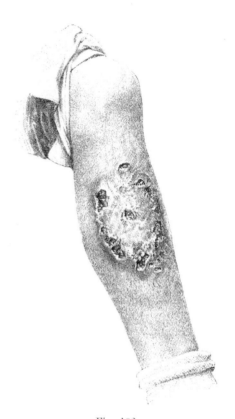

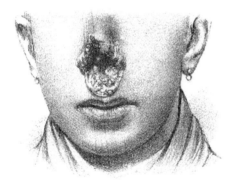

Fig. 181.

Gummöse Zerstörung fast der ganzen knorpligen Nase und gummöses Geschwür der Oberlippe.

Aus Lang, Vorlesungen über Syphilis l. c.

Fig. 182.

Ovale Narbe des Unterschenkels, am Saume und in der Mitte serpiginöse Geschwüre aufweisend.

Aus Lang, Vorlesungen über Syphilis l. c.

kommen sie so ziemlich in allen Organen des Körpers vor. Nur bei den meist umschriebenen Gummiknoten in der Substanz des Zentralnervensystems vermißt man die narbenbildenden Prozesse, während die diffusen gummösen Neubildungen der Meningen die schwielige Umwandlung meist in sehr typischer Weise erkennen lassen.

Diffuse syphilitische Entzündungen. Haben wir schon bei dem zuletzt Gesagten Übergänge zu diffusen produktiven Entzündungen getroffen, so muß noch erwähnt werden, daß in vielen Fällen zudem unter dem Einfluß des luetischen Giftes ganz **diffuse, produktive,** zum Teil auch mit e x s u d a t i v e n Prozessen verbundene **Entzündungsformen** auftreten, welche, höchstens außer der starken Beteiligung der Gefäße, besonders der Venen — E n d o p h l e b i t i s —, an sich nichts Charakteristisches aufweisen und auch in fast allen Organen gefunden werden können. Wir werden diese, sowie die besonderen Veränderungen der einzelnen Organe im II. Teil näher zu besprechen haben.

Zu bemerken ist noch die oft überaus schwierige Unterscheidung syphilitischen Gewebes von einfachen Granulationen. Die vorzugsweise Anordnung der Zellen bei der Syphilis in und um Venen macht, wenn sie auch keineswegs nur bei ihr vorkommt, oft (bei Färbung auf elastische Fasern) eine Entscheidung möglich. *Syphilitisches und einfaches Granulationsgewebe.*

Während Tiere für lange Zeit immun gegen Syphilis galten, ist es seit Metschnikoffs und Roux' Forschungen gelungen, die Erkrankung, zunächst auch an Affen, besonders durch Einimpfung an den Augenbrauen zu reproduzieren und zu studieren. Seitdem ist die Krankheit auch auf andere Tiere mit Erfolg übertragen worden. *Übertragbarkeit der Syphilis auf Tiere.*

Kongenitale (hereditäre) Syphilis.

In einer großen Zahl von Fällen ist die Syphilis kongenital, und zwar kann sie sowohl vom Vater, wie von der Mutter herrühren; vom Vater dadurch, daß das Kontagium mit dem Sperma auf die Eizelle übertragen wird, von der Mutter dadurch, daß es entweder zur Zeit der Befruchtung an der Eizelle haftet *Kongenitale (hereditäre) Syphilis.*

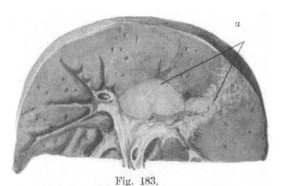

Fig. 183.
Feuersteinleber mit Gummata (bei *a*).

(nur in diesen beiden Fällen ist es erlaubt, von hereditärer Syphilis zu sprechen), oder während der Schwangerschaft auf plazentarem Wege dem in Entwickelung begriffenen Fötus übermittelt wird (kongenitale Syphilis, vgl. auch Kap. V). Wird die Frucht durch spermatische Infektion luetisch, so kann die Mutter von der Erkrankung verschont bleiben und erhält in diesem Falle sogar eine, allerdings nicht

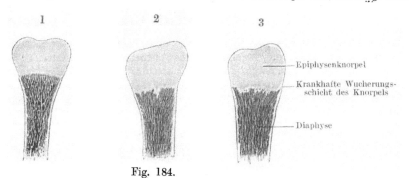

Fig. 184.
Osteochondritis syphilitica.
Durchschnitte durch die untere Epiphyse des Femur. 1. von einem gesunden, 2. und 3. von einem syphilitischen Neugeborenen.
Aus Bumm, Grundriß zum Studium der Geburtshilfe. Wiesbaden, Bergmann 1915.

absolute, Immunität durch immunisierende Substanzen, welche ihr aus dem Fötus übertragen werden; in anderen Fällen kann aber die Mutter noch nachträglich vom Fötus her durch die Plazenta hindurch infiziert werden. Sehr oft hat die syphilitische Infektion ein Absterben der Frucht zur Folge; weitaus die Mehrzahl aller Fälle von Abort, Frühgeburt oder Geburt totfauler Früchte sind auf Syphilis zurückzuführen, ferner eine überaus große Zahl von Mißbildungen. *Folgen derselben.*

Allgemeine
Anatomie
derselben.

Die kongenitale Syphilis äußert sich in der Regel und in weit größerem Prozentsatz als die erworbene Syphilis in diffusen Entzündungen, seltener in zirkumskripten Wucherungen, die auch hier als Gummata bezeichnet werden.

Die kongenitale Syphilis betrifft namentlich bestimmte Organe, über deren Veränderungen in den einzelnen Kapiteln des speziellen Teiles das Nähere mitgeteilt wird; hier bloß eine Zusammenstellung:

Veränderungen der
einzelnen
Organe.

In der Lunge findet sich öfters eine eigentümliche Form von Pneumonie, die sogenannte weiße Pneumonie (II. Teil, Kap. III); in der Leber sogenannte Gummiknoten, sowie interstitielle Hepatitis (II. Teil, Kap. IV); in den Nieren zeigen sich Veränderungen an den Gefäßen der Rinde in Form von zelligen Infiltrationen (II. Teil, Kap. V); fast konstant findet sich beim luetischen Fötus ein Milztumor (II. Teil, Kap. I); der Thymus zeigt indurative Prozesse, sowie die sogenannten Duboisschen Abszesse (II. Teil, Kap. I); die Osteochondritis syphilitica an den Diaphysenenden der Knochen (Fig. 184/185) ist diagnostisch sehr wichtig; sie ist zwar nicht ganz konstant, aber doch in den meisten Fällen vorhanden und fehlt bei allen nichtsyphilitischen Neugeborenen vollständig (II. Teil, Kap. VII); übrigens verschwindet sie meist in den ersten Wochen nach der Geburt. An der Haut finden sich verschiedene Exantheme, besonders der Pemphigus syphiliticus, an den Nägeln die Paronychia syphilitica (II. Teil, Kap. IX); die Melaena neonatorum, welche in einer großen Neigung zu Blutungen, namentlich aus dem Magen-Darmkanal, aber auch in die Bronchien und in verschiedene andere Organe besteht, ist in einer großen Zahl von Fällen auf Syphilis zurückzuführen. Auch die Nebennieren können verändert sein. Vgl. auch die Veränderungen der Plazenta und der Nabelschnur (II. Teil, Kap. VIII). Hierzu kommen noch Veränderungen, welche daher rühren, daß Organe infolge der Syphilis auf einer niedrigeren embryonalen Entwickelungsstufe stehen geblieben sind, z. B. Niere oder Pankreas. Der großen Zahl intensiver Veränderungen, die sich gerade bei kongenitaler Syphilis finden, entspricht auch das massenhafte Auffinden der Spirochaeta pallida in allen möglichen Organen gerade kongenital syphilitischer Kinder.

Fig. 185.
Osteochondritis syphilitica.

C. Rotz.

C. Malleus (Rotz, Wurm).

Der Rotz, eine durch den Bacillus mallei hervorgerufene Infektionskrankheit, kommt bei Einhufern, besonders Pferden vor, ist aber auch auf den Menschen übertragbar. Bei letzterem tritt er unter dem Bilde einer pyämischen Allgemeinerkrankung auf, die mit Entwickelung von umschriebenen Hautinfiltraten einhergeht, welche sich in eiterige Pusteln und fressende Geschwüre verwandeln. Außerdem finden sich multiple, hämorrhagisch gefärbte Abszesse in den Muskeln, phlegmonöse Infiltrationen des intermuskulären Bindegewebes, embolische, eiterig zerfallende Rotzherde in der Lunge und in anderen inneren Organen.

D. Lepra.

D. Lepra (Elephantiasis Graecorum, Aussatz).

Die Lepra stellt ebenfalls eine infektiöse, d. h. durch die Leprabazillen bedingte, Granulationskrankheit vor, welche in höchst chronischer Weise zumeist im Laufe von Jahren zu den schwersten Veränderungen und Verstümmelungen des Körpers Veranlassung gibt und zuletzt durch Kachexie zumeist den Tod herbeiführt.

Bei der Lepra erscheinen zunächst an der Haut Flecke, infolge von Hyperämien rot oder auch mehr braun, zuweilen von besonderer Farbe; die Flecke gehen dann in prominente öfters konfluierende Knoten über. Diese Veränderungen finden sich ganz besonders an der Haut des Gesichtes, wo sie zumeist an der Stirn- und Augenbrauengegend beginnen; sie greifen auf die behaarte Kopfhaut und die benachbarten Schleimhäute der Nase, des Ohres, der Lippen über; des weiteren finden sich entsprechende Veränderungen an den Extremitäten, vor allem an Händen und Füßen, sowie am Skrotum. Manchmal verursachen die Knoten ganz elephantiasisartige Verdickungen der Gesichtshaut. Den Flecken und Knoten liegen Infiltrationen zugrunde, deren mikroskopischer Bau gleich geschildert werden soll. Sie können sich zurückbilden und oft gefärbte oder auch farblose Narben hinterlassen; oft aber schreitet, wenn auch einige Stellen vernarben, die Infiltrationsbildung am Rande weiter vorwärts, und nunmehr zerfallen die Lepraknoten auch und bilden tiefe Geschwüre; auch diese können ihrerseits wieder vernarben und gerade dadurch fürchterliche Entstellungen herbeiführen. Ganz besonders ist dies der Fall, wenn die Erkrankung auf das Auge übergegriffen hat und so zur Erblindung führt oder auf die Schleimhäute der oberen Respirations- und Verdauungsorgane, wo die schrecklichsten Entstellungen die Folge sein können; die Nase kann vollkommen zusammenfallen, das Septum kann perforiert werden etc. Während die bisherige, besonders die Haut und Schleimhäute befallende Lepra als **Lepra maculosa** und vor allem **tuberosa** (Fig. 186) bezeichnet wird, wird hiervon eine zweite Form unterschieden, in welcher die Hauptlokalisation der Lepra

Lepra
maculosa,
tuberosa.

von der Haut aus die Nerven betrifft — **Lepra nervorum** (Fig. 187), auch **trophoneurotische Lepra** genannt.
Es sind die peripheren Nervenstämme, an denen sich spindelförmige und knotige Verdickungen finden,
und als Folge der Nervenläsion kommt es nun an der Haut zu anästhetischen oder hyperästhetischen
Bezirken, wobei die ersteren überwiegen, zu trophischen Störungen mit Atrophie der Haut und der darunter
gelegenen Gewebe und so zum Auftreten von Geschwüren, zu Haarverlust, abnormen Pigmentierungen etc.
Auch hierdurch werden dann eingreifende Verunstaltungen herbeigeführt. Besonders treten solche auf,
wenn die Knochen stark mitbeteiligt sind; seltener ist dies in der Weise der Fall, daß das lepröse
Infiltrat den Knochen selbst befällt und seine Zerstörung herbeiführt. Weit häufiger handelt es sich um
infolge der Anästhesie auftretende Sekundärinfektionen, welche nicht nur die Haut zu Vereiterung
und Nekrose bringen, sondern auch größere Knochengebiete ergreifen; hierzu kommen direkt trophoneurotische Atrophien, ebenfalls auf die Folgen der Nervenveränderungen zu beziehen, welche auch
vor allem die Knochen ergreifen (vor allem von Harbitz in Norwegen verfolgt). Durch alle diese Momente
können ganze Knochen schwinden oder kariös ab-
gestoßen werden, und es kommt zu den schwersten
Formen der Entstellung, die man als **Lepra muti-**
lans bezeichnet; ganze Phalangen, oder auch gar
eine ganze Hand, oder dgl. kann auf diese Weise
verloren gehen. Innere Organe können auf dem
Blutwege infiziert werden, doch stehen diese Veränderungen meist gegenüber den geschilderten

Fig. 186.
Lepra tuberosa.
Aus Lang, Hautkrankheiten l. c.

Fig. 187.
Lepra nervorum.
Aus Lang, Hautkrankheiten l. c.

peripheren weit zurück. Es finden sich Lymphdrüsenschwellungen, Knoten und zirrhotische Veränderungen in der Leber, Infiltrationen am Knochenmark, Hoden, seltener am Darm etc.

Die mikroskopische Untersuchung der Knoten ergibt deren Zusammensetzung
aus einem weichen zellreichen Granulationsgewebe, welches vor allem von den Wänden der
Blutgefäße ausgeht. Diese Infiltrationen beginnen in der Kutis und dringen später auch
subkutan vor, und zwar diffus ohne eigentliche Knötchenbildung. Sie bestehen aus größeren
Zellen, den sogenannten Leprazellen, welche in ihrem Inneren große Haufen von oft zu-
sammengeballten Leprabazillen enthalten und hierdurch die lepröse Granulation von der
syphilitischen oder tuberkulösen unterscheiden. Die Zellen sind von den Leprabazillen oft
vollständig angefüllt; daneben finden sich Leprabazillen frei oder auch in Lymphgefäßen.
Manche der Leprazellen enthalten auch mehrere Kerne, und es treten vereinzelt auch Riesenzellen, zum Teil vom tuberkulösen Typus, auch mit großen Bazillenhaufen versehen, auf.

Des weiteren finden sich in den Lepraknoten zahlreiche Plasmazellen, besonders um Blutgefäße, und wie von manchen Seiten betont wird, freie Kerne, welche durch Zerfall des Protoplasmas bei Erhaltung der Kerne entstehen. Die regressiven Metamorphosen der Lepraknoten sind gering, vor allem sieht man Verfettung, während eigentliche Nekrose kaum auftritt. Die sekundäre Vereiterung ist, wie oben schon angedeutet, überaus häufig und vor allem auf die Anästhesie zu beziehen. An den Nerven nimmt die Wucherung ihren Ausgang vom interstitiellen Bindegewebe.

Die Lepra findet sich in endemischer Verbreitung in manchen Gegenden Norwegens, Spaniens, Italiens, der Türkei, Asiens, auch auf den Sandwich-Inseln. In der Regel tritt sie zwischen dem 20. und 40. Lebensjahre auf. Ihre Kontagiosität ist jedenfalls gering.

E. Aktinomykose.

Der beim Menschen selten, beim Rind häufig auftretende Aktinomycespilz ruft bei letzterem sarkomähnliche, aus einem Granulationsgewebe bestehende Wucherungen hervor, die sich besonders in der Mundhöhle (Zunge) oder deren Umgebung (besonders an den Kiefern, ferner in den äußeren Weichteilen, Wirbelsäule), den Lymphdrüsen des Halses, seltener in der Lunge oder in anderen Teilen finden. Besonders an den Kiefern entstehen geschwulstähnliche Auftreibungen, in denen miliare bis erbsengroße, durch Konfluenz aber vielfach größere Herde bildende, Knötchen in ein fibröses oder zellreiches Grundgewebe eingelagert sind. Sie bestehen vor allem aus stark verfetteten Epitheloidzellen, erweichen im Zentrum und lassen sich dann leicht ausdrücken. Dadurch erhält das Grundgewebe auf der Schnittfläche ein spongiöses, wurmstichiges Aussehen. In den Knötchen liegen, schon mit bloßem Auge erkennbar, schwefelgelbe, ca. sandkorngroße Körner, die aus Aktinomyceshaufen bestehen.

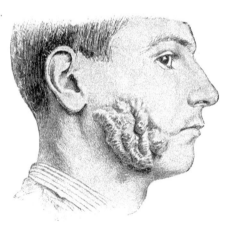

Fig. 188.
Aktinomykose der Wange.
Nach Illich, aus Lang, Hautkrankheiten l. c.

Beim Menschen bildet die Aktinomykose nur ganz vereinzelt derartige geschwulstartige Auftreibungen, zumeist aber mehr diffuse Infiltrate, welche ziemlich rasch eiterig zerfallen. Auch beim Menschen findet sich die Aktinomykose vorzugsweise von der Mundhöhle ausgehend; sie ergreift auch hier besonders die Kiefer und von hier aus den Hals, wo die Veränderung dicke Wülste bildet und fistulös nach außen durchbrechen kann; auch kariöse Zahnhöhlen dienen dem Strahlenpilz als Eingangspforte und Brutstätte, so daß nach Durchtritt durch das Foramen apicale von der Zahnwurzel aus der aktinomykotische Prozeß zerstörend weiter vordringen kann. Er kommt ferner auch an der Zunge vor, und von der Halsgegend aus breitet er sich nach oben zu nach den Hirnhäuten und dem Gehirn oder vor allem nach unten zu nach dem Mediastinum oder der Pleura aus. Die Halsspeicheldrüsen sollen von den Ausführungsgängen her häufiger erkranken. Auch werden relativ häufig die Wirbel, besonders der Halswirbelsäule, und die Rippen ergriffen. Hierbei erkranken die Knochen gewöhnlich zunächst nicht, vielmehr bilden sich unter dem Periost, welches besonders betroffen ist, Abszesse, welche ausgedehnte fistulöse Gänge bilden. Das Periost wird vom Knochen abgelöst, dieser nur sekundär kariös. Seltener wie von der Mundhöhle, in welcher die Tonsillen nur relativ selten ergriffen werden, geht die Aktinomykose primär vom Darm aus. Hier handelt es sich noch relativ am häufigsten um das Cökum und seine Umgebung, besonders den Processus vermiformis. Es kann im Darm zu tumorartigen Wucherungen mit Stenose, durch Perforation zu Peritonitis etc. kommen. Noch seltener findet sich eine primäre Erkrankung in den Lungen, wo bronchopneumonische Herde, Schwielen mit Eiterungen, Pleuritis etc. entstehen. Auch andere Organe, wie das Gehirn, können sekundär auf metastatischem Wege erkranken. Die Infektion geschieht wahrscheinlich zumeist mit der Nahrung, und zwar hauptsächlich mittels Pflanzenbestandteile: Stroh, Getreidegrannen etc., an welchen der Aktinomyzespilz wächst. Selbst Herde in der Lunge wurden als durch Aspiration des Pilzes vermittelt nachgewiesen. Zumeist sind die aktinomykotischen Veränderungen sehr chronischer Natur. Es handelt sich um ein **Granulationsgewebe**, welches hochgradig **verfettet** und Lipoide aufweist, eiterig zerfällt und **Abszesse** bildet. Es entstehen aber auch derbe Schwarten, welche dann von Eiterherden in Gestalt fistulöser Gänge durchsetzt zu sein pflegen. Gerade dies Nebeneinander und die ausgedehnten Fisteln sind für Aktinomykose sehr charakteristisch. In den Eiterherden finden sich gelbliche Körner, welche aus drusenförmigen Kolonien des Aktinomyzespilzes bestehen. Über diesen s. Kap. VII.

Als **Botryomykose** beschriebene Granulationen des Menschen haben mit der durch einen spezifischen Pilz erzeugten Botryomykose des Pferdes (am Samenstrang nach Kastration) offenbar nichts zu tun.

[F. Mycosis fungoides.

Die Erkrankung macht zumeist in der Haut ihre ersten Erscheinungen, wo ihr gewöhnlich eine sehr ausgebreitete, chronische und hartnäckige, evtl. öfter rezidivierendeekzemartige Veränderung als Vorstadium, welche zunächst besonders die obere Körper, hälfte, später den ganzen Körper unter Einschluß des Kopfes befällt, vorausgeht. Dann treten multiple, zunächst flache, später oft halbkugelige, evtl. pilzförmig gestaltete geschwulstartige Bildungen auf, die bis handgroß werden und miteinander konfluieren können. An der Oberfläche sind sie trocken, rotbräunlich oder nässend und mit Krusten bedeckt, evtl. ulzeriert. Man hat von Tomatenähnlichkeit gesprochen. Später treten entsprechende Veränderungen in inneren Organen (Magen, Lunge, Leber, Milz, Lymphdrüsen etc.) evtl. auch Nerven auf (**Paltauf**). Es liegen größere oder kleinere geschwulstartige Bildungen von grauer oder meist roter Farbe oder mehr diffuse Bildungen vor. Die Krankheit führt zuletzt unter Auftreten von Marasmus bei der Allgemeinerkrankung des Körpers zum Tode. Histologisch haben die Herde überall mehr oder weniger denselben Charakter. Es liegen Zellinfiltrate vor mit zahlreichen, strotzend gefüllten weiten Gefäßen; sie beginnen in der Haut um die Gefäße der subpapillären Kutisschicht. Die Herde sind ödematös, locker und bestehen zum größten Teil aus großen einkernigen Zellen mit einem oder zwei bis drei großen, hellen Kernen bis zur Ausbildung von Riesenzellen, oft vielgestaltigem Protoplasma, an Epitheloidzellen erinnernd, oder mit Fortsätzen nach Art von Fibroblasten. Daneben finden sich vor allem Lymphozyten und Plasmazellen, Mastzellen, evtl. Leukozyten, zum Teil auch eosinophile. So kann man von einem typischen „mykosiden" Gewebe sprechen. Später kommt es zu Degenerationen und Nekrosen. Andererseits findet man zahlreiche Mitosen. Hyaline Gefäßveränderungen und Thromben mit starkem Ödem kommen dazu und häufig setzen sekundäre Infektionen ein, welche zu Ulzerationen, evtl. auch zu Sepsis führen. Die Erkrankung ist wohl sicher eine durch Erreger bedingte, doch ist die Ätiologie unbekannt.

Die seltene, als **Rhinosklerom** bezeichnete, manchmal auf die Schleimhäute des Kopfes und des Halses übergreifende Erkrankung der äußeren Haut in der Gegend der Nase besteht in einer starken, zelligen Infiltration der Kutis und der Papillen, die ihren Ausgang in narbige Bindegewebsbildung nimmt. Ihre Ursache ist ein Bazillus (Kap. VII).

Andere
Granu-
lationen,
besonders
lympha-
tischer
Organe.

Außer den genannten gibt es noch eine Reihe von Granulationen, die wesentlich aus **lymphoidem Gewebe** zusammengesetzt sind und z. T. auch in den **lymphatischen Apparaten** auftreten. Zu ihnen gehören die **typhösen Infiltrate** der Darmfollikel und der Drüsen, besonders der Mesenterialdrüsen, verschiedene beiTieren vorkommende Infektionskrankheiten, die **Pseudotuberkulose**, das **Ulcus molle**, die **Malakoplakie** der Harnblase; vielleicht gehören auch die **Leukämie** und **Pseudoleukämie**, bzw. das **Lymphogranulom** (s. Kap. IV Anhang) hierher, lauter Erkrankungen, auf welche wir teils im nächsten Abschnitt, teils im speziellen Teil zurückkommen werden. Hierher zu rechnen sind auch die **Sporotrichosen**, Ansammlungen von Epitheloidzellen etc. durch Sporotricheen veranlaßt, welche erst wenig studiert sind und ähnliche, seltene, durch Sproßpilze erzeugte Granulationen.

Kapitel IV.

Störungen der Gewebe durch geschwulstmäßiges Wachstum (Geschwülste).

Allgemeines.

Unter Tumor oder Geschwulst verstand man ursprünglich alle zirkumskripten Anschwellungen eines Teiles, wie solche auf sehr verschiedenem Wege zustande kommen können. Mit der genaueren Kenntnis der entzündlichen Exsudation mußten vor allem die durch sie bewirkten Anschwellungen von dem Begriff der Geschwulst ausgeschieden werden, und es wurde die Bezeichnung **Tumor** oder **Neoplasma** ausschließlich für Proliferationsgeschwülste, d. h. umschriebene, durch **Gewebsneubildung** an Ort und Stelle entstandene Vergrößerungen von Organteilen, welche infolge ihrer Gefäßverhältnisse eine gewisse Selbständigkeit aufweisen, reserviert.

Es dürfen daher auf andere Weise entstandene Vergrößerungen, z. B. entzündlicher Herkunft oder auch ohne Zellbildung zustande gekommene Vergrößerungen zirkumskripter Natur, z. B. auf Grund von Blutergüssen oder auf Grund von Sekretretention in zystischen Erweiterungen präformierter Hohlräume (oft als Retentions- oder Dilatations„geschwülste" bezeichnet) nicht Tumor bzw. Geschwulst benannt werden. Will man eine allgemeine indifferente Bezeichnung hier gebrauchen, so kann man z. B. von Schwellung sprechen.

Wie die im vorigen Kapitel besprochenen proliferativen Prozesse gehen auch die Tumoren als Proliferationsgeschwülste aus den Bestandteilen des Körpers selbst hervor, sie sind nicht etwas zu demselben neu Hinzugekommenes und in diesem Sinne ihm Fremdartiges. Es gibt keine spezifischen Geschwulstelemente, beispielsweise keine spezifischen Krebszellen; die Zellen des Karzinoms sind eben weiter nichts als gewucherte Epithelien. Und ebenso haben sie mit den entzündlichen und einfach hyperplastischen Zuständen die allgemeinen Wachstumsgesetze gemein; auch hier erfolgt das erhöhte Wachstum unter entsprechender Vermehrung der Blutzufuhr ausschließlich durch Zellwucherung. Auch hier herrscht nicht nur das Gesetz: „omnis cellula e cellula", sondern auch wieder „ejusdem generis". Ein Übergang einmal differenzierter Gewebe ineinander findet sich fast nur innerhalb der Bindesubstanzgruppe (s. unter Metaplasie S. 93). Wie sonstige Zellen, teilen sich auch die Geschwulstzellen zumeist auf dem Wege der Mitose, häufig sieht man infolge Überstürzung der Zellneubildung hierbei atypische Formen, sei es asymmetrische, multipolare oder dgl. Oft lassen sich mehrere Zellen nicht so scharf abgrenzen wie sonst, oder auch es bilden sich wirklich zusammenhängende Zellmassen — Synzytien — oder vielkernige Riesenzellen.

Wenn auch infolge dieser Wachstumsverhältnisse viele Übergangsstufen die Tumoren mit Hypertrophien und Entzündungen verbinden, so daß zuweilen die richtige Benennung schwierig sein kann und man sie früher auch als „proliferative Prozesse" zusammenfaßte, so bestehen doch genetisch und dem Wesen nach durchgreifende Unterschiede, und eine Reihe von Eigentümlichkeiten charakterisiert die Geschwülste als solche. Sie müssen daher zu einer eigenen Gruppe zusammengefaßt und gesondert dargestellt werden. Indem wir das für die Geschwülste Charakteristische besprechen wollen, schicken wir voraus, daß nicht alle Eigenschaften jeder Geschwulst zu eigen und daß diese untereinander sehr verschieden sind, so daß eine völlig befriedigende Definition des Wortes „Geschwulst" nicht möglich ist.

Eine der wesentlichsten Eigentümlichkeiten der echten Geschwülste ist ihre fast unbegrenzte Wachstumsfähigkeit, welche aus den Elementen des einmal entstandenen Tumors immer wieder neue Geschwulstelemente entstehen läßt, ohne daß die Neubildung zu einem physiologischen Abschluß käme. Dabei zeigt dieses Wachstum infolge eigener

Anordnung der Geschwulstgefäße einen autonomen Charakter; es ist so gut wie unabhängig Auto-
nomes
Wachstum. von dem allgemeinen Ernährungszustand des Organismus; ein Lipom z. B. wächst auch bei völligem Schwund des normalen Fettgewebes weiter, Myome entstehen und vergrößern sich im hochgradig atrophischen Uterus, Karzinome und Sarkome wachsen nicht bloß bei hochgradigster Atrophie des Gesamtorganismus weiter, sondern rufen selbst eine solche hervor, ohne dadurch im mindesten in ihrer Proliferationstätigkeit beeinträchtigt zu werden. Man hat die Tumoren von diesem Standpunkt aus geradezu mit Parasiten verglichen, welche sich auf Kosten des eigenen Organismus, dem sie entstammen, ernähren. Diesem Verhalten steht in funktioneller Beziehung ein negatives Moment gegenüber: obwohl Abkömmlinge von Elementen des Körpers, verlieren doch die Geschwulstgewebe im allgemeinen sehr bald ihre spezifische Funktion oder erfüllen sie in mangelhafter Weise; jedenfalls kommt sie nur in den seltensten Fällen noch dem Organismus zugute; Muskelgeschwülste verlieren ihre Kontraktilität, Drüsentumoren sezernieren kein normales Sekret mehr oder stellen die Sekretion ganz ein, Geschwülste der Stützgewebe bilden selbständige Gewebsmassen und dienen nicht mehr als Unterlage oder Gerüst für die parenchymatösen Teile, Deckepithelien beschränken sich nicht mehr darauf, Oberflächen zu bekleiden, sondern drängen sich in die Spalträume des übrigen Gewebes ein. Allerdings können in Thyreoideageschwülsten oder Pankreastumoren sezernierte Stoffe auch noch dem Gesamtkörper zugute kommen. Selbst Metastasen von Leberkrebsen können noch Galle bilden. Aber allgemein gesagt, haben die Tumorzellen an funktioneller Tätigkeit abgenommen, an Proliferationsfähigkeit zugenommen.

In der Mehrzahl der Fälle entstehen Tumoren von umschriebenen Stellen aus, indem innerhalb eines begrenzten Territoriums bestimmte Gewebebestandteile, d. h. wenige Zellen, in Proliferation geraten. Die Geschwulst wächst also aus sich selbst heraus, d. h. durch fortwährende Teilung und Vermehrung ihrer eigenen zelligen Bestandteile. Eine Kontaktinfektion der benachbarten Zellen, so daß auch diese sich in Tumorbestandteile umwandelten, ist zum mindesten nicht die Regel. Die meisten Geschwülste gehen von einer Unizentri-
sche und
multizen-
trische Ent-
stehung.
Äußere
Formen. Stelle aus, sie sind unizentrisch, selten gehen sie von mehreren Stellen gleichzeitig aus (multizentrisch), wobei sich dann jeder Geschwulstherd selbständig vergrößert.

Bei seinem Wachstum kann der Tumor verschiedene äußere Formen annehmen; er kann über eine Oberfläche emporwachsen und eine knotige oder knollige Vorragung bilden, oder polypenartig gestielt sein, oder ein pilzförmiges, d. h. an seiner Oberfläche verbreitertes Gebilde darstellen; ferner kann eine Geschwulst an der Oberfläche glatt, oder höckerig, oder papillär bzw. blumenkohlartig verzweigt sein. Man drückt diese Formen durch Zusatz von Worten wie polyposum, papillare etc. aus. Die Farbe wird durch die Eigenfarbe der Gewebe, durch den Blutgehalt und eventuelle Einlagerungen, wie Pigment oder Fett (gelb), bestimmt.

Entwickelt sich eine Geschwulst im Innern eines Gewebes, so verdrängt sie die Nach- Expansives
Wachstum. barschaft (expansives Wachstum) und bildet rundliche oder unregelmäßig gestaltete Knoten, oder sie sendet Fortsätze und Ausläufer baumwurzelförmig in die Umgebung hinein, deren Spalten durchsetzend und ausfüllend; in letzterem Falle spricht man von einem „infiltrierenden Wachstum". Es gibt aber auch Tumoren, welche von Anfang an in diffuser Weise auftreten; sie stellen dann mehr oder minder gleichmäßige Einlagerungen in die Organe dar und bewirken an diesen Verdickungen, Auftreibungen; abgesehen von der Volumenvermehrung macht sich dann das Fremdartige der Einlagerung meist schon für das bloße Auge durch eine vom Normalen abweichende Farbe, andere Konsistenz und andere Struktur der Schnittfläche bemerkbar.

Die Art und Weise, wie eine Geschwulst wächst, ist von größter praktischer Bedeutung und steht in Zusammenhang mit jenen Charakteren des Tumors, welche man als dessen Gutartigkeit und Bösartigkeit zusammenfaßt; beide Begriffe sind relativ und eigentlich Gutartige
und bös-
artige Ge-
schwülste. rein klinischer Natur. Man ist gewöhnt, eine Geschwulst „gutartig", „benign"; zu nennen, wenn sie lokal bleibt und ihre Nachbarschaft nicht anders als in rein mechanischer Weise, d. h. durch Verdrängung, Kompression etc. schädigt und zum Schwund bringt; es trifft dies namentlich für jene Tumoren zu, welche in Form umschriebener Emporragungen oder Einlagerungen wachsend, vom normalen Gewebe meist scharf abgegrenzt, nicht selten von ihm geradezu eingekapselt erscheinen.   So bilden z. B. die meisten Muskelgeschwülste umschriebene Knoten, viele Ovarialtumoren können eine sehr erhebliche Größe erreichen und dadurch sehr starke mechanische Schädigungen hervorrufen, aber sie bleiben lokal scharf abgesetzt und zeigen daher nicht die Bösartigkeit in dem Sinne, welchen wir gleich zu erörtern haben.

„Maligne“ („bösartige“) Geschwülste zeigen, kurz gesagt, gegenüber ihrer Umgebung und dem ganzen Organimus ein aggressives Verhalten, welches freilich in den einzelnen Fällen sehr verschieden stark ausgeprägt ist.   In erster Linie pflegt es sich darin zu äußern, daß die Geschwulst nicht von der Nachbarschaft abgegrenzt bleibt, sondern in sie eindringt; alle bösartigen Tumoren weisen jene Form des Wachstums auf, welche wir oben als **infiltrierende** bezeichnet haben: die Durchwachsung der Umgebung mit Ausläufern des Geschwulstherdes; dabei wird das befallene Gewebe von dem Tumor gleichsam zerfressen, zerstört,

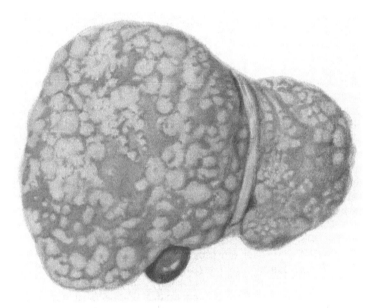

Fig. 189.
Leber von Karzinommetastasen durchsetzt.

Infiltrierendes und destruktives Wachstum.

wobei wohl fermentartige Stoffe mitwirken, und durch Geschwulstmassen ersetzt; solche bösartigen Geschwülste haben also nicht bloß ein infiltrierendes, sondern auch ein **destruktives** Wachstum; dabei machen sie vor keinem Gewebe dauernd Halt, sondern durchsetzen und zerstören alles, was ihnen in den Weg kommt, bringen z. B. Knochensubstanz nicht minder zum Schwund wie weiche Organteile.

Dem kontinuierlichen Einwachsen destruierender Neubildungen in die Umgebung schließt sich vielfach eine diskontinuierliche Form des Wachstums an.   Die Neubildung bricht in Blut- und Lymphbahnen ein, und so ist Gelegenheit gegeben, daß einzelne Geschwulstelemente abgelöst und auf metastatischem Wege verschleppt werden; oft ist die Wachstumsenergie der abgelösten und weitergetragenen Keime eine derartig große, daß sie an dem Orte ihrer Ablagerung zu gleichgearteten Geschwulstherden, sogenannten Tochterknoten, **Geschwulstmetastasen** heranwachsen.   Vielfach entstehen solche in der nächsten

Metastasen.

Umgebung des primären Geschwulstherdes und heißen dann „regionäre Metastasen“. Dabei folgen die Tumorpartikel den allgemeinen Gesetzen der metastatischen Verbreitung, welche wir schon S. 35 ff. erörtert haben.

Durch Verschleppung mit der Lymphe entstehen sekundäre Geschwulstknoten zuerst in den nächstgelegenen und dann auch in den entfernten Lymphdrüsen, wobei durch die Verlegung von Lymphbahnen nicht selten ein retrograder Transport (S. 37) der Geschwulstkeime stattfindet; in dieser Weise entstehen bei Karzinomen der Mamma manchmal sekundäre Knoten in der sie bedeckenden Haut, bei Karzinomen des Magens oder der Leber solche in den retroperitonealen Lymphdrüsen usw. Durch Einbruch in eine Vene geraten Geschwulstkeime in die Lungenkapillaren, wo sie stecken bleiben und zu Metastasen heranwachsen können, bei Einbruch in die Pfortaderäste (Tumoren des Magendarmkanals, der Milz etc.) entstehen solche in der Leber; in letztere können aber auch von den Ästen der Arteria hepatica aus Keime eingeschwemmt werden, welche den Lungenkreislauf passiert haben. Bei Bestehen eines offenen Foramen ovale oder durch retrograden Transport können auch andere Lokalisationen von Metastasen auf dem Blutwege zustande kommen. *Arten der Ausbreitung auf dem Blut- und Lymphwege.*

Außer auf dem Lymphwege und Blutwege gibt es bei den Tumoren noch eine dritte Art von Metastasenbildung, das ist jene durch Dissemination losgelöster Keime über Oberflächen; es kommt diese Art der Verbreitung besonders in serösen Höhlen vor, wo Zellen eines Tumors auf der Serosa herabgleiten, bis sie irgendwo haften bleiben und sich dann zu *Durch Dissemination.*

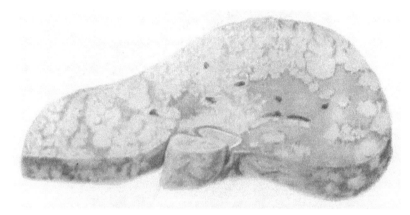

Fig. 190.
Leberkarzinommetastasen auf dem Durchschnitt.

selbständigen Knoten entwickeln. So dient in der Bauchhöhle z. B. das kleine Becken gewissermaßen als „Schlammfang" (Weigert) für Tumoren. Man bezeichnet diese Art von Metastasen speziell als Transplantationsmetastasen (Implantationsmetastasen). Auch an Schleimhäuten ist eine ähnliche Form von Ausbreitung in einzelnen Fällen beobachtet worden, wobei man aber in der Beurteilung äußerst vorsichtig sein soll. Ferner kann direkte Kontakteinimpfung einen Tumor übertragen, z. B. von einer Lippe auf die andere — (Abklatsch- oder Kontaktkarzinome). *Transplantationsmetastasen.*

Das destruierende Wachstum und die Metastasenbildung setzen eine Fähigkeit voraus, welche den normalen Geweben ebenso wie auch den Produkten entzündlicher und einfach hyperplastischer Wucherungen abgeht. Wir haben schon früher erwähnt, daß ausgeschnittene oder sonst aus ihrem normalen Zusammenhang gelöste und an andere Stellen des Körpers transplantierte Gewebeteile im allgemeinen nicht dauernd zu persistieren vermögen, sondern meist früher oder später zugrunde gehen, selbst wenn sie anfangs eine Zeitlang weiter wachsen. Wir wissen ferner, daß auch normale Gewebezellen gelegentlich mit dem Blutstrom verschleppt werden, so z. B. Riesenzellen aus dem Knochenmark, Chorionepithelien, ja ganze Chorionzotten aus der Plazenta (vgl. II, Teil, Kap. VIII). Allen diesen Teilen fehlt in der Regel die Fähigkeit, welche den Elementen bösartiger Tumoren zukommt, nämlich sich an dem Ort, wo sie liegen bleiben weiter zu entwickeln und durch Vermehrung junge Elemente ihrer Art und damit Metastasen hervorzubringen. Es besitzen also jedenfalls die Zellen *Erhöhte Proliferationsfähigkeit der Tumorzellen.*

maligner Geschwülste eine erhöhte Proliferationsfähigkeit; außerdem aber kommt den von
ihnen herstammenden sekundären Knoten, den Metastasen, auch ihrerseits wieder destruierendes Wachstum zu, auch sie durchdringen und durchsetzen ihre Umgebung und bringen
diese zum Schwinden.

Eine Mittelstellung nehmen in dieser Beziehung manche der oben erwähnten Transplantationsmetastasen ein, welche durch Dissemination in serösen Höhlen zustande kommen; zwar wachsen sie
am Ort ihrer Entstehung weiter, aber sie dringen nicht in die Tiefe, sondern bleiben auf die Oberfläche
beschränkt; in anderen Fällen besitzen aber auch solche Transplantationsmetastasen eine ausgesprochen
destruktive Tendenz, wachsen in die Tiefe und zerstören ihre Unterlage, perforieren in Blut- und Lymphbahnen und erhalten dadurch Gelegenheit zu weiterer Metastasenbildung im gewöhnlichen Sinne.

Es ist übrigens nicht ausgeschlossen, daß neben der erhöhten Wachstumsenergie der malignen Geschwulstkeime auch noch der Allgemeinzustand des betreffenden Organismus eine wichtige Rolle spielt;
vielleicht daß der Organismus unter normalen Verhältnissen die Fähigkeit besitzt losgelöste, wenigstens
einzelne, Geschwulstkeime zu vernichten, und daß erst mit dem Verlust dieser Fähigkeit durch allgemeine
Schwächung oder durch eine besondere, viel-
leicht vom primären Tumor aus bewirkte allgemeine Schädigung (s. u.), die verschleppten Keime zu dauernder Ansiedelung und
Vermehrung gelangen können, denn man
darf sich nicht vorstellen, daß aus j e d e r

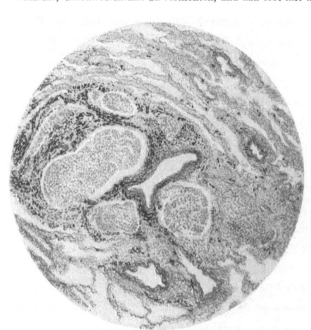

Fig. 191.
Karzinommetastasen der Lunge. Verbreitung auf dem
Lymphwege.
Die Karzinommassen liegen in Lymphgefäßen um eine Vene.

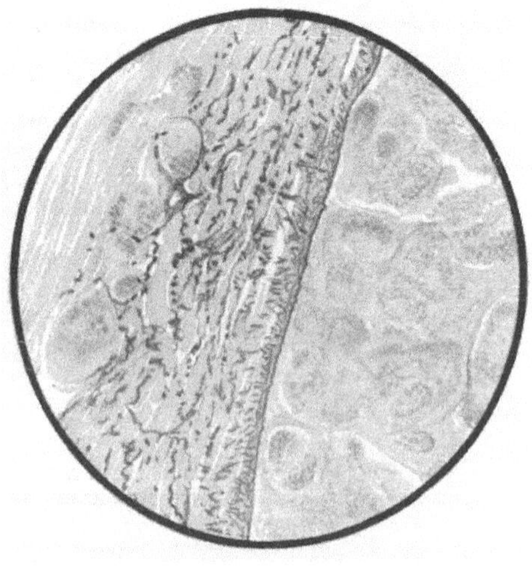

Fig. 192.
Durchbruch eines Karzinoms durch die Wand
einer Vene in deren Lumen.
(Färbung auf elastische Fasern nach Weigert.)

verschleppten Zelle eine Metastase entstehen muß. Viele gehen am fremden Ort sicherlich auch
zugrunde.

Rezidiv.   Aus dem bisher Mitgeteilten läßt sich eine weitere klinisch höchst bedeutungsvolle
Eigentümlichkeit maligner Tumoren ableiten, die Rezidivbildung. Man spricht im allgemeinen von **Rezidiv,** wenn eine im Ablauf begriffene Erkrankung wieder von neuem manifest
wird; bei den Geschwülsten spricht man dann von Rezidivbildung, wenn nach vollzogener,
anscheinend vollständiger operativer Entfernung des Tumors dieser wieder von neuem
auftritt.

Es sind hier verschiedene Fälle denkbar; es bleibt zunächst die Möglichkeit offen, daß nicht wirklich
im Gesunden operiert wurde, daß mithin einzelne Geschwulstkeime in der Umgebung der Operationswunde
zurückblieben, welche dann natürlich weiterwachsen und den Tumor von neuem entstehen lassen — l o k a l e s
oder Wundrezidiv; es können auch schon an entfernten Stellen, namentlich in Lymphdrüsen, oder
(durch Verschleppung mit der Blutbahn entstanden) an anderen Stellen, Geschwulstkeime vorhanden
sein, welche bei der Operation nicht entfernt wurden oder werden konnten und nun hinterher zu größeren

Metastasen heranwachsen — metastatisches Rezidiv. Beide Formen könnte man auch als „direkte" oder „kontinuierliche" Rezidive bezeichnen. Es besteht endlich noch die weitere Möglichkeit, daß trotz vollkommener Entfernung eines Tumors dennoch in seiner Umgebung eine neue Geschwulst zustande kommt, indem die Disposition zur Geschwulstbildung in dem Gewebe fortbesteht und nach einer gewissen Zeit die Erkrankung von neuem zum Ausbruch kommt; dann spricht man von einem regionären, besser von einem indirekten Rezidiv.

Viele maligne Tumoren zeigen noch in anderer Art dem Gesamtorganismus gegenüber ein deletäres Verhalten; es kommt zu jenen Zuständen allgemeiner Anämie und Atrophie, welche man als **Geschwulstkachexie** bezeichnet. Man kann daran denken, daß rasch wachsende, bösartige Tumoren dem Organismus Säfte entziehen, welche sie zu ihrem eigenen Wachstum brauchen, so daß sie sich dem Körper gegenüber gleichsam wie Parasiten verhalten; keinesfalls aber darf man die Kachexie darauf allein zurückführen; denn das Zustandekommen derselben hängt vielmehr von der Art der Geschwulst als von ihrer Größe ab; manche Tumoren können zu einem sehr erheblichen Umfang heranwachsen, ohne je eine Kachexie im Gefolge zu haben, während in anderen Fällen oft schon verhältnismäßig kleine Geschwülste eine solche in sehr ausgesprochenem Maße nach sich ziehen. Wahrscheinlich liegen der Geschwulstkachexie Autointoxikationen und Störungen in der sogenannten „inneren Sekretion" zugrunde (s. Kap. IX), indem von den Neubildungen schädliche, vielleicht fermentartige Stoffe produziert und an die Körpersäfte abgegeben werden. Wie zu erwarten, stellt sich eine Kachexie vornehmlich bei malignen, d. i. lokal und in ihren Metastasen destruierend wachsenden Geschwülsten ein; aber auch bei solchen großen Tumoren, welche jener anatomischen Merkmale der Bösartigkeit entbehren und nur verdrängend auf die Nachbarschaft wirken, wie z. B. manchen Ovarialtumoren, können ganz ähnliche Allgemeinwirkungen eintreten. Es ist ferner nicht unmöglich, daß bei den bösartigen Geschwülsten in dieser Beziehung ein Circulus vitiosus besteht, indem einerseits die Geschwulst eine Kachexie hervorruft, andererseits diese letztere die Fähigkeit des Organismus vernichtet, verschleppte Geschwulstkeime unschädlich zu machen (s. o.), so daß diese zu Metastasen heranwachsen können.

Kachexie.

Mit dem Vorhergehenden haben wir die wesentlichen Momente zusammengestellt, welche eine Geschwulst als bösartig charakterisieren: Rasches, destruierendes Wachstum, Fähigkeit der Metastasenbildung mit destruierender Tendenz, Neigung zur Rezidivbildung, endlich die Fähigkeit, eine allgemeine Geschwulstkachexie hervorzurufen.

Zu-
sammen-
fassung.

Als absolut „gutartig", d. h. der eben genannten Fähigkeiten vollkommen entbehrend, kann aber wohl keine Geschwulst bezeichnet werden, denn bei allen Geschwulstarten ist das Auftreten dieser oder jener malignen Tendenz gelegentlich beobachtet worden. Aber auch eine nicht im eigentlichen Sinne des Wortes „maligne" Geschwulst, welche also keine jener Eigenschaften hat, kann das Organ, in dem sie sitzt, und dessen Funktion und somit den gesamten Körper stark in Mitleidenschaft ziehen. Zunächst kommt die Empfindlichkeit und Funktionsart der von der Geschwulstbildung befallenen Organe in Betracht. So haben Tumoren im Gehirn unter allen Umständen schon durch ihren Sitz eine schlimme Prognose, auch wenn sie langsam wachsen und keine Metastasen machen; solche des Magens wirken durch Hinderung der Assimilation deletär, ein Tumor des Pylorus oder des Darmes, welcher das Lumen dieser Organe zu verschließen imstande ist, wird dadurch schwere Folgen nach sich ziehen, auch wenn er an sich keine bösartige Geschwulst darstellt; auch sonst verursachen Geschwülste des Magendarmkanals vielfach direkt Ernährungsstörungen durch Herabsetzung der Nahrungszufuhr; Geschwülste des Knochenmarkes führen zu Störungen in der Blutbildung, solche vieler anderer Organe zu jenen allgemeinen Störungen, welche durch Verlust spezifischer Drüsenfunktionen (Leber, Nieren etc.) zustande kommen. Geschwülste, welche ulzerieren und an den Geschwürsflächen Zersetzungen erleiden, verursachen auch Schädigungen des Organismus durch die aus ihnen resorbierten Zersetzungsprodukte.

Es läßt sich von vornherein erwarten, daß den beschriebenen Eigentümlichkeiten der Geschwülste auch eine veränderte anatomische Struktur des neugebildeten Gewebes entspricht. So bilden sich in ihnen keine großen Gefäße, sondern nur Kapillaren, keine regelmäßig angeordneten Nerven etc. Indes verhalten sich die einzelnen Geschwulstformen im übrigen sehr verschieden; während manche den Bau ihres Mutterbodens mehr oder weniger unverändert wiedergeben, lassen andere sehr hochgradige Abweichungen von demselben erkennen.

Verände-
rungen im
anatomi-
schen Bau.

Es wird dies bei der Besprechung der einzelnen Geschwulstformen klarer werden; vorläufig seien bloß einige Beispiele erwähnt: Fibrome (Geschwülste aus faserigem Bindegewebe) erscheinen vielfach bloß wie umschriebene Hyperplasien von Bindegewebe; Leio-Myome (Muskelgeschwülste) unterscheiden sich von der normalen glatten Muskulatur in ihrem Bau bloß durch eine unregelmäßigere Durchflechtung der Muskelbündel, Adenome bestehen wie normale drüsige Organe aus Drüsen und einem dieselben tragenden bindegewebigen Gerüst (Stroma), wobei allerdings die Form der Drüsen vielfach von dem normalen Typus des betreffenden Organes abweicht; sie sind z. B. erweitert, verlängert und infolgedessen geschlängelt, mit Ausbuchtungen und papillären Vorragungen des Epithelbelages versehen, auch wohl zahlreicher und dichter gedrängt als in der Norm.

Homologer
und hetero-
loger Bau. Man bezeichnet solche Geschwülste, welche den Bau des Mutterbodens in mehr oder weniger typischer Weise wiederholen und somit einfachen Hyperplasien näher stehen, als **homologe** und kann im allgemeinen sagen, daß diese nicht zu den bösartigen Formen gehören; indes läßt sich in dieser Beziehung keine scharfe Grenze aufstellen. Auch adenomatös gebaute Geschwülste, manchmal selbst einfache Myome, können einen malignen Charakter annehmen, d. h. die Nachbarschaft zerstören und Metastasen machen, so daß man also einem Tumor nicht mit absoluter Sicherheit seiner histologischen Struktur nach seinen benignen oder malignen Charakter ansehen kann. In weitaus den meisten Fällen zeigt sich aber doch der maligne Charakter einer Geschwulst schon in einem, gegenüber dem ursprünglichen Gewebe hochgradig veränderten, stark atypischen oder, wie man sagt, **heterologen** Bau. Bei den Tumoren der Bindesubstanzgruppe erweist sich die Heterologie in erster Linie durch ein Überwiegen der zelligen Elemente und das Unvermögen derselben die ihnen normalerweise zukommende Zwischensubstanz zu bilden; so bestehen Sarkome, welche vom Bindegewebe ausgehen, vorwiegend aus Zellen mit spärlicher, faseriger Zwischensubstanz, solche des Knorpels bilden bloß einzelne Züge und Inseln von Knorpelgewebe, oder die Geschwulst bringt es überhaupt nicht bis zur Bildung von Interzellularsubstanz u. dgl.

Dabei verlieren auch die Zellen vielfach ihre spezifische Form, so daß die Geschwulst ganz oder großenteils aus einem **indifferenten Keimgewebe** besteht, wleches nirgends oder nur stellenweise die Tendenz zur Bildung einer bestimmten Gewebsart (Knorpel, Knochen, Schleimgewebe, faseriges Bindegewebe etc.) erkennen läßt. Ähnliches kommt auch bei malignen Geschwülsten des Muskelgewebes und der Neuroglia zur Beobachtung; die wuchernden Muskelzellen bilden mehr spindelige Elemente, welche das charakteristische Aussehen der Muskelzellen verlieren und schließlich von jugendlichen spindeligen Bindegewebszellen nicht mehr unterschieden werden können; auch in Gliageschwülsten kann einerseits die Zellmasse weitaus über die Zwischensubstanz überwiegen, andererseits die Gestalt der Zellen von jener der normalen Gliazellen erheblich abweichen. Bei epithelialen Geschwülsten — bei denen immer auch eine Neubildung von bindegewebiger Grundsubstanz mit der Wucherung des Epithels verbunden ist (s. später) — zeigt sich die Heterologie in dem wirren Durcheinanderwachsen von Epithelmassen und Bindegewebe, vielfach aber auch in Abweichungen der Epithelien selbst, etwa unvollkommener Ausbildung derselben, indem z. B. ihr ursprünglicher Charakter als Plattenepithelien oder Zylinderepithelien verloren geht und durch ganz unregelmäßige und polymorphe Formen ersetzt wird (vgl. die Abbildungen beim Karzinom).

Man kann also bei den (heterologen) malignen Geschwülsten vielfach einen Mangel an Differenzierung der Zellen nachweisen; insofern diese Eigentümlichkeit einen Mangel an regulärer Ausbildung der Zellen bedeutet, kann man die Geschwülste dieser Art auch als solche mit mangelhafter Gewebsreife auffassen. Daß aber die Malignität eines Tumors sich keineswegs immer in solchen anatomischen Merkmalen anzuzeigen braucht, wurde bereits erwähnt. Aus dem ganzen Gesagten geht ja hervor, daß heterologe Geschwülste stets auf Malignität sehr verdächtig, homologe zwar in der Regel gutartig sind, aber sich trotz des anatomisch vom Mutterboden wenig abweichenden Baues durch Wachstum etc. als malign dokumentieren können. Tumoren, deren Zellart ganz und gar von den normaliter an der betreffenden Stelle vorkommenden abweicht, werden **heterotope Tumoren** genannt.

Makro-
skopisch
erkennbare
Zeichen der
Malignität. In vielen Fällen kann man die Malignität eines Tumors schon aus **makroskopischen** Anhaltspunkten erschließen. Im allgemeinen sind die weichen Geschwulstformen (soweit die geringe Konsistenz auf einem großen Zellreichtum und nicht auf regressiven Umwandlungen des Gewebes beruht) auch die rascher wachsenden und bösartigeren; das destruktive Wachstum, das Aussenden von Fortsätzen in die Umgebung hinein und das Eindringen in die Tiefe sind vielfach schon mit bloßem Auge erkennbar und als Zeichen der Neigung zu Metastasenbildung und Rezidivbildung zu deuten. Manche Geschwülste mit einzelnen speziellen Merkmalen sind erfahrungsgemäß besonders bösartig, wie z. B. melanotische Sarkome; auch sind die gleichen Geschwülste in ihrem Charakter manchmal an einzelnen Standorten verschieden; Adenome bestimmter Schleimhäute haben fast regelmäßig einen malignen Charakter; gewisse Riesenzellensarkome an den Kiefern (Epulis) sind im ganzen gutartig, während ähnlich gebaute Sarkome an anderen Stellen regelmäßig maligne Eigenschaften zeigen. Finden sich Einbrüche in große Gefäße oder Metastasen, so ist ja auch schon makroskopisch die Malignität eines Tumors erwiesen.

Die Eigenschaften, welche wir bisher als Charakteristika des Geschwulstcharakters, besonders des malignen, festgestellt haben, das autonome und fast unbegrenzte Wachstum, die Fähigkeit der Rezidiv- und Metastasenbildung, das aggressive Verhalten gegenüber dem gesunden Gewebe und die Wirkung auf den Allgemeinzustand des Organismus einerseits, der Verlust an anatomischer Differenzierung und funktionellen Leistungen der Geschwulstelemente andererseits weisen darauf hin, daß die Zellen der Geschwülste eine tiefgreifende Änderung ihrer biologischen Eigenschaften erfahren haben müssen; sie haben an physiologischer Funktion und Spezifität verloren, an Proliferationsfähigkeit und selbständiger Existenzfähigkeit gewonnen. Eine solche Änderung des Zellcharakters äußert sich auch histologisch: die Größe der Zellen ist verändert, desgleichen vor allem Form, Größe und Struktur sowie Färbbarkeit des Kernes und alles ist viel unregelmäßiger (**Anaplasie** v. Hansemann). Doch tritt dies keineswegs bei allen Neubildungen zutage, welche man unter die Tumoren zu rechnen pflegt, diese Anaplasie charakterisiert in voller Ausbildung vielmehr nur die höchsten Stufen der Geschwulstbildung, die bösartigen Formen derselben. Insofern sich aber eine kontinuierliche Reihe aufstellen läßt von gutartigen, umgrenzt bleibenden Tumoren bis zu jenen mit allen Eigenschaften des ausgebildeten Geschwulstcharakters, vor allem mit allen Merkmalen der Malignität, und insofern weiterhin jede Geschwulst, auch die scheinbar gutartigste, jene malignen Eigenschaften erhalten kann, müssen wird diese wenigstens in potentia vorhandenen Eigentümlichkeiten als für die Geschwulstbildung überhaupt geltend hinstellen.

In allen Tumoren findet sich eine gewisse Menge bindegewebiger Gerüstsubstanz, welche die zuführenden und abführenden Gefäße trägt. An Geschwülsten, welche selbst aus Bindegewebe zusammengesetzt sind, fällt dieses Gerüst nicht besonders auf. Deutlicher tritt der bindegewebige Stützapparat schon an Tumoren zutage, deren Hauptbestandteil Knochengewebe, Muskelgewebe etc. ist. Alle diese Tumoren, welche wenigstens ihrem Hauptbestandteil nach aus einem einfachen Gewebe aufgebaut sind, bezeichnet man als **histoide Tumoren.** Am auffallendsten tritt das Bindegewebegerüst in den epithelialen Tumoren zutage, an denen man die eigentlichen epithelialen Bestandteile als Parenchym, das bindegewebige Gerüst als Stroma benennt. Diese Neoplasmen heißen wegen ihrer mehrgewebigen Zusammensetzung auch **organoide.** Gegenüber dem eigentlichen Geschwulstparenchym ist das sogenannte Stroma von untergeordneter Bedeutung und entsteht im allgemeinen lokal durch eine sekundäre Wucherung der bindegewebigen Anteile des Organes, in welchem die Geschwulst sich entwickelt, ebenso auch bei Metastasen. Hierbei scheinen die Epithelien eine Art Neubildungsreiz auf das Stroma auszuüben. Dieser Punkt spielt bei den experimentellen Übertragungen eine Rolle. Selbst Knochengewebe kann exzessiv bei Karzinomen wuchern.

Wie andere Gewebeteile, so sind auch die Tumoren verschiedenen regressiven Metamorphosen ausgesetzt, welche freilich fast nie so weit gehen, daß der Tumor völlig der Rückbildung anheimfiele.

Von einzelnen Arten der Degeneration finden sich Verfettung, hyaline Entartung, Verkalkung und Pigmentbildung, ferner Nekrosen, bei manchen Tumoren an Oberflächen fast konstant Geschwürsbildung, welche häufig mit putrider Zersetzung des Sekrets einhergeht. Zum Teil handelt es sich dabei um Ernährungsstörungen, welche durch ungenügende Blutversorgung des Geschwulstgewebes bedingt sind, indem entweder die Bildung von Blutgefäßen mit der Gewebswucherung nicht Schritt hält, oder die zuführenden Gefäße komprimiert, oder durch einwuchernde Geschwulstmassen verlegt werden; auch Verstopfung venöser Gefäße und hierdurch verursachte Blutstauung und hämorrhagische Infarzierung kann Nekrosen veranlassen. Zum großen Teil liegt übrigens die Ursache der regressiven Metamorphosen auch in der großen Zartheit und Hinfälligkeit der Geschwulstgewebe selbst.

Ferner bilden sich öfters zahlreiche Fremdkörperriesenzellen, welche versuchen, einen Teil der Tumorzellen unschädlich zu machen. Stellenweise kann Bindegewebe an die Stelle der zerfallenen Geschwulstelemente treten, und so eine partielle Vernarbung eintreten. Besonders

(Marginalien:)

Anaplasie der Tumorzellen.

Histoide und organoide Tumoren.

Regressive Metamorphosen der Tumoren.

ausgebreitet ist dies nach Behandlung mit Röntgenstrahlen, Radium und eventuell Fulgurisation zu sehen. Zu einer völligen Heilung führt doch alles dies kaum, da die weitere Proliferation des Tumors fast stets überwiegt. Allerdings kann das Wachstum sehr langsam vor sich gehen oder auch temporär oder ganz sistieren. Doch nur das Messer des Chirurgen bzw. eventuell die Strahlentherapie beseitigt den Tumor gänzlich.

Über die Genese der Tumoren werden wir nach Darstellung dieser selbst berichten.

Einteilung der Tumoren nach histologischen Gesichtspunkten und Benennung derselben.

Bevor wir auf die Beschreibung der einzelnen Geschwulstformen eingehen, müssen wir uns noch kurz mit ihrer Einteilung beschäftigen. Der Einteilung in **homologe** und **heterologe** (sowie in histoide und organoide) Tumoren ist schon oben gedacht worden. Ausgehend von der Tatsache, daß die Geschwulstelemente Abkömmlinge von Gewebezellen sind, scheint es naturgemäß, die Tumoren ferner nach den Gewebearten einzuteilen und zu benennen, von welchen sie herstammen und aus welchen sie sich dementsprechend zusammensetzen. Demzufolge unterscheiden wir vier Hauptgruppen: Geschwülste, bestehend aus den Geweben bzw. Zellen der **Bindesubstanzgruppe** (und der **Gefäße**), des **Muskelgewebes**, des **Nervengewebes** und des **Epithels** (bzw. des **Endothels**). Wir bezeichnen die Geschwülste je nach ihrer histologischen Zusammensetzung, indem wir die Endung „om,, oder „blastom,, anhängen. Man kann dann noch die oben erwähnten Formbezeichnungen als Adjektiva hinzusetzen, also z. B. Fibroma papillare etc. Einige Tumoren haben eigene Bezeichnungen, so Karzinom, Sarkom. Für die sogenannten homologen Geschwülste ist diese Einteilung leicht durchzuführen und zweifellos die einzig rationelle; dagegen bieten sich Schwierigkeiten bei den heterologen Formen, indem diese nicht selten so sehr vom Mutterboden abweichen und dessen Charaktere so mangelhaft zeigen, daß man manchmal außerstande ist, ihre Histogenese mit Sicherheit zu bestimmen, zumal verschiedene Gewebearten Tumoren von sehr ähnlicher Beschaffenheit produzieren können. Zu den homologen Geschwülsten der Bindesubstanzgruppe gehören die Fibrome, Lipome, Myxome, Chondrome, Osteome und Angiome. Dazu kommen diejenigen des Muskel- und Nervengewebes, die Myome und Neurome. Man kann auch, um den Neubildungscharakter zu betonen, von Fibroblastom, Lipoblastom etc. sprechen. Die homologen epithelialen Geschwülste sind die fibroepithelialen Oberflächengeschwülste und (von Drüsen ausgehend) die Adenome. Die mehr unreifen heterologen Geschwülste der Bindesubstanzen werden als Sarkome, Fibrosarkome, Liposarkome etc., oder besser als fibroblastische, lipoblastische etc. Sarkome bezeichnet. Dazu kommen die ebenso bezeichneten heterologen Geschwülste des Muskel- und Nervengewebes, die Myosarkome = myoblastischen Sarkome etc. Die heterologen epithelialen Geschwülste stellen die Gruppe der Karzinome dar. Als seltene Geschwulst reihen sich die Endotheliome an.

Es gibt aber auch Geschwülste, in welchen nicht bloß (außer dem Bindegewebe) eine Gewebsart den eigentlichen spezifischen Bestandteil ausmacht, in denen vielmehr zwei oder mehr Gewebsarten als maßgebend für den Charakter des Tumors angesehen werden müssen, mit anderen Worten solche, welche zwei oder mehrere Geschwulstparenchyme (s. o.) aufweisen, z. B. Muskelgewebe und Epithelgewebe, oder Knochen- und Nerven-Gewebe

Mischgeschwülste.

nebeneinander. Man nennt solche Tumoren **Mischgeschwülste** oder **Kombinationsgeschwülste**.

Eine weitere Reihe von Geschwülsten wird endlich von solchen Neubildungen repräsentiert, welche nicht nur verschiedene Gewebearten, sondern Abkömmlinge aller drei Keimblätter, sogar rudimentäre Organe aufweisen, Tumoren, in welche sich verschiedene Gewebeformationen zu dem typischen Bau der äußeren Haut mit Epidermoidalgebilden, Zähnen, Haaren etc., vereinigen, oder in welchen Teile von Muskeln und nervösen Organen etc.

Teratome.

enthalten sind; solche bezeichnet man als **Teratome** bzw. **Teratoblastome**.

Die einzelnen Geschwulstformen.

I. Homologe Geschwülste.

A. Geschwülste, bestehend aus Geweben der Bindesubstanzgruppe.

1. **Das Fibrom.** Das Fibrom (Fig. 193—195) entspricht seinem Bau nach im allgemeinen dem faserigen Bindegewebe des Körpers, zeigt jedoch in den einzelnen Fällen mannigfache Verschiedenheiten seiner feineren Struktur. Immer ist es wesentlich aus Fasern zusammengesetzt. Diese durchflechten sich in den einen Fällen locker und lassen weite, mit Serum gefüllte Maschenräume zwischen sich — weiche Fibrome. Sie enthalten relativ viele Kerne und Zellen und sind oft ödematös gequollen, fast gallertig und saftig glänzend. In anderen Fällen aber liegen dicht gehäufte Faserbündel vor, die ihre Zusammensetzung aus feinen Fibrillen kaum mehr erkennen lassen und oft mehr, oft aber auch nur sehr wenige Kerne aufweisen — harte Fibrome. Sie erscheinen mehr sehnig glänzend, ihre Schnittfläche ist glatt, deutlich faserig, von weißlicher oder weißlich-gelber Farbe. Die im Fibrom vorhandenen Zellen sind die gleichen wie im Bindegewebe, doch oft in reichlicherer Zahl, besonders im Wachstumsgebiet des Fibroms, vorhanden. Die gewöhnlichste Zellform stellt auch hier jene schmalen, spindeligen bis linearen Gebilde dar, welche fast nur aus dem Kern bestehen und bloß Spuren von Protoplasma zeigen (vgl. S. 119). Öfter finden sich auch größere Zellen mit deutlichen protoplasmatischen Zellkörpern (S. 121), und hier und da sieht man einzelne Spalträume zwischen den Fasern von Reihen ähnlicher Zellen ausgekleidet. Dies sind die vergrößerten Endothelien der Lymphspalten. Ferner finden sich vereinzelte Herde von Lymphozyten, be-

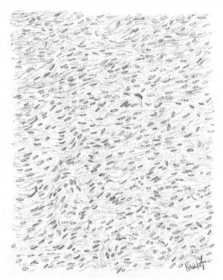

Fig. 193.
Fibrom des Ovariums ($\frac{250}{1}$); mit dicht gefügten, aber zellreichen Faserbündeln.

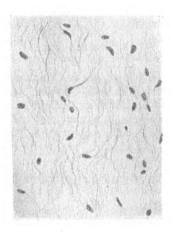

Fig. 194.
Lockeres Fibrom der Subkutis ($\frac{250}{1}$).

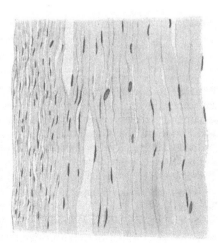

Fig. 195.
Aus einem derben Fibrom der Kutis mit hyalin-sklerotischem Bindegewebe ($\frac{250}{1}$).

sonders um Gefäße, welche ja das Fibrom naturgemäß auch enthält. Elastische Fasern enthalten die Fibrome in sehr wechselnder Menge. In die an grenzenden Bindegewebsbündel gehen die Faserbündel des Fibroms kontinuierlich über, doch setzt sich die Geschwulst für das bloße Auge in den meisten Fällen ziemlich scharf ab. Das weitere (träge) Wachstum erfolgt unter Verdrängung der Umgebung; nach vollkommener Entfernung bilden sich keine Rezidive, ebenso fehlen Metastasen. Das Fibrom ist also eine gutartige Geschwulst. Sehr oft ist es nicht möglich, eine scharfe Grenze zwischen echten Fibromen und entzündlichen oder hyperplastischen Bindegewebswucherungen zu ziehen.

Am gewöhnlichsten tritt das Fibrom in tuberöser Form, d. h. in Form knotiger Einlagerungen oder Vorragungen auf; in der äußeren Haut sind diese manchmal gestielt und oft multipel (Fibroma molluscum) von den Scheiden der Talg- und Schweißdrüsen, sowie der Hautnerven ausgehend; häufiger finden sich derartige Gebilde an Schleimhäuten,

Schleimhautpolypen. wo sie die sogenannten Schleimhautpolypen bilden (in der Nase, dem Kehlkopf, dem Magendarmkanal etc.) oft in multipler Zahl; meist sind sie locker gebaut, von weicher Konsistenz. Das sogenannte Keloid (Fig. 196) stellt flache oder wallartige, glatte oder leicht höckerige, ihrer

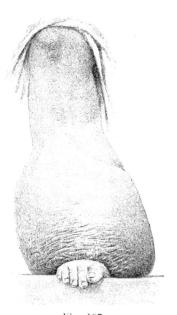

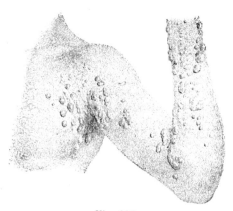

Fig. 196.
Keloide.
Aus Lang, Lehrb. d. Hautkrankheiten.
Wiesbaden, Bergmann 1902.

Fig. 197.
Elephantiasis der unteren Extremität, den
Fuß verschonend.
Aus Lang l. c.

äußeren Gestalt nach „krebsscherenähnlich" aussehende, eigenartig glasige Vorragungen der Haut dar; sie entwickeln sich meist aus Narben („Narbenkeloid"), können aber auch anscheinend ganz spontan entstehen, offenbar auf Grund kongenitaler Disposition. Seiner *Keloid.* mikroskopischen Struktur nach zeigt sich das Keloid dadurch ausgezeichnet, daß es aus sehr dicht gefügten hyalinen Bindegewebsbündeln (Fig. 195) zusammengesetzt ist. Eigentlich stellt das Keloid wohl keinen Tumor, somit auch kein Fibrom, sondern das Endresultat einer Superregeneration nach Verletzungen dar.

Über die Papillome und die sogenannten Neuro-Fibrome (plexiforme Fibrome) s. unten.

Zusammengesetzte Fibrome. Mehr flache oder knotige Fibrome gehen nicht selten vom Periost aus; sie können knöcherne und knorpelige Einlagerungen enthalten und also Mischgeschwülste, Chondro-Fibrome oder Osteo-Fibrome darstellen. Auch Faszien sind gelegentlich Ausgangsstellen von Fibromen. Sehr gefäßreiche Fibrome werden durch den Zusatz teleangiectaticum bzw. cavernosum (besonders in der Nasen-Rachenhöhle) bezeichnet.

Ferner können Fibrome in mehr diffuser Form auftreten; es sind hierher Fälle von Elephantiasis der Haut und Subkutis, sowie diffuse, ganze Organe von vornherein ergreifende, Bindegewebswucherungen (Fibromatose der Brustdrüsen, der Ovarien u. a.)

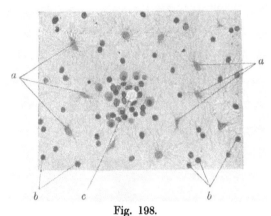

Fig. 198.
Myxom (Polyp der Nasenhöhle) ($\frac{275}{1}$).

a Sternförmige Schleimgewebszellen mit reichlichen Ausläufern,
b Lymphozyten, c Blutgefäß von Lymphozyten und einigen Gewebszellen umgeben. (Nach Borst, Geschwulstlehre.),

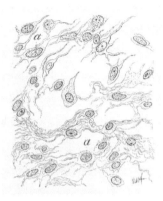

Fig. 199.
Myxom ($\frac{250}{1}$).

zu rechnen. Indes handelt es sich in solchen Fällen vielfach nicht um echte Geschwülste, sondern um Produkte hyperplastischer oder entzündlicher Gewebswucherungen.

Von regressiven Veränderungen kommen in Fibromen schleimige Degeneration, Erweichung mit Bildung zystischer Zerfallshöhlen, fettige Degeneration und Verkalkung vor. Über **Myxo-**, **Lipo-** bzw. **Myo-Fibrome** und **Fibro-Adenome** s. u.

2. Als **Myxom** bezeichnet man eine Geschwulst, welche teilweise oder vorwiegend aus gewuchertem Schleimgewebe besteht. Ob die Schleimbildung primär oder sekundär im Bindegewebe etc. auftritt, ist oft nicht zu entscheiden; man findet in den Myxomen meist sternförmig verzweigte, mit Ausläufern versehene Zellen (vgl. Fig. 198), die innerhalb einer schleimigen Grundsubstanz gelegen sind; letztere läßt bei Essigsäurezusatz Muzin ausfallen. An Schnittpräparaten entspricht ein großer Teil der zwischen den Zellen gelegenen faserigen Massen fädig ausgefälltem Schleim (Fig. 200), mit allen seinen Reaktionen (s. S. 62). Das Myxom ist schon makroskopisch durch seine eigentümlich glänzende, gallertig-elastische Beschaffenheit kenntlich. Es kommt in Form rundlicher, öfters auch gelappter Knoten

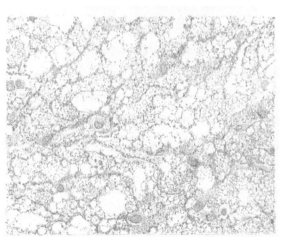

Fig. 200.
Myxom des kutanen Bindegewebes ($\frac{350}{1}$).

Zellen mit ihren Kernen rot, die schleimige Zwischensubstanz blau;
Färbung mit Boraxkarmin und Bleu de Lyon.

in der Haut, dem Periost, den Faszien, dem Knochenmark, dem subkutanen Fettgewebe, den Herzklappen, dem Bindegewebe der Nerven etc. vor. Zwischen relativ zellarmen, den

Myxo-
sarkom. gewöhnlichen Fibromen nahestehenden, gutartigen Formen und sehr zellreichen, malignen Formen, sogenannten Myxosarkomen, finden sich alle Übergänge. Ferner kommt Schleimgewebe vielfach neben anderen Gewebsarten in Tumoren verschiedener Zusammensetzung, also in Mischgeschwülsten (Myxo-Chondromen, Myxo-Lipomen, Myxo-Fibromen etc.), vor. Den Myxomen äußerlich gleichen manche sehr ödematös gequollene Fibrome; hier wird das ödematöse Gewebe oft mit schleimigem verwechselt (Fig. 194); sie gehören nicht zu den Myxomen.

3. Lipom.   3. Das **Lipom** besteht aus gewuchertem Fettgewebe und bildet rundliche oder gelappte, häufig von einer Bindegewebskapsel umgebene Geschwülste, welche auch auf der Schnittfläche meist einen mehr oder minder deutlichen lappigen Bau erkennen lassen. Die Lipome sind umschriebene Tumoren, die im subkutanen Bindegewebe, besonders am Rücken, am

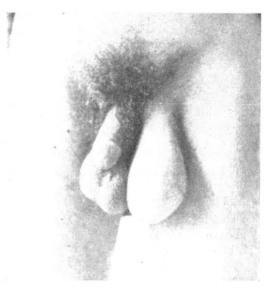

Fig. 201.
Gesticltes Lipom des Samenstranges.
Aus Pagenstecher, Die klinische Diagnose der Bauchgeschwülste.
Wiesbaden, Bergmann 1911.

Fig. 202.
Lipom des subkutanen Fettgewebes.

Hals, am Oberschenkel — öfters multipel und symmetrisch — in der Achselhöhle, seltener in Gelenken, im Mesenterium und Netz, in der Pia, in der Darmwand, im Gehirn und an anderen Orten wie Niere, Leber etc. vorkommen. Sie können eine bedeutende Größe erreichen, sind aber durchweg ihrer Struktur nach durchaus gutartig. Indem eine Fettgeschwulst die Haut polypös vorschiebt, kann sie zum „Lipoma pendulum" werden. Häufig sind Kombinationen mit Fibromen, Chondromen und Angiomen. Nicht sehr selten finden sich in Lipomen Kalkeinlagerungen. Je mehr Bindegewebe ein Lipom enthält, desto härter ist es. Fibrolipome kommen besonders in der Kreuz- und Steißbeingegend vor. Für einige Lipomarten ist eine embryonale Verlagerung eines Fettgewebekeimes anzunehmen; so stammen die Lipome der Niere von Teilen ihrer Fettkapsel ab (Lubarsch).

4. Xan-
thom.   4. Hier anschließen will ich das **Xanthom**: schwefelgelbe, flache (bei älteren Leuten) bis knotenförmige (bei jüngeren Leuten) Tumoren meist der Haut (Fig. 203), besonders an den Augenlidern. Der Tumor besteht außer aus Bindegewebe aus großen protoplasmareichen Zellen, welche angefüllt sind mit feinstem Fett oder Lipoiden (Cholesterinfettsäureestern) und eventuell gelbem Pigment; auch Cholesterinkristalle finden sich in den Xanthomen. Öfters werden Riesenzellen gefunden. Die echten Xanthome sind wohl den Ge-

schwülsten zuzurechnen; sie stehen den Nävi nahe, mit denen sie auch öfters zugleich vorkommen.

Doch gibt es auch sonst ganz entsprechende Bildungen, welche keine echten Tumoren darstellen, so das Xanthelasma besonders bei Diabetes, welches wohl als Resultat einer Entzündung aufzufassen ist; ferner sogenannte Pseudoxanthome, d. h. Granulationsgewebe, dessen Zellen Fett, Lipoide, Cholesterin in solchen Mengen aufgespeichert haben, daß diese Stellen makroskopisch intensiv gelb erscheinen (s. S. 59) und so den Xanthomen ähneln.

Pseudo-xanthom.

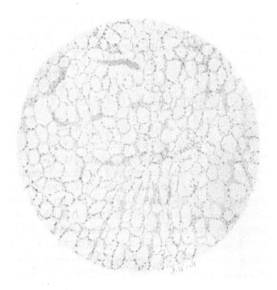

Fig. 203.
Lipom.

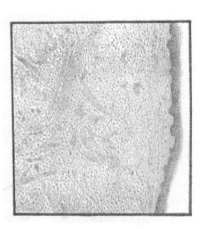

Fig. 204.
Xanthom der Haut.

5. Das **Chondrom** ist eine Neubildung bestehend aus Knorpelsubstanz, welche in ihrer Struktur meist dem hyalinen, seltener dem faserigen oder dem Netzknorpel entspricht; die Knorpelzellen nehmen in den Chondromen nicht selten eine spindelige oder sternförmige Ge-

5. Chondrom.

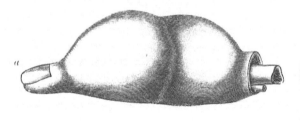

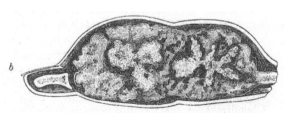

Fig. 205.
a Chondrom der Phalangen. b dasselbe im Querschnitt.
Aus v. Küster, Grundzüge der allgem. Chirurgie.
Urban und Schwarzenberg, Wien-Berlin 1908.

Fig. 206.
Vom Felsenbein ausgehende Exostosen.
Aus v. Küster, Grundzüge der allgem. Chirurgie l. c.

stalt an, oft fehlt auch die zellenumgebende Kapsel des normalen Knorpels, so daß die Zellen direkt in die Grundsubstanz eingelagert sind. Außer der Knorpelsubstanz findet sich in allen Chondromen eine gewisse Menge von Bindegewebe, welches den Tumor septenartig durchsetzt und ihn oft in deutlich geschiedene Lappen abteilt. Chondrome entwickeln sich vom Knorpel, resp. vom Perichondrium verschiedener Stellen (besonders im Kehlkopf, der Trachea, den Rippen) oder vom Periost bzw. dem Mark der Knochen aus, und zwar nicht selten multipel; wahrscheinlich entstehen sie in solchen Fällen vielfach von Knorpelherden aus, welche bei der Entwickelung des Skelettes im Laufe der Ossifikation, insbesondere bei rachitischen und anderen Entwickelungsstörungen, aus ihrem normalen Zusammenhang gelöst und — vor allem aus dem Intermediärknorpel — in den Knochen versprengt worden sind. Diese Formen verknöchern später häufig (s. u.). Endlich kommen Chondrome verhältnismäßig oft heterotop an Stellen vor, wo sich normalerweise gar keine Knorpelsubstanz findet und sind dann ebenfalls eventuell auf versprengte Reste embryonalen Keimgewebes zurückzuführen: in den Speicheldrüsen (von den Kiemenbögen her), der Mamma (von den Rippen her), dem Hoden (von der Wirbelsäule her); sehr häufig handelt es sich indessen in solchen Fällen um Mischgeschwülste, welche nicht bloß Knorpel, sondern auch noch verschiedene andere Gewebe enthalten (s. u.).

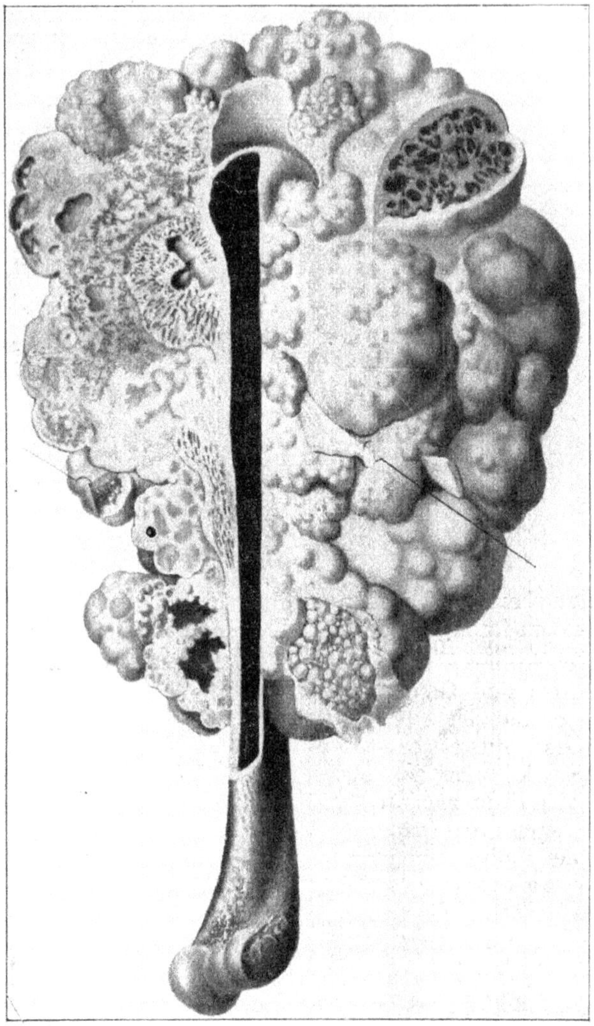

Chondrome, welche vom Knorpel oder Knochen ausgehen und über ihn hinausragen, werden auch Ekchondrosen genannt, so an den Rippen, am Larynx und an der Trachea.

Im allgemeinen sind die Chondrome — von denen viele Formen eher als entzündliche und besonders hyperplastische Wucherungen denn als echte Tumoren aufzufassen sind — gutartige, langsam wachsende Geschwülste, welche die Umgebung bloß mechanisch schädigen, doch kommen auch metastasierende Formen vor. Häufig sind in Chondromen regressive Prozesse, schleimige Umwandlung bis zur Erweichung mit Zystenbildung (S. 150), Verkalkung, Verfettung; doch kommt es auch zu richtiger Ossifikation, also Bildung echter Knochensubstanz und damit zu Übergängen zum Osteom.

Ekchondrosen.

Fig. 207.
Exostose (z. T. Ekchondrose).
Nach Cruveilhier l. c.

6. Chordom.   **Chordome** sind gallertige, aus nach der Embryonalzeit liegen gebliebenen Resten der Chorda dorsalis

entstehende, bis kirschgroße Geschwülste, welche sich hauptsächlich am Clivus Blumenbachii der Schädelbasis entwickeln und aus sehr hellen, von großen Vakuolen durchsetzten Zellen zusammengesetzt sind (früher für Knorpel gehalten, und als Ecchondrosis physalifora bezeichnet).

6. Das **Osteom.** Die aus Knochensubstanz bestehenden Geschwülste sind von entzünd- 7. Osteom. lichen und einfach hyperplastischen Knochenneubildungen nicht scharf zu trennen, und es soll daher das Nähere über sie bei den Erkrankungen des Skelettes abgehandelt werden (s. II. Teil, Kap. VII). Wie das Knochengewebe überhaupt, bestehen sie aus eigentlicher Knochensubstanz und Marksubstanz; überwiegt die erstere, so spricht man von Osteoma eburneum, überwiegt die letztere, von Osteoma medullare. Ersteres ist naturgemäß weit härter. Ihren Ausgang nehmen die Osteome vom Periost, oder dem Mark der Knochen, oder vom Knorpel. Am häufigsten treten die Osteome am Skelett auf, oft multipel als sogenannte Exostosen (Fig. 206, 207), besonders an den langen Röhrenknochen, welche wohl den Chondromen vergleichbar auf Entwickelungsstörungen beruhen. Außerhalb des Skelettsystems treten Knochenneubildungen in der Dura mater (besonders in der Hirnsichel, hier meist in Form platter Einlagerungen), sowie an der Pia des Rückenmarks, an der Innenfläche der Trachea, in der Lunge, in der quergestreiften Muskulatur bei der sogenannten Myositis ossificans (von der ein Teil wenigstens trotz des Namens wahrscheinlich zu den Tumoren gehört, s. II. Teil, Kap. VII) auf. Der Knochen der Tumoren entwickelt sich nach Art der periostalen Verknöcherung (Osteoblasten), oder durch Umwandlung von Bindegewebe, oder aus Knorpel. Im allgemeinen sind die Knochengeschwülste langsam wachsende, gutartige Tumoren. Häufig kommt Knochen in Mischgeschwülsten vor; es finden sich besonders Osteo-Fibrome oder Osteo-Chondrome.

Erwähnt werden soll hier das **Adamantinom,** welches sich wahrscheinlich von embryonalen Schmelz- Adaepithelresten ableitet und aus netzförmigen Epithelmassen (mit hochzylindrischen Zellen am Rande der mantinom. im Innern meist zystischen Bildungen) in bindegewebigem Grundgerüst besteht; ferner das **Odontom,** Odontom. eine gutartige durch Weiterwucherung eines Zahnkeimes entstandene, aus den Zahnbestandteilen bestehende Geschwulst.

Sogenannte **Lymphome** bestehen aus lymphadenoidem Gewebe, **Myelome** aus Knochenmarkgewebe; Näheres über diese Formen s. Kap. IV Anhang.

B. Geschwülste bestehend aus Blut- und Lymphgefäßen.

B. Geschwülste aus Blut- und Lymphgefäßen. 1. Angiom.

1. **Angiome** (richtiger **Hämangiome**) sind Geschwülste, die der Hauptsache nach aus Blutgefäßen zusammengesetzt sind; doch handelt es sich bei vielen der gewöhnlich hierher gerechneten Formen nicht um echte Geschwülste, sondern um geschwulstartige angeborene Mißbildungen umschriebener Gewebsbezirke, zum Teil auch nur um einfache Dilatationen präformierter, vorher normaler Gefäße und nur zum Teil um echte Neubildung, d. h. Vermehrung der Blutgefäße. Welcher dieser drei Entstehungsmodi ausschließlich oder vorwiegend gegeben ist, läßt sich im einzelnen Falle nicht immer entscheiden. Z. B. das **Angioma** Angioma **cirsoideum** (Rankenangiom bzw. Angioma racemosum, Angioma plexiforme), cirsoideum. welches sich fast nur am Kopf (s. II. Teil, Kap. II B) findet, kommt durch starke Erweiterung und Schlängelung der sämtlichen Zweige eines ganzen Arteriengebietes zustande; da hierbei Gefäßneubildung offenbar nicht stattfindet, liegt eine echte Geschwulst eigentlich nicht vor. Die Angiome sind gutartige Tumoren, doch können sie zu gefährlichen Blutungen Veranlassung geben. Gewöhnlich werden folgende Formen aufgestellt:

a. Die **Teleangiektasie (Angioma simplex)** beruht darauf, daß an einer umschriebenen a) Tele-Stelle die Kapillaren und kleinen Venen in abnorm reichlicher Menge entwickelt und in angiektasie. unregelmäßiger Weise erweitert sind; die Gefäße des Tumors stellen ein in sich geschlossenes Gebiet dar, das mit einer Arterie und einer Vene, die das Blut herein- und herausbefördern, kommuniziert. Die Veränderung ist wohl immer angeboren, kann aber im späteren Leben an Stärke zunehmen und sogar progredient werden. Da aber Neubildung an Gefäßen meist nicht sicher ist, gehören diese Bildungen mehr zu den (angeborenen) Anomalien als zu echten Geschwülsten. Am häufigsten kommen Teleangiektasien in der Haut vor, wo sie die sogenannten Naevi vasculosi darstellen; diese liegen teils flach im Niveau der Haut, teils bilden sie warzige Vorragungen (II. Teil, Kap. IX); außer an der Haut und an den angrenzenden Schleimhäuten finden sich Teleangiektasien hier und da im Fettgewebe (der Subkutis, auch dem der Orbita), im Knochenmark, im Gehirn etc. Eine teleangiektatische Gefäß-entwickelung ist ferner manchmal im Stroma anderer Geschwülste, in Sarkomen, Lipomen,

Fig. 208.
Angiom der Haut.

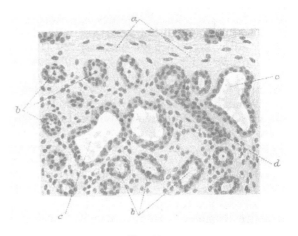

Fig. 209.
Angioma hypertrophicum (Naevus vasculosus) der Haut
$(\frac{275}{1})$.
Nach Borst, Die Lehre von den Geschwülsten.
a Faseriges Bindegewebe mit spindligen Kernen (Stroma). *b* quer-getroffene Blutgefäße mit übereinander gelegenen protoplasma-reichen Endothelzellen. *c* erweiterte Gefäße mit hypertrophischem Endothel, Blutkörperchen enthaltend. *d* ein Gefäß längsgetroffen, die Wandung angeschnitten.

Fibromen etc. zu bemerken. Kollabieren die Bluträume beim Anschneiden unter Austreten des Blutes, so kann mikroskopisch das Bild der Teleangiektasie schwerer erkennbar sein.

b) Kaver-
nöses
Angiom.

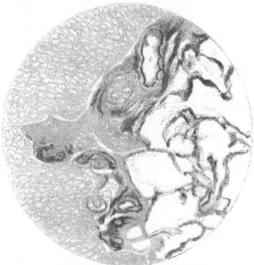

Fig. 210.
Kavernöses Angiom der Leber $(\frac{40}{1})$.
(Färbung auf elastische Fasern nach Weigert.)

b. Das **kavernöse Angiom** (sogenanntes Kavernom (Fig. 209 u. 210) besteht aus dicht aneinander liegenden, vielfach mit-einander kommunizierenden Bluträumen, die durch bindegewebige, mit einem Endo-thel bekleidete Scheidewände getrennt sind. Sie bilden dunkelblau-rote, rundliche oder keilförmige, scharf abgesetzte und auf der Schnittfläche maschig aussehende Einlage-rungen, welche beim Einschneiden, infolge des Ausfließens des Blutes, stark kollabieren. Zu den Naevi vasculosi der Haut (s. o.) ge-hören auch Formen, welche einen kavernösen Bau aufweisen. Auch in der Zunge, Lippe, Wange finden sie sich. Außerdem kommen Kavernome sehr häufig in der Leber, sel-tener in Milz, Nieren, Knochen, dem sub-kutanen Fettgewebe und dem der Orbita, endlich im Gehirn vor. Auch sie stellen einen geschlossenen Gefäßbezirk dar und sind ebenfalls auf angeborene Anomalien umschriebener Bezirke zurückzuführen; ein Teil von ihnen kommt dementsprechend häufig schon angeboren vor. Doch kommen eventuell noch Wucherungserscheinungen dazu. In der Leber handelt es sich wohl um primäre lokale Störungen in der Lebergewebeanlage und um sekundäre Überentwickelung des Gefäßsystems an solchen Stellen. Dementsprechend kommen in diesen Angiomen häufig zunächst verkümmerte Leberbalkenreste vor, welche später einer Druckatrophie, durch die mit Blut strotzend gefüllten Bluträume veranlaßt, gänzlich zum Opfer fallen. Dann treten häufiger in den Bluträumen Thromben auf, die organisiert werden; so weicht das Bild des Kavernoms dem eines Fibroms.

Zeigt das Endothel der Gefäße in Angiomen eine starke Wucherung, so entstehen Formen, welche als Endotheliome aufzufassen sind (s. u.). Weit häufiger wird das zwischen den Gefäßen gelegene Bindegewebe sehr zellreich; man spricht dann, da solche Tumoren an der Grenze der malignen stehen, von Angiosarkomen.

Als eigene Form des Angioms wurde noch eine solche beschrieben, bei der Bindegewebe in Form von Kolben in die Gefäße des Angioms eindringt, also ein intrakanalikuläres Wachstum, ähnlich dem der Mammafibroadenome (s. später) vorliegt.

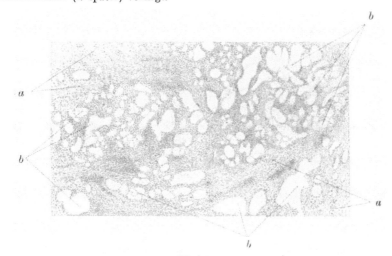

Fig. 211.

Lymphangioma congenitum cavernosum ($\frac{15}{1}$).

Nach Borst, l. c.

a Fibrilläres Bindegewebe, derbfaserig, *b* neugebildete Lymphgefäße, dicht gedrängt, in allen Stadien der Ektasie; Konfluenz benachbarter ektatischer Räume. Die neugebildeten Lymphgefäße liegen in zellreichem jungen Bindegewebe.

2. Das **Lymphangiom** entspricht ganz dem Hämangiom, mit dem es auch oft kombiniert auftritt. Es kann sich auch mit Lipom kombinieren. Die Lymphangiome — gutartige Geschwülste — treten in verschiedenen Formen auf. Lymphgefäßerweiterung, wie sie den teleangiektatischen Angiomen entspricht, vielleicht auch Wucherung, liegt meist den als Makroglossie resp. Makrocheilie bezeichneten, angeborenen Vergrößerungen der Zunge bzw. der Lippen zugrunde. Manchmal findet man in letzteren auch zystenartige oder kavernöse Erweiterung der Lymphspalten. Umschriebene, kleine, in der Kutis gelegene Lymphangiome bilden einen Teil der sogenannten weichen Warzen (siehe II. Teil, Kap. IX). Hierbei sind öfters die Endothelien zu soliden Haufen gewuchert, Lymphangioma hypertrophicum. Außerdem kommen der Elephantiasis zugehörige, weiche Anschwellungen der Haut vor, die auf Lymphangiektasie beruhen, und zwar besonders an den Schamlippen, den Oberschenkeln, dem Skrotum. Meist sind solche auf angeborene Ektasien der Lymphgefäße, oft auf Lymphstauungen zurückzuführen (vgl. S. 49), gehören also nicht zu den Tumoren. Endlich können sich durch hochgradige Ektasie aus Lymphangiomen sogenannte **Zystenhygrome** bilden, welche fächerig septierte oder einfache, mit klarem serösem, oder milchig trübem, Detritus- und Cholesterin-haltigem Inhalt gefüllte Hohlräume aufweisen, die mit Endothel ausgekleidet sind. Die angeborenen Zystenhygrome finden sich besonders am Hals. Auch die Lymphangiome beruhen wohl auf Entwickelungsstörungen.

2. Lymphangiom,

Lymphangioma hypertrophicum.

Zystenhygrom.

C. Ge-
schwülste
aus Muskel-
gewebe.
1. Leio-
myom
(Myom).

C. Geschwülste bestehend aus Muskelgewebe.

Das **Leiomyom** (Myoma laevicellulare), gewöhnlich kurzweg **Myom** genannt, ist aus glatten Muskelfasern zusammengesetzt und bildet scharf abgesetzte, ziemlich derbe, den Fibromen nicht unähnliche Geschwülste, die häufig gelappt sind und von der Umgebung meist durch eine bindegewebige Kapsel abgeschlossen werden. Sie zeigen eine trockene, graurote oder weißlichrote Schnittfläche, auf welcher die Zusammensetzung aus sich durchflechtenden Muskelbündeln leicht erkennbar ist. Mikroskopisch sind sie von den Fibromen in der Regel leicht zu unterscheiden: statt der einzeln und unregelmäßig verlaufenden Bindegewebsfasern der letzteren sieht man beim Myom innerhalb der Muskelbündel eine sehr regelmäßige Anordnung der Muskelfasern mit langen, stäbchenförmigen, ziemlich parallel und in regelmäßigen Abständen liegenden Kernen. Die Kerne des Myoms sind länger, stäb-

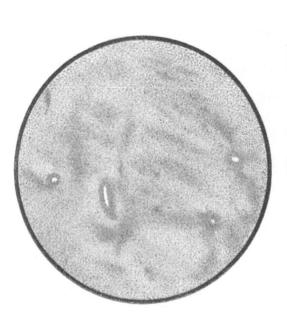

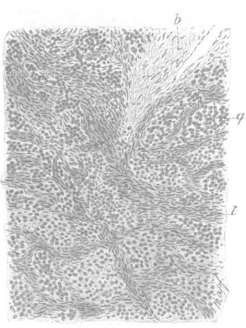

Fig. 212.
Myom des Uterus.

Fig. 213.
Myom des Uterus ($\frac{250}{1}$).

q quergetroffene, l längsgetroffene Muskelbündel, b Bindegewebe.

chenförmiger und regelmäßiger angeordnet als beim Fibrom. Besonders charakteristische Bilder geben die an jedem Schnitt durch ein Myom hervortretenden Querschnitte von Muskelbündeln, an denen man die einzelnen Fasern als polygonale, aneinanderliegende Felder erkennt, in welchen die stäbchenförmigen Kerne, da sie ja quer durchschnitten sind, als kleine runde Zellkerne erscheinen (Fig. 212, 213, 214). Da sie an den nebeneinander liegenden Muskelfasern nicht in der gleichen Höhe liegen, so ist auf den Querschnitten der Bündel nicht in jeder Faser ein Kern sichtbar.

Neben den Muskelfasern findet sich im Myom immer etwas gefäßtragendes, bindegewebiges Stroma; ist das Bindegewebe sehr reichlich entwickelt, so daß es in selbständiger Weise an der Zusammensetzung des Tumors teilnimmt, so entsteht ein **Fibromyom**. Meist aber handelt es sich nicht um ein eigentliches Fibromyom, sondern es liegt ein Myom vor, welches fibröse Einlagerungen aufweist, die im Anschluß an die in diesen Geschwülsten häufig vorkommenden umschriebenen Nekrosen zustande gekommen sind, also narbigen Bildungen entsprechen; außerdem kommt in Myomen hyaline Umwandlung von Muskelfasern (S. 66), Erweichung und Höhlenbildung, Verkalkung und Verknöcherung vor. Die regressiven Metamorphosen sind auf schlechte Ernährung infolge ungenügender Gefäßversorgung der Myome zu beziehen. In seltenen Fällen kommt es vor, daß Myome spontan ausgestoßen werden. Vorzugsweise treten Myome am Uterus (oft multipel) und seinen Adnexen, besonders den Ligamenten, sowie in der Prostata, dem Ureter, der Harnblase, dem Hodensack, im Magen und Darm, in den Ovarien und der Mamma, selten in der Haut (multipel) auf.

Die Myome des Uterus zeigen verhältnismäßig häufig — seltener die anderer Standorte — Drüsenschläuche eingelagert, welche hier zum Teil wenigstens von den embryonalen Resten des Wolffschen Körpers (bzw. Wolffschen oder Müllerschen Ganges) herstammen und sich aus solchen weiter entwickelt haben, zum Teil aber auch versprengten Drüsen des

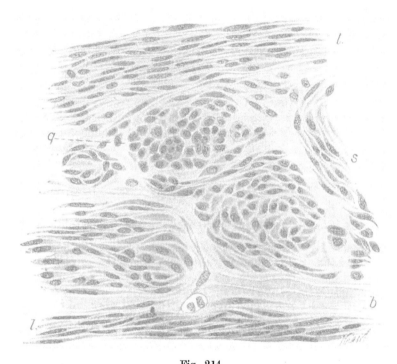

Fig. 214.
Myom des Uterus bei stärkerer Vergrößerung ($\frac{500}{1}$).
l längsgetroffene, *q* quergetroffene, *s* schräggetroffene Muskelfasern, *b* nekrotische Muskelfasern.

Uterus entstammen. Solche Adeno-Myome, welche im Gegensatz zu den meisten übrigen Myomen öfters nicht scharf von der Umgebung abgegrenzt sind, sitzen gewöhnlich in der hinteren Uteruswand, in den Tubenwinkeln oder in der Leistengegend. Gerade solche Myomformen zeigen die Beziehungen zu entwickelungsgeschichtlichen Anomalien, auf welche offenbar die Myome überhaupt zurückzuführen sind, besonders deutlich. Adeno-
myom.

Ihrer großen Mehrzahl nach sind die Myome gutartige Geschwülste, doch kommt es vor, daß sie malignen Charakter annehmen; in den meisten Fällen ist damit ein Übergang in eine sarkomatöse Struktur verbunden: neben typischen Muskelfasern findet man dann spindelige Zellen: Myoblastisches Sarkom (Myosarkom). Es findet sich besonders im Uterus, dem Magendarmkanal, den Ovarien und der Harnblase. In ganz seltenen Fällen können auch einfache Myome metastasieren (maligne Myome). Myo-
sarkom.

Das **Rhabdomyom** (Myoma strio-cellulare). Als Rhabdomyom bezeichnet man Geschwülste mit neugebildeten quergestreiften Muskelfasern; jedoch finden sich die letzteren 2. Rhabdo-
myom.

nie sämtlich in vollkommener Ausbildung vor, sondern zeigen mindestens zum großen Teil das Aussehen embryonaler, noch in Entwickelung begriffener Elemente; neben mehr oder

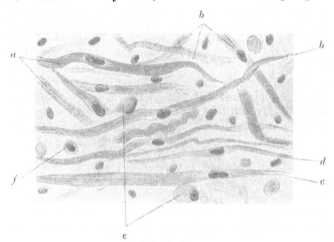

Fig. 215.
Zellen aus einem Rhabdomyoma sarcomatodes (Uterus).
Nach einem Präparat von Prof. v. Franqué. ($\frac{300}{1}$).
Nach Borst, l. c.
a Quergestreifte Fasern, *b* längsgestreifte Fasern, *c* teils quer-, teils längsgestreifte Faser, *d* ungestreifte Faser, *e* quer- und schräggeschnittene Fasern,
f Rundzelle.

weniger deutlich quergestreiften, breiteren oder längeren, bandartigen Gebilden findet man Fasern ohne Querstreifung, daneben lange und kurze Spindeln, rundliche Formen usf., kurz alle Übergänge von Zellen zu Muskelfasern, wie im embryonalen Muskelgewebe; durch die hierdurch entstehenden mannigfachen Bilder erhält die ganze Geschwulst eine sarkomähnliche Struktur. Es liegen in der Tat auch zumeist myoblastische Sarkome (Myosarkome) vor. Am reinsten kommen Rhabdomyome am Herzen, im Hoden und in der Augenhöhle vor; übrigens sind sie sehr seltene Befunde. Etwas häufiger findet man quergestreifte Muskelfasern als Bestandteil verschiedener Mischgeschwülste, in der Niere, dem Hoden, der Harnblase etc. etc.; über die Genese dieser Formen s. u.

D. Geschwülste bestehend aus Nervengewebe bzw. seiner Stützsubstanz.

D. Geschwülste aus Nervengewebe (bzw. seiner Stützsubstanz)

1. Das **Neurom.** Als Neurome bezeichnet man Neoplasmen, welche durch Neubildung von Nervenfasern zustande kommen; sie bestehen aus markhaltigen Fasern, N. myelinicum, oder marklosen, N. amyelinicum. In den Fällen letzterer Art werden auch Ganglienzellen ausgebildet gefunden: Ganglioneurome. Echte Neurome sind sehr seltene Geschwülste, sie sitzen im zentralen oder peripheren Nervensystem, sind aber mit Sicherheit bisher fast nur im Sympathikusgebiet, namentlich in seinen Ganglien nachgewiesen. Diese Neurome sind in der Regel gutartig, doch sind maligne metastasierende Formen bekannt, wobei die Zellen von jungen Ganglienzellen oder von Scheidenzellen (an den Ganglien den Schwannschen Zellen der peripheren Nerven analog) stammen. (Letzteres nimmt Marchand für einen von ihm als „Neurozytoma" bezeichneten Tumor des Ganglion Gasseri an.) Sie stellen eigentlich neuroblastische Sarkome (Neurosarkome) dar. Als maligne Neuroblastome können wir Tumoren bezeichnen, bei welchen Vorstufen von Ganglienzellen, da sie sich fast nur im Sympathikusgebiet finden, sogenannte Sympathikusbildungszellen, gewuchert sind. Sie zeigen diese Zellen ganz sarkomartig in großen Massen, daneben aber zahlreiche allerfeinste neugebildete marklose Nervenfasern (Fig. 216); hierbei bilden sich Rosettenformen aus (dadurch, daß die Neuroblasten am Rande, die hellen feinfaserigen Massen in der Mitte gelegen sind). Auch diese Neuroblastome finden sich zumeist im sympathischen Nebennierenmark, oft mit Metastasen in der Leber, zumeist angeboren und infolge hochgradigster Malignität schnell zum Tode führend. Die Sympathikusbildungszellen (Sympathogonien) lassen in den Paraganglien des Sympathikus, wozu auch das Nebennierenmark gehört, auch die typischen chrombraun färbbaren sogenannten chromaffinen Zellen entstehen. Aus ihnen können sogenannte chromaffine Tumoren, auch Paragangliome genannt, entstehen, so in der Nebenniere oder in der Glandula carotica etc. Wir können die Neuroblastome als die unreife und somit bösartigste Form den beiden ausgereiften Formen, den Ganglioneuromen einerseits, den chromaffinen Tumoren andererseits,

1. Neurom. N. myelinicum und amyelinicum. Ganglioneurome. Neuroblastome. Chromaffine Tumoren.

gegenüberstellen. Sie alle betreffen fast allein das Sympathikusgebiet. Auch Mischformen zwischen Ganglioneurom und Neuroblastom sind als sogen. Ganglioneuroblastom bekannt.

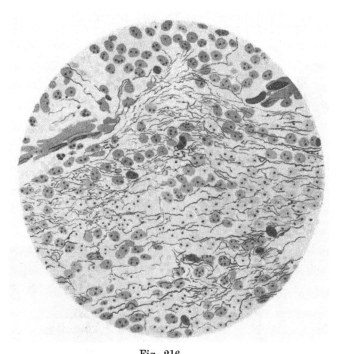

Fig. 216.
Malignes Neuroblastom des sympathischen Nebennierenmarkes. Die Zellen sind Neuroblasten, die Fasern Nervenfibrillen — gelb die roten Blutkörperchen.
Nach Herxheimer, Zieglers Beitr. 1913, Bd. 57.

Sogenannte Amputationsneurome.

Die sogenannten Amputationsneurome, welche knollige Auftreibungen an den durchschnittenen Nervenstümpfen in Amputationsnarben bilden und auch sonst gelegentlich nach Verletzung von Nervenstämmen auftreten, sind keine echten Geschwülste, sondern verdanken ihre Entstehung einer hyperregenerativen Hyperplasie von Nervenfasern in dem Narbengewebe des Amputationsstumpfes, welche sich hier zu Knäueln entwickeln.

Die sogenannten Neurofibrome sind keine echten Nerventumoren, sondern Fibrome der Nerven und daher besser Fibromata nervorum zu benennen; sie nehmen ihren Ausgang von dem Perineurium oder dem Endoneurium der Nerven. Am häufigsten finden sich diese Tumoren bei der Recklinghausenschen Neurofibromatose multipel. Hierbei treten rundliche oder spindelige Knoten den Ästen eines oder zahlreicher Nervengebiete folgend auf, zumeist an peripheren Nerven. Daneben finden sich multiple Knoten der Haut, auch von den Hautnerven ausgehend. Es handelt sich hier aber nicht nur um Wucherung von Bindegewebe der Nerven (siehe oben), sondern zum

Sogenannte Neurofibrome.

Recklinghausensche Neurofibromatose.

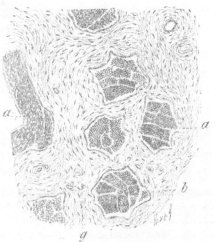

Fig. 217.
Amputationsneurom ($\frac{40}{1}$).
a Bündel markhaltiger Nervenfasern, teils auf dem Längsschnitt getroffen, b Interstitium, g Gefäße.

großen Teil auch um Wucherungen eigentümlicher Art, offenbar auf die Elemente der Schwannschen Scheiden und entsprechende Zellen sowie Endothelien der Lymphscheiden zu beziehen (sogenannte Neurinome). Besonders pflegt dies an Tumoren des Sympathikusgebietes, welches oft stark mitbeteiligt ist, hervorzutreten. So entstehen auch in den inneren Organen (z. B. Darm) von den sympathischen Ganglien ausgehende multiple Tumoren. Auch das Nebennierenmark kann beteiligt sein (chromaffine Tumoren s. oben). Zugleich bestehen öfters Gliome in Gehirn und Rückenmark und Endotheliome ihrer Häute. Offenbar handelt es sich um eine **Systemerkrankung des Nervensystems** auf Grund einer Entwickelungsstörung desselben. Tumorartige Bildungen schließen sich dann an. Nicht selten ist die Erkrankung schon angeboren oder entwickelt sich in frühester Jugend; sie ist häufig familiär und vererbt, besonders bei „degenerierten" Individuen. Bemerkenswert ist, daß die Fibrome

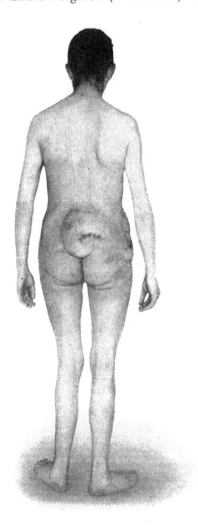

Fig. 218.

Große fibromatöse von den Nerven ausgehende Geschwulst in der Steißbeingegend bei Recklinghausenscher Neufibromatose.

Fig. 219.

Multiple Fibrome der Nerven.

bzw. Neurinome (s. oben) der Recklinghausenschen Neurofibromatose in nicht ganz seltenen Fällen einen malignen Charakter annehmen d. h. sarkomartig werden, mit Rezidiven und Metastasen (sogenannten Neurosarkome).

Rankenneurome. Bei den sogenannten Rankenneuromen (Angioma plexiforme) bilden verdickte, varikös aufgetriebene, verzweigte und miteinander verflochtene Nerven ein vielfach geschlängeltes Konvolut, so daß ein Bild entsteht, welches man der Form nach mit dem Rankenangiom (S. 195) vergleichen könnte. Auch die Rankenneurome finden sich vorzugs-

weise an Hautnerven. Sie bestehen auch zumeist aus Bindegewebe bzw. von den Scheidenzellen stammenden Elementen; doch sollen sich in manchen Fällen auch Nervenfasern an
ihrer Bildung beteiligen.

2. Das **Gliom.** Als Gliome 2. Gliom.
bezeichnet man Neoplasmen, welche durch Proliferation aus Neu-
rogliagewebe hervorgehen. Sie
bilden im Gehirn meist rundliche, im Rückenmark der Form

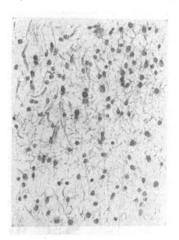

Fig. 221.
Gliom ($\frac{250}{1}$).

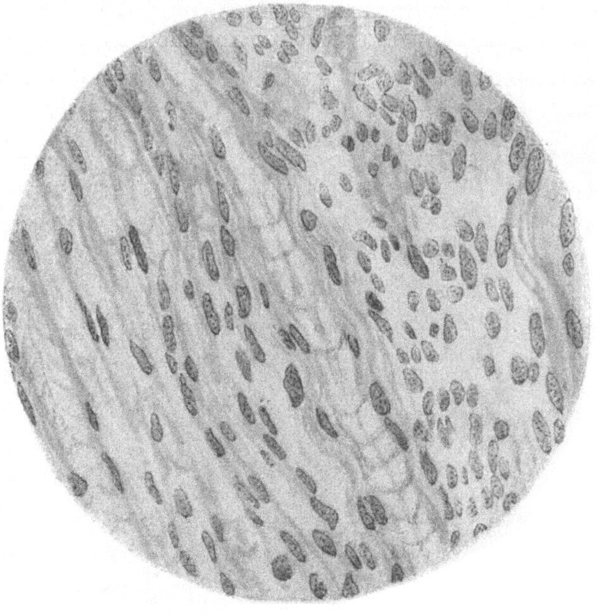

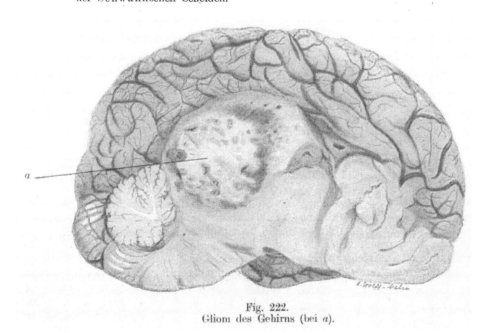

Fig. 220.
Recklinghausensche Neurofibromatose an einem peripheren
Nerven. Die Nervenfasern (braun gefärbt) rarifiziert (sie zeigen
Trichterformen), dazwischen stark gewuchertes Bindegewebe
(rot gefärbt) und gewucherte (rechts, gelb gefärbte) Elemente
der Schwannschen Scheiden.

Fig. 222.
Gliom des Gehirns (bei *a*).

desselben sich anpassende, longitudinale Geschwülste; manchmal sind sie derber als das umgebende Nervenparenchym, in anderen Fällen von sehr weicher, markiger Beschaffenheit, so daß sie förmlich über die Umgebung vorquellen.　Die derberen Formen sind meist schärfer abgegrenzt, die weichen gehen ohne jede bestimmbare Grenze in das Nachbargewebe über.　Neben den umschriebenen Formen gibt es auch ganz diffuse Gliome, welche sich über größere Strecken hin ausdehnen und als mehr oder weniger gleichmäßige Auftreibungen der ergriffenen Hirn- oder Rückenmarksteile erscheinen.　In manchen Fällen ist die äußere Form letzterer so vollkommen erhalten, daß sich die Geschwulst fast nur dem tastenden Finger durch ihre das übrige Gewebe etwas übertreffende Konsistenz bemerkbar macht, während die Zeichnung und die sonstige Beschaffenheit der Schnittfläche kaum etwas Be-

(Randnotiz: Diffuse Gliome,)

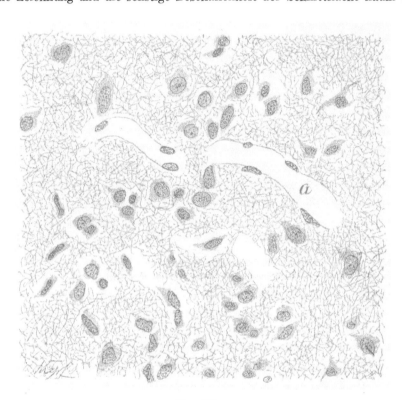

Fig. 223.
Gliom; Zellen ohne Ausläufer, die Gliafasern vollkommen von den Zellen differenziert. (Weigerts Neurogliafärbung ($\frac{5 0 0}{1}$).

sonderes erkennen lassen.　Man nennt solche Formen auch Gliomatosen (s. II. Teil, Kap. VI). Wieder andere Formen springen als knotige Vorragungen in das Lumen der Ventrikel oder über die Oberfläche vor.

Die mikroskopische Untersuchung der Gliome ergibt im allgemeinen eine Zusammensetzung aus reichlichen Zellen und einer den Gliafasern entsprechenden Fibrillensubstanz, doch weist sie in den einzelnen Fällen ziemlich bedeutende Verschiedenheiten auf.　Manche Formen zeigen sehr reichlich Fibrillen, sind aber doch der normalen Neuroglia gegenüber durch einen größeren Zellreichtum ausgezeichnet.

Wie in der normalen Glia, ziehen im allgemeinen die Fasern an den kleinen, rundlichen, nur mit einem minimalen Protoplasmaleib versehenen Zellen vorbei, doch finden sich auch sogenannte Spinnenzellen (Astrozyten) (Fig. 224), d. h. größere, sternförmige Zellen, welche oft zahlreiche, feine, manchmal büschelförmig ausstrahlende

(Randnotiz: Gliomatosen.)

Ausläufer in die Umgebung hineinsenden. In anderen Fällen tritt der fibrilläre Anteil gegenüber den Zellen vollkommen zurück und ist nur noch in Form einzelner, hier und da

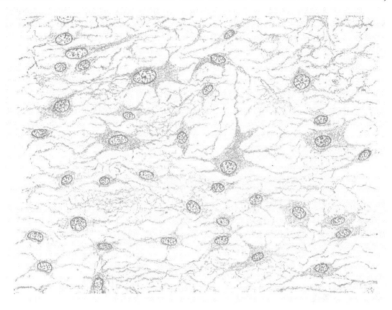

Fig. 224.

Gliom mit sternförmig verzweigten Zellen (Astrozyten), deren Ausläufer einen Teil der Fasern bilden. (Alauncochenille; $\frac{500}{1}$).

zwischen den ersteren hinziehender, Fasern angedeutet; dabei weisen die Zellen oft auffallend große und unregelmäßige, zum Teil verästelte Formen auf, so daß die Geschwulst

sich in ihrem Bau den Sarkomen nähert und, abgesehen von ihrer Herstammung, nicht mehr von den gewöhnlichen Sarkomen unterschieden werden kann. Man benennt diese Tumoren daher zumeist von alters her Gliosarkome (bezw. glioblastische Sarkome). Doch ist der Ausdruck nicht richtig, da die Glia ektodermalen Ursprungs ist, die Sarkome aber aus den mesodermal abzuleitenden Bindesubstanzen bzw. ihnen nahe stehenden Geweben entstehen. Man spricht daher am besten höchstens von Glioma sarcomatodes. Die Gliome neigen sehr zu Rückbildungsvorgängen, besonders als Folge des oft durch sie selbst gesteigerten intrakraniellen Druckes.

Ihren Ausgang nehmen die Gliome von der grauen oder weißen Substanz des Gehirns oder des Rückenmarks, zum Teil auch von den Ependymzellen der Ventrikel und des Zen-

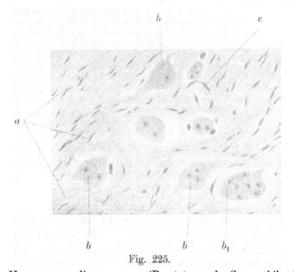

Fig. 225.

Neuroma ganglionare verum (Bruststrang des Sympathikus) ($\frac{275}{1}$).

Nach Borst, Die Lehre von den Geschwülsten.

a Faseriges Gewebe (Bindegewebsfasern und marklose Nervenfasern). *b* Ganglienzellen mit bipolaren Fortsätzen, z. T. mehrkernig, in kernhaltigen Hüllen gelegen. b_1 Vielkernige Ganglienzelle in kernhaltiger Hülle; nach rechts oben geht ein Fortsatz ab. *c* Blutgefäß.

tralkanals; auch im Nervus opticus sowie der Retina (s. dort) kommen ähnlich gebaute Geschwülste vor. Das makroskopische Aussehen der Gliome wird oft dadurch beeinflußt, daß sich in ihnen teleangiektatische Erweiterungen der Blutgefäße ausbilden, aus denen auch größere Hämorrhagien erfolgen können, welche sogar durch plötzliche Ausdehnung den Tod herbeizuführen imstande sind. Sehr häufig findet man ferner in Gliomen nekrotische Stellen, welche entweder ein zähderbes, käsiges Aussehen annehmen oder eine Erweichung und Verflüssigung erleiden und so zur Bildung von Zerfallshöhlen (besonders die sogenannte gliomatöse Syringomyelie im Rückenmark) führen. Auch in der Umgebung können Gliome Zerfallserscheinungen der nervösen Substanz bewirken. Manche Gliome enthalten drüsenartige Einschlüsse, welche dem Ependym (bzw. Zentralkanalepithel) oder dem embryonalen mehrschichtigen Neuralrohrepithel entsprechen, oder von den Gliazellen selbst abzuleiten sind. Man spricht dann von Neuroepithelioma gliomatosum (oder von Spongioblastom).

Neuroepithelioma gliomatosum.

E. Geschwülste, bestehend aus Epithelien (und Bindegewebe).

E. Geschwülste aus Epithelien (und Bindegewebe).

1. Die fibro-epitheliale Oberflächengeschwulst (das Fibroepitheliom). An der äußeren Haut und den Schleimhäuten kommt eine Anzahl von Neubildungen vor, welche von den oberflächlichen Lagen der bindegewebigen Teile und dem sie deckenden Epithel ihren Ausgang nehmen und die Tendenz zeigen, von der Oberfläche emporzuwachsen. Es kann bei

1. Fibroepitheliale Oberflächengeschwülste.

Fig. 226.
Naevus verrucosus ($\frac{20}{1}$).
c Epidermis, c Kutis, p vergrößerte Papillen; in der Kutis an vielen Stellen dichte Zellhaufen (Nävusnester, vgl. Text).
Zwischen den Papillen Einsenkungen des Epithels.

diesen Formen, die man — soweit es sich hier überhaupt um Geschwülste handelt — passend als fibro-epitheliale Oberflächengeschwülste zusammenfaßt, der bindegewebige oder der epitheliale Anteil überwiegen, re besteht aber eine gewisse Ordnung in der gemeinsamen Wucherung beider.

In diese Reihe — an der Grenze der Geschwülste und Mißbildungen stehend — gehört auch ein Teil der sogenannten Warzen; man versteht unter **Warze** oder **Verruca** umschriebene, meist kleine Vorwölbungen an der äußeren Haut, welche im übrigen eine verschiedene Beschaffenheit und Genese aufweisen können (II. Teil, Kap. IX); bei den angeborenen, sogenannten weichen Warzen, den **Naevi verrucosi**, besteht in der Kutis und dem Papillarkörper eine Verdickung, welche den Bau eines Fibroms oder Angioms oder Lymphangioms (s. oben) aufweist und oft nur von einer dünnen Epidermislage überkleidet wird.

Warzen.

Weiche Warzen.

Viele Warzen sind aber anders gebaut; sie weisen im Papillarkörper eine stärkere zellige Wucherung auf in Form eigentümlicher Nester und anastomosierender Stränge ziemlich großer Zellen; diese werden als „Nävuszellnester" bezeichnet, und ihre Herkunft — vom Hautepithel

Nävuszellnester.

oder Bindegewebe — ist noch nicht völlig sichergestellt, doch ist mit größter Wahrscheinlichkeit anzunehmen, daß sie Abkömmlinge des Oberflächenepithels sind; zum größten Teil liegen die

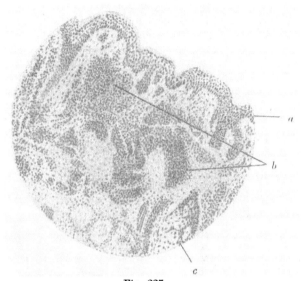

Fig. 227.
Naevus. Bei *a* normale Epidermis. Bei *b* Naevuszellnester. Bei *c* eine Talgdrüse.

Zellen unmittelbar nebeneinander, stellenweise finden sich Fasern oder schmale spindelige Elemente zwischen ihnen eingelagert. Häufig sind derartige Nävi pigmentiert, und man findet dann Melaninkörnchen (S. 76) vorzugsweise innerhalb der eben erwähnten Zellen; aus solchen **Pigmentnävi** können sehr bösartige melanotische Geschwülste hervorgehen (s. u.), doch sind dieselben an sich nicht als Geschwülste, sondern als Mißbildungen aufzufassen.

Bei den gewöhnlichen, **harten** (infektiösen) **Warzen** findet in der Regel eine stärkere

Pigmentnävi.

Harte Warzen.

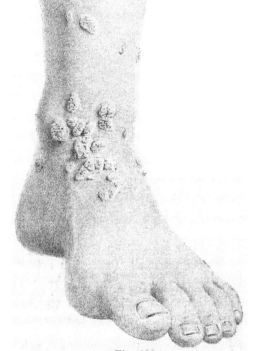

Fig. 228.
Warzen am Unterschenkel und Fußrücken.
Aus Lang, Lehrb. d. Hautkrankheiten l. c.

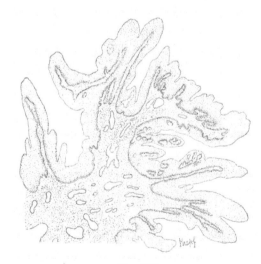

Fig. 229.
Papillom (Fibroepithelioma papillare) ($\frac{3}{1}$).

Wucherung im Papillarkörper und im Epithel statt; zum Teil erscheinen die Papillen verbreitert, oft kolbenartig angeschwollen; liegen sie dabei dicht aneinander, so werden die zwischen ihnen bleibenden Spalten meist von der verdickten Epithelmasse ausgefüllt, und die Oberfläche der Warze erscheint eben oder nur leicht höckerig, oder — wenn die Papillen voneinander getrennt bleiben — unregelmäßig zerklüftet.   Noch stärker ist die Wucherung

Sog.
Papillome.der Papillen bei dem sogenannten Papillom (besser Fibroepithelioma papillare) (Fig. 229—231), bei welchen sie auch im makroskopischen Bild der Geschwulst mehr zum Ausdruck kommt; dabei zeigen die Papillen vorzugsweise ein Längenwachstum und verzweigen und verästeln sich zu dendritischen oder zottigen, von verdicktem Epithel überzogenen Fortsätzen, so daß die Oberfläche der kleinen Geschwulst ein pinselförmiges oder blumenkohlartiges Aussehen erhält. Das Plattenepithel zeigt bei diesen Prozessen oft exzessive Verhornung der oberen Schichten.

Auf einem Schnitte durch die Geschwulst werden, auch wenn die Schnittrichtung senkrecht zur Oberfläche geführt ist, dennoch immer zahlreiche Papillen aus ihrem Zusammenhange mit der Unterlage abgetrennt werden, d. h. im Schnitt freiliegend erscheinen; und ebenso werden die sie bekleidenden Epithelbeläge vielfach von den Epithelien der übrigen Epidermis ge-

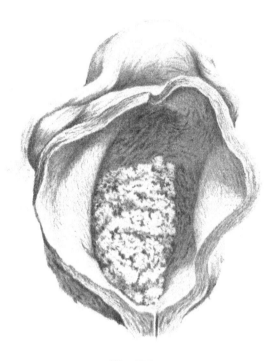

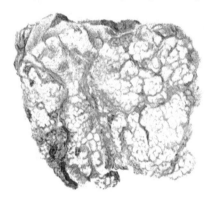

Fig. 230.
Fibroepithelioma papillare.
Nach Herxheimer, Über das sog. harte Papillom
der Nase.
(Zeitschrift f. Laryngologie Bd. 4. H. 3.)

Fig. 231.
Fibroepithelioma papillare (Papillom) der Harnblase.
Aus Burkhardt-Polano, Untersuchungsmethoden und Erkrankungen der männlichen und weiblichen Harnorgane. Wiesbaden.
Bergmann 1908.

trennt und können dann freigelegene Zapfen oder Nester vortäuschen. Von Wichtigkeit ist hierbei für die Unterscheidung von bösartigen Epithelgeschwülsten — Karzinomen —, daß diese Epithelmassen nie unter das Niveau des Epithels hinabreichen und vor allem an ihrem äußeren Rand gegen das Bindegewebe von höheren Zellen (Palissadenschicht) abgegrenzt sind (vgl. unten bei Karzinom, Differentialdiagnose).

Zotten-
gewächse
der
Schleim-
häute.Noch häufiger als an der äußeren Haut treten derartige Zottengewächse und Blumenkohlgewächse an Schleimhäuten, z. B. der des Magendarmkanals (besonders Rektum) oder der der Harnblase auf, wo sie früher auch (fälschlich) als „Zottenkrebse" bezeichnet wurden; sie können allmählich ganz über die Schleimhautoberfläche hinaustreten, so daß sie nur noch durch einen dünnen, von der Submukosa gebildeten Stiel mit der Unterlage zusammenhängen.   Sie kommen am Ovarium vom Oberflächen(Keim-)epithel ausgehend, an den Plexus chorioidei etc. vor.

Äußerlich den Bau von Warzen und Papillomen weisen auch viele Wucherungen auf, welche keine echten Tumoren sind, sondern umschriebene Gewebsmißbildungen (z. B. die besprochenen

Nävi), oder entzündliche Produkte (Kondylome, Plaques muqueuses, s. S. 171) darstellen; hierzu gehört auch ein Teil der eben erwähnten Papillome (Polypen). Auch die durch Lebewesen hervorgebrachten „Papillome" sind hier unterzubringen, so die durch Bilharzia (Chistosomum haematobium) in der Harnblase bewirkten (s. Kap. VII) oder die durch Kokzidien in den Gallengängen der Kaninchenleber erzeugten; endlich zeigen sich papilläre Wucherungen sehr häufig an der Oberfläche sowie in Hohlräumen mancher anderer Tumoren.

Das echte Fibroepitheliom ist eine gutartige Geschwulst.

2. Das Adenom. Die Adenome entstehen durch Wucherung von Drüsen, indem diese sich verlängern, verzweigen und ausbuchten, oft auch erweitern und gegen das Lumen zu papilläre Vorsprünge treiben, so daß ihre Form oft ziemlich erheblich von der der normalen Drüsen des Mutterbodens abweicht. Immer aber bleibt der drüsige Charakter als solcher erhalten, indem die neugebildeten Drüsen ein deutliches Lumen zeigen und einen regelmäßigen, meist einschichtigen Epithelbelag behalten (Achtung vor Verwechslung mit durch Flachschnitt vorgetäuschter Mehrschichtigkeit; s. am Schlusse des Abschnittes Karzinom). Man kann dabei tubulöse und alveoläre Adenome unterscheiden. Die Drüsen bleiben meist mehr

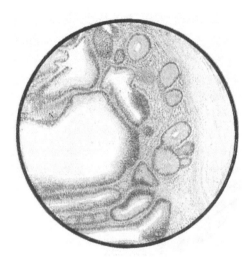

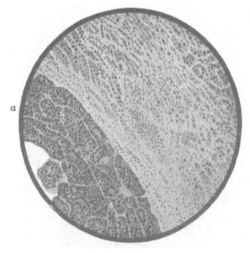

Fig. 232.
Adenom des Darms.

Fig. 233.
Adenom der Leber (bei *a*). Die Leberzellen der
Umgebung sind konzentrisch abgeflacht.

indifferent oder entsprechen mehr den normalen Ausführungsvorgängen, doch kommt auch eine Trennung in solche und sezernierendes Epithel vor. Wie der Bau der Drüsen, so weicht das Sekret oft von dem des Mutterbodens ab. Da in allen Organen die Drüsen in ein bindegewebiges Gerüst eingelagert sind, so zeigt das Adenom von Anfang an auch einen bindegewebigen Anteil, ein sogenanntes Stroma; nimmt das Bindegewebe in sehr erheblichem Grade an der Bildung der Geschwulst teil, so wird die Geschwulst als **Fibro-Adenom** bezeichnet.

Adenome finden sich an der äußeren Haut, von Talgdrüsen (Adenoma sebaceum) oder Schweißdrüsen (Adenoma sudoriparum) ausgehend, doch sind beide Formen selten; sie entwickeln sich im subkutanen Gewebe und können bis Taubeneigröße und mehr erreichen.

An den Schleimhäuten sind dagegen Adenome sehr häufig und finden sich hier besonders im Magendarmkanal, sowie an der Schleimhaut des Uterus, wo an ihrer Oberfläche häufiger ein ortsfremdes Epithel (Plattenepithel) erscheint. Zum Teil treten sie in diesen Organen in Form flacher, sich wenig von der Umgebung absetzender Schleimhautwucherungen auf, teils bilden sie knotige, häufig polypöse, d. h. gestielte Hervorragungen. Meistens besteht der Stiel aus der Submukosa, welche an der betreffenden Stelle vorgezogen erscheint und an ihrer Oberfläche das Adenom trägt.

drüsiger Organe. In den großen drüsigen Organen des Körpers (Mamma, Leber, von den Leberepithelien oder Gallengangsepithelien ausgehend, Niere, Nebenniere, Schilddrüse, Parotis, Hoden, Ovarium) tritt das Adenom in Form von in sich abgeschlossenen knotigen Einlagerungen auf, die ebenfalls eine atypische Form und Anordnung der neugebildeten Drüsen aufweisen, wobei der physiologische Charakter des azinösen oder tubulösen Baues oft völlig verwischt wird. Meist sind die Knoten scharf gegen die Umgebung abgesetzt und häufig durch eine besondere Schicht Bindegewebe abgekapselt. Die Sekretion der Epithelien bleibt in Adenomen vielfach erhalten, oft ist sie sogar eine sehr reichliche; indes weicht dann meist die Beschaffenheit des produzierten Sekrets (s. oben) wesentlich von dem normalen Sekret der betreffenden Drüse ab und stellt in vielen Fällen eine rein schleimige Masse dar. Am bekanntesten sind die Adenome, noch häufiger Fibroadenome, der Mamma. Man unterscheidet hier (wie auch

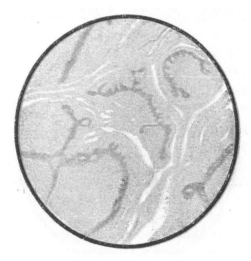

Fig. 234.
Intrakanalikuläres Fibroadenom der Mamma.

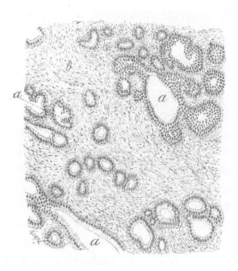

Fig. 235.
Adenom der Mamma ($\frac{250}{1}$).
a Drüsen mit regelmäßigem Epithel und deutlichem Lumen, *b* Stroma.

Inter-kanalikuläre und intra-kanalikuläre Fibroadenome. sonst) ein interkanalikuläres und ein intrakanalikuläres (wenn das Bindegewebe nicht nur gegen die Drüsen, sondern in diese hineinwächst) Fibroadenom. Funktion wie die übrige Mamma üben sie nicht aus. Ähnlich verhalten sich die Adenome der Niere und Leber: siehe bei den betreffenden Organen. Auch die so häufig bei Akromegalie zu findende Geschwulst der Hypophyse (siehe dort) ist meist ein Adenom.

Die Adenome sind an sich gutartige Tumoren, indem sie weder ein destruierendes Wachstum zeigen, noch die Grenze des drüsenführenden Gewebes überschreiten, noch Metastasen machen.

Adeno-karzinome und maligne Adenome. Es kommen aber doch Fälle vor, wo sie einen malignen Charakter annehmen; dann handelt es sich nicht mehr um einfache Adenome. Es dringen in derartigen Fällen, wenn die Geschwulst von einer Schleimhaut ausgeht, die wuchernden Drüsen in die Tiefe, durchbrechen die Muscularis mucosae und breiten sich in der Submukosa aus; sie können von hier aus dann wieder nach oben wachsen und die normale Schleimhaut von ihrer Basis her durchsetzen. Oder, gehen die Adenome von großen drüsigen Organen (der Mamma, Leber etc.) aus, so verlieren sie dann ihre scharfe Abgrenzung und dringen mit Ausläufern in die Nachbarschaft ein; sie füllen deren Spalträume mit Drüsenschläuchen aus, zerstören das normale Gewebe, wachsen auch über das Gebiet der Drüse hinaus und greifen auf die weitere Umgebung über, rufen sogar auch Metastasen hervor.

Diese Art des Wachstums beweist also, daß es sich hier um maligne Tumoren, d. h. Karzinome (s. u.), handelt. In der Regel ändert sich dabei auch die histologische Struktur der Geschwulst in dem Sinne, daß sie mehr und mehr den später noch näher zu schildernden Bau des Adeno-Karzinoms annimmt. In einzelnen Fällen aber fehlen diese histologischen Merkmale fast ganz, so daß Art des Wachstums und klinisches Verhalten den malignen Tumor beweist, die histologischen Gebilde aber ganz an Drüsen wie beim Adenom erinnern. Man spricht dann von malignen Adenomen, welche aber auch schon zu den Karzinomen gehören (s. dort).

Auch den Adenomen liegen wohl vielfach angeborene Geschwulstkeime zugrunde. Am deutlichsten ist dies bei den auf ausgesprocheneren entwickelungsgeschichtlichen Irrungen beruhenden, wie sie schon unter den Myomen des Uterus erwähnt sind, oder solchen im Hoden bei Hermaphroditismus.

Wie den Fibroepitheliomen, so stehen auch den Adenomen zahlreiche chronisch-entzündliche oder einfache hyperplastische Formen nahe.

Kystadenome. Manche Adenome sind dadurch ausgezeichnet, daß ihre Drüsenformen unter starker Proliferation des Wandepithels und massenhafter Sekretion in das Drüsen- Kyst-adenome.
lumen hinein mit Retention des Sekretes infolge Mangels an Ausführungsgängen eine sehr erhebliche zystöse Erweiterung erfahren. Dabei wuchert meist auch das Bindegewebe flächenhaft mit. Die so entstehenden Zysten gehören also zu den echten Geschwülsten (im Gegensatz zu anderen Zysten, siehe S. 150 ff.). Bei sehr starker Ausdehnung der Drüsen erscheint das bindegewebige Stroma der Geschwulst in entsprechendem Maße (eventuell relativ) reduziert und bildet bei den höchsten Graden zystöser Umbildung fast nur noch ein System breiterer und schmälerer, die einzelnen Zystenräume trennender Septen; indem auch diese schließlich vielfach durchbrochen werden, fliessen die Zysten zu noch größeren

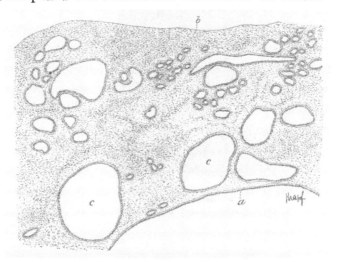

Fig. 236.
Glanduläres Kystadenom des Ovariums ($\frac{40}{1}$).
Schnitt aus der Wand einer großen Zyste; *a* Innenseite mit Zylinderepithel, *b* Außenseite, *c* kleine Zysten in der Wand der Hauptzyste.

Hohlräumen zusammen; oft findet man dann an ihrer Innenfläche vorspringende Leisten als Reste teilweise atrophierter Zwischenwände. Durch besonders starke Ausdehnung einzelner Hohlräume kommt es in solchen Tumoren oft zur Bildung einer oder weniger großer Hauptzysten, während das übrige, die zahlreichen kleineren Zysten enthaltende Gewebe wie als Wandschicht ersterer erscheint. Im ganzen stellen die Kystadenome kugelige, meist grobhöckerige, deutlich fluktuierende Tumoren dar. Die eben beschriebenen Formen, welche auch als glanduläre Kystome (Fig. 236) bezeichnet werden, treten mit Vorliebe an den Ovarien auf. Oft erreichen sie eine enorme Größe und können durch Raumbeengung in der Bauchhöhle hochgradige Störungen hervorrufen. In ihren Zystenräumen enthalten sie ein gallertig-schleimiges oder kolloides, seltener dünnflüssiges Sekret, in welchem konstant Paralbumin nachweisbar ist; die Menge der Flüssigkeit kann bis zu 40—50 Kilo betragen. An sich sind die glandulären Kystome gutartige Geschwülste, doch kommt es immerhin vor, daß einzelne Zystenräume platzen und durch die über die Bauchserosa disseminierten Epithelien Implantationsmetastasen (s. S. 183) u. dgl. heranwachsen. Auch in der Mamma sind Kystadenome häufiger.

Papilläre Adenome und **Kystadenome.** Viele Adenome und Kystadenome entwickeln in ihren Drüsen papilläre Vortreibungen der Wand, welche ähnlich wie die fibro-epithelialen Wucherungen der äußeren Haut und der Schleimhäute von Epithel überkleidete, bindegewebige Sprossen darstellen (Fig. 238). Ganz besonders häufig und in kolossalen Mengen kommen derartige Papillen in manchen Kystadenomen vor, so daß sie die Hohlräume derselben oft dicht mit zottigen, blumenkohlartigen Massen ausfüllen — papilläre Kystadenome. Die Papillen können selbst die Wände der größeren Zysten perforieren, so daß sie an der Außenfläche des Tumors zum Vorschein kommen. Die ausgesprochen papillären Kystome enthalten in der Regel einen dünnflüssigen, serösen, seltener einen kolloiden oder dickgallertigen Inhalt.

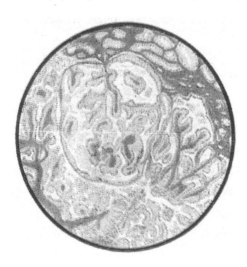

Fig. 237.
Papilläres Adenom der Niere.

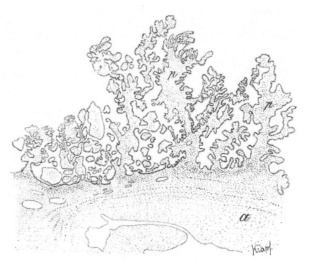

Fig. 238.
Cystadenoma papilliferum des Ovariums ($\frac{5.0}{1}$).
p Papillen, *a* Zystenwand.

Ein nicht geringer Prozentsatz der papillären Kystadenome ist malign; nicht nur daß es, wenn Zystenräume platzen oder eingerissen werden, durch die Dissemination der Epithelien über die Serosa zur Bildung einfacher Implantationsmetastasen kommt (siehe oben), sondern die sich hieraus entwickelnden sekundären Knoten und papillentragenden Zysten dringen nicht selten auch in die Lymphbahnen und Blutgefäße der Subserosa ein und geben so zur Bildung weiterer Metastasen in Drüsen, Lunge, Leber etc. Veranlassung. Derartige Tumoren gehören also zu den malignen Tumoren d. h. Karzinomen (Adenokarzinomen s. dort). Vielfach tritt dabei auch in den primären Zysten wie auch in den Metastasen eine Umänderung des Baues der Geschwulst in den karzinomatösen Typus auf (s. u.).

Kurz erwähnt werden soll hier nur noch, daß ein Teil der zystischen Geschwülste noch in dem Abschnitte „Teratome" behandelt werden wird, sowie daß ein anderer Teil solcher Zysten keine eigentlichen Geschwülste, sondern lediglich Folgen von Entwickelungsstörungen darstellt, so in der Niere und Leber (siehe bei den betreffenden Organen). Die Zystennieren und Zystenlebern gehören also zu den Mißbildungen, nicht zu den Tumoren.

II. Heterologe Geschwülste.

A. Geschwülste, bestehend aus Geweben der Bindesubstanzgruppe (sowie aus Blutgefäßen, Muskel- und Nervengewebe) = Sarkome.

Die Sarkome kann man als Bindesubstanzgeschwülste definieren, welche dauernd auf einem Stadium unvollkommener Gewebsausbildung stehen bleiben. Zur Bindesubstanzgruppe gehören die Abkömmlinge des sogenannten Mesenchyms: gewöhnliches

Bindegewebe in allen seinen Formen, Schleim- und Fettgewebe, lymphadenoides Gewebe, Knochenmark, Knochengewebe, Knorpel. Alle diese Gewebe entstehen bei der embryonalen Entwickelung sowohl wie bei ihrer regenerativen Neubildung aus einem zunächst rein zelligen Keimgewebe („Granulationsgewebe"), welches erst später die verschiedenen

A. Geschwülste aus Geweben der Bindesubstanzgruppe (sowie aus Blutgefäßen, Muskel- und Nervengewebe).

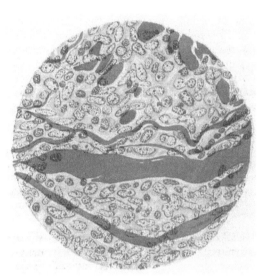

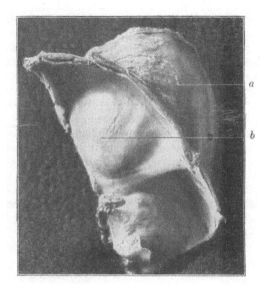

Fig. 239.
Infiltrierendes Wachstum des Sarkoms. Eindringen in das (rot gefärbte) Bindegewebe.

Fig. 240.
Infiltrierendes Wachstum eines Sarkoms der Orbita.
a Wachstum außerhalb der Orbita. *b* innerhalb der Orbita.

Interzellularsubstanzen bildet und sich damit im gegebenen Falle durch Bildung von kollagenen Fasern zu gewöhnlichem Bindegewebe, durch Schleimbildung oder Fettaufnahme zu Schleimgewebe, bzw. zu Fettgewebe differenziert, durch Bildung von Knochen als osteogenes Gewebe durch Bildung von Knorpel als chondrogenes Gewebe erweist. So zeigt auch das Sarkom in erster Linie einen großen Reichtum an Zellen verschiedener Form. Bei den ganz unreifen Formen der sarkomatösen Wucherung finden sich, wie im jungen Granulationsgewebe, kleinere und größere rundliche Zellen, spindelige und sternförmige Zellen, oft auch Riesenzellen. Dabei ist, ebenfalls wie in den jüngsten Stadien der Bindegewebsbildung, die Zwischensubstanz oft äußerst spärlich, so daß man bloß da und dort einzelne Fäserchen zwischen den Zellen hinziehen sieht. In den Sarkomen von etwas vorgeschrittener Ausbildung treten dann neben den Bindegewebszellen, unter Umständen — je nach der Herstammung des Sarkoms — auch Knorpelzellen oder Osteoblasten etc., Stellen mit mehr oder weniger ausgebildeter Interzellularsubstanz auf. Bildet sich faserige kollagene Zwischensubstanz, so entsteht ein Fibrosarkom, bzw. fibroblastisches Sarkom, wenn Knochen-

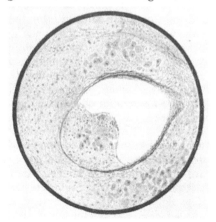

Fig. 241.
Chondrosarkom in eine Vene eingedrungen.

substanz resp. Knorpelsubstanz auftritt, ein osteoblastisches bzw. chondroblastisches Sarkom usw.

Mit dem jugendlichen Keimgewebe hat das Sarkom in den meisten Fällen einen sehr reichlichen Gehalt an Blutgefäßen gemein; namentlich in jungen Sarkomen schließen sich die wuchernden Zellen oft sehr deutlich an den Verlauf neugebildeter Gefäße an. Man spricht dann, aber falscherweise, oft von Angiosarkom. Eine besondere Eigentümlichkeit der neugebildeten Gefäße ist es, daß sie meist eine sehr dünne Wand besitzen, welche keine Differenzierung in einzelne Schichten aufweist; es besteht nur eine einfache Endothellage, welche unmittelbar an das Sarkomgewebe angrenzt.

Äußeres Verhalten der Sarkome. Das äußere Verhalten der Sarkome zeigt je nach den einzelnen Formen große Verschiedenheiten; der Name Sarkom stammt von dem fleischähnlichen, d. h. den Wundgranulationen gleichenden Aussehen („wildes Fleisch") mancher dieser Geschwülste. Gewisse Sarkome, besonders sehr zellreiche Formen, sind so weich, daß sie beim Einschneiden förmlich zerfließen; andere haben eine markige Konsistenz; durch die oft überreichliche Entwickelung der Blutgefäße erhalten viele Sarkome einen roten Farbton; manche mit besonders zahlreichen, oft enorm erweiterten Bluträumen durchsetzte Formen bilden dunkelrote, sehr leicht blutende, schwammige Tumoren („Blutschwämme"). In die Umgebung dringen besonders die weichen Formen in infiltrierender Weise vor, so daß sie ohne scharfe Grenze in sie übergehen. Dieser Eindruck kann noch dadurch vermehrt werden, daß am Rande eines Sarkoms eine entzündliche Infiltration auftritt, deren Elemente sich mit den Sarkomzellen vermischen. Die zellärmeren Sarkome, die einen größeren Gehalt an Zwischensubstanz aufweisen, zeigen ein derberes Gefüge, manchmal sogar eine sehr harte Konsistenz. Weiterhin kann Einlagerung von Knorpel-, Knochen- oder Schleimgewebe dem Tumor eine besondere Beschaffenheit verleihen (s. u.).

Regressive Metamorphosen. Sehr oft findet man in rasch wachsenden Sarkomen regressive Veränderungen; so kann die Interzellularsubstanz schleimig degenerieren (wohl zu trennen von den echten Myxosarkomen). Trotz der reichlichen Vaskularisation kommt es nicht selten zu anämischen Nekrosen und zur Bildung käsiger oder erweichender Herde, oft auch zu Blutungen, welche durch Gefäßzerreißung oder Ulzeration des Gewebes zustande kommen. Aus den Erweichungsherden und Blutungen können sich Erweichungszysten (S. 150) entwickeln. Auch können sich in den gewöhnlichen Bindegewebssarkomen metaplastisch Knorpel-, Knochen- etc. gewebe entwickeln.

Bösartigkeit der Sarkome. Im allgemeinen sind die Sarkome bösartige Geschwülste, doch bestehen zwischen den einzelnen Formen erhebliche Verschiedenheiten; während viele der weicheren, zellreichen Sarkome den Krebsen an Bösartigkeit nichts nachgeben, ja was rasches Wachstum und Destruktionskraft anlangt, die meisten derselben sogar noch übertreffen, zeigen andere, namentlich härtere Formen ein auffallend langsames Wachstum und bleiben lange Zeit hindurch lokalisiert. Die Neigung der Sarkome zu Rezidiven ist im allgemeinen eine sehr große. Bloß gewisse Formen, z. B. die als Epulis bezeichneten Riesenzellensarkome der Kiefer, sind in dieser Beziehung (gerade auch gegenüber den meisten anderen riesenzellenhaltigen Sarkomen, s. später) relativ gutartig. Die Neigung zur Bildung von Metastasen ist beim Sarkom im allgemeinen geringer als bei krebsigen Neubildungen. Soweit Metastasen von Sarkomen gebildet werden, geschieht dies vorwiegend auf dem Blutwege, im Gegensatz zu den Karzinomen, welche meist dem Lymphwege folgen; es ist dies begreiflich, wenn man bedenkt, wie dünn in den meisten Sarkomen die Gefäßwände sind und wie leicht infolgedessen den Sarkomzellen Gelegenheit gegeben ist, in die Blutbahn einzubrechen; aber auch auf dem Lymphwege können Metastasen von Sarkomen zustande kommen. Bezüglich der Allgemeinwirkung auf den Organismus unterscheidet sich das Sarkom insofern von dem Krebs, als sich in der Regel zwar eine hochgradige konsekutive Anämie, seltener aber als bei dem Krebs eine eigentliche Geschwulstkachexie ausbildet.

Ausgangsorte der Sarkome. Ihren Ausgangspunkt können Sarkome von allen Teilen des Körpers nehmen, da ja Bindesubstanzen überall vorhanden sind; als bevorzugte Ausgangspunkte sind besonders die Kutis und Subkutis, die Faszien, das intermuskuläre Bindegewebe, das Interstitium der drüsigen Organe, das lymphadenoide Gewebe, endlich das Periost und Knochenmark zu nennen.

Genese der Sarkome. Über die Ätiologie und Genese der Sarkome ist wenig bekannt. Chronische Irritationen spielen wohl zuweilen eine Rolle. Zusammenhang mit entwickelungsgeschichtlichen Anomalien ist manchmal offenkundig.

Die einzelnen Formen der Sarkome.

a) Sarkome mit unvollkommener Gewebsreife. Als solche betrachten wir jene Formen, welche nur aus einem dauernd wuchernden Keimgewebe ohne bestimmten Gewebscharakter bestehen; sie können von sämtlichen Arten der Bindesubstanzen ausgehen. Je nach der Zellform, welche im einzelnen Falle vorherrscht, unterscheidet man Rundzellensarkome, Spindelzellensarkome, Riesenzellensarkome etc., doch sind vielfach die verschiedensten Zellformen miteinander gemischt (**gemischtzellige Sarkome**).

1. Von den **Rundzellensarkomen** (Sarcoma globocellulare) sind die kleinzelligen die bösartigsten, durch rapides Wachstum und große Destruktionsfähigkeit ausgezeichneten, Formen. Sie bestehen aus kleinen rundlichen Zellen mit spärlichem Protoplasmaleib (Fig. 242 und 243), welcher aber oft so hinfällig ist, daß man in Abstrichpräparaten fast nur freie Kerne neben körnigen Zerfallsprodukten und Fettropfen vorfindet. So gleichen diese Sarkome morphologisch oft einfachem Granulationsgewebe sehr. Als Zwischensubstanz

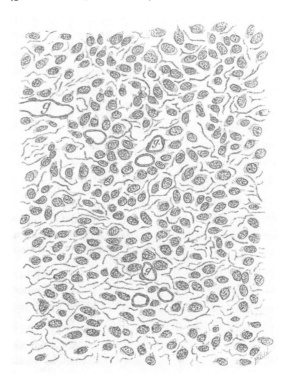

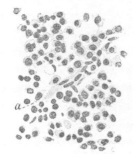

Fig. 242.
Kleinzelliges Rundzellensarkom (¹⁵⁰⁄₁).
a Blutgefäß.

Fig. 243.
Kleinzelliges Rundzellensarkom; zwischen den Zellen ein feines Faserwerk (³⁵⁰⁄₁).
Gefäße.

Einzelne Formen der Sarkome: a) mit unvollkommener Gewebsreife.

1. Rundzellensarkome.

α) kleinzellige:

β) großzellige.

2. Spindelzellensarkome. α) kleinzellige;

findet man meist nur eine spärliche Menge formloser oder körniger Massen und hie und da vereinzelte feine Fasern, welche als Andeutung eines Stromas zu betrachten sind.

Nicht ganz so malign sind im allgemeinen die sogenannten großzelligen Rundzellensarkome (Fig. 244), welche aus größeren, „epitheloid" ausgebildeten rundlichen Zellen zusammengesetzt sind. In diesen Sarkomformen findet sich öfter ein deutlicheres, die Geschwulst auf dem (mikroskopischen) Durchschnitt septierendes, bindegewebiges Gerüst, in dessen Hohlräume die Rundzellen eingelagert sind (vgl. auch unten über Alveolärsarkome).

2. Bei dem **Spindelzellensarkom** (Sarcoma fusicellulare) kann man ebenfalls kleinzellige und großzellige Formen unterscheiden. Das kleinzellige Spindelzellensarkom besteht der Hauptsache nach aus schmalen, spindeligen, mit polaren Fortsätzen und einem ovalen Kern versehenen Zellen (Fig. 245, 246), welche sich zu dickeren und feineren Bündeln

zusammenordnen; da diese Bündel in unregelmäßiger Weise durcheinander ziehen, trifft man immer einige auch auf dem Querschnitt, wo sie dann Rundzellen vortäuschen. Im allgemeinen sind die kleinzelligen Formen dieses Typus relativ gutartig, doch kommen Rezidive auch bei ihnen nicht selten vor. Bösartiger sind die großzelligen Spindelsarkome, in denen übrigens neben spindeligen Elementen vielfach auch rundliche und unregelmäßige, darunter auch sternförmige, mit zahlreichen Ausläufern versehene Zellen auftreten.

β) groß-
zellige.

3. Riesen-
zellen-
sarkome.

3. Das **Riesenzellensarkom** (Sarcoma gigantocellulare) besteht nie ausschließlich aus Riesenzellen, sondern zeigt die letzteren immer nur in größerer oder geringerer Zahl zwischen andere Zellformen, meist Spindelzellen, eingestreut (Fig. 246). Die Riesenzellen selbst sind meist sehr groß und zeigen zahlreiche Kerne, besonders in der Mitte des Protoplasmas gehäuft, entsprechen also dem Osteoklastentypus der Riesenzellen. Auch die Form des Zellkörpers ist sehr unregelmäßig; oft ist letzterer mit feineren und gröberen Ausläufern ver-

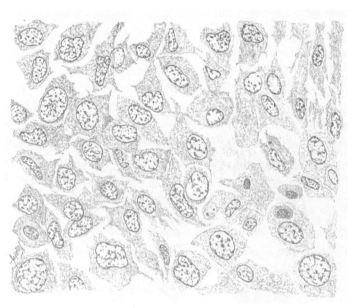

Fig. 244.
Großzelliges Rundzellensarkom.

sehen. Die Riesenzellensarkome gehen sehr häufig vom Periost oder Knochenmark aus; besonders finden sie sich am Kiefer als sogenannte Epulis, die aber im Gegensatz zu anderen Riesenzellensarkomen der Knochen gutartig ist.

Die bisher aufgezählten Sarkomformen können von den verschiedensten bindegewebigen Teilen ausgehen: als bevorzugte Ursprungstellen sind schon bei einigen derselben das Knochenmark und das Periost genannt. In ersterem finden sich häufiger Rundzellen-, von letzterem gehen häufig Spindelzellensarkome aus, doch kommen beide an beiden Orten vor.

b) Weiter
ent-
wickelte
Sarkome.

b) Weiter entwickelte Sarkome. Wir rechnen zu diesen alle jene Formen, bei welchen die Differenzierung, wenn auch noch unvollkommen, so doch so weit vorgeschritten ist, daß die Charaktere bestimmter Arten der Bindesubstanzgruppe in ihnen erkennbar sind, indem vor allem mehr spezifische Interzellularsubstanz ausgebildet wird.

Auf diese Weise kommen eine Reihe von Geschwülsten zustande, von denen jede einzelne einer entsprechenden homologen Form, also z. B. dem Fibrom, Myxom etc. als heterologe Form gegenüberzustellen ist, indem hier eben eine mehr blastomatöse sarkomartige, also heterologe, d. h. vom Mutterboden mehr abweichende Form vorliegt. Wir sprechen dann von Fibrosarkom, Myxosarkom, Chondrosarkom etc. oder besser von fibroblastischem, myxoblastischem, chondroblastischem Sarkom etc. Der letztere Name (Borst) ist vorzuziehen. Chondrosarkom z. B. könnte leicht als ein Gemisch aus Chondrom und Sarkom aufgefasst werden. Darum handelt es sich aber nicht, sondern um ein Sarkom das Interzellularsubstanz vom Knorpelcharakter bildet.

1. Das **fibroblastische Sarkom (Fibrosarkom)** entspricht seiner Struktur nach dem Übergang eines Granulationsgewebes in faseriges Bindegewebe, bleibt aber in diesem Stadium dauernd stehen. Es zeigt eine derbe, trockene Konsistenz, meist helle weißliche Farbe und besteht aus spindeligen Zellen, zwischen welchen aber schon reichlicher bindegewebige, kollagene Fibrillen gebildet sind. Wie seiner Struktur, so steht das Fibrosarkom auch seinem äußeren Verhalten und insbesondere seiner Malignität nach in der Mitte zwischen einem Spindelzellensarkom und einem Fibrom. Seine hauptsächlichsten Ausgangspunkte stellen die Haut und Subkutis, die Faszien, das Periost (meist riesenzellenhaltige Fibrosarkome), Sehnen und Bänder dar.

1. Fibroblastische Sarkome.

2. Bei den **myxoblastischen Sarkomen (Myxosarkomen)** handelt es sich nicht um

2. Myxoblastische Sarkome.

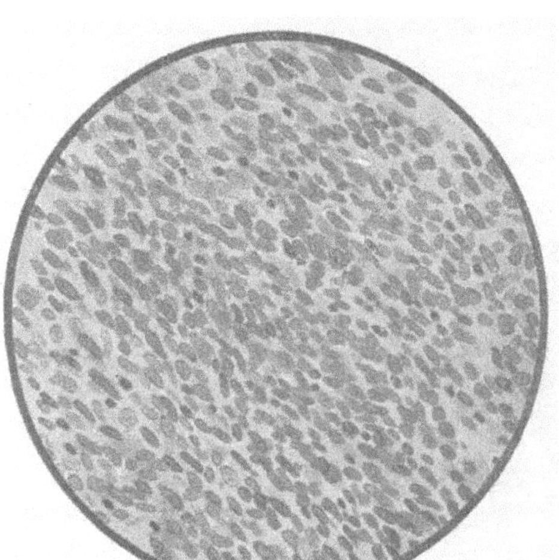

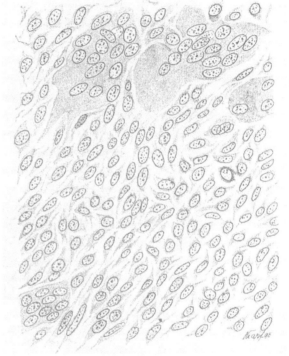

Fig. 245.
Spindelzellensarkom.

Fig. 246.
Spindelzellensarkom mit Riesenzellen ($\frac{250}{1}$).

die auch bei anderen Bindesubstanzgeschwülsten vorkommende schleimige Erweichung des Gewebes (S. 63), sondern um Bildung eines echten, jugendlichen Schleimgewebes: dies besteht aus sehr zahlreichen, meist sternförmig verzweigten und mit langen Ausläufern versehenen Zellen (Fig. 199, S. 191), welche sich aus rundlichen noch nicht spezifischen Formen heraus entwickeln; zwischen ihnen liegt eine schleimige Grundsubstanz, welche der Geschwulst schon für das bloße Auge ein gallertiges Aussehen verleiht und an Schnitten gehärteter Präparate in Form von fädigen Niederschlägen erscheint. Es sind rasch wachsende, nicht selten auch metastasierende Geschwülste; sie gehen vom Bindegewebe verschiedener Lokalitäten, eventuell auch vom Knochenmark aus.

3. Die **lipoblastischen Sarkome (Liposarkome)** bestehen (neben den mehr indifferenten Zellen) aus Zellen, welche durch synthetische Bildung von Fett wenig weit differenzierten Fettzellen entsprechen. Sie sind sehr selten und relativ gutartig.

3. Lipoblastische Sarkome.

4. Bei den **chondroblastischen Sarkomen (Chondrosarkomen)** werden in der im übrigen zelligen oder zellig-fibrösen Geschwulst von den Geschwulstparenchymzellen Inseln und Züge von Knorpelsubstanz gebildet; in dieser können typische, in Hohlräume eingeschlossene, zum Teil von deut-

4. Chondroblastische Sarkome.

lichen Kapseln umgebene Knorpelzellen enthalten sein (Fig. 247). Chondrosarkome gehen vom Knorpel, Periost oder Knochen aus, kommen aber auch heterotop an knorpelfreien Stellen vor, z. B. an der Parotis. Die Knorpelgrundsubstanz kann ferner verkalken.

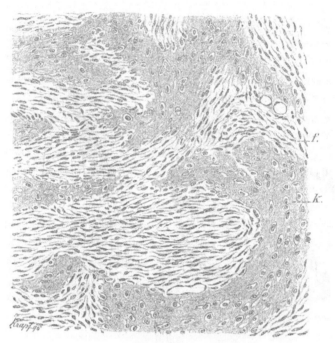

Fig. 247.
Chondroblastisches Sarkom ($\frac{250}{1}$).
f faserige zellreiche Partien, k Einlagerungen von Knorpelsubstanz.

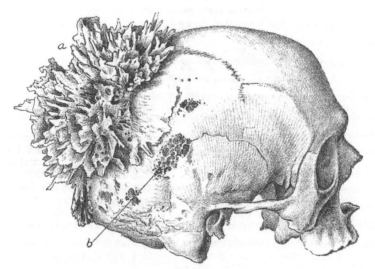

Fig. 248.
Skelett eines osteoblastischen Sarkoms des Schädeldaches.
a Skelett der Hauptgeschwulst, b kariöse, mit Knochenspikula besetzte Stelle, an welcher eine sekundäre Geschwulst saß.
Aus Ziegler, Lehrb. d. pathol. Anatomie. Bd. II. Jena, Fischer 1892. 7. Aufl.

5. Wird unter Verkalkung der Zwischensubstanz und Bildung zackiger, die Zellen einschließen-
der Höhlen von den Geschwulstzellen echte Knochensubstanz gebildet, so entsteht das **osteo-**
blastische Sarkom (Osteosarkom), öfters kombiniert mit Chondrosarkom. Es geht zumeist vom
Periost oder vom Knochenmark besonders bei noch wachsenden jugendlichen Personen aus.
An der Außenseite der jungen Knochenbalken
findet man oft Reihen von Sarkomzellen, welche
offenbar als Osteoblasten fungieren und dem
Balken noch weitere Knochensubstanz anlagern.

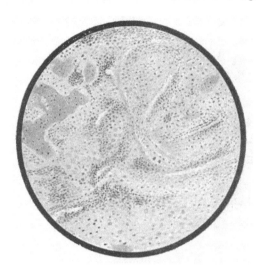

Fig. 249.
Chondroosteoblastisches Sarkom.
Knochen rot, Knorpel hell.

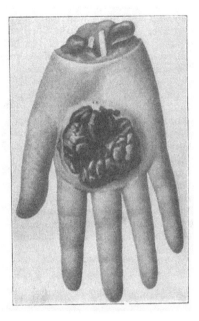

Fig. 250.
Malignes Melanom der Hand.
Nach Cruveilhier l. c.

Kommt es nur zur Entstehung einer homogenen osteoiden Substanz, jedoch ohne Einlagerung
von Kalksalzen, wie sie als Übergangsstadium in der Entwickelung der Knochen auftritt, so bezeichnet man die Geschwulst als Osteoidsarkom. (Näheres über die Osteosarkome siehe

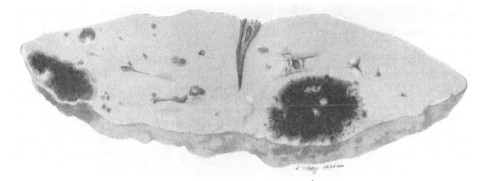

Fig. 251.
Zwei große Metastasen eines malignen Melanoms in der Leber.

II. Teil, Kap. VII.) Bestehen die Geschwülste fast nur aus Osteoblasten (sehr selten), so kann
man die Geschwülste als Osteoblastom oder Osteoblastosarkom bezeichnen. Dann bilden
die Osteoblasten wenig Knochen, sondern ordnen sich ganz adenomartig um Lumina an. So
entstehen ganz karzinomartige Bilder. Die Tumoren sind aber zu den Sarkomen (Matrix sind die
Osteoblasten) zu rechnen.

Angio-
myo-, glio-
und neuro-
blastische
Sarkome.

Nicht nur aus Bindesubstanzen entstehen so heterolog wuchernde Geschwülste d. h. Sarkome, sondern ebenso aus den ihnen nahestehenden Gefäß-, Muskel- und Nervengeweben, so daß die heterologen Tumoren dieser hier mitbesprochen werden können und nicht besonders behandelt zu werden brauchen.

Die **myoblastischen Sarkome (Myosarkome)** gehen meist vom Muskelgewebe, besonders der glatten Muskulatur (am häufigsten Uterus), aus, bestehen zum großen Teil aus Spindelzellen, bilden aber auch neue Muskelfibrillen. Morphologisch stellen sie sich also als zellreiche Myome dar. Sie sind daher schon S. 198 bei diesen besprochen. Über die sog. **Neurosarkome** und die falscherweise so benannten **Gliosarkome (glioblastischen Sarkome)** s. S. 200 — bzw. S. 205 —.

Die **Angiosarkome** sind auch schon unter den Agniomen erwähnt. Es sind Geschwülste, welche aus neugebildeten Gefäßen bestehen, die aber morphologisch sehr zellreich (besonders Spindelzellen) sind und daher malignen Charakter tragen. Es ist der Bindegewebsanteil der Gefäße, von dem das Sarkom ausgeht. Zum großen Teil sind die sogen. Endotheliome hierher zu rechnen, weil das wuchernde Element Bindegewebszellen, nicht Endothelien sind. Nur in dem letzteren Falle, in dem

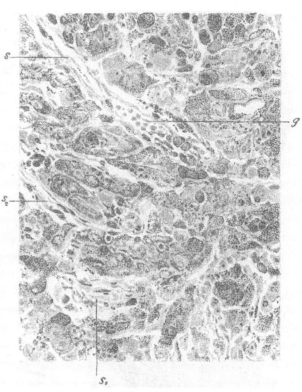

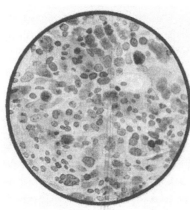

Fig. 252.
Malignes Melanom. Metastase im
Ovarium.

Fig. 252a.
Malignes Melanom der Haut ($\frac{350}{1}$).
Die pigmentführenden großen Zellen sind in Gruppen angeordnet, welche
durch das (ebenfalls pigmenthaltige) Stroma s, s_1, s_2 getrennt werden.
g Blutgefäß.

also wirklich Endotheliome vorliegen, kommt im malignen Tumor als solchem Neubildung von Kapillaren zustande.

e) Be-
sondere
Sarkom-
formen:

1. Alveolär-
sarkome.

c) **Einzelne besondere Sarkomformen.** Eine Reihe von Sarkomen von im übrigen verschiedener Beschaffenheit und Herstammung zeigen Eigentümlichkeiten, welche zur Aufstellung besonderer Formen Veranlassung gegeben haben.

1. So ist z. B. in manchen derselben das Geschwulstgewebe von Zügen eines stark entwickelten bindegewebigen Stromas durchzogen, welches die Schnittfläche des Tumors septiert und dieser einen fächerigen Bau verleiht oder auch förmliche Inseln von Sarkomgewebe voneinander abgrenzt, so daß die Struktur der eines Karzinoms (vgl. unten) ähnlich wird. Man bezeichnet solche Formen als **Alveolärsarkome** (oder, was aber zu Verwechslungen führen kann, als Sarcoma carcinomatodes).

2. Die sogenannten **Melanosarkome** oder **malignen Melanome** (Fig. 252a), welche durch

ihren Gehalt an melanotischem Pigment eine braune, rauchgraue bis schwarze Farbe erhalten, welche aber nur in einem Teil des Tumors ausgesprochen zu sein braucht, nehmen ihren Ausgang von der äußeren Haut, besonders von pigmentierten Nävi derselben (s. oben), oder der Chorioidea des Auges (vereinzelt auch vom Zentralnervensystem bzw. dessen Glia, von Rektum, Ösophagus, der Nebenniere etc.). Sie sind höchst bösartige Geschwülste und sowohl durch rapides Wachstum, wie frühzeitiges Einbrechen in die Blutbahn und reichliche Metastasenbildung (die Metastasen sind nicht stets pigmentiert) ausgezeichnet. Der Hauptsache nach bestehen sie aus großen, rundlichen oder spindeligen, zum Teil auch verzweigten Zellen, welche wenigstens teilweise das charakteristische Pigment in sich aufgespeichert haben (Chromatophoren, s. S. 76); auch das Stroma enthält mehr oder weniger reichlich Melanin. Über die Herstammung des letzteren wurde schon früher berichtet (S. 76). Meist erhalten diese Tumoren durch die Entwickelung eines breiten bindegewebigen Stromas einen alveolären Bau (s. o.). Sie bieten daher morphologisch oft ein durchaus karzinomartiges Bild (s. u.) dar, und da sich die meisten dieser Tumoren von Nävuszellen, welche wahrscheinlich epithelialer Abstammung sind, ableiten (s. S. 207), handelt es sich bei diesen sogenannten Melanosarkomen re vera um **Melanokarzinome.** Daneben gibt es auch an anderen Orten Tumoren der Chromatophoren (auch der Ausdruck Chromatophorom ist gebräuchlich), also von Zellen bindegewebiger Natur, Tumoren, die wirklich als Melanosarkome aufzufassen sind, doch ist die ganze Frage und die Abgrenzung solcher Melanokarzinome und Melanosarkome noch keineswegs geklärt. Daher benennt man die Tumoren wohl am besten „maligne Melanome". Daraus, daß sie sich meist aus Nävi ableiten, geht schon die Grundlage auch dieser Tumoren auf entwickelungsgeschichtliche Fehlbildungen hervor.

B. Geschwülste, bestehend aus Epithelien (und Bindegewebe) = Karzinome.

Als Karzinom, Krebs, bezeichnet man gegenwärtig eine bösartige Wucherung, bestehend aus einem bindegewebigen Stroma und besonders Epithel, wobei letzteres bei seiner Wucherung seine physiologischen Grenzen überschreitet und auf das Organgewebe destruierend wirkt. Es müssen demnach auch die schon früher erwähnten malignen Formen

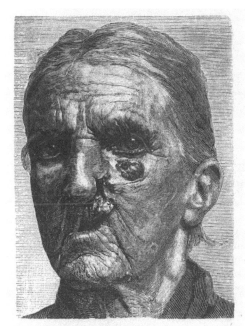

Fig. 253.
Karzinom der Oberlippe, des angrenzenden Nasenflügels und der Wange.
Aus Lang, Vorlesungen über Pathologie und Therapie der Syphilis. Wiesbaden, Bergmann 1896.

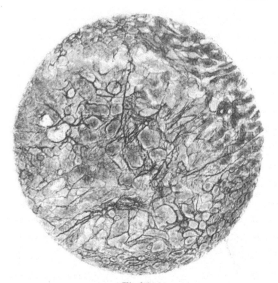

Fig. 254.
Karzinom (Metastase) der Leber. Das Stroma des Karzinoms ist mit Silber (Bielschowsky-Färbung) schwarz dargestellt.

der Adenome und Papillome hier (S. 211 u. 212) mit einbegriffen werden. Auch hier handelt es sich ja um eine überlegene Wucherung des Epithels dem Stroma gegenüber, worauf eben die Bösartigkeit beruht. Obwohl also das Karzinom aus Bindegewebe und Epithel besteht, gehört zu seiner Definition eine selbständige Wucherung des Epithels dem Stroma gegenüber. Hatte sich Virchow noch die epithelialen Karzinomzellen durch Metaplasie aus Bindegewebe entstehend gedacht, so haben vor allem die ausgedehnten Untersuchungen von Thiersch und Waldeyer (1861—1873) gezeigt, daß die Karzinomzellen nur von präexistierenden Epithelien abstammen. Ein Karzinom kann also nur von unzweifelhaftem Epithel ausgehen, sei es von dem Epithel normaler Organe, oder von versprengten Epithelkeimen, oder von aus Epithel bestehenden, bisher nur gutartig gewucherten Tumoren.

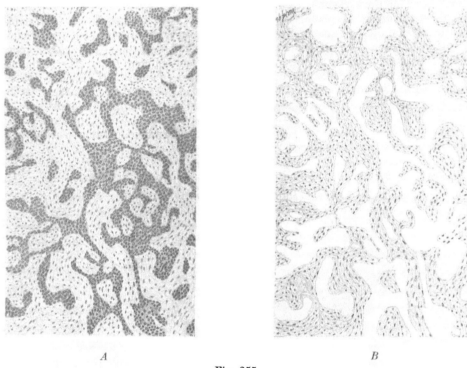

A   *B*

Fig. 255.
(Vergr. ⁵⁄₁). (Vgl. Text.)
A Karzinom der Haut, zwei Bestandteile zeigend: 1. Nester und zusammenhängende Stränge von Epithelien. (dunkel
gefärbt), 2. ein faseriges, bindegewebiges Stroma.
B Derselbe Schnitt, die Epithelmassen durch Auspinseln entfernt. Es bleibt nur noch das Stroma mit einem zusammenhängenden
Lückensystem, in welchem die Epithelmassen gelegen waren, übrig.

Das Epithel ist eben der wichtigste Bestandteil des Karzinoms. Aus diesem Wuchern des Epithels ergibt sich schon, daß es seine normalen Grenzen überschreitet, also da liegt, wo es normaliter nicht hingehört. Diese atypische Lagerung des Epithels unterscheidet das Karzinom von anderen fibroepithelialen Tumoren. In der Regel aber äußert sich der maligne Charakter der Krebse ferner durch einen hochgradig heterologen Bau, welcher sich durch atypische Ausbildung des Geschwulstparenchyms selbst, also der Epithelien zeigt. Man kann den Bau des Karzinoms im allgemeinen folgendermaßen darstellen: Auf einem Durchschnitt durch ein Karzinom erkennt man meist schon mit schwacher Vergrößerung epitheliale Zellmassen, welche entweder umschriebene Zapfen und Nester, oder auch untereinander anastomosierende, manchmal netzartig angeordnete Stränge bilden (Fig. 255 A); diese sind durch ein in manchen Fällen sehr reichliches, in anderen nur spärlich entwickeltes, meist von faserigem Bindegewebe gebildetes, aber oft auch von Rundzellen reichlich durchsetztes Stroma (s. u.) getrennt. Denkt man sich aus einem Schnitt (man kann solche Präparate durch Auspinseln oder Ausschütteln eines Schnittes herstellen) die Epithelmassen entfernt, so bleibt bloß das von Lücken durchsetzte, bindegewebige Stroma übrig (Fig. 255 B); diese Lücken erscheinen dann da, wo sie rundlich geformt und einzeln vorhanden sind, wie Alveolen, innerhalb welcher die eigentlichen Krebszellen gelagert waren; daher stammt der Ausdruck, daß der Krebs einen alveolären Bau habe.

Diese scharfe Scheidung von eigentlichem Geschwulstparenchym und bindegewebigem Stroma, mit anderen Worten die Zusammensetzung der Geschwulst aus einem epithelialen und einem bindegewebigen Bestandteil, ist das hauptsächlichste Merkmal der Krebse gegenüber der anderen Hauptgruppe maligner Tumoren, den Sarkomen, welche lediglich aus Bindesubstanz und verwandten Elementen bestehen.

Innerhalb der Zapfen und Stränge zeigt sich der epitheliale Charakter der Zellmassen in der Anordnung der Krebszellen, indem diese sich wie alle epithelialen Elemente in epithelialem Verband, d. h. ohne alle Zwischensubstanz mosaikartig, Zelle an Zelle, aneinanderlegen, höchstens durch lineare Kittleisten oder Interzellularbrücken voneinander getrennt. An frischen Zupfpräparaten lassen sich die einzelnen Zellen ziemlich leicht isolieren. Bei weichen Krebsen kann man derartige Präparate schon dadurch gewinnen, daß

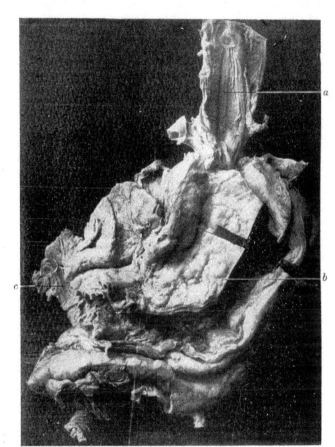

Fig. 256.
Karzinom fast des ganzen, stark verkleinerten und mit starrer Wand versehenen Magens (bei *b*).
Bei *a* Ösophagus, bei *c* Pylorus. Beide sind frei von Karzinom.

Anordnung der Krebszellen.

man die frische Schnittfläche der Geschwulst mit dem Messer abstreift oder auf sie drückt, wobei dann eine weißliche Masse, die sogenannte Krebsmilch, mehr oder weniger reichlich hervorquillt; sie besteht unter dem Mikroskop (Fig. 258) aus teils einzeln gelegenen, teils in Haufen zusammenhängenden Epithelien, welche sich in der Regel durch eine große Mannigfaltigkeit ihrer Formen auszeichnen („Polymorphie der Krebszellen"); neben rundlichen oder ovalen Elementen finden sich längliche, spindelige oder geschwänzte, mit Fortsätzen versehene Zellen, ferner solche, welche auf einer Seite konkave Einbuchtungen aufweisen, Eindrücken anderer Zellen entsprechend. Die Polymorphie der Krebszellen ist dadurch bedingt, daß die dicht gedrängten Zellen sich gegenseitig anpassen und modellieren. Häufig findet man Elemente, welche sich durch eine besondere Größe auszeichnen und

Formen der Krebszellen.

auch sehr große Zellen, welche zwei oder mehr Kerne besitzen, wahre Riesenzellen.   An
älteren Stellen enthalten die Zellen fast regelmäßig Fettröpfchen als Zeichen beginnender
Nekrobiose.   Bei zahlreichen Karzinomen fehlen Trennungslinien zwischen den einzelnen
Zellen, und diese sind so dicht zusammengepreßt, daß man ihre Grenzen gewöhnlich nur
schwer erkennen kann; es stellt dann der ganze epitheliale Zellverband eine protoplasmatische Masse dar, welcher in gewissen Abständen Kerne eingelagert sind (Fig. 257).
Beim Karzinom haben also die Zellen ihren epithelialen Charakter oft noch in
der Art ihrer Anordnung in dicht nebeneinander liegenden Verbänden bewahrt, während
die einzelne Krebszelle nichts Spezifisches an sich hat.   Daher kann man auch
aus der Zellform allein in solchen Fällen die Differentialdiagnose des Karzinoms gegenüber großzelligen Sarkomen, wo auch ähnliche vielgestaltige Zellen auftreten, nicht mit
Sicherheit stellen.   Dies ist nur dann möglich nach dem an Schnitten erkennbaren Gesamt-
bau der Geschwulst, eben dem so-
genannten alveolären Bau (s. o.)
mit dem epithelialen Verband
(d. h. direktes Nebeneinander-
liegen der Zellen ohne Interzellularsubstanz) der charakteristischen Krebszellen inmitten
eines bindegewebigen Stroma.   In

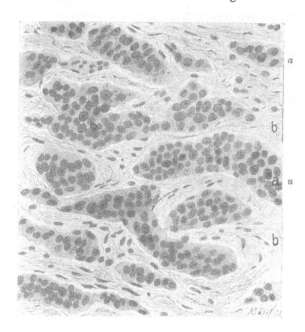

Fig. 257.
Karzinom der Mamma (Carcinoma simplex; $\frac{150}{1}$).
a Epithelnester; b Stroma.

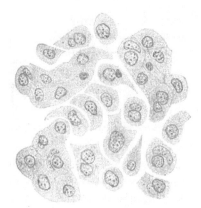

Fig. 258.
Isolierte Krebszellen. Frisches Zupf-
präparat von einem Karzinom der
Mamma ($\frac{390}{1}$).

anderen Fällen bewahrt das Karzinom noch mehr oder minder den Charakter des Epithels,
von welchem es herstammt, indem z. B. seine Elemente dünne, platte, manchmal sogar
verhornende Lamellen bilden, wie sie im normalen Plattenepithel vorkommen, oder, soweit
sie vom Zylinderepithel herstammen, die zylindrische Form, oft auch eine drüsenartige Anordnung bewahren (näheres darüber s. weiter unten).

Der besprochene Aufbau des Karzinoms aus zwei Gewebsarten, einem epithelialen
Parenchym und einem bindegewebigen Stroma, kommt dadurch zustande, daß die wuchernden
Epithelien sich innerhalb der Bindegewebsspalten des betreffenden Organs ausbreiten und
diese allseitig ausfüllen, während das Bindegewebe des Organes auch seinerseits in Wucherung
gerät und so das Stroma bildet (S. 187).   Die Anordnung des Epithels zu umschriebenen, innerhalb geschlossener Hohlräume liegenden Nestern, wie sie sich auf Schnitten
deutlich macht, ist aber bloß eine scheinbare; da nämlich die Spalträume des Bindegewebes ein vielfach zusammenhängendes Kanalsystem darstellen, so bilden auch

die sie ausfüllenden Epithelmassen ein dieser Form entsprechendes, vielfach anasto-
mosierendes Netzwerk. Auf Schnittpräparaten treten diese Epithelmassen, je
nach ihrer Form und der Richtung, in der sie getroffen sind, unter verschiedenen Bildern
auf: entweder trifft man einzelne voneinander getrennte, durchschnittene Epithelstränge,

Fig. 259.
Karzinom des Magens (bei *a*).

und dann erscheinen sie in Form von Nestern (Fig. 257), oder von länglichen Zapfen
gelegen, oder man erkennt schon auf dem Schnitt ihren Zusammenhang, und dann erscheinen
sie auch hier schon als anastomosierende Stränge (Fig. 255 A). Mittels der sogenannten
Plattenmodelliermethode (bei der Serienschnitte geschnitten, in Wachs abgeformt und die
Abdrücke zusammengesetzt werden, so daß ein
räumliches Modell des Ganzen entsteht) konnte
man feststellen, daß die allermeisten Karzinome
von einem Punkt aus — **unizentrisch** —, nur
wenige aus mehreren Anlagen gleichzeitig —
plurizentrisch — entstehen. Die Epithelzellen des
Karzinoms entfalten die ihnen von Hause
aus zukommende Funktion nicht mehr
oder unvollkommen, wohl auch chemisch
meist abweichend. Doch können Karzinome der
Thyreoidea noch Kolloid, solche der Leber noch
Galle produzieren, ja sogar noch in Metastasen,
u. dgl. mehr.

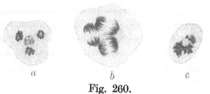

Unizentri-
scher (und
seltener
plurizentri-
scher) Auf-
bau der
Karzinome.

Fig. 260.
Mitosen aus bösartigen Geschwülsten ($\frac{570}{1}$).
(Nach Borst, Die Lehre von den Geschwülsten. I.)
a Vierteilige Mitose, beginnende Protoplasmaeinschnü
rung, *b* sechsteilige Mitose, *c* asymmetrische Mitose.

Bei passender Vorbehandlung (lebensfrische Fixation von Geschwulststückchen) findet
man in den Karzinomzellen stets reichlich Mitosen, welche wir als den Ausdruck ihrer hohen
Proliferationsfähigkeit ansehen müssen. Unter diesen finden sich oft asymmetrische, atypische
Mitosen, die zwar nicht für Karzinome charakteristisch sind, sich aber hier (ebenso wie
bei Sarkomen) am häufigsten finden. Das bindegewebige Stroma des Krebses weist mehr

Mitosen.

oder weniger ausgedehnte Infiltrate kleiner Rundzellen (S. 110) als Ausdruck entzünd-

Leuko-
zyten und
Rund-
zellen.

licher Reaktion des Nachbargewebes bzw. des Stromas auf. Des Weiteren finden sich häufig auch Leukozyten, die an ihren kleinen, polymorphen Kernen (S. 109) leicht erkennbar sind, oft auch Zelleinschlüsse, welche meistens Degenerationsprodukten der Epithelien oder Leukozyten entsprechen. Besonders finden sich Leükozyten bei stärkerem Gewebszerfall des Karzinoms und besonders dann eosinophile Leukozyten meist in einiger Entfernung von den zerfallenen Krebszellen, die neutrophilen Leukozyten direkt um diese.

Destru-
ierendes
Wachstum
der Kar-
zinome.

Von der Stätte seiner Entwickelung, also z. B. der äußeren Haut, den Schleimhäuten, oder den großen drüsigen Organen aus, dringt nun das Karzinom in das zunächst liegende Gewebe vor; von der Epidermis aus in die tieferen Lagen der Kutis und in das subkutane Gewebe (Fig. 261), von den Schleimhäuten aus durch die Muscularis mucosae in die Submukosa, Muskularis und die weitere Umgebung; entstehen innerhalb der großen Drüsen Krebse, so durchsetzen sie zunächst das ganze Organ mit krebsigen Wucherungen und dringen

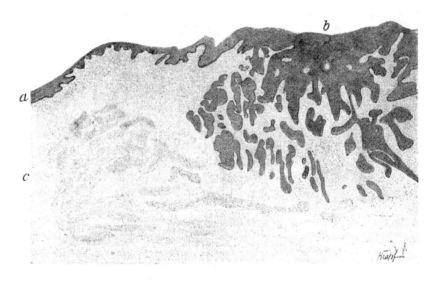

Fig. 261.
Vom Rande eines jungen, etwa linsengroßen Hautkrebses ($\frac{30}{1}$).
a Epidermis, *b* karzinomatöses Epithel, in die Tiefe dringend, *c* Korium.

dann bald über dessen Grenzen in die Umgebung vor. Dieses schrankenlose Vordringen in die umliegenden Gewebsschichten und die Fähigkeit, dieselben zu destruieren, ist die wichtigste Eigenschaft karzinomatöser Neubildungen. Weder straffes Bindegewebe, noch Knochen kann ihnen auf die Dauer Widerstand leisten, überall gehen die Organelemente zugrunde; nur das Bindegewebe der durchsetzten Teile wird teilweise zur Bildung des Krebsstromas verwendet. Dieses Eindringen des wuchernden Epithels in andere, normaliter kein Epithel führende Schichten, ist in zweifelhaften Fällen entscheidend für die Diagnose auf Krebs (s. unten).

Meta-
stasen und
Rezidive.

Indem die krebsige Wucherung in die Lymphspalten eindringt, Lymphgefäße und Blutgefäße perforiert und mit krebsigen Massen erfüllt, kommt es vielfach zur Bildung von Metastasen. Schon frühzeitig pflegen sich zunächst in der Nähe des primären Herdes, aber räumlich von ihm getrennt, disseminierte junge Krebsherde zu bilden, welche nach Exstirpation des Haupttumors, wenn sie nicht vollständig mit entfernt wurden, Rezidive (S. 184) hervorrufen. Da die Metastasenbildung beim Karzinom hauptsächlich auf dem Lymphwege (vgl. Fig. 263) erfolgt, sind also in der Regel die zunächst gelegenen und dann die entfernteren Lymphdrüsengruppen Sitz der sekundären Knoten; auch retrograde

Metastasen sind nicht selten. Außerdem wird häufig auch der Blutstrom zur Verschleppung von Krebszellen benützt, und dann finden sich Metastasen in der Leber (von der Vena portae aus) (s. Fig. 264), der Lunge (s. Fig. 262) etc. Auch im Gebiete der Metastasen geht das lokale Gewebe, mit Ausnahme der zum Krebsstroma werdenden wuchernden Bindesubstanz, zugrunde; also auch die Metastasen haben die gleiche destruierende Tendenz.

Die hohe Wachstumsenergie und Neigung zu Rezidiven, die destruierende Wirkung des Karzinoms und seiner Metastasen auf das Nachbargewebe, die frühzeitige Bildung von Metastasen, welche namentlich auf dem Lymphwege in den benachbarten Lymphdrüsengruppen, vielfach aber auch auf dem Blutwege in die verschiedensten Organe erfolgt, verleihen dem Karzinom im allgemeinen einen höchst malignen Charakter, so daß ihm in dieser Beziehung nur gewisse Sarkome an die Seite gestellt werden können; aber auch diese übertrifft der Krebs noch durch die allgemeine Kachexie, welche oft sehr frühzeitig in seinem Gefolge eintritt. Immerhin bestehen doch zwischen den einzelnen Formen der

Malignität der Karzinome.

Allgemeine Kachexie.

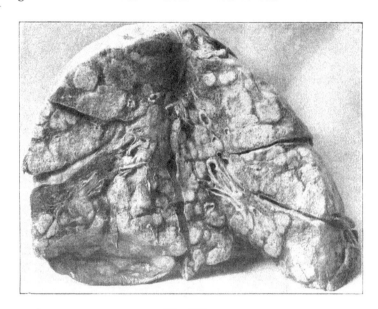

Fig. 262.
Karzinommetastasen der Lunge.
Die ganze Lunge ist von Karzinomknoten durchsetzt.

Karzinome nicht unerhebliche Verschiedenheiten; im allgemeinen sind es auch hier die hochgradiger heterologen, meist auch weicheren Formen, welche rascher wachsen und früher Metastasen bilden, während derbere und härtere Geschwülste vielfach einen langsameren Verlauf nehmen. Gewisse Formen, namentlich manche Krebse der äußeren Haut, sind sogar verhältnismäßig gutartig, indem sie lange Zeit, in einzelnen Fällen sogar jahrzehntelang, stationär bleiben können, ohne in die Tiefe zu dringen oder Metastasen hervorzurufen (s. II. Teil, Kap. IX.)

Sehr häufig treten in Karzinomen regressive Metamorphosen auf. Fast stets findet man bei der mikroskopischen Untersuchung in einen Teil der Krebszellen Fettröpfchen eingelagert, oft auch viele der Zellen förmlich fettig zerfallen; mehr oder weniger ausgedehnte nekrotische, zu einem dichten, kernlosen Detritus umgewandelte zentrale Partien bilden an älteren Stellen der Karzinome regelmäßige Befunde. Für das bloße Auge erscheinen die nekrotischen Partien als blasse oder gelbliche, käsig aussehende Herde, welche vielfach zentral erweichen und Zerfallshöhlen bilden. Auch Kalk kann sich im nekrotischen Gebiet ablagern. Eine echte Umwandlung in Knochen ist extrem selten. Besonders in Krebsen,

Regressive Metamorphosen der Karzinome.

15*

welche sich an Oberflächen oder Innenflächen entwickeln oder in solche durchbrechen (Karzinome der Haut, Mamma, des Magendarmkanals, des Uterus und anderer Hohlorgane), tritt fast regelmäßig durch Ausfall nekrotisch gewordener Partien eine Geschwürsbildung auf

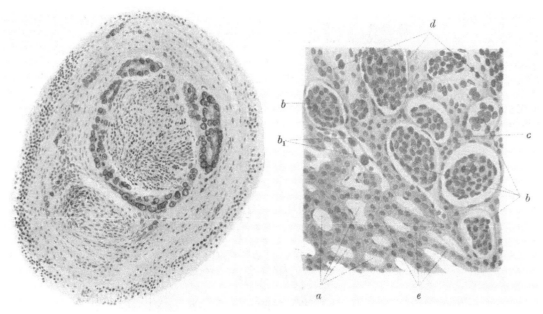

Fig. 263.

Verbreitung des Karzinoms in den um einen] Nerven gelegenen Lymphräumen.

Fig. 264.

Metastase eines Magenkrebses in der Leber ($\frac{165}{1}$).

(Nach Borst, l. c.)

a Intraacinöse Kapillaren, z. T. mit deutlichem Endothel; b solide Krebszellenhaufen innerhalb der erweiterten intraacinösen Leberkapillaren, das Endothel der vom Krebs besetzten Kapillaren meist deutlich erhalten; b_1 einzelne, in einer Kapillare vordringende Krebszellen, das Endothel dieser Kapillare wohl erhalten; c komprimierte, d in Auflösung begriffene Leberbalken; e normale Leberzellenbalken.

(s. Fig. 265); nicht selten folgt fast schrittweise der krebsigen Infiltration und Zerstörung des Organgewebes der Zerfall und die Ulzeration der neugebildeten Karzinommassen. Sehr häufig findet dabei eine eiterige oder putride Infektion statt, so daß von den Geschwürs-

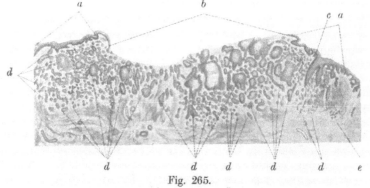

Fig. 265.

Ulzeriertes Karzinom der Haut (Übersichtsbild) ($\frac{5}{1}$).

(Nach Borst, l. c.)

a Normale Epidermis, scharf am Geschwür b endigend; b Krebsgeschwür; bei c zwei Epidermiszapfen rings von Krebskörpern umgeben; d Krebszapfen verschiedensten Kalibers auf Quer-, Schräg- und Längsschnitten; e Kutisgewebe.

flächen eine eiterig-seröse oder purulente, oft jauchige Flüssigkeit abgesondert wird, mit welcher nicht selten Fetzen und Trümmer abgestorbenen Krebsgewebes abgestoßen werden. Gewisse Karzinome, besonders solche des Uterus, der Vagina und des Rektums haben eine besondere Neigung zu jauchiger Ulzeration. Findet, wie man dies z. B. an Karzinomen der Leber öfters beobachten kann, eine Atrophie nur an den zentralen Teilen des Tumors statt, so entsteht daselbst eine nabelartige Einziehung („Krebsnabel").

Die gerade beim Karzinom so ausgeprägt auftretende Form des infiltrierenden Wachstums ermöglicht, wenigstens in vorgeschrittenen Fällen, meist schon für das bloße Auge die Diagnose. Wo der Krebs, wie meist an den großen drüsigen Organen des Körpers, in Form von knotigen Einlagerungen beginnt, sind diese doch nirgends scharf abgesetzt, sondern ziehen in mannigfachen Zügen und Ausläufern in die Umgebung, in das noch erhaltene Organ- Makroskopisches Verhalten (Diagnose der Karzinome).

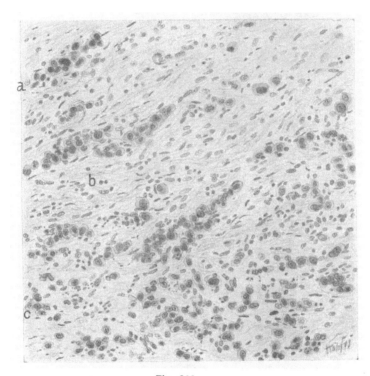

Fig. 266.
Carcinoma scirrhosum (Skirrhus) des Magens ($\frac{250}{1}$).
a größere, *c* kleinere Gruppen von Epithelien; vielfach finden sich solche auch einzeln oder in Reihen in das Stroma *b* eingelagert.

gewebe hinein. An der äußeren Haut und den Schleimhäuten bilden die Krebse Wucherungen, welche manchmal in knotiger oder fungöser, auch wohl papillärer, blumenkohlartiger Form emporragen, sehr bald aber auch in die Tiefe dringen und das unterliegende Gewebe durchsetzen und zerstören. Oft ist die Ausbreitung von Anfang an eine mehr flächenhafte, so bei vielen Magen- und Darmkrebsen, welche teils als flache Knoten auftreten, teils ringförmig das Lumen umgreifen und an ihren Rändern meist wallartig erhaben, in den zentralen Partien ulzeriert erscheinen. Endlich kommen auch ganz diffuse Formen vor, welche z. B. die Magenwand ihrer ganzen Dicke nach über große Strecken hin in eine krebsige Masse verwandeln, ohne daß irgendwo eine umschriebene Stelle als Ausgangspunkt zu eruieren wäre. Farbe und Konsistenz der Neubildung sind je nach dem Blutreichtum und der Beschaffenheit ihres Gewebes, namentlich auch nach dem Zellreichtum verschieden. Bei allen weicheren Formen läßt sich von der Schnittfläche eine weißliche, milchige Flüssigkeit abstreifen und zum Teil auch ausdrücken, welche hauptsächlich aus Epithelien besteht und als „Krebsmilch" (s. oben) oder „Krebssaft" bezeichnet wird.

Entwickelt sich das Stroma eines Karzinoms, wohl unter dem Einfluß der Krebszellen, in sehr hohem Grade, so entstehen derbe, größtenteils aus faserigem Bindegewebe zusammengesetzte Geschwülste,

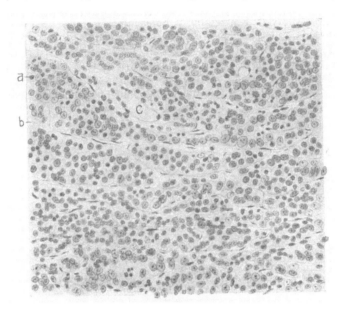

Fig. 267.
Carcinoma medullare des Magens ($\frac{350}{1}$).
a Epithelmassen; *b* äußerst spärliches Stroma; *c* Blutgefäß.

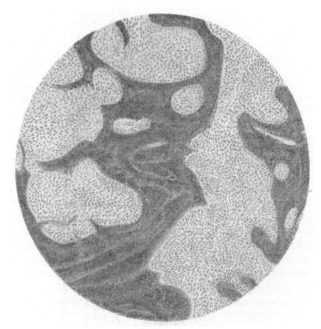

Fig. 268.
Sehr zellreiches Carcinoma medullare (Übersichtsbild).

in welchen bloß spärliche, aus kleinen Gruppen und Reihen von Zellen gebildete epitheliale Einlagerungen vorhanden sind; einen solchen Krebs bezeichnet man als **Skirrhus** (Fig. 266); er kommt in Gestalt um- Skirrhus. schriebener Knoten oder diffuser Infiltrationen, ersteres häufiger in der Mamma, letzteres besonders im Magendarmkanal, vor. Er hat große Ähnlichkeit mit fibrösen Neubildungen und eine trockene, graue Schnittfläche, die keine „Krebsmilch" abstreifen läßt. Er wächst langsamer als die weichen Krebsformen, macht aber doch auch ziemlich frühzeitig Metastasen, die oft eine zellreichere Struktur aufweisen als der primäre Herd. Manchmal kommt es beim Skirrhus zu teilweiser Atrophie der Epithelien, oder diese sind an sich schon auffallend klein und spärlich, und dann gleicht der Tumor, besonders wenn er in flacher Aus- breitung auftritt, fast völlig einer fibrösen Narbe. Es kann dann große Mühe kosten, die für die Diagnose entscheidenden, doch noch vorhandenen Epithelien zu finden. Daß eine vollkommene fibröse Umwandlung und damit Ausheilung nicht zustande kommt, beweisen die reichlicheren Epithelmassen an den Rändern der Geschwulst, sowie die Metastasen, die oft einen ausgesprochen weichen Charakter besitzen.

Im Gegensatz zum Skirrhus ist der **Medullarkrebs** oder **Markschwamm** durch eine sehr reichliche Medullar-
krebs. Entwickelung (Fig. 267 und 268) der epithelialen Elemente und Zurücktreten des Stromas ausgezeichnet. Manchmal wird letzteres fast nur durch kapilläre Gefäße repräsentiert. Zufolge seiner zellreichen Zu- sammensetzung bildet der Medullarkrebs sehr weiche, schwammige Massen von meist grauroter, „markiger" Beschaffenheit, wel- che sehr zu Zerfall und Ulzeration neigen. Von der saftigen, weichen Schnittfläche lassen sich reichliche, meist zum großen Teil in Verfettung begriffene Zellmassen

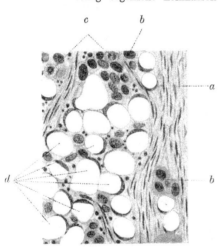

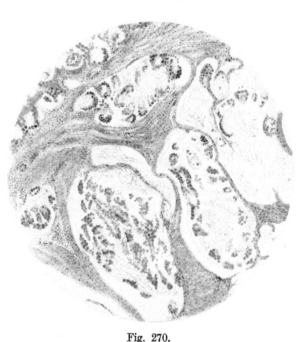

Fig. 269.

Carcinoma gelatinosum des Magens ($\frac{2.75}{1}$).
(Nach Borst, l. c.)
a Bindegewebiges Stroma, *b* Krebszellenhaufen, *c* Mitosen in Krebszellen, *d* Krebszellen, große Schleimtropfen enthaltend; der Kern an die Peripherie gedrückt und ganz abgeplattet.

Fig. 270.

Gallertkarzinom.

Die Epithelien sezernieren Schleim und gehen in diesen glasigen
Massen selbst zum großen Teil unter.

als trüber Krebssaft abstreifen. Die Medullarkrebse gehören zu den bösartigsten Karzinomen. Sie finden sich besonders im Magendarmkanal, in der Mamma, seltener in anderen Organen.

Die Namen M a r k s c h w a m m wie S k i r r h u s bezeichnen aber nur den relativen Anteil der beiden Geschwulstkomponenten, beide können nach der Form und Anordnung ihrer Epithelien sowohl dem Adeno- karzinom wie einem Carcinoma simplex (s. u.) entsprechen, je nachdem die Epithelmassen drüsenähnliche Formationen oder kompakte Nester bilden.

Während, wie oben erwähnt, Nekrosen und Degenerationen, besonders fettige, in den Karzinomen Gallert-
krebs. häufig auftreten, geben einige andere Degenerationen den Krebsen zuweilen einen besonderen Charakter. Hierher gehört vor allem das **Gallert- oder Kolloidkarzinom (Carcinoma gelatinosum)**, Fig. 269—271). Es kommt in zwei Formen vor, oder diese kombinieren sich auch; bei der einen zeigen die E p i t h e l i e n der Zylinderzellenkrebse eine hochgradige s c h l e i m i g e oder kolloide D e g e n e r a t i o n, die mit starker zystischer Erweiterung der Drüsenräume einhergeht, da diese mit der schleimigen oder kolloiden Masse gefüllt sind. An diesen Gallertkrebsen erkennt man meist schon mit bloßem Auge transparente Massen, welche in ein fächeriges Gerüst eingelagert sind und den schleimhaltigen, dilatierten Drüsenräumen entsprechen. Sie breiten sich vorwiegend der Fläche nach aus und infiltrieren meist auf weite Strecken hin die befallenen Organe; am meisten finden sie sich im Magendarmkanal und in den Ovarien, evtl. auch in der Mamma.

Die zweite Art entsteht durch schleimige Umwandlung des Stromas, so daß die Epithelhaufen in ein myxomatöses Grundgewebe eingebettet liegen. Äußerlich haben diese Formen, welche auch als Gallertgerüstkrebse oder Carcinoma myxomatodes bezeichnet werden, ebenfalls ein weiches, gallertiges Aussehen. Die Gallertkrebse stehen den meisten übrigen Krebsformen, namentlich dem Markschwamm, an Bösartigkeit nach.

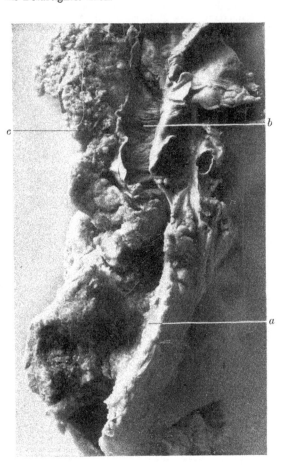

Fig. 271.

Gallertkarzinom des Darms.

Darmkarzinom bei *a* (während die Wand des Darms bei *b* frei von Tumor ist), bei *c* ausgedehnte Serosametastasen.

Eine hyaline Degeneration führt zu den sogenannten Cylindromen (s. Fig. 285) oder wenn Schichtungskugeln verkalken zu den Psammomen (s. Fig. 286); beide werden gewöhnlich zu den Endotheliomen gerechnet (s. dort), die meisten Formen stellen sich aber als Karzinome dar.

Im Knochen sitzende Karzinome können auch zu Knochenbildung im Stroma reizen — osteoblastisches Karzinom. Hierbei wandelt sich das Bindegewebe in Knochengrundsubstanz um, deren Verkalkung dann rasch vor sich geht.

Ist das Stroma des Karzinoms sarkomatös, so spricht man von Karzinosarkom (bzw. Sarkokarzinom, z. B. der Schilddrüse), sei es, daß hier ein Karzinom mit Sarkom vermischt vorliegt, sei es, daß unter dem Einfluß der Karzinomzellen das Stroma eines Karzinoms sich in Sarkom umgewandelt hat.

Das Karzinom ist eine der häufigsten Erkrankungen und wird bei ca. 8 % aller obduzierten Leichen gefunden; ob, wie mehrfach behauptet wurde, in neuerer Zeit eine Zunahme der Krebsfälle stattfindet, ist noch sehr zweifelhaft.

Im allgemeinen ist bekanntlich das Karzinom eine Erkrankung des höheren Alters; die meisten Fälle kommen zwischen dem 40. und 70. Lebensjahre vor. Was bei jugendlichen Individuen an Karzinomen beschrieben wurde gehört zum Teil zwar anderen Geschwulstformen, besonders den Sarkomen, an, doch, ist das Vorkommen echter Karzinome selbst bei Kindern mit Sicherheit häufig konstatiert, bei jungen Individuen gar nicht selten. Durch den großen Prozentsatz, den die weiblichen Genitalorgane sowie die Brustdrüse zur Zahl der karzinomatösen Erkrankungen liefern, sind letztere beim weiblichen Geschlecht wesentlich häufiger als bei Männern; das Verhältnis ist etwa 3 zu 2. Von Organen, welche mit besonderer Vorliebe ergriffen werden, seien folgende aufgezählt: Haut, Magen, Darm (Rektum), Uterus, Mamma, Ösophagus, Gallenblase und Gallenwege, Harnblase, Kehlkopf, Schilddrüse, Zunge, Prostata, seltener Pankreas, Leber, Niere.

Erwähnt werden soll noch, daß sich Karzinom mit Tuberkulose nicht ganz selten kombiniert sei es, daß sich ersteres im Anschluß an letztere entwickelt, oder umgekehrt, oder beide unabhängig voneinander entstehen. Doch kann Tuberkulose durch Zellbildungen im Stroma auch vorgetäuscht werden.

Selten sind gleichzeitig mehrere primäre Karzinome an verschiedenen Stellen des Organismus.

Die einzelnen Formen der Karzinome.

1. Der im obigen geschilderte Karzinomtypus kann von allen Epithelarten der verschiedensten Organe ausgehen, sei es, daß die Epithelien der betreffenden Organe schon

Randglossen:

Osteoblastisches Karzinom.

Karzinosarkom.

Häufigkeit des Karzinoms.

Bevorzugung des höheren Alters und bestimmter Organe.

Karzinom und Tuberkulose.

Multiple Karzinome.

Einzelne Formen der Karzinome:

wenig Charakteristisches an sich haben, sei es, daß eine solche Heterologie herrscht, daß die Karzinomzellen alles Charakteristische der in dem Organ vorhanden gewesenen Zellen ein-gebüßt haben. Solche Karzinome, deren Epithel also keine besonderen Charakteristika trägt, bezeichnet man als **Carcinoma simplex** (oder **Cancer**). 1. Carci-noma simplex (Cancer).

In anderen Fällen aber ist die Heterologie insofern eine geringere, als in dem Bau der Geschwulst der Charakter einer spezifischen Epithelform erkennbar bleibt; es entstehen die beiden Formen, welche man als Plattenepithelkrebs und als Zylinderepithel-krebs bezeichnet.

2. Der Plattenepithelkrebs (Kankroid). Von der Epidermis (vgl. Fig. 272) und den epidermoidalen, d. h. mit Plattenepithel versehenen Schleimhäuten aus entwickeln sich meist Krebse, die wenigstens längere Zeit hindurch die Merkmale des Plattenepithels erkennen lassen. Die in gleicher Weise wie beim Carcinoma simplex in das bindegewebige Stroma eingefügten Epithelmassen zeigen rundliche Stachel- oder Riffelzellen (Fig. 274) 2. Platten-epithel-krebs (Kankroid).

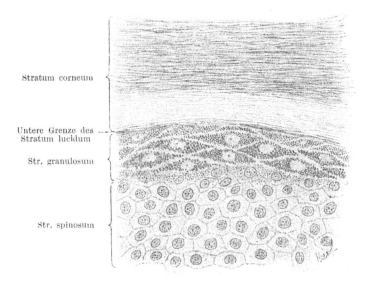

Stratum corneum

Untere Grenze des Stratum lucidum

Str. granulosum

Str. spinosum

Fig. 272.
Querschnitt durch die Epidermis des Menschen: die tieferen Schichten des Stratum Malpighii sind nicht dargestellt. 720 mal vergr.
(Nach Böhm-Davidoff, Lehrbuch der Histologie des Menschen.)

mit Epithelfasern und Interzellularbrücken, wie sie im Rete Malpighii vorkommen, ferner mehr längliche Elemente, wie sie als Basalschicht desselben auftreten, und platte, verhornende, kernlose Schollen, endlich die unregelmäßigen, mit fußförmigen Fortsätzen oder nischenartigen Vertiefungen versehenen Elemente der Übergangs-Epithelien der Blase und Harnwege. Weitere Unregelmäßigkeiten der Gestalt entstehen auch hier durch die gegenseitige Modellie-rung der dicht gedrängten Zellen. An den Durchschnitten der Krebsnester erkennt man vielfach eine ähnliche Anordnung der verschiedenen Formen wie im geschichteten Platten-epithel in der Weise, daß in den peripheren Lagen noch der Zylinderform sich nähernde Elemente auftreten, nach dem Zentrum zu plattere Formen sich einordnen, und zwar mit einer nach innen zu immer deutlicher werdenden Tendenz zu konzentrischer Schichtung (Fig. 273). Die hier liegenden, platten und dünnen, oft verhornten Zellen erscheinen auf Durchschnitten vielfach wie faserige Gebilde, indem auch ihre platt-ovalen Kerne bei dieser Schnittrichtung eine spindelförmige Gestalt aufweisen. An solchen konzentrisch geschichteten Partien tritt bei vielen Kankroiden Verhornung ein, die sich durch ein homogenes, glänzendes Aussehen und Verlust der Zellkerne zeigt. Derartig konzentrisch geschichtete, aus ver-

hornenden Zellen bestehende Gebilde bezeichnet man als Schichtungskugeln, Hornperlen
oder Kankroidperlen (Fig. 275). Sie bestehen also in ihrem Zentrum aus ganz verhornten
Massen, außen herum liegen, meist konzentrisch geschichtet, verhornende Zellen, dann
folgen die Riffel- oder Stachelzellen.
Hier liegen also die ältesten Zellen im
Innern, ebenso wie an der Haut außen,
bzw. oben.

Kankroid-
perlen.

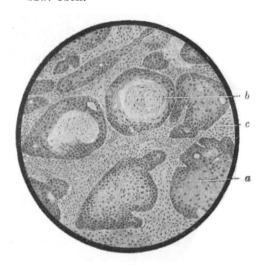

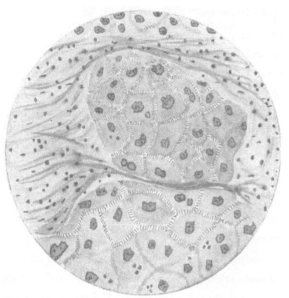

Fig. 273.

Kankroid (Plattenepithelkrebs) der äußeren Haut.
Epithelmassen außen mit höheren, dann mit großen platten,
weiter innen konzentrisch geschichteten Zellen (*a*). Im
Zentrum der Zellmassen zahlreiche Hornkugeln (*b*). Zwischen
den Epithelmassen Stroma (*c*).

Fig. 274.

Kankroid ($\frac{150}{1}$).
Interzellularbrücken verbinden deutlich die den Stachelzellen
entsprechenden Zellen des Kankroids.

Diese Hornperlen oder überhaupt verhornende Zellen (Keratohyalin-
Eleidin-Nachweis) sind, wenn in Karzinomen gefunden, charakteristisch
für Kankroid. Indes ist davor zu warnen, nur auf das Vorhandensein solcher Kan-

Fig. 275.
Kankroidperle ($\frac{350}{1}$).
Konzentrisch geschichtete, zwiebelschalenförmig angeordnete ver-
hornte Zellen.

kroidperlen hin die Diagnose auf
Karzinom zu stellen, da man ähnlichen Gebilden auch in einfachen Epithelwucherungen nicht malignen Charakters nicht selten begegnet. Im
letzteren Falle stellen sie meist Durchschnitte durch etwas tiefer in das Gewebe eindringende zentral verhornte Einsenkungen der Epidermis dar. Besonders aber ist die Diagnose gesichert durch den Nachweis von
Interzellularbrücken (Stachelzellen) bzw. Epithelfaserung (da
nur Plattenepithelien solche aufweisen)
in den Karzinomzellen. Die Hornperlen
können auch verkalken.

In seinen ersten Entwickelungsstadien erhebt sich der Plattenepithelkrebs meist mehr
oder minder über das Niveau der übrigen Umgebung und führt dabei nicht selten zu einer
starken papillären Wucherung des Stromas, wodurch zottige oder blumenkohlartige Formen
zustande kommen, welche auf den ersten Blick den gewöhnlichen Papillomen und Zotten-

geschwülsten gleichen, sich aber durch ihr Eindringen in die tieferen Gewebsschichten von diesen unterscheiden und meist bald zu Ulzeration führen. In anderen Fällen breitet sich die krebsige Wucherung von Anfang an wesentlich in die Tiefe aus, so daß es zur Entstehung flacher oder tiefer Geschwüre ohne stärkere Erhebung über die Oberfläche kommt.

Die häufigsten Ursprungsstätten des Plattenepithelkrebses sind die Haut, besonders die der Übergangsstellen zu den Schleimhäuten (Lippe, Nase, Augen, äußere Genitalien), ferner die Plattenepithel tragenden Schleimhäute, wie Zunge, Mundhöhle, Ösophagus, Kehlkopf, Blase, Scheide, Portio vaginalis uteri. Der Verlauf ist im allgemeinen, besonders an der Haut, weniger rasch als bei den meisten anderen Formen, und Metastasen treten gewöhnlich ziemlich spät auf.

Abzuzweigen ist von dem Kankroid eine Form des Karzinoms, welche man nach ihrem Beschreiber am besten als Krompechersches Karzinom (Basalzellenkrebs) bezeichnet. Es geht von Plattenepithel tragenden Schleimhäuten, so dem der Cervix uteri, von der Haut etc. aus, und auch zahlreiche Karzinome der Speicheldrüsen sind hierher zu rechnen. Zum Unterschied vom echten Kankroid hat diese Geschwulst keine Neigung zur Verhornung, dagegen zeigen die Zellstränge, die oft an ein Endotheliom erinnern, zentrale Nekrose und Ausfall solcher Massen bis zur Bildung einer Art von Zysten. Das Krompechersche Karzinom kombiniert sich häufig mit echtem Kankroid. Auch gewisse Formen von sogen. Zylindrom stehen ihm durchaus nahe.

In ganz seltenen Fällen finden sich Kankroide auch an solchen Stellen, wo normaliter kein Plattenepithel gelegen ist (z. B. Lunge, Corpus uteri, Gallenblase). Man kann dann von heterotopen Kankroiden reden. Man muß hier entweder eine Entwickelung aus embryonal versprengten Zellinseln oder eine Umwandlung anderen Epithels in Plattenepithel, vielleicht auf Grund einer embryonalen Veranlagung hierzu (siehe unter Metaplasie), annehmen. Dies ist besonders der Fall, wenn das Karzinom teils die Zylinderzellen des Mutterbodens, teils Plattenepithelien aufweist (Adenokankroide).

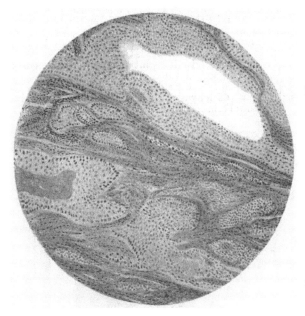

Häufigste Ausgangsorte des Kankroids.

Krompechersches Karzinom.

Fig. 276.
Krompechersches Karzinom.

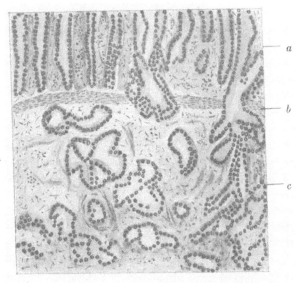

a

b

c

Heterotope Kankroide.

Fig. 277.
Malignes Adenom des Magens ($\frac{90}{1}$).
Drüsige Formationen liegen auch jenseits der Muscularis mucosae.
a Schleimhaut, b Muscularis mucosae, c Submukosa.

Die sogenannten **Cholesteatome** (Perlgeschwülste) sind meist umschriebene, oft sogar leicht aus der Umgebung auslösbare Geschwülste von weißlicher trockener, seidenartig glänzender Beschaffenheit und einem deutlich geschichteten, lamellösen Bau.   Sie bilden einzeln liegende oder auch mehrfache und zu Gruppen vereinigte kugelige, manchmal pilzförmig vorragende Gebilde.   Bei der mikroskopischen Untersuchung zeigt sich, daß sie aus reichlichen, teils kernlosen, teils kernhaltigen Schüppchen bestehen, welche wie die flachen Zellen der verhornten Epidermislagen dicht aneinander gepreßt sind, und zwischen denen in mehr oder minder großer Menge Cholesterin, fettiger Detritus und Körnchenzellen gelagert zu sein pflegen.   Sie sind epithelialen Ursprungs und finden sich in der Pia (an der Gehirnbasis), wo sie aus versprengten Epidermiskeimen hervorgehen, oder im Ohr, ebenfalls aus entwicklungsgeschichtlich oder extrauterin (auf Grund von Entzündungen) versprengten Epidermiszellen entstanden.   Die letzteren, wie ähnliche Bildungen der ableitenden Harnwege und des Uterus, sind aber zumeist keine echten Tumoren, sondern entzündlich hyperplastische Bildungen.   Es wird behauptet, daß neben den von Plattenepithelien abzuleitenden Formen auch andere unter den „Cholesteatomen" vorkommen, welche zu den Endotheliomen gehören.

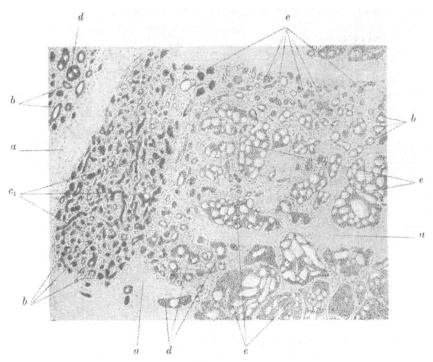

Fig. 278.
Carcinoma adenomatosum (der Mamma) ($\frac{2}{1}$).
(Nach Borst, l. c.)

a Breite Stromazüge; *b* krebsige Drüsenschläuche (mehrschichtiges Epithel!), meist quer getroffen; *c* solide Krebszellennester und -stränge; bei c_1 sind die soliden Stränge langgestreckt, z. T. verzweigt, an Tubuli erinnernd; *d* größere Krebskörper mit Luminibus; *e* große Parenchymkörper, von Luminibus siebförmig durchbrochen.

3. Der Zylinderepithelkrebs.
Krebse, welche von den Drüsen der Schleimhäute, sowie den großen drüsigen Organen des Körpers (Mamma, Ovarien, Leber, Nieren etc.), besonders ihren Ausführungsgängen ausgehen, bewahren in der Regel noch Merkmale des Zylinderepithels.   Manche Zylinderepithelkarzinome bilden gänzlich adenomähnliche Formen, indem statt solider Epithelzapfen und -nester schlauchförmige, drüsenähnliche, mit einem deutlichen Lumen und einer regelmäßigen, zylindrischen Epithellage versehene Wucherungen auftreten, die auch zystische Erweiterungen aufweisen können; solche den einfachen Adenomen zunächst morphologisch sehr entsprechende Formen, welche aber ihrem Wachstum nach doch
malign sind, bezeichnet man als **maligne Adenome** (s. S. 211).   Von diesen besteht ein direkter Übergang zu den **Adenokarzinom** genannten Formen; in diesen verrät sich der karzinomatöse Charakter der Geschwulst dadurch schon morphologisch, daß der Epithelbelag, wenigstens

stellenweise, mehrschichtig und unregelmäßig ist, und da und dort das Lumen ganz ausgefüllt wird, so daß neben drüsenähnlichen Gebilden auch kompakte Nester polymorpher Zellen

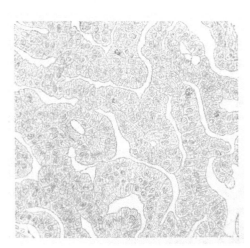

Fig. 279.
Adeno-Karzinom (Malignes Adenom).
Flächenhafte Wucherung der Drüsenepithelien; interglanduläres Gewebe fast verschwunden. (Aus Amann, Mikroskopisch-gynäkologische, Diagnostik. Wiesbaden 1896.)

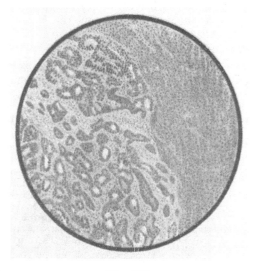

Fig. 280.
Metastasen eines Adenokarzinoms in der Leber.
Am Rande der Metastase sind die Leberzellen durch Druck abgeflacht.

vorhanden sind, und daß die gesamten Epithelmassen des Tumors vielfach durch Anastomosen untereinander in Verbindung stehen, kurzum, daß also das Epithel deutlicher atypisch

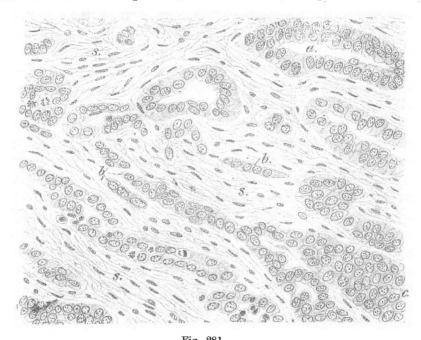

Fig. 281.
Zylinderepithelkrebs des Magens ($\frac{350}{1}$).
a Epithelstränge mit Lumen und zylindrischen, z. T. mehrschichtig angeordneten Zellen; b, b₁ kleine ins Bindegewebe vorgedrungene Epithelstränge; c größere, solide Epithelstränge mit unregelmäßigen Zellen; s. Stroma.

gewuchert ist. So gehen die Schlauchformen allmählich in solide Zellmassen über. Oft finden sich nur diese; hierbei sind auch in ihnen wenigstens die äußeren dem Stroma zu gerichteten Zellen oft noch von zylindrischer Gestalt. In je höherem Maße aber auch diese verloren geht und überhaupt die Massen solide werden, um so mehr nähert sich der Tumor in seiner Struktur dem Carcinoma simplex, denn desto mehr verschwinden ja charakteristische Bilder (Fig. 279).

Das Zylinderepithelkarzinom tritt in knotigen oder flächenhaften, besonders an Schleimhäuten meist frühzeitig ulzerierenden Wucherungen auf; insoweit die Geschwulst nach der Oberfläche zu wächst, entstehen auch hier oft blumenkohlartige Wucherungen.

Branchiogene Karzinome. Auch Zylinderzellenkrebse kommen hier und da heterotop, d. h. an keine Zylinderepithelien aufweisenden Schleimhäuten vor, so am Ösophagus.

Zu erwähnen sind noch die von Resten von Kiemengängen ausgehenden sogenannten **branchiogenen Karzinome** am Hals, welche also sicher auf entwickelungsgeschichtlichen Irrungen basieren.

Papilläre Karzinome. **Papilläre Karzinome.** Es gibt auch Karzinome, welche ganz aus papillären Wucherungen oder papillentragenden Zysten zusammengesetzt sind und gegenüber den gewöhnlichen Papillomen und papillären Kystomen eine ähnliche Stellung einnehmen, wie die Adenokarzinome gegenüber den Adenomen; während sie in ihrem Typus den Bau der einfachen papillären Fibroepitheliome wiederholen, erweisen sie sich als Karzinome dadurch, daß sie neben der epithelialen Bekleidung von Papillen und Zystenräumen auch kompakte Epithelnester und anastomosierende Epithelstränge bilden, welche in die Umgebung mit infiltrierendem Wachstum vordringen.

Deckzellenkarzinome. Vielleicht kann man als eigene Gruppe Tumoren, welche von den Deckzellen der serösen Häute ausgehen, aufstellen. Ein Teil der primären malignen Geschwülste der letzteren geht wohl von den Endothelien der Lymphgefäße aus, andere aber sicher von den Deckzellen der serösen Häute, besonders der Pleura. Diese sind aber entwickelungsgeschichtlich Epithelien, die Tumoren somit Karzinome, und man kann sie, da ihre Zellen einige Besonderheiten aufweisen, als **Deckzellenkarzinome** bezeichnen.

Karzinoide Tumoren. Im Dünndarm, und ähnlich im Processus vermiformis, kommen kleine aus Drüsen und Muskulatur bestehende Tumoren vor, die in der Regel gutartig sind. Zum Teil können sie sich aus aberrierten Pankreaskeimen entwickeln. Derartige Gebilde sind als **karzinoide Tumoren** bezeichnet worden, können aber in echte Karzinome übergehen.

Als Tumoren eigener Art seien noch die aus versprengten Nebennierenkeimen besonders in der Niere sich entwickelnden sogenannten Grawitzschen Tumoren, sowie die von dem Syncytium und den Langhansschen Zellen besonders im Anschluß an Blasenmole entstehenden Chorionepitheliome genannt. Sie sollen erst im II. Teil besprochen werden.

Anhang: Zur Differentialdiagnose des Karzinoms.

Differentialdiagnose zwischen Sarkom und Karzinom. Da die Differentialdiagnose zwischen Karzinom und Sarkom, welche sich im allgemeinen aus dem im vorhergehenden Erörterten ergibt, sehr häufig zu stellen ist, so sollen hier die wichtigsten morphologischen Unterscheidungsmerkmale noch einmal in tabellarischer Form wiederholt werden.

Sarkom.	**Karzinom.**
1. Allgemeiner Bau der Geschwulst (meistens schon bei schwacher Vergrößerung erkennbar): Die Zellen liegen diffus angeordnet.	1. Allgemeiner Bau der Geschwulst: dieselbe zeigt zwei, im allgemeinen streng geschiedene Bestandteile; ein bindegewebiges Stroma und in dasselbe eingelagerte Epithel-Stränge. Diese Stränge können auch ein Lumen aufweisen (Adeno-Karzinom).
2. Zwischen den Zellen ist mehr oder weniger Interzellularsubstanz nachweisbar, sie liegt zwischen den einzelnen Zellen in Form feiner Fibrillen.	2. Das Stroma zeigt bei starker Vergrößerung den Charakter zellreichen oder zellarmen, häufig mit lymphoiden Rundzellen durchsetzten, meist faserigen Zwischengewebes, welches aber auch eine schleimige oder hyaline Umwandlung erfahren kann. Innerhalb der Epithelstränge liegen die Zellen in „epithelialem" Verband, d. h. ohne Zwischensubstanz nebeneinander (s. S. 224).

3. Form der Zellen:

Kleine Rundzellen, größere Rundzellen, Spindelzellen verschiedener Größe etc.; ferner finden sich oft auch Riesenzellen. Sind die Zellen groß, so können sie vollkommen den beim Karzinom beschriebenen gleichen, so daß hier die Diagnose aus der Form der Zellen allein nicht gestellt werden kann (S. 224).

3. Form der Zellen:

a) unregelmäßig, polymorph (Carcinoma simplex), oder

b) zylindrisch (Carc. cylindro-epitheliale),

c) die Zellen haben den Charakter des Plattenepithels (Kankroid): zylindrische Basalschicht, rundliche Zellen vom Charakter derjenigen des Rete Malpighii (Stachelzellen), endlich dünne, platte Elemente, welche vielfach konzentrisch angeordnet sind und verhornen (Kankroidperlen, S. 234).

Auch Syncytien und Riesenzellen kommen vor.

In bezug auf die Punkte 1 und 2 können besondere Schwierigkeiten entstehen, zunächst beim Medullarkrebs (S. 231) mit polymorphen Zellen. Hier ist das bindegewebige Stroma manchmal so spärlich, daß es ganz hinter den massenhaft vorhandenen Epithelien zurücktritt und die Geschwulst so den Eindruck macht, als ob sie aus diffus angeordneten Zellen zusammengesetzt, also Sarkom wäre. Doch findet man oft noch Stellen, wo der karzinomatöse Bau, d. h. die Scheidung von Epithelsträngen und Bindegewebe deutlicher ausgeprägt ist, oder es zeigen die etwa vorhandenen Metastasen diesen Bau in deutlicherer Weise. Im äußersten Notfall entscheidet eine Färbung auf die feinsten Bindegewebsfibrillen (Bielschowskys Silberimprägnierung), ob ein epithelialer Verband der Zellen — Karzinom — vorliegt, oder feinste Fibrillen die Zellen trennen — Sarkom. *Einzelne Schwierigkeiten bei der Diagnose auf Karzinom.*

Ferner machen endotheliale Geschwülste (s. u.) der Diagnose vielfach Schwierigkeiten; es gibt unter ihnen solche, welche vollkommen wie Karzinome gebaut sind (Endothelkrebse s. u.); vielfach zeigen sie Übergänge zum Sarkom, z. B. etwas Zwischensubstanz auch zwischen den innerhalb der Stränge und Nester gelegenen Zellen, oder es gehen die Nester in andere Partien über, in welchen reichliche Zwischensubstanz zwischen den Zellen vorhanden ist, und diese letzteren damit eine diffuse Anordnung erhalten: Endothelsarkome. Das Genauere siehe unten.

Daß ein Skirrhus mit Atrophie der Epithelien einem Fibrom oder vor allem Narben gänzlich gleich kann, wurde schon oben erwähnt. Eifriges Suchen deckt hier doch noch Epithelien auf, oder es bestehen Metastasen, welche an sich schon die Diagnose auf Karzinom lenken, oft auch einen typischen karzinomatösen Bau aufweisen.

In Fällen beginnenden Kankroids kann es oft schwierig werden, ein solches von fibro-epithelialen Geschwülsten gutartiger Natur zu unterscheiden. Bezüglich dieser ist schon (S. 208) erwähnt worden, daß auch bei ihnen eine starke Wucherung des Epithelbelages anscheinend isolierte Zapfen und Nester vortäuschen kann, und daß auch hier Kankroidperlen vorkommen (siehe S. 234). Hier ist vor allem entscheidend, daß bei diesen gutartigen Geschwülsten in Wirklichkeit niemals Epithel in die Tiefe dringt, vielmehr liegen die sämtlichen Epithelmassen, auch die scheinbar freien, von dem Oberflächenepithel getrennten, über dem Niveau der normalen Epidermis, und die Verlängerung der epithelialen Zapfen ist bloß durch die Verlängerung der nach oben wachsenden Papillen selbst bedingt, die von dem Epithel bekleidet werden. Bei den Karzinomen dagegen liegt eine, wenn auch noch so beginnende atypische Zellwucherung, meist in die Tiefe, vor. Gewöhnlich ist dabei auch der Charakter des Epithels verändert (Anaplasie). Ein Haupterkennungszeichen ist, daß die dem Bindegewebe benachbarten Zellen ihre normaliter mehr zylindrische Form eingebüßt haben, so daß die Begrenzung der Epithelmassen gegen das Stroma nicht so scharf wie normal erscheint.

Ferner kommen oft karzinomartig aussehende, sogenannte atypische Epithelwucherungen (s. S. 121) bei chronischen Entzündungen, bei Geschwüren der äußeren Haut und der Schleimhäute, in granulierenden Wunden, endlich beim Lupus hypertrophicus vor. Hier findet oft ebenfalls ein lebhaftes Wachstum der Papillen der Kutis statt, zwischen welchen oft tiefe Spalten bestehen bleiben. Das Epithel wächst von der Seite her über die granulierende Fläche hin und dringt in die Spalten ein. Hier ist zu berücksichtigen, daß immer nur einzelne, meist größere Zapfen eindringen, und daß die tieferen Schichten der Haut von ihnen frei bleiben, so daß die ausgedehnte gegenseitige Durchwachsung von Epithelsträngen und Bindegewebe fehlt.

Bei beginnenden Schleimhautkrebsen kommt ebenfalls namentlich die Differentialdiagnose gegenüber gutartigen Adenomen und atypischen Drüsenwucherungen in Betracht, wie sie bei Entzündungen, z. B. in der Umgebung von Schleimhautgeschwüren, auftreten. Das Entscheidende ist auch hier die Feststellung, ob die Epithelwucherung eine ausgedehnt atypische ist, d. h. besonders ob sie in die Tiefe dringt. Dies ist am leichtesten an den Organen festzustellen, welche wie der Magendarmkanal eine Submukosa besitzen. Findet sich hier die Muscularis mucosae, die Submukosa oder eine noch tiefere Schicht von Epithelinseln durchsetzt, so kann man schon hieraus die Diagnose auf Karzinom stellen. Bei gutartigen Drüsenwucherungen dringen höchstens einzelne Drüsen vor, besonders an solchen Stellen, wo Follikel gelegen sind oder waren, etwas unter die Schleimhaut vor. Man muß also, wenn es sich um eine Stückchen-Diagnose handelt, womöglich Stückchen zur Untersuchung bekommen, an denen noch etwas von der Submukosa oder der Muskularis vorhanden ist, und dann die Schnittrichtung möglichst senkrecht zur Oberfläche des Stückchens legen. Liegen nur kleine Stücke ohne Submukosa etc. vor, so bestehen dieselben Schwierigkeiten wie sie gleich zu besprechen sind (z. B. bei mit dem Kot abgegangenen

Darmtumormassen). Andere Schleimhäute, so des Uterus, besitzen keine Submukosa. Hier beweist ein Eindringen in tiefere Muskularisschichten stets Karzinom. Auch hierbei muß man aber daran denken, daß auch im normalen Uterus, beziehungsweise beim Adenom, sich Drüsen zwischen Muskelfasern in der an die Mukosa gerade angrenzenden Muskularisschicht vorfinden, daß also ein tieferes Eindringen zur Karzinomdiagnose gehört. Wachstum in die Tiefe läßt sich aber bei Stückchen, welche nur aus der Mukosa stammen, zumal wenn man bei sehr kleinen nicht mehr zu orientierenden Stückchen auf Flach- und Schrägschnitte angewiesen ist — wie bei dem aus dem Uterus ausgekratzten Material zumeist — nicht mit Sicherheit feststellen. Wir müssen dann ein anderes atypisches Wachstum der Epithelien zu eruieren suchen, nämlich das Wuchern der Epithelien nach innen in die Drüsen hinein oder nach außen ins umliegende Bindegewebe. Hierbei ist aber besonders vor einer Verwechslung solcher kompakter Krebsnester mit Drüsenflachschnitten zu warnen; solche Flächendurchschnitte entstehen dadurch, daß an einer Stelle nur die gewölbte Drüsenwand flach angeschnitten, das Lumen der Drüse aber nicht eröffnet wurde. Für einen solchen Schiefschnitt ist charakteristisch, daß die Querschnitte der Zellkerne gegen die Stelle zu,

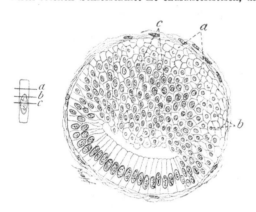

Fig. 282.
Schiefschnitt durch eine reguläre Drüse.

Im Gegensatz zu atypischer, haufenartiger Proliferation werden die Kernquerschnitte immer kleiner (c und b), stellenweise ist nur der Zelleib ohne Kern getroffen (a). Die andere (untere) Drüsenwand ist senkrecht getroffen. (Nach Amann, l. c.)

wo sie überhaupt aus dem Schnitte verschwinden, immer kleiner werden, und schließlich eine Strecke weit nur Teile von Zellen getroffen werden, in welchen vom Kern nichts mehr liegt (Fig. 282). Also nur, wenn ein solcher Flachschnitt auszuschließen ist, beweisen kompakte Zellmassen ein atypisches Wuchern des Epithels, d. h. Karzinom. Öfters bietet das Wuchern des Epithels nach außen (von den Drüsen) Anhaltspunkte, indem die Membrana propria durchbrochen sein bzw. fehlen kann. Es fehlt dann eine scharfe Begrenzung gegen das Zwischengewebe. Einzelne Epithelien dringen in dieses vor. Auch hier unterstützt eine Artänderung des Epithels — Anaplasie — die Diagnose.

Bei den großen Drüsen (Mamma, Leber, Nieren, Speicheldrüsen, Pankreas, Hoden, Ovarien, Prostata etc.) treten die Karzinome in der Regel in der Form des Carcinoma simplex (S. 233), seltener als Zylinderepithelkrebse auf. Hier genügen meist schon Merkmale wie Vordringen in die Umgebung, atypischer Bau, Bildung kompakter Krebsnester etc., um die Differentialdiagnose zu stellen. In manchen Fällen kann aber ein malignes Adenom bzw. Adenokarzinom einem einfachen gutartigen Adenom in seinem Bau ganz gleichen; so in der Leber, Thyreoidea, Nebenniere. Ist die Umgebung in den Tumor einbezogen,

so ist die Diagnose Karzinom ja gesichert. Aber es kann der Tumor auch auf das Organ beschränkt bleiben, und hier zeigt keine Grenze, wie bei Schleimhäuten, den atypischen Charakter des Wachstums an. Diese Organe sind ja ganz gleichmäßig gebaut. Ist hier kein sicheres atypisches Wuchern des Epithels in das Bindegewebe oder dgl. festzustellen, so kann unter Umständen nur das Vorhandensein von Einbrüchen in Gefäße oder von Metastasen die Diagnose Karzinom sichern. In ähnlicher Weise kann ein Karzinom des Ovariums einem papillären Kystom des Organs (s. dort) morphologisch völlig gleichen.

C. Geschwülste aus Endothelien (und Bindegewebe).

C. Geschwülste, bestehend aus Endothelien (und Bindegewebe) = Endotheliome.

Außer den eigentlichen Deck- und Drüsenepithelien finden sich epithelartige Zellen — Endothelien — an den Lymphspalten des Bindegewebes, ferner als Wand der Blut- und Lymphkapillaren, in der Intima der Blut- und Lymphgefäße und als Auskleidung des Subdural- und Subarachnoidealraumes, der Sehnenscheiden, Schleimbeutel und Gelenke. Alle diese Endothelien, die insgesamt einfache Lagen platter, dünner Zellen darstellen, hängen anatomisch und genetisch zum Teil mehr mit dem Bindegewebe zusammen und können auch nicht unter allen Umständen scharf von dessen Zellen getrennt werden. Von anderen Seiten werden auch diese Zellen für Epithelien gehalten.

Das Endotheliom. Etwas anders verhält es sich mit den ebenfalls oft Endothelien genannten Zellen auf den serösen Häuten, welche wohl als Epithelien aufzufassen sind, und welche man am besten indifferent als Deckzellen bezeichnet. Ihre Tumoren gehören zu den Karzinomen (s. o.).

Verschiedener Bau der Endotheliome. Die durch Wucherung der Endothelien entstehenden Geschwülste zeigen ein ungleiches Verhalten. Ein Teil der oft hierher gerechneten Tumoren enthält mehr faserige Interzellularsubstanz, sowie fortsatzreiche Zellen und gleicht ganz den Sarkomen, von denen diese Formen kaum scharf abzutrennen sind. Häufiger finden sich epithelial zusammengeordnete Gruppen von Zellen, welche in ein Stroma von Bindegewebe eingelagert sind (Fig. 283). Auch hier geht die Wucherung und das Vordringen der endothelialen Elemente großenteils in den Lymphspa'ten vor sich, so daß sich ein solides oder hohles Netzwerk bildet,

welches die Saftkanäle ausfüllt (Saft-spaltenendotheliome) und der Geschwulst im Schnitte einen alveolären Bau verleiht (vgl. oben S. 223). Diese Formen stehen also den Karzinomen sehr nahe (s. unten).

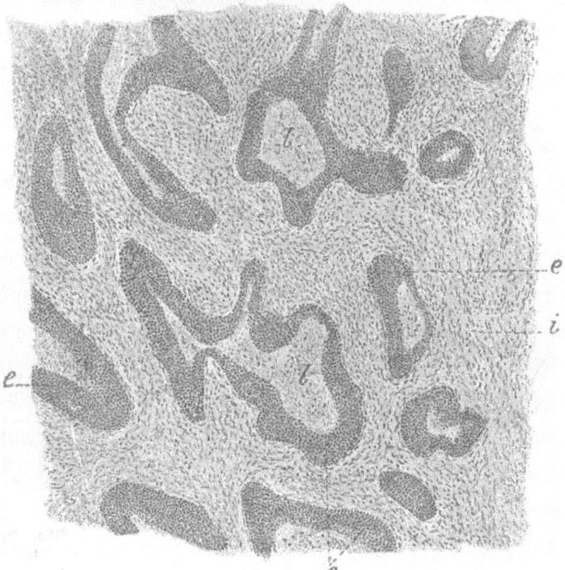

Da auch in Karzinomen die Epithelien vielfach ihre ursprünglichen charakteristischen Merkmale verlieren (die wuchernden Platten- und Zylinderepithelien z. B. den Charakter unregelmäßig polymorpher Zellen annehmen können), so haben wir in vielen Fällen für die Karzinomdiagnose keine anderen positiven Anhaltspunkte als die epitheliale Anordnung, d. h. den alveolären Bau. Eine Entscheidung darüber, ob die Geschwulst in einem solchen Falle von echten Epithelien oder von Endothelien ausgeht, ist nur dann zu treffen, wenn es gelingt, den Ausgangspunkt der Neubildung festzustellen, ein Nachweis, der stets eine genaue Untersuchung an Schnittserien voraussetzt und sehr häufig bei größeren Tumoren überhaupt nicht mehr zu führen ist. Auf diesen Nachweis der Endothelien als einzig möglichen Ausgangspunkt des Tumors ist das größte Gewicht zu legen. Nur dann darf man einen Tumor als Endotheliom auffassen, sonst liegt bei völlig karzinomatösem Bau die Auffassung eines Tumors als echtes Karzinom weit näher. Daß auch bei einem Karzinom Endothelien sekundär wachsen und proliferieren können, ist sicher, aber die Endothelien stellen dann nicht die Matrix des Tumors dar, es liegt kein Endotheliom vor. So ist denn die Gruppe der Endotheliome noch eine sehr umstrittene. Subjektiv werden ihr von einem Autor viele, von einem anderen wenige Tumoren zugerechnet. Auf jeden Fall hat die letzte Zeit das Gebiet dieser Endotheliome sehr beschränkt. Viele früher hierher gerechneten Fälle sind Karzinome, insbesondere zu der von Krompecher betonten Karzinomform (s. S. 235) gehörend. Vieles, was früher hierher zu gehören schien, so zumeist auch die Tumoren der Parotis, werden jetzt anders, d. h. eben als Karzinome aufgefaßt. Im folgenden besprechen wir daher kurz nur diejenigen Tumoren, unter welchen sich wohl noch zumeist Endotheliome vorfinden.

Zeichnen sich Endotheliome wie auch Karzinome oder Sarkome (s. o.) durch Neigung zur Ablagerung hyaliner Massen aus, die besonders von den Gefäßwänden ausgehen, so bezeichnet man sie als Cylindrome (Schlauchsarkome) (Fig. 285). Die meisten derartigen Tumoren — so die der Speicheldrüsen — sind aber zu den Karzinomen zu rechnen.

Wenn die Zellmassen Schichtungskugeln bilden und eine mehr oder minder ausgedehnte Verkalkung erleiden, so entstehen sogenannte Psammome oder Sandgeschwülste, bei welchen das Geschwulstgewebe von weißlichen, kugeligen oder eiförmigen, auch wohl zackigen und unregelmäßigen Kalkkörpern

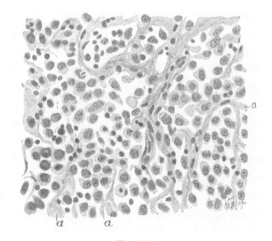

Fig. 283.
Endotheliom des Kieferperiostes.
e Wucherung der Lymphgefäßendothelien, *l* mit körniger Masse gefüllte Lumina, *i* Interstitium.

Fig. 284.
Alveolär gebautes Endotheliom („Endothelkrebs")
einer Lymphdrüse.
Zwischen den großen endothelialen Zellen ein bindegewebiges Stroma (*a, a*).

Marginal notes:
Schwierigkeiten der Abgrenzung des Endothelioms gegen das Karzinom.

Zylindrome.

Psammome.

durchsetzt ist (Fig. 87, S. 81 und Fig. 286); sie finden sich namentlich an der Dura mater, seltener an den weichen Häuten des Gehirns, in der Zirbeldrüse und den Plexus chorioidei der Ventrikel; oft sind sie auch in multipler Zahl vorhanden. An sich sind sie im allgemeinen nicht bösartig. Ein Teil von ihnen gehört zu den Endotheliomen, ein anderer zu den Karzinomen.

Einteilung der Endotheliome.

Die Endotheliome kann man ihrem Ausgangsort entsprechend zunächst einteilen in 1. Lymphangioendotheliome, 2. Hämangioendotheliome und 3. Endotheliome der Hirnhäute.

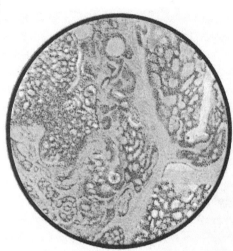

Fig. 285.
Zylindrom der Mamma.

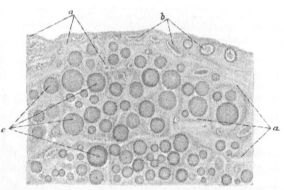

Fig. 286.
Psammoma (piae matris) ($\frac{3,3}{1}$).
a fibrilläres Stroma, b Blutgefäße, c verkalkte (endotheliale) Schichtungskugeln.
(Nach Borst, Die Lehre von den Geschwülsten.)

1. Lymphangioendotheliome.

1. Lymphangioendotheliome. Ausgangspunkt sind die Endothelien der Lymphspalten oder der größeren Lymphgefäße.

Hierher gehören vielleicht zum Teil auch die primären Geschwülste der serösen Häute. Diese gehen zwar, wie besprochen, zum Teil von den „Deckzellen" (s. o. S. 24) aus, zum Teil, nach der landläufigen Ansicht, aber auch von den subserösen Saftspalten und Lymphgefäßen, und zwar deren Endothelien. Diese Tumoren werden auch als Endothelkrebse der serösen Häute bezeichnet. Doch handelt es sich in einem großen Teile dieser Tumoren nur um eine sekundäre Verbreitung eines Karzinoms in den Lymphspalten der serösen Häute, so insbesondere der Pleura nach einem kleinen Primärtumor in der Lunge (bzw. deren Bronchien).

2. Hämangioendotheliome.

Perithéliome.

Fig. 287.
Endotheliom (ausgehend von Blutkapillaren) der Haut.

2. Echte **Hämangioendotheliome** sind extrem selten. Man kann arterielle, venöse und kapilläre unterscheiden; die beiden ersteren Formen sind kaum sichergestellt. Tumoren, welche sich von den „Perithelien", den Endothelien (der Lymphwege) um die Gefäße, ableiten, werden zuweilen als **Perithéliome** bezeichnet. Diese ganze Gruppe hat etwas durchaus Hypothetisches. Da auch Sarkome sich häufig um Gefäße gruppieren, sind offenbar oft Verwechslungen mit Sarkomen vorgekommen.

Die sogenannten Peritheliome der Karotisdrüse und verwandter Organe bestehen aus chromaffinen Zellen und stellen somit in Tumoren sui generis, chromaffine Tumoren (Paragangliome), dar (s. S. 200).

Alle diese den Gefäßen folgenden Endotheliome haben infolge des Verlaufes jener eine zug-, streifen- oder netzartige Anordnung. Die einzelnen Züge können Zellen um ein Lumen enthalten, wie bei den Gefäßen, deren Bildungen der Tumor, da er von ihren Endothelien ausgeht, nachahmt. So ähneln die Bilder Adenomformen. Oder die Stränge sind solide; es ist klar, daß derartige Tumoren soliden Karzinomformen ähneln (s. o.) müssen. Man kann annehmen, daß zuerst hohle Schläuche entstehen und diese durch Weiterwucherung der Endothelien solide werden, ganz genau wie es bei den Adenokarzinomen beschrieben wurde. Ferner ist zu bedenken, daß bei allen diesen Endotheliomen die Endothelien wohl auch ihren normalen Fähigkeiten entsprechend imstande sind, Bindegewebe zu bilden. So können fibrom- und sarkomartige Bilder entstehen. Auch von diesen Gesichtspunkten aus ergibt sich die Schwierigkeit der Abgrenzung gegen Karzinome und Sarkome und es soll wiederholt werden, daß nur bei sicherem Nachweis der Endothelien als Ausgangspunkt ein Endotheliom angenommen werden darf.

3. Endotheliome der Hirnhäute.

3. Die von der **Dura mater ausgehenden Endotheliome** sind (nach Ribbert) die hinsichtlich ihrer Genese gesichertsten Endotheliome. Sie stellen relativ kleine umschriebene, meist flache Knoten dar. Diese Tumoren gehen wahrscheinlich nur zum Teil eigentlich von der Dura, d. h. ihren Oberflächenendothelien selbst aus, häufig aber auch von Zellgruppen, welche sich (nach dem 50. Jahre konstant) als solide Zellzapfen von den Pacchionischen Granulationen und anderen Stellen der Oberfläche der Arachnoidea aus in das Gewebe der Dura vorgeschoben haben.

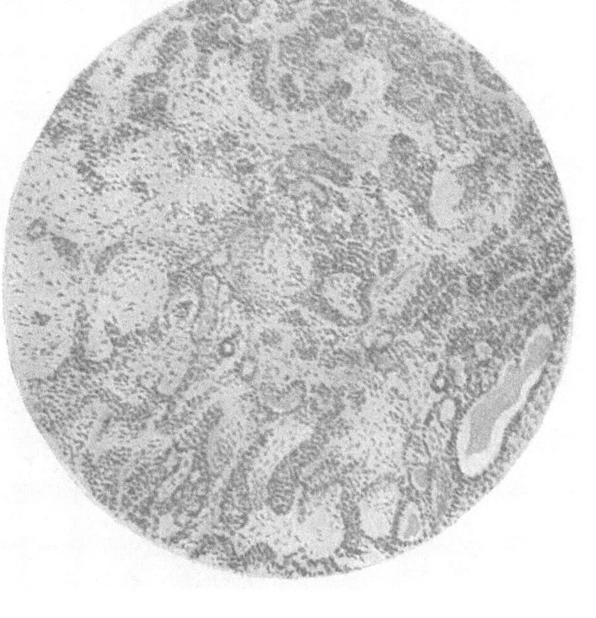

Fig. 288.
Mischgeschwulst der Parotis. Gewucherte Epithelien; dazwischen Schleimgewebe.

III. Teratome (Dermoide, Mischgeschwülste).

III. Teratome (Dermoide, Mischgeschwülste).

1. Mischgeschwülste.

1. Eine Weiterentwickelung abgesprengter Gewebskeime oder sonstige Entwickelungsanomalien liegen den sogenannten **Mischgeschwülsten** zugrunde, d. h. Geschwülsten, deren Parenchym aus zwei oder mehr verschiedenen Gewebsarten zusammengesetzt ist. Auf ihre kongenitale Natur weist auch das jugendliche Alter, in dem sie am häufigsten gefunden werden, sowie der embryonale Charakter vieler sie zusammensetzender Gewebe hin.

Diese Tumoren entstammen einer frühen Zeit des embryonalen Lebens, immerhin aber einer solchen in welcher die Zellen schon über das Blastomerenstadium hinaus weiter ausdifferenziert sind, da sich ja die Mischgeschwülste zum Unterschied von den Teratomen (s. unten) nicht aus Abkömmlingen aller drei Keimblätter zusammensetzen. Die teratogenetische Terminationsperiode (s. im Kapitel Mißbildungen) liegt also hier später als bei den Teratomen (s. auch unten).

Es kann vorkommen, daß ein umschriebener Gewebsbezirk, welcher schon zwei oder mehr Gewebsarten mehr oder minder ausgebildet enthält, im Laufe der Entwickelung isoliert und verlagert wird und sich so aus ihm ein Tumor entwickeln; so finden sich z. B. im Uterus Adenomyome, welche sich aus verlagerten Keimen des Wolffschen Körpers (Epithel und Muskulatur) entwickelt haben (vgl. oben S. 199). In den meisten Fällen handelt es sich aber bei den Mischgeschwülsten wahrscheinlich um Versprengung von noch nicht differenzierten Anlagen einzelner Körperregionen, welche dann erst bei der Geschwulstbildung eine teilweise Ausbildung, wenn auch zu atypischem Geschwulstgewebe also nicht zu normalem Gewebe, erfahren. Einige Beispiele werden dies klarer machen. Die Entwickelungsgeschichte der Nierenregion zeigt, wie sich aus dem mittleren Keimblatt, dem Mesoderm dieser Region, verschiedene Teile differenzieren: das Myotom und das Sklerotom einerseits, die Mittelplatte andererseits. Aus dem Myotom entwickelt sich weiterhin die quergestreifte Muskulatur, aus dem Sklerotom das Skelett (Knorpel, Knochen) und die übrigen Bindesubstanzen. Die Mittelplatte bildet die Urnierenkanälchen. Gewisse Mischgeschwülste der Nieren (s. unter Nieren im II. Teil), welche besonders bei Kindern vorkommen, bestehen der Hauptsache nach aus einem indifferenten (sarkomartig aussehenden) Gewebe, welches einem verlagerten Mesodermkeim entspricht, teilweise aber ist die Zellmasse differenziert und zeigt Übergänge zu Drüsen (Urnierenkanälchen), glatten und quergestreiften Muskelfasern, faserigem Bindegewebe, Knorpel etc., daneben vielleicht auch noch Abschnitte solcher Gewebsarten in vollkommener Ausbildung: es hat sich also von dem Keim aus eine Mischgeschwulst mit einer teilweisen Differenzierung der im gemischten Keime präformierten Gewebe vollzogen. Aus dem Ektoderm der Brustregion bilden sich nicht bloß die äußere Haut

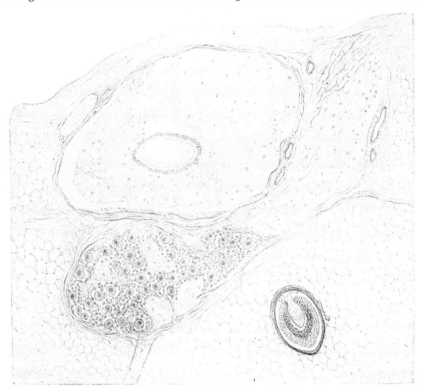

Fig. 289.
Teratom (Dermoidzyste) des Ovariums.
(Nach Pfannenstiel, Handbuch der Gynäkologie, herausgegeben von Veit.)

derselben, sondern auch die Drüsen der Mamma und ihre Ausführungsgänge; durch Verlagerung noch nicht differenzierter Ektodermkeime können in der Mamma Geschwülste zur Anlage kommen, welche Drüsengewebe von adenomatösem Typus, Gänge mit verhornendem Plattenepithel (Epidermis) und von einem gleichzeitig versprengten Mesenchymkeim herstammendes Bindegewebe sowie Schleimgewebe etc. enthalten, also Gewebsarten, welche aus zwei verschiedenen Keimblättern herstammen. Das Gesagte macht es auch erklärlich, daß solche Mischgeschwülste mit Vorliebe an bestimmten Körperregionen auftreten; außer den genannten besonders in der Cervix uteri und der Vagina, in der Harnblase, ganz besonders aber in den Speichel- und Schleimdrüsen etc. Gerade in den Speicheldrüsen (Parotis) können wir einen indifferenten Ektoderm-Mesenchymkeim annehmen, der imstande ist, die verschiedenen Gewebe zu bilden. Wir finden hier Zellmassen, die den Drüsenzellen entsprechen, und atypisch gewuchert Karzinom darstellen (von anderen besonders früher als Angio-Endothelien gedeutet), ferner Plattenepithel und daneben Knorpelgewebe, Schleimgewebe etc.

2. Teratome.   2. Kompliziert gebaute, angeborene, aus Abkömmlingen aller drei Keimblätter bestehende Geschwülste bezeichnet man als **Teratome**.

Da, so viel wir wissen, die einmal differenzierten Abkömmlinge der Keimblätter später nicht mehr ineinander übergehen (S. 93), so müssen wir hier, um auf einen gemeinsamen noch indifferenten Keim zu kommen, bis zu dem Stadium vor der Keimblattbildung zurückgehen, also bis zu den Furchungskugeln, den ersten Teilungsprodukten der befruchteten Eizelle. Diese Furchungskugeln (Blastomeren) haben noch die prospektive Potenz, Gewebe aller Art, wie sie später aus den drei Keimblättern entstehen, aus sich hervorgehen zu lassen, und wenn wir annehmen, daß solche Blastomeren auf irgendeine Weise aus ihrem normalen Zusammenhang ausgeschaltet und an andere Stellen des sich entwickelnden Eies disloziert werden, so haben wir damit eine Vorstellung gewonnen, wie so kompliziert gebaute Geschwülste entstehen können. Dasselbe ist mit versprengten Polkörperchen der Fall. Die teratogenetische Terminationsperiode der Teratome ist somit die allerfrüheste.

Da diese Teratome aus Abkömmlingen aller drei Keimblätter bestehen und also, potentiell wenigstens, alle Bestandteile des Organismus enthalten, wurde auch der Name „Embryome" für sie vorgeschlagen. In Wirklichkeit kommen aber, wie schon bei einfacher gebauten Teratomen, auch hier die einzelnen Gewebe in sehr wechselnder Ausbildung, zum Teil fertig ausdifferenziert, zum Teil undifferenziert, und in verschiedenem Verhältnis untereinander vor, so daß bald dieses, bald jenes vorwiegend vertreten sein kann. *Embryome.*

Die Teratome sind am häufigsten in den Keimdrüsen, der männlichen wie der weiblichen. Sie verhalten sich aber bei beiden recht verschieden. Im Ovarium handelt es sich meist um Zystenformen. Man nennt sie auch Dermoidzysten. Bei oberflächlicher Untersuchung erscheinen diese allerdings als gewöhnliche Zysten, welche nur aus einem bindegewebigen, papillentragenden und mit Epidermis ausgekleideten Belag zusammengesetzt sind, der einen grützeartigen Inhalt mit Cholesterin und Detritus sowie zumeist verfilzten Haaren umschließt (s. unten unter Dermoide); nach Ausräumen des Inhalts findet man aber an einer Stelle der Innenfläche einen vorspringenden Wulst oder eine spangenartig prominierende, oft auch polypös vorragende Stelle — **Dermoidhöcker** —, welcher auf dem Durchschnitt einen besonderen, sehr komplizierten Bau aufweist. Er enthält alle mög-

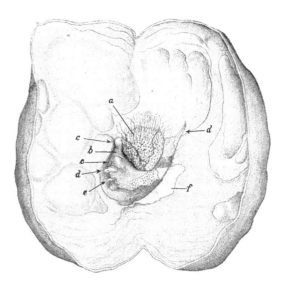

Teratome der Geschlechtsdrüsen.

Fig. 290.

Teratom (Dermoidzyste) des Eierstockes (aufgeschnitten).

(Nach Pfannenstiel, Handbuch der Gynäkologie, herausgegeben von Veit.)

lichen Gewebe, zumeist Abkömmlinge aller drei Keimblätter: Knochenplättchen, denen nicht selten wohl ausgebildete Zähne aufsitzen, Knorpel, Drüsengänge und Drüsenazini, Nervenfasern, auch Ganglienzellen, quergestreifte Muskulatur, manchmal selbst ganz rudimentäre Organe (Stücke von Darm, von Gehirngewebe, Augenanlagen, Epidermis und ihre Anhangsgebilde). Diese Gewebe haben eine Entwickelung synchron mit den Geweben der Trägerin genommen (adulte Teratome nach Askanazy). Sie sind daher ausgereift und infolgedessen in der Regel nicht malign. Im Gegensatz hierzu sind die Teratome im Hoden solide. Hier sind Abkömmlinge aller drei Keimblätter, Knorpelinseln, Muskulatur, Epithelien etc. bunt durcheinander gewürfelt. Die Gewebe verharren auf embryonaler Stufe, reifen also nicht mit dem Träger aus; gerade deswegen aber neigen diese Gebilde im Hoden dazu, auf irgend eine Auslösungsursache hin malign zu werden und besonders Karzinome zu bilden. Sie setzen auch Metastasen. Die Teratome stehen, wie ihre Genese zeigt, Mißbildungen überaus nahe. Eine gerade Linie führt zu den Zwillingen. Wir können die Gebilde, welche mehr nur den Charakter der Mißbildung tragen, als Teratoma sensu strictiori bezeichnen, diejenigen, welche direkt Tumorencharakter tragen, als **Teratoblastome.** Dann finden sich die Teratome zumeist im Ovarium, die Teratoblastome im Hoden.

Auch in anderen Organen, serösen Zysten etc. kommen — doch viel seltener — entsprechende Bildungen vor.

Sehr kompliziert gebaute Teratome kommen verhältnismäßig häufig am oberen und unteren Stammesende vor; im letzteren Falle bilden sie die sogenannten **Sakraltumoren,** Geschwülste, welche meist von der Vorderfläche des Kreuzbeins oder Steißbeins ausgehen und nach rückwärts aus dem Becken herauswachsen; sie enthalten ebenfalls nicht selten rudimentäre Organe. Ihre Größe kann die eines Kinds-

Übergänge der Teratome zu rudimentären Zwillingsmißbildungen.

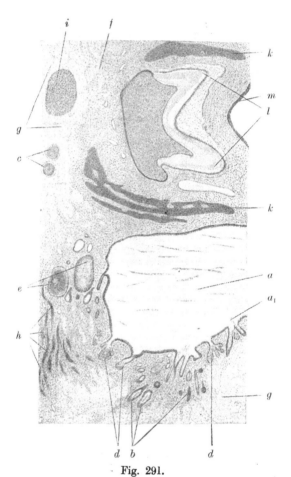

Fig. 291.

Aus einem Teratom des Ovariums ($\frac{25}{1}$).

(Nach einem Präparat von Geh.-Rat Prof. v. Rindfleisch.)

a Dermoidzyste, von Epidermis ausgekleidet, mit abgestoßenen Epidermisschuppen und Haaren gefüllt; bei a_1 Haare in ihren Schäften steckend; *b* Haarbälge (längs geschnitten), zum Teil mit Haaren, *c* Haarbälge quer geschnitten (mit Haaren); *d* Talgdrüsen, in die Zyste *a* einmündend. *e* Epidermoidzysten, von Epidermis ausgekleidet, mit abgestoßenen Epidermiszellen gefüllt. Das eine der kleinen Zystchen enthält eine große konzentrisch geschichtete Epithelperle (cholesteatomartig); *f* fibrilläres Bindegewebe; *g* Fettgewebe; *h* glatte Muskelfasern; *i* hyaliner Knorpel; *k* Knochenbälkchen; *l* Zahn mit inneren und äußeren Schmelzzellen, Schmelzpulpa, Schmelz, Zahnbein, Odontoblastenschicht und Zahnpapille (Zahnpulpa); *m* Teil einer Epidermoidzyste.

(Nach Borst, Lehre von den Geschwülsten.)

kopfes und darüber erreichen. Am oberen Stammesende treten sie, meist als **Epignathus** bezeichnet, am Boden der Mundhöhle auf (Kap. V unter III.); manchmal finden sich auch Teratome in die **Brusthöhle**, besonders im vorderen Mediastinum, oder in die **Bauchhöhle** eingeschlossen: **Inclusio foetalis**; indes handelt es sich hier schon um rudimentäre Zwillingsmißbildungen, welche dem anderen, wohl entwickelten Zwilling, als Anhang aufsitzen oder in eine Körperhöhle desselben eingeschlossen sind, so daß also alle Übergänge von den Mischgeschwülsten zu solchen Doppelmißbildungen gegeben sind. Gerade von diesem Gesichtspunkte weitergehend zeigt sich die nahe Verwandtschaft von Tumoren und Mißbildungen bzw. Gewebsmißbildungen (s. o.). Experimentell kann man durch Verpflanzung embryonalen Materials eine Art Teratome bei Tieren erzeugen.

Das geschwulstartige Wachstum in Teratomen bzw. Teratoblastomen kann sich auch darin äußern, daß manchmal ein Bestandteil der Teratome alle anderen über-wuchert und zuletzt allein persistiert. So ist dies häufiger bei Thyreoidealbildungen in Über-wuchern eines Teratom-bestand-teiles.

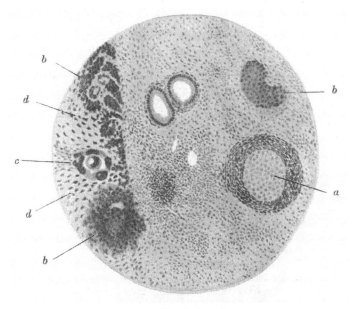

Fig. 292.
Teratom des Hodens. Bei *a* Knorpel mit Perichondrium. Bei *b* epitheliale Massen (Karzinom).
Bei *c* Chorionepithelien. Bei *d* schleimartige Massen.

Ovarialteratomen beobachtet worden; weiter wurde in einem solchen des Ovariums nur ein Zahn allein gefunden. Auch **chorionepitheliale** Bildungen werden öfters in Teratomen beobachtet. Wenn sich solche Bildungen allein an verschiedenen Stellen finden (auch beim Mann, besonders im Hoden), sind sie ebenfalls als ein-seitig entwickelte Teratome zu deuten. Übrigens ist vieles zu solchen chorionepithelialen Bildungen ge-rechnet worden, was nicht dazu gehört. Chorion-epitheliale Bildungen in Tera-tomen.

Unter **Dermoiden** versteht man ein- und mehrkammerige, in der Regel im kutanen oder subkutanen Gewebe gelegene, zystische tumorartige Bildungen, deren Wand die Struktur der äußeren Haut aufweist: sie bestehen aus einem bindegewe-bigen Belag, welcher der Kutis entspricht und die Anhangs-gebilde derselben, Talgdrüsen, Haarbälge und Haare zeigt, sowie an seiner Innenseite einen Papillarkörper trägt; letzterem liegt eine Epidermis mit ihren verschiedenen Schichten, Rete Malphigii, Stratum granulosum und Stratum corneum auf. Das Innere der Zysten ist mit einer grützeartigen, schmierigen, talgartigen oder öligen Masse ausgefüllt, die meist rundliche, wirr durcheinander gelegene und verfilzte Haare enthält und bei der mikroskopischen Untersuchung massenhaft Epidermis-schuppen, fettigen Detritus und Cholesterin nachweisen läßt. Die Dermoide entwickeln sich aus versprengten Epithelkeimen und zwar mit Vorliebe an solchen Stellen, wo sich im Verlauf der Entwickelung Einstülpungen der Epidermis bilden, oder Furchen oder Spalten geschlossen werden (fissurale Dermoide)

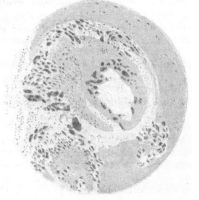

Dermoide und Epi-dermoide.

Fig. 293.
Chorionepitheliom des Hodens.

und daher besonders Gelegenheit zur Abtrennung einzelner epithelialer Keime gegeben ist: im Gesicht (s u.), am Hinterhaupt, am Hals, am Boden der Mundhöhle, auch in der Orbitahöhle und im Becken-bindegewebe. Fehlen in den Zysten die Anhangsgebilde der Haut und besteht also der Zysteninhalt nur aus abgeschuppten Epidermiszellen, so bezeichnet man die Tumoren als **Epidermoide.**

Experi-
mentelle
Er-
zeugung
von Der-
moiden.

Ein Hinweis auf die Entstehung von Epithelzysten, z. B. von Dermoiden, aus embryonal oder später traumatisch versprengten Epithelkeimen liegt darin, daß experimentell an andere Orte, z. B. unter die Haut, versetzte Epithelzellen oft den hierdurch entstandenen Hohlraum auskleiden und so mit Epithel ausgekleidete Zysten bilden.

Entero-
zysten.

In ähnlicher Weise wie die Dermoide von Hautkeimen aus, kommen, wenn auch viel seltener, von abgesprengten Teilen der Darmanlage aus sogenannte **Enterozysten** zustande, d. h. Zysten, deren Wand die Struktur der Darmschleimhaut aufweist, ferner flimmerepitheltragende Zysten aus Anlagen von Gallen-

Branchi-
ogene
Zysten.

gängen etc. Die sogenannten **branchiogenen Zysten** beruhen auf partiellem Persistieren von Kiementaschen, respektive Kiemenfurchen und sitzen am Hals (oder im Nasenrachenraum, oder im Mediastinum) (vgl. darüber Kap. V).

Sonstige
Zysten auf
entwicke-
lungs-
geschicht-
licher
Basis.

Auch mit Zylinderepithel oder Flimmerepithel bekleidete Zysten bestimmter Standorte — des Gehirns (vom Neuralrohr ausgehend), des Zungengrundes (vom Ductus thyreoglossus ausgehend) der Ovarien (Urnierenreste, Epoophoronreste), der Blase (Urachuszysten), der Steißgegend (Canalis neurentericus) — sowie verschiedener Organe seien hier erwähnt. Sie tragen deutliche Beziehungen zu entwickelungsgeschichtlichen Irrungen.

Pathogenese und Ätiologie der Tumoren.

Patho-
genese der
Tumoren.

Von überaus großer Bedeutung ist natürlich die Frage nach der **Entstehung der Tumoren** im allgemeinen. Würde die Lösung dieser Frage doch die erste Vorarbeit für die Erkennung der Genese der einzelnen Tumorformen, besonders der malignen, bedeuten und so den Untergrund für eine rationelle Therapie dieser bieten. Eine gut fundierte Theorie muß alle Tumoren umfassen, da diese ja ineinander übergehen können — benigne in maligne etc. Da die Verhältnisse aber am meisten bei dem gefährlichsten Tumor, dem Karzinom, studiert sind, ist im folgenden hauptsächlich auf dieses Bezug genommen.

Bei der Frage nach der Entstehung der Geschwülste müssen wir möglichst scharf zwischen Ätiologie und Genese, d. h. der Frage nach der formalen und kausalen Genese, trennen. Die Erkenntnis der ersteren involviert noch lange nicht die Ergründung der letzteren.

Reiz-
theorie.

Zunächst liegt es nahe, da die Tumoren als produktive Prozesse den Entzündungen noch relativ am nächsten stehen, sie in ähnlicher Weise wie diese bzw. von ihnen abzuleiten. Es handelt sich hier um die sogenannte Reiztheorie (Irritationstheorie), welche besonders von Virchow, gestützt auf seinen formativen Reiz, angenommen wurde. Es fehlt auch nicht an Erfahrungen, welche auf einen Zusammenhang von Geschwulstbildungen überhaupt mit äußeren mechanischen oder chemischen Schädlichkeiten hinweisen; dies ist bei manchen gutartigen Tumoren der Fall, so bei den Gliomen, deren Auftreten relativ häufig im Anschluß an vor kürzerer oder längerer Zeit erfolgte Traumen (Kopfverletzungen, Gehirnerschütterungen) konstatiert wurde. Auch bei Sarkomen finden wir häufig die Angabe, daß sie im Anschluß an Traumen oder sonstige Reize entstanden seien. Die meisten Beobachtungen jedoch, in denen ein derartiger Zusammenhang angenommen wurde, beziehen sich auf das Karzinom. Gerade bei diesem zeigt sich nun, daß nicht einmalige Reize, sondern nur wiederholte Traumen, oder länger andauernde Entzündungen oder dgl. allein in Betracht kommen können, und, was am wichtigsten ist, es zeigt sich gerade hier besonders deutlich, daß derartige Bedingungen an sich keine Karzinome hervorzurufen vermögen, sondern daß sonstige Bedingungen erfüllt sein müssen, und die Reize dann nur als Auslösungsursache wirksam sind. Nur als solche, nicht als letzte Ursache können wir dieselben also in Rechnung stellen. Außerdem ist es in den Einzelfällen sehr schwer, die Geschwulstbildung mit äußeren Einwirkungen mit Sicherheit und nicht nur mit Wahrscheinlichkeit in Zusammenhang zu bringen. Ganz besonders ist dies bei den Traumen der Fall. Von zahlreichen hierfür ins Feld geführten Beobachtungen halten nur wenige einer ernsten Kritik stand. Mit einiger Wahrscheinlichkeit kann man einen Tumor nur dann auf ein vorausgegangenes Trauma beziehen, wenn seine Entstehung sich unmittelbar daran anschloß, d. h. sich innerhalb der Zeit nach dem Trauma entwickelte, welche nach sonstigen Erfahrungen für die Entstehung eines Tumors von der betreffenden Art gerade notwendig ist. Alle Angaben hingegen über Fälle, in welchen die Geschwulst erst nach jahrelanger Zwischenpause entstanden sein soll, entbehren aller Beweiskraft, wenn nicht besondere Umstände, wie etwa die ganze Zwischenzeit hindurch dauernde chronische Entzündungen oder Anwesenheit eines reizenden Fremdkörpers als Bindeglied die zeitliche Kontinuität herstellen. Und endlich tritt die Zahl der Fälle, in denen der Nachweis eines Zusammenhanges des Tumors mit entzündlichen oder traumatischen Vorgängen mit einiger Wahrscheinlichkeit gelingt, ganz zurück, einerseits gegenüber den zahlreichen Fällen, in denen eine Geschwulst anscheinend ganz spontan, ohne nachweisbare besondere äußere Schädigungen, Entzündungsprozesse oder dgl. auftritt und andererseits gegenüber den zahllosen Fällen von

Jahrzehnte hindurch bestehenden chronischen Entzündungen, welche nicht zur Ausbildung eines Karzinoms oder eines anderen Tumors führen. Trotz alledem soll die Bedeutung äußerer Einflüsse oder chronischer Entzündungsprozesse etc. auf die Geschwulst- und Karzinomgenese als auslösendes Moment in keiner Weise unterschätzt werden; weisen doch bestimmte Formen und Prädilektionsstellen von Karzinomen direkt auf einen solchen Zusammenhang hin. Des weiteren muß auch betont werden, daß sämtliche andere neuere Theorien, welche die Genese des Karzinombzw. Tumorproblems behandeln, auch noch Reize als unmittelbare Auslösungsursache zu Hilfe nehmen müssen. Das Wichtigste also ist, daß diese nach unserer Auffassung keine spezifische Wirkung entfalten, sondern nur als Auslösungsursache fungieren. Man kann die Reize welche in Betracht kommen, in chemische, vornehmlich physikalische und entzündliche einteilen. Unter den chemischen sind die sogen. Schornsteinfegerkrebse bemerkenswert, welche vor allem den Hoden betreffen. Ist hier der Ruß von besonderer Wirkung, so sehen wir dasselbe auch

Chemische Reize.

Fig. 294.
Großes chronisches Magengeschwür mit Krebsentwickelung an dem dem Pylorus zugekehrten Rande.
Aus Fütterer, Ätiologie des Karzinoms etc. Wiesbaden, Bergmann 1901.

unter dem Einfluß des Teers und Paraffins bei den damit in Berührung kommenden Arbeitern, und endlich gehört der Blasenkrebs der Anilinarbeiter hierher. In allen diesen Fällen handelt es sich um chronische Einwirkungen und durch diese bedingte chronisch-entzündliche Prozesse als Vermittler. Hier sollen noch Theorien erwähnt werden, welche an mit der Ernährung zusammenhängende Reize appellieren, doch besitzen diese wenig Beweiskraft. Endlich sind chemische Stoffe mehr theoretisch für die Karzinomentwickelung zu Hilfe gerufen worden, so von B. Fischer die sog. Attraxine, doch handelt es sich bei seinen hochinteressanten Experimenten mit Scharlach R-Öl nur um die Erzeugung von atypischen Epithelwucherungen [nicht von Karzinomen], welche offenbar ähnlich wie in den Versuchen Fr. Reinkes mit Äther als Folgen der Lipoidlösung durch die betreffenden Stoffe aufzufassen sind. Unter den physikalischen Reizen stehen die spezifischen Strahlen in erster Linie. Dienen die Röntgenstrahlen in höchst wirksamer Weise zur therapeutischen Bekämpfung der Tumoren, so können sie bei lange dauernder Verwendung auch ihrerseits auf dem Umwege schwerer Dermatitiden mit Ulzerationen Karzinome

Physikalische Reize.

und in seltenen Fällen auch Sarkome erzeugen. Eine ganze Reihe dieser Unglücksfälle ist bekannt, und ganz vereinzelt hat man auch bei Tierexperimenten Entsprechendes auftreten sehen. Aber auch gerade hier bei diesen von allen Reizen, die für die Karzinomgenese in Betracht kommen, noch am spezifischsten wirkenden Röntgenstrahlen stellt der äußere Reiz doch nur ein Moment dar, das andere muß in der Zelle selbst gelegen sein; nur bestimmte Zellen und nur bei manchen Individuen gehen auf die Röntgenbestrahlung die Tumorentwickelung ein. Ähnliches sehen wir auch bei den Lichtstrahlen, welche Karzinome bewirken, d. h. nur als Auslösungsursachen dienen, bei der als Xeroderma pigmentosum bezeichneten Hautaffektion, welche ihrerseits auf vererbbaren Zelldispositionen beruht. Zu den vornehmlich physikalisch wirkenden Momenten können wir auch die **Traumen** rechnen. Gerade hier aber ist den einzelnen Fällen gegenüber eine fast übertriebene Skepsis angebracht. Nur mehrfache oder anhaltende Traumen scheinen einwirken zu können und auch dann nur auf Grund von durch sie bedingten Entzündungen, Ulzerationen oder Narben. Können wir das Trauma hier auch nur als Auslösungsursache ansehen, so handelt es sich in zahlreichen anderen Fällen auch nur darum, daß das Trauma ein schon angelegtes Karzinom zu schnellerem Wachstum anfacht und so in die Erscheinung treten läßt. Ebenso wie Entzündungen im Anschluß an Traumen können auch andere **Entzündungen** wirksam sein. Hierher gehören geschwürige Prozesse, Narben und endlich spezifische Granulationen wie Tuberkulose, vor allem Lupus, und seltener Syphilis, welche auch als Auslösungsursache für einen Tumor, besonders Karzinom, in Betracht kommen. Es sollen nunmehr noch einige Beispiele, welche mit größter Wahrscheinlichkeit auf einen derartigen Zusammenhang hinweisen, angeführt werden. So werden Mammakarzinome häufig mit Schrunden, mechanischen Insulten beim Saugen u. dgl. in Zusammenhang gebracht; besonders häufig werden bei Karzinomen der Haut traumatische Einwirkungen angenommen, so wird über solche im Anschluß an durch Peitschenhiebe verletzte Haut berichtet; besonders auch an Verbrennungen sich anschließende Narben sollen zur Tumorentstehung disponieren. Daß Karzinom der Gallenblase und Gallensteine überhaupt häufig zusammen vorkommen, ist allgemein bekannt, aus mancherlei Gründen muß man hier die Gallensteine für das Primäre halten; ähnlich steht es mit der Bedeutung spitzer oder kariöser Zähne für das Karzinom der Mundhöhle, oder des Pfeifenrauchens für solche am Mundwinkel (hier mögen auch chemische Einwirkungen des Tabaks mitwirken); Peniskrebs findet sich besonders bei bestehender Phimose. Das Karzinom des Uterus tritt häufiger bei Frauen, welche öfters geboren haben, als bei Nulliparen auf; der Darmkrebs ist besonders an den Umbiegungsstellen des Darmes, welche bei Kotstauungen dem Drucke besonders ausgesetzt sind, lokalisiert; Hautkrebse schließen sich öfters an chronische Ekzeme oder an variköse Unterschenkelgeschwüre, Schleimhautkrebse an Leukoplakien der Mundschleimhaut oder pachydermische Stellen, Magenkrebse an Ulcus rotundum, besonders dessen Narben (Fig. 294), primäre Leberkrebse an Zirrhose an. Auch diese und ähnliche Kombinationen und Prädilektionsstellen weisen auf den Zusammenhang der Reizungen mit der Karzinomgenese hin. Als bestes Beispiel dürfte aber das Karzinom, welches sich an das Betelnußkauen bei manchen Völkerschaften anschließt und vor allem der sog. Kaschmir- oder Kangrikrebs zu nennen sein. In diesem Lande tragen die Leute eine Art Wärmeflasche, den sog. Kangri, auf dem Körper, zumeist auf dem Abdomen und gerade an dieser Stelle, wo sich infolge der Verbrennungen Narben überaus häufig bilden, treten dann in einem großen Prozentsatz der Fälle später Kankroide auf. Alles dies weist auf die Bedeutung äußerer Reize als Auslösungsursache der Tumorentwickelung hin.

Nachdem man Bakterien und andere Mikroparasiten als Erreger vieler entzündlicher Gewebswucherungen kennen gelernt hatte, lag es nahe, die Irritationslehre in dem Sinne zu spezialisieren, daß man **infektiöse Einflüsse auch als Ursache der Geschwulstbildung ins Auge faßte: Infektionstheorie.** Bakterien (Scheurlen), besonders aber Blastomyzeten (Russel, Sanfelice, Plimmer u. a.) und Protozoen (Sjobring, Ruffer, Behla, Feinberg, Schüller u. a.) wurden als Erreger von Tumoren vermutet. Indes ist es bis jetzt in keinem Falle gelungen, **Parasiten irgendwelcher Art als Ursache von echten Geschwülsten nachzuweisen.** So weit bisher diesbezügliche Befunde vorliegen, handelt es sich teils um zufällig in das Geschwulstgewebe geratene Mikroorganismen, teils — namentlich soweit Protozoen in Betracht kommen — um grobe Täuschungen, indem man Degenerationsprodukte der Geschwulstzellen (vgl. oben Fig. 295) und ihrer Kerne, atypische Mitosen, Intussuszeptionen von Zellen und manches andere dgl. für Protozoen ansah. Zwar sind durch Übertragung von Karzinomstückchen von einem Tier auf ein anderes wieder Karzinome hervorgerufen worden, aber es handelt sich hier nur um einfache Transplantationen von Geschwulstkeimen, welche bei einem anderen Tier zum Einheilen und Weiterwachsen gelangen, keineswegs etwa um Übertragung von Infektionserregern. (Über die Versuche von Fibiger s. u.) Ganz ähnlich liegen die Verhältnisse in jenen vereinzelt vorkommen-

Marginal notes:
Traumen.

Entzündungen als Reize.

Parasitäre Ätiologie der Geschwülste.

Gegengründe.

den Fällen von (nicht ganz zutreffend sogenannter) krebsiger „Kontaktinfektion", in denen ein Karzinom von einem Organ aus auf ein anderes mit ihm in Berührung stehendes, z. B. von einer Unterlippe auf die entsprechende Stelle der Oberlippe übergreift; auch hier liegt der Verbreitung des Tumors nur eine Übertragung von Geschwulstpartikelchen, eine Implantation, zugrunde. Auch ist nicht anzunehmen, daß Tumoren durch Kontaktinfektion der Nachbarschaft wachsen, sondern im allgemeinen durch Zellwucherung aus sich. Und auch alles was wir im allgemeinen über die Geschwülste wissen, ist nicht danach angetan, die Annahme einer infektiösen Ursache der Geschwülste wahrscheinlich zu machen; bis jetzt ist kein Infektionserreger bekannt, welcher einzelne bestimmte Gewebsarten (z. B. nur Epithelien oder nur Muskelfasern etc.) zu dauernder Proliferation anregen könnte, und die eigentümliche, gerade das Wesen der Geschwulstbildung bestimmende qualitative Änderung des Gewebscharakters wäre hierdurch nicht erklärt. Gegen eine parasitäre Natur der Tumoren spricht ferner unter anderem die Art ihrer Verbreitung, welche prinzipiell von derjenigen der infektiösen Prozesse verschieden ist; letztere verbreiten sich dadurch, daß die Infektionserreger an andere Orte verschleppt werden und dort Wucherung der Zellen, Eiterung etc. erregen; gelangen z. B. Tuberkelbazillen in eine Lymphdrüse, so bilden sich dort sekundäre Tuberkel aus den Zellen des Lymphdrüsengewebes; bei der Geschwulstmetastase aber werden zellige Bestandteile des Primärtumors selbst verschleppt, und diese bilden an fremden Stellen aus sich neue Tumoren; letztere entstehen nicht aus den Zellen des invadierten Gewebes. Eine parasitäre Ätiologie würde auch voraussetzen, daß für jede Tumor-

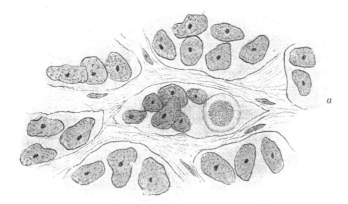

Fig. 295.
Karzinomzellen mit einem an Parasiten erinnernden Einschluß (*a*).

art ein anders gearteter Erreger existierte; dann aber wären Übergänge einer Tumorart in die andere kaum zu erklären. Auch andere für eine Infektiösität und Kontagiosität der Tumoren angeführte Punkte — wie gehäuftes Vorkommen in bestimmten Häusern, in manchen Familien, direkte Ansteckungen etc. — lassen sich zum Teil gut anders erklären, entsprechen zum Teil nicht den Tatsachen.

Aus allem ergibt sich, daß die Infektionstheorie der Tumoren nicht gut begründet ist und wir Parasiten als spezifische Tumor-(Karzinom-)Erreger nicht kennen. Immerhin können fremde Lebewesen in unspezifischer Weise, wie allgemeine Reize als Auslösungsursachen fungieren. Als Beispiel, daß dies in der Tat vorkommt, seien die Bilharziaeier genannt, welche chronische Entzündungen der Blase und nicht selten im Anschlusse daran Karzinome bewirken. Ähnlich verhält es sich in den Fibigerschen Versuchen (s. u.).

Dagegen beweist es natürlich auch nichts, daß manche geschwulstähnliche Gewebswucherungen tatsächlich infektiöser Natur sind, wie das für die gewöhnlichen Hautwarzen nachgewiesen wurde; viel eher ergibt sich hieraus der Schluß, daß derartige Gebilde und vielleicht noch manches andere (etwa das Epulis genannte Riesenzellensarkom) eben keine echten Tumoren darstellen, sondern zu den infektiösen Granulationen zu rechnen sind, die ja eine Art Mittelstellung zwischen den echten Tumoren und entzündlichen Neubildungen darstellen. Auch etwa die Krebszelle selbst für ein fremdes Lebewesen, besonders ein Protozoon zu halten, welches eingedrungen ist und jetzt schmarotzt, wie es mehrfach geschehen ist, ist vollkommen unmöglich. Wollen wir den Vergleich mit parasitären Krankheiten ziehen, so betrachten wir am besten die Tumorzellen selbst als zwar dem eigenen Körper entstammende, aber für den Körper parasitär wuchernde Elemente. Auch etwa eigenartige Befruchtungsvorgänge zwischen arteigenen Zellen verschiedener Art zur Erklärung der Tumorzellen besonders Karzinomzellen anzunehmen, gehört zu den phantastischsten, jede reale Basis verlassenden Vorstellungen. Hier handelt es sich nur darum, daß Tumorzellen andere Zellen z. B. Leukozyten phagozytär einschließen können, wie wir das ja auch sonst sehen.

Den Tumorzellen selbst eigene Eigenschaften. Nach dem Versagen der Infektions- und der reinen Reiztheorie lenkten sich die Blicke von selbst auf die Beschaffenheit der Tumorzellen selbst, d. h. auf die Eigenschaften, welche sie zu Tumorzellen stempeln. Diese Frage ist ganz besonders für das Karzinom unter dem Gesichtspunkt in Angriff genommen worden, ob bei ihm eine „Nachgiebigkeit" des Bindegewebes die Epithelwucherung einleitet oder ob letzteres von sich aus primär proliferiert. Die erste im Hinblick auf diese Frage die Karzinomgenese betrachtende Theorie war diejenige von Thiersch. Nach ihm sollte das Epithel im Alter zu Karzinomzellen werden, „wenn das statische Gleichgewicht, in welchem seit Ablauf der Entwickelung die anatomischen Gegensätze des Epithels und Stroma verharrten, gestört ist" und ein Grenzkrieg zwischen Epithel und Bindegewebe infolge der eingetretenen Schwäche des letzteren zum Siege des ersteren, d. h. zu seinem Wachstum führt. **Thiersche Theorie.** Ähnliche Theorien sind auch später modernisiert und kombiniert mit der Reiztheorie aufgestellt worden, aber wenn sie auch ein nicht unwichtiges Moment enthalten, die Karzinomentstehung können sie nicht befriedigend lösen. Dagegen sprechen schon die Karzinome des jugendlichen Alters und vor allem das schrankenlose Wuchern der Karzinomelemente. Immer mehr und mehr **Andere, die Geschwulstentwickelung und das Wachstum derselben begünstigende Momente.** brach sich daher die Anschauung Bahn, daß der primäre Vorgang im Epithel gelegen ist, d. h. daß dieses sich biologisch verändert, gewissermaßen entgleist, und so zu Karzinomzellen wird. Insbesondere Hauser und v. Hansemann haben diese Verhältnisse näher ergründet. Die Epithelzellen lösen sich aus dem physiologischen Verbande; sie entziehen sich dem „Altruismus" der übrigen Körperzellen und wuchern auf eigene Faust. Besonders junge, durch Teilung entstehende Zellen zeigen diese Eigenschaften (neue Zellrassen, Hauser). Diese wuchernden Zellen sind wenig hoch differenziert und üben keine oder nur geringe Funktion aus; daß sie aber überhaupt noch funktionieren können, beweisen doch Leberkarzinome, die noch Galle sezernieren, Karzinome der Schilddrüse, die Kolloid enthalten, Schleimkrebse, verhornende Tumoren etc. Die Funktion kommt allerdings dem Körper wohl fast stets nicht zugute; funktionieren also die wuchernden Zellen nicht oder wenig, so sind sie um so mehr gerade zu Wachstum und Vermehrung geneigt. So sehen wir auch im Tierreich je weiter wir hinabgehen, je geringer die Differenzierung ist, desto größer die Regenerationsfähigkeit ganzer Teile; man denke z. B. an den Regenwurm. In geistreicher Weise hat daher v. Hansemann die Geschwulstbildung des Menschen und der höheren Tiere mit der Regeneration niederer Tiere bzw. der Knospung der Pflanzen verglichen. Die wuchernden Zellen werden nun bei ihrer Wucherung die Nahrung, da sie ja mehr derselben brauchen, und vor allem gerade die Wuchsstoffe, gierig an sich reißen, und so die Nachbarn schädigen. Je mehr diese aber atrophieren, desto mehr ist infolge der Entspannung den Geschwulstzellen Gelegenheit zur Weiterwucherung gegeben. Vielleicht ist auch die Avidität der Körperzellen zuerst herabgesetzt (Ehrlich), so daß die zu Geschwulstzellen werdenden Zellen somit um so größere Avidität bezeugen. Eine Zeitlang glaubte man das Wesen der so entarteten Epithelien in atypischen Mitosen sehen zu können (v. Hansemann), aber treten diese auch in Tumoren besonders häufig auf, so finden sie sich doch auch sonst in schnell wachsenden Geweben und sind nur als ein Zeichen überstürzter Neubildung aufzufassen. Alle diese Eigenschaften aber, welche die Karzinomzellen von den Körperzellen unterscheiden, kann man sehr gut mit dem von v. Hanse- **Anaplasie.** mann geprägten Ausdruck Anaplasie bezeichnen. (Beneke spricht, um den Niedergang der Zellen schärfer zum Ausdruck zu bringen, von Kataplasie.) Diese primäre biologische Entartung des Epithels wurde allerdings von Ribbert in Zweifel gezogen, welcher wieder die ersten Veränderungen bei der Karzinomentstehung in das Bindegewebe versetzte. Hier sollten sich primäre zellige Umwandlungen abspielen und das Epithel nunmehr ähnlich wie bei Bildung von Drüsen in die Tiefe sprossen, bei dem Wachstum isoliert ausgeschaltet werden und infolgedessen unabhängig im Sinne des Karzinoms wuchern. Da sich diese Vorgänge aber zum mindesten nicht in allen Fällen abspielen und die Veränderungen des Bindegewebes zumeist nicht primär, sondern nur sekundär sind, hat auch Ribbert seine Theorie modifiziert, und sie hat an der Überzeugung der meisten Autoren, daß die Entartung der Epithelzelle, welche sie zur Karzinomzelle stempelt, das den Prozeß Einleitende und Wesentliche ist, nicht rütteln können.

Bei der Entartung der Epithelien beim Karzinom und dementsprechend von anderen Elementen bei anderen Tumoren sind wir bisher von der Voraussetzung ausgegangen, daß die Tumoren von vorher normalen und in normaler Weise in das Organgewebe eingefügten Gewebsterritorien ihren Ausgang nehmen. Jene Zellen also sollten entdifferenziert und somit besonders wucherungsfähig geworden sein. Es läßt sich nun aber auch a priori vorstellen, daß es sich hier um Zellen handelt, welche von vornherein unterdifferenziert oder sonst infolge entwickelungsgeschichtlicher Vorgänge entgleist waren, und daß diese Zellen hierdurch begünstigt auf irgendwelche äußeren Anstösse hin in das Stadium des Wucherns gelangten; und tatsächlich läßt sich der Nachweis führen, daß in vielen Fällen die Geschwulstbildung von **angeborenen Anomalien** ihren Ausgang nimmt. Zu solchen gehören in erster Linie die angeborenen Gewebsverlagerungen. Verhältnismäßig häufig finden wir Gewebsteile, ja selbst größere Organbezirke aus ihrem normalen Zusammenhang versprengt, d. h. schon im Verlauf der Entwickelung an Stellen verlagert, wo sie nicht hingehören; so werden nicht selten umschriebene Bezirke von Nebennierensubstanz, sogenannte Nebennierenkeime, innerhalb der Nieren oder der Leber angetroffen, ebenso verlagerte Epidermiskeime in inneren Organen (Ovarien); vieles weist darauf hin, daß solche angeborene Gewebstranspositionen ein häufiges Vorkommnis darstellen. Auf sie ist auch zum Teil die Entstehung der sogenannten „Nebenorgane“ (Nebenmilz, Nebenpankreas u. a.) zurückzuführen. Gerade aus angeborenen Gewebstranspositionen können nun unter Umständen echte Neoplasmen evtl. mit autonomer Wachstumsfähigkeit und malignen Eigenschaften hervorgehen; aus Nebennierenkeimen entstehen adenomartige Geschwülste, aus versprengten Muskelkeimen Myome, aus versprengten Epidermiskeimen Karzinome.

Angeborene Anomalien als Grundlage der Geschwülste.

Naturgemäß hat diese Ableitung von Tumoren von Entwickelungsanomalien nichts gemein mit der Ansicht, die Tumorzelle, besonders Karzinomzelle selbst als eine im Körper liegen gebliebene und schmarotzende Embryonalzelle oder gar eine eingedrungene nicht arteigene fremde Zelle zu halten. Wo solche phantastischen Vorstellungen auftauchten, konnten sie keinen Anklang finden.

Die Bedeutung, welche dem Gesagten zufolge Entwickelungsanomalien und Gewebsverlagerungen für die Genese der Tumoren zukommt, hat Veranlassung gegeben, Hypothesen aufzustellen, welche die Ursache der Geschwulstbildung überhaupt in **Gewebsverlagerungen oder angeborenen Mißbildungen** suchen. Cohnheim hat zuerst den Gedanken ausgeführt, daß Neoplasmen aus verlagerten, d. h. in der Entwickelungsperiode aus ihrem normalen Verband versprengten Gewebskeimen hervorgehen (Cohnheimsche Theorie der fötalen Geschwulstanlage). So gewiß nun ein derartiger Ursprung für eine nicht kleine Anzahl von Tumoren anzunehmen ist, welche an Orten auftreten, die normalerweise das die betreffende Geschwulst zusammensetzende Gewebe gar nicht enthalten (Adenome in der Uterusmuskulatur, Knorpel und quergestreifte Muskulatur enthaltende Geschwülste im Hoden oder der Parotis, der Harnblase, Nebennierentumoren etc.), so wenig ist eine Verallgemeinerung der Cohnheimschen Hypothese und Anwendung derselben auf alle Tumoren möglich.

Cohnheimsche Theorie.

Außer diesen Anomalien, welche in das Gebiet der makroskopisch sichtbaren oder auf jeden Fall mikroskopisch leicht erkennbaren gehören, müssen wir nun aber noch ganz geringfügige Versprengungen einzelner Zellgruppen in nächste Nähe ihrer eigentlichen Standorte berücksichtigen. Auf diese Fälle ist erst in neuerer Zeit mehr geachtet worden; sie scheinen ein überaus häufiges Vorkommnis darzustellen. So werden einzelne Epidermiszellen in die oberste Kutis versprengt, einzelne Drüsenepithelien von Schleimhäuten, z. B. Magen, in die Submukosa. In der Tat leiten manche Autoren gerade von diesen kleinsten embryonalen Versprengungen eine große Zahl der Tumoren solcher Gegenden ab.

Kleine embryonale Verlagerungen und Irrungen.

Nun kommen ferner noch andere embryonale Irrungen in Betracht, die man als Gewebsmißbildungen zusammenfassen kann. So können Zellgruppen auf einer embryonalen Stufe der Entwickelung stehen bleiben, ohne die völlige Reifung der übrigen Zellen mitzumachen. Sie sind daher indifferenter Natur. Sie können unverwendet liegen bleiben. Über diese Gewebsmißbildungen und besonders diejenigen Formen, welche zu Tumoren disponieren, siehe das Genauere unten. Offenkundig treten dieselben als Grundlage von Tumoren z. B. zutage bei den Nävi oder angeborenen Warzen der Haut, aus welchen sich im späteren Leben echte maligne Tumoren entwickeln, oder bei den Angiomen. Auch ist oben schon besprochen, daß entwickelungsgeschichtliche Irrungen als Grundlage der Teratome und Mischgeschwülste anzunehmen sind. Des weiteren können infolge noch feinerer entwickelungsgeschichtlicher Vorgänge Zellen aus ihrem embryonalen Leben gewisse „Dispositionen“ besitzen, welche den übrigen Zellen nicht zukommen. Die geringsten Veränderungen oder besser gesagt Anomalien solcher Zellen können wir naturgemäß nicht unter dem Mikroskop wahrnehmen, da sie sich ja in nichts von den anderen Zellen morphologisch zu unterscheiden brauchen. Wir können nur aus späteren Formveränderungen etc. das Vorhandensein solcher Zellen und ihre Rückdatierung ins embryonale

Gewebsmißbildungen.

Solche als Grundlage der Geschwulstbildung.

Leben erschließen. Es ist angenommen worden, daß in den meisten Organen schon normaliter gewisse Zellgruppen ihre embryonale besondere Wucherungsfähigkeit erhalten haben, so daß sie auch im späteren Leben zu besonderer Proliferation zunächst nur beim Wachstum und dem regenerativen Ersatz befähigt sind. Auch solche Zellterritorien, sogenannte „Wachstumszentren", scheinen Beziehungen zu Geschwülsten zu haben. Erst recht wird dies bei an atypischer Stelle gelegenen „disponierten" Zellen der Fall sein.

In allen diesen Fällen ist es zunächst das embryonale Verhalten der Zellen, ferner aber auch ihre veränderte Einfügung, welche zu progressivem Wachstum befähigt. Ersteres betonte Cohnheim mehr, letzteres Ribbert. Es müssen ja veränderte Wachstumsbeziehungen zu der Umgebung verglichen mit dem gewöhnlichen Zellverband herrschen. So können also hier die Schranken, welche die Zellen aneinander ketten, leichter wegfallen; die bioplastische Energie der bisher im Zaum gehaltenen embryonal mißbildeten Zellen kann oder muß wieder aktiv werden. „Wieder", denn sie ist ja an und für sich eine ererbte Fähigkeit aller Zellen überhaupt, auf der auch die embryonale Entwickelung beruht. In allen diesen Fällen muß aber noch eine Auslösungsursache hinzutreten, um Widerstände wegzuschaffen, nur daß diese bei den schon so wie so in anderem Verband mit der Umgebung stehenden versprengten etc. Zellen nur sehr unbedeutend zu sein braucht. Es genügt hier wohl ein kleines Trauma, eine unbedeutende Entzündung, oder es brauchen nur kleinste Einwirkungen einzutreten, welche sich unserer Erkenntnis noch vollständig entziehen. Daß eine solche Auslösungsursache noch nötig ist, das geht schon daraus hervor, daß versprengte Keime und dergleichen meist erst in höherem Alter geschwulstmäßig wuchern, obwohl sie schon aus dem intrauterinen Leben stammen.

Alle Zellen nun, welche aus den beschriebenen Gründen in Form von Geschwülsten selbständig wuchern, werden bestrebt sein, ein Organ zu bilden, welches ihrer eigenen Gewebsart entspricht. Dies Bestreben besitzen sie ja aus der Embryonalzeit. Bei der unbegrenzten Wucherung müssen sie es, wenn sie es etwa verloren haben, wieder gewinnen. Waren die Zellen embryonal versprengt oder auf embryonaler Stufe geblieben, so wird ihnen naturgemäß die Fähigkeit zukommen, organähnlichere Bildungen hervorzurufen, und je tiefer die embryonale Stufe ist, auf der sie stehen geblieben, desto größer wird ihre Fähigkeit sein, mehrere Gewebsarten zu produzieren — da, je weiter wir im embryonalen Leben zurückgehen, desto größer ja naturgemäß die prospektive Potenz sein muß —, d. h. kompliziert gebaute Tumoren zu bilden. So sahen wir ja in der Tat die kompliziertesten Tumoren, wie Teratome und Mischgeschwülste, gerade auf frühesten embryonalen Abnormitäten beruhen. Aber nie werden bei jenen Geschwulstproliferationen wirkliche Organe zustande kommen, sondern nur mißglückte, organähnliche Gebilde, „Organoide" (E. Albrecht), und das sind eben die Geschwülste. Es geht dies ja schon daraus hervor, daß die nachbarlichen Verhältnisse, die entwickelungsmechanischen Bedingungen, jetzt bei den nun in den Organismus eingeschlossenen Zellen ganz andere sind, als zur Zeit der embryonalen Entwickelung. Am deutlichsten tritt dies hervor bei gewissen Fehlbildungen von Organen, welche zwar zu den Tumoren gerechnet werden und bei diesen mitbesprochen wurden, welche aber nur Fehlern in der geweblichen Zusammensetzung (Hamartome nach Albrecht) oder Abtrennungen und Verlagerungen von Gewebskeimen (Choristome nach Albrecht) ihre Entstehung verdanken und somit, wenn auch weniger augenfällig wie die schon Cohnheim bekannten Fälle, auf entwickelungsgeschichtliche Anomalien zu beziehen sind (siehe unter Gewebsmißbildungen unten). Hierher gehören zahlreiche Fibrome (der Niere, der Mamma, der Haut), Myome, Lipome, Kavernome, Nävi etc. etc. Hier ist eine scharfe Grenze zwischen einfacher Mißbildung (Gewebsmißbildung) und Geschwulst nicht zu ziehen, ebenso wie ja auch die Grenzen zwischen höchstdifferenzierten Tumoren (Teratomen) und echten Mißbildungen keine scharfen sind. Auch solche Punkte weisen auf den nahen Zusammenhang zwischen Tumoren und Entwickelungsanomalien hin.

Zu erwähnen ist noch, daß manche Autoren (Borst) sogar noch einen Schritt weiter rückwärts gehen und zur Tumorerklärung schon von der Amphimixis her den Zellen zukommende, ererbte, auf Variationen des Idioplasmas beruhende, Eigentümlichkeiten heranziehen.

Das wesentliche Moment all dieser Befunde und Theorien ist also darin zu suchen, daß Zellen, infolge embryonaler Irrung mit später einsetzender auslösender Ursache, die ihnen angeborene Proliferationsfähigkeit frei schalten und walten lassen und somit selbständig wuchernd eine Geschwulst bilden.

Diese Tumoren fassen wir am besten als dysontogenetische zusammen. Man muß sich aber vor der Verallgemeinerung hüten, nun alle Tumoren von entwickelungsgeschichtlichen Anomalien ableiten zu wollen.

Mit der Ableitung von embryonalen Irrungen ist weiterhin im besten Falle nur die formale

Genese erklärt, d. h. die Art und Weise, „wie" der Tumor zustande kommt. Der kausalen Genese, welche das „warum" erklärt, sind wir aber damit nicht näher getreten. Denn warum wachsen denn eben die ausgeschalteten Zellen dauernd und selbständig weiter, warum wuchern sie nicht, bis der Zellverband wieder ein fester ist und hören dann damit auf, wie wir dies bei der Regeneration, Entzündung und bis zu einer gewissen Grenze bei der Hypertrophie gesehen haben?

Eine solche Überlegung zwingt uns, da wir die „einfachste" kausale Genese, die Annahme einer äußeren Ursache in Gestalt eines „Erregers" ablehnen mußten (s. S. 25) und die Reize auch nicht als letzte Ursache, sondern nur als Auslösungsursache in Betracht kommen, wie oben dargelegt, eben zur Annahme noch eines in der Zelle gelegenen „inneren" Momentes. Wenn ein Individuum Tuberkulose bekommt ein anderes nicht, wenn unter ganz den gleichen Bedingungen ein Mensch infiziert wird, ein anderer nicht, so sagen wir eben, der erstere war für die Tuberkulose, für die Infektion „disponiert", der zweite nicht. Ebenso wissen wir, daß verschiedene Menschen ganz verschiedene Fähigkeit der Fortpflanzung besitzen, und ebenso sind die Wachstumsbedingungen ganz verschiedene. Die Mitglieder der einen Familie sind zu bedeutender Größe „disponiert", die anderen bleiben klein. Ebenso können wir uns vorstellen, daß wie die einzelnen Individuen, so auch die einzelnen Zellen eines Individuums ganz verschieden zu Wachstum und Fortpflanzung disponiert sind. Einzelne Zellen werden eben zu besonderem Wachstum und somit zu der Geschwulstbildung befähigt sein. Wenn wir nun bei den meisten Erkrankungen die genaueren Veränderungen, auf welchen eine solche Disposition beruht, nicht kennen und bei der Tuberkulose z. B. erst jetzt einer jener Veränderungen morphologisch näher treten konnten, so hat es sicher nichts Verwunderliches, daß wir den Einzelzellen, über deren genaue Lebensäußerungen und deren feinsten chemischen Aufbau wir ja nicht weiter orientiert sind, bei den hier herrschenden zudem subtilsten Verhältnissen eine Abweichung von der Norm, worauf diese Disposition beruhte, nicht ansehen können. Wir können wie bei den meisten Erkrankungen die Disposition einzelner Individuen, so hier bei den Geschwülsten die Disposition einzelner Zellen zur selbständigen dauernden Wucherung nur erschließen. Diese besondere Disposition ist nun aber eben am leichtesten verständlich bei den embryonal ausgeschalteten Zellen. Mögen sie an eine fremde Stelle versprengt worden sein, mögen sie auf einer indifferenten Stufe stehen geblieben sein oder dgl., in jedem Falle werden sie, besonders soweit sie noch einem embryonalen Typus entsprechen, wie ja alle embryonalen Zellen, hochgradige aktive bioplastische Energie, also besondere Disposition (sobald es ihnen möglich ist) zu schrankenlosem Wuchern besitzen. In ähnlicher Weise können nun auch andere Zellen, wie etwa jene oben erwähnten Wachstumszentren, von ihrer embryonalen Zeit her eine besondere Disposition hierfür besitzen. In diesen Fällen läge also angeborene Disposition vor. Aber vielleicht kann sie auch erworben sein. Worin im speziellen die besonderen Eigenschaften dieser Zellen begründet sind, ist nicht zu sagen. Man hat daran gedacht, daß normaliter den Zellen zugehörende Stoffe, welche als Wachstumshemmungen fungieren und immer wieder restituiert werden, solchen Zellen verloren gehen (v. Dungern und Werner) oder überhaupt nicht innewohnen. Man kann dabei an Lipoidstoffe denken, deren Lösung ja mit der parthenogenetischen Befruchtung in Verbindung zu stehen scheint (Loeb). Mangel oder Verlust solcher Lipoidstoffe könnte das Wuchern der Zellen erklären (Versuche von Reinke), doch ist alles dies rein hypothetisch.

Wir hätten somit also zwei Momente, welche zusammenwirken müssen, ein inneres und ein äußeres, die Disposition und die Auslösung — erstere befähigt die Zellen zu besonderem Wachstum, letztere regt sie hierzu erst an, indem sie jene freimacht —, ganz ähnlich wie bei einer Infektion etwa mit Tuberkelbazillen die Disposition das innere Moment, der Bazillus das äußere darstellt. Und wie dort je stärker das eine Moment hervortritt, desto geringer das andere einzuwirken braucht, so auch hier bei der Geschwulstgenese. Bei den Keimversprengungen und ähnlichem ist die Disposition eine besonders große, auch die Ausschaltung ist schon vorbereitet. Die geringste Einwirkung bewirkt letztere und infolge ersterer die Tumorbildung. Der so sehr häufige Zusammenhang von Tumoren mit Keimversprengungen im weitesten Sinne des Wortes, wie wir ihn bei vielen Tumoren erwähnt, wie er aber noch bei weit zahlreicheren hervortritt, wäre so ungezwungen erklärt. In anderen Fällen mag die Disposition der Zellen zum Wuchern vielleicht erst erworben sein. Auch hier genügt ein kleines auslösendes, nicht wahrnehmbares Moment, um die besondere bioplastische Kraft freizumachen. Das erste, was wir hier also wahrnehmen können, sind Veränderungen der wuchernden Zellen selbst. Andererseits kann ein schweres Trauma, Entzündung oder dgl., das zweite, d. h. das auslösende Moment in den Vordergrund stellen, hier genügt also eine relativ geringere Disposition, damit ein Tumor entsteht. Auf diese Weise wird es verständlich, warum die Anaplasie der Zellen in den zuerst erwähnten Fällen als erstes Zeichen an den wuchernden Zellen auftritt — v. Hansemann, Hauser —, in den letzt-

Disposition einzelner Zellgruppen zur Proliferation.

Eventuelle Beziehungen der Lipoidstoffe zur Tumorbildung.

Zusammenwirken von Zellausschaltung und Disposition bei der Geschwulstgenese.

erwähnten erst sekundär, nachdem sich in der Umgebung sichtbare Veränderungen abgespielt haben — Ribbert. Das erste entspräche eben dem Fall mit großer Disposition der Zellen zum Wuchern und unsichtbarer Auslösungsursache, das letztere dem Fall geringerer Disposition und bedeutenderer, auch morphologisch wahrnehmbarer Auslösungsursache. So können wir uns vorstellen, wie und warum bestimmte Zellen regellos zu wuchern beginnen.

Mitwirkung der Zelltoxine bei der Geschwulstverbreitung. Sekundär können nun wahrscheinlich die Geschwulstzellen ihre Umgebung auch durch ihre Stoffwechselprodukte, durch die von ihnen hervorgebrachten Toxine schädigen. Diese werden im allgemeinen bei den gutartigen Tumoren gering sein. Aber gerade darin, daß besonders zahlreiche und schädigende Toxine abgegeben werden, kann man das Wesen der malignen Tumoren mit destruierendem Wachstum erblicken. So wäre der Übergang einer gutartigen in eine bösartige Geschwulst erklärbar, und vor allem, es wäre jede prinzipielle Verschiedenheit zwischen beiden beseitigt. Und dies entspricht ja den Tatsachen, indem hier keine Scheidewand besteht, jede gutartige Geschwulstform gelegentlich destruierend wachsen kann. Auf die Toxine weist die Reaktion im Bindegewebe beim Karzinom (einer Entzündung gleichzusetzen) hin. Diese Toxine also ebnen den weiterwachsenden Tumorzellen, indem sie die Umgebung gewissermaßen säubern, den Boden; sie sind ihre Avantgarde; so kommt es, da es ja keinen Halt gibt, zum destruierenden Wachstum, das weiter gehen kann, bis der Tod eintritt. Und die Zellen, die in Lymphbahnen, in Gefäße eindringen und verschleppt werden, sie bringen die Toxine mit; ihre Tochterzellen produzieren sie ebenso; so ebnen sie sich auch hier gleich den Boden zu destruierendem Wachstum, und es wäre so die Metastasenbildung zu erklären.

Beziehungen allgemeiner Körperzustände zur Geschwulstbildung. Daß außer den lokalen Gründen der Geschwulstentstehung auch Beziehungen zu allgemeinen Zuständen des Gesamtorganismus bestehen, geht schon daraus hervor, daß gewisse Tumoren fast nur im Anschluß an Schwangerschaften, oder im Alter, oder zur Pubertätszeit etc. auftreten. Hier ist die Umänderung allgemeiner Wachstumsbedingungen in Betracht zu ziehen.

Komplexes Verhalten der Geschwulstgenese. Wir haben im vorstehenden die Vorstellungen, die man sich von der Genese der Tumoren machen kann, etwas genauer dargestellt, da es sich doch um ein äußerst wichtiges Gebiet handelt, betonen aber nochmals, wie unvollkommen unsere Kenntnisse noch auf diesem sind; handelt es sich doch bei allen diesen Ausführungen nur um eine Theorie oder vielmehr um eine Zusammenfügung mehrerer Theorien. Als wichtiger Grundsatz geht aber aus dieser Darstellung hervor, daß es nicht eine Ursache der Tumoren und insbesondere des Karzinoms gibt, sondern wahrscheinlich zahlreiche, da die Auslösung der an sich auch verschieden zu deutenden Proliferationsdisposition ja in der verschiedensten Weise bewirkt werden kann.

Das Karzinom kommt bei allen Menschenrassen, sowie bei allen Tieren vor. Doch finden sich Tumoren, und besonders das Karzinom, bei primitiven Menschenrassen relativ seltener. Die Zunahme des Karzinoms bei den kultivierten Nationen hängt mit im einzelnen noch unbekannten Momenten der Lebensgewohnheiten, wie sie die Kultur mit sich bringt, zusammen. Zudem ergibt sich aus den Statistiken eine ständige Zunahme der Karzinomzahlen (im Gegensatz zu den Tuberkulosezahlen) in fast allen Ländern.

Experimentelle Tumorforschung. Auch das Experiment, welches vielfach herangezogen wurde, hat auf dem Gebiete der Geschwulstentstehung bisher keine greifbaren Erfolge erzielt. Doch ist es gelungen, Tumoren von einem Tier auf ein anderes zu übertragen, gewissermaßen zu metastasieren, und hierbei haben gewisse Tiertumoren in den Händen von Jensen, Ehrlich-Apolant etc. wichtige Ergebnisse, vor allem das Weiterwachsen und die Verbreitung der Tumoren betreffend, gezeitigt; es können hier nur einige Punkte ganz kurz angedeutet werden. Es handelt sich um Karzinome, Sarkome, Chondrome, Mischtumoren bei Mäusen und Ratten (sowie evtl. beim Hund). Die Tumoren sind nur bei ganz nahe verwandten Arten übertragbar. Am meisten wurde mit dem Mammakarzinom der Mäuse experimentiert. Die Virulenz konnte bei den Übertragungen künstlich gesteigert oder herabgesetzt werden. Auch die Tumoren verhielten sich morphologisch variabel. Am interessantesten ist wohl, daß in einer Reihe von Fällen in Karzinomen spontan Sarkom (wahrscheinlich infolge von Stoffen, welche von den Karzinomzellen produziert werden) auftrat und diese Tumoren sich in reinem Sarkom fortentwickelten. Mischungen von Tumoren zeigen die verschiedene Entwickelungsfähigkeit und bei mancherlei Vorbehandlung die verschiedene Widerstandsfähigkeit der einzelnen Komponenten. Echte Mischtumoren konnten so erzeugt werden.

Besonders wichtig sind die aus den Experimenten zu ziehenden Schlüsse auf die Immunität (besonders Panimmunität, seltener spezifische), insbesondere die von Ehrlich sogenannte atreptische Immunität, welche mit der Avidität der Zellen für bestimmte Wuchs- und Nährstoffe zusammenhängt. Auch Fragen der Vererbbarkeit der Tumoren wurden, wenn auch widerspruchsvoll, in Angriff genommen, des weiteren interessante therapeutische Versuche. So beschrieb v. Wassermann und v. Hansemann Versuche mit Selen oder Tellurkarbonat zusammen mit Eosin, wobei es zu Kernzerfall und zu Zellzerfall der Tiertumoren kommt. Ähnlich wirken nach den Versuchen von Neuberg und seinen Mitarbeitern Metalle, wie Silber und Kobalt, wobei autolytischer Zerfall der Tumormassen einsetzt.

Sehr wichtig sind neue Versuche von Fibiger. Er fand im Magen von Ratten, welche eine Nematode der Gattung Spiroptera zugehörig enthalten, Epithelhyperplasien bis zur Ausbildung von Papillomen. Als Überträger der Nematoden dient die Schabe (Periplaneta americana oder orientalis). Man kann die Veränderung durch Verfütterung der Schaben bei den Ratten künstlich erzeugen, und hierbei schloß sich in einigen Fällen an die Papillome Entwickelung maligner, Metastasen setzender, Tumoren an.

Aber die Tumoren der Tiere differieren in wichtigen Punkten von denen des Menschen. Sichere Rückschlüsse aus jenen Experimenten auf die gleichen Verhältnisse bei den menschlichen Geschwülsten sind trotz der Bedeutung jener Forschungen zunächst nur sehr schwer und vorsichtig zu ziehen.

Anhang:

Geschwulstartige primäre Wucherungen des lymphatischen und hämatopoetischen Apparates (Hämoblastosen).

Als Anhang an die Tumoren wollen wir eine Gruppe diesen nahestehender Bildungen besprechen, welche von den Blut- und Lymphbildungsapparaten ausgehen, und die Orth als Hämoblastosen bezeichnet hat. Hier kommen einmal das Knochenmark als blutbildendes Organ in Betracht, andererseits als lymphatischer Gesamtapparat alle Fundorte lymphatischen Gewebes, also außer den Lymphdrüsen und dem Thymus die Tonsillen, Lymphfollikel der Schleimhäute und großen Drüsen, die Milz und endlich auch das Knochenmark sowie Lymphozytenansammlungen im Bindegewebe. Man muß alle diese Gewebe zum „lymphatischen Apparat" einheitlich zusammenfassen. Wir nehmen diese Erkrankungen aus dem speziellen Teile heraus, weil sie zumeist einen größeren Teil des Körpers und eine größere Reihe von Geweben befallen. Obwohl sie große Wichtigkeit beanspruchen, können wir sie hier nur ganz kurz abhandeln, da ihre Abgrenzung, Nomenklatur und Stellung im System noch ganz verschieden beurteilt werden.

Es gehören in dies Gebiet die verschiedenen Formen der Leukämie und Pseudoleukämie, das Lymphosarkom, das Lymphogranulom, ferner das Myelom und Chlorom. Manche dieser Erkrankungen mögen Übergänge ineinander bieten, doch bestehen erhebliche Unterschiede zwischen ihnen. Erst die feinste Zell- und Zellgranula-Methodik hat die Gruppierung ermöglicht. Diese Erkrankungen, welche unbedingt zu den progressiven Prozessen zu rechnen sind, entsprechen zum Teil echten Neoplasmen fast vollständig, zum Teil erinnern sie mehr an entzündliche Granulationen. Ist es auch als sehr wahrscheinlich zu betrachten, daß diese Krankheiten zum Teil wenigstens spezifischen Erregern ihre Entstehung verdanken und sich auch hierdurch von den Tumoren trennen lassen, so sind solche doch auf jeden Fall nicht sicher festgestellt.

Wir wollen hier kurz eine

Einteilung der Blutzellen,

welche zum Verständnis dieser Erkrankungen nötig ist, vorausschicken. Die erste Abstammung der Leukozyten und Lymphozyten wird nicht einheitlich beurteilt. Nach der dualistischen Anschauung, auf deren Boden wir uns stellen wollen, bilden die Lymphozyten und die Granulozyten, welch letztere als Endglied ihrer Entwickelung die Leukozyten aufweisen, zwei völlig getrennte Reihen. Letztere stammen in erster Instanz wohl ebenso wie die roten Blutkörperchen von Blutgefäßendothelien ab.

A. Rote Blutkörperchen. Aus den Ursprungszellen bilden sich zunächst kernhaltige Zellen mit reichlichem basophilem Protoplasma, Erythroblasten. Aus diesen entwickeln sich dadurch, daß das Protoplasma Hämoglobin aufweist (Rotfärbung mit Eosin) die (kernhaltigen) hämoglobinhaltigen Erythroblasten. Diese bilden sich durch Kernverlust, wohl zumeist durch Kernauflösung, zu den kernfreien hämoglobinhaltigen Erythrozyten, den napfförmigen roten Blutkörperchen des fließenden Blutes um. Nur letztere finden sich unter normalen Bedingungen im Blut, die Vorstufen im Knochenmark etc. Die hämoglobinhaltigen Zellen erscheinen gelb gefärbt.

B. Granulozyten-(Leukozyten-)Reihe. (Fig. 309.) Aus den Endothelien bilden sich zunächst die granulafreien einkernigen Myeloblasten. Diese entwickeln sich durch Ausbildung von Granula zu den Myelozyten. Teilweise zeigen diese Granula Färbung mit sauren Farbstoffen (Eosin); die diese Granula enthaltenden Zellen heißen azidophile oder eosinophile Myelozyten; ein anderer Teil färbt sich mit basischen Farbstoffen = basophile Myelozyten und ein letzter endlich mit neutralen Gemischen = neutrophile Myelozyten. Indem nun aus dem runden einfachen Kerne fragmentierte polymorphe Kerne hervorgehen, entstehen die reifen Leukozyten, die die entsprechenden Granula wie die eben geschilderten Myelozyten aufweisen: also die neutrophilen Leukozyten, die die Hauptmasse der weißen Blutzellen (über 70% der letzteren) darstellen, die eosinophilen Leukozyten und die basophilen Leukozyten, zu denen vor allem die Mastzellen (Fig. 304) gehören. Nur diese reifen polymorphkernigen

Marginal notes:
Geschwulstartige primäre Wucherungen des lymphatischen und hämatopoetischen Apparates.

Einteilung der Blutzellen:

A. Rote Blutkörperchen.

B. Granulozyten-(Leukozyten-)Reihe.

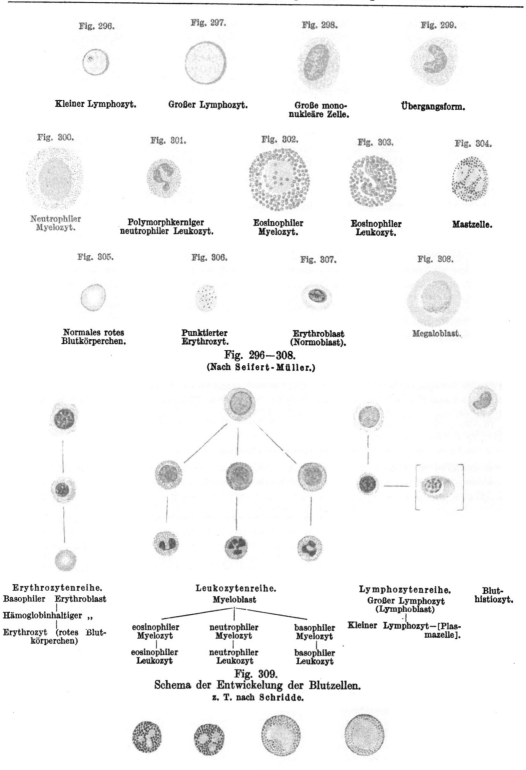

Fig. 296.   Fig. 297.   Fig. 298.   Fig. 299.

Kleiner Lymphozyt.   Großer Lymphozyt.   Große mono-   Übergangsform.
nukleäre Zelle.

Fig. 300.   Fig. 301.   Fig. 302.   Fig. 303.   Fig. 304.

Neutrophiler   Polymorphkerniger   Eosinophiler   Eosinophiler   Mastzelle.
Myelozyt.   neutrophiler Leukozyt.   Myelozyt.   Leukozyt.

Fig. 305.   Fig. 306.   Fig. 307.   Fig. 308.

Normales rotes   Punktierter   Erythroblast   Megaloblast.
Blutkörperchen.   Erythrozyt.   (Normoblast).

Fig. 296—308.
(Nach Seifert-Müller.)

Erythrozytenreihe.   Leukozytenreihe.   Lymphozytenreihe.   Blut-
Basophiler Erythroblast   Myeloblast   Großer Lymphozyt   histiozyt.
| (Lymphoblast)
Hämoglobinhaltiger ,, |
| Kleiner Lymphozyt—[Plas-
Erythrozyt (rotes Blut-   eosinophiler   neutrophiler   basophiler   mazelle].
körperchen)   Myelozyt   Myelozyt   Myelozyt
| | |
eosinophiler   neutrophiler   basophiler
Leukozyt   Leukozyt   Leukozyt

Fig. 309.
Schema der Entwickelung der Blutzellen.
z. T. nach Schridde.

Fig. 310.
Oxydasereaktion.
Von links nach rechts 2 polymorphkernige Leukozyten und 2 Myelozyten bzw. Myeloblasten.

granulierten Leukozyten sind im Blute unter normalen Umständen vertreten. Ferner finden sich hier noch sog. Übergangszellen (Fig. 299) meist mit eingebuchtetem (bohnenförmigem) Kern und mit fraglichen Granula. Hierher gehören auch die sog. großen mononukleären Leukozyten.

C. Lymphozytenreihe. (Fig. 309.) Aus den Lymphoblasten gehen die Lymphozyten hervor. (etwa 20⁰/₀ der farblosen Blutzellen). Diese vermehren sich zudem aus sich. Neben den gewöhnlichen kleinen findet man auch im Blute große Lymphozyten. Die Lymphozyten enthalten einen runden dunklen Kern und spärliches Protoplasma, die großen Lymphozyten einen größeren hellen auch runden Kern; im Protoplasma beider sind mit den gewöhnlichen Methoden Granula nicht nachzuweisen.

Die Vorstufen der Leukozyten und Lymphozyten — Myeloblasten und Lymphoblasten — sehen sich morphologisch sehr ähnlich (s. Fig. 309). Zu unterschieden sind sie aber durch folgende funktionelle Reaktion. Die Gesamtleukozytenreihe enthält ein Sauerstoff übertragendes Ferment (sog. Oxydase), welches der ganzen Lymphozytenreihe (nach Fixierung der Präparate) abgeht. So weisen erstere nach Zusammenbringen mit gewissen Stoffen infolge der Indophenolreaktion blaue Granula auf, letztere nicht (Oxydasereaktion s. Fig. 310).

D. Bluthistiozyten. Aus Retikulumzellen und Endothelien im Knochenmark, Milz, Leber, Lymphdrüsen etc. entstehen etwas größere, mit oft bohnenförmigem Kern versehene protoplasmareichere Zellen, welche im übrigen aber den — großen — Lymphozyten nahe stehen. Sie gehen ins Blut über und werden neuerdings vielfach als weiteres Element dieses angesehen. Sie entsprechen offenbar zum großen Teil den früher sogenannten großen einkernigen Leukozyten bzw. Übergangszellen.

Ein Kubikmillimeter Blut enthält etwa 5 Millionen rote Blutkörperchen (beim Manne mehr als bei der Frau) und 5000—10 000 farblose Blutkörperchen. Die Zahl der roten Blutkörperchen ist also 500 bis 1000 mal größer als die der farblosen Blutzellen.

Eine Einteilung der hier in Betracht kommenden tumorartigen Wucherungen des blutbildenden und lymphatischen Apparates kann man (mit Sternberg) vornehmen in: I. lokal begrenzte, mehr einfach homolog-hyperplastische, II. infiltrativ atypisch-heterolog wachsende Wucherungen.

I. Zu den **mehr homologen, hyperplastischen Wucherungen** gehören:

1. Die **Leukämie,** eine Erkrankung, welche durch einen besonderen Blutbefund, d. h. Vermehrung der weißen Blutkörperchen, charakterisiert ist.

Wir müssen die Leukämie dem Blutbefund und dem ganzen Auftreten der Krankheit nach in zwei große Gruppen scheiden:

a) **Leukämische Myelose (gemischtzellige [myeloische] Leukämie).** Sitz der primären Erkrankung ist das Knochenmark. Es ist rot bis grau gefärbt. Das Blut bietet, neben Verminderung und Veränderungen der roten Blutkörperchen (Poikilozytose, Auftreten von Erythroblasten etc., s. II. Teil, Kap. I), eine starke Vermehrung der Leukozyten und evtl. Lymphozyten dar; und zwar bei ersteren eine solche der verschiedenen im normalen Blut befindlichen in verschieden hohem Maße, eine relativ starke der eosinophilen Leukozyten und der Blutmastzellen. Zudem aber besteht reichliches Auftreten sonst nur im Knochenmark befindlicher Zellen, welche jetzt aber bei der Hyperplasie desselben noch unreif ins Blut ausgeschwemmt werden; es sind dies die oben erwähnten Vorstufen der gewöhnlichen neutrophilen polymorphkernigen Leukozyten, also die neutrophilen Myelozyten, und ebenso in geringerer Zahl die Vorstufen der eosinophilen polymorphkernigen Leukozyten, also die eosinophilen Myelozyten und evtl. basophilen Myelozyten sowie ferner die ersten Vorstufen, die Myeloblasten. In einem Teil der Fälle ist die Gesamtzahl der Leukozyten vermehrt, in anderen ist dies nicht der Fall, aber das Verhältnis der im Blute auftretenden Leukozyten ist untereinander wesentlich verschoben, sowohl quantitativ wie qualitativ, indem für das Blut pathologische Formen in ihm auftreten. Man könnte danach mit Lubarsch in eine hyperleukozytäre und eine normo- bzw. sogar hypoleukozytäre Form der Leukämie einteilen. Es zeigen nun außer dem Blut auch die Organe verschiedene Veränderungen. Die Milz ist bedeutend vergrößert, oft weich, in späten Zeiten aber härter, oft von weißen Herden und Streifen durchsetzt. Auch die Lymphdrüsen sind weich und stark vergrößert; ebenso die Lymphfollikel der Schleimhäute, besonders des Darms. Auch Leber und Nieren sind vergrößert und weisen, besonders erstere, weiße Knoten und Streifen auf. Mikroskopisch sind die Organe, insbesondere die erwähnten Herde durchsetzt von allerhand Blutzellen, unter denen die Myelozyten meist überwiegen. Auch die Kapillaren der Organe sind mit ihnen strotzend gefüllt. Durch Zerstörung kleiner Gefäße kommt es leicht zu Blutungen in Haut und Schleimhäute. Der ganze Prozeß stellt sich als eine atypische Hyperplasie des Myeloidgewebes des Knochenmarks mit Ausschwemmung der Blutzellen, besonders der unreifen Myelozyten etc. ins Blut, sowie Deponierung und lokale Ver-

(Marginalien:)
C. Lymphozyten.

D. Bluthistiozyten.

Einteilung: I. homolog-hyperplastische, II. atypisch-heterologe Wucherungen.

I. Homologe, hyperplastische Wucherungen.

1. Leukämie

a) Leukämische Myelose (myeloische Leukämie).

17*

mehrung derselben in den verschiedensten, besonders lymphatischen Organen dar. Um echte Metastasenbildung im Sinne von Tumoren handelt es sich hierbei nicht, vielmehr ist als wahrscheinlich anzunehmen, daß jene Herde der Organe auf lokaler Neubildung, derjenigen des Knochenmarks analog, beruhen. Man bezeichnet am besten die ganze Erkrankung als leukämische Myelose, den Blutbefund als gemischtzellige oder myeloische Leukämie.

b) Leukämische Lymphadenose (lymphatische Leukämie). Das Blut zeigt auch hier neben den sub a) erwähnten Veränderungen der roten Blutkörperchen, starke Vermehrung der weißen Blutzellen, hier aber fast nur der kleinen Lymphozyten. Sie machen jetzt bis 95 % der weißen Blutzellen aus. Die Organe zeigen makroskopisch ähnliche Veränderungen wie bei der gemischtzelligen Leukämie, doch ist oft auch der Thymus vergrößert und auch die Haut Sitz von Knoten; ferner weisen Haut und Gehirn oft Blutungen auf. Mikroskopisch aber bestehen alle Vergrößerungen und zirkumskripten Herde der Organe, die auch in den Nieren, der Haut etc. auftreten, fast ganz aus jenen kleinen Lymphozyten, welche in diesen Fällen auch die Kapillaren füllen. Wir haben die lymphatische Leukämie als atypische Hyperplasie des gesamten

b) Leukämische Lymphadenose (lymphatische Leukämie).

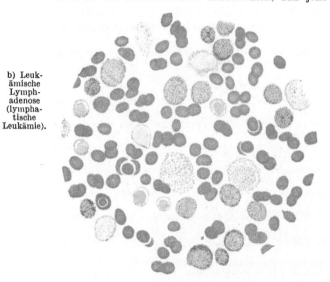

Fig. 311.
Blut bei gemischtzelliger Leukämie (Triazidfärbung).
(Nach Sternberg, Primärerkrankungen.)

lymphatischen Apparates (zu dem ja zwar das Knochenmark, aber auch Lymphdrüsen, Lymphfollikel der verschiedensten Organe, Thymus etc. gehören) mit Ausschwemmung der

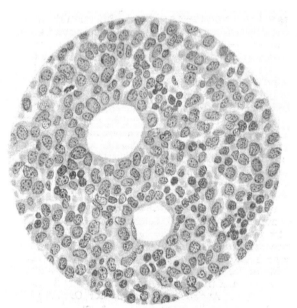

Fig. 312.
Knochenmark bei leukämischer Myelose. An Stelle des Fettmarks findet sich Hyperplasie des Myeloidgewebes (besonders Myelozyten und Myeloblasten).

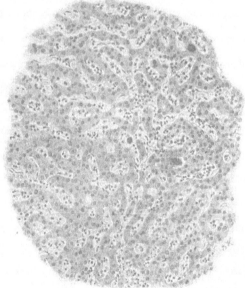

Fig. 313.
Leber bei gemischtzelliger Leukämie und Osteosklerose (Fall Schwarz: Riesenzellenembolien).
(Aus Sternberg, Primärerkrankungen.)

Lymphozyten in das Blut, vielleicht auch mit geringer Deponierung in einzelnen Organen, aufzufassen. Die Erkrankung im ganzen nennen wir dann leukämische Lymph-

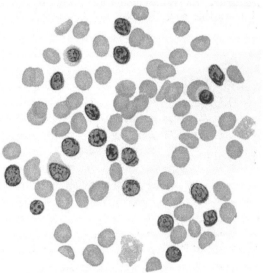

Fig. 314.
Blut bei lymphatischer Leukämie (Hämatoxylin-Eosin).
(Nach Sternberg, Primärerkrankungen.)

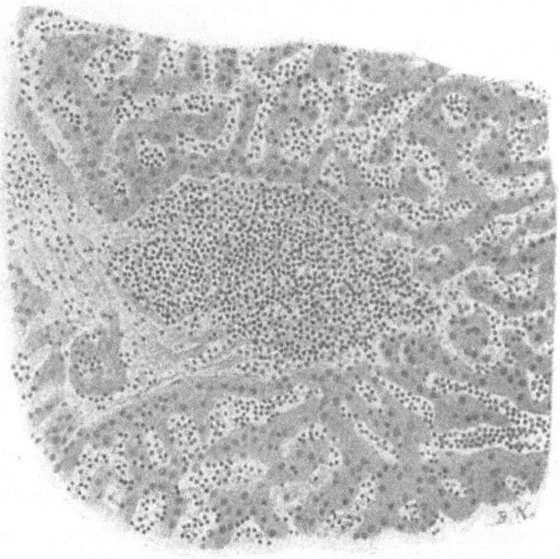

Fig. 315.
Leber bei lymphatischer Leukämie.
(Aus Sternberg, Primärerkrankungen.)

adenose, das Blutbild lymphatische Leukämie.

Während die beiden genannten häufigsten Leukämiearten mehr chronisch verlaufen, gibt es auch **akute Formen** (welche von manchen Autoren von der Leukämie getrennt und als Infektionen mit leukozytoidem Blutbild aufgefaßt werden). Unter den akuten Leukämien sind die mit Vermehrung der kleinen Lymphozyten oder der verschiedenen Leukozytenarten (siehe oben) einhergehenden selten, häufiger werden hier enorme Mengen von Vorstufen in den hämatopoetischen Organen überstürzt neugebildet und gelangen in dieser ganz unreifen Form ins Blut. Auf der einen Seite finden wir dann in diesem Myeloblasten in großen Mengen bis zu über 90% auftreten — Myeloblastenleukämie —, auf der anderen Seite die durch die Oxydasereaktion (s. Fig. 310) von ihnen zu trennenden Vorstufen der gewöhnlichen Lymphozyten, die Lymphoblasten (grossen Lymphozyten) — Lymphoblastenleukämie. In diesen Fällen werden lokal, in Lymphdrüsen etc. diese Zellen in solchen Massen gebildet, daß sie oft tumorartig (z. B. Mediastinaltumor) infiltrativ wuchern und so an das Bild der Lymphosarkome (s. unten) erinnern. (Sternberg) bezeichnet diese Formen daher als

Akute
Leukämie-
formen.

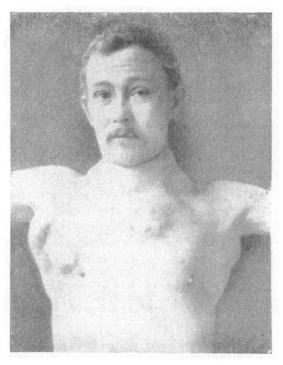

Fig. 316.
Lymphogranulom (Maligne Lymphome).
(Nach Leser, Allg. Chirurgie. Jena, Fischer, 2. Aufl. 1908.)

Leukosarkomatose, während von den meisten Autoren eine Sonderstellung dieser bestritten wird.)

2. Aleukämische Lymphadenose, sog. Pseudoleukämie. Es ist dies eine Erkrankung, welche makroskopisch-anatomisch (Schwellung der Milz, tumorartige Vergrößerung der Lymphdrüsen,

2. Aleuk-
ämische
Lymph-
adenose
(Pseudo-
leukämie).

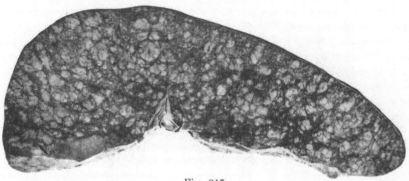

Fig. 317.

Milz bei Lymphogranulom (Porphyrmilz).

Die Milz ist durchsetzt von sarkomähnlichen Tumoren, die histologisch typische Granulome sind. Nach O. Meyer. Frankfurter Zeitschrift f. Pathologie. Bd. VIII, H. 3.

Vergrößerung von Leber und Niere, Einlagerungen jener Knoten und Streifen, evtl. Knoten in der Haut) und histologisch (Zusammensetzung der Herde vornehmlich aus Lymphozyten) der **lymphatischen Leukämie vollständig entspricht**, aber nicht den Blutbefund jener bietet. Das Blut ist vielmehr von normaler Zusammensetzung, oder höchstens sind unter den in toto nicht vermehrten farblosen Blutzellen die Lymphozyten relativ vermehrt. Auch hier liegt eine Hyperplasie des gesamten lymphatischen Apparates vor, aber ohne wesentliche Ausschwemmung der Lymphozyten ins Blut. Wie nahe diese aleukämische Lymphadenose der leukämischen steht, liegt auf der Hand. Auch sind Übergänge in sie beschrieben.

3. Lym-
phogra-
nulom.

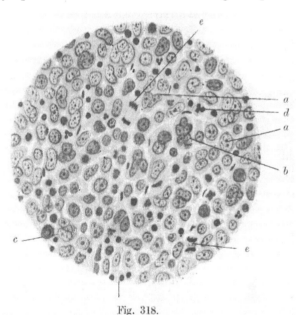

Fig. 318.

Lymphgranulom (einer Lymphdrüse).

Große helle, z. T. mehrkernige Zellen bei *a*; aus ihnen gebildete Riesenzellen z. B. bei *b*. Lymphozyten *c*. Leukozyten *d*. Bei *e* Mitosen in großen hellen Zellen.

3. Lymphogranulomatose (früher auch als **Hodgkinsche Krankheit** bezeichnet). Man kann in generalisierte und mehr lokalisierte Formen einteilen. Diese Erkrankung bietet klinisch und makroskopisch ein zum Teil ähnliches Bild wie die sogen. Pseudoleukämie (siehe oben). Vor allem sind Milz, Lymphdrüsen, Leber wieder geschwollen; es bestehen die gleichen Einlagerungen. Die große Milz mit den Einlagerungen, als **Porphyrmilz** bezeichnet (s. Fig. 317), ist oft sehr typisch. Histologisch aber herrscht ein ganz anderes Bild. An Stelle der gleichmäßigen Lymphozyten tritt hier eine Art Granulationsgewebe mit Lymphozyten,

Spindelzellen, protoplasmareichen großen Zellen mit großem, rundem oder vielgestaltigem Kern oder mit mehreren Kernen mit Übergängen bis zu echten Riesenzellen (mit in der Mitte gehäuften Kernen, nicht zu verwechseln mit den randständigen Riesenzellen der Tuberkulose). Die Kerne sind oft sehr dunkel tingierbar. Ferner finden sich eosinophile Zellen und vereinzelte Plasmazellen. Später treten die Zellen oft mehr zurück, es überwiegt das Bindegewebe. Bei Verlegung von Blutgefäßen kommt es zu Nekrosen. Alles dies erinnert weniger an Tumoren (etwa Sarkome) als an Granulationen, besonders infektiöse. Und in der Tat scheint es sich um einen infektiösen Prozeß zu handeln. In einem großen Prozentsatz der Fälle findet man Stäbchen, welche den Tuberkelbazillen, und besonders Granula, welche den Muchschen Granula der Tuberkelbazillen (s. dort) durchaus gleichen. Die ätiologische Bedeutung dieser Befunde, welche sehr wahrscheinlich ist, wird aber noch nicht allgemein anerkannt, höchstwahrscheinlich handelt es sich um Erreger, welche dem Tuberkelbazillus sehr nahe stehen, evtl. eine Abart von diesem sind. Das Tierexperiment hat hier noch nicht sicher entschieden. Das Lymphogranulom ist also von den leukämischen wie pseudoleukämischen Organveränderungen, aber auch denen des Lymphosarkoms (s. unten), dem histologischen Bau nach scharf abzugrenzen und stellt eine Art Granulom an der Grenze mehr tumorartigen Wachstums dar.

In manchen Fällen drückt sich das mehr tumorartige Wachstum noch weit schärfer aus, indem ganz lymphosarkomartiges (s. unten) infiltratives Wachstum trotz für Lymphogranulom typischen histologischen Baus besteht. Auf der anderen Seite kombinieren sich zahlreiche

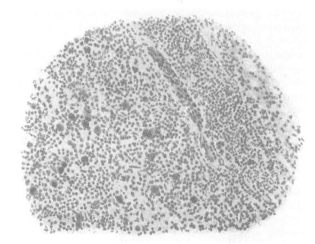

Fig. 319.
Leber bei Lymphogranulom.
(Aus Sternberg, Primärerkrankungen.)

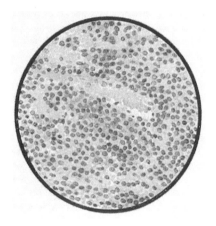

Fig. 320.
Myelom, bestehend aus ungekörnten Vorstufen
der Myelozyten (= Myeloblasten).

Fälle von Lymphogranulom mit echter Tuberkulose, was wohl auch auf die mindestens nahe Verwandtschaft der Erreger hinweist.

4. Das Myelom. Es ist dies eine homologe Geschwulst, welche vom Knochenmark ausgeht, auf die Knochen (meist Sternum, Rippen, Wirbel, Schädel, Femur, Humerus) beschränkt bleibt und die Kortikalis zum Schwinden bringt (Spontanfrakturen), ohne zumeist über deren Grenze zu wuchern oder Metastasen zu setzen. Das Blut verhält sich normal, im Urin findet sich oft ein besonderer (Bence-Jonesscher) Eiweißkörper. Es handelt sich um eine geschwulstartige Hyperplasie gewisser Zellen des Knochenmarks, zumeist typischer Myelozyten oder ungekörnter Vorstufen solcher, in anderen Fällen der Lymphozyten oder auch der Plamazellen, selten der Vorstufen der roten Blutkörperchen d. h. der Erythroblasten. Aus der betreffenden Zellart sind die Tumoren meist sehr gleichmäßig zusammengesetzt; ein Zwischengewebe ist oft fast nur in Gestalt von Kapillaren vorhanden. Daß bald diese, bald jene Blutzellart wuchert, könnte auf eine mehr indifferente Blutzellform als Matrix hinweisen.

Zu erwähnen ist noch eine symmetrische Ausbildung von lymphadenoidem Gewebe in den Tränen- und Mundspeicheldrüsen. Es liegt hier eine noch nicht geklärte und noch nicht einheitlich aufgefaßte Erkrankung, die nach v. Mikulicz benannt oder als Acchroozytose bezeichnet wird, vor.

II. Zu den mehr heterologen, infiltrativen Wucherungen gehören:

5. Das Lymphosarkom (Kundrat). Es handelt sich hier um atypische und infiltrative Wucherungen einer Gruppe von Lymphdrüsen; d. h. die ergriffenen Lymphdrüsen

Marginal notes:
4. Myelom.

Acchroozytose (v. Mikuliczsche Krankheit.

II. Heterologe infiltrative Wucherungen.

5. Lympho-
sarkom
(Kundrat). oder Follikel bilden einen Geschwulstknoten, und die Wucherung greift, die Kapsel durchsetzend, weiter um sich. Auf dem Wege der Lymphbahnen werden andere Lymphdrüsen etc. ergriffen. Vorzugsweise stellen den Ausgangspunkt dar: die Halslymphdrüsen, die mediastinalen Lymphdrüsen oder auch der Thymus (Mediastinaltumor), die mesenterialen und retroperitonealen Lymphdrüsen, die Tonsillen, der Nasenrachenraum, die Magendarmfollikel

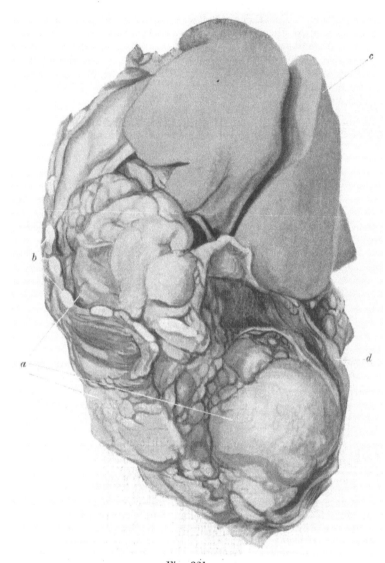

Fig. 321.
Mediastinaltumor (Lymphosarkom).
Tumor bei *a*; querdurchschnittene Rippen bei *b*; Lunge (graublau) bei *c*; Zwerchfell bei *d*. Der ganze Thorax ist von der Seite gesehen.

etc. Die großen Gefäße, der Ösophagus, die Trachea etc. werden eingemauert. Atypisch ist auch die histologische Zusammensetzung, welche stets vom normalen Bau der Lymphdrüsen abweicht. Die Zellen entsprechen zumeist überwiegend gewöhnlichen Lymphozyten oder Zellen mit etwas größerem hellerem Kern. Daneben finden sich — in manchen Fällen überwiegend — Zellen, welche den Lymphoblasten entsprechen, sowie solche, welche von Retikulumzellen abzuleiten sind. Mehrkernige Zellen und Riesenzellen sowie Plasmazellen kommen vereinzelter vor. Dazwischen liegt ein dem Retikulum der Lymphdrüsen entsprechendes Stroma, zumeist spärlich aber sehr wechselnd, zuweilen überwiegend. Andererseits kommt es zu regressiver Metamorphose bzw. Kernzerfall. **Das Lymphosarkom unterscheidet sich durch den atypischen Bau und sein infiltratives schrankenloses Wuchern (so daß es sehr malign ist) von den einfach hyperplastischen Wucherungen (Pseudoleukämie), durch seinen Beginn — multipel in einer Gruppe von Lymphdrüsen — und die mehr regionäre Ausbreitung wird es zumeist auch von echten Tumoren abgegrenzt.** Doch kommen lymphogene (auch retrograde) und, wenn auch weniger, hämatogene Metastasen vor, so daß das Lymphosarkom von vielen Seiten auch zu den echten Tumoren gerechnet wird.

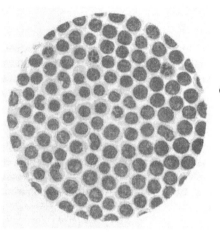

6. Chlorom

Fig. 322.
Lymphsarkom (einer Lymphdrüse).

6. Das Chlorom. Es stellt dies multiple grasgrüne Geschwulstbildungen des Periosts der Knochen (Schädel, Wirbelsäule), des lymphatischen Apparats und verschiedener Organe dar. Die Milz ist vergrößert, das Knochenmark ist oft auch grün gefärbt, zuweilen ebenso Knoten der Haut. Die Wucherung wächst infiltrativ weiter, dringt in den Knochen ein etc. Die Tumoren entsprechen dem Lymphosarkom, und man spricht von Chlorolymphosarkomatose. (Sternberg, weil sich auch die großen Lymphozyten im Blute vermehrt finden, auch von Chloroleukosarkomatose.) Einige Fälle nun zeigen einen Blutbefund, welcher dem der gemischtzelligen Leukämie gleicht, und auch die Wucherungen der Organe bestehen aus Myelozyten. Es läge hier also eine zweite Gruppe des Chloroms — Chloromyelosarkomatose — vor. Worauf der grüne Farbstoff beruht, ist nicht sicher eruiert. Die Färbung ist wohl von sekundärer Bedeutung, Blutbefund und Organveränderungen sind den geschilderten Typen entsprechend die Hauptsache.

Überblicken wir dies ganze Kapitel, so sehen wir progressive Prozesse, teils mehr einfach hyperplastischer, teils ganz atypischer Natur bis zur größten Ähnlichkeit mit malignen Tumoren; ihr Ausgangspunkt und die Hauptverbreitung im lymphatischen und blutbildenden Apparate, ihr gleichzeitiges multiples Auftreten und ihre Verbreitung ohne echte Metastasenbildung rechtfertigen aber das Abgrenzen von den Tumoren und die Aufstellung einer eigenen Gruppe. Das Lymphogranulom ist hier am besten mit einzureihen, ist aber offenbar zu den infektiösen Granulationen zu rechnen.

Kapitel V.

Störungen der Gewebe während der Entwickelung.

Mißbildungen (angeborene Anomalien).

Am fötalen Körper können während seiner Entwickelung von der Zeit der Entstehung aus der Eizelle bis zu seiner Vollendung der Form zur Zeit der Geburt Abweichungen von der Norm auftreten. Es entstehen so pathologische Zustände (s. Einleitung), die wir **Mißbildungen** oder **Monstra** (Mißgeburten) benennen; es sind dies also während der fötalen Entwickelung zustande gekommene, also meist angeborene Veränderungen der Morphologie eines oder mehrerer Organe, oder Organsysteme, oder des ganzen Körpers, welche außerhalb der Variationsbreite der Spezies gelegen sind (Schwalbe). Die Lehre von den Mißbildungen heißt **Teratologie**. Weniger auffallende, auf einzelne Körperteile beschränkte, kleine Gestaltsveränderungen werden auch als **kongenitale Anomalien** bezeichnet. Hierher gehören auch die geringen Anomalien einzelner Zellen, die in der Geschwulstgenese wohl eine große Rolle spielenden Gewebsmißbildungen (s. u.). Es ist ohne weiteres begreiflich, daß anatomische Veränderungen während der Entwickelungsperiode einen weit größeren Einfluß auf die Gestaltung des Körpers ausüben werden, als solche im späteren Leben; denn zur auch hier herrschenden allgemeinen Korrelation der Organe auch in der Entwickelung kommt bei ihnen das wichtige Moment hinzu, daß sie nicht ein fertiges Organ, sondern die Anlage eines solchen und damit auch all die Formationen beeinflussen, die sich aus dieser Anlage noch bilden sollen. Ein Defekt z. B., welcher eine solche Anlage betrifft, bewirkt das Ausfallen einer ganzen Summe späterer Bildungen, und ebenso äußert sich die Beeinflussung einer Anlage im Sinne einer Abnahme oder Zunahme der Wachstumsenergie an den aus ihr hervorgehenden Teilen. Je frühzeitiger ein derartiger pathologischer Einfluß zur Geltung kommt, um so bedeutender werden naturgemäß die sich anschließenden Folgezustände sein, denn ein um so größerer Teil des noch zu bildenden Körpers fällt in seinen Wirkungskreis. Den Zeitpunkt zu dem bzw. vor dem (also auf jeden Fall nicht später) die mißbildende Ursache eingewirkt hat, bezeichnen

*Terato-
genetische
Termina-
tions-
periode.* wir nach E. Schwalbe als **teratogenetische Terminationsperiode**. Als Entstehungszeit ist eine solche vor der Befruchtung möglich — die Ursache muß hier also im Sperma,

*Ent-
stehungs-
zeiten.* oder Ovulum, oder beiden liegen — oder eine solche während der Befruchtung — wobei die Kopulation selbst das veranlassende Moment ist — oder eine solche nach der Befruchtung.

*Kausale
und
formale
Genese.* Was die Entstehung der Mißbildungen betrifft, so unterscheidet man am besten mit E. Schwalbe eine **kausale Genese**, die Frage nach den zugrunde liegenden Ursachen und eine **formale Genese**, welche die morphologischen Vorgänge behandelt, die sich bei der Entwickelung der Mißbildungen abspielen.

*Kausale
Genese.* Betrachten wir zunächst die **kausale Genese**. Wir können hierbei eine Einteilung in zwei große Gruppen vornehmen. Die erstere betrifft die Mißbildungen aus inneren, die zweite die-

*1. Miß-
bildungen
auf Grund
von Ent-
wickelungs-
störungen
(innere Be-
dingungen).* jenige aus äußeren Ursachen. Wenden wir uns zuerst zu den Mißbildungen der ersteren Art. Sie sind hier die Folge von durch **innere Bedingungen** bewirkten **Entwickelungsstörungen** (die Lehre von diesen können wir als Dysontogenie bezeichnen). Der letzte Grund für solche liegt in der Anlage, sei es im Sperma oder Ovulum, sei es in der Kopulation beider. Die Wirkung kann natürlich evtl. auch erst später einsetzen. Hierbei kann es sich um eine vererbte Eigenschaft handeln. Wie nämlich diejenigen Ursachen, welche als „vererbte" den Geschlechtszellen immanent gedacht werden, den bestimmten Entwickelungsmodus bedingen, der in einem normalen Typus seinen Abschluß findet, so entstehen anomale Bildungen, wenn von vornherein normwidrige vererbte Anlagen einen entsprechend veränderten Entwickelungsablauf bedingen. Diese auf

*a) vererbte
Anlagen.* inneren Ursachen beruhende Vererbung betrifft besonders leichtere Anomalien, überzählige Finger oder Zehen, überzählige Brustwarzen etc., sie kommt aber auch bei schwereren Störungen (z. B. Hasenscharte, Spina bifida) vor.

*b) primäre
Keim-
varia-
tionen.* Andere Formen von Entwickelungsstörungen, welche auch in der Anlage schon bedingt sind, entstehen scheinbar ganz spontan, d. h. ohne nachweisbare erbliche Einflüsse (oder irgendwelche äußere Einflüsse). Man kann sie als **primäre Keimvariationen (Mutationen)** bezeichnen. Ihr Auftreten ist insofern erklärlich, als ja auch das normale Individuum nicht nur Eigenschaften seiner Eltern (Rassen- und individuelle Eigentümlichkeiten), sondern auch eigene individuelle Besonderheiten aufweist, welche sich allerdings innerhalb des Artcharakters bewegen (vgl. auch oben).

*2. Miß-
bildungen
auf Grund
von intra-
uterinen
Krank-
heiten
(äußere Be-
dingungen).* Zweitens entstehen Mißbildungen, wenn die erste Anlage zwar ganz normal ist, aber in utero während der Entwickelung **von außen schädliche Einflüsse** hinzutreten, welche die Entwickelung sozusagen in andere Bahnen lenken. Diese Mißbildungen kommen also in der letzten obengenannten Entstehungszeit (nach der Befruchtung) zustande und entsprechen **intrauterinen Krankheiten** im weitesten Sinne.

Soweit die einzelnen Anlagen des Keimes bereits bis zu einem gewissen Grade ausgebildet sind, können sie zunächst von ähnlichen Erkrankungen betroffen werden wie der fertige Organismus. Fötale Erkrankungen, z. B. Regeneration und Superregeneration, Hyper-

trophie, Degenerationen, Zirkulationsstörungen, Hydrops, Entzündungen, be- a) Krankheiten des
Fötus,
sonders auch Syphilis etc., können sich schon im fötalen Leben abspielen. Am wichtigsten sind
hier fötale Entzündungen. Beispielsweise die fötale Endokarditis, deren Bedeutung aber meist welche
überschätzt wird, sowie das Übergehen von Infektionskrankheiten von der Mutter auf den Fötus. ebensolchen
Indes betreffen diese fötalen Krankheiten doch vorwiegend den in seiner Entwickelung schon des extrauterinen
ziemlich weit vorgeschrittenen Fötus und zwar um so mehr, je näher er in seiner Beschaffenheit Lebens ent-
der ausgebildeten, reifen Frucht steht. Die Mehrzahl auch der hier resultierenden Mißbildungen sprechen.
ist aber in ihrer Entstehung auf eine frühere Entwickelung zurück zu datieren; wenigstens alle
erheblicheren Formabweichungen entstehen in den ersten drei Monaten, in welchen die hauptsächlichste Formgestaltung des jungen Organismus vor sich geht. In dieser Zeit finden sich aber
Fötalkrankheiten im obigen Sinne seltener; diese
Mißbildungen, ebenso aber auch viele der
später entstehenden Anomalien, sind daher auf b) exogene
andere, **in äußeren Ursachen begründete chemische** Schädi-
und physikalische Schädigungen der Keiment- gungen der
wickelung zurückzuführen. Hierzu gehören er- Keim-
fahrungsgemäß mechanische Einflüsse, Er- entwick-
schütterungen, Druckwirkungen und namentlich lung.
Wachstumshindernisse von seiten der Umgebung.
Erkrankungen der Eihäute (Hydrops, Enge des
Amnion, amniotische Stränge), der Plazenta und
des Uterus wirken durch Raumbeengung, Störung der Blutzufuhr etc. in diesem Sinne. Verwachsung des
 Vor allem gehören hierher die Fälle von all- Amnions.
gemeiner oder partieller **Verwachsung des Amnions**,
die besonders bei unvollkommener Entwickelung und
dadurch bedingter Engigkeit desselben oder zu geringer Absonderung von Fruchtwasser stattfinden
kann. Nach March and entstehen die amniotischen
Verwachsungen nicht durch direkte Verwachsung
von Amnionteilen, sondern durch Bildung einer Art
von Pseudomembran, „intraamniotische Membran".
Sie kann den ganzen Embryo umscheiden als Grundlage schwerster Mißbildungen. Partielle Verwachsungen des Amnions kommen besonders im Bereich
der Kopfkappe und des Schwanzteiles vor. Tritt
später eine stärkere Ansammlung von Fruchtwasser
ein, so können die Verwachsungsstellen durchtrennt
werden und Amnionreste als Hautanhänge am Körper
zurückbleiben, oder sie werden beim Abheben des
Amnions gedehnt und zu Synechien ausgezogen, die
sich zwischen dem Embryo und den Eihäuten hin- Fig. 323.
ziehen und oft ein förmliches Strickwerk bilden, oder Beginnende Spontanamputation des rechten Unter-
auch abgerissen werden und im Fruchtwasser flot- schenkels durch den Nabelstrang.
tieren. Solche „amniotische Fäden" umschlingen Aus Broman, Normale und abnorme Entwickelung des
nicht selten einzelne Teile des embryonalen Körpers Menschen. Wiesbaden, Bergmann 1911.
und beeinträchtigen durch feste Umschnürung deren
normale Ausbildung, sie können sie sogar geradezu abtrennen („fötale Amputation") (Fig. 323). Nament- Fötale
lich kommt dies an den Extremitäten oder an einzelnen Gliedern derselben vor. Am Kopf bewirkt Engig- Amputation.
keit und Verwachsung des Amnions eine Hemmung in der Ausbildung des Schädels, des Gehirns und des
Gesichts (s. u.), die sich in verschiedenen Formen der Akranie und Exenzephalie äußert; am hinteren
Teil (Schwanzkappe des Amnion) hat sie rudimentäre Ausbildung und Verschmelzung der unteren Extremitäten sowie Verkümmerung des Beckens zur Folge, an der vorderen Bauchwand mangelhaften
Schluß der Bauchspalte mit Exenteration der Baucheingeweide; an der Brustwand in ähnlicher Weise
unvollständigen Verschluß, oft mit Vorlagerung des Herzens durch die Öffnung (Ectopia cordis). Bei
allgemeiner Engigkeit des Amnions entstehen Mißbildungen namentlich der Extremitäten, Verwachsungen, Verkleinerung und falsche Stellung derselben. In ähnlicher Weise können Tumoren des graviden
Uterus oder starke Blutungen in die Eihäute in rein mechanischer Weise die Entwickelung des Fötus beeinträchtigen, indem sie einen Druck auf ihn ausüben oder auch das Amnion an einzelnen Stellen an ihn
anpressen und so eine Verwachsung zwischen beiden begünstigen.

 Können wir so auch der Entstehung nach Mißbildungen auf Grund von Entwickelungsstörungen (innere Ursachen) und auf Grund von durchgemachten Krankheiten im weitesten
Sinne (äußere Ursachen) unterscheiden, so können wir doch die grundlegenden Vorgänge selten

verfolgen und haben fast stets nur das durch weitere Entwickelung vielfach umgestaltete End-produkt vor uns, das bei ganz ungleicher ursächlicher Bedeutung gleichgestaltet sein kann. Allerdings hat das Studium der Entwickelungsmechanik auch hier gar vieles aufgeklärt. Wir müssen uns aber zunächst noch an das vorliegende morphologische Bild der Mißbildung halten und müssen nach diesem einteilen (s. unten), nicht nach genetischen Gesichtspunkten, die oft nicht mehr erweisbar sind.

Formale Genese.   Gehen wir zu der **formalen Genese** über, also zu den morphologischen Vorgängen, welche sich abspielen, so wollen wir nur kurz erwähnen: exzedierendes Wachstum, zu geringes Wachstum, das zu Defektbildung führt, Bildungshemmung, wozu auch Ausbleiben einer Vereinigung physiologisch aus verschiedenen Teilen sich zusammenfügender Organe gehört, Spaltbildung in einem geschlossenen Gebilde, Verlagerung losgelöster Teile und Verschmelzung bzw. Verwachsung sonst getrennter Teile. Hier soll über diese Vorgänge noch einiges gesagt sein.

Hem-mungs-miß-bildungen.   Man spricht von Hemmungsmißbildungen, wenn eine Bildungshemmung im weiteren Sinne vorliegt. mag diese nun wirklich durch mechanische Hinderung des Wachstums oder durch Ver-erbung, oder durch spontane Keimvariation bewirkt sein. Dabei bezeichnet man als **Aplasie** den völligen Defekt eines Körperteiles, welch letzterer entweder überhaupt nicht angelegt wurde (Agenesie), oder in einem früheren Stadium wieder zugrunde ging. Die Aplasie kann auch lebenswichtige Organe betreffen, z. B. das Herz oder das Gehirn, ohne daß das weitere Wachstum der Anlage dadurch absolut gehindert würde, wenn nur eine für sie genügende Ernährung irgendwie stattfinden kann. Auch bei sonst normal gebildeten Individuen finden sich öfters Beispiele von Aplasie einzelner Teile; so kann von paarigen drüsigen Organen das eine fehlen, wobei an dem anderen in der Regel eine hypertrophische Entwickelung zu beobachten ist (Niere, Hoden, vgl. S. 100). Fehlt ein Körperteil zwar nicht ganz, ist aber nicht der allgemeinen Körperentwickelung entsprechend ausgebildet, sondern klein, verkümmert, so spricht man von **Hypoplasie**. Eine solche kann durch langsameres Fortschreiten in der normalen Ausbildung und Entwickelung, durch Stehenbleiben auf einer früheren Entwickelungsstufe bedingt sein. Eine weitere Ursache angeborener Kleinheit eines Organs ist eine im fötalen Leben entstandene **Atrophie** desselben.

Aplasie.

Hypoplasie.

Embryo-nale Atrophie.   Andere Formen kommen durch Nichtvereinigung mehrfacher Anlagen oder Abschnürung von Teilen von Anlagen mit Verlagerung der abgeschnürten Teile und Weiterentwickelung derselben an anderen Stellen zustande. Auf diese Weise entstehen **Verdoppelungen** einzelner Körper-teile, Auswüchse oder Nebenorgane von solchen. Dies beruht in den meisten Fällen auf Hemmung der Vereinigung paarig angelegter Teile. So kann sich der Uterus doppelt entwickeln, wenn seine beiden, ursprünglich getrennt angelegten Hälften aus irgend einem Grunde an der Vereinigung gehindert werden; freilich kommen dann die doppelt entstehenden Organe nicht in gehörigem Maße zur Entwickelung, da jedes derselben nur aus der Hälfte der Anlage hervorgegangen ist. In ähnlicher Weise entstehen die Hasenscharte und die ihr verwandten Spaltbildungen im Gesicht durch Hemmung einer physiologisch vor sich gehenden Vereinigung der die Mundöffnung umgebenden Teile. Indes kann auch eine wirk-liche Spaltung einer unpaaren Keimanlage zur Verdoppelung führen. Wieder andere Formen der letzteren entstehen durch exzedierende Entwickelung.

Verdoppe-lung und Neben-organ-bildung.

Ab-schnürung.   Durch **Abschnürung** von der ursprünglich einheitlichen Anlage entstehen die sogenannten Neben-organe, wie die Nebenmilzen z. B., wohl auch Nebenpankreasse etc. Kleine abgetrennte Teile der Nieren und andere von drüsigen Organen abgeschnürte Keime können sich im weiteren Verlaufe zu Zysten um-wandeln. Besonders häufig findet sich eine Abschnürung an solchen Teilen, die durch eine Art Knospung oder Sprossung entstehen, wie die Extremitäten und deren Glieder, und zwar ist vielfach die Ursache der Abtrennung in der Umschlingung durch amniotische Fäden nachweisbar (s. u.). Durch **Dislokation** abgetrennter Keime entstehen einzelne Organteile, ja sogar ganze Extremitäten an Orten, an welche sie nicht hingehören. In anderen Fällen wachsen derartige verlagerte Keime zu sogenannten Teratomen aus oder bleiben zunächst ruhig liegen und werden im späteren Leben Ursache einer Geschwulstbildung (vgl. oben).

Dislokation.

Verschmel-zung und Ver-wachsung.   Den Gegensatz zur Spaltung bildet die **Verschmelzung** und die Verwachsung, bei welcher solche Anlagen eine Verbindung unter sich eingehen, welche physiologisch voneinander getrennt bleiben sollten. Die Verschmelzung betrifft gleichartige oder ungleichartige Teile. Zu ersteren Fällen gehört z. B. die Syndaktylie (Verwachsung von Fingern und Zehen) oder die Symmyelie (Verschmelzung der beiden unteren Extremitäten). Ist die Vereinigung nur eine ganz oberflächliche, so spricht man von Verklebung. Von Verwachsung ungleichartiger Teile ist besonders wichtig die des Amnions mit dem Embryo.

          Man hat nach den im vorhergehenden besprochenen Gesichtspunkten die Mißbildungen in solche per excessum, per defectum und per fabricam alienam eingeteilt.

Persistenz fötaler Einrich-tungen.   Eine Reihe angeborener Anomalien entsteht endlich dadurch, daß gewisse, **im fötalen Leben physiologisch vorhandene Einrichtungen auch nach der Geburt bestehen bleiben;** hierher gehört z. B. die Persistenz des offenen Foramen ovale, des Ductus Botalli, von Keimen der Kiemen-taschen, des Ductus thyreoglossus, Ductus omphalo-mesentericus, des Urachus, des Gartnerschen Ganges, des Mesenterium commune etc.

Abnorme Korre-lation der Organe.   Im Werdegang der Störungen embryonaler Gestaltung spielen offenbar **abnorme Hormon-einwirkungen,** welche die Korrelation der Organe und ihre Entwickelung regeln, eine Rolle, doch sind hier Einzelheiten noch unbekannt.

Für das Verständnis der formalen Genese ist die Kenntnis der normalen Entwickelungsgeschichte natürlich Voraussetzung. Ferner ist hier, wenn — wie so häufig — mehrere Mißbildungen vorhanden sind, die Erkenntnis der primären von höchster Bedeutung, sowie die Frage, ob die anderen Mißbildungen von der primären ableitbar oder nur akzidentell sind.

Wichtig für das Verständnis ist auch eine Zusammenstellung von Mißbildungen einzelner Gegenden in Form morphologischer Reihen, an deren einem Ende die normale Bildung, am anderen die am stärksten ausgeprägte Mißbildung steht. Die Kette entspricht dann oft der entwickelungsgeschichtlichen Entwickelung, so daß wir für die verschiedenen Mißbildungen dann die teratologische Terminationsperiode (s. o. S 266) bestimmen können.

Eine **Einteilung** nach rein genetischen Gesichtspunkten ist heute noch unmöglich; alle Klassifikationen richten sich nach morphologischen oder vorwiegend äußerlichen Verhältnissen.

Wir werden unterscheiden:

I. Die Gruppe der **Doppelmißbildungen.**

II. Die Gruppe der **Einzelmißbildungen.**

I. Doppelmißbildungen und Mehrfachmißbildungen.

Zu den Doppelmißbildungen zählen wir diejenigen Mißbildungen, welche wenigstens eine teilweise Verdoppelung ihrer Körperachsen darbieten. Sind Organe oder Teile, die außerhalb der Körperachse gelegen sind — z. B. Finger — verdoppelt, so stellt man diese Mißbildungen zu den unter II. erwähnten. Die Doppelbildungen sind, da eineiig, gleichgeschlechtlich. Die beiden Teile, aus denen sich die Doppelmißbildung zusammensetzt, kann man als Individualteile (E. Schwalbe) bezeichnen. Diese ähneln einander meist außerordentlich, ihre Verbindung geschieht durch gleichwertige Gewebe (loi d'affinité du soi par soi von Geoffroy St. Hilaire). Durch die Verwachsung wird eine Störung in der Entwickelung herbeigeführt; oft zeigen einer oder beide Individualteile weitere eigene Mißbildungen der äußeren Form. Meist ist die Verdoppelung eine weitergreifende als es zunächst bei äußerer Untersuchung scheint.

Bei ausgeprägter Verdoppelung entstehen zwei Individuen, die nur zum Teil voneinander getrennt, zum Teil aber, und zwar meist an symmetrischen Stellen, vereinigt sind. An der Stelle des Zusammenhanges können die Körperteile einfach oder doppelt vorhanden sein, sind aber im letzteren Falle mehr oder minder verschmolzen. Bei Verschmelzung zweier Köpfe ist das Gesicht einfach oder doppelt (Fig 327, 333 etc.), es sind zwei Ohren vorhanden, oder es ist in der Mitte noch ein drittes durch Verschmelzung der beiden einander zugewendeten Ohren entstanden. Es können ferner vier Augen vorhanden (Tetrophthalmus, Fig. 333a), oder die beiden medianen Bulbusanlagen zu einem Auge verschmolzen sein (Triophthalmus). Endlich können auch nur zwei Augen (Fig. 333b) und eine einfache oder doppelte Mundöffnung gefunden werden. Analoge Abstufungen im Grad der Verdoppelung finden sich am Thorax und dem Abdomen. Zwei verwachsene Brustkörbe weisen entweder nur zwei obere Extremitäten oder vier (Fig. 332, 333) solche auf, indem im letzteren Falle auch die median, d. h. an den einander zugewendeten Seiten beider Individuen gelegenen zur Entwickelung kommen, oder endlich es entstehen dreiarmige Formen, indem die medianen oberen Extremitäten sich zu einer unpaaren Extremität vereinigen. Ebenso sind bei Verwachsung der Becken (z. B. Fig. 339) zwei, drei oder vier Extremitäten vorhanden.

Genetisch hat man an eine abnorme Beschaffenheit des Eies — zweikerniges Ei —, oder einen abnormen Vorgang bei der Befruchtung, oder abnorme Entwickelung erst nach Einsetzen normaler Befruchtung gedacht. Letzteres — wofür auch die experimentelle Erzeugung von Doppelbildungen spricht — ist das Wahrscheinlichste. Und zwar handelt es sich hier um Teilung des Eimateriales in der Weise, daß zwar gemeinsame Eihäute gebildet werden, sich aber zwei selbständige Wachstumszentren ausbilden, welche jedoch in einer Form miteinander in Zusammenhang bleiben. Diese abnorme Teilung des Eimaterials kann schon vor der Befruchtung präformiert sein, oder bei der ersten Furchung in zwei Blastomeren, oder auch zu späterer Zeit bis zum Gastrulastadium erfolgen. Wir sehen also, daß die Doppelbildungen eine sehr frühe teratogenetische Terminationsperiode besitzen. Die Sonderung des Eimaterials kann in verschieden hohem Grade vor sich gehen, woraus sich die verschiedenen Grade der Doppelbildung erklären. Zu dieser primären Spaltung können nun noch sekundäre Verwachsungen hinzukommen; so kann z. B. die ursprüngliche Spaltung so weit gehen, daß zwei völlig selbständige Embryonalanlagen entstehen, diese können aber dann wieder miteinander verwachsen, und so Doppelbildungen entstehen. Ist dies das Wichtigste zur formalen Genese dieser Bildungen, so wissen wir von ihrer kausalen Genese beim Menschen fast gar nichts. Experimentell beim Tier konnte man durch äußere Einflüsse Doppeltbildungen bewirken.

Dreifach- und Mehrfachbildungen sind zu selten, um hier besprochen zu werden.

Einteilung der Mißbildungen in: Doppelmißbildungen und Einzelmißbildungen.

I. Doppelund Mehrfachmißbildungen.

Individualteile

Allgemeine Eigenschaften der Doppelbildungen.

Genese.

Einteilung. Als Einteilung wollen wird die moderne, von E. Schwalbe aufgestellte wählen. Er unterscheidet:

I. Voneinander **gesonderte Doppelbildungen — Gemini.**

    A. Mit gleichmäßig entwickelten Embryonalanlagen, d. h. also gewöhnliche **eineiige Zwillinge.**

    B. Mit ungleichmäßig entwickelten Embryonalanlagen = **Acardii.**

II. Nicht voneinander gesondert = **eigentliche Doppelbildungen — Duplicitates.**

    C. Mit symmetrisch entwickelten Individualteilen = **Duplicitas symmetros.**

    D. Mit unsymmetrisch entwickelten Individualteilen = **Duplicitas asymmetros = Parasiten.**

A. Eineiige Zwillinge.

I. voneinander gesonderte Doppelbildungen:

A. Eineiige Zwillinge.

Sie brauchen nicht weiter besprochen zu werden. Erwähnt werden soll nur, daß, wenn ein Zwilling aus irgendwelcher Ursache abstirbt, er von dem anderen, normal sich entwickelnden, vollständig komprimiert werden kann, so daß sein Fruchtwasser resorbiert wird, und der abgestorbene Körper zu einer pergamentartig dünnen Platte eintrocknet (vgl. S. 87, Mumifikation): **Foetus papyraceus.**

B. Acardii.

B. Acardii (acardiaci).

Das Herz des einen Zwillings fehlt oder ist rudimentär entwickelt, funktionslos; beide Zwillinge haben einen gemeinsamen Kreislauf, dessen motorisches Zentrum nur das eine Herz des anderen Zwillings darstellt. Hierbei enthält der Acardius — da seine Nabelgefäße aus denen des gut entwickelten Fötus entspringen und also eine Umkehrung des Kreislaufes statthat — bloß sauerstoffarmes, von dem anderen Zwilling bereits verbrauchtes

Fig. 324.
Holoacardius
acephalus.

Fig. 325.
Holoacardius acephalus.
(Nach Schatz, Arch. f. Gynäk. 1900.)
(Aus Schwalbe, Die Morphologie der Miß-
bildungen. Jena, G. Fischer 1906.)

Fig. 326.
Holoacardius amorphus.
(Präp. im Besitz von Herrn Prof. Bock.
Nach Schwalbe, Die Morphologie der Miß-
bildungen. Jena, G. Fischer 1906.)

Blut. Infolgedessen verkümmert er bis zu Formen, die die denkbar hochgradigsten Mißbildungen des ganzen Körpers darstellen. Hiernach teilt man in mehrere Gruppen ein:

1. Hemiacardius.

1. Hemiacardius = Acardius anceps, Herz rudimentär. Der Acardius, besonders Kopf und Extremitäten, sind noch relativ gut entwickelt.

2. Holoacardius.

2. Holoacardii, das Herz fehlt vollständig;

a) acephalus

    a) Holoacardius acephalus = außer dem Herzen fehlt der Kopf; Rumpf und Extremitäten einigermaßen entwickelt (die häufigste Form der Acardii überhaupt) (s. Fig. 324 u. 325).

b) Holoacardius acormus = die untere Körperhälfte fehlt völlig, während die obere einiger- b) acormus
maßen entwickelt ist.

c) Holoacardius amorphus = unförmige Masse ohne Kopf und Extremitäten (der höchste c) amorphus
Grad einer Mißbildung) (Fig. 326).

C. Duplicitas symmetros.

II. Nicht von-einander gesonderte Doppel-bildungen:

Hierher gehört die größte Zahl mannigfaltiger Doppelbildungen. Die Einteilung geschieht, wenn wir E. Schwalbe folgen, nach dem Prinzip der Symmetrie.

C. Dupli-citas sym-metros.

Hierbei unterscheidet er die Symmetrieebene, durch welche die Doppelbildung in zwei spiegel-
bildlich gleiche Hälften geteilt wird und die Medianebene, welche durch jeden Individualteil gelegt
werden kann. In den Fällen, in denen die Medianebene die Anlagen symmetrisch teilt und senkrecht darauf die eigentliche Symmetrieebene gleichfalls die Doppelbildung in zwei auf einer senkrecht stehenden Ebenen symmetrisch teilt, liegen doppeltsymmetrische (bisymmetrische) Formen vor.
In den Fällen, in denen nur eine symmetrisch teilende Symmetrieebene existiert und die Medianebenen
im Winkel zu ihr stehen, liegen monosymmetrische Formen vor. Die Symmetrieebene kann nun
(vom aufrecht stehend gedachten Menschen ausgehend) senkrecht oder horizontal stehen. Im ersteren Fall
kann die Verbindung der Individualteile ventral oder dorsal liegen. Im letzteren Fall muß sie kranial
oder kaudal gelegen sein.

Symme-trieebene und Median-ebene.

Von diesen Gesichtspunkten ausgehend wird die Einteilung rein morphologisch vorgenommen.

1. Bisymmetrische und davon ableitbare monosymmetrische Formen mit senkrechter Symmetrieebene.

1. Bisym-metrische (mono-symme-trische). Formen mit senk-rechter/ Symme-trieebene.

a) Ventrale Verbindung.

α) Die Verbindung liegt oberhalb des Nabels.

a) ventrale Ver-bindung.

1. **Zephalothorakopagus** (Fig. 327, 328, 329) (Janus- oder Synzephalus). Der Zusammenhang betrifft Kopf und Brust. Das unterste Ende der verschmolzenen Teile stellt der stets einfache Nabel dar. Die teratogenetische Termina-
tionsperiode dieser Mißbildung muß außerordentlich früh (vor der ersten Herzanlage) liegen. Es
gibt di- und monosymmetrische Formen (Fig. 328

α) oberhalb des Nabels

1. Zephalo-thora-kopagus.

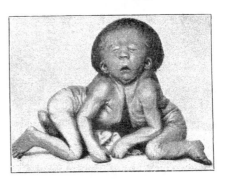

Fig. 327.
Zephalothorakopagus (Synzephalus).

Fig. 328
Zephalothorakopagus monosymmetros mit einer
zyklopisch defekten sekundären Vorderseite.
(Aus Schwalbe, Die Morphologie der Mißbildungen.)

und 329). Erstere werden Janus genannt. Bei letzteren ist häufig Zyklopie, Anophthalmie,
Synotie etc. gleichzeitig vorhanden.

2. **Thorakopagus** (Fig. 331 und 332). Die Vereinigung reicht vom Nabel bis zur oberen 2. Thora-kopagus.
Grenze der Brust. Diese Mißbildung ist relativ häufig. Die Terminationsperiode liegt hier etwas
später als im vorhergehenden Fall.

Eine Zwischenstellung zwischen 1. und 2. nimmt der Prosopothorakopagus (Fig. 333)
ein. Hier liegt eine Verbindung der Brust und eine solche im Gebiet des Kopfes und Halses vor.

3. **Sternopagus** steht dem Thorakopagus ganz nahe. Die Vereinigung reicht nur bis zum 3. Sterno-pagus.
oberen Ende des Sternum.

Ein bekanntes Beispiel sind die Schwestern Maria-Rosalina (Fig. 334).

4. Xipho-
pagus.

β) unter-
halb (bzw.
auch ober-
halb) des
Nabels.
1. Ileo-
xiphopagus

2. Ileo-
thorako-
pagus.

Hauptsymmetrieebene.

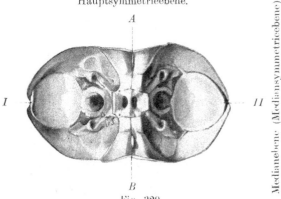

Fig. 329.
Schädelbasis eines Zephalothorakopagus disymmetros.
(Nach Schwalbe, Die Morphologie der Mißbildungen.)

4. Xiphopagus. Der Zusammenhang wird durch den Processus xiphoides vermittelt.

Hierher gehören die Siamesischen
und die Chinesischen Zwillinge (Fig. 336).

Nr. 3 und 4 stellen lebensfähige Mißbildungen dar. Die Terminationsperiode
liegt später als bei 1 und 2.

β) Die Verbindung liegt unterhalb
oder unterhalb und zugleich oberhalb des Nabels.

1. **Ileoxiphopagus,** infraumbilikaler
Zusammenhang und zudem solcher durch
den Processus xiphoides.

2. **Ileothorakopagus** (Fig. 337),
infraumbilikaler Zusammenhang, sowie
solcher durch den ganzen Thorax.

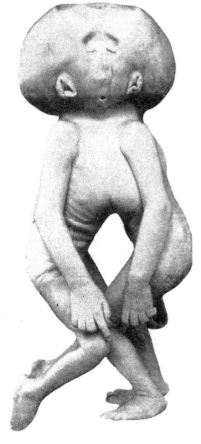

Fig. 330.
Zephalothorakopagus disymmetros (6. Embryonal-
monat).
(Aus Broman, Normale und abnorme Entwickelung des
Menschen. Wiesbaden, Bergmann 1911.)

Fig. 331.
Thorakopagus monosymmetros (ventrolateraler
Zusammenhang).
Ausgebildete sekundäre Vorderseite. Der eine Individual-
teil läßt als akzidentelle Mißbildung eine Hasenscharte
erkennen (Präp. des Heidelberger pathologischen Instituts).
(Aus Schwalbe, Die Morphologie der Mißbildungen.)

Fig. 332.
Thorakopagus tetrabrachius.

Ein rein infraumbilikaler Zusammenhang — Ileopagus — ist beim Menschen nicht beobachtet. Die beiden sub 1 und 2 erwähnten Formen werden auch oft als Dizephali bezeichnet (Fig. 342, 345). Bei diesen Formen ist oft eine Minderzahl der Extremitäten gegeben, die aber dann ihre Zusammensetzung aus mehreren deutlich erkennen lassen.

Fig. 333.

Prosopothorakopagus.

Fig. 334.

Die Sternopagen Maria-Rosalina.

(Nach Baudoin, Rev. chir. Année 22 No. 5 p. 513.) (Aus Schwalbe, l. c.)

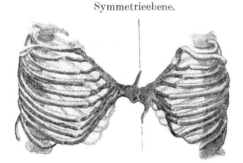

Symmetrieebene.

Fig. 335.

Brustkorb eines Sternopagus.

(Nach Vrolik, Tabulae ad illustrand. embryogenesin hominis et mammae tam naturalem quam abnormem. Amsterdami 1849.) (Aus Schwalbe l. c.)

Fig. 336.

Xiphopagen (die chinesischen Brüder) (nach Baudoin).

(Aus Schwalbe l. c.)

b) Dorsale Verbindung.

1. **Pyopagus** (Fig. 338). Vereinigung durch das gemeinsame Steißbein, oft auch durch einen Teil der Wirbelsäule. Die Vorderseiten sind frei, so daß jeder Individualteil je eine Nabelschnur trägt.

2. **Craniopagus occipitalis.** Vereinigung am Os occipitale des Schädels (siehe auch unter IIb).

b) Dorsale Verbindung.
1. Pygopagus.

2. Craniopagus occipitalis.

Fig. 337.
Ileothorakopagus von der Seite vorn gesehen.
(Präparat des Heidelberger pathologischen Instituts.)
(Aus Schwalbe, Die Morphol. d. Mißbildungen.)

Fig. 338.
Pygopagus.
(Nach Straßmann in Winckels Handb. d. Geburtshilfe
Bd. 27. 3. 1905.) (Aus Schwalbe l. c.)

2. Formen
mit wag-
rechter
Symme-
trieebene.

a) Kaudale
Ver-
bindung.

Ischiopagus.

b) Kra-
niale Ver-
bindung.

Kranio-
pagus.

2. Formen mit wagrechter Symmetrieebene.

a) Kaudale Verbindung.

Ischiopagus (Fig. 339). Das Becken stellt die Verbindung her. Hier bilden die Medianebenen der Individualteile die Fortsetzung voneinander. Die Symmetrieebene steht senkrecht auf jenen — disymmetrische Formen —; oder die medianen Teile sind defekt, es kommt zur Verschmelzung von Extremitäten (Ischiopagus tripus), so entstehen monosymmetrische Formen.

b) Kraniale Verbindung.

Kraniopagus (Fig. 340). Vereinigung durch den Schädel, man unterscheidet den C. parietalis, welcher hierher gehört, den C. occipitalis (s. o.) und frontalis (eigentlich, da die Symmetrieebene hier senkrecht steht, den Zephalothorakopagi [s. o.] nahestehend). Die Kraniopagen sind sehr selten; öfters sind sie unregelmäßig gestaltet.

Fig. 339.   Fig. 340.
Ischiopagus.   Kraniopagus.

3. Formen
mit der
Symme-
trieebene
parallelen
bzw. z. T.
mit ihr zu-
sammen-
fallenden
Median-
ebenen.

1. Dupli-
citas
anterior:
Diprosopi
und
Dicephali.

2. Dupli-
citas media.

3. Formen, deren Individualteile der Symmetrieebene parallele bzw. zum Teil mit ihr zusammenfallende Medianebenen besitzen.

Sie sind nicht in der ganzen Ausdehnung ihrer Körperachsen verdoppelt, große Teile von ihnen sind einfach (daher auch Duplicitas incompleta genannt). Es kann demgemäß nur monosymmetrische (keine bisymmetrische) Formen geben. Hiervon ableitbar sind folgende Formen:

1. Duplicitas anterior (Fig. 341). Divergenz der Medianebenen kranial, mehr oder weniger ausgedehnte Verdoppelung der vorderen Körperachse. Die Verdoppelung kann ein kleines Gebiet am Kopf, aber auch diesen vollständig und zudem noch den Körper bis hinab zum Os sacrum — auch dieses noch eingeschlossen — betreffen.

Man unterscheidet hier Diprosopi (Fig. 343) bei Verdoppelung des Gesichts und Dizephali bei Verdoppelung der Köpfe und je nach dem Grade der Verdoppelung weitere Unterabteilungen di-, tri-, tetraophthalmus, tribrachius etc.

2. Duplicitas media, beim Menschen nicht beobachtet.

3. Duplicitas posterior. Divergenz der Medianebenen kaudal. Verdoppelung des kaudalen Endes. Dipygus z. B. dibrachius, tetrabrachius etc.

4. Kombinationsformen.

3. Dupli-
citas
posterior.

4. Kom-
binations-
formen.

Fig. 342.
Dicephalus tribrachius tripus.

Fig. 344.
Dipygus tetrabrachius.

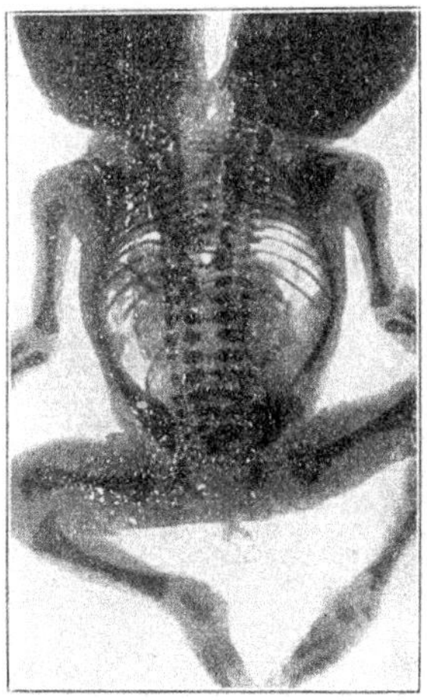

Fig. 341.
Röntgenbild einer Duplicitas anterior.
(Nach Schäfer, Zieglers Beiträge Bd. 27.)
Aus Schwalbe l. c.

Fig. 343.
Diprosopus.

Fig. 345.
Dicephalus tribrachius.

D. Duplicitas asymmetros.

D. Dupli-
citas asym-
metros.

Bei diesen ist der eine Individualteil = Autosit weit besser entwickelt als der andere = Parasit. Es gibt in der Entwickelungsstörung des letzteren alle Übergänge zwischen den geringsten bis zu den stärksten Formen derselben, ähnlich wie bei den Akardiis. Viele asymmetrische Formen entsprechen besprochenen symmetrischen.

Schwalbe teilt hier ein in:

1. Befestigung des Parasiten am Kopf des Autositen.

1. Befesti-
gung des
Parasiten
am Kopf
des
Autositen.

1. Epigna-
thus.

1. Epignathus (Fig. 346, 347). Der Parasit sitzt an der Schädelbasis bezw. am Gaumen des Autositen und kann daneben noch mit anderen Teilen der Mundhöhle desselben in Verbindung treten. Schwalbe unterscheidet hier wieder vier Gruppen:

a) der Autosit trägt in der Mundhöhle, besonders am Gaumen, den Nabelstrang eines Parasiten;

b) aus der Mundhöhle des Autositen hängen Körperteile des Parasiten heraus;

c) aus der Mundhöhle des Autositen ragt der Parasit in Gestalt einer unförmigen Masse heraus;

d) in der Mundhöhle des Autositen ist der Parasit nur in Form einer mehrgewebigen Masse vorhanden.

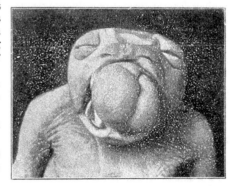

Fig. 346.
Epignathus von vorn.
Präparat des Heidelberger patholog. Instituts.
(Aus Schwalbe, Morphologie der Mißbildungen.)

18*

Für ähnliche Formen mit Befestigung an anderen Stellen der Mundhöhle außer am Gaumen sind spezielle Namen aufgestellt worden.

2. Janus parasiticus. Beide ineinander geschoben Köpfe sind gleichmäßig entwickelt, sonst ist der Parasit nur rudimentär.

2. Janus
parasiticus.

Fig. 347.
Röntgenbild eines Epignathus.
(Aus Schwalbe, Morphologie der Mißbildungen.)

Fig. 348.
Der Genuese Colloredo, ein Thorakopagus parasiticus (aus Licetus nach Bartholini).
(Licetus de monstris. Ex recensione Gerardi Blasii M. D.
u. P. P. Amstelodami sumptibus Andreae Frisii 1665.)

3. Kranio-
pagus
pagus para-
siticus.
4. Dize-
phalus para-
siticus.
2. Befesti-
gung an
Brust oder
Bauch des
Autositen,
a) supra-
umbilikal.
1. Thorako-
pagus para-
siticus.
2. Epi-
gastricus.
b) infra-
umbilical
Dipygus
para-
parasiticus.
3. Befesti-
gung am
kaudalen
Ende des
Autositen,
1. Pygo-
pagus para-
siticus.
2. Sakral-
parasit.
3. Teratom
aus drei
Keim-
blättern.

3. Kraniopagus parasiticus. Der Parasit ist am Kranium befestigt.

4. Dizephalus (oder **Duplicitas anterior**) **parasiticus** stellt einen Dizephalus mit rudimentärer Entwickelung des Parasiten dar.

2. Befestigung des Parasiten an Brust oder Bauch des Autositen.

a) Er sitzt **supraumbilikal**.

1. Der Parasit läßt alle Hauptkörperteile erkennen entsprechend dem Hemiacardius, gewöhnlich **Thorakopagus parasiticus** genannt. Hierher gehört der berühmte Genuese Colloredo (Fig. 348).

2. **Epigastrius.** Vereinigung zwischen Processus xiphoides und Nabel.

b) Er sitzt **infraumbilikal**.

Hierher gehört die asymmetrische von der Duplicitas posterior ableitbare Form des **Dipygus parasiticus.**

3. Befestigung des Parasiten am kaudalen Ende des Autositen.

Wir können hier unterscheiden:

1. den **Pygopagus parasiticus,** bei dem ein rudimentärer Parasit der Steißgegend des Autositen aufsitzt. Diese Mißbildung leitet über zu:

2. einem in der Steißgegend befindlichen tumorartigen Körper mit Organen bzw. Teilen von solchen: **Sakralparasit,** und endlich zu

3. einem ebensolchen Sakraltumor in Gestalt eines **Teratoms** (mit Abkömmlingen **dreier Keimblätter**).

Diese Sakralparasiten zeigen also deutliche Überleitung zu Teratomen (s. auch bei diesen). Das gleiche ist bei anderen asymmetrischen Doppelmißbildungen möglich und besonders für die

Epignathi durchgeführt. Hierbei spielt die teratogenetische Terminationsperiode eine große Rolle. Je komplizierter der Bau, desto früher hat in der Regel die Mißbildung eingesetzt.

II. Einzelmißbildungen.

II. Einzel-
miß-
bildungen

Hier sollen nur solche erwähnt werden, welche die äußere Form des mißbildeten Fötus betreffen, während die Fälle, in denen ein oder mehrere innere Organe oder Organsysteme miß-bildet sind, im speziellen Teil unter den einzelnen Organen erwähnt werden sollen.

Auch hier wollen wir Schwalbe folgen. Er unterscheidet:

A. Mißbildungen des gesamten Eies und der gesamten äußeren Form des Embryos bzw. des Individuums der postfötalen Periode.

A. Mißbil-
dungen des
gesamten
Eies und
der ge-
samten
äußeren
Form des
Embryos.

1. **Abortive Formen.** Mißbildungen der gesamten äußeren Form, wie sie am noch nicht fertig entwickelten Ei bzw. Embryo festzustellen sind. Bei Aborten werden häufig derartige Mißbildungen beobachtet. Sie tragen alle Zeichen vorzeitigen Wachstumsstillstandes an sich. Es gibt die verschiedensten Formen und Grade der Entwickelungs-hemmung. Die abgestorbenen Föten bleiben in utero liegen; sie gehen hier die Veränderungen aller Gewebe nach dem Tode ein und rufen Reaktionen von seiten der Mutter hervor, so Durchsetzung mit Wander-zellen.

1. Abortive
Formen.

2. **Omphalozephalie.** Mißbildung beim Hühn-chen beobachtet dergestalt, daß das Herz am kra-nialen Ende der Körperachse liegt, der Kopf ventral-wärts nach dem Dotter zu abgeknickt ist. Es kommt diese Erscheinung auch mit Zephalothorakopagus zu-sammen vor. Man hat echte und falsche Formen (Rabaud) unterschieden.

2. Ompha-
locephalie.

3. **Blasenmole.** Die Chorionzotten der Plazenta sind in großen Massen in Blasen verwandelt. Virchow hatte diese Veränderung für ein Myxom gehalten. Doch liegen Wucherungserscheinungen des Zottenepithels, des Synzytiums wie der Langhansschen Zellschicht, mit an Karzinom erinnerndem Vordringen der Zellen, sowie ferner Degenerationen — vornehmlich hydro-pische — und Nekrosen vor (Marchand). Die Ver-änderung könnte eine primäre des Eies darstellen oder auch von der Decidua ausgehen. Sie findet sich be-sonders bei Endometritis.

3. Blasen-
mole.

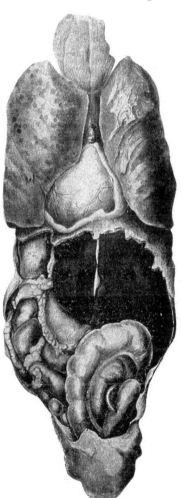

Fig. 350.
Situs inversus totalis.
Nach Oeri, Frankfurter Zeitschrift für Pathologie
Bd. 3. H. 2. 1909.

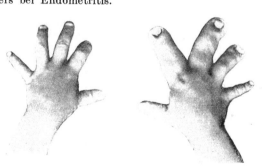

Fig. 349.
Partieller Riesenwuchs der rechten Hand eines
5jährigen Knaben.
Nach Klaußner aus Broman l. c.

Die als Fleischmole, Blutmole, Steinmole bezeichneten Veränderungen, welche im Anschluß an Blutungen etc. bei Aborten — infolge von Endometritis — sich ausbilden, gehören nicht hierher.

4. Zwergwuchs = Mikrosomie, Nanosomie. Es ist dies eine über die Variationsbreite des Wachstums nach unten hinausgehende abnorm kleine Körpergröße, soweit sie kongenital begründet ist. Es handelt sich um eine embryonale oder postfötale Störung des Wachstums der Knochen, besonders der unteren Extremitäten. Bei der Geburt kann das Kind schon unternormal groß sein, oder die Wachstumsstörung setzt erst im extrauterinen Leben bei einem normal groß geborenen Kinde ein (infantiler Zwergwuchs). Genetisch kann die Veranlassung zum Zwergwuchs schon im unbefruchteten Ei gelegen oder zur Zeit der ersten Furchung durch Untergang von Blastomeren gegeben sein, oder es liegt eine spätere Wachstumshemmung vor (proportionierter Zwergwuchs). Andererseits gibt es einen unproportionierten Zwergwuchs, den man in einen rachitischen, trophischen, kretinischen und mongoloiden, je nach der Genese (nach Dietrich) einteilen kann. Manche Formen hängen wohl mit einer Störung des Thymus zusammen.

5. Riesenwuchs, Makrosomie (s. S. 104), stellt das Umgekehrte von 4. dar. Als Grenze nimmt man gerne 2 m an. Die Verhältnisse liegen ganz ähnlich — im umgekehrten Sinne — wie beim Zwergwuchs. Genetisch kommt wohl außer einer schon zu großen Anlage des Eies evtl. eine Verschmelzung von Eiern in Betracht, postfötal könnte eine Hemmung im Sinne eines Bestehenbleibens der Epiphysenknorpel dazu führen.

6. Halbseitiger Riesen- (und Zwerg-)wuchs. Die eine Seite ist von größeren Dimensionen als die andere. Bei gleichem Wachstum ist die Bevorzugung der einen Seite kongenital begründet.

7. Partieller Riesen- (und Zwerg-)wuchs. Naturgemäß auch auf kongenitaler Basis, kommt besonders an den Extremitäten vor (Fig. 349).

Dieser leitet über zu Hypertrophie einzelner Organe und Zellen und zu Tumoren.

8. Situs inversus (transversus) (Inversio viscerum completa). Sämtliche Organe, welche normaliter rechts liegen sollten, liegen hier links und umgekehrt. Die Lage der Eingeweide ist also das Spiegelbild der normalen (Fig. 350). In einzelnen Fällen kann sich die Inversio viscerum auch auf die Bauchorgane oder auf die Verlagerung eines einzelnen Organes beschränken: Situs inversus partialis. Die Ursache dieser Veränderung ist vielleicht in mechanischen Momenten (abnorme Drehung des Embryo) zu suchen. Man hat den Situs transversus experimentell erzeugt.

B. Mißbildungen der äußeren Form bestimmter Körperregionen.

a) Im Gebiet des Kopfes und Halses.

1. An Schädel und Gehirn. Hier sind zu nennen einerseits unvollkommene, mehr oder weniger rudimentäre Ausbildung des Gehirns, andererseits mangelhafter Schluß der Schädelhöhle. Was das Gehirn betrifft, so kommt **Mikrozephalie** vor, d. h. abnorme Kleinheit des Gehirns, oder abnorme Kleinheit einzelner Teile des Gehirns, z. B. **Mikrogyrie** (Fig. 351). Ferner **Hydrozephalie,** abnorme Weite der Ventrikel mit mangelhafter Ausbildung der Hemisphären. Endlich hochgradig rudimentäre Ausbildung des Gehirns bis zur **Anenzephalie,** bei der sich statt des Gehirns bloß eine membranartige, gefäßführende, einzelne Ganglienzellen und Nervenfasern enthaltende Masse findet; hier ist meist auch die Nebenniere hypoplastisch, es finden sich mißbildete Herzen etc. Mit der Anenzephalie ist konstant ein Fehlen des Schädeldaches verbunden: **Akranie.** Meist ist gleichzeitig Rhachischisis (s. unten) vorhanden. Die Anenzephalen zeigen weit hervorstehende Augen, darüber fehlt die Stirnwölbung. Der Hals ist meist so kurz, daß der Kopf breit auf dem Brustkasten aufsitzt. Man bezeichnet die Mißbildung auch als „Krötenkopf" (Fig. 352, 353). Die Mißbildung des Gehirns ist wohl das Primäre, die Akranie die Folge. Fehlt nur eine Hälfte des Gehirns, so spricht man von **Hemizephalie.** Fehlt nur ein Teil des Schädeldaches, so spricht man von **Exenzephalie**; tritt durch einen Defekt am Schädeldach ein Teil des Gehirns mit seinen Häuten hernienartig hervor, von **Hirnbruch** oder **Enzephalozele** (Fig. 354); wenn ein nur von den Meningen gebildeter, mit Zerebrospinalflüssigkeit gefüllter Sack hervortritt, von **Meningozele.**

Bleibt der Schädel im ganzen zu klein, so bezeichnet man dies als **Mikrozephalie.** Zyklopie (Synophthalmie) entsteht bei Hemmung in der Ausbildung des vordersten Teiles des Gehirns, welches dabei einfach bleibt; ebenso tritt dabei nur eine mangelhafte Trennung der Augenblasen ein. Die beiden Hemisphären sind nicht oder nur mangelhaft getrennt. Die Riechnerven fehlen. Nervus opticus, Tractus opticus, Thalami optici sind meist einfach vorhanden oder mißbildet. Die beiden Augen stehen direkt nebeneinander, darüber häufig ein rudimentärer, rüsselförmiger

Nasenfortsatz (**Ethmozephalie**, Fig. 355) oder es liegt nur eine Orbita mit zwei oder einem Augapfel vor. Auch der Nervus olfactorius kann isoliert defekt sein, **Arhinenzephalie.**

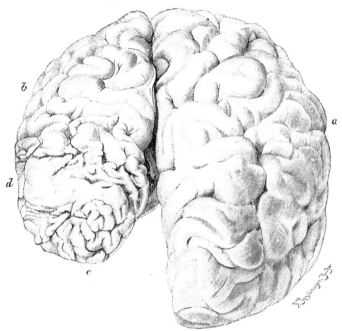

Fig. 351.

Hypoplasie und Mikrogyrie der linken Großhirnhemisphäre bei einem Taubstummen.

a rechte Hemisphäre, *b* linke Hemisphäre, *c* linker verkümmerter Okzipitallappen mit Mikrogyrie, *d* häutige Blase im Gebiet des Scheitellappens. Ansicht von oben nach Wegnahme des Kleinhirns. ²/₃ nat. Gr. Aus Ziegler, Lehrb. d. path. Anat. Bd. II. Jena, Fischer, 7. Aufl. 1892.

2. Im Gesicht — **Gesichtspalten.** Sie kommen durch mangelhafte Vereinigung der aus dem ersten Kiemenbogen und dem sogenannten Nasenfortsatz des Stirnbeins hervorgehenden

2. Im Gesicht.

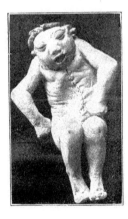

Fig. 352.
Anenzephalus.

Fig. 353.
Anenzephalus.

Fig. 354.
Kind mit großem hinteren Hirnbruch und anderen Mißbildungen (mit Polydaktylie).

Aus Broman, Normale und abnorme Entwickelung des Menschen. Wiesbaden, Bergmann 1911.

Teile zustande: der erste Kiemenbogen bildet einerseits den Unterkiefer, indem sich seine beiden Hälften in der Mittellinie vereinigen, andererseits sendet er nach oben von letzterem zwei weitere Fortsätze aus, welche die beiden Oberkieferhälften zu bilden bestimmt sind; zwischen letzteren bleibt aber zunächst ein Raum frei, in welchen von oben her der Nasenfortsatz des Sitrnbeins und der aus diesem hervorgehende Vomer (Nasenscheidewand) sowie der Zwischenkiefer hineinwachsen; letzterer enthält die Anlagen der vier

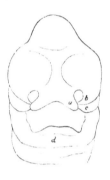
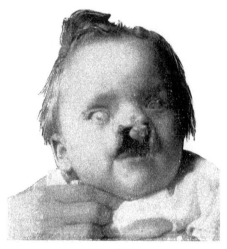

Fig. 355.
Ethmozephalie.

Fig. 356.
Kopf eines fünfwöchentlichen Embryo
(nach Gegenbaur).
a Innerer Nasenfortsatz, b äusserer Nasenfortsatz, c Oberkieferfortsatz, d Unterkiefer.

Fig. 357.
Doppelseitige Lippenspalte mit Kiefer-, Gaumenspalten und rechtsseitig persistierender Nasenfurche kombiniert.
Aus Broman l. c.

Schneidezähne.   Erst später treten die Oberkieferfortsätze, resp. die von diesen her sich bildenden Gaumenplatten mit dem Zwischenkiefer und der Nasenscheidewand in Verbindung (vgl. Fig. 356).

Bleibt die Vereinigung eines Oberkieferfortsatzes mit dem Zwischenkiefer aus, so entsteht ein Spalt, welcher in der Gegend der Grenze zwischen äußerem Schneidezahn und dem Eckzahn

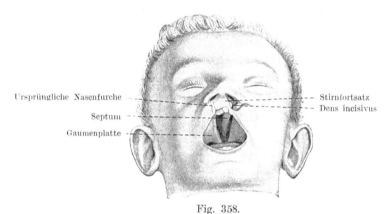

Ursprüngliche Nasenfurche

Septum

Gaumenplatte

Stirnfortsatz
Dens incisivus

Fig. 358.
Gaumenspalte.
(Nach O. Schultze, Grundriß der Entwickelungsgeschichte.   Verlag von W. Engelmann, Leipzig 1877.)

beginnt und sich tief in den harten Gaumen hinein erstrecken kann; Mund und Nasenhöhle kommunizieren: **Cheilo-gnatho-palatoschisis, Wolfsrachen** (Fig. 357); ist der Spalt doppelseitig, so ragt die Nasenscheidewand frei in die Mundhöhle vor; sie trägt den oft mangelhaft ausgebildeten, oft auch wulstig verdickten Zwischenkiefer.   Betrifft die mangelhafte Vereinigung bloß die Weich-

Wolfsrachen.

teile, so daß nur in diesen eine Spalte oder — in den geringgradigen Fällen — eine leichte Einkerbung vorhanden ist, so entsteht die **Hasenscharte, Os leporinum** (Fig. 358).

Da auch die übrigen Teile des Gesichtes durch Vereinigung verschiedener, vom Stirnbein und dem ersten Kiemenbogen gebildeter Fortsätze formiert werden, so ist bei der Entwickelung vielfach Gelegenheit zur Entstehung auch noch anderer Spaltbildungen im Gesicht gegeben; es kommen vor: die **schräge Gesichtsspalte**, welche vom Mund in der Richtung nach der Augenhöhle zieht, die **quere Gesichtsspalte** (Makrostomie) und die **mediane Gesichtsspalte** (letztere besonders an den Lippen, am Unterkiefer und der Zunge). Bei Vorhandensein zahlreicher Spalten nebeneinander spricht man von **Schistoprosopie;** dieselbe kann so hochgradig sein, daß von einer eigentlichen Gesichtsbildung gar nicht mehr gesprochen werden kann: **Aprosopie.** Wenn es nicht zur Ausbildung des Unterkiefers kommt, so entsteht die **Agnathie,** welche meist mit **Synotie** (Fig. 359), Verwachsung beider Ohren an der Unterseite, verbunden ist. Auch **Astomie** (Fehlen des Mundes) kann gleichzeitig vorhanden sein. **Mikrostomie** bezeichnet Kleinheit desselben.

3. **Am Hals.** Zwischen den Kiemenbögen finden sich bekanntlich an der Außenseite des Halses Vertiefungen, die sog. **Kiemenfurchen;** ihnen entsprechen an der Innenseite Ausbuchtungen des Kopfdarmes, die sog. **Schlund- oder Kiementaschen.** Durch Offenbleiben solcher Kiemenspalten oder Kiementaschen entstehen **Kiemenfisteln,** welche entweder an der Außenseite des Halses seitlich beginnen und gegen den Pharynx zu blind endigen oder ein von letzterem ausgehendes, nach außen gerichtetes Divertikel darstellen, oder endlich, von außen beginnen und in den Pharynx einmünden; sie werden auch als **Fistulae colli congenitae** bezeichnet. Die sog. **medianen Halsfisteln** sind Derivate des Sinus cervicalis. Von den Kiemenfisteln aus können sich auch Zysten entwickeln: **Hydrocele colli congenita.**

Fig. 359.
Agnathie mit Synotie.

b) Im Gebiete des Rumpfes.

1. **An der ventralen Seite.** Hier entstehen mehr oder weniger ausgedehnte Spaltbildungen durch mangelhaften Schluß der einander ventralwärts entgegenwachsenden und unter normalen Verhältnissen zur Vereinigung kommenden Teile der Brustwand und Bauchwand. Bei der **Fissura sterni** bleibt das Sternum ganz oder teilweise gespalten, wobei die Haut darüber fehlen oder vorhanden sein kann. Auch die Rippen können defekt sein. Tritt aus der Spalte das Herz — frei oder vom Perikard bedeckt — vor, so entsteht die **Ectopia cordis.** Bleibt der Schluß der vorderen Bauchwand aus **(Fissura abdominalis),** so liegen die Gedärme und die übrigen Baucheingeweide in einem vom Amnion und dem Peritoneum gebildeten Sack vor: **Eventeratio, Ectopia viscerum.**

Einen geringeren Grad der eben genannten Mißbildung stellt der angeborene Nabelschnurbruch, die **Hernia umbilicalis congenita** dar, welche durch mangelhaften Schluß des Nabels und geringe Entwickelung der anliegenden Teile der Bauchdecken zustande kommt. Über das Meckelsche Divertikel s. II. Teil, Kap. IV,

Scrotum praepeniale

Glans penis

Urethralmündung

Anus

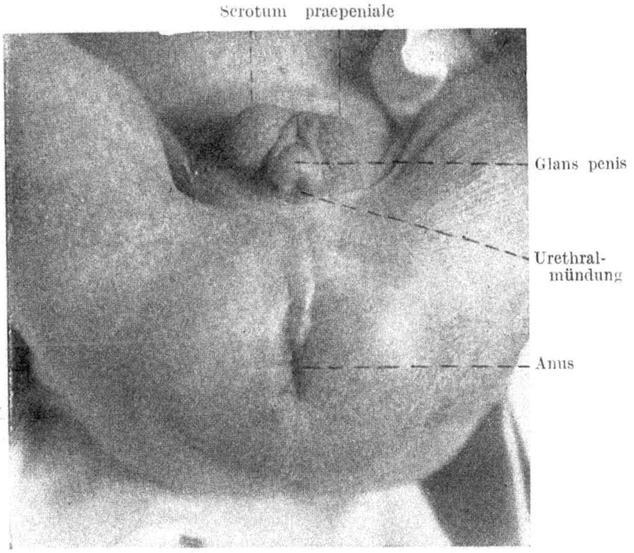

Fig. 360.
Knabe mit Hypospadiasis perinealis und präpenialem Skrotum (aus getrennten Kremastersäckchen bestehend). Von unten gesehen.
Aus Broman l. c.

Marginal notes (right column):

Hasenscharte.

Schräge, quere, mediane Gesichtsspalten.

Schistoprosopie, Aprosopie, Agnathie und Synotie. Astomie und Mikrostomie.

3. Am Hals

Kiemenfisteln.

Hydrocele colli congenita.

b) Im Gebiete des Rumpfes, 1. ventral: Fissura sterni.

Ectopia cordis.

Eventeratio.

Hernia umbilicalis.

über Enterokystome S. 248. Urachuszysten entstehen durch Erweiterung des persistierenden Urachus und liegen zwischen Blase und Nabel.

Fissura vesicogenitalis. Spaltbildungen am unteren Teil der Bauchwand erstrecken sich häufig auch noch auf die Symphyse und die Harnröhre: **Fissura vesicogenitalis.** Aus der Spalte ragt, wenn die vordere Bauchwand ebenfalls gespalten ist, die hintere Wand der Blase mit ihrer Schleimhautfläche mehr oder weniger invertiert vor, man bezeichnet den Zustand als Ectopia vesicae urinariae.

Hypospadie und Epispadie. Zu den relativ häufigeren Mißbildungen gehört die Spaltung des Penis an seiner unteren Seite = **Hypospadie** oder an seiner oberen Seite = **Epispadie.** Die Hypospadie kommt durch Ausbleiben der Verwachsung der beiden Urethrallippen bzw. Genitalwülste zustande. Die geringste Ausbildung der Spaltung betrifft nur die Glans = Hypospadia glandis; als weitere Form meist mit der ersten kombiniert kommt die Hypospadia penis vor. Als hochgradigste Form kommt die Hypospadia scrotalis oder perinealis (Fig. 360) zustande. Bei der ersten Form handelt es sich um Getrenntbleiben des vorderen Teils der embryonalen Urethralrinne, bei der zweiten um ebensolche des mittleren und hinteren Teils derselben Rinne, bei der letzten Form um Nichtverwachsung der Genitalwülste. Diese letzte Mißbildung ist oft mit Pseudohermaphroditismus (s. unten) kombiniert. Selten verbinden sich die vorderen Genitalwülste zu einem vor dem Penis gelegenen (präpenialen) Skrotum (vgl. unten bei Hermaphroditismus und II. Teil, Kap. VIII).

2. dorsal: **2. An der dorsalen Seite.** Den Defekten des Schädels und Gehirnes analog finden sich am Rückenmark, resp. der Wirbelsäule, **Amyelie,** Fehlen des Rückenmarkes, resp. rudimentäre Ausbildung desselben in verschiedenen Graden, sowie **Rhachischisis,** Offenbleiben des Wirbelkanals, sehr häufig mit Kranioschisis verbunden. Rhachischisis. **Spina bifida** ist eine partielle Rhachischisis, wobei nur einige Wirbelbogen offenbleiben und das Rückenmark an der betreffenden Stelle mehr oder weniger rudimentär ist, aber sich weiterhin in normales Mark fortsetzt. Spina bifida. Die sogen. Spina bifida occulta ist eine derartige Spaltbildung ohne Vorwölbung, oft mit starker Behaarung über dem Defekt. Häufig sind dabei zystische Formen (Spina bifida cystica cervicalis, dorsalis, lumbalis, sacralis), bei welchen aus der Lücke im Wirbelkanal ein hernienartiger Sack hervortritt, der entweder aus den Rückenmarkshäuten allein, **Hydromeningozele,** besteht, oder auch ein Rückenmarksrudiment enthält, **Myelomeningozele.** Hydro- und Myelomeningozele. Mit der Spina bifida vergesellschaftet finden sich auch Entwickelungsstörungen im Kleinhirn, der Pons, der Medulla und dem Halsmark, die sog. Arnold-Chiarische Mißbildung.

c) Im Gebiet der Extremitäten.

c) Im Gebiet der Extremitäten.

Diese Anomalien beruhen teils auf Aplasie oder Hypoplasie, teils auf Wachstumsbehinderung durch amniotische Fäden. Die hochgradigsten Fälle, in denen Extremitäten vollständig fehlen oder bloß durch kleine, warzenartige Vorsprünge angedeutet sind, bezeichnet man als **Amelie** (Amelus); bei **Abrachius** fehlen die oberen, bei **Apus** Amelie. Phokomelie. die unteren Extremitäten. Als **Phokomelie** bezeichnet man jene Fälle, bei denen Arme und Beine nicht ausgebildet sind, sondern die Hände und Füße unmittelbar den Schultern, resp. Hüften aufsitzen. Diese Mißbildung ist teils auf Mangel in der Keimanlage, teilweise auf Raumbeschränkung und Druckhindernisse oder auf amniotische Abschnürung zu beziehen. Unter **Mikromelie** (Peromelie) versteht man abnorme Kleinheit Mikromelie. und anderweitige Verkümmerung der Extremitäten; sie findet sich auch zusammen mit **Adaktylie** oder Perodaktylie, d. i. Fehlen oder verkümmerter Ausbildung einzelner Finger oder Zehen. **Monopus** Monopus. Monobrachius. ist Fehlen einer unteren, **Monobrachius** Mangel einer oberen Extremität. Durch Verwachsung bzw. Trennungsmangel kommen zustande: **Symmyelie** (Sympus, Sirenenbildung), Verschmelzung der unteren Extremitäten (Fig. 361); **Syndaktylie,** Verwachsung einzelner Finger oder Zehen untereinander; der geringste Grad der Syndaktylie ist die Symmyelie und Syndaktylie.

Fig. 361.
Sympus.

Fig. 362.
Spalthand und Spaltfuß
beiderseits.

„Schwimmhautbildung". Zuweilen sind alle Finger bis auf den Daumen verwachsen, Spalthand, desgleichen am Fuß, Spaltfuß (Fig. 362).

Außer Defekten von Fingern und Zehen bzw. mit ihnen zusammen kommen auch über-Poly-
daktylie.
zählige Finger und Zehen vor — **Polydaktylie** (s. a. Fig. 354). Die Verdoppelung kann verschieden
weit entwickelt sein und verschiedene Glieder betreffen.

Anhang.

Hier anschließen wollen wir die Besprechung des **Hermaphroditismus.**Herm-
aphroditis-
mus.

Aus dem ursprünglich indifferenten Embryonalzustand der Geschlechtsorgane (paarige
Drüsenanlage und je zweierlei Ausführungsgänge „Geschlechtsgänge", Wolffscher Gang und
Müllerscher Gang jederseits) entsteht der männliche Typus, indem sich die Geschlechtsdrüsen-

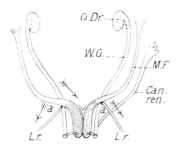

Fig. 363.
Schematische Zeichnung.

G. Dr. Geschlechtsdrüse. *W. G.* Wolffscher Gang. *M. F.*
Müllerscher Faden. *Can. ren.* Ureter. *L. r.* Ligamentum
rotundum.
(Nach v. Winckel, „Über die Einteilung, Entstehung und
Benennung der Bildungshemmungen der weiblichen Sexual-
organe". Sammlung klinischer Vorträge. Neue Folge.
Leipzig 1899.)

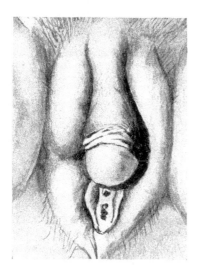

Fig. 364.
Pseudohermaphroditismus femininus externus
mit Clitoris peniformis. Ausbildung kleiner
Schamlippen.
Aus Veit, Handbuch der Gynäkologie. 2. Auflage. IV. 2.

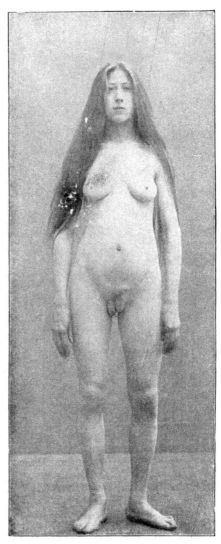

Fig. 365.
Männlicher Scheinzwitter mit weiblichen sekun-
dären Geschlechtscharakteren.
Nach Neugebauer: Hermaphroditismus beim Menschen.
Leipzig 1908. Aus Broman l. c.

anlage zum Hoden entwickelt und sich von den Ausführungsgängen der Müllersche Gang zurückbildet, der weibliche Typus dadurch, daß aus der drüsigen Anlage das Ovarium wird und der Wolffsche Gang eingeht (vgl. Fig. 363). So entstehen beim Mann aus den Wolffschen Gängen die Vasa deferentia und die Samenbläschen; bei der Frau aus den Müllerschen Gängen die Tuben, der Uterus und die Vagina. Reste des Wolffschen Körpers finden sich beim weiblichen Geschlecht als Parovarium (Epoophoron) und Paroophoron, ferner bleiben Reste des Wolffschen Ganges in Form von drüsigen Gebilden manchmal in der Wand des Uterus (bei manchen Tieren konstant) als Gartnerscher Gang bestehen; ein Rest des Müllerschen Ganges beim Manne ist der Uterus masculinus.

Es kann aber die Drüsenanlage, statt sich jederseits zu einer gleichen, bestimmten Geschlechtsdrüse zu entwickeln, zu einer „Zwitterdrüse“ werden, indem ein Teil derselben den Bau des Eierstockes, der andere den Bau des Hodens annimmt. So entsteht eine echte Zwitterbildung, ein **Hermaphroditismus verus,** von dem folgende Formen möglich sind: 1. H. bilateralis: auf beiden Seiten ist eine doppelte Keimdrüse vorhanden; 2. H. unilateralis: nur auf einer Seite

Herm-
aphroditis-
mus verus.

Fig. 366.
Pseudohermaphroditismus masculinus internus (vom Schwein).
a Nebenhoden, *b* Hoden, *c* Vas deferens, *d* Vagina, *e* Uterus, *f* Tuben.

ist eine doppelte Keimdrüse vorhanden; 3. H. lateralis: auf einer Seite ist ein Ovarium, auf der anderen ein Hoden vorhanden.

Beim Menschen und Säugetier ist der echte Hermaphroditismus äußerst selten gänzlich einwandfrei konstatiert worden, am relativ häufigsten beim Schwein. Bei der obigen Einteilung bei 1 und 2 finden sich Hoden und Ovarium zu einem Organ vereinigt, sog. Ovotestis, auch beim Menschen. Der Hodenanteil enthält meist keine Keimzellen oder deren Vorstufen, sondern nur Sertolische Fußzellen und Follikelzellen, doch können auch wirkliche Keimzellen beider Geschlechter vorhanden sein (germinale Form).

Pseudo-
herm-
aphroditis-
mus.

Der **Pseudohermaphroditismus** kommt dadurch zustande, daß sich im selben Individuum sowohl die männlichen wie die weiblichen Geschlechtsgänge (Uterus und Wolffscher Gang) mehr oder weniger weit zu den normalerweise aus ihnen hervorgehenden Organen differenzieren — Pseudohermaphroditismus internus — oder auch dadurch, daß nur die äußeren Genitalien in ihrer Gestaltung sich mehr derjenigen des anderen Geschlechts nähern. Auch Stimme, Behaarung etc. entsprechen denen des anderen Geschlechts. So entsteht der Pseudohermaphroditismus masculinus, wenn bei einem männlichen Individuum auch noch Tuben,

Uterus und Vagina mehr oder weniger entwickelt sind ((Pseudohermaphroditismus masculinus internus) oder die Geschlechtsteile in ihrer äußeren Gestaltung den weiblichen ähnlich sind (externus), der Penis ist klein, rudimentär und gleicht mehr einer Klitoris, er zeigt Hypospadie (S. 282), das Skrotum ist gespalten und ähnelt, zumal meistens auch Kryptorchismus besteht, den großen Schamlippen. Seltener ist der Pseudohermaphroditismus femininus externus, welcher in analogen Formen auftritt. Die Klitoris ist dann besonders groß, penisartig. Die großen Schamlippen imponieren als Hodensack. So täuschen die äußeren Geschlechtsorgane und oft auch sekundären Geschlechtsmerkmale (Brustwarzen, Behaarung, Stimme etc.) ein männliches Individuum vor.

Gewebsmißbildungen.

Außer den im vorhergehenden Kapitel beschriebenen größere Gestaltdeformitäten be-
wirkenden Mißbildungen gibt es solche, welche nur mikroskopisch sichtbare Zellkomplexe betreffen, und welche daher Gewebsmißbildungen oder auch, wenn sie nur ganz gering sind, Gewebsanomalien genannt werden. Da diese, so unbedeutend sie auch erscheinen, doch überaus häufig sind, und als Grundlagen von sich anschließenden weitergehenden Veränderungen, insbesondere Tumoren, große Bedeutung haben können, sollen sie hier Erwähnung finden. Diese Gewebsmißbildungen entstehen naturgemäß durch eine Abartung oder vielmehr quantitative Veränderung der Kräfte, welche die Entwickelung der Zellen überhaupt regeln bei dieser Entwickelung, besonders wenn die Einwirkung von Zellen auf Nachbarzellen nicht genügend einsetzt oder auch die Korrelationen der Gewebe auf weitere Strecken hin irgendwie versagen. Insbesondere kommt ein Zurückbleiben einzelner Zellen oder Zellkomplexe in der Entwickelung zustande, bei dem ,,Kampfe der Teile‘‘, den die Zellen eines Organismus hierbei untereinander ebenso wie die Organismen untereinander führen. Wir können hier der Art der Differenzierung von Zellen entsprechend die Anomalien bzw. Gewebsmißbildungen einteilen in solche, bei welchen I. eine zu geringe Differenzierung einsetzt — hypoplastische Differenzierungsvorgänge oder Differenzierungshemmung —; II. heteroplastische Differenzierungsvorgänge, bei denen sich Zellen in anderer Weise als sie für den betreffenden Standort typisch sind, entwickeln (s. unter Metaplasie S. 93) — und III. hyperplastische Differenzierungsvorgänge, wozu gehören 1. Aberrationen, 2. abnorme Zusammenfügung infolge Überwucherns einer Zellart über die andere, 3. abnorme Persistenz. Durch alle diese Vorgänge kommen Gewebskomplexe zustande, welche in abnormer Weise von ihrer Umgebung abweichen; man bezeichnet sie daher als Heterotopien, doch sei bemerkt, daß nur ein Teil dieser auf Entwickelungsirrungen beruht, während ein anderer Teil sich auch im späteren Leben, zumeist auf entzündlicher Basis, ausbilden kann.

I. Die hypoplastischen Differenzierungsvorgänge einzelner Zellen sind in Analogie
zu stellen zu hypoplastischen Vorgängen des Gesamtorganismus oder ganzer Organe wie sie oben besprochen wurden. Ein derartiges Zurückbleiben in der Differenzierung einzelner Zellen findet sich überaus verbreitet in den verschiedensten Organen, ebenso wie sich einzelne mißglückte Individuen, also Krüppel, in jeder sozialen Zusammenfügung einer größeren Zahl von Individuen finden. Aber solche Differenzierungshemmungen einzelner Zellen finden sich nicht nur an den verschiedensten Stellen, so besonders deutlich in der Nierenrinde als gewissermaßen pathologische Entwickelungshemmungen, sondern in sehr zahlreichen Organen sind sie auch schon normal als sog. Indifferenzzonen oder Keimzonen vorhanden (Schaper-Cohen). Wir haben sie schon bei der Regeneration erwähnt; diese Zellen, welche sich z. B. in der Haut in der Keimschicht, in zahlreichen Drüsen in den sogenannten Schaltstücken finden, sind auf der einen Seite in der Differenzierung zurückgeblieben, auf der anderen Seite aber gerade infolgedessen mit besonderen regeneratorischen Fähigkeiten ausgestattet, und üben diese unter physiologischen wie pathologischen Bedingungen auch aus. Liegen derartige, gewissermaßen normal unterdifferenzierte Zellen an bestimmten Stellen, so finden sich die oben erwähnten als pathologisch zu betrachtenden unregelmäßig verteilt. Diese letzteren minder differenzierten Zellgruppen können dann später zugrunde gehen, oder sie können als solche lange Zeit liegen bleiben und dann noch die versäumte Differenzierung nachholen, also ihren Nachbarzellen gleich werden, oder sich in von ihren Nachbarzellen abweichender Richtung, also heteroplastisch entwickeln. Oder aber an die Stelle der Unterdifferenzierung tritt später im Laufe des Lebens auf irgend eine meist entzündliche oder traumatische Auslösungsursache hin eine Überdifferenzierung. Diese kann in typischer Weise verlaufen, und es können dann hyperplastische Bildungen entstehen, von denen ein Teil wenigstens sich auf derartige Vorgänge beziehen läßt, oder aber die sich anschließenden Vorgänge gehen in atypischer

Weise vor sich, d. h. in einer anaplastischen Weise, wie sie für Tumoren charakteristisch ist. Es ist in der Tat sehr wahrscheinlich, daß ein sehr großer Teil derjenigen Tumoren, welche als sog. dysontogenetische aufgefaßt werden müssen, d. h. deren letzte Rückdatierung in die embryonale Entwickelungsperiode und zwar auf Entgleisungen dieser zurückzuführen ist (Genaueres s. unter Tumoren), als Folgezustand solcher Entwickelungshemmungen auf diese bezogen werden muß.

II. Hetero-
plastische
Differen-
zierungs-
vorgänge.

II. Heteroplastische Differenzierungsvorgänge täuschen Metaplasie vor und sind bei dieser besprochen. Differenzieren sich die Zellen in dieser Weise abweichend vom Mutterboden aus, so scheinen sich weitere Folgezustände nicht mehr anzuschließen.

III. Hyper-
plastische
Differen-
zierungs-
vorgänge.

III. Hyperplastische Differenzierungsvorgänge. 1. Aberrationen. Es handelt sich hier um sogenannte Verlagerungen oder Versprengungen von Keimen oder Keimausschaltung. Dabei ist es sehr schwer, aktive und passive Prozesse zu unterscheiden; auch ist es schwer zu bestimmen, welcher Bestandteil, vor allem Epithel oder Bindegewebe, hierbei mehr den aktiven Prozeß einleitet. Aktive Prozesse könnten wir mit dem Namen Abschnürung, passive mit dem Namen Versprengung bezeichnen. So kommen Gewebe an atypische Orte; sie können noch mit dem Mutterboden zusammenhängen, so daß man dann von Dislokation sprechen kann, oder sie sind von ihm getrennt, wofür man den Ausdruck Lysis anwenden kann. Diese ganzen Vorgänge, welche im einzelnen meist nicht scharf getrennt werden können, kann man unter dem Begriff der Aberration zusammenfassen. Wir brauchen uns nun hierbei nicht irgendwelche gewaltsamen Versprengungen durch unbekannte Gewalten vorzustellen, sondern geringste individuelle Wachstumsdifferenzen der einzelnen Gewebe untereinander können Zellverschiebungen herbeiführen, wie dies Robert Meyer sehr gut als „illegalen Zellverband" bezeichnet hat; derartige Zellen können dann bei den Verschiebungen der weiteren Entwickelungsgänge rein passiv weiter disloziert werden und so in ganz fremde Gewebe hineingelangen. Als Beispiel mögen die Beziehungen zwischen Speicheldrüsen und Lymphknötchen dienen. Normaliter kommt es hierbei zum Einschluß von Lymphgewebe in Speicheldrüsen; bei geringsten Wachstumsverschiebungen kann aber, da zunächst keine Kapsel das lymphatische Gewebe und z. B. die benachbarte Parotis trennt, das Umgekehrte stattfinden. So gelangen Speicheldrüsenzellen in das lymphatische Gewebe, später bildet sich eine Kapsel und nun sind jene in die Lymphdrüsen eingeschlossenen Speicheldrüsenzellen „versprengt". Durch geringste Verschiebungen kann es so zur „illegalen" Zellverbindung kommen, ein minimaler Schritt über die Grenze genügt zur fehlerhaften Verbindung. Solche aberrierte Zellen werden dann in der Regel auch zunächst unterdifferenziert bleiben, und somit sind die weiteren Entwickelungsmöglichkeiten, wie unter I. besprochen, gegeben. Wir wissen ja, daß derartige sogenannte versprengte Keime besonders häufig zur Tumorbildung, besonders Karzinombildung, „disponiert" sind. — 2. Abnorme Gewebsmischung. Es handelt sich hier um Gebilde, bei welchen ein Gewebsbestandteil die Oberhand über die anderen Gewebsbestandteile erlangt und daher besonders dominiert; hierauf beruhen die sogleich zu besprechenden sogenannten „Hamartome". — 3. Abnorme Persistenz. Wir sehen zahlreiche Gewebe sich während der ersten Entwickelung bilden, welche normalerweise bei der weiteren Entwickelung wieder zugrunde gehen; besonders ist dies ja bei der Anlage des Urogenitalsystems der Fall. Solche Gewebe, oder wenigstens Teile solcher, können aber auch unter abnormen Umständen zu „stark" werden, sie gehen dann nicht zugrunde, sondern persistieren. Während sich normaliter der Gartnersche Gang bis auf kleine Teile zurückbildet, kann er z. B. unter abnormen Bedingungen in seiner ganzen Ausdehnung bestehen bleiben. Zur Tumorentwickelung scheinen solche abnorm persistente Organteile oder auch einzelne persistierende Zellgruppen nicht besonders disponiert zu sein.

Bezie-
hungen
der Ge-
websmiß-
bildungen
zu Tu-
moren.

Überschauen wir diese Vorgänge quoad Tumorentstehung kurz, so haben wir schon betont, daß die Differenzierungshemmung von einzelnen Zellgruppen, sei es, daß sie allein auftritt, sei es, daß sie zugleich mit Aberrationen oder dgl. besteht, offenbar eine Disposition gibt, daß sich später Tumorbildung an sie anschließt. Vielleicht ist sogar in letzter Linie ein großer Teil der Tumoren in dieser Weise präformiert. Zur Tumorentstehung kommt es dann aber nur, wenn noch besondere Auslösungsursachen wie Reize oder dgl. (s. unter Tumorentstehung) hinzukommen.

Choristome.

Die auf Aberrationen, wie sie oben besprochen wurden, beruhenden Gewebsmißbildungen hat E. Albrecht als Choristome (von $\chi\omega\varrho\acute{\iota}\zeta\omega$ = trennen) bezeichnet. Hierher würden die

Teratome
und Terato-
blastome.

Teratome gehören, also die aus Geweben aller Keimblätter bestehenden vielgestaltigen Bildungen, wie sie sich vor allem in den männlichen und weiblichen Keimdrüsen finden; wir leiten diese nach der Marchand-Bonnetschen Theorie von der Abschnürung eines Polkörperchens oder vor allem einer Blastomere her. Kommt es hierbei, wie zumeist im

Ovarium, zu einer synchronen Entwickelung der verschiedenen Gewebe mit dem Körper der Trägerin, also zu einer Ausdifferenzierung der Gewebe (siehe unter Teratomen), so zeigen diese zumeist kein späteres tumorartiges Wachstum, und wir können derartige Bildungen, die sog. Dermoidzysten, zu den reinen Gewebsmißbildungen rechnen. Wir bezeichnen sie am besten als Teratome. Bleiben aber diese Gewebe, wie zumeist im Hoden, undifferenziert, entwickeln sich also nicht synchron mit dem Träger weiter, gehen dagegen später auf irgend eine Auslösungsursache hin ein Wachstum ein, welches dann ein „anaplastisches" ist, d. h. ein geschwulstmäßiges, welches zu sehr malignen Tumoren führt, so sehen wir hier ein aus einer Gewebsmißbildung hervorgegangenes echtes Neoplasma und bezeichnen dies dann am besten als Teratoblastom. Des weiteren gehören zu den „Choristomen" die sogenannten Mischgeschwülste, welche ja auch auf ein aberriertes Zellmaterial zurückzuführen sind, welches aber einer späteren Epoche angehört als das zur Bildung der Teratome verwandte Zellmaterial. Auch hier handelt es sich ja um an Gewebsmißbildungen sich anschließende und häufig schon in früher Jugendzeit auftretende (Mischgeschwülste der Nieren) höchst bösartige Tumoren. Als weiteres Beispiel solcher Choristome, bzw. wenn sie in Tumoren übergehen Choristoblastome, seien die sogenannten Grawitzschen Tumoren der Nieren genannt, welche ja vielfach auf eine Absprengung von Nebennierensubstanz bezogen werden. Auch zahlreiche Zysten lassen sich so erklären, z. B. der Haut, ebenso die Nävi, welche wieder zunächst Gewebsmißbildungen (Choristome) darstellen, die aus ihnen sich entwickelnden echten und sehr bösartigen Geschwülste, die malignen Melanome (s. S. 221), hingegen Choristoblastome. Mischgeschwülste.

Geschwulstartige Fehlbildungen, welche auf dem Boden der Entwickelung einsetzend, auf Überwuchern eines Bestandteiles über einen anderen beruhen, bezeichnete Albrecht mit dem seitdem üblich gewordenen Ausdruck Hamartome. Als Beispiel seien hier kleine Knötchen des Nierenmarkes genannt, welche wenige gerade Harnkanälchen aufweisen, im übrigen aber aus derbem Bindegewebe bestehen und daher zumeist Fibrome genannt werden. Sie stellen reine Gewebsmißbildungen dar. Auch ein Teil der Fibrome der Mamma, Kavernome der Milz und Leber, Zysten der Niere etc. kann man zu diesen Hamartomen rechnen. Seltener schließen sich hier echte Geschwulstbildungen, die man dann als Hamartoblastome bezeichnet, an; hierfür seien als Beispiele die sogenannten Neurofibrome angeführt, d. h. eine zu starke Entwickelung von Bindegewebe (und anderen Zellarten) in Nerven, auch als Recklinghausensche Neurofibromatose bezeichnet (s. S. 201); hier kann es dann auch auf Grund solcher Fibrome zu bösartigen sarkomähnlichen Tumoren kommen. Hamartome.

Auch die Tatsache, daß schon kongenital Tumoren gefunden werden, sowie die Häufung verschiedener Gewebsmißbildungen und Tumoren (bzw. verschiedener Tumoren) in verschiedenen Organen desselben Körpers, sowie einige ähnliche Punkte zeigen die Berechtigung einen Teil der Tumoren schon auf die Entwickelungszeit zurückzudatieren, also von dysontogenetischen Tumoren zu reden. Da sich einzelne Organe auch noch im extrauterinen Leben weiterentwickeln, man denke z. B. an die Sexualorgane etc., so können auch derartige postembryonale Organbildungen zu Entwickelungsentgleisungen führen und so wohl auch manche Tumorbildung der entsprechenden Organe erklären. Erwähnt sei noch, daß manche Autoren als Grundlage für viele Tumoren zwar auch an Gewebsmißbildungen denken, aber nicht derart, daß diese sich erst während der embryonalen und späteren Entwickelung im Kampfe der Teile untereinander durch kleinste Entgleisungen oder dgl. ergeben. Vielmehr stellen diese Autoren sich vor, daß einzelne Zellen von vornherein schon in der ersten Anlage andersartig als normale Zellen präformiert sind. Danach würde es sich hier also um vererbbare pathologische Keimvariationen handeln, auf Grund deren sich einzelne oder mehrere Determinanten des Keimes so stark entwickeln, daß die aus ihnen hervorgehenden Gewebe abnorm gebildet sind und die Neigung zeigen, spontan oder bei Gelegenheitsursachen blastomatös zu entarten. Wenn diese Vorstellung auch weniger wahrscheinlich ist, so sehen wir doch, wie vielfach Gelegenheit zu kleinsten Entwickelungsanomalien gegeben ist, und wie sich dann eben mikroskopisch kleine Gewebsmißbildungen oder Gewebsanomalien ausbilden können, und wie ihre Beziehungen zu späteren Tumoren sie in den Vordergrund des Interesses stellen. Dysontogenetische Tumoren.

Krankheitsursachen.

Kapitel VI.
Äußere Krankheitsursachen (außer Parasiten) und ihre Wirkungen.

Hierher gehören in erster Linie die belebten Krankheitserreger, die Parasiten, doch wollen wir diese in einem eigenen Kapitel gesondert betrachten. Hier wollen wir zunächst die sonstigen äußeren Schädlichkeiten kurz zusammenstellen.

I. Mechanische Krankheitsursachen.

Sie gehören zum großen Teil in das Gebiet der klinischen Pathologie und insbesondere der Chirurgie und haben durch die moderne Unfallgesetzgebung größte Bedeutung erlangt. Bei der Wirkung mechanischer Schädlichkeiten auf Gewebe handelt es sich zum Teil um direkte Krankheit erzeugende Wirkung, zum Teil nur um Krankheit auslösende. Wir wollen unsere Übersicht kurz folgendermaßen einteilen:

A. Mechanische Schädigungen (Traumen) ohne Infektion.

Als einwirkende Gewalten kommen hier folgende in Betracht, zunächst der **Druck**; er ist nach Stärke und vor allem nach seiner Dauer in seiner Wirkung verschieden, auch hängt letztere von dem betroffenen Gewebe, dessen Elastizität, Unterlage etc. ab. Von besonders deletärer Wirkung ist ein allseitiger zirkulärer Druck und vor allem ein anhaltender (s. Fig. 367). Als Beispiele der so entstehenden Formveränderungen der Körperteile und Organe seien die Hühneraugen, die Schnürleber (s. dort), sowie die kleinen eingewickelten Füße der Chinesinnen oder die in utero durch amniotische Bänder gesetzten Amputationen, ferner aber auch Druck von Tumoren, Aneurysmen etc. genannt. Nahe mit dem Druck verwandt ist die **Quetschung**, welche auch bei stumpfer, plötzlich einsetzender Gewalt entsteht, und die Überdehnung von Sehnen, Bändern usw. Ferner gehören zu den Folgen stumpfer Gewalten die **Erschütterung** (commotio), besonders des Gehirns und eventuell des Rückenmarkes. Auf der anderen Seite stehen die stärkeren Kontinuitätstrennungen der Gewebe, die einfachen **Wunden** mit scharfem Instrument, die komplizierteren Bißwunden, die Schußwunden etc. Über letztere siehe unten. Ferner kommen **Stürze** mit sehr wechselndem Bild, — Schädelbasis- und sonstige Knochenbrüche, Gefäß-, Muskel-, Nerven- und Organzerreißungen, etc. etc. — sowie den Zeichen und Folgen der Erschütterung, besonders auch Stürze aus größerer Höhe (Flieger) mit enormen Zerschmetterungen und Zerreißungen, sowie **Verschüttungen** — ebenfalls mit Frakturen, Zerreißungen, Muskelnekrosen etc. — in Betracht.

Die direkten lokalen Einwirkungsfolgen mechanischer Schädlichkeiten bestehen in Zelldegenerationen bis zu Nekrosen, evtl. mit Aufheben der Funktion oder Stauung von Sekreten und Exkreten. Dazukommen Verlagerungen von Zellen (als Beispiel seien die sich aus verlagerten Epidermiszellen bildenden traumatischen Epithelzysten genannt). Auch werden sonst von Haut etc. überkleidete Gewebe bloßgelegt und so der äußeren Luft, Eintrocknung u. dgl. preisgegeben. Die Schädigung betrifft ferner vor allem die Gefäße und Nerven. Infolge ersterer kommt es zum Austritt von Blut — bis zu tödlichen Blutungen —, zu Transsudaten, zu Stauung Folgen
an den
Gefäßen. und zu echten Entzündungen. Außerdem kommt es zu Thrombosen, welche zwar einerseits nützlich, ja lebensrettend sein können, indem sie klaffende, blutende Gefäße verschließen, aber andererseits — wie evtl. auch das Trauma selbst — als Folgen des Gefäßverschlusses Infarkte und Nekrose herbeiführen können und auch die Gefahr von Embolien in sich tragen. Auch die Gefäßnerven spielen eine Rolle. Diese leiten über zu den die Nerven betreffenden Wirkungen. Folgen
an den
Nerven. Zu den direkten Schädigungen kommen hier Degenerationen der zentrifugalen und eventuell auch einzelner zentripetaler Bahnen (retrograd), ferner Inaktivitätsatrophien zugehöriger Muskeln und die Folgen gestörter Sensibilität (mangelnde Abwehr weiterer äußerer Schädigungen). Des wei-teren als Allgemeinwirkungen traumatische Neurosen bis zu echten Psychosen und vor allem Schock und reflektorische Schädigung des At-mungs- und Herzinnervationszentrums. Als schwerste durch dauernden Druck herbeigeführte und zahl-reiche der genannten Vorgänge in sich vereinigende Schädigung sei der bekannte Druckbrand (De-cubitus) erwähnt.

Zu allen genannten Wirkungen kommen noch Spätwirkungen, welche in Narbenbildung und -schrumpfung u. dgl. bestehen.

Allgemein-
wirkungen.

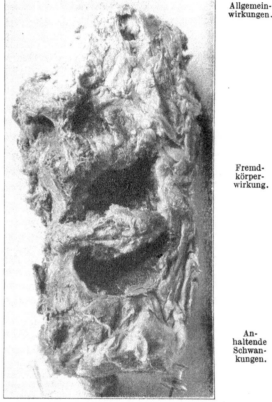

Zu den mechanischen Schädigungen gehören auch solche, welche durch **Fremdkörper,** die ins Gewebe ein-dringen und hier **liegen bleiben** herbeigeführt werden. Für sie besteht die besondere Gefahr in den ihnen an-haftenden Infektionserregern (s. unten). Dadurch aller-dings, daß sie eine demarkierende Eiterung herbeiführen, kann es zu einer Elimination der Fremdkörper und so-mit zur Heilung kommen. Auch Luft, Fett u. dgl. kann als Fremdkörper in den Körper eindringen und, in den Kreislauf gelangt, durch Embolie schwere Folgen her-beiführen (s. S. 42). Als Fremdkörper erweisen sich gewissermaßen auch abgestorbene Gewebeteile, welche zudem durch ihre chemischen abnormen Umsetzungen entzündungserregend wirken und sonstige Gefahren mit sich führen.

Fremd-
körper-
wirkung.

Auch durch starke anhaltende **Schwankungen** verursachte Schädigungen kann man zu den mecha-nischen rechnen. Außer Schaukel- und Drehbewegungen mit ihren Folgen gehört vor allem die Seekrankheit hierher. Sie wird von den einen als mechanische Er-regung des Magens, von anderen als Gehirnanämie, dann als molekuläre Erschütterung irgendwelcher Körper-zellen, endlich als solche des Gehirns und noch in an-derer Weise erklärt, und es spielen bei ihr auch psy-chische Momente mit.

An-
haltende
Schwan-
kungen.

Fig. 367.

Tiefe Usur der knöchernen Wirbelsäule durch Druck eines Aneurysma (die Zwischenwirbel-scheibe ist unversehrt geblieben).

Zu den mechanischen Krankheitsursachen ge-hört in vielen Beziehungen auch der **Luftdruck.** Er kommt zur Geltung bei dem Höhenklima, in plötz-licher Verminderung bei Ballonfahrten und in plötz-Luftdruck. licher Herabsetzung nach Erhöhung bei Caissonarbeitern und Tauchern. Der Luftdruck hat Einfluß auf den Konzentrationsgrad des Blutes und die Zahl der Erythrozyten, welch letztere sich, ebenso wie die Menge des Hämoglobins, bei verdünnter Luft erhöht. Auch Pulsbeschleunigung und Erhöhung der Atmungsfrequenz sind die Folgen. Ferner kommt es zur Ausdehnung der Luft im Cavum tympani. Am wichtigsten scheinen die mit der Veränderung des Luftdruckes eintretenden Veränderungen der Blutgase zu sein, ein Moment, das durch seinen Einfluß auf Gehirn und Herz bei Tauchern und Caissonarbeitern, wenn sie sich zu plötzlich aus dem erhöhten Luftdruck dem gewöhnlichen aussetzen, die deletärsten Folgen bis zum Tode herbeizuführen scheint. Die Bergkrankheit und die bei Ballonfahrten beobachteten Todes-fälle sind wohl die Folgen der Verminderung der Sauerstoffspannung.

Zu den mechanischen Schädlichkeiten kann man zuletzt noch die Überspannung der Muskeltätig- Er-
müdung. keit, die „**Ermüdung**" rechnen, bei welcher nach der Ansicht mancher Autoren Giftstoffe, sogenannte Ermüdungstoxine gebildet werden, welche die allgemeinen Erscheinungen erzeugen.

B. Mechanische Schädigungen (Traumen) mit Infektion.

B. Mechanische Schädigungen mit Infektion.
Art des Eindringens der Bakterien.

Diese werden durch Eindringen von Infektionserregern in die betroffenen Gewebe verursacht. Entweder gelangen die Erreger mit dem mechanischen Agens direkt in die Gewebe.. Ein schneidendes Instrument selbst ist z. B. infiziert oder es impft Kleiderfetzen oder dgl. mit allerhand Bakterien oder letztere selbst, welche sonst auf der Oberfläche der Haut und Schleimhäute ohne Schaden anzurichten leben, in die Wunde ein. Oder ein Trauma wird nachträglich infiziert (z. B. eine offen bleibende Wunde). Oder aber die Bakterien sind im Gewebe (bzw. im Blute), ohne pathogen zu wirken, anwesend, greifen aber nach einer mechanischen Schädigung der Gewebe diese, welche jetzt einen Locus minoris resistentiae darstellen, an. Reizt man z. B. mechanisch (aseptisch) eine Herzklappe und injiziert pathogene Kokken ins Gefäßsystem, so affizieren diese zuerst die verletzte Herzklappe, und es resultiert Endokarditis. Etwas Ähnliches liegt vor, wenn eine Krankheit, welche bereits im Abnehmen begriffen ist oder überhaupt nur gering war, nach einem Trauma aufflackert. Diese Momente spielen bei zahlreichen Infektionskrankheiten, so Syphilis und Tuberkulose (akute allgemeine Miliartuberkulose im Anschluß an chirurgisches Angreifen tuberkulöser Herde) eine Rolle.

Arten der Bakterien.

Zu erwähnen ist noch, daß durch mechanische Wirkungen herbeigeführte Zellnekrosen, sowie Blutaustritte den Bakterien als sehr günstiger Nährboden dienen. In Betracht kommen unter den Bakterien vornehmlich Eiterkokken, ferner vor allem Tetanusbazillen und Erreger des Gasödems etc., für die ja Traumen den Angriffsboden erst eröffnen, sowie die Erreger von Rotz, Syphilis, Tuberkulose, Aktinomykose und zahlreiche andere.

Schußwunden.

Eine ganz kurze Betrachtung soll noch die durch **Schußwaffen gesetzten Traumen** finden. Hier kommen Revolver- und Infanteriegeschosse, Schrapnellkugeln und Granat- sowie Minensplitter besonders in Betracht. Bei Schüssen aus nächster Nähe kann es zu enormen Zersprengungen kommen. Außer der Entfernung ist das Kaliber von maßgebender Bedeutung. Daß Granatsplitter wegen ihrer häufigen Größenverhältnisse und ferner wegen ihrer zackigen Gestalt besonders zerrissene und meist besonders schwere Verletzungen setzen, ist leicht zu verstehen. Bei den

Durchschüsse.

Durchschüssen kann Einschuß- wie Ausschußöffnung nachgewiesen werden. Die erstere ist meist, besonders bei Infanteriegeschossen (und Revolverkugeln), kleiner als die letztere. Bei Nahschüssen kann der Einschuß klein, die Sprengwirkung an der Ausschußöffnung sehr bedeutend sein. Schwarzfärbung der Umgebung der Einschußöffnung spricht für Schüsse aus der Nähe (Pulverteile). Schrapnellkugeln zeigen oft an Einschuß- wie Ausschußöffnung wie ausgehauene runde Löcher. Die innere Verletzung ist bei Schüssen oft weit beträchtlicher als den Ein- und Ausschußöffnungen nach scheint. Ist das Geschoß im Körper stecken geblieben, so spricht man von

Steckschüsse. Streifschüsse.

Steckschuß. Dann fehlt natürlich ein Ausschuß. Geschosse, welche den Organismus nur im Streifen ohne einzudringen verletzen, werden Streif- oder Tangentialschüsse genannt. Auch sie können — besonders an Schädel und Gehirn — schwere Verletzungen setzen. Außer der Geschwindigkeit und Bewegung des Geschosses kommt für dessen Wirkung das betroffene Gewebe in Betracht, das sich ganz verschieden in bezug auf Elastizität, Festigkeit, Dehnbarkeit usw. verhält. Daß hier auch Unterschiede zwischen lebendem und totem Gewebe bestehen, betont Borst mit Recht.

Schußkanal.

Der Weg des Geschosses ist durch den Schußkanal gezeichnet. Aber das Geschoß braucht sich — bei Steckschüssen — keineswegs am Ende dieses zu befinden, es kann überhaupt bei Schüssen oft genug an harten Teilen wie Knochen seitlich abgelenkt werden und evtl. sogar im Schußkanal selbst zurückfliegen (z. B. im Gehirn). Das Infanteriegeschoß wird sehr oft mit der Spitze nach vorn steckend gefunden. Die Geschosse sind oft sehr stark deformiert, übrigens sind kleine Splitter oft sehr schwer zu finden, so in Lunge oder Gehirn oder in großen Höhlen, z. B. der Bauchhöhle, besonders wenn größere Blutung besteht. Auch daran ist zu denken, daß mehrere Geschoßteile öfters, bei Granatsplittern manchmal sogar sehr zahlreiche, eingedrungen sind. Außer durch Ablenkung kann das Geschoß auch sonst ,,wandern", sei es seiner Schwere nach, sei es. wenn es in den Darm, Bronchien oder dgl. oder Herz bzw. Gefäße gelangt. Um den Schußkanal liegt ein nekrotisches, meist von Blutungen durchsetztes Gewebe; durch dessen Ausstoßung entsteht der natürlich weit breitere sekundäre Schußkanal. Aber die

Allgemeine Einwirkungen der Geschosse.

Einwirkung des Geschosses kann noch viel weiter reichen, besonders in weichen Geweben wie Gehirn und Rückenmark, infolge von wellenförmig sich fortpflanzender Erschütterung. Auch hier finden sich dann noch Blutungen, Erweichungen und feinere Veränderungen. Besonders an Schädel und Gehirn können auch noch an entfernteren Stellen durch den sogen. Gegenstoß Verletzungen gesetzt werden. Auch an Nerven spielen Fernwirkungen durch Erschütterung, dem Wege des geringsten Widerstandes folgend, eine Rolle. Die Sprengwirkung ist natürlich an den am wenigsten kompressiblen, festen, am meisten Widerstand leistenden Knochen sehr stark, aber z. B. auch an gespannten Faszien öfters sehr deutlich.

Am Knochen finden sich auch bei einfachen Durchschüssen außerhalb des durch das Geschoß gesetzten Loches Frakturen oder Fissuren; sie verlaufen oft radiär, besonders am Schädel, und betreffen hier besonders die spröde Tabula interna. Durch direkt fortgesetzte oder noch mehr durch Gegenstoßwirkung zeigt die Basis cranii bei Schädeldachschüssen oft besonders ausgedehnte Frakturen. Die Extremitätenknochen können auch sehr stark zersplittert sein, vor allem durch große Granatsplitter oder sog. ,,Querschläger". Knochensplitter werden oft mitgerissen und finden sich disloziert. Sie können dann, wie auch an Ort und Stelle, nach ihrer Lösung ihrerseits die umliegenden Weichteile oder auch Organe, z. B. sehr häufig das Rückenmark oder auch die Harnblase, schwer schädigen. Bei Granatsplittern werden auch die Faszien und Muskeln, natürlich auch die äußere Haut, in ausgedehntem Maße zerquetscht und zerschmettert. Auch reine Weichteilverletzungen führen bei sehr großer Ausdehnung oft genug zum Tode. Die Gelenke können direkt mit verletzt werden oder werden sekundär in Mitleidenschaft gezogen.

Das Gehirn zeigt oft enorme Zertrümmerung oder Blutungen, oft besonders an Stellen von Fernwirkung auch zahlreiche kleine. Bei großen Schädel-Gehirnverletzungen fällt oft ein großer Gehirnteil vor — Gehirnprolaps, zum Teil infolge des sich oft einstellenden ausgedehnten Hirnödems. Die Hauptgefahr liegt in einer Eiterung, welche sich im prolabierten Teil, aber oft fast noch schneller bei geringeren Gehirnverletzungen im Schädelinnern — selbst bei zunächst gering erscheinenden Tangentialschüssen — im nekrotischen Gehirngebiet bzw. in der Blutung entwickelt; so kommt es zu Abszessen, die allmählich in die Seitenventrikel durchbrechen und so zu eiteriger Meningitis führen; dieser Verbreitungsmodus mit dann an der Basis gelegener Meningitis ist bei weitem häufiger, als die an der Schußstelle selbst entstehende Meningitis, da sich hier meist bald Verklebungen der Hirnhäute etc. einstellen. Durch diese Meningitis nach Abszessen kann der Tod noch sehr lange nach scheinbar geheilten Gehirnschüssen eintreten. Meningitis kann aber auch entstehen, wenn die Lamina cribrosa in Fortsetzung eines Basisbruches oder infolge des Luftdruckes bei in der Nähe geplatzten Granaten u. dgl. verletzt ist. Auch in großen Blutergüssen der Hirnhäute bestehen natürlich Gefahren für das Gehirn, sei es durch Kompression, sei es auch hier durch Vereiterung. Auch können die Sinus der Dura mater thrombosieren. Das Rückenmark wird häufig durch das Geschoß selbst, oft aber auch durch zerschmetterte Knochenteile, zuweilen sogar bei intakter Dura, oder auch durch einfache Erschütterung verletzt. Es kann völlig zerquetscht oder erweicht bzw. mit Blutungen durchsetzt sein. Häufig findet sich das Geschoß als Steckschuß in der Wirbelsäule, evtl. auch im Rückenmarkskanal selbst. Auch hier besteht natürlich die Gefahr der eiterigen Meningitis; dazu kommen die Folgen der sich über die eigentliche Schußverletzung meist bald wesentlich ausdehnenden Rückenmarksveränderung in Gestalt von Lähmungen, Dekubitus, schwersten Formen der Zystitis, Peritonitis etc. Nervenzerreißungen finden natürlich sehr häufig statt, sie heilen meist narbig. Wuchernde Nervenfasern können sich nach Art der ,,Amputationsneurome" (s. S. 201) entwickeln.

Halsschüsse schließen natürlich die Gefahr der Aspiration von Fremdkörpern und Blut in die Lungen sowie die des Glottisödems ein und können zu Erstickung führen. Herzschüsse wirken zumeist direkt tödlich, doch sind auch Steckschüsse öfters beobachtet, die noch zu Perikarditis etc. führen können. Sehr häufig und relativ von guter Prognose sind sonstige Brustverletzungen. Die Lungen weichen dem Geschoß auffallend oft aus und zeigen dann zumeist nur kleinere pleurale bzw. subpleurale Blutungen. Oft kann man aber auch in der Lunge einen Schußkanal verfolgen oder Anspießungen von Rippensplittern feststellen. Es entstehen dann blutig infiltrierte Gebiete bzw. durch Gefäßzerreißungen Infarkte, doch leidet das übrige Gewebe meist wenig. Zumeist findet sich Luft oder bzw. und Blut — oft viel — in der Pleurahöhle. Auch Tangentialschüsse des Brustkorbes können zu Blutungen in die Lungen Veranlassung geben. Die Hauptgefahr liegt auch hier in Vereiterungen der Lungenherde, öfters zusammen mit Lungengangrän einerseits, ganz besonders aber Vereiterung der Pleuraergüsse — Empyem — andererseits. Bei Ausheilung kommt es zu Verwachsungen der Pleurablätter. Bauchschüsse bieten natürlich ein sehr wechselndes Bild. Der Darm — besonders Dünndarm — ist oft vielfach durchlöchert, oft auch ausgedehnt zerrissen, besonders wenn die Füllung des Darmes eine starke war, bzw. ganz abgerissen. Peritonitis ist meist die Folge. Milz wie Leber zeigen bei Durchschüssen wie Steckschüssen, aber auch Tangentialschüssen, oft sehr zahlreiche und ausgedehnte, nach allen Seiten ausstrahlende Kapselrisse und Risse, sowie Zerschmetterungen und Zerquetschungen des weichen Gewebes. Die Milz kann ganz zerquetscht, in viele Teile zerrissen gefunden werden. Besonders die Leber zeigt oft außer den sie durchsetzenden Rissen ausgedehnte Blutungen, zuweilen Infarkte. Multiple Abszesse können sich im weniger hochgradig verletzten Organ entwickeln. Die Gallen-

[Randnotizen rechts:]
Einwirkungen an den einzelnen Geweben: Knochen,

Weichteilen,

Nervengewebe,

Herz,

Lungen,

Darm,

Milz, Leber,

19*

blase kann eröffnet oder abgerissen werden.   So oder durch Eröffnung größerer Gallenwege kann Galle austreten.   Die **Nieren** können Risse und Blutungen aufweisen.   Öfters sind bei intakter Niere große Blutergüsse um die Niere, besonders nach dem Rücken zu gelegene, zu finden.   Alle Bauchverletzungen schließen natürlich die Gefahr großer — oft tödlicher — Blutungen in sich, sei es durch Leber- oder Milzzerreißung, sei es durch Eröffnung größerer Mesenterial- oder anderer Gefäße, ferner die eiteriger bzw. jauchiger (kotiger) Peritonitis.   Daß **Blasen**verletzungen außer bei Durchschüssen auch öfters durch Splitteranspießung bei Beckenzertrümmerung vorkommt, ist schon erwähnt.   Urininfiltrationen und Phlegmone können dann natürlich eintreten.

Nieren,

Blase.

Alle schweren Schußverletzungen schließen natürlich außer der direkten Gewebezerstörung die Gefahr des **Verblutungstodes** in sich.   Große Gefäße werden ja natürlich an den Extremitäten wie in den großen Körperhöhlen und ihren Organen oft genug mit verletzt, sei es direkt durch das Geschoß selbst oder durch Knochensplitter, sei es, daß dieselben erst nachträglich ganz einreißen (oder auch bei Eiterungen arrodiert werden).   Bleiben die Verletzten am Leben, so können sich an Risse in den Gefäßen Blutaustritte anschließen.   Der Riß wird durch thrombotische Massen verklebt.   Lösung dieser kann ihrerseits wieder zu Blutungen führen.   Werden diese thrombotischen Massen durch den Blutstrom nach außen ausgedehnt oder ist dasselbe mit Fibrinmassen der Fall, die sich in den durch die Gefäßwandrisse in die Umgebung ausgetretenen Blutmassen niederschlagen, so entstehen, indem sich aus dem Bindegewebe der Umgebung eine neue Wand bildet, die sogenannten **falschen Aneurysmen**.   Öfters werden Arterie und Vene gemeinsam verletzt, so kommt das sogenannte **Aneurysma arteriovenosum** zustande.   Reißen besonders bei Überdehnungen oder Streifschüssen nur die inneren Gefäßschichten, so kommt es zu Blutungen in die Gefäßwand selbst — sogenanntes **dissezierendes Aneurysma**.   Diese dehnen sich dann auch noch nach außen aus.   Alle diese unter dem Namen der traumatischen Aneurysmen (zu unterscheiden vom eigentlichen Aneurysma, s. unter Gefäße) zusammengefaßten Bildungen weiten sich immer mehr und tragen natürlich dann dauernd die Gefahr der Perforation mit evtl. Verblutung in sich.

Verblutungstod.

Traumatische Aneurysmen.

Ferner liegt eine Hauptgefahr aller dieser Verwundungen natürlich in ihrer nur allzu häufig erfolgenden **Infektion**.   Bei einer solchen mit **Eitererregern** kommt es zu lokalen Eiterungen und häufig zu weiterer Kontaktausbreitung dieser sowie zu Verschleppung auf dem Lymph- und besonders Blutwege und so zu allgemeiner Sepsis.   Diese kann sich sehr schnell, oft aber auch noch sehr spät entwickeln.   Besondere Gefahren liegen in Infektion mit den **Erregern des Tetanus** und der **Gasphlegmone** bzw. des malignen Ödems (s. Kap. X des II. Teils).   Diese ist besonders groß bei den vielfach zerrissenen und unterminierten Granatverletzungen, wobei ja einerseits Erdschmutz, beschmutzte Kleiderteile und dgl. leicht in die Wunde gelangen, und andererseits oft alle für die Infektion mit diesen anaeroben Bazillen gegebenen Bedingungen erfüllt sind.

Infektion.

Aber auch ohne Infektion sterben die Schwerverletzten oft genug kurz nach der Verletzung an **Schockwirkung** oder nach längerem Leiden an **Entkräftung**.   Oder es bilden sich Thromben, die die Gefahr der Lungenembolie in sich schließen.   Bei Knochenbrüchen kommt es häufig zu Fettembolie der Lunge, die aber nur relativ selten so ausgedehnt ist, daß sie direkt zum Tode führt.

Tod an Schockwirkung und Entkräftung.

Heilen die Verwundungen, so geschieht dies naturgemäß zumeist durch **Narben**bildung (s. dort).   So kann es noch durch Kontraktion dieser zu Entstellungen, Verwachsungen und Stenosen mit ihren Folgen kommen.   Im Zentralnervensystem beteiligt sich natürlich auch die Glia.   Pigmentierungen können den Sitz von Blutungen dauernd markieren.   Geschoße oder Geschoßteile können wie Fremdkörper (s. dort) eingekapselt werden.

Heilung der Wunden.

Wegen aller Einzelerkrankungen s. die entsprechenden Kapitel im II. Teil.

II. Thermische Krankheitsursachen.

A. Die Hitze.

II. Thermische Krankheitsursachen.

A. Die Hitze.

Verbrennung.

Bei lokaler Einwirkung hoher Temperaturen durch direkte Wirkung der Flamme oder Dämpfe, heißer Flüssigkeiten oder strahlender Wärme entstehen **Verbrennungen**.   Falls diese durch heiße Flüssigkeiten oder Dämpfe zustande kommen, spricht man auch von **Verbrühung**.   Bei den lokalen Veränderungen der Verbrennung unterscheidet man drei Grade.   Bei der Verbrennung **ersten Grades** entsteht ein Erythem mit ödematöser Schwellung und späterer Abschuppung der Haut.   Die Verbrennung **zweiten Grades** zeigt Blasenbildung in der Epidermis; die Blasen sind mit einem dünnflüssigen, später sich trübenden Inhalt gefüllt und trocknen schließlich zu dünnen Borken ein. Die Verbrennung dritten Grades geschieht durch sehr hohe Temperaturen, welche die betroffenen Hautstellen nekrotisch machen und verschorfen. In der Umgebung der Brandschorfe finden sich fast stets auch Verbrennungen ersten und zweiten Grades. Ihre 3 Grade.

Die Brandschorfe werden später durch demarkierende Entzündung von der erhaltenen Haut abgegrenzt, abgestoßen und der Defekt durch Granulierung und Narbenbildung gedeckt. Durch die Narben können starke Kontrakturen, z. B. am Hals (s. Fig. 368), an Gelenken etc. hervorgerufen werden. Folgen.

Bei der Verbrennung wird das Zellprotoplasma in einen Lähmungszustand versetzt, „Wärmestarre" (Kühne). So erstarren die bewegungsfähigen Leukozyten bei etwa 50° C. Rote Blutkörperchen gehen Gestaltsveränderungen ein und zerfallen allmählich, oder werden gelöst (Hämolyse), oder sie koagulieren — ebenso wie das Eiweiß des Plasmas — bei plötzlichen hohen Temperaturen. Auch die Gewebe sterben bei etwa 50° ab. Dazu kommen lokale Gefäßveränderungen mit Stase und Thrombose, Transsudaten und entzündlichen Erscheinungen, wie sie schon makroskopisch (siehe oben) markiert sind. Reflektorische Einwirkung auf die Gefäßnerven bewirkt, daß die Veränderungen das Gebiet der direkten Verbrennung überschreiten. Art der Einwirkung der Verbrennung.

Die allgemeine Wirkung der Verbrennung auf den Körper ist nicht so sehr von ihrem Grade wie von ihrer Ausdehnung abhängig. Sie besteht in Veränderungen der Blutkörperchen (siehe oben) und überhaupt des Blutes (Eindickung und Abnahme der Blutgase), wie der Zirkulation, des Nervensystems, insbesondere (reflektorisch) des Zentralnervensystems (erst Erregungszustand, dann Apathie und endlich Koma), mit Veränderungen des Pulses und der Atmung, im Auftreten von Hämoglobinurie und Eiweiß im Urin, in Veränderungen des Stoffwechsels und der Eigentemperatur. Allgemeine Einwirkung

Im allgemeinen nimmt man an, daß der Tod erfolgt, wenn etwa ein Drittel der Körperoberfläche lädiert ist, doch ist auch bei geringerer Ausdehnung der Verbrennung ein tödlicher Ausgang nicht ausgeschlossen. Die eigentliche Todesursache bei Verbrennungen ist noch nicht sicher aufgeklärt. Man hat die starke paralytische

Fig. 368.

Narbige Fixation des Kinns an die Brust als Folge einer Verbrennung dritten Grades.

Nach v. Bruns aus v. Küster l. c.

Ursachen des Verbrennungstodes.

Ausdehnung der Hautgefäße mit konsekutiver Erweiterung des Strombettes und hierdurch bedingtes Sinken des Blutdrucks mit Insuffizienz des Herzens, die starke Reizung der Hautnerven mit Schock, die Unterdrückung der Hauttätigkeit, vor allem endlich die Veränderungen des Blutes und der Zirkulation, sowie die Wirkung sich bei der Verbrennung bildender toxischer Substanzen (Ptomaine) angeschuldigt. In erster Linie scheint die Einwirkung auf die Nervenzentren der Medulla oblongata den Tod zu bewirken, der im übrigen in verschiedenen Fällen wohl durch verschiedene Momente je nach deren Schwere herbeigeführt wird. Auch ist die Zeit des Todes nach der Verbrennung maßgebend. Für späteren Tod sind auch (toxische) Nebennierenveränderungen — Hyperämie mit Blutungen in Mark und Rinde — angeschuldigt worden. Der Sektionsbefund ist an den äußeren Teilen verschieden nach dem Grade der Verbrennung, ferner je nachdem dieselbe durch Flüssigkeiten, oder feste Körper, oder durch direkte Flammenwirkung etc. verursacht wurde. An den inneren Organen ist der Sektionsbefund bei frischen Fällen von äußerer Verbrennung fast ganz negativ; es finden sich Hyperämien, besonders des Gehirns und der Lungen, kleine Hämorrhagien, evtl. allgemeine Zelldegenerationen verschiedener Organe, sowie endlich vielleicht (aber sicher lange nicht so häufig als man früher annahm), Geschwüre im Magen und Duodenum, vielleicht durch Stase bedingt

Eine **Erwärmung des ganzen Körpers über seine normale Temperatur** wird nur kurze Zeit hindurch ertragen. Zunächst kämpft der Organismus auch bei zu heißer Außenluft gegen eine Erhöhung seiner Eigentemperatur durch „adäquierende" Maßnahmen, welche bestrebt sind, die Temperatur auf etwa der Norm zu erhalten, wie durch gesteigerten Schweiß und dessen Verdunstung und durch beschleunigte Atmung. Endlich tritt aber doch Erhöhung seiner Temperatur und deren Folgen, zunächst Kopfschmerzen, Angstgefühl etc. auf. Tiere, welche einer ihre Körper- Erhöhung der Körpertemperatur.

wärme um mehrere Grade übersteigenden Temperatur ausgesetzt werden, gehen im Verlauf von Stunden oder Tagen unter Beschleunigung der Herztätigkeit, der Respiration und unter schließlichem Koma mit fettiger Degeneration der inneren Organe zugrunde. Auch Veränderungen der Ganglienzellen treten schon bald auf, doch können diese bei kürzerer Dauer wieder rückgängig werden.

Hitzschlag.   Beim Menschen tritt eine eventuell bis zum Tode führende allgemeine Erhöhung der Körpertemperatur beim sog. **Hitzschlag, Isolatio,** ein. Dieser kommt bei hoher Außentemperatur, aber nur bei langer Einwirkung dieser (nach Versagen der Wärmeregulierung), und zwar (bei bedecktem Himmel) auch ohne Einwirkung der Sonnenstrahlen, vor; besonders bei gleichzeitiger körperlicher Anstrengung (bei Soldaten auf Märschen, Arbeitern auf den Feldern etc.) und bei beengender Bekleidung, besonders auch bei Alkoholikern. Man kann eine einfache Hitzeerschöpfung, eine asphyktische und eine hyperpyretische Form des Hitzschlages unterscheiden. Bei der letzten Form kann eine enorme Erhöhung der Temperatur auftreten. Der Sektionsbefund ist meist negativ. Es finden sich Hyperämien und eventuell Blutungen im Gehirn und in den Lungen. Das Blut ist meist flüssig. Außer früher starker Totenstarre ist schnelle Fäulnis (Temperatur!) die Regel. Der Tod wird teils auf Erhöhung der Körperwärme, teils auf Asphyxie, teils auf Eindickung des Blutes durch starke Wasserverluste und Veränderungen der roten Blutkörperchen, teils auf toxische Stoffwechselprodukte zurückgeführt. Wärmestauung durch Insuffizienz der Regulierungsvorgänge und sodann hyperpyretische Steigerung zentralen Ursprungs (Versagen der Zentren der Medulla oblongata) ist nach Marchand die wahrscheinlichste Todesursache.

Sonnenstich.   Ähnliche plötzliche Erkrankungen und Todesfälle, welche aber unter direkter Einwirkung der Sonnenstrahlen auf das Gehirn zustande kommen, bezeichnet man als **Sonnenstich.** Hierbei finden sich manchmal am Gehirn und besonders an den Meningen Zeichen leichter entzündlicher Reizung, Hyperämie und starke seröse Durchtränkung. Ähnliche Veränderungen chronischer Natur können sich bei Leuten, welche strahlender Hitze dauernd ausgesetzt sind (Heizer, Schlosser, Schmiede) finden.

Über den **Blitzschlag** siehe weiter unten.

B. Die Kälte.

B. Die Kälte.

Erfrierung.   Bei lokaler starker **Kälteeinwirkung (Erfrierung)** — wobei man auch verschiedene Grade unterschieden hat — kommt es zu Ischämie und eventuell sodann zu Hyperämie und zu leichter Infiltration, eventuell auch zu Stase und Zelldegenerationen. Hierher gehören die sogenannten Frostbeulen, Perniones, Rötungen und Schwellungen an den der Kälte besonders ausgesetzten Körperteilen, an welchen durch mechanische Einwirkungen Geschwürs- oder Narbenbildungen auftreten können. Exzessiv hohe Grade von Kälte bewirken direkte, oder — vorzugsweise — ischämische Nekrose der betroffenen Gewebsteile (Frostgangrän); vgl. auch II. Teil, Kap. IX.

Herabsetzung der Körpertemperatur.   **Abkühlung** des **ganzen Körpers** wird im allgemeinen besser ertragen, als Erhöhung der Körperwärme, doch hängen die Wirkungen der Kälte sehr von dem Zustande des betroffenen Organismus ab; namentlich kleine Kinder und marantische Individuen sind der Erfrierung in viel höherem Garde ausgesetzt, als gesunde Erwachsene. Solange als möglich sucht der Organismus durch gesteigerte Nahrungsaufnahme, vermehrte Bewegungen und Erhöhung des Stoffwechsels, also hier durch „adäquierende" Wärmeerzeugung, entgegenzuwirken. Sodann reicht das nicht mehr aus. Dem Stadium der Erregung folgt das der Erschlaffung. Herztätigkeit wie Atmung verlangsamen sich. Als unterste Grenze der Temperatur, nach welcher eine Erholung noch möglich ist, scheint für den Menschen eine Abkühlung auf 24—30° C angenommen werden zu dürfen. Die Todesursache ist beim Erfrieren wahrscheinlich auf Paralyse aller lebenswichtigen Organe zurückzuführen. Die Leichenbefunde sind keineswegs charakteristisch.

Erkältung.   Als **Erkältung** bezeichnet man gewisse, durch die praktische Erfahrung vielfach festgestellte, in ihrem Zustandekommen aber noch wenig aufgeklärte, allgemeine oder lokale Kältewirkungen, durch welche mindestens eine erhöhte Disposition zu gewissen Erkrankungen, besonders solchen rheumatischer Art, katarrhalischen und anderen Entzündungen, geschaffen wird. Die Wirkungen der Schädigung, welche vor allem die äußere Haut und die Respirationsorgane (eventuell auch die Digestionsorgane) trifft, machen sich oft an ganz anderen als den direkt von der Kälte betroffenen Körperteilen geltend und treten namentlich an Stellen eines sogenannten Locus minoris resistentiae auf. Auch spielt eine gewisse persönliche Disposition dabei eine wichtige Rolle; so entwickeln sich bei den einen Individuen leicht Katarrhe der Respirationswege, bei anderen Darmaffektionen, bei wieder anderen Gelenkaffektionen oder Muskelrheumatismus. Zum großen Teil handelt es sich wohl um reflektorisch hervorgerufene Zirkulationsstörungen, welche die Disposition zur Erkrankung schaffen. Gerade für viele Infektionskrankheiten ist der Zusammenhang mit Erkältungen so häufig (auch experimentell) festgestellt, daß an ihrem disponierenden Einfluß vor allem für die Einwirkung vorhandener aber vorher nicht pathogener Bakterien wohl nicht gezweifelt werden kann. So auch bei der Nephritis.

Bei dem ganzen Kapitel der thermischen Schädlichkeiten spielt der Begriff der „Gewöhnung" eine große Rolle. So kann man die Haut und insbesondere die Mundschleimhaut (Glasbläser etc.) gegen heiße Körper, sowie der Gesamtorganismus gegen Schädigung durch heiße Außentemperaturen (Bewohner der Tropen) und noch mehr durch niedrige Temperaturen (arktische Zonen, Nordpolfahrer, Abhärtung gegen die sog. Erkältungskrankheiten) durch allmähliche Gewöhnung bzw. Übung bis zu einem gewissen Grade schützen. *Gewöhnung.*

Anhang: Das Fieber.

Anhang: Fieber.

Eine Besprechung des Fiebers wollen wir hier nur insofern vornehmen, als wir besonders mit Rücksicht auf die bei fieberhaften Krankheiten vorkommenden anatomischen Veränderungen und auf die nachweislichen Folgezustände einige allgemeine Bemerkungen einschalten.

Als normale Körpertemperatur rechnet man beim Erwachsenen in der Achselhöhle 36,2—37,5° C, im Rektum 36,8—38° C. Bei Kindern sind beide Werte höher. Übrigens unterliegt die normale Temperatur regelmäßigen Tagesschwankungen. Am tiefsten ist sie in der Zeit nach Mitternacht; bei Tag steigt sie namentlich unter dem Einfluß von Nahrungsaufnahme und Muskelarbeit. *Normale Körpertemperatur*

Beim Symptomenkomplex des Fiebers bildet eine aus inneren Gründen zustande kommende Erhöhung der Körpertemperatur die hervortretendste, aber nicht die einzige krankhafte Erscheinung; daneben bestehen verschiedene Störungen anderer Art, solche des Stoffwechsels, solche von seiten des Zirkulations- und Respirationsapparates, des Digestionstraktus, der Sekretions- und Exkretionsorgane u. a. *Symptome des Fiebers.*

Als Ursache des Fiebers nimmt man gewisse toxische, sogenannte „pyretogene" Stoffe an; in weitaus den meisten Fällen handelt es sich um Bakteriengifte, in den Bakterien enthaltene oder von ihnen produzierte, lösliche Körper; aber auch andere Stoffe können Temperatursteigerung erzeugen; so z. B. Zerfallsprodukte von Bestandteilen des Organismus, wodurch das sogenannte „aseptische Wundfieber" zustande kommt; in solcher Weise wirkt auch der Zerfall von Blutkörperchen infolge von Transfusion oder Injektion von Wasser ins Blut, sowie das Auftreten von Fibrinferment unter ähnlichen Bedingungen; auch die physiologischen Sekrete, Milch und Harn, wirken, intravenös injiziert, temperaturerhöhend. Demnach ist es naheliegend, auch für die gewöhnlichen, durch Infektion zustande kommenden Fieberformen eine Autointoxikation mit den Zerfallsprodukten der geschädigten Zellen anzunehmen, welche neben der primären Toxinwirkung die febrile Temperatursteigerung hervorruft. *Ursachen des Fiebers.* *1. Pyretogene Stoffe.*

Als nächste Ursache des Fiebers hat man in erster Linie an eine vermehrte Wärmeproduktion gedacht und diese auf eine Erhöhung der Zersetzungen im Körper, einen vermehrten Stoffzerfall in ihm zurückgeführt. Insbesondere hat man den im Blute zirkulierenden pyretogenen Stoffen die Fähigkeit zugeschrieben, das Körpereiweiß der Einwirkung des Sauerstoffs zugänglicher zu machen und so die Verbrennungsvorgänge zu erleichtern und zu vermehren (zymotische Fiebertheorie). Es ist auch tatsächlich eine Steigerung des Eiweißzerfalles beim Fieber nachzuweisen: der Harn zeigt, bei Verminderung seiner Gesamtmenge, einen bis auf das Dreifache vermehrten Gehalt an Harnstoff; eine vermehrte Ausscheidung von Harnsäure zeigt sich in dem reichlicheren Auftreten von harnsauren Salzen, welche in Form des bekannten Sedimentum lateritium bei der Abkühlung des Harns ausfallen. Auch Kreatinin und andere stickstoffhaltige Zerfallsprodukte (Purinkörper) sind in vermehrter Menge im Harn vorhanden, so daß also eine Steigerung des Stickstoffumsatzes als sicher angenommen werden muß. Als weiterer Beweis für die erhöhten Zersetzungsvorgänge wird die Vermehrung des respiratorischen Gaswechsels, d. h. vermehrte Aufnahme von Sauerstoff und Abgabe von Kohlensäure, angeführt. Doch scheint neueren Untersuchungen zufolge eine Erhöhung des Gesamt-Stoffwechsels im Fieber nicht vorhanden zu sein, so daß die sogenannte febrile Konsumption der Hauptsache nach auf die verminderte Nahrungsaufnahme zurückgeführt werden muß. *2. Vermehrte Wärmeproduktion.*

Einen Hauptfaktor stellen, wie bei der Regulation der physiologischen Temperaturschwankungen, so auch im Fieber die durch Vermittelung des Nervensystems zustande kommenden, vasomotorischen Vorgänge dar, die Erweiterung und Verengerung der Gefäße und die damit veränderten Verhältnisse des Blutdruckes und der Wärmeabgabe. Auch beim Fieber wird der Wärmeverlust des Körpers hauptsächlich durch die Gefäßnerven reguliert, welche durch Kontraktion der Gefäße verminderte, durch Dilatation derselben erhöhte Wärmeabgabe bewirken. *3. Verminderte Wärmeabgabe (Wärmestauung).*

Eine Änderung in dem Verhältnis zwischen Wärmeabgabe und Wärmeproduktion, und zwar im Sinne einer **Wärmestauung,** ist also als wichtigster Faktor beim Zustandekommen der febrilen Temperatursteigerung in Betracht zu ziehen.

Außer auf mechanische Weise beeinflußt das Nervensystem die Körpertemperatur auch noch durch Erregung der Muskeln (und der Drüsen?); daher fällt bei Lähmungen mit den Muskelbewegungen eine wichtige Wärmequelle weg. Es gibt ferner Temperatursteigerungen, welche rein vasomotorische, rasch vorübergehende Phänomene darstellen und wohl nicht zum eigentlichen Fieber gerechnet werden dürfen: Die Hyperthermien bei gewissen Koliken, bei Katheterismus u. a. Vielleicht sind auch gewisse, durch Läsionen des Zentralnervensystems zustande kommende Temperaturerhöhungen hierher zu rechnen.

Für den Verlauf des Fiebers und die Formen der Fieberkurve sind folgende Termini in Geltung: Man unterscheidet 1. ein **Stadium incrementi,** welches oft mit einem Schüttelfrost beginnt, 2. ein **Stadium fastigii** oder **Akme,** Höhepunkt des Fiebers, während welcher Periode wieder vorübergehende Remissionen der Temperatur eintreten können, 3. ein **Stadium decrementi** oder **Defervescenz;** die letztere kann in Form einer **Krisis** vor sich gehen, d. h. der Abfall des Fiebers geschieht rasch und vollständig, oder in Form einer **Lysis,** d. h. die Entfieberung erfolgt nur allmählich. Die Krisis tritt bekanntlich mit Vorliebe an bestimmten Krankheitstagen auf.

Nach der Form der Fieberkurve unterscheidet man:

1. **Febris continua,** wenn die Unterschiede zwischen Temperatur-Maximum und -Minimum nicht größer sind als in der Norm, das Fieber sich also im ganzen auf gleicher Höhe hält;

2. **Febris remittens** (subcontinua), wenn die Unterschiede zwischen beiden Temperaturextremen die Größe der normalen Schwankungen übersteigen;

3. **Febris intermittens,** wenn fieberfreie Zeiten (Perioden von Apyrexie) zwischen Fieberperioden eingeschaltet sind; die Höhepunkte des Fiebers heißen Paroxysmen.

Einen besonderen Fiebertypus stellt die **Febris recurrens** dar: Zuerst eine Febris continua, dann Krisis mit folgender Apyrexie, dann aber wieder eine neue Fieberperiode usw.

Von **Störungen,** welche in Fieberzuständen von seiten der einzelnen Organsysteme auftreten, seien folgende aufgeführt:

Zirkulationsapparat: Beschleunigung der Schlagfolge des Herzens und damit auch der Pulsfrequenz; häufig tritt aber unter der Wirkung des Fiebers eine Schwäche der Herztätigkeit ein, welche aus verschiedenen Ursachen resultiert: Aus der Temperaturerhöhung des Blutes an sich, welche sowohl auf die Muskelfasern wie auf die nervösen Apparate des Herzens schädigend wirkt; aus einer Erschöpfung des Herzens durch vermehrte Anstrengung desselben bei herabgesetzter Ernährung infolge der febrilen Verdauungsstörung; endlich aus einer direkten Wirkung der das Fieber erzeugenden toxischen Stoffe. Durch starke Herabsetzung der Herztätigkeit mit Sinken des Blutdruckes kann es zu Kollaps und tödlichem Ausgang kommen.

Respirationsapparat: Wärmedyspnoe; Erhöhung des respiratorischen Gaswechsels (s. oben).

Verdauungsapparat: Sehr frühzeitige Verminderung der Nahrungsaufnahme und der Resorption infolge von Appetitlosigkeit und Herabsetzung der Sekretionen der Verdauungsorgane. An den sezernierenden Epithelien der letzteren finden sich oft auch anatomische Veränderungen in Form von parenchymatösen Degenerationen (trübe Schwellung, Verfettung). Die Folge der Verdauungsstörungen ist die febrile Konsumption.

Harnapparat: Änderung der Harnbeschaffenheit mit Erhöhung der Harnstoffausscheidung und der Stickstoffausscheidung überhaupt (Sedimentum lateritium), leichte Albuminurie, parenchymatöse Degenerationen an den Epithelien der gewundenen Harnkanälchen.

Äußere Haut: Teils Kontraktion der Gefäße, teils Hyperämie und Erhöhung der Perspiration; die Schweißsekretion ist während des Fiebers vermindert; dagegen treten oft während der Krisis profuse Schweißausbrüche auf.

Nervensystem: Abgesehen von den vasomotorischen Erscheinungen (s. o.) frühzeitig Allgemeinerscheinungen von seiten des Nervensystems (Kopfschmerzen, Depression, Hypersensibilität, Betäubung, Delirien). In den höheren Graden Koma, Sopor, Stupor.

III. Strahlen als Krankheitsursache.

A. Wärmestrahlen als schädigendes Agens.

Vom Sonnenstich und den Folgen chronisch einwirkender Hitzestrahlen, welche hier in Betracht kommen, war bereits oben S. 294 die Rede.

B. Lichtstrahlen als schädigendes Agens.

Blaue, violette und ultraviolette Strahlen wirken weit langsamer als die erwähnten thermischen Strahlen ein. Ihre Folgen sind Rötung der Haut, Trübung, Abschilferung der Epithelien

— z. B. beim sogenannten Gletscherbrand —, später Pigmentierung, die länger anhält und dann einen gewissen Schutz gegen die Strahlen bietet; hierher gehören auch die Sommersprossen. Auch andere Organe und Gewebe, insbesondere diejenigen des Auges, vornehmlich die Kornea, zeigen ähnliche Reaktionen teils degenerativer, teils entzündlicher Natur. In geringer Menge regt die strahlende Energie des Lichtes, sei es direkt, sei es indirekt, Stoffwechsel, Zellneubildung etc. an, in größerer Menge wirkt sie destruierend. Da Lichtstrahlen ganz besonders pathologische Gewebe (Lupus vulgaris), teils direkt angreifen, teils auch hier Entzündungserscheinungen bewirken, ist die Lichtbehandlung, vor allem von Finsen als wichtiges therapeutisches Moment eingeführt worden. Die Innerzellwirkung der Lichtstrahlen besteht höchstwahrscheinlich in einem Angreifen der überall fein verteilt vorhandenen Lipoidstoffe, wodurch der Stoffwechsel der Zellen verändert und fermentative Prozesse beeinflußt werden.

Gletscher-
brand.
Sommer-
sprossen.

Therapeu-
tische
Lichtbe-
handlung.

C. Röntgen- und Radiumstrahlen als schädigendes Agens.

C. Rönt-
gen- und
Radium-
strahlen.

Auf der Haut bewirken diese Strahlen Degenerationen bzw. Nekrosen — die in Ulcera übergehen — sowie Entzündungen: Röntgen-Dermatitis, die bei viel mit Röntgenstrahlen beschäftigten Leuten chronisch werden kann, wobei dauernde Rötung, Trockenheit und Sprödigkeit der Haut (Einrisse) bestehen bleiben. Es kann zu noch stärkeren Veränderungen der Haut und ihrer Anhangsgebilde bis zu völliger Atrophie kommen. An die chronische Entzündung oder an Ulcera kann sich die Entwickelung eines Tumors, vornehmlich eines Karzinoms, anschließen. Von den inneren Organen sind es in erster Linie das Blut und die blutbildenden Organe, die Keimdrüsen und embryonales bzw. noch wachsendes Gewebe, welche angegriffen werden, fertig ausgebildetes Zentralnervensystem hingegen nicht. Im allgemeinen treten reine Zelldegenerationen ein, Zellteilungen (wachsendes Gewebe) werden sistiert, Schwangerschaften werden verhindert bzw. unterbrochen. Tumorgewebe, besonders Karzinom, ist gegenüber den Strahlen besonders labil; hierbei herrscht die vakuoläre Degeneration der Karzinomzellen vor. Diese Erfahrungen gaben die Grundlage zu der höchst wichtigen therapeutischen Anwendung der Röntgenstrahlen zur Sistierung von Zellwucherungen, besonders von Tumoren, oder von Hautaffektionen, sowie zu der Anwendung bei Leukämie und verwandten Erkrankungen. Tiefenwirkungen werden vor allem durch die harten Röhren erzielt; „Filter" schützen die übrigen Gewebe, welche nicht bestrahlt werden sollen, und vergrößern die beabsichtigte Wirkung. Nach allem Gesagten greifen die Röntgenstrahlen solches Gewebe, welches in dauernder Vermehrungstätigkeit begriffen ist, besonders an. Vielleicht sind die Lipoide der Kerne hierbei der letzte Angriffspunkt, doch handelt es sich bei dem Eingreifen durch die Strahlen wohl auch um Aktivierung von Fermenten u. dgl.

Therapeu-
tische An-
wendung.

Radiumstrahlen wirken im ganzen ähnlich wie die Röntgenstrahlen, meist aber stärker.

Anhang: Elektrizität als schädigendes Agens.

Anhang:
Elektrizi-
tät.

Elektrizität, über einen gewissen Grad, bewirkt Zellnekrose und entzündliche Prozesse. Unfälle und Todesfälle durch elektrische Leitung beweisen die Folgen deutlich. Auch die Blitzschläge sind hierher zu rechnen. Bei diesen kann man als Prozesse unterscheiden (Jellinek): die Hautverbrennungen, Haarversengungen, Blutaustritte, lochförmige Gewebsdurchtrennungen und Blitzfiguren (baumförmig verästelte Verbrennungsfiguren der äußeren Haut). Bei der Obduktion von Blitzerschlagenen finden sich die Hautveränderungen, sonst meist nichts Charakteristisches, gelegentlich kleine Blutungen im Zentralnervensystem, sehr selten Zerreißungen innerer oder äußerer Organe.

Blitz-
schlag.

IV. Gifte (chemische Substanzen) als Krankheitsursache.
Intoxikationen.

IV. Gifte
als Krank-
heits-
ursache.

Als **Gifte** bezeichnet man solche nichtlebende Körper, welche auf chemischem Wege eine Schädigung des Organismus zur Folge haben. Die hierdurch zustande kommenden Veränderungen des Körpers, insbesondere den hierdurch hervorgerufenen Allgemeinzustand, bezeichnet man als Vergiftung oder Intoxikation. Es handelt sich bei der Giftwirkung um eine Bindung von gelöstem Gift an das Protoplasma, welche entweder an der Oberfläche oder im Innern der Zellen vor sich geht. Bestimmte Arten von Protoplasma — also verschiedene Gewebe — lassen sich von verschiedenen Giften in verschiedener Weise beeinflussen; es wirkt hier

Gifte und
Vergiftung.

eine Selektion der Zellen mit. Die Stärke des Giftes ist von erheblichster Bedeutung für die Art seiner Wirkung; dieselben chemischen Substanzen erzeugen in geringer Dosis häufig Zunahme der Zellfunktion (Erregung, progressive Erscheinungen), in starker Dose dagegen Abnahme dieser (Lähmung, regressive Metamorphosen, Nekrose). Auch die individuelle Disposition spielt hierbei eine Hauptrolle. Diese kann auch zeitlich verschieden sein bzw. künstlich verändert werden: Giftgewöhnen.

Einteilung der Gifte in:
1. Chemikalien.
2. Pflanzengifte.

Aus praktischen Gründen kann man die Gifte einteilen in: 1. **Chemikalien,** welche in der Natur als solche vorkommen oder, meist zu technischen Zwecken, künstlich hergestellt werden. Zum großen Teil werden sie aus höheren Pflanzen gewonnen. Es handelt sich teils um organische, teils um anorganische Verbindungen; sie finden zum Teil auch als Arzneimittel Verwendung. 2. **Pflanzengifte.** Sie wirken vor allem durch ihre Alkaloide (z. B. Kokain, Chinin, Morphin) und Glykoside; hierher gehören auch die **Bakteriengifte** (Ptomaine, Bakterientoxine, Proteinstoffe, S. 302). Andere Pflanzengifte, welche sich ähnlich wie Bakterientoxine verhalten, sind vor allem Abrin, Rizin, Krotin. Ein in Pollen von Gramineen vor-

3. Tierische Gifte.

handenes Toxin erzeugt das Heufieber. 3. **Tierische Gifte** (Toxine, Toxalbumine), welche von manchen Tierarten als physiologisches Produkt gewisser Drüsen gebildet werden (z. B. Schlangengift) oder unter gewissen äußeren Verhältnissen in denselben entstehen (giftige

4. Im Körper selbst gebildete Gifte.

Miesmuscheln). 4. Gifte, welche innerhalb des **erkrankten Körpers selbst** gebildet werden; durch sie werden die sogenannten **Autointoxikationen** (s. Kap. IX sub. IV) hervorgerufen.

Die Gifte wirken teils in einfachen oder mehrfachen Dosen, also mehr akut, teils chronisch, indem sie z. B. durch den Beruf dauernd zugeführt werden, so Blei bei Bleiarbeitern und Anstreichern, Quecksilber bei Spiegelarbeitern, Phosphor bei gewissen Zündholzarbeitern, ferner Alkohol, Morphium oder Opium. Je konzentrierter aber diese Gifte angewandt werden, desto deletärer sind in der Regel ihre Folgen.

Einteilung der Gifte nach ihrer Wirkung:
1. lokal wirkende, Ätzgifte.

Die Wirkungen der Giftstoffe auf den Organismus sind teils lokale, teils allgemeine. Im ersteren Falle handelt es sich vorzugsweise um **Ätzgifte** oder **Kaustika,** d. h. solche Stoffe, welche an der Stelle ihrer Applikation Gewebszerstörungen, Nekrosen, zum Teil auch entzündliche Reizzustände und Eiterungen hervorrufen; manche haben daneben auch Allgemeinwirkungen auf den ganzen Körper zur Folge. Hierher gehören vor allem Mineralsäuren, von den Alkalien besonders Natronlauge und Kalilauge, während Salze mehr durch osmotische Vorgänge wirken, wenn sie nicht dissoziiert werden, und so die Säure- oder Alkaliwirkung auftritt. Die Art und Weise, wie die Gifte in den Körper gelangen können, und damit ihre Wirkung, sind ebenfalls verschieden. Für die Intoxikation mit Chemikalien ist der Verdauungskanal die häufigste

Eingangspforten der Gifte.

Eingangspforte; die hierdurch hervorgerufenen Veränderungen werden im speziellen Teil (Kap. IV) näher besprochen werden; doch kommen Vergiftungen mit solchen Stoffen auch auf anderem Wege, durch die Haut, das Blut (Injektion), die Lunge (Inhalation giftiger Gase, z. B. Chlor [Phosgen], und Dämpfe), den Genitaltrakt (Ausspülungen mit starken Lösungen antiseptischer Mittel) usw. gelegentlich vor. Im Organismus werden die aufgenommenen chemischen (giftigen) Substanzen durch Oxydation und synthetische Vorgänge sowie Spaltungsprozesse weiter verändert und wirken sodann, nachdem sie ins Blut gelangt sind.

Für gewöhnlich versucht der Körper die schädlichen Stoffe durch die Nieren, oder den Intestinaltraktus, oder mit der Galle, dem Schweiß, dem Speichel etc. wieder zu eliminieren, also sich zu entgiften. Nicht selten findet auch eine Retention der Stoffe im Körper statt.

2. Allgemein wirkende:
a) Blutgifte.
b) Herz- und
c) Nervengifte.

Die allgemein wirkenden Gifte pflegt man einzuteilen in a) **Blutgifte,** welche in erster Linie Veränderungen der zelligen oder flüssigen Blutbestandteile, besonders Hämolyse (daher häufig Ikterus bzw. Hämoglobinurie), und Entstehung von Kohlenoxyd- oder Met-Hämoglobin hervorrufen. b) **Herzgifte,** welche die Tätigkeit des Herzens beeinflussen. c) **Nervengifte,** welche in erster Linie eine Wirkung auf das Nervensystem entfalten. Dazu kommen noch Wirkungen auf Blutgefäße und Drüsen, besonders die Nieren. Doch lassen sich die einzelnen Wirkungen nicht streng auseinanderhalten.

Über die **Blutgifte** siehe II. Teil· Kap. I.

Bei den **Herzgiften** und **Nervengiften** fehlen namentlich in akuten Fällen anatomische Veränderungen häufig vollkommen, so daß die Erkrankung, resp. der tödliche Ausgang meistens als funktionelle Störung von seiten lebenswichtiger Organe aufgefaßt werden muß. Neuerdings sind bei vielen Giftstoffen gewisse, zum größten Teil jedoch rückgangfähige, Veränderungen der Ganglienzellen gefunden worden; da diese jedoch anatomisch nichts Spezifisches an sich haben, kommt ihnen eine praktisch-diagnostische Bedeutung nur in geringem Maße zu. Von Herzgiften sei besonders das Digitalin erwähnt, welches in entsprechender Dosis auch therapeutische Verwendung findet. Als Nervengifte wirken unter anderen: Alkohol, Nikotin, Chinin,

Strychnin. Doch beeinflussen diese alle mehr oder weniger auch die Herztätigkeit. Es seien ferner erwähnt: Chloroform (manchmal Chloroformgeruch an der Leiche), Chloralhydrat, Äther (lange nach dem Tode anhaltender Geruch an den inneren Organen), Morphium, Opium, Atropin, alle ohne charakteristische und als konstant sicher gestellte anatomische Befunde. Auch die Beeinflussung der motorischen Kräfte des Intestinaltraktus gehört zu den Nervenwirkungen.

Die therapeutische Anwendung der Gifte ist allgemein bekannt und beherrscht eine eigene Disziplin, die Pharmakologie.

Von besonderer Wichtigkeit ist hier die **Narkose,** d. h. die durch chemische Mittel bewirkte zeitweise Herabsetzung oder Sistierung von Bewußtsein, Sensibilität und Motilität ohne Funktionsausfall von seiten der Respirationsorgane und des Herzens. Hierher gehören vor allem Äther und Chloroform. Während diese durch Inhalation wirken — Inhalationsanästhetika —, wirken andere, wie Chloralhydrat, Sulfonal, Alkohol in geringerem Maße als sogenannte Hypnotika. Die Wirkungsweise ist nicht völlig geklärt und auch wohl nicht einheitlich. Nach der Overton-Meyerschen Theorie beruht die Wirkung auf der Lösungsaffinität der Stoffe zu Lipoiden (Lezithin, Protagon etc.) des Zentralnervensystems. *Narkose.*

Bei gewissen Allgemeinintoxikationen treten anatomische Veränderungen an bestimmten Organen auf; so entsteht bei Vergiftung mit Phosphor oder Arsenik (siehe II. Teil, Kap. IV) Verfettung vieler Organe, durch chronischen Alkoholismus interstitielle Hepatitis; durch Ergotinvergiftung (Kriebelkrankheit) kommt es neben anderen Erscheinungen zu einer eigentümlichen tabesähnlichen Erkrankung der Hinterstränge des Rückenmarkes.

Kapitel VII.

Parasiten.

Parasiten (Schmarotzer) sind Lebewesen, welche auf oder in einem fremden Lebewesen (Wirt) dauernd oder zeitweise hausen; sie entziehen diesem mindestens einen Teil der Nahrung. können ihn aber auch sonst schädigen (pathogene Einwirkung). Im Gegensatz hierzu bedeutet die Symbiose ein Zusammenleben mehrerer Lebewesen verschiedener Art ohne Schädigung eines derselben. Wir finden ein derartiges Verhalten im Pflanzen- wie im Tierreich. Die den Menschen befallenden Parasiten können wir in pflanzliche und tierische Parasiten einteilen. *Pathogene Einwirkung.* *Symbiose.*

I. Pflanzliche Parasiten.

Die pflanzlichen Parasiten gehören ausschließlich den niederen Familien der Kryptogamen an, und zwar sind es Formen aus der Klasse der sogenannten **Spaltpilze** oder **Bakterien,** oder aus derjenigen der eigentlichen Pilze, von denen sowohl **Schimmelpilze** wie die einfacher organisierten **Sproßpilze** in Betracht kommen. *I. Pflanzliche Parasiten.*

A. Bakterien.

a) Allgemeines über die Morphologie der Bakterien.

Weitaus die wichtigste Rolle spielen die **Bakterien** (Schizomyzeten, Spaltpilze), höchst einfach gebaute, einzellige Mikroorganismen, deren Größe sich nach $^{1}/_{1000}$ mm (1μ) oder Bruchteilen von solchen berechnet. Zufolge ihres einfachen Baues ist der Formen- *A. Bakterien.* *a) Allgemeines über die Morphologie der Bakterien.*

reichtum der Bakterien ein sehr geringer, so daß man nach ihrem morphologischen Verhalten allein nur wenige verschiedene Arten auseinander halten könnte. Man unterscheidet **nach der** **Gestalt drei Hauptgruppen: 1. Kokken,** welche Kugelform besitzen oder wenigstens sich dieser sehr nähern; 2. **Bazillen,** die länger als dick sind und daher stäbchenförmig aussehen; 3. **Spirillen,** welche eine korkzieherartig gewundene Gestalt zeigen. Manche Bakterien zeigen auch eine gewisse Vielförmigkeit — Polymorphie —, z. B. der Pest-erreger. Bei einigen, bisher zu den Bakterien gerechneten Formen ist eine echte Ver-zweigung, d. h. eine Astbildung der einzelnen Bakterienzellen nachgewiesen worden, wie sie bei den sogenannten Hyphomyzeten (s. u.) regelmäßig vorhanden ist. Zu diesen Bakterien gehören die Tuberkelbazillen, Diphtheriebazillen, Tetanusbazillen, Typhusbazillen u. a. (vgl. unten).

Einteilung nach der Gestalt in: 1. Kokken, 2. Bazillen und 3. Spirillen.

Echte Ver-zwei-gungen von Bakterien.

Ein Kern ist in den Bakterienzellen bis jetzt nicht mit Sicherheit nachgewiesen; man nimmt vielmehr an, daß Kern- und Protoplasmasubstanz diffus vermischt sind, dagegen sind sie von einer etwas dichteren Membran — Ektoplasma im Gegensatz zum Endoplasma, dem übrigen Protoplasma — umgeben, welche man durch bestimmte Behandlungsmethoden deutlich als solche darstellen kann. Nach außen ist diese Membran nicht stets scharf ab-gesetzt, sondern geht vielfach in eine schleimige, in Wasser quellbare Hülle über, die so-genannte Gallerthülle oder **Kapsel,** welche schwerer färbbar ist und bei manchen Arten eine beträchtliche Dicke erreicht. Die meisten dieser „Kapsel-Bakterien" bilden indessen diese Hülle bloß im Tierkörper, sowie auf bestimmten Nährböden, während sie beim ge-wöhnlichen Kulturverfahren meistens verloren geht. Auch nach der Teilung der Bakterien-zelle bleiben diese Hüllen bestehen und halten vielfach die jungen Individuen in größerer Zahl zusammen, so daß dichte Rasen entstehen können, die ganz aus Spaltpilzen und ihren Schleimhüllen zusammengesetzt sind und die man auch als Zooglaea (Palmella) bezeichnet. Solche sind z. B. die bekannten Kahmhäute. Manche Bakterien weisen sogenannte Ernst-Babessche Granula auf, auch, da sie zumeist an den Enden liegen, Polkörperchen genannt, die besonders zur Unterscheidung der Diphtheriebazillen wichtig sind.

Kapseln.

Polkörper-chen.

Eine Anzahl von Bakterien hat die Fähigkeit selbständiger **Bewegung,** welche man beobachten kann, wenn man die lebenden Bakterien in Flüssigkeiten untersucht; diese ist jedoch nicht zu verwechseln mit der Brownschen Molekularbewegung, wie sie über-haupt in Flüssigkeiten suspendierte kleine Körper zeigen und die nur in einem eigentümlichen Zittern und Tanzen ohne wirkliche Ortsveränderung besteht. Von dieser unterscheidet sich die wirkliche Eigenbewegung dadurch, daß die einzelnen Individuen selbständige, mit jenen der Nachbarn nicht im Zusammenhang stehende Ortsveränderungen ausführen. Hier-bei wirkt oft Chemotaxis anziehend auf Bakterien. Die Art der Eigenbewegung ist im ein-zelnen eine verschiedene, kriechend, wackelnd, schlängelnd, walzend, bald rasch, bald lang-sam; sie kommt bei den Spirillen und Kommaformen und vielen Bazillen, höchst selten bei Kokken, vor. Fast immer wird sie vermittelt durch sogenannte **Geißelfäden** (Fig. 369), haarähnliche Anhänge, welche einzeln oder in ganzen Büscheln einem oder beiden Enden des Bakterium oder auch dem ganzen Rand desselben entlang aufsitzen (monothriche, lopho-thriche und perithriche Formen). Bei einzelnen lebhaft beweglichen Formen, z. B. der Spirochaeta Obermeyeri, konnten indessen bisher Geißeln nicht nachgewiesen werden.

Bewegung und Geißel-fäden.

Fig. 369.
Spirillen mit
Geißelfäden
($\frac{1000}{1}$).

Fort-pflanzung durch Teilung und Sporen-bildung.

Die **Fortpflanzung** der Bakterien geschieht teils durch einfache Tei-lung und zwar Querteilung, Spaltung (daher der Name „Spaltpilze"), teils durch die Bildung sogenannter **Sporen.** Im ersteren Falle findet eine ein-fache Abschnürung des Bakterienleibes statt, wodurch aus einem Indivi-duum zwei neue entstehen. Die Kokken strecken sich dabei etwas in die Länge, die Bazillen stellen unmittelbar nach der Teilung kürzere Stäbchen dar, welche dann wieder zu längeren Gebilden auswachsen. Bei der Sporen-bildung verdichtet sich an einer Stelle das Plasma und bildet einen meist rundlichen, stark glänzenden, schwer färbbaren Körper, der innerhalb des Bakterienleibes liegt und an diesem oft eine deutliche Auftreibung bewirkt. Die Sporen können in der Mitte eines Bazillus liegen — mittelständige Sporen, — oder an dem einen Ende desselben — endständige Sporen. Wird das Ende durch die Sporen aufgetrieben, so entstehen eigentümliche Keulen- oder Trommelschlägerformen. Später geht die Substanz des einstigen Bakterium zugrunde; die Sporen werden frei. Die freien Sporen stellen kleine, meist eiförmige Gebilde dar.

Was die Sporen vor allem auszeichnet, ist ihre außerordentliche Widerstandsfähigkeit, welche sie befähigt, unter einer Reihe eingreifender, das Leben der sporenfreien Bakterien meist vernichtender Einflüsse zu persistieren; sie verdanken dies der Anwesenheit einer sehr dichten Sporenhülle (der Sporenmembran); durch diese Eigenschaft werden die Sporen zu Dauerformen, welche unter günstigen Bedingungen auskeimen und neue Bakterien aus sich entstehen lassen. Wahrscheinlich erfolgt die Sporenbildung nicht, wie man früher annahm, bei Verschlechterung und beginnender Erschöpfung des Nährbodens, sondern auf der Höhe der Vegetation unter besonders günstigen Wachstumsbedingungen.

Die Vermehrungsfähigkeit der Bakterien ist eine ungeheuer große, so daß sich in der kürzesten Zeit eine kolossale Menge derselben aus einer geringen Zahl von Individuen entwickeln kann. Man hat berechnet, daß bei ungehinderter Vermehrung aus einer einzigen Bakterienzelle, die sich in ungefähr einer Stunde in zwei, diese wieder nach einer Stunde in vier, nach drei Stunden in acht neue Zellen teilt, nach 24 Stunden bereits $16\frac{1}{2}$ Millionen, nach drei Tagen 47 Trillionen junge Bakterienindividuen entstehen würden (Cohn).

An im Absterben begriffenen Bakterien sieht man oft eigentümliche Gestaltsveränderungen auftreten, Auftreibungen und Abschnürungen kugeliger Teile, Zerfall in unregelmäßige Formen etc. Derartige mit dem Absterben einhergehende abnorme Gestaltungen, die den normalen Typus der betreffenden Art ganz verwischen können, bezeichnet man als „Involutionsformen". Involutionsformen.

Übersicht über die Einteilung der Bakterien nach ihrer Form.

Hauptformen der Bakterien.

1. Kokken: Bakterien von annähernd kugeliger oder ganz kurzovaler Gestalt, fast durchweg ohne Eigenbewegung. Die Fortpflanzung geschieht ausschließlich durch Teilung. Je nach der gegenseitigen Lage, eventuell auch der Zahl der zusammenliegenden Individuen unterscheidet man folgende Unterabteilungen: 1. Kokken:

a) **Diplokokken.** Nach der Teilung eines Individuums bleiben je zwei junge Formen nebeneinander liegen; oft sind die gegeneinander gerichteten Seiten deutlich abgeplattet. a) Diplokokken;

b) **Streptokokken.** Die Individuen bleiben nach der Teilung in größerer Zahl beisammen liegen. Die Teilung geschieht aber nur in einer Richtung und so entstehen längere oder kürzere, rosenkranzartige, oft gewundene Ketten. b) Streptokokken;

c) **Tafelkokken (Merismopodien).** Die Teilung erfolgt abwechselnd nach zwei aufeinander senkrechten Richtungen und die neu entstandenen Individuen bleiben zu je vier nebeneinander liegen: „Tetragenusformen". c) Tafelkokken;

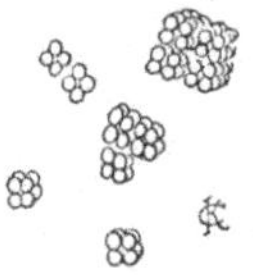

d) **Sarcine-Arten, Paketkokken.** Die Teilung erfolgt in den drei Dimensionen, wodurch je acht Individuen gebildet werden, die nebeneinander liegen bleiben, so daß würfelförmige Kokkengruppen zustande kommen („Warenballenform", Fig. 370). d) Paketkokken;

e) **Staphylokokken (Haufenkokken)** liegen unregelmäßig in Haufen zusammen, manchmal in traubenförmiger Anordnung. e) Staphylokokken.

Fig. 370.
Sarzine
($\frac{1000}{1}$).

2. Bazillen, längere oder kürzere Stäbchen darstellend. Die Fortpflanzung geschieht durch Teilung oder Sporenbildung. Die erstere erfolgt ausschließlich durch Querteilung; die jungen Individuen trennen sich oder bleiben in längeren, aus einzelnen Stäbchen bestehenden („gegliederten") Reihen beisammen. Aus Sporen entstehen junge Bazillen entweder in der Weise, daß die Sporenmembran springt und der Bazillus aus der Öffnung hervorwächst, „auskeimt", oder so, daß die Spore sich einfach streckt und direkt zum jungen Bazillus auswächst. 2. Bazillen.

3. Spirillen zeigen eine schraubenförmig oder korkzieherartig gewundene Gestalt. Gliedern sich solche Formen in kleinere Abschnitte, so entstehen die **Vibrionen** oder „Kommabazillen", die nur aus einer einzigen Krümmung bestehen. 3. Spirillen und Vibrionen

b) Lebensbedingungen und Lebensäußerungen.

Das Studium der Biologie der Bakterien knüpft sich wesentlich an zweierlei Verhältnisse, an ihre Lebensbedingungen und ihre Lebensäußerungen. Von den ersteren ist natürlich das Vorhandensein gewisser Nährstoffe für die Existenz der Mikroorganismen notwendig, und zwar müssen ihnen organische Kohlenstoffverbindungen geboten werden, da sie als (fast ausschließlich) chlorophyllose Pflanzen nicht imstande sind, aus Kohlensäure sich selbst Kohlenstoff herzustellen. Ferner sind notwendig Stickstoffverbindungen (meist Eiweiß), organische Salze, ein gewisser Wassergehalt des Nährbodens, endlich eine bestimmte Temperatur, als deren Grenze

man im allgemeinen — 5° C und $+ 45°$ C angeben kann. Viele Arten, namentlich ein großer Teil der echten Parasiten, sind aber auf eine gewisse Temperatur angewiesen und stellen schon bei geringen Schwankungen derselben ihr Wachstum ein. Die Sporen sind naturgemäß weit widerstandsfähiger, ganz besonders gegen Kälte. Bezüglich des Sauerstoffbedürfnisses kann man zwei Gruppen unterscheiden: die Mehrzahl der Bakterien bedarf zu ihrem Gedeihen des Sauerstoffes und stirbt bei völligem Mangel desselben ab, eine geringere Zahl von ihnen wächst

umgekehrt nur bei Sauerstoffabschluß; die erstere Gruppe bezeichnet man als **Aëroben,** die letztere als **Anaëroben**; zu letzteren gehören vor allem die Bazillen des Tetanus, des Rauschbrandes und des malignen Ödems. Zwischen beiden stehen die sogenannten **fakultativen Anaëroben,** d. h. Spaltpilze, die zwar für gewöhnlich bei Zutritt von Sauerstoff wachsen, jedoch nicht auf ihn angewiesen sind, sondern Vegetation und Lebenseigenschaften auch ohne ihn betätigen können.

Nach einer anderen Richtung hin lassen sich die Bakterien gleichfalls in zwei Reihen teilen: während die einen, die sogenannten **Parasiten,** nur auf lebenden Körperteilen vegetieren, gedeihen manche andere Formen nur auf toten Nährsubstraten; diese bezeichnet man als **Saprophyten.** Auch hier steht zwischen beiden Extremen eine dritte Gruppe, die sogenannten **fakultativen Parasiten,** welche zwar gelegentlich auf einem lebendigen Organismus wachsen, ohne aber mit Notwendigkeit eines solchen zu bedürfen, und auch außerhalb desselben ihre Existenzbedingungen finden.

Zahlreiche parasitäre wie saprophytische Arten weisen gegenüber der Entziehung notwendiger Wachstumsbedingungen eine bedeutende Widerstandskraft auf. So können verschiedene Bakterien (darunter z. B. die Tuberkelbazillen) monatelang in eingetrocknetem Zustande virulent bleiben. Eine noch viel größere Widerstandsfähigkeit besitzen die Sporen; Milzbrandsporen z. B. werden durch jahrelanges Trockenliegen, durch bis auf 37 Tage ausgedehntes Einlegen in 5% Karbolsäure, durch kürzeres Aufkochen, durch den Magensaft etc. nicht sicher getötet.

Die schädigenden Wirkungen, welche die Bakterien auf den Organismus ausüben, sind vor allem chemischer Art und hängen damit zusammen, daß aus ihnen Stoffe frei werden und in den Organismus übergehen, welche zum Teil höchst giftige Eigenschaften besitzen.

Fäulnisbakterien produzieren sogenannte Ptomaine, Fäulnisalkaloide, alkalische, stickstoffhaltige Körper, welche vorzugsweise nach dem Typus der Amine, Diamine und Triamine gebaut sind, und zu welchen Stoffe wie Peptotoxin, Neurin, Muskarin (im faulenden Fleisch) gehören.

Bei den meisten Infektionskrankheiten beruht die schädigende Wirkung der Krankheitserreger auf der Bildung anderer Stoffe, welche man als **Bakterientoxine** im engeren Sinne oder Exotoxine bezeichnet. Diese Toxine sind ganz ungeheuerlich giftig, selbst in minimalsten Mengen; bei einem Teil derselben handelt es sich um wasserlösliche Giftstoffe, welche von den lebenden Bakterienzellen produziert und in die Umgebung ausgeschieden werden. Dies findet sowohl im kranken Organismus, wie auch in unseren künstlichen Kulturen statt. Wenn man solche Kulturen, in denen sich bereits erhebliche Mengen der genannten Stoffe gebildet haben, durch ein bakteriendichtes Filter filtriert, so kann man mit dem bakterienfreien Filtrat zum großen Teil die nämlichen Erscheinungen hervorrufen, wie mit den Infektionserregern selbst. Die chemische Beschaffenheit der Konstitution dieser Giftstoffe ist nicht genauer bekannt, wahrscheinlich sind sie keine Eiweißstoffe. Ihre Empfindlichkeit gegen äußere Schädigungen ist besonders groß. (Von der Bildung der Antitoxine wird weiter unten die Rede sein.)

Bei einer Anzahl anderer Infektionskrankheiten beruht die krankmachende Wirkung, Schädigung, auf der Einwirkung sogenannter **Endotoxine** oder Zellgifte, d. h. solcher Giftstoffe, welche an die Bakterienzelle gebunden sind und erst mit Zerstörung und Absterben derselben frei werden. Es sind dies also Stoffe, welche im Innern der Bakterien selbst vorhanden sind und einen wesentlichen Bestandteil des Bakterienkörpers ausmachen; durch Kochen mit Kalilauge kann man sie aus den Bakterien extrahieren.

Auch gehören hierher sogenannte **Bakterienproteine**, die sich durch größere Widerstandsfähigkeit gegen hohe Temperaturen auszeichnen. Auf die Wirkung der Proteine sind insbesondere auch die lokalen an der Stelle der Bakterieninvasion auftretenden Veränderungen zu beziehen. Nach Bail sollen die pathogenen Bakterien Stoffe erzeugen, die die Widerstandskraft der anzugreifenden Zellen erst brechen, so daß jene

dann wirken können, sogenannte **Aggressine.**

Des weiteren ist es auch gelungen, durch rein mechanische Mittel, Zerreibung und mechanische hydraulische Pressung von Bakterienkulturen, aus den Bakterien in chemisch möglichst unverändertem Zustande plasmatische Zellsäfte zu gewinnen, denen ebenfalls gewisse Wirkungen der lebenden Bakterien zukommen. Zunächst gelang dies mit den Hefen, also Sproßpilzen, aus denen man durch die genannten

Mittel einen Preßsaft gewinnen kann („Zymase"), welcher wie die lebenden Hefezellen imstande ist, Gärung hervorzurufen; letztere ist also nicht an das Vorhandensein ganzer, lebender Hefezellen gebunden. Die in analoger Weise gewonnenen Bakterienextrakte bezeichnet man als **Bakterienplasmine.** Bakterien-
plasmine.

Gewissen Bakterien kommt weiterhin die Fähigkeit zu, sogenannte **Hämolysine** zu bilden, d. h. Stoffe, welche im Blut Hämolyse hervorzurufen imstande sind; man versteht darunter den Austritt des Hämoglobins aus den roten Blutkörperchen, worauf es zur Zerstörung der letzteren kommt. Solche Hämolysine werden produziert z. B. von den Erregern des Tetanus, der Cholera, dem B. pyocyaneus, ferner von Staphylokokken und Streptokokken. Hämo-
lysine.

Eine wichtige Eigenschaft bakteriellen Lebens ist die Bildung von sogenannten **Fermenten** oder **Enzymen.** Man versteht darunter Körper, welche in minimalen Mengen, ohne dabei selbst verbraucht zu werden, imstande sind, große Massen kompliziert gebauter Stoffe in einfachere Verbindungen zu zerlegen. Solche Fermente wirken auch getrennt von den Bakterien; wenn sie z. B. durch Filtration von diesen geschieden worden sind, so zeigt das keimfreie Filtrat die gleiche Eigenschaft. Die Fermente können auch trocken in Pulverform hergestellt werden. Früher bezeichnete man wohl auch die Bakterien selbst, sowie andere lebende Organismen als organisierte oder geformte Fermente. Ferment-
wirkung
der
Bakterien.

Die Fermente sind von verschiedener Art. Es seien hier aufgeführt: Diastatische Fermente, d. h. solche, welche Stärke in Zucker umwandeln; invertierende Fermente, d. h. solche, welche Rohrzucker in Traubenzucker umwandeln; Labferment, welches Milch bei neutraler Reaktion (unabhängig von Säurewirkung) koaguliert, proteolytische, eiweißlösende Fermente, welche auch Leim verflüssigen; zu diesen gehören die Fermente von Bakterien, welche die Gelatine unserer Kulturen verflüssigen.

Viele Bakterien und insbesondere Hefen wirken durch ein Ferment als Gärungserreger. Ursprünglich verstand man unter **Gärung** die Zerlegung organischen Materials unter Gasentwickelung, doch rechnet man jetzt auch vielfach Prozesse hierher, bei denen die Gasentwickelung fehlt. Es handelt sich um eine Spaltung höherer Kohlenstoffverbindungen (Kohlehydrate) zu einfacheren unter Auftreten von Kohlensäure (bzw. CO_2). Beispiele für Gärungen sind: Die alkoholische Gärung mit Spaltung des Traubenzuckers in Alkohol und Kohlensäure, die Milchsäuregärung des Zuckers unter Bildung von Milchsäure, die Buttersäuregärung von Stärke und Zucker unter Bildung von Buttersäure, die Mannitgärung, Bildung einer fadenziehenden schleimigen Substanz aus Traubenzucker in Wein, die Essigsäuregärung, Verwandlung des Äthylalkohols durch Oxydation zu Essigsäure, die ammoniakalische Harngärung, Spaltung des Harnstoffs in Kohlensäure und Ammoniak u. a. Gärungen.

Unter **Fäulnis,** einem nicht genauer chemisch zu definierenden Begriff, versteht man im allgemeinen Gärungen, bei welchen kompliziertere Stickstoffverbindungen (besonders Eiweiße) zerlegt werden und stinkende Gase auftreten (Eiweißgärung). Die Fäulnis findet fast immer unter Sauerstoffabschluß statt und wird durch sogenannte anaërobe Bakterien (s. o.) hervorgebracht; sie ist im wesentlichen ein Reduktionsprozeß. Bei der Fäulnis werden Alkaloide, sogenannte Ptomaine gebildet, von welchen manche einen hohen Grad von Giftigkeit besitzen. Von der Fäulnis unterscheidet man die **Verwesung,** welche unter Mitwirkung von atmosphärischem Sauerstoff vor sich geht und einen Oxydationsvorgang darstellt. Bei der Verwesung werden die von den höheren Pflanzen und Tieren gebildeten, kompliziert gebauten Stoffe in einfachste chemische Verbindungen zerlegt und so in eine Form übergeführt, in welche sie von den höheren Pflanzen assimiliert werden können, welche daraus ihre Bestandteile aufbauen. Eine besonders wichtige Rolle spielt bei der Verwesung die Nitrifikation, d. h. die Oxydation des organischen Stickstoffs und Ammoniaks zu salpetriger Säure. Sie ist die Lebenstätigkeit bestimmter im Boden verbreiteter Bakterien, der sogenannten Nitrobakterien. Fäulnis
und Ver-
wesung.

In lebenden Kulturen mancher Bakterienarten werden enzymartige Stoffe gebildet, welchen die Fähigkeit zukommt, die Bakterien selbst schließlich wieder aufzulösen (Emmerich und Löw, s. u.).

Manche Bakterien haben die Fähigkeit, **Farbstoffe** zu bilden; zu diesen letzteren gehört das vom Micrococcus prodigiosus ausgeschiedene rote Pigment auf Brot oder Hostien („blutende Hostien"), der blaue Farbstoff, welchen der Bacillus cyanogenes in der Milch erzeugt, der blaue oder grüne Farbstoff, den der Bacillus pyocyaneus im Eiter produziert u. a. Andere Bakterien, wie z. B. Eiterkokken, bilden in künstlichen Kulturen verschieden gefärbte Pigmente. Einzelnen Bakterien kommt endlich die Eigentümlichkeit zu, daß ihre Kulturen im Dunkeln leuchten, phosphoreszieren (Leuchtbakterien, die sich z. B. auf faulenden Fischen finden), wieder andere bewirken eine deutliche Fluoreszenz des Nährbodens. Farbstoff
bildende
Bakterien.

Hier interessiert uns ferner vor allem der Einfluß, welchen die Bakterien auf ihr Nährsubstrat (im weitesten Sinne) ausüben. Als Bakterienwirkung sehen wir einerseits eine Reihe höchst wohltätiger und für uns notwendiger Prozesse vor sich gehen, während andere Spaltpilze zu den schlimmsten Feinden der höheren Organismen gehören und direkt deren Leben bedrohen. Bei ihrem Wachstum auf den verschiedenen Nährböden (toten Nährböden oder, wenn es sich um parasitäre Arten handelt, lebenden Gewebe) findet einerseits eine Zerlegung der Nährsubstrate und Assimilation von Stoffen zum Aufbau der Bakterienzellkörper, andererseits eine Ausscheidung von Stoffen seitens der Bakterien statt. Unter den Ausscheidungsprodukten finden sich teils chemisch sehr einfache Körper, wie Kohlenstoff, Wasserstoff, Schwefelwasserstoff, Ammoniak, Merkaptan, teils sehr komplizierte Verbindungen. Einfluß der
Bakterien
auf ihren
Nährboden.

c) Infektion.

c) Infek-
tion.

Die Ansiedelung pathogener Organismen innerhalb des Körpers bezeichnet man als Infektion, die aus dem Eindringen der Bakterien und ihrer Vermehrung im Organismus hervorgehenden Krankheitszustände als Infektionskrankheiten. In der Natur der Infektions-

*Infektions-
krank-
heiten.*

stoffe als Contagium vivum ist eine Reihe von Eigentümlichkeiten begründet, welche die Infektionskrankheiten auszeichnen. Manche von ihnen brauchen von dem Eintritt der Infektion
bis zum Ausbruch der Erkrankung eine gewisse Zeit der Entwickelung (Inkubationsperiode),
welche je nach der Menge und Virulenz der Bakterien wechselt und bei manchen Erkrankungen,
wie Syphilis, sehr lange sein kann. Die von der Stelle der lokalen Infektion — wo die Bakterien
vor allem chemotaktisch und entzündungserregend wirken — ausgehende Allgemeinwirkung
äußert sich in Fieber, Hyperleukozytose, nervösen Störungen und anderen Erscheinungen von
seiten der verschiedenen Organe, welche zeigen, daß mehr oder minder der ganze Organismus
in Mitleidenschaft gezogen ist. Zahlreiche Bakterien greifen nur bestimmte Organe an, Tetanusbazillen z. B. das Zentralnervensystem. Viele Infektionskrankheiten zeigen endlich einen regelmäßig auftretenden, bestimmten Typus des Verlaufes (Typhus, Rekurrens u. a.). Den meisten
liegen Bakterien als spezifische Erreger zugrunde. Solche werden nicht nur konstant aufgefunden,
sondern sie lassen sich auch künstlich züchten, und man ist imstande, mit Reinkulturen derselben
die entsprechende Krankheit experimentell hervorzurufen. Dazu kommen weniger zahlreiche
durch Schimmel- oder Sproßpilze oder tierische Lebewesen hervorgerufene Krankheiten. Bei
vielen sind uns die spezifischen Krankheitserreger nicht bekannt, aber wir können aus dem klinischen
Verlauf und anderen Eigentümlichkeiten der Krankheit auf deren infektiösen Ursprung schließen.

*Kontagiöse
und nicht
kontagiöse
Infektions-
krank-
heiten.*

Man unterscheidet bei den Infektionskrankheiten kontagiöse und nicht kontagiöse. Als
kontagiös bezeichnet man eine Krankheit dann, wenn während derselben die betreffenden Infektionserreger aus dem erkrankten Organismus ausgeschieden werden und so, durch Vermittelung
der Luft (Stäubchen- und Tröpfcheninfektion z. B. bei der Tuberkulose) oder durch Nahrungsmittel oder Gegenstände verschiedener Art, ein anderes Individuum direkt zu infizieren vermögen;
hierher gehören z. B. die akuten Exantheme, der Typhus, die Pocken und vieles andere. **Nicht
kontagiös** ist eine Erkrankung, wenn ihre Erreger nicht aus dem kranken Körper ausgeschieden
werden, wie es z. B. bei den Parasiten der Malaria der Fall ist. Solche Erkrankungen sind auch
nicht auf direktem Wege (wenigstens nicht auf natürlichem Wege) von einem Individuum auf
das andere übertragbar, wohl aber kann z. B. die Malaria durch Injektion des Blutes Malariakranker
auf Gesunde übertragen werden.

*Endogene,
ektogene
und mias-
matische
Infektions-
erreger.*

Man bezeichnet als **endogen** solche Infektionserreger, welche sich nicht außerhalb des lebenden
Organismus vermehren und also auch nur eine beschränkte Zeit in der Außenwelt virulent bleiben können;
hierher gehört z. B. das Virus der Lues, der Gonorrhöe, der Masern, des Scharlachs u. a.; Infektionserreger
dagegen, die, wie der Milzbrand, sich auch außerhalb des lebenden Körpers, z. B. im Boden vermehren
und Sporen bilden können, bezeichnet man als **ektogene**. Ist der Infektionsstoff an einen bestimmten
Ort gebunden, wo er seine Entwickelungsstätte im Boden, im Wasser, in bestimmten Tieren etc. findet,
ohne direkt von einem Individuum auf das andere überzugehen, so bezeichnet man ihn als **Miasma**;
entwickelt er sich an einem bestimmten Orte nur dann, wenn erkrankte Individuen dorthin gelangt sind,
so spricht man von einer miasmatisch-kontagiösen Erkrankung. Eine Infektionskrankheit tritt

*Epidemi-
sche und
endemische
Infektions-
krank-
heiten.*

epidemisch auf, wenn sie zeitweise in rascher Reihenfolge eine große Anzahl von Individuen eines bestimmten Gebietes befällt; **endemisch**, wenn sie an bestimmten Orten andauernd Erkrankungen hervorruft.

Die Bakterien kommen in der Luft vor und diese dient ihnen zur Verbreitung — höchste Schichten
der Atmosphäre sind keimfrei —, sie sind im Erdboden bis zu einer bestimmten Tiefe vorhanden, und
endlich finden sich zahlreiche Bakterien, was praktisch für die Infektion sehr wichtig ist, im Wasser.

*Pathogene
Bakterien
und Sapro-
phyten.*

Besonders die parasitär lebenden Bakterienarten haben die Fähigkeit im Körper als Krankheitserreger aufzutreten, in ihm pathogene Wirkungen auszuüben; man bezeichnet solche als
pathogene Bakterien. Übrigens können auch gewöhnliche Saprophyten, welche für gewöhnlich
als harmlose Schmarotzer im Organismus leben (Darmbakterien, z. B. Bacterium coli), unter
Umständen pathogene Eigenschaften entfalten und sich im Organismus ausbreiten.

Die letzte Quelle der Infektionserreger sind aber doch stets andere lebende
Wesen, sei es der Mensch oder das Tier; hierbei spielen außer Kranken oder solchen, die gerade
eine Krankheit überstanden haben und noch Bazillen beherbergen, auch Gesunde, sogenannte
Bazillenträger, eine Rolle. Hierbei ist es sehr zweckmäßig, solche Leute, welche die betreffende
Krankheit überstanden haben und noch Bakterien beherbergen, als Bazillenträger, solche
Gesunde, welche die Erreger, ohne die Krankheit durchgemacht zu haben, in oft saprophytischer
Form beherbergen, als Bazillenzwischenwirt (Rössle) zu bezeichnen. Eine Entscheidung
im Einzelfall kann aber, weil der betreffende eine Krankheit unbemerkt durchgemacht haben oder

sie latent in sich tragen kann, sehr schwer sein. Die **Eingangspforten,** durch welche ein Infek- Eingangs-
pforten des
Erregers:
tionsstoff seinen Weg in den Körper nimmt, sind verschieden, je nachdem er durch unmittel-
baren Kontakt (mit der Haut oder Schleimhäuten) oder aus der Luft, oder mit der Nahrung
zugeführt wird. Von der **Haut** oder den Schleimhäuten aus (bei Verletzung innerer Organe a) von der
Haut aus,
auch von diesen aus) entstehen die Wundinfektionskrankheiten, ferner Gonorrhöe, Syphilis
u. a. Die äußere Haut ist außerdem eine wichtige Eingangspforte für Infektionserreger, welche,
zum Teil der Gruppe der Protozoen zugehörend, durch Stiche von Insekten übertragen werden
(s. weiter unten). Für die meisten Infektionserreger sind wenigstens kleine, leicht der Beobachtung entgehende Verletzungen der Haut bzw. Schleimhaut notwendig, um das Eindringen zu
ermöglichen. Manche können aber auch ohne jede Verletzung durch die Poren der Talg- und
Schweißdrüsen eindringen, wie dies für die Eiterbakterien nachgewiesen ist. Neben der Haut
kommen vor allem die Konjunktiva, die Schleimhäute der Mund- und Nasenrachenhöhle und
hier ganz besonders die Tonsillen, sowie ferner die Harnröhre (Gonokokken) in Betracht.

Des weiteren ist der **Digestionskanal** eine wichtige Eingangspforte. Mit der Nahrung b) durch
den Di-
gestions-
kanal (mit
der Nah-
rung).
in den Körper gelangte Infektionserreger finden vielfach schon innerhalb der Mundhöhle eine
Eintrittspforte in den Tonsillen; in die Epithellücken dieser können sie beim Schlingakt
hineingepreßt werden und sich dann durch die Lymphbahnen in den Lymphknoten des Halses
bis zur Pleura herab oder mit dem Blutweg weiter ausbreiten. Ganz besonders durch die Tonsillen scheinen Krankheitserreger einzudringen, welche zu Rheumatismus, Eiterungen, ja nach
der Ansicht mancher Autoren sogar zu Appendizitis, Veranlassung geben können. Beim Passieren
des Magens wird zwar ein großer Teil der pathogenen Bakterienarten durch den normalen Magensaft getötet, andere aber vermögen dessen Wirkung zu widerstehen und das besonders, wenn
Störungen der Magenfunktion die saure Reaktion des Mageninhaltes vermindern oder aufheben.
Vollends gehen die so sehr resistenten Sporen ungeschädigt durch den Magen hindurch, um im
Darm ihre Auskeimung zu bewerkstelligen. Auch können gegen den Magensaft empfindliche
Mikroorganismen (z. B. Cholerabazillen) ungeschädigt den Magen passieren, wenn in einem frühen
Stadium der Verdauung noch alle eben ausgeschiedene Salzsäure sofort von den Nährstoffen ge-
bunden wird.

Auch wenn die Infektionserreger in den Darm gelangt sind, ist es noch von manchen Zufälligkeiten
abhängig, ob sie in die Darmwand eindringen können. Im allgemeinen bietet wohl der normale Epithelbelag, wie auch die auf ihm liegende Schleimschicht einen gewissen Schutz, indes ist dies gegenüber den
verschiedenen Infektionserregern sowohl wie auch bei den einzelnen Tierarten in sehr verschiedenem Maße
der Fall; auch spielen wohl andere Zufälligkeiten, wie der jeweilige Füllungszustand des Darmrohres,
kleine durch Kotstauung hervorgerufene Läsionen der Mukosa, Zirkulationsstörungen infolge lokaler
Ursachen (Einklemmungen etc.), oder allgemeine Ursachen (Erkältungen), eine gewisse, nicht unbedeutende
Rolle. Endlich haben wahrscheinlich auch die schon im normalen Darm schmarotzenden Saprophyten
einen der Entwickelung neu eingedrungener Spaltpilze ungünstigen Einfluß, indem sie die Eindringlinge
überwuchern und so zum Absterben bringen können.

Als weitere Haupteingangspforte müssen wir den **Respirationstraktus** nennen. Mit der c) durch
den Re-
spirations-
traktus
(mit der
Inspira-
tionsluft),
Inspirationsluft aufgenommene Mikroorganismen werden wahrscheinlich zum weitaus größten
Teil durch die vielfach gefaltete und eingebuchtete Schleimhaut der obersten Abschnitte der
Luftwege zurückgehalten, auch wohl durch die nach oben gerichtete Bewegung des Flimmerepithels der Luftwege zum Teil wieder nach außen befördert, „prohibierende" Abwehrmechanismen
des Organismus. Die Lungen normaler Tiere und Menschen werden zwar in der Regel keimfrei
angetroffen, doch kommen weiterhin auch Mikroorganismen in ihnen vor, die unter Umständen
virulent werden und unter begünstigenden Umständen in das Lungengewebe einzudringen und
dort Erkrankungen hervorzurufen vermögen. In den meisten Fällen handelt es sich jedoch um
von außen eingedrungene virulente Infektionserreger; ihre Entwickelung und pathogene Wirksamkeit wird ganz besonders durch in die Lunge gelangte fremde Stoffe (aspirierten Schleim,
Fremdkörper), oder bereits bestehende Veränderungen des Lungengewebes (Entzündungen, Hypostasen, pneumonokoniotische Prozesse etc.) unterstützt.

Was den **weiblichen Genitaltraktus** betrifft, so finden sich in der Vagina stets verschiedene d) durch
den weib-
lichen
Genital-
traktus,
Mikroorganismen, welche aber in der Regel nicht virulent sind; doch ist ein Virulentwerden der-
selben unter besonderen Umständen und hiermit eine „Autoinfektion" durch sie (z. B. bei Geburten) denkbar; in weitaus den meisten Fällen erfolgt aber auch hier die Infektion durch neu von
außen eingedrungene virulente Mikroorganismen, gegen welche der weibliche Genitaltraktus
ganz besonders im puerperalen Zustand wenig resistent ist.

In der **Harnblase** kommen Infektionserreger namentlich dann zur Wirkung, wenn gleich- e) durch
die Harn-
blase.
zeitig eine Harnstauung oder eine durch Harnsteine etc. bewirkte Läsion des Epithels der Blasenschleimhaut vorliegt.

f) Germi-
native
und
plazentare
Infektion.

Eine Infektion kann schon in den frühesten Stadien des intrauterinen Lebens stattfinden und bereits die Keimzelle oder das in Entwickelung begriffene Ei betreffen. Wenigstens ist bei Tieren der Nachweis geliefert, daß gewisse Infektionskeime bereits in die Keimzelle, oder in das auf der Wanderung vom Ovarium in die Uterushöhle begriffene Ei einzudringen vermögen; man spricht dann von germinativer (oder konzeptioneller) Infektion. Auch für den Menschen wurde seit langer Zeit an eine Infektion des Eies durch das mit dem Virus der Syphilis oder dem der Tuberkulose behaftete Sperma gedacht, ohne daß indes eine derartige Übertragung bis jetzt mit Sicherheit bewiesen wurde.

Dagegen ist für die eben genannten, wie für eine Anzahl anderer Infektionen eine Übertragung des Virus von der Mutter her durch die Plazenta hindurch mit Sicherheit erwiesen (Typhus, Erysipel, Pocken, Milzbrand u. a.); man bezeichnet diese als plazentare (oder intrauterine) Infektion; zu ihrem Zustandekommen sind wohl kleine Läsionen der plazentaren Gefäße notwendig.

g) Krypto-
genische
Infektion.

Bei vielen Infektionskrankheiten ist uns die Art der Infektion noch nicht bekannt. Kann man bei einem bekannten Erreger, dessen gewöhnliche Eingangspforten etc. man kennt, in einem speziellen Falle die Eingangspforte nicht nachweisen, so spricht man von kryptogenetischer Infektion, so z. B. bei Wundinfektionskrankheiten, bei denen eine Verletzung nicht nachweisbar ist.

h) Infektion
durch
Virulent-
werden
schon im
Körper vor-
handener
Sapro-
phyten.

Außer den von außen eingedrungenen Krankheitserregern können auch sonst symbiotisch mit dem Menschen lebende, nicht virulente Bakterien plötzlich virulent werden und den Wirt angreifen. Der Mensch beherbergt stets zahlreiche für gewöhnlich unschädliche Bakterien auf der Haut, in der Mund-, höhle, im Darmkanal, wo er sie direkt nötig zu haben scheint. Diese Bakterien können plötzlich „wild" werden.

(Näheres siehe unter den einzelnen Infektionskrankheiten.)

In den Körper gelangt, verbreiten sich die Bakterien in ihm auf dem Wege der Blutgefäße, Lymphgefäße oder gewisser Gänge, wie der Bronchien. Sie können auch aus dem Körper wieder ausgeschieden werden mit dem Kot, dem Harn, dem Sputum etc.

Bedin-
gungen für
eine erfolg-
reiche In-
fektion:

Die erste Bedingung einer erfolgreichen Infektion ist natürlich die, daß das infektiöse Virus überhaupt eine ihm passende Eingangspforte in den Organismus findet; manche Bakterien haften nur an gewissen Schleimhäuten, wie z. B. die Gonokokken; andere sind bei der Aufnahme in den Magendarmkanal unschädlich, weil sie durch den Magensaft getötet werden (s. oben). Soll eine Infektion durch die Lunge stattfinden, so müssen die Bakterien in der Atemluft suspendiert werden; es ist praktisch sehr wichtig, daß Bakterien aus offenstehenden Flüssigkeiten oder von feuchten Flächen aus nie in die Luft gelangen, solange nicht ein Eintrocknen der sie enthaltenden Flüssigkeit stattfindet oder die bakterienhaltige Flüssigkeit schäumt und verspritzt wird. Aber auch in fester Schicht an Flächen angetrocknete Mikroorganismen geraten nur sehr schwer in die Luft, nämlich nur dann, wenn durch heftige mechanische Einwirkung eine Lockerung der trockenen Masse stattfindet, oder wenn die letztere zu einem staubartigen Pulver zerfällt. Deshalb ist auch sehr stark bazillenhaltiges tuberkulöses Sputum ungefährlich, solange es feucht bleibt.

1. Passende
Eingangs-
pforte;

2. Virulenz;

Eine zweite, gleichfalls selbstverständliche Bedingung für die Infektion ist die, daß die eindringenden Bakterien sich in infektionstüchtigem Zustande befinden, daß sie also pathogener Art und selbst virulent sind. Die Virulenz selbst sehr hochgradig pathogener Bakterien kann künstlich herabgesetzt oder gar aufgehoben werden (s. u.). Auch unter natürlichen Verhältnissen ist mit Sicherheit ein spontanes Zurückgehen der Virulenz anzunehmen; namentlich werden die echten Parasiten, wenn sie aus dem Körper nach außen gelangen, nur eine beschränkte Zeit ihre Infektionstüchtigkeit bewahren und unter dem Einfluß für sie unpassender Nahrungsverhältnisse, des etwaigen Eintrocknens, oder stärkerer Feuchtigkeit, oder Schwankungen der Temperatur etc. nach und nach in ihrer pathogenen Wirksamkeit abnehmen. Freilich findet dies bei verschiedenen Arten innerhalb sehr verschiedener Zeiträume statt, und besonders die sporenbildenden Formen zeigen eine hochgradige Widerstandskraft. Jedenfalls muß der Grad der Virulenz bei der Infektion unter natürlichen Verhältnissen in Betracht gezogen werden, und dies erklärt es zum Teil auch, warum der nämliche Infektionsstoff den einen Falle eine heftige, vielleicht tödliche, in einem anderen nur eine unbedeutende, rasch vorübergehende Affektion hervorruft.

3. ge-
nügende
Quantität
des In-
fektions-
stoffes.

Zu der wirksamen Infektion eines Organismus gehört ferner auch eine genügende Quantität des Infektionsstoffes; die Bakterien müssen in einer gewissen Anzahl eindringen. Es wurde dies schon bei der Tuberkulose erwähnt. Von gewissen Bakterienarten muß man allerdings annehmen, daß unter Umständen eine sehr geringe Anzahl einzelner Keime zur Hervorrufung einer wirksamen Infektion genügt. Doch betonen wir nochmals, daß eine Infektion ebenso wie von dem infizierenden Agens auch von Zustand und Reaktion des infizierten Organismus abhängt.

4. Zustand
und Reak-
tionsfähig-
keit des
infizierten
Organis-
mus.

Zwei For-
men von
Infektions-
krank-
heiten:

1. Intoxika-
tionen
(Toxämie).

Je nach der Art der oben näher beschriebenen Bakterienwirkung kann man zwei Hauptformen von Infektionskrankheiten unterscheiden, die sich freilich nicht streng voneinander trennen lassen. Bei der einen kommt es, nachdem sich die Infektionserreger an einer Stelle des Organismus angesiedelt haben, im wesentlichen zu einer Intoxikation, d. h. es werden nicht die Bakterien selbst im ganzen Organismus verbreitet und schädigen ihn, sondern nur die von ihnen produzierten Toxine. Zu diesen Erkrankungen gehört z. B. der Tetanus, bei dem sich die Infektionserreger nur an der Infektionsstelle (in späteren Stadien häufig auch da nicht mehr), nicht aber im Blut oder in anderen Organen nachweisen lassen; auch bei der Diphtherie beruhen die Allgemeinerscheinungen auf Resorption von Toxinen. Injektion von letzteren allein kann experimentell Lähmungen erzeugen.

Auch da, wo Fäulniserreger in den Organismus eindringen (an abgestorbenen Teilen des Organismus oder an in Eiterung begriffenen, wo sie Gangrän hervorrufen, so an Dekubitalgeschwüren, Wunden der Schleimhäute etc.) bewirken sie bei der Zersetzung der abgestorbenen Eiweißmassen eine Bildung übelriechender, zum Teil giftiger Toxine. Diese werden resorbiert und rufen heftige Erscheinungen hervor, die man auch als Saprämie oder putride Infektion bezeichnet. Auch durch Wirkung von Fäulniserregern, welche schon normalerweise im Darm vorhanden sind, z. B. durch Bacterium coli, können unter Umständen Intoxikationen zustande kommen, wenn Fäulnistoxine in großer Menge aus dem Darm resorbiert werden. Es liegt dann eine Autointoxikation (vgl. Kap. VI) vom Darm aus vor. Vielleicht sind manche Fälle von Allgemeinerkrankungen bei Magenektasie und Fälle von Krämpfen bei Kindern so zu erklären.

In manchen Fällen kommt eine Intoxikation mit Ptomainen vom Magendarmkanal aus zustande; hierher gehören z. B. manche Fleisch- und Wurstvergiftungen, Vergiftungen mit Miesmuscheln etc., welche meist unter cholera- oder typhusartigen Erscheinungen und nicht selten tödlich verlaufen. Solche verdorbene Nahrungsmittel sind auch in gekochtem Zustande oft gefährlich, da zahlreiche Alkaloide von zufällig in jene Nahrungsmittel gelangten Bakterien — auf denen eben die Vergiftung beruht — hitzebeständig sind. In anderen Fällen können aber auch die Bakterien selbst weitere pathogene Wirkungen entfalten. Unter allen diesen Bedingungen liegt also der Allgemeinerkrankung eine Intoxikation, eine **Toxämie,** ein Gehalt des Blutes an gelösten Giftstoffen zugrunde.

Bei einer zweiten Gruppe von Fällen gehen die Infektionserreger selbst in größerer Zahl ins Blut über, so daß also der Organismus von ihnen überschwemmt wird; man spricht dann von **Bakteriämie.** Es ist selbstverständlich, daß auch hier die von den Bakterien gelieferten Giftstoffe die wesentliche Rolle spielen. Vermehren sich die Infektionserreger hauptsächlich innerhalb des Blutes (wie z. B. beim Milzbrand, der Mäuseseptikämie oder manche Kokkenarten etc.), finden sich also die Infektionserreger — abgesehen von der Infektionsstelle — nur im Blute, so bezeichnet man die Erkrankung als **Septikämie.** Man findet in solchen Fällen an den parenchymatösen Organen (Nieren, Leber, Herz, Körpermuskulatur) vielfach die Zeichen toxischer Wirkungen — trübe Schwellung und fettige Degeneration —, ferner Milztumor. In anderen Fällen entstehen durch weitere metastatische Verbreitung der pathogenen Mikroorganismen auf dem Lymph- oder Blutwege sekundäre Ansiedelungen derselben in anderen, von der Infektionsstelle entfernten Organen und damit, soweit es sich um eitererregende Bakterien handelt, multiple metastatische Abszesse in ihnen. Bei dieser meist zum Tode führenden Form der Allgemeinerkrankung spricht man von **Pyämie.** Dabei finden sich nicht selten auch mehr diffuse metastatische Entzündungen verschiedener Organe: eiterige Meningitis, ulzeröse Endokarditis, Pleuritis etc. Auch hier treten oft parenchymatöse Degenerationen, wie fettige Degenerationen etc. auf. Die Milz zeigt ebenfalls konstant akute Hyperplasie (Milztumor, vgl. Teil II, Kap. I). Dabei sind oft infektiöse Embolien und Thrombosen mit Infarktbildungen, die dann eiterig werden, mit im Spiel, Prozesse, welche namentlich von ulzeröser Endokarditis (s. dort) her ihren Ausgang zu nehmen pflegen. Da bei eiterigen Prozessen die septikämischen und pyämischen Wirkungen vielfach nicht auseinander gehalten werden können, so spricht man auch von **Septiko-Pyämie.**

Findet eine Ansiedelung von zwei oder mehreren Bakterienarten gleichzeitig oder nacheinander statt, so spricht man von Mischinfektion. Nicht immer handelt es sich dabei um ein zufälliges Zusammentreffen, sondern in manchen Fällen bereitet eine Infektion gleichsam den Boden für die Wirkung anderer Infektionserreger vor. Bei der Lungentuberkulose beteiligen sich fast konstant auch andere Bakterien, insbesondere Eitererreger, an der Gewebszerstörung; umgekehrt kann eine latente oder in langsamem Fortschreiten begriffene Lungentuberkulose durch gewisse Infektionskrankheiten, insbesondere Masern, Influenza u. a. florid werden. Infektionen mit Bacterium coli und mit Eitererregern schließen sich oft an Allgemeininfektionen wie an lokale Entzündungen an und können zu metastatischen Eiterungen, pneumonischen Prozessen etc. führen.

Andererseits können sich auch verschiedene Bakterienarten in der Weise gegenseitig beeinflussen, daß sich die einen, für welche die Lebensbedingungen günstigere sind, vorwiegend entwickeln oder auch die anderen ganz verdrängen (Antagonismus). Hierher gehört die merkwürdige Tatsache, daß Tiere, welche mit Milzbrand infiziert worden sind, durch nachträgliche Infektion mit Streptokokken gerettet werden können.

Daß endlich Bakterien auch symbiotisch leben können, so daß die Bakterienarten sich gegenseitig brauchen, wurde schon S. 299 erwähnt.

Über die Gegenmaßregeln des befallenen Organismus gegen Infektionen und die bei den Infektionen maßgebenden Zustände dieses von der besonderen Disposition bis zur Immunität s. Kap. VIII.

d) Diagnostische Erkennung der Bakterienarten.

In diagnostischer Beziehung ist die Morphologie der Bakterien, ihre Form, Beweglichkeit, Sporenbildung etc. wichtig (s. S. 299 ff.). Man untersucht sie entweder frisch, evtl. im sogenannten hängenden Tropfen, oder macht Ausstrichpräparate, die gefärbt werden. Hierbei hat das tink-

20*

Saprämie.

Autointoxikation.

Ptomainintoxikation

2. Bakteriämie.

Septikämie und Pyämie.

Septiko-Pyämie.

Mischinfektion.

d) Diagnostische Erkennung; tinktorielles Verhalten der Bakterien.

torielle Verhalten auch besondere diagnostische Wichtigkeit. Im allgemeinen sind die Bakterien durch basische Anilinfarbstoffe, wie Fuchsin, Methylenblau, Methylviolett (ebenso wie die Kerne der Körperzellen, was wohl darauf beruht, daß die Bakterien Kerne und Protoplasmasubstanz diffus gemischt enthalten) leicht und intensiv färbbar, und halten die Farbe gegenüber entfärbenden Einflüssen fester wie Gewebeteile. Von großer diagnostischer Bedeutung ist die Gramsche Färbung: Färben mit Anilinwassermethylviolett, dann behandeln mit Lugolscher Jodlösung, und sodann Entfärben mit Alkohol (oder nach Weigert mit Anilinöl-Xylol zur Differenzierung; gewisse Bakterienarten sind mit dieser Methode darstellbar, indem sie die

Grampositivität und Gramnegativität. Farbe auch bei der Differenzierung festhalten, (sie sind grampositiv), andere werden durch die angegebene Nachbehandlung entfärbt (sie sind gramnegativ). Manche Bakterien zeigen die Eigentümlichkeit, daß sie sich allgemein schwerer, d. h. erst bei längerer Einwirkung der Farbstoffe, bei Anwendung bestimmter Beizen, oder bei Erwärmen auf höhere Temperatur, tingieren, dann aber die Farbe fester halten als andere Bakterien und auch bei Behandlung mit starken

Säurefestigkeit. Mineralsäuren erst nach einiger Zeit wieder abgeben. Diese „Säurefestigkeit" ist ein wichtiges diagnostisches Merkmal bestimmter Arten und wahrscheinlich durch eine Fetthülle um die Bakterien, welche das Eindringen der Farbflüssigkeit hindert, bedingt. Auf dieser Eigentümlichkeit der Säurefestigkeit beruht z. B. die spezifische Färbung der Tuberkelbazillen (s. u.). Die echten endogenen Sporen der Bakterien, ebenso wie die Geißeln, sind sehr schwer färbbar und nur mit bestimmten ziemlich komplizierten Methoden darzustellen.

Eine genauere Bestimmung der einzelnen Bakterienarten ist indes nicht durch ihre mikroskopische Untersuchung allein, d. h. nach rein morphologischen Gesichtspunkten, sondern nur durch die Anwendung der gesamten bakteriologischen Technik möglich, welche als weitere

Züchtung. Hilfsmittel namentlich die Züchtung der Bakterien in künstlichen Kulturen und das Tierexperiment heranzieht, also die gesamten Lebensbedingungen und Lebensäußerungen der Bakterien berücksichtigt. Als Nährböden für die Kulturen dienen besonders Peptonfleischwassergelatine, Agar, Kartoffeln, Blutserum; die einfachste Art der Herstellung von Reinkulturen besteht darin, daß die Bakterien, resp. der sie enthaltende Organsaft, durch Schütteln in einem flüssig gemachten, später erstarrenden, durchsichtigen Nährboden (Gelatine, Agar) verteilt werden, in welchem dann die einzelnen Keime zu kleinen Kolonien heranwachsen; von letzteren kann man durch Überimpfen auf einen neuen Nährboden Reinkulturen gewinnen und an diesen die Eigentümlichkeiten der betreffenden Bakterien, ihre pathogenen Eigenschaften, ihre Wirkung als Gärungserreger, die von ihnen produzierten Giftstoffe etc., kurz ihr biologisches Verhalten, studieren. Auch die Kulturen selbst zeigen vielfach charakteristische Eigentümlichkeiten in der Form des Wachstums, ihrer Farbe, der Zersetzung oder Verflüssigung des Nährbodens etc. Eine genaue Beschreibung der einzelnen Bakterienarten auf Grund aller dieser Merkmale muß den Lehrbüchern der Bakteriologie überlassen bleiben.

Hier sollen jetzt nur die wichtigsten **pathogenen** Bakterien kurz einzeln besprochen werden. Wegen der durch sie hervorgerufenen Krankheiten wird auf Teil II, Kap. X, sowie auf Teil I, Kap. III verwiesen.

e) Einzelne Bakterienarten.

e) Einzelne Bakterienarten.

1. Kokken.

1. Kokken:
Streptococcus pyogenes. **Streptococcus pyogenes** (Rosenbach) (St. erysipelatis, St. puerperalis) (Fig. 371 u. 372). Meist in kurzgliedrigen Ketten, oft auch in unregelmäßiger Anordnung wachsend. Die Glieder der Kette bestehen meistens aus zwei Halbkugeln. Er ist nach Gram färbbar. Der Streptococcus pyogenes ist ein sehr häufig vorkommender und vielfach verbreiteter Krankheitserreger, besonders von entzündlichen (Erysipel), eitrigen und pseudomembranösen, diphtherieartigen Prozessen (des Pharynx z. B. bei Scharlach oder Angina, wie überhaupt der lymphatische Rachenring besonders zu Streptokokkeninfektionen neigt, ferner des Uterus bei puerperalen Infektionen etc.). Im Anschluß daran kommt es häufig zu Lymphangitis und Lymphadenitis und so oder direkt zum Einbruch der Kokken in die Blutbahn mit Ausbildung von Septikämie oder Pyämie. Der Streptokokkus findet sich somit in den meisten Fällen von Erysipel, seltener von Phlegmonen und Abszessen (in beiden letzteren öfter zusammen mit Staphylo-

Fig. 371.
Streptococcus
pyogenes ($\frac{1000}{1}$).

coccus pyogenes), von Lymphangitis, Angina, Bronchitis, Puerperalfieber, Pyämie, Septikämie etc. etc.; seltener wird er als Erreger von Peritonitis, Perikarditis, Endokarditis, Osteomyelitis gefunden; manchmal auch bei einfachen serösen, entzündlichen Exsudaten. Bei septischen und pyämischen Prozessen findet er sich in einem enorm hohen Prozentsatz im Blute vor, so besonders häufig im Anschluß an Erysipel, Scharlach, Puerperalfieber, Endokarditis. Ferner findet er sich in manchen Fällen von Nephritis, Gelenkrheumatismus, Myelitis etc. Endlich findet sich eine Streptokokkeninfektion oft als

Mischinfektion bei Scharlach und Halsdiphtherie, sowie vielfach in phthisischen Lungen; hier ruft er einen großen Teil der eiterigen Prozesse in den Kavernenwandungen und der eiterigen Peribronchitis hervor. Seine Toxine spielen (Eingang der Bazillen wohl zumeist in der Rachenorganen bei Erkrankungen dieser) offenbar bei Glomerulonephritis eine Hauptrolle. Bei Tieren können die verschiedensten entzünd-lich-eiterigen und septischen Prozesse durch den Streptokokkus bewirkt werden. Im ganzen kann man den Streptokokkus gerade für fortschreitende bös-artige Formen von Eiterung verantwortlich machen. Bei gesunden Individuen wurde der Streptokokkus gefunden: in der Mundhöhle, in der Nase, der Vagina, Cervix uteri, doch meist nicht in virulenten For-men. Außerhalb des menschlichen Körpers ist er im Kanalwasser, im Boden und in der Luft nachge-wiesen worden.

Der früher als eigene Spezies angesehene Streptococcus erysipelatis und ebenso der Streptococcus puerperalis sind bloße Varietäten des Streptococcus pyogenes. Es gibt Formen, die in langen Ketten wachsen (Str. longus), und solche in kurzen (Str. brevis). Insbesondere ersterer ist ein hämolytischer (an der Blutagarplatte zu erkennen). Man teilt die Streptokokken danach auch in hämo-lytische und anhämolytische ein. Als Abart ersterer ist auch der Streptococcus mucosus (Schottmüller) nach einem im Namen ausgedrück-ten Kulturcharakteristikum genannt, zu erwähnen; nicht hämolytisch ist der Streptococcus viridans oder mitis (Schottmüller), welcher, etwas weniger virulent, schleichende Formen von Endocarditis ulce-rosa erzeugt.

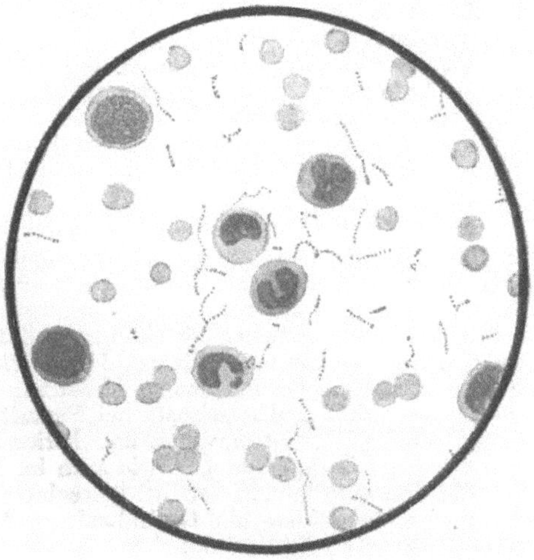

Staphylococcus pyogenes, Traubenkokkus (Fig. 373 u. 374), wächst in unregelmäßigen Haufen. Der St. pyogenes ist einer der gewöhnlichsten Eitererreger und findet sich besonders in Abszessen, Furun-keln, Phlegmonen, ferner als Erreger von Osteomyelitis, Periostitis, Pneumonie, Septiko-pyämie, Meningitis, Pleuritis, seltener von Erysipel; ferner kommt er in Empyemen, bei Endo-karditis, Karbunkeln und Panaritien, bei Akne, Sykosis, Pemphigus vor. Auch bei zahlreichen

Fig. 372.
Streptokokken im Blute.

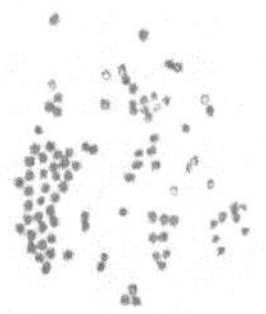

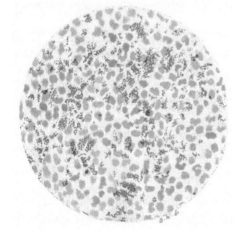

Fig. 373.
Staphylococcus pyogenes
($\frac{1000}{1}$).

Fig. 374.
Staphylokokken (nach Gram blau gefärbt) und Eiter (Kerne der Leukozyten mit Karmin rot gefärbt).

Fig. 375.
Pneumokokkus. Pneumo-nisches Sputum.
(Nach Seifert-Müller.)

Mischinfektionen ist er beteiligt. Ferner ist der Erreger des akuten Gelenkrheumatismus in diese Gruppe verlegt worden. Im allgemeinen findet sich der Staphylococcus pyogenes mehr bei umschriebenen, der Streptococcus pyogenes mehr bei akuten und diffusen, nicht abgegrenzten Eiterungen. Die Staphylokokken rufen öfters metastatische pyämische Eiterungen hervor, die Streptokokken infizieren öfters das Blut in Gestalt allgemeiner Bakteriämie. Außerhalb des Körpers wurde der Staphylokokkus vielfach gefunden: auf der Haut, im Schmutz der Fingernägel, im Spülwasser, in der Luft; bei Gesunden ist er in der Mundhöhle, ferner in der Vagina und in der Cervix uteri nachgewiesen worden. Experimentell können durch ihn Abszesse, Gelenkentzündungen, bei Injektion in die Blutbahn pyämische Zustände, bei gleichzeitiger Verletzung der Herzklappen auch Endokarditis, bei Verletzungen des Knochens Osteomyelitis hervorgerufen werden. Auch kann man mit zahlreichen Staphylokokkeninfektionen amyloide Degeneration erzeugen, welche sich ja auch beim Menschen bei chronischen Eiterungen, besonders des Knochensystems, häufig findet.

Unterarten der Staphylokokken. Von dem Staphylococcus pyogenes existieren verschiedene, ebenfalls mit pyogener Fähigkeit ausgestattete Varietäten. Sie unterscheiden sich mehr äußerlich, indem sie verschieden gefärbte Pigmente produzieren; der gewöhnliche Traubenkokkus — Staphyl. pyogenes aureus — bildet ein goldgelbes, der Staphyl. pyog. citreus ein zitronengelbes, der Staphyl. pyog. flavus ein blaßgelbes Pigment. Der Staphyl. pyog. albus bildet ein weißes Pigment. Am häufigsten von allen kommt der Staphyl. pyog. aureus vor.

Pneumococcus. **Pneumokokkus, Diplococcus pneumoniae, Streptococcus lanceolatus** (Fränkel-Weichselbaum) (Fig. 375 und 376); meist kurze, oft nur zweigliedrige Ketten, die einzelnen Kokken meistens lanzettförmig, wobei je zwei Glieder sich entweder — meist — die stumpfe Seite oder die Spitze der Lanzette zukehren. Nach Gram färbbar. Im Tierkörper mit breiter Kapsel, welche in der Kultur meistens fehlt. Der Str. lanceolatus ist einer der häufigsten Entzündungserreger, er kann auch Eiterungen hervorrufen. Besonders findet er sich in der Mehrzahl der Fälle als Erreger der kruppösen Pneumonie, sowie vieler Fälle von katarrhalischer Pneumonie, ferner von Meningitis, von Konjunktivitis, Perikarditis, Peritonitis, Endokarditis, Otitis media; seltener bei Nephritis, Entzündungen des weiblichen Genitaltraktes (Endometritis, Salpingitis), Osteomyelitis und Periostitis, Abszessen, Septikämie, auch bei Erysipel etc. Er findet sich lokal in den Geweben, wie auch im Blute und geht leicht in Harn und Milch über.

Bei Gesunden kommt der Str. lanceolatus sehr häufig im Speichel sowie im Nasensekret vor, zuweilen auch im Digestions- und Genitaltraktus. Tiere können leicht infiziert werden und sterben bei intravenöser Injektion an Septikämie; durch Inhalation u. dgl. wurde auch experimentell Pneumonie erzeugt. Eine Abart des Pneumokokkus ist auch der Pneumococcus mucosus, nach dem schleimigen Wachstum benannt.

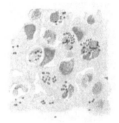

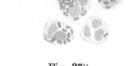

Fig. 376.	Fig. 377.	Fig. 378.
Pneumokokkus mit Kapseln ($\frac{1000}{1}$).	Meningococcus intracellularis. Eiter aus dem Meningealsack. (Nach Seifert-Müller.)	Leukozyten mit zahlreichen Gonokokken.

Meningococcus. **Meningococcus intracellularis** (Weichselbaum) (Fig. 377) ist meist die Ursache der eiterigen Zerebrospinalmeningitis (s. dort), verhält sich dem Pneumokokkus sehr ähnlich, ist aber im Gegensatz zu diesem nach Gram nicht darstellbar. Dem Gonokokkus ähnlich liegt der Meningokokkus meist in Form von Diplokokken in Zellen. Der Meningokokkus erreicht die Meningen vielleicht meist vom Nasenrachenraum aus, wo er auch bei Gesunden vorkommt. Dem Pneumokokkus noch näherstehende Kokkenformen scheinen auch epidemische bzw. sporadische Meningitis erzeugen zu können.

Gonococcus. **Gonokokkus, Diplococcus gonorrhoeae** (Neißer) (s. Fig. 378) ist ein Diplokokkus. Die beiden zusammenliegenden Kokken sind an den einander zugerichteten Seiten etwas abgeflacht, so daß sie zusammen eine „Semmelform" darstellen. Sie liegen in charakteristischer Weise innerhalb der Eiterzellen, im Gegensatz zu anderen, vielfach neben ihnen unter gleichen Verhältnissen vorkommenden Diplokokkenarten. Der Gonokokkus ist der Erreger der Gonorrhöe bzw. Blennorrhöe. Er läßt sich künstlich nur schwer und nicht längere Zeit hindurch züchten und gedeiht nur auf besonders präparierten Nährböden, am besten auf menschlichem Blutserum bei höherer Temperatur.

Micrococcus melitensis. **Micrococcus melitensis** (Bruce), der nach Gram nicht färbbar ist und zuweilen in Form von Diplokokken liegt, scheint den Erreger des sogenannten „Maltafiebers" darzustellen. Er findet sich dann in der Milz, der Leber, den Nieren. Er ist auf Affen übertragbar, bei denen er eine der des Menschen ähnliche Erkrankung hervorruft. Diese wird auf den Menschen durch kranke Ziegen bzw. deren Milch übertragen.

Micrococcus tetragenus. **Micrococcus tetragenus** (Fig. 379) kommt im Inhalt tuberkulöser Lungenkavernen, aber auch im normalen Speichel Gesunder vor und bildet zu je vier zusammenliegende, große, vollkommen runde Kokken; er ist pathogen für Mäuse und erzeugt bei ihnen eine Allgemeininfektion; beim Menschen kann er als Eiterungserreger wirken.

Fig. 379.
Micrococcus tetragenus ($\frac{1000}{1}$).

Sarcine.

Von Sarcine-Arten (Fig. 370, S. 301) kommt beim Menschen besonders die **Sarcina ventriculi** im gesunden Magen, sowie bei Dilatation und chronischen Katarrhen des Magens vor; es handelt sich dabei um mehrere verschiedene Arten. Die **Sarcina pulmonum** ist in den Bronchien bei Phthisikern gefunden worden. Sie ist nicht pathogen.

2. Bazillen.

Bacterium pneumoniae (Friedländer) (Fig. 380), ein kurzes plumpes Stäbchen, früher zu den Kokken gerechnet, welches beim Wachstum im Tierkörper eine deutliche Gallertkapsel aufweist, die in Kulturen in der Regel fehlt; es wird nach Gram entfärbt. Es ist Erreger mancher Fälle von Pneumonie und Bronchitis und wird auch sonst als Erreger von entzündlichen und eiterigen Prozessen gefunden, kann auch ins Blut übergehen. Das Bacterium pneumoniae ist pathogen für Mäuse, welche nach Injektion an Septikämie zugrunde gehen. Es kommt bei gesunden Menschen im Mundspeichel und im Nasensekret vor.

Eine ähnliche Bakterienart ist der Erreger der Brustseuche des Pferdes. Dem Friedländerschen Bakterium ähnlich ist ferner der **Rhinosklerombazillus** (v. Frisch), welcher konstant beim Sklerom, der chronischen mit Gewebsverdickung einhergehenden Affektion der Nase und Respirationsorgane, die vor allem in Osteuropa auftritt, besonders in den großen hellen nach Mikulicz benannten Zellen gelegen, gefunden und als ihr Erreger angesehen wird (s. S. 179 und unter Nase und Haut).

Influenzabazillus (Pfeiffer) (Fig. 381), ein sehr kleines, kurzes, zum Teil auch größeres Stäbchen mit abgerundeten Enden, oft zu zweien aneinander haftend, nicht nach der Gramschen Methode färbbar, unbeweglich, kommt bei Influenza im Auswurf, besonders im Innern der Eiterzellen vor. Sehr häufig kommen bei der Influenza neben ihm

2. Bazillen.
Bacterium
pneumoniae.

Rhinosklerombazillus,

Influenzabazillus.

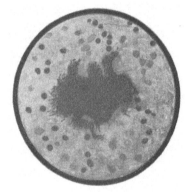

Fig. 380.	Fig. 381.	Fig. 382.	Fig. 383.
Bacterium	Influenzabazillus.	Typhusbazillus	Embolie von Typhusbazillen in der Milz.
pneumoniae	Reinkultur.	($\frac{1000}{1}$).	
(Friedländer.)	(Nach Seifert-Müller.)		

andere Infektionserreger, besonders der Pneumococcus, Diplococcus catarrhalis und Streptokokken, vor. Der Influenzabazillus wächst auf Blutagar (hämoglobinophiler Bazillus); er ist übertragbar auf den Affen. Außerhalb des Körpers wurde er bisher nicht gefunden.

Kaum vom Influenzabazillus unterscheidbar ist der von Koch-Weeks bei manchen Konjunktividen gefundene Bazillus, welcher nach diesen Autoren benannt wird.

Bacterium tussis convulsivae (Bordet-Gengou), ovale Formen bis kurze Stäbchen, welche sich in typischen Fällen von Keuchhusten ziemlich regelmäßig im Auswurf finden.

Typhusbazillus (Eberth, Gaffky) (Fig. 382), kurze, plumpe Stäbchen, seltener kurze Fäden bildend, übrigens ziemlich vielgestaltig. An den Enden zeigen sich zuweilen glänzende Polkörner; Sporenbildung kommt nicht vor. Der Bazillus hat lebhafte Eigenbewegung und ist rings herum mit Geißeln besetzt. Nach der Gramschen Methode ist er nicht färbbar. Er findet sich bei Typhuskranken im Darminhalt, Urin, und fast regelmäßig im Blute sowie im Roseoleninhalt. Anatomisch sind Typhusbazillen außer in der Darminfektion besonders in Milz und Lymphdrüsen (mesenteriale), und zwar immer in kleinen Haufen nachzuweisen. Auch viele der sogenannten Komplikationen des Typhus werden durch den Typhusbazillus selbst, bzw. dessen Toxine hervorgerufen; er wurde gefunden bei serösen und eiterigen Entzündungen der Hirn- und Rückenmarkshäute, ferner in den Gallenwegen, der Lunge, der Niere, dem Knochenmark, bei eiterigen und phlegmonösen Erkrankungen, besonders Abszessen in verschiedenen Organen. In anderen Fällen handelt es sich bei den Komplikationen des Typhus um Mischinfektionen mit anderen Entzündungserregern, besonders Staphylokokken und Streptokokken. Die Typhusinfektion erfolgt vom Menschen direkt oder indirekt auf den Menschen. Hierbei spielen die sogenannten Bazillenträger — Menschen, welche Typhus durchgemacht haben, beherbergen oft jahrelang in ihrer Gallenblase noch Bazillen — eine Rolle. Bei Tieren wird durch Einverleibung des Typhusbazillus in der Regel nur eine Intoxikation erzeugt, doch ist es auch gelungen, einen echten typhösen Prozeß experimentell hervorzurufen.

Keuchhustenbazillus.
Typhusbazillus.

Aus dem Blute Typhuskranker läßt sich der Bazillus meist schon sehr früh züchten. Außerhalb des erkrankten Menschen ist der Typhusbazillus in Wasser und Boden nachgewiesen worden, welche durch Typhusdejektionen verunreinigt waren.

Diagnostisch ist besonders die Ähnlichkeit des Typhusbazillus mit dem gleich zu erwähnenden Bacterium coli zu berücksichtigen. (Näheres darüber in den bakteriologischen Lehrbüchern; über die Serumdiagnose und Agglutination s. unten.)

Über den Typhus s. im II. Teil.

Para-typhus-bazillen. Den Typhusbazillen stehen die in einer ganzen Reihe von Abarten vorkommenden **Paratyphus-bazillen** — am wichtigsten sind die beiden A und B benannten — nahe. Teils rufen sie meist mehr akute an Cholera nostras erinnernde Vergiftungserscheinungen (zahlreiche Fleischvergiftungen gehören hierher), — Gastroenteritis paratyphosa — teils chronische, dem Typhus nahestehende Erkrankungen — Paratyphus abdominalis — hervor. Auch als Eitererreger kommen Paratyphus-bazillen in Abszessen vor. Die Paratyphusbazillen sind morphologisch und tinktoriell von Typhus-bazillen nicht zu unterscheiden, hingegen durch einige Kulturmerkmale und durch Serumdiagnose und Agglutination.

Bacterium coli com-mune. **Bacterium coli commune** (Escherich) (Fig. 384 u. 385), dem Typhusbazillus nahe verwandt und in seinem morphologischen wie auch dem kulturellen Verhalten vielfach ähnlich. Der Kolibazillus ist eine sehr häufig vorkommende, bisher indes nicht ganz scharf abgegrenzte Bakterienart. Er ist ein regelmäßiger Bewohner des mensch-lichen Dickdarms und findet sich (jedenfalls vom Darm her eingewandert) sehr häufig auch in Leber, Gallenwegen, Nieren etc. von Leichen. Für ge-wöhnlich durchaus unschuldig, kann er unter Umständen Intoxikationen (typhus- und choleraähnliche Erkrankungen) bewirken, aber auch als In-fektionserreger direkt pathogen wirken. Er wurde gefunden als Erreger von Peritonitis, Zystitis, Urethritis, Pyelonephritis und eiteriger Nephritis, Leberabszessen, sowie Chol-angitis und Cholezystitis; bei Erkran-kungen des Darmes, Inkarzeration von Darmschlingen, Entzündungen der Darm-schleimhaut, Kotstauung etc. kann das Bac-terium coli die Darmwand durchdringen und eiterige Peritonitis hervorrufen. Seltener kommt das Bacterium coli bei Pneumonie, Meningitis der Säuglinge, Winckelscher Krankheit, Melaena neonatorum, Puer-peralfieber, Wundinfektionen etc. vor. Vielleicht ist es auch Ursache gewisser Fälle von Myelitis. Experimentell konnten durch das Bacterium coli Abszesse und Septikämie hervorgerufen werden. Außerhalb des Körpers wurde das Bacterium coli im Kanalwasser ge-funden, aber auch im Brunnenwasser kommen sehr ähnliche Formen vor.

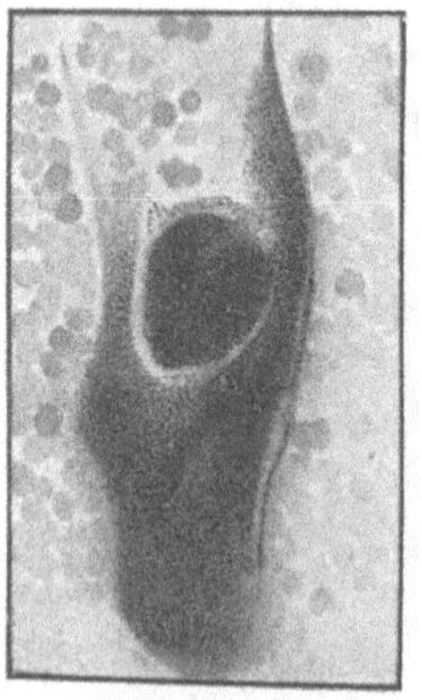

Fig. 384.
Bacterium coli bei Pyelo-nephritis.

Fig. 385.
Bacterium coli commune.
Eiter bei Peritonitis.
(Nach Seifert-Müller.)

Der Name Bacterium coli vereinigt offenbar eine ganze Gruppe von Bakterien, die in einer Anzahl nicht unwesentlich voneinander abweichender Varietäten besteht.

Dysenterie-bazillus. **Bacillus dysenteriae**; der Ruhrbazillus, ein nicht bewegliches, gramnegatives Stäbchen, ist der Erreger der (nicht tropischen) Ruhr. Man unterscheidet 3—4 Haupttypen — den Shiga-Kruseschen, den Flexnerschen und den Y-Typus, dazu evtl. noch den nach Strong benannten —, ferner zahlreiche ähnliche sogenannte Pseudodysenteriebazillen. Vielfach werden die Shiga-Kruseschen Dysenterie-bakterien von den anderen, die dann als giftarme Dysenteriebazillen zusammengefaßt werden, besonders abgegrenzt. Die Dysenteriebazillen sind nach Form, Wachstum etc. dem Typhusbazillus ähnlich. Zur Unterscheidung von ähnlichen Bazillen dient vor allem die Agglutinations- und Gärungsprobe.

Proteus. **Proteus**, Bacterium vulgare (Hauser). Der erstere Name stammt von der Vielgestaltigkeit dieser Bakterienart, welche in dünnen Stäbchen, langen Fäden, spiralig gewundenen Fäden etc. vorkommt. Der Proteus hat Eigenbewegung und kommt in verschiedenen Varietäten vor. Er erzeugt typische Fäulnis und findet sich sehr oft in faulendem Fleisch, in fauligem Wasser, in der Luft, aber auch im Verdauungs-kanal gesunder Menschen. Er ist Erreger von Fleischvergiftungen und ähnlichen Intoxikationen, kommt aber vielfach auch mit Bacterium coli und anderen Infektionserregern zusammen bei Blasen-katarrh, bei jauchiger Phlegmone, in Abszessen, bei Lungengangrän, in jauchenden Karzinomen etc. vor. Große Bedeutung hat er neuerdings durch Beziehungen zum Fleckfieber gewonnen. Bei diesem ist Agglutination mit bestimmten Proteusarten fast konstant (Weil-Felixsche Reaktion) und daher dia-gnostisch sehr wichtig.

Bacillus septicae-miae hae-morrhagi-cae. **Bacterium septicaemiae haemorrhagicae**, ein kurzes, dickes Stäbchen mit abgerundeten Enden, nicht nach Gram färbbar. Bei gewöhnlicher Färbung zeigt es ein eigentümliches Verhalten: Die Stäbchen färben sich nur an den Enden, während das Mittelstück ungefärbt bleibt, so daß das Aussehen zweier, nebeneinander liegender Kokken entsteht (sogenannte Polfärbung). Die Stäbchen sind unbeweglich.

Wahrscheinlich gehören die Erreger der Hühnercholera, der Kaninchenseptikämie, der (deutschen) Schweineseuche, der Rinderseuche u. a. hierher.

Pestbazillus (Kitasato-Jersin) (Fig. 386), kurzes, unbewegliches Stäbchen, welches gewöhnlich, ähnlich wie das Bacterium septicaemiae haemorrhagicae, wenn es aus dem Körper stammt, Polfärbung zeigt (s. o.), in Kulturen dagegen gewöhnlich nicht. Der Pestbazillus ist sehr polymorph, liegt zuweilen in kleinen Ketten oder Haufen und zeigt charakteristische Involutionsformen (Aufbauchung der Stäbchen oder Abrundung zu mehr kugeligen Formen), welche sehr rasch und typisch auftreten. Er findet sich bei Pestkranken besonders in den Bubonen, den primären Hautpusteln, dem Sputum der Pestpneumonie, meist auch im Blut und in den inneren Organen. Immunisierung mit Pestserum ist bis zu einem gewissen Grade gelungen; auch besitzt das Pestserum agglutinierende Eigenschaften gegenüber den Pestbazillen. Außer dem Menschen sind auch Ratten sehr empfänglich für die Pestinfektion; sie infizieren sich an Pestkadavern; Rattenepidemien kommen als Vorläufer von Pestepidemien der Menschen vor. Möglicherweise akklimatisieren sich die Pestbazillen erst im Körper der Ratten. Die Menschen infizieren sich durch pestkranke Menschen oder Ratten. Flöhe oder Fliegen sollen die Erkrankung auch vermitteln. {.margin: Pestbazillus.}

Bacterium ulceris cancrosi (Unna-Ducrey-Krefting), ein sogenannter Streptobazillus, d. h. in langen Ketten dünner Bakterien auftretend, im Gewebe und im Sekret des Ulcus molle, dessen Erreger er ist, vorkommend, nicht nach Gram färbbar, nicht beweglich. {.margin: Bacillus ulceris cancrosi.}

Milzbrandbazillus, Bacillus anthracis (Pollender-Koch) (Fig. 387), großes (5—10 μ langes) unbewegliches grampositives Stäbchen mit Kapsel und Sporenbildung; in künstlichen Kulturen wachsen die einzelnen Bazillen oft zu langen „gegliederten" Fäden aus. {.margin: Milzbrandbazillus}

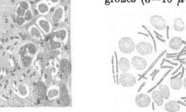
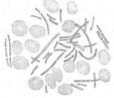

Fig. 386.
Pestbazillen. Bubonen-
eiter.
(Nach Seifert-Müller.)

Fig. 387.
Milzbrandbazillus. Blut.
(Nach Seifert-Müller.)

Fig. 388.
Tetanusbazillus ($\tfrac{1000}{1}$).

Fig. 389.
Bazillus des malignen
Ödems ($\tfrac{1000}{1}$).

Der Milzbrand ist eine verbreitete, namentlich in gewissen Gegenden häufige Erkrankung der Schafe und Rinder, seltener tritt er bei Pferden und Ziegen, recht selten beim Menschen auf; er entsteht vorzugsweise durch Infektion mit der Nahrung. Die Milzbrandbazillen sind fakultative Parasiten, die sich auch außerhalb des Körpers fortpflanzen und Sporen bilden. Die Sporenbildung findet nur bei reichlichem Sauerstoffzutritt und bei höherer Temperatur, ferner nie innerhalb des lebenden Tierkörpers, statt; die Sporen sind von außerordentlicher Resistenz. Von milzbrandigen Tierkadavern aus werden die Bazillen über die oberflächlichen Bodenschichten verteilt, wobei sie an Futtergräser etc. gelangen. Weitere Quellen der Verbreitung sind Fäkalien, Blut, Harn und Haare infizierter Tiere.

Bacillus tetani (Nicolaier), der Tetanusbazillus (Fig. 388), wird gefunden in Gartenerde, Heustaub, an Holzsplittern, in faulenden Flüssigkeiten, in Fehlböden, im Kot von Pferden und Rindern. Er ist ein gramfärbbares, bewegliches, feines, vollkommen gerades, borstenartiges Stäbchen, das endständige Sporen bildet, wobei das Ende trommelschlägerartig anschwillt (Stecknadelform). Der Bazillus ist streng anaerob, bei Sauerstoffabschluß züchtbar. {.margin: Tetanusbazillus.}

Rauschbrandbazillus, welcher die als Rauschbrand bekannte Erkrankung der Rinder hervorruft, aber auch auf manche anderen Tiere, Schafe, Ziegen, Meerschweinchen übertragbar ist, ist ein ziemlich großes, schlankes, an den Enden abgerundetes Stäbchen mit lebhafter Eigenbewegung, nur anaërob wachsend. In der Leiche bildet er endständige Sporen. Er bewirkt stark emphysematöse, „knisternde" Anschwellungen der Haut und Muskulatur mit dunkler, schwarzroter Verfärbung derselben. {.margin: Rauschbrandbazillus.}

Bazillus des malignen Ödems (Koch) (Fig. 389): Ursache einer beim Menschen nur selten vorkommenden Wundinfektion ist ein schlankes, dünnes, zuweilen Scheinfäden bildendes Stäbchen mit abgerundeten Enden, das sich nach Gram entfärbt (aber relativ schwer), peritriche Geißeln aufweist, mit deutlicher Beweglichkeit begabt ist und vor allem mittelständige Sporen bildet. {.margin: Bazillus des malignen Ödems}

Auch er ist ein rein anaërober Bazillus. Bei Versuchstieren (Kaninchen wie Meerschweinchen) bewirkt seine Einimpfung stark blutiges Ödem der Impfstelle. Er findet sich außerhalb des Körpers in Schmutzwässern, Erde und faulenden Stoffen und dringt mit infizierten Granatsplittern etc. meist durch die Haut, selten durch Mundhöhle etc. in den Körper ein. Es scheint aber vielleicht verschiedene sich nahestehende Arten des Bazillus zu geben.

Bacillus phlegmonis emphysematosae (Welch-Fränkelscher Gasbazillus) ist der Erreger des Gasbrandes (Gasgangrän, Gasphlegmone). Es ist ein ebenfalls streng anaërobes, kürzeres und plumperes, unbewegliches, keine Geißeln tragendes grampositives, nur ganz ausnahmsweise sporenbildendes {.margin: Bazillus der Gasphlegmone.}

Stäbchen, für Kaninchen nicht pathogen, dagegen bei Meerschweinchen einen Gasbrand ähnlich dem des Menschen mit noch stürmischerer Gasentwickelung erzeugend. Im weiblichen Genitalapparat ruft er Physometra, Tympania uteri (s. dort) hervor. Agonal oder postmortal bildet er — bei Gasbrand — Gasdurchsetzung der inneren Organe (Leber, Milz, Niere, Gehirn etc.), die sogenannten „Schaumorgane".

Neuerdings sind als Erreger von gasgangränartigen Erkrankungen (s. auch im II. Teil) verschiedene Bazillenarten — auch alle anaërob — beschrieben worden, welche teils dem Fränkelschen Gasbazillus, teils dem des malignen Ödems, zum Teil aber auch dem Erreger des tierischen Rauschbrands nahestehen, sich aber durch die einzelnen Merkmale oder im Tierversuch von jedem in dieser oder jener Eigenschaft unterscheiden. Wie weit es sich hier um identische Bazillen mit Mutationen handelt, ist nicht entschieden. Auf jeden Fall scheinen alle diese genannten Bazillen eine gemeinsame Gruppe zu bilden. Hierher gehören die von Aschoff, Conradi und Bieling, sowie Pfeiffer und Bessau beschriebenen Bazillen.

Man teilt die ganze Gruppe zweckmäßig mit Aschoff folgendermaßen ein (wobei hier nur die pathogenen Vertreter, nicht auch die nicht oder schwach pathogenen mitgenannt seien):

I. Immobile Butyrikusgruppe (früher Gasbrandgruppe).   Welch-Fränkelscher Bazillus.

II. Mobile Butyrikusgruppe (früher Rauschbrandgruppe).   Conradi-Bielingsche Gruppe; Ghon-Sachssche Gruppe (Vibrion septique Pasteurs); Aschoff-Fränkel-Königsfeldsche (Kolmarer) Gruppe.

III. Putrifikusgruppe (früher malignes Ödem).   Hiblers maligner Ödembazillus (Kochs maligner Ödembazillus?); Koch-Hiblersche Gruppe.

Bazillus des Schweinerotlaufs. Der Bazillus des **Schweinerotlaufs** ist ein äußerst kleines Stäbchen mit Eigenbewegung, das für Schweine, Kaninchen, Tauben, Mäuse pathogen ist und bei ersteren unter Auftreten von Allgemeinsymptomen blaurote Flecken an der Haut hervorruft, während an den inneren Organen heftige entzündliche Prozesse zustande kommen. In Reagenzglaskulturen bilden sich charakteristische, graue, nebelartig oder wolkig aussehende Massen. Fast vollkommen übereinstimmend verhalten sich die Bazillen der **Mäuseseptikämie.**

Bacillus pyocyaneus. **Bacillus pyocyaneus,** klein, beweglich, nicht nach Gram färbbar, kommt im menschlichen Eiter zuweilen vor und verleiht diesem eine blaue Farbe sowie einen veilchenartigen Geruch. Auch kann er Allgemeininfektion bewirken (besonders bei kleinen Kindern) und ist auch für Kaninchen pathogen. An der Haut wird das sog. Ekthyma gangraenosum durch den Bacillus pyocyaneus bewirkt. Durch Ansiedlung der Bazillen in Blutgefäßwandungen erkranken Schleimhäute des Respirations- wie Digestionstraktus, Lunge, Gehirn etc. (E. Fränkel).

Diphtheriebazillus. **Diphtheriebazillus** (Löffler) (Fig. 390). Der Diphtheriebazillus ist ein kleines, plumpes, unbewegliches, nach Gram färbbares Stäbchen, etwa von der Länge der Tuberkelbazillen, aber ungefähr doppelt so dick; in seinem morphologischen Verhalten sehr schwankend. Oft erscheinen die Stäbchen leicht gekrümmt, an einem oder beiden Enden angeschwollen und kolbig verdickt; außerdem finden sich keilförmige Gebilde, manchmal lange zylindrische Stäbchen, in anderen Fällen sind die Enden sehr lang und spitz ausgezogen; öfter finden sich auch lange, verzweigte Fäden. Am gefärbten Präparat zeigen die Diphtherie bazillen sehr häufig ein septiertes Aussehen. Mit bestimmten Doppelfärbungen lassen sich die sogenannten Ernst-Babesscher Granula (s. S. 300) in den Bazillen nachweisen, was diagnostisch zur Unterscheidung gegenüber Pseudodiphtheriebazillen (s. unten) sehr wichtig ist. Der Diphtheriebazillus ist der Erreger der genuinen Rachendiphtherie; er ist ein exquisit toxischer Infektionserreger (S 302)

Bei der genuinen Rachendiphtherie findet sich neben dem Diphtheriebazillus fast regelmäßig der Streptococcus pyogenes, dessen Anwesenheit die Wirkung der Diphtheriebazillen zu erhöhen scheint; doch kann auch der letztere für sich allein eine ähnliche Erkrankung, sowie septische Allgemeinerkrankungen hervorrufen. Durch Einimpfung des Diphtheriebazillus oder seines Toxins konnten bei Tieren sowohl Lokalaffektionen mit Bildung von Pseudomembranen, wie auch Allgemeininfektion und selbst Lähmungen hervorgerufen werden. Über die Immunisierung s. unten.

Über Diphtherie s. auch S. 134 und II. Teil, Kap. III und IV.

Pseudodiphtheriebazillen. Dem Diphtheriebazillus ähnliche Bakterien, sogenannte **Pseudodiphtheriebazillen,** kommen bei Gesunden wie auch bei mannigfachen Erkrankungen vor; ihr Verhältnis zu den echten Diphtheriebazillen ist noch nicht vollkommen aufgeklärt; zum Teil handelt es sich vielleicht bloß um nicht virulente Formen der letzteren. Für die Unterscheidung der echten Diphtheriebazillen und Pseudodiphtheriebazillen ist die Färbung auf die oben genannten Granula, die in den echten Diphtheriebazillen weit stärker auftreten, in den Pseudodiphtheriebazillen meist fehlen, diagnostisch besonders wichtig.

Xerosebazillus. Dem Diphtheriebazillus ähnlich in der Form ist der **Xerose-Bazillus,** welcher bei der als Xerosis bekannten Erkrankung der Bindehaut vorkommt und als Ursache des Prozesses aufgefaßt wird.

Fig. 390.
Diphtheriebazillen mit Polkörperchen (gefärbt nach Neiser mir Methylenblau und Bismarckbraun.)

Rotzbazillus, Bacillus mallei (Löffler-Schütz) (Fig. 391). Der Rotzbazillus ist ein schlankes Stäbchen, dicker als der Tuberkelbazillus, ohne Eigenbewegung, ohne Sporenbildung, _icht nach Gram färbbar. Im allgemeinen tingiert sich der Rotzbazillus etwas schwerer als andere Bakterien. Gefärbt zeigt er wie der Diphtheriebazillus oft ein eigentümlich septiertes Aussehen, indem die Stäbchen sich nicht gleichmäßig, sondern unterbrochen färben. In Kulturen sind Involutionsformen häufig; manchmal finden sich auch echte Verzweigungen. Der Rotz befällt vor allem Pferde, kann aber auch beim Menschen vorkommen, meistens vom Pferd her übertragen. Auch bei unverletzter Haut kann der Rotzbazillus durch die Haarbälge eindringen. Bei männlichen Meerschweinchen erzeugt der Rotzbazillus nach intraperitonealer Impfung eine diagnostisch wichtige, eigentümliche Schwellung und später Vereiterung der Hoden und des Skrotums.

Der **Bacillus fusiformis** stellt wahrscheinlich eine Gruppe ähnlicher Bazillen dar, die anaërob, gramnegativ und durch fadenförmige, peitschenartige Gestalt ausgezeichnet sind. Sie rufen in Symbiose mit Spirochäten die Plaut-Vincentsche Angina (s. dort) hervor, scheinen aber auch bei Stomatitis ulcerosa, Noma, evtl. Skorbut eine Rolle zu spielen und allein vom Darm aus (zugleich Leberabszesse) und in Lungen (im Anschluß an Bronchiektasien), Mittelohr etc. Eiterungen bewirken zu können.

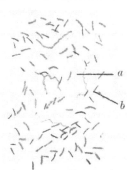

Bacillus botulinus, ein dem Tetanusbazillus ähnliches Stäbchen, welches Erreger einer Gruppe von Fleischvergiftungen ist, bei welchen besonders nervöse Symptome in den Vordergrund treten ("Botulinismus", Wurstvergiftung). Es handelt sich im wesentlichen um eine Intoxikation; das Gift wird nicht im Körper, sondern schon im Fleisch gebildet. Auch lassen sich die sämtlichen Erscheinungen der Vergiftung durch die Toxine allein hervorrufen. Eine Vermehrung des Bazillus im infizierten Körper findet nicht statt.

Der Kokkobazillus Perez ist der mutmaßliche Erreger der Ozäna, da Tierversuche (Hofer) geglückt zu sein scheinen.

Fig. 391.
Rotzbazillus
($\frac{1000}{1}$).

Fig. 392.
Fusiforma Bazillen (a)
zusammen mit Spirochäten (b).

Margin notes: Rotzbazillus. Bacillus fusiformis. Bacillus botulinus.

Bazillen der Tuberkulosegruppe; säurefeste Bazillen.

Tuberkelbazillus (Koch) (Figg. 393 u. 394), alleinige Ursache sämtlicher tuberkulöser Affektionen, ist ein 3—5 μ langes, schlankes Stäbchen mit deutlich abgerundeten Enden, häufig leicht gekrümmt: manchmal liegen die Bazillen in Fäden von 5—6 Exemplaren aneinander. Eigenbewegung fehlt, Sporenbildung ist nicht nachgewiesen. Im Innern der Stäbchen sieht man nach Färbung oft regelmäßig angeordnete, farblose, kleine Lücken, die aber keinen Sporen entsprechen. Es wurde nachgewiesen, daß der Tuberkelbazillus auch lange Fäden, ferner im Sputum sowohl wie in Kulturen auch echte Verzweigungen bilden kann, endlich daß auch keulenförmige Anschwellungen, ähnlich wie beim Aktinomyzes, gelegentlich vorkommen; im künstlich infizierten Tiere bilden sich manchmal drüsenförmige Massen. Auch in Form gramfärbbarer Granula ist der Bazillus neuerdings nachgewiesen worden (Muchsche Granulaform des Tuberkelvirus).

Die Tuberkelbazillen sind durch ein eigentümliches Verhalten gegen Farbstoffe ausgezeichnet. Sie nehmen Farbstoffe schwer (am besten bei Erwärmung) auf, halten sie aber dann auch sehr fest, so daß bei Anwendung stark entfärbender Mittel alle anderen noch vorhandenen Bazillenarten lange vor ihnen entfärbt werden. Daher kann man bei rechtzeitiger Unterbrechung der Entfärbung die Tuberkelbazillen allein gefärbt erhalten.

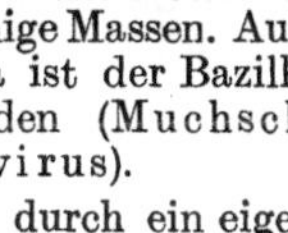

Fig. 393.
Tuberkelbazillus
($\frac{1000}{1}$).

Fig. 394.
Sputum mit zahlreichen Tuberkelbazillen (mit Karbolfuchsin rot gefärbt). Die schleimigen fädigen Massen blau (mit Methylenblau) gefärbt.

Margin note: Säurefeste Bazillen (Tuberkulosegruppe) Tuberkelbazillus.

Die Bazillen selbst sind sehr resistent, sie vertragen monatelanges Austrocknen und sehr hohe Temperaturen. Im Wasser ist ein fünf Minuten langes Aufkochen notwendig, um sie zu töten; auch durch Fäulnis des sie enthaltenden Substrates wird ihre Virulenz wenig beeinträchtigt. Sie sind fakultativ anaerob, echte Parasiten und nur relativ schwer außerhalb des Körpers zu züchten. Auf dem Nährboden bilden sie charakteristische, ziemlich kleine trockene, weiße Schüppchen.

Tier-
tuberkel-
bazillen. Außerhalb des Körpers wurde der Tuberkelbazillus bisher nur gefunden in Wohnräumen, Eisenbahnwagen, im Straßenstaub, also an Stellen, wo Tuberkulöse ihre Sputen entleeren, in der Luft in Form von Staub oder Tröpfchen (besonders letzteres in der Nähe von Tuberkulösen). Bei Gesunden, z. B. bei Krankenwärtern, soll der Tuberkelbazillus häufig in der Nase vorkommen.

Der Tuberkelbazillus ist leicht auf geeignete Tierspezies übertragbar. Durch Impfung mit Reinkulturen oder tuberkulösen Leichenteilen läßt sich mit Sicherheit Tuberkulose erzeugen.

Die Tuberkulose ist eine häufige Erkrankung des Rindes (Typus bovinus des Tuberkelbazillus), ferner auch des Affen, seltener anderer Tiere (Schaf, Ziege, Schwein, Pferd, Hund, Katze, Kaninchen, Meerschweinchen). Bei Kühen (vgl. S. 160) geht der Tuberkelbazillus sehr häufig in die Milch über, auch wenn keine Tuberkulose des Euters vorhanden ist; dementsprechend kommen Tuberkelbazillen auch in der Butter nicht selten vor (vgl. jedoch unten). Das Fleisch tuberkulöser Tiere enthält Tuberkelbazillen bei allgemeiner Miliartuberkulose und sehr ausgebreiteter lokaler Tuberkulose verschiedener Organe, insbesondere der innerhalb der Muskeln gelegenen Lymphdrüsen. Das Tuberkulin, das Protein der Tuberkelbazillen, wird gegenwärtig mehr zu diagnostischen als therapeutischen Zwecken, besonders in der Tiermedizin, angewendet. Das „neue Tuberkulin" gehört zu den Bakterienplasminen (vgl. S. 303).

Vom Tuberkelbazillus existieren verschiedene Varietäten; zu ihnen gehört der Bazillus der Vogeltuberkulose (Hühnertuberkulose), welcher besonders an den Vogelkörper angepaßt ist, aber auch bei anderen Tieren pathogen wirkt. Es scheint, daß die Tuberkelbazillen sich unter Änderung ihrer kulturellen Eigenschaften selbst an Kaltblüter anpassen; wenigstens sprechen dafür gelungene Übertragungen auf den Frosch, die Blindschleiche etc. Auch bei Fischen wurden Tuberkelbazillen gefunden, ebenso bei Schildkröten. Der Tuberkelbazillus des Menschen und der die Perlsucht des Rindes erregende scheinen nicht artverschieden, sondern höchstens spezies-verschieden zu sein. Der Mensch kann sich, wenn auch seltener, auch mit dem Typus bovinus infizieren (Darmtuberkulose s. unter Tuberkulose).

Pseudo-
tuberkel-
bazillen. Dem Tuberkelbazillus nahe stehende, säurefeste Bazillen — **Pseudotuberkelbazillen** —, welche auch tuberkelähnliche Neubildungen bei manchen Tieren hervorrufen können **(Pseudotuberkulose)**, wurden mehrfach gefunden und kommen in der Milch, der Butter, auf Gras, Mist usw. vor. Hierher gehören die von Petri, Lubarsch, Rabinowitsch u. a. gefundenen Formen. Sie werden von Lehmann als Mycobacterium phlei zusammengefaßt. Alle wachsen im Gegensatz zu den Tuberkelbazillen leicht bei Zimmertemperatur. Auf Meerschweinchen wirken sie pathogen, indem sie bei intraperitonealer Injektion (namentlich wenn gleichzeitig Butter mit einverleibt wurde), Pseudotuberkulose, fibrinöse und später fibröse Peritonitis hervorrufen. Der Prozeß heilt oft aus, wenn nur geringe Mengen der Bakterien gegeben wurden. Wegen ihrer Fähigkeit tuberkuloseähnliche Prozesse hervorzurufen sind diese Bakterienarten praktisch wichtig, ferner besonders, weil sie in Milch- oder Butterproben die Anwesenheit echter Tuberkelbazillen vortäuschen können. Es spricht für echte Tuberkulose, wenn Tiere nach Infektion geringer Menge von Bazillen sterben und sich riesenzellenhaltige, sowie besonders später verkäsende Knötchen entwickeln. Die echte Tuberkulose entwickelt sich langsamer, sowohl in der Kultur, wie auch im Tierkörper, als die Pseudotuberkulose. Auch durch morphologisch ganz andere Bakterienarten (Pseudotuberkulosebazillen) kann bei gewissen Tieren eine Pseudotuberkulose hervorgerufen werden.

Ferner stehen den Tuberkelbazillen folgende Formen nahe:

Lepra-
bazillus. Der **Leprabazillus** (Armauer Hansen) (Fig. 395) ist meist etwas kürzer als der Tuberkelbazillus; er nimmt Farbstoffe etwas leichter als dieser (schon in kürzerer Zeit und ohne Erwärmen) auf und zeigt dementsprechend auch eine geringere Säurebeständigkeit, doch fehlen ganz sichere Unterscheidungsmerkmale gegenüber dem Tuberkelbazillus. Er findet sich als Erreger der Lepra in den leprösen Knoten innerhalb der sogenannten Leprazellen in großen Massen, sowie manchmal auch in Ganglienzellen; er geht reichlich in die Milch und das Sperma über. Ferner findet er sich in der Nase, wo sich wahrscheinlich auch der Primäraffekt befindet. Das Blutserum Lepröser zeigt agglutinierende Eigenschaften (s. unten).

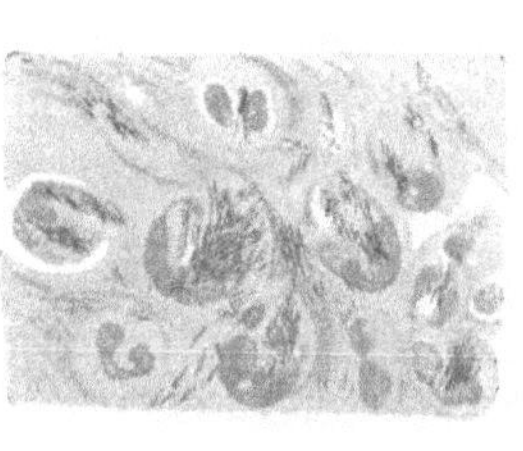

Fig. 395.

Leprabazillen, Inhalt einer Pemphigusblase.

(Nach Seifert-Müller.)

Smegma-
bazillus. **Smegmabazillus**, ein nicht pathogenes Stäbchen, etwas weniger säurefest als der Tuberkelbazillus, findet sich im Smegma am Präputium und der Klitoris. Bei Färbung mit Karbolfuchsin, Entfärbung und nachfolgender Tinktion mit konzentrierter, alkoholischer Methylenblaulösung färbt er sich meist blau, während die Tuberkelbazillen bei dieser Behandlung rot bleiben. Auch mittels Alkalibehandlung (Gasissche Methode) ist eine Unterscheidung möglich. Der Smegmabazillus galt einige Zeit als Erreger der Syphilis (Lustgarten).

3. Spirillen.

3. Spi-
rillen:
Cholera-
vibrionen. **Kommabazillus, Vibrio der Cholera asiatica** (Koch) (Fig. 396), kommaförmig gekrümmte, kleine, plumpe, bewegliche Stäbchen mit einer, seltener zwei, endständigen Geißeln oder auch ohne Geißelfäden

und dann unbeweglich. Manchmal hängt eine Anzahl von Kommabazillen in schraubenförmigen Windungen aneinander. Er findet sich bei der Cholera asiatica im Darminhalt und im Gewebe der Darmwand und wirkt durch Bildung von Toxinen; selten finden sich die Kommabazillen in den inneren Organen in reichlicher Menge; fast in Reinkultur kommen sie in den Reiswasserstühlen Cholerakranker vor; zu Cholerazeiten wurden sie mehrfach auch in Wasser, Brunnen, Leitungen, Flüssen, Kanälen gefunden, welche mit Choleradejektionen verunreinigt waren, ferner auch im Darm Gesunder.

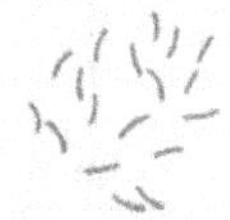

Es gibt jedoch sehr viele, den echten Choleravibrionen sehr ähnliche Formen, welche schwer von ihnen zu unterscheiden sind. Entsprechend angelegte Kulturen von Choleravibrionen geben die Farbreaktion des Cholerarot: durch Zusatz von Schwefelsäure entsteht beim Erwärmen eine Rotfärbung, welche darauf beruht, daß von den Bakterien im Nährboden Indol gebildet wird, welches bei Gegenwart von Nitrit durch Schwefelsäure die rote Färbung gibt (Nitroso-Indolreaktion). Doch ist diese Reaktion nicht auf die Cholerabazillen beschränkt. (Über die diagnostisch hauptausschlaggebende Agglutination der Vibrionen durch Choleraserum s. unten; näheres in den bakteriologischen Lehrbüchern.)

Fig. 396.
Kommabazillus der Cholera asiatica ($\frac{1000}{1}$).

B. Trichomyzeten, Hyphomyzeten (Schimmelpilze) und Blastomyzeten (Sproßpilze, Hefepilze).

Als pathogene **Trichomyzeten** werden der Aktinomyzespilz, der Leptothrix, Cladothrix und Streptothrix zusammengefaßt. Sie zeichnen sich durch echte Verzweigung aus. Das Netzwerk der feinen Fäden bildet das Pilzmyzelium, das ebenso wie die Konidien dem gleich bei den Schimmelpilzen zu erörternden entspricht.

Am wichtigsten ist hier der **Aktinomyzespilz** (Fig. 397 u. 398). Er findet sich namentlich beim Pferd und Rind, nicht sehr selten aber auch beim Menschen als Erreger infektiöser Granulationen (vgl. S. 178). Er findet sich in diesen in Gestalt sandkornartiger Drusen. Sie bestehen aus einer dichten Masse von zum Teil dichotomisch verzweigten Fäden, welche an der Peripherie radiär angeordnet sind und am peripheren Ende kolbige Anschwellungen aufweisen, so daß rosettenartige Formen zustande kommen. Im Zentrum der Drusen finden sich reichlich körnerartige Gebilde, welche indes nicht etwa Sporen darstellen, sondern durch Zerfall der Fäden entstehen. Die genannten kolbigen Anschwellungen stellen Verdickungen einer, die Fäden überziehenden, sonst sehr zarten Scheide dar. Manchmal fehlen die Kolben, so namentlich fast immer in den Kulturen. Die Fäden lassen sich nach der Gramschen Methode, die Kolben mit Orseille sowie auch nach der van Giesonschen Methode färben.

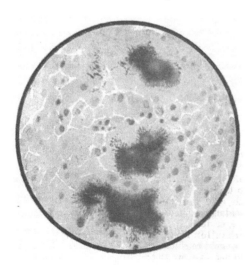

Fig. 397.
Aktinomyzes (gefärbt nach Gram, Kerne mit Karmin).

Fig. 398.
Aktinomyzes ($\frac{250}{1}$).

Die Infektion geschieht mit Grannen und anderen Getreideteilen oder Holzteilchen, an welchen der Pilz haftet. Eingangspforten stellen (am häufigsten) die Mundhöhle (besonders kariöse Zähne), und Rachenhöhle, die Luftwege, der Darmtraktus, sowie die äußere Haut dar. Zunächst entsteht immer eine Lokalaffektion, doch kann der Aktinomyzes auf dem Lymphweg oder Blutweg in die verschiedensten Organe verschleppt werden und zur Ansiedelung kommen.

Noch sei **Leptothrix buccalis**, der bei der Karies der Zähne eine Rolle spielt, erwähnt.

Die **Hyphomyzeten (Schimmelpilze, Fadenpilze)** besitzen ein aus dicken (3—5 μ im Durchmesser), manchmal quergegliederten, oft verzweigten Fäden (Hyphen) gebildetes Myzelium (Thallus), welchem ebenso wie den Bakterien das Chlorophyll fehlt. Diese Fäden überwiegen über die Sporen, die etwa kugeligen obengenannten Konidien.

B. Trichomyzeten, Schimmelpilze und Sproßpilze.

1. Trichomyzeten.

Aktinomyzes.

Leptothrix buccalis.

2. Schimmelpilze.

Mukor- und Aspergillus-Arten. Im allgemeinen haben die höher organisierten, d. h. mit eigenen Sporenträgern versehenen Schimmelpilze, zu denen die Gattungen der Mukorineen, Aspergilleen und Penizillien gehören, wenig pathologische Bedeutung, die meisten sind Saprophyten; bei Kaninchen kann durch intravenöse Injektion gewisser Schimmelpilzsporen eine tödliche Allgemeinerkrankung hervorgerufen werden; auch beim Menschen sind durch Schimmelpilze entstehende Krankheiten bekannt. Von den Mukorarten ist Mucor corymbifer und rhizoporiformis als zuweilen pathogen (am Trommelfell und äußeren Gehörgang einsetzende Otomykosen), von den Aspergilleen Aspergillus fumigatus, niger und flavescens als pathogen bekannt; insbesondere durch Aspergillus, meist fumigatus, hervorgerufene Lokalaffektionen entstehen an der Haut, im Gehörgang, an der Hornhaut, im Darm, in den Lungen (Pneumonomycosis aspergillina, Fig. 399); allerdings findet die Ansiedelung von Schimmelpilzen meistens als Begleiterscheinung anderer, z. B. pneumonischer oder tuberkulöser Prozesse bei herabgekommenen Kranken — sekundär — statt; doch kann es keinem Zweifel unterliegen, daß manche Schimmelpilze sich nicht nur in abgestorbenen Gewebsteilen ansiedeln, sondern auch primär selbständig Nekrose und Eiterung mit ausgedehnten Gewebszerstörungen, ja unter Umständen selbst eine tödliche Allgemeinerkrankung hervorrufen können. Die besonders in Oberitalien verbreitete Pellagra wird vielleicht durch auf Mais wachsende Aspergilleen hervorgerufen. Taubenzüchter, welche den Tauben das Futter so darreichen, daß diese es aus ihrem Munde picken müssen, können von den Tauben mit Aspergilleen infiziert werden.

Zu den einfachen, besonderer Sporenträger entbehrenden Hyphomyzeten gehören folgende Erreger von „Dermatomykosen" (vgl. II. Teil, Kap. IX):

Achorion Schönleinii. **Achorion Schönleinii,** die Ursache des Favus, in den bekannten „Scutula" reichlich vorkommend, bildet ziemlich breite, manchmal mit Scheidewänden

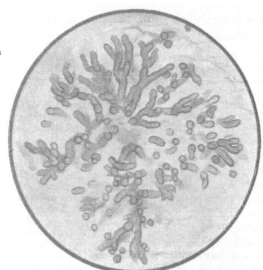

Fig. 399.
Aspergillus aus einem gangränösen Lungenherd.

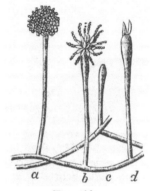

Fig. 400.
Aspergillus.
(Nach Mez.)
Bei *b* ist nur ein Teil der Sporenketten tragenden Sperigmen gezeichnet. Das gewöhnliche Bild ist *a*.
Aus Lehmann, Methoden der prakt. Hygiene. Wiesbaden 1901.

Fig. 401.
Trichophyton tonsurans schematisch.
(Nach Lehmann.)

versehene Fäden, die an den Enden etwas verjüngt sind. Sporen mäßig zahlreich, rosenkranzförmige Ketten bildend.

Trichophyton tonsurans. **Trichophyton tonsurans** (Fig. 401), dem vorigen sehr ähnlich und in verschiedenen noch nicht vollkommen abgegrenzten Formen vorkommend; zu denselben gehört der Erreger des Herpes tonsurans; ähnliche Formen liegen verschiedenen anderen Hautaffektionen zugrunde.

Microsporon furfur und minutissimum. **Microsporon furfur,** Ursache der Pityriasis versicolor; reichliche Myzelfäden und Sporen, letztere zu großen Haufen vereinigt liegend.

Ihm verwandt ist das sehr kleine **Microsporon minutissimum** des Erythrasmas der Oberschenkel.

Soorpilz. Eine weitere pathogene Spezies kann man hierher stellen, nämlich den **Saccharomyces** (Oidium) **albicans** (Fig. 402, 403), den Erreger des **Soor** („Schwämmchenkrankheit"). Er bildet gegliederte Fäden, welche an vielen Stellen rundliche oder ovale Konidien abschnüren; der Soor findet sich bei Kindern und stark heruntergekommenen Kranken auf der Schleimhaut der Mundhöhle, Rachenhöhle, des Ösophagus, Magens, Dünndarms, der Scheide, auf der Brustwarze stillender Frauen und dringt selbst in das Epithel ein; manchmal kommen sogar Metastasen in inneren Organen (Gehirn, Nieren) vor.

3. Sproßpilze. Die **Sproßpilze (Blastomyzeten, Hefepilze)** sind einzellige, sich durch Sprossung vermehrende Organismen; dies geschieht in der Weise, daß die Zelle an einer Seite einen knospenartigen Vorsprung treibt, der allmählich zur Größe der Mutterzelle heranwächst und sich dann von dieser abtrennen kann. Teilweise bleiben auch die jungen Zellen, die sich weiter durch Sprossung vermehren, im Zusammenhang, und dann entstehen längere, rosenkranzförmige Ketten, die aber stets aus einzelnen Zellen bestehen und kein eigentliches Myzel bilden.

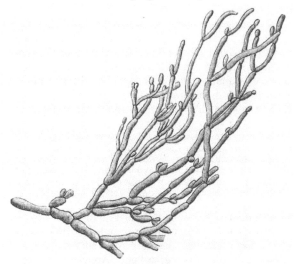

Fig. 402.
Saccharomyces albicans Rees.
(Nach Grawitz, bzw. Lehmann w. o.)

Fig. 403.
Soor-Fäden und Konidien aus dem Ösophagus.

Als menschliche Krankheitserreger (Eiterungen, Wucherungen) sind die Blastomyzeten zum mindesten überaus selten. Echte Geschwülste können sie nicht etwa produzieren.

II. Tierische Parasiten.

II. Tierische Parasiten
Allgemeines.

Von tierischen Parasiten stellen die Klassen der Protozoen, der Würmer und der Arthropoden (Insekten) Vertreter zu den parasitären Organismen.

Dasjenige Tier, in welchem ein Parasit lebt, bezeichnet man als „Wirtstier" oder „Wirt" desselben. Für jeden Schmarotzer ist die Zahl der Wirtstiere, auf denen er leben kann, eine beschränkte: manche Parasiten werden nur beim Menschen, andere nur bei einer bestimmten Tierart gefunden. Viele schmarotzen während ihrer ganzen Lebenszeit auf demselben Individuum (lebenslänglicher Parasitismus), sogar in einem Organ desselben, z. B. dem Darm. Andere leben zu verschiedenen Zeiten auf verschiedenen Tierspezies; ein Verhalten, das mit ihren verschiedenen Entwickelungsstadien zusammenhängt. Ein großer Teil der tierischen Parasiten zeigt nämlich einen typischen Generationswechsel, d. h. einen gesetzmäßigen Wechsel einer geschlechtlich ausgebildeten Generation mit einer oder mehreren sich ungeschlechtlich fortpflanzenden Generationen, welch letztere man auch als Ammen bezeichnet. Sehr häufig sind nun die einzelnen Generationen auf bestimmte, aber von einander verschiedene Wirtstiere angewiesen; die Ammen (geschlechtslose Generation) entwickeln sich aus den Eiern, resp. Embryonen nur dann, wenn diese in eine gewisse Tierart aufgenommen werden, können aber in ihr nicht geschlechtsreif werden, sondern bleiben hier liegen, bis sie absterben oder auf irgend einem Wege in eine zweite Tierart gelangen, wo sie sich zum geschlechtsreifen Parasiten entwickeln. So entwickeln sich z. B. die Ammen gewisser Bandwürmer nur im Darm des Menschen oder einzelner Säugetiere zum wirklichen Bandwurm, so der Blasenechinokokkus (Jugendzustand der Taenia echinococcus) im Darm des Hundes zur Taenia echinococcus. Um solche Formen zu ihrer vollen Entwickelung kommen zu lassen, ist also eine nacheinander folgende Übertragung auf verschiedene Wirtstiere, ein „Wirtswechsel" notwendig. Die Tierspezies, welche die Jugendstadien eines Parasiten enthält, bezeichnet man als „Zwischenwirt",

Wirtstier.

Generationswechsel.

Wirtswechsel.

jene, in welcher der Parasit seine Geschlechtsreife erhält, kurzweg als „Wirt". Bei einzelnen Parasiten, welche keinen Generationswechsel besitzen, ist ebenfalls ein derartiger Wirtswechsel zur Fortpflanzung nötig, so bei der Trichine.

Formen des Parasitismus. Manche Formen parasitieren nur während eines gewissen Stadiums ihrer Entwickelung, während sie sonst frei leben; man bezeichnet dies als periodischen Parasitismus. Diesen und den lebenslänglichen faßt man auch als stationären Parasitismus zusammen, gegenüber dem Verhalten jener Schmarotzer, die nur zeitweise ein Wirtstier aufsuchen, um von ihm Nahrung zu beziehen und es dann wieder verlassen — wie das viele Insekten tun — temporärer Parasitismus. Endlich unterscheidet man noch die Epizoen, d. h. solche Schmarotzer, die an äußeren Teilen, und Entozoen, d. h. solche, die in inneren Organen eines höheren Organismus leben.

Bei dem periodischen Parasitismus können die Larven schmarotzen und die späteren Entwickelungsstadien frei leben, wie bei der Dasselfliege, oder umgekehrt die späteren Entwickelungsformen parasitieren, wie beim Floh. Lebenslängliche Parasiten sind z. B. die Krätzmilben, gewisse Würmer, wie Oxyuren oder Askariden. Bei zweigeschlechtlichen Parasiten schmarotzt öfters nur das eine Geschlecht, während das andere sich seine Nahrung selbst erobert. Daß Parasiten sich in ihrem Organbestand bzw. ihrer Form mit der Zeit ändern, indem durch die parasitäre Lebensweise manche Organe nicht mehr benutzt werden, ergibt sich aus allgemeinen Gesetzen von selbst.

Infektionsart und Wirkung. Krankheiten, welche auf dem Eindringen höherer tierischer Parasiten in die Gewebe beruhen, bezeichnet man als Invasionskrankheiten. Die Infektion mit tierischen Parasiten geschieht auf sehr mannigfaltige Weise. Bei epizoisch lebenden Parasiten ist eine direkte Übertragung der Parasiten oder ihrer Eier leicht zu verstehen. Andere Parasiten werden mit der Nahrung aufgenommen, sei es in Form von Eiern oder Embryonen. Besonders bei Parasiten, die einen Wirtswechsel durchmachen geschieht dies vielfach, indem der Zwischenwirt dem „definitiven Wirt" zur Nahrung dient, letzterer also mit den Organen des ersteren auch die Parasiten in seinen Darmkanal aufnimmt. Manche Embryonen, so die von Ankylostoma, können durch die unverletzte Haut eindringen. Viele Infektionskrankheiten werden durch den Stich bestimmter Mücken etc. auf den Menschen übertragen, z. B. die Malaria (Anopheles), die Schlafkrankheit (Glossina palpalis), das Gelbfieber (Stegomyia fasciata). Ebenso werden Filarialarven durch Moskitostiche dem Blute des Menschen einverleibt. Manche Parasiten machen aktiv im Körper des Wirtstieres ausgedehnte Wanderungen durch, z. B. Oxyuren oder Askariden; andere werden mit dem Lymph- oder Blutstrom verschleppt bzw. in serösen Höhlen in die Umgebung „disseminiert". Die höheren Parasiten nehmen mittels ihres Mundes ihre Nahrung auf, zum Teil durch Blutsaugen. Eingekapselte Parasiten können ein Jahrzehnte betragendes Alter erreichen. Die Folgezustände, die sich an die Ansiedelung eines Schmarotzers für den Wirt anschließen, sind sehr verschieden nach der Art der Parasiten, ihrer Zahl und ihrem Sitz. Die Störungen sind teils lokaler, teils allgemeiner Art; im Gegensatz zu den pflanzlichen wirken die tierischen Parasiten krankheitserregend bzw. tödlich vorzugsweise auf mechanischem Wege, durch Druck auf wichtige Organe (Echinokokken, ferner Zystizerken besonders im Gehirn), durch Verlegen wichtiger Gänge (Fasciola hepatica), von Blutgefäßen (Schistosomum haematobium) und Lymphgefäßen (Filaria Bancrofti); doch wirken auch toxische Substanzen, z. B. bei Ankylostoma duodenale und bei Bothriozephalen, mit und vor allem ist dies bei den rote Blutkörperchen zerstörenden Blutparasiten der Fall. Blasenwürmer reizen wohl ihre Umgebung auch durch toxische Substanzen. Die Wirkung tierischer Parasiten ist im allgemeinen weniger deletär als die vieler pflanzlicher Infektionserreger. In den befallenen Organen entstehen reaktive, oft zur Einkapselung des Parasiten (Muskeltrichinen und andere) führende Entzündungen, Atrophien und mechanische Störungen verschiedener Art. Ferner Wucherungen, z. B. bei Schistosomum haematobium oder bei den Kokzidien der Kaninchenleber. In manchen Organen finden sich noch speziellere Wirkungen, wie der Ikterus, der durch einen Leberechinokokkus, der Hydrozephalus, der unter Umständen durch einen Zystizerkus im Gehirn hervorgerufen werden kann, die Hämaturie, welche infolge der Anwesenheit der Filaria sanguinis entsteht u. a. Allgemeine Störungen sind teils nervöser Art, wie sie z. B. von Bandwürmern ausgelöst werden können, teils fieberhafte Zustände, wie bei der trichinösen Infektion. Auch findet sich Eosinophilie des Blutes.

A. Protozoen.

Diese einzelligen Organismen gehören der niedersten Tierklasse an. Sie lassen meist Protoplasma und Kern getrennt erkennen. Ihre Bewegung und Ernährung geschieht wie bei den Amöben unten angegeben. Oft finden sich Andeutungen höherer Organisation. Die Vermehrung findet auf dem Wege der Teilung (meist mitotisch) statt. Besitzt das Protozoon zwei Kerne, Makro- und Mikronukleus, so scheint bei der Fortpflanzung letzterer wichtiger zu sein. Außer der ungeschlechtlichen Teilung findet sich auch Konjugation. Die Protozoenkrankheiten haben mehr Ähnlichkeit mit den durch pflanzliche Erreger erzeugten Infektionskrankheiten als mit den Invasionskrankheiten, mit letzteren aber das bedeutende Moment des Generationswechsels meist gemein. Bei der Einteilung der Protozoen folgen wir Braun. Von den von ihm aufgestellten Klassen kommen hier folgende in Betracht: **Rhizopoden, Flagellaten, Sporozoen** und **Infusorien.**

Zu den ersteren gehören die **Amöben,** nackte Protoplasmaklümpchen, deren Protoplasma sich in ein Ektoplasma (hyalin) und ein Endoplasma (granuliert) scheiden läßt, und welche sich durch Vortreiben und Wiedereinziehen von Pseudopodien (Protoplasmafortsätzen) bewegen und ernähren. Die **Amoeba coli vulgaris** findet sich öfters im normalen wie auch gelegentlich im erkrankten Darm, die **Entamoeba buccalis** in der Mundhöhle, aber nicht sicher mit pathogener Bedeutung. Ähnliche Formen kommen bei der tropischen Dysenterie im Darminhalt und in der Darmwand, sowie in den sich häufig an dieselbe anschließenden Leberabszessen vor — **Amoeba dysenteriae** (Fig. 404). Sie stellt die

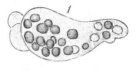

Fig. 404.
1 Amöbe aus Dysenteriestuhl mit Vakuolen und gefressenen roten Blutkörperchen.
2 Amöbe aus Strohinfus.
3 Dieselbe enzystiert, circa 600fach vergr.
(Aus Lehmann l. c.)

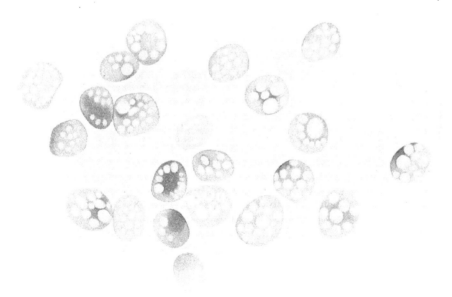

Fig. 405.
Amöbenherd in der Submukosa.
Aus S. Hara, Frankfurter Zeitschrift f. Pathologie. Bd. IV, H. 3.

Ursache der genannten Erkrankung in den Tropen, wie auch der dort häufigen Leberabszesse dar. Auch bei tropischer Enteritis spielen Amöben eine Rolle. Sie sind auch für Katzen pathogen.

2. Flagel-
laten:
Tricho-
monas in-
testinalis
und
vaginalis.

Zu den Flagellaten gehört **Trichomonas intestinalis** mit einem birnförmig gestalteten Körper, welcher an einem Ende vier Geißeln trägt. Dieser Parasit kommt hier und da im Dickdarm vor und hängt vielleicht mit Diarrhöen zusammen. **Trichomonas vaginalis** (Fig. 406), von ähnlichem Aussehen, findet sich im Scheidenschleim; über die etwaige pathogene Bedeutung dieser Formen ist wenig bekannt.

Lamblia
intestinalis.

Ferner ist hier **Lamblia intestinalis** zu nennen, ein beim Menschen höchstens sehr selten pathogener, birnförmiger Parasit mit einer etwa nierenförmigen Aushöhlung am vorderen dicken Ende.

Spiro-
chäten.

Hier anzureihen sind nun die Spirochäten, welche dadurch im Vordergrund des Interesses stehen, daß die von Schaudinn und Hoffmann gefundene sogenannte **Spirochaete pallida (Treponema pallidum)** (Fig. 176, 177, 406) der Erreger der **Syphilis** ist.

Spiro-
chaete
pallida.

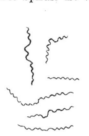

Die Spirochaete pallida (wie überhaupt die Spirochäten) wird von Schaudinn zu den Protozoen, von anderen aber zu pflanzlichen Mikroorganismen (Bakterien bzw. Spirillen) gerechnet. Sie stellt eine Spirale von etwa 4—14 Windungen dar, besitzt eine Länge von etwa 4—14 μ, ist äußerst schmal (höchstens $^1/_4\,\mu$) und trägt an jedem Ende eine Geißel. Die Spirale ist vorgebildet — bleibt also im Gegensatz zu den echten Spirochäten auch im Stillstehen erhalten —, die Windungen sind steil, eng, tief, regelmäßig korkzieherartig gewunden. Sehr charakteristisch ist die außerordentliche Zartheit und schwere Färbbarkeit der Spirochaete pallida, welche ihren Namen bedingt. Am besten ist die frische Untersuchung bei Dunkelfeldbeleuchtung — typische Art der Vorwärtsbewegung — sowie das Burrische Tuscheverfahren und die Darstellung mit der Giemsaschen Farblösung, wobei die Spirochaete pallida im Gegensatz zu den blau tingierten, ähnlichen Gebilden eine charakteristische, rötlich-violette Farbnuance annimmt; stets bleibt sie auch dann sehr lichtbrechend und relativ schwer zu erkennen. Die Spirochaete pallida hat wahrscheinlich eine undulierende Membran und vermehrt sich durch

Fig. 406.
Trichomonas vaginalis.
ca. 100fach vergr.
(Nach Künster.)
(Nach Lehmann, l. c.)

Fig. 407.
Spirochaete pallida
$(\frac{1500}{1})$.

Längs-, vielleicht auch durch Querteilung. Sie wird mit Vorliebe an rote Blutkörperchen angelagert gefunden; manchmal ist sie in großen Mengen, meist aber nur sehr spärlich, vorhanden; ihre Verteilung ist sehr ungleichmäßig. In Schnittpräparaten kann die Spirochaete pallida mittels Silberimprägnation nachgewiesen werden. Sie zeigt Beziehungen zu den Gefäßen, zu Epithelien und zum Bindegewebe. Am leichtesten ist sie bei kongenitaler Lues, und zwar in oft erstaunlichen Massen zu finden, in Produkten tertiärer Syphilis sehr selten.

Sehr ähnliche Spirochäten sind als nicht pathogene Schmarotzer weit verbreitet, nach den Angaben Schaudinns von der echten Spirochaete pallida stets zu trennen; so vor allem die oft mit ihr zusammen vorkommende, aber ganz banale, weit dickere und leichter färbbare Spirochaete refringens. Zahlreiche andere Spirochäten, die vor allem in der Mundhöhle vorkommen, haben eigene Namen erhalten. Sie haben keine oder wenig ätiologische Bedeutung für Krankheiten. Eine starke Beweiskraft zugunsten der ätiologischen Bedeutung der Spirochaete pallida, deren strikter Beweis eine Zeitlang schwer zu führen war, hatte die Tatsache, daß sie bei Affen, die mit Syphilis vom Menschen (siehe S. 175) infiziert wurden und bei Weiterinfektion von Affe auf Affe ebenfalls in den syphilitischen Produkten gefunden wird. Ebenso bei experimentellen Inokulationen bei anderen Tieren, Kaninchen etc., besonders bei Impfung am Auge oder Hoden. Neuerdings ist Schweschewsky, Müllens und besonders Noguchi auch die Reinzüchtung gelungen. Letzterer benützt einen flüssigen Nährboden (Aszitesflüssigkeit), dem ein Stück steriles Gewebe zugefügt ist, und züchtet anaërob. So gelang Noguchi auch die Züchtung verschiedener anderer Spirochätenarten. Über Syphilis vgl. S. 170 ff.

Spirochäte
des Rück-
fallfiebers.

Spirochaete (Spirillum) Obermeieri (Fig. 408), der Erreger des **Rückfallfiebers**, bildet lange lebhaft bewegliche, nicht nach Gram färbbare Schraubenwindungen, die sich während der Fieberanfälle im Blute der von Rückfallfieber Befallenen nachweisen lassen, während der Zwischenzeit jedoch in ihm fehlen. Sie werden auf den Menschen durch eine Zeckenart, den Ornithodorus moubata übertragen. Die Spirochäten sind mit spirillenhaltigem Blut auf Menschen oder Affen übertragbar und wurden letzthin von Noguchi reingezüchtet. Es ist noch zweifelhaft, ob dieser Mikroorganismus hierher oder zu den Bakterien gehört. Ähnlich ist die Spirochaete Duttoni, der Erreger des „Zeckenfiebers" in Afrika und die Spirochaete Novyi der amerikanischen Erkrankung.

Eine Spirochäte ist jetzt auch als Erreger der **Weilschen Krankheit** (Icterus infectiosus) bekannt. Sie ist meist kürzer als die Sp. pallida, zeigt spärlichere und weniger steile, überhaupt untypische Windungen, ist unregelmäßig geschlängelt und weist besonders am Ende Knötchen auf, daher **Spirochaete nodosa** oder auch **icterogenes** bzw. icterohaemorrhagiae benannt (sie wurde nachgewiesen von den Japanern Inada und Ido, sowie bei uns von Uhlenhuth und Fromme, sowie Hübner und Reiter) (s. Fig. 409). Die Krankheit kann auf andere Tiere übertragen werden, in deren Blut und Organen sich die Spirochäten dann in großen Massen finden. Beim Menschen findet sie sich im Blut, aber nur in der ersten Krankheitswoche, und ist relativ selten in den Organen nachweisbar; relativ am häufigsten in der Niere; sie kann daher auch mit dem Urin ausgeschieden werden. Die Spirochaete nodosa ist in derselben Weise färbbar wie die Sp. pallida. Spirochäte der Weilschen Krankheit.

Ganz neuerdings ist bei einem mit Gelenkaffektion verbundenen Leiden eine von Reiter Spirochaete forans benannte Spirochäte gefunden worden.

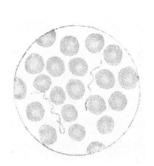 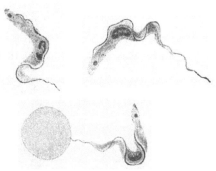

Fig. 408.	Fig. 409.	Fig. 410.
Obermeiersche Spirochäten im Blut.	Spirochäte nodosa bei Weilscher Krankheit.	Trypanosoma Gambiense (nach Dutton).

Aus Braun, Die tierischen Parasiten des Menschen. Würzburg 1908.

Die **Trypanosomen,** welche zu den Flagellaten gehören, sollen hier kurz abgehandelt werden. Zwar sind die Trypanosomen (und auch dieser Name) schon seit dem Anfang der vierziger Jahre, ihr Vorkommen im Tierkörper auch schon lange bekannt, ihre ätiologische Bedeutung wurde aber erst neuerdings anerkannt. Besonders in der Tierpathologie spielen sie jetzt eine Rolle, ferner in tropischen Erkrankungen. Trypanosomen.

Die Trypanosomen haben eine undulierende Membran, ein Zentrosoma am hinteren Ende und eine die Fortsetzung der undulierenden Membran bildende Geißel, sowie einen runden oder ovalen Kern am vorderen Ende. Sie sind sehr beweglich und vermehren sich durch longitudinale Teilung, zum Teil wohl auch auf komplizierterem Wege durch Vereinigung von sich bildenden getrennt geschlechtlichen Makrosporen und Mikrosporen. Die Zahl der beschriebenen Namen verschiedener Trypanosomen ist sehr groß — über 80 —, doch sind viele identisch. Die durch sie hervorgerufene Erkrankung im allgemeinen — Trypanosomiasis — zeigt nach einer Inkubationsperiode re- oder intermittierendes Fieber, Milzvergrößerung, Veränderungen der Leber, der serösen Häute etc. Am wichtigsten sind von den für Tiere pathogenen Trypanosomen das Trypanosoma Lewisi, das Ratten in sehr großer Zahl (41% in Berlin) infiziert, ferner das Trypanosoma Brucei, Evansi, equinum, equiperdum, Theileri, welche bei Pferden, Rindern etc., die als Nagana, Surra, Mal-de-Caderas, Durine, Galziekte (Gallenfieber) etc. bezeichneten Erkrankungen hervorrufen. Meist dienen Fliegen als Überträger der Infektion, so die Tsetsefliege (Glossina morsitans) bei der Tsetseerkrankung (Nagana). Wie alle Protozoen sind die Trypanosomen meist nicht kultivierbar; doch ist (Mc Neal und Novy) eine Kultivierung von Tsetse-Trypanosomen, sowie öfters eine solche von Trypanosoma Lewisi gelungen. Impfungen auf Tiere — besonders junge — sind zahlreich ausgeführt worden. Tierpathogene Formen.

Seit Dutton und Todds, sowie Castellanis Forschungen wird nun auch angenommen, daß die in Afrika beheimatete **Schlafkrankheit** der Neger durch eine Trypanosoma — Trypanosoma Gambiense (Fig. 410) — hervorgerufen wird. Die zunächst mit unregelmäßigem Fieber, Erythemen und Ödemen sowie Anämie verlaufende Erkrankung ist später mit starker Apathie und Konvulsionen verbunden und verläuft unter extremer Abmagerung oft nach jahrelangem Verlauf tödlich. Die Trypanosomen finden sich in der Zerebrospinalflüssigkeit (bzw. seltener im Blut). Es besteht oft Meningitis oder Meningenödem. In den Hirnhäuten und im Gehirn finden sich Herde aus Lymphozyten und Plasmazellen, ähnlich denen im Gehirn bei Paralyse. Milztumor ist inkonstant. Meningitis, Pleuritis, Pneumonie, Lungengangrän, Dysenterie etc. kommen als Menschen pathogene Formen: Schlafkrankheit,

21*

Komplikationen häufig zu der Erkrankung hinzu. Als Überträger dieser Trypanosomen werden die Glossinapalpalis, sowie auch andere Glossinenarten (Koch) angesehen. Bei der Erkrankung sind stets die Lymphdrüsen geschwollen. Punktion dieser, besonders der zervikalen, und Feststellen des Erregers ist diagnostisch sehr wichtig. Auch auf Tiere (Affen, Kaninchen, Ratten etc.) ist dies Trypanosoma übertragbar, meist mit tödlichem Ausgang.

bei Kala-Azar.   Eine andere tropische Erkrankung, die indische **Kala-Azar**, wahrscheinlich identisch mit sonst in den Tropen beobachteter, nicht Malaria entsprechender S p l e n o m e g a l i e   m i t   r e m i t t i - r e n d e m   o d e r   i n t e r m i t t i e r e n d e m   F i e b e r , wird durch kleine, sogenannte **Leishman-Donovan sche Körperchen** hervorgerufen, die auch zu den Trypanosomen zu gehören scheinen. Auch hier scheinen Flohstiche für die Übertragung zu sorgen.

bei tropischem Geschwür.   Ganz entsprechende Körperchen, welche also offenbar auch zu den Trypanosomen gehören, wurden auch bei dem t r o p i s c h e n   G e s c h w ü r , der sogenannten „Delhi- oder Orient-Beule" („Aleppo-beule") gefunden (Wrightsche Körperchen). Dieselben Körperchen sind wohl auch die Erreger der an den Küsten des Mittelländischen Meeres vorkommenden, nach Leishman genannten Anämie, und Schridde fand ähnliche beim Granuloma teleangiectodes unserer Gegenden. Unter anderen Trypanosomenerkrankungen sei die in B r a s i l i e n auftretende sog. parasitäre Thyreoiditis genannt, deren Erreger das Chizotrypanum Cruzi ist.

Gebilde, die von manchen Seiten zu den Protozoen gerechnet werden.   Zum Schlusse wollen wir noch kurz bemerken, daß es noch eine R e i h e   e i g e n a r t i g e r   k l e i n e r   G e b i l d e   g i b t ,   d i e   v o n   m a n c h e n   m i t   d e r   Ä t i o l o g i e   v o n   I n f e k t i o n s k r a n k h e i t e n   i n   Z u - s a m m e n h a n g   g e b r a c h t   w e r d e n , daß es sich hier aber zum Teil offenbar um Zelldegenerationen handelt. Abgesehen von den vielfach als „Erreger" von Geschwülsten beschriebenen Gebilden führen wir hier nur die Malloryschen Körperchen bei Scharlach etc. an, welche auch sehr wenig wahrscheinlich als Lebewesen zu betrachten sind, während die sogenannten **Guarnieri schen Körperchen** von zahlreichen Autoren für die Erreger der **Vakzine** und **Variola** angesprochen werden. Am wahrscheinlichsten ist es, daß sie Reaktionsprodukte von Zellen darstellen — ihrerseits allerdings für Pocken charakteristisch —, welche von kleinen (viel kleiner als Kokken) filtrierbaren Gebilden oft in Diploform befallen sind. Diese, von Paschen entdeckt, werden als Elementarkörperchen bezeichnet. Sie sollen die Erreger der Pocken sein und in den Zellen einen Entwickelungsgang aus Vorstufen durchmachen, sog. Initial-körperchen. Durch Anlagerung von Zellsubstanz sollen dann die Guarnierischen Körperchen ent-stehen und aus diesen jene Gebilde wieder frei werden. Für Pocken etc. halten aber andererseits eine Reihe von Autoren an der ätiologischen Bedeutung eines Mikrosoma variolae s. vaccinae genannten Lebe-wesens (Fornet) fest.

Sogen. Chlamydozoen:

bei Pocken,

bei Tollwut,   Bei der **Tollwut** (Lyssa) sind schon länger die sog. **Negrischen Körperchen** (Fig. 411) bekannt, die bei der Erkrankung intrazellulär im Gehirn gefunden werden und wenigstens diagnostisch schon länger

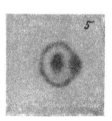

Fig. 411.
Negrische Körperchen in Kultur gezüchtet.   (Nach Giemsa gefärbt.)
(Aus Noguchi, Cultivation of the parasite of Rabies.   Journ. of experim. Med. Vol. 18.)

als bedeutungsvoll galten. Während ihr Wesen lange Zeit strittig war, ist es neuerdings Noguchi gelungen, diese Körperchen zu züchten und mit den Kulturen bei Hunden und anderen Tieren die Tollwut zu repro-duzieren. Sie enthalten anscheinend auch Elementarkörperchen.

bei Trachom,   Auch im Konjunktivalepithel bei **Trachom** und bei der sog. **Einschlußblennorrhöe** sowie der **Epitheliosis desquamativa**, ferner im **Molluscum contagiosum** sind ähnliche kleine Elementarkörperchen gesehen worden (s. Fig. 412 u. 413). Auch eine in Südamerika auftretende Granulation, die sog. **Verruga Peruviana** (eine besonders mit Fieber, Blutzerstörung und Exanthemen einhergehende auch C a r r i o n - fieber genannte Erkrankung) soll in wuchernden Endothelzellen als Erreger gedeutete Einschlüsse auf-weisen, deren Übertragung durch Phlebotomen (Phlebotomus verrucarum) erfolgen soll. Alle diese in ihrer systematischen Einreihung etc. fraglichen Gebilde, die vor allem spezifischen Epithel- und evtl. Endothelparasitismus zeigen, faßt man auch als **Chlamydozoen** (v. Provazék) zusammen. Auch bei einigen Tierkrankheiten gefundene, als Erreger gedeutete Körperchen gehören hierher. Sehr wichtig

Molluscum, contagio-sum etc.

sind auch kleinste Gebilde, welche von manchen Seiten (Da Rocha Lima) mit der Entstehung des Fleckfiebers in Zusammenhang gebracht und von diesem Autor in Erinnerung an zwei besonders ver- bei Fleck-
fieber. diente Fleckfieberforscher als **Rickettsia Provazeki** (s. Fig. 414 u. 415) bezeichnet werden. Sie finden sich auch im Körper der Laus, welche ja Überträger der Krankheit ist. Allerdings beherbergt die Laus

Fig. 412.
Trachomblennorrhöe. Konjunktivaepithelzelle.
Aus Da Rocha Lima, Verhandl. d. deutsch. path. Ges.
16. Tagung 1913.

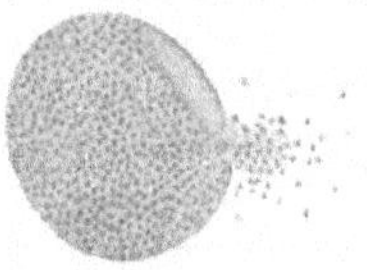

Fig. 413.
Molluskumzelle. Auswanderung der Elementarkörperchen in frischem Präparat.
Aus Da Rocha Lima, Verhandl. d. deutsch. path. Ges.
16. Tagung 1913.

ganz gewöhnlich auch sonst ähnliche Körperchen, doch sollen Unterschiede insofern bestehen, als diese Gebilde bei Fleckfieberläusen allein parasitär in den Zellen des Magendarmkanals liegen sollen. Diesen Körperchen nahestehende werden auch als Erreger des neuerdings studierten **Wolhynischen Fiebers** (5-Tage-Fieber) angeschuldigt; doch ist hier alles noch weit hypothetischer. Über die beim Fleckfieber sehr wichtige Agglutination mit bestimmten Proteus-stämmen s. oben. Eine sichere Erklärung hierfür liegt zur Zeit noch nicht vor.

Bemerkenswert ist ferner der von Flexner und Noguchi entdeckte

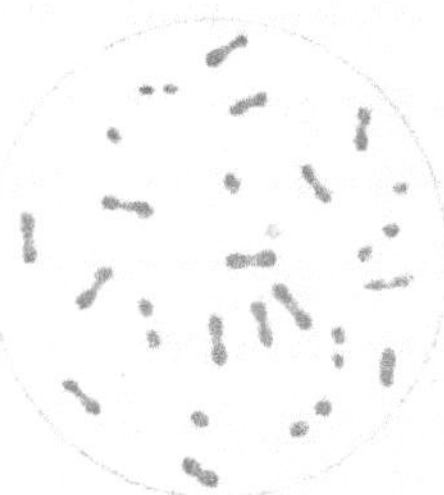

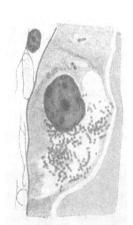

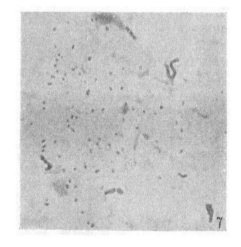

Fig. 414.
Rickettsia Provazeki.
Nach Da Rocha Lima, Pa-
thologentag 1916 (Kriegspathol.
Tagung) s. Zentr. f. allg. Path.
Bd. 27.

Fig. 415.
Rickettsien innerhalb einer
Epithelzelle des Magens
einer Fleckfieberlaus.
Nach Da Rocha Lima, Pa-
tholog.-T. 1916 (Kriegspath. Tg.)
s. Zentr. f. allg. Path. Bd. 27.

Fig. 416.
Erreger der Poliomyelitis epidemica
(nach Flexner-Noguchi).
(Aus Flexner-Noguchi, Microorganism. causing poliomyelitis. Journ. of experim. Med. Vol. 18.)

Erreger der Polimyelitis anterior. Die Erkrankung ist auf Affen übertragbar und es finden sich im bei Polio-
myelitis
anterior. Nervenmaterial vom Menschen wie vom Affen kleine durch Berkefeldfilter filtrierbare, oft in Rollen oder Massen zusammenhängende runde Körperchen, welche nach Giemsa und dann auch unregelmäßig nach Gram färbbar sind (Fig. 416). Es gelang Flexner und Noguchi diese Gebilde in einem flüssigen, Aszitesflüssigkeit und ein Stück frisches steriles Gewebe enthaltenden Nährboden zu züchten. Die Kultur muß anaerob angelegt werden. Nach einigen Tagen kann auf einem ähnlich bereiteten festen Nährboden weitergezüchtet werden. Mit diesen Kulturen konnten Affen erfolgreich infiziert werden, so daß man die Beweiskette, daß es sich hier um den Erreger der Erkrankung handelt, als geschlossen betrachten darf.

Die **Sporozoen** besitzen keine Bewegungsorgane; sie bilden in ihrem Inneren Sporen (hier 3. Sporo-
zoen. auch Pseudonavizellen genannt), aus denen wieder junge Sporozoen hervorgehen. Zu ihnen gehören die in den Gallengängen der Leber der Kaninchen häufig vorkommenden, in den Kokzidien
und Epithelien selbst gelegenen und Proliferationen dieser bewirkenden **Kokzidien** (Fig. 417), ferner die Miescher-
sche sogenannten „**Miescherschen Schläuche**". Letztere sollen erwähnt werden, weil sie gelegentlich Schläuche.

mit Trichinen verwechselt worden sind (Fig. 417). Sie stellen weißliche, oft schon mit bloßem Auge sichtbare, parallel der Faserung liegende Einlagerungen im Muskelfleisch der Schweine, Rinder, Schafe, Pferde und anderer Haustiere dar und rufen im allgemeinen wenig Veränderungen hervor. Sie sind von einer dünnen Hülle umgeben und enthalten kleine, den sichelförmigen Körperchen der Gregarinen analoge Gebilde.

Zu den Sporozoen (ihrer Unterabteilung Hämosporidien) rechnet man auch die **Plasmodien** der **Malaria** (Fig. 419—420).

Fig. 417.
Miescherscher
Schlauch.
Nach Leuckart
(1 : 50).

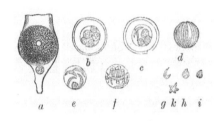

Fig. 418.
Coccidium aus dem Darm der Maus
(nach Leuckart).
a eine nackte Kokzidie in einer Darmepithelzelle; *b*, *c* dieselbe mit einer Hülle versehen, *d*, *e*, *f* Inhalt im Zerfall
zu sichelförmigen Körpern, die in Figur *g* frei werden und
amöboide, Bewegung zeigen (*h—k*).

Die Infektion des Menschen erfolgt durch den Stich eines Moskitos, einer Anophelesart. Nur wo diese sich findet — sie ist aber überaus verbreitet —, tritt Malaria auf. Die durch den Stich der Anopheles ins menschliche Blut gelangten Parasiten wandern in rote Blutkörperchen ein, wo sie unter amöboiden Bewegungen auswachsen und verschiedene Formen zeigen. Sie zehren die Substanz des roten Blutkörperchens auf, wobei sich im Zentrum ein Häufchen schwarzen, aus der Zerstörung des Hämoglobins entstandenen Pigments ansammelt (s. S. 74). Ist der Parasit so groß geworden, daß er das Blutkörperchen fast ausfüllt, so teilt er sich in eine Anzahl rosettenförmig angeordneter Stücke (Gänseblümchenform), die sog. Merozoiten; diese werden dann frei und wandern als junge Plasmodien in neue rote Blutkörperchen ein; durch das Einwandern wird der Fieberanfall bedingt. Daneben finden sich, ebenfalls im menschlichen Blut,

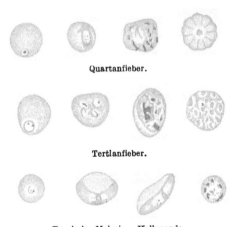

Quartanfieber.

Tertianfieber.

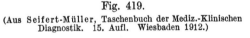

Tropische Malaria. Halbmonde.

Fig. 419.
(Aus Seifert-Müller, Taschenbuch der Mediz.-Klinischen
Diagnostik. 15. Aufl. Wiesbaden 1912.)

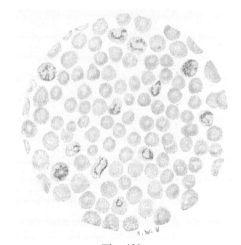

Fig. 420.
Zahlreiche Malariaplasmodien in roten Blutkörperchen (Giemsafärbung).

Formen, welche eine zweigeschlechtliche Unterscheidung in Männchen und Weibchen, besonders der Anordnung eines Kernstoffes (Chromatin) nach, zulassen. Man unterscheidet Makrogameten, welche dem weiblichen Geschlecht entsprechen, und Mikrogameten, welche dem männlichen entsprechen. Erstere können sich im Menschen durch Ausstoßen von Keimen parthenogenetisch weiter fortpflanzen, die männlichen Keime nicht. Sticht nun eine Anopheles einen Menschen, der jene geschlechtsreifen Schmarotzer beherbergt und nimmt so männliche wie weibliche Gameten in sich auf, so geht im Körper der Mücken die Begattung beider vor sich. Der männliche Malariaparasit stößt spermatozoenähnliche Gebilde aus, welche beweglich sind, zu den weiblichen Parasiten gelangen und sie begatten. Der befruchtete Makrogamet verwandelt sich im sogenannten Magen der Anopheles in „Ookineten", d. h. wurmförmige kleine Gebilde, sodann in eine „Oozyste" um. Aus diesen Zysten bilden sich Tochterzysten, „Sporoblasten", und aus diesen zahlreiche Sporozoiten, welche zu fertigen Plasmodien auswachsen. Sie werden durch Platzen der Oozyste frei, gelangen, da jene sich schon außen am Magen angesiedelt, in die freie Bauchhöhle, sodann in die Speicheldrüse der Mücke und mit dem Stich der Mücke wieder in das Blut des Menschen, wo sie die roten Blutkörperchen von neuem invadieren.

Verschiedene Arten.

Je nach der Spezies dauert der Entwickelungszyklus des Parasiten 48 Stunden, d. h jeder zweite Tag weist einen Anfall auf (Tertiana). Plasmodium vivax, oder 72 Stunden (Quartana), dementsprechend 2 Tage Pause, Plasmodium malariae. Eine dritte Spezies des Malariaerregers erzeugt die tropische Malaria (autumnale Form oder Perniziosa genannt), Laverania malariae. Die Quotidiana ist eine Tertiana, bei welcher eine geringere Fiebererhebung auch am zweiten Tag (eventuell eine andere Generation von Tertianaparasiten) stattfindet oder eine dreifache Quartana.

Die frischen Formen der Plasmodien zeigen oft Siegelringform — Tertianaringe und Tropenringe —; die geschlechtlichen Formen der letztgenannten Malariaform bieten das Bild der sog. Laveranschen Halbmonde dar. Die Malariaplasmodien wurden auch gezüchtet (Baß). Als prophylaktische Maßnahmen versucht man durch Chinin beim Menschen es dahin zu bringen, daß die Anopheles kein Blut mit lebenden Plasmodien bekommt, und ferner den Menschen gegen den Stich durch Netze u. dgl. (besonders nachts) zu schützen.

Das Schwarzwasserfieber wird von manchen als besonders schwere Malariaform angesehen, vielleicht handelt es sich um eine Chininvergiftung (Koch) bei Malaria.

Den Malariaplasmodien verhalten sich in vielem ähnlich die Piroplasmen, die durch Zecken auf Rinder übertragen, bei diesen das Texasfieber hervorrufen.

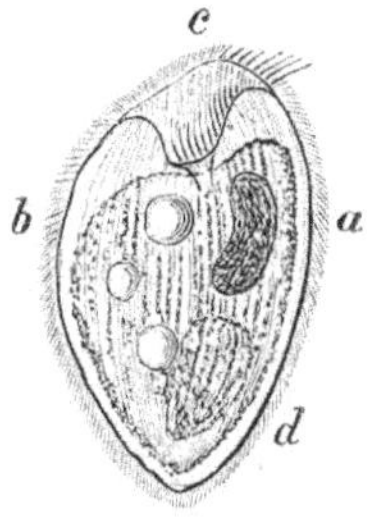

Die **Infusorien** sind formbeständige Organismen, welche sich durch Geißeln fortbewegen. Von ihnen kommt beim Menschen vor: das **Paramaecium** oder **Balantidium coli** (Fig. 421), ein nur 0,1 mm langer ovaler Mikroorganismus mit einem Wimperkranz an der Außenseite seines Körpers (besonders starke Wimpern an der Mundöffnung).

Fig. 421.
Balantidium coli.

a Kern, *b* Vakuole, *c* Peristom, *d* Nahrungsballen (nach Braun), ca. 300fach vergrößert.
(Aus Lehmann, Die Methoden der praktischen Hygiene. Wiesbaden 1901.)

4. Infusorien.

Balantidium coli.

Es kann im Darm tief in die Schleimhaut eindringen und Katarrhe sowie Geschwüre hervorrufen, vielleicht auch Leberabszesse.

B. Vermes-Würmer.

B. Würmer.

1. Trematoden.

1. Trematoden.

Plattwürmer (Saugwürmer). Mit ungegliedertem, meist blattförmigem Leib mit Mundöffnung und blind endigendem Darm. Ein Saugnapf zumeist am Mund; andere an anderen Stellen. Die Kutikula trägt häufig Stacheln. Die meisten Trematoden sind Hermaphroditen. Die Entwickelung der Eier und diejenige in den Zwischenwirten ist sehr kompliziert. Zwischen den zahlreichen zu den Geschlechtsorganen gehörenden Kanälen liegt ein Gewebe („Parenchym"), welches sich durch großen Glykogenreichtum auszeichnet.

Schistosomum haematobium (Distomum haematobium, Bilharzia) (Fig. 422). Der Parasit ist zweigeschlechtlich. Das Männchen ist kürzer und dicker als das Weibchen. Am hinteren Teil trägt das Männchen Stacheln, an der Vorderseite einen Kanal zur Aufnahme des Weibchens (Canalis gynaecophorus). Die Saugnäpfe stehen dicht zusammen. Die Eier sind groß, oval und tragen am hinteren Ende einen stachelförmigen Fortsatz (Fig. 423).

Schistosomum haematobium.

Die Infektion geht wahrscheinlich beim Baden und Trinken mittels des Wassers vor sich. Als Zwischenträger scheinen verschiedene Schneckenarten zu dienen. Der Parasit siedelt sich in der Pfortader und besonders in den Venen, in der Blase und im Mastdarm an. Die Eier gelangen in die Blase und rufen hier Entzündungen — Hämaturie —, papillomatöse Wucherungen, evtl. Blasensteine hervor. Im Mastdarm können auch eine Art von Dysenterie sowie Wucherungen entstehen (Fig. 424). Auch Vaginitis mit Hämaturie, Erscheinungen in anderen Organen, tumorartige Wucherungen am Oberschenkel und an den Genitalien, sowie Allgemeinerscheinungen können von dem Schistosomum haematobium hervorgerufen werden. Der Parasit ist besonders an der Nordküste Afri-

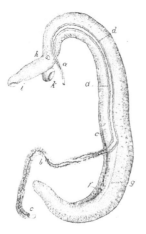

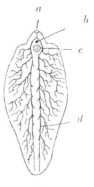

Fig. 422.

Schistosomum (Distomum) haematobium.

(Aus Küchenmeister, Leipzig, Teubner 1855.)

Fig. 423.

Ei vom Schistosomum haematobium mit Miracidium, das sich mit seinem Vorderende nach hinten gewendet hat (nach Looß).

(Aus Braun, Parasiten.)

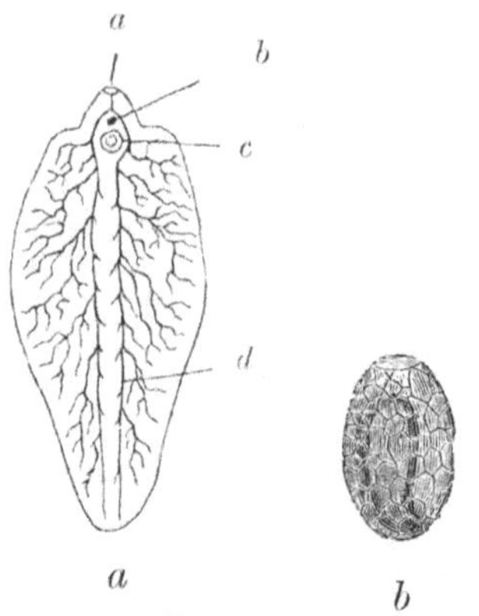

Fig. 425.

Fasciola (Distomum) hepatica.
1½ natürl. Größe.

a = Vorderer Saugnapf.
b = Porus genitalis.
c = Bauchsaugnapf.
d = Darmschenkel.

(Nach Lehmann l. c.)

Ei von Fasciola (Distomum) hepatica.

(Nach Seifert-Müller l. c.)

Schisto-somum japonicum.

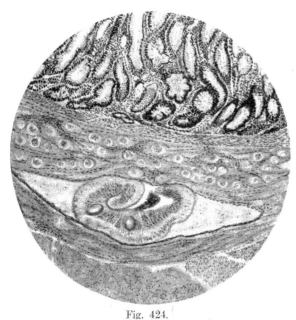

Fasciola hepatica.

Fig. 424.

Schistosomum haematobium im Mastdarm (Submukosa).

Ein Wurm liegt in einer Vene; darüber finden sich im Gewebe zahlreiche Eier.

kas, vor allem in Ägypten, und hier wieder besonders im Deltagebiet, häufig.

Ein ähnlicher Parasit ist das **Schistosomum Japonicum** (Katsurada), der Erreger der sogen. „Katayama-Krankheit", besonders in Japan und China. Seine Eier, die den oben genannten Endstachel nicht haben, finden sich auch besonders in der Leber, aber auch im Gehirn etc. Als Zwischenträger scheinen auch hier Schnecken erkannt zu sein. Noch eine dritte Art, das Schistosomum Mansoni, wird unterschieden. Es kommt z. B. in Brasilien viel vor. Besonders in der Leber finden sich die — mit Seitenstachel versehenen — Eier, wo sie zuweilen, wie auch in anderen Organen, Entzündungen und pseudotuberkulöse Granulationen erzeugen können.

Fasciola hepatica (Distomum hepaticum), der Leberegel (Fig. 425). Er ist bis über 3 cm lang, relativ breit, trägt zwei Saugnäpfe und Schuppen an der Kutikula. Die Eier haben einen Deckel. Der Parasit entwickelt sich aus dem Ei in stehendem Wasser und macht sodann in einer Wasserschnecke eine Umwandlung in Zerkarien durch. Diese Zerkarien lagern sich an Gräsern in Zystenform ab. Mit diesen infizieren sich Rinder und Schafe etc., selten der Mensch. Hauptaufenthaltsort der Parasiten sind die Gallengänge. Es kommt zu Bindegewebswucherung; doch können die Parasiten auch in andere Organe gelangen.

Noch zu erwähnen sind: Das **Dicrocoelium** (D i s t o m u m) **lanceolatum** (Fig. 426), bis 1 cm lang, welches am selben Ort ähnliche Erscheinungen wie der Leberegel hervorruft, sehr selten beim Menschen; der **Opisthorchis felineus** (D i s t o m u m f e l i n e u m) (Fig. 427), besonders bei Katzen, aber auch beim Menschen, (Sibirien Ostpreußen), mit Fischen als Zwischenwirt vorkommend, ebenfalls in den Gallengängen (sowie Pankreas) ähnliche Erscheinungen (bis zur Ausbildung von Leberzirrhose) erzeugend; ferner der **Clonorchis sinensis** und **endemicus** (D i s t o m u m s p a t h u - latum) (Fig. 428), welcher, in China und Japan, auch vor allem die Gallenwege und eventuell

(Randnotizen: Dicrocoelium lanceolatum. Opisthorchis felineus. Clonorchis sinensis.)

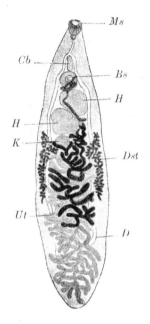

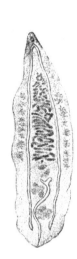

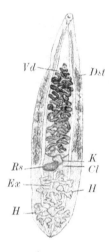

Fig. 426.
Dicrocoelium lanceolatum St. et Haß.
Bs Bauchnapf, *Cb* Cirrusbeutel, *D* Darmschenkel, *Dst* Dotterstock, *H* Hoden-, *K* Keimstock, *Ms* Mundnapf, *Ut* Uterus.
(Aus B r a u n, Parasiten.)

Fig. 427.
Opisthorchis felineus (Riv.)
aus der Hauskatze.
(Aus B r a u n, Parasiten.)

Fig. 428.
Clonorchis sinensis.
Cl Laurerscher Kanal, *Dst* Dottersack, *Ex* Exkretionsblase, *H* Hoden-, *K* Keimstock, *Rs* Receptaculum seminis, *Vd* Endabschnitt des Vas deferens. (Nach Looß.)
(Aus B r a u n, Parasiten.)

latum) (Fig. 428), welcher, in China und Japan, auch vor allem die Gallenwege und eventuell das Pankreas befällt — auch hier Ausbildung von Zirrhose —, aber auch schwere Allgemeinerscheinungen herbeiführt; sowie endlich der **Paragonimus Westermanni** (D i s t o m u m p u l m o - n a l e), der bei Katzen, Hunden etc., sowie beim Menschen, besonders in Japan, die Lungen befällt, hier in größerer Zahl in bronchiektatischen Kavernen liegt oder im Lungengewebe Höhlenbildung oder Lungenschrumpfung, eventuell auch Hämoptoen herbeiführt und auch in andere Organe, besonders auf dem Lymphwege, gelangen kann.

(Randnotiz: Paragonismus Westermani.)

2. Cestoden.

(Randnotiz: 2. Cestoden)

Die ebenfalls zu den Plattwürmern gehörenden **Cestoden** oder **Bandwürmer** sind langgestreckte, meist gegliederte Würmer, ohne Mund und Darm. Der Kopf, S k o l e x , A m m e , trägt die Haftorgane, 2—4 Saugnäpfe; er ist gegenüber den unmittelbar hinter ihm liegenden Teilen etwas angeschwollen, oft mit einem Stirnfortsatz, R o s t e l l u m , versehen, das manchmal einen doppelten Kranz von H a k e n trägt. Auf den Kopf folgt der sehr schmale und dünne H a l s , ohne deutliche Gliederung, dann die sogenannten P r o g l o t t i d e n , die nach dem Hinterende zu immer größer werden und die Fähigkeit haben, sich loszulösen und eine Zeitlang isoliert fortzuleben. Jede Proglottide hat ihre eigenen männlichen und weiblichen Geschlechtsapparate, deren Ausführungsgänge meist gemeinschaftlich an der Seite oder an der Fläche der Proglottide münden. Von den weiblichen

(Randnotiz: Allgemeines.)

Genitalien tritt besonders der Uterus deutlich hervor. Die Geschlechtsreife findet erst an den älteren Gliedern statt.

Der vordere, proliferierende Teil, welcher die Fähigkeit besitzt, nach Entfernung der Proglottiden wieder neue zu erzeugen, findet sich auch in der Jugendform des Bandwurms als Skolex, und zwar kommt die Jugendform in anderen Tierarten vor als der fertige, geschlechtsreife Bandwurm. Es geht also bei der Entwickelung der Cestoden ein echter Generationswechsel vor sich: Aus dem geschlechtsreifen Tiere entstehen die Eier, aus diesen im Zwischenwirt die Jugendformen (Ammen oder Larven), die geschlechtslos sind und erst im definitiven Wirt zum Bandwurm auswachsen. Im einzelnen ist die Entwickelung folgende:

Innerhalb des Eies entwickelt sich der mit sechs Haken versehene Embryo. Die Eier verlassen mit den Proglottiden den Darm des Bandwurmträgers („Wirtes") und gelangen nun auf Pflanzen, Düngerhaufen etc. oder ins Wasser; durch Zerfall der Proglottiden können die Eier frei werden, entwickeln sich aber nur weiter, wenn sie (frei oder mit den Proglottiden) in den Darmkanal eines geeigneten Tieres, ihres Zwischenwirtes, gelangen. In diesem werden durch Verdauung der Eihülle, eventuell auch der Proglottiden, die Embryonen frei und bohren sich nun in die Darmwand ein; ein Teil wandert selbständig weiter, andere gelangen auch ins Blutgefäßsystem und werden mit dem Blute in den verschiedensten Organen abgelagert, wo sie sich zur Larvenform ausbilden. Bei einem Teil der Cestoden wachsen nun die Embryonen zu sogenannten Zystizerken aus; sie verlieren ihre Hakenkränze und werden zu einer mit heller Flüssigkeit gefüllten Blase. Aus dieser entsteht die Finne (Cysticercus), indem von der Wand aus eine Hohlknospe in das Lumen der Blase hineinwächst, welche die Anlage des Kopfes darstellt und deshalb auch „Kopfzapfen" heißt. In der Höhlung entstehen die Saugnäpfe und das Rostellum mit Haken; es ist also bereits ein Bandwurmkopf, Skolex, entwickelt, aber derselbe ist handschuhfingerförmig in das Lumen der Blase eingestülpt, in welchem Zustande er auch bleibt, solange die Finne im Zwischenwirt enthalten ist. Übt man auf die herauspräparierte Blase einen leichten Druck aus, so gelingt es unschwer, den Skolex auszustülpen, und es erscheint dann die Blase als ein verhältnismäßig sehr großer Anhang des Skolex, der sich nun in seiner natürlichen Lage, mit Rostellum und Saugnäpfen an der Außenseite darstellt. Meist bildet sich in einer Blase nur ein Kopfzapfen, bei manchen Arten aber (Coenurus) eine größere Zahl derselben. Beim Echinokokkus entstehen aus der Blase Tochter- und Enkelblasen und in diesen wieder Skolices. Andere Formen bilden keine Blasen, sondern nur kleinere, solide Körper, die man im Gegensatz zu den Zystizerken als Plerozerken bezeichnet. Bei wieder anderen endlich entwickelt sich als Larve ein sogenanntes Plerozerkoid, d. i. eine Larve mit Kopf und ebenfalls solidem Schwanzteil, der aber nicht von ersterem abgesetzt ist, sondern nur als Verlängerung desselben erscheint. Der Kopf ist gleichfalls ursprünglich eingestülpt. Bei den Bothriozephalen (s. u.) wachsen die eingekapselten Plerozerkoide bald in die Länge und gleichen also schon völlig einem kleinen fertigen Bandwurm, können aber nie im Zwischenwirt zum großen, geschlechtsreifen Bandwurm auswachsen. Gelangt nun eine dieser Finnenformen in den Magen eines anderen für sie geeigneten Tieres, so stülpt sich der Skolex aus, und die Blase wird verdaut. In den Darm gelangt, heftet sich der junge Skolex mit Hilfe seiner Saugnäpfe an der Wand an und wächst nun zum gegliederten, geschlechtsreifen Bandwurm aus.

Von Bandwürmern finden sich beim Menschen Vertreter aus der Familie der Täniaden und Bothriozephalen.

Täniaden. Kopf rundlich mit vier Saugnäpfen, Geschlechtsöffnung seitlich; Jugendzustand eine Blasenform. Eier deckellos.

Taenia solium (Fig. 429, 430, 431). 2—3 m, auch bis 6 m lang, Kopf mißt 1 mm im Durchmesser, zeigt Rostellum mit 26 relativ großen Haken (Fig. 429), die in zwei Kreisen angeordnet sind. Die reifen Proglottiden (Fig. 430) sind 8—10 mm lang, 6—7 mm breit; die Zahl der Glieder beträgt 800—900. Uterus jederseits mit 7—10 Ästen,

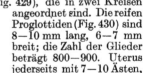

Fig. 429.

Kopf von Taenia solium.

(Nach Heller in Ziemssens Handbuch der
spez. Pathologie u. Therapie. Bd. VII.
Leipzig 1876.)

Fig. 430.

Glied von Taenia solium.

(Nach Seifert-Müller, l. c.)

Fig. 431.

Ei von Taenia solium.

(Nach Seifert-Müller, l. c.)

welche — an sich relativ wenig verzweigt — sich an den peripheren Enden dendritisch weiter teilen. Die Proglottiden werden nur mit den Fäzes entleert.

Die Eier (Fig. 431) sind oval, enthalten im reifen Zustand einen kugeligen Embryo und sind von einer radiär gestreiften Schale umgeben. Ihr Durchmesser beträgt ca. 0,03 mm.

Die Finne, **Cysticercus cellulosae,** bildet im Muskelfleisch (siehe unten) linsen- bis bohnengroße, meist einzeln liegende Blasen, in denen sich der junge Bandwurmkopf, der Skolex, entwickelt (Fig. 432). *Cysticercus cellulosae.*

Die reife Taenia solium findet sich nur im Dünndarm des Menschen; die Weiterentwickelung der Eier geschieht in einem Zwischenwirt, und zwar dient als solcher vorzugsweise das Schwein, welches die Proglottiden und Eier aus Exkrementen des Menschen in sich aufnimmt. Im Magen des Schweines wird die Eischale gelöst und der Embryo frei. Dieser gelangt nun in den Darm, bohrt sich mit Hilfe seiner Haken in die Darmwand ein, von wo aus er, zum Teil durch den Blutstrom verschleppt, in die Gewebe einwandert und besonders in der Muskulatur zur Finne auswächst. Die Zeit der Entwickelung des Embryo bis zur Finne beträgt ca. 2—3 Monate. Innerhalb des Zwischenwirts entwickelt sich die Finne nicht weiter, kann aber in demselben 3—6 Monate am Leben bleiben; stirbt sie schließlich ab, so schrumpft die Blase; sie kann auch verkalken.

Die Schweinefinne kommt oft in großer Anzahl im Muskelfleisch, namentlich in der Zungenwurzel, aber auch in anderen Organen vor.

Der Mensch infiziert sich durch Genuß rohen oder ungenügend gekochten resp. ungenügend geräucherten finnigen Schweinefleisches. Im Magen stülpt sich der junge Skolex aus, die ihm anhängende Schwanzblase wird verdaut und der in den Dünndarm gelangte junge Bandwurmkopf wächst im Verlauf von 10—12 Wochen zum geschlechtsreifen Bandwurm heran. Die Lebensdauer der Taenia solium kann 10—15 Jahre betragen. Besonders findet sich dieselbe bei Personen, die

Fig. 432.

Schematischer Schnitt durch eine Zystizerkusblase, an welcher der Bandwurmkörper sproßt.

(Nach Fleischmann, Lehrbuch der Zoologie. Wiesbaden 1898.)

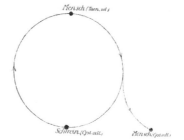

Fig. 433.

Schema des Wirtswechsels von Taenia solium. (Nach Bollinger.)

öfters rohes Schweinefleisch genießen resp. mit solchem hantieren (Metzger, Köchinnen). Das Vorkommen der Zystizerken ist in den verschiedenen Gegenden sehr wechselnd. In Deutschland trifft etwa auf 324 Schweine ein finniges.

Außer der Taenia solium kommt auch ihr Larvenzustand, der Cysticercus cellulosae, beim Menschen vor, und zwar in verschiedenen Organen, am häufigsten in der Muskulatur, im Gehirn (auch in den Ventrikeln mit Verschluß dieser, Hydrozephalus und zuweilen plötzlichem Tod), dem Auge, dem Herzen, dem Unterhautbindegewebe, der Lunge, der Leber, dem Peritoneum; er bildet bis haselnußgroße und größere Blasen, die meist mit einer bindegewebigen Kapsel umgeben werden, an deren Innenfläche sich oft zahlreiche Fremdkörperriesenzellen finden; an einigen Stellen, wie in den Hirnventrikeln, kommen die Zystizerken öfters ganz frei vor. Sie treten solitär oder auch in größerer Anzahl auf. Manchmal bilden sich auch zusammenhängende oder verzweigte, traubige Massen: C. racemosus. Da die Eier nicht im Darm, sondern nur im Magen ihre Hüllen verlieren und die Embryonen frei werden lassen, so kann die Infektion mit Zystizerken nur dadurch geschehen, daß Eier in den Magen gelangen. Zum Teil werden sie vielleicht mit Gemüsen, Salat etc., die mit Kot verunreinigt sind, eingeführt, häufiger wahrscheinlich durch Selbstinfektion, indem durch Unsauberkeit bei der Defäkation Bandwurmeier an die Hände und von da gelegentlich in den Mund gebracht werden, vielleicht auch durch sogenannte innere Selbstinfektion, indem bei Erbrechen Eier aus dem Darm in den Magen gelangen, wo ihre Hülle verdaut wird. In allen diesen Fällen werden die Embryonen frei, durchsetzen die Darmwand und geraten in die einzelnen Organe, wo sie zu Zystizerken auswachsen. Zystizerken z. B. des Gehirns können ein sehr hohes Alter (selbst 33 Jahre sind beobachtet) erreichen.

Taenia saginata (mediocanellata) (Fig. 434—436). Kopf größer als von T. solium (1,5—2 mm) mit vier großen Saugnäpfen, ohne Hakenkranz, mit rudimentärem Rostellum. Der ganze Bandwurm größer und kräftiger als die vorige Art, eine Länge von 8—10, ja sogar 30 m erreichend. *Taenia saginata.*

Die reifen Proglottiden (Fig. 435) sind bis zu 18 mm lang, 7—9 mm breit, die Zahl der Glieder beträgt 1200—1600. Der Uterus zeigt jederseits 20—30 dichotomisch verästelte Seitenzweige, die viel feiner und verzweigter sind als bei der T. solium. Die Glieder kriechen auch spontan, ohne Stuhlentleerung, gewöhnlich zu mehreren vereinigt, aus dem After heraus und zeigen auch dann noch lebhafte, kriechende Bewegungen. Die Eier sind denen der T. solium sehr ähnlich, aber mehr kugelig.

Die Finne, meist nur in weniger zahlreichen Exemplaren vorhanden als die Schweinefinne, findet sich im Muskel-

Fig. 434.
Taenia saginata (mediocanellata). Kopf
stark pigmentiert.
(Nach Heller in Ziemssens Handbuch der
spez. Pathol. u. Therapie. Bd. VII. Leipzig 1876.)

Fig. 435.
Glied von Taenia saginata.
(Nach Seifert-Müller.)

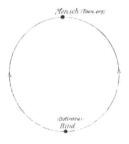

Fig. 436.
Schema des Wirtswechsels von
Taenia saginata.
(Nach Bollinger.)

fleisch (Kiefermuskeln) und in den Eingeweiden der Rinder (Rindsfinne) und ist ebenfalls ein Zystizerkus, aber etwas kleiner als die Schweinefinne.

Der ausgebildete Bandwurm kommt ausschließlich beim Menschen vor und ist häufiger als die T. solium. Öfters findet man auch schon Eier im Kot des Bandwurmträgers. Die Entwickelung der

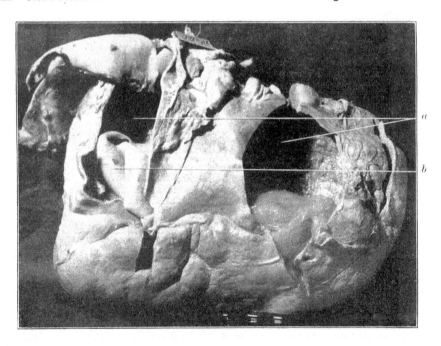

Fig. 437.
Echinococcus unilocularis der Leber.
Bei a die eröffnete Echinokokkusblase, bei b die lamellöse Echinokokkenmembran.

Embryonen zur Finne geschieht in den Muskeln und inneren Organen des Rindes, das sich mit menschlichen Exkrementen (namentlich durch mit Kot verunreinigte Pfützen und Lachen) oder mit Gräsern, an denen Eier haften, infiziert.

Die Infektion des Menschen geschieht durch Genuß finnigen, rohen oder halbrohen Rindfleisches und ist namentlich in Gegenden häufig, wo der Genuß von rohem Fleisch verbreitet ist. Die weitere Entwickelung der Finnen geschieht in der gleichen Weise wie bei T. solium.

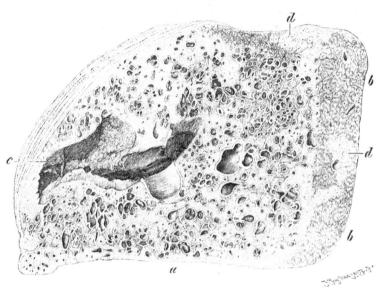

Fig. 438.

Stück aus einem Echinococcus multilocularis im Durchschnitt. Nat. Gr.

a Alveolär gebautes Echinokokkusgewebe. *b* Lebergewebe. *c* Erweichungshöhle. *d* Frische Knötchen.

Aus Ziegler, Lehrbuch d. allg. Pathol., Anat. u. Pathogenese. Jena, Fischer 1892. 7. Aufl.

Taenia echinococcus (Fig. 437—441). Kleiner, 3—5 mm langer Bandwurm des Hundes; Kopf mit Rostellum, vier Saugnäpfen und doppeltem Hakenkranz von bis zu über 40 Haken, außerdem 3—4 Glieder, von denen das hinterste gewöhnlich den ganzen übrigen Bandwurm an Länge übertrifft und nur geschlechtsreif ist. Der Jugendzustand, **Echinokokkus**, bildet Blasen von vari-

Taenia echinococcus.

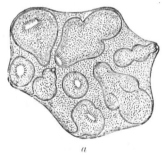

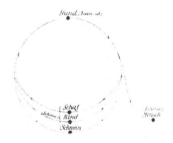

Fig. 439.

Brutkapsel eines Echinokokkus mit Bandwurmköpfen.

(Nach Heller, l. c. Bd. III.)

Echinokokkenskolex eingestülpt.

(Nach Heller, l. c. Bd. III.)

Fig. 440.

Schema des Wirtswechsels von Echinokokkus.

(Nach Bollinger.)

ierender Größe, von ein paar Millimetern im Durchmesser bis Kindskopfgröße. Die Blasenwand besteht aus einer ca. $^1/_2$—1 mm dicken, lamellös gebauten Chitinschicht (Kutikula), deren Innenfläche eine zarte Schicht parenchymatösen Gewebes anliegt. Das Innere der Blase ist mit klarer, eiweißfreier Flüssigkeit erfüllt, in welcher Bernsteinsäure nachweisbar ist. Die Blase kann steril bleiben oder proliferieren. Im letzteren Falle entstehen aus der Parenchymschicht entweder direkte Skolices, oder es entwickeln sich zuerst sogenannte Brutkapseln, in welchen sich erst die Köpfchen bilden (Fig. 439).

Die einzelnen Skolices (Fig. 441) sind ca. 3 mm lang, mit vier Saugnäpfen, Rostellum und zwei Hakenkränzen versehen und von feinen Kalkkörnchen durchsetzt. Eine Brutkapsel kann bis zu 25 Skolices enthalten. Sehr häufig en'stehen von der Blasenwand aus sekundäre Tochterblasen, welche sich mit einer Chitinhaut bekleiden und dann ablösen können, und von ihnen aus Enkelblasen, die alle ihrerseits wieder Brutkapseln und Skolices aus sich hervorgehen lassen. Letztere können durch Platzen der Kapseln frei werden. Im Gegensatz zu diesen endogen proliferierenden Formen kommen auch ektogen wachsende vor, bei denen die Tochterblasen nicht nach innen, sondern nach außen zu wachsen; lösen sich in diesem Falle die Tochter- und Enkelblasen nicht ab, sondern bleiben sie mit der Mutterblase in Zusammenhang, so entstehen vielfach verzweigte, traubige Bildungen, welche das Organgewebe durchsetzen. — Von dem gewöhnlichen **Echinococcus unilocularis** ist zu trennen der **Echinococcus multilocularis** oder **Alveolar-Echinokokkus.** Hier ist das befallene Organ, zumeist die Leber, von größeren und kleineren Zysten durchsetzt, deren Membran die typische lamellöse Schichtung zeigt und um die das Organgewebe Riesenzellen und eine Kapsel bildet. Der Echinococcus multilocularis — besonders in Süddeutschland vorkommend — ist sehr gefährlich, er macht oft Metastasen und ruft Entzündungen und Nekrosen hervor. Wahrscheinlich liegt in diesem Echinococcus multilocularis eine eigene, vom gewöhnlichen zu scheidende Spezies vor.

Echino-coccus uni- und multi-locularis.

Fig. 441.
Echinokokkushäkchen.
(Nach Heller, l. c. Bd. III.)

Die Taenia echinococcus kommt sehr häufig im Darm der Hunde vor, und zwar meist in größerer Anzahl. Auf verschiedenen Wegen gelangen die Eier in den Magen des Menschen oder der Haustiere; in den Menschen, namentlich durch direkten Kontakt mit Hunden, an deren Schnauze, die ja öfter mit dem After in Berührung tritt, häufig Eier hängen bleiben, ebenso wie am Haarpelz der Tiere. Vom Darm aus wandern die Embryonen in die Organe ein und bilden dort die Finne. Beim Menschen entwickelt sich diese am häufigsten in der Leber, seltener in der Lunge, Pleura, dem Peritoneum, den Nieren, Muskeln, dem Gehirn, ferner in Milz, Knochen, Unterhautbindegewebe, im Auge. Das Wachstum der Echinokokkusblasen ist sehr langsam; nach 19 Wochen errreichen sie ungefähr Walnußgröße, und erst fünf Monate nach der Infektion bilden sie Brutkapseln. Ihre Wirkung auf das Gewebe ist vorzugsweise eine mechanische und besteht in Verdrängung, Druckatrophie und Zirkulationsstörungen. Um die Echinokokkenmembran herum entwickelt, wie um alle Fremdkörper, auch das Organ des Wirtes oft eine bindegewebige Kapsel. Mit stärkerer Größenzunahme werden die Echinokokkenblasen zu geschwulstartigen Bildungen. Öfters stirbt der Echinokokkus spontan ab und kann dann resorbiert werden, oder die Blase schrumpft, verkalkt, und zeigt als Inhalt eine breiige, häufig Kalkeinlagerungen aufweisende Detritusmasse. Besonders im Anschluß an traumatische Einwirkungen (Verletzungen, Punktion) kann die Blase vereitern und Abszesse verursachen. Von anderen Folgezuständen ist die Perforation in benachbarte Hohlorgane oder nach außen zu nennen. Sie erfolgt je nach dem Sitz des Echinokokkus in den Darm, die Vagina, Blase, die Bronchien, die Pleurahöhle oder die Peritonealhöhle. Am günstigsten ist der Durchbruch durch die Haut nach außen. Durch Einbruch in die Blutbahn kann auf embolischem Wege Ansiedelung von Echinokokkusblasen in entfernten Organen zustande kommen.

Die Diagnose gründet sich, abgesehen von dem makroskopischen Verhalten, bei älteren, namentlich verkalkten Herden auf den Nachweis lamellös geschichteter Chitinhäute, der Skolices oder auch einzelner Haken von solchen. Die letzteren sind viel kleiner als die der Zystizerken, 0,03—0,04 mm lang. Die Untersuchung geht im frischen Präparat vor sich, von der Wand untersucht man am besten einen Scherenschnitt.

Die Hunde infizieren sich durch Fressen von Fleischabfällen verschiedener Haustiere, die Echinokokken, sogenannte „Wasserblasen" enthalten.

Die Verbreitung des Echinokokkus ist in verschiedenen Gegenden wechselnd und geht im allgemeinen der Verbreitung der Hunde parallel. Der Echinokokkus ist beim weiblichen Geschlecht, infolge des manchmal recht intimen Verkehrs mit Hunden, häufiger.

Verschie-dene Arten.

Bothrio-zephalen.

Hier erwähnt werden soll noch die Taenia canina oder cucumerina. Der bis 35 cm lange Wurm ist ein Parasit des Hundes (bzw. der Katze). Durch Flöhe und Läuse wird er als Zystizerkoid auf den Menschen, besonders kleine Kinder, (durch Verschlucken der Insekten), und kann hier Darmaffektionen hervorrufen. Ferner sei erwähnt die Hymenolepis nana (Taenia nana), ein nur etwa 4 cm langer Parasit, welcher auch bei kleinen Kindern ähnliche Störungen veranlassen kann.

Bothrio-cephalus latus.

Bothriozephalen. Bothriocephalus latus (Fig. 442—444); Kopf abgeplattet, mit zwei spaltförmigen Saugnäpfen, ohne Hakenkranz. Geschlechtsöffnung an der Fläche der Proglottiden. Der Bandwurm wird 8—12 m lang. Zahl der Glieder 2400—3500. Die reifen Proglottiden sind 10—12 mm breit, 3—5 mm lang, also viel breiter als lang. Sie trennen sich nicht einzeln, sondern gehen immer in größeren Stücken ab. Der Uterus bildet einen einfachen, rosettenförmig gewundenen Schlauch in der Mitte des Gliedes. Die Eier sind oval (Fig. 443), von einer Schale umgeben, die an dem einen Pol einen Deckel trägt. Sie färben sich im Wasser oder an der Luft bald dunkelbraun, wodurch die sie enthaltende Uterusrosette sehr deutlich hervortritt. Sie werden schon innerhalb des Darmes abgelegt. Der Embryo trägt ein Wimperkleid.

Der Jugendzustand ist ein Plerozerkoid (S. 330), bestehend aus einem Skolex und einem soliden, vom Kopfe nicht scharf abgesetzten Schwanzteil. Er findet sich in den Muskeln und Eingeweiden von Fischen, besonders Hechten und Quappen. Der Botriocephalus latus kommt außer beim Menschen auch beim Hunde vor.

Die Embryonen entwickeln sich erst nach Ablage der Eier, meistens im Wasser, werden durch Lösung des Deckels frei und bewegen sich dann mit Hilfe der Wimpern fort. Später verliert der Embryo seine Wimperhülle. Da in den Eingeweiden und Muskeln der Fische immer nur ausgebildete Plerozerkoide gefunden werden, nie aber jüngere Zustände oder Embryonen, da ferner die Plerozerkoide in bereits aus-

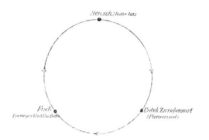

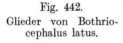

Fig. 442.	Fig. 443.	Fig. 444.
Glieder von Bothrio-cephalus latus.	Ei von Bothriocephalus latus.	Schema des Wirtswechsels von Bothriozephalus.
		(Nach Bollinger.)

gebildetem Zustande nachgewiesenermaßen die Darmwand der Fische durchbohren, so entwickeln sie sich wahrscheinlich nicht in diesen, sondern in kleinen Wassertieren, welche von Fischen gefressen werden. Sie durchwandern dann also zwei Zwischenwirte. Die Infektion des Menschen erfolgt durch Genuß finnigen Fischfleisches. Die Anämie, welche oft eintritt, wird auf toxische Substanzen des Bothriozephalus bezogen.

Der Bothriocephalus latus kommt in manchen Gegenden endemisch vor: in der westlichen Schweiz, in manchen Gegenden Rußlands, in Polen, Schweden, mehreren Distrikten Norddeutschlands; in München tritt er als Folge von Genuß von Fischen des Starnbergersees auf. Die Lebensdauer dieses Bandwurmes ist enorm. Er soll in einem Falle 43 Jahre lang in einem Organismus gehaust haben.

3. Nematoden.

3. Nema-toden.

Die Nematoden (Fadenwürmer) haben einen langgestreckten, walzenförmigen, ungegliederten Körper mit Mund und After, welche durch einen Digestionskanal verbunden sind, sowie einen Porus genitalis; an der Mundöffnung finden sich Anhänge in Form von Papillen oder Borsten. Die Würmer sind getrennten Geschlechtes; die Männchen, meist kleiner, haben eingerollte Hinterenden; manche Nematoden legen Eier ab, andere sind vivipar, zum Teil in Form von Larven. Die wichtigsten Formen sind:

Strongyloides intestinalis (Anguillula intestinalis und stercoralis) (Fig. 445). Kommt vor allem in Cochinchina, von Europa am häufigsten in Italien vor. Durch die Haut oder den Intestinaltrakt gelangt der Parasit in den Darm des Menschen. Hier legt das Muttertier etwa 2,5 mm lange, 35 μ breite Eier, nachdem es sich in die Schleimhaut eingebohrt. Es entwickeln sich junge Larven, die — sehr beweglich — mit den Exkrementen nach außen gelangen. Diese gehen in Europa direkt — in den Tropen nach Dazwischentreten einer geschlechtlichen Generation — in die ausgewachsene Wurmform über. Enteritis und Diarrhöen sind beim Menschen die Folge der Invasion.

Strongy-loides in-testinalis.

Neuerdings ist ein Strongylus Gibsoni in den Fäzes gefunden worden.

Filaria Bankrofti (Filaria sanguinis hominis) (Fig. 446). Das bräunliche Weibchen ist bis 8 cm lang, $\frac{1}{4}$ mm breit. Das farblose Männchen ist etwa halb so groß und breit; im Hinterleib zwei verschieden große Spikula.

Filaria Bankrofti.

Infizierte Mücken übertragen die Larven — Mikrofilarien — auf den Menschen. Hier entwickeln sie sich zu geschlechtsreifen Filarien. Sie siedeln sich in den Lymphgefäßen an. Die Weibchen legen seltener Eier ab, meist vivipare Junge, die in die Blutzirkulation gelangen.

Diese jungen Larven sind bis 0,2 mm lang, 0,01 mm breit, und oft zu Millionen im Blute vorhanden. Sie werden aber im Blute nur während des Schlafes, also zumeist während der Nacht aufgefunden, was wohl auf ihrem Übertritt in die Hautgefäße beruht. Nachts aber haben die Moskitos gerade Gelegenheit, sich und sodann andere Menschen zu infizieren. Sie dienen so als Zwischenwirt, damit die Larven sich weiter entwickeln. Die Filaria Bankrofti ruft beim Menschen neben Allgemeinerscheinungen Lymphangitis (mit Erysipel, Abszessen etc.) und Elephantiasis,

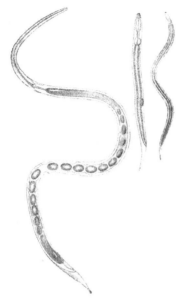

Fig. 445.
Strongyloides intestinalis. Links ein geschlechts-
reifes Weibchen aus dem Darm eines Menschen.
Natürl. Größe 2,5 mm. Daneben eine rhabritis-
förmige Larve aus frisch entleerten Fäzes ($\frac{120}{1}$)
und eine filariforme Larve aus einer Kultur ($\frac{120}{1}$).
(Aus Braun, Parasiten.)

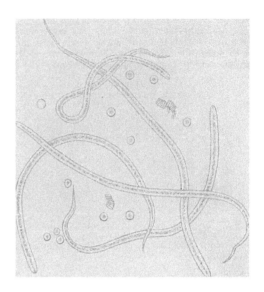

Fig. 446.
Larven der Filaria Bancrofti im Blute des Menschen.
Vergrößert. (Nach Railliet.)
(Aus Braun, Parasiten.)

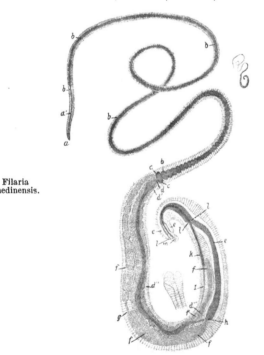

Filaria
medinensis.

Tricho-
cephalus
dispar.

Fig. 447.
Männchen des Trichocephalus dispar.
(Aus Küchenmeister, Die in und an dem Körper des
leb. Mensch. vorkomm. Parasit. Leipzig 1855. Teubner.)

besonders an den Beinen und Geschlechtsorganen,
hervor. Auch Chylurie ist häufig die Folge. Außer
den beschriebenen „nokturnen" Larven gibt es auch
— besonders in Afrika — eine **Filaria diurna,** Larven
die bei Tage im Blute erscheinen und am Tage ste-
chende Insekten als Überträger haben müssen. Diese
Larven gehören zur **Filaria loa** (die sich besonders
an der afrikanischen Westküste findet). Es kommt
zu wandernden Anschwellungen, besonders in der
Orbita und Conjunctiva bulbi. Ferner gibt es eine
Filaria perstans (Ansiedelungsort: das retroperitoneale Gewebe), deren Larven tags und nachts im
Blute erscheinen.

Filaria medinensis (Guineawurm). Weibchen
bis 1 m lang und $1\frac{1}{2}$ mm breit, trägt am hinteren
Ende einen Stachel. Im Uterus meist zahlreiche
Junge. Männchen sind nicht mit Sicherheit erkannt.

Die Larven dringen in Zyklopoden ein, viel-
leicht wird durch diese mit dem Trinkwasser der
Mensch infiziert; hier wachsen die Larven zum
Wurm aus. Nach langer Inkubationszeit ruft der
Wurm besonders an den unteren Extremitäten, im
Unterhautgewebe liegend, ein Geschwür hervor, in
dessen Grund der Parasit sichtbar ist. Hierbei
scheinen auch toxische Substanzen mitzuwirken.
Die Krankheit kommt besonders in Arabien, Per-
sien, Afrika vor.

Trichocephalus trichiurus (dispar) (Peit-
schenwurm) (Fig. 447, 448). Vorderleib faden-

förmig verlängert, Hinterleib walzenförmig, Männchen 40—50 mm, Weibchen ca. 50 mm lang.
Der dicke Hinterleib beim Männchen eingerollt. After terminal. Spikulum in einer vorstülp-
baren Tasche gelegen. Die mit den Fäzes entleerten Eier wachsen in feuchter Erde oder Wasser
zu Larven aus, die in einer Schale geborgen, lange so leben können. Von Kindern verschluckt,
wachsen sie hier zu geschlechtsreifen Würmern aus. Sie sitzen besonders im Cökum und im

a

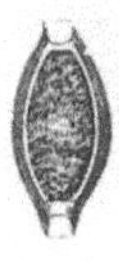

b

Fig. 448.

Trichocephalus dispar, natürliche Größe.
(Nach Heller, l. c. Bd. VII.) a Weibchen, b Männchen.

Ei von Trichocephalus dispar.
(Nach Seifert-Müller, l. c.)

Processus vermiformis; in die Mukosa eingefressen, saugen sie offenbar Blut und können so Anämien
sowie auch nervöse Allgemeinerscheinungen erzeugen.

Trichinella (Trichina) spiralis (Fig. 449, 450). Männchen bis 1,5 mm, Weibchen 3 mm lang. Hinter- Trichinella
ende wenig verdickt, beim Männchen mit zwei ventral gelegenen Zapfen versehen; Geschlechtsöffnung spiralis.
des Weibchens stark nach vorne gerückt. Die Weibchen sind vivipar. Die Zahl der in einem Weibchen
enthaltenen Jungen ca. 1500; diese sind (eben geboren) 0,01 mm lang und wandern nicht wie andere Parasiten aus dem Wirtstier aus, sondern entwickeln sich in demselben weiter.
Die Infektion des Menschen erfolgt durch Genuß trichinösen Schweinefleisches. Im Darm des Menschen werden die eingekapselten Trichinen
frei, begatten sich nach 2—3 Tagen, die Männchen gehen zugrunde, die
Weibchen dringen in die Darmwand vor und setzen nach 5—7 Tagen die
Embryonen ab, die mit selbständiger Bewegung begabt sind. Diese gelangen
in Lymphgefäße, werden vom Blut verschleppt und erreichen so das Binde-

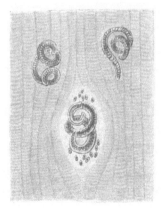

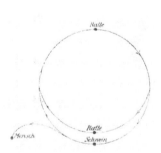

Fig. 449.

Muskulatur mit eingekapselter
Muskeltrichine (in der Mitte). Junge
Muskeltrichinen (oben). Kombinierte
Zeichnung z. T. nach Heller sowie
Lehmann.

Fig. 450.

Schema des Wirtswechsels von
Trichina spiralis.
(Nach Bollinger.)

Fig. 451.

Eustrongylus gigas. Natürl.
Größe. (Nach Railliet.)
(Aus Braun, Parasiten.)

gewebe und die Muskeln. In letzteren durchbohren sie das Sarkolemm und wandern in die Primitivbündel
ein, deren Substanz dabei zum Teil zugrunde geht. Innerhalb der Muskelfasern nehmen die Trichinen
stark an Volumen zu (bis 0,8 mm Länge) und rollen sich spiralförmig auf; sie liegen in einer körnigen,
durch Degeneration der Muskelsubstanz entstandenen Masse. Der Sarkolemmschlauch wird erweitert,
und durch entzündliche Reaktion eine ovale hyaline Kapsel gebildet, die nach 5—8 Monaten von den
Polen aus verkalkt. Jetzt erkennt man die Trichinen makroskopisch als feine weiße Streifen. Man findet

sie am ehesten in den Kau- und Halsmuskeln, ferner in dem Zwerchfell und in der Brustmuskulatur. Meist
enthält jede Kapsel 1, selten 2 oder 3 Muskeltrichinen; sie bleiben jahrelang (20, ja 30 Jahre) am Leben.
Anatomisch bestehen meist Gastroenteritiden, Myositis und Veränderungen verschiedener Organe, dazu
Eosinophilie, im Anfang mehr akute Symptome einer fieberhaften Infektion. Die Eosinophilie ist wohl
auf eine Mehrbildung im Knochenmark infolge toxischer von den Trichi-
nellen ausgehender Einwirkung zurückzuführen. Auch Zerfallsprodukte der
zerfallenden Muskulatur kommen bei der Erkrankung toxisch in Betracht.

In ähnlicher Weise wie beim Menschen findet
die Infektion mit Trichinen und die Wanderung
derselben in die Muskulatur beim Schwein,
der Ratte, der Maus, dem Fuchs, der Katze
und dem Iltis statt. Die Ratten fressen
auch ihresgleichen auf, und so pflanzt
sich die Erkrankung mittels Wirtswechsels unter ihnen fort; die Schweine
erhalten die Trichinen durch Fressen von
Ratten oder auch von Schlachtabfällen trichinösen Schweinefleisches.

Fig. 452.

Ankylostoma duodenale.
Natürl. Größe.

a Männchen, *b* Weibchen.
(Nach Heller, l. c. Bd. VII.)

Ei von Ankylostoma
duodenale.

(Nach Seifert-Müller, l. c.)

Eustrongylus gigas (Fig. 451). Das
Männchen bis 40 cm lang und 5 mm dick, mit
einem wie abgeschnittenen Hinterende. Weibchen bis 1 m lang und 1 cm breit. Der Parasit hat eine
eigenartige blutrote Farbe. Er kommt beim Menschen — selten — im Nierenbecken bzw. Ureter
vor, mit den Folgen der Urinverhaltung sowie Entzündungserscheinungen; häufiger bei Hunden,
Pferden, Ottern etc.

Eustron-
gylus gigas.

Ankylostoma duodenale (Hakenwurm). Männchen etwa 1 cm lang, $^1/_2$ mm dick, mit glocken-
förmigem Hinterende und zwei Spiculae, sowie am Kopfende mit einer großen Mundkapsel mit vier haken-
förmigen Zähnchen. Weibchen bis 13 mm lang. Der Parasit lebt im Dünndarm, besonders Jejunum,

Ankylo-
stoma
duodenale.

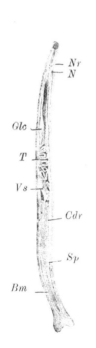

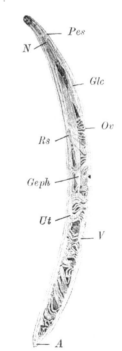

Fig. 453.

Männchen von Ankylostoma duodenale.

B Bursa, *Bm* Bursaemuskeln, *Cdr* Zementdrüsen
auf dem Ductus ejaculatorius, *Gle* Glandulae
cervicales, *N* Kern der Kopfdrüsen, *Nr* Nerven-
ring um den Ösophagus, *T* Hoden, *Sp.* Spikulum, *Vs* Vesicula seminalis. (Nach Looß.)
(Aus Braun, Parasiten.)

Fig. 454.

Weibchen von Ankylostoma duodenale.

A Anus, *Geph* Kopfdrüse, *Gle* Glandula cervicalis,
N Kern der Kopfdrüse, *Ov* Ovarium, *Pes* Porus
excretorius, *Rs* Receptaculum seminis, *Ut* Uterus,
V Vagina. (Nach Looß.)
(Aus Braun, Parasiten.)

Fig. 455.

Ei von Ascaris
lumbricoides.

(Nach Seifert-
Müller, l. c.)

in dessen Wand er sich einbeißt und von wo er Blut aufsaugt und sich im übrigen vorzugsweise von den Darmepithelien ernähren soll; den Darm des Parasiten findet man stets mit Blut gefüllt (Fig. 452—454).

Das Ankylostoma kommt in Italien, der Schweiz, Ägypten und den Tropen sehr verbreitet vor. Es ist die Ursache der sogenannten ägyptischen Chlorose. Es wurde auch bei den Gotthardtunnelarbeitern gefunden und kommt seitdem auch in Deutschland vor; seit einer Reihe von Jahren hat der Wurm bei den Bergarbeitern im westlichen Deutschland eine große Ausbreitung gefunden „(Wurmkrankheit"). Durch die Bergarbeiter wurde der Parasit in den Ziegelbrennerlehm verschleppt, der gewöhnlich feucht verarbeitet wird. Die Eier finden sich massenhaft im Kot und bedürfen zu ihrer Entwickelung des Wassers oder feuchter Erde, sowie einer Temperatur, die etwa der menschlichen Körperwärme entspricht. Die Larven werden durch Mund und sogar unverletzte Haut — Umweg über Lymphbahnen, Blutbahn, Lunge — aufgenommen; sie machen vier Häutungen durch, zwei im Wirtstier, zwei in der Außenwelt. Die Krankheit besteht hauptsächlich in schwerster Anämie. Neben dem Saugen wirken wohl auch gerinnungshemmende Stoffe hierzu mit.

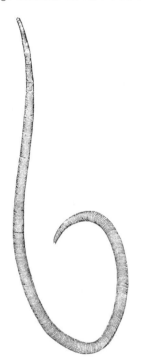

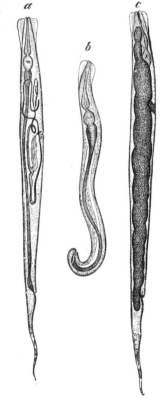

Oxyuris vermicularis.
Natürl. Größe.

1 Weibchen, 2 Männchen.

(Nach Heller, l. c. Bd. VII.)

Fig. 456.	Fig. 457.	Fig. 458.
Ascaris lumbricoides (Weibchen).	Ei von Oxyuris vermicularis.	Oxyuris vermicularis, vergr.
(Nach Peiper in Brüning - Schwalbes Handb. der allg. Path. etc. des Kindesalters. Wiesbaden, Bergmann 1912.)	(Nach Seifert-Müller, l. c.)	a reifes, noch nicht befruchtetes Weibchen, b Männchen, c eierhaltiges Weibchen. (Nach Heller, l. c. Bd. VII.)

Dem Ankylostoma ganz nahe verwandt ist der **Necator americanus.**

Ascaris lumbricoides (Spulwurm) (Fig. 455, 456). Drei Papillen tragende Mundlippen. Hinterende des Männchens ventral gekrümmt; mit zwei hinteren Spiculae; Männchen ca. 25, Weibchen bis 40 cm lang, deutlich geringelt. Körper nach vorne mehr als nach hinten zugespitzt. Die Eier (Fig. 455) 50—60 μ lang, mit dicker Schale, auf der eine helle Eiweißschicht aufliegt. Der Spulwurm findet sich im Dünndarm des Menschen, besonders bei Kindern, und kann von da in den Dickdarm, den Magen, die Gallenwege, die Leber, das Pankreas, auch in den Ösophagus und in die Respirationswege, wie in alle möglichen Organe, gelangen. Folgen sind lokale Entzündungen und Allgemeinerscheinungen. Die Eier gehen mit den Fäzes ab. Meist finden sich nur wenige Exemplare, manchmal sind sie aber zu Hunderten vorhanden. In feuchter Erde etc. entwickeln sich aus den Eiern die Embryonen, bleiben aber in der Schale und werden so verschluckt.

Oxyuris vermicularis (Pfriemenschwanz) (Fig. 457, 458). Das Männchen 4 mm, das Weibchen 10 mm lang; letzteres am Hinterende pfriemenförmig verlängert; das Männchen am Hinterende stumpf. Am

Ascaris lumbricoides.

Oxyuris vermicularis.

22*

Mund finden sich drei kleine Lippen. Die Eier sind oval, 50 μ lang und enthalten bei der Ablage bereits einen Embryo. Der Oxyuris (Madenwurm) lebt im Dickdarm und ist sehr häufig, namentlich bei Kindern; er verursacht katarrhalische Erscheinungen von seiten des Darmes, sowie starkes Jucken am After. Selten findet er sich im Dünndarm, bei Mädchen kommt er hier und da auch in der Scheide, im Uterus und in den Tuben, und auf diese Weise in der Bauchhöhle vor. Auch scheint er im Wurmfortsatz Entzündungen hervorrufen zu können.

Blutegel. Die **Hirudines** (Blutegel) sollen noch erwähnt werden. Sie kommen im Süden im **Larynx,** Pharynx etc. vor. Sie saugen Blut und fallen dann von selbst ab. Zu dem Zwecke der Blutentnahme werden sie auch therapeutisch verwandt. Da die Blutegel einen gerinnungshemmenden Stoff produzieren, kann es zu tödlichen Nachblutungen kommen.

C. Arthropoden. Gliederfüßler.

C. Arthropoden.

1. Arachnoiden:

Hier sind medizinisch von Interesse die beiden Gattungen Arachnoidea und Insecta. Zu den **Arachnoiden** gehören folgende Krankheitserreger:

Sarcoptes scabiei. Von den Akarinen ist die Krätzmilbe, **Sarcoptes scabiei** (Fig. 459), wichtig.

Männchen 0,2—0,3 mm, Weibchen 0,33—0,45 mm lang. Auf dem Rücken kleine Stacheln, vorn, an den Seiten und hinten Gruppen von Dornen. Beim Weibchen besitzen das erste und zweite Fußpaar gestielte Haftscheiben, das dritte und vierte lange Borsten; beim Männchen trägt nur das dritte Beinpaar je eine Borste, das vierte gestielte Haftscheiben. Die Krätzmilben leben in selbst gegrabenen Gängen in der Oberhaut des Menschen, die sie mit Eiern und Kotballen belegen, und erzeugen die als Krätze bekannte Hautaffektion mit starkem Juckreiz. Am Ende des ca. 1 cm langen Ganges sitzt das Weibchen. Dasselbe produziert ca. 50 Eier, aus denen nach einigen Tagen die Jungen ausschlüpfen und nun selbständig neue Gänge graben.

Demodex folliculorum.

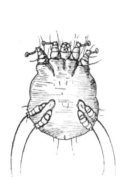

Demodex folliculorum, Haarbalgmilbe mit langgestrecktem Körper; 0,3 bis 0,4 mm lang; lebt in Komedonen der menschlichen Haut, besonders im Gesicht, veranlaßt auch Akne und Hautpusteln.

Linguatula rhinaria.

Linguatula rhinaria (Pentastomum taenioides). Das Weibchen (bis 130 mm) ist etwa 6 mal so lang als das Männchen. Ersteres ist gelb, letzteres weiß gefärbt. Um den Mund stehen vier Haken auf einem Basalglied. Der Parasit lebt in Nasen und Stirnhöhlen verschiedener Tiere,

Fig. 459.
Sarcoptes scabiei (Weibchen).
(Nach Peiper, l. c.)

Fig. 460.
Larve von Linguatula rhinaria. Pentastomum denticulum.
(Nach Leuckart.)
(Aus Braun, Parasiten.)

besonders beim Hund, selten beim Menschen. Mit dem Nasensekret gelangen Eier und Embryonen in die Außenwelt; so werden sie dann von Tieren und eventuell Menschen verschluckt; auch Hunde können letztere infizieren. Im Magen schlüpfen Larven aus und gelangen mit Lymph- und Blutstrom weiter, besonders in die Leber. Diese Larven, 5 mm lang, als P. denticulatum (Fig. 460) bezeichnet und früher als eigene Spezies betrachtet, kapseln sich in der Leber ein und entwickeln sich weiter. In die Nasenhöhle gelangt — beim Menschen selten — entwickeln sie sich zum Parasiten. Beim Menschen sterben die Larven meist schon in der Leber bzw. den mesenterialen Lymphdrüsen ab und bleiben hier verkalkt liegen.

Leptus autumnalis.

Kedanimilbe.

Ixodes ricinus.

Noch seien erwähnt **Leptus autumnalis,** Larven, die von Sträuchern etc. aus in die Haut kommen — im Sommer und Herbst — und hier Jucken, Ekzem, Urtikaria veranlassen, die **Kedanimilbe,** welche die Larve eines Trombidiums ist und offenbar als Überträger eines unbekannten Virus, in Japan ein kleines Geschwür mit Lymphadenitis und ein an akute Infektionskrankheiten erinnerndes fieberhaftes Bild hervorruft, sowie endlich **Ixodes ricinus,** der **Holzbock,** der meist den Hund, selten den Menschen befällt.

2. Insekten:

Von **Insekten** kommen verschiedene Formen, als Epizoen (s. S. 320) beim Menschen vor.

Läuse. Hierher gehören die **Läuse,** die beim Menschen als **Pediculus capitis** — Kopflaus —, **Phthirius**

pubis — Filzlaus — und **Pediculus vestimentorum** — Kleiderlaus — vorkommen. Die Läuse haben keine Flügel, dagegen einen rüsselförmigen Mundteil. Sie legen mit Deckel versehene Eier, die Nissen; besonders hängen diese Haaren an.

Ferner seien erwähnt **Cimex lectuarius,** die Bettwanze, und die **Flöhe,** in unserem Klima vor allem **Pulex irritans,** in anderen Erdteilen (Südamerika) auch **Sarcopsylla penetrans,** der Sandfloh, dessen Weibchen sich in die Haut der Füße einnisten und hier Eier zur Entwickelung bringen, wobei Abszesse entstehen können. **Stechmücken** (Culicidae), zu denen Culex und Anopheles gehören, **Bremsen, Fliegen** können durch Stiche die Haut reizen und als Krankheitsüberträger dienen. Am wichtigsten ist in dieser Hinsicht die Anopheles, besonders die blutsaugenden weiblichen Formen, welche sich durch kürzere Chitinhaare an den Fühlern von den männlichen unterscheiden, für die Malariaübertragung. Des weiteren ist die Culexart **Stegomyia fasciata,** die Überträgerin des Gelbfiebers, erwähnenswert.

Auch können Fliegen ihre Eier unter die Haut, oder in die Nase, oder in Wunden ablagern, wo sich dann Larven entwickeln, Myiasis. Die Larven können sich verschluckt auch im Intestinaltraktus eine Zeitlang erhalten.

Besondere oder charakteristische pathologisch-anatomische Veränderungen rufen die Insekten (die meisten bedingen Hautreize, Jucken, eventuell Ekzem u. dgl.) nicht hervor, so daß sich eine weitere Beschreibung hier erübrigt.

Wanzen, Flöhe.

Mücken, Bremsen und Fliegen.

Myiasis.

Kapitel VIII.

Innere Krankheitsbedingungen: Disposition. Immunität. Vererbung.

Da eine Krankheit, wie eingangs und wiederholt betont, eine Reaktion, d. h. Vorgänge, eines lebenden Systems darstellt, so kann sie naturgemäß nicht nur von äußeren Krankheitsbedingungen oder -ursachen abhängen, sondern ebenso von dem Zustand des Organismus selbst und seiner Teile, also im weitesten Sinne von seiner Reaktionsfähigkeit oder -unfähigkeit und deren Maß und Art. Von besonderer Geneigtheit, auf krankmachende Einwirkungen leicht zu reagieren, d. h. eben zu erkranken bis zu einer solchen Steigerung der Unempfänglichkeit gegenüber ersteren, daß überhaupt keine Krankheit zustande kommt, sehen wir alle Übergänge. Fassen wir die Extreme ins Auge, so verstehen wir unter Disposition die inneren, eine Krankheit begünstigenden Bedingungen, d. h. wie Lubarsch sagt diejenige Beschaffenheit des Organismus, die die Voraussetzung der Wirkung schädigender Einflüsse ist. Der Gegensatz ist erhöhte Widerstandsfähigkeit gegen äußere Krankheitsursachen, also Resistenz, deren höchster Grad Immunität. Letztere ist fast ausschließlich bei Infektionskrankheiten als maßgebend erforscht; auch bei der Disposition ist dies bis zu einem hohen Grade der Fall. Der Zustand, der zu Disposition wie Immunität befähigt bzw. diese selbst darstellt, kann unter den verschiedensten Bedingungen gegeben sein. Er kann erworben sein, aber auch dem Organismus ererbt zukommen. Die „Vererbung" soll daher an dieser Stelle kurz eingeschaltet werden, und dies Kapitel gliedert sich somit in A. Disposition, B. Immunität, C. Vererbung.

A. Disposition.

Die **Disposition** kann angeboren — intrauterin erworben oder ererbt — oder im extrauterinen Leben erworben sein. Sie setzt sich aus sehr komplexen Faktoren zusammen, und es ist schwer, selbst bei Experimenten, die einzelnen Faktoren zu trennen und somit zu eindeutigen Resultaten zu gelangen.

A. Disposition.

Angeborene und erworbene.

Den Sammelbegriff „Disposition" können wir am besten folgendermaßen einteilen:

1. Art-
und Rasse-
disposition.

1. Art- und Rassedisposition. Wir wissen, daß manche Tierarten häufig spontan Tumoren aufweisen, andere fast nie. Meerschweinchen und Kaninchen sind sehr verschieden empfänglich für den Tuberkelbazillus. Beide Tierarten werden relativ wenig angegriffen vom Typus humanus des Tuberkelbazillus, welcher die schwersten Verheerungen unter den Menschen anrichtet, während der Typus bovinus, für welchen der Mensch weit weniger empfänglich ist, beim Meerschweinchen und Kaninchen schnell um sich greift. Selbst ganz nahe stehende Rassen können sich ganz verschieden verhalten. Die Übertragung des Jensenschen Mäusekrebses gelingt auf gewisse Stämme von weißen Mäusen, auf andere nicht.

2. Indivi-
dual-
disposition.

Idiosyn-
krasien.

2. Individualdisposition. Ganz den gleichen (so weit sich dies beurteilen läßt) Infektionsgefahren ausgesetzt, erkrankt ein Individuum, ein anderes nicht. Bei den Mäusetumorimpfungen bleiben, während das Karzinom bei den meisten Tieren angeht, einzelne verschont. Hierher können wir auch die sogenannten Idiosynkrasien rechnen, d. h. die Erscheinung, daß einzelne Individuen auf Stoffe, welche andere Individuen ganz unbehelligt lassen, erkranken. So bekommen manche Menschen nach Anwendung von Jodoform bei der Wundbehandlung sofort heftige Hautentzündungen, einzelne Leute können auf Kokainisierung hin schwerste Erscheinungen bieten. Ja selbst durchaus unschädliche Nährstoffe können bei vereinzelten Individuen krankhafte Reaktionen auslösen, so der Genuß von Krebsen oder Erdbeeren die Urtikaria genannte Hautaffektion.

a) Ge-
schlechts-
disposition.

Hier können wir noch folgende weitere Unterabteilungen machen:

a) **Geschlechtsdisposition:** z. B. die Frau ist zum Mammakarzinom weit mehr disponiert als der Mann. Während in manchen Familien die Männer zur Hämophilie neigen, ist dies bei den Frauen derselben Familien, obwohl die Frauen die erblichen Weitervermittler der Krankheit darstellen, fast nie der Fall.

b) Alters-
disposition.

b) **Altersdisposition:** Man kann das Leben in folgende Stadien einteilen:
 I. Kindesalter und dies wieder (zum Teil nach Stratz) in
  Erstes Kindesalter
   a) Säuglingsalter bis 1 Jahr,
   b) neutrales Kindesalter 1—7 Jahre.
  Zweites Kindesalter (bisexuelles, 8—15 Jahre).
 II. Pubertätsalter 16—20 Jahre.
 III. Alter des reifen Mannes und der reifen Frau bis 60 Jahr.
 IV. Greisenalter über 60 Jahre.

Die verschiedenen Alter sind zu manchen Krankheiten verschieden disponiert. Die Kinderkrankheiten haben so zu einer eigenen Abtrennung dieser Disziplin geführt. Für Rachitis und Skrofulose oder Epiphysenlösung zeigen z. B. Kinder, Säuglinge für Brechdurchfall, das Pubertätsalter wenigstens des weiblichen Geschlechtes für Chlorose, das Greisenalter für Lungenatrophie, Nierenatrophie, Atherosklerose, Knochenbrüche etc. eine bessere Disposition.

3. Organ-
disposition.

3. Organdisposition: Wenn der ganze Körper angegriffen wird, erkrankt oft nur ein Organ; das sehen wir auch gerade bei bakteriellen Erkrankungen. Der Typhusbazillus läßt die ersten Organe, mit denen er in Berührung kommt, intakt, um erst im untersten Dünndarm Veränderungen zu setzen. Die Lunge hat besondere Disposition für Tuberkelbazillen, auch für solche, welche nicht aerogen in den Körper gelangen. Die lymphatischen Apparate bieten für mancherlei Erkrankungen einen besonders günstigen Boden, so auch für Tuberkulose. Das Riesenzellensarkom findet sich bei weitem am häufigsten am Unterkiefer, Aktinomykose in derselben Gegend. Auch bei den Metastasen sehen wir besondere Organe bevorzugt; Karzinome der Nebenniere, Thyreoidea, der Prostata, der Mamma zeigen ihre Metastasen besonders häufig im Knochensystem. Eiterige Prozesse metastasieren auch oft in bestimmte Organe, so finden sich Abszesse des Rückenmarks fast nur bei Bronchiektasien.

4. Auf
Grund von
Krank-
heiten
und Ano-
malien
erworbene
Disposition.

4. Auf Grund von Krankheiten und Anomalien erworbene Disposition: Als Beispiel führen wir hier die Disposition an, welche oft Entzündungen für neue Entzündungen schaffen, oder die Disposition, welche Staubinhalationskrankheiten (Koniosen) für Tuberkulose setzen. Daß „Erkältungen" zu zahlreichen Krankheiten disponieren, etwa zu Pneumonie oder Nephritis, Katarrh etc., wurde auch schon besprochen; in angeborenen oder erworbenen Anomalien der oberen Thoraxapertur haben wir eine Hauptdisposition für Lungenphthise gesehen. Daß Alkoholismus zu zahlreichen Erkrankungen disponiert, ist bekannt; Diabetes disponiert zu Gangrän, Phthise, Furunkeln, Pulmonalstenose zu Phthise etc. etc. In manchen Fällen muß der Wegfall von Schutzvorrichtungen, die der normale Organismus besitzt, zu Erkrankungen disponieren. Wenn Phago-

zytose oder Emigration nicht ausgeübt werden kann und so eine „Entzündung" nicht als Abwehrmaßregel eintritt, so ist der Körper für die deletären Wirkungen der Entzündungserreger weit
angreifbarer. Wenn die Nase ihre Funktion nicht ausüben kann sehen wir, daß der Mund offen
gehalten wird, daß kalte Luft und korpuskuläre Elemente leicht tiefer eindringen und die Lungen
schädigen können. Auch die Anaphylaxie können wir in gewisser Beziehung in diesen Abschnitt
einreihen. Wir verstehen darunter die Überempfindlichkeit gegen fremdes Eiweiß nach einmaliger
Inokulation von solchem (s. S. 350).

Die Beispiele sind nur einige, sie ließen sich endlos mehren. Dabei finden sich vielfach
Kombinationen. Die Kindertuberkulose, welche zum Teil sehr häufig ist und ganz besonders
die Lymphdrüsen bevorzugt, zeigt Alters- wie Organdisposition; die Chlorose der weiblichen
zwanziger Jahre kombiniert Geschlechts- und Altersdisposition; die Idiosynkrasien vereinigen
zumeist individuelle allgemeine Disposition mit Organdisposition.

Gar vieles wird nun aber mit dem sehr bequemen Worte „Disposition" erklärt, was bei
genauerer Betrachtung nicht hierher gehört. Zum Beispiel sind die Kinder im Gegensatz zu
Erwachsenen zu manchen Krankheiten, besonders akuten Infektionskrankheiten, in erster Linie
deswegen disponiert, weil die meisten Erwachsenen die betreffende Erkrankung in ihrer Jugend
durchgemacht haben und jetzt immun sind. An die Stelle der Disposition ist auch häufig die
„Exposition" (Albrecht) zu setzen, d. h. die Tatsache, daß sich die betreffenden Individuen *Exposition.*
besonders häufiger oder geeigneter Gelegenheit zu einer Krankheit aussetzen; so z. B. Kinder
phthisischer Eltern, welche den Tuberkelbazillen der letzteren besonders ausgesetzt sind; hier
müssen wir diesen Faktor erst abziehen, um die trotzdem wirklich vorhandene „Disposition"
zu ergründen. Männer neigen mehr zu Atherosklerose wegen ihrer meist schwereren Arbeit,
ihres häufigeren Alkoholismus etc.

Manche Disposition besteht nicht stets, sondern nur zeitweise. Veranlassung können *Zeitweise*
äußere Momente, klimatische Einflüsse oder dgl. sein, oder die Disposition besteht nur zu be- *Disposition.*
stimmten Jahreszeiten; oder auch ein Einzelindividuum zeigt besondere Disposition zu Erkrankungen zu manchen Zeiten, zu anderen keine. Die letzten Gründe hierfür können die verschieden-
artigsten sein, allgemeine Schwächung des Körpers, Übermüdung etc.

Die Disposition für bösartige Geschwülste, welche in dem betreffenden Kapitel zur Erklärung
herangezogen wurde, wurde hier nicht mit aufgenommen. Sie würde zu den Dispositionen auf
Grund von Anomalien zu rechnen sein. Um mehr positiv Bekanntes handelt es sich bei Tumorentwickelung auf Grund von Keimversprengungen oder dgl. Doch darf man kleinere Entwickelungsanomalien wohl in weitergehendem Sinne als „disponierendes Moment" für Geschwülste
heranziehen. Ein großer Teil dieser ist auf jeden Fall, wenn auch Auslösungsursachen u. dgl.
noch im Laufe des Lebens hinzutreten müssen, schon bei der Geburt „determiniert".

Ein Teil der Disposition läßt sich anatomisch erklären, so z. B., daß gerade Kinder an *Erklärung*
Rachitis leiden, denn es sind die Verhältnisse des Wachstums, welche die Knochen dazu geeigneter *der „Dis-*
machen. Desgleichen sind es physikalische Verhältnisse des Knochenbaues, welche die Disposition *position".*
junger Knochen zur Epiphysenlösung, diejenige alter Leute zur Fraktur bei Einwirkung äußerer
Gewalten herbeiführen. Bei bakteriellen Erkrankungen ziehen wir zur Erklärung der Disposition
des Organismus am besten die Ehrlichsche Seitenkettentheorie (siehe S. 346) heran um zu
verstehen wie gewisse Bakterien oder ihre Toxine überhaupt auf Organzellen einwirken können.
Aber das eigentliche Wesen der „Disposition" ist uns in fast allen Fällen völlig unbekannt. Der
Begriff umfaßt offenbar die komplexesten Faktoren, er basiert fast ganz auf Empirie, aber ohne
ihn können wir zur Zeit nicht auskommen. Das, was wir unter Disposition verstehen, sehen wir
oft in Familien vererbt; über diese „Vererbung" siehe unten.

Gewissermaßen als eine besondere Form der Disposition kann man das betrachten, was *Konstitu-*
man als **Konstitution** bezeichnet. Man kann darunter denjenigen (angeborenen oder erworbenen) *tion.*
Zustand des Organismus, von dem seine besondere (individuell verschiedene)
Reaktionsart gegenüber Reizen abhängt (Lubarsch), verstehen. Hier handelt es sich
oft um angeborene, evtl. ererbte (s. unten) Zustände; manche sprechen nur in diesem Fall
von Konstitution, sonst von Kondition. Die Konstitution spielte eine Hauptrolle in der alten
humoralen Krasenlehre; wir müssen uns heute aber auch derartige Konstitutionszustände in letzter
Instanz an Zellenzustände und -tätigkeit gebunden denken. Eine individuelle Konstitution ist ebenso wie eine individuelle Form also jedem Menschen eigen. Hier beschäftigen uns diejenigen Konstitutionen, welche zu besonderen, auf Reize bzw.
äußere Schädlichkeiten hin auftretenden Krankheiten disponieren.

Hierher gehören die sog. Idiosynkrasien, d. h. die Tatsache, daß manche Menschen *Idiosyn-*
ohne sonst irgendwie krankhaft zu sein, auf für andere Menschen völlig unschädliche Nahrungs- *krasien.*

mittel, wie z. B. Krebse, Erdbeeren hin mit der Urtikaria genannten Hauterkrankung, evtl. Übelkeit, Fieber u. dgl. reagieren. Ähnlich geht es mit Medikamenten wie z. B. Chloroform oder Jodoform, wobei manche Leute selbst bei kleinen Dosen schwer erkranken. Auf gewisse Primelarten reagieren manche Leute mit Ekzemen, auf Berührung der Nasenschleimhaut mit Pollenkörnern mit dem sog. Heuschnupfen.

Auch das Bronchialasthma gehört wohl zum großen Teil zu den konstitutionellen Krankheiten. Ebenso diejenigen Diabetesformen, welche in manchen Familien erblich sind; hier kann sich gerade die Konstitution auch darin zeigen, daß Individuen einer folgenden Generation zunächst keinen Diabetes, wohl aber besondere Disposition zu alimentärer Glykosurie aufweisen. Daß das verschiedene Alter auch eine wechselnde Konstitution hat, zeigt auch der Diabetes, der — bei manchen anderen Krankheiten umgekehrt — bei jungen Individuen eine weit gefährlichere Krankheit als bei älteren darstellt. Daß an gewissen sogenannten Kinderkrankheiten fast nur Kinder erkranken, daran ist neben anderen Momenten eben auch die Konstitution dieser schuld. Und entsprechend geht es mit Alterserscheinungen. In manchen Familien tritt erblich der Ausfall oder das Ergrauen der Haare besonders früh auf. Ebenso geht es mit den infolge allmählich erlöschender Regenerationsfähigkeit sich ausbildenden Abnutzungserkrankungen, die, z. B. die Atherosklerose, meist erst in höherem Alter als Alterskrankheiten auftreten, oft aber auch — und auch hier auffallend familiär — schon weit früher. Hier nutzt sich eben die Gefäßwand infolge konstitutioneller Momente weit früher ab. Die Markscheiden des Zentralnervensystems halten meist bis ins höchste Alter trotz zahlreicher durchgemachter Krankheiten stand, bei manchen Leuten sind sie aber an zahlreichen Stellen, wenn überhaupt, dann so labil ausgebildet, daß sie auf gewisse Schädlichkeiten hin zerfallen, ohne ergänzt zu werden, und so das Bild der sog. multiplen Sklerose in die Erscheinung tritt. Daß überhaupt sehr viele Krankheiten des Nerven- systems, besonders auch Geisteskrankheiten, als konstitutionelle besonders auch in manchen Familien erblich, auftreten ist bekannt. Hier kann die Konstitution angeboren sein, die Krankheit aber braucht erst weit später aufzutreten und es braucht nicht dieselbe Form von Nervenaffektion zu sein. Auch die allgemeine „Nervosität" ist ja als Konstitution, sei es angeboren, evtl. vererblich, sei es erworben, bekannt; hier reagieren eben die Nerven auf Reize wie Aufregungen, Anstrengungen oder dgl. anders als bei sonstigen Menschen.

Hypo-
plastische
Konstitu-
tion.

Auf konstitutionellen Momenten beruht auch zum großen Teil die auch oft familiär auftretende Über- oder Unterentwickelung des ganzen Organismus oder seiner Teile, und hier zeigt die Konstitution deutlich ihre zelluläre Grundlage. Ein wichtiges Beispiel ist hier die sog. „hypoplastische Konstitution", wobei einzelne Organe oder Gruppen solcher unterentwickelt bleiben. Das zu kleine Herz (oft mit enger Aorta verbunden) gehört hierher. Daß es leichter versagt, ist leicht zu verstehen; die Konstitution der engen Aorta aber bildet ihrerseits Disposition zur Chlorose (s. unter Blut). Eine hypoplastische Rippenentwickelung haben wir auch schon als Disposition zur Lungentuberkulose bei dieser betont (s. S. 167) und verschieden starke Entwickelung bzw. Unterentwickelung scheint besonders auch bei den Drüsen mit innerer Sekretion — deren „Disharmonie" wohl bei allen diesen Verhältnissen verschiedener Konstitution eine Hauptrolle zukommt — und den durch sie bewirkten Krankheiten (s. Kap. IX, D) eine Hauptrolle zu spielen. „Die Beständigkeit des Gleichgewichts des Menschen, die größere oder geringere Neigung zur Erkrankung hängt in hohem Maße von den innersekretorischen Drüsen ab" (M. B. Schmidt).

Endlich sei erwähnt, daß man bei zu gewissen Krankheiten disponierenden Konstitutionen bestimmte andere Erkrankungen in der Regel nicht findet oder umgekehrt bestimmte Kombinationen häufig findet, so daß man den Versuch gemacht hat, nach solchen Gesichtspunkten in bestimmte Konstitutionen bzw. Rassen einzuteilen. Doch ist hier zunächst noch fast alles Spekulation. Ist die Konstitution so an der Grenze des Krankhaften, daß schon gewissermaßen

Diathesen.

„Krankheitsbereitschaft" besteht, so spricht man auch von **Diathese** und hat so von diabetischer, sog. exsudativer Diathese etc. gesprochen. Man ist aber mit diesen Vorstellungen und Ausdrücken, die gar zu oft falsch verwandt werden, besser vorsichtig.

B) Immuni-
tät (Re-
sistenz).

B. Immunität (Resistenz).

Die bisher besprochene Disposition ist nun aber ein sehr schwankender Begriff; so können verschiedene Tierspezies unter besonderen Umständen oder durch Einverleibung sehr großer Mengen eines Virus solchen Infektionen zum Opfer fallen, an denen sie unter gewöhnlichen Verhältnissen niemals erkranken. Hier reicht die **Resistenz** nicht aus, die in diesen Fällen sonst vorhanden ist.

Resistenz.

Die Resistenz hängt davon ab, daß der Organismus sich in einem Zustand befindet bzw. sowohl an der Eingangspforte von Krankheitserregern als auch an Stellen der weiteren Verbreitung derselben gewisse Einrichtungen in Tätigkeit treten läßt, durch welche sich der bedrohte Körper gegen die Eindringlinge wehrt, d. h. die Fähigkeit zu Abwehrmaßregeln besitzt. Wir sehen bei künstlichen Impfversuchen nicht selten die dem Tierkörper einverleibten Bakterien einfach verschwinden (s. u.); in manchen anderen Fällen rufen selbst pathogene Arten nur leichte Lokalerscheinungen hervor. In indifferenten Flüssigkeiten suspendierte Eiterkokken können Tieren in ziemlicher Menge in die Bauchhöhle, ja selbst ins Blut injiziert werden, ohne daß sie irgend eine Wirkung zu entfalten imstande sind. Das Blutserum besitzt bakterizide, d. h. bakterientötende Eigenschaften. Die Stoffe, welche das Blut hierzu befähigen, bezeichnete man zunächst als Alexine (Buchner). Sie stammen wahrscheinlich vor allem von den Leukozyten, sind sehr thermolabil und richten sich nicht nur gegen Bakterien, sondern überhaupt gegen ins Blut eingedrungene, dem Körper fremde Zellen und Lebewesen. Diese Alexine sind mit dem Komplement Ehrlichs identisch. Über diese, wie die Opsonine, ebenfalls bakterizide Substanzen des Blutserums, siehe unten. Anders liegen die Verhältnisse, wenn die Infektionserreger nicht rasch genug von der Eingangsstelle her ins Blut aufgenommen werden und somit Zeit haben sich an dieser zu vermehren, oder wenn an anderen Stellen, z. B. in Lymphdrüsen, eine Ansammlung der Bakterien stattfindet. Es bleiben dann die Bakterien an der betreffenden Stelle liegen, vermehren sich, und es kann eine Allgemeininfektion entstehen. Aber auch in diesen Fällen besitzt der Organismus noch Kräfte, welche gegen die Eindringlinge kämpfen, sei es an der Eingangspforte, sei es an sekundären Stellen. Hier handelt es sich um zelluläre Tätigkeit. Haben wir doch die Entzündung hauptsächlich als einen solchen Kampf des Körpers gegen Schädigungen kennen gelernt. Bei dieser und sonst spielen Wanderzellen, welche bestrebt sind, die Bakterien „aufzufressen" und sie unschädlich zu machen, eine große Rolle.

Wir müssen somit auf diese hier noch etwas eingehen. Diese Wanderzellen, welche teils aus dem Blut, teils aus dem lymphoiden Apparaten der Lymphknoten oder des Bindegewebes stammen, besitzen also die Eigenschaft, kleine korpuskuläre Elemente in sich aufzunehmen, fortzuschleppen, zum Teil auch aufzulösen, zu „verdauen". Im übrigen kommt diese Eigenschaft besonders auch manchen fixen Gewebszellen, namentlich manchen Endothelien und ihnen nahestehenden Retikulumzellen (s. S. 109) zu. Die Tatsache, daß auch Bakterien innerhalb von Wanderzellen gefunden werden und innerhalb dieser zugrunde gehen können, hat Veranlassung zur Aufstellung der berühmten Phagozytentheorie (Metschnikoff) gegeben (s. auch S. 110), der zufolge die Heilung von Infektionskrankheiten darauf beruht, daß in den Körper eingedrungene Infektionserreger von solchen als „Freßzellen" fungierenden Wanderzellen aufgenommen, in ihnen abgetötet und verdaut werden. Ist einmal eine leichtere Infektion in dieser Weise überwunden worden, so soll die Fähigkeit der Phagozyten gegenüber den betreffenden Infektionserregern, diese aufzufressen, gesteigert sein und so ein Schutz bewirkt werden. Die Verdauung der aufgenommenen Infektionserreger kommt jedenfalls durch enzymartige Substanzen zustande, die von den betreffenden Zellen gebildet werden.

Metschnikoff unterscheidet die Mikrophagen — polynukleäre Leukozyten — und Makrophagen — einkernige Leukozyten, Lymphozyten, Endothelien, Retikulumzellen, Riesenzellen etc. — Erstere sollen zunächst die Haupttätigkeit entfalten; bei manchen Infektionen, so Tuberkulose, aber besonders die letzteren. Die Alexine (s. oben) betrachtet Metschnikoff als Zerfallsprodukte der Phagozyten. Es ist jedoch darüber, inwieweit der Phagozytentheorie Allgemeingültigkeit zugesprochen werden darf, noch keineswegs eine definitive Entscheidung getroffen; es sind für und wider sie Tatsachen angeführt worden und verschiedenes scheint dafür zu sprechen, daß die phagozytäre Tätigkeit der „Freßzellen" bloß eines der Kampfmittel ist, welche dem Organismus als Abwehrmittel gegen eingedrungene Infektionserreger zur Verfügung stehen. Sicher ist anzunehmen, daß die phagozytäre Tätigkeit der fraglichen Zellen den verschiedenen Infektionen gegenüber eine sehr verschiedene Rolle spielt, und bei den einen in sehr ausgedehntem, bei anderen nur in geringem Maße zur Anwendung kommt.

Als Abwehrmaßregel des Körpers gegen Bakterien kann man ferner die oben erwähnte Ausscheidung derselben durch die Haut, den Darm, die Nieren betrachten, wie z. B. schon wenige Minuten nach Infektion mit Eitererregern ihr Übertritt in den Harn beobachtet wurde.

Diese Abwehrmaßregeln leiten über zu der **Immunität,** der Unempfindlichkeit eines Organismus gegen bestimmte spezifische Infektionen. Doch ist diese nicht stets eine absolute, sondern nur eine relative, nur für den Fall geringer Bakterienmengen mit nicht hochgradiger Virulenz ausreichend oder dgl.

Hier steht an erster Stelle die angeborene Immunität gegen Infektionen, wie sie ganzen Arten oder zum Teil auch Rassen eigen ist. Bei ihr ist es allerdings fraglich, ob etwa von Haus aus Abwehrmaßregeln in solcher Stärke dem Organismus zur Verfügung stehen, daß er sich seiner

Abwehrmaßregeln des Organismus.

Bakterizide Kraft des Blutes.

Phagozyten und Phagozytentheorie.

Mikro- und Makrophagen.

Ausscheidung von Bakterien.

Immunität:

1. angeborene,

Gegner erwehrt; vielmehr beruht diese angeborene Immunität wohl zum Teil darauf, daß die Zellen eines solchen Organismus einfach nicht die Fähigkeit besitzen, die Bakterien etc. so zu binden, daß sie von ihnen angegriffen werden können; zum Teil spielen andere Verhältnisse, wie Hyperleukozytose etc. mit. Infolgedessen wird ein solches Individuum auch nicht krank. Außer dieser angeborenen Artimmunität gibt es nun aber auch eine **erworbene Immunität**. Dieser müssen also Mittel zugrunde liegen, welche der Körper unter besonderen Umständen besitzt, um sich der Bakterien so völlig zu erledigen, daß er nicht erkrankt. Eine solche Immunität wird durch Überstehen einer Krankheit gegen diese für den Rest des Lebens oder für eine kürzere Frist erworben. So ist es beim Typhus, den Blattern, dem Scharlach, den Masern etc. eine alte Erfahrungssache, daß dasselbe Individuum von diesen Krankheiten meist nur einmal im Leben und dann, trotz Gelegenheit zu späterer Infektion, nicht mehr befallen wird. Setzten Eltern doch im Mittelalter, wenn die Pocken wüteten, ihre Kinder oft absichtlich der Infektion aus, da man wußte, daß sie, falls sie die Krankheit überstanden, für spätere Epidemien immun würden. In das Rätsel der Vorgänge welche sich hier abspielen, haben, nachdem allerhand Hypothesen versagten, neuere Forschungen besonders von **Ehrlich** Einblick gewährt. Bei der enormen Kompliziertheit derselben können wir hier nur das Allerwichtigste besprechen.

Im Organismus entstehen nämlich im Anschluß an stattgefundene Infektionen chemische Stoffe, welchen eine gewisse Gegenwirkung gegenüber den eingedrungenen Infektionserregern zukommt und welche man unter dem allgemeinen Namen „Immunstoffe", „Antikörper" oder Schutzstoffe, zusammenfaßt. Die diese auslösenden Stoffe hat man als **Antigene** zusammengefaßt. Wir müssen nun hier zwei Arten von Antikörpern streng unterscheiden.

Bei solchen Erkrankungen, welche im wesentlichen auf Vergiftung des Organismus mit Bakterientoxinen beruhen (Intoxikationskrankheiten s. S. 306), bilden sich im betroffenen Organismus als Reaktionserscheinung auf die Infektion Schutzstoffe, sogenannte **Antitoxine,** welchen die Fähigkeit zukommt, die Bakteriengifte zu neutralisieren und dadurch unwirksam zu machen, etwa in ähnlicher Weise wie Säuren und Alkalien sich gegenseitig neutralisieren. Man kann sich davon überzeugen, wenn man einem geeigneten Versuchstier eine Menge von Bakterientoxin einverleibt, die genügen würde, es zu töten. Injiziert man aber gleichzeitig Antitoxin, so wird eine gewisse Menge des Bakteriengiftes durch eine bestimmte Menge von Antitoxin gebunden und dadurch unwirksam gemacht, so daß das Tier nicht stirbt. Beispiele hierfür bieten der Tetanus und die Diphtherie. Diese Stoffe werden von den Zellen des befallenen Organismus, wohl vor allem des Knochenmarks und der Milz, gebildet; dieser Vorgang kann als eine Art innerer Sekretion bezeichnet werden. Gerade auf diesem Gebiete hat sich die **Ehrlichsche Seitenkettentheorie** („Seitenketten" aus der organischen Chemie entnommen) ausgebildet, welche ungeahnte Förderung der ganzen Immunitätslehre gebracht hat. Hier können nur ihre Grundlagen skizziert werden. Ein Toxin hat zwei verschiedene Gruppen, eine haptophore, mittels deren es sich gewissermaßen einhakt, und eine toxophore, mittels deren es seine spezifische toxische Funktion ausübt. An der Zelle trifft das Toxin nun Seitenketten — Rezeptoren —, in die die haptophore Gruppe paßt, also einhaken kann. Diese Verankerung des Toxins an der Zelle ist Voraussetzung für die Einwirkung der toxophoren Gruppe; so wird die Zelle geschädigt. Die mit Toxin beladenen Seitenketten werden für die Zelle physiologisch unbrauchbar, sie werden abgestoßen, und die Zelle versucht den Verlust durch Bildung neuer Seitenketten zu ersetzen. Hierbei findet nach der Weigertschen Lehre eine Überregeneration statt. Die überzähligen Seitenketten = Rezeptoren werden ans Blut abgegeben und fangen hier Toxine ab, bevor sie an die Zellen gelangen, d. h. sie fungieren als Antitoxine. So werden diese und ihre Bildung bei dem Überstehen der betreffenden Erkrankung erklärt. Daß die Zelle überhaupt Seitenketten = Rezeptoren besitzt, rührt daher, daß sie diese gewöhnlich zur Aufnahme der Nahrung benötigt.

Die Antitoxine sind chemisch noch wenig bekannt; sie stellen entweder Eiweißkörper dar oder haften doch wenigstens fest an solchen. Man kann sie aus dem Blute darstellen, oder direkt mit dem Blutserum der erkrankten Tiere die Impfung vornehmen. Die Antitoxine sind spezifisch, d. h. sie wirken nur gegen die Toxine, welche ihre Entstehung hervorgerufen haben, z. B. Tetanusantitoxin nur gegen Tetanustoxin, nicht gegen andere.

Bei anderen Infektionskrankheiten hingegen bilden sich im Blute der befallenen Organismen Stoffe, welche auf die eingedrungenen Infektionserreger selbst direkt bakterizid (s. oben) einwirken und die man als antibakterielle Immunstoffe bezeichnet. Ihre wichtigsten Repräsentanten sind die **Bakteriolysine.** Es seien als Beispiele solcher Infektionskrankheiten der Typhus und die Cholera asiatica angeführt. Bringt man in die Bauchhöhle eines Meerschweinchens, dem man wiederholt (nicht tödliche) Dosen von Cholerabazillen einverleibt hat, virulente Cholerabazillen, so gehen die letzteren sehr rasch in der Bauchhöhlenflüssigkeit zugrunde; sie sterben

Marginalien:

2. erworbene.

Antikörper. Zwei Hauptarten:

1. Antitoxine.

Ehrlichsche Seitenkettentheorie.

2. Bakteriolysine.

ab und lösen sich schließlich vollkommen auf. (Pfeiffersches Phänomen.) Die Stoffe, welche *Pfeiffer-sches Phänomen.* dies bewirken, haben sich im Körper des Versuchstieres während der Vorbehandlung mit nicht tödlichen Mengen von Cholerabazillen gebildet und sind eben jene Bakteriolysine; als ihre Bildungsstätten werden die Lymphdrüsen, die Milz und das Knochenmark angenommen. Die Bakteriolysine wirken wie man sieht nicht gegen Toxine, d. h. von den Infektionserregern gebildete Giftstoffe, sondern gegen die Bakterien selbst; es kommt durch ihre Entstehung nicht eine „Giftfestigkeit", wie bei den Antitoxinen, sondern eine „Bakterienfestigkeit" des Organismus zustande. Auch die Bakteriolysine erklären sich nach der Ehrlichschen Theorie, doch liegen hier die Verhältnisse komplizierter. Es wirken hier zwei Körper zusammen, der die Bazillen lösende Stoff, welcher in normalem Serum schon enthalten ist, und welcher thermolabil ist — das sogenannte Komplement (oben schon als Alexin [Buchner] erwähnt) — und der thermostabile Körper, welcher für das Immunserum charakteristisch ist, der sogenannte Ambozeptor. Beide müssen zusammenwirken, um Bakteriolyse zu bewirken. Hierbei greift das Komplement nicht direkt die Bakterien an, sondern wird an diese verankert durch Vermittelung des Ambozeptors, welcher also einerseits die Bakterien, andererseits das Komplement bindet und so beide verbindet.

Mit den Bakteriolysinen nicht zu verwechseln sind die unter ähnlichen Umständen entstehenden Agglutinine, Stoffe, welche nicht bakterizid wirken, aber die Fähigkeit besitzen, die Bakterien zu immobilisieren (siehe unten). Des weiteren die Präzipitine (siehe unten). Zu den antibakteriellen Immunkörpern gehören noch die **Opsonine** (Wright) und die **Bakterio-** *Opsonine, Bakterio-tropine.* **tropine** (Neufeld). Es handelt sich um in dem Serum immunisierter Individuen vorhandene, spezifische, die Phagozytose anregende Substanzen, welche hierdurch die antibakterielle Wirkung fördern. Auch die Antiaggressine gehören hierher, welche die zellfeindlichen Aggressine (s. *Anti-aggressine.* auch S. 302) der Bakterien in ihrer Wirkung ausschalten.

Es liegt nun der Gedanke schon überaus nahe, auch Individuen, welche eine derartige Er- *Künstliche Immuni-sierung:* krankung nicht durchgemacht haben, also solche Antitoxine und Bakteriolysine nicht besitzen, gegen die betreffende Erkrankung künstlich zu immunisieren, indem man ihnen die Stoffe einverleibt. Ein Beispiel künstlicher Immunisierung ist oben schon erwähnt, indem man einst bei den Pocken die Krankheit zu erwerben trachtete, um dann immun zu sein. Hiermit wäre aber natürlich nichts gewonnen. Dagegen liegen die Verhältnisse weit günstiger, wenn es möglich ist, die Krankheit in geringem, ungefährlichen Maße zu erwerben und trotzdem die Bildung jener Antikörper zu veranlassen, welche vor einer späteren schweren Infektion mit derselben Erkrankung schützen. Dies gelingt nun in der Tat und ist zuerst bei denselben Pocken gelungen in Gestalt der bekannten Schutzimpfung Jenners. Es kommt also alles darauf an den Infektionsstoff, der zur Schutzimpfung benutzt wird, in seiner Virulenz so herabzusetzen, daß nur eine lokale, nicht bedeutende Erkrankung erfolgt.

Die Abschwächung des Virus kann bei verschiedenen Arten auf verschiedene Weise *durch.ab-geschwäch-tes Virus.* geschehen. Immunität gegen Tollwut kann durch Impfung mit getrockneter Rückenmarkssubstanz eines an Lyssa verendeten Tieres erreicht werden; das Rückenmark enthält das Virus in besonderer Menge; diese Impfung mit abgeschwächtem Infektionsstoff ist meist auch dann noch von Erfolg, wenn sie erst nach der durch den Biß eines wutkranken Tieres erfolgten Inokulation des Giftes abgewendet wird, da das Virus eine sehr lange Inkubationszeit (bis zu drei Monaten) hat und die immunisierende Substanz sich vorher im Organismus verbreitet. Es ist dies die Pasteursche Schutzimpfung gegen Tollwut. Abschwächung eines Virus kann ferner durch Erhitzen (z. B. bei Rauschbrand), durch Züchtung des Virus bei einer das Optimum seines Gedeihens etwas übersteigenden Temperatur, ferner dadurch erreicht werden, daß man das Virus durch einen anderen, seiner Spezies nach ihm weniger zusagenden Tierkörper passieren läßt; auf letzterer Tatsache beruht die Schutzimpfung gegen Schweinerotlauf (Hindurchschicken des Virus durch Kaninchen) und wahrscheinlich auch die schon erwähnte Jennersche Schutzimpfung gegen die Variola. Denn vorausgesetzt (was allerdings noch nicht streng bewiesen ist), daß dem Infektionsstoff der Kuhpocken mit dem Blatternkrankheit des Menschen identisch ist, so ist der mit Impfung von Kälberlymphe erzeugte Schutz des Menschen darauf zu beziehen, daß im Tierkörper die Virulenz des Giftstoffes abgenommen hat und nun auch beim Menschen nur gering, lokal, wirkt. Eine Abschwächung der Virulenz kann auch noch durch Einwirkung von Sonnenlicht auf die Bakterienkulturen, ferner durch gewisse Chemikalien (z. B. durch Trichloressigsäure bei Tetanusbazillen) bewirkt werden.

Bei solchen Infektionskrankheiten, deren Bakterien die immunisierenden Substanzen in ihrem Körper enthalten, haben Impfungen mit abgetöteten Bakterienkulturen eine Schutzwirkung erzielt, so bei Typhus, Pest und Cholera. Auch hier tritt nach Einverleibung einer kleinen Menge eine Reaktion ein, d. h. eben Bildung von Stoffen, welche gegen spätere Infektion mit lebenden Bazillen schützen. Auch durch Einverleibung von Bakterienextrakten, auf mechanischem Wege aus den Bakterien gewonnenen Stoffen etc. (wie bei Tuberkulose) sind Erfolge erzielt worden.

In allen diesen Fällen wird die Immunität dadurch künstlich erworben, daß man den Organismus die Krankheit, wenn auch in abgeschwächtem Maße, selbst durchmachen läßt. Man bezeichnet dies, weil der Organismus also selbst eine Arbeit leistet, indem er sich seine Antikörper selbst erzeugt, als **aktive Immunität.**

Aktive Immunität.

Im Gegensatz hierzu kann man nun aber einem Organismus auch das Serum·eines anderen Organismus, welcher die betreffende Krankheit überstanden hat und somit die Antikörper besitzt, einverleiben. Man bezeichnet dies, wobei die fertigen Stoffe übertragen werden, und somit keine richtige eigene Arbeit geleistet wird, als **passive Immunität.** Die aktive Immunität ist eine relativ feste, lang anhaltende; die passive kommt zwar sofort zustande, hält aber nur verhältnismäßig kurze Zeit, da die immunisierenden Stoffe bald wieder aus dem Organismus verschwinden.

Passive Immunität.

Wie die erworbene Immunität nach Überstehen einer Erkrankung teils auf Giftfestigkeit, d. h. Antitoxinen, welche die Toxine unschädlich machen, teils auf Bakterienfestigkeit, d. h. den Bakteriolysinen beruht (s. oben), so werden auch bei der künstlichen aktiven wie passiven Immunität teils Stoffe erzeugt, welche die Bakterien selbst, teils solche, die deren Toxine unschädlich machen.

Immunität.

Das Prinzip der passiven Immunität hat nun eine wichtige Erweiterung gefunden. Es ist nämlich bei manchen Infektionskrankheiten mit Erfolg der Versuch gemacht worden, durch Einverleibung von Blutserum immunisierter Tiere („Immunserum") nicht nur gegen eine nachfolgende (bei Experimenten eventuell gleichzeitig erfolgende) Infektion derselben Art zu schützen, sondern auch nach erfolgter Infektion das Umsichgreifen und Weiterschreiten einer also bereits bestehenden Erkrankung zu verhindern bzw. diese zu heilen, oder wenigstens die Erkrankung leichter zu gestalten. Das Serum wird also hier nicht zur „Schutzimpfung" prophylaktisch angewandt, sondern soll als „Heilserum" wirken; besonders ist diese Methode bekannt bei der Diphtherie; auch bei Schlangengiften ist sie gelungen. Zur Darstellung eines solchen „Heilserums" werden Tiere — es werden zur Herstellung von Diphtherie-Heilserum besonders große Tiere (Pferde) verwandt, von denen sich reichlich Serum gewinnen läßt — durch allmählich gesteigerte Dosen von Infektionsmaterial immun, „giftfest", gemacht. Dabei erfolgt jedesmal eine leichte Erkrankung, und während dieses Stadiums wird das „Antitoxin" im Tierkörper gebildet. Dem so nach und nach künstlich immunisierten Tiere wird das Serum entnommen und zur Therapie verwandt. Es sei nur nebenbei erwähnt, daß man ebenso auch mit aktiver Immunisierung schon bestehende Krankheiten, wenn auch mit geringerem Erfolg, anzugreifen versucht hat. Das wichtigste Beispiel ist das Tuberkulin Kochs.

Heilserum.

In ähnlicher Weise wie bei der passiven Immunisierung können die Antikörper auch in utero von dem mütterlichen Blut auf das Kind übertragen werden. In geringerem Maße ist dies auch bei Säuglingen durch die Milch der Fall.

Unter den „Antikörpern", welche sich unter dem Einfluß der Bakterien im Organismus während der Erkrankung bilden, finden sich nun neben jenen die Bakterien oder ihre Toxine vernichtenden, auch andere, welche befähigt sind, die betreffenden Infektionserreger zum Zusammenballen, zur „Agglutination" zu bringen. Man benennt diese Antikörper daher „**Agglutinine**" (s. oben). Am deutlichsten tritt dies bei dem Typhus abdominalis und der Cholera asiatica zutage. Bringt man das Serum von einer solchen Krankheit Befallener im „hängenden Tropfen" mit lebenden Bakterien einer virulenten Kultur der betreffenden Art zusammen, so kann man unter dem Mikroskop beobachten, wie die Bakterien miteinander verkleben, sich zu Häufchen ballen und zu Boden sinken. Kennt man nun diese (Gruber-Grünbaumsche) Reaktion als eine Konstante, so kann man einen Faktor als die Unbekannte der Gleichung eliminieren und somit ermitteln. Dies ist diagnostisch von größter Bedeutung geworden, besonders als sog. **Vidalsche Reaktion** beim Typhus. Entnimmt man einem Kranken, bei dem Verdacht auf Typhus besteht, Blut und setzt das Serum zu Typhusbazillen hinzu, so kann man, wenn die Reaktion positiv ausfällt, das Serum als ein von einem Typhuspatienten stammendes ansehen. Die Reaktion ist, wenigstens quantitativ betrachtet, bis zu einem gewissen Grade eine spezifische, da sie noch bei starker Verdünnung des agglutinierenden Serums (bis 1 : 1000) eintritt, während zwar unverdünnteres Serum auch den Typhusbazillen verwandte Bakterien, wie das Bacterium coli, agglutiniert (sog. Gruppenagglutination), das hochgradig verdünnte aber meist nicht mehr.

Agglutinine.

Gruber-Vidalsche Reaktion.

Ferner gehören hierher die „**Präzipitine**". Als solche bezeichnet man Antikörper, welche bei Einverleibung gelöster Substanzen (filtrierte Bakterienkulturen, Eiweißlösungen etc.) im Blute

Präzipitine.

auftreten und diesem die Fähigkeit geben mit den gelöst eingeführten identische Stoffe aus ihrer Lösung auszufällen.

Diese Präzipitine haben dadurch eine besondere praktische Bedeutung erlangt, daß es gelingt, verschiedene Blutarten (z. B. Menschen- und Tierblut) auch in Extrakten von alten, längst eingetrockneten, Blutflecken zu unterscheiden; z. B. Blutserum eines Kaninchens, welches durch Injektion von menschlichem Blut Präzipitine gegen dies gebildet hat, wird in der Lösung von Blutflecken nur dann spezifische Niederschläge erzeugen, wenn es sich um Menschenblut handelt; dadurch kann der Nachweis erbracht werden, ob bei einem Blutflecken im betreffenden Falle wirklich Menschenblut vorliegt oder nicht. Auch gegen die Immunkörper können wieder Antikörper — Antikomplemente, Antiambozeptoren — gebildet werden. An-
wendung
zur Unter-
scheidung
von Blut-
arten.

Die Forschungen über Immunität haben die Basis für eine Anzahl anderer Forschungsresultate abgegeben, welche über das Gebiet der Bakteriologie hinausgehen und einen Ausblick auf weitere Gebiete eröffnen, die aber hier nur im Anschluß an das oben Gesagte kurz erwähnt werden mögen. Es handelt sich im wesentlichen darum, daß „Antikörper" nicht bloß gegenüber Infektionserregern (resp. deren Produkten), sondern auch gegenüber anderen Körpern gebildet werden können. So ist es gelungen, Tiere auch gegen chemische Gifte, so gegen Rizin (Mäuse) und Abrin zu immunisieren. Ferner gegen Schlangengifte. Mit derartigen Sera kann man weiter andere Tiere gegen die betreffenden toxischen Substanzen schützen. Andere
Anti-
körper.

Des weiteren ist festgestellt worden, daß Antikörper auch gegen tierische Zellen, so z. B. gegen rote Blutkörperchen, einer anderen Tierart oder selbst eines Individuums derselben Tierart („Isolysine") gebildet werden können. Behandelt man also eine Tierart A mit dem Blute einer Tierart B, so bilden sich im Blutserum des Tieres A „Hämolysine", d. h. Antikörper, welche die Blutkörperchen der Tierart B auflösen. Setzt man also jetzt zu dem Serum des vorbehandelten Tieres A rote Blutkörperchen von B hinzu, so werden diese zerstört. Freilich kann das Serum diese Eigenschaft der Hämolyse (wie ja viele Sera einer Tierart für das Blut einer anderen) auch schon von Haus aus besessen haben. Hämo-
lysine.

Ähnliches ist mit anderen Zellen — Epithelien, Spermatozoen — gelungen. Man bezeichnet solche Antikörper als „Zytolysine". Alle diese Stoffe benötigen außer dem spezifischen Immunkörper noch des Komplements zur Wirkung, verhalten sich also ganz wie die Bakteriolysine. Zytolysine.

Die Vereinigung der Bakteriolyse und Hämolyse ist zu einer wichtigen diagnostischen Methode (zuerst von Bordet-Gengou) ausgearbeitet worden, welche besonders bei der Syphilis als Wassermann-Brucksche Reaktion von diagnostischer Bedeutung ist. Sie sei ganz kurz skizziert. Man braucht zu derselben 1. das Serum des Patienten, welches also, wenn derselbe Syphilis hat, ein Immunserum darstellt, 2. weil wir die Spirochaete pallida nur schwer rein züchten können, einen Extrakt spirochätenhaltiger Organe, z. B. der Leber eines kongenital syphilitischen Neugeborenen, 3. Komplement, wie es ja in jedem Blutserum vorhanden ist (s. oben), 4. rote Blutkörperchen, z. B. vom Hammel, 5. auf diese roten Blutkörperchen eingestellte Ambozeptoren (s. oben). Ist nun jenes Serum des Patienten ein Immunserum, d. h. liegt Syphilis vor, so wird es mit dem die „Antigene" enthaltenden Extrakt durch das Komplement gebunden. Dieses ist somit besetzt, und da es infolgedessen nicht die roten Hammelblutkörperchen (mit Hilfe der Ambozeptoren) lösen kann, tritt keine Hämolyse ein, die roten Blutkörperchen sinken im Serum zu Boden. Umgekehrt liegt keine Syphilis vor, so ist das Serum des Patienten kein Immunserum auf Syphilis, also auch auf jene Extrakte syphilitischer Organe nicht eingestellt; das Komplement ist somit frei und bindet sich mit dem Ambozeptor und den roten Blutkörperchen, diese lösend, d. h. es tritt Hämolyse ein. Letztere spricht somit gegen, ihr Fehlen für vorliegende Syphilis. Diese „Komplementablenkungsmethode" ist zwar nicht spezifisch, aber als Symptom der Syphilis von größter praktischer Bedeutung. Wasser-
mann-
Brucksche
Reaktion
auf Syphi-
lis (Kom-
plement-
ab-
lenkungs-
methode).

Noch erwähnt werden soll das sogenannte Phänomen der spezifischen Überempfindlichkeit, welches diagnostische Bedeutung hat. An einer bestimmten Infektionskrankheit Erkrankte bieten nämlich unter Umständen bei neuer Einverleibung des gleichen Infektionsstoffes eine besonders starke und schnelle Reaktion. Tuberkulin in einer Dosis, welche bei Gesunden indifferent ist, ruft bei Tuberkulösen mehr oder minder starke Lokal- und Allgemeinreaktion hervor. Diese Tuberkulinreaktion ist diagnostisch beim Menschen und besonders in der Tiermedizin bei der Perlsucht der Rinder — und hier ähnlich die Malleinreaktion bei Rotz — von größter Bedeutung geworden. Seit einigen Jahren träufelt man das Tuberkulin auch in den Konjunktivalsack — Ophthalmoreaktion — oder injiziert es in die Kutis — Kutanreaktion —, wodurch sehr sichere lokale Reaktionen ohne Störung des Allgemeinbefindens entstehen. Eine ähnliche Reaktion mit der von ihm gezüchteten Syphilisspirochäte stellte Noguchi als sog. Luetinreaktion an. Phänomen
der spezifi-
schen Über-
empfind-
lichkeit.

Tuber-
kulin-
reaktion.

Ophthal-
mo- und
Kutan-
reaktion.

Sie soll besonders bei viszeraler Lues nicht selten der Wassermannschen Reaktion (s. oben) überlegen sein.

Anaphy-laxie. Als **Anaphylaxie** bezeichnen wir eine Steigerung der Reaktionsfähigkeit bei wiederholten Injektionen. Hierher gehört die bei wiederholter Behandlung besonders mit Diphtherieserum auftretende „Serumkrankheit". Bei dem anaphylaktischen Schock, welcher mit Krämpfen, Temperatursturz etc. einhergeht, kommt es zu Dyspnoen etc. und evtl. zum Tode, besonders bei Versuchstieren, bei denen man die gleichen Erscheinungen reproduzieren kann. Zur Erklärung des „Anaphylatoxins" wird parenterale Verbrennung mit Abspaltung höchst giftig wirkender Stoffe herangezogen. Auch bei Infektionen spielt die Anaphylaxie eine Rolle. Nach einer Ansicht handelt es sich hier vielleicht um eine Vermengung von Antigenen und Antikörpern, welche hierbei einen Stoff entstehen lassen, der bei seiner Resorption im Blut einen toxischen (noch unbekannten) Körper in die Erscheinung treten läßt. Auch andere Stoffe nicht bakterieller Art scheinen ebenso wirken zu können. Doch ist das tiefere Wesen der Anaphylaxie nicht eindeutig sichergestellt. Unter **Allergie** versteht man mehr allgemein die veränderte Reaktionsfähigkeit nach Vorbehandlung. Abderhalden lernte neuerdings **Abwehrfermente** des Körpers genauer kennen, welche gegen alles dem Körper Fremdartige gerichtet sind. Hierauf beruht seine so schnell überall bekannt gewordene Schwangerschaftsreaktion. Das Mobilmachen dieser Fermente scheint auch bei allen möglichen Infektionen als Abwehrmittel eine Rolle zu spielen.

Allergie.
Abwehr-fermente.

Die soeben auseinandergesetzten Tatsachen haben uns zwar einen gewissen Einblick in die Immunitätslehre gegeben, indes sind wir doch noch weit entfernt, das Wesen der Immunität vollkommen erklären zu können. Auch sei hier ausdrücklich hervorgehoben, daß im obigen bloß die wichtigsten der uns bekannten diesbezüglichen Tatsachen kurz wiedergegeben werden konnten, daß aber die Verhältnisse in den einzelnen Fällen viel komplizierter liegen; auf dem hier zur Verfügung stehenden beschränkten Raume konnten die einzelnen hierher gehörigen Punkte nicht in so ausführlicher Weise wiedergegeben werden, daß ein wirkliches Verständnis derselben möglich wäre; es konnte daher auch die zum Verständnis aller dieser Vorgänge so wichtige Ehrlichsche Seitenkettentheorie nur gestreift werden.

C. Vererbung.

Unter Vererbung fassen wir die Gesamtheit der empirischen Beobachtung zusammen, daß Eigenschaften teils der Rasse oder Spezies, teils individueller Natur der Deszendenz denen der Aszendenz gleichen. Die Vererbung von Eigenschaften (im allgemeinen Sinne), auf welcher die physiologische Konstanz der Arten beruht, kann sich auch auf krankhafte Eigentümlichkeiten erstrecken, d. h. auf die Disposition zu Krankheiten. Insofern werden gewisse Krankheitszustände, für deren Entstehen eine äußere Ursache nicht angeschuldigt werden kann, vererbt, d. h. sie finden sich, oft durch viele Generationen, an verschiedenen Gliedern derselben Familie. Wir dürfen jedoch nur solche Eigenschaften, und somit auch krankhafte Eigentümlichkeiten, als vererbt ansehen, deren letzter Grund im Ei oder Spermatozoon selbst, oder in der Vermischung beider — in der Befruchtung, Amphimixis —, in jedem Falle also in der ersten Anlage gegeben ist. Andere, durch äußere Ursachen nach der ersten Anlage, wenn auch noch in utero entstandene, krankhafte Zustände sind zwar auch angeboren = kongenital, aber nicht ererbt. Schon das zur Ernährung des befruchteten Eikernes dienende Nahrungsplasma des Eies zeigt die Abhängigkeit des sich entwickelnden Keimes von seiner Umgebung. Dies ist auch insofern der Fall, *Direkte* als die Frucht während ihrer ganzen Weiterentwickelung von dem weiblichen Organismus, *und in-* in dem sie sich entwickelt, durch die Plazenta hindurch beeinflußt wird. Dies weist auf die *direkte, fa-* *miliäre und* Wichtigkeit des Zustandes der Mutter für das embryonale Leben hin. Durch plazentare *kollaterale* Übertragung kann der Embryo auch erkranken; in seltenen Fällen ist dies wohl auch bei *Ver-* der Tuberkulose nach Durchwandern der Tuberkelbazillen durch die Plazenta der Fall. *erbung.* Auch die immunitätbewirkenden Stoffe scheinen auf diese Weise von der Mutter auf die Frucht übertragen werden zu können. Des weiteren kann die Frucht in utero mechanischen Insulten ausgesetzt sein (s. im Kap. „Mißbildungen"). Die auf eine dieser Weisen resultierenden pathologischen Zustände der Frucht erscheinen dann angeboren, aber sind naturgemäß nicht ererbt. Die Vererbung erfolgt teils direkt, d. h. ein Krankheitszustand geht von den Eltern auf die Kinder über, oder die Erkrankung überspringt eine oder mehrere Generationen, um erst bei Enkeln oder noch später in der Deszendenz wieder aufzutreten, indirekte Vererbung. Auch bei der direkten Vererbung zeigen sich häufig auffallende Eigentümlichkeiten, indem z. B. ein pathologischer Zustand von der Mutter auf die Söhne, nicht aber auf die Töchter, oder vom Vater her nur auf die letzteren übergeht. Gegenüber dem hereditären Auftreten einer Erkrankung im engeren Sinne spricht man von einem familiären Auftreten derselben, wenn mehrere einer Generation angehörende Nachkommen gleichmäßig dieselben Abweichungen von der Norm aufweisen. Von kollateraler Vererbung spricht man dann, wenn in der Deszendenz Eigentümlichkeiten auftreten, welche bei einer Seitenlinie (Onkel, Vetter, Großtante) vorhanden waren. Sie erklärt sich durch „Latenz" der Vererbung in der Zwischenlinie. Treten bestimmte Eigentümlichkeiten erst nach einer langen Reihe von Generationen bei den Deszendenten auf, so spricht man von Atavismus; im spezielle Sinne wird dieser Ausdruck angewendet für Eigentümlichkeiten, welche aus einer früheren Ahnenreihe im Sinne der physiologischen Entwickelung stammen. (Doch ist es zweifelhaft, ob echter Atavismus beim Menschen vorkommt.) *Atavismus.*

Infolge der Vererbbarkeit krankhafter Zustände bzw. der Disposition hierzu potenzieren sich die Dispositionen, wenn sie von beiden Seiten zusammen kommen. Hierin und auch wohl nur hierin liegt die Gefahr der Verwandtehe.

Die Vererbbarkeit von Eigenschaften, welche von seiten des Vaters wie von seiten der Mutter beobachtet werden kann, weist darauf hin, daß sowohl das Spermatozoon oder genauer dessen Kopf, welcher sich mit dem weiblichen Vorkerne zum ersten Furchungskerne vereinigt, sowie eben dieser Kern des reifen Eies beide als Träger einer besonderen Stoffart betrachtet werden müssen, welcher dem Keime Eigenschaften von beiden Eltern vermittelt. Diese Stoffart benannte Nägeli mit dem seither üblichen Namen **Idioplasma,** und zwar ist der Bestandteil des Spermatozoon wie des Eies, welcher als Träger des Idioplasmas aufzufassen ist, mit aller Wahrscheinlichkeit die Kernsubstanz. Neben dieser Vererbungssubstanz kommt als ebenfalls sehr wichtiger Bestandteil des Eies das Ernährungsplasma in Betracht. Für jedes Individuum muß das Idioplasma besondere Eigenschaften besitzen, d. h. von jedem anderen verschieden sein. Diese idioplasmatischen Bestandteile des männlichen wie weiblichen Vorkernes enthalten also potentiell schon sämtliche Anlagen für den neuentstehenden Organismus. Auf diese Vererbungspotenzen müssen wir dann die ganze weitere Entwickelung des Individuums beziehen, und sie verleihen nicht nur dem neuen Individuum, indem sie ihm väterliche wie mütterliche Eigenschaften übertragen, sein ganzes Gepräge, sondern sie bestimmen auch in dem weiteren Leben dieses Individuums zahlreiche Lebensäußerungen. Hierauf ist es zu beziehen, daß manche vererbte Eigenschaften erst im späteren Leben zutage treten, so z. B. der in manchen Familien erbliche frühe Haarausfall oder erst in späteren Jahren auftretende geistige Erkrankungen u. dgl. mehr. Daß väterliche wie mütterliche Eigenschaften in der gleichen Weise dem neuen Keim zugute kommen, ist dadurch gewährleistet, daß die beiden Vorkerne eine Reduktionsteilung ihrer Chromosomen auf die Hälfte eingehen, sodaß dem ersten Furchungskern die normale Chromosomenzahl (wohl 24 beim Menschen), aber zur Hälfte aus dem Spermium, zur anderen Hälfte aus dem Ovulum stammend, zur Verfügung steht. Auch die grundlegende Fähigkeit jeder Zelle, Lebenssubstanz aus unorganisiertem Material zu bilden und durch Teilung, in der Regel Mitose, neue Zellen entstehen zu lassen, ist eine idioplasmatisch allen Zellen des gesamten Pflanzen- und Tierreiches vererbte Eigenschaft, während wir den letzten Ursprung dieser Fähigkeit und somit der Zelle und des organischen Lebens überhaupt nicht kennen und uns die „Urzeugung" wohl überhaupt nicht vorstellen können. Die prospektive Potenz einer Zelle, also ihre Fähigkeit zu Leistungen ist ihr also auch idioplasmatisch mitgegeben; diese kann aber größer sein als ihre prospektive Bedeutung (Driesch), d. h. als die Leistungen, welche sie wirklich betätigt. Wir sehen z. B., daß, wenn man eine der beiden ersten Blastomeren isoliert, trotzdem ein ganzer, wenn auch verkleinerter, Froschembryo entstehen kann. *Idioplasma.* *Ernährungsplasma.*

Da wir nun weiterhin Eigenschaften, zu welchen auch pathologische Zustände gehören, bei Individuen neu auftreten sehen, so handelt es sich darum sich zu erklären, wie ihr Erscheinen zu deuten ist. Es scheint dies auf die Annahme hinzuweisen, daß während

des Lebens von einem Individuum erworbene Zustände auf seine Nachkommenschaft übertragen werden können; jedoch wird diese Vererbbarkeit erworbener Eigentümlichkeiten
meist für unmöglich gehalten.   Jedenfalls sprechen alle Beobachtungen dagegen, daß etwa
traumatisch zustande gekommene Veränderungen, Verstümmelungen etc. erblich übertragen
werden; einer solchen Annahme widersprechen alle diesbezüglich angestellten Tierversuche
ebensosehr wie auch die Tatsache, daß z. B. die seit Jahrtausenden ausgeübte rituelle Beschneidung keinen derartigen Einfluß erkennen läßt.   Vor allem die früher viel akzeptierte bekannte
Weismannsche Theorie von der Kontinuität des Keimplasmas, dessen einzelne Teile
schon die Eigentümlichkeiten und den Bau aller Körperteile präformiert enthalten, schließt
jede Vererbung erworbener Eigenschaften aus.   Doch ist andererseits die Annahme der
Vererbung erworbener Eigenschaften in gewisser Beziehung auch nicht absolut
widerlegt.   Vielleicht ist es denkbar, daß wenigstens gewisse äußere Einwirkungen, welche
einen ausgebildeten Organismus betreffen, neben den somatischen Zellen desselben auch seine
Geschlechts- (germinativen) Zellen in bestimmter Weise beeinflussen, z. B. im Sinne einer
erhöhten Disposition oder auch einer Immunität gegenüber bestimmten Erkrankungen,
und daß auf diese Weise eine vererbbare Eigentümlichkeit seitens eines der Eltern zustande
käme; auch der durch Vereinigung der beiden Geschlechtskerne entstandene Furchungskern
kann vielleicht in dieser Weise beeinflußt werden.   Doch ist alles dies rein hypothetisch.

Äußerliche Veränderungen in der Erscheinung (Erscheinungsbild = Phänotypus)
treten allerdings infolge Ernährungs- und vieler anderer Faktoren ständig ein, sog. Modifikationen, doch handelt es sich hier nur um nebenbildliche (paratypische) Änderungen, die nicht vererbbar sind, da das Idioplasma dadurch nicht verändert wird und
somit das Erbbildliche (Idiotypische) gleich bleibt.   Also das, was vererbt wird, ist
nicht eine bestimmte erscheinungsbildliche Eigenschaft, Farbe oder dgl., sondern die Reaktionsweise, d. h. eine erbbildliche Anlage wird übertragen (Idiophorie).   Der Unterschied wird sehr gut durch ein Beispiel Baurs markiert.   Flüssiges Paraffin gleicht geschmol-
zenem festen Paraffin äußerlich vollkommen.   Das was sie unterscheidet ist eben nicht das
Erscheinungsbild des festen oder flüssigen Aggregatzustandes, sondern die verschiedene
Lage des Schmelzpunktes, d. h. die charakteristische Reaktionsweise auf Temperatureinflüsse.

Ganz allgemein nun folgt die Vererbung einem Gesetz, welches besonders botanisch
ausgearbeitet zuerst in wissenschaftlich grundlegender Erforschung von dem Augustiner
mönch Mendel (1865) erkannt wurde und daher nach ihm benannt wird.   Er bewies, daß
die Vererbung bei den Organismen durch beide Geschlechter prinzipiell gleich vor sich geht,
was der gleichen Zahl väterlicher wie mütterlicher Chromosomen in den Vorkernen, die mit
idioplasmatischen Eigenschaften verknüpft sind, entspricht.   Durch die Reduktionsteilung
der Chromosomen auf die Hälfte kommt es, daß jede idioplasmatische Erbeinheit ebensoviel
Wahrscheinlichkeit hat am Aufbau des Kindes mitzuwirken, als nicht.   So kommt es zahlen-
mäßig bei Befruchtung von zwei Individuen, welche verschiedenen systematischen Einheiten
angehören, zu einem Bastard, welcher in einer bestimmten Reaktionsweise, z. B. Farb
äußerung, eine Mischform zwischen beiden Eltern darstellt.   Im Gegensatz zu Individuen,
welche der Vereinigung zweier gleichartiger Sexualzellen (Gameten) entstammen, d. h.
homozygot = reinerbig sind, ist der Bastard heterozygot = spalterbig.   Befruchten
wir nun derartige Bastarde unter sich weiter, so zeigt die nächste Generation dreierlei Individuen, und zwar von den Eigenschaften des einen Ausgangselters, des Bastards und des
anderen Ausgangselters in dieser Reihenfolge im Verhältnis von 1 : 2 : 1.   Und dementsprechend in weiteren Generationen.

Dies „aufspalten" der Bastarde (auch „mendeln" genannt) kommt deswegen zustande,
weil jeder der Bastarde zweierlei Arten von Sexualzellen bildet, und zwar $50^0/_0$ „väterliche" und
$50^0/_0$ „mütterliche", und die 4 so möglichen Kombinationen die gleiche Wahrscheinlichkeit
haben.   Ein Beispiel (nach Baur) mag dies kurz erläutern.   Ein reinerbig elfenbeinfarbiges Garten-
löwenmaul, dessen Sexualzellen mit f bezeichnet seien und ein reinerbig rotes Gartenlöwen-
maul, dessen Sexualzellen mit F bezeichnet seien, werden gekreuzt.   Eine reinerbig rote Pflanze
hat somit die Formel FF, eine ebensolche elfenbeinfarbige diejenige ff, der Bastard hingegen Ff
(bzw. fF).   Er ist also spalterbig und seine Farbe ist blasser, rosa.   Diese erste Generation ist

P₁, d. h. Parentalgeneration; die nächste die Bastardgeneration (F₁ = erste Filialgeneration).
In der nächsten Generation (F₂ = zweite Filialgeneration) werden nun zu gleichen Teilen F und f
Sexualzellen von beiden Eltern gemischt, so treffen zusammen F mit F = FF (d. h. rote Pflanze),
F und f = Ff (d. h. rosa Pflanze), f mit F = fF (d. h. rosa Pflanze) und f mit f = ff (d. h. elfenbeinfarbige Pflanze), und da sich die Gesetze der Wahrscheinlichkeitsrechnung erfüllen, ist FF
im Verhältnis von 1, ff ebenso im Verhältnis von 1, fF + Ff (was dasselbe ist) im Verhältnis von 2
entstanden. So ist ein Teil der Nachkommen (FF und ff) wieder reinerbig, die Hälfte spalterbig (fF). Letztere „spalten" in der nächsten Generation (F₂) weiter. Der Stammbaum lautet
dann bildlich nach B a u r:

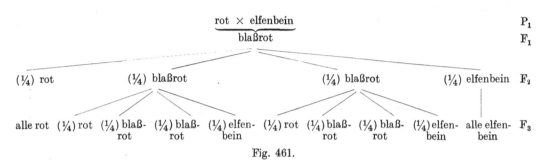

Fig. 461.

Dies fast stets herrschende M e n d e l s c h e G e s e t z beherrscht also die Vererbung bzw.
genauer die Vererbung von U n t e r s c h i e d e n zwischen zwei gekreuzten Individuen und ist das
G r u n d g e s e t z d e r V e r e r b u n g a u c h b e i m M e n s c h e n.

Hierzu kommen nun noch eine Reihe im einzelnen näher formulierter „Regeln". Hierher
gehört die D o m i n a n z e r s c h e i n u n g, welche besagt, daß beim Bastard oft eine Eigenschaft
eines der Eltern so überwiegt, daß die des anderen verdeckt wird. Die vererbte Eigenschaft
nennt man dann die „do m i n i e r e n d e" = überdeckende, die unterdrückte des anderen der
Eltern die „rezessive" = überdeckbare. Das Verhalten kann gerade bei Krankheiten
wichtig sein und ist an Stammbäumen, z. B. bei Polyurie (s. Fig. 462), zu erkennen. Im
obigen Beispiel ist nun nur ein Merkmal (Farbe des Löwenmauls) als verschieden angenommen
worden, praktisch sind es aber zumeist eine ganze Reihe verschiedener. Hierbei herrscht
nun im allgemeinen die sog. Regel von der „Selbständigkeit der Merkmale", welche
besagt, daß die verschiedenen Erbeinheiten eines Individuums voneinander unabhängig
„spalten" können; doch bestehen auch Korrelationen zwischen ihnen. Hierbei nennt man
das überdeckende Merkmal (s. o.) „epistatisch", das überdeckbare bzw. die überdeckbaren
„hypostatisch". Durch alles dies werden die Verhältnisse im einzelnen natürlich sehr
kompliziert.

Nun sehen wir aber vererbbare Merkmale auch zum erstenmal neu auftreten; sonst wäre
ja „Entwickelung" wie „Rassendegeneration" unmöglich. Da nach dem oben Dargelegten
nebenbildliche Änderungen (also Modifikationen) nicht vererbt werden, muß hier eine wirkliche
Änderung des Idioplasmas vorliegen, d. h. eine solche möglich sein. Es handelt sich also um
bei der Vereinigung der beiden Gameten (Sperma und Ei), der sog. A m p h i m i x i s, neu entstandene V a r i a t i o n e n. Diese können in Spaltung und Neukombination von Erbeinheiten
bestehen (K o m b i n a t i o n nach B a u r) oder in den von d e V r i e s zuerst sogenannten „Mu-
t a t i o n e n", welche ohne Bastardspaltung aus meist unbekannter Ursache entstehen.

Sehr verständlich erscheint die neuerdings von L e n z betonte Vorstellung, welcher
die transitiven Ursachen, welche eine Änderung des Idioplasmas und somit die erblichen
Anlagen (die physiologischen wie die pathologischen) bedingen, unter dem Begriff der I d i o-
k i n e s e = Erbänderung zusammenfaßt. Diese Ursachen, d. h. also die einzelnen idio-
kinetischen Faktoren, sind exogener Natur. Hierher soll z. B. die Beeinflussung durch
Alkoholismus gehören. Diese Idiokinese soll dann die Ursache für die Mutationen darstellen.
Mutationen, die für die Erhaltung schädlich sind, verschwinden wieder, nur durch einige
Generationen werden weniger erhaltungsgemäße Anlagen weiter gegeben und das sind eben

Sonstige
Regeln:

Dominanz-
erschei-
nung,

Selbstän-
digkeit der
Merkmale,

Pathologi-
sche Keim-
varia-
tionen.

Idiokinese.

die krankhaften. Sie erlöschen dann durch im allgemeinen im natürlichen Daseinskampf von selbst erfolgende Auslese (Selektion) wieder. Auf die Dauer bleiben nur solche Mutationen übrig, die der Erhaltung nützlich sind. Ebenso wie das neu entstehende Individuum so zwar im allgemeinen seinen Eltern gleicht, aber daneben doch auch gewisse neue, individuelle Züge aufweist, können auch Eigentümlichkeiten pathologischer Art neu auftreten und eine Eigenschaft des Keimplasmas auch in einigen wenigen folgenden Generationen bleiben.

Schemata erblicher krankhafter Anlagen. Naturgemäß richten sich auch die krankhaften Anlagen, welche ja oft schärfer als physiologische Merkmale zutage treten, soweit sie idioplasmatisch vererbt werden, nach den allgemeinen Gesetzen. Ganz beherrschend ist hier also auch das Mendelsche Spatungsgesetz oft mit überdeckendem oder auch mit überdeckbarem Verhalten, ganz wie oben dargelegt. Für das Spalten mit diesen beiden Faktoren sei je ein Beispiel (nach Siemens) angeführt.

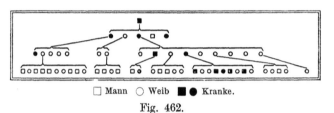

□ Mann ○ Weib ■ ● Kranke.

Fig. 462.

Dominante (überdeckende) Vererbung.

(Ausschnitt aus einem Polyurie-Stammbaum nach Weil.) Aus Siemens, Die biologischen Grundlagen der Rassenhygiene. München, Lehmann 1917.

Die angeheirateten Personen sind nicht eingezeichnet; sie waren frei von der Krankheit.

In diesem Schema sind die reinerbig zur Polyurie disponierten (als KK zu bezeichnen) von den spalterbigen (Kk) äußerlich nicht zu unterscheiden, da die Krankheit überdeckend (dominant) ist, also auch die spalterbigen krank sind. Der als krank eingezeichnete Stammvater muß spalterbig krank sein, da die Formel Kk mit einer gesunden Frau KK die Hälfte kk(gesund) und die andere Hälfte Kk (spalterbig krank) ergibt, wie es in obigem Stammbaum in der Tat der Fall ist (während, wenn der Stammvater reinerbig krank KK wäre, mit der gesunden Frau alle Nachkommen Kk, d. h. krank sein müßten). Da die spalterbigen wegen der Dominanz krank sind, sind alle Gesunden der Nachkommenschaft reinerbig gesund und können somit auch die Anlage zur Polyurie nicht weiter vererben.

Umgekehrt ein Schema für rezessive (überdeckbare) Vererbung.

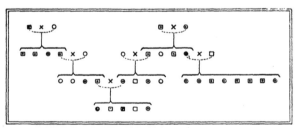

■ ● Kranke ◘ ◉ Spalterbige (äußerlich gesunde) ◻ ○ Gesunde.

Fig. 463.

Rezessive (überdeckbare) Vererbung.

Schematisches (erdachtes) Beispiel.

Aus Siemens, l. c.

Nach diesem Schema sind die reinerbig Gesunden (etwa GG) von den Spalterbigen (Gg) im Leben nicht zu unterscheiden, da letztere wegen des rezessiven Verhaltens des krankhaften Merkmals im Erscheinungsbild gesund sind. Ein kranker Gamet mit einem gesunden (s. das Schema) gibt lauter Spalterbige (Gg), aber diese geben mit einem Gesunden (GG) zur Hälfte Spalterbige (Gg) und zur Hälfte Gesunde (GG), tritt aber Amphimixis zwischen zwei Spalterbigen ein, so wird (Gg + Gg) etwa die Hälfte der Nachkommenschaft krank sein (GG), s. die unterste Reihe des Schemas. Die Spalterbigen erscheinen hier also gesund, ebenso ihre Kinder, an dem Auftreten der Krankheit in weiterer Erbfolge ist erst die Spalterbigkeit zu erkennen.

Derartige erbliche krankhafte Anlagen mit einem mendelnden Grundunterschied sind in größerer Zahl, besonders unter Mißbildungen, schon bekannt, teils mit überdeckendem, teils mit überdeckbarem Verhalten. Zu ersteren gehören z. B. Polyurie (s. das obige Schema) Brachydaktylie, Buntscheckigkeit von Negern, grauer Star, vererbbarer Diabetes, zu letzteren Albinismus, Taubstummheit, Epilepsie, andere erbliche Geistes- und Nervenkrankheiten wie Dementia praecox usw. (nach Baur und Siemens).

So sehen wir das Spaltungsgesetz mit überdecktem bzw. überdeckbarem Verhalten auch bei den erblichen Krankheitsanlagen herrschend. Zur Erkenntnis sind die Ahnentafeln bzw. Stammbäume wichtig. Es gibt aber auch Ausnahmen, die durch Mitwirken besonderer Faktoren bedingt werden. Hier sollen zwei verschiedene derartige Paradigmen angeführt werden. Das eine ist die Hämophilie (Bluterkrankheit). Sie befällt nur männliche Individuen, wird aber auf diese nur durch weibliche Individuen,

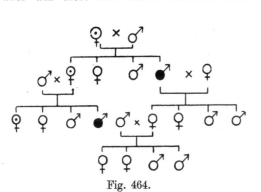

Fig. 464.
Lossensche Regel.
Aus Lenz: Über die krankhaften Erkrankungen des Mannes.
Jena, G. Fischer 1912.

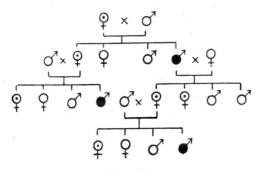

Fig. 465.
Hornersche Regel.
Aus Lenz, l. c.

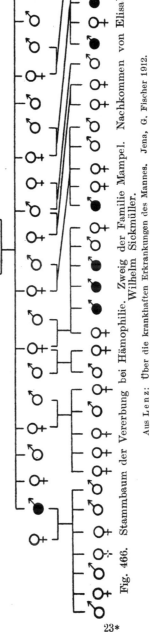

Ausnahmen vom Spaltungsgesetz:

Fig. 466. Stammbaum der Vererbung bei Hämophilie. Zweig der Familie Mampel. Nachkommen von Elisabeth Wendling und Wilhelm Sickmüller. ● über die krankhaften Erkrankungen des Mannes. Jena, G. Fischer 1912.

Aus Lenz: Über die krankhaften Erkrankungen des Mannes.

23*

welche die Krankheit aber nur latent, nicht manifest, aufweisen (sog. Konduktoren, besser Anlagenträger), übertragen. Hierbei ist kein sicheres Beispiel bekannt, daß die Anlagenträgerin selbst die Erkrankung von einem männlichen Individuum geerbt hätte, sondern stets nur von einem anderen weiblichen Individuum (ebenfalls einer Anlagenträgerin). Die Hämophilie ist somit somatisch an das männliche, eventuell idioplasmatisch an das weibliche Geschlecht gebunden. Lenz erklärt aber diese sogenannte Lossensche Regel (Lossen erkannte diese Art der Vererbung bei der Hämophilie zuerst) durch „Mendeln" mit Zugrundegehen der hämophil veranlagten Spermatozoen.

Lossensche Regel,

Hornersche Regel.   Im Gegensatz hierzu steht die Hornersche Regel, welche dieser Autor schon 1876 für die gewöhnliche Farbenblindheit aufstellte, und welcher nach Lenz auch die Vererbung bei neurotischer Muskelatrophie und der gewöhnlich mit Myopie einhergehenden Hemeralopie folgt. Hier erkranken in der Regel auch nur Männer; die Krankheit vererbt sich nur durch Frauen, welche selbst nicht manifest erkranken, sondern auch hier nur als Anlagenträgerinnen fungieren, auf deren Söhne. Die Frauen haben hier aber auch ihrerseits die latente Erbanlage von hren Vätern ererbt. Hier besteht also idioplasmatische Korrelation zwischen Geschlecht und pathologischer Anlage, und zwar solche zum weiblichen Geschlecht, somatische Korrelation aber zum männlichen (Lenz).

Mit Hilfe derartiger Korrelationen zwischen Geschlecht und Krankheiten hat man auch die Frage nach der idioplasmatischen Bestimmung des Geschlechts beim Menschen in Angriff genommen. Hier existieren zunächst nur Theorien. Lenz formuliert seine letzthin publizierte folgendermaßen: „Der Unterschied ist im Idioplasma derart bedingt, daß das weibliche Geschlecht eine Erbeinheit „homozygot" enthält, die das männliche „heterozygot" enthält". Hier öffnet sich noch ein unendliches Arbeitsfeld. Die Wichtigkeit aller dieser Vererbungsgesichtspunkte für Rassenhygiene, Aufzucht, die der Entartung entgegenarbeiten muß u. dgl., kann hier nur angedeutet werden.

Beispiele erblicher pathologischer Anlagen: Beispiele erblich übertragbarer pathologischer Zustände, welche sich schon angeboren zeigen, oft aber auch erst im späteren Leben in die Erscheinung treten, also zunächst nur potentiell vorhanden sind und zum Manifestwerden noch eine Auslösungsursache brauchen, sind folgende:

1. Miß-bildungen.   1. In allererster Linie stehen hier die **Mißbildungen.** Am bekanntesten wohl bei der Polydaktylie, dem Riesenwuchs, der Nanosomie (angeborener Zwergwuchs), Hasenscharte, Mikrozephalie etc.

2. Geschwülste etc.   2. Gewisse, den Geschwülsten angehörige oder ihnen nahestehende Bildungen, die man aber zumeist auch den Entwickelungsfehlern zurechnen kann: Nävi, Pigmentmale, Neurofibrome, Exostosen u. a.

3. Erkrankungen des Nervensystems, Geisteskrankheiten.   3. Eine wichtige Rolle spielt nach den gegenwärtigen Anschauungen die Vererbung bei vielen Erkrankungen des Nervensystems und besonders bei Geisteskrankheiten. Namentlich zeigt sich der Einfluß der Heredität dann, wenn man nicht das Vorhandensein bestimmter einzelner Krankheitsformen bei Aszendenten und Deszendenten, sondern das Vorkommen nervöser Störungen bei beiden überhaupt in Betracht zieht; es vererbt sich in erster Linie die „neuropathische Disposition" (Dégénérescence"). Die Nachkommen neuropathischer Individuen erkranken sehr häufig schon durch ganz geringfügige Schädlichkeiten oder anscheinend ohne äußere Veranlassung an verschiedenen Störungen von seiten des Nervensystems: Neurasthenie, Hysterie, organische Nervenkrankheiten, Psychosen; oder es zeigt sich angeborene, nervöse und psychische Defektbildung, Idiotie etc. Ein Teil solcher Fälle erklärt sich wohl sicher durch vererbte Entwickelungsfehler des (Zentral-)Nervensystems. Nimmt innerhalb mehrerer Generationen die Schwere der krankhaften Affektion progressiv zu, so spricht man auch von „degenerativer Vererbung".

4. Hämophilie.   4. In besonders ausgesprochenem Maße zeigt sich die Vererbung bei der Hämophilie, der Bluterkrankheit, von welcher nur selten ein Fall isoliert vorkommt (s. oben). Wir geben hier noch den Stammbaum einer solchen Familie als Beispiel dieser Art von Vererbung (Fig. 466).

5. Erkrankungen des Sehapparates.   5. Am Sehapparat treten eine Anzahl von Störungen mit Vorliebe hereditär auf; in erster Linie die Farbenblindheit (Daltonismus), dann auch Hemeralopie, Myopie, Amblyopie, Katarakt, Retinitis pigmentosa (s. z. T. oben).

6. Muskelerkrankungen.   6. Gewisse Formen von progressiver Muskelatrophie und Pseudohypertrophie der Muskeln, welche namentlich familiäre Verbreitung zeigen und im jugendlichen Alter auftreten (vgl. II Teil, Kap. VII, D).

7. Disposition zu chronischen Infektionskrankheiten etc.   7. Vererbung der Disposition zu chronischen Infektionskrankheiten etc. Wir haben dies in dem Kapitel über Tuberkulose ausführlich erörtert. Hierher gehört auch vererbte Disposition zu Hautaffektionen, besonders auch Pigmentanomalien, ferner zu sogenannten Konstitutionsanomalien, wie Gicht, Diabetes, Adipositas u. a., oder auch zu den Idiosynkrasien. Ebenso wie eine Disposition kann auch eine Immunität erblich übertragen werden (Kap. VII).

Kapitel IX.

Gestörte Organfunktion als Krankheitsbedingung für den Gesamtorganismus.

A. Allgemeine Kreislaufstörungen.

Schon bei der Betrachtung der lokalen Zirkulationsstörungen sind wir gelegentlich auf die Veränderungen in der allgemeinen Blutverteilung zu sprechen gekommen, welche sich infolge von Schwächezuständen und abnormer Funktion des Herzens einstellen; ebenso haben wir auch gesehen, daß durch Ausbildung einer Herzhypertrophie (Arbeitshypertrophie) jene Störungen der Zirkulation wieder beseitigt, resp. für längere Zeit hintangehalten werden können. Wir wollen nun die allgemeinen Zirkulationsstörungen und insbesondere ihre Abhängigkeit von abnormen Zuständen des Herzens noch einmal zusammenfassen und im einzelnen ergänzen.

Der Effekt der Herzarbeit besteht bekanntlich in der Erhaltung der Druckdifferenz zwischen Arteriensystem und Venensystem, welche die unmittelbare Ursache der Blutbewegung darstellt, indem das Blut von der Stelle des höheren Druckes (Arterien) zu jener des geringeren Druckes (Venen) abzuströmen bestrebt ist. Das Herz erhält jene Druckdifferenz dadurch aufrecht, daß es mit jeder Systole seiner Kammern eine gewisse Menge Blut in das Arteriensystem eintreibt. Der Arteriendruck ist am höchsten in den großen Stämmen nahe dem Herzen und nimmt von da gegen die Kapillargebiete zu stetig ab; im Venensystem ist er gering und in den großen Hohlvenen zeitweise, zur Zeit der Inspiration, selbst negativ, wodurch eine Ansaugung des Blutes bewirkt wird. Außer 1. der Tätigkeit des Herzens ist auf die allgemeine Blutverteilung auch 2. das Verhalten des Gefäßsystems, insbesondere der durch die Vasomotoren regulierte Gefäßtonus desselben, sowie 3. die Beschaffenheit des Blutes selbst von wesentlich mitbestimmendem Einfluß. **Allgemeine Kreislaufstörungen** werden also in der abnormen Beschaffenheit eines dieser Momente begründet sein.

I. Kreislaufstörungen vom Herzen aus.

Hypertrophie und Insuffizienz des Herzens.

I. Vom
Herzen aus.
Hyper-
tophie und
Insuffizienz
desselben.

Unter zahlreichen Bedingungen ist die Arbeit des Herzens erschwert, und es würde zu den schwersten allgemeinen Zirkulationsstörungen mit ihren Folgen kommen, wenn nicht der Ventrikel diese Mehrarbeit zu leisten, seine Kraftleistung den zu überwindenden Widerständen anzupassen imstande wäre. Der Herzmuskel verfügt ebenso wie andere Muskeln und Organe über eine gewisse Reservekraft, d. h. er kann eine viel größere Arbeit leisten, als er für gewöhnlich ausführt. Auf die Dauer wird er dieser dadurch gewachsen, daß seine Muskulatur **hypertrophiert**. Über die Vorgänge hierbei vergleiche das bei der Hypertrophie über die Muskeln im allgemeinen Gesagte. Es handelt sich hier meist um echte Hypertrophie, weniger um Hyperplasie. Wir können die Herzhypertrophie in diesen Fällen also als eine Kompensationserscheinung auffassen, welche das Organ befähigt, den besonderen an es gestellten Anforderungen zunächst wenigstens gerecht zu werden und so die allgemeinen Folgeerscheinungen des Versagens der Herzarbeit hintanzuhalten.

Die Bedingungen, welche hierzu führen, können nun sehr verschieden sein und es hypertrophiert zunächst der Herzabschnitt, welcher im gegebenen Fall die erhöhte Arbeit zu leisten hat. In der Regel sind es hauptsächlich die beiden Ventrikel, aber eben unter verschiedenen Umständen, welche, da sie ja auch die Hauptsache an Muskelarbeit zu leisten und normaliter schon die weit dickeren Muskelwände haben, hypertrophieren. Oft kombinieren sich, voneinander oder von gemeinsamen Bedingungen abhängig, Hypertrophien der verschiedenen Herzteile. Im folgenden sollen die Hauptbeispiele für die einzelnen Teile kurz zusammengestellt werden. Am klarsten liegen die Fälle offensichtiger **mechanischer Hindernisse.** Hier stehen in erster Linie solche im Herzen selbst, vor allem in Gestalt von Klappenfehlern. Sie sind in der Regel das Endresultat von Endokarditiden (s. II. Teil, Kap. II A, 6). Bei den Stenosen muß das Blut mit größerer Kraftleistung durch das betreffende Ostium hindurchgezwängt werden, bei den Insuffizienzen regurgitiert jedesmal Blut durch die mangelhaft schließende Klappe und erhöht so den Druck im Herzen. Sehr oft kombiniert sich beides. Bei Stenose und Insuffizienz der Aorta ist die Mehrleistung dem linken Ventrikel aufgebürdet; er hypertrophiert. Bei denselben Fehlern der Mitralis ist dies mit dem linken Atrium der Fall, aber seine Wand kann nur weit geringer hypertrophieren. Bei der Mitralinsuffizienz gelangt das ganze gestaute Blut bei der nächsten Diastole auch in den linken Ventrikel, so hat er auch bedeutende Mehrarbeit und hypertrophiert ebenfalls. Die Wirkung dieser Klappenfehler, besonders der Mitralfehler, erstreckt sich aber durch Stauung auch auf den Lungenkreislauf und durch ihn auch auf den rechten Ventrikel, der infolge auch an ihn gestellter Mehranforderungen ebenfalls hypertrophiert. Auf der anderen Seite hypertrophiert der rechte Ventrikel natürlich primär bei Stenose oder Insuffizienz der Pulmonalklappen. Bei Klappenfehlern der Trikuspidalis sind Mehranforderungen an den rechten Vorhof gestellt, er hypertrophiert nur gering; es kommt, vor allem bei Insuffizienz, weil in der Diastole vermehrte Blutmenge in den rechten Ventrikel gelangt, die ausgetrieben werden soll, zu Hypertrophie dieses. Die Klappenfehler der rechten Herzhälfte sind zum großen Teil nicht das Endresultat von im Leben erworbenen Endokarditiden, sondern angeborene Mißbildungen. Daß bei letzteren auch sonst der Herzteil, an welchen abnorme Anforderungen gestellt werden, hypertrophiert, ebenso wie bei den endokarditischen Klappenfehlern, ergibt sich aus dem Gesagten von selbst. (Wegen aller Einzelheiten s. II. Teil, Kap. I.)

Ähnlich wie Hindernisse im Herzen können solche in seiner nächsten Umgebung mechanisch wirken. Hierher gehören z. B. Obliterationen des Herzbeutels, ferner Kyphoskoliosen. Hier hypertrophieren zuweilen beide Ventrikel, zumeist aber weit stärker der rechte.

Des weiteren können mechanische Hindernisse, in der weiteren Strombahn, d. h. im peripheren Gefäßsystem, besonders in den Arterien, gegeben sein. Zunächst kommen solche im Körperkreislauf in Betracht. Hier ist es wiederum der das Blut in ihn treibende linke Ventrikel, welcher hauptsächlich die vermehrte Arbeit zu leisten hat und so hypertrophiert. Zu nennen ist hier besonders hochgradige und ausgebreitete Atherosklerose, doch nur in Ausnahmefällen. Eine weit größere Rolle spielen die kleinen Gefäße besonders der Niere, von denen unten noch die Rede sein soll. Besonders zu erwähnen ist auch noch die Atherosklerose der das Herz selbst versorgenden Kranzarterien bzw. die hierdurch bedingten bindegewebigen Herzschwielen (s. unter Herz). Bei ihnen kann — wenn auch nicht sehr häufig — der Herzmuskel besonders des linken Ventrikels, um trotz seiner Veränderung die notwendige Arbeit leisten zu können, auch hypertrophieren, allerdings nur, wenn seine Ernährung im ganzen noch einigermaßen gut ist. (Über die Folgen ausgedehnter mangelnder Blutzufuhr s. unter Herztod unten.) Des weiteren sind abnorme Lumenverhältnisse besonders in der Aorta anzuführen; einerseits Aneurysmen derselben, doch bewirken diese meist nur dann Hypertrophie des linken Ventrikels, wenn sie mehr diffus im Anfangsteil der Aorta sitzen und die Klappen mitverändern, so daß Insuffizienz derselben entsteht und diese die Mehrarbeit des Herzens und Hypertrophie bedingt. Andererseits scheint auch angeborene Aortenenge (wenn nicht als Teilerscheinung der „Hypoplasie" auch das Herz zu schwach dazu ist) infolge der mechanischen Erschwerung Herzhypertrophie bewirken zu können. Galten diese abnormen Verhältnisse im großen Kreislauf vornehmlich dem linken Ventrikel, so müssen andererseits Erschwernisse des Lungenkreislaufes Mehr-

Left margin notes:

a) Bei mechanischen Hindernissen.

1. Im Herzen: Klappenfehler.

In der Umgebung des Herzens.

2. Im peripheren Gefäßsystem.

α) Im großen Kreislauf.

arbeit des rechten Ventrikels bedingen, so daß dieser hypertrophiert. Dies ist besonders *β)* Im bei Atherosklerose der Lungengefäße, bei der Verödung zahlreicher Lungengefäßbahnen, Lungen so bei der Phthise und Lungenschrumpfungsprozessen, und besonders bei dem Emphysem kreislauf. der Fall, sowie ferner, wenn bei Störungen in der Respiration der Wegfall des fördernden Einflusses der normalen Atmung auf die Zirkulation in Betracht kommt.

Die Arbeit des Herzens kann drittens mechanisch erschwert sein durch eine Änderung 3. Infolge des Blutes. Zunächst muß eine Vermehrung der qualitativ normal beschaffenen von Blut verände Blutmenge, die sogenannte **Plethora vera,** in diesem Sinne wirken. Es handelt sich hier rungen; um einen Zustand, welcher früher eine auch für die Therapie (Aderlaß) hochbedeutsame Plethora Rolle spielte, dessen Vorkommen dann aber vielfach geleugnet wurde. Bluttransfusionen vera und erzielen allerdings keine irgendwie dauernde Blutvermehrung, und auch beim Neugeborenen serosa. wird, wenn man nicht sofort nach dem Aufhören der Pulsation der Nabelschnur diese unter bindet, sondern erst einige Minuten später, durch die Mehrzufuhr von 30—110 g Blut (infolge der Kompression der Nabelschnur durch den Uterus) nur eine vorübergehende Vermehrung der Blutmenge erzeugt. Ebensowenig kommt es zur Plethora bei Infusion isotonischer Kochsalzlösung, welche in bis 4facher Menge der Blutmenge injiziert binnen 6—7 Stunden schon ausgeglichen werden kann. Trotzdem ist das Vorkommen einer echten Plethora aus solchen Fällen zu erschließen, in denen Herzhypertrophie, starke Hyperämie aller Organe, starke Spannung des Pulses, Neigung zu Kongestionen und Blutungen (unter Abwesenheit aller anderen pathologischen Veränderungen an den Organen) bestehen. Hier spielen wohl konstitutionelle Momente mit. Hierzu kommt als Auslösungsursache ein äußeres Moment, welches auf Überernährung beruht (Hart). Auch bei Biertrinkern gibt es wohl eine solche Plethora vera, obwohl hier (s. auch unten) offenbar andere Momente noch mitspielen. Daß bei der Plethora vera eine Drucksteigerung im Gefäßsystem einsetzen und somit die Arbeit des Herzens erschwert sein muß, liegt auf der Hand (Bierherz). In der gleichen Weise müßte eine **Plethora serosa** wirken, d. h. eine Vermehrung der Gesamtmenge des Blutwassers. Aber selbst bei überreichlichem Genuß von Flüssigkeit kommt es wegen der Anpassung durch die Lymphbahnen, sowie wohl auch durch die Tätigkeit der Kapillar endothelien, nicht zu einer dauernden solchen. Diese Regulation versagt in der Regel nur dann, wenn die Nierentätigkeit erlahmt, also bei Nephritis (s. unten). Dann tritt Retention von der Niere aus ein, sowie eine Veränderung des osmotischen Druckes (zwischen Gewebs und Blutflüssigkeit) infolge von Kochsalzretention.

Den bisher beschriebenen mechanischen Faktoren, welche im Herzen (oder dessen b) Renale Umgebung), im Gefäßsystem oder in der Beschaffenheit des Blutes gelegen, infolge erhöhter Herzhyper trophie. Anforderungen an den Herzmuskel Herzhypertrophie bewirken, können wir als zweite Gruppe die sogenannte **renale Herzhypertrophie** anfügen. Aber hier ist der innere Zusammen hang trotz vielfacher darauf gerichteter Untersuchungen keineswegs geklärt. Erfahrungs tatsache ist, daß in solchen Fällen eine erhebliche Steigerung des arteriellen Blutdruckes — Hypertonie — resultiert und daß, wenn diese einige Wochen anhält, sich eine Hyper trophie des Herzens einstellt, welche zunächst und in besonders hohem Grade den linken Ventrikel betrifft, aber auch das übrige Herz betreffen kann. Getrennte Wägungen der einzelnen Herzabschnitte beweisen dies. Auch im Gebiet der Lungenarterie ist der Blut druck erhöht. Die Frage ist nun, worauf diese Blutdruckerhöhung beruht. Während man früher hier mehr allgemein eine „Nephritis" anschuldigte, müssen wir zwei verschiedene Erkrankungsarten bzw. Zustände der Niere (s. auch bei dieser) unterscheiden. Die erste Gruppe umfaßt Veränderungen der kleinen und kleinsten Nierenarteriolen im Sinne der Sklerose (Wucherung und hyaline Degeneration sowie Verfettung der Gefäßwand). Wir sprechen hier von Arteriolosklerosis renum. Gleichzeitig tritt schon frühzeitig Hyper- 1. Arteriolo sklerose tonie und dann Hypertrophie besonders des linken Ventrikels auf, und zwar beides der Nieren. gerade in diesen Fällen besonders hochgradig. Die Folgen der Gefäßveränderung äußern sich natürlich auch an der Niere selbst; es kommt zur arteriolosklerotischen Schrumpf niere (initialis und später progressa). Gleichzeitig können auch die Arteriolen anderer Organe (besonders Pankreas, Leber, Gehirn) im selben Sinne verändert sein, doch ist dies weit seltener und nicht so hochgradig wie in der Niere der Fall. Diese steht im Vordergrund. Ob hier nun die Gefäßveränderung das Primäre, Hypertonie und Herzhypertrophie Bewirkende, ist, ob ein anderer Zusammenhang, z. B. umgekehrter Kausalnexus oder gemeinsame Ursache vorliegt, ist noch nicht sicher entschieden. Doch scheint ersteres sehr wahrscheinlich, wenn auch Einzelheiten noch nicht spruchreif sind. Die Erkrankung befällt vorzugsweise etwas jüngere Leute (durchschnittlich 45—50 Jahre) als die Altersatherosklerose der großen Gefäße; solche braucht keineswegs gleichzeitig hervorzutreten. Die so Erkrankten können an Versagen des hypertrophischen Herzens sterben, sehr häufig aber kommt es zu Schlaganfällen (Veränderungen der kleinen Gehirngefäße und Überdruck); im letzten Stadium kommt auch die Nierenerkrankung als solche hinzu (Urämie, s. oben).

2. Nephritis.

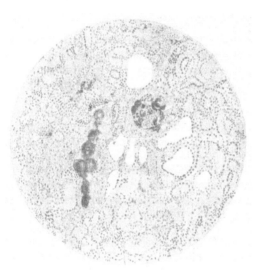

Fig. 467.

Arteriolosklerotische Schrumpfniere mit Hypertonie. Veränderungen der Arteriolen der Niere (auch im Glomorulus rechts) im Sinne der fettig-hyalinen Degeneration. Das Fett ist mit Scharlach R. rot gefärbt.
(Aus Herxheimer, Verhandl. d. deutsch. path. Gesellsch. XV.)

Diese Erkrankung ist recht häufig und eine der Hauptursachen (wohl die häufigste) der Hypertrophie des linken Ventrikels.

Die zweite der beiden oben aufgestellten Hauptgruppen der renalen Herzhypertrophie umfaßt diejenige nach echter entzündlicher Nierenerkrankung. Zunächst handelt es sich um Glomreulonephritis (s. unter Niere), seltener um hydronephrotische oder dgl. Schrumpfniere. Auch hier tritt Hypertonie auf, die zur Herzhypertrophie führt, zuweilen im subakuten Stadium, zumeist und hochgradiger erst im chronischen Stadium der Schrumpfniere. Gerade hier mangelt uns eine sichere Erklärung. Eine Wasserretention infolge ungenügender Harnabscheidung und damit eine seröse Plethora, welche ja den Blutdruck erhöhen muß (s. oben), ist wohl für manche Fälle anzunehmen (Traube, Cohnheim), doch trifft dies Moment sicher nicht für alle Fälle zu, da eben eine solche Harnretention oft erst in den allerletzten Stadien der Nephritis eintritt. Man hat daher auch hier an Erhöhung der

Widerstände in den kleinen Gefäßästen (Glomeruluserkrankung) gedacht. Außer mechanischen Theorien sind zur Erklärung des Zusammenhanges solche chemischer Natur aufgestellt worden. So hat Senator an chemische Wirkungen seitens retinierter Harnbestandteile gedacht, indes liegen auch die chemischen Verhältnisse hier offenbar nicht so einfach, denn eine Harnretention findet eben in vielen, gerade sehr ausgesprochenen Fällen chronischer Nephritis nicht statt. Aufgeklärt ist also die Abhängigkeit der Herzhypertrophie von der Nephritis noch keineswegs; vielleicht wirken mehrere verschiedene Momente zusammen. Daß, wenn auf Grund der Nephritiden — meist erst in späten Stadien — die Arteriolen der Niere hochgradig verändert sind, dieser Faktor Hypertonie und Herzhypertrophie seinerseits steigern kann, liegt nach dem oben Gesagten nahe.

c) Herzhypertrophie auf Grund von Störungen der inneren Sekretion.

Eine weitere Gruppe von Herzhyperthrophien ist weit seltener und weniger erhärtet. Solche werden nämlich in Einzelfällen **mit Anomalien von Drüsen innerer Sekretion** (s. unten) in Zusammenhang gebracht, so mit Kropf und besonders Morbus Basedow (s. unten) als sogenanntes **Kropfherz**, ferner mit Veränderungen des Thymus und der Nebenniere. Doch ist hier alles hypothetisch. Ebenso die angeblich bei Uterusmyomen zu beobachtende Herzhypertrophie, das sogenannte Myomherz.

Als vierte Gruppe kann man Fälle zusammenfassen, für welche im Gesamtorganismus selbst kein ätiologischer Anhaltspunkt gewonnen werden kann. Es kann sich hier um Folgen fortgesetzter sehr schwerer körperlichen Anstrengungen (sogenannte **Arbeitshypertrophie**) u. dgl. handeln. Solche Fälle faßte man besonders früher als sogenannte idiopathische Herzhypertrophie zusammen, doch ist der Kreis dieser immer enger geworden. Wie schon in der Einleitung gesagt, mindert die fortschreitende anatomische Forschung das Gebiet solcher sog. funktionellen Erkrankungen immer mehr ein. Hierher wird auch die Herzhypertrophie der Potatoren gerechnet; in einem Teil der Fälle mag, wie schon oben erwähnt, die so gesetzte Plethora maßgebend sein, in sehr zahlreichen Fällen aber ist die Herzhypertrophie eine Folge der Arteriolosklerose der Niere (s. oben) und diese Gefäßveränderung nur ihrerseits durch den chronischen Alkoholismus (in anderen Fällen durch Bleivergiftung) bedingt.

d) Sog. idiopathische Herzhypertrophie.

Durch die Hypertrophie seiner Muskulatur ist das Herz unter allen erwähnten Bedingungen imstande, den konstant erhöhten, an seine Tätigkeit gestellten Ansprüchen zu genügen und, obwohl ein Teil seiner Arbeit durch die abnormen Widerstände verbraucht wird, die normale Zirkulation aufrecht zu erhalten; der Herzfehler ist kompensiert; auch verfügt das hypertrophische Herz wieder über einen gewissen Fond von Reservekraft, so daß es nicht fortwährend unter maximaler Anstrengung zu arbeiten braucht. Es kann also auch gesteigerten Ansprüchen an seine Leistungsfähigkeit genügen, ähnlich wie ein gesundes Herz, aber freilich nur bis zu einem bedeutend geringeren Grade: die Reservekraft und damit die Akkommodationsbreite des hypertrophischen Herzens ist geringer wie die des normalen Herzens. Daher wird bei ersterem die Grenze seiner Leistungsfähigkeit bei ungewöhnlichen Anstrengungen leichter und früher erreicht, es wird häufiger und länger maximal angestrengt arbeiten müssen, als das normale; so kommt es schließlich zu einer Erschöpfung des Herzens, zu einem Punkt, wo trotz der Hypertrophie die Kompensation ungenügend wird, zur Kompensationsstörung mit den Erscheinungen der Herzinsuffizienz und zuletzt zum Kollaps.

Kompensation und Kompensationsstörung.

Unter **Herzschwäche** verstehen wir eine mangelhafte Arbeitsleistung des Herzens, d. h. also vornehmlich schwache und unvollständige Kontraktionen desselben, wozu noch Schwächen der Reizbildung und -leitung (s. unten) kommen können. Es bleiben daher größere Blutmengen im Ventrikel zurück als normaliter. Genügt jetzt das vom Herzen ausgesandte Blut nicht mehr, so kommt es zur **Herzinsuffizienz**. Äußert sich diese schon bei Ruhelage, so kann man von „Ruheinsuffizienz", tritt sie erst bei körperlichen Anstrengungen auf, von „Bewegungsinsuffizienz" sprechen (Moritz). Man kann sich den Herzmuskel nach Analogie der Körpermuskulatur als übermüdet vorstellen.

Herzinsuffizienz und Kollaps.

Entwickelt sich unter dem Einfluß auf das Herz wirkender Schädlichkeiten ein extremer Grad von Herzschwäche, so kommt ein Zustand zur Ausbildung, welchen man als **Kollaps** oder **Synkope** bezeichnet und welcher dem plötzlichen Stillstand der Zirkulation in seinen Folgezuständen mehr oder weniger nahe steht, resp. Vorbote desselben sein kann. Durch die Erlahmung der Herztätigkeit wird das Arteriensystem nur noch mangelhaft gefüllt, der Blutdruck in ihm sinkt und ist schließlich nicht mehr imstande das Blut durch die Kapillargebiete hindurchzutreiben; die Zirkulation in dem letzteren stockt, die Haut wird blaß, kühl; infolge ihrer Elastizität schmiegt sie sich straff an die Unterlage an, und es entsteht das „spitze Aussehen" der vorspringenden Körperteile, der Nase etc. („Facies hippocratica"). Auf das Herz wirkt der Zustand zurück, indem auch die Koronararterien nicht mehr gespeist werden, und so die Ernährung des Herzmuskels aufhört; endlich kommt es zu Stillstand der Respiration und Asphyxie.

Plötzlicher Herztod kommt besonders bei vorher schon geschädigtem Herzen vor, zudem wenn die ernährenden Gefäße plötzlich verstopft werden. Zu den vorhergehenden Schädigungen des Herzens mögen auch solche gehören, welche das Reizleitungsbündel (s. unten) betrafen. In anderen Fällen ist an Addition der schädigenden Momente bis zu deren plötzlich erscheinender Wirkung zu denken. Hierzu mögen auch Überanstrengungen gehören, welche erst Hypertrophien, dann Herzinsuffizienz bewirken, während eine akute Überanstrengung, welche zu Insuffizienz eines vorher unveränderten Herzens führt, nicht sicher bewiesen ist, wie auch Moritz betont.

Wir können infolgedessen die Herzinsuffizienz und deren höchsten Grad und häufigen Ausgang, den Kollaps, in unserer Besprechung dieser Zustände zusammenfassen.

Als eine häufige Ursache dieser haben wir eben schon die **Kompensationsstörung eines hypertrophischen Herzens** kennen gelernt. Hier hatte die Herzhypertrophie ja zunächst die Herzschwäche durch ihre Mehrleistung den Hindernissen gegenüber hintangehalten, und nur wenn das hypertrophische Herz diesen auf die Dauer nicht mehr gewachsen ist, kommt es sekundär zur Insuffizienz. In anderen Fällen kommt es primär zu dieser. Dies ist zunächst der Fall, wenn dieselben Hindernisse bestehen, wie sie oben als zur Hypertrophie führend beschrieben wurden, aber in zu hohem Grade, oder wenn der Gesamtzustand des Organismus ein zu schlechter ist, als daß eine Herzhypertrophie sich ausbilden könnte.

In anderen Fällen sind es **Veränderungen am Herzen selbst**, welche seine Arbeitsleistung beeinträchtigen, zunächst Degenerationen und ferner die Folgezustände solcher, besonders **Bindegewebsschwielen im Herzmuskel** (teils auf entzündlicher Basis, zumeist aber infolge schlechter Ernährung bei Koronararteriensklerose), welche dessen Kontraktilität herabsetzen, auch ungenügende Ernährung des Herzens selbst infolge ausgedehnter **Koronararterien-Erkrankung** (öfters klinisch mit der Angina pectoris verlaufend) oder gar **Verstopfung der Kranzgefäße** (über alles dieses s. unter Herz). So kann Thrombose einer Hauptkoronararterie bei Atherosklerose dieser plötzlichen Kollaps des Herzens und Tod verursachen. Auch Störung des Venenkoronarkreislaufes kann von Bedeutung sein. Ferner können Verlagerungen und Kompressionen von seiten benachbarter Organe das Herz in seiner Tätigkeit hindern.

In anderen Fällen ist die Veränderung der Herztätigkeit auf die **Wirkung von Giften auf das Herz** oder auf **Einwirkungen auf die Ganglien des Herzens und die die Herztätigkeit regulierenden Nerven** zu beziehen. Jede direkte oder reflektorische Lähmung des Hemmungsnerven, des Nervus vagus, muß ebenso wie Reizung des Nervus accelerans Herzbeschleunigung zur Folge haben und umgekehrt. Auch allgemeine **kachektische Zustände, Anämie**, die verschiedensten **Infektionskrankheiten** u. dgl. können die Herztätigkeit durch Schwächung des Muskels erlahmen lassen. Des weiteren können sich verschiedene Zustände als Ursachen der Herzinsuffizienz addieren. Über den Herztod bei Status thymolymphaticus, Morbus Addison etc. s. unten unter D.

Alle diese Zustände von Herzinsuffizienz haben nun schwere **Folgen**. In den meisten Zuständen von Herzinsuffizienz und Kollaps stellt das **Sinken des Blutdruckes** das maßgebende Element dar; es erhellt dies schon aus dem günstigen Effekt, welcher in Fällen von Kollaps häufig durch subkutane Infusion von Kochsalzlösungen erreicht werden kann, einfach durch Erhöhung des Druckes. Infolge des Sinkens des Blutdruckes wird in vielen Fällen die Pulswelle niedriger. Das Herz selbst zeigt infolge seiner Kontraktionsschwäche eine zu große zurückbleibende Blutmenge (s. oben) und so kommt es zur **Dilatation der Herzhöhlen**. Die mangelhafte Entleerung des Herzens bedingt aber auch ihrerseits ein erschwertes Zurückströmen des Blutes aus den großen Hohlvenen in den rechten Vorhof. Wird der rechte Ventrikel mangelhaft entleert, so kommt es unmittelbar zu einer Anstauung des Blutes im rechten Vorhof (z. B. bei Fehlern der Trikuspidalklappe) bis zu rhythmischer Anschwellung der Venen durch die bei jeder Ventrikelsystole wiederholte Behinderung des Einströmens in den Vorhof, oder selbst zu wirklichen rückläufigen Pulswellen, dem sogenannten Venenpuls. Infolge der Weite der Lungenkapillaren und des geringen Druckes, unter welchem das Blut im Lungenkreislauf strömt, pflanzt sich die Stauung des Blutes auch bei mangelhafter Entleerung des linken Ventrikels in den linken Vorhof, durch den Lungenkreislauf in das rechte Herz, in den rechten Vorhof und in die Hohlvene hinein fort.

Kommt es zu dauernder Abschwächung der Herztätigkeit mit mangelhafter Entleerung des Herzens, so entwickelt sich der bereits im 1. Kapitel (S. 15) besprochene Zustand der Stauung, wobei die Füllung des Arteriensystems eine geringere, die Füllung der venösen Gebiete dagegen und der Blutdruck in letzteren erhöht ist, und infolge der Erschwerung des venösen Rückstromes zum Herzen und der Verminderung in der Druckdifferenz zwischen Arteriensystem und Venensystem die Zirkulation verlangsamt wird.

Die Überfüllung und die Drucksteigerung im Venensystem, welche sich bis in die feinsten Äste und das Kapillargebiet fortpflanzt, führt dazu, daß sich die schon früher genannten Folgezustände der venösen Hyperämie in großer Ausdehnung ausbilden; es kommt zu Zyanose der Körperteile durch längeren Aufenthalt des mit Kohlensäure überladenen Blutes in dem Gewebe, Verstärkung der Transsudation mit Entstehung von Hydrops, Stauungsblutungen, zyanotischer Induration der Organe, Stauungskatarrhen des Respirations- und Verdauungskanals etc.

Kommt es infolge plötzlich eintretender Insuffizienz des Herzens oder nach einem länger dauernden vorhergehenden Zustand von venöser Stauung zu einem erheblichen Sinken des Blutdruckes in den Arterien und konsekutiver Stromverlangsamung in diesen, so treten die schon normalerweise der Blutzirkulation entgegenwirkenden Einflüsse der Schwere an den hierzu disponierten, d. h. den tiefsten Stellen, in die Erscheinung. Es kann von hier aus das Blut nur mangelhaft oder nicht mehr gehoben werden, und es sammelt sich daher hier an, „**Hypostase**"; so kann es selbst zu völliger Stase kommen. Diese äußert sich bei aufrechter Haltung an den unteren Extremitäten; bei horizontaler Lage machen sich solche Zustände besonders in den Lungen geltend, deren untere Abschnitte man dann durch stärkere Blutüberfüllung dunkel verfärbt und etwas luftärmer findet. Die Lunge bietet dann eine besondere Disposition zur Entwickelung entzündlicher Zustände (,,hypostatische Pneumonie") und hat damit oft unmittelbar einen tödlichen Ausgang zur Folge; die meisten derartigen Entzündungen sind dann wohl direkt auf Verschlucken bei der allgemeinen Schwäche oder der gleichzeitig vorhandenen Bewußtseinsstörung zu beziehen. Diese Lungenhypostase findet sich sehr häufig als terminales, agonales Symptom, wenn das Herz allmählich seine Kraft verliert.

Als terminale Erscheinung stellt sich dann auch gerne ein Lungenödem ein, dessen Zustandekommen einerseits mit der intrathorakalen Blutbewegung, andererseits mit einer relativ energischen Tätigkeit des rechten Ventrikels bei gleichzeitig beginnender Erlahmung der linken Kammer zusammenhängt. Bekanntlich besteht bei jeder Inspirationsbewegung im Thorax ein negativer Druck, durch welchen das Blut aus den großen Hohlvenen geradezu angesaugt wird und nunmehr dem rechten Vorhof und rechten Ventrikel zuströmt, welch letzterer es in relativ großer Menge in die Lungen entleert. Wenn sich nun der linke Ventrikel nicht genügend entleeren kann, so häuft sich das Blut in den Kapillaren der Lunge an, der Druck in diesen steigt und es kommt zu vermehrter Transsudation mit verstärkter seröser Durchtränkung des Lungenparenchyms und Flüssigkeitsaustritt in die Alveolen, deren Luftgehalt dadurch vermindert wird (Lungenödem). Zum Schlusse kommt es dann eben zum Herzstillstand im Kollaps.

Stirbt nun ein Patient im Kollaps, so finden wir oft eine starke akute Dilatation einer oder mehrerer Herzhöhlen eventuell neben bestehender Hypertrophie. Ferner häufig einen besonders schlaffen Herzmuskel, aber keineswegs stets sehen wir am Herzen anatomisch ausreichende Veränderungen zur Erklärung des Todes, wie schon aus den oben besprochenen nervösen Einwirkungen auf den Herzmuskel hervorgeht. Man findet zwar Trübungen, Verfettungen, hyaline Veränderungen, aber auf der anderen Seite sieht man Verfettung oder Schwielenbildung, selbst Verschluß der Koronargefäße, als anatomische Nebenbefunde auch an noch funktionsfähigen Herzen in Fällen, in denen der Tod aus anderen Ursachen eingetreten ist. Es weist dies darauf hin, wie weit wir noch davon entfernt sind, die Insuffizienz des Herzens in allen Fällen nach morphologischen Gesichtspunkten feststellen zu können. Finden wir in solchen Fällen das Herz selbst nicht als die ausreichende Ursache, so müssen wir eben bei plötzlichen Todesfällen infolge psychischer Erregungen an nervöse Störungen, ferner an Giftwirkungen (Chloroform) und endlich bei plötzlichem Nachlassen der Tätigkeit besonders eines kompensatorisch vergrößerten Herzens an erschöpfte Reservekraft infolge Kumulativwirkung nach Art der ,,Ermüdung" der Muskulatur denken. Man spricht dann auch von einer ,,funktionellen Herzerkrankung". Moritz er-

[Marginalia:] 3. Hypostase.

4. Lungenödem.

Anatomisch oft unzureichendes Substrat der Insuffizienz.

innert zum Verständnis dieser Herzschwäche an die Edingersche Vorstellung der „Aufbrauchkrankheiten" im Zentralnervensystem und stellt sich die so entstehende Destruktion der Zelle als zunächst chemischer Natur vor, wobei das morphologische Korrelat zunächst fehlen kann.

Auf toxische und nervöse Einwirkungen sind auch diejenigen Herzzustände zu beziehen, bei welchen die Schlagfolge des Herzens beschleunigt oder verlangsamt ist, **Tachykardie** und **Bradykardie.** Bei der Tachykardie ist zunächst eine Beschleunigung des Blutstromes mit Druckerhöhung die Folge; nimmt aber die Tachykardie ernste Grade an, so resultiert schließlich eine Stromverlangsamung, indem während der zu kurz gewordenen Zwischenpausen zwischen den Kontraktionen der Ventrikel die diastolische Füllung der letzteren eine ungenügende wird. Die Tachykardie findet sich zumeist im Fieber, sowie bei starken psychischen Erregungen. Den gleichen Effekt wie die Tachykardie gegen Schluß hat die Bradykardie — verlangsamte Schlagfolge des Herzens —, soweit sie höheren Grades ist, von vornherein; ist doch hierbei naturgemäß die Blutströmung bedeutend verlangsamt. Mit Veränderung der Schlagfolge ist die Kraft der Herztätigkeit meist mit herabgesetzt.

Ist die Herzschlagfolge in der Art verändert, daß stärkere und schwächere Kontraktionen abwechseln, so spricht man von Pulsus alternans.

Außer der Schlagfolge kann sich auch der Rhythmus verändern, es kommt dann zu **Arhythmien.** Um dies zu verstehen, muß man von der normalen Reizbildung und Überleitung ausgehen. Der Reiz entsteht am Sinusknoten, an der Mündung der oberen Hohlvene (Keith-Flackscher Knoten); er wird zum Atrium geleitet und vom rechten Atrium, wo der Tawarasche Knoten, der Anfang des Hisschen Bündels liegt, durch dieses zu den Ventrikeln, wo das Bündel mit einem Ast für den linken Ventrikel und einem für den rechten unter dem Ventrikelendokard in Gestalt der sogenannten Purkinjeschen Fasern endet. Den Reiz, welcher normalerweise am Sinusknoten einsetzt, kann man mit v. Tabora als Primärrhythmus bezeichnen; daneben scheinen Reize an allen Stellen des Herzmuskels abnorm angreifen und Kontraktionen auslösen zu können. Man kann mit v. Tabora die Arhythmien in solche einteilen, bei welchen der primäre Rhythmus gestört bzw. überhaupt aufgehoben ist, und in solche, bei denen dies nicht der Fall ist. Ersteres kann seine Grundlage außerhalb des Herzens haben, besonders Arhythmien auf Grund einer durch Vagusreizung bedingten Atmungsanomalie (Pulsus irregularis respiratorius) oder auf Grund anderer nervöser Einflüsse, oder im Herzen selbst, die sogenannte Arhythmia perpetua, besonders im Alter oder bei Dilatation der Atrien, eventuell bei Klappenfehlern. Zu den Arhythmien mit Erhaltung des Primärrhythmus gehören einerseits die sogenannten Extrasystolen, welche durch Reizbildung irgendwo im Herzen besonders an den Ventrikeln entstehen können, und deren letzte Ursache noch unbekannt ist (nach v. Tabora wirken vorübergehende Blutdrucksteigerungen bei ihrer Entstehung mit) und endlich die Reizüberleitungsstörungen; nur die letzteren können hier noch erwähnt werden. In diesen Fällen ist die Leitung, welche die Kontraktionen zu den Vorhöfen und besonders von diesen zu den Ventrikeln vermittelt, unterbrochen. Das sogenannte Reizleitungssystem — Hissches Bündel s. oben — ist unterbrochen; es schlagen dann die Ventrikel langsamer, etwa 30 mal in der Minute, und nicht synchron mit den Atrien, welche etwa 90 mal in der Minute, wie der Venenpuls zeigt, schlagen; es besteht Dissoziation. Man bezeichnet diesen Zustand als Herzblock. Hierher gehört vor allem der sogenannte Adams-Stokessche Symptomenkomplex, welcher mit entsprechenden Anfällen, mit Bewußtseinsstörungen etc. einhergeht. Das Hissche Bündel wird dann durch Narben, Gummata oder dgl. besonders im Gebiete des Tawaraschen Knotens unterbrochen gefunden. Andere Fälle erklären sich durch eine Nervenstörung evtl. zerebraler Art. Diese ganzen Verhältnisse können hier nur angedeutet werden.

II. Kreislaufstörungen vom Gefäßsystem aus.

Die meisten dieser Erkrankungen, wie die Atherosklerose, sind bereits beim Herzen besprochen, weil die durch sie bewirkten allgemeinen Kreislaufstörungen meist hauptsächlich erst indirekt durch Veränderungen des Herzens zur Geltung kommen. Es kann aber auch das Sinken des Blutdruckes von den Gefäßen ausgehen infolge Änderung des Gefäßtonus; dieser hängt von den vasomotorischen Nerven — Vasokonstriktoren und Vasodilatatoren — und deren Zentrum im verlängerten Mark ab, welche die Weite der Gefäße regulieren. Des weiteren können manche chemische Substanzen den Gefäßtonus beeinflussen, z. B. das Adrenalin ihn erhöhen. Wir finden eine Erhöhung (Hypertonie) nun auch bei gewissen Erkrankungen, nämlich besonders bei Veränderungen der Arteriolen der Niere evtl. mit Schrumpfung letzterer, und hier bewirkt die dauernde Hypertonie eine Herzhypertrophie. Davon war oben schon die Rede. Umgekehrt findet sich eine Herabsetzung des Tonus, Hypotonie, namentlich bei Addisonscher Erkrankung (Mangel an Adrenalin?), ferner bei Infektionskrankheiten, besonders Scharlach, Diphtherie, kruppöser Pneumonie, Typhus abdominalis, sowie bei gewissen Vergiftungen (akute Alkoholvergiftung, Chloralvergiftung u. a.). Hier wirken Toxine auf die im verlängerten Mark gelegenen Zentren der Gefäßnerven lähmend ein, wobei nicht nur das Herz selbst anatomisch intakt gefunden werden kann, sondern auch die Krankheitserscheinungen nicht auf eine primäre Veränderung der Herztätigkeit hinzudeuten brauchen. Was man als „Shock" bezeichnet hat, einen Kollapszustand im Anschluß an Verletzungen, ist ebenfalls vielleicht auf eine Lähmung des Gefäßnervenzentrums, und zwar wahrscheinlich auf reflektorischem Wege (analog dem Herzstillstand beim bekannten Goltzschen Klopfversuch) zu beziehen.

[Marginalia: Herabsetzung des Gefäßtonus. Shock.]

III. Kreislaufstörungen infolge Veränderung des Blutes.

[Marginalia: III. Kreislaufstörungen infolge Veränderung des Blutes.]

Von Veränderungen des Blutes selbst, welche zu Kollaps führen, kommt zunächst eine große Abnahme der schon unter physiologischen Bedingungen Schwankungen unterworfenen (im Durchschnitt etwa 5% des Körpergewichts betragenden) Gesamtblutmenge in Frage: also eine allgemeine Anämie. (über die lokale s. S. 19). Sie tritt z. B. (über die anderen Ursachen und überhaupt Genaueres s. im Spez. Teil Kap. I A) nach akuten größeren oder nach wiederholten weniger bedeutenden Blutverlusten auf. Das Blut kann nach außen oder auch in den Körper selbst entleert werden. Der Blutdruck sinkt, das Herz wird schlecht gefüllt, und so gesellt sich eine Abnahme der Herztätigkeit hinzu. Der Puls wird klein, die Haut kalt, besonders die entlegeneren Teile erhalten nicht genügend Blut, so das Gehirn, was sich in Ohnmachten, Krämpfen etc. äußert. Durch Flüssigkeitsresorption aus den Geweben sucht sich der Organismus zu helfen. Infusion von physiologischer Kochsalzlösung kann lebensrettend wirken. Geht die Hälfte der Blutmenge verloren — oft aber schon bei viel geringeren Verlusten —, so ist ein letaler Ausgang die Folge. Bei der Sektion Verbluteter zeigen alle Teile eine besonders hochgradige Blässe, und auch die sonst verhältnismäßig mit Blut überfüllten venösen Gefäße sind blutleer. Infolge des Blutmangels kommt an den Organen die Grundfarbe mehr zur Geltung.

[Marginalia: a) der Gesamtmenge; Allgemeine Anämie.]

Die Vermehrung des Blutes — Plethora — ist bereits oben besprochen.

Auch Änderungen der Blutflüssigkeitsbeschaffenheit bewirken Stromveränderungen. Eine Verwässerung des Blutes, d. h. Abnahme der zelligen Blutelemente mit relativer Vermehrung des Blutwassers, **Hydrämie**, welche in erster Linie als Teilerscheinung von Magenerkrankungen, des weiteren in kachektischen Zuständen, aber auch nach Blutverlusten und sonst unter anämischen Bedingungen auftritt, führt infolge der Blutverdünnung eine Abnahme der Reibungswiderstände mit Sinken des Blutdruckes herbei; andererseits bedingt Wasserverlust des Blutes Bluteindickung, **Anhydrämie**. Eine solche kommt bei Cholera asiatica und Cholera nostras, sowie bei anderen mit starken Diarrhöen einhergehenden Darmerkrankungen, z. B. bei dem Brechdurchfall der Kinder, zustande; infolge der Erhöhung der Reibungswiderstände tritt Verlangsamung der Blutströmung ein. Sekundär kann in solchen Fällen das Herz mechanisch in Mitleidenschaft gezogen werden, des weiteren können durch schlechtere Ernährung seitens des veränderten Blutes fettige und andere Degenerationen auftreten. Daß auch die sonstigen Blutkrankheiten — Chlorose, Anämie, Leukämie — Zirkulationsstörungen hervorrufen, sei hier nur erwähnt.

[Marginalia: b) des relativen Flüssigkeitsgehaltes; Hydrämie und Anhydrämie.]

B. Stö-
rungen der
Nahrungs-
aufnahme
oder deren
Verarbei-
tung für
den Orga-
nismus.

Inanition.

Zu große
Nahrungs-
aufnahme.

Nahrungs-
mangel:

Inanition.

B. Störungen der Nahrungsaufnahme oder deren Verarbeitung für den Organismus. Inanition.

Eine **zu große Nahrungsaufnahme** stört die Verdauung, indem der Intestinaltraktus überladen wird. Geschieht dies gewohnheitsgemäß, so kann eine Magenektasie herbeigeführt werden. Wenn auch nicht allein von allzu großer Nahrungsaufnahme abhängig, begünstigt eine solche doch auf jeden Fall eine allzu starke Fettanhäufung im Unterhautfettgewebe — allgemeine Adipositas —, ferner starke Fettablagerung in einzelnen Organen, so in Leber und Epikard. Zeitweise kann eine gesteigerte Nahrungszufuhr indiziert sein, so zur Erhaltung der Kräfte während Konsumptionskrankheiten, z. B. Phthise, oder zur Wiedererlangung der Kräfte während Stadien der Rekonvaleszenz. Weit gefährlicher ist auf der anderen Seite der **Nahrungsmangel (Inanition).** Vollkommener Nahrungsmangel — meist vom Tierexperiment oder Hungerkünstlern her bekannt — kann bis zu drei Wochen, bei Zufuhr von Wasser länger, ertragen werden. Das Fett schützt zunächst das Eiweiß; es wird verbrannt (vorher guter Ernährungszustand verlangsamt daher den Eintritt des Todes); man findet den Fettgehalt des Blutes erhöht, ebenso Verfettungen zahlreicher Zellen. Allmählich nimmt auch das Eiweiß ab; vor allem die Muskulatur, sodann die meisten inneren Organe atrophieren, die lebenswichtigsten aber am wenigsten, so Herz und Gehirn; auch das Zwerchfell relativ gering. Zum Schluß tritt der Tod an Inanitionsatrophie ein. Atrophien und degenerative Veränderungen herrschen in den Organen vor. Bei verringerter Nahrungsaufnahme oder schlechter Ausnützung der Nahrung (bei psychischen Krankheiten oder mechanischen Hindernissen, z. B. bei Ösophaguskarzinom, chronischen Verdauungsstörungen etc.) kann sich das gleiche allmählich entwickeln. Wir finden dann alle Organe im Zustande hochgradiger Atrophie.

Neben der absoluten Menge der Nahrung ist die relative ihrer einzelnen Bestandteile wichtig. Unzweckmäßige Mischung derselben führt auch zu Erkrankungen. Von festen Massen sind Eiweiße, Fette, Kohlehydrate, ferner ist Wasser zur Ernährung nötig. Unzweckmäßig ist eine besondere Bevorzugung oder Ausschaltung eines dieser Momente. Übertriebene Eiweißdiät wird mit Gicht in Zusammenhang gebracht. Auf unzweckmäßige einseitige Nahrung wird der Skorbut (in Gefängnissen, auf Schiffen), der sich in Blutungen, Anämie, Zahnfleisch-, Knochen- und Gelenkaffektionen äußert, und bei Säuglingen die Barlowsche Krankheit bezogen. Auch letztere äußert sich in Knochenveränderungen, Blutungen, besonders auch am Zahnfleisch, Anämie etc. und beruht auf Ernährung mit besonderen Milcharten, Mehlpräparaten. Nach Änderung der Diät heilt die Erkrankung meist schnell.

Nötig ist die Aufnahme einer gewissen Masse von Wasser, da solches durch die Haut, die Nieren etc. sowie die Atmung abgegeben wird. Völliger Mangel an Wasser wirkt ähnlich und etwa gleich schnell wie völlige Nahrungsentziehung tödlich. Andererseits wirkt ein Übermaß von Flüssigkeit schädigend, besonders auf das Herz (Bierherz s. o.).

Auch gewisse Stoffe wie Eisen und Kalk müssen zugeführt werden, da sie der Organismus zum Aufbau bestimmter Stoffe und Gewebe, ersteres z. B. für das Hämoglobin, letzteres für das Skelett, benötigt. Mangel an diesen Stoffen wirkt daher schädlich. Auch gewisse Salze sind nötig.

Wenn abnorme Produkte aus der aufgenommenen Nahrung resorbiert werden, so kann es zu „intestinalen Autointoxikationen" kommen, auf welche z. B. von manchen Seiten die Leberzirrhose bezogen wird.

C. Stö-
rungen der
Sauerstoff-
aufnahme
für den
Organis-
mus.
Atmungs-
insuffizienz
Asphyxie.

C. Störungen der Sauerstoffaufnahme für den Organismus. Atmungsinsuffizienz. Asphyxie.

Die durch die Lungen bewirkte Sauerstoffaufnahme richtet sich nach der Höhe der in den Geweben verlaufenden Oxydationsprozesse (Gesetz von Pflüger-Voit). Hierbei steht ein normaliter im Blute vorhandener Überschuß an O zur Verfügung, so das eine ganz vorübergehende Behinderung der Sauerstoffzufuhr durch die Lungen ausgeglichen werden kann. Stärkerer oder länger anhaltender Mangel an O aber muß zu schwersten Störungen der Gewebe und ihrer Funktionen führen. Gleich hohe Bedeutung wie die geregelte Sauerstoffzufuhr hat die Entfernung der Kohlensäure. Die Atmung steht unter der Herrschaft *Atmungs-* von in der Medulla oblongata lokalisierten Zentren. Wahrscheinlich — wir folgen in diesem *zentren.* Kapitel zumeist den vorzüglichen neueren Zusammenstellungen von Minkowski und Bittorf — besteht ein gesondertes für die Inspirations- und Exspirationsbewegung. Das nervöse Zentralorgan funktioniert höchstwahrscheinlich automatisch, d. h. hängt von Bedingungen, wie sie in den Stoffwechselvorgängen dieser nervösen Zentra selbst liegen, ab; es wird aber reguliert, einmal, wie schon oben angedeutet, von den in den Geweben vor sich gehenden Oxydationsprozessen, sodann auf dem Nervenwege; so werden die die Atmung unterstützenden Mechanismen in entsprechende Tätigkeit versetzt. Diese Reize treffen zumeist auf *Die diese* zentripetalem Wege die Atmungszentren, besonders von den Lungen selbst aus auf dem *treffenden* Wege des Nervus vagus, doch kommen auch andere Nerven, so der Trigeminus bei Reizen, *Reize.* welche in der Nasenschleimhaut ihren Ursprung haben, in Betracht, ebenso sympathische und zahlreiche andere Nerven. Wesentlich ist auch noch der sogenannte Blutreiz, wobei also Veränderung des Gasgehaltes des Blutes das Atmungszentrum zu veränderter Tätigkeit anregen soll. So soll, da die fötale Apnoë auf der Zufuhr des Sauerstoffes durch den Plazentarkreislauf beruht, nach der Geburt die Unterbrechung der Zufuhr von O und somit der eintretende venöse Zustand des Blutes als Reiz für die ersten Atemzüge fungieren. Bei solchen Vorgängen spielt außer dem Mangel an Sauerstoff die Überladung mit Kohlensäure oder mit sauren Produkten des intermediären Stoffwechselumsatzes als Vorstufen der Kohlensäure offenbar eine große Rolle und ferner mögen auch physikalische Faktoren mitwirken. *Kompen-* Auf diesen verschiedenen Regulationen, sowie auf der Anpassungsfähigkeit der *sations-* **verschiedenen Atmungsmechanismen beruht es, daß eine Atmungsinsuffizienz** *mittel gegen* **durch Kompensationsmittel bis zu einem hohen Grade soweit ausgeglichen** *Atmungs-* **insuffizienz.** werden kann, daß die schädlichen Folgen für den Körper zunächst wenigstens hintangehalten werden. Minkowski teilt die Regulationen bzw. die Abhängigkeit der Gestaltung des respiratorischen Gasaustausches ein in: **I. Luftzufuhr zu den** *1. Luftzu-* **Lungen, II. Blutzufuhr zu den Lungen, III. Bedingungen, unter welchen sich** *fuhr zu den* **der Gasaustausch zwischen dem Blut und der Lungenluft einerseits, sowie** *Lungen.* **dem Blut und den Geweben andererseits vollzieht**; und die Luftzufuhr zu den *Atmungs-* Lungen wiederum ein in: Atemgröße, Atmungsart, Atmungskräfte und At- *mechanis-* mungsform. Die Atemgröße kann dem Stoffverbrauch so angepaßt werden, daß trotz *men.* gesteigerter Stoffwechselvorgänge die Ausatmungsluft in ihrer Zusammensetzung etwa der Norm entspricht. Dies zeigt sich bei Atmung in sauerstoffärmerer Luft oder bei vermindertem Luftdruck. Besonders die Atemtiefe und die Atmungsfrequenz können so verändert werden, daß sie einen Ausgleich herbeiführen. Die Atmungsvertiefung betrifft besonders die Inspiration. Eine große Rolle bei der Atmungsregulation spielen die die Atmung bewirkenden Kräfte, zu welchen ja zunächst die Inspirations- und Exspirationsmuskeln gehören, so zu ersteren besonders die Musculi intercostales externi und interni und cartilaginei sowie das Zwerchfell; zu den letzteren vor allem die Musculi intercostales interni. Zu den exspiratorischen Kräften gehört des weiteren ganz besonders die Elastizität der Lunge und wohl auch elastische Kräfte der Thoraxwandungen. Wird die durch alle diese Kräfte normaliter bestehende Gleichgewichtslage in Frage gezogen, so stehen noch muskuläre Hilfskräfte, welche dann in Anspruch genommen werden, zur Verfügung, und zwar für die Inspiration die Musculi scaleni, sternocleidomastoidei, pectorales etc., welche erst rippenhebend wirken können, wenn durch andere Muskeln ihre Ursprungsstellen an den anderen Knochen fixiert sind. Hiermit wird es meist erklärt, daß Kranke bei stärkerer Atemnot sich aufrichten (Orthopnoe). Als Hilfsexspirationsmuskeln kommen vor allem die Bauchmuskeln in Betracht, indem sie sowohl die Rippen nach unten ziehen, wie durch Druck auf die Baucheingeweide das Zwerchfell nach oben pressen. An die Stelle der Brustatmung kann eine verstärkte abdominale Atmung treten. Auch andere Bewegungen, wie Erweiterung der Nase, Öffnen des Mundes etc. können zu Hilfe genommen werden. Mindestens ebenso

2. Blutzu-
fuhr zu den
Lungen.

wichtig wie die Anpassung der Lungenventilation ist die Regelung der Blutzufuhr zu den Lungen. Durch Anpassungserscheinungen derselben kann die Abgabe der Luft, d. h. des Sauerstoffs an das Blut reguliert werden. Diese ist abhängig vor allem von der Strömungsgeschwindigkeit des Blutes, sodann von dessen Beschaffenheit, in erster Linie von seiner Menge an Hämoglobin, welche sich zumeist nach der Zahl der vorhandenen roten Blutkörperchen richtet, welches aber auch eine verschiedene Aufnahmefähigkeit für Sauerstoff besitzen kann. Eine Beschleunigung des Blutstromes als regulierendes Moment kann so durch die bei verminderter Sauerstoffzufuhr, d. h. bei gestörter Atmung auftretende Blutveränderung selbst durch Vermittelung des nervös-muskulären Apparates des Herzens bewirkt werden.

3. Gas-
austausch.

Was endlich den Gasaustausch in den Lungen bei der äußeren Atmung, welche natürlich durch Verkleinerung der respiratorischen Lungenoberfläche behindert werden kann, und den Gasaustausch zwischen dem Blut und den Körpergeweben, die sogenannte innere Atmung, betrifft, so kann es auch hier zu kompensatorischen Vorgängen kommen.

Atmungs-
insuffi-
zienz, her-
beigeführt:
durch ver-
änderten
Sauerstoff-
gehalt
der Ein-
atmungs-
luft.

Naturgemäß können alle diese Kräfte nur bis zu einem gewissen Grade regulierend eintreten, über diesen hinaus müssen sich weitere Schädigungen ergeben. **Atmungsinsuffizienzen** können nun durch eine größere Reihe von Momenten hervorgerufen werden. Zunächst durch Änderung des Sauerstoffgehaltes der Einatmungsluft, wie sie sich durch sehr CO_2 reiche und O-arme Luft in kleinen Räumen mit vielen Menschen oder unter ähnlichen Bedingungen findet, ferner durch Abnahme des Luftdruckes mit Verringerung des Sauerstoffpartialdruckes, wie dies im sog. pneumatischen Kabinett, bei Ballonfahrten, im Höhenklima (Bergkrankheit) etc. stattfindet. Des weiteren kann die Einatmungsluft durch abnorme Gase, welche entweder irrespirabel sind (z. B. schweflige Säure, Ozon, Chlor etc.) oder giftig wirken (wie vor allem die Kohlensäure selbst, Zyanwasserstoff etc.) die Atmung bis zu einem gefährlichen Grade behindern. Weit häufiger wie Veränderung der Atmungsluft führen Erkrankungen der Respirationsorgane und sodann der

durch
Erkran-
kungen der
Respira-
tions-
organe und
Abdomi-
nalorgane.

Unterleibsorgane, welche ja auch bei der Atmung von Wichtigkeit sind, und endlich vor allem des Blutes (Einteilung nach Bittorf) zu Atmungsbehinderungen. Unter den Respirationsorganen kommen die oberen Luftwege, wie Nase, Mundhöhle, Larynx, Trachea, welche durch Schleim, Fremdkörper etc. verschlossen oder durch Geschwülste und dgl. von außen komprimiert werden können, ferner die kleineren Bronchien (Bronchialasthma) und sodann vor allem die Lungen selbst in Betracht. Unter den Erkrankungen der Lunge spielt das Emphysem, ferner Ausschaltung größerer Lungenteile, Atelektase derselben, eine große Rolle. Auch die Pleurahöhle kommt hier, besonders wenn größere Flüssigkeitsmengen in ihr angesammelt sind, in Betracht; ebenso Pneumothorax und Verwachsungen der Pleurablätter. Desgleichen im Mediastinum sich abspielende Prozesse, besonders Tumoren und Veränderungen des Thorax, wie wir sie beim Emphysem und vor allem beim Habitus phthisicus (s. unter Tuberkulose S. 167) sehen; auch Kyphoskoliose bewirkt durch die Raumbeengung der Brusthöhle Atmungserschwerung. Des weiteren kommt der Stand des Zwerchfelles in Betracht, welches durch allerhand in den abdominalen Organen sich abspielende Prozesse, so schon durch die Schwangerschaft zu abnormem Hochstand oder bei sogenannter Enteroptose infolge Abnahme des intraabdominalen Druckes zu abnormem Tiefstand gebracht

durch
Störungen
der Zirku-
lation und
des Blutes.

werden kann. Besonders wichtig sind nach dem oben Gesagten Störungen der Zirkulation; so bewirkt Verlangsamung der Blutströmung verringerte Aufnahme von Sauerstoff und eine Überladung mit Kohlensäure, wodurch Erregung der Atmungszentren bewirkt wird. Lungenstauung und insbesondere Lungenödem haben schwerste Folgen für die Atmung. Des weiteren können Verringerungen des Blutzuflusses zu den Lungen, wie sie durch Druck von außen (Tumoren) oder vor allem durch Embolien (auch Thrombosen) gegeben sind, Atmungsstörungen bewirken. Auch bei Veränderungen des Blutes und insbesondere dessen Hämoglobingehaltes treten naturgemäß Atemstörungen auf. Auch allgemeine Stoffwechselveränderungen, zu welchen vor allem das Coma diabeticum gehört (hochgradige Reizung des Atmungszentrums durch die Blutazidität), Fieber, Urämie, Vergiftungen etc. können Atmungsstörungen bewirken, und in demselben Sinne sind endlich Erkrankungen der den Atmungsapparat versorgenden Nerven zu nennen.

Wenn bei den verschiedenen Faktoren, welche die Atmung schädlich beeinflussen, die regulatorischen Ausgleichsmomente nicht genügen, um die gewöhnliche Sauerstoffzufuhr aufrecht zu erhalten, muß es naturgemäß zu schweren Atmungsstörungen kommen; gleichzeitig wirkt die Kohlensäureüberladung deletär. Die angestrengte Atmungstätigkeit, welche bei Atmungsinsuffizienz als Abwehrbewegung auftritt, bezeichnen wir als **Dyspnoe.** Subjektiv wird der Luftmangel als Atemnot empfunden. Wir können die gewöhnliche Dyspnoe als eine inspiratorische bezeichnen, wenn sie bei der Behinderung von Lufteintritt also der Verlegung durch diphtherische Membranen, Glottisödem und ähnlich auch bei Druck auf die Trachea von seiten der Schilddrüse, Tumoren oder dgl. auftritt. Zumeist ist diese inspiratorische Dyspnoe mit einer exspiratorischen vermischt; letztere steht bei der kapillären Bronchitis und beim Asthma mehr im Vordergrund. Ist der Sauerstoffmangel sehr hochgradig, so kommt es zur Erstickung (Asphyxie). Es kommt hierbei zunächst zur Beschleunigung und Vertiefung der Atmung, dann auch zu hochgradigen exspiratorischen Anstrengungen unter krampfartigen Erscheinungen und zu allgemeinen Konvulsionen, dann zu Stillstand der Respiration und unter Auftreten noch weniger schnappender tiefer Inspirationen zum Tode. Hierbei kommt es auch zu Herzstillstand. Tritt plötzlich wie beim Erhängen, Erwürgen, Ertränken, oder embolischem Verschluß einer der beiden Hauptäste der Arteria pulmonalis ein vollständiges Hindernis der Atmung ein, so kommt es zur sogenannten akuten Asphyxie. Bei der Asphyxie sehen wir hochgradige **Zyanose,** wobei offenbar die Kohlensäureüberladung eine große Rolle spielt, ebenso aber die durch die Atmungsbehinderung hervorgerufene Störung der Zirkulation. Die anatomischen Veränderungen beim Erstickungstode sind geringfügig und wenig charakteristisch. Das Blut ist von dunkler Farbe, meist flüssig (wegen des großen Kohlensäuregehaltes); die Totenflecke treten meist frühzeitig auf und sind sehr dunkel; infolge des Flüssigbleibens des Blutes finden sich auch vielfach postmortale Senkungen in inneren Organen. Der linke Ventrikel wird meist leer gefunden, das rechte Herz und die ganzen Venen sind stark gefüllt, die Haut, serösen Häute etc. zeigen kleine Ekchymosen.

Bei dem im ganzen negativen Befund an den inneren Organen ist auf das Vorhandensein etwaiger Zeichen eines gewaltsamen Erstickungstodes um so mehr Gewicht zu legen. Bei **Erhängten** findet sich die charakteristische Strangfurche, welche bei der gewöhnlichen Art des Erhängens schräg von vorne und unten nach hinten und oben verläuft und sich in der Gegend der Ohren zu verlieren pflegt; meist trifft man sie in dem Stadium, daß sie eine leicht mumifizierte, lederartig trockene, bräunlich gefärbte, flache Rinne darstellt. Ferner ist zu achten auf Zeichen des Todes durch **Erwürgung** (äußere Verletzungen), sowie auf etwaige die Respiration behindernde Massen, welche in den oberen Luftwegen sich finden oder auch in die feineren Bronchien aspiriert sein können (Schleim, flüssige Nahrungsmittel, aspirierter Mageninhalt; über Schluckpneumonie siehe II. Teil, Kap. III).

Bei **Ertrunkenen** finden sich neben den allgemeinen Zeichen des Erstickungstodes häufig Spuren der Wirkung des kalten Wassers, wenn die Leiche längere Zeit in diesem gelegen hatte: auffallende Kälte und Blässe der Haut, Gänsehaut, Schrumpfung der Haut des Penis und Skrotums, der Brustwarzen und Warzenhöfe, Mazeration der Epidermis, besonders an der Palma manus und Planta pedis; ferner häufig Flüssigkeit in den Lungen (wohin sie aber erst terminal aspiriert wird) mit starker Blähung der Lungen, Schaum vor Nase und Mund; oft findet sich auch im Magen eine reichliche Menge verschluckter Flüssigkeit.

Unter besonderen Bedingungen tritt eine periodische Art des Atmens, das sogenannte **Cheyne-Stokessche Atemphänomen** auf, d. h. ein durch manchmal bis zu $1/2$ Minute dauernde Pausen charakterisiertes Atmen. Es findet sich vor allem bei schweren Erkrankungen des Zentralnervensystems oder der Respirations- bzw. Zirkulationsorgane und beruht darauf, daß infolge von mangelhafter Ernährung (daher häufig bei Atherosklerose und chronischer Nephritis zu finden) die Erregbarkeit der Atemzentren herabgesetzt ist und offenbar hierbei Schwankungen zeigt.

Noch soll erwähnt werden, daß in den Respirationsorganen wichtige Faktoren bestehen, welche Schädigungen von der Lunge fernzuhalten imstande sind (als prohibierende Abwehrmechanismen schon erwähnt); besonders sind diese gegen das Hineingelangen von Fremdkörpern gerichtet. Hierher können wir die Schleimabsonderung der oberen Luftwege, die nach oben gerichtete Flimmerbewegung des Epithels, den reflektorischen Glottisverschluß und vor allem auch zumeist reflektorisch auftretende Hustenstöße (auch das Nießen) rechnen. Fallen diese aus, so werden Erkrankungen der Lungen mit allen Folgen begünstigt. So ist ja bekannt, daß, wenn bei Schwerkranken die Schutzeinrichtung mittels Hustens Schleim u. dgl. hinauszufördern versagt, sich leicht Bronchopneumonien entwickeln, desgleichen bei Geisteskranken, kleinen Kindern und sehr alten Leuten. Andererseits können aber sehr starke Hustenstöße auch Gefahren in sich bergen durch Überdehnung von Lungengewebe und evtl. Zerreißung desselben und sodann Steigerung des intrathorakalen Druckes mit den sich anschließenden Zirkulationsänderungen.

Marginal notes:
Atmungsinsuffizienzerscheinungen.
Dyspnoe.
Asphyxie.
Zyanose.
Anatomische Merkmale des Erstickungstodes.
Tod durch Erhängen und Erwürgen.
Tod durch Ertrinken.
Cheyne-Stokessches Atemphänomen.

D. Störungen des Organismus durch veränderte Drüsenfunktion. Autointoxikationen.

Hierher gehören die Folgen, welche eine Herabsetzung resp. Aufhebung oder Änderung der Funktion einzelner sezernierender Organe für den ganzen Organismus hat. Allgemeinerkrankungen entstehen dadurch, daß wichtige Ausscheidungsorgane ihre Funktion einstellen oder evtl. ändern. Alle die durch solche quantitativ oder qualitativ abnormen Stoffwechselprodukte (etwa solche, welche nur intermediär erscheinen sollten, aber nun unter pathologischen Bedingungen resorbiert werden, oder solche, die sofort ausgeschieden werden sollten, aber nun liegen bleiben) entstehenden Allgemeinerkrankungen faßt man als **Autointoxikationen** zusammen. Wir können hier zwei große Gruppen unterscheiden, je nachdem die Funktion, welche gestört ist, eine gewöhnliche äußere Sekretion darstellt oder es sich um eine sogenannte innere Sekretion handelt.

I. Störungen infolge von Veränderungen der gewöhnlichen (äußeren) Sekretion.

Wenn Drüsen, die mit Ausführungsgang versehen, ein für den ganzen Körper wichtiges Sekret liefern, in dieser Sekretion versagen, so muß der Ausfall zunächst den Gesamtorganismus schädigen. Es ist dies also der Fall, wenn das Organ ganz oder teilweise insuffizient wird. Liegt aber der Fall vor, daß das Sekret zwar sezerniert, dessen Abfuhr aber durch Hindernisse des Abflusses mittels der Ausführungswege oder dgl. verhindert wird, so kommt Retention der Ausscheidungsprodukte noch hinzu und dann kann eine eventuelle Zersetzung derselben den Organismus auch noch nach Art einer Vergiftung schädigen (Autointoxikation). Hiervon soll hier die Rede sein.

Am leichtesten verständlich sind die durch abnorme Stoffwechselprodukte bewirkten **Autointoxikationen von seiten des Darmkanals.** Bei der Retention der Verdauungsprodukte — die Ansammlung fester Kotmassen heißt **Koprostase** — infolge von Unwegsamkeit des Darmes (durch Tumoren, eingeklemmte Gallensteine etc.), oder Paralyse der Darmmuskulatur (z B bei Peritonitis), Stillstand der Darmperistaltik = **Ileus**, tritt Darmfäulnis ein, und die Resorption von Fäulnisprodukten wirkt schädlich. Auch wird die Leberzirrhose von einigen Autoren auf gastrointestinale Störungen, besonders chronischen Katarrh bei Alkoholismus, mit Autointoxikationen bezogen.

Durch Übertritt von Galle ins Blut entsteht **Cholämie.** Diese äußert sich als Gelbsucht oder **Ikterus,** d. h. gallige Verfärbung der Organe. Hierbei wirken die Gallensäuren und Gallenfarbstoffe, sowie andere Körper schädlich. In den meisten Fällen kommt der Ikterus als **Retentionsikterus** durch Behinderung des Gallenabflusses aus der Leber zustande; die Gallenwege sind an irgend einer Stelle ihres Verlaufes verlegt oder sonst irgendwie verschlossen. Es kann dies z. B. durch Einklemmung von Gallensteinen in den Ductus choledochus oder die innerhalb der Leber gelegenen Gallengänge herbeigeführt werden; des weiteren durch Kompression der Gallenwege durch Tumoren oder narbige Prozesse, durch Verlegung der Gallengänge durch Sekret (namentlich an der Ausmündungsstelle des Ductus choledochus an der Papille des Duodenums bei Kararrh des letzteren [vgl. II. Teil, Kap. IV]). Auch der Ikterus der Herzkranken wird meist auf mechanische Verhältnisse, Verminderung des Arteriendruckes und Kompression der Gallengänge durch die dilatierten Kapillaren zurückgeführt. Bei dem so oder ähnlich bewirkten mechanischen Ikterus kommt es zur Stauung der Galle in den Sekretvakuolen der Leberzellen und in den Gallenkapillaren zwischen ihnen und nach Bersten dieser zum Übertritt der Galle in die Lymph- und somit Blutbahn — **Stauungsikterus.** Die genaueren Veränderungen in der Leber selbst siehe bei dieser. Eine Retention der Galle kommt unter solchen und ähnlichen Umständen um so leichter zustande, als die Galle überhaupt nur unter sehr geringem Druck abgeschieden wird. Infolge der verminderten oder aufgehobenen Gallenabscheidung in den Darm bleiben die Kontenta hell, lehmfarben und faulen sehr stark; die Fettverdauung ist infolge der der Verdauung mangelnden Galle gestört.

Ein Ikterus tritt aber auch in vielen Fällen auf, in denen ein Hindernis für den Abfluß der Galle nicht gegeben scheint, und in denen auch die dunkle Färbung des Darminhaltes zeigt, daß tatsächlich Galle in den Darm übergetreten ist. Da der Gallenfarbstoff Bilirubin mit dem Blutfarbstoff Hämatoidin seiner Zusammensetzung nach identisch ist, so vermutete man früher, daß der Ikterus in solchen Fällen durch Zerfall roter Blutkörperchen innerhalb des Blutes zustande käme (hämatogener Ikterus). Nun kann zwar tatsächlich Hämatoidin innerhalb des zirkulierenden Blutes durch Zerfall von Blutkörperchen entstehen oder aus hämorrhagischen Herden resorbiert werden, aber es tritt dies in solchen Fällen in der Regel nicht in einer Menge auf, daß eine Verfärbung der Organe daraus resultiert. Und vor allem in den bekannten Versuchen von Minkowski und Naunyn blieb an entlebten Tieren (so weit dies geht) bei Zerstörung der roten Blutkörperchen der Ikterus aus. Man schließt daraus, daß sich in der Regel auch da, wo ein gesteigerter Zerfall roter Blutkörperchen innerhalb des Blutes vor sich geht, die Bildung des

Gallenfarbstoffes innerhalb der Leber vollzieht. Es kommt dann zu Polycholie, d. h. zur überreichlichen Bildung einer sehr dicken, pigmentreichen Galle, so daß diese nicht mehr genügend ausgeschieden werden kann; sie staut sich in den Gallenkapillaren und bildet hier sog. Gallenthromben (Eppinger jun.). Es kommt dann rückwärts zu Erweiterungen der Gallenkapillaren und auch hier zu Rupturen derselben und Übertreten der Galle in Lymph- und Blutbahn. Dieser Ikterus kann also unter allen solchen Umständen eintreten, welche einen vermehrten Zerfall von roten Blutkörperchen mit sich bringen: bei gewissen Vergiftungen (namentlich mit sogenannten Blutgiften, wie chlorsaurem Kalium, Arsenwasserstoff, Toluylendiamin, ferner mit manchen Pilzen, besonders Morcheln), bei Transfusion fremdartigen, d. h. von einer anderen Tierspezies stammenden Blutes, bei den primären Blutkrankheiten (perniziöse Anämie), bei septischen und pyämischen Allgemeinerkrankungen, kurz überall da, wo die roten Blutkörperchen direkt zerfallen, oder wo durch Auslaugung ihres Hämoglobins Hämoglobinämie und Hämoglobinurie (II. Teil, Kap. I) zustande kommt. In diese

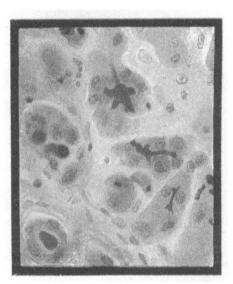

Fig. 468.
Ikterus. Gallenretentionen in Form von Konkrementen in den Gallenkapillaren zwischen den Leberzellen und in den Sekretvakuolen in den Leberzellen (bei Leberzirrhose).

Gruppe gehört auch der fast physiologisch zu nennende **Icterus neonatorum.**

Die oben erwähnten Versuche von Naunyn und Minkowski werden neuerdings allerdings in ihren Schlußfolgerungen als nicht völlig beweisend erachtet und es wird von manchen Seiten allerdings auch wieder an eine Art direkten hämatogenen Ikterus ohne Vermittelung der Leber gedacht, wobei die Endothelien verschiedener Organe die Hauptrolle in der Verarbeitung des Blutfarbstoffes zu Gallenfarbstoff spielen sollen.

Des weiteren hat man auch angenommen, daß es durch Erkrankung der Leberzellen selbst dazu kommen kann, daß die Galle nicht wie normal in die Gallenkapillaren, sondern mit anderen von den Leberzellen gelieferten Stoffwechselprodukten der „inneren Sekretion" (Zucker, Harnstoff etc. siehe unten) direkt ins Blut hinein abgeschieden wird: Paracholie. Hier sezernieren die Zellen also gewissermaßen in einer falschen Richtung. Auch an Schwund von Leberzellen und so bewirkte Kommunikation von Gallenkapillaren mit den Wurzeln der Lymphgefäße ist gedacht worden (Kretz). Die zuletzt genannten Gesichtspunkte sind auch zur Erklärung des Ikterus bei akuter gelber Leberatrophie, bei Leberzirrhose u. dgl. herangezogen worden. Ferner ist an Hämolysine von seiten der Leberzellen gedacht worden. Über den sog. infektiösen Ikterus, die Weilsche Krankheit, s. letztes Kap. des II. Teils.

Die gallige, gelbe bis gelbgrüne, ja selbst olivgrüne bis schmutzig braungrüne Ver-

Kenn-
zeichen des
Ikterus

färbung beim Ikterus kommt durch die Durchtränkung mit der durch Gallenfarbstoff tingierten Gewebeflüssigkeit zustande und betrifft alle Organbestandteile mit Ausnahme des Knorpels und des Nervenparenchyms; besonders tritt sie hervor an der äußeren Haut, der Konjunktiva, an der Intima der Blutgefäße sowie an den weißen Gerinnseln aus dem Blute, endlich in der Leber selbst; auch die Nieren erscheinen gallig gefärbt, der Harn ist durch Bilirubin oder Hydrobilirubin dunkel gefärbt, eventuell vorhandene Harnzylinder haben auch gelbe Färbung. Da mit der Galle auch die Gallensäuren ins Blut übertreten, so kommt es (durch Wirkung derselben auf das Herz) zu Pulsverlangsamung, ferner auch zu Zerstörung einzelner roter Blutkörperchen mit Auftreten von eisenhaltigem Pigment (Kretz).

Urämie

Durch mangelhafte Tätigkeit der **Nieren** (Nephritis) oder Zurückhaltung des Harns durch Verlegung der ausführenden Harnwege entsteht die **Urämie.** Freilich ist es bisher noch nicht bekannt, auf welchen Bestandteil des Harns die giftigen Wirkungen — vorzugsweise komatöse Zustände, welche mit krampfhaften, durch Erregung des Nervensystems hervorgerufenen Anfällen einhergehen — zurückzuführen sind. Ein ähnliches Bild kann man experimentell durch Ligatur beider Nierenarterien erzeugen, wodurch der Blutzufluß zu den Nieren und damit die Ausscheidung dem Harn zugehöriger Stoffe aus den Nieren unmöglich gemacht wird. Oft zeigt sich bei Urämischen auch eine chronische katarrhalische Entzündung der Darmschleimhaut (urämische Enteritis), welche nicht selten in eine diphtherische Entzündung übergeht. Nach einer Ansicht tritt dies durch Einwirkung der immer im Darm vorhandenen Bakterien ein; nach einer anderen dadurch, daß eine kompensatorische Ausscheidung von Harnstoff in das Darmlumen stattfindet, welcher sich daselbst in kohlensaures Ammoniak umsetzt. Auch zu Peritonitis kann es bei der Urämie kommen.

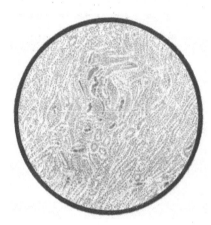

Fig. 469.
Ikterische Zylinder der Niere.

Puerperal-
eklampsie.

Hier anfügen wollen wir noch die **Puerperaleklampsie.** Während man früher diese Erkrankung, einen während oder nach Geburten unter Krämpfen einsetzenden schweren Zustand, ausschließlich als Folge einer Nephritis und mithin die bei der Eklampsie auftretenden Krämpfe als urämische auffaßte, haben neuere Untersuchungen ergeben, daß keineswegs in allen Fällen jener Erkrankung ausgesprochen entzündliche Prozesse in der Niere vorliegen, daß vielmehr die Veränderungen dieses Organs zum großen Teile erst sekundärer Natur sind und Folgen anderer Krankheitsprozesse darstellen. Für einen Teil der Fälle muß allerdings auch gegenwärtig noch eine Nephritis, und zwar meistens eine Schwangerschaftsnephritis, als Ursache der Erkrankung angenommen, und die Krämpfe müssen daher als urämische bezeichnet werden (Autointoxikation des Körpers mit Harnbestandteilen, s. oben). In anderen Fällen aber liegt eine Autointoxikation anderer Art vor, nämlich wahrscheinlich eine Aufnahme giftiger Produkte von der erkrankten Plazenta her, wodurch Gerinnungen an verschiedenen Stellen des Gefäßsystems, hyaline und Blutplättchenthromben, Gefäßverstopfungen und ihre Folgen, Blutstauung, Bildung anämischer oder hämorrhagischer Infarzierungen in den verschiedensten Organen des Körpers hervorgerufen werden. Dafür spricht auch besonders, daß sogenannte Plazentarriesenzellen in größerer Menge dabei in das Blut der Mutter gelangen und in verschiedenen Organen gefunden werden (s S, 43). Doch stellen wahrscheinlich diese Plazentarzellenembolien nicht die Ursache der Krampfanfälle, sondern bloß ein akzidentelles Ereignis dar. Ebenso finden sich vielfach im Gefäßsystem Embolien von Leberzellen, welche von erkrankten Partieen der Leber aus (s. unten) ins Blut gelangen. Neuerdings wird die Eklampsie auch auf eine Hypofunktion der Epithelkörperchen bezogen. Endlich gibt es auch noch Fälle von Eklampsie, welche wahrscheinlich durch Bakterien wenigstens insofern verursacht werden, als diese letzteren entzündliche

Veränderungen an den Genitalorganen wie in anderen Teilen des Körpers hervorrufen, wodurch bei disponierten Personen Krampfanfälle ausgelöst werden können.

Die wichtigsten Befunde, welche bei puerperaler Eklampsie in den einzelnen Organen vorkommen können, sind folgende: In den Nieren leichtere oder stärkere Verfettung, Thromben, nekrotische Herde und Blutungen, manchmal ausgesprochene Infarktbildung, oft auch Nephritis; in der Plazenta: Nekrosen, weiße Infarkte, Entzündungen (siehe II. Teil, Kap. VIII); in der Leber: Stauung, Gefäßverstopfung mit anämischer oder hämorrhagischer Infarzierung, Nekrosen, in manchen Fällen hochgradige Verfettung mit Ikterus, hier und da selbst das vollkommene Bild einer akuten gelben Leberatrophie; in der Lunge wurden gefunden: Fettembolie, Ödeme, Blutungen, Gefäßverlegungen, pneumonische Herde und die schon oben erwähnten Zellembolien; im Gehirn: Ödem.

Als Störung des allgemeinen Stoffwechsels soll noch die harnsaure Diathese erwähnt werden, welche dem als **Gicht** bekannten Krankheitsbilde zugrunde liegt. Diese äußert sich in Ausscheidung von Harnsäure und harnsauren Salzen besonders in die Gelenke und deren Umgebung, aber auch in andere Teile des Körpers, wie Ohrknorpel, Nieren etc.; hiermit gehen heftige entzündliche Prozesse an den ergriffenen Teilen einher; daneben findet auch vielfach ein Ausfallen von festen Harnbestandteilen innerhalb der Niere und der Harnwege mit Bildung von Konkrementen statt (s. S. 80 und II. Teil, Kap. V).

Ob es sich bei der harnsauren Diathese um mangelhafte Ausscheidung der Harnsäure durch die Nieren oder um lokale Ursachen an ihren Ablagerungsstellen handelt, ob endlich die Entzündungserscheinungen die Folge der Harnsäureausscheidung an den betreffenden Teilen sind oder ob sie bloß die Gelegenheit zu den Harnsäure-Inkrustationen geben, ist erst noch definitiv zu entscheiden. Sicher ist, daß die Vererbung bei der fraglichen Erkrankung eine wichtige Rolle spielt und ebenso, daß sie in bestimmten Gegenden und bei bestimmten Berufen mit besonderer Häufigkeit vorkommt.

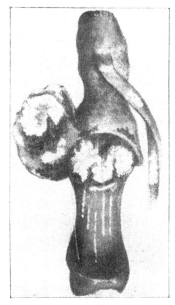

Gicht.

Fig. 470.
Gicht.
Nach Cruveilhier, l. c.

II. Störungen infolge von Veränderungen der inneren Sekretion.

Unter Drüsen mit innerer Sekretion oder endokrinen Drüsen werden eine Reihe ausführungsgangloser Drüsen zusammengefaßt, welche ein dem Gesamtkörper nötiges Sekret, diesem meist durch das Blutgefäßsystem vermittelt, zugute kommen lassen. Am bekanntesten sind hier Schilddrüse und Epithelkörperchen, Thymus, Nebennieren, Hypophyse etc. Daß hier die Verhältnisse weit komplizierter liegen als bei dem gewöhnlichen (äußeren) Sekret von Drüsen und unsere Kenntnisse hier weit mangelhafter sind, ist leicht zu verstehen. Aber nicht nur die ausgangslosen Drüsen oder mit den Ausführungsgängen nicht zusammenhängenden Teile von Drüsen mit äußerer Sekretion (z. B. Zwischenzellen im Hoden oder Langerhanssche Zellinseln im Pankreas) können derartige innersekretorische Stoffe produzieren, sondern dasselbe ist auch bei den gewöhnlichen Drüsenzellen neben deren gewöhnlicher (äußerer) Sekretion bis zu einem hohen Grade der Fall (z. B. vor allem in der Leber, s. unten). Auf einer Art innerer Sekretion beruhen auch die so wichtigen Korrelationen chemischer Natur zwischen einzelnen Organen. Man nimmt Reizstoffe, sog. Hormone an, welche hier vermitteln, so das vom Darm produzierte Sekretin, welches Leber, Pankreas, Darm zur Abgabe ihrer Verdauungssäfte anregt; auch die Kohlensäure gehört in gewisser Beziehung hierher, da sie das Atemzentrum in der Medulla oblongata zeigt. Andere Hormone vermitteln von einem Organ ausgehend Wachstum auch an anderen Orten. Störungen der inneren Sekretion müssen nach dem Gesagten durch Ausfall zum großen Teil lebensnotwendiger Stoffe den Gesamtkörper direkt in Mitleidenschaft ziehen, dazu können durch Störung der Organkorrelationen bewirkte Schädigungen deletär werden. Zum Teil können die Folgen durch Transplantationen oder Einführung des Sekretes der betreffenden Organe therapeutisch behoben werden.

Die endo-
krinen
Drüsen als
polyglandu-
läres
System.

Gerade die endokrinen Drüsen hängen in ihrer Tätigkeit offenbar gegenseitig ganz besonders voneinander ab, sie bilden ein polyglanduläres System (Hart); hier bestehen sowohl gegenseitig sich fördernde wie wohl auch antagonistische Beziehungen, z. B. zwischen Thyreoidea, Thymus einerseits und Adrenalsystem (d. h. Nebenniere und sonstiges chromaffines System) andererseits. Es scheint, daß letzteres den Tonus des Nervensystems (und den Blutdruck) erhöht, der Thymus hingegen hypotonisierend wirkt. Die Beziehungen der einzelnen endokrinen Drüsen untereinander scheinen überhaupt so enge zu sein, daß Hart von einer „Neueinstellung des endokrinen Systems . . ., dem letzten Endes die Aufgabe zufallen sollte, eine bestmögliche Anpassung an pathologische Verhältnisse herzustellen“ spricht. Über die Bedeutung der endokrinen Drüsen für die „Konstitution“ war schon bei dieser die Rede. So wird der Kausalnexus in seiner Beurteilung noch ganz besonders erschwert; offenbar liegt bei Erkrankungen solcher Organe wie bei Morbus Basedow oder Addison (s. unten) nicht eine Veränderung einer endokrinen Drüse, sondern voneinander abhängig einer

Polyglan-
duläre Er-
krankung
derselben.

Fig. 471.
Myxödem.
Aus Lang, Lehrbuch der Hautkrankheiten.

ganzen Reihe solcher vor, also eine polyglanduläre Erkrankung. Obwohl dies erst neuerdings in Angriff genommene Kapitel der Störungen der inneren Sekretion offenbar von besonderer Wichtigkeit ist und manche bis dahin ganz rätselhafte Krankheit zu erklären im Begriffe steht, stehen wir doch erst am Anfang positiver Kenntnisse. Wir können uns daher nur kurz fassen, wollen aber die einzelnen in Betracht kommenden Organe bzw. deren Störungen kurz besprechen.

Es wurde zunächst für die Schilddrüse bekannt, daß sich nach ihrer vollständigen Wegnahme schwere Allgemeinerkrankungen entwickeln. In der ersten Zeit nach der beim Menschen wegen bösartiger Strumen (oder experimentell bei Strumen) vorgenommenen Operation können sich tetanische Krämpfe einstellen. Im weiteren Verlauf stellt sich ein schwerer, selbst tödlich endigender Krankheitszustand ein, welcher durch das Auftreten

Kachexia
strumi-
priva.

einer Kachexie charakterisiert ist und als Kachexia thyreopriva bzw. strumipriva bezeichnet wird. Es zeigt sich bei solchen Patienten eine schlaffe, unelastische Schwellung der Haut mit Wulstung ihrer Falten und Vorsprünge, besonders im Gesicht. Dazu kommen psychische Abstumpfung, welche sich auch in einem blöden Gesichtsausdruck äußert, sowie Schwerfälligkeit des ganzen Körpers; die Zunge wird dick und schwer beweglich, die Hand tatzenartig. Die Veränderungen an Skelettsystem, Zentralnervensystem etc., welche bei Tieren, denen die Schilddrüse entfernt ist, auftreten, stimmen in mancher Hinsicht ,wenn auch besonders im Skelettsystem nur mehr äußerlich, mit der mangelhaften Entwickelung des

Kretinis-
mus.

Knochensystems überein, wie sie sich bei Kretinismus, der in manchen Gegenden endemisch auftritt, findet. Auch bestehen bei diesen Kretinen Kröpfe. Der Zustand wird auf eine Einwirkung der veränderten Schilddrüse auf das im Wachstum begriffene Knochensystem, oder Kretinismus wie Struma auf eine gemeinsame Ursache zurückgeführt. Ganz ähnliche Erscheinungen werden auch nach spontaner Atrophie der Schilddrüse oder nach hochgradiger

Myxödem.

Entartung derselben durch Tumoren etc. beobachtet, das sogenannte Myxödem (so benannt nach dem ödematös-schleimartigen Zustand des Unterhautgewebes). Es kommt zu Krämpfen und endlich kann der Tod eintreten.

Die Thyreoidea bereitet einen Jod in Gestalt des Thyreoglobins haltigen Körper, das Kolloid, von dem man annimmt, daß es für den Organismus notwendig ist, entweder direkt oder indem es andere Stoffwechselprodukte durch seine Bindung entgiftet. Bei Operationen der Schilddrüse läßt man daher jetzt einen Rest derselben stehen. Dieser Stoff vermag auch das Auftreten der Kachexie nach Ausfall der Thyreoidea hintanzuhalten, wenn er auf medikamentösem Wege gegeben wird. Bei der krankhaft veränderten Schilddrüse wirkt nicht nur dieser Ausfall normaler Funktion schädlich, sondern es werden vielleicht auch giftige Stoffe gebildet, welche direkt schädliche Wirkungen auf den Organismus auszuüben vermögen.

Auch der **Morbus Basedowii** steht in Beziehung zu einer Autointoxikation von seiten der Schilddrüse. Diese hauptsächlich Frauen befallende Erkrankung ist bekanntlich durch drei Hauptsymptome, beschleunigte und vermehrte Herztätigkeit, Vergrößerung der Thyreoidea und Exophthalmus sowie durch allgemeine nervöse Störungen ausgezeichnet; die Veränderung der Thyreoidea besteht meist in einer sogenannten parenchymatösen Hyperplasie (Genaueres siehe bei Thyreoidea). Vermutlich handelt es sich bei

Morbus
Basedowii.

der Erkrankung um eine durch diese Hyperplasie der Schilddrüse bedingte Vermehrung der von diesem Organe produzierten, ins Blut übergehenden Stoffe (Hyperthyreoidismus), doch wird auch an abnorme Sekretion — Dysthyreoidismus — gedacht. Oft besteht gleichzeitig Hyperplasie des Thymusrestes, welche auch von grundlegender Bedeutung zu sein scheint, zuweilen auch Abnormitäten am Adrenalsystem. Von der Thymushyperplasie scheint gerade besonders der Einfluß aufs Herz abzuhängen, auch scheint der hyperplastische Thymus gerade für die schweren Formen des Morbus Basedow charakteristisch. Es handelt sich beim Morbus Basedow danach offenbar um eine Störung einer Reihe endokriner Drüsen, d. h. um eine Konstitutionsanomalie, einen Status hypoplasticus (s. auch unter Status thymolymphaticus). Das Blut weist

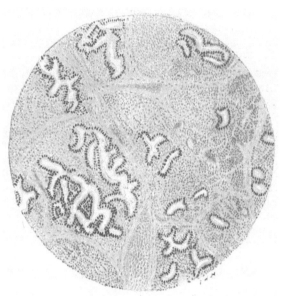

Fig. 472.

Schilddrüse bei Morbus Basedow. Im ganzen parenchymatöse Struma, zahlreiche papilläre Stellen mit Zylinderepithel.

beim Morbus Basedowi normale rote Blutkörperchen auf. Oft soll neutrophile Leukopenie und Lymphozytose (Kocher) bestehen. Das Herz kann scholligen Zerfall wie Verfettung der Muskulatur und ungleichmäßig verteilte Lymphozytenhaufen aufweisen. Auch abgesehen vom Morbus Basedow kann wohl auch eine Struma das Herz beeinflussen — sogenanntes Kropfherz — doch liegen die Verhältnisse hier noch nicht klar. Diese und einige ähnliche Störungen werden als „Thyreoidismus" von Chvostek zusammengefaßt und vom Morbus Basedow abgetrennt; hier sollen als ätiologische Momente Intoxikationen oder Infektionen zugrunde liegen.

Die **Epithelkörperchen (Parathyreoideae)**, welche meist zu zweit auf jeder Seite seitlich unter der Schilddrüsenkapsel liegen, scheinen in Zusammenhang mit den als **Tetanie** bezeichneten Erscheinungen (Zittern und besonders klonische Krämpfe) zu stehen. Experimentelle Entfernung bei Tieren ruft Tetanie hervor. Wahrscheinlich hängen die Epithelkörperchen mit dem Kalkstoffwechsel zusammen. Daher scheinen auch besonders Erkrankungen des Knochensystems zu Veränderungen der Parathyreoideae Beziehungen zu haben; so sind sie bei Rachitis vergrößert. Auch werden sie im Zustand der Schwangerschaft größer.

Tetanie.

Man vermeidet die Parathyreoideae nach alledem bei Strumaoperationen. Vielleicht bestehen antagonistische Beziehungen zwischen Epithelkörperchen und Schilddrüse.

Morbus Addisonii. Der **Morbus Addisonii,** die Bronze-Krankheit, ist durch eine schmutzig-braune Verfärbung der Haut („Bronze-Haut"), zum Teil auch der Schleimhäute (Mundhöhle, Zungenschleimhaut, Bindehaut) ausgezeichnet, welche durch reichliche Pigmenteinlagerung, namentlich in den tieferen Schichten des Rete Malpighii und in dem Papillarkörper der Epidermis, bedingt ist (vgl. S. 76); dabei zeigen sich die Erscheinungen einer allgemeinen Kachexie, Störungen von seiten des Verdauungsapparates, Anämie, nervöse Störungen u. a. In den meisten Fällen von Bronzekrankheit sind Veränderungen der **Nebennieren,** wenn auch keineswegs in übereinstimmender Weise vorhanden; am häufigsten zeigt sich eine Tuberkulose derselben, seltener findet man einfache Atrophie, Blutungen, Gummiknoten oder gewisse Tumoren (sogenannte Strumae suprarenales, s. II. Teil, Kap. III). Wahrscheinlich wird von den Nebennierenmarkzellen normaliter ein Stoff — Adrenalin — produziert, welcher für den gesamten Organismus notwendig ist (innere Sekretion) und dessen Ausfall in diesen Fällen die Krankheit erzeugt. Daß die Nebennieren für das Leben des Organismus notwendig sind und daß Tiere nach Entfernung derselben kachektisch zugrunde gehen, ist auch experimentell festgestellt. Nach einer Ansicht ist die Erkrankung der Nebennieren das Maßgebende, bei ihrer Vernichtung tritt Morbus Addisonii ein; nach einer anderen Auffassung gehört zu seinem Erscheinen eine Erkrankung des gesamten sogenannten chromaffinen Apparates, d. h. der vom Sympathikus abstammenden Gewebe, welche besondere Affinität zu Chrom bekunden, so Nebennierenmark, Karotisdrüse etc., und zwar angeborene Hypoplasie oder später krankhafte Zerstörung derselben. Daneben ist bei Morbus Addisoni freilich zumeist auch die Nebennierenrinde atrophisch, so daß doch die gesamte Nebenniere maßgebend zu sein scheint. Auch Hyperplasie des Thymus und des lymphatischen Apparates (siehe unten), besonders ersteres, besteht häufig bei Morbus Addisonii, und auch hier handelt es sich offenbar um eine Konstitutionsanomalie mit Ergriffensein mehrerer endokriner Drüsen. Der bei Morbus Basedow oft eintretende plötzliche Tod scheint auf die Thymushyperplasie (s. auch unten) zu beziehen zu sein. Ein typisches Beispiel von Korrelation ist auch dadurch gegeben, daß bei Mißbildungen mit Nichtentwickelung des Gehirns — besonders Anenzephalen — fast regelmäßig auch die Nebennieren hypoplastisch sind.

Folgen von Thymusvergrößerung oder Persistenz. Bekanntlich verfällt der **Thymus** zur Zeit der Pubertät einer Involution und bleibt dann als sogenannter Thymusfettkörper bestehen (s. unter Thymus). Es hängt dies wohl damit zusammen, daß der Thymus ein das Wachstum kontrollierendes Organ ist. Mit einer **Hyperplasie,** resp. (bei älteren Individuen) einem **Persistieren** des unter normalen Verhältnissen zurückgebildeten Thymus werden gewisse Todesfälle in Zusammenhang gebracht, welche aus an sich geringfügigen Anlässen eintreten, ohne daß die Sektion sonst eine genügende Erklärung für den Eintritt des Todes gäbe.

In den eben erwähnten Fällen handelt es sich um plötzlich eingetretenen Tod zu Beginn einer Chloroformnarkose, in laryngo-spastischen Anfällen, bei geringfügigen therapeutischen Eingriffen, geringeren Anstrengungen beim Baden oder bei Erregungen u. dgl. Zumeist sind es Kinder von $1/_2$—$1^1/_2$ Jahren. Sie zeigen eine abnorme Größe des Thymus, daneben große Blässe und pastöse Beschaffenheit der Haut, Schwellung der lymphatischen Apparate, besonders des lymphatischen Rachenringes und der Zungenbalgdrüsen. Bei Erwachsenen verhalten sich die Symptome etwas anders. Auch hier sind die Lymphdrüsen und besonders -Follikel — auch hier mit denselben Prädilektionssitzen — meist sehr groß. Auch die anderen endokrinen Drüsen können gleichzeitig abnorm sein. Im wesentlichen scheint es sich bei diesem Zustand um eine Hyperplasie des Thymus zu handeln und die Hyper- bzw. auch Dysthymisation das Bild zu beherrschen. Die Schwellung des lymphatischen Apparates ist dann im wesentlichen sekundär-reaktionärer Natur. Man spricht nach diesen **Status thymolymphaticus.** beiden Hauptsymptomen meist von einem **Status thymolymphaticus,** liegt nur die Thymushyperplasie vor, von einem Status thymicus. Die Grundlage scheint zumeist eine abnorme allgemein „hypoplastische", d. h. minderwertige Konstitution zu sein im Sinne einer Gleichgewichtsstörung des endokrinen Systems (Hart). Hierbei scheint der abnorm große Thymus eine Hypotonisierung (Thymus- wie Schilddrüsenfunktion scheint der des chromaffinen Apparates antagonistisch zu sein s. o.) zu bewirken, welche besonders am Herzen und Gefäßapparat angreift und so eben bei kleinsten Anlässen (s. oben) bis zu plötzlichem Versagen des Herzens führt, so daß diese Individuen dann überraschend an Herzlähmung sterben. Man spricht dann von Thymustod, darf einen solchen aber nur annehmen, wenn andere Erklärungen für den Herzkollaps versagen; bei der Sektion ist dann neben dem abnorm großen und schweren Thymus und der zu allermeist gleichzeitig vorhandenen Lymphfollikelhyperplasie der ganz negative Befund des übrigen Organismus und insbesondere das Fehlen aller älteren Veränderungen an Herz und Gefäßen sehr charakteristisch. Neben dem Status thymolymphaticus, wie er eben besprochen wurde, gibt es vielleicht auch einen Status lymphaticus ohne Thymushyperplasie ebenfalls auf konstitutioneller Basis, doch scheint ihm weit weniger Bedeutung zuzukommen. Der Status thymolymphaticus soll auch angeboren und auf vererbter Grundlage vorkommen. Daß eine Thymushyperplasie auch bei anderen Krankheiten des endokrinen Organsystems, insbesondere bei Morbus Basedow und Morbus Addison, eine Hauptrolle spielt, ist oben bei beiden Krankheiten schon erwähnt.

Des weiteren scheint sich insbesondere aus Tierversuchen zu ergeben, daß der Thymus eine wichtige Rolle beim Wachstum besonders des Knochensystems spielt. Nach Exstirpation des Thymus erwies sich der Kalkstoffwechsel häufig in einer Weise gestört, daß zwar im Übermaß neues Knochengewebe gebildet wurde, dieses aber nur sehr mangelhaft Kalk aufnahm, so daß Bilder resultierten, die durchaus denen der Rachitis entsprechen. Muskelschwäche kommt hinzu. Auch finden sich dann Veränderungen des Zahndentins.

Erwähnt werden soll, daß — aber nur äußerst selten — ein abnorm großer Thymus durch Druck auf die Trachea auch Erstickung von Kindern bewirken kann.

Mit Veränderungen des vorderen Abschnittes der **Hypophysis cerebri,** meist einem Adenom (der eosinophilen Zellen derselben) offenbar mit einer Hypersekretion einhergehend, steht die **Akromegalie,** ein erworbener Riesenwuchs, besonders der „gipfelnden" Körperteile — Hände, Füße, Gesichts-

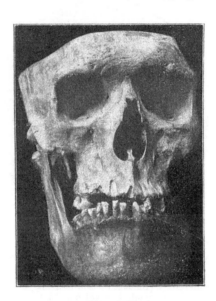

Fig. 473.

Schädel bei Akromegalie (besonders Unterkiefer enorm vergrößert).

Akromegalie

teile — sowie auch innerer Organe (Splanchnomegalie) in Verbindung. Genaueres siehe Kap. VII des II. Teiles. Auf den Hinterlappen der Hypophyse werden auch Fälle von Fettsucht mit Entwickelungsstörungen der Genitalien (Adipositas hypogenitalis oder Dystrophia adiposogenitalis) bezogen. Auch soll durch Zerstörung der drüsigen Hypophyse eine „Kachexie hypophysären Ursprungs" (Simmonds) bewirkt werden. Mit Hypophysengangtumoren mit Atrophie der Hypophyse soll auch Zwergwuchs zusammenhängen (s. auch unter Hypophyse).

Auf Veränderungen des Hinterlappens der Hypophyse oder auch auf eine Dysfunktion der ganzen Hypophyse oder überhaupt Veränderungen an der Basis cerebri scheint der Diabetes insipidus zu beziehen zu sein.

Auf Ausschaltung einer besonderen Drüsenfunktion in dem bisher erwähnten Sinne einer sogenannten inneren Sekretion sind auch nach Entfernung oder Zugrundegehen der **Geschlechtsdrüsen** (Kastration) auftretende Allgemeinveränderungen des Organismus zurückzuführen. Diese bestehen beim wachsenden Individuum in Hemmung der Pubertäts-

Folgen der Störung der Zwischenzellen des Hodens und Ovariums.

indizien (äußere Genitalien, Kehlkopf, Mammae entwickeln sich nicht), sowie in einer Art Riesenwuchs, besonders der unteren Extremitäten (wohl infolge Bestehenbleibens des Epiphysenknorpels), beim Erwachsenen in Atrophie der Genitalorgane, besonders bei der Frau. Hier handelt es sich nach neueren Untersuchungen um Störungen der inneren Sekretion der Zwischenzellen des Hodens bzw. des Ovariums, deren Hormone die sogenannten sekundären Sexualcharaktere bewirken.

Bei therapeutisch indizierter operativer Kastration läßt man daher gerne ein Stück Ovarium zurück.

Als Drüse mit innerer Sekretion muß das Corpus luteum des Ovarium, welches epithelialer Herkunft ist, aufgefaßt werden (Born-L. Fränkel). Es beherrscht die vierwöchentlichen zyklischen Hyperämien, deren Ende die Menstruation ist, und wird selbst periodisch ausgebildet. Tritt Befruchtung ein, so bewirkt das Corpus luteum graviditatis die Einnistung des Eies, und indem es eine neue Eireifung verhindert, bedingt es den Ausfall der Menstruation und schützt so das Ei. Hormone der weiblichen Geschlechtsorgane und evtl. der embryonalen Gewebe sind es auch, welche das Wachstum der Mammae, der Epiphyse etc. zur Zeit der Schwangerschaft bewirken.

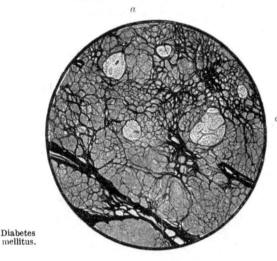

Fig. 474.

Pankreaszirrhose bei Diabetes mellitus; bei *a* (zirrhotische, sonst intakte) Langerhanssche Zellinseln. (Bindegewebsdarstellung mit Silber nach Bielschowsky.)

Eine innere Sekretion kommt, wie oben erwähnt, nun auch anderen Drüsen zu, welche zudem einen Ausführungsgang und eine bekannte sekretorische Tätigkeit im gewöhnlichen Sinne haben, wie die Leber, das Pankreas, und zwar neben dieser echten Sekretion. Es werden wahrscheinlich von zahlreichen Drüsen Stoffe ins Blut übergeführt, die uns freilich noch zum größten Teil unbekannt sind, welchen aber eine wichtige Rolle für den ganzen Organismus zukommt. Aus den Zellen der Leber z. B. wird nicht bloß Galle ausgeschieden, sondern es gehen auch fortwährend andere Stoffe (Harnstoff, Zucker) aus ihnen direkt ins Blut über.

Ähnliches ist für das Pankreas anzunehmen, und zwar betrifft die innere Sekretion hier die Kontrolle des Kohlehydratstoffwechsels der Leber. Mit Ausfall dieser inneren Sekretion des Pankreas scheint der **Diabetes mellitus** in Verbindung zu stehen. Bekanntlich ist die genannte Erkrankung, die Zuckerharnruhr, gekennzeichnet durch vermehrten Zuckergehalt des Blutes, reichliche Ausscheidung von Zucker im Harn, in welchem normalerweise höchstens Spuren nachweisbar sind, verbunden mit Polyurie, stark vermehrter Harnstoffausscheidung (um das 2—3fache vermehrt) und — trotz vermehrter Nahrungsaufnahme — allgemeiner Abmagerung und Schwäche des Körpers; letzterer wird so zu vielen anderen Erkrankungen, namentlich zu Furunkulose und trophischen Störungen der Haut, sowie besonders auch zu Lungentuberkulose disponiert. Man nimmt gegenwärtig meist an, daß beim Diabetes mellitus die Fähigkeit des Organismus aufgehoben resp. herabgesetzt ist den Zucker weiter zu verbrennen, zu oxydieren, und daß sich infolgedessen der Zucker im Blut anhäuft. Der Zucker stammt dabei zum Teil aus der Nahrung, entsteht aber wohl auch aus Fett und eventuell durch Eiweißzerfall; durch letzteren auch die bei Diabetes mit dem Zucker (im Harn) erscheinenden Azeton und Azetessigsäure (die wohl zu nervösen Störungen führen). Da bei einer großen Anzahl von Diabetesfällen das Pankreas verändert gefunden wird (meist atrophisch, ferner sklerotisch oder zirrhotisch, oder lipomatös, das Genauere siehe bei Pankreas), da es ferner gelingt, bei Hunden durch Exstirpation der Bauchspeicheldrüse (v. Mehring-Minkowski) einen echten Diabetes hervorzurufen, so muß wohl geschlossen werden, daß zwischen der Tätigkeit dieser Drüse und der Zuckerausscheidung Beziehungen bestehen; freilich muß, da nicht

in allen (wenn auch fast allen) Fällen von Diabetes Pankreasveränderungen bisher nachzuweisen waren, immer noch angenommen werden, daß auch solche Veränderungen des
Pankreas der Krankheit zugrunde liegen können, die mit unseren bisherigen Hilfsmitteln
noch nicht wahrnehmbar sind.   Die Langerhansschen Zellinseln des Pankreas stehen
mit der inneren Sekretion des Pankreas — bzw. mit dem Ausfall dieser bei Diabetes — vielleicht vorzugsweise aber wohl sicher nicht allein (wie von manchen Seiten geglaubt wird),
in Verbindung, vielmehr offenbar das ganze Pankreasparenchym.   Andererseits kann Diabetes
oder Zuckerausscheidung mit dem Harn (Glykosurie) aber auch vom Nervensystem abhängen.   Sie ist bekannt bei Claude Bernards Reizung des zentralen Vagusstumpfes,
oder bei seinem berühmten Zuckerstich, oder bei Splanchnikusdurchschneidung und tritt
auch nach anderweitigen Affektionen des Nervensystems (gewissen Vergiftungen) auf.   Die
beste Vorstellung um diese Momente zu vereinigen ist folgende.   Auf jeden Fall ist die
Quelle des Zuckers in der Leber gelegen.   Der Kohlehydratstoffwechsel der
letzteren wird reguliert einerseits durch das Nervensystem — dessen Einfluß stimu-
lierend wirkt — andererseits durch ein inneres Sekret des Pankreas, welches mit
dem Pfortaderblut in die Leber gelangt und dessen Wirkung in hemmendem Sinne vor
sich geht.   Bei Reizung des ersteren dieser Antagonisten — Nervensystem — wie bei
Fortfall des letzteren — normale innere Sekretion des Pankreas — tritt Diabetes ein.
In praxi, besonders bei alten Fällen, handelt es sich fast ausnahmslos um das letztere.   Vielleicht bewirken auch noch andere Organe, wie Nebenniere und Niere, bei Veränderungen
Diabetes.   So ist der Phloridzin-Diabetes zu erklären, wenn dieser nicht auf einer direkten
chemischen Bindung beruht.   Die Leber findet sich bei Diabetes oft hypertrophisch, die
sonst in ihrem Protoplasma glykogenreichen Leberzellen eventuell das Glykogen meist.   Die
Kerne treten vikariierend dafür ein und enthalten jetzt das Glykogen (Hübschmann).
Die Gitterfasern sind oft hyperplastisch.   Infolge einer Vermehrung des Fettgehaltes des
Blutes (Lipämie) zeigen sich die Sternzellen verfettet   Hierauf beruht auch die fast stets
vorhandene hochgradige Verfettung (viel Cholesterinfetts. unter Lipoide) der Epithelien
der Hauptstücke der Niere, die zusammen mit Hyperämie der Glomeruluskapillaren die
Diabetesniere oft schon makroskopisch erkennen läßt.   Ferner weist die Niere beim Diabetes, besonders in den Übergangsgebieten der Hauptstücke zu den Henleschen Schleifen
sowie in letzteren selbst in den Epithelien (auch in den Kernen) Glykogen auf.   Solches findet
sich auch in den Glomeruluskapseln (Epithelien wie Kapselraum) und im Lumen der Kanälchen.   Ob es mit dem Blute hierher gelangt und an den genannten Stellen ausgeschieden
wird, oder ob das Glykogen aus Zucker hier auf Grund eines zellulären Umsatzes erst gebildet
wird, ist noch strittig.   Bei der Verfettung wie der Glykogenablagerung handelt es sich wohl
um einen Speicherungsvorgang, während im übrigen die Nierenzellen noch gut funktionieren
und nur mit der Zeit sekundär leiden.

Bei dem sogenannten Bronzediabetes liegt wohl eine gemeinsame Noxe vor (eventuell   Bronze-
der Alkohol), welche Hämochromatose, Leberzirrhose, und die Pankreasveränderung und   diabetes
somit den Diabetes bewirkt (s. im II. Teil).   (Sträter hält die Hämochromatose für das
primäre.)

Sowohl für den Diabetes mellitus, wie für den Morbus Addisonii ist es bemerkenswert, daß die Allgemeinerkrankung des Organismus meist ausbleibt, wenn ein Karzinom der
genannten Drüsen (Pankreas bzw. Nebennieren) die Zerstörung ihrer Substanz verursacht; es
darf daraus vielleicht geschlossen werden, daß die von den Pankreas- resp. von den Nebennieren-
epithelien herstammenden Krebszellen noch so viel von den ursprünglichen Eigentümlichkeiten
ihrer Mutterzellen in sich bewahrt haben, daß sie nach dieser Richtung hin imstande sind, die
Funktionen der Mutterzellen auszuführen, und daß es infolgedessen nicht zum Ausbruch der sonst
bei Zerstörung jener Organe sich einstellenden Allgemeinerkrankung, des Diabetes resp. der
Bronzekrankheit, kommt (v. Hansemann).

Spezieller Teil.

Kapitel I.

Erkrankungen des Blutes und der blutbildenden Organe.

A. Blut.

Allgemeine Vorbedingungen.

Wir haben schon auf Seite 257, auf die wir verweisen, die Blutzellen eingeteilt in: rote Blutkörperchen = Erythrozyten, welche sich aus ihren Vorstufen, den Erythroblasten, entwickeln, zweitens in die Leukozytenreihe, zunächst die Myeloblasten, sodann die neutrophil-, azidophil- (= eosinophil-) und basophil-gekörnten Myelozyten und die ebenso gekörnten reifen Leukozyten des Blutes, drittens die Lymphozytenreihe, d. h. die kleinen und großen Lymphozyten, und endlich die Bluthistiozyten.

Die zum Teil schon dort geschilderten Erkrankungen, welche mit Veränderungen des Blut- Genese
der roten
Blut-bildes einhergehen (Leukämien etc.) und ebenso die nunmehr zu beschreibenden Blutkrankheiten hängen wesentlich von unserer Auffassung der embryonalen ersten Ausbildung der ver- körperchenschiedenen Blutzellen ab. Gerade hier aber sind verschiedene Meinungen vertreten worden, so daß diese ganze wichtige Frage noch nicht einheitlich zu entscheiden ist. Von vielen Seiten werden als gemeinsame Ursprungszelle der Blutzellen Zellen angesehen, welche mesodermaler Abstammung sind und verschiedene Namen erhalten haben, aber zumeist wohl untereinander ziemlich identisch sind. Es handelt sich hier im wesentlichen um die sogenannten primären Wanderzellen Saxers, welche als Adventitialzellen um Gefäße liegen. Es wird nun angenommen, daß sich aus diesen Zellen sowohl Erythroblasten wie Myeloblasten wie Lymphoblasten und aus diesen, d. h. mehr indifferenten großen basophilen und ungranulierten Zellen mit einem runden Kern, dann die fertigen Blutzellen, rote Blutkörperchen wie Leukozyten und Lymphozyten entwickeln, desgleichen die sog. Histiozyten. Auf der anderen Seite stellen manche Autoren die Bildung der Blutzellen den Gefäßendothelien nahe. Hierbei könnten Blutzellen und Endothelien aus denselben Stammeszellen entstehen, so daß sie, wie Naegeli sagt, sich wie Geschwister verhalten, oder es bilden sich nach Schriddes Auffassung die Blutkörperchen erst aus den Gefäßendothelien aus. Nach dieser Auffassung sollen die Zellen der Granulozytenreihe (Leukozyten und ihre Vorstufen), ebenso wie die roten Blutkörperchen aus Gefäßendothelien, die Lymphozyten hingegen aus Lymphgefäßendothelien bzw. aus den Keimzentrumzellen der Lymphfollikel sich bilden. Auch die Frage, ob die einzelnen Zellen zunächst intra- oder extravaskulär entstehen, wird noch vielfach umstritten. Die Auffassung der Entstehung der Blutzellen aus gemeinsamer Ursprungsstelle wird als unitarische oder monophyletische bezeichnet, die andere oben gekennzeichnete, wonach die beiden großen Reihen der weißen Blutkörperchen (Lymphozyten- und Leukozytenreihe) auch in ihren Anfängen getrennt sind, als dualistische (polyphyletische). Manches spricht für die erstere, manches für die letztere Ansicht. Auch fehlt es nicht an Vermittelungshypothesen. Für die dualistische Auffassung spricht z. B., daß die Zellen beider Reihen zu verschiedenen Zeiten zuerst im Embryo aufzutreten scheinen, ferner, daß Übergänge zwischen den Zellen der beiden Reihen vor allem in fertigem Zustand keineswegs erwiesen sind und endlich, daß die Vorstufen der granulierten Leukozyten und der Lymphozyten, nämlich die ungekörnten Myeloblasten einerseits Lymphoblasten andererseits, sich zwar morphologisch so ähnlich sehen, daß sie von manchen Seiten identifiziert werden, daß sie sich aber doch nach einer besonderen Reaktion in der Regel gut scheiden lassen. Diese, die sogenannte Oxydasereaktion, beruht darauf, daß die Leukozyten mit allen ihren Vorstufen ein oxydierendes Ferment besitzen, die Lymphozyten und ihre Vorstufen hingegen nicht (nach Härtung besonders in Formol). Bei Zusammenbringen der Zellen mit gewissen Stoffen geben dann die oxydierenden Fermente Indophenolreaktion und infolgedessen sehen wir die Myeloblasten (ebenso wie die Myelozyten und Leukozyten) bei Anstellung der Reaktion blau gefärbte Granula aufweisen, die Lymphoblasten (und ebenso die Lymphozyten) hingegen nicht, so daß sie sich hierdurch unterscheiden lassen. Dieser dualistischen Auffassung entspricht die oben gegebene Darstellung scharf getrennter Zellreihen.

Während die Bildung der roten und weißen Blutkörperchen anfänglich im embryonalen Leben vor allem von der Leber besorgt wird, auch im Netz, Thymus etc., und dann in der Milz vor sich geht, tritt immer mehr und mehr das Knochenmark in den Vordergrund, welches dann im späteren embryonalen Leben und bei Regeneration im postuterinen Leben die Blutbildung beherrscht. Die Blutelemente vermehren sich in den Blutbildungsherden auf mitotischem Wege; die reifen Zellen werden dann an das Blut abgegeben, wo eine Neubildung von Blutelementen, vor allem von roten Blutkörperchen und Leukozyten nicht mehr vorkommt. Während die physiologische Blutzellregeneration des extrauterinen Lebens, welche bei der Kurzlebigkeit der Blutelemente stets stattfindet, also nach der späteren embryonalen Bildungsart, d. h. fast ausschließlich im Knochenmark vor sich geht, ist das gleiche auch bei der pathologischen Regeneration und Neubildung von Blutzellen der Fall; zum Teil findet sich hier aber auch eine Neubildung von Blutelementen in extramedullären Blutbildungsherden, vor allem in der Leber, Milz, Lymphdrüsen, eventuell Thymus, welche aber für die Blutbildung zumeist keine besondere Rolle zu spielen scheinen. Die meisten Erkrankungen des Blutes, insbesondere seiner zelligen Elemente, sind auf abnorme Tätigkeit der Blutbildungsherde also insbesondere des Knochenmarkes zurückzuführen. Zumeist handelt es sich hier um Schädigungen, welche die zellbildende Tätigkeit des Knochenmarkes angreifen, worauf dann eine um so stärkere Überproduktion erfolgt; hierbei wird dann das Fettmark des erwachsenen Organismus in sogenanntes **rotes oder lymphoides Knochenmark** verwandelt. Als Schädigung, welche das Knochenmark zur Erzeugung von Blutelementen „reizt", sei vor allem Sauerstoffmangel angeführt. Hierauf, wenigstens teilweise, zu beziehen ist die Blutneubildung nach Blutverlusten, z. B. nach Aderlässen. Um ähnliches handelt es sich bei Aufenthalt in Gebirgshöhen etc.

Regeneration der Blutelemente.

Gestaltveränderungen der roten Blutkörperchen.

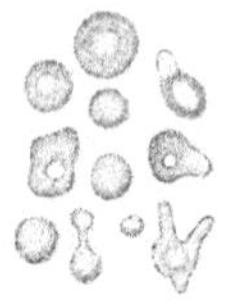

Fig. 475.
Poikilozytose.
(Nach Quincke, Deutsch. Archiv f. klin. Med. Bd. XX. Tafel I.)

Bei abnormen Blutzellneubildungen unter pathologischen Bedingungen kommen Gestaltveränderungen der roten Blutkörperchen in sehr mannigfaltigen Formen vor; es finden sich birnförmige, biskuitförmige, hantelförmige rote Blutkörperchen, welche man als **Poikylozyten** bezeichnet (Fig. 475); außerdem kommen abnorm große und abnorm kleine Formen von roten Blutkörperchen vor, **Megalozyten** und **Mikrozyten**, sowie hämoglobinarme **Makrozyten**; das Auftreten von **Erythroblasten**, also kernhaltigen roten Blutkörperchen, in großen Massen ist dann eine gewöhnliche Erscheinung. Hierbei finden sich außer den Erythroblasten gewöhnlicher Größe, sogenannten **Normoblasten**, auch häufiger besonders große Formen, sogenannte **Megaloblasten**. Des weiteren zeigen die roten Blutkörperchen unter pathologischen Bedingungen oft abnorme Färbbarkeit mit basischen Farbstoffen — **Basophilie** — oder mit basischen und sauren Farbstoffen — **Polychromasie**. Als Zeichen der Degeneration findet sich auch häufiger in den roten Blutkörperchen **basophile Granulation**. Alle diese Veränderungen treten vor allem bei den gleich zu besprechenden Anämien auf.

Polychromasie.

Hämolyse.

Unter **Hämolyse** verstehen wir den Austritt von Hämoglobin aus den roten Blutkörperchen; das Blut wird „lackfarbig", die Stromata der roten Blutkörperchen bleiben als sogenannte „Schatten" zurück. Als solche hämolytische Gifte fungieren lipoidlösende, Substanzen, wie Chloroform, Äther etc., ferner Saponin, Seifen und manche Fettsäuren, des weiteren bestimmte Blutgifte, von denen weiter unten die Rede sein soll und manche tierische bzw. pflanzliche Gifte, von denen hier das Schlangengift, insbesondere das Kobrahämolysin, und des weiteren Gifte wie sie Spinnen, Skorpione, aber auch manche Bakterien hervorbringen, genannt seien. Endlich sei erwähnt, daß zahlreiche Blutsorten gegenseitig ebenfalls hämolytische Wirkung entfalten, auch können sogenannte Isolysine, wenn z. B. von einem Menschen auf einen anderen Blut übertragen wird, auftreten, Gesichtspunkte, welche bei der Bluttransfusion eine Rolle spielen. Die Hämolyse äußert sich durch Auftreten von Hämoglobin in der Blutflüssigkeit (Hämoglobinämie), im Urin (Hämoglobinurie), durch sogenannten hämolytischen Ikterus (s. o.), sowie die Ablagerung von Blutpigmenten (sogenannte Hämochromatose) in verschiedenen Organen. Der Hämolyse geht häufig eine Agglutination der roten Blutkörperchen voraus, indem sich diese zusammenballen und miteinander verkleben (vgl. S. 348 über die Agglutination der Bakterien). Die Ursache der sogenannten paroxysmalen Hämoglobinurie, welche anfallsweise auftritt, ist noch nicht bekannt. Auch die physikalischen Zustände des Blutes können unter krankhaften Zuständen verändert erscheinen; so die sogenannte Viskosität des Blutes, seine „innere Reibung", der osmotische Druck, sowie die Resistenz der roten Blutkörperchen gegen Schädigungen, welche in der Regel Lyse derselben bewirken.

a) Veränderungen (Verminderung und Vermehrung) der roten Blutkörperchen.

a) Veränderungen der roten Blutkörperchen.

Eine Verminderung der Zahl der roten Blutkörperchen wird als Oligozythämie bezeichnet; sie findet sich zumeist nur vorübergehend nach Blutverlusten oder bei nicht hinreichender Blutregeneration, bei Schädigung des Knochenmarkes, oder dauernd als **Anämie**. Bei dieser kann die Zahl der roten Blutkörperchen soweit herabgehen, daß in einem ccm Blut nur 500 000 bis 600 000 rote Blutkörperchen statt $4^1/_2$ bis 5 Millionen enthalten sind. Bei der Anämie hat stets länger anhaltende nicht genügende Neubildung von roten Blutkörperchen statt. Eine Anämie kann schon auftreten bei dauernder ungenügender Nahrungszufuhr, beim Kinde bei Mangel an dem zur Blutbildung wichtigen Eisen in der Nahrung. Anämien finden sich denn auch unter den verschiedensten Umständen. Man hat sie daher in der verschiedensten Weise eingeteilt; häufig in sogenannte sekundäre, bei denen der ätiologische Faktor bekannt ist, und sogenannte primäre, bei denen dies nicht der Fall ist; doch sagt Paltauf mit Recht, daß diese Einteilung nur von unseren jeweiligen ätiologischen Kenntnissen abhängt. Zu den sekundären Anämien gehören vor allem Formen infolge von Blutverlusten. Ein solcher kann auf der einen Seite, wenn er zu groß und plötzlich auftritt, bekanntlich zum Tode führen; auf der anderen Seite kann eine Reparation dadurch gegeben werden, daß die Gewebeflüssigkeit statt in die Lymphbahnen in die Blutbahnen eintritt, und somit die Blutflüssigkeit reichlicher und in ihrer Gesamtmenge wieder größer wird und nun durch die vom Knochenmark ausgehende Neuerzeugung von Blutzellen auch der alte Gehalt des Blutes an solchen wieder eintritt. Wirken aber Blutungen wiederholt, oder ist infolge sonstiger Erkrankungen etc. das Knochenmark nicht zu genügender Regeneration befähigt, so kommt es zur Anämie. Des weiteren treten sekundäre Anämien auf bei Darmparasiten, so bei Ankylostomum und bei Vorhandensein von Botriocephalus latus, wobei ein Lipoidstoff des letzteren das schädigende Agens toxischer Natur darstellen soll. Ferner finden sich sekundäre Anämien im Gefolge von akuten Infektionskrankheiten, Tuberkulose, Karzinomen, bei mit chronischen Schwächezuständen einhergehenden Prozessen etc. Hier wie bei anderen Anämien wirken zum Teil toxische Substanzen. Besonders wichtig ist eine Anämie, deren Entstehungsursache wir nicht kennen, und die wir somit, wenn wir wollen, als primäre bezeichnen können und die progressiv bis zum Tode verläuft, die sogenannte **perniziöse Anämie**. Gerade bei dieser, bei welcher auch ganz allgemein eine toxische Einwirkung anzunehmen ist, finden sich besonders zahlreich die oben besprochenen Gestaltveränderungen der roten Blutkörperchen. Haben wir oben schon gesehen, daß wir bei allen Anämien eine nicht genügende Regenerationsfähigkeit von seiten des Knochenmarkes annehmen müssen — eine Auffassung, welche dazu geführt hat, daß manche Autoren diese Schwäche als angeboren erachten und somit von einer asthenischen Beschaffenheit des Knochenmarkes sprechen —, so kommt dieser Gesichtspunkt zur vollen Bedeutung bei der sogenannten aplastischen Anämie, bei welcher das Knochenmark zur Regeneration überhaupt unfähig ist (daher auch aregeneratorische Anämie genannt). Hier liegen also primäre Erkrankungen des Knochenmarkes, wie Osteosklerose, zugrunde. Man findet daher in diesen Fällen auch nicht als Zeichen besonderer Leistungen des Knochenmarkes in den langen Röhrenknochen rotes Mark, sondern

Oligozythämie. Anämie. Perniziöse Anämie.

Fettmark. Hier tritt die extramedulläre Blutbildung mehr hervor, welche sonst bei den Anämien, wie es scheint, nur eine untergeordnete und vor allem bei der perniziösen Anämie keine Rolle spielt. Man kann die aplastische Anämieform als einen Rückschlag in embryonale Verhältnisse bezeichnen.

Bei zahlreichen Anämien ist die Zahl auch der weißen Blutkörperchen als Zeichen der darniederliegenden Knochenmarkstätigkeit herabgesetzt. Zuweilen aber sind dieselben und besonders die Lymphozyten auch vermehrt; es können sich selbst Vorstufen der Leukozyten (Myelozyten, Myeloblasten) dann in größerer Menge im Blute vorfinden. Eine Erkrankung, welche aber wohl zur Leukämie zu stellen ist, und welche mit solcher starker Vermehrung myeloider Zellen im Blute einhergeht, wurde von Leube als Leukanämie bezeichnet. Die sogenannte Anaemia splenica, welche mit großem Milztumor einhergeht, stellt nach Paltauf u. a. kein eigenes Krankheitsbild dar.

Bei allen schweren Anämien findet sich als sehr häufige Erscheinung fettige Degeneration der inneren Organe, des Herzens, der Leber, der Niere und besonders der Gefäßwände. Infolge der Degeneration letzterer kommen häufig in den verschiedensten Organen kleine Blutungen vor, vor allem in der Lunge, ferner auch Ödeme; durch den Zerfall von roten Blutkörperchen kommt es zu Blutpigmentablagerungen in verschiedenen Organen, besonders Milz und Leber (s. S. 73). In hohen Graden der Anämie erscheint das Blut schon für das bloße Auge blaßrot bis gelblich, sehr dünnflüssig. Im Magen findet sich häufig Atrophie der Schleimhaut.

Poly-
zythämie. Eine Vermehrung der roten Blutkörperchen wird als **Polyzythämie** bezeichnet. Sie findet sich, wie schon erwähnt, vorübergehend unter besonderen Bedingungen, z. B. im Gebirgsklima, eventuell auch an der See, oder dauernder bei Herzerkrankungen, Emphysem, Vergiftungen etc., endlich auch als ziemlich rätselhafte primäre Erkrankung. Diese geht mit Zyanose, Milztumor, erhöhtem Blutdruck (Herzhypertrophie, Apoplexien) einher. Man findet rote Blutkörperchen in Zahlen bis zu 15 Millionen und mehr, daneben auch häufiger Leukozytose. Das Hämoglobin ist, wenn auch nicht entsprechend der Zahl der roten Blutkörperchen, vermehrt; aber auch die Gesamtblutmenge ist erhöht (Plethora polycythaemica). Als primär ist auf jeden Fall eine noch unbekannte Knochenmarkserkrankung anzusehen, welche in einer erhöhten Tätigkeit desselben besteht und in echte Leukämie übergehen kann.

Chlorose. Eine Verarmung der roten Blutkörperchen an Hämoglobin liegt der **Chlorose** zugrunde. Die Verminderung des Hämoglobingehaltes „Oligochromämie" kann bis zu $\frac{1}{4}$ des normalen herabgehen. Die Zahl der roten Blutkörperchen ist auch zumeist (etwa in $\frac{2}{3}$ der Fälle) vermindert, dann besteht Chlorose zusammen mit Anämie; bei der reinen Chlorose ist sie es jedoch nicht. Die Zahl der Leukozyten ist zumeist unverändert; die Blutplättchen können im Blute vermehrt sein; Zeichen von Blutzerfall finden sich nicht. Meist ist die Chlorose eine vorübergehende Erscheinung, die namentlich beim weiblichen Geschlecht in der Pubertätsperiode auftritt; jedoch kommen Übergänge zu perniziöser Anämie vor. Mit der Chlorose ist häufig auch eine Hypoplasie des Herzens und der Gefäße, manchmal auch eine solche des Genitalapparates verbunden. Es muß sich bei der Chlorose um eine Schwäche des Knochenmarkes handeln derart, daß hämoglobinärmere rote Blutkörperchen gebildet werden. Vielleicht gehört hierzu besondere Disposition; die letzte Ursache und irgendwelche Veränderungen des Knochenmarkes, welche anatomisch nachweisbar wären, sind nicht bekannt. Das Knochenmark zu erhöhter Tätigkeit anregende Mittel, besonders Eisen, können therapeutisch von großem Erfolg sein.

b) Verände-
rungen
der weißen
Blut-
körperchen.
b) Veränderungen (Verminderung und Vermehrung) der weißen Blutkörperchen.

Das Blut kann Leukozyten wie Lymphozyten in vermehrter wie in verminderter Zahl aufweisen. Die Vermehrung kann eine absolute sein oder eine relative, indem eine Zellart im Vergleich zur anderen vermehrt ist.

Eine Verminderung der farblosen Blutkörperchen — **Leukopenie, Hypo-**
leukozytose — leitet oft ihre Vermehrung ein und findet sich im übrigen bei einigen Infektionskrankheiten, besonders **Typhus abdominalis**, bei Sepsis, bei Anämie (siehe oben),
nach Röntgenbestrahlung. Die Leukopenie ist auf eine Unterbildung im Knochenmark
zu beziehen.

Eine Vermehrung der Zahl der Leukozyten wird, soweit sie als sekundärer,
vorübergehender Zustand vorkommt, mit dem Namen **Leukozytose** bezeichnet; sie findet
sich sehr häufig und unter verschiedenen Umständen. Die sogenannte Verdauungs-
leukozytose tritt physiologisch bei der Verdauung auf und erreicht nach 2—3 Stunden
ihren Höhepunkt. Die sogenannte puerperale Leukozytose, die noch nicht sicher ist,
wäre auf Resorption von Zerfallsprodukten aus dem Uterus, vielleicht auch auf die bei der
Geburt stattfindenden Blutverluste zurückzuführen. Ferner schließt sich eine Leukozytose
an Blutverluste, Infektionen und Intoxikationen mit Bakteriengiften, eventuell
Kachexien etc. an. Die Leukozytose besteht in Vermehrung der gewöhnlichen polynukleären
Leukozyten oder der eosinophilen Leukozyten, letzteres besonders bei Asthma, beim Vorhandensein von Würmern, bei manchen Hautkrankheiten (Ekzemen, Mycosis fungoides),
Infektionen, Intoxikationen. Man muß annehmen, daß chemotaktisch wirksame Kräfte
die betreffenden Zellen aus dem Knochenmark ins Blut locken. Außer den Leukozyten weist
das Blut meist ihre Vorstufen (Myelozyten, Myeloblasten) oder auch sogenannte Reizungs-
formen auf.

Im Gegensatz zur einfachen, sekundären Leukozytose stellt die **Leukämie (Leuko-**
zythämie) einen dauernden progressiven Zustand dar, der sich an Veränderungen
der blutbildenden Organe — **leukämische Myelose** und **Lymphadenose** — anschließt und
ein Auftreten der farblosen Elemente im Blut nicht nur in vermehrter Zahl, sondern auch in
anderem Mengenverhältnis aufweist. Diese Erkrankungen mit ihren verschiedenen
Formen sind bereits S. 257 ff. besprochen.

Auch Vermehrung der Lymphozyten, **Lymphozytosen,** kommen vor nach anfänglicher
Lymphozytenverminderung, so bei Scharlach, in späten Zeiten des Typhus etc.
Sie kann auch relativ, bei Verarmung des Blutes an neutrophilen Leukozyten (Leukopenie), sein. Auch bei den Lymphozytosen sind chemotaktisch anziehende Kräfte anzunehmen.

c) Qualitative Veränderungen der Blutflüssigkeit und fremde Elemente in derselben.

Veränderungen der Blutmenge s. S. 359.

Unter allen Bedingungen, welche zu einer Zerstörung und Auslaugung der roten Blutkörperchen führen, kommt es zu **Hämoglobinämie** und in der Folge zu **Hämoglobinurie,**
d. h. Ausscheidung von (gelöstem) Blutfarbstoff mit dem Harn.

Gewisse Giftstoffe, welche (manchmal neben einer starken Wirkung auf das Nerven-
system) besonders das Blut hochgradig verändern, bezeichnet man als **Blutgifte** (vgl. S. 298).
Sie wirken teils durch Veränderung des Blutfarbstoffes (Hämoglobin), mit welchem
sie anderweitige Verbindungen eingehen können, teils durch Zerstörung der roten
Blutkörperchen (z. B. bei der Malaria). Hierher gehören unter anderen Kohlenoxyd,
Zyanwasserstoff und Zyankalium, Schwefelwasserstoffgas, Nitrobenzol, Arsenwasserstoff,
Schwefelkohlenstoff, chlorsaures Kalium, Amylnitrit u. a.

Die Vergiftung mit **Kohlenoxyd** kommt meist durch Einatmen von Kohlendunst oder von Leucht-
gas zustande und wirkt durch Umwandlung des Hämoglobins in Kohlenoxydhämoglobin COHB,
welch letzteres eine festere chemische Verbindung darstellt als das OHB [1]). Bei Kohlenoxydvergiftung zeigt

---

[1]) Der Nachweis des COHB wird entweder mit dem Spektroskop geführt, wobei das COHB
zwei, dem OHB ähnliche, Absorptionsstreifen aufweist, welche aber, im Gegensatz zu diesen, durch reduzierende Mittel (Schwefelkohlenstoff) nicht ausgelöscht werden; oder durch die Natriumprobe
nach Hoppe-Seyler: das Blut wird mit dem doppelten Volumen Natronlauge (1,3 spezifisches Gewicht)
versetzt; während normales Blut sich dabei in eine schmutzig rotbraune Masse umwandelt, gibt COHB
dabei eine zinnoberrote Farbe.

sich das Blut auffallend hell, dünnflüssig, in dickeren Schichten kirschrot, und auch die Totenflecke sind dabei von auffallend hellroter Farbe. Bei Vergiftung mit **Zyanwasserstoffsäure** und **Zyankalium** wird das Blut der Fähigkeit beraubt, Sauerstoff zu binden; es bildet sich Zyanmethämoglobin, welches dem Blute und ebenso auch den Totenflecken eine hellrote Farbe verleiht.

Kalium chloricum bewirkt, in größerer Dosis genommen, eine Umwandlung des Blutfarbstoffes in Methämoglobin, welches dem Blute einen braunen Farbton verleiht (vier Resorptionsstreifen im Spektrum, von denen aber bloß einer sehr deutlich hervortritt); außerdem bewirkt das Gift eine Zerstörung der roten Blutkörperchen mit Zerfall derselben zu körnigen Massen und Hämoglobinämie. Die Totenflecke zeigen bei Vergiftung mit Kalium chloricum eine eigentümliche mattgraue bis violette Farbe. In den inneren Organen fallen die sepiaartigen Blutflecke auf, welche von den durchschnittenen Gefäßen aus entstehen. In den Nieren finden sich fast immer Pigmentinfarkte, welche oft schon makroskopisch in Form brauner Punkte und Streifen, besonders in der Marksubstanz, hervortreten.

Vergiftung mit **Schwefelwasserstoff** bewirkt die Bildung von Schwefelmethämoglobin, das in reichlichen Mengen dem Blute eine dunkle, schmutziggrüne bis schwärzliche Farbe verleiht. Außerdem werden nach verschiedenen Beobachtungen die roten Blutkörperchen durch Schwefelwasserstoff zerstört. Über die Wirkung des Schwefelwasserstoffes bei der kadaverösen Fäulnis s. S. 12.

Andere qualitative Veränderungen des Blutes entstehen dadurch, daß gewisse Stoffwechselprodukte in vermehrter Menge in demselben auftreten, wenn ihre Ausscheidung gehindert ist, so z. B. Bestandteile des Harnes bei Niereninsuffizienz; hierher gehört ferner die vermehrte Bildung, resp. verminderte Weiterzersetzung gewisser Zerfallsprodukte (Harnsäure, Zucker), endlich Übertritt von Sekreten ins Blut, z. B. von Galle (Cholämie, s. I. Teil, Kap. IX).

Von anderen, zum Teil von außen stammenden Stoffen, welche gelegentlich ins zirkulierende Blut gelangen, wurde das Vorkommen korpuskulärer Elemente, wie Fett, Luft, Zellen und Pigment bereits bei Gelegenheit der Metastase (S. 42 ff.) erwähnt. Hier sei nur noch der Zustand erwähnt, in dem das Fett und verwandte Stoffe, Lipoide, des Blutes so bedeutend vermehrt sind, daß das Blut milchig getrübt erscheint: die Lipämie. Sie findet sich dauernd hauptsächlich bei Diabetes mellitus, aber auch bei chronischem Alkoholismus etc.

Von eigentlichen **Blutparasiten** sind, abgesehen von zahlreichen Bakterienarten (Anthrax-Bazillen, Rekurrensspirillen u. a.), besonders die Protozoen der Malaria, Trypanosomen (besonders der Schlafkrankheit), Distomum haematobium und die Filaria sanguinis zu nennen (vgl. I. Teil, Kap. VII).

B. Knochenmark.

Die Zellen des Knochenmarkes sind schon als Vorstufen der Blutzellen besprochen. Noch erwähnt werden sollen die Riesenzellen, Megakaryozyten, große Elemente mit vielgestaltigem Kern, aus denen wohl die Blutplättchen sich abspalten (siehe unter Thrombose). Lymphoidfollikel finden sich im Knochenmark in über der Hälfte der Fälle.

Frühzeitig finden sich im „roten Mark" einzelne Fettzellen; zur Zeit der Pubertät nehmen sie im Mark der langen Röhrenknochen stark an Menge zu, so daß schließlich die Markhöhle fast ausschließlich von Fettgewebe erfüllt ist „Fettmark", während in den platten Knochen (wie Sternum, Rippen) das rote, zellreiche Knochenmark bestehen bleibt. Doch ist auch in langen Knochen, z. B. Femur, zumeist, wie neuerdings festgestellt wurde, auf weite Strecken hin normaliter rotes Knochenmark vorhanden. Im höheren Alter, sowie bei kachektischen Zuständen atrophiert auch das Fettgewebe der Röhrenknochen und wird durch ein graues, durchscheinendes Gallertgewebe ersetzt, das sogenannte Gallertmark.

Blutungen finden sich vor allem bei infektiösen oder toxischen Ursachen; sie sind meist unbedeutend. Bei Veränderungen, welche zu Blutzerstörung führen, treten im Knochenmark Hämosiderinablagerungen auf.

Sehr häufig finden sich im Knochenmark **hyperplastische Zustände**, welche mit Allgemeinerkrankungen des Organismus in Verbindung stehen und je nach der Art der letzteren eine Zunahme bald dieser, bald jener der im Knochenmark vorkommenden Zellarten erkennen lassen.

Nach Blutverlusten sowie bei Erkrankungen, welche einen ausgedehnten Zerfall von roten Blutkörperchen zur Folge haben, bei der Malaria, bei oligämischen Zuständen, vor allem aber, bei der perniziösen Anämie, ferner bei kongenitaler Lues, angeborener Wassersucht (Schriddes) nach Zerstörung eines Teiles des Knochenmarks (z. B. durch Tumoren an anderen Stellen des Knochenmarks) findet sich besonders eine starke Zunahme der Erythroblasten (kernhaltige rote Blutkörperchen). Außerdem reichlich rote Blutkörperchen, auch Mikrozyten und Makrozyten; daneben findet sich auch Vermehrung von Leukozytenvorstufen. Genaueres siehe oben unter Anämie. Das Knochenmark zeigt jetzt eine dunkelrote Farbe und erscheint manchmal fast himbeerfarbig. Auch soweit Fettmark vorhanden war, bildet sich aus ihm durch Zunahme der zelligen Elemente wieder rotes Knochenmark, auch lymphoides oder besser „Zellmark" genannt. Die angeführten Veränderungen sind wohl auf eine regeneratorische Neubildung von Blutkörperchen zurückzuführen.

Bei der Leukozytose (s. o.) und noch mehr bei der leukämischen Myelose und Lymphadenose (Leukämie) (s. S. 259 ff.) zeigt das Knochenmark eine starke Hyperplasie derjenigen *b) bei Leukämie und verwandten Zuständen.*

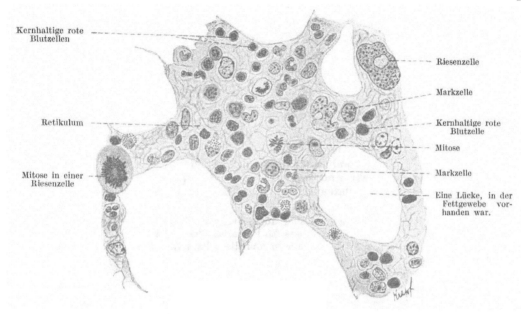

Fig. 476.
Aus einem Schnitt durch das rote Knochenmark des Menschen. 680 mal vergrößert.
(Aus Böhm-v. Davidoff, Lehrbuch der Histologie des Menschen.)

Zellen, aus welchen die weißen Blutkörperchen hervorgehen, und zwar bei der Myelose (S. 259) besonders der Myeloblasten und Myelozyten, bei der Lymphadenose (S. 260) der Lymphozyten. Das Mark erscheint dabei rot bis graurot oder graugelb, manchmal selbst eiterähnlich, „pyoid"; bei der leukämischen Lymphadenose nimmt es auch für das bloße Auge eine grau-weiße, markige, dem Lymphdrüsengewebe ähnliche Beschaffenheit an. Ähnliche zellige Hyperplasien erleidet es bei der sogenannten aleukämischen Lymphadenose (S. 262).

Ähnlich wie in den lymphatischen Apparaten finden sich auch im Knochenmark Übergänge von progressiven Hyperplasien zu echten Tumoren (vgl. über dieselben Kap. VII, Knochengeschwülste, wo auch die vom Marke ausgehenden **Myelome** zu finden sind).

Alle Blutparasiten, Bakterien, Trypanosomen etc. können auch im Knochenmark gefunden werden. Bei Erkrankungen, bei denen im Blut oder lokal eosinophile Zellen vermehrt sind, wie bei Asthma, Wurmerkrankungen etc., finden sie sich auch im Knochenmark vermehrt und stammen wohl von hier.

Über die Veränderungen des Knochenmarkes bei Typhus und anderen Infektionskrankheiten s. im letzten Kapitel. *Veränderungen bei Typhus etc.*

Weiteres über das Knochenmark siehe im Kapitel „Knochen".

C. Milz.

Normale
Anatomie.

Die bindegewebige Kapsel der Milz sendet in das Innere des Organs Fortsätze hinein, die Trabekel, welche sich in feine Äste verzweigen. Auf der Schnittfläche der Milz zeigen sich ferner, schon für das unbewaffnete Auge mehr oder minder deutlich erkennbar, die Follikel oder Malpighischen Körperchen in Form weißlicher, umschriebener Flecke. Das übrige Milzgewebe ist die eigentliche Pulpa.

In der letzteren kann man schon bei schwacher Vergrößerung zweierlei unterscheiden (vgl. Fig. 477): Die Pulpastränge und die kapillaren Venen; letztere bilden weite Räume (Sinus, in Fig. 477 hell erscheinend). Ihr Endothel besteht aus relativ hohen und spindeligen Zellen mit einem ovalen, stark in das Lumen vorspringenden Kern. An Zupfpräparaten fallen häufig, besonders in Fällen von akutem Milztumor, schmale, sichelförmige Elemente auf, welche diesen Venenendothelien entsprechen (Fig. 478). In den netzförmig angeordneten Pulpasträngen findet man Zellen verschiedener Art in ein feinfaseriges Retikulum (Gitterfasern) eingelagert: größere rundliche, einkernige, manchmal auch zweikernige Zellen, die

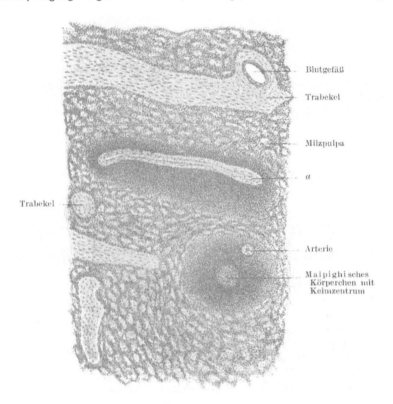

Blutgefäß

Trabekel

Milzpulpa

a

Trabekel

Arterie

Malpighisches
Körperchen mit
Keimzentrum

Fig. 477.
Teil eines Schnittes durch die Milz des Menschen. 75 mal vergr. (Fixierung in Sublimat.)
Bei a ein ovales Malpighisches Körperchen mit einem Blutgefäß. (Aus Böhm-v. Davidoff, l. c.)

sog. Pulpazellen, welche den Retikulumzellen zu entsprechen scheinen, ferner freie rote Blutkörperchen, sowie freies Blutpigment, endlich Lymphozyten, Plasmazellen etc.

Ein ähnliches Retikulum wie die Pulpa weisen auch die in erstere eingelagerten Follikel (Fig. 477) auf, welche sich an die Arterienzweige der Milz anschließen; hier liegen aber in den Maschenräumen Lymphozyten, die denen in den Lymphdrüsen gleichen; zuweilen (Kinder) weisen sie auch Keimzentren auf.

Zellen, welche rote Blutkörperchen oder Blutpigmente phagozytär aufgenommen haben, scheinen von den Sinusendothelien bzw. Retikulumzellen abzuleiten zu sein. Sie finden sich unter bestimmten Umständen in großen Mengen (s. auch unten); der aber auch unter gewöhnlichen Bedingungen in Erscheinung tretende Befund solcher roteblutkörperchen- und pigmenthaltigen Zellen deutet darauf hin, daß schon physiologisch ein Untergang von roten Blutkörperchen in der Milz stattfindet. So hat die Milz offenbar Bedeutung für den Eisenstoffwechsel. Andererseits werden auch, beim Embryo wenigstens, rote Blutkörperchen in der Milz gebildet.

Beziehungen
der Milz
zum Blute.

Wie aus ihrem histologischen Bau hervorgeht, hat die Milz besondere Beziehungen zu dem Blute. Gegenüber diesem ist das Verhältnis ein ähnliches wie das der Lymphdrüsen zur Lymphe (vgl. unten):

eine langsamere Durchströmung, direktere Berührung wie mit anderen Geweben, wodurch längerer Aufenthalt des Blutes und Absetzen mitgeschleppter Verunreinigungen, gleichsam ein Abfiltrieren mitgeschwemmter Bestandteile, endlich eine intensive Wirkung chemischer Vereinigungen zustande kommt; alles das macht die Milz in ähnlicher Weise geeignet zu sekundären Erkrankungen vom Blute her, wie die Lymphdrüsen zu solchen von der Lymphe her. Es ist daher eine Beteiligung der Milz sehr naheliegend bei Blutkrankheiten wie bei Allgemeinkrankheiten des Organismus. Plasmazellen finden sich in der Milz in größerer Zahl fast bei allen infektiösen Zuständen.

Mißbildungen. Die Milz kann (sehr selten) fehlen (A l i e n i e) oder eine angeborene, oder erworbene falsche Lage haben (Situs inversus, Hernien). Häufig finden sich auf Grund versprengter oder abgeschnürter Keime kleine **Nebenmilzen,** manchmal sehr zahlreiche. Auch sie können dieselben Veränderungen wie die Hauptmilz, z. B. Amyloiddegeneration, miteingehen. Die Milz _Miß-_
bildungen. _Neben-_
milzen. kann auch abnorme Lappung zeigen. Durchsetzung der Milz mit großen Zysten eventuell zugleich mit Zystennieren (s. dort) ist selten.

Infolge der Fähigkeit der Milz, aus dem Blute Stoffe gleichsam abzufiltrieren, kommt es in diesem Organ sehr häufig zur **Ablagerung von Stoffen,** welche im zirkulierenden Blute enthalten sind. Man findet in der Milz Hämosiderinablagerungen bei allen Erkrankungen, die mit Zerfall von roten Blutkörperchen einhergehen (S. 73), besonders auch bei Typhus; ferner Ablagerung von melanämischem Pigment bei der Malaria. Andererseits können auch eingelagerte kleine Kohlepartikel (vgl. S. 78) eine schwärzliche Pigmentierung bewirken. Bei Icterus neonatorum finden sich in der Milz wie im Blute (postmortal entstehende) Bilirubinkristalle. Bei mit Blutzerfall einhergehenden — hämolytischen — Erkrankungen kommt es zur Aufnahme der Blutelementreste durch Pulpazellen und zur sogenannten sporogenen Milzschwellung.

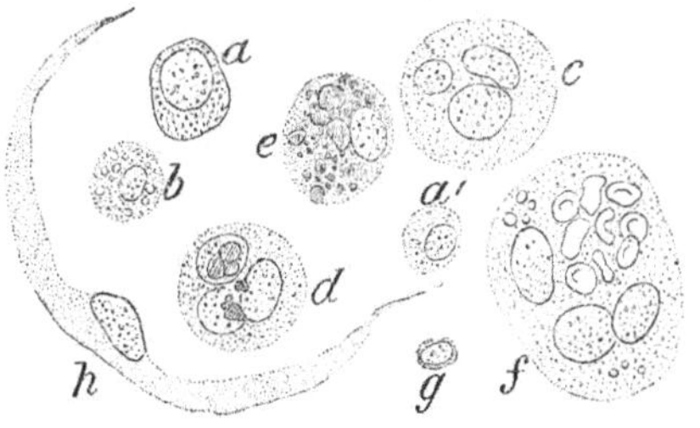

Fig. 478.
Zellen bei akutem hyperplastischem Milztumor $(\frac{250}{1})$.

a, a' einkernige Pulpazellen, b solche mit Fettröpfchen,
c mehrzellige Pulpazelle, d, e pigmenthaltige Zellen,
f rote blutkörperchenhaltige, mehrkernige Zelle, g
Lymphozyt, h Endothelzelle aus einem Blutraum.

Ähnlich wie andere korpuskuläre Substanzen werden auch Bakterien in der Milz zurückgehalten und abfiltriert; auch Bakterientoxine wirken auf das Milzgewebe in besonders hohem Grade. So stellen sich bei infektiösen Erkrankungen verschiedener Art, besonders bei gewissen Formen derselben (Typhus, Milzbrand, Pest, Septikämie, Pyämie u. a.), Zustände von Schwellung der Milz ein, welche teils auf kongestiver Blutfülle des Organs, teils auf einer Hyperplasie seiner zelligen Elemente beruhen und für viele Infektionskrankheiten typisch sind (so für die obengenannten, während sie bei der Pneumonie und Diphtherie meist gering sind). Man faßt dieselben unter dem Namen **akuter Milztumor,** besser **akute Milzschwellung,** zusammen; eine Größenzunahme der Milz um das Zwei- bis Dreifache ist besonders z. B. bei Typhus dabei nicht selten; es kommen aber auch weit stärkere Anschwellungen vor. Die Schwellung der Milz kann durch die eingeschwemmten Bakterien oder deren Toxine hervorgerufen werden, stellt sich aber auch schon bei gesteigertem Blutzerfall (s. o.), welcher namentlich in der Milz selbst stattfindet, ein. Der Ätiologie entsprechend geht dem Milztumor meist Fieber parallel **(Fiebermilz).**

Schon die die akute Milzschwellung einleitende kongestive Hyperämie bewirkt eine erhebliche Zunahme des Milzvolumens. Die Kapsel wird dabei gespannt, die Pulpa erhält eine gequollene, weiche, höckerige Beschaffenheit und eine intensiv rote Farbe; sie überdeckt die Follikel und das Gerüst, so daß diese kaum oder gar nicht mehr zu erkennen sind; hierzu gesellt sich aber bald eine Hyperplasie der Pulpaelemente, zum Teil auch der Follikel. In der Pulpa findet man namentlich die großen, eventuell mehrkernigen Elemente (Pulpazellen) vermehrt, zum Teil erscheinen sie von Fettröpfchen durchsetzt. Besonders zeigen sich auch die sichelförmigen Endothelien in großer Zahl und zu erheblichem Umfang angeschwollen (Fig. 478). Reichlicheres Auftreten von blutkörperchenhaltigen und pigmenthaltigen Zellen wird als Zeichen eines vermehrten Unterganges roter Blutkörperchen in der

Milz gedeutet (besonders bei Typhus) (Fig. 478). Auch die Leukozyten sind vermehrt. Durch die zellige Hyperplasie geht der dunkelrote Farbton des geschwollenen Milzgewebes in einen mehr grauroten über; die Konsistenz der Milz nimmt ab, und schließlich wird ihr Gewebe faßt zerfließend weich, man spricht dann auch oft der Ätiologie entsprechend von

Septische Milzschwellung. *(Septische Milzschwel-lung.)* In den höchsten Graden der Schwellung kann es selbst zu Zerreißungen der Kapsel mit tödlicher Blutung in die Bauchhöhle kommen. Manchmal entstehen auch durch Zirkulationsstörungen, meist als Folge von Toxinwirkung, umschriebene

Nekrosen. **Nekrosen,** welche teils zur Bildung anämischer Infarkte (s. u.), teils zur Erweichung des Gewebes führen; so finden sich derartige Nekrosen besonders bei Typhus abdominalis, Pest, Febris recurrens; in anderen Fällen, insbesondere wenn pyogene Kokken im Blute zirkulieren,

Abszesse. treten metastatisch **Abszesse** im Milzgewebe auf. Die Erweichungen des Milzgewebes, sowie die Abszesse können zu Durchbruch in die Bauchhöhle und Infektion dieser mit Ausbildung einer eiterigen Peritonitis führen. Viel seltener wird eine Eiterung von der Umgebung der Milz her auf dieselbe fortgeleitet. Bei manchen Erkrankungen (Diphtherie, Scharlach) betrifft die Hyperplasie und Schwellung besonders die Follikel, die dann größere graue Flecke auf der Schnittfläche bilden. Sehr häufig findet sich auch im Verlauf von infektiösen Erkrankungen, insbesondere bei Diphtherie, Bronchopneumonie etc., vor allem bei Kindern, aber auch nach Verbrennungen u. dgl. offenbar auf toxischer Basis im Innern der Follikel eine Ausbildung

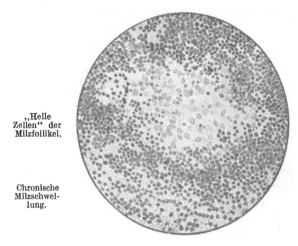

„Helle Zellen" der Milzfollikel.

Chronische Milzschwel-lung.

Fig. 479.
Große helle Zellen im Innern eines Follikels der Milz (bei Diphtherie).

„heller Zellen", welche offenbar aus Retikulumzellen der Follikel entstanden sind und sehr bald zu karyorrhektischem Zerfall neigen (siehe Fig. 479). Eine ödematöse Quellung und Sklerose der Retikulumfasern kann sich dazu gesellen.

Bei längerem Bestehen einer hyperplastischen Milzschwellung kann diese in das Stadium der **chronischen indurativen Milzschwellung** übergehen, wobei sich an die Hyperplasie der zelligen Elemente eine Zunahme des Interstitiums anschließt. Allmählich entwickeln sich Züge faserigen Bindegewebes, welche zwischen den Gefäßen und den noch erhaltenen Bluträumen und Pulpasträngen hinziehen und mehr und mehr zu einer fibrösen Umwandlung der Pulpa führen. Durch diese Vorgänge wird das Organ derber, sein Volumen wird kleiner und kann schließlich selbst unter den normalen Umfang herabgehen. Auf Durchschnitten zeigt sich schon für das bloße Auge eine Verdickung der Kapsel und der Trabekel, welch letztere dicke, graue Stränge bilden und das zwischen ihnen gelegene, mehr und mehr einsinkende, glatte, derbe und trockene Pulpagewebe vielfach septieren; oft erscheint das letztere durch Einlagerung von reichlichem Pigment bräunlich verfärbt. An der Oberfläche zeigt sich die Kapsel grauweiß, undurchsichtig, derb, oft mit umschriebenen, schwieligen, manchmal knorpelharten Verdickungen besetzt, wie sie übrigens auch sonst bei atrophischen Zuständen der Milz, besonders auch bei Altersatrophie, vorkommen (Perisplenitis fibrosa, „Zuckergußmilz").

Eine derartige, chronisch-indurative Milzschwellung entsteht sowohl als Ausgang akuter Schwellungszustände, wie auch in allmählicher Ausbildung bei manchen chronischen Infektionskrankheiten, besonders der Syphilis, oft auch bei chronischer Lungentuberkulose.

Milzschwel-lung bei Leberzirr-hose. Die bei der Leberzirrhose konstant vorkommende starke Milzschwellung wurde früher auf Verschluß von Pfortaderästen in der Leber und die hierdurch herbeigeführte Stauung im Pfortadersystem zurückgeführt. Doch kommt ihm nach neueren Untersuchungen eine selbständigere Bedeutung zu, da er sich schon sehr frühzeitig (vor Ausbildung stärkerer Stauungserscheinungen im Pfortadergebiet) einstellt und auch, dem mikroskopischen Bilde gemäß, mehr auf zelliger Hyperplasie als auf Blutanhäufung zu beruhen scheint; immerhin bleibt auch im weiteren Verlauf die Blutstauung im Pfortadergebiet nicht ohne Einfluß auf den Milztumor.

Die höchsten, oft ganz enorme Grade, erreicht die hyperplastische Milzvergrößerung bei gewissen **Blutkrankheiten** und Erkrankungen des **lymphatischen Systems**, so bei der leukämischen Lymphadenose und Myelose, der aleukämischen Lymphadenose, dem Lymphogranulom (Porphyrmilz). Wegen aller dieser Erkrankungen s. Teil I, Kap. IV Anhang. Weiter ist hier zu nennen die **Malaria**. Die Schwellung beruht auch hier auf starker zelliger Hyperplasie der Gewebeteile und ist vor anderen Formen bloß durch das oft massenhafte abgelagerte **Pigment** ausgezeichnet („Melanämie", vgl. oben); so erhält die Milz eine schwärzlich-schieferige Farbe. In chronischen Fällen findet sich neben der Hyperplasie die oben beschriebene Veränderung am bindegewebigen Gerüst und starke fibröse Induration der Pulpa, was der Milz eine mehr graubraune Farbe gibt, wobei die grauen dicken Streifen, welche auf der Schnittfläche auftreten, den fibrösen Bindegewebszügen entsprechen.

Bei chronischem Milztumor und dadurch bewirkter erheblicher Gewichtszunahme des Organs können die Bänder der Milz gelockert und gedehnt werden, wodurch das Organ beweglich wird und tiefer in die Bauchhöhle hinabtreten kann — **Wandermilz.**

Als **Anaemia splenica** bezeichnet man ein Krankheitsbild, welches wesentlich durch Anämie mit Vermehrung der Lymphozyten im Blut und Milzschwellung charakterisiert wird.

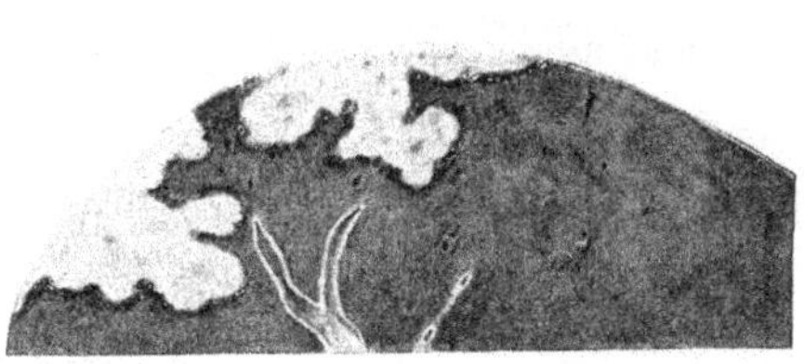

Von Zirkulationsstörungen sind, abgesehen von dem bereits besprochenen kongestiven Milztumor, besonders der Stauungsmilztumor und die Infarkte der Milz zu nennen. Bei der **Stauungsmilz,** welche in weitaus den meisten Fällen durch allgemeine venöse Stauung infolge von Herzschwäche, oder von einem Klappenfehler, oder durch Pfortaderstauung bedingt ist, selten durch Kompression oder Verlegung der Vena lienalis hervorgerufen wird, zeigt sich ebenfalls eine Milzschwellung, aber eine solche von zyanotischer

In margin: Milzschwellung bei Blutkrankheiten und solchen des lymphatischen Apparates; bei Malaria.

In margin: Wandermilz.

In margin: Anaemia splenica.

In margin: Stauungsmilz.

Fig. 480.
Zwei frische anämische Infarkte der Milz.
Dieselben stellen sich als hellere, annähernd kegelförmige, etwas unregelmäßige Herde dar, welche dem Ausbreitungsgebiet von zwei Ästen der von unten her eintretenden Arterie entsprechen; der Embolus ist nicht im Schnitt getroffen.

Farbe. Bei längerem Bestande der Stauung entwickelt sich ein Zustand **zyanotischer Induration** (S. 19), der sich durch Atrophie, Derbheit und Glätte der Pulpa, sowie Verdickung der Trabekel und Kapsel äußert. Das Volumen des Organs nimmt dabei häufig wieder etwas ab (zyanotische Atrophie).

Embolische oder thrombotische **Infarkte** der Milz sind teils **anämischer**, teils **hämorrhagischer** Natur. Letztere entstehen dadurch, daß es zu einem Einströmen von Blut aus den Milzkapselarterien kommt (Genaueres s. S. 40). Beim anämischen Infarkt ist die betreffende Stelle gelblich, derb, von einem hyperämischen oder hämorrhagischen Hof umgeben; seine Gestalt ist meist annähernd keilförmig, die Basis des Keils der Oberfläche zugewendet, berührt aber die Oberfläche meist nicht ganz, weil hier eine Ernährung von seiten der Kapselarterien statthat. Hämorrhagische Infarkte zeigen (bei gleicher Gestalt und Konsistenz) eine schwarzrote, nach und nach abblassende Farbe. Die Infarkte hinterlassen bei ihrer Heilung, welche mittels Organisation vor sich geht, Einziehungen der Milzoberfläche in Gestalt mehr oder weniger ausgedehnter und, soweit es sich um hämorrhagische Herde gehandelt hat, **pigmentierter Narben**, über denen die Kapsel Verdickungen aufweist. Sind mit einem Embolus Infektionserreger verschleppt worden, so kommt es zur Bildung von **Abszessen,** welche durch die Kapsel perforieren können.

Gar nicht selten finden sich in den Venen der Milz Varizen und in ihnen Venensteine (Phlebolithen).

Eine einfache **Atrophie** der Milz findet man als Teilerscheinung allgemeiner Atrophie, als senile Atrophie etc. Dabei ist die Milz im ganzen verkleinert, ihre Kapsel welk und gerunzelt, sehr häufig mit flachen oder knotigen Verdickungen an der Außenfläche versehen; die Trabekel treten sehr stark hervor, die Pulpa ist blaß, glatt, an den Schnitträndern eingesunken, die Follikel sind kaum mehr erkennbar.

In margin: Infarkte.

In margin: Atrophie.

Amyloid-entartung.

Von eigentlichen **Degenerationen** kommt in der Milz die **Amyloidentartung** häufig vor, und zwar tritt sie in der Regel sehr frühzeitig als Teilerscheinung allgemeiner Amyloiddegeneration auf; man unterscheidet zwei Formen der Amyloidmilz, welche man als „Sago-

Sago- und Speckmilz.

Fig. 481.
Amyloide Degeneration des Retikulum einer Sagomilz ($\frac{250}{1}$).

a Gefäß, *b* amyloid verdicktes, scholliges Retikulum.

milz" und als „Speckmilz" oder „Schinkenmilz" zu bezeichnen pflegt. Die erstere Form erhielt ihren Namen von den bis hirsekorngroßen, homogenen, glasigen, gekochten Sagokörnern gleichenden Follikeln, welche auf der Schnittfläche vorspringen, da bei dieser Sagomilz eben die Follikel von der Degeneration betroffen sind. Im Gegensatz hierzu versteht man unter „Speckmilz" eine diffus im Milzgewebe, also hauptsächlich in der Pulpa, auftretende Amyloiddegeneration. Dabei zeigt die Schnittfläche der Milz im ganzen oder stellenweise eine glatte, mattglänzende, etwas durchscheinende, graurote, derbe Beschaffenheit („Schinkenmilz"); das Organ ist im ganzen vergrößert.

Bei der mikroskopischen Untersuchung zeigt sich, daß die Amjloiddegeneration, in der Pulpa sowohl wie in den Follikeln, in erster Linie das Retikulum, sowie die Wandungen der Blutgefäße ergreift. Die zelligen Elemente gehen durch Druckatrophie und Unterernährung zugrunde, so daß schließlich nur dicke, glänzende Massen zurückbleiben, welche sich mit Jod intensiv braun färben (S. 68) und in ihrer Anordnung noch annähernd den Bau des ursprünglichen Retikulums erkennen lassen, dessen Maschenräume sich freilich durch die Umwandlung der feinen Retikulumfasern in dicke, knorrige Balken oft ad maximum verengt, ja stellenweise ganz verschlossen zeigen (Fig. 481).

Tuberkulose.

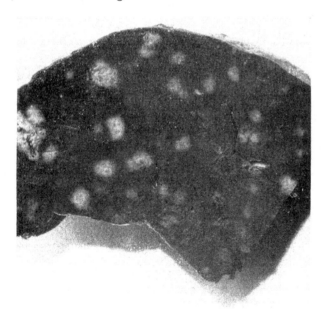

Tuberkulose kommt in der Milz in Form von **Miliartuberkeln** oder in Form größerer **Konglomerat-Knoten** vor; erstere finden sich als Teilerscheinung allgemeiner Tuberkulose; meist bildet sich eine sehr reichliche Zahl kleiner, submiliarer Knötchen. Sie sind zunächst kleiner als die Milzfollikel, prominieren über die Schnittfläche, lassen sich im Gegensatz zu jenen leicht ausheben und bekommen durch die bald eintretende Verkäsung eine trokkene, gelbe Beschaffenheit. Mikroskopisch unterscheiden sie sich von den Follikeln durch ihre Gefäßlosigkeit und ihre Struktur (Epitheloidzellen, Riesenzellen, Verkäsung etc.). Einzelne, erbsengroße und — selten — sehr große Konglomerat-

Fig. 482.
Großknotige Milztuberkulose.

knoten entstehen innerhalb der Milz, am häufigsten bei Kindern, im Verlauf chronischer anderweitiger Organtuberkulose; sie können erweichen und so Höhlen bilden.

Syphilis.

Bei der **Syphilis** kommt an der Milz häufig eine chronisch-hyperplastische indurative Schwellung, syphilitische Splenomegalie, vor; selten sind Gummiknoten. Kongenitale Lues zeigt beim Neugeborenen konstant eine Vergrößerung der Milz und Vermehrung ihres Gewichtes um mindestens das Zwei- bis Dreifache. Auch hier ist das interstitielle Gewebe mehr oder weniger verdickt; auch liegt eine Hyperplasie der Pulpa vor. Herde von Blutbildungszellen zeigen, daß infolge von Entwickelungshemmung durch die Syphilis die Milz noch blutbildende Eigenschaften besitzt. Des weiteren läßt sich eine zellige Infiltration in der Wand der größeren und kleineren Gefäße nachweisen.

Die hyperplastischen, mit Neubildung von Blutelementen einhergehenden Prozesse bei Anämie, Leukämie, Zerstörungen des Knochenmarks (Osteosklerose, Tumoren etc.) sind schon anderweitig erwähnt.

Der Milztumor kann bei Leberzirrhose besondere Dimensionen erlangen und zuerst in die Erscheinung treten. Zugleich besteht Aszites und Ikterus. Etwas Ähnliches stellt die **Bantische Krankheit** dar. Ihr Wesen und ihre Stellung ist noch völlig unklar. Man hat manche Fälle als echte Zirrhose mit besonders hervortretender Splenomegalie betrachtet, andere auf Syphilis bezogen; die oft stark hervortretende Anämie weist auch auf eine Bluterkrankung als Grundelement hin. Doch scheint man besser nur solche Fälle als Bantische Krankheit zu bezeichnen, in welchen die Splenomegalie, auf Umwandlung erst der Follikel dann der Pulpa in fibröses Gewebe beruhend, das Primäre ist, der sich erst später die Leberzirrhose hinzugesellt. Bantische Krankheit.

Bei der als **familiäre, großzellige Splenomegalie Gauchers** bekannten Erkrankung finden sich Wucherungen in Milz, Lymphdrüsen, Knochenmark, Leber, welche aus grossen, wahrscheinlich aus Retikulum- oder Endothelzellen entstandenen Elementen bestehen. Später kommt es zu Blutungen und sekundären Blutveränderungen. Ähnliche mit Fettröpfchen prall gefüllte Zellen finden sich bei Lipämie bei Diabetes (s. o.), bei der auch zuweilen Nekrose der Milzpulpa vorkommt. Splenomegalie Gauchers.

In den Tropen gibt es eine mit Anämie, Hautblutungen etc. einhergehende Milzvergrößerung, das **Kala Azar** der Indier. Es wird bewirkt durch die sogen. **Leishman-Donovanschen Körperchen,** Trypanosomen, die sich in große Phagozyten der Pulpa eingeschlossen finden (s. S. 324).

Tumoren sind in der Milz selten; besonders primäre, unter denen Fibrome, Myxome, Lipome, Chodromne, Osteome, Sarkome (auch großrundzellige) und Angiome (Hämangiome, Kavernome und Lymphangiome) vorkommen; am häufigsten finden sich noch metastatische Sarkomknoten; von der Umgebung (Magen, Pankreas) her greifen öfters Karzinome auf das Milzgewebe direkt über. Tumoren.

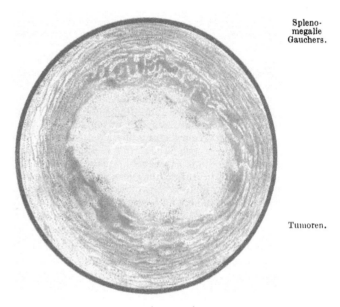

Fig. 483.

Tuberkel der Milz mit Entwickelung hyalinen Bindegewebes außen um die Nekrose als Zeichen einer Heilungstendenz. (Zentrale Verkäsung.)

Von **tierischen Parasiten** findet man in der Milz in seltenen Fällen das Pentastomum denticulatum, Echinokokken und Zystizerken, ferner die oben genannten Trypanosomen. Parasiten.

Verletzungen, Zerreißungen. Wie erwähnt, kann es bei überstarker Milzschwellung, besonders dann, wenn Erweichung des Gewebes oder Eiterung vorhanden ist, zu **Rupturen** mit tödlicher Blutung in die Bauchhöhle und Ausbildung einer eiterigen Peritonitis kommen. Umschriebene kleine Kapselrupturen finden sich sehr häufig bei Milzschwellung und geben dann durch Hervorquellen von Pulpagewebe aus dem kleinen Defekt zur Bildung sog. „Milzhernien" Veranlassung; diese erscheinen als bräunliche, knopfartige Vorragungen und finden sich besonders am vorderen Rand der Milz; häufig entwickeln sich dann hier durch Abschnürung von Peritonealepithelien kleine, mit klarem Inhalt gefüllte Zysten. Häufiger als spontan kommen ausgedehnte Zerreißungen der Milz infolge traumatischer Einflüsse, insbesondere auch wieder bei Schwellungszuständen, zustande. Kleine Einrisse können durch Narbenbildung heilen. Verletzungen. Rupturen. Milzhernien und Zysten.

D. Lymphdrüsen.

An den Lymphdrüsen unterscheidet man dreierlei Bestandteile: 1. Die bindegewebigen Teile, d. h. die Kapsel, die Trabekel und das Retikulum, welche das Stützgewebe der Lymphdrüsen darstellen. Die Trabekel gehen von der Kapsel in die Drüsen hinein und teilen deren Inneres fächerartig ab. Das Retikulum stellt ein Maschenwerk dar, das die Lymphdrüsen durchzieht und mit endothelartigen Retikulumzellen bekleidet ist. 2. Lymphoides Gewebe, welches die Bildungsstelle von Lymphozyten (S. 383) darstellt und aus der Rinde mit ihren Follikeln und dem Marke mit den Follikularsträngen besteht. Zahlreiche Follikel enthalten im Zentrum Keimzentren mit einer häufig großen Zahl von Mitosen. Die Follikel bestehen aus Lymphozyten, die Keimzentren aus Lymphoblasten. 3. Die Lymphsinus, welche den übrigbleibenden Raum zwischen Follikeln (resp. Follikelsträngen) und Trabekeln ausfüllen, von Endothelien ausgekleidet sind, mit den einmündenden und abgehenden Lymphgefäßen in Verbindung stehen und von der Lymphe durchströmt werden.

Blutlymphdrüsen heißen besonders intraperitoneal gelegene Lymphdrüsen, deren Sinus Blut enthalten. Sie hängen wohl mit dem Blutgefäßsystem — nicht Lymphgefäßsystem — zusammen. Hier werden rote Blutkörperchen auf phagozytärem Wege abgebaut.

Die Lymphgefäße, deren Wurzeln in den Saftspalten der Gewebe entspringen und von da den Lymphdrüsen die Lymphe zuführen, leiten ihnen mit der Lymphe auch alle schädlichen Produkte zu, die ihr beigemischt sind. So trägt die Lymphe, die in den Lymphgefäßen der Lunge von den Alveolen in die bronchialen Lymphdrüsen fließt, diesen einen großen Teil des inhalierten Staubes zu; von eiternden Wunden, überhaupt Entzündungsherden, werden Entzündungserreger in die Lymphgefäße aufgenommen und den Lymphdrüsen zugeführt. Der Transport verschiedener korpuskulärer Elemente wird zum Teil auch durch Wanderzellen vermittelt, welche als „Phagozyten" Staub, Bakterien etc. in sich aufnehmen und in die Drüsen verschleppen. In erster Linie findet die Ablagerung der fremden Stoffe in den Lymphsinus, später auch in den follikulären Apparaten statt. Auch toxische Stoffe werden den Lymphdrüsen zugeführt. Ist schon dadurch die Möglichkeit zu vielfacher Mitaffektion der Lymphdrüsen gegeben, so wird diese noch erhöht durch die Eigentümlichkeit der lymphatischen Apparate, die ihnen zugeführten Stoffe zurückzuhalten und gleichsam als „Filter" für korpuskuläre Elemente zu dienen; dadurch haben Entzündungserreger Zeit sich anzusiedeln und ihre Tätigkeit zu entfalten; andererseits sind dadurch die Lymphdrüsen vielfach imstande den Organismus vor weiterer Ausbreitung einer Schädlichkeit zu bewahren. Außer dieser Filtertätigkeit haben die Lymphdrüsen auch die Aufgabe, dem Blut bzw. dem Körper die Lymphozyten zu liefern.

Aus dem genannten Verhalten der Lymphdrüsen erklärt es sich, daß die so häufigen sekundären Erkrankungen derselben mit Vorliebe regionär auftreten und daß bei den verschiedenen Organaffektionen in erster Linie bestimmte benachbarte Lymphdrüsengruppen betroffen werden; so erkranken bei Angina oder Krankheiten der Mundhöhle die Lymphdrüsen am Hals, bei Genitalaffektionen in erster Linie die Inguinallymphdrüsen, bei Lungenaffektionen die Bronchiallymphdrüsen. Viel seltener als von dem Wurzelgebiete ihrer Lymphgefäße her werden den Lymphdrüsen Schädlichkeiten auf dem Blutwege zugetragen. So kommt es bei manchen allgemeinen Infektionskrankheiten — hauptsächlich wohl durch toxische Stoffe verursacht — zur Anschwellung sehr zahlreicher Lymphdrüsen der verschiedensten Körperregionen.

Bei Blutungen in der Nähe gelangen die Blutkörperchen auf dem Lymphwege in die Lymphdrüsen, zunächst in die Lymphsinus derselben; „Blutresorption". Später findet sich an Stelle der Blutkörperchen oft eisenhaltiges Pigment.

Von regressiven Veränderungen ist vor allem die senile Atrophie der Lymphdrüsen zu erwähnen, bei welcher das schwindende Drüsengewebe meist durch Fettgewebe oder durch Bindegewebe ersetzt wird. Außerdem kommen hyaline und amyloide Degeneration in den Lymphdrüsen vor; beide nehmen — außer von den Gefäßen — ihren Ausgang namentlich vom Retikulum, welches dabei eine Verdickung seiner Balken und Einengung seiner Maschenräume erfährt. Bei der Amyloidose erhalten die Lymphdrüsen, wie andere Organe, ein speckiges, glänzendes Aussehen. Die hyaline Veränderung des gewucherten Bindegewebes findet sich vor allem bei der senilen Atrophie, bei der Tuberkulose und Syphilis der Lymphdrüsen. Verkalkung schließt sich namentlich an Verkäsungsprozesse an.

Die akute Lymphadenitis tritt besonders bei akuten Infektionskrankheiten, ferner regionär bei zerfallenden Tumoren auf. Neben entzündlicher Hyperämie, Exsudation und zelliger Emigration aus den Kapillaren kommt es in erster Linie zu leukozytärer Infiltration der Lymphsinus (s. o.) sowie Wucherung und Abschuppung der das Maschenwerk der Sinus auskleidenden Endothelien (s. o.); letztere häufen sich in den Lymphsinus an — Sinuskatarrh; dann kommt auch eine Hyperplasie des lymphoiden Gewebes der Follikel dazu. Makroskopisch zeigen sich die Drüsen meistens in Paketen geschwollen, gerötet, mit gleichmäßiger, markiger Schnittfläche, welche auch wohl von kleinen Blutungen durchsetzt ist. Bei manchen Infektionen, z. B. Milzbrand, entstehen auch heftige hämorrhagische, in wieder anderen Fällen (Typhus abdominalis, Pest, Diphtherie) nekrotisierende oder eiterige und eiterig-jauchige Entzündungen. Die akute Lymphadenitis kann ihren Ausgang in restitutio ad integrum oder in chronische Entzündung (s. u.) nehmen.

Aus Eiterherden kann eine Resorption von Eiterkörperchen in die Lymphdrüsen hinein stattfinden, wobei dann die Eiterzellen sich ebenso wie andere resorbierte Elemente zunächst in den Maschenräumen der Lymphsinus ansammeln (Eiterresorption). Im An-schluß daran oder dadurch, daß pyo-gene Mikroorganismen in die Drüsen hinein resorbiert werden, entwickelt sich die eigentliche **eiterige Lymph-adenitis,** wobei in dem entzündeten Drüsengewebe zuerst gelbliche Flecke auftreten, welche dann zu Einschmel-zung des Gewebes und Bildung von Abszessen führen, die ganze Drüsen-gruppen zerstören und in die Umge-bung durchbrechen können. Wird der Eiter nach außen entleert, so kommt es zur Fistelbildung, und es kann eine Heilung der Abszesse durch Nar-benbildung erfolgen.

Findet eine Einschleppung von entzündungserregenden Stoffen in chronischer Weise statt, z. B. im Ver-laufe chronischer Katarrhe oder lang-sam verlaufender Ulzerationen im Wurzelgebiet der Lymphdrüsen wie bei Zahnkaries oder dergleichen, so entsteht die **chronische, hyperplasti-sche Lymphadenitis,** welche durch die Neigung zu indurativer Umwandlung des Gewebes ausgezeichnet ist; neben der zelligen Hyperplasie entwickelt sich eine Verdickung des Retiku-lums und der gröberen Bindegewebszüge, endlich eine **fibröse Umwandlung des Ge-**webes auf Kosten der zelligen Elemente. Dadurch schrumpft die Drüse, wird klein, derb und atrophisch. Solche indurative Zustände entwickeln sich besonders in Lymph-drüsengruppen, in welchen durch Resorption aus ihren Wurzelgebieten korpuskuläre Ele-mente, insbesondere gewisse Staubarten, in reichlicher Menge abgelagert werden und oft zu charakteristischer Verfärbung der Drüsen führen. So zeigen die Bronchiallymphdrüsen sehr häufig eine **Anthrakosis,** Pigmentierung durch die aus der Lunge resorbierte Kohle; diese wird zunächst besonders von den Sinusendothelien, dann auch von den Retikulumzellen auf-genommen. Das Bindegewebe, von kohlehaltigen Zellen durchsetzt, vermehrt sich, das eigent-liche Lymphdrüsengewebe schwindet, **anthrakotische Induration.**

Seltener sind die Ablagerungen von Kalkstaub, Eisenstaub u. a., welche sich bei den ent-sprechenden Erkrankungen der Lunge (siehe Kapitel III) finden.

Eiterige Lymph-adenitis.

Chronische Lymph-adenitis.

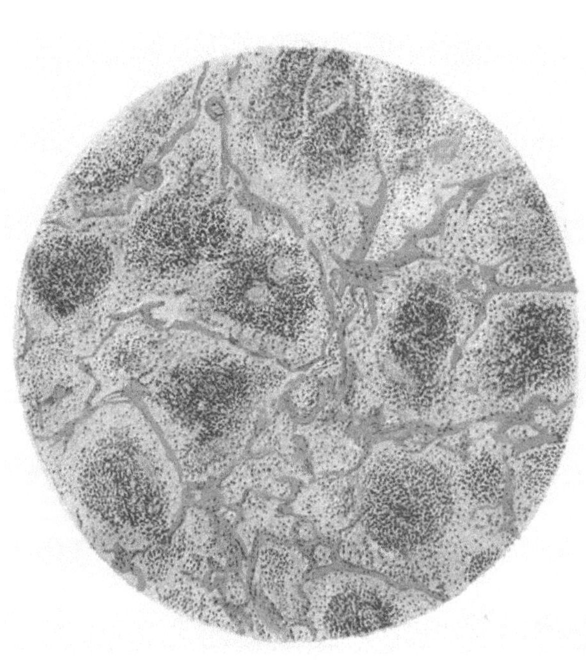

Fig. 484.
Sinuskatarrh einer Lymphdrüse.
Dunkel die Lymphfollikel, rot die bindegewebigen Septen; dazwischen die Lymphsinus, angefüllt mit abgestoßenen Endothelien.

Anthra-kose.

In manchen Fällen führt die Ablagerung von fremden Stoffen zu einer Erweichung der Drüsen; so können z. B. durch Kohle pigmentierte Bronchialdrüsen selbst in die anliegende Lungenvene durchbrechen, wodurch das Pigment an andere Stellen des Körpers, besonders in die Milz verschleppt wird. Auch durch retrograden Transport auf dem Lymphweg kommt Kohle in andere Lymphdrüsen und Organe (S. 38). Ferner können erweichte Bronchiallymphdrüsen in die Trachea einbrechen.

Sonstige Pigmentie-rungen. Pigmentierungen der Lymphdrüsen finden sich ferner bei Tätowierung, nach Resorption von Blutergüssen, bei verschiedenen Hautkrankheiten, dem Morbus Addisonii etc.

Tuber-kulose. Auch bei der **Tuberkulose** der Lymphdrüsen ist meistens eine sekundäre Entstehung im Anschluß an andere tuberkulöse Lokalaffektionen (der Knochen, Lungen, des Darmes etc.) nachweisbar (von tuberkulösen Herden der Lungen aus in den Bronchiallymphdrüsen, von tuberkulösen Darmgeschwüren aus in den mesenterialen und retroperitonealen Lymphdrüsen usw.). In einer Anzahl von Fällen jedoch entwickelt sich die Tuberkulose primär in den Lymphdrüsen, indem die Tuberkelbazillen durch Schleimhäute eindringen und mit der Lymphe in die Drüsen verschleppt werden, ohne bei ihrem kurzen Verweilen an der Eingangspforte Veränderungen hervorzurufen (vgl. S. 160). Die Lymphdrüsentuberkulose entsteht auf lymphogenem oder hämatogenem Wege (akute Miliartuberkulose), in manchen Fällen viel leicht plazentar übertragen (S. 162).

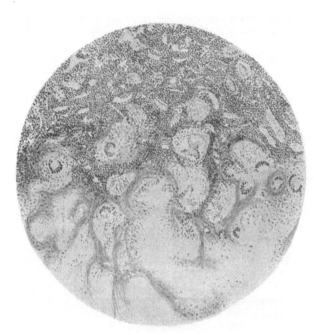

Fig. 485.
Zahlreiche Tuberkel mit Riesenzellen und ausgedehnter Verkäsung (gelb), sowie Bindegewebsentwickelung (rot) in einer Lymphdrüse.

Die Tuberkulose der Lymphdrüsen tritt teils in Form umschriebener Tuberkel auf; teils in wenig scharf abgrenzbaren und vielfach zusammenfließenden Herden tuberkulösen Granulationsgewebes. Letzteres entsteht namentlich unter starker Wucherung der Endothelien der Lymphsinus und der Retikulumzellen und ist stark kleinzellig durchsetzt, enthält oft auch schärfer umschriebene Knötchen eingelagert (vgl. S. 155). Da in der Regel die ganze Drüse Sitz einer hyperplastischen Lymphadenitis ist, welche zu ihrer erheblichen Vergrößerung führt, und der Prozeß meist ganze Drüsengruppen befällt, so entstehen große Drüsenpakete, welche dann miteinander verwachsen und schließlich entweder in toto verkäsen oder eine mehr oder weniger ausgedehnte hyalin-fibröse und indurative Umwandlung erfahren. Im ersteren Falle kann die käsige Masse erweichen oder durch Sekundärinfektion vereitern, wonach oft ein Durchbruch in die Nachbarschaft (bei subkutan gelegenen Herden an die Außenfläche mit Bildung von Fistelgängen) die Folge ist. (Über die Weiterverbreitung von Tuberkulose von erweichten Drüsen aus auf dem Lymphwege und Blutwege s. S. 162—165). Verkäste Lymphdrüsen verkalken sehr häufig oder es bildet sich, z. B. in bronchialen Lymphdrüsen, echtes Knochengewebe. Über die skrofulösen Drüsenaffektionen s. S. 169.

Tuberkelbazillen können in den Lymphdrüsen lange latent bleiben, ohne hier eigentliche Tuberkel zu bilden; sie bewirken dann zunächst nur eine Hyperplasie, „lymphoides Stadium" (Bartel).

Syphilis. Im Verlaufe der **Syphilis** spielen Drüsenschwellungen eine bedeutende Rolle; sie treten in Form größerer derber, auf dem Durchschnitt grauroter Knoten, sogenannter indolenter Bubonen (S. 170) auf; sowohl in regionärer, dem Primäraffekt entsprechender, Ausbreitung, als auch an anderen Drüsengruppen, Leisten-, Nacken-, Kubital-, Halsdrüsen u. a. Diese Bubonen beruhen zunächst auf zelliger Hyperplasie der follikulären Apparate und der Lymphsinus, wozu sich eine Vermehrung des interstitiellen Bindegewebes gesellt; fettige und hyaline Degeneration können sich anschließen. Selten treten in den späteren Stadien der Lues echte gummöse Prozesse (S. 172) in den Lymphdrüsen auf.

Von (nicht entzündlichen) **Hyperplasien** der Lymphdrüsen sei zunächst der (besonders bei kleinen Kindern zu findende) Status lymphaticus erwähnt. Es handelt sich hier um Hyperplasien aller möglichen Lymphdrüsen und Lymphfollikel (z. B. des Zungengrundes, des Darmes, der Milz etc.), meist verbunden mit Vergrößerung des Thymus (Status thymolymphaticus s. S. 376) als Ausdruck allgemeiner Konstitutionsanomalie. In den Lymphdrüsen kommen weiterhin mannigfache hyperplastische Wucherungen vor, welche einerseits zu den chronischen Entzündungen, andererseits zu den Tumoren Übergänge aufweisen und von ihnen nicht immer scharf unterschieden werden können. Sie werden alle zusammen gewöhnlich als **Lymphome** bezeichnet, haben aber in den einzelnen Fällen einen sehr verschiedenen Charakter. Gemeinsam ist ihnen eine Wucherung des lymphatischen Gewebes, so daß von den Lymphsinus (S. 396) meist nichts mehr erkennbar ist. Es kommen solche Hyperplasien teils selbständig, teils im Gefolge skrofulöser oder tuberkulöser Veränderungen in den Lymphdrüsen zur Beobachtung. Wenn sie gutartig sind, d. h. sich auf eine Drüse oder Drüsengruppe beschränken, so heißen sie auch „einfache Lymphadenome". In anderen Fällen aber liegen **leukämische** oder **aleukämische Lymphadenosen** (lymphatische Leukämie, Pseudoleukämie) vor. Diese wie die **Lymphogranulomatose** und das **Lymphosarkom** sind schon S. 262 ff. beschrieben.

Von den echten Geschwülsten sind diejenigen lymphatischen Charakters, die sogenannten **solitären Rundzellensarkome** der Lymphdrüsen, die wichtigsten. Sie zeigen ihren Geschwulstcharakter dadurch, daß sie meist nur von einer oder wenigen Drüsen ihren Ausgang nehmen und wie andere maligne Tumoren ein infiltrierendes Wachstum aufweisen, d. h. die Kapsel der Drüse durchbrechen und auf die Umgebung übergreifen. Sie vergrößern sich in erster Linie also nicht dadurch, daß immer neue Drüsengruppen in den Wucherungsprozeß einbezogen werden (wie bei den Hyperplasien), sondern wachsen als echte Geschwülste aus sich selbst heraus (vgl. S. 181). Doch ist eine scharfe Abgrenzung dieser echten Tumoren gegenüber den Lymphosarkomen schwer durchzuführen.

Ihrer histologischen Struktur nach gleichen sie diesen fast vollkommen, nur daß sie das typische Retikulum nicht besitzen; auch nehmen in den eigentlichen Sarkomen der Lymphdrüsen die lymphozytären Zellen mit Vorliebe größere Formen an, so daß sie mehr den größeren Lymphoblasten gleichen, wie sie in den Keimzentren der Lymphdrüsen vorkommen, wo ja auch lebhaftere Neubildung von Lymphozyten vor sich geht. Die Sarkome der Lymphdrüsen machen auch echte Metastasen, indem sie in die Blutbahn einbrechen, und so Zellen verschleppt werden; doch besteht bei der Beurteilung der letzteren immer die Schwierigkeit zu entscheiden, ob es sich wirklich um echte Metastasen, d. h. durch den Blut- oder Lymphstrom verschleppte Keime handelt, da sich ja auch in verschiedenen Organen des Körpers lymphadenoides Gewebe findet, durch dessen Wucherung solche Herde entstanden sein können, wie beim Lymphosarkom.

Die primären Sarkome können außer von Lymphdrüsen auch von anderen Stellen ausgehen, wo sich lymphatisches Gewebe vorfindet; vom Knochenmark, den Tonsillen und der Rachentonsille, der Milz, dem submukösen Gewebe verschiedener Schleimhäute etc.

Leichter in ihrer Eigenschaft als echte Geschwülste sind die seltenen **Spindelzellensarkome** zu erkennen; auch Riesenzellensarkome kommen vor, und in allen Sarkomen der Lymphdrüsen können sich neben großen einkernigen Zellen auch große Zellen mit mehreren Kernen finden.

Sehr häufig sind in Lymphdrüsen **sekundäre Tumoren** (Metastasen, siehe S. 182), besonders Karzinome; die verschleppten Epithelien lagern sich dabei, ebenso wie andere korpuskuläre Elemente durch die Lymphbahnen zugeführt, zunächst in den Maschenräumen der Lymphsinus ab und wachsen dann zu neuen Geschwulstknoten an. Allmählich wird die ganze Lymphdrüse durch den Tumor ersetzt, welcher auch in die Umgebung durchbrechen kann.

A. Herz
und
Perikard.

a) Miß-
bildungen
und
angeborene
Anomalien.

Kapitel II.

Erkrankungen des Zirkulationsapparates.

A. Herz und Perikard.

a) Mißbildungen und angeborene Anomalien.

Die am Herzen vorkommenden angeborenen Anomalien beruhen zum größten Teil auf Bildungshemmung des ganzen Herzens oder einzelner Teile, selten nur auf einer im fötalen Leben durchgemachten Endokarditis, besonders der rechten Herzhälfte.

In den ersten Stadien seiner Entwickelung stellt das Herz einen einfachen Schlauch dar und nimmt erst durch komplizierte Krümmungen und Gestaltsveränderungen seine spätere Form an; die Scheide-

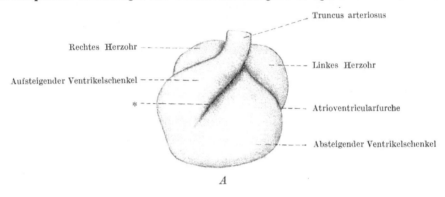

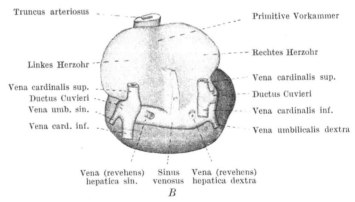

Fig. 486.
Rekonstruktionsmodell des Herzens eines 3 mm langen Embryos.
A von vorn, *B* von hinten gesehen, *m* Mesocardium posticum. (Nach Broman, Morpholog. Arbeiten, Bd. 5, 1895.)
(Aus Broman, l. c.)

wände zwischen den Ventrikeln und den Vorhöfen, ebenso wie auch die Trennung von Aorta und Pulmonalis aus einem ursprünglich gemeinsamen Stamme (dem Truncus arteriosus), entstehen erst im Verlauf der Entwickelung und in ziemlich komplizierter Weise. Das Septum ventriculorum entsteht aus einem sich von der Spitze und einem sich vom Vorhofe her entwickelnden Septum, während der völlige Abschluß der Kammerscheidewand durch Hinabwachsen des Septums des Truncus arteriosus bewirkt wird. So kommen nicht selten Defekte zustande, welche durch mangelhafte Ausbildung oder Vereinigung der die Scheidewände bildenden Teilsepten verursacht sind. Es kommen von solchen Bildungshemmungen unter anderem vor: Offenbleiben des Foramen ovale durch mangelhafte Vereinigung der Septen zwischen den Vorhöfen (sehr häufig), Defektbildungen im Septum ventriculorum mit Kommunikation zwischen beiden Ventrikeln infolge mangelhafter Ausbildung eines der oben erwähnten drei Septen; fehlt das Septum ventriculorum ganz, so sind zwei Atria, aber nur ein Ventrikel, im ganzen drei Höhlen vorhanden, Cor triloculare biatriatum; fehlt das Septum atriorum, so besitzt das Herz ein Atrium, zwei Ventrikel, Cor triloculare biventriculosum. Sind beide Septen ganz defekt, so spricht man von

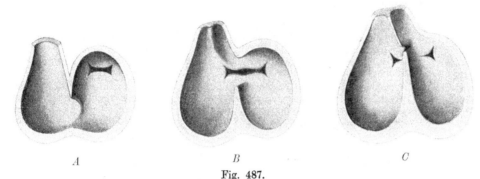

A   *B*   *C*

Fig. 487.
Drei Schemata, die Entwickelung der Herzkammerscheidewand zeigend.
(Nach Born, Arch. für mikr. Anat. Bd. 33, 1899. Aus Broman, l. c.)

Cor biloculare. Der Truncus arteriosus communis, d. h. Kommunikation der Aorta und Pulmonalis, kommt durch fehlende oder mangelhafte Ausbildung des Septums im Truncus arteriosus zustande; relativ häufige Mißbildungen sind ferner: Ursprung eines der beiden großen Gefäße, Aorta oder Pulmonalis, aus beiden Ventrikeln; Ursprung der Aorta aus dem rechten, der Pulmonalis aus dem linken Ventrikel (Transposition der Gefäße) durch fehlerhafte Vereinigung des Septums des Truncus arteriosus mit den Septen des Ventrikels, u. a.

Häufig kommen mehrere Fehlbildungen am Herzen miteinander kombiniert und voneinander abhängig vor. So bildet Stenose oder Atresie der Pulmonalis mit Septumdefekt den häufigsten und wichtigsten kombinierten angeborenen Herzfehler. Da dieser besonders wichtig ist und die Kombinationsmöglichkeiten etc. von Mißbildungen besonders beleuchtet, wollen wir hier die Pulmonalstenose eingehender besprechen.

In den meisten Fällen handelt es sich um eine Verengerung (Pulmonalstenose), selten um einen vollständigen Verschluß (Atresie) der Lungenarterienbahn. Dem Sitz nach können wir die Stenosen am Conus arteriosus (dexter), am Ostium und an der eigentlichen Lungenarterie unterscheiden. Sitzt die Stenose am Konus, so kann dieser an seinem unteren Ende vom übrigen rechten Ventrikel abgeschnürt werden, so daß er eine Art eigenen Ventrikels, den sogen. dritten Ventrikel bildet. Oder der Konus ist an seiner Spitze durch ein Muskelband ringförmig verengt, oder endlich der Konus ist in toto gleichmäßig verengt. Die Stenosen in der Höhe der Klappen können außer auf Bildungsfehlern auch sicher auf fötalen Endokarditiden beruhen. Die Klappen

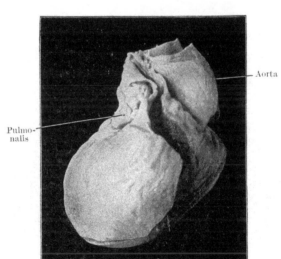

Aorta

Pulmonalis

Pulmonalstenose.

Fig. 488.
Pulmonalstenose. Transposition der Gefäße. Defekt des Septum ventriculorum. 6 jähriges Kind.
Nach Herxheimer aus Schwalbe, Morphologie der Mißbildungen. III, 3. Jena, Fischer 1910.

sind verdickt und verwachsen, oder es haben sich eigentliche Klappen nicht gebildet. An ihrer Stelle liegt ein ringförmiges Gebilde oder eine Art Diaphragma mit einer Öffnung. Auch zeigen die Pulmonalklappen oft insofern eine Anomalie, als sie nur in der Zweizahl ausgebildet sind. Die Stenose der eigentlichen Lungenarterie kann diese in kleinerer oder größerer Ausdehnung in einen engen Strang verwandeln. Meist besteht zugleich Stenose des Konus.

Zumeist ist gleichzeitig mit der Pulmonalstenose ein Defekt im Septum ventriculorum — an dessen oberem Teil — und offenes Foramen ovale vorhanden. Auch kann das Septum ventriculorum ganz fehlen,

Cor triloculare biatriatum, oder das Septum atriorum zeigt außer dem offenen Foramen ovale weitere Defekte. Fehlt es ganz, so entsteht das Cor triloculare biventriculosum.

Die Aorta ist meist sehr weit und nach rechts verschoben. Sie kann aber doch noch dem linken Ventrikel, oder mit der Pulmonalis zusammen dem rechten Ventrikel entspringen, oder sehr häufig „reitet" sie über dem Septumdefekt und entspringt somit beiden Ventrikeln zusammen. Selten sind Pulmonalis und Aorta vertauscht — so daß die Pulmonalis dem linken, die Aorta dem rechten Ventrikel entspringt — **echte Transposition.**

Die Stenose der Lungenarterienbahn muß natürlich sekundär Veränderungen im Verhalten der Herzhöhlen und ihrer Wandungen bewirken. Die rechte Herzhälfte, besonders der rechte Ventrikel ist erweitert, seine Wände sind infolge vermehrter Arbeit hypertrophisch. Der linke Ventrikel erscheint dagegen klein, wie eine Art Anhängsel an die rechte Herzhälfte. Das ganze Herz ist daher in seiner äußeren Konfiguration anders gestaltet, es erscheint mehr kugelig.

Genetisch ist in manchen Fällen fötale Endokarditis heranzuziehen (s. o.); in der erdrückenden Mehrzahl der Fälle liegt aber ein „Vitium primae formationis" vor. Die fast stets zusammen auftretende Trias: Pulmonalstenose, Septumdefekt und Verschiebung der Aorta nach rechts ist einheitlich aufzufassen. Das Grundlegende ist eine mangelhafte Bildung eines Teiles des vorderen Septum ventricu-

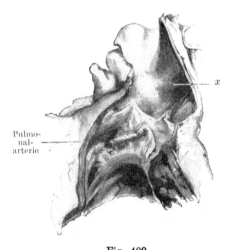

Fig. 489.

Stenose im Conus pulmonalis (bei x).

Nach Herxheimer aus Schwalbe, Morphologie der Mißbildungen. III, 3. Jena, Fischer 1910.

Pulmo-
nal-
arterie

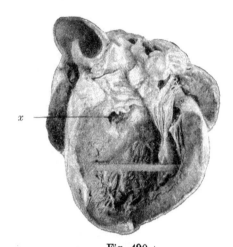

Fig. 490.

Stenose des Aortenkonus (entzündlich?). Direkt
darunter Defekt im Septum ventriculorum (x).

Nach Herxheimer aus Schwalbe, Morphologie der Mißbildungen. III, 3. Jena, Fischer 1910.

lorum (dessen hinteren Teiles nach Rokitansky). So kommt es zu einer anomalen Teilung des Truncus arteriosus communis. Vielleicht ist auch das Septum trunci primär beteiligt. Die teratogenetische Terminationsperiode dieser Mißbildung ist in den zweiten Fötalmonat zu verlegen. Die Pulmonalstenose mit Septumdefekt ist eine sehr häufige Mißbildung. Durch die Kombination mit dem Septumdefekt ist eine Art Selbsthilfe geschaffen; mit Hilfe des offenen Ductus Botalli und der Hypertrophie des rechten Ventrikels kommt eine Kompensation zustande, und die Anomalie ist eine der mit dem Leben am längsten verträglichen Herzmißbildungen. So wurde ein Alter bis 57 Jahren beobachtet. Immerhin kann auch schon zur Zeit der Geburt die Kompensation des Fehlers gestört sein, so daß „angeborene Blausucht" besteht. Etwa die Hälfte der Individuen mit Pulmonalstenose sterben vor vollendetem 10. Jahr, nur etwa 20 % erreichen ein Alter über 20 Jahre. Von den Fällen, welche mit Pulmonalstenose ein höheres Alter erreichen, sterben sehr viele an Lungentuberkulose: $1/4$ bis $1/3$ derselben. Besteht vollständige **Atresie** der Lungenarterie, so können die Lungen durch den offenen Ductus Botalli oder durch Bronchial-Ösophagealarterien oder direkte Äste der Aorta ernährt werden. Daß die Atresie immerhin eine weit gefährlichere Mißbildung ist als die Stenose, liegt auf der Hand.

Öfters sind mit Pulmonalstenose Mißbildungen anderer Art kombiniert.

Eine eigene Gruppe stellen die Fälle dar, in welchen Stenose oder Atresie der Pulmonalis ohne Septumdefekt besteht und gleichzeitig die Trikuspidalis meist fehlt oder stenosiert ist. Diese Fälle sterben meist sehr bald.

Der weit seltenere Parallelfall zu der genannten Anomalie ist Atresie oder Stenose der Aorta neben Septumdefekten, eine Herzmißbildung, welche die Lebensdauer erheblich beschränkt. Am häufigsten hat die Stenose der Aorta in der Gegend des Isthmus, also in der Nähe der Einmündung des Ductus Botalli, ihren Sitz. Der Anfangsteil bis zur Stenose ist dann meist erweitert. Sehr selten ist

Defekt der Aorta descendens, so daß dann der Körper durch den Ductus Botalli von der Pulmonalis aus mit Blut versehen wird.

Der Ductus Botalli kann häufig auch beim Erwachsenen besonders als Kombination bzw. Kompensation anderer Mißbildungen (s. o.) persistent bleiben.

Ferner kommt angeborene Hypertrophie und andererseits Hypoplasie des Herzens vor (letztere kann sich als angeborene Enge auf den Aortenbogen und auf das ganze Arteriensystem erstrecken); endlich finden sich Vermehrung oder Verminderung der Zahl der Klappen (besonders vier oder zwei Semilunarklappen, der letztere Zustand scheint später zu Endokarditis zu disponieren), Fensterung der Klappen (klinisch bedeutungslos), abnorme Sehnenfäden u. a.

Dextrokardie, Verlagerung des Herzens nach rechts, kommt am häufigsten als Teilerscheinung eines Situs inversus (S. 278) vor. Bei der Ectopia cordis ist das Herz, höchstens nur vom Perikard bedeckt, besonders bei Spaltung des Sternum nach außen verlagert. Die Herzhöhlen können divertikelartig nach außen ragen.

Die Mißbildungen des Herzens kombinieren sich nicht nur häufig untereinander, sondern auch mit solchen anderer Körperregionen.

b) Endokard.

Subendokardiale Blutungen sind nicht selten. Sie sitzen mit Vorliebe im Bereich der Ausstrahlungen des Atrioventrikularbündels im linken Ventrikel, dessen Fasern sie in Mitleidenschaft ziehen. Entweder

entstehen die Blutungen auf toxischer Basis, z. B. bei Diphtherie, und es schließen sich degenerative Veränderungen der Muskelfasern (besonders scholliger Zerfall) an, oder es sind heftige Kontraktionen, besonders bei Tetanus, Eklampsie, Schrumpfniere, Erstickung, bei Strophantin, Digalen u. dgl., welche gleichzeitig Zerfall der (toxisch geschädigten) Muskelfasern und die Blutungen bewirken. Es kann durch Unterbrechung der Reizleitung zu Herzarhythmien kommen.

Während sich die **Endokarditis** des fötalen Lebens vorzugsweise in der rechten Herzhälfte abspielt, lokalisieren sich die postembryonalen Entzündungen des Endokards meistens am linken Herzen, besonders an den Klappen der Aorta oder Mitralis, weit seltener am parietalen Endokard des linken Ventrikels oder Vorhofes und dann meist in der Nähe der Klappen oder an den Sehnenfäden der Mitralis. Wir unterscheiden zwei Hauptformen, die **Endocarditis verrucosa** und die **Endocarditis ulcerosa** (diphtherica).

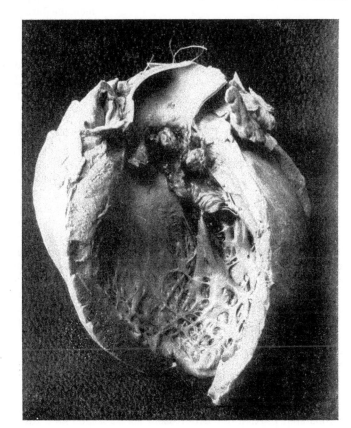

Fig. 491.
Endocarditis verrucosa der Aorta (große warzige Auflagerungen, welche Stenose der Aortenklappen bedingen; Hypertrophie des linken Ventrikels).

Endo-
karditis.

Einteilung
in zwei
Formen,
Ätiologie
etc. beider.

Die Ätiologie der verschiedenen Endokarditisformen ist nicht einheitlich. Es ist anzunehmen, daß jede Endokarditis dadurch zustande kommt, daß im Blute zirkulierende Mikroorganismen an den Schließungsrändern der Klappen haften bleiben und hier zur Ansiedlung kommen. Sind weniger wirksame Bakterien vorhanden, so kommt es zur gutartigeren Form, der Endocarditis verrucosa. Die Bakterien bewirken hier eine geringe Nekrose an den Klappen. Es kommt zur Auflagerung von Thromben und zu Entzündungen. Oft werden Kokken überhaupt nicht gefunden, wohl weil sie schnell wieder zugrunde gehen. So bei dem Gelenkrheumatismus, dessen Erreger ja nicht mit Bestimmtheit bekannt ist und an den sich diese verruköse Endokarditis besonders häufig anschließt. Sind reichliche und wirksame Infektionserreger vorhanden, besonders Staphylokokken, Streptokokken etc., so kommt es außer den oben angegebenen Veränderungen noch zu schweren geschwürigen Zerfallserscheinungen, somit zur Endocarditis ulcerosa. Die Endokarditis ist also meist keine eigentlich primäre Erkrankung; sie schließt sich an andere Erkrankungen an, oder mindestens muß man annehmen, daß die Erreger, an anderen Stellen eingedrungen, erst ins Blut gelangt sind, wenn sich dies primäre Eindringen auch in vielen Fällen nicht mehr sicher feststellen läßt. Ebenso nun wie sich die Endokarditis (beide Formen) bei Typhus, Puerperalfieber etc. finden kann, so bewirkt sie ihrerseits auf dem Wege der Metastase und Embolie eine weitere Ausbreitung des Prozesses, aber bei beiden Endokarditisformen in meist sehr verschiedener Weise (s. u.). Es ergibt sich aus dem eben Gesagten, daß sich ätiologisch die beiden Hauptformen der Endokarditis nicht stets scharf trennen lassen. Ebenso ist es auch mit dem anatomischen Verhalten. Aber wenn es auch Übergangsformen gibt, so bei der Infektion mit Pneumokokken, oder chronisch-ulzerösen Formen, die durch den Schottmüllerschen Streptococcus viridans verursacht werden, so sind gewöhnlich die beiden Formen doch überaus verschieden, und diese beiden Grundtypen sollen nunmehr gezeichnet werden.

Bei der **Endocarditis verrucosa** entstehen, und zwar namentlich an der unteren Seite des Schließungsrandes der Klappen, d. h. des Randes mit dem sich die Klappen bei ihrem Schluß aneinander legen (Fig. 492), oft reihenweise stehende, warzige oder papillöse Exkreszenzen, welche meist bloß Hirsekorngröße erreichen, oft noch viel kleiner und kaum mehr mit bloßem Auge wahrnehmbar sind, sich aber manchmal zu größeren Knötchen zusammenlagern. Ihre Farbe ist meistens graugelb oder durch Imbibition mit Blutfarbstoff leicht rötlich, ihre Konsistenz anfangs fast gallertartig weich. Auf der Oberfläche lagern ihnen konstant ziemlich leicht abziehbare Massen auf, welche thrombotische Niederschläge aus dem Blute darstellen. Dementsprechend weist auch die mikroskopische Untersuchung in den oberflächlichen Lagen der Exkreszenzen körnige oder fädige Massen nach, die von Fibrin oder Plättchenhaufen, zum Teil auch roten Blutkörperchen und Leukozyten gebildet werden. Im übrigen besteht die Exkreszenz aus einem zellreichen mit Leukozyten durchsetzten Granulationsgewebe. Es handelt sich hier um die Entzündung gefäßloser Bezirke, da der Klappenrand normal gefäßlos ist. Es kann hierbei allerdings zu Emigration und Exsudation aus den benachbarten Gefäßen kommen; im wesentlichen äußert sich die Entzündung aber hier in Proliferationserscheinungen des Bindegewebes, so daß eben das Granulationsgewebe zustande kommt. In älteren Fällen weist dies auch zahlreiche junge Gefäße auf, und so erhalten auf Grund von Entzündungen auch die Klappenränder Gefäße. Die obersten Partien der Effloreszenz selbst zeigen eine Nekrose und verschmelzen dann mit den sekundären Auflagerungen zu einer ziemlich gleichmäßigen Masse (Fig. 494, 495). Infolge der weichen, gallertigen Beschaffenheit der Effloreszenzen kommt es öfters vor, daß Teile der Auflagerungen vom Blutstrom losgerissen und in andere Organe eingeschwemmt werden, wo sie schließlich in kleinen Arterien stecken bleiben und zur Bildung embolischer Infarkte, namentlich in der Milz, den Nieren, oder zu embolischen Erweichungen im Gehirn Veranlassung geben. Indessen ist die verruköse Endokarditis, wenigstens im Vergleich mit der unten zu besprechenden ulzerösen Form, in der Regel insofern gutartig, als sie einmal

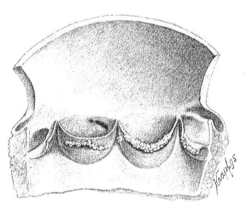

Endocarditis verrucosa.

Fig. 492.
Endocarditis verrucosa der Aortenklappen.

Infarkte als Folge der Endocarditis verrucosa

Heilung:

überhaupt seltener zu Embolien Veranlassung gibt und ferner die Emboli ja meist nicht infiziert sind, also nur einfache Infarkte hervorrufen.

Die lokale Erkrankung an den Klappen geht in den meisten Fällen dadurch in Heilung über, daß das Granulationsgewebe der Exkreszenzen sich zurückblidet und in Narbengewebe umwandelt. Ebenso werden die thrombotischen Auflagerungen organisiert. Dieser Rückbildungsprozeß geht aber sehr oft mit der Entwickelung dauernder Residuen einher, welche sich infolge der Schrumpfung des Narbengewebes und eventueller Verkalkung desselben in Form von Verunstaltungen der Klappen unter Auftreten von schweren Funktionsstörungen zeigen und so die bekannten **Klappenfehler des Herzens** veranlassen (s. u.).

Heilung: Übergang in Klappenfehler.

Ähnliche Veränderungen, wie wir sie eben als Ausgang der akuten verrukösen Endokarditis kennen gelernt haben, treten nicht selten auch ohne akuten Anfang in mehr chronischer Weise auf und führen zu den gleichen anatomischen und funktionellen Störungen; man bezeichnet den Prozeß dann als **chronische fibröse Endokarditis.** Häufig treten in ihrem Verlaufe oder nach früher vorausgegangener akuter Endokarditis wieder frische Formen der letzteren auf — **rekurrierende Endokarditis**; begünstigt werden diese durch den Gefäßreichtum der Klappen auf Grund der ersten Entzündung (s. o.). Die Neigung zu Rezidiven teilt diese Endokarditis mit dem Gelenkrheumatismus, in dessen Verlauf sie ja auch am häufigsten auftritt.

Chronische fibröse und rekurrierende Endokarditis.

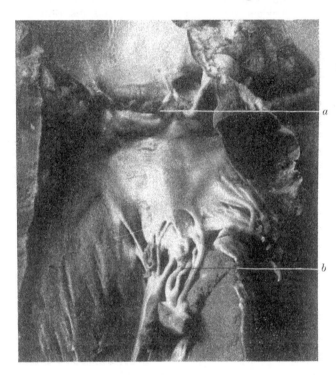

Fig. 493.
Rekurrierende verruköse Endocarditis mitralis und aortica.
a = verdickte und verkürzte Chordae tendineae der Mitralis (alte Endokarditis),
b = den verdickten und verkürzten Aortenklappen (alte Endokarditis) sind frische warzige Massen aufgelagert.

Eine schon in ihren Anfängen ausgesprochen maligne Erkrankung stellt die andere Form der Endokarditis dar, die durch Eiterkokken und dergleichen bewirkte **Endocarditis ulcerosa (diphtherica).** Sie ist dadurch ausgezeichnet, daß an den entzündeten Klappen ein geschwüriger Zerfall eintritt, so daß kleinere oder größere Defekte an ihnen entstehen, und

Endocarditis ulcerosa.

daß auch die etwa gebildeten Effloreszenzen zu einem solchen Zerfall neigen. Meist findet man jedoch statt der prominenten Effloreszenzen die Klappen mit einem weichen, durch den geschwürigen Zerfall entstandenen Detritus bedeckt; es kommt zu Thrombenauflagerungen, aber auch diese erleiden eine Erweichung und nehmen an der Bildung des Detritus teil. Oft werden bei dieser akut einsetzenden Affektion die Klappen durch die Geschwürsbildung perforiert, während sie in anderen Fällen einreißen, und sogar Stückchen von ihnen losgetrennt werden können. Hier und da wird die durch die Geschwürsbildung verdünnte Klappe ausgebuchtet, und so entstehen — der Richtung des Blutstromes entgegengesetzt — die **a k u t e n Klappenaneurysmen.** Nach neueren Untersuchungen kommen diese Klappenaneurysmen zunächst dadurch zustande, daß thrombotische Auflagerungsmassen eventuell zusammen mit nekrotischen Klappenstückchen durch den Blutstrom nach der Richtung des geringeren Druckes hin ausgebuchtet werden; sie können dann auch perforieren. In ähnlicher Weise ·

Akute Klappenaneurysmen.

wie an den Klappen entstehen Geschwüre öfters auch an der Wand des Ventrikels oder des Vorhofes, namentlich in der Nähe der Klappen. Auch an den Sehnenfäden kann es zu Ulzeration und unter Umständen zu spontaner Zerreißung kommen. In seltenen Fällen nur heilt die ulzeröse Endokarditis aus, wobei es zu denselben Folgezuständen wie bei der verrukösen Form kommt.

Embolische
(Infarkte)
und meta-
statische
Eiterungen
als Folge
der Endo-
carditis
ulcerosa. Nach dem Angeführten ist es naheliegend, daß bei der Endocarditis ulcerosa viel häufiger Embolien zustande kommen, als bei der verrukösen Form, weil eben viel mehr Gelegenheit zur Ablösung von Teilen gegeben ist. Die folgenschwerste Erscheinung aber ist, daß diese losgerissenen Teile fast stets reichliche virulente Bakterien mit sich führen und diese an andere Körperstellen verschleppen, wo sie dann nicht einfache Infarkte, sondern in Eiterherde übergehende Infarkte hervorbringen. Aber auch ohne daß eigentliche Infarkte entstehen, können Kokken von der Endokarditis aus ins Blut gelangen und metastatische Eiterungen (vgl. S. 142) und sogar septisch-pyämische Zustände hervorrufen.

Während die ulzeröse Endokarditis mit ihren Folgen oft in kurzer Zeit zum Tode führt, gibt es auch chronisch verlaufende Formen; hier sind auch die Klappen meist weniger zerstört und ihre Veränderungen gleichen

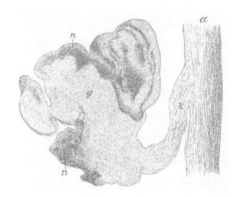

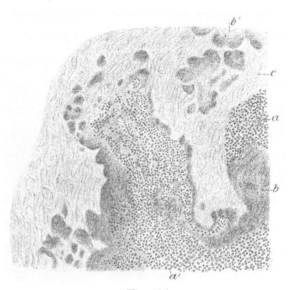

Fig. 494.
Verrukös-endokarditische Effloreszenz auf einer Aortenklappe (Schnitt senkrecht durch die Klappe; $\frac{6}{1}$).
a Wand der Aorta, *k* Klappe, *g* Granulationsgewebe der Effloreszenz, *n* nekrotische Teile derselben und thrombotische Auflagerungen.

Fig. 495.
Rand derselben Effloreszenz, stärker vergrößert ($\frac{250}{1}$).
a, a' Granulationsgewebe, *b, b'* nekrotische Partien desselben, *c* thrombotische, z. T. fibrinöse Auflagerungen.

so oft mehr denen der verrukösen Endokarditis. Diese **Endocarditis lenta** wird besonders durch den (Schottmüllerschen) **Streptococcus viridans** (s. o.) hervorgerufen. Die hierbei auftretende Nierenaffektion s. unter Niere.

Nicht jede Verdickung der Herzklappen ist als Folge entzündlicher Veränderungen zu deuten. So kann eine Insuffizienz der Semilunarklappen durch Erschlaffung und Dehnung derselben zustande kommen, wobei man häufig ihre Ränder umgekrempelt findet, ebenso auch durch Zerreißung von Sehnenfäden.

Athero-
sklerose
der
Klappen. Von der Endokarditis zu trennen sind in das Gebiet der **Atherosklerose** gehörende Klappenveränderungen. Sie führt an den Klappen, besonders der Aorta, ebenfalls zu Verdickungen; die Veränderung beginnt am Ansatzrand und befällt mit Vorliebe auch die Rückflächen der Aortenklappen. Auch die benachbarte Aorta ist meist atheromatös verändert. An den Klappen kommt es auch zu regressiven Vorgängen, fettiger Degeneration, besonders an den Mitralsegeln („gelbe Flecke" dieser), eventuell mit Defektbildung, und besonders Verkalkung. Auch hier können Thromben, die organisiert werden, entstehen. Während diese Atherosklerose der Klappen sich zu Beginn deutlich von der echten Endokarditis unterscheiden läßt, werden ihre späteren Stadien solchen der letzteren, besonders der chronischen fibrösen oder rekurrierenden Endokarditis, durchaus ähnlich. Auch die funktionellen Störungen müssen die gleichen sein.

Klappenfehler. Die durch diese Endokardaffektionen zustande kommenden Klappenerkrankungen sind wesentlich dreierlei Art:

1. Die Klappen werden bei der Rückbildung der Effloreszenzen ganz oder teilweise verdickt, starr, evtl. verkalkt, die Ränder verlieren ihre glatte Beschaffenheit, erhalten Einkerbungen oder knotige Vorragungen und vermögen sich beim Schluß der Klappen nicht mehr exakt aneinander zu legen: die Klappe wird insuffizient.

2. Durch die bei der Heilung eintretende Narbenschrumpfung werden die Klappen verkürzt, ein Schicksal, welches des öfteren auch die Chordae tendineae der Ostia venosa trifft und in beiden Fällen eine Retraktion der Klappen verursacht. Die unmittelbare Folge dieser Zustände ist ebenfalls eine mangelhafte Schlußfähigkeit der Klappen, eine Insuffizienz derselben.

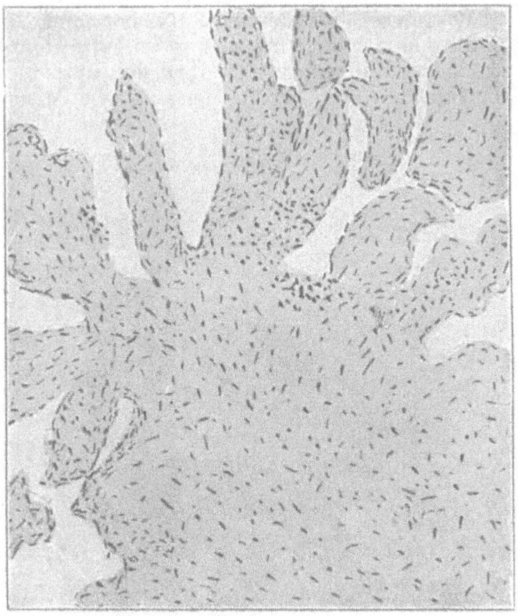

3. Endlich können sich die Klappen verdicken, und ferner einander benachbarte Teile zweier Klappenränder, oder die Semilunarklappen mit der Aortenwand, oder auch einzelne Sehnenfäden untereinander verwachsen, so daß die Klappen bei der Öffnung des Ostiums nicht mehr vollständig auseinanderweichen können; dann entsteht eine dauernde Verengerung des Ostiums, eine Stenose desselben. Oft treten Veränderungen verschiedener Art, sowohl solche, die zur Insuffizienz, wie auch solche, die zur Stenose führen, zusammen an demselben Ostium auf.

Jede der oben genannten Verunstaltungen verursacht, wenn sie stark ausgebildet ist, Störungen, welche eine Erschwerung der Herzarbeit bedingen. So sehen wir denn, daß sich an alle Klappenfehler Veränderungen des Herzens anschließen. Bei Stenosen wachsen die Widerstände und so wird zur Überwindung vermehrte Arbeit nötig, und zwar des von der Stenose aus betrachtet rückwärts gelegenen Herzabschnittes. Es ist ohne weiteres klar, daß dies den beiden Ventrikeln, also bei Stenose der Klappen an den beiden großen Gefäßen, leichter gelingt, als den beiden Atrien bei den Stenosen der links- und rechtsseitigen Atrioventrikularklappen. Bei Insuffizienzen kommt ein Teil des Blutes wieder zurück, und so wird im rückwärts gelegenen Abschnitt die Füllung vermehrt; es kommt daher stromaufwärts zu Stauung des Blutes. Nun stehen aber dem Herzen, d. h. dessen Muskulatur, Reservekräfte zur Verfügung, welche in

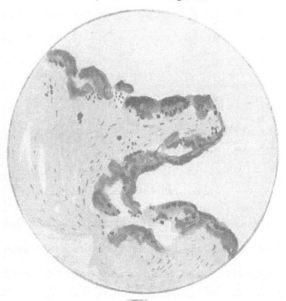

Fig. 496.
Chronische fibröse Endokarditis ($\frac{90}{1}$).
Das ganze zottige Gewebe, welches den Herzklappen aufgelagert ist, besteht aus Bindegewebe.

Fig. 497.
Endocarditis ulcerosa ($\frac{90}{1}$).
Kokkenhaufen (dunkel) liegen am Rande der Klappe.

Arbeits-
hyper-
trophie
des Herz-
muskels.diesen Fällen in die Tat umgesetzt werden.   Der vermehrten Arbeitsleistung paßt sich der betreffende Herzteil dadurch an, daß er hypertrophiert (Arbeitshypertrophie), und so eben
in die Lage gesetzt ist, die durch die vermehrten Widerstände nötig gewordene erhöhte Arbeit
zu leisten.   Bei der Hypertrophie wachsen die einzelnen Muskelfasern besonders in die Dicke;
auf diese Weise wird durch die Hypertrophie der Klappenfehler „kompensiert".   Voraussetzung
für diese an sich natürlich sehr vorteilhafte kompensierende Hypertrophie ist ein guter Ernährungszustand und allgemeiner Zustand des Körpers im allgemeinen und des Herzens im besonderen.
Handelt es sich um kranke oder schwache Personen, oder wird das Herz infolge von Atherosklerose
oder sonst schlecht ernährt, oder weist es schon von durchgemachten Myokarditiden her Schwielen

Kom-
pensierte
Klappen-
fehler.

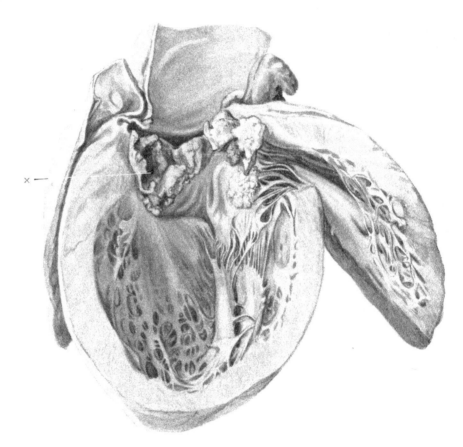

Fig. 498.
Endocarditis ulcerosa der Aortenklappen mit Perforation einer Klappe bei ×.

Kompen-
sations-
störungen.

Dilatation
und Herz-
insuffizienz.auf, oder dgl., so bleibt die Hypertrophie aus.   Dann müssen die Herzabschnitte, in welchen sich
das vermehrte Blut — bei der Stenose durch nicht genügendes Abfließen, bei der Insuffizienz
durch Rückfluß — staut, dem Drucke des Blutes nachgeben und werden so dilatiert, und dann treten
alle schweren Folgezustände des Herzfehlers von vornherein ein.   Aber auch wenn der Herzmuskel
in gutem Zustand ist und zuerst hypertrophiert, ist er doch nicht endlos den erhöhten Anstrengungen
gewachsen; er ermüdet mit der Zeit und jetzt tritt auch zu der Hypertrophie Dilatation ein
(siehe auch oben).   Es handelt sich nunmehr um eine Kompensationsstörung des Herzens,
die Klappenfehler machen sich in der verschiedensten Hinsicht geltend und es kommt zur Herzinsuffizienz.   Zunächst bleibt diese zumeist noch aus, wenn der Patient sich in Ruhe hält, tritt
aber auf, wenn er sich irgendwelchen Anstrengungen hingibt „Bewegungsinsuffizienz".
Später macht sich die Kompensationsstörung überhaupt, also auch in der Ruhe, geltend.   Wie

lange ein Klappenfehler kompensiert bleibt, hängt in der Regel von der Schwere der anatomischen Veränderungen ab, und ist im übrigen auch bis zu einem gewissen Grade bei den einzelnen Fehlern der einzelnen Klappen verschieden. Im folgenden sollen ganz kurz die einzelnen Herzfehler betrachtet werden:

1. **Stenose der Aortenklappen.** Hier ist die Ausströmungsmenge des Blutes, welches in die Aorta gelangt, unternormal. Das Blut staut sich daher im linken Ventrikel; wie groß die sich hier stauende Menge ist, hängt im wesentlichen von der Hochgradigkeit der zur Stenose führenden Klappenveränderungen, d. h. von der noch bestehenden Weite der Aortenspalte ab; zudem aber auch von der Druckdifferenz, die zwischen dem linken Ventrikel und der Aorta herrscht. Infolge von Schwingungen der Aortenklappen bei dem Durchpressen des Blutes unter erschwerten

Bedingungen und von abnormen Bewegungen des Blutes tritt ein systolisches Geräusch auf. Gleichzeitig mit der Entstehung der Aortenstenose und der hierdurch bedingten vermehrten an den linken Ventrikel gestellten Arbeit tritt auch Hypertrophie des linken Ventrikels ein „mit obligater Erhöhung der absoluten Herzkraft" (Moritz). So wird die Stauung des Restblutes im linken Ventrikel vermieden und das mit der Kontraktion in die Körperarterien hinausgesandte Blutvolumen hält sich etwa auf der Höhe der Norm. In dieser Weise gewöhnt sich der linke Ventrikel daran, die erhöhte Arbeit aufrecht zu erhalten, so lange die Stenose nicht zu hochgradig wird. Eine Dilatation des Ventrikels und Kompensationsstörungen werden lange hintangehalten. Der Puls ist meist leicht verlangsamt, hält sich aber zunächst auf guter Höhe. Später aber kommt es doch zur Inkompensation; der Ventrikel wird dilatiert; es kommt rückwärts zu Blutstauung im linken Atrium und Druckerhöhung im kleinen Kreislauf mit Rückwirkung auf den rechten Ventrikel; jetzt kommt nur wenig Blut ins Arteriensystem. Die Arterien sind eng, kontrahiert, der Puls wird klein. Infolge der ungenügenden Füllung der Arterien kommt es zu vorübergehenden Anämien, besonders des Herzens und des Gehirnes mit allen Folgezuständen.

2. **Insuffizienz der Aortenklappen.** Hier tritt diastolisch Blut aus der Aorta in den linken Ventrikel

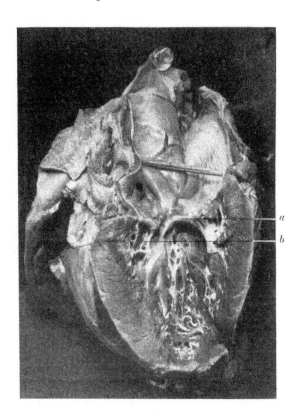

Fig. 499.
Insuffizienz der Mitralis (auf Grund alter geheilter Endocarditis verrucosa).
Bei *a* verdickter, retrahierter Rand der Klappe. Bei *b* verkürzte, verdickte und untereinander verwachsene Sehnenfäden.

zurück. Auch hier kommt es zu Schwingungen der Aortenklappen und zu durch das Aufeinanderstoßen zweier Blutwellen im linken Ventrikel bedingten Wirbelbewegungen, und diese Momente zusammen führen auch hier zu einem, aber diastolischen, eventuell musikalischen Geräusch. Der linke Ventrikel wird abnorm gefüllt und er muß infolgedessen hypertrophieren; gerade unter diesen Bedingungen findet sich eine oft außerordentlich hochgradige Hypertrophie des linken Ventrikels. Infolgedessen erscheint der Spitzenstoß verstärkt und es kommt zu einer starken Füllung der Arterien, was sich durch Pulsation der Karotiden, durch Kopfdruck, eventuell sogar Apoplexien etc. äußern kann. Infolge der enormen Füllung des linken Ventrikels kommt es aber außer zu Hypertrophie meist bald auch zu einer — zunächst geringen — Dilatation. Durch den starken Anprall und die besondere Leistung des linken hypertrophischen Ventrikels kann die Aorta ascendens erweitert werden, da auf einmal viel Blut in sie einfließt. Infolgedessen steigt der Puls hoch an; da aber das Blut schnell weiter gegeben wird, ziehen sich die Gefäße bald wieder zusammen und es kommt zum sogenannten schnellenden Puls („Pulsus celer"). Aus dem erstgenannten Grunde kommt es auch zu dem sogenannten Tönen der mittleren Arterien. Tritt später Kompensationsstörung auf, so wird der linke Ventrikel, der seine Arbeit nicht mehr leisten kann, stark dilatiert, und es kommt rückwärts zu einer Stauung, welche sich bis ins rechte Herz fortsetzen kann.

3. Stenose der Mitralklappen.

3. Stenose der Mitralklappen. Gerade hier finden sich außerordentlich hochgradige zu Verdickung und Verwachsung der Klappen führende Veränderungen, so daß nur noch ein sehr enger Spalt der Mitralklappen übrig bleibt; hier ist das Hindurchpressen des Blutes durch die stenotische Klappe sehr erschwert, und es kommt jetzt zu einer Stauung rückwärts, d. h. im linken Vorhof. Das Anprallen des Blutes an die gespannten stenotischen Klappen etc. führt zu einem diastolischen Geräusch. Der linke Vorhof ist einerseits naturgemäß lange nicht so leistungsfähig in seiner Muskelstärke, wie der linke Ventrikel, andererseits um so dehnbarer, und so kommt es denn hier zwar auch zu einer Hypertrophie, aber zu erheblicherer Dilatation. Rückwärts tritt Blutstauung und Druckerhöhung im Lungenkreislauf und noch weiter rückwirkend Überlastung des rechten Ventrikels ein. Infolgedessen hypertrophiert der rechte Ventrikel kompensatorisch oder er wird dilatiert; die Stauung kann sich selbst bis in den rechten Vorhof fortsetzen, des weiteren selbst bis in die Kapillaren, und so wird dem arteriellen Blutstrom Widerstand gesetzt, was auch zu einer Hypertrophie des linken Ventrikels führen kann. Da bei der Mitralstenose die Füllung des linken Ventrikels vermindert und die Triebkraft dahinter, d. h. die des linken Atriums, verringert ist, ergibt sich der sogenannte Stenosenpuls. Er wird klein und an Spannung vermindert, auch der Spitzenstoß wird jetzt schwach. Die Hypertrophie des rechten Ventrikels äußert sich in einer Akzentuation des zweiten Pulmonaltones. Relativ früh treten bei diesem Herzfehler Kompensationsstörungen in Gestalt von Stauungserscheinungen im Lungenkreislauf zutage. So gehört er zu den Herzfehlern mit den schwersten Folgen. Sehr häufig kompliziert sich die Mitralstenose mit dem nächsten Herzfehler, der

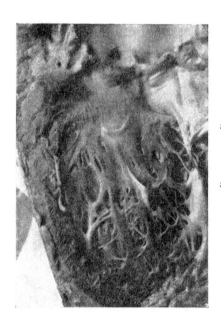

Fig. 500.

Insuffizienz der Aorta (verdickte, verkürzte Aortenklappen auf Grund alter geheilter Endocarditis verrucosa).

Klappenartige Endokardschwielen am parietalen Endokard des linken Ventrikels (bei *x*).

4. Insuffizienz der Mitralklappen.

4. Insuffizienz der Mitralklappen. Es ist dies der am häufigsten vorkommende Herzfehler überhaupt. Infolge des Rückströmens des Blutes in den linken Vorhof kommt es zu einer Stauung hier. Die gespannten Zipfel der Mitralis und die Wellenbewegungen beim Zusammentreffen der beiden Blutströme im linken Atrium ergeben ein blasendes systolisches Geräusch. Systolisch also wird der Vorhof überfüllt; seine Hypertrophierfähigkeit ist nur eine geringe und so kommt es zu seiner Dilatation. Bei der nächsten Diastole bekommt nun der linke Ventrikel die ganze gestaute Menge Blut und so werden auch an ihn höhere Anforderungen gestellt; er hypertrophiert und wird eventuell auch dilatiert. So bringt der linke Ventrikel zunächst die etwa genügende Menge in die Aorta und der Puls bleibt ziemlich unverändert; es kommt aber zur Stauung im Lungenkreislauf, welche sich bis in den rechten Ventrikel fortsetzt; als Zeichen hierfür tritt Akzentuation des zweiten Pulmonaltones auf. Infolge dieser Stauung und der dadurch bedingten Mehrleistung hypertrophiert auch der rechte Ventrikel; erlahmt er, so kommt es zu stärkerer Dilatation desselben und ebenso des rechten Vorhofes und infolgedessen tritt allgemeine Stauung ein.

5. Stenose der Trikuspidalklappen.

Weniger wichtig sind die nächsten Herzfehler, die daher kürzer behandelt werden sollen:

5. Stenose der Trikuspidalklappen. Dieser Herzfehler findet sich ebenso wie die nächsten bei weitem am häufigsten auf Grund einer angeborenen Mißbildung bezw. einer fötalen

Endokarditis; dabei kombinieren sich verschiedene Herzmißbildungen zumeist (siehe oben). Bei der Trikuspidalstenose kommt es zu Stauung und Dilatation des rechten Vorhofes, zu diastolischem Geräusch etc. Der Herzfehler ist meist schlecht kompensiert.

6. **Insuffizienz der Trikuspidalklappen.** Sie tritt meist erst im Anschluß an endokarditische Veränderungen der anderen Klappen, besonders der Mitralis auf. Des weiteren kommt es häufig zur sogenannten relativen Insuffizienz, wenn nämlich aus irgend einem Grunde der rechte Ventrikel dilatiert wird und infolgedessen die Klappen insuffizient werden (siehe auch unten). Das Blut fließt bei Trikuspidalinsuffizienz in den rechten Vorhof zurück; hier kommt es zu Stauung und Dilatation, da der Vorhof (ebenso wie der linke, s. oben) nur wenig hypertrophieren kann. Die rückwärtige Stauung in den Körpervenen äußert sich z. B. im Jugularvenenpuls. Der rechte Ventrikel hypertrophiert, weil auch hier in der Diastole eine vermehrte Blutmenge in ihn einfließt.

6. Insuffizienz der Trikuspidalklappen.

7. **Stenose der Pulmonalklappen.** Es handelt sich hier um den oben besprochenen relativ häufigsten angeborenen Herzfehler. Der rechte Ventrikel hypertrophiert; ein systolisches Geräusch bzw. systolisches Schwirren tritt auf. Meist wird die Kompensation nicht sehr lange aufrecht erhalten, sondern durchschnittlich spätestens in etwa dem 15. Lebensjahre sterben die Kinder. Sehr häufig tritt Tuberkulose ein.

7. Stenose der Pulmonalklappen.

8. **Insuffizienz der Pulmonalklappen.** Hier kommt es naturgemäß zu Hypertrophie des rechten Ventrikels. Die so ermöglichte Mehrleistung des rechten Ventrikels kann längere Zeit hindurch die Kompensation aufrecht erhalten, bis Dilatation des rechten Ventrikels sich ausbildet.

8. Insuffizienz der Pulmonalklappen.

Wie oben schon erwähnt, können sich die Herzfehler in der verschiedensten Weise kombinieren, und zwar einmal, indem an denselben Klappen Stenosen und Insuffizienzen sich gleichzeitig finden, sodann auch, indem Klappenfehler an verschiedenen Klappen zusammentreffen, weil eben die Grundkrankheit, die Endokarditis, häufig mehrere Klappen befällt. Zumeist addieren sich dabei die verschiedenen Folgezustände und Symptome und das Zusammentreffen stellt besondere Ansprüche ans Herz, so daß die Folgen nicht lange ausbleiben. Nur einzelne Folgezustände können sich bis zu einem gewissen Grade gegenseitig aufheben bzw. mildern. Wenn z. B. zu einer Mitralstenose eine Trikuspidalinsuffizienz hinzutritt, so kann die letztere, weil weniger Blut in die Arteria pulmonalis gelangt, eventuell eine Entlastung des Lungenkreislaufes herbeiführen, so daß eine etwa bestehende Akzentuation des zweiten Pulmonaltones (Mitralstenose) sich jetzt (Trikuspidalinsuffizienz) vermindert.

Außer den besprochenen primären Veränderungen der Klappen auf Grund von Endokarditis können sie andererseits auch sekundär bei einer schon bestehenden Klappeninsuffizienz verändert werden. Eine solche kann eine relative sein (siehe oben) und auf der Hypertrophie und Dilatation der betreffenden Herzhöhle beruhen, wie sie im linken Ventrikel durch Atherosklerose, Aneurysma etc., im rechten Ventrikel durch Lungenemphysem etc. zustande kommen (s. S. 359). Bei dieser relativen Insuffizienz der Klappen sind diese ja zunächst unverändert, infolge des Rückströmens des Blutes in die Herzhöhlen kommt es aber sekundär zu Verdickungen am freien Klappenrand. Bei jeder Insuffizienz kann es ferner am parietalen Endokard durch das Anprallen des rückströmenden Blutes zu kleinen, eventuell taschenartig gestalteten Endokardschwielen kommen. Diese müssen also naturgemäß im Sinne des Blutstroms rückwärts von der Klappe gelegen sein, so besonders bei Aorteninsuffizienz also im linken Ventrikel; sie lenken, wenn sie vorhanden sind, das Augenmerk sofort auf eine Insuffizienz der entsprechenden Klappe.

Sekundäre Klappenverdickungen und parietale Endokardschwielen,

Bei kleinen Kindern finden sich häufig an der Mitralis kleine, weiche, gallertige Einlagerungen, welche eine Endokarditis vortäuschen können, die aber nur Reste fötalen Schleimgewebes sind: „Endocarditis vegetans". Ferner kommen, bei Kindern wie bei Erwachsenen, in der Nähe des Klappenrandes, meist der Aortenklappen oder der Mitralis, Verdickungen vor, welche vom freien Rand der Klappe durch einen Saum getrennt sind und nach der anderen Seite zu allmählich in das Klappengewebe übergehen. Auch solche Anomalien sind meist auf Abnormitäten in der Entwickelung zurückzuführen.

Klappenanomalien bei kleinen Kindern.

Es soll erwähnt werden, daß angeborene Stenose der Pulmonalis eine gewisse Disposition für Lungentuberkulose (s. o.) setzt, während diese bei den Klappenfehlern der linken Herzhälfte infolge der Stauung in der Lunge relativ selten ist.

Traumatische Zerreißungen der Klappen, welche eine Insuffizienz dieser bedingen, kommen an veränderten, sehr selten wohl auch an unveränderten Klappen vor.

Traumatische Klappenzerreißungen.

Bei Neugeborenen (sehr selten bei Erwachsenen) finden sich am Schließungsrand besonders der Mitralis und Trikuspidalis sogenannte Blutknötchen, Klappenhämatome, miliare, kleine, dunkle Knötchen, welche wohl auf Einpressung von Blut in endotheliale Buchten und Kanäle beruhen und bald verschwinden.

Sog. Klappenhämatome.

Bei akuter allgemeiner Tuberkulose entwickeln sich auch in bzw. unter dem Endokard, besonders des rechten Ventrikels, häufig miliare Tuberkel. Sehr selten kommt dagegen sonst eine tuberkulöse Endokarditis zur Beobachtung; es finden sich dabei an den Herzklappen kleinere oder größere, manchmal polypenartig vorragende, verkäsende Exkreszenzen, in denen Tuberkelbazillen nachweisbar sind. Über syphilitische Veränderungen und Tumoren an den Herzklappen s. u.

c) Myokard.

c) Myo-
kard.
Degene-
rative
Verände-
rungen: Am Myokard kommen zunächst verschiedene degenerative Veränderungen vor, welche teils durch allgemeine (toxische oder infektiöse) Erkrankungen, teils durch lokale zirkulatorische oder entzündliche Prozesse bedingt werden. Zu ersteren gehört die trübe

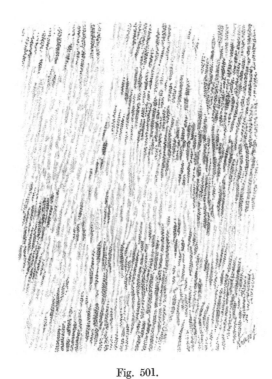

Fig. 501.   Fig. 501 a.
Schnitt aus einem verfetteten Herzmuskel.   Verfettung der Herzmuskelfasern.
Behandlung mit Osmiumsäure.

Schwellung der Muskelfasern, welche sich in der oben (S. 54 f.) beschriebenen Weise äußert und in ausgesprochenen Graden dem Herzmuskel ein opakes, graurotes, wie gekochtes Aussehen verleiht. Mikroskopisch finden sich Eiweißgranula zwischen den Muskelfibrillen. Die Atrophie ist besonders Teilerscheinung gewisser allgemeiner Infektionskrankheiten (Typhus, Scharlach, Diphtherie etc.) und gewisser Vergiftungen (Phosphor, Arsenik u. a.).
Noch wichtiger ist die **Verfettung** (fettige Degeneration); sie ist sehr häufig und tritt mit Vorliebe herdweise in der Herzmuskulatur auf und zwar in Form gelblicher Flecke und Streifen (Fig. 501), welche besonders an den Papillarmuskeln eine eigentümlich getigerte Zeichnung des Herzmuskels bewirken können ("Tigerherz"); dies weist auf die Abhängigkeit der entarteten Teile vom Gefäßsystem hin. Nimmt der Prozeß eine größere, mehr diffuse Ausbreitung an, so erhält die ganze Muskulatur eine gelblichrote Farbe, deutlichen Fett-

glanz und eine auffallend mürbe, brüchige Konsistenz. Die Verfettung kommt unter den gleichen Bedingungen wie die trübe Schwellung vor, so bei Diphtherie besonders häufig und ausgedehnt, aber auch bei anderen Infektionskrankheiten (Sepsis, Scharlach etc.), ferner bei Lungenerkrankungen, besonders Tuberkulose und Pneumonie, Vergiftungen, akuter gelber Leberatrophie und dgl. Außerdem findet sie sich häufig im Gefolge schwerer anämischer Zustände, besonders der perniziösen Anämie, oder lokaler schlechter Ernährung (Koronararteriensklerose), endlich als Begleiterscheinung verschiedener Formen von Herzinsuffizienz, am hypertrophischen Herzen sowohl bei Klappenfehlern wie bei idiopathischer Herzhypertrophie. Zum Teil wenigstens handelt es sich bei der Verfettung des Herzmuskels wohl um eine Zerstörung des Sarkoplasma und Sichtbarmachung der bisher fein verteilten Lipoidsubstanzen, zum großen Teil wohl auch um Infiltrationen von außen.

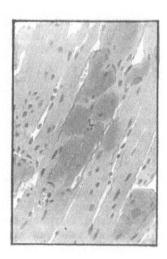

Fig. 501 b.
Nekrose von Herzmuskelfasern mit Bildung hyaliner Schollen.

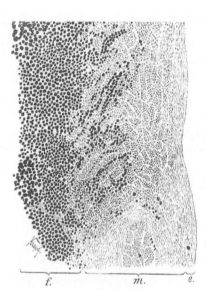

Fig. 501 c.
Querschnitt durch die Wand des rechten Ventrikels bei Adipositas cordis (¹⁄₂).

f Subepikardiales Fett, in die Muskulatur *m* eindringend (durch Osmiumsäure schwarz gefärbt), *e* Endokard.

Auch **vakuolär** und **schollighyalin** können die Herzmuskelfasern zerfallen, z. B. bei Diphtherie und bei anderen Infektionskrankheiten. Nekrose der Muskelfasern stellt den höchsten Grad ihrer Veränderung dar. Es kann sich dann Kalk in den nekrotischen Muskelfasern ablagern. Bei Infektionskrankheiten — z. B. Paratyphus — kann dies sehr schnell vor sich gehen. *Scholliger Zerfall.*

Im Alter geht Muskelgewebe zugrunde und setzt sich Bindegewebe an die Stelle. Besonders sieht man das in Form weißer Streifen an den Spitzen der Papillarmuskeln.

Amyloiddegeneration findet sich am Herzen ziemlich selten, meist fleckweise, das Bindegewebe und die Gefäße, selten die Klappen befallend. *Amyloid-Degeneration.*

Die **Atrophie** des Herzens, welche bei senilen und kachektischen Zuständen auftritt, ist in den meisten Fällen eine sogenannte Pigmentatrophie (S. 75 und Fig. 77/78). Das Herz wird durch die Atrophie im ganzen kleiner, die Koronargefäße werden geschlängelt, die Papillarmuskeln und der Querschnitt der Herzwand schmal und dünn; die Farbe des Herzmuskels wird dunkelbraunrot, seine Konsistenz schlaff und brüchig. Es beruht dies auf einer Atrophie der Herzmuskelfasern unter vermehrtem Auftreten des schon normaliter, *Atrophie (Pigmentatrophie).*

bei älteren Individuen wenigstens, vorhandenen Lipofuscin (Lipochrom) an den Polen, der Kerne der Muskelfasern.   Sehr häufig findet sich eine Sklerose der Koronararterien.

**Fragmen-
tatio myo-
cardii.**

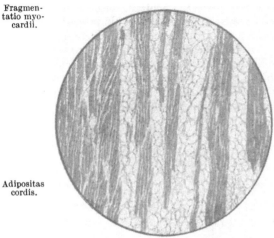

**Adipositas
cordis.**

Fig. 502.
Adipositas cordis.   Ganz atrophischer Herzmuskel zwischen dem eingewucherten Fettgewebe (hell).

Als wahrscheinlich nur agonale Erscheinung tritt die sogen. **Fragmentatio myocardii** auf, welche in einer Kontinuitätstrennung der Muskelfasern besteht und sowohl in den Fasern selbst, wie an deren Kittleisten (oft Segmentatio genannt) einsetzen kann.   Die Veränderung zeigt sich mikroskopisch in dem Vorhandensein zahlreicher, im allgemeinen querliegender, oft treppenförmiger Spalten und Fissuren der Muskelfibrillen; auch für das bloße Auge ist die Fragmentation wenigstens in stärkeren Graden erkennbar, indem die mit scharfem Messer angefertigten, sonst glatten Schnittflächen, da, wo die Muskulatur längs getroffen ist, ein rauhes Aussehen zeigen.   Die Fragmentatio findet sich fast nur bei Erwachsenen, beruht wohl auf Zerreißungen an überdehnten Stellen und tritt offenbar erst agonal ein.

Von der Verfettung (s. o.) sind diejenigen Zustände zu unterscheiden, welche in gewöhnlichem Sinne als Fettherz, als **Obesitas, Adipositas cordis,** oder auch als **Lipomatose** bezeichnet werden; hier handelt es sich nicht um eine Verfettung der Muskelfasern, sondern um eine Hypertrophie des subepikardialen und intermuskulären Fettgewebes des Herzens und Eindringen zwischen die Herzmuskelfasern, resp. Umwandlung des interstitiellen Bindegewebes in Fettgewebe, welches die Muskulatur durchsetzt (vgl. S. 105 und Fig. 501 c).   Es kann auf diese Weise namentlich die dünnere Wand des rechten Ventrikels stellenweise mehr oder minder vollständig durch Fettgewebe ersetzt werden.   Oft erstreckt sich die Fettwucherung bis unter das Endokard, und man sieht dann gelbe Flecke unter demselben durchscheinen.   Diese Form des Fettherzens findet sich meistens bei allgemeiner Fettleibigkeit, bei Potatoren etc.   Häufig kombiniert sich damit auch eine wirkliche Verfettung der Muskelfasern.

Im höheren Alter erleidet das subepikardiale Fett eine **gallertige Atrophie,** ähnlich der des Knochenmarkes.

**Zirku-
lations-
störungen:**

Stauung.

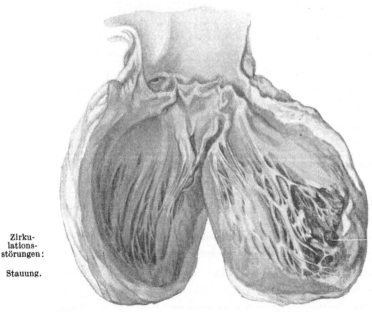

Fig. 503.
Myomalazie nahe der Herzspitze mit Perforation (bei ×).

Die **venöse Stauung,** welche sich bei Herzschwäche wie in anderen Organen so auch im Gebiete der Koronarvenen geltend macht, bewirkt eine auffallend dunkelrote, zyanotische Farbe des Herzmuskels; an dem in situ betrachteten, noch uneröffneten Herzen ist die pralle Füllung der Koronarvenen auffallend; meist findet sich dabei ein mehr oder minder hoher Grad von Hydroperikard (s. u.).   Bei allgemeiner **Anämie** ist der Herzmuskel blaßrot, in chronischen Fällen nicht selten atrophisch. **Ischämische Zustände,** wie sie nicht selten auf Verengerung der Koronararterien durch Atherosklerose oder auf Verschluß derselben durch Embolie oder Thrombose zu beziehen sind, haben umschriebene Atrophien und Nekrosen im Myokard zur Folge; an deren Stelle tritt später evtl. Bindegewebe, so daß es zu **Schwielen** kommt. Als Folge des Gefäßverschlusses können auch, trotzdem die Herzgefäße selbst zahlreichere Anastomosen bilden, als man früher annahm, **Infarkte** entstehen; sie können später einer Erweichung anheimfallen, **Myomalazie.**

Kommt es infolge von Gefäßverlegungen (oder auf toxischem Wege) zur Erweichung eines größeren Gebietes der Muskulatur, so sehen wir hier makroskopisch ein ganz morsches Gewebe. Mikroskopisch herrscht hier vollständige Nekrose, oder wir finden besonders am Rande noch allerhand Degenerationsprozesse. Ein Teil der Fasern ist hochgradig verfettet, ein anderer weist vollständige Verflüssigung, Verlust der Querstreifung, zunächst noch mit Erhaltung der Kerne, sodann mit Verlust dieser auf. Ein anderer Teil der Muskelfasern ist hyalin gequollen, ohne jede Querstreifung oder vakuolisiert oder endlich gänzlich schollig zerfallen. Die Septen zwischen den Fasern sind verbreitert, durchsetzt von Rundzellen und besonders von polymorphkernigen Leukozyten, welche meist das Fett der degenerierten Muskelfasern in sich aufgespeichert haben. Ob auch bei Zerfall der Muskelfasern freiwerdende Sarkoplasmen zu den Rundzellen beitragen, ist noch fraglich.

Der so veränderte Herzmuskel kann seine Funktion nicht mehr ausüben, auch kann er dem Blutanprall nicht mehr widerstehen. Es kommt zur **Spontanruptur** oder **Perforation**; das Blut ergießt sich, den Herzmuskel perforierend, in die Perikardhöhle, und es resultiert sofortiger Tod. Über die durch Myomalazie entstehenden „Herzaneurysmen" s. unten.

Sind die Infarkte kleiner und bleibt so das Leben erhalten, so entwickelt sich auch an ihrer Stelle mit der Zeit eine **bingedewebige Narbe, Schwiele** (s. u.). Die durch Atherosklerose auf diese oder jene Weise bedingten Schwielen können in großer Zahl das Herz durchsetzen. Bei Myomalazie und Schwielenbildung, bei Entzündungen des Herzens und allgemeinen septischen Zuständen finden sich auch kleine Blutungen. Verschluß einer großen Koronararterie durch Atherosklerose besonders mit Thrombose oder durch Embolie kann zu plötzlichem Stillstand des Herzens führen **(Herzparalyse).** Das ist besonders plötzlich der Fall, wenn die anderen großen Koronararterien und davon abhängig der Herzmuskel im allgemeinen schon affiziert waren.

Da Atherosklerose häufiger die linke Koronararterie betrifft als die rechte, die linke Koronararterie (Ramus descendens) aber allein den vorderen Papillarmuskel der linken Kammer versorgt (während der hintere Papillarmuskel der linken Kammer und der vordere große Papillarmuskel der rechten Kammer von beiden Koronararterien gespeist werden), erklärt sich das vorzugsweise Befallensein des vorderen Papillarmuskels der linken Kammer von Infarkten und Schwielen sehr leicht. Mit der relativ ungünstigen Gefäßversorgung hängt die Prädilektion der Papillarmuskeln überhaupt wie der Herzspitze für derartige Schädigungen zusammen. Des weiteren finden sich bindegewebige Schwielen oft unter dem perikardialen

(marginal notes:) Ischämische Zustände, Myokardschwielen und Infarkte. Myomalazie. Spontanruptur, Perforation. Blutaustritte im Myokard. Herzparalyse bei Verschluß einer großen Koronararterie.

Fig. 504.
Myokarditis. Die Muskelfasern z. T. hyalin gequollen, z. T. hell, vakuolisiert. Ansammlungen von Leukozyten.

Fettgewebe, also nahe der Oberfläche. Alle diese Prädilektionssitze gelten ebenso wie für Herde die auf Atherosklerose etc. basieren auch für myokarditische, also eigentlich entzündliche, Herde.

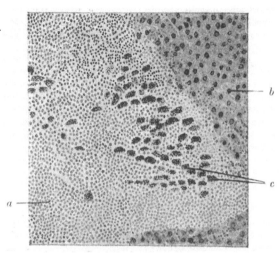

Fig. 505.
Akute Myokarditis ($\frac{90}{1}$).
Es findet sich eine große Ansammlung von Rundzellen (und poly-
morphnukleären Leukozyten) (*a*), in denen nur noch einige fettig
zerfallene Herzmuskelfasern (*c*) gelegen sind. Am Rande gut erhaltene Herzmuskelfasern (*b*).

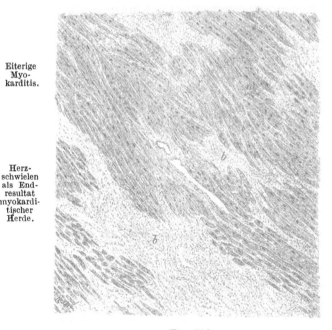

Fig. 506.
Herzschwielen ($\frac{150}{1}$).
m erhaltene Muskulatur, *b* fibröse, schwielige Bindegewebszüge.

Eine akute Entzündung des Herzmuskels, **akute Myokarditis**, kann von einer Perikarditis oder Endokarditis, namentlich ulzerösen Formen der letzteren, aus direkt zustande kommen, oder auf embolischem Wege, durch Vermittelung des Blutes — letzteres besonders bei Infektionskrankheiten, vor allem Diphtherie. In frischen Fällen findet man in dem entzündeten Bezirk die Muskelfasern im Zustande körniger und fettiger Degeneration oder der Nekrose und des vakuolären und scholligen Zerfalls, das Zwischengewebe von Leukozyten infiltriert. Solche Herde stellen sich für die Betrachtung mit bloßem Auge als grauweiße oder gelbliche, verwaschene Flecke dar, welche die Muskulatur in streifiger Form durchziehen. Sie können das Herz an den verschiedensten Stellen mehr diffus durchsetzen, selten auf bestimmte Teile des Herzens beschränkt bleiben. Soweit die Entzündung auf dem Blutwege entstanden ist, ist sie mit embolischer Verlegung von Arterienästen und Bildung von Infarkten (s. o.) verbunden. In anderen Fällen trägt die Myokarditis einen **eiterigen** Charakter; multiple **Abszesse** im Myokard kommen namentlich im Verlauf pyämischer Allgemeinerkrankungen vor. Myokarditische evtl. eiterige Herde können zu Herzperforationen führen.

Kommt ein akuter Entzündungsprozeß im Myokard zur Heilung, so entsteht auch hier ein Granulationsgewebe, das sich allmählich in eine **Schwiele** umwandelt, welche den durch Infarktbildung und durch primäre Nekrose entstandenen Schwielen (s. S. 124 ff) gleicht (Fig. 506/507), in diesem Falle also das Endresultat einer Myokarditis ist. Oft stehen solche Schwielen, welche durch eine vom Endokard her fortgeleitete Entzündung gebildet worden sind, in Verbindung mit ähnlichen Schwielen im Endokard oder liegen in der Nähe der durch die Entzündung affizierten Klappen.

In anderen Fällen entstehen Prozesse, welche man als **diffuse Fibromatose** zusammenfassen kann, indem sich bei ihnen das Muskelgewebe des Herzens von sehr zahlreichen, kleinen, schwieligen Streifen oder in fast gleichmäßiger Weise von Bindegewebe durchsetzt zeigt, so daß manchmal das Myokard eine eigentümlich derbe Konsistenz erhält, ohne daß für die Betrachtung mit bloßem Auge die zahlreichen bindegewebigen Einlagerungen besonders hervorträten. Solche Veränderungen kommen dadurch zustande, daß in großer Zahl und Ausbreitung kleine Muskelpartien oder zerstreut gelegene Fasern zugrunde gehen und durch Bindegewebe ersetzt werden. Es sind solche Formen zum Teil auf eine ausgebreitete Erkrankung der Koronargefäße zurückzuführen, wodurch da und dort die Blutzufuhr ungenügend wird und einzelne Fasern absterben, zum anderen Teil auf Giftwirkungen (Nikotin, Alkohol, Blei), in wieder anderen Fällen endlich auf mechanische Momente, Zerrung und Zerreißung von Muskelfasern, wie sie bei starker Überdrehung der Herzwand in Zuständen von Dilatation und Hypertrophie der Ventrikel bei Klappenfehlern stattfinden müssen;

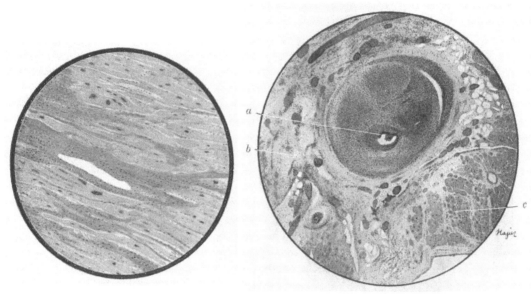

Fig. 507.
Schwiele im Herzmuskel. Bindegewebe, durchsetzt von Rundzellen, ist an die Stelle der zugrunde gegangenen Muskelfasern getreten.

Fig. 508.
Atherosklerose der Arterien. Schwiele des Herzmuskels.
Bei *a* fast ganz verschlossene Arterie, *b* derbes Bindegewebe mit zahlreichen Kapillaren, *c* Reste atrophischer Herzmuskelbündel.

namentlich die Spitzen der Papillarmuskeln zeigen in solchen Fällen sehr häufig eine sehnige Entartung.

Infolge einer Schwächung der Herzwand, welche mit vielen der bisher besprochenen Prozesse verbunden ist, kann es dazu kommen, daß diese durch den auf ihr lastenden Blutdruck an den geschwächten Stellen eingebuchtet, ausgehöhlt, verdünnt und zum Teil selbst auch nach außen vorgetrieben wird; man spricht dann von einem **Herzaneurysma.** Es kann ein solches im Anschluß an akute entzündliche oder einfach myomalazische Prozesse entstehen, besonders dann, wenn an eine Endokarditis der Herzwand sich tiefer greifende Geschwürsbildung am Myokard anschließt (akutes Herzaneurysma), und selbst zu Perforation des Herzens führen. Chronische Herzaneurysmen kommen in analoger Weise zustande an Stellen, wo der Herzmuskel durch chronische regressive Veränderungen und schwielige, bindegewebige Umwandlung an Widerstandsfähigkeit verloren hat, namentlich also bei Sklerose der Herzarterien. Am häufigsten kommen chronische Herzaneurysmen im Bereich des absteigenden Astes der linken Koronararterie in der Nähe der Herzspitze vor. Das an die Stelle der Muskulatur getretene Bindegewebe kann ja infolge des Mangels an Kontraktibilität die Arbeit des Muskels nicht leisten; so buchten sich solche Teile unter dem Blutdruck nach außen vor, wozu sie um so fähiger sind, als dies schwielige Bindegewebe

Herz-aneurysma.

reich an elastischen Fasern ist.   An der Innenseite der Aushöhlung des Herzmuskels sammeln sich meist Fibrinmassen und thrombotische Niederschläge an, welche der Wand fest zu adhärieren pflegen.   Auch diese chronischen Herzaneurysmata können endlich perforieren.

Befunde bei Gelenk-rheuma-tismus.
Eine ganz eigenartige Form der Myokarditis findet sich bei Gelenkrheumatismus.   Sie besteht in interstitiell, meist um Arterien, gelegenen, aus großen Bindegewebszellen zusammengesetzten Knötchen, welche Nekrose aufweisen und dann durch Bindegewebe ersetzt werden können.   Die Knötchen sind sehr charakteristisch und halten außerordentlich lange (jahrzehntelang) an.   Bei Kropf, besonders Morbus Basedow, finden sich (Fahr) interstitielle, besonders perivaskuläre Rundzelleninfiltrate im Myokard.

Reiz-leitungs-system und überzählige Sehnen-fäden.
Über das Hissche Bündel (Reizleitungsbündel) und den Adams-Stokesschen Symptomenkomplex siehe S. 364.   Dasselbe verhält sich bei Muskelerkrankungen des übrigen Herzens durchaus unabhängig von der sonstigen Muskulatur.   An abnormen Stellen sitzende sog. überzählige Sehnenfäden enthalten oft noch Reste von Muskulatur, sei es Wandmuskulatur, sei es Muskelfasern des Bündels (meist des linken Schenkels), sei es von beiden zusammen.

Hyper-trophie.

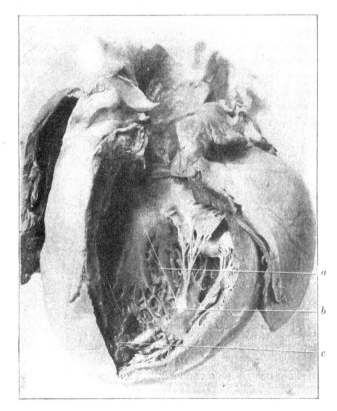

Fig. 509.
Dilatierter linker Ventrikel.
Abgeplatteter Papillarmuskel bei *b*. Thrombus im dilatierten Ventrikel nahe der Herzspitze bei *c*. Überzähliger Sehnenfaden bei *a*.

Dilatation.

Über das Zustandekommen der **Hypertrophie** des Herzens wurde schon im allgemeinen Teil (S. 101 u. 357 ff.) das Wichtigste mitgeteilt.   Bei isolierter Vergrößerung des rechten Ventrikels wird das Herz breiter, die Spitze desselben vorzugsweise vom rechten Ventrikel gebildet (normal vom linken Ventrikel).   Bei Vergrößerung bloß des linken Ventrikels allein wird das Herz vorzugsweise länger, mehr kegelförmig; am aufgeschnittenen Herzen zeigt sich dann das mediane Septum nach rechts zu vorgewölbt.   Die Hypertrophie tritt an den Trabekeln und Papillarmuskeln, die drehrund werden, deutlich hervor.   Gerade am hypertrophischen Herzen treten in späteren Stadien häufig Degenerationen, z. B. fettige, auf und führen zu Störungen der durch die Hypertrophie geschaffenen Kompensation.

Von der Hypertrophie wohl zu unterscheiden ist die einfache **Dilatation** der Herzhöhlen, wobei das Herz weiter wird, ohne an Masse zuzunehmen, die Herzwände dünner, die Trabekel abgeplattet, die Papillarmuskeln in die Länge gezogen, dünner und abgeflacht erscheinen.   Eine Dilatation des Herzens kann auftreten bei Schwächezuständen, im Verlauf von Allgemeinerkrankungen, von Blutkrankheiten, nach schweren körperlichen Anstrengungen usw.; sie kann plötzlich akut eintreten oder einen mehr dauernden Zustand darstellen, letzteres besonders, wenn sie sich an eine Hypertrophie der Muskulatur, z. B. zu Zeiten wenn ein Klappenfehler nicht weiter kompensierbar ist, anschließt (s. S. 361).   Sehr häufig finden sich daher Hypertrophie und Dilatation zusammen; man bezeichnet zuweilen die mit Dilatation verbundene Hypertrophie als **exzentrische**, die ohne Erweiterung der Herzhöhlen stattfindende Hypertrophie als **einfache**.

Syphilitische Veränderungen am Herzen sind selten. Es kommen **Gummen** des Myokards und luetische Myokarditis, häufiger luetische **Arteriitis** der **Koronargefäße** mit konsekutiver **Myomalazie** oder **Schwielenbildung** im Herzen vor (vgl. S. 415). Die luetische Endokarditis oder Perikarditis ist meist eine vom Myokard fortgeleitete.

Von **Tumoren** kommen am Herzen in seltenen Fällen **Fibrome, Myxome, Rhabdomyome, Lipome** vor; die meisten sind aber nicht als echte Tumoren zu deuten, sondern als embryonale Gewebsmißbildungen; die sogenannten Myxome und Angiome der Herzklappen sind wohl meist auch keine Tumoren, sondern Produkte der Organisation von Thromben. **Sarkome** sind selten und gehen am relativ häufigsten vom Endokard des Septums im rechten Vorhof aus. Auch **Metastasen** (von Sarkomen und Karzinomen) treten — selten — im Herzen auf. Öfter greifen Tumoren der Pleura oder des Mediastinums auf das Perikard und das Herz direkt über.

Verletzungen des Herzens, wenigstens perforierende Wunden desselben, haben in der Regel durch Bluterguß in den Herzbeutel raschen Tod zur Folge; doch sind Fälle geheilter perforierender Verletzungen des Herzens bekannt. In seltenen Fällen ist auch Ruptur des Herzens durch stumpfe äußere Gewalteinwirkung beobachtet worden.

Thromben lagern sich, wie bereits besprochen, am veränderten Endokard, ferner in dilatierten Herzhöhlen (bei **Herzschwäche**) und besonders in Aneurysmen als sogen. **Wand-(Parietal-)Thromben** ab. Ihr Lieblingssitz sind die Vertiefungen zwischen den Trabekeln, die Herzohren etc. Sie geben zu Embolien Veranlassung. Frei im Lumen liegen die sogen. **Kugelthromben**, die durch die drehende Bewegung im Blutstrom abgerundet sind.

d) Perikard.

Im Herzbeutel findet sich in der Regel etwa ein Teelöffel seröser Flüssigkeit; doch kann ihre Menge bei langdauernder Agone bis zu etwa 100 ccm ansteigen. Stärkere Ansammlungen seröser Flüssigkeit entstehen als **Hydroperikard** bei Zuständen allgemeiner venöser Stauung; die vermehrte Flüssigkeit ist dabei klar, hell und zeigt keine oder nur einzelne Fibrinflocken, kann sich aber beim Stehen an der Luft trüben.

Bluterguß in den Herzbeutel, **Hämatoperikard**, ist Folge von Verwundungen des Herzens, spontanen Rupturen desselben oder von geplatzten Aneurysmen der Koronararterien; in der Regel findet man das in den Herzbeutel ergossene Blut geronnen. Starke blutige Beimischungen zum Exsudat findet man bei hämorrhagischen Formen der Perikarditis (s. u.); **Ekchymosen** treten am Epikard in Begleitung entzündlicher Prozesse, bei Dyskrasien und ziemlich konstant beim Erstickungstod auf.

In sehr seltenen Fällen gelangt Luft in den Herzbeutel **(Pneumoperikard),** und zwar durch traumatische oder von ulzerierenden Tumoren bewirkte Perforationen nahe gelegener Hohlorgane (Ösophagus, Magen, Lunge). Gasentwickelung im Herzbeutel kann auch Folge jauchiger Zersetzung eines Exsudates sein. Sehr häufig entsteht während der Sektion bei der Abtrennung des Sternums vom Herzbeutel ein künstliches Emphysem an der Außenfläche des letzteren.

Bezüglich der **Entzündungen** des Perikards gilt zunächst das (S. 132 ff.) über die Entzündungen der serösen Häute überhaupt Mitgeteilte. Von einzelnen Formen ist folgendes anzuführen:

Die **sero-fibrinöse Perikarditis** beginnt mit leichter, fleckiger Trübung des mehr oder minder hyperämischen Perikards, an dem auch kleine Petechien auftreten. In den ersten Stadien sind die **trüben Flecke** namentlich durch das Fehlen des sonst an dem Perikard wahrnehmbaren spiegelnden Glanzes auffallend. Bald aber zeigt sich eine ausgesprochene sammetartige Trübung, welche auf Abscheidung eines graugelben, fibrinösen Belages beruht; dieser wächst dann zu deutlichen, leicht abziehbaren, oft netzförmig gezeichneten Membranen, oft auch zu dicken, balkigen und zottigen Massen an, welche der Oberfläche des Herzens, wie auch der Innenfläche des äußeren Blattes des Herzbeutels aufliegen. Sind sehr reichliche zottige und balkige Fibrinauflagerungen am Epikard vorhanden, so spricht man auch von einem **Cor villosum,** Zottenherz. Oft bildet das Fibrin **Leisten,** welche um

Marginal notes: Syphilis. Tumoren. Verletzungen. Thromben. d) Perikard. Hydroperikard. Hämatoperikard. Sero-fibrinöse Perikarditis.

27*

das Herz herum laufen und als Folge der Bewegung des Herzens entstehen. Meist findet neben der Abscheidung von Fibrin ein Erguß seröser Flüssigkeit statt, welche sich durch reichlicheren Gehalt an Fibrin und dadurch bedingtes trübes Aussehen von dem Stauungstranssudat (Hydroperikard) unterscheidet (vgl. S. 132). Formen mit ausschließlich fibrinöser Abscheidung bezeichnet man als Pericarditis sicca. Freie Fibrinmassen können

Corpora libera. als sog. Corpora libera frei in der Perikardhöhle liegen und evtl. verkalken.

Adhäsivperikarditis.

Herzbeutelobliteration.

Hämorrhagische Perikarditis.

Eiterige Perikarditis.

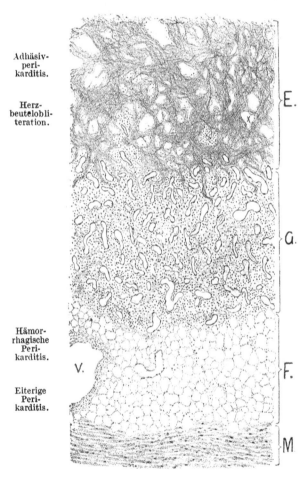

Fig. 509 a.
Pericarditis fibrinosa ($\frac{250}{1}$).
E Fibrinöses Exsudat. *G* Granulationsschicht. *F* subepikardiales Fettgewebe. *V* Vene in demselben. *M* Herzwand.

Durch bindegewebige Organisation der Fibrinmassen entstehen schwielige Verdickungen an der Herzoberfläche; so kann es zur Verwachsung des Herzens mit dem Herzbeutel kommen, **Adhäsivperikarditis,** welche partiell sein und infolge der Kontraktionsbewegungen des Herzens Bänder und Stränge hervorbringen, oder die ganze Herzoberfläche betreffen und dann zu Obliteration des Herzbeutels führen kann. Hemmen die Stränge schon die Tätigkeit des Herzens wesentlich, so bedingt natürlich eine totale Verwachsung beider perikardialer Blätter noch weit mehr eine Erschwerung der Herztätigkeit. Auch kann sich in der Perikardschwiele Kalk ablagern.

Die sero-fibrinöse Perikarditis entsteht teils primär im Verlauf anderer Infektionskrankheiten (Gelenkrheumatismus, Typhus, Scharlach, Nephritis u. a.), teils kann sie per continem zustande kommen, indem eine Entzündung von der Herzmuskulatur, der Pleura (besonders links) oder dem Mediastinum her auf den Herzbeutel übergreift.

Eine stärkere Blutbeimischung zum Exsudat, **hämorrhagische Perikarditis,** findet sich besonders bei der Tuberkulose (s. u.) oder den sehr seltenen Geschwülsten.

Seltener ist die **eiterige Perikarditis,** welche sich an eine ulzerierende Endokarditis oder eiterige Myokarditis anschließen, oder von der Pleura oder der Wirbelsäule her fortgeleitet sein kann; endlich tritt sie auch metastatisch, von einem anderswo im Körper gelegenen Eiterherde her, insbesondere auch als Teilerscheinung allgemeiner eiteriger Infektion (Pyämie) auf. Meist ist diese Form der Entzündung eine eiterig-fibrinöse oder auch eine eiterig-hämorrhagische. Führt die Erkrankung nicht zum Tode, so vollzieht sich in ähnlicher Weise wie bei der fibrinösen Perikarditis eine Organisation des abgestorbenen Exsudates durch Granulationsgewebe (Fig. 130, S. 126). Was nicht resorbiert werden kann, wird zu einer trockenen Masse eingedickt und kann zum Teil auch verkalken.

Zu erwähnen ist noch, daß Entzündungen verschiedenen Charakters als Pericarditis externa auch an der Außenseite des Herzbeutels vorkommen; diese Formen entstehen namentlich durch Fortleitung einer Entzündung von der Pleura oder dem Mediastinum her.

Produktive Perikarditis. Eine **produktive Perikarditis,** wie sie im obigen Falle den Ausgang einer sero-fibrinösen Entzündung darstellt, kann auch in chronischer Weise zustande kommen, ohne daß im

Verlauf der ganzen Erkrankung erhebliche Exsudationserscheinungen auftreten müßten. Die Ausgangs- und Folgeerscheinungen sind die gleichen, wie oben angegeben (vgl. auch S. 134).

Zirkumskripte weißliche Verdickungen des Epikards werden als **Maculae tendineae, Sehnenflecke,** bezeichnet. Nur selten sind sie wohl die Folge einer ganz zirkumskripten fibrinösen Perikarditis, meist sind sie das Resultat kleinster mechanischer Defekte des Epikards bei den Herzbewegungen und dadurch bedingter Bindegewebshyperplasie. Ihr Lieblingssitz ist der Conus arteriosus dexter. In ihnen ist öfters das Oberflächenepithel (Endothel, Deckzellen) in Spalten gewuchert und diese umkleidend zu finden, so daß drüsenartige Bilder entstehen (das gleiche findet sich auch bei Perikarditiden). Sehnen-
flecke.

Auch entstehen den Sehnenflecken entsprechende Bildungen in Form von Scheiden oder einer lortlaufenden Kette feinster Knötchen (Sehnenfleckknötchen) über den prominenten, longitudinal verfaufenden Koronararterien, besonders bei Hypertrophie des Herzens, ebenfalls aus mechanischen Gründen.

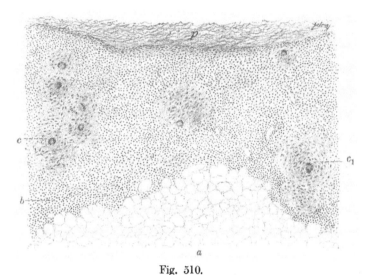

Fig. 510.
Tuberkulöse Perikarditis ($\frac{250}{1}$).
a Subepikardiales Fett, *b* Granulationsgewebe mit Tuberkeln, *c*, c_1, letztere mit Riesenzellen, *p* Fibrin.

Die **Tuberkulose** findet sich am Perikard sowohl als einfache Miliartuberkulose (Teilerscheinung allgemeiner Tuberkulose) mit Eruption meist submiliarer bis höchstens hirsekorngroßer, verkäsender Knötchen, als auch in Form der tuberkulösen Perikarditis, wobei neben den Tuberkeleruptionen Entzündungserscheinungen auftreten (vgl. S. 156). Letztere können wieder exsudativ sein und in Abscheidung eines serofibrinösen, eiterigen oder hämorrhagischen Exsudats bestehen oder produktive, wobei die Knötchen von Granulationsgewebe oder älterem, fibrösem Gewebe umgeben, zum Teil auch von solchem verdeckt werden. In solchen Fällen treten manchmal auch ausgedehnte Verkäsungen in den Granulationsmassen auf. Die Tuberkulose des Perikards kann hämatogen entstehen, ist aber meist von der Umgebung, besonders der tuberkulösen Pleura (besonders links) oder von verkästen Lymphdrüsen des Mediastinums (häufig am oberen Umschlagblatte des Perikards gelegen) her fortgeleitet. Tuber-
kulose.

Primäre Tumoren des Perikards sind sehr selten, sekundäre häufiger. Tumoren.

B. Blutgefäße. B. Blut-
gefäße.

Mißbildungen und besonders Variationen von Gefäßen sind ein häufiger Befund.

Die Aorta weist in ihrem Anfangsteil physiologisch zwei kleine Narben auf, eine dem fötalen Ansatz des Duct. art. Botalli, die andere wahrscheinlich der fötalen Vereinigung der beiden ursprünglich getrennt angelegten Aortenbögen entsprechend. Diese Stellen sind Prädilektionssitze atherosklerotischer (s. u.) Veränderungen.

a) Regressive Veränderungen.

Die rein regressiven Prozesse haben nur an den kleineren Gefäßen, den Kapillaren und kapillären Arterien und Venen, eine selbständige Bedeutung; an größeren Gefäßen kommen sie meist als Teilerscheinung anderer Erkrankungen vor.

Eine Verfettung kommt sowohl in der Intima und der Endothelschicht größerer Gefäße und in der Wand von Kapillaren wie in der Muskelschicht der Gefäße vor, und tritt als Teilerscheinung der Atheromatose, ferner bei anämischen und dyskrasischen Zuständen, sowie bei manchen Vergiftungen auf. In der Intima findet man dabei die bekannten sternförmigen Elemente derselben oft vollständig von feinen Fetttröpfchen durchsetzt (Fig. 511). Sehr häufig ist eine fleckweise fettige Degeneration in der Intima der Pulmonalarterie bei Stauung im Lungenkreislauf, bei Emphysem etc. Bei Verfettung der Media finden sich Fetttröpfchen in den Muskelzellen. Namentlich an kleinen Gefäßen kann eine starke fettige Degeneration zur Zerreißung der Gefäßwand Veranlassung geben. Auch Lipoide finden sich in den Intimazellen, so der Aorta bei Infektionskrankheiten.

Über **amyloide** und **hyaline Degeneration** s. S. 67 und S. 64.

Fig. 511.
Verfettung der Intimazellen der Aorta.
Abgezogene Lamelle aus der Intima. Man sieht die mit Fetttröpfchen erfüllten dunkleren, sternförmigen Intimazellen.

Die **Atrophie** der Gefäße trifft besonders die Muskulatur und das elastische Gewebe derselben und kann durch die Herabsetzung der Elastizität zu allgemeinen Zirkulationsstörungen sowie zur Erweiterung der erkrankten Stellen führen.

Die Arterien, besonders die Koronararterien, zeigen in ihrer Media bei Infektionskrankheiten (Typhus, Diphtherie etc.) oft nekrotische Herde.

Im höheren Alter kommt es regelmäßig zu einer Verminderung der Elastizität der Arterienwände, welche wahrscheinlich durch einen Schwund von elastischen und muskulösen Elementen der Wand bedingt ist; in der Folge stellt sich durch die bei jeder Systole erfolgende Dehnung der Arterienwand schließlich eine Erweiterung des Gefäßlumens ein. Die Veränderung steht in naher Beziehung zur Atherosklerose (s. u.).

Eine **Verkalkung** tritt, abgesehen von der Atherosklerose, öfters in der Media von Arterien als senile Erscheinung auf; die in die Muskelfasern eingelagerten Kalkpartikel bilden oft feine, zirkuläre Streifen an der Gefäßwand. In hochgradigen Fällen der Verkalkung wird das ganze Gefäß auf kürzere oder längere Strecken hin in ein starres, brüchiges Rohr verwandelt. Diese reine Mediaverkalkung findet sich besonders in den Extremitätenarterien. Auch eine echte **Verknöcherung** kommt vor.

Experimentell können bei Kaninchen durch fortgesetzte Injektionen von Adrenalin und anderen Stoffen Nekrosen und sehr starke Kalkablagerung in der Media mit nachfolgenden Ausbuchtungen der Gefäße erzeugt werden. Hier wirken wohl Druckerhöhung und toxische Momente zusammen.

b) Hyperplastische und produktiv-entzündliche Prozesse.

Gefäße besitzen große **Regenerationsfähigkeit**, welche ganz neuerdings auch in der Chirurgie eine große Rolle spielt. Die Gefäße wachsen und verändern sich physiologisch in der ganzen Wachstumsperiode des Menschen (s. u.); kleine Gefäße bilden sich zu großen dickwandigen um, wenn sie stärker in Anspruch genommen werden (s. Kollateralkreislauf S. 39). Venenwände besitzen die größte Anpassungsfähigkeit. Unter sehr zahlreichen Bedingungen (Entzündungen, Tumoren etc.) bilden sich neue Gefäßsprossen.

Der vorläufige **Verschluß von Wunden der Gefäßwand** erfolgt, wenn eine Arterie quer durchtrennt worden ist und in der Folge die beiden Stümpfe sich stark retrahieren, dadurch, daß die Arterie sich ad maximum zusammenzieht und der noch übrig bleibende, geringe Hohlraum durch Gerinnsel ausgefüllt wird; bei der Ligatur eines Gefäßes kommt es direkt zur Verklebung der Intima durch etwas Fibrin. In anderen Fällen, namentlich bei Verletzungen der Venen, wird der erste Verschluß der Wunde durch einen Thrombus hergestellt; der definitive Verschluß erfolgt in allen Fällen dadurch, daß sich zunächst in der Intima und dann auch den übrigen Wandschichten des Gefäßes bindegewebige Wucherungen einstellen, welche zur Verwachsung der getrennten Gefäßwände und, soweit thrombotische Massen vorhanden waren, zu Organisation derselben führen (S. 127). Hat eine seitliche Verletzung der Gefäßwand stattgefunden, so bildet das austretende Blut durch Verdrängung des umgebenden Gewebes eine Höhle, in der sich eine Gerinnung einstellen kann; so entsteht ein sog. Hämatom, also ein mit flüssigem Blut erfüllter, mit dem Gefäßlumen kommunizierender Hohlraum (oft Aneurysma spurium genannt). Die geronnenen Schichten können von der Umgebung her organisiert werden; es bildet sich so eine bindegewebige Kapsel.

In der Wand der Blutgefäße kommt eine Anzahl von produktiven Veränderungen vor, welche teils mehr den Charakter einer einfachen Hyperplasie namentlich des Intima-

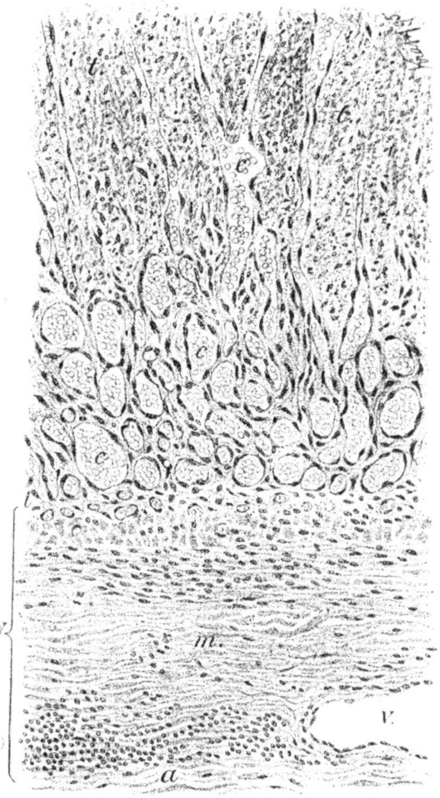

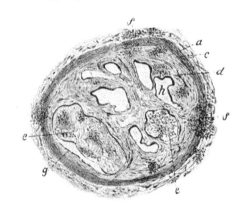

Fig. 512.
Organisation eines Thrombus in der Vene ($\frac{250}{1}$).
W Venenwand, *a* Adventitia, *m* Muskularis, *v* Gefäß der Wand, *i* Intima, *t* Thrombusmasse, *c* junge. mit Blut gefüllte Kapillaren, die in den Thrombus eindringen.

Fig. 513.
Kanalisierter alter Thrombus.
a bindegewebig umgewandelte Thrombusmassen, *c* Media des Gefäßes, *d* kleinzellige Infiltrate in dem organisierten Teil des Thrombus, *e* Reste des noch nicht organisierten Thrombus, *f* Infiltrate in Media und Adventitia, *g* Endothel, *h* durch die Kanalisation entstandene Lücken.

gewebes, teils den einer produktiven Entzündung (vergleiche S. 144) gemischt mit regressiven Vorgängen zeigen und nicht streng auseinandergehalten werden können, in den einzelnen Fällen aber nach Pathogenese und Lokalisation verschieden sind. In allen Fällen zeigt sich die Tunica intima, früher oder später an dem Prozeß beteiligt, in vielen stellt sie den ersten Angriffspunkt der Veränderung dar, welche man dann als Endarteriitis, respektive Endophlebitis (Endangitis) und, falls das Lumen durch die Intimawucherung ganz verschlossen wird, als Endarteriitis etc. obliterans bezeichnet. Steht die Veränderung der Media im Vordergrund, meist ausgehend von den Vasa vasorum, so spricht man von Mesarteriitis; ist das gleiche mit der Adventitia der Fall, von Periarteriitis. Als Ursache dieser mannigfachen Erkrankungen kommen teils mechanische Momente, besonders allgemeine oder lokale Änderungen in den Blut

Endarteriitis und Endophlebitis.

Mesarteriitis und Periarteriitis.

druckverhältnissen, teils toxische und lokale entzündliche Affektionen, bzw. reparative Vorgänge in Betracht.

Endangitis obliterans. In die Gruppe der **Endangitis obliterans (Endarteriitis,** resp. **Endophlebitis obliterans)** gehört diejenige Form, welche der Organisation sog. „blander", d. h. nicht infizierter Thromben zugrunde liegt. Durch lebhafte Zellwucherungen der Intima des thrombosierten Gefäßes entsteht ein Granulationsgewebe (Fig. 512), welches in die thrombotischen Massen eindringt und sie in der gleichen Weise organisiert, wie andere abgestorbene Teile durch junges Bindegewebe durchwachsen, vaskularisiert und schließlich durch Narbengewebe ersetzt werden (S. 127 ff.). Indem das so gebildete Narbengewebe schrumpft, entstehen in ihm Lücken und Spalten (Fig. 513), welche dem Blut wiederum einen Durchgang gewähren und so die früheren Zirkulationsverhältnisse wenigstens teilweise wieder herstellen können **Kanalisation des Thrombus.** — Kanalisation des Thrombus.

Eiterige Arteriitis und Phlebitis. Eine primäre „Thrombarteriitis", die zu solcher Endarteriitis obliterans führt, soll bei Diabetes und evtl. Nikotinvergiftung vorkommen. Daß ein infizierter Thrombus zu einer **eiterigen Arteriitis** oder **Phlebitis** führt und dasselbe eintritt, wenn hämatogen sonst Kokken sich an der Gefäßwand ablagern oder sie von außen her angreifen, sei hier, da diese eiterigen Entzündungen sich in nichts von sonstigen unterscheiden, nur erwähnt. Es kommt dabei naturgemäß leicht zur Perforation des Gefäßes. Bei der (septischen) durch Bakterien, meist Kokken, bewirkten Phlebitis kommt es zu entzündlichen Erscheinungen der Venenwand und — zumal wenn die Kokken von innen einwirken — zu Verlust des Endothels und häufig zu einer Exsudatbildung in Gestalt einer echten fibrinreichen Pseudomembran an der Innenseite der Venenwand. Es lagern sich dann thrombotische Massen auf **(Thrombophlebitis).**

Auf Grund endophlebitischer Wucherungsprozesse der großen Lebervenen, die zu Obliterationen des Lumens führen, entsteht die sog. Endophlebitis hepatica obliterans; ihre Ätiologie ist zumeist Syphilis.

Sekundäre Intima-wucherung, Gegenüber den Fällen, in denen die Intima in erster Linie affiziert erscheint, stellt sich eine sekundäre Verdickung derselben in solchen Fällen ein, wo sich in der Umgebung eines Gefäßes oder in einer der beiden äußeren Gefäßwandschichten infiltrative oder produktive Entzündungen oder auch destruktive Prozesse irgendwelcher Art abspielen; diese Form der Endangitis obliterans wurde bereits S. 147 berührt.

aus mecha-nischen Gründen. Wesentlich mechanische Momente sind ferner bei der physiologischen Obliteration der Nabelarterien und des Ductus Botalli von Bedeutung, welche mit dem Eintreten der definitiven Kreislaufbewegung kein Blut mehr führen und durch eine Wucherung der Intima verschlossen werden. Die Intimaverdickung ist hier also eine kompensatorische in dem Sinne, daß bei geringer Blutfüllung und dem entsprechend herabgesetzten Druck das Gefäßlumen der geringeren Füllung angepaßt, respektive bis zum völligen Verschluß eingeengt und schließlich verschlossen wird.

Umgekehrt wird eine Verdickung der Intima ebenfalls als kompensatorisch im Sinne einer funktionell wirksamen Wandverstärkung gedeutet werden dürfen in jenen Fällen, wo der Blutdruck dauernd erhöht ist und zur Erweiterung des Gefäßlumens tendiert. Bei Erhöhung des Blutdruckes verdickt sich zudem besonders auch die Muskularis der Media.

Athero-sklerose. Als **Atherosklerose** (oder **Arteriosklerose,** Endarteriitis chronica deformans) bezeichnet man eine in typischer Form namentlich an den großen und mittleren Arterien auftretende Erkrankung. Sie führt einerseits zu regressiven Metamorphosen, andererseits zu proliferativen Prozessen.

Atherom. Zu den ersteren gehören die „atheromatösen" Bildungen, bei denen die degenerativen Prozesse in den Vordergrund treten. Es entstehen gelbe Flecke, bei deren Einschneiden man eine weiche, gelbliche, oft deutlich hämorrhagisch gefärbte, vorzugsweise aus fettigem Detritus bestehende Zerfallsmasse findet, in der fast regelmäßig auch Cholesterintafeln (S. 61) nachweisbar sind — „Atherom". Andererseits bemerkt man auch an der Innenfläche der verdickten Intima öfters Rauhigkeiten, welche entweder auf Verlust der Endothellage oder auf tiefer greifenden Zerfallsprozessen beruhen, oder in der Weise sich gebildet haben, daß mehr in der Tiefe entstandene Zerfallsherde nach dem Gefäßlumen zu durchbrachen. **Athero-matöses Geschwür.** So entstehen manchmal sehr ausgedehnte geschwürige Defekte, atheromatöse Geschwüre, welche unregelmäßige zackige Formen zeigen; in ihren Grund findet man Detritusmassen, ebenso an den meist flachen, oft auf größere Strecken hin unterminierten Rändern. Häufig sind sie mit thrombotischen Auflagerungen bedeckt (s. u.). Auch finden sich kalkige Ein-**Kalk.** lagerungen, oft auch große Kalkplatten.

Auf der anderen Seite finden sich Proliferationsprozesse, welche durch Bildung flacher, etwas prominenter umschriebener, selten diffuser fibröser Platten ausgezeichnet sind — **Sklerose**. Da Proliferations- und Degenerations-Prozesse nebeneinander hergehen und der Prozeß außer an den Arterien auch an den Venen vorkommt, ist die Bezeichnung Atherosklerose (Marchand) derjenigen als Arteriosklerose, welche bis vor kurzem die allgemein übliche war, vorzuziehen.

Sklerose.

Wollen wir den Prozeß, welcher dieser überaus häufigen Gefäßveränderung zugrunde liegt, verstehen, so müssen wir (mit Jores und Aschoff) von den normalen Verhältnissen der Gefäße ausgehen, welche im Laufe der verschiedenen Lebensalter sich verschieben. Es bildet sich nämlich im jugendlichen Alter eine physiologische Intimaverdickung aus. Diese beruht auf einer Spaltung der Lamina elastica interna, wobei sich die hyperplastischen elastischen Streifen von der gesamtelastischen Lamelle abheben (Jores). Dies geht so lange vor sich, als das Körperwachstum statthat. Man kann diese Periode daher als Wachstumsperiode (aufsteigende Periode der Gefäßveränderungen) (Aschoff) bezeichnen. So erweitern und verlängern sich die Gefäße

Physiologische Gefäßveränderungen im Laufe des Lebens.

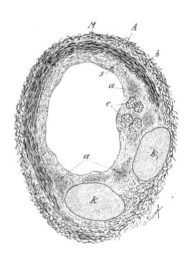

Fig. 514.

Atheromatose der Arteria mesenterica.
A Adventitia, *M* Muskularis, nach innen davon die Intima; dieselbe bei *s* fibrillär, bei *a, a* kleinzelliginfiltriert, bei *c* Zerfallshöhlen, *k, k₁* Kalkeinlagerungen.

Fig. 515.

Sehr starke Atherosklerose der Aorta abdominalis mit starken atheromatösen Geschwüren und Verkalkungen.

und doch bleibt ihre elastische Vollkommenheit auf derselben Höhe, während ihre elastische Widerstandsfähigkeit sich noch vermehrt. Hat diese Periode etwa zwei Jahrzehnte umfaßt, so folgen zwei Jahrzehnte Ruheperiode, in der die auf der Höhe ihrer Leistungsfähigkeit stehenden Gefäße dem ständigen Blutdruck Widerstand entgegensetzen können. Denn schon um das 40. Jahr herum beginnt die Abnutzungsperiode (absteigende Periode der Gefäßveränderungen). Das Primäre dieser Veränderungen ist wohl eine fettige Degeneration der Elastika der elastischmuskulösen Längsschicht der Intima. Offenbar handelt es sich hierbei nicht um Verfettung der elastischen Fasern selbst, sondern um Verfettung und Auflösung der diese zusammenhaltenden Kittsubstanz. Ferner tritt Quellung und Hyalinisierung des Bindegewebes hier auf. Die umliegenden Bindegewebszellen weisen jetzt auch Fett auf. Das Fett — zum größten Teil nicht eigentliches Fett sondern

Chemische und anatomische Prozesse bei der Atherosklerose

Lipoide, besonders Cholesterinester — dringt vielleicht mit dem Blutplasma in die Intima ein. Sekundär an diese regressive Metamorphose — nach anderen auch ohne solche primär — schließt sich
Verdickung des Bindegewebes an. Es lagert sich jetzt Bindegewebe der Intima auf und tritt
an Stelle der rarefizierten elastischen Fasern. Bilden sich auch elastische Fasern noch neu, so
überwiegt jetzt hier doch das Bindegewebe. Im Laufe des Lebens hat das elastische Gewebe
an Vollkommenheit seiner Elastizität verloren, ist abgenützt worden und geht so zum Teil zugrunde. An die Stelle tritt ein anderes Gewebe — das Bindegewebe. Das Bindegewebe ist zwar
widerstandsfähiger als das elastische Gewebe, d. h. das Gefäß wird jetzt dem anprallenden Blutstrom weniger nachgeben, aber die Elastizität (elastische Vollkommenheit) des Bindegewebes
verglichen mit der des elastischen Gewebes ist geringer, d h findet doch eine Dehnung des Gefäßes
infolge des Blutstromes (der ja oft stärker wird) statt, so kann die Gefäßwand nicht mehr so gut
in ihre frühere Lage zurückgehen.
Auf die Dauer muß also eine Erweiterung des Gefäßrohres resultieren. Der Prozeß ist demnach
„ein kompensatorischer Prozeß mit
Bildung minderwertigen Ersatz-
materials" (Aschoff). Aber es
bleibt auch nicht bei dieser kompensatorischen Bindegewebswucherung. Hinzu kommen weitere
Vorgänge regressiver Natur,
ebenfalls ein Effekt der Überdehnungen. Auch das neugebildete
Gewebe verfettet, und zwar handelt es sich auch hier hauptsächlich um das Auftreten von Cho-
lesterinfettsäureverbindungen (Lipoide). Die Zellen zerfallen, und
das Cholesterin wird so frei, dies
entspricht dem Atherom; die
Fettsäuren bilden mit Kalium-
oder Natrium-Hydroxyd Seifen
und besonders auch mit Kalzium-
hydroxyd Kalkseifen (Klotz). Die
fettsauren Kalksalze wandeln sich
nun in phosphorsaure und kohlen-
saure Kalksalze um. So ist zur
Atheromatose die Sklerose gekommen, bzw. aus ihr die Sklerose geworden (nach Aschoff).

Fig. 516.
Hochgradige Atherosklerose der Aorta.
a Intimaverdickung. *b* Atherom angefüllt mit fettigem Detritus (rot). Die
links im Bilde noch erhaltenen elastischen Fasern (blau) zerstört. *c* Media mit
elastischen Fasern (blau).

Verände-
rungen der
Media und
Adventitia
bei der
Athero-
sklerose.   In der Media atheromatös erkrankter Arterien findet man in späteren Stadien ebenfalls regressive
Veränderungen, namentlich Atrophie oder Verfettung, öfters auch eine Verkalkung derselben (vgl. u.)
und in der Media wie Adventitia proliferative Prozesse in Form eines die verlorenen muskulären und
elastischen Elemente ersetzenden jungen Bindegewebes.

Ätiologie
und Patho-
genese der
Athero-
sklerose.   Die Atherosklerose der Arterien ist im allgemeinen eine Erkrankung des höheren Alters
(meist nach dem 40. Jahr) und stellt im Greisenalter einen fast regelmäßig zu erhebenden Befund
dar. Sie findet sich ferner besonders bei toxischen Zuständen, so bei Alkohol-, Nikotin- oder
Bleiintoxikation, Gicht und nach Infektionskrankheiten.

Im ganzen ist die Atherosklerose die Folge eines Mißverhältnisses zwischen
Gefäßwandstärke und Blutdruckstärke. Die Gefäßwandstärke wird vor allem
verändert, d. h. besonders die elastischen und muskularen Elemente der Wand geschädigt
und somit die funktionelle Anpassungsfähigkeit der Gefäßwand an den Blutdruck herabgesetzt, wenn im Laufe des Lebens eine physikalisch-mechanische und chemische Abnutzung der Gefäßwand eingetreten ist. Deshalb findet sich die Veränderung vor allem im Alter. Die mechanische Abnutzung besteht in dem mancherlei
Schwankungen unterworfenen Blutdruck. Hierher gehören besonders periodisch wiederkehrende Drucksteigerungen, wie sie durch schwere körperliche Arbeit oder durch Potatorium
(plethorische Überfüllung des Gefäßsystems), noch mehr durch eine Kombination beider Zustände eintreten und dementsprechend auch viel häufiger bei Männern als bei Frauen zur Ent-

stehung von Atherosklerose führen. Vielleicht haben auch nervöse Zustände — Aufregungen, Überanstrengungen — einen Einfluß auf den Blutdruck. Bei den chemischen Momenten, die mitspielen, ist wohl zunächst an Folgen verschiedener mit der Ernährung zusammenhängender Faktoren zu denken. Hierauf weisen auch die Versuche hin, in welchen es glückte, bei Tieren mit unzweckmäßiger Ernährung Atherosklerose zu erzeugen. So ist dies bei bestimmten Tieren durch fortgesetzte Darreichung von Cholesterin gelungen. Mag so schon im Laufe des Lebens manches in der Ernährung toxisch einwirken, so ist dies natürlich erst recht der Fall, wenn Intoxikations- und Infektionskrankheiten verschiedener Art in einem längeren Leben überstanden wurden. Treten abnorme derartige Bedingungen irgendwie in den Vordergrund, so kann die Atherosklerose auch schon im früheren Alter gefunden werden. Vielleicht spielen die mechanischen Bedingungen für die Entstehung der Atherosklerose überhaupt, die chemischen Schädigungen für die Lokalisation die Hauptrolle. Im übrigen finden wir bestimmte Stellen des Gefäßsystems teils physiologisch, teils durch lokale Schädigungen besonders disponiert; so z. B. Erweiterungen der Gefäße, wie sie infolge einer Atrophie der elastischen und Muskelelemente im höheren Alter schon physiologisch auftreten, ebenso aber auch physiologisch präformierte engere Stellen oder pathologisch entstandene Stenosen des Gefäßlumens, sowie die Abgangsstellen von Verzweigungen, welche durch die Änderung der Stromrichtung einem stärkeren Anprall des Blutes ausgesetzt sind. An der Aorta lokalisiert sich die Atherosklerose mit besonderer Vorliebe an der Konkavität des Arkus, welche den stärksten Anprall des Blutes auszuhalten hat, dann an der Ansatzlinie der Klappen (Rückstoßbrandungslinie), an den S. 421 genannten kleinen, narbigen Stellen, endlich an den Teilungsstellen, respektive den Abgangsstellen der kleineren Äste; ferner kommt die Atherosklerose besonders an solchen Arterien zur Ausbildung, welche locker in ihrer Umgebung gelegen sind und infolge ihrer mangelhaften Fixation den Wirkungen der systolischen Erweiterung und Längsdehnung sowie der senilen Erweiterung in besonderem Maße ausgesetzt sind (Milz-

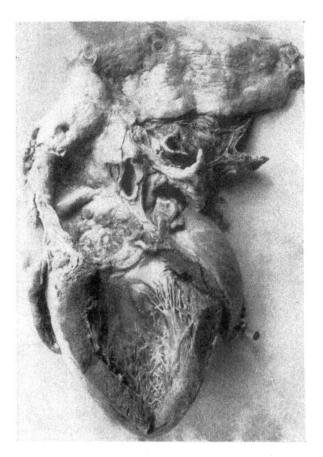

Fig. 517.
Schwielige (luetische) Mesaortitis der Aorta thoracica. Auch die Aortenklappen sind ergriffen, verdickt, verkürzt: Aorteninsuffizienz.

Hauptlokalisationen.

arterie, Koronararterien, basale Hirnarterien u. a.); oder wo umgekehrt das Gefäß bei der systolischen Erweiterung gegen eine feste Widerlage angepreßt wird wie bei den Vertebralarterien oder der Carotis interna. Nach Oberndorfer sollen allgemein die nichtfixierten Stellen weniger betroffen werden. Erweiterung und Drucksteigerung für sich allein, ohne weitere mechanische Schädigung der Arterienwand, sind indessen nicht imstande eine Atherosklerose herbeizuführen.

Eine allgemeine Verbreitung der Atherosklerose über das ganze Arteriensystem oder den größten Teil desselben ist, wenn auch in verschiedenen Graden, wenigstens im höheren Alter die Regel; häufig findet sich die Erkrankung auf einzelne Gefäßbezirke (auf die Aorta, die Koronararterien oder die Arterien des Gehirns, die Uterusarterien u. a.) beschränkt; oft sind Gehirn- und Koronararterien zusammen ergriffen, während die Aorta noch relativ glatt ist. In der Aorta selbst

Ausbreitung der Atherosklerose.

beginnt häufig die Atherosklerose (oder ist wenigstens am stärksten ausgeprägt) im Bauchteil, besonders an der Iliacaeteilung.   Bei ganz alten Leuten ist insbesondere der Anfangsteil der Aorta häufig ganz unverändert, sonst wäre wohl auch kein hohes Alter erreicht worden.   Von der Aorta aus greift die Erkrankung häufig auch auf die Semilunarklappen derselben über.   Ferner finden sich in manchen Fällen besonders die Extremitätenarterien ergriffen.   Atherosklerose der unteren Extremitäten führt häufig zu ausgedehnter Gangrän.   Sehr selten tritt die Affektion im Gebiet der Lungenarterie besonders stark auf.   Ganz beginnende atherosklerotische Veränderungen in Gestalt kleiner gelber (lipoidhaltiger) Flecke finden sich auch bei Jugendlichen sehr häufig schon im Anfangsteil der Aorta und in den Koronararterien, vor allem der vorderen absteigenden, besonders bei an chronischen Erkrankungen (Tuberkulose) Verstorbenen.

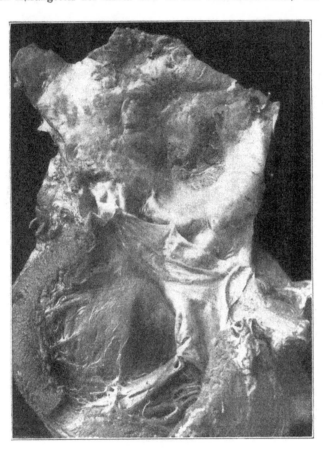

Schwielige (meist luetische) Mesaortitis.

Fig. 518.
Schwielige (luetische) Mesaortitis der Aorta thoracica (Aortenklappen intakt).

An den kleinsten Arterien (Präkapillaren, Arteriolen) verliert die Atherosklerose ihren typischen Charakter und tritt meist bloß in Form einer mehr gleichmäßigen hyalinen Verdikkung und lipoiden Degeneration auf.   Dieser Zustand, der sich oft auch schon in jugendlicherem Alter findet und wenigstens zum Teil auf Intoxikationen mit Blei, wohl auch Alkohol u. dgl. zu beziehen ist, ist besonders häufig und von besonderer Bedeutung in den Nierenarteriolen (siehe S. 359 und unter Niere).

Eine von der gewöhnlichen Form der Atherosklerose zu trennende Veränderung findet sich oft schon in weniger vorgerücktem Alter an den großen Extremitätenarterien.   Sie besteht in einer **Verkalkung der Media** und ist wohl toxisch-infektiöser Natur (s. oben).

Von der gewöhnlichen Altersatherosklerose scharf zu trennen sind gewisse Formen von Atherosklerose, welche ein in vieler Beziehung eigentümliches Verhalten zeigen: sie beschränken sich fast immer auf die Brustaorta, besonders die Aorta ascendens, und nehmen in reinen Fällen nach unten wenigstens an Stärke der Erscheinungen ab; oft schneiden sie direkt am Zwerchfell ab.   Diese Form der Atherosklerose greift zudem mit Vorliebe auf die Semilunarklappen der Aorta und auf die Abgangsstellen der Koronararterien über, durch deren Verschluß sie einen tödlichen Ausgang herbeiführen kann.   Bei dieser Atherosklerose entstehen weiche, gallertige, beetartige Flecke.   Es kommt auf der Innenfläche der Intima zu Einsenkungen und dazwischen stehenden bindegewebigen Schwielen, so daß man diese Form der Atherosklerose am besten als „schwielige" (Marchand) bezeichnet.   Bei ihr stehen nicht wie bei den sonstigen Atherosklerosen die Intimaveränderungen im Vordergrund, vielmehr sind diese relativ gering, und es beginnt der Prozeß mit Nekrose der Muskelfasern und Zelleinlagerungen in die Media **(Mesaortitis),** bzw. auch die Adventitia, hier den Vasa vasorum folgend; später tritt Bindegewebe auf.   Die regressiven Veränderungen der

Intima — Verfettung und Verkalkung — sind bei dieser „schwieligen" Atherosklerose weit geringer als bei der gewöhnlichen, doch kombinieren sich oft beide Formen. Als weitere Besonderheit dieser schwieligen Atherosklerose ist zu bemerken, daß sie sich im Gegensatz zur gewöhnlichen Atherosklerose hauptsächlich bei jugendlichen Individuen vorfindet. Diese Form der Atherosklerose ist der Hauptsache nach auf **Syphilis** zurückzuführen — die Spirochaete pallida ist auch wiederholt gefunden worden — ist aber doch nicht für sie spezifisch, denn dasselbe Bild kann sich offenbar auf Grund anderer Erkrankungen, z. B. wohl von Kokkeninfektionen, entwickeln. Bewiesen ist die syphilitische Ätiologie dieser Erkrankung, wenn sich in der Media oder Adventitia kleine Gummiknoten finden. Da (wie oben bemerkt) diese Form der Atherosklerose mit Vorliebe auf die Aortenklappen übergreift und hier zumeist das Bild der Insuffizienz bewirkt, ist auch letztere — wenn sie isoliert ist — besonders häufig auf Syphilis zu beziehen. Über die Aneurysmen, welche sich sehr häufig an diese Form der Atherosklerose anschließen, s. S. 431. Durch Verschluß der Koronararterien an der Abgangsstelle von der Aorta bei schwieliger Veränderung dieser können die deletärsten Folgen eintreten.

Noch eine dritte Form der Sklerosen kann man als „**funktionelle Sklerosen**" absondern (Aschoff). Bei schon physiologisch durch besondere Verhältnisse gewissen Schädigungen sehr stark ausgesetzten Gefäßen kommt es schnell bzw. früh zu Wandveränderungen, die in einer Sklerose resultieren. So im Ovarium und Uterus bei Ovulation, Menstruation und Plazentation. Hier wird die Intima und Muskularis geschädigt, hyalines Bindegewebe tritt an die Stelle mit mächtiger Entwickelung elastischer Massen. Das Lumen wird sehr eng. *(Funktionelle Sklerosen.)*

Die wichtigen **Folgen** der Atherosklerose, resp. der mit ihr in Zusammenhang stehenden Erweiterung des Arterienlumens bestehen in der Wirkung auf die Zirkulation, welch letztere mit dem Verlust der Elastizität und Kontraktilität der Gefäßwand eines sehr wichtigen Faktors beraubt wird; des weiteren müssen Verengerungen eine Ernährungsstörung bewirken; an den von sklerotischen Verdickungen freibleibenden Stellen, wo vielfach auch rein atrophische Prozesse vorhanden sind, kommt es vielfach zu weiterer Dehnung der Gefäßwand und Dilatation des Lumens, so daß kleine Arterien oft abwechselnd verengte und erweiterte Stellen aufweisen. In manchen Fällen, besonders an den Arterien der Hirnsubstanz, kann es auch zu Zerreißung und damit zu Blutergüssen in das Gewebe kommen, in wieder anderen Fällen bilden sich Aneurysmen; Stellen mit Rauhigkeiten an der Innenfläche der Gefäßwand, namentlich Defekte an derselben, geben sehr oft Veranlassung zur Ablagerung von **Thromben**; von diesen, sowie von dem in den atheromatösen „Geschwüren" abgelagerten Detritus können im weiteren Verlauf **Embolien** ausgehen. (Über Atherosklerose als Ursache von Herzhypertrophie s. S. 359.) *(Folgen der Atherosklerose auf die Zirkulation.)*

Die Atherosklerose der Arteria **pulmonalis** scheint unabhängig vom Zustand der Arterien des großen Kreislaufes aufzutreten, aber häufig mit Mitralstenosen zu koinzidieren.

Eine der Atherosklerose analoge Erkrankung kommt auch an den Venen, und zwar in großer Ausbreitung vor; doch ist diese **Phlebosklerose** in vielen Fällen bloß mikroskopisch nachweisbar. Ähnliche Formen finden sich auch manchmal an der Pfortader und können zu Thromben führen. Diese **Pfortadersklerose** ist häufiger mit Leberzirrhose verknüpft und scheint syphilitischen Ursprungs zu sein. *(Phlebosklerose.)*

Als **Periarteriitis nodosa** bezeichnet man eine seltene Erkrankung des Arteriensystems, bei welcher an den Gefäßen verschiedener Organe reichlich weißliche Knötchen gefunden werden, welche durch eine, sich an Nekrosen der Media anschließende, entzündliche zellige Wucherung und Infiltration aller drei Wandschichten zustande kommen und zu einem Schwunde der normalen Gefäßwandelemente führen; Bildung von Thromben und Aneurysmen schließen sich an. Es handelt sich um eine akute, wahrscheinlich infektiös-toxische Erkrankung (z. B. nach Staphylokokkeninfektion). *(Periarteriitis nodosa.)*

c) Infektiöse Granulationen.
(c) Infektiöse Granulationen.)

Tuberkulöse Prozesse können an Blutgefäßen sowohl von der Intima ausgehen, wie von der Umgebung her auf das Gefäß übergreifen. In der Intima bilden sich entweder **miliare Tuberkel** (besonders bei allgemeiner Miliartuberkulose), oder — selten — größere tuberkulöse Wucherungen, welche in ihrer Bedeutung für die akute allgemeine Miliartuberkulose bereits S. 164 beschrieben wurden. An kleineren Gefäßen, die man bei allgemeiner Blutinfektion oft von ganzen Reihen miliarer Knötchen besetzt findet, erstreckt sich die *(Tuberkulose.)*

Zellwucherung häufig um die ganze Zirkumferenz der Gefäßwand — Periangitis tuberculosa —, so daß letztere vielfach spindelig aufgetrieben erscheint; im übrigen zeigen die Knötchen den gewöhnlichen Bau der Tuberkel (S. 152 ff.) und erleiden schließlich meist eine Verkäsung, wodurch die Gefäßwand an der betroffenen Stelle völlig zerstört wird; einem Einbruch in die Blutbahn kommt häufig eine sich rasch entwickelnde Verdickung der Intima zuvor (S. 165), so daß die Gefäße obliterieren. Die bei tuberkulösen Prozessen so häufig sich findenden Gefäßverschlüsse werden noch in dem Kapitel „Lunge" zu besprechen sein.

Syphilis. An Arterien wie an Venen kommen luetische Veränderungen entweder dadurch zustande, daß eine luetische Affektion von der Umgebung her auf die Gefäßwand übergreift oder in der Art daß sie sich primär und selbständig in ihr entwickelt. In beiden Fällen pflegt — im Gegensatz zur Atherosklerose — die Adventitia und Media der Gefäße Sitz der ersten und hauptsächlichsten Veränderungen zu sein, doch greifen sie vielfach mit den Vasa vasorum weiter nach innen über. Die Form der Atherosklerose, welche sich besonders bei Lues findet, ist schon oben beschrieben worden.

Über die Aneurysmen, welche ja meist syphilischer Natur sind, siehe unten.

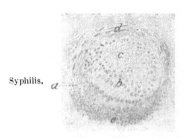

Syphilis.

Fig. 519.

Tuberkulöse Arteriitis.

a Tuberkulöse Infiltration und käsiger Zerfall in der Adventitia und Media, *b* verdickte Intima, zellig infiltriert, *c* Lumen mit roten Blutkörperchen gefüllt, *d* Muskularis des Gefäßes, *e* käsige Masse.

Arteriitis gummosa. Liegt bei der Gefäßlues eine zirkumskripte Zellwucherung vor, so stellt sich der Prozeß in Form kleiner gummöser Knötchen dar, welche dem Gefäß aufsitzen, und wird dann auch als **„Arteriitis gummosa"** bezeichnet. Aber auch die mehr diffusen Formen befallen die Gefäße gerne fleckweise und bewirken dann streckenweise Verdickungen der Gefäßwand mit Verengerung des Lumens. In den beiden Fällen kann entweder, wie in den tuberkulösen Herden, eine käsige Nekrose eintreten, oder es findet eine narbige Rückbildung statt. Während sich die Wucherungsprozesse an der Tunica media und adventitia entwickeln, hat sich in der Intima eine anfangs mehr gleichmäßige Verdickung von fibröser oder hyaliner Beschaffenheit gebildet, welche zu hochgradiger Einengung, ja auch zu völligem Verschluß des Lumens führen kann. Im weiteren Verlaufe können aber auch die Prozesse der syphilitischen Granulationswucherung sowie die Verkäsung auf die Intima übergreifen.

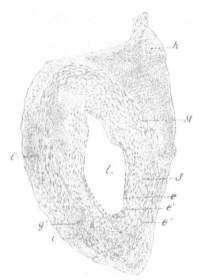

Fig. 520.

Gefäßtuberkel der Pia (frisches Zupfpräparat).

(Aus Aschoff-Gaylord, Kursus der pathologischen Anatomie.)

Fig. 521.

Arteriitis syphilitica (⁴⁵⁰).

l Lumen, *e* Endothel, *J* Intima, stark verdickt, teils faserig, teils kleinzellig infiltriert; *e'* Elastika, stellenweise zerstört, *e''* neugebildete Elastika, *M* Muskularis, *i, i'* Infiltrate in der Adventitia, *h* zellig infiltrierte Umgebung, *g'* Infiltrate der Media. (Nach Obermeier.)

Nach neueren Angaben scheint es, daß auch eine einfache Endangitis durch Syphilis hervorgerufen werden kann, eine Veränderung, welche anatomisch gar nichts Charakteristisches an sich hat; aber wie bereits bemerkt, muß man sich ja überhaupt hüten, aus Gefäßveränderungen allein ohne weiteres die Diagnose auf Syphilis zu stellen, da ganz ähnliche Formen auch unter anderen Umständen vorkommen.

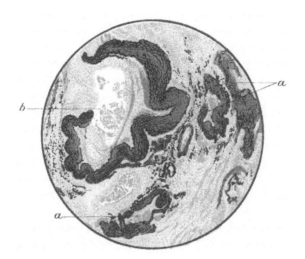

Fig. 522.

Aus einem Strang mit endarteritisch verschlossenen Gefäßen, welcher durch eine Kaverne einer tuber-kulösen Lunge zieht.

a völlig verschlossene Arterien; *b* eine große, größtenteils verschlossene, Arterie.

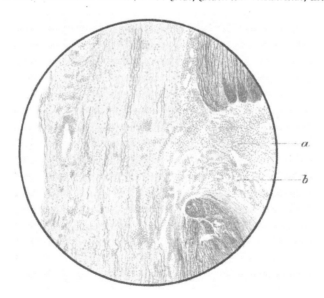

Fig. 523.

Schwielige Mesaortitis (syphilitica).

Bei *a* Unterbrechung der elastischen Fasern durch eine Zellanhäufung; *b* eine Riesenzelle. Kerne rot (Karmin). Elastische Fasern blauviolett. (Nach Weigert gefärbt.)

Daß sich aber doch luetische Granulationen ganz besonders häufig an kleine Gefäße, meist Venen, anschließen und die Bedeutung der Endophlebitiden für die Syphilis überhaupt, ist schon S. 174 besprochen.

Als Folgen der syphilitischen Gefäßerkrankungen können sich Zerreißungen der Gefäßwand oder Aneurysmen bilden; durch den Verschluß des Gefäßlumens, welcher direkt durch die Intimawucherung oder durch thrombotische, beziehungsweise embolische Prozesse erfolgen kann, kommt es zur Bildung von Infarkten, resp. Erweichungen; eine besondere Bedeutung hat die syphilitische Arteriitis in dieser Beziehung im Gehirn (vgl. Kap. VI). Hier ist besonders die Adventitia der kleinen Gefäße von Rundzellenhaufen oder Gummiknoten und evtl. kleinen Nekrosen und Leukozytenansammlungen durchsetzt. In der Intima findet sich Bindegewebswucherung; dazu kommen Thromben. Auch hierher dringen später die Rundzellen und gummösen Haufen vor; die Elastika wird aufgespalten. Später verschwinden die entzündlichen Herde. Es tritt bindegewebige Organisation mit Elastikawucherung an die Stelle.

Auch bei kongenitaler Syphilis sind spezifische Gefäßveränderungen angenommen worden.

d) Erweiterungen der Gefäße. — Aneurysmen. — Varizen.

Unter **Aneurysma (verum)** versteht man eine Erweiterung des mit veränderter Wand versehenen Arterienrohres an einer mehr oder weniger zirkumskripten Stelle. Seine Entstehung beruht darauf, daß durch den Blutdruck eine meist veränderte Stelle der Wand, welche weniger widerstandsfähig ist als die übrigen, seitlich vorgebaucht, oder daß an einer solchen Stelle das Gefäßrohr im ganzen erweitert wird; im ersteren Falle entsteht ein zirkumskriptes, meist sackförmiges, im letzteren ein diffuses Aneurysma von verschiedener Gestalt. Kleine Arterien werden dabei oft geschlängelt — Aneurysma serpentinum —, oder es werden Nebenäste mit einbezogen, rankenförmiges Aneurysma — Aneurysma racemosum. Es muß also bei der Aneurysmabildung etwas vorausgehen, was die Gefäßwand in ihrer Widerstandsfähigkeit und Elastizität schwächt und gegen den Blutdruck nachgiebig macht. Als Ursache dieser Erscheinungen sind verschiedene Momente in Betracht gezogen worden. Es kommt hier die gewöhnliche Atherosklerose in Betracht, evtl. für manche Fälle traumatische Läsionen der Gefäßwand, auch hat man einfach atrophische Prozesse der Tunica media zur Erklärung herangezogen. Bei weitem am häufigsten aber führt die oben beschriebene „schwielige Atherosklerose" das Aneurysma herbei. Daß der Hauptsitz der Aneurysmen im Anfangsteil der Aorta gelegen ist, harmoniert mit dem Sitz dieser Gefäßveränderung. Daß bei dieser schwieligen Atherosklerose gerade die Media besonders

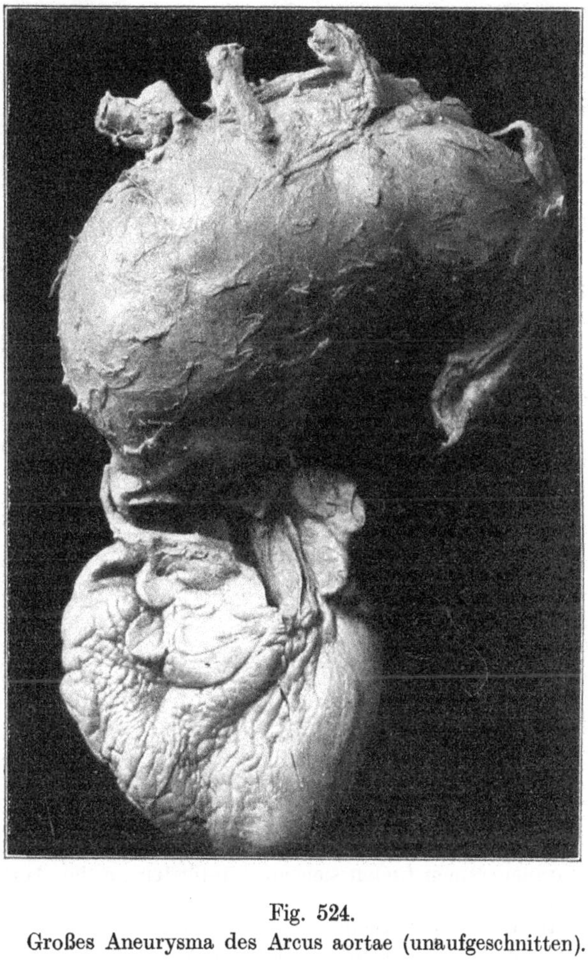

Fig. 524.
Großes Aneurysma des Arcus aortae (unaufgeschnitten).

stark verändert ist, ohne daß die Intima, wie meist bei der gewöhnlichen Atherosklerose, durch Verdickungen, Kalkplatten etc. kompensatorisch eintritt, kann auch die Neigung dieser Veränderung der Gefäßwand gerade zu Ausbuchtungen erklären. Auch daß die Aneurysmen so sehr häufig sich gerade in früherem Lebensalter finden, spricht gegen die Ableitung von der gewöhnlichen Atherosklerose, aber für eine solche von dieser schwieligen Form (s. dort). Die bei weitem häufigste Ätiologie letzterer ist nun in der **Syphilis** zu suchen, und somit ist diese auch als die Hauptursache welche zu Aneurysmen führt anzusehen, eine Tatsache die klinisch seit langem bekannt ist.

DilatationsAneurysmen.

Das weitere Verhalten des Aneurysma richtet sich nach dem der einzelnen Gefäßschichten. Den einfachsten Fall stellen die sogenannten Dilatations-Aneurysmen dar, die in Ausbauchung aller drei Schichten bestehen. Letztere zeigen sehr bald auch sekundäre Veränderungen; die Atrophie der Media schreitet fort, so daß von ihrer Muskulatur im Bereich des Aneurysma nur

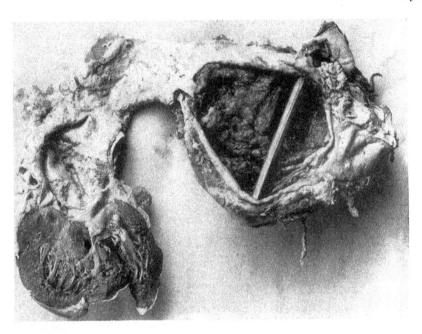

Fig. 525.
Mesaortitis. Zirkumskriptes Aneurysma der Aorta descendens mit thrombotischen Massen gefüllt.

noch Reste übrig bleiben. Dagegen treten bindegewebige Wucherungsprozesse auf, welche der Ausdehnung der Gefäßwand und ihrer dadurch bedingten Verdünnung entgegenarbeiten, auch auf die Intima und Adventitia übergehen und die ganze Gefäßwand schließlich in eine derbe, fibröse Membran umwandeln, an welcher man die drei Schichten kaum mehr unterscheiden kann. Auch in der Umgebung des Aneurysma bilden sich solche bindegewebige Wucherungen. Infolge

Rupturaneurysmen.

der Degeneration der Gefäßwand kann es auch zu Ruptur und somit dem Rupturaneurysma kommen, bei dem die Außenhäute, welche nicht perforiert sind, sackförmig ausgebuchtet werden können. Ist auch die Media mit eingerissen, so wird die Wand des Aneurysma nur noch von der Adventitia und dem sie umgebenden perivaskulären Gewebe gebildet; letzteres hindert auch in vielen Fällen eine Blutung, wenn schließlich auch die Adventitia mit einreißt. Dilatations- und Rupturaneurysmen finden sich am häufigsten an der Aorta, dann an der Karotis, Poplitea und Radialis.

Im Lumen der Aneurysmen lagern sich infolge von Wirbelbildung und so bedingter Stromverlangsamung oft reichliche Massen von thrombotischen Niederschlägen („Aneurysmenfibrin") ab, welche sich oft schichtweise aufeinanderlegen. Die im Aneurysma abgelagerten Thrombenmassen (s. o.) können ganz enorm sein und so den Sack zum großen Teil verschließen, so daß wieder eine Selbstregulierung des Blutstromes durch ein etwa normales Strombett möglich ist. Werden diese Massen mit der Zeit wenigstens teilweise organisiert, so kann auch eine Art Selbstheilung eintreten. Eine völlige Heilung kommt indessen nur an sehr kleinen Arterien vor. Die Thromben werden aber oft auch als Emboli verschleppt mit allen Folgen derselben.

An der Aorta sitzen die bei weitem größten und gefährlichsten Aneurysmen. Klinisch müssen sie sich durch eine Verspätung der Blutwelle, gemessen an der Arteria radialis, im Verhältnis zum Herzspitzenstoß bemerkbar machen. Auch können die Wirbelbewegungen des Blutes im Aneurysma Unregelmäßigkeiten des Pulses bedingen. An der Aorta wiederum sitzen die Aneurysmen am häufigsten an dem aszendierenden Teil, also wenigstens zum Teil noch innerhalb des Herzbeutels; des weiteren am Arcus aortae und an der Aorta descendens; seltener sind diejenigen der Aorta abdominalis unterhalb des Zwerchfelles. Sitze der Aneurysmen.

Der Hauptsitz am Anfangsteil der Aorta hängt wohl mit der Hauptbeanspruchung dieses Teiles der Aorta zusammen. Hier schlägt der Blutstrom besonders an. So sehen wir auch hier die schwielige Mesaortitis (s. o.), meist luetischen Ursprunges, besonders lokalisiert, und auf dem Boden einer solchen entsteht ja das Aneurysma zumeist (s. auch oben). Die Hauptstellen, wo der Blutstrom voller anprallt,

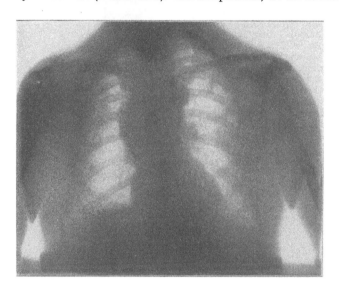

Fig. 526.
Aneurysma der aufsteigenden Aorta (Röntgenbild).
Aus Hofmann, Funktionelle Diagnostik und Therapie der Erkrankungen des Herzens und der Gefäße.
Wiesbaden, Bergmann 1911.

am Arcus etc., hat Rindfleisch durch seine sog. Brandungslinie verbunden. Sie rückt in der Aorta ascendens allmählich nach hinten und zieht am Arcus und in der Aorta descendens hinten hinab; da diese Stellen die Prädilektionsstellen der entsprechenden Aneurysmen sind, so sind die Beziehungen zu den Nachbarorganen wegen der Verwachsungen und Perforationen (s. u.) wichtig.

Ein diffuses und zirkumskriptes Aneurysma können sich auch kombinieren.

Besteht ein Aneurysma auch zumeist in der Einzahl, so kann dasselbe Individuum doch auch mehrere beherbergen.

Meist schreitet das Aneurysma stetig fort, die Blutwelle drängt an die Wand an, und selbst wenn sich Thrombenmassen abgelagert haben, wird das Aneurysma so immer mehr gedehnt. Es ist mit Nachbarorganen zumeist verwachsen, so mit den Weichteilen der Brusthöhle (hauptsächlicher Sitz des Aneurysma am Anfangsteil der Aorta) mit Trachea, Bronchien, Lunge, Herzbeutel, mit dem Ösophagus, mit Nerven etc., sowie auch mit der knöchernen Hülle der Brusthöhle, besonders mit Wirbeln und evtl. Rippen, sowie Sternum. Diese Gewebe müssen mitleiden. Der große Aneurysmasack wirkt durch seinen Druck schon oft deletär. Insbesondere am Knochen, der ja ständigen Druck am wenigsten vertragen kann, treten **Druckusuren** auf, die sich immer mehr und mehr vertiefen. Das Sternum kann nach vorne verbogen und zu einer so dünnen Platte werden, daß man das pulsierende Aneurysma durchfühlt, sieht und hört. Besonders an der Wirbelsäule treten tiefe Usuren auf. Sie betreffen meist mehrere Wirbel, während die Zwischenwirbelscheiben, welche infolge ihrer bindegewebigen Natur weniger leiden, weit besser erhalten bleiben und somit in die tiefen Höhlen als Leisten vorspringen können (s. Fig. 367 S. 289). Die Druckusur im Wirbel bis zur Dura des Rückenmarkes vordringen und Verwachsungen u. dgl. an dieser und durch kann Kompression selbst Affektionen des Rückenmarkes bewirken. Anderseits leiden durch Druck und Zug Folgen des Aneurysmen.

auch die Weichteile, so z. B. sehr häufig der Nervus recurrens, was sich durch Stimmbandlähmung äußert. Druck auf den Hauptbronchus (besonders links) kann Bronchitis bewirken oder eine besondere Disposition zu einseitiger atypischer Lungentuberkulose setzen (s. S. 168).

　　Endlich kann aber die überdehnte, veränderte, und verdünnte Aneurysmawand dem Blutdruck keinen Widerstand mehr leisten. Es kommt zur **Perforation.** Diese kann durch das arrodierte Sternum nach außen erfolgen, oder direkt in die freie Brusthöhle, oder auch in den Herzbeutel, ja selbst in das Herz, z. B. einen Vorhof. Oder aber die Blutung erfolgt in ein Organ, mit dem das Aneurysma evtl. vorher verwachsen war, so in die Lunge, oder vor allem in ein Hohlorgan, wie die Trachea oder den Ösophagus. Bluterbrechen oder Blutaspiration müssen die sofortige Folge sein. Des weiteren kann das Aneurysma auch in die Arteria pulmonalis durchbrechen oder auch in eine Vene. In allen diesen Fällen tritt meist sehr schnell der Verblutungstod ein. In sehr seltenen Fällen kann das Aneurysma sogar in zwei Organe zur gleichen Zeit perforieren. Kommt die Blutung zum Stehen, so gerinnt das ausgetretene Blut und bildet in diesem Zustande das sogen. **arterielle Hämatom.** {.Arterielles Hämatom} Während bisher nur an den Hauptsitz des Aneurysmas an der Aorta thoracica gedacht wurde, können bei anderen Sitzen die Aneurysmen in andere Höhlen oder Organe perforieren, z. B. Aneurysmen der Arteria lienalis, oder Aorta abdominalis in die freie Bauchhöhle oder Organe derselben, oder solche der Gehirnarterien in das Gehirn etc. Auch Aneurysmen kleinerer Arterien können durch ihre Berstung tödliche Folgen haben; es gilt dies namentlich

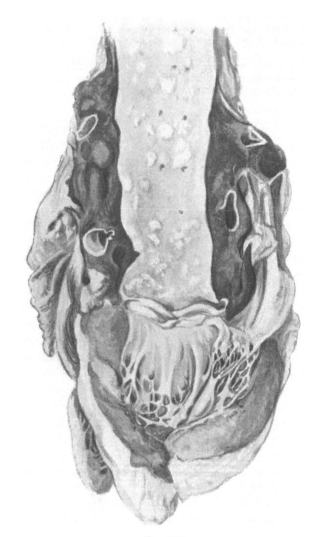

Fig. 527.
Dissezierende Aneurysmen an einer Hirnarterie.
(Nach Löwenfeld, Hirnblutungen.)

Fig. 528.
Aneurysma dissecans.

von denen des Gehirns und den Aneurysmen in Lungenkavernen (s. Kap. III und Kap. IV). Außer der direkten Verblutung kann auch das austretende und gerinnende Blut durch Druck deletär werden. Durch einen Einbruch einer Arterie in eine Vene kann ebenso wie durch eine gleichzeitige Verletzung von Arterie und Vene (s. u.) ein sog. Aneurysma varicosum sive arteriovenosum entstehen.

{.Aneurysma dissecans.} 　　Eine besondere Form stellt das **Aneurysma dissecans** dar (s. Fig. 528). Hier handelt es sich darum, daß bei einem atherosklerotisch veränderten Gefäß meist infolge eines Traumas (doch soll ein solches evtl. auch an einem unveränderten Gefäß dieselbe Wirkung haben können) eine Ruptur nur die Intima oder einen Teil der Media durchsetzt und daß nun das

Blut sich zwischen Intima und Media bzw. in die Lagen der letzteren selbst eindrängt und sich hier eine Strecke weit einen Weg einwühlt. Sehr häufig gibt dann auch der Rest der Gefäßwand dem Druck des Blutes nach, und es kommt so auch hier zur vollständigen Ruptur.

Diese kann, da das Aneurysma dissecans meist in der Aorta dicht oberhalb der Klappen seinen Sitz hat, in den Herzbeutel erfolgen und somit sofortigen Herzkollaps bewirken. In seltenen Fällen perforiert das Blut, welches sich seinen Weg in die Media oder zwischen dieser und der Intima erzwungen,

Fig. 529.
Miliar-Aneurysmen an einer Hirnarterie (nach Löwenfeld).

nicht nach außen, sondern an einer weiter abwärts gelegenen Stelle durch die Intima wieder in die Blutbahn hinein, eine Art von Selbstheilung.

Auch Spontanrupturen ohne Veränderung der Wand kommen bei gewaltsamen Bewegungen besonders an der Aorta oberhalb der Klappen vor.

Über das traumatisch bedingte **Aneurysma spurium,** welches auf Gefäßverletzungen mit neuer Wandbildung um die so entstandene in Gerinnung übergehende Blutung und ähnlichen Vorgängen beruht, s. im Kap. VI des I. Teils S. 292.

Eine besondere Genese haben die sogen. **embolischen Aneurysmen.** Sie entstehen dadurch, daß stachelige, harte Teile verkalkter Thromben oder Herzklappen etc. losgerissen werden und sich in die Intima eines Gefäßes einbohren, in das sie als Emboli eingeschwemmt werden. Sie bewirken eine mechanische Schädigung der Gefäßwand, die zur Ausbuchtung derselben disponiert. Sind die Emboli infektiös, so entstehen die sogen. mykotischen embolischen Aneurysmen. Die embolischen Aneurysmen finden sich namentlich an den basalen Hirnarterien und geben zu subduralen und meningealen Blutungen an der Basis cerebri Veranlassung.

In den Arterien des Gehirns, seltener in denen der Lunge oder des Darmes entstehen oft kleine, mit bloßem Auge kaum sichtbare, bis hirsekorngroße Aneurysmen, sogen. Miliaraneurysmen (s. Fig. 529). In Wirklichkeit scheint es sich hier meist um kleinste Hämatome zu handeln.

Bei Pferden wird durch den Strongylus armatus an den Mesenterialarterien das sogen. Wurmaneurysma bewirkt.

Erweiterungen der Venen, **Phlebektasien,** sind teils mehr diffus (zylindrisch oder spindelig), teils mehr umschrieben und dann sackförmig. Im letzteren Falle werden sie als **Varizen** bezeichnet; vielfach nimmt die Venenwand auch an Längenausdehnung zu, wodurch sie einen mehr oder minder geschlängelten Verlauf erhält. Fast immer betrifft die Dilatation ganze Venenplexus, so daß dicke, in Paketen liegende Stränge gebildet werden, welche an Oberflächen stark prominieren. In hochgradigen Fällen kommt es selbst zur Atrophie der Venenwände, so daß schließlich die Lumina der einzelnen Äste untereinander kommunizieren. Für das Zustandekommen der

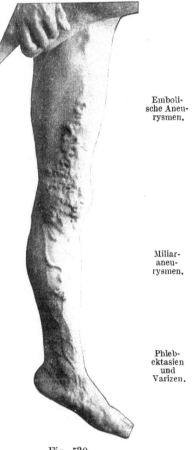

Embolische Aneurysmen.

Miliaraneurysmen.

Phlebektasien und Varizen.

Fig. 530.
Varizen.
Aus Willms-Wullstein, Lehrb. d. Chirurgie, Jena, Fischer. 2. Aufl. 1910.

Phlebektasien ist zunächst eine mechanische Hinderung des venösen Rückflusses in Betracht zu ziehen, welche in allgemeinen oder lokalen Momenten ihren Grund haben kann; zu den ersteren gehören Herzschwäche, Lungenleiden, die eine Behinderung der Zirkulation schaffen, ebenso die Wirkung der Schwere bei vielem Stehen (so bei den Varizen des Unter-

28*

schenkels); zu den letzteren Thrombosen von Venen, Druck auf diese durch Tumoren, durch den graviden Uterus u. a. In der Folge gesellen sich zur Erweiterung der Venen auch Wandveränderungen, namentlich Verdickung und fibröse Umwandlung der Wandungen mit Schwund der elastischen Elemente, manchmal wohl erst nach primärer Atrophie der Muskularis.

Für viele Fälle reicht indessen die Annahme einer Zirkulationsstörung zur Erklärung des Auftretens von Phlebektasien nicht aus, wie das Vorkommen von solchen an Stellen beweist, wo ein Stromhindernis nicht anzunehmen ist; es müssen daher, und insbesondere für die Varizen, auch lokale Veränderungen in den Venenwänden selbst vorausgesetzt werden, welche ihrer Dehnung Vorschub leisten. In vielen Fällen sind vielleicht entzündliche Prozesse der Venenwand und der Umgebung beteiligt; da ferner Phlebektasien nicht selten erblich vorkommen, so wird auch eine angeborene Schwäche der Gefäßwand mit in Betracht zu ziehen sein. Phlebektasien entstehen mit Vorliebe in bestimmten Venengebieten, besonders denen des Unterschenkels, des Rektums, des Samenstranges (Varizen des Unterschenkels, Hämorrhoiden und Varikozele). Am unteren Ösophagusende finden sich Varizen, besonders bei Leberzirrhose; Blutungen aus ihnen können tödlich wirken.

Phlebo-lithen.

Folge-zustände der Va-rizen.

Die Folgen der Phlebektasien bestehen zunächst in einer Disposition zur Bildung von Thromben, die organisiert werden und auch verkalken können (**Venensteine, Phlebolithen**). In den die Phlebektasien beherbergenden Organen gesellen sich häufig weitere Folgezustände hinzu: an den Schleimhäuten Katarrhe, an der äußeren Haut zunächst Atrophie der Epidermis, Ekzem, Ödem und Lymphstauung, weiterhin Hypertrophie des kutanen und subkutanen Bindegewebes, selbst solche des Periosts, so daß elephantiasisartige Verdickungen zustande kommen (**Elephantiasis phlebectatica lymphatica** s. S. 197). Durch entzündliche Prozesse, besonders auch durch leichte mechanische Verletzungen kommt es zur Bildung von hartnäckigen Geschwüren, den sog. varikösen Fußgeschwüren (Kap. IX). Durch Ruptur der sehr starren und brüchigen Venenwand können sehr gefährliche Blutungen entstehen (über das Verhalten der Phlebektasien in den einzelnen Organen siehe diese).

Kombi-nationen vonAneu-rysmen und Varizen.

Bei gleichzeitigem Vorhandensein von Aneurysmen und Varizen kann eine Kommunikation von arteriellem und venösem Gefäß zustande kommen; man unterscheidet in dieser Beziehung: 1. **Aneurysma varicosum**: Einbruch eines Rupturaneurysmas in eine (konsekutiv) erweiterte Vene. 2. **Varix aneurysmaticus**: Wenn durch eine Verletzung Arterie und Vene eröffnet werden und die Öffnungen sich direkt vereinigen, so strömt das Blut von der Arterie unmittelbar in die Vene und bewirkt eine Erweiterung letzterer.

Kapillar-ektasie.

Kapillarektasie. Eine Erweiterung von Kapillarbezirken kommt teils angeboren, teils erworben vor. Die ersteren Formen finden sich am häufigsten in der Haut als Naevi vasculosi (S. 196). Erworben kommt eine Kapillarektasie im Anschluß an Stauungen und bei chronischen Entzündungen vor.

C. Lymph-gefäße.

C. Lymphgefäße.

Akute Lymph-angitis.

Die häufigste pathologische Veränderung der Lymphgefäße ist die **akute Lymphangitis**, die durch Einwirkung der von Entzündungsherden resorbierten Substanzen oder Mikroorganismen entsteht. Sie vermittelt häufig die Übergänge der Entzündung von dem ursprünglichen Herd zu den Lymphdrüsen; indessen können letztere auch erkranken, ohne daß eine Lymphangitis vorausgehen müßte. Bei der akuten Lymphangitis findet man die Wand der Lymphgefäße infiltriert, ihre Adventitia nicht selten von kleinen Blutungen durchsetzt; die Endothelien ihrer Intima zeigen sich geschwollen und in Desquamation; im Lumen der Lymphgefäße bilden sich häufig Lymphthromben. Die entzündeten Wände der Lymphgefäße und deren hyperämische Umgebung bilden entsprechend dem Verlaufe der ersteren rote Streifen, die an der Haut sehr deutlich hervortreten und sich bis zu den Lymphdrüsen hin erstrecken.

Eiterige Lymph-angitis.

Eine **eiterige Lymphangitis** kommt durch Eiterresorption von infizierten Wunden oder anderen eiterigen Entzündungen verschiedener Organe her zustande; bei ihr zeigt sich neben eiteriger Infiltration der Lymphgefäßwand eine Ansammlung von eiterigen oder eiterig-fibrinösen, häufig zu einem körnigen Detritus zerfallenden Massen oder erweichenden Lymphthromben im Innern der Lymphgefäße, welche dabei zu dicken, gelben, knotigen Strängen anschwellen. Von ihnen aus kann die eiterige Infiltration auf die Umgebung fortschreiten und Abszeßbildung in dieser sowie Eiterung in den nächstgelegenen Lymphdrüsen zur Folge haben; endlich können durch Infektion des Blutes septische und pyämische Allgemeinerkrankungen hervorgebracht werden.

Fibröse Lymph-angitis.

Eine chronische **fibrös-produktive Lymphangitis** kommt im Anschluß an chronische Entzündungen, besonders der serösen Häute, zustande und führt zu fibröser Verdickung der Lymphgefäßwände mit Wucherung ihrer Endothelien, welch letztere selbst einen Verschluß des Lumens herbeiführen kann (Lymphangitis obliterans). Ähnliche chronische Entzündungen zeigen die Lymphbahnen der Lunge bei Anthrakose u. dgl.

Lymphangitis tuberculosa findet sich sehr häufig in der Umgebung tuberkulöser Herde. Die Wand der Lymphgefäße ist dabei verdickt und mit kleinen Tuberkeln besetzt, zum Teil sind auch die Lymphstämme infolge des stellenweise eintretenden Verschlusses ihres Lumens an anderen Stellen erweitert (vgl. auch besonders den Abschnitt „Darm"). Über die Tuberkulose der Ductus thoracicus und seiner Hauptäste bei akuter Miliartuberkulose s. S. 164. *Tuber-kulose.*

Lymphangitis syphilitica ist besonders als Vermittler des Syphiliserregers von dem Primäraffekte zu den benachbarten (meist Inguinal-) Lymphdrüsen wichtig („Lymphstrang"). *Syphilis.*

Tumoren, namentlich Karzinome, wachsen oft in die Lymphgefäße hinein, so daß man auf größere Strecken hin eine Krebswucherung in den Lymphgefäßen (auch Ductus thoracicus) und Lymphspalten des Bindegewebes sehen kann; besonders bei sekundären Lungen- und Pleurakarzinomen läßt sich dies sehr schön verfolgen. *Tumoren.*

Von primären Tumoren kommen Endotheliome und Lymphangiome vor (vgl. S. 240 ff. u. S. 197).

Eine Erweiterung von Lymphgefäßen, **Lymphangiektasie,** entwickelt sich durch Stauung der Lymphe infolge von Verschluß der Lymphgefäße durch narbige Prozesse (obliterierende Lymphangitis), Neubildungen oder Tuberkel, wenn die vorhandenen Kollateralen nicht zur Abfuhr der Lymphe ausreichen. Unter Umständen kann sich eine Lymphorrhagie an den Verschluß eines größeren Lymphstammes anschließen (vgl. S. 50). Vielfach stehen Lymphangiektasien mit chronischen Entzündungen oder hyperplastischen Vorgängen im Bindegewebe und in den Lymphgefäßen selbst in Zusammenhang, resp. sind durch solche verursacht; wahrscheinlich verlieren durch die chronische Entzündung, an welcher auch die Lymphgefäßwände teilnehmen, diese letzteren an Elastizität und werden erweiterungsfähiger. Die Erweiterungen sind teils mehr gleichmäßig, teils sackförmig und knotig. *Lymph-angi-ektasien. Lymphor-rhagie.*

Hierher gehören manche Fälle von Elephantiasis. sowie von Makroglossie und Makrocheilie (S. 197). Häufig findet sich eine Lymphstauung in den mesenterialen Chylusgefäßen, die dadurch erweitert und geschlängelt werden und dicke fibröse Stränge bilden, während ihr Inhalt eine breiige Umwandlung erfährt. In den Tropen bewirkt die Filaria sanguinis eine endemische Lymphangiektasie.

Kapitel III.

Erkrankungen des Respirationsapparates.

A. Nase und deren Nebenhöhlen.

Nasenbluten — Epistaxis — findet sich sehr häufig bei kongestiver Hyperämie, Stauung, Traumen (Erstickung), Geschwülsten, hämorrhagischer Diathese, im Verlauf von Infektionskrankheiten etc. etc. *A. Nase und Neben-höhlen. Nasen-bluten.*

Die häufigste Erkrankung der Nasenschleimhaut ist der akute **Katarrh** (Coryza, Schnupfen), der den verschiedensten Schädlichkeiten seinen Ursprung verdankt, ähnlich wie sie auch der akuten Laryngitis und Pharyngitis (s. dort) zugrunde liegen. Es handelt sich hierbei um sog. „Erkältungen", welche aber nur das disponierende Moment zum Angreifen sonst unschuldiger Bakterien darstellen. Auch mechanische (Staub), chemische (Gase, Jod etc.), thermische Einwirkungen können dergleichen bewirken. Endlich stellt der Katarrh eine Teilerscheinung gewisser akuter Infektionskrankheiten, besonders von Masern und Scharlach dar. Der akute Nasenkatarrh ist der Typus einer katarrhalischen Schleimhaut- *Akuter Katarrh.*

entzündung und zeigt verschiedene Stadien; auf ein Stadium hyperämischer Schwellung der Schleimhaut folgt eine schleimig-seröse, dann eine schleimig-eiterige Absonderung mit lebhafter Epitheldesquamation.

Eiteriger
Katarrh.

Bei heftigen eiterigen Katarrhen (Blennorrhöe) kommt es oft zu oberflächlichen Erosionen, es werden öfters auch die Nebenhöhlen der Nase, der Sinus frontalis und das Antrum Highmori in Mitleidenschaft gezogen und weisen Eiteransammlung unter Einschmelzung der Schleimhaut (sog. Empyem der Nebenhöhlen) auf.

Diphtheri-
sche Ent-
zündung.

Kruppöse und diphtherische (pseudomembranöse) Entzündungen greifen hier und da von den Rachenorganen auf die Nase über. Auch kann die Nase primär vom diphtherischen Prozeß ergriffen sein; außerdem kommt auch eine Rhinitis fibrinosa vor, ein gutartiges Leiden. Ihre Ätiologie ist, wie es scheint, keine einheitliche; auch Diphtheriebazillen wurden in den Membranen gefunden.

Chroni-
scher Ka-
tarrh.

Der chronische Nasenkatarrh, der namentlich bei der Skrofulose, ferner als Berufskrankheit bei stets mit Staub Arbeitenden, wie Müllern, Steinhauern etc. vorkommt, bewirkt anfangs Hyperplasie, später Atrophie der Nasenschleimhaut mit Drüsenschwund. Konstant bilden sich in seinem Verlauf Geschwüre (Erosionen), auf denen das abgesonderte und liegenbleibende Sekret zu Borken eintrocknet. Nimmt das Sekret infolge fauliger

Ozäna.

Zersetzung eine fötide, stinkende Beschaffenheit an, so liegt Ozäna vor. Das Epithel ist meist in Plattenepithel metaplasiert. Die Nebenhöhlen erkranken oft mit. Es kommt zu produktiver Bindegewebsneubildung mit polypenartigen Wucherungen. Von manchen Seiten wird ein von Perez entdeckter Bazillus (Cocobacillus foetidus ozaenae) für den spezifischen Erreger gehalten.

Infektions-
granula-
tionen:
Tuber-
kulose.
Syphilis.

Die an der Nasenschleimhaut nur selten vorkommende Tuberkulose verursacht Eruption von Tuberkeln und Geschwürsbildung. Der Lupus geht manchmal von der Haut des Gesichts auf die Nasenschleimhaut über.

Häufiger macht die Syphilis Veränderungen. Abgesehen von eventuellen Primäraffekten und dem im Eruptionsstadium auftretenden syphilitischen Katarrh, der mit starker Ozäna einhergeht, kommen Papeln, Erosionen, gummöse Neubildungen und Infiltrate in der Schleimhaut, am Periost und am Perichondrium vor; sie können zu Geschwürsbildung und Zerfall der Schleimhaut und zu Nekrose und Karies des knorpeligen und knöchernen Nasengerüstes führen. Im letzteren Falle entsteht durch Zusammensinken der Nase die charakteristische „Sattelnase".

Rotz.

Rotz ist beim Menschen selten; er verursacht knotige Infiltrationen und Geschwürsbildung (s. S. 176).

Lepra.

Lepra kann ulzerierende Knoten auch in der Nasenschleimhaut hervorrufen.

Rhino-
sklerom.

Das Rhinosklerom, eine sehr chronische Erkrankung, besonders des Ostens, stellt eine starre Infiltration dar, welche meist am Nasenloch beginnt und in wulstige Bildungen oder Schrumpfungsprozesse übergeht. Die Veränderung wird durch spezifische Bazillen erzeugt. Diese liegen oft massenhaft in großen sog. Mikuliczschen Zellen; es sind dies vakuolär und schleimig degenerierte Bindegewebs- oder Plasmazellen (s. auch S. 179).

Polypen.

Die Schleimpolypen der Nase bestehen teils aus einem, im übrigen der Nasenschleimhaut gleich gebildeten, kavernösen Gewebe — teleangiektatische Polypen; teils sind auch Drüsenwucherungen in ihnen vorhanden — adenomatöse Polypen —; hierbei erweitern sich die Drüsen häufig zu kleinen Zysten. Außerdem kommen polypöse Fibrome, zum Teil ödematösen Charakters, und Myxome in der Nasenschleimhaut vor. Auch Chondrome und Osteome sind beobachtet.

Maligne
Tumoren.

Von bösartigen Tumoren treten Karzinome (meist Plattenepithelkrebs des Naseneinganges, seltener Zylinderzellenkarzinome), Sarkome u. a. auf. Der sog. fibröse Nasenrachenpolyp entsteht vom Periost der Basis cranii aus und wächst von da in die Nasenhöhle und Rachenhöhle hinein. Er ist ein Fibro-Sarkom.

Rhino-
lithen.

Sog. Rhinolithen bilden sich durch Kalkablagerung um Fremdkörper, seltener durch verkalktes Sekret. Wie in der Mundhöhle, so kommen auch in der Nase zahlreiche saprophytische aber auch pathogene Bakterien vor, so z. B. Diphtheriebazillen, welche bei völliger Gesundheit des Trägers diesen zum Überträger der Erkrankung auf andere machen können.

B. Larynx und Trachea.

Von **angeborenen Anomalien** kommen am Kehlkopf Hypoplasie, Spaltung der Epiglottis, den Kehlkopf abschließende Membranen u. a. vor.

Die mit den Kiemenspalten in Verbindung stehenden sog. branchiogenen Fisteln und Zysten sind wichtig, weil aus ihnen gerne Kankroide (branchiogene) entstehen.

In der Schleimhaut des Larynx sind einfache Zirkulationsstörungen mit stark vermehrter Transsudation und gewisse entzündliche Erkrankungen nur unvollkommen voneinander zu trennen. Beide treten, so sehr sie auch ihrer Ätiologien ach in den einzelnen Fällen verschieden sind, unter dem klinischen Bild des **Glottisödems** und zwar in akuter oder chronischer Weise auf. Anatomisch beruht das Wesen des Glottisödems auf einer starken serösen Durchtränkung der Schleimhaut; diese quillt hierdurch an den Stellen, wo unter ihr eine dicke, lockere Schicht von Submukosa liegt, stark auf, so daß das Lumen des Kehlkopfes hochgradig verengt wird, und sogar Erstickungstod eintreten kann; solche Stellen sind die Regio interarytaenoidea, die Taschenbänder und die ary-epiglottischen Falten.

An der Leiche findet man freilich die Erscheinungen oft verhältnismäßig gering und die ödematöse Schwellung zum größten Teil zurückgegangen; doch kann man meist aus der großen Schlaffheit und der starken Faltung der zusammengesunkenen Schleimhaut die intra vitam bestandene Schwellung derselben noch erschließen.

Wie erwähnt, ist die Ätiologie dieser Zustände eine sehr mannigfaltige, und sie sind teils als einfaches Ödem, teils als seröse Entzündungen zu deuten. Manchmal findet man akutes oder chronisches Ödem als Folgezustand von venöser Stauung, besonders bei Kompression oder Verlegung von Halsvenen; auffallend ist das verhältnismäßig seltene Vorkommen von Glottisödem im Verlauf allgemeiner Stauung bei Herz- und Nierenleiden. Auch das Erysipel des Larynx kann unter dem Bilde eines einfachen Ödems auftreten. Verhältnismäßig häufig findet sich ein Glottisödem als Begleiterscheinung anderer entzündlicher Prozesse im Kehlkopf oder in dessen

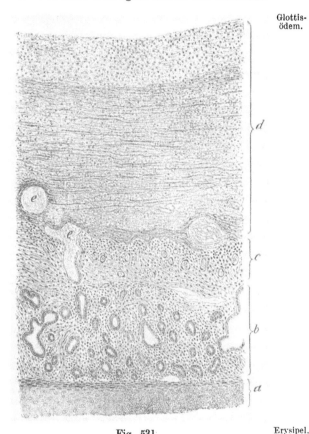

Fig. 531.
Krupp der Trachea ($\frac{40}{1}$).
a Knorpel, *b* Submukosa mit reichlichen Schleimdrüsen, *c* Schleimhaut, *d* fibrinöser Belag, *e* Schleimpfröpfe.

Nähe: bei Diphtherie und Geschwürsbildungen aller Art, bei Entzündungen im Pharynx und an der Halswirbelsäule, bei Karzinom und vor allem als Vorstadium und Begleiterscheinung der Phlegmone des Larynx, d. h. der eiterigen Infiltration seiner Schleimhaut und Submukosa. Auch nach Erkältung, wie nach Gebrauch gewisser Arzneimittel (Jod, Sublimat) kann ein Larynxödem auftreten.

Akuter Katarrh des Larynx (Laryngitis catarrhalis) ist entweder Teilerscheinung eines allgemeinen Katarrhs der Luftwege, wie ein solcher teils primär, teils symptomatisch bei akuten Exanthemen (Masern, Scharlach etc.) auftritt, oder er ist von oben (Rachen, Nase) oder von unten her (Bronchien) auf den Larynx fortgeleitet. Als ätiologische Momente sind Erkältungen, Inhalation mechanisch (Staub), chemisch (Gase) oder thermisch (heiße Luft), irritierender Stoffe, endlich auch die Ausscheidung chemischer Stoffe durch die Schleimhaut (Jod, Sublimat u. a.) zu nennen. An der bei **Influenza** vorkommenden katarrhalischen Affektion der Luftwege ist der Kehlkopf ebenfalls meistens mehr oder minder beteiligt. Ebenso bei Keuchhusten. Die Schleimhaut zeigt bei der akuten Laryngitis die Beschaffenheit katarrhalisch affizierter Schleimhäute überhaupt. Rötung und Schwellung der einzelnen Teile, Absonderung eines je nach dem Stadium und der Art des Katarrhs verschiedenen, schleimig-serösen oder schleimig-eiterigen Sekrets; unter Umständen kann sich ein Glottisödem anschließen.

Analoge ätiologische Verhältnisse liegen dem **chronischen Katarrh des Kehlkopfes** zugrunde. Auch er ist durch (fortgesetzte) Inhalation staubiger oder chemisch verunreinigter Luft entstanden, oder von den oberen oder unteren Abschnitten der Luftwege her fortgeleitet.

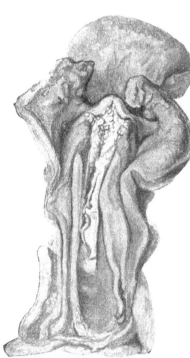

Akute Katarrhe können durch fortwährende Wiederholung (Berufskrankheiten, Pneumonokoniosen siehe unten) in chronische übergehen. Ein großes Kontingent stellen endlich die Stauungskatarrhe, die denen der kleinen Bronchien und der Lunge (,,braune Induration") analog sind. Endlich sind noch Überanstrengungen der Stimme, Alkoholismus, übermäßiges Tabakrauchen als Ursachen zu nennen.

Je nachdem der chronische Katarrh sich auf verschiedene Abschnitte des Larynx lokalisiert, hat man ihn als Chorditis, Epiglottitis etc. bezeichnet, Namen, welche vorzugsweise die gleich zu erwähnenden Ausgangsformen an den einzelnen Teilen bezeichnen. Es kann aber auch eine diffuse Rötung und Schwellung im Larynx, respektive der Trachea vorhanden sein. Die Schwellung, konstanter als die Injektion, welch letztere meist eine unregelmäßig fleckige ist, betrifft am meisten die lockeren Schleimhautpartien der Interarytänoidealgegend und Taschenbänder und kann so hochgradig sein, daß diese im laryngoskopischen Bilde die Stimmbänder überlagern. Die Schwellung der Schleimhaut ruft Wulstungen und Faltungen an ihr hervor. Es treten zellige Infiltrationen und Bindegewebshyperplasie auf.

Als **Pachydermia laryngis diffusa** bezeichnet man eine im Anschluß an chronisch-entzündliche Prozesse oder starke Anstrengungen des Kehlkopfes, ferner infolge von Alkoholismus und übermäßigem Tabakgenuß auftretende Verdickung des Epithels, wobei an die Stelle des Zylinderepithels meist stark verhornendes Plattenepithel tritt. Hieran schließt sich auch öfters eine Wucherung des Schleimhautbindegewebes an. Die Affektion kann an verschiedenen Stellen des Kehlkopfes auftreten; das Epithel bildet dabei eine dicke, trübe, weißgraue, abziehbare Haut, die sich vorzugsweise als aus verhornten Zellen zusammengesetzt zeigt. Durch ungleichmäßige, warzenartige und papilläre Verdickungen entsteht die **Pachydermia verrucosa.**

Fig. 532.

Diphtherie des Larynx und der Trachea.

(Die Membran ist abgehoben und füllt das Lumen.)

Die **Laryngitis tuberosa** tritt in Form von kleinen Knötchen auf (an den Stimmbändern als **Chorditis tuberosa**). Eine chronische Hyperplasie der unterhalb der Stimmbänder gelegenen Partien liegt der als **Chorditis vocalis inferior hyperplastica** bekannten Erkrankung zugrunde.

Pseudomembranöse (diphtherische) Entzündungen der Schleimhaut des Kehlkopfes und der Trachea treten bei der als **Diphtherie** (Bretonneausche Diphtherie) bezeichneten Infektionskrankheit auf. Meistens ist wohl der Prozeß von den Rachenorganen her auf den Kehlkopf übergegangen, doch beginnt er in manchen Fällen auch im Kehlkopf oder selbst in der Trachea; das Hauptcharakteristikum besteht in der Bildung von Pseudomembranen (vgl. S. 134 ff.). Meist sind dieselben leicht abzuziehen. Über die Diphtherie wie über Krupp siehe im übrigen S. 134ff. und das letzte Kapitel.

Die Membranen überziehen teils in Form kleiner, meist weißer Flecken die Innenfläche des Kehlkopfes oder der Luftröhre, teils stellen sie dickere und derbere Überzüge, oft sogar ganze Ausgüsse des Lumens dar, die dasselbe vollkommen verlegen können. Sie werden teils in größeren Abschnitten losgelöst und ausgehustet, teils fallen sie bei Rückgang der Erkrankung einer Erweichung anheim. Auch in die Trachea und noch tiefer reichen die Pseudomembranen häufig hinab.

Außer bei der gewöhnlichen Diphtherie kommen pseudomembranöse Entzündungen im Kehlkopf mit ähnlichem anatomischen Befund hier und da bei Scharlach vor, ebenso bei Variola. Hier sind aber nicht die Diphtheriebazillen sondern meist Kokken die Erreger der Erkrankung. Bei der Variola finden sich kleine Epithelnekroseherde welche ausfallen, und so zu kleinen Geschwüren führen. Auch thermische und chemische Reize können pseudomembranöse Entzündungen bewirken.

Bei Typhus kommen außer sonstigen Veränderungen Katarrhe, oft mit Ulzerationen, und sog. **Dekubitalgeschwüre** an der entzündlich geschwollenen Schleimhaut vor. Außer den Typhusbazillen selbst sind Kokken vorhanden.

Im Gegensatz zum Katarrh stellt die **Phlegmone** des Kehlkopfes eine tiefgreifende Entzündung dar, die in eiteriger Infiltration der Schleimhaut und Submukosa besteht. Phlegmone des Kehl-kopfs.

Fast immer ist sie ein sekundärer Prozeß, der sich an verschiedene Affektionen (heftige Katarrhe, Geschwürsbildungen, Krupp oder Diphtherie des Rachens oder Kehlkopfes) anschließt, oder als Begleiterscheinung bei allgemeinen bakteriellen Erkrankungen (Endokarditis, Pyämie, Erysipel) auftritt. Endlich kann die Phlegmone im Gefolge von Verletzungen der Kehlkopfschleimhaut, z. B. durch Fremdkörper entstehen. Meist geht sie von einer zirkumskripten Stelle aus, die dabei stark verdickt und vorgewölbt wird und in deren Innern sich auch ein abgeschlossener Eiterherd entwickeln und ins Lumen perforieren kann. Auch die Phlegmone des Kehlkopfes lokalisiert sich, wie das sie stets begleitende, resp. ihr vorausgehende Glottisödem, besonders an den aryepiglottischen Falten, den Taschenbändern, oder der Epiglottis.

Bei **eiteriger Perichondritis** kommt es zur Eiteransammlung zwischen Knorpel und Perichondrium, wodurch das letztere vom Knorpel abgehoben, dieser zur Nekrose gebracht wird und der Eiter in das Lumen des Larynx oder nach dem

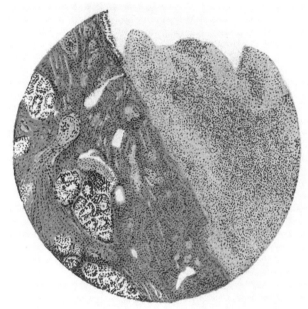

Fig. 533.
Diphtherie des Larynx.
Bindegewebe (rot) mit Schleimdrüsen, des Oberflächenepithels beraubt, bedeckt von der Pseudomembran (gelb), oben an der von Auflagerung freien Stelle Oberflächenepithel noch erhalten.

Eiterige Perichondritis.

Ösophagus, oder auch durch die Haut hindurch nach außen perforieren kann. Die Perichondritis schließt sich, wie die Phlegmone des Kehlkopfes, an Geschwürsbildung oder andere schwere Affektionen desselben an und ist ebenfalls von Glottisödem begleitet.

Tuberkulose des Larynx und der Trachea ist ein bei Phthisikern häufiger Befund (in ca. 30% der Fälle vorkommend) und entsteht, mindestens in der großen Mehrzahl der Fälle, von der Lungentuberkulose her sekundär dadurch, daß das bazillenhaltige Sputum beim Passieren des Kehlkopfes diesen infiziert. Infek-tiöse Granula-tionen: Tuber-kulose.

In anatomischer Beziehung verhält sich die Kehlkopftuberkulose wie andere Schleimhauttuberkulosen; sie ruft tuberkulöse Infiltrate und Geschwüre (S. 157) hervor, deren Lieblingssitz die hintere, zwischen beiden Stimmbändern gelegene, als Regio interarytaenoidea bezeichnete Partie darstellt; hier bilden sich durch knotige Infiltration papillenartige, spitze Exkreszenzen, welche bald zerfallen und dann unregelmäßige, kraterartige, zackige, grau aussehende Geschwüre hinterlassen. An den Stimmbändern zeigt sich anfangs Rötung und Schwellung, dann auch geschwüriger Zerfall, wobei oft in charakteristischer Weise eine förmliche Längsspaltung des Stimmbandes stattfindet. Auch an den Taschenbändern, den aryepiglottischen Falten und am Kehldeckel können sich Infiltrate und Geschwüre bilden, welche durch weitere flächenhafte Ausbreitung und teilweises Konfluieren oft eine große Ausdehnung erreichen und umfangreiche Zerstörungen anrichten. Daneben erkennt man auch meist ziemlich zahlreiche miliare oder submiliare Tuberkel. Im übrigen zeigt die Schleimhaut vielfach Schwellungen und Wulstungen in ähnlicher Weise wie bei heftigen Katarrhen. Daß sich an die Tuberkulose Glottisödem und Perichondritis anschließen können, wurde bereits erwähnt; auch eine Nekrose der Knorpel, besonders der Aryknorpel, kommt hierbei häufig vor. Als weitere ungewöhnliche Form der Tuberkulose finden wir im Kehlkopf öfters ausgedehnte, diffuse, tuberkulöse Granulationswucherungen zunächst ohne Ulzeration, so daß ganz tumorartige Bilder entstehen, die zu starker Stenose des Kehlkopfes führen.

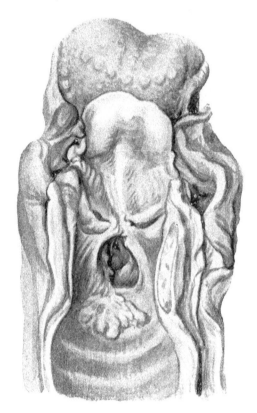

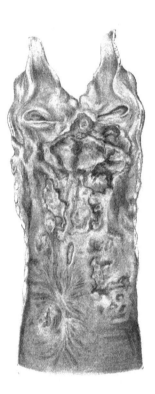

Fig. 534.

Tuberkulöses Geschwür und tuberkulöse Wucherungen im Kehlkopf und im Anfang der Trachea.

Fig. 535.

Syphilitische Geschwüre und Narben mit Bloßlegung der Knorpel.
Nach Türck, Atlas zur Klinik der Kehlkopfkrankheiten, Wien, Braumüller 1866.

In der Trachea ruft die Tuberkulose meist flache, lentikuläre Geschwüre hervor, welche durch Konfluieren auch hier ausgedehnte Ulzerationen zustande kommen lassen.

Es kommen — selten — auch primäre Tuberkulosen im Kehlkopf und in der Trachea vor.

Lupus.   Der **Lupus** zeigt im Kehlkopf ein ähnliches Verhalten wie im Rachen. Er soll auch primär im Larynx vorkommen können.

Syphilis.   Die **Syphilis** des Kehlkopfes ist eine Erscheinung des sekundären oder tertiären Stadiums. Bei ersterem finden sich teils einfache Katarrhe, die in ihrer Erscheinung nichts Spezifisches haben, teils sog. Plaques muqueuses (S. 171), welche sich meist nach vorhergehenden ähnlichen Affektionen des Rachens, besonders an den Stimmbändern, in der Regio interarytaenoidea, auf den ary-epiglottischen Falten und an der Epiglottis entwickeln. Bei der tertiären Syphilis entstehen im Kehlkopf teils mehr diffuse, dichte Infiltrate, teils zirkumskripte, oft multipel auftretende knotige Wucherungen (nodulöses Syphilid); beide lassen durch ihren Zerfall Geschwüre entstehen, welche sich durch ihren gewulsteten, wallartigen Rand, speckigen Grund und die scharfe Begrenzung des Defekts, sowie durch die Neigung auszeichnen, rasch in die Tiefe zu greifen und ausgedehnte Zerstörungen der Schleimhaut an allen Abschnitten des Larynx (Stimmbänder, Taschenbänder, Epiglottis etc.) hervorzurufen. Durch die Tiefenausdehnung der Geschwüre kommt es zu Perichondritis, Phlegmone und Knorpelnekrose. Das Bild des syphilitischen Larynx wird noch dadurch zu einem sehr wechselvollen, daß die nicht zerstörten Schleimhautpartien häufig Wulstungen und Wucherungen erfahren; noch stärkere Verunstaltungen als die Defekte rufen oft die schrumpfenden Narben hervor, die bei der Heilung der Geschwüre zurückbleiben. Sie sind sehnigglänzend, springen oft leistenartig vor, nähern durch ihre Retraktion einander gegenüberliegende Wandstellen, überbrücken Defekte und führen so die mannigfachsten Formveränderungen herbei, die eine hochgradige Stenose des Kehlkopfes oder der Trachea bewirken können. Eine auf Narbenbildung beruhende Anteflexion der Epiglottis ist öfters auf Syphilis zu beziehen.

Eine eigenartige Erkrankung, welche überhaupt überaus selten, aber am relativ häufigsten noch in den oberen Respirationsorganen und besonders dem Kehlkopf (sowie ferner der Konjunktiva) vorkommt, ist die **lokale Amyloidosis,** deren Bildungen meist als sogen. **Amyloidtumoren** bezeichnet werden. Es stellen diese durchaus den Eindruck von Geschwülsten erweckende, eigenartig speckig glänzende Bildungen dar, welche das Innere des Kehlkopfes sehr einengen können. Es handelt sich dabei um lokale

Sog. Amyloidtumoren.

Fig. 536.
Kehlkopfpapillom, von der linken Taschenlippe entspringend.
Aus Körner, Lehrbuch der Ohren-, Nasen- und Kehlkopfkrankheiten. III. Auflage.

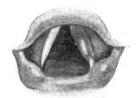

Fig. 537.
Fibrom des Stimmbandes.
(Nach einer mir gütigst von Herrn Dr. Ritter • Berlin überlassenen Zeichnung.)

Amyloidablagerung in großen Massen, besonders in die Lymphbahnen. Die Ätiologie der Erkrankung ist völlig unbekannt.

Abgesehen von den Schleimhauthyperplasien bei chronischem Katarrh kommen von gutartigen Tumoren am häufigsten **papilläre** (und knotige) **Fibrome** und **Fibroepitheliome** vor, die sich besonders an den Stimmbändern bilden, und einfache Knoten, oder gestielte **Polypen,** oder warzenförmige bis traubenförmige, auch multipel auftretende Neubildungen von verschiedener Größe darstellen. Stets sind sie von einer chronischen Laryngitis begleitet und können sowohl durch ihre Größe wie auch durch Schwellung der Umgebung eine Stenose des Kehlkopfes hervorrufen. Zu den knotigen Formen gehören die sog. Sängerknötchen an den Stimmbändern. Zystengeschwülste finden sich hier und da an den Taschenbändern und an der Epiglottis.

Tumoren.

Auch Angiome, Myxome, Chondrome etc. kommen vor, ebenso Sarkome. Am Schild- und Ringknorpel und den Trachealringen entstehen manchmal **Ekchondrome** bzw. **Osteochondrome.**

Die Osteome und Chondrome der Trachea werden jetzt mit den elastischen Fasern in Zusammenhang gebracht, nicht von den Trachealknorpeln abgeleitet. Es sind geschwulstartige Entwickelungsstörungen, nicht entzündliche Produkte. Aschoff nennt die Veränderung Tracheopathia osteoplastica.

Vom Schilddrüsengewebe, welches fötal zwischen die Larynxknorpel gelangt ist, kann die Bildung einer intratrachealen Struma ausgehen. Zysten entstehen an der Rückwand der Trachea durch Sekretstauung in den Schleimdrüsen; sie drängen sich meist als retrotracheale Zysten nach dem Ösophagus zu.

Von bösartigen Geschwülsten ist das **Karzinom** am häufigsten. In der Regel geht es von den Stimmbändern aus und ist ein Plattenepithelkrebs. Im weiteren Verlaufe veranlaßt es eine Stenose und mehr oder minder ausgedehnte geschwürige Destruktion des

Larynx und seiner Umgebung. Auch sekundär kann ein Krebs — es geschieht dies meist vom Ösophagus her — auf den Kehlkopf oder die Luftröhre übergreifen. Die Karzinome der Trachea sind selten.

Verkalkung und Verknöcherung.

Von regressiven Veränderungen ist außer den genannten (Narben, Geschwüre, Defekte) noch die **Verkalkung** und **Verknöcherung** der Kehlkopfknorpel zu nennen, die als senile Erscheinungen oder infolge von chronisch-entzündlichen Prozessen, namentlich bei Phthisikern auftreten. Infolge von Verknöcherungen können Ankylosen der Kehlkopfgelenke entstehen; Traumen bewirken am verknöcherten Kehlkopf auch leichter eine Fraktur. Außer Schnittwunden und Frakturen kommen von Verletzungen noch Luxationen der Gelenke vor, wodurch ebenso wie durch zufällig in den Kehlkopf gelangte Fremdkörper eine Stenose des letzteren, resp. der Trachea verursacht werden kann.

Verwundungen.

Kompression des Kehlkopfes.

Kompression des Kehlkopfes oder der Trachea wird von Strumen, Tumoren des Ösophagus, solchen der Trachea, auch manchmal durch Aortenaneurysmen bewirkt. Bekannt ist die „säbelscheidenförmige" Gestalt der Trachea, die man häufig bei Kompression derselben durch Strumen findet — die aber im übrigen als „Alterssäbelscheidentrachea" sehr häufig ist —, und welche zu Atemerschwerung und Emphysem führen kann.

C. Bronchien.

C. Bronchien.

Die meisten Veränderungen, wie Entzündungen und tuberkulöse Prozesse der größeren Bronchialäste stimmen im allgemeinen mit denen der Trachea überein.

Die Erkrankungen der kleinen Bronchien hängen so vielfach mit denen der Lunge zusammen, daß sie zum Teil am besten mit dieser besprochen werden.

Akute Bronchitis.

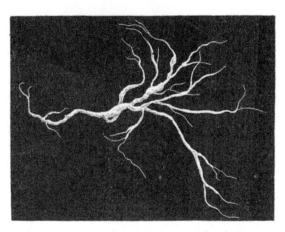

Chronische Bronchitis.

Fig. 538.

Großes Fibringerinnsel bei kruppöser Pneumonie (nach Kaatzer).

Eine **akute katarrhalische Bronchitis** stellt sich infolge der verschiedensten Schädlichkeiten ein, die Katarrhe der Luftwege überhaupt hervorbringen, und die schon mehrfach erwähnt wurden. Bei der akuten Bronchitis ist die Schleimhaut gerötet und geschwellt, mit Rundzellen durchsetzt, von einem schleimig-serösen oder mehr eiterigen Sekret bedeckt. In dem letzteren findet man Schleimkörperchen, schleimig degenerierte Epithelien usw. (Fig. 152, S. 143). **Eiterige Bronchitis** mit besonders reichlicher eiteriger Sekretion nennt man auch **Bronchoblennorrhoe**.

Die **chronische katarrhalische Bronchitis** entsteht in ähnlicher Weise wie die akute, oder — und das ist der häufigere Fall — sie ist eine sekundäre Erkrankung, welche verschiedene Lungenaffektionen, vor allem Emphysem, Phthise, Koniosen u. a. begleitet. In vielen Fällen ist sie (bei Herzfehlern) ein Stauungskatarrh und findet sich dann gleichzeitig mit brauner Induration und chronischem Ödem der Lunge. Die Sekretabsonderung ist bei ihr ebenfalls oft sehr hochgradig vermehrt (Bronchoblennorrhoe). An der Schleimhaut stellen sich zuerst hyperplastische, dann atrophische Zustände ein, während die Muskularis der Bronchien, besonders ihre Längslagen, sich verdicken und somit deutlich hervortreten. Die Muskulatur atrophiert auch; ebenso können die elastischen Fasern hypertrophieren oder atrophieren (letzteres besonders auch bei eiteriger Bronchitis), die Muskulatur, die Bindegewebszellen und das Perichondrium verfetten auch häufig. Durch die Atrophie wird die Widerstandsfähigkeit der Bronchialwand herabgesetzt und damit an kleinen Ästen eine Disposition zur Entstehung von Bronchiektasien und Emphysem gegeben (s. unten.)

Bleibt das zähe, oft schwer entfernbare Sekret liegen, so kann es unter dem Einfluß hineingelangter Fäulniserreger eine Zersetzung eingehen und übelriechend werden. Man bezeichnet solche Zustände als **fötide** (putride) **Bronchitis**; die faulige Zersetzung kann auch in zirkumskripten Erweiterungen der Bronchien, sog. Bronchiektasien (s. unten), beginnen und sich von hier oder auch von Gangränherden in der Lunge aus auf die Bronchien weiter ausbreiten.

Im Gegensatz zum Verhalten der Trachea und der Hauptbronchien sind **kruppöse,** fibrinöse Entzündungen der kleinen Bronchien ziemlich selten. Indes kommt es vor, daß kruppöse Entzündungen von der Luftröhre aus bis in die feinen Bronchialverzweigungen hinabsteigen, deszendierender Krupp, besonders bei Diphtherie. Andererseits können auch bei kruppöser (fibrinöser) Pneumonie die kleinen Bronchialäste mitergriffen werden, aszendierende Form. Doch stammt hier (nach Marchand) das in den Bronchien gerinnende Exsudat zum großen Teil aus den Alveolen. Des weiteren gibt es ätiologisch durchaus unklare Formen von primärer fibrinöser Bronchitis. In den genannten Fällen kann die fibrinöse Ausscheidung die feinen Bronchien so vollständig ausfüllen, daß ausgehustete, derartige aus Fibrin und Schleim bestehende Massen in Wasser ausgebreitet, den ganzen Bronchialbaum wiederspiegeln (s. Fig. 538).

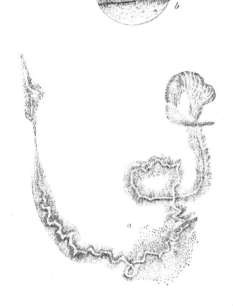

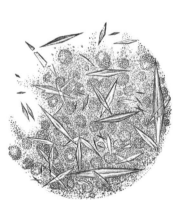

Fig. 539.
Asthmakristalle aus Sputum (nach Leyden).
(Aus Kaatzer, Das Sputum und die Technik seiner Untersuchung.)

Fig. 540.
Curschmannsche Spiralen (nach Leyden).
a bei 80facher Vergrößerung, *b* bei 300facher Vergrößerung. (Aus Kaatzer, l. c.)

Von den fibrinösen Abscheidungen wohl zu unterscheiden sind die besonders bei dem **Asthma** **bronchiale** vorkommenden **Curschmannschen Spiralen** (Fig. 540). Sie bestehen aus meist geschlängelten oder gewundenen Zentralfäden, d. h. eigenartigen Sekretfäden mit schleimigen spiraligen streifigen wirbel- förmigen Massen herum; erstere bilden sich zuerst (Marchand). Neben denselben findet man auch die oktaedrischen (Leydenschen) „Asthmakristalle" (Fig. 539), ferner zahlreiche eosinophile Zellen, aus deren Zerfall vielleicht erstere entstehen. Die Bronchien enthalten Schleimpfröpfe. Das Asthma selbst wird zumeist als Reflexkrampf oder Reflexneurose mit Angriffspunkt an den kleinen Bronchien aufgefaßt, d. h. als ein Bronchospasmus zusammen mit Schwellung und Sekretion besonderer Art (Marchand). So kommt es zu dem für das Asthma charakteristischen dyspnoischen Anfall mit der Lungenblähung. Zugrunde liegt offenbar eine neuropathische Anlage, die aber im Hinblick auf das ergriffene Nervengebiet verschieden aufgefaßt wird.

Eine mit starker Schleimhautnekrose verlaufende Entzündung der Bronchien (und zugleich der Trachea) kommt nach Verbrennungen und Verätzungen durch Gase etc. ,ferner bei Masern, Scharlach und Diphtherie und endlich als seltene, aber schwere akute idiopathische Erkrankung (Hart) vor.

Bronchio-
litis fibrosa
obliterans.

Bei der sog. Bronchiolitis fibrosa obliterans kommt es in den kleinen Bronchien nach Schädigung der Schleimhaut und partieller Zerstörung der elastischen Fasern, bei Bronchopneumonien nach
Masern, Keuchhusten etc. oder durch Inhalation von Gasen oder durch Fremdkörperaspiration, zu bindegewebiger Ausfüllung ihrer Lumina. So entstehen kleine feste Knötchen, welche Tuberkeln ganz gleichen
können.

Tuber-
kulose.

Tuberkulose kommt in der Bronchialschleimhaut in ähnlichen Formen vor wie in der
Trachea; es bilden sich flache, lentikuläre, oft konfluierende Geschwüre (vgl. auch Lunge).
Die Tuberkulose ist auch hier zumeist sekundärer Natur, nur in seltenen Fällen primär.

Syphilis (Geschwüre, Narben) ist selten.

Broncho-
stenosen.

Bronchostenosen entstehen durch Verschluß der Bronchien durch Narben, Tumoren, Schwellung der Schleimhaut, Fremdkörper (s. unter Lunge), Sekret etc. oder
durch Druck von außen. Es kommt zu
Atelektase des zugehörigen Lungenabschnittes
und in der dahinter gelegenen Bronchialver-
zweigung durch Sekretstauung zu:

Bronchi-
ektasien.

Fig. 541.
Lunge von bronchiektatischen Kavernen durchsetzt.

Bronchiektasie. Unter Bronchiektasien
versteht man diffuse oder zirkumskripte Erweiterungen der Bronchien, wie sie aus verschiedenen Ursachen, so der eben genannten,
entstehen können (s. auch oben).

In einem Teil der Fälle sind die Ektasien
vikariierende, nämlich dann, wenn Teile der
Lunge durch krankhafte Prozesse außer Funktion gesetzt sind und die gesunden Partien die
Arbeitsleistung für sie übernehmen. Dann
lastet der ganze Inspirationsdruck auf ihnen,
und unter seiner Einwirkung erweitern sich die
Bronchialäste, zumal ihre Wand sehr häufig
durch komplizierende Erkrankungen (chronische
Bronchitis) an Widerstandsfähigkeit eingebüßt
hat. Es gehören hierher die sog. atelektatischen Bronchiektasien, die an kleinen Bronchien
auftreten, wenn der zugehörige Parenchymteil
dauernd luftleer bleibt und der Inspirationsdruck somit ausschließlich auf die Bronchien
wirkt. Auch die Erschwerung der Exspiration und erhöhter Exspirationsdruck, namentlich bei chronischer Bronchitis (vgl. auch
Emphysem, s. u.), können solche Erweiterungen veranlassen.

Wenn solche Ursachen auf größere Gebiete der Bronchialverzweigungen wirken, wer-
den die Erweiterungen der Bronchien mehr diffus und gleichmäßig (zylindrische Ektasien).
Dagegen entstehen exquisit umschriebene, sackförmige Ektasien an Bronchien, in deren
Umgebung schrumpfende, indurierende Prozesse sich abspielen (Phthise, Kollapsinduration [s. unten]), indem solche einen Zug auf die Bronchialwand ausüben, der besonders
dann wirksam wird, wenn die Lunge durch pleuritische Adhäsionen an der Brustwand
fixiert ist, so daß der Zug des schrumpfenden Gewebes einen festen Stützpunkt erhält. So
entstandene Bronchiektasien bilden nicht selten abgesackte Ausbuchtungen der Wand,
sog. **bronchiektatische Kavernen,** im Anschluß an die sich unter den Umständen, unter welchen
Bronchiektasien zu entstehen pflegen, weitere Veränderungen durch Sekretstagnation (Bronchitis putrida) oder tuberkulöse Veränderungen, ja sogar Lungengangrän entwickeln können.
Es siedeln sich in den Höhlen häufig Eitererreger an, die metastatisch zu Abszessen in anderen
Organen (Gehirn, Rückenmark) führen können. Bronchiektatische Kavernen sind, solange

ihre Wand nicht durch sekundäre Prozesse zerstört ist, von den durch Ulzeration entstandenen Höhlen (vgl. auch Lungentuberkulose) dadurch zu unterscheiden, daß sie mit Schleimhaut ausgekleidet sind, und zwar mit einer Schleimhaut, welche in direkter Fortsetzung von derjenigen der Bronchien aus die Höhlen umkleidet. Die Wand der Bronchiektasien ist infolge der meist zugleich vorhandenen und im atrophischen Stadium befindlichen alten Bronchitis gewöhnlich sehr dünn. Die Knorpel ektatischer Bronchien können auch Knochenbildung aufweisen.

Fig. 542.
Bronchiektasien.
Die Bronchien sind diffus sehr weit, mit dünner Wand versehen. Links eine bronchiektatische Höhle.

Unter den **Tumoren** kommen Karzinome am häufigsten vor, zumeist sehr zellreiche weiche Formen, in sehr seltenen Fällen auch Plattenepithelkarzinom. Sekundär können Lymphosarkome der Bronchiallymphdrüsen auf die größeren und mittelgroßen Bronchien übergreifen. Tumoren.

D. Lunge.
D. Lunge.

Vorbemerkungen.

Die Lunge ist aus einer Anzahl kleiner Abschnitte, sog. **Lobuli** zusammengesetzt, welche durch das interlobuläre Bindegewebe voneinander getrennt sind. In jeden Lobulus tritt ein kleiner Bronchialzweig ein, welcher sich innerhalb des Läppchens dichotomisch in eine Anzahl feiner Äste, **Bronchiolen,** verzweigt; an ihren feinsten Endigungen treten seitliche Ausbuchtungen, sog. **Alveolen,** auf; dadurch wird der Bronchiolus zum **Bronchiolus respiratorius.** Solche Bronchiolen erweitern sich dann zu birnförmigen Bläschen, welche an ihrer ganzen Wand wieder mit Alveolen besetzt sind und **Infundibula** genannt werden. Der noch röhrenförmige Anfangsteil der letzteren heißt Alveolarröhrchen oder **Alveolargang.** Jeder Bronchiolus respiratorius mit seinen (2—3) Alveolargängen wird als **Acinus** bezeichnet. Jeder Lobulus setzt sich demnach aus einer größeren Zahl von Azini zusammen. Normale Anatomie.

Auf einem Schnitt durch die Lunge müssen wir daher folgendes Bild finden (Fig. 543): Man erkennt das interlobuläre Bindegewebe (*S*) mit Bronchien und Gefäßen. Im Innern jedes Lobulus finden sich Durchschnitte durch Gefäße (*G*) und durch kleine intralobuläre Bronchiolen (*B*), ferner Durchschnitte von feinsten Bronchien, deren Querschnitt keinen geschlossenen Ring bildet, sondern an einer oder mehreren Seiten Ausbuchtungen, Alveolen trägt — Bronchioli respiratorii (*r*). Im übrigen sieht man zahlreiche, durch netzförmig angeordnete Septa getrennte, kleine Hohlräume, die Alveolen, außerdem etwas größere Hohlräume ($i—i_4$), an welchen solche Alveolen seitliche Ausbuchtungen bilden. Letztere Hohlräume entsprechen Stellen, wo die Infundibulalumina durchschnitten sind. Hier sieht man die Alveolen, welche die Wand des Infundibulums bilden, und zwischen ihnen Septa, die gegen das gemeinsame

Lumen zu vorspringen, die Alveolarsepta. Die Wand der Infundibula besteht aus Bindegewebs- und elastischen Fasern; letztere sind besonders stark angehäuft an den Einmündungsstellen der Alveolen in die Infundibula, also am Ende der Alveolarsepten. An diesen elastischen Fasern sind die Wände des Infundibulums und der Alveolen besonders leicht erkennbar.

Die Bronchiolen tragen noch Zylinderepithel; an den Bronchioli respiratorii tritt bereits flacheres Epithel ohne Flimmern auf; die Infundibula mit ihren Alveolen sind mit ganz niedrigem Epithel ausgekleidet. Innerhalb der Lobuli beginnen feinste Lymphgefäße, welche sich zu größeren Stämmchen sam-

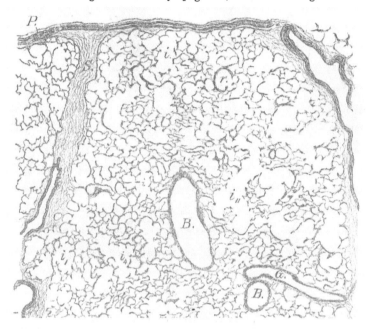

Fig. 543.
Schnitt durch eine normale Lunge ($\frac{2.5}{1}$).

Ein Lobulus durch die Pleura (*P*) und interlobuläre Bindegewebssepta (*S*) begrenzt (nach links und rechts). In letzteren Lumina von Bronchien und Gefäßen, *B* Bronchiolus, *G* Blutgefäße im Lobulus; *r* Bronchioli respiratorii; *i i, i,, i,,, i₄* Infundibula mit Alveolen; das übrige von Alveolen erfüllt.

meln und als solche im interlobulären Bindegewebe an der Seite der Bronchien und Blutgefäße hinziehen. Diese Lymphgefäße ziehen zu den bronchialen Lymphdrüsen. Kleinste Lymphknötchen liegen besonders an den Bronchioli und um die Lymphgefäße und Venen, zum Teil auch direkt unter der Pleura.

a) Mißbildungen

a) Miß-
bildungen.

sind an der Lunge nicht häufig; eine ziemlich oft vorkommende Anomalie ist eine abnorme Lappung; z. B. dreilappige linke, zweilappige rechte Lunge. In seltenen Fällen finden sich drei Lungen, die dritte manchmal unterhalb des Zwerchfells. Umgekehrt kommt Agenesie oder Hypoplasie einer Lunge oder des Teils einer solchen, manchmal vereint mit angeborener Bronchiektasie, vor. Selten sind Dermoidzysten.

b) Veränderungen des Luftgehaltes.

b) Verän-
derungen
des Luft-
gehaltes.

Atelek-
tasen:

Fötale
Atelektase.

Man versteht unter **Atelektase** (Kollaps) einen Zustand der Lunge, in welchem sie ganz oder in einzelnen Abschnitten luftleer ist, die Alveolen also zusammengesunken sind und die Alveolarwände einander anliegen. Ein solcher Zustand findet sich als **fötale Atelektase** physiologisch in der Zeit des intrauterinen Lebens, da während desselben die O-Zufuhr und CO₂-Abgabe nicht durch die Lunge vermittelt wird; diese Atelektase schwindet, sobald das neugeborene Kind die ersten Inspirationsbewegungen macht. Sind diese behindert, z. B. durch Verlegung der Luftwege mit Schleim, oder werden sie vom

Atemzentrum her nicht ausgelöst, so bleibt die Lunge kollabiert; sie zeigt ein dunkles, blaurotes Aussehen, eine fleischartige Konsistenz und füllt nur einen kleinen Teil der Pleurahöhle aus; bei der bekannten Schwimmprobe sinkt sie sofort unter. Häufig findet man auch eine partielle fötale Atelektase, indem nicht alle Lobuli bei den ersten Inspirationen Luft aufnehmen, sondern ein Teil kollabiert bleibt; sie erscheinen dann als kleine, dunkelrote, im Gegensatz zu dem übrigen Lungengewebe eingesunkene, luftleere Herde.

Gegenüber dieser fötalen Atelektase, bei welcher ein Teil oder die ganze Lunge niemals lufthaltig gewesen ist, entsteht die **erworbene** Atelektase (auch **Kollaps** genannt) dadurch, daß die Luft aus dem Gewebe wieder schwindet. Je nach dem Zustandekommen dieser Formen unterscheidet man drei Arten: *(Erworbene Atelektase.)*

a) Die **Kompressionsatelektase.** Wenn durch irgend einen raumbeengenden Prozeß in der Pleurahöhle, z. B. durch große Mengen sich ansammelnder Flüssigkeit (Transsudat, Exsudat), oder durch Tumoren oder Hypertrophie des Herzens mit Verdrängung der Lunge oder durch hinaufdrängendes Zwerchfell, z. B. bei Tumoren der Bauchhöhle, ein Druck auf einen Lungenteil ausgeübt wird, so kann die Luft aus ihm herausgetrieben werden. Das Aussehen dieser durch Kompression atelektatischen Lungenpartien ist ähnlich dem bei der fötalen Atelektase, nur sind sie blutärmer, da meistens auch die Gefäße mitkomprimiert werden. Im übrigen ist der betreffende Lungenabschnitt, evtl. die ganze Lunge, in ihrem Volumen verkleinert, von zäher, schlaffer Konsistenz und zeigt nicht das charakteristische Knistern, wie es die lufthaltige Lunge beim Daraufdrücken und Durchschneiden darbietet. *(a) Kompressionsatelektase.)*

b) Die **Verstopfungsatelektase** (Kollapsatelektase). Sie schließt sich namentlich an katarrhalische Entzündungen und andere Erkrankungen der Bronchien an, in deren Verlauf Bronchiallumina durch länger liegenbleibendes Sekret verlegt und so für die Luft undurchgängig werden können. Dann wird die in den zugehörigen Lobuli noch enthaltene Luft nach und nach absorbiert, während das Gewebe durch seine Elastizität zusammensinkt. Je nach der Größe des verstopften Bronchialastes betrifft diese Atelektase einzelne oder mehrere Lobuli. Da bei dieser Form ein Druck auf das Gewebe nicht ausgeübt wird, bleiben die kollabierten Partien bluthaltig und zeigen eine dunkelrote, livide Beschaffenheit. *(b) Kollapsatelektase.)*

c) Die **marantische Atelektase** entsteht bei Zuständen mangelhafter Respiration und gleichzeitiger Herzschwäche. Genügt die Respiration nicht mehr, um alle Lungenteile gehörig mit Luft zu füllen, so werden in erster Linie die unteren und hinteren Lungenabschnitte mangelhaft ventiliert, und ihre Alveolen sinken dauernd etwas zusammen. Da sich nun andererseits infolge der Herzschwäche eine Hypostase, d. h. eine Unfähigkeit das Blut aus eben jenen Lungenabschnitten zu heben, einstellt, so werden diese luftarm und gleichzeitig mit venösem Blute überfüllt. Die diffuse Ausbreitung auf die hinteren und unteren Lungenabschnitte ist für die marantische Atelektase, wie aus deren Entstehung hervorgeht, typisch; dazu kommt noch die dunkle Farbe, der stark vermehrte Blutgehalt und der meist etwas ödematöse Zustand des Gewebes; dagegen ist der Luftgehalt in der Regel nicht vollkommen aufgehoben, sondern nur mehr oder weniger herabgesetzt. *(c) Marantische Atelektase.)*

An eine Atelektase können sich, namentlich wenn sie längere Zeit bestehen bleibt, verschiedene Folgezustände anschließen, von denen hier die sog. Kollapsinduration, die Splenisation und die atelektatischen Bronchiektasien beschrieben werden sollen. *(Folgezustände der Atelektasen.)*

Während die frisch entstandene Atelektase durch wieder erfolgenden Luftzutritt rückgängig gemacht werden kann — ebensogut wie man auch an der Leiche solche frisch kollabierten Partien durch Lufteinblasen wieder aufzublähen imstande ist —, findet bei längerem Bestehen des Kollaps eine Verklebung der Alveolarwände statt; hieran schließt sich später eine Bindegewebsentwickelung innerhalb der kollabierten Lobuli an, während das Alveolarepithel, soweit es noch erhalten war, zugrunde geht (vgl. produktive Pneumonie unten). Diese Bindegewebsentwickelung, durch welche die atelektatischen Lobuli in ein derbes, blasses, meist stark schiefrig pigmentiertes, völlig luftleeres Gewebe verwandelt werden, bezeichnet man als **Kollapsinduration.** *(a) Kollapsinduration.)*

Die **Splenisation** entsteht dadurch, daß an den kollabierten Partien ein Ödem auftritt, wodurch sie wieder etwas anschwellen und eine eigentümliche, milzartige Konsistenz bei dunkelschwarzroter Farbe erhalten. Meist ist das Ödem und ebenso die dunkelrote Färbung auf *(b) Splenisation.)*

Rechnung einer mit Hypostase verbundenen Zirkulationsstörung (vergl. oben) zu setzen; daher schließt sich die Splenisation besonders häufig an die marantische Atelektase an.

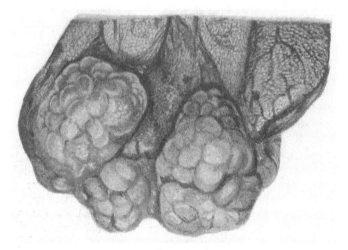

Fig. 544.
Emphysem der Lunge.
Nach unten im Bilde sind die Alveolen sehr weit, mit Luft aufgebläht, erscheinen daher hell.

c) Bronchi- ektasien.

Endlich entstehen an den von atelektatischen Stellen wegführenden Bronchien nicht selten Erweiterungen, welche auf den, nach Ausfall des respirierenden Lungenparenchyms auf den Bronchien allein lastenden Inspirationsdruck zurückzuführen sind (s. o.) — **atelektatische Bronchiektasien.** Solche kommen auch bei partieller fötaler Atelektase vor.

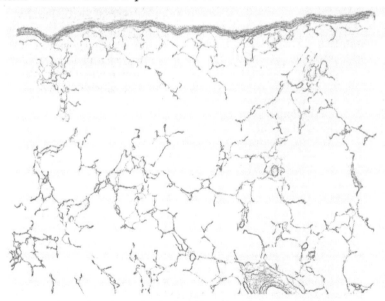

Fig 545.
Emphysem der Lunge ($\frac{25}{1}$).
Die Infundibula erweitert, die Alveolen abgeflacht; das Lungengewebe durch Schwund zahlreicher Septa rarefiziert.

Em- physem.

Das **Emphysem** der Lunge bildet den Gegensatz zur Atelektase. Während bei dieser die luftführenden Räume des Parenchyms zusammensinken, werden sie beim Emphysem übermäßig ausgedehnt und erweitert (Fig. 545). Eine solche Aufblähung der Lunge kann in Zuständen forcierter Inspiration innerhalb kurzer Zeit zur Ausbildung kommen und wird dann als akutes (vesikuläres) Emphysem bezeichnet. So findet sie sich bei Erstickungs- und Ertrinkungstod, Bronchitis etc.

Das chronische Emphysem geht mit mehr oder minder hochgradiger Atrophie des Lungengewebes einher. Wird bei chronischen Katarrhen der Bronchien infolge von An-häufung eines zähen Sekrets die Respiration und Expektoration erschwert und (besonders beim Husten) der Exspirationsdruck erhöht, so erweitern sich zunächst die Infundibula zu großen, oft schon mit bloßem Auge sichtbaren Bläschen (s. Fig. 544); durch die übermäßige Dehnung der Infundibula werden die Alveolarscheidewände erniedrigt und die Alveolarräume abgeflacht; im weiteren Verlaufe schließt sich auch eine Atrophie der Alveolarscheidewände (insbesondere der Elastika) an, welche zuletzt nur noch wenig ins Lumen der Infundibula vorspringende, niedrige Leisten bilden (Fig. 545). In höheren Graden des Emphysems kommt es weiterhin noch zu partiellem Schwund von Infundibularwänden, so daß sich auch noch Kommunikationen zwischen den weiten Lungen-bläschen in ausgedehnterem Maße herstellen, und schließlich eine Anzahl dieser zu größeren Hohl-räumen konfluiert. Durch diese fortgesetzte Rare-fikation des Parenchyms entstehen manchmal hasel-nußgroße bis taubeneigroße und noch größere Blasen (Emphysema bullosum). Das Emphysem kommt über die ganze Lunge verbreitet vor und heißt dann auch allgemeines substantielles Emphysem.

Infolge der Erweiterung ihrer luftführenden Räume wird die emphysematöse Lunge abnorm vo-luminös, gebläht („Volumen auctum"), so daß sie den Herzbeutel ganz überlagern kann; sie wird substanzärmer, weil eben der größte Teil ihres Vo-lumens durch Luft ausgefüllt ist. Die Ränder der Lunge sind abgerundet infolge der stärkeren Füllung der Alveolen. Die Lunge ist weich und zeigt beim Daraufdrücken wie beim Durchschneiden ein viel stärkeres Knistern als in der Norm. Drückt man mit dem Finger auf die herausgenommene und einer festen Unterlage aufliegende Lunge, so zeigt sich eine deutliche Abnahme ihrer Elastizität darin, daß Fingereindrücke lange bestehen bleiben. Da mit dem Schwund der Alveolarsepta auch deren Kapil-laren und schließlich auch größere Gefäßstämmchen zugrunde gehen, so wird die emphysematöse Lunge anämisch und erhält eine blasse, bleigraue und, in-folge des meist geringen Saftgehaltes, trockene Ober-und Schnittfläche.

Fig. 546.
Interstitielles Emphysem des Unterlappens.
Man sieht in der Pleura die reihen- (und netz-)
förmig angeordneten Luftbläschen.
Nach Ribbert aus Brüning-Schwalbe, Handb. d.
allgem. Pathol. etc. des Kindesalters. Wiesbaden,
Bergmann 1913.

In ähnlicher Weise wie die Bronchitis führen andere Zustände zum Emphysem, bei welchen dauernd der Zustand der inspiratorischen Ausdehnung beibehalten wird; dies ist z. B. bei fort-gesetztem Blasen von Blasinstrumenten der Fall. Nach manchen Autoren ist der starre auf Rippenknorpelverknöcherung zu beziehende und dann in Inspirationsstellung fixierte (weil die durch die Elastizität des Thorax bedingte Exspirationsbewegung wegfällt) Thorax Haupt-ursache für das Emphysem.

Ferner entsteht Emphysem, und zwar je nachdem akutes oder chronisches, auch durch Erhöhung des Inspirationsdruckes an solchen Lungenabschnitten, welche für andere funktions-unfähig gewordene Teile des Organs vikariierend eintreten; dies findet sich namentlich oft an den Rändern der Lunge, welche (s. o.) bei dem chronischen Emphysem überhaupt abgerundet werden. Man bezeichnet diese Form als vikariierendes (konsekutives, kollaterales) Emphysem. Es kann eine ganze Lunge oder den Teil einer solchen umfassen.

Als idiopathische Erkrankung tritt ferner im höheren Alter das senile Emphysem auf, das ebenfalls die ganze Lunge betrifft, und bei welchem wahrscheinlich die atrophischen Prozesse am Parenchym die primären Veränderungen darstellen. Meist wirkt dabei auch chronische Bronchitis mit. Infolge der Atrophie ist bei dieser Form des Emphysems die Lunge in toto verkleinert, nicht wie sonst bei Emphysem vergrößert.

Der Thorax nimmt unter Einfluß des hochgradigen chronischen Emphysems eine faß-förmige Gestalt an.

Als Folge der bei dem Emphysem eintretenden Verödung zahlreicher Lungen-Kapillaren stellt sich eine Erschwerung der Arbeit des rechten Ventrikels und damit eine Hypertrophie des letzteren ein.

Alveoläres
und inter-
stitielles
Em-
physem.

Bei den bisher beschriebenen Formen findet sich die Luft innerhalb der erweiterten Alveolarräume, und man faßt sie daher auch als vesikuläres oder **alveoläres Emphysem** zusammen. Im Gegensatz zu ihnen entsteht das **interstitielle Emphysem** dadurch, daß Alveolarwände einreißen und dadurch Luft in das Interstitium gelangt. Man sieht dann in dem interlobulären Gewebe, namentlich auch unter der Pleura, Reihen aneinanderliegender Luftbläschen, die meist deutlich der netzförmigen Anordnung der interlobulären Septen folgen.

Dieser letztere Zustand kann auch als Leichenerscheinung auftreten, wenn durch Fäulnis eine Gasentwickelung im Gewebe zustande kommt.

Es liegt auf der Hand, daß mit dem Emphysem die Atmungsfähigkeit herabgesetzt ist.

c) Zirku-
lations-
störungen.

Anämie.

c) Zirkulationsstörungen.

Anämie der Lunge ist Teilerscheinung allgemeiner Anämie oder entsteht lokal bei Kompression der Lunge durch raumbeengende Prozesse in der Pleurahöhle oder durch Verödung von Gefäßen, wie eine solche beim Emphysem eintritt.

Braune
Induration
(chronische
Stauung).

Die sog. **braune Induration** der Lunge entsteht als Effekt chronischer venöser **Stauung,** wie sie durch Erschwerung des venösen Rückflusses aus der Lunge in den linken Vorhof zustande kommt. Meist handelt es sich um Klappenfehler am linken Herzen oder allgemeine Herzschwäche (vgl. S. 15ff. und S. 358ff.). Die durch chronische Stauung bedingte Dehnung und Erweiterung der Kapillaren, welche gerade in der Lunge mit einer starken Schlängelung derselben einhergeht, bewirkt in höheren Graden der Erkrankung eine nicht unbedeutende Einengung der Alveolarlumina, indem die in den Alveolarwänden liegenden, ektatischen Kapillarnetze stark in die Alveolen prominieren (Fig. 546a). Aus ihnen kommt es durch Diapedese oder kleine Stauungsblutungen, zum Austritt roter Blutkörperchen in die Alveolen, und indem sich aus den roten Blutkörperchen braunes Pigment (s. Tafel II, Fig. 554) bildet, stellt dies einen konstanten Befund in Stauungslungen dar. Dieses Pigment verleiht der Lunge eine charakteristisch rostbraune Farbe, welche auch dann noch deutlich bestehen bleibt, wenn das Organ, z. B. infolge allgemeiner Anämie, blutarm geworden ist und findet sich sowohl in den Interstitien wie auch in den luftführenden Räumen der Lunge. Innerhalb der Alveolen liegt das Pigment teils frei in Form körniger Haufen, teils in Zellen, besonders Alveolarepithelien, eingeschlossen. Die pigmentführenden Zellen sind in Stauungslungen ein so konstanter Befund, daß sie — in Hinsicht auf die häufigste Ursache jenes Zustandes — den Namen „Herzfehlerzellen" erhalten haben und, im Sputum gefunden, diagnostische Bedeutung besitzen. Als Effekt des meist gleichzeitig vorhandenen Stauungskatarrhs zeigt sich in der Regel auch eine Desquamation epithelialer Elemente, welche durch ihren helleren, großen Kern und den großen Zelleib sich vor Wanderzellen auszeichnen, die ebenfalls rote Blutkörperchen oder Pigment enthaltend auftreten.

Durch die Verdickung und Ausdehnung des kapillaren und venösen Gefäßapparates, womit zuweilen auch eine leichte Zunahme des bindegewebigen Gerüstes der Lunge einhergeht, erleidet die letztere eine Vermehrung ihrer Konsistenz, die der zyanotischen Induration anderer Organe analog ist. Schließlich kommt es sehr häufig zu einer vermehrten serösen Transsudation, einem chronischen Ödem der Lunge, die dann eine eigentümlich zähe, gequollene Beschaffenheit erhält.

Ein **Ödem** der Lunge ist ein sehr häufiger und unter verschiedenartigen Umständen
vorkommender Befund. Die ödematöse Lunge ist durch den Austritt von Blutserum in die
Alveolen luftärmer; von ihrer Schnittfläche entleert sich auf leichten Druck eine sehr reichliche Menge graugelber, manchmal auch rötlich gefärbter, meist lufthaltiger, daher schaumiger,
Flüssigkeit. Auch die größeren und kleineren Bronchien sind mit solcher erfüllt, die bindegewebigen Interstitien mit Flüssigkeit durchtränkt (interstitielles Ödem). Oft ist das Ödem
leicht blutigrot; die Flüssigkeit enthält oft abgestoßene Alveolarepithelien. Infolge des
vermehrten Saftgehaltes ist die ödematöse Lunge schwer, voluminös und zeigt eine unelastische,
teigige Konsistenz.

Die Bedeutung, welche im einzelnen Falle dem Lungenödem zukommt, ist, ebenso wie seine Ursache, eine sehr verschiedene. Zum Teil ist es durch **Blutstauung** bedingt, welche bei eingetretener
Herzschwäche sich dadurch entwickelt (vgl. S. 50), daß durch den inspiratorisch auftretenden negativen
Druck in den Alveolen mehr Blut angesammelt wird, als wieder in den linken Ventrikel abfließen kann,
da ja dieser durch seine schwächeren Kontraktionen
selbst wieder mangelhaft entleert wird; das Ödem ist
dann mit Hyäpermie verbunden, welche in den unteren
Lungenabschnitten beginnt. Für manche Fälle ist auch
ein frühzeitiges Erlahmen des linken Ventrikels bei
kräftig fortarbeitendem rechten Ventrikel als Ursache
des Lungenödems wahrscheinlich. Auch neurotisch
scheint Lungenödem bedingt sein zu können; ferner
findet es sich bei akuten Vergiftungen. In solchen
Fällen, wo das Lungenödem sich an Zustände von be-
hindertem Luftzutritt durch die Luftwege (Glottisödem,
Trachealstenose etc.) anschließt, wird für seine Entstehung das Hauptgewicht auf die Wirkung forcierter
Inspirationen zu legen sein, wodurch der, bei der
Ausdehnung der Alveolen sich einstellende, negative
Druck in diesen noch gesteigert wird. Auch eine sep-
tisch-toxische Wirkung auf die Gefäße, so daß
diese durchgängiger werden, wird angenommen. Hierbei ist zu beachten, daß die Lungenkapillaren vor denen
des übrigen Körpers sich durch stärkeren Bau auszeichnen und größere vasomotorische „Autonomie" besitzen. Auch dem Epithel der Alveolen kommt besondere Bedeutung bei der Entstehung des Lungenödems zu (Klemensiewicz). In einem Teil der Fälle
ist das Lungenödem ein entzündliches (s. u.). Vielfach ist, wie aus den angegebenen Entstehungsbe-
dingungen hervorgeht, das Lungenödem ein agonaler
oder kurz vor dem Tod sich entwickelnder Zustand.

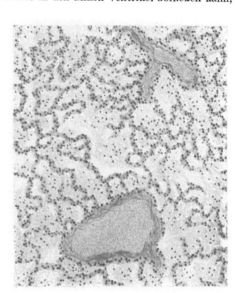

Fig. 546 a.
Hyperämie und Ödem der Lunge.

Blutungen, meist kleiner Natur, finden sich in der Lunge bei allgemeinen hämorrhagischen
Diathesen, ferner als **Stauungsblutungen** bei der oben geschilderten braunen Induration.
Weiter entstehen Blutungen in der Lunge bei Ulzerationsprozessen an den Gefäßen, so z. B.
in phthisischen Kavernen oder bei traumatischen Zerreißungen des Lungengewebes, z. B.
durch Einbohren von Rippenenden bei Frakturen dieser. Vasomotorische Einflüsse können
wahrscheinlich auch gleichzeitig mit Gehirnblutungen Lungenblutungen bewirken. Rote
Blutkörperchen gelangen auch häufig in die Alveolen durch Aspiration von Blut nach
Blutungen in die Mundhöhle, den Magen etc. (s. Fig. 548).

Größere **hämorrhagische Infarzierungen** (s. Fig. 548 a) kommen durch **thrombotischen**
oder **embolischen Verschluß** der Lungenarterienäste oder durch Zerreißung resp. Arrosion
von Gefäßen zustande. Unter gewöhnlichen Verhältnissen verursachen Embolien oder
Thrombosen in der Lunge keine Infarkte, weil die zwischen den Lungenkapillaren und den
Ästen der Arteriae bronchiales und pleurales bestehenden **Anastomosen** ausreichen, auch
nach Verschluß einer Lungenarterie, um das dieser zugehörige Gebiet mit Blut zu versorgen.
Dagegen treten hämorrhagische Infarkte häufig bei Zuständen der braunen Induration
auf, wo infolge des erhöhten Druckes in Venen und Kapillaren (s. S. 38) nach eingetretenem
Arterienverschluß ein Rückströmen des venösen Blutes leichter zustande kommt und außerdem,
wie die zahlreichen Pigmentierungen zeigen, die Lungengefäße ohnedies zu Blutungen disponiert

Aussehen
derselben;
sind. Vielfach wird angenommen, daß das eingeströmte Blut aus den Kollateralen der Lungengefäße mit den Bronchialgefäßen stammt. Die hämorrhagischen Infarkte der Lunge stellen haselnußgroße und größere, meist keilförmige, mitunter aber auch mehr unregelmäßig gestaltete Herde dar, an deren von der Pleura abgewendeter Spitze man meist den Embolus findet. An der Lungenoberfläche erscheinen sie als etwas hervorragende, derbe, schwarz-rote Stellen, auf der Schnittfläche zeigen sie die gleiche Farbe, sind vollkommen luftleer, derb, ziemlich scharf begrenzt, glatt, deutlich prominent und lassen reichlich Blut ab-streifen.

Zustande-
kommen
derselben.
Zur Entstehung hämorrhagischer Lungeninfarkte geben marantische Thromben des rechten Herzens Gelegenheit, von denen öfters Stücke losgerissen und als Emboli in die Lungenarterien mitgerissen werden, in deren Ästen sie stecken bleiben. In der Regel findet man den autochthonen Thrombus, welcher den Ausgangspunkt gebildet hatte, als

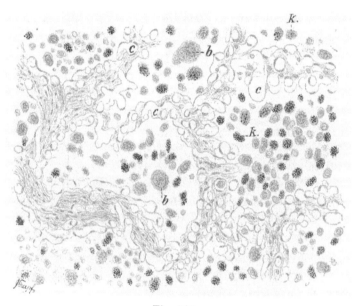

Fig. 547.
Braune Induration der Lunge ($\frac{300}{1}$).
Die interalveolären Septa verdickt, an denselben die stark dilatierten Kapillaren (c) ins Lumen der Alveolen vorspringend. In letzteren blutpigmenthaltige (b) und kohlenpigmenthaltige (k) Zellen. (Färbung mit Karmin.)

„Herzpolypen“ zwischen den Papillarmuskeln an der Spitze des rechten Ventrikels. Es kann aber der Embolus auch von Thromben im Vorhof (Herzohr) oder von verschiedenen Stellen der venösen Blutbahn (periphere, namentlich variköse Venen, Uterinvenen, Venen des Plexus hypogastricus, marantische Thromben in den Venae femorales, Thromben im Anschluß an Operationen etc.) herstammen. Der Embolus selbst sitzt in der Regel an der Spitze des Infarktes, meistens an der Teilungsstelle einer Arterie, oft auf dem „Steg“ dieser reitend, so daß seine umgebogenen Enden in die Äste hineinragen. Außer einer Embolie kann auch — aber weit seltener — eine autochthone Thrombose an Ort und Stelle die Entstehung eines hämorrhagischen Infarktes der Lunge veranlassen.

In anderen Fällen entstehen hämorrhagische Infarzierungen durch Zerreißung von Blutgefäßen bei Erkrankungen der Gefäßwand unter dem Einfluß erhöhten Blutdruckes.

Im weiteren Verlauf entsteht aus dem Infarkt in der S. 128 angegebenen Weise eine eingezogene, derbe, mit Blutpigment durchsetzte Narbe.

Wenn die Emboli von Thromben stammen, welche infiziert sind, so bilden sich natur-gemäß infizierte Infarkte mit allen Folgeerscheinungen (s. unten).

Wenn Emboli die **Hauptlungenarterie** einer oder gar beider Seiten — etwa die noch ungeteilte Arteria pulmonalis — verstopfen, so tritt **plötzlicher Tod** ohne Ausbildung eines Infarktes ein. Diese Embolie findet sich besonders nach Thrombosen in den Venae femorales und stellt, da die letzteren sich sehr häufig bei darniederliegender Zirkulation (langes Liegen, besonders auch nach schweren Operationen) bilden, eine der gefürchtetsten Komplikationen vieler Erkrankungen, Geburten, Operationen dar. Ein Teil dieser Emboli, welche oft enorme Größe erreichen, stellen wohl eine Em-

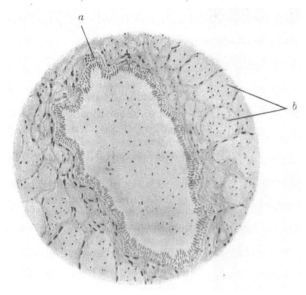

Fig. 548.
Aspiration von Blut in die Lunge.
Blut (in der Mitte) in einem Bronchus (*a*) und in Alveolen (*b*).

Fig. 548 a.
Hämorrhagischer Infarkt der Lunge.
Etwa an der Spitze des Keils der Embolus.

bolie kleinerer Thrombusstücke dar, die durch Gerinnung, welche an Ort und Stelle um die Emboli infolge von Wirbelbewegungen einsetzt, appositionell so stark gewachsen sind.

Zu den embolischen Prozessen gehört auch die speziell in der Lunge bedeutungsvolle **Fettembolie, Luftembolie** und **Zellembolie** (s. S. 42ff.).

In sehr seltenen Fällen findet sich an veränderte elastische Fasern der Lunge Eisen und Kalk gebunden (über die Beziehungen beider siehe im I. Teil), sog. ,,Eisenkalklunge'', doch scheint es sich hier öfters um Kalium und Alkalien denn um Kalzium zu handeln (Gigon).

d) Entzündungen, Pneumonien.

Die **Entzündungen** der Lunge — **Pneumonien** genannt — finden ihren Ausdruck teils nur in einem **Exsudat**, teils auch in **proliferativen** Prozessen. Dem anatomischen Bau entsprechend müssen die exsudativen Produkte in die Alveolen der Lunge abgelagert werden. Es erinnern die Prozesse daher besonders bei der fibrinösen Entzündung an die Entzündungsformen, wie sie sich an Schleimhäuten abspielen (vgl. S. 134), wobei jede einzelne Alveolarwand gewissermaßen einer Schleimhaut entspricht. Erfüllt somit ein Exsudat die Alveolar- und Infundibularlumina, so wird die Luft aus ihnen verdrängt, und man bezeichnet diesen Zustand des Lungengewebes als **Hepatisation**, weil infolge der Konsistenzvermehrung das Lungengewebe bis zu einem gewissen Grade jetzt dem Lebergewebe gleicht. Die verschiedenen Formen der Lungenentzündung sind auch von verschiedenen entzündungserregenden Agentien abhängig. In erster Linie kommen Bakterien in Betracht, welche mit der Außenluft in die Lunge geraten. Diese bewirken eine **exsudative** Entzündung, bestimmte Bakterien, besonders die Pneumokokken, eine **fibrinöse** Entzündung, eine Reihe anderer Kokken eine mehr zellreiche und Eiterbakterien eine eiterige. Fremdkörper, welche mit solchen Kokken beladen in die Lunge geraten, werden hier naturgemäß ebenfalls eiterige Entzündung erzeugen. Feinste Partikel, welche in großer Menge in die Lunge eingeatmet werden, besonders Staubarten, rufen eine mehr chronische proliferative Entzündung hervor. Außer diesem Wege der Inspiration kann die Infektion einer Lunge auf dem Blutwege vor sich gehen, z. B. auf dem Wege der Metastase. Ferner ist eine Ausbreitung des Prozesses von der Nachbarschaft, so von der Pleura oder den Hiluslymphdrüsen aus auf die Lungen möglich, wobei meist der Lymphweg als Zwischenträger fungiert.

Einzelne Formen: Gehen wir nunmehr zu den einzelnen Formen der Pneumonie über.

1. fibrinöse Pneumonie: 1. **Fibrinöse** oder **kruppöse Pneumonie.** Bei dieser ist die Hepatisation in der Regel über größere Lungenabschnitte, meist über ganze Lungenlappen ausgedehnt und

Lobäre Ausbreitung;

3 Stadien:

a) Anschoppung;

b) rote Hepatisation.

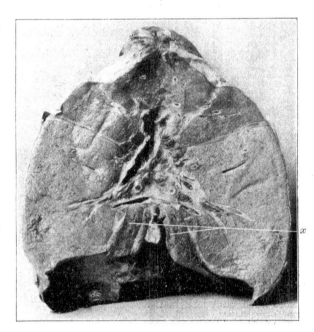

Fig. 549.
Kruppöse Pneumonie.
Die Unterlappen sind im Zustand der grauen Hepatisation, die bei *x* ganz unten schon in Lösung übergegangen ist. Die Oberlappen sind frei.

ergreift die erkrankten Partien in ziemlich gleichmäßiger Weise; man spricht daher auch von **lobärer Hepatisation** oder **Pneumonie.** Die Konsistenz bei der fibrinösen Pneumonie ist eine sehr feste, eine Eigenschaft, welche auf die Beschaffenheit des Exsudats zurückzuführen ist. Gewöhnlich unterscheidet man im Verlauf dieser Pneumonie drei Stadien: das der blutigen Anschoppung, das der roten Hepatisation und das der grauen Hepatisation und der Lösung.

In dem Stadium der Anschoppung (engouement) findet sich nur eine kongestive Hyperämie, welche mit einem starken entzündlichen Ödem einhergeht, wodurch die Lunge groß, dunkelrot und entsprechend dem vermehrten Blutgehalt etwas luftärmer wird. Charakteristisch ist dies Stadium also nicht.

Im Stadium der roten Hepatisation wird das charakteristische Exsudat in die Lumina der Alveolen und Infundibula abgesetzt. Es ist ein fibrinöses, d. h. es gerinnt, indem sich zahlreiche, netzförmig angeordnete Fibrinfäden in ihm ausscheiden. Die Alveolarepithelien erleiden vorher eine Nekrose und hyaline Umwandlung und werden zum Teil in zusammenhängenden, pseudomembranartigen Lagen abgestoßen. Außerdem finden sich im Exsudat große Mengen von Leukozyten und mehr oder minder reichlich rote Blutkörperchen. Diese zelligen Elemente werden von den ausgeschiedenen Fibrinfäden umsponnen und zusammengehalten. Doch finden sich die Zellen im ganzen mehr im Zentrum der Alveolen, das Fibrin am Rand. So entstehen solide Ausgüsse der luftführenden Räume, welche der Lunge auf der Schnittfläche schon makroskopisch ein charakteristisches, deutlich gekörntes Aussehen verleihen, indem sie in Form von Pfröpfen über dieselbe hervorragen (während sich die Alveolarsepten infolge ihrer Elastizität retrahieren) und leicht mit der Messerklinge von ihr abgestreift werden können. Untersucht man diese Pfröpfe bei schwacher Vergrößerung, so erkennt man leicht, daß sie aus einer Anzahl kleinerer, oft traubenförmig aneinanderhängender Gebilde zusammengesetzt sind und Ausgüsse der Infundibula und Alveolen darstellen. Da die genannten Hohlräume von den Gerinnseln vollkommen erfüllt werden, ist der Luftgehalt der infiltrierten Partien durchweg aufgehoben; solche Lungenstücke schwimmen nicht. Die durch Pfröpfe ausgedehnten luftführenden Räume der Lunge können nicht, wie sie es an der normalen Lunge tun, nach Eröffnung der Pleura-höhle zusammensinken, daher bleibt auch die Lunge ausgedehnt und voluminös. Ihre Konsistenz ist vermehrt, aber brüchig, die Farbe auf der Oberfläche und Schnitt-fläche dunkelbraunrot; jedoch treten auf letzterer sehr bald die erwähnten Pfröpfe durch eine etwas hellere, mehr graurote Farbe hervor.

Die durchschnittliche Dauer der roten Hepatisation beträgt einen bis drei Tage; dann geht sie in das Stadium der grauen oder graugelben Hepatisation über, mit welcher die Rückbildung des Prozesses eingeleitet wird. Dies geschieht dadurch, daß das feste Exsudat durch Autolyse (S. 12) verflüssigt und zum Teil durch Exspek-toration, zum Teil auf dem Wege der Lymphbahnen entfernt wird. Anfangs findet man in den Alveolen noch reichliche Leuko-zyten; die Schnittfläche zeigt in diesem Stadium einen mehr grauen Farbton, wel-cher noch dadurch verstärkt wird, daß durch Gerinnungen an vielen Stellen des Kapillar-netzes — sowohl die Gefäße, wie vor allem Lymphgefäße sind ebenso wie die Alveolen mit geronnenem Fibrin gefüllt — die hepa-tisierten Teile blutarm werden; je mehr die festen Kruppfröpfe sich lösen und auf dem Lymphwege abgeführt werden, um so mehr verliert die Schnittfläche ihre körnige Be-schaffenheit; mit dem Freiwerden der Al-veolen — Lösung, resolutio — nimmt die Lunge wieder Luft auf und erreicht mit vollendeter Regeneration des Epithels wieder ihre normale Beschaffenheit.

Auf der Höhe der Erkrankung zeichnet sich eine kruppös-pneumonische Lunge also durch Vergrößerung, ver-mehrte Konsistenz, körnige Beschaf-fenheit (auf der Schnittfläche) und je nach dem Stadium mehr rote oder graue oder gelbe Farbe der ergriffenen Partien aus. Die Pfröpfe in den einzelnen Alveolen liegen nicht gänzlich isoliert, vielmehr läßt sich mikroskopisch nachweisen, daß feinste Fibrinfäden durch die sog. Stomata der Alveolarsepten hindurch das Fibrin eines Lumens mit dem des benachbarten ver-binden (Fibrinrücken).

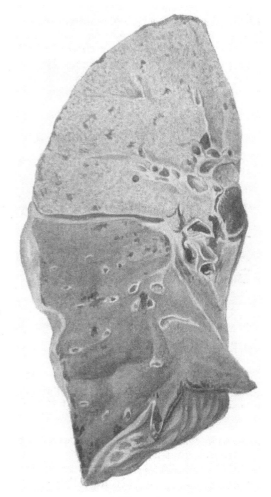

Fig. 550.
Fibrinöse Pneumonie (und Pleuritis).
Der Oberlappen ist im Zustand der grauen Hepatisation. Die Pleura der ganzen Lunge ist mit einem dicken Fibrinbelag be-legt (gelb).

Die kruppöse Pneumonie beginnt in der Mehrzahl der Fälle in dem Unterlappen und schreitet von da nach oben fort. Auch auf die andere Lunge kann der Prozeß übergreifen. Sie findet sich rechts häufiger als links. Fast immer bewirkt sie gleichzeitig noch eine fibrinöse oder serofibrinöse Pleuritis, öfters schließt sich auch eine fibrinöse Perikarditis an sie an. In den größeren Bronchien findet sich eine katarrhalische oder auch fibrinöse Entzündung (S. 444).

In den typischen Fällen kruppöser Pneumonie werden fast ausnahmslos die **Fränkel-**

Weichselbaumschen Pneumokokken (s. S. 310) in der Lunge gefunden — zuweilen aber auch der Friedländersche Pneumoniebazillus, sowie der Pneumococcus mucosus —; sie sind als die Erreger der Erkrankung anzunehmen. In zahlreichen schwereren Fällen finden sich die Pneumokokken auch im Blut des Pneumoniekranken. Bei Anwendung der Weigertschen Fibrinfärbung stellt man in der Lunge gleichzeitig die Pneumokokken und das in den Alveolen gelegene Fibrin färberisch dar. Besonders lehrreich ist auch Färbung auf elastische Fasern, welche die einzelnen intakt gebliebenen Alveolarsepten hervorhebt.

Ausgang in Tod oder Lösung des Exsudates. Wahrscheinlich kann das erste Stadium der Pneumonie sich schon zurückbilden, ohne in das nächstfolgende überzugehen. Der Tod tritt am häufigsten am 6. bis 8. Tage, also im Übergang vom Stadium der roten in das der grauen Hepatisation ein und wird zum Teil durch die Schwere der Infektion, durch Lungeninsuffizienz — bei großer Ausdehnung des Prozesses — oder durch Komplikationen (Perikarditis, Meningitis), vor allem aber durch Herzschwäche bedingt; von kardinaler Bedeutung für den tödlichen Ausgang der Erkrankung ist die, in der Mehrzahl der Fälle infolge der massenhaften Exsudation aus dem Blute sich

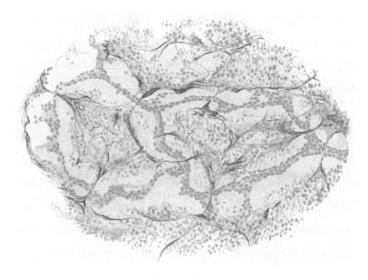

Fig. 551.
Fibrinöse Pneumonie.
Das Fibrin der einzelnen Alveolen (blau gefärbt nach Weigert) hängt durch Fibrinbrücken zusammen. Zellkerne rot (Karmin).
Nach Aschoff-Gaylord, Kursus der pathol. Histol. nebst einem Atlas.

einstellende, hochgradige Oligämie, welche auch direkte Ursache der Herzschwäche und des sich öfters vorfindenden Ödems der nicht hepatisierten Lungenabschnitte ist.

Ungewöhnliche Ausgänge: Der gewöhnliche Verlauf ist sonst der oben geschilderte mit Ausgang in Lösung des Exsudates. In seltenen Fällen schließt sich an diese kruppöse Pneumonie eine

Eiterung und Gangrän; **Eiterung** (meist durch Mischinfektion mit Eitererregern, sehr selten durch die Pneumokokken selbst verursacht) oder eine **Gangrän** an, letzteres wenn sekundär Fäulnisorganismen in das entzündliche Lungengewebe geraten.

Karnifikation. In manchen Fällen wird der Ausgang der Pneumonie dadurch ein ungewöhnlicher, daß die Lösung des Exsudates ausbleibt; es kommt dann zur sog. **Karnifikation** (s. Tafel II, Fig. 555) des Lungengewebes. Diese besteht darin, daß in das liegengebliebene Exsudat ein Granulationsgewebe eindringt und dasselbe nach Art von Thromben oder anderen abgestorbenen Massen organisiert; seinen Ursprung nimmt das Granulationsgewebe zum Teil von den Interstitien zwischen den Lungenläppchen, sowie von den Alveolarwänden, von wo aus es in die Exsudatpfröpfe vordringt, zum Teil auch von dem peribronchialen Bindegewebe; es wächst im letzteren Falle in das Bronchiallumen und in die Alveolarräume und dringt in das Exsudat ein. Makroskopisch zeigt die Lunge in diesem Zustande eine rötliche, zähe, fleischartige Beschaffenheit, woher der Name Karnifikation stammt. Indem das junge Granulationsgewebe bei seiner Umwandlung in zellarmes Narbengewebe schrumpft, entsteht im Innern der Lobuli, wie auch in dem bronchialen Bindegewebe und in den interlobulären Septen, eine derbfaserige, vollkommen luftleere, meist mehr oder minder schiefrig pigmentierte Masse; es hat sich eine Induration der pneumonisch erkrankten Partien entwickelt. Dieser Ausgang ist für das Respirationsvermögen der Lunge naturgemäß ein sehr schlechter.

Endlich gibt es auch Formen fibrinöser Pneumonie, welche von Anfang an vom gewöhnlichen Typus abweichen; namentlich ist dies der Fall, wenn die Erkrankung einerseits bei Kindern, andererseits in höherem Alter auftritt. Bei Kindern zeigt die kruppöse Pneumonie sehr häufig eine ausgesprochen lobuläre Ausbreitung, so daß nicht eine gleichmäßige Hepatisation eines oder mehrerer Lappen, sondern nur eine solche einzelner Lungenläppchen entsteht und so das Bild dem der katarrhalischen Pneumonie (s. u.) ähnlich wird. Aber auch diese lobulären Herde unterscheiden sich von denen der katarrhalischen Entzündung (vgl. u.) durch eine derbere Hepatisation, den vollkommener aufgehobenen Luftgehalt und die deutlich gekörnte Schnittfläche, mikroskopisch durch den Fibrinreichtum des Exsudats. Bei den Pneumonien des höheren Alters ist die Fibrinausscheidung meist eine spärliche; dann weist die Schnittfläche zwar eine diffuse, aber mehr schlaffe Hepatisation auf; ihre Körnung ist undeutlicher, der Saftgehalt sehr reichlich, der Luftgehalt oft nur teilweise aufgehoben; auch bei Influenza finden sich relativ häufig derartige Formen der sog. schlaffen Hepatisation.

Über Allgemeines bei der Pneumonie s. auch das letzte Kapitel.

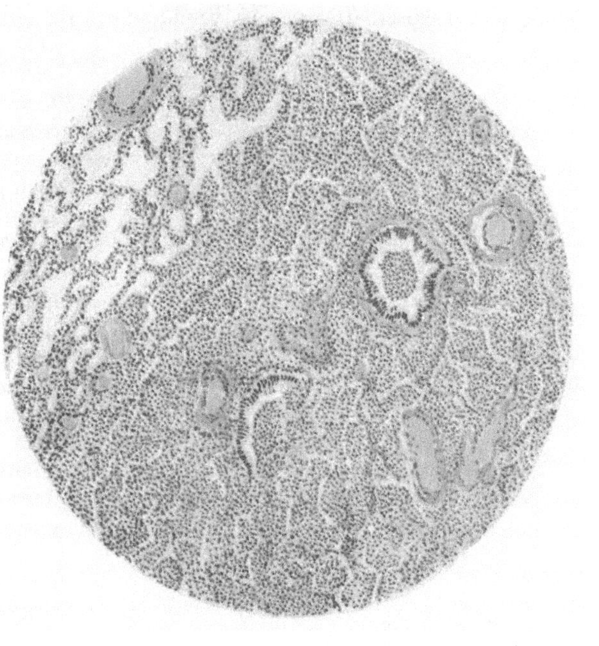

2. Die **Kapillarbronchitis** und die **katarrhalische Bronchopneumonie.**

Abgesehen von den Katarrhen der größeren Bronchien entwickeln sich in der Lunge sehr häufig katarrhalische Entzündungen, die na-

Fig. 552.

Bronchopneumonie (katarrhalische Pneumonie), links lufthaltiges Lungengewebe, rechts pneumonisches.

An zwei Stellen, am Zylinderepithel kenntlich, kleine Bronchien mit katarrhalischem Inhalt gefüllt, welcher an dem unteren Bronchus in das pneumonische Exsudat direkt übergeht.

(Seitenrandnotizen rechts:) Atypisch verlaufende Formen bei Kindern und Greisen (schlaffe Hepatisation).

2. Kapillarbronchitis und (katarrhalische) Bronchopneumonie.

mentlich in den feinsten Bronchialverzweigungen, bis in die intralobulären Äste hinein, ihren Sitz haben und die man als **Kapillarbronchitis** (Bronchiolitis catarrhalis) bezeichnet. Sie geht mit Infiltration und Schwellung der Bronchialschleimhaut und Sekretion eines ähnlichen Exsudats einher, wie man es bei der Entzündung der größeren Bronchien findet. Drückt man auf die Schnittfläche der Lunge, so entleeren sich in kleinen Abständen voneinander Tropfen einer trüben, schleimigen, öfters mehr oder minder eiterigen Masse, die aus den Durchschnitten der feinsten Bronchialäste stammen. Die Muskulatur der etwas größeren Bronchien, die elastischen Fasern und das Bindegewebe um die kleinen Knorpel der Bronchien weisen bei Bronchitiden, besonders chronischen Formen, oft Verfettung auf. Durch die starke Exsudation kommt es bei der Kapillarbronchitis vielfach zu einer Verlegung der Bronchiallumina und damit in der oben (S. 449) angegebenen Weise zur Bildung von atelektatischen Stellen, welche als leicht eingesunkene, dunkel livide, luftleere, das normale Parenchym an Konsistenz etwas übertreffende Herde an der Oberfläche und der Schnittfläche der Lunge auffallen. Andererseits entsteht im Anschluß an die hierdurch gesetzte Respirationsbehinderung nicht selten ein partielles akutes, vesikuläres oder auch ein interstitielles Emphysem (S. 452).

In vielen Fällen greift bei Kapillarbronchitis der entzündliche Prozeß von den Bronchiolen direkt auf die zugehörigen Parenchymteile über, sie wird zur **katarrhalischen Bronchopneumonie.** Dadurch entstehen Herde, welche das Verzweigungsgebiet einzelner oder mehrerer Lobularbronchien betreffen. Man findet dann auf der Schnittfläche der Lunge zerstreut kleine „lobulär" genannte Entzündungsherde, welche infolge der Exsudation ihren Luftgehalt teilweise oder ganz eingebüßt haben, sich derber anfühlen als atelektatische Partien, und welche anfangs, solange sie hyperämisch sind, sich durch intensiv rote Farbe von den letzteren abheben. Die Erkrankung heißt (im Gegensatz zur „lobär" auftretenden *Lobuläre Aus-* kruppösen Pneumonie) auch **Lobulärpneumonie.** Das Exsudat ist im Gegensatz zu dem fibri-*breitung;* nösen der kruppösen (fibrinösen) Pneumonie hier ein serös-zelliges, besteht also (Fig. 553) aus seröser Flüssigkeit, gewucherten, abgeschuppten und verfetteten Epithelien und mehr oder minder zahlreichen Leukozyten; ferner auch aus Fibrin; dies tritt jedoch nicht so reichlich auf, daß es, wie bei der kruppösen Pneumonie, feste, pfropfförmige Gerinnsel in den luftführenden Räumen hervorruft. Durch Aspiration aus den Bronchien kann auch Schleim in die Alveolen hineinkommen. Von dem Zellreichtum (abgestoßene Alveolarepithelien, Lymphozyten und Leukozyten) rührt im Vergleich zu den Schleimhäuten der Name „katarrhalische Pneumonie" her; von der Entstehung auf dem Bronchialwege der Name **„Bronchopneumonie".** Sehr bald geht die rote Farbe der entzündeten Partien in eine graurote bis graugelbe über, die sich zuerst, namentlich in den zentralen Teilen der Herde geltend macht und durch die zunehmende Verfettung des Exsudats bedingt wird. Die Herde der katarrhalischen Bronchopneumonie sind also im Gegensatz zur fibrinösen kleiner, „lobulär", ihre Hepatisation ist unvollständiger, schlaffer als dort. Die Konsistenzerhöhung ist hier nicht so stark wie bei der fibrinösen Pneumonie. Die

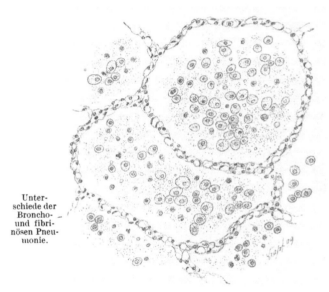

Unter-
schiede der
Broncho-
und fibri-
nösen Pneu-
monie.

Fig. 553.
Katarrhalische Pneumonie ($\frac{250}{1}$).
Im Alveolarlumen abgeschuppte Alveolarepithelien (größere Zellen mit hellerem Kern) und Leukozyten (kleinere Zellen mit dunklen, zum Teil polymorphen Kernen). Außerdem feinkörnige, durch die Härtung aus dem eiweißhaltigen serösen Transsudat niedergeschlagene Massen.

Schnittfläche ist nicht gekörnt, sondern mangels der fibrinösen Pfröpfe glatt und läßt einen gelblichen Saft abstreifen.

Begleit- Neben diesen pneumonischen Herden finden sich regelmäßig die oben erwähnten atelek-*erschei-* tatischen Stellen, welche infolge der stets mitvorhandenen Kapillarbronchitis durch die Ver-*nungen der* legung einzelner Bronchiolen zustande kommen und sich von den entzündlichen Infiltrationen *Broncho-* durch ihre schlaffere Konsistenz, ihre dunklere, mehr zyanotische Farbe, sowie dadurch unter-*pneumonie.* scheiden, daß sie etwas unter die übrige Schnittfläche eingesunken sind (Fig. 554). Andererseits siedeln sich aber gerade in solchen kollabierten Stellen mit Vorliebe Entzündungserreger an, wodurch sich sekundär Exsudationserscheinungen in ihnen einstellen und sie nachträglich in derbere und voluminösere, pneumonische Herde verwandelt werden.

Indem einerseits die einzelnen Herde der Bronchopneumonie durch die Verfettung des Exsudats von den zentralen Teilen her abblassen, während an der Peripherie meist ein dunklerer, hyperämischer Hof bestehen bleibt, indem ferner in der Nähe der alten Herde frischere Entzün-

dungen und andererseits dunklere, atelektatische Stellen auftreten, erhält die Lunge an der Oberfläche, wie auf der Schnittfläche oft ein sehr buntes Aussehen und eine mehr oder minder ausgesprochen marmorierte Zeichnung.

Je zahlreicher die katarrhalischen Herde auftreten, um so mehr werden auch benachbarte
Lobuli von ihren Bronchiolen aus ergriffen, und es konfluieren die kleineren entzündeten Stellen
·zu größeren Flecken. Schließlich kann ein größerer Teil der Lunge ergriffen werden und damit
eine zusammenhängende Hepatisation entstehen, „konfluierte Bronchopneumonie". Indes Konfluierte Broncho- pneumonie.
weicht auch diese von dem Verhalten bei der kruppösen Pneumonie ab: sie ist schlaff, zeigt eine
glatte Schnittfläche und läßt in der Regel deutlich ihre Entstehung aus kleineren Herden namentlich daran erkennen, daß frischere, dunkelrote Partien mit älteren, grauroten bis graugelben abwechseln, daß der Luftgehalt nicht so vollkommen wie bei der fibrinösen Pneumonie aufgehoben
und das Exsufat nicht fest, sondern mehr flüssig ist.

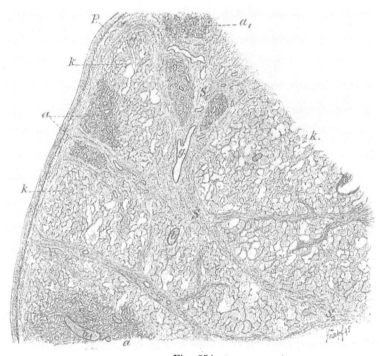

Fig. 554.
Katarrhalische Pneumonie mit Atelektase und Induration ($\frac{50}{1}$).

P Pleura, S, S_1, S_2 verdickte interlobuläre Septa, g Gefäß, b, b_1 Bronchien, k Partien mit Exsudat in den Alveolen, a, a_1 kolla-
bierte (atelektatische) Partien, in deren Bereich die Alveolen zusammengesunken (Färbung auf elastische Fasern nach Weigert).

Auch bei dieser Entzündung der Lunge stellen sich sehr häufig, namentlich wenn oberflächliche Partien derselben ergriffen sind, zirkumskripte oder ausgebreitete seröse oder fibrinöse
Entzündungen der Pleura, manchmal mit reichlicher Exsudation, ein.

Bei der Bronchopneumonie des frühen Kindesalters, welche nach Masern und Keuchuhsten
im Anschluß an Bronchitis entsteht, bilden die Alveolarepithelien öfters Riesenzellen. Gerade bei Masern
sind die Pneumonien zuweilen besonders gefährlich, und zwar weil das Exsudat besonders infolge mangelnden
Aushustens seitens der Kinder liegen bleibt (s. u.). Es finden sich in solchen chronischen Fällen oft Ansätze dazu, daß in den Bronchien das intrabronchiale Exsudat durch Bindegewebsorganisation ersetzt
wird (Bronchiolitis obliterans, s. oben).

Der gewöhnliche Ausgang der katarrhalischen Pneumonie ist der in Rückbildung, Rück- bildung.
indem die Exsudation nachläßt, das vorhandene Exsudat fettig zerfällt und teils durch
Expektoration aus der Lunge entfernt, teils durch die Lymphbahnen resorbiert wird. Mit
dem Freiwerden der Alveolarräume tritt wieder Luft in sie ein, das Epithel der Wandung
regeneriert sich, und so tritt eine restitutio ad integrum ein.

Ausgang in Induration. Anders ist der Verlauf, wenn schwächliche Respiration und mangelhafte Expektoration oder Unwegsamkeit der Lymphwege die gehörige Entfernung des entzündlichen Exsudates stören oder wenn die Exsudation — gewöhnlich neben einer ähnlichen Entzündung in den mittleren und größeren Bronchien — selbst eine chronische wird. In solchen Fällen schließen sich gerne indurative Prozesse an, welche sich einerseits in den interlobulären Septen abspielen und zu einer Verdickung derselben führen, andererseits auch auf die Alveolen übergreifen. An der fibrösen Umwandlung hat die im Anschluß an die Atelektasen sich einstellende Kollapsinduration einen wesentlichen Anteil (s. S. 449). Näheres über die indurativen Vorgänge werden wir unten bei Besprechung der produktiven Pneumonie kennen lernen. Bei chronischen katarrhalischen Pneumonien sind nun weiter auch die Bedingungen zur Ausbildung zirkumskripter oder diffuser Bronchiektasen und bronchiektatischer Kavernen, ferner des vikariierenden und interstitiellen Emphysems reichlich gegeben (S. 452). Endlich bereitet die katarrhalische **Folgezustände der Bronchopneumonie.** Pneumonie oft noch den Boden für anderweitige Affektionen, welche Lungenzerstörungen hervorrufen, vor; es gehören hierher tiefergreifende Eiterungen (nicht bloß eiterige Katarrhe) und Gangrän der Lunge, das sich durch Infektion pneumonischer Herde oder bronchiektatischer Kavernen mit Fäulnisorganismen entwickelt. Auch eine Infektion mit Tuberkelbazillen ist wahrscheinlich nach vorangegangenen katarrhalischen Pneumonien leichter ermöglicht.

Kapillarbronchitis und katarrhalische Pneumonie können für sich allein auftreten, sind aber auch eine sehr häufige Begleiterscheinung einer Reihe von Infektionskrankheiten, namentlich solcher des Kindesalters, Scharlach, Masern, Diphtherie, ferner Influenza u. a. Bei Rückenlage, Äthernarkose etc. kommt die katarrhalische Pneumonie durch Aspiration von Schleim oder Verschlucken besonders leicht zustande, so auch ganz allgemein bei geschwächten Individuen, besonders gelähmten oder benommenen, doch finden sich hier alle Übergänge zur eigentlich eiterigen Pneumonie (s. unten). Wie das Kindesalter — in dem die Pneumonie am meisten am (rechten) Oberlappen (schlecht gelüftete Partien) beginnt —, so weist auch das Greisenalter eine größere Disposition zu katarrhalischen Lungenaffektionen, namentlich solchen chronischer Form, auf. Dieses **Ätiologie derselben.** vielseitige Vorkommen der Lobulärpneumonie deutet darauf hin, daß auch ihre Ätiologie keine einheitliche ist. Nachgewiesen sind bei katarrhalischer Pneumonie der Pneumokokkus (Fränkel-Weichselbaum), der Pneumobazillus (Friedländer), der Staphylococcus pyogenes, der Streptococcus pyogenes u. a.

Während bei den bisher beschriebenen Formen Entzündung und Atelektase gewöhnlich ausgesprochen herdweise auftreten, gesellen sich mehr diffuse katarrhalische Entzündungen zu jenen Zuständen, die wir als Hypostase, marantische Atelektase und Splenisation (S. 449) kennen gelernt haben. Von der Hypostase aus kommt es durch Exsudatbildung direkt zur **Hypostatische Pneumonie.** sog. hypostatischen Pneumonie. Meist wird aber auch diese erst durch Verschlucken etc., also durch Sekundärinfektion bewirkt, was ja kurz vor dem Tode zu der Zeit, zu der auch die Hypostase auftritt, sehr gut verständlich ist.

3. Eiterige Pneumonie. **3. Die eiterige Pneumonie.** Die eiterige Entzündung des Lungenparenchyms beginnt mit Absonderung eines zelligen oder zellig-fibrinösen Exsudates, das aber bald ein rein eiteriges wird; mit der Exsudation geht eine eiterige Einschmelzung des Gewebes einher. Die Eiter- **Entstehungsarten:** erreger können auf drei Wegen in die Lunge gelangen: von den Bronchien her, auf dem Blutwege, oder, von Eiterherden der Umgebung her, auf dem Wege der Kontaktinfektion, resp. durch die Lymphgefäße.

a) auf dem Bronchialwege. a) Von den Bronchien her entsteht eine eiterige Entzündung der Lunge, wie wir gesehen haben, im Anschluß an andere Pneumonien oder direkt als Aspirationspneumonie durch Stoffe verschiedener Art, Speiseteile, Mageninhalt, Stücke von kruppösen Membranen der oberen Luftwege oder von zerfallenden Neubildungen derselben, welche durch Aspiration in das Lungenparenchym gelangen. Die Eiterung wird durch die mit den Fremdkörpern in die Lunge gelangten Mikroorganismen (Staphylokokken, Streptokokken) hervorgerufen. Man bezeichnet diese Form der Lungenentzündung auch als Fremdkörperpneumonie **Schluckpneumonie.** oder Schluckpneumonie. Sie kommt namentlich leicht zustande (s. oben) bei Bewußtseinsstörungen und Lähmungen der Schlingmuskulatur; hierher gehört auch die sog. „Vaguspneumonie" (S. 113). Entsprechend ihrer Entstehung lokalisiert sich die Schluckpneumonie vorzugsweise auf die Unterlappen; je nach der Menge und Verteilung der aspi-

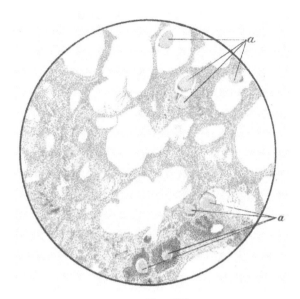

Fig. 555.
Stauungs-Lunge.
Bei *a* geschichtete Corpora amylacea, z. T. umgeben von Blutpigmentmassen.

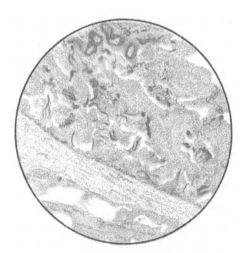

Fig. 556.
Karnifikation der Lunge.
Die Alveolen sind mit derbem Bindegewebe gefüllt; die elastischen Fasern sind wohl erhalten (gefärbt nach Weigert).

rierten Teile bilden sich einzelne zum Teil konfluierende, lobuläre, anfangs graurote, hyperämische, bald aber eiterig zerfallende Herde, die von einem hämorrhagischen Hof umgeben
sind. In der Regel findet man neben schon vorhandenen Eiterhöhlen noch frisch eiterig
infiltrierte, graurote Stellen, die für die oberflächliche Betrachtung eine gewisse Ähnlichkeit
mit kruppöser Entzündung haben.

Eiterige Entzündungen der Lunge können auch zu bereits bestehenden anderweitigen
Lungenaffektionen hinzukommen; am häufigsten geben stagnierendes Sekret chronischer
Katarrhe, käsige tuberkulöse Prozesse oder bronchiektatische Kavernen mit zähem, schwer
entfernbarem Inhalt hierzu Gelegenheit.

Haften in den aspirierten Teilen Fäulnisorganismen, so kann die Eiterung einen jauchig-
gangränösen Charakter erhalten; das eingeschmolzene Gewebe enthält dann eine stinkende
Jauche.

b) Auf dem Blutwege entsteht eine eiterige Pneumonie, wenn das Blut eitererregende b) auf dem
Mikroorganismen mit sich führt, oder durch septische Emboli, die von endocarditi- Blutwege.
schen Effloreszenzen oder eiterig erweichenden Thromben verschiedener Stellen herstammen
können. Im letzteren Falle können sich zuerst feste hämorrhagische Infarzierungen finden,
welche dann eine eiterige Einschmelzung erfahren (vgl. S. 142). Auch zu Gangrän kann
es bei Anwesenheit von Fäulniserregern kommen.

c) Von benachbarten Organen her kann die Eiterung direkt per continuitatem oder c) auf dem
auf dem Lymphwege in die Lunge übergeleitet werden; so entstehen Lungenabszesse im Lymph-
Gefolge von Lebereiterungen oder bei Karies der Rippen bzw. der Wirbelsäule; bei Empyem wege.
der Pleurahöhle entsteht so die sog. pleurogene Pneumonie. Im letzteren Falle sind
freilich die Eitererreger vielfach früher aus der Lunge selbst in den Pleurasack gelangt.

Innerhalb der Lunge geht die weitere Ausbreitung der Eiterung auf dem Wege
der Lymphgefäße des peribronchialen Bindegewebes (eiterige Peribronchitis) und der interstitiellen Septen, von wo aus sie auf das Parenchym übergreift, vor sich.

Die eiterigen Entzündungen der Lunge führen zur eiterigen Einschmelzung, zur Bildung
von Abszessen. Diese können die Pleura — die oft, wenn die Herde bis an sie reichen, selbst Abszesse.
eiterige oder fibrinöse Entzündung aufweist — durchbrechen und so Empyem und Pyopneumothorax (s. unten) erzeugen. Die Abszesse der Lunge können durch Abkapselung
heilen.

Zirkumskripte Einschmelzungen treten auch unter dem Einfluß von Fäulnisbakterien
auf; es kommt dann zu Lungengangrän (Lungenbrand). Die Herde sehen mißfarben grün-
lichbraun aus, haben einen stinkenden Geruch und stellen Höhlen mit zersetzten Massen,
sowie Resten von Lungengewebe gefüllt dar. Sie entstehen wie die Lungenabszesse im Anschluß an Broncho- (bes. Schluck-) Pneumonien, fibrinöse Pneumonien (selten) oder im
Anschluß an putride Bronchitiden (s. S. 445), die auch umgekehrt von ihnen ausgehen können,
oder auf dem Blutwege metastatisch, wenn Fäulnisbakterien mit eindringen. Mikroskopisch
findet man allerhand Bakterien, darunter auch anaerobe Mikroben der Mundhöhle (fusiforme Bazillen, Spirochäten, Spirillum sputigenum), Reste von Lungengewebe, besonders
elastische Fasern, sowie Fettzerfallsprodukte. Bei Diabetes kommt es besonders häufig
zu Lungengangrän, ferner auch zu einfacher Nekrose.

Nicht mit Lungengangrän zu verwechseln ist die saure Lungenerweichung, welche
entsteht, wenn Magensaft (und Speisereste) in die Lunge gelangt und für welche der saure Geruch
charakteristisch ist. Die Erscheinung wird meist als kadaveröse, mit mechanischer Verlagerung
von Mageninhalt in die Lungen erklärt; doch wird neuerdings angenommen, daß es sich um eine
vitale, wenn auch agonale Aspiration von Mageninhalt handelt. Diese Erweichung findet sich
besonders in den Unterlappen.

4. Die produktive Pneumonie. Produktiv-entzündliche Prozesse in der Lunge nehmen 4. Produk-
ihren Ausgang in erster Linie von dem perivaskulären, peribronchialen und inter- tive Pneu-
lobulären Bindegewebe, welches bei seiner Zunahme in dickeren, zum Teil netzförmig monie.
angeordneten Zügen das Lungengewebe durchsetzt (Fig. 554). Vielfach dringt das wuchernde
Bindegewebe auch in das eigentliche Lungenparenchym ein, innerhalb dessen es

einerseits Verdickung der Alveolarwände bewirkt, andererseits auch die Alveolarräume erfüllt, und auf diese Weise zu einer schwieligen, narbigen Umwandlung des Lungenparenchyms führt. Solche Prozesse haben wir schon bei der Kollapsinduration (S. 449) und bei der Karnifikation (S. 458) gefunden. Progressive interstitielle Bindegewebswucherungen stellen chronische Formen von Pneumonien dar, welche damit den Charakter einer produktiven Pneumonie erhalten; sie entstehen besonders auch auf Grund von chronischen Formen der Kapillarbronchitis, welche in fortgesetzter Weise zur Bildung von Atelektasen und Kollapsindurationen führen, vor allem aber auf Grund pneumonischer Prozesse, die durch Staubinhalation bedingt sind (s. unten).

Folge-
zustände. Als Folgezustand der durch Induration bedingten Funktionsstörungen schließen sich Emphysem benachbarter Gebiete und Bronchiektasien (s. dort) an. Immer rezidivierende oder neu hinzukommende Katarrhe, zu denen eine solche Lunge mehr als andere disponiert ist, führen eine Wiederholung des Prozesses herbei, indem durch die Katarrhe neue Atelektasen und Indurationen erzeugt werden, so daß schließlich ausgedehnte Lungenbezirke von der indurativen Umwandlung betroffen werden können.

Pneumono-
koniosen. In sehr ausgedehnter Weise treten interstitielle Entzündungsprozesse also bei den sog. **Staubinhalationskrankheiten** oder **Pneumonokoniosen** auf.

In jede Lunge geraten mit der eingeatmeten Luft auch deren staubförmige Verunreinigungen, und zwar um so mehr, je unreiner die Luft ist, welche das betreffende Individuum einzuatmen gezwungen ist. Geringe Mengen von Staub, wie sie jeder Mensch einatmet, sind der Lunge im allgemeinen unschädlich; ein großer Teil des in die Luftwege gelangten Staubes wird schon in den oberen Luftwegen zurückgehalten und kommt also gar nicht bis ins Parenchym der Lunge, ein anderer Teil wird aus ihr rasch wieder fortgeschafft, entweder expektoriert oder direkt von den Lymphgefäßen aufgenommen und den Lymphfollikeln, resp. den Bronchiallymphdrüsen zugeführt, um dort abgelagert zu werden. Letztere finden sich daher, besonders bei älteren Individuen, in der Regel mehr oder minder stark pigmentiert. Auch Alveolarepithelien, Endothelien und weiße Blutkörperchen nehmen mit Vorliebe Staubteilchen auf, und so gelangen diese ebenfalls teils in die Lymphbahnen, teils mit dem Sputum nach außen. Verschiedene Staubarten, z. B. kohlensaurer Kalk, werden auch von den Körpersäften gelöst und so unschädlich gemacht. Wenn große Mengen von korpuskulären Substanzen aber dauernd eingeatmet werden, so entwickeln sich in der Lunge einerseits chronische Bronchialkatarrhe und katarrhalische Pneumonien, andererseits führt die Staubablagerung zu einer Verdickung und Pigmentierung der interlobulären Septa, welche als zierliche, gefärbte, bindegewebige Netze zwischen den Lobuli hinziehen. Im weiteren gesellen sich hierzu die oben angeführten Folgezustände: Atelektase, Kollapsinduration und interstitielle, indurierende Pneumonien, daneben Emphysem und Bronchiektasien.

Die Heilung solcher Affektionen wird besonders dadurch erschwert, daß der chronische Reizzustand, in den die Lunge durch die Staubinhalation versetzt wird, zu neuen Katarrhen disponiert, die wiederum Rückwirkungen in der gleichen Richtung zeigen. Eine besondere Gefahr für die an Pneumonokoniosen Erkrankten besteht aber noch in einer hochgradig erhöhten Disposition zur Lungentuberkulose, welche das durch die chronischen Entzündungen veränderte Lungengewebe erfahrungsgemäß bietet. Die einzelnen Formen verhalten sich in dieser Richtung Einzelne
Formen
derselben; verschieden; so trifft man bei der Antrakose einen viel geringeren Prozentsatz von phthisischen Erkrankungen an, als z. B. bei der „Eisenlunge".

Die Koniosen sind zum größten Teile Gewerbekrankheiten, d. h. sie treten bei Arbeitern auf, deren Beschäftigung die dauernde Einatmung von verunreinigter 1. Anthra-
kosis; Luft mit sich bringt. Nur die Pigmentierung mit Kohle, die **Anthrakosis**, ist in mäßigen Graden eine allgemeinere Erscheinung und findet sich namentlich bei Städtern, während die Landbewohner durchschnittlich weniger pigmentierte Lungen haben. Im allgemeinen ist der Kohlenstaub das die Lunge am wenigsten reizende Pigment, von dem auch größere Mengen abgelagert werden können, ohne ausgedehnte produktive Prozesse hervorzurufen. Meist bilden sich nur derbe, pigmentierte Knoten und Verdickungen der Septen und der Pleura. Auch die Bronchialdrüsen enthalten reichliche Mengen von Kohlenstaub und sind dann schwarz gefärbt; das eigentliche Lungenparenchym ist dagegen verhältnismäßig wenig affiziert. Wie es scheint, wird Kohle namentlich dann in größerer Menge in die Lunge aufgenommen, wenn andere Staubarten, welche die Lunge heftiger reizen und stärkere Entzündungen verursachen, inhaliert und abgelagert werden. Der Gehalt der Lunge an Kohle ist also auch ein gewisser Maßstab für die Menge des in ihr abgelagerten Staubes überhaupt; eine Lunge, die wenig Kohle enthält, hat überhaupt wenig Staub inhaliert.

In den höchsten Graden kommt die Anthrakosis bei Grubenarbeitern, Köhlern, bei Arbeitern in Pulverfabriken, Schornsteinfegern, Graphitarbeitern vor. Erkrankung an Tuberkulose findet sich bei ca. 13% der an Anthrakose der Lunge leidenden Arbeiter. Andererseits lagert sich die Kohle auch mit Vorliebe in schon (tuberkulös) veränderten Lungenteilen ab. Dieser Punkt und der Weg, auf dem die Kohle mit der Lymphe oder dem Blut von der Lunge aus auch in andere Organe kommt, sind bereits besprochen.

Bei Arbeitern, welche in ihrem Berufe Staub von Steinarten einatmen (Steinhauer, Töpfer, Arbeiter in den Stampfwerken der Glashütten, in Glasschleifereien, in Porzellanfabriken, Ultramarinfabriken), entsteht die **Chalikosis** ("Steinhauerlunge"). In der Regel bilden sich hier im interstiellen Gewebe, sowie auch an der Pleura zirkumskripte, bis hanfkorngroße Knoten (Fig. 557) von derber Konsistenz und grauweißer Farbe; diese sind mit den Partikeln des Steinstaubes durchsetzt. Stets ist mit der Chalikosis eine reichlichere Ablagerung von Kohle verbunden, meistens so, daß die grauen Knoten von einem schwarzen Hofe von Kohlenpigment umgeben sind. Tuberkulose entsteht bei 8—16% der an Chalikosis Erkrankten.

Die **Siderosis** ("Eisenlunge") entsteht bei Arbeitern, die viel Luft einatmen müssen, die mit Eisenstaub verunreinigt ist: bei Schlossern, Schmieden, Feilenhauern u. a. Bei Schleifern, die Steinteile und Metallstaub einatmen, entstehen in der Lunge gemischte Ablagerungen beider Staubarten. Die Farbe der "Eisenlunge" ist verschieden je nach der Eisenverbindung, die zur Verarbeitung kommt. Durch Eisenoxyd, mit welchem z. B. die Arbeiter bei der Papierfabrikation und Glasarbeiter zu tun haben, entsteht die rote, durch Eisenoxyd und phosphorsaures Eisen die schwarze "Eisenlunge". Bei der Siderosis bilden sich sehr diffuse Indurationen, welche zu schwieliger Umwandlung sehr großer Lungenteile führen. Chemisch ist

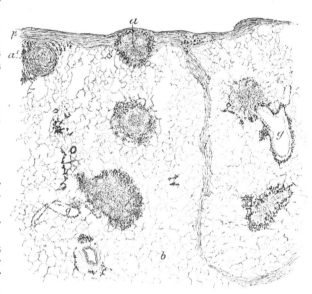

Fig. 557.
Induration der Lunge durch Kalkstaub: Chalikosis ($\frac{3}{1}$).
p Pleura, a, a' subpleural gelegene fibröse Knoten: ähnliche Knoten auch im Lungengewebe, namentlich in der Umgebung der Gefäße g; i verdicktes interlobuläres Septum.

2. Chalikosis;

3. Siderosis;

ein Eisengehalt bis zu 1,45% der Lungensubstanz nachweisbar. Die Prognose betreffs Infektion mit Tuberkulose ist sehr ungünstig; von den erkrankten Arbeitern werden bis zu 62,2% phthisisch.

Neben diesen häufigsten Pneumonokoniosen gibt es noch eine ganze Reihe weiterer, die teils durch Inhalation anderer mineralischer Staubarten (Kupfer und andere Metalle), teils durch organischen Staub entstehen; zu den letzteren gehören die Erkrankungen durch Baumwollstaub, durch Tabakstaub, durch Holzstaub usw.

Wenn produktive Entzündungsvorgänge im Anschluß an den Gefäßen und Bronchien folgenden Lymphbahnen zu bindegewebigen Störungen führten (nach produktiven Pneumonien oder chronischen Bronchitiden, oder zumeist chronischen Pleuritiden von der Pleura ausgehend), kann man von Lymphangitis trabecularis (v. Hansemann) sprechen. Entstehen durch bindegewebige Verdickung der Lymphbahnwand dünnere bindegewebige Fäden, die auf der Lungenschnittfläche ein feines Netzwerk bilden, so kann man dies als Lymphangitis reticularis (v. Hansemann) bezeichnen; Kohleeinlagerung zeichnet dies Netzwerk meist schwarz. Hypertrophie des rechten Ventrikels ist (infolge der Lungenzirkulationsbehinderung) die Folge; in der Lunge selbst schließen sich oft Tuberkulosen an. Ferner finden sich besonders an der Pleuraoberfläche, aber auch in der Lunge häufiger kleine bindegewebige Knötchen (nicht mit Tuberkeln zu verwechseln), den Kreuzungspunkten von Lymphbahnen entsprechend und diese

4. andere Formen.

Lymphangitis trabecularis, reticularis, nodosa.

oft verschließend (Lymphangitis nodosa). Es handelte sich meist um die Folge von Kohleansammlung und entweder erscheinen die Knötchen oder vor allem (an der Pleura gut zu sehen) ein Hof um sie durch Kohle ganz schwarz.

Hier soll noch die senile Atrophie der Lunge und ferner die Amyloiddegeneration ihrer Gefäße kurz Erwähnung finden. Amyloidtumoren kommen hier noch seltener als im Kehlkopf (s. dort) vor. Corpora amylacea (s. S. 81) finden sich, besonders bei Stauungszuständen, häufig in der Lunge (s. Tafel II, Fig. 555), im Interstitium wie in den Alveolen, aus Zellen und Massen verschiedener Art entstanden.

e) Tuberkulose.

e) Tuberkulose.

In diesem ganzen Abschnitte sei auch auf die Besprechung der Tuberkulose im allgemeinen Teil verwiesen, die sich ja zum größten Teil auch auf die Lungen bezieht.

Akute und chronische Formen.

Die Lungentuberkulose bietet ein überaus wechselndes und kompliziertes Bild. Akute Formen sind durch Zwischenformen mit chronischen verbunden. Form und Ausdehnung der Prozesse kann sehr verschieden sein; dazu alle Variationen der Kombination und Folgezustände. Es ist daher nur möglich Grundformen herauszuschälen. Man kann einmal in akute und chronische Lungentuberkulose einteilen. Die akute Miliartuberkulose der Lunge als Teilerscheinung einer akuten allgemeinen Miliartuberkulose ist eine exquisit akute Erkrankung, stets zum Tode führend. Auch käsige Pneumonien, besonders in ausgedehnter Form, große Teile am Lappen oder auch ganze solche ergreifend und in kurzer Zeit zu Zerfall und Kavernenbildung führend, ohne daß es zu namhaften indurierenden Prozessen als Zeichen einer gewissen Abwehr- und Ausheilungstendenz käme, können so schnell einen großen Teil der Lunge zerstören, daß die Krankheit in akuter oder subakuter Weise — wenn auch nicht so schnell wie die akute Miliartuberkulose — zum Tode führt. Diese in kurzer Zeit letal ver-

Sog. floride galoppie-rende Phthise.

laufenden Fälle entsprechen der „floriden, galoppierenden Phthise". Andere Fälle nun aber zeigen Prozesse ganz desselben Charakters, aber weniger stürmischen Verlaufs bzw. weniger ausgedehnt oder so, daß zwar auch die käsige Pneumonie und Zerfallserscheinungen das Bild beherrschen, daneben aber doch geringe fibröse indurierende Prozesse u. dgl. den Verlauf der Krankheit aufhalten; andererseits ist es keineswegs selten, daß sich anderen zur chronisch verlaufenden Lungenphthise gehörenden und schon längere Zeit bestehenden Veränderungen die eben angeführte käsige Pneumonie, die dann in kurzer Zeit zum Tode führt, erst anschließt. Dann ist also gewissermaßen nur der Schluß akut. So leiten derartige und andere Zwischenstufen von der akuten Lungentuberkulose über zur chronischen und machen eine scharfe Grenze unmöglich. Die Prozesse der letzteren sind aber besonders in ihren verschiedenen Kombinationen noch weit komplizierter.

Einteilung nach der Ausdeh-nung des Prozesses,

Eine weitere Einteilung wäre möglich nach der Größe der die Lungen durchsetzenden tuberkulösen Herde — zunächst einerlei welchen spezielleren Charakters. Hiernach hat man (Nicol bzw. Aschoff) in miliare, konglomerierende nodöse oder fokale und in konfluierende oder diffuse Formen eingeteilt. Es ist ohne weiteres klar, daß die Ausdehnung des Prozesses für die Schwere der Erkrankung ein wesentliches, aber keineswegs das einzige Moment darstellt.

nach dem Sitz im Ge-webe.

Des weiteren ist es wichtig, dem Sitz im Verhältnis zu den Lungenbestandteilen nach zwei Hauptformen zu unterscheiden. Einmal die tuberkulösen Prozesse, die interstitiell sitzen — der Typus ist die akute miliare Tuberkelaussaat. Und sodann diejenigen, welche sich im Innern der Lungenhohlräume, d. h. der Alveolen und des Bronchialbaumes, also mit anderen Organen (wo wir ja eine ähnliche Einteilung vornehmen) verglichen, gewissermaßen im Parenchym entwickeln — der Typus ist hier die käsige Pneumonie.

Am wichtigsten ist aber für das Verständnis der wechselvollen anatomischen Veränderungen, welche sich zumal bei der chronischen Lungenphthise an den einzelnen Gewebsteilen der Lunge — Bronchien, eigentlich respirierendem Parenchym und interstitiellem Gewebe — entwickeln, daß wir uns (s. im allgemeinen Teil) vor allem die Ver-

Prolifera-tive und exsudative Formen.

schiedenartigkeit der Wirkungen ins Gedächtnis rufen, welche der Tuberkelbazillus hervorzubringen vermag. Wir wissen, daß er bald umschriebene, bald diffuse **Zellwucherungen,** andererseits aber **exsudative** Entzündungsprozesse veranlassen kann. Die erste Einwirkung des Bazillus ist wohl stets eine gewebsschädigende; aber im einen Falle tritt von seiten des Organismus eine Abwehr in Gestalt einer Proliferation, welche eben zu der tuberkulösen Zellwucherung, vor allem dem Tuberkel selbst führt, in die Erscheinung, im anderen Falle ist die Gewebsreaktion eine entzündlich-exsudative. In beiden Fällen bewirken dann später die sich mehrenden Tuberkelbazillen die spezielle Nekrose, die Verkäsung.

Bestimmte Richtlinien, wann, d. h. unter welchen Bedingungen der Bazillus die Proliferation, unter welchen die Exsudation bewirkt, sind vorerst kaum zu geben. Es hängt offenbar mit der Zahl und der Virulenz der Bazillen zusammen; maßgebend ist vor allem aber auch die besondere Reaktionsart des Gewebes selbst. Die eingreifendere Wirkung, bei der die Abwehrreaktion von seiten des Gewebes von vornherein geringer zur Entfaltung kommt, ist auf jeden Fall die exsudative gegenüber der proliferativen.

Der Tuberkelbazillus greift, wie schon des genaueren besprochen, in den bei weitem häufigsten Fällen primär die Lungen an, und zwar mit der Inhalationsluft. Wir bezeichnen diese Genese als aerogene. Aber die Lungen können auch hämatogen-metastatisch von den Tuberkelbazillen befallen werden. Sind solche irgendwie und irgendwo in den Körper eingedrungen und gelangen ins Blut, so sind die Lungen das Prädilektionsorgan für die Erkrankung (s. allgemeiner Teil).

Zumeist werden beide Lungen ergriffen, wenn auch in sehr verschiedener Hochgradigkeit, Form und Ausbreitung; doch kann auch eine Lunge ganz überwiegend oder allein ergriffen sein. Fast stets bei der typischen Lungenphthise des Erwachsenen sind die Lungenspitzen bzw. Oberlappen (anscheinend häufiger rechts als links) zuerst erkrankt oder bei fortschreitenden Fällen infolgedessen am hochgradigsten (die Gründe für diese Prädisposition sind schon S. 160 auseinandergesetzt, s. auch unten).

Die **ersten Anfänge** der Lungentuberkulose — zu unterscheiden von den ersten sich abspielenden Prozessen an Stellen, auf welche die Tuberkulose fortschreitet — werden nur selten angetroffen. Das meiste, was wir über die anatomischen Verhältnisse ihrer Anfangsstadien wissen, stammt von einigen Befunden der Tuberkulose, welche gewissermaßen in statu nascendi, im allerersten Beginn, überrascht wurden und ferner vom Tierexperiment, zumeist aber werden Schlüsse gezogen eben aus Untersuchung von Stellen, wo die Erkrankung im frischen Fortschreiten von älteren Herden aus begriffen ist. Bei der aerogenen Genese der Lungenphthise, also dem gewöhnlichen Infektionsweg, scheint der erste Angriffspunkt zumeist am Übergang des Bronchiolus respiratorius in die Alveolargänge gelegen zu sein. Diese letzten Ausläufer des Bronchialsystems also den Bronchiolus respiratorius mit seinen zugehörigen (meist 2—3) Alveolargängen fassen wir am besten als Grundeinheit einheitlich unter der Bezeichnung des **Lungenazinus** zusammen; aus den zahlreichen ineinandergeschobenen Azini setzt sich dann ein Lobulus zusammen. Die Zugrundelegung des Azinus (Rindfleisch) hat sich gerade für die Auffassung der Lungentuberkulose als sehr fruchtbringend (Nicol) erwiesen. Am Übergange des Bronchiolus in die Alveolarverzweigungen eines Azinus also greifen die Bazillen zumeist zuerst an. Es sind die „Stapelplätze" (Nicol) für die Ablagerung der Tuberkelbazillen aus mechanischen Gründen, denn hier hört das abwehrende Flimmerepithel auf und geht in zylindrisch-kubisches über, hier beginnen die Ausbuchtungen mit leichteren Stauungsmöglichkeiten. Aber auch bis in die Alveolen können — nach dem Tierexperiment zu urteilen — die Bazillen gelangen und hier zuerst angreifen. An beiden Stellen scheint zuerst das Epithel angegriffen und stellenweise zur Desquamation gebracht zu werden, dann entfaltet der Tuberkelbacillus subepithelial seine Wirkung in Gestalt der Proliferation oder der Exsudation. Die Richtung beider ist — dem geringeren Widerstand folgend — hauptsächlich in das Lumen, also des Bronchiolus respiratorius wie auch der Alveolen, hinein. Die Wandungen werden dabei naturgemäß mitergriffen. Erwähnenswert ist noch, daß manches dafür spricht, daß auch in den kleinen Lymphfollikeln der Lungen (welche besonders um Bronchien und Gefäße gelegen sind) die ersten tuberkulösen Veränderungen, zu denen ja lymphatisches Gewebe überhaupt neigt, einsetzen können.

Die ersten Anfänge der Lungentuberkulose.

Der Lungenazinus als Einteilungsprinzip.

30*

Gelangen Tuberkelbazillen hämatogen in die Lungen, so können sich die Tuberkel im Interstitium entwickeln, doch können die Bazillen auch ins Lumen von Alveolen „ausgeschieden" werden und dann hier also auch intraalveolär ihre Wirkung entfalten. Für die gewöhnliche Lungenphthise kommt dieser Infektionsweg ja weniger als der aerogene in Betracht.

Grund-
typen:

Betrachten wir nunmehr die einzelnen Formen, so wollen wir zunächst **zwei Grundtypen** zeichnen, und zwar nach der verschiedenen Wirkung des Tuberkelbazillus

I. Proliferationsprozesse.

II. Exsudationsprozesse.

Verwischen und kombinieren sich die Bilder auch meist, so müssen wir doch die einzelnen Formen getrennt besprechen, da sie nicht stets alle und nicht zur gleichen Zeit auftreten, und es vor allem richtig ist, die einzelnen Bilder unterscheiden zu können, welche das so sehr komplizierte Bild der Lungentuberkulose hervorrufen.

I. Prolifera-
tions-
prozesse.

1. Akute
Miliar-
tuber-
kulose.

I. Proliferationsprozesse.

1. Akute Miliartuberkulose.

Die akute disseminierte Miliartuberkulose der Lungen ist Teilerscheinung einer allgemeinen Miliartuberkulose auf Grund eines Einbruches eines älteren erweichenden tuber-

Fig. 558.
Akute Miliartuberkulose.
Die Lunge ist von zahlreichen kleinen Knötchen regellos durchsetzt.

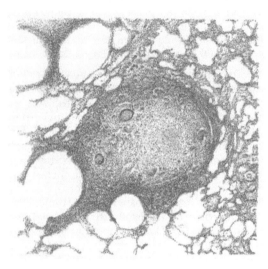

Fig. 559.
Miliarer Tuberkel im Lungengewebe ($\frac{40}{1}$).
Im Zentrum des Knötchens das Gewebe verkäst; in den äußeren Teilen Riesenzellen.

kulösen Käseherdes in das Blut mit Aussaat der Tuberkelbazillen auf hämatogenem Wege (s. S. 164). Die Lungen sind übersät mit zahlreichen, über das Gewebe der ganzen Lungen (und Pleuren) disseminierten, im frischen Zustande grauweißen submiliaren oder miliaren Knötchen. Sind sie etwas älter, so erscheinen sie im Zentrum gelb (verkäst) mit grauer Peripherie. Die Knötchen pflegen im Oberlappen etwas größer zu sein als im Unterlappen. Zwar sind die Bazillen in alle Lungenteile zur selben Zeit gekommen, aber die Bazillen entfalten im Oberlappen infolge dessen besonderer Prädisposition ihre Wirkung früher, die Tuberkel wachsen aus demselben Grunde hier schneller und ferner bilden sich um diese schon größeren Knötchen hier häufig schärfer umschriebene hyperämische Höfe und es treten um die Proliferationstuberkel in den unmittelbar anliegenden Alveolen Exsudationserscheinungen auf, wodurch diese Knötchen noch etwas größer und evtl. auch nicht ganz so scharf abgesetzt wie die übrigen Tuberkel erscheinen. Das zwischen den Tuberkeln liegende Lungengewebe ist im übrigen nahezu oder ganz unverändert, und etwas hyperämisch und ödematös. Da die Bazillen bei der Miliartuberkulose auf dem Blutwege in die Lungen gelangen und in diesen verteilt werden, sitzen die Tuberkel naturgemäß im allgemeinen interstitiell. Tuberkelbazillen können aber auch in das Alveolarlumen ausgeschieden werden und auch hier proliferative Prozesse in Gestalt von Miliartuberkeln erzeugen. Auch können die Tuberkelbazillen auch bei dieser Form im Lungengewebe miliare Herde hervorrufen, welche nicht, bzw. weniger auf Proliferationserscheinungen beruhen, als auf Exsudationserscheinungen. Auch diese pneumonischen Stellen verkäsen dann, sog. m i l i a r e   k ä s i g e   P n e u m o n i e n (s. auch unten). Sehen wir hier also auch schon neben den proliferativen Prozessen exsu-

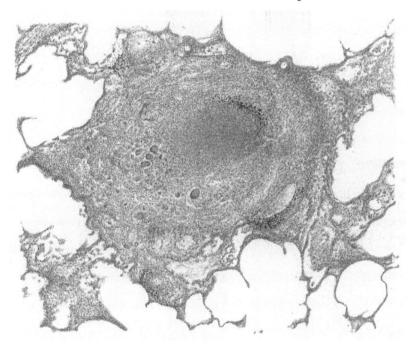

Fig. 560.
Azinös-proliferativer Tuberkuloseherd. ($\frac{60}{1}$).

Der tuberkulöse Herd entspricht dem Durchschnitt durch einen Bronchiolus respiratorius, dessen Lumen mit käsigem Exsudat erfüllt, und dessen Wand durch zellige Wucherung verdickt ist; in derselben zahlreiche Riesenzellen. An der Grenze von früherem Lumen und Wand Reste von Kohlepartikeln (rechts oben). Rechts unten neben dem Herd ein Blutgefäß, in dessen Umgebung ebenfalls Kohle abgelagert ist.

dative, so überwiegen doch gerade bei der Miliartuberkulose die echten proliferativen Tuberkelbildungen völlig. Wegen der enormen Zahl von Tuberkeleruptionen in allen Organen bei der akuten allgemeinen Miliartuberkulose tritt der Tod schon nach geraumer Zeit ein; diese Form der Lungentuberkulose ist daher eine ausgesprochen akute.

Außer der miliaren Lungentuberkulose als Teilerscheinung einer allgemeinen Miliartuberkulose gibt es in der Lunge auch auf bestimmte Bezirke beschränkt disseminierte Tuberkel, die regellos stehen und ganz den gleichen Charakter bieten. Auch sie sind hämatogen entstanden, wenn in der Lunge selbst aus einem älteren Herd Tuberkelbazillen in ein Gefäß gelangen und mit dem Blut in der Lunge ausgestreut werden (s. unten).

2. Azinöse Form der Lungentuberkulose.

Die meisten tuberkulös-proliferativen Prozesse der gewöhnlichen Lungenphthise entsprechen aber nicht regellos disseminierten eigentlichen Tuberkeln, sondern die proliferativen

2. Azinöse Form der Lungentuberkulose.

Prozesse schließen sich an ein bestimmtes System an und das ist eben der oben erwähnte Azinus. Ihm entspricht der tuberkulöse Herd an Ausdehnung. Makroskopisch gleichen die einzelnen Knötchen miliaren Tuberkeln, aber indem der Prozeß eine Reihe benachbarter Azini ergreift, stehen sie zum großen Teil in Gruppen zusammen. Andere derartige Gebilde sind länglich und verzweigt und enden in Knötchen; sie entstehen als kleeblattartig bezeichnete oder einer Traube mit Stielen und Beeren verglichene Bildungen. Aber diese Herde bestehen

a   *b*

Fig. 561.

Azinös-nodöse Tuberkulose.

Man erkennt die gruppenförmige Anordnung der kleinen scharf umschriebenen Knötchen; in *a* ist an 2 Stellen der Anschluß derselben an der Länge nach getroffene Bronchiolen zu sehen.

aus echtem tuberkulösem Granulationsgewebe mit Epitheloidzellen, Riesenzellen etc., das aber zentral meist ausgedehnt verkäst ist. Sie entsprechen an Ausdehnung jedes einzelne einem Lungenacinus; der Bronchiolus respiratorius sowie die Alveolargänge sind in die tuberkulöse bzw. käsige Veränderung einbezogen. Zu der eigentlich proliferativen Ent-

Fig. 562.

Azinöse Tuberkulose mit Kollapsinduration des zwischen den Knötchen gelegenen Lungen-parenchyms;

das letztere dunkel, eingesunken, links zwei (normale) Bronchialquerschnitte. (Nat. Größe.)

faltung tuberkulösen Gewebes im Gebiete des Azinus kommen nun noch weitere Prozesse hinzu. Es greifen einmal exsudative Prozesse in dem Bronchiolus respiratorius und dem Alveolar-gänge Platz, welche sich den proliferativen Prozessen, die diese füllen, zugesellen. Aber auch nach außen, über den eigentlichen Azinus hinaus, wirken die Tuberkelbazillen und es kommt so in der Nachbarschaft zu typisch tuberkulösem oder allgemein entzündlichem Granulationsgewebe oder auch exsudativer Ent-zündung. So werden die Grenzen des Azinus später leicht verwischt. Haben wir diese ein-zelnen tuberkulösen Eruptionen als azinöse Form bezeichnet, so haben wir auch schon ge-streift, daß sie zumeist gruppenförmig stehen, d. h. es sind benachbarte Azini in größerer Zahl befallen. Man kann dann von einer azinös-nodösen Form sprechen. Entweder sind die einzelnen Azini entsprechenden Einzelherde noch scharf abgesetzt zu trennen oder, wenn das Randgewebe miterkrankt ist (s. oben) kommt es zu größeren Konglomeratherden. Werden mehrere solcher Herde zu einem größeren, durch Zusammenfließen vereinigt, so kann man auch von einer konfluierenden azinös-nodösen Form sprechen. Der Azinus bleibt das Einteilungsprinzip. Diese ganzen Formen neigen nun zu sekundären indurierenden Prozessen. Zunächst nimmt man solche mehr zentral inmitten der knötchenförmig zusammengeordneten Herde (azinös-nodöse Form) wahr. Es rührt dies zunächst daher, daß vom tuberkulösen Prozeß nicht ereilte Azini zwischen den tuberkulös veränderten kollabieren, sich also hier Kollapsinduration ausbildet. Da dasselbe zwischen käsig-pneumonischen Herden der Fall ist, soll es erst im nächsten Abschnitt genauer geschildert werden. Aber es kommt auch zu allgemeinen entzündlichen Zellwucherungen (s. oben) zwischen den tuberkulösen Azini und so zur Ausbildung von Narbengewebe, welches nach Nicol von den auch veränderten Gefäßen (s. unten) auszugehen scheint und zumeist durch Kohle bzw. Ruß sehr dunkel gefärbt ist (sogen. schiefrige Induration). Derartige dunkle indurierte Gebiete werden dann oft von den tuberkulösen Herden ganz kranzartig umgeben. Infolge der Neigung dieser Form zu Bindegewebsentwickelung geht der Prozeß relativ langsam vor sich. Es entstehen mehr chronische Phthisen. Kommt

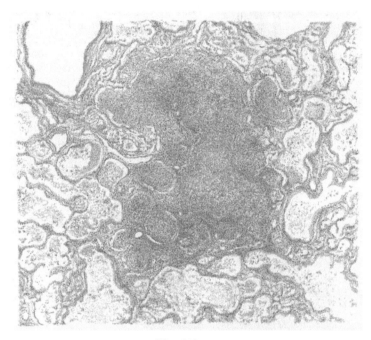

Fig. 563.
Azinöse (miliare) käsige Pneumonie ($\frac{20}{1}$).
In der Mitte mit käsigem Exsudat erfüllter Bronchiolus respiratorius, in dessen Umgebung, namentlich links unten, mit ebensolchem Exsudat erfüllte Alveolen. In den übrigen Alveolen geringe Mengen geronnener seröser Massen.

es zu ausgedehnten Schwielenbildungen, so kann man von einer „zirrhotischen Phthise" (Aschoff) sprechen, besonders bei den über größere Gebiete ausgedehnten konfluierenden (s. oben) Formen. Andererseits kommt es aber auch bei den tuberkulös-proliferativen Prozessen, wie sie eben besprochen wurden, zu Erweichung und Zerfall der Käsemassen, also zu ulzerösen Prozessen bzw. Kavernenbildung, wenn auch erst in chronischem Verlauf.

Ausgang in Zirrhotische Phthise.

II. Exudationsprozesse.

1. Käsige Bronchopneumonie.

Es handelt sich hier um eine ausgesprochen aërogene Infektion. Wir sehen in der Regel kleine, rundliche aber auch kleeblattförmige Herde in die Lunge eingelagert, welche etwas über das Lungengewebe prominieren und zunächst eine graue, bald aber eine gelbe Farbe aufweisen; sie erreichen gewöhnlich etwa Stecknadelkopf- bis Hanfkorngröße (Fig. 561 a und b). Bei der mikroskopischen Untersuchung erweisen sie sich als kleine Entzündungsherde, welche auch hier mit seinen Verzweigungen, d. h. seinem zugehörigen Alveolar-

II. Exsudative Vorgänge:

1. Käsige Bronchopneumonie.

gangsystem das Gebiet eines Bronchiolus respiratorius, also einen Azinus, einnehmen (Fig. 563 und Fig. 570, vgl. auch Fig. 561 a).

Daher sind diese Herde fast immer in Gruppen angeordnet, und zwar in der Art, daß sie das Ausstrahlungsgebiet eines feinen Bronchialastes einnehmen und den

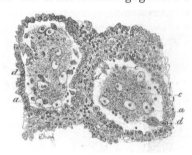

Fig. 564.
Tuberkulöse Bronchopneumonie ($\frac{250}{1}$).

Zwei Alveolen. An der Alveolarwand wuchernde, plasma-reiche Epithelien, einen dichten Belag bildend (d), teilweise in Abschuppung. Im Lumen der Alveolen Exsudat mit Rundzellen c, und desquamtierten Epithelien a.

letzteren umgeben, wie die Krone eines Baumes seine größeren Äste. Oft stehen sie auch derart im Umkreis um einen kleinen, mit bloßem Auge eben noch erkennbaren Bronchus, daß, wenn man sich ihn in seine letzten Veräste-lungen aufgelöst denkt, die einzelnen Herde in die Verlängerungen seiner feinsten Zweige fallen. Die Herde umfassen also die Über-gangsstellen des Bronchialbaumes in das re-spirierende Lungenparenchym. Es handelt sich dem Prozesse nach um Ausgüsse des Lumen mit Exsudat nach Art einer katar-rhalischen Bronchopneumonie, welche zunächst nichts Charakteristisches hat.

In den Alveolen finden sich Leukozyten und rote Blutkörperchen sowie Fibrin, ferner abgestoßene, zum großen Teil verfettete Alveolarepithelien und ähnliche, wahrscheinlich Lymphozyten entsprechende Zellen. Aber das Besondere liegt darin, daß nach einiger Zeit unter der Einwirkung der fortgesetzten Schädigung durch die Tuberkelbazillen, die sich in-

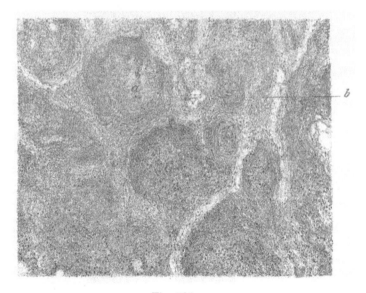

Fig. 565.
Ausgedehnte (lobuläre) käsige Bronchopneumonie ($\frac{250}{1}$).
Die Alveolen a erfüllt von einer dichten, noch Kerntrümmer enthaltenden, körnigen bis fädigen Detritusmasse. Auch die Alveolar-wände (b) sind nekrotisch.

zwischen im Gewebe vermehrt haben, eine **Verkäsung des Exsudates** eintritt. Wir be-zeichnen dem entsprechend diese Pneumonie als **käsige Pneumonie** oder **Bronchopneumonie.**

Die Exsudatmassen nehmen nun, zuerst im Zentrum, einen gelben Ton und geronnene Beschaffenheit an. Da bei der käsigen Nekrose auch die Wände der Alveolen und Bronchiolen absterben und unkenntlich werden, so wandeln sich die Herde allmählich in strukturlose Detritusmassen um, in denen nur noch die Anordnung der elastischen Fasern, welche dem Prozeß lange Widerstand leisten, die ursprüngliche Struktur des Lungengewebes erkennen läßt. Am Rand zeigen sich die Herde häufig durch Reste inhalierter Kohlepartikel pigmentiert.

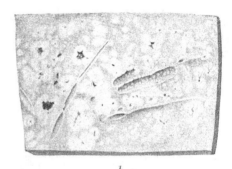

a
b

Fig. 566.

Ausgedehntere lobuläre) käsige Bronchopneumonie mit teilweisem Konfluieren der ursprünglich kleinen, knotigen Herde (zusammen mit käsiger Bronchitis). Nat. Größe.

Bei a erkennt man in der Mitte mehrere quergetroffene, je einen Ring bildende, verkäste Bronchiolen (käsige Bronchitis). Am oberen Rande, etwas links von der Mitte, ein längs getroffener, verzweigter, verkäster Bronchiolus mit zackigem, durch Einschmelzung der Wand erweitertem Lumen. Bei b an mehreren Stellen beginnende Kavernenbildung, an anderen längs getroffene größere Bronchien, an deren Innenwand kleine weißliche Flecken zu finden sind, welche tuberkulösen Herden der Schleimhaut entsprechen.

Die einzelnen kleinsten käsig-exsudativen Herde bezeichnet man als **miliare käsige Pneumonie** oder, um Sitz und Ausbreitung zu charakterisieren, da ja jeder einzelne Herd einem „Lungenazinus" (s. oben) entspricht, besser als **azinöse käsige Pneumonie.** Am Rand kann eine proliferative Wirkung dazukommen, also eine zellige oder eine zellig-fibröse Wucherung tuberkulösen Charakters, welche häufig auch Riesenzellen aufweist, besonders vom periarteriellen Bindegewebe aber auch von den Alveolarsepten ausgeht und in die angren-

Azinöse käsige Pneumonie

Fig. 567.
Lobuläre käsige Pneumonie.
Die interlobulären Septa zum Teil als helle Linien erkennbar; die von ihnen umschlossenen Lungenläppchen teils entzündlich infiltriert, dunkel (rechts oben), teils schon verkäst, hell (links oben). (Nat. Größe.)

Fig. 568.
Phthisis pulmonum.
Große Käseherde nahe der Lungenspitze. Kleinere käsig-pneumonische Herde weiter nach unten. Der unterste Teil der Lunge ist frei.

zenden Alveolen einwuchert, wodurch der kleine Herd eine zackige Form erhält und mit Ausläufern in die Umgebung ausstrahlt (Fig. 560). Für das bloße Auge erhalten die Herde durch die zellig-fibröse Umwandlung ihrer Randpartien eine schärfere Abgrenzung, sie prominieren deutlicher über die Umgebung und weisen, am Rande wenigstens, eine mehr graue, derbe, oft schwielige Beschaffenheit auf; kurz sie erscheinen als umschriebene **Knötchen**, welche sich von eigentlichen Tuberkeln bloß durch ihre **Genese**, resp. das **Exsudat** unterscheiden lassen.   Auch die Produkte proliferativ-tuberkulöser Natur können dann wieder besonders in ihren zentraleren Abschnitten verkäsen.   In der Umgebung der bronchopneumonisch käsigen Herde kann aber auch eine allgemeine (nicht spezifisch-tuberkulöse) Entzündung in Gestalt eines fibrinösen Exsudates in die Alveolen stattfinden und infolge der Dauer des Prozesses kann dann das Exsudat durch Bindegewebe nach Art der Karnifikation (s. oben) ersetzt werden.   Durch diese verschiedenen Prozesse haben wir außen um den käsig-bronchopneumonischen Herd eine Abkapselung.

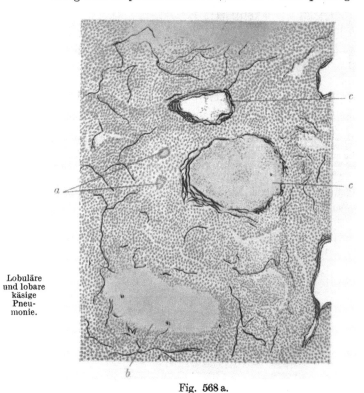

Fig. 568 a.
Käsige Pneumonie ($\frac{9.0}{1}$).

Die elastischen Fasern (blauschwarz nach Weigert gefärbt) sind nur zum Teil zerstört. Alle Alveolen sind mit zelligen Massen dicht infiltriert, welche sich durch Riesenzellen (*a*) und Nekrose (*b*) als tuberkulöse erweisen.
c = Gefäße.

Lobuläre und lobare käsige Pneumonie.

Wenn die eingangs erwähnten, einem Azinus entsprechenden, käsigen Herde so dicht nebeneinander und in so großer Anzahl auftreten, daß sie von Anfang an oder später miteinander konfluieren, so entstehen größere käsig-pneumonische Herde (Fig. 565 und 567); dieselben sind also dadurch ausgezeichnet, daß sie in mehr diffuser, flächenhafter Ausbreitung auftreten und weniger die Endbronchien als das eigentliche Lungenparenchym selbst ergreifen; es kommt dann wie bei anderen Formen der Pneumonie zu einer Hepatisation, welche sich über das Gebiet einzelner oder zahlreicher Lobuli ausbreitet und man spricht dann von **lobulärer käsiger Pneumonie** (oder **käsiger Bronchopneumonie**); doch brauchen sich diese größeren Herde keineswegs scharf an einzelne Lobuli zu halten.   Werden größere Lungenlappen — lobi — ergriffen, so bezeichnet man dies als **lobäre käsige Pneumonie.**

Auch hier zeigen in den ersten Stadien des Prozesses die ergriffenen Lungenpartien eine graurote Färbung, welche mit zunehmender Verkäsung allmählich in einen gelben Ton übergeht; die Schnittfläche weist eine leicht körnige Beschaffenheit auf, welche aber lange nicht so ausgesprochen erscheint, wie bei der kruppösen Pneumonie; allmählich wird das hepatisierte Gewebe trockener und fester.   An der Ungleichmäßigkeit, mit welcher die Verkäsung vor sich geht, kann man in den meisten Fällen die Zusammensetzung des Prozesses aus ursprünglich zahlreicheren, konfluierenden kleineren Herden erkennen.   Regelmäßig finden sich in dem verkästen Gewebe da und dort schon erweichte, halb oder ganz flüssige Stellen.

Bei der **mikroskopischen Untersuchung** (Fig. 564) findet man auch hier naturgemäß im Beginn der Erkrankung ein katarrhalisches oder leicht fibrinöses Exsudat in den Alveolen angesammelt, welches ohne charakteristisch zu sein, dem einfachen bronchopneumonischen gleicht; es beherrschen hier, neben Leukozyten und Fibrin, einkernige von Lymphozyten oder Bindegewebszellen abzuleitende Zellen, zum großen Teil in Degeneration, das

Bild; häufig fällt auch eine sehr starke Wucherung und Abstoßung von Alveolarepithelien auf („Desquamativpneumonie"); die Alveolarwände zeigen sich oft durch zellige Wucherung aufgetrieben und verdickt; später, mit eintretender Verkäsung, wird das ganze zu einer dichten, aus einem scholligen bis körnigen Detritus zusammengesetzten Masse, in welcher nur die elastischen Fasern noch die frühere Struktur des Lungengewebes andeuten.

Im Bereich der kleinen, knotigen bronchopneumonischen Herde erleidet das zwischen ihnen liegende Lungenparenchym sehr häufig eine **Kollapsatelektase,** welche durch die den Prozeß begleitende Verlegung kleiner Bronchiolen, respektive durch obliterierende Bronchiolitis verursacht Kollapsatelektase und -Induration.

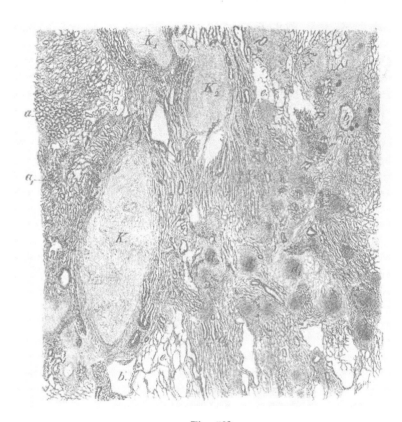

Fig. 569.
Kollapsinduration in der Umgebung kleiner, tuberkulöser Herde ($\frac{20}{1}$).

K, K_1, K_2 etwas größere verkalkte Herde, d, d_1, d_2 kleine Käseherde, b,b_1 Gefäße, lufthaltiges, etwas emphysematöses Parenchym. a, a_1, a_2 atelektatische Stellen; bei a die Alveolen etwas, bei a_1 und a_2 vollkommen kollabiert. (Färbung auf elastische Fasern.)

wird; man sieht dann die knotigen Käseherde in einem lividen, weichen, aber luftleeren und etwas eingesunkenen Gewebe liegen. Auch hier stellt sich nach einiger Zeit oft eine **Kollaps-Induration,** d. h. eine bindegewebige Umwandlung des kollabierten Gewebes ein (S. 449).

Später zerfallen die käsig-exsudativen Massen infolge von Erweichung besonders zentral und so kommt es zu kavernösen Höhlenbildungen, zunächst ganz unregelmäßiger Natur (s. unten). Anderseits stellen sich aber auch hier Indurationsvorgänge ein, d. h. es finden sich auch hier bindegewebig-schwielige Umwandlungen und zwar hier bei den käsigen Bronchopneumonien mehr in der Umgebung, ganz so wie es für die kleinen azinösen bronchopneumonischen Herde oben schon besprochen wurde. So können auch größere derartige käsig-pneumonische Herde ganz bindegewebig umgewandelt oder wenigstens bindegewebig abgekapselt werden. Erweichung und Kavernenbildung. Bindegewebige Indurationen.

2. Käsige und fibröse Bronchitis und Peribronchitis.

2. Käsige
und fibröse
Bronchitis
und Peri-
bronchitis.

Von den kleinen käsig-pneumonischen Herden aus schreitet der Prozeß im weiteren Verlauf auf die Wände der eigentlichen Bronchiolen selbst fort; es kann aber auch im Anschluß an proliferativ-azinös-nodöse Formen zu Infektion der Bronchien kommen (Nicol). Andererseits ist natürlich gerade die käsige Bronchitis geeignet durch Aspiration des infektiösen Materials in zahlreiche Äste für Weiterverbreitung der Phthise zu sorgen. Die Veränderung beginnt auch in den Bronchiolen mit Exsudation in das Lumen und zelliger Infiltration der Bronchialwand, woran sich eine Verkäsung des Exsudats und dann auch eine käsige Nekrose der Bronchialwand anschließt; schließlich wird die letztere in Lagen abgehoben und dem Käse beigemischt. Wo an Durchschnitten die ergriffenen Bronchiolen der Länge nach getroffen sind, erscheinen sie dann für das bloße Auge als käsige Stränge, welche

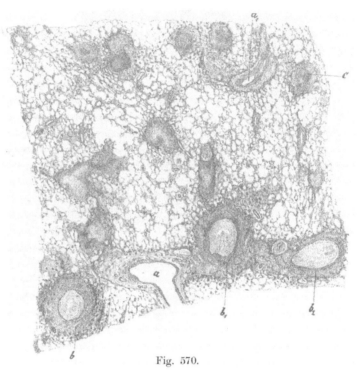

Fig. 570.
Käsige Bronchitis zusammen mit azinös tuberkulösen Herden.
a, *a₁* Blutgefäße (bei *a₁* deutliche Intimawucherung), *b*, *b₁*, *b₂* käsige Bronchitis, *c* azinöse Herde im Lungengewebe.

gegeneinander konvergieren und sich zum Teil vereinigen; wo sie auf dem Querschnitt getroffen sind, bilden sie Gruppen käsiger Ringe, die einen von käsigem Sekret verstopften Hohlraum umschließen; der letztere entspricht dem Bronchiallumen, der Ring selbst der verkästen Bronchialwand. Der ganze Prozeß wird auch als **käsige Bronchitis** bzw. **Bronchiolitis** bezeichnet. Auch hier kommen häufig zellig-fibröse Wucherungen dazu und zwar sowohl in der ergriffenen Bronchialwand, wie auch in deren nächster Umgebung, d. h. dem peribronchialen Bindegewebe; im ersteren Falle kommt es zu fibröser Umwandlung der Bronchialwand und unter Umständen selbst zu fibröser Obliteration des Bronchus, im letzteren zu einer fibrösen Einscheidung des ergriffenen Bronchialastes — **fibröse Bronchitis**, resp. **fibröse Peribronchitis.**

Käsige
Bronchitis.

Fibröse
Bronchitis
und Peri-
bronchitis.

In anderen Fällen — und das sind im allgemeinen die rascher fortschreitenden, bösartigen Formen der Tuberkulose — zeigen auch die käsigen Knoten und Stränge selbst Neigung, sich nach den Seiten auszubreiten; es entwickeln sich tuberkulöse Entzündungs-

höfe, welche dann selbst wieder der Verkäsung anheimfallen. Von der verkästen Bronchialwand aus greift der Entzündungsprozeß zunächst auf das peribronchiale Bindegewebe
und weiter auf das anliegende Lungenparenchym über, als **käsige Peribronchitis** bzw. **peri-** $\quad$ Käsige
bronchiale käsige Pneumonie. Indem so die bronchopneumonischen und die bronchitischen $\quad$ Peribronchitis.
Veränderungen gleichsam in das anliegende Gewebe ausfließen, kommt es zu vielfachem
Konfluieren der einzelnen, ursprünglich getrennten Herde, welche dabei ihre
scharfe Abgrenzung mehr und mehr verlieren; statt der Knötchengruppen entstehen
größere Flecken, von den Bronchiolen aus breitere, käsige Streifen und Höfe und im ganzen
dadurch blattförmige, breit gestielte Figuren (Fig. 466). Damit setzen vielfach auch Ulzera-
tions- und Zerfallsprozesse ein, welche durch Erweichung und Einschmelzung
der Käsemassen zustande kommen; so entstehen da und dort kleine, zackige Erweiterungen
der Bronchiallumina (Fig. 466 b) und Zerfallsherde in den käsigen Flecken (weiteres s. unten).

Noch eine Form der Exsudation soll $\qquad\qquad\qquad\qquad\qquad\qquad$ 3. Gallertige
erwähnt werden, die sog. **gallertige** oder $\qquad\qquad\qquad\qquad\qquad\qquad$ Hepatisation.
glatte Hepatisation, eine eigentümliche,
weiche, graue Hepatisation des Lungengewebes, welche besonders die Unterlappen
in diffuser Ausdehnung zu befallen pflegt
und auf einer starken gallertig serösen
Durchtränkung des Gewebes und Ausfüllung seiner Hohlräume beruht (Fig. 563);
sie kann sich wieder lösen oder in eine
käsige Pneumonie übergehen. Wahrscheinlich wird sie nicht durch die Tuberkelbazillen
selbst, sondern durch Toxine bewirkt, die
von den letzteren produziert werden.

Wir haben jetzt unter II die Wirkung des Tuberkelbazillus besprochen,
bei welcher das Exsudat im Vordergrund steht und letzteres dadurch
charakterisiert ist, daß es später verkäst, also die azinöse und lobuläre
bzw. lobäre käsige Pneumonie und
die käsige Bronchitis bzw. Peribronchitis. Daneben haben wir auch
hier proliferative Vorgänge besonders am
Rand jener Herde auftreten sehen, doch
treten diese hier ganz zurück. Das

Schicksal der Käseherde ist das, daß sie
zwar durch derartige proliferative Rand-
prozesse abgekapselt werden können, daß
sie in der Hauptsache aber zum Zerfall
neigen, so daß es zu ulzerierenden Pro-

Fig. 571.
Azinös-nodöse Tuberkulose und käsige Bronchitis mit
käsig-bronchopneumonischen Herden).
Die käsigen bronchopneumonischen Herde stehen in Gruppen zusammen, zum Teil schließen sie sich deutlich an die Wand von verkästen Bronchien an.

zessen und Kavernen (s. auch unten) kommt, d. h. zu den **ulzerös-kavernösen Form der** $\quad$ Ausgang in
Phthise. Diese hat meist große Ausdehnung und verläuft meist schneller als die bei den $\quad$ ulzerös-
kavernöse
zuerst geschilderten proliferativen Prozessen auftretende zirrhotische Phthisenform. Noch- $\quad$ Phthise.
mals sei betont, daß sich die jetzt geschilderten Grundtypen in der mannigfaltigsten Weise
kombinieren können, daß sich proliferative und exsudative Prozesse ja, wie geschildert,
vielfach vermengen, daß in verschiedenen Lungengebieten sich verschiedene Formen finden
und ineinander übergehen können. Ebenso finden sich an manchen Stellen die sekundären
Veränderungen der Induration, an anderen die der Erweichung und Kavernenbildung.
So kommen die kompliziertesten Bilder zustande.

Gehören diese besprochenen exsudativen Formen der käsigen Bronchopneumonien
und käsigen Bronchitis mit ihren Zerfallserscheinungen einerseits, aber auch indurierenden
Prozessen andererseits, also im allgemeinen zu den nicht allzu schnell verlaufenden Phthisen

— wenn auch meist akuter als die reinen azinös-nodös proliferativen Formen — so gibt es auch Formen, welche ohne jede Abkapselung oder dgl. zu zeigen, **ganz akut** verlaufen. Hier handelt es sich gerade um die ausgedehnten käsigen Bronchopnenmonien (lobuläre evtl. lobäre Formen).

Es finden sich hier bei der akut verlaufenden Form weniger kleine solche Herde (miliare käsige Pneumonien), als ausgedehntere, diffuse. Auch die Bronchien erkranken durch Aspiration von Bazillen aus den pneumonischen Herden, und auch hier kommt es durch Exsudatbildung zu tuberkulös-käsigen Bronchitiden und Peribronchitiden. Aber auch die dazwischen gelegenen Gebiete werden von käsiger Pneumonie befallen, die Herde der letzteren konfluieren und so werden immer größere Bezirke in gleichmäßiger Weise pneumonisch und von ausgedehnten Käsemassen durchsetzt. Der Prozeß beginnt und ist am stärksten entwickelt an der Lungenspitze, wegen deren besonderer Disposition für

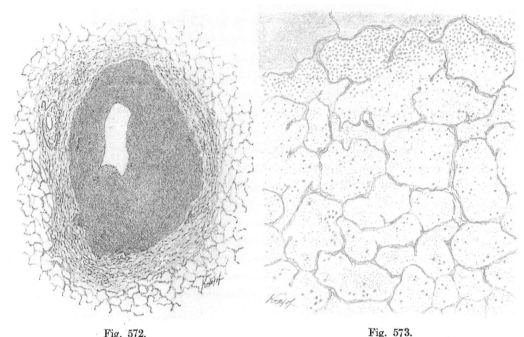

Fig. 572.
Käsige Bronchitis mit fibröser Peribronchitis ($\frac{2}{1}5$).
Man erkennt um das Lumen die vollkommen verkäste Bron-
chialwand, welche wiederum von einem Ring fibrösen
Gewebes umgeben ist.

Fig. 573.
Gallertige Hepatisation ($\frac{5}{1}0$).
Im Lumen der Alveolen ein wesentlich seröses durch die Härtung
körnig niedergeschlagenes Exsudat. (Färbung auf elastische
Fasern.)

Tuberkulose (siehe S. 160). Die ausgedehntesten Verkäsungen und pneumonischen Stellen finden sich denn auch an der Spitze und überhaupt im Oberlappen, während nach abwärts in den Lungen noch mehr kleinere, meist mehr oder weniger runde, käsig-pneumonische Stellen und käsige den Bronchien folgende Prozesse, sowie auch evtl. Aussaat vereinzelter durch Proliferation entstandener Tuberkel wahrzunehmen sind. Die käsigpneumonischen Stellen fühlen sich derb an, sie sind völlig luftleer, leicht gekörnt, grau bis gelb gefärbt und können die Ausdehnung eines ganzen Lobus und mehr erreichen. Charakteristisch ist, daß jede Entwickelung von Bindegewebe, wie sie sonst meist gerade in der Lunge als Ausdruck einer gewissen Heilungstendenz auftritt (s. oben) hier ausbleibt. Im Gegenteil, statt einer fibrösen Induration kommt es hier sehr schnell zu einer Erweichung der verkästen Massen, wobei oft noch Mischinfektionen (Kokken) mitwirken. So entstehen, wenn die erweichten Massen gelöst und zum Teil ausgehustet werden, Kavernen, die gerade in diesen schnell verlaufenden Fällen keine derbe, glatte Bindegewebsmembran aufweisen, sondern zerfetzte, von Käsemassen gebildete Ränder zeigen.

Es kommt nicht zu den großen, mehr oder weniger gereinigten Kavernen der chronischen Lungentuberkulose, denn es tritt eben weit früher der Tod ein. Diese Kavernenbildungen beginnen auch in den Spitzen. Häufig finden sich Gefäße in der Wand der Kavernen, die arrodiert werden, besonders wenn die Gefäße schon vorher kleine Aneurysmen aufweisen. So kann es zu tödlichen Blutungen, Hämoptoen (s. u.), kommen. Sie finden sich gerade in diesen schnell verlaufenden Fällen relativ häufig und früh.

Bei der geschilderten Form der Lungentuberkulose hat der Tuberkelbazillus durch käsige Pneumonie, ohne daß der Körper die sonst auftretenden reaktiven Abwehrversuche auszuführen imstande wäre, so schnell einen großen Teil der Lunge zerstört, daß die Krankheit akut verläuft. Auch die bronchialen Lymphdrüsen sind meist verkäst, die Pleuren weisen fast stets tuberkulöse oder fibrinöse Entzündungserscheinungen auf; auch andere Organe können Tuberkel zeigen. Diese in kurzer Zeit letal verlaufenden Fälle entsprechen der „floriden, galoppierenden Phthise".

Die Erkennung und Unterscheidung der einzelnen Formen, insbesondere auch ob proliferative oder exudative Prozesse vorliegen, ferner der genaue Sitz im Lungensystem, ist oft nur durch genauere mikroskopische Untersuchung möglich. Hierbei leistet besonders die Färbung auf elastische Fasern un- *Mikroskopische Unterscheidung der Formen.*

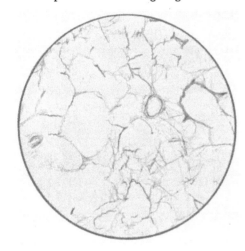

Fig. 574.

Käsige Bronchopneumonie. Elastisches Fasergerüst relativ gut erhalten. Keine Kerne mehr färbbar.

Fig. 575.

Interstitielle Tuberkulose (lymphangitis peribronchialis) in der Umgebung einer Kaverne. (Nat. Größe).

schätzbare Dienste. Sie verschwinden in den proliferativen Prozessen sehr schnell oder sind wenigstens stark rarifiziert, während sie sich in den käsig-bronchopneumonischen Gebieten einigermaßen gut halten und noch die alveoläre Struktur etc. anzeigen. Auch den Sitz im Bronchiolus respiratorius, Alveolargang etc. markiert die Darstellung der elastischen Fasern sehr gut.

Während wir bisher diejenige Tuberkulose der Bronchien beschrieben, welche sich *Beginn des* sekundär an Tuberkel, die zuerst im Lungengewebe entstanden, oder besonders an käsige *Prozesses in der* Pneumonien, von denen aus Sputum mit Bazillen in die Bronchialäste aspiriert wird, erst *Bronchial-* anschloß, kann, wie bereits erwähnt, der ganze Prozeß in der Wand der Bronchialäste *wand.* auch seinen Anfang nehmen, um dann entgegengesetzt der gewöhnlichen Art der Ausbreitung distalwärts nach dem Lungengewebe zu fortzuschreiten. In den größeren Bronchialästen nehmen die tuberkulösen Prozesse die Form der gewöhnlichen ulzerierenden Schleimhauttuberkulose an.

Betrachten wir nun noch zusammenhängend die Wege, auf welchen der Prozeß sich *Verbreitung der* äußerst schnell über die ganze Lunge verbreiten kann. Zum großen Teil haben wir sie *Tuberkulose in* schon kennen gelernt. Außer der Kontaktinfektion, d. h. der Ausbreitung per conti- *der Lunge;*

nuitatem stehen den Bazillen hier drei Wege zur Verfügung, die für ihre und somit der Tuberkulose noch schnellere Propagation sorgen, nämlich **1. der Bronchialweg, 2. der Lymphweg, 3. der Blutweg.**

1. Auf dem Bronchial-wege. **1. Der Bronchialweg.** Wir haben schon gesehen, wie sich einmal die käsige Pneumonie, ferner aber durch die azinös-proliferativen Prozesse, an die Bronchioli respiratorii anschließen, sich auch in ihrem Innern entwickelnd. Von den ergriffenen Bronchien werden Bazillen oder bazillenhaltiges käsiges Exsudat wieder in andere Bronchien und Bronchiolen aspiriert und rufen wieder neue bronchopneumonische Knötchen hervor. Im großen und ganzen halten sich die neuentstandenen Eruptionen wiederum an den Bronchialbaum und geben somit auch dem Durchschnitt eine gruppenförmige Anordnung. Man spricht, **Bronchitis und Peri-bronchitis caseosa.** wenn die Käsemassen dem Verlauf der Bronchien folgen, von **Bronchitis caseosa,** oder, wenn die Entwickelung der tuberkulös-käsigen Masse um die Bronchien vor sich geht, von **Peri-bronchitis caseosa** (s. oben). Ein feines Loch in der Mitte der käsigen Knötchen kann dann

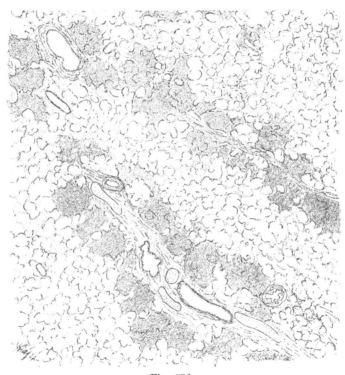

Fig. 576.
Interstitielle Tuberkulose (Lymphangitis peribronchialis tuberculosa); ($^2/_5$).
Reihen von Knötchen, welche, dem Verlaufe von Bronchien folgend, im interstitiellen Bindegewebe hinziehen. (Färbung auf elastische Fasern.)

noch auf dem Durchschnitt das Bronchiallumen, wenn es erhalten ist, andeuten. In dem den Bronchien benachbarten Lungengewebe entstehen durch Aspiration von diesen aus wieder überall neue käsig-pneumonische Herde und Knötchen. Der Bronchialweg spielt auf jeden Fall für die Verbreitung der Phthise in der Lunge die größte Rolle.

2. Auf dem Lymph-wege. **2. Der Lymphweg.** Schon von vornherein können Tuberkelbazillen von den Alveolen aus nach Abstoßung der Alveolarepithelien in die in den Alveolarwänden beginnenden Lymph-bahnen gelangen oder sie werden von kleinen tuberkulösen Herden oder pneumonischen Stellen aus in diese resorbiert und geben zur Bildung von **Resorptionstuberkeln** (S. 163) Veranlassung. Häufiger finden sich solche Resorptionstuberkel in größerer Zahl, oft in

Gruppen um einen älteren Herd herum angeordnet oder zwischen broncho-pneumonische Knötchen eingestreut, denen sie für das bloße Auge oft vollkommen gleichen. Auch können die Bazillen von den Bronchiolen aus in das peribronchiale Gewebe gelangen. Dann ist das die Bronchien umgebende sog. peribronchiale Bindegewebe hauptsächlich Sitz der Erkrankung. Auch das perivaskuläre und interlobuläre Bindegewebe spielt hier eine große Rolle. In den genannten Bindegewebszügen verlaufen nämlich die Lymphgefäße der Lunge gegen die Bronchialdrüsen zu konvergierend und schließlich in diesen sich sammelnd; in den Wänden dieser Lymphbahnen und der nächsten Umgebung bilden sich durch die mit der Lymphe verschleppten Tuberkelbazillen dann Reihen käsiger Knötchen, welche oft durch fibröse Stränge miteinander verbunden werden und dem Verlaufe der Bronchien, bzw. der Lymphgefäße folgen; von dem peribronchialen Bindegewebe kann der Prozeß auch auf die Bronchialwand sekundär übergreifen und in das Lumen der Bronchien einbrechen, wodurch es wieder zu weiterer Ausbreitung auf dem Bronchialwege kommt (s. oben). Die Verbreitung auf dem Bronchien- und Lymphwege ist, da beide Kanalsysteme zusammen verlaufen, oft schwer zu unterscheiden. Wenn der Prozeß sich wesentlich an die Lymphbahnen des interlobulären Bindegewebes hält, so erscheinen käsig-fibröse Stränge in vorwiegend netzartiger Anordnung. Man spricht in solchen Fällen von **interstitieller Tuberkulose.** Hält er sich besonders an die peribronchialen oder perivaskulären Lymphbahnen, so spricht man von **Lymphangitis tuberculosa peribronchialis** (oder **Peribronchitis** s. d.), resp. **perivascularis** (Fig. 575 und Fig. 576). Auf diese Weise sehen wir eine Verbreitung der Phthisen auf dem Lymphwege, doch beherrscht diese nur sehr selten das Feld. Zumeist ist dieser Verbreitungsweg nur an dieser oder jener Stelle ausgeprägt und tritt für den Gesamtprozeß gegenüber der Verteilung der Bazillen auf dem Bronchialweg stark zurück.

Interstitielle Tuberkulose
Lymphangitis tuberculosa peribronchialis resp. perivascularis.

3. Der Blutweg wird, wenngleich noch seltener, im Verlauf der chronischen Lungentuberkulose eingeschlagen, indem gelegentlich der Käseherd in ein Blutgefäß durchbricht; handelt es sich um eine **Arterie,** so kann hierdurch das ganze Verzweigungsgebiet derselben infiziert und innerhalb dieses eine Eruption disseminierter Herde hervorgerufen werden, **Miliartuberkulose der Lunge.** War das arrodierte Gefäß eine **Vene,** so kann **akute allgemeine Miliartuberkulose** (S. 164) die Folge sein. Selten tritt dies auch nach Durchbruch in eine Arterie ein. Im allgemeinen aber sind diese Vorgänge relativ selten, weil Arterien sowohl wie Venen innerhalb tuberkulöser Herde in der Regel frühzeitig obliterieren (S. 165). Wir sehen bei allen tuberkulösen Prozessen in der Lunge, daß die Gefäße sehr bald — aber sekundär — in Mitleidenschaft gezogen werden, teils indem sich von ihrer Wand aus echte tuberkulös-proliferative, teils — zumeist — einfach entzündliche Prozesse entwickeln, die zu ihrer Obliteration führen.

3. Auf dem Blutwege.

Wie schon erwähnt, kann sekundär von den bronchialen Lymphdrüsen oder evtl. metastatisch von anderen Organen bei Tuberkulose dieser der Blutstrom die allerersten Tuberkelbazillen den Lungen zuführen, die dann hier haften bleiben und die spezifischen Veränderungen erzeugen. Der Prozeß greift dann später in derselben Weise um sich, wie bei der aërogenen Infektion (s. auch oben).

Die bisher aufgezählten Prozesse und Verbreitungsarten der Tuberkulose in der Lunge kann man als Grundformen besonders der chronischen Lungentuberkulose bezeichnen; ihre Kombination zeigt die größte Mannigfaltigkeit.

Es schließen sich nun bei dem chronischen Verlauf der Erkrankung verschiedene andere Erscheinungen an, welche man teils **als eigentliche Folgezustände,** teils als **Komplikationen** auffassen muß.

Zu den **Folgezuständen,** die zumeist oben bei den einzelnen Formen schon mitbesprochen werden mußten, gehören:

Folgezustände:

Indurierende Prozess

1. die Kollapsatelektase und -Induration.
2. Fibröse Umwandlung; schieferige Induration.
3. Verkalkung.
4. Einschmelzung der Käsemassen, Bildung von Kavernen.

1. Kollapsatelektase und -Induration.

1. Die Kollapsatelektase und -Induration sind schon oben besprochen.

2. Fibröse Umwandlung; schieferige Induration.

Es geht durch die oben beschriebenen indurierenden Prozesse zwar Lungengewebe in größerer oder geringerer Ausdehnung verloren, allein trotzdem ist der Prozeß im ganzen ein relativ günstiger, indem die schwieligen Massen entschieden die weitere Ausbreitung der tuberkulösen Herde erschweren. Tatsächlich findet man nun gerade in solchen Fällen mit besonderer Häufigkeit Heilungsvorgänge, welche man auch sonst an den käsigen Bronchopneumonien und Knötchen beobachten kann. Es handelt sich hier um eine fibröse Einkapselung der Herde und schließlich auch um ihre **fibröse Umwandlung** (vgl. S. 155). Auch die proliferativen Prozesse und einzelne Tuberkel können ja erst recht eine bindegewebige Umwandlung eingehen. Das Bindegewebe wird in allen diesen Fällen oft hyalin.

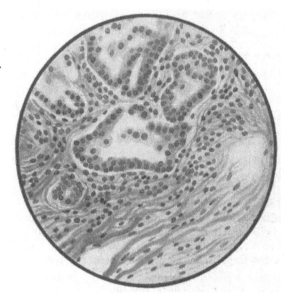

Fig. 576 a.
Atypische Wucherung der Alveolarepithelien (nach Art von Drüsen) bei Lungeninduration.

So entstehen durch alle diese Bindegewebswucherungen die in tuberkulösen Lungen sehr häufigen, derben, narbigen, schwieligen Partien, in die sich reichlich Kohlenpigment einlagert, die sog. **schieferige Induration.** Fast regelmäßig findet man solche Stellen in den Lungenspitzen. In diesem luftleeren Gewebe finden sich oft noch kleinere oder größere Käseherde oder auch wieder frische Tuberkel. Öfters auch wird, unter ähnlichen Umständen, tuberkulöses Gewebe organisiert; sei es von den Septen her, sei es vom peribronchialen Gewebe aus (Ceelen). Dann weisen diese Bezirke das Bild der **Karnifikation** (s. S. 458) auf.

Wenn in den indurierten Stellen noch einzelne Alveolen erhalten sind, so können deren **Epithelien großkubisch bis zylindrisch** werden, und so den Hohlraum umgeben, d. h. **atypisch wuchern**; es entstehen derart durchaus **drüsenähnliche Bilder** (siehe auch S. 121).

3. Verkalkung.

Ferner erleiden kleinere Käseherde häufig eine **Verkalkung**, wodurch sie zuerst zu kreidigen, dann zu steinharten Massen werden, in denen die Bazillen zugrunde gehen, aber auch lange latent am Leben bleiben können. Bis linsengroße und größere, in schwieliges Gewebe eingeschlossene Kalkherde bilden neben den eben erwähnten Veränderungen einen der häufigsten Befunde an der Lungenspitze. Statt Ablagerung von Kalk kann sich auch **echter Knochen** bilden. Auch ausgedehnte phthisische Prozesse können schließlich abheilen, wobei es manchmal zu starker Einziehung des Thorax („Rétrécissement thoracique") kommt. Befund von Kalk und erst recht Knochen spricht stets für einen **alten** Prozeß.

4. Ein-
schmelzung
der Käse-
massen.

Bildung
von
Kavernen.

4. Einschmelzung der Käsemassen. Bildung von Kavernen.

Diesen zur Heilung tendierenden oder doch langsamer um sich greifenden Formen steht nun als exquisit bösartiger Prozeß die **Einschmelzung der Käsemassen** gegenüber, welche schon an ganz kleinen Herden zustande kommen kann, regelmäßig aber eintritt, wenn die Verkäsung, einerlei ob aus Tuberkeln oder pneumonischen Herden hervorgegangen, eine größere Ausdehnung erreicht hat. Die vorher feste, trockene Masse wird durch Wasseraufnahme flüssig und bildet dann eine eiterähnliche, gelbe, schmierige oder auch dünnflüssige

Masse, welche reichlich kleine Käsepartikel enthält und ihrer Entstehung gemäß in einer Höhle des Gewebes, einer **Kaverne** (s. S. 157) gelegen ist. Diese Kavernen entstehen zumeist im oberen Teil der Oberlappen. In der in Erweichung begriffenen Wand solcher Kavernen liegen in der Regel zahllose Tuberkelbazillen. Von der Höhlenwand aus schreitet der tuberkulöse Prozeß und die Verkäsung direkt auf das umliegende Gewebe fort, und damit hält auch die fortdauernde Einschmelzung Schritt, so daß schließlich sehr große, ja selbst einen ganzen Lungenlappen einnehmende Kavernen sich bilden können. Bei dem Fortschreiten der Einschmelzung leisten die einzelnen Gewebsteile ungleichen Widerstand; am längsten widerstehen die fibrös entarteten Bronchien und Gefäße, welche oft als leistenartige Vorsprünge an der Wand der Kaverne bestehen bleiben oder sogar als derbe Stränge durch die Höhle hindurchziehen. Die Gefäße zeigen sich hierbei meistens durch Wucherung ihrer Intima frühzeitig obliteriert (s. o.). Wird ein Gefäß durch Einschmelzung einer Wand arrodiert,

Fig. 577.
Phthisis pulmonum.
Kaverne im Oberlappen (bei *a*) mit zahlreichen durchziehenden Balken, welche obliterierten Gefäßen entsprechen.
Im Unterlappen zahlreiche frischere tuberkulöse Herde (bei *b*). Dicke Pleuraschwarte.

bevor ein Verschluß des Lumens eingetreten war, so entstehen Blutungen in die Kaverne, Blutungen. und wenn letztere mit einem Bronchus (s. unten) in Verbindung steht, tritt **Hämoptoe** durch Hämoptoë. den Mund, d. h. Blutung nach außen ein. Solche Blutungen entstehen auch nicht selten von kleinen Aneurysmen aus, welche sich an den aus der Kavernenwand herausragenden Gefäßstümpfen bilden. Auch zu Beginn der Tuberkulose kann sog. „initiale Hämoptoe", oft das erste Zeichen jener, eintreten, wenn ein kleines Gefäß, welches noch offen ist, einem frischen tuberkulösen Prozeß zum Opfer fällt. Die Wand der Kaverne findet man in frischen Fällen immer mit käsigen Massen bedeckt, öfters hängen an ihr noch ganze Stückchen abgestorbenen Lungengewebes. Früher oder später erreicht eine sich vergrößernde Kaverne einen mittleren oder größeren Bronchialast, durch welchen sie dann ihren Inhalt dem Sputum beimischt, in dem dann reichliche Bazillen erscheinen. Ist auf diese Weise eine

31*

Kommunikation mit der Außenwelt hergestellt, so ist damit auch Gelegenheit zu verschiedenartiger **anderweitiger Infektion der Kaverne** gegeben. In ihrer Wand stellt sich dann meist eine heftige **eiterige Entzündung** ein; sehr häufig siedeln sich auch **Fäulniserreger** in der Kaverne an und erzeugen **eiterig-jauchige** und **gangränöse** Prozesse, die auch auf das Gewebe der Umgebung übergehen und Lungengangrän hervorrufen können. Auch **Schimmelpilze**, wie der Aspergillus, können jetzt angreifen, indem sie sich hier entwickeln (**Pneumonomycosis aspergillina** (s. Fig. 399).

Auf die beschriebene Art der fibrösen Induration einerseits, der Kavernenbildung andererseits, geht durch alle möglichen Prozesse ein größerer Teil der Lungensubstanz verloren: **Phthisis pulmonum.** (Doch sei hier bemerkt, daß der Name Phthise sich ursprünglich nicht auf den Gewebsschwund der Lunge, sondern mehr allgemein auf den Körperschwund bezog).

Phthisis pulmonum.

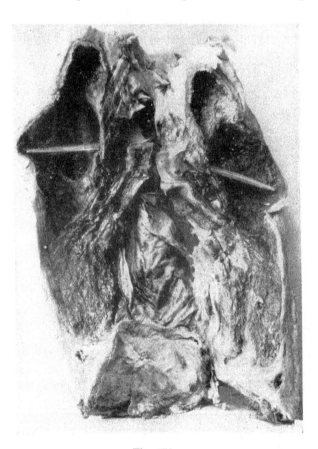

Fig. 578.
Phthisis pulmonum.
Große Kaverne im Oberlappen, Durchsetzung des Unterlappens mit frischeren tuberkulösen Eruptionen. Pleuraschwarte.

Der Vorgang der Erweichung und zunehmenden Kavernenbildung ist es, welcher am raschesten zu einer Zerstörung der Lungensubstanz führt. In weniger ungünstigen Fällen setzen die oben erwähnten Prozesse der fibrösen und schwieligen Neubildung dem Fortschreiten der Erweichung wenigstens gewisse Hemmnisse entgegen. Schon die durch Kollapsinduration schwielig umgewandelte Lungensubstanz ist dem Umsichgreifen der Kavernen hinderlich, und wo eine Höhlenbildung auf solches Gewebe trifft, wird sie wenigstens aufgehalten. Doch stellen sich auch in der Umgebung von Kavernen selbst nicht selten indurative Vorgänge ein; es bilden sich um frisch zerfallende Herde herum frische Granulationen, welche bei langsamem Fortschreiten des zentralen Zerfalls eine fibröse Kapsel bilden können (Fig. 579); ja auch die Innenwand älterer Kavernen zeigt sich nicht selten ganz oder zum Teil von Zerfallsmassen gereinigt und an solchen Stellen von frischen, roten Granulationen bedeckt, in manchen Fällen sogar glatt und von einem derben meist schieferig gefärbten Narbengewebe (s. oben) gebildet; es können Kavernen auf diesem Wege sogar vollkommen **ausheilen**, oder sie werden **abgekapselt**, wobei sie noch käsige cder kalkige Massen enthalten können (S. 157).

Komplikationen der Lungentuberkulose.

1. Chronisch-katarrhalische Bronchitis und katarrhalische Pneumonie.

Zu den **Komplikationen der chronischen Lungentuberkulose** können wir rechnen:

1. Chronisch-katarrhalische Bronchitis und katarrhalische Pneumonie.

Unter den zahlreichen allgemein entzündlichen Prozessen, welche die Lungentuberkulose begleiten, findet man namentlich **chronisch-katarrhalische Bronchitis und katarrhalische Pneu-**

monien, welch letztere neben den tuberkulösen Herden mehr oder minder ausgebreitete Infiltrationen des Lungengewebes hervorrufen und ihrerseits wieder eine Reihe von Folgezuständen, namentlich auch Atelektase und Kollapsinduration, nach sich ziehen können. Eine der gefährlichsten Komplikationen der Lungenphthise ist die **eiterige Bronchitis,** welche von kleinen Bronchien aus beginnend, sich über große Strecken hin ausbreiten, sich auch auf das Lungengewebe ausdehnen und hier eiterige Entzündungen hervorrufen kann. Alle diese begleitenden Entzündungsprozesse können wohl zum Teil auf die Wirkung der Tuberkelbazillen bezogen werden, da ja den letzteren auch die Fähigkeit zukommt, exsudative, ja selbst eiterige Entzündungen hervorzurufen; zum großen Teil aber handelt es sich bei diesen Zuständen um Mischinfektionen mit anderen Bakterien, denen die phthisische Erkrankung der Lunge den Boden geebnet hat.

Eiterige Bronchitis.

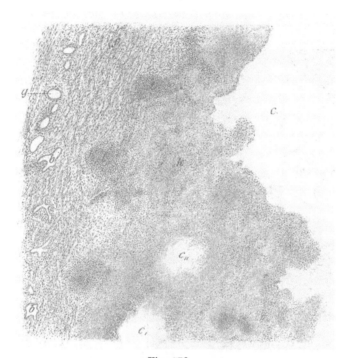

Fig. 579.
Wand einer tuberkulösen Kaverne ($\frac{100}{1}$).
c Höhle, k käsige Wand, c', c" kleine frische Zerfallhöhlen, f tuberkulöses Gewebe.
Nach links fibröses Gewebe, b Bronchien, g Gefäße.

2. Bronchiektasien.

2. Bronchiektasien.

Ein nicht unwesentlicher Anteil an der Schrumpfung des Lungengewebes kommt den sich häufig in großer Ausdehnung entwickelnden **Bronchiektasien** zu, für deren Entstehung die Bedingungen im Verlauf der Lungentuberkulose meist reichlich gegeben sind. Sie bilden sich in der oben angegebenen Art (S. 446) einerseits als vikariierende Erweiterungen von Bronchialgebieten, welche infolge des Verlustes anderer atmungsfähiger Partien entstanden sind, andererseits — und dann in mehr zirkumskripter Form — durch den Zug, den ein sie umgebendes, schrumpfendes Narbengewebe auf die Wand der Bronchien ausübt.

3. Emphysem.

3. Emphysem.

Die von der Tuberkulose verschonten Lungenabschnitte zeigen sehr häufig ein mehr oder minder hochgradiges vikariierendes **Emphysem** (S. 450). Dies, sowie die Verödung und Kompression der Gefäße bewirken Hypertrophie und Dilatation des rechten Ventrikels, oft die letzte Todesursache.

4. Pleuritiden.

Sehr wichtige Komplikationen der chronischen Lungentuberkulose stellen endlich die fast regelmäßig sich einstellenden **Erkrankungen der Pleura** dar (s. unten).

Von der Pleura diaphragmatica aus gelangen Tuberkelbazillen nicht selten in und durch die Lymphbahnen des Zwerchfells, und es finden sich dann zahlreiche Tuberkel auch auf dessen Unterfläche, sodann auf der Oberfläche von Leber, Milz etc. und auf dem Peritoneum.

5. Tuberkulose und Verkäsung der bronchialen Lymphdrüsen.

Besonders auf dem Lymphwege gelangen Tuberkelbazillen zu den regionären bronchialen Lymphdrüsen und bewirken auch hier Tuberkulose, die oft ausgedehnt verkäst und dann verkalkt. Auch die axillaren Lymphdrüsen werden, vor allem wenn die Pleura costalis (meist verwachsen) tuberkulös erkrankt ist, mitergriffen. Von den bronchialen Lymphdrüsen aus verbreitet sich die Tuberkulose auch auf dem Lymphweg weiter, besonders nach den unteren Halslymphdrüsen zu.

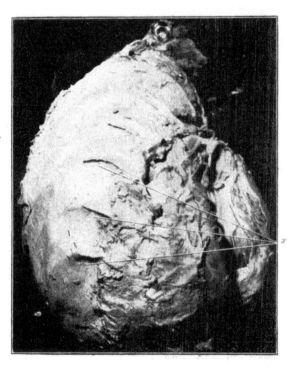

Das Gesamtbild der Lungenphthise

mit seinen verschiedenen Grundtypen und Kombinationen, verschiedenartigen Verbreitungswegen in den Lungen selbst, Folgezuständen und Komplikationen in der Lunge und deren Umgebung ist somit ein höchst wechselvolles. Ebenso ist es daher ja auch mit ihrem klinischen Verlauf.

Die Erscheinungen beginnen in der Regel klinisch mit dem sogen. Spitzenkatarrh. Hier bestehen die ersten durch Ansiedlung des Tuberkelbazillus — mag er wie zumeist aërogen, oder auch auf dem Blutwege in die Lungen gelangt sein — hervorgerufenen Veränderungen, sei es in Gestalt der azinös-proliferativen, sei es in der der exsudativen Vorgänge oder beider kombiniert. Man hat hier auch von Primärinfekt ge-

Fig. 580.
Sehr dicke Pleuraschwarte mit Synechie der beiden
Pleurablätter.
Abdruck der Rippen mit dazwischen stehen gebliebenen Leisten
(bei *x*).

sprochen. In der Regel gewinnen ja auch die Abwehrmöglichkeiten des Organismus die Oberhand; es kommt zur Vernarbung des Herdes. Der Prozeß erlischt sehr schnell. Es liegt eine abgeheilte Tuberkulose vor. Oder es kommt zwar zu einer etwas größeren Herdbildung, aber diese wird abgekapselt; etwa vorhandener Käse wird mit Kalk durchsetzt. Wir finden zwar die Herde bei der Sektion, aber auch hier brauchen klinische Symptome garnicht aufgetreten zu sein; die Tuberkulose bleibt im klinischen Sinne unerkannt, „okkult". Die Gefahr in diesen Fällen ist nur darin gegeben, daß die Bazillen in solchen Herden und sogar auch in Narben sehr lange erhalten, lebensfähig und virulent bleiben können und dann zu irgendeinem späteren Termin eine fortschreitende Lungenphthise erzeugen können. In einem Teil dieser Fälle handelt es sich

aber wohl um eine neue Infektion mit Tuberkelbazillen von außen, sog. exogene

Reinfektion. In anderen Fällen nun gelangen die Tuberkelbazillen von vorneherein zur Entfaltung, die Abwehrmöglichkeiten des Organismus genügen nicht, es kommt zur — auch klinisch manifesten — fortschreitenden Lungenphthise, seltener akuten oder subakuten (abgesehen von der nicht hierhergehörigen akuten hämatogenen Miliartuberkulose besonders bei den ausgedehnten und ohne Narbenbildung ulzerös-kavernös zerfallenden käsigen Bronchopneumonien s. oben), zumeist ganz chronischen Charakters mit jedem Wechselspiel von im Sinne einer gewissen Abheilung aufzufassenden Narbenbildungen einerseits, Erweichung und Kavernenbildung und Entstehung neuer Herde andererseits. Über die Gründe für die Prädisposition der Lungenspitzen, über die Bedingungen der Abheilung der Spitzenaffektionen u. dgl. muß im ersten Teil S. 160ff. nachgelesen werden.

Auch beim Zustandekommen der fortschreitenden Lungenphthise liegen also die ältesten und ausgedehntesten Herde in der Nähe der **Lungenspitze.** Hier finden sich dann ausgedehnte Verkäsungen, durch Verschmelzung zahlreicher kleinerer Herde entstanden; sie sind erweicht, zerfallen und haben so zu Kavernen, die oft schon bindegewebig abgekapselt sind, geführt. So finden wir die größten Kavernen, die oft ganz erstaunliche Maße annehmen können, fast stets von der Spitzengegend ausgehend im Oberlappen. Von hier hat sich der Prozeß aber inzwischen nach unten zu, d. h. kaudalwärts, ausgebreitet. Dies geht nach und nach, aber oft an vielen Stellen gleichzeitig durch Weiterschreiten der Infektion vor sich, in direkter kontinuierlicher Kontaktinfektion, vor allem aber indem weitere Gebiete auf dem Bronchialweg durch Aspiration infektiöses Material erhalten und so erkranken. Verbreitung auf dem Lymphweg und evtl. lokale Aussaat auf dem Blutwege kann hinzukommen (s. oben). Es handelt sich hier also um dauernde „endogene Reinfektion" (Orth). Dabei geht der Prozeß in seiner kranial-kaudalen Ausbreitung „etagenweise" (Nicol) vor sich. Jedes erkrankte Gebiet setzt in der nächsten „Etage" die in besonderen Behinderungen der „Atmungsgröße" und des Lymphstromabflusses gelegene Prädisposition (die ja auch für die Erkrankung an der primären Stelle maßgebend ist, s. allgemeiner Teil) zur Weitererkrankung. Jeder neue Herd ist eine Quelle weiterer Infektion und Ausbreitung auf den gleichen Wegen. Unterhalb der großen Kavernen finden wir auch noch im Oberlappen oder in den oberen Teilen des Unterlappens bzw. Mittellappens Kavernenbildung, meist kleinere und weniger abgekapselte oder auch ausgedehnte Käseherde. Dazwischen und vor allem weiter nach unten zu finden sich dann frischere Herde, kleinere oder größere käsig-bronchopneumonische Stellen, käsige Bronchitis, proliferativ-azinöse, zumeist in größeren Gruppen stehende Herde, evtl. auch miliare Tuberkel. An allen Stellen können narbig-zirrhotische Prozesse lokaler Natur oft mit starker Rußeinlagerung (schieferige Induration) gelegen sein, öfters finden sie sich ausgesprochen ganz oben an der Lungenspitze noch oberhalb der Kavernen, aber auch in weiter kaudalwärts gelgenen Herden. Andererseits können die Käsemassen überall, aber doch zumeist dicht unterhalb der eigentlichen Kavernen, Erweichung aufweisen. Die untersten Teile des Unterlappens nach unten von den noch kleineren jüngeren Eruptionen sind meist frei von tuberkulösen Herden. Die oben aufgeführten Komplikationen — bronchiektatische Höhlen, Bronchitiden, Emphysem — können das Bild ergänzen. Zu jedem Stadium einer chronischen Phthise kann ein akutes hinzukommen (besonders ausgedehnte käsige Bronchopneumonien etc.). Andererseits kann auch eine anfangs rasch verlaufende Phthise eine langsamere Ausbreitungsweise einschlagen oder gar zum Stillstand kommen, vor allem indem ausgedehnte zirrhotische Prozesse die weitere Infektionswahrscheinlichkeit herabsetzen. Hierauf, d. h. auf Unterstützung der dem Körper und Organ möglichen Abwehrreaktionen, beruht der Erfolg therapeutischer Maßnahmen zum größten Teil.

Endogene Reinfektion. Etagenweise kranial-kaudale Ausbreitung.

Überblickt man das Bild einer an chronischer Phthise von oben bis fast ganz unten ergriffenen Lunge, so sind die zum „Schwinden" des Organs führenden Prozesse oft so ausgedehnt, daß man sich nicht wundert, daß der Tod eingetreten ist, sondern daß das geringe Maß noch zur Respiration zur Verfügung stehenden Lungengewebes das Leben so lange zu fristen gestattet hat. Es ist in der Regel nicht der Verlust an Lungengewebe, der direkt zum Tode führt, sondern die Infektion, die Komplikationen und vor allem ist der Tod des Phthisikers zuletzt fast stets ein Herztod.

Unter bestimmten Bedingungen weicht Sitz und Ausbildung der Lungenphthise von der skizzierten typischen Form ab. Über derartige **atypische Lungenphthisen** und ihre Hauptbedingungen vgl. S. 466.

Von dem typischen Werdegang der Phthise Erwachsener weicht auch

die Lungenphthise der Kinder

ab. Auch hier gelangen die Tuberkelbazillen zunächst in die Lungen, sei es aerogen, sei es auf dem Blutweg (relativ häufiger, da ja bei Kindern primäre Darmtuberkulose häufiger ist, s. S. 161). Diese Tuberkelbazillen rufen zwar proliferative oder exsudative Prozesse hervor, ganz so wie oben geschildert, aber bei den Kindern besteht keine besondere Prädisposition der Lungenspitze gegenüber anderen Lungenteilen aus Gründen, die schon S. 167 auseinandergesetzt sind. Der Primärherd kann also bei Kindern irgendwo in der Lunge

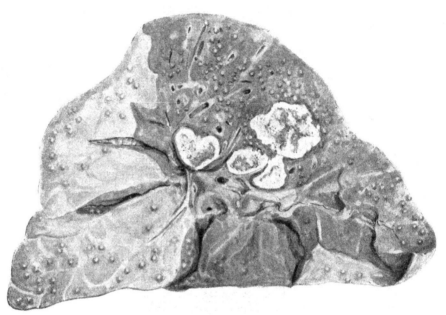

Fig. 581.
Tuberkulose einer kindlichen Lunge.
Große Käseknoten in der Höhe des Hilus. Durchsetzung der Lunge und Pleura mit miliaren Tuberkeln.

sitzen. Die Disposition der Lunge ist für fortschreitende Phthise aber meist zunächst überhaupt gering, der Lymphstrom in seinem Abfluß ungehindert; so bleibt der primäre Lungenherd klein, vernarbt oft, ist leicht zu übersehen. Statt dessen gelangen die Bazillen mit dem Lymphstrom zu den regionären d. h. bronchialen Lymphdrüsen (bestimmte für verschiedene Lungenteile) und da das Lymphdrüsengewebe ja gerade bei Kindern große Disposition für tuberkulöse Veränderungen aufweist, kommt es hier zu ausgedehnter Tuberkulose, Verkäsung etc. Die Lymphdrüsenaffektion beherrscht zunächst hier völlig das Bild. Aber dann gelangen zumeist die Tuberkelbazillen von hier aus wiederum in die Lunge. Verkäste erweichte Lymphdrüsen brechen öfters in ein Lungengefäß ein und so gelangen die Bazillen auf dem Blutwege in die Lunge. Häufig brechen solche auch in größere benachbarte und verwachsene Bronchien ein und die Bazillen gelangen auf diesem Wege in die Lunge; oder auch die Lymphdrüse infiziert die Lunge direkt per continuitatem. Jetzt kommt es in der Lunge zu ausgedehnten tuberkulösen und exsudativ-verkästen Herden, die eben auch keine besondere Affinität zur Lungenspitze aufweisen, sondern regellos in der Lunge, zumeist aber aus den genannten Gründen in der Hilusregion (bron-

chiale Lymphdrüsen!) vorzugsweise sitzen. Am meisten finden sich ausgedehnte Verkäsungen neben frischeren Herden; es kommt gewöhnlich nicht zu eigentlichen Kavernenbildungen. Die Lungenphthise endet hier meist schneller letal. Von den Bronchiallymphdrüsen aus, oder primär vom Munde aus (Tonsillen) erkranken häufiger auch die Halslymphdrüsen an Tuberkulose.

f) Syphilis.

Die Syphilis macht namentlich als kongenitale Form Veränderungen in der Lunge
und zwar interstitielle und exsudativ-pneumonische Affektionen; ein Teil der letzteren stellt
die sogenannte weiße Pneumonie dar; es treten hierbei lobuläre oder lobäre Hepatisationen
auf, in deren Bereich die Lunge von weißer Farbe, derb infiltriert und vollkommen luftleer
ist. Mikroskopisch zeigt sich sowohl eine der katarrhalischen Pneumonie ähnliche Exsuda-

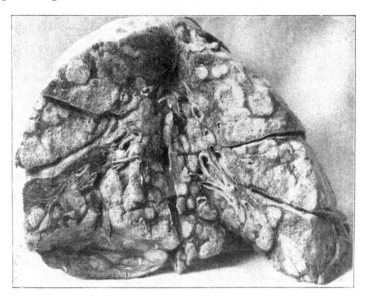

Fig. 581 a.
Karzinommetastasen der Lunge.
Die ganze Lunge ist von Karzinomknoten durchsetzt.

tion in die Bronchien und Alveolarlumina mit fettigem Zerfall der ausgeschiedenen Massen,
als auch eine starke zellige Proliferation in den interalveolären und interstitiellen Septen,
die dadurch infiltriert und verdickt werden. Die in ihnen verlaufenden Gefäße zeigen eine
Verdickung der Intima (S. 430). Daneben kommen kleine Gummata vor, sowie ferner herdförmige Entwickelungshemmungen der Lunge.

Die erworbene Syphilis, wenn auch weniger charakteristisch, ist doch häufiger und
erkennbarer, als meist angenommen (Rössle). Entzündliche interstitielle — Alveolarsepten, interlobuläres und besonders peribronchiales Bindegewebe —, zu weißlichen netz-
artigen Narben führende Prozesse besonders der Unterlappen sind am häufigsten. Kollapsinduration, Katarrhe, Bronchiektasien schließen sich an. Auch kleine Gummata finden
sich, selten große oder Kavernen.

g) Tumoren.

Primäre Neubildungen sind in der Lunge ziemlich selten; am häufigsten kommen
Karzinome vor, die vom Alveolarepithel, meist aber von dem Epithel der Bronchien
oder deren Schleimdrüsen ausgehen. Selten sind Kankroide. Relativ oft findet sich das

Karzinom mit tuberkulösen Kavernen vergesellschaftet. Endotheliome gehen von den Endothelien der Lymphgefäße aus. Auch Sarkome sind bekannt. Fibrome, Lipome, Chondrome, Osteome kommen in der Lunge selten vor. Weit häufiger sind sekundäre Tumoren, besonders Karzinome, bei deren Metastasen die Ausbreitung in den Lymphwegen meist besonders deutlich hervortritt. Auch die Chorionepitheliome setzen besonders in der Lunge Metastasen, welche zumeist große bunte Tumorknoten darstellen, aber auch multiple kleine miliare Knötchen bewirken können.

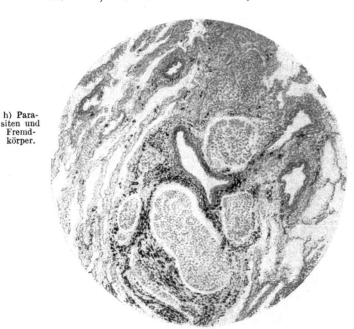

Fig. 581 b.

Karzinommetastasen der Lunge. Verbreitung auf dem Lymphwege.

Die Karzinommassen liegen in Lymphgefäßen um eine Vene.

h) Parasiten und Fremdkörper.

Tierische Parasiten kommen in der Lunge selten vor; es sind Zystizerken und Echinokokken in ihr beobachtet worden. In Asien findet sich das Distomum pulmonale, welches besonders in den Lungen Entzündungen hervorruft. Neben Schimmelpilzen, von denen besonders Aspergillus niger oder fumigatus sich in Kavernen oder sonst schon erkranktem Lungengewebe ansiedelt, ist der Aktinomyzes zu erwähnen, welcher meist von der Mundhöhle aus (besonders an Getreide hängend) in die Lunge gelangt und dort Abszesse hervorrufen kann. Bei Rotz entstehen Knötchen und pneumonische Entzündungsprozesse sowie Abszesse, letztere auch metastatischer Natur.

Streptotricheen können Bronchitis und Bronchopneumonien sowie tuberkelartige Knötchen, später Nekrosen und Zerfall, sowie Bronchiektasien bewirken. Es schließen sich Metastasen besonders im Zentralnervensystem an.

In den Alveolen von Neugeborenen kann sich Fruchtwasser aspiriert finden. Die verfärbt gelblich, grünlich, bzw. weißlich erscheinenden Massen weisen mikroskopisch Mekoniumkörperchen, Lipoidstoffe, Talg etc. auf.

E. Pleura.

Kongestive Hyperämie der Pleuragefäße entsteht als Vorläufer und Begleiterscheinung von Entzündungen, ferner dann, wenn eine längere Zeit hindurch bestandener höherer Druck, wie ihn z. B. große Exsudate und Transsudate ausüben, plötzlich durch Entleerung der Flüssigkeitsmengen aufgehoben wird (S. 13). Stauungshyperämie ist die Folge allgemeiner Stauung oder von Stauung im kleinen Kreislauf. Stauung in der Lunge und der Pleura hat Auftreten eines **Hydrothorax** zur Folge, d. h. Ansammlung eines Transsudates in der Pleurahöhle, wobei sich sehr erhebliche Flüssigkeitsmengen in ihr vorfinden können. Solche bewirken eine Kompressionsatelektase (S. 449) der Lunge, in erster Linie der Unterlappen. Durch Platzen eines Lymphgefäßes kann der Hydrothorax chylöse Beschaffenheit annehmen.

Ähnlich opaleszierend sieht die Flüssigkeit aus, wenn zahlreiche verfettete oder in lipoider Degeneration begriffene Zellen der Flüssigkeit beigemengt sind (z. B. bei Karzinom der Pleura) — chyliformer (pseudochylöser) Hydrothorax.

h) Parasiten und Fremdkörper.

E. Pleura.

Zirkulationsstörungen.

Hydrothorax

Beim Erstickungstod treten fast regelmäßig subpleurale Ekchymosen auf (s. a. Fig. 6). Größerer Bluterguß in den Pleurasack, **Hämatothorax,** kommt durch Verletzungen der Thoraxwand oder der Lunge (bei Rippenfrakturen, Verwundungen etc.) zustande. *Hämato-thorax.*

Die akute Entzündung der Pleura ist eine sero-fibrinöse, oder eiterige, oder hämorrhagische. Zu Beginn einer **sero-fibrinösen Pleuritis** (vgl. S. 132) findet man statt der sonst glatten und glänzenden Pleuraoberfläche eine auf Degeneration des Epithels, zelliger Infiltration und leichter Exsudation beruhende Trübung derselben. Die ersten Fibrinauflagerungen bilden auf der entzündeten Stelle einen matten, sammetartigen Belag, der sich in höheren Graden in zarte, zerreißliche, gelbliche, leicht abziehbare Membranen umwandelt. Ähnlich wie am Herzbeutel können sich auch hier dicke Fibrinmassen ansammeln und zottige Auflagerungen bilden. Durch rein fibrinöse Exsudation entsteht die „Pleuritis sicca". Meist wird aber bei der sero-fibrinösen Pleuritis eine mehr oder minder große Menge serösen Exsudats (bis zu mehreren Litern entzündlicher Hydrothorax) in den Pleuraraum mit abgesondert, welches sich durch seinen Gehalt an reichlichen feinen Fibrinflocken oder fibrinösen Membranen von den Transsudaten unterscheidet. Wie diese, so bewirken auch ausgedehnte Exsudate Kompression und Atelektase der Lunge und, da sie gewöhnlich einseitig auftreten, oft auch Verdrängung der Lunge und des Herzens gegen die andere Seite zu. Die gleichen Veränderungen wie die Pulmonalpleura kann auch die Kostalpleura aufweisen. *Sero-fibrinöse Pleuritis.*

Die Heilung der sero-fibrinösen Formen der Pleuritis erfolgt in der S. 132—133 angegebenen Weise durch bindegewebige Organisation des Exsudates; bei Verklebung der Kostalpleura mit der Lungenpleura kommt es vielfach zur Entstehung von **Synechien** (S. 133), oder auch von ausgedehnten, flächenhaften, oft sehr festen **Verwachsungen, Adhäsionen.** In diesen können sich ausgedehnte Kalkplatten bzw. Knochengewebe ablagern.

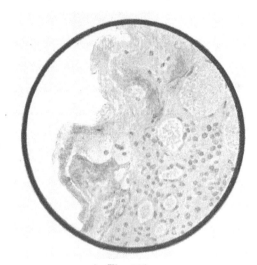

Fig. 581 c.

Fibrinöse Pleuritis.

Blau = Fibrinreste nach der freien Oberfläche zu: rot = Kerne des Granulationsgewebes mit zahlreichen Gefäßen. (Färbung mit Karmin und nach Weigert.)

Die **hämorrhagische Pleuritis** ist am häufigsten bei Tuberkulose oder bei Tumoren. So kommt auch ein Hämatothorax zustande. *Hämor-rhagische Pleuritis*

Die **eiterige Pleuritis** bewirkt eine gelbliche, trübe Infiltration der Pleura, die dabei von einem flüssigen Eiterbelag bedeckt ist; freie Eiteransammlung im Pleuraraum nennt man **Empyem.** Häufig ist die Entzündung keine rein eiterige sondern eine eiterig-fibrinöse, und dann finden sich an der Lungenoberfläche, an der Kostalpleura, wie auch in der abgesonderten eiterigen Flüssigkeit flottierend, meist weiche, zum Teil in Quellung und Lösung begriffene Fibrinmembranen. Endlich kann eine Eindickung und, durch Ausbildung einer produktiven Pleuritis, eine teilweise Organisation des Exsudates stattfinden, wodurch die Reste desselben von neugebildetem Bindegewebe umschlossen und abgesackt werden. Eine „abgesackte" Pleuritis entsteht endlich auch noch dadurch, daß Verwachsungen schon früher vorhanden waren, und in die von ihnen umschlossenen Höhlen hinein durch eine zirkumskripte Pleuritis ein Erguß statthat. *Eiterige Pleuritis. Empyem.*

Die verschiedenen Formen der Pleuritis können auf metastatischem Wege bei Infektionskrankheiten, Pyämie und Septikämie, Gelenkrheumatismus, Typhus u. a. entstehen; eine weitere Quelle meist eiteriger Pleuritis ist durch Verletzungen und Wundinfektionen gegeben; die meisten Fälle von Pleuritis kommen jedoch durch Fortleitung entzündlicher Prozesse von der Nachbarschaft, der Lunge, dem Mediastinum und *Genese der eiterigen Pleuritis.*

den mediastinalen Lymphdrüsen, dem Herzbeutel oder der Thoraxwand her zustande; von diesen ist es wieder weitaus am häufigsten die Lunge und zwar die Lungentuberkulose mit den sie begleitenden entzündlichen Affektionen, die das größte Kontingent zu den Ursachen der Rippenfellentzündung stellt. (Über Pyopneumothorax s. unten). Nächstdem sind auch andere Entzündungen der Lunge, fast konstant die kruppöse Pneumonie und häufig auch die katarrhalische Pneumonie sowie eiterige Prozesse, von einer Pleuritis begleitet. In allen diesen Fällen stellen sich später fibrös-produktive Vorgänge mit konsekutiven Schwielenbildungen und Verwachsungen der Pleurablätter überaus häufig ein.

Chronische
Pleuritis. Bei chronischen Pneumonien entwickelt sich meist auch von vornherein eine **chronische Entzündung** der Pleura. Von Anfang an produktive Pleuritiden begleiten ferner fast konstant die indurativen Zustände der Lunge, die Schrumpfungen durch Kollapsinduration

Fig. 582.
Tuberkulose der Pleura.
Die Pleura parietalis ist übersät mit miliaren Tuberkeln.

und Pneumonokoniosen. Bei letzteren bilden sich in der Pleura auch die bereits erwähnten fibrösen Verdickungen im Verlauf der Lymphgefäße mit netzförmiger Anordnung. Ferner oft kleine (fibrös entarteten Tuberkeln häufig täuschend ähnlichsehende) Knötchen oder Platten, oft mit anthrakotischem Ring.

Tuber-
kulose. Die **Tuberkulose** der Pleura kann in Form einfacher Tuberkeleruption ohne begleitende Entzündungserscheinungen (so bei akuter Miliartuberkulose) oder als eine tuberkulöse Pleuritis auftreten, d. h. außer den Tuberkeln Entzündungserscheinungen exsudativer oder produktiver Art aufweisen (vgl. S. 156).

Hierbei sitzen die Tuberkel sehr häufig versteckt in den Exsudatauflagerungen oder in dem die Pleura bedeckenden, jungen Granulationsgewebe. Ferner kommen im Verlauf der Lungentuberkulose ganz uncharakteristische, keine Tuberkel aufweisende Entzündungen der Pleura (s. oben) mit serös-fibrinösem oder hämorrhagischem Exsudate vor, in dem Tuberkelbazillen nicht vorhanden sind. Die fast bei allen alten Phthisikern vorhandenen Verwachsungen der Lunge mit der Kostalpleura sind ein Effekt der zirkumskripten, chronischen, einfachen oder tuberkulösen Pleuritis. Wie die Lungentuberkulose selbst, so treten auch die begleitenden Formen der Pleuritis in sehr wechselndem oder schwankendem Verlaufe auf, bilden bald akute Exsudationen, bald chronische adhäsive Prozesse mit Absackung der Exsudate, bald wieder neue Exsudationen in den Brustfellraum, oder auch in abgesackte Höhlen desselben (s. oben).

Nicht sehr selten tritt auch eine eiterige Pleuritis, resp. ein Empyem im Anschluß an eine Lungentuberkulose auf, sie entsteht besonders durch Fortleitung von einer purulenten Peribronchitis (S. 484) her, oder durch Perforation von Kavernen.

In seltenen Fällen ist die eiterige Pleuritis von tuberkulösen Affektionen der Wirbelsäule, der Drüsen, Rippen oder auch des Bauchfelles her fortgeleitet. Bei letzteren ist es wichtig, daß direkte Kommunikation die Lymphbahnen der Pleura und des Peritoneums durch das Zwerchfell hindurch verbindet.

Gummiknoten, Aktinomykose u. dgl. können von der Lunge auf die Pleura übergreifen.

Neubildungen an der Pleura sind meistens sekundär von der Umgebung, besonders den Lungen oder auch dem Peritoneum (s. oben) her auf sie übergegangen, oder stellen Metastasen dar. Primär entsteht in selteneren Fällen das sog. **Deckzellenkarzinom** der Pleura, das sich offenbar zumeist von den Deckzellen (sog. Endothelien, in Wirklichkeit wohl Epithelien) der Pleura ableitet. Zudem kommen auch von den Endothelien der Lymphspalten ausgehende Endotheliome vor. Ebenfalls sehr selten sind Fibrome, Lipome, Chondrome etc., Sarkome und Mischtumoren (z. B. Fibrosarcoma myxomatodes) *Tumoren.*

Unter **Pneumothorax** versteht man die Ansammlung von Luft in der Pleurahöhle. *Pneumo-thorax.* Ihr Eindringen geschieht entweder von außen her durch Verletzungen der Brustwand, oder durch Verletzungen, resp. Perforationen der Lungenpleura (bei tuberkulösen Kavernen, Lungengangrän, Infarkten, Abszessen, geplatzten Emphysemblasen, besonders den sog. bullösen), seltener vom Magen oder Ösophagus aus. Zufolge des Eindringens von Luft sinkt die Lunge, sofern sie nicht durch Verwachsungen mit der Kostalpleura fixiert ist, zusammen; bleibt die Perforationsstelle offen, so muß sich in der Pleurahöhle der nämliche Druck herstellen wie außen, und man spricht dann von offenem Pneumothorax. Kommt nun ein Verschluß der Perforation zustande, so wird hinterher die Luft resorbiert.

Ist die Luft durch Perforation der Pleura pulmonalis eingedrungen, was weitaus am häufigsten infolge eines Durchbruches tuberkulöser Kavernen eintritt, so kommt es häufig vor, daß die Öffnung sich bei der Exspiration verengt oder durch sich vorlagernde Exsudatmassen oder Gewebsfetzen verlegt wird, so daß die Luft nicht aus der Pleurahöhle entweichen kann. Dann kommt es, da bei jeder Inspiration von neuem Luft in die Brusthöhle gelangt, zu einer starken Drucksteigerung in ihr, zum Spannungspneumothorax oder Ventilpneumothorax, der die bekannten Verdrängungserscheinungen bewirkt: das Herz ist nach der anderen Seite verschoben, das Zwerchfell nach unten gedrängt; ferner fällt eine starke Auftreibung des Thorax auf der erkrankten Seite und eine Vorwölbung der Interkostalräume auf. Bei Eröffnung des Thorax entleert sich die gespannte Luft unter zischendem Geräusch; eine vor die Einstichöffnung gehaltene kleine Flamme (Streichholz) erlischt im Momente des Einstechens; beim Einschneiden des Thorax unter Wasser steigen Luftblasen auf. Auch der Spannungspneumothorax kann unter schließlich eintretendem Verschluß der Perforation und Resorption der Luft heilen.

Unter den Verhältnissen, unter denen der Pneumothorax — abgesehen von rein traumatischen Verletzungen — meist zustande kommt, nämlich durch Perforation zerfallender Herde in der Lunge, geraten meistens auch andere fremde Stoffe, namentlich eiteriger Inhalt der Kavernen bzw. Bakterien aus ihnen, in die Pleurahöhle; dann entsteht ein **Pyopneumo-** *Pyo- und Sero-* **thorax,** d. h. ein Pneumothorax mit Empyem. Seltener begleitet der Pneumothorax eine *pneumo-* seröse Pleuritis — **Seropneumothorax.** *thorax.*

Kapitel IV.

Erkrankungen des Verdauungsapparates und seiner Drüsen.

A. Mund- und Rachenhöhle.

Von katarrhalischen Entzündungen sind namentlich die der Tonsillen, des Gaumens und der Rachenschleimhaut häufig. Erstere nennt man Angina bzw. Tonsillitis, letztere Pharyngitis. Die **Angina catarrhalis** entsteht primär namentlich bei Erkältungen, ferner als Begleiterscheinung vieler Infektionskrankheiten, so zu Beginn der Masern, des Scharlachs, der Influenza etc. Man findet die Mandeln geschwollen, gerötet, mit katarrhalischem Sekret bedeckt. In den Lakunen der Tonsillen bilden sich beim Katarrh manchmal gelbliche, aus Sekret bestehende Pfröpfe, die bei oberflächlicher Untersuchung Ähnlichkeit mit kleinen Abszessen haben können (Angina tonsillaris lacunaris). Auch echte Eiterungen kommen vor, kleinere Herde (Angina follicularis) oder größere Oszillarabszesse (s. unten). Selbst die einfachen Formen der Angina catarrhalis müssen als durch Infektionserreger hervorgerufen betrachtet werden und sind von äußerster Bedeutung. Die regionären Lymphdrüsen schwellen an, Infektionserreger kommen ins Blut und können, selbst wenn die Angina abgelaufen ist, leichte Formen von Sepsis hervorrufen. Es kann Glomerulonephritis und Endokarditis sich anschließen. Vielfach wird für Gelenkrheumatismus, ja selbst Appendizitis, eine Angina als grundlegend angesehen. Bei chronischen Katarrhen, wie sie besonders bei skrofulösen Kindern vorkommen, sowie auch im Anschlusse an mehrfach sich wiederholende akute Entzündungen auftreten, zeigen sowohl die Gaumenmandeln, als auch die sog. Rachentonsille eine Hypertrophie des lymphatischen Gewebes, welche ihren Ausgang in fibröse Induration und Atrophie nehmen kann.

Bei der chronischen **Pharyngitis** zeigt die Rachenschleimhaut Verdickungen und Wulstungen, ferner größere und kleinere granuläre Erhebungen, die auf Wucherung der Schleimhautdrüsen und Hyperplasien der Follikel beruhen (Pharyngitis granulosa). Auch die Rachentonsille ist dabei hochgradig geschwollen und bei Kindern bilden sich die sog. **adenoiden Wucherungen,** die eine Atmungsbehinderung bilden können und oft mit geistiger Minderwertigkeit einhergehen. In späteren Stadien kommt es zur Atrophie der Mukosa, wobei dann auf der dünnen und glatten Schleimhaut die erwähnten Granula um so deutlicher hervortreten.

In der übrigen Mundhöhle kommen akute katarrhalische Entzündungen über die ganze Höhle verbreitet, **Stomatitis,** oder an ihren einzelnen Teilen als Glossitis (Zunge), Cheilitis (Lippe), Gingivitis (Zahnfleisch) vor.

Bei der **Stomatitis aphthosa** bilden sich kleine, infiltrierte, etwas prominente, grauweiße Flecken, die von einem hyperämischen Hofe umgeben sind und durch Abscheidung eines fibrinösen Exsudats nach Verlust des Epithels entstehen, die Aphthen. Es bilden sich sodann manchmal kleine Erosionen. Die meist schubweise auftretenden Aphthen sitzen mit Vorliebe am Zahnfleisch und dessen Übergangsstellen in die Schleimhaut der Wange und der Zunge. Die Erkrankung findet sich am meisten bei Säuglingen.

Die sog. Bednarschen Aphthen sitzen fast symmetrisch am Gaumen kleiner Kinder. Sie ulzerieren und heilen meist bald.

Herpes-Bläschen und pustulöse Entzündungen (s. Haut) finden sich an den Lippen und der Zungenschleimhaut nach mechanischen und chemischen Reizen, ferner symptomatisch bei vielen Allgemeininfektionen.

Mit Bläschen geht auch die Stomatitis einher, welche von der Maul- und Klauenseuche der Rinder her auf den Menschen (auf Kinder mit der Milch) übertragen werden kann.

Tiefer greifende **Entzündungen phlegmonöser Art** mit eiteriger Infiltration der Schleimhaut und Submukosa können an allen Teilen der Mund- und Rachenhöhle auftreten; an der

Zunge schließen sie sich manchmal an Verletzungen am Zahnfleisch (eiterige Gingivitis, **Parulis**) oder an Erkrankungen der Zähne an. Wenn die Parulis nach der Mundhöhle oder nach außen durchbricht, und dauernd eine Verbindung mit der kariösen Höhle des Zahnes bestehen bleibt, entsteht die sog. **Zahnfistel.**

Parulis.

Die **Angina phlegmonosa,** die phlegmonöse Entzündung des Gaumens, entsteht durch heftige thermische oder toxisch-chemische Reize (Ätzgifte), sowie bei zahlreichen Infektionserkrankungen. Die Schwellung macht sich dabei besonders an der Uvula bemerkbar. Die **Tonsillitis phlegmonosa** führt zur Bildung kleiner, oft multipler Abszesse, die zu einem größeren Eiterherd zusammenfließen, der in der Regel nach der Mundhöhle zu durchbricht; seltener bedingt er eine Gefahr durch Arrosion der Karotis. Durch Eindringen von Fäulnispilzen entstehen gangränöse Entzündungen (am häufigsten im Anschluß an Scharlachdiphtherie).

Angina phlegmonosa.
Tonsillitis phlegmonosa.

Die **Pharyngitis phlegmonosa** (Retropharyngealabszeß), Eiterung der hinteren Rachenwand und der dort gelegenen Lymphdrüsen, ist meist ein sekundärer Prozeß, der durch Infektion der retropharyngealen Lymphdrüsen (bei Scharlach, Diphtherie etc.), durch Verletzungen des Rachens (Fremdkörper), oder durch Karies der Halswirbel entsteht. Der Retropharyngealabszeß kann in die Rachenhöhle perforieren, bedingt aber stets auch eine schwere Gefahr durch die Möglichkeit einer Eitersenkung längs der Vorderfläche der Wirbelsäule in das Mediastinum.

Pharyngitis phlegmonosa.

Als **Angina Ludovici** bezeichnet man eine besonders gefährliche phlegmonöse Entzündung am Boden der Mundhöhle und im subkutanen Gewebe der Unterkiefergegend; sie geht von eiterigen Entzündungen der Mundhöhle oder der Submaxillardrüsen oder eiteriger Periostitis der Kiefer aus.

Angina Ludovici.

Die **Stomatitis ulcerosa** (Stomakaze, Mundfäule) stellt eine Entzündung des Zahnfleisches dar, die durch den Ausgang in ausgedehnte Geschwürsbildung charakterisiert ist. Vom Zahnfleisch geht sie auf die Schleimhaut der Zunge und der Wange über. Sie kann auch hier geschwürigen Zerfall im Gefolge haben und sich auch mit Nekrose und Brand der Weichteile kombinieren; die dabei entstehenden Geschwüre sondern ein höchst übelriechendes eiteriges Sekret ab. Ja selbst der Kiefer kann ergriffen werden. Am häufigsten begegnet man der Mundfäule im kindlichen Alter, besonders bei herabgekommenen, skrofulösen Kindern, die unter schlechten hygienischen Verhältnissen leben. Beim Erwachsenen rufen gewisse Vergiftungen (mit Quecksilber, Phosphor, Blei u. a.) ähnliche Erscheinungen hervor; auch die geschwürigen Zahnfleischprozesse beim Skorbut gehören hierher.

Stomatitis ulcerosa.

Bei Quecksilbervergiftung finden sich grauweiße Beläge am Zahnfleisch, die gangränös unter fürchterlichem Geruch zerfallen. Es besteht enormer Speichelfluß. Das hiermit ausgeschiedene Quecksilber erlaubt Bakterien, die Gewebe anzugreifen. Bei Vergiftung mit Blei sieht man am Zahnfleischrand den schon erwähnten Bleisaum, der auf Schwefelbleiniederschlägen beruht.

Noma (Wasserkrebs) ist ein von den Mundwinkeln ausgehender Prozeß, welcher mit ödematöser Auftreibung und Infiltration des Gewebes beginnt, aber sehr rasch zu gangränösem Zerfall führt; er greift besonders auf die Wangen und von da auf die nächstliegenden Teile über und kann ausgedehnte Zerstörungen des Gesichtes hervorrufen; Knochen und Knorpel, die dem Prozesse im Wege liegen, fallen ebenfalls der Nekrose anheim. Die ihrer Ätiologie nach nicht sicher erkannte und vielleicht vielgestaltige Erkrankung kommt besonders in den ersten Lebensjahren, namentlich bei dystrophischen Kindern vor.

Noma.

Die Plaut-Vincentsche Angina zeigt meist eine fibrinöse Membran und sodann Ulzeration. Ihr Erreger ist der Bacillus fusiformis bzw. dieser in Symbiose mit Spirochäten. Diese finden sich auch sonst bei ulzerösen Prozessen in der Mundhöhle, in geringer Zahl auch saprophytisch in Mundhöhlen Normaler.

Die durch den Löfflerschen Bazillus hervorgerufene **Rachendiphtherie** beginnt in den meisten Fällen an den Tonsillen oder dem Gaumen, und zwar meist mit dem Auftreten grauweißer Flecken, welche sich rasch ausbreiten, konfluieren und schließlich einen großen Teil der Rachenschleimhaut überziehen können. Namentlich finden sie sich an den stark geschwellten Tonsillen, der Uvula und dem weichen Gaumen, seltener der hinteren Rachenwand; die Membranen entstehen nach Verlust des Epithels (s. S. 135), durch oberflächliche Nekrose und Abscheidung eines fibrinösen Exsudats an die Oberfläche (s. S. 134ff.). Manch-

Rachendiphtherie.

mal aber kommt es bei der Rachendiphtherie auch zu eiterig-gangränöser Entzündung. Außerdem gibt es auch Formen, welche unter dem Bilde einer einfachen Angina verlaufen, aber durch ihre Bösartigkeit, die bei ihnen vorhandene Allgemeinerkrankung, ihre Ansteckungsfähigkeit und die etwaigen Übergänge zur pseudomembranösen Form, endlich durch die Ätiologie, sich als der genuinen Diphtherie zugehörig erweisen.

Weitergreifen derselben. In einer großen Zahl von Fällen greift die Erkrankung vom Rachen aus auf den Kehlkopf über und erzeugt hier das als Diphtherie des Larynx bekannte Krankheitsbild (S. 440); vom Kehlkopf aus pflanzt sich die fibrinöse Exsudation häufig auf die Trachea, manchmal selbst auf die größeren, hie und da sogar bis in die kleineren Bronchien fort. In der Regel aber lösen sich die Membranen in den mittleren, öfter schon in den großen Bronchien in weiche, flüssige Massen eines mehr schleimig-eiterigen Exsudats auf, so daß man in den Bronchien nur noch eine katarrhalische oder katarrhalisch-eiterige Schleimhaut-Entzündung vorfindet. Das Lungengewebe selbst findet sich in einer großen Zahl von Fällen mitbeteiligt, doch lassen die hier auftretenden Befunde nichts Spezifisches erkennen; meist zeigen sich die Erscheinungen der Kapillarbronchitis (s. S. 459) neben Atelektasen und katarrhalisch-, seltener fibrinös-pneumonischen Herden; wahrscheinlich durch Aspiration von Membranteilen kann es zu einer Aspirationspneumonie kommen; nicht selten gesellt sich zu den pneumonischen Prozessen eine seröse oder sero-fibrinöse Pleuritis.

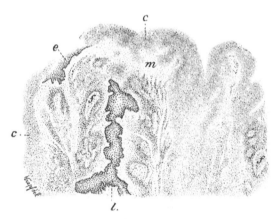

Fig. 583.
Diphtheritische Tonsillitis ($\frac{25}{1}$).

Allgemeine Folgen derselben. c nekrotische Massen auf der Oberfläche, e Stelle mit noch erhaltenem Epithel, l Lakune mit erhaltenem Epithel; bei m und auf der rechten Seite des Präparats das Epithel fehlend und auch die Schleimhaut nekrotisch, f Follikel.

Wie die Erkrankung sich klinisch als Allgemein-Infektion darstellt, zeigt sie auch anatomisch häufig Veränderungen in verschiedenen Körperorganen; es finden sich nicht selten parenchymatöse Degenerationen am Herzen, der Leber und den Nieren, teils in Form von trüber Schwellung der Epithelien, resp. der Muskelfasern, teils in Form von Verfettung dieser Elemente. Am empfindlichsten betroffen ist sehr häufig das Herz. Hier findet sich bei tödlich verlaufenen Fällen ganz regelmäßig diffuse Verfettung, in höheren Graden auch hyaline Veränderung und Nekrose von Muskelfasern. So kommt es zu akuter Dilatation des Herzens, unter welchem Bilde die diphtherischen Kinder oft sterben. In der Niere kommt es öfters zu degenerativen Prozessen, selten zu Nephritis. In der Milz zeigen in der Regel bloß die Follikel eine erhebliche Schwellung, Umbildung in große Zellen und evtl. Nekrosen (s. S. 392), während die Pulpa weniger betroffen ist. Diese Organveränderungen sind wesentlich Effekt toxischer von den Diphtheriebazillen produzierter Stoffe, der Toxine (vgl. S. 302). Auf ähnliche giftige Stoffe, die sog. „Toxone", sind die nach Diphtherie öfters eintretenden Lähmungen zu beziehen. Neben den Diphtheriebazillen finden sich in den Diphtherie-Belägen meist noch andere Bakterien, Staphylokokken, Streptokokken, Pneumokokken u. a. Von anderen Schleimhäuten wird relativ häufig die Conjunctiva bulbi, manchmal auch die Nasenschleimhaut von dem diphtherischen Prozeß ergriffen.

Die Erkrankung tritt sowohl sporadisch wie auch epidemisch, in größeren Städten auch endemisch auf und veranlaßt einen großen Prozentsatz der Morbidität und Mortalität der Kinder. (Über Diphtherie vgl. auch das letzte Kapitel).

Außer der eben besprochenen, also von dem Diphtheriebazillus verursachten, gegenwärtig allein als „Diphtherie" bezeichneten Erkrankung finden sich pseudomembranöse Entzündungen (S. 136) noch bei einzelnen anderen Infektionskrankheiten, so hier und da bei Masern und sehr gewöhnlich beim Scharlach, welch letzterer stets von einer katarrhalischen Angina, häufiger aber einer sog. wirklichen Scharlachdiphtherie begleitet ist. Von dieser letzteren gleicht ein kleiner Teil der Fälle vollkommen der genuinen Diphtherie, so daß man hier wohl eine Misch- infektion annehmen darf. Fast alle Fälle aber zeigen in mancher Beziehung ein abweichendes Verhalten; es treten die Exsudationserscheinungen zurück; dagegen stellen sich öfter tiefergreifende Nekrosen und eiterig-gangränöse Ulzerationen an den ergriffenen Teilen ein; die Schwellung der Tonsillen ist gerade hier oft eine besonders hochgradige. Öfters als bei der genuinen Diphtherie findet sich beim Scharlach eine starke Schwellung mit Nekrose oder eiteriger Erweichung, oder auch Gangrän der Halslymphdrüsen und deren Umgebung. Dagegen hat die Erkrankung ent- schieden weit geringere Neigung, auf den Kehlkopf überzugreifen. Die Ätiologie dieser Schar- lachdiphtherie ist jedenfalls eine andere, als die der genuinen Form und besteht in der Wirkung von Kokken. Scharlach- diphtherie.

Endlich können pseudomembranöse Entzündungen durch verschiedene andere Ursachen, z. B. durch Einwirkung von Ätzgiften, von heißen Flüssigkeiten, überhaupt durch alles zustande kommen, was eine Nekrose der Schleimhaut hervorruft. Ent- zündung nach Ver- ätzungen etc.

Die Lymphdrüsen am Hals findet man bei der Diphtherie regelmäßig geschwollen, hie und da tritt auch an ihnen eine Nekrose oder Vereiterung ein.

Über Diphtherie und Scharlach vgl. auch das letzte Kapitel.

Als chronische katarrhalische Affektion ist die sog. **Leukoplakie** oder **Psoriasis lingualis et buccalis** aufzufassen, welche in Wucherung und Verhornung des Epithels und Infiltration der subepithelialen Zellagen besteht und in Form verschieden gestalteter, viel- fach konfluierender weißer Flecken bei starkem Tabakgenuß, sowie im Gefolge von Syphilis evtl. auch als idiopathische Hypertrophie infolge angeborener Anlage auftritt. Karzinom entwickelt sich häufig auf dem Boden der Leukoplakie. Als Lingua geographica werden unregelmäßig gestaltete konfluierende Herde, welche aus kleinen Verdickungen hervor- gehen, bezeichnet. Psoriasis linguae

Unter den Granulationsgeschwülsten, die an den Organen der Mund- und Rachen- höhle auftreten, steht in erster Linie die **Syphilis**; und zwar macht sie hier, abgesehen davon, daß sich an den Lippen und auch in der Mundhöhle Primäraffekte finden, sowohl sekundäre wie tertiäre Erscheinungen. Zu den ersteren gehören die Angina syphilitica, ferner die sog. Plaques muqueuses (S. 172), die namentlich an der Zunge, den Lippen, der Wangen- schleimhaut auftreten und flache Erosionen bilden; an der Zunge entstehen am Geschwürs- grund gerne Fissuren, die demselben ein zerklüftetes Aussehen verleihen. Tiefere Geschwüre entstehen in der Tertiärperiode aus gummösen Infiltraten, wobei die Ulzeration sich rasch ausbreitet, in die Tiefe dringt und nicht nur Mukosa und Submukosa, sondern auch das unterliegende Gewebe und sogar Knochenteile zerstören kann. Auf diese Weise entstehen Defekte an Gaumensegel und Uvula, sowie die Perforationen dieser Teile, Zerstörungen der Tonsille und andere Verunstaltungen der Rachenhöhle, an denen besonders auch die bei der Heilung sich bildenden, derben Narben starken Anteil nehmen. Besonders charak- teristisch für tertiäre Syphilis sind Narben am Zungengrund, bzw. eine interstitielle Ent- zündung dieses, so zwar, daß unter Verschwinden der Balgdrüsen der Zungengrund glatt wird (**Atrophia laevis radicis linguae**). Syphilis.

Tuberkulose ist im allgemeinen an den Organen der Mund- und Rachenhöhle selten; öfters kommen nur die Tonsillen als Eingangspforte der Tuberkelbazillen und selten als primär erkrankte Teile in Betracht; in den übrigen Teilen der Mund- und Rachenhöhle ent- stehen durch Infektion mit tuberkulösem Sputum hie und da Geschwüre, Schleimhauttuber- kulose, manchmal auch Konglomeratknoten, namentlich an der Zunge. Tuber- kulose.

Der Lupus kann von der Haut des Gesichtes auf die Mundhöhle übergreifen. Er bildet ebenfalls Infiltrate und Verdickungen der Schleimhaut in Form von hirsekorngroßen, papillären Exkreszenzen und Geschwüren, die langsam fortschreiten, während sie andererseits wieder teil- weise vernarben und in dieser Beziehung den syphilitischen ähnlich sind.

Die **Aktinomykose** nimmt ihren Ausgang namentlich von den Kiefern und vom Zahn- fleisch und bildet langsam um sich greifende, aber ausgedehnte Granulationswucherungen, die multiple eiterige Einschmelzungsherde zeigen; in diesen sitzen als gelbe Körner die Aktino- myzesrasen (S. 178). Der Prozeß kann sich weit in die Umgebung des Kiefers ausdehnen, auf das subkutane Gewebe und die Haut des Halses sowie Wirbelsäule etc. übergreifen, Aktino- mykose.

und auch durch Fortsetzung auf das Mediastinum tödlich endigen. Auch kann die Aktinomykose in Gefäße einbrechen und Metastasen bewirken. Die Infektion wird wahrscheinlich
durch Gräser, Getreidegrannen etc. vermittelt und ist bei Landleuten, Bauern etc. nicht
sehr selten.

Soor.   Der **Soor,** der vorzugsweise bei atrophischen kleinen Kindern, aber gelegentlich auch
bei kachektischen Erwachsenen auftritt, betrifft besonders die Zunge, dann auch
die übrigen Teile der Mundhöhle und kann auf Pharynx, Ösophagus und Kehlkopf
übergehen. Er kann selbst in den Magen und (durch Aspiration) in die Lungen gelangen,
wo er Pneumonie hervorruft. Der Soorpilz (Oidium albicans, s. S. 318) bildet grauweiße

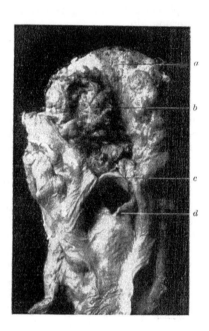

Fig. 584.
Karzinom der Zunge bei *b.*
a Zunge, *c* Epiglottis, *d* Kehlkopf.

Fig. 585.
Karzinom im Hypopharynx auf den Kehlkopfeingang
übergreifend.
Aus Körner, Lehrb. der Ohren-, Nasen- und Kehlkopfkrankheiten, 3. Aufl. Wiesbaden, Bergmann 1912.

Flecken oder zusammenhängende, aus Hyphen und Sporen bestehende Beläge. Er entwickelt sich zwischen den Epithelien. Die darunter liegende Schleimhaut ist entzündet
und zu Blutungen geneigt, auch können die Soorfäden in sie eindringen und selbst metastatisch
auf dem Blutwege in andere Organe — sehr selten — gelangen.

       Die Mundhöhle Gesunder weist eine reiche Flora auf. Hierzu gehören (s auch oben) Spiro-
chäten (dentium und buccalis), fusiforme Bazillen, das Spirillum sputigenum, Leptothrixarten, ferner
zahlreiche Bakterien, darunter auch pathogene, wie Pneumokokken, Tuberkelbazillen, nicht selten Diphtheriebazillen etc.

       Die Papillae filiformes hypertrophieren stark, besonders am Zungenrücken, so daß sie dunkle haar-
artige Gebilde bilden, bei der sog. schwarzen Haarzunge.

Tumoren.   Von Geschwülsten sind die, namentlich an den Lippen und der Zunge, seltener an
der Schleimhaut der Wange, des Gaumens, der Tonsillen oder der Rachenwand auftretenden
Karzinome. **Karzinome** die wichtigsten. Es handelt sich fast ausschließlich um Plattenepithelkrebse.
Der Lippenkrebs beginnt mit besonderer Vorliebe an den Winkeln der Unterlippe, besonders

an der Grenze von Haut und Schleimhaut, wo er zuerst meist prominente, oft papilläre Massen, dann aber Geschwüre bildet und in die Tiefe und in die seitliche Umgebung vordringt. An der Zunge kommen ebenfalls anfangs oberflächliche, papilläre, sowie ferner von Anfang an tiefergreifende, mehr knotige Formen vor. Die krebsigen Ulzerationen sind im allgemeinen durch ihre hohen, wallartigen Ränder ausgezeichnet. Für den Zungenkrebs sieht man den chronischen Reiz, welchen die Schleimhaut durch die fortwährenden Verletzungen seitens kariöser, scharfkantiger Zähne erleidet, sowie die bei Rauchern und im Gefolge von Lues auftretende Leukoplakie (s. oben) als disponierende Momente an; in analoger Weise werden manche, besonders relativ langsam verlaufende Fälle von Wangenkrebs auf eine Leucoplacia buccalis zurückgeführt.

Sarkome sind selten, sie können z. B. von den Tonsillen ausgehen. Teratome und Dermoidzysten kommen am Boden der Mundhöhle vor. Die als **Epulis** bezeichneten, von den Alveolarfortsätzen der Kiefer ausgehenden Geschwülste gehören der Gruppe der Sarkome (Riesenzellensarkome) an, sind aber relativ gutartig (vgl. S. 214). Die sog. Rachenpolypen oder **Nasenrachenpolypen** sind meistens **Fibrosarkome**, welche von der Basis cranii ausgehen und in die Nasenhöhle resp. Rachenhöhle herabwachsen. Außerdem finden sich in der Mund- und Rachenhöhle gelegentlich kleine fibro-epitheliale Geschwülste (Papillome S. 208), namentlich an den Lippen und am weichen Gaumen, ferner Fibrome, Chondrome, Myxome, Osteome u. a. Von anderen gutartigen Geschwülsten der in Rede stehenden Teile sind Angiome und Lymphangiome zu nennen. Letztere liegen einem Teile der als Makrocheilie resp. Makroglossie bezeichneten, angeborenen oder bald nach der Geburt sich entwickelnden Vergrößerungen der Lippen und Zunge zugrunde, während eine andere Gruppe dieser Erkrankungen angeborenen Hyperplasien der Organe entspricht (vgl. S. 197). Die namentlich bei skrofulösen Kindern häufig zu beobachtenden Vergrößerungen der Lippen mit wulstiger Anschwellung der Schleimhaut zeigen Erweiterung der Lymphgefäße, bindegewebige Hyperplasie und Hypertrophie der Drüsen und an der Oberfläche vielfach Rhagadenbildung („skrofulöse Lippe").

Gutartige Geschwülste.
Epulis.

Kleine Retentionszysten können sich an der Schleimhaut von den Drüsenausführungsgängen aus bilden. Als **Ranula** („Fröschleingeschwulst") bezeichnet man Zysten, welche sich an der Unterfläche der Zunge, resp. zwischen dem Frenulum linguae und der Spitze des Unterkiefers entwickeln, wahrscheinlich verschiedenen Ursprungs sind, und zum Teil auf Erweiterung von Ausführungsgängen der Speicheldrüsen, zum Teil auf eine zystische Entartung der Nuhnschen Drüse zurückgeführt werden müssen. Auch Kiemenspaltenzysten können hier sitzen. Über die mit dem Pharynx zusammenhängenden Kiemengangzysten s. S. 281. Die Kieferzysten oder Zahnzysten gehen meist von Zähnen, bzw. Zahnkeimen aus; sie können sich zu multilokulären Bildungen entwickeln und den Kiefer blasig auftreiben. Zu erwähnen ist noch die sog. Struma des Zungenbeins (in der Gegend des Foramen coecum). Es handelt sich hier um versprengte Schilddrüsenkeime (Ductus thyreoglossus), oft bei fehlender Thyreoidea.

Zysten.
Ranula.

An den Zähnen kommt vor: Karies der Zähne, verursacht durch von Mundpilzen produzierten Säuren, welche entkalkend wirken, Pulpitis, Wurzelperiostitis, welche zu Parulis (S. 495) und ausgedehnter Periostitis des Kiefers und Fistelbildung führen kann; ferner die sog. Wurzelgranulome; auch sind zu erwähnen die Entwickelungsstörungen der Zähne, die bei der Rachitis (Kap. VII) und der hereditären Lues vorkommen, sowie die Kiefer- und Zahnzysten. Von Geschwülsten finden sich an den Zähnen echte Odontome, sowie sog. Dentalosteome und die Adamantinome (s. S. 195).

Erkrankungen der Zähne

B. Speicheldrüsen.

B. Speicheldrüsen.
Entzündungen.

Entzündungen sind am häufigsten an der Parotis; der sog. **Mumps** (Ziegenpeter), die **Parotitis epidemica** ist eine epidemisch auftretende, im allgemeinen gutartige Infektionskrankheit, welche mit entzündlicher Hyperämie, Infiltration und Schwellung der Parotis, öfter auch der anderen Speicheldrüsen, einhergeht und meist nach einigen Tagen sich spontan wieder zurückbildet; seltener nimmt sie einen Ausgang in Abszedierung. Auffallend ist, daß mit ihr verhältnismäßig häufig eine entzündliche Schwellung der Hoden und Neben-

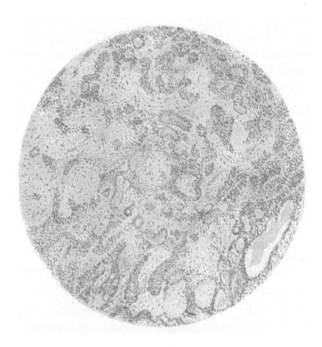

Fig. 585a.
Mischgeschwulst der Parotis. Gewucherte Epithelien; dazwischen Schleimgewebe.

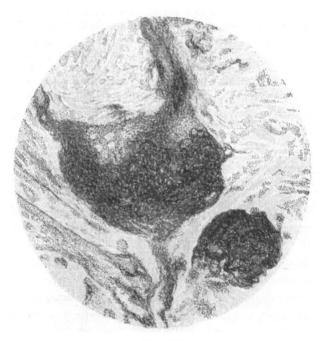

Fig. 586.
In Karzinom übergegangene Mischgeschwulst der Parotis mit Entwickelung mächtiger elastischer Massen.
(Dunkel dargestellt.)

hoden verbunden ist. Sekundär kommt eine Parotitis bei Scharlach, Typhus etc. vor. Sie führt meist zu Abszessen. Die eiterige Parotitis kann hämatogen oder durch den Ausführungsgang aszendierend zustande kommen. Auch im letzteren Fall sollen die Bakterien in die kleinen Gänge ausgeschieden werden und die eiterige Entzündung kann hier, ebenso wie im ersteren Falle, natürlich mehr direkt beginnen. Ferner gibt es phlegmonöse Formen von Parotitis bei Infektionskrankheiten wie Diphtherie, Scharlach etc., oder von ähnlichen Prozessen der Umgebung aus.

Manchmal bilden sich in den Speicheldrüsen Konkremente, sog. **Speichelsteine,** die der *Speichel-steine.* Hauptsache nach aus kohlensaurem Kalk zusammengesetzt sind und durch Inkrustation organischer Abscheidungen entstehen; sie können den Ausführungsgang der Speicheldrüsen verlegen; dann findet man den proximalen Teil des Ausführungsganges zystisch erweitert, die Drüse selbst manchmal im Zustande der Atrophie.

Speichelfisteln kommen durch Durchbruch eines Ausführungsganges einer Speicheldrüse *Speichel-fisteln.* in die Mundhöhle oder an die Außenseite der Wange zustande und schließen sich an Verletzungen oder entzündliche Prozesse dieser Teile an.

An den Speicheldrüsen treten mit Vorliebe **Mischgeschwülste** auf, über die wir das *Tumoren.* Nötigste schon im allgemeinen Teil angeführt haben (S. 243): meist enthalten sie Schleimgewebe, Knorpel und drüsenähnliche Gebilde, sowie wenig differenzierte, aus echten epithelialen Wucherungen hervorgegangene Zellmassen, zuweilen auch Plattenepithel. Auffallend ist der große Reichtum dieser Geschwülste an elastischen Massen; aus ihnen können Karzinome entstehen. Außerdem gehen manchmal auch starke **Karzinome** von den Speicheldrüsen aus. Diese Geschwülste sind auch an der Parotis am häufigsten. Auch gutartige Bindesubstanzgeschwülste, Fibrome, Lipome, Angiome, Chondrome, Adenome kommen vor, meist bei Kindern. Ferner auch Sarkome. Die Mikuliczsche symmetrische Geschwulstbildung der Speichel- und Tränendrüsen s. S. 263.

C. Ösophagus.

C. Öso-phagus.

Im unteren Teil des Ösophagus kommt es manchmal unter der Einwirkung des in denselben regurgitierenden Magensaftes zu einer kadaverösen Erweichung seiner Wand, welche mit jener des Magens (s. unten) vollkommen übereinstimmt. Sehr häufig findet man an der Schleimhaut der Speiseröhre, in der Nähe der Kardia streifige, zwischen den Längsfalten der Innenwand liegende weißliche Flecken, welche auf Trübung des Epithels beruhen oder auf Epithel- und Schleimhautdefekten, welche den Effekt einer solchen kadaverösen Erweichung darstellen. Etwas Ähn- *Erwei-chung der* liches kann auch schon während der Agone und in allerdings sehr seltenen Fällen schon früher *Wand.* während des Lebens zustande kommen und unter Umständen sogar von Perforation der Wand gefolgt sein.

Perforation kann sich ferner auch in den äußerst selten vorkommenden Fällen einstellen, wo sich im Ösophagus ein peptisches Geschwür, analog dem Ulcus rotundum des Magens (s. unten) entwickelt.

Von Mißbildungen am Ösophagus sind sein angeborener Verschluß, sowie Fisteln *Miß-bildungen.* zwischen Trachea und Ösophagus zu erwähnen. Beide Mißbildungen hängen mit der Ausbildung der die Trachea und den Ösophagus trennenden Leiste zusammen. Im oberen Ösophagus kommen sehr häufig kongenitale Magenschleimhautinseln vor, aus denen sich auch Zysten bilden können. Sie entstehen durch Umwandlung der ursprünglichen Entodermzellen der Speiseröhre in Zylinderzellen bzw. Drüsenzellen.

Die Venen des Ösophagus sind oft zu Varizen erweitert. Am bemerkenswertesten *Varizen.* sind diejenigen im unteren Teil des Ösophagus, welche sich bei Leberzirrhose (kompensatorische Erweiterung bei Pfortaderstauung) finden und durch Perforation den Verblutungstod veranlassen können.

Entzündliche Prozesse kommen meist im Gefolge von Verletzungen der Öso- *Entzünd-liche Pro-zesse.* phaguswand und durch Ätzgifte zustande; erstere werden in den meisten Fällen durch mit Speiseteilen eingeführte harte und spitze Partikel (Knochenstückchen, Fischgräte etc.), selten in anderer Weise veranlaßt; es kann dann zu tiefgreifenden phlegmonösen Entzündungen der Wand mit Abszeßbildung in der Umgebung und Perforation der Ösophaguswand kommen, z. B. Durchbruch in die Trachea oder in die Bronchien, in die Pleura, den Herzbeutel etc., in seltenen Fällen auch in große Gefäße.

Die von Ätzgiften an der Wand der Speiseröhre hervorgerufenen Veränderungen sind, analog wie im Magen (s. dort), Nekrosen (Verschorfungen), Entzündungen, Narbenbildungen. Bei der sog. Scharlach-Diphtherie (s. oben) findet sich häufig eine pseudomembranöse Entzündung auch im Ösophagus, besonders in dessen oberem Teile.

Stenosen

Stenosen des Ösophagus können — abgesehen von den als kongenitale Mißbildung zu deutenden — einerseits durch Kompression von außen von seiten von Tumoren der Umgebung, Aneurysmen oder Strumen, andererseits durch Neubildungen (Karzinome), oder Narbenbildung in seiner eigenen Wand hervorgerufen werden; zu solchen Narben kommt es auf Grund phlegmonöser Entzündungen, Verätzungen oder derber Karzinome (s. unten).

Erweiterungen.

Erweiterungen des Ösophagus entstehen oberhalb verengter Stellen des Ösophagus resp. der Kardia und finden sich dementsprechend unter den eben erwähnten Verhältnissen; häufig weisen die dilatierten Partien eine hypertrophische Muskularis (Arbeitshypertrophie) auf. Manchmal mag es sich auch um Folgezustände chronischer Katarrhe handeln. Selten sind idiopathische Erweiterungen des Ösophagus, besonders seines unteren Teiles, die zuweilen auf Vagusveränderungen bezogen werden. Auch kommen angeborene Ektasien vor.

Divertikel.

Pulsionsdivertikel.

Fig. 587.
Traktionsdivertikel des Ösophagus.
a Divertikel, *b* verwachsene Lymphdrüse.

Die wichtigsten Erweiterungen der Speiseröhre sind die partiellen, die **Divertikel**, von denen man zwei Hauptformen unterscheidet, die Pulsionsdivertikel und die Traktionsdivertikel.

Erstere bilden sackförmige, hernienartige Ausstülpungen, welche an der hinteren Wand des Ösophagus und zwar fast immer an seiner Grenze gegen den Pharynx zu sitzen und in der Regel keine oder bloß spärliche Muskelfasern enthalten; man muß also annehmen, daß entweder bloß die Schleimhaut und Submukosa zwischen die Muskellager des Constrictor pharyngis inferior hindurch sich ausgestülpt haben, oder daß schon kongenital eine schwache, wenig Muskulatur enthaltende Stelle in jenem Bezirk vorhanden war, welche dann in toto ausgedehnt wurde, wobei die Reste der Muskelschicht atrophierten. Prädilektionsstellen sind die Stellen, wo der Ösophagus überhaupt Verengerungen aufweist: die Höhe des Krikoidknorpels, diejenige der Bifurkation, der Übergang in die Kardia. Den Anstoß zur Bildung der Ausstülpung geben wahrscheinlich traumatische Einflüsse, Einklemmung harter Teile (Fremdkörper) oder andere Verletzungen der Ösophaguswand; durch den beim Schlingakt ausgeübten Druck wird die Ausstülpung mehr und mehr gedehnt und vergrößert sich so noch sekundär. Ist das Divertikel einmal gebildet, so vergrößert es sich in der Folge von selbst dadurch, daß es bei praller Füllung mit Speiseteilen den Ösophagus komprimiert und so bei jedem neuen Schluckakt wieder Speiseteile zugeführt erhält, welche die Aussackung immer mehr ausdehnen.

Traktionsdivertikel.

Die Traktionsdivertikel werden auf den Zug narbigen Gewebes zurückgeführt; man findet nämlich an der Spitze dieser Divertikel, welche insgesamt eine trichterförmige Gestalt aufweisen und sich an der vorderen Wand der Speiseröhre in der Höhe der Bifurkationsstelle der Trachea vorfinden, sehr häufig geschrumpfte tuberkulöse oder durch Staubeinlagerung zur Induration gebrachte Drüsen, von denen man annimmt, daß sie mit der Wand des Ösophagus verwachsen sind und bei ihrer Retraktion diese ausziehen. Der ausgezogene Trichter kann unter Umständen perforieren, woran sich unter dem Einfluß der hindurchgetretenen, dann faulenden Speiseteile Eiterung und Verjauchung in der Umgebung, sowie Bildung von Zerfallshöhlen mit ihren Folgezuständen (Perforation in andere Hohlorgane oder phlegmonöse Prozesse in der Umgebung) anschließen kann.

Es ist übrigens fraglich, ob diese Divertikel alle in der angeführten Weise zustande kommen, Angeborene Anomalien als Grundlage zu Divertikeln. ob nicht auch vielen von ihnen angeborene Anomalien (mangelhafte Trennung von Ösophagus und Trachea) zugrunde liegen, und die Verwachsung mit Lymphdrüsen nicht eine sekundäre ist; dafür spricht das Vorkommen seitlicher, durch Erweiterung unvollkommen geschlossener Kiemengangreste (S. 281) entstandener Divertikel. Die Divertikel bieten Gefahren der Perforation; auch können sich Karzinome in ihnen entwickeln.

Eine Epithelverdickung findet sich als **Leukoplakia oesophagi** in Gestalt zahlreicher weißer Platten Leukoplakia oesophagi. und Flecken der Schleimhaut nicht selten, zumeist bei chronischen Entzündungen, aber wohl auch als diopathische Hypertrophie auf angeborener Grundlage.

Zysten des Ösophagus sind relativ häufig und weisen zum Zeil Flimmerepithelien auf; ein anderer Teil von ihnen wird von Schleimdrüsen-Ausführungsgängen, ein anderer endlich von den oberen Kardiadrüsen abgeleitet.

Von Neubildungen des Ösophagus kommt fast ausschließlich und zwar relativ häufig, das **Karzinom** vor; es findet sich öfter bei Männern als bei Frauen und mit Vorliebe bei Potatoren. Es hat dieselben Prädilektionsstellen wie das Pulsionsdivertikel: den obersten Teil der Speiseröhre (hinter dem Kehlkopf), die Höhe der Bifurkationsstelle der Trachea und die Gegend der Kardia. Fast immer ist das Ösophaguskarzinom ein verhornender Plattenepithelkrebs. Doch kommen auch Drüsenkarzinome vor. Während die Neubildung der Längenausdehnung der Speiseröhre nach in der Regel ziemlich beschränkt bleibt, gewinnt sie in den meisten Fällen sehr rasch an Breitenausdehnung, so daß sie in kurzer Zeit die Wand der Speiseröhre ringförmig oder gürtelförmig durchsetzt und frühzeitig Stenose des Ösophagus herbeiführt. Eine solche kann auch indirekt zustande kommen, indem krebsig infiltrierte, dem Ösophagus anliegende Lymphdrüsen ihn komprimieren oder endlich durch starke narbige Schrumpfung szirrhöser Krebsformen (S. 231) bewirkt werden.

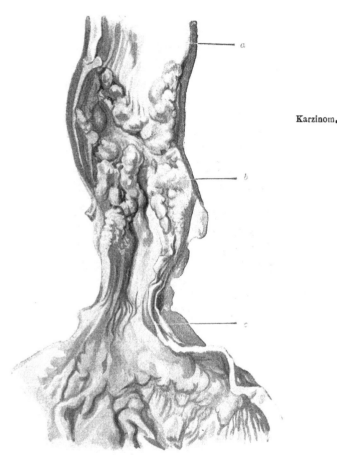

Karzinom.

Fig. 588.
Karzinom des Ösophagus.
a freier Ösophagus, *b* Karzinom des Ösophagus in der Höhe der Trachealbifurkation. *c* Gegend der Kardia.

Namentlich bei den weicheren Formen der Krebse stellt sich bald auch ein geschwüriger Zerfall ein, und es entstehen dann wie bei anderen Schleimhautkrebsen zirkuläre Ulzera mit flachen oder mit knotigen Rändern. An der Geschwürsfläche kann Vereiterung oder Verjauchung eintreten.

Das Karzinom des Ösophagus greift vielfach auf die Umgebung der Speiseröhre über; vom oberen Teil des Ösophagus mit Vorliebe auf den Kehlkopf oder die Trachea, während im unteren Teil der Speiseröhre entstandenen Krebse sich oft flächenhaft in der Wand des Magens weiter ausbreiten. Mit dem Übergreifen der Krebswucherung auf andere Organe kommt es öfter zur Bildung von Zerfallshöhlen, resp. zur Perforation in Trachea, Bronchien oder Lunge, mit eiteriger Pneumonie, oder zu Durchbruch in das Mediastinum, oder den Pleuraraum und Bildung von Empyemen; hie und da auch zu Durchbruch in nahe gelegene große Gefäße, selbst in die Aorta. Metastasen treten vom Ösophaguskrebs aus vorzugsweise in den Halslymphdrüsen, aber auch in Leber, Lungen etc. auf.

Sarkome (zirkumskripte und diffuse) oder gar Karzinosarkome des Ösophagus sind sehr selten, Fibroepitheliome, Myome etc. ebenso.

Traumen. **Verletzungen** und Zerreißungen des Ösophagus kommen durch äußere Gewalteinwirkungen namentlich durch eingekeilte Fremdkörper zustande.

Parasiten. Bei Kindern, sowie bei kachektischen Erwachsenen kann der **Soor** von der **Soor.** Mundhöhle aus auf den Ösophagus übergreifen.

D. Magen.

D. Magen.

a) Vorbe-merkungen etc.

a) Vorbemerkungen; kadaveröse Veränderungen; angeborene Anomalien.

Normale Anatomie. Die Schleimhaut des Magens zeigt zahlreiche kleine Einsenkungen, Grübchen, zwischen welchen netzförmig vorspringende Leisten vorhanden sind. In die Grübchen hinein münden die Magendrüsen und zwar mehrere der letzteren in jedes derselben. Die sog. Labdrüsen der Fundusregion sind einfach, tubulös und zeigen zweierlei Zellen: größere, stark vorspringende rundliche Zellen, die Belegzellen oder delomorphen Zellen, von welchen man annimmt, daß sie die Salzsäure des Magens produzieren; und kleinere, mehr zylindrische Zellen, welche Hauptzellen oder adelomorphe Zellen heißen, sie sollen das Pepsin des Magensaftes liefern. In der Pylorusgegend sind die Magengruben tiefer und stehen weiter auseinander; zwischen ihnen befinden sich breitere, blattförmige Fortsätze, die Plicae villosae oder Magenzotten. Die Drüsen der Pylorusgegend sind verästelt und zeigen bloß eine Zellform, welche im allgemeinen den Hauptzellen der Fundusregion gleicht. In der Nähe des Pylorus finden sich auch traubig gestaltete, sog. Brunnersche Drüsen

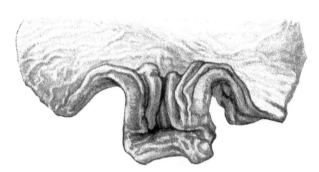

Fig. 589.
Angeborene Hypertrophie (und Stenose) des Pylorus.

(in der Submukosa), wie sie im Duodenum vorkommen. Die Oberfläche der Magenschleimhaut ist mit einem Zylinderepithel bekleidet, in dem viele Becherzellen nachweisbar sind. Es liefert den Schleim des Magensaftes. Die Schleimhaut wird durch die Muscularis mucosae in der Tiefe begrenzt. Es folgen die lockere Submukosa, die beiden Muskelschichten und die Serosa.

Kadaveröse Verände-rungen. Bei der Untersuchung des Magens müssen in besonderem Maße auch seine **kadaverösen Veränderungen** in Betracht gezogen werden, weil diese das anatomische Bild trüben und unter Umständen zu Verwechselung mit krankhaften Zuständen führen können. Namentlich in der Fundusregion findet man an der Leiche fast stets einige kleine, oberflächlich in der Schleimhaut gelegene, dunkelrote Flecken, welche auf den ersten Blick kleine Hämorrhagien vortäuschen können, bei genauerem Zusehen sich aber als venöse Gefäßnetze erweisen, welche durch eine stärkere hypostatische Füllung so hervortreten (S. 11). Auch die großen Venen der Magenwand zeigen sich an der Leiche häufig sehr stark gefüllt und oft von schmutzig braunroten bis schwarzen Streifen begleitet, welche durch Imbibition der nächsten Umgebung mit diffundierendem, zum Teil zersetztem Blutfarbstoff zustande kommen. Schon im Leben entstandene Blutungen können postmortal durch Umsetzungen ganz dunkel erscheinen (Pseudomelanose). Die wichtigste **Postmortale Selbst-verdauung.** kadaveröse Veränderung des Magens aber ist die **postmortale Selbstverdauung,** welche durch das nach Aufhören der Zirkulation einsetzende Einwirkung des saueren Magensaftes bedingt ist; sie wird durch eine Trübung des Epithels eingeleitet, welche im Gegensatz zu der bei der normalen Verdauungsfunktion auftretenden auf die mittleren und tieferen Drüsenabschnitte beschränkten Trübung, auch die Zylinderepithelien der Oberfläche betrifft; später erweicht die ganze Mukosa zu einer schmierigen, grauweißen, leicht abstreifbaren Masse; entsprechend den Stellen, wo der Mageninhalt in der Leiche angesammelt war, bei Rückenlage der Leiche also im Fundus und an der hinteren Magenwand, ist in der Regel die Erweichung der Schleimhaut am stärksten; häufig ist sie auf diese Stellen beschränkt und scharf abgesetzt. Selten sieht man die an ihrer Streifung leicht erkennbare Muskularis frei vorliegen, und noch seltener kann schließlich auch diese erweichen, und sogar eine Perforation der Magenwand zustande kommen. Wahrscheinlich kann eine, von der eben beschriebenen kadaverösen anatomisch nicht zu unterscheidende, unter analogen Bedingungen auftretende Erweichung der Magenschleimhaut auch als agonale Erscheinung hervortreten, doch sind die Ansichten hierüber noch geteilt.

Durch die eigentliche Fäulnis kommt es, namentlich bei reichlichem Blutgehalt der Schleimhaut, zu schwärzlicher bis schieferiger Verfärbung, besonders in der Umgebung der Venen (s. oben u. S. 11), ferner zu postmortalem Emphysem.

Hypertrophie aus **angeborenen Anomalien** sind am Magen selten; es kommen als solche Pylorus-stenose und Atresie des Pylorus, sowie Verengerungen zwischen Pylorus und Fundus vor, wodurch der Magen eine sanduhrförmige Gestalt erhält. Die beim Fötus bestehende vertikale Stellung kann auch dauernd erhalten bleiben. Bei Situs inversus nimmt der Magen in entsprechender Weise an der Verlagerung teil. *Angeborene Anomalien.*

b) Zirkulationsstörungen.

b) Zirkulationsstörungen.

In der Regel findet man den Magen an der Leiche im Zustande der **Anämie**, welche bei allgemeiner Anämie und bei parenchymatösen Degenerationen der Magenschleimhaut (s. unten) besonders ausgeprägt zu sein pflegt. **Hyperämie** tritt als kongestiver Zustand im besonderen Grade nach Aufnahme stark reizender Indigesta, sowie als Initialstadium entzündlicher Vorgänge ein; von der während der Verdauungsfunktion vorhandenen, gleichmäßigen, zarten Rötung der Schleimhaut unterscheidet sich die entzündliche Hyperämie durch ihre mehr fleckige, namentlich auf die Höhe der Schleimhautfalten lokalisierte Ausbreitung. Stauungshyperämie ist meistens Folge allgemeiner Zirkulationsstörungen oder einer Blutstauung im Pfortadergebiet. Einen sehr häufigen Befund stellen kleine **Blutungen** in der Magenschleimhaut dar. Unter der Einwirkung des Magensaftes bilden sich aus solchen kleinen Hämorrhagien der Magenschleimhaut sehr häufig kleine Geschwüre, sog. **hämorrhagische Erosionen**; sie stellen umschriebene, bis etwa linsengroße, rundliche, flache oder ovale, in der Regel auf der Höhe der Schleimhautfalten gelegene und manchmal in mehrfacher Zahl aneinander gereihte, im frischen Zustand scharf begrente Substanzverluste dar, welche verschieden tief in die Mukosa eindringen. Seltener bilden sich aus ihnen durch weiteres Umsichgreifen des Defektes größere, meist flache Schleimhautgeschwüre. Die kleinen in der Magengegend auftretenden Hämorrhagien unterscheiden sich von den oben erwähnten hypostatischen Venenfüllungen, mit denen sie leicht verwechselt werden, dadurch, daß sie sich nicht in Äste auflösen lassen, tiefer in der Schleimhaut gelegen und schärfer umschrieben sind. Solche Blutungen (Stigmata haemorrhagica) und Erosionen finden sich bei kongestiven, namentlich entzündlichen Hyperämien, wie bei Vergiftungen, bei hämorrhagischen Diathesen, bei Verbrennungen, allgemeinen, besonders septischen Infektionskrankheiten, bei heftigem Erbrechen, nach Laparotomien, bei Meläna etc. Sie werden als toxische (bakterielle, alkoholische), nervöse und embolische Vorgänge, also durch Schädigung des arteriellen oder venösen Gefäßsystems (besonders des letzteren) erklärt. Man hat dabei an nervös bedingten arteriellen Spasmus, besonders aber wie beim Erbrechen an ein Rückströmen des Pfortaderblutes in die Venen des leerwerdenden Magens gedacht. *Anämie und Hyperämie. Blutungen. Hämorrhagische Erosionen.*

c) Entzündungen.

c) Entzündungen.

Akute Gastritis. Die anatomischen Veränderungen beim akuten Magenkatarrh sind nur selten rein zu sehen, weil die sehr bald eintretenden kadaverösen Veränderungen das Bild trüben und vielfach fast ganz unkenntlich machen. Es handelt sich im wesentlichen um abnorm vermehrte Schleimsekretion und degenerative Zustände der Zylinderepithelien der Oberfläche, die in trüber Schwellung und schleimiger Degeneration bestehen. Im Anschlusse daran beteiligen sich auch die eigentlichen Drüsenepithelien in mehr oder minder hohem Maße und sondern ein reichliches, zähes, glasig-schleimiges, oft leicht blutig tingiertes Sekret ab, das die Schleimhautoberfläche in dicker Schicht bedeckt. Mit der Epitheldegeneration geht eine starke Schwellung und kongestive Hyperämie sowie Rundzelleninfiltration der Mukosa einher. Die Hyperämie ist, wie erwähnt, meist fleckig und besonders auf der Höhe der Falten ausgeprägt und betrifft, wie die Veränderungen bei der katarrhalischen Gastritis überhaupt, vorzugsweise die Pylorusregion. Infolge der starken Schwellung ist die Schleimhaut stets gefaltet und aufgelockert. (Falten *Akute Gastritis.*

in der Schleimhaut entstehen auch durch Kontraktion der Magenmuskulatur, doch lassen solche Fälten sich leicht daran erkennen, daß man sie durch Zug in der Querrichtung ausgleichen kann). An die häufig auftretenden kleinen Blutungen in der Schleimhaut schließt sich oft die Bildung hämorrhagischer Erosionen an (s. oben).

Der akute Katarrh des Magens hat eine sehr mannigfaltige Ätiologie. Diätfehler im weitesten Sinne, insbesondere Genuß von chemisch reizenden Stoffen oder von verdorbenen Nahrungsmitteln, überhaupt von infektiösem Material (vgl. unten), übermäßige Nahrungsaufnahme, thermische Reize, Kältewirkung sind unter seinen Ursachen hervorzuheben (näheres über die toxische Gastritis s. unten). Endlich entsteht akute Gastritis oft im Verlauf verschiedener Allgemeininfektionskrankheiten (Typhus, Influenza, Erysipel u. a.).

Ist der Magenkatarrh in ein **chronisches** Stadium getreten, was bei dauernder Einwirkung von Schädlichkeiten auf die Schleimhaut, insbesondere bei Alkoholikern, bei gewissen Allgemeinerkrankungen (Chlorose und anderen schweren Anämien, kachektischen Erkrankungen), bei allgemeinen Zirkulationsstörungen und Stauungen im Pfortadergebiet, endlich bei Gastrektasie, bei Geschwüren und Krebsen des Magens der Fall ist, so treten zu der namentlich bei Stauungszuständen starken Blutfüllung vielfach noch starke dauernde Erweiterungen der venösen Gefäße und eine durch reichliche kleine Blutungen verursachte schieferige Pigmentierung der Magenschleimhaut hinzu. Man findet die letztere meist von einem dicken, zähen Belag eines trüben Schleimes bedeckt, dem namentlich bei Stauungskatarrhen Blut beigemischt ist. Auch hier zeigt sich die Mukosa

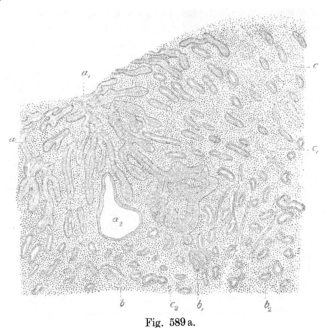

Fig. 589 a.
Chronischer Katarrh des Magens (Gastritis granulosa) ($\frac{40}{1}$).
Schnitt durch die Magenschleimhaut. Das Epithel der Oberfläche durch kadaveröse Erweichung zugrunde gegangen; *a*, *a₁*, *a₂* gewucherte und verzweigte Drüsen; auf der rechten Seite und unten Drüsen auf dem Querschnitt oder schief getroffen, *c*, *c₁*, *c₂* vermehrtes Interstitium, welches die Drüsen auseinanderdrängt, *b*, *b₁*, *b₂* nicht erweiterte Drüsen.

verdickt und stark gefaltet, indes beruht ihre Volumenzunahme schon nicht mehr bloß auf starker Schwellung und seröser Durchtränkung, sondern zum Teil auch auf produktiventzündlichen Prozessen, die sich sowohl an den Drüsen, wie am Zwischengewebe abspielen. Die ersteren erscheinen vielfach verlängert und dadurch geschlängelt, manchmal auch zystisch erweitert und mit massenhaftem Sekret erfüllt; das interstitielle Gewebe läßt neben starker Rundzelleninfiltration auch eine Vergrößerung der vorwiegend in der Submukosa gelegenen Lymphfollikel und eine erhebliche Vermehrung des Bindegewebes erkennen, durch welche die Abstände zwischen den Drüsen verbreitet und die Drüsen, wie namentlich an Flachschnitten durch die Mukosa gut erkennbar ist, auseinander gedrängt werden (Fig. 589 a). In höheren Graden macht sich die interstitielle Wucherung namentlich durch Vergrößerung der zwischen den Einsenkungen der Magengruben befindlichen Magenzotten (S. 504) bemerkbar, welche schon der normalen Schleimhaut eine leicht körnige bis netzförmige Beschaffenheit verleihen, bei ihrer entzündlichen Hyperplasie aber als warzenartige oder selbst polypöse Prominenzen hervortreten (Gastritis granulosa) und bei starker Entwickelung Form und Größe einer Brustwarze erreichen; man bezeichnet den Zustand

dann als Etat mamelonné. Häufig enststehen auch längliche, gestielte Schleimhautwuche- Etat
rungen in größerer Zahl — Gastritis polyposa. mame-
lonné.

Bei sehr langer Dauer des katarrhalischen Zustandes schwindet schließlich — mit Gastritis
polyposa.
Ausnahme bei den Stauungskatarrhen — die Hyperämie der Schleimhaut mehr und mehr
und macht einer schieferigen Pigmentierung Platz; die Schleimhaut wird blaß, grau, End-
zustände
dabei derber und dünner, ein Zeichen, daß der Prozeß seinen Ausgang bereits in Atrophie des chroni-
schen
der Mukosa genommen hat. Diese betrifft sowohl die Drüsen, als auch das gewucherte Katarrhs.
interstitielle Bindegewebe, auf dessen narbige Schrumpfung die Volumenabnahme der
Schleimhaut und ihre derbe Beschaffenheit zurückzuführen ist. Daneben bleiben verdickte,
zum Teil auch polypöse Partien, seltener — wenn der Prozeß von Anfang an fleckig aufgetreten ist — daneben noch normale Schleimhautteile, bestehen. Zu erwähnen ist noch,
daß auch die Veränderungen des chronischen Magenkatarrhs sich am intensivsten in der
Pylorusgegend abzuspielen pflegen. Die Muskulatur des entzündeten Bezirks ist oft hypertrophisch, oft auch atrophisch.

Kruppöse und diphtherische Entzündungen des Magens sind außer bei Diphtheri-
Verätzungen (s. unten) selten, kommen aber bei Infektionskrankheiten, besonders sche Ent-
zündungen.
Diphtherie, vor.

Tiefer greifende Eiterungen, **phlegmonöse Entzündungen** der ganzen Magenwand, welche Phlegmo-
unter dem Bild eines akuten purulenten Ödems (S. 138) beginnen und dann zu eiteriger nöse Ent-
zündungen.
Einschmelzung des Gewebes führen können, treten bei Vergiftungen (s. unten) sowie in
einzelnen Fällen, ohne bekannte unmittelbare Veranlassung, besonders bei Säufern auf.
Es finden sich dann zuweilen große Mengen von Streptokokken. Ein ähnliches Bild geben
auch die bei intestinalem **Milzbrand** in der Magenwand auftretenden **Karbunkel,** welche Milzbrand.
mit hämorrhagisch-sulziger Infiltration der Magenwand, besonders der Submukosa, beginnen
und dann zur Nekrose und Geschwürsbildung führen.

Kleine **embolische Abszesse** in der Magenwand bilden sich hie und da bei Allgemein- Abszesse.
infektionen, Pyämie, Septikämie und Endokarditis.

Eine Gastritis cirrhoticans oder Gastrozirrhose soll teils auf den Pylorus beschränkt, teils den ganzen Gastro-
Magen einnehmend dadurch zustande kommen, daß das submuköse und intermuskuläre Bindegewebe zirrhose.
erst Ödem, dann Vermehrung und Hyalinisierung aufweist und so sehr derb wird (Stenosklerose Krom-
pechers). Reizende Nahrungsfremdkörper evtl. chronische Stauung sollen die ursächlichen Momente
darstellen. Auf diese Weise scheint ein Teil der Fälle von sog. erworbener gutartiger Pylorustenose
bzw. Hypertrophie zu erklären sein. Auch vom Peritoneum aus kann ein chronisch entzündlicher Prozeß
auf Magen- (und Darm-)wand übergreifen und einen sehr harten geschrumpften Magen bewirken.

d) Regressive Veränderungen: Ulcus rotundum.

d) Regres-
sive Verän-
derungen:
Ulcus
rotundum.

Das **Ulcus rotundum** stellt eine eigentümliche, nur im Magen und Duodenum, sehr
selten im untersten Teil der Speiseröhre auftretende Geschwürsform dar. In den meisten
Fällen weist es eine typische Beschaffenheit auf. Es ist kreisrund oder länglich und von der
Umgebung so scharf abgesetzt, daß es wie mit einem Locheisen aus der Magenwand aus-
geschnitten erscheint; die Ränder sind nicht oder kaum infiltriert, nicht geschwollen und
zeigen überhaupt wenig Veränderungen. Ein zweites Charakteristikum des runden Magengeschwürs ist seine Trichterform. Der Defekt ist in der Submukosa merklich kleiner als
in der Schleimhaut, in der Muskularis wieder kleiner als in der Submukosa; er setzt also bei
jeder Schicht des Magens, welche von ihm durchdrungen wird, etwas ab, so daß er nach der
Tiefe zu stufenförmig, nach Art einer Terrasse, abnimmt. Die Ränder der einzelnen Schichten
bilden demzufolge ineinander gelegene Kreise; der ganze Trichter ist in der Regel frei von
Auflagerungen, und seine einzelnen Terrassen sehen bis auf seinen Grund gereinigt, wie
präpariert aus; seltener zeigen sie einen schleimigen oder blutigen Belag. Als drittes Merkmal
ist anzuführen, daß der Trichter nicht senkrecht in die Tiefe führt, sondern seine Achse schief
in die Magengegend hineinsendet; die Kreise, welche die einzelnen Terrassen des Geschwürs
bilden, liegen also exzentrisch. Die Richtung dieser Achse stimmt überein mit dem Verlauf
der Arterienäste der Magenwand, und weitaus in den meisten Fällen entspricht auch der
Defekt in seiner Gesamtausdehnung und Form mehr oder weniger genau dem Verbreitungs-

gebiet einer kleinen Magenarterie. Öfters findet man auch am Grunde des Trichters einen
kleinen obliterierten Gefäßstumpf oder sogar noch etwas Blut oder Blutpigment. Der Durchmesser eines Magengeschwürs schwankt innerhalb weiter Grenzen, meist zwischen 5 Pfg.-
Stückgröße und 5 Mk.-Stückgröße, doch kommen auch kleinere und erheblich größere Defekte
vor. Kleine, flache, auf die Mukosa beschränkte Geschwüre fallen wenig in die Augen und
treten oft erst nach gründlichem Abspülen des die Magenwand bedeckenden Schleims
deutlich hervor.

Von dem oben angegebenen Verhalten weichen nur ganz große Geschwüre mehr oder weniger ab;
solche zeigen meistens nicht mehr die Trichterform, sondern eine unregelmäßige Gestalt und vielfach
auch zackige Ränder, was durch gleichmäßiges Fortschreiten der Zerstörung, vor allem aber dadurch
bedingt sein kann, daß öfters mehrere kleine Geschwüre zu einem größeren Ulcus zusammenfließen. Sehr
selten zeigt das Ulcus ventriculi eine ringförmige oder gürtelförmige Gestalt.

Pathogenes Pathogenese des Ulcus rotundum. Das anatomische Verhalten des runden Magengeschwürs weist darauf hin, daß lokale
Störungen in der Blutzirkulation an seiner Entstehung beteiligt sind; hierher gehört
die mit der Gefäßverzweigung übereinstimmende, trichterförmige Gestalt, die schiefe Richtung

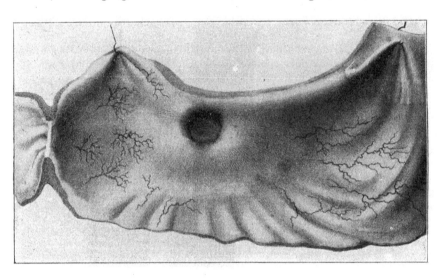

Fig. 589 b.
Geschwür des Magens (Ulcus pepticum).
Nach Cruveilhier, Anatomie pathologique.

des Trichters, welche mit der Richtung der in der Magenwand aufsteigenden Arterienäste
parallel geht, und insbesondere die Ausbreitung auf das Gebiet einer kleinen Arterie, so daß
der Eindruck entsteht, als wäre das ganze Gefäßterritorium aus der Wand des Magens heraus-
gegraben; dazu kommt, daß es auch gelungen ist, durch Störungen der Zirkulation experimentell Magengeschwüre zu erzeugen. Doch muß man, das Bestehen einer zirkumskripten
Zirkulationsstörung in der Magenwand vorausgesetzt, noch auf ein weiteres Moment rekur-
rieren, wodurch erst die Defektbildung zustande kommt.   Das ist die zerstörende
Wirkung des Magensaftes, welche sich an den der normalen Zirkulation beraubten Stellen,
weil die Säure nicht mehr durch das alkalische Blut neutralisiert wird, geltend macht —
die zirkumskripte Selbstverdauung des Magens (vgl. S. 504). Daher wird dieses
Geschwür auch „peptisches Geschwür“, Ulcus ex digestione, genannt. Über die Art
der Zirkulationsstörung sind bisher die Akten noch nicht geschlossen, und wahrscheinlich
liegt auch in dieser Richtung eine einheitliche Genese der Magengeschwüre nicht vor,
vielmehr werden verschiedenartige Hemmungen des Blutlaufs hier in Betracht zu ziehen
sein. Einmal sind es Erkrankungen der Gefäßwände, Atherosklerose, aneurysmatische
Erweiterungen derselben etc., überhaupt Prozesse, welche zur Bildung von Thromben oder

Embolien Veranlassung geben können; auch das Auftreten von Magengeschwüren bei Hämoglobinämie, bei septischen Infektionen, bei Erysipel (embolische Verstopfung von Gefäßen) ist dadurch erklärlich; die im Verlaufe der Malaria auftretenden Magengeschwüre werden auf Verstopfung von Magengefäßen durch Pigmentembolien bezogen. Für andere Fälle wird einer venösen Stauung die Schuld an der Entstehung des Ulcus gegeben, indem man voraussetzt, daß eine solche leicht auch umschriebene stärkere Zirkulationsstörungen zur Folge haben kann. In wieder anderen Fällen wirkt wahrscheinlich eine Erkrankung der Gefäße in der Art, daß sie die letzteren zu Zerreißungen und Blutungen disponiert. Sicher ist, daß Hämorrhagien in die Magenwand den Grund zur Geschwürsbildung legen können und daß ein Teil, namentlich kleinere Geschwüre, sich auf Grund hämorrhagischer Erosionen der Magenschleimhaut entwickelt (s. oben). Da die Magengefäße Endarterien darstellen, so können übrigens durch ihre Verstopfung auch hämorrhagische Infarkte zustande kommen. Da indes alle diese Annahmen nicht für sämtliche vorkommende Fälle von Ulcus rotundum ausreichen, so hat man für andere Fälle spastische Kontraktionen der Arterien

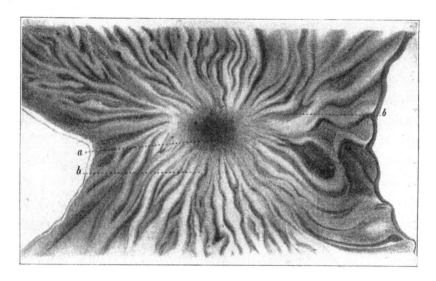

Fig. 589 c.
Narbe an Stelle eines Magengeschwüres. *a* Narbe, *b* strahlig angeordnete Falten.
Nach Lebert, Traité d'anatomie pathologique.

angenommen, durch welche eine lokale Anämie mit nachfolgender Nekrose des ischämischen Bezirkes veranlaßt werden soll. Auch Krämpfe der Muscularis mucosae sollen das bewirken. Ferner wurden reflektorische Nervenreizungen besonders im Vagusgebiet herangezogen, welche sowohl die Muskeltätigkeit wie die Sekretion beeinflussen (Rössle). Vielleicht spielen auch Bakterien vielfach schon bei der ersten Entstehung des Magengeschwüres mit.

Abgesehen von Störungen der Zirkulation können jedenfalls auch andere Einwirkungen direkt Läsionen des Magens setzen, welche sich dann unter Einwirkung des Magensaftes zu Geschwüren umbilden. Neuerdings wird von manchen Seiten ein an bestimmten Stellen infolge mechanischer Reibungen, besonders an der kleinen Kurvatur, wo die Speisen entlang gleiten, eintretender Stillstandkontakt mit dem oft hyperaziden Magensaft mehr betont als die Gefäßveränderungen. Hierher gehören auch thermische Einwirkungen (heiße Speisen) und mechanische Insulte, wie sie durch Fremdkörper (Fischgräten, Knochenfragmente, spitze Obstkerne etc.) gesetzt werden. Bekannt ist das relativ häufige Auftreten von Magengeschwüren bei Porzellanarbeitern, Metalldrehern und Schleifern, bei welchen dem Verschlucken von spitzen Porzellan- und Metallteilchen die Schuld bei-

gemessen wird. Auch im Anschlusse an äußere Trau men der Magengegend will man die
Entstehung von Geschwüren beobachtet haben. Endlich ist es leicht erklärlich, daß auch
chemische Einwirkungen, namentlich Ätzgifte, die Bildung von Defekten veranlassen
können.

Einfluß des
Allgemein-
zustandes
auf das
Ulcus
rotundum.

Von großem Einfluß auf die Entstehung von Magengeschwüren ist endlich der Allgemein -
zustand des Körpers, ein Einfluß, welcher freilich vielfach mit Veränderungen am Zirkulationsapparat zusammenhängt, insofern als hierbei auch die Gefäßwände durch schlechtere Ernährung
geschädigt werden. Besonders tritt das runde Magengeschwür bei allen chronischen, zur
Kachexie führenden Erkrankungen auf, und unter diesen stehen wieder die eigentlichen
Blutkrankheiten im Vordergrunde. Namentlich sind es Chlorose, Anämie, ferner Lues, Tuberkulose, Amyloiddegeneration, in deren Verlauf sich das Ulcus rotundum bildet. Die frühere
Annahme, daß dasselbe beim weiblichen Geschlecht weit häufiger als bei Männern vorkommt
und daß bei jenem wiederum das Alter unmittelbar nach der Pubertät (Chlorose) bevorzugt ist,
scheint nicht einwandfrei.

Gewöhn-
licher Sitz
desselben.

Akutes
und chro-
nisches
Ulcus
pepticum.

Ver-
narbung.

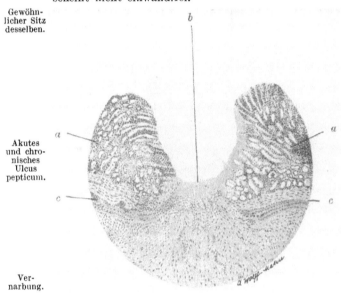

Fig. 590.
Altes vernarbtes rundes Magengeschwür.
Schleimhaut bei *a*, in der Mitte das Geschwür (bei *b*). Der Grund ist
bindegewebig; auch die Muscularis neucosae (*c*) fehlt hier.

In den meisten Fällen ist nur
ein Ulcus im Magen vorhanden, doch
werden manchmal auch mehrere nebeneinander gefunden Der häufigste
Sitz des Geschwürs ist die hintere
Magenwand, die Gegend der kleinen
Kurvatur, besonders der Pylorus-
teil, seltener die vordere Magenwand
oder die Kardia.

Man kann ein **akutes Ulcus** unterscheiden, welches nur flach ist und
bald heilt und das **chronische typische
Ulcus pepticum,** welches auch als
akutes entsteht, aber eben dadurch
zu einem chronischen tiefen Ulcus
wird, daß der hyperazide Magensaft
bei ungünstiger Lage des Ulcus dies
weiter beeinflußt.

Aber der gewöhnliche Verlauf
auch dieses Ulcus rotundum ist zuletzt der Ausgang in **Heilung,** indem
vom Rand und vom Grunde des Defektes her eine Narbe gebildet wird, die
in Form weißer, derber, strahlig-radiär
angeordneter Bindegewebsstreifen auf-
tritt. Der narbige Rand kann so wallartig und derb sein, daß ein Karzinom vorgetäuscht wird
(Ulcus callosum). War das Geschwür klein, so ist auch die Narbe wenig ausgedehnt und kann
sehr leicht übersehen werden. Bei großen tiefen Geschwüren bilden sich sehr große, strahlige
Narben, welche in ihrer Umgebung starke, radiär auf sie zulaufende, Faltungen der Schleimhaut bedingen und bei der Narbenkontraktion eine starke Zusammenschnürung des
Magens zur Folge haben können; durch eine solche kommt, wenn das Geschwür etwa in der
Mitte des Magens gelegen war, manchmal eine Sanduhrform des Magens zustande. Narben
an der Kardia oder dem Pylorus haben oft beträchtliche Stenosen zur Folge, woran sich
im letzteren Falle wieder eine partielle Erweiterung des Magens mit sekundären Katarrhen
und ihren übrigen Folgezuständen (s. unten) anschließen kann.

Folge-
zustände:
Blutung.

Vor Vollendung der Vernarbung besteht beim Ulcus die Gefahr der **Blutung** und der
Perforation. Erstere entsteht durch Arrosion von Gefäßen und kann unter Umständen
durch ihre Massenhaftigkeit direkt tödlich wirken oder durch mehrfache Wiederholung
einen Zustand äußerster Anämie herbeiführen. Nicht selten findet man am Grunde des
Trichters den Gefäßstumpf, welcher zur Blutung Veranlassung gegeben hat, häufiger noch

schwarzes oder braunes Pigment als Residuum einer stattgehabten Blutung (vgl. oben). Ganz kleine Geschwüre, die selbst bei der Sektion leicht übersehen werden, können tödliche Blutungen veranlassen, wenn ein größeres Gefäß arrodiert wurde. Andererseits tritt nicht bei jeder Gefäßarrosion eine Blutung ein, weil viele Gefäße, die im Bereiche des Ulcus liegen, schnell thrombotisch verschlossen werden.

Eine **Perforation** kommt bei tiefgreifenden Geschwüren zustande, indem auch die Serosa des Magens durchbrochen wird, ein Vorkommnis, welches zur Entstehung einer diffusen Peritonitis führt, wenn der Durchbruch in die Bauchhöhle erfolgt; doch bilden sich in den meisten Fällen schon während der Entstehung des Geschwürs Adhäsionen der betreffenden Stelle der Magenwand mit anliegenden Organen: am häufigsten, entsprechend dem Vorkommen der Geschwüre an der hinteren Magenwand, mit dem Pankreas oder der Leber, oder mit dem Colon, wodurch die Perforation in die Bauchhöhle hintangehalten wird. Man sieht dann z. B. das Pankreas im Grunde des Ulcus angewachsen liegen. Nicht sehr selten schreitet nach Ausbildung solcher Verwachsungen die Zerstörung durch den Magensaft noch weiter fort, und es bilden sich dann tiefe, kavernenartige Hohlräume in den mit dem Magen verlöteten Organen resp. den zwischen ihnen und dem Magen gebildeten Bindegewebsmassen, oder es entwickeln sich Abszesse in diesen Teilen. Endlich kann es bei diesem Fortschreiten auch zur Arrosion größerer Gefäße, z. B. der Arteria lienalis, mit starken Blutungen, kommen. Selten kommt es zur Perforation eines Ulcus in andere Hohlorgane, so in das Colon oder auch in die Gallenblase, seltener noch nach oben in das Mediastinum, den Herzbeutel oder die Pleurahöhle; durch Perforation des mit der Bauchwand verklebten Magens nach außen entstehen in äußerst seltenen Fällen äußere Magenfisteln. Am gefährlichsten sind die Geschwüre der vorderen Wand und des Kardiateiles, weil hier am seltensten Adhäsionen zustande kommen und daher am leichtesten eine Perforation in die freie Bauchhöhle möglich ist.

Perforation.

Endlich besteht noch eine, allerdings indirekte, Gefahr des Ulcus darin, daß von den im Verlauf der Geschwürsbildung an dem Rand des Defekts oft entstehenden atypischen Epithel- und Drüsenwucherungen aus sich später ein **Karzinom** des Magens entwickeln kann (s. unten).

Karzinom im Anschluß an das Ulcus rotundum.

Von anderen Veränderungen regressiver Art sind zunächst die in **trüber Schwellung** und **Verfettung** bestehenden parenchymatösen Degenerationen zu nennen, welche an den Epithelien der Magenschleimhaut unter ähnlichen Verhältnissen wie in anderen Organen auftreten; die Schleimhaut erscheint dabei im ganzen geschwollen, anämisch, von grauer bis graugelber Farbe. Besonders führt die Vergiftung mit Phosphor und Arsen solche Veränderungen herbei.

Trübe Schwellung, Verfettung der Magenepithelien.

Amyloiddegeneration tritt an den Gefäßen und dem Bindegewebe des Magens als Teilerscheinung allgemeiner Amyloiddegeneration auf.

Amyloiddegeneration.

Bei Knochenerkrankungen mit reichlicher Resorption von Kalksalzen kommt hie und da Ablagerung von **Kalk** in den Magen vor.

Verkalkung.

Atrophie des Magens mit Verkleinerung seines Lumens und Verdünnung seiner Wand, sowohl der Muskularis wie der Mukosa, findet sich bei Inanition, bei zahlreichen chronischen, zur Kachexie führenden Erkrankungen, bei Stenose der Kardia und im Verlauf chronischer Gastritis und Gastroenteritis. Eine Atrophie der Magenschleimhaut ist auch für die perniziöse Anämie charakteristisch, wobei die Drüsen schwinden, sich aber auch Regenerationsbilder zeigen können, und das Bindegewebe Infiltration aufweist. Hierbei kommen Zellen mit eigenartigen hyalinen Schollen (degenerierte Plasmazellen) vor. Magenveränderungen und Anämie beruhen wohl auf derselben Noxe.

Atrophie. bei perniziöser Anämie.

e) Vergiftungen.

e) Vergiftungen.

Die Wirkungen, welche in den Magen gelangte Giftstoffe auf seine Wand ausüben, sind je nach der Natur des betreffenden Giftes sehr verschieden. Soweit durch Gifte heftige lokale Erscheinungen zustande kommen, handelt es sich wesentlich um Nekrosen und Entzündungen verschiedenen Grades. Im Gegensatze hierzu werden gewisse andere, auf den gesamten Organismus sehr giftig wirkende Stoffe durch die Schleimhaut des Verdauungskanals resorbiert, ohne sie wesentlich zu alterieren; endlich gibt es eine Reihe von Giften, bei welchen zwar Veränderungen an der Magenschleimhaut auftreten, aber nicht als direkte Folge des Giftes, sondern erst nach der Resorption des Giftes vom Blute her, also als Teilerscheinung einer Allgemeininfektion.

Wir haben es hier, wo es sich um die durch Gift verursachten lokalen Veränderungen des Magens handelt, vor allem mit ätzenden Stoffen zu tun, von welchen in erster Linie die Mineralsäuren, einige organische Säuren und die ätzenden Alkalien in konzentriertem Zustande in Betracht zu ziehen sind. Wo derartige Stoffe mit der Magenwand, überhaupt der Schleimhaut des Verdauungstraktus, in direkte Berührung kommen, ist der nächste Effekt die Entstehung von Ätzschorfen, welche auf einer Nekrose der Schleimhaut oder zugleich der tieferen Schichten der Magenwand beruht. Die Schorfe sind teils derb und brüchig, teils locker und können sich nach einiger Zeit im ganzen abheben oder allmählich zerbröckeln.

Ihre Farbe ist bei den einzelnen Giften verschieden; vielfach kommt es zu starken Blutungen, und dann werden auch die Schorfe oft durch Blutfarbstoff bräunlich bis schwärzlich verfärbt; manche Gifte bewirken eine Zersetzung des Blutes, wodurch dann die Ätzschorfe eine intensiv schwarze Verfärbung erleiden können. Auch der Mageninhalt wird vielfach durch die Blutungen dunkel bis schwärzlich verfärbt Durch die Zerstörung an der Magenwand kommt es manchmal schon am Lebenden zu einer Perforation; häufiger ist dies erst postmortal der Fall, indem das Gift noch nach dem Tode fortwirkt und schließlich die Wand des Magens durchbricht. Auch an den anliegenden Organen, der Leber, dem Pankreas, dem Darm etc. findet man vielfach Ätzwirkungen, die sich erst nach dem Tode entwickelt haben Der Grad der Anätzung ist in den einzelnen Fällen sehr verschieden und von einer Anzahl von Nebenumständen abhängig; abgesehen von der Konzentration und der in den Magen gelangten Menge des Giftes kommt vor allem die Zeitdauer der Einwirkung in Betracht. Namentlich in Fällen, wo ein Gift aus Versehen genommen wurde, wird der größte Teil desselben oft schon aus der Mundhöhle wieder entleert, und es kommt eine Verätzung bloß in der Mundhöhle und Speiseröhre, im Magen dagegen nicht oder nur in geringem Grade zustande; besonders wichtig ist ferner der Füllungszustand des Magens; es werden unter Umständen Säuren oder Alkalien durch den Mageninhalt neutralisiert oder doch durch Verdünnung in ihrer Wirkung abge-

Fig. 591.
Lysolvergiftung des Magens.
Die Schleimhaut ist in toto verätzt und kleienförmig verschorft.
Der Ösophagus (oben im Bilde) ist frei.

schwächt; Metallsalze bilden unter Umständen mit den Eiweißstoffen des Mageninhaltes unlösliche und daher unschädliche Verbindungen; durch rasche Anwendung von Gegengiften oder sofort sich einstellendes Erbrechen kann die Wirkung des toxischen Stoffes aufgehoben bzw. abgeschwächt werden. Am intensivsten ist natürlich die Wirkung der Ätzstoffe bei leerem Magen. Von denselben Verhältnissen

ist auch die Ausdehnung abhängig, in der eine Anätzung stattfindet. Je nach der Stellung des Magens ist es besonders die Fundusregion und die große Kurvatur (bei aufrechter Stellung) oder die hintere Magenwand (bei Rückenlage), welche der Giftwirkung ausgesetzt ist. Bei kontrahiertem Magen und mäßiger Menge des Giftstoffes wird besonders oder ausschließlich die Höhe der Schleimhautfalten betroffen, während die Täler zwischen ihnen frei bleiben. War die Menge des Giftes eine geringe, so finden sich oft auch streifenförmige Verätzungen an der hinteren Magenwand, welche weiter unten zusammenfließen. Andererseits zeigt sich manchmal auch noch die Wand des Duodenums oder selbst größerer Dünndarmabschnitte mitergriffen. Zu beachten sind ferner die Veränderungen im Anfangsteil des Verdauungstraktus; oft findet man an den Mundwinkeln infolge Überfließens der Flüssigkeit beim Trinken oder infolge Erbrechens Ätzschorfe, die auch an der äußeren Haut herabgehen, außerdem Verschorfungen der Lippen und der Mundhöhlenschleimhaut, sowie des Ösophagus. Oft betrifft die Verätzung auch den Kehldeckel oder selbst den Kehlkopfeingang (zum Teil dadurch, daß beim Erbrechen Gift in den Ösophagus zurückgelangt und den Kehldeckel affiziert); auch Glottisödem kann sich dann einstellen.

Nebst den Verätzungen und Blutungen entwickeln sich in Fällen, wo nicht sofort ein tödlicher Ausgang stattfindet, als dritte Haupterscheinung heftige Entzündungsvorgänge, welche vielfach einen hämorrhagischen Charakter tragen. Stets findet man den Magen stark kontrahiert, seine Wand oder doch die Schleimhaut hochgradig geschwollen und ödematös, ein Zustand, der in eine eiterig-phlegmonöse Infiltration der Magenwand übergehen kann. Durch Ablösung der verschorften Teile entstehen tiefe Ulzerationen, die auch noch sekundär zum Durchbruch der Magenwand führen können. Endlich finden sich nicht selten auch durch Wirkung des Magensaftes auf die lädierte Schleimhaut noch nachträglich peptische Geschwüre (s. oben). *Entzündungen und Geschwüre als Folgen.*

Des weiteren entwickeln sich in Fällen schwerer Vergiftung gefahrdrohende Folgezustände, welche oft nachträglich den Tod, jedenfalls aber schwere Funktionsstörungen, nach sich ziehen. Auch *Narben als Folgezustände.*

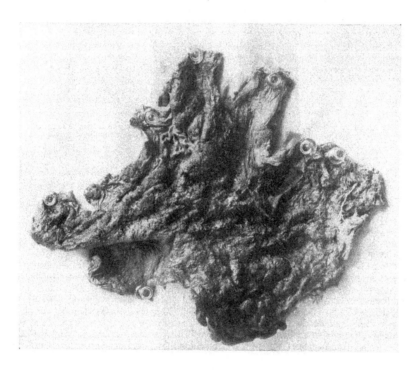

Fig. 592.
Salzsäurevergiftung.
Die Magenschleimhaut ist vollständig verschorft.

im Falle einer Heilung der durch die Verätzung gesetzten Defekte kommt es vielfach zur Bildung großer Narben, welche Stenosen des Pylorus, oder der Kardia, oder eine Einschnürung des Magens an einzelnen Stellen (Sanduhrform), oder, wenn die Wirkung des Ätzgiftes eine diffuse war, auch eine allgemeine narbige Verengerung des Magens mit vollständiger Aufhebung oder doch starker Schädigung seiner Funktion zur Folge haben.

Werden Ätzgifte in verdünntem Zustande in den Magen aufgenommen, resp. gelangen sie infolge seiner starken Füllung oder anderer Nebenumstände nur in geringem Grade zur Wirkung, so fehlt ebenso wie bei Aufnahme nicht ätzender, aber doch heftig wirkender Stoffe (wie konzentrierten Alkohols u. a.) die Verschorfung, oder sie ist gering, aber es entwickeln sich doch heftige Entzündungserscheinungen, die ebenfalls vielfach hämorrhagischen Charakter tragen und in phlegmonöse Prozesse übergehen können; auch hier kommt es unter der Wirkung des Magensaftes sehr häufig sekundär zur Bildung von Ulzerationen. Es entsteht das nach den einzelnen Fällen sehr verschiedene Bild der toxischen Gastritis, welche in den leichtesten Fällen bloß den Charakter einer einfachen katarrhalischen Affektion aufzuweisen braucht. *Toxische Gastritis.*

Man kann (Kaufmann) in Ätzung durch Wasserentziehung und Koagulation (Mineralsäuren, Metalle, Karbolsäure, Oxalsäure) und durch Quellung und Erweichung, Verflüssigung, Kolliquation (Ätzalkalien) einteilen.

Wirkung der einzelnen Gifte:

Unter Berücksichtigung des oben im allgemeinen über die Art und die Grade der Giftwirkung Gesagten sei hier über die von einigen Giften hervorgerufenen Veränderungen — immer dabei die stärkste Wirkung des Giftes im konzentrierten Zustande angenommen — folgendes bemerkt:

Schwefelsäure.

Bei der relativ häufig vorkommenden Vergiftung mit **Schwefelsäure** zeigt sich im Magen ein schwärzlicher, teerartig bis sirupartig aussehender Inhalt, welcher seine dunkle Farbe von verändertem, beigemischtem Blute erhält. Durch diese zerstörende Wirkung der Säure auf das Blut erhalten auch die Ätzschorfe der Magenwand eine dunkelschwarze Färbung. Außerdem kommt es durch die sich einstellenden hämorrhagischen Infiltrationen der Wand noch sekundär zur Bildung weiterer nekrotischer Schorfe auch an den von der direkten Säurewirkung nicht betroffenen Partien. Die Schorfe sind anfangs von derber Beschaffenheit, brüchig, wie gegerbt, lederartig und werden dann in Membranen abgehoben oder allmählich gelöst. In der Folge entwickeln sich sehr häufig hämorrhagische oder phlegmonöse Entzündungen und sekundäre Ulzerationen. (Perforation der Magenwand tritt häufiger erst nach dem Tode ein.)

Die obersten Partien des Verdauungstraktus zeigen meist starke Veränderungen: von den Mundwinkeln herabziehende, lederartige Streifen, Verätzungen in der Mundhöhle und im Ösophagus (hier oft besonders hochgradig), ferner im Schlund und am Kehldeckel; relativ häufig findet sich ferner auch der Darm in großer Ausdehnung von der Anätzung mitbetroffen.

Von Allgemeinerscheinungen, welche sich im Anschluß an Schwefelsäurevergiftung einstellen, sind zu nennen: das Blut zeigt sich bei an Schwefelsäurevergiftung Verstorbenen dickflüssig bis geronnen, oft findet sich parenchymatöse Degeneration (trübe Schwellung und fettige Degeneration), besonders in der Muskulatur des Herzens, in Leber und Niere. Das Eintreten des Todes infolge von Schwefelsäurevergiftung wird weniger auf die lokalen Veränderungen, als auf den durch die Säurewirkung bedingten Alkaliverlust des Blutes zurückgeführt, weshalb auch verdünnte Lösungen sehr gefahrdrohend werden können.

Salzsäure und Salpetersäure.

Im ganzen ähnlich wie bei Schwefelsäurevergiftung verhalten sich die Veränderungen bei Vergiftung mit konzentrierter **Salzsäure** und **Salpetersäure**. Bei ersterer sind die Ätzschorfe von graugelber oder auch, wie bei der Schwefelsäure, von schwärzlicher Farbe. Dagegen sollen (nach Lesser u. a.) die Anätzungen der Umgebung des Mundes, der Lippen etc. fehlen. Die Salpetersäure bewirkt an den Stellen wo sie in konzentrierter Form einwirkt, eine orangegelbe Verfärbung (Xanthoproteinreaktion), während an entfernten Stellen, wo die Säure nicht mehr so konzentriert zur Wirkung kommt, die verschorften Stellen eine wechselnde, violette bis grauweiße Farbe aufweisen. (Im Gegensatz hierzu zeigen die verätzten Partien bei den ebenfalls gelbe Farbe hervorrufenden Vergiftungen mit Ferrum sesquichloratum und Chromsäure überall, wo überhaupt eine Verätzung stattgefunden hat, eine gelbe Farbe). Parenchymatöse Degenerationen in Herz, Leber und Nieren finden sich auch bei der Salpetersäurevergiftung.

Stickstoffdioxyd.

War die Salpetersäurevergiftung kombiniert mit einer solchen durch **Stickstoffdioxyd** (Stickstofftetroxyd), so zeigen sich häufig starke Reizerscheinungen im Gebiet der Respirationswege, insbesondere auch öfters Glottisödem.

Oxalsäure.

Bei Vergiftung mit **Oxalsäure** und deren saurem Kaliumsalz (**Kleesalz**) zeigen sich deutliche Ätzschorfe an der Schleimhaut vom Mund bis zur Speiseröhre und an der Schleimhaut des Darmes; die Ätzschorfe sind von weißer bis weißgrauer Farbe, oder durch Blutfarbstoff, oder durch Imbibition mit Gallenfarbstoff gelblich bis bräunlich verfärbt. Die Magenschleimhaut zeigt in der Regel keine Anätzung, dagegen in frühen Stadien eine eigentümliche Transparenz, Ödem, Hyperämie und Blutungen. Der Mageninhalt ist immer bräunlich durch Blut verfärbt. Charakteristisch sind weißliche, trübe Auflagerungen auf der Magen- und der Darmschleimhaut, welche aus ausgeschiedenen amorphen oder kristallinischen Massen von oxalsaurem Kalk bestehen. Letzterer findet sich konstant auch in den Harnkanälchen (s. Kap. V). Häufig kommt es noch postmortal zu einer Perforation des Magens mit nachfolgender Anätzung benachbarter Organe. In den Gefäßen finden sich ähnliche schwärzliche Blutgerinnsel wie bei Vergiftung mit Mineralsäuren.

Karbolsäure.

Karbolsäure bewirkt in konzentrierter Form, durch den Mund aufgenommen, meist weißlichgraue Verätzungen der betreffenden Schleimhäute, doch können die Schorfe auch durch Blut bräunlich gefärbt sein. Im allgemeinen gleichen die Veränderungen denen durch Mineralsäuren, doch ist die Verschorfung keine so tiefgehende. Die äußere Haut erhält, wo sie von der konzentrierten Säure berührt wird, ein eigentümlich glattes, glänzendes Aussehen. Charakteristisch ist der Karbolsäuregeruch des Magen- und Darminhaltes, sowie auch anderer Organe. Infolge von Karbolsäurevergiftung kann sich Hämoglobinurie mit Pigmentinfarkten in der Niere einstellen. (Im Harn wird die Karbolsäure als Alkalisalz der Phenylätherschwefelsäure und auch der Phenylglykuronsäure ausgeschieden; der entleerte Harn zersetzt sich an der Luft sehr bald unter schwärzlicher Verfärbung.) Im Harn zeigen sich reichliche hyaline Zylinder.

Kali- und Natronlauge.

Von Alkalien kommen namentlich **Kali-** und **Natronlauge** und **Pottasche** (Kaliumkarbonat, vielfach stark verunreinigt mit Ätzkali), selten **Ammoniak** in Betracht. Durch kohlensaures Natrium (Soda) wurde noch keine tödlich verlaufene Vergiftung konstatiert. Die ätzenden Alkalien haben, wenn sie in konzentriertem Zustand einwirken, zunächst eine ähnliche Wirkung auf die Wand des Verdauungstraktus, wie die starken Mineralsäuren. Es bilden sich feste, trübe Ätzschorfe, die von weißlicher bis grauer Farbe sind, oder durch Imbibition mit Blutfarbstoff einen bräunlichen Ton erhalten. Jedoch zeigen die durch Alkalien verursachten Ätzschorfe nicht jene Brüchigkeit, wie sie die durch Säuren hervorgebrachten aufweisen, auch kommt es nicht wie bei diesen frühzeitig zur Bildung von Defekten;

dagegen tritt im weiteren Verlauf, wenn bis zum Tod und noch nach demselben reichliche Mengen freier Alkalien im Magen vorhanden bleiben, eine starke Aufquellung sowohl der verschorften Teile, wie auch der zwischen denselben gelegenen, ursprünglich intakten Partien der Schleimhaut ein; in den höchsten Graden erscheint der Magen mehr oder minder gleichmäßig hellrot gefärbt, von starker Transparenz und weicher Beschaffenheit. Allmählich wandeln die verätzten Teile sich in eine schmierige, breiige, bräunliche bis fast schwärzliche Masse um. Ähnliche Veränderungen weist auch der Darm auf. Die dem Magen anliegenden Organe, auf welche die Wirkung der Alkalien in sehr ausgedehntem Maße übergreift (es kann auch zur Perforation kommen), zeigen gleichfalls zunächst eine Trübung und dann eine Aufhellung ihres Gewebes.

Ammoniakvergiftung (Ammoniak) bewirkt starke Reizung der Respirationswege und kann *Ammoniak.* namentlich auch Glottisödem auslösen. An der Schleimhaut des Ösophagus, des Magens, aber auch an der der Luftwege führt sie zu fibrinöser Exsudation; sonst gleichen die Veränderungen denen bei anderen Alkalien.

Die Vergiftung mit **Quecksilber** (dieselbe erfolgt fast immer durch **Sublimat**) zeigt in bezug auf direkte *Queck-* Wirkungen auf die Magen- und Darmschleimhaut ein inkonstantes Verhalten; während in den einen Fällen *silber.* das Gift vom Magen spurlos resorbiert wird, ohne irgendwelche Veränderungen der Schleimhaut zu setzen, bilden sich in anderen Fällen im Magen und im Ösophagus weißlichgraue bis bräunliche Ätzschorfe, welche denen bei Karbolvergiftung gleichen. Das Quecksilber bildet mit dem Eiweiß der Zellen weißes Quecksilberalbuminat. Sehr selten kommt es zu einer direkten Anätzung des Darmes. Dagegen zeigt letzterer in vielen Fällen von Sublimatvergiftung das Bild einer schweren diphtherisch-hämorrhagischen Enteritis, welche sich meistens vorzugsweise auf den Dickdarm lokalisiert, aber oft auch im Dünndarm ausgeprägte Veränderungen hervorruft; es entsteht vollkommen das Bild der Dysenterie (s. unten bei Darm). Die hierbei auftretenden Verschorfungen und Nekrosen sind aber keineswegs direkte Wirkung des eingeführten Giftes auf die Darmwand; sie entstehen ebenso, wenn das Sublimat nicht durch den Magen, sondern auf andere Weise (von Wundflächen aus, durch Ausspülungen des Genitalkanals etc.) in den Körper gelangt; vielmehr verdanken sie ihre Entstehung der Ausscheidung des Sublimats durch die Darmwand, wo das Gift, vielleicht neben direkter Verätzung, Bildung von Stasen oder Thrombosen innerhalb der kleinen Gefäße hervorruft und so gemeinsam mit den vom Darminhalt her eindringenden Bakterien das anatomische Bild der Darmdiphtherie auslöst.

In den Nieren entstehen bei Sublimatvergiftung starke trübe Schwellung, Nekrose von Epithelien und oft in sehr ausgedehntem Maße Ablagerungen von Kalk, besonders in den gewundenen Harnkanälchen. Doch kommt bekanntlich Verkalkung abgestorbener Harnkanälchenepithelien auch unter anderen Umständen vor, wenn auch selten in so großer Intensität und Ausdehnung, wie bei der Sublimatvergiftung (s. Fig. 82, S. 79).

Endlich sind von Giften, welche Anätzungen im Magen und Darm bewirken können, **Kupfer, Anti-** *Kupfer,* **mon** und **Zink** zu nennen. Bei Vergiftung mit Kupfervitriol und Grünspan finden sich manchmal *Antimon,* grünlich bis blau gefärbte Ätzschorfe in der Speiseröhre, im Magen und im Darm. Bei Vergiftung mit *Zink.* Antimon (in Form von Tartarus stibiatus) werden im Magen und in den anderen Teilen des Verdauungstraktus ähnliche Pusteln beobachtet, wie man sie auch an der äußeren Haut bei starker Einwirkung von Brechweinstein entstehen sieht. Bei Vergiftung mit Zink kommen ebenfalls Verschorfungen im Magen und Ösophagus vor. Endlich wurden auch unter späterer Lichteinwirkung sich schwärzende Schorfe *Argentum* bei Vergiftung mit **Argentum nitricum** gefunden. *nitricum.*

Zu den Vergiftungen, welche hauptsächlich Allgemeinerscheinungen und als Teilerscheinung derselben Veränderungen im Magen hervorrufen, gehören vor allem diejenigen mit Phosphor und Arsenik. Bei **Phosphorvergiftung** zeigt die Magenschleimhaut nur wenige direkt durch das Gift bewirkte Verände- *Phosphor.* rungen. Sie beschränken sich auf eine mäßige Injektion und Ekchymosierung; selten kommen größere Blutungen vor. Dagegen zeigt die Magenwand, wie auch andere Organe, starke parenchymatöse und fettige Degeneration und, durch diese bedingt, ein trübes, manchmal fast milchigweißes Aussehen (Gastritis glandularis). Von anderen Erscheinungen sind zu nennen: Ikterus und Ekchymosen an der äußeren Haut, an Schleimhäuten und anderen inneren Organen, namentlich auch Blutungen in die Lungen, den Uterus, die Ovarien, Ekchymosen an den serösen Häuten, am Endokard etc. Den wichtigsten Befund bildet die trübe Schwellung und Verfettung aller Organe, namentlich des Herzens, der Leber, der *Verfettung.* Nieren und der Körpermuskulatur. Am besten sind alle diese Veränderungen ausgeprägt, wenn der Tod nach einigen Tagen erfolgt, während sie kurze Zeit nach der Vergiftung oft weniger deutlich sind.

Ein ähnliches Bild wie die Phosphorvergiftung gibt auch die Vergiftung mit **Arsenik** (arsenige *Arsenik.* Säure), nur sind die lokalen Veränderungen an der Magen- und Darmschleimhaut bei dieser vielfach intensiver, insbesondere auch oft mit stärkeren Blutungen kompliziert; nicht selten treten auch leichte Anätzungen der Schleimhaut hinzu. Es bildet sich im Magen eine Pseudomembran mit Lücken, in denen die Kristalle der arsenigen Säure liegen. Wie auch bei Phosphorvergiftung entwickeln sich außerdem sekundär manchmal peptische Geschwüre unter Einwirkung des Magensaftes. In dem der Magenwand anliegenden blutigen Schleim und an den geschwürigen Defekten der Magenwand findet man oft weißliche Massen, die sich aus oktaedrischen Kristallen von Arsenik zusammensetzt zeigen und beim Verbrennen deutlichen Knoblauchgeruch entwickeln. Im Darm kommen durch Ausscheidung entzündlich katarrhalische Prozesse vor. Immerhin sind die lokalen Veränderungen der Schleimhaut des Magendarmkanals bei der Arsenikvergiftung sehr inkonstant. Die Allgemeinveränderungen stimmen mit denen der Phosphorvergiftung ziemlich überein. Auch wenn aus dem Magendarmkanal das Arsenik bereits verschwunden ist, ist in den meisten Organen (besonders der Leber, dem Knochenmark und den Nieren) noch Arsen chemisch nachweisbar. Die Leichen der an akuter Arsenikvergiftung Verstorbenen widerstehen sehr lange der Fäulnis. Manchmal wurden auch wieder ausgegrabene Leichen derart Vergifteter im Zustande der Mumifikation gefunden.

Zu bemerken ist, daß in manchen Fällen von Arsenikvergiftung der Sektionsbefund eine auffallende Ähnlichkeit mit dem der asiatischen Cholera aufweist (reiswasserähnlicher Darminhalt, starke Enteritis, insbesondere auch Schwellung der Follikel), so daß zur Zeit von Cholera-Epidemien Verwechselungen dieser Erkrankung mit Fällen von Arsenikvergiftung möglich sind.

Blausäure und Cyankalium. Bei Vergiftungen mit **Blausäure** wird für einen Teil der Fälle lebhafte Kongestion und Ekchymosierung der Magenschleimhaut angegeben, während in anderen Fällen deutliche Veränderungen derselben nicht vorhanden sind. Von Allgemeinerscheinungen sind zu nennen: der Bittermandelgeruch, der allen Teilen der Leiche anhaftet, aber nicht ganz konstant vorhanden bleibt; die Totenflecken, welche meist auffallend hellrot (Cyanmethämoglobin) sind (ebenfalls nicht ganz konstant), die geringe Neigung des Blutes zur Gerinnung; über seine Farbe lauten die Angaben verschieden. Leber, Nieren, Milz und Gehirn, ebenso auch die Lungen, finden sich meistens im Zustande der Hyperämie; die Lungen sind zumeist auch mehr oder minder ödematös. Die Vergiftung mit **Cyankalium** dagegen zeigt direkte verätzende Wirkungen an der Magenschleimhaut, doch können die Schorfe durch nachfolgende Quellung an der Leiche wieder verschwinden. Man findet die Schleimhaut des Magens meistens hellrot gefärbt, stark gequollen, reichlich mit blutigem Schleim bedeckt, den Mageninhalt stark alkalisch und sich seifenartig anfühlend. Oft erkennt man in der Schleimhaut ziemlich große Blutungen; die Ätzwirkung bei der Vergiftung mit Cyankalium ist auf den Gehalt des Giftes an kohlensaurem Kalium und Ammoniak zurückzuführen.

Nitrobenzol. Einen ähnlichen Befund wie bei den Blausäurevergiftungen zeigt die Vergiftung mit **Nitrobenzol** (Mirbanöl, künstliches Bittermandelöl), das aus Benzol dargestellt und zu der Herstellung von Anilin verwendet wird. Auch hier findet sich der Bittermandelgeruch. Die Totenflecken sind im allgemeinen livid.

f) Infektiöse Granulationen.

f) Infektiöse Granulationen.

Tuberkulose. **Tuberkulose** tritt an der Magenschleimhaut zum Teil wohl infolge der Salzsäure, welche die Bazillen schwer einwirken läßt, sehr selten auf und bildet, wenn vorhanden, ähnliche Geschwüre wie im Darm (s. dort), selten mehr tumorartige Formen; auch können sich bei allgemeiner Miliartuberkulose im Magen disseminierte miliare Knötchen bilden; ferner kann die Magenwand durch Übergreifen tuberkulöser Prozesse von der Serosa her erkranken.

Syphilis. Bei **Lues** finden sich in äußerst seltenen Fällen gummöse Neubildungen, welche von der Submukosa her ihren Ausgang nehmen, bei kongenitaler Lues relativ häufig kleinzellige Infiltrate.

g) Geschwülste.

g) Geschwülste.

Karzinom. Die häufigste und praktisch wichtigste Geschwulstbildung des Magens ist das **Karzinom,** welches, bei Männern wenigstens, die häufigste krebsige Erkrankung innerer Organe überhaupt darstellt, während beim weiblichen Geschlecht die Zahl der Magenkarzinome noch durch diejenige der Uteruskarzinome übertroffen wird. Übrigens schwankt der Prozentsatz der Erkrankungen an Magenkrebs in den einzelnen Gegenden sehr erheblich; am höchsten ist er, soweit bisher bekannt, in der Schweiz (51,8% aller Krebserkrankungen bei Männern, 31,9% bei Frauen; 1,85% aller Todesfälle überhaupt). Wie die Krebserkrankung überhaupt, so kommt auch der Magenkrebs vorzugsweise dem höheren Alter zu. Für eine Anzahl von Fällen ist der Zusammenhang eines Ulcus rotundum mit Karzinom als erwiesen anzusehen, doch gehen über die Häufigkeit dieses Vorkommnisses die Ansichten noch auseinander.

Kombination von Ulcus und Karzinom. Da sich Karzinome aus Magenulcus entwickeln, ein Magenulcus sich aber auch sekundär an das Karzinom anschließen kann und zuweilen Karzinom und Ulcus pepticum unabhängig nebeneinander bestehen können, ist die Entscheidung oft im Einzelfall sehr schwierig und nur mikroskopisch möglich. Nur partielle krebsige Entartung am Geschwürsgrund und -rand, ferner „die am Geschwürsrand steil aufwärts gekrümmte, förmlich wie leicht umgerollte Muskularis, deren äußere Lage in scharfer Linie vom übrigen Geschwürsgrund abgegrenzt erscheint" (Hauser), spricht histologisch für sekundär entwickeltes Karzinom. Ebenso ist ein Ulcus als das primäre, Karzinom als das sekundäre anzunehmen, wenn letzteres sich in einer Narbe entwickelt.

Allgemeines. Ferner kann sich das Karzinom an adenomatöse Polypen anschließen. Bezüglich der hereditären Verhältnisse gilt hier das gleiche wie für das Karzinom überhaupt. Wie in anderen Organen, so zeigt das Karzinom auch im Magen gewisse Prädilektionsstellen; es findet sich am häufigsten in der Pylorusgegend, dann an der kleinen Kurvatur, seltener an der Kardia.

Die äußere Form, in welcher die Magenkrebse auftreten, ist in den einzelnen Fällen verschieden; manchmal wachsen sie in Form knotiger oder pilzförmiger Massen und ragen mit einer grob-höckerigen, polypösen, auch wohl zottig-papillären Oberfläche in das Magenlumen hinein; sehr bald kommt es in den meisten Fällen unter der Einwirkung des Magensaftes zur Erweichung und Ulzeration in den zentralen Partien des Tumors, wodurch unregelmäßige, kraterförmige Geschwüre zustande kommen, welche von wallartig aufgeworfenen, knotig verdickten Rändern umgeben und am Grunde oft von locker sitzenden, halb in Verdauung begriffenen Massen und Blutresten bedeckt sind. Äußere Form.
Knotige und fungöse Karzinome.

Da die Magenkrebse, wie auch die Krebse der Darmschleimhaut große Neigung besitzen, sich seitlich, namentlich innerhalb der lockeren Submukosa und auch wohl in der Muskelschicht auszubreiten, so bewirken sie oft über ausgedehnte Strecken hin erhebliche

Fig. 592a.
Karzinom des Magens (bei *a*).

Verdickungen der Magenwand, in deren Bereich die Schleimhaut selbst durch die krebsige Wucherung nur emporgehoben, aber noch nicht zerstört ist; man findet daher nach außen von den abfallenden Geschwürsrändern die Neubildung, häufig noch von Schleimhaut bedeckt, in Form zahlreicher, kleinerer und größerer, mit den zentralen Geschwulstmassen zusammenhängender oder von ihnen isolierter Knoten; zum Teil handelt es sich bei diesen Knoten schon um regionäre Metastasen (S. 182), zum Teil um Ausläufer der Geschwulst.

Gegenüber diesen knotigen und fungösen Formen zeigen andere Magenkarzinome vorwiegend ein flächenhaftes Wachstum, indem sie hauptsächlich in der Submukosa und Muskelschicht des Magens fortwachsen, ohne an einer Stelle stärker in sein Lumen zu prominieren; es kann in dieser Weise fast die ganze Magenwand durchsetzt und aufgetrieben werden; an den schmäleren Teilen des Magens, gegen den Pylorus zu, breiten solche Formen sich besonders in zirkulärer Richtung aus und können schließlich gürtelförmig das Magenlumen umfassen; nahe dem Pylorus gelegene oder an diesem selbst sitzende Krebse umgreifen nicht selten die ganze Zirkumferenz der Wand. Flache Karzinome.

Der histologischen Struktur nach stellt ein Teil dieser Krebsformen typische **Zylinderepithelkarzinome** dar, welche nicht selten einen fast rein adenomatösen Bau (malignes Adenom, Adenokarzinom, S. 211 u. 236) aufweisen. In den neugebildeten Drüsenschläuchen häufen sich manchmal reichliche Mengen von schleimigem Sekret an, die auch zu zystischer Erweiterung der Drüsenräume führen können (Carcinoma microcysticum). Das Zylinderepithelkarzinom kann auch — selten — papillär auftreten, d. h. es liegt ein polypöses Fibroepitheliom vor, das sich aber durch atypisches Tiefenwachstum des Epithels als Karzinom dokumentiert. Endlich gibt es auch — ebenfalls selten — solid wachsende Zylinderzellenkarzinome.

In anderen Fällen bildet das Karzinom kompakte epitheliale Nester und Stränge, **Carcinoma globocellulare**, welche in der Regel nur durch wenig bindegewebiges Stroma getrennt

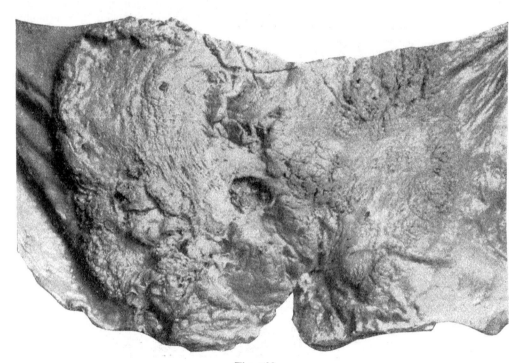

Fig. 593.
Großer flacher Magenkrebs, in dessen Mitte sich ein rundes Magengeschwür befindet, das von atrophischen Wänden umgeben ist.
Aus Fütterer, Ätiologie des Karzinoms. Wiesbaden, Bergmann 1911.

sind (**Medullarkrebs**, S. 231). Diese Formen, meist zirkumskript, selten infiltrierend über große Strecken wachsend, sind sehr bösartig, ulzerieren schnell und metastasieren meist bald.

Relativ häufig kommt im Magen die als **Skirrhus** (S. 231) bekannte Krebsform vor, welche durch die starke Entwickelung des Stromas und das Zurücktreten der epithelialen Wucherungen ausgezeichnet ist.

Die Epithelien bilden hierbei seltener Drüsenformen; meist liegen solide Massen kleiner wenig typischer Epithelien vor. Der Skirrhus tritt weniger in knotiger Form auf, als in Gestalt derber, flacher Infiltrate der Magenwand, welche die letztere vollkommen durchsetzen und zu einem starren Rohre umbilden. Die Neubildung ist infolge des reichlichen Gehaltes an Bindegewebe von derber, manchmal knorpelharter Konsistenz und gelblicher bis weißer, sehr trockener, sehniger Schnittfläche, von der sich keine „Krebsmilch" (S. 230) abstreifen läßt. Eine besondere Eigentümlichkeit des Skirrhus ist die starke Schrumpfung des bindegewebigen Stromas, welche zu erheblicher Verkleinerung, öfter auch zu unregelmäßiger Einengung des Magenlumens führt.

Es entstehen in dieser Weise Formen, bei denen die erkrankte Magenwand auch in mikroskopischen Schnitten die Struktur eines faserigen Bindegewebes aufweist, in welches nur hier und da einzelne Reihen und Gruppen kleiner atrophischer Epithelien eingelagert sind; es sind daher irrtümlicherweise solche Formen vielfach für einfach-indurative Prozesse der Magenwand gehalten worden („Magenzirrhose"). Bei noch geringer Ausdehnung eines Skirrhus können auch Zweifel entstehen, ob ein Krebs oder etwa ein in Vernarbung begriffenes gewöhnliches Ulcus vorliegt; entscheidend ist der Nachweis vordringender Epithelwucherungen. Die Verengerung des Magenlumens, welche durch den Skirrhus hervorgerufen wird, kommt namentlich am Pylorus, dem Hauptsitz dieser Karzinomform zur Geltung, wo es zu sehr starren Stenosen und fast völligem

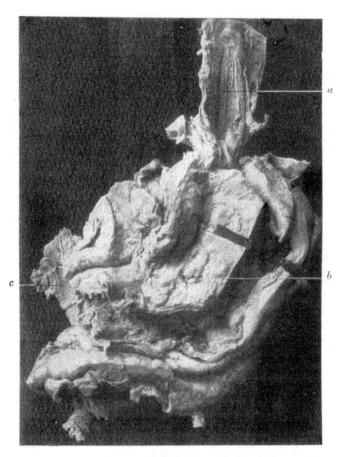

Fig. 593 a.
Karzinom fast des ganzen stark verkleinerten und mit starrer Wand versehenen Magens (bei *b*).
Bei *a* Ösophagus, bei *c* Pylorus. Beide sind frei vom Karzinom.

Verschluß des Lumens kommen kann. Auch die Geschwüre, welche sich bei den skirrhösen Krebsformen einstellen, zeigen vielfach Neigung zur Vernarbung.

Eine weitere Form ist der **Gallertkrebs** (Carcinoma gelatinosum), (S. 231), welcher durch starke Schleimsekretion und schleimige Entartung der krebsigen Epithelien, welche teils in Drüsenform, teils in soliden Nestern angeordnet sind, gekennzeichnet ist.

Gallertkrebs.

Die Geschwulst ist schon mit bloßem Auge leicht daran erkennbar, daß sie sich aus einem von grauweißem, bindegewebigem Stroma gebildeten Netzwerk zusammensetzt, welches gelbliche bis bräunliche, gallertige Massen einschließt, die dem Ganzen eine weiche, durchscheinende, klebrige Beschaffenheit verleihen. Auch der Gallertkrebs hat große Neigung zu flächenhafter Ausbreitung und bildet über große Strecken, oft fast über den ganzen Magen hin, ausgedehnte Wucherungen, welche zu erheblicher Verdickung der Magenwand führen, so daß diese einen Zentimeter und mehr im Durchschnitt messen kann; dabei kriecht, wie schon oben erwähnt, die krebsige Neubildung hauptsächlich in der Submukosa, zum Teil auch zwischen den Muskelbündeln der Magenwand fort, manchmal ohne die Schleimhaut nach oben hin zu durchbrechen, so daß die Magenwand in fast gleichmäßiger Weise in eine gallertige Masse umgewandelt wird. Der Gallertkrebs macht zwar auch Metastasen, ganz besonders aber erreicht er durch Dissemination eine enorme Entwickelung im Peritoneum und im Netz.

Kankroid.

In sehr seltenen Fällen finden sich im Magen Plattenepithelkrebse; sie nehmen zumeist ihren Ausgang von der Kardia; das Carcinoma sarcomatodes ist auch äußerst selten.

Folgen des Karzinoms:

Die Karzinombildung des Magens ist sehr häufig von verschiedenartigen Folgezuständen und Komplikationen begleitet; sehr oft kommt es zur Verwachsung des Magens mit Nachbarorganen dadurch, daß sich in der Umgebung des Karzinoms chronische Bindegewebswucherungen entwickeln, welche die Serosa des Magens mit der anderer Baucheingeweide verlöten. Die Folge hiervon ist vielfach eine Lageveränderung oder Zerrung des Magens und Adhäsionen mit Nachbarorganen und Karzinomwucherung in diese. der Nachbarorgane. Mit dem weiteren Wachstum dringt das Karzinom durch die Adhäsionen hindurch in andere Organe vor. Besonders häufig ist ein solches Übergreifen des Krebses vom Magen auf das Pankreas, die Leber, die Speiseröhre, den Dickdarm oder Dünndarm und, besonders bei manchen Formen, auf das große Netz, auch nach rückwärts auf die Wirbelsäule; selbst bis in den Wirbelkanal kann die Neubildung fortschreiten, ebenso nach oben auf die Pleura, den Herzbeutel, die Lunge und das Mediastinum. Ganz gewöhnlich ist das ganze Peritoneum von Krebsknoten übersät, oft besonders ausgebreitet im Douglasschen Raum.

Perforationen der karzinomatösen Geschwüre.

Mit der fortschreitenden Geschwürsbildung kann auch in den sekundär ergriffenen Teilen ein Zerfall der Geschwulst stattfinden, so daß man vom Magen aus in sekundäre Taschen derselben gelangt. Soweit es sich bei den sekundär ergriffenen Teilen um Hohlorgane handelt, bilden sich mit eintretendem Zerfall der Geschwulstmassen abnorme Kommunikationen mit dem Magen, sog. Magenfisteln; solche finden sich relativ häufig mit dem Dickdarm, dem Dünndarm, der Speiseröhre, der Gallenblase (dann mit Gallenabfluß in den Magen) etc. Seltener kommt eine Perforation des Magenkarzinoms in eine Körperhöhle vor; vor einem Durchbruch der Magenwand in die Bauchhöhle schützen in der Regel die vorher in der Nähe des Krebses gebildeten bindegewebigen Adhäsionen; tritt sie dennoch ein, so kommt es zu einer Perforationsperitonitis; auch Durchbruch nach oben, in die Pleurahöhle oder den Herzbeutel, kommt manchmal vor; ebenso entsteht hier und da durch Perforation des Krebsgeschwüres durch die äußere Haut eine sog. äußere Magenfistel.

Infolge des Übergreifens eines Magenkrebses auf andere Organe können sich, wenn das Karzinom geschwürig zerfällt, auch in den anderen Organen Zerfallshöhlen bilden, wozu sich häufiger als im Magen selbst eiterige und jauchige Prozesse hinzugesellen; es ist das darauf zurückzuführen, daß hier die Wirkung des Magensaftes fehlt, welche im Magen selbst die Fäulnis lange Zeit hintanhält. So entstehen z. B. abgesackte, eiterige, peritoneale Exsudate, subphrenische Abszesse etc. oder, bei Durchbruch durch das Zwerchfell, Pyopneumothorax oder Pyoperikard. Auch auf dem Wege der Metastasierung können Entzündungen verbreitet werden; so entstehen z. B. in manchen Fällen embolische Abszesse in der Leber, ja es können auf diese Weise selbst pyämische Zustände hervorgerufen werden.

Die metastatische Ausbreitung des Karzinoms erfolgt vom Magen aus zum Teil auf dem Lymphwege in verschiedene Organe: zunächst kann es auf diese Weise zu Tochterknoten im Magen selbst (oder Darm) kommen; Karzinomzellen gelangen aber besonders in die anliegenden Lymphdrüsen, später vielfach auch in die retroperitonealen Drüsen und in andere Drüsengruppen, insbesondere auch oft in diejenigen der Brusthöhle; von krebsigen Thromben in den Magenvenen, oder durch indirektes Übergreifen des Karzinoms auf die Pfortader, kommt es zur Verschleppung von Krebskeimen auf dem Blutwege und zur Bildung von sekundären Knoten in der **Leber,** der Pleura, der Lunge, der Milz, dem Pankreas, insbesondere auch im großen Netz etc.

Mit dem bisher Erwähnten sind die Folgezustände des Magenkarzinoms keineswegs erschöpft. Es sind noch weiterhin zu erwähnen die Blutungen aus krebsigen Geschwüren, welche jedoch verhältnismäßig selten in abundanter Weise auftreten; dagegen sind kleinere Blutungen und hämorrhagische Durchsetzungen des Geschwürsgrundes und der Geschwürsränder sehr häufig; die hieraus entstehende Pigmentierung kann so hochgradig werden, daß die ganze Geschwulst ein melanotisches Aussehen annimmt.

Regelmäßig entwickelt sich ferner im Verlaufe des Magenkrebses eine chronisch-katarrhalische Gastritis, die in der unmittelbaren Umgebung des Krebsherdes am stärksten ausgeprägt zu sein pflegt. Zur Unterhaltung und Verstärkung des chronischen Katarrhs tragen auch die durch das Karzinom unmittelbar hervorgerufenen, funktionellen Störungen der Magentätigkeit wesentlich bei. Ein äußerst häufiges Vorkommnis bei Pyloruskrebs ist endlich eine **Stenose des Magens** an bestimmten Stellen, welche weiterhin mechanisch infolge von Speisestauung zu einer **Dilatation** mit ihren Folgezuständen (s. unten) führt. Andererseits kommt es oft frühzeitig zu einer Insuffizienz des durch krebsige Wucherung zerstörten Pylorus. Manche funktionelle Störungen endlich werden durch Lage und Gestaltsveränderungen hervorgerufen, welche durch Verwachsungen des Magens mit seiner Umgebung bedingt sind. Bleiben Verwachsungen mit der Nachbarschaft aus, so senkt sich bei Karzinom des Pylorus letzterer nach abwärts, so daß der Magen selbst eine vertikale Stellung erhalten und der Pylorus infolge seiner Schwere bis zum kleinen Becken herabtreten kann, wo er vielfach Verwachsungen mit Darmschlingen eingeht. Karzinom an der Kardia mit Stenose dieser veranlaßt manchmal Hypertrophie und Erweiterung des Ösophagus. Unter Umständen kann sich bei Stenose der Kardia, wenn bloß noch wenig Speisemasse in den Magen gelangt, eine Atrophie der übrigen Magenwand mit hochgradiger Verkleinerung des Magens ausbilden. Inanition kann die Folge sehr hochgradiger Stenosen sein.

Sekundäre Krebse sind im Magen verhältnismäßig selten. Manchmal greift ein Plattenepithelkrebs vom Ösophagus her auf den Magen (zumeist auf dem Lymphgefäßwege) über, oder dies hat von der Leber, dem Pankreas oder dem Peritoneum her statt. *Sekundäre Karzinome.*

Metastatische Krebsknoten von anderen Organen her sind im Magen sehr selten. *Sonstige Geschwülste.*

Von anderen Geschwulstbildungen finden sich an der Magenschleimhaut, namentlich im Verlauf chronisch-katarrhalischer Zustände, öfters **Schleimhautpolypen**; sie zeigen entweder die Struktur der Schleimhaut oder weisen zystisch erweiterte Drüsenräume auf und können multipel sein (Polyposis); auch papilläre Geschwülste kommen vor. Den Schleimhautpolypen stehen die eigentlichen **Adenome** des Magens nahe, welche hauptsächlich aus Drüsen zusammengesetzt sind und im übrigen den Charakter der Schleimhautadenome (S. 209) aufweisen. Sie treten als knotige, gelappte, häufiger als gestielte polypöse Tumoren auf, welche in größerer Zahl nebeneinander vorkommen können ("Polyposis ventriculi") und öfters mit Darmpolypen zusammen besonders bei jugendlichen Individuen auf angeborener Grundlage entstanden beobachtet werden. Auch gibt es zystische und papillärzystische Formen; es sind Übergänge solcher Tumoren in Krebse häufiger verfolgt worden. Außerdem finden sich **Fibrome, Fibroepitheliome, Neurofibrome, Lipome** und ziemlich häufig **Myome** in der Magenwand. Auch kommen besonders am Pylorus **Adenomyome** vor.

Sehr selten sind **Sarkome.** Es kommen Spindelzellen- und Rundzellensarkome, am relativ häufigsten noch Lymphosarkome, ferner Fibrosarkome, Myosarkome und gemischtzellige Formen vor. Sie können zirkumskript oder in enormer Ausdehnung diffus den Magen befallen, ulzerieren selten und bewirken selten Stenosen. Auch sitzen sie meist nicht am Pylorus oder der Kardia, sondern am häufigsten an der großen Kurvatur (Fundus). Relativ öfters finden sie sich bei jüngeren Individuen. In der Magenwand können ferner versprengte **Pankreasläppchen** ihren Sitz haben.

h) Erweiterungen und Verengerungen; Lageveränderungen; abnormer Inhalt des Magens.

h) Erweiterungen; Verengerungen; Lageveränderungen; abnormer Inhalt.

Erweiterung des Magens stellt sich im Anschluß an verschiedene Affektionen desselben ein; so entsteht eine mechanische Gastrektasie bei Pylorusstenosen aller Art, wobei sich in der Regel auch eine Hypertrophie der Magenmuskulatur entwickelt, welche in analoger Weise als Arbeitshypertrophie zustande kommt, wie die Herzhypertrophie bei Erhöhung der Widerstände im Blutkreislauf (S. 101). Eine Dilatation des Magens entsteht ferner sehr häufig im Zusammenhang mit chronischer Gastritis und zwar liegt hier offenbar eine Wechselwirkung zwischen beiden Veränderungen vor; einerseits veranlaßt der chronische Katarrh mangelhafte Verdauung und Resorption und damit Liegenbleiben der Speisemassen, was schließlich eine Erweiterung des chronisch überfüllten Magens zur Folge hat; andererseits entstehen durch das lange Verweilen der Speisemassen Gärungsprozesse, ja sogar Fäulnisprozesse, und haben ihrerseits wieder Reizung und Entzündung der Magenschleimhaut im Gefolge. Man findet bei *Magenektasie.*

solchen Zuständen häufig im Magen Gärungserreger, Fäulnispilze, Sarzine und andere pflanzliche Parasiten. Derartige Zustände, an denen chronische Schleimhautkatarrhe und Dilatation zusammen beteiligt sind, entwickeln sich häufig bei Säufern. Ein Teil der entzündlichen Vorgänge ist aber auch häufig auf Stauungskatarrhe (S. 506) zu beziehen. Formen von Magenektasie und Erschlaffung von Magenwand, welche nicht auf mechanischen Ursachen beruhen, werden auch als „dynamische Ektasien" bezeichnet; sie finden sich bei nervösen Störungen der Magenfunktion (Atonie), z. B. bei Krampf des Pylorus. Atonien können auch die Folge abnormer Gärungen evtl. bei mangelnder Salzsäure sein, welch letztere, wenn sie in zu geringen Mengen vorhanden ist (Hypoazidität), durch mangelnde Peristaltik, wenn sie in zu großen Mengen da ist (Hyperazidität), durch einen bis zu Pyloruskrampf führenden Reiz Dilatation bewirken kann.

Bei Dilatation des Magens kann entweder bloß die große Kurvatur (und zwar manchmal bis zum kleinen Becken) herabsinken, oder es kann der Magen im ganzen herabtreten, so daß auch die kleine Kurvatur eine tiefere Stellung einnimmt (Enteroptose, worunter man allgemein ein Herabsinken von Eingeweiden, meist durch verminderte Spannung der Gewebe bedingt, versteht).

Strikturen.   **Verengerungen** des Magens sind, abgesehen von der Stenose seiner Ostien, am häufigsten Folge narbiger Strikturen der Wand, welche sich im Anschluß an Geschwüre oder nach partieller Zerstörung der Wand durch Ätzgifte entwickeln. Durch zirkuläre narbige Verengerung des Magens an irgend einer Stelle zwischen dem Pylorus und der Kardia kommt es zur Bildung der als Sanduhrmagen bezeichneten Deformität, eines Zustandes, an welchen sich selbst eine Achsendrehung des Magens anschließen kann. Es gibt wohl auch einen physiologischen Sanduhrmagen, der nur einem Kontraktionsphänomen des Magens entspricht. Vielleicht ist die Höhe des Kontraktionswulstes dann zu Ulcus pepticum besonders disponiert (Beckey). Seltener als durch Strikturen entsteht eine partielle oder allgemeinere Verengerung des Magens durch narbige Schrumpfung eines skirrhösen Karzinoms (vgl. oben). Allgemeine Einengung des Magens entwickelt sich ferner infolge von Inanition.

Lageveränderungen.   **Lageveränderungen** des Magens entstehen, abgesehen von Dilatation desselben mit Tiefstand der großen Kurvatur und Enteroptose am häufigsten durch Verwachsungen seiner Wand mit anderen Baucheingeweiden, wie sie sich besonders beim Ulcus und Karzinom einstellen; endlich kann der Magen in innere Hernien, in Zwerchfellhernien oder Nabelhernien eintreten.

Inhalt des Magens: Starker Gasgehalt des Magens kommt neben Tympanites des Darmes vor. Blut findet sich im Magen besonders infolge von Geschwürsbildungen und ulzerierenden Karzinomen; namentlich bei diesen kommt es durch die längere Zeit hindurch stattfindenden Blutbeimischungen zum Mageninhalt zu einer eigentümlichen, kaffeesatzähnlichen Beschaffenheit desselben. In manchen Fällen von Magenblutung ist ein einzelnes, größeres, blutendes Gefäß nicht aufzufinden, und es ist dann die Blutung eine sog. parenchymatöse, aus einer großen Zahl kleinster Gefäße erfolgende. Derartige parenchymatöse Blutungen kommen — neben solchen im Darm — bei Entzündungen, Pfortaderstauungen, Leberzirrhose, schweren Formen von Ikterus und anderen Erkrankungen vor. Bei Darmverschluß kommt im Magen **Abnormer Inhalt des Magens.** kotiger Inhalt vor. Sehr häufig wird Galle im Magen gefunden. Der Magen kann allerhand verschluckte abnorme Gegenstände enthalten. Bei Haare verschluckenden Hysterischen finden sich manchmal ganze Haarballen, welche lange Zeit im Magen verweilen können ohne besondere Erscheinungen hervorzurufen.

Magendarmschwimmprobe.   Die **Magendarmschwimmprobe** ist ein Hilfsmittel, um festzustellen, ob ein neugeborenes Kind gelebt hat. Man stellt sie in der Weise an, daß man den Magendarmkanal am Ende des Ösophagus und am Rektum abbindet und nach der Herausnahme in Wasser bringt. Die Bedeutung dieser Probe beruht darauf, daß der Magen und Darm totgeborener Kinder keine Luft enthält, da erst mit den ersten Atemzügen Luft verschluckt wird. Der positive Ausfall der Probe ist also ein ziemlich sicherer Beweis, daß das Neugeborene geatmet hat.

Parasiten.   Von **Parasiten** finden sich im Magen öfters Askariden, welche in ihn aus dem Darm gelangt sind; selten und nur bei ganz frischer Infektion Trichinen. Von pflanzlichen Parasiten kommen Soor, Sproßpilze, Schimmelpilze insbesondere bei chronischen Katarrhen und Dilatation, und, unter ähnlichen Verhältnissen, sehr häufig die Sarcina ventriculi vor (vgl. auch über den Inhalt des Magens seine einzelnen Erkrankungen).

E. Darm.

Normale Anatomie

E. Darm.

Vorbemerkungen.

Die Schleimhaut des Dünndarms zeigt im Bereich des Duodenums und des Jejunums Querfalten, die sog. Valvulae conniventes Kerkringii, welche nach unten zu allmählich an Zahl und Höhe abnehmen. Ferner finden sich an der Schleimhaut des Dünndarms die Darmzotten, welche man sehr deutlich erkennt, wenn man die Innenfläche des Darms mit Wasser bespült. Die ganze Schleimhaut des Dünndarms ist, ebenso wie die des Dickdarms, mit Zylinderepithel ausgekleidet, welches die Darmzotten überzieht und auch die zwischen letzteren gelegenen Vertiefungen, die sog. Lieberkühnschen Krypten, auskleidet. In dem Epithel finden sich mehr oder minder reichliche Becherzellen. Im Duodenum sind außerdem noch die sog. Brunnerschen Drüsen vorhanden, welche mit den azinösen Drüsen des Pylorusteiles des Magens übereinstimmen.

Im Dünndarm befinden sich zweierlei lymphoide Apparate: die sog. Solitärfollikel und die Peyerschen Haufen (oder agminierten Follikel). Erstere bilden kleine über die Darmwand zerstreute Lymphknötchen, die in der Schleimhaut gelegen sind, aber bis in die Submukosa hinabreichen können und Keimzentren enthalten. Die Agmina Peyeri sind Ansammlungen von Lymphfollikeln, die im ganzen eine ovale Gestalt haben und in der Längsrichtung des Darms orientiert sind; sie finden sich an der der Ansatzstelle des Mesenteriums entgegengesetzten Seite. In größerer Zahl sind sie im unteren Ileum, gegen die Ileocoecalklappe zu vorhanden; auf letzterer selbst zeigt sich ein quer hinüberziehender Haufen. Das Innere des Wurmfortsatzes ist meist fast vollkommen von agminierten Follikeln ausgekleidet. Die Peyerschen Haufen enthalten oft durch die Zotten aufgenommenen, verschluckten Kohlenstaub (Lubarsch).

Der Dickdarm zeigt an seiner Außenfläche drei Längsbänder, Tänien, welchen innen drei Längswülste der Schleimhaut entsprechen. Außerdem hat der Dickdarm zirkuläre Falten, welche hier Semilunarfalten heißen; je zwei der letzteren begrenzen, mit den zugehörigen Abschnitten der Längsfalten, je eines von den Haustren, den Ausbuchtungen der Dickdarmwand. — Die Schleimhaut des Dickdarms hat keine Zotten und keine Peyerschen Haufen, sondern bloß Solitärfollikel. Sie trägt nur Lieberkühnsche Krypten, keine eigentlichen Drüsen.

a) Mißbildungen.

Von den angeborenen Anomalien des Darmes finden sich besonders Divertikel und ferner Atresien. Unter den ersteren ist das **Meckelsche Divertikel** das häufigste. Es ist als der nicht obliterierte Rest des Ductus omphalo-mesentericus anzusehen, sitzt etwa 1 m oberhalb der Ileocoecalklappe und ist in der Regel für seinen Träger bedeutungslos; doch kann sich auch Entzündung in ihm entwickeln, welche in manchen Punkten der Appendicitis (siehe unten) analog ist. In der Wand des Meckelschen Divertikels finden sich öfter für die

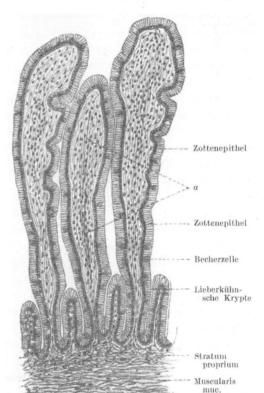

— Zottenepithel

— a

— Zottenepithel

— Becherzelle

— Lieberkühnsche Krypte

Stratum proprium

— Muscularis muc.

a) Mißbildungen

Divertikel.

Fig. 594.
Durchschnitt durch die Schleimhaut des Dünndarmes des Menschen. 88 mal vergr.
Bei *a* kollabiertes Chylusgefäß in der Zottenachse.

Darmwand abnorme Strukturen, so besonders der Magenschleimhaut entsprechende Gebiete. Ferner kommen multiple Divertikel besonders im Dickdarm vor. Unter den Atresien und Stenosen ist die Atresia ani, d. h. das Fehlen der Ausmündung des Darmes die relativ häufigste. Dabei kann 1. das Rektum vollkommen fehlen, so daß das Kolon an seinem unteren Ende blind endigt, oder das Rektum ist nur als solider derber Strang ausgebildet: **Atresia recti**; dann ist der Anus oft nur durch eine flache Grube angedeutet; 2. das Rektum ist normal ausgebildet, endet aber blind in der Analgegend; es fehlt also die Analöffnung — **Atresia ani.**

Diese Mißbildungen erklären sich aus der Entwickelung der aus der Allantois hervorgehenden, resp. mit ihr in Verbindung tretenden Organe. In früher Entwickelungsperiode (5. Woche) besteht eine Kloake, in welche hinein die Geschlechtsgänge, die Ureteren und der Enddarm, münden. Eine Analöffnung besteht um diese Zeit noch nicht, sondern bildet sich erst später, indem eine Einstülpung der äußeren Haut in das untere Ende des Darmes hinein perforiert. Später trennt sich — unter Entwickelung des

Atresia recti und ani.

Dammes (im 3.—4. Monat) — der Mastdarm von dem vorderen Teil der Kloake ab, welche nunmehr Sinus urogenitalis heißt, und in deren Bereich sich die Ausführungsgänge der Harn- und Geschlechtsorgane weiter entwickeln. Bleibt die Bildung der Afteröffnung aus oder entsteht gar kein Rektum, so kommt es zu den oben erwähnten Mißbildungen, Atresia ani resp. Atresia recti. Bleibt gleichzeitig eine Kommunikation des Enddarmes mit einem der dem Sinus urogenitalis zugehörigen Organe bestehen, so entsteht die **Atresia ani vesicalis, urethralis** oder **vaginalis,** d. h. das Rektum mündet in die Blase, die Harnröhre, die Scheide, oder auch in das Perineum, das Skrotum, oder an der Peniswurzel (Atresia ani perinealis, scrotalis, suburethralis).

Auch sonst kommen im Darm (zum Teil multiple) Stenosen und Atresien vor; so in der Gegend der Papilla Vateri, an der Bauhinschen Klappe etc.

Entero-kystom. Als **Enterokystom** bezeichnet man angeborene Zysten, welche aus dem Meckelschen Divertikel oder abgeschnürten Teilen der Darmwand, zum Teil auch Darmteilen eines rudimentären Zwillings hervorgehen; ihre Wand zeigt die Struktur des Darmes (vgl. Allg. Teil S. 248).

Über Hernien und Prolaps siehe später.

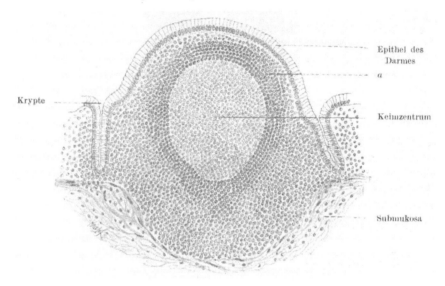

Fig. 595.
Ein solitärer Lymphknoten aus dem Dickdarm des Menschen.
(Nach Böhm-v. Darddoff, Histologie des Menschen).
Bei *a* eine ausgesprochen konzentrische Anordnung seiner Lymphzellen zeigend.

Hirsch-sprungsche Krankheit. Auf einer abnorm großen Anlage der Flexura sigmoidea (Megasigmoideum congenitum), welche zu Achsendrehung und ventilartigen Knickungen und hierdurch zu Hypertrophie und Erweiterung des Dickdarms führt, beruht die besonders bei Knaben sich findende sog. Hirschsprungsche Krankheit.

b) Regres-sive Störungen.
b) Regressive Störungen.

Sie haben im Darm wenig selbständige Bedeutung. Trübe Schwellung und fettige Degeneration finden sich bei entzündlichen Prozessen und besonders bei gewissen Vergiftungen (Phosphor, Arsenik). Amyloiddegeneration, welche vorzugsweise die Blutgefäße und das Bindegewebe, besonders der Zotten, sowie die Muskularis des Darmes betrifft, befällt den Darm erst in zweiter Linie; sie verleiht der Darmwand eine matt glänzende, blaugraue, glatte, derbe Beschaffenheit. Auch hyaline Degeneration der glatten Darmmuskulatur, vergleichbar der wachsartigen Degeneration der quergestreiften Muskulatur, kommt vor. Bei kachektischen Zuständen, insbesondere bei Säufern, kommt im Duodenum nicht selten eine Hämochromatose (S. 73) der Darmmuskulatur vor, wodurch die Darmwand eine rostbraune Verfärbung erleidet. Umschriebene Pigmentflecken an der Darmschleimhaut bleiben häufig als Reste kleiner Blutungen, namentlich im Bereich von Follikeln oder als sog. Zottenmelanose zurück. Das Pigment liegt zumeist in Zellen eingeschlossen. Vielleicht spielen hier auch hämolytische Prozesse bei geschädigtem Blut mit.

Atrophie der Darmschleimhaut ist meist die Folge chronischer katarrhalischer oder diphtherischer Entzündungen oder von Inanition.

c) Zirkulationsstörungen.

In der Regel findet man in der Leiche den Darm im Zustande der Anämie; nur bei sehr heftigen Entzündungen sowie in Stauungszuständen erscheint er hyperämisch. Häufig findet man dann auch kleine Blutungen. Die wichtigste Zirkulationsstörung am Darm ist die **hämorrhagische Infarzierung,** welche durch thrombotischen oder embolischen Verschluß einer der Arteriae mesentericae, die „funktionelle Endarterien" (s. S. 39) sind, oder Verschluß von Mesenterialvenen bei Inkarzeration von Darmschlingen, oder bei Pfortaderthrombose zustande kommt (s. unten). Der Verschluß von Mesenterialarterien erfolgt am häufigsten durch Embolien von Thromben im linken Herzen, oder in der Aorta (Atherosklerose), oder ferner durch Thromben, welche sich in den Mesenterialarterien selbst bei Atheromatose dieser entwickeln, seltener im Anschluß an Aneurysmen. Der Darm ist in solchen Fällen über größere Strecken hin hämorrhagisch infiziert und stark ödematös geschwollen; dabei tritt in reichlicher Menge Blut ins Darmlumen aus. An die Sistierung der Zirkulation schließt sich Gangrän und durch die Wirkung der im Darminhalt vorhandenen Mikroorganismen (Bacterium coli u. a.) Entzündung der Darmwand an. Anämischer Infarkt der Darmschlingen, welcher Nichtfunktionieren aller Kollateralen voraussetzt, ist extrem selten. Kleine eiterige Infarkte kommen durch Einschwemmung septischer Emboli vor (embolische Abszesse s. unten). Erweiterungen der Lymphgefäße, besonders bei deren Verlegung durch Tuberkulose, führen zu kleinen Chyluszysten im Dünndarm.

d) Katarrhalische, eiterige und pseudomembranöse (diphtherische) Entzündungen.

Katarrhalische Entzündungen der Darmschleimhaut können akut oder chronisch und über den ganzen Darm verbreitet oder auf einzelne Teile beschränkt vorkommen. Der akute Darmkatarrh entsteht unter ähnlichen Verhältnissen wie jener des Magens durch Vergiftungen (besonders Arsenikvergiftung), reizende, unverdauliche oder verdorbene Ingesta, abnorme Umsetzungen im Darmkanal, wie solche namentlich im Dickdarm schon durch abnorm langes Verweilen des Inhalts in ihm hervorgerufen werden können; häufig kommen Katarrhe des Magens und des Darmes zusammen vor als akute Gastroenteritis. Besonders heftige Entzündungen dieser Art entstehen durch Aufnahme organischer Gifte (Ptomaine) bei Fleischvergiftung, Wurstvergiftung, Fischvergiftung, Käsevergiftung etc. (vgl. allgem. Teil, S. 307). In solchen Fällen bewirken teils von außen zugeführte Bakterien (darunter besonders Paratyphusbazillen) und toxische Stoffe die entzündlichen Erscheinungen, teils können auch die im Darm schon vorhandenen Bakterien, sobald einmal eine Läsion der Schleimhaut gesetzt ist, noch weiter entzündungserregend auf sie einwirken. In letzterer Beziehung ist namentlich das im Darm konstant vorkommende Bacterium coli (S. 312) von Bedeutung, welches unter solchen Umständen in die Schleimhaut des Darmes eindringen, hier pathogene Eigenschaften entfalten kann und nicht bloß katarrhalische, sondern auch tiefer greifende und ulzerierende Entzündungsprozesse auszulösen imstande ist. Bei der Wurstvergiftung, Botulismus, handelt es sich um die Wirkung von Toxinen des Bacillus botulinus, welcher mit seinen Giftstoffen mit dem Fleisch aufgenommen wird. Ferner finden sich diffuse Katarrhe der Darmschleimhaut als Vorstufe und Begleiterscheinung heftiger spezifischer, namentlich typhöser und dysenterischer Veränderungen, sowie als Teilerscheinung allgemeiner Infektionskrankheiten.

Anatomisch zeichnet sich der akute Darmkatarrh durch starke Rötung und Schwellung der Schleimhaut aus, wobei manchmal auch kleine Hämorrhagien auftreten; ferner durch vermehrte Sekretion, so daß man die Mukosa von einem reichlichen Schleimbelag bedeckt findet. Je nach dem Charakter des Katarrhs kann dieser Belag ein mehr schleimig-seröser oder ein mehr schleimig-eiteriger sein. Mikroskopisch zeigt sich Infiltration der Schleimhaut, Bildung reichlicher Becherzellen,

Abschuppung von Epithelien der Oberfläche und der Drüsen. Auch bei einfachen Darmkatarrhen sind in der Regel die follikulären Apparate mehr oder weniger ausgesprochen an der Entzündung beteiligt. Sie zeigen sich vergrößert und ragen als rundliche, bis hanfkorngroße und größere (Solitärfollikel) oder breitere, flache Erhabenheiten (Peyersche Haufen) von roter bis grauroter Farbe auf der Innenfläche hervor; dabei zeigen die Peyerschen Haufen eine höckerige Oberfläche, wenn die Schwellung besonders die Follikel, weniger die Zwischensubstanz betrifft, eine mehr glatte, wenn beide gleichmäßig geschwollen sind. Wie im Magen, so entstehen auch an der Darmschleimhaut im Verlauf des Katarrhs öfters Erosionen, welche sich unter Umständen in tiefere Ulzerationen umwandeln können. Durch Vereiterung der Follikel entstehen Follikulärabszesse, nach Durchbruch letzterer ins Darmlumen Follikulärgeschwüre. Doch ist zu bemerken, daß alle anatomischen Merkmale des akuten Katarrhs sehr unsicher sind.

Enteritis follicularis. Lokalisiert sich die Erkrankung vorwiegend auf die Follikel des Darms, so bezeichnet man sie als **Enteritis follicularis**; man findet dann die vergrößerten Follikel von einem hyperämischen Hof umgeben. Oft kommt es auch im Innern derselben zu kleinen Hämorrhagien, welche bräunliche, später unter dem Einfluß der Darmgase sich schwarz färbende Pigmentflecken oder Pigmentringe zurücklassen. Auch können die geschwollenen Follikel platzen, wodurch es zur Bildung kleiner Erosionen kommt; doch findet sich letzteres vorzugsweise bei der eiterigen Folliculitis, von welcher weiter unten die Rede sein soll. Auch überschreitet die Zellwucherung oft das Gebiet der Follikel.

Je nach der Lokalisation des Katarrhs auf einen einzelnen Darmabschnitt findet man im Darm verschiedenen Inhalt; bei Katarrhen des Dickdarms ist er dünnflüssig; ziemlich allgemein findet man bei Katarrhen in dem Kot viel Schleim, ihm oft in Form kleiner Klümpchen beigemengt. Oft zeigt sich der Kot auch im Dickdarm noch durch reichlichen Gallenfarbstoff grünlich gefärbt. Mikroskopisch finden sich im Darminhalt vielfach unverdaute Speisereste. Zu bemerken ist, daß nicht jeder diarrhoische Stuhl auf eine Entzündung des Darms zurückgeführt werden muß, daß vielmehr auch einfach vermehrte Peristaltik das Auftreten dünnflüssiger Entleerungen zur Folge haben kann. Bei Katarrh des Duodenums ist ein sog. katarrhalischer Ikterus die Folge (s. dort).

Chronischer Katarrh. Wie der akute, so schließt sich auch der **chronische Katarrh** der Darmschleimhaut vielfach an die entsprechende Affektion des Magens an und wird, wie diese, durch Verdauungsstörungen, unpassende Ernährung, besonders auch bei Potatorium, sowie durch Stagnation des Inhalts etc. verursacht. Nicht selten gehen auch akute Katarrhe in chronische Entzündungen über; ferner entwickeln sich letztere des öfteren im Anschluß an allgemeine Infektionskrankheiten, namentlich solche, die schon während ihres Verlaufes mit entzündlichen Reizerscheinungen von seiten des Darmes einhergingen, sowie als Nachkrankheit nach heftigen Entzündungen der Darmschleimhaut, wie Dysenterie oder Typhus abdominalis. Ein sehr großer Teil aller chronischen Katarrhe endlich ist ebenso wie im Magen so auch im Darm den Stauungskatarrhen zuzurechnen, welche sich bei allgemeinen Zirkulationsstörungen infolge von Herzschwäche, sowie bei Pfortaderstauung regelmäßig einstellen. (Über die Beziehung der Stauung zum Katarrh s. S. 505).

Umschriebene katarrhalische Entzündungen einzelner Darmabschnitte entstehen durch Fremdkörper und Kotstagnation; im Rektum auch infolge von Blutstauung bei Hämorrhoiden. Bei allen Stauungskatarrhen fällt an der Schleimhaut eine besonders intensive, dunkle Rötung auf, neben welcher häufig zahlreiche kleine Blutungen zu bemerken sind. Ein wichtiges, allen chronischen Darmkatarrhen zukommendes Merkmal bilden die schieferigen Pigmentierungen der Schleimhaut und ihrer Follikel, wie sie als Residuen kleiner Blutungen zurückbleiben; daneben kommen auch beim chronischen Katarrh Erosionen der Schleimhaut vor. Manchmal gerät die Schleimhaut durch die chronische Entzündung in einen Zustand starker entzündlicher Wucherung des interstitiellen Bindegewebes; auch die Drüsen selbst weisen manchmal eine Hypertrophie und hier und da auch zystische Erweiterungen auf. Auch kommt es im Darm (wenn auch seltener als im Magen) zu starken hyperplastischen Schleimhautwucherungen, welche sich hier besonders an umschriebenen Stellen innerhalb des Dickdarms finden (Enteritis polyposa). Meistens führt der chronische Darmkatarrh ziemlich bald zu einer Atrophie der Schleimhaut, namentlich auch ihrer Drüsen. Man findet diese dann an Zahl und Größe vermindert, das interstitielle Gewebe vermehrt; dabei ist die Schleimhaut im ganzen verdünnt, blaß, glatt und derb. Im Dünndarm zeigen sich besonders die Zotten, welche häufig auch eine intensive Pigmentierung aufweisen, verkleinert, so daß die normale, eigentümlich samtartige Beschaffenheit der Dünndarminnenfläche mehr oder minder verloren geht. Besonders bei Kindern wird die Atrophie, an welcher auch die Muskularis des Darmes teilnimmt, oft so hochgradig, daß die ganze Darmwand fast papierdünn und durchscheinend wird und auch die Follikel kaum mehr oder höchstens noch an ihren Pigmentierungen zu erkennen sind.

Der Darminhalt ist beim chronischen Katarrh verschieden, bald dünn, bald dickflüssig bis hart, was auch hier zum großen Teil von der Lokalisation der Erkrankung abhängt. Unter Umständen kommt, besonders bei starker Stauung, auch reichlich Blut im Darmkanal vor (Diapedesisblutungen). Gewisse Formen chronischer Darmkatarrhe, welche vorzugsweise bei Frauen vorkommen, sind durch eine besonders reichliche Absonderung von Schleim und Epitheldesquamation ausgezeichnet, welche sich dann im Darmlumen zu derben, fädigen oder membranartigen, oft verzweigten, gerinnselähnlichen Massen eindicken — **Enteritis chronica mucosa** auch **membranacea** bzw. **mucomembranacea** genannt (**Colitis mucinosa**). Bei der auch **Colica mucosa** genannten Dickdarmsekretionsanomalie findet sich vermehrte Schleimsekretion (Becherzellen) mit nur geringer sekundärer Entzündung. *Enteritis membranacea.*

Bei wieder anderen Formen kommt es zu Retention von Schleim in den Drüsen und damit zur Bildung reichlicher kleiner Zysten an der Schleimhaut — **Enteritis cystica.** *Enteritis cystica.*

Chronischer Darmkatarrh kleiner Kinder (Pädatrophie). Einer besonderen Erwähnung bedarf, namentlich wegen der gerade hier sehr ausgeprägten Wirkung auf den allgemeinen Ernährungszustand, der chronische Darmkatarrh der Kinder in den ersten Lebensjahren, auf welchen ein erheblicher Teil aller Todesfälle in diesem Alter, besonders im Sommer, zurückzuführen ist. Seine hauptsächlichste Ursache sind unpassende künstliche Ernährung und dadurch veranlaßte Verdauungsstörungen, wodurch Liegenbleiben der Ingesta im Darm und damit wieder Rückwirkungen auf den entzündlichen Zustand seiner Schleimhaut hervorgerufen werden. Bei Eröffnen des Darmes fällt bei dieser Erkrankung vor allem der eigentümliche, meistens grünlich gefärbte, dickflüssige, sehr übel riechende Inhalt desselben auf, welcher mit unverdauten Nahrungsresten und meist auch mit Schleimpartikeln vermischt ist, während der normale Stuhl der Kinder bis zur Entwöhnung einen ockergelben Kot von mehr breiiger Konsistenz und schwach säuerlichem Geruch darstellt. Oft bietet der Darm makroskopisch und mikroskopisch keine deutlichen Veränderungen, manchmal finden sich Entzündungen verschiedener Art, manchmal hohe Grade von Atrophie des Darmes entweder über den ganzen Darm verbreitet oder besonders im Ileum. Die Mesenterialdrüsen sind oft geschwollen, doch ist bei Beurteilung dieses Zustandes eine gewisse Vorsicht geboten, da die Lymphdrüsen bei Kindern häufiger relativ groß sind. *Pädatrophie.*

Der chronische Darmkatarrh der Kinder führt zu hochgradiger allgemeiner Herabsetzung des Ernährungszustandes; besonders auffallend sind die Trockenheit, Blässe und Schlaffheit der Haut, auf welche auch das greisenhafte Aussehen des Gesichtes zurückzuführen ist, die Atrophie aller Organe, insbesondere auch der Muskeln, der vollkommene Schwund des Fettgewebes. Das Abdomen ist oft durch Meteorismus des Darmes stark aufgetrieben. Einen häufig beim chronischen Darmkatarrh der Kinder vorkommenden Befund stellen katarrhalische Pneumonien und Atelektasen in der Lunge dar; offenbar genügen bei derartig herabgekommenen Individuen neben der Darmerkrankung schon ganz geringe und verhältnismäßig wenig ausgebreitete Affektionen dieser Art, um den Tod herbeizuführen. Krämpfe, welche häufig auftreten, sind wohl auf die Gehirnreizung durch Toxine zu beziehen. Die Ätiologie der Erkrankung scheint nicht einheitlich zu sein.

Umschriebene **eiterige Entzündungen** der Darmwand können auf embolischem Wege zustande kommen; bei ulzeröser Endokarditis entstehen durch embolische Verlegung kleiner Darmarterien manchmal bis erbsengroße **Abszesse**, welche von einem hämorrhagischen Hof umgeben sind und zum Teil direkt vereitern und hämorrhagischen Infarkten entsprechen: „wenn man den Darm stark anspannt und bei durchfallendem Lichte betrachtet, so sieht man das verstopfte Gefäß, welches auch eine starke Hervorragung an dieser Stelle bedingt" (Orth). Wenn solche Eiterherde in das Darmlumen perforieren, so entstehen die sog. embolischen Geschwüre. Endlich können sich bei ulzerierender Endokarditis auch an den Darmarterien kleine embolische mykotische Aneurysmen bilden (s. S. 435). *Eiterige Entzündungen des Darmes. Abszesse.*

Phlegmonöse Entzündungen der Darmwand entwickeln sich manchmal sekundär im Anschluß an verschiedene Ulzerationsprozesse, selten primär; ähnliche Formen entstehen bei intestinalem **Milzbrand**; man findet dabei die Darmwand rötlich gefärbt, mit zahlreichen ödematösen und hämorrhagischen, prominierenden Infiltraten von Linsen- bis Kaffeebohnengröße besetzt, die mißfarbige, graugelbliche oder grüngelbe, verschorfte Zentren zeigen (Darm- und Magenkarbunkel) und in deren Innerem meist ein dünnflüssiger, leicht blutig gefärbter Inhalt angesammelt ist. *Phlegmonöse Entzündungen. Milzbrand des Darms.*

Als **Dysenterie** oder **Ruhr** bezeichnet man eiterig-fibrinöse (pseudomembranöse) oder eiterig-nekrotisierende Entzündungen der Darmschleimhaut, und zwar des Dickdarmes, besonders in seinen unteren Abschnitten, welche durch verschiedene Infektionserreger hervorgerufen werden und in unseren Gegenden sporadisch oder epidemisch, in den Tropen endemisch auftreten; bei den besonders in den Tropen und in Ägypten sowie bei einem Teil der in Japan vorkommenden Formen der Erkrankung, welche häufig später zu Leberabszessen führen, finden sich Amöben (S. 321), welche mit der Entstehung der Erkrankung in ursächliche Beziehung gebracht werden. Bei uns, in Amerika, Japan etc. sind die Dysenteriebazillen (Kruse, Flexner und Shiga, Y-Typus [s. S. 312], Strong) und seine Variationen Erreger der Krankheit. *Dysenterie.*

Die Dysenterie setzt akut ein, kann aber unter Umständen einen chronischen Verlauf nehmen und sich über viele Monate hinziehen. In leichteren Fällen — katarrhalische Dysenterie — verläuft sie unter dem Bilde eines eiterigen Katarrhs, wobei man die Darmmukosa durch seröse oder serös-eiterige Infiltration geschwollen und aufgelockert, sowie mit einem reichlichen, glasigen oder auch trüben, eiterigen, oft blutig gefärbten Schleimbelag, ferner mit Fibrin bedeckt findet. In anderen Fällen — nekrotisierende Ruhr — erscheinen an der Oberfläche der Mukosa weiße, kleienartige Beläge, die zuerst auf der Höhe der Querfalten und den den Längsbändern des Dickdarmes entsprechenden Hervorragungen seiner Innenfläche sichtbar werden und wenigstens anfangs noch von der Mukosa leicht abgezogen werden können. Daneben stellen sich vielfach tiefergreifende eiterig-gangränöse Prozesse und damit Ulzerationen an der Schleimhaut ein, welche sich rasch vergrößern. In den schwersten Fällen von Dysenterie, der sog. diphtherischen Ruhr, kommt es zur Nekrose ausgedehnter Schleimhautpartien in größerer oder geringerer Tiefe; es bilden sich große, weißliche Schorfe, welche wie die kleienartigen Beläge, vorzugsweise auf der Höhe der Schleimhautfalten gelegen sind. Diese Schorfe, die im weiteren Verlauf bald durch Imbibition mit Kot und Galle eine graugelbe bis bräunliche Farbe annehmen, sind aber nicht mehr, wie die ersten feinen Auflagerungen von der Unterlage abziehbar;

Diphtherische Dysenterie.

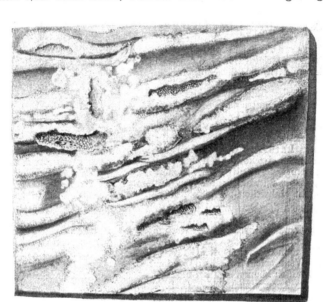

Fig. 596.
Akute Dysenterie.
Man erkennt namentlich auf der Höhe der Falten die schorfartigen Beläge.
(Nat. Gr.)

da sie aus abgestorbenen Schleimhautpartien selbst bestehen, so handelt es sich hier um einen echt diphtherischen (pseudomembranösen) Prozeß (vgl. S. 134), wie ihn die Fig. 598 zeigt. Man sieht jetzt die oberen Lagen der Schleimhaut in eine vollkommen kernlose resp. nur von Leukozyten durchsetzte, schollige bis körnige Masse umgewandelt, in welcher die Drüsen noch teilweise erkennbar sind; doch sind deren Epithelien, soweit sie noch erhalten sind, ebenfalls kernlos, nekrotisch; die tieferen Schleimhautschichten sind an diesem Präparate noch nicht abgestorben, aber im Zustand starker Entzündung, das Gewebe stark zellig infiltriert, vielfach findet man hier auch, ebenso wie in der Muskularis, starke blutige Durchtränkung neben einer oft enormen Hyperämie. Die sämtlichen Wandschichten des Darmes zeigen sich verdickt, gequollen, dunkel gefärbt, und auch die Serosa weist oft einen ibrinös-eiterigen Belag auf.

Geschwüre der Dysenterie.

Durch eiterig-jauchigen Zerfall und Abstoßung der erwähnten Schorfe entstehen an der Darminnenfläche ausgedehnte Geschwüre, welche sich durch fortschreitende Eiterung und Nekrose rasch nach allen Seiten ausdehnen. Entsprechend der Lage der Schorfe zeigen sich auch die Geschwüre vorzugsweise auf der Höhe der Quer- und Längsfalten der Schleimhaut und der Richtung jener Falten folgend; da beide Richtungen sich kreuzen, so entsteht an vielen Stellen eine regelmäßige Zeichnung, indem je zwei parallel verlaufende Defekte durch Zwischenstücke wie die Sprossen einer Leiter verbunden werden und vielfach seitliche kleinere Fortsetzungen zeigen („Gebirgskartenzeichnung"). Die Ränder dieser dysenterischen Geschwüre sind unregelmäßig zackig, wie angenagt und setzen sich durch ihren schmutzigen Belag scharf von der dunkelroten, geschwollenen Schleimhaut ab, so daß ein sehr charakteristisches Bild zustande kommt. Mit der Ausbreitung und dem Konfluieren der Schleimhautnekrosen, welche schließlich auch die Täler zwischen den Schleimhautfalten betreffen, nehmen auch die Geschwüre an Größe zu, so daß ausgedehnte Strecken der Darminnenfläche mit unregelmäßigen, zusammenfließenden Ulzerationen bedeckt werden und die Schleimhaut stellenweise ganz fehlen kann. Zwischen den Geschwüren bilden die oft enorm entzündlich geschwellten Schleimhautreste dunkelrote oder auch schon mit weißlichen Auflagerungen bedeckte, pilzförmig emporragende Inseln (Fig. 598). Nach Loslösung der abgestorbenen Partien liegt an den Geschwüren, je nachdem die Nekrose und der Zerfall in die Tiefe gegriffen hatten, die Submukosa, oder die Muskularis, oder selbst die Serosa als Geschwürsgrund vor. Manchmal ist letzterer durch Blutungen rot oder schwarz-

rot gefärbt. Durch tiefgreifende Geschwüre kann es schließlich zur Zerreißung oder Perforation des Darmes kommen. Erfolgt diese in die Bauchhöhle, so entsteht eine Perforationsperitonitis; nach Perforation des Mastdarmes kommt es zur Entzündung des umgebenden Gewebes, d. h. zu einer Periproktitis evtl mit Bildung von Fisteln (s. unten). In der Regel wirkt indes, besonders in chronischen Fällen, eine zunehmende Verdickung der Darmwand dem Durchbruch entgegen.

Der Inhalt des Darmes ist bei Dysenterie in der Regel dünn, schleimig-serös bis schleimig-eiterig, öfters von heller Farbe, oft aber auch hämorrhagisch verfärbt; vielfach enthält er Flocken von Schleim, oder abgestorbene Epithelien, oder auch größere nekrotische Schleimhautstückchen. Der Schleim bildet manchmal ziemlich feste, sagokornartige Klümpchen. Bei gangränösen Prozessen ist der Inhalt des Darmes von schmutziger Farbe und stark übelriechend.

Die Dysenterie lokalisiert sich hauptsächlich auf den **Dickdarm** und zwar findet man die schwersten Veränderungen in der Regel im Rektum, während nach oben zu die Affektion an Intensität abnimmt und im Dünndarm meistens bloß katarrhalische Entzündung oder nur ein leicht schilferiger Belag vorhanden ist. Über Allgemeines bei der Ruhr sowie über die tropische Dysenterie s. das letzte Kapitel. Über die dabei häufigen Leberabszesse siehe auch unter Leber.

Fig. 597.
Dysenterie (spätes Stadium).
Die Darmschleimhaut erinnert an eine Landkarte.

Ein eigenes Bild bietet die sog. **follikuläre Ruhr** dar, welche ebenfalls im Dickdarm vorkommt, aber sich wesentlich an die follikulären Apparate hält, an welchen es zu starker Schwellung und Hyperplasie kommt; schließlich bricht der Eiter durch die Dicke des kleinen Abszesses nach innen durch, und es entstehen eigentümliche, rundliche, sog. „lentikuläre Geschwüre". Da der Durchbruch bloß auf der Höhe des Eiterherdes erfolgt, so zeigt das Geschwür dünne, scharfe, von den Seiten her überhängende Ränder, welche sich beim Wasseraufgießen stark blähen. Solche Geschwüre heißen auch sinuöse. Während der Eiter an einer kleinen Stelle an der Spitze des Abszesses durchbricht, kriecht der Eiterungsprozeß unter der seitlichen Decke vielfach noch weiter im submukösen Gewebe fort und unterminiert so die Schleimhaut in großer Ausdehnung. Fließen endlich zwei

Follikuläre
Ruhr.

oder mehr solcher flacher, submukös fortschreitender Eiterherde zusammen, so bildet die über ihnen hinziehende Schleimhautdecke nur noch lockere, leicht abhebbare Brücken zwischen den zackigen, mehr und mehr sich vergrößernden Defekten. Auch bei der follikulären Ruhr kommt es oft zu ausgebreiteten entzündlichen Wucherungen und Verdickungen des Schleimhautgewebes, welche in ähnlicher Weise wie bei chronischen Katarrhen, mit starker zelliger Infiltration und Verbreiterung des interstitiellen Gewebes sowie mit nachfolgender Atrophie der Schleimhaut einhergehen. An die Ruhr schließen sich oft ausgedehnte Heilungsvorgänge an, die besonders neuerdings studiert wurden (Beitzke). Ganz oberflächliche Geschwüre heilen leicht durch Regeneration der Schleimhaut von den stehen gebliebenen Böden der Krypten aus. Tiefere Geschwüre bis zur Muscularis mucosae (welche selbst nur in sehr beschränktem Umfang wiederhergestellt wird) oder durch diese hindurch zeigen bei der Heilung zunächst Granulationsgewebe, dann Epithelwucherung am Rande her und Einsenkungen in Gestalt oft unregelmäßiger (durch die Kapillaren bedingt) Krypten. Waren bei dem dysenterischen Prozeß Lymphfolikel, wie ja häufig, ergriffen (Vereiterung etc.) und zum Teil zerstört, so senkt sich hier gerne Epithel in Gestalt von Krypten ein; und da das neugebildete Epithel sich überhaupt durch starke Schleimbildung (Becherzellen) auszeichnet, kommt es zu Schleimretention und Abschnürung, d. h. Cysten, die öfters in solchen Därmen bis zu

Fig. 598.

Dysenterie mit Geschwürsbildung und polypös geschwellten Schleimhautresten ($\frac{1}{2}$).

a Polypöse Schleimhautreste mit erhaltenem Epithel, *b* Submukosareste (geschwollen und stark zellig infiltriert).
g Geschwür, bis auf die Muskularis *c* gehend, *d* Längsmuskulatur, *e* Serosa.

kleinerbsengroß in großer Zahl gefunden werden. Bei neuen Schüben kommt es in solchen Gebieten atypischer Kryptenwucherung besonders leicht zur Entstehung tiefer buchtiger Geschwüre (Löhlein). Unter Ausbildung zahlreicher kleiner Cysten kann sich sog. **Colitis cystica** an Dysenterie anschließen. Nach dem Besprochenen ist die Heilfähigkeit der Darmschleimhaut nach Ruhr eine große. Meist nur tief in die Darmmuskulatur eindringende geschwürige Prozesse heilen in Gestalt unregelmäßiger strahliger Narben, die offenbar nur äußerst selten so hochgradige Schrumpfungen bewirken, daß Stenosen auftreten. Zwischen den Narben bleiben Schleimhautinseln stehen und diese können in späten Stadien ihrerseits durch Wucherungen der Drüsen zu polypenartigen Bildungen führen. Es gibt auch Ruhrfälle, welche mit anatomisch sehr geringen Veränderungen: Katarrh, besonders der Flexura sigmoidea und des Rektum evtl. geringe kleienförmige Beläge, schon zum Tode führen, besonders wohl bei vorher schon sehr geschwächten Individuen (Beitzke). Auch kann der obere Dickdarm dieses Bild, der untere dysenterische Nekrosen und Geschwüre aufweisen.

Diphtherische und gangränöse Entzündungen der Darmwand kommen nicht bloß bei der Ruhr, sondern auch unter vielen anderen Verhältnissen vor. Gemeinsam ist allen diesen Formen die Bildung von pseudomembranösen Belägen, die zum Teil bloß oberflächliche Auflagerungen auf die Mukosa bilden, meistens aber mit Nekrose und Verschorfung der Schleimhaut und nachfolgender Geschwürsbildung einhergehen, wie es auch bei der Dysenterie der Fall ist. Man kann auch hier — abgesehen von besonderen Fällen — sagen, daß sie sich vorzugsweise auf den Dickdarm lokalisieren und hier meistens fleckweise auftreten. Bezüglich der Entstehung aller dieser Formen ist zu berücksichtigen, daß

Heilungsvorgänge der Ruhr.

Sonstige diphtherische Entzündungen.

im Darm immer Mikroorganismen vorhanden sind, und daß diese, sobald die Schleimhaut durch chemisch-mechanische oder entzündliche Einwirkungen lädiert ist, ihre pathogenen Eigenschaften entfalten und diphtherische Entzündungen auslösen können. Besonders ist das Bacterium coli in dieser Beziehung von Bedeutung (vgl. S. 312). Es handelt sich also vielfach um eine Konkurrenz verschiedener Einflüsse. So können durch den Druck stagnierender, harter Kotmassen Drucknekrosen zustande kommen, aus welchen sich durch eiterige Einschmelzung und Abstoßung der Schorfe sog. **sterkorale Geschwüre** (Kotgeschwüre) entwickeln, die manchmal sogar zur Perforation des Darmes führen. Solche Drucknekrosen treten besonders gerne an den Umbiegungsstellen des Darmes, den Flexuren, dem Cökum und dem Processus vermiformis auf. Bei Inkarzeration von Darmschlingen (s. unten) kommt es durch die hämorrhagische Infarzierung der Darmwand, zum Teil auch durch die Kotstauung, zu Gangrän des Darmes. *Sterkorale Geschwüre.*

Cökum.

Manche chemische Agentien, insbesondere Ätzgifte, rufen sowohl, wenn sie vom Darmkanal her aufgenommen, wie auch wenn sie aus dem Blute in den Darm ausgeschieden werden — evtl. unter Vermittelung von Thromben — diphtherische Entzündungen der Schleimhaut hervor. Es gehören hierher Vergiftungen mit Arsenik und namentlich solche mit Quecksilber, welches manchmal schon bei geringen Dosen tödliche Wirkung ausübt, vielleicht auch weil der affizierte Darm Bakterienwirkung leichter zugänglich wird. Auch bei Vergiftung mit Ptomainen (Wurstvergiftung, Fleischvergiftung etc.) kommt es durch Wirkung der in den zersetzten Nahrungsmitteln vorhandenen toxischen Stoffe und Bakterien oft zu diphtherischer Enteritis. *Chemisch erzeugte diphtherische Enteritis.*

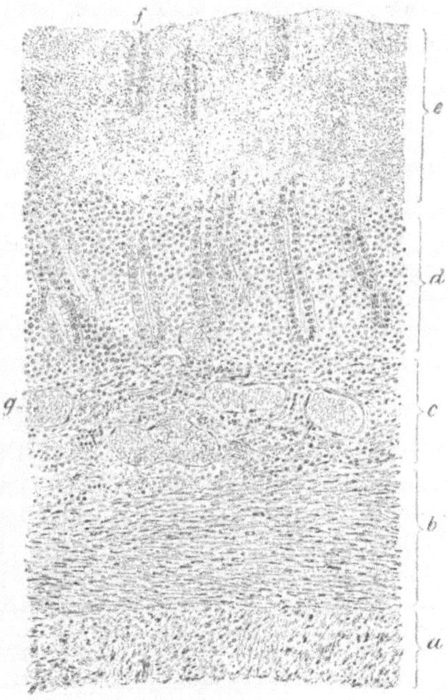

In vielen Fällen wird jedenfalls auch durch leichtere oder schwerere katarrhalische und andere Entzündungen des Darmes der Boden für diphtherische Prozesse vorbereitet, so daß sich die letzteren als eine Steigerung einer schon vorhandenen Entzündung darstellen. So entwickeln sich manchmal ausgedehnte diphtherische Erkrankungen des Darmes im Verlauf der Cholera, des Typhus abdominalis und der Darmtuberkulose; ferner entstehen ähnliche Formen bei solchen allgemeinen Infektionskrankheiten, in deren Verlauf gelegentlich überhaupt eine Enteritis sich einstellt, wie bei septischen und anderen Allgemeininfektionen, bei Scharlach, Rachendiphtherie u. a. *Solche im Anschluß an andere Erkrankungen.*

Als **urämische Enteritis** bezeichnet man die diphtherische Entzündung der Darmschleimhaut, welche sich im Gefolge von Harnretention einstellt. Sie wird zumeist auf die Wirkung des kohlensauren Ammoniaks bezogen, welches sich durch Umsetzung aus dem im Darm ausgeschiedenen *Urämische Enteritis*

Fig. 598 a.
Diphtherie des Dickdarms infolge von Sublimatvergiftung ($\frac{40}{1}$).
e oberer nekrotischer Teil der Schleimhaut, f Drüsen; sowohl in diesen, wie auch im Zwischengewebe sind die Zellen kernlos; d tieferer, nicht nekrotischer Teil der Schleimhaut, zellig infiltriert, c Submukosa, g Gefäße, a, b Muskularis.

Harnstoff entwickeln soll. Doch scheint es nach neueren Untersuchungen, daß auch diese Form der Darmdiphtherie vorzugsweise durch Mitwirkung der im Darm vorhandenen Bakterien entsteht und eine Steigerung des bei solchen Zuständen (infolge von Nieren- und Herzleiden) immer schon vorhandenen Stauungskatarrhs darstellt (vgl. Kap. V).

Endlich kann eine diphtherische Entzündung im Darm die Folge einer Wundinfektion sein, die sich an Verletzungen und operative Eingriffe (Darmresektion, Anlegung eines Anus praeternaturalis etc.) anschließt und in diesen Fällen natürlich ganz unregelmäßig lokalisiert ist. Über andere dysenterieartige Darmerkrankungen siehe im letzten Kapitel.

34*

e) Spezifische Entzündungen.

Wir können diese in akute spezifische Entzündungen und in chronische einteilen. Zu den ersten gehören die für den Darm charakteristischen Erkrankungen: Die Cholera asiatica, der Typhus, die Dysenterie, die akut wie chronisch auftreten kann, und ähnlich der Milzbrand. Zu den chronisch verlaufenden spezifischen Entzündungen sind wie in anderen Organen vor allem die Tuberkulose, Syphilis und Aktinomykose zu rechnen.

Die **Dysenterie** und der intestinale **Milzbrand** sind aus praktischen Gründen schon im letzten Absatz besprochen worden.

Cholera asiatica. Die asiatische Cholera ist eine, in unseren Gegenden zeitweise epidemisch, in Indien und manchen anderen Ländern endemisch auftretende Infektionskrankheit, welche im wesentlichen in einer heftigen katarrhalischen Entzündung des Darmes mit Abscheidung enormer Mengen diarrhoischer Flüssigkeit besteht und von der Choleraspirille, dem sog. Kommabazillus, verursacht wird.

Der Sektionsbefund ist je nach dem Stadium der Erkrankung, in welchem der Tod eintritt, ein verschiedener, im ganzen aber ein sehr wenig charakteristischer. In der ersten Zeit des eigentlichen Choleraanfalles (Stadium algidum), zeigt sich der Darm reichlich mit dünnflüssigem, „reiswasserähnlichem", geruchlosem Inhalt von weißlicher Farbe erfüllt; in der Flüssigkeit finden sich reichlich flockige Massen von Schleim, in denen die Kommabazillen in oft enormer Menge nachzuweisen sind. Besonders die Schleimhaut des Ileum ist stark gerötet und geschwellt, anfangs auch mit einer zähen Schicht von glasigem Schleim bedeckt. Manchmal zeigt die Mukosa auch mehr oder minder zahlreiche kleine Blutungen; die Follikel des Darmes sind ziemlich stark geschwollen, von grauer bis grauroter Farbe. Durch Platzen derselben kann es zur Bildung kleiner Geschwüre kommen. Meistens ist der Dickdarm weniger affiziert und kann wohl auch ganz frei bleiben. Mikroskopisch zeigen sich die Erscheinungen eines heftigen Darmkatarrhs mit starker Infiltration der Schleimhaut. Eine starke Epitheldesquamation hat oft statt.

An das Stadium algidum kann sich ein Stadium heftiger Allgemeinaffektion anschließen, das sog. Choleratyphoid; tritt der Tod in diesem Stadium ein, so ist der Befund im Darm ein anderer und oft fast vollkommen negativ. Die Hyperämie der Schleimhaut ist größtenteils oder ganz zurückgegangen, die Mukosa erscheint blaß oder durch die stattgehabten Hämorrhagien schieferig verfärbt. Der Inhalt ist wieder mehr oder weniger gallig gefärbt, nicht mehr so dünnflüssig, und im Dickdarm können sich sogar wieder feste Kotballen vorfinden. In manchen Fällen schließen sich freilich an die Affektion der Darmschleimhaut diphtherische Verschorfungen an, welche zur Bildung tiefer Ulzerationen Veranlassung geben, und es werden dann auch wohl blutige Massen entleert.

Als Erreger der Cholera asiatica ist der Kochsche Kommabazillus, ein der Gruppe der Vibrionen zugehöriger Parasit (S. 316), allgemein anerkannt. Sein Nachweis ist auch in zweifelhaften Fällen das einzig Entscheidende für die Diagnose, namentlich gegenüber der in den heißen Monaten auch bei uns regelmäßig vorkommenden **Cholera nostras.** In schweren Fällen letzterer Erkrankung stimmt der Verlauf und der anatomische Befund so vollkommen mit dem bei der asiatischen Cholera überein, daß nur durch den Nachweis der Kommabazillen die letztere festgestellt werden kann. Hier muß außer der mikroskopischen Untersuchung der Entleerungen auch das Kulturverfahren herangezogen werden. (Über die Widalsche Probe s. S. 348.) Die Erreger der Cholera nostras sind nicht bekannt und wahrscheinlich nicht einheitlicher Natur, jedenfalls kommen die spezifischen Kommabazillen bei dieser Erkrankung nicht vor. Über die Cholera asiatica vgl. auch das letzte Kapitel.

Der **Typhus abdominalis** ist eine Infektionskrankheit, welche sich vorzugsweise auf den Darm lokalisiert, aber auch andere Organe in Mitleidenschaft zieht, und schwere Allgemeinerscheinungen, besonders auch von seiten des Nervensystems, mit sich bringt. Seine Ursache ist eine stäbchenförmige Bakterienart, der Typhusbazillus (s. S. 311), welcher durch Kontaktinfektion besonders mit den Nahrungsmitteln bzw. mit dem Wasser in den Darmkanal gelangt. Auch der Stuhl solcher Personen, welche die Krankheit überstanden haben, kann virulente Bazillen enthalten (Bazillenträger), desgleichen halten sie sich nach überstandener Krankheit lange in der Gallenblase. Nach einem in der Regel zwei bis drei Wochen dauernden Inkubationsstadium beginnt die Erkrankung des Darmes, welche neben einer heftigen katarrhalischen Entzündung seiner Schleimhaut besondere Veränderungen an den follikulären Apparaten und zwar sowohl den Solitärfollikeln, wie auch den Peyerschen Haufen hervorruft. Dem typischen klinischen Verlauf des Typhus entsprechen auch ziemlich scharf zu unterscheidende anatomische Stadien, welche man als jenes der markigen Infiltration, der Schorfbildung, der Geschwürsbildung und Geschwürsreinigung zu unterscheiden pflegt.

Im ersten Stadium, welches gewöhnlich während der ersten bis Anfang der zweiten Woche der Erkrankung andauert, zeigt sich im unteren Dünndarm und im oberen Dickdarm die Schleimhaut im Zustand starker Rötung und Schwellung, die oft mit Auftreten kleiner Blutungen einhergeht. Die wichtigsten Veränderungen aber spielen sich an den Follikeln ab. Die Solitärfollikel, welche sich sowohl im Dünndarm wie im Dickdarm vorfinden, schwellen zu hanfkorngroßen bis erbsengroßen rundlichen Vorragungen an; die (bloß im Dünndarm und dem Wurmfortsatz vorhandenen) Peyerschen Haufen werden zu beetartigen, 3—4 mm hohen Prominenzen von ovaler Form, welche mit ihrem größten Durchmesser zumeist der Längsrichtung des Darmes parallel gerichtet sind. Bloß auf der Bauhinschen Klappe finden sich auch transversal gelegene agminierte Follikel. Die Oberfläche der geschwollenen Agmina findet man bald glatt, bald von leistenförmigen oder wulstartigen Vorragungen bedeckt, auf welche sich manchmal etwas fibrinöses Exsudat abscheidet. Beide Formen geschwollener Follikel nehmen aber sehr bald eine blassere, graurote bis graugelbe und schließlich markigweiße Beschaffenheit an; daher die Bezeichnung dieses Stadiums als „markige Schwellung" oder „markige Infiltration". Von den Follikeln geht die letztere sowohl nach den Seiten auf die umgebende Darmschleimhaut als auch besonders in die Tiefe auf die Submukosa und die Muskularis über. Diese markige Schwellung beruht auf einer zelligen Wucherung, welche aus großen Zellen, wohl Abkömmlingen von Retikulumzellen oder Endothelien, die auch stark phagozytäre Eigenschaften entfalten, zusammengesetzt ist. Anfangs sind unter dem Mi-

Stadium 1: markige Schwellung.

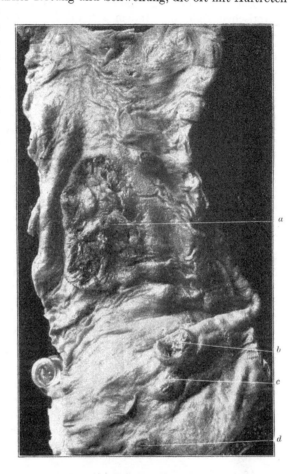

Fig. 599.
Typhus abdominalis.
Bei c frische markige Schwellung, bei b und d Beginn der Geschwürsbildung, bei a großes ungereinigtes Geschwür, längsgestellt (einem Peyerschen Haufen entsprechend).

kroskop die Follikel als solche noch abzugrenzen, dann aber in dem diffusen Infiltrat ihrer Umgebung nicht mehr als solche zu erkennen. Die Schleimhaut darüber zeigt einen pseudomembranösen Belag aus Fibrin, nekrotischen Endothelien und Leukozyten bestehend. In manchen Fällen sind die fibrinös-pseudomembranösen Auflagerungen auf Peyerschen Haufen oder Solitärfollikeln, die sich als größere zusammenhängende Platten loslösen und den Faeces beimengen können (Marchand), besonders ausgesprochen.

In leichteren Fällen geht die Infiltration zurück, und es kommt durch Resolution der Infiltrate zur Heilung; in schweren Fällen schließt sich an das Stadium der markigen Schwellung eine Nekrose der infilterierten Partien als zweites Stadium an. Die zentralen Teile der infiltrierten Follikel und Follikelhaufen sterben ab und wandeln sich in schorfartige

Stadium 2: Schorfbildung.

Massen um (Fig. 599), 600, 601); die Nekrose („Verschorfung") kann das Infiltrat in verschiedener Breitenausdehnung und entweder bloß die Schleimhaut oder auch die Submukosa und Muskularis betreffen, so daß nur die Muskularis resp. die Serosa unter den Schorfen erhalten bleibt (Fig. 601). Die anfangs weißlichen Schorfe werden durch den Darminhalt bald gelbbraun und gallig verfärbt. Die Schorfbildung geht Ende der zweiten bis Anfang der dritten Woche vor sich.

Stadium 3:
Geschwürs-
bildung.
Der Schorfbildung schließt sich als drittes Stadium die Demarkation der nekrotischen Teile an. Indem allmählich der Zusammenhang der Schorfe mit ihrer Umgebung gelockert wird, lösen sie sich, bröckeln stückweise ab, oder werden auch im ganzen abgestoßen. An der Leiche kann man sie vom Rande her mit der Pinzette vom Grunde abheben. Da der Schorf den abgestorbenen Partien der infiltrierten Follikel entspricht, so muß nach seiner Entfernung ein Defekt entstehen, das typhöse Geschwür, welches ein charakteristisches Aussehen zeigt, es ist rundlich, wenn es aus Solitärfollikeln, oval, wenn es aus einem Peyerschen Haufen hervorgegangen ist, und im letzteren Falle natürlich weit größer und in der Längsrichtung des Darmes orientiert; der Rand des Geschwüres ist wallartig, breit und hoch, steil abfallend und bewahrt die schon für das erste Stadium charakteristische, markige Beschaffenheit; in der Regel greift die Geschwürsbildung nicht viel über das Gebiet der Follikel hinaus (Fig. 600). Am Grunde des Geschwürs zeigen sich längere Zeit hindurch teils zusammenhängende größere Schorfe, teils kleinere, fetzige, nekrotische Massen; je nachdem die Nekrose oberflächlich geblieben war oder in die Tiefe gegriffen hatte, wird der Geschwürsgrund von der Mukosa, der Submukosa, der Muskularis oder selbst der Serosa gebildet. Nur manchmal kommen sog. lenteszierende Geschwüre vor, d. h. solche, die sich noch sekundär vergrößern, indem die Infiltration und Nekrose weiter auf die Umgebung übergreift. Die bisher beschriebenen Geschwüre sind die sogenannten ungereinigten.

Fig. 600.
Typhus abdominalis.
Längsgestellte ungereinigte Geschwüre.

Stadium 4:
Reinigung
und Ver-
narbung
der Ge-
schwüre.

Mit der vollständigen Abstoßung der Schorfe wird als viertes Stadium der Geschwürsgrund „gereinigt"; solche Geschwüre, deren Grund von der Muskularis gebildet wird, zeigen an diesem die charakteristische Streifung der Muskelschicht. Das Stadium der Geschwürsreinigung fällt in den Verlauf der dritten bis Anfang der vierten Woche. Jetzt beginnen auch die infiltrierten Ränder abzuschwellen, legen sich über den Geschwürsgrund und decken ihn so an den peripheren Teilen, während das Zentrum durch granulierendes Gewebe ausgefüllt wird. Auf diese Weise beginnt in der vierten Woche die Heilung, welche durch eine flache Vernarbung der Geschwüre zustande gebracht wird. An ihrer Stelle finden sich manchmal längere Zeit hindurch Pigment-Einlagerungen als Residuen stattgehabter kleiner Blutungen; die Follikel können eine teilweise Regeneration erfahren. Der ganze Heilungsprozeß ist in 2—3 Wochen, selten erst nach längerer Zeit vollendet. Stärkere Narbenschrumpfungen der Darmschleimhaut kommen im Gefolge des Typhus nicht vor.

In der Regel treten die hauptsächlichsten typhösen Veränderungen im untersten Dünndarm, namentlich auch auf der Ileocökalklappe auf, „Ileo-typhus"; auch die oberen Teile des Dickdarmes und der Processus vermiformis, dessen Wand ja zum großen Teil aus Follikeln besteht, zeigen häufig starke Veränderungen. Nach oben, in der Richtung gegen das Jejunum, wie auch nach abwärts, im Dickdarm, nehmen in der Regel die Follikelschwellungen an Zahl wie an Intensität ab. Manchmal findet sich überhaupt bloß eine geringe Zahl von Follikeln des obersten Dickdarmes verändert, während sich die Infiltration bis hoch in den Dünndarm hinauf erstreckt. Seltener ist vorzugsweise der Dickdarm Sitz des Typhus — „Colotyphus". Hauptsitz der Veränderungen.

Vom Darm her gelangen die Bazillen offenbar auf dem Lymphwege frühzeitig in die mesenterialen Lymphdrüsen und verursachen an diesen eine ähnliche markige Schwellung wie an den Follikeln der Darmschleimhaut; die infiltrierten Drüsen können hierdurch bis zur Kirschgröße und mehr anschwellen und zeigen öfters eine Nekrose ihrer Substanz; durch eiterige Erweichung und Perforation solcher Drüsen kann es sogar zu allgemeiner Peritonitis kommen. Konstant ist beim Typhus ein hochgradiger Milztumor von meist noch relativ derberer Konsistenz vorhanden (S. 391); dieser hält oft längere Zeit, bis in die vierte Woche hinein, an. In der geschwollenen Milz kommt es manchmal zur Bildung von Infarkten, welche hie und da erweichen und manchmal selbst vereitern und nach Durchbruch der Kapsel eine allgemeine Peritonitis erzeugen können.

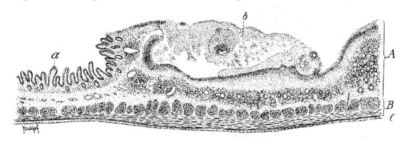

Fig. 601.
Typhöser Darm (2. Woche) ($\frac{1}{2}$).
A Mukosa und Submukosa, *B* Muskularis, *C* Serosa, *a* Darmzotten, *b* Schorf; zu beiden Seiten die breiten, infiltrierten Ränder.

Der in den meisten Fällen günstige Verlauf des Typhus kann durch Komplikationen verschiedener Art unterbrochen werden, von welchen vor allem die Darmblutungen und die Perforation des Darmes zu nennen sind. Erstere entstehen bei der Geschwürsbildung durch Arrosion von Gefäßen; sie kommen am häufigsten am Ende der zweiten und Anfang der dritten Woche vor, entsprechen dem Stadium der Lösung der Schorfe und können zum Verblutungstod führen. Eine Perforation des Darmes entsteht durch Übergreifen der Geschwürsbildung auf die Serosa oder durch Einreißen der durch den Defekt verdünnten Darmwand bei Gelegenheit plötzlicher heftiger Peristaltik oder starker Aufblähung des Darmrohres, namentlich auch bei sog. lenteszierenden Geschwüren. Am häufigsten sind Perforationen in der dritten und vierten Krankheitswoche; ihre Folge ist eine fäkulente, allgemeine Peritonitis. Komplikationen: Blutung und Perforation.

Um die Krankheitsdauer nach dem Sektionsbefunde zu beurteilen, ist zu berücksichtigen, daß nicht alle Follikelschwellungen und Geschwüre gleichzeitig entstehen, sondern daß die nahe der Ileocökalklappe gelegenen gewöhnlich die ältesten sind und nach oben zu sich jüngere Zustände vorfinden. Es können z. B. im unteren Dünndarm bereits gereinigte Geschwüre, im oberen Teil des ergriffenen Darmbezirkes noch Schorfe vorhanden sein. Andererseits geht im untersten Ileum, wo überhaupt der Prozeß am intensivsten zu sein pflegt, die Abschwellung am langsamsten vor sich. Man kann also Infiltrate und Geschwüre in sehr verschiedenen Stadien vorfinden und muß bei der Beurteilung des Alters der Erkrankung diese Verhältnisse berücksichtigen.

Noch mehr Verschiedenheiten findet man natürlich dann, wenn sich, was nicht selten vorkommt, ein Typhusrezidiv eingestellt hat. Am häufigsten kommt ein solches in der vierten Krankheitswoche vor, also zu einer Zeit, wo die Geschwüre sich schon reinigen; dann findet man neben bereits gereinigten Geschwüren frische markige Infiltrationen und frische Nekrosen mit beginnender Ulzeration. Rezidiv.

Wahrscheinlich geschieht die Infektion mit den Typhusbazillen durch den Darmkanal, in welchem auch die Typhusbazillen in größerer Menge gefunden werden; von hier aus gehen Bazillen

Allgemeinerscheinungen.

wie auch ihre toxischen Produkte in das Blut über und werden so mehr oder minder über den ganzen Körper verbreitet. Daher findet man auch teils heftige Allgemeinerscheinungen, namentlich von seiten des Nervensystems, teils lokale Erkrankungen einzelner Organe, wenn auch, anatomisch wenigstens, die Darmaffektion im Mittelpunkt des Krankheitsbildes steht.

Allgemeiner Sektionsbefund.

Besonders ist es der Respirationsapparat, welcher im Verlauf des Typhus sehr häufig eine Mitbeteiligung erfährt; hier und da sind die Erscheinungen von dieser Seite so ausgeprägt und frühzeitig vorhanden, daß manche Autoren die Lungen sogar als Eingangspforte für die Typhuserreger anerkannt wissen wollten. Im Kehlkopf finden sich neben katarrhalischer Entzündung der Schleimhaut teils flache Erosionen und Geschwüre (zum Teil sog. Dekubitalgeschwüre), teils können sich auch ähnliche markige Schwellungen mit folgender Nekrose und Ulzeration finden wie im Darm. Die Bronchien zeigen katarrhalische Entzündung; in der Lunge kann sich eine katarrhalische oder auch (selten) eine echte kruppöse Pneumonie ausbilden; doch wird ein großer Teil dieser wie anderer, gleich zu erwähnender Begleiterscheinungen des Typhus seltener durch den Typhusbazillus selbst hervorgerufen, zumeist durch sekundäre Infektionen mit anderen Entzündungserregern. Jedenfalls ist der Typhusbazillus in verschiedenen Organen des Körpers nachzuweisen bzw. nachgewiesen; in der Milz, dem Blut der Roseolaflecken, der äußeren Haut, der Leber, der Gallenblase, in pleuritischen und peritonealen Exsudaten, dem Zentralnervensystem etc.

Von den Veränderungen anderer Organe sind noch zu erwähnen: die Roseolen der äußeren Haut, welche sich am Anfang der zweiten Woche einstellen. Manchmal entstehen Entzündungen der Pleura und des Peritoneums, welch letztere auch auf metastatischem Wege ohne Perforation des Darmes vorkommen können. Öfters finden sich auch Entzündungserscheinungen an Gelenken, sowie am Periost. Des weiteren finden sich Bazillenembolien in Milz und Leber, sowie in beiden Organen häufig multiple kleine Nekrosen, ferner im periportalen Bindegewebe Rundzellenhaufen (sog. Lymphome); an der Muskulatur des Herzens, in der Leber und den Nieren treten trübe Schwellung oder fettige Degeneration auf. In der quergestreiften Körpermuskulatur findet sich sehr regelmäßig die sog. wachsartige Degeneration, namentlich im Rectus abdominis (vgl. Kap. VII). Ferner kommen Meningitiden (besonders akute seröse Formen) vor, bei denen man aber selten den Bazillus nachweisen, meist Toxinwirkung annehmen kann. Das Knochenmark zeigt Umwandlung in Lymphoidmark. Im Blute findet sich längere Zeit Leukopenie, ferner treten in ihm die Bazillen schon sehr früh auf. Zuweilen finden sie sich hier als sog. Typhusseptikämien, ohne Darmaffektionen. Im Verlauf des Typhus finden sich auch öfters Thromben evtl. mit Embolien. In der Gallenblase halten sich die Typhusbazillen oft sehr lange mit Cholezystitiden, aber ohne Veränderungen an der Wand der Gallenblase zu setzen. Auch in anderen Organen können sie lange Jahre liegen bleiben und dann noch Eiterungen (Abszesse) bewirken.

Nachkrankheiten.

Als Nachkrankheiten finden sich beim Typhus manchmal Entzündungen an verschiedenen Organen: Mittelohreiterung, eiterige Entzündung des Knochenmarks, ferner Encephalo-Myelitis disseminata u. a.

Paratyphus.

Gewisse unter typhusartigen Erscheinungen verlaufende, durch andere, dem Typhusbazillus zwar ähnliche, aber nicht mit ihm identische Infektionserreger hervorgerufene Erkrankungen werden unter dem Begriff Paratyphus zusammengefaßt die verschiedenen Erreger als Paratyphusbazillen. Man kann beim Paratyphus zwei Formen unterscheiden, die weit gefährlichere akute Gastroenteritis und den chronischeren Paratyphus abdominalis. Über Typhus und Paratyphus vgl. auch das letzte Kapitel.

Tuberkulose.

Tuberkulose. Die tuberkulösen Affektionen des Darmes zeigen den Charakter der Schleimhauttuberkulose im allgemeinen. Die erste Entwickelung der Tuberkel lokalisiert sich meist in den Lymphfollikeln. Es entsteht eine Eruption kleiner umschriebener Knötchen, die von ausgedehnteren zelligen Infiltraten umgeben werden; diese verkäsen, zerfallen und brechen schließlich, das Epithel zerstörend, nach der Oberfläche der Schleimhaut zu durch; die so entstandenen Geschwüre vergrößern sich noch weiter, indem die

Tuberkulöse Geschwüre.

Knötchenbildung und Infiltration flächenhaft um sich greifen und die neu ergriffenen Teile ebenfalls dem käsigen Zerfall anheimfallen. Das frische tuberkulöse Geschwür zeigt meistens dicke, geschwollene Ränder, welche teils mit umschriebenen kleinen Knötchen besetzt sind, teils schon eine gleichmäßige Verkäsung zeigen. Ein weiteres Merkmal tuberkulöser Geschwüre ist ihre Neigung, sich in der Querrichtung des Darmes zu vergrößern, was darauf beruht, daß die Tuberkulose den Hauptlymphgefäßen folgt; dadurch werden sie vielfach zu gürtelförmig das Darmlumen umfassenden Ringgeschwüren; oft konfluieren mehrere miteinander und bilden dann große Defekte, innerhalb derer noch längere Zeit einzelne geschwollene Schleimhautinseln sich erhalten können.

Ältere tuberkulöse Darmgeschwüre zeichnen sich meistens durch eine sehr unregelmäßig zackige Form aus, welche zum Teil durch das Zusammenfließen aus kleineren Defekten, zum Teil aber auch durch ihr unregelmäßiges Fortschreiten nach den Seiten zu bedingt wird. Dementsprechend sind auch die Ränder unregelmäßig, landkartenförmig und sehr oft unterminiert, mehr oder weniger überhängend, „sinuös". In den meisten Fällen erkennt man auch bei älteren Defekten sowohl an den Rändern, wie auch an dem mit Käsemassen belegten Geschwürsgrund mehr oder minder zahlreiche, teils frische, grauweiße, teils gelbliche, schon in Verkäsung begriffene Tuberkel. Sehr selten findet man den Geschwürsgrund mehr oder weniger gereinigt und noch seltener kommen tuberkulöse Geschwüre zur Heilung und Vernarbung evtl. mit Stenosenbildung; häufiger sieht man auch an älteren Geschwüren den Rand von neuem entzündlich geschwollen, gerötet und mit frischen Tuberkeleruptionen besät.

Ist ein tuberkulöses Geschwür einigermaßen in die Tiefe der Darmwand vorgedrungen, so findet man fast regelmäßig auch die Darmserosa von Gruppen kleiner Knötchen besetzt, welch letztere in der Regel schon von außen die Stelle der Ulzeration erkennen lassen und daher zur Diagnose tuberkulöser Darmgeschwüre sehr wertvoll sind. Sie folgen oft perlschnurartig als kleine Knötchen aneinander gereiht oder auch als käsige Streifen dem Verlauf der Lymphgefäße, Lymphangitis tuberculosa. Um die Tuberkel der Serosa herum entwickeln sich sehr häufig bindegewebige Verdickungen der Serosa, unter welchen die Knötchen vielfach verborgen sind. Eine solche umschriebene fibröse Peritonitis kann auch zu Adhäsionen zwischen einzelnen Darmschlingen oder solchen mit anderen Baucheingeweiden, resp. der Bauchwand führen. Kommt es an der Wand zweier, durch tuberkulöse Lokalaffektionen miteinander adhärent gewordener Darmschlingen zur Perforation der tuberkulösen Herde und Bildung einer Kommunikation zwischen beiden Schlingen, so spricht man von Fistula bimucosa (s. unten). In manchen Fällen entwickelt sich von einer Darmtuberkulose aus auch eine ausgedehnte tuberkulöse Peritonitis, die in verschiedenen Formen auftreten kann (s. unten). Verhältnismäßig selten kommt es dagegen infolge von tuberkulöser Darmaffektion zum Durchbruch der Darmwand und zu allgemeiner Perforations-Peritonitis. Es hängt dies damit zusammen, daß mit dem Fortschreiten des Geschwürs eine Verdickung der Darmwand durch Bildung neuer Tuberkel und neuer Infiltrate einherzugehen pflegt, welche nicht in gleichem Grade einschmelzen. Wo schließlich dennoch eine Perforation der Darmwand eintritt, haben sich fast immer durch Verwachsungen in der Umgebung vorher schon abgesackte Höhlen gebildet, in welche hinein sodann der Durchbruch erfolgt, und so mehr oder weniger lokalisiert bleibt.

Die Tuberkulose betrifft mit Vorliebe das Ileum, namentlich die Ileozökalklappe und das oberste Kolon also die Ileocökalgegend, aber auch im weiteren Dickdarm und im ganzen unteren Dünndarm, sowie im Processus vermiformis findet man sie nicht selten. Oft finden sich nur ein paar, in anderen Fällen wieder sehr zahlreiche Geschwüre. Neben den Geschwüren sind in der Regel auch noch reichlich geschwollene Follikel vorhanden Die Darmgeschwüre schließen sich meist sekundär an Lungentuberkulose, hauptsächlich durch Verschlucken von Speichel, an. Fast bei allen Phthisen mit großen Kavernen finden sie sich, zuweilen auch isoliert im Wurmfortsatz. Von den primären Darmgeschwüren (alimentäre Tuberkulose) war schon S. 161 die Rede.

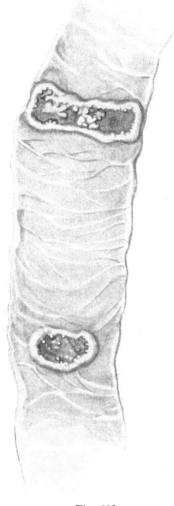

Serosatuberkel.

Adhäsionen.

Hauptsitz der Darmtuberkulose.

Fig. 602.
Tuberkulöse Darmgeschwüre.

Quer (ringförmig) gestellte Geschwüre mit tuberkulösem wallartigem Rand und Tuberkeln im Grund der Geschwüre.

Pathogenese.

Auf Grund von in Narbenbildung begriffenen tuberkulösen Geschwüren kann sich Karzinom entwickeln.

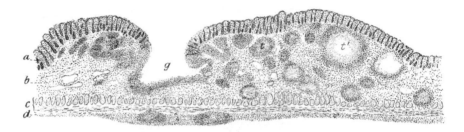

Fig. 603.
Tuberkulöses Darmgeschwür ($\frac{12}{1}$).
a Schleimhaut, b Submukosa, c und d Muskularis, g Geschwür, t Tuberkel in der Schleimhaut, t¹ im Zentrum zerfallener Käseherd.

Sehr häufig findet man bei der Tuberkulose des Darmes auch tuberkulöse Herde in den Mesenteriallymphdrüsen, welche oft zu ausgedehnter Infiltration und Verkäsung führen. Besonders häufig ist dies bei Kindern als sog. Tabes mesenterica (oder meseraica) der Fall, sei es nach Lungen- und Hiluslymphdrüsentuberkulose, sei es bei primärer Darmtuberkulose.

Tuberkulöse Tumoren.   Im Darm finden sich auch mehr diffuse tuberkulöse Neubildungen, welche so aus-

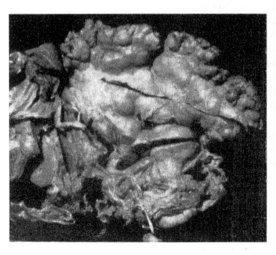

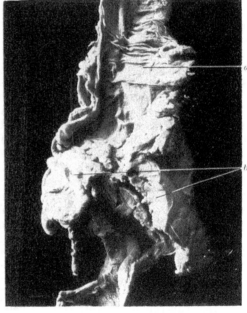

Fig. 604.
Verkäste Mesenteriallymphdrüsen (Tabes meseraica).

Fig. 605.
Tumorartige Tuberkulose des Cökum (bei b).
Ileum bei a.

gedehnt sind, daß sie völlig als Tumoren imponieren; auch sie sitzen in der Ileocökalgegend.

Syphilis.   **Syphilitische Prozesse** sind im Darmkanal selten; an der Leiche findet man in der Regel nur ihre Residuen in Form narbiger Strikturen, welche einen sicheren Schluß auf ihre luetische Entstehung nicht mehr zulassen; über die syphilitische Proktitis s. unten S. 542. Bei kongenitaler Syphilis finden sich Infiltrationen oder gummöse Herde.

Aktinomykose kann primär im Darm, besonders Colon ascendens, entstehen. Es bilden sich Infiltrate, dann Eiterherde, die zerfallen und somit Geschwüre. Diese können perforieren etc.

Aktino-
mykose.

Bei **Leukämie** und **Pseudoleukämie** findet man manchmal erhebliche Anschwellungen der lymphoiden Apparate des Darmes, welche auf Infiltration dieser mit Leukozyten bzw. Lymphozyten sowie lokaler zelliger Wucherung beruhen.

Leukämie.

f) Besondere Affektionen einzelner Darmabschnitte.

f) Beson-
dere Affek-
tionen
einzelner
Darm-
abschnitte.

Im Duodenum kommt das **Ulcus rotundum** in analoger Weise — und auch überaus häufig — wie im Magen als peptisches Geschwür vor und zeigt auch anatomisch das gleiche Verhalten wie dort. Als Folgezustände sind Narbenstenosen und Perforationen zu nennen, ferner Ausbuchtungen, die zu Pulsionsdivertikeln werden können und zwar zwei, die die Ulcusnarben zwischen sich lassen (Hart). Katarrhalische Entzündungen der Duodenalschleimhaut bewirken vielfach das Auftreten eines **Ikterus,** welcher durch den Verschluß der Papille des Ductus choledochus hervorgerufen wird (vgl. unten).

Verände-
rungen des
Duodenum.

Bei Neugeborenen finden sich hier und da Duodenal-geschwüre, deren Entstehungsmodus (vielleicht Druck zwischen Pankreas und Leber bzw. Gallenblase) nicht genau bekannt ist.

Die Gegend des Cökums und des Wurmfortsatzes ist besonders häufig Sitz entzündlicher Affektionen, der sog. **Typhlitis** und **Appendicitis.** Der Prozessus vermiformis ist wegen seiner anatomischen Verhältnisse besonders zu Entzündungen disponiert. Hierbei spielen weniger Fremdkörper — Kirschkerne können gar nicht in den Prozessus gelangen — mit, auch weniger gestauter Kot, als das eigene Sekret des Prozessus. So entstehen, evtl. indem noch Kalksalze hinzugelangen, die sog. Kotsteine, welche zumeist aus Schleim mit großen Bakterienmassen bestehen. Die physiologischen S-förmigen Abbiegungen disponieren den Prozessus weiter zu Entzündungen, desgleichen auch die Menge der Lymphfollikel im Prozessus. Hat man ihn doch deshalb als Darmtonsille bezeichnet. Mit der Tonsille verbindet ihn anatomische Ähnlichkeit auch insofern, als auch der Wurmfortsatz Epitheleinsenkungen, Krypten, enthält, welche wie an der Tonsille sehr zu Veränderungen neigen.

Appen-
dicitis.

Dispo-
nierende
Momente.

Kotsteine.

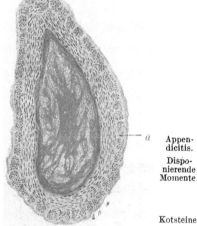

Fig. 606.

Obliterierter Wurmfortsatz als Endresultat einer Appendizitis.

Außen Muskulatur (gelb, bei *a*). Schleimhaut zerstört. Das ganze Lumen ist mit Bindegewebe (rot) und Fettgewebe (helle Lücken) gefüllt.

Schleim-
haut-
polypen.

Bringen nun die Fremdkörper oder Kotsteine Entzündungserreger in den Prozessus oder gelangen sie — weit häufiger — sonst hierher, so bilden sich entzündliche Zustände aus. Diese beginnen eben in jenen Krypten, welche, zwischen den Follikeln gelegen, in die Tiefe reichen. Hier kommt es zu Epitheldesquamation, Exsudation und meist bald Eiterbildung. Gewöhnlich schließen sich auch pseudomembranöse oder eiterig-gangränöse Prozesse an. Sie beginnen also in der Tiefe, dem Sitz der Krypten entsprechend, und breiten sich von hier aus nach innen in die Mukosa, nach außen in die Muskularis resp. durch diese bis zur Serosa aus. Wie der Bau des Prozessus sich der Tonsille vergleichen läßt, so entsprechen seine Veränderungen den Erkrankungen dieser: Die Abszeßbildung in der Wand des Wurmfortsatzes der Angina der Tonsillen, die pseudomembranöse Schleimhautveränderung des Prozessus der Diphtherie. Im allerersten Stadium sind makroskopisch Veränderungen kaum wahrzunehmen. Mikroskopisch sieht man in einer Krypte Fehlen des Epithels und aus Leukozyten und Fibrin bestehendes Exsudat (Primäraffekt). Von hier geht nach der Serosa zu ein keilförmiger mit Leukozyten infiltrierter Bezirk. Die Serosa ist oft schon mit Exsudaten bedeckt. Dies wiederholt sich an anderen Krypten,

Entzün-
dungs-
prozeß.

und es wird ein großer Teil der Submukosa etc. von Leukozyten infiltriert, und solche sammeln sich auch im Lumen an. So entsteht die Appendicitis phlegmonosa und phlegmonosa ulcerosa innerhalb etwa 24 Stunden. Geht die Erkrankung jetzt nicht zurück, so bilden sich in der Wand größere Abszesse, Appendicitis apostematosa. Sie können kleinste miliare Perforationen ins Peritoneum bewirken, während die Schleimhaut noch relativ intakt erscheint, oder die Geschwüre breiten sich noch mehr aus, ergreifen auch das Mesenteriolum, und es kommt zu Thrombosen, Infarkten, ausgedehnter Nekrose und großen Perforationen (Appendicitis gangraenosa perforans). Der Wurmfortsatz zeigt jetzt besonders an seinem distalen Ende jenseits der Abbiegungsstellen starkes eiterig-fibrinöses Exsudat auf der geröteten Serosa. Auch das Mesenteriolum sieht ähnlich aus. Die Schleimhaut ist distal stark ulzeriert, mit eiterigen oder eiterig-blutigen Massen belegt. Oft sind große Bezirke völlig nekrotisch, gangränös.

Kann der entzündliche Einschmelzungsprozeß allein auch, indem die Eiterung die Serosa ergreift, zur Perforation führen, so kann ein Kotstein, wenn er vorhanden ist, doch auch häufig durch Drucknekrose direkt oder durch Gefäßverlegung eine solche bewerkstelligen.

Die Wirkung der Kotsteine wird verschieden aufgefaßt; doch können sie, wenn man sie auch nicht als ursächliches Moment für die Appendicitis auffassen will, auf jeden Fall außer der eben genannten Drucknekrose durch Stagnation des Exsudats im Prozessus und somit Gefahr der Nekrose hinter dem Kotstein, ferner als Vehikel von Bakterien gefährlich wirken.

Nach einer Perforation tritt, wenn sie in die freie Bauchhöhle erfolgt, eine allgemeine Peritonitis ein. Meist aber herrschen besondere Verhältnisse in den Lagebeziehungen der erkrankten Teile zur Umgebung und zur Serosa. Bekanntlich ist der Wurmfortsatz ganz vom Bauchfell überkleidet, welches ein eigenes Mesenteriolum für ihn bildet. Tritt nun eine Perforation in das hinter dem Cökum gelegene retroperitoneale Bindegewebe ein, so entwickelt sich hier eine jauchig-eiterige Paratyphlitis. Der Eiter kann in die Umgebung der Niere gelangen, oder sich in das kleine Becken, oder in den Leisten- oder Schenkelkanal senken, oder in die Bauchhöhle (Perforationsperitonitis) bzw. in Rektum, Vagina oder Blase durchbrechen. Es können bei Bestehen einer Paratyphlitis auch die Venen an Thrombophlebitis erkranken und so durch Vermittelung der Pfortader multiple Abszesse in der

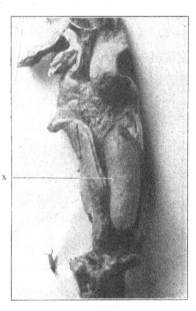

Fig. 607.
Processus vermiformis mit einem Kotstein (bei x).

Leber entstehen. In anderen Fällen können gleichzeitig mit den Veränderungen am Wurmfortsatz an dessen Peritoneum und dem des Cökum umschriebene Entzündungen entstehen, die man als Perityphlitis bezeichnet. Bilden sich so zirkumskripte Verklebungen oder Verwachsungen aus und tritt jetzt noch eine Perforation des Prozessus ein, so gelangt der Eiter etc. in diese durch die Verklebungen oder Verwachsungen abgesackten Höhlen; es kommt zum sog. perityphlitischen Abszeß. Dieser kann dann noch in die freie Bauchhöhle perforieren und so ebenfalls zu diffuser Perforationsperitonitis führen. Doch kann die Entzündung, wenn keine Perforation eintritt, lokalisiert bleiben und zur Heilung gelangen, wobei sich durch Organisation der fibrinösen oder fibrinös-eiterigen Exsudatmassen häufig narbige Bindegewebszüge bilden, welche das Cökum und den Wurmfortsatz umgeben, sie gleichsam abkapseln und häufig auch Adhäsionen des letzteren mit verschiedenen anderen Teilen, etwa der Bauchwand, dem Cökum, Ileum, oder auch einem Organ im kleinen Becken, veranlassen. Nicht selten findet man von dicken bindegewebigen Schwarten und verwachsenen Darmschlingen abgegrenzte Hohlräume, die ein fibrinös-eiteriges Exsudat enthalten. Von solchen abgesackten perityphlitischen und paratyphlitischen Entzündungsherden gehen in zahlreichen Fällen Rezidive aus, indem der chronische Eiterungsprozeß auf die Umgebung fortschreitet und nicht selten schließlich doch noch zur Perforation in die freie Bauchhöhle führt.

Wir haben bisher das Bild der akuten Appendicitis und Perityphlitis beschrieben, Chronischer Verlauf des Prozesses. doch haben uns die zuletzt besprochenen Veränderungen schon in das Gebiet der Heilungsvorgänge der Entzündung, von vielen Seiten als chronische Appendicitis bezeichnet, geführt. Diese Prozesse schließen sich also an die akuten an. Meist treten sie ein, wenn die Entzündung des Wurmfortsatzes keine hochgradige, die Exsudation nur gering war; dann entsteht neugebildetes Bindegewebe, und so kann das Lumen des Processus vermiformis sehr verengt oder nach Verlust des Epithels ganz bindegewebig obliteriert werden (Fig. 606). Auch dann können sich im Muskelgewebe noch den Krypten entsprechende narbige Stellen als Reste der Entzündung vorfinden. In der Submukosa kann sich Fettgewebe entwickeln. Daß sich auch aus den perityphlitischen Veränderungen bindegewebige Schwarten entwickeln, liegt auf der Hand. Wir haben oben schon gesehen, daß diese Prozesse sogar nach schweren Entzündungen mit Perforation statthaben und daß in dieser Weise eine Art Selbstheilung zustande kommen kann. Die geringeren Entzündungen des Appendix und seiner Umgebung, welche zu allmählicher Obliteration des Lumens führen, müssen außerordentlich häufig sein und oft ganz symptomlos verlaufen. Findet man eine solche Obliteration bei alten Leuten doch so häufig, daß man sogar an einen phylogenetischen senilen Rückbildungsvorgang gedacht hat. Doch weisen auch hier Muskelwanddefekte etc. noch auf den entzündlichen Vorgang hin. Obliteriert nur das proximale Ende, so kann jenseits eine Schleimstauung mit Erweiterung des Lumens auftreten. Die Flüssigkeit in diesem ampullenartig aufgetriebenen Teil wird allmählich infolge Atrophie der Drüsen wässeriger; so entsteht der sog. Hydrops des Processus vermiformis.

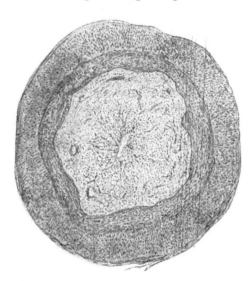

Fig. 608.
Querschnitt durch einen obliterierten Processus vermiformis ($\frac{20}{1}$). Man sieht außen die beiden Muskellagen, innen statt der Schleimhaut ein den Raum bis auf eine kleine zentrale Lücke einnehmendes helles Gewebe, welches in der Mitte kernreicher ist und leicht radiär angeordnet erscheint. Es enthält außerdem an ihrem Kerngehalt erkennbare Gefäße und an einzelnen Stellen Fettgewebe. (Nach Ribbert, Lehrbuch der pathol. Histologie.)

Wie schon aus dem oben über die Genese der Appendicitis Gesagten hervorgeht, kommen als Erreger derselben alle möglichen Darmbakterien, Eiterkokken etc. in Betracht. Doch scheinen Spezifische Appendicitiden. im ersten Beginn grampositive Kokken und Stäbchen die Hauptrolle zu spielen; ob diese von Haus aus pathogen sind oder es erst werden, ist nicht bekannt. Obige Schilderung — im Anschluß an die Untersuchungen besonders Aschoffs — geht von der Voraussetzung aus, daß die Erreger von dem Lumen des Prozesses aus in die Krypten gelangen und hier angreifen. Einzelne Untersucher (besonders Kretz) nehmen einen metastatischen Weg, d. h. also Eindringen der Erreger auf dem Blutwege in den Prozeß besonders im Anschluß an Anginen an. Appendixveränderungen können auch durch spezifische Erreger hervorgerufen werden, so kommt Appendicitis im Anschluß an Typhus abdominalis, bei Dysenterie, oder Tuberkulose vor, oder kann durch den Aktinomyzespilz verursacht werden.

Nicht selten findet man bei Appendicitiden Nematoden (Oxyuren) in den Wurmfortsätzen; die Frage ob ihnen dann ursächliche Bedeutung für eine echte Entzündung zukommt, ist noch heftig umstritten. Aschoff, der dies leugnet, spricht von Appendicopathia oxyurica, welche klinisch der Appendicitis ähnliche Symptome bewirken kann.

Sekundär findet man bei Erkrankungen der Tuben eine subseröse Entzündung am Appendix in Gestalt perivaskulärer Zellanhäufungen, umgekehrt zuweilen bei Appendicitiden ähnliche Bilder an der Tubenaußenfläche.

Am Rektum finden sich mit besonderer Häufigkeit variköse Erweiterungen der feinen Hämorrhoiden. Venen der Hämorrhoidalregion, welche hier als **Hämorrhoiden** bezeichnet werden. Ihre

Entstehung verdanken sie mechanischen Momenten bei der Defäkation; ihre Bildung wird durch chronische Obstipationen begünstigt. Die Gefäßwände werden hypertrophisch, dann insuffizient; mit der zunehmenden Dilatation konfluieren die erweiterten Venen zu weiten Bluträumen, welche als blaue Knoten und Stränge an der Innenfläche der Schleimhaut und am Anus vorspringen. In dem stagnierenden Blut der Knoten bilden sich häufig Thromben und durch deren Organisation feste fibröse Massen, womit gerne auch eine fibröse Induration des umgebenden Gewebes einhergeht. Eine Gefahr der Hämorrhoiden ist ihr Platzen mit oft sehr starken Blutungen. Die Hämorrhoidalknoten veranlassen häufig katarrhalische Entzündungen der Mastdarmschleimhaut und werden dann ihrerseits wieder durch solche verstärkt oder durch Bakterien sehr leicht sekundär entzündet. Außerdem kann die chronische Obstipation auch direkt katarrhalische Entzündungen zur Folge haben. Auch gonorrhoische Affektionen kommen an der Mastdarmschleimhaut vor (s. unten).

Tiefgreifende Mastdarmulcera.

Tief greifende Entzündungen der Schleimhaut treten im Mastdarm in Form ulzerierender diphtherischer Prozesse auf, wie solche bei der aus praktischen Gründen schon oben besprochenen Dysenterie vorkommen; außer bei letzterer, die sich ebenfalls oft mit besonderer Intensität auf das Rektum lokalisiert, finden sich derartige Prozesse auch unter verschiedenen anderen Umständen: im Anschlusse an oberflächliche, mehr katarrhalische Entzündungen, an gonorrhoische Affektionen der Schleimhaut und entzündete Hämorrhoidalknoten, ferner nach chemischen Einwirkungen (infolge reizender Klistiere etc.), sowie nach Verletzungen, Eindringen von Fremdkörpern, endlich bei Tuberkulose oder Lues des Mastdarmes etc. (s. unten). Besonders letztere (vernarbte gummöse Veränderungen) sind hier wichtig. Mikroskopisch findet man gerade hier häufig die typische Endophlebitis (s. S. 174). Von der Wand des Rektums gehen die entzündlichen Vorgänge oft auf das den Mastdarm umgebende, periproktale Gewebe über, und erzeugen daselbst Abszesse oder chronische, eiterige und indurierende Entzündungen: **Periproktitis.** Derartige periproktale

Periproktitis und Analfisteln.

Entzündungsherde führen häufig zur Entstehung von sog. **Analfisteln**; stehen sie mit dem Darm in Verbindung, so heißen sie „inkomplette innere Fisteln". Brechen sie nach außen zu durch die Haut durch, so daß neben der Analöffnung eine Fistel zum Vorschein kommt, so nennt man sie „inkomplette äußere Fistel"; steht ein periproktaler Entzündungsherd durch eine Fistel sowohl mit der äußeren Haut, wie auch mit dem Mastdarmlumen in Verbindung, dann entsteht die Fistula ani completa. Endlich kann eine Perforation in andere Hohlorgane des kleinen Beckens (Blase, Vagina) stattfinden. Manchmal entwickelt sich vom periproktitischen Eiterherd aus eine ausgedehntere Entzündung des Beckenbindegewebes, bei Frauen auch wohl eine sekundäre Parametritis und Perimetritis, welche zu allgemeiner Peritonitis führen können.

Strikturierende Proktitis.

Fast ausschließlich bei weiblichen Individuen und zwar besonders bei Prostituierten kommt endlich eine strikturierende Form der Proktitis im Anschluß an das sog. Ulcus chronicum recti vor, welche man früher ausschließlich auf Lues zurückführte; wahrscheinlich ist sie häufiger eine Folge von gonorrhoischen Affektionen, Kotstauungen, Verletzungen etc. Man findet in solchen Fällen unmittelbar oberhalb des Anus die ganze Mukosa durch ein derbes Narbengewebe ersetzt, welches der Tiefe nach bis an die stets erheblich verdickte Muskulatur des Rektums reicht und nach oben zu mit einem zackigen, scharfen Rand, wie abgeschnitten, gegen die erhaltene Schleimhaut endet. Die Affektion kann ziemlich weit nach oben hinaufreichen. Dabei ist der betreffende Darmabschnitt stets mehr oder weniger hochgradig stenosiert. Selten finden sich in der Rektalschleimhaut frische luetische Veränderungen, welche in einer gummösen Infiltration der Schleimhaut und ihrer Umgebung bestehen.

g) Tumoren.

g) Tumoren.

In der Darmwand finden sich manchmal **Fibrome, Lipome** und ziemlich häufig **Myome,** ferner **Adenomyome,** evtl. von Nebenpankreassen ausgehend.

Gutartige.

Adenome des Darmes.

Adenome treten im Darm in zwei Formen auf: als flache Knoten, welche besonders am untersten Teil des Rektums in Gestalt einer wulstartigen Verdickung der Schleimhaut sich finden und dann als polypöse Adenome (adenomatöse Polypen). Diese letzteren können einzelne Tumoren darstellen, oder besonders häufig multipel auftreten. Letzteres findet sich sehr häufig im Dickdarm; hier stehen die Polypen dann oft in großer Zahl; in manchen Fällen sind sie direkt zahllos, indem der ganze Darm von den Polypen übersät ist (Polyposis intestinalis adenomatosa). Darmpolypen finden sich öfters mit Magenpolypen zusammen (s. dort). Sie haben auch klinische Bedeutung durch Erscheinen von Blut im Stuhl, Diarrhöen und dergl. Die polypösen Geschwülste können auch, besonders wenn sie nur einzeln sind, sehr groß werden und dann Stenose des Darmes und durch Zug an der Darmwand sogar Invaginationen verursachen, am Mastdarm auch Prolaps der Schleimhaut (Prolapsus ani s. unten) veranlassen. Es ist im einzelnen oft schwer zu beurteilen, ob es sich bei den Polypen um angeborene Geschwulstbildung oder um entzündliche Bildungen handelt (s. oben). Doch ist ersteres besonders für die Fälle von über große Strecken des Darmes multipel zerstreuten Polypen anzunehmen. Hierfür sprechen auch die Tatsachen, daß die multiplen Polypen schon bei jungen Kindern gefunden werden, und daß hereditäres Auftreten beobachtet sein soll; doch mögen auch dann entzündliche Reize bei kongenitaler Anlage des Epithels zur Proliferation die eigentliche Tumorbildung bewirken. Die gewucherten Drüsen, aus denen sich die polypösen Adenome zusammensetzen, bestehen aus Zylinderepithelien mit Schleimzellen. Die Drüsen können sich erweitern, und so in den Polyen Zysten entstehen.

Ihre Hauptbedeutung hat die Polyposis des Darmes aber gerade dadurch, daß die Polypen hier sehr oft in Karzinome übergehen; eine scharfe Grenze ist oft schwer zu ziehen; in manchen Fällen liegt im ganzen noch einfache Adenombildung vor, aber die Zellen wuchern mehrschichtig, erscheinen hochgradig anaplastisch, weisen zahlreichere Mitosen auf und dringen weiter in die Tiefe vor; so finden sich alle Übergänge zu typischen, echten, völlig infiltrativ wuchernden Karzinomen. Die Kombination von multiplen Polypen mit Karzinom ist im Darm ganz besonders häufig, ja fast die Regel, und der Übergang von Polypen in Karzinom sicher, ja es können sogar mehrere Knoten zu Karzinomen werden.

Von malignen Geschwülsten kommen am Darm eben fast ausschließlich **Karzinome** vor,

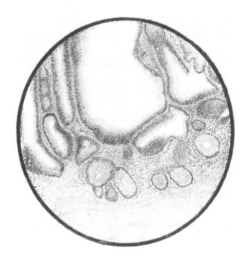

Fig. 608 a.
Adenom des Darmes. Karzinome.

und zwar am häufigsten im Rektum, von welchem wiederum der untere Teil und ferner sein Übergang in das S-romanum bevorzugt sind; seltener finden sich Karzinome an den Flexuren des Dickdarmes oder am Zökum und dem Processus vermiformis, sehr selten im Dünndarm, hier noch am häufigsten von der Papille des Duodenums ausgehend. Im allgemeinen kommt der Darmkrebs häufiger bei Männern als bei Frauen vor. In bezug auf sein anatomisches Verhalten zeigt er manche Analogie und in vielen Beziehungen vollkommene Übereinstimmung mit dem Karzinom des Magens. Er bildet wie dieses teils höckerige oder knollige, manchmal auch zottig gebaute Tumoren, teils mehr flächenhafte Verdickungen der Darmwand und ihrer Umgebung; im allgemeinen hat er Neigung, sich rasch zirkulär über die Darmwand auszubreiten.

Auch beim Darmkrebs lassen sich weiche medulläre Formen, skirrhöse Formen und Gallertkarzinome unterscheiden, welche im allgemeinen die bei den Magenkarzinomen besprochenen Eigentümlichkeiten aufweisen und auch eine ähnliche histologische Struktur zeigen. Namentlich die zentral oft erheblich schrumpfenden skirrhösen Krebse führen häufig zu starker Verengerung, manchmal sogar hochgradiger, von den Erscheinungen des Ileus gefolgter Stenose; die bei vielen Formen nicht ausbleibende Ulzeration führt in der Regel wieder zu einer vorübergehenden Besserung, indem mit dem teilweisen Zerfall der Neubildung die Passage für den Darminhalt wieder frei wird. Oberhalb der stenosierten Stelle kommt es meist zu Erweiterung des Darmlumens, welche manchmal mit erheblicher

Formen und Folgezustände des Karzinoms.

Arbeitshypertrophie der Darmmuskulatur verbunden ist. Bei Krebsen, welche mit starker Ulzeration einhergehen, kann die krebsige Stelle selbst auch eine Dilatation erfahren.

Die Nachbarschaft wird von Darmkarzinomen aus in verschiedener Weise in Mitleidenschaft gezogen: Zum Teil greift die Neubildung direkt auf anliegende Teile über und durchsetzt sie mit krebsigen Wucherungen oder bricht in andere Darmschlingen resp. andere Hohlorgane durch (s. unten). In manchen Fällen entstehen — wohl auf dem Wege sog. Transplantationsmetastasen (S. 183) — massenhafte disseminierte Krebsknötchen über die ganze Serosa hin, womit auch seröse oder serös-hämorrhagische Exsudationen in die Bauchhöhle verbunden sein können. Durch Implantationsmetastasen sind oft auch anscheinend multiple primäre Karzinome der Darmschleimhaut — ein immerhin seltenes Vorkommnis — zu erklären. Meist handelt es sich aber auch hier um Verbreitung auf dem Lymph- oder Blutwege im Darme selbst. Vielfach kommt es zu Verwachsungen des karzinomatösen Darmteiles mit anderen Darmschlingen resp. Baucheingeweiden. Vom Mastdarm aus wird nicht selten das ganze Beckenbindegewebe von krebsigen Massen durchsetzt; durch den Zerfall der Neubildung, welcher sehr häufig einen jauchigen Charakter aufweist, kommt es ferner an solchen Stellen, wo das Karzinom auf andere Hohlorgane übergegriffen hat, vielfach zur Bildung abnormer Kommunikationen (Magen-Kolonfisteln, Mastdarm-Scheidenfisteln, Mastdarm-Blasenfisteln, Mastdarm-Vaginal- und -Uterusfisteln). An eiterig zerfallene Mastdarm-Karzinome schließt sich endlich auch öfters eine eiterige Periproktitis an; auch Perforation eines Darmkrebses nach außen und Bildung eines Anus praeternaturalis wird beobachtet. Von weiteren Folgezuständen sind Darmblutungen aus Geschwüren und (in seltenen Fällen) Ruptur des Darmes zu erwähnen.

Am Anus kommen Plattenepithelkrebse vor, welche auf den Mastdarm übergreifen.

Kleine karzinomartig gebaute Tumoren des Dünndarmes, welche aber zunächst relativ gutartig sind, sind von manchen Seiten als embryonale Mißbildungen aufgefaßt und als Karzinoide bezeichnet worden. Doch können sie auch bösartig werden und Metastasen bilden. Saltykow hält die Bildungen für abnorme Pankreasanlagen (besonders aus Langerhansschen Zellinseln bestehend) und leitet von diesen auch die Adenomyome dieser Gegend ab. Ähnliche Karzinoide finden sich im Processus vermiformis, wo sie besonders zusammen mit Appendizitiden gefunden werden. Doch können auch diese Tumoren malign werden und Metastasen machen.

Sekundäre Karzinome können von der Serosa aus den Darm ergreifen; echte sekundäre metastatische Karzinome am Darm sind selten. (Außer bei Melanokarzinomen.)

Sarkome.

Selten finden sich im Darm sarkomatöse Geschwülste; meistens stellen sie **Lymphosarkome** dar, welche vom follikulären Apparat des Darmes, besonders Dünndarmes, ihren Ausgang nehmen. Sehr selten sind Spindelzellensarkome, Myosarkome, Melanosarkome (Rektum). Sekundär ergreift das Sarkum öfters den Darm.

h) Lageveränderungen und Kanalisationsstörungen.

h) Lageveränderungen und Kanalisationsstörungen.

Dieses praktisch so wichtige Kapitel kann hier bloß in seinen Grundzügen besprochen werden. Eine ausführliche Darstellung findet sich in allen Lehrbüchern der Chirurgie und in den meisten der topographischen Anatomie, auf welche hiermit verwiesen werden soll. Für das Verständnis der hier in Frage kommenden Veränderungen ist die genaue Kenntnis der anatomischen Verhältnisse unerläßlich, und es mögen daher zur ein die Lehrbüchern der Anatomie die Kapitel über die Anatomie der Leistengegend, der Bauchwand, des Schenkelringes, des Nabels, die Verhältnisse beim Descensus testiculorum usw. vorher nachgesehen werden. Im folgenden können wir bloß die wichtigsten Anhaltspunkte wiederholen.

Die diesbezüglichen Figuren sind, mit freundlicher Erlaubnis des Verfassers, der Monographie Grasers (Die Unterleibsbrüche, Wiesbaden 1891, Verlag von J. F. Bergmann) entnommen, welcher wir auch im Text im wesentlichen gefolgt sind.

Einzelne Formen der Hernien.

Die einzelnen Formen der Hernien.

Unter **Hernie (Bruch)** versteht man das Hervortreten eines Eingeweides aus dem Bereich seiner Körperhöhle nach der Oberfläche oder nach einer anderen Höhle; jedoch muß der vorgelagerte Eingeweideteil noch von der die Innenfläche der Körperhöhle auskleidenden serösen Haut bedeckt sein. Derartige Vorlagerungen von Eingeweiden kommen an allen drei Körperhöhlen vor; doch findet der Name Hernie vorzugsweise auf die Unterleibsbrüche Anwendung.

Bruchpforte.

Die Stelle, an der ein Baucheingeweide aus der Bauchhöhle hervortritt, heißt die Bruchpforte; als solche dienen einerseits Lücken der Bauchwand, durch welche nur spezielle normale Gebilde (Nerven, Gefäße, Ausführungsgänge etc.) die Bauchhöhle verlassen sollten und neben denen sich auch noch Baucheingeweide vorschieben; andererseits wird die Bruchpforte auch gebildet von Stellen, an denen die Bauchwand schwächer gebaut und aus weniger oder dünneren Schichten zusammengesetzt ist. Beide Stellen des Durchtretens entsprechen also anatomischen Prädispositionen, welche zum Teil angeboren sind, zum Teil aber auch erworben sein können. Es sollen als Beispiele vorläufig erwähnt werden der Leistenring (Durchtrittsstelle des Samenstranges resp. des Ligamentum rotundum), der Schenkelring (Durchtrittsstelle der Schenkelgefäße), der Nabelring, die Gegend des inneren Leistengrübchens (s. unten), wo die Bauchwand schwächer gebaut ist, ferner schwache Stellen der Bauchwand, welche infolge von Schwangerschaften durch Diastase der Musculi recti abdominis sich gebildet haben, Narben nach Laparotomien etc.

Der den Bruch überkleidende und mit ihm vorgestülpte Teil des Peritoneums heißt der Bruch- **Bruchsack.** sack. Wo ein solcher beim Hervortreten eines Eingeweides fehlt, wo also ein Eingeweide durch einen Spalt des Peritoneums hindurchtritt, ohne das letztere vorzustülpen, handelt es sich nicht um eine echte Hernie, sondern um einen Prolaps (s. unten). Der in der Bruchpforte gelegene Teil des Bruchsackes, welcher in der Regel mehr oder weniger eingeengt ist, heißt Bruchsackhals. In manchen Fällen ist der Bruchsack angeboren, so z. B. bei Leistenbrüchen, wenn der Processus vaginalis peritonei nicht geschlossen ist, ebenso bei manchen Nabelbrüchen. Außer vom Bruchsack ist der Bruch noch überkleidet von den Bruchhüllen, d. h. den ihn bedeckenden und zum Teil mitvorgestülpten äußeren Schichten (Faszien, Muskeln, Unterhautbindegewebe, Haut etc.).

Den Inhalt einer Hernie bilden am häufigsten Darmschlingen (besonders Dünndarm) oder Netz- **Bruch-** teile. Ein Bruch, der nur Darm enthält, heißt Enterozele, ein solcher, der nur Netz enthält, Epiplo- **inhalt.** zele, einer, in dem Netz- und Darmschlingen enthalten sind, Entereopiplozele. Bei größeren Brüchen können auch Magen, Leber, Milz, Uterus etc. in den Bruchsack gelangen, ja schließlich kann fast der gesamte Inhalt der Bauchhöhle in ihn verlagert sein (Eventeration, S. 281). Andererseits stülpt sich manchmal nur ein Teil der Darmwand in den Bruchsack aus; solche Hernien nennt man „Littrésche" oder „Darmwandbrüche". Neben Eingeweiden findet sich in Brüchen, infolge der Zirkulationsstörung, noch eine gewisse Menge seröser Flüssigkeit, das sog. „Bruchwasser", das sich unter Umständen zu einem größeren Quantum vermehren kann.

Bei längerem Bestehen eines Bruches stellen sich meist weitere Veränderungen an ihm ein; hierher **Folge-** gehören vor allem Verwachsungen des Bruchsackes mit der Umgebung, welche die Folge leichter **zustände.** Entzündungszustände sind, die sich an Zirkulationsstörungen innerhalb der vorgefallenen Teile, an leichte Umschnürung derselben durch die Bruchpforte oder durch anliegende Teile, sowie an Druck durch unpassende Bruchbänder und andere äußere Einwirkungen anschließen. In solchen Fällen kann der Bruch selbst noch reponibel sein, während es natürlich nicht mehr gelingt, den Bruchsack in die Bauchhöhle zurückzulagern. Oft kommt es aber auch zur Verwachsung des Bruchsackes mit der Serosa des vorgelagerten Eingeweides selbst, und dann wird der Bruch irreponibel, d. h. er kann nicht mehr in die Bauchhöhle zurückgebracht werden; doch sind Verwachsungen keineswegs die einzige Ursache der Irrenonibilität einer Hernie. Jeder Bruch hat, wenn er nicht entsprechend behandelt wird, an sich die Neigung, sich fortwährend zu vergrößern, und so kommen schließlich oft erhebliche Teile des Darmes oder anderer Baucheingeweide in den Bruchsack zu liegen, und selbst bei weiter Bruchpforte kann es dann unmöglich werden, die vorgetretenen Teile dauernd zu reponieren, weil sie durch die breite Bruchpforte sofort wieder vorfallen. Andererseits kann durch eine narbige oder sonstwie entstandene Verengerung der Bruchpforte, durch Bildung von Bindegewebsspangen an ihr usw. die Bruchpforte zu eng werden und ein Zurückbringen der Hernie hindern. Bei sehr großen Brüchen kann schließlich die Bauchhöhle tatsächlich zu eng werden, so daß die vorgefallenen Teile schließlich nicht mehr in ihr Platz finden und schon deshalb die Reposition unmöglich wird. Vorgelagerte Darmschlingen erleiden bei Verengerung der Bruchpforte sehr häufig eine Einschnürung, welche zwar nicht ihre völlige Einklemmung hervorruft, aber doch eine Verengerung des Darmlumens zur Folge hat, und gerade in solchen Fällen entwickeln sich die oben erwähnten Zirkulationsstörungen leichteren Grades, an welche sich gerne Entzündungserscheinungen anschließen; andererseits kommt es zu einer Erweiterung des oberhalb gelegenen Darmteiles, die oft mit Hypertrophie seiner Wand verbunden ist, welche als Arbeitshypertrophie aufgefaßt werden muß. Eine häufige Folge derartiger partieller Einengungen des Darmlumens sind Kotstauungen, Koprostasen, welche ihrerseits wieder Rückwirkungen auf die Schleimhaut (S. 555) haben.

Der folgenschwerste der an Hernien vorkommenden Zufälle ist die **Einklemmung** oder **Inkarzera-** **Einklem-** tion, welche namentlich an vorgefallenen Darmschlingen von besonderer Bedeutung ist; sie kann in ver- **mung eines** schiedener Weise zustande kommen. Wo eine Umschnürung einer Darmschlinge so stark wird, daß ihre **Bruches.** wirkliche Einklemmung bis zum völligen Verschluß ihres Lumens die Folge ist, spricht man von einer elastischen Einklemmung. Sie entsteht durch narbige Verengerung des Peritoneums oder der Faszie an der Bruchpforte, durch Bildung von Bindegewebsspangen, Verwachsungen an ihr usw. Es gehören hierher namentlich die Fälle, in welchen eine Darmschlinge durch eine sehr enge Öffnung hindurchgepreßt und dann sofort eingeklemmt wird. Der Darm ist in solchen Fällen leer, da sein Inhalt beim Durchtreten in der Regel ausgestreift wird. Demgegenüber bezeichnet man jene Einklemmungen, bei welchen der Verschluß des Lumens unter Mitwirkung des Darminhaltes zustande kommt, als Koteinklemmung. Meist bilden starke Anstrengungen der Bauchpresse, Heben von Lasten, heftige Hustenstöße, Pressen bei der Defäkation, seltener starke Anfüllung des Darmes die Gelegenheitsursachen, durch welche eine plötzliche stärkere Füllung der vorgetretenen Darmschlinge und damit ihre stärkere Dehnung zustande kommt; auch hier muß eine Verengerung des Darmlumens vorausgegangen sein, welche als disponierendes Moment wirkt. Außer den oben schon erwähnten Ursachen kommt namentlich auch noch Einklemmung eines

Netzstückes neben der Darmschlinge hierbei in Betracht. Infolge der plötzlichen Füllung der vorgelagerten Darmschlingen und ihrer Dehnung kommt es zum völligen Verschluß der beiden Schenkel, sowohl des zuführenden wie des abführenden.

Folgezustände der Einklemmung.

Die nächste Folge der Einklemmung ist in der Regel eine Kompression der Venen des inkarzerierten Darmstückes, während die dickwandigeren Arterien meistens durchgängig bleiben. Der Verschluß der venösen Gefäße führt zu Stauung und Ödem an den eingeklemmten Schlingen, welche dadurch dunkelbraunrot gefärbt werden. Weiter führt die Stauung zu starker seröser Transsudation, und hierdurch kommt es zur Vermehrung des Bruchwassers, das durch Diapedese roter Blutzellen eine rötliche Verfärbung zeigt. Aus dem Darmlumen wandern schon frühzeitig Bakterien durch die Darmwand hindurch in das Bruchwasser ein und vermehren sich in ihm in dem Maße, als dieses nicht mehr resorbiert werden kann und so an Menge zunimmt. Bleibt die Inkarzeration bestehen, so führt die venöse Stase zu einer **hämorrhagischen Infarzierung der eingeklemmten Darmschlingen**, welche unter Einwirkung der einwandernden Darmbakterien mit entzündlichen Erscheinungen kombiniert ist. Mehr und mehr wird das Bruchwasser eiterig getrübt und auf der Serosa der eingeklemmten Darmteile scheidet sich ein fibrinös-eiteriger Belag ab; die Darmwand zeigt eiterig-nekrotisierende Veränderungen, welche schließlich zu Perforation oder Zerreißung führen. Von den Entzündungen an den gangränösen Darmschlingen aus kann es durch Fortschreiten der Eiterung auf das übrige Bauchfell und Resorption von toxischen Stoffen zu allgemeiner eiteriger **Peritonitis** und peritonealer Sepsis kommen. An der inkarzerierten Hernie selbst bildet sich nach Perforation des Darmes ein **Kotabszeß**, der unter Umständen nach außen durch die Bruchhüllen durchbricht und so einen Anus praeternaturalis veranlaßt (s. unten).

In seltenen Fällen werden, namentlich bei sehr starker Einschnürung durch elastische Einklemmung, auch die Arterien der Darmschlingen komprimiert. Ebenso wie Darmschlingen erleiden in anderen Fällen auch vorgefallene Netzteile, sowie andere den Bruchinhalt bildende Eingeweide, wenn eingeklemmt, eine Nekrose.

1. Leistenbruch.

1. Der Leistenbruch. Unter Leistenbrüchen versteht man Hernien, welche durch den äußeren Leistenring (also oberhalb des Poupartschen Bandes) aus der Bauchwand hervortreten. Man unterscheidet äußere und innere Leistenhernien. In der Aponeurose des M. obliquus externus abdominis findet sich bekanntlich etwas nach außen vom Tuberculum pubicum eine schräge Spalte, welche durch verschiedene andere Faserzüge abgerundet und zum Teil nach vorne bedeckt wird. Die Öffnung ist manchmal so weit, daß man nach Einstülpung der Skrotalhaut die Fingerkuppe in sie einführen kann. Diese ovale Spalte ist der äußere Leistenring, Annulus inguinalis externus: aus ihm tritt beim Manne der Samenstrang, beim Weib das runde Mutterband hervor. Da die Muskelfasern des Obliquus internus und des Transversus, welche von den beiden äußeren Dritteln des Ligamentum Poupartii entspringen, von da horizontal medialwärts ziehen, während das genannte Band schräg nach innen und unten zum Tuberculum pubicum und zur Symphyse verläuft, so muß hier ein dreieckiger, von Muskeln freier Teil der Bauchwand entstehen, welcher nach oben von den genannten Muskeln, nach unten vom Ligamentum Poupartii und nach innen vom Rectus abdominis begrenzt wird. An dieser Stelle besteht also die Bauchwand bloß aus äußerer Haut, subkutanem Gewebe, Aponeurose des Obliquus abdominis externus, Faszie und Bauchfell. Von dem lateralen Teil dieser Stelle tritt in der Richtung schräg nach unten und medial der Samenstrang (resp. das Ligamentum rotundum) durch die Bauchwand und zum äußeren Leistenring heraus. Die vom Samenstrang mit seinen Gefäßen und der ihn einhüllenden Faszie, welche eine Fortsetzung der Fascia transversa abdominis ist und nach abwärts in die Tunica vaginalis communis übergeht, durchsetzte Strecke der Bauchwand heißt der Leistenkanal, ist aber unter normalen Verhältnissen nicht offen, sondern vollkommen von den durchtretenden Teilen ausgefüllt und obliteriert. An der Stelle, wo der Samenstrang von innen her in die Bauchwand eintritt, ist der innere Leistenring. Über demselben zeigt sich von innen eine grubige Einsenkung des Bauchfells, die Fovea inguinalis lateralis. Sie liegt lateral von der hier senkrecht aufsteigenden Arteria epigastrica.

Zum Verständnis der Leistenhernien muß aus der Entwickelungsgeschichte noch folgendes hervorgehoben werden: Mit dem Durchtritt des Hodens durch den Leistenkanal folgt auch das Bauchfell nach und zwar so, daß der Hoden in einer Ausstülpung dieses gelegen ist, welche offen mit der Bauchhöhle kommuniziert. Diese Ausstülpung ist der Processus vaginalis peritonei, welcher durch den Leistenkanal geht, innerhalb desselben obliteriert, um den Hoden aber die Tunica vaginalis propria bildet. Auch die Fascia transversa abdominis wird beim Descensus testiculi vorgeschoben; sie umschließt später Hoden und Samenstrang zusammen als Tunica vaginalis communis; sie obliteriert ebenfalls im Bereich des Leistenkanals und geht im inneren Leistenring in die Fascia transversa abdominis über.

a) Äußerer Leistenbruch.

a) Äußerer Leistenbruch. Ein äußerer Leistenbruch ist ein solcher, welcher durch den inneren Leistenring und den Leistenkanal geht und durch den äußeren Leistenring austritt; er liegt lateral von der Arteria epigastrica (vgl. Fig. 610). Es sind aber hier gemäß den oben erörterten anatomischen Verhältnissen verschiedene Fälle möglich:

1. Der Processus vaginalis peritonei ist nicht obliteriert; der Hoden liegt in einem offenen Peritonealsack, welcher mit der Bauchhöhle direkt kommuniziert; in diesem Falle ist also der Bruchsack angeboren.

2. Die Obliteration des Processus vaginalis erfolgt wohl dicht über dem Hoden, nicht aber in den höheren Partien. Dann kann Darm vortreten, aber er bleibt neben der Tunica vaginalis propria des Hodens liegen, während er im obigen Falle mit dem Hoden in eine Höhle zu liegen kam.

3. Beim erworbenen Leistenbruch wird das Bauchfell durch den Annulus inguinalis internus hinein-, durch den Leistenkanal hindurch- und zum äußeren Leistenring herausgestülpt.

Ferner kann der äußere Leistenbruch innerhalb des Leistenkanals bleiben und heißt dann Hernia interstitialis, oder dem Samenstrang entlang vordringen, ohne den Grund des Hodensackes zu erreichen — Hernia funicularis, oder endlich bis in den Hodensack gelangen — Hernia scrotalis.

Bei Frauen gelangt der Bruch mit dem Ligamentum uteri rotundum in den Leistenkanal und von da ev. in die große Schamlippe — Hernia inguinalis labialis. Da der äußere Leistenbruch, dem Samen-

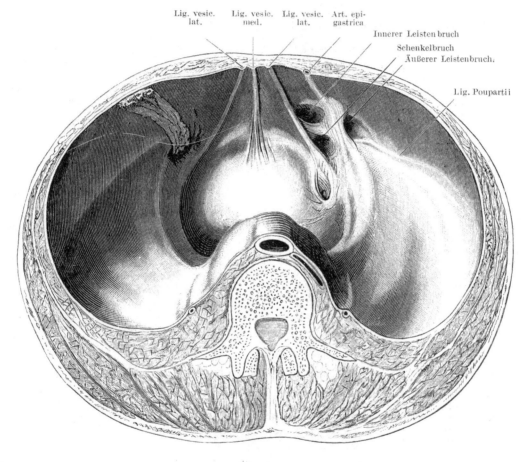

Fig. 609.

Querschnitt durch das Abdomen.

Darm entfernt. Man sieht von oben hinten auf die Blase und die vordere Bauchwand. Über dem Querschnitt des Wirbelkörpers liegt die Aorta und die Vena cava inf., zu beiden Seiten der Ureter. Auf der rechten Seite sieht man zwischen Blase und Lig. vesic. lat. in die kleine Tasche einer Hernia obt., darüber eine Schenkelhernie, die durch das Lig. Poupartii von zwei Leistenhernien, einer inneren und einer äußeren, getrennt ist. Zwischen letzteren beiden läuft die Art. epigastrica. Links eine Schenkelhernie mit Netzinhalt. (Aus Hildebrand, Topograph. Anatomie.)

strang folgend, eine schräge Richtung zeigt, so heißt er auch Hernia inguinalis obliqua; im Gegensatz zum inneren Leistenbruch (s. unten) wird er auch als Hernia indirecta bezeichnet.

b) Innerer Leistenbruch. Die oben (S. 546) erwähnte dreieckige Stelle, welche vom Ligamentum Poupartii nach unten, von den M. M. obliquus internus und transversus nach oben und dem M. rectus nach innen begrenzt wird, ist, wie erwähnt, frei von Muskeln und wird bloß von Haut, Subkutis, der Aponeurose des Obliquus externus, der Fascia transversa und dem Bauchfell gebildet (Fig. 613). In ihrem Bereich zeigt die Wand an der Innenseite eine infolge des intraabdominalen Druckes entstandene kleine Vertiefung (vergrößert in Fig. 610), die Fovea inguinalis medialis; sie liegt gerade hinter dem äußeren Leistenring, medial von der Arteria epigastrica, zwischen dieser und dem Ligamentum vesico-umbilicale laterale, s. Fig. 609. Diese schwache Stelle kann von den Baucheingeweiden vorgewölbt werden; ein solcher

b) Innerer Leistenbruch.

35*

Bruch hat seinen Eingang also im inneren Leistengrübchen und tritt direkt nach vorne aus dem äußeren Leistenring heraus; er heißt deshalb auch Hernia inguinalis directa. Meistens treten derartige Brüche nicht bis in den Hodensack herab. Sie haben die Arteria epigastrica, ebenso meistens den Samenstrang an ihrer äußeren Seite.

2. Schen-
kelhernie.

2. Schenkelhernie. Hernia cruralis.

Der zwischen Spina iliaca anterior superior und Tuberculum pubicum gelegene, vom Ligamentum Poupartii überbrückte, bogenförmige Rand des Beckens heißt Arcus cruralis. Durch ihn treten Muskeln, Nerven und Gefäße an der Vorderfläche des Oberschenkels aus: lateral der M. ileopsoas und über ihm der Nervus cruralis; medial entspringt der M. pectineus und liegt die Arteria und Vena femoralis. Zwischen dem medialen und dem lateralen Teile (Lacuna vasorum und Lacuna musculorum) befindet sich die Fascia ileopectinea. Am medialen Winkel der Lacuna vasculorum liegt, ersteren abrundend, das Ligamentum Gimbernati zwischen Ligamentum Poupartii und Rand des Beckens. In dem Raum zwischen dem Ligamentum Gimbernati und der Fascia ileopectinea treten die Schenkelgefäße durch, füllen ihn aber nicht vollkommen aus. Es finden sich hier Fett, Drüsen, Lymphgefäße; zwischen der Vena femoralis und dem Ligamentum Gimbernati liegt keine feste Faszie, sondern bloß ein Netzwerk von Bindegewebsfasern, welche von der Fascia transversa abdominis herstammen: das Septum crurale, welches selbst von durchtretenden Lymphgefäßen siebartig durchlöchert wird. An der Innenfläche der Bauchwand entspricht dieser Stelle eine

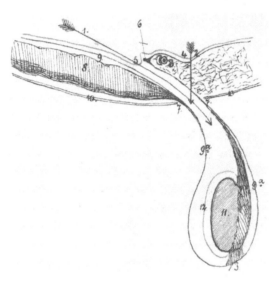

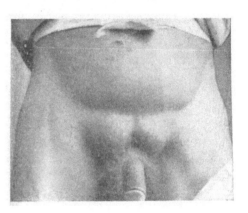

Fig. 610.

Grobschematische Darstellung des Verhältnisses zwischen **schrägem** (äußerem) und **geradem** (innerem) Leistenbruche. (Rote Linie Peritoneum.) (Rechte Seite.)

1. (Pfeil) Richtung des äußeren Leistenbruches. 2. (Pfeil) Richtung des inneren Leistenbruches. 3. Vasa epigastrica. 4 Inneres Leistengrübchen. 5. Innerer Leistenring. 6. Oberer Schenkel des inneren Leistenrings. 7. Äußerer Leistenring. 8. Obliquus internus und Transversus. 9. Fascia transversa. 9a. Tunica vag. comm. fun. sp. et testis. 10. Aponeurose des Obl. abd. ext. 11. Hode. 12. Tunica vaginalis propria testis. 13. Rest des Gubernaculum Hunteri. (Nach Graser, l. c.)

Fig. 611.

Beiderseitige direkte Leistenhernie eines alten Mannes.

Aus Pagenstecher, Klinische Diagnose der Bauchgeschwülste, l. c.

Einsenkung des Peritoneums (Fig. 609), die Fovea cruralis. Durch diese tritt der Schenkelbruch aus der Bauchhöhle und entlang der medialen Wand der Vena femoralis nach abwärts.

Vom Ligamentum Poupartii geht nach unten, die Muskeln des Oberschenkels deckend, die Fascia lata. Ungefähr über der Stelle, wo die Vena saphena in die Vena femoralis mündet, zeigt die Fascia lata eine Lücke, die Fossa ovalis, welche nach außen durch einen scharfen, konkaven Rand begrenzt ist und durch welche die Vena saphena major eintritt. Gewöhnlich wird diese Fossa ovalis durch ein dünnes, vielfach durchlöchertes Blatt verschlossen. In der Tiefe liegt die Fascia ileopectinea, in der Fossa ovalis die Arteria und Vena femoralis, von ihrer Faszienscheide umhüllt.

Die Schenkelhernie gelangt nun, nachdem sie durch den inneren Schenkelring hindurchgetreten ist, in den als Processus falciformis bezeichneten Ausschnitt der Fascia lata (auch äußerer Schenkelring benannt). Die Einklemmung geschieht entweder im Processus falciformis oder im Niveau des inneren Schenkelringes. — Schenkelbrüche treten also unterhalb des Ligamentum Poupartii aus. Sie kommen nicht angeboren vor, sondern entstehen meistens im höheren Alter und sind bei Frauen häufiger als bei Männern. Der Inhalt der Schenkelbrüche ist meistens Dünndarm mit oder ohne Netzteile, seltener Netz

allein. Auch Darmwandbrüche sind hier häufig; seltener finden sich in Schenkelhernien andere Baucheingeweide.

3. Der **Nabelbruch, Hernia umbilicalis.** Die Nabelbrüche teilt man ein in: angeborene Nabel- hernie, erworbene Nabelhernie der kleinen Kinder und Nabelbruch Erwachsener. 3. Nabelbruch.

a) Bei den sog. angeborenen Nabelbrüchen (welche, wie aus dem Folgenden hervorgehen wird, keine echten Hernien sind, da das Bauchfell bei ihnen nicht erst vorgestülpt wird) liegen Baucheingeweide im Anfangsteil der Nabelschnur; sie heißen deshalb auch Nabelschnurbrüche. Es handelt sich hier also um eine Hemmungsbildung, indem die Bauchdecken sich nicht zur Bildung eines Nabels schließen. Von kleinen derartigen Nabelschnurbrüchen finden sich alle Übergänge zu Fällen, wo die Bauchdecken weit offen bleiben und fast sämtliche Baucheingeweide, bloß vom Amnion überdeckt, vorliegen (vgl. S. 281). Nach der Geburt verfällt die Bruchhülle der Gangrän; doch kommen Kinder mit derartigen Mißbildungen in der Regel tot zur Welt. a) angeboren.

b) Nach der Geburt wird die Nabellücke bekanntlich durch Granulationsgewebe geschlossen, welches sich später in festeres Narbengewebe umwandelt. An seinem unteren Rand verwachsen die Enden des in der Bauchhöhle gelegenen obliterierenden Teiles der Nabelgefäße, wodurch die Nabelnarbe an diesem Teil erheblich an Festigkeit gewinnt. Es finden sich daselbst adhärent die Ligamenta vesico- b) der
kleinen
Kinder.

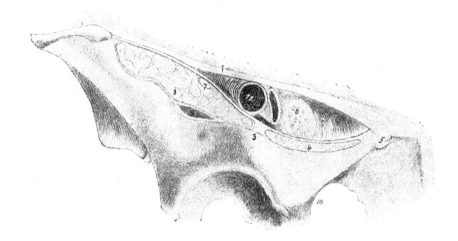

Fig. 612.

Schnitt durch den Arcus cruralis.

1. Ligamentum Poupartii. 2. Ligamentum Gimbernati. 3. Eminentia ileo-pectinea. 4. Musculus pectineus. 5. Tuberculum pubicum. 6. Annulus cruralis internus mit Septum crurale. 7. Nervus cruralis. 8. Musculus ileopsoas. 9. Bursa mucosa. 10. Foramen obturatorium. 11. Arteria cruralis; nach einwärts die Vene. (Nach Graser, l. c.)

umbilicalia (Nabelarterien), das Ligamentum teres (Nabelvene), das Ligamentum vesico-um- bilicale mediale (Urachusrest). Am oberen Teile des Nabelringes dagegen bleibt der Verschluß lockerer und wird (nicht in allen Fällen) nur durch die sog. Fascia umbilicalis verstärkt, welche, von der Fascia transversa ausgehend, diese schwache Stelle hinten überbrückt. Zwischen der Nabelnarbe und dieser Faszie kann ein Darm eintreten und erstere vorbauchen; so entstehen die erworbenen Nabelhernien der kleinen Kinder. Diese treten also am oberen Teile des Nabels, zwischen dem oberen Rande des Nabelringes und der Vena umbilicalis aus.

c) Die Nabelbrüche Erwachsener entstehen dadurch, daß die Nabelnarbe durch irgendwelche Momente (Schwangerschaften etc.) nachträglich gedehnt und dann vorgestülpt wird. c) Erwachsener.

Seltenere Hernien sind:

4. Die **Hernia ventralis** (Bauchbruch). Solche Hernien treten an verschiedenen Stellen der Bauch- wand, wo Lücken oder schwache Partien vorhanden sind, an die Oberfläche; am häufigsten entstehen sie in der Linea alba, die manchmal schwache Stellen und sogar Lücken aufweist; zum Teil entstehen sie daselbst dadurch, daß ein Lipom durch eine kleine Gefäßlücke in der Bauchwand hervorwächst und das Peritoneum nach sich zieht. In anderen Fällen ist eine Diastase der Musculi recti abdominis, in wieder anderen sind Verletzungen der Bauchwand und Bildung wenig widerstandsfähiger Narben nach solchen oder nach Laparotomien, Abszessen, umschriebene Atrophien der Bauchmuskulatur etc. Ursache solcher Hernien, die dementsprechend auch keine regelmäßige Lokalisation haben. 4. Bauchbruch.

5. **Hernia lumbalis.** Die sehr seltenen Lendenbrüche treten in Spalten zwischen den Muskeln der Lendengegend hindurch. 5. Lumbal-
bruch.

6. Hernia obturatoria. Bekanntlich ist das Foramen obturatorium größtenteils durch die Membrana obturatoria verschlossen, doch bleibt in seinem oberen Teil eine ungefähr 1 cm breite Stelle frei, der Canalis obturatorius, durch welchen die Arteria obturatoria mit den Venen und dem Nervus obturatorius durchtritt. An der Innenseite des kleinen Beckens geht die Faszie und das Bauchfell glatt über diese Stelle hinweg. Bildet sich hier eine Hernie (die Ausstülpung des Peritoneums ist in Fig. 609, S. 547 angegeben), so gelangt der Bruchsack zunächst in den Raum zwischen Membrana obturatoria und dem Musculus obturatorius externus, welcher auf der Außenfläche der genannten Membran gelegen ist, und weiter zwischen beiden oberen Portionen des Muskels hindurch unter den Musculus pectineus. Die Hernie kommt also, von vorne betrachtet, in den Raum zu liegen, welcher nach innen vom M. adductor longus, nach außen von der Art. fem., oben durch das Ligamentum Poupartii begrenzt wird. Die Hernia obturatoria findet sich meist bei Frauen, selten bei Männern.

7. Die **Hernia ischiadica** tritt durch das Foramen ischiadicum, und zwar in den Raum aus, welcher zwischen dem Knochenrand und dem Musculus pyriformis übrig bleibt und mit lockerem Bindegewebe

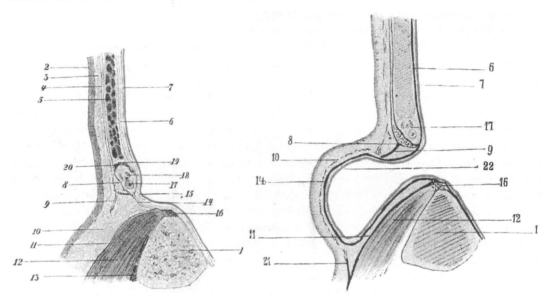

Fig. 613.

Schematischer Sagittalschnitt senkrecht auf die Richtung des Leistenkanals durch Schambein, Bauchdecken und oberen Teil der Schenkelregion.

(Nach Graser l. c.)

1. Horizontaler Schambeinast. 2. Haut. 3. Subkutanes Fettgewebe mit Fascia superficialis. 4. Aponeurose des Musculus obliquus abdominis externus. 5. Vereinigtes Fleisch des M. obliq. abd. internus und transversus. 6. Fascia transversa. 7. Peritoneum. 8. Ligament. Poupartii. 9. Oberes Horn des Processus falciformis. 10. Fossa ovalis. 11. Fascia pectinea. 12. Musculus pectineus. 13. Bursa mucosa unter diesem Muskel. 14. Septum crurale. 15. Schenkelgrübchen. 16. Ligamentum pubicum Cooperi. 17. Vas deferens. 18. Vasa spermatica interna. 19. Musculus cremaster. 20. Nervus spermat. externus.

Fig. 614.

Schematischer Durchschnitt (annähernd sagittal) durch eine typische Schenkelhernie.

1. Horizontaler Schambeinast. 6. Fascia transversalis (als Nr. 14 Fascia propria herniae). 7. Peritoneum (als Nr. 22, Bruchsack). 8. Ligamentum Poupartii. 9. Oberes Horn des Processus falciformis. 10. Lamina cribosa als akzessorische Bruchhülle. 11. Fascia pectinea. 12. Musculus pectineus. 16. Ligament. pubicum Cooperi. 17. Samenstrang. 21. Unteres Horn des Proc. falciformis. (Nach Graser.)

gefüllt ist. Sie gelangt mit der Art. glut. superior an den unteren Rand des Glutaeus medius und minimus, unter den Glutaeus maximus.

8. Die **Herniae perineales** treten an verschiedenen Stellen des Beckenbodens, also des Raumes zwischen Steißbein, Tubera ossis ischii und Arcus pubis, aus. Die Bruchpforten sind Spalten zwischen den Muskeln des Beckenbodens. Hierher gehören auch die Hernia vaginalis, ein Bruch, welcher die Wand der Scheide vorstülpt, und die Hernia rectalis, welche die Wand des Mastdarms vorstülpt und vor sich hertreibt, also einem Prolapsus recti entspricht, in welchem noch eine Hernie versteckt ist.

9. Hernia diaphragmatica. Die sog. Zwerchfellbrüche sind zum weitaus größten Teil keine echten Hernien; meistens handelt es sich bei ihnen um einen Prolaps, indem Eingeweide (besonders häufig der Magen oder das Kolon) durch Spalten des Zwerchfells hindurchtreten; diese Hernien kommen angeboren oder erworben vor und werden in letzterem Falle öfter durch Traumen verursacht. Die sehr seltenen echten Zwerchfellhernien treten durch das Foramen oesophageum oder andere angeborene Spalten des

Zwerchfells durch. — Die Vorstülpung der Zwerchfellhernien kann in die Pleurahöhle oder in das Mediastinum erfolgen. Zwerchfellbrüche sind meist angeboren.

Retroperitonealhernien. — Innere Einklemmung. An bestimmten Stellen der Bauchhöhle finden Retroperi-
sich Ausbuchtungen des Bauchfells, welche in manchen Fällen besonders tief sind, durch sich hineinlagernde toneal-
Darmteile noch weiter gedehnt werden und dann einen erheblichen Teil des Darmes aufnehmen können. hernien.
Bleibt die Eingangsöffnung dabei eng, so kann es zur Einklemmung des durchgetretenen Darmes kommen;
doch ist letztere ein relativ seltenes Ereignis. Derartige Stellen, sog. Rezessus des Peritoneums, sind die
Fossa duodeno-jejunalis, an der Übergangsstelle des Duodenums in das Jejunum, die Fossa ileo-
coecalis und der Rezessus an der Plica flexurae sigmoideae. Endlich können auch Darmteile
durch das Foramen Winslowii in die Bursa omentalis eintreten.

Häufiger als bei diesen retroperitonealen Hernien findet eine Einklemmung von Darmschlingen Innere Ein-
in Spalten und Lücken zwischen Verwachsungsmembranen des Peritoneums oder Synechien klemmung.
statt, wie solche bei chronischer adhäsiver Peritonitis vielfach zustande kommen. Durch Ausdehnung der in die Spalten eingetretenen Därme, ihre Achsendrehung oder starke Füllung, sowie durch Verlagerungen der sie umschließenden Pseudomembranen (wenn solche z. B. mit anderen Darmschlingen
verlötet sind), kommt es zu ähnlichen Erscheinungen wie an den Darmschlingen innerhalb inkarzerierter
Brüche.

Volvulus (Achsendrehung). Die sog. Achsendrehung des Darmes besteht fast immer in der Drehung Achsen-
einer Darmschlinge oder eines größeren Darmteiles um ihre Mesenterialachse, so daß die beiden Schenkel drehung.

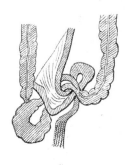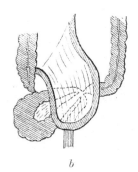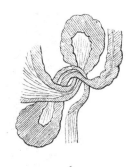

a   b   c

Fig. 615.
Knotenbildung zwischen der Flexura recti und einer Dünndarmschlinge.
(Nach König, Lehrbuch der Chirurgie [vgl. Text].)

der Schlinge sich kreuzen; durch die Torsion der Darmschlinge wird einerseits ihr Lumen verschlossen,
andererseits kommt es zu einer Kompression der venösen Gefäße des gedrehten Mesenteriums und damit
den gleichen Folgezuständen, wie sie bei Inkarzeration des Darmes sich einstellen. Offenbar wird eine solche
Achsendrehung dann am leichtesten zustande kommen, wenn an der betreffenden Darmschlinge das Mesenterium abnorm lang und dabei, namentlich gegen die Wurzel des Gekröses hin, relativ schmal ist.
Am häufigsten sind diese Verhältnisse an der Flexura sigmoidea gegeben, und tatsächlich kommt auch
die Achsendrehung hier am häufigsten zur Beobachtung. Die abnorme Länge und Schmalheit des Gekröses
an dieser Stelle ist teils angeboren, teils kommt eine Verschmälerung ihres Mesokolons durch narbige
Schrumpfung infolge einer chronischen Peritonitis zustande. Ist gleichzeitig die Bauchhöhle relativ weit,
so genügt unter Umständen schon eine stärkere Füllung des nach oben gelegenen Schenkels der Flexur,
um ihn zu senken und somit eine Drehung der ganzen Schlinge herbeizuführen. Auch am Dünndarm
kommen ähnliche Verlagerungen vor. Als Gelegenheitsursachen sind besonders solche Momente in Betracht
zu ziehen, welche plötzliche peristaltische Bewegungen einzelner Darmabschnitte hervorrufen, wie Kontusionen des Bauches, Entzündungen der Gedärme, Koliken etc. Die Lösung der Torsion wird durch Kot-
füllung der gedrehten Schlingen, zum Teil auch durch den Druck anderer Baucheingeweide, unter Umständen auch durch Einklemmung der gedrehten Schlingen zwischen peritonealen Spangen und Adhäsionen
verhindert. Daß in der Folge, wenn die Drehung nicht gelöst wird, Gangrän des Darmes, ev. auch
Perforation und somit Peritonitis sich einstellen muß, ergibt sich aus dem Vorhergehenden von selbst.

Knotenbildung des Darmes entsteht im Anschluß an eine Achsendrehung und setzt also ebenfalls Knoten-
das Vorhandensein eines sehr langen und schmalen Mesenteriums der betreffenden Darmschlingen bei bildung.
relativ weiter Bauchhöhle voraus. Sie findet sich daher beosnders bei alten Leuten mit schlaffen Bauchdecken und bei Frauen, die mehrfach geboren haben. Die Verknotung geschieht am häufigsten zwischen
Flexura sigmoidea und einer Dünndarmschlinge und kann auf verschiedene Arten entstehen, von welchen

wir hier bloß ein paar Beispiele anführen (Fig. 615). 1. Nach erfolgter Achsendrehung der Flexur: diese ist zunächst noch von dem vor ihr liegenden Ileum bedeckt (*a*); sie preßt infolge der nun eintretenden Inkarzerationsschwellung gegen die im kleinen Becken liegenden Darmschlingen, versperrt ihnen aber

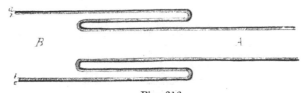

Fig. 616.
Schema der Invagination.

Oberes Stück *A* in das untere *B* eingestülpt, *a* Serosa, *b* Mukosa (schraffiert). Man sieht, daß in dem Bezirk der Invagination die Schleimhaut dreimal vorhanden ist; am äußeren Schenkel liegt außen die Serosa, nach innen die Schleimhaut, letztere gegenüber der Schleimhaut des mittleren Schenkels; mittlerer und innerer Schenkel kehren sich gegenseitig die Serosa zu.

gleichzeitig den Rückweg in die Bauchhöhle; infolge der Peristaltik dringen immer mehr Dünndarmschlingen in das kleine Becken und es tritt schließlich eine von ihnen durch den noch offenen Raum hinter der Flexur,

Invagination.

Fig. 617.
Invaginatio flexurae sigmoideae.

(1¹/₂jähr. Mädchen; ein 5¹/₂ cm langes Stück der Flexur ist in das Rektum invaginiert; die Umschlagstelle ist 12 cm oberhalb der Analöffnung gelegen.) (Nach Sternberg, aus Brüning-Schwalbe, Handbuch, l. c.)

und zwar an deren Torsionsstelle hindurch (*b*) und ragt dann schließlich, da noch weitere Darmschlingen nachdrängen, nach vorne, über der Kreuzungsstelle der Flexur, in das kleine Becken herüber; der Knoten ist gebildet. Seine Lösung wird verhindert durch die Achsendrehung, die Knotenbildung selbst und den Druck der von unten heraufdrängenden Darmschlingen. 2. Es legt sich bei Achsendrehung des Dünndarms die Flexur, welche von ersterem aus dem kleinen Becken nach oben gedrängt worden war, auf die Torsionsstelle des Ileums, schlüpft zwischen ihr und der hinteren Bauchwand nach oben durch und kommt dann unterhalb der gedrehten Dünndarmschlinge wieder zum Vorschein.

Die Folgen der Knotenbildung sind die gleichen wie beim Volvulus.

Invagination (Intussuszeption) des Darmes entsteht dadurch, daß ein Darmstück sich in seine Fortsetzung einstülpt und zwar geht dies in der Regel in der Richtung nach unten vor sich. An der Stelle der Einstülpung ist also die Darmwand dreimal vorhanden (Fig. 616 und 617): Die äußere Scheide, d. i. das Stück, in welches hinein die Invagination geschehen ist, und die beiden Schenkel des eingeschobenen Stückes. Ursache der Invagination sind wahrscheinlich ungleiche Kontraktionszustände einzelner Darmabschnitte; ist eine Stelle des Darmes im Zustande normaler oder gar gesteigerter Peristaltik, während der nächste Abschnitt wenig kontrahiert oder durch Parese seiner Muskulatur erschlafft ist, so kann das erstere, kontrahierte Stück sich in seine erweiterte Fortsetzung hineinschieben; einmal in dieselbe eingetreten, kann es durch die von oben her wirkende Peristaltik weitergeschoben werden; kommt es dann in eine nicht paretische Stelle des unteren, umhüllenden Darmes, so wird auch dieser vermöge seiner Peristaltik das eingetretene Stück wie anderen Darminhalt noch weiter zu schieben imstande sein. Mit dem eingeschobenen Darmstück wird auch sein Mesenterium eingestülpt, und so erfolgt dessen Zerrung mit Kompression seiner Gefäße, es stellt sich eine starke Schwellung des invaginierten Teiles ein, die zum völligen Verschluß führen kann. Wie bei Inkarzeration tritt häufig Gangrän der eingeklemmten Darmwand ein, und manchmal gehen abgestorbene Teile ja selbst ganze Röhrenabschnitte mit dem Kot ab. Sind vor Eintritt der Gangrän vorher die beiden Serosaflächen (Fig. 616) miteinander verwachsen, so kann dies als ein Prozeß der Heilung betrachtet werden, während in anderen Fällen totale Gangrän und Ruptur oder Perforation des Darmes die Folge ist; in leichteren Fällen kann Gangrän ausbleiben und unter Verwachsung der beiden Serosaflächen sogar eine Heilung zustande kommen.

Am häufigsten findet sich die Invagination am Dünndarm, oder es entwickelt sich eine Einstülpung des letzteren

in das Zökum — Invaginatio ileo-coecalis; der eingestülpte Dünndarm kann soweit im Dickdarm vorgeschoben werden, daß er schließlich am Anus zum Vorschein kommt.

Bei Kindern, welche an chronischem Darmkatarrh gelitten haben, kommt eine Invagination sehr
häufig in der Agone zustande; derartige Invaginationen kennzeichnen sich durch den Mangel aller Reaktionserscheinungen an den Darmschlingen und die leichte Lösbarkeit der Einstülpung.

Tritt ein Eingeweide durch eine Öffnung der Serosa, ohne deren Ausstülpung, also ohne
daß ein Bruchsack vorhanden wäre, aus einer Körperhöhle hervor, so spricht man, im Gegensatz zu den echten Hernien von einem **Prolaps.** Hierher gehört also das Vorfallen von Baucheingeweiden ·Prolaps.
durch Stichverletzungen, Risse oder sonstige Spalten des Peritoneums, ebenso auch, wie erwähnt, der
größte Teil der sog. Zwerchfellhernien. Als Prolaps bezeichnet man ferner auch das Vortreten von Baucheingeweiden an Stellen, welche frei von Peritoneum sind, so z. B. der Blase, von welcher ein Divertikel in den Leistenkanal hineinragen kann. Abgesehen von Verletzungen der Bauchwand kommt ein
Prolaps des Darmes hauptsächlich am Anus vor. Man unterscheidet

1. den **Prolapsus recti,** d. h. das Vorfallen der ganzen Rektalwand (Prolapsus recti totalis). 1 Prolap-
Disponierend sind hierfür vor allem Erschlaffung der Sphinkteren infolge chronischer Katarrhe neben sus recti.
einer Lockerung der periproktalen Bindegewebes; Gelegenheitsursache bilden Anstrengungen der Bauch-

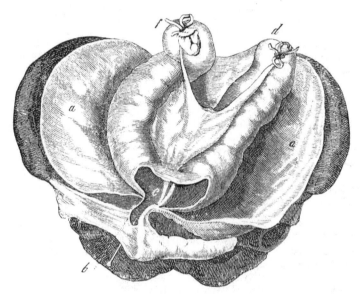

Fig. 618.
Anus praeternaturalis nach Scarpa.
(Aus Königs Lehrbuch der Chirurgie.)
a Parietales Peritoneum. *b* Öffnung des Afters, *c* Sporn. *f* Zuführendes, *d* abführendes Darmrohr. .(Nach Graser, l. c.)

presse (besonders bei der Defäkation), durch welche ein Herausdrängen des Rektums veranlaßt wird.
Der Prolapsus recti findet sich besonders bei alten Leuten, sowie bei atrophischen Kindern.

2 Unter **Prolapsus ani** (Prolapsus mucosae recti) versteht man ein Vorfallen der Mastdarm- 2. Prolap-
schleimhaut allein; hierfür sind alle disponierenden Momente, besonders Stauungszustände (Hämorrhoiden), sus ani.
maßgebend, durch welche die Schleimhaut bei der Defäkation aus der Analöffnung herausgedrängt wird.
Auch können große Polypen der Schleimhaut einen Zug auf diese ausüben und ihr Heraustreten aus der
Analöffnung veranlassen.

Von den genannten beiden Zuständen zu unterscheiden ist jene Form des Prolapsus recti totalis,
wo bei einer Invagination der eingeschobene Darmteil bis an den Anus gelangt und hier durchtritt; man
erkennt diese Form daran, daß man neben dem vorgetretenen Darm in das Lumen des Rektums eindringen kann.

Anus praeternaturalis (widernatürlicher After, Kotfistel, Fistula stercoralis). Mit diesen Anus
Namen bezeichnet man Zustände abnormer Kommunikation zwischen dem mit der Bauchwand verwach- praeter-
senen Darm und der Körperoberfläche, denen zufolge Darminhalt direkt an abnormer Stelle nach naturalis.
außen entleert wird. Die Kotfisteln sind meistens kleine seitliche Öffnungen des Darmes, durch welche
nur ein Teil seines Inhaltes nach außen gelangt. Dagegen tritt beim Anus praeternaturalis fast der gesamte
Kot an die Außenfläche. Seine Entstehung ist in den meisten Fällen auf Inkarzeration von Darmschlingen
zurückzuführen, und zwar entwickelt sich der Zustand in der Weise, daß beim Absterben einer eingeklemmten

Darmschlinge nicht bloß ihre Kuppe mit der Bauchwand verwächst, sondern die einander zugekehrten Seiten des zuführenden und abführenden Schenkels miteinander verkleben und schließlich fest vereinigt werden. Geht nun infolge der eintretenden Gangrän der äußere Teil, d. i. die Kuppe der eingeklemmten Schlingen, verloren, so bilden die beiden miteinander verwachsenen Schenkel einen spornartigen Vorsprung, eine Scheidewand (Fig. 618), welche den Durchtritt des Darminhalts in den abführenden Schenkel verhindert und den Kot nach außen leitet. In der Folge verengt sich das abführende Darmrohr um so mehr, je vollständiger der Kot nach außen entleert wird. Die Haut zeigt sich in der Umgebung eines Anus praeternaturalis gewöhnlich von mehrfachen Fistelgängen durchsetzt, welche die Folge einer mit der Ausbildung des Anus praeternaturalis entstandenen Phlegmone darstellen. Doch steht in der Regel bloß einer der Fistelgänge mit dem Darmlumen in Verbindung. In manchen Fällen verwächst die äußere Haut so mit der Darmschleimhaut, daß der Fistelgang völlig mit Epithel bekleidet wird; dann bezeichnet man den Zustand als „lippenförmige Fistel".

In anderen Fällen entstehen Kotfistel und Anus praeternaturalis infolge entzündlicher, zum Teil tuberkulöser Prozesse am Darm, welche zu dessen Verwachsung mit den Bauchdecken und schließlich, unter Mitaffektion der letzteren, zur Perforation führen.

Einfache Darmfisteln heilen in der Regel von selbst, niemals dagegen ein Anus praeternaturalis.

Durch einen Anus praeternaturalis der oberen Abschnitte des Darmes leidet die allgemeine Ernährung in hohem Maße; dagegen kann ein solcher am Dickdarm oder selbst am unteren Ileum lange Zeit ohne erhebliche allgemeine Ernährungsstörung bestehen.

Künstlich wird zu therapeutischen Zwecken ein Anus praeternaturalis angelegt bei Hernien, die wegen Gangrän der eingeklemmten Schlingen nicht mehr reponiert werden dürfen oder bei Stenose des Darmes (Karzinom), um oberhalb der verschlossenen Stelle dem Kot einen Ausweg zu verschaffen.

Fistula bimucosa. Ist durch irgendwelche Prozesse eine Kommunikationsöffnung zwischen zwei verwachsenen Darmschlingen entstanden, so bezeichnet man dies als **Fistula bimucosa** (vgl. S. 537).

Stenosen. **Verengerungen (Stenosen)** des Darmes, welche bis zu einem völligen Verschluß eines Lumens gehen können, werden durch Veränderungen seiner Umgebung oder durch solche seiner Wand selbst hervorgebracht. Zu ersteren Fällen gehören Umschnürungen und Einklemmungen bei äußeren oder inneren Hernien, solche durch Pseudoligamente, Knotenbildung und Achsendrehung (s. oben); auch Knickungen des Darmes können, wenn die betreffenden Darmschlingen mit der Umgebung adhärent geworden sind, zu dauernder Einengung führen. Weitere Ursachen sind Kompression des Darmes durch Tumoren, im Rektum auch Kompression durch den vergrößerten oder verlagerten Uterus. Einengung des Darmlumens durch in der Darmwand selbst gelegene Momente sind meistens auf Strikturen zurückzuführen, die in der Regel von Narben in der Darmwand ausgehen und wie diese verschiedene Ursachen haben; vorwiegend handelt es sich um diphtherische Narben oder um strikturierende Proktitis (S. 000); selten haben tuberkulöse Geschwüre Strikturen zur Folge. Endlich ist noch die Invagination (s. oben) als Ursache von Darmverschluß, resp. Verengerung des Darmes anzuführen. In allen Fällen, in denen Hindernisse der Kotpassage entgegenstehen, wie bei Brucheinklemmung, Achsendrehung, Invagination, Tumoren etc. kann es zur Kotstauung im rückwärts gelegenen erweiterten **Ileus.** (s. unten) Darmabschnitt kommen; diesen Kotverschluß bezeichnet man als **Ileus.** Es kann dieser auch bei Peritonitis, durch Lähmung der Peristaltik entstehen. Der Ileus trägt die Gefahr der Perforation, Perforationsperitonitis und Intoxikation durch Resorption giftiger Stoffe aus dem Darm in sich. Eine oft hochgradige Verengung ausgedehnter Darmabschnitte entsteht bei Reizzuständen des Darmes infolge akuter Entzündungen; auch im Hungerzustand findet man den Darm mehr oder weniger kontrahiert. (Über Verlegung des Darmlumens durch Darminhalt siehe unten.)

Erweiterungen. Oberhalb verengter Stellen des Darmes bildet sich, wenn die Einengung eine dauernde ist, meistens eine **Erweiterung** seines Lumens aus; häufig schließt sich infolge erhöhter Arbeit eine Hypertrophie seiner Muskulatur an der betreffenden Stelle daran. Auch bei akuten Stenosen entsteht oberhalb der eingeengten Stelle Erweiterung des Darmes, und zwar infolge von Lähmung seiner Muskulatur; auch sonst ist die Lähmung der Darmmuskulatur häufig Ursache einer Dilatation; eine solche tritt, und zwar in großer Ausdehnung, im Verlauf verschiedener Darmerkrankungen, konstant auch bei eiteriger Peritonitis, ein. Andere Ursachen von Erweiterung sind starke Anfüllung des Darmes durch Kotmassen oder Gase (s. unten).

Divertikel. Als partielle Erweiterung des Darmlumens sind auch seine **Divertikel** aufzufassen. Abgesehen von dem bereits oben erwähnten Meckelschen Divertikel kommen sie besonders im Dickdarm durch Vertiefung der sog. Haustren, d. h. der zwischen seinen Querfalten und den sog. Tänien gelegenen Ausbuchtungen seiner Wand zustande. Außerdem entstehen Divertikel im Dickdarm, häufiger noch im Dünndarm, durch hernienartige Ausstülpung der Schleimhaut zwischen Spalten der Muskulatur hindurch. Diese sitzen am Mesenterialansatz des Dünndarmes, sehr häufig auch an der Flexura sigmoidea, besonders an Stellen, wo Gefäße in die Darmwand eintreten; eine

Erweiterung der Gefäßlücken durch venöse Stauung (chronische Obstipation) schafft wahrscheinlich eine anatomische Prädisposition für die Entstehung dieser Ausstülpungen.

i) Kontinuitätstrennungen.

Abgesehen von den im vorhergehenden schon mehrfach erwähnten Perforationen durch gangränöse und ulzerierende Prozesse kommen **Rupturen** des Darmes durch traumatische Einwirkungen auf das Abdomen, sehr selten durch übermäßige Füllung des Darmes oder Gasansammlung in ihm, besonders bei gleichzeitiger Koprostase vor. In solchen Fällen reißt zuerst die Serosa durch, und man findet auch öfters Stellen, an welchen nur die Serosa geplatzt ist. Bei Koprostase sind es namentlich die sog. Kotgeschwüre, d. h. die durch den Druck der harten Kotmassen bewirkten Ulzerationen (s. S. 531), welche zu einer Zerreißung des Darmes disponieren.

Die Folgen der Verletzungen und Perforationen der Darmwand sind verschieden. Ist die Verletzung klein, so kann der Darm sich sofort wieder schließen, ohne daß Kot austritt, und die Wunde kann heilen. Findet ein Durchtritt von Kot in die Bauchhöhle statt, so kommt es zu fäkulenter Peritonitis; geschieht der Durchtritt in das retroperitoneale Gewebe, so entstehen daselbst Abszesse. (Vgl. auch Typhlitis und Perityphlitis, Anus praeternaturalis und Fistula bimucosa.)

k) Darminhalt.

Nach jeder Nahrungsaufnahme finden sich im Dünndarm mehr oder weniger reichliche Mengen von Chymus (Speisebrei), d. h. aus dem Magen übergetretenen, verkleinerten, mit Magensaft gemischten Materials. Je näher der Chymus dem Dickdarm kommt, um so mehr nimmt er die Beschaffenheit des Kotes an. Neben Chymus und Kot enthält der Darm konstant auch mehr oder minder reichlich Gase. Beim Neugeborenen findet sich im Dickdarm das Mekonium, eine braungrünliche, dickbreiige Masse, welche wesentlich aus Schleim, Galle, Darmepithelien, Epidermiszellen und Wollhaaren zusammengesetzt ist und bei der mikroskopischen Untersuchung die sog. Mekoniumkörperchen erkennen läßt. Letztere sind rundliche bis ovale, grünliche Körperchen, die aus Gallenfarbstoff zusammengesetzt sind und dessen Reaktionen geben. Außerdem finden sich im Mekonium Kristalle von Cholesterin und Hämatoidin. (Über Luftgehalt des Darmes bei Neugeborenen vgl. oben beim Magen S. 522).

Über den Inhalt des Darmes unter pathologischen Verhältnissen wurde oben schon mehrfach berichtet; abnorm flüssiger Inhalt findet sich bei diarrhoischen Zuständen, starker Peristaltik und Katarrhen des Dickdarms; abnorm dicker, harter Kot bei Verstopfungen. Ein Zustand von starker Auftreibung des Darmes durch Gase, wie er bei abnormen Gärungen, Darmverschluß oder Paralyse der Darmmuskulatur zustande kommt, wird als **Meteorismus** oder **Tympanites** bezeichnet. Eine sehr seltene Erscheinung ist das sog. Darmemphysem (Pneumatosis cystoides intestinorum), welches mit chronischer Bläschenbildung vom Lumen beginnend bis unterhalb der Serosa, meist des Ileum, einhergeht. Die Gasblasen, wohl durch Gasbazillen nicht pathogener Art erzeugt, liegen meist in den Lymphgefäßen besonders der Serosa und bewirken hier Endothelwucherung. Über die Beschaffenheit des Darminhaltes bei Typhus, Dysenterie, Cholera, Ikterus etc. vgl. oben. — Reichliche Mengen von Blut verleihen dem Darminhalt eine dunkelbraunrote bis schwarze Färbung und finden sich bei ulzerösen Prozessen, z. B. Dysenterie oder infolge von Blutungen, wie sie bei Entzündungen, Stauungszuständen, Leberzirrhose, bei lokaler Stauung infolge von hämorrhagischer Infiltration der Darmwand (Inkarzeration etc.), ferner bei Hämophilie und verschiedenen Blutkrankheiten, endlich auch seiten im Verlaufe eines schweren Ikterus vorkommen. Schleim findet sich im Darm in reichlicher Menge bei katarrhalischen Zuständen in Form kleiner Klümpchen oder auch größerer Fetzen und Membranen dem Kot beigemischt.

Von weiteren Bestandteilen des Darminhaltes sind vor allem die **Darmsteine (Enterolithen)** zu nennen, welche am häufigsten im Zökum gefunden werden. Die echten Kotsteine (Koprolithen) bestehen aus verfilzten Pflanzenresten, die mit Kotbestandteilen sowie Kalk- und Magnesiumsalzen imprägniert sind. Andere Darmsteine bestehen aus Fremdkörpern (namentlich Obstkernen), um welche herum sich Ablagerungen von Phosphaten und anderen Salzen finden. Auch aus Arzneistoffen, ferner aus Schellack, Kreide etc. bestehende Kotsteine kommen gelegentlich zur Beobachtung. Die im Wurmfortsatz vorkommenden Kotsteine bestehen zum großen Teil aus Schleim. Endlich finden sich im Darme Gallensteine, verschluckte Fremdkörper, unter Umständen auch abgestorbene Schleimhautteile.

l) Parasiten.

Parasiten. Die wichtigsten der im Darm vorkommenden Parasiten sind die Bandwürmer (Tänien und Bothriocephalus), Rundwürmer (Ascaris lumbricoides), Ankylostomum duodenale, Trichocephalus dispar, Oxyuris vermicularis, Cercomonas intestinalis, Trichinen (s. allg. Teil, Kap. VII). Ferner die zahllosen Bakterien, welche schon normal den Darm bewohnen.

F. Leber und Gallenwege.

Vorbemerkungen.

Die einzelnen Azini (Lobuli), aus welchen sich bekanntlich das Parenchym der Leber zusammensetzt, stellen annähernd eiförmige Gebilde dar, welche einen Längsdurchmesser von 1—1½ mm und einen Dickendurchmesser von etwa 1 mm besitzen und in ihrer Längsachse von einer kleinen Vene, der Vena centralis durchzogen sind; in die letztere münden von allen Seiten her die den Azinus durchsetzenden Kapillaren, welche die Leberzellen umspinnen. Diese bilden unter sich ein Netzwerk zweifacher bis mehrfacher Zellreihen (Leberzellenbalken), innerhalb derer die für gewöhnlich nicht sichtbaren Gallenkapillaren verlaufen; erst am Rande der Läppchen gehen diese in eigene, mit einem Zylinderepithel versehene Gallengänge über. Die größeren hellen Spalträume zwischen den Leberzellen, welche man an mikroskopischen Schnitten zwischen den Leberzellreihen wahrnimmt, entsprechen nicht etwa den Gallenkapillaren, sondern dem Netzwerk der zwischen den Leberzellen hinziehenden Blutkapillaren.

Die Azini der Leber sind in Gruppen um feine Äste der Vena hepatica herum angeordnet; von diesen Ästen gehen in fast rechtem Winkel feinste Verzweigungen ab, deren jede die Längsachse eines Leberläppchens durchzieht, eben eine Vena centralis. Zwischen den um die Endäste der Lebervene gruppierten Azinigruppen verläuft das System der sog. portalen, d. h. durch die Porta hepatis eintretenden Gefäße, der Verzweigungen der Arterie und der Vena portae sowie der Gallengänge, welche alle von einer gemeinsamen Bindegewebsscheide, der sog. Capsula Glissonii (= periportales Bindegewebe) umschlossen werden; die Endäste der portalen Gefäße dringen in das Innere der Läppchengruppen, in die zwischen den einzelnen Azini da und dort übrig bleibenden, durchschnittlich dreieckigen Spalträume, hinein und bilden von hier aus ein Kapillarnetz, an welchem sowohl die Äste der Pfortader,

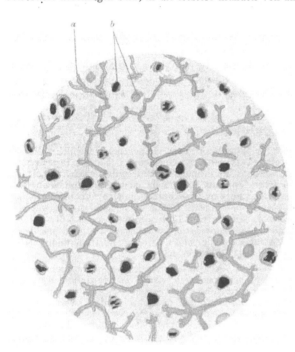

Fig. 619.
Normale Leber (⊥ʊ̠ⁿ̠ⁿ̠ᐟ).
Nach einem Präparate des Herrn Geheimrat Weigert.
Die Gallenkapillaren (*a*) sind nach der Weigertschen Gliamethode dargestellt; auch die Zellkerne (*b*) sind blau gefärbt.

als jene der Leberarterie sich beteiligen, und welches sich in das Innere der Azini bis zur Vena centralis fortsetzt.

Aus dem Gesagten ergibt sich für einen Durchschnitt durch die Leber (am besten bei schwacher Vergrößerung) folgender Bau: abgesehen von den größeren Ästen der Vena hepatica, der portalen Gefäße und der Gallengänge erkennt man an einzelnen Stellen quer, schief oder längs getroffene schmale Bindegewebszüge, welche Äste der portalen Gefäße (Vena portarum und Arteria hepatica) und Gallengänge einschließen. Solche Stellen liegen also interazinös zwischen zwei Läppchen. Im übrigen läßt sich eine Abgrenzung der letzteren nicht geben, da sie eben faktisch ineinander übergehen und beim Menschen nicht etwa allseitig von Bindegewebe geschieden sind. In der Mitte der Läppchen wird man die Zentralvene quer getroffen vorfinden, wenn der Azinus quer durchschnitten ist; ist er schief oder der Länge nach durchschnitten, so braucht die Vena centralis gar nicht im Schnitt getroffen zu sein, oder sie liegt im Längsschnitt, oder schief getroffen vor. Die größeren Venenäste liegen ebenfalls zwischen den Azini, verlaufen aber für sich allein, getrennt von den portalen Gefäßen, und besitzen außerhalb ihrer Gefäßwand keine besondere bindegewebige Scheide.

Mit freiem Auge ist die Zusammensetzung der Leber aus einzelnen Azini trotz ziemlich bedeutender Größe der letzteren deswegen nicht zu erkennen, weil die feinsten Äste der interazinösen Gefäßverzweigungen mit bloßem Auge nicht sichtbar sind und eine die einzelnen Läppchen allseitig umfassende Bindegewebs-kapsel, wie sie bei gewissen Haustieren (Schwein) vorhanden ist, eben in der menschlichen Leber fehlt. Dennoch kommt die Zusammensetzung des Organs aus kleinen Abteilungen auch für das bloße Auge zu-meist wenigstens indirekt dadurch zum Ausdruck, daß die zentralen Teile der einzelnen Läppchen durch etwas größere Blutfüllung dunkler gefärbt zu sein pflegen wie die peripher gelegenen Partien der Läppchen; besonders ausgeprägt ist diese sog. „azinöse Zeichnung" bei Stauungszuständen, bei denen die dunklere Tinktion der Azinuszentren an Intensität zu-nimmt (vgl. unten). Nach der Distanz, welche die durch die dunklere Färbung erkennbaren Azinuszentren aufweisen, kann man demzufolge auch die Größe der Läppchen einigermaßen be-urteilen.

Als Stützsubstanz der Leber dienen außer dem periportalen Bindegewebe noch die mit ihm in Verbindung stehenden v. Kupffer-schen Gitterfasern, welche teils von der Zentralvene aus ausstrahlen, teils radiär die zwischen den Leberzellenbalken verlaufenden Kapillaren in Form feinster Fibrillen um-spinnen. Ebenfalls nach v. Kupffer benannt sind die für die Leber charakteristischen Sternzellen, welche besonders differenzierte Endothelien, zu den Kapillaren gehörig, dar-stellen. Sie sind auch dadurch von Bedeutung, daß sie im höchsten Grade phagozytäre Eigen-schaften besitzen und die im Blute zirku-lierenden Stoffe zumeist zuerst aufnehmen (so Pigmente, Fetttropfen, Bazillen etc.) und so die Leberzellen zunächst vor ihnen schützen. Bei Tierexperimenten hat man gefunden, daß die Kupfferschen Sternzellen der Leber nach Milzexstirpation wuchern und die Milzfunktion zum großen Teil mitübernehmen d. h. Eisen speichern und rote Blutkörperchen phagozy-tieren, sowie Blutfarbstoff verarbeiten.

Zu erwähnen ist, daß die Leberzellen schon normal häufig zwei Kerne besitzen.

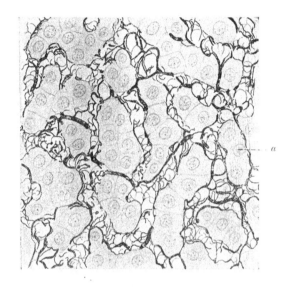

Fig. 620.

Gitterfasern um die Blutkapillaren. Die dickeren Gebilde sind Radiärfasern.

(Nach Böhm-v. Davidoff, l. c.)

a Leberzelle. Starke Vergrößerung.

a) Mißbildungen; Form- und Lageveränderungen.

a) Miß-bildungen; Form- und Lage-verände-rungen.

Sagittal-furchen.

Angeborene und erworbene Gestaltveränderungen — unter ersteren Defekt oder Hyperplasie eines Lappens, abnorme Furchen oder Lappen etc. — kommen an der Leber ziemlich häufig vor. Die oft zu beobachtenden **Sagittalfurchen**, besonders an der Vorderfläche des rechten Lappens, hängen mit Atemerschwerungen zusammen und werden daher auch als Respirationsfurchen (Inspirations- oder Exspirationsfurchen je nach ihrer Auffassung), Hustenfurchen oder, da sie sich meist bei Emphysem finden, Emphysemfurchen bezeichnet. Ihr Mechanismus ist allerdings noch nicht klar, wenn auch ein Anpressen gegen eventuell hypertrophische Muskelbündel des Zwerchfelles das genetische Moment darzustellen scheint. Manche Autoren bringen diese Furchen nicht mit Atemerschwerung in Zusammenhang, sondern denken an intrauterinen Ursprung derselben.

Schnür-furchen.

Bei Frauen kommt häufig eine querverlaufende **Schnürfurche** vor; sie entsteht direkt durch das Schnüren oder dadurch, daß der beim Schnüren gegen die Leber fest angedrückte Rippenbogenrand an der Vorderfläche des rechten Lappens eine Furche eindrückt, in deren Bereich das Lebergewebe atrophiert, während sich in der Kapsel eine fibröse Verdickung einstellt. Geht die Furche sehr tief, so wird der rechte Leberlappen in einer schief verlaufenden Linie verdünnt, und man kann sogar seinen unteren Teil, nach oben zu umgeschlagen finden: Schnürlappen. Dies Schnüren ruft gleichzeitig durch Druck auf die Gallenblase und Stagnierung der Galle öfters Gallensteine hervor.

Bei Situs inversus liegt die Leber links; bei angeborener Hernia umbilicalis kann sie im Bruchsack liegen.

Eine Wanderleber, Hepar mobile, entsteht bei abnormer Länge des Ligamentum suspensorium und Ligamentum coronarium.

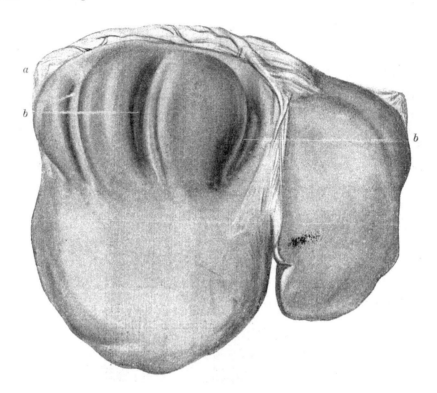

Fig. 621.
3 parallele tiefe Sagittalfurchen der Leber (bei *b*), Zwerchfell bei *a*.

Die Leber kann durch abnormen Inhalt des rechten Pleuraraumes nach unten, durch Aszites, Tumoren, Gas etc. in der Bauchhöhle nach oben gedrängt, im letzteren Falle nach oben gedreht werden.

b) Zirkulationsstörungen.

Anämie der Leber kommt als Teilerscheinung allgemeiner Anämie vor, sie ist ferner auch bei der trüben Schwellung und der Fettinfiltration der Leber vorhanden.

Aktive Hyperämie findet sich physiologisch während der Verdauung, pathologisch im Beginn und Verlauf verschiedener, namentlich entzündlicher Prozesse. Von größerer

pathologischer Bedeutung ist die Stauungshyperämie, welche zustande kommt, wenn der Rückfluß des Blutes in die Vena cava inferior gehindert ist und zu sehr charakteristischen Veränderungen der Leber, namentlich auch in deren makroskopischem Verhalten führt. Die Stauung kann ihren Grund in lokalen Verhältnissen haben, z. B. durch Kompression der Cava inferior (durch Tumoren, Exsudat in der Peritonealhöhle etc.) bewirkt sein; oder sie ist durch eine Behinderung des venösen Rückflusses zum Herzen überhaupt bedingt, wie das bei allgemeiner Herzschwäche, Klappenfehlern, Behinderung des kleinen Kreislaufes und bei Nierenleiden der Fall ist. Die Leber ist im Zustande starker venöser Stauung anfangs wenigstens vergrößert, ihre Kapsel gespannt. Schon die Oberfläche, besonders aber die

Schnittfläche, erscheint in eigentümlicher und sehr ausgeprägter Weise gesprenkelt durch zahlreiche dunkelrote Stellen, welche teils rundliche Flecken, teils längliche Streifen bilden. Diese dunkelroten Stellen entsprechen der Umgebung der Zentralnerven (s. oben S. 556), wo sich die venöse Blutanhäufung, wenn auch oft unsymmetrisch von der Zentralvene aus nach dieser oder jener Seite entwickelt, besonders bemerkbar macht, während die weniger prall gefüllten Randbezirke der Azini eine hellere Farbe behalten. Nach und nach breitet sich aber die dauernd pralle Füllung und Ausdehnung der Kapillaren auch gegen die Ränder zu, und zwar nach jenen Richtungen hin aus, wo die Azini, ohne Abgrenzung durch portale Bindegewebszüge, ineinander übergehen; so entsteht statt der ursprünglichen roten Fleckung und Streifung eine dunkle Netzzeichnung. Stärker wird der Kontrast, wenn gleichzeitig, wie es wegen herabgesetzter Verbrennung des Fettes sehr häufig der Fall ist, in den peripheren Azinusabschnitten eine stärkere Fetteinlagerung vorhanden ist; dann bestehen hier hellgelbe Ringe um die durch die Stauung dunkelroten Zentra, erstere prominieren gleichzeitig etwas. So tritt eine außergewöhnlich deutliche Azinuszeichnung hervor. Wegen des eigentümlichen Aussehens der Schnittfläche bezeichnet man diesen Zustand der Leber als **Muskatnußleber.**
Muskat-
nußleber.

An diese venöse Stauung schließt sich eine Atrophie der Leberzellen an; diese kommt zum Teil durch den Druck der ausgedehnten Kapillaren auf die Leberzellen, zum anderen Teil durch ihre auf die Stauung zu beziehende schlechte Ernährung zustande. Die Leberzellen bilden Balken atrophischer schmaler Zellen, welche viel braunes Abnutzungspigment (s. S. 76) enthalten. Endlich kann die Atrophie der Zellen so weit gehen, daß man an diesen Stellen nur noch die erweiterten Zentralvenen und Kapillaren, zwischen ihnen aber braunes Blutpigment und einzelne atrophische, verschmälerte, evtl. in dünnen Zügen zusammenliegende Leberzellen vorfindet, welche oft ganz von Pigment erfüllt sind. Die atrophischen Teile sinken mehr und mehr ein und werden durch die zunehmende Blutfüllung und das in ihnen sich anhäufende Pigment immer dunkler. Die Leber wird im ganzen erheblich kleiner (atrophische Muskatnußleber, rote Atrophie, **zyanotische Atrophie**).
Zyano-
tische
Atrophie.

Bei der prallen Füllung der Kapillaren kommt es zu einer Induration der Leber (indurierte Muskatnußleber). Diese Induration kann in eine förmliche Art von Zirrhose übergehen (Stauungsinduration, „Cirrhose cardiaque"). Doch ist die hierbei auftretende Bindegewebsvermehrung wohl nicht direkt auf die Stauung, sondern auf Toxine zu beziehen, welche vom Darm her auf dem Pfortaderwege oft zugleich mit der Stauung einwirken; dieser Prozeß steht somit der echten Zirrhose (s. unten) nahe. Noch zu betonen sind Regenerationserscheinungen von seiten des Lebergewebes, die sich häufig bei chronischer Stauung besonders bei jungen Leuten finden. Bei der Stauung kommt es auch gelegentlich zu hochgradigen bindegewebigen Wucherungen an der Leberkapsel, wodurch die Leberoberfläche dicke, derbe, weißliche Auflagerungen erhält und wie mit erstarrtem Zuckerguß überzogen aussehen kann („Zuckergußleber").
Stauungs-
induration
Zucker-
gußleber.

Umschriebene Stauung kommt zutande, wenn größere Äste der Lebervenen durch Thromben oder obliterierende Phlebitis (Syphilis) verlegt sind.

Thrombose der Pfortader hat im allgemeinen keine Infarzierung der Leber zur Folge, weil die mit ihren kleinen Ästen kommunizierenden Verzweigungen der Leberarterie eine genügende kollaterale Blutzufuhr herstellen. Doch kommen bei Verschluß von Pfortaderästen oder von Ästen der Leberarterie unter Umständen hämorrhagische rote Infarzierungen oder anämische in Form von kleinen, unregelmäßigen oder keilförmig gestalteten Herden zustande; meist sind solche aber Folgen entzündlicher und infektiöser Erkrankungen (s. unten) Traumatisch können auch bei Leberzerreißungen anämisch-nekrotische Infarkte entstehen. Für gewöhnlich folgt auf Verschluß von Pfortaderästen (Phlebitis obliterans und Thrombosen) Stauung.
Thrombose
der Pfort-
ader.
Infarkte.

Die thrombosierte Pfortader wird in sehr seltenen Fällen in ein kavernöses Gewebe verwandelt.

Blutungen in der Leber kommen bei Blutkrankheiten, Traumen, Atrophien, Eklampsie, Vergiftungen, meist in unbedeutender Ausdehnung, besonders am äußeren Rand der Leber vor. Bei **Ödem** erscheint die Leber feucht, teigig. Die Flüssigkeit liegt zwischen den Leberzellenbalken und den Kapillaren Das Gitterfasergerüst bleibt vollständig erhalten.
Blutungen.
Ödem.

Bei Atherosklerose finden sich die Gitterfasern oft gewuchert.

c) Atro-
phien, De-
generatio-
nen, Ablage-
rungen.
Trübe
Schwellung.

c) Atrophien, Degenerationen und verwandte Zustände, Ablagerungen.

Trübe Schwellung (Fig. 621 a) findet sich in der Leber unter den gleichen Verhältnissen wie in anderen parenchymatösen Organen. In höheren Graden verleiht sie der Leber eine opake, trübgraubraune Farbe. Die Leber ist etwas vergrößert, ihre Konsistenz schlaff und brüchig; infolge der Kompression der Kapillaren durch die geschwollenen Leberzellen ist das Gewebe anämisch.

Verfettung. Eine mäßige Menge Fett ist schon normaliter besonders in den peripheren Partien der Lobuli abgelagert. Verfettung, Fettinfiltration (Fig. 621 b u. Fig. 50/51, S. 58), kommt besonders hochgradig bei allgemeiner Adipositas, bei Säufern, endlich sehr häufig bei Phthisikern vor. Sie beginnt in der Leber im allgemeinen in den peripheren Zonen der Läppchen, welche hierdurch eine helle, fast schwefelgelbe Farbe erhalten; die von der Fetteinlagerung freien Zentra der Azini behalten die braunrote Grundfarbe des Lebergewebes und die durch den Blutgehalt beherrschte Farbe und werden von den hellen Randzonen wie von gelben, miteinander anastomosierenden Netzen umgeben. Indem so der mittlere

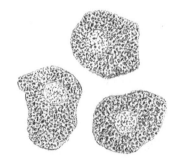

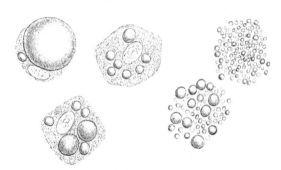

Fig. 621 a.

Leberzellen in trüber Schwellung ($\frac{250}{1}$).

Fig. 621 b.

Leberzellen im Zustande der Verfettung ($\frac{250}{1}$).

Links drei Zellen mit Fetttropfen. Rechts Umwandlung der Zellen
in fettigen Detritus.

Teil jedes Azinus durch seine dunkle Farbe von der hellen Peripherie absticht, treten die einzelnen Azini (genau gesagt ihre inneren Teile) schon für das bloße Auge sehr deutlich hervor (vgl. fetthaltige Muskatnußleber S. 559). In Fällen sehr starker Fetteinlagerung geht diese aber vielfach auch in die inneren Partien der Läppchen hinein; dann zeigt die Leber auf der Schnittfläche eine gleichmäßig gelbe Farbe, ist vergrößert und erhält stumpfe plumpe Ränder. Ihre Konsistenz ist teigig weich, unelastisch; Fingereindrücke bleiben auf der Oberfläche lange bestehen. Die rasch hindurchgezogene (vorher gut getrocknete) Messerklinge weist deutlich einen mattglänzenden Fettbelag auf; in den höchsten Graden der Fetteinlagerung („Gänseleber") zeigt die Leber so eine gleichmäßig gelbe Farbe; sehr häufig ist die Fettleber gleichzeitig etwas ikterisch und dann grünlichgelb gefärbt (Safranleber). Mikroskopisch findet man bei der Fettinfiltration (Fig. 621 b und Fig. 50/51, S. 58) innerhalb der Leberzellen größere und kleinere Fetttropfen, welche vielfach den Kern beiseite drängen oder verdecken.

Auch die Kupfferschen Sternzellen verfetten häufig, wenn das Blut viel Fett führt, so bei Diabetes und besonders bei Lipämie, ferner bei Inanitionszuständen, nach Chloroformnarkose etc.

In anderen Fällen beruht die Fetteinlagerung in die Leberzellen darauf, daß sie eine Schädigung erlitten haben (S. 56), also auf einem degenerativen Prozeß. Man kann dann von **degenerativer Fettinfiltration** (nach dem alten Sprachgebrauch „fettiger Degeneration") sprechen, weil auch hierbei das meiste Fett von außen infiltriert wird, wenn auch in degenerierte Zellen und als Ausdruck bzw. als Folge dieser Zellveränderung. (Vgl. das im allgemeinen Teil Gesagte.) Das Fett tritt besonders in kleinen Tropfen — aber auch in großen — auf und liegt nicht nur an der Peripherie der Azini, sondern im ganzen Azinus. Oft beginnt die Verfettung auch zentral. Diese degenerative Fettinfiltration tritt besonders bei toxischen und infektiösen Zuständen ein; z. B. gehört hierher zum Teil schon die Fettleber der Phthisiker, ferner diejenige bei schweren anämischen Zuständen, besonders perniziöser Anämie, und bei Infektionskrankheiten (Diphtherie, Typhus, Scharlach, Pocken, Malaria, Cholera), ferner bei Vergiftungen (besonders mit Phosphor, Arsenik, Schwammvergiftung, Chloroformvergiftung u. a.).

Sehr typische Fälle der Art liefern die **Vergiftungen mit Phosphor.** In dem Stadium, in welchem man die Phosphorleber meist zu Gesicht bekommt — einige Stunden oder höchstens wenige Tage nach der Aufnahme des Giftes — zeigt sie sich in einem Zustand starker Fettinfiltration; sie ist meistens etwas vergrößert, mehr oder weniger ikterisch, von weicher, aber brüchiger Konsistenz und gleicht so einer gewöhnlichen, nur sehr hochgradig ikterischen Fettleber. Tritt der Tod in einem späteren Stadium ein, so entwickelt sich ein ähnliches Bild, wie wir es sogleich bei der akuten gelben Leberatrophie finden werden. Nur daß der Zellzerfall bei der Phosphorleber meist peripher, bei der gelben Atrophie meist zentral beginnt.

Phosphor-vergiftung.

Daneben zeigen auch andere Organe, namentlich Herz und Nieren, sowie die Magen-Darmschleimhaut und die Skelettmuskulatur — oft ganz diffuse hochgradige — Verfettung, zum Teil auch noch den Zustand der trüben Schwellung.

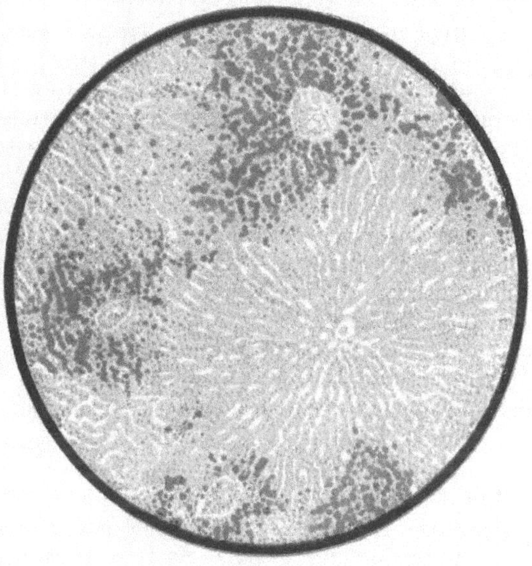

Die **akute gelbe Leberatrophie** (siehe auch Fig. 52/53, S. 58/59) ist eine mit starkem Ikterus einhergehende Erkrankung, welche zu einem rasch vor sich gehenden Schwund des Lebergewebes führt und meistens im Verlauf weniger Tage oder Wochen einen tödlichen Ausgang nimmt. In den ersten Stadien des Prozesses, solange sich die Leberzellen noch in einem Zustand starker trüber Schwellung und Verfettung befinden, hat das Organ eine diffus gelbe Farbe, welche durch den gleichzeitig auftretenden Ikterus mehr und mehr in eine ockergelbe übergeht. Dabei zeigt sich eine Auflösung der mit Fettröpfchen und Gallenpigment angefüllten Leberzellen, an deren Stelle man schließlich

Fig. 621 c.
Fettinfiltration der Leber.

Akute gelbe Leber-atrophie.

nur noch einen aus Eiweißkörperchen und feinsten Fettröpfchen zusammengesetzten Detritus vorfindet. Indem immer mehr Zellkomplexe zugrunde gehen, nimmt die Leber stark an Volumen ab, wird auffallend weich und schlaff, und erhält dünne scharfe Ränder; die nur noch mangelhaft ausgefüllte Kapsel wird schlaff und runzelig. Bald treten an der gelben Schnittfläche und Oberfläche rotgefärbte Streifen und Züge auf, die rasch an Größe zunehmen, teilweise konfluieren und der Leber ein rot und gelb geflecktes, buntes Aussehen verleihen — rote Atrophie. Diese rote Teile erscheinen gegenüber den gelben etwas eingesunken und bilden anfangs vertiefte, rote Inseln auf gelbem Grund; später können sie so sehr an Ausdehnung zunehmen, daß nur noch einzelne Inseln gelben Gewebes übrig bleiben und auch diese schließlich vollständig verschwinden. Diese roten Flecken entstehen dadurch, daß an solchen Stellen das Leberparenchym nicht bloß vollständig zu einem fettigen Detritus zerfallen, sondern letzterer auch durch den Lymphstrom resorbiert worden ist. Was noch übrig bleibt, ist das hyperämische und mit Blutungen durchsetzte Grundgewebe der Leber, Bindegewebe, Gefäße und Kapillaren, welche den roten Stellen ihre Farbe verleihen, indem diese hier nicht mehr von dem fettigen, gelben Parenchym verdeckt wird; die roten Stellen entsprechen also dem höchsten Grade der Degeneration, dem fast spurlosen Verschwinden

des Parenchyms, an dessen Stelle höchstens noch etwas körniger Detritus gefunden wird[1]).

Mit dem Prozesse ist eine mehr oder minder starke kleinzellige Infiltration des
Gewebes verbunden; außerdem findet man regelmäßig, namentlich in etwas protrahiert
verlaufenden Fällen, Vorgänge regenerativer Wucherung: Sprossungen von Gallengängen
im interlobulären Gewebe sowie Inseln hyperplastischen Lebergewebes, welche von noch
erhaltenen Parenchymresten, welche ihr Fett wieder verlieren, und zur Norm zurückkehren
können, ihren Ausgang nehmen und zum Teil den später noch zu erwähnenden knotigen
Hyperplasien des Lebergewebes angehören. Bei subakut verlaufenden Fällen tritt schließlich
auch ein Zusammenfallen des Stützgerüstes, so daß dies zunächst vermehrt erscheint und
sodann eine wirkliche deutliche Vermehrung und Zunahme des interlobulären Bindegewebes ein, so daß das Bild einer zirrhotischen Leber zustande kommt. In solcher Weise
können geringe Grade der Erkrankung wohl zur Ausheilung kommen. Die zellige
Infiltration wie die Gallengangswucherung soll bei der akuten gelben Atrophie später als
bei der Phosphorvergiftung auftreten.

**Verände-
rungen
anderer
Organe bei
der akuten
gelben
Leber-
atrophie.**

Auch in anderen Organen treten bei der akuten gelben Leberatrophie degenerative
Prozesse auf; namentlich finden sich trübe Schwellung und Verfettung in parenchymatösen
Organen, besonders in der Muskulatur des Herzens und an den Epithelien der Niere,
so daß das Bild dem einer langsam verlaufenden Phosphorvergiftung ähnlich wird (s. oben).
Im allgemeinen läßt sich als Unterschied zwischen beiden Erkrankungen angeben, daß die
bei der Phosphorvergiftung vorhandene fettige Degeneration der Skelettmuskulatur bei
der akuten gelben Atrophie der Leber fehlt oder geringer ist.

**Ursachen
der akuten
gelben
Leber-
atrophie.**

Als Ursache der im allgemeinen ziemlich selten vorkommenden Erkrankung sind mit
Bestimmtheit toxisch-infektiöse Einflüsse anzunehmen; zum Teil tritt die Erkrankung
auch nachweislich im Anschluß an Allgemeininfektionen, besonders solche septischer Art,
Osteomyelitis u. a., Erysipel, ferner nach Typhus auf; des weiteren auch bei Syphilis (früh);
dadurch, daß die akute gelbe Leberatrophie sich öfters an Geburten und insbesondere an
puerperale Infektionen anschließt, weißt die Statistik eine größere Beteiligung des weiblichen Geschlechts als des männlichen an der Erkrankung auf.

Öfters sieht man Bilder, welche einer beginnenden akuten gelben Leberatrophie gleichen,
nach manchen Vergiftungen und zwar besonders nach Chloroformnarkose, zumal
wenn gleichzeitig Eiterungen besonders in der Bauchhöhle (häufig Appendizitis) bestehen,
welche der Chloroformwirkung den Boden ebnen, oder wenn mehrere Chloroformierungen
kurz hintereinander folgen. Es tritt zunächst hochgradigste Verfettung, dann mehr oder
weniger ausgedehnte Nekrose der Leberzellen ein. Dabei liegen die Nekrosen im Anfang
nur zentral im Azinus.

**Nekrosen
(Eklam-
psie).**

Neben den parenchymatösen Degenerationen kommen bei vielen toxischen und infek-
tiösen Erkrankungen durch Verlegung von Pfortaderästen und Leberarterienästen
Nekrosen in der Leber zustande. Kleine nekrotische Herde sind häufig bei Diphtherie,
Typhus, Scharlach, Masern aufzufinden; besonders finden sich solche im Verlaufe puerperaler
Eklampsie (S. 372); hier werden Kapillargebiete der Azini durch Thrombosen verlegt,
und es bilden sich einzelne oder zahlreiche umschriebene, anämische oder hämorrhagische
Stellen von unregelmäßiger Form aus, welche zu landkartenartigen Figuren konfluieren
können. Von der Leberarterie aus kommen embolische Verstopfungen und hämorrhagische
Infarzierungen besonders im Verlaufe der ulzerösen Endokarditis vor. Nekrosen im intermediären Teil des Acinus sollen bei Gelbfieber besonders typisch auftreten.

Man spricht von Schaumleber, wenn die Leber bei Sektionen von Gasbläschen durchsetzt angetroffen wird, so daß die Schnittfläche einen schaumigen Eirdruck hervorruft. Bazillen, besonders der
Fränkelsche Gasphlegmonebazillus, rufen diese Erscheinung aber erst agonal oder postmortal
hervor (s. auch unter Bazillen und unter Gasphlegmone im letzten Kapitel).

---

[1]) An der Leber von Individuen, welche an schweren fieberhaften, namentlich septischen Affektionen
zugrunde gegangen sind, insbesondere auch bei akuter gelber Leberatrophie, scheidet sich an der Oberfläche ein weißlicher Belag aus, sobald das Organ einige Zeit an der Luft gelegen hat; der Belag besteht
aus Tyrosin, seltener enthält er auch reichliche Mengen von Leucin.

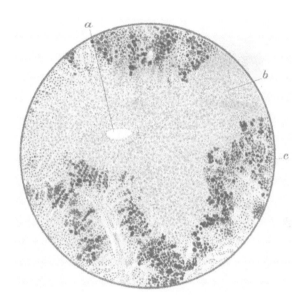

Fig. 622.
Akute gelbe Leberatrophie.

a Zentralvene; bei *b* vollständige Zerstörung der Leberzellen, Detritus mit Fettresten sowie Rundzelleninfiltration; bei *c* noch erhaltene, sehr stark fetthaltige Leberzellen. (Fett mit Fettponceau rot gefärbt, Kerne mit Hämatoxylin blau.) S. S. 561.

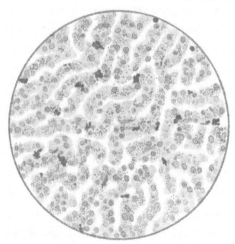

Fig. 623.
Fettinfiltration der Sternzellen bei Diabetes. (Als Zeichen bestehender Lipämie.)

Die dickeren Fettmassen liegen in den Kupfferschen Sternzellen, feinere Fetttropfen in den Leberzellen. (Färbung wie oben.)
S. S. 560.

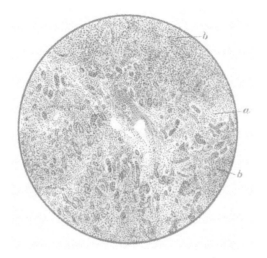

Fig. 624.
Akute gelbe Leberatrophie. Spätes Stadium.
a gewuchertes Bindegewebe mit Rundzellen und sehr zahlreichen Gallengängen; bei *b* Reste von Leberzellen.

Fig. 625.
Primäres Karzinom der Leber bei Leberzirrhose.

Die sog. Teleangiectasia hepatis disseminata besteht in toxischer Atrophie der Leberzellen mit sekundärer Teleangiektasie.

Auch ohne Einlagerung von Fett können die Leberzellen von kleinsten Vakuolen durchsetzt erscheinen, während die Kerne klein, dunkel erscheinen — **vakuoläre Degeneration.**

Amyloiddegeneration beginnt in der Leber meist an den Pfortaderkapillaren und zwar im allgemeinen in der zwischen den Randpartien und den zentralen Teilen der Läppchen gelegenen, sog. intermediären Zone derselben. Hier lagern sich in der Wand der Kapillaren (bzw. in den um diese gelegenen Lymphspalten) schollige, die Reaktionen des Amyloid gebende Massen ab (s. Fig. 625a und Fig. 626), welche einerseits das Lumen der Kapillaren verengern und andererseits die zwischen ihnen gelegenen Leberzellen komprimieren. Während letztere in den Anfangsstadien noch intakt sind, gehen sie mit der zunehmenden Ablagerung von Amyloid zugrunde, teils durch Druckatrophie, teils infolge geringerer Blutzufuhr, die ihrerseits ein

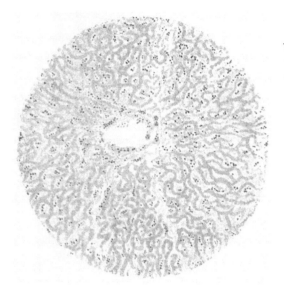

Fig. 625a.
Amyloiddegeneration der Leber. Übersichtsbild (Färbung mit Methylviolett).

Effekt der Verengerung und Verdickung der Kapillaren ist. Schließlich findet man an den am stärksten entarteten Teilen nur noch die homogenen, an Stelle der Kapillaren gelegenen Amyloidschollen und zwischen ihnen noch atrophische Leberzellen oder Reste von solchen. Dabei kann die Amyloidentartung sich über den ganzen Acinus ausdehnen und auch die interacinösen Gefäße ergreifen.

In der Regel tritt die Amyloidentartung in fleckiger Weise über die ganze Leber verbreitet auf; in den leichtesten Fällen nur mikroskopisch nachweisbar, macht sie sich in stärkeren Graden durch Volumenzunahme der Leber, Vermehrung ihrer Konsistenz und eine eigentümlich speckige Beschaffenheit geltend, welche meistens mit starker Anämie und mehr oder minder ausgedehnter Fettinfiltration einhergeht.

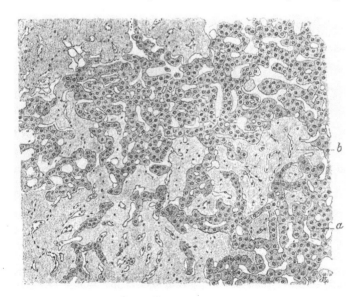

Fig. 626.
Amyloiddegeneration der Leber ($\frac{250}{1}$).
a erhaltene Leberzellenbalken, *b* amyloide Kapillaren.

Glykogendegeneration, richtiger **Glykogeninfiltration,** findet sich über das normale Maß hinaus in der Leber bei beginnendem Diabetes; das Glykogen ist innerhalb der Leberzellen, besonders in der peri-

36*

pheren Zone des Acini gelegen (Nachweis mit Jodgummi, vgl. S. 71). Glygoken findet sich, besonders bei Diabetes, auch in den Kernen der Zellen. Dieses ist auch in späterer Zeit des Diabetes der Fall, wenn das Protoplasma der Leberzellen fast gar kein Glykogen aufweist.

Ablagerung von Pigment.

Blutfarbstoffe.

Farbstoff bei Malaria.

Kohle.
Ikterus.

Wie bereits früher hervorgehoben wurde, ist die Leber eine der bevorzugten Ablagerungsstätten für **Pigment**. Zum großen Teil stammt dieses aus dem Blute und ist entweder durch Zerfall von Blutkörperchen innerhalb der Leber selbst (Stauungszustände, hämorrhagische Infarkte) entstanden, oder wird der letzteren erst mit dem Blute zugeführt (Hämosiderosis, S. 72). Außer in den Leberzellen ist das Pigment besonders in den zu dem Kapillarsystem gerechneten sog. Kupfferschen Sternzellen (s. oben) gelegen. Bei der Malaria findet sich ein schwarzes Pigment (S. 74), welches in großen Mengen der Leber eine dunkle bis schwarzgrüne Farbe verleiht; endlich kann eine Pigmentablagerung auch bei Erkrankung der Leber selbst, z. B. der Leberzirrhose auftreten; Lipofuszin (,,Abnutzungspigment", S. 75) findet man bei der sog. braunen Atrophie (s. unten). Außerdem kommt, meist in geringer Menge, Kohle in der Leber vor, welche bei der Anthrakose von der Lunge oder von Bronchialdrüsen aus mit dem Blute verschleppt worden ist. Bei Ikterus treten Gallenfarbstoffablagerungen teils in den Leberzellen auf (ev. hier in intrazellulären Sekretvakuolen gelegen), teils sind sie in den interzellulären Gallenkapillaren und den größeren Gallengängen abgelagert. Die Farbe der Massen ist gelb bis grün; ihre Form besteht in Körnern und schollig en Klumpen; die ganze Leber erscheint gelb bis gelbgrünlich. Diese Ablagerung des Gallenfarbstoffes beruht auf einer ungenügenden Ausscheidung des Bilirubins, welches in der Leber aus dem Hämoglobin gebildet wird. Das Hindernis der Abscheidung liegt in einer Verstopfung der großen Gallenwege (Entzündungen, Steine, Tumoren, s. unten) oder der kleinen Gallenkapillaren (besonders Verstopfung derselben mit ,,Gallenthromben" in toxischen etc. Zuständen). Es kommt bei diesem ,,Stauungsikterus" zu Dilatation und Ruptur der Gallenkapillaren und so zum Übertritt der Galle in die Lymphbahnen und somit ins Blut. Dieser Vorgang, der häufigste Mechanismus des allgemeinen Ikterus, ist mit diesem schon S. 371 geschildert.

Atrophien.

Atrophie der Leber findet sich als Teilerscheinung allgemeiner Atrophie, sowie bei kachektischen Zuständen aller Art. Das Organ ist dabei im ganzen verkleinert, die Ränder sind infolge der Volumenabnahme abnorm scharf, die Konsistenz der Leber ist etwas derber, ihre Farbe in der Regel etwas dunkler als normal. Durch gleichzeitige Einlagerung von Lipofuszin (Lipochrom, Abnutzungspigment) in die Zellen entsteht die sog. braune oder Pigmentatrophie (s. S. 52), besonders ausgesprochen im Zentrum des Acinus.

Verkalkung.

Verkalkung findet sich in der Leber (außer bei Chalikosis) sehr selten. Es handelt sich um phosphorsauren oder kohlensauren Kalk (ganz vereinzelt um fettsauren).

d) Eiterige Entzündung;

Leberabszesse.

d) Eiterige Entzündung. Leberabszesse.

Meistens entstehen die Leberabszesse metastatisch (s. Fig. 149, S. 140), von einem anderswo im Körper liegenden Entzündungsherd her und sind durch die gewöhnlichen Eiterbakterien (Staphylokokken etc.) oder das Bacterium coli veranlaßt. Die wichtigsten Wege einer Infektion der Leber sind: die Vena portae, die Arteria hepatica, die Vena hepatica, die Nabelvene und die Gallenwege.

1. Von der Vena portae aus.

1. Von den Wurzeln der Vena portae her können Eitererreger importiert werden, wenn im Wurzelgebiete der Pfortader ein Entzündungsprozeß vorhanden ist; z. B. von Magen- und Darmgeschwüren aus; bei Typhus oder besonders bei Dysenterie und zwar nicht nur bei der trophischen Amöbenruhr, die im Gefolge der Leberabszesse sehr häufig sind, sondern auch bei der Bazillenruhr. Mit dem Pfortaderblut gelangen die Entzündungserreger in die interazinösen Verzweigungen der Vena portae, siedeln sich dort an und verursachen kleinere oder größere vereinzelt oder multipel auftretende Eiterherde, die durch Konfluieren große Abszeßhöhlen bilden können. Auch im Gefolge von eiteriger Appendizitis und Perityphlitis — und es ist dies sogar die häufigste Entstehungsart der Leberabszesse in unseren Gegenden —, von eiterig zerfallenden Tumoren des Rektums, des Dickdarms

und Dünndarms kommen Leberabszesse zustande. In der Pfortader selbst und ihren Ästen entwickelt sich infolge dieser Prozesse häufig eine eiterige Thrombophlebitis (Pyle- Pyle-
phlebitis. phlebitis), die sich in die Leber hinein erstreckt; auch können von den so gebildeten Thromben aus Emboli losgerissen und in die interazinösen Pfortaderzweige eingeschwemmt werden, wodurch ebenfalls Eiterherde entstehen.

2. Durch die Arteria hepatica werden in manchen Fällen von endokarditischen 2. Von der Auflagerungen aus Infektionserreger oder mit solchen behaftete Emboli in die Leber einge- Arteria hepatica schwemmt und verursachen dort kleine, in Eiterung übergehende Herde, manchmal auch aus. typische, hämorrhagische Infarkte (s. oben), welche später ebenfalls vereitern.

3. In der Lebervene können sich Entzündungserreger ansiedeln, welche die Kapillaren 3. Von der der Vena portae passiert haben. Auf diese Weise bildet sich auch manchmal eine Throm- Vena hepatica bose der Lebervenen neben einer Pylephlebitis aus (Hepatophlebitis). Möglicher- aus. weise kann auch bei Thrombose der Vena cava inferior auf retrogradem Wege eine Infektion der Leber stattfinden. Man findet dann eine Eiterung in der Umgebung der thrombosierten Venen (Periphlebitis suppurativa).

4. Bei Neugeborenen kann sich eine Eiterung des Nabels auf die Vena umbilicalis 4. Von der fortsetzen und von da auf die Leber übergreifen (eiterige Phlebitis umbilicalis). Vena umbilicalis aus.

5. Relativ häufig entstehen Leberabszesse durch eiterige Entzündung der Gallen- 5. Von den wege (Cholangitis suppurativa). Eine solche wird durch Einwandern von Eiter- Gallen- erregern aus dem Darm her verursacht, besonders dann, wenn Gallensteine, ulzerierende gängen aus. Tumoren oder Stauung in den Gallenwegen den Boden dafür vorbereiten. In anderen Fällen führen Typhus, Dysenterie und andere Darmerkrankungen die Infektion herbei; seltener gelangen Parasiten (Askariden) vom Darmlumen aus in den Ductus choledochus. In solchen Fällen greift die eiterige Entzündung von den Gallenwegen aus auf das Leberparenchym über und bildet hier meist gallig gefärbte Abszesse, die zum Teil Erweiterungen und Zerstörungen der Gallengänge entsprechen, zum Teil durch Zerstörung von Lebergewebe entstanden sind. Die Eiterherde treten in der Regel zu mehreren auf und können eine bedeutende Größe er- reichen. Infolge der meist mit der Gallengangsentzündung verbundenen Gallenstauung erhält die Leber eine ikterische Farbe. Gerade diese Form der Lebereiterung nimmt oft einen chronischen Verlauf und schreitet von den Gallenausführungsgängen oder der Gallen- blase aus allmählich auf die kleineren Gallengänge und die Leber selbst fort. Es gesellen sich auch indurative Prozesse hinzu, indem sich in der Peripherie der Abszesse Bindegewebe bildet und sie einkapselt, während der Eiter zum Teil in die größen Gallen- gänge entleert, zum Teil eingedickt und abgekapselt oder resorbiert wird. So entsteht die sog. biliäre Zirrhose (s. unten); sie kann zu einer teilweisen oder vollständigen Ausheilung der Abszesse führen.

Die Leberabszesse bieten naturgemäß die Gefahren der Perforation in die Bauchhöhle.

Primäre Leberabszesse kommen in unseren Gegenden höchst selten, häufiger Primäre dagegen in den Tropen vor; sie hängen dort aber meist doch mit der in den Tropen heimischen Leber- Dysenterie zusammen (vgl. S. 527 und oben). abszesse.

e) Produktive Entzündung. Leberzirrhose. c) Leber-
zirrhose.

Die chronische produktive Hepatitis oder **Leberzirrhose** ist charakterisiert durch einen erheblichen Ausfall von Lebergewebe und durch das Auftreten eines von dem Interstitium der Leber ausgehenden, später stark schrumpfenden Granu- lations- bzw. Bindegewebes, verbunden mit weitgehenden Regenerations- bestrebungen des Parenchyms. Bedingt werden diese Veränderungen durch verschiedene das Lebergewebe dauernd treffende Schädigungen (s. unten). Diese greifen wie stets das am höchsten organisierte, also die Leberepithelien zuerst an. Ein Teil von ihnen geht zugrunde. Ein anderer geht allerhand Degenerationen ein. Die Leberzellbalken werden zu Reihen schmaler, kubischer oder selbst platter Zellen umgewandelt, welche atrophischen Gallengängen ganz gleichen und wohl zum Teil auch als solche anzusehen sind. Die noch erhaltenen Leberzellen zeigen vielfach starke Fettinfiltration und Gallenkonkremente. Konstant findet man auch viele Zellen mit bräunlichen Hämosiderinkörnern erfüllt (Fig. 75, S. 72). Es findet also ein vermehrter Untergang von roten Blutkörperchen und Ablagerung von hämatogenem Pigment in der Leber statt. Nach Zugrundegehen von Leberparenchym führt die Wucherung des Granulationsgewebes zur Verbreiterung der die portalen Gefäße begleitenden Bindegewebszüge, welche als graurote Streifen zwischen den Gruppen von Leberläppchen hinziehen. Das von dem periportalen Bindegewebe ausgehende Granulationsgewebe besteht auch hier, wie in anderen Fällen, im Anfang aus reichlichen, namentlich in Herden angeordneten Rundzellen; ebenso erfolgt die Umbildung in narbiges Bindegewebe in der gewöhnlichen Weise. Weiterhin aber dringt die Bindegewebswucherung zwischen die einzelnen Acini hinein, tritt also auch an solchen Stellen auf, wo unter normalen Verhältnissen kein Bindegewebe existiert. Während anfangs die Wucherung in den meisten Fällen hauptsächlich mehr interlobulär auftritt, dringen

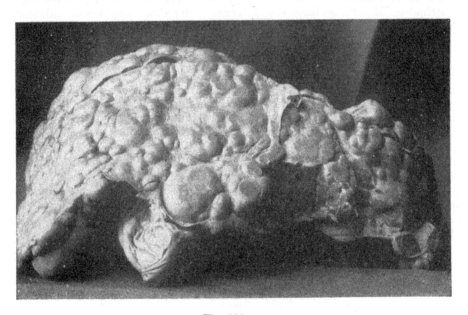

Fig. 626 a.
Chronisch produktive Entzündung der Leber. Leberzirrhose.

später die Bindegewebszüge allerorts auch in das Innere der Läppchen hinein, so daß unregelmäßige Abschnitte (Inseln) von Leberparenchym aus ihrem Zusammenhang abgetrennt und gleichsam herausgeschält werden. Auch die Gitterfasern (s. S. 557) nehmen durch Hypertrophie und Hyperplasie an der intraazinösen Bindegewebsvermehrung regen Anteil. Aber auch die Leberepithelien zeigen nicht nur degenerative Veränderungen, sie zeigen auch starke Regenerationsbestrebungen, und ein Teil der Leberzellen, die man mikroskopisch findet, sind nicht die erhaltenen alten, sondern neugebildete. Das äußert sich darin, daß die alte regelmäßige Gefäßverteilung im Acinus verloren geht. Manchmal finden sich mehrere Venae centrales in unmittelbarer Nähe, an anderen Stellen sind solche auf weite Strecken nicht zu finden. Man findet jetzt auch stark vergrößerte Leberzellmassen. So kommt es zu einem völligen Umbau des Lebergewebes. Oft bilden Gruppen vergrößerter Läppchen förmliche knotige Einlagerungen (s. unten Hyperplasien). Andererseits wuchern auch die Gallengänge ebenfalls in dem Bestreben, regeneratorisch neue Leberzellen zu bilden, wie das ja auch dem entwickelungsgeschichtlichen Entstehungsmodus der Leberzellen entspricht. Das neugebildete Bindegewebe zeigt daher eine große Zahl neugebildeter Gallengänge. Das Parenchym wird bei der Zirrhose trotz aller

Regenerationsbestrebungen mehr und mehr auf einzelne, allseitig von Bindegewebe umschlossene unregelmäßige Inseln reduziert, die nur kleineren Gruppen von Läppchen und
Teilen von solchen, nicht etwa den Acinis selbst, entsprechen und immer mehr an Umfang
abnehmen; sie bilden dann, da sie gleichzeitig meist Fettinfiltration und leichte Gallenstauung

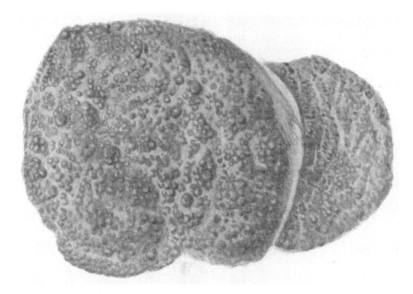

Fig. 627.
Leberzirrhose.
Ansicht von der Leberoberfläche. Die gelbgefärbten Granula ragen hervor, die tiefer liegenden Gebiete sind von grauer
Farbe (Bindegewebe).

aufweisen (s. oben) auf dem Durchschnitt prominente, gelblich bis grünlich gefärbte
Körner oder Granula; die normale azinöse Zeichnung geht in dem unregelmäßigen Prozeß
vollkommen verloren. Das neugebildete Bindegewebe, welches meist dann sehr zahlreiche

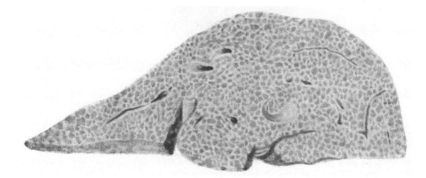

Fig. 628.
Leberzirrhose (Durchschnitt).
Die Granula (Leberzellinseln) sind gelb gefärbt; dazwischen das grau gefärbte Bindegewebe.

elastische Fasern aufweist (s. Fig. 631), schrumpft nun allmählich stark, so kommt es zur
Granularatrophie (S. 146), welche sich auch auf der Oberfläche der Leber in dem Auftreten reichlicher, durch narbige Einkerbungen voneinander getrennter Prominenzen bemerk-

bar macht; die Einkerbungen entsprechen geschrumpften interstitiellen Bindegewebszügen. Die Granula selbst haben in verschiedenen Lebern und in verschiedenen Stadien sehr verschiedene Größe. Mit dem Fortschreiten des Prozesses nimmt das Gewicht der Leber immer mehr, manchmal bis auf die Hälfte ab, ihre Konsistenz aber zu, bis schließlich die Leber in eine harte, beim Einschneiden unter dem Messer knirschende Masse verwandelt ist. Die Verkleinerung, welche sich auch in einer deutlichen Zuschärfung der Ränder äußert, betrifft gewöhnlich in besonders hohem Grade den linken Lappen, der oft nur noch wie ein kleines Anhängsel des rechten erscheint. Die Farbe einer solchen zirrhotischen Leber ist infolge

Atro-
phische,
Laënnec-
sche Leber-
zirrhose.

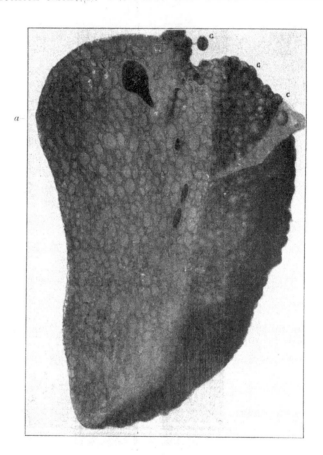

· Fig. 629.
Leberzirrhose.
Bei G Oberfläche, bei *a* Durchschnitt der Leber.   Nach Cruveilhier l. c.

des Fettes und des Ikterus (s. oben) meist gelb, woher ihr Name (kyrrhos) rührt. Es ist dies die gewöhnliche sog. **atrophische** oder **Laënnecsche Leberzirrhose.**

Der verschieden starken Ausbildung dieser Veränderungen entsprechend kann man nun bei ihr mehrere Stadien (bzw. Formen) unterscheiden. Überwiegt anfänglich die Vermehrung des Interstitiums räumlich über die Abnahme des Lebergewebes, so schwillt die Leber an — hypertrophisches Stadium der Zirrhose; macht dann aber bald diese anfänglich etwa vorhandene Volumenvermehrung einer Verkleinerung des Organes Platz, so ist dies das atrophische Stadium der Leberzirrhose. In anderen Fällen entsteht die atrophische Form von vornherein, indem der Schwund des Leberparenchyms stärker ist als die Wucherung des Bindegewebes.

Hyper-
trophisches
und atro-
phisches
Stadium.

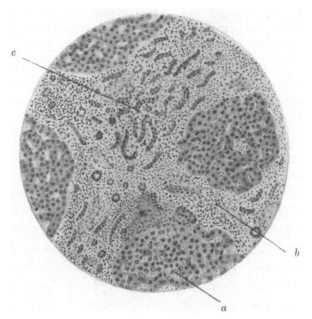

Fig. 630.
Leberzirrhose ($\frac{90}{1}$).

Lebergewebe (a). Das stark vermehrte (rot gefärbte) Bindegewebe (b) enthält zahlreiche Rundzellen und gewucherte Gallengänge (c). Färbung nach van Gieson.

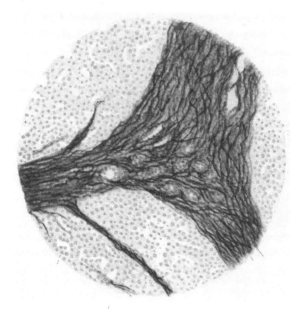

Fig. 631.
Leberzirrhose ($\frac{90}{1}$).

Die Zellkerne sind rot gefärbt (Karmin). Das vermehrte Bindegewebe ist außerordentlich reich an neugebildeten elastischen Fasern (blauschwarz gefärbt nach Weigert), zwischen denen quergetroffene Gallengänge gelegen sind.

Durch die Strukturveränderung in der Leber — fallen doch mit dem Zugrundegehen der Acini zahlreiche Pfortaderäste (Zentralvenen) aus — kommt es bei der Zirrhose zu einer **Staung im Pfortadersystem**, welche nur zum Teil durch kollaterale Abfuhr des Blutes ausgeglichen wird. Als kollaterale Bahnen fungieren die Bahnen des Ösophagus, der Nierenkapsel und die Venae spermaticae, welche man auch alle bei der Sektion überfüllt findet; schon von außen her ist oft eine variköse Schlängelung und Wulstung der den Nabel umgebenden Venen auffallend, das sog. „Caput Medusae". Da aber alle diese Anastomosen nicht ausreichen, um das Pfortadergebiet zu entlasten, da in der Leber ein Teil der Pfortaderäste durch das Bindegewebe komprimiert wird, vor allem aber viele Gefäße

Staung im Pfortadergebiet.

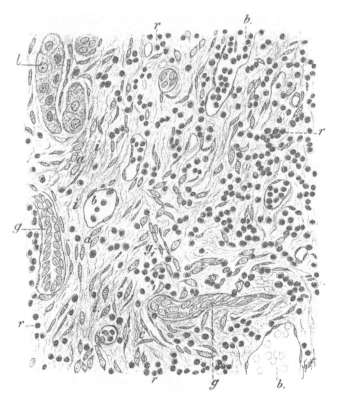

Fig. 631a.
Interstitielle Hepatitis ($\frac{250}{1}$).

a Fibroblasten, *r* Lymphozyten, *i* neugebildetes faseriges Interstitium mit spindeligen Zellen; *b, c* junge Gefäße, *g, g₁* junge Gallengänge, *l* vom wuchernden Bindegewebe umwachsene Gruppen von Leberzellen.

zugrunde gegangen sind und die ganze Anordnung der Gefäße jetzt eine neue ist, so kommen Stauungserscheinungen in den Organen der Bauchhöhle, Magen, Darm, Milz etc. in Form von Stauungskatarrhen und ferner Ascites zustande; der bei der Leber-*Milztumor.* zirrhose in den meisten Fällen vorhandene Milztumor ist aber nur zum Teil auf die Stauung im Pfortadergebiet, zum Teil auch auf primäre, der Bindegewebsvermehrung der Leber wahrscheinlich koordinierte bindegewebige Wucherung in der Milz zurückzuführen (vgl. S. 392).

Ikterus. In den gewöhnlichen Fällen von Leberzirrhose pflegt bloß ein mäßiger Ikterus aufzutreten, was wohl darauf bezogen werden muß, daß mit der Atrophie des Leberparenchyms auch die Gallenproduktion abnimmt; daß die Galle vielfach in den Leberläppchen zurückgehalten wird, haben wir bereits erwähnt. Eine starke ikterische Verfärbung der Leber und allgemeinen Ikterus findet man naturgemäß bei den biliären Formen der Zirrhose (s. unten).

Von dem Bild der gewöhnlichen bisher besprochenen sog. **atrophischen oder Laënnecschen Zirrhose** weichen andere Formen chronischer Hepatitis in mancher Beziehung ab; es kann zunächst eine Volumenvergrößerung des Organs dauernd bestehen bleiben, und zwar trifft das namentlich in den Fällen zu, in denen auch die intraazinös gerichtete Bindegewebswucherung von vornherein in höherem Maße beteiligt ist. Das Bindegewebe entwickelt sich zwischen den Leberzellenreihen, drängt diese, ja sogar einzelne Leberzellen auseinander und steht mit dem gleichzeitig wuchernden interazinösen Gewebe in Zusammenhang. Da also gleichzeitig eine inter- und intraazinöse Bindegewebsneubildung vorhanden ist, nimmt das Volumen der Leber stark zu, und ihr Gewicht kann bis auf 2—4 Kilo vermehrt werden. Dabei bleibt die Leber ziemlich glatt, ihre Konsistenz ist mehr zäh als hart; häufig besteht ein besonders hochgradiger Ikterus. In manchen Fällen zeigt das vermehrte Bindegewebe (Gitterfasern)eher den Charakter einer einfachen, gleichmäßigen Hyperplasie (s. S. 99ff.) als den einer starken Granulationswucherung. Auch wenn es zur Atrophie kommt, entstehen meistens nur flache Vorwölbungen an der Oberfläche, aber keine charakteristische Granularatrophie. Man bezeichnet solche Formen auch als **hypertrophische Leberzirrhose (Hanot).** Eine hypertrophische Leberzirrhose kann sich auch aus einer atrophischen noch dadurch bilden, daß eine besonders hochgradige regeneratorische Wucherung der Leberzellen, meist in Form großer in das Bindegewebe eingebetteter Knoten, zutage tritt.

Als Ursachen der Leberzirrhose sind besonders toxische Stoffe in Betracht zu ziehen; seit langer Zeit ist übermäßiger Alkoholgenuß, insbesondere Schnapsgenuß, als hauptsächlichste Quelle der gewöhnlichen Formen der Leberzirrhose bekannt, und damit stimmt auch

Abweichende Zirrhoseformen.

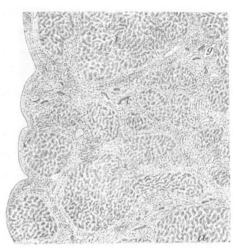

Fig. 631 b.
Atrophische Leberzirrhose (interstitielle Hepatitis ($\frac{50}{1}$).
a Leberazini, zum Teil hochgradig verkleinert, *b* vermehrtes Bindegewebe, in demselben neugebildete Gallengänge (*e*), *g* portale Gefäße. An der Oberfläche (links) erkennt man die narbigen Einziehungen und die durch diese bedingten Granula.

Hanotsche hypertrophische Leberzirrhose.

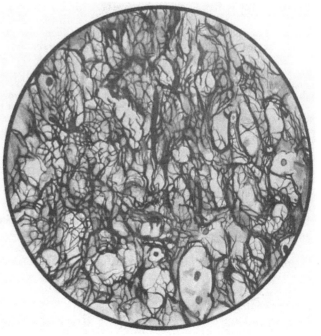

Pathogenese der Zirrhose.

Fig. 632.
Leberzirrhose. Das Bindegewebe zum großen Teil durch Hyperplasie der Gitterfasern entstanden.
(Imprägnation mit Silber nach Bielschowsky.)

überein, daß die Erkrankung besonders in Gegenden auftritt, in denen der Schnapsgenuß sehr verbreitet ist und daß sie viel häufiger bei Männern als beim weiblichen Geschlecht beobachtet wird. Doch scheint meist erst sehr langdauernder anhaltender Schnapsgenuß die Zirrhose herbeizuführen, und strikte bewiesen ist auch dies noch nicht. Die häufigste Säuferleber ist nicht die Zirrhose, sondern die Fettleber. Viel seltener als bei Schnapssäufern kommt die Zirrhose auf jeden Fall bei Biersäufern vor; bei solchen finden sich dann besonders die hypertrophischen Anfangsstadien. Da die Leberzirrhose sich auch an chronische Erkrankungen des Magen-Darmkanals, besonders an Gastrektasien anschließen kann und dann als Autointoxikation durch giftige, im Magen-Darmkanal gebildete Stoffe gedeutet werden muß, wirkt auch der Alkohol wohl nicht direkt auf die Leber, sondern durch die von ihm hervorgerufenen Gastro-Intestinal-

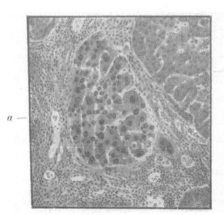

Fig. 632 a.

Leberzirrhose mit hypertrophischen Leberzellen (*a*). Bei *b* Reste von Lebergewebe.

Biliäre
Zirrhose.

katarrhe. Also der Alkohol wäre dann nur die unmittelbare, Autointoxikationen die mittelbare Ursache. Außer der alkoholischen gibt es noch andere toxische Formen der Leberzirrhose, so bei der Bleivergiftung, bei chronischer Phosphorvergiftung, bei Intoxikationen, besonders vom Darmkanal aus, durch Bakteriengifte und im Gefolge von allgemeinen Infektionskrankheiten; besonders ist in dieser Beziehung die Tuberkulose zu betonen, der von manchen Seiten große Bedeutung für das Zustandekommen der Leberzirrhose zugeschrieben wird.

Ein Teil der Fälle von interstitieller Hepatitis schließt sich an chronische Gallenstauung an; indes müssen zur Gallenretention wohl noch weitere Momente hinzukommen, um eine Zirrhose hervorzurufen; als solche kann man in manchen Fällen eine Infektion durch die Gallenwege annehmen. Es kommt zu Nekrosen von Leberzellen und Ersatz durch Bindegewebe. Bei dieser biliären Zirrhose können Milztumor und Pfortaderstauung fehlen. Der biliären Zirrhose gehört endlich noch ein großer Teil der sog. hypertrophischen Formen an, bei welchen die Leber keine Volumenabnahme erleidet.

Das neugebildete Bindegewebe der Zirrhose ist sehr reich an elastischen Fasern. Manchmal ist es (ebenso wie auch die noch erhaltenen Leberzellen) sehr ausgiebig mit Blutpigment durchsetzt. Man kann dann von Pigmentzirrhose reden. Besonders stark ist dies entwickelt, wenn Leberzirrhose, Diabetes und allgemeine Hämochromatose zusammen bestehen, bei dem sog. Bronzediabetes.

Bei der Zirrhose findet sich zuweilen Pfortadersklerose nicht nur als Folge der Stauung, sondern auch zum Teil auf die Grundnoxe zu beziehen. Ähnliche Veränderungen der Pfortaderwandung finden sich auch bei Syphilis (Simmonds). An die Sklerose kann sich vollständiger Verschluß der Pfortader durch Thrombose anschließen.

f) Infektiöse Granulationen.

Tuberkulose.

Miliartuberkel.

f) Infektiöse Granulationen.

Die Tuberkulose kommt in der Leber als disseminierte Tuberkulose sowie — seltener — in Form größerer Herde (Konglomerattuberkel s. S. 155) vor. Die disseminierte Tuberkulose zeigt kleine, meist mit dem bloßen Auge nicht oder kaum erkennbare, seltener Hirsekorngröße erreichende, grauweiße, später verkäsende Knötchen, die oft selbst wieder aus kleinsten konfluierenden Tuberkeln zusammengesetzt sind. Sie hängen meist mit dem periportalen Bindegewebe zusammen, sitzen so besonders am Rande der Acini, weniger im Innern dieser und finden sich sehr häufig bei irgendwelchen anderweitigen tuberkulösen Prozessen im Körper, insbesondere bei Tuberkulose der Lunge oder des Darmes, bei letzterer fast regelmäßig.

Konglomerattuberkel.

Die größeren tuberkulösen Herde (Konglomerattuberkel) der Leber sitzen auch mit Vorliebe im periportalen Bindegewebe und entwickeln sich ebenfalls meist sekundär im Anschluß an Tuberkulose anderer Organe. Sie finden sich gewöhnlich zu mehreren und erreichen bis Erbsengröße und darüber. Vielfach entwickeln sie sich in der Umgebung und von da aus in der Wand der größeren Gallenwege, da ja auch diese im interlobulären Bindegewebe gelegen sind. Sie brechen dann in sie ein, so daß man an der betreffenden Stelle einen käsigen

Knoten mit einem, dem Gallengang angehörigen, von gallig gefärbten Käsemassen erfüllten, Lumen vorfindet. Man spricht dann von Gallengangstuberkeln. Sehr selten, aber sicher nachgewiesen, sind sehr große tumorartige Konglomerattuberkel in der Leber.

Daß sich auch bei Tuberkulose Bindegewebsvermehrung nach Art der Zirrhose findet, ist schon oben erwähnt.

In ganz seltenen Fällen sind bei Neugeborenen auch Pseudotuberkel (evtl. von Pseudotuberkelbazillen hervorgerufen, s. S. 316) beobachtet worden.

Die **Syphilis** tritt teils in Form einer mehr oder weniger ausgebreiteten interstitiellen Hepatitis, teils in Form umschriebener gummöser Neubildungen (S. 172) auf; häufig finden sich beide Veränderungen nebeneinander vor. Besonders bei hereditär syphilitischen Neugeborenen findet man ausgesprochene Formen hypertrophischer, intraazinöser Zirrhosen (S. 571), welche meist gleichmäßig über die Leber ausgebreitet und von einer starken Fetteinlagerung in die Leberzellen begleitet sind. Im Bindegewebe bilden sich häufig sehr zahlreiche Gallengänge neu; das Organ ist dabei vergrößert, von derber Konsistenz, aber glatter Oberfläche; häufig zeigt es ein geflecktes, feuersteinähnliches Aussehen. Die atrophischen Formen syphilitischer Zirrhose treten vorzugsweise bei Erwachsenen, und zwar im Tertiärstadium der Lues auf und gleichen, wenn sie sich einigermaßen gleichmäßig über das ganze Organ verbreiten, den gewöhnlichen Formen der atrophischen

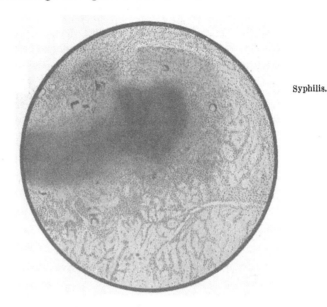

Fig. 632 b.
Amyloid und Tuberkulose der Leber.
Epitheloidzellentuberkel mit Riesenzellen und Nekrose. In der unteren Hälfte der Figur glasige Massen (Amyloid), ausgehend von den Kapillaren zwischen den Leberzellen, diese zu atrophischen Zellreihen komprimierend.

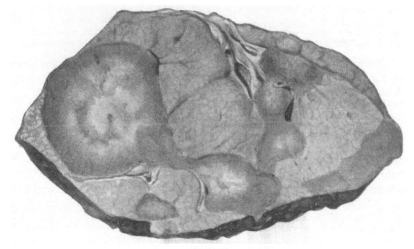

Fig. 633.
Multiple Gummata der Leber.

Zirrhose; doch sind sie nicht selten auf einzelne Bezirke lokalisiert und rufen dann an diesen besonders hochgradige Veränderungen, namentlich starke Einziehungen (s. unten) hervor.

**Gummi-
knoten.**

Gummöse Neubildungen treten sowohl bei hereditärer — meist in Form der sog. miliaren Gummata — wie bei akquirierter Syphilis, besonders um Gefäße und Gallengänge auf und bilden im frischen Zustande graurötliche, gallertig-weiche Einlagerungen, die miliar, aber auch bis überwalnußgroß, sowie einzeln oder in größerer Zahl vorhanden sein können (Fig. 633 u. 634); sie zeigen entschiedene Neigung zu schwieliger Umwandlung, namentlich am Rande, wo sich um sie eine derbe, fibröse Kapsel bildet, von welcher in charakteristischer Weise radiär angeordnete Bindegewebszüge in die Umgebung ausstrahlen. Kleinere Knoten können ganz schwielig entarten und dann einem interstitiellen Schrumpfungsherd ähnlich werden; größere fallen meistens in ihrem zentralen Teile einer Verkäsung anheim, während an der Peripherie die beschriebene Schwielenbildung Platz greift. Indem das schwielige Gewebe schrumpft, entstehen Einziehungen und Furchen von oft bedeutender Ausdehnung, innerhalb welcher noch ein käsiges Zentrum liegen kann. Namentlich schwielig umgewandelte Gummen, aber auch fleckweise in besonderer Intensität auftretende, sonst diffuse produktive Entzündungen haben durch die dem syphilitischen Granulationsgewebe eigentümliche Neigung zu starker Schrumpfung häufig sehr erhebliche Einziehungen an der Leberoberfläche zur Folge, die sich namentlich am Rande der Leber

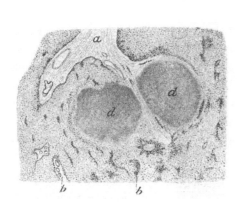 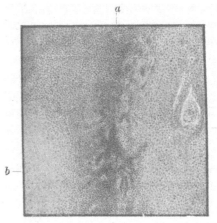

Fig. 634.

Käsige Gummiknoten der Leber ($\frac{4}{2}$).

a verdicktes periportales Bindegewebe, *b* kleinzellige Infiltrate und Gefäße in demselben, *d, d* Gummen.

Fig. 634a.

Gummiknoten der Leber.

a Lebergewebe, *b* gummöse Infiltration; *c* Nekrose in dieser.

im Auftreten tiefer Furchen äußern. Sind zwei oder mehrere solcher Furchen nebeneinander vorhanden, so wird das Lebergewebe zwischen ihnen eingezogen und so der Leberrand gelappt

**Hepar
lobatum.**

(„Hepar lobatum“). Besonders findet sich diese Lappung am unteren Leberrand und in der Umgebung des Ligamentum suspensorium, an welcher Stelle auch die Gummen mit Vorliebe sitzen. Bei oberflächlich gelegenen Prozessen der Art beteiligt sich regelmäßig auch die Kapsel, indem sie sich an den Furchen verdickt und teilweise mit den umgebenden Organen verwächst (Perihepatitis fibrosa).

Sehr häufig besteht neben den käsigen und fibrös umgewandelten Knoten eine mehr oder minder ausgebreitete diffuse Zirrhose. Zu den genannten Prozessen können sich ferner andere Veränderungen, namentlich Gallenstauung und Ikterus, sowie Amyloiddegeneration hinzugesellen. Daß bei Lues acuta gelbe Leberatrophie vorkommt, wurde schon oben erwähnt; heilt sie aus, so kann es zu hyperplastischen Wucherungen des erhaltenen Lebergewebes kommen (s. unten).

**Aktino-
mykose.**

Aktinomykotische Abszesse finden sich selten in der Leber. Der Pilz ist hierbei meist vom Darm aus eingedrungen.

**Lymphati-
sche Ein-
lage-
rungen.**

Lymphatische Einlagerungen kommen in der Leber in Form umschriebener, interazinös gelegener, meist zunächst dreieckiger (Form der Glissonschen Kapsel) Herde oder diffuser Infiltrate bei Leukämie — bei der naturgemäß auch die Kapillaren strotzend mit Leukozyten bzw. Lymphozyten gefüllt sind, so daß die Leberzellen durch Druck atrophieren können — und Pseudoleukämie vor. Ähnliche kleine aus Lymphozyten bestehende Knötchen (sogen. Lymphome) treten bei Infektionskrankheiten, besonders Typhus und Diphtherie, in der Leber multipel auf.

g) Verletzungen und Wundheilung.

Ausgedehnte Verletzungen der Leber endigen meist durch die mit ihnen verbundene Blutung tödlich; da die Leber durch eine gewisse Brüchigkeit ihres Gewebes zu Zerreißungen disponiert ist, so kommen ihre Rupturen verhältnismäßig leicht durch äußere Gewalteinwirkungen, auch ohne Verletzung der Bauchdecken, zustande; auch als Effekt forcierter Extraktion des Fötus kommen Leberrupturen vor. Gefäßzerreißungen führen auch, wenn das Leben erhalten bleibt, zu anämischen Infarkten (s. oben).

Die Heilung von Leberwunden erfolgt durch Bildung einer bindegewebigen Narbe, evtl. unter Organisation des etwa vorhandenen Blutgerinnsels. Im Gefolge von Zerreißungen von Lebervenen kommt es bei Leberverletzungen gelegentlich zu Embolie von Leberzellen in andere Organe (s. S. 43).

h) Hyperplastische Prozesse; Geschwülste.

Hypertrophie der ganzen Leber kommt, wenn auch selten, vor. Ein **regenerativer** Wiederersatz tritt in großer Ausdehnung bei Verlust von Leberparenchym ein; man kann z. B. bei Kaninchen bis zu $^3/_4$ der Leber operativ entfernen und findet nach einigen Wochen ihr Volumen fast vollkommen wieder hergestellt, indem der zurückgebliebene Rest des Lebergewebes eine entsprechende Vergrößerung durch Hyperplasie seiner Acini und Vermehrung seiner Zellen erfahren hat. Auch beim Menschen ist die Fähigkeit der Regeneration der Leber eine große, doch werden große Substanzverluste durch Narbengewebe gedeckt. Vikariierende regeneratorische Hypertrophien spielen eine wichtige Rolle bei vielen Erkrankungen, in deren Verlauf Lebergewebe zugrunde geht; man trifft einzelne vergrößerte Läppchen und ganze Gruppen von solchen, ferner auch einzelne Zellen meist hypertrophisch — offenbar eine kompensatorische Hypertrophie — nach akuter gelber Atrophie, bei Leberzirrhose, bei Echinokokkus, bei Gummiknoten der Leber etc. Die Regeneration geht von den erhaltenen Leberzellen aus; auch an den Gallengangsepithelien, welche ja auch

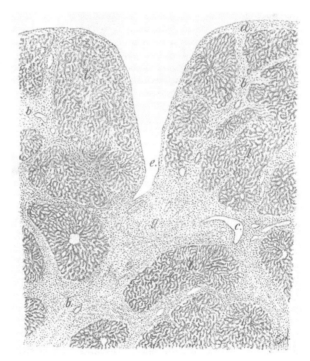

Fig. 635.
Syphilitische Leberzirrhose.
d Leberkapsel; *b* verdicktes periportales Bindegewebe mit einem größeren Herd bei *g*, darüber eine Einziehung der Oberfläche *e*; *l* Leberparenchym; *c* Gefäße.

bei der embryonalen Entwickelung in Leberzellen übergehen, finden Neubildungsbestrebungen statt. Gruppen hypertrophischer Acini treten zuweilen bei Zirrhose als erbsen-

große bis kirschgroße Knoten hervor, welche manchmal ohne scharfe Grenze in die Umgebung übergehen, manchmal sich mehr oder weniger scharf absetzen; in ihrer Struktur
zeigen sie häufig Abweichungen vom normalen Lebergewebe, indem die einzelnen Zellen
größer und oft nicht mehr zu Balken, sondern mehr drüsenschlauchartig angeordnet sind.

Knotige Hyperplasien. Man bezeichnet solche Formen als „**knotige Hyperplasien**". Ähnliche umschriebene Knoten
werden gelegentlich auch sonst in normalen Lebern gefunden, wo man sie dann nicht als
kompensatorische Hyperplasie auffassen kann; sie beruhen hier wohl auf angeborenen Anomalien. Sind die Abweichungen der Zellanordnung von dem normalen Leberbau hervor-
stechend und tritt das Gebilde deutlich als Tumor auf — meist auch bei Zirrhose — ohne
Adenome. aber atypische Epithelwucherungen aufzuweisen, so wird von **Adenom** gesprochen. Man
teilt diese je nach ihrer Matrix in Leberzellenadenome und Gallengangsadenome ein.

Primäre Karzinome. Das primäre **Karzinom** der Leber ist selten; es nimmt seinen Ausgang meist von den
kleinsten Gallengängen, seltener von den Leberzellen selbst. Ihrer Struktur nach gleichen
die Karzinome entweder den Adenomen, d. h. sind drüsig gebaut („**maligne Adenome**"
S. 211), oder sie gehen in einen alveolären Bau mit zum Teil kompakten Zellnestern über

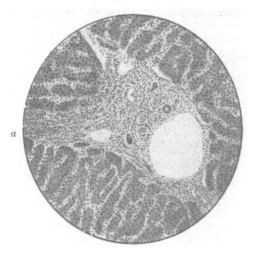

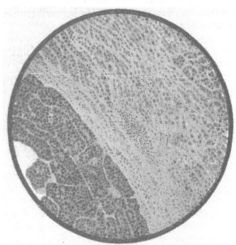

Fig. 636.
Lymphatische Leukämie der Leber.
Das periportale Bindegewebe (a) mit Lymphozyten durchsetzt. Ferner sind die Kapillaren zwischen den Leberzellen
mit ihnen angefüllt.

Fig. 636 a.
Adenom der Leber (bei a). Die Leberzellen der
Umgebung sind konzentrisch abgeflacht.

(Adeno-Karzinome S. 236), oder endlich es handelt sich um ein aus kleinen soliden Zellhaufen zusammengesetztes **indifferentes Karzinom** (Cancer).

Die mit Hohlräumen versehenen Tubuli sind von den Gallengängen abzuleiten, und die Karzinome,
in denen sie sich allein oder mit soliden Zellmassen vermischt finden, sind somit wohl zunächst ebenfalls
auf die kleinen Gallengänge zu beziehen. Die nur aus soliden Massen bestehenden Karzinome dagegen
leiten sich wohl von den Leberzellen selbst ab und stehen somit den zuletzt beschriebenen knotiger
Hyperplasien und Adenomen nahe bzw. gehen aus ihnen hervor. Zum Unterschied von einfachen Adenomen
finden sich Durchbrüche in Venen und somit Metastasen.

Das Leberkarzinom tritt fast ausschließlich im Anschluß an Leberzirrhose auf; diese
ist auf jeden Fall als auslösende Ursache anzusehen (s. Tafel IV, Fig. 625). Die Leberkarzinome
kommen in Form solitärer oder multipler Knoten oder endlich in ganz diffuser Weise
vor; in letzterem Falle zeigt die Leber zuweilen für das bloße Auge (und evtl. zunächst auch
für die mikroskopische Untersuchung) das Bild einer hypertrophischen Zirrhose, nur daß
das massenhaft neugebildete Bindegewebe überall gleichmäßig von kleinen Krebsnestern
statt von Lebergewebe durchsetzt ist.

Vielfach verbreiten sich die Karzinome der Leber innerhalb der Pfortaderäste, so daß
die Karzinomnester, die man auf Durchschnitten vorfindet, sich bei genauerem Zusehen

zum großen Teil als Ausfüllungen von Blutgefäßen erweisen (krebsige Thromben). Die Tumor-zellen der Leberkarzinome (soweit sie sich von Leberzellen ableiten) können — selbst in Meta-stasen — noch Galle produzieren.

In der Leber kommen, vor allem von — evtl. aberrierenden — Gallengängen abzuleitende **Zysten** vor. Ist eine Leber von reichlichen kleinen zystischen Hohl-räumen durchsetzt, so spricht man von einer „**Zystenleber**". Diese ist angeboren, kommt meist gleichzeitig mit einer analogen Veränderung der Nieren (und evtl. der Milz) vor und ist ebenso wie diese zu er-klären (s. dort). Die Zysten liegen im peri-portalen Bindegewebe und weisen einen klaren, wässerigen Inhalt auf; die Leber-oberfläche wird durch größere Zysten mehr oder weniger vorgewölbt. Die Vergrößerung der Leber kann dabei so bedeutend wer-den, daß sie ein Geburtshindernis dar-stellt.

Von Bindegewebsgeschwülsten fin-den sich in sehr seltenen Fällen **Sarkome**; sehr häufig kommen dagegen **kavernöse Angiome** in der Leber vor (S. 196), be-sonders dicht unterhalb der Kapsel. Die

Fig. 637.
Kavernöses Angiom der Leber.

Bluträume können durch Thromben verschlossen werden; werden diese organisiert, so kommen ganz fibromartige Bilder zustande.

Endotheliome der Blutbahnen sind in der Leber beschrieben, aber sehr selten.

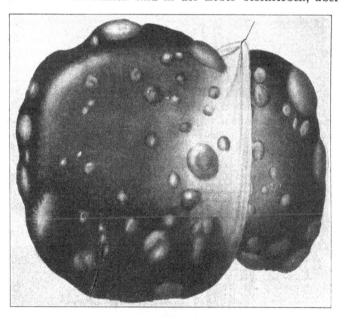

Fig. 637 a.
Zahlreiche Metastasen der Leber bei Karzinom.
Nach Cruveilhier, l. c.

Geschwulstmetastasen — meist **Karzinome** und Sarkome — können — seltener — per continuitatem z. B. vom Magen her die Leber ergreifen. Weit häufiger geschieht dies

durch die Leberarterie oder vor allem die Pfortader. Ersteren Weg wählen Geschwulstkeime, welche die Lungenkapillaren passiert haben und aus irgend einem Gebiet des großen
Kreislaufes stammen. Die Pfortader benutzen vor allem die Karzinome ihres Ursprungs-
gebietes, also des Magens, Darms und Pankreas etc. Wegen der Häufigkeit der primären
Karzinome an diesen Stellen ist das auf dem Wege der Vena portae die Leber affi-
zierende sekundäre Karzinom der Leber so überaus häufig und das um so mehr,
als in der Leber infolge ihrer Zirkulationseigentümlichkeiten jede Gelegenheit zur Entwickelung reichlicher Metastasen gegeben ist. So treten die sekundären Leberkarzinome
oft weit mehr als der primäre Krebs z. B. des Magens hervor. Häufig ist die ganze Leber
von unzähligen Metastasen durchsetzt. Die Mitte des einzelnen Tumorknotens wird oft
nekrotisch, sinkt unter der Serosa ein und bildet so eine nabelartige Delle. Am Rande
des Karzinoms flachen sich die Leberepithelien infolge der Kompression zu dünnen konzentrisch
geschichteten Reihen ab. Als Vermittler zwischen dem Primärtumor und der Lebermetastase
kann man oft einen Einbruch eines karzinomatösen Herdes, so einer karzinomatösen Lymphdrüse, in einen größeren Pfortaderast mit Tumorthrombose
beobachten. Bricht in der Leber ein Karzinom in die Lebervene durch, so kann es zu weiteren
Metastasen in die Lunge kommen.

Außer den in Knotenform die Leber durchsetzenden Tumoren gibt es noch ein mehr
diffuses Leberkarzinom, welches sich in den zwischen den Leberzellen gelegenen Kapillaren ausbreitet.

Versprengte Nebennierenkeime können in der Leber — wie, weit häufiger, in der Niere (s. dort) —
zu sog. Hypernephromen Veranlassung geben.

In der Leber treten häufig, besonders unterhalb der Serosa, kleine, graue, runde Knötchen auf,
welche mikroskopisch aus Bindegewebe und gewucherten Gallengängen bestehen. Das eigentliche Leberparenchym fehlt hier; Bindegewebe ist an die Stelle getreten, die Gallengänge sind vikariierend
gewuchert; also eine Art zirkumskripter Zirrhose. Zum Teil handelt es sich um die Folge kleiner Bildungsanomalien der Leber aus embryonalen Zeiten (sog. Hamartome, s. S. 287), zum Teil um abgelaufene Prozesse, welche mit Zerstörung des Lebergewebes einhergingen, wie z. B. Tuberkel, oder kleine Gummata,
oder abgestorbene Pentastomen.

i) Parasiten.

Von tierischen Parasiten ist der **Echinokokkus** (s. S. 333) der wichtigste. Er kommt
in zwei Formen vor, als Echinococcus unilocularis (hydatidosus) und als Echinococcus
multilocularis (alveolaris). Ersterer bildet in der Leber eine bis walnußgroße oder größere
Blase, die von der deutlich geschichteten Chitinkapsel des Echinokokkus gebildet wird und
in ihrem Innern klare Flüssigkeit und Brutkapseln mit Skolizes enthält. Um den Echinokokkus herum bildet sich durch reaktive Entzündung eine bindegewebige Kapsel. Der Alveo-
larechinokokkus durchsetzt mit zahlreichen kleinen, etwa bis erbsengroßen Hohlräumen
das Lebergewebe; sie sind ebenfalls von einer Chitinkapsel umgeben, und Bindegewebe
liegt zwischen ihnen. Die Folgen der Echinokokkenansiedelung sind Kompression und
Atrophie des Lebergewebes, welche freilich vielfach durch hypertrophische Vergrößerungen einzelner Läppchen und ausgedehnter Leberbezirke kompensiert wird. Folgezustände
sind Ikterus durch Kompression von Gallengängen, Durchbruch in solche, oder in andere
Hohlorgane, oder die Bauchhöhle, oder endlich in die Vena cava inferior mit Embolie der
Lungenarterie. Durch Infektion von Gallengängen oder vom Blute her können Echinokokken auch vereitern. Abgestorbene Echinokokkusblasen bilden geschrumpfte, derbe
fibröse Massen mit eingedicktem käseähnlichen Inhalt. Von anderen Parasiten kommen
in manchen Fällen der Cysticercus cellulosae, das Distomum hepaticum und D. lanceolatum (in der Gallenblase), Pentastomum denticulatum, der Ascaris lumbricoides
(vom Darm her eingewandert) und Coccidien (beim Kaninchen weit häufiger als beim
Menschen), sowie Amoeben (Leberabszesse) vor. (I. Teil, Kap. VII.)

k) Gallenwege und Gallenblase.

Einen sehr häufigen Befund bilden innerhalb der Gallenwege, namentlich innerhalb
der Gallenblase selbst Konkremente, sog. **Gallensteine,** welche zu sehr mannigfachen

Folgezuständen führen können; die meisten der in der Gallenblase und den Gallenausführungsgängen vorkommenden krankhaften Veränderungen, namentlich jene entzündlicher Art,
können sich im Anschluß an Gallensteine entwickeln.

Manchmal bilden die Gallensteine bloß hirsekorngroße oder noch kleinere Partikel,
die oft in ungeheurer Masse vorhanden sind (Gallengries); in anderen Fällen kann ein einzelner Gallenstein so groß werden, daß er die ganze Gallenblase vollkommen ausfüllt. Solche
Konkremente haben meist eine eiförmige Gestalt und können selbst Hühnereigröße und mehr
erreichen. Innerhalb der Gallengänge gelegene Steine können, der Form des von ihnen ausgefüllten Raumes entsprechend, zylindrisch, walzenförmig oder sogar verzweigt sein. Oft
sind auch, besonders in der Gallenblase, viele, ja Hunderte von Steinen vorhanden. Dann
sind die einzelnen kleiner, wenn auch verschieden groß, von eckiger bis polyedrischer Form
oder meist fazettiert, was durch gegenseitige Anpassung der einzelnen Konkremente aneinander während ihres Wachstums bedingt wird. Die Oberfläche ist in diesem Falle glatt,
sonst oft höckerig. Die Farbe der Gallenkonkremente wechselt zwischen schwarzgrün bis
gelb oder weiß; ebenso ist auch ihre Konsistenz sehr verschieden. Was ihre chemische Zusammensetzung betrifft, so sind zwei Hauptbestandteile zu nennen: Bilirubinkalk und

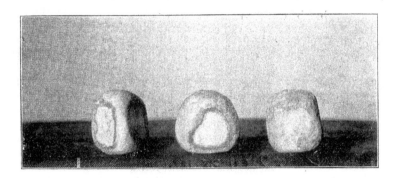

Fig. 637 b.
3 Gallensteine (nat. Größe).
Aus Fütterer, Ätiologie des Karzinoms. Wiesbaden, Bergmann 1901.

Cholesterin, wozu noch andere Kalksalze, namentlich kohlensaurer und phosphorsaurer Kalk kommen. Alle Gallensteine haben ferner ein organisches Gerüst, welches
bei der Steinbildung imprägniert wird. Die reinen Cholesterinsteine sind sehr leicht,
oft leichter als Wasser, so daß sie auf diesem schwimmen, von heller Farbe, weich, leicht
schneidbar und zerdrückbar; die Bruchfläche zeigt einen eigentümlichen, glimmerähnlichen
Glanz und meist eine radiäre Zeichnung, oft auch eine konzentrische Schichtung. Durch
mikroskopische Untersuchung kleinster Partikel lassen sich Cholesterin-Tafeln nachweisen.
Die Pigmentsteine sind meistens klein, schwerer als die vorigen, gelblich bis schwarz
und bestehen vorzugsweise aus Bilirubinkalk mit wenig Biliverdin; ihre Oberfläche ist oft
höckerig, maulbeerförmig. Weitaus die meisten Gallenkonkremente sind aus Cholesterin und Bilirubinkalk gemischt, und zwar meist so, daß der dunkelgefärbte und festere
Kern des Steines aus Bilirubinkalk und eingedicktem Schleim besteht und sich außen herum
eine Rinde von Cholesterin gebildet hat. Es kann um diese noch eine äußerste Schicht von
Bilirubinkalk oder anderen Kalksalzen vorhanden sein, oder der ganze Stein sich auf der
Schnittfläche mehrfach geschichtet erweisen. Steine, welche hauptsächlich Kalksalze (kohlensauren und phosphorsauren Kalk) enthalten, sind selten; sie sind hart, meist von heller Farbe,
höckeriger Oberfläche und kreidiger Bruchfläche.

Doch liegen gerade hier neue bedeutungsvolle Untersuchungen vor. Nach diesen kommt
der Cholesterinstein durch Zersetzungsvorgänge der gestauten Galle (besonders wenn
viele abgelöste Epithelien od. dgl. da sind), aber ohne Infektion bei konstitutionell bedingter
„Cholesterindiathese" zustande. Hierbei wird Cholesterin frei. Die Galle selbst liefert also das

(Marginalie:) Verschiedene Formen und chemische Zusammensetzung derselben.

37*

Cholesterin und ferner die Gallenfarbstoffe. Während der Schwangerschaft wird auch Cholesterin gespeichert und ausgefällt, so erklärt sich auch leicht die Häufigkeit der Gallensteine nach Geburten bei jungen Frauen. Etwa $^1/_4$ der Gallensteine soll auf diese Weise ohne entzündliche Vorgänge anfangen (Aschoff). Der sich so bildende rein radiäre Cholesterinstein verschließt sehr häufig die Gallenblase (Verschlußstein). So infiziert sich die gestaute Galle, und es entstehen die Cholesterin-Kalksteine. Den Kalk liefert hierbei die entzündete Wand der Gallenblase. Cholesterin-Kalksteinschichten lagern sich mit Vorliebe auch um den ursprünglich reinen Cholesterinstein. So entstehen konzentrisch geschichtete Kombinationssteine. Alle anderen Steine enthalten Kalk und entstehen daher in infizierten entzündlichen Gallenblasen. Auch Gallenstauung begünstigt offenbar diese Prozesse. Daher wohl zum Teil infolge des Schnürens die größere Häufigkeit der Gallensteine bei Frauen. Nach manchen Autoren sollen Bakterien an der Gallensteinbildung beteiligt sein; der genauere Modus ist aber nicht klar erwiesen.

Sehr häufig werden Konkremente in der Gallenblase gefunden, ohne daß während des Lebens irgendwelche Symptome auf ihre Anwesenheit hingedeutet hätten; kleinere Gallensteine können auch durch den Ductus choledochus in den Darm abgehen und unter Umständen krampfartige Schmerzen hervorrufen, Gallensteinkolik, doch ist dies wohl zumeist auf die die Gallensteine begleitende Entzündung der Gallenwege oder der Serosa zu beziehen.

Gallensteinkolik.

An der Stelle, wo der Stein der Schleimhaut aufliegt, kommt es häufig zu Nekrose und daraufhin zu Narbenbildung. So kann der Stein fest umwachsen werden. Legen sich Gallensteine zwischen Falten der Gallenblasenschleimhaut, so können hier divertikelartige Ausbuchtungen entstehen. Doch können auch solche Ausbuchtungen (s. oben) vorher bestehen, in denen sich die Gallensteine erst bilden. Die Muskularis der Gallenblase hypertrophiert dabei häufig.

Lokale Folgezustände.

Von großer Wichtigkeit sind unter Umständen auch andere lokale Folgezustände, die sich an der Stelle der Gallensteinbildung entwickeln. In der Gallenblase schließen sich, ebenso wie auch in den Gallengängen, sehr häufig katarrhalische Entzündungen, Cholezystitiden an. Hierbei sind die sog. Luschkaschen Gänge, Epitheleinsenkungen in die Muskelschicht, welche meist in Beziehung zu Gefäßdurchtritten stehen, von Wichtigkeit. Diese Epitheleinsenkungen werden bei der Druckerhöhung im Innern der Gallenblase bis in die Bindegewebsschicht, welche außen von der Muskularis liegt, vorgetrieben. Kommt es außer zur Steinbildung zu deutlicher Entzündung der Gallenblasenwand, so wuchern jene Epithelgänge auch aktiv. Es bilden sich zahlreiche Drüsen, welche viel Schleim sezernieren, die Epithelien stoßen sich ab etc. Diese Vorgänge können ihrerseits wieder zur Vergrößerung und Anbildung neuer Lagen um die Konkremente Veranlassung geben. Auch die Entzündungsherde liegen mit Vorliebe an der Stelle jener Luschkaschen Gänge. Öfters kommt es auch zu ausgedehnteren atrophischen und indurierenden Prozessen in der Wand der Gallenblase, so daß deren Lumen mehr oder weniger vollkommen obliteriert (s. oben), und die ganze Gallenblase schrumpft. Die Entzündung geht auch auf ihre Serosa über, sowie auf die Serosa anliegender Baucheingeweide und bewirkt so bindegewebige Adhäsionen (Pericholecystitis adhaesiva). Andererseits kann sich unter dem Einfluß der vom Darm her in die Galle gelangten Bakterien, unter welchen namentlich das Bacterium coli eine große Rolle spielt, eine diphtherisch-eiterige Entzündung entwickeln, oder ein starker eiteriger Katarrh mit diffuser eiteriger Infiltration der Gallenblasenwand — Cholecystitis phlegmonosa. Auf diese Weise kann es unter Umständen zur Perforation der Gallenblase kommen. Letztere erfolgt in den meisten Fällen in das mit der Gallenblase adhärent gewordene (s. oben) Duodenum oder das Colon transversum, seltener in den Magen, das Ileum oder andere Baucheingeweide. Beim Durchbruch durch solche Verwachsungen und Perforation der Gallenblase in andere Hohlorgane entstehen, da die Perforationsstelle in der Regel sich nicht wieder schließt, sog. Gallenblasenfisteln. Auf diesem Wege können selbst große Gallensteine in den Darm entleert werden und unter Umständen hier noch eine Verlegung des Lumens und Darmverschluß zur Folge haben. Sehr selten erfolgt, nach vorhergehender Verwachsung der Gallenblase mit der vorderen Bauchwand, die Bildung einer Fistel und direkte Entleerung von Gallensteinen nach außen. Bleiben Adhäsionen der Gallenblase mit der Nachbarschaft aus, so erfolgt die etwa eintretende Perforation in die freie Bauchhöhle hinein und hat dann eine tödliche Peritonitis zur Folge.

Cholecystitis.

Pericholecystitis adhaesiva.

Cholecystitis phlegmonosa.

Gallenblasenfisteln.

Im wesentlichen analog sind die Veränderungen, welche Gallensteine an der Wand
der Gallengänge hervorrufen können: Drucknekrose, Entzündungen (Cholangitis),
darunter auch eiterig-diphtherische Prozesse, unter Umständen Bildung umschriebener
Abszeßhöhlen, solche von größerer Ausdehnung, wenn auch die Umgebung des Gallenganges
mit affiziert und eingeschmolzen wird. Öfters entstehen in dieser Weise multiple Leber-
abzsesse (S. 564), während gleichzeitig das Lumen der Gallenwege bis in ihre feinsten Äste
mit eiteriger Masse erfüllt ist.

Auch von dem Ductus choledochus aus können Perforationen in andere Organe resp.
in die Bauchhöhle zustande kommen. Der Stein kann auf diese Weise direkt ins Duodenum
in der Nähe der Papille perforieren, nachdem er im Ductus choledochus, weil er ihn seiner
Größe wegen nicht passieren konnte, fest eingekeilt gewesen.

Bleibt ein Gallenstein in den Gallenwegen stecken, so kommt es, wenn das Lumen
vollständig verlegt ist, zu Folgezuständen, die je nach der Stelle des Verschlusses ver-

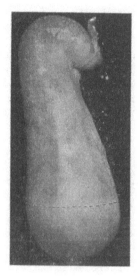

Fig. 637 c.
Hydrops vesicae felleae.
(Aus Pagenstecher.)
.... bezeichnet die Lage des Leberrandes.

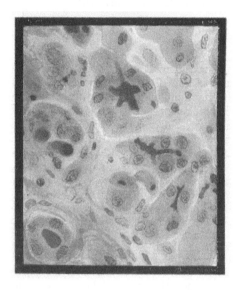

Fig. 637 d.
Ikterus. Gallenretentionen in Form von Konkrementen
in den Gallenkapillaren zwischen den Leberzellen und
in den Sekretvakuolen in den Leberzellen (bei Leberzirrhose).

schieden sind. Findet eine Verlegung des Ductus cysticus statt, so kann keine Galle mehr
in die Gallenblase überfließen, dagegen findet in deren Lumen hinein eine infolge des gleichzeitig bestehenden Katarrhs meist sogar gesteigerte Schleimabsonderung statt; während
die noch vorhandene Galle nach und nach völlig resorbiert wird, dehnt sich die Blase
durch zunehmende Füllung mit schleimig-wässeriger Flüssigkeit mehr und mehr aus, ein
Zustand, welcher als **Hydrops vesicae felleae** bezeichnet wird.

Besteht eiterige Entzündung der Gallenblase und ist gleichzeitig durch Verschluß
des Ductus cysticus der Eiterabfluß verhindert, so wird die Gallenblase durch den sich
ansammelnden Eiter stark ausgedehnt, und es entsteht ein sog. **Empyem** der Gallenblase,
welches zur Perforation führen kann.

Hydrops
vesicae
felleae.

Empyem.

In anderen Fällen kommt es umgekehrt zu einer fibrösen Entartung und Schrumpfung der Gallenblasenwand, wodurch die Blase schließlich veröden, und ihre Wand
sogar verkalken kann. Oft zeigt sie dann einen eingedickten, mörtelartigen Inhalt. (Über
eiterige Entzündung der Gallenwege s. unten.)

Verlegt ein Gallenstein den Ductus choledochus oder den Ductus hepaticus, so kommt

<table>
<tr><td>

Ikterus.

Erweite-
rung der
Gallen-
wege.

Peri-
cholangitis
fibrosa.
Biliäre
Zirrhose.

Karzi-
nome im
Anschluß
an Gallen-
steine.

</td><td>

es zur Hinderung des Gallenabflusses aus der Leber und zu Ikterus. Bei dauernder Gallen-
stauung kommt es vielfach zur Erweiterung der gesamten, hinter der Verschlußstelle
gelegenen Abschnitte der Gallenwege und Füllung dieser mit stagnierender Galle, manchmal
auch zu zystischer Erweiterung eines Ganges an der Stelle des Hindernisses. Selbst die
feinsten Gallengänge sowie die Gallenkapillaren findet man oft varikös erweitert, auch in
den Leberzellen die Galle gestaut; vielfach kommt es in solchen Zuständen zu einer erheb-
lichen Verdickung an den Wänden der Gallengänge, zu Bindegewebswucherung in ihrer
Umgebung (Pericholangitis fibrosa), manchmal auch zu einer ausgebildeten biliären
Leberzirrhose (s. S. 572), besonders wenn unter dem Einfluß der Gallenstauung im Leber-
gewebe hier und da multiple herdförmige Nekrosen entstanden waren, die dann durch Narben-
gewebe heilen. Das Lebergewebe nimmt infolge der Gallenstauungen besonders in den Zentren
der Läppchen eine gelbgrüne, ikterische Färbung an.

</td></tr>
</table>

Eine weitere Gefahr bieten die Gallensteine für die Gallenblase und Gallengänge dadurch,
daß sich oft Karzinome an sie anschließen (s. unten).

<table>
<tr><td>

Entzün-
dungen der
Gallen-
wege ohne
Steine.

Gastro-
duodenal-
katarrh
mit Icterus
catarrhalis.

Ödem der
Gallen-
blasen-
wand.

</td><td>

Auch ohne die Mitwirkung von Gallenkonkrementen treten in den Gallenwegen
entzündliche Prozesse verschiedener Art, katarrhalischen, diphtherischen oder eiterigen
Charakters auf, und zwar ist auch in diesen Fällen die Quelle der Infektion vielfach
im Darm zu suchen, von dem aus Bakterien, namentlich das hier so wichtige Bacterium
coli, in den Ductus choledochus übertreten. Auch tierische Parasiten, besonders Spul-
würmer können vom Darm her in die Gallenwege einwandern und hier in ähnlicher Weise
mechanisch reizen und Entzündungsprozesse hervorrufen wie die Gallensteine.

Eine sehr häufig auftretende katarrhalische Entzündung ist jene im untersten Teile des
Ductus choledochus; sie ist in der Regel Folge eines Gastroduodenalkatarrhes, der vom Darm
her auf den Ductus übergreift und durch Schwellung seiner Schleimhaut oder Bildung eines zähen
Schleimpfropfes an seiner Ausmündung an der Papille sein Lumen verschließt und den Abfluß
der Galle hindert. Die Folge dieses Zustandes ist der gewöhnliche Icterus catarrhalis. Bei
dem schwachen Druck, unter welchem die Galle abgeschieden wird, ist sie nicht imstande, einen
auch nur mäßigen Widerstand zu überwinden und staut sich schon bei geringen Hindernissen
in der Leber an, wodurch sie hier alle schon beschriebenen Folgezustände hervorruft (S. 371).
Oft findet man in der Papille oder im Ductus choledochus den Schleimpfropf, welcher das Hin-
dernis für den Gallenabfluß bildet und welcher auch durch leichten Druck auf die Gallenblase
nicht entfernt werden kann.

Von anderen Darmaffektionen, an welche sich entzündliche Prozesse in den Gallenwegen
anschließen können, ist besonders der Typhus abdominalis zu erwähnen; in seinem Verlauf finden
sich nicht selten Typhusbazillen in der Gallenblase, wo sie eine starke, sogar eiterige Chole-
zystitis hervorrufen können; auch bleiben sie hier oft sehr lange latent liegen (s. im letzten Kap.).

Auch auf dem Blutwege können Entzündungserreger in die Gallenblase und Gallen-
wege gelangen; hierauf sind größtenteils die Entzündungen zurückzuführen, die sich im Verlauf
anderer allgemeiner Infektionskrankheiten an jenen Teilen einstellen.

Aus dem Mitgeteilten geht hervor, daß entzündliche Prozesse nicht bloß Gallen-
stauungen begleiten, sondern auch ihrerseits vielfach solche hervorrufen können.

Weitere häufige Ursachen des Stauungsikterus sind narbiger Verschluß der großen
Gallengänge, Kompression oder Durchwachsung derselben durch Geschwulstmassen,
Kompression durch Echinokokken oder geschwollene (evtl. auch metastatisch-karzinomatöse)
Lymphdrüsen besonders am Ductus choledochus, in seltenen Fällen auch Verlegung der Gallen-
gänge durch vom Darm her eingewanderte Spulwürmer, oder auch, ebenfalls selten, angeborene
Atresie der Gallenwege. In allen diesen Fällen sind die Veränderungen ähnliche wie nach Ver-
schluß des Duktus durch Gallensteine.

Von einfachen Zirkulationsstörungen ist das Ödem der Gallenblasenwand zu
nennen, welches als Teilerscheinung allgemeiner Stauung oder als entzündliches Ödem auftritt
und zu starker Schwellung und Verdickung, namentlich der Schleimhaut und Submukosa der
Gallenblase führt.

</td></tr>
</table>

Fettgefüllte Zellen in der Gallenblasenschleimhaut sind auf Resorption aus der Galle zu beziehen.

Tuberkulose, manchmal auch größere Verkäsungen, kommen nur selten in der Gallenblase vor. (Über die Tuberkulose der Gallenwege s. oben S. 572.)

Von **Tumoren** treten in der Gallenblase sehr selten das Fibrom (papilläres Fibro- epitheliom), das Myxom, die Mischgeschwülste und das Sarkom, häufig das **Karzinom** auf, dessen Entstehung wenigstens in indirekter Weise wahrscheinlich mit der Anwesenheit von Gallensteinen zusammenhängt und mit dem chronischen Reiz, welchen diese auf die Schleimhaut ausüben, in Beziehung steht; in etwa 90% der Fälle finden sich gleichzeitig Steine, welche meist als primär anzusehen sind. Das Gallenblasenkarzinom tritt in Form des Adenokarzinoms (zumeist), des Skirrhus, oder des Kolloidkrebses und in nicht ganz seltenen Fällen als Kankroid (zuweilen gemischt mit Zylinderzellen-Karzinom-Adenokankroid) auf. Dabei kann die Wand der Gallenblase so vollkommen aufgezehrt werden, daß nur noch ihre Höhle übrig bleibt, die dann mit zerfallenden, krebsigen Massen erfüllt ist; oder der Tumor zeigt eine knotige Form und kann, wenn er am Hals der Gallenblase sitzt, zu Hydrops derselben führen. In allen Fällen greift die Geschwulst gerne auf die Leber über, und zwar teils direkt, teils nach Einbruch in die großen Pfortaderäste. Andere Folgezustände sind Übergreifen auf den Darm, den Magen, den Ductus choledochus und Verschluß oder Thrombose der Vena cava inferior.

Fig. 638.

Karzinom der Gallenblase (*b*).

Großer sekundärer Karzinomknoten in der Leber (*a*).

Ferner können sich Krebse an den großen Gallenwegen, am Ductus chole- dochus, besonders an der Papille und in der Nähe der Vereinigung mit dem Ductus cysticus, am Ductus hepaticus und am Ductus cysticus, oder an den innerhalb der Leber gelegenen Gallengängen entwickeln. Es handelt sich auch hier meist um Zylinderepithelkrebse. Oft treten die Karzinome innerhalb der Leber in Form multipler Knoten auf (s. oben). Ihre hauptsächlichsten Folgen sind Verschluß der Gallengänge, unter Umständen auch eiterige Entzündungen und Bildung von Leberabszessen in deren Umgebung.

G. Peritoneum.

Von den Erkrankungen des Bauchfells ist das meiste schon bei denen des Magendarmkanals und der übrigen Darmeingeweide erwähnt worden, so daß im folgenden nur noch eine kurze Übersicht gegeben zu werden braucht. Die Veränderungen haben auch so vielfache Ähnlichkeit mit denen der anderen serösen Häute, Perikard und Pleura, daß auch in dieser Beziehung zum Teil auf die betreffenden Kapitel verwiesen werden kann.

Zirkulationsstörungen bestehen in aktiver oder passiver Hyperämie, Transsudation und Blutungen. Aktive Hyperämie entsteht als entzündliche oder durch plötzliches

Nachlassen des intraabdominalen Druckes, wie dies durch Entfernung großer Tumoren der Bauchhöhle oder Entleerung von reichlicher Flüssigkeitsansammlung aus ihr bewirkt wird (S. 13).

Stauung.   Die infolge venöser Stauung eintretende Transsudation in die Bauchhöhle bezeichnet
Aszites. man als **Aszites.** Dabei findet sich die Flüssigkeit je nach ihrer Menge nur im kleinen Becken oder in der ganzen Bauchhöhle oder, bei vorhandenen Verwachsungen des Peritoneums, auch in abgeschlossenen Säcken derselben. Bei reichlichem Aszites wird das Zwerchfell nach oben gedrängt. Die hauptsächlichsten Ursachen des Aszites sind allgemeine venöse Stauung — und dann ist er in der Regel mit Hydrothorax und Hydroperikard verbunden — oder Stauung im Pfortaderkreislauf (durch Leberzirrhose, Pfortaderthrombose etc.). Auch bei Entzündungen, Tumoren etc. des Peritoneums tritt Aszites auf. Der Aszites kann durch Kommunikation mit den Bauchlymphgefäßen, besonders nach Zerreißen des Ductus thoracicus, durch Beimengung der Chylusflüssigkeit milchig getrübt werden (Hydrops chylosus). Sind zahlreiche verfettete Endothelien oder sonstige verfettete Zellen dem Aszites beigemischt,
Blutungen. so spricht man auch von Ascites adiposus oder pseudochylosus. **Blutungen** treten, wie an der Pleura, in Form von Ekchymosen bei Stauung, ferner bei hämorrhagischen Diathesen, in größerem Umfange bei Verletzungen der Baucheingeweide, oder bei sonstwie bedingtem Reißen intraabdominaler Gefäße, sowie bei tuberkulösen Peritonitiden und bei Karzinom auf. Außerdem kommen große Blutungen bei Platzen von Aneurysmen, von Tuben bei Abdominalgravidität, bei Fettgewebsnekrose (s. unten) etc. vor. Bewirken sie nicht den Tod, so können sie abgekapselt resp. resorbiert werden.

Entzün-   Die akuten exsudativen **Entzündungen** des Bauchfells sind seröse, fibrinöse, eiterige,
dungen. hämorrhagische oder Mischformen solcher und können ihren Ausgang in Bindegewebsbildung nehmen. Sind sie auf zirkumskripte Stellen des Peritoneums beschränkt, so bezeichnet man sie je nach ihrer Lokalisation als Perityphlitis (S. 540), Perihepatitis, Perisplenitis, Pelveoperitonitis (Entzündungen der Bauchfellauskleidung des kleinen Beckens).

Die Ätiologie der Bauchfellentzündungen ist eine sehr mannigfache, zumal die meisten Formen sekundärer Natur sind, d. h. sich zumeist an Erkrankungen der Organe, welche das Bauchfell bedeckt, anschließen. Primäre, sog. idiopathische Peritonitis ist selten; es handelt sich dabei um Entzündungen, bei denen die Eingangspforte ihrer Erreger unbekannt geblieben ist (s. auch unten).

Eiterige   Metastatisch tritt eine meist **eiterige Peritonitis** bei Pyämie, Typhus und anderen Infek-
Peritonitis. tionskrankheiten auf. Am häufigsten ist die Peritonitis aber auch hier von den Organen der Bauchhöhle her fortgeleitet und richtet sich dann in ihrem Charakter nach dem des ursprünglichen Entzündungsherdes. Die hauptsächlichsten Ausgangspunkte sind Entzündungen der Genitalien (Puerperalfieber, s. Kap. VIII), des Darmes (Typhlitis und Perityphlitis, Typhus etc.), entzündliche Prozesse an Leber oder Milz, endlich Wundinfektion (Laparotomie, Wunden der Bauchwand). Eine weitere Quelle ist die Perforation von Hohlorganen, besonders des Magens oder Darmes in die Bauchhöhle bei Geschwürsprozessen, ulzerierenden Geschwülsten (Karzinom), traumatischen Zerreißungen, Gangrän der Darmwand (bei inkarzerierten Hernien, Volvolus und Invagination des Darmes). Bei Perforation erfolgt der Tod entweder vor Ausbildung einer eigentlichen Peritonitis durch peritoneale Sepsis, d. h. durch Resorption der von den Fäulnisorganismen des Darminhalts produzierten Gifte,
Perforativ- oder es entsteht **eine jauchig-eiterige** („fäkulente") **Perforationsperitonitis.** Entsteht diese
peritonitis. nach Perforation von Magen oder Darm, so findet sich Gas in der Bauchhöhle, welches diese auftreibt.

Bezüglich der Prognose quoad vitam ist bei jeder Peritonitis die wichtigste Frage, ob sie abgegrenzt bleibt, oder diffus wird. Diffus ist in der Regel die Perforationsperitonitis, wenn nicht vorher schon Verwachsungen vorhanden waren, welche eine sofortige weitere Ausbreitung hindern. Zirkumskript sind zunächst alle Formen fortgeleiteter Bauchfellentzündung, vor allem die eigentlich fibrösen, produktiven, dann aber auch die exsudativen, wenn sie nicht allzu intensiv sind und nicht sehr rasch fortschreiten; dann bilden sich in ihrem Umkreis gleichfalls fibröse Prozesse aus, die das Exsudat absacken und begrenzen.

Es ist damit allerdings kein absoluter Schutz gegen das Eintreten einer allgemeinen Peritonitis gegeben, denn immer kann der schützende bindegewebige Wall noch nachträglich durchbrochen werden.

Sind von früheren Entzündungen her solche Adhäsionen vorhanden oder entwickeln sich diese noch rechtzeitig bei drohender Perforation, so kann, wenn letztere später trotzdem erfolgt, auch die Perforationsperitonitis abgegrenzt, und ihr Exsudat abgesackt werden (vgl. als Beispiel die Typhlitis und Perityphlitis, S. 540 ff.). Heilt eine Peritonitis, so geschieht dies durch Narbenbildung, welche zu **Adhäsionen** zwischen den Darmschlingen untereinander und mit sonstigen Organen der Bauchhöhle führt.

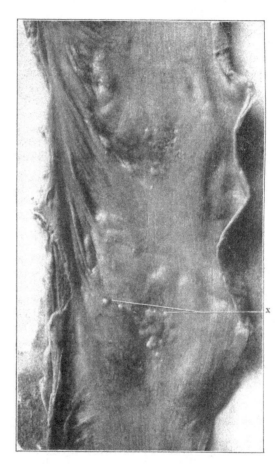

Produktive Peritonitis.

Tuberkulose.

Eine **produktive Peritonitis** ist der Ausgang einer exsudativen Form oder entwickelt sich von vornherein schleichend, namentlich in der Umgebung chronischer Entzündungen des Darmes. Sie führt zu Verdickung und Bindegewebsbildung in der Serosa, Verwachsungen verschiedener Teile untereinander, Adhäsionen des Wurmfortsatzes, solchen von Darmschlingen unter sich oder mit dem Netz, der Bauchwand, mit Organen des kleinen Beckens, ferner zu Verwachsungen der Leber oder Milz mit ihrer Umgebung. Durch die Adhäsionen kommt es auch zu Spangenbildungen, welche zu innerer Einklemmung (S. 551) Veranlassung geben können, zur Absackung von Exsudaten und Transsudaten, oder auch zu allgemeiner Verwachsung der Baucheingeweide, eventuell nach hochgradiger Lageveränderung dieser.

Es gibt auch anscheinend idiopathische Formen chronischer Peritonitis (Polyserositis fibrosa), welche mit Zuckergußbildung am peritonealen Überzug der Milz, Leber etc., sowie zumeist mit Aszites einhergehen. Vielleicht liegt hier oft Tuberkulose zugrunde.

Für die Formen der **Bauchfelltuberkulose** gilt das gleiche wie für die Tuberkulose der Pleura. Es sind auch hier einfache Tuberkulose und tuberkulöse Entzündung auseinander zu halten. Erstere entwickelt sich selten primär, meist im Anschluß an Tuberkulose des

Fig. 639.
Tuberkulöse Darmgeschwüre von der Serosaseite aus gesehen.
Reihenförmig gestellte Tuberkel (in den Lymphgefäßen entwickelt) bei x.

Darmes, der Lymphdrüsen oder anderer Baucheingeweide, ferner bei allgemeiner Miliartuberkulose, oder im Verlauf von Lungentuberkulose. Sie tritt sehr häufig zirkumskript auf. Findet man keinen primären Herd, so ist bei der Frau noch an einen Eintritt der Bazillen durch die Tube zu denken. Die tuberkulöse Entzündung ist eine eiterig-fibrinöse, häufig auch hämorrhagische und meistens ebenfalls sekundären Ursprungs. Wie bei der tuberkulösen Pleuritis finden sich bei ihr Tuberkeleruptionen neben der Exsudation. Die Tuberkel sieht man häufig am zahlreichsten am tiefsten und ruhigsten Punkte, d. h. dem kleinen Becken, besonders dem Douglasschen Raum. Es wirkt diese Stelle wie ein „Schlammfang" (Weigert).

Chronische tuberkulöse Entzündungen kommen in diffuser Ausdehnung oder zirkumskript vor und bewirken häufig mannigfache Adhäsionen der Baucheingeweide, welche alle Därme und anderen Organe fest miteinander verlöten können. In den bindegewebigen Strängen findet man oft Tuberkel oder auch größere käsige Massen eingeschlossen. Zirkumskripte, chronische, tuberkulöse Entzündungen entstehen am häufigsten im Anschluß an tuberkulöse Darmgeschwüre und rufen teils Verdickungen der Serosa, teils Verwachsungen des Darmes mit seiner Umgebung hervor. Daß sich die Peritonealtuberkel oberhalb von tuberkulösen Darmgeschwüren meist innerhalb von Lymphbahnen entwickeln, ist schon S. 536 geschildert (s. auch Fig. 639).

Ähnlichkeit der Tuberkel und kleiner Karzinomknötchen. Oft ist (besonders auf dem Wege der Dissemination entstanden) das ganze Peritoneum übersät mit kleineren oder größeren grauen oder gelben (verkästen) Knoten. Bei Karzinom des Magens etc. kommt eine Aussaat kleiner Karzinomknoten vor (s. unten), welche makroskopisch den Tuberkeln ganz gleichen können. Bilden sich größere gestielte am Peritoneum hängende Knoten, so ähnelt die Bauchfelltuberkulose der beim Rinde gewöhnlichen Form der Perlsucht. Die Peritonealtuberkulose neigt sehr zur Heilung (Operation: einfache Eröffnung der Bauchhöhle) und es bilden sich dann zahlreiche Darmverwachsungen. Oft besteht bei ihr Aszites.

Der Perlsucht ähnliche Formen.

Tumoren.

Tumoren. Primäre **Karzinome, Sarkome** und **Endothelkrebse** des Bauchfells, die an und für sich sehr selten sind, treten meist multipel auf, indem sie zahlreiche kleine, stellenweise allerdings zu größeren Massen sich zusammenlagernde Knötchen bilden. Häufig findet sich dabei eine ausgedehnte produktive Entzündung mit vielfacher Verwachsung der Baucheingeweide (Peritonitis carcinomatosa). — Vom subserösen Gewebe können Sarkome, Lipome, Fibrome, Myxome, Myxosarkome, Lymphosarkome etc. ausgehen; manchmal finden sich in der Bauchhöhle **Dermoidzysten** sowie **Mesenterialzysten** (Lymphangiome etc.) vor.

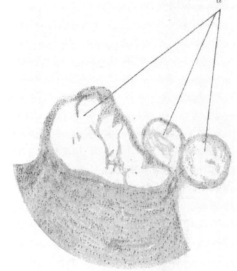

Fig. 640.
Pseudomyxom des Peritoneum.
Mucinmassen aus einem Ovarialtumor auf der Serosa haftend und eingekapselt (an dieser Stelle ohne Epithelien) bei a.

Sekundäre Tumoren.

Sehr häufig sind **sekundäre Tumoren, besonders Karzinome** des Peritoneums im Anschluß an primäre eines von ihm überzogenen Organes. Dabei bilden sich häufig sehr zahlreiche kleine, über das ganze Peritoneum zerstreute miliare Tumorknötchen, welche Tuberkeln ganz gleichen können (s. auch oben). Auch sie finden sich zumeist im Douglasschen Raume; ferner sitzen Tumorknoten oft am Mesenterialansatz, wodurch es zu Retraktionen und Stenosen kommen kann. Meist besteht auch Aszites und produktive Peritonitis.

Pseudomyxom des Peritoneum. Zu erwähnen ist, daß bei kolloiden Ovarialkystomen, nicht nur im gewöhnlichen Sinne Metastasen am Peritoneum entstehen, sondern auch der kolloide Inhalt der Ovarialzysten öfters, sei es spontan, sei es bei Operationen, in die Bauchhöhle entleert wird, sich an zahlreichen Stellen des Peritoneums ansiedelt und dort in Form kleiner glasheller Bläschen eingekapselt werden kann. Dasselbe kann auch bei Männern, und zwar durch Austreten von Schleim aus dem perforierten Processus vermiformis entstehen. Man bezeichnet diese Peritonealaffektion als Pseudomyxom des Peritoneums. Ähnliche Bilder können entstehen, wenn Gallertkrebse des Magens oder Darms zahlreiche kleine gallertige Metastasen am Peritoneum bewirken. Doch handelt es sich hier natürlich um echte Karzinommetastasen. Bei dem Platzen von Ovarialteratomen u. dgl. können auch Fettmassen etc. in die freie Bauchhöhle multipel versprengt und hier in Form von Pseudozysten eingekapselt werden.

Parasiten. Von tierischen **Parasiten** kommt manchmal der **Echinokokkus** vor. Losgelöste, derbe und evtl. verkalkte Appendices epiploicae können als freie Körper in der Bauchhöhle gefunden werden.

H. Pankreas.

Das **Pankreas** besteht aus zahlreichen, schon makroskopisch sichtbaren Drüsenläppchen, welche durch Bindegewebe voneinander getrennt sind. Das 'letztere dringt auch in das Innere der Läppchen, zwischen die einzelnen Alveolen derselben hinein, diese in Form von Gitterfasern umspinnend. Das Drüsenepithel des Pankreas zeigt zylindrische bis polyedrische Zellformen; die Ausführungsgänge besitzen Zylinderepithel. Die sog. Langerhansschen Zellinseln stellen kleine mehr oder weniger runde Zellkomplexe dar, welche sich durch die größere Helligkeit (Mangel der Zymogenkörnchen) des Zellprotoplasmas vom übrigen Parenchym abheben. Sie haben wahrscheinlich eine mit diesem gemeinsame Genese, werden aber selbständig, stehen in keinem Zusammenhang mit den Ausführungsgängen und sind außerordentlich reich an Kapillaren.

Außer seiner äußeren Sekretion hat das Pankreas auch eine innere, den Kohlehydratstoffwechsel betreffende; vielleicht liegt letztere sowohl den Pankreaszellen, als besonders den Zellinseln ob, wozu diese ihres Reichtums an Kapillaren wegen, und da sie nicht mit Ausführungsgängen zusammenhängen, wohl besonders disponiert sind.

Unter den **Mißbildungen** des Pankreas sind abgesprengte Keime am häufigsten, welche zur Bildung eines Nebenpankreas im Magen, Duodenum etc. führen.

Atrophie des Pankreas findet sich als Teilerscheinung allgemeiner Atrophie bei Marasmus und kachektischen Erkrankungen verschiedener Art, ferner bei Diabetes mellitus (s. unten).

Trübe Schwellung und **fettige Degeneration** kommen bei allgemeinen Infektionskrankheiten und Vergiftungen, fettige Degeneration namentlich im Verlauf von Phosphorvergiftung zur Beobachtung.

Eine partielle Selbstverdauung kommt im Pankreas, analog der im Magen eintretenden, sehr häufig als postmortale, seltener als agonale oder intravitale (evtl. bei Atherosklerose oder sonstigen Gefäßstörungen) Erscheinung vor.

Eine ziemlich häufige, wenigstens in bezug auf die spezifischen Organelemente des Pankreas regressive, Veränderung ist die **Lipomatose** desselben; wie bei der Lipomatose des Herzens handelt es sich auch hier um eine starke Wucherung von Fett in den interstitiellen Gewebsteilen des Organes wohl nach Atrophie der eigentlichen Organelemente. Die Lipomatose kommt bei allgemeiner Adipositas, aber auch unter anderen Umständen, namentlich auch bei Marasmus vor und kann schließlich dazu führen, daß das Drüsenparenchym vollkommen schwindet und fast das ganze Pankreas in eine fettige Masse umgewandelt wird, die von einer Bindegewebskapsel umschlossen ist. Diese Lipomatose findet sich auch oft bei Diabetes (s. unten). Die Drüsenzellen zeigen bei dieser Lipomatose in manchen Fällen auch selbst Fettinfiltration.

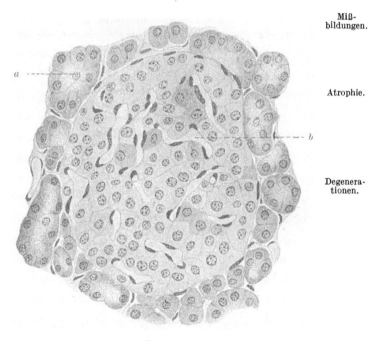

Fig. 641.
Eine Langerhanssche Insel. Aus dem Pankreas des Menschen.
(Nach Böhm-v. Davidoff, l. c.)
a Zentroazinäre Zelle, *b* Blutkapillare.

Amyloiddegeneration (an den Gefäßen, auch der Zellinseln) ist Teilerscheinung allgemeiner Amyloidose.

Eine eigentümliche Veränderung des Pankreas ist seine sog. **Fettgewebsnekrose (Balsersche Krankheit)**, fälschlich auch „Fettnekrose" benannt; kleine, punktförmige, gelbe, opake, derartige Nekroseherde finden sich nicht selten. Es treten aber auch größere Herde von opaker Beschaffenheit und gelbweißer bis grauer Farbe im Pankreas auf, welche vielfach miteinander konfluieren und in den schwersten Fällen ausgedehnte Partien des Pankreas oder sogar das ganze Organ einnehmen können. Der Prozeß besteht in einem **Absterben des interstitiellen Fettgewebes zwischen den Läppchen**, wobei auch die eingeschlossenen **Drüsenläppchen des Organes von der Nekrose** betroffen werden. Mikroskopisch zeigen sich die abgestorbenen Teile kernlos; in ihnen finden sich noch **erhaltene und zerfallene Fettzellen**, vielfach auch **Fettkristalle und schollige oder klumpige Körper**, welche aus **fettsaurem Kalk** bestehen. In die Herde hinein finden vielfach **Blutungen** statt, am Rand derselben treten auch **entzündliche Veränderungen** auf, die sich insbesondere in Infiltration mit Rundzellen äußern und schließlich zur **Demarkation der abgestorbenen Teile führen** können. Man findet dann die letzteren in einer, von **breiiger, trüber, blasser oder bräunlicher Masse gefüllten Höhle flottierend**, die meist durch bindegewebige Wucherung von der Umgebung abgekapselt wird. Bei totaler Nekrose des ganzen Pankreas zeigt sich dasselbe ebenfalls in einer abgekapselten Höhle schwimmend. Die **Blutungen**, welche im Verlauf dieser Fettgewebsnekrose vorkommen, sind unter Umständen sehr bedeutend und können selbst **tödlich** werden (s. unten). Manchmal schließt sich an die Nekrose ein **Durchbruch der Höhle** in die Bauchhöhle oder das Duodenum an. Ferner kommt, jedenfalls durch Infektion vom Darm her, eine **Vereiterung oder Verjauchung** der abgestorbenen Teile vor.

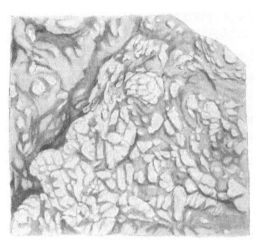

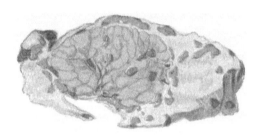

Fig. 642.
Fettgewebsnekrosen im Pankreas.
Die nekrotischen Gebiete sind grün gefärbt (Bendasche Färbung).

Fig. 643.
Fettgewebsnekrose bei Pankreasnekrose.
Die hellen Stellen entsprechen den Nekrosen im Fettgewebe.

Neben den im Pankreas gelegenen Herden von **Fettgewebsnekrose** finden sich solche bei höheren Graden der Erkrankung auch im **Netz**, im **subperitonealen Fettgewebe** oder im **Fettgewebe des Mesenteriums**, sowie an noch weiter entfernten Orten, z. B. sogar im **Unterhautfettgewebe**; die Herde können sehr ausgedehnt sein. Derartige Fälle enden wohl stets **tödlich**.

Pathogenese der Fettgewebsnekrose. Es ist noch nicht ganz entschieden, inwieweit die neben der Fettgewebsnekrose vorkommenden Veränderungen des Pankreasgewebes als Folge oder inwieweit sie als Ursache der Nekrose anzusehen sind. So viel scheint sicher, daß **Freiwerden des Pankreassaftes durch Zerstörung des Pankreas das Primäre ist**, und dann durch **Einwirkung des Pankreassaftes auf das Fett** die Nekrosen zustande kommen, wobei das Fett in Glyzerin und Fettsäuren gespalten wird und die Fettsäuren sich mit Kalk zu fettsaurem Kalk verbinden. Für einen derartigen Zusammenhang spricht besonders auch das Vorkommen der Fettgewebsnekrose nach **traumatischen Läsionen** (Zerreißungen) des Pankreas. Außerdem kommen Erkrankungen des Pankreasparenchyms, insbesondere **hämorrhagische Entzündungen** oder Blutungen in das Parenchym, Thrombosen der Pankreasvenen, begünstigt durch die Lage des Pankreas, Atherosklerose etc. der Pankreasgefäße, ferner Sekretstauung durch Verschluß des Ausführungsganges der Drüse, z. B. durch **Gallensteine**, ferner Infektionen der Gänge mit Bacterium coli etc. als Ursache der Zerstörung von Pankreasgewebe und somit der Fettgewebsnekrose in Betracht; als disponierende Momente sind **Potatorium**, allgemeine **Adipositas**, **Cholelithiasis** und allgemeine Infektionskrankheiten anzunehmen. Der genaue Mechanismus der Wirkung des Pankreassaftes ist noch strittig. Voraussetzung ist wohl, daß der Pankreassaft (durch Enterokinase, physiologisch im Darm oder Galle, oder Blut) oder vielleicht auch unter Bakterienmitwirkung aktiviert wird. Das Wirksame scheint dann nicht das Trypsin, sondern das Steapsin zu sein. Von Bakterien wird meistens das Bacterium coli gefunden, das aber wohl nur eine sekundäre Rolle spielt.

Von der Fettgewebsnekrose aus entwickeln sich manchmal septische oder marantische Zustände, und zwar erstere nicht bloß durch Perforation von Zerfallsherden.

Praktisch wichtig ist ferner, daß manchmal die Erkrankung unter dem Bilde eines Ileus verläuft, ohne daß ein Darmverschluß nachweisbar wäre; vielleicht handelt es sich dabei um sekundäre Veränderungen im Plexus coeliacus.

Von Zirkulationsstörungen des Pankreas sind außer Stauungszuständen besonders Zirku-
lations- Blutungen zu erwähnen, wie sie bei Entzündungen, Atherosklerose, Aneurysmen etc. störungen. vorkommen. Manchmal finden sich solche, und zwar in sehr erheblichem Grade aus bisher unbekannter Ursache. Derartige Fälle von **Pankreasapoplexie** führen gelegentlich zum Tode, Pankreas-apoplexie. ohne daß der letztere durch die Größe der Blutung zu erklären wäre; wahrscheinlich handelt es sich dabei um reflektorische Herzlähmung, bzw. Bauchschock, welcher durch Läsion des Plexus coeliacus und des Ganglion semilunare bedingt ist. Die übrigen Sektionsbefunde sind in solchen Fällen vollkommen negativ.

Entzündungen. Unter ähnlichen Verhältnissen wie die trübe Schwellung kommt auch Entzün-dungen. eine Entzündung im Pankreas vor, welche neben den regressiven Veränderungen der Drüsenelemente auch eine entzündliche Hyperämie des Organs erkennen läßt. Kommen Hämorrhagien hinzu, so spricht man von Pancreatitis acuta haemorrhagica, welche für die Fettgewebsnekrose von Bedeutung ist (s. oben). Eiterige Entzündungen können von der Umgebung her auf das Pankreas übergreifen oder metastatisch in ihm auftreten; ersteres kommt besonders von Magengeschwüren her zustande; daß bei Fettgewebsnekrose Eiterungen durch eine Infektion der abgestorbenen Herde vom Darm her zustande kommen können, wurde bereits erwähnt. Bei der chronischen, produktiven, indurierenden Entzündung des Pankreas findet man, analog wie in anderen drüsigen Organen, neben einer Atrophie der drüsigen Teile eine Wucherung des interstitiellen Bindegewebes oder Fettgewebes, Prozesse, welche zur Verkleinerung und Schrumpfung des Organes führen (Näheres s. unten). Ein solcher Prozeß wird auch öfter im Laufe der Tuberkulose und der Lues Tuber-kulose und beobachtet; bei der chronischen Pankreatitis kommen Anämien vor, die neuerdings (Chvo- Lues. stek) auf die Organveränderung selbst bezogen werden. Es handelt sich um eine hämolytische Anämie und vielleicht können manche Formen von perniziöser Anämie mit völlig rätselhafter Grundlage so erklärt werden.

Bei kongenitaler Lues bleibt das Pankreas häufig auf einer niederen Entwickelungsstufe stehen, Kongeni-tale Lues. während eine starke Bindegewebsentwickelung folgt. Erstere äußert sich besonders auch in unfertigen Langerhansschen Zellinseln, welche noch, wie sonst in früheren embryonalen Zeiten, mit dem Pankreasparenchym durch direkte Brücken verbunden sind.

Bei Leberzirrhose finden sich meist auch im Pankreas proliferative Entzündungen (Sklerose), Pankreas-verände-die vielleicht auch zum Teil direkt auf den chronischen Alkoholismus oder die sonstige Ursache der Leber- rungen bei zirrhose zu beziehen sind. Auch bei Alkoholismus allein soll sich diese Pancreatitis interstitialis bzw. Lipo- Leber-zirrhose. matose des Pankreas finden.

Von Geschwülsten des Pankreas ist nur das **Karzinom** von Wichtigkeit; in der Regel Karzinom. geht es vom Kopfteil des Organs, vielleicht zuweilen im Anschluß an chronische Entzündungen, aus. Von den an seine Entwickelung sich anschließenden Folgezuständen sind — außer Entzündungen im Pankreas selbst infolge Verschluß des Ausführungsganges durch das Karzinom des Pankreaskopfes — besonders Kompression des Ductus choledochus mit folgendem Ikterus, Kompression des Duodenums mit Dilatation und Katarrh des Magens, Kompression oder Durchwachsung der Pfortader mit sekundärer Pfortaderstauung zu nennen. Die weitere Ausbreitung des Karzinoms erfolgt durch direktes Übergreifen auf die Nachbarschaft und durch Metastasenbildung, welch letztere in der Leber namentlich durch krebsige Embolien von Pfortaderästen verursacht wird.

Es handelt sich meist um indifferente Karzinome (zuweilen auch skirrhöse Formen), doch kommen auch echte Adenokarzinome vor, die wohl von den Pankreasausführungsgängen abzuleiten sind. Sekundäre Karzinome des Pankreas entstehen meist durch Einwuchern von benachbarten Organen aus.

Auch Adenome des Pankreas (s. auch unten) und von Nebenpankreassen kommen —

selten — vor, zum Teil mit kleinen Zysten; sie können in Karzinome übergehen. Ferner sind auch Kystome beobachtet, aber auch selten.

Erweiterung des Ductus Wirsungianus kommt durch Sekretstauung zustande; diese ist eine Folge des Verschlusses seines Lumens durch Steine oder Kompression des Lumens von außen durch Tumoren. Diese Verschlüsse des Ductus Wirsungianus sitzen mit Vorliebe an seiner Ausmündungsstelle an der Papille des Duodenums. Die Erweiterung betrifft entweder den ganzen Duktus; dann zeigt er sich aus einer Reihe rosenkranzförmig aneinander gereihter, alveolenartiger Abschnitte gebildet, eine Form der Erweiterung, welche durch die an der Wand des Ganges befindlichen, etwas vorspringenden Querleisten bedingt wird. Oder die Erweiterung bleibt lokal begrenzt, dann entsteht eine zystische Erweiterung des Ganges an der Stelle vor dem Hindernis. Letztere Form der Erweiterung des Ductus Wirsungianus wird, analog der an den Speichelausführungsdrüsen vorkommenden Zystenbildung, auch als **Ranula pancreatica** bezeichnet. Unter **Akne des Pankreas** versteht man die Bildung multipler kleiner Zysten, welche vielleicht durch katarrhalische Zustände und Verlegung zahlreicher kleiner Ausführungsgänge zustande kommt. Endlich findet man im Pankreas, und zwar vorzugsweise in seinem Schwanzteile, auch noch andere meistens mit blutigem Inhalt gefüllte Zysten, welche teils auf primäre Blutungen, teils auf Blutungen bei Fettgewebsnekrose, teils endlich auf Sekretstauung mit umschriebener Selbstverdauung der Drüse zurückgeführt werden.

Die in den Ausführungsgängen vorkommenden **Pankreassteine** zeigen eine ähnliche Zusammensetzung wie die Speichelsteine und können bis Walnußgröße erreichen. Sie bestehen aus Ablagerungen von kohlensaurem und phosphorsaurem Kalk. Ihre Bildung wird auf katarrhalische Affektionen der Ausführungsgänge zurückgeführt. In der Folge können sich Erweiterung der Drüsengänge, Zystenbildung, Verödung und interstitielle Wucherung im Pankreasgewebe einstellen; in manchen Fällen entsteht auch durch Infektion der Drüsengänge vom Darm her in letzteren eine eiterige Entzündung. Kleine Konkremente finden sich häufig in den Ausführungsgängen bei Zirrhose des Pankreas etc.

Gallensteine können gelegentlich aus den Gallengängen in den Pankreasgang gelangen, was für die Pankreas-(Fettgewebs-)Nekrose wichtig ist. Von **Parasiten** kommen im Pankreas Askariden, Taenia solium und Echinokokken gelegentlich vor.

Besonders wichtig ist der Zusammenhang zwischen Pankreaserkrankung und Diabetes. Daß hier ein Zusammenhang herrscht, wurde schon S. 378 ff. besprochen. Auch daß Totalexstirpation des Pankreas Diabetes erzeugt, beweist einen solchen schon. In den bei weitem häufigsten Fällen von Diabetes findet man nun in der Tat Veränderungen am Pankreas. Daß der Diabetes auch infolge anderer Erkrankungen zustande kommen kann, und somit nicht in jedem Falle eine Pankreaserkrankung zu erwarten steht, muß erwähnt werden. Völlig geklärt ist der Zusammenhang zwischen Pankreas und Diabetes nun aber noch keineswegs.

Am häufigsten findet man das Pankreas im Zustande hochgradiger Atrophie. Das Organ ist verkleinert, aber besonders häufig nur im Dickendurchmesser, so daß es schmal und lang erscheint. Sein Gewicht (normal etwa 100 g) kann bis unter 50 g hinabgehen. Die Konsistenz kann weich sein, oder das Organ ist derber infolge der Bindegewebszunahme (s. unten), oder im Zustande der Lipomatose (s. oben). Mikroskopisch findet man in diesen Fällen — zumeist auch, wenn makroskopisch eine Atrophie etc. nicht feststellbar ist — die Drüsenläppchen wie die einzelnen Zellen atrophisch, manchmal in besonderem Grade auch die Langerhansschen Zellinseln. Diese zeigen Atrophie oder hydropische Degeneration

Erweiterungen des Ductus Wirsungianus.

Ranula pancreatica. Akne des Pankreas.

Pankreassteine.

Parasiten.

Pankreas und Diabetes.

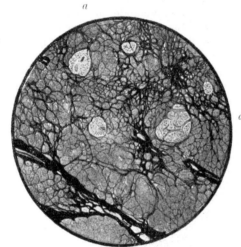

a

Fig. 643a.
Pankreaszirrhose bei Diabetes mellitus.
Bei *a* (zirrhotische, sonst intakte) Langerhanssche Zellinseln. (Bindegewebsdarstellung mit Silber nach Bielschowsky.)

(frühes Stadium) ihrer Epithelien und sind oft auch hyalin (von den Kapillaren ausgehend) degeneriert. In den hyalinen Partien lagert sich — seltener — auch Kalk ab. Das Bindegewebe (oder evtl. auch Fettgewebe) vermehrt sich infolge eines interstitiellen Entzündungsprozesses. Auch die Langerhansschen Zellinseln weisen Rundzelleninfiltrationen oder bindegewebige Sklerose auf. Man kann von **Granularatrophie** (v. Hansemann) sprechen. Andererseits wuchert häufig aber auch das restierende Pankreasgewebe regeneratorisch, im Bindegewebe vermehren sich die Ausführungsgänge, zum Teil aus den alten, zum Teil aus degenerierten Pankreaszellen neu entstanden; auch die besser erhaltenen Zellinseln können sich (wohl vikariierend) vergrößern und vermehren, wobei sie sich wahrscheinlich zum großen Teil durch Umwandlung aus Pankreasparenchym neu bilden, so daß sie an Stellen, wo das Pankreasparenchym ganz zugrunde gegangen ist, evtl. zuletzt im Bindegewebe isoliert in Nestern gelegen sind. So gleicht der Prozeß dem der Leberzirrhose, und man kann von

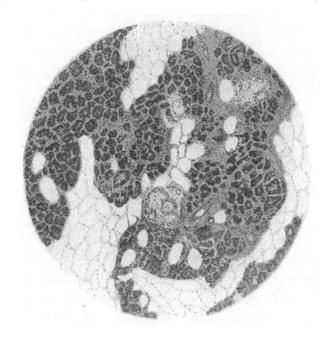

Fig. 644.
Pankreaszirrhose bei Diabetes.
Pankreasgewebe (braun) ganz atrophisch. Bindegewebe (rot) stark vermehrt. Ebenso das Fettgewebe (hell).
Die Langerhansschen Zellinseln stark hyalin (gelb) verändert.

Pankreaszirrhose reden. Wie dort, so kann die vikariierende Wucherung auch hier bis zur Bildung wirklicher Adenome (hier besonders der Ausführungsgänge und der Langerhansschen Zellinseln) führen. Der Schwund des Parenchyms und der Zellinseln ist somit das Primäre und den Diabetes Bedingende, wobei die Zellinseln, denen wohl die innere, den Kohlehydratstoffwechsel (der Leber) beherrschende, Sekretion besonders obliegt, von besonderer, wenn auch nicht ausschließlicher Bedeutung zu sein scheinen. Die Bindegewebsproliferation und die vikariierenden Wucherungen sind (wie bei der Leberzirrhose) sekundär. Letztere finden wahrscheinlich ihren Ausdruck gerade darin, daß sich hierbei auch Parenchymacini in Langerhanssche Zellinseln umzuwandeln vermögen, was wohl ein Bestreben bedeutet, die innere Sekretion möglichst aufrecht zu erhalten. Als Grundursache für die Atrophie und Zirrhose des Pankreas scheint sehr häufig Atherosklerose (hyaline Degeneration) der kleinen und der kleinsten Gefäße anzuschuldigen zu sein. Auf dem Reichtum der Zellinseln an Gefäßen beruht vielleicht auch ihre starke Beteiligung am Prozeß. Bei Pankreaskarzinomen tritt in manchen Fällen Diabetes auf, in anderen Fällen, in denen letzterer fehlt, wird angenommen (v. Hansemann), daß die Pankreaskarzinomzellen noch genügend Funktion ausüben, um den Diabetes hintanzuhalten.

Über Bronzediabetes s. S. 379.

Kapitel V.
Erkrankungen des Harnapparates.

A. Niere.

A. Niere.

Vorbemerkungen.

Normale
Anatomie.

Das drüsige Parenchym der Niere ist aus zwei Hauptbestandteilen zusammengesetzt, der **Mark-substanz** und der **Rindensubstanz.** Erstere bildet die **Markkegel** oder **Pyramiden,** welche mit ihrer Papille in das Nierenbecken hineinragen; zwischen ihnen liegen die sog. Columnae Bertini. Nach oben sendet jede Pyramide schmale Fortsätze in die Rinde hinein, die nicht ganz bis an die Oberfläche reichen und **Markstrahlen** oder **Pyramidenfortsätze** genannt werden; zwischen ihnen bleiben die **Rindenpyramiden.** Die Kortikalsubstanz oder Rindensubstanz besteht aus gewundenen, die Marksubstanz aus geraden Abschnitten von Harnkanälchen. In den Rindenpyramiden und der oberen Kortikalschicht (mit Ausnahme der äußersten Zone), liegen die **Malpighischen Körperchen,** die außen die Bowmansche Kapsel aufweisen, in deren Innern die Gefäßknäuel, **Glomeruli,** liegen. Beide sind, die Kapsel an der Innenfläche, der Gefäßknäuel an seiner Oberfläche, mit Epithel (Kapselepithelien und Glomerulusschlingenepithelien) bekleidet; zwischen beiden befindet sich der Kapselraum. Dieser geht über in ein innerhalb der Rindensubstanz gelegenes, gewundenes Harnkanälchen (Hauptstück genannt), welches dann mit seinem terminalen Übergangsabschnitt (s. unten) in einen Markstrahl eintritt und hier in gestrecktem Verlauf nach abwärts zieht, bis es in einen Markkegel gelangt, allmählich in den absteigenden Schenkel, der mit niedrigen hellen Epithelien versehen ist, übergeht, dann schleifenförmig umbiegt (Henlesche Schleife) und wieder nach oben zieht, als sogenannten aufsteigender Schenkel, der

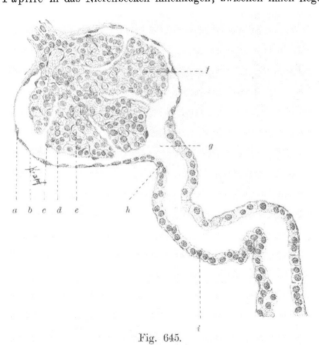

Fig. 645.

Aus einem Schnitt durch die Rindensubstanz der Niere.
340 mal vergrößert.

a Epithel der Capsula glomeruli; *b* Membrana propria; *c* Epithel des Glomerulus; *e* Blutgefäße; *f* Lappen des Glomerulus; *g* Anfang des Harnkanälchens; *h* Epithel des Halses; *i* Epithel des gewundenen Kanälchens I. Ordnung.
(Nach Böhm-v. Davidoff, Lehrbuch der Histologie des Menschen.)

dicker und trüber erscheint. Dann treten die Kanälchen wieder in die Rindensubstanz, wo sie nach einem Zwischenstück einen zweiten gewundenen Abschnitt bilden (Schaltstück), der sich in ein größeres, mehrere Harnkanälchen aufnehmendes, in einem Markstrahl gelegenes sog. Sammelrohr einsenkt. Mehrere solcher Sammelröhren bilden einen Ductus papillaris, der an der Papille ins Nierenbecken mündet. Die sämtlichen Harnkanälchen tragen — mit Ausnahme der absteigenden Teile der Henleschen Schleifen — ziemlich hohes, kubisches bis zylindrisches Epithel, dessen einzelne Zellen in den gewundenen Abschnitten sehr groß und plasmareich, im übrigen aber in den verschiedenen Abschnitten in charakteristischer Weise unterschieden sind.

Neuerdings wurden (besonders mit Hilfe vitaler Färbungen) die einzelnen Abschnitte funktionell weiter differenziert (besonders von Suzuki). Besonders die Hauptstücke (gewundene Harnkanälchen) werden weiter in drei Abschnitte eingeteilt. Der erste Teil hängt mit den Malpighischen Körperchen zusammen, dann folgt der zweite und der dritte, welcher an der Grenze von Mark und Rinde liegt. Dieser endet mit dem sog. terminalen oder Übergangsabschnitte (s. oben), welcher gerade verläuft und sich tiefer ins Mark einsenkt, in die Henlesche Schleife.

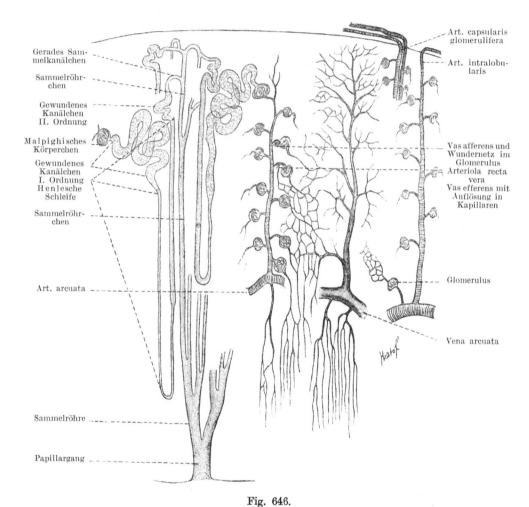

Fig. 646.
Schema der Harnkanälchen und Blutgefäße der Niere.
Die letzteren zum größten Teil unter Benutzung der Abhandlung von Golubew.
(Nach Böhm-v. Davidoff, l. c.)

Es sei noch erwähnt, daß die Nieren physiologisch Lipofuszin (Abnutzungspigment) besonders in den Epithelien der Übergangsabschnitte der Hauptstücke und des Anfangsteils der absteigenden (hellen) Schleifenschenkel aufweisen.

Mit dem System der Harnkanälchen hat der Zirkulationsapparat der Niere nahe Beziehungen durch die Glomeruli. Die Äste der Nierenarterie dringen zwischen die Pyramiden in die Niere ein und bilden dann an der Grenze von Mark und Rinde, da wo die Markstrahlen vom Markkegel abgehen, bogenförmig verlaufende Äste, die **Arcus renales arteriosi** oder **Arteriae arcuatae.** Von diesen steigen in den Rindenpyramiden die **Arteriolae interlobulares** auf und geben die **Vasa afferentia** ab, welche sich in die Kapillarschlingen der Glomeruli auflösen, dann wieder zum **Vas efferens** sammeln. Dieses löst sich nach kurzem Verlauf wieder in Kapillaren auf, welche die gewundenen und geraden Harnkanälchen der Rinde umspinnen.

Die Gefäße der Markkegel haben einen verschiedenen Ursprung: Einmal gehen arterielle Äste zu ihnen direkt aus den Arcus renales hervor, dann entspringen solche aus den Anfangsstücken der Arteriae interlobulares, endlich dringen auch Vasa efferentia in die Marksubstanz ein. Alle diese Zweige bilden sog. **Arteriolae rectae,** kleinste Arterien, die in der sog. Grenzzone des Markes (d. h. dem oberen Teil der Markkegel, welcher durch die Arcus arteriosi und venosi von der Rinde getrennt wird) büschelförmig zusammenliegen und sich gegen die Papille zu in Kapillaren auflösen. Es ist für die Zirkulationsverhältnisse der Niere wichtig, daß die obengenannten Gefäße mit anderen arteriellen Zuflüssen Anastomosen besitzen. Arteriae interlobulares stehen an ihren Enden nach Abgabe der Vasa afferentia mit den Gefäßen der Nierenkapsel in Zusammenhang. Die Kapselarterien stammen teils von Zweigen der Arteria renalis, welche sich vor deren Eintritt in das Nierenparenchym abzweigen, teils von den Arteriae suprarenales, lumbales, phrenicae und spermaticae internae. Von Zweigen der Arteria renalis wird auch das Nierenbecken und

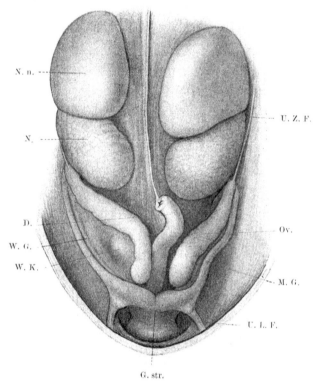

Fig. 647.

Verhalten des Urogenital-Systems eines Embryo von 35 mm Scheidelsteißlänge. Das Abdomen wurde von vorne breit eröffnet, der Darm entfernt.

D. = Darm. G. str. = Genitalstrang. M. G. = Müllerscher Gang. N. = Niere. N. n. = Nebenniere. Ov. = Ovarium. U. L. F. = Urnierenleistenfalte. U. Z. F. = Urnierenzwerchfellfalte. W. G. = Wolffscher Gang. W. K. = Wolffscher Körper (Rudiment). (Nach Tandler.)

der Ureter versorgt. — Dem Arteriensystem entspricht im allgemeinen die Anordnung der venösen Abflußwege. Den Arteriae interlobulares entsprechen **Venae interlobulares,** welche das Blut aus der Rindensubstanz sammeln und aus sternförmig zusammenfließenden Stämmchen entspringen, den schon makroskopisch an der Nierenoberfläche meist mehr oder minder deutlich hervortretenden **Venensternen (Stellulae Verheynii).** Aus den Markkegeln sammelt sich das venöse Blut in die **Venulae rectae,** welche den Arteriolae rectae entsprechend verlaufen und die makroskopisch hervortretende dunkle Streifung der Grenzzone des Markes bewirken. Den Arteriae arcuatae entsprechen die **Venae arcuatae.**

In der normalen Niere ist, abgesehen von den Gefäßen, nur eine sehr geringe Menge von Bindegewebe zwischen den Harnkanälchen vorhanden. Dieses trägt die sehr reichlich entwickelten Kapillaren. Nur in der Papille der Markkegel findet sich zwischen den Harnkanälchen etwas reichlichere interstitielle Stützsubstanz.

Entwickelungsgeschichtlich ist anzunehmen, daß die Niere sich aus zwei Keimen entwickelt, einmal aus Sprossungen des vom Wolffschen Gang abzuleitenden Ureters (Sammelröhren und Ductus papillares) und dann aus dem mesoblastischen Nierenblastem (sonstige Harnkanälchen und Glomeruli). Dieser

Punkt, wie die überaus komplizierten Entwickelungsvorgänge der Niere sind für das Verständnis der Nierenmißbildungen sehr wichtig.

Vergiftungen lassen für verschiedene Giftstoffe verschiedene Lokalisationen erkennen und somit Rückschlüsse auf die Resorption der Stoffe an verschiedenen Stellen zu. Besonders die dritten Abschnitte der Hauptstücke werden infiziert bei Vergiftungen mit Sublimat oder Kantharidin, besonders die gewundenen Abschnitte bei Uranvergiftung, und die Anfänge und mittleren Teile der Hauptstücke bei Vergiftung mit Chrom (Aschoff-Suzuki). Nach den letztgenannten Autoren schädigen alle diese Gifte zunächst das Parenchym; andere Autoren unterscheiden Gifte, welche tubulär und solche, welche vaskulär einwirken. Aschoff nimmt in der Niere folgende funktionell getrennte Abschnitte an:

1. Nierenfilter (Bowmansche Kapsel).
2. Sekretionsabschnitt (Hauptstücke und aufsteigende Schenkel [trübe Abschnitte] der Henleschen Schleifen).
3. Resorptionsabschnitt (absteigende Schenkel [helle Abschnitte] der Henleschen Schleifen und Sammelröhren).
4. Exkretionsabschnitt (Sammelröhren).

a) Angeborene Anomalien.

a) Angeborene Anomalien.

Aplasie und Hypoplasie der Niere.

Eine Niere kann — nicht so sehr selten — ganz fehlen (Aplasie) (wobei der Ureter zuweilen in das Vas deferens, die Samenblasen oder den Ductus ejaculatorius mündet), oder — weit häufiger — hypoplastisch sein; die andere Niere zeigt meist eine vikariierende Hypertrophie. Es genügt dann naturgemäß später eine einseitige Nierenerkrankung, um evtl. den Tod herbeizuführen. Die hypoplastische Niere zeigt meist nur wenige weite, mit eingedickten kolloiden Massen gefüllte Harnkanälchen sowie evtl. Glomeruli und besteht sonst meistenteils aus Bindegewebe. Verlagerung beider Nieren auf eine Seite kommt vor.

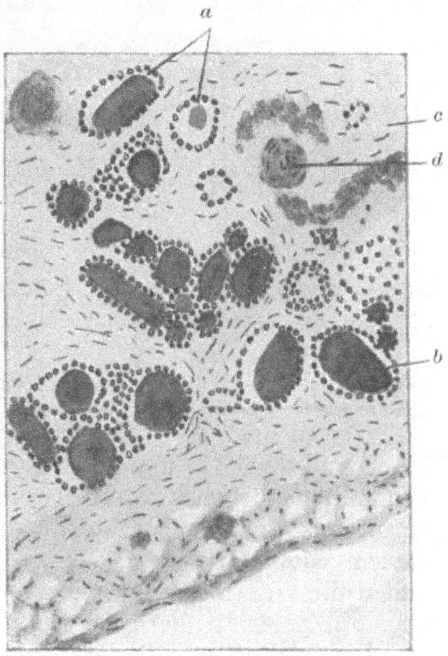

Fig. 648.

Hypoplastische Niere ($\frac{90}{1}$).

Erweiterte Reste von Harnkanälchen (*a*) mit kolloiden Massen (*b*) gefüllt. Sonst besteht die Niere nur aus Bindegewebe (*c*). *d* obliteriertes Gefäß.

Renculieinteilung der Niere.

Die Nieren Neugeborener zeigen noch die fötale Einteilung in Renculi. Ausnahmsweise bleibt dieser Zustand dauernd im Leben bestehen.

Hufeisenniere.

Von angeborenen Veränderungen sind Verwachsung beider Nieren und Doppelbildungen an Ureter und Nierenbecken am häufigsten. Durch erstere entsteht die **„Hufeisenniere"**, bei der die beiden unteren Pole der Niere verwachsen sind und das ganze Gebilde dem unteren, gemeinsamen Teil der Wirbelsäule, meist tiefer als der normalen Nierenlage entspräche, anliegt. Die Ureteren laufen über die Vorderfläche der Hufeisenniere nach abwärts.

Verdoppelung des Ureters.

Die Verdoppelung des Ureters, meist mit einem verdoppelten Nierenbecken versehen, ist nicht selten.

Feinste Entwickelungsstörungen der Niere.

Feinste Störungen in der Entwickelung der Niere — sog. Gewebsmißbildungen — sind sehr häufig, was bei den komplizierten entwickelungsgeschichtlichen Verhältnissen, besonders auch in der Bildung der Malpighischen Körperchen, nicht wunderbar ist. Atrophische, fibröse, hyaline Glomeruli finden sich bei Neugeborenen sehr häufig, einzelne solche fast stets. Sehr häufig vorhanden sind auch kleine Stellen mit atrophischen Harnkanälchen und Bindegewebshyperplasie. Glatte Muskulatur und versprengte Nebennierenkeime (s. unten) finden sich unter der Nierenkapsel auch sehr oft.

Manchmal ist eine Niere abnorm, z. B. abnorm tief, gelegen.

Wander-
niere.

Durch lockere Befestigung der Niere an ihre Umgebung entsteht die **Wanderniere** (Ren mobilis). Außer einer angeborenen Disposition werden auch traumatische Einflüsse, z. B. Hebung schwerer Lasten, als Entstehungsursache der Verschieblichkeit der Niere angeschuldigt. Ferner das Schnüren, welches durch Hinabdrücken des rechten Leberlappens auf die rechte Niere wirkt und besonders Schwund der Fettkapsel der Niere oder Lockerungen der

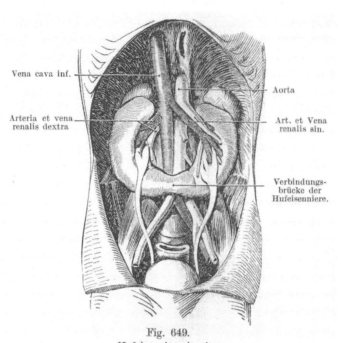

Fig. 649.
Hufeisenniere in situ.
Nach Corning, Lehrb. der topogr. Anat. 3. Aufl. Wiesbaden, Bergmann 1911.

Vena cava inf.

Aorta

Arteria et vena
renalis dextra

Art. et Vena
renalis sin.

Verbindungs-
brücke der
Hufeisenniere.

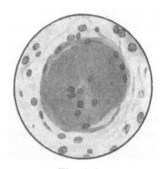

Fig. 650.
Fast ganz hyaliner Glomerulus in der Niere eines Neugeborenen infolge einer Entwickelungsstörung des Glomerulus.

Bänder und Kapsel wie nach Schwangerschaften. Die Wanderniere findet sich weit häufiger bei Frauen als bei Männern.

b) Zysten-
bildung.

b) Zystenbildung.

Zysten der
Nieren.

Die in der Niere, besonders unterhalb der Kapsel, sehr häufig und in verschiedener Größe und Zahl vorkommenden **Zysten** enthalten häufig bräunliche, gallertige, feste Kolloidkonkremente oder zahlreiche ähnliche konzentrisch geschichtete radiär gebaute Körper, die in einer Flüssigkeit schwimmen, oft auch verfallene abgestorbene Epithelien und Kalkmassen. Man unterscheidet multiple Zysten und die großen sog. Solitärzysten, doch verbinden direkte Übergänge alle Zystenbildungen der Niere. Wahrscheinlich beruht die Bildung der Zysten zu allermeist auf kleinen, bei der sehr komplizierten Entwickelungsgeschichte der Niere gut verständlichen embryonalen Irrungen, so daß kleine Zysten schon oft angeboren gefunden werden. Ihre Vergrößerung und somit makroskopisches Erscheinen verdanken sie wohl zumeist erst entzündlichen bzw. Schrumpfungsprozessen in ihrer Umgebung; daher werden sie mit Vorliebe bei Nephritis und in atherosklerotischen Nieren, überhaupt bei weitem am häufigsten bei alten Leuten gefunden.

Ent-
stehung
derselben.

Papilläre
Adenome.

Andere Zysten erweisen sich bei der mikroskopischen Untersuchung als mit einem kleinen **papillären Adenom** angefüllt. Diese Bildungen haben offenbar die gleiche Genese wie die Zysten und werden unter denselben Bedingungen und oft neben ihnen gefunden. Auch kommen Übergänge von feinsten Papillen in Zysten bis zu echten papillären Adenomen, die sich in Zysten entwickeln, vor. Auch die einfachen Adenome, die man in tubuläre und papilläre Formen einteilt und die teils aus niedrigeren Zellen, teils aus hohem Zylinderepithel (oft zahlreiche Zellen verfettet und zum Teil desquamiert) bestehen und ebenso die

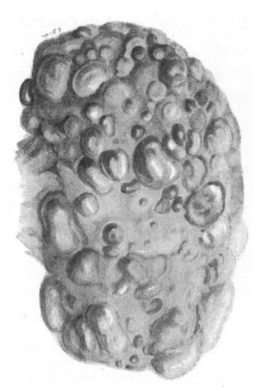

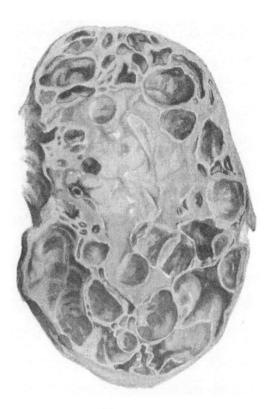

Fig. 651.
Zystenniere (von der Oberfläche gesehen).

Fig. 651 a.
Zystenniere auf dem Durchschnitt.

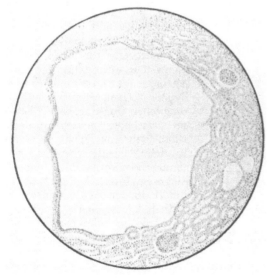

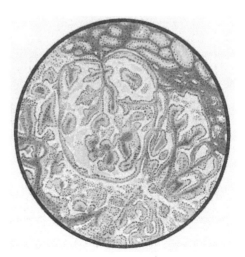

Fig. 652.
Zyste der Niere (von ganz normalem Nierengewebe umgeben und wohl die Folge einer Entwickelungsstörung).

Fig. 652 a.
Papilläres Adenom der Niere.

sog. Markfibrome sind meist Gewebsmißbildungen. Endlich gibt es Fälle, wo die ganze Niere von größeren und kleineren Zysten förmlich durchsetzt ist und zwischen den letzteren nur noch wenig normales Parenchym aufweist, die eigentliche **Zystenniere.** Wahrscheinlich sind diese Formen, bei denen beide Nieren sehr erheblich vergrößert sein können, so daß sie ein Geburtshindernis bilden, sämtlich angeboren und beruhen ebenfalls auf entwickelungsgeschichtlichen Anomalien. Daß sie manchmal auch bei alten Leuten getroffen werden, ist darauf zurückzuführen, daß in solchen Fällen neben den Zysten eine genügende Menge von Nierenparenchym entwickelt ist, welche das Leben gestattet bzw. die Affektion nur einseitig ist. Die Zysten vergrößern sich; so geht immer mehr Nierengewebe zugrunde, bis Tod an Niereninsuffizienz eintritt. Bei einseitiger Zystenniere der Erwachsenen hypertrophiert meist die andere Niere (Arbeitshypertrophie). Sie ist darum Insulten sehr leicht preisgegeben und wird daher leicht nephritisch, woraufhin dann der Tod eintritt. Zusammen mit Zystenniere bestehen oft angeborene Zysten der Leber, evtl. der Milz oder des Gehirns.

Ganz vereinzelt kommen auch Zysten in der Niere (Grenze von Mark und Rinde bzw. den Nierenbecken benachbart) vor, welche als Lymphangektasien und Lymphangiome infolge einer Entwickelungsstörung zu deuten sind (Dycjerhoff).

c) **Zirkulationsstörungen.**

Anämie der Niere entsteht, abgesehen von allgemeiner Anämie, in der Rinde, bei degenerativen und degenerativ-entzündlichen Zuständen, besonders bei Fettdegeneration und Amyloidentartung (siehe unten). Auch die Schwangerschaftsniere, die Choleraniere und die Veränderungen der Niere bei Eklampsie werden von manchen Autoren hierher gerechnet.

Embolischer oder thrombischer Verschluß von Nierenarterien- oder Nierenarterienästen, die wenigstens im physiologischen Sinne Endarterien sind, hat die Bildung von **Infarkten** zur Folge, die ihrer Mehrzahl nach anämische sind und auf dem Durchschnitt in Gestalt keilförmiger, meist lehmgelb gefärbter Herde, von derber Konsistenz auftreten. Sie sind von einem mehr oder minder breiten, hyperämischen, häufig auch hämorrhagischen Hof umgeben. Meist liegen sie ganz oder vorzugsweise in der Rindensubstanz, nicht ganz bis zur Kapsel reichend; öfters sind sie auch zu mehreren vorhanden. Rein hämorrhagische Infarkte sind sehr selten. Innerhalb der Herde findet man die epithelialen Elemente kernlos (S. 86) und bald in schollige oder körnige Massen umgewandelt. In der sich aus dem Infarkt nach einiger Zeit

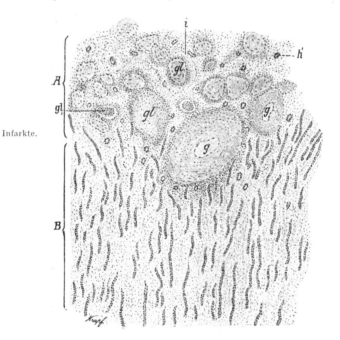

Fig. 652 b.
Embolische Narbe der Niere ($\frac{250}{1}$).
A Rinde, *gl* Glomeruli, *h'* einzelne Harnkanälchen, *i* Narbengewebe,
g, g verdickte Gefäße an der Grenze des Infarkts, *B* Marksubstanz.

entwickelnden **Narbe** (S. 116 und 125) findet man eventuell noch die widerstandsfähigeren Glomeruli als homogene, kernarme Kugeln, sonst nur ein derbfaseriges und, wo Blutungen vorhanden waren, mehr oder minder pigmentiertes Bindegewebe. Mit der Schrumpfung des Narbengewebes sinkt der Herd an der Oberfläche ein und bewirkt so eine gröbere Einziehung. Sind mehrere solcher Narben vorhanden, so erhält die Niere durch die mehrfachen Einziehungen eine groblappige Beschaffenheit: **embolische Narbenniere.** Sind die Infarktnarben so zahlreich, daß das ganze Organ verkleinert, geschrumpft erscheint, so spricht man auch von **embolischer Schrumpfniere** oder **Infarktschrumpfniere.** Ist die Hauptarterie verschlossen, so kann fast die ganze Niere nekrotisch werden. Nur die Bezirke, die andere Ernährungsquellen haben (die subkapsuläre Schicht und die Umgebung des Beckens), bleiben erhalten.

Kongestive Hyperämie der Niere findet sich vielfach als Anfangsstadium und Begleiterscheinung entzündlicher Zustände und macht sich meistens besonders in der Marksubstanz geltend.

Venöse Stauung entsteht aus lokalen Ursachen bei Thrombose der Nierenvene oder der Cava inferior und hat eine starke Blutüberfüllung und Vergrößerung der Niere, sowie dunkle Färbung derselben, besonders ihrer Marksubstanz zur Folge. Auch sonst kann Druck auf die Venen, z. B. bei Hydronephrose, Stauung bewirken.

Im Gefolge von Veränderungen in der allgemeinen Blutzirkulation entwickelt sich auch in der Niere häufig Stauung, und diese geht in die sog. zyanotische Induration über, welche sich durch pralle Blutfüllung, dunkle Farbe, leichte Vergrößerung des Organs, namentlich Verbreiterung der Rinde und etwas vermehrte Konsistenz des Gewebes kennzeichnet. Dieses Bild der zyanotischen Induration tritt z. B. als Effekt längere Zeit bestehender allgemeiner venöser Blutstauung auf, wie sie sich durch Abnahme der Herzkraft bei den verschiedensten Erkrankungen einstellen und namentlich auch an hypertrophische Zustände des Herzens anschließen kann. Mit der Behinderung des venösen Rückflusses kommt es zur Überfüllung der vensöen Gefäße und Kapillargebiete; an der Niere ist dabei, abgesehen von den bereits angegebenen Merkmalen, besonders hervorzuheben die starke Füllung der Venensterne an der Oberfläche, der Venae interlobulares und Glomeruli, welche als dunkelrote Streifen und Punkte in der Rinde hervorzutreten pflegen; noch dunkler und blutreicher als die Rinde erscheinen in der Regel die Markkegel, namentlich im Bereich der sog. Grenzzone (s. S. 594), welch letztere durch die stark gefüllten Venulae rectae ein besonders dunkel gestreiftes Aussehen erhält.

Mikroskopisch zeigt sich bei längerem Bestand der Stauung neben der starken Blutfüllung, besonders der Kapillaren (auch der Glomeruli), eine geringe Zunahme des sonst spärlichen interstitiellen Bindegewebes besonders innerhalb der Markkegel. In der Rindensubstanz kommt es besonders an den Stellen, wo die Venensterne sich zu den Venae interlobularies vereinigen, aber auch sonst in der Umgebung der Gefäße, ziemlich frühzeitig zur Atrophie und Verfettung von Harnkanälchen und Ausscheidung von Eiweiß in die Kapselräume, sowie Verödung einzelner Glomeruli, wodurch die Nierenoberfläche mehr oder minder zahlreiche feine Einziehungen erhält. Die Ursache dieser Atrophie ist wohl in schlechter Ernährung sowie in der Druckwirkung zu suchen, welche die ausgedehnten Venen und Kapillaren auf das Nierenparenchym ausüben. Schon nach kurzem Bestand einer venösen Stauung kommt es zur Bildung mehr oder weniger zahlreicher hayliner Zylinder (s. unten), oft auch zu kleinen Blutungen aus den Glomerulusschlingen oder ins Interstitium. Später findet sich in den Epithelien auch da und dort Blutpigment. So kann es zuletzt zur Ausbildung einer gewissen Schrumpfung der Niere, der sog. Stauungsschrumpfniere oder **zyanotischen Schrumpfniere** kommen (s. auch unten).

Das **Ödem,** welches der Niere eine teigige Konsistenz verleiht, hat hier wenig selbständige Bedeutung und ist zumeist entzündlichen Charakters.

Atherosklerose und ihre Folgen s. unten.

d) Störungen in der Sekretionstätigkeit; Ablagerungen.

Zufolge ihrer Funktion als Exkretionsorgan erhält die Niere vielfach Stoffe mit dem Blute zugeführt, welche aus dem Körper ausgeschieden werden sollen; ist die Menge derselben zu reichlich, um von der Niere bewältigt zu werden, oder sind deren sezernierende Zellen aus irgend einem Grunde insuffizient, so können Ablagerungen solcher Stoffe innerhalb der Nierenepithelien, oder der Glomeruluskapillaren, oder auch in dem interstitiellen

Embolische Narbenniere.

Aktive Hyperämie.

Stauung.

Zyanotische Induration.

Ödem.

d) Sekretionsstörungen.

Ablagerungen.

Gewebe auftreten; zum Teil kommen solche Abscheidungen auch einfach in der Weise zustande, daß die betreffenden Stoffe nicht mehr im Harn in Lösung gehalten werden können und nun noch innerhalb der Harnkanälchen, zum Teil auch schon innerhalb der Epithelien ausfallen; es entstehen dann, namentlich in den Markkegeln, dem Verlaufe der Harnkanälchen folgende und daher gegen die Papille zu konvergierende Streifen, welche man als **Konkrement-** **infarkte** bezeichnet.

Konkre-
ment-
infarkte.

Die wichtigsten in der Niere vorkommenden Abscheidungen sind folgende:

Ablagerung von Blutfarbstoff findet sich unter den früher erwähnten Bedingungen, wenn rote Blutkörperchen in größerer Menge zugrunde gehen (S. 72), in Form von Hämatoidin- oder Hämosiderinablagerungen in den Nierenepithelien. Sind im kreisenden Blute rote Blutkörperchen aufgelöst worden, so kommt es zu Hämoglobinurie (S. 21), zum Erscheinen von Hämoglobin im Urin. Das Hämoglobin wird hierbei wahrscheinlich sowohl durch die Glomeruli filtriert wie von den Epithelien sezerniert, später aber von den Zellen der Hauptstücke und Henleschen Schleifen in Form von Granula gespeichert. Bei der Rückresorption des Wassers weiter abwärts kommt es dann zu Hämoglobinzylindern. Hierbei treten sog. **Hämoglobininfarkte** auf; diese bilden klumpige oder körnige Massen, die als bräunliche Streifen in der Marksubstanz, zum Teil auch in Form rundlicher Flecken und Punkte in der Nierenrinde erscheinen; in hochgradigen Fällen erscheint die Niere schon für das bloße Auge dunkelbraun tingiert.

Hämo-
globin-
infarkt.

Bei Methämoglobinurie (Experimente mit Kaliumchloricum-Vergiftung) findet sich das Hämoglobin zugleich mit Zellschädigungen in den gewundenen Harnkanälchen und den Henleschen Schleifen. Weiter abwärts kommt es zu Hämoglobinzylindern evtl. mit Verschluß des Kanalsystems und so zu Anurie und evtl. Urämie (Lehnert).

Gallenfarbstoff durchtränkt die Nierenepithelien meist in diffuser Weise; bei schweren Formen von Ikterus (infektiöser Ikterus, Phosphorvergiftung, akute gelbe Leberatrophie) kommen auch körnige Ablagerungen von Gallenfarbstoff in den Epithelien und in den Lumina der Harnkanälchen vor, evtl. vorhandene Zylinder sind gallig imbiert. Richtige **Bilirubininfarkte,** massige Abscheidungen von Gallenfarbstoff in die Lumina der Harnkanälchen der Marksubstanz, finden sich nur bei Neugeborenen, wenn der Gallenfarbstoff zu Beginn des extrauterinen Lebens in großer Masse gebildet wird und mit dem Blut die Niere erreicht; sie bilden orangegelbe bis bräunliche Streifen und kommen öfter neben Harnsäureinfarkten (s. unten) vor.

Bilirubin-
infarkt.

Urate werden bei harnsaurer Diathese — Gicht — in vermehrter Menge durch die Nieren ausgeschieden; ist die Menge der zu sezernierenden Harnsäure zu groß geworden, so versagt schließlich die Sekretionsfähigkeit der Nierenepithelien, und sie werden von Körnern und Kristallen von harnsauren Salzen erfüllt und können auch schließlich durch diese Einlagerungen zum Absterben gebracht werden; auch findet man abgestoßene, mit Uraten erfüllte Epithelien in den Harnkanälchen. Des weiteren kommt es bei der Gicht meist zu Schrumpfungsprozessen in der Niere. Typische **Harnsäureinfarkte,** bei denen in der Marksubstanz der Niere konvergierende, gelbliche bis orangerote Streifen auftreten, findet man bei Neugeborenen und Kindern in den ersten Wochen, namentlich bei starkem Icterus neonatorum; bei der mikroskopischen Untersuchung erkennt man im Lumen der Kanälchen krümelige und stachelige, kugelige Massen, welche aus harnsaurem Ammoniak bestehen; sie sind doppelt lichtbrechend, in Salzsäure und Essigsäure löslich und scheiden dann beim Verdunsten der Lösung Harnsäurekristalle aus.

Harnsäure-
infarkt.

Kalkausscheidungen kommen bei allen Prozessen vor, wo eine stärkere Resorption von Knochensubstanz stattfindet. Die Kalkmassen schlagen sich ferner in abgestorbenen Nierenepithelien bei den verschiedensten Affektionen nieder (bei Infarkten, Vergiftungen). Besonders ausgedehnt finden sich die Kalkmassen bei Sublimatvergiftung (s. S. 79). Des weiteren finden sich häufig Kalkmassen in den Nierenpyramiden, schon makroskopisch als mattglänzende gelbe Streifen erkennbar — **Kalkinfarkte.** Zum Teil handelt es sich hier um verkalkte Zylinder, zum Teil um Kalkablagerung in den Membranae propriae und im Zwischenbindegewebe, meist um beides zugleich, („gemischter Kalkinfarkt" Lubarsch). Häufig findet sich zugleich — event. auch allein —

Kalk-
infarkt.

Lipoidablagerung an der Papille, ebenfalls in den Membranae propriae und im Binde-
gewebe — **Fettinfarkt.** Diese Veränderungen finden sich besonders bei älteren Individuen;
Aschoff bezeichnet den Fettinfarkt auch als Atherosklerose der Nierenpapille. Die
Ablagerung der Stoffe ist die Folge auf verschiedenste Art bedingter kleiner örtlicher Veränderungen, ihr Liegenbleiben wird durch mangelhaften Stoffwechsel begünstigt (Kühn).
    Über Silberniederschläge in der Niere s. S. 78.
    Eine der wichtigsten Störungen in der Sekretionstätigkeit der Niere besteht in dem
Durchtritt von eiweißhaltiger Flüssigkeit durch die Glomeruli (und evtl. Harn-
kanälchen), welcher zu Eiweißgehalt des Harns, zu **Albuminurie** führt; man kann das
Eiweiß auch histologisch in dem Kapselraum der Malpighischen Körperchen nachweisen,
wenn man frische Nierenstückchen kocht oder sie in Flüssigkeiten konserviert, welche das
Eiweiß rasch koagulieren (absol. Alkohol etc.). Albuminurie findet sich unter mannigfachen
Verhältnissen: bei Allgemeinerkrankungen ohne nachweisbare sonstige Nierenläsion, als
transitorischer Zustand, bei fieberhaften
Affektionen, bei Vergiftungen, bei Hydrämie und anderen Bluterkrankungen,
ferner bei allgemeinen Zirkulationsstörungen, bei epileptischen Anfällen; endlich ist sie eine wichtige Teilerscheinung
fast aller intensiveren Erkrankungen der
Niere überhaupt, insbesondere solcher
entzündlichen Charakters (siehe unten).
Wahrscheinlich liegen der Albuminurie
einerseits Alterationen der sezernierenden Epithelien der Glomeruli
oder Harnkanälchen, andererseits vor
allem solche der Kapillaren zugrunde,
welche durch Verschlechterung der allgemeinen Blutbeschaffenheit, Ernährungsstörungen, allgemeine oder lokale Zirkulationsstörungen, Einwirkungen toxischer Stoffe etc. bedingt sein können.

(Margin: Albu-minurie.)

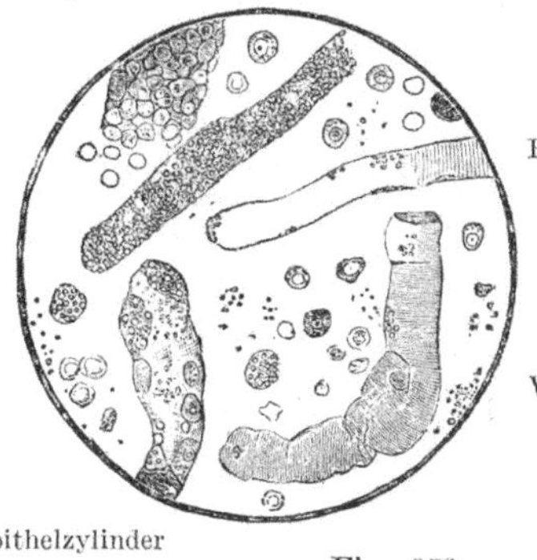

Fig. 653.

Harnzylinder.
(Nach Seifert-Müller, Taschenb. d. med.-klin. Diagnostik.
11. Aufl.)

Der Übertritt von Eiweiß in den Harn kann auch zur Bildung von Ablagerungen in
der Niere führen; das in die Harnkanälchen ausgetretene Eiweiß erstarrt zum Teil innerhalb derselben — besonders da, wo Wasser resorbiert wird — zu homogenen Massen und
bildet dann in ihnen Ausgüsse, sog. **hyaline Zylinder.** Diese sind glashelle, sehr zarte, oft
nur schwer sichtbare Gebilde (Fig. 653), welche durch Essigsäure, weniger rasch durch Alkalien,
gelöst werden; sie gehen in größerer oder geringerer Zahl in den Harn über, bzw. werden
bei mikroskopischer Untersuchung in situ gefunden. Andere Zylinder stammen offenbar
nicht aus dem Blut als Exsudat, sondern beruhen auf Nekrose von Epithelien (s. unten)
oder auf falscher Sekretion solcher (tropfiges Hyalin s. S. 55). Außer den hyalinen Zylindern
unterscheidet man noch körnige und Wachszylinder und spricht auch von Epithel-, Fett-
und Blutzylindern.

(Margin: Hyaline Zylinder.)

e) Regressive Prozesse.

(Margin: e) Regres-sive Verän-derungen. Atrophie.)

    Ebenso wie in anderen Organen kommt auch in der Niere eine einfache **Atrophie**
vor, welche sich in Verkleinerung ihres Gesamtvolumens, sowohl wie auch der einzelnen
Gewebsbestandteile, namentlich der sezernierenden Abschnitte, der gewundenen Kanälchen
äußert. Sie finden sich als Teilerscheinung allgemeiner Atrophie bei kachektischen Erkrankungen, bei Inanition und zum Teil auch bei der Altersatrophie, welch letztere freilich
in den meisten Fällen kompliziertere Verhältnisse darbietet (s. unten).
    Teile der Niere, welche nicht funktionieren können, zeigen Inaktivitätsatrophie.
So gehen Glomeruli bei schlechter Blutversorgung (Atherosklerose) oder aus anderen Gründen

häufig hyalin zugrunde. Die zugehörigen Harnkanälchen atrophieren dann. Auch sonst
leiden die Harnkanälchen offenbar nach Glomerulusaffektionen.

Über Granularatrophie der Niere s. S. 621.

Regenerationserscheinungen an den Epithelien. Nach allen Schädigungen der Niere und evtl. Entzündungen sieht man auch regeneratorische Bestrebungen der Nierenepithelien. Sie äußern sich besonders in unregelmäßigen
Wucherungen derselben mit Bildung von Riesenzellen. Diese sind in zahlreichen Fällen zu
beobachten, in denen man annehmen muß, daß geringe Nierenschädigungen vorangegangen.

Degenerationen. **Degenerative Veränderungen** treten in den Nieren teils als Folgezustände von Abscheidungen in das Nierengewebe, wie wir sie oben kennen gelernt haben, auf, teils findet eine
Infiltration der Nierenepithelien mit fremden Stoffen infolge einer Erkrankung und Schwächung
der Zellen statt. Ihre größte Bedeutung
haben die degenerativen Vorgänge in der
Niere als Teilerscheinung entzündlicher
oder nahestehender Prozesse. Sie sollen
daher auch noch weiter unten genauer besprochen werden.

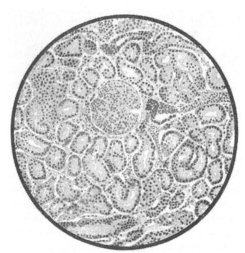

Fig. 654.
Trübe Schwellung der Nierenepithelien.
(Nach Fütterer, Abriß der patholog. Anatomie.)

Fig. 654a.
Verfettung der Niere.

Verfettung. Bezüglich der **Verfettung** sei bemerkt, daß sie nicht immer einen eigentlich regressiven Vorgang darstellt, sondern auch als reine Infiltration (S. 56) vorkommt. So bei
manchen Tieren in bestimmten Harnkanälchenabschnitten; ebenso beim Menschen in den
Schleifen, Schaltstücken und evtl. Sammelröhrchen physiologisch, des weiteren unter ähnlichen Verhältnissen, wie in anderen Organen auch: bei allgemeiner Adipositas, bei Diabetes
mellitus, bei Phthisikern, bei Blutkrankheiten, Morbus Basedow etc. Man kann diese Verfettung von den eigentlich degenerativen Prozessen dadurch unterscheiden, daß dabei keine
Funktionsstörungen bestehen (doch kommt es schon aus geringfügigen Anlässen leicht zur
Albuminurie), und daß nach Extraktion des Fettes (also an in gewöhnlicher Weise hergestellten
Schnittpräparaten) die Nierenepithelien ein vollkommen normales Aussehen zeigen. Es
soll hier nochmals betont werden, daß sich bei degenerativen Prozessen gerade in der Niere
neben dem Fette fettähnliche Substanzen (Cholesterinester, Lipoidsubstanzen, Myeline,
s. S. 61 ff.) vielfach finden.

Amyloiddegeneration. **Amyloiddegeneration** (Fig. 655) kommt in der Niere sowohl als Teilerscheinung allgemeiner Amyloidentartung (s. S. 67), wie auch auf sie allein lokalisiert vor. In letzterem
Falle begleitet sie relativ häufig chronisch entzündliche Prozesse bzw. ist ihre Folge. In erster
Linie befällt die Entartung auch in der Niere das Gefäßsystem, sowohl die größeren Gefäße
wie die Kapillaren und ganz besonders die Kapillarschlingen der Glomeruli, sowie
deren Vasa afferentia und efferentia. Im Glomerulus sieht man zunächst einzelne Kapillarschlingen, schließlich den ganzen Gefäßknäuel in die bekannten hyalinen bis scholligen Massen
umgewandelt und endlich obliteriert. Infolge der Verödung der Kapillaren fallen auch die

Glomerulusepithelien der Nekrose und Desquamation anheim. Des weiteren befällt die Amyloidentartung in manchen Fällen auch die **Membranae propriae der Harn-kanälchen**; besonders findet sich die amyloide Entartung der Membranae propriae in den Markkegeln. Sehr häufig besteht neben der Amyloidentartung eine Verfettung der Harn-kanälchenepithelien, die zum Teil wohl mit der Glomerulusverödung in der Weise zusammen-hängt, daß die Blutzufuhr zu den Rindenkanälchen und damit deren Ernährung herab-gesetzt wird. Geringe Amyloiddegeneration der Niere ist nur mikroskopisch nachzuweisen, während höhere Grade auch für das bloße Auge eine charakteristische Veränderung ergeben. Die Niere ist dann vergrößert und von derber Konsistenz, die Rinde etwas verbreitert, auf der Oberfläche und Schnittfläche von wachsgelber speckiger Farbe, unregelmäßig

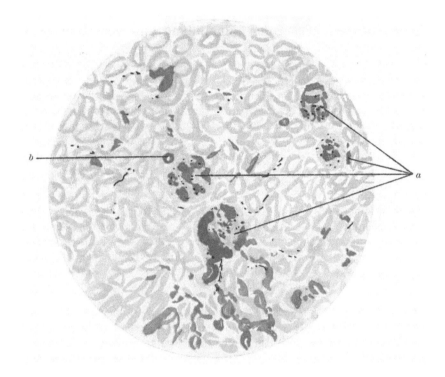

Fig. 655.
Amyloid der Niere ($\frac{?}{1}$).
Die amyloid entarteten Teile: Glomeruli *a* und Gefäßwände *b* heben sich durch ihre rotviolette Farbe von dem übrigen blaugefärbten Gewebe ab. (Färbung mit Methylviolett.)

gefleckt; die **amyloiden Gefäßknäuel** treten sehr deutlich als große, glasige Körper hervor. Zum großen Teil rührt aber dabei die blaßgelbe Farbe der Rinde von der begleitenden Ablagerung von Fett (bzw. Lipoidsubstanzen) der Harnkanälchenepithelien, zum Teil von der Anämie her. Von der hellen, fleckigen Farbe der Rinde sticht meist sehr deutlich die blaßrote bis dunkelrote Marksubstanz ab. An die Ablagerung von Amyloid können sich in der Niere vor allem auch infolge des die Amyloiddegeneration bewirkenden Grundleidens (Tuberkulose etc.) entzündliche Veränderungen anschließen, oder umgekehrt das Amyloid lagert sich im Verlaufe entzündlicher chronischer Prozesse in der Niere lokal ab (s. unten). So kommt eine sog. **Amyloidschrumpfniere** (s. auch unten) zustande.

Glykogendegeneration (S. 70) findet sich besonders an den Epithelien der Harn- Glykogen-kanälchen, insbesondere der Henleschen Schleifen, meist bei Diabetes mellitus; auch die degenera-tion. Kerne enthalten Glykogen. Genaueres s. S. 70/71.

Andere Degenerationsformen wie die hyaline, besonders der Glomeruli, die sog. tropfig-hyaline etc. sind an anderen Stellen beschrieben.

Über **Verkalkung** s. oben S. 601.

Nekrose. **Nekrose** tritt an den Nierenepithelien — abgesehen von den schon erwähnten embolischen und thrombotischen Infarkten — durch Einwirkung toxischer Stoffe (Infektionskrankheiten), insbesondere auch bei Vergiftung mit Quecksilber und chlorsaurem Kalium und im Verlauf heftiger Entzündungen des Organs auf; ferner findet man Nekrosen als sog. „Gichtnekrosen" an den Stellen der Harnsäureablagerungen bei Arthritis urica, endlich bei Diabetes mellitus. Die nekrotischen Epithelien werden zu kernlosen hyalinen Schollen oder körnigen Massen, welche schließlich abgestoßen werden oder verkalken (vgl. Fig. 82, S. 79).

f) Nicht eiterige Formen der Entzündung und verwandte Zustände.

f) Nicht eiterige Entzündungen.

Es ist zweckmäßig hier eine Reihe von Nierenveränderungen, nicht nur die echten Entzündungen, im Zusammenhang darzustellen, welche sich vor allem klinisch nahe stehen und auch anatomisch erst seit nicht langer Zeit scharf getrennt werden. Es hängt dies damit zusammen, daß gerade bei der Niere der Endausgang verschiedener Prozesse fast der gleiche sein kann, während diese selbst **genetisch** ganz verschiedener Natur sind. Die hier darzustellenden Veränderungen wurden früher und besonders klinisch auch gerne unter der Bezeichnung Morbus Brightii zusammengefaßt.

Verschiedener Erkrankungsweg.

Auf dem Blutweg toxisch einwirkende Substanzen.

Schädlichkeiten können die Niere auf verschiedenem Wege angreifen. Zunächst auf dem Blutwege. Hierher gehören alle Substanzen, welche der sekretorischen Funktion der Niere zufolge durch sie ausgeschieden werden. Sie haben hierbei Gelegenheit, die Niere selbst zu schädigen, teils schon in den Glomeruli bzw. im Anfangsgebiet der Harnkanälchen, teils in den abführenden Wegen nach Konzentrierung des Giftes infolge der Harneindickung durch Wasserresorption. Des weiteren kann eine Schädigung der Nierensubstanz mit dem Blutweg insofern zusammenhängen als ein größerer Teil der Niere durch schlechte, d. h. in diesem Falle ungenügende Blutversorgung bei Erkrankung eines großen Teiles ihrer Gefäße leidet. Als zweiter Weg kommt eine Einwirkung vom Nierenbecken, also direkt auf dem Harnwege, in Betracht. Seltener eine Fortpflanzung von Prozessen der Umgebung auf die Niere.

Mangelhafte Blutversorgung.

Einwirkung durch den Harnweg.

Der erste Weg, daß also alle möglichen schädlichen Stoffe bei ihrer Ausscheidung die Niere schädigen, ist der bei weitem häufigste und führt die wichtigsten Nierenveränderungen herbei und gerade die hauptsächlichsten hier in Frage stehenden.

Meist handelt es sich um toxische Wirkungen, und zwar einmal um Giftstoffe, welche von außen aufgenommen und der Niere mit dem Blute zugeführt werden (namentlich Phosphor, Arsenik, Kanthariden, chlorsaures Kalium, Chloroform, Karbolsäure, Jodoform, für die chronischen Formen auch Blei und Alkohol). Ferner kann es sich um Autointoxikationen mit Stoffwechselprodukten, welche in vermehrter Menge gebildet und von der Niere ausgeschieden werden, handeln, bzw. um Produkte des erhöhten Blutzerfalles wie bei Cholämie, Diabetes, harnsaurer Diathese und verschiedenen Blutkrankheiten. Des weiteren kommen in Betracht giftige Zersetzungsprodukte, die vom Darm aus resorbiert wurden, oder endlich Bakterien und Bakterientoxine, welche im Gefolge akuter oder chronischer Infektionskrankheiten (Angina, Scharlach, Masern, Typhus abdominalis, Diphtherie, Puerperalfieber, Gelenkrheumatismus u. a.) in das Blut gelangen.

Je nach Art, Menge und Einwirkung sind aber die durch derartige Schädlichkeiten gesetzten Nierenveränderungen recht verschieden. Die allermeisten Noxen greifen die Epithelien an und bewirken somit degenerative Veränderungen der Nieren. Gewisse entzündungserregende Agentien dagegen greifen die Niere in Gestalt einer echten Entzündung an = Nephritis. Wie im Kapitel „Entzündung" auseinandergesetzt, gehört zum Begriff der Entzündung der Angriffspunkt an den Gefäßen d. h. Kapillaren. Das sehen wir gerade hier in der Niere sehr deutlich. Die erste Auflösung in Kapillaren findet hier in Gestalt der

Glomeruli statt; hier liegt denn auch zumeist der erste Angriffspunkt der Entzündungserreger, hier sind die ersten Veränderungen lokalisiert und somit ist die Nierenentzündung
Kat exochen eine Glomerulonephritis. Daneben sind nur zwei seltenere besondere Formen
mit besonderer Ätiologie zu besprechen. Aber in späteren Stadien werden die Bilder weit
komplizierter, außer den Glomeruli zeigen die übrigen Nierenbestandteile hochgradigste
Veränderungen und im Endstadium, der Schrumpfniere, ist der Ausgangspunkt nur noch
schwer zu erkennen.

Außer den toxischen Schädlichkeiten, welche zu Degenerationen oder Entzündungen
der Niere führen, können nun die Nieren auch dadurch angegriffen werden (s. oben), daß
ihre Blutversorgung eine schlechte geworden ist, durch Veränderungen der größeren $\quad$ *Mangelhafte Blutver-*
oder kleineren Gefäße. Dann kommt es zu hochgradigen Veränderungen der Nieren- $\quad$ *sorgung.*
substanz, die im letzten Endstadium auch zu Schrumpfnieren führen, die den entzündlichen
sehr ähnlich sein können.

Und endlich kann ja eine Schädigung auf dem Harnweg die Niere treffen — von $\quad$ *Einwirkung durch den*
der eiterigen Form dieses Infektionsweges soll erst im nächsten Kapitel die Rede sein — $\quad$ *Harnweg.*
und auch hier resultiert zuletzt eine wieder andere Form der Schrumpfniere.

Nach solchen Gesichtspunkten müssen wir einteilen und scharf scheiden.

1. Nierendegenerationen (Nephrodystrophie).

1. Nieren-degenera-tionen.

Überaus häufig passieren die Giftstoffe die Glomeruli ohne die Kapillaren irgendwie
stärker anzugreifen; sie setzen auch dementsprechend keine Entzündung, greifen aber die
Kanälchenepithelien an bestimmten Stellen des Kanälchenverlaufes in Gestalt regressiver
Veränderungen an. Wir fassen sie wenigstens als solche auf, während manche Autoren auch
in der Epithelveränderung einen Abwehrvorgang gegen die Noxe erblicken und demgemäß
hier auch eine Nephritis annehmen und diese dann als parenchymatöse oder tubuläre bezeichnen
(s. auch das allgemeine Kapitel der Entzündung). Wenn es sich hier unserer Darstellung
nach auch nicht um eine Entzündung handelt, so machen diese über die Nieren verbreiteten
akuten degenerativen Prozesse doch ein der echten Nephritis klinisch sehr nahe stehendes
Krankheitsbild, so daß hier früher nicht scharf geschieden wurde und wir handeln die Veränderung darum an dieser Stelle ab.

Unter den Degenerationen herrschen drei Formen vor, die trübe Schwellung, $\quad$ *Haupt-formen.*
die tropfig-hyaline Degeneration und die fettige Entartung. Diejenigen Epithelien
werden meist zuerst betroffen, welche die empfindlichsten, die am höchsten differen- $\quad$ *Sitz.*
zierten sind; das sind hier vor allem die Epithelien der Hauptstücke. Hier kommt aber noch $\quad$ *Haupt-stücke.*
hinzu, daß diejenigen Stellen besonders betroffen sind, welche zuerst von den Giften
angegriffen werden oder diejenigen Stellen, wo die Gifte wegen der Harneindickung zuerst
konzentrierter einwirken. Hierauf beruht wohl ein hauptsächliches, frühzeitiges Befallensein der Schaltstücke und Henleschen Schleifen. Doch kommen noch besondere Verhältnisse
dazu, da verschiedene Stoffe an ganz verschiedenen Stellen ausgeschieden zu werden und
anzugreifen scheinen (s. auch oben). Durch alles dies aber erklärt sich schon die im Anfang
oft fleckweise Verteilung der Degenerationsherde in der Niere.

Die trübe Schwellung (S. 54) verleiht der Nierenrinde eine weißliche, opake, trübe $\quad$ *Trübe Schwel-*
Beschaffenheit und ein gekochtes Aussehen; sie tritt anfänglich meist in verwaschenen trüben $\quad$ *lung.*
Flecken und Streifen in den Labyrinthabschnitten zwischen den Markstrahlen auf; die Rinde
erscheint dabei meistens etwas verbreitert, blaß, auf dem Durchschnitt über den Rand sowie
über die Markkegel vorquellend.

Mikroskopisch erscheinen die Epithelien geschwollen, leicht gekörnt (s. unter trübe
Schwellung S. 54), verwaschen, ihre Grenzen gegeneinander und vor allem nach dem Lumen
zu verwischen sich; sie setzen nicht mit scharfer Linie ab und ragen oft in das Lumen hinein.
Im Lumen selbst liegt oft eine fein geronnene Masse, welche mit diesen unscharf begrenzten
trübgeschwollenen Epithelien direkt zusammenhängen kann.

Tropfiges Hyalin. Meist mit dieser trüben Schwellung zusammen findet sich das sog. **tropfige Hyalin** (s. S. 55). Es treten in den Epithelien zuerst besonders der Endteile der Hauptstücke, aber auch anderer Kanälchengebiete, zunächst ganz feine hyaline Kügelchen mit besonderen Farbreaktionen auf. Die Zellen können ihren Kern völlig erhalten und daneben kleine derartige hyaline Tropfen aufweisen. In anderen Zellen sind die letzteren zu größeren Tropfen zusammengesintert; Kerne sind in solchen Zellen meist nicht mehr nachzuweisen. Sodann sieht man die gleichen hyalinen Tropfen nach Zerfall der Epithelien zusammengeballt im Lumen von Kanälchen liegen, wo sie größere hyaline Massen bilden und als eine besondere Art hyaliner Zylinder weiter abtransportiert werden können. Diese hyalin-tropfige Degeneration wird von anderer Seite auch zunächst als eine abnorme Sekretion der Epithelien aufgefaßt, die dann aber bald zu einem degenerativen Zustand führt.

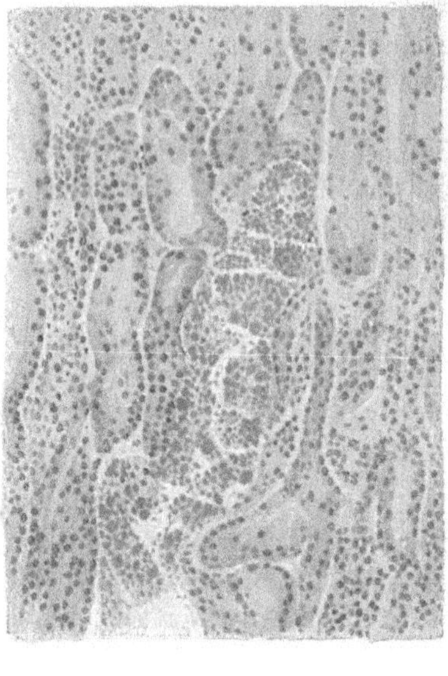

Ver-fettung. Bei der **Verfettung** der Epithelien, welche auch sehr oft mit der trüben Schwellung zusammen besteht, lagern sich die Fettkörnchen zunächst, wenn sie noch spärlich sind, am äußeren Rande der Epithelien ab (wohl weil das Fett und die Lipoide bei dieser degenerativen Fettinfiltration [s. S. 56] zumeist mit dem Blute hierher gelangen und somit durch die im Interstitium gelegenen Gefäße den diesen benachbarten Zellrand zuerst erreichen); erst später ist die ganze Zelle von Fettkörnchen erfüllt. Zuerst findet sich das Fett meist an den beschriebenen höchstdifferenzierten bzw. zuerst getroffenen Abschnitten der Harnkanälchen; in hochgradigen Stadien können die Zellen der übrigen Kanälchen dieselben Veränderungen darbieten. Dann enthalten oft auch die Zellen des interstitiellen Gewebes und die Glomeruli Fett.

Fig. 655a.
Tropfiges Hyalin der Niere.

Hydro-pische Degene-ration. Außer den drei genannten Hauptformen findet sich auch eine hydropische Degeneration, indem die Epithelien Vakuolen aufweisen.

Desqua-mation. In vielen Harnkanälchen fällt auch die Desquamation degenerierter Epithelien auf; die meisten solchen sind hochgradig verfettet. Werden verfettete Zellen desquamiert, so sintern sie oft zusammen und werden als mit Fettröpfchen beladene Zylinder (Fettzylinder) abgeführt.

Atrophie und Nekrose der Epithelien. Exsudative Prozesse. Zu der trüben Schwellung sowie tropfig-hyalinen und fettigen Degeneration gesellt sich eine Atrophie einzelner Epithelien oder aller Epithelien eines Kanälchens hinzu, so daß dieses in toto atrophisch — kleiner — wird. Auch verfallen einzelne Zellen oder Kanälchen völliger Nekrose. Die Zellen werden oft über größere Strecken hin kernlos, in grobkörnige oder schollige, hyaline Körper verwandelt. Diese Massen verkleben, und durch Zusammensinterung solcher hyaliner Epithelmassen und Fortschwemmung derselben in die abführenden Zylinder-bildung. Harnkanälchen bilden sie in diesen (und im Urin) auch gewisse Formen homogener Harnzylinder.

Die geschilderten Degenerationen stellen zunächst akute Vorgänge bzw. Zustände dar. In überaus häufigen Fällen folgt der Tod sehr früh. Wir finden die Veränderungen einzeln oder kombiniert und in sehr verschieden starker Ausbildung unter den unterschiedlichsten Bedingungen. So können sie unter allen Umständen vorkommen, unter denen die Niere mit ihr schädlichen Stoffen bei deren Ausscheidung in Berührung kommt. Hierher gehören die obengenannten toxischen Substanzen, wie Phosphor, Arsen, Chloroform etc. und gerade in solchen Fällen können sämtliche Nierenepithelien mit fein verteiltem Fett geradezu übermäßig angefüllt sein. Ferner kommen Nierendegenerationen bei allen Infektionskrankheiten überaus häufig vor. Sterben die Patienten nicht an der Krankheit oder deren Folgen, während die degenerativen bzw. dystrophischen Veränderungen sehr ausgeprägt sind, so werden die fremden oder in besonderer Menge abgelagerten Stoffe offenbar resorbiert, die Zellen erholen sich wieder völlig (Rekreation) und es kommt zu dem Status quo ante. Fälle, in denen die degenerativen Veränderungen sehr lange erhalten bleiben und dann Rundzellenhaufen und Bindegewebsentwickelung (Narben) hinzukommt, so daß eine Art Schrumpfniere resultiert, sind, wenn sie überhaupt vorkommen, sehr selten.

2. Nephritis (Nierenentzündung).

Sehen wir hier zunächst von der eiterigen Form ab, so können wir sagen, daß die ganz überwiegende Mehrzahl der Fälle die ersten entzündlichen Veränderungen an den Glomeruli erkennen läßt. Die Nephiritis in ihrer typischen Form ist somit eine Glomerulonephritis. Daneben haben wir in selteneren Fällen und nur unter bestimmten Bedingungen noch zwei Formen, zunächst die auch die Glomeruli zunächst betreffende, bei subakuter ulzeröser Endokarditis auftretende sog. embolische (nichteiterige) Herdnephritis (Löhlein); und sodann die offenbar auf die kleinen Gefäße der Niere zu beziehende, bei Scharlach zu beobachtende exsudative, lymphozytäre Nephritis (Aschoff). Allen drei Formen ist gemeinsam, daß sie — wenigstens zu allermeist — auf Bakterien bzw. deren Toxine zu beziehen sind und daß diese auf dem Blutwege in die Nieren gelangen und die kleinen Gefäße in besondere Mitleidenschaft ziehen. Gehört dies schon zur Begriffsbestimmung der Entzündung (siehe bei dieser im allgemeinen Teil), so tritt dies bei der Nephritis besonders deutlich zutage.

I. Glomerulonephritis.

Die überwiegende Mehrzahl der Glomerulonephritiden entsteht im Anschluß an Infektionen des Körpers. Am deutlichsten und typischsten ist sie in ihrem ganzen Verlauf bei an Scharlach erkrankten Kindern, und zwar meist erst in etwas späteren Stadien desselben auftretend, zu verfolgen. Aber auch bei Angina, bei Gelenkrheumatismus, Erysipel und zahlreichen nahestehenden Erkrankungen tritt die Glomerulonephritis häufig auf. Das Gemeinsame scheint in den meisten Fällen zu sein, daß es sich um Streptokokkenerkrankungen handelt und zwar stehen bei weitem in erster Linie Streptokokkenerkrankungen, welche die Rachenorgane bzw. die oberen Respirationsorgane betreffen. Zu der Nierenerkrankung scheinen nicht oder seltener die Kokken selbst Veranlassung zu geben, vielmehr ihre Toxine, welche auf dem Blutwege die Niere erreichen. Auch in zahlreichen Fällen, in welchen irgend eine derartige Erkrankung anscheinend nicht vorangegangen ist, mag doch eine nicht beachtete geringe und schnell vorübergegangene Angina oder dergleichen grundlegend sein. Die Niere scheint vor allem dann zu erkranken, wenn noch das Organ schwächende disponierende Momente hinzukommen, und hier steht die Erkältung und insbesondere Durchnässung an erster Stelle. Aber dies Moment, so wichtig es auch ist, ist eben nur ein disponierendes, nicht eigentlich das ätiologische. Es ist aber leicht zu verstehen, daß bei „Erkältungen" zugleich beide einwirken, indem gleichzeitig durch diese eine Angina Bronchitis od. dgl. bewirkt wird. Des weiteren können als disponierendes Moment schon früher durchgemachte Nierenerkrankungen oder besondere Labilität ihrer Gefäße angesehen werden, so daß die Nieren, so bei Streptokokkenerkrankungen, durch die Toxine leichter angegriffen werden. Des weiteren treten Glomerulonephritiden auf im Anschluß an Pneumonien, Meningitiden evtl. auch Dysenterien, nur selten wie es scheint bei Diphtherie, Typhus oder anderen akuten Infektionskrankheiten. Ob sie sich auch bei Staphylokokkeneiterungen finden, ist fraglich, zum mindesten selten. Recht selten sind Glomerulonephritiden auch im Verlaufe einer Tuberkulose und zumeist sind sie hier wohl auf Mischinfektionen mit Streptokokken (Lungenkavernen u. dgl.) zu beziehen. Auch in allen diesen Fällen sind die Toxine der Pneumokokken, Meningokokken etc. wohl die angreifende Noxe. Ob auch chemische Gifte Glomerulonephritis erzeugen können, ist zu vermuten, aber beim Menschen nicht sicher bewiesen. Besonders bei Scharlach der Kinder, aber auch bei Anginen u. dgl. sehen wir den klinischen und anatomischen Verlauf der Erkrankung in verschiedenen Stadien, in deren jedem der Tod eintreten kann, am ausgesprochensten und typischsten. Aber es muß betont werden, daß nur ein kleiner Teil der Glomerulonephritisfälle in die späteren Stadien gelangt und in diesen oder auch im akuten Stadium tödlich endet, während ein sehr großer Prozentsatz selbst schwerer akuter Fälle nach Aufhören des Einwirkens der schädlichen Noxe sich zurückbildet und in Heilung übergeht. Bei den weit geringeren Veränderungen, wie sie die Glomerulonephritis im Verlaufe der anderen oben genannten Infektionskrankheiten darbietet — hier sind auch die klinischen Symptome meist weit geringer — ist dies erst recht der Fall.

Einteilung in 3 Stadien: Wir teilen die Glomerulonephritis in drei Stadien ein, in ein akutes, subakutes bzw. subchronisches und ein chronisches, wenn alle Übergänge auch natürlich diese verbinden.

α) Akutes Stadium.

a) Akutes Stadium.

Die schädigende Noxe gelangt in die Niere auf dem Blutwege (s. oben). Durch die besondere anatomische Struktur der Niere, d. h. die Kapillarauflösung in Gestalt der Glomeruli kommt es, daß sich hier die ersten und schwersten Veränderungen abspielen. Die Kapillarschlingen des Glomerulus werden blutarm, dann blutleer und zeigen eine eigenartige Blähung, wobei sich eine geronnene, protoplasmatische Masse im Innern der Schlingen findet. Der erste Angriffspunkt liegt offenbar des weiteren in den Endothelien der Glomeruluskapillarschlingen. Diese werden angegriffen, degenerieren oder werden nekrotisch, was sich durch Kernverlust dokumentiert. Dies ist aber nur an einem kleinen Teil von ihnen der Fall und zumeist nur in ganz frischen Stadien und an wenigen Zellen direkt wahrnehmbar. Die übrigen Endothelien bleiben nicht nur erhalten, sondern sie wuchern, d. h. vermehren sich (nach allgemeinen früher geschilderten Gesetzen). So ist ein erstes Kennzeichen selbst einer frischen akuten Glomerulonephritis schon eine Vermehrung der Endothelien, welche den Glomerulus auffallend groß und zell- bzw. kernreich erscheinen läßt;

Glomerulus-veränderungen.

Endothel-wucherung.

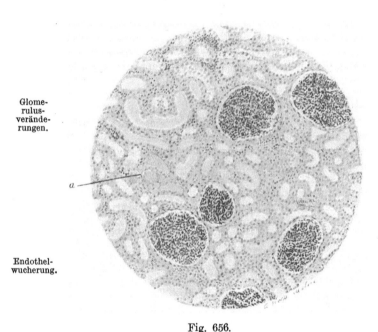

Fig. 656.
Akute Glomerulonephritis.
Die Glomeruli äußerst zellreich und groß. In den Hauptstücken geronnene Eiweißmaßen und (bei *a*) rote Blutkörperchen.

doch ist dies zunächst allerdings noch in mäßigen Grenzen der Fall. Besonders wichtig ist **Blutleere der Kapillaren.** weiter, daß die Kapillaren der Glomeruli fast oder ganz blutleer sind (s. o.). Gleichzeitig gibt sich aber die entzündungserregende Einwirkung vom ersten Beginn an in exsudativer Weise zu erkennen. Es sind zunächst, wie ja bei frischen Entzündungen gewöhnlich, die polymorphkernigen Leukozyten, welche in größeren Mengen in das Entzündungsgebiet gelangen und hier haften bleiben. Wir finden die Leukozyten zunächst in den Kapillarschlingen des Glomerulus in größeren Mengen. An Stelle der etwa 3—25 Leukozyten, wie sie der Durchschnitt durch einen Glomerulus in dessen Kapillaren normaliter aufweist, finden **Leuko-zyten-reichtum.** wir jetzt deren 50, 80 und oft sogar weit über 100. Die für die Leukozyten charakteristische Oxydasereaktion (siehe S. 259) stellt diesen Befund sehr prägnant dar. Bei fast allen akuten Entzündungen ist ja ein vermehrtes Herankommen von Leukozyten in die

Kapillaren des Entzündungsgebietes zu konstatieren; sie werden chemotaktisch durch die Fernwirkung der Entzündungsnoxe hierher gelockt. Aber sie bleiben nicht lange in den Kapillaren, sie wandern durch deren Wand aus: Emigration, wie ja im Entzündungskapitel dargelegt. Daß sie hier in der Niere, in den Glomeruli, in den Kapillarschlingen selbst in besonders großer Zahl gefunden werden — solche oft geradezu blockieren — hängt offenbar mit den räumlich mechanischen Verhältnissen der besonders dicht, fast ohne Interstitium, aneinandergepreßten Kapillarschlingen der Glomeruli zusammen. Aber auch hier kommt es zu einer nicht geringen Emigration der Leukozyten aus den Kapillaren. Oft sieht man um die Glomeruli einen Ring von Leukozyten; sie liegen hier wohl in einem perikapsulären Lymphspalt, in diesen resorbiert. Und vor allem gelangen sie bei der Emigration in den Kapselraum und von diesem aus abwärts in die Lumina der Harnkanälchen, wo sie besonders in denen der Hauptstücke gefunden werden. Das exsudative Moment der akuten Glomerulonephritis ist nun naturgemäß mit der Leukozytenanlockung und Emigration keineswegs erschöpft. Hiermit einher geht natürlich auch eine Exsudation von Serum. Es gelangt in das umliegende Gewebe in Gestalt eines Ödems; aber der größte Teil muß auch hier wieder in die Kapselräume der Glomeruli bzw. Malpighischen Körperchen und so in die Lumina der Harnkanälchen gelangen. An Präparaten, welche in frischem Zustande ein paar Minuten gekocht oder die in absolutem Alkohol, Formol oder anderen das Eiweiß rasch koagulierenden Flüssigkeiten fixiert werden, erkennt man das geronnene Eiweiß in Form feinkörniger Massen. Dieses Serumeiweiß wird auch weiter abwärts durch Wasserresorption ausgefällt und tritt somit hier in Gestalt von Zylindern zutage, bzw. es gelangen solche in den Urin und sind hier nachweisbar. Des weiteren gehen rote Blutkörperchen aus den Kapillaren in das entzündliche Exsudat über; wir finden einzelne solche auch hier wieder in den Kapselräumen und in den Lumina der Harnkanälchen. Sind größere Mengen von ihnen exsudiert, so lagern sie sich, besonders nach Resorption des Serum, in den Lumina auch zu größeren Massen und dicht aneinandergedrängt zusammen und man spricht dann von Blutkörperchenzylindern (s. oben). Sind die roten Blutkörperchen in großen Mengen dem Exsudat beigemischt und gelangen diese so in solchen Mengen in den Urin — mit einzelnen ist dies bei frischen Glomerulonephritiden wohl stets der Fall — daß sie diesen hellrot färben, so spricht man — vor allem klinisch — auch von hämorrhagischer Nephritis. Erwähnt werden soll noch, daß dem vor allem im Kapselraum auftretenden Exsudat auch geringe Mengen Fibrin beigemischt sein können. Daß das Exsudat hier fast nur aus Fibrin besteht (nach Art der fibrinösen Entzündung seröser Häute) ist selten. Außer den Glomeruluskapillaren bleiben naturgemäß auch die übrigen kleinen Nierengefäße von der Entzündungsnoxe nicht verschont; löst sich doch das Vas efferens bald nach Verlassen des Glomerulus wieder in ein Kapillarnetz auf, welches die Harnkanälchen umspinnt. Auch hier kommt es dann natürlich zu exsudativen Prozessen. Die hier exsudierenden Massen, Serum, Leukozyten, rote Blutkörperchen, müssen dann, da ja ein Interstitium in der Niere, welches auf diese Weise auch ödematös werden kann, nur höchst gering entwickelt ist, auch zumeist in die Lumina der Harnkanälchen gelangen. Es kann auch hier infolge der Wandschädigung — wenn auch zumeist erst etwas später — öfters zu kleinen Blutaustritten kommen. Nur stehen die Veränderungen der im Glomerulus vereinten Kapillarschlingen und das aus ihnen stammende Exsudat an erster Stelle und beherrschen das Bild.

Wie bei jeder Entzündung bleibt nun naturgemäß auch das eigentliche Parenchym bei der Einwirkung der Noxe nicht intakt. Degenerative Veränderungen desselben gehören ja zum Bilde der „Entzündung". Zu diesem Parenchym können wir nun zunächst schon die Glomerulusepithelien rechnen, sowohl die Schlingenepithelien wie die Kapselepithelien. Räumlich liegen nun die Schlingenepithelien den als verändert geschilderten Kapillarschlingen ja zuallernächst. So werden sie auch zuerst von vornherein mitangegriffen. Wir sehen zumeist einzelne Schlingenepithelien in der Tat schon frühzeitig verfettet oder sonst degeneriert; einzelne auch kernlos; andere schwellen an, Kerne und Protoplasma werden groß; doch halten sich diese Veränderungen in mäßigen Grenzen und eine stärkere Wucherung der Schlingenepithelien ist zunächst auch nicht vorhanden. Etwas weiter entfernt liegen schon die Kapselepithelien; sie erscheinen auch im allerersten Beginn wenig

Emigration der Leukozyten.

Exsudation von Serum.
Ödem.

Zylinder.
Rote Blutkörperchen im Exsudat.

Hämorrhagische Nephritis.

Fibrin.

Exsudation der anderen Gefäße.

Parenchymveränderungen.

Glomerulusschlingenepithelien.

Kapselepithelien.

verändert, sondern noch durchaus gut erhalten. Sehr bald allerdings zeigen sie dann Veränderungen, aber auch noch durchaus geringe; einzelne Zellen zeigen auch hier Fett, oder sind trübgeschwollen, einzelne auch kernlos; sie können desquamiert werden — und finden sich frei im Kapselraum —, so daß kleine Lücken entstehen. Die Nachbarepithelien decken den Defekt und man sieht dabei öfters Unregelmäßigkeiten in Gestalt größerer Zellen mit mehreren unregelmäßig gelegenen Kernen — also Riesenzellen — oder auch ganz kleine Gebiete, wo die Zellen 2—3 schichtig werden, doch tritt dies erst gegen Ende dieses — akuten — Stadiums

Harn-
kanälchen-
epithelien.

auf. Und nun zum eigentlichen Parenchym, zu den Epithelien der Harnkanälchen, besonders der zunächst beteiligten Hauptstücken bzw. deren terminalen Teilen. Sie zeigen im Anfang dafür daß es sich um einen die Niere ergreifenden Entzündungsprozeß handelt, im Vergleich zu anderen Organen auffallend geringe Veränderungen. Trübe Schwellung ist allerdings meist sehr früh vorhanden, aber im übrigen sind die Epithelien im ersten Beginn zuallermeist sehr gut erhalten, fast unverändert. Es mag dies damit zusammenhängen, daß eben die Toxine in den Kapillarschlingen der Glomeruli zumeist aufgefangen werden, und so das eigentliche Parenchym geschützt wird. So kann man gerade in der Niere, dem Organ, das als Ausscheidungsorgan toxischen Insulten so besonders leicht ausgesetzt ist, die besondere Anordnung der Kapillaren in Gestalt der Glomeruli als einen besonders sinnreichen Schutz betrachten. Sind so im Anfang zumeist nur die Malpighischen Körperchen

Glome-
rulitis.

bzw. die Glomeruli in stärkerem Grade verändert, so kann man die Affektion auch als Glomerulitis bezeichnen. Ist dies bei weitem der häufigste Fall, so gelangen in einer kleinen Minderzahl der Fälle doch Giftstoffe von vornerein durch die Glomeruli auch zu den Epithelien der Kanälchen und rufen an ihnen degenerative Erscheinungen hervor, in Gestalt starker trüber Schwellung, Verfettung etc., wie oben geschildert. Diese Formen kann man

Tubulär-
glome-
ruläre-
Nephtitis-
formen.

auch als tubulär-glomeruläre Nephritis bezeichnen. Doch ist dies, wie gesagt, nicht das typische. Doch war bisher nur von den Anfangsstadien die Rede. In etwas späteren Zeiten auch noch des akuten Stadiums werden die Kanälchenepithelien stärker in Mitleidenschaft gezogen, aber offenbar weniger durch die Entzündungsnoxe selbst direkt als dadurch, daß eben die Glomeruli hochgradig verändert sind und dadurch (s. auch oben), besonders durch die so bedingte Inaktivität und ferner durch die beeinträchtigte Blutversorgung, auch die Kanälchenepithelien — also sekundär — leiden müssen. Es treten jetzt an ihnen Atrophien und daneben auch die verschiedenen Zeichen der Degenerationen hervor. So veränderte besonders verfettete Zellen liegen jetzt auch desquamiert im Lumen der Kanälchen. Diese Veränderungen sind aber, wie nochmals betont sei, in erster Linie als sekundär, auf die Glomerulusblokade zu beziehen, aufzufassen. Daß jetzt in den späteren Zeiten des akuten Stadiums auch die ja den Anfang des Kanälchenepithels darstellenden Glomeruluskapselepithelien etwas stärkere Veränderungen aufweisen, ist schon oben beschrieben. Jetzt zeigen die Wände der Kapillarschlingen der Glomeruli auch hyaline Verdickungen und Verbreiterungen. An Stellen, wo Kapselepithel zugrunde gegangen ist, ist die Kapsel den Glomeruli adhärent. Es leiten uns diese Punkte schon zu den unten darzustellenden Veränderungen des nächsten subakuten Stadiums über.

Kurze Zu-
sammen-
fassung.

Fassen wir kurz zusammen, so zeigen bei der typischen Glomerulonephritis zunächst die Glomeruli die Hauptveränderungen: Blutarmut der Kapillaren, Angegriffenwerden und besonders Vermehrung der Endothelien, Leukozytenreichtum in den Kapillaren, Exsudation in den Kapselraum etc. Zunächst ist die örtliche Leukozytenvermehrung am auffälligsten. Im allerersten Beginn sieht man alles dies in den einzelnen Glomeruli noch nicht an allen Schlingen und auch nicht an allen Glomeruli des Schnittes; sehr bald aber sind alle Schlingen aller Glomeruli (beider Nieren) ergriffen. Kurz darauf wird die Endothelvermehrung immer stärker und überwiegt über die Leukozytenansammlung. Erstere beherrscht jetzt das mikroskopische Bild immer mehr. Die Glomeruli erscheinen infolgedessen sehr groß und überaus kern- d. h. zellreich, dagegen völlig blutleer. Auch die feinen Wände der Kapillaren erscheinen jetzt etwas verdickt hyalin gequollen, verbacken auch öfters miteinander. Später erst zeigen die Glomerulusepithelien leichte Wucherungserscheinungen, das Kapselepithel ebensolche sowie Atrophien und Degenerationen, desgleichen vor allem das Kanälchenepithel. Ohne scharfe Grenze gelangen wir so ins subakute Stadium.

Wie sieht eine derartige Niere im akuten Stadium der Glomerulonephritis nun ma kro- Makro-
skopisches
skopisch aus? Im allerersten Beginn einer solchen ist sie nur höchst minimal, oft so gut wie Aussehen.
gar nicht, verändert; die Diagnose ist makroskopisch nicht zu stellen, sondern nur mit Hilfe
des Mikroskops, obwohl die klinischen Erscheinungen schon sehr ausgesprochen gewesen
sein können. Höchstens eine geringe Trübung oder ganz leichtes Ödem, besonders der Rinde,
und stärkere Blutfüllung d. h. Rotfärbung der Markkegel kann den Prozeß, der Platz gegriffen,
andeuten. Bald aber treten die makroskopischen Veränderungen weit deutlicher hervor.

Jetzt nimmt die Niere an Volumen erheblich zu, was teils auf die mit der Anschwellung
der Harnkanälchen verbundene Verbreiterung der Rindensubstanz, teils auf die entzündlich-ödematöse Durchtränkung und Auflockerung des Gesamtgewebes zurückzuführen ist.
Die trübe Schwellung verleiht der Nierenrinde eine weißliche, opake, trübe Beschaffenheit
und ein wie gekochtes Aussehen; sie tritt zunächst meist in trüben, verwaschenen Flecken
und Streifen in den Labyrinthabschnitten zwischen den Markstrahlen auf; die Rinde erscheint dabei meistens blaß, etwas verbreitert und auf dem Durchschnitt über den äußern
Rand, sowie über die Markkegel vorquellend. Bei der Fettdegeneration erscheinen mehr und
mehr trübgelbliche Flecken und Streifen, welche schließlich vielfach konfluieren und der
Niere an der Oberfläche wie auf dem Durchschnitt durch die Rinde eine fast gleichmäßig
gelbe Farbe verleihen können.

Im allgemeinen ist auch bei hochgradiger Entzündung der Niere die Rindensubstanz Anämie
nicht stark gerötet, in den meisten Fällen sogar ausgesprochen anämisch, weil die Blut- und Hyper-
ämie neph-
kapillaren durch die geschwollenen Harnkanälchen komprimiert werden; es finden sich bloß ritischer
da und dort hyperämische bzw. hämorrhagische Stellen; auch die Glomeruli treten durch Nieren.
Vergrößerung und Blutarmut als kleine graue Pünktchen besonders bei seitlicher Betrachtung
deutlich hervor. Mit dem durchschnittlich geringen Blutgehalt der Rinde kontrastiert
meistens auffallend ein rosafarbener bis dunkelroter Farbenton der Markkegel, an welchen
die Entzündungshyperämie in viel ausgesprochenerem Maße, die Verfettung etc. viel weniger
zur Geltung kommen; gegenüber der trüben, matten Beschaffenheit der Rinde zeigt sich
die Marksubstanz meist saftig-glänzend; drückt man seitlich auf die Papillen, so entleert
sich aus den letzteren eine mehr oder weniger trübe, aus dem Inhalt der Harnkanälchen
bestehende Masse. Indes sich auch in der Rinde auf dem in toto trüb-grauen oder gelblichen Grund umschriebene dunkelrote Flecken zeigen (s. o.), kann die Niere an der Oberfläche und auf dem Durchschnitt so ein geflecktes Aussehen erhalten.

Klinisch besteht Albuminurie, welche teils auf die abnorme Funktion der Nierenepithelien zu Albu-
beziehen, zum großen Teil aber als Effekt oder Teilerscheinung der entzündlichen Gefäßalteration auf- minurie.
zufassen ist. Auf letztere weisen auch die evtl. im Urin auftretenden Leukozyten und roten Blutkörperchen
hin. Auch die Zylinderbildung ist, wie beschrieben, teils auf Epitheldegenerationen, teils auf entzündliches
Exsudat zu beziehen.

Man findet jetzt neben einer Verminderung der Harnmenge, welche bis zur vollständigen Harn-
Sistierung der Harnsekretion gehen kann (Anurie), und stärkerem Eiweißgehalte des Harns in dem letzteren beschaffen-
verschiedenerlei korpuskuläre Bestandteile: in körnigem Zerfall oder Verfettung begriffene Nierenepithelien, heit.
Leukozyten, rote Blutkörperchen, sowie zylindrische Gebilde verschiedener Art; durchsichtige, hyaline
Harnzylinder, sog. Wachszylinder (kompaktere, deutlich gelb gefärbte Gebilde), Zylinder, welche mit
körnigem Detritusmassen, mit Epithelien oder Blutkörperchen bekleidet sind, körnige Detritusmassen,
sog. Epithelzylinder, d. h. zylindrische Gebilde, die aus verbackenen Epithelien oder in toto abgestoßenen,
röhrenförmigen Abschnitten von Harnkanälchen bestehen, sog. Zylindroide, d. h. unregelmäßige, meist
gestreifte und an den Enden aufgefaserte Gebilde, evtl. auch Zylinder, die ganz aus roten oder weißen
Blutkörperchen zusammengesetzt sind (Fig. 653).

β) Subakutes (subchronisches) Stadium.
b) Sub-
akutes
Stadium.

Nach etwa vierwöchentlichem Verlauf können wir in direktem Übergang von der bisherigen Schilderung der Veränderungen den Anfang des subakuten Stadiums datieren. Wir
können hier nach dem mikroskopischen Verhalten zwei Formen unterscheiden.

a) Intrakapilläre Form. Sie schließt sich direkt an das beschriebene an. Die 2 Formen:
Endothelvermehrung der Kapillaren tritt immer mehr hervor und beherrscht a) intra-
kapilläre,
jetzt völlig das Bild. Die Leukozytenvermehrung in den Kapillaren flaut zumeist allmählich
wieder ab. Infolge der enormen Vermehrung der Endothelien — von etwa 130 (die Glomerulusepithelien miteingerechnet) eines normalen Glomerulusdurchschnittes bis auf etwa

das Doppelte bis Vierfache — sind die Glomeruli jetzt von ganz besonderer Größe und Zell- bzw. Kernreichtum. Sie füllen den Kapselraum meist ganz aus und buchten sich kuppenförmig in den Anfang des abgehenden Harnkanälchens vor. Die Schlingenepithelien zeigen etwas stärkere Verfettung, die Kapselepithelien sind oft geschwollen und zeigen — aber nur mäßige — Wucherungserscheinungen. Die Kapillarschlingen des Glomerulus sind hyalin verdickt, klumpig.

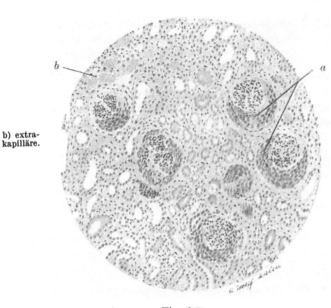

b) extra-kapilläre.

Fig. 657.
Subakute Glomerulonephritis; sog. extrakapilläre Form.

Die Glomeruli sind zellreich, komprimiert durch die starke Kapsel-epithelwucherung von der Form der sog. Halbmonde (a). Zwischen den gewucherten Epithelien hyaline Zerfallsmassen und rote Blut-körperchen (gelb). Kanälchen atrophisch, im Lumen (bei b) rote Blutkörperchen. Das Bindegewebe ist schon leicht diffus gewuchert.

b) Extrakapilläre Form. Hier sind zwar die unter a) beschriebenen Glomerulusveränderungen auch vorhanden, aber sie fallen nicht so ins Auge, weil die Glomeruli komprimiert sind und zwar durch die Erscheinung, welche hier das Bild beherrscht, nämlich eine ganz außerordentliche Wucherung der Schlingen- und besonders Kapselepithelien. Es bilden sich vielfache Lagen gewucherter Epithelien, welche sich dadurch schichtenweise abplatten. Diese Wucherung schmiegt sich in ihrer äußeren Form derjenigen des stark ausgedehnten Kapselraums, in welchen sie sich ja hinein entwickelt, an, d. h. sie ist gegenüber dem Hilus (Vas afferens und efferens), also nach dem Abgang des Kanälchens zu am stärksten entwickelt, so kommt eine Halbmondform zustande (s. Fig. 657) und man spricht daher auch von Halbmonden. Die Wucherung der Glomerulusepithelien kann sich auch in das abgehende Harnkanälchen selbst hinein vorbuchten. Die gewucherten Epithelien sind infolge ihrer Menge und schlechter Ernährung, Druck etc. leicht wieder dem Untergang geweiht und so sehen wir an ihnen degenerative Erscheinungen bald in ausgedehntem Maße stattfinden. Sie verfallen oft sehr stark; ferner treten hyaline Massen in ihnen auf — besonders nach innen zu — welche offenbar dem tropfigen Hyalin der Kanälchenepithelien (s. oben) entsprechen (Glomerulusepithelien können auch sonst — selten — tropfiges Hyalin aufweisen), auch können Epithelien ganz absterben und zu hyalinen Massen werden. Zwischen den gewucherten Epithelien liegen noch Exsudatreste, besonders auch rote Blutkörperchen (meist mehr nach außen zu).

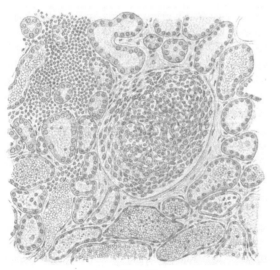

Fig. 658.
Subakutes (subchronisches) Stadium der Glomerulo-nephritis: Extrakapilläre Form.

In dem Kapselraum um den Glomerulus liegen zahlreiche gewucherte Epithelien; in vielen Harnkanälchen (namentlich links und unten) reichlich rote Blutkörperchen. Links oben ein Herd kleinzelliger Infil-tration im interstitiellen Gewebe; letzteres an vielen Stellen schon ganz leicht vermehrt, besonders auch um den Glomerulus herum.

Während die intrakapilläre Form der Veränderung mehr den Glomerulonephritiden mit langsamerem Verlauf entspricht, handelt es sich bei der extrakapillären Form mehr um solche von schnellem, stürmischem Werdegang. Doch finden sich oft auch beide Veränderungen nebeneinander an verschiedenen Glomeruli derselben Niere.

In jedem Falle treten nunmehr die besonders von den verödeten Glomeruli abhängigen Folgeerscheinungen an den Kanälchen sehr stark hervor. Ein großer Teil der Kanälchen zeigt ganz atrophische Epithelien, enges, mit Exsudat oder Zylindern gefülltes Lumen, die Kanälchen sind im ganzen hochgradig atrophisch. Andere zeigen ihre Epithelien hoch- Kanälchen-
epithel-
veränderungen.

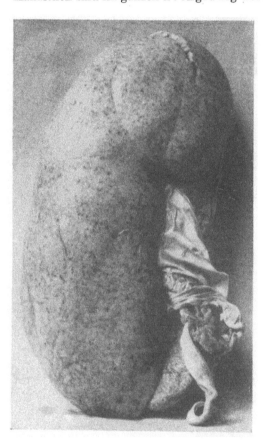

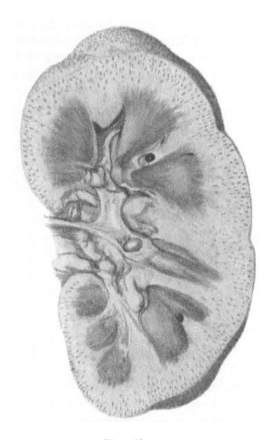

Fig. 659.

Subakutes Stadium der Glomerulonephritis. (Große bunte Niere.)

Die dunklen Punkte entsprechen Blutungen an der Nierenoberfläche.

Fig. 660.

Subakute Glomerulonephritis (große bunte Niere) von der Schnittfläche aus gesehen.

Die Niere ist stark verfettet (gelb). Scharf heben sich infolge von Hyperämie und Hämorrhagien rote Streifen und Flecken ab (letztere auch an der Oberfläche der Niere, oben im Bild.) Desgleichen die stark hyperämischen Markkegel.

gradig verfettet; im Lumen finden sich auch zahlreiche völlig verfettete desquamierte Epithelien. An anderen Kanälchen findet sich oft hochgradige tropfig-hyaline Degeneration, jetzt auch in Gestalt weit zahlreicherer und größerer Tropfen. Die Kanälchen enthalten zum großen Teil Zylinder — auch die geraden Harnkanälchen im Mark — die auf die verschiedenen oben geschilderten Bildungsweisen zu beziehen sind, Exsudateindickung, zusammengeballte. nekrotische Epithelien und offenbar auch tropfiges Hyalin. Andere Kanälchen enthalten zunächst auch größere Mengen ausgetretener roter Blutkörperchen — bzw. Blutkörperchenzylinder — wieder andere auch zylinderartig zusammengeballte Leukozyten. Alle die so veränderten Kanälchen liegen zumeist in kleinen Gruppen zusammen — oft in direkter Abhängigkeit von den veränderten Glomeruli — so daß eine fleckweise Verteilung der einzelnen Veränderungen zutage tritt. Dazwischen liegen nun andere Gruppen von Kanälchen, welche noch besser erhaltene ja sogar gewucherte Epithelien zeigen und deren Lumen deutlich erweitert ist, was wohl ein Indizium für stärkere vikariierende Harnbereitung ist. Diese Kanälchengruppen liegen mit Vorliebe mehr nach der Oberfläche zu, vielleicht weil sie von den Endausläufern der Vasa interlobularia (nach Abgabe der Vasa afferentia) bzw. von deren Anastomosen mit den Kapselarterien aus noch besser ernährt werden.

Verände-
rungen des
Inter-
stitiums.

Auch das überall verteilte Interstitium zeigt jetzt stärkere Veränderungen. Vielfach finden sich kleine Blutaustritte, vor allem aber treten jetzt entzündliche Zellanhäufungen stärker hervor. Überall bestehen bis ins Mark hinunter und oft besonders ausgeprägt an der Grenze von Mark und Rinde größere Zellansammlungen, welche besonders aus Rund-

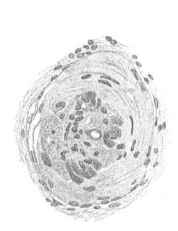

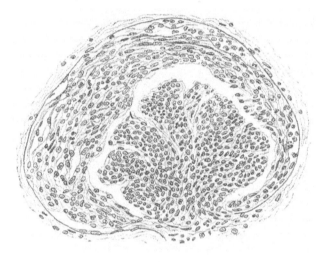

Fig. 661.

In Verödung begriffener Glomerulus ($\frac{350}{1}$).

Bowmansche Kapsel hyalin verdickt mit spärlichen Kernen, die Kapillarschlingen eng umschließend; der Kapselraum hierdurch verschwunden. Außen von der Bowmanschen Kapsel lockeres Bindegewebe. Einzelne Kapillarschlingen des Glomerulus in hyaliner Umwandlung (sie sind dunkler).

Fig. 662.

Subakute Glomerulonephritis (extrapapilläre Form). Einwuchern von Bindegewebe in den mit gewucherten Epithelien gefüllten Kapselraum ($\frac{350}{1}$)

Die ursprüngliche Bowmansche Kapsel als dunklere Kontur außen zu erkennen. Glomerulus noch sehr zellreich.

zellen (Lymphozyten) bestehen, aber auch mehr oder weniger zahlreiche Leukozyten und hie und da Plasmazellen aufweisen. Außer in den größeren Zellansammlungen sind Rundzellen auch sonst überall mehr einzeln in größerer Zahl vorhanden. Gleichzeitig sehen wir immermehr eine Verbreiterung des interstitiellen Gewebes auftreten, besonders an den Stellen, an welchen die Kanälchen besonders atrophisch kollabiert sind. Das neugebildete Bindegewebe ist auch zunächst noch sehr reich an Rundzellen. Auch Quellung und hyaline Verbreiterung der Membranae propriae der ganz atrophischen Kanälchen trägt zu der Bindegewebshyperplasie bei.

Sub-
chronische
Formen.

Hiermit nähern wir uns aber bereits dem Ende des subakuten Stadiums; wir können dies Übergangsstadium zum nächsten — chronischen unter γ zu schildernden —, da eine scharfe Grenze hier keineswegs zu ziehen ist, auch als subchronisches bezeichnen. Inzwischen sind an den Glomeruli weitere Veränderungen vor sich gegangen. Der Zellreichtum dieser nimmt ab, dagegen verdicken sich die hyalin gequollenen Schlingen immer mehr und verbacken immer mehr miteinander, so daß die Gesamtheit der Schlingen an vielen Glomeruli schon anfängt völlig zusammenzusintern zu einer hyalinen Masse mit einer mäßigen Zahl von Kernen. Besonders ist dies an den durch die starken Kapselepithelwucherungen komprimierten Glomeruli der Fall. Aber auch in den letzteren gehen weitere Veränderungen vor sich. Von der Kapsel aus und nach Durchbrechung dieser auch von um die Bowmansche Kapseln herum gewuchertem Bindegewebe aus wuchert Bindegewebe in den Kapselraum ein, zuerst in Form feiner Bindegewebsstreifen; dabei leisten die oben geschilderten Zerfallserscheinungen des gewucherten Kapselepithels diesem Einwuchern des Bindegewebes offenbar Vorschub. So verschwinden die Epithelwucherungen immer mehr bis auf kleine Reste; das eingedrungene Bindegewebe wird breiter, füllt allmählich den ganzen Kapselraum und bildet dann mit dem Glomerulus eine Masse.

Wie sieht nun eine Niere im subakuten Stadium der Glomerulonephiritis makroskopisch aus? Das Verhalten derselben schließt sich an die als letzte Ausbildung in späteren Zeiten des akuten Stadiums geschilderten Verhältnisse an, nur sind diese jetzt deutlich markiert. Die Niere ist jetzt sehr ausgesprochen durch Schwellung vergrößert; die Rinde ist meist beträchtlich verbreitert. Die Markkegel sind noch durch Hyperämie stärker gerötet oder auch mehr braun gefärbt. Die Rinde setzt scharf dagegen ab; sie ist von mehr gleichmäßig weißer Farbe, aus den oben genannten Gründen, oder indem die stärkere Verfettung mehr und mehr an Stelle der trüben Schwellung des Parenchyms tritt, wird die Farbe eine mehr gelbe. Oft tritt diese Farbe auch schon makroskopisch mehr fleckweise oder streifenförmig hervor. Das so gestaltete Organ wird wegen seiner Schwellung und hellen Farbe von alters her als sog. große weiße oder auch große gelbe (bei Fettreichtum) Niere bezeichnet. Einzelne kleine Blutpunkte, welche kleinen Blutungen oder Gruppen mit roten Blutkörperchen gefüllter Kanälchen entsprechen, treten von der hellen Farbe meist deutlich hervor und sind vor allem auch an der Oberfläche wahrzunehmen. Sind diese sehr zahlreich und hyperämische streifenförmige Gebiete auch in der Rinde stark hervortretend, so daß die Niere durch die weißen, gelben und roten Bezirke ein sehr farbenreiches Bild bietet, so spricht man von großer bunter Niere. Beherrscht infolge gleichmäßig starker Hyperämie und starker Blutungen das Rot gegenüber dem Weiß bzw. Gelb völlig das Bild, so kann man auch von großer roter Niere reden.

Es sei erwähnt, daß man (vor allem klinisch) früher vielfach fälschlich diese so veränderten Nieren als „chronisch parenchymatöse Nephritis" bezeichnete.

Man erkennt meist die großen Glomeruli als kleine glänzende, leicht prominente tautropfenartige Gebilde, jetzt im subakuten Stadium deutlicher als im akuten. Die Kapsel ist gewöhnlich stark gespannt infolge des Turgors des Organs und besonders leicht abziehbar. Die geschwellte Niere quillt dann hervor.

Im weiteren Verlauf des subakuten Stadiums zu Zeiten, die wir oben als subchronisch bezeichneten, ändert sich das Bild. Das Organ verkleinert sich wieder, die Rinde besonders wird schmäler, der Turgor tritt zurück, ebenso die Rotfärbung, ein verwaschenes Grau mit gelben Flecken tritt an die Stelle, auch das Mark ist nicht mehr ausgesprochen rot gefärbt, sondern mehr graubraun, die Markrindengrenze ist nicht mehr so deutlich markiert. Die Glomeruli sind mit bloßem Auge weniger gut zu erkennen; die Kapsel ist nicht mehr so gut abziehbar, haftet dem Organ etwas fester an. So leitet das Bild über zu:

γ) Chronisches Stadium.

Wie aus obiger mikroskopischer und makroskopischer Schilderung schon hervorgeht, ist eine scharfe Grenze zwischen subakutem bzw. subchronischem und chronischem Stadium nicht zu ziehen; etwa vom dritten Monate ab können wir das letztere datieren.

Es handelt sich hier um den allmählichen Ausgang der Veränderungen, um das Reparationsstadium im anatomischen Sinne. Nachschübe entzündlicher Prozesse sind immer möglich. Die Glomeruli schreiten in ihrer Verödung fort; die Schlingen stellen eine zusammenhängende Masse dar, die nur wenig oder kaum mehr Kerne aufweist; die Kapsel ist völlig ahdärent in diese Masse aufgegangen, höchstens, daß noch feine Spalten von Epithel ausgekleidet vorhanden sind. Die zu geschrumpften, fast kernlosen, gleichmäßig strukturlos

Makroskopisches Verhalten.

Große weiße oder gelbe Niere.

Große bunte Niere.
Große rote Niere.

γ) Chronisches Stadium.

Hyaline
Glomeruli.

erscheinenden Kugeln entarteten Malpighischen Körperchen (Glomeruli und Kapsel) werden als hyalin degenerierte Glomeruli bezeichnet. An diesen kann man färberisch oft noch den von der gewucherten Kapsel und den vom kollabierten Glomerulus abstammenden Teil unterscheiden. Die hyalinen Massen erleiden nicht selten eine Verkalkung. Außen um die hyalinen Glomeruli bilden sich nicht selten ganz feine elastische Fasern neu. Die am stärksten veränderten Glomeruli liegen oft gruppenweise zusammen. Andere Glomeruli sind noch größer, kernreicher, noch nicht hyalin, aber auf dem Wege der Hyalinisierung; man sieht alle Übergänge. Nur wenige Glomeruli sind besser erhalten und diese können dann sogar besonders groß und zellreich sein.

Parenchym-
atrophie.

Das Parenchym, d. h. die Kanälchen zeigen nun die höchsten Grade der Atrophie. Sie fehlen oft in ausgedehnten Gebieten ganz. In anderen Bezirken sind sie zwar noch vorhanden aber völlig atrophisch. Ganz niedrige Epithelien, die alle Charakteristika verloren haben, umgeben ein oft kaum mehr wahrnehmbares Lumen. Andere Kanälchengruppen oder Kanälchen sind zwar mit großem Lumen versehen, sie sind sogar weit, aber im Lumen

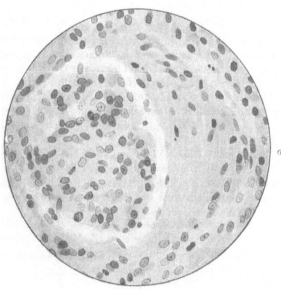

Fig. 662 a.
Sekundäre (glomerulonephritische) Schrumpfniere.
(Bei *x* neue Zyste.)

Fig. 663.
Komprimierter Glomerulus mit verdickter Kapsel, zum Teil (bei *a*) auf dem Wege hyaliner Umwandlung.

liegen Zylinder und das Epithel um dieselben ist doch atrophisch und entdifferenziert. Andere Kanälchengruppen hingegen und zwar besonders nach der Oberfläche zu, zeigen hohe offenbar vikariierend gewucherte Epithelien um weite Lumina. Es finden sich leistenförmige Vorsprünge mit Epithelwucherungen ins Innere hinein. Besonders diese hohen Epithelien weisen oft größere Mengen Fett auf; auch mehrkernige Zellen, Riesenzellen etc. können in diesen Kanälchen auf Epithelwucherung hinweisen und diese ist offenbar eine vikariierende für das verlorene Parenchym. Fett findet sich oft auch fleckweise in beträchtlicher Menge im Interstitium. Das letztere zeigt nun parallel der Atrophie der Harnkanälchen eine ungeheure Zunahme. Auf weite Strecken findet sich zuletzt fast nur noch Bindegewebe mit geringen Resten von Kanälchen, nur da wo die mit gewuchertem Epithel versehenen gut erhaltenen Kanälchen gelegen sind tritt es völlig zurück. Das Bindegewebe ist allmählich arm an Spindelzellen und Rundzellen geworden; es handelt sich um

Binde-
gewebs-
wucherung.

sehr derbes geschrumpftes Bindegewebe. Nur an manchen Stellen, mehr fleckweise, finden sich in ihm verteilt Ansammlungen von Rundzellen und evtl. Plasmazellen. Auch im Mark hat das Bindegewebe enorm zugenommen; nur durch vereinzelt gelegene oft ziemlich weite gerade Harnkanälchen wird es unterbrochen; die meisten sind zugrunde gegangen. Im Interstitium sieht man zuweilen auch Herde von mit Fett im Protoplasma völlig ausgefüllten Zellen. Nicht selten finden sich besonders unter der Oberfläche kleine oft stark verfettete Adenome, die wohl ebenso wie die oben beschriebenen Kanälchen als vikariierende Wucherungen für das ausgefallene Parenchym aufzufassen sind. Auch findet man häufig kleine Zysten, die aber wohl nur als durch Wachstum in die Erscheinung getreten aufzufassen sind (s. oben S. 596). *Adenome und Zysten.*

In den fortgeschrittenen chronischen Fällen finden wir inmitten des proliferierten geschrumpften Bindegewebes auch die Gefäße, Arterien, wie Venen, hochgradig verändert. *Sekundäre Gefäßveränderungen.*

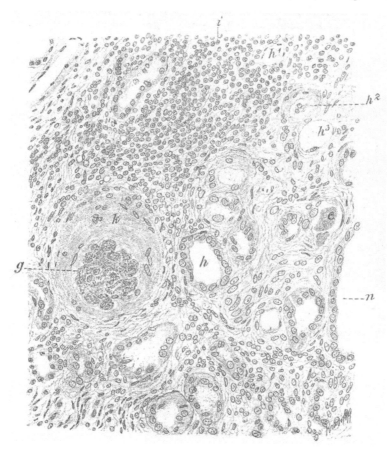

Fig. 664.
Chronische Glomerulonephritis ($\frac{250}{1}$).

Die Harnkanälchen zum Teil atrophisch, manche epithellos oder abgeschuppte Epithelien enthaltend (*h, h¹, h²*). *n* normal weites Harnkanälchen. Zwischen den noch erhaltenen Harnkanälchen gewuchertes, zellreiches Bindegewebe mit herdweiser stärkerer Infiltration mit Lymphozyten. *g* in Degeneration und Kollaps begriffene Kapillarschlingen eines Glomerulus, bei *k* die hyalin verdickte Bowmansche Kapsel desselben.

So zeigen die größeren Arterien endarteriitische Prozesse, welche bis zu fast völligem Verschluß des Lumens fortschreiten können. Aber auch die Arteriolen, so die Vasa interlobularia und afferentes, zeigen, besonders letztere, schon nach einigen Wochen oft geringere, selten schon starke Veränderungen und besonders in Spätstadien nicht selten hochgradige hyaline Degeneration mit Verfettung der stark verdickten Wand, so daß ein Lumen kaum mehr vorhanden ist (vgl. unten S. 623). Die Gefäßveränderung, wenn sie auch sekundär ist, kann natürlich ihrerseits wieder die Atrophie des noch restierenden Nierengewebes begünstigen.

Granu-
lierte
Nieren-
oberfläche.

Infolge der beschriebenen Prozesse ist, wie man auch schon mikroskopisch verfolgen kann, die Nierenoberfläche keine glatte mehr. Vielmehr wechseln eingezogene Partien, welche dem geschrumpften Bindegewebe entsprechen, mit kleinen Vorwölbungen (Granula genannt) von etwa Halbkugelgestalt, welche den Partien entsprechen, in welchen das Bindegewebe mehr zurücktritt, die Kanälchen gut erhalten, ja ihre Epithelien sogar vikariierend gewuchert und die Lumina weit sind. Die eingezogenen und vorgewölbten Partien wechseln ziemlich regelmäßig ab, was, wie oben schon angedeutet, mit der Gefäßverteilung zusammenhängen mag.

Makro-
skopisches
Verhalten.

Welches ist nun das makroskopische Bild des chronischen und Endstadiums? Es geht aus der mikroskopischen Beschreibung hervor, daß es sich gegenüber den früheren Stadien im höchsten Maße verändert haben muß. Besonders auffallend ist, daß nunmehr

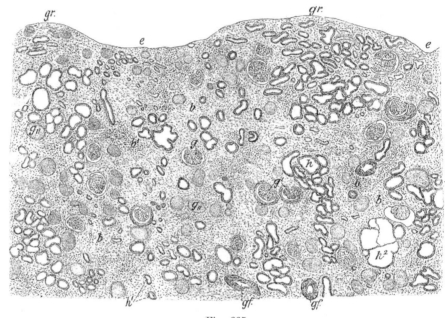

Fig. 665.

Fig. 665.
Chronisches Stadium der Glomerulonephritis ($\frac{30}{1}$).

b, b[1] Herde mit starker Atrophie und Induration, mit reichlichem Bindegewebe und spärlichen, atrophischen Harnkanälchen (h[1]) die Glomeruli zum Teil noch erhalten (g), zum Teil verödet (g,,), zum Teil mit verdickter Kapsel (g₁); bei b, b[1] Anhäufungen von Rundzellen. — Über den stark atrophischen Herden ist die Nierenoberfläche eingezogen (e); die Granula (gr) entsprechen noch besser erhaltenen Partien mit zahlreichen weiten Harnkanälchen (h); manche derselben zystisch erweitert (h[2]); die Gefäße (gf) sind stark verdickt.

eine Volumenabnahme der Niere vorliegt, welche dem Ausfall an Nierensubstanz und der Schrumpfung des gewucherten Bindegewebes entsprechend immer weiter fortschreitet. So kann die Niere auf die Hälfte oder ein Drittel ihrer normalen Größe reduziert werden.

Schrumpf-
niere.

Es handelt sich somit um eine Schrumpfniere. Aber dem Beschriebenen entsprechend ist die Schrumpfung meist keine gleichmäßige. Es wechseln Gebiete, wo das Parenchym ausgefallen und sich schrumpfendes Bindegewebe an die Stelle gesetzt hat, also Einsenkungen der Nierenoberfläche, mit bald größeren und flacheren, bald kleineren und mehr halbkugelförmigen Vorragungen, sog. Granula (s. oben) ab. So enthält die Nierenoberfläche eine meist ziemlich gleichmäßige Granulierung, und man bezeichnet dem

Granular-
atrophie.

entsprechend den Zustand als Granularatrophie oder granulierte Schrumpfniere. Weit seltener ist, wenn die Veränderung gleichmäßig vor sich geht und somit Granula nicht stehen bleiben, die Verschmälerung der Rinde eine gleichmäßige (glatte Schrumpfniere). Mit der Verkleinerung des Volumens durch die narbige Schrumpfung geht eine Zunahme der Konsistenz des Gewebes einher. In einem auffallenden Gegensatz zu der Verkleinerung Konsistenz-
zunahme. des Organs steht eine oft vikariierende Wucherung der Fettkapsel, in der man die Niere förmlich versteckt finden kann, und eine Wucherung des Fettes am Nierenhilus.

Die fibröse Kapsel ist verdickt und läßt sich jetzt nur schwer und oft nur in Fetzen und nicht ohne Verletzung der Nierenoberfläche von dieser abziehen. Dies ist die Folge fester Verwachsungen der Kapsel mit den oberflächlich gelegenen Schrumpfungs- Kapselver-
wachsung. herden. Nach Entfernung der Kapsel tritt die oben geschilderte Granulierung zutage. Hie und da können zwischen den Granula größere Narben auffallen, welche auf Absterben Narben. eines ganzen Gebietes durch Obliteration der ernährenden Arterie (s. oben) zu beziehen sind. Manchmal erkennt man auch an der Oberfläche kleinste, weiße Punkte, welche Glomeruli entsprechen, die durch die Schrumpfung der Rinde so weit nach außen gerückt sind. Unter der Oberfläche fallen oft auch kleine Zysten oder meist gelb erscheinende Adenome (s. oben) in Gestalt flacher Knoten auf. Auf der Schnittfläche des Organs ist vor allem die starke unregelmäßige Verschmälerung und Atrophie der Rinde auffallend; sie weist oft nur noch eine Breite von 1—2 mm auf. Neben dieser allgemeinen Verschmälerung der Rinde erkennt man hier wieder sehr deutlich die feinen zwischen den Granula gelegenen Einziehungen, von denen aus kleine graue oder graurote, den Schrumpfungsherden entsprechende Flecken bzw. Streifen ins Gewebe hineingehen. Ähnliche Partien treten auch in den tieferen Schichten der Rinde hervor, so daß diese, wie die Oberfläche, ein fleckiges Aussehen erhält, und ihre normale Zeichnung völlig verwischt ist. Auch die Marksubstanz nimmt an der Atrophie teil; ihre Markkegel sind oft auch verschmälert und verkürzt. Die Gesamtfarbe ist im ganzen eine graue in der Rinde wie auch im Mark. Eine scharfe Grenze beider ist daher meist gar nicht mehr zu erkennen. Verfettete Gebiete können sich als gelbe Flecken und Streifen zu erkennen geben, kleine Blutungen als rote.

Der Harnbefund unterscheidet sich ebenso wie das makroskopische und mikroskopische Bild im chronischen Stadium der Glomerulonephritis sehr von den früheren Stadien. Urin wird vielfach zunächst sogar in abnorm reichlicher Menge sezerniert und er enthält jetzt wenig Eiweiß, Zylinder und sonstige Elemente. Es hängt dies damit zusammen, daß die stürmischen Erscheinungen abgeklungen sind und die weiteren Veränderungen sich ja überaus langsam meist in jahrelangem Verlauf der Erkrankung erst

Verschmä-
lerung der
Rinde.

Ver-
wischte
Zeichnung.

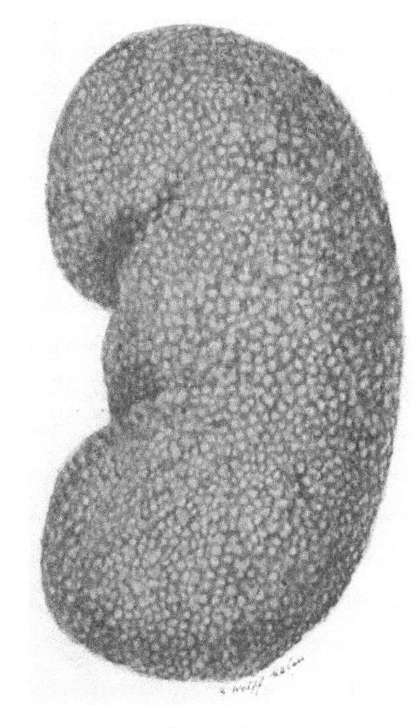

Harn-
befund.

Fig. 666.
Granularatrophie der Niere. (Sekundäre Schrumpfniere, Endresultat einer Glomerulonephritis.)
Gleichmäßige Granulierung der Nierenoberfläche.

ausbreiten. Erst ganz allmählich geht immer mehr sezernierendes Gewebe zugrunde; das noch gesunde oder relativ gesunde liefert den Harn; dabei greifen vikariierende Erscheinungen Platz. In Betracht zu ziehen ist auch, daß Blutüberdruck und Herzhypertrophie sich ausbildet (s. unten) und auch so die Harnausscheidung gefördert wird. Haben schließlich die Schrumpfungsherde eine große Ausdehnung erreicht, ist ein allzugroßer Teil der Nierensubstanz verloren gegangen, so treten die Erscheinungen der Niereninsuffizienz ein. Auch die Herzhypertrophie kann keine Kompensation mehr leisten, teils weil das Herz an der Grenze seiner Leistungsfähigkeit angelangt ist, teils weil mit zunehmender Verödung der Niere auch der hochgesteigerte Druck nichts mehr für die Harnausscheidung leisten kann, wenn nicht mehr genügend funktionierende Elemente der Nieren vorhanden sind.

So verringert sich die Harnmenge, Albuminurie tritt stark hervor, Ödeme und Transsudate treten auf, ferner Retinitis albuminurica und zuletzt das Gesamtbild der Urämie, der Patient Urämie. dann zumeist erliegt.

Der ganze Prozeß der Nephritis = Glomerulonephritis, welcher beide Nieren Gesamt-
bild der
Glomerulo-
nephritis. ziemlich gleichmäßig befällt, dokumentiert sich so als ein entzündlicher, welcher zuerst die

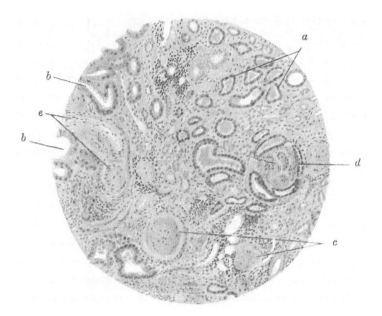

Fig. 667.
Alte (sekundäre) Schrumpfniere als Endresultat einer Glomerulonephritis.

Atrophische Kanälchen mit Zylindern zum Beisp. bei *a*, gewucherte weite Kanälchen bei *b*. Hyalin-bindegewebig zu Grunde gegangene Glomeruli bei *c*. Spaltenförmig gewucherte Kapselepithelien um einen solchen bei *d*. Gefäße bei *e*. Im ganzen Gesichtsfeld stark vermehrtes Bindegewebe mit Rundzelleninfiltrationen.

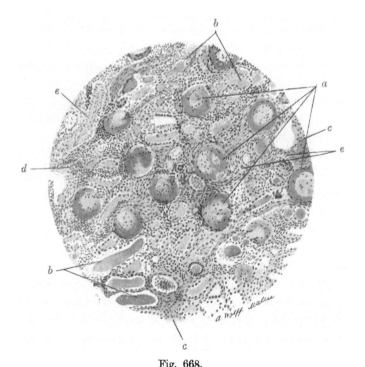

Fig. 668.
Sekundäre Schrumpfniere, chronisches Endstadium einer Glomerulonephritis.

Die Glomeruli (*a*) bindegewebig verödet, zum großen Teil hyalin, Kanälchen atrophisch, mit hyalinen Zylindern im Lumen (*b*), zum großen Teil ganz zu Grunde gegangen, Bindegewebe gewuchert (z. B. bei *c*) und mit Rundzellen durchsetzt (z. B. bei *d*) *e* = Gefäße.

Glomeruli befällt, besonders durch deren Affektion die Kanälchen in Mitleidenschaft zieht, und bei dem es dann später zu hochgradigsten indurativ-proliferativen Vorgängen im Bindegewebe — mit nur geringen vikariierenden Epithelwucherungen — kommt, so daß eine Schrumpfniere (Granularatrophie) resultiert. Wir bezeichnen diese Form der Schrumpfniere — also das Endresultat — von alters her als die **sekundäre Schrumpfniere** oder jetzt auch als Nephrocirrhosis glomerulonephritica. Ausgang in sekundäre Schrumpfniere.

Es ist leicht zu verstehen, daß man den späteren Stadien, die man am häufigsten zu untersuchen Gelegenheit hat, den Beginn, besonders auch an den Glomeruli, kaum mehr ansehen kann. Doch hat man alle Zwischenstadien genau verfolgen können und so wissen wir denn heute, daß diese, d. h. die entzündliche, Schrumpfniere auf den oben geschilderten, Beginn der Glomerulusaffektion zurückgeht und die Glomerulonephritis die Nephritis kat exochen ist.

Der Verlauf kann, wie schon eingangs geschildert, ein sehr verschiedener sein. Im akuten bzw. subakuten Stadium kann infolge Hochgradigkeit der Affektion der Tod eintreten, ja es gibt so stürmisch verlaufende Fälle, daß fast ohne daß ein ausgesprochenes Krankheitsstadium vorangegangen ganz plötzlich der Tod eintritt. In anderen Fällen tritt wieder völlige Heilung ein; manche im Verlaufe von Infektionskrankheiten auftretende Glomerulonephritiden verlaufen ganz milde und schleichend und heilen bald wieder ab. Andere Fälle aber, die weder zum Tode führen noch heilen, gelangen bis in ein oft höchst chronisches sich über Jahre erstreckendes Stadium, eben das der Schrumpfniere, wie es bis zum letzten Ausgang oben geschildert wurde. Verlauf.

Erwähnt werden soll, daß schon relativ frühzeitig bei der Glomerulonephritis eine **Blutdruckerhöhung** (s. unten) sich einstellt, welche bei chronischem Verlauf der Erkrankung zu Herzhypertrophie (linker Ventrikel) führt. Ferner, daß sich bei chronischem Verlauf nicht selten Amyloiddegeneration in der Niere (s. S. 602) einstellt. Blutdruckerhöhung.
Herzhypertrophie.
Amyloid.

Während bei den meisten Tierexperimenten mit den verschiedensten Giftstoffen nur degenerative Nierenerkrankungen zu erzielen sind, hat man mit Uraninitrat der Glomerulonephritis des Menschen ähnliche Veränderungen erzielt. Experimentelle Glomerulonephritis.

Neben der zuallermeist den Begriff der Nephritis repräsentierenden Glomerulonephritis gibt es vor allem noch zwei besonders charakterisierte, aber auch nur unter besonderen Bedingungen auftretende Nephritisformen:

II. Embolische (nichteiterige) Herdnephritis.

II. Embolische Herdnephritis. bei Endocarditis ulcerosa.

Bei dieser sind auch die Glomeruli zuerst beteiligt, aber anders wie bei der typischen Glomerulonephritis. Nicht alle Glomeruli und alle Schlingen wie bei der Glomerulonephritis sind hier beteiligt, sondern nur einzelne Schlingen mehr oder weniger vieler — wenn auch meist zahlreicher — Glomeruli. Es handelt sich hier um ulzeröse Endokarditiden von protrahiertem Verlauf, wie sie vor allem durch den weniger virulenten Schottmüllerschen Streptococcus viridans (s. S. 309) verursacht werden. In solchen Fällen werden Kokkenmassen in die Glomerulusschlingen metastatisch verschleppt und bleiben hier in Form kleiner Kokkenembolien liegen. Die anstoßenden Glomerulusschlingenwände zeigen dann homogene Quellung; Fibrinpfröpfe kommen dazu; es kommt zu Nekrose der Gefäßwand und des Epithels, und die ganzen Massen bilden dann größere verbackene nekrotische Bezirke des Glomerulus. Entzündliche Erscheinungen der Nachbarschaft schließen sich an; es kommt zu kleinen Ansammlungen von Leukozyten um die Glomeruli und zu Austritt von roten Blutkörperchen; diese

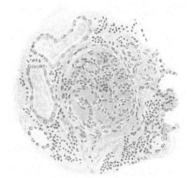

Fig. 669.
Embolische Herdnephritis.
Embolische Massen mit Fibrin und Nekrose in einzelnen Schlingen eines Glomerulus. Daneben in zwei Harnkanälchen Blutzylinder.

finden sich im Lumen der Harnkanälchen, sie gelangen so auch in den Urin, der meist stark hämorrhagisch erscheint. Ferner kommt eine reaktive Wucherung der benachbarten Kapsel- und Schlingenepithelien und der Glomeruluskapseln zustande. Später werden die Herde durch Bindegewebsentwickelung ersetzt und es kann so wohl auch zu Schrumpfungsherden kommen, aber meist nicht sehr ausgedehnter Natur, zumal die grundlegende Endokarditis vorher zum Tode zu führen pflegt. Makroskopisch erscheint die Niere in frischeren Fällen vergrößert (Ödem) und zeigt an der Oberfläche punktförmige Blutungen.

III. Exsudativ-lymphozytäre Nephritis.

III. Ex-
sudativ-
lympho-
zytäre
Nephritis
bei
Scharlach.

Diese Form findet sich in manchen Fällen von Scharlach (oder evtl. Anginen sowie Diphtherie) bei Kindern. Es handelt sich wohl um eine akute Schädigung der kleinen Gefäße außerhalb der Glomeruli, so zwar, daß es zunächst in den kleinen Gefäßen besonders der Markrindenzone, sodann im Interstitium zu einer Ansammlung von Rundzellen in großen Massen kommt, ohne daß die Glomeruli hier primär mitbeteiligt wären. Die Zellmassen durchsetzen in großen Flecken oder Streifen die ganze Niere. Den Lymphozyten sind vor allem später auch Plasmazellen und ferner z. T. (eosinophile) Leukozyten beigemischt, doch letztere meist nicht in größeren Mengen. Gleichzeitig besteht besonders am Rand der Herde auch starke Hyperämie und es treten gewöhnlich auch zahlreiche rote Blutkörperchen aus den Kapillaren aus und führen so auch zu roten Streifen und Feldern besonders in der Rinde. Lymphozyten dringen auch durch die Wand der Harnkanälchen in diese ein; andere werden durch die Zellmassen von außen komprimiert. Makroskopisch erscheinen derartig veränderte Nieren groß, geschwollen, weich, fast zerfließlich, an leukämische Nieren erinnernd; die Grundfarbe ist grau, von der sich die

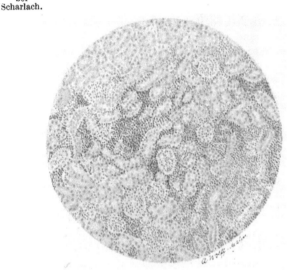

Fig. 670.
Exsudativ-lymphozytäre Nephritis bei Scharlach.
Interstitielle Ansammlung von Rundzellen, einigen Leukozyten und stellenweise zahlreichen roten Blutkörperchen.
Glomeruli intakt.

meist sehr zahlreichen Blutungen abheben. Es kommen auch mehr zirkumskripte Infiltrationsherde besonders unter der Nierenoberfläche in Gestalt von kleinen Knoten oder Flecken allein vor (Landsteiner). Daß diese Nephritis in ein chronisches Stadium gelangte und zu Schrumpfniere führte, ist nicht bekannt.

3. Atherosklerotische (angiosklerotische) Nierenveränderungen.

3. Athero-
sklerotische
(angio-
sklero-
tische)
Verände-
rungen.

Wir müssen hier, je nachdem der Prozeß der Atherosklerose an den größeren und mittleren Gefäßen sich abspielt — Arteriosklerose — oder an den kleinen und kleinsten — Arteriolosklerose — zwei Formen unterscheiden, da die Folgezustände in der Einwirkung auf die Niere völlig verschieden sind.

I. Arteriosklerotische Nierenveränderungen (ev. Nephrocirrhosis arteriosklerotica).

I. Arterio-
sklerotische
Nieren-
verände-
rungen.
Einsetzen
der Arterio-
sklerose
im Alter.

Geringe Atherosklerose der mittelgroßen Nierenarterien setzt schon relativ frühzeitig ein, meist aber um das vierte Jahrzehnt. Es hängt dies wohl mit der Funktion der Niere als Ausscheidungsorgan zusammen. Doch handelt es sich hier um nur mikroskopisch zu erkennende geringe oder mäßig hochgradige Veränderungen einzelner Gefäße mit davon abhängigen Veränderungen kleiner Nierengebiete. Hochgradige Atherosklerose zahlreicher größerer und mittlerer Nierengefäße bzw. der Arteria renalis geht meist mit einer solchen des übrigen Körpers und besonders der Bauchaorta einher und zeitigt schwere Folgen für das Nierengewebe. Der größte Teil der senilen Nierenatrophien ist keine einfache Atrophie (s. S. 601), sondern ist mit Atherosklerose gepaart. Bei höheren Graden der Erkrankung treten auf der Schnittfläche der Niere schon für das bloße Auge deutlich die verdickten, dickwandigen und weit klaffenden, teilweise aber auch durch die Wandverdickung verengten Gefäße hervor; mit dem Mikroskop ist eine Atherosklerose der Arterien mit Einengung des Lumens zweifellos nachzuweisen. Der Effekt der hierdurch gesetzten Zirkulationsbehinderung zeigt sich im Nierengewebe zunächst in der Veröung mehr oder minder zahlreicher Gefäßknäuel, deren Kapillarschlingen undurchgängig werden, ihr Endothel verlieren, und die sich schließlich in homogene mit der zuerst verdickten und hyalin degenerierten Bowmanschen Kapsel verschmelzende Kugeln verwandeln. So entstehen die sog. hyalinen Glomeruli, die den bei Nephritis (s. oben) ganz entsprechen. Die Folge der Glomerulusveröung ist die Atrophie der zugehörigen Harnkanälchen, welche wir wohl als eine Inaktivitätsatrophie auffassen dürfen. Ferner leiden die Kanälchen direkt durch die schlechte Ernährung. Auch in den Harnkanälchen wird somit das Epithel atrophisch, ihre Zellen verlieren ihre kubische Form und werden zu flachen, niedrigen Gebilden, zum Teil gehen sie auch völlig zugrunde, worauf die Tunica propria des Harnkanälchens kollabiert, und letzteres verödet. An anderen Stellen kann auch ein kleines Nierengebiet mehr in toto in akuterer Form infarktartig nekrotisch werden. In jedem Falle tritt an die Stelle des ausgefallenen Gewebes Bindegewebe, welches wiederum schrumpft und so zu Narben der Oberfläche führt und ferner naturgemäß auch zu Verkleinerung des ganzen Organes. Zum Unterschied von der sog. sekundären und „genuinen" (s. unten) Schrumpfniere sind diese Narben vereinzelt gelegen; ihre Verteilung ist eine unregelmäßige. So kommt eine ungleichmäßige Höckerung der Oberfläche zustande. Nur wenn die Atherosklerose immer weiter vorschreitet, und so sehr zahlreiche Narben entstehen, kann in Ausnahmefällen eine Atrophie und mehr gleichmäßige Granulierung die Folge sein, die an die echte Schrumpfniere eher erinnert. Mikroskopisch ist das Bild dem der anderen Schrumpfnieren dann auch ähnlicher. Auch hier findet man besonders oft Zysten (s. unten S. 596). Bei sehr hochgradiger, besonders bei syphilitischer Atherosklerose der Hauptnierenarterie kann die Niere in toto so außerordentlich schrumpfen, daß sie fast ganz das Bild einer hypoplastischen (s. S. 595) bietet. Fast ausnahmslos — evtl. abgesehen von den letzten extremsten Fällen — ist genug Nierengewebe noch erhalten, um die Funktion des Organs aufrecht zu erhalten, so daß die arteriosklerotische Schrumpfniere (Nephrocirrhosis arteriosclerotica) des klinischen Interesses ziemlich entbehrt.

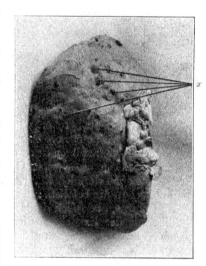

Fig. 671.

Arteriosklerotische Schrumpfniere mit unregelmäßiger Höckerung und mehreren Zysten (*x*).

Folgen für die Niere.

Narbenbildung.

Daß auch andere mit dem Gefäßsystem zusammenhängende Störungen die Nierensubstanz so in Mitleidenschaft ziehen können, daß es zu bestimmten Formen von Nierenschrumpfung kommt ist schon oben sub c) bzw. e) geschildert und es soll hier nur noch kurz erwähnt werden. So schließt sich an chronische Stauung bzw. an die so bedingte cyanotische Induration in späten Stadien eine Granularatrophie an, die man als Stauungs (oder cyanotische) Schrumpfniere bzw. Nephrocirrhosis cyanotica bezeichnen kann.

Zyanotische Induration mit Ausgang in Nephrocirrhosis cyanotica.

Man findet so namentlich bei Herzkranken alle Übergänge. Auch in vorgeschrittenen Stadien der letzteren treten noch Merkmale der venösen Blutüberfüllung an der Nierenoberfläche, namentlich starke Blutfüllung der Venensterne, auf der Schnittfläche Hyperämie der Venae interlobulares, der Glomeruli und der Vasa recta sowie der ganzen Marksubstanz auf. Neben der allmählich sich einstellenden Verschmälerung der Rinde ist eine ziemlich gleichmäßige Atrophie der Markkegel bemerkbar, die sich in ihrer starken Verkürzung im Längsdurchmesser und dadurch bedingter, sekundärer Erweiterung des Nierenbeckens äußert, woran sich häufig eine starke Wucherung des Hilusfettes anschließt; alles Zustände, welche auch schon bei der einfachen zyanotischen Induration sich mehr oder minder angedeutet finden und hier nur zu höheren Graden entwickelt sind.

Nephro-
cirrhosis
embolica
und
amyloidea. Bildung von schrumpfendem Narbengewebe findet sich ferner als Heilungsprozeß nach der Entstehung embolischer Infarkte, die, wenn sie in größerer Anzahl nebeneinander auftreten, mehrfache grobe Einziehungen der Nierenoberfläche hinterlassen und zur Entstehung einer sog. „embolischen Schrumpfniere" = Nephrocirrhosis embolica führen können. Stärkere Amyloiddegeneration der Niere kann ebenfalls zu sekundärer Schrumpfung führen — „Amyloidschrumpfniere" = Nephrocirrhosis amyloidea.

Im Gegensatz zu den arteriosklerotischen Nierenveränderungen besitzen nun auch klinisches Interesse im höchsten Grade die

II.Arteriolo-
sklerotische
Verände-
rungen. ## II. Arteriolosklerotischen Nierenveränderungen,

die zur **Nephrocirrhosis arteriolosclerotica** bzw. zur sog. **genuinen Schrumpfniere** führen.

Präniles
Einsetzen
der
Arteriolo-
sklerose. Veränderungen der kleinen Arterien (Arteriolen) finden sich speziell in der Niere relativ sehr häufig. Sie gehören in das Gesamtgebiet der Atherosklerose, treten aber hier selbst in höherem Grade schon sehr frühzeitig auf (am meisten in den vierziger Jahren, aber keineswegs selten auch schon früher), so daß man hier auch von präseniler Sklerose gesprochen hat. Eine sichere Ätiologie läßt sich nicht angeben, da ja überhaupt diejenige

Ätiologie. der Atherosklerose im allgemeinen nicht in allen Einzelheiten klar gestellt ist. Doch scheinen bei der Arteriolosklerose spezielle Gifte wie Blei und Alkohol oft eine große Rolle zu spielen. Außer den Nierenarteriolen sind die Arteriolen der anderen Organe meist nicht oder weniger hochgradig befallen, am meisten noch gleichzeitig die des Pankreas evtl. der Leber oder des Gehirns, aber auch dann in weit geringerem Maße als in der Niere. Das wird wohl auch hier mit den Exposition dieser als Ausscheidungsorgan zusammenhängen. Die Veränderungen selbst verlaufen an den Arteriolen etwas anders als an den größeren Arterien. Es kommt nicht zu den hyperplastischen Bildungen und der Elasticaaufsplitterung — elastische Fasern sind an den kleinsten Gefäßen überhaupt nicht vorhanden — sondern im

Art der
Verände-
rungen der
Arteriolen. wesentlichen handelt es sich nur um Veränderungen regressiver Art. Die Wand der kleinen Gefäßchen quillt auf und wird in eine strukturlose Masse hyalinen Charakters verwandelt. Hierdurch wird das Lumen wesentlich beeinträchtigt oder auch fast oder völlig verschlossen. Gleichzeitig zeigt die hyalin degenerierte Wandung — wenigstens in etwas späteren Stadien — hochgradige fettige bzw. lipoide Degeneration. Die Gefäße treten durch ihre Rotfärbung bei Färbungen mit Sudan III oder Scharlachrot im mikroskopischen Schnitt meist sehr scharf hervor.

Folgen der
Arteriolo-
sklerose der
Nieren-
gefäße. Gleichzeitig mit der Arteriolosklerose zeigen die Nieren meist auch Arteriosklerose in ihren mittelgroßen Gefäßen, doch tritt dies gegen erstere stark zurück. Eine gleichzeitige hochgradigere Atherosklerose der großen Gefäße — Aorta etc. — wird zumeist, besonders auch in den jugendlichen Fällen, vermißt.

Mit der Arteriolosklerose in den Nieren sehen wir nun zweierlei Erscheinungen vergesellschaftet, einmal eine Herzhypertrophie als Ausdruck einer Blutdruckerhöhung, sodann Veränderungen der Niere selbst.

Hyper-
tonie. Die Blutdruckerhöhung findet sich regelmäßig und zwar handelt es sich hier um eine dauernde und besonders hochgradige Hypertonie. Sie ist meist hochgradiger als die schon erwähnte bei Glomerulonephritis, und unter den Hypertonikern stehen die Nierenarteriolosklerotiker an erster Stelle. Die Folge der dauernden Hypertonie ist natürlich eine

Herzhyper-
trophie. Arbeitshypertrophie des Herzens, speziell des linken Ventrikels. Der Zusammenhang zwischen Arteriolosklerose der Nieren und der Hypertonie ist noch nicht völlig geklärt, wie überhaupt die renale Herzhypertrophie (s. S. 359). Das Wahrscheinlichste ist, daß die Arteriolenerkrankung speziell der kleinen Nierengefäße das Primäre die Blutdruckerhöhung Verursachende ist. Bei den Veränderungen der großen Gefäße — auch der Niere — tritt dies nicht in dem Maße auf, doch sind die Arteriolenveränderungen der Nieren auch meist besonders ausgebreitet und haben, sei es direkt bzw. durch Nierenfunktionsstörung, sie es indirekt durch Vermittlung irgend eines — unbekannten — Faktors offenbar einen besonderen Einfluß auf den Blutdruck. Andere Autoren beziehen die Hypertonie auf irgend ein noch nicht eruiertes anderes Moment und halten dann die Arteriolenveränderung für die Folge (durch Tonuserhöhung) oder nehmen eine gemeinsame Ursache an. Daß gerade die Nierenarteriolen — nicht die Arteriolen des ganzen Körpers — ergriffen sind, spricht für ihre ursächliche primäre Bedeutung. (Vgl. auch Kapitel IX des I. Teils.)

Die in Betracht kommenden Arteriolen sind besonders die Vasa interlobularia und Vasa afferentia der Glomeruli (sowie die Vasa vasorum der größeren Gefäße). Solange vor allem die Vasa interlobularia und nur der Anfangsteil der Vasa afferentia ergriffen und noch nicht allzu hochgradig sind (die Verfettung fehlt dann noch zumeist und die Lumina sind verengt aber noch einigermaßen erhalten), kann man von Frühsklerose sprechen. Die Hypertonie besteht schon und ist bei der Sektion an der Herzhypertrophie kenntlich, aber die Nieren selbst sind noch fast intakt. Man kann die Erkrankung dann zweckmäßig als Arteriolosclerosis renum bezeichnen. Einzelne Narben weisen zuweilen auf die gleichzeitigen Veränderungen der mittelgroßen Gefäße hin. Makroskopisch braucht die Niere in diesem Stadium sonst keinerlei Veränderungen aufzuweisen.

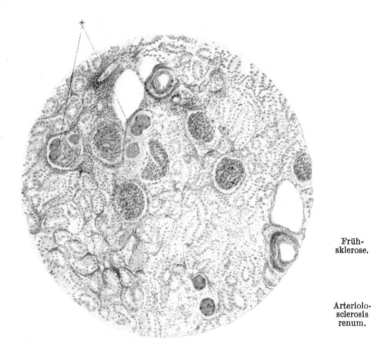

Frühsklerose.

Arteriolosclerosis renum.

Fig. 672.

Arteriolosklerotische Schrumpfniere zusammen mit Hypertonie; hyaline und lipoide Degeneration der kleinen Nierengefäße.

Besonders deutlich bei *, wo auch ein Glomerulus betroffen ist. (Nierengewebsveränderungen sind nicht deutlich.) Aus Herxheimer, Verhandlungen d. deutsch. path. Ges. 15. Tagung 1912.

Sobald aber die Arteriolenveränderung fortgeschritten ist, diffus die allermeisten Arteriolen angegriffen hat und die hyalin-lipoide Degeneration sehr hochgradig ist — die meisten Lumina sind jetzt sehr eng oder fast verschlossen — und besonders auch die Vasa afferentia bis in die Glomeruli betrifft, müssen die Folgen auch für diese letzteren und somit das ganze Nierengewebe eintreten. Die Glomeruli werden kaum oder ungenügend mit Blut versorgt, die Schlingen kollabieren und wandeln sich in kernarme, dann zuletzt fast kernfreie hyalin-bindegewebige Massen um. Es ist ein ähnlicher Prozeß, wie er in Spätstadien der Glomerulonephritis und auch bei der arteriosklerotischen Schrumpfniere (s. oben), überhaupt überall da, wo Glomeruli infolge mangelnder Blutzufuhr oder aus anderen Gründen allmählich zugrunde gehen, statt hat. Alle Übergänge sind auch hier in derselben Niere nebeneinander zu verfolgen. Das Zugrundegehen oder die Funktionsverschlechterung der Glomeruli hat natürlich schon die eingreifendsten Folgen für die

Glomeruli und Nierengewebsveränderungen als Folge der Arteriolosklerose.

Kanälchen und ihr Epithel. Gerade hier steht infolge der Inaktivität Atrophie an erster Stelle, daneben kommt es aber auch zu Degenerationen wie Verfettung, tropfigem Hyalin etc. Die Abhängigkeit der zunächst oft mehr fleckweise auftretenden Veränderungen von den zugehörigen Glomeruli ist gerade hier oft sehr deutlich. An die Stelle der zugrunde gegangenen oder atrophischen Kanälchen wuchert aber das interstitielle Gewebe, auch hier verbreitern sich auch die Membranae propriae der kollabierten Kanälchen unter Quellungserscheinungen. Das hyperplastische Bindegewebe weist auch kleine Rundzellhaufen auf — aber weit weniger als im entsprechenden Stadium der Glomerulonephritis — was wohl auf bei dem Zugrundegehen der Zellen in die Erscheinung tretenden chemotaktisch anziehenden Substanzen beruht. Die Atrophie der Kanälchen, die Wucherung des Bindegewebes wird immer ausgebreiteter, dasselbe schrumpft, dazwischen bleiben andere Kanälchengruppen erhalten, ihre Lumina sind weit, die Epithelien zeigen vikariierende Wucherungen — desgleichen auch die wenigen noch gut erhaltenen Glomeruli — alles ganz so wie bei der Glomerulonephritis beschrieben. So muß denn der Ausgang auch sehr ähnlich sein, d. h. eine Schrumpfniere.

Wir bezeichnen diese so entstandene Form der Schrumpfniere von alters her als **genuine**, nach dem anatomisch-genetischen am besten als arteriolosklerotische und so kann man von **genuiner arteriolosklerotischer Schrumpfniere** oder **Nephrocirrhosis arteriolosclerotica** sprechen. Sie ist auch infolge der Verteilung der kleinen Gefäße — die fast alle verändert sind — eine ziemlich gleichmäßig fein granulierte und ähnelt so im Gegensatz zur arteriosklerotischen Schrumpfniere mehr der aus Glomerulonephritis hervorgegangenen; oder indem die Veränderung recht diffus vor sich geht, resultiert eine glatte Schrumpfniere; die Farbe kann grau oder mehr rot — sog. rote Granularatrophie — sein. Diese genuine Schrumpfniere schreitet meist sehr langsam in jahrelangem Verlauf vor. Man kann nach

dem klinischen Verlauf eine Einteilung in drei Stadien vornehmen (Aschoff). In jedem Stadium kann der Tod eintreten. Zunächst ist die Herzhypertrophie als eine kom-

pensatorische Leistung anzusehen, Stadium der Kompensation (Aschoff), später aber ist das Herz den an es gestellten Anforderungen nicht mehr gewachsen; es kann versagen — Herztod. Aber es kommt zu Gehirnblutungen — Apoplexien — und zwar recht häufig; außer evtl. atherosklerotischen Gehirngefäßveränderungen spielt hier der hohe Blutdruck selbst und die durch ihn bedingte ständige Abnutzung der Gefäßwand offenbar eine große

Rolle. Wir können in diesem zweiten Stadium von einem der kardio-vaskulären Störungen sprechen. Im letzten Stadium endlich kann die Nierenaffektion, vor allem auch die der Glomeruli, eine besonders eingreifende sein, sei es daß in allmählichem Fortschreiten der Veränderungen allzuviel Glomeruli und Parenchym vernichtet ist, sei es, daß derselbe atherosklerotische Prozeß, wie oben für die Arteriolen geschildert, auch die Glomeruluskapillarschlingen selbst befallen hat, was dann in akuterem Verlauf schneller deletäre Folgen zeitigt — (verschiedenes „Tempo"). — In diesen Fällen sieht man an derartigen veränderten Glomeruli öfters kleine reaktive Wucherungen des Kapselepithels. Bei dem geschilderten Glomerulusausfall und seinen Folgen kommt es jetzt zu Niereninsuf-

fizienz, d. h. klinisch zu Zeichen der Urämie, nach der wir dies — letzte — Stadium bezeichnen können. Doch kann auch hier noch ein Herztod oder eine Apoplexie der Urämie zuvorkommen.

Daß in dem Endstadium die makroskopischen und mikroskopischen Veränderungen der arteriolosklerotischen Schrumpfniere denen der glomerulonephritischen überaus gleichen können — und es in Einzelfällen schwer sein kann zu entscheiden, ob primäre Arteriolosklerose mit allen Folgen oder ob primäre Entzündung, sekundäre Arteriolenveränderung vorliegt — ergibt sich leicht aus der Schilderung. Will man die Nephrocirrhosis arteriolosclerotica anatomisch noch weitergliedern, so kann man eine initialis und eine progressa (zumeist dem urämischen Stadium entsprechend) oder lenta und progressiva unterscheiden; doch be-

deutet die Arteriosclerosis renum in direktem Übergang zu der verschieden hochgradigen Nephrocirrhosis arteriolosclerotica anatomisch ein und denselben Prozeß, der zunächst die Arteriolen ergreift und dann direkt hiervon abhängig die Niere in fortlaufender Kette immer mehr in Mitleidenschaft zieht. Es sind also nur verschiedene Stadien desselben Prozesses.

Die besprochene Nephrocirrhosis arterioloscherotica ist recht häufig und bei bestehender Hypertrophie des linken Ventrikels ohne sonst zureichenden Grund ist stets an sie zu denken, ganz besonders aber wenn bei bestehender Herzhypertrophie im jugendlicheren Alter eine Apoplexie das Leben beendet hat und die großen Gehirngefäße intakt sind.

Erwähnt werden soll noch, daß sich bei der relativen Häufigkeit der arteriolosklerotischen Veränderungen einerseits, der glomerulär-entzündlichen Schrumpfniere andererseits, nicht ganz selten auch letztere auf erstere „aufgepfropft" finden kann, sog. Komplikations- oder Aufpfropfungsformen (Aschoff).

4. Hydronephrose und hydronephrotische Nierenveränderungen.

Hier handelt es sich um den eingangs erwähnten Fall einer Einwirkung mit dem Harnstrom und zwar darum, daß unter bestimmten Bedingungen der Urin am Abfluß

Fig. 673.
Abguß eines normalen Nierenbeckens.
Aus Joest-Lauritzen-Degen-Brücklmayer. Frankfurter Zeitschrift für Pathologie. Bd. 8. H. 1.

behindert im Nierenbecken gestaut und so von diesem aus ein Druck auf die Niere ausgeübt wird. Es muß also an irgend einer Stelle der harnleitenden Wege ein Hindernis

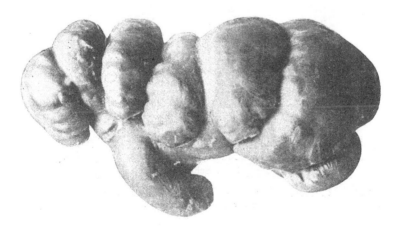

Fig. 674.
Voluminöser Abguß des Beckens einer Hydronephrose im höchsten Grade.
Aus Joest-Lauritzen-Degen-Brücklmayer, Frankfurter Zeitschrift für Pathologie. Bd. 8. H. 1.

für den Abfluß des Harnes vorhanden sein. Ein solches bieten z. B. Harnsteine, die
im Nierenbecken oder im Ureter an seiner Ausmündung in die Blase liegen und das Lumen
verlegen, ferner Vergrößerungen der Prostata, Lageveränderungen der Nieren
mit Knickung des Ureters, narbige Strikturen, Tumoren, welche eine Kompres-

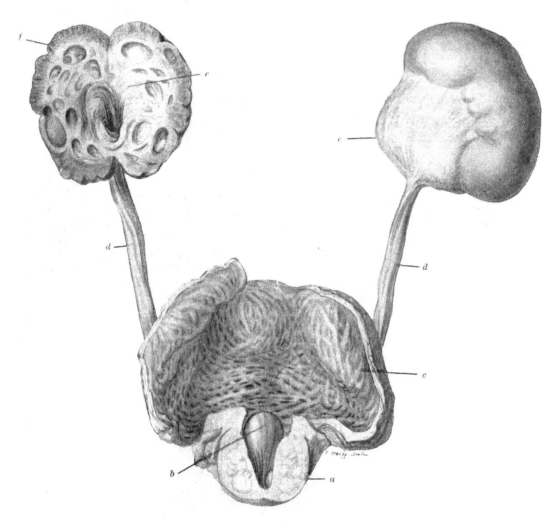

Fig. 675.

Prostatahypertrophie *(a)* mit Bildung eines großen mittleren Bogens *(b)*; ¦Balkenblase *(c)*;
beiderseits erweiterte Ureteren *(d)* und Hydronephrose *(e)*,
sowie hydronephrotische Schrumpfnieren *(f)*,

Schematisch zum Teil nach Burkhardt und ¦Polano; die Untersuchungs-Methoden und¶Erkrankungen der männlichen
und weiblichen Harnorgane.

sion des Ureters bewirken, oder Tumoren des Nierenbeckens bzw. der Blase, welche
die Wand dieser Organe durchsetzen und das Lumen verengen; wohl die häufigste Ursache
der Hydronephrose ist neben Nierensteinen das Karzinom des Uterus, das auf die
Blase und die Ureteren übergreift, oder letztere komprimiert und deren Verschluß bewirkt.

Auch während der Gravidität kann durch den Uterus Kompression und Knickung eines Ureters herbeigeführt werden. Über angeborene Hydronephrose s. unten. Bei spitzwinkligem Übergang des Ureters in das Nierenbecken betrifft die durch Stauung verursachte Störung, natürlich ohne Beteiligung der Ureteren, den bzw. die Nierenbecken allein. Um die Stelle und somit die Ursache des Hindernisses zu finden, muß man stets die Erweiterung bis zur Stelle ihres Beginnes zurückverfolgen.

Die Folge der chronischen Harnstauung ist eine sackartige Erweiterung des Nierenbeckens, eine **Hydronephrose** (und, wenn das Hindernis tiefer liegt, auch Erweiterung des oder der Harnleiter), welche je nach der bedingenden Ursache einseitig oder doppelseitig und ver-

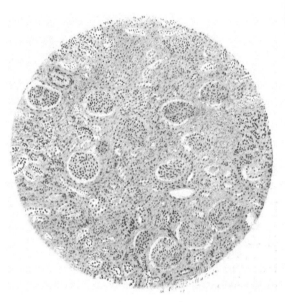

Fig. 676.
Hydronephrotische Schrumpfniere.
Kanälchen hochgradig atrophisch, Bindegewebe stark vermehrt, Gromeruli relativ intakt.

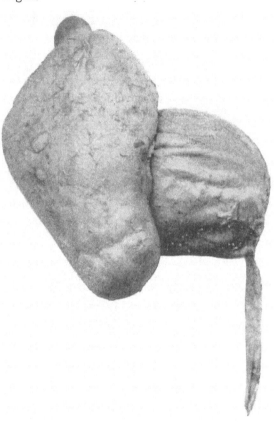

Fig. 677.
Einseitige Hydronephrose, entstanden durch rechtwinkligen Abgang des Ureters vom Nierenbecken. 5jähriger Knabe.
(Nach Borrmann, aus Brüning-Schwalbe, l. c.)

schieden hochgradig (je nachdem ob der Verschluß ein vollständiger oder nur ein ventilartiger ist) auftreten kann. Mit der Ausdehnung des Nierenbeckens durch den vom angestauten Harn ausgeübten Druck werden zunächst die Nierenpapillen abgeplattet, verstrichen und schwinden schließlich ganz, während die Nierenkelche so stark erweitert werden, daß sie schließlich an der Oberfläche der Niere konvexe Vorwölbungen bilden; in so hochgradigen Fällen kommt es zu einer erheblichen Atrophie der Nierenepithelien und zu interstitiellen Prozessen der Nierensubstanz. Die Wirkung geht hier vom Nierenbecken aus und dementsprechend ist von hier aus das Mark der Nierensubstanz von vornherein hauptbeteiligt, nicht wie bei den oben beschriebenen Affektionen gemeinsam zunächst die Rinde. Dementsprechend, da ja die Gefäße und der Blutweg hier zunächst unbeteiligt sind, bleiben die Glomeruli hier zunächst intakt, werden dann nur vereinzelt hyalin, und verhalten sich im Gegensatz zu den anderen Formen der Schrumpfniere ziemlich passiv. Allmählich aber breitet sich die Atrophie und Degeneration des Parenchyms und die beträchtliche Bindegewebszunahme durch die ganze Niere aus. Die Gefäße werden auch sekundär in Mitleidenschaft gezogen, so kommt es auch hier zur Schrumpfniere mit evtl. grobhöckeriger Granulierung der Oberfläche d. h. zur **hydronephrotischen Schrumpfniere.** Die Atrophie kann so weit fortschreiten, daß die Niere in einen nur noch ein paar Millimeter dicken, häutigen, meist mit Leisten versehenen Sack verwandelt wird. Durch fortdauernde Sekretion, an der namentlich die Schleimhaut des Nierenbeckens und der Nierenkelche beteiligt scheint, kann dieser Sack sich weit über das Volumen der normalen Niere ausdehnen. Er enthält reichlich flüssigen Inhalt, der zunächst noch aus Harn besteht, später aber, mit dem Fortschreiten der Nierenatrophie, mehr und mehr eine einfach seröse Flüssigkeit darstellt, seltener auch fettigen Detritus oder kolloide Massen enthält. Bei der Harnstauung kommt es auch leicht zu einer eiterigen Entzündung der Ureteren und des Nierenbeckens, die zu einer Eiteransammlung „Pyonephrose" führt.

Bei angeborenem Fehlen oder Stenose der Ureterenausmündung findet man die Niere der betreffenden Seite meist nicht hydronephrotisch, sondern hypoplastisch, doch oft mit relativ weitem Nierenbecken; dafür zeigt dann die andere Niere eine kompensatorische Vergrößerung.

g) Eiterige Formen der Nephritis.

Die **eiterige Nephritis** wird durch Bakterien hervorgerufen, welche entweder auf hämatogenem Wege oder von den Harnwegen — nur selten auf dem Wege eines Traumas — in die Nieren gelangen; man unterscheidet demnach zwei Formen: eine hämatogene und eine aszendierende. Die **hämatogene Form** entsteht im Verlauf allgemeiner Infektionskrankheiten, namentlich im Gefolge der ulzerierenden Endokarditis bei Pyämie; die mit dem Blute eingeschwemmten Eitererreger siedeln sich zumeist in den Glomeruli oder den Rindenkapillaren an, bilden häufig typische Kokkenembolien und verursachen so die Bildung kleiner in der Regel Stecknadelkopfgröße nicht überschreitender Abszesse, die oft in reichlicher Zahl vorhanden, von einem roten, hyperämischen oder hämorrhagischen Hof umgeben sind und nach Abziehen der Kapsel an der Nierenoberfläche hervortreten; daneben zeigt das Nierengewebe häufig in größerer Ausdehnung parenchymatöse Degeneration. In den Harnkanälchen finden sich aus den Abszessen heruntergespülte Eiterkörperchen, sowie sonstige Zellen. Sehr häufig aber treten die Bakterien ohne zunächst Abszesse zu bewirken, durch die Glomerulusschlingen, die irgendwie lädiert sind, aus, gelangen in die Harnkanälchen und werden „ausgeschieden"; sie gelangen so in den Harn, „Bakteriurie", oder vermehren sich in den Harnkanälchen, infolge der Stromverlangsamung besonders in den geraden, und rufen so Abszesse hervor, sog. „Ausscheidungsherde", welche oft der Form der geraden Harnkanälchen angepaßt, in den Markstrahlen oder Markkegeln länglich gestaltet sind und als gelbe Streifen mit hyperämisch rotem Rand hervortreten, in der Rinde dagegen mehr runde Form annehmen.

Haften die eitererregenden Mikroorganismen an Emboli, so kommt es zur Bildung kleinerer und größerer vereiternder Infarkte, welche ebenso wie auch die kleineren Abszesse meist vorwiegend in der Rindensubstanz auftreten. Dem Konfluieren der Abszesse und der Vereiterung der Infarkte kann ein größerer Teil der Niere zum Opfer fallen, doch tritt hier meist früher der Tod ein und so ist dies hier seltener der Fall als bei der zweiten, d. h. der **urinogenen und aszendierenden Form.** Während die hämatogenen Formen der eiterigen Nephritis regelmäßig doppelseitig auftreten, findet man die sog. aszendierende Form der Nierenentzündung nicht selten auch auf eine Seite beschränkt. Regelmäßig besteht dabei eine eiterige Entzündung des Nierenbeckens (s. unten), eine **Pyelitis,** welche durch Übergreifen des Prozesses auf das Nierenparenchym zur **Pyelonephritis** wird. Die letztere kommt dadurch zustande, daß die Infektionserreger — es handelt sich hier in den meisten Fällen um das **Bacterium coli,** seltener um Streptokokken oder andere Eiterbakterien bzw. deren Toxine — vom Nierenbecken aus in die Harnkanälchen der Markkegel geraten und sich hier zunächst in der Marksubstanz, dann aber auch in die Rinde hinauf ausbreiten. Durch ihre Wirkung auf das Gewebe entstehen zuerst von den Papillen ausstrahlende, gelbe Eiterstreifen, welche dann konfluieren und zur Einschmelzung des Gewebes, evtl. auch zur Nekrose der Markkegel führen können; vor allem auch die der Rinde benachbarten Markkegelteile zeigen streifenförmige Abszesse; nach oben zu bilden sich meist rundliche oder unregelmäßige Abszesse in der Rinde; an der Nierenoberfläche erscheinen schließlich kleine, meist in Gruppen angeordnete Herde (auch kleine keilförmige [Ribbert]), welche zuerst oft nur das Gebiet eines oder einiger weniger Markkegel mit den zugehörigen Rindenabschnitten, dieses aber sehr hochgradig, ergreifen. Der Weg der Bakterien soll der sein, daß sie bzw. ihre Toxine von den Markkegelspitzen aus in die Kapillaren eindringen, in die Venen der äußeren Markkegelabschnitte gelangen und hier wuchern. Hier dringen sie dann in gerade Kanälchen und besonders Schleifen vor und kommen mit den aufsteigenden Schenkeln der Henleschen

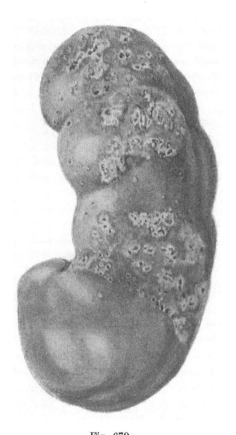

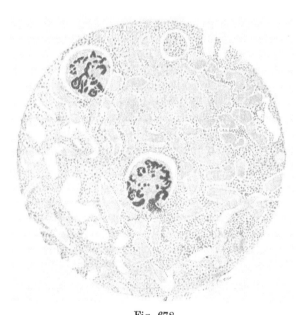

Fig. 678.
Kokkenembolie in der Niere.

Die Kapillarschlingen zweier Glomeruli sind mit Kokkenhaufen ausgefüllt, das umliegende Nierengewebe ist nekrotisch (die Kerne fehlen). Dazwischen zahlreiche Leukozyten (Eiter).
Färbung nach Gram.

Fig. 679.
Niere von zahlreichen Abszessen durchsetzt.

Man sieht die Niere von der Oberfläche; die Kapsel ist abgezogen. Die Abszesse sind gelb gefärbt, ihre Mitte zum Teil ausgefallen, um sie herum liegt ein roter (hyperämischer) Hof.

Schleifen in die Rinde, wo sie vor allem in den Schaltstücken sich ansiedeln (Ribbert). Überall an diesen Stellen bewirken die Bakterien bzw. deren Toxine dann Eiterungen und Läsion der Epithelien. Bei leichter Pyelitis im Verlauf von vorübergehenden Harnstauungen und Blasenkatarrhen (s. unten) kommen auch leichtere, nicht selten wieder abheilende Formen der eiterigen Pyelonephritis vor, welche aber auch große flache, am Grund feinhöckerige narbige Einziehungen der Oberfläche hinterlassen und, wenn sie einigermaßen ausgedehnt waren, zu hochgradigen, sehr unregelmäßigen Schrumpfungen der Nieren führen können, **Abszeßschrumpfniere (Nephrocirrhosis apostematosa)**; ein großer Teil der einseitigen Schrumpf- ·nieren ist auf eine früher durchgemachte Pyelonephritis zu beziehen. In Fällen chronischer Pyelonephritis findet man eiterige und vernarbende Prozesse nebeneinander. Andererseits kann die Eiterung, besonders wenn sie einseitig ist, durch Vergrößerung oder Konfluenz

Abszeß-schrumpf-niere.

der Abszesse eine ungeheuere Zerstörung der Niere, sog. Phthisis renum apostematosa, herbeiführen. Es kommt zu Eiteransammlungen unter der Kapsel — Perinephritis —; der Eiter bricht weiter in das umliegende lockere Gewebe — Paranephritis —; oder es treten selbst Perforationen in die Bauchhöhle ein. Ähnliches kommt auch bei hämatogen entstandenen Abszessen vor. Geringe Eiterungen der Niere heilen narbig aus.

Nephritis papillaris desquamativa.

An den Papillen der Niere kommt eine Entzündungsform vor, welche man als Nephritis papillaris desquamativa bezeichnen kann, da bei ihr eine Wucherung und Abschuppung der Epithelien der großen Sammelröhren besteht; man erkennt dann an den Nierenpapillen graugelbe, gegen die Spitze zu konvergierende Streifen, welche Gruppen der mit Exsudat erfüllten Harnkanälchen entsprechen; bei Druck auf die Papillen kann man Mengen trüber, aus abgeschuppten Epithelien und Leukozyten bestehender Massen ausdrücken. Die Veränderung findet sich bei verschiedenen anderen Nierenentzündungen, ist aber in den meisten Fällen Folge einer Pyelitis und gewinnt als solche meist einen eiterigen Charakter (vgl. S. 638).

Die Pyelonephritis ist also die Folge des Übergreifens einer Pyelitis auf die Nierensubstanz. Über die Entstehung dieser s. unten. Hier sei nur schon betont, daß die Pyelitis zumeist von einer Cystitis abhängig ist und so die Reihenfolge (aszendierend) lautet: Cystitis (evtl. Ureteritis), Pyelitis, Pyelonephritis. Besonders bei chronischen Cystitiden, z. B. bei Blasenlähmungen, vor allem nach Rückenmarkserkrankungen, finden wir die Gesamtheit dieser Veränderungen sehr ausgebildet.

h) Infektiöse Granulome.
Tuberkulose.

h) Infektiöse Granulationen.

Tuberkulose. Durch Einschwemmung von Tuberkelbazillen mit dem Blut entstehen in der Niere sehr häufig submiliare bis hirsekorngroße Knötchen, die zu größeren Herden konfluieren können, oder es entstehen von Anfang an sog. Konglomerattuberkel [Solitärtuberkel] (S. 155). Beide Formen treten namentlich in der Rinde auf und kommen bei der Tuberkulose verschiedener anderer Organe, besonders auch bei chronischer Lungentuberkulose häufig vor. Bei akuter Miliartuberkulose finden sich auch in den Nieren mehr oder weniger zahlreiche Knötchen disseminiert. Wenn die Tuberkulose einen größeren Arterienast verlegt, so kann ein Infarkt resultieren, der primär oder sekundär tuberkulös wird.

Eine besondere Form von Nierentuberkulose kommt dadurch zustande, daß Tuberkelbazillen aus den Glomeruli in die Harnkanälchen ganz ebenso wie Kokken (s. oben) ausgeschieden werden und im Lumen der Harnkanälchen sich anhäufen, **Ausscheidungstuberkulose,** namentlich geschieht dies auch hier in der Marksubstanz. Dann treten in den Markkegeln tuberkulöse, später verkäsende, gegen die Papillen zu konvergierende Streifen auf, welche der Verlaufsrichtung der Sammelröhren entsprechen; bei der mikroskopischen Untersuchung zeigt sich, daß die Lumina der betreffenden Harnkanälchen mit einem käsigen Exsudat erfüllt sind. Wir sehen also bei dieser Form der Tuberkulose teils einzelne, teils konfluierte Knötchen, teils streifenförmig angeordnetes tuberkulöses Gewebe in Mark und Rinde. Teilweise sind die Herde scharf abgesetzt, teils mehr verwaschen; sie sind grau, oder, wenn verkäst, gelb gefärbt. Gleichzeitig besteht auch oft Tuberkulose des Nierenbeckens. Nach längerem Bestand können sich nun sehr **chronische Formen** anschließen. Im weiteren Verlauf rückt der Prozeß nämlich auch nach oben gegen die Rinde zu vor, vor allem aber führt er bald zu ausgedehnter Zerstörung des Marks bis zu den Papillen, welche schließlich ganz von käsigen Massen durchsetzt und zerstört werden — käsige Nephritis papillaris. Fast stets ist auch die Schleimhaut der Nierenkelche und des Nierenbeckens

Pyelonephritis tuberculosa.

mitaffiziert und von tuberkulösen Geschwüren durchsetzt, **Pyelonephritis tuberculosa.** Durch den käsigen Zerfall der Papillen wird das Nierenbecken erweitert und in eine unregelmäßige, buchtige Höhle verwandelt, welche nach der Niere zu immer mehr an Ausdehnung zunimmt und mit den Höhlen der Niere zu großen Kavernen zusammenfließt. Deszendierend

Deszendierender Prozeß.

kann der tuberkulöse Prozeß vom Nierenbecken aus auf Ureteren, Blase etc. fortschreiten (s. unten).

Eine aszendierende Form der Nierentuberkulose (von der Harnblase aus) kommt nur zustande, wenn gleichzeitig ein Hindernis Stagnation des Urins im Ureter bewirkt, und der Urin von der Harnblase aus mit Tuberkelbazillen infiziert wird. Betont wird hierbei ein Circulus vitiosus, daß die Niere das primär tuberkulöse Organ ist, daß (besonders bei Ausscheidungstuberkulose) von hier aus deszendierende Tuberkulose die Harnblase und den untersten Teil des Ureters ergreift und nun, wenn eine Stagnation des Urins die Folge ist, die Tuberkulose auch aszendierend den oberen Ureter, das Nierenbecken und so die Niere wieder infiziert. Dies kann aber z. B. auch im Anschluß an Tuberkulose der Prostata eintreten, wenn diese vergrößert ist und so eine Harnstagnation bewirkt. Des weiteren ist eine Infektion der Niere von der Blase aus auf dem Wege der die Ureteren begleitenden Lymphgefäße möglich.

Wird auf diese Weise das Nierenbecken infiziert, so breitet sich der Prozeß auch von hier aus

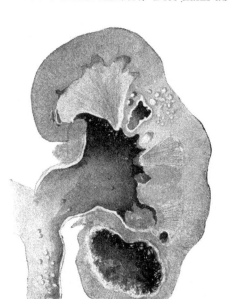

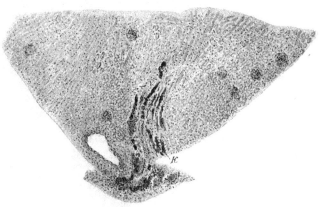

Fig. 680.
Tuberkulöse Niere.
Aus Völcker, Diagnose der chirurg. Nieren-
erkrankungen. Wiesbaden, Bergmann.

Fig. 681.
Käsig tuberkulöse Nephritis papillaris ($\frac{12}{1}$).
k Harnkanälchen mit käsigem Inhalt.

auf die Papillen und, besonders vom Winkel der Kelche und Markkegel ausgehend, weiter nach oben aus, so daß auch hier in der Niere ausgedehnte Verkäsung und Eruption frischer Tuberkel, die wieder der Verkäsung anheimfallen, erfolgt. Auch so entstehen mit Käse gefüllte Kavernen, die bis gegen die Nierenoberfläche vorrücken. Auf beide beschriebene Arten, aszendierend wie hämatogen (deszendierend), wobei das letztere das weit häufigere ist, kommt es zu ausgedehnten miteinander konfluierenden Höhlen, welche die Nieren in großer Ausdehnung durchsetzen und mit dem ebenfalls in eine käsige Höhle verwandelten Nierenbecken zusammenhängen. Diese Kavernen pflegen große Mengen Tuberkelbazillen zu enthalten. Unaufhaltsam kann sich der Prozeß ausbreiten und wegen der Analogie mit der Lunge spricht man daher von **Phthisis renum tuberculosa.** Makroskopisch kann hierbei die Niere enorm groß erscheinen; die Kavernen wölben sich schon auf der Oberfläche vor. Auf der Schnittfläche tritt sofort die ganze Zerstörung zutage. Die käsigen Massen können sich eindicken und verkalken. Besonders durch Verschluß des Ureters kann Pyonephrose dazu kommen, und so die ganze Niere in einen käsig-eiterigen Sack verwandelt werden. Die Umgebung der Niere kann para- und perinephritische Veränderungen eingehen, und sich so eine mächtig dicke Kapsel um die Niere bilden. Fibröse Heilungstendenz der Tuberkulose ist in der Niere nicht sehr selten, und es kommen ganz fibröse Schrumpfungen im Anschluß an Tuberkulose vor. Dann entsteht auch hier eine Schrumpfniere, die sog. **tuberkulöse Schrumpfniere (Nephrocirrhosis tuberculosa).** Auch können die Gefäße der Niere tuberkulöse Veränderungen aufweisen und so an die arteriosklerotische Schrumpfniere

(s. oben) erinnernde Bilder entstehen oder wenn größere Gefäße betroffen sind, können Gebiete infarktartig absterben und dann evtl. auch vernarben. Die Tuberkulose befällt oft zunächst nur eine Niere. Hierauf beruhen die Heilungschancen bei Exstirpation einer tuberkulösen Niere. In späteren Stadien allerdings sind meist beide Nieren erkrankt. Die Nierentuberkulose entsteht, wie gesagt, meist hämatogen, also vor allem im Anschluß an Lungentuberkulose. Doch ist diese oft relativ gering. Andererseits kann sich an Nierenphthise durch Einbruch in eine Vene akute allgemeine Miliartuberkulose anschließen. Sehr häufig ist Nierentuberkulose mit Genitaltuberkulose (s. dort) kombiniert.

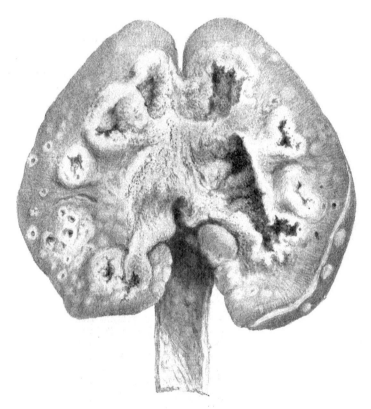

Fig. 682.

Kavernöse käsige Nierentuberkulose (Phthisis renum tuberculosa) mit Infektion von Nierenbecken und Ureter.

Aus Burkhardt und Polano, Die Untersuchungsmethoden der Erkrankungen der männlichen und weiblichen Harnorgane.

Bei Tuberkulose der Lungen etc. zeigen die Nieren häufig Herde mit Atrophie der Harnkanälchen und Bindegewebswucherung ohne spezifisch tuberkulöse Charakteristika. Auch zeigen die Bowmanschen Kapseln häufig Verdickung und hyaline Umwandlung. Auch so sollen bei Tuberkulose ohne eigentliche tuberkulöse Herde Schrumpfnieren entstehen können.

Syphilis.   **Lues** der Niere kommt in seltenen Fällen in Form von Gummiknoten vor. So kann es auch zu Narbenbildungen kommen. Auch kommt manchmal eine wahrscheinlich von syphilitischer Gefäßveränderung ausgehende Granularatrophie der Niere zustande = **Nephrocirrhosis syphiltica** (S. 618).

Häufig findet man bei Lues Amyloiddegeneration der Nieren.

Bei hereditär syphilitischen Neugeborenen finden sich (nach Hecker) konstant kleinzellige Infiltrate um die Rindengefäße der Niere.

Wir haben im Vorhergehenden in verschiedenen Unterabteilungen gesehen, wie die unterschiedlichsten Prozesse als Resultate eine Narbenschrumpfung, eine **Schrumpfniere (Granularatrophie der Niere, Nephrocirrhosis)** ergeben können. Bestehen auch meist Unterschiede, wie sie oben geschildert wurden und sind auch meist die grundlegenden Prozesse wenigstens an einzelnen Stellen noch zu erkennen, so kann das Resultat der Schrumpfniere doch ein recht gleiches sein. Ich stelle hier die Prozesse, welche zu Schrumpfniere führen, übersichtlich kurz zusammen:

Embolische (Infarkt) Schrumpfniere (Nephrocirrhosis embolica), Stauungs- (zyanotische) Schrumpfniere (Nephrocirrhosis cyanotica), Amyloid-Schrumpfniere (Nephrocirrhosis amyloidea).

Arteriosklerotische Schrumpfniere (Nephrocirrhosis arteriosclerotica), genuine (arteriosklerotische) Schrumpfniere (Nephrocirrhosis arteriolosclerotica genuina).

Nephritische (glomerulonephritische) Schrumpfniere (Nephrocirrhosis glomerulonephritica).

Abszeß-Schrumpfniere (Nephrocirrhosis apostematosa).

Hydronephrotische Schrumpfniere (Nephrocirrhosis hydronephrotica).

Tuberkulöse Schrumpfniere (Nephrocirrhosis tuberculosa), syphilitische Schrumpfniere (Nephrocirrhosis syphilitica).

Übersicht über die verschiedene Genese der Schrumpfnieren.

i) Tumoren.

i) Tumoren.

Häufig finden sich in der Niere unter der Kapsel in der Nähe des oberen Nierenpoles sog. versprengte Nebennierenkeime. Diese versprengten Keime bilden bis über kirschgroße, scharf abgesetzte, weißliche oder gelbliche Knoten vom Aussehen der Rindensubstanz der Nebenniere (s. dort). Auch mikroskopisch zeigen sie die Struktur der Nebennierenrinde und wie diese die Zellen vielfach von Fett erfüllt, was der ganzen Einlagerung ein lipomähnliches Aussehen verleiht. Von solchen versprengten Nebennierenkeimen, die an sich also zu den Mißbildungen, nicht den echten Tumoren gehören, können nun nach einer weit verbreiteten Ansicht Tumoren ausgehen, welche in ihrer Zusammensetzung den sog. Strumen oder Adenomen der Nebenniere (s. unten) gleichen und auch als **Struma lipomatodes aberrans renis (Grawitzsche Tumoren)**, auch vielfach als **Hypernephrome** bezeichnet werden (Fig. 683 und 684). Durch reichlichen Fettgehalt ihrer Zellen (schwefelgelbe Farbe) gleichen sie makroskopisch einerseits Lipomen, für welche sie auch früher gehalten wurden, während sie andererseits oft durch reichlichen Gehalt an kavernösen Bluträumen große Ähnlichkeit mit Angiomen aufweisen. Sie sind seltener solide, meist adenomatös papillär gebaut (im Gegensatz zu den in die Niere versprengten einfachen Nebennierenknötchen) und enthalten außer den verfetteten auch vakuolär zerklüftete (Glykogen, Cholesterinester etc. aufweisende) Zellen. Oft erreichen diese Tumoren eine erhebliche Größe und werden maligne, d. h. zu echten **Karzinomen,** indem sie in Venen einbrechen und so sehr ausgedehnte Metastasen bilden, welche ganz besonders in den Knochen zu finden sind. Während diese Tumoren bisher — wie der (wenig schöne) Name Hypernephrom besagt — von versprengten Nebennierenkeimen, wie eben dargestellt, abgeleitet wurden, bricht sich jetzt wieder die Anschauung Bahn, daß diese Tumoren von Elementen der Niere selbst, d. h. von ihren Epithelien, abzuleiten sind. Besonders gilt dies für die Karzinome, in welchen adenomatöser Bau vorherrscht. Sie leiten über zu den seltenen, rein adenomatös gebauten Karzinomen der Niere, welche sicher in der Niere (Rinde) selbst entstanden sind. Wahrscheinlich sind alle diese Tumoren entwickelungsgeschichtlicher Abstammung, wobei Nieren- wie Nebennierenstammzellen beteiligt sein können, so daß sich so die Mannigfaltigkeit des Bildes erklärt. Primäre Karzinome der Niere sind auch schon bei Kindern be-

Hypernephrome.

Karzinome.

obachtet worden. Andere Karzinome (härtere Formen nach Beneke) sind von den Ausführungsgängen abzuleiten.

Unter den primären **Sarkomen** gibt es solche, welche angeboren oder im ersten Kindesalter entstanden sind. Es gehören hierher die sog. **Adenosarkome,** welche Sarkomzellen, solide und adenomatöse epitheliale Elemente, oft auch andere Gewebsarten — glatte und quergestreifte Muskelfasern, Knorpel- und Schleimgewebe — enthalten, also richtige

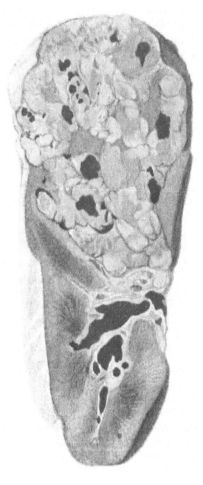

Fig. 683.
Sogenannter Grawitzscher Tumor am
oberen Pol der Niere.

Das Tumorgewebe sieht zum Teil grau, zum Teil
gelb (starke Verfettung), zum Teil rot (Blutungen)
aus, so daß ein sehr buntes Bild im Tumor resultiert. Die Nierenvenen sind thrombosiert (nach
unten im Bild).

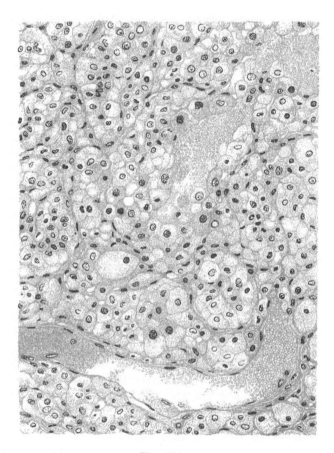

Fig. 684.
Grawitzscher Tumor ($\frac{350}{1}$).

Von einem spärlichen faserigen Stroma getrennt zeigen sich Haufen
epithelialer Zellen, deren Protoplasma von runden Vakuolen (extrahiertem Fett entsprechend) durchsetzt ist; in der Nähe des unteren Randes
und nach rechts oben zu je ein, zum Teil mit roten Blutzellen gefülltes
Blutgefäß.

Mischgeschwülste. Oft überwiegt dabei das rein sarkomatöse Gewebe ganz erheblich, so daß man Mühe hat, die anderen Bestandteile aufzufinden; über die Genese dieser Tumoren s. S. 243f.

Vielleicht kommen auch Endotheliome vor. Von gutartigen Neubildungen finden sich häufig kleine **Fibrome** (Fibroadenome) besonders in der Marksubstanz (s. unter Gewebsmißbildungen), **Lipome,** welche von versprengten Keimen des Fettgewebes der Nierenkapsel hergeleitet werden, **Myome, Lipomyome, Myofibrome** und **Myofibrosarkome,** alle diese meist in der Rindensubstanz. Alle diese Gebilde stellen mehr

Gewebsmißbildungen, denn eigentliche Geschwülste dar. Einschlägige Gebilde verschiedener Art werden zusammen mit tuberöser Hirnsklerose (s. nächstes Kap.) gefunden. Meist kleine, oft papillentragende **Adenome** kommen, zum Teil sicher angeboren, zum Teil wohl auf ebensolcher Basis bei Schrumpfungsprozessen in der Niere, oft zugleich mit Zysten (s. dort) vor. Ein großer Teil von ihnen entsteht auch in Zysten: Kystadenome.

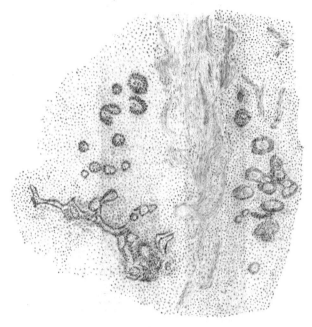

Fig. 585.
Kongenitaler Mischtumor der Niere: Bindegewebe, glatte Muskelfasern, sarkomatöses Grundgewebe, solide und hohle epitheliale Nester.
(Nach Borrmann, Aus Brüning-Schwalbe.)

Metastatisch treten sowohl Karzinome wie Sarkome — im ganzen selten — in den Nieren auf.

Lymphosarkomknoten kommen öfters in der Niere vor, bei Leukämie findet sich eine diffuse Infiltration der Niere mit den leukämischen Zellen.

k) Parasiten.

Von tierischen Parasiten kommt in der Niere hie und da Echinokokkus, sehr selten der Cysticercus cellulosae vor, ferner die Filaria sanguinis, die auch in den Harn übergeht.

Abführende Harnwege.

B) Nierenbecken und Ureteren.

Von **Mißbildungen** finden sich Verdoppelung des Nierenbeckens oder der Ureteren, welch letztere sich dann meist am unteren Ende kreuzen und getrennt in die Blase einmünden oder sich noch vorher vereinigen; Einmündungen eines oder beider Ureteren an ungewöhnlichen Stellen der Blase oder in andere Organe (Uterus, Vagina, Samenbläschen, Urethra); Hydronephrose durch angeborene Atresie oder Stenose eines Ureters oder Nierenbeckens infolge intrauteriner entzündlicher Veränderungen oder durch blind endigende Ureteren oder spitzwinkeligen Abgang derselben oder Knickung resp. Klappenbildung an ihm.

Blutungen im Nierenbecken finden sich häufig als Teilerscheinung einer Pyelitis und Ureteritis, ferner bei Nephritiden, Infektionen (Sepsis) und Vergiftungen, sowie bei Steinen im Nierenbecken, bei Stauung etc.

Pyelitis. Entzündliche Prozesse an der Schleimhaut des Nierenbeckens können durch Infektion auf aszendierendem Wege, von der Harnblase her, oder deszendierend, von der Niere her, zustande kommen; ersteres erfolgt besonders bei Harnstagnation in der Blase von einer **Cystitis** aus, letzteres nach Ausscheidung der Infektionserreger durch die Nieren (s. S. 632). Eine Entzündung kann auch von der Blase auf das Nierenbecken gewissermaßen unter Überspringung der Ureteren, welche gesund bleiben, übergreifen. Des weiteren spielen bei der Überleitung die Lymphgefäße, welche die Ureteren begleiten, eine Rolle. Auf jeden Fall ist eine **Pyelitis im Anschluß an Cystitis** (s. unten), welche dann ihrerseits zur **Pyelonephritis bis zur Ausbildung hochgradigster Nierenveränderungen** führt, ein sehr häufiges Krankheitsbild, insbesondere auch bei Lähmungen der Harnblase (Katheterismus) nach **Rückenmarkserkrankungen.** Eine gewöhnliche örtliche Veranlassung zur Entstehung einer Pyelitis geben Konkremente (s. unten) im Nierenbecken, wobei unter Mitwirkung von Bakterien sehr heftige, diphtherische, eiterige und jauchig-nekrotisierende Entzündungen und somit Geschwüre zustande kommen können. In leichteren Fällen katarrhalischer Entzündung zeigt sich die Schleimhaut hyperämisch, von flachen Blutungen durchsetzt, in chronischen Fällen auch verdickt, schieferig induriert und pigmentiert; bei heftiger Entzündung entwickeln sich diphtherische Verschorfungen (S. 134) und eiternde Ulzerationen; als Inhalt des Nierenbeckens findet man eine aus Eiter und trübem Harn bestehende, mit nekrotischen Massen und durch Zersetzung des Harns ausgefallenen Konkrementen vermischte Flüssigkeit. Durch tief greifende Ulzeration kann es zu ausgedehnter Zerstörung der Wand des Nierenbeckens kommen; von dem letzteren aus kann die Entzündung sich einerseits auf die Niere (Pyelonephritis s. S. 630), andererseits auf die Ureteren fortsetzen (Ureteritis) und an der Wand der letzteren ähnliche Veränderungen hervorrufen.

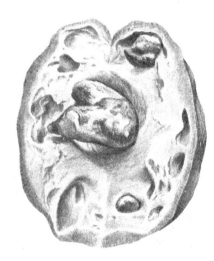

Fig. 686.
Infizierte Steinniere.
Aus Burkhardt und Polano, Die Untersuchungsmethoden und Erkrankungen der männlichen und
weiblichen Harnorgane.

Als **Pyelitis** resp. **Ureteritis** und **Cystitis cystica** bezeichnet man eigentümliche, in der Schleimhaut vorkommende, bis höchstens hanfkorngroße Zystenbildungen mit wässerigem oder kolloidem Inhalt; sie sind von epithelialen Gebilden (besonders den nach v. Brunn benannten Epithelzellnestern) herzuleiten und bilden sich meist auf Grund von Entzündungen des betreffenden Organs. Bilden sich polypenartige Wucherungen bei der Entzündung, so spricht man von Pyelitis, Ureteritis, Cystitis polyposa. Besonders in der Blase finden sich häufig kleine Lymphknötchen — Cystitis granulosa.

Konkremente können sich im Nierenbecken bilden oder aus der Niere in dasselbe gelangen, resp. sich hier vergrößern: **Nephrolithiasis.** Manche von diesen mineralischen Massen stellen korallenförmige Ausgüsse des Nierenbeckens und der Nierenkelche dar, andere sind ganz klein (Harngries). Die Zusammensetzung der im Nierenbecken und in den Harnleitern enthaltenen Konkremente stimmt mit jener der Blasensteine (s. unten) überein.

Die wichtigste Folge der Konkremente sind Entzündungen des Nierenbeckens (s. oben) mit Übergang in Pyelonephritis, Hydronephrose (besonders bei Einkeilung eines Steines in den Ureter) evtl. Pyonephrose, Paranephritis oder Perforation in den Darm; durch Verlegung beider Nierenbecken oder Ureteren kann sich Urämie einstellen.

Über Hydronephrose s. S. 627, über Tuberkulose des Nierenbeckens s. S. 632.

Neubildungen greifen öfters von der Niere her auf das Nierenbecken und die Ureteren über; die Ureteren werden auch häufig von Karzinomen im kleinen Becken, namentlich von solchen des Uterus, in Mitleidenschaft gezogen, indem sie teils von diesen komprimiert, teils in ihrer Wand durchwachsen und verschlossen werden (s. oben). Fibroepitheliale papilläre Neubildungen sowie primäre Karzinome (Adenokarzinome, indifferente Karzinome und Kankroide) sind selten, kommen aber im Nierenbecken wie Ureteren vor.

C. Harnblase.

Von **Mißbildungen** der Blase sind zu erwähnen die Ectopia vesicae (S. 282), ferner angeborene Erweiterung und Divertikelbildung. Mangel der Blase mit direkter Einmündung der Harnleiter in die Urethra ist sehr selten.

Blutungen entstehen am häufigsten durch Läsion der Blasenwand durch Blasensteine, infolge von Zottengeschwülsten der Blase (Papillomen, S. 208) oder Karzinom, bei Verletzungen durch Fremdkörper, Beckenfrakturen, seltener bei hämorrhagischen Diathesen und den sog. Blasenhämorrhoiden, venösen Erweiterungen der Blasenvenen. **Ödem** findet sich bei Stauung und Entzündungen. Luftblasen, das sog. Schleimhautemphysem der Harnblase wird durch Bakterien der Koligruppe bewirkt.

Eine akute **katarrhalische Cystitis** entsteht durch chemische Stoffe, welche entweder von außen her direkt in die Blase gelangen (Blasenspülungen) oder aus dem Blut durch die Nieren in den Harn ausgeschieden werden; es handelt sich hier oft um die Wirkung von Medikamenten (Kanthariden u.a.). In den meisten Fällen aber entsteht die katarrhalische Cystitis durch die Einwirkung von Bakterien. Diese können von außen durch die Harnröhre, namentlich mit Kathetern, in die Blase eingeschleppt werden, oder sie wandern von der Urethra aus in die Blase aszendierend (es kann dies besonders bei älteren Frauen selbst von der normalen Urethra aus geschehen), oder erreichen sie deszendierend von der Niere aus. Die Bakterien kommen namentlich dann zur Wirkung, wenn gleichzeitig eine Harnstagnation (s. unten) besteht, oder durch die Anwesenheit von Blasensteinen schon ein Reizzustand der Blasenschleimhaut gegeben ist. Die Bakterien, von denen besonders das Bacterium coli, der Proteus vulgaris, sowie Eiterkokken (auch Gonokokken) in Betracht kommen, wirken auf die Blasenschleimhaut teils direkt, teils indirekt dadurch entzündungserregend, daß sie eine Zersetzung des Harnes verursachen.

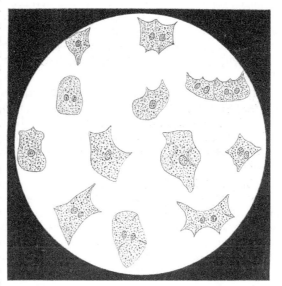

Fig. 687.
Blasenepithelien.
Nach Daiber, Mikroskopie der Harnsedimente.

Die Schleimhaut der Blase zeigt sich beim Katarrh hyperämisch, namentlich auf der Höhe der Falten oft von Blutungen durchsetzt, das Epithel getrübt, in Wucherung und Abschuppung begriffen. In dem immer stark getrübten Harn finden sich reichliche Epithelzellen [1]), Eiterkörperchen und Bakterien. Die Reaktion des Harnes ist alkalisch

---

[1]) Die Epithelien der Harnblase (Fig. 687) lassen sich von denen der oberen Harnwege (der Ureteren und des Nierenbeckens) nicht mit Sicherheit unterscheiden. Ihre Mukosa ist mit einem aus mehreren Schichten bestehenden, aus sehr verschiedenen Zellformen zusammengesetzten sog. Übergangsepithel (wohl unterentwickeltes Plattenepithel) bekleidet, von welchem die untersten Schichten im allgemeinen ovale, die mittleren unregelmäßige, mit mehrfachen Fortsätzen versehene, Zellformen aufweisen; die Zellen der obersten Lagen erscheinen, von der Oberfläche gesehen, polygonal, in der Seitenansicht erscheint ihre obere Seite konvex, während ihre untere Fläche mehrere Einbuchtungen aufweist, in welche die darunter befindlichen Zellen mit ihren Kuppen wie in kleine Nischen eingepaßt sind; von der Unterfläche gesehen

oder sauer; in ersterem Falle („alkalische Harngärung") finden sich in ihm meist reichlich Kristalle von Tripelphosphat und harnsaurem Ammoniak.

Sehr oft ergreift der Blasenkatarrh auch die Ureteren und zwar auf dem Wege der Lymphbahnen. Er kann auch auf dem Wege des Ureters, ohne diesen selbst zu verändern, das Nierenbecken ergreifen.

Über die Folgen für die Nieren s. oben.

Chronische Cystitis.

Die häufigste Veranlassung eines chronischen Blasenkatarrhs ist ebenfalls eine Harnstagnation infolge von Verengerung der Urethra, von zentralen (durch Erkrankungen des Nervensystems bedingten) Blasenlähmungen oder von Harnsteinen; die letzte Ursache der Entzündung sind auch hier Bakterien, welche sich in dem stagnierenden Harn entwickeln und ihn zersetzen. Eine chronische Cystitis begleitet ferner konstant außer Blasensteinen papilläre und andere Neubildungen der Blase. Durch den chronischen Katarrh wird die Schleimhaut allmählich verdickt, induriert und schieferig pigmentiert (durch aus Blutungen resultierendes Pigment); manchmal zeigt sie auch papilläre Wucherungen. Öfters kommt es zur Bildung von Erosionen, auf Grund deren sich tiefere Geschwüre entwickeln können; weitere Folgezustände sind Hypertrophie der Blasenmuskulatur und Erweiterung der Blase etc. (s. S. 641). Das Sekret ist beim chronischen Katarrh meist schleimig-eiterig; die schleimige Beschaffenheit wird durch schleimige Umwandlung der Eiterzellen hervorgerufen.

Cystitis nodularis.

In manchen Fällen von chronischer Cystitis erscheint die Mukosa der Blase, namentlich am Fundus und in der Gegend des Trigonum, mit feinen Höckern besetzt, wie granuliert; den kleinen Prominenzen liegen vergrößerte Lymphfollikel zugrunde, welche sich im Verlauf des Katarrhs gebildet, resp. vergrößert haben; man bezeichnet den Prozeß als Cystitis nodularis (oder granulosa) (s. oben S. 638). Über die Folgen der Bilharzia s. S. 327.

Diphtherische Cystitis.

Die **diphtherische (pseudomembranöse) Cystitis** geht mit Bildung nekrotischer, sich in der Regel mit Harnsalzen imprägnierender und dadurch gelb bis bräunlich gefärbter, sehr starrer Schorfe einher, durch deren Abstoßung tiefe Ulzerationen und selbst Perforationen der Blase zustande kommen können. Sie kommt im Anschluß an heftige katarrhalische Entzündungen, durch mechanische Läsionen der Schleimhaut, bei Anwesenheit von Blasensteinen, bei Blasenlähmungen (Rückenmarksleiden), endlich auch symptomatisch im Verlauf schwerer Allgemeininfektionen vor.

Phlegmonöse Cystitis. Abszesse.

Eine **phlegmonöse Entzündung** sowie **Abszeßbildung** in der Blasenwand kann sich nach schweren eiterigen Katarrhen oder diphtherischen Entzündungen, infolge geschwürig zerfallener Tumoren oder nach Verletzungen der Blase einstellen. Als Folgezustände kommen Durchbruch der Eiterung in die Bauchhöhle oder in umliegende Organe, Eiterung in die Umgebung der Blase (Pericystitis und Paracystitis), Bildung von Blasenfisteln verschiedener Art etc. vor.

Tuberkulose.

Tuberkulose der Harnblase ist in den meisten Fällen auf die Ausscheidung von tuberkelbazillenhaltigem Harn zurückzuführen, kommt also auf deszendierendem Wege von der Niere her zustande (vgl. S. 632). Dementsprechend findet man neben der Tuberkulose der Blase meist auch eine solche der Nieren; indes kann die Infektion auch von den Geschlechtsorganen her, von einer Tuberkulose der Prostata oder der Samenblasen, erfolgen. Die Erkrankung beginnt wie an anderen Schleimhäuten mit dem Auftreten miliarer oder submiliarer, verkäsender Knötchen, welche vielfach miteinander konfluieren und durch Erweichung der Käsemassen zur Bildung anfänglich kleiner, lentikulärer, dann vielfach zusammen-

---

zeigen die Zellen eine netzwerkartige Zeichnung, welche durch die zwischen den genannten Vertiefungen vorhandenen Vorsprünge des Zellkörpers bedingt ist. Die Nierenepithelien unterscheiden sich von den genannten Elementen durch ihre regelmäßige, zylindrische oder kubische Gestalt.

In frischen Fällen von Cystitis pflegen Blasenepithelien in großer Menge im Harn vorhanden zu sein.

fließender, oft sehr ausgedehnter, zackiger, unregelmäßiger Geschwüre führen, deren Grund mit kleinen Knötchen oder käsigen Massen belegt ist.

Die Tuberkulose der Harnblase kommt bei Männern viel häufiger zur Beobachtung als beim weiblichen Geschlecht.

Erworbene **Dilatationen** der Harnblase kommen bei Harnstauung durch mehr oder minder vollständige und dauernde Verlegung der Urethra infolge von Strikturen, Prostatahypertrophie, von Blasensteinen, Tumoren der Blase oder der Prostata, sowie endlich infolge von zentralen (vom Rückenmark oder Gehirn ausgehenden) Lähmungen der Blasenmuskulatur zustande und haben, wenn die Erweiterung rasch eintritt, oft eine erhebliche Verdünnung der Blasenwand zur Folge; die Blase kann dann bis zum Nabel hinaufreichen. Unter ähnlichen Umständen, bei Verlegung der Harnröhre und Erschwerung des Harnabflusses überhaupt, kann sich — neben einer Dilatation der

Dilatation der Harnblase.

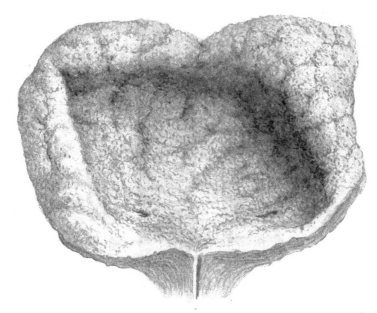

Fig. 688.
Vorgeschrittene Blasentuberkulose.
Aus Burkhardt und Polano, Die Untersuchungsmethoden und Erkrankungen der männlichen und weiblichen Harnorgane.

Blase oder ohne eine solche — eine **Hypertrophie der Blasenmuskulatur** entwickeln, welche dann als Arbeitshypertrophie (S. 101) zu betrachten ist. Sie ist also am häufigsten nach Prostatahypertrophie sowie nach Strikturen oder bei Blasenhernien. Andererseits stellt sich eine Hypertrophie der Blase auch bei verschiedenen Formen der Cystitis ein, wobei wohl die häufigen Kontraktionen und Entleerungen der Blase auch als Ursache für die Zunahme der Muskulatur angesehen werden müssen. Bei der Hypertrophie der Muskulatur ist die Blasenwand verdickt, und an ihrer Innenfläche zeigen sich die Trabekel, welche durch vorspringende Muskelbälkchen bedingt sind, sehr stark entwickelt und prominent, so daß zwischen ihnen tiefe Taschen bestehen — **Balkenblase.**

Hypertrophie der Muskularis. (Balkenblase.)

Divertikel der Blase bestehen entweder in umschriebenen Ausbuchtungen der ganzen Wand oder in Ausstülpungen der Schleimhaut, welche zwischen den Muskelbalken hindurch erfolgen. Sie kommen als Folge des Innendruckes bei Störung der Harnentleerung aus verschiedenen Ursachen, am häufigsten zwischen den Trabekeln bei Hypertrophie der Blasenmuskulatur (Balkenblase) vor und können in Mehrzahl vorhanden sein. Zu den neben den Divertikeln sehr häufig vorkommenden **Blasensteinen** stehen die ersteren in doppelter

Divertikel.

Beziehung: Es können sich Konkremente sowohl innerhalb der schon bestehenden Ausbuchtungen bilden, wie auch umgekehrt nicht selten durch die Wirkung von Blasensteinen auf mechanischem Wege Divertikel veranlaßt werden. Letztere finden sich besonders an der hinteren und seitlichen Blasenwand, manchmal auch am Scheitel der Blase. Akute

Cystocele und Inversion der Blase.

Papillome.

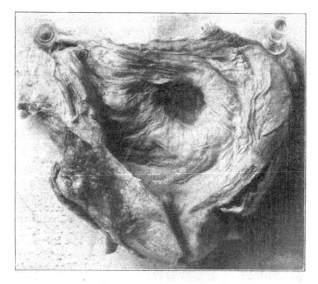

Fig. 689.
Großes Divertikel der Harnblase.

oder chronische Entzündungsprozesse, sowie Eiterungen in der Nachbarschaft und Verwachsung der Ausstülpung mit der letzteren sind Folgezustände. — Endlich können Divertikel auch in Hernien eintreten.

Unter **Cystocele vaginalis** versteht man eine Vorstülpung der Blasenwand in die Scheide, wie sie durch Zug des prolabierten Uterus oder auch durch dauernde Füllung der Blase zustande kommt. **Inversion** der Blase ist eine Einstülpung des Blasenscheitels in das Blasenlumen, welche soweit gehen kann, daß der erstere am Orificium urethrae zum Vorschein kommt.

Von Neubildungen der Harnblase sind die **Papillome** (Zottengeschwülste, früher fälschlich „Zottenkrebse" genannt), d. h. papilläre Fibroepitheliome weitaus die häufigsten; sie bestehen aus zahlreichen, verzweigten, von Epithel überzogenen Papillen, von welchen sich gelegentlich Stücke losreißen und mit dem Harn entleert werden; vielfach imprägnieren sich die Enden der Zotten mit Kalksalzen. (Näheres über den Bau der Papillome siehe S. 208.)

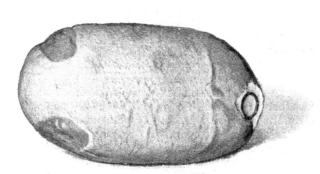

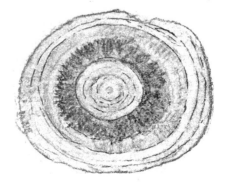

Fig. 690.
Blasenstein, der sich innerhalb von 6 Wochen um einen Fremdkörper (Glasrohr) gebildet hat.
Nach Nitze, Lehrbuch der Kystoskopie. 2. Aufl., aus Jahr, Krankheiten der Harnorgane. Wiesbaden, Bergmann 1911.

Fig. 691.
Querschnitt durch einen Blasenstein. Man sieht die konzentrische Schichtung.
Aus Jahr, l. c.

Die Zottengeschwülste der Blase sind an sich gutartig, doch können sie sehr heftige, ja selbst lebensgefährliche Blutungen veranlassen, unter Umständen auch den Eingang in die Harnröhre oder die Ureterenmündungen verlegen und im letzteren Falle sogar eine Hydronephrose nach sich ziehen; ferner rufen sie oft Cystitis hervor. Meist sitzen sie am Grund der Blase, in der Gegend des Trigonum.

Karzinome.

Karzinome treten ebenfalls in zottig papillärer, oder auch in knotiger Form auf und unterscheiden sich in ersterem Falle von den gutartigen Zottengeschwülsten durch das Vordringen der Wucherung in die Tiefe und die Zerstörung der darunterliegenden Schichten. Doch sind primäre Karzinome der Harnblase überhaupt selten. Sie zeigen frühzeitig Geschwürsbildung und Übergreifen auf die Nachbarschaft. Es sind meist sehr indifferente Karzinome; doch kommen auch Kankroide, selbst mit Verhornung, Adenokarzinome, Gallertkrebse, wenn auch selten, vor. Die meisten Krebse der Blase sind sekundär und greifen von der Nachbarschaft her, beim Manne von der Prostata oder dem Mastdarm, beim Weibe von letzterem oder dem Uterus oder der Vagina aus auf die Blase über. Anfangs wird in solchen Fällen die Blasenwand durch die in sie vordringenden Geschwulstmassen vorgewölbt, später durchbrochen; durch Zerfall der einwuchernden Krebsmassen kommt es vielfach zu abnormen Kommunikationen zwischen dem Blasenlumen und anderen Hohlorganen: Blasen-Scheidenfisteln, Blasen-Uterusfisteln oder Blasen-Mastdarmfisteln.

Andere Geschwülste sind in der Harnblase sehr selten, doch kommen noch z. B. Myome, Adenome, Myxome (bei jugendlichen Individuen) vor. Hier wie bei verwandten Formen handelt es sich aber meist um sarkomatöse Mischgeschwülste, welche mit Vorliebe am Trigonum (Wolffscher Gang) sitzen. Über Mischgeschwülste s. S. 243ff. (s. auch oben). Reine Sarkome sind sehr selten.

Bei Anilinarbeitern finden sich Karzinome, selten Sarkome. Sekundäre Tumoren befallen die Harnblase weniger (s. auch oben) als Metastasen als aus der Nachbarschaft eingewuchert.

Einen seltenen Befund flacher gelber Herde in der Harnblase meist bei bestehender Cystitis hat man als **Malakoplakie** bezeichnet. Die Herde bestehen aus großen Zellen mit eigenartigen kalk- und eisenhaltigen Konkrementen (siehe Taf. V, Fig. 693); daneben finden sich zuweilen zahlreiche Plasmazellen. Die Ätiologie ist nicht bekannt, doch handelt es sich hier wohl um eine besondere Art zirkumskripter chronischer Cystitis.

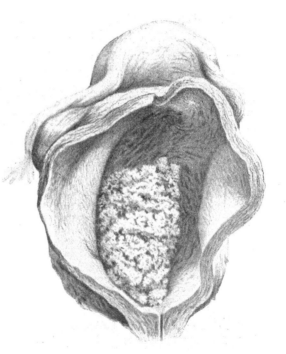

Fig. 691a.
Fibroepithelioma papillare (Papillom) der Harnblase.
Aus Burkhardt-Polano, l. c.

Zuweilen findet sich (oft zusammen mit entzündlichen Zuständen) Umwandlung des Blasenepithels in verhornendes Plattenepithel (eine Weiterentwickelung, Prosoplasie nach Schridde), welche man als **Leukoplakie** bezeichnet. Über **Cystitis cystica, polyposa** und **granularis** s. oben.

Verletzungen der Blase kommen besonders bei Beckenfrakturen (durch Knochenfragmente) vor; seltener, namentlich wenn die Blasenwand durch Neubildungen etc. erkrankt ist, können sie auch durch unvorsichtiges Katheterisieren zustande kommen. Bei schweren Geburten und bei geburtshilflichen Operationen können starke Quetschungen der vorderen und hinteren Blasenwand Drucknekrose mit nachfolgender Perforation der Blase zur Folge haben. Eine **Ruptur** kann bei prall gefüllter Blase auch durch Einwirkung stumpfer Gewalt

41*

herbeigeführt werden; auch unvollständige Zerreißungen kommen vor, wobei dann die Zerreißung von innen nach außen, also zuerst an der Schleimhaut, erfolgt.

Folgen der Blasenverletzungen sind vor allem Blutungen in die Blasenwand und das Blasenlumen hinein; namentlich bei unvollständigen Zerreißungen kann die ganze Wand von ausgedehnten Blutergüssen durchsetzt sein, so daß ein förmliches Hämatom derselben

zustande kommt. Durch die Zerreißung kommt es zu **Harninfiltration der Blasenwand und des sie umgebenden Bindegewebes.** Hierbei wirkt der Harn besonders dann entzündungserregend, wenn er infolge einer schon bestehenden Cystitis zersetzt und bakterienhaltig ist; meist ist die Entzündung eine jauchig-phlegmonöse. Bei Perforation der Blase in die Bauchhöhle kann sich eine diffuse Peritonitis anschließen. Im Gefolge der im Verlauf schwerer Geburten zustande kommenden Blasenverletzungen entwickeln sich leicht Blasen-Scheidenfisteln oder Blasen-Uterusfisteln. Auch bei erweichenden Karzinomen können sich Fisteln etc. einstellen.

Harnkonkremente und Blasensteine.

Der aus der Blase entleerte Harn setzt bekanntlich, wenn er ganz klar abgeflossen war, nach längerer oder kürzerer Zeit einen Bodensatz ab, welchen man als **Sediment** bezeichnet. Die Sedimente sind verschieden, je nach der normalen oder pathologischen Beschaffenheit des Harns und insbesondere auch je nach seiner chemischen Reaktion. Im normalen Harn findet sich die Harnsäure als neutrales harnsaures Natrium, welches leicht in Wasser löslich ist. Beim Stehen setzt sich aus dem sauren Harn ein aus Harnsäure und saurem harnsaurem Natrium bestehendes Sediment ab (früher sog. „saure Harngärung"); es handelt sich hierbei um eine Umsetzung des zweifach sauren Alkaliphosphats mit den Alkaliuraten, wobei saures harnsaures Natrium und freie Harnsäure gebildet werden.

Bei der sog. **alkalischen Harngärung,** welche nach längerem Stehen des entleerten Harns, unter pathologischen Verhältnissen aber schon innerhalb der Blase auftritt, zerfällt der Harnstoff in Kohlensäure und Ammoniak. Dabei bildet die Harnsäure harnsaures Ammoniak und das Ammoniak zum Teil mit Magnesia das Tripelphosphat (s. unten). Die Ursache der alkalischen Harngärung ist in dem Einfluß von Bakterien zu suchen.

Die wichtigsten im Harn vorkommenden Sedimente sind:

1. **Harnsäure,** in Form von Kristallen (Wetzsteinform, Kammform, Tonnenform etc.) kommt im sauren Harn vor. Die Kristalle zeigen eine bräunliche Farbe.

2. **Saures harnsaures Natrium,** der Hauptbestandteil des Sedimentum lateritium (Ziegelmehlsediment), bildet im Harn einen rotgefärbten Niederschlag, der sich in der Wärme leicht löst, ebenso auch bei Zusatz von Kalilauge. Er findet sich im konzentrierten Harn, im stark sauren Harn, bei Fieberzuständen, bei starkem Schweiß etc., entweder erst nach dem Erkalten des Harns, oder indem der letztere schon trüb aus der Blase entleert wird. Das Sediment ist amorph.

3. **Harnsaures Ammoniak,** im alkalisch zersetzten Harn in stechapfelförmigen Kristallen auftretend.

Die eben genannten drei Sedimente geben die Murexidprobe.

4. **Oxalsaurer Kalk** erscheint in Briefkuvertform als kleine Quadratoktaeder. Sie sind löslich in Salzsäure, unlöslich in Essigsäure und kommen im sauren wie im alkalischen Harn vor.

5. **Kohlensaurer Kalk** kommt im menschlichen Harn nur in geringer Menge als Sediment vor und bildet kleine Kugeln oder Biskuitformen, welche bei Zusatz von Säuren unter Gasentwickelung löslich sind.

6. **Phosphorsaurer Kalk** als Kalziumdiphosphat und Kalziumtriphosphat; ersteres, in neutralem oder schwachsaurem Harn vorkommend, bildet farblose, keilförmige am breiten Ende schief abgeschnittene Kristalle, welche einzeln liegend oder zu Drüsen angeordnet gefunden werden; letzteres bildet ein feines, amorphes Pulver und kommt im alkalischen Harn vor.

7. **Phosphorsaure Ammoniakmagnesia (Tripelphosphat)** bildet große, prismatische Kristalle von Sargdeckelform, welche in Essigsäure löslich sind; sie sind (neben dem harnsauren Ammoniak) charakteristisch für den durch alkalische Harngärung zersetzten Harn.

Die Stoffe, welche die Harnsedimente bilden, können auch schon innerhalb der Harnwege aus der Harnflüssigkeit ausgeschieden werden und hier größere oder kleinere feste Körper bilden. Man bezeichnet sie dann als **Konkremente.** Hierher gehören die Konkrementinfarkte der Niere (s. S. 600f.), die Konkrementbildung im Nierenbecken und den Nierenkelchen (Nierensteine, Nephrolithiasis) und die Blasensteine.

Größere Körper bezeichnet man als **Harnsteine,** kleine meist in reichlicher Zahl vorhandene Partikel als **Harngries** oder **Harnsand.** Alle Konkremente haben (wie übrigens auch die kristallisierten Sedimente des Harns) eine Grundlage organischer Substanz, einer Eiweiß-

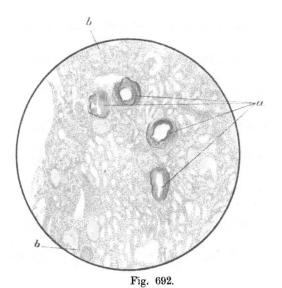

Fig. 692.

Arteriosklerotische Schrumpfniere.

a) Sehr stark arteriosklerotische Gefäße. Das Nierengewebe zeigt atrophische Harnkanälchen, Rundzelleninfiltrationen
und hyaline Glomeruli (*b*). (Färbung auf elastische Fasern nach Weigert.)

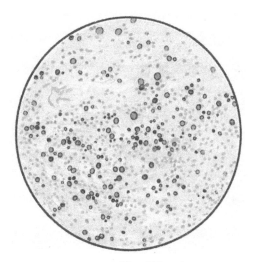

Fig. 693.

Malakoplakie der Blase.

Kerne rot, eisenhaltige eigenartige Gebilde blau; vgl. S. 643. (Nach einem Präparat von Dr. Guttmann.)

substanz, welche von der Wand der Harnwege geliefert und mit den konkrementbildenden Stoffen imprägniert wird. Produkte der Schleimhaut der Blase und des Nierenbeckens, Epithelien, abgestorbene Gewebsfetzen, Blut, Schleim etc. können ebenso wie auch eigentliche Fremdkörper den ersten Angriffspunkt für die Steinbildung abgeben.

Man unterscheidet eine primäre und eine sekundäre Steinbildung. Findet die Entstehung eines Konkrementes und sein weiteres Wachstum in einem unzersetzten Harn statt, so spricht man von **primärer** Steinbildung (primäre Steinbildner sind die **Harnsäure** und die **Urate**); wenn dagegen der Harn in **alkalische Gärung** übergegangen ist, und sich so um einen Fremdkörper oder einen primär gebildeten Stein als Kern weitere Niederschläge anderer Art (harnsaures Ammoniak, Tripelphosphat und andere Phosphate) anlagern, so nennt man dies **sekundäre** Steinbildung. Vielfach, immer aber im letzteren Falle, sind die Harnsteine aus verschiedenen Stoffen zusammengesetzt, und oft zeigen sie eine deutliche konzentrische Schichtung. Endlich kommen auch sog. metamorphosierte Steine zur Beobachtung, welche z. B. dadurch entstehen, daß durch Einwirkung eines alkalischen Harns auf einen primären Stein die ursprünglichen Bestandteile des letzteren zum Teil ausgelaugt und durch sekundäre Steinbildner ersetzt werden. *(Marginalie: Primäre und sekundäre Steinbildung.)*

Die in der Blase vorhandenen Konkremente, die **Blasensteine**, können an Ort und Stelle entstanden oder aus der Niere resp. dem Nierenbecken herabgeschwemmt worden sein und im letzteren Falle sich noch sekundär vergrößern. Ihre Form ist verschieden, rundlich, eiförmig etc. Die aus dem Nierenbecken stammenden Steine sind oft, entsprechend der Form des Beckens oder eines der Nierenkelche, korallenartig ästig gestaltet. Oft kommen auch größere Blasensteine zu mehreren nebeneinander vor. Sie können dann fazettiert sein. *(Marginalie: Blasensteine.)*

Die Steinbildung kann ohne Entzündung der Harnblase auf eine Diathese zu beziehen sein; sie wird begünstigt durch Allgemeinkrankheiten mit Störung des Stoffwechsels, insbesondere durch **harnsaure Diathese**.

Die wichtigsten **Formen der Blasensteine** sind: *(Marginalie: Formen derselben:)*

1. Die **Uratsteine** aus Harnsäure oder ihren Salzen (namentlich Ammoniak- oder Magnesiumsalz) zusammengesetzt. Sie sind sehr hart und schwer, von gelblicher bis brauner Farbe, ihre Oberfläche glatt oder höckerig, die Sägefläche konzentrisch geschichtet; sie geben die **Murexidprobe**. Uratsteine finden sich in saurem Harn. *(Marginalie: 1. Uratsteine.)*

2. **Oxalatsteine**, aus oxalsaurem Kalk bestehend, sind sehr hart, an der Oberfläche meist warzig bis maulbeerförmig, selbst mit stacheligen Fortsätzen versehen, wodurch leicht Blutungen an der Schleimhaut erzeugt werden; dadurch erhalten diese Steine oft einen, von zersetztem Blutfarbstoff herrührenden, dunklen Überzug. *(Marginalie: 2. Oxalatsteine.)*

3. **Phosphatsteine** bestehen aus phosphorsaurem Kalk und phosphorsaurer Ammoniakmagnesia. Sie bilden selten primäre Steine, meistens lagern sie sich, nachdem der Harn alkalisch geworden ist, um einen Uratstein oder Oxalatstein oder um einen Fremdkörper. Diese Konkremente sind lockerer gebaut als die vorigen, mehr brüchig, kreideartig. *(Marginalie: 3. Phosphatsteine.)*

4. Steine aus **kohlensaurem Kalk** (häufig bei Pflanzenfressern). Sie sind kreideartig, von rein weißer Farbe. *(Marginalie: 4. Kalksteine.)*

5. **Zystinsteine**, Oberfläche glatt oder höckerig, von blaßgelber Farbe, kugelig, wachsartig durchscheinend. *(Marginalie: 5. Zystinsteine.)*

6. **Xanthinsteine**, weiß oder bräunlich, auf dem Bruch amorph, nehmen beim Reiben Wachsglanz an; sie kommen nur im alkalischen Harn vor. *(Marginalie: 6. Xanthinsteine.)*

Um reine Steine kann sich durch Auskristallisieren aus dem Harn ein Mantel aus anderen Substanzen ablagern, besonders harnsauren Salzen, Oxalaten, Phosphaten. So entstehen aus den „Kernsteinen" die „Schalensteine" (Aschoff).

Manchmal findet man bei der Sektion große Blasensteine, welche während des Lebens gar keine Symptome verursacht hatten. Die gewöhnliche Folge der Anwesenheit von Blasensteinen ist aber ein **chronischer Blasenkatarrh**, an welchen sich unter Umständen tiefgreifende Ulzerationen und manchmal auch eine Pyelonephritis anschließen kann. Oft verursachen Blasensteine Blutungen aus der Blase (Hämaturie), manchmal auch zeitweise Verlegung des Harnröhreneinganges, so daß sich Erweiterung der Blase, Divertikelbildung und Hypertrophie ihrer Wand anschließen kann. Innerhalb von Divertikeln der Blasenwand gelegene Steine können durch chronische Entzündungsprozesse vollkommen in der Blasenwand eingekapselt und eingeschlossen werden. *(Marginalie: Folgen der Blasensteine.)*

In anderen Fällen liegen von vorneherein entzündliche Zustände vor, welche erst zu den Steinen, die man auch hier in (entzündliche) Kernsteine und Schalensteine einteilen kann, Veranlassung geben. Im Nierenbecken kommen sog. Eiweißsteine zum Teil mit Amyloidreaktion zuweilen auch bei Amyloidose vor. Als Kern können Harnzylinder oder auch Harnsäure- oder Kalziumphosphatkristalle fungieren.

Fremd-
körper. **Fremdkörper** können zufällig, z. B. durch ein Trauma, in die Blase gelangen; in den meisten Fällen sind sie bei Masturbationen in die Harnröhre eingeführt worden und dann in die Blase geschlüpft; es wurden alle möglichen Fremdkörper in der Blase gefunden: Bleistiftstücke, Glasröhren, Haarnadeln etc. Auch Teile von Kathetern kommen gelegentlich in der Blase zur Beobachtung. Soweit nicht durch die Fremdkörper direkt eine Verletzung der Blasenwand stattfindet, können sie in manchen Fällen längere Zeit ohne weitere Folgezustände liegen bleiben; regelmäßig inkrustieren sie sich dann mit Harnsalzen und geben die Grundlage zu Blasensteinen ab. Meist entwickelt sich aber frühzeitig eine mehr oder minder schwere, manchmal phlegmonöse oder jauchige Cystitis.

Über das Schistosomum (Distomum) haematobium s. S. 328, über die Filaria sanguinis s. S. 335.

D. Harn-
röhre.

D. Harnröhre.

Gonorrhöe. Von den Entzündungen der Harnröhre ist weitaus am häufigsten die **gonorrhoische,** der **Tripper,** welcher durch Übertragung des Neißerschen Gonokokkus (S. 310) entsteht. Die Gonorrhöe ruft eine intensive Oberflächeneiterung mit Absonderung eines dicken, grünlichgelben Eiters hervor, welcher manchmal auch Blutbeimengungen enthält. Das Sekret enthält besonders Leukozyten, ferner Endothelien und rote Blutkörperchen. Erstere enthalten zumeist die Gonokokken. Auch das subepitheliale Gewebe der Harnröhre befindet sich im Zustande heftiger entzündlicher Infiltration. Meist ist beim Manne der Tripper auf die Gegend der Fossa navicularis lokalisiert, kann aber in schweren Fällen auf die hinteren Abschnitte der Harnröhre (Urethritis posterior) und die Harnblase selbst, weiter auf die Ductus ejaculatorii, das Vas deferens, den Nebenhoden (Epididymitis) und die Prostata übergreifen und Entzündungen oder sogar Abszeßbildungen an diesen Teilen hervorrufen (s. diese Organe). Zum Teil durch Mischinfektion mit anderen Eiterkokken entstehen die sog. periurethralen Abszesse, welche wieder in die Harnröhre oder in ein Corpus cavernosum durchbrechen können. Auch in periurethralen Gängen (kleine Gewebsmißbildungen) lokalisiert sich die Gonorrhöe gerne. Beim Weibe breitet sich die gonorrhoische Affektion auf Vulva und Vagina aus, Vulvitis und Vaginitis erzeugend. Sodann ergreift sie öfter auch die Schleimhaut des Uterus, — Endometritis gonorrhoica —, ferner besonders häufig die der Tuben — Salpingitis gonorrhoica — und auf die Ovarien aus, woran sich eine eiterige Pelveoperitonitis mit ihren Folgezuständen anschließen kann. Sehr häufig erkranken beim Weibe auch die Bartholinischen Drüsen. Die gonorrhoische Konjunktivitis der Neugeborenen entsteht durch Infektion der Bindehaut beim Durchtritt durch die gonorrhoisch erkrankten Genitalien der Mutter. Im Anschluß an Gonorrhöe kommen auch Fälle von seröser oder eiteriger Arthritis vor; auch Myelitis, Endokarditis und allgemeine Sepsis werden als Nachkrankheiten nach Tripper beobachtet, doch handelt es sich hier nur in seltenen Fällen um die Wirkung der Gonokokken allein, vielmehr kommt die Erkrankung in den meisten Fällen durch Mischinfektion mit anderen Eitererregern zustande.

Chronische
Gonorrhöe. Ein Übergang des akuten Trippers in chronische Gonorrhöe kommt relativ oft zur Beobachtung; die Erkrankung lokalisiert sich dann beim Mann meist auf den hinteren Abschnitt, die Pars membranacea, der Harnröhre (Urethritis posterior). Die Sekretion nimmt dabei ab und wird mehr schleimig, die Gonokokken sind meistens nur noch spärlich und häufig bloß mehr in den sog. „Tripperfäden" aufzufinden. Eine häufige und wichtige Strikturen. Folge chronischer Gonorrhöe sind **Strikturen** der Harnröhre, welche durch Vernarbung von Geschwüren in der Schleimhaut und dem submukösen Gewebe oder heftige indurierende Entzündungen zustande kommen und Harnstauung mit Dilatation und Hypertrophie der Blase, Cystitis, unter Umständen auch Pyelonephritis zur Folge haben können (s. Harnblase). Über den Narben wandelt sich das Epithel der Harnröhre zuweilen in verhornendes Plattenepithel um. (Über die Folgen der chronischen Gonorrhöe beim Weibe s. Kap. VIII.) Über Gonorrhöe vgl. auch das letzte Kapitel.

Nicht gonorrhoische Entzündungen der Harnröhre findet man besonders hie und da im Anschluß an entzündliche Prozesse der Umgebung (Vagina) oder symptomatisch im Verlauf von allgemeinen Infektionskrankheiten. Sonstige Entzündungen.

Außerdem sind von Erkrankungen der Harnröhre zu nennen der syphilitische Primäraffekt, ferner das Ulcus molle, selten kommen Tuberkulose, Lupus oder Gummen vor. Papillome (s. S. 208) entstehen durch den Reiz des Trippersekrets auf die Schleimhaut, besonders am Übergang in die äußere Haut. Karzinome sind sehr selten. Infektions-granula-tionen und Tumoren.

Verengerung der Urethra kommt außer durch die bereits genannten gonorrhoischen Strikturen durch Narben infolge periurethraler Abszesse oder durch Verletzungen zustande; auch tritt sie nach harten und weichen Schankern auf. Häufig kommt sie auch durch Hypertrophie der Prostata zustande. An die Verengerung schließen sich Harnstauung und ihre Folgezustände in der Blase an. Ver-engerung.

Verletzungen der Harnröhre kommen am häufigsten durch eingeführte Fremdkörper und durch Katheterisieren zustande („falsche Wege") und sitzen im letzteren Falle meistens im hinteren Teil der Harnröhre; ferner entstehen sie öfters bei Geburten, und zwar spontan oder durch operative Eingriffe; in solchen Fällen geht die Kontinuitätstrennung meistens aus einer Drucknekrose hervor. Seltener sind Verwundungen der Harnröhre oder Verletzungen durch Beckenfrakturen. Als Folge aller dieser Tumoren kommt es zu Harninfiltration und Eiterung der Umgebung bis weit auf den Oberschenkel hinab und evtl. selbst zu Durchbruch nach außen (Harnfistel) und Narbenbildung mit nachfolgender Striktur der Harnröhre. Ver-letzungen.

Urethralsteine bilden sich besonders hinter Strikturen oder stammen aus der Blase etc. Sie bestehen aus Phosphaten oder Uraten.

Die Cowperschen Drüsen zeigen hie und da Schwellung, unter Umständen sogar Vereiterung im Anschluß an Entzündungen der Urethra (Gonorrhöe); auch eine chronische Entzündung mit Induration kommt an ihnen vor. Karzinome sind selten. Verände-rungen der Cowper-schen Drüsen.

Kapitel VI.

Erkrankungen des Nervensystems. Nerven-system.

Die Anatomie des Nervensystems kann hier nicht besprochen werden. Nur kurz sollen einige, zum Verständnis seiner Pathologie besonders wichtige Punkte rekapituliert werden. Normale Anatomie.

Das Großhirn läßt sich seiner Entwickelung nach und der vergleichenden Anatomie entsprechend in sechs Schichten teilen (Brodmann). Die äußerste Zone ist die sog. tangentiale Randzone. Sie enthält fast nur tangentiale, parallel verlaufende Fasern, die zum Teil markhaltig sind. Im erwachsenen Gehirn folgt die Schicht der kleinen, sodann die der mittelgroßen und endlich die der großen Pyramidenzellen, welche ihrer Form diese Bezeichnung verdanken. Ihr stärkster Fortsatz zieht als Spitzenfortsatz (Apikaldendrit) in der Richtung nach der Gehirnoberfläche zu. Die nächstfolgende Schicht enthält kleinere und mehr unregelmäßig und länglich gestaltete Ganglienzellen. Hier liegen in der Gegend der vorderen Zentralwindung besonders große Zellen, die sog. Beetzschen Riesenzellen, welche zum Teil von Pyramidenform, zum Teil multiform sind. Diese ganze Schichten enthalten zudem ein dichtes Fasernetz markloser Nervenfasern, meist Dendriten der Ganglienzellen. Ferner fallen tangential verlaufende Fasern auf (also parallel der oben genannten sog. tangentialen Randzone), der sog. Kaes-Bechterewsche Streifen, besonders kräftig entwickelt im Frontalhirn als Gennarischer Streif. Diese treten schon im Markscheidenbild hervor, sind also, aber nur zum Teil, markscheidenhaltig. Außerdem enthalten die beschriebenen Schichten auch von der Tiefe nach der Oberfläche zu ziehende „Radiärfaserbündel". Diese setzen sich zusammen aus den markscheidenhaltigen, aus der weißen Großhirn.

Substanz in die graue einstrahlenden sog. „Markstrahlen", denen sich einzeln die obengenannten Apikaldendriten der Pyramidenzellen (nackte Achsenzylinder) zugesellen. Das ganze beschriebene Gebiet stellt die graue Rinde, die graue Substanz, dar; sie besteht somit aus wenigen markscheidenhaltigen, zahlreichen marklosen Nervenfasern sowie Ganglienzellen. Es schließt sich daran die weiße Substanz an, welche fast nur aus markscheidenhaltigen Fasern besteht. Beide Substanzen haben ferner als Stützsubstanz Glia, sowie Gefäße mit Bindegewebe herum. Die Gliafasern stammen von den Gliazellen, Zellen epithelialer Anlage, sind aber von ihnen in fertigem Zustande meist völlig differenziert und hängen so nicht direkt mit den Zellen zusammen.

Kleinhirn.   Im **Kleinhirn** unterscheidet man an der grauen Rinde vor allem drei Schichten: von oben nach unten die Molekularschicht mit multipolaren Korbzellen, sodann die Schicht der Purkinjeschen

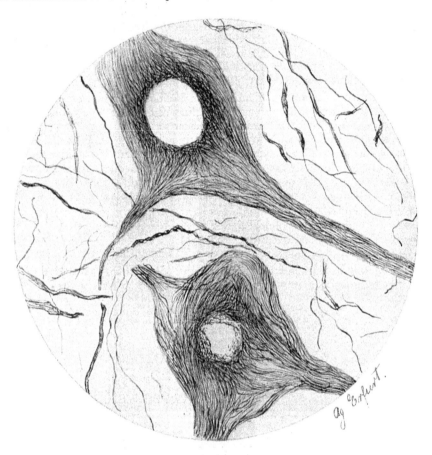

Fig. 694.

Motorische Vorderhornzelle mit Darstellung der Fibrillen (Silberimprägnation nach Bielschowsky) ($\frac{1500}{1}$).

Das Zellprotoplasma wie die Fortsätze zeigen durchlaufende glatte Fibrillen ohne Netzbildung. Um den hellen Kern liegen die Fibrillen etwas dichter (perinukleäre Verdichtungszone).

Zellen, besonders großer Zellen, welche von Kollateralen der Korbzellen umsponnen werden, und deren Dendrit nach oben, der Nervenfortsatz nach unten zieht, und endlich die Körnerschicht, bestehend aus kleineren multipolaren Ganglienzellen und einem dichten Geflecht markloser Achsenzylinder. Diese Schicht grenzt an die weiße Substanz.

Rücken-   Im **Rückenmark** liegt die graue Substanz zentral, bildet vor allem die Vorder-, Hinter- und Seiten-
mark.   hörner. Außen herum liegt die weiße Substanz in Form der Vorder-, Seiten- und Hinterstränge. Die graue Substanz weist auch hier Ganglienzellen und Nervenfasern auf. Diejenigen der vorderen Hörner sind motorisch; ihre Achsenzylinder werden zu den vorderen Wurzeln und verlassen als motorische Nerven das Rückenmark. Die Ganglienzellen der Hinterhörner stehen in Beziehungen zu den sensiblen hinteren Wurzeln. Die Clarkesche Säule wäre noch zu erwähnen, eine Gruppe von Ganglienzellen, welche an der Basis der Hinterhörner liegt.

Die weiße Substanz besteht besonders aus längsverlaufenden markhaltigen Nervenfasern, welche zu bestimmten **Strangsystemen** angeordnet sind. Von diesen Strangbahnen sind besonders zu erwähnen im Vorderstrang die **Pyramidenvorderstrangbahn**, im Seitenstrang die **Pyramidenseitenstrangbahn**, der **Kleinhirnseitenstrang**, das **Gowersche Bündel**, die **Grenzschicht der grauen Substanz**, die vordere gemischte Seitenstrangzone und das **Grundbündel**. Die Hinterstränge zeigen außen den Funiculus cuneatus oder **Burdachschen** Strang, medial den Funiculus gracilis oder **Gollschen** Strang. Genaueres über die wichtigsten Bahnen siehe S. 655 ff. Auch im Rückenmark bildet **Glia** die Stützsubstanz. Sie ist besonders dicht um den Zentralkanal gelagert als **Substantia gelatinosa centralis** (im Gegensatz zur **Rolandoschen** Substantia gelatinosa, einer Gliasammlung an den Hinterhörnern). Der Zentralkanal des Rückenmarkes und die Ventrikel des Gehirnes werden direkt begrenzt vom **Ependym**.

In der **Medulla oblongata** finden sich Ganglienzellenherde, besonders in den sog. Kernen, von denen ein Teil den meisten Hirnnerven zum Ursprung dient.

Die **peripheren Nervenfasern** zeigen median den Achsenzylinder, evtl. um diesen herum, soweit es sich um markhaltige Nervenfasern handelt, die Markscheide aus Myelin bestehend und außen herum die früher als bindegewebig betrachtete **Schwannsche** Scheide, die jetzt als epithelialen Ursprungs gilt. Größere Nerven sind aus einer Reihe solcher Fasern zusammengesetzt. Um das Nervenbündel liegt das bindegewebige **Perineurium**. Das **Endoneurium**-Bindegewebe bildet bindegewebige Septa, welche bis um die einzelnen Nervenfasern verlaufend eindringen. Diese bindegewebigen Scheiden tragen die Gefäße.

Zu erwähnen sind noch kurz einzelne **Hauptzentren**, wie sie im Gehirn lokalisiert sind. Das **Geruchszentrum** liegt an der unteren Großhirnfläche, das **Sehzentrum** im Hinterhirn, besonders im **Cuneus** und an der **Fissura calcarina**, das **Gehörzentrum** in der ersten Schläfenwindung, das **Gefühlszentrum** in der Gegend der Zentralwindung. Die linke dritte Stirnwindung, sog. **Brocasche** Windung, stellt das **motorische Zentrum für die Sprache** dar. Das **sensorielle Wortverständnis** liegt im hinteren Drittel der oberen Temporalwindung. Das **Kleinhirn** ist wichtig für die **Koordination der Bewegungen**. Besonders wichtig ist noch die **Medulla oblongata** als **Zentrum von Atmung und Herztätigkeit**. Alle diese Zentren sind von Bedeutung, da Erkrankungen verschiedener Art (s. unten) in ihrem Bereich Ausfallerscheinungen zur Folge haben müssen, welche der Art des betreffenden Zentrums entsprechen. Bis zu einem gewissen Grade können unter solchen Bedingungen öfters andere Bezirke funktionell vikariierend eintreten.

Die Achsenzylinder, bzw. Nervenfasern des Zentralnervensystems, setzen sich zusammen aus feinsten **Neurofibrillen**, welche mit ebensolchen in den Ganglienzellen in direktem Zusammenhang stehen. In den **Ganglienzellen** findet sich ein bläschenförmiger zentraler Kern, meist hell gefärbt mit dunklem zentralen Kernkörperchen. Hingegen färbt sich das Protoplasma dunkel und weist nach bestimmter Färbung mit Methylenblau etc. sehr zahlreiche Klümpchen, die nach **Nißl** als **Nißlsche Körperchen** benannt werden, auf. Zwischen diesen — gewissermaßen ihr Negativ darstellend — ziehen zahlreiche **Neurofibrillen** durch die Ganglienzelle. Die motorischen Pyramiden-Vorderhorn- und viele andere Zellen zeigen hierbei längsverlaufende, oft gewellte Neurofibrillen, welche **ohne Netze zu bilden**, durch die Zellen hindurch von einem Fortsatz in den anderen ziehen. In anderen Zellen bilden diese Neurofibrillen Netze; endlich gibt es gemischte Zellen, in denen ein Teil der Neurofibrillen den zuerst, ein anderer den zuletzt beschriebenen Verlauf aufweist. Zahlreiche Ganglienzellen zeigen, besonders im Alter, **Pigment**, das ein **Lipofuszin** **(Lipochrom)** (s. S. 75) darstellt.

Der Zusammenhang der einzelnen Nerventeile wurde 1891 in der sog. **Neurontheorie** von **Waldeyer** in der Weise angenommen, daß die Ganglienzellen mit ihren Dendriten und Achsenzylindern je ein Neuron darstellten, welches also dem Äquivalent einer Zelleinheit entspräche, und daß die einzelnen Neuronen nur durch Kontakt zusammenhingen. Neuere Untersuchungen haben diese Lehre zunächst genetisch und überhaupt anatomisch angegriffen. Innerhalb und zwischen den einzelnen Zellterritorien besteht nach diesen doch Kontinuität. Das leitende Element stellen die Neurofibrillen dar; sie beanspruchen größere Selbständigkeit und ziehen oftmals glatt durch die Ganglienzellen hindurch. Als gestürzt ist die Neurontheorie aber nicht zu betrachten und physiologisch kann sie auf jeden Fall ihre Bedeutung behalten, indem die Ganglienzellen eine Art Zentrum für Reflexe, für Ernährung etc. der Nervenfasern darstellen.

A. Zentralnervensystem.

a) Angeborene Anomalien.

Von den folgenden Darlegungen beziehen sich einige auch auf die allgemeinen Verhältnisse der peripheren Nerven. Die besonderen Erkrankungen dieser werden noch unter D erörtert werden.

Über die hochgradigsten Formen von Mißbildung des Nervensystems, wie sie bei schweren Mißbildungen des Schädels und der Wirbelsäule (Kranioschisis und Rhachischisis) vorkommen, über **Anencephalie** und **Akranie** (Hemicephalie und Hemikranie), **Amyelie** etc. wurde bereits das Wichtigste mitgeteilt. Soweit es sich um hernienartige Vorstülpungen von Schädelinhalt oder Inhalt des Wirbelkanals handelt (**Hydromeningocele** oder **Encephalocele**, resp. **Myelocele**), kann die Ursache der Vorstülpung in Flüssigkeitsansammlung innerhalb der vortretenden Teile oder auch darin zu suchen sein, daß dieselben durch Verwachsungen mit dem Amnion passiv hervorgezerrt werden. Meistens besteht in

(margin notes:)
Strangsysteme.

Periphere Nerven.

Hauptzentren.

Mikroskopischer Bau der Nervenfasern und Ganglienzellen.

Neurontheorie.

A. Zentralnervensystem.

a) Angeborene Anomalien.

Hernienartige Vorstülpungen.

solchen Fällen auch eine Lücke in der Dura, so daß der vorliegende Sack nur von der äußeren Haut bedeckt ist, oder es fehlt im Bereiche der Verwölbung auch diese, so daß der Sack frei zutage tritt (Adermie).

Die genannten Vorlagerungen kommen an verschiedenen Stellen vor; am Hinterkopf, der Nasenwurzel, den Seitenteilen des Schädels, an der Schädelbasis, von welch letzterer aus eine Vorstülpung in die Nasenrachenhöhle oder die Orbitalhöhle oder die Fossa spheno-palatina stattfinden kann. An der Wirbelsäule finden sich analoge Veränderungen, besonders am Sakralteil und am Halsteil (vgl. Spina bifida S. 280).

Von den einzelnen Formen sei hier noch folgendes angeführt:

Einzelne Formen:
1. Hydromeningozele.

1. **Hydromeningozele:** Der Sack, welcher durch den Defekt im Knochen hindurchtritt, besteht aus den weichen Häuten, welche durch Flüssigkeitsansammlung im Subarachnoidealraum ausgedehnt sind; Hirn- und Rückenmarksubstanz beteiligen sich nicht an der Bildung der Hernie. Am Rückenmark kann auch die Dura geschlossen sein und den Sack überziehen.

2. Enzephalozele und Myelozele.

2. Fällt Hirn- oder Rückenmarksubstanz vor, so spricht man von **Enzephalozele** resp. **Myelozele**; dabei liegt der prolabierte Teil von Hirn- oder Rückenmark innerhalb des von den weichen Häuten gebildeten Sackes, resp. das Rückenmark bildet in letzteren hinein eine schleifenförmige Ausbiegung. In den meisten Fällen von Prolaps von Hirn- oder Rückenmarksubstanz besteht ein Hydrops im Lumen der Gehirnblasen (Ventrikel) oder des Zentralkanals; die Wand des Sackes wird von Hirnsubstanz resp. Rückenmarksubstanz selbst gebildet. Diese Fälle heißen **Hydrozephalozele** resp. **Hydromyelozele.** Es ist also gleichsam die Wand eines Hydrozephalus oder Hydromyelus hernienartig vorgestülpt; oft ist die prolabierende Hirn- oder Rückenmarksubstanz hochgradig rudimentär und bildet dann bloß eine dünne, der Innenfläche des Sackes aufliegende Platte, welche Blutgefäße und einzelne Nervenelemente enthält (Area vasculosa).

3. Myelomeningozele.

3. **Myelomeningozele:** am Rückenmark kommt noch ein weiterer Grad von Mißbildung in folgender Weise zustande: In den oben genannten Fällen von partieller Rhachischisis (S. 282), bei welchen an Stelle des Rückenmarks bloß eine Area medullovasculosa der dorsalen Fläche den ebenfalls offenen, flach vorliegenden Meningen aufliegt, kann es zu einer Flüssigkeitsansammlung zwischen Dura und Arachnoidea oder dieser und der Pia kommen; dadurch werden die weichen Häute mit dem von ihnen getragenen Rückenmarksrudiment nach außen vorgestülpt; der von den weichen Häuten gebildete Sack trägt dann an seiner Außenfläche das Rückenmarksrudiment; da bei dieser Form der partiellen Rhachischisis der Zentralkanal der oben und unten besser ausgebildeten Rückenmarksteile sich gegen die Dorsalfläche der Area medullo-vasculosa öffnet (eben durch den fehlenden Schluß der Medullarplatte ist ja diese offene Partie an jener Stelle entstanden), so gelangt man von der Außenfläche des Sackes direkt in den geschlossenen Zentralkanal der besser ausgebildeten Teile.

Hypoplasie des Gehirns und prämature Synostose des Schädels.

Ein Teil der Entwickelungsstörungen des Gehirns hängt in anderer Weise mit krankhaften Prozessen am knöchernen Schädel zusammen, so nämlich, daß infolge einer prämaturen Synostose der Schädelknochen der Binnenraum des Schädels zu klein bleibt (Mikrozephalie, vgl. Kap. V), und infolgedessen auch das Gehirn sich nicht in normalem Maße vergrößern kann; es entsteht also eine, durch mechanische Momente bedingte Hypoplasie des ganzen Gehirns oder, wenn die Störung im Knochenwachstum nur einen Teil des Schädels betraf, einzelner seiner Teile. In wieder anderen Fällen beruhen derartige fehlerhafte Ausbildungen des Gehirns auf innerer Bildungshemmung, für welche wir eine Ursache nicht nachweisen können; endlich können auch fötale Erkrankungen des Gehirns, Erweichungen, Blutungen oder mangelhafte Ausbildung des Blutgefäßsystems die Ursache der Hypoplasie sein.

Mikrenzephalie.

Von einzelnen Formen, in welchen angeborene Anomalien des Nervensystems auftreten, seien ferner genannt die Makrozephalie (sehr selten), **Mikrenzephalie,** abnorme Kleinheit des Schädels und Gehirns, bzw. **Mikrozephalie,** abnorme Kleinheit des letzteren, meist verbunden mit Unregelmäßigkeiten, besonders Vereinfachung der Gyri. Diese Mißbildung ist durch fehlerhafte erste Anlage bedingt, oft findet sich Hydrozephalus dabei. Die Mikrozephalen sind meistens Idioten. Ferner gehört hierher die Mikrogyrie, bei

Mikrogyrie etc.

der alle Windungen einer Hemisphäre besonders schmal sind und die Hypoplasie oder Agenesie einzelner Lappen oder Windungen, so das Fehlen des Kleinhirns oder der partielle oder totale Balkenmangel. Auch dieser ist oft mit Idiotie verbunden, ferner mit Zyklopie, gröberen Defekten des Großhirns etc. Über Hydrozephalus s. unten und Kap. V.

Porenzephalie.

Unter **Porenzephalie** versteht man oberflächliche, nur die Rinde betreffende, oder tiefe, manchmal bis in die Ventrikel reichende, oft trichterförmige Defekte von Hirnsubstanz, welche mit Serum gefüllt und von der Arachnoidea überspannt sind. Außer durch Bildungsanomalien können ähnliche Formen auch durch Zerstörung von Hirnteilen infolge von Erweichungen oder Blutungen, Thrombose oder Embolie während des fötalen Lebens und auch noch später zustande kommen.

Verschiedene der bisher erwähnten Bildungsanomalien des Gehirns finden sich bei den als Idiotie und Kretinismus bekannten Krankheitszuständen, sowie auch manchmal bei Psychosen, doch gehören keineswegs bestimmte Formen derselben bestimmten Krankheitsbildern an.

Mikromyelie und dgl.

Am Rückenmark findet sich außer den schon oben beschriebenen Mißbildungen ebenfalls allgemeine Hypoplasie, **Mikromyelie,** welche oft mit solcher des Gehirns zusammenhängt; ferner können auch einzelne Teile des Rückenmarks, z. B. einzelne Wurzeln fehlen; eine besondere Bedeutung besitzt die hyoplastische Anlage einzelner Systeme und Leitungsbahnen, welche eine Disposition für spätere Erkrankungen dieser mit sich zu bringen scheint.

Beschrieben sind ferner angeborene **Asymmetrie** des Rückenmarks, **Verdoppelung** desselben, **Heterotopie**, d. h. Verlagerung von Teilen der weißen Substanz in die graue und umgekehrt etc. Indessen handelt es sich in den meisten Fällen dieser Art, wie sie bei Sektionen gefunden werden, um Kunstprodukte, welche bei der Herausnahme des Rückenmarks aus dem Wirbelkanal durch mechanische Schädigung entstanden sind.

Eine wichtige angeboren vorkommende Anomalie des Rückenmarks ist dagegen der **Hydromyelus** (s. unten).

b) Regressive Prozesse.

Die **Nekrobiose der Nervenfasern** beginnt meist damit, daß die Achsenzylinder stellenweise dicke, kolbige Anschwellungen erleiden und dann sich zu unregelmäßigen Teilstücken segmentieren, welche zum Teil zu kleineren Partikeln zerfallen, zum Teil sich retrahieren und spiralig aufrollen (Fig. 699); sehr bald kommt es auch zu Zerklüftung und Zerfall der Markscheiden, wobei sich sog. Myelinkörper, ovale oder rundliche, doppelt konturierte, unregelmäßig gezeichnete Körper bilden, welche zum Teil von den Achsenzylindern abfallen, zum Teil auch Segmente von solchen einschließen. Im Verlauf weniger Tage erleidet

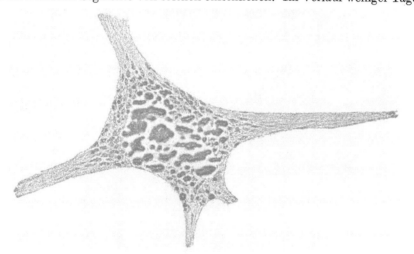

Fig. 695.
Vorderhornzelle aus dem menschlichen Rückenmark.
(Färbung mit Neutralrot.)

das Myelin der Markscheide dabei eine chemische Umwandlung, wobei **Fett oder fettähnliche Produkte** gebildet werden. Diese fettigen Zerfallsprodukte der Markscheide kann man mit Osmiumsäure isoliert schwarz färben, wenn man zudem mit Chromsalzen beizt, welche verhindern, daß sich die normale Markscheide (fettähnliche Substanz) auch mitschwärzt (**Marchische Methode**). Schließlich entsteht hauptsächlich aus Fett gebildeter, **körniger Detritus**, welcher längere Zeit an Stelle der zugrunde gegangenen Nervenelemente liegen bleibt und langsam resorbiert wird; zum Teil erfolgt die Resorption durch Wanderzellen, größtenteils aber direkt durch die Lymphe. Als Phagozyten fungieren hierbei nur in geringem Maße die zuerst auftretenden polynukleären Leukozyten; vielmehr nehmen das aus den zerfallenen Markscheiden entstandene Fett vor allem wanderfähige Gliazellen, ferner Zellen bindegewebiger Abkunft auf, und diese Phagozyten stellen die diagnostisch sehr wichtigen „**Körnchenzellen**" oder „**Körnchenkugeln**" dar. An Stelle der zugrunde gegangenen Nervenfasern bestehen dann zunächst Lücken, um welche die Glia wuchert; später sinken sie zusammen und werden meist vollständig durch eine reparatorische Wucherung der Glia, zunächst der Gliazellen, später der Fasern, ausgefüllt. Hieran kann sich auch das Bindegewebe von den Gefäßen aus beteiligen, oder aber es ist diese Ersatzwucherung der Glia und des Bindegewebes keine vollständige. Sie bilden dann nur eine Kapsel um eine Höhle, eine Zyste. An den reparatorischen Prozessen beteiligt sich also das spezifische Nervensystem im Zentralnervensystem fast gar nicht. Es ist unsicher, ob eine Regeneration der Nervenzellen und Nervenfasern in erheblicherem Maße überhaupt vorkommt. Doch soll betont werden, daß in vielen Degenerationszuständen der Nervensubstanz die Markscheide zuerst zerfällt, während sich der Achsenzylinder noch lange oder dauernd relativ intakt erhalten kann, so daß in den betreffenden Gebieten noch markscheidenfreie Achsenzylinder gelegen sein können. Solange noch fettige Zerfallsprodukte in größerer Menge innerhalb der erkrankten Partien vorhanden sind, treten die letzteren schon für das bloße Auge durch einen mehr oder weniger ausgesprochenen gelben Farbenton gegenüber weißen, normalen Teilen der Markmasse hervor; mit der allmählich erfolgenden Resorption der Zerfallsprodukte und der Zunahme des Gliagewebes (vgl. Fig. 715, S. 664) wandelt sich die Farbe der entarteten Partien, die auch an Volumen verlieren, an Konsistenz aber erheblich zunehmen, mehr und mehr in einen grauen Farbenton um. Man bezeichnet

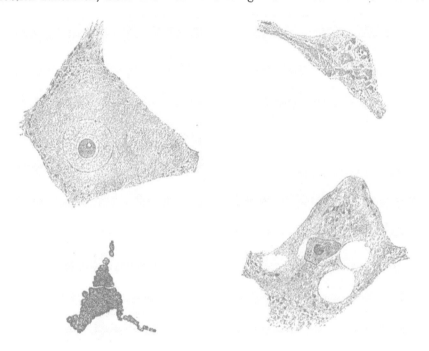

Fig. 696.
Degeneration von Ganglienzellen.

Graue De-	den ganzen Prozeß als **Sklerose** oder auch als **graue Degeneration.** Es ist dies also eine Atrophie,
generation	in die der Prozeß seinen Ausgang nimmt.
(Sklerose).

Degenera-		Zu erwähnen sind noch die Degenerationen der Ganglienzellen. Diese besitzen
tion der	ja feinste Neurofibrillen, welche zum großen Teil, besonders in den motorischen Zellen des
Ganglien-	Zentralnervensystems, glatt durch die Ganglienzellen hindurchlaufen von einem Fortsatz
zellen.		in den anderen und so die Verbindung der Ganglienzellen mit den die gleichen Neurofibrillen enthaltenden Nervenfasern darstellen. In anderen Ganglienzellen bilden die Neurofibrillen Netze (s. oben). Bei der Degeneration der Ganglienzellen sieht man morphologisch die Neurofibrillen aufquellen und verschmelzen, dann zu unregelmäßigen Klumpen zerfallen; der übrige Teil des Protoplasmas wird dann hell und verliert seine Nißlschen Körperchen (Tigroidschollen), welche sich verklumpen können und zerfallen und so entweder dem Gesamtprotoplasma eine diffuse Farbfähigkeit verleihen oder ganz aufgelöst werden (Tigrolyse). Das Protoplasma kann sich auch verflüssigen; so treten oft große

Vakuolen auf. Ferner findet sich eine starke Pigmentanhäufung (Lipochrom) in den degenerierten Ganglienzellen, zuweilen auch eine Verkalkung. Schon von Beginn an ändert der Kern oft sein Verhalten, wird besonders dunkel tingierbar; zum Schluß wird er aufgelöst und die ganze Ganglienzelle zerfällt.

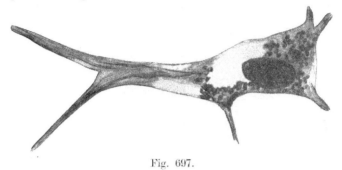

Fig. 697.

Fig. 697.

Vollständig atrophische Pyramidenzelle ($\frac{1500}{1}$).

Verklumpte Neurofibrillen nur noch in den Fortsätzen vorhanden, im Zellprotoplasma sind dieselben gänzlich zu schwarzen Massen zerfallen. Die ganz hellen Stellen bedeuten Vakuolen. Der Kern ist dunkel gefärbt (Silberimprägnation nach Bielschowsky).

Das Schlußresultat des ganzen Vorganges kann eine Atrophie der Zelle mit Verlust ihrer Fortsätze oder ihr völliger Schwund sein. An den Schwund der Ganglienzellen schließt sich eine Degeneration der von ihnen ausgehenden Fortsätze und Nervenfasern, im Gefolge auch meist eine entsprechende Wucherung des Gliagewebes an, so daß hier auch in den degenerierenden Partien der grauen Substanz eine sklerotische Verdichtung des Gewebes zustande kommt.

Es ist dies die gewöhnliche Form der Nekrobiose im Nervensystem. Sie kommt in sehr typischer Weise auch bei den sog. **sekundären Degenerationen** vor; diese betreffen sehr häufig geschlossene Bündel funktionell zusammengehöriger Fasern, sog. Leitungsbahnen. Wir können uns das Zustandekommen dieser sekundären Degenerationen folgendermaßen klar machen: Alle Leitungsbahnen nehmen ihren Ursprung von der grauen Substanz, deren charakteristischer Bestandteil von den Ganglienzellen repräsentiert wird. Jede Ganglienzelle besitzt Ausläufer, deren einer in eine Nervenfaser übergeht. Sei es nun, daß man den gesamten Komplex der Ganglienzelle mit ihren sämtlichen Ausläufern und den mit ihnen in Zusammenhang stehenden Nervenfasern als eine Einheit betrachtet, deren Mittelpunkt die Nervenzelle selbst darstellt (man hat das ganze System als Neuron, s. oben bezeichnet), sei es,

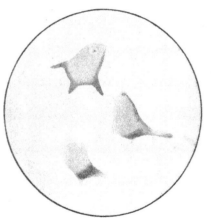

Sekundäre Degenerationen.

Fig. 698.

Starke Pigment-Anhäufung in Ganglienzellen. Fetthaltiges Pigment (Lipochrom) mit Osmiumsäure geschwärzt.

daß man den Fasern eine größere selbständige Bedeutung zuspricht, indem sie ja selbst wieder aus feinsten Primitivfibrillen zusammengesetzt sind, welche auch glatt durch die Ganglienzellen hindurchtreten und durch diese wieder mit anderen Zellen in Verbindung stehen (Neurofibrillen), jedenfalls besitzt die Nervenzelle einen, die Lebensfähigkeit und die Ernährung der Fasern beherrschenden Einfluß. Geht die Zelle zugrunde, so erleiden damit auch sämtliche von ihr ausgehenden Fortsätze und auch die mit ihr in Verbindung stehenden Nervenfasern eine Nekrobiose; wird eine Nervenfaser auf irgend eine Weise unterbrochen, so ist ein Teil der Fasern von der zugehörigen Ganglienzelle getrennt und dem trophischen Einfluß der letzteren entzogen; wenigstens dieser Teil verändert sich dann stark regressiv. Man bezeichnet diese Tatsache als das „**Wallersche Gesetz**".

Auch in einer der Wallerschen zentrifugalen Leitung entgegengesetzten Richtung, also in zentripetaler, kann der Rest der Nervenfaser nebst ihrem Ursprung aus der Ganglien-

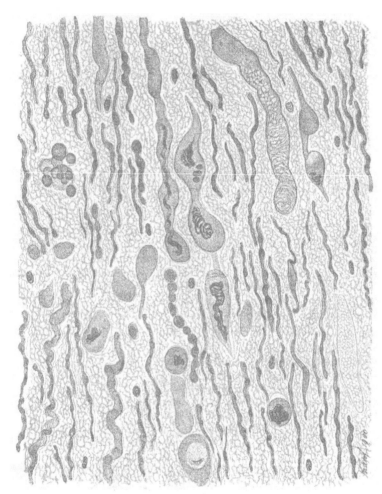

Fig. 699.

Wallersche Degeneration aus dem Rückenmark eines Kaninchens, 6 Tage nach Durchschneidung des Rückenmarks. Längsschnitt aus dem Hinterstrang ($\frac{1}{350}$). (Färbung nach van Gieson.)

Die Nervenfasern sind zum Teil stark gequollen; an manchen die Achsenzylinder zerrissen, die Teilstücke spiralig gewunden, zum Teil aufgerollt; in der (gelb gefärbten) Glia freie Myelinkugeln.

zelle und letztere selbst degenerieren; man spricht dann von retrograder Degeneration (Guddensche Atrophie) (s. unten).

Diese Gesetze beherrschen das Feld, vor allem die Wallersche Degeneration, wenn wir besonders die großen nervösen Leitungsbahnen des Gehirns und Rückenmarks in Betracht ziehen. Hier können wir bei den degenerativen Erkrankungen

     I. Sekundäre Strangdegenerationen der Leitungsbahnen,

     II. Primäre Systemerkrankungen

unterscheiden.

I. Die sekundären Strangdegenerationen der Leitungsbahnen.

1. Motorisches System (zentrifugale Bahnen). Die Zentren für die willkürliche Bewegung liegen in der grauen Rinde des Großhirns, namentlich in den Zentralwindungen; von den hier gelegenen pyramidenförmigen Ganglienzellen nimmt die sog. cortico-muskuläre Leitungsbahn ihren Ursprung. Wir müssen bei dieser die Fasern für das Rückenmark mit der Endigung in den peripheren motorischen Nerven und die Fasern für die motorischen Hirnnerven unterscheiden. Die Fasern für die peripheren motorischen Nerven, welche die sog. Pyramidenbahnen bilden, ziehen (Fig. 700 u. 705), von der Hirnrinde nach unten zu konvergierend und sich zu einem Bündel vereinigend, durch die Capsula interna, den Hirnschenkelfuß und die Brücke in die Medulla oblongata, wo sie die schon äußerlich sichtbaren Pyramiden bilden und in der Pyramidenkreuzung größtenteils an die andere Seite des Rückenmarkes treten; hier ziehen diese gekreuzten Fasern herab, die **Pyramidenseitenstrangbahn** bildend (Fig. 700, 701 704). Aus der letzteren treten Fasern zu den Ganglienzellen der Vorderhörner des Rückenmarkes. Ein kleiner Teil der Pyramidenfasern bleibt in der Medulla oblongata ungekreuzt und zieht als **Pyramidenvorderstrangbahn** an der Seite des Sulcus anterior des Rückenmarkes herab, um dann ebenfalls Fasern in das Vorderhorn hinein abzugeben. Die bezeichneten Gebiete der motorischen Leitungsbahnen haben ihr trophisches Zentrum in den motorischen Ganglienzellen der Hirnrinde und werden (im Sinne einer trophischen Einheit) als zentrales motorisches Neuron bezeichnet. Die in den Vorderhörnern des Rückenmarkes sich auffasernden Enden dieses Neurons stehen durch feinste Primitivfibrillen (Neurofibrillen) (S. 649) mit den Ausläufern der motorischen Ganglienzellen der Vorderhörner in Verbindung; von diesen Ganglienzellen gehen Fasern in die vorderen Wurzeln des Rückenmarkes und von da in die peripheren Nerven und zu den Muskeln; mit der Ausbreitung der motorischen Nerven in die Endplatte des Muskels endigt das zweite, das periphere motorische Neuron.

Unter Berücksichtigung der oben mitgeteilten Tatsache, daß mit

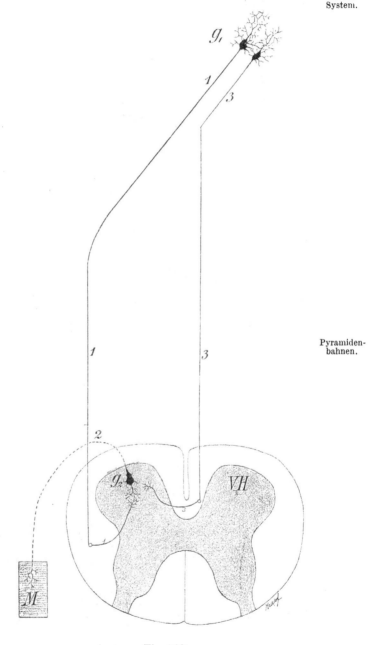

Fig. 700.

Schema der motorischen Bahnen.

g_1 Ganglienzelle in der Hirnrinde, g_2 im Vorderhorn. 1. Pyramidenseitenstrangbahn. 2. Motorische Faser der vorderen Wurzel und des peripheren Nerven. M Muskel. 3. Pyramidenvorderstrangbahn.

der Ganglienzelle stets das gesamte Neuron, nach Unterbrechung einer Faser aber jener Teil des Neurons zugrunde geht, welcher von seiner Ursprungszelle getrennt ist (Wallersches Gesetz s.

Ihre sekun-
dären
Degenera-
tionen.

oben S. 654), können wir für die Pyramidenbahnen folgende sekundäre Degenerationen aufstellen: 1. Nach Läsion der motorischen Rindenregion degenerieren die von den zerstörten Partien ausgehenden Faserbahnen ihrer ganzen Länge nach

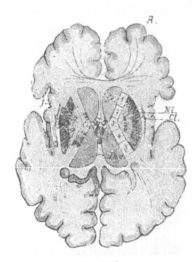

Fig. 701.

Horizontalschnitt durch das Gehirn.

Nc Nucleus caudatus, *Nl* Nucl. lentiformis, *Tho* Thalamus opticus, *Cl* Claustrum, *Ci* Capsula interna; in letzterer die folgenden Bahnen: 1 Bahn zum Sehhügel, 2 frontale Brückenbahn, 3 Bahn der motorischen Hirnnerven, 4 Pyramidenbahn, 5 sensible Bahnen (schematisiert nach Edinger und Obersteiner).

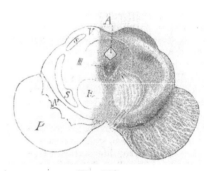

Fig. 703.

Vierhügel und Hirnschenkel.

A Aquaeductus Sylvii, *V* Vierhügel, *III* Oculomotoriuskern, *R* roter Kern, *S* Schleife, *s* obere Schleife, *N* Subst. nigra. *P* Fuß des Hirnschenkels.

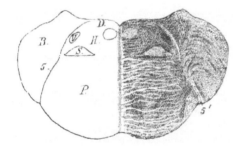

Fig. 702.

Pons (Frontalschnitt).

D graue Decke, *H* Haubenregion, *S* Schleife, *V* Trigeminuskern, *P* Pedunkulusregion, 5 Wurzelfasern des Trigeminus, *B* Brückenarme.

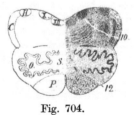

Fig. 704.

Medulla oblongata (unterer Teil).

P Pyramiden, *O* Oliven, *S* Olivenzwischenschicht (mit den Schleifenfasern). Nach oben die Haubenregion. In der grauen Decke die Kerne des Hypoglossus und Vagus, *XII.* u. *X.* *H* Kerne am oberen Ende der Hinterstränge (Nucl. grac. und N. cuneat), *C* Corpus restiforme, 10 Vagusfasern, 12 Hypoglossusfasern.

durch das Rückenmark hinab bis zum Vorderhorn. Ist auf einer Seite die ganze motorische Region zerstört, so entsteht eine sekundäre Degeneration der Pyramidenseitenstrangbahn der entgegengesetzten und der Pyramidenvorderstrangbahn der gleichen Seite des Rückenmarks (Fig. 707). 2. Die gleiche Degeneration entwickelt sich bei Unterbrechung der motorischen Bahn an irgend einer Stelle ihres Verlaufs innerhalb des Gehirns oder der Medulla oblongata vor der Pyramidenkreuzung. 3. Nach totaler Unterbrechung (Querläsion) des Rückenmarks degenerieren die Pyramidenbahnen beider Seiten nach abwärts von der Stelle (Fig. 706). 4. Wird durch eine Erkrankung ein Vorderhorn zerstört, so degenerieren die vorderen Wurzeln. 5. Nach Läsion der letzteren oder eines peripheren Nerven degeneriert der distal von der Läsionsstelle gelegene Teil der Fasern.

Die Bahnen der motorischen Hirnnerven ziehen von den Rindenzentren zunächst mit den Pyramidenfasern zusammen hinab durch die Capsula interna und den Hirnschenkelfuß und kreuzen sich, bevor sie zu den motorischen Hirnnervenkernen in der Medulla oblongata treten (zentrales motorisches Neuron). Von den motorischen Kernen gehen die Fasern der peripheren Hirnnerven ab (peripheres motorisches Neuron).

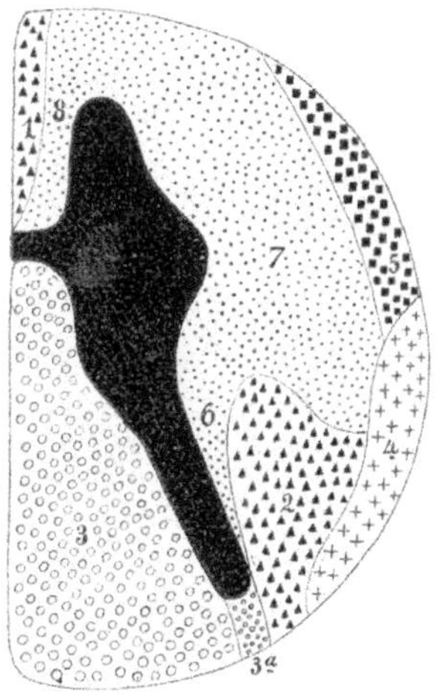

An sekundären Degenerationen werden wir also zu erwarten haben (S. 653): 1. Nach Läsion der motorischen Rindenregion eine Degeneration der zerebralen Fasern bis zu den Kernen in der Medulla oblongata, 2. nach Erkrankung der Hirnnervenkerne Degeneration der peripheren Nerven, 3. nach Läsion der letzteren Degeneration ihres ditalen Abschnittes.

2. Sensibles System (zentripetale Bahnen). Die sensiblen Bahnen verfolgen wir ebenfalls in der Richtung ihres Verlaufes, also von der Peripherie nach dem Gehirn zu. Auch hier müssen wir die sensiblen peripheren mit ihren spinalen Fasern und die sensiblen Hirnnerven mit ihrer Faserung unterscheiden. Die spinalen sensiblen Nervenfasern ziehen von ihren sensiblen Endorganen (Haut, Sinnesorgane etc.) innerhalb der Nervenstämme zu den hinteren Wurzeln und mit diesen in das Rückenmark. In die hinteren Wurzeln sind die Intervertebralganglien eingeschaltet, deren Nervenzellen einen sich T-förmig teilenden Fortsatz aufweisen (Fig. 708, 709); der eine Ast geht in eine sensible Faser eines peripheren

Motorische Hirnnerven.

Ihre sekundären Degenerationen.

2. Sensibles System.
Sensible Bahnen.

Fig. 705.
Schema der wichtigsten Leitungsbahnen des Rückenmarks.

1 Pyramidenvorderstrangbahn. 2 Pyramidenseitenstrangbahn. 3 Hinterstrangbahn. 4 Kleinhirnbahn. 5 Gowersches Bündel. 6 Seitliche Grenzschicht. 7 Seitenstrangrest. 8 Vorderstrangrest. 3a Lissauersche Randzone.

Nerven, der andere in eine hintere Wurzelfaser über. Die Hinterstränge des Rückenmarkes bestehen fast ganz aus hinteren Wurzelfasern, welche zum Teil innerhalb der Stränge bis zur Medulla oblongata hinaufsteigen. Innerhalb der letzteren liegen — entsprechend dem oberen Ende der Hinterstränge des Rückenmarkes — zwei graue Kerne, der Nucleus gracilis und der Nucleus

Fig. 706.
Absteigende sekundäre Degeneration nach Querläsion des Rückenmarks.
Degeneriert sind die Pyramidenseitenstrangbahnen und die Pyramidenvorderstrangbahnen [1]).

Fig. 707.
Absteigende sekundäre Degeneration im Rückenmark infolge eines Erweichungsherdes in der rechten Capsula interna.
Degeneriert ist die rechtsseitige Pyramidenvorderstrangbahn und die linksseitige Pyramidenseitenstrangbahn.

cuneatus, gegen deren Ganglienzellen die aus dem Hinterstrang kommenden Fasern sich aufspalten.

---

[1]) Die Figuren 706, 707, 710, 711, 713, 714, 717, 724 und 725 sind nach Präparaten angefertigt, welche nach der Weigertschen Markscheidenfärbung tingiert sind. Die Markscheiden werden bei ihr blauschwarz, daher die markscheidenreiche normale weiße Substanz dunkel, die graue Substanz und die degenerierten Gebiete der weißen Substanz, welche arm an Markscheiden sind, hell gefärbt.

Außer den eben erwähnten langen Fasern treten auch kürzere Fasern von den Intervertebralganglien zum Rückenmark, welche teils aus den hinteren Wurzeln in das Hinterhorn einstrahlen, teils von den langen Hinterstrangbahnen in das Hinterhorn hinein abzweigen;
zu diesen letzteren gehören die Reflexkollateralen, welche zu den motorischen Zellen der
Vorderhörner treten und so eine Verbindung der sensiblen mit der motorischen Bahn
herstellen, und die Fasern zu den Clarkeschen Säulen (s. unten).

Die bisher besprochenen zentripe-
talen Bahnen bilden die peripheren
sensiblen Neuren.

Die Zellen der als Nucleus gracilis und als Nucleus cuneatus (s.
oben) bezeichneten Kerne senden Fasern zerebralwärts, welche sich dann
weiter oben kreuzen und in der Haubenregion der Medulla oblongata
zwischen den Oliven gelegen sind. Durch
vielfach hinzutretende andere Fasern
verstärkt, bilden sie die **Schleife** (Fig.
701/704), welche durch die Brücke hindurchtritt und sich dann in die Haubenregion des Hirnschenkels und von da
in die innere Kapsel begibt und schließlich im Gebiet des Parietallappens
in die Rinde ausstrahlt. Ein anderer
Faserzug gelangt in die Vierhügel,
ein dritter zum Thalamus opticus,
resp. zum Nucleus lentiformis.
Diese Bahnen bilden also das zentrale
sensible Neuron.

Auch aus der grauen Substanz
des Rückenmarkes entspringen lange
zentripetale Bahnen; an der Basis der
Hinterhörner liegen Gruppen von Ganglienzellen, welche als **Clarkesche Säulen**

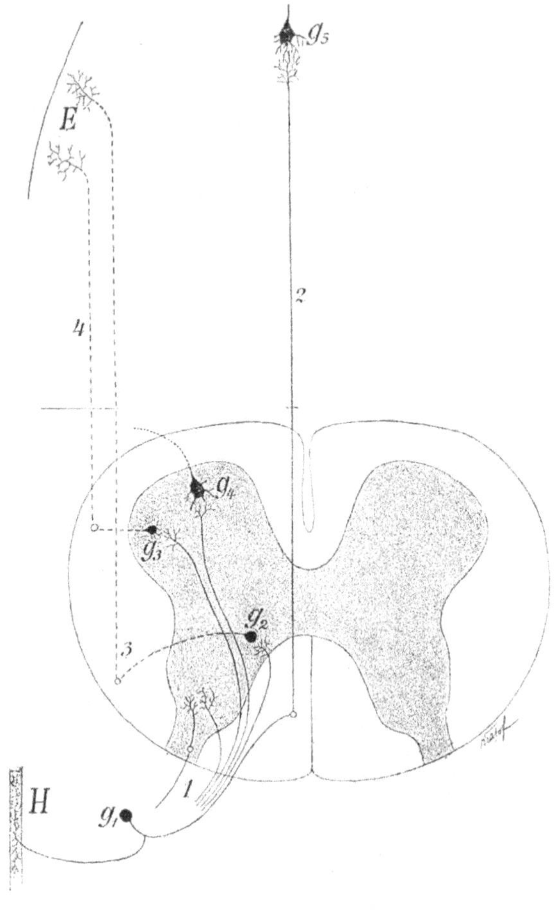

Schleife.

Fig. 708.
Schema der sensiblen Bahnen.

g Spinalganglienzelle mit einem Fortsatz in den peripheren Nerven zur
Haut *H* und einem in die hintere Wurzel. 1 Fasern der hinteren
Wurzel; dieselben steigen teils im Hinterstrang auf (2), teils gehen sie
in das Hinterhorn hinein. *g₂* Zelle der Clarkeschen Säule; von dieser
ausgehend (3) Faser der Kleinhirnbahn bis ins Kleinhirn *E*. *g₃* Ganglienzelle der grauen Substanz, von dieser ausgehend Faser (4) zum
Gowersschen Bünel, *g₅* Zelle im Nucleus gracilis der Medulla oblongata. Aus den hinteren Wurzeln gehen auch Fasern (Reflexkollateralen) zur Vorderhornganglienzelle *g₄*.

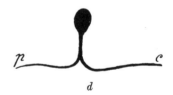

Fig. 709.

d Spinalganglienzelle mit einem sich in 2 Fasern
(*p, c*) teilenden Fortsatz.

(Nach Obersteiner, Anleitung beim Studium des
Baues der nervösen Zentral-Organe. Wien 1896.)

**Kleinhirn-
seiten-
strang-
bahn.**

**Gowers-
sches
Bündel.**

**Ihre sekun-
dären
Degene-
rationen.**

bezeichnet werden; von diesen entspringen Fasern, welche das Hinterhorn und den Seitenstrang
durchsetzen und am Rand des letzteren nach oben ziehen, um schließlich in das Kleinhirn zu
gelangen. Es ist dies die **Kleinhirnseitenstrangbahn.** Etwas weiter ventralwärts von dieser letzteren liegen die **Gowerschen Bündel,** welche sich schließlich ebenfalls ins Kleinhirn einsenken.

Wir können für diese Gebiete folgende sekundäre Degenerationen feststellen: 1. Nach
Läsion eines peripheren Nerven degeneriert dessen distaler Teil, weil dieser von den
Zellen im Ganglion intervertebrale getrennt ist. 2. Nach Läsion hinterer Wurzeln dege-

nerieren die aus der betreffenden Wurzel stammenden Hinterstrangteile (Fig. 711), sowie die entsprechenden Fasern zum Hinterhorn. 3. Nach Querläsion des Rückenmarks degenerieren oberhalb der Stelle jene langen Bahnen der Hinterstränge, welche schon unterhalb der Läsionsstelle eingetreten sind; da nach oben zu zahlreiche neue Fasern aus hinteren Wurzeln eintreten, so nimmt der Umfang der Degeneration nach oben zu ab (Fig. 710). Ferner degenerieren alle oberhalb der Läsionsstelle gelegenen Anteile der Kleinhirnseitenstrangbahn und des Gowersschen Bündels (Fig. 710). 4. Nach Läsion der Spinalganglien müßten wir eine Degeneration nach beiden Richtungen hin erwarten.

Die sensiblen Fasern der Hirnnerven zeigen analoge, wenn auch in der äußeren Form etwas modifizierte Verhältnisse. So ist z. B. das Ganglion Gasseri analog einem Spinalganglion. *Sensible Hirnnerven.*

Wir sehen also, daß in den motorischen wie in den sensiblen Gebieten die sekundäre Degeneration der Leitungsrichtung entspricht; am Rückenmark degenerieren nach seiner

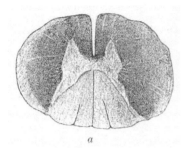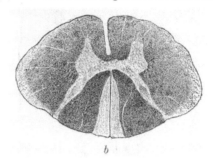

Fig. 710.
Aufsteigende sekundäre Degeneration nach Querläsion des Rückenmarks.
a unmittelbar über der Stelle der Querläsion, *b* höher oben; bei *a* sind die Hinterstränge ganz, bei *b* bloß die Gollschen Stränge degeneriert; die Degeneration am Rand entspricht den Kleinhirnbahnen und den Gowersschen Bündeln.

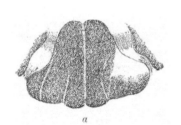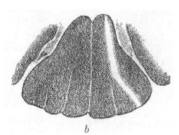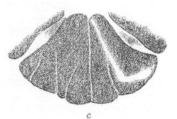

Fig. 711.
Aufsteigende Degeneration einzelner hinterer Wurzelgebiete.
a Schnitt in der Höhe des Eintritts der degenerierten Wurzel; *b* und *c* höher oben.
(Aus Philippe, Contribution à l'étude anatomique et clinique du Tabes dorsalis; Thèse de Paris 1897.)

Querläsion die zentripetal leitenden (sensiblen) Bahnen: Kleinhirnbahn, Hinterstränge und Gowerssche Bündel aufsteigend, d. h. oberhalb, die zentrifugal leitenden (motorischen) Bahnen absteigend, d. h. unterhalb der Läsionsstelle (s. auch das Schema Fig. 712).

Neben den langen, vom Gehirn zum Rückenmark oder von letzterem zur Peripherie, resp. umgekehrt ziehenden Bahnen gibt es im Zentralnervensystem in großer Menge sog. **Kommissurenbahnen,** welche einzelne Bezirke der grauen Substanz miteinander verbinden: im Gehirn unterscheidet man Assoziationssysteme, welche Windungen derselben Hemisphäre untereinander, und Kommissurenfasersysteme, welche Teile beider Hemisphären miteinander in Verbindung setzen; zu letzteren gehören der Balken und die vordere weiße Kommissur, verschiedene transversal verlaufende Brückenfasern und andere. Im Rückenmark finden sich Kommissurenbahnen innerhalb der Seitenstränge und Hinterstränge, welche sensible Zentren, und innerhalb der Seitenstränge und Vorderstränge, welche motorische Zentren (Vorderhörner) verschiedener Segmente miteinander verbinden; alle diese Bahnen können eine sekundäre Degeneration erleiden, jedoch dehnt sie sich wegen des kürzeren Verlaufes dieser Bahnen im Rückenmark nicht über längere Strecken hin aus. *Kommissurenbahnen.*

42*

Werden Nervenfasern durchtrennt, z. B. ein peripherer Nerv durchschnitten, so bleiben aber auch seine proximalen Teile nicht unverändert; vielmehr findet in ihnen ebenfalls eine, wenn auch viel schwächere und langsamer ablaufende, Degeneration statt, welche dem oben Gesagten zufolge mehr unter dem Bilde einer einfachen Atrophie auftritt, die sog. **retrograde Degeneration.**

Ebenso treten auch in den zugehörigen Ganglienzellen regressive Veränderungen ein. So kommt es nach Läsionen peripherer Teile zu regressiven Veränderungen in den Zentralorganen. Man findet z. B. bei Personen, an welchen vor längerer Zeit die Amputation einer Extremität oder eines Teiles einer solchen vorgenommen worden war, auch in den Nerven des Amputationsstumpfes und im Rückenmark, sowie in den Wurzeln Veränderungen, welche sich in einer oft freilich nur geringen Verschmälerung und Atrophie der betreffenden Hälfte des Rückenmarkes zeigen, unter Umständen aber auch eine hochgradig asymmetrische Form des Rückenmarksquerschnittes zur Folge haben können. Meist fehlt in solchen Fällen die der Wallerschen Degeneration folgende Sklerose. Als weiteres Beispiel einer retrograden Atrophie sei angeführt, daß nach Exstirpation des Bulbus bei neugeborenen Tieren eine Atrophie der Optikusfasern und ihres Zentrums im Occipitallappen zustande kommt.

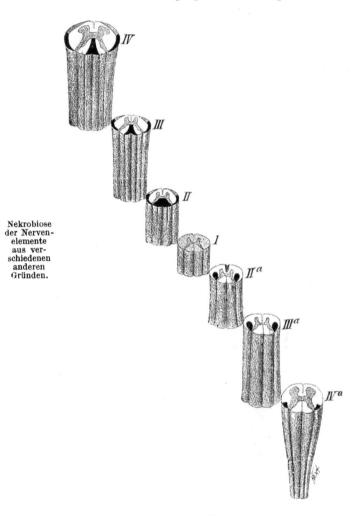

Nekrobiose
der Nerven-
elemente
aus ver-
schiedenen
anderen
Gründen.

Fig. 712.

Schema der hauptsächlichsten sekundären Degenerationen.

I Stelle der Querläsion. *II—IV* oberhalb derselben (aufsteigend) Degeneration der Hinterstränge (in diesen nach oben abnehmend), der Kleinhirnbahn und der Gowersschen Bündel (letztere schwächer punktiert). *IIa—IVa* unterhalb der Querläsion (absteigend) Degeneration der Pyramidenvorderstrangbahn und der Pyramidenseitenstrangbahn.

Eine dem histologischen Verhalten nach mit der Wallerschen Degeneration (S. 654) übereinstimmende Form der Nekrobiose von Nervenfasern kommt unter Einwirkung verschiedener anderer Schädlichkeiten zustande, ja man kann sagen, daß eine solche überall da eintritt, wo Nervenparenchym unter Erhaltenbleiben des gliösen Stützgewebes zum Absterben kommt. Es können mechanische Einflüsse, lange andauernde ödematöse Quellung des Nervenparenchyms (s. unten), Herabsetzung der Blutzufuhr, vielleicht auch thermische Einwirkungen, vor allem aber toxische Einflüsse eine solche Schädigung des Nervenparenchyms im Gefolge haben. So wurden z. B. Degenerationen von Nervenfasern in der Hirnrinde nach Vergiftung mit Kohlenoxyd, nach Insolatio (S. 294) etc. nachgewiesen; auch im Rückenmark und in den peripheren Nerven werden unter verschiedenen Umständen ähnliche Veränderungen gefunden (siehe unten). Eine große Rolle spielen ferner gewisse von Bakterien, vielleicht auch von Schimmelpilzen und anderen Mikroparasiten produzierte Gifte, ferner auch Autointoxikationen. Bakterientoxine vermögen teils heftige funktionelle Störungen (Reizerscheinungen, Lähmungen etc.), teils auch entzündliche Erkrankungen (s. unten), teils endlich auch einfache degenerative Prozesse hervorzurufen, und vielfach kommen solche Degenerationen im Gefolge von Infektionskrankheiten zur Beobachtung. Bei manchen infektiösen Prozessen, wie bei der Syphilis, bleiben offenbar jahrelang toxische Stoffe im Organismus zurück, welche fortschreitende Degenerationen in verschiedenen Gebieten des Nervensystems zu bewirken imstande sind.

Gewisse toxische Stoffe zeigen ferner die Eigentümlichkeit, einzelne funktionell zusammengehörige Gebiete des Nervensystems zu affizieren, so daß Erkrankungen in bestimmten Systemen ausgelöst werden. Wenden wir uns nun diesen zu.

II. Primäre Systemerkrankungen.

II. Primäre System-erkrankungen.

Wie eben erwähnt, kommen durch verschiedenartige, namentlich toxische Einflüsse Degenerationen zustande, welche einzelne bestimmte Systeme, d. h. funktionell zusammengehörige und auch vielfach topographisch zusammengeordnete Nervenelemente ergreifen und als Systemerkrankungen bezeichnet werden. Ihrem Verlauf nach unterscheiden diese sich von sekundären Strangdegenerationen dadurch, daß bei ihnen nicht das ganze System auf einmal, sondern in langsamerem Verlauf Faser für Faser erkrankt, der Prozeß also allmählich um sich greift.

1. Motorische Systemerkrankungen.
(Erkrankungen im motorischen System).

1. Im motorischen System.

Erkrankungen an irgend einer Stelle der motorischen Bahn haben Parese oder Lähmung der Muskeln (oft auch motorische Reizerscheinungen) zur Folge. Aber nicht bloß funktionell, sondern auch nach ihrem trophischen Verhalten bilden die Muskeln mit dem peripheren motorischen Neuron (S. 655) eine Einheit, d. h. bei Degenerationen im Neuron findet eine Atrophie der gelähmten Muskeln statt.

Eine solche findet sich also, wenn die Degeneration in den Vorderhornzellen, den vorderen Wurzeln oder den peripheren Nerven ihren Sitz hat (periphere, neurogene und Kernlähmungen); ebenso bei Degeneration in den motorischen Kernen des verlängerten Markes oder in den motorischen Hirnnerven. Dagegen fehlt im allgemeinen die Muskelatrophie (oder es entsteht bloß eine Inaktivitätsatrophie), wenn die Degeneration im zentralen motorischen Neuron sitzt, weil hier die trophischen Zentren im Rückenmark erhalten sind. Die Lähmung kann eine schlaffe oder eine spastische sein; im letzteren Falle setzen die Muskeln passiven Bewegungen einen gewissen Widerstand entgegen, und die Reflexe sind erhöht. Wahrscheinlich beruhen die spastischen Lähmungen darauf, daß infolge des Wegfalles der zerebralen Impulse der Muskeltonus erhöht ist, und daß die von der sensiblen Sphäre her (durch die Reflexkollateralen) vermittelten Reize überwiegen. Wir werden daher spastische Lähmungen erwarten bei Degeneration im zentralen, schlaffe Lähmung bei Erkrankungen im peripheren motorischen Neuron.

Unter Berücksichtigung des oben Gesagten lassen sich folgende Formen von Erkrankungen im motorischen System unterscheiden:

α) Primäre Erkrankungen der Muskeln, **Dystrophien** derselben, mit atrophischer Lähmung (s. Kap. VII).

α) Dystrophien der Muskeln.

β) **Progressive Muskelatrophien,** bei welchen sowohl die Muskeln, wie die peripheren Nerven verändert sind. Dabei kann der Prozeß zuerst in den Muskeln oder in den Nerven („neurogene" Lähmung) oder in beiden zugleich auftreten.

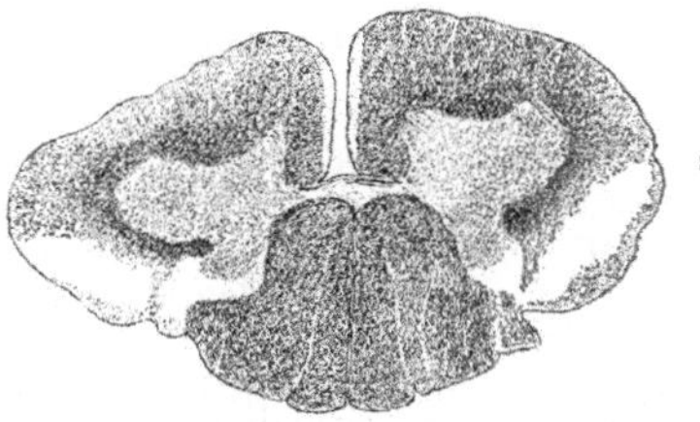

β) Progressive Muskelatrophien.

γ) Formen mit Degenerationen in den Vorderhornzellen des Rückenmarks, den peripheren Nerven und den Muskeln. Hierher gehört die sog. **progressive spinale Muskelatrophie,** von welcher man annimmt, daß sie zuerst im Vorderhorn einsetzt und sekundär die peripheren Teile ergreift. Sie lokalisiert sich besonders in den oberen Teilen des Rückenmarks und macht sich in der Regel zuerst durch eine Atrophie der kleinen Handmuskeln bemerkbar, um dann, langsam fortschreitend, die Muskeln der oberen Extremitäten und des Rumpfes zu ergreifen. Der anatomische Befund ergibt dabei Atrophie der Vorderhörner im Halsmark mit Schwund ihrer Ganglienzellen und Degeneration der peripheren Nerven sowie der Muskeln (über die nahe verwandte Poliomyelitis anterior s. unten).

γ) Progressive spinale Muskelatrophie und progressive Bulbärparalyse.

Fig. 713.
Amyotropische Lateralsklerose.
Beide Pyramidenbahnen degeneriert.

Eine der progressiven spinalen Muskelatrophie analoge Erkrankung in der Medulla oblongata ist die **progressive Bulbärparalyse,** welche sich häufig auch zu der eben erwähnten Erkrankung hinzugesellt. Sie beruht auf degenerativen Vorgängen in den Gehirnnervenkernen der Medulla oblongata und Pons und davon abhängig in den Nervenstämmen und den von ihnen versorgten Muskeln. Die Erkrankung beginnt fast immer im Kern des Nervus hypoglossus und greift dann auf die ihm nahe gelegenen Kerne des N. vagus und N. accessorius über; frühzeitig wird auch der Facialiskern ergriffen, seltener der Trigeminus- und Abducenskern. Durch die Degeneration der Nervenkerne und ihrer peripheren Nerven entsteht das bekannte Bild der Paralysis labio-glossopharyngo-laryngea, indem die gesamten von jenen Nerven versorgten Muskeln, also besonders die der Schlingmuskulatur, Zunge etc., der Lähmung und Atrophie verfallen (vgl. Kap. VII, D.). Der Tod erfolgt bei der progressiven Bulbärparalyse häufig durch Aspirationspneumonie.

δ) Es gibt auch seltene Formen, bei welchen bloß die Pyramidenbahnen des Rückenmarks Sitz der Erkrankung sind. Dann entsteht eine **spastische Spinalparalyse** (ohne Atrophie der gelähmten Muskeln).

ε) Formen, bei denen das gesamte motorische System in beiden Neuren Sitz der Erkrankung ist, also außer den Vorderhörnern des Rückenmarks und deren peripheren Fortsetzungen auch die Pyramidenbahnen ergriffen sind. Hierher gehört die **amyotropische Lateralsklerose,** welche klinisch durch spastische Lähmungen mit Atrophie der Muskeln gekennzeichnet ist. Man findet bei ihr Degeneration der Pyramidenbahnen bis zur Pyramidenkreuzung oder selbst bis zur Hirnrinde, Atrophie der motorischen Zellen der Vorderhörner, Degeneration der vorderen Wurzeln der peripheren Nerven und Atrophie der Muskeln; außerdem besteht eine Degeneration der die motorischen Zentren verbindenden Kommissurenfasern im Rückenmark (S. 659). Die Erkrankung ist oft mit einer progressiven Bulbärparalyse verbunden, welche den tödlichen Ausgang herbeiführt. Auch die amyotrophische Lateralsklerose betrifft namentlich den oberen Teil des Rückenmarks und die Muskeln der oberen Extremitäten; sie unterscheidet sich von der progressiven Muskelatrophie durch den rascheren Verlauf sowie dadurch, daß sie die Muskelfasern nicht bündelweise, sondern die Muskeln in toto ergreift.

2. Sensible Systemerkrankungen.

(Erkrankungen im sensiblen System).

Die **Tabes dorsalis** ist eine Erkrankung des Nervensystems, welche in erster Linie durch Veränderungen sensibler Bahnen des Rückenmarks und zwar jener Teile charakterisiert ist, welche aus den hinteren Wurzeln in dasselbe übertreten. Auch die klinischen Erscheinungen der Erkrankung sind größtenteils direkt oder indirekt auf die Erkrankung dieser Gebiete zurückzuführen.

Wie erwähnt (S. 657 f.), bestehen die Hinterstränge größtenteils aus Fasern, welche aus den hinteren Wurzeln in sie übergetreten sind und teils wieder in die graue Substanz abgegeben werden, teils innerhalb der Hinterstränge bis zum verlängerten Mark hinaufsteigen. In jedem Segment des Rückenmarks liegen die Fasern, welche aus den hinteren Wurzeln in den Hinterstrang eingetreten sind, in den lateralen Teilen des letzteren, neben dem Rande des Hinterhorns und rücken im nächst höheren Segment medialwärts, indem sie durch die hier neu eingetretenen Fasern gleichsam medialwärts verschoben werden (Fig. 711, S. 659). Indem sich diese Verschiebung der Hinterstrangfasern bei jedem Segment des Rückenmarks wiederholt, rücken die langen Hinterstrangfasern bei ihrem Aufsteigen im Rückenmark immer mehr medialwärts, daher finden wir jene Fasern, welche aus den Wurzelpaaren des Sakralmarks, Lendenmarks und unteren Brustmarks stammen, im Halsmark innerhalb der medialen Partien des Hinterstranges, zu beiden Seiten des Septum posterius und durch ein weiteres Septum, das Septum paramedianum, vom übrigen Hinterstrang abgegrenzt; sie werden hier als **Gollsche Stränge** bezeichnet; der laterale Teil des Hinterstranges, welcher seine Fasern aus den Wurzeln des oberen Brustmarks und des Halsmarks bezieht, heißt hier **Burdachscher Strang.** Diese Trennung von Gollschen Strängen und Burdachschen Strängen existiert naturgemäß nur im Halsmark und oberen Brustmark.

Die **Tabes dorsalis** beginnt in der Regel in den Wurzelgebieten des untersten Brustmarks und obersten Lendenmarks resp. verursacht Degeneration der von diesen Wurzelpaaren ins Rückenmark einstrahlenden Fasern; daher finden wir bei beginnender Tabes auf Schnitten durch die genannten Rückenmarkssegmente jederseits ein seitlich gelegenes Degenerationsgebiet neben dem Hinterhorn (Fig. 714 A a).

Da die hier eintretenden Fasern nach ihrem Aufsteigen ins Halsmark in dem Rayon der Gollschen Stränge liegen, so zeigen in solchen Fällen Schnitte durch das Halsmark eine Degeneration der Gollschen Stränge (Fig. 714 A b).

Ergreift die Tabes auch die Wurzelgebiete des unteren Teiles des Rückenmarks, d. i. des übrigen Lendenmarks und des Sakralmarks, so zeigt sich im Bereich dieser Gebiete allmählich der ganze Querschnitt des Hinterstranges erkrankt, weil auch die mehr in der Mitte gelegenen, aus tieferen Ebenen stammenden Fasern ergriffen sind (Fig. 714 B a). Steigt später die Tabes nach oben auf, d. h. ergreift sie auch Wurzelgebiete des Brustmarks und Halsmarks, so treten auch in diesen Höhen neben der Degeneration der Gollschen Stränge seitliche Degenerationsfelder auf (Fig. 714 B b). Da ferner auch die Hinterhörner Fasern aus den hinteren Wurzeln erhalten, so werden auch sie faserärmer. Unter jenen Fasern, welche aus den Hintersträngen in die Hinterhörner übertreten (S. 657), finden sich auch die Reflexfasern, welche weiterhin zu den Vorderhörnern ziehen; die Reflexbahn für den Kniereflex findet sich in der Höhe des ersten bis zweiten Lendennerven; da nun in dieser Höhe die Tabes früh-

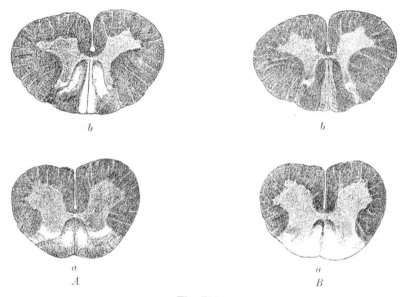

Fig. 714.
Tabes dorsalis.

A frischer Fall. Im Lendenmark *a* je ein Degenerationsfeld im Hinterstrang, im Halsmark *b* Degeneration der Gollschen Stränge.

B älterer Fall. Im Lendenmark *a* fast der ganze Hinterstrang degeneriert; im Halsmark *b* neben der Degeneration der Gollschen Stränge je ein seitliches Degenerationsfeld im Burdachschen Strang. Vgl. Text.

zeitig einsetzt, so erklärt sich hierdurch das frühzeitige Schwinden des Patellarsehnenreflexes bei der genannten Erkrankung.

Die Tabes dorsalis ist demnach eine Degeneration mit anschließender Gliawucherung (Sklerose) im Gebiete der Hinterstränge, der Hinterhörner und hinteren Wurzeln, d. h. also der letzteren selbst und ihrer Einstrahlungen in das Rückenmark. In hochgradigen Fällen ist die Veränderung im Rückenmark schon mit bloßem Auge wahrzunehmen. Durch die Atrophie und Sklerose (Fig. 715, 716) seiner dorsalen Teile wird das Rückenmark in dorso-ventraler Richtung verkürzt, abgeplattet. Die Hinterstränge und Hinterhörner erscheinen derb, trocken, grau verfärbt, die hinteren Wurzeln grau, atrophisch und verdünnt. Es liegt also eine graue Degeneration bzw. Sklerose besonders der Hinterstränge makroskopisch erkennbar vor. Fast immer sind auch die weichen Häute des Rückenmarks mehr oder weniger getrübt und verdickt (chronische Meningitis). Es sei bemerkt, daß die Achsenzylinder meist nicht so zahlreich zugrunde gehen wie die Markscheiden. So finden sich im sklerotischen Gebiet meist etwa doppelt so viel Achsenzylinder als Markscheiden erhalten; die Hälfte jener also ist markscheidenfrei erhalten geblieben. Anatomisch wie klinisch ist der Verlauf ein überaus schleichender.

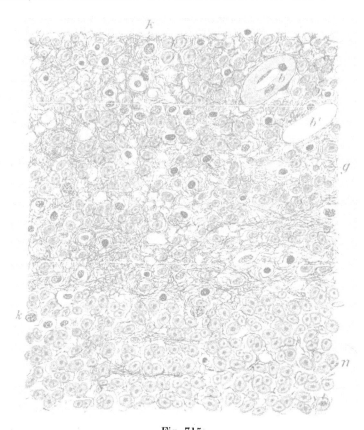

Fig. 715.
Graue Strangsklerose des Hinterstranges. (Weigerts Gliafärbung; $\frac{350}{1}$).
g gewucherte Glia (blau gefärbt) mit noch erhaltenen spärlichen Nervenfasern; letztere gelb (n). k Kerne der Glia.
b b' Blutgefäße. Im unteren Teil der Abbildung normales Nervengewebe mit reichlichen Nervenfasern.

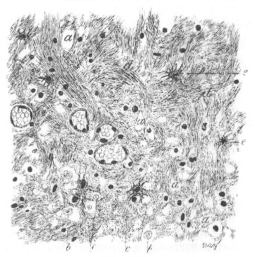

Fig. 716.
Schnitt aus dem degenerierten Hinterstrang bei Tabes
dorsalis $(\frac{250}{1})$.
a Lücken durch Atrophie und Schwund von Nervenfasern entstanden, zum Teil Körnchenzellen (b) enthaltend; c quergetroffene.
d längsgetroffene Gliafasern, e Spinnenzellen, f einzelne erhaltene
Nervenfasern.

Immer mehr Fasern verfallen, immer mehr breitet sich die Sklerose aus, und zunehmend treten die Folgeerscheinungen des Ausfalls hervor.

Auch das übrige Nervensystem zeigt bei der Tabes vielfach Veränderungen. Die wichtigsten derselben sind: Degenerationen an den Kernen und Fasern der Hirnnerven, motorischer wie sensibler; besonders wichtig sind die häufige Atrophie des Sehnerven, Degenerationen in verschiedenen peripheren spinalen Nerven, zum Teil mit Lähmung und Muskelatrophie, Erkrankungen des Sympathicus mit Erscheinungen von seiten der viszeralen Sphäre, endlich Veränderungen im Gehirn; nicht selten schließt sich an die Tabes eine progressive Paralyse, noch häufiger umgekehrt an diese letztere eine tabische Erkrankung an. Auch im Kleinhirn finden sich meist Nervendegenerationen mit Gliawucherung, was manche klinische Erscheinung erklären mag.

Als Ursache der Tabes ist eine toxische Einwirkung, in den bei weitem meisten Fällen eine durch **syphilitische** Infektion hervorgerufene Giftwirkung anzunehmen. Man kann von einer spätsyphilitischen Affektion sprechen. Spirochäten wurden neuerdings nachgewiesen. Vielleicht kommt es bei solcher toxischer Wirkung erst auf Grund von Überanstrengungen oder dgl. zur Nervenentartung (Edingers Aufbrauchtheorie). Die Genese, vor allem der erste Angriffspunkt in dem ergriffenen Teil des Rückenmarks, ist nicht sicher klar gestellt. Neuerdings denkt man vielfach an die Spinalganglien.

Außer bei Tabes kommen Degenerationen der Hinterstränge auch in anderen Fällen vor, in welchen toxische Einwirkungen nachzuweisen oder doch mit Wahrscheinlichkeit anzunehmen sind: bei Pellagra (Vergiftung mit verdorbenem Mais), Ergotin (Vergiftung mit Mutterkorn), ferner in Fällen von perniziöser Anämie, von Leukämie und von Diabetes, bei Karzinom, bei Tuberkulose und im Anschluß an andere Infektionskrankheiten; mindestens zum Teil handelt es sich hier um indirekte Wirkungen, um Auto-Intoxikationen, welche auch die Ursache der in solchen Fällen sich entwickelnden Kachexie darstellen. Auch bei chronischem Alkoholismus und bei Bleivergiftung sind Hinterstrangaffektionen beobachtet worden.

3. Kombinierte Systemerkrankungen.

Sind mehrere Stranggebiete nebeneinander von einer Degeneration ergriffen, so spricht man von kombinierten Strangdegenerationen und, wenn der Prozeß sich genau an bestimmte Systeme hält, von kombinierten Systemerkrankungen. So treten kombinierte Erkrankungen in den Hintersträngen und Seitensträngen in der Art auf, daß die Kleinhirnbahn und das Gowersche Bündel oder auch noch die Pyramidenbahnen neben den Hintersträngen erkrankt sind. Solche Formen finden sich bei den klinischen Bildern der sog. **hereditären Ataxie** oder **Friedreichschen Krankheit,** einer familiären Er-

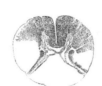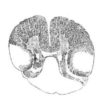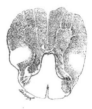

Fig. 717.
Kombinierte (etwas unregelmäßige) Degenerationen in den Vorder-, Seiten- und Hintersträngen des Rückenmarks (posttraumatische Erkrankung).

krankung der Pubertätszeit mit Ataxien, Verschwinden der Reflexe, Sprachstörungen etc. Sie ist gekennzeichnet durch Degeneration eines großen Teils der Hinterhörner, besonders des Funiculus gracilis und der hinteren Wurzeln, ferner oft der Pyramidenseitenstrang-Kleinhirnseitenstrang-Bahn sowie anderer Bahnen und peripherer Nerven ohne Muskelatrophie und Lähmung; ferner finden sich hierher gehörige Formen bei gewissen Komplikationen der **Tabes dorsalis,** manchen Formen von **spastischer Spinalparalyse,** ferner sehr häufig als Begleiterscheinung der **progressiven Paralyse** (S. 666); auch als Erkrankung sui generis, welche Erscheinungen von seiten der motorischen und der sensiblen Sphäre mit sich bringt, kommt eine kombinierte Degeneration der Hinterstränge und Seitenstränge vor; endlich findet sich eine solche bei manchen der oben genannten Vergiftungen und Autointoxikationen. In manchen Fällen ist die kombinierte Degeneration mehrerer Stränge des Rückenmarks vielleicht durch eine primäre Erkrankung seiner grauen Substanz bedingt. Namentlich ist das in den Fällen wahrscheinlich, wo besonders kurze oder Kommissurenbahnen (S. 659) ergriffen sind. Oft ist übrigens die kombinierte Degeneration der Rückenmarksstränge nur eine annähernd strangförmige, aber keine wirklich systematische, sondern schließt sich an Veränderungen im Gefäßapparat des Rückenmarks an.

Eine Atrophie des Nervengewebes kann aber noch in anderer Weise zustande kommen, ohne daß ihr jemals ein als Degeneration im engeren Sinne zu bezeichnendes Stadium vorausgegangen sein müßte; geht bloß ein Teil der Nervenfasern in sehr langsamem Verlauf zugrunde, ohne daß es dabei zu einer Anhäufung fettiger Zerfallsprodukte kommt, so äußert sich der Prozeß auch für die mikroskopische Untersuchung nur in einer Verkleinerung resp. Verschmälerung der Teile, innerhalb welcher die Nervenfasern an Zahl vermindert, vielleicht auch verschmälert sind. In solchen Fällen fehlt auch manchmal die an die Wallersche Degeneration sich anschließende sekundäre Wucherung der Neuroglia.

Atrophie des Gehirns.

Es seien hier noch einige Bemerkungen über die Formveränderungen angefügt, welche sich am Gehirn bei seinen atrophischen Prozessen einstellen. Betrifft die Atrophie die ganze Masse des Gehirns, so wird es in toto kleiner, nimmt an Gewicht ab und füllt die Schädelhöhle nur noch unvollkommen aus. Stärkere Atrophie der Hirnrinde zeigt sich durch Schmälerwerden der Windungen, wodurch sie oft eine kammartig zugeschärfte Form erhalten; damit werden die Sulci weiter, während die allgemeine Konfiguration der Rinde dabei natürlich erhalten bleibt. Bei allgemeiner Atrophie sammelt sich in den Sulci zwischen den atrophischen Windungen und den weichen Häuten meistens reichlich seröse Flüssigkeit an und füllt den durch die Volumenabnahme des Gehirns frei werdenden Raum an: **Hydrocephalus externus (ex vacuo)** bzw. **Piaödem**; in der Folge werden auch die Hirnventrikel weiter, und auch in ihnen sammelt sich Flüssigkeit nach Maßgabe des frei gewordenen Raumes an — **H. internus (ex vacuo).**

Hydrocephalus exvacuo.

Senile Atrophie des Gehirns.

Die **senile Atrophie** (Altersparalyse) äußert sich am Gehirn durch allgemeine Abnahme des Volumens und Gewichtes. In der Regel betrifft die Atrophie in besonders hohem Grade das Großhirn und zwar die Hirnrinde, besonders den Frontallappen; die Oberfläche des Gehirns zeigt die eben genannten Formveränderungen mit stärkerem oder schwächerem Piaödem. Eine Folge der Hirnatrophie ist auch der Hydrocephalus internus; oft sind dabei Ependymgranula vorhanden — Ependymitis granularis (s. später). Mikroskopisch findet sich Atrophie der Nervenfasern und Ganglienzellen; letztere zeigen Chromolyse und sind oft überpigmentiert, oder verfettet, geschrumpft, verkalkt etc. Andererseits findet sich Gliawucherung besondees auch der Gliafasern. Häufig ist die Atrophie ungleichmäßig an verschiedenen Stellen, so daß einzelne Windungen oder Gruppen von solchen stärker verschmälert erscheinen, während andere weniger oder gar keine Veränderungen aufweisen. Das hängt jedenfalls damit zusammen, daß die senile Hirnatrophie zwar zumeist unmittelbarer Effekt reiner seniler Involution ist, daß an ihrem Zustandekommen aber auch zirkulatorische Einflüsse beteiligt sind. Die oft gerade an den Hirngefäßen sich besonders stark einstellende Atherosklerose mit ihren Folgezuständen, Einengung kleiner Gefäße und Störung der Zirkulation durch Starrwerden der Gefäßwände führt endlich nicht selten zu zirkumskripten Erweichungen, welche mit Bildung atrophischer, narbiger Stellen abheilen (s. unten).

Ein atypischer Sitz der Veränderungen findet sich in Schläfen- und Scheitellappen bei der sog. Alphemischen Krankheit, die meist präsenil auftritt.

Progressive Paralyse.

Die **progressive Paralyse** oder **Dementia paralytica,** welche sich ganz überwiegend bei **Syphilitikern** meist in späten Zeiten findet, beruht im wesentlichen auf chronischen degenerativen Prozessen, namentlich in der Großhirnrinde, wodurch ein Schwund der nervösen Elemente, eine Atrophie dieser Gebiete herbeigeführt wird. Gleichzeitig bestehen auch Proliferationserscheinungen an Nervenelementen und besonders chronische Entzündung in Gestalt exsutativer und infiltrativer Prozesse. Die Erkrankung trifft nicht gleichmäßig die ganze Hirnoberfläche, sondern in erster Linie bestimmte Rindenbezirke, namentlich die Frontallappen, die Inselrinde und den Schläfenlappen, während die Occipitallappen mehr oder weniger verschont bleiben. Die atrophischen Windungen zeigen das gewöhnliche Bild der Atrophie (s. oben), sind kammförmig verschmälert, spitz, derb, die Sulci zwischen ihnen sind sekundär erweitert. Mit der im weiteren Verlauf eintretenden Volumenabnahme der ganzen Hirnmasse werden auch die Ventrikel erweitert; es entsteht Hydrocephalus internus mit Ependymwucherungen und Piaödem ex vacuo; die Konsistenz des Hirns nimmt allmählich zu (Gliawucherung). In frischen Fällen der progressiven Paralyse findet man die Rinde der erkrankten Teile oft in größerer Ausdehnung, aber unregelmäßig, fleckig, verfärbt, hyperämisch, oft wie gesprenkelt aussehend. In späteren Stadien zeigt die Rinde eine helle, grau-gelbe Farbe und deutliche Verschmälerung; ihre normale Zeichnung, die am gesunden Hirn in dem Vorhandensein mehrerer, ziemlich deutlich geschiedener Schichten hervortritt, ist verwaschen. Über den atrophischen Windungen sind die weichen Häute meistens getrübt und bindegewebig verdickt; frühzeitig bilden sich Adhäsionen derselben mit der Oberfläche des Gehirns, so daß die Pia nicht mehr ohne Verletzung der Hirnoberfläche abgezogen werden kann, und beim Losreißen der Meningen Partikel der Rinde an letzteren hängen bleiben. Diese Adhäsionen sind Effekte einer chronischen Meningo-Encephalitis. Auch die Stammganglien des Gehirns bleiben nicht verschont und ferner nicht das Kleinhirn, das besonders herdförmig (Spielmeyer) erkrankt. Ferner ist das Rückenmark in Gestalt degenerativer und entzündlicher Veränderungen mitergriffen; es degenerieren ganze Stränge, so die Hinterstränge, wenn auch in geringerem Grade als bei der Tabes, ferner die Pyramidenstränge, andere Rückenmarksbezirke und endlich periphere Nerven.

Die mikroskopische Untersuchung der Hirnrinde ergibt ausgedehnte Degeneration der Ganglienzellen, welche schließlich zum vollkommenen Verschwinden eines großen Teiles derselben führt. Ebenso zeigt sich ein Schwund der Nervenfasern und zwar schreitet er von außen, besonders an der sog. tangentialen Randzone beginnend, nach der Tiefe zu fort, so daß zuerst die ganz an der Oberfläche liegenden, dann die tieferen Schichten der Rindenfasern zugrunde gehen. Durch fleckweisen Ausfall der Wertscheiden entstehen kleine Lichtungsbezirke. Im interstitiellen Gewebe treten frühzeitig Rundzellen- und Plasmazelleninfiltrate, besonders in den Adventialräumen der Gefäße der Rinde (Zentralwindungen), hyaline Intimaverdickungen mit Einengung der Gefäßlumina, öfters auch Erweiterung der venösen Gefäße auf. Die Gliazellen vergrößern und vermehren sich, wobei sich sogen. „Stäbchenzellen" bilden, auch die fasrige Glia proliferiert. So kann im ganzen die Rindenarchitektonik so gestört sein, daß man die Zellschichtung nicht mehr erkennt (Jakob). (Über die gleichzeitig vorhandene Verdickung der weichen Häute siehe auch unten unter Leptomeningitis chronica; auch diese enthalten oft Plasmazelleninfiltrationen).

Lange Zeit blieb der Zusammenhang der progressiven Paralyse, die man als parasyphilitisch bezeichnete, mit der Syphilis unbeweisbar. Neuerdings sind vor allem von Noguchi (ferner Jahnel) in einer Reihe von Fällen die Syphiliserreger (Spirochaeta pallida) im Gehirn besonders im ersten rechten Frontalgyrus gefunden worden, wodurch die ätiologische Bedeutung der Syphilis direkt bewiesen ist. Die Spirochäten finden sich in einem Teil der Fälle in solchen Mengen zusammengelegen, daß Jahnel von „bienenschwarmartiger" Lagerung spricht; besonders liegen sie in dichten Schwärmen um Ganglienzellen. Gleichzeitig mit der Paralyse nicht selten andere syphilitische Veränderungen im Gehirn, so muliare Gummata (Jakob). Die Paralyse ist nach allem eine echte syphilitische Erkrankung. Worauf der lange Intervall zwischen primärer Infektion und Auftreten der Paralyse (und Tabes) beruht, ist noch nicht mit Sicherheit entschieden. Vielleicht ist eine besondere „Sensibilisierung" des Zentralnervensystems dazu nötig. Ähnliche Veränderungen wie bei der Paralyse bestehen auch bei der Schlafkrankheit; auch hier finden sich reichlich Plasmazellen.

Nur kurz erwähnt sei, daß sich auch bei der Dementia praecox ein Zugrundegehen von Ganglienzellen und nervösen Elementen und Ersatz durch Gliawucherung feststellen läßt, besonders in bestimmten Gebieten. Es handelt sich um einen langsam aber fortschreitend verlaufenden Abbauprozeß der Rinde (Zimmermann).

Bei Neugeborenen mit starkem Ikterus kommt in den Gehirn- (und Rückenmark)-Ganglien schwer ikterische Verfärbung vor — sog. Kernikterus. Doch ist er extrem selten. Seine Genese ist nicht mit Bestimmtheit bekannt. Vielleicht bewirkt der Gallenfarbstoff durch Schädigung ein Absterben der Ganglienzellen, die sich dabei jetzt mit Gallenfarbstoff imprägnieren (Hart). Gelbe Körnchen, die sich finden, sind vielleicht ikterisch gefärbte zerfallene Markscheidensubstanz (Beneke). So müssen die Ganglienzellen auch wieder sekundär mitergriffen werden. Histologisch ähnliche Veränderungen wie bei Paralyse finden sich bei der durch Trypanosomen bewirkten Schlafkrankheit.

Auch bei Tollwut finden sich ähnliche Veränderungen in Gestalt von diffusen Ansammlungen von Lymphocyten, Plasmazellen etc.; ferner mehr knötchenförmige Ansammlungen von Lymphocyten bzw. Gliaelementen (Babes'sche Knötchen). Daneben bestehen Degenerationen der Ganglienzellen und Gliawucherungen. Die für die Lyssa charakteristischen Negri'schen Körperchen finden sich vor allem in den Ganglienzellen des Ammonhorns.

Bei chronischer Alkoholvergiftung finden sich in diffuser Verteilung degenerative Veränderungen der Ganglienzellen, der Fibrillen und Markfasern zugleich mit Gliawucherung. Bei dem Delirium tremens bestehen gleichzeitig noch starke akute Ganglienzelldegenerationen. Die Veränderungen betreffen vor allem Stirn- Schläfen- und Kleinhirn (Purkinje'sche Zellen). Dazu kommen oft Blutungen (Jakob). Bei Bleivergiftung zeigen die kleinen Gefäße, besonders die tiefsten Rindenschichten, Sprossungen und Endothelwucherungen, daran schließen sich Degenerationen der nervösen Elemente an. Weiter sind bei manchen Geisteskrankheiten auch Veränderungen im Centralnervensystem, besonders degenerativer Natur, nachweisbar. Doch handelt es sich hier um feinste, nur mit besonderen Methoden nachweisbare Veränderungen, so daß auf die Speziallehrbücher verwiesen werden muß. So finden sich bei der Dementia praecox, besonders in bestimmten Rindenschichten, degenerative Veränderungen der Ganglienzellen stärker hervortreten an Abbaustoffen, reaktiven Wucherungen etc. der Glia. Cirrhotische Zustände der Leber gleichzeitig mit Gehirnveränderungen finden sich bei der sog. Wilson'schen Krankheit (progressive Linsenkernerkrankung) und der Westphal-Strümpell'schen Pseudosklerose.

c) Störungen der Blut- und Lymphzirkulation. — Blutungen. — Zirkulatorische (anämische und hämorrhagische) Erweichungen.

Anämie.

Anämie und Hyperämie. Anämie des Gehirns findet sich als Teilerscheinung allgemeiner Blutarmut oder als kollaterale Anämie bei abnorm starker Blutfüllung anderer Organe (vgl. S. 19). Außerdem können größere oder kleinere Bezirke durch Arterienkontraktion blutarm werden (spastische Anämie [S. 19]). Die Anämie ist durch Blässe der Gehirnoberfläche und durch die geringere Zahl der an der Schnittfläche des Gehirns hervortretenden Blutpunkte [1]) charakterisiert. Vollständige lokale Anämie führt nach kurzer Dauer zu ischämischer Erweichung (s. unten).

**Hyper-
ämie.**

Kongestive Hyperämie des Gehirns findet man als Vorstadium und Begleiterscheinung entzündlicher Zustände; Stauungshyperämie tritt bei allgemeiner Blutstauung (infolge von Herz-, Lungen- und Nierenleiden), sowie bei lokalen Hindernissen in der Blutströmung ein. Die kongestive Hyperämie weist eine mehr diffuse, fleckige Rötung der Gehirnsubstanz auf. Die Stauungshyperämie zeigt namentlich starke Venenfüllung und auf der Schnittfläche des Gehirns reichliche Blutpunkte. Dabei ist jedoch zu beachten, daß auch am anämischen Gehirn die großen Venen der Pia stark gefüllt sein können, namentlich an den hinteren Teilen des Gehirns, wohin das Blut sich — bei Rückenlage der Leiche — nach dem Tode senkt.

Stauung.

Lokale Stauungserscheinungen entstehen vorzugsweise durch dreierlei Vorgänge: Verlegung oder Kompression der Gehirnsinus durch Tumoren, besonders wenn diese auf die Vena magna Galeni drücken; durch Sinusthrombose (vgl. harte Hirnhaut) und durch Erhöhung des intrakraniellen Druckes. Eine Thrombose des Hirnsinus, welche sich auch auf die Piavenen fortsetzen kann, hat Stauungshyperämie und Stauungsödem im Gehirn zur Folge. Sie kommt bei kachektischen und anämischen Individuen gelegentlich ohne nachweisbare andere Ursache vor; wanrscheinlich handelt es sich dann um Folgen von Veränderung des Endothelbelages; häufiger findet sich eine Sinusthrombose als Thrombophlebitis (s. unten). An die Stauung kann sich eine herdförmige Erweichung (durch mangelhafte Ernährung infolge der gestörten Zirkulation) und blutige Infarzierung im Gehirn anschließen. Starke intrakranielle Druckerhöhung (s. unten) bewirkt dadurch eine Stauung, daß die dünnwandigen Venen komprimiert werden, während die arteriellen Gefäße offen bleiben.

**Er-
weichung**

Erweichung. Wird auf irgend eine Weise, z. B. durch plötzlich eintretenden Gefäßverschluß, ein Bezirk der Nervensubstanz von der Ernährung ausgeschaltet, so verfällt dieser sehr rasch der Nekrose, welche im Zentralnervensystem in Form einer Kolliquationsnekrose, einer Erweichung, der sog. Encephalomalazie, auftritt; die abgestorbenen Teile nehmen aus der Umgebung Flüssigkeit auf, quellen und zerfallen (s. S. 88) schließlich in eine breiige bis flüssige Masse. Die Erweichung des Zentralnervensystems entspricht also völlig den Infarkten anderer Organe (s. dort). Kurze Zeit nach dem Eintritt der Nekrose erhalten die Achsenzylinder stellenweise kolbige Anschwellungen (Fig. 717a u. 717b) und erleiden eine Dissekation, d. h. zerfallen in Quersegmente. Vielfach ist auch ein völliger Zerfall an ihnen zu beobachten. Das Mark quillt ebenfalls auf und fällt zum Teil vom Achsenzylinder ab, teils bilden Trümmer der Markscheide rundliche oder ovale, oft doppelt konturierte, häufig auch unregelmäßige oder tropfenartige Körper (Myelintropfen), welche zuweilen in der Mitte ein Fragment des Achsenzylinders eingeschlossen enthalten (Fig. 699, S. 645). Frühzeitig erleiden die degenerierenden Markscheiden, wie auch die abgefallenen gröberen und feineren Partikel derselben eine fettige Umwandlung, so daß man schließlich in großer Menge freie Fettropfen vorfindet. An dem Zerfall nehmen auch die Ganglienzellen teil, ebenso zeigt sich ein Zerfall der Neuroglia. Eine häufige Begleiterscheinung der Erweichungsprozesse stellen kleine Hämorrhagien dar, welche teils Diapedesis-Blutungen sind, teils durch fettige Degeneration und Zerreißung der Gefäßwand verursacht werden.

---

[1]) Die auf der frischen Schnittfläche des Gehirns sichtbaren roten „Blutpunkte" entsprechen durchschnittenen kleinen Venen; je nach dem Füllungszustande treten sie in größerer oder geringerer Anzahl deutlich hervor.

Für die Betrachtung mit dem bloßen Auge stellen die Erweichungsherde zuerst stark gequollene, dann wirklich breiige bis flüssige Massen dar; die makroskopische Struktur ist in ihrem Bereiche verwischt, so ist der Unterschied von grauer und weißer Substanz, im Gehirn z. B. die regelmäßige Zeichnung der Stammteile oder der Rinde, verschwunden. In die Umgebung geht der Erweichungsherd in der Regel durch eine gequollene, ödematöse Zone über. Die Färbung des Herdes hängt von der Anwesenheit oder dem Mangel ausgetretenen Blutes ab; fehlen Blutungen, so hat er eine weiße oder grauweiße Farbe, welche durch den nachfolgenden fettigen Zerfall in einen mehr gelben Ton übergeht; man bezeichnet das als **weiße Erweichung.** Sind geringe Mengen von Blut vorhanden, so erhält die erweichte Substanz teils durch die Anwesenheit der roten Blutzellen, teils durch Imbibition mit sich lösendem Blutfarbstoff eine ausgesprochen rötlich-gelbe Farbe, und man spricht dann auch wohl von **gelber Erweichung. Eine rote Erweichung** entsteht, wenn der Herd von reichlichen kapillaren Blutungen durchsetzt ist und dadurch ein gelb und rot gesprenkeltes Aussehen erhält. Weiße Erweichung. Gelbe Erweichung. Rote Erweichung.

Bald nach Eintritt einer Erweichung stellen sich Reaktionsvorgänge von seiten der Umgebung ein, welche den schon im allgemeinen Teil (S. 124 ff.) geschilderten Prozessen der Resorption und Organisation entsprechen. Schon nach 24—48 Stunden sehen wir die erweichte Masse von reichlichen Wanderzellen durchsetzt. In der ersten Zeit sind es vorzugsweise mehrkernige Leukozyten, die in den Herd einwandern; sehr bald aber treten vorwiegend größere einkernige Wanderzellen in ihm auf; letztere werden von aus dem Blut ausgewanderten Zellen, Fibroblasten, Adventitiazellen und Gliazellen abgeleitet. Die letzteren stellen auf jeden Fall den Hauptbestandteil. Beide Formen der Wanderzellen, besonders die einkernigen, nehmen von den reichlich vorhandenen Zerfallprodukten in sich auf und erscheinen so als fetthaltige bzw. Körnchenzellen (s. Fig. 717b und Tafel VI). Hatten Blutungen stattgefunden, so finden sich auch sehr bald rote, blutkörperchenhaltige und pigmenthaltige Wanderzellen. Die Resorption von Erweichungsherden geht, namentlich bei den größeren, sehr langsam vor sich, besonders dann, wenn die Zirkulationsverhältnisse durch Ödem, senile Veränderungen der Gefäße etc. ungünstig geworden sind. Ja es Reaktion von seiten der Umgebung.

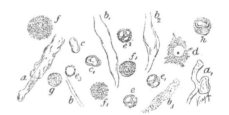

Fig. 717 a.
Zupfpräparat aus einem Erweichungsherde im Gehirn ($\frac{250}{1}$).
a, a_1 Achsenzylinder mit gequollenem Mark, zum Teil der erstere frei, b, b_1, b_2 nackte, zum Teil stark gequollene Achsenzylinder, b_3 solcher mit körniger Trübung, c, c_1 Myelintropfen (freies Mark), d in Zerfall begriffene Ganglienzelle mit Fettropfen, e, e_1, e_2, e_3 Wanderzellen, f, f_1 Fettkörnchenzellen, f_2 Wanderzelle mit einigen Fettropfen, g Wanderzelle, die vier rote Blutkörperchen aufgenommen hat, h solche mit einem Myelintropfen. Körnchenzellen.

kann in solchen Fällen sogar sekundär eine noch weitere Ausbreitung der Erweichung stattfinden. Mit dem Beginn der Resorptionstätigkeit stellen sich auch reparatorische Wucherungen in der Glia und den bindegewebigen Teilen der Umgebung (Gefäße, Pia), besonders ersterer ein, welche zu einer Einkapselung des Herdes führen und ihn nach Vollendung der Resorption in eine derbe Narbe oder, wenn Flüssigkeit und ein Hohlraum besteht bleibt, in eine mit klarer Flüssigkeit gefüllte Zyste umwandeln (vgl. S. 129 und Fig. 134, S. 128). Wieviel Anteil hier die Glia, wieviel das Bindegewebe hat, ist sehr verschieden. Kleinste Herde werden wohl stets durch die Glia gedeckt. Vielleicht entstehn die kleinen sog. Lichtungsbezirke auf diese Art. In größeren Narben und besonders Zysten findet man oft den Bindegewebsanteil innen, eine bedeutendere Gliawucherung außen; doch können auch größere Defekte durch Glia allein gedeckt werden. Glia und Bindegewebswucherung. Lichtungsbezirke.

Die Ursachen von Erweichungen des Gehirns sind natürlich Störungen der Blutzirkulation, namentlich Verschluß von Arterienästen, welcher durch **Thrombose** und **Embolie,** seltener durch Wucherung der Gefäßintima oder durch Einwachsen oder Kompression von Tumoren hervorgebracht wird. Man bezeichnet so entstandene Formen als anämische oder ischämische Erweichungen. Thrombose von Hirngefäßen ist meistens die Folge atheromatöser Prozesse, die an ihnen mit Vorliebe vorkommen. Die Emboli stammen von Thromben größerer Hirnarterien, oder von Auflage- Ursachen der Erweichungen. Ischämische Erweichung.

rungen auf den Herzklappen (Endokarditis), Thromben im Arcus aortae oder im Herzen oder endlich von solchen der Lungenvenen. Eine Obliteration von Gehirnarterien kann durch luetische Arteriitis evtl. auch tuberkulöse oder durch Atherosklerose herbeigeführt werden (S. 429 und 424 ff.).

Am häufigsten kommen Gefäßverlegungen in den großen Arterienstämmen der Hirnbasis vor. So besonders an der Arteria fossae Sylvii und den von ihr direkt in die Hirnsubstanz eindringenden und die Stammganglien versorgenden Ästen; daher finden sich auch Erweichungsherde am häufigsten in der Gegend der Capsula interna und der paarigen Stammteile, dem Nucleus caudatus, Thalamus opticus und Nucleus lentiformis; seltener werden solche in Pons, Vierhügeln und Hirnschenkelfuß gefunden, Gebiete, welche zum Teil von der Arteria profunda cerebri, zum Teil von kleineren Ästen der Arteria basilaris versorgt werden. Die Herde erreichen oft eine bedeutende Größe, sie sind haselnuß- bis hühnereigroß und größer, ja es gibt Fälle, in denen der größte Teil einer Hemisphäre von der Erweichung eingenommen wird. Über den Erweichungsherden ist die Hirnoberfläche zunächst vorgewölbt, später sinkt sie ein; schon von außen zeigt die betreffende Stelle meist eine deutliche Fluktuation. Wenn die Erweichung die Gegend der inneren Kapsel trifft, so kann auch ein ganz kleiner Herd halbseitige, motorische
und sensible Lähmung, **Hemiplegie,** einer ganzen Körperhälfte hervorrufen, da in dem Raum der Capsula interna nahe zusammengedrängt fast sämtliche motorischen und sensiblen Bahnen verlaufen (s. Fig. 701 S. 656). Im übrigen sind die klinischen Folgezustände naturgemäß von Sitz und Größe der Erweichung abhängig. Häufig finden sich zahlreiche Herde nebeneinander, ältere kleine besonders in den Stammganglien und etwa ein großer neuer Herd, welcher zum Tode führt. Sie sind auf eine gemeinsame Ursache, etwa Atherosklerose, zu beziehen.

Seltener kommt eine Gefäßverlegung im Gebiet jener Arterien vor, welche von den in der Pia der Konvexität gelegenen Gefäßnetzen aus in die Hirnrinde und die oberen Schichten der Markmasse eindringen. Es entwickeln sich dann umschriebene Rindenerweichungen, welche auf kleinere Stellen einer oder mehrerer Gyri beschränkt sind und bloß die graue Rinde oder auch noch die Markleisten der Windungen in Mitleidenschaft ziehen. Häufig entstehen dadurch eigentümliche Formveränderungen der ergriffenen Gyri, indem diese durch die Erweichung und Höhenbildung in ihrem Innern kollabieren, gleichsam von den Seiten her zusammenklappen, namentlich nachdem die erweichte Masse resorbiert worden ist. Starke Verschmälerungen der Windungen kommen auch bei narbiger Heilung solcher Rindenerweichungen zustande. In der Umgebung der Herde findet man nicht selten eine ausgedehnte Atrophie der Hirnrinde. Von besonderer Bedeu-

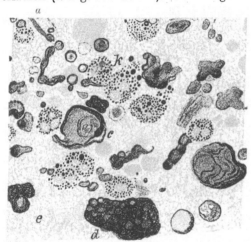

Fig. 717 b.

Schnitt aus einem mit Osmiumsäure behandelten Stückchen von einem frischen anämischen Erweichungsherd aus dem Gehirn ($\frac{250}{1}$).

Die fettigen Substanzen sind durch die Osmiumsäure geschwärzt, das übrige in gelbem Grundton. *a* gequollener Achsenzylinder. *b, c, d* Myelinkörper. *k* Fettkörnchenzellen. *e* körnig zerfallene Masse mit einzelnen hyalinen Schollen (gelb).

tung ist ein von der Arteria fossae Sylvii zur unteren Stirnwindung abgehender Zweig, welcher linkerseits die Brocasche Stelle (Sprachzentrum) versorgt; durch Verlegung dieser kleinen Arterie kann isolierte Erweichung des Sprachzentrums und somit (motorische) Aphasie entstehen.

Nicht selten kommen mehr oder weniger ausgedehnte Erweichungen des Gehirns in Form eines lange anhaltenden Leidens zur Ausbildung, meist in der Art, daß infolge einer progressiven Gefäß-
erkrankung, z. B. einer Atherosklerose oder einer luetischen Arteriitis nach und nach zahlreiche kleine Herde auftreten, welche nur langsam zur Resorption und Heilung kommen, zum Teil auch miteinander konfluieren; andererseits kann auch ein akut entstandener Erweichungsherd sich nach und nach weiter ausbreiten, indem sich in seiner Umgebung Störungen der Blut- und Lymphzirkulation einstellen, welche zu immer weiter um sich greifenden Quellungs- und Zerfallsprozessen führen (vgl. oben).

Viel seltener als im Gehirn kommen ausgedehnte anämische Erweichungen im Rückenmark vor. Kleine, auf Gefäßverschluß zurückzuführende Herde von Myelomalazie finden sich öfters bei luetischer Meningitis und Meningo-Myelitis, sehr selten durch Atherosklerose hervorgerufen.

Eine sog. kolloide oder gelatinöse Erweichung kommt dadurch zustande, daß sich in und um die Gefäße hyaline Schollen ablagern. Bilden sich große derartige Massen, so nimmt das ganze Gebiet makroskopisch diese Beschaffenheit an. Kolloide Er- weichung.

Blutungen. Neben thrombotischen und embolischen Erweichungen ist die **Hämorrhagie** eine der häufigsten und klinisch wichtigsten Hirnaffektionen. Sie stellt das Bild der sog. **Apoplexie** dar. Ihre gewöhnliche Ursache ist Ruptur von Gefäßen im Anschluß an Traumen oder besonders an Erkrankungen der Gefäße, wie sie gerade am Gehirn mit Vorliebe auftreten. Hier spielen die Hauptrolle hyaline und fette Degeneration, Athero - sklerose, Syphilis und sog. Miliaraneurysmen (S. 435), alles Prozesse, welche die Widerstandsfähigkeit der Gefäßwand herabsetzen und damit zu ihrer Zerreißung disponieren. Bei Erkrankungen, welche erfahrungsgemäß mit ausgedehnten Veränderungen des Blutgefäßsystems einhergehen, wie chronische Herzkrankheiten, Nierenleiden (Arteriolo - sklerose s. dort), Alkoholismus u. a., treten auch Gehirnblutungen in vermehrter Häufig- Blutungen.

Apoplexie

Patho- genese.

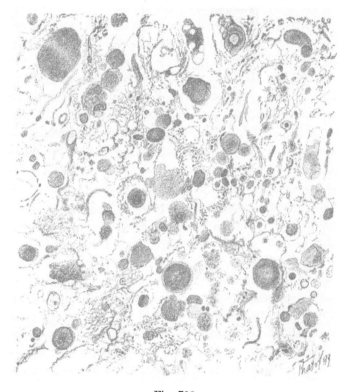

Fig. 718.
Beginnende weiße Erweichung (Schnittpräparat); vom Rande eines ganz frischen Herdes im Gehirn ($\frac{250}{1}$).
An Stelle der Nervenfasern kugelige und unregelmäßige gequollene Massen; die Neuroglia gelockert, vielfach eingerissen, ihre Maschenräume erweitert.

keit auf. Sie stellen sich dann meistens im Anschluß an gewisse Gelegenheitsursachen, namentlich an plötzliche Steigerungen des Blutdrucks ein, wie solche bei körperlichen Anstrengungen, venöser Stauung durch Anstrengung der Bauchpresse, akuter Alkoholwirkung, psychischen Erregungen etc. eintreten. Eine besondere Art von Aneurysmen, die sog. embo- lischen, geben Veranlassung zu intermeningealen Blutungen, besonders an der Hirnbasis, wo diese Aneurysmen vorzugsweise ihren Sitz haben. Endlich sind noch die hämor- rhagischen Diathesen (S. 24) als Veranlassung meist kleinerer Hirnblutungen, sowie die im Verlauf septischer Erkrankungen auftretenden Apoplexien zu nennen.

Ganz kleine, punktförmige Blutungen heißen Kapillarapoplexien und bestehen meist nur in Blutaustritten in die Lymphscheide der Gefäße (Fig. 719), die sich von den Kapillar- apolexien.

oben erwähnten „Blutpunkten" (S. 668, Anm.) dadurch unterscheiden, daß sie nicht von der Schnittfläche abspülbar sind. Sie finden sich sehr häufig bei aktiver und passiver Hyperämie, in der Nähe von Entzündungsherden, bei hämorrhagischen Diathesen, auch in einfachen Erweichungsherden und in deren Umgebung (vgl. oben „rote Erweichung").

Größere
Blutungen   Durch größere Blutungen wird das Gewebe des Gehirns zertrümmert, und es bildet sich ein in frischem Zustande dunkelroter Herd, der aus geronnenem oder flüssigem Blut besteht und das Nervengewebe verdrängt. Spült man den Herd aus, so erhält man eine Höhle mit fetzigen, in hämorrhagischer Erweichung begriffenen Rändern; aus der zerfetzten Wand der Höhle ragen Blutgefäße hervor, die oft förmlich in der erweichten Masse flottieren. Die weitere Umgebung des Herdes ist im Zustand starker ödematöser Quellung und weist in der Regel mehr oder minder zahlreiche kapillare Apoplexien auf. Durch Diffusion von Blutfarbstoff erhält die Umgebung nach ein paar Tagen eine gelbliche Farbe („zitronenfarbenes Ödem").

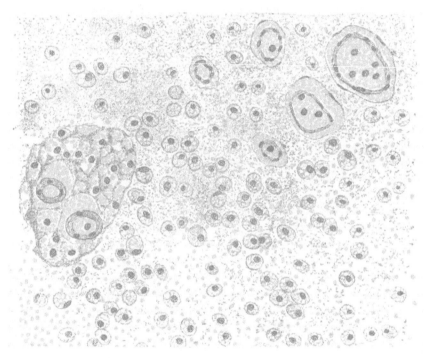

Fig. 719.
Rote Erweichung mit kapillaren Apoplexien. (Aus der Umgebung einer traumatischen Blutung im Rückenmark ($\frac{250}{1}$).
Zahlreiche rote Blutzellen (grün) frei im Gewebe, zum Teil auch in Wanderzellen (rot) eingeschlossen sowie in den hierdurch ausgedehnten adventitiellen Lymphscheiden der Gefäße.

Perfora-
tion einer
Blutung.   Der hämorrhagische Herd kann bis Hühnereigröße und mehr erreichen; nicht selten **perforiert** er in einen **Seitenventrikel,** von welchem aus Blut dann auch in den dritten Ventrikel, den anderen Seitenventrikel und selbst in den 4. Ventrikel hinüber- bzw. hinunterfließen kann. Nach Bersten der Gefäße dauert die Blutung so lange fort, bis der Druck außerhalb der Arterie die Höhe des Druckes innerhalb erreicht hat. Es überträgt sich somit der Blutdruck auf die Umgebung des Gefäßes und wird von dieser wieder auf die Hirnsubstanz in weiterer Ausdehnung übertragen. Daher findet man im Gehirn die Zeichen des erhöhten Druckes (S. 675): Spannung der Dura), Trockenheit der Häute, Abflachung der Windungen, Verstrichensein der Sulzi.

Histologi-
sche Kenn-
zeichen   Die histologische Untersuchung zeigt in der Umgebung des Herdes den Befund der roten Erweichung; nach wenigen Tagen treten Zeichen beginnender Resorption (vgl.

S. 669), namentlich Körnchenzellen und blutkörperchenhaltige Zellen auf. Der Herd wird sodann, indem das Blut zum Teil aufgesaugt wird, zum Teil als Pigment liegen bleibt, dunkelbraun, dann gelbbraun, von schmieriger Beschaffenheit; nach und nach blaßt

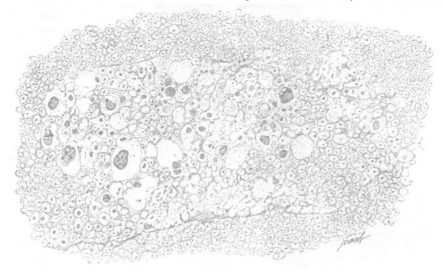

Fig. 720.

Hydrämischer Quellungsherd in der weißen Substanz des Rückenmarks in einem Falle von chronischer Nephritis ($\frac{50}{1}$).

Viele Gliamaschen erweitert, in einzelnen derselben gequollene klumpige, aus Nervenfasern hervorgegangene Körper. In der Umgebung des Herdes normales Nervenparenchym.

er ab. Es wuchert die Glia und evtl. Bindegewebe der Umgebung, wie oben dargelegt. So bildet sich schließlich eine pigmentierte Narbe, die sog. **apoplektische Narbe,** oder eine Apoplekti- **apoplektische Zyste,** indem der Hohlraum nicht ganz ausgefüllt wird. Der anfangs rötlich sche Narbe und Zyste
gefärbte und trübe Inhalt der Zyste wird allmählich durch klarere seröse Flüssigkeit ersetzt, so daß die Zyste schließlich den aus einfachen Erweichungsherden hervorgegangenen ähnlicher sieht. Die entstehende Narbe oder Zystenwand ist meist durch Blutpigmentreste auch bräunlich gefärbt.

Blutungen, welche aus Miliaraneurysmen oder überhaupt durch Gefäßruptur erfolgt sind, finden sich meistens in den Stammteilen und zwar an den Ästen der Arteriae fossae Sylvii, wo auch die Miliaraneurysmen mit Vorliebe sitzen; wie bei den embolischen Erweichungsherden wird sehr häufig die innere Kapsel in Mitleidenschaft gezogen und dadurch eine Hemiplegie hervorgerufen; seltener finden sich Blutungen in Pons und Medulla oblongata. Trau-

Sitz der Blutungen.

Fig. 721.

Große Blutung mit Perforation in den Seitenventrikel (bei *a*).

Gehirnrinde bei *b*.

matische Blutungen richten sich in ihrer Lage natürlich nach der Einwirkungsstelle des Traumas. Besonders wird bei ihnen die Rinde betroffen, oft auch namentlich an der der Einwirkungsstelle des Traumas gegenüberliegenden Seite (Contrecoup). Oft finden sich mehrere

Blutungen verschiedenen Alters wegen der gemeinsamen Ursache (Atherosklerose, Aneurysma) zusammen. Klinisch hängen die Folgezustände auch hier von Größe und besonders Sitz der Blutungen ab.

Blutungen ins Rückenmark (Hämatomyelie) sind selten und entstehen meist aus traumatischen Anlässen (s. unten); fast immer verbreiten sie sich ausschließlich in der grauen Substanz. In ihrem histologischen Verhalten gleichen sie völlig denen des Gehirns.

Störungen der Lymphzirkulation äußern sich im Zentralnervensystem durch Ansammlung von vermehrtem Transsudat, entweder an der Oberfläche des Gehirns und Rückenmarks (im Subdural- und Subarachnoidealraum) — **Hydrocephalus externus** —, oder durch Transsudatansammlung in den Hirnkammern, resp. dem Zentralkanal des Rückenmarks — **Hydrocephalus internus**, bzw. im Rückenmarkskanal — **Hydromyelie** —, (über diese Veränderungen vgl. unten), oder endlich in stärkerer seröser Durchtränkung der Hirn- oder Rückenmarkssubstanz selbst — **Ödem** derselben. Indes ist bei allen diesen Formen zu bemerken, daß es sich nicht immer um einen reinen, mechanisch oder dyskrasisch ent-

Blutungen ins Rückenmark.

Störungen der Lymphzirkulation.

Hydrocephalus internus externus und Hirnödem.

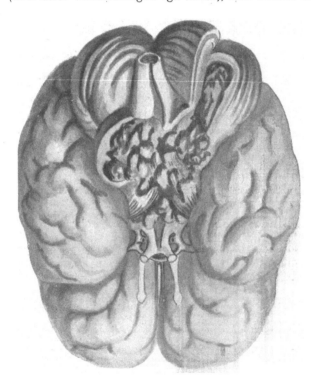

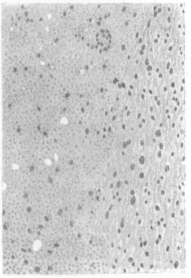

Fig. 721 a.
Blutung in Pons und Kleinhirn.
Nach Cruveilhier, l. c.

Fig. 721 b.
Blutung ins Gehirn.

standenen Hydrops handelt, daß vielmehr manche Fälle bereits als seröse Entzündungen aufgefaßt werden müssen. Das Hirnödem kann ein allgemeines oder partielles sein. Im ersteren Falle zeigt sich das ganze Gehirn vergrößert, stark durchfeuchtet, von auffallend weicher, teigiger Konsistenz, meistens anämisch. Auf der Schnittfläche fällt besonders der starke feuchte Glanz und das rasche Zerfließen der Blutpunkte (S. 668, Anm.) auf. Bei starker Volumenzunahme des Gehirns wird letzteres gegen das Schädeldach angepreßt, so daß die Windungen abgeplattet und die Sulzi verstrichen werden. Besonders die Glia ist infiltriert. Die Ursachen des Hirnödems sind nicht in allen Fällen klarzulegen. Es ist jedenfalls oft nur als agonale Erscheinung zu deuten; in anderen Fällen kommt ihm im Gegensatz hierzu eine hohe Bedeutung insofern zu, als es den einzigen positiven Sektionsbefund darstellen kann. Hierher gehören die als Apoplexia serosa

Kennzeichen und Pathogenese des Hirnödems.

bezeichneten Fälle rascher Todesart, manche Fälle von Sonnenstich (Insolatio S. 294), endlich auch die bei gewissen akuten Infektionskrankheiten, besonders solchen des Kindesalters, auftretenden akuten Ödeme (vgl. unten). Im Gegensatz zu diesen kongestiven Ödemen beruhen andere Formen auf venöser Stauung (s. oben S. 48; wieder andere Formen, die besonders im Verlauf chronischer Nierenerkrankungen auftreten, entsprechen in ihrer Genese wahrscheinlich den hydrämischen Ödemen anderer Organe. Besteht Ödem, so kann dies durch Druck auf die Venen (an der Mündungsstelle in die venösen Sinus) und Abflußbehinderung des Blutes noch verstärkt werden.

Im Gehirn wie im Rückenmark finden sich ferner lokale, oft jedoch ziemlich ausgedehnte Affektionen, welche durch eine starke Quellung sowohl der Nervenelemente, wie auch des Neurogliagewebes gekennzeichnet sind (Fig. 720). Meist zeigt sich das Gewebe innerhalb dieser Herde auch makroskopisch aufgelockert, sehr feucht, noch weicher und sukkulenter als normal. Mikroskopisch besteht in den Herden oft Quellung, manchmal auch Degeneration von Achsenzylindern und Markscheiden. Die gequollenen Nervenfasern liegen in stark erweiterten Maschen des Neurogliagewebes, dessen Balken ebenfalls durch hydropische Quellung verdickt erscheinen. Auch die in den Herden gelegenen Ganglienzellen zeigen oft degenerative Veränderungen. Der Prozeß kann bis zu wirklicher Erweichung (S. 668) des gequollenen Gewebes fortschreiten, häufiger kommt es aber unter Erhaltung des größeren Teiles der Neuroglia durch die Degeneration zahlreicher Nervenfasern zu einer Rarefikation, d. h. weitmaschigen Beschaffenheit der ergriffenen Stellen, in denen dann nicht selten auch Körnchenzellen auftreten; häufig finden sich solche Stellen in der nächsten Umgebung kleiner Blutgefäße, ja es kann sogar zur Entstehung zystenartiger, mit Serum gefüllter Hohlräume kommen, welche von den Gefäßen durchzogen werden. Namentlich finden sich derartige Prozesse in Begleitung von seniler Hirnatrophie, wobei sich besonders die Stammganglien von Hohlräumen dieser Art durchsetzt zeigen und einzelne Stellen auf der Schnittfläche oft ein geradezu siebartig durchlöchertes Aussehen aufweisen; diesen Zustand bezeichnet man als **Etat criblé.** Etat criblé. Solche Quellungszustände können Folgen sehr verschiedener Ursachen sein. Zum Teil entstehen sie durch Lymphstauung, wobei die angesammelte Gewebsflüssigkeit die zarten Nervenfasern zur Quellung bringt; solche lokale Lymphstauungen finden häufig unter verdickten Stellen der weichen Häute oder der Dura statt. Ferner sind viele Herderkrankungen im Gehirn und Rückenmark (Blutungen, Erweichungen, Eiterherde, Tuberkel, Gummen, Tumoren) von einer Zone gequollenen, ödematösen Gewebes umgeben, dessen starke Durchtränkung vielleicht mit vermehrter Kongestion zusammenhängt, teilweise auch auf Kompression der Lymphbahnen durch den Erkrankungsherd selbst zurückzuführen ist. Zum großen Teil endlich sind die Ursachen solcher Quellungszustände chronisch-entzündlicher Art und kommen besonders im Verlaufe von Entzündungen der weichen Häute oder der Dura durch Fortleitung des Prozesses auf die Substanz des Nervensystems zustande, sind also im allgemeinen den entzündlichen Ödemen analog zu setzen. Sie begleiten ferner sehr häufig die oben genannten akuten Ödeme, wie sie im Verlaufe akuter Infektionskrankheiten, besonders bei Kindern und bei Insolatio auftreten. Endlich kommen auch ähnliche hydropische Quellungszustände im Verlaufe von Kachexie bewirkenden Erkrankungen verschiedener Art (Anämie, Diabetes mellitus, Tuberkulose usw.) vor. Doch entstehen die hochgradigsten dieser Veränderungen wohl in der Regel erst kurz vor dem Tode oder auch erst während der Agone.

Die Zirkulationsverhältnisse im Gehirn beeinflussen in hohem Grade die Druckverhältnisse innerhalb des Schädelraumes. Unter physiologischen Verhältnissen steht das Gehirn Hirndruck. unter dem Druck, welchen die Spannung des Liquor cerebrospinalis auf es ausübt, dem sog. intrakraniellen Druck, welcher nicht mit dem Blutdruck (d. h. dem Druck innerhalb der Blutgefäße des Schädels) zu verwechseln ist. Dieser intrakranielle Druck wird durch verschiedene Affektionen des Gehirns erhöht, und dadurch entsteht jener Zustand, den man als „Hirndruck" bezeichnet, und dem auch ein bestimmter klinischer Symptomenkomplex entspricht. Der intrakranielle Druck wird verstärkt durch Erhöhung des Blutdruckes, durch raumbeengende Prozesse innerhalb des Schädels (Tumoren des Gehirns und seiner Meningen, der Dura, der Knochen), sowie durch Blutungen oder Blutstauung im Gehirn. Teilweise kann die Druckerhöhung durch vermehrten Abfluß von Liquor cerebrospinalis wieder ausgeglichen werden, allein das ist eben nur innerhalb gewisser Grenzen möglich. Nimmt der Druck sehr zu, so wird das Gehirn an die Schädelwand angepreßt, und es kommt dadurch ein charakteristisches Bild zustande; die Dura ist auffallend gespannt, durch den starken Druck wird aus ihr und den Meningen das Blut und die seröse Flüssigkeit ausgepreßt; die Meningen erscheinen dadurch blutarm und trocken; die Windungen sind gegen die Dura angepreßt, platt, verbreitert, die Sulzi verstrichen.

d) Entzündungen.

Das Bild der akuten Entzündungsprozesse des Nervensystems, der **Encephalitis** im Gehirn, **Myelitis** im Rückenmark ist, ebenso wie in anderen Organen, durch die Teilnahme des Gefäßapparates gekennzeichnet, welche in den Erscheinungen der entzündlichen Hyperämie, der Exsudation und dem Auftreten vermehrter Mengen von Wanderzellen

d) Entzündungen.
Encephalitis und Myelitis.
Exsudation und degenerative Prozesse.

43*

außerhalb des Gefäßlumens gipfelt. Doch pflegen auch schon bei sehr leichten Graden der Entzündung, bei geringer seröser Exsudation in das Nervenparenchym, degenerative Prozesse (vgl. S. 651 ff.) sehr in den Vordergrund zu treten und sind wohl auf zweierlei Momente zu beziehen, welche man in ihrem gegenseitigen Einfluß keineswegs scharf aus-

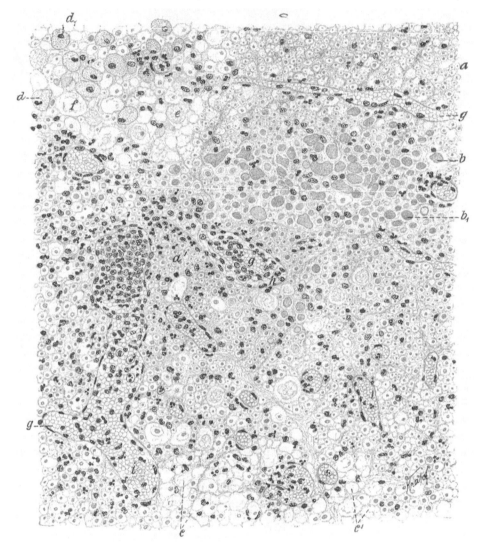

Fig. 722.
Akute Myelitis.

a, a_1 wenig veränderte Nervensubstanz, b, b_1 stark gequollene Nervenfasern, c, c_1 Erweiterung zahlreicher Gliamaschen, in welchen schon viele Nervenfasern fehlen, d, d_1 entfettete Körnchenzellen in einem ebenfalls gequollenen Bezirk, f Reste einer zerfallenen Nervenfaser, g Blutgefäße mit reichlichen roten Blutkörperchen und Leukozyten gefüllt.
Auf der linken Seite des Präparates ist das Gewebe, besonders um die Gefäße herum, zellig infiltriert; ebenso ist die adventitielle Lymphscheibe (h) mit Leukozyten angefüllt.

einanderhalten kann: die direkte Wirkung der entzündungserregenden Ursachen auf die Elemente des Nervensystems und den Effekt der durch die Exsudation bewirkten stärkeren serösen Durchtränkung, welche zur Quellung und Degeneration der Nervenelemente führt. Im einzelnen bestehen diese degenerativen Veränderungen in den schon oben (S. 651/52) besprochenen Vorgängen oder Quellung, der Segmentierung und des Zerfalles der Nervenfasern mit ihren Markscheiden (Fig. 699) und den genannten regressiven Veränderungen der Ganglienzellen. Wie an anderen parenchymatösen Organen kommen auch im Nervensystem viele Formen von Entzündung vor, bei denen die degenerativen Prozesse weitaus über die Exsudationserscheinungen überwiegen.

Die leukozytäre Infiltration des Nervengewebes (Fig. 722), welche dann die Folge ist, betrifft in erster Linie die die Blutgefäße begleitenden adventitiellen Lymphscheiden, die man bei heftigeren Entzündungen an vielen Stellen mit weißen Blutzellen erfüllt findet; auch kleine Blutungen in die genannten Räume kommen nicht selten vor. Daneben scheint aber auch frühzeitig eine Vermehrung und Wanderung der zahlreichen, die Gefäßadventitia begleitenden lymphoiden Elemente und seßhaft gewordenen Wanderzellen (S. 107) sowie der Gliazellen einzutreten, welche ebenfalls in die adventitiellen Lymphräume, in schweren Fällen auch in die Spalten des Nervenparenchyms hinein erfolgt. Bei eiterigen Formen der Entzündung treten die bekannten polymorphen Leukozytenformen auf (s. unten). Leukozytäre etc. Infiltration.

Je nach der Intensität der Veränderungen und der Ursache, welche ihnen zugrunde liegt, ist der Ausgang des Prozesses verschieden. In den leichtesten Graden, in Zuständen von erst geringer Quellung, kommt es nur zu einem langsamen Ausfall und evtl. zur Gliawucherung; in schweren Fällen schließen sich mehr oder weniger ausgedehnte Degenerationen in der weißen oder grauen Substanz an, welche schließlich zu einem Ersatz der zugrunde gehenden Nervenelemente durch wuchernde Neuroglia und Bindegewebe führen können. Auf diese Weise kommt es zur Entstehung sklerotischer Herde, welche nach Ablauf des Prozesses den im ersten Abschnitt beschriebenen Veränderungen gleichen. Als höchsten Grad der Veränderung kann man die Fälle bezeichnen, in welchen der Entzündungsprozeß seinen Ausgang in Erweichung des Gewebes nimmt, an die sich auch hier eine Infiltration mit den früher beschriebenen großen Körnchenzellen (Tafel VI) anschließt. Sind die ersten entzündlichen Erscheinungen und die mit ihnen einhergehende Leukozyten-Infiltration abgelaufen, so ist das Bild der an die Entzündung sich anschließenden Erweichung genau das gleiche, wie bei den anämischen (S. 669) und anderen Erweichungen auch und schließlich nicht mehr von solchen zu unterscheiden; nur die eiterige Entzündung macht hier eine Ausnahme (s. unten). Vielfach liegt auch den im Verlauf von Entzündungszuständen auftretenden Erweichungen ein Gefäßverschluß infolge von Thrombose oder von obliterierender Endarteriitis zugrunde. Im weiteren Verlaufe unterscheiden sich diese Erweichungen vielfach nicht mehr von den auf andere Weise zustande gekommenen und nehmen wie diese ihren Ausgang in Bildung sklerotischer, bindegewebiger Narben resp. Zysten (S. 669). Ausgang des Prozesses.

Zu den chronischen Entzündungen des Zentralnervensystems rechnet man gewöhnlich auch viele Prozesse, welche hauptsächlich in progredienten Degenerationsvorgängen des Nervenparenchyms bestehen, sich von den früher (S. 655) besprochenen degenerativen Formen aber schon dadurch unterscheiden, daß sie nicht an bestimmte funktionelle Systeme gebunden auftreten, sondern das Nervengewebe in unregelmäßig fleckiger Weise, manchmal in deutlichem Anschluß an die Verteilung der Blutgefäße ergreifen. An den Schwund der nervösen Elemente schließt sich auch hier eine Zunahme des Gliagewebes, oder evtl. auch des Bindegewebes, von der Wand des Gefäßes aus, an, welche zunächst die so entstandenen Lücken ausfüllt. In manchen Fällen kommt es im Anschluß an die Degenerationsprozesse schon von Anfang an zu stärkerer Glianeubildung, welche durch stärkere Zellproduktion und Auftreten oft großer, mit reichlichen Fortsätzen versehener Elemente, sog. Spinnenzellen (Fig. 716, S. 664), ausgezeichnet ist. Chronische Entzündungen.

Es ist noch zu betonen, daß ein Teil der unter dem Gesamtnamen der „Entzündung", besonders der Myelitis, verlaufenden Prozesse nicht mit Sicherheit einen wirklich entzündlichen Vorgang darstellt, daß vielmehr viele einfachen Degenerationsprozesse (evtl. mit nachfolgender Gliawucherung) auch hierher gerechnet werden. Solche meist Myelitiden evtl. Myelitis transversa (s. unten) genannten Myelomalazien (Degenerationen des Rückenmarks) kommen bei Infektionen oft unbekannter Art, über einen größeren Teil des Rückenmarks ausgebreitet, ganz akut vor und können sehr schnell zum Tode führen.

Ursachen der Entzündungen. Die Ursachen der im Zentralnervensystem auftretenden entzündlichen Prozesse sind auch größtenteils infektiöser oder toxischer Art. Vielfach stellen sie sich im Verlauf von allgemeinen Infektionskrankheiten oder als Nachkrankheiten nach solchen ein; sie finden sich in dieser Weise bei Scharlach, Masern, Typhus, Polyarthritis, Lyssa u. a.; weiterhin auch bei chronischen Erkrankungen, insbesondere der Lues. Endlich stellen sich Enzephalitis und Myelitis bei Vergiftungen verschiedener Art — so wird Encephalitis haemorrhagica in seltenen Fällen auch nach Salvarsananwendung beobachtet — sowie als anscheinend idiopathische, primär auftretende Erkrankungen ein. Bei den durch infektiöse Einwirkungen entstehenden Formen, zu welchen sicher auch die meisten sog. idiopathisch auftretenden Fälle gehören, ist es ebensowohl denkbar, daß die Infektionserreger selbst, wie auch, daß die von ihnen produzierten toxischen Stoffe die Entzündungsprozesse auslösen. Zum großen Teil, namentlich auch da, wo die Entzündungen als Nachkrankheiten nach dem Ablauf einer anderen Erkrankung eintreten, handelt es sich um Mischinfektionen. Hervorzuheben ist endlich, daß selbst streng auf bestimmte Bezirke lokalisierte Erkrankungen nicht bloß durch unmittelbare Wirkung von Bakterien, sondern auch durch toxische Produkte hervorgerufen werden können, wie z. B. die Fälle von Poliomyelitis anterior (s. unten) zeigen.

Die einzelnen der oben bezeichneten Entzündungsformen treten innerhalb des Hirns und Rückenmarks in sehr verschiedener Ausdehnung und Lokalisation auf. Die **genuine Enzephalitis,** welche oft mit Blutungen einhergeht und ganz akut zum Tode führen kann, ist oft erst mikroskopisch feststellbar. Bei der **hämorrhagischen Enzephalitis** finden sich oft sog. **Ringblutungen** (das Blut liegt außen ringförmig um die kleinen Gefäße), daher spricht man auch von „**Gehirnpurpura**". Solche Formen finden sich z. B. bei Pneumonie, Influenza, Sepsis etc. Besonders die mit hochgradiger Degeneration einhergehenden Entzündungen und sklerotischen Prozesse finden sich nicht selten in Form ausgedehnter Herde,

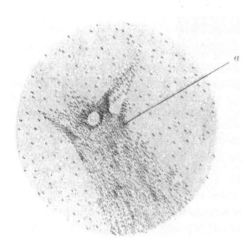

Fig. 723.
Poliomyelitis anterior.
Das Vorderhorn (a) zeigt starke Zellansammlungen und Blutaustritte.

Encephalitis (Myelitis) diffusa.
Myelitis transversa.
Poliencephalitis und Poliomyelitis. welche das Gebiet ganzer Gehirnlappen und am Rückenmark häufig den ganzen Querschnitt desselben über eine große Anzahl von Segmenten hin befallen — **Encephalitis** resp. **Myelitis diffusa,** oder wenn das Rückenmark in seinem ganzen Querschnitt ergriffen ist, **Myelitis transversa.** Entsprechend ihrer, namentlich am Gehirn, größeren räumlichen Ausdehnung ist dabei vielfach vorzugsweise die weiße Substanz befallen, während in anderen Fällen besonders die graue Substanz den Sitz der Veränderungen darstellt. Letztere Formen werden auch als **Poliencephalitis,** resp. **Poliomyelitis** bezeichnet.

Poliomyelitis anterior. In vielen Fällen zeigt sich der hämatogene Charakter des Entzündungsprozesses schon daran, daß seine Ausbreitung und Anordnung sich an den Gefäßverlauf anschließt, ja daß in manchen Fällen das Verbreitungsgebiet einer bestimmten Arterie (oder eines kleinen Astes von ihr) Sitz der Entzündung ist. Eine auf das Gebiet der Arteriae sulcocommissurales des Rückenmarks lokalisierte Entzündung ist die **Poliomyelitis anterior, (acuta),** das anatomische Substrat der klinisch sog. Kleinkinderlähmung. Die genannten Arterien entspringen in regelmäßigen Abständen von der an der Vorderfläche des Rückenmarks herabziehenden Arteria spinalis anterior und treten, nachdem sie, im Sulcus anterior des Rückenmarks verlaufend, die Gegend der vorderen Kommissur erreicht haben, abwechselnd in die rechte und in die linke Hälfte des Rückenmarks ein; sie versorgen die Vorderhörner des Rückenmarks, sowie einen Teil der übrigen grauen Substanz und geben endlich auch Zweige zu den dem Vorderhorn anliegenden Partien der Markmasse ab. Je nachdem nun das Gebiet einer oder mehrerer Arteriae succo-commissurales oder bloß einzelne kleinere Äste befallen sind, findet man bei der Poliomyelitis ausgedehnte Entzündungsherde, welche sich in der Längsrichtung über das Gebiet mehrerer Rückenmarksegmente hin erstrecken und das ganze Bereich der Vorderhörner betreffen, ja sogar den größten Teil der grauen Substanz und die angrenzenden Partien der weißen Masse mit einbeziehen können. In anderen Fällen treten nur kleine Herde auf, welche sich auf einen umschriebenen Bezirk eines Vorderhornes beschränken.

Es handelt sich bei der Poliomyelitis anterior um eine fast nur bei Kindern vorkommende und unter Fiebererscheinungen verlaufende allgemeine Infektionskrankheit; dieselbe beginnt mit ausgedehnten Lähmungen, welche sich zum größten Teil wieder zurückbilden, an einzelnen Muskelgruppen aber meistens dauernde Paresen zurücklassen. Die Muskeln verfallen dabei einer degenerativen Atrophie (s. Kap. VII, D). Da die Erkrankung selten tödlich verläuft, so kommen meistens nur alte, seit langer Zeit abgelaufene Fälle zur Sektion. In frischen Fällen findet man im Bereich der Entzündungsherde Degeneration der Ganglienzellen, vielfach auch der Nervenfasern und der vorderen Wurzelfasern, sowie starke zellige Infiltration, besonders im Anschluß an Gefäße. In manchen Fällen ist die Infiltration nur gering, und es treten fast nur einfache Degenerationen an den nervösen Elementen auf. Seinen Ausgang nimmt der Prozeß in eine sklerotische Schrumpfung des ergriffenen Vorderhornes, welches sich nach Ablauf der Erkrankung nicht selten hochgradig verschmälert und verkürzt zeigt (Fig. 724). Innerhalb des Vorderhorns findet man die Ganglienzellen ganz oder in einzelnen Gruppen zugrunde gegangen. Im Anschluß an die Vorderhornerkrankung kommt es zu sekundärer Degeneration der vorderen Wurzeln, der motorischen Fasern, der peripheren Nerven und der Muskeln (S. 665 und Kap. VII, D).

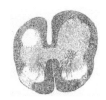

Fig. 724.

Rückenmark bei abgelaufener Poliomyelitis anterior acuta.

Die linke Hälfte des Rückenmarks, besonders das Vorderhorn, verschmälert; an letzterem ein nekrotischer (hellerer) Fleck.

(Markscheidenfärbung.)

Den Erreger der Erkrankung hat man neuerdings kennen gelernt.

Der (akuten) Poliomyelitis anterior analoge Erkrankungen kommen in der Medulla oblongata als **akute Bulbärparalyse,** im Gehirn als **cerebrale** Form der **Kinderlähmung** vor.

Cerebrale Kinderlähmung und Bulbärparalyse.

Während man in den meisten Fällen (mit akutem Verlauf) von Poliomyelitis anterior acuta spricht, gibt es auch einen analogen, aber allmählich einsetzenden oder in mehrfachen Schüben verlaufenden Krankheitsprozeß die sog. **Poliomyelitis anterior chronica,** bei welcher die rein degenerativen Vorgänge in den Vordergrund treten: die Erkrankung unterscheidet sich, soweit bis jetzt bekannt, auch bloß durch den Verlauf von der im übrigen ganz ähnlichen sog. spinalen progressiven Muskelatrophie (S. 661).

Poliomyelitis anterior chronica.

Nicht in allen Fällen ist die Poliomyelitis auf das Vorderhorn beschränkt, sondern vielfach greift der Entzündungsprozeß auf größere Bezirke des Rückenmarksquerschnitts über, so daß die Vorderhornaffektion bloß Teilerscheinung einer ausgebreiteten Myelitis ist. Solche Formen finden sich hie und da bei gewissen schweren Allgemeininfektionen, Variola, Lyssa, auch bei pyämischen Erkrankungen, bei Influenza, Typhus u. a. In manchen Fällen werden auch offenbar durch toxische Einwirkungen heftige funktionelle Störungen von seiten des zentralen und peripheren Nervensystems hervorgerufen, ohne daß die Nervenelemente wesentliche anatomische Veränderungen nachweisen ließen. Hierher gehört ein Teil der Fälle von sog. **Landryscher Paralyse** oder aufsteigender akuter Spinalparalyse, bei der von manchen Seiten neuerdings an ein infektiöses Virus, das auf Affen übertragbar sein soll, gedacht wird. Fälle, wo besonders die graue Substanz des Rückenmarks ergriffen ist, werden auch als zentrale Myelitis bezeichnet.

Landrysche Paralyse.

In vielen Fällen werden entzündliche Prozesse von der Umgebung des Gehirns oder Rückenmarks, namentlich von den Meningen, aus auf das Nervengewebe fortgeleitet und greifen dann mit den von den weichen Häuten her einstrahlenden Gefäßen und Septen auf die Substanz des Zentralnervensystems über. Seltener werden umgekehrt die Häute sekundär von Herden aus in Mitleidenschaft gezogen, welche sich zuerst im Innern

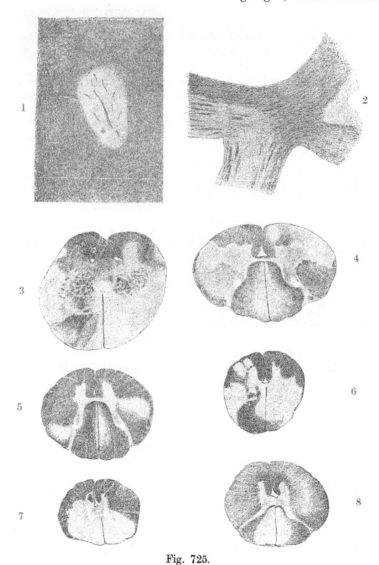

Fig. 725.

Multiple Sklerose (Schnitte bei Lupenvergrößerung).

1 Aus der Markmasse des Großhirns. 2 Chiasma. 3 Medulla oblongata (Pyramidenkreuzung). 4—8 Rückenmark. Markscheidenfärbung; die sklerotischen Herde erscheinen hell.

Meningo-encephalitis und Meningo-myelitis. der Nervensubstanz entwickelt haben. Diese Prozesse, auf welche wir bei Besprechung der Hirnhäute noch einmal zurückkommen müssen, werden als **Meningo-Encephalitis,** resp. **Meningo-Myelitis** zusammengefaßt.

Den bisher erwähnten Formen der Enzephalitis und Myelitis lassen sich die disseminierten Entzündungen des Zentralnervensystems gegenüberstellen, d. h. jene, welche in zahlreichen, voneinander getrennten Herden auftreten und oft über große Bezirke, manchmal selbst über das gesamte Hirn und Rückenmark verbreitet sind; oft schließen sich die einzelnen Herde deutlich an die Verzweigung der Gefäße an. Eine **akute disseminierte Encephalo-Myelitis** tritt teils selbständig, teils, und zwar häufiger, im Anschluß an gewisse Infektionskrankheiten, namentlich solche des Kindesalters, unter dem Bild der sog. akuten Ataxie auf und endet entweder in Heilung oder mit Übergang in eine der gleich zu besprechenden Herdsklerose anatomisch völlig gleichende Erkrankung. Akute disseminierte Encephalo-myelitis.

Die chronische disseminierte Enzephalo-Myelitis stellt sich in der Regel unter dem Bilde der **multiplen Sklerose** (inselförmigen Sklerose oder Herdsklerose, Sclerose en plaques) dar (Fig. 725. Zwar gibt es auch hier Formen, wo die einzelnen Herde eine weichere, graurote, fast gallertige Beschaffenheit und mikroskopisch Fettkörnchenzellen in großer Menge eingelagert aufweisen: offenbar rascher verlaufende Fälle oder akute Nachschübe älterer Erkrankung. Meistens sind aber die Herde derb, grau, selbst unter dem Messer knirschend. Auffallend ist ihre scharfe Begrenzung — besonders in der weißen Substanz — oft wie mit einem Locheisen herausgeschnitten. Die Herde sind von sehr verschiedener Gestalt. Geradezu charakteristisch ist ihre regellose und anscheinend zufällige Verteilung; doch zeigen sie sich immerhin an bestimmten Stellen mit Vorliebe in größerer Zahl: in der weißen Markmasse des Gehirns, besonders im Balken und an der Wand der Seitenventrikel, in der Pons und in der weißen Substanz des Rückenmarks. Auch kann die Erkrankung der Hauptsache nach auf das Gehirn oder das verlängerte Mark oder das Rückenmark beschränkt sein. Multiple Sklerose.

Die mikroskopische Untersuchung zeigt in den Herden einen Schwund der Nervenelemente. Auffallend ist dabei ein sonst nicht in dieser Ausdehnung vorkommendes, eigentümliches Verhalten vieler Nervenfasern; es pflegen nämlich bei der multiplen Sklerose innerhalb der Herde fast alle Achsenzylinder erhalten zu bleiben, während die Markscheiden untergehen; es liegen also in dem sklerotischen Gebiete marklose Achsenzylinder vor; daneben besteht Wucherung der Neuroglia, welch letztere dabei vielfach einen ausgesprochen langfaserigen Charakter annimmt. Mikroskopisches Verhalten derselben.

Die Ursache der Herdsklerose, wenigstens der anatomisch sich unter ihrem Bild darstellenden Formen, ist nicht immer die gleiche. In einem großen Teil der Fälle handelt es sich offenbar um angeborene Entwickelungsstörungen im Nervenparenchym, indem die Achsenzylinder regelrecht ausgebildet, die Markscheiden aber an den betroffenen Stellen nicht angelegt oder wenigstens nicht ausgebildet werden. In anderen Fällen liegen Ausgänge degenerativer Herde in Sklerose vor, im Anschluß an Infektionskrankheiten oder evtl. auch Intoxikationen. Neuerdings wird hier besonders auch Zusammenhang mit Malaria angenommen. Vielleicht sind in solchen Fällen die Markscheiden auch als von Haus aus weniger gut entwickelt oder wenigstens besonders labil anzunehmen. Zum Teil werden auch die Herde auf Störungen in der Lymphzirkulation zurückgeführt, welche durch chronisch-entzündliche Veränderungen an den Gefäßwänden, namentlich Verwachsung und Obliteration der sie umgebenden Lymphscheiden, hervorgerufen werden. Das anatomische Bild einer disseminierten Sklerose kann also jedenfalls in verschiedener Weise zustande kommen. Pathogenese derselben.

In seltenen Fällen tritt am Gehirn eine **diffuse,** das ganze Gehirn oder einzelne Lappen betreffende **Sklerose** ein, welche mit starker Wucherung der Neuroglia einhergeht und zu oft hochgradiger Schrumpfung und Verhärtung des Gehirns führt; mit der Atrophie des Gehirns kommt ein Hydrocephalus externus und internus ex vacuo zur Ausbildung. Solche Formen von Hirnsklerose kommen meist in jugendlichem Alter (besonders bei idiotischen Kindern) vor. Diffuse Sklerose.

Bei epileptischen, oft zugleich idiotischen jungen Individuen findet sich die sog. **tuberöse Sklerose.** Es bestehen hier regellos verteilte, harte, weiße Knoten und Streifen, zum Teil mehr tumorartige Bildungen. Sie setzen sich zum großen Teil aus Glia zusammen; dazwischen finden sich Ganglienzellen (daher die Bezeichnung Glioma gangliocellulare). Oft finden sich zugleich kleine geschwulstähnliche Mißbildungen in der Niere (s. dort), im Herzen etc. Tuberöse Sklerose.

Die **eiterigen** Entzündungen des Zentralnervensystems unterscheiden sich von den übrigen zur Gewebseinschmelzung (Erweichung) führenden Entzündungsformen dadurch, daß die erweichte Masse sich als echter Eiter darstellt, also mikroskopisch nicht aus großen phagozytären Wanderzellen (S. 108 und 669), sondern aus polymorphkernigen Eiterzellen (S. 137) zusammengesetzt erweist. Eiterige Entzündung.

Die mehr herdförmige **eiterige Encephalitis,** der **Hirnabszeß,** bildet in der Hirnsubstanz mit gelber oder gelbgrüner Eitermasse gefüllte Herde, welche meist nur einen geringen Umfang besitzen, aber auch einen großen Teil einer Hemisphäre befallen können. Ihre Wand besteht aus eiterig infiltriertem und erweichtem Hirngewebe, ist fetzig und oft sinuös ausgebuchtet. Hirnabszeß.

Werden, was nicht selten vorkommt, bei dem Prozeß Gefäße arrodiert, so mischt sich auch Blut dem Inhalt der Höhle bei; nach dem gesunden Hirngewebe zu geht die Zone der eiterigen Erweichung in eine solche teigigen Ödems über. In beiden Zonen finden sich öfters Gruppen kapillarer Apoplexien (S. 671) vor. Die mikroskopische Untersuchung weist wenigstens am Rande des Eiterherdes neben den Eiterzellen Trümmer und Zerfallsprodukte von Nervenelementen, ferner Cholesterinkristalle, in Verfettung begriffene Zellen etc. auf.

Ätiologie und Pathogenese.

Ein Hirnabszeß kann auf verschiedene Weise entstehen. Die Eitererreger können direkt von außen ins Gehirn eingedrungen, oder von dessen Umgebung her in es gelangt, oder endlich mit dem Blut eingeschwemmt worden sein. Der erste Fall tritt ein, wenn bei Schädelverletzungen das Gehirn durch das perforierende Instrument oder durch Knochensplitter verletzt wird und eine Wundinfektion stattfindet. Das gleiche kann sich bei komplizierten Schädelfrakturen ohne Verletzung des Gehirns ereignen. Endlich tritt ein Hirnabszeß auch manchmal bei nicht komplizierten Schädelfrakturen, ja sogar bei Verwundungen der Weichteile ohne Knochenverletzung auf; man muß für solche Fälle annehmen, daß irgendwie Eitererreger bei der Verletzung Eingang gefunden, auf dem Lymphwege ins Gehirn gelangt sind und da sich angesiedelt haben. Bei anderen Fällen wiederum ist der Weg der Infektion deutlich gekennzeichnet, indem sich zuerst eine zirkumskripte eiterige Pachymeningitis mit oder ohne Sinusphlebitis, dann eiterige Meningitis, dann endlich ein Hirnabszeß entwickelt. Man bezeichnet all diese, auf äußere Gewalteinwirkung zurückzuführenden Formen als **traumatische Hirnabszesse.** Ebenfalls durch Fortleitung per continuitatem oder auf dem Lymphwege entstehen die Abszesse, welche sich an Karies des Felsenbeins oder anderer Schädelknochen, an Meningitis, Empyem der Highmorshöhle und Karies des Siebbeins anschließen. Auch bei diesen Formen kann sich zuerst eiterige Phlebitis eines Hirnsinus (z. B. des Sinus petrosus bei Felsenbeinkaries), zirkumskripte eiterige Pachymeningitis und Meningitis und dann der Hirnabszeß entwickeln, oder letzterer ohne diese Zwischenstufen auftreten.

Auf hämatogenem Wege entstehen Hirnabszesse in erster Linie bei allgemeinen Infektionskrankheiten und eiterigen Allgemeininfektionen (Puerperalfieber, Endokarditis, Erysipel, Pyämie u. a.); sie sind dann zwar oft von geringer Größe, aber multipel. Einzelne größere Abszesse entstehen besonders durch Einschwemmung infizierter Emboli, welche die Bildung von Erweichungsherden und nachträglich eine eiterige Exsudation in diese hervorrufen. Auch von eiterigen Prozessen beliebiger anderer Körperstellen aus finden auf dem Blutwege Metastasen ins Gehirn statt; so können Phlegmonen, fötide Bronchitis und Ulzerationen in bronchiektatischen Kavernen Quelle von eiteriger Enzephalitis werden. Je nach dem Charakter des primären Eiterherdes sind dann auch die Hirnabszesse einfach eiterige oder eiterig-jauchige. Endlich gibt es noch eine Reihe sog. kryptogenetischer Hirnabszesse, bei denen die Eingangspforte der Infektionserreger nicht nachweisbar ist.

Folgen der Hirnabszesse.

Die eiterige Encephalitis bzw. der Hirnabszeß kann rasch zum Tode führen, besonders durch schnelle Ausbreitung der Eiterung auf die Meningen und Entwickelung einer akuten diffusen Meningitis, oder besonders durch Perforation in einen Ventrikel Auftreten eines eiterigen Hydrocephalus internus, und so — indirekt bewirkte — eiterige Meningitis der Basis cerebri. Weitere Folgezustände sind mehr oder minder ausgedehntes Hirnödem und Erscheinungen von Hirndruck (S. 675). In anderen Fällen zeigt der Hirnabszeß geringe Neigung sich auszubreiten und bleibt lange Zeit lokalisiert. Dann entwickelt sich um ihn eine aus Bindegewebe bestehende Abszeßmembran (S. 139), die ihn mehr oder weniger vollständig einkapselt. Der eiterige Inhalt kann sich eindicken und schließlich trocken und krümelig werden; jedoch ist jederzeit eine Perforation in die Umgebung, besonders die Ventrikel, möglich. Auch können derartige lange bestehende Abszesse sich allmählich noch bedeutend vergrößern.

Sitz derselben.

Der Sitz der einzelnen Abszesse ist ein verschiedener; bei solchen, die sich an Traumen anschließen, kommt im allgemeinen ihre Einwirkungsstelle in Betracht; die infolge von Karies des Schläfenbeins auftretenden Eiterungen haben ihren Sitz regelmäßig im Schläfenlappen oder dem Kleinhirn.

Im Rückenmark kommen eiterige Entzündungen nur selten zur Beobachtung. Es finden sich solche manchmal als metastatische Abszesse bei pyämischen Erkrankungen, besonders bei bronchiektatischen vereiterten Höhlen; in anderen Fällen ist die Eiterung von kariösen Prozessen an der Wirbelsäule oder von eiterigen Entzündungen der Meningen her fortgeleitet. Am wichtigsten ist die Beteiligung des Rückenmarks an der eiterigen Meningitis (s. unten).

Rücken-marks-abszesse.

e) Infektiöse Granulationen.

e) Infek-tiöse Granu-lationen.

Unter den **tuberkulösen** Erkrankungen des Zentralnervensystems steht die tuberkulöse Meningitis an Häufigkeit und Wichtigkeit im Vordergrund. Die Veränderungen des Gehirns und evtl. Rückenmarks sind dann nur sekundärer Natur und darum sollen diese Veränderungen im Zusammenhang unter „weiche Gehirnhäute" dargestellt werden. Hier sollen nur die tuberkulösen Veränderungen Besprechung finden, welche, wenn auch meist mit tuberkulöser Meningitis vergesellschaftet, mehr selbständig die Nervensubstanz selbst befallen. In manchen Fällen treten im Innern der Hirn- und Rückenmarksubstanz zahlreichere tuberkulöse Herde auf, so daß ein größerer oder kleinerer Bezirk vollkommen von solchen besetzt

Tuber-kulose.

Tuber-kulöse Meningitis.

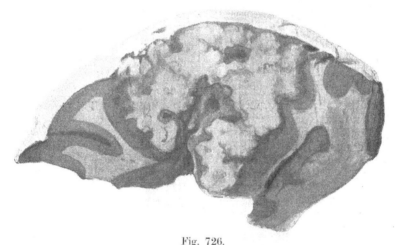

Fig. 726.
Großer Konglomerattuberkel des Gehirns unter der Pia.

wird: **disseminierte Tuberkulose** des Hirns oder Rückenmarks. Häufiger sind, namentlich im Gehirn, größere käsige Knoten, sog. **Konglomerattuberkel** (oder **Solitärtuberkel** [S. 155]), welche bis Hühnereigröße erreichen können und manchmal auch eine zentrale Erweichung der verkästen Partien erkennen lassen. Um diese findet man fast stets einen mehr oder weniger deutlichen Kranz von sekundären Knötchen, sog. Resorptionstuberkeln (S. 162); das umgebende Gewebe ist teils ödematös gequollen, teils von einem Granulationsgewebe durchsetzt, welches manchmal Neigung zu fibröser Umwandlung und Einkapselung der Knoten aufweist. Zufolge ihres großen Umfanges treten die Konglomerattuberkel vielfach unter dem klinischen Bild von Hirntumoren auf und rufen Hirndruck, Stauungspapille und andere Allgemeinerscheinungen hervor. Ein Lieblingssitz der Tuberkel im Gehirn ist das Kleinhirn. Im Rückenmark veranlassen größere Knoten die Erscheinungen der Querschnittläsion, d. h. eine mehr oder minder vollkommene Unterbrechung der Leitung, oft mit ausgesprochenen sekundären Degenerationen. Eine Folge der chronischen Meningitis ist stets die Ausbildung eines Hydrocephalus internus (s. später). Hierbei verdickt sich oft das Ependym glatt, oder in Form der Ependymitis granularis (s. weiter unten). Doch kommen auch durch den Tuberkelbazillus direkt veranlaßte echte Tuberkel am Ependym vor, die sich von den Knötchen der gewöhnlichen granulären

Dissemi-nierte und Konglome-rattub?r-kulose.

Ependy-mitis gra-nularis und Ependym-tuberkel.

Ependymitis makroskopisch nicht unterscheiden und meist sehr zahlreiche Bazillen enthalten.

Syphilis.

Auch unter den **syphilitischen** Erkrankungen des Zentralnervensystems stehen diejenigen, welche die Meningen und erst von hier aus die eigentliche Nervensubstanz befallend im Vordergrund. Auch sie sollen erst später im Kapitel der Hirnhäute gemeinsame Darstellung finden.

Hier sollen nur die das Nervensystem selbst hauptsächlich betreffenden Formen gekennzeichnet werden. Außer den entzündlichen, mehr oder minder typisch gummösen Prozessen, welche von den Meningen aus das Zentralnervensystem angreifen, kann nämlich die Syphilis auch andere, rein **degenerative** Veränderungen am Nervenparenchym hervorrufen. Zum Teil stehen solche zweifellos mit den Veränderungen der zuführenden Blutgefäße in Zusammenhang und sind der Hauptsache nach als Effekt einer durch die Herabsetzung der Blutzufuhr veranlaßten Ernährungsstörung aufzufassen; solche Veränderungen treten meist in herdweisen, unregelmäßigen Degenerationen und Sklerosen auf; andererseits muß man auch dem Gift der Syphilis die Fähigkeit zuerkennen, in direkter Weise Degenerationsprozesse an den Ganglienzellen und Nervenfasern hervorzubringen; hierdurch entstehen strangförmige Degenerationen und Sklerosen, manchmal auch systematische Erkrankungen einzelner Nervengebiete. Zu letzteren gehört wahrscheinlich ein Teil der Fälle von sog. syphilitischer Lateralsklerose, einer Erkrankung der Pyramidenbahnen, sowie des weiteren gewisse Formen von Hinterstrangerkrankung.

Die letztgenannten Fälle leiten endlich zu einer weiteren Gruppe degenerativer, meist mehr oder minder systematischer Erkrankungen über, welche erst längere Zeit nach der Infektion eintreten und ihrem anatomischen Charakter nach gar keine Anzeichen ihrer syphilitischen Natur mehr an sich tragen, aber nach allem, was wir über ihr Zustandekommen wissen, in der Mehrzahl der Fälle auf eine syphilitische Infektion zurückzuführen sind; wie schon erwähnt, gilt das besonders für die **Tabes dorsalis** und die **progressive Paralyse** (s. dort). Man bezeichnete diese daher auch als postsyphilitische (oder mehr- bzw. parasyphilitische) Erkrankungen. Doch ist, wie oben erwähnt, jetzt bei diesen Erkrankungen, besonders in Herden der progressiven Paralyse, der Syphiliserreger die Spirochaete pallida, noch nachgewiesen worden.

Mit dem Namen **Encephalitis neonatorum interstitialis** bezeichnete Virchow einen bei syphilitischen Neugeborenen vorkommenden Befund. In den Markmassen liegen gelbliche, aus dicht gelagerten Körnchenzellen bestehende Erweichungsherde; auch im übrigen Gehirn sind zahlreiche Körnchenzellen vorhanden; indes finden sich letztere auch physiologisch im Gehirn Neugeborener.

Aktinomykose kommt in Form von Abszessen im Gehirn selten vor.

Degenerative syphilitische Prozesse.

Tabes dorsalis und progressive Paralyse.

Encephalitis neonatorum interstitialis.

f) Tumoren und Parasiten.

Gehirntumoren.

f) Tumoren und Parasiten.

Tumoren des Gehirns können, wenn sie langsam wachsen und eine gewisse Größe nicht überschreiten, unter Umständen völlig symptomlos verlaufen, so daß sie als zufällige Nebenbefunde erst bei der Sektion entdeckt werden; in anderen Fällen machen sie frühzeitig allgemeine und lokale Erscheinungen. Während die lokalen Erscheinungen — Ausfallserscheinungen etc. — naturgemäß je nach dem Sitz völlig verschieden sind, beruhen auf der Raumbeengung, welche die Geschwülste in der Schädelhöhle hervorrufen; es stellen sich dann die Erscheinungen des Hirndrucks (S. 675), Andrängung der Hirnoberfläche gegen den Schädel, Abplattung der Windungen, Blässe und Trockenheit der Meningen und der Hirnoberfläche, stärkere Spannung der Dura, Stauungspapille und durch Behinderung des venösen Abflusses oder des Abflusses der Zerebrospinalflüssigkeit auch Hydrocephalus internus ein; besonders pflegt letzterer zustande zu kommen, wenn die Vena magna Galeni verlegt oder komprimiert wird. Daneben zeigen sich vielfach Verdrängungserscheinungen und Verschiebungen mit Formveränderungen des Gehirns, Verschiebungen des Balkens, oder ganze Hemisphären etc. Dadurch, daß die Hirnsubstanz sich allmählich an die Raumbeengung anpaßt, können Symptome lange Zeit ausbleiben, doch zeigen sich in der Umgebung der Tumoren vielfach lokale Veränderungen, namentlich Druckatrophie der anliegenden Hirnbezirke und kollaterales Ödem, welches durch Behinderung der Lymphzirkulation zustande kommt. Ferner kommt es in der Umgebung des Tumors auch nicht selten zur Verdichtung des Gliagewebes, wodurch er mehr oder weniger eingekapselt werden kann. Bösartige Geschwülste, insbesondere auch die Gliome, zeigen ein infiltrierendes Wachstum, d. h. sie sind nirgends von der Nachbarschaft scharf abgrenzbar, sondern dringen in diese vor; in solchen Fällen pflegen die Verdrängungserscheinungen geringer zu sein.

Im klinischen Sinne wirken als Tumoren des Gehirns auch tierische Parasiten, Konglomerattuberkel und große Gummata, ferner manche Geschwülste der Meningen oder des Schädeldaches, soweit solche gegen die Schädelhöhle zu vordringen, endlich auch Hämatome der Dura mater (S. 706).

Von echten Proliferationsgeschwülsten kommen im Gehirn vor allem **Gliome** vor (S. 203 ff.), welche eine erhebliche Größe erreichen können; man unterscheidet harte und weiche Formen, je nachdem die streifige Glia oder Gliazellen überwiegen. Ihr Wachstum ist meist sehr infiltrierend (s. oben). Sie können sich so der Gehirnform anpassen, daß sie nur wenig aufzufallen brauchen. Inmitten des Tumors sind oft noch sehr zahlreiche markscheidenfreie Achsenzylinder erhalten. Die Gliome finden sich meist in den Großhirnhemisphären oder im Kleinhirn beziehungsweise in der Pons oder zwischen dieser und den Brückenschenkeln.

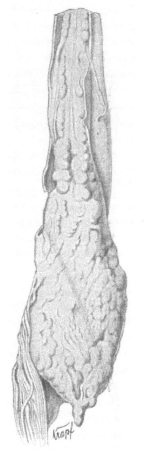

Gliome.

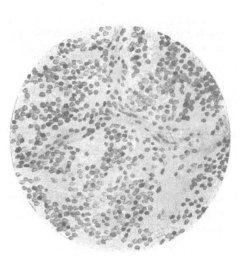

Fig. 727.
Gliom des Gehirns.

Die Zellen sind indifferente Gliazellen, das feinfaserige [Netzwerk besteht aus Gliafasern.

Fig. 728.
Sarkom des Rückenmarks und der Pia.

(Nach Bruns, Die Geschwülste [des Zentralnervensystems.)

Außer der streifigen Glia besteht das Gliom aus Gliazellen, unter welchen oft Stern- bzw. Spinnenzellen mit zahlreichen Ausläufern auffallen. Auch finden sich häufig indifferente Gliazellen. Besteht der Tumor nur oder fast nur aus solchen, die den Sarkomelementen durchaus ähnlich sehen, so bezeichnet man derartige Tumoren oft als Gliosarkome. Richtig ist diese Bezeichnung allerdings nicht; denn entwickelungsgeschichtlich sind diese Zellen ja wie die Glia epithelialer Abstammung. Man sollte den Namen Gliosarkom also für die seltenen Tumoren reservieren, bei welchen außer dem Gliom ein Sarkom, ausgehend vom Bindegewebe, besonders der Gefäßscheiden, vorliegt. Aber in den Fällen, in denen der Tumor fast nur aus wenig differenzierten Zellelementen besteht, kann eine Entscheidung, ob die Zellen Gliazellen oder Bindegewebszellen sind, d. h. ob Gliom oder Sarkom vorliegt, in der Tat fast unmöglich sein. Die Gliome zeigen oft regressive Metamorphosen mit Zerfallserscheinungen und sind ferner oft von Blutungen durchsetzt. Aus Zentralerweichungen gehen öfters

Neuro-
epithe-
liome. Zysten hervor. Als **Neuroepitheliome** hat man Gliome bezeichnet, in denen sich rosettenförmig angeordnete hohe Epithelien vorfinden, welche für Ependymzellen, die Matrix der Gliazellen, gehalten werden. Es gibt auch von verlagerten Ependymzellen ausgehende als **Karzinome** aufzufassende Tumoren (selten). Einzelne Gliomformen enthalten auch nervöse

Neuro-
glioma
ganglio-
nare. Elemente, evtl. sogar Ganglienzellen. Man bezeichnet sie als **Neuroglioma ganglionare.** Sie sind wohl sicher — und ebenso überhaupt die meisten Gliome — auf entwickelungsgeschichtliche Anlage zu beziehen. Ferner finden sich im Gehirn **Sarkome** (der verschie-

Sonstige
Tumoren. densten Art, darunter auch Melanosarkome, teils — wenn auch sehr selten — vom Gehirn selbst, teils von den Pigmentzellen führenden Meningen ausgehend) **Endotheliome, Psammome, Angiome, Kavernome, Lipome, Fibrome, Osteome,** öfters auch **Mischgeschwülste** verschiedener Art (vergl. auch Tumoren der Meningen und der Ventrikel S. 706 und 692). Von der Netzhaut gehen manchmal Gliome aus, welche sich, der Scheide des Nervus opticus folgend, über die Hirnbasis und selbst tief in den Wirbelkanal hinein ausbreiten können.

Rücken-
mark-
tumoren. Am Rückenmark sind Tumoren selten; noch am häufigsten finden sich **Gliome,** welche als langgestreckte Geschwülste auftreten und durch zentralen Zerfall zu Formen führen können, welche der Syringomyelie (S. 693) nahestehen (s. unten). Ferner finden sich in seltenen Fällen **Cholesteatome, Sarkome, Lipome, Fibrome** u. a. Im Rückenmark verursachen Tumoren ebenfalls Verdrängungserscheinungen und Verschiebungen in der Struktur des Organes, sowie ödematöse Quellung der Umgebung; einigermaßen größere Geschwülste haben Auftreibung des Rückenmarks und bei seinem geringen Querschnitt oft eine vollkommene Unterbrechung seiner Fasermasse mit aufsteigenden und absteigenden sekundären Strangdegenerationen (S. 655) zur Folge; durch Tumoren, welche von den Meningen oder der knöchernen Wirbelsäule ausgehen, wird Kompression des Rückenmarks mit den oben besprochenen Folgeerscheinungen bewirkt (S. 688). Von diesen Geschwülsten sind die (immer sekundär auftretenden) Karzinome der Wirbelsäule und die oft diffusen und sehr ausgebreiteten Sarkome der Rückenmarkshüllen die wichtigsten.

Metastati-
sche
Tumoren Als metastatische Geschwulstknoten finden sich Karzinome und Sarkome nicht sehr häufig im Gehirn, noch seltener im Rückenmark.

Pseudo-
tumor. Auch ohne alle solche Bildungen besteht zuweilen klinisch das Bild des Gehirntumors, während sich anatomisch nur Atherosklerose mit ihren Folgezuständen bzw. die sog. akute Hirnschwellung findet (sog. **Pseudotumor**).

Tierische
Parasiten.
Tierische Parasiten.

Cysti-
cerkus. Der **Cysticerkus** (S. 331 ff.) bildet meist multiple, oft in großer Zahl vorhandene Blasen und kommt auch in der Form des Cysticercus racemosus (S. 332) vor, seltener in der Hirnsubstanz als in den Meningen oder den Ventrikeln, bzw. den Plexus. In den Ventrikeln kommen auch losgelöste, frei bewegliche Blasen vor; die Wirkung, welche der Parasit auf das Gehirn ausübt, ist graduell sehr verschieden; große oder sehr zahlreiche Blasen können Hirndruckerscheinungen auslösen. Im Rückenmark kommt ein Zystizerkus höchst selten vor, etwas häufiger im Duralsack außerhalb des Rückenmarks.

Echino-
kokkus. Der **Echinokokkus** (S. 333ff) findet sich in seltenen Fällen im Gehirn, und zwar an dessen Oberfläche, in den Ventrikeln, oder auch in der Hirnsubstanz in Form einfacher oder multipler Blasen. Innerhalb des Wirbelkanals kann der Echinokokkus sowohl intra- wie extradural, wie auch primär im Knochen der Wirbelsäule auftreten; manchmal wachsen vom subpleuralen oder subperitonealen Gewebe ausgehende

Echinokokkusblasen durch die Foramina intervertebralia in den Wirbelkanal hinein, eine Wachtums-
eigentümlichkeit, welche auch manchen Geschwülsten zukommt.

g) Verletzungen des Zentralnervensystems. — Erschütterung. — Kompression.

g) Ver-
letzungen;
Erschütte-
rung; Kom-
pression.

Reine Schnitt- oder Stichverletzungen kommen am Zentralnervensystem infolge
seiner geschützten Lage nur selten zur Beobachtung; dagegen sind die sich an diese Läsionen
anschließenden Veränderungen vielfach experimentell studiert worden. Wie bei anderen Organen
wird die Trennungslinie zuerst durch Blut und einen serofibrinösen Erguß ausgefüllt; bei tiefen
Wunden findet ein stärkeres Klaffen der Wundränder, bei totaler Durchtrennung des Rückenmarkes eine beträchtliche Reaktion der beiden Stümpfe statt. Von Verletzungen anderer Organe
unterscheiden sich jene des Zentralnervensystems besonders auch dadurch, daß sich bei ihnen
an den Schnitträndern eine breite Zone der **traumatischen Degeneration** bezeichnet, so daß also
die Wirkung auch glatter und reiner Schnittwunden eine ziemlich bedeutende Ausdehnung aufweist; im weiteren Verlauf schließen sich an die Durchtrennung der Nervenbahnen
die entsprechenden sekundären Degenerationen an.

Schnitt- u.
Stichver-
letzungen.
Traumati-
sche De-
generation

Die Wundheilung erfolgt, wenn keine Komplikation eintritt, in der Weise, daß die
Zerfallsmasse der Schnittränder in der gleichen Weise wie andere erweichte Partien resorbiert
werden und der Defekt von wucherndem Gliagewebe und Bindegewebe ausgefüllt und abgeschlossen wird. Das junge Bindegewebe nimmt seinen Ausgang von den Blutgefäßen und
von der Pia.

Wund-
heilung.

Eine regenerative Neubildung von Nervenfasern findet innerhalb des zentralen
Nervensystems auf jeden Fall höchstens in sehr beschränktem Maße statt; es bilden sich
zwar Bündel junger Fasern (wahrscheinlich durch Sprossung von den Faserstümpfen her), aber
diese vermögen das zwischen den Wundrändern entstehende Narbengewebe nicht zu durchdringen.
Eine Regeneration von Ganglienzellen scheint nicht vorzukommen.

Regene-
ration.

Die meisten Verletzungen des Narbengewebes sind mit einer mehr oder minder starken
Quetschung (Kontusion) und Zertrümmerung seiner Substanz und mit Blutungen verbunden; am Gehirn erfolgen solche durch Schußverletzungen, stumpfe Instrumente,
Knochenfragmente, welche bei Schädelverletzungen abgesprengt und verschoben werden
und sich in die Hirnmasse einbohren; am Rückenmark kommen Quetschungen seiner Substanz durch Frakturen oder Luxationen von Wirbeln zustande; Schußverletzungen
können direkt das Rückenmark erreichen oder es durch die Verletzung der Wirbelsäule (Knochensplitter) in Mitleidenschaft ziehen. (s. auch im Kapitel VI des I. Teils) Eine häufige Ursache
von Rückenmarksquetschung ist der Zusammenbruch von kariösen oder durch Geschwulstmassen zerstörten Wirbeln. Während im Wirbelkanal stärkere meningeale Blutungen
dabei in der Regel fehlen, kommt es im Schädel durch Zerreißung von meningealen Gefäßen,
namentlich der Arteria meningea media, gelegentlich zu starken Blutungen in den Sub-
dural- und Subarachnoidealraum. Das gequetschte und zertrümmerte Nervengewebe zeigt den
Befund der hämorrhagischen Erweichung (S. 668).

Kontusion.
Schußver-
letzungen

Quetschungen des Rückenmarks und durch sie hervorgerufene Blutungen in seine Substanz kommen
vielfach auch bei Distorsionen der Wirbelsäule, d. h. vorübergehenden Verschiebungen von
Wirbeln oder Bandscheiben zustande, welche keine dauernden Formveränderungen an der Wirbelsäule
zur Folge haben. Bei starker Überbeugung der Wirbelsäule, wie sie z. B. bei Sturz aus bedeutender
Höhe und Auffallen auf den Kopf oder den Steiß eintritt, kann es dazu kommen, daß das Rückenmark
in der Höhe des fünften bis sechsten Halswirbels, welche den Gipfel der bei solcher starken Beugung
der Wirbelsäule entstehenden Krümmung bilden, heftig gedrückt und gequetscht wird. Auch ist bei
starker Zerrung der Wirbelsäule eine Zerrung des Rückenmarkes und Zerreißung von Fasern in ihm und
selbst seiner Hüllen möglich, was gelegentlich auch bei schweren Entbindungen (Extraktion der Frucht
an den Füßen, „dystokische" Zerrungen), vielleicht auch durch forcierte Schultzesche Schwingungen
eintreten kann.

Quetsch-
ungen des
Rücken-
marks bei
Distor-
sionen der
Wirbel-
säule.

Commotio. Gehirnerschütterung. Durch Einwirkung einer erschütternden Gewalt, Schlag,
Stoß oder Fall auf den Schädel kann es zu Läsionen des Gehirns kommen, ohne daß am Schädel
selbst eine Verletzung vorhanden sein müßte. In manchen Fällen dieser Art finden sich erhebliche
Blutungen in der Hirnsubstanz, welche anscheinend dadurch zustande kommen, daß die Zerebrospinalflüssigkeit infolge des ihr mitgeteilten Stoßes auszuweichen bestrebt ist und dabei an verschiedenen Stellen
anprallt; daher treten solche Blutungen mit Vorliebe an bestimmten Teilen auf: an der der Einwirkung
des Traumas entgegengesetzten Seite (Contrecoup), an den Wänden der Ventrikel und der Abflußwege
der Zerebrospinalflüssigkeit (der Wand des Aquaeductus Sylvii und des vierten Ventrikels). In anderen
Fällen sind nach Erschütterung des Schädels bloß einzelne oder zahlreichere kleine, sog. kapillare Apo-

Gehirn-
erschütte-
rung.

plexien (S. 671) zu finden, welche wohl auch auf Gefäßzerreißung durch die dem Liquor cerebrospinalis mitgeteilte energische Bewegung zurückgeführt werden müssen. Auch nekrotische Erweichungsherde, event. mit Blutungen kommen vor. Vielfach aber fehlen auch diese, und es muß also die Erschütterung auch ohne grobe Zerreißungen und Läsionen des Nervengewebes zu einer Alteration des letzteren führen können. Solche Fälle bezeichnet man als Commotio oder Gehirnerschütterung. Meist beruht diese nur auf einer kurz dauernden funktionellen Schädigung, wie das rasche Vorübergehen der Symptome beweist. Vor allem aber aus Versuchen ist 'doch zu schließen, daß auch eine vorübergehende anatomische Schädigung der nervösen Elemente der Großhirnrinde, besonders der Nervenfasern statt hat, so daß zwischen Contusio und commotio cerebri gewissermaßen nur quantitative Unterschiede bestehen (Jakob).

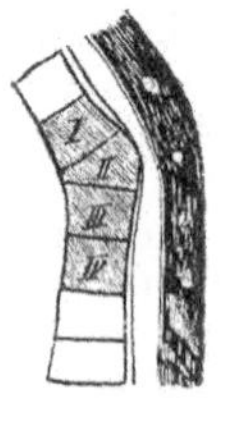

Am Rückenmark können die Erscheinungen der Commotio ohne grobe Läsion seiner Substanz auch experimentell hervorgerufen werden; gerade hier kann man öfters beobachten, daß sich an die Commotio chronische Degenerationsprozesse anschließen. Die meisten Fälle, sog. Rückenmarkserschütterung, sind (abgesehen von den häufigen traumatischen Neurosen) indessen auf vorübergehende Verschiebungen von Wirbeln oder Wirbelteilen, ihre oben erwähnten Distorsionen und dadurch bedingte Zerrungen des Rückenmarkes, zum Teil auch auf Blutungen in letzteres zurückzuführen.

Fig. 729.

Schema der Rücken-markskompression bei Wirbelkaries.

(Nach Strümpell, Lehrbuch der speziellen Pathologie und Therapie.)

Der zusammengesunkene Wirbel *II* ist von den Wirbeln *I* und *III* nach hinten gedrängt und verengt den Wirbelkanal.

Langsame Kompression des Rückenmarks; die sog. **Kompressionsmyelitis, besser Kompressionsmyeloidegeneration.** Eine allgemeine Kompression des Rückenmarks kommt durch verschiedene raumbeengende Prozesse im Wirbelkanal zustande. Es wirken in solcher Weise Neubildungen des Wirbelkanals (Exostosen, Karzinome. Sarkome der Wirbel), Tumoren der Meningen, endlich in hervorragender Weise **kariöse Prozesse an den Wirbeln,** wie sie namentlich durch **tuberkulöse** Affektionen entstehen. Besonders durch diese kommt eine spitzwinkelige Kyphose der Wirbelsäule zustande, indem der kariöse Prozeß vorzugsweise in der Wirbelsäule seinen Sitz hat, und die Wirbelsäule dabei durch Zusammensinken der ergriffenen Wirbel nach vorne geknickt wird. So entsteht der bekannte Gibbus oder Pottscher Büschel; es werden dabei die kariös zerstörten Wirbel nach hinten geschoben, und sie verengen so den Wirbelkanal (Fig. 729). Manchmal erfolgt auch unter Einwirkung eines Traumas oder durch eine unvorsichtige, rasche Bewegung der Zusammenbruch der morschen Wirbel plötzlich und hat dann Quetschung des Rückenmarks zur Folge. Besonders deletär ist ein solches Vorkommnis bei der Karies der beiden obersten Halswirbel, wo es nach Zerstörung des Knochens und der Gelenkbänder schon durch eine unvorsichtige Bewegung des Kopfes dahin kommen kann, daß die beiden Wirbel sich gegeneinander verschieben, und der Zahn des Epistropheus sich in die Medulla oblongata.einbohrt, ein Ereignis, welches plötzlichen Tod zur Folge hat. Bei allmählicher Ausbildung des Gibbus fehlen die Erscheinungen der Gewebszertrümmerung an Rückenmark, dagegen hat die langsame Kompression eine Abplattung oder spindelförmige Verdünnung des Rückenmarks an Stelle des Druckes zur Folge. Indessen erfolgt die Kompression des Rückenmarks doch nur in den selteneren Fällen direkt durch die kariösen Wirbel; es ist das auch leicht erklärlich, wenn man die anatomischen Verhältnisse in Betracht zieht, aus denen hervorgeht, daß die Medulla innerhalb des Wirbelkanals so viel Spielraum hat, daß eine Verengerung des Kanals schon sehr bedeutend sein muß, um das Rückenmark einem stärkeren Druck auszusetzen.

Ebenfalls selten ist es, daß ein von Wirbeln ausgehender subperiostaler Abszeß das Ligamentum longitudinale (das innere Periost der Wirbelsäule) vorwölbt und so einen Druck auf den Duralsack ausübt.

Meistens kommen die Druckerscheinungen am Rückenmark durch tuberkulöse Wucherungsprozesse zustande, welche sich an der Außenfläche der Dura mater entwickeln. Sehr bald greift nämlich die Tuberkulose von den kariösen Wirbeln aus auf das der Dura aufliegende lockere, von Fett durchsetzte Bindegewebe, das sog. epidurale Zellgewebe über, wo sie oft rasch eine ausgedehnte Ausbreitung gewinnt; es entstehen dabei im Innern des Wirbelkanals massige, schwammige graurote, zum Teil verkäsende, zum Teil auch vereiternde Granulationen, welche den Duralsack dicht umhüllen und einen Druck auf ihn ausüben können (Fig. 731). Bei der mikroskopischen Untersuchung zeigen sie sich aus einem diffusen Granultionsgewebe zusammengesetzt, in welches vielfach umschriebene Tuberkel und größere Käseherde eingelagert sind, und welches andererseits auch nicht selten Neigung zur Bildung derber fibröser Massen zeigt. Man bezeichnet diese an der Dura auftretende und später auch ihr Gewebe in Mitleidenschaft ziehende Veränderung als **tuberkulöse Pachymeningitis externa.** Wenn es durch die aufgelagerten Massen zu einem Druck auf den Duralsack kommt, so wird in erster Linie wohl ein Verschluß der das Rückenmark umgebenden großen Lymphräume, des Subduralraumes

und Subarachnoidealraumes und Kompression der in den weichen Häuten verlaufenden Venen die Folge sein; soweit der Druck auch auf die Rückenmarksubstanz selbst
einwirkt, werden zunächst die in dieser enthaltenen, mit Flüssigkeit gefüllten und entleerbaren
Spalträume, also die Lymphräume und Blutgefäße, zusammengepreßt, und ihr Inhalt in die feinsten
Äste des Lymphbahnsystems und Blutgefäßsystems zurückgestaut; so kommt es zu Stauung
und starker ödematöser Durchtränkung im Nervenparenchym, welches hierdurch anschwellen und durch stärkere Ausfüllung des Duralsackes den Druck noch steigern muß. Die
Anschwellung des Rückenmarks an der Stelle der pachymeningitischen Auflagerungen tritt in

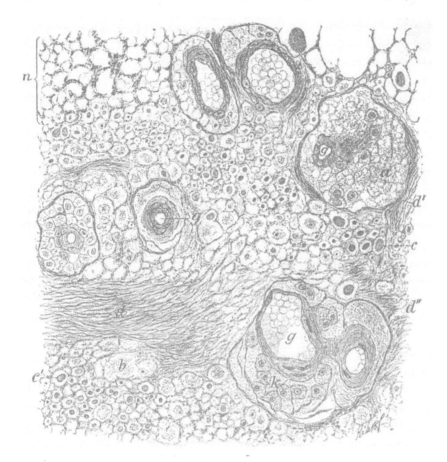

Fig. 730.
Sog. Kompressionsmyelitis bei Karies der Wirbelsäule. Quellung, Degeneration und Sklerose im Rückenmark ($\frac{250}{1}$).

g Gefäße mit dilatierten Lymphräumen, die letzteren mit Haufen von Körnchenzellen und Detritus ausgefüllt. An den meisten
Stellen finden sich gequollene Achsenzylinder (z. B. bei *c* und *c'*) und erweiterte Gliamaschen. Bei *n* sind die letzteren leer.
d, d', d'' Stellen mit sklerotisch verdichteter Glia.

vielen Fällen deutlich hervor. Das Stauungsödem, welches sich in dieser Weise im Rückenmark
entwickelt, hat Veränderungen der Nervenelemente und der Glia zur Folge, in erster Linie Quel-
lungs-, dann aber auch Degenerations- und Zerfallserscheinungen (Fig. 730).

    Vielleicht sind daneben auch toxische Produkte, welche von den Stellen der tuber-
kulösen Entzündung her in die Substanz des Rückenmarks vordringen, an der Entstehung
des Ödems beteiligt, wenigstens findet man in manchen Fällen so spärliche Auflagerungen
auf der Dura, daß durch Kompression allein das Ödem nicht erklärt werden kann; möglicherweise
spielen auch noch andere, z. B. vasomotorische Störungen, vielleicht auch mechanische
Reizungen des Rückenmarks, beim Zustandekommen des Ödems eine Rolle.

*Andere
mit-
wirkende
Faktoren.*

Verände-
rungen am
Rücken-
mark
selbst.

Nur in selteneren Fällen greift der tuberkulöse Prozeß auf die weichen Häute oder auf die Rückenmarkssubstanz selbst über. In der Regel sind die gesamten Veränderungen der letzteren nur durch das Ödem veranlaßt, welches weniger zu echter Entzündung als zur Degeneration der Nervenelemente führt, woran sich dann wieder ein sklerotischer Prozeß in Form von Wucherung der Glia anschließen kann; in manchen Fällen endlich kann wohl ein besonders hochgradiges Ödem zur Erweichung des Gewebes führen, seltener entstehen Erweichungen durch Thrombose oder Embolie von Rückenmarksarterien, wozu durch die Verkäsungs- und Zerfallsprozesse an der Dura Gelegenheit gegeben ist. Entsprechend den erwähnten Prozessen kann man bei der Sektion das Rückenmark in verschiedenem Zustande antreffen: abgeplattet, oder verdünnt, oder sonst durch Druck in seiner Form verändert, oder auch ödematös geschwollen, oder endlich sklerotisch verhärtet; seltener findet man es erweicht.

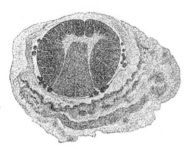

Eventuelle
Aus-
heilung.

Fig. 731.

Epidurale Tuberkulose (tuberkulöse Pachymeningitis externa) infolge von Wirbelkaries (Lupenvergrößerung).

Das Rückenmark dicht von der Dura umschlossen.

Selbst bei ziemlich großer Ausdehnung der Zerstörungsprozesse kann indessen die Wirbelkaries schließlich doch noch zur Ausheilung kommen. Diese erfolgt nach Resorption oder Verkalkung der abgestorbenen Eitermassen durch Neubildung von Knochensubstanz im Innern des sich fibrös umwandelnden Granulationsgewebes; an der Außenseite der Wirbel gesellt sich reichliche Osteophytenbildung und Bildung von Knochenspangen hinzu; die Reste der erkrankten Wirbel werden durch fibröses Narbengewebe und Ankylose der Wirbelgelenke fest miteinander verbunden; während in den ersten Stadien der Erkrankung die Wirbelsäule infolge der Zerstörungsprozesse eine abnorme Beweglichkeit zeigt, kommt es dann mehr und mehr zur Feststellung eines größeren oder kleineren Abschnittes der Wirbelsäule; in den hochgradigsten Fällen entsteht an Stelle der gesamten erkrankten Partie der Wirbelsäule eine feste einheitliche Knochenmasse, in welcher einzelne Wirbel nicht mehr unterscheidbar sind.

Auch im Rückenmark können die Quellungserscheinungen zurückgehen, und vielleicht auch die zugrunde gegangenen Nervenelemente durch reparatorische, vielleicht auch durch geringe regenerative Prozesse gedeckt werden; wenigstens spricht dafür das häufig zu konstatierende Zurückgehen der Symptome mit Ausgang in Besserung oder vollkommene Heilung des Leidens.

Was die Lokalisation der tuberkulösen Karies auf die einzelnen Abschnitte der Wirbelsäule betrifft, so zeigt sich am häufigsten die Lendenwirbelsäule, weniger häufiger der Brustteil, am seltensten der Halsteil, ergriffen.

(Über die Kompression des Gehirns s. S. 703.)

B. Ven-
trikel und
Zentral-
kanal.
Hydro-
cephalus
internus.

B. Ventrikel und Zentralkanal.

Unter **Hydrocephalus internus** versteht man eine Dilatation der Ventrikel des Gehirns mit Ansammlung von Flüssigkeit in ihnen. Meist betrifft die Erweiterung namentlich die Seitenventrikel und den dritten Ventrikel, seltener den vierten Ventrikel.

a) H. con-
genitus.

Der (idiopathische) Hydrocephalus congenitus entwickelt sich während des fötalen Lebens oder sehr bald nach der Geburt und nimmt progressiv zu, so daß die in den Ventrikeln enthaltene Flüssigkeit schließlich die Menge von einem Liter erreichen kann; die Flüssigkeit ist meistens dünn, serös, hell, seltener trüb und eiweißreich. Über die Ursachen ihrer Ansammlung ist wenig Sicheres bekannt. In manchen Fällen liegt ihr wohl mangelhafte Ausbildung des Gehirns zugrunde, woran sich sekundär noch eine weitere Ausdehnung der Ventrikel anschließen kann. In anderen Fällen handelt es sich vielleicht, wie beim erworbenen Hydrocephalus (s. unten), um frühzeitig durchgemachte Entzündungen an den Plexus oder um Blutstauungen oder Stauungen des Ventrikelinhaltes durch Verschluß der Abflußwege des Liquor cerebrospinalis. Meistens betrifft die Erweiterung hauptsächlich beide Seitenventrikel und noch den 3. Ventrikel, selten ist der Hydrocephalus einseitig oder sogar auf einen Teil eines Ventrikels beschränkt; ein solcher Fall tritt ein, wenn der erweiterte Teil durch Verwachsungen vom übrigen Lumen der Hirnkammern abgeschlossen ist (vgl. unten). Das Ventrikelependym findet man bei der Sektion aufgelockert und zum Teil mazeriert; in vielen anderen Fällen aber sieht man an Stelle des Ependyms kleine knotige Granulationen; die sog. **Ependymitis granularis.** Bei mikroskopischer Untersuchung kann man feststellen, daß die Ependymgranula hauptsächlich aus gewucherter Glia bestehen, und daß an deren Oberfläche die Ependymzellen, besonders auf der Höhe der Granula, meist fehlen oder wenigstens abgeflacht sind. Wahrscheinlich ist der Vorgang der, daß einzelne Ependymzellen mechanisch bei der Stauung der Zerebrospinalflüssigkeit und der Erweiterung der Ventrikel zugrunde gehen, und nun die Glia wuchert. Inmitten der gewucherten Glia können Spalten bestehen, die von Ependymzellen ausgekleidet sind, was besonders durch seitliches Überwuchern der Glia über die alte Oberfläche mit ihren Ependymzellen zustande kommt. Die Großhirnhemisphären erleiden bei dem Hydrocephalus internus durch die oft enorme Ausdehnung der Hirnkammern eine fortschreitende Atrophie, und zwar oft in dem Grade, daß sie nur noch dünnwandige, einige Millimeter dicke Säcke darstellen. Dabei werden sie mit der zunehmenden

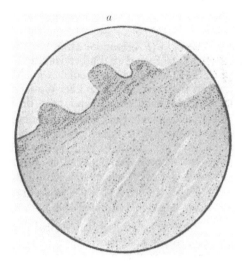

Epen-
dymitis
granularis.

Fig. 732.
Ependymitis granularis.
Bei *a* Ependymgranula, bestehend aus zellreicher Gliawucherung. Auf der Höhe der Granula fehlen die Ependymzellen.

Ausdehnung der Ventrikel gegen das Schädeldach angedrückt; die Hirnoberfläche zeigt abgeplattete Windungen und die anderen Zeichen erhöhten intrakraniellen Druckes (s. S. 675). Manchmal fehlt der Balken und auch die Masse der Hemisphären ist reduziert: schließlich hält auch der knöcherne Schädel dem von innen her auf ihn wirkenden Druck nicht mehr Stand: er wird ausgedehnt, verdünnt; durch Auseinanderweichen der Schädelknochen werden die Fontanellen und Nähte verbreitert und sind nur von häutigen Membranen bedeckt, in denen sehr häufig noch Schaltknochen enthalten sind (vgl. Kap. VII, A). Häufig ist der angeborene Hydrocephalus mit Idiotie (vgl. S. 650) verbunden; ebenso finden sich daneben nicht selten andere Bildungsanomalien am Schädel und Gesicht (Hasenscharte, Defekte am Schädeldach etc., vgl. Kap. VII, A). Ätiologisch werden beim angeborenen Hydrozephalus Potatorium und Syphilis der Eltern beschuldigt.

Der erworbene Hydrocephalus entsteht in akuter Form meist als entzündlicher H. durch eine Exsudation seitens der Plexus und der Tela chorioidea. Die häufigste Quelle eines akuten Hydrocephalus ist eine durch den queren Hirnschlitz hindurch auf die Plexus übergreifende eiterige oder tuberkulöse Meningitis (S. 694 und 699) oder Behinderung des Abflusses der Zerebrospinalflüssigkeit durch ein Piaödem. Je nach der Art des Exsudats ist die in den Ventrikeln angesammelte Flüssigkeit von seröser, serös-eiteriger, rein eiteriger oder auch hämorrhagischer Beschaffenheit; das seröse Exsudat unterscheidet sich vom Liquor cerebrospinalis und der beim Stauungshydrocephalus angesammelten Flüssigkeit durch größeren Eiweißgehalt und leichte Trübung; oft zeigen auch die Plexus und die Wände der Ventrikel kleine Blutungen.

b) akuter erworbener H.

Der erworbene chronische Hydrocephalus ist in vielen Fällen ein Transsudat aus der Tela und den Plexus chorioidei, welches seine Entstehung einer Behinderung des venösen Blutabflusses aus dem Gehirn verdankt, wie sie durch Tumoren des Kleinhirns oder andere Hirngeschwülste namentlich dann zustande kommt, wenn letztere einen Druck auf die Vena magna Galeni ausüben. Die letztgenannte Vene sammelt das Blut von

c) chronischer erworbener H.

44*

den sämtlichen tiefen Hirnvenen, und ihre Kompression hat daher hochgradige Blutanhäufung im ganzen Gehirn zur Folge. In ähnlicher Weise entwickelt sich ein Hydrocephalus, wenn die Kommunikationsöffnungen des Liquor cerebrospinalis (Foramen Magendi, quere Hirnspalte, Aquaeductus Sylvii etc.) verlegt werden; dies ist der Fall bei narbigen Verdickungen und Schrumpfungen der Meningen, welche Residuen akuter Entzündungsprozesse oder Effekt einer chronischen Meningitis — so findet sich Hydrocephalus konstant bei tuberkulöser Meningitis — sein können. Hierbei ist sowohl eine Kompression der Venen, wie besonders eine Verwachsung der Abflußwege der Zerebrospinalflüssigkeit möglich. In manchen Fällen ist auch der erworbene Hydrocephalus anscheinend idiopathisch; häufig tritt ein solcher auch als Begleiterscheinung der Rachitis auf. Im ganzen müssen wir sagen, daß wir über die letzte Genese des Hydrocephalus noch keineswegs sicher unterrichtet sind. Auch hier tritt die oben besprochene Ependymitis granularis auf.

Bei den hochgradigeren Formen auch des erworbenen Hydrocephalus treten die Erscheinungen des erhöhten intrakraniellen Druckes und die entsprechenden Formveränderungen am Gehirn ein. Im Kindesalter, wo der Schädel noch nachgiebig ist, entwickeln sich auch beim erworbenen Hydrocephalus Formveränderungen des Schädels, wenn sie auch in der Regel nicht die hohen Grade erreichen, wie beim Hydrocephalus congenitus.

d) H. ex vacuo. Durch Atrophie des Gehirns entsteht der Hydrocephalus ex vacuo (S. 666), wozu auch der senile Hydrocephalus zu rechnen ist.

Blutungen in die Ventrikel. **Blutergüsse** in die Ventrikel entstehen, abgesehen von den hämorrhagischen Formen des Hydrocephalus, durch Perforation von Blutherden der Hemisphären oder bei traumatischen Einwirkungen, besonders während der Geburt (Zange).

Bei der Mitwirkung von Kokken besonders im Anschluß an Meningitis ist der Hydrocephalus internus ein eiteriger, auch **Pyocephalus** genannt, s. auch oben. Äußerst selten nach Verletzungen findet sich Luft in größeren Massen in den Ventrikeln (Seitenventrikeln) — Pneumocephalus (v. Hansemann). Daß sich im Ependym auch kleine Tuberkel entwickeln können, ist auch schon S. 683 erwähnt.

Telae chorioideae und Plexus. Die Telae chorioideae des dritten und vierten Ventrikels bestehen aus Pia-Duplikaturen, welche durch den vorderen und hinteren Hirnschlitz (zwischen Balken und Vierhügel und zwischen Kleinhirn und verlängertem Mark) in die Hirnhöhlen eindringen; an bestimmten Stellen, da wo sie Plexus tragen, sind sie mit den sog. Ileus chorioideae versehen, 1—2 mm langen, zottigen Fortsätzen, welche aus kleinen Läppchen zusammengesetzt sind, die ihrerseits von sehr weiten, vielfach verschlungenen Kapillaren gebildet werden und mit einem kubischen Epithel überzogen sind. Dieses Epithel ist der Rest der von der eindringenden Pia vorgestülpten Ventrikelwand.

Corpora amylacea und Tumoren der Plexus. In den Plexus finden sich vielfach Corpora amylacea (S. 81 s. auch Fig. 86) und Kalkkörner, manchmal auch größere, von Kalkmassen durchsetzte Geschwülstchen, sog. **Psammome** (S. 232 und Fig. 87, S. 81). Die sog. **Cholesteatome** sind entzündliche Bildungen mit Cholesterin, Fett und Lipoiden. Sehr häufig, bei älteren Individuen fast konstant, finden sich an den Plexus kleine **Zysten,** welche durch Hydrops der stellenweise auseinanderweichenden Piablätter zustande kommen. Größere Zysten, welche selbst einen Ventrikel blockieren können, sind sehr selten. Vom Epithel der Plexus oder dem Ependym der Ventrikel können **Karzinome,** vom übrigen Gewebe derselben **Endotheliome** und **Sarkome** etc. ausgehen, sowie an der Grenze von Hyperplasien und Tumoren stehende allgemeine zottige Vergrößerungen, sog. **Papillome.**

Entzündungen der Plexus. Entzündliche Prozesse finden sich an den Plexus bei Meningitis; sie können einen serösen, einen eiterigen oder hämorrhagischen Charakter aufweisen und Hydrocephalus internus zur Folge haben (s. oben). Bei tuberkulöser Meningitis finden sich nicht selten auch miliare Knötchen in der Tela und den Plexus.

Über tierische Parasiten s. unten.

Syringomyelie. Unter Syringomyelie versteht man eigentümliche **Spaltbildungen**
und **Höhlenbildungen im Rückenmark**, welche meist in erster Linie seinen Halsteil
(oft auch noch die Medulla oblongata) betreffen, sich aber auch über lange Strecken des
ganzen Markes hinziehen, ja selbst bis ins Sakralmark hinabreichen können. Meistens nimmt
die Höhle ihren Ausgang von den **zentralen Partien des Rückenmarks** bzw. vom

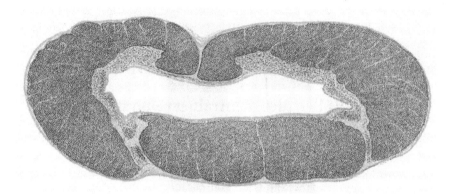

Fig. 733.
Hydromyelie (Markscheidenfärbung).

Zentralkanal selbst. In den höchsten Graden der Veränderung bildet das Rückenmark
nur noch einen dünnwandigen, schlaffen Sack, welcher aber auf seinem Querschnitt das normale Volumen des Rückenmarks bedeutend übertrifft und mit einer serösen oder auch mehr
kolloiden Masse gefüllt ist, nach deren Entleerung er kollabiert. Die die Wand des Schlauches
bildende Rückenmarksubstanz, in erster Linie die graue, aber auch die weiße Substanz ist
mehr oder minder atrophisch; oft zeigt
die Höhle mehrfache Ausbuchtungen und
Divertikel nach verschiedenen Seiten.
Die unmittelbare Wand der Höhle wird
in manchen Fällen im Zustande der Auflockerung und Erweichung, in anderen
in sklerotischer Verhärtung angetroffen.
Die **Pathogenese** der Veränderung ist
in 'den einzelnen Fällen verschieden.
Ist die Höhle offenbar auf eine Erweiterung des Zentralkanals zurückzuführen,
so bezeichnet man den Prozeß als **Hydromyelie**; eine solche kann angeboren
sein und beruht zum Teil auf Entwickelungsstörungen beim Schluß der
Medullarplatte zum Medullarrohr, oder
sie ist erworben und beruht, analog
gewissen Fällen von Hydrocephalus internus auf Anstauung von Zerebrospinalflüssigkeit infolge behin-
derten Blut- und Lymphabflusses. Außer

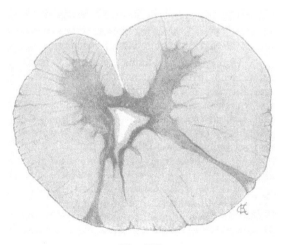

Fig. 734.
Syringomyelie. Höhle hinter dem Zentralkanal.

der Hydromyelie kommen aber mannigfache andere Formen der Syringomyelie vor; auch
von ihnen beruht ein großer Teil wohl auf Entwickelungsstörungen; ferner können
sie sich aus Erweichungen bilden; so können langgestreckte Höhlenbildungen im Rückenmark zustande kommen, indem Blutungen, Lymphergüsse oder Erweichungen sich
der Länge nach über große Strecken ausbreiten; doch sind diese Fälle nicht zur echten

Syringomyelie zu rechnen. Zum großen Teil hängt die letztere dagegen mit Neubildungs-prozessen im Gliagewebe zusammen; teils finden sich echte, umschriebene, aber langgestreckte Gliome, welche das Rückenmark auftreiben, und in ihren zentralen Teilen eine ebenfalls langgestreckte Erweichungshöhle aufweisen. In anderen Fällen findet sich eine „Gliose" im engeren Sinne („Gliastift"), d. h. eine mehr diffuse zunächst ohne Auftreibung des Rückenmarks sich entwickelnde Gliawucherung in der grauen Substanz, welche sich von echten Gliomen in der Regel durch eine größere Menge faseriger Zwischensubstanz und geringeren Zellreichtum auszeichnet und in ihren zentralen Teilen ebenfalls Zerfall und Höhlenbildung aufweist. In manchen Fällen ist eine anatomische Disposition hierzu vielleicht angeboren, in anderen Fällen schließt sich die Gliose an eine Hydromyelie, eine Blutung, eine Erweichung, ein Trauma etc. als progressive Erkrankung an.

C) Hüllen des Zentralnervensystems.

I. Weiche Hirnhäute (Zirkulationsstörungen, Entzündungen, Tuberkulose, Syphilis, Tumoren).

An den weichen Häuten des Hirns und Rückenmarks finden sich ähnliche Krankheitsprozesse, wie an den serösen Häuten. Von besonderer Bedeutung ist die oft intensive Beteiligung der angrenzenden Substanz des Zentralnervensystems selbst, die wir schon bei verschiedenen Erkrankungen erwähnt haben.

Von Zirkulationsstörungen sind namentlich **Blutungen** zu nennen. Man findet Hämorrhagien in den Meningen des Gehirns bei Rindenblutungen, namentlich nach Traumen. Große Blutungen kommen bei Traumen besonders durch Zerreißung der Arteria meningea media oder ihrer Äste zustande. Sie bilden die sog. **Hämatome** und können auf das Gehirn erheblichen Druck ausüben. Starke, meningeale Blutungen entstehen am kindlichen Schädel bei der Geburt, wenn die Schädelknochen übereinander geschoben, und dadurch Gefäße zerrissen werden. Kleinere Blutungen der weichen Häute begleiten öfters die kongestive und die Stauungshyperämie. Hierher gehören auch die Blutungen nach Thrombose des Sinus longitudinalis und evtl. der Venen der weichen Hirnhäute. Meningealapoplexien am Rückenmark sind ebenfalls, wenigstens soweit es sich um größere Blutungen handelt, meistens auf Traumen zurückzuführen.

Unter **Hydrocephalus externus** versteht man eine Flüssigkeitsansammlung im Subarachnoidealraum, also zwischen Arachnoidea und Pia. Letztere folgt den Windungen und Furchen der Hirnoberfläche, während die Arachnoidea nur auf der Höhe der Gyri der Gehirnsubstanz fester adhäriert, die Sulzi zwischen den Gyri dagegen überbrückt. Die Flüssigkeit sammelt sich nun zuerst innerhalb der Sulzi, welche hierduch unter Auseinanderdrängung der Windungen erweitert werden; die Arachnoidea wird über den Furchen und schließlich auch über der Höhe der Gyri abgehoben. Der Hydrocephalus externus entsteht als Stauungshydrops, als Einleitung entzündlicher Prozesse, oder endlich als Hydrocephalus externus ex vacuo, welcher nach Abnahme des Hirnvocumens, ebenso wie der H. internus zustande kommt (S. 666). Der letzteren Form des Hydrozephalus analog kann eine Flüssigkeitsansammlung über einzelnen atrophischen Partien, alten Erweichungsherden, Narben etc. eintreten. Ein Hydrocephalus ex vacuo findet sich demgemäß auch in den Fällen, in welchen das Gehirn infolge mangelhafter Entwickelung den Schädelraum nicht entsprechend ausfüllt.

Die Entzündungen der weichen Häute werden speziell als **Leptomeningitiden** bezeichnet. Von Entzündungen finden sich an den Meningen exsudative (und zwar seröse, eiterige, eiterig-fibrinöse und hämorrhagische) und produktive Formen.

Als **Meningitis serosa** („entzündlicher Hydrocephalus externus") kann man Zustände bezeichnen, die in einer Hyperämie und stärkeren akuten serösen Transsudation in die Meningen bestehen, besonders im Verlauf akuter Infektionskrankheiten vorkommen, sich von dem Ödem der Meningen kaum unterscheiden, zum Teil aber wohl

Vorstufen einer nicht zur Ausbildung gekommenen Meningitis entsprechen. Oft zeigt auch die Hirnoberfläche dabei entzündliches Ödem. Solche Formen kommen besonders bei Infektionskrankheiten im Kindesalter, ferner manchmal als Folgezustand einer Insolatio (S. 294) und wohl auch bei Typhus zur Beobachtung. Finden sich viele Leukozyten im Exsudat, so trübt es sich, und es bilden sich so Übergänge zur eiterigen Meningitis aus.

Eine **eiterige Meningitis** kommt als Ausdruck einer Allgemeininfektion sporadisch, *Eiterige Meningitis.* epidemisch und endemisch vor. Man bezeichnet die letztere vom Gehirn häufig auf das Rückenmark übergreifende Form als **epidemische Zerebrospinalmeningitis.** Da es aber sozusagen nie größere Epidemien, sondern nur je einige Fälle umfassende sind (wohl wegen *Meningokokken-* des leichten Absterbens der Erreger), vermeidet man den Namen besser und spricht von *Zerebro-* eiteriger oder nach der Ätiologie (s. unten) am besten von **Meningokokkenmeningitis** bzw. *spinal-meningitis*

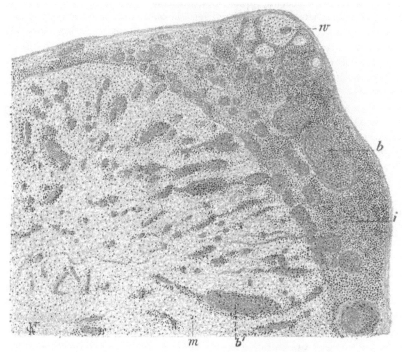

Fig. 735.
Akute eiterige Meningo-Enzephalitis (Zerebrospinalmeningitis $\frac{5}{1}$).
m Marksubstanz, rechts und oben von den stark infiltrierten Meningen bekleidet. *w* in letzteren eingeschlossene Wurzeln, *b, b'* Blutgefäße, stark gefüllt und von Infiltraten umgeben.

Zerebrospinalmeningitis. Sie stellt ein eigenes Krankheitsbild dar. Bei der Sektion findet man ein rein eiteriges oder ein eiterig-fibrinöses, mehr sulziges Exsudat in die Maschen der Pia und Arachnoidea eingelagert, deren Gewebe dadurch getrübt ist und eine gelbliche, weißlich-gelbe oder auch gelb-grünliche Farbe zeigt. Vorzugsweise betrifft die Entzündung zunächst die Konvexität des Gehirns, wo der Eiter besonders den großen Gefäßen folgt, später auch seine Basis und von hier aus das Rückenmark. Bei der mikroskopischen Untersuchung zeigt sich das Exsudat aus Eiterzellen und mehr oder weniger Fibrin bestehend. Dabei besteht eine besonders starke Infiltration der Gefäßwände. Neben der Exsudation zeigen die Meningen auch hie und da kleine Blutungen.

Die Hirnsubstanz beteiligt sich an der Erkrankung teils durch ein starkes, nament- *Be-* lich die Rindenpartien betreffendes, oder auch allgemeines Ödem, teils auch durch herd- *teiligung* förmige Entzündungen. Diese im Gehirn auftretenden herdförmigen Entzündungen *der Hirn-substanz* bilden in der Rinde oder auch in der weißen Substanz zirkumskripte Quellungsherde (S. 677) oder einfache, oder hämorrhagische, oder auch eiterige Erweichungen. Vielfach kann man sehen, wie die Entzündung mit den von den Meningen in das Gehirn einstrahlenden Gefäßen auf dieses übergreift. In der Regel sind diese Herde klein, indes können sich auch größere Abszesse ausbilden. Die hämorrhagische Enzephalitis verläuft öfters in Gestalt zahlreicher kleiner sog. Ringblutungen. Dies Bild wird auch „Hirnpurpura" genannt (Ähnlichkeit mit der Purpura der Haut).

An der Hirnoberfläche zeigen sich bei der eiterigen Meningitis deutlich die mehrfach angegebenen Zeichen erhöhten Hirndruckes (S. 675). Auch die Substanz des Rücken-

und des Rückenmarks. markes beteiligt sich in vielen Fällen an dem entzündlichen Prozeß; häufig weist die histologische Untersuchung an den Randpartien des Rückenmarks Gruppen gequollener, hie und da auch schon zerfallender Achsenzylinder nach, eine Erscheinung, welche auf ein entzündliches Ödem der Randpartien zurückzuführen ist. In anderen Fällen finden sich im Rückenmark kleinzellige Infiltrate, welche man oft mit den einstrahlenden Gefäßen in das Innere eindringen sieht. Als intensivste Art der Beteiligung ist endlich auch an der Medulla die Entwickelung entzündlicher Erweichungsherde anzuführen. Man spricht in den Fällen, wo die Hirnsubstanz oder Rückenmarksubstanz selbst mit-

Meningo-Encephalitis und Meningo-Myelitis. beteiligt sind, von **Meningo-Encephalitis** resp. **Meningo-Myelitis** (Fig. 730).

Akuter Hydrocephalus internus. Ein akuter Hydrocephalus entsteht durch Verlegung des Abflusses der Flüssigkeit und dadurch, daß von der Pia her der entzündliche Prozeß auf die Tela chorioidea und die Plexus übergreift (S. 692); hierbei findet sich in den Ventrikeln häufig ein seröses, seltener ein eiteriges Exsudat; auch das Ependym der Ventrikel findet man oft stark durchfeuchtet, aufgelockert und kleinzellig infiltriert.

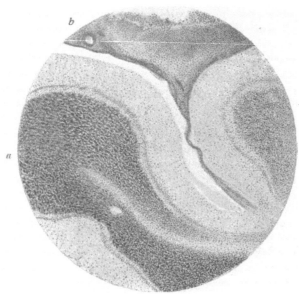

Fig. 736.
Eiterige Meningitis.
a Kleinhirn, *b* die von Eiterkörperchen durchsetzte Pia.

Als Krankheitserreger werden bei der Zerebrospinalmeningitis verschiedene Bakterienformen gefunden, vor allem aber bei der epidemischen, vor allem **Ätiologie.** junge Leute ergreifenden Form der **Fränkel-Weichselbaumsche Meningokokkus** (Diplococcus intracellularis), ferner Pneumokokken. Als Eingangspforte ist im allgemeinen der Respirationstraktus und evtl. Pharynx anzusehen. Die Affektion erreicht dann die Leptomeninx auf dem Blut- oder Lymphwege. (Vgl. auch das letzte Kapitel.)

Metastatische eiterige Meningitis. Abgesehen von dieser idiopathischen Form kommt eine **metastatische eiterige Meningitis** im Verlauf anderer Infektionskrankheiten, Typhus, Scharlach etc. vor.

Durch direkte Fortleitung entstehende eiterige Meningitis. Die häufigste Ursache eiteriger Entzündungen der Meningen sind aber **eiterige Prozesse** der Umgebung, so kariöse Prozesse am Schädel, sowie ferner Traumen und Wunden der häutigen und knöchernen Schädeldecken. Kariöse Prozesse, besonders Karies des Felsenbeines nach Otitis infizieren zuerst die Dura, so daß eine zirkumskripte eiterige Pachymeningitis entsteht, oder es kommt ohne letztere — jedenfalls durch Verschleppung der Eitererreger auf dem Lymphwege — eine metastatische Leptomeningitis zustande. Auch ohne Knochenverletzung, nur von infizierten Wunden der häutigen Schädeldecken aus,

kann sie sich entwickeln. Weitere Quellen einer solchen sind eiterige Affektionen der
Orbita, der Stirnhöhlen und Nasenhöhlen; endlich schließt sie sich an primäre Hirnabszesse an. Die durch Fortleitung entstandenen Meningitiden zeigen meist durch ihre
Lokalisation den Ausgangspunkt an, können aber ebenfalls eine diffuse Verbreitung
über die ganze Hirnoberfläche erreichen. (Über die Ausgänge in chronische Meningitis s. unten.)
Alle diese eiterigen Leptomeningitiden liegen ihrem Ausgangspunkt entsprechend vorzugsweise an der Gehirnbasis.

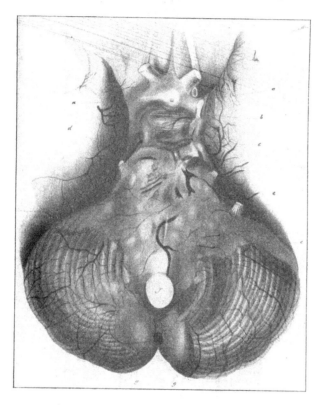

Fig. 737.
Eiterige Meningitis über dem Kleinhirn und Gehirnstamm.
Nach Lebert, l. c.

Am Rückenmark entsteht in analoger Weise eine eiterige Meningitis infolge kariöser
Prozesse an den Wirbeln.

Die meisten eiterigen Meningitiden enden tödlich; ist dies nicht der Fall, so kommt
es zu Verdickungen und Verwachsungen.

Als **chronische Meningitis** faßt man eine Anzahl verschieden entstehender Prozesse Chronische
zusammen, welche in Form diffuser oder fleckiger Trübungen und Verdickungen Meningitis.
auftreten und mikroskopisch Bindegewebswucherung aufweisen. Sie stellen entweder
Residuen akuter entzündlicher Prozesse, insbesondere auch eiteriger Meningitis (s. oben)
dar, oder sind von Anfang an in chronischer Weise entstanden, das letztere namentlich
auch bei chronischem Alkoholismus und chronischen Nierenerkrankungen. Soweit Sog. Lepto-
sich die chronischen Meningitiden ohne Mitbeteiligung des Gehirns resp. Rückenmarks aus- meningitis
bilden und somit keine Adhäsionen mit der Oberfläche dieser bewirken, bezeichnet man super-
sie auch als Leptomeningitis superficialis. Ganz ähnliche Formen finden sich ferner ficialis.

als Begleiterscheinung aller an der Hirnrinde oder der Oberfläche des Rückenmarks ablaufender sklerotischer Prozesse, so z. B. der progressiven Paralyse, der Tabes u. a.: vielfach kommt es in solchen Fällen zu festen Verwachsungen der Pia mit der Hirn- oder Rückenmarksoberfläche, und erstere ist dann an solchen Stellen nicht mehr ohne Verletzung der Hirnrinde abziehbar (**Meningoencephalitis** resp. **Meningomyelitis chronica**, auch **Leptomeningitis profunda** genannt). Ähnliche Formen entstehen da, wo Erweichungsherde oberflächlich gelegen sind; mit der narbigen Heilung dieser kommen auch in den darüberliegenden Meningen fibröse Verdickung zur Entwickelung und bilden sog. **Plaques jaunes**, derbe, gelb pigmentierte, mehr oder minder

Meningoencephalitis (bzw. myelitis) chronica, sog. Leptomeningitis profunda.

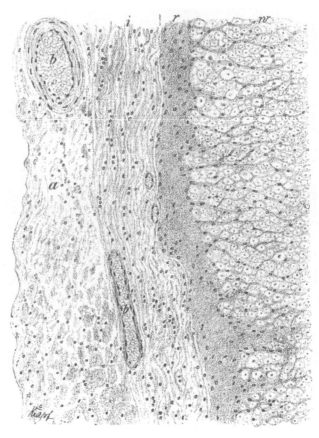

Fig. 738.
Chronische Meningitis spinalis ($\frac{250}{1}$).
w weiße Substanz, zwischen den Gliasepten derselben die Nervenfasern mit etwas dunklerem Achsenzylinder und heller Markscheide, *r* gliöse Randschicht, *i* innere, *a* äußere Lage der verdickten Pia, *b* Gefäße.

tief in das Nervenparenchym hineingehende Narben. Andererseits kommt es auch nicht selten zu Verwachsungen der Meningen unter sich und mit der Dura mater, wodurch ein Verschluß der zwischen den Hüllen des Zentralnervensystems bestehenden großen Lymphräume (Subarachnoidealraum, Subduralraum) und Verschluß anderer Abflußwege der Zerebrospinalflüssigkeit (querer Hirnschlitz, Foramen Magendie etc.) zustande kommen kann; dann kann sich Stauungs-Hydrocephalus internus oder Hydromyelie anschließen.

In die Pia spinalis finden sich öfters kleine zackige Knochenplättchen eingelagert; seltener kommen Verknöcherungen an den Meningen des Gehirns vor (oft als **Meningitis ossificans** bezeichnet).

Knocheneinlagerungen in die Pia.

Bei chronischer Leptomeningitis der Konvexität des Gehirns, besonders bei Potatoren, findet man gewöhnlich jene knötchenförmigen Exkreszenzen, die unter dem Namen **Pacchionische Granulationen** bekannt sind und die so häufig auftreten, daß man ihr Vorkommen als normal bezeichnen kann, in besonders großer Zahl. Sie entstehen durch bindegewebige Wucherung der Arachnoidea. Von den Meningen aus wachsen sie nicht selten durch die harte Hirnhaut hindurch, so daß sie an der Außenfläche dieser zum Vorschein kommen oder auch in den Längssinus hineinragen [1]). Auch Dellen in den Schädelknochen können die gewucherten Pacchionischen Granulationen dann verursachen. Wuche-
rungen der
Pacchioni-
schen Gra-
nulationen.

Bei Potatoren finden sich ferner häufig trübes Piaödem und stark geschlängelte und strotzend gefüllte Piavenen.

Von besonderer Bedeutung sind die **infektiösen Granulationen** der Meningen und von hier ausgehend des Zentralnervensystems.

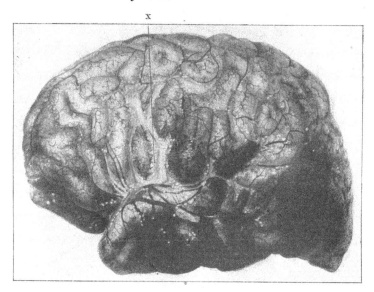

Fig. 739.
Meningitis tuberculosa, besonders um die Gefäße von der Gegend der Fossa Sylvii aus (x).
Nach Lebert, l. c.

Die tuberkulösen und ebenso die luetischen Affektionen der weichen Hirnhäute und der Hirn- und Rückenmarksubstanz sind so innig miteinander verbunden, daß wir sie hier zusammenfassen wollen. Die gewöhnlichste und wichtigste Form der Tuberkulose des Zentralnervensystems ist die **tuberkulöse Meningitis**; sie wird vielfach auch mit dem Namen der tuberkulösen **Basilarmeningitis** bezeichnet, weil die feinen Tuberkel den Gefäßen folgend, sich vorzugsweise an der Unterfläche des Gehirns, am stärksten meist in der Gegend des Chiasma und der Sylvischen Gruben, besonders in der Inselgegend lokalisieren. Daneben kommt es zu einem Exsudat, welches in Form eines teigig-fibrinösen, sulzigen, evtl. auch eiterigen Ödems die Pia, besonders über dem Chiasma bis hinab zur Brücke, durchsetzt. In Fällen von tuberkulöser Meningitis findet sich fast immer auch eine anderweitig im Körper vorhandene tuberkulöse Erkrankung, meist ein tuberkulöser Herd in der Lunge, öfters auch in der Pleura, in Lymphdrüsen, eine Tuberkulose der Knochen, des Mittelohrs oder der Gelenke. Doch kommt es auch gelegentlich vor, daß die Erkrankung sich von einem Konglomerattuberkel des Gehirns aus Tuber-
kulöse
Meningitis.

[1]) Es ist besonders vor Verwechselung dieser Pacchionischen Granulationen mit Tuberkeln zu warnen!

entwickelt. In den meisten Fällen wird aber eine hämatogene Entstehung der Basilarmeningitis anzunehmen sein; dementsprechend kommt sie nicht selten auch als Teilerscheinung der akuten allgemeinen Miliartuberkulose vor.

Unter den Zellen der tuberkulösen Veränderung der Meningen finden sich fast regelmäßig zahlreiche Plasmazellen.

Beteiligung der Hirn-substanz.

Die Gefäße der Pia zeigen schwere Veränderungen; vielleicht werden sie von den Lymphscheiden aus ergriffen; ihre Adventitia zeigt zellige Infiltration, die Media Nekrosen, die Intima wohl erst später Wucherung. Von den Meningen greift der Entzündungsprozeß auch mehr oder minder auf die Hirnsubstanz über; in ähnlicher Weise wie bei

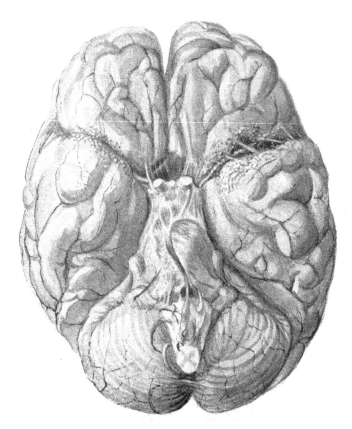

Fig. 740.
Tuberkulöse Meningitis.
Zahlreiche Tuberkel den Gefäßen folgend in der Gegend der A. fossae Sylvii.   Sulziges Ödem über dem Chiasma.

der eiterigen Zerebrospinalmeningitis (s. oben) treten namentlich an den Randpartien der Nervensubstanz Quellungs- und Infiltrationsherde, zum Teil auch kleine anämische oder hämorrhagische Erweichungsherde, sowie kleine Blutungen (sog. Ringblutungen) in der grauen oder weißen Substanz auf. Diese Veränderungen hängen zum Teil wohl von den geschädigten Gefäßen ab. Meist findet man indessen in der Hirnsubstanz, namentlich an der Wand der in sie ausstrahlenden Gefäße, auch umschriebene Tuberkel.

Ausgang.

Der Ausgang der akuten tuberkulösen Meningitis ist wohl so gut wie immer ein tödlicher, doch sollen Befunde vorkommen, welche auf Anfänge einer Rückbildung des Prozesses hindeuten, so z. B. Schwinden des Exsudats, fibröse Umwandlung der Tuberkel und fibröse Verdickung der Meningen und ihrer Umgebung. Inwiefern solche Veränderungen wirklich als Einleitung von Heilungsvorgängen angesehen werden dürfen, muß dahingestellt bleiben. Sicher ist dagegen, daß die Erkrankung auch einen mehr chronischen oder doch subakuten Verlauf nehmen kann, wobei auch die Exsudation eine geringere ist, und sich statt ihrer mehr produktiv-fibröse Prozesse in der Umgebung der Tuberkel ausbilden.

. Die Pia mater spinalis beteiligt sich auch öfters an dem Prozeß und zeigt dann ganz ähnliche Veränderungen wie die weichen Häute des Gehirns; ebenso kann der Prozeß in ähnlicher Form wie am Gehirn auch auf das Rückenmark übergreifen. Viel seltener kommt eine tuberkulöse spinale Meningitis auf anderem Wege, von einer tuberkulösen Wirbelkaries und Tuberkulose der Dura mater her zustande (s. weiter unten). Beteiligung der Rückenmarksubstanz.

Entwickeln sich an den weichen Häuten nur Tuberkeleruptionen, ohne daß diese von

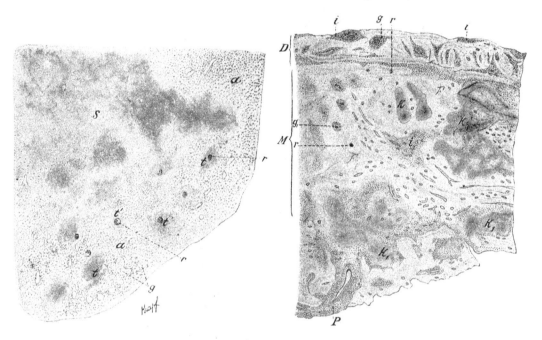

Fig. 740 a.

Konglomerattuberkel des Gehirns (s) ($\frac{12}{1}$).

Mit zahlreichen kleinen Resorptionstuberkeln t t' in der Umgebung; in den letzteren Riesenzellen r; a kleinzellige Infiltration, g Gefäße.

Fig. 741.

Gummöse Meningitis und Enzephalitis ($\frac{250}{1}$).

D fibrös verdickte Dura, M Meningen, g Gefäße mit syphilitischer Vasculitis, i Infiltrate in der Dura, i solche in den weichen Häuten, kk käsige (gummöse) Herde in den Meningen; im übrigen die letzteren stark verdickt, teilweise fibrös, mit infiltrierten Gefäßen (g) und Riesenzellen (r), k_1, k_1 käsige Herde, auf die Hirnrinde übergreifend. P Pia in eine Furche zwischen 2 Hirnwindungen hineingehend, mit infiltrierten Gefäßen (nach Obermeier).

exsudativen oder produktiven Entzündungserscheinungen begleitet wären, so spricht man von einfacher Tuberkulose der Meningen. Syphilitische Meningitis.

Die Erscheinungen der **zerebrospinalen Syphilis,** welche auch besonders von den Hirnhäuten ausgeht, werden meist der Tertiärperiode der Syphilis zugerechnet, doch können sie auch schon frühzeitig nach der Infektion, ja selbst schon wenige Monate nach ihr auftreten. Nach ihrem anatomischen Verhalten gehören sie teils diffusen syphilitischen Entzündungsprozessen (S. 174), teils den umschriebenen Syphilomen d. h. Gumminoten (S. 172), teils endlich einfach degenerativen Vorgängen (S. 651 ff.) zu; eine wichtige Rolle spielen dabei die luetischen Veränderungen der Blutgefäße, sowie gewisse sekundäre Erscheinungen (s. unten). Am häufigsten lokalisiert sich der Prozeß auf die weichen Häute des Gehirns — seltener jene des Rückenmarks — und zwar meistens in Form einer **syphilitischen** oft **diffusen Meningitis** (Fig. 742); durch Wucherung eines zell- Syphilis.

reichen und gefäßreichen Granulationsgewebes bilden sich innerhalb der Meningen flache, anfangs graurote und weiche, gallertige Verdickungen, welche nekrotische Einsprengungen aufweisen können, im übrigen aber zu einer fibrösen Umwandlung in ein sehr derbes, schwieliges Narbengewebe tendieren, das im weiteren Verlauf eine starke Schrumpfung erleidet. Kleinere Herde können auch vollkommen resorbiert werden, von größeren bleiben dicke schwartige Auflagerungen an den Meningen zurück. Die Struktur der letzteren geht dabei oft so voll-

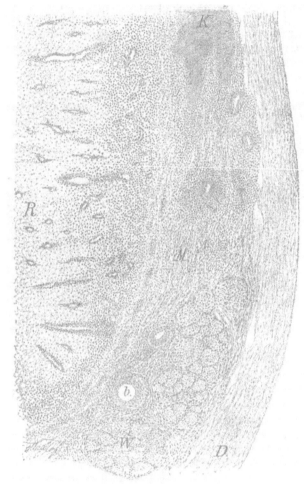

Fig. 742.
Syphilitische Meningomyelitis ($\frac{300}{1}$).

D Dura, etwas verdickt. *M* gummöses, teils zellig faseriges und narbiges, teils von Käseherden (*K*) durchsetztes Granulationsgewebe der weichen Häute. *b* Verdicktes Gefäß. *W* Nervenwurzeln. *R* Rückenmark, vom Rande her mit gummöser Zellwucherung durchsetzt, besonders in der Umgebung der einstrahlenden Gefäße.

kommen verloren, daß die verdickten Schichten eine zusammenhängende, gleichmäßige, schwielige Narbenmasse bilden. Jedoch halten sich die zellreichen Infiltrationen, besonders aus Rundzellen bestehend, oft sehr lange, während die fibröse Piaverdickung nur geringer ist. Dann kann eine derartige syphilitische Meningitis makroskopisch einem einfachen Piaödem (s. oben) sehr ähnlich sehen, während das Mikroskop sofort hochgradige ältere Veränderungen aufdeckt. Andererseits treten statt bzw. neben der schwielig-fibrösen Umwandlung auch mehr oder weniger ausgedehnte Verkäsungen (nekrotische Gebiete) auf. Innerhalb der syphilitischen Entzündungsherde zeigen die Gefäße, Arterien sowohl wie Venen, die früher beschriebenen Veränderungen der syphilitischen Vaskulitis (S. 431). Daneben kommen auch syphilitische Formen der Leptomeningitis vor, bei der sich — zumeist neben anderen syphilitischen Veränderungen — kleine tuberkelähnliche Knötchen finden, doch sind sie von unregelmäßigerer Größe und ungleichmäßigerer Verteilung als Tuberkel. Seltener treten scharf umschriebene verkäsende Gummiknoten auf.

Von der syphilitischen Meningitis aus, welche sich an verschiedenen Teilen der Hirnoberfläche, öfters besonders an der Basis um die Gefäße oder die austretenden Nerven herum entwickelt, findet in den meisten Fällen ein Übergreifen auf das Nervenparenchym selbst statt; insbesondere geht mit den in dasselbe einstrahlenden Gefäßen auch die zellige Infiltration und Wucherung in die Hirn- oder Rückenmarksubstanz hinein, dort ebenfalls erst zellige, zum Teil verkäsende, später fibröse und narbige Herde hervorrufend, in deren Bereich das Nervengewebe frühzeitig zugrunde geht; **Meningoencephalitis** und **Meningomyelitis** *Meningo-* *encephali-* *tis und* **syphilitica** (Fig. 741). Des weiteren finden sich *Meningo-* *myelitis* *syphilitica.*

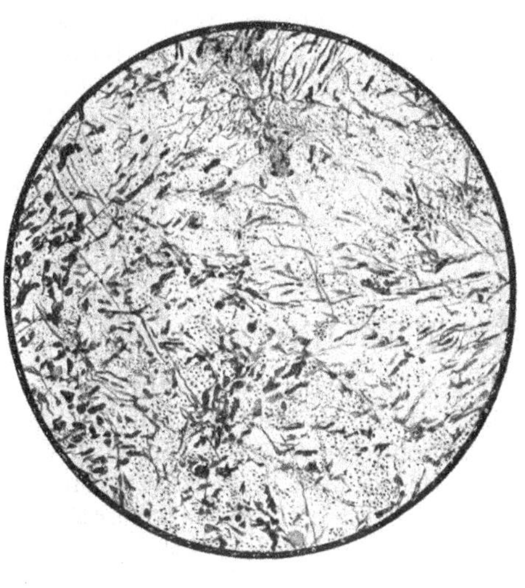

auch im Innern des Gehirns- und Rückenmarks umschriebene verkäsende Gummiknoten, aber doch weit seltener nur unabhängig von der Affektion der Meningen. Solche Gummen können ebenso wie Konglomerattuberkel im klinischen Sinne als Tumoren wirken und sind auch anatomisch von den tuberkulösen Herden oft schwer zu unterscheiden. Oft sind die Gefäße (die im Tuberkel fehlen, im Gummi vorhanden, aber schwer veränderte sind), ein gutes Unterscheidungsmerkmal.

Außer durch direktes Übergreifen wirkt die luetische Meningitis in mannigfacher anderer Weise auf das Nervengewebe ein. Die massigen Auflagerungen haben teils direkt eine Kompression des Hirns oder Rückenmarks zur Folge, teils veranlassen sie wenigstens Störungen in der Blut- und Lymphzirkulation der angrenzenden Gebiete, wodurch in diesen Stauungserscheinungen und Quellungszustände entstehen; in ähnlicher Weise wirkt, namentlich

Fig. 743.
Pia mit sehr zahlreichen pigmenthaltigen Zellen (Chromatophoren).

am Rückenmark, die Narbenschrumpfung der aufgelagerten Massen. Gerade diese indirekten Wirkungen sind in klinischer Beziehung von besonderer Bedeutung, weil sie durch eine rechtzeitig eingreifende, antiluetische Therapie vielfach wieder zum Rückgang gebracht werden können. Andere, ebenfalls sekundäre Veränderungen des Nervenparenchyms sind auf eine syphilitische Erkrankung der meningealen und intrazerebralen resp. intramedullären Blutgefäße zurückzuführen. Eine solche findet sich nicht nur konstant an den von syphilitischen Wucherungen umgebenen und in solche eingebetteten Gefäßen, sondern kann auch in primärer Weise an den Arterien wie Venen auftreten (S. 431). Häufig zeigt sich eine **syphilitische Arteriitis** über eine größere Zahl kleiner Gefäße in fleckiger oder diffuser Verbreitung, oder es sind an einzelnen, meist größeren Gefäßen, kleine zirkumskripte Verdickungen vorhanden, die einer Arteriitis syphilitica entsprechen. Die Folgen bestehen zunächst *Syphili-* *tische* in Erweichungen, welche auf die Verengerung des Gefäßlumens, resp. dessen Verschluß *Arteriitis.* zurückzuführen und also den ischämischen zuzurechnen sind und wie diese unter Bildung von Narben oder Zysten abheilen können. In anderen Fällen kommt es zur Thrombose bzw. auch Embolie, wodurch ebenfalls Erweichungsherde zustande kommen; endlich kann es durch die Schwächung der Gefäßwand zur Entstehung von Aneurysmen kommen (S. 431), die zu Gefäßzerreißungen und Hämorrhagien führen.

Auch die kongenitale Syphilis kann Veränderungen im Zentralnervensystem hervorrufen; *Kon-* *genitale* diese können schon in der Fötalperiode oder dem frühen Kindesalter oder auch erst während der Pubertät *Syphilis.*

auftreten. Es finden sich im allgemeinen die oben beschriebenen Veränderungen, diffuse syphilitische Entzündungen und Gummen, namentlich der Meningen; auch die Entstehung eines Hydrocephalus wird oft auf angeborene Lues zurückgeführt. Des weiteren werden allerhand Entwickelungshemmungen am Gehirn (s. oben) auf Syphilis bezogen.

Tumoren. An den weichen Häuten finden sich verschiedenartige **Tumoren**: Endotheliome, Sarkome, darunter von den Chromatophoren (zuweilen besonders über der Medulla oblongata in der Pia stark entwickelt [Fig. 743]) ausgehende melanotische Sarkome, Fibrome, Chondrome u. a.; die Cholesteatome, die oft am Nervus olfactorius oder am Balken sitzen, oder auch in die Ventrikel eindringen, sind zum mindesten zumeist von versprengten Epidermiskeimen als Epidermoide abzuleiten. Auch Dermoide und Teratome kommen hier vor. Besonders bemerkenswert sind auch gewisse als **diffuse Sarkomatose** bezeichnete Formen, welche nicht selten eine große, ja flächenhafte Ausbreitung über die ganze Länge des Rückenmarks, von der Cauda equina bis zur Medulla oblongata, ja über diese hinaus bis an die Basis des Gehirns erreichen; sie umgeben das Rückenmark als dicke, mantelförmige Massen und können auch in seine Substanz eindringen; meist handelt es sich dabei um kleinzellige Rundzellensarkome.

Metastatisch kommen Karzinome und Sarkome an den Meningen vor. Erstere zuweilen ganz diffus verbreitet den Gefäßen folgend. Makroskopisch kann dann ganz das Bild einer chronischen einfachen Entzündung bestehen. Auch können von dem Schädeldach oder der Wirbelsäule ausgehende bösartige Neubildungen auf die Hirn- und Rückenmarkshäute übergreifen.

(Über Parasiten s. S. 686.)

II. Harte Hirnhaut (Zirkulationsstörungen, Endzündungen, Tumoren).

II. Harte
Hirnhaut.

Thrombose
der Sinus. Von Zirkulationsstörungen der Dura mater ist die **Thrombose** ihrer **Blutsinus** wichtig, welche als **marantische Thrombose** bei Schwächezuständen aller Art, bei Marasmus, bei schweren Anämien, ferner im Verlauf von allgemeinen Infektionskrankheiten, bei Tumoren und Entzündungen der Umgebung (Ohr), (bei eiteriger Pachymeningitis s. unten), sowie nach traumatischen Einflüssen, die den Schädel treffen, auftreten kann; als Folgezustände der Sinusthrombose stellen sich Blutstauung und Ödem im Gehirn und in den weichen Häuten ein; vielfach kommt es auch zu ausgedehnten hämorrhagischen Infarzierungen der anliegenden Hirnteile.

Pachy-
meningi-
tiden. Entzündungen der harten Hirnhaut werden als **Pachymeningitiden** bezeichnet.

Eiterige
Form. Bei eiteriger Meningitis zeigt sich oft auch die Innenfläche der Dura mit einem **eiterigen Belag** bedeckt; stärkere eiterige Infiltrationen; manchmal auch eiterig-jauchige Entzündungen entstehen an der Dura manchmal im Gefolge von Schädelverletzungen mit Wundinfektion und bei Karies der Schädelknochen. Mit der eiterigen Pachymeningitis

Thrombo-
phlebitis
der Sinus. steht häufig eine **Thrombophlebitis** der **Duralsinus** in genetischem Zusammenhang; entweder in der Weise, daß durch die Eiterung an der Dura in den von ihr umschlossenen Sinus entzündliche Thrombosen (s. S. 142) zustandekommen; oder umgekehrt in der Art, daß letztere direkt durch kariöse Prozesse am Schädel zuerst entstehen und dann zu weiteren Eiterungen führen; in beiden Fällen kann sich eine ausgedehnte eiterige Meningitis oder ein Hirnabszeß anschließen und unmittelbare Todesursache werden. Endlich kann eine Sinusphlebitis auf metastatischem Wege im Verlauf von Infektionskrankheiten, namentlich im Gefolge von Erysipel des Gesichtes auftreten.

Pachy-
meningitis
haemor-
rhagica in-
terna. An der Dura kommt ferner eine eigentümlich verlaufende chronische Form einer Entzündung vor, die **Pachymeningitis haemorrhagica interna.** Der Krankheitsverlauf ist im allgemeinen der, daß zunächst an der Innenfläche der Dura, besonders über der Konvexität der Großhirnhemisphären manchmal einseitig, meist aber doppelseitig, entweder zunächst ein fibrinöses Exsudat abgeschieden wird, welches einzelne Flocken oder ausgedehnte Beläge bildet, und dann durch ein von der Dura aus sich entwickelndes Granulationsgewebe eine Organisation erfährt, oder daß von vornherein auf der Innenfläche ein vom subendothelialen Duragewebe gebildetes Granulationsgewebe erscheint, welches allmählich an Mächtigkeit zunimmt. Letztere Entstehungsart wird neuerdings in den Vordergrund gestellt. Aus dem jungen, zahlreiche zartwandige Gefäße tragenden Granulationsgewebe finden leicht und wiederholt Blutergüsse statt, welche ihrerseits wieder zur Organisation und somit zur Wucherung jungen Bindegewebes führen, so daß die in Organisation befindlichen Stellen der Dura-Innenfläche neben frischem Blut und Blutgerinnseln, die Reste verschieden alter Blutungen aufweisen, und durch Blut pigment nach und nach eine charakteristisch rostbraune Farbe erhalten. An Stelle des Granulationsgewebes liegen jetzt dünne, von der Dura abziehbare, blutig infiltrierte Bindegewebsmembranen. In chronischer Weise entstehen so schließlich größere und derbere Auflagerungen; und es bilden sich mehrfache Schichten, deren einzelne

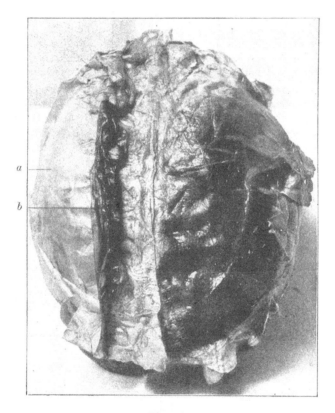

Fig. 744.
Pachymeningitis haemorrhagica interna.
Bei *a* die Dura,‘bei *b* das zurückgestreifte frischgebildete Häutchen. Letzteres bedeckt auf der anderen Seite noch die Dura.

Lagen zwar nach und nach in Bindegewebe umgewandelt werden, zwischen welche hinein aber immer wieder frische Hämorrhagien stattfinden. Während die anfänglichen Auflagerungen meist nur linsengroße oder wenig größere, zarte Membranen bilden, entstehen allmählich ausgedehnte Häutchen, welche aus mehrfachen bindegewebigen Schichten bestehen, zwischen welche Blut und Blutpigment eingelagert sind. — Kommt es hier zur Ansammlung großer Blutmengen, so entstehen sog. **Hämatome** der Dura mater. Es können sehr aus- Hämatom gedehnte und tödliche Blutungen in den Subduralraum hinein erfolgen. Diese der Dura. Hämatome können einen starken Druck auf das darunter gelegene Gehirn ausüben und so in der weichen Gehirnsubstanz eine mächtige Delle bewirken.

Die Pachymeningitis haemorrhagica findet sich vor allem bei Infektionskrankheiten, ferner bei Alkoholismus. Eine im Resultat ganz ähnliche Entzündung ist relativ häufig bei Kindern; bei Säuglingen hängt dies vielleicht mit dem Geburtstrauma zusammen (Wohlwill). Im übrigen scheinen Blutungen in den Duralraum nach Traumen und bei hämorrhagischer Diathese, soweit es sich nur um einfache Organisation solcher handelt, nicht der wirklichen Pachymeningitis haemorrhagica zu entsprechen.

Pachy-meningitis externa.   Selten findet sich ein analoger Prozeß als **Pachymeningitis haemorrhagica externa** an der Außenfläche der Dura.

Die Dura mater des Gehirns ist zugleich das innere Periost des Schädeldaches und hat als solches die Fähigkeit, Knochen zu bilden; wie vom Periost anderer Teile aus, so kommen auch hier ossifizierende Entzündungen vor; es bilden sich teils dem Schädeldach innen anliegende Osteophyten, teils größere und kleinere, unregelmäßig gestaltete, *Sog. Pachy-meningitis ossificans.* in der Dura selbst, besonders in der Hirnsichel liegende Knochenplatten. Man bezeichnet den Prozeß auch als **Pachymeningitis ossificans** (s. oben).

Fibrös-produktive Pachy-meningitis.   Außer den knochenbildenden kommen auch **fibrös-produktive Entzündungen** an der Innenfläche der Dura cerebralis und der Dura spinalis vor, welche oft zu Verwachsungen mit den Meningen führen und vielfach dem darunterliegenden Zentralnervensystem einen gewissen Schutz gegen das Übergreifen destruktiver Vorgänge verleihen.

Pachy-meningitis cervicalis hyper-trophica.   Die sog. **Pachymeningitis cervicalis hypertrophica** beruht auf einer mit starker fibröser Wucherung einhergehenden chronischen, meist durch Lues hervorgerufenen Meningitis, welche das Mark mit einem dicken Ring fibrösen Gewebes umschließen und die Erscheinungen der Kompressionsmyelitis (S. 688ff.) hervorrufen kann. Die Dura beteiligt sich an dem Wucherungsvorgang, stellt aber nicht den primären Ausgangspunkt des Prozesses dar.

Tuber-kulose.   An der Dura des Gehirns sind **tuberkulöse Prozesse** selten; häufig dagegen wird das der Dura spinalis aufliegende, epidurale Fettgewebe des Wirbelkanals und zuletzt auch die Dura selbst von tuberkulösen Wirbeln her affiziert (vgl. S. 689).

Syphilis.   Im Gegensatz zu den tuberkulösen Affektionen tritt die **syphilitische Pachymeningitis** viel häufiger an der Dura cerebralis als an der des Rückenmarks auf. Den Ausgangspunkt der Erkrankung findet man auch hier meist im Knochen des Schädels oder in der Leptomeninx gelegen, und die harte Hirnhaut erst sekundär erkrankt. In der Dura finden sich dabei teils diffuse, infiltrierende Entzündungen, teils mehr zirkumskripte, gummöse Granulationsgeschwülste; beide Prozesse nehmen meistens ihren Ausgang in fibröse oder von käsigen Herden durchsetzte, narbige Schwarten, welche zu Verwachsungen der Dura mit dem Schädeldach und den weichen Häuten zu führen pflegen. Die Gefäße zeigen die Veränderungen der syphilitischen Arteriitis (S. 431). Von der harten Hirnhaut aus kann auch ein Übergreifen des gummösen Prozesses auf das Schädeldach oder die Pia stattfinden.

Tumoren.   Von Neubildungen kommen an der Dura besonders **Sarkome** und **Endotheliome** („Fungus durae matris") vor. Beide können sowohl nach außen, durch den Knochen, durchbrechen, als auch nach dem Gehirn zu wachsen und dann die Erscheinungen der Hirntumoren (Erhöhung des intrakraniellen Druckes) hervorrufen; relativ häufig finden sich an der Dura **Psammome** (S. 222 u. 241). In Tumoren der Dura finden sich überhaupt Psammomkörner mit Vorliebe. Sie entstehen durch Verkalkung hyaliner Massen, welchen teils obliterierte Gefäße teils endotheliale Zellwucherungen zugrunde liegen. Sehr selten ist eine diffuse Anfüllung der Gefäße der Dura (bzw. wenn eine Entzündung besteht, auch ihrer Membranen) mit metastatischen Karzinommassen; **Pachymeningitis carcinomatosa** (haemorrhagica interna productiva).

D. Peri-phere Nerven.

D. Periphere Nerven.

Sekundäre Degene-ration.   **Degenerationen** und **Neuritis.** Bei Durchtrennung oder sonstiger Leitungsunterbrechung in den peripheren Nerven (Kompression, Quetschung etc.) degeneriert dem S. 654 mitgeteilten **Wallerschen Gesetz** zufolge vor allem derjenige Teil der Nerven, welcher vom Zentralorgan abgetrennt ist, also das periphere Stück des Nerven. Die

Degeneration verläuft auch hier unter ähnlichen Bildern wie im Zentralnervensystem, also unter Anschwellung und stückweisem Zerfall der Achsenzylinder, sowie Zerklüftung und Zerfall der Markscheiden, woran sich ein Zerfall der Schwannschen Scheiden anschließt. Aus den Zerfallsmassen bildet sich vorzugsweise Fett, das allmählich von Wanderzellen resorbiert wird. Jedoch ist man jetzt geneigt anzunehmen, daß bei der Wallerschen Degeneration keine richtige Nekrose der nervösen Elemente eintritt, sondern nur eine Art Entdifferenzierung zu einem mit Kernen versehenen Neuroplasma. Auch der zentrale Stumpf eines durchtrennten Nerven bleibt nicht ganz intakt; zunächst entwickeln sich eine Strecke weit von der Durchtrennungsstelle aus ähnliche, nur schwächere Degenerationserscheinungen wie im peripheren Teil; es ist ferner erwiesen, daß in der ersten Zeit auch einzelne Fasern bis weit ins Rückenmark hinein eine Degeneration erleiden (retrograde Degeneration S. 655 u. 660); schließlich zeigt der zentrale Stumpf meist das Bild der einfachen Atrophie (vgl. S. 654).

Außer durch mechanische Einwirkungen kommen an den peripheren Nerven degenerative Prozesse mit im übrigen ähnlichen histologischen Veränderungen auch auf anderem Wege zustande; bei einer Reihe allgemeiner Infektionskrankheiten finden sich solche in verschiedenen Nervengebieten und sind wohl zum großen Teil auf die Wirkung toxischer Stoffe zurückzuführen; so finden sich Degenerationen beispielsweise öfters bei Diphtherie. Neben der Degeneration der Fasern kommen manchmal auch zellige Infiltrationen oder Wucherungen des Nervenbindegewebes vor, welche ihren Ausgang in fibröse Induration der Nerven nehmen können. Man bezeichnet derartige degenerativ-entzündliche Zustände als **Neuritis.** Sie findet sich bei der sog. Polyneuritis als hauptsächlichste Erscheinung des Krankheitsbildes. Die Ursachen der Polyneuritis sind auch meist Intoxikationen; es gehört hierher die bei Bleivergiftungen auftretende und die Alkohol-Neuritis. Ferner kommen neuritische Prozesse im Verlaufe von Hirn- oder Rückenmarkskrankheiten, besonders im Verlaufe der Tabes und der zerebrospinalen Syphilis vor.

Auch die sog. Beri-Berikrankheit (besonders in Asien und Japan) stellt anatomisch eine Neuritis dar; ätiologisch kommt besondere Nahrung in Betracht. Ferner finden sich bei der Pellagra (besonders in Oberitalien) Nerven- (nur Rückenmark-) Degenerationen bzw. Entzündungen (daneben Degenerationen und Nekrosen besonders der Darmschleimhaut) und Schweißdrüsen, Nierenveränderungen, öfters hämorrhagische Diathese. Auch hier wird besondere Nahrung — entschälter Mais, der vibreninfrei sein soll — angeschuldigt, nach anderen Autoren nur unter Mitwirkung photodynamischer Einflüsse, während andererseits auch die Annahme bakterieller Ätiologie Anhänger hat.

In allen diesen Fällen sind rein degenerative Prozesse von entzündlichen schwer zu trennen.

An den Nerven, welche innerhalb von Entzündungsherden, z. B. in phlegmonös erkranktem Bindegewebe, gelegen sind, kommt es ebenfalls zur Degeneration und Infiltration, unter Umständen auch zur **Nekrose** und **Vereiterung.**

Während innerhalb der Zentralorgane eine regenerative Neubildung von Nervenfasern nur in äußerst beschränktem Maße vorkommt, zeigt das periphere Nervensystem eine sehr weitgehende Regenerationsfähigkeit. Nicht nur nach Degeneration und Verlust einzelner Fasern (vgl. S. 97/98), sondern auch nach Durchschneidung oder sonstiger Durchtrennung von Nervenstämmen kann eine Wiedervereinigung der getrennten Stücke mit vollkommener Wiederherstellung der Leitung stattfinden, wenn die Vereinigung nicht durch andere Umstände, z. B. durch zu große Entfernung beider Stümpfe oder durch derbes Narbengewebe, welches sich zwischen die Enden einschiebt, gehindert wird. Die Regeneration geht nach der gegenwärtig am meisten verbreiteten Annahme vom zentralen Stumpf, und zwar nicht von seinem freien Ende, sondern von in der Nähe entspringenden seitlichen Kollateralen aus, indem sich junge Achsenzylinder bilden, in den peripheren Stumpf hineinwachsen und sich schließlich wieder mit einer Markscheide und einem Neurilemm umgeben.

Anderen Untersuchern zufolge geht die Neubildung der Fasern im peripheren Stumpf gleichzeitig mit einer Wucherung der Neurilemmkerne (Schwannsche Scheide) einher, welche in Wucherung ge-

Degenerative Neuritis.

Regeneration.

45*

raten, sich vermehren, mit reichlichem Protoplasma umgeben und lange bandartige Streifen bilden, die sich aneinanderreihen. Doch scheint diese Wucherung der Schwannschen Scheide zwar bei der Nervendegeneration von Wichtigkeit, aber es scheinen aus ihr nicht selbst als Neuroblasten junge Nervenfasern neugebildet zu werden — wie die Vertreter der sog. autogenen Regeneration annahmen — solche vielmehr aus den alten Nervenfasern auszusprossen.

Infektiöse Granulome. **Tuberkulose** und **Syphilis** ergreifen die Nerven resp. die aus den Zentralorganen austretenden Nervenwurzeln, besonders an ihrer Durchtrittsstelle durch die syphilitisch oder tuberkulös erkrankten Meningen, indem Granulationswucherungen auf die Nervenstämme übergreifen und oft eine Zerstörung ihrer Fasern bewirken. Von der **Lepra** lokalisiert sich die als Lepra nervorum bezeichnete Form speziell auf die peripheren Nerven und bewirkt an diesen knotige oder spindelige Auftreibungen, innerhalb welcher man Degeneration mit zelliger Infiltration der Nervenelemente beobachtet (S. 177).

Tumoren. **Tumoren.** Von dem Perineurium und Endoneurium bzw. den Schwannschen Scheiden gehen **Fibrome** und sog. **Neurinome** aus, besonders die multiplen der **Recklinghausenschen Neurofibromatose** (s. S. 201). Aus ihnen können maligne den **Sarkomen** entsprechende Tumoren entstehen. Hierher sind auch die meist vom Acustikus bzw. Facialis ausgehenden sog. **Kleinhirnbrückenwinkeltumoren** zu rechnen. Sie können ebenfalls in Sarkome übergehen. Selten sind echte **Neurome.** Über diese Formen und die sog. **Amputationsneurome** s. S. 201. **Gliome** können im Nervus opticus entstehen. Auch sonst kommen Sarkome, Myome etc. vor. Sekundär ergreifen Karzinome die Nerven sehr oft, und zwar breiten sie sich gerade hier sehr deutlich in den Lymphräumen, zuerst des Perineurium, sodann auch des Endoneurium aus.

Im Nervus ischiadicus werden häufig Varicen und Phlebektasien gefunden, wechselnd an Form, Größe, Sitz und Ausdehnung.

Kapitel VII.

Erkrankungen des Bewegungsapparates.

A. Knochen.

A. Erkrankungen der Knochen.

Vorbemerkungen.

Normale Anatomie. Bekanntlich besteht die äußere Schicht der Knochen aus kompakter Substanz, während die inneren Teile größtenteils aus spongiöser Substanz zusammengesetzt sind; die Hohlräume der Röhrenknochen, sowie die Räume in der Spongiosa sind von Knochenmark ausgefüllt. An der Oberfläche des Knochens liegt, mit Ausnahme der mit Knorpel versehenen Gelenkenden, das Periost, welches eine derbe fibröse Lage darstellt.

Die kompakte Knochenrinde, sowie die Balken der spongiösen Substanz, bestehen aus einer verkalkten Grundmasse, welche kleine, zackige und mit Ausläufern versehene Hohlräume in sich schließt (die Knochenhöhlen oder Knochenkörperchen), innerhalb derer die Knochenzellen gelegen sind. Die Ausläufer der Knochenhöhlen stehen, wie an geeigneten Präparaten (Füllung der Hohlräume mit Luft oder Farbstoffen) zu sehen ist, miteinander in Verbindung, so daß sie ein die Knochensubstanz durchziehendes Netzwerk, die sog. **Knochenkanälchen** bilden. In kompakten Knochen finden sich außerdem größere Kanälchen, welche Blutgefäße, Nerven und etwas Bindegewebe führen, die sog. **Haversschen Kanäle.** Die verkalkte Grundsubstanz des Knochens ist lamellär angeordnet, die Lamellen selbst sind großenteils konzentrisch um die Haversschen Kanäle herum orientiert, Die Lamellen, die homogen erscheinen, bestehen in Wirklichkeit aus verkalkten, durch eine Kittsubstanz verbundenen Fasern. Vom Periost her dringen Bindegewebsbündel in die Knochensubstanz ein, sog. Sharpeysche Fasern, die im jugendlichen Knochen als solche wahrnehmbar sind.

Ossifikationen. Bekanntlich findet man die Diaphyse der großen Röhrenknochen zur Zeit der Geburt bereits vollständig verknöchert, während die Epiphyse noch ganz oder größtenteils knorpelig ist. In deren Mitte entwickelt sich — bei den einzelnen Knochen nicht ganz gleichzeitig — ein Knochenkern, von welchem aus die weitere Ossifikation der Epiphyse stattfindet.

Der Knochenkern in der unteren Femurepiphyse des ausgetragenen Neugeborenen hat einen Durchmesser von 2—5 mm; vor der 37. Woche fehlt er vollkommen.

Das weitere Längenwachstum der Röhrenknochen geschieht zunächst von der Epiphyse aus. In dieser findet eine Wucherung des Knorpels statt, der neugebildete Knorpel wird von der Diaphyse her durch Knochen ersetzt; dieser Vorgang, durch welchen die Diaphyse fortwährend verlängert wird, setzt sich so lange fort, als deren Wachstum überhaupt andauert (endochondrale Verknöcherung). Schneidet man das Ende eines noch im Wachstum begriffenen Röhrenknochens der Länge nach durch, so erkennt man an der Epiphysengrenze, d. h. da, wo Epiphyse und Diaphyse aneinanderstoßen, zwei Zonen; die eine, noch dem Knorpel angehörige, hat eine bläulich durchscheinende Beschaffenheit und mißt ungefähr $1^1/_2$—2 mm in der Breite; sie ist die Knorpelwucherungszone (Fig. 750 A, W). Zwischen dieser und dem Knochen der Diaphyse liegt, in einer Breite von ungefähr $^1/_2$ mm, die zweite Zone, welche eine hellgelbe Farbe und harte Konsistenz hat; es ist dies die provisorische Verkalkungszone (Fig. 750 A, V).

Mikroskopisch lassen sich in der Knorpelwucherungszone wieder drei Schichten unterscheiden (Fig. 745). In der äußersten, dem ruhenden Knorpel zugewendeten Schicht findet man die Knorpelzellen gewuchert und vermehrt, vielfach zu mehreren in einer Kapsel enthalten; in der zweiten ordnen sich die Knorpelzellen reihenförmig (Säulenknorpel); in der innersten, gegen die Diaphyse zu sehenden, sind die gewucherten Knorpelzellen besonders groß (großzellige Wucherung). Innerhalb der letzteren Zone wird Kalk in die Interzellularsubstanz des Knorpels eingelagert, und dadurch entsteht die oben erwähnte Verkalkungszone. In sie wachsen von der Diaphyse her die Markmassen hinein, lösen zum Teil die verkalkte Interzellularsubstanz auf und eröffnen die Kapseln der Knorpelzellen, worauf letztere sich den Zellen der Markräume anschließen (Zone der primären Markräume). Zum anderen Teil bleibt die verkalkte Interzellularsubstanz in Form von Balken bestehen, und an letztere lagern die im Mark enthaltenen Osteoblasten Schichten von Knochensubstanz an.

Es ist gegenüber pathologischen Verhältnissen von Wichtigkeit, daß die Markräume normaliter nur in den verkalkten Knorpel, nicht aber in die unverkalkte Knorpelzone hineinwuchern, mithin, daß die Grenze von Knorpel und Knochen in einer scharfen Linie abschneidet (vgl. Fig. 745), Indem so von der Epiphyse her immer neue Knorpelschichten gebildet werden und die Diaphyse deren endochondrale Verknöcherung bewirkt, findet das Wachstum der letzteren statt, bis mit Beendigung desselben Epiphyse und Diaphyse knöchern verschmelzen.

a) Längenwachstum.

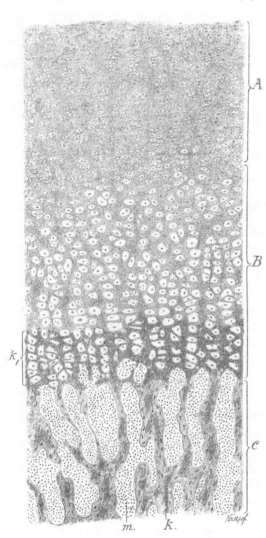

Fig. 745.
Normale Epiphysengrenze ($\frac{250}{1}$).
A ruhender Knorpel, *B* Knorpelwucherungszone, *C* Diaphyse, k_1 Verkalkungszone, *m* Markräume, *k* Knochenbalken.

In ähnlicher Weise findet von ihrem Knochenkerne aus Wachstum und Ossifikation der Epiphyse statt.

Das Dickenwachstum der langen Knochen beruht vorzugsweise auf periostaler Knochenbildung, indem das Periost auf der Diaphyse fortwährend neue Knochenlagen anbildet. Währenddessen wird von innen her fortwährend Knochensubstanz resorbiert und zwar durch die Osteoklasten, und dadurch die Markhöhle dem zunehmenden Querdurchmesser des Knochens entsprechend erweitert, sowie die Spongiosa gebildet, indem von den Haversschen Kanälen aus so viel Knochensubstanz resorbiert

b) Dickenwachstum.

wird, daß nur noch die Spongiosabalken übrig bleiben. In der Spongiosa liegt das Knochenmark. Die Räume, in denen es liegt, werden von dem bindegewebigen Periost bekleidet.

c) Wachstum der platten Knochen.

In ganz analoger Weise geschieht das Flächenwachstum der platten Knochen an ihren Rändern. Die platten Schädelknochen entstehen bekanntlich aus bindegewebigen Anlagen, in denen Knochenkerne auftreten, von denen die Verknöcherung sich nach allen Seiten ausbreitet. An den Rändern aber bleibt während der ganzen Zeit des Wachstums ein knochenbildendes („osteogenes") Gewebe erhalten, welches nur teilweise verkalkt, zum Teil aber durch fortwährende Neubildung den Knochen nach der Fläche vergrößert. Erst nach Beendigung des Wachstums verknöchern auch die Ränder, welche also — wie bei den Röhrenknochen die Epiphysenknorpel — die eigentliche Matrix des neu zu bildenden Knochens darstellen, und es entstehen die Suturen. — Die Schädelbasis wird knorpelig angelegt und ihr Wachstum durch endochondrale Ossifikation bewirkt.

a) Anomalien, Entwickelungsstörungen. Defekte etc.

a) Angeborene Anomalien. — Entwickelungsstörungen.

Wir fassen hier Veränderungen zusammen, welche teils angeboren, teils auf Entwickelungsstörungen während der extrauterinen Wachstumsperiode der Knochen zu beziehen sind. Abgesehen von den schon im allgemeinen Teil (S. 267) besprochenen, hochgradigen Mißbildungen des Skeletts kommt partieller oder totaler Defekt einzelner Knochen (einzelner Schädelknochen, des Unterkiefers, der Clavicula, der Tibia u. a.) vor. Die angeborene Trichterbrust wird auf den im Uterus bei gebeugtem Kopf vom Kinn auf das Sternum ausgeübten Druck zurückgeführt. — Über allgemeinen und partiellen Riesenwuchs siehe S. 278.

Nanosomie.

Als **Nanosomie, Zwergwuchs,** bezeichnet man eine aus inneren Ursachen bedingte vererbbare geringe Entwickelung des Gesamtskelettes, welches dabei aber eine proportionierte Beschaffenheit aufweist. Hiervon zu unterscheiden sind die Fälle, in denen die Wachstumsstörung durch Erkrankungen des Skelettes (Rachitis, sog. fötale Rachitis etc.) bedingt ist, wobei unproportionierter Zwergwuchs zustande kommt (s. unten).

Hypoplasien.

Hypoplasien, d. h. mangelhafte Ausbildung einzelner Knochen oder Skeletteile sind auch auf Störungen in der Entwickelung oder Erkrankungen der dem Knochenwachstum dienenden Teile zu beziehen. Besonders zwei Momente kommen hier in Betracht:

1. infolge zu geringer Wucherung des Epiphysenknorpels.

1. Eine zu geringe Wucherung des Knorpels an der Epiphysengrenze, resp. des ossifizierenden Bindegewebes am Rande platter Knochen; dadurch werden zu kurze Knorpellagen und damit auch zu kurze Knochenlagen der Diaphyse angesetzt (S. 709), und diese bleibt in der Länge zurück.

2. infolge pränaturer Synostose.

2. Eine zu frühzeitige Verknöcherung des osteogenen Gewebes der platten Knochen. Das verknöcherte Gewebe kann selbst nicht mehr wachsen und daher auch nicht mehr zum Wachstum des Knochens beitragen (prämature Synostose).

Mikrocephalie und Nanozephalie.

Durch prämature Synostosen kommen verschiedene Wachstumshemmungen auch am Schädel zustande; wenn eine frühzeitige Verknöcherung der sämtlichen Nähte eintritt, so entsteht die **Mikrocephalie,** wobei die Schädelkapsel im ganzen zu klein ist, während die Kiefer normal entwickelt sind. Die mangelhafte Entwickelung betrifft dabei auch das Gehirn; die Individuen sind idiotisch. Die Mikrocephalie ist vererbbar und tritt manchmal auch bei zahlreichen Gliedern einer Familie auf. Von den Mikrocephalen zu unterscheiden sind die **Nanocephali, Zwergköpfe,** bei denen der Kopf im ganzen zu klein ist, also auch die Kiefer eine entsprechend geringere Ausbildung zeigen, aber das Gehirn wenn auch klein, so doch wohlgebildet sein kann; die Erscheinungen der Idiotie fehlen. Die Nanocephali kann für sich allein oder als Teilerscheinung allgemeinen Zwergwuchses vorhanden sein (s. oben, Nanosomie).

Tritt prämature Synostose an einzelnen Nähten auf, so entstehen Schädelformen, welche in bestimmten Durchmessern verkürzt und damit in bestimmten Richtungen zu klein sind.

In bestimmten Durchmessern verkürzte Schädel: a) Phagiocephali. b) Dolichocephal.

Im letzteren Falle kann unter Umständen ein anderer Teil des Schädels sich entsprechend stärker entwickeln (kompensatorische Entwickelung).

Bei Verkleinerung einzelner Durchmesser kann man unterscheiden:

a) Schrägverengte Schädel, **Phagiocephali.** Wenn die Koronarnaht oder die Lambdanaht der einen Seite frühzeitig verknöchert, so bleibt der Schädel an der entsprechenden Stelle im Wachstum zurück. Er wird dadurch schief („vordere" und „hintere Synostose").

b) Querverengte Schädel, **Dolichocephali.** Zu geringe Breitenentwickelung kann verursacht werden durch geringes Wachstum der Stirnbeine und der Scheitelbeine, auch durch Synostose der Pfeilnaht, der Sphenoparietalnaht oder der Sphenofrontalnaht. Bei Synostose der Pfeilnaht entsteht einfache Dolichocephali; bei Synostose der Sphenoparietalnaht eine Einziehung am Schädel hinter dem Stirnbein — Sattelköpfe, Klinocephali; bei Synostose der Sphenofrontalnaht Verschmälerung der Stirngegend Leptocephalie.

c) Brachy-
cephali.

c) Längsverengte Schädel, **Brachycephali**, entstehen durch frühzeitige Synostose der Koronarnaht oder der Lambdanaht. Findet im letzteren Falle (hintere Synostose) eine kompensatorische Entwickelung der vorderen Schädelpartie statt, so entsteht eine nach hinten spitze Form — Spitzköpfe (**Oxycephali**). Hierher gehören auch die Turmschädel, welche infolge der veränderten Druckverhältnisse im Schädel vollständige Sehnervenatrophie herbeiführen können.

Ist die Synostose partiell, d. h. betrifft sie nur Teile der Koronarnaht, nicht deren ganze Ausdehnung, so entstehen rundliche Schädelformen (Trochocephali).

Ähnlich
verändertes
Becken
und Thorax.

Auch durch Verknöcherung von Synchondrosen kommen analoge Wachstumsstörungen vor; durch Verknöcherung der Articulatio sacro-iliaca entsteht in dieser Weise das querverengte und das schrägverengte Becken (s. unten). Durch mangelhafte Entwickelung der Knorpel der oberem Rippen und dadurch bedingte Verkürzung der letzteren kommt die als paralytischer Thorax oder Habitus phthisicus bekannte Thoraxform zustande (S. 167).

Fig. 746.
Chondrodystrophia fetalis. 4¹/₂ Jahre alt.

Fig. 747.
Zweijähriges, heute 3¹/₂ jähriges Mädchen mit Osteogenesis imperfecta.

Man beachte das spitze Kinn, die Nase, das Fehlen eines sichtbaren Rosenkranzes an dem breiten, gut geformten Thorax, die schlanken Arme ohne Epiphysenauftreibungen, die multiplen, winkelig ausgeheilten Frakturen an den beiden Beinen und am linken Oberarm. Eigne Beobachtung des Verfassers. Photogramm aus dem Baseler Kinderspiral.
Nach Wieland, aus „Handb. der allgem. Pathologie u. der pathol. Anatomie des Kindesalters". Herausgeg. von Brüning und Schwalbe.

An den Extremitäten kommen derartige Wachstumsstörungen vor, indem das Längenwachstum der Knochen durch mangelhafte Knorpelwucherung und frühzeitigen Abschluß derselben schon intrauterin gehemmt wird. Es entsteht dadurch die sog. **(fötale) Chondrodystrophie** (Mikromelie, fötale Rachitis), eine Erkrankung, welche mit der wirklichen Rachitis (s. unten) nur eine äußerliche Ähnlichkeit hat. Durch mangelhafte Entwickelung des Knochensystems — die Knorpelwucherung an der Diaphysengrenze sistiert — bleiben dabei die Extremitäten abnorm kurz (Mikromelie), aber zugleich unverhältnismäßig dick und plump, was namentlich auf die normal entwickelten, daher im Verhältnis zur Knochenlänge viel zu weiten Weichteile zurückzuführen ist. Wächst an der Epi-Diaphysengrenze in einem abnorm weiten Markraum von der einen Seite ein „Perioststreifen" hinein, so hört einseitig das Wachstum ganz auf, und Verbiegung der Extremität muß resultieren. Der Kopf ist dabei unverhältnismäßig groß. Infolge Verkürzung der Schädelbasis (weil die Verknöcherung an der Symphysis sphenooccipitalis auch sistiert) erscheint die Nase eingefallen. Die Kinder sterben meist bald; sonst bleiben sie Zwerge.

Chondro-
dystrophie.

Der Chondrodystrophie äußerlich ähnlich ist die **Osteogenesis imperfecta.** Hierbei liegt ein Zurückbleiben der periostalen und myelogenen Knochenapposition, eine zu geringe Arbeitsleistung der Osteo-

Osteo-
genesis
imperfecta.

blasten vor, so daß hochgradige konzentrische Atrophie zustande kommt. So bleibt das Schädeldach häutig, die Extremitenknochen sehr dünn und brüchig. Die letztere Eigenschaft hat der Erkrankung auch den Namen **Fragilitas ossium** eingetragen und bewirkt Frakturen, die wieder zu Verkrümmungen, Verdickungen, Verkürzungen etc. führen. Die Kinder sind gewöhnlich klein, die Extremitäten kurz; sie werden tot zur Welt gebracht oder sterben bald. Man denkt an eine schwere Stoffwechselstörung als grundlegende Ursache. Vielleicht hängt die Chondrodystrophie wie die Osteogenesisimperfecta mit Störung der Drüsen mit innerer Sekretion (Epithelkörperchen, Thymus?) zusammen. Zu erwähnen ist auch noch die sog. **Dysostosis cleido-cranialis** mit zahlreichen Abnormitäten am Schädel besonders mit Diastasen der Nahtbildung und meist zugleich mit rudimentärer Bildung der Claviculae.

Dysostosis cleido-cranialis.

Kretinis-mus.

Als **Kretinismus** bezeichnet man eine, auf allgemeiner, psychisch und körperlich mangelhaften Entwickelung beruhende Erkrankung, die sich durch mannigfache Hemmungsbildungen äußert: durch das Zurückbleiben des ganzen Skeletts in seiner Entwickelung geringe, asymmetrische, oder sonst abnorme Entwickelung des Schädels, defekte Ausbildung des Gehirns, Hydrocephalus bis zur Idiotie gesteigerten Intelligenzdefekt, ferner mangelhafte Entwickelung der verschiedensten Organe (Genitalien, Zähne etc.). An der Schädelbasis kommt besonders eine Wachstumsstörung zwischen vorderem und hinterem Keilbeinkörper und Pars basilaris des Hinterhauptbeins vor, wodurch die Basis verkürzt wird, und die den Kretins eigentümliche Einziehung der Nasenwurzel zustande kommt. Der Kretinismus ist erblich, und in gewissen Gegenden, namentlich in einzelnen Hochtälern epidemisch. Es scheint, daß er mit einer Störung der Schilddrüsenfunktion zusammenhängt, wenigstens haben die Kretins entweder verkleinerte, atrophische oder in ihrer Struktur veränderte und vergrößerte Schilddrüsen (Struma, s. S. 374); auch konnten experimentell bei Tieren durch Exstirpation der Thyreoidea Störungen im Knochenwachstum hervorgerufen werden.

Auch bei dem **Myxödem** handelt es sich um eine Wachstumsanomalie infolge von Schilddrüsenmangel (s. S. 374).

Kepha-lones.

Hydro-cephalische Schädel.

Unter den abnorm großen Schädeln unterscheidet man die einfachen Großköpfe, **Kephalones,** und die **hydrocephalischen Schädel**; letztere entstehen dadurch, daß in der Wachstumsperiode aus irgend einer Ursache eine Erweiterung der Hirnventrikel in bedeutendem Maße zustande kommt (S. 690); die noch weichen Knochen geben dem wachsenden Drucke in zweierlei Weise nach: Erstens werden die platten Schädelknochen dünner und an bestimmten Punkten (namentlich in der Gegend der Stirn- und Seitenhöcker) besonders stark vorgewölbt, zweitens werden die Fontanellen und Nähte, soweit sie noch vorhanden sind, verhindert, sich zu schließen, bleiben weit und klaffend. An Stelle der Nähte finden sich dann nur häutige Membranen. So wird der Gehirnschädel gegenüber dem Gesichtsschädel unverhältnismäßig groß. Die Augen sind (durch Verengunger der Orbitalhöhle von oben her) herausgedrängt, der Supraorbitalrand ist verstrichen, die äußeren Gehörgänge stehen auffallend tief und sind nach unten gerichtet, alle Knochen sind dünn und durchscheinend. Findet später eine Verkalkung der Knochen statt, so bleibt doch die abnorme Form und Größe des Schädels erhalten.

Tritt der Hydrocephalus erst im späteren Alter auf, so bewirkt er eine Verdünnung der Schädelknochen, die natürlich nicht mehr ausgebaucht werden können. In manchen Fällen ist der Hydrocephalus angeboren (s. S. 278). Rachitis unterstützt seine Entwickelung.

b) Degenerative Veränderungen.

b) Degenerative Veränderungen.

Lakunäre Resorption.

Geht aus irgend einer Ursache Knochensubstanz zugrunde, so geschieht das in den meisten Fällen auf dem Wege der **lakunären Arrosion** (vgl. Fig. 769, S. 730). Im wesentlichen besteht diese darin, daß an den sonst glatten Rändern der Spongiosabalken und der Haversschen Kanäle, oder an der unter dem Periost liegenden Knochenoberfläche kleine Aushöhlungen, die sog. Howshipschen Lakunen entstehen, in die sich große, mehrkernige Zellen eingelagert finden, die Osteoklasten (Riesenzellen mit gedrängt stehenden Kernen), welche die Resorption der Knochensubstanz bewirken; auch die physiologische Knochenresorption, wie diese während der Wachstumsperiode neben dem Anbau neuer Knochensubstanz vor sich geht, kommt durch Vermittelung solcher Osteoklasten zustande. Andere Zellen, so Tumorzellen, scheinen aber ähnliche Resorption von Knochensubstanz bewirken zu können. Mit dem zahlreicheren Auftreten der Lakunen am Rand der Knochenbälkchen und der Haversschen Kanäle erhalten die Bälkchen mikroskopisch ein zackiges, wie angefressenes Aussehen und können schließlich auf diese Weise ganz zugrunde gehen. Daneben kommen die sog. perforierenden Kanäle in Betracht; sie durchbrechen die Knochenlamellen und werden wohl von Gefäßsprossungen gebildet (s. S. 725).

Die meisten Atrophien des Knochens beruhen auf solcher lakunärer Arrosion; findet diese über einen ganzen Knochen hin mehr oder minder gleichmäßig statt, so führt sie zu einer Rarefizierung desselben (Fig. 748), welche man als **Osteoporose** bezeichnet; *Osteoporose.* in der spongiösen Substanz werden die Bälkchen dünner und an Zahl vermindert, die kompakte Rinde erhält weitere Kanäle und Hohlräume und nähert sich so der Struktur der Spongiosa. Die Haversschen Kanälchen werden zum Teil markraumartig erweitert. Im ganzen wird der Knochen leichter, porös und verliert damit an Widerstandsfähigkeit (Knochenbrüchigkeit = symptomatische Osteopsathyrosis). Wird ein Knochen durch den atrophischen Zustand im ganzen kleiner, was namentlich der Fall ist, wenn die Resorption von außen her stattfindet, so bezeichnet man den Zustand als konzentrische Atrophie. Findet dagegen eine Resorption von Knochensubstanz von der Markhöhle her statt, so daß die letztere auf Kosten der Rinde erweitert wird, so spricht man von exzentrischer Atrophie.

Des weiteren kann Knochensubstanz als solche zugrunde gehen, auf dem Wege der **Halisterese,** d. h. durch Kalkentziehung, wobei also im Gegensatz zur lakunären Arrosion das Knochengewebe zunächst noch erhalten bleibt. Solcher halisteretischer Kalkschwund kommt im höheren Alter als sog. senile Osteomalacie vor, ferner bei manchen Knochentumoren, sowie bei der sog. Ostitis deformans oder Ostitis fibrosa (s. unten).

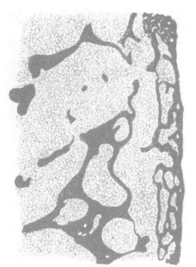

Halisterese.

Knochenatrophie.

Senile Atrophie.

Auf diese Weise (besonders die zuerst geschilderte) zustande kommende **Atrophie** der Knochensubstanz tritt über das ganze Knochensystem verbreitet, oder an einzelnen Knochen auf. Ersteres ist der Fall bei der senilen Atrophie, sowie bei kachektischen Zuständen aller Art. Die senile Atrophie findet sich besonders an den platten Schädelknochen und den Kiefern ausgeprägt. In der Diploe der Schädelknochen findet sich neben dem senilen Schwund der Knochensubstanz nicht selten eine Verdichtung der Spongiosa an anderen Stellen (Fig. 767, S. 729). Das Knochen-

Fig. 748.
Osteoporose des Schädeldaches ($\frac{2}{1}$).

mark nimmt an der Atrophie durch Umbildung in Gallertmark (S. 388) teil.

Besonders die Scheitelbeine, aber auch andere Schädelknochen (Chiari), zeigen zuweilen eine meist im Alter erst auftretende grubige Atrophie, bei welcher Zug- und Druckwirkung der Galea aponeurotica und mancher Muskeln mitwirken sollen. Senile Knocheneinsenkung in der Sutura coronalis ist nicht gerade sehr selten, aber ohne weitere Bedeutung.

Auf einzelne Extremitäten oder einzelne Knochen beschränkt, entwickelt sich die *Inaktivitäts- und Druck-atrophie.* Inaktivitätsatrophie und die Druckatrophie. Eine Inaktivitätsatrophie der Knochen findet z. B. statt, wenn durch ein chronisches Gelenkleiden oder durch zentrale Lähmung (z. B. eine Poliomyelitis anterior) eine Extremität dauernd außer Funktion gesetzt wird. Man spricht dann auch von neuroparalytische Artrophie. Ebenso atrophiert ein Amputationsstumpf. Auch die Atrophie des Kallus (vgl. S. 723) ist eine hier zu nennende Anpassungsatrophie.

Beispiele für die Druckatrophie bieten der hydrocephalische Schädel, dessen Knochen unter dem Druck des sich immer mehr ausdehnenden Gehirns im Dickendurchmesser verdünnt und hochgradig atrophisch werden sowie die Pacchionischen Gruben an der Innenfläche der Schädelknochen, welche als Resultat lokaler Druckwirkung von seiten der sog. Pacchionischen Granulationen (S. 699) entstehen. Ein weiteres Beispiel ist die Druckusur in der Wirbelsäule als Folge großer Aneurysmen (s. S. 433).

Es kommen aber auch ausgesprochene Knochenatrophien als Begleiterscheinung *Neurotische Atrophie.* verschiedener nervöser Erkrankungen (Tabes, progressive Paralyse u. a.) vor, ohne daß jemals eine Lähmung von Muskeln vorhanden gewesen wäre, so daß man die Atrophie auf direkte nervöse (trophische) Einflüsse zurückführt. Diese Fälle bezeichnet man als neurotische Atrophie.

Osteo-psathy-rosis.

    Die atrophischen Knochen zeigen große Brüchigkeit; diese kommt, als „Osteopsathyrosis" bezeichnet, auch mehr selbständig vor. Die geringsten Traumen bewirken dann Frakturen. Die sog. idiopathische Osteopsathyrosa (Lobstein) gehört wohl zum Teil zu der Osteogenesis imperfecta (s. oben), zum Teil zu jugendlichen Formen der Osteomalacie (s. unten). In gewisser Beziehung als degenerativ sind zwei wichtige Knochenkrankheiten hier zu besprechen, die Rachitis und die Osteomalacie.

Rachitis (sog. englische Krankheit).

Rachitis.

Wesen derselben.

    Das Wesen der Rachitis besteht in einem Kalkloesbleiben der neugebildeten Knochensubstanz. **Kalkloses Knochengewebe in einer die Norm übersteigenden Ausdehnung**

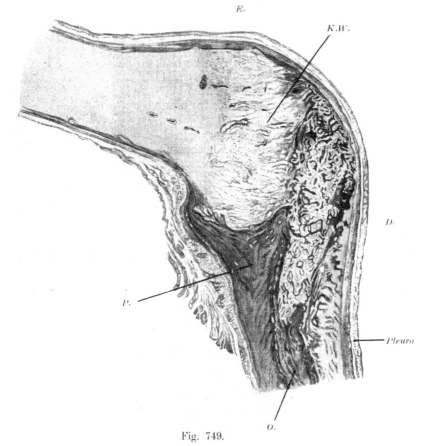

Fig. 749.

Durchschnitt durch die Knorpel-Knochengrenze der Rippe eines Rachitikers mit sog. innerem Rosenkranz. — 6fache Vergrößerung.

E. = Rippenknorpel (Epiphyse). *K.W.* = Verbreiterte Knorpelwucherungszone. *D.* = Ende der knöchernen Rippe (Diaphyse). *P.* = Periostale Einstülpung am Knickungswinkel. *C.* = Periostale Osteophytenlage. Das Ende des Rippenknorpels (*E.*) ist über das steil ansteigende Ende des Rippenschaftes (*D.*) nach innen, pleurawärts verschoben (Bajonettstellung!). Die Knorpelwucherungszone (*K.W.*) verläuft infolgedessen senkrecht, anstatt parallel zur Diaphysenachse (*D.*). Das periostale Osteophyt (*O*) ist an der äußeren Seite des knöchernen Rippenendes besonders stark entwickelt und wird zu oberst durchbrochen von einem keilförmig in den Winkel zwischen Knorpel und Knochen einspringenden, faserknorpeligen Gewebe (*P.*). Dieses entspringt breitbasig vom Perichondrium und verdankt seine Entstehung wahrscheinlich den respiratorischen Verschiebungen an dieser Stelle der stärksten Nachgiebigkeit (Kassowitz, v. Recklinghausen). Nach Wieland, aus „Handbuch d. allgem. Pathologie u. der pathol. Anatomie des Kindesalters". Herausg. von Brüning und Schwalbe.

ist somit der für die Erkrankung charakteristische Befund. Diese kalklose Knochensubstanz wird in vermehrtem Maße angebildet. Auch kann sich Knorpel metaplastisch in diese osteoide Substanz umwandeln. Sie tritt an Stelle des alten hier früher gelegenen verkalkten Knochens, welcher allmählich durch Wirkung von Osteoklasten und perforierenden Kanäle (ob auch durch Halisterese ist unwahrscheinlich) schwindet. Bewirkt werden diese Prozesse durch die der Rachitis zugrunde liegende Schädigung, durch Wachstumsvorgänge, mechanische etc. Einwirkungen und endlich dadurch, daß an Stelle der verkalkten Knochensubstanz eine weit größere Masse unverkalkter Substanz, um etwa das gleiche leisten zu können, treten muß (Schmorl). So werden die Knochenmassen innen wie außen mit Osteoidsäumen belegt. Dieser Vorgang ist um so auffälliger, als auch die physiologischen Resorptionsvorgänge, aber nur in mäßigem Umfange auftreten. So können an der Ossifikationsgrenze weite Markräume auftreten, die Knochen in höchsten Graden der Erkrankung sogar osteoporotisch werden.

Hierzu kommt nun eine Störung der enchondralen Ossifikation; hierbei erkranken schnell wachsende enchondrale Wachstumszentren besonders früh und intensiv. Indem die präparatorische Verkalkungszone wegfällt, wird die Einschmelzung

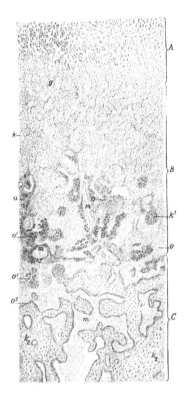

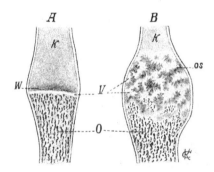

Fig. 750.

A Durchschnitt durch die Epiphysengrenze einer normalen Rippe, K ruhender Knorpel, W Knorpelwucherungszone, V Verkalkungszone, O Knochen der Diaphyse. B bei Rachitis: os osteoide Substanz ($\frac{6}{1}$).

Fig. 751.

Längsschnitt durch die Epiphysengrenze einer Rippe bei Rachitis ($\frac{40}{1}$).

A ruhender Knorpel. B Zone der großzelligen Wucherung. C Diaphyse. k Knorpel. o Osteoid. o_1 Osteoid mit verkalkten Knorpelzellen und Knorpelkapseln. o_2 Osteoid der Knochenbälkchen der Diaphyse. k_2 fertiger Knochen. m Markräume. g Gefäße.

des in normalen Massen angebauten Knorpels verlangsamt bzw. aufgehoben, d. h. der Knorpel wird nicht in Knochen verwandelt, sondern bleibt als solcher bestehen. Hierzu kommen Irregularitäten der Vaskularisation. So entsteht die verbreiterte und unregelmäßige Knorpelwucherungszone. Hierbei spielen nach Schmorl auch die Knorpelkanäle eine große Rolle, indem sie eine starke Vaskularisation der Knorpelzone bewirken und vor allem durch ihre Persistenz zu einem etagenartigen Aufbau der Knorpelzonen führen.

Bei der Heilung der Rachitis erfolgt die Verkalkung des osteoiden Gewebes an der Stelle, wo sie, wenn Rachitis nicht bestanden hätte, hätte einsetzen müssen, also nicht an der Grenze des breiten Knorpels und der Diaphyse, sondern in der Höhe der obersten Knorpeletage. Auch dies wird durch Persistenz des entsprechenden Knorpelkanals bewirkt. Auf

Heilung der Rachitis.

Remissionen können Rezidive folgen; so kommt es zu mehreren Verkalkungslinien bis die definitive Heilung eintritt.   Die enchondrale Ossifikationsstörung kann die Heilung noch überdauern, da sie längere Zeit zu ihrer Rückbildung braucht.   Für die Beurteilung florider Rachitis ist nur der Befund kalkloser Knochensubstanz maßgebend.   Alle Prozesse sind in letzter Instanz auf die gemeinsame Ursache einer Behinderung der Ablagerung von Kalksalzen zu beziehen (Pommer).   Das Mark der Knochen bleibt zunächst intakt, höchstens tritt geringe Abnahme der myeloiden Zellen an bestimmten Stellen ein (Schmorl).   Später, aber erst sekundär, bildet sich fibröses Mark aus.   Als Nebenbefund sei eine bei langdauernder Rachitis auftretende pathologische Osteoporose erwähnt, sowie Enchondrome, welche auf abgesprengte Knorpelteile (infolge mechanischer Herausdrängung von Knorpel-

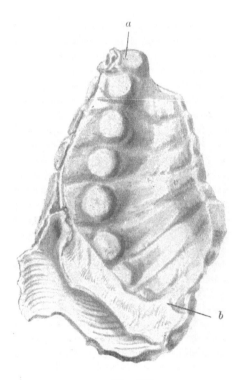

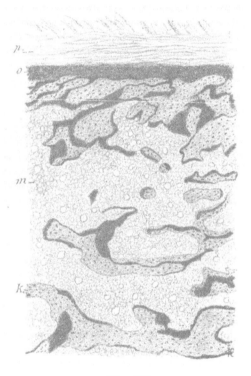

Fig. 752.

Rachitische Auftreibung der Rippenknorpelknochengrenze (*a*), sogenannter rachitischer Rosenkranz, vom Thoraxinneren aus gesehen, bei *b* Zwerchfellansatz.

Fig. 753.

Querschnitt durch eine rachitische Rippe ($\frac{3,9}{1}$).
p Periost, *k* Knochen mit osteoiden Anlagerungen, *o* kompekte Substanz, *m* Mark.

kanälen aus ihrer normalen Richtung und somit erfolgter Abschnürung von Teilen der Knorpelwucherungszone) bezogen werden.

Die Rachitis tritt in den meisten Fällen vom zweiten Lebensmonat bis zum vierten Jahre auf. Nach der Pubertät kommt sie nur sehr selten vor — Rachitis tarda —, angeboren nicht. Die Rachitis tarda leitet zur Osteomalacie über.

Bei der Heilung bleiben vielfach Difformitäten, namentlich Verdickungen der Gelenkenden, Verkürzungen der Röhrenknochen etc. — rachitische Zwerge — in mehr oder minder großer Ausdehnung bestehen.

Ätiologie.   Über die Ursache der Rachitis wurde eine große Anzahl von Theorien aufgestellt, von denen jedoch keine eine vollkommen genügende Erklärung zu geben vermag. Als ursächliche Momente wurden kalkarme und sonst unzweckmäßige (zu kohlehydratreiche) Nahrung, abnorme Säurebildung im Körper (Milchsäure), Entzündungen, nervöse Einflüsse angeführt. Sicher ist nur, daß Dyspepsien, schlechte hygienische Verhältnisse, schwächende Momente überhaupt, in dem kritischen Alter das Auftreten der Rachitis begünstigen. Auch Beziehungen zu Drüsen mit „innerer Sekretion", so zu der Nebenniere, sind durchaus unsicher. Besser fundiert sind diejenigen zum Thymus. Vererbung der Anlage zur Krankheit wurde mehrfach festgestellt. v. Hansemann faßt die Rachitis als Folge der „Domestikation" auf. Bei Infektion mit Diplokokken kann man bei jungen Tieren eine der Rachitis gleichende Erkrankung (bei alten Tieren Osteomalacie) erzeugen (Morpurgo).

Infolge der Wachsstumsstörung in der Epiphysenlinie erreichen rachitische Knochen auch nicht ihre volle Länge. So können rachitische Zwerge entstehen.

Analoge Verhältnisse finden wir an den Rändern der platten Knochen. Am Schädel verkalken die letzteren ebenfalls nicht rechtzeitig, bleiben weich, verdicken sich und lassen breite Lücken zwischen sich. Wie an den Röhrenknochen der Knorpel, so verkalkt hier das osteogene Gewebe (S. 710) nur mangelhaft.

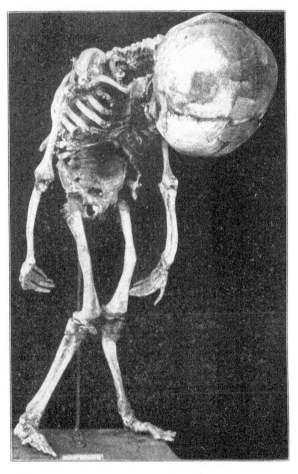

Wachstumsstörungen an platten Knochen.

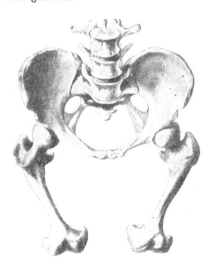

Fig. 754.

Rachitisches, allgemein verengtes und plattes Becken.

Aus Bumm, Grundriß der Geburtshilfe.
Wiesbaden, Bergmann. 10. Aufl.

Fig. 755.

Skelett eines zwei Jahre alten, florid rachitischen Kindes.

Muskelzug und Belastungsverbiegungen der langen Röhrenknochen. — Kartenherzbecken. Kyphose. Schädel auf den schmalen Thorax herabgesunken. Am Schädel klaffende Nähte und Fontanellen. — Pathol.-anatom. Sammlung in Basel.

Nach Wieland, aus „Handbuch der allgem. Pathologie u. der pathol. Anatomie des Kindesalters". Herausg. von Brüning und Schwalbe.

Verbindungen der Bilder der Rachitis mit denen der Osteomalacie charakterisieren die schwersten Fälle von Rachitis. Hier wird starkes Vorherrschen halisterischer Prozesse angenommen.

Die Abnormitäten der Knochenbildung prägen sich auch in einer veränderten chemischen Zusammensetzung aus. Der rachitische Knochen weist einen geringeren Gehalt an Kalksalzen und Erdsalzen und einen vermehrten Wassergehalt auf. Sein spezifisches Gewicht ist herabgesetzt.

Die Rachitis befällt vor allem die Rippenenden und die untere Diaphyse des Femur, ferner Tibia, Fibula etc.

Veränderungen an den einzelnen Skeletteilen bei Rachitis.

Am Schädel äußert sich die rachitische Erkrankung in ausgesprochener Weise am Hinterhaupt, an welchem die Knochensubstanz bis auf geringe Reste schwinden kann, so daß es weich und durch das Liegen abgeflacht wird „Craniotabes“. Die übrigen Schädelknochen sind durch das osteoide Gewebe stark verdickt. Nähte und Fontanellen bleiben lange und weit offen, die große Fontanelle 2—4 Jahre (normal 20 Monate), die Pfeilnaht bis 3 Jahre (normal bis zum Ende des ersten Jahres), die Koronarnaht 2 Jahr (statt 4 Monate), die Lambdanaht 1½ Jahre (statt 3 Monate). Einzelne Schaltknochen bleiben getrennt bestehen. Am rachitischen Schädel sind die Ossifikationsränder verdickt, Stirnbein- und Scheitelbeinhöcker durch rachitische Osteophyten stark prominent und die zwischen diesen vier Punkten liegenden Teile auffallend flach, wodurch der Schädel eine ausgesprochene viereckige Form erhält. Sehr häufig ist ein mehr oder minder hochgradiger Hydrocephalus damit verbunden. Der Unterkiefer ist in der Gegend hinter den Schneidezähnen, der Oberkiefer am Ansatz des Jochbogens winkelig geknickt. Die Dentition rachitischer Kinder ist unregelmäßig und tritt verspätet ein, die Stellung der Zähne zu einander wird vielfach abnorm.

An der Wirbelsäule entstehen durch die Verbiegungen der weichen Knochen Kyphosen und Skoliosen, welche auch Verschiebung und asymmetrische Gestaltung des Thorax zur Folge haben. Letzterer zeigt außerdem noch zwei charakteristische Veränderungen: einmal Verdickungen an der Knorpelknochengrenze der Rippen, die als reihenartig angeordnete Höcker meist schon durch die Haut fühlbar sind — „rachitischer Rosenkranz“. Hierbei ist die Grenzlinie unregelmäßig zackig. Sodann eine Verschmälerung durch seitliche Kompression (wahrscheinlich durch den inspiratorischen Zwerchfellzug auf die Rippen entstanden), wodurch das Sternum kielartig nach vorn gedrängt wird (Pectus carinatum, Hühnerbrust).

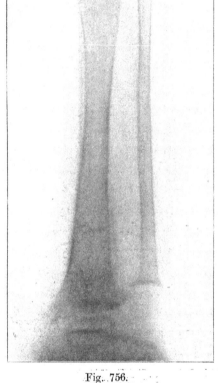

Fig. 756.

Moeller-Barlowsche Krankheit.

Man sieht an der Tibia oben die gezackte Epiphysen-Diaphysengrenze und an den beiden Seiten die Periostverdickung als dunkeln Streifen. (Nach einem mir von Herrn Oberarzt Dr. Geronne gütigst überlassenen Röntgenphotographie.)

Am Becken bleiben, wie an allen Körperteilen, die Knochen im ganzen kleiner; namentlich betrifft dies die Darmbeinschaufeln. Durch den Druck der Rumpflast wird das Kreuzbein nach unten gedrängt und dabei stark nach vorn konkav gekrümmt. Seine Wirbelkörper sind nach vorn prominent, so daß die hintere Wand des kleinen Beckens in der Mittellinie vorragt, und die Conjugata vera im Beckeneingang verkürzt wird. Meist ist das rachitische Becken platt, seltener allgemein verengt oder asymmetrisch (vgl. unten).

An den Extremitäten, namentlich an den unteren, treten infolge der Weichheit der Knochen häufig Verkrümmungen auf (O-Beine). Infolge der Brüchigkeit entstehen bei geringfügigen Anlässen Infraktionen, welche wiederum mit weiteren Verunstaltungen heilen; jedoch kann durch geeignete Resorptions- und Appositionsprozesse später wieder ein mehr oder weniger vollkommener Ausgleich der rachitischen Krümmungen stattfinden.

In hochgradigen Fällen entsteht durch die geringe Ausbildung der Extremitäten der rachitische Zwergwuchs.

Eine gewisse Ähnlichkeit mit der Rachitis zeigt die **Barlow-Moellersche Krankheit** (Osteotabes in

fantum scorbutica); sie unterscheidet sich aber von der Rachitis durch den Mangel der starken Osteoidbildung; doch kommt sie neben rachitischen Veränderungen vor. Die ihr eigentümlichen Erscheinungen bestehen besonders in einem Schwund des Knochenmarks, so daß fast nur noch Endost mit Blutgefäßen übrig bleibt. Hierzu gesellt sich Resorption des Knochens, besonders der Spongiosa. Das Endost kann sodann auch wuchern und Knochenbälkchen, aber nicht typisch gebaute, hervorbringen. Die Hauptveränderungen sitzen in dem der Epiphyse benachbarten Teil der Diaphyse. Hierzu kommen fibröse Entartung des Knochenmarkes und, auf Grund hämorrhagischer Diathese, Markblutungen. An den hierdurch in ihrer Festigkeit beeinträchtigten Skeletteilen entstehen leicht traumatische Schädigungen, Zusammenbruch der jüngsten Teile der Diaphyse mit Lockerung und Lösung der Epiphyse, Fissuren und Frakturen in Verbindung mit Blutungen im Knochen und unter dem Periost. Die Barlowsche Krankheit tritt besonders bei unzweckmäßiger Ernährung von Kindern (besonders mit sterilisierter Milch) im Alter von ¼—2 Jahren auf. Die Erkrankung entspricht vollkommen dem klassischen Skorbut, welcher ja auch ähnliche Ätiologie aufweist; zeigen doch auch die an Barlowscher Krankheit leidenden Kinder hämorrhagische Diathese auch außerhalb der Knochen, so vor allem auch am Zahnfleisch.

Osteomalacie.

Die **Osteomalacie** besteht in einer langsam fortschreitenden Erweichung des Skeletts, welche durch kalkfreie Knochensubstanz bewirkt wird. Wahrscheinlich kommt es hierzu im wesentlichen nicht, wie man früher annahm, auf dem Wege der Halisterese, so daß auf diese Weise ein osteoides Gewebe (Knochenknorpel) entsteht, vielmehr ist letzterer, d. h. also der weiche kalklose Knochen, als neugebildet aufzufassen. Prinzipiell beständen somit die Unterschiede zwischen Rachitis und Osteomalacie, die man früher annahm, nicht. Im wesentlichen unterscheiden sich beide aber, abgesehen von quantitativ verschiedenen Prozessen, schon dadurch, daß jene fast stets bei kleinen Kindern, diese bei Erwachsenen einsetzt.

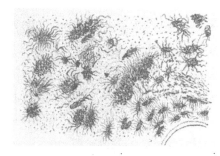

Fig. 757.
Gitterfiguren bei halisterischem Knochenschwund.
(Nach v. Recklinghausen; vgl. Text.)

Bei der Osteomalacie entstehen zunächst die sogenannten osteomalacischen Säume, d. h. kalkfreie Partien, welche dem noch kalkhaltigen Knochen anliegen (Fig. 760). Es entstehen Spalten und Lücken in der Knochensubstanz, welche zunächst eigentümliche, unregelmäßig gestaltete, sternförmig, netzförmig oder federförmig aussehende Figuren, sog. Gitterfiguren

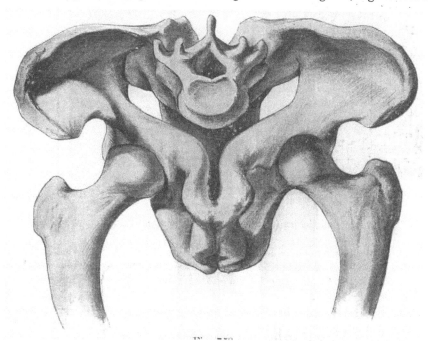

Fig. 758.
Zusammengeknicktes osteomalacisches Becken.
Aus Bumm, Grundriß der Geburtshilfe. Wiesbaden, Bergmann. 10. Aufl.

(Fig. 757) bilden, die durch fleckweise Erweiterung der interfibrillären Spalten zustande kommen. Man sieht sie bei allen Prozessen mit mangelhaftem Kalk im Knochen. Die Substanz der osteomalacischen Säume erscheint lamellös, schließlich wird sie mehr und mehr homogen; die Knochenhöhlen verschwinden zum Teil, zum Teil bleiben sie in Form kleiner, ovaler Lücken bestehen. Nach älterer Auffassung handelt es sich bei diesen Säumen um entkalktes altes, nach einer jetzt herrschenden Ansicht um neuangelegtes kalkfreies Gewebe.

Im weiteren Verlauf wird die osteoide Substanz aufgelöst und durch eine vom Knochenmark gebildete faserige Substanz ersetzt, in welcher noch Reste osteoiden

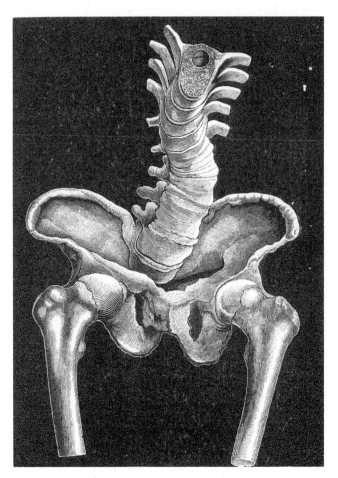

Fig. 759.
Seitlich zusammengeknicktes (osteomalacisches) Becken mit Skoliose der Wirbelsäule.

oder auch noch kalkhaltigen Knochens liegen können. Fig. 760 zeigt einen Fall hochgradigster Osteomalacie, bei dem fast keine Knochensubstanz, sondern nur noch einzelne Osteoidbalken vorhanden sind, die in einem faserigen Gefäße tragenden und durch Blutungen pigmentierten Grundgewebe liegen.

Auf diese Weise wird der Knochen mehr und mehr rarefiziert, seine Markräume erweitern sich; meist leistet die äußerste Knochenrinde der Erweichung einen stärkeren Widerstand und bildet noch lange Zeit hindurch eine dünne, harte Schale um den entkalkten Knochen. Wird schließlich auch sie ergriffen, so stellt der letztere nur noch eine dunkelrote, weiche, pulpöse Masse dar, die kaum mehr Ähnlichkeit mit Knochen hat.

Andererseits wird osteoides Gewebe neugebildet und zwar mit Hilfe von Osteoblasten; aber die Verkalkung dieses Gewebes bleibt eben aus. Diese Neuanlage scheint besonders da, wo Zug und Druck am stärksten wirken, vor sich zu gehen (v. Recklinghausen).

Das Knochenmark zeigt sich bei frischen und in raschem Fortschreiten begriffenen Fällen von Osteomalacie meist blutreich, lymphoid, in älteren Fällen kann sich auch Fettmark oder auch Gallertmark vorfinden; Blutungen und Pigmentierungen im Mark sind sehr häufig festzustellende Befunde, evtl. auch Erweichungszysten.

Dem Gesagten zufolge ist also die kalkfreie Substanz bei der Osteomalacie, das Osteoid, der Hauptsache nach, wie bei der Rachitis unverkalkte neugebildete Knochensubstanz. Doch ist es wichtig zu bemerken, daß bei der Osteomalacie nicht bloß Entkalkungs- und Resorptionsvorgänge, sondern wohl doch auch halisteretische Vorgänge (s. oben) eine Rolle spielen mögen.

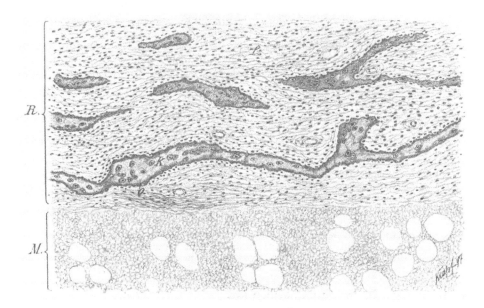

Fig. 760.

Schnitt durch die Rinde eines hochgradig osteomalacischen Femur ($\frac{350}{1}$).

R Rinde, *M* Mark, *K* fast vollkommen entkalkte, sehr stark verschmälerte Knochenbälkchen, am Rande mit dunkleren Säumen (*o*), im Innern mit abgerundeten Höhlen, die Bälkchen sind in eine faserige Grundmasse eingebettet. (Unentkalkt nach Paraffineinbettung geschnittenes Präparat.)

In den Anfangsstadien ist der osteomalacische Knochen brüchig, da er mit den Kalksalzen einen Teil seiner Widerstandsfähigkeit eingebüßt hat. Mit fortschreitender Entkalkung aber wird er biegsamer und weicher; daher finden wir in den Anfangsstadien vorwiegend Frakturen und Infraktionen, in den späteren Verbiegungen der Knochen. In höchsten Graden der Erkrankung können die Knochen beliebig biegsam und schneidbar werden.

Die wichtigsten Folgen für das Skelett zeigen sich am Becken und an den unteren Extremitäten. Am Becken machen sich zwei Momente geltend; der Druck des Rumpfes auf das Kreuzbein und der seitliche Druck der Femora auf die Darmbeine. Ersterer bewirkt ein Tiefertreten des Kreuzbeins und eine stärkere Krümmung oder eine Knickung desselben nach vorn; infolgedessen weicht die Symphyse nach vorn aus und wird schnabelförmig vorgedrängt ("Schnabelbecken", Fig. 758): Das seitlich zusammengeknickte Becken ist die für Osteomalacie typische Beckenform. An der Wirbelsäule entstehen Kyphosen, Lordosen und Skoliosen (s. unten). Die unteren Extremitäten erleiden namentlich Verkrümmungen durch ihre Belastung oder durch Infraktionen, die anfangs knöchern, später bindegewebig werden und schließlich oft gar nicht mehr heilen. Durch die Infraktionen und Frakturen bleiben mehr oder minder bedeutende Knickungen zurück.

Folgen der Osteomalacie am Skelett.

Die chemische Untersuchung weist im osteomalacischen Knochen ein Überwiegen der organischen Substanz über die anorganische nach; auch die nach der Entkalkung zunächst zurückbleibende osteoide Grundsubstanz weicht in ihrer Zusammensetzung von der organischen Grundsubstanz des normalen Knochens ab.

Man unterscheidet eine puerperale und eine nicht puerperale Osteomalacie. Die puerperale Form schließt sich an Schwangerschaften oder an das Puerperium an und beginnt am Becken. Ihr Verlauf ist vielfach schwankend; regelmäßig entstehen Verschlimmerungen im Anschluß an eine erneute Gravidität, die selbst mit großen Gefahren wegen des veränderten Beckens verknüpft ist. Heilungen der Osteomalacie sind jedenfalls sehr selten. Die nicht puerperale Form tritt ebenfalls und zwar aus unbekannten Ursachen überwiegend beim weiblichen Geschlechte auf; hier beginnt die Veränderung meist an den unteren Extremitäten oder auch am Schädel.

Die eigentliche Ätiologie der Krankheit ist unbekannt; die von einigen Seiten als ihre Ursache herangezogene Einwirkung von Milchsäure (Nachweis derselben im Knochen und im Harn) kann sich auf keine konstanten Befunde stützen. Vielfach werden Veränderungen des Knochenmarks oder auch neurotische Einflüsse als maßgebende Faktoren betrachtet. Ferner denkt man an Drüsen mit innerer Sekretion (Epithelkörperchenhyperplasie). Im allgemeinen ist die Erkrankung selten; auffallend ist ihr endemisches Auftreten in manchen Gegenden (in Deutschland z. B. im Stromgebiet des Rheines). Sporadische Fälle kommen auch anderweitig vor. Nach Kastration kann Heilung eintreten, doch ist der Zusammenhang mit den Ovarien noch durchaus problematisch.

Nach Cohnheim handelt es sich bei der Osteomalacie nicht um Entkalkung älteren Knochengewebes, sondern um Resorptionsvorgänge an demselben und daran sich anschließende Neubildung osteoiden Gewebes. Auch Pommer nimmt an, daß zuerst eine Atrophie und dann eine Anbildung neuer, aber nicht verkalkender Knochensubstanz stattfinde. Die Atrophie besteht dann nach Pommer darin, daß bei der, auch nach Abschluß desKnochenwachstums fortwährend noch vor sich gehenden Resorption und Apposition des Knochens die erstere überwiegt, so daß die hierdurch entstehenden Defekte nicht durch Neuanlagerung gedeckt werden; von einer bestimmten histologischen Beschaffenheit des Knochenmarks ist die Osteomalacie vollkommen unabhängig. Die kalklose Substanz bei der Osteomalacie stimmt im wesentlichen überein mit dem Osteoid der Rachitis; sind doch beide Erkrankungen nahe miteinander verwandt (s. oben). Die Grundlage des Leidens wäre in neurotischen Störungen zu suchen.

Es kommen ähnliche Vorgänge wie bei der Osteomalacie, nur in leichterem Grade, auch häufig während der Gravidität vor, und es wurde daher die Vermutung aufgestellt, daß die häufigste Form der Osteomalacie, die puerperale, nur eine exzessive Steigerung eines während der Schwangerschaft häufig vorkommenden Vorganges darstelle.

c) Pathologische Knochenneubildung. — Reparationsvorgänge. — Transformation.

Die Vorgänge pathologischer Knochenneubildungen nehmen, wie die physiologischen, ihren Ausgang vom Periost und Knochenmark.

Knochen-
neu-
bildung:
a) durch
Appo-
sition.

Eine Anlagerung neuer Knochensubstanz an den alten Knochen wird von den Osteoblasten besorgt; bei der dann eintretenden Verkalkung bleiben nur einzelne von ihnen von der Verkalkung frei und werden zu Knochenkörperchen. Indem immer neue Osteoblastenreihen auftreten, der alten Knochenmasse sich anlegen und verkalken, bilden sich unmittelbar neue Knochenschichten. Die Osteoblasten stammen teils von den Zellen des Periostes, teils von denen des Markes ab.

In anderen Fällen bildet sich neuer Knochen nicht durch einfache Apposition an die Oberfläche des alten, sondern so, daß von dem wuchernden Periost (Fig. 762, P) oder dem wuchernden Markgewebe (M) aus neue Knochenbalken entstehen (k, k). Diese Balken werden von Osteoblasten gebildet, welche sich gruppenweise zusammenlegen und eine scheinbar homogene, in Wirklichkeit feinfaserige Substanz ausscheiden, die sog. osteoide Substanz; innerhalb dieser werden die Osteoblasten selbst in Höhlen eingeschlossen, welche anfangs rundlich sind, später mehr zackig und mit Ausläufern versehen werden. Diese osteoide Substanz hat also in ihrem Bau schon Ähnlichkeit mit der Struktur des Knochens, nur fehlt ihr noch der Kalkgehalt; durch Kalkablagerung geht sie in wirklichen Knochen über; das zwischen den jungen Knochenbalken gelegene Gewebe wird zum Knochenmark. An die nunmehrigen Knochenbalken lagern sich dann neue Osteoblasten an (Fig. 762, o) und apponieren ihnen in der oben angegebenen Weise neue Knochenlagen. So werden die Markräume enger, bis sie schließlich nur noch ein Blutgefäß enthalten und somit zu Haversschen Kanälen umgebildet sind.

Eine dritte Art, wie neuer Knochen sich bildet, ist die direkte Verknöcherung einzelner Züge periostalen Gewebes, dessen Zellen dabei unmittelbar zu Knochenzellen werden. Auch an die so entstandenen Balken lehnen sich Osteoblasten an und apponieren ihnen neue Knochensubstanz.

Eine vierte Art von Knochenbildung ist die von Knochensubstanz aus Knorpel. Sie ist fast überall analog der physiologischen endochondralen Verknöcherung, wie sie an den Diaphysenenden stattfindet (s. S. 709).

Unter pathologischen Bedingungen kommt nun noch eine direkte Metaplasie von Bindegewebe in Knochen dazu, wobei also die bindegewebige Grundsubstanz unter Kalkaufnahme sich direkt in Knochengrundsubstanz, die Bindegewebszellen sich direkt in Knochenkörperchen umwandeln.

Produktive oder regressive Prozesse kombinieren sich in der mannigfaltigsten Weise. Es kommt vor, daß z. B. an der einen Seite eines Spongiosabälkchens Arrosion statthat, während an der anderen Seite durch Apposition neuer Knochen angelagert wird. Auch umgekehrt findet man in neugebildeten Knochenteilen häufig wieder eine teilweise Einschmelzung, wie z. B. kompakte Osteophyten (vgl. S. 729) durch Osteoporose spongiös werden können.

Heilung von Frakturen. Bei einfachen Fällen nicht komplizierter Fraktur ohne erhebliche Dislokation der Bruchenden stellt sich zunächst eine Reaktion ein, die eine Resorption des Blutergusses und der etwa vorhandenen kleinen Knochensplitter vorbereitet. Die Wiedervereinigung der getrennten Bruchenden findet, allgemein gesagt, so statt, daß sich an und zwischen ihnen osteoides Gewebe bildet, welches sich in Knochen umwandelt. Dieses junge Gewebe heißt Kallus (Fig. 762). Im jungen Kallus ist viel Eisen enthalten. Die Bildung des Kallus geht teils vom Periost, teils vom Mark der Bruchenden aus; man unterscheidet dementsprechend den periostalen (C) und den myelogenen Kallus (D). Indem der periostale und ebenso der myelogene Kallus der beiden Bruchenden sich vereinigen, wird zwischen ihnen wieder eine Verbindung hergestellt. Sowohl im periostalen wie im myelogenen Kallus ist das osteoide Gewebe in Form von Balken angeordnet (Fig. 762, C, D, Fig. 763 P, M), die sich weiter durch Apposition verdicken. Ist zwischen den Bruchenden ein Zwischenraum vorhanden — ohne zu starke seitliche Dislokation — so wächst der myelogene Kallus in diesen hinein und füllt ihn aus — intermediärer Kallus. Auf diese Weise entsteht an der Bruchstelle ein großer, eine spindelförmige Auftreibung darstellender Kallus, der die Bruchenden knöchern vereinigt und auch die Markhöhle sklerotisch verschließt. Die Ausbildung einer knöchernen Vereinigung der beiden Bruchenden erfordert eine verschieden lange Zeit. Man kann eine Frist von 2—10 Wochen als zur Entwickelung eines festen Kallus erforderlich annehmen. Dieser weist nun eine unverhältnismäßig große Knochenmasse (Callus luxurians) auf, welche nach und nach durch teilweise Resorption wieder auf das normale Maß zurückgeführt wird. Man kann jetzt von einem definitiven Kallus, im Gegensatz zu dem bisherigen provisorischen, sprechen. Allmählich wird die spindelförmige Auftreibung niedriger, mehr und mehr spongiös, und die überflüssigen Knochenmassen schwinden um so mehr, je fester die übrigen, zur Stütze dienenden, werden. Auch die lange Zeit verschlossen gewesene Markhöhle kann sich schließlich wieder herstellen.

Unter ungünstigen Verhältnissen kann die knöcherne Verbindung der Bruchenden ausbleiben, und nur eine bindegewebige Vereinigung zustande kommen, wie das z. B. bei senilem Marasmus oder kachektischen Zuständen der Fall ist. Manche Knochenfrakturen heilen überhaupt nur bindegewebig (Patella). Ist die fibröse Vereinigung locker, so daß die Bruchenden beweglich bleiben, so können sie sich abschleifen und ein falsches Gelenk (Pseudarthrose) zustande bringen. Bleibt eine Kallusbildung überhaupt aus, so können sich die Knochenenden gegeneinander abschleifen und so eine Art neues

Seitenrand: d) endochondrale Verknöcherung. e) Metaplastische Verknöcherung. Vermischung produktiver und regressiver Prozesse. Heilung von Frakturen. Kallusbildung. Bindegewebige Vereinigung. Pseudarthrose.

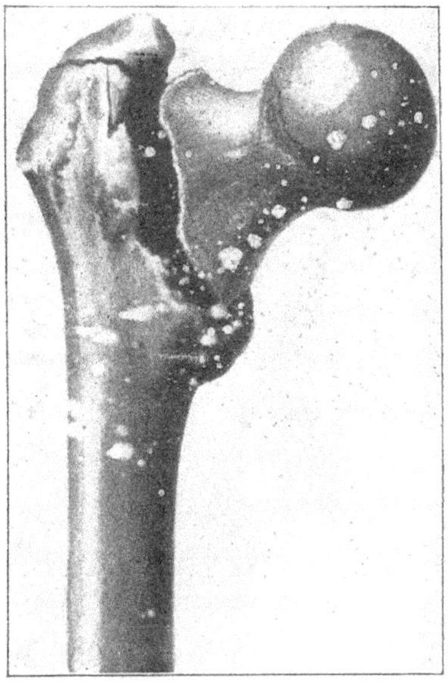

Fig. 761.
Frische Fraktur im Hals des Femur.
Nach Cruveilhier, l. c.

Nearthrose. Gelenk bilden: „Nearthrose". Waren benachbarte Knochen gebrochen, so können
Synostose. diese verwachsen: „Synostose".

Knochen-
narben.
     In ähnlicher Weise wie bei Frakturen geschieht die knöcherne Heilung auch bei ander-
weitig entstandenen Defekten („Knochennarben" s. unten).

Trans-
formation.
     Transformation. Die feinere Architektur des Knochens, die Verteilung seiner kompakten
und spongiösen Substanz, wie die Richtung seiner Spongiosabälkchen zeigt eine vollendete Anpassung

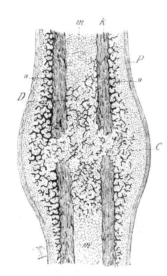

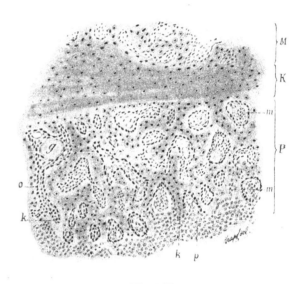

Fig. 762.

Schema der Kallusbildung und Fraktur-
heilung ($\frac{6}{1}$).

Nach einem Präparat einer 10 Tage alten Fraktur
des Femur eines Meerschweinchens; schematisiert
insofern als auf der Abbildung die Dislokation ausgeglichen wurde. K Knochenende, m Mark, C periostaler, D myolegener Kallus, aus osteoidem Gewebe o.

Fig. 763.

Eine Stelle des Präparates Fig. 762 bei starker Vergrößerung ($\frac{250}{1}$).

M myelogener, P periostaler Kallus, K Knochenende, osteoide
Balken, an denselben reichlich reihenförmig angelagerte Osteoblasten (o). p gewuchertes Periost

an seine Funktion; nicht nur ist die kompakte Masse durch die leichtere Spongiosa ersetzt, wo diese
die gleiche Widerstandsfähigkeit erreichen kann, sondern auch die Hauptrichtung der Spongiosabälkchen
ist stets so, daß sie den Linien des größten Druckes und Zuges folgt („Belastungskurven").

     Wo durch krankhafte Prozesse die Richtung der Belastung eines Knochens geändert wird, da baut
sich auch — mit Hilfe von Resorptions- und Neubildungsprozessen — seine Struktur um und paßt sich
den neuen Anforderungen an, wie z. B. in den Knochenenden ankylotischer Gelenke, im Kallus geheilter
Frakturen, bei habituellen Luxationen etc. Man bezeichnet diese Umgestaltungsvorgänge als Transformation. Auch die Gesamtmasse eines Knochens wird je nach seiner stärkeren oder schwächeren Inan-
spruchnahme verstärkt oder herabgesetzt.

d) Entzündungen und Hyperplasien.

e) Ent-
zündungen,
Hyper-
plasien.
Destru-
ierende und
produktive
Prozesse.
     Die entzündlichen Veränderungen des Knochensystems gehen vom Periost
der Knochen und dem Markgewebe der Spongiosa, resp. den Haversschen Kanälen der
kompakten Substanz aus, während die eigentliche, verkalkte Knochensubstanz dabei
nur eine mehr passive Rolle spielt. Die Prozesse führen entweder zu einer Einschmelzung von Knochensubstanz oder zu Neubildung solcher, so daß man die Entzündungserscheinungen im Knochen in vorwiegend destruierende und vorwiegend produktive
unterscheiden kann. Beide kommen sehr vielfach nebeneinander vor. Die Art, wie Knochensubstanz zugrunde geht, und wie solche sich neu bildet, ist dabei die gleiche wie bei der
physiologischen Knochen-Resorption und Neubildung.

I. Destruierende Prozesse.

Zu den Erkrankungen, bei denen, zunächst wenigstens die regressiven Vorgänge in Form von Destruktion der Knochengrundsubstanz die Hauptrolle spielen, gehören die Fälle, in welchen sich ein Eiterungsprozeß im Innern des Knochens oder an seiner Oberfläche abspielt, sowie jene, bei denen sich ein Granulationsgewebe in ihm entwickelt, wie bei chronischen Eiterungen, tuberkulösen und anderen Prozessen. Der Schwund des Knochens erfolgt auch hier der Hauptsache nach durch lakunäre Arrosion (S. 712), wodurch die Knochensubstanz aufgefressen und rarefiziert wird; man bezeichnet den Prozeß, wenn er sich auf entzündlicher Basis entwickelt, daher auch als **entzündliche Osteoporose**: namentlich hat Granulationsgewebe aller Art, wenn es zwischen die Knochenbälkchen der Spongiosa und in die Haversschen Kanäle der kompakten Masse vordringt und daselbst das normale Knochenmark ersetzt, in hohem Grade die Fähigkeit, diese Einschmelzung von Knochensubstanz zu bewirken. Neben dem Vorgang der lakunären Arrosion geschieht in vielen Fällen der Knochenschwund durch Bildung sog. perforierender Kanäle (Fig. 764). Dieser Prozeß besteht darin, daß sich infolge von Gefäßsprossungen in der spongiösen Substanz von einem Markraum zum anderen, in der kompakten Substanz zwischen den Haversschen Kanälchen, neue Verbindungskanäle entwickeln, welche die Knochenbälkchen quer durchsetzen und die kompakte Substanz mit einem Netzwerk von Hohlräumen durchziehen, deren Anastomosen wesentlich zur Rarefikation des Knochengewebes beitragen.

Fig. 764.
Knochenbälkchen mit perforierenden Kanälchen ($\frac{5,0}{1}$).

Durch das wuchernde Granulationsgewebe werden nicht bloß die Bälkchen des Knochens angefressen und allmählich zerstört, sondern viele von ihnen werden auch, noch bevor sie stärker verschmälert sind, von der Ernährung abgeschnitten, sterben ab und kommen so als kleine losgelöste Partikel frei in das Granulationsgewebe zu liegen („Molekularnekrose"). Sind solche Partikel reichlich vorhanden, so bezeichnet man sie auch wohl als „Knochensand".

An den entzündeten Stellen kommt es vielfach nicht bloß zu einer Rarefikation des Knochens, sondern selbst zu mehr oder minder vollständiger Einschmelzung seiner Substanz, so daß größere Lücken und Defekte zustande kommen. Diesen Vorgang bezeichnet man als **Karies** des Knochens oder Knochengeschwüre. Kleine, auf die Oberfläche eines Knochens beschränkte kariöse Defekte bezeichnet man auch als Usuren. Makroskopisch stellt sich eine kariöse Stelle als Defekt im Knochen dar; er bildet entweder eine Höhle in seinem Innern oder eine Vertiefung seiner Oberfläche und ist je nach der Art des Prozesses mit Eiter oder Granulationsmassen gefüllt, enthält häufig auch abgestorbene Knochenbälkchen. Die Wand des Defektes ist stets — wenn nicht sekundär eine Verdichtung derselben stattgefunden hat — von stark rarefizierter Knochensubstanz gebildet. Wird ein Stück nekrotischen Knochens durch demarkierende Entzündung ganz losgelöst, so liegt er als sog. **Sequester** (je nachdem zentraler oder peripherer) frei. Bei allen diesen Prozessen kommt vom Periost aus eine produktive Entzündung hinzu, die Periostitis ossificans (s. unten). So wird der Sequester von einem Knochenwall, der sog. **Totenlade**, umgeben.

Im einzelnen bezeichnen wir die Entzündungen des Periosts als Periostitis, die des Marks als Osteomyelitis, diejenigen, in denen das Mark spongiöser Knochen ergriffen ist, als Ostitis. — Sind die Knochen in toto befallen, so spricht man auch von Panostitis.

Die **akute Periostitis** kann eine serofibrinöse oder eine eiterige sein. Im ersten Falle ist das sonst blaßgraue Periost gerötet und geschwollen, im zweiten eiterig infiltriert. Bei stärkerer Eiterung sammelt sich der Eiter unter dem Periost an und hebt es von der Knochenoberfläche ab — subperiostaler Abszeß. An letzteren kann sich einerseits eine phlegmonöse Entzündung der anliegenden Weichteile anschließen, andererseits wird die bloßgelegte

Knochenoberfläche kariös angeíressen und dadurch rauh, oder der Entzündungsprozeß greift durch die Foramina nutritia in die Knochenrinde hinein und von dieser auf das Mark über. Die periostale Eiterung kann ferner Nekrose und Bildung oberflächlich gelegener, flacher **Sequester** (s. unten) bewirken, ein Vorgang, welchen man auch als Exfoliation bezeichnet.

Die akute Periostitis ist sehr häufig Begleiterscheinung einer akuten Osteomyelitis und entweder von vornherein neben dieser vorhanden oder durch Übergreifen des Entzündungsprozesses vom Mark her zustande gekommen. In anderen Fällen schließt sie sich an Traumen, Wundinfektionen, Eiterungen in den Weichteilen (an Phlegmonen, insbesondere auch an Panaritien) an. Im Verlauf länger dauernder periostaler Eiterungen kommt es an der Knochenoberfläche aber auch zu umschriebenen Auflagerungen neuer Knochensubstanz in Form von sog. **Osteophyten** und **Hyperostosen** (Periostitis ossificans) (s. unten).

Akute
Osteo-
myelitis.Die **akute Osteomyelitis** kommt am häufigsten in den langen Röhrenknochen, besonders am Femur oder an der Tibia, seltener an platten Knochen vor und wird durch eitererregende Bakterien, insbesondere Staphylokokken, welche die ausgedehntesten und schwersten Formen der Osteomyelitis bewirken, hervorgerufen. Die Infektion des Knochens erfolgt vom Blute aus, in welches die Bakterien durch die Haut, die Lunge oder den Darm gelangt sein müssen. Wahrscheinlich begünstigen traumatische Einwirkungen auf die Knochen die Ansiedelung der Entzündungserreger. Besonders jugendliche Individuen neigen zu der Erkrankung.

Ätiologie.In anderen Fällen entsteht die Osteomyelitis metastatisch als Teilerscheinung anderweitig lokalisierter Entzündungen oder allgemeiner Infektionskrankheiten; so kommt sie manchmal im Gefolge von Typhus, Pneumonie, Scharlach, Masern und anderen Krankheiten vor. Wie bei anderen sekundären Lokalisationen derartiger allgemeiner Infektionen, so handelt es sich auch hier vielfach um Ansiedelung von sekundär eingewanderten Entzündungserregern, namentlich von Eiterkokken, so daß eine Mischinfektion vorliegt, für welche die primäre Infektionskrankheit den Boden vorbereitet hat.

Verlauf
der Osteo-
myelitis.Der Prozeß beginnt in der Markhöhle der Knochen oder in deren Spongiosa und greift von hier aus auf die kompakte Substanz und das Periost über. Zunächst erhält das Mark durch starke Hyperämie, die auch mit Blutungen verbunden sein kann, eine lebhaft rote Farbe; wo Fettmark liegt, wandelt es sich in lymphoides Mark um. Allmählich wird dessen hochrote Farbe zu einer mehr grauroten bis gelblichen und an einzelnen Stellen, oder über größere Strecken hin verbreitet, findet eine eiterige Einschmelzung des Gewebes statt. Vom Mark aus geht die eiterige Einschmelzung auf die Spongiosa und die kompakte Knochensubstanz über und dringt durch deren Hohlräume und Gefäßkanäle hindurch bis zur Oberfläche vor, wo das Periost wieder eine zur größeren und rascheren Ausbreitung geeignete Stätte bietet. Die eigentliche Knochensubstanz zeigt die Veränderungen der Karies und, wenn ihre Ernährung ganz unterbrochen ist, der Nekrose (Sequester S. 89 und Fig. 729 a u. b). Die Nekrose tritt namentlich bei der akuten Osteomyelitis in charakteristischer Weise auf. Da die Erkrankung sich namentlich auf die Diaphysen der Röhrenknochen lokalisiert, so fällt auch meist die kompakte Rinde ins Bereich der Nekrose. So entstehen Sequester-
bildung. Kortikalsequester (Fig. 764), die mehr zentral oder mehr peripher liegen, oder sogar die Rinde in ihrer ganzen Dicke betreffen können; man spricht demnach auch von zentralen, peripheren und totalen Sequestern.

Ist die Eiterung bis zum Periost vorgedrungen, so nimmt auch dieses an ihr teil, namentlich findet auch hier eine Ansammlung subperiostal gelegener Eitermassen statt, die dann mit dem zentralen Eiterherd des Markes in Verbindung stehen und unter sich oft den Sequester liegen haben. Um diesen erzeugt das Periost, soweit es seine knochenbildende Fähigkeit nicht eingebüßt hat, neue Knochensubstanz (Periostitis ossificans s. unten); auch pflegen dem Knochen reichliche, unregelmäßige Osteophytenbildungen in großer Ausdehnung aufzuliegen (Fig. 764). Die neugebildeten Knochenmassen umgeben Knochen-
lade;
Kloaken. und decken zum Teil den Sequester, sie bilden seine „Lade". Letztere enthält stets Perforationen, durch die der Eiter nach außen durchtritt, die sog. „Kloaken", von denen aus sich Fistelgänge durch die Weichteile bis unter und durch die Haut hindurch fortsetzen können. Daher kommt man beim Sondieren der durch die Haut mündenden Fistelgänge sehr häufig auf nekrotischen Knochen — den mehr oder minder beweglichen Sequester. Entfernt man die Weichteile, so sieht man letzteren (Fig. 728b) in seiner „Lade" liegen, glatt oder selbst schon kariös und rauh, aber stets ohne Osteophytenauflagerungen, die sich in seiner Umgebung reichlich finden. Neben der Osteophytenbildung stellen sich auch andere Produkte ossifizierender Periostitis und Ostitis ein, besonders diffuse Hyperostosen,

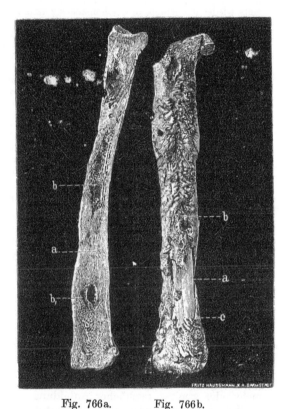

Fig. 765.
Totalnekrose der Diaphyse des linken Humerus und der rechten Fibula mit umgebender neugebildeter (periostaler) Knochenschale nach Osteomyelitis purulenta bei einem 11jährigen Mädchen.
Nach Wieland, aus „Handbuch d. Pathologie u. pathol. Anatomie des Kindesalters" (Brüning-Schwalbe).

Fig. 766a.   Fig. 766b.
Osteosklerose der Markhöhle nach Osteomyelitis.
a: Sklerotisches Gebiet. b, b' Osteomyelitische Höhlenbildungen. b: Eiterige Osteomyelitis mit Nekrose (Sequesterbildung) und Osteophytenbildung. a: Sequester, b: Osteophytenbildung, c: Totenlade.
a Sklerotisches Gebiet, b, b' osteomyelitische Höhlenbildungen.
a Sequester, b Osteophysenbildung, c Totenlast.

sowie Osteosklerose der Markhöhle (Osteomyelitis ossificans s. Fig. 767). Soweit diese produktiven Vorgänge in der Umgebung des kariösen und nekrotisierenden Herdes auftreten, bilden sie für den gesunden Knochen eine Art Schutzwall. Wird der Sequester vollständig entfernt, so kann die Osteomyelitis ausheilen; bleibt er in der Lade liegen, so kommt der Prozeß kaum je zum Abschluß, da sich immer wieder neue Knochenwucherungen einstellen.

Eiterige Osteomyelitiden können zu mehr zirkumskripten Knochenabszessen führen, die meist den Femur (dessen unteres Ende) befallen. Es kommt auch hier in der Um-gebung zu reaktiven ossifizierenden Entzündungen.

Karies des Felsen-beins.

Cholestea-tom.

Am Felsenbein tritt eine Karies häufig mit chronischer Mittelohreiterung verbunden auf, welch letztere tiefgreifende Ulzerationen und Zerstörungen an der Paukenhöhlenschleimhaut bewirken kann. Am häufigsten findet sich die Karies am Warzenfortsatz, aber auch am Tegmen tympani, sowie an anderen Teilen der Paukenhöhlenwand; auch die Gehörknöchelchen können dabei einer Zerstörung anheimfallen. Manchmal entsteht am Schläfenbein im Verlaufe der Karies auch eine ausgedehnte Nekrose und Sequesterbildung. Ursache der Karies, welche sich öfter an akute Infektionskrankheiten anschließt, sind Eiterkokken, Pneumokokken, in machen Fällen auch Tuberkelbazillen. Die sehr häufig bei solchen Mittelohreiterungen auftretende **Cholesteatombildung** besteht in einer sehr reichlichen Produk-tion eigentümlicher, perlmutterartig glänzender Massen seitens der erkrankten Schleimhaut, welche dann konzentrisch geschichtete, zylindirsche Pfröpfe in der Paukenhöhle bilden. Mikroskopisch zeigen sie sich aus Cholesterin, Fettsäurekristallen und reichlichen Plattenepithelien zusammengesetzt; sie können ihrer-seits wieder die Wände des Gehörganges zerstören und selbst gegen die Schädelhöhle zu durchbrechen. Wahrscheinlich liegt diesem Prozeß eine Überhäutung der granulierenden Schleimhaut der Paukenhöhle durch Plattenepithel zugrunde, welch letzteres durch eine Lücke des beim Prozeß teilweise zerstörten Trom-melfells in die Paukenhöhle hineingewuchert ist und das normale Epithel derselben ersetzt, woran sich die Wucherung an der Schleimhaut und die fortwährende Neubildung und Abstoßung der genannten Massen anschließt.

Der beim kariösen Prozeß gebildete Eiter kann durch das Felsenbein nach außen oder in den Gehör-gang, oder auch nach innen durchbrechen und im letzteren Falle subdural gelegene Abszesse hervorrufen; von letzteren aus, aber auch sonst, können ferner eiterige Meningitiden oder Hirnabszesse zustande kommen (s. S. 681); letztere, welche sich oft in sehr chronischer Weise entwickeln, kommen am häufigsten im Schläfenlappen oder im Hinterhauptslappen vor. Öfters schließt sich Pachymeningitis und akute Eiterung im Gehirn auch an eine vom kariösen Herd mittelbar oder unmittelbar verursachte Thrombose und Thrombophlebitis eines basalen Hirnsinus, besonders des Sinus transversus, an.

Andererseits kann die eiterige Periostitis, wenn die Erreger weniger virulent sind, in ein chronisches Stadium mit Bildung eines Granulationsgewebes und serös-fibrinösen Exsudates übergehen — **Periostitis albuminosa.**

Phosphor-nekrose.

Phosphornekrose. Bei Arbeitern in Zündholzfabriken, namentlich bei solchen, welche durch kariöse Zähne Eingangspforten für Infektionserreger verschiedener Art darbieten, entwickeln sich oft entzündliche Veränderungen an den Kiefern, welche teils in eiteriger oder ossifizierender Periostitis, teils in Nekrose großer Knochenstücke oder selbst eines ganzen Kiefers bestehen. Neben der Phosphorwirkung sind hierbei bakterielle Eitererreger, für deren Eindringen der durch den Phosphor bewirkte Zu-stand des Knochens eine Disposition bietet, wirksam. Durch die ossifizierende Periostitis bilden sich um die nekrotischen Partien herum oft große, die Sequester einschließende Knochenlagen. Vom Kiefer kann der Prozeß auch auf andere Knochen übergreifen.

II. Produk-tive Pro-zesse.

Periostitis ossificans.

II. Produktive Prozesse.

Die produktive Periostitis ist, wenn wir von den seltenen Fällen einfacher Peri-ostitis fibrosa absehen, in den meisten Fällen eine **Periostitis ossificans,** d. h. sie geht mit mehr oder weniger reichlicher Anbildung neuer Knochensubstanz einher. In der Regel ist sie Teilerscheinung oder Ausgang einer akuten Periostentzündung. Sie findet sich auch nach Traumen oder bei Entzündungen der Umgebung. Neben anderen Einflüssen spielt beim Zustandekommen von Knochenneubildung in manchen Fällen auch eine dauernde venöse Hyperämie eine große Rolle; es gehören hierher die Auftreibungen der distalen Knochenenden, welche sich an den Fingerspitzen gelegentlich bei Herz- und Lungenkranken ausbilden (Osteo-Arthropathie hypertrophiante pneumonique), sowie die Periost- und Knochenwucherungen beim Ulcus varicosum der Unterschenkel. (Über Akromegalie s. S. 104 u. 377). Ferner findet sich reaktive Periostitis ossificans bei anderen Prozessen im Knochen, bei Heilung von Frakturen etc. So schließt sie sich gewöhnlich an Osteomye-litis an (s. oben).

Der vom Periost gebildete Knochen entsteht durch Verkalkung feiner osteoider Bälkchen in ähnlicher Weise wie der Kallus bei der Heilung von Frakturen und hat demnach zunächst eine lockere, ziemlich weiche, fast schwammige Beschaffenheit. Durch Zunahme der Balken in der Dicke — auf Kosten der zwischen ihnen liegenden Markräume — wird die Knochenauflagerung mehr und mehr verdichtet und kompakt, kann aber schließlich wieder teilweise Resorption ein spongiöses Gefüge erhalten. Man bezeichnet die jungen, von Periost gebildeten Knochenauflagerungen als **Osteophyten**; sie können rundlich oder mehr flach gestaltet sein, oft sind sie auch zackig, blätterig, nadelförmig oder tropfsteinförmig; anfangs sind die Massen locker mit dem unterliegenden Knochen verbunden, später wird diese Verbindung eine sehr feste. Bildet so die neue Knochenmasse eine diffuse Verdickung des ganzen Knochens, so spricht man von **Hyperostose** oder **Periostose.**

Während der Gravidität entwickeln sich häufig an der Innenfläche des Schädeldaches in größerer oder geringerer Ausdehnung feinblätterige Osteophyten, deren Auftreten sich an Resorptionsprozesse anschließt, welche während der Schwangerschaft an der Knochensubstanz vor sich gehen.

In manchen Fällen führt eine Periostitis nur zur Bildung von bindegewebigen Auflagerungen — Periostitis fibrosa — in wieder anderen Fällen entstehen knorpelige Osteophyten.

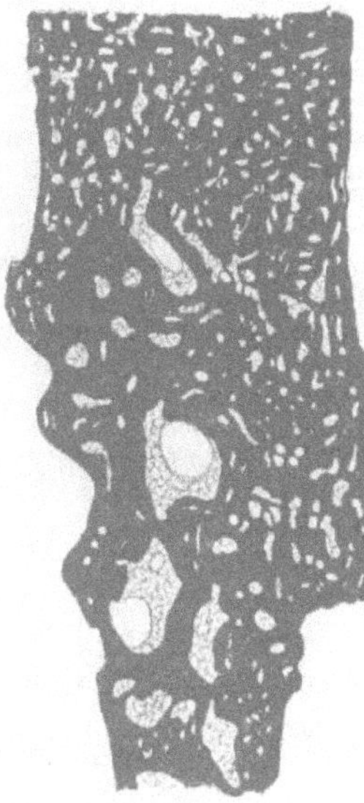

Knochenneubildung innerhalb der Spongiosa — **Ostitis ossificans** — führt durch Anlagerung von Knochensubstanz an die bestehenden Knochenbälkchen zur Verdickung der letzteren, womit eine Einengung der zwischen ihnen gelegenen Markräume gegeben ist; in hohen Graden der Veränderung können die Markräume vollkommen schwinden, so daß aus vorher spongiöser Substanz kompakter Knochen entsteht und selbst die Markhöhle der langen Röhrenknochen einen vollkommenen Verschluß erfahren kann. Diesen in seiner Erscheinung der Osteoporose entgegengesetzten Zustand bezeichnet man als **Osteosklerose** (Fig. 767). Umschriebene, innerhalb der Spongiosa entstandene sklerotische Verdichtungen des Knochens heißen auch **Enostosen** (s. unten).

Eine Osteosklerose kommt unter sehr verschiedenen Umständen vor:

1. Sie findet sich ohne nachweisbare Ursachen, zum Teil auch als senile Erscheinung, in der Diploe der platten Schädelknochen; oft besteht sie neben einer Osteoporose derselben (Fig. 748); namentlich in Fällen von Syphilis ist sie auch häufig von Hyperostosen am Schädeldach begleitet.

2. Durch entzündliche Prozesse rarefizierte, früher kompakte Knochensubstanz kann durch eine später eintretende sklerotische Umwandlung wieder dichter werden, und so schließt nicht selten eine Entzündung des Knochens mit Bildung eines dichten sklerotischen Herdes in seinem Innern, einer Enostose, ab.

3. Vielfach entwickelt sich eine umschriebene Osteosklerose in der Umgebung kariöser Herde und bildet um diese einen dichten Wall, welcher das anliegende Knochengewebe mehr oder weniger vor dem Fortschreiten der Zerstörung schützt. Derartige Sklerosen kommen sowohl bei entzündlicher, namentlich tuberkulöser oder syphilitischer Karies, wie auch bei destruierenden Neubildungen des Knochens, Karzinomen und Sarkomen vor und schließen auch bei ulzerösen Prozessen an den Gelenken die übrigen Knochen mehr oder weniger von den erkrankten Gelenkenden ab.

4. Endlich trägt eine Osteosklerose neben den periostalen und vom Mark ausgehenden Knochenwucherungen zur Bildung der Knochenlade um sequestrierte, nekrotische Knochenstücke bei.

Wenn neben einer Osteosklerose eine starke Hyperostose zur Ausbildung kommt, entsteht eine beträchtliche Verdickung und Verdichtung des ganzen Knochens, welcher dadurch abnorm hart und voluminös wird und unförmige Gestaltungen annehmen kann; dieser Prozeß heißt **Eburneation.**

Ferner gehören hierher die mit Veränderungen (Adenomen) der Hypophysis in einem Zusammenhang stehenden Knochenverdickungen bei **Akromegalie** (S. 104), und endlich der **partielle** und **allgemeine Riesenwuchs** (S. 104).

Eine selten vorkommende und sowohl mit starken regressiven, wie mit Knochenneubildungsprozessen einhergehende Erkrankung ist die **Ostitis deformans** oder **Ostitis fibrosa**, auch Pagetsche Erkrankung genannt, welche im höheren Alter auftritt und meist mehrere Knochen nebeneinander ergreift. Einerseits findet sich bei dieser Form der Ostitis in reichlichem Maße die Erscheinung des Knochenschwundes (besonders durch Osteoklasten und perforierende Kanäle), sowie Umwandlung des Markes in fibröses Gewebe, andererseits tritt aber bei ihr eine lebhafte Neubildung osteoiden Gewebes hinzu, das jedoch nur mangelhaft und in unregelmäßiger Weise verkalkt (Osteomyelitis fibrosa). Durch den fortwährenden Anbau und Abbau von Knochensubstanz wird die ganze innere

Marginal notes (right column):

Osteophyten.

Hyperosteose.

Osteosklerose und Enostosen.

Fig. 767. Osteosklerose des Schädeldaches ($\frac{6}{1}$).

Verschiedenes Vorkommen der Osteosklerose.

Eburneation.

Akromegalie und Riesenwuchs.

Ostitis fibrosa deformans.

Struktur und äußere Gestalt der befallenen Knochen hochgradig verändert. Es kommt zu starker Verdickung und tumorartiger Auftreibung der befallenen Knochen, sowie zum Auftreten von Verkrümmungen an solchen Stellen des Knochensystems, welche einer besonderen Belastung ausgesetzt sind. Durch regressive Metamorphosen können sich Zysten bilden. In mancher Beziehung zeigt die Erkrankung Analogien mit der Arthritis deformans (s. unten). Der Osteofibrose ist im Wesen die Schnüffelkrankheit der Schweine nahe verwandt.

Leontiasis ossea.   Zu den wesentlich durch Knochenneubildung ausgezeichneten Erkrankungen gehört die seltene, sog. **Leontiasis ossea,** eine sich meist bei jugendlichen Individuen einstellende, hochgradige Hyperostose der Knochen des Schädels und des Gesichts, welche zu unförmiger Auftreibung derselben führt und andererseits auch Einengung der Schädelhöhle, der Stirnhöhle und Augenhöhle nach sich ziehen kann. Vielleicht steht diese Erkrankung der Pagetschen Ostitis deformans als Bindeglied dieser nahe.

e) Infektiöse Granulationen.

e) Infektiöse Granulationen.

Tuberkulose   Die **Tuberkulose** ist eine der häufigsten Knochenerkrankungen; sie tritt namentlich im Kindesalter auf und bildet hier meist Teilerscheinung der schweren Formen von sog. Skrofulose (s. S. 169f.). Die Infektion des Knochens mit Tuberkelbazillen geschieht entweder auf dem Blutwege, indem von anderen tuberkulös erkrankten Organen her Bazillen

Fig. 168.
Tuberkulöse Karies eines Wirbelkörpers.

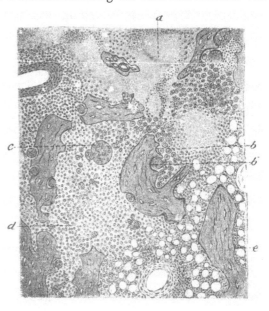

Fig. 169.
Tuberkulöse Karies der Handwurzelknochen ($\frac{350}{1}$).
a käsiges Granulationsgewebe. *b* Knochenbalken mit *b'* Howshipsche Lakunen mit Riesenzellen (Osteoklasten), *e* Knochenbalken, noch nicht arrodiert; *c* tuberkulöse Riesenzellen, *d* lymphoides Mark.

in den Knochen eingeschwemmt werden; als Typus kann man die miliaren Tuberkel betrachten, die sich bei der akuten allgemeinen Miliartuberkulose auch im Knochenmark finden. Oder der Prozeß ist von der Umgebung her auf den Knochen fortgeleitet; so von den anliegenden Weichteilen, wie z. B. von der tuberkulös erkrankten Pleura auf die Rippen, oder von Gelenken her nach Zerstörung des Gelenkknorpels auf die knöchernen Gelenkenden. Doch ist manchmal auch die Knochenaffektion der einzige anscheinend primäre Herd im Organismus.

des Periosts,   Greift die Tuberkulose von außen her auf die Knochen, wie z. B. von der Pleura auf die Rippen über, so ist das Periost der zuerst affizierte Teil, es entsteht eine tuberkulöse, dann käsige Periostitis, welche eine Karies des darunterliegenden Knochens zur Folge hat und nicht selten auch tiefer, bis zum Mark vordringt. Geht sie von einem Gelenk her auf den Knochen über, so ergreift sie zuerst die Spongiosa oder auch die dem Gelenke zunächst liegenden Periostteile. Auch die hämatogene Tuberkulose (s. oben) lokalisiert sich meistens in der Spongiosa namentlich der großen Röhrenknochen, seltener in ihrer Markhöhle. Im Knochenmark beginnt der Prozeß mit der Entwickelung eines aus grauroten, schwammigen Massen bestehenden Granulationsgewebes (S. 155), in welchem schon mit bloßem Auge hellere umschriebene Knötchen zu erkennen sind; die Granulationen durchsetzen das Knochenmark und die Markräume zwischen den Bälkchen der Spongiosa und dringen in die Haversschen Kanäle der kompakten Substanz ein, wobei sie in der schon früher geschilderten Weise den Knochen durch lakunäre Arrosion (S. 712 und Fig. 769) zum Schwund bringen; es entwickelt sich das typische Bild der **Karies** (S. 725); die Tuberkulose ist die häufigste Form des als Karies bezeichneten Knochenschwundes überhaupt. Daneben kommt es infolge der Umwachsung der Knochenbalken durch Granulationsgewebe vielfach auch zum Absterben mehr oder weniger ausgedehnter Knochenteilchen, welche dann frei in die schwammigen Massen zu liegen kommen; doch sind in den meisten Fällen die sich bildenden Sequester nur klein, abgerundet, stark kariös angefressen und unterscheiden sich hierdurch meistens leicht von den typischen, flachen Sequestern der eiterigen Osteomyelitis. In manchen Fällen kommen aber auch bei der Tuberkulose ausgedehnte Knochennekrosen und zwar vielfach sogar in Form keilförmiger Stücke vor. Letztere stellen die sog. tuberkulösen Infarkte dar, d. h. Infarkte, welche eintreten, wenn ein Gefäß durch den tuberkulösen Prozeß auf die eine oder andere Weise verschlossen wird.

Im weiteren Verlauf erleidet die tuberkulöse Granulationsmasse eine mehr oder weniger ausgedehnte Verkäsung oder auch eine, wenigstens partielle, Umbildung in fibröses Gewebe. Je nachdem die eine oder andere dieser Veränderungen eintritt, gestaltet sich auch der weitere Verlauf des Prozesses verschieden. Manchmal entwickeln sich sehr reichliche, schwammige Granulationen, welche eine vollständige Resorption des von ihnen durchsetzten Knochenteils zur Folge haben, und dann spricht man von einer fungösen Form der Knochentuberkulose (vgl. auch Tuberkulose der Gelenke). In Fällen ausgedehnter Verkäsung bleiben oft größere Knochenstückchen als nekrotische Partikel bestehen. Das ganze bildet einen derben, gelblichen, käsigen Herd, welcher im Innern der Knochensubstanz gelegen ist; zu der Verkäsung gesellt sich oft eine ausgedehnte käsig-eiterige Einschmelzung, wodurch sich dann Höhlen, Kavernen im Knochen bilden, welche neben dem eiterigen Inhalt oft noch kleine Sequester enthalten. Während sich anfangs die tuberkulösen Knochenherde von der Umgebung nirgends scharf absetzen, kann im weiteren Verlauf eine Art von Demarkation eintreten; es können z. B. verkäste Herde durch eiterige Entzündung ihrer Randpartien, resp. der anliegenden Knochenteile, förmlich von diesen letzteren losgelöst werden und wie große Sequester in die Eiterhöhle zu liegen kommen.

Von der Spongiosa her schreiten Karies und Verkäsung innerhalb des Knochens fort und dringen bis unter das Periost vor, wo sie eine käsige Periostitis hervorrufen. Die Höhle kann sich nach außen öffnen, indem der tuberkulöse Käse das Periost durchbricht. Auch von hier aus bilden sich periostale Abszesse und granulierende Fistelgänge, ähnlich wie bei eiteriger Osteomyelitis; da wo Muskeln und Faszien ein günstiges Terrain hierfür abgeben, entwickeln sich die sog. „Kongestionsabszesse" (S. 139): Der käsige Eiter senkt sich auf der Oberfläche eines Muskels nach abwärts und erscheint an einer entfernten Stelle unter der Haut — Senkungsabszeß. So senken sich Abszesse, die von einer Karies des unteren Teiles der Wirbelsäule ausgehen, auf dem Musculus psoas und erscheinen in der Inguinalgegend als sog. Psoasabszesse; solche, die durch Karies der Halswirbelsäule verursacht sind, senken sich längst der Rückenmuskeln.

Auch die tuberkulöse Osteomyelitis ist häufig von ossifizierender Periostitis begleitet, welche über dem Herd oder in dessen Umgebung reichliche Osteophytenbildungen und Hyperostosen hervorbringt; die inneren Teile schließen sich nicht selten durch Sklerose der Spongiosa und der Markhöhle ab, ein Vorgang, dessen Resultat man auch als Enostose bezeichnet. Hat der tuberkulöse Herd selbst Neigung zur fibrösen Umwandlung seines Granulationsgewebes und damit eine gewisse Tendenz zur Heilung, so kann auch diese unter Neubildung von Knochengewebe zustande kommen, besonders dann, wenn der Herd möglichst vollständig entfernt wurde; es kommen auch Spontanheilungen vor. In anderen Fällen fehlen die reaktiven Knochenwucherungen des Periosts und der Spongiosa,

des Knochenmarks.

Tuberkulöse Karies.

Ausgang in Verkäsung oder fibröses Gewebe.

Durchbruch nach außen.

Kongestionsund Senkungsabzsesse.

Ossifizierende Periostitis als Begleiterscheinung der Knochentuberkulose.

oder auch der neugebildete Knochen wird wieder von der fortschreitenden Karies und Nekrose zerstört. Der langsame, oft vielfach zwischen Knochenapposition und Zerstörung schwankende Verlauf der Knochentuberkulose erinnert an das analoge Verhalten der Lungenphthise.

Durch
Knochen-
tuber-
kulose
bewirkte
Deformi-
täten. Bei der dauernden oder vorübergehenden Heilung tuberkulöser Knochenveränderungen kommt es vielfach infolge der eingetretenen Zerstörungen von Knochensubstanz zur Ausbildung erheblicher Deformitäten, welche durch Auftreibung des Knochens oder Defektbildungen an ihm, Lageveränderungen und Knickungen, besonders aber auch durch die Osteophyten-Auflagerungen an seiner Oberfläche zustande kommen.

Zu bemerken ist noch, daß die Knochentuberkulose verhältnismäßig wenig Neigung hat, eine sekundäre Tuberkulose anderer Organe hervorzurufen und oft ganz auf den Knochen beschränkt bleibt. Nur Übergreifen auf Gelenke kommt öfters vor (s. unten). Die Entstehung akuter allgemeiner Miliartuberkulose infolge von tuberkulöser Knochenkaries ist, wenn auch fast allgemein angenommen, doch bisher nicht strikte nachgewiesen. Oft dagegen stellt sich im Anschluß an tuberkulöse Knocheneiterung ein chronisches Siechtum mit Amyloiddegeneration aller Organe ein.

Haupt-
lokalisa-
tionen der
Knochen-
tuber-
kulose. Von einzelnen Skeletteilen sind die Epiphysen der langen Röhrenknochen, die Hand- und Fußwurzelknochen, die Wirbelsäule, die Rippen und die kurzen Röhrenknochen der Finger und Zehen bevorzugt. Von Schädelknochen ist am häufigsten das Schläfenbein Sitz tuberkulöser Karies, wo sie im Anschluß an Tuberkulose der Paukenhöhle auftritt.

Pottscher
Buckel. An der Wirbelsäule entsteht durch die tuberkulöse Erkrankung der sogen. **Pottsche Buckel** (Gibbus), welcher durch eine winkelige Abknickung der Wirbelsäule mit nach vorne offenem Winkel ausgezeichnet ist (siehe auch S. 688).

Spina
ventosa. Eine mit starker Knochenbildung einhergehende Form ist die sogen. **Spina ventosa**, eine Tuberkulose der Finger und Zehenphalangen; dabei legt das Periost, während von innen her durch tuberkulöse Osteomyelitis der Knochen zerstört wird, außen immer wieder neue Knochenschichten an, und so entsteht eine charakteristische Auftreibung der Phalangen. Die Erkrankung kann ohne Aufbruch und Nekrose ausheilen.

Syphilis. **Syphilis** kommt am Knochensystem als Teilerscheinung der konstitutionellen Syphilis und zwar in der sekundären wie in der tertiären Periode, sowie ferner kongenital vor.

Fig. 770.

Spina ventosa des fünften linken Metakarpalknochens.

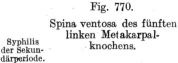

Fig. 771.

Syphilitische Hyperostose an der Tibia.

Nach v. Hansemann, Artikel „Osteom" in Eulenburgs Realenzyklopädie. Berlin-Wien, Urban und Schwarzenberg, 4. Aufl.

Syphilis
der Sekun-
därperiode. Den auch als rheumatisch bezeichneten heftigen Knochenschmerzen in der Sekundärperiode der Syphilis entsprechen in der Regel bloß leichte exsudative Erscheinungen am Periost, ohne besondere spezifische Veränderungen an ihm; sie heilen durch einfache Resorption oder unter Verdickung des anliegenden Knochengewebes durch Hyperostose — sog. Tophi syphilitici — ab; derartige Veränderungen finden sich besonders an den langen Röhrenknochen, aber nicht selten auch an den Knochen des Schädels.

der Tertiär-
periode. Die der Tertiärperiode angehörigen syphilitischen bzw. gummösen Prozesse, im Periost und in der Knochensubstanz können ihren Ausgang von diesen Teilen selbst nehmen, oder durch Übergreifen von anderen Geweben, der Haut, den Schleimhäuten (letzteres besonders in der Nase) her entstanden sein. Bei der Periostitis syphilitica entstehen umschriebene Knoten oder mehr flache und wenig scharf begrenzte Verdickungen am Periost von eigentümlich weicher, bisweilen fast schleimiger, in anderen Fällen elastischer, gummiartiger bis derber, käsiger Konsistenz; sie beruhen auf Bildung eines syphilitischen Granulationsgewebes (S. 175), welches im weiteren Verlauf seine gewöhnlichen Umwandlungen durchmacht: Verkäsung und fettige Degeneration mit mehr oder minder vollkommener Resorption der Zerfallsmassen oder fibröse Umwandlung mit Bildung eines derben schwieligen Narbengewebes. Manchmal kommt es zur Vereiterung der gummösen Massen.

Am häufigsten stellt sich die Periostitis syphilitica am Schädel ein. Sie findet sich aber auch an anderen Knochen und zwar mit Vorliebe an den oberflächlich gelegenen, der Clavicula, der Tibia, dem knöchernen Gerüst der Nase etc. An diese syphilitische Periostitis kann sich eine oberflächliche oder selbsttiefergreifende Zerstörung der unterliegenden Knochensubstanz anschließen. Es kommt zur oberflächlichen Usur und Karies (S. 725) derselben; indem die Granulationswucherungen mit den Gefäßen in die Knochenrinde eindringen und sie zerstören, bewirken sie ein eigentümlich siebartig durchlöchertes, wie wurmstichiges Aussehen derselben und schließlich Bildung größerer Defekte. *Periostitis syphilitica.*

In der Umgebung der gummösen Wucherung zeigt das Periost regelmäßig starke Osteophytenbildung oder diffuse Periostose, so daß die eingesunkenen Partien, von einem dicken, unregelmäßigen Knochenwall umgeben werden. Die angrenzende Spongiosa, insbesondere die Diploe der platten Schädelknochen, zeigt dabei oft Sklerose; durch eine solche kann auch eine Heilung der kariös zerstörten Partien eintreten. Ist schließlich die Granulationsmasse resorbiert, resp. soweit sie nicht zerfallen ist, zu einer fibrösen, derben Narbe umgewandelt, so liegt das Periost sehr fest dem Knochendefekt auf; auch die Haut ist an solchen Stellen eingesunken und fest mit der Knochennarbe verbunden. *Proliferative Periostwucherung der Umgebung.*

In schweren Fällen kommt es durch das Eindringen der syphilitischen Wucherung in die Tiefe zu ausgedehnten Ernährungsstörungen am Knochen, so daß größere Stücke desselben aus ihrer Verbindung gelöst und sequestriert werden, ein Prozeß, welcher namentlich an den Knochen des Schädeldaches öfters beobachtet wird. Durch Übergreifen des Prozesses auf die Dura kann sich eine gummöse Pachymeningitis und Leptomeningitis zu der Knochenerkrankung hinzugesellen. *Ausgedehnte Sequestrierung.*

Die seltener vorkommende **syphilitische Osteomyelitis** tritt ebenfalls in Form umschriebener Knoten oder — letzteres in der Spongiosa — in Form mehr diffuser Infiltrate auf; auch hier können die erkrankten Partien absterben und sequestriert werden; in der Umgebung entsteht teils ossifizierende Periostitis, teils Osteosklerose. Der Durchbruch gummöser Knochenprozesse durch die Haut mit Bildung von syphilitischen Geschwüren kommt sowohl bei der syphilitischen Periostitis wie Osteomyelitis vor. *Syphilitische osteomyelitis.*

Bei der **kongenitalen Syphilis** besteht eine sehr häufige und diagnostisch äußerst wichtige Veränderung in einer Affektion der Ossifikationsgrenzen der Epiphysen der Röhrenknochen und der Rippen, die sog. **Osteochondritis syphilitica,** welche ein sicheres Erkennungsmerkmal der kongenitalen Syphilis meist auch in solchen Fällen darstellt, wo anderweitige luetische Prozesse vermißt werden. Bei den geringsten Graden zeigt sich die Verkalkungszone des Knorpels (vgl. S. 709) und Fig. 750, A sowie Fig. 745 in unregelmäßiger Weise verbreitert, und zwar in der Art, daß sie einerseits in Form von zackigen Vorsprüngen in die Knorpelwucherungszone hineinragt, andererseits auch nicht selten durch unverkalkte Stellen unterbrochen wird; auch die Markraumbildung schließt nicht, wie normal, mit einer scharfen, geraden Linie gegen die Verkalkungszone hin ab, sondern dringt unregelmäßig in diese hinein; dabei ist die Einlagerung von Kalksalzen in den Knorpel verzögert. Die Knochenbälkchen der anstoßenden Teile der Diaphyse sind auffallend schmal und gering entwickelt; die Verkalkungszone des Knorpels hat eine weißliche bis weißrötliche Farbe und eine eigentümlich mürbe, spröde Konsistenz. In höheren Graden, dem sog. zweiten Stadium der Veränderung, ist die Zone der Kalkeinlagerung noch stärker, bis zu mehreren Millimetern, verbreitert und noch unregelmäßiger. Ihre in die Knorpelwucherungszone vorspringenden Zacken sind vielfach durch Querbalken verkalkter Massen miteinander verbunden (Fig. 772), so daß Teile der Knorpelzone inselförmig von ihnen eingeschlossen werden, während andererseits auch Inseln verkalkten Knorpels in dessen Wucherungszone eingestreut sind; letztere ist, ähnlich wie bei der Rachitis, gleichfalls verbreitert, von weicher Konsistenz, manchmal sogar gallertig vorquellend. In *Kongenitale Syphilis.* *Osteochondritis syphilitica.*

den höchsten Graden (sog. drittes Stadium) entwickelt sich in den der Diaphyse nächstliegenden Schichten eine unregelmäßige und verwaschen begrenzte, rötliche bis graugelbe Zone; diese zeigt sich mikroskopisch als aus einem gefäßreichen Granulationsgewebe bestehend, welches von manchen Seiten als ein spezifisch gummöses aufgefaßt und von den meisten Autoren vom Mark der Diaphyse hergeleitet wird, wahrscheinlich aber (M. B. Schmidt) sich in Kanälchen, die vom Perichondrium ausgehen, entwickelt; es kann in manchen Fällen sogar eiterig erweichen. Die Folge dieses Prozesses an der Epiphysengrenze, mit welchem eine Verdickung des Periosts und öfter auch Osteophytenbildung *Epiphysen-* einhergeht, ist eine Lockerung in der Verbindung der Epiphyse und der Diaphyse, *lösung.* welche beide in höheren Graden nur noch durch das verdickte Periost zusammengehalten werden; es kann selbst zu einer spontanen Lösung der Epiphyse kommen, und jedenfalls ist die letztere leichter als normal von der Diaphyse loszubrechen; dabei zeigt die Bruchfläche der Diaphyse nicht, wie unter normalen Verhältnissen, eine gleichmäßige, himbeerfarbene, feinwarzige Beschaffenheit, sondern ist unregelmäßig und noch mit verschieden

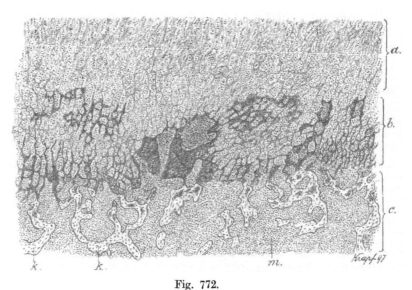

Fig. 772.
Osteochondritis syphilitica ($\frac{150}{1}$).

a Zone der Knorpelwucherung, *b* Zone mit unregelmäßiger Verkalkung (die verkalkten Teile dunkler), *c* weite Markräume (*m*)
mit schmalen Knochenbalken (*k*) der Diaphyse.

gefärbten, ihr anhaftenden Teilen der Verkalkungszone und Wucherungszone des Knorpels belegt. Nach neueren Untersuchungen (G. Fränkel) geht die Epiphysenlösung bald mehr quer bald mehr schräg, aber nicht an der Grenze, sondern noch in der eigentlichen Diaphyse vor sich. Der Prozeß greift oft auch auf die den Gelenken benachbarten Muskeln über (sog. Pseudoparalyse).

Die Osteochondritis syphilitica zeigt sich am konstantesten an den Femurepiphysen, welche daher in Fällen, wo Verdacht auf Lues vorliegt, stets untersucht werden müssen; sie kommt auch an anderen Extremitätenknochen vor, beosnders an den Unterschenkelknochen, sowie auch an den Rippen. Haben die Kinder schon einige Zeit gelebt, so findet sich die Affektion weniger. Sie kann unter Auftreten periostitischer Prozesse abheilen.

Auch sonst kommen eigentlich sypilitische Periostitis, z. B. am Schädeldach, bei kongenitaler Syphilis vor, ferner ossifizierende Periostitis. Es können sich stark wachsende Osteophyten bilden.

Aktino-   Die **Aktinomykose** (S. 178) findet sich besonders an den Kiefern, der Wirbelsäule und den *mykose.* Rippen und geht an ersteren öfters von kariösen Zähnen aus, in welche der Aktinomycespilz durch Fremdkörper, besonders Getreidegrannen, hineingelangt ist, des weiteren von den Weichteilen der Umgebung aus; seltener werden von der Haut aus Knochen ergriffen. Beim Menschen entsteht in der Regel periostale Eiterung und Abszeßbildung in der Umgebung der Infektionsstelle, woran sich aber auch von der Korticalis aus und meist peripher beschränkte kariöse Zerstörungen des Knochens anschließen können; greift der Prozeß tief, resultiert eine der Tuberkulose ähnliche Karies. Häufig werden mehrere Knochen in den Prozeß einbezogen. Es entstehen oft Fistelgänge. Bei Tieren resultiert, indem sich neben der Karies besonders starke Knochenneubildungsvorgänge einstellen, eine starke Auftreibung der Kieferknochen, welche dann ein schwammiges, wurmstichiges Aussehen erhalten, so daß der Prozeß eine große Ähnlichkeit mit Geschwulstbildungen am Knochen, z. B. Osteosarkomen erhält. Auch werden Knochen auf dem Blutwege bei schon an anderer Stelle bestehender (Lungen) Aktinomykose infiziert. Dann ist das Knochenmark der Angriffspunkt, es kommt zur eiterigen Osteomyelitis. Zum Unterschied von Syphilis, Tuberkulose, Tumoren, bleiben die benachbarten Lymphdrüsen unaffiziert. Vgl. im übrigen auch S. 178/179.

Bei **Lepra** kommt es durch tiefgreifende Ulzerationen oft auch zu starker Zerstörung am Knochen, besonders an den Phalangen der Finger, welche teils durch Karies, teils durch ausgebreitete Nekrosen bedingt werden (Lepra mutilans, s. S. 177). Entsprechend der Läsion des peripheren Nervensystems bei manchen Fällen von Lepra handelt es sich hier wohl auch zum Teil um trophoneurotische Störungen (s. S. 708). Im Knochenmark kommen bei Lepra teils umschriebene Lepraknötchen, teils mehr diffuse Infiltrationen vor.

Lepra.

f) Tumoren und Parasiten.

Im Knochensystem kommen fast sämtliche der Bindesubstanzgruppe angehörige **Tumoren** vor. Ausgangspunkte der Neubildung sind in erster Linie das Periost einerseits, das Knochenmark andererseits, wozu noch die knorpeligen Enden der Skeletteile kommen. Das Verhalten der verkalkten Knochensubstanz zu den Knochentumoren ist in zweierlei Beziehung von Bedeutung: einerseits erleidet sie, besonders bei malignen Geschwülsten durch das Eindringen der Geschwulstmassen eine kariöse Zerstörung in ähnlicher Weise, wie bei entzündlichen Prozessen durch das wuchernde Granulationsgewebe (S. 725); neben der lakunären Arrosion kommt hierbei auch halisteretischer Knochenschwund vor, und es können selbst ausgedehnte Nekrosen stattfinden, Prozesse, welche, wenn in höheren Graden vorhanden, die Festigkeit des Knochens derart herabsetzen, daß sogar Spontanfrakturen eintreten können. Andererseits findet in der Umgebung der Neubildung vielfach ein Anbau von neuer Knochensubstanz in Form von Osteophyten, Hyperostosen und Sklerosen der Spongiosa und Markhöhle statt, eine Knochenwucherung, welche man als Reaktion der Umgebung gegen das Auftreten des Neoplasmas bezeichnen kann.

Von besonderer Wichtigkeit ist es nun, daß die beiden eben genannten Vorgänge der Karies und der reaktiven Knochenneubildung vielfach nebeneinander einhergehen; während einerseits an der Wachstumsgrenze die Geschwulst von der Umgebung her neugebildete Knochenmassen gleichsam einen Schutzwall für die noch intakte Knochensubstanz formieren, ist andererseits das von innen her sich ausbreitende Neoplasma bestrebt, diesen Schutzwall wieder zu zerstören und über ihn hinaus durchzubrechen. Wenn nun in der Umgebung die ossifizierende Wucherung fortdauert, so entstehen um den Geschwulstherd förmliche Schalen junger Knochenmasse, welche aber fortwährend von innen her eine Zerstörung erfahren. Auf diese Weise kann durch einen zentralen Knochentumor der ganze Knochen mehr und mehr aufgetrieben werden und oft kolossale Dimensionen erreichen, bis schließlich die Neubildung doch noch an die Oberfläche durchbricht.

Eine Knochenbildung innerhalb des Tumors selbst findet bei den eigentlichen Osteomen und den Mischformen, gelegentlich aber auch in verschiedenen anderen Geschwülsten, Fibromen, Sarkomen, Chondromen statt, und zwar entsteht der Knochen teils aus Bindegewebe durch Osteoblastentätigkeit, teils durch direkte Metaplasie aus Knorpel. Öfters kommt es auch nur zur Neubildung von osteoider Substanz, d. h. einer Knochengrundsubstanz, welcher jedoch die Kalkeinlagerung fehlt und welche aus einer gleichmäßig aussehenden Masse mit zackigen Hohlräumen ohne eigentliche Kapsel (im Gegensatz zu den Knorpelhöhlen) und aus in diesen Hohlräumen gelegenen Zellen besteht. Bei den destruierenden Formen dieser Gruppe wird also der normale Knochen — oft unter reicher Entwickelung endostaler und periostaler reaktiver Ossifikation der Umgebung — von einem selbst wieder Knochensubstanz oder Osteoid bildenden Tumor zerstört.

f) Tumoren und Parasiten.

Verhalten der Knochensubstanz zu Tumoren.

Kariöse Prozesse.

Proliferative Prozesse.

Knochenbildung in Tumoren

Knochenresorption und Neubildung bei sekundären Tumoren des Knochens.
Auch bei sekundären Geschwülsten des Knochens, als welche besonders Sarkome und Karzinome auftreten, finden sich nebeneinander die gleichen Prozesse der Knochenresorption und Knochenneubildung und zwar sowohl dann, wenn der Tumor von der Umgebung her auf die Knochen übergreift, wie auch, wenn es sich um Metastasen handelt. So sehen wir z. B. da, wo sich ein krebsiger Tumor im Knochen etabliert hat, in seinem Bereich einerseits eine Karies — karzinomatöse Karies — andererseits aber auch in dem Innern des Krebses vielfach neue Knochenbalken: osteoplastisches Karzinom.

Einzelne Knochengeschwülste.

Die einzelnen Formen der Knochengeschwülste.

Fibrome.
Fibrome gehen meist vom Periost aus, sind aber im allgemeinen selten; bloß die sog. fibrösen Nasenrachenpolypen, welche ihren Ausgang vom Periost der Basis cranii nehmen und vielfach Übergänge zu Sarkomen aufweisen, sind verhältnismäßig häufig (s. auch S. 438).

Osteome.

Exostosis fibrosa und cartilaginea.

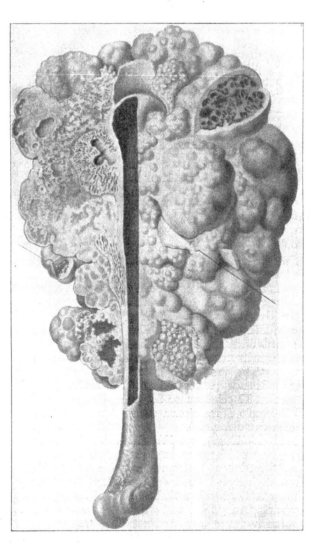

Fig. 772a.
Exostose (zum Teil Ekchondrose).
Nach Cruveilhier, l. c.

Die **Osteome** unterscheidet man in **Exostosen,** welche vom Periost, und **Enostosen,** welche vom Mark ausgehen. Von ersteren, welche vielfach Übergänge zu den bei den entzündlichen Prozessen vorkommenden Osteophyten aufweisen, unterscheidet man weiter die **Exostosis fibrosa,** welche direkt durch Knochenbildung aus dem Bindegewebe des Periosts, hervorgeht, und die **Exostosis cartilaginea,** bei welcher sich eine Knorpelwucherung zu Knochensubstanz umbildet. Besonders sind es vom Epiphysenknorpel ausgehende Chondrome (s. unten), welche sich in Knochen umwandeln. Die Knorpelinseln zeigen bei ihrer Ossifikation ähnliche unregelmäßige Gruppierung wie die Epiphysenverknöcherung bei Rachitis (E. Müller). Sie sind oft multipel vorhanden, treten häufig familiär auf und sind auf Entwickelungsstörungen zum Teil besonderer Wucherungsdisposition des Perichondriums bzw. auch Periosts zu beziehen. Die vom Periost ausgehenden Exostosen, die oft eine erhebliche Größe erreichen können, sind von verschiedener Form: rund, keilförmig, kammförmig bis spitzig oder nadelförmig und in vielen Fällen multipel vorhanden. Ihrer feineren Zusammensetzung nach können sie aus spongiösem oder kompaktem Knochen aufgebaut sein; sie finden sich auch im Verlauf chronisch entzündlicher Vorgänge, sowie nach traumatischen Einflüssen und kommen namentlich am Schädel, sowie auch an den Extremitätenknochen vor. Unter den Exostosen kann man die besonders kompakte Form der Exostosis eburnea und die spongiöse unterscheiden. Endlich gibt es auch noch Osteome, welche sich unabhängig vom Periost im Bindegewebe entwickeln; man bezeichnet solche als **Parostosen. Enostosen** sind seltener und treten am häufigsten in der Diploe der Schädelknochen und an den Kiefern auf. *Parostosen.* *Enostosen.*

Chondrome finden sich besonders an den Knochen der Extremitäten, in erster Linie denen der Hand und des Fußes und können einen erheblichen Umfang erreichen; sie sitzen an der Oberfläche der Knochen (Exostosis cartilaginea) oder im Knochenmark (Enchondroma) aus; häufig sind sie multipel. Wahrscheinlich nehmen sie ihren Ursprung von kongenital oder im Laufe der späteren Entwickelung durch rachitische Prozesse abgesprengten Knorpelkeimen, besonders des Epiphysenknorpels; sie werden dann oft zu Knochen umgewandelt. S. oben und vgl. S. 193; über das **Chordom** s. S. 194. Wird statt gewöhnlichen Knorpels osteoides Gewebe gebildet, so spricht man von **Osteoidchondrom**, welches vom Periost oder Knochenmark, besonders der langen Röhrenknochen, ausgehen kann. *Chondrome.*

Chordom.

Myxome und **Lipome** sind seltener und letztere gehen, wie die Fibrome, ebenfalls meistens vom **Periost**, erstere öfters vom Mark aus. *Myxome. Lipome.*

Zu den **Sarkomen** des Knochens gehört eine große Reihe sehr verschiedener Tumoren. *Sarkome.*

Die umschriebenen Sarkome des Knochens gehen teils vom **Periost**, teils ebenfalls vom **Knochenmark** aus; es sind kleinzellige oder großzellige **Rundzellensarkome** (sehr häufig), **Fibrosarkome** u. a. *Verschiedene Formen desselben.*

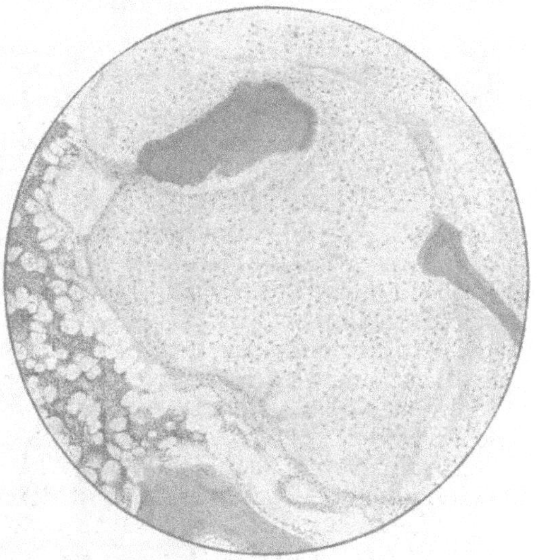

Fig. 773.
Chondrom des Knochens.

Periostale Sarkome sind zumeist Rundzellensarkome (besonders bösartig) oder Spindelzellensarkome. Die myelogenen Sarkome stellen häufig Riesenzellensarkome dar. Die sog. **Epulis** ist ein relativ gutartiges Riesenzellensarkom, welches vom Periost der Kiefer ausgeht.

Angiome (Hämangiome wie Lymphangiome) sind sehr selten. Häufiger sind **Angiosarkome** (S. 197), bei welchen die Gefäße mantelartig von dichten Zellmassen umgeben sind; an diese schließen sich wiederum Sarkome mit teleangiektatischer Gefäßentwickelung (Sarcoma teleangiectodes, Fungus haematodes) an, welche oft einen kavernösen Charakter tragen. Diese Formen treten an den verschiedensten Knochen auf; am Schädel, den Extremitäten etc. *Angiosarkome.*

Die Sarkome bilden sehr häufig Knochensubstanz oder wenigstens Osteoidsubstanz; man bezeichnet sie dann als **Osteosarkome** bzw. **Osteoidsarkome,** besser **Sarcoma osteoblasticum** (S. 219).

An Sarkomen aller Art kommen vielfach auch regressive Veränderungen, Erweichung, Zystenbildung und partieller Zerfall vor. Es kann infolge der Tumorentwickelung zur Spontanfraktur kommen. Außerdem weisen die Sarkome oft die oben besprochene Schalenbildung auf.

Über die **Myelome** vgl. S. 263 (s. auch Fig. 775), die in selteneren Fällen vom Mark oder Periost des Knochen ausgehenden sog. **Chlorome** S. 265.

Endo-
theliome.

Die **Endotheliome** zeigen zum Teil vollkommen den Bau eines Karzinoms (Carcinoma endotheliale, S. 241), indem sie innerhalb eines bindegewebigen Stromas Nester und Stränge ziemlich großer, dicht aneinander liegender Zellen bilden, zum Teil nähern sie sich in ihrem Charakter mehr den Sarkomen; manchmal können die gewucherten Endothelien selbst hohe zylindrische Formen annehmen, so daß die Geschwulst eine adenomähnliche Beschaffenheit erhält. Doch sind die Endotheliome sehr selten und werden häufig mit sekundären Karzinomen, besonders Grawitzschen Nierentumoren, Sarkomen, Osteoblastomen (s. unten) etc. verwechselt.

Osteo(id)-
sarkome.

In sehr seltenen Fällen gehen nämlich auch von den Osteoblasten (s. auch S. 709) Tumoren aus, wobei diese so wie sie physiologisch am Rande von Knochenbälkchen gelegen sind, wuchern, Zelle an Zelle gelagert, ähnlich wie Epithelien. So entstehen ganz adenomartig gebaute Tumoren; stellenweise gehen sie auch in solidere karzinomartige Massen über. Man bezeichnet sie als **Osteoblastome.** Reine derartige Osteoblastome sind extrem selten; häufiger finden sich solche geschwulstmäßige Osteoblastenwucherungen in Osteosarkome eingestreut.

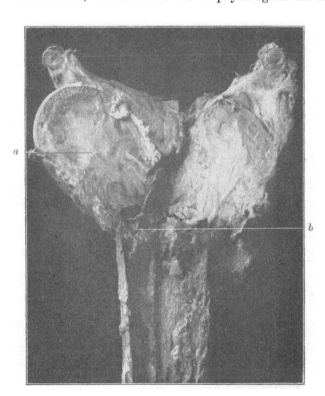

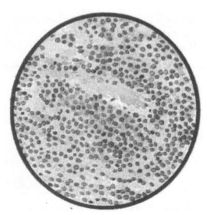

Fig. 774.

Sarkom des Humerus, besonders entwickelt im Kopf (*a*) und Hals (*b*). An letzterer Stelle Spontanfraktur.

Fig. 775.

Myelom, bestehend aus ungekörnten Vorstufen der Myelozyten.

Karzinome
besonders
metasta-
tische.

Primäre Karzinome können im Knochen nur von versprengten Epithelien ausgehen. **Sekundäre Karzinome** finden sich häufig im Knochen, besonders im Anschluß an Karzinome der Nieren, sog. Grawitzsche Tumoren, Mamma, Thyreoidea und Prostata.

Zysten.

Zysten entstehen im Knochen seltener als Erweichungszysten der Knochensubstanz selbst bei ihren Veränderungen durch hochgradige halisteretische oder lakunäre Einschmelzungsprozesse, bei Osteomalacie oder entzündlichen Vorgängen, häufiger als Erweichungszysten in Knochentumoren (Sarkomen). Am Kiefer kommen auch Zysten aus Zahnanlagen vor.

Parasiten.

Parasiten.

Es finden sich im Knochen in seltenen Fällen Zystizerken (S. 331) und Echinokokken (S. 332).

B. Erkrankungen der Gelenke.

Vorbemerkungen.

Man teilt die Gelenke ein in **Synarthrosen,** bei welchen zwischen den beiden knöchernen Gelenkenden eine Verbindung durch Bindegewebe oder Knorpel hergestellt ist (Syndesmosen, Synchondrosen), und **Diarthrosen,** an denen sich eine Gelenkhöhle zwischen beiden mit Knorpel überzogenen Gelenken befindet.

An den Diarthrosen sind vier Teile zu unterscheiden: die knöchernen Gelenkenden, welche mit hyalinem Knorpel überzogen sind, ferner die Gelenkkapsel, die außen von den bindegewebigen Kapselbändern gebildet wird und an ihrer Innenfläche von der Synovialis, einer gefäßreichen Bindegewebslage mit einem Endothelbelag, überzogen ist.

An der Innenfläche der Synovialis, welche nur die Gelenkkapsel, nicht aber den Knorpel überkleidet, befinden sich zottenartige Auswüchse, welche man als Synovialzotten bezeichnet; sie bestehen aus teils gefäßhaltigem, teils gefäßlosem Bindegewebe, enthalten wohl auch Fett, Knorpelsubstanz oder Schleimgewebe. Unter pathologischen Verhältnissen können sie in Wucherung geraten.

In pathologischer Beziehung sollen hier besonders besprochen werden der **Gelenkknorpel** und die **Synovialis;** die knöchernen Gelenkenden zeigen zwar auch häufig Veränderungen, indessen stimmen letztere mit denen des übrigen Knochengewebes überein. Die Gelenkkapsel wird meistens nur sekundär ergriffen.

a) Regressive Prozesse am Knorpel.

Die Ernährungsstörungen am Knorpel bestehen teils in Verfettung, schleimiger Umwandlung und Erweichung, teils in Karies und Usur oder Nekrose; auch metaplastische Vorgänge finden häufiger an ihm statt.

Verfettung der Knorpelzellen findet sich teils als senile Erscheinung, teils bei anderweitigen, namentlich entzündlichen Zuständen.

Ein besonders als senile Erscheinung häufiges Vorkommnis am Gelenkknorpel ist seine Auffaserung; sie besteht darin, daß die Kittsubstanz, welche die Fibrillen des Knorpels zusammenhält, aufgelöst wird, während die Knorpelzellen dabei teils in Wucherung geraten, teils fettig zerfallen. Die Oberfläche des aufgefaserten Knorpels ist weich, sammetartig papillös oder feinfaserig. Nach den bei dieser Auffaserung auftretenden, glänzenden, weißen Streifen hat man auch von asbestartiger Degeneration gesprochen. Die mit der Auffaserung verbundene **Chondromalacie,** die Knorpelerweichung, ist gleichfalls eine senile Erscheinung oder Teilerscheinung einer chronischen Arthritis. Die erweichenden Partien zeigen ein weißliches, glänzendes Aussehen, in höheren Graden der Veränderung eine transparente Beschaffenheit und eine gelbliche bis bräunliche Farbe. Schließlich bilden sich Spalten und Zerklüftungen des Knorpels, manchmal selbst umschriebene Zysten. Andererseits können die erweichenden Partien durch Hereinwachsen von Bindegewebe eine fibröse Umwandlung, schließlich auch eine Verkalkung oder sogar eine wirkliche Verknöcherung (S. 80) erleiden.

Amyloiddegeneration betrifft sowohl die Zellen und ihre Kapseln, wie die Grundsubstanz des Knorpels und wandelt ihn in eine homogene bis schollige Masse um.

Von anderen Ablagerungen sind namentlich solche von Kalk, Uraten und von Pigment im Knorpel zu erwähnen. Die Verkalkung findet sich als senile Erscheinung namentlich bei der Erweichung und Auffaserung des Knorpels und tritt besonders an seinen Rändern hervor. Über die Ablagerung von Uraten siehe die Arthritis urica (S. 743). Die Ablagerung eines schwarzen bis braunen Farbstoffes oder Durchtränkung mit einem solchen, welche neben dem Knorpel auch die Sehnenansätze und die Gelenkkapsel betreffen kann, bezeichnet man als **Ochronose;** sie ist eine sehr selten vorkommende Affektion (Genaueres s. S. 77).

Wie in den Geweben der Bindesubstanzgruppe überhaupt, so kommen auch am Knorpel vielfach sog. Metaplasien vor (s. S. 94). Es finden sich von solchen: Umwandlung des Knorpelgewebes in Schleimgewebe, in fibrilläres Bindegewebe und in Knochengewebe (s. S. 94). Ferner kommen Umbildungen der einen Knorpelart in eine andere, z. B. Übergänge von hyalinem Knorpel in Faserknorpel, vor.

47*

Kariöse Prozesse. **Karies** des Knorpels, **Usur** und **Nekrose** desselben treten unter ähnlichen Verhältnissen wie die gleichnamigen Prozesse am Knochen auf und zeigen auch histologisch ein ähnliches Verhalten. Nekrotische Teile können als Knorpelsequester abgestoßen werden.

b) Zirkulationsstörungen und Entzündungen.

b) Zirkulationsstörungen und Entzündungen. **Hyperämie.** **Blutungen.** Von Zirkulationsstörungen kommen kongestive Hyperämie und seröse Transsudationen (**Hydrarthros,** s. unten) in der Gelenkhöhle vor. Kleine **Blutungen** entstehen bei Entzündungen, hämorrhagischen Diathesen etc., größere Blutungen in die Gelenkhöhle (**Hämarthros**) sind meist Folgen von Verletzungen. Seltener stellen sich bei Entzündungen der Gelenke starke Blutungen in die Gelenkhöhle ein. Bei einfachen traumatischen Blutungen erfolgt die Resorption des Blutes — das in der Regel zum großen Teil flüssig bleibt — meistens ziemlich rasch, doch bleiben längere Zeit Pigmentierungen der Synovialis zurück. Soweit das Blut geronnen ist, zerfallen die einzelnen Koagula zum Teil zu einem Detritus und werden dann resorbiert, zum anderen Teil werden sie von jungem Bindegewebe durchwachsen und nach Art thrombotischer Massen organisiert; doch kommt es im Anschluß an Blutungen relativ selten zu Verwachsungen der Gelenkflächen.

Entzündliche Prozesse. **Exsudative entzündliche Prozesse** betreffen in erster Linie die Synovialis, von welcher auch, weil ja der Knorpel gefäßlos ist, das Exsudat geliefert wird, so daß die **Arthritis** im wesentlichen eine **Synovitis** darstellt. Am Knorpel findet sich dabei häufig eine **Synovitis pannosa.** Diese besteht darin, daß die wuchernde Synovialmembran über den Knorpel hinwächst und diesen mit einer gefäßhaltigen Bindegewebslage in ähnlicher Weise überzieht, wie von der Konjunktiva aus der Pannus der Kornea zustande kommt. Außerdem bietet der Knorpel (und der Knochen) oft regressive Veränderungen dar.

Arthritis, Synovitis, Synovitis pannosa.

Nach der Art des Exsudats unterscheidet man seröse und serofibrinöse, sowie eiterige oder eiterig-fibrinöse, resp. eiterig-seröse Entzündungen.

Seröse Synovitis (Hydrarthros acutus und chronicus). Der seröse Erguß in ein Gelenk, **Hydrarthros acutus,** ist eine seröse Synovitis, bei welcher die Gelenkhöhle mehr oder weniger von einem klaren Exsudat erfüllt ist, welches jedoch dünner ist, als die normale Gelenkflüssigkeit. Dabei ist die Synovialis gerötet und geschwollen, stärker serös durchfeuchtet, das ganze Gelenk mehr oder weniger durch die starke Füllung aufgetrieben. Die Heilung erfolgt durch Resorption des Exsudats; auch kann der Prozeß chronisch werden (s. unten).

Sero-fibrinöse und fibrinöse Arthritis. Ist dem Exsudat einer akuten Arthritis reichlich Fibrin beigemischt, so liegt eine **serofibrinöse Arthritis** vor; selten finden sich **rein fibrinöse** Formen. Infolge der schweren Resorbierbarkeit der fibrinösen Ausscheidungen kommt es bei solchen Formen öfter zu bindegewebiger Organisation der Exsudatmassen unter Verwachsung der Gelenkenden — **Arthritis adhaesiva** (s. unten) mit Ankylose des Gelenkes. Die bindegewebigen Verwachsungen können nachträglich verknöchern.

Eiterige Arthritis. Die **Arthritis purulenta** ist entweder eine oberflächliche Eiterung der Synovialis — ein eiteriger Katarrh derselben — oder eine tiefer greifende eiterige Entzündung des Gelenkes, welche mit Gewebszerstörung einhergeht. In beiden Fällen zeigt sich die Synovialis entzündlich geschwollen und gerötet, mit Eitermassen durchsetzt und belegt. Werden alle Teile des Gelenkes ergriffen und eiterig durchsetzt — was gerade bei dieser Art der Entzündung leicht statthat — so spricht man von **Panarthritis.** Am Knorpel findet man dabei Verfettung, Chondromalazie (s. oben), Karies und Nekrose; auch die knöchernen Gelenkenden können ergriffen werden und durch Karies oder Nekrose zugrunde gehen. Durchbricht die Eiterung die Gelenkkapsel, so ruft sie periartikuläre Abszesse oder phlegmonöse Infiltrationen in der Umgebung hervor. In leichteren Fällen eiteriger Arthritis kann eine vollständige Restitutio ad integrum stattfinden; in schweren Fällen — bei welchen durch Eiterresorption auch ein tödlicher Ausgang vorkommt — bildet sich ein Granulationsgewebe, das sich narbig umwandelt und zur Ankylose des Gelenkes führen kann (Arthritis adhaesiva s. unten).

Ätiologie der akuten Arthritis. Die akuten Entzündungen der Gelenke entstehen auf traumatischem Wege, oder vom Blute her, oder endlich durch Übergreifen von der Umgebung, am häufigsten vom Knochen aus. An Traumen können sich seröse und eiterige Entzündungen anschließen; im letzteren Falle hat eine Infektion mit Mikroorganismen von einer Wunde oder vom Blute her stattgefunden. Auf hämatogenem Wege entstehen ebenfalls seröse (sero-fibrinöse) oder eiterige Arthritiden; hierher gehören die bei allgemeinen Infektionskrankheiten (akuten Exanthemen, Typhus, Gonorrhöe, Syphilis, Puerperalfieber wie septischen Erkrankungen überhaupt) metastatisch auftretenden Formen.

Ob die im Anschluß an Gonorrhöe auftretende Arthritis in den meisten Fällen durch Gonokokken oder durch Mischinfektion mit gewöhnlichen Eitererregern bedingt wird, ist noch fraglich.

Meist eine seröse, selten eine eiterige Arthritis liegt dem akuten Gelenkrheumatismus, der **Polyarthritis acuta,** zugrunde, einer infektiösen Allgemeinerkrankung mit unbekanntem Erreger, welche mehrere Gelenke und zwar meistens sprungweise hintereinander befällt und oft mit verruköser Endokarditis kompliziert ist. Polyarthritis acuta.

Eine **chronische seröse** oder **sero-fibrinöse Arthritis** entwickelt sich selbständig oder im Anschluß an eine akute Arthritis (**chronischer Hydrarthros**). Es wird ein dünnflüssiges oder dickeres, mehr kolloides Sekret in die Gelenkhöhle abgeschieden, wodurch das Gelenk nicht selten gedehnt und erweitert wird. In der Synovialis stellen sich Wucherung der Zotten, pannöse Wucherung über den Knorpel und fibröse Verdickung ein. Häufig werden gewucherte Zotten oder Fibrinausscheidungen als freie Gelenkkörper in die Gelenkhöhle abgestoßen. Am Knorpel zeigen sich dabei regressive Metamorphosen, Verfettung, Auffaserung neben Wucherungserscheinungen; durch die Wucherung in der Synovialis können Verwachsungen der Gelenkflächen und Verödung des Gelenkes zustande kommen. Chronische seröse und sero-fibrinöse Arthritis.

Chronische eiterige Arthritis entsteht manchmal im Anschluß an akute Gelenkeiterungen und kann durch Bindegewebswucherung und Ankylosenbildung heilen. Chronische eiterige Arthritis.

Neben den genannten, mit Exsudation einhergehenden Entzündungen der Gelenke werden unter dem Namen **chronische Arthritis** noch eine Anzahl von Gelenkaffektionen zusammengefaßt, bei denen die Exsudationsprozesse fehlen oder gering sind, und einerseits regressive Erscheinungen an den Gelenkenden, andererseits entzündlich-produktive Veränderungen an ihnen, namentlich an der Synovialis, die Hauptrolle spielen. Am Knorpel kommt es teils zur Auffaserung, teils zur Erweichung mit vollständigem Zerfall desselben, so daß die knöchernen Gelenkenden bloßliegen. Andererseits zeigt der Knochen auch knotige Wucherungen und Verdickungen, welche wieder zerfallen können, in anderen Fällen aber nachträglich verknöchern. Die durch Knorpel-Erweichung und -Zerfall freiliegenden Knochenenden werden zum Teil durch die Bewegungen des Gelenkes abgeschliffen, und der Knochen usuriert; auch in der Tiefe, unter dem noch erhaltenen Knorpel, geht die Knochensubstanz vielfach in größerer Ausdehnung durch entzündliche Osteoporose zugrunde. Neben dem Knochenschwund findet oft auch eine lebhafte Knochenwucherung statt und zwar besonders an den Rändern der Gelenkenden, wo sich reichliche Exostosen und Osteophyten bilden (Fig. 776). Die Synovialis des erkrankten Gliedes gerät ebenfalls in entzündliche Wucherung und bildet mehr oder weniger reichliche, aus Granulationsgewebe bestehende, zottige Auswüchse, in denen sich Fettgewebe oder Knorpelgewebe bilden und selbst eine Verknöcherung einstellen kann; derartige Wucherungen, oft auch vom marginalen Periost und Perichondrium ausgehend, treten namentlich am Rande der Gelenkflächen auf. Auf diese Weise kommt es durch den Zerfall der knorpeligen und knöchernen Gelenkenden einerseits, die Bildung der Ekchondrosen und Exostosen andererseits zu starken Verunstaltungen der Gelenke, die sogar zu deren Spontanluxation führen können. An Stelle der durch Usur verloren gegangenen Gelenkenden kann sich durch gegenseitiges Abschleifen der jungen Knochenmassen eine Art neuer Gelenkköpfe bilden. Andere Formen chronischer Arthritis.

Die mit den genannten Prozessen einhergehenden chronischen Gelenkaffektionen haben je nach dem Vorwiegen des einen oder anderen Prozesses verschiedene Namen erhalten; doch gehen die einzelnen der gewöhnlich voneinander unterschiedenen Formen vielfach ineinander über:

1. Man bezeichnet als **Arthritis deformans** die wesentlich mit starken Zerfall-
und Wucherungserscheinungen an den Gelenkenden, sowie Wucherungen an der
Synovialis einhergehenden Formen, welche oft sehr starke Verunstaltungen der Gelenke zur Folge haben. Es kommen hierbei zuerst zur Knorpeldegeneration, dann infolge
der Reizung bei mechanischer Einwirkung an den Gelenkenden zu lebhafter
subchondraler Wucherung des Gewebes, an den nicht benützten Gelenkpartien
zur Atrophie. Oft geht Knochenatrophie mit der Gelenkveränderung Hand in Hand.
Diese Arthritis findet sich am häufigsten am Kniegelenk und Hüftgelenk, sodann an den
Fingergelenken besonders bei älteren Leuten. Tritt die Affektion an den Synarthrosen der
Wirbelsäule auf, so bewirkt sie einerseits durch Knochenschwund kyphotische Verbiegungen
der Wirbelsäule, während andererseits zwischen den
einzelnen Wirbeln Ankylosen entstehen können (anky-
losierende Spondylitis).

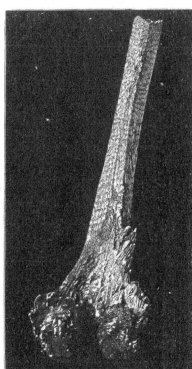

2. Andere Formen chronischer Arthritis sind dadurch ausgezeichnet, daß sie fast keine Wucherungserscheinungen am Knochen und Knorpel, sondern nur
regressive Veränderungen der Gelenkenden
mit fortschreitender Zerstörung dieser aufweisen.
Solche Formen bezeichnet man als **Arthritis ulcerosa
sicca**; sie finden sich ebenfalls vorzugsweise in höherem
Alter und am häufigsten am Hüftgelenk (Malum
coxae senile), ferner am Ellenbogengelenk, dem
Schultergelenk und der Wirbelsäule.

3. Als **Arthritis adhaesiva** bezeichnet man verschiedenartige Affektionen, welche ihren Ausgang in
Verwachsung der Gelenkenden und Ankylosenbildung
nehmen; zum Teil stellen derartige Formen Ausgänge
anderer, akuter oder chronischer Gelenkaffektionen,
namentlich auch eiteriger und tuberkulöser Entzündungen dar, zum Teil aber entstehen sie auch
selbständig und beginnen dann vielfach nach Art
einer Arthritis pannosa (S. 740), indem aus der
Synovialis hervorgegangenes Granulationsgewebe über
den Gelenkknorpel hin wuchert, ihn durchsetzt und
schließlich substituiert. Eine adhäsive Arthritis ist
auch die anatomische Grundlage eines großen Teiles
aller Fälle von sog. **chronischer rheumatischer Arthritis**
(„**Arthritis pauperum**" im Gegensatz zur Gicht), welche
an einem Gelenk oder, häufiger, an mehreren Gelenken zugleich namentlich im mittleren und
jugendlichen Lebensalter vorkommt. Die Folge

Fig. 776.

Arthritis deformans (am Femur).

der Arthritis adhaesiva in allen ihren Formen ist eine Aufhebung oder Behinderung der
Beweglichkeit des Gelenkes, eine fibröse Ankylose dieses; auch durch Schrumpfung
der Gelenkkapsel kann es zu starker Behinderung in der Beweglichkeit des Gelenkes kommen.

Die Histologie der Arthritis deformans ist neuerdings von Pommer genau verfolgt worden.
Er faßt als grundlegend die Veränderungen des Gelenkknorpels und davon abhängig die Störung
seiner funktionellen Wirkung (Beneke) auf. Durch funktionelle oder mechanische traumatische
oder senile oder die Gefäße treffende Schädigungen wird die Elastizität des Knorpels erschöpft.
Unter dem Einfluß von Reizwirkungen bei den Gelenkfunktionen infolge der mangelnden Sicherung
gegen diese Wirkungen u. dgl. kommt es nun zu Gefäß- und Knochenbildungen von den sub-
chondralen Mark- und Gefäßräumen aus in den Gelenkknorpel hinein. So kommt es auch zu
den sog. Randwulstbildungen. Andererseits spielt auch angeborene Disposition eine Rolle. Die
Prozesse insbesondere reaktionärer Natur sind mehr als die regressiven zu betonen. Knorpelzellen,
die losgelöst werden, Gewebstrümmer und Detrituspartikel werden bei Zusammenhangsstörungen

der Knochenknorpelgrenzbezirke nur an den Usurstellen des Gelenkknorpels frei. Bei den reaktiven Prozessen, die so ausgelöst werden, kommt es zu fibrösen Herden oder auch zu Zysten, die auch nach Blutungen etc. zur Entwickelung kommen. Verschleppte noch wucherungsfähige Knorpelzellen bilden die „Enchondrome".

Die Ätiologie der ohne Exsudation verlaufenden chronischen Gelenkentzündungen ist zum größten Teile unbekannt und jedenfalls keine einheitliche. Zum Teil spielen Altersveränderungen eine wesentliche Rolle bei ihrer Entstehung („Malum senile"), zum Teil schließen sich die Erkrankungen an traumatische und rheumatische Schädlichkeiten an. Andere Fälle von chronischer Arthritis endlich hängen mit Erkrankungen des Nervensystems zusammen und beruhen zum Teil direkt auf trophoneurotischen Störungen (s. S. 53), zum anderen Teile auch auf Herabsetzung oder Aufhebung der Sensibilität, wodurch äußere mechanische Einwirkungen auf ein Gelenk unbeachtet bleiben und in intensivere Veränderungen ihren Ausgang nehmen. Solche „neuropathische" Formen der Arthritis kommen sowohl im Verlauf der Tabes dorsalis (Arthropathie tabétique) wie auch bei Syringomyelie vor. Andere Formen chronischer Arthritis namentlich die zur Bildung von Adhäsionen führenden, gehen, wie erwähnt, vielfach aus akuten exsudativen Entzündungen hervor. *(Randnotiz: Ätiologie dieser chronischen Gelenkentzündungen.)*

Die **Arthritis urica (Gicht)** ist die Folge einer harnsauren Diathese (vgl. S. 373), wobei der Harnsäurewert des Blutes erhöht, die Harnsäureausscheidung durch die Nieren vermindert ist, und beginnt in akuter Weise mit seröser Exsudation in die Gelenkhöhlen, nimmt aber dann einen chronischen, häufig rezidivierenden Verlauf an. Der akute Gichtanfall geht mit starker Schwellung und Rötung des Gelenkes und entzündlichem Ödem der umgebenden Weichteile einher, womit infolge Anhäufung der Harnsäure in einer durch die Nieren schwerer ausscheidbaren Form und erhöhter Affinität der Gewebe zu ihr eine Ablagerung harnsaurer Salze in den Knorpel, die Gelenkkapsel, die Gelenkbänder und die Umgebung des Gelenkes verbunden ist. Durch wiederholte Rezidive entstehen chronische Veränderungen an den ergriffenen Gelenken, welche sich anatomisch an die beschriebenen Formen chronischer Arthritis anschließen. Es kommt zu Auffaserung am Knorpel, Verdickung der Synovialis und Bildung mannigfacher Deformationen an den Gelenkenden. Durch Abscheidung von Uraten bilden sich sog. Tophi, bis erbsengroße, rundliche, kreideähnlich aussehende, vorzugsweise aus mandelförmigen Kristallen von harnsaurem Natrium und wenig Fibrin bestehende Knoten. Diese bilden sich nicht bloß in den Gelenken und ihrer Umgebung, sondern selbst in der äußeren Haut und auch im Unterhautbindegewebe, z. B. der Ohrmuscheln. Ähnliche Ablagerungen finden sich auch in den Gelenkknorpeln. Der Knorpel wird infolge der Uratablagerung nekrotisch. An den Gelenkenden kommt es manchmal zur Bildung von Erweichungsherden. Diese können selbst nach außen durchbrechen und Fistelgänge oder Geschwüre hinterlassen, aus welchen sich erweichte, mit harnsauren Salzen vermischte Massen entleeren. Dieser Vorgang ist öfters auch mit heftiger Eiterung verbunden. *(Randnotiz: Gicht.)*

Die Gicht befällt, anfangs wenigstens, meistens bloß ein Gelenk, und zwar in der Regel das Metatarso-phalangealgelenk der einen großen Zehe (Podagra), ferner die Finger und Handgelenke (Chiragra), selten andere Gelenke. Sie ist die Folge einer harnsauren Diathese, besonders bei überreichlicher Ernährung. Oft ist sie wohl auch erblich.

c) Infektiöse Granulationen.

Miliar-Tuberkulose der Synovialis kommt als Teilerscheinung allgemeiner Miliartuberkulose vor. *(Randnotiz: c) Infektiöse Granulationen.)*

Von größerer Bedeutung ist die tuberkulöse Entzündung der Gelenke, die **Arthritis tuberculosa (Gelenkfungus)**, welche eine der häufigsten Erkrankungen der Gelenke darstellt. Sie kann als primäre Synovitis tuberculosa am Gelenk selbst beginnen, oder vom knöchernen Gelenkende aus auf das Gelenk übergreifen und sekundär die Synovialis infizieren. In beiden Fällen entwickeln sich in der Synovialis zunächst graurote, schwammige Massen, welche den Charakter des tuberkulösen Granulationsgewebes tragen und sich auf Kosten der normalen Synovialis entwickeln. In ihnen finden sich, oft schon *(Randnotiz: Arthritis tuberculosa.)*

makroskopisch sichtbar, umschriebene, zuerst grau durchscheinende, später zum Teil verkäsende Knötchen oder auch größere, mehr diffuse käsige Einsprengungen; oder es weist
wenigstens die mikroskopische Untersuchung die Anwesenheit umschriebener Knötchen,
wenn auch manchmal nur in sehr spärlicher Menge, in ihnen nach. Auch hier zeigt das tuberkulöse Granulationsgewebe in den einen Fällen die Tendenz zu rascher, ausgebreiteter Verkäsung, in anderen aber Neigung zu einer fibrösen Umwandlung, an welcher auch
die in die Masse eingelagerten Knötchen mehr oder weniger teilnehmen. Soweit der Knorpel
nicht schon vom Knochen her infiziert und tuberkulös erkrankt ist, greift von der Synovialis
her die Wucherung der schwammigen Massen auf ihn über, ebenso wie schließlich auch bei
primärer Synovialtuberkulose die Gelenkenden mit ihren Bändern von jenen Massen durchsetzt und zerstört werden. Die Substanz des Knorpels erleidet dabei teils eine Auffaserung
und Erweichung, teils wird sie durch die eindringenden Granulationsmassen förmlich durchlöchert und rarefiziert; so kommt es zur Bildung größerer und kleinerer Defekte, zu Karies
des Knorpels. Endlich können auch einzelne, von tuberkulösen Granulationen umwachsene
Stücke desselben losgetrennt und als nekrotische Partikel abgestoßen werden. Namentlich in Fällen, in denen die Tuberkulose von den knöchernen Gelenkenden her auf den Knorpel
übergreift, kann der ganze Knorpelüberzug des Gelenkes in toto oder in einzelnen Stücken
abgehoben werden. In anderen Fällen — bei der primären Tuberkulose der Synovialis —
kann die Knorpelveränderung auch dadurch eingeleitet werden, daß die wuchernde Synovialis
zunächst über die Knorpeloberfläche hinwächst (Synovitis pannosa), und dann die Granulationen in den Knorpel eindringen.

Je nach dem Verhalten der Wucherungs- und Exsudationserscheinungen unterscheidet
man verschiedene Formen der Gelenktuberkulose, welche naturgemäß nicht scharf voneinander trennbar sind. Bilden sich von der Synovialis her sehr reichliche schwammige
Massen mit geringer Neigung zu Verkäsung und Zerfall, so bezeichnet man die Erkrankung
als eine fungöse Form. Namentlich hier kommen öfters auch freie Gelenkkörper (Corpora oryzoidea) zur Ausbildung (s. unten), welche teils auf Umwandlung ausgeschiedenen
Fibrins beruhen, teils abgestoßene Teile der gewucherten Synovialis darstellen. Treten in
letzterer schon makroskopisch kleine, graue Knötchen in größerer Menge hervor, so spricht
man von Synovitis granulosa; dabei ist die Verdickung und Wucherung der Synovia
oft eine wenig bedeutende. Als ulzeröse Formen faßt man jene zusammen, bei welchen
eine größere Neigung zu diffuser Verkäsung und rascher Einschmelzung der schwammigen Massen besteht. Sie führen oft in kurzer Zeit zu ausgedehnten Zerstörungen an der
Synovialis, dem Knorpel und den knöchernen Gelenkenden und in der Folge zu starken
Deformationen des Gelenkes („Arthrocace"). Die Gelenkhöhle findet man, soweit sie
nicht von schwammigen Granulationen durchsetzt wird, bei der tuberkulösen Arthritis in
der Regel von einer flüssigen Masse erfüllt, deren Ansammlung teils auf einer Erweichung
und Einschmelzung der Granulationen, teils auf Exsudationserscheinungen beruht. Namentlich bei der ulzerösen Form der tuberkulösen Gelenkentzündung entsteht nicht selten
eine intensive eiterige Exsudation in die Gelenkhöhle. In dem Eiter schwimmen nekrotische
Knochen- und Knorpelpartikel, die im Verlauf der Zerstörung von den Gelenkenden abgefallen
sind. In anderen Fällen sind die tuberkulösen Wucherungen der Synovialis nur von einer
serösen oder serofibrinösen Exsudation in die Gelenkhöhle begleitet.

Im Gegensatz zu den letzterwähnten Erscheinungen bezeichnet man Formen, welche
(besonders am Schultergelenk) bei starken Zerstörungserscheinungen ohne erhebliche Exsudatbildung im Gelenke ablaufen, als Caries sicca.

In der Umgebung tuberkulös erkrankter Gelenke entwickelt sich stets eine starke
Schwellung und derbe Infiltration der Haut und der umgebenden Weichteile mit
eigentümlich glatter und glänzender, speckiger Beschaffenheit der Haut, Erscheinungen,
welche man als Tumor albus zusammenfaßt. Er beruht teils auf entzündlichem Ödem,
teils auf entzündlichen Wucherungen in den umgebenden Teilen, zum Teil auch auf
einem direkten Herauswachsen tuberkulöser Granulationen aus dem Gelenk in
die Weichteile, so daß sie schließlich auch die Haut perforieren und an der Oberfläche erscheinen
können. Unter solchen Verhältnissen kann ferner nach Perforation der Gelenkkapsel und

Ver-
schiedene
Formen der
Gelenk-
tuber-
kulose.

Verände-
rungen der
umgeben-
den Haut.

Tumor
albus.

Einschmelzung der schwammigen Massen in den Weichteilen eine Bildung von Fistelgängen stattfinden, aus denen sich ein käsig-eiteriger Inhalt entleert. Nicht selten kommt es zur Entwickelung von Kongestionsabszessen (s. S. 139).

Soweit der Knochen der tuberkulös erkrankten Gelenkenden nicht kariös zerstört wird, weist seine Substanz oft eine Sklerose und ossifizierende Periostitis mit Bildung reichlicher Osteophyten auf. Andererseits zeigt die kompakte Knochensubstanz auch bei den primär synovialen Formen der Gelenktuberkulose oft in großer Ausdehnung eine entzündliche Osteoporose.

Der Verlauf der Gelenktuberkulose ist im allgemeinen ein chronischer und wechselt oft zwischen Stillstand der Erkrankung und wiederholten Rezidiven. Auch eine völlige Ausheilung des Prozesses kann nach Entleerung des eiterigen Inhaltes und Entfernung der erkrankten Teile unter fibröser Umwandlung der Granulationsmassen stattfinden; doch bleiben fast immer schwere Funktionshemmungen des Gelenkes zurück, welche auf die stattgefundenen Zerstörungen der Gelenkenden, Schrumpfungen der Gelenkkapsel und ihrer Bänder, die Bildung von Adhäsionen zwischen den Gelenkflächen mit folgender Verödung des Gelenks, zum Teil auch auf Atrophien und Kontrakturen der Muskeln der betreffenden Extremitäten zurückzuführen sind. Alle diese Erscheinungen führen zu einer mehr oder minder vollkommenen Fixation des Gelenkes. Auch spontane Luxationen und Subluxationen kommen infolge der Zerstörung der Gelenkteile vor. Überdies bleiben vielfach käsige Herde mit noch lebenden Tuberkelbazillen zurück und können früher oder später einen neuen Ausbruch der Erkrankung und neue Gefahren veranlassen.

In bezug auf die Genese und das Vorkommen der tuberkulösen Arthritis gilt das oben über Knochentuberkulose Gesagte (S. 730). Was die Lokalisation der tuberkulösen Arthritis betrifft, so sind das Hüftgelenk und das Kniegelenk, ferner die Hand- und Fußgelenke bevorzugt.

Im Verlaufe der **Syphilis** treten — und zwar in ihren Frühstadien — öfter seröse und sero-fibrinöse Entzündungen der Gelenke auf. In Spätformen finden sich auch gummöse Bildungen. So entstandene Usuren werden durch Bindegewebe ausgefüllt, welches sich durch den Knorpel hindurch bis in den Knochen erstreckt und die unregelmäßig zackige Gestalt syphilitischer Narben überhaupt zeigt.

Fig. 777.
Caries sicca des rechten Femurkopfes bei einem 17jährigen Jüngling.
Der Kopf ist bis auf eine unregelmäßige, grubig ausgehöhlte, pilzförmige Verdickung des Collum femoris geschwunden. — (Sammlung des Pathol. Instituts Basel.)
Nach Wieland, aus „Handbuch der allgem. Pathologie u. pathol. Anatomie des Kindesalters" (Brüning-Schwalbe).

d) Geschwülste; freie Gelenkkörper; Ganglien.

Tumoren sind in den Gelenken selten. Am häufigsten findet sich das **Lipoma arborescens** der Synovialhaut, welches aus baumförmig verzweigten Fettgewebszotten besteht.

Sog. **freie Gelenkkörper** (Gelenkmäuse) liegen entweder ganz frei im Gelenk oder flottieren, an einem Stiele befestigt, in seiner Höhle. Ihre Entstehung ist ebenso wie ihre Zusammensetzung verschieden; ein Teil von ihnen besteht aus Fibrin, das im Verlauf entzündlicher Prozesse ausgeschieden worden ist; sie bilden rundliche, reiskornähnliche

[margin right notes]
Veränderungen des nächstgelegenen Knochens.

Verlauf der Gelenktuberkulose.

Syphilis.

d) Geschwülste, freie Gelenkkörper, Ganglien.

Tumoren.

Lipoma arborescens.

Freie Gelenkkörper.

oder platte, meist in großer Zahl vorhandene Körper und heißen auch Corpora oryzoidea. Andere, bis mandelgroße Gelenkmäuse entstehen durch Wucherungen der Synovialzotten und können durch Abreißen ihres Stieles vollkommen frei werden. Ähnliche Gelenkkörper bilden sich bei chronischen Entzündungen. Eine dritte Gruppe der Gelenkkörper entsteht auf mechanische (oder dissezierend eiterige) Weise und besteht aus abgesprengten Knochen- oder Knorpelstücken; eine vierte wird von Fremdkörpern gebildet, welche in die Gelenkhöhle gelangen.

Ganglien.

Die sog. **Ganglien** oder „**Überbeine**" sind herniöse Ausstülpungen der Synovialis, die sich gegen die Gelenkhöhle abschließen und prall mit eingedickter Synovia gefüllt sind.

e) Kontrakturen; Ankylosen; Verletzungen.

e) Kontrakturen, Ankylosen, Verletzungen.

Unter **Kontraktur** versteht man eine Beschränkung der Beweglichkeit eines Gelenkes, welche durch Veränderungen innerhalb desselben oder der das Gelenk umgebenden und seine Bewegungen auslösenden Weichteile, der Muskeln, Sehnen, Nerven und evtl. durch Narben hervorgerufen werden kann. Man unterscheidet hiernach arthrogene, myogene, tendogene, neurogene und narbige Kontrakturen.

Kontrakturen.

Arthrogene Kontrakturen sind meistens auf chronische Entzündungen des Gelenkes mit Schrumpfungsvorgängen in der Synovialis oder in der äußeren Gelenkkapsel zurückzuführen. Myogene und tendogene Kontrakturen werden durch narbige Verkürzung der Muskeln oder Sehnen nach Verletzungen oder Entzündungen dieser hervorgebracht. Die Ursache neurogener Kontrakturen sind Lähmungen von Muskeln resp. Muskelgruppen — oft zentraler Natur. Bei Lähmung einzelner Muskelgruppen entsteht eine Kontraktur ihrer Antagonisten, z. B. ein Pes calcaneus durch Lähmung der Wadenmuskulatur. Narbenkontrakturen entstehen durch narbige Schrumpfung der das Gelenk bedeckenden Haut und des Unterhautbindegewebes; man findet sie z. B. nach intensiven Verbrennungen.

Ist ein an sich frei bewegliches Gelenk durch außerhalb desselben gelegene Ursachen, z. B. infolge von Lähmungen, dauernd in einer bestimmten Stellung fixiert, so passen sich die Gelenkflächen allmählich der angenommenen Stellung an, so daß sie nach und nach wirklich an Exkursionsfähigkeit verlieren. Besonders ist das an nachgiebigen, noch wachsenden Knochen der Fall; hierdurch erhalten die Gelenke oft ganz abnorm gebildete Gelenkflächen und hochgradige Difformitäten. Die Verunstaltungen des Fußes bei Pes varus, Pes varo-equinus u. a. geben hierfür bekannte Beispiele (s. S. 752).

Fig. 778.

Arthritis und Ostitis deformans mit Lipoma arborescens des Hüftgelenks.

a difformierter Gelenkkopf, dessen Hals senkrecht zur Längsachse des Knochens gestellt ist. *b* Synovialmembran mit hypertrophischen aus Fettgewebe bestehenden Zotten. ²/₃ der nat. Größe. Aus Ziegler, Lehrb. d. allg. u. spez. path. Anatomie. 7. Aufl. Jena, Fischer 1892.

Ankylose.

Unter **Ankylose** versteht man die Aufhebung der Beweglichkeit eines Gelenkes, wobei die Ursache der Gelenksteifigkeit im Gelenke selbst liegt. Ankylose kann entstehen durch Verwachsung her Gelenkflächen, welche wiederum bindegewebig, knorpelig oder knöchern sein kann; man unterscheidet diernach eine Ankylosis fibrosa, A. cartilaginea und A. ossea. Letztere geht durch Verknöcherung des die Vereinigung herstellenden Bindegewebes, resp. Knorpels, aus den beiden ersten Formen hervor. Außerdem entsteht eine Gelenksteifigkeit auch durch Knorpel- und Knochenwucherungen, sowie durch Schrumpfungsvorgänge und Kontrakturen (s. oben), welche die unregelmäßig gewordenen Gelenkflächen in einer bestimmten Lage fixieren. Diese Form der Ankylose ist häufig ein Effekt der Arthritis deformans (s. S. 742). An der Wirbelsäule sind zwei Formen der Versteifung zu unterscheiden: 1. die **Spondylitis deformans**, eine senile Erscheinung, bei der die Bandscheiben komprimiert, und vom Periost Knochenspangen über sie hinweg und die Wirbel miteinander verbindend gebildet werden. Die Fixierung tritt in kyphotischer Stellung ein. 2. Die **Spondylitis ankylopoetica**, ebenfalls eine und zwar bogenförmige Wirbelversteifung (auch nach Bechterew genannt), welche durch Verknöcherung der Bänder und kleinen Wirbelgelenke erfolgt. Nachträglich verknöchern auch andere Teile, sowie auch die benachbarten Gelenke der Rippen, Hüften und Schultern.

Verletzungen.

Von **Verletzungen** der Gelenke sind Kontusionen, Distorsionen und Luxationen zu nennen, bezüglich derer jedoch auf die chirurgischen Lehrbücher verwiesen werden muß. Hier soll nur erwähnt werden, daß man unter Distorsion (Verstauchung) eine momentane gewaltsame Dehnung des Gelenkes, meist mit Zerreißung der Kapsel und der Gelenkbänder, unter Luxation eine dauernde Verschiebung, unter Subluxation eine dauernde unvollständige Verschiebung, der Gelenkenden versteht. Die Ursachen der Luxationen sind traumatische, entzündliche („Spontanluxation") oder kongenitale.

Verletzungen des Knorpels heilen in der Regel durch bindegewebige Narben. Abgesprengte Knorpelstücke heilen nicht wieder an, sondern werden zu freien Gelenkkörpern (s. S. 746).

C. Erkrankungen der Sehnen und Schleimbeutel.

C. Sehnen u. Schleimbeutel.

Eine Entzündung der Sehnenscheiden, **Tendosynovitis**, kann eine fibrinöse, serofibrinöse oder eiterige sein. Bei rein fibrinöser Exsudation (Tendovaginitis sicca) entsteht das charakteristische Krepitieren, wenn man Bewegungen an der betreffenden Sehne ausführt. Eiterige Entzündung der Sehnen, Tendosynovitis purulenta ist meistens sekundär und geht von infizierten Wunden, phlegmonösen Herden, Panaritien oder Abszessen aus. Sie kann ihren Ausgang in Resorption des Exsudats, oder in Verwachsungen der Sehnen und Sehnenscheiden, endlich in Auffaserung und Nekrose der Sehnen nehmen.]

Akute Entzündungen der Sehnen.

Chronische Entzündungen der Sehnen führen zu Auftreibung der Sehnenscheiden (Hydrops tendo-vaginalis, Hygrom der Sehnenscheiden), mit zirkumskripten zystischen Bildungen oder Verwachsungen der Sehnen. Dabei entstehen durch Abschnürung zottiger Wucherungen ähnliche Corpora oryzoidea wie in den Gelenken (S. 746). Am häufigsten erkranken die Sehnenscheiden der Hohlhand.

Chronische Entzündungen der Sehnen. Corpora oryzoidea.

Im ganzen analoge Verhältnisse zeigen die Schleimbeutel. Auch an ihnen treten akute (sero-fibrinöse bis eiterige) oder chronische Entzündungen (**Bursitis**) mit Wandverdickungen, zottiger Wucherung an der Innenfläche und Bildung von Reiskörpern usw. auf. Bei häufigem Knien entsteht die chronische Entzündung der Bursa praepatellaris. Ebenso entstehen durch herniöse Vorstülpungen der Sehnenscheiden, in ähnlicher Weise wie von den Gelenken aus, sog. Ganglien (Überbeine). Vgl. S. 746.

Veränderungen der Schleimbeutel.

Hie und da primär, meistens aber von Knochen- oder Gelenkaffektionen her fortgeleitet, tritt eine Tuberkulose der Sehnenscheiden auf und breitet sich den Sehnen entlang oft über weite Strecken aus; sie findet sich sowohl in Form miliarer Knötchen wie auch in Form mehr diffuser verkäsender Granulationen. Bei der tuberkulösen Erkrankung ist die Bildung von Oryzoid-Körperchen eine besonders reichliche und häufige.

Tuberkulose der Sehnenscheiden.

Über Heilungen von Sehnenwunden s. S. 124.

Unter den Tumoren seien sog. Myelome genannt, d. h. Riesenzellensarkome gutartiger Natur an Hand oder Fuß, von lappigem Bau. Sie weisen außer den Riesenzellen Xanthomzellen und reichliches Hämosiderin auf.

Anhang: **Difformitäten einzelner Skelettabschnitte.**

Anhang: Difformitäten einzelner Skelettabschnitte.

Aus den funktionellen Beziehungen, welche die einzelnen Teile des Bewegungsapparates, die Knochen und die Gelenke mit ihren einzelnen Bestandteilen (Knochenenden, Gelenkknorpel, Gelenkbänder) zueinander haben und der Fähigkeit der genannten Teile, sich unter gegebenen Verhältnissen durch Änderung ihrer äußeren Form und ihrer feineren Struktur zu gemeinsamem Zusammenwirken anzupassen, ergibt sich, daß sich diese Gebilde auch unter pathologischen Bedingungen untereinander beeinflussen und Form- und Strukturveränderungen aneinander werden hervorrufen können; wir haben schon erwähnt, daß sich z. B. bei Ankylose eines Gelenks die Knochenstruktur entsprechend der neuen Richtung der Belastungslinien umbaut (Transformation der Knochen im Sinne der funktionellen Anpassung, s. S. 724). So kommt es, daß bestimmte Einflüsse, welche zunächst nur die Knochen oder bloß die Gelenke eines Körperteiles anzugreifen scheinen, in der Folge an seiner gesamten Form Änderungen herbeizuführen, indem sie indirekt auf alle seine Bestandteile einwirken. Auch das Verhalten der Weichteile ist keineswegs ohne Einfluß auf die Ausgestaltung des Knochensystemes, wie wir z. B. am Schädel gesehen haben, wo einerseits eine rudimentäre Entwickelung (S. 278) oder eine abnorme Ausdehnung des Gehirns (Hydrocephalus, S. 690) von Einfluß auf die Ausbildung des Schädels ist, andererseits aber auch ein Zurückbleiben des Schädelwachstums die normale Entwickelung des Gehirns hindert (S. 710).

Gegenseitige Beeinflussung unter pathologischen Bedingungen.

Ein Teil derartiger Difformitäten am Skelett ist angeboren, d. h. schon während des intrauterinen Lebens entweder durch zu geringe Wachstumsenergie (S. 266) des einen oder des anderen Teiles oder infolge mechanischer Einwirkungen (Enge der Eihäute oder des Uterus, amniotische Fäden etc. (s. S.267) zustande gekommen; die hochgradigen Mißbildungen des Skeletts haben wir schon im allgemeinen Teil erwähnt.

Mit-
wirkende
Momente.

Eine sehr wichtige Rolle spielen bei den Difformitäten des jugendlichen Alters abnorme Belastungsverhältnisse des Körpers oder einzelner seiner Teile, wobei durch habituell veränderte Körperhaltung und dadurch bedingte Verlegung des Schwerpunktes eine andere Verteilung der Last des Körpergewichts eintritt, und durch Entlastung der einen, erhöhte Belastung anderer Gelenk- oder Knochenteile, ihre Anpassung an die neuen Druckverhältnisse und damit dauernde Änderungen ihrer Struktur veranlaßt werden (vgl. Transformation S. 724). So kommen z. B. durch gewohnheitsmäßige schiefe Haltung des Oberkörpers seitliche Verbiegungen der Wirbelsäule zustande; durch übermäßig langes Stehen kann eine Abplattung des Fußgewölbes und eine Ausbiegung des Kniegelenkes nach außen (s. unten) hervorgerufen werden. Allgemein schwächende Momente, leicht eintretende Ermüdung der in Anspruch genommenen Muskeln, Erschlaffung der Gelenkbänder etc. wirken unter solchen Verhältnissen teils primär, teils als sekundäre Hilfsmomente mit, so daß oft genug ein Circulus vitiosus zustande kommt, in welchem die erste Ursache schwer zu eruieren ist. Von ganz besonderer Bedeutung sind in solchen Fällen primäre Erkrankungen des Knochensystems. Sie bringen einerseits direkt Verkrümmungen der belasteten Knochen hervor (z. B. der unteren Extremitätenknochen bei Rachitis) und schaffen somit abnorme statische Verhältnisse, die ihrerseits wieder andere Skeletteile beeinflussen; andererseits haben sie eine Verminderung der Resistenzfähigkeit der Knochen zur Folge und machen diese so den eben erwähnten Einflüssen statischer Art leichter zugänglich. Auch im späteren Lebensalter können Erkrankungen des Knochensystems (Osteomalazie, senile Osteoporose etc.) in der angegebenen Weise abnorme Krümmungen von Knochen und Deformationen von Gelenken nach sich ziehen. Beispiele dafür sind besonders an der Wirbelsäule, dem Thorax und dem Becken gegeben; an der Wirbelsäule entsteht die sog. Spondylitis deformans, welche zu knöcherner Verbindung und Fixierung der Wirbel untereinander führt. Auch an Extremitätengelenken auftretende Ankylosen und Kontrakturen bewirken durch Feststellung der betroffenen Gelenke häufig Änderungen in der Lage des Schwerpunktes des Körpers und damit Änderungen im übrigen Skelett.

Difformitäten des einen Skeletteils haben ferner vielfach wieder solche anderer, von ihm belasteter oder auf ihm ruhender Teile zur Folge; hierher gehören die sekundären Verschiebungen des Brustkorbs, bei Verkrümmungen der Wirbelsäule die kompensatorische zweite Krümmung, welche sich an der Wirbelsäule bei Kyphosen, Skoliosen und Lordosen einstellt, um die aufrechte Haltung des Körpers zu ermöglichen, und anderes.|

Mitwirken
der
Muskeln.

Auch die Muskeln erfahren infolge von Knochen- und Gelenkdeformitäten häufig entsprechende Veränderungen, z. B. Verkürzungen infolge dauernd fixierter Gelenkstellung; andererseits können abnorme Gelenkstellungen, ebenso wie durch andere Kontrakturen, (S. 746) so auch durch dauernde Verkürzung von Muskeln hervorgerufen werden; Lähmungen von Muskeln infolge primär myopathischer oder nervöser Affektionen können Lageveränderungen und falsche Stellungen der Gelenke nach sich ziehen, indem z. B das Eigengewicht des gelähmten Körperteiles eine andere Stellung hervorbringt, welche, wenn die Lähmung bestehen bleibt, dann auch dauernd eingenommen wird; ein Beispiel dafür gibt ein Teil der Fälle von Pes varo-equinus (s. unten).

Difformi-
täten an:
Schädel.

Über Difformitäten am **Schädel** s. S. 710.

Thorax.

Von abnormen **Thoraxformen** seien hier erwähnt, resp. noch einmal zusammengefaßt: der paralytische Thorax, die sekundären Verschiebungen des Brustkorbes bei Verkrümmungen der Wirbelsäule, die mangelhafte Entwickelung von Thoraxteilen bei angeborener, resp. dauernd bleibender, Atelektase größerer Lungenpartien, das Retrecissement infolge von Lungenschrumpfung, der faßförmige Thorax der Emphysematiker, der rachitische Thorax (S. 718). der Thorax phthisicus (S. 167).

Wirbel-
säule.
I. Skoliose.

Wirbelsäule. I. Skoliose ist eine seitliche Verkrümmung der Wirbelsäule, so daß diese S-förmig gebogen wird. Rechts über die physiologische, vielleicht durch das Übergewicht der rechten Seite bedingte geringe Biegung der Brustwirbelsäule nach rechts hinaus.) Am häufigsten ist die Skoliose eine habituelle, d. h. entsteht bei Kindern durch habituell stärkeren Gebrauch der einen Körperseite, z. B. durch eine infolge von Ermüdung der Muskulatur gewohnheitsmäßig angenommene schiefe Haltung des Körpers, also eine Belastungsdeformität bei wachsendem Organismus. Doch wirken disponierende Momente verschiedener Art mit; man muß als solche Bleichsucht, schwächende Krankheiten überhaupt, sowie Erkrankungen des Skelettsystems (Osteomalacie und besonders Rachitis, ferner Schwäche der Bänder und Muskeln und evtl. Nachgiebigkeit der Knochen, trophische Störungen etc.) in Betracht ziehen. Die Skoliose tritt verhältnismäßig häufig schon bei jungen 7—8jährigen Mädchen auf; überhaupt ist sie beim weiblichen Geschlecht häufiger als beim männlichen. Als weitere Form der Skoliose wird die lediglich auf Rachitis beruhende, meist bei kleineren Kindern auftretende unterschieden. Hier ist die ganze Wirbelsäule meist nach links konvex gebogen (Gewohnheit, die Kinder auf dem linken Arm zu tragen, so daß diese ihren Kopf und Oberkörper nach rechts legen). Diese Form der Skoliose verschwindet zumeist mit der Rachitis. Als weitere Formen der Skoliose werden die narbige (bedingt durch Narbenverwachsung der Pleurablätter, oder narbige Schrumpfung der Rückenmuskulatur) und endlich die vorübergehende hysterische Form unterschieden. Indem durch die seitliche Krümmung der Wirbelsäule die Zwischenwirbelscheiben und Wirbelkörper auf der einen Seite komprimiert werden und hierdurch statt ihrer normalen Zylinderform eine kegelförmige Gestalt annehmen, wird die Wirbelsäule in der krummen

Stellung **fixiert**. Aus der **mobilen Skoliose** wird eine fixierte. In der Regel entsteht an dem oben oder unten davon gelegenen Teil der Wirbelsäule eine zweite, und zwar nach der entgegengesetzten Seite gerichtete, **kompensatorische Krümmung**. Die häufigste Kombination ist eine Skoliose der Brustwirbelsäule nach rechts konvex, und eine solche der Lendenwirbelsäule nach links konvex. Auch die Halswirbelsäule ist meist, aber gering, links konvex gekrümmt. Diese Skoliose ist also gewissermaßen eine Übertreibung der physiologischen, die nach denselben Seiten gerichtet ist (s. oben). Mit der seitlichen Ausbiegung findet stets auch eine spiralige Drehung der Wirbelsäule um ihre senkrechte Längsachse mit einer Torsion der betreffenden Wirbel nach der gleichen Seite hin statt. In allen höheren Graden von Skoliose kommt neben ihr eine Kyphose, d. h. eine buckelförmige Ausbiegung der Wirbelsäule nach hinten zustande — **Kyphoskoliose**. Auch die Rippen müssen ihre Gestalt ändern; auf der konvexen Seite verlaufen sie stark nach hinten aus und haben einen stark gekrümmten Winkel (**Rippenbuckel**); umgekehrt ist auf der konkaven Seite der Rippenwinkel fast ganz verstrichen. Auch verlaufen die Rippen in der Horizontalebene ganz verschieden. So ist der ganze Thorax verändert, besonders auf der konvexen Seite sein Lumen sehr verengt. Die Raumbeengung des Thorax und evtl. Hinaufdrängung des Zwerchfelles von unten her

Kypho-skoliose.

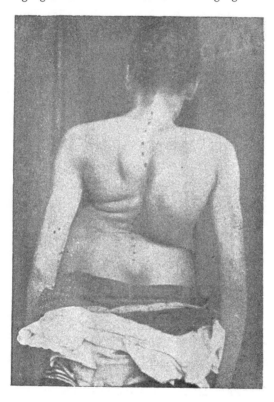

Fig. 779.
Hochgradige Skoliose und Kyphose.
Aus Lubinus, Verkrümmungen der Wirbelsäule. Wiesbaden, Bergmann 1910.

kann zu Veränderungen in der Lunge, und besonders Stauung, und infolgedessen, und ebenso auch durch Dislokation des Herzens, zu Hypertrophie und Dilatation der rechten Herzhälfte führen. So sterben derartige Kyphoskoliotiker zuletzt oft an Herzinsuffizienz. Organe der Bauchhöhle (Leber) können Furchen etc. aufweisen.

Wegen aller Einzelheiten siehe die Lehrbücher der Chirurgie z. B. von Leser, dem wir im vorstehenden zum Teil gefolgt sind.

II. **Kyphose** ist eine ventralkonkave Ausbiegung der Wirbelsäule nach hinten, wobei die Spitzen der Dornfortsätze sich voneinander entfernen. Man unterscheidet 1. Die bogenförmige (flache) Kyphose, welche bei Osteomalazie, Rachitis, seniler Osteoporose infolge der geringeren Widerstandsfähigkeit des Skeletts zustande kommt und die ganze Wirbelsäule oder nur einen Teil von ihr betreffen kann. 2. Die spitzwinkelige Kyphose oder den Pottschen Buckel. Letztere Form kommt dadurch zustande, daß ein oder mehrere Wirbelkörper vollständig zerstört werden und unter dem Gewicht der auf ihnen lastenden Wirbelsäule zusammenbrechen, wodurch ein nach vorne offener Winkel entsteht; die Wirbelbögen bleiben meist frei. Diese Form kommt durch Karies von Wirbeln (S. 731), Zerstörung

II. Kyphose.

solcher durch destruierende Tumoren oder Aneurysmen der Aorta, durch Arthritis deformans, endlich durch Wirbelfrakturen zur Ausbildung. Wenn der Prozeß ausheilt, bilden sich Ankylosen der Wirbelgelenke und Synostosen der erkrankten und der benachbarten Wirbel.

III. Lordose. III. **Lordose** ist eine verstärkte dorsalkonkave Krümmung der Lendenwirbelsäule nach vorn und entsteht kompensatorisch für eine im Brustteil entstandene Kyphose, ferner dann, wenn die Beckenneigung vermehrt ist, z. B. um bei einer durch Koxitis bedingten Fixation des Hüftgelenkes das Gehen zu ermöglichen; seltener wird eine bedeutende Verstärkung der physiologischen Lordose der Lenden- oder Halswirbelsäule durch Knochenerkrankungen (Rachitis, Osteomalacie, Karies etc.) verursacht.'

Becken. **Becken.'** Die normale Beckenform ist ein Produkt der ursprünglichen Anlage und der weiteren Entwickelung, ferner der Resistenz der Beckenteile einerseits, andererseits der von oben durch Vermittelung des Kreuzbeines, von seitwärts durch die Femora auf das Becken wirkenden Rumpflast, und end-

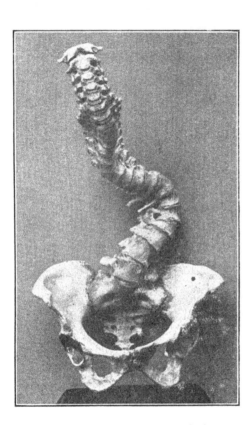 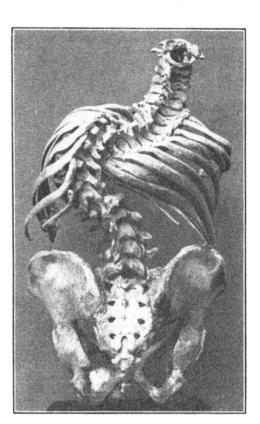

Fig. 780.
Skoliose. Links von vorne, rechts von hinten gesehen.
Aus Riedinger, Morphologie und Mechanismus der Skoliose. Wiesbaden, Bergmann.

lich der Druck- bzw. Zugwirkungen der wachsenden inneren Beckenorgane und der inserierenden Muskeln und Bänder. Pathologische Beckenformen können dadurch entstehen, daß verschiedene der genannten Faktoren in anormaler Weise wirksam sind.

1. Infolge von Knochenerkrankungen (Rachitis. Osteomalacie). In dieser Beziehung sind in erster Linie Erkrankungen des Knochensystems zu nennen, welche, wie die Rachitis und die Osteomalazie, eine verminderte Resistenz der Beckenknochen zur Folge haben und sie anderen, die Beckenform beeinflussenden Momenten leichter zugänglich machen. Wir haben schon oben die durch die Osteomalazie bewirkte Form des seitlich zusammengeknickten, nach vorn schnabelförmig ausgezogenen Beckens erwähnt (S. 719); ähnliche Formen kommen auch bei Rachitis zustande, wenn die Kinder bei ausgesprochener Erkrankung noch laufen, wodurch der seitliche Druck der Femora zur Wirkung kommt. Vgl. auch S. 718).

Verkrümmungen der Wirbelsäule können ebenfalls zu pathologischen Beckenformen führen. Bei Skoliose der Wirbelsäule wird das Kreuzbein nach der anderen Seite (um die Sagittalachse) gedreht, der Flügel ist auf dieser Seite entsprechend verkürzt. Das Hüftbein wird kollateral der Lendenkrümmung auf- und einwärts geschoben. Die Symphyse ist nach der anderen Seite verschoben, der Beckeneingang und das ganze Becken somit schief (kyphoskoliotisches Becken). Beim sog. lumbosakralkyphotisches Becken steht das Kreuzbein höher als normal und ist stärker nach hinten gekrümmt; die Entfernung der Spinae ischii ist vermindert (trichterförmig verengtes Becken).

2. Infolge von Verkrümmungen der Wirbelsäule.

    Das spondylolisthetische Becken kommt dadurch zustande, daß infolge entzündlicher oder traumatischer Einflüsse eine Zerstörung der unter dem 5. Lumbalwirbel gelegenen Zwischenwirbelscheibe stattfindet und dann der Körper des 5. Lendenwirbels (nicht aber seine Bogen, welche dabei fixiert bleiben und verlängert werden) mitsamt dem auf ihm ruhenden Teil der Wirbelsäule über den Körper des 1. Kreuzbeinwirbels herab nach vorn rutscht, so daß das Promontorium vom Körper des untersten Lendenwirbels gebildet wird. In hochgradigen Fällen kann auch der 2.—4. Lendenwirbel das Promontorium bilden.

3. Infolge von Wirbelverschiebung.

    Eine vierte Gruppe pathologischer Beckenformen hat ihre Ursache in Affektionen des Hüftgelenkes; man faßt sie als „koxalgische Becken" zusammen. Sie kommen bei Ankylose des Hüft-

4. Infolge von Hüftgelenksaffektionen (koxalgisches Becken).

Fig. 781.

Skoliose nach Hoffa.

Aus Lubinus, l. c.

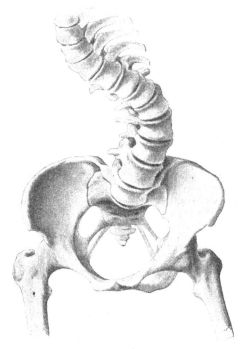

Fig. 782.

Durch Dorsalskoliose schräg verschobenes Becken.

Aus Bumm, Grundriß der Geburtshilfe. Wiesbaden, Bergmann. 10. Aufl.

gelenks infolge von Koxitis, Atrophie der Hüftbeine etc. vor. Es handelt sich um eine Verschiebung des Beckens in schiefer Richtung. Die erkrankte Beckenseite ist klein, dünn, die erkrankte Hüfte nach hinten gedrängt. Einen ähnlichen Effekt haben Amputationen der einen unteren Extremität und veraltete Luxationen, indem durch Inaktivitätsatrophie die betreffende Beckenseite kleiner wird.

    Eine fünfte Gruppe entsteht durch eine im fötalen oder jugendlichen Lebensalter eintretende Synostose der Synchondrosis sacro-iliaca; die betreffende Kreuzbeinhälfte bleibt im Wachstum zurück; dabei wird das Schambein nach der entgegengesetzten Seite verschoben, das Becken somit im ganzen ebenfalls schief. So entsteht das schräg verengte Becken. Ist die Affektion doppelseitig, so entsteht das quer verengte Becken.

5. Infolge von Synostose der Synchondrosis sacro-iliaca.

    Als weitere Abnormitäten sind zu nennen: das Zwergbecken bei Nanosomie (S. 278) und das gleichmäßig verjüngte Becken, beide mit allgemein verkürzten Durchmessern; das platte Becken, (rachitischen oder nicht rachitischen Ursprungs) mit verkürzter Conjugata vera; das gespaltene Becken, welches auf Mangel der Symphyse beruht. (Näheres siehe in den Lehrbüchern der Geburtshilfe.)

6. Zwergbecken. Plattes Becken, gespaltenes Becken.

    Extremitäten. Von Veränderungen des Kniegelenkes sind hier zu erwähnen das Genu varum und das Genu valgum; bei ersterem bildet das Gelenk einen nach innen, bei letzterem einen nach

Extremitäten.

außen offenen Winkel. Ersteres kommt zustande durch rachitische Verkrümmungen der Ober-
und Unterschenkelknochen. Das Genu valgum kann ebenfalls rachitische Veränderungen zur Ursache
haben und insbesondere im Anschluß an einen rachitischen Plattfuß (Pes valgus) entstehen, wobei
die Rotation des Fußes nach außen das hauptsächlich wirksame Moment ist. Ferner bildet sich ein Genu
valgum überhaupt durch vieles Stehen im jugendlichen Alter und tritt so als Gewerbekrank-
heit bei Bäckern auf. Beim Genu valgum hat der Condylus internus, resp. die mediale Seite der entsprechenden Gelenkfläche der Tibia, fast allein die ganze Last des Körpergewichts zu tragen, während
der äußere Kondylus entlastet wird; letzterer atrophiert in der Folge.

Als Pes varus bezeichnet man eine Verbiegung des Fußes nach innen (in Supinationsstellung),
welche so hochgradig werden kann, daß der Patient schließlich auf dem lateralen Rand des Fußes oder
sogar auf dem Fußrücken geht; meist ist damit eine Equinusstellung (Spitzfuß) verbunden, indem gleichzeitig eine dauernde Plantarflexionsstellung vorhanden ist (Pes varo-equinus, Talipes, Klumpfuß).
Ein gewisser Grad von Pes varus-Stellung ist während des fötalen Lebens physiologisch und wird erst
nach der Geburt allmählich wieder ausgeglichen, kann aber auch durch Enge des Uterus, oder der Eihäute, oder zu geringe Fruchtwassermenge pathologisch gesteigert und dauernd gemacht werden.
Im späteren Leben entsteht ein Pes varo-equinus durch Verkürzung einer unteren Extremität
(infolge der hierdurch beim Gehen fortwährend nötigen Streckung des Fußes), bei Lähmung einer unteren
Extremität (Poliomyelitis anterior), durch langes Krankenlager, indem dabei der Fuß infolge
seiner eigenen Schwere nach innen und unten sinkt, sowie durch Kontrakturen in Plantarflexion
(s. unten). In der Folge passen sich die Formen der Knochen und Gelenke, die Gelenkbänder etc. der
falschen Stellung bei jugendlichen Individuen an. Talimanus ist eine dem Klumpfuß analoge Deformation
der Hand.

Der Pes valgus (Plattfuß) beruht auf einer Abflachung des Fußgewölbes, welche mit einer
Drehung des Fußes nach außen (Pronationsstellung) verbunden ist. Meist ist die Affektion auch mit
einer mehr oder weniger ausgeprägten Kalkaneusstellung (Dorsalflexion), sowie mit Genu valgum
verbunden. Der Pes valgus ist angeboren oder erworben; im letzteren Falle spielen rachitische
Knochenveränderungen eine wichtige Rolle, ferner kommen langes Stehen, Schlaffheit der Bänder
etc. in Betracht. Oft treten auch schmerzhafte entzündliche Veränderungen dabei auf.

D. Erkrankungen der Muskeln.

Die einzelnen **Muskelfasern,** welche eine Länge bis zu 5 cm und eine Breite von 15—55 μ erreichen
können, haben bekanntlich einen komplizierten Bau, von welchem hier nur das Allgemeinste erwähnt
werden soll. Sie bestehen aus alternierend angeordneten, verschieden lichtbrechenden Scheiben, welche
die Querstreifung der Faser bedingen. Die einen dieser Scheiben sind doppelt lichtbrechend, **anisotrop,**
und heißen Querscheiben; die anderen sind **isotrop,** d. h. einfach lichtbrechend; sie sind in ihrer Mitte
wieder durch einen sich deutlich abhebenden, quer verlaufenden Streifen durchzogen, welcher als Zwischenscheibe bezeichnet wird. Bei der Kontraktion des Muskels werden seine einzelnen Fasern dicker und kürzer,
und zwar scheint bei der Zusammenziehung die anisotrope Substanz die Hauptrolle zu spielen, indem
sie sich auf Kosten der isotropen verbreitert.

Jede einzelne Muskelfaser oder Muskelfibrille ist eng umschlossen von einer zarten schlauchartigen
Hülle, dem **Sarkolemm;** unter demselben liegen die **Muskelkörperchen,** in der Längsrichtung gestellte
Kerne, welchen an den Polen eine spärliche Menge von körnigem Protoplasma angelagert ist. Innerhalb
des Muskels sind die einzelnen Fasern zu Bündeln angeordnet, welche wieder von Bindegewebe umhüllt
werden; letzteres bildet das **Perimysium internum,** in welchem sich mehr oder weniger reichliches Fettgewebe vorfinden kann. Vom Perimysium internum gehen Fortsätze in das Innere der Muskelbündel
hinein. Als **Perimysium externum** bezeichnet man die Bindegewebslagen, welche den ganzen Muskel
als solchen einhüllen.

Die Muskelfibrillen stellen nicht die letzten Strukturelemente des Muskels dar; vielmehr bestehen
sie selbst wieder aus feinsten Fasern, sog. **Primitivfibrillen,** die ihrerseits aus einzelnen Scheiben zusammengesetzt sind, welche die oben beschriebenen Lichtbrechungsverhältnisse bedingen; die Primitivfibrillen
sind durch eine bald mehr homogene, bald mehr körnige Masse, das **Sarkoplasma,** voneinander getrennt.
Vielfach zeigen sich auch die einzelnen Primitivfibrillen innerhalb der Fasern auf Querschnitten zu Bündeln angeordnet, zwischen welchen etwas reichlicheres Sarkoplasma vorhanden ist; auf diese Weise entstehen die sog. **Cohnheimschen Felder.**

In den Muskeln, besonders der Extremitäten und des Rumpfes, finden sich ferner sehr dünne, von
besonderen wohl sensiblen Nerven umsponnene, sog. Muskelspindeln. Ihr Wesen ist noch unklar.

Von regressiven Veränderungen kommt an den Muskeln zunächst wie an anderen
Organen eine **einfache Atrophie** vor, d. h. eine Substanzabnahme, welche sich in Verschmälerung und Verkürzung der Fasern äußert, ohne daß deren Struktur, d. h. ihre Querstreifung, zunächst verändert würde; erst in späten Stadien des Prozesses geht letztere verloren.
Betrifft die Atrophie den Muskel in großer Ausdehnung, so bekommt er eine blasse Farbe,
da gleichzeitig sein Farbstoff, das Hämoglobin verloren geht; nicht selten zeigen aber
atrophische Muskeln einen auffallend dunkelbraunen Farbenton, wie wir ihn bei der sog.

braunen Atrophie des Herzens wiederfinden; dann handelt es sich um **Pigmentatrophie**, welche darauf beruht, daß reichliche Pigmentkörnchen von Lipochrom (Abnutzungspigment S. 75) in die atrophierenden Fasern eingelagert sind.

Bei der **trüben Schwellung** finden sich die bekannten, aus Eiweißsubstanz bestehenden Körnchen (S. 57f), bei der **Verfettung** feinste Fetttröpfchen in das Sarkoplasma der Fasern eingelagert (S. 59ff.). Für das bloße Auge erhalten die Muskeln im ganzen bei ausgedehnter trüber Schwellung eine trüb-blaßrote, bei starker Verfettung eine trüb-gelbliche Farbe und in letzterem Falle einen deutlichen Fettglanz.

Die **Amyloiddegeneration** hat wenig Bedeutung; dagegen tritt die sog. **hyaline** oder **wachsartige Degeneration** der Muskelfasern als ein sehr häufiger Befund auf. Die wachsartige Degeneration verleiht dem Muskel im ganzen ein trübes, mattes, blasses, fischfleischähnliches Aussehen. Sie steht in vielfacher Beziehung zu Zerfallserscheinungen an den Fasern und tritt besonders an den geraden Bauchmuskeln, Adduktoren des Oberschenkels, aber auch im Zwerchfell etc. bei Typhus (sog. Zenkersche Degenera-

Amyloid-
degene-
ration.
Wachs-
artige
Degene-
ration.

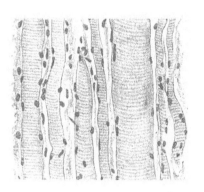

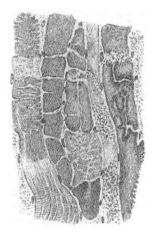

Fig. 783.
Stück eines quergestreiften Muskels des Menschen. Zupfpräparat. 1200 mal vergr.

Q anisotrope Scheibe, *h* isotrope Schicht, *z* Zwischenscheibe.

Fig. 783 a.
Muskelfasern in einfacher Atrophie.

Fig. 784.
Nekrose von Muskelfasern mit Bildung hyaliner Schollen und in körnigem Zerfall ($\frac{250}{1}$).
In der Faser links am unteren Teil die Querstreifung noch erhalten, daselbst Längsspaltung in Fibrillen. In der Mitte der Faser Zerspaltung der Quere nach.

tion), aber auch bei zahlreichen anderen Infektionskrankheiten auf, oft zusammen mit Blutungen (s. auch das letzte Kapitel).

Der Vorgang wird eingeleitet durch einen der physiologischen Kontraktion nahestehenden Prozeß, durch welchen an der betreffenden, offenbar durch Toxine geschädigten Stelle die Querstreifung der Faser zunächst äußerst eng und undeutlich, schließlich vollkommen unkenntlich wird, eine Erscheinung, welche die Fasern auf größere Strecken hin und an verschiedenen Stellen zugleich, andererseits auch in ihrer ganzen Dicke oder bloß in einem Teile ihres Querschnittes, befallen kann. Dies wird bewirkt durch abnorme Kontraktionen und so bedingtes enges Zusammenpressen der doppeltlichtbrechenden Streifen. Man bezeichnet derartige Stellen als Verdichtungsknoten; sie zeigen durch den Verlust der Querstreifung eine eigentümlich homogene, dabei glänzende, glasige Beschaffenheit. Infolge Zugwirkung der Antagonisten zerreißen die so kontrahierten Fasern nun und erleiden so vielfach einen Zerfall der kontraktilen Substanz zu einzelnen größeren oder kleineren, klumpigen Bruchstücken, welche sich in der Folge vom Sarkolemm zurückziehen, so daß letzteres stellenweise einen leeren Schlauch darstellen kann. Die einzelnen, durch den Zerfall entstandenen, schollige Massen können ihrerseits sich weiterhin in eine feinkörnige Masse umwandeln oder zunächst als homogene Körper liegen bleiben, welche man als Sarkolyten bezeichnet, und die nach und nach an den Rändern abschmelzen und dann resorbiert werden.

Auch die **Nekrose** der Muskelfasern tritt vielfach unter dem histologischen Bild der hyalinen oder wachsartigen Degeneration auf (vgl. auch S. 66); sie findet sich unter verschiedenen Verhältnissen, teils aus lokalen Ursachen, wie bei Verletzungen, Erfrierungen und Verbrennungen, infolge lokaler Anämie (Verschluß von Gefäßen), bei Entzündungen, Blutungen, in der Umgebung von Tumoren, teils unter Einwirkung von allgemeinen Infektionskrankheiten (s. oben).

Ver-
kalkung. Auch **Verkalkung** wird hie und da an so veränderten Muskelfasern beobachtet.

Sonstige
Zerfalls-
und Spal-
tungs-
erschei-
nungen. Auch ohne daß eine hyaline Umwandlung in den Muskelfasern auftreten müßte, zeigen sie bei atrophischen Vorgängen vielfach Spaltungs- und Zerfallserscheinungen anderer Art: Auffaserung in der Längsrichtung; selbst dichotomische Spaltung, oder Zerklüftung in der Querrichtung und Zerfall zu kürzeren Scheiben; hierher gehören endlich die vakuolenartigen Hohlräume, die sich unter verschiedenen Umständen, manchmal auch bei Ödem der Muskelsubstanz, ausbilden.

Sog. röh-
renförmige
Degene-
ration. Eine eigentümliche Form ist die sog. röhrenförmige Degeneration, wobei die Muskelfaser auf einen Hohlzylinder reduziert erscheint, welcher selbst noch quergestreift oder homogen bis vollkommen strukturlos und mit dicht gedrängten, durch Wucherung der Sarkolemmkerne entstandenen, reihenweise angeordneten Kernen besetzt ist. Vielleicht handelt es sich indessen bei dieser Form um eine bestimmte Art von Rückbildung, indem die Fasern wieder ähnliche Formen annehmen, wie sie zur Zeit ihrer embryonalen Entwickelung aufgewiesen haben. Aushöhlungen und Einbuchtungen der Muskelfasern finden

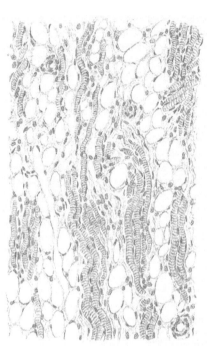

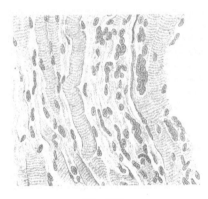

Fig. 784a.

Atrophie eines Muskels mit starker Vermehrung der Muskelkerne ($\frac{250}{1}$).

Fig. 784b.

Atrophie eines Muskels mit Lipomatose ($\frac{250}{1}$). Die Muskelfasern stark verschmälert; dazwischen reichlich gewuchertes Fettgewebe; da das Fett bei der Härtung und Einbettung des Präparates extrahiert wurde, erscheinen die Fettzellen als Lücken.

sich auch sonst mehrfach beschrieben; im Innern der Hohlräume liegen oft große, vielkernige Riesenzellen. Vielfach wurden in atrophischen Muskeln auch einzelne oder zahlreichere Muskelfasern von besonders großem Dickendurchmesser gefunden, sog. hypertrophische Muskelfasern; doch handelt es sich dabei wahrscheinlich nicht um eine wirkliche Hypertrophie, sondern um Dickenzunahme von einzelnen Fasern durch starke Kontraktion. Auch die Kerne sind oft besonders groß und dunkel.

Sog.
longitudi-
nale
Atrophie. Die sog. longitudinale Atrophie besteht darin, daß die Fasern an den Enden der Muskeln eine Atrophie erleiden, also kürzer werden, womit eine kompensatorische Verlängerung des korrespondierenden fibrösen Sehnenbündelchens einhergeht. Es resultiert daraus eine progressive Verkürzung der Fasern.

Atrophi-
sche
Muskel-
körper-
chen-Wu-
cherung. Bei atrophischen Prozessen am Muskel stellt sich sehr häufig eine Wucherung der Muskelkörperchen ein, welche sich mit reichlicherem Protoplasma umgeben und sich in langen, dichten Reihen dem Sarkolemmschlauch anlagern (Fig. 784a); oft bilden sie auch vielkernige, große Riesenzellen, Myoblasten, welche zum Teil der Neubildung und Regeneration von Muskelfasern dienen (s. S. 97).

Mit den Veränderungen der Muskelfasern stehen vielfach solche des Perimysium internum in Zusammenhang. Manchmal allerdings erscheint dieses auch in Zuständen starken Faserschwundes völlig unverändert, und gerade solche Formen müssen eine besonders Verände-rungen des Binde- und Fettge-webes bei Muskel-atrophien. starke Verkleinerung des Muskels zur Folge haben. In anderen Fällen zeigt aber das inter-stitielle Bindegewebe des Muskels eine erhebliche Zunahme; relativ oft findet sich dabei eine Wucherung von Fettgewebe, eine richtige **Lipomatose** (S. 104), wie sie auch an anderen Organen, besonders am Herzmuskel, bekannt ist. Diese Lipomatose, d. h. Wuche-Lipo-matose. rung von Fettgewebe, welche man nicht mit der Fettdegeneration (s. oben) verwechseln darf, kann so mächtig werden, daß sie die Volumenabnahme eines atrophierenden Muskels überkompensiert, so daß also letzterer trotz der Atrophie seiner Fasern dicker und größer erscheint, also das Bild einer richtigen **Pseudohypertrophie** bietet (vgl. S. 99).

Ein großer Teil der an den Muskeln vorkommenden Atrophien ist **durch Läsionen** Muskel-atrophien durch Läsionen im Nerven-system bedingt. **im Nervensystem** hervorgerufen. Besteht eine zur Degeneration der Nervenelemente führende Erkrankung in den Vorderhornzellen des Rückenmarks, in den vorderen Wurzeln oder in einem peripheren Nerven, kurz innerhalb des peripheren motorischen Neurons, so kommt es nach dem Wallerschen Gesetz (S. 654) distalwärts von der Läsionsstelle zu einer Degeneration der Nerven bis in deren Endplatten hinein; hieran schließt sich regel-mäßig eine Atrophie der entsprechenden Muskeln an (S. 661), wozu sich nach einiger Zeit eine mehr oder weniger starke Wucherung des perimysialen Bindegewebes und Fettgewebes gesellt. Nach Durchschneidung oder sonstiger Durchtrennung eines peripheren Nerven kann bekanntlich eine Heilung mit Wiederherstellung der Verbindung stattfinden. In diesem Falle stehen auch die Degenerationsvorgänge an den Muskeln still, und an ihre Stelle treten regenerative Prozesse, indem unter Wucherung von Myoblasten neue Muskelfasern gebildet werden.

Wird aber die Wiedervereinigung der getrennten Nervenstücke gehindert — haben sie sich z. B. allzuweit voneinander retrahiert oder entwickelt sich in dem Zwischenraum ein derbes, undurch-sichtiges Narbengewebe —, so verhält sich die Läsion des Muskels in der gleichen Weise wie in jenen Fällen, in denen eine Degeneration der motorischen Vorderhornzellen stattfand; die Regeneration im peri-pheren Stumpf bleibt aus, und damit erleiden auch die Muskeln eine mehr oder weniger ausgedehnte dauernde Atrophie. In ähnlicher Weise kommt es zur Atrophie der von den Hirnnerven versorgten Muskeln, wenn die Hirnnerven oder deren Kerne in der Medulla oblongata Sitz eines Degenerations-prozesses sind. Dagegen fehlt die degenerative Atrophie im allgemeinen bei Lähmungen, welche ihre Ursache im zentralen motorischen Neuron (s. S. 655) haben; bei solchen stellt sich meist nur eine einfache Inaktivitätsatrophie ein.

Dem oben Gesagten zufolge kommt eine Muskelatrophie vor:

1. Bei Degeneration peripherer Nerven durch Erkrankungen derselben infolge von allgemeinen 1. Bei De-generation peripherer Nerven. Infektionskrankheiten, Polyneuritis, Vergiftungen (Blei etc.) oder Verletzungen, überhaupt Unterbrechungen der Nerven. Findet in dem erkrankten peripheren Nerven eine Regeneration und Wiederherstellung seiner Fasern statt, so kann sich auch eine Regeneration der verlorenen Muskelpartien einstellen.

2. In Fällen von Querläsion des Rückenmarkes oder Läsion seiner Vorderhörner mit 2. Nach Läsionen des Rücken-marks. Degeneration seiner großen motorischen Ganglienzellen. Es tritt daher eine neurotische Atrophie der Muskeln ein in Fällen von Myelitis, Poliomyelitis anterior acuta und chronica, progressiver spinaler Muskelatrophie, bei amyotrophischer Lateralsklerose, in manchen Fällen von sog. Kompressionsmyelitis, bei Verletzungen des Rückenmarks, Pachymeningitis tuberculosa 3. Nach solchen der vorderen Wurzeln. oder luetica u. a.

3. Bei Läsionen der vorderen Wurzeln.

4. Bei der progressiven Bulbärparalyse. 4. Bei der progres-siven Bulbär-paralyse.

Über alle diese Erkrankungen wurde das Wichtigste schon oben (s. Kap. VI, S. 661 ff.) mitgeteilt.

Gegenüber den bisher angeführten Formen bezeichnet man als **primäre myopathische** Primäre myopathi-sche Atrophien. **Atrophien** jene, welche den Grund ihres Entstehens nicht in Veränderungen des Nervensystems sondern in den Muskeln selbst haben. Es gehören hierher vor allem die Inaktivitäts-atrophie, welche wir bereits mehrfach zu erwähnen Gelegenheit hatten; sie läßt sich als Inaktivi-täts-atrophie. Anpassung des Muskels an geringere Anforderungen bezeichnen und entsteht bei Herabsetzung der Beweglichkeit von Extremitäten oder Extremitätenteilen durch Feststel-lung von Gelenken bei Ankylosen, Knochen- und Gelenkerkrankungen verschiedener Art, endlich bei den meisten zerebralen und im Bereich des ersten motorischen Neurons (s. oben) gelegenen Läsionen; hierzu gehört ferner die Atrophie, welche die Muskeln im höheren Senile und maran-tische Atrophie. Alter und bei marantischen Zuständen erleiden; ferner gewisse progressive Atrophien, welche als primäre Prozesse an den Muskeln vorkommen. Zu letzteren gehört die

48*

Myopathische progressive Muskelatrophie.

myopathische progressive Muskelatrophie (Dystrophia muscularis juvenilis). Sie beginnt fast immer im Kindesalter (sog. infantile Form, befällt vor allem das Gesicht) oder Jugend-alter (sog. juvenile Form, befällt vor allem die Schultergegend) an den Muskeln des Rumpfes, des Schulter-Gürtels und Oberarmes und schreitet im allgemeinen vom Rumpf nach den Extremitäten zu fort. Die Erkrankung tritt häufig hereditär auf in der Weise, daß sie mehrere Glieder einer Familie betrifft. Mikroskopisch findet man die Muskelfasern atrophisch (vakuolär zerklüftet u. dgl., andere hypertrophisch, Bindegewebe und vor allem Fettgewebe vermehrt, so daß Pseudohypertrophie in die Erscheinung tritt.

Über Regeneration der Muskelfasern s. allg. Teil, S. 97 und 124.

Hypertrophie.

Myotonia congenita.

Hypertrophie der Muskeln entwickelt sich als Arbeits-Hypertrophie an einzelnen Muskeln oder an Muskelgruppen (s. S. 100). Als pathologischer Zustand findet sich eine Muskelhypertrophie als anatomische Grundlage der Thomsenschen Krankheit (**Myotonia congenita**), einer Motilitätsneurose, bei welcher die Leistungsfähigkeit der Muskeln ihrer allgemeinen Volumenzunahme, welche mit Degeneration anderer Fasern verknüpft ist, nicht entspricht und erhöhte Muskelspannung, Steigerung der Muskelerregbarkeit etc. besteht. Alle möglichen Muskeln, wenn auch ungleich hochgradig, können betroffen sein. Vielleicht handelt es sich hier um Erkrankungen von Drüsen mit innerer Sekretion (Epithelkörperchen). Die Erkrankung beginnt in der ersten Kindheit und trägt auch familiären bzw. hereditären Charakter. In dieses Krankheitsbild gehört auch die sog. **Myotonia atrophica** bzw. **myotonische Dystrophie**, welche Personen mittleren Alters befällt. Bestimmte Muskelgruppen sind atrophisch (besonders Gesichtsmukulatur, Schlundmuskeln, daher Sprachstörung, Halsmuskeln, Unterarm und Hand), andere myotonisch (besonders beim Faustschluß, beim Kieferschluß etc.). Ganz neuerdings (Heidenhain) sind an den Muskelfasern oberflächlich unter dem Sarkolemm gelegene quergestreifte Zirkularmuskelfibrillen in Gestalt sog. Ringbinden (die auch in die Faser einstrahlen) nachgewiesen worden, deren Genese und Natur noch nicht sicher feststeht. Bei der Erkrankung finden sich zugleich Kalkschwund am Skelett (besonders Wirbelsäule), psychische und nervöse Störungen, frühzeitiger Katarakt, oft Hodenatrophie, Stoffwechselstörungen (Nägeli) etc. Die Krankheit ist eine offenbar „degenerative" ausgesprochen familiäre-hereditäre und wird (von Nägeli) zu denen pleriglandulärer innersekretorischer Natur gerechnet.

Ödem der Muskulatur.

Seröse Infiltrationen des Interstitiums, welche mit teigiger Anschwellung des Muskels einhergehen (entzündliches Ödem des Muskels), treten als Vorläufer von Entzündungen, sowie nach Verletzungen der Muskeln, in der Umgebung von Blutungen etc. auf. Vielleicht besteht auch beim akuten Muskelrheumatismus eine solche serös-zellige Durchtränkung der Muskulatur; ferner kommt eine solche in den ersten Stadien der Trichinose vor; ausgedehnte blutige Infiltrationen der Muskulatur treten ferner manchmal im Verlaufe des Skorbut auf.

Primäre Entzündungen.

Polymyositis.

Primäre Entzündungen der Muskeln sind seltene Vorkommnisse.

Die als **Polymyositis** bezeichneten, mit Fieber und einer anfangs teigigen, später derben Anschwellung der ergriffenen Muskeln, zum Teil auch der sie bedeckenden Haut (Dermatomyositis), verlaufenden, nicht selten tödlich endigenden Erkrankungen sind wahrscheinlich infektiösen oder infektiös-toxischen Ursprungs. Bei der anatomischen Untersuchung zeigen sich die erkrankten Muskeln grau-weiß, fast fischfleischähnlich verfärbt, aber derb, oder sie erscheinen durch starke blutige Zersetzung dunkel gefärbt (Polymyositis haemorrhagica); die mikroskopische Untersuchung zeigt die Muskelfasern in trüber Schwellung, fettiger Degeneration, scholliger und körniger Zerklüftung, das Zwischengewebe von Leukozyten und roten Blutkörperchen infiltriert, zum Teil auch von Fibrin durchsetzt. Die Ätiologie der Erklärung ist nicht geklärt.

In manchen Fällen nimmt eine akute Polymyositis ihren Ausgang in phlegmonöse Eiterung mit Nekrose im Muskel — Polymyositis suppurativa.

Sekundäre Entzündungen.

Die meisten **Entzündungen der Muskeln,** insbesondere auch die meisten eiterigen sind sekundär von der Nachbarschaft her (Knochen- und Gelenkentzündungen, phlegmonöse Entzündungen des Unterhautbindegewebes etc.) auf die Muskeln fortgeleitet; bei geringgradigen Affektionen bleibt das eigentliche Muskelparenchym ganz oder teilweise von der Einschmelzung verschont.

Abszesse im Muskel können sich einkapseln oder (nach Entfernung des Eiters) durch Narbenbildung heilen.

Die **Myositis fibrosa** besteht in der Bildung bindegewebiger Schwielen in der Muskelsubstanz; sie schließt sich an deren akute Entzündungen an oder entwickelt sich allmählich an Muskeln, welche in der Umgebung von Entzündungsherden (namentlich entzündlich veränderten Knochen oder Gelenken) gelegen sind; endlich in solchen, welche chronisch-degenerative Veränderungen, namentlich auch eine neurotische Atrophie (S. 754) erlitten haben.

Als **Myositis ossificans** bezeichnet man das Auftreten von Knochensubstanz im Innern der Muskeln; zum Teil mag es sich um mehr tumorartige Wucherungen nach Art von Osteomen handeln, doch liegt offenbar zumeist eine Entzündung vor, und das Granulationsgewebe bildet Knochen bzw. das Bindegewebe hat wohl oft in Zusammenhang mit dem Periost die Fähigkeit sog. mehrplastischer Umwandlung in Knochen (sei es direkt, sei es auf dem Umwege über Knorpel). In umschriebener Form findet sich die Affektion infolge chronischer mechanischer Reizungen. Hierher gehören die sog. **Exerzierknochen**, welche sich manchmal bei Infanteristen in der Substanz des Musculus deltoideus, und die **Reitknochen**, welche sich in den Adduktoren des Oberschenkels entwickeln; diesen Vorgängen nahe steht weiterhin die Knochenbildung in Muskeln in der Nähe chronisch entzündeter Knochen, sog. parostale Exostosen. Mit der Bildung solcher gehen gewöhnlich auch Knocheneinlagerungen in Sehnen und Bändern einher.

Ein progressiver Prozeß, welcher am häufigsten in den Muskeln der Nacken- und Rückengegend beginnt, sich dann aber auf die Mehrzahl der Muskeln des Körpers ausbreiten kann, ist die **Myositis ossificans progressiva.** Sie beginnt an den befallenen Muskeln mit einer teigigen Anschwellung, welche in fibröse Wucherung übergeht, woran sich dann oft in Verbindung mit altem Knochen Bildung echter Knochensubstanz anschließt. Dabei gehen die Muskelfasern selbst passiv zugrunde; durch fortschreitende Knochenbildung wird schließlich der ganze Körper starr und unbeweglich; unter Umständen können die Muskeln sogar brüchig werden. Die eingelagerten Knochenmassen zeigen verschiedene Gestalt und treten in leistenförmigen, spangenförmigen, sichelförmigen oder ganz unregelmäßigen Formen auf; manchmal verbinden sich auch verschiedene Knochen untereinander, und hierdurch wie durch die Starrheit der Muskeln selbst, wird die Beweglichkeit des Körpers beschränkt. Der Beginn der übrigens sehr seltenen Erkrankung fällt meistens in das jugendliche Lebensalter. Sie scheint häufig auf entwickelungsgeschichtliche Anomalien zu beziehen zu sein.

Tuberkulose kann von kariösen Knochen oder Gelenken auf das intermuskuläre Gewebe übergreifen und daselbst käsige, teilweise auch schwielig-indurierende Prozesse hervorrufen, wobei die Muskelsubstanz mehr oder weniger zerstört wird.

Bei **Syphilis** finden sich in sehr seltenen Fällen gummöse, käsige oder schwielige Prozesse im Muskel.

Von **Tumoren** kommen, abgesehen von sehr seltenen Lipomen, Angiomen (darunter auch kavernösen) und Fibromen, relativ am häufigsten **Sarkome** vor, welche meistens von dem intermuskulären Bindegewebe ausgehen und auch metastatisch auftreten.

Von Parasiten finden sich **Trichinen** und **Zystizerken** (S. 337 u. 330f.).

Kapitel VIII.

Erkrankungen der Genitalien.

I. Weibliche Genitalien.

Angeborene Anomalien der weiblichen Genitalien.

Für die Mißbildungen des weiblichen Genitalapparates kommen in erster Linie zwei Momente in Betracht: Bildungshemmung am ganzen Genitalapparat oder an einzelnen seiner Organe und mangelhafte, resp. ausbleibende, Vereinigung der ursprünglich getrennten Anlagen, womit sehr häufig auch Bildungshemmung der einzelnen Teile verbunden ist.

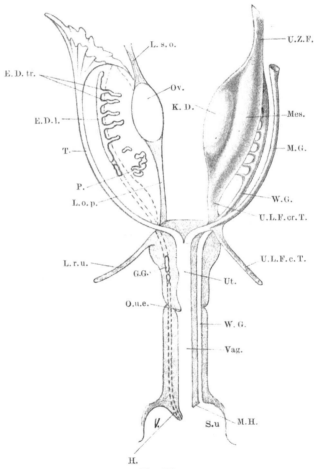

Fig. 785.

Schema zur Entwickelung der einzelnen Abschnitte des weiblichen Genitales. Vorderansicht. Rechts sind die bleibenden, links die embryonalen Verhältnisse wiedergegeben.

E.D.l. = Epoophoron; Ductus longitudinalis. E.D.tr. = Epoophoron; Ductuli transversi. G.G. = Gartnerscher Gang. H. = Hymen. K.D. = Keimdrüse. L.o.p. = Lig. ovarii proprium. L.r.u. = Lig. rotundum uteri. L.s.o. = Lig. suspensorium ovarii. Mes. = Mesonephros. M.G. = Müllerscher Gang. M.H. = Müllerscher Hügel. O.u.e. = Orificium uteri externum. Ov. = Ovarium. P. = Paroophoron. S.u. = Sinus urogenitalis. T. = Tuba. U.L.F.c.T. = Urnierenleistenfalte, kaudaler Teil. U.L.F.cr.T. = Urnierenleistenfalte, kranialer Teil. Ut. = Uterus. U.Z.F. = Urnierenzwerchfellfalte. V. = Vestibulum. Vag. = Vagina. W.G. = Wolffscher Gang.

Aus Tandler, Entwickelungsgeschichte u. Anatomie d. weibl. Genitalien. Wiesbaden, Bergmann 1913.

Die höchsten Grade von Bildungshemmung, bei welchen der ganze Genitaltraktus fehlt Bildungs- oder hochgradig rudimentär ist (Aplasie), kommen nur bei nicht lebensfähigen Mißbildungen hemmung. vor. In geringeren Graden äußert sich die Bildungshemmung in Kleinheit der betreffenden Teile, Hypoplasie symmetrischer oder asymmetrischer Anlagen, Fehlen ihrer normalen Formgestaltung und Atresie, d. i. Fehlen des Lumens (je nachdem Uterus bicornis solidus oder Uterus rudimentarius excavatus). Entwickelt sich der Uterus nach der Geburt nicht weiter, so kommt es zum Uterus foetalis, bleibt er sehr unentwickelt stehen, zum Uterus infantilis.

Durch mangelhafte Vereinigung der Anlagen kommen die Doppelbildungen zustande, Mangel- welche häufig mit rudimentärer Entwickelung der getrennt bleibenden Teile verbunden sind. Bekanntlich hafte Ver- entwickeln sich Tuben, Uterus und Vagina aus den beiden Müllerschen Gängen (Geschlechtsgängen einigung Fig. 785); die obersten Abschnitte der letzteren bleiben getrennt und werden zu den Tuben, die mittleren Anlagen. und unteren Abschnitte verschmelzen innerhalb des „Geschlechtsstranges" zunächst äußerlich und erhalten dann ein gemeinsames Lumen, indem auch die miteinander verwachsenen, zuerst noch ein Septum bildenden Teile der Wand schwinden. Hier sind überaus zahlreiche Variationen von Mißbildungen möglich, und neuere Systeme haben diese unter bestimmte Rubriken gruppiert. Hier seien nur folgende Formen genannt:

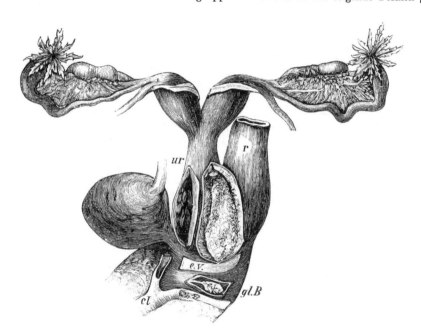

Fig. 786.
Uterus duplex bicornis cum vagina septa (nach P. Müller).
r Mastdarm, *ur* Ureter.
Nach Veit, l. c.

Wenn die Vereinigung der Müllerschen Gänge vollkommen ausbleibt, so entsteht der **Uterus didel-** Uterus **phys** (U. duplex separatus cum vagina separata): vollkommen getrennter Uterus mit zwei didelphys. vollkommen getrennten Scheiden; diese Form findet sich nur bei nicht lebensfähigen Mißgeburten und zeigt meist auch hochgradig rudimentäre Ausbildung der getrennten Teile.

Einen geringeren Grad von Mißbildung stellt der **Uterus duplex bicornis** (cum vagina septa) Uterus dar, welcher auch bei sonst wohlgebildeten Individuen vorkommt und relativ häufig ist. Das Corpus uteri duplex besteht aus zwei vollkommen getrennten „Hörnern"; auch der Cervix ist durch eine Scheide- bicornis. wand getrennt; das Septum der Scheide kann ganz oder teilweise fehlen (Fig. 786).

Bei der letztgenannten Form kann Schwangerschaft eintreten und die Frucht vollkommen ausgetragen werden, wenn nicht mit der Verdoppelung auch eine rudimentäre Verkümmerung verbunden ist. Letztere zeigt sich entweder in mangelhafter Entwickelung der sämtlichen Teile (Kleinheit, Atresie derselben etc.), oder sie betrifft das eine Horn des Uterus; fehlt dasselbe ganz, so entsteht Uterus der **Uterus unicornis.** unicornis

Einen noch geringeren Grad von Doppelbildung, wobei in der Regel die Scheide einfach ist, Uterus stellt der **Uterus bicornis unicollis** dar; der Cervix ist einfach, bloß der obere Teil des Corpus uteri bicornis geteilt, mit zwei Hörnern; bei den niedersten Graden dieser Anomalie, dem U. arcuatus, ist der unicollis. Fundus herzförmig, indem von der früheren Scheidewand noch ein Vorsprung an der Innenseite des

Fundus erhalten geblieben ist. Auch mit diesen geringsten Graden von Verdoppelung kann eine rudimentäre Ausbildung des Geschlechtsapparates oder einzelner seiner Teile, namentlich der Scheide, der Eileiter und des einen Hornes verbunden sein.

In den bisher genannten Fällen war die Mißbildung schon an der außen sichtbaren Trennung zu erkennen. In anderen Fällen ist die Verschmelzung nur im Innern des Genitalstranges eine unvollkommene. Von diesen Fällen sei hier nur einer genannt:

Uterus septus duplex.

Mangel etc. des Ovariums.

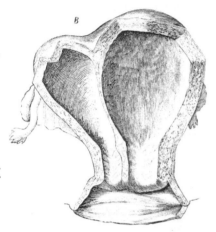

Fehlen etc. der Tuben.

Fehlen und Atresien der Vagina.

Fig. 787.
Uterus septus duplex.
B schwächer entwickelte rechte Seite.
Nach Veit, l. c.

Beim **Uterus septus duplex** (U. bilocularis) ist die Gebärmutter äußerlich einfach (Fig. 787), aber innen durch eine Scheidewand der ganzen Länge nach getrennt, die Vagina doppelt oder einfach.

Mangel eines **Ovariums** ist selten und findet sich nur bei Uterus unicornis (Verkümmerung des einen Müllerschen Ganges). Rudimentäre Entwickelung der Ovarien kommt neben solcher des Uterus vor. Sog. überzählige Eierstöcke entstehen dadurch, daß während der letzten Zeit des intra-uterinen Lebens durch peritoneale Spangen Teile des Eierstocks abgeschnürt werden. Verlagerung ganzer, von ihrem Stiel abgetrennter Ovarien kann Agenesie des einen Eierstockes vortäuschen. Auch die Follikel (mehrere Eier in einem solchen) und Eier können Abnormitäten aufweisen.

Rudimentäre Entwickelung der einen oder beider **Tuben,** wobei oft der Trichter verhältnismäßig gut ausgebildet ist, wird neben rudimentärem Uterus beobachtet; ebenso einseitiges Fehlen der Tube bei Uterus unicornis und bei doppeltem Uterus mit verkümmertem Horn.

Fehlen der **Vagina** kommt nur bei gleichzeitigem Defekt des Uterus vor, vollkommene Atresie derselben bei solcher des Uterus und der Tuben. Bei sonst normalen Genitalien findet sich eine Atresie der Scheide meist nur partiell. Man unterscheidet die eigentliche Atresia vaginae (blinde Endigung) und die Atresia vaginae hymenalis, wobei nur der Hymen den Scheideneingang vollständig verschließt. Bei der sog. Atresia ani vaginalis ist die Kloake erhalten, Rektum und Vagina münden ziemlich hoch oben in diese ein (vgl. S. 523).

Entwickelungsfehler der äußeren Genitalien.

Von Entwickelungsfehlern der **äußeren Genitalien** sind die bei der Besprechung des Pseudohermaphroditismus erwähnten (S. 234) die wichtigsten.

A. Ovarien.

A. Ovarien.

a) Involutionsvorgänge.

a) Involutionsvorgänge.

Die äußere Beschaffenheit wie die innere Struktur der Ovarien, namentlich das gegenseitige Mengenverhältnis zwischen Follikeln und bindegewebigem Stroma, sind in den einzelnen Altersperioden sehr verschieden. Bis zur Pubertät ist die Oberfläche der Ovarien glatt und eben; beim neugeborenen Mädchen liegen die schon vollzählig angelegten Follikel sehr dicht, auch ist hier noch kein zur Albuginea differenziertes, dichteres Bindegewebe unter dem Oberflächenepithel vorhanden. Bekanntlich geht weitaus die Mehrzahl der angelegten Eifollikel zugrunde, ohne den Zustand der Reife erreicht zu haben, und wird durch Bindegewebe, evtl. mit hyalinem Randstreifen ersetzt (Atresie der Follikel); so nimmt beim heranwachsenden Mädchen und noch mehr von der Zeit der Geschlechtsreife an die Menge des bindegewebigen Stromas entsprechend der Zahl der atresierenden Follikel allmählich zu. v. Hansemann schätzt die Zahl der beim Neugeborenen vorhandenen Eier auf 40 000—80 000 (zur Pubertätszeit auf 16 000), bei 17—18jährigen Mädchen aber schon auf nur 5000—7000; von den 16 000 Eiern des geschlechtsreifen Weibes sollen 15 000 durch Follikelatresie zugrunde gehen. Reife Follikel — welche einen Durchmesser von 1 bis $1\frac{1}{2}$ cm erreichen — sind immer nur wenige gleichzeitig in einem Ovarium vorhanden. Da jeder geborstene Follikel eine narbige Einziehung der Oberfläche hinterläßt, so erhält das Ovarium vom Eintritt der Menses ab mehr und mehr narbige Einziehungen, welche sich durch neu hinzukommende Corpora lutea fortwährend vermehren und besonders bei Graviditäten meist eine größere Tiefe erhalten.

Bei größeren Follikeln, welche atresieren, bilden sich die Zellen der Theca interna zu großen Zellen um (Luteinzellen). Besonders ist dies aber der Fall, wenn die Eier befruchtungsreif sind und der Follikel platzt und das Corpus luteum entsteht.

Durch Wucherung der Theca interna des früheren Follikels sowie besonders dessen epithelialen Granulosazellen bildet sich eine gelbliche, krausenartig gefaltete Membran, in der sich große Zellen finden, eben die Luteinzellen, welche später viel Fett, Lipoide und Fettpigmente enthalten. Denn die

Luteinzellenschicht wird nunmehr vaskularisiert, bildet sich zurück und verschwindet allmählich wieder, indem von der bindegewebigen Theca externa aus Bindegewebe einwuchert, welches oft auch hyalines Verhalten annimmt. So wandelt sich das Corpus luteum in ein **Corpus albicans** um mit Bindegewebe in der Mitte und breitem, hyalinem gekraustem Rand. Oder infolge Wucherung der Theca externa bildet

Corpus luteum und albicans.

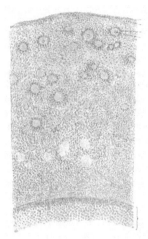

Keimepithel
Tunica albuginea
Follikelepithel
Ei

Granulosaepithel
eines größeren
Graafschen
Follikels.

Fig. 788.
Aus dem Ovarium eines jungen Mädchens.
190 mal vergr.
(Aus Böhm-v. Davidoff, Histologie. 3. Aufl.).

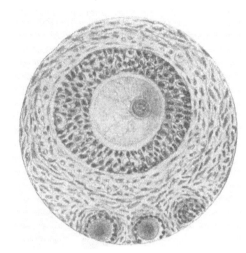

Fig. 789.
Reifender Follikel aus dem Ovarium einer
20 jährigen Frau.
Nach Veit, l. c.

der Mitte und breitem, hyalinem gekraustem Rand. Oder infolge Wucherung der Theca externa bildet sich weniger hyalines als streifiges Bindegewebe — **Corpus fibrosum.** Es bleibt dann an der Oberfläche des Ovariums eine narbige Einziehung zurück. Blutungen im Corpus luteum sind wohl als sekundär entstanden aufzufassen, nicht wie man früher meinte, der primäre Vorgang. Auf jeden Fall hängt die Corpus

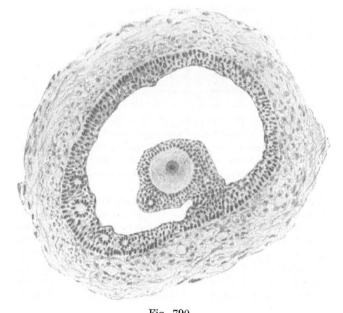

Fig. 790.
Graafscher Follikel.
Nach Veit, l. c.
Außen die fibröse Tunica externa, nach innen davon die zahlreiche Tunica interna der Theca folliculi; die allerinnerste Zellschicht:
Membrana granulosa mit dem das Ei tragenden Cumulus proligerus.

luteum-Bildung in rhythmischem Ablauf mit der Menstruation zusammen. Die höchste Blüte des Corpus luteum fällt mit der höchsten menstruellen Entwickelung der Uterusschleimhaut zusammen. Dann tritt die Menstruation ein und beide bilden sich zurück.

Corpus luteum verum. Wurde das Ei befruchtet, so bleibt das entsprechende Corpus luteum (**Corpus luteum verum**), bei welchem meist ein stärkerer Bluterguß stattfindet und welches sich meist auch durch einen größeren Umfang auszeichnet, längere Zeit bestehen; es beginnt erst in der Mitte der Schwangerschaft sich in der beschriebenen Art zurückzubilden und ist noch mehrere Monate nach Vollendung der Gravidität erkennbar.

Das Corpus luteum verum enthält im Gegensatz zu dem menstruationis wenig Fett, (solches tritt in größeren Mengen erst im Puerperium auf), hingegen kolloide Massen und Kalk. Das Bindegewebsgerüst und die Wände des Gefäßes sind bei ihm stärker ausgebildet. Wir müssen das Corpus luteum als eine Drüse mit innerer Sekretion betrachten, es bewirkt die Eiinnidation (oder wenn eine Befruchtung nicht stattgefunden hat, die Menstruation) und eine Hemmung der Eireifung während der Schwangerschaft. Mit dem Klimakterium verschwinden die Follikel Physio-
logische
Involution. aus dem Ovarium vollkommen (**physiologische Involution**). Die Albuginea ist stark verdickt, ebenso sind die Gefäße dickwandig oder obliteriert, geschlängelt, hyalin, oft auch mehr

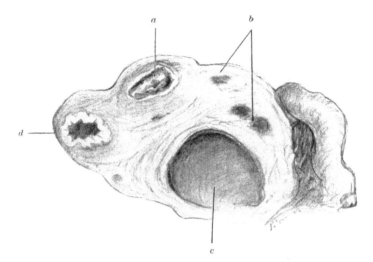

Fig. 791.

Ovarium einer nichtschwangeren Erwachsenen mit atresierenden Follikeln.

a Kleinere, *b* ein größerer atretischer Follikel. *c* Follikelzyste. *d* Corp. luteum.

Nach Veit, (l. c.)

oder weniger verkalkt. Diese Gefäßveränderung tritt im Alter im Ovarium stets auf und ist auf die Menstruation und evtl. Graviditäten zu beziehen. Die Gefäße können fast ganz obliterieren und durch hyaline Massen ersetzt werden, so daß hierdurch Verwechslungen mit kleinen Resten von Corpora candicantia (s. oben) entstehen können. Das Ovarium wird im ganzen kleiner und Senile
Atrophie. durch die zahlreichen Einziehungen an der Oberfläche sehr unregelmäßig und grobhöckerig (**senile Atrophie**).

Vorzeitige
Involution. Ähnliche Involutionsvorgänge, wie sie sich zur Zeit der Menopause einstellen, kommen in manchen Fällen ohne erkennbare Ursache auch in einem früheren Lebensalter vor (**Climacterium praecox**). In anderen Fällen sind sie auf Erkrankungen zurückzuführen, die eine Verödung der Follikel zur Folge haben können, wie Entzündungen der Eierstöcke, Druckatrophie durch Tumoren, allgemeine Infektionskrankheiten, Vergiftungen (s. unten), chronische Nierenkrankheiten, Blutkrankheiten, Diabetes, Myxödem u. a. Dabei erfolgen die Rückbildungsvorgänge in der Art, daß gleichzeitig eine größere Anzahl von Primordialfollikeln (noch nicht reifen Follikeln) durch Atresie zugrunde geht und gänzlich verschwindet, und auch die reifen Follikel — oft nachdem sie sich durch eine stärkere Füllung mit Liquor ausgedehnt haben — degenerieren und zu Corpora fibrosa (s. oben) werden, welche längere Zeit oder dauernd als narbige Herde bestehen bleiben.

(Vgl. auch unten chronische Oophoritis.)

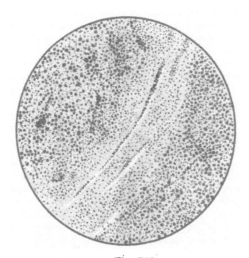

Fig. 792.
Sehr zahlreiche Körnchenkugeln des Gehirns.
Das Fett ist mit Fettponceau rot, die Kerne sind mit Hämatoxylin blau gefärbt. Vgl. S. 651.

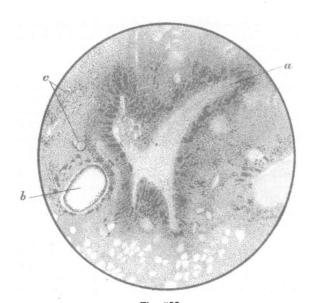

Fig. 793.
a zugrunde gegangener Follikel, obliteriert mit Fett in der Umgebung: *b* Follikel; *c* Eier.

b) Zirkulationsstörungen.

Kongestive Hyperämie tritt an den Ovarien zur Zeit der Menstruation ein, wo man das ganze Ovarium vergrößert, ödematös geschwollen, von teigig weicher Konsistenz und etwas gerötet antrifft. Unter pathologischen Verhältnissen findet sich eine Hyperämie des Eierstockes im Beginn und Verlauf akuter Entzündungen; eine Stauungshyperämie kommt bei allgemeiner venöser Stauung, lokal namentlich bei Kompression oder Verlegung der Vena spermatica und der besonders bei Ovarialtumoren und Zysten des Ovariums häufigen Stieltorsion (s. unten) vor.

Außer den bei der Menstruation auftretenden Blutungen kommen solche in die Follikel wie ins Interstitium als Begleiterscheinung von Entzündungen, ferner im Verlauf allgemeiner Infektionskrankheiten, bei Vergiftungen mit Phosphor oder Arsen, bei Verbrennungen, endlich auch bei starker venöser Stauung vor. Bei Follikelblutungen können ähnliche Rückbildungsvorgänge wie an den Corpora lutea stattfinden, indem sich um die Blutgerinnsel ein gelber, krausenartiger Saum bildet und der Rest des Follikels vollkommen einem Corpus luteum gleicht. In manchen Fällen führt die Blutung zu Zerreißungen, so daß sich das Blut in die Bauchhöhle ergießt und bei starken Blutungen selbst ein tödlicher Ausgang erfolgen kann; hält die Theka stand, so kommt es bei heftigen Blutungen zu einer zystenartigen Ausdehnung des Follikels. Auch Blutungen in das Interstitium des Ovariums können unter Umständen eine erhebliche Größe erreichen (Haematoma ovarii).

c) Entzündungen.

Akute und **chronische Oophoritis.** Entzündliche Prozesse am Ovarium können durch Fortleitung eines Entzündungsprozesses vom Uterus und den Eileitern her, oder auf dem Lymphwege durch das Mesovarium, oder vom Bauchfell her, endlich auch auf hämatogenem Wege zustande kommen. Die sog. parenchymatöse Oophoritis findet sich bei Allgemeininfektionen, besonders Variola. Sehr selten kommt auch eine isolierte akute Oophoritis vor. Auf dem erstgenannten Wege, durch Vermittelung der Tuben, entstehen die häufigsten Formen der Oophoritis, die puerperalen und die gonorrhoischen. Das entzündete Ovarium ist gerötet, serös oder serös-hämorrhagisch durchtränkt und dadurch geschwollen, von weicher, sukkulenter Beschaffenheit, oft von kleineren und größeren follikulären und interstitiellen Hämorrhagien durchsetzt; durch sein vermehrtes Gewicht senkt es sich tiefer in die Beckenhöhle hinab. Wird der Prozeß eiterig, was besonders bei den puerperalen und gonorrhoischen Formen nicht selten eintritt, so erscheinen zunächst feine gelbliche Streifen und Flecken in dem Gewebe, welche bei weiterer Ausbreitung des Prozesses zu einer phlegmonösen, unter Umständen auch phlegmonös-jauchigen Durchsetzung des Ovariums führen können; sehr häufig entstehen auch umschriebene Eiteransammlungen, namentlich in Follikeln oder Corpora lutea, sog. Follikularabszesse und Luteinabszesse; solche können ebensowohl wie die phlegmonösen Eiterherde nach der Oberfläche perforieren und eine eiterige Peritonitis zur Folge haben (s. unten). Doch können Luteinabszesse auch vorgetäuscht sein, indem sich um sonstige Ovarialabszesse in der Abszeßmembran lipoidhaltige Entzündungszellen (Pseudoxanthomzellen) ansammeln, die an Luteinzellen erinnern.

Auch ohne daß es zu einer Bildung von follikulären Abszessen kommt, erleiden die Follikel bei der Oophoritis vielfach degenerative Veränderungen, die schließlich ihre Verödung mit sich bringen; oft kommt es dabei noch zur Ansammlung reichlicher, etwas getrübter Flüssigkeit in den Follikeln, so daß letztere zystisch erweitert werden. Im Stroma finden sich bei der akuten Oophoritis leukozytäre Infiltrate, die in Fällen eiteriger Entzündung zur Einschmelzung des Gewebes führen.

Wesentlich degenerative Formen der Oophoritis, d. h. solche, deren Haupteffekt in Degeneration und Verödung von Follikeln besteht, stellen sich manchmal im Verlauf allgemeiner Infektionskrankheiten (Typhus abdominalis, akute Exantheme, Cholera, Pneumonie u. a.), sowie bei gewissen Vergiftungen (Phosphor, Arsen) ein; doch treten bei allgemeinen Infektionen gelegentlich auch Eiterungen in Form metastatischer Abszesse auf.

Kommt die Oophoritis bindegewebig zur Ausheilung, so erfolgt im Anschluß an die Verödung mehr oder weniger zahlreicher Follikel eine starke Atrophie des Ovariums, welches dabei zu einem kleinen, manchmal nur noch kirschgroßen, sehr derben, an seiner Oberfläche stark höckerigen Körper mit sehr dichter Albuginea wird. Besonders tiefe Einziehungen entwickeln sich nach narbiger Heilung von Abszessen.

Chronische
Oophoritis. Ähnliche Vorgänge von Follikelverödung, wie sie sich an akut entzündliche und degenerative Prozesse anschließen, können sich auch bei chronischer Einwirkung infektiöser und toxischer Schädlichkeiten, z. B. bei chronischen gonorrhoischen Affektionen und chronischen allgemeinen Infektionskrankheiten in langsamerem Verlauf abspielen. Manche bezeichnen solche Zustände progredienter Verödung zahlreicher Follikel, wobei auch zahlreiche Corpora fibrosa (S. 761) gebildet werden, als chronische Oophoritis. Dabei können einzelne oder zahlreiche Follikel noch durch vermehrte Produktion von Flüssigkeit eine zystische Erweiterung erleiden; den Schlußeffekt bildet auch hier die narbige Atrophie der erkrankten Ovarien.

Es kommen auch Fälle vor, in denen durch die zystische Dilatation zahlreicher Graafscher Follikel das Ovarium vergrößert erscheint und das Bild einer kleinzystischen Degeneration (s. unten) bietet. Von manchen Autoren wird das Auftreten reichlicher großer Follikel als prämature Reifung derselben gedeutet und auf einen durch die Entzündung hervorgerufenen Reizeffekt bezogen, welcher allerdings seinen Ausgang in degenerative Prozesse nimmt (vgl. auch Hypertrophie der Ovarien, S. 765).

Peri-
oophoritis. Mit den entzündlichen Prozessen an den Eierstöcken stehen vielfach analoge Veränderungen ihrer Umgebung im Zusammenhang. Bei einigermaßen längerer Dauer der Oophoritis entwickelt sich um das entzündete Ovarium sehr häufig eine akute oder chronische Perioophoritis und Pelveoperitonitis, welche mit serofibrinöser oder eiteriger Exsudation und dann mit Bildung fibröser Wucherungen und bindegewebiger Schwarten einhergeht, die das Ovarium einhüllen und zu Adhäsionen mit anderen Beckenorganen führen (Perioophoritis adhaesiva).

d) Tuber-
kulose.

d) Tuberkulose.

Tuber-
kulose des
Ovariums. Die Tuberkulose ist an den Ovarien seltener als an den anderen Organen des weiblichen Genitaltraktus, doch sind Fälle beobachtet worden, in welchen von diesem nur die Ovarien erkrankt waren (vgl. unten bei Uterus). Zuweilen muß eine hämatogene Infektion angenommen werden. Die Erkrankung tritt in Form miliarer oder größerer verkäsender Herde auf, welche das Ovarialgewebe zerstören; hie und da weist erst die mikroskopische Untersuchung an dem anscheinend unveränderten Eierstock miliare Tuberkel nach.

Tuber-
kulöse Peri-
oophoritis. Häufiger als die Tuberkulose des eigentlichen Ovarialgewebes ist die tuberkulöse Perioophoritis, welche gewöhnlich von einer Tuberkulose der Tuben, oder des Peritoneums, oder von tuberkulös erkrankten Darmschlingen her auf den Eierstock übergreift, zudem aber auch auf dem Blutwege zustande kommen kann; bei Tuberkulose des Bauchfells können die in dem Exsudat enthaltenen Bazillen sich in dem Douglasschen Raum ansammeln, und so das Beckenbauchfell infizieren. Im einzelnen sind die Veränderungen bei der tuberkulösen Perioophoritis und Pelveoperitonitis die gleichen, wie bei der Bauchfelltuberkulose überhaupt. Auch das Ovarium selbst kann dann von Tuberkeln durchsetzt sein, die evtl. zu größeren Käsemassen führen.

e) Hyper-
trophie und
Tumoren.

e) Hypertrophie und Neubildungen.

Hyper-
trophie. Als **Hypertrophie** bezeichnet man einen ohne ersichtliche Ursache vor der Zeit der physiologischen Geschlechtsreife sich entwickelnden Zustand von Vergrößerung der Ovarien, wobei das Gewebe dieser von zahlreichen Bläschen durchsetzt ist, die man als Graafsche Follikel deutet und in denen auch Ureier nachzuweisen sein sollen; demnach würde es sich um eine Frühreife der Eierstöcke mit prämaturer gleichzeitiger Ausbildung zahlreicher Follikel handeln, und tatsächlich ist auch in solchen Fällen prämature Menstruation und Konzeptionsfähigkeit beobachtet worden. In den meisten früher hierher gerechneten Fällen handelt es sich indes nicht um echte Follikel, sondern um die unten zu erwähnende sog. kleinzystische Degeneration der Ovarien.

Das Ovarium ist ein Prädilektionsort für **einfache Zysten (Retentionszysten)** und **zystische Tumoren**; erstere sind zum Teil **Follikelzysten (Hydrops follicularis)**, d. h. durch abnormes Größenwachstum nicht zum Bersten gelangter **Graafscher Follikel** entstanden; meist erreichen diese Zysten keinen erheblichen Umfang, in der Regel nicht über Walnußgröße; durch Druckatrophie geht das übrige Ovarium zugrunde. Das Epithel der Zystenwand geht verloren; der Inhalt besteht aus klarer seröser Flüssigkeit. Zysten: 1. Retentionszysten. a) Follikelzysten.

Die sog. **Corpus luteum-Zysten** entstehen aus geborstenen Follikeln (Corpora lutea) und sind durch eine gefaltete, die Innenwand der Zyste auskleidende, zum Teil abziehbare, gelb bis braun verfärbte Schicht ausgezeichnet, welche der an den normalen Corpora lutea vorhandenen krausenförmigen Membran gleicht. Der Inhalt ist eine dünne oder dickflüssige, durch Blutfarbstoff rötlichgelb tingierte Masse. Die Corpus luteum-Zysten erreichen ebenfalls selten über Walnußgröße. Durch Flüssigkeitsansammlung im Innern der Corpora fibrosa bzw. candicantia kommen **Corpus fibrosum-Zysten** zustande. b) Corpusluteum-Zysten.

Über **Tubo-Ovarialzyten** s. unten.

Zystische Neubildungen können sowohl von jüngeren und älteren **Graafschen Follikeln** wie von den verschiedenen, teils soliden, teils mit einem Lumen versehenen, drüsenartigen Einsenkungen ausgehen, welche sich zu verschiedenen Entwickelungszeiten von dem das Ovarium bekleidenden Epithel aus in dessen Substanz hinein bilden. 2. Zystische Tumoren.

Es sind das teils vom **Keimepithel** herstammende Massen von Zellen, unter denen sich eine zur Eizelle umbildet, also Vorstufen **Graafscher Follikel**, teils ähnliche Einsenkungen des Keimepithels ohne Ureier; solche bilden sich während des intra-uterinen Lebens und evtl. noch im ersten Lebensjahre. Von da ab hat das die Ovarialoberfläche überziehende Epithel die Fähigkeit verloren, Follikel und Ureier zu bilden und ist somit zum einfachen **Oberflächenepithel** geworden. In diesem Oberflächenepithel bleiben aber einzelne Gruppen weniger differenzierter Zellen bestehen, von denen aus sich auch im späteren Leben, und zwar bis ins höchste Alter hinein kompakte oder **drüsenschlauchähnliche Einsenkungen** bilden und die später zu **adenomartigen** Gebilden oder größeren zystischen Geschwülsten anwachsen können.

Endlich finden sich im Oberflächenepithel und im Stroma der Ovarien des öfteren Herde von **Plattenepithel**, oder **flimmerndem Zylinderepithel**, oder von **Becherzellen**, Befunde, welche als **kongenitale Anomalien** aufzufassen sind und später zu zystischen Geschwülsten Veranlassung geben können.

Durch eine gleichzeitige Entwickelung zahlreicher kleiner Zysten entsteht der Zustand, den man **kleinzystische Degeneration** des Ovariums bezeichnet, ein Zustand, in welchem man das ganze Ovarium mehr oder minder dicht von kleineren und größeren Hohlräumen durchsetzt findet (vgl. oben S. 763 u. 764). a) Kleinzystische Degeneration.

Von den größeren Zystenbildungen sei folgendes ausgeführt: Das **Kystoma serosum simplex** bildet einfache, bis Kindskopfgröße, manchmal aber weit bedeutenderen Umfang erreichende Zysten mit glatten Wänden, welche mit einem **niedrigen Zylinderepithel** ausgekleidet sind. Der Inhalt besteht aus klarer, seröser, eiweißhaltiger Flüssigkeit. Diese Zysten treten meist einseitig auf und sind **gutartige Tumoren**. b) Kystoma serosum simplex.

Die eigentlichen **Kystadenome** stellen im Ovarium, wie in anderen Organen **vielkammerige Tumoren** dar, welche durch eine, oft enorme Erweiterung der Drüsen eines **Adenoms** entstanden gedacht werden können. Im allgemeinen gilt über sie das S. 212 Gesagte, insbesondere auch die Unterscheidung in sog. **glanduläre**, mit glatter Innenwand versehene und in **Papillen tragende Formen**; daß zwischen beiden kein prinzipieller Unterschied besteht, wurde bereits seinerzeit erwähnt; wichtiger ist daher vielleicht eine andere Unterscheidung der hier in Betracht kommenden Tumoren, welche sich auf die Beschaffenheit ihres Inhalts gründet. Bei den einen, welche man mit dem Namen **Kystadenoma pseudomucinosum glandulare** bezeichnet, findet sich als Inhalt eine fadenziehende, schleimige, seltener seröse oder dickgallertige, mehr kolloidartige Masse, welche zum größten Teil das Produkt einer **Sekretion von seiten der Epithelien** darstellt und vielfach auch abgestoßene, gequollene, vakuolisierte, in Degeneration begriffene Epithelzellen einschließt; diese Masse enthält konstant Pseudomuzin, ein Mukoid (S. 62), welches mit Säure eine reduzierende Substanz gibt, beim Sieden nicht gerinnt und zum Unterschied von echtem Muzin durch Essigsäure nicht gefällt wird (das sog. **Paralbumin** ist ein Gemenge von Pseudo- c) Kystadenome. a) Kystadenoma pseudomucinosum.

muzin und Eiweiß). Diese Form der Zystadenome kann enorme Größenverhältnisse erreichen; sie weist zumeist zahlreiche, vielkammerige Zysten auf; die einzelnen Zysten zeigen glatte Innenfläche.

Mikroskopisch sieht man eine einfache Lage hohen Epithels mit basal gelagerten Kernen und viel Schleim im zentralen Zeil der Zellen. Auch durchwandernde Leukozyten werden oft getroffen. Je nach der Beimischung sieht der Inhalt gelb, rot (Blut), braun etc. aus.

b) Kyst-
adenoma
serosum. Bei den anderen Formen, die man als **Kystadenoma serosum** bezeichnet, ist der Inhalt ein dünn-seröser und weist kein oder bloß Spuren von Pseudomuzin auf. Im allgemeinen

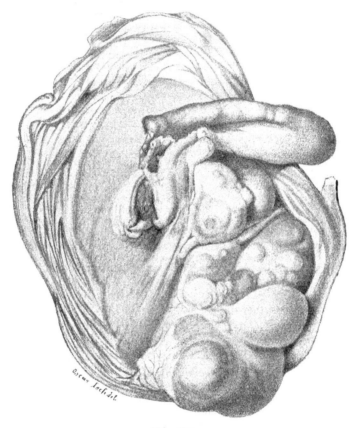

Fig. 794.
Kystadenoma pseudomucinosum, von der Basis betrachtet.
(Nach Veit, l. c.)
Die Hauptzyste ist nach vollkommener Entleerung zu einem schlaffen faltigen Sacke kollabiert. Die Tube ist durch einen alten entzündlichen Prozeß mit dem Ovarialkystom verwachsen und am abdominalen Ende verschlossen. Unterhalb der Tube ein faustgroßes Zystenkonglomerat, das ebenso nach innen, wie nach außen prominiert.

gehören die letztgenannten Formen den **papillären,** zum Teil mit Flimmerzellen versehenen Kystomen an. Sie sind meist weniger groß als die vorhergehenden und einkammerig.

Meistens bilden die Kystadenome des Ovarium rundliche Tumoren, deren Oberfläche, soweit nicht Adhäsionen mit der Nachbarschaft bestehen, spiegelnd glatt, fast transparent erscheint und oft einen eigentümlichen bläulichen, perlmutterartigen Glanz aufweist. Durch die Zusammensetzung aus zahlreichen kleinen Zysten erscheint die Oberfläche des ganzen Tumors meist grobhöckerig; in der Regel tritt die Mehrzahl der Zystenräume an Umfang gegenüber einer oder einigen Hauptzysten zurück. Im Innern der vielkammerigen Tumoren kommt es oft zu einer teilweisen Atrophie sich berührender Scheidewände, ja selbst zu einem völligen Schwund dieser und zum Konfluieren der Hohlräume. Vielfach sind Reste atrophischer Scheidewände als leistenartige Vorsprünge in der Wand der einzelnen Zysten zu erkennen. Die Kystadenome können unter Umständen eine enorme Größe und ein Gewicht erreichen, welches selbst das des übrigen Körpers übertrifft. Bei ihrem weiteren Wachstum wachsen die Zysten entweder vom Ovarium aus frei in die Bauchhöhle hinein, entwickeln sich also in Form gestielter Tumoren, oder sie wachsen zwischen den Ligamenten weiter, indem sie die Bauchfellduplikaturen entfalten; im letzteren Falle spricht man von inter-ligamentärem Wachstum; in beiden Fällen geht das Ovarium selbst durch Druck-atrophie mehr oder weniger frühzeitig zugrunde; es ist häufig noch in Form eines kleinen atrophischen Körpers oder auch gar nicht mehr aufzufinden. Bei den gestielten Zysten wird der Stiel von den Ligamenten des Ovariums, dem Ligamentum latum, dem Ligamentum ovarii proprium und dem Ligamentum suspensorium ovarii, sowie der Tube gebildet, welche alle mehr oder minder gezerrt und gedehnt werden. Ist die Geschwulst so groß geworden,

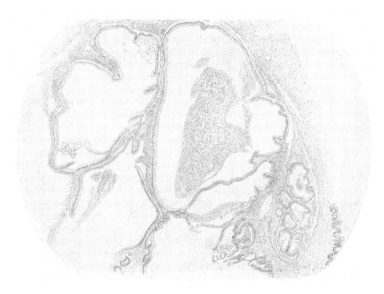

Fig. 795.
Schnitt aus der Wand eines typischen Pseudomuzinkystoms (bei schwacher Vergrößerung).
(Nach Veit, l. c.)

Die Hohlräume sind zum Teil noch mit dem (durch Alkohol geschrumpften) Pseudomuzin gefüllt, die kleinsten Räume drüsen-ähnlich, die größeren bereits zystisch dilatiert. Scheinbare und wirkliche Papillen ragen in das Lumen hinein. Das Epithel ist überall ein einschichtiges hohes Zylinderepithel.

daß sie im kleinen Becken nicht mehr Platz findet, so erhebt sie sich in die Bauchhöhle, senkt sich aber nach vorn und tritt hierdurch ganz aus dem kleinen Becken heraus. Dabei findet eine Drehung in ihrem Stiele statt, welche in hochgradigen Fällen die Erscheinungen der sog. Stieltorsion hervorruft: starke venöse Stauung durch Kompression der Venen *Stiel-*
torsion. mit Blutungen, ja selbst Verschluß von Arterien und mehr oder minder ausgedehnte Nekrosen. In den meisten Fällen wird indes die Ernährung der Geschwulst auch dann noch durch die zahlreichen Adhäsionen vermittelt, welche sich bereits zwischen ihr und der Umgebung entwickelt haben.

Sehr häufig findet sich in Ovarialzysten eine fettige Degeneration ihrer Gewebs- *Regressive*
Verände- elemente; seltener ist eine Verkalkung ihres Stromas, wobei sich teils größere und kleinere *rungen in* Kalkplatten, teils rundliche Körper bilden (Psammokystome). Hie und da kommt es in *den Zysten.* den Ovarialkystomen zur Eiterung, namentlich bei den Tubo-Ovarialzysten (s. unten) und nach Punktionen.

Besonders beim interligamentären Wachstum einer Zyste werden die übrigen in die Bauchfellfalten eingeschlossenen Organe, Uterus und Tuben, aus ihrer normalen Lage verdrängt, atrophisch und der Zyste mehr oder weniger innig angelagert.

Ad-
häsionen
der Zysten.

Es wurde eben erwähnt, daß die Ovarialzysten häufig durch Verwachsung mit anderen Baucheingeweiden oder mit der Bauchwand selbst verbunden sind. In den meisten Fällen kommen solche Adhäsionen dadurch zustande, daß durch die Reibung und die Kompression, welche die Zysten ausüben, Epitheldefekte entstehen und die ihres Epithels beraubte Serosa so verklebt und dann verwächst. Solche Verwachsungen entstehen ferner durch entzündliche Prozesse an den Zystadenomen selbst, wie solche sich an Stieltorsion, Blutungen an der Oberfläche der Zysten usw. anschließen. Die Adhäsionen können so ausgedehnt und fest werden, daß der Tumor nicht mehr oder nur sehr schwer auslösbar ist. Sind Darmschlingen an der Zyste adhärent, so kommt es bei Stieltorsion der letzteren manchmal auch zu einer Achsendrehung des adhärenten Darmteiles, so daß Ilues und die anderen Folgezustände der Achsendrehung des Darmes hervorgerufen werden können (S. 551); endlich kommt es durch zufällige

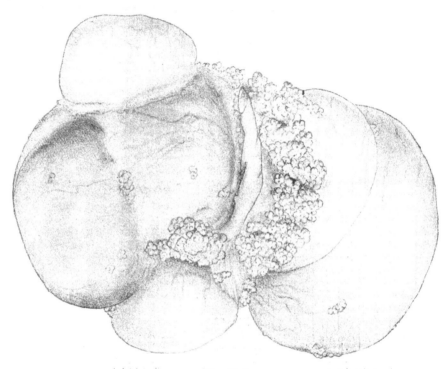

Fig. 796.
Kystadenoma serosum (papillare).
(Nach Veit, l. c.)

oder auf traumatischen Wege erfolgende Eröffnung einzelner Zystenräume zu leichten Reizzuständen am Peritoneum.

Als weiterer Folgezustand tritt bei manchen Kystadenomen ein Aszites auf, welcher durch zufällige Reizungen der Serosa, durch Eröffnung von Zystenräumen und Austritt von Zysteninhalt in die Bauchhöhle, vielleicht auch durch Stoffwechselprodukte zustande kommt, die aus der Zyste her resorbiert werden.

Ober-
flächen-
papillome.

Die sog. **Oberflächenpapillome** entstehen meist durch papilläre Wucherungen an der Oberfläche des Ovariums; das mehr oder minder vergrößerte Ovarium kann hierdurch in eine blumenkohlartig aussehende Masse verwandelt werden, die bis Faustgröße erreicht und im Innern vielfach selbst von Zysten durchsetzt ist, so daß Übergänge in echte zystische Geschwülste zustande kommen. Die Oberflächenpapillome erzeugen relativ häufig Implantationsmetastasen und Aszites. Auch kommen sie einseitig, neben papillären Kystadenomen der anderen Seite vor.

d) Tera-
tome.

An die Kystadenome sind die **Teratome** (S. 243 f.), des Ovariums anzureihen, insofern sie entweder wirklich **zystische Tumoren** sog. Dermoidzysten darstellen oder (seltener) zwar **solid** gebaut sind, aber doch oft einzelne zystische Hohlräume enthalten. Für Tumoren dieser Art, über welche bereits im allgemeinen Teil das Wichtigste mitgeteilt wurde, stellen die Ovarien eine Prädilektionsstelle dar; die Tumoren sind angeboren, entwickeln sich jedoch häufig erst von der Zeit der Geschlechtsreife ab zu stärkerem Wachstum; meist sind sie einseitig, seltener doppelseitig vorhanden. Häufig sind sie auch mit Zystenbildung anderer Art (Kystadenome) verbunden und zeigen auch in ihrem klinischen Verhalten mit solchen vielfache Analogien; es kommen auch an ihnen Verwachsungen, Stieltorsion, partielle Nekrosen etc. vor. Vgl. auch Fig. 289, 290, 291, S. 244f. In den Teratomen kann eine Gewebsart alle anderen überwuchern und so zuletzt mehr oder weniger allein bestehen, so öfters Schilddrüsengewebe, als sog. Struma ovarii. Auch können die Teratome malign entarten und Metastasen hervorrufen. Alles Genauere s. S. 245.

Über die Prognose der Kystadenome wurde bereits im allgemeinen Teil das Wichtigste mitgeteilt; es sei hier noch einmal darauf hingewiesen, daß sie im allgemeinen keine malignen Geschwülste sind, daß aber doch namentlich ihre papillären Formen Transplantations- *Übergang der Kystadenome in Karzinome.*

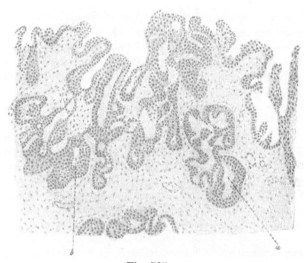

Fig. 797.
Adenocarcinoma ovarii (papillare).

Aus der Wand der Zyste an der Basis eines Papillenbüschels. Mehrschichtiges polymorphes Epithel. Wucherung des Epithels zum Teil in drüsenschlauchähnlicher Formation, das Lumen des „Drüsenschlauches" durch die Mehrschichtung des Epithels stark eingeengt bei *a*, fast vollkommen von Epithelien ausgefüllt bei *b*.
(Nach Veit, l. c.)

metastasen (S. 183) machen können, und oft eine Umwandlung in destruierende, öfters typisch **karzinomatös** gebaute Tumoren an ihnen eintritt. Dies gibt sich dann durch die Meerschichtigkeit des Epithelbelags, Veränderungen der Epithelien, Variabilität dieser und das Wuchern der Epithelien auch ins Zwischengewebe zu erkennen. Auch sarkomatöse Wucherungen können sich in Kystadenomen entwickeln; namentlich gilt dies für die Teratome (s. S. 246).

Von dem Keimepithel ausgehenden Granulosazellsträngen und Schläuchen (Valtbart) können Tumoren entstehen, die man dementsprechend am besten als Granulosazelltumoren bezeichnet. Sie sind durch Bildung follikelartiger Zystchen mit Membrana granulosa und Theca externa charakterisiert.

Bei dem sog. **Pseudomyxoma peritonei** handelt es sich in den meisten Fällen um Metastasen gallertiger Kystadenome, indem wucherungsfähige Epithelien derselben mit dem Inhalt der geplatzten oder etwa bei der Operation eröffneten Zyste in die Bauchhöhle auf das Peritoneum gelangen und hier zu Tumoren weiter wachsen, welche den Bau des primären Tumors wiederholen. Oder aber es werden Schleimmassen nach Platzen eines Kystadenoma pseudomucinosum auf das Peritoneum ausgesät und hier durch Bindegewebe abgekapselt. *Pseudomyxoma peritonei.*

Parovarialzysten. Vom Parovarium oder Epoophoron, einem kleinen, kammartigen, zwischen Tube und Ovarium im Mesosalpinx eingeschlossenen Körper, welcher aus mit Flimmerepithel ausge- *Parovarialzysten.*

kleideten Kanälchen besteht und ein Rudiment des Wolffschen Körpers darstellt (S. 283 Anhang), gehen sehr häufig Zysten aus, welche durch Erweiterung der oben erwähnten kleinen Gänge zustande kommen. Selten erreichen sie eine erhebliche Größe; die Parovarialzysten sind meist glatt, sehr schlaff und enthalten eine dünne, seröse Flüssigkeit; bei stärkerem Wachstum umgreifen sie die Tuben; sie können auch bersten, ohne besondere Folgezustände zu hinterlassen. Sie kommen auch zu mehreren nebeneinander vor, wobei die Scheidewände zwischen den einzelnen Hohlräumen atrophieren und die letzteren zum Teil zusammenfließen können; es sind gutartige Tumoren.

Am Peritoneum der Tube kommen öfters zahlreiche glashelle, kleine Zysten vor, sog. Serosazysten. Sie verdanken ihre Entstehung verlagerten bzw. entzündlich abgesprengten Serosadeckzellen.

Karzinome. Außer der **Umwandlung zystischer Tumoren in destruierende evtl. papilläre Tumoren** (s. oben) i. e. **Karzinom** gibt es im Ovarium und zwar relativ häufig, auch **solide,** d. h. nicht zystische **Karzinome**; sie bilden bis kindskopfgroße Knoten, welche einseitig oder doppelseitig auftreten; im letzteren Falle handelt es sich auf der einen Seite vielleicht um Transplantationsmetastasen von dem anderen, primär ergriffenen Ovarium her (S. 183). Ihrer Struktur nach sind sie zumeist Adeno-Karzinome oder auch einfache indifferente

Fig. 798.
Diffuses Fibrom des Ovariums ($^1/_2$ nat. Größe).
(Nach Veit, l. c.)

zellreiche Karzinome. Bei Bildung runder Kalkmassen spricht man von Psammokarzinomen (sehr selten).

Metastatische Karzinome. **Sekundäre Krebsknoten** kommen in den Ovarien von Karzinomen anderer Organe, besonders solcher des Uterus, des Magendarmkanals, der Mamma etc. her sehr häufig und oft doppelseitig vor. Sie gelangen auf metastatischem Wege oder vom Peritoneum aus in die Ovarien. Metastasen von Gallertkarzinomen des Magendarmtraktus in den Ovarien stellen das dar, was man früher als Krukenbergsche Tumoren bezeichnete.

Einfache Adenome. Einfache (nicht zystische) **Adenome** können sich von verschiedenen der oben (S. 765) angeführten Epitheleinsenkungen aus bilden.

Fibrome, Sarkome. Von Bindesubstanzgeschwülsten finden sich im Ovarium **Fibrome,** meist kleine, oft gestielte Knötchen, die häufig zu mehreren nebeneinander vorkommen, ferner **Sarkome** mit verschiedenen Zellformen. Viele der sarkomatös gebauten Tumoren gehören indes den Teratomen (s. oben) an. Ferner kommen vielleicht auch Endotheliome vor.

Myome, Angiome, Chondrome. Von anderen Tumoren sollen **Myome, Angiome, Chondrome** (von kongenital versprengten Keimen her), erwähnt werden.

f) Lageveränderungen.

f) Lageveränderungen.

Lageveränderungen der Ovarien sind meistens sekundäre Zustände und durch Zug narbigen Bindegewebes in der Umgebung (adhäsive Perioophoritis), Tumoren oder

Verlagerung anderer Beckeneingeweide bedingt. Durch Vergrößerung und Gewichtszunahme oder infolge von Dehnung und Erschlaffung ihrer Ligamente, wie dies z. B. nach
Geburten vorkommt, können die Ovarien sich tiefer ins kleine Becken senken (Descensus Descensus
ovarii.
ovarii). In seltenen Fällen sind Ovarien in Hernien, meist Inguinalhernien, verlagert,
ein Zustand, welcher angeboren oder erworben vorkommt und im ersten Falle wohl immer,
im letzteren Falle meistens die zugehörige Tube mitbetrifft. Im verlagerten Ovarium können
sich sekundäre Veränderungen, Zirkulationsstörungen, namentlich venöse Stauung und
Ödem einstellen.

B. Tuben.
B. Tuben.

Zur Zeit der Menses findet man die Tuben **hyperämisch,** auch finden **Blutungen** aus Zirkula-
tions-
störungen.
ihrer Schleimhaut statt; pathologische starke Blutungen treten infolge von Tubar-
schwangerschaft auf; über diese, sowie über den Hämatosalpinx s. unten (S. 773).

Eine **Salpingitis** kommt durch Fortleitung einer Entzündung vom Uterus Entzün-
dungen.
her oder durch das abdominale Tubenostium vom Bauchfell her (Peritonitis, Appen-

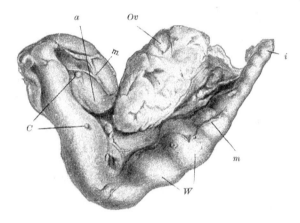

Fig. 799.
Salpingitis (Pyosalpinx) gonorrhoica.

Die Tube, verdickt und verlängert, mit dem Ovarium und dem Beckenbauchfell durch Verwachsungen verlötet, zeigt zwei-
malige Abknickung — in der Mitte und in der Nähe des abdominalen Endes.. Von Fimbrien nichts zu sehen; das atretische abdominale Ende *a* bildet eine glatte Kuppe, welcher nur wenige Reste von Adhäsionen (*m*) anhaften. Ferner zeigt die Tube, besonders in ihrer isthmischen Hälfte, rosenkranzartige Auftreibungen, welche jedoch, wie ein Durchschnitt lehrt, als korkzieher-
artige Windungen aufzufassen sind (*W*). *Ov* Ovarium. *i* isthmisches Tubenende. *C* kleine Zystchen. (Nach Veit, l. c.)

dicitis) zustande; seltener greifen Entzündungsprozesse durch die Ligamenta lata auf die
Eileiter über oder entstehen auf hämatogenem Wege; in der Regel ist die Salpingitis dop- Akute
Salpingitis.
pelseitig. Man findet bei der akuten Salpingitis die Tube im ganzen geschwollen, ihre
Wand aufgelockert und kongestioniert, am stärksten die Mukosa. Das oft mehr oder minder
ausgedehnte Lumen enthält ein katarrhalisches, schleimig-seröses, in schweren Fällen
auch ein schleimig-eiteriges oder rein eiteriges Sekret; in manchen Fällen zeigt sich
die Tubenschleimhaut sogar diphtherisch verschorft. Bei chronischer Salpingitis Chronische.
Salpingitis.
kommt es nicht selten zu wulstiger Verdickung der Schleimhaut, namentlich ihrer Falten,
welche miteinander verwachsen können, so daß zwischen ihnen abgeschlossene Ausbuchtungen entstehen, ferner zu Verlängerung, Schlängelung und dadurch zu mehrfachen
Knickungen der Tube. Bei tiefgreifender Zerstörung der Schleimhaut und Tubenwand
entstehen starke Narbenbildungen, ausgedehnte Verwachsungen der Tubenwände,
ja selbst Obliterationen des Lumens und namentlich auch der abdominalen Tubenmün-
dungen, wobei besonders auf gonorrhoischer Basis die Fimbrien in die letzteren eingestülpt Besonders
auf gonor-
rhoischer
Basis.
werden. Als wichtigste Ursache der Salpingitis ist die **Gonorrhoe** zu bezeichnen, welche vom
Uterus aus auf die Tuben übergreift und von hier aus noch weitergreifen und die Ovarien

49*

befallen kann. Bei der Gonorrhoe zeichnet sich der in den Tuben angesammelte Eiter, sowie die besonders um die Gefäße in der Tubenwand bestehende Infiltration durch reichlichen Gehalt an Plasmazellen, eosinophilen Leukozyten, Lymphozyten und Lymphoblasten aus (nur selten in Form von Follikeln). Dazwischen liegen besonders bei frischer Gonorrhoe polynukleäre Leukozyten, welche Gonokokken einschließen. Auch findet sich schon frühzeitig doppelbrechendes Fett. Besonders die Zellherde in der Schleimhaut bestehen oft ganz überwiegend aus Plasmazellen, wenn auch im Lumen mehr Leukozyten liegen.

Von der Scheide aus können Bakterien nach künstlichem Abort, besonders bei Benutzung von Laminariastiften, in die Tuben gelangen und hier vorübergehende Entzündungen bewirken.

Auch können peripher beginnende Salpingitiden rechts sich an Appendizitiden anschließen.

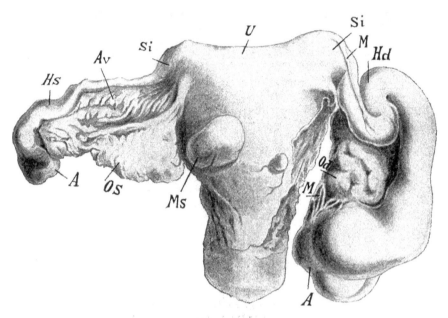

Fig. 800.

Uterus mit doppelseitiger Hydrosalpinx und isthmischen Knoten.

U Uterus. *Hs* Hydrosalpinx sinistra. Wand dieser Tube dicker als die der anderen Seite, Inhalt spärlich. *Hd* Hydrosalpinx dextra; von typischer Beschaffenheit, ganz dünner Wand. *Os* und *Od* Ovarium sin. und dextr. *A* Anschwellungen am abdominalen Tubenende. *M* Reste peritonitischer Adhäsionen. *Ms* subseröses Myom der hinteren Wand. *Av* verdickte Ala vespert. *Si* isthmische Knoten. (Nach Kleinhans in Veit, l. c.)

Perisalpingitis. Im Anschluß an eine Salpingitis entwickeln sich vielfach auch chronisch-entzündliche Vorgänge am Peritonealüberzug der Tuben und in der Umgebung der letzteren (Perisalpingitis und Pelveoperitonitis); diese können ihrerseits wieder Umschnürungen der Eileiter durch narbige Bindegewebszüge, Kompression oder Adhäsionen mit dem Uterus, den Ovarien oder der Wand des kleinen Beckens, Knickung der Tuben usw. zur Folge haben. Bei allen diesen entzündlichen Prozessen in und um die Tuben kann es zur Retention von Sekret, von Blut, oder von entzündlichem Exsudat und in der Folge zu partieller oder totaler **Saktosalpinx.** sackförmiger Ausbuchtung der Tuben kommen, Zustände, welche man als Saktosalpinx zusammenfaßt und von denen wieder je nach dem Inhalte der Hydrosalpinx, der Pyosalpinx und der Hämatosalpinx unterschieden werden.

Hydrosalpinx. Eine **Hydrosalpinx** (Hydrops tubae, Fig. 800), d. h. eine Ansammlung dünnflüssigen, serösen Inhalts innerhalb der Tube, entsteht auch an sonst normalen Eileitern, wenn das abdominale Ostium verschlossen ist (s. unten). In anderen Fällen ist die Entstehung des Hydrops auf eine katarrhalische Salpingitis zurückzuführen. Je nach der Art der Exsudation ist der Inhalt des Sackes eine klare, zellarme Flüssigkeit oder mehr oder weniger getrübt. Das sich innerhalb der Tube anhäufende Sekret erhält häufig durch Blutbeimischung eine rötliche Farbe, die Ausdehnung der Tube betrifft namentlich deren Ampulle, während der mediane Teil oft in die Länge gezogen oder auch geschlängelt ist; seine Wand zeigt häufig Faltungen, Duplikaturen und selbst Septierung. Der Umfang des Sackes kann Faustgröße bis Kopfgröße erreichen. Die Schleimhaut erleidet schließlich eine Atrophie, wird glatt und anämisch. In manchen Fällen erfolgt, wenn das uterine Ostium durchgängig geblieben ist, zeitweise ein Abfluß von Sekret durch den Uterus (Hydrops tubae profluens). Selten kommt es an dilatierten Tuben zur Perforation.

Wird der Katarrh der Tubenschleimhaut zu einem eiterigen, (besonders bei Gonorrhoe s. oben), so geht der Hydrosalpinx in einen **Pyosalpinx** über; mehr als bei dem ersteren droht hier die Gefahr einer Perforation, deren Folgen von den inzwischen ausgebildeten anatomischen Verhältnissen der Umgebung (adhäsive Pelveoperitonitis) abhängig sind. In manchen Fällen kann eine Eindickung oder selbst Verkalkung des Eiters eintreten. *Pyo-salpinx*

Durch Ansammlung von Blut in der Tube entsteht der **Hämatosalpinx,** welcher bei stärkeren oder öfter wiederholten Blutergüssen ebenfalls zur Bildung großer Säcke anführen kann. Meistens gerinnt das Blut innerhalb der Tube nicht, dickt sich aber schließlich zu einer schmutzig-braunen, trockenen Masse ein; die in den ersten Stadien nicht selten verdickte Tubenwand erleidet später eine Atrophie und Verdünnung und kann durch erneutes Auftreten einer Blutung in die Tube oder durch Gelegenheitsursachen anderer Art, insbesondere auch eine plötzliche Entleerung einer gleichzeitig bestehenden Hämatometra (s. unten) und die damit verbundene Zerrung und kongestive Hyperämie der Tuben, durch Traumen etc. zur Perforation gebracht werden. Nicht selten ist die Blutung in die Bauchhöhle so heftig, daß sie die Gefahr eines Verblutungstodes bedingt. In anderen Fällen schließt sich die Bildung einer Haematocele retro- oder ante-uterina (s. unten) an. *Hämato-salpinx.*

Besonders zu erwähnen ist noch die Salpingitis nodosa isthmica oder interstitialis, eine Form chronischer Salpingitis, welche mit Epithelwucherungen in Form von Gängen und Zysten in die Muskularis und Hypertrophie dieser einhergeht.

Eine **Atresie des uterinen Ostiums** der Tuben kommt angeboren vor und bedingt dann Sterilität; einseitiger Verschluß dieses Ostiums kann zur Extrauteringravidität Veranlassung geben. Auch in späterer Zeit kann durch obliterierende Entzündungen, Knickung, Umschnürung oder Faltenbildung ein Abschluß des Tubenlumens gegen den Uterus hin stattfinden; doch kommt es bloß bei gleichzeitigem Verschluß des abdominalen Ostiums zu den oben erwähnten Retentionszuständen. *Atresie des uterinen Ostiums.*

Bei angeborener Atresie der Genitalwege, Verschluß des Hymens, der Scheide oder des Muttermundes bildet sich nicht selten ein Hämatosalpinx neben Hämatometra resp. Hämatokolpos (s. unten).

Von allen Teilen des weiblichen Genitalapparates sind die Tuben am häufigsten Sitz einer **Tuberkulose**; häufig sind sie allein, und auch bei ausgebreiteter Tuberkulose des weiblichen Genitaltraktus fast immer am stärksten, ergriffen. In einem Frühstadium können Veränderungen der Tubenwand noch fehlen und sich Bazillen im Sekret finden (bazillärer Katarrh). Später ergreift die Tuberkulose die Wandung der Tube. Man findet dann bei der tuberkulösen Salpingitis die Tuben aufgetrieben und in ihren Wänden verdickt, nicht selten auch geschlängelt und varikös rosenkranzartig gewunden, mit mehr oder weniger zahlreichen grauen oder verkästen Knötchen besetzt. Die Tuben werden überaus viel dicker als normal; beim Eröffnen der Tuben zeigt sich ihr Lumen mit käsigem Eiter oder eingedickten Käsemassen angefüllt. Die Innenfläche der Wand zeigt ähnliche Veränderungen, wie sie auch bei Tuberkulose anderer Schleimhäute vorhanden sind: diffuse, entzündliche Infiltration und Schwellung der Schleimhaut, mehr oder weniger ausgedehnte Geschwürsbildung neben umschriebenen, verkäsenden Knötchen. In den Anfangsstadien und bei miliarer Tuberkulose sind letztere allein vorhanden. Zwischen den tuberkulösen Massen findet man öfters die Schleimhautepithelien bis zu ganz adenomartigen Bildern gewuchert (Fig. 801). Wie auch bei anderen chronischen Entzündungen entstehen vielfach Adhäsionen der Eileiter mit benachbarten Organen, besonders den Ovarien, dem Uterus, dem Rektum, selbst mit dem Wurmfortsatz oder anderen Darmteilen. In solchen Fällen kommt es durch Verschluß des abdominalen Ostiums und weitere Ausdehnung der Tube *Tuber-kulose.*

gleichzeitig zur Bildung eines Pyosalpinx, welcher wieder zur Perforation in die Beckenhöhle oder in abgeschlossene Hohlräume der letzteren führen kann (s. oben).

Ent-stehungs-arten. Für die Genese der Tubentuberkulose und damit der Tuberkulose des weiblichen Genitalapparates überhaupt kommt vielleicht in seltenen Fällen — nicht sicher bewiesen — eine Infektion durch den Genitaltraktus (durch tuberkelbazillenhaltiges Sperma), auf jeden Fall weit häufiger die Fortleitung eines tuberkulösen Prozesses vom Bauchfell her und endlich die hämatogene Entstehung in Frage. Für weitaus die Mehrzahl der Fälle ist die letztgenannte Infektion der Genitalien auf dem Blutweg als hämatogene Ausscheidungstuberkulose am wahrscheinlichsten, und zwar erkranken in erster Linie die Tuben; von diesen aus kann durch das herabfließende Sekret die Schleimhaut des Uterus und der Vagina infiziert werden, oder die eben genannten Teile erkranken selbständig auf hämatogenem Wege. Ihrerseits führt die Tubentuberkulose zur Infektion

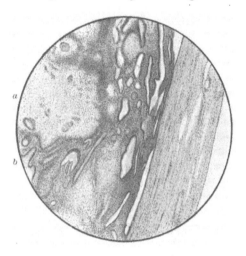

Fig. 801.
Tuberkulose und adenomatöse Wucherung der Tube.

Tuberkel mit Riesenzellen bei *a*, bei *b* Drüsenwucherungen.

Fig. 802.
Tuberkulöse Tube (ca. $^5/_4$ der nat. Größe).
Die Tube ist stark geschlängelt, der Serosaüberzug gerötet und mit zahlreichen Tuberkeln (*s T*) bedeckt. Die Fimbrien geschwollen und stark gerötet, schlagen sich zum Teil über den Tubenrand zurück (*F*).
J isthmisches Tubenende.
Nach Veit, Handbuch der Gynäkologie. Wiesbaden, Bergmann. 2. Aufl.

des Peritoneums. Die Tuberkulose der weiblichen Genitalorgane ist relativ häufig; Hypoplasie des Genitaltraktus, vielleicht auch chronisch-entzündliche Prozesse an ihm scheinen die Entstehung der Tuberkulose zu begünstigen.

Rupturen der Tuben sind zumeist auf Tubargravidität zurückzuführen (s. dort).

Primäre **Neubildungen** treten nur selten an den Tuben auf; es kommen Fibrome, Myome, Lipome und Sarkome vor. In der Schleimhaut finden sich manchmal papilläre Wucherungen, welche vielleicht den Ausgangspunkt für Karzinome bilden können.

Tumoren. Sehr häufig werden dagegen die Tuben in sekundärer Weise durch Tumoren der Nachbarschaft in Mitleidenschaft gezogen, komprimiert, gezerrt und gedehnt oder, wenn es sich um bösartige Tumoren handelt, auch destruiert. Die Tuben können von sekundären Tumoren, außer durch direkte Kontinuität oder auf dem Lymphwege, auch durch Implantation, sei es peritoneal, sei es mukös, befallen werden.

Morgagnische Hydatide. Die sehr häufig vorkommende sog. Morgagnische Hydatide, welche vom Müllerschen Gange aus entsteht, bildet bis über erbsengroße, meist gestielt einer Fimbrie aufsitzende Bläschen.

Sog. **Tuboovarialzysten,** bei denen das Fimbrienende der Tube mit dem Ovarium ver- Tubo-
ovarial-
zysten.
klebt oder verwachsen ist, kommen z. B. dadurch zustande, daß bei einer hydropischen
Tubenzyste (s. oben) das Ovarium mit in die Zystenwand einbezogen wird, in welcher
es einen verhältnismäßig unbedeutenden Bestandteil bildet. Man findet bei diesen Gebilden
eine dem Uterus anliegende, kugelige oder eiförmige Hauptzyste, an deren Oberfläche, und
zwar ziemlich scharf abgesetzt, ein Schlauch entspringt, der, sich allmählich verjüngend,
in das uterine Tubenende übergeht, so daß eine ausgesprochene Retortenform entsteht. Die

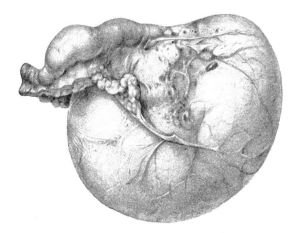

Fig. 803.
Tuboovarialabszeß, teilweise intraligamentär.
Nach Amann.

Hauptzyste entspricht der erweiterten Ampulle und dem stark ausgedehnten Infundibulum
der Tube; die äußerlich sichtbare Einschnürung kommt dadurch zustande, daß nur das vom
Peritoneum nicht fixierte, abdominale Ende der Tube sich halbkugelig ausdehnen kann
und sich dadurch gegen den vom Bauchfell fest umschlossenen, weniger ausdehnungsfähigen
medianen Anteil scharf absetzt. In Tuboovarialzysten kann auch eine Extrauterin-
schwangerschaft eintreten; auch kann sich ein Karzinom in ihnen entwickeln. Ferner
werden sie durch Vereiterung zu Tuboovarialabszessen.

C. Uterus.

C. Uterus.

Der Uterus weist in den verschiedenen Lebensperioden und Funktionszuständen Ver-
schiedenes
Verhalten
ein sehr wechselndes anatomisches Verhalten auf. Der fötale Uterus (der Uterus der
reifen Frucht) ist von walzenförmiger Gestalt, ca. 25 cm lang; Cervix und Corpus uteri sind wenig des Uterus
in ver-
voneinander abgesetzt, letzteres bloß halb so lang als der Cervix, dünn; die Plicae palmatae reichen schiedenen
bis an den Fundus. Während des kindlichen Alters bis zur Pubertät (infantiler Uterus) Alters-
perioden.
nimmt das Corpus uteri erheblich an Länge zu, setzt sich deutlicher von dem Cervix ab und zeigt
dann eine flache, dreieckige Höhle; die Plicae palmatae bleiben bloß im Cervikalkanal erhalten.
Zur Zeit der geschlechtlichen Reife zeigt der Uterus ein starkes Wachstum, besonders in
seinem Körperteile; der virginale geschlechtsreife Uterus zeigt den Cervix immer noch stärker
ausgebildet, etwa halb so lang, wie den Körper, der Cervikalkanal ist durch das Orificium internum
scharf von der Körperhöhle abgesetzt; das Orificium externum stellt einen glatten, querovalen
Spalt dar. Die Maße betragen etwa in der Höhe 6—9 cm; Wanddicke 1—1,5 cm; Breite (zwischen
den Tuben) 4—5 cm.

Man unterscheidet am Uterus meist nur das Corpus und den Cervix; doch ist es besser, als dritten Normale
Anatomie.
Teil und zwar am Übergang der beiden genannten ineinander, noch den Isthmus (Aschoff) abzugrenzen.
Der Kanal ist in diesem Isthmus am engsten; seine Schleimhaut entspricht fast ganz der des Corpus uteri.
Der Isthmus ist deshalb wichtig, weil er in der Schwangerschaft bei der Bildung der Plazenta unbeteiligt
bleibt und zum sog. in der Geburtshilfe wichtigen unteren Uterinsegment wird.

**Periodi-
scher
Zyklus der
Verände-
rungen des
Uterus-
schleim-
haut.**

Die normale Uterusschleimhaut (Fig. 804), welche direkt, ohne eigene Submukosa, der Uterusmuskulatur aufliegt, hat im Körper und in dem Cervix einen etwas verschiedenen Bau. Die Mukosa des
Körpers besteht aus einem ziemlich lockeren, netzförmig angeordneten Bindegewebe, das von reichlichen, rundlichen Zellen, sog. „Zwischenzellen", durchsetzt ist und einen Belag von flimmernden
Zylinderzellen an der Oberfläche trägt; sie enthält ferner ziemlich reichliche, mit einem ebenfalls flim-

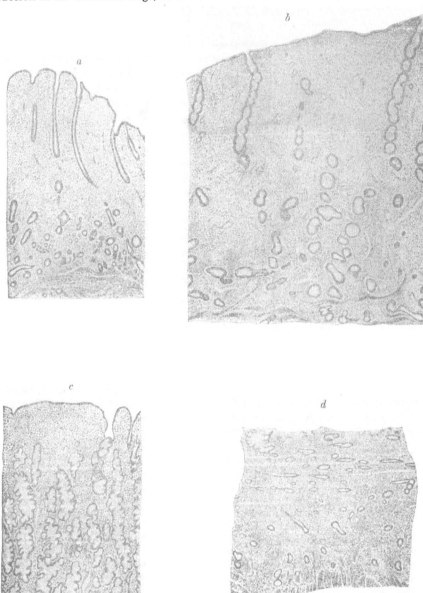

Fig. 804.

Nach Hitschmann und Adler, Monatsschrift f. Geb. u. Gyn., Bd. 26. 1907.

Übersichtsbilder, die verschiedenen Phasen der zyklischen Wandlung der Uterusschleimhaut darstellend: *a* Postmenstruelle
Schleimhaut (1. Tag) nach der Menstruation Drüsen gestreckt, enger, *b* Schleimhaut im Intervall, Drüsen leicht geschlängelt,
weiter. *c* Prämenstruelle Schleimhaut (kurz vor der Periode), Scheidung in Compacta und Spongiosa, Drüsen weit, buchtig.
Reichlicher Schleim in den Drüsen. *d* Menstruation (3. Tag), Schleimhautoberfläche fehlt, Drüsen kollabiert, nur links oben
noch eine Drüse von prämenstruellem Charakter.

mernden Zylinderepithel ausgekleidete, einfache oder auch gabelig geteilte Drüsen; ihre Dicke beträgt etwa 1 mm. Die den Cervikalkanal auskleidende Schleimhaut ist mehr derbfaserig und enthält azinöse Drüsen, welche den glasigen Cervikalschleim liefern. Die Außenseite der Portio ist von geschichtetem Plattenepithel überkleidet.

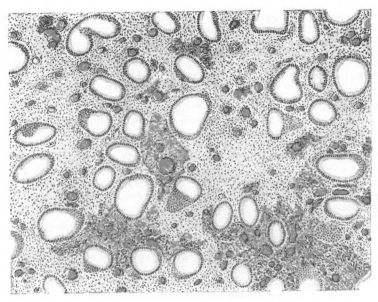

Fig. 805.
Prämenstruelle Kongestion der Uterusschleimhaut. Starke Füllung der Kapillaren, zum Teil schon Blut-austritte. Vergr. 75.
Nach Sellheim, Physiologie der weiblichen Geschlechtsorgane, in Nagels Handbuch der Physiologie, II. Bd., I. Hälfte, ent-nommen.

Der Uterus macht bei menstruierenden Frauen vierwöchentliche periodische Verände-rungen durch, welche man kennen muß, um nicht fälschlich Veränderungen pathologischer Art anzunehmen. Vor der Menstruation kommt es zur Schwellung der Schleimhaut mit Vergrößerung ihrer Zellen, der Epithelien — mit starker Schleimbildung —, wie der Zwischenzellen. Letztere vergrößern sich so stark,

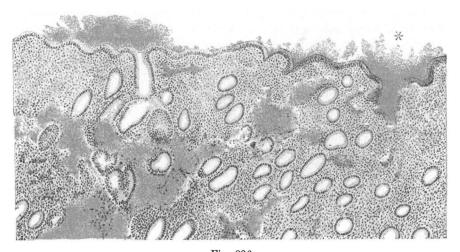

Fig. 806.
Menstruierende Uterusschleimhaut. Aufbrechen der subepithelialen Hämatome (*). Blutung in der Cavum uteri. Vergr. 75.
Nach Sellheim, l. c.

daß sie durchaus deziduaähnlich werden. Die Drüsen gehen ebenso wie die Zellen eine solche Volumenvergrößerung ein, daß sie seitliche Buchten etc. treiben müssen, prämenstruelle Periode. Die Drüsen-
veränderung ist am deutlichsten in der mittleren Schicht der Schleimhaut (sog. Spongiosa), welche
sich jetzt in drei Schichten, je nach dem Gehalte an Drüsen, scheiden läßt. Der Höhepunkt dieser Periode
ist erreicht, wenn es zur Menstruation kommt.

Vorgänge
während
der Menses.

Zur Zeit der Menses ist der Uterus kongestioniert, vergrößert und sukkulent, seine Schleimhaut
erscheint stark serös, blutig durchtränkt und aufgelockert, bis zu 7 mm verdickt; durch in die Mukosa
stattfindende Blutaustritte wird stellenweise das Epithel der Innenfläche vorgewölbt, selbst
kappenförmig abgehoben und durchbrochen; es entleert seinen Überfluß an Schleim, der in der Periode
zuvor gebildet wurde; es findet keineswegs stets ein ausgedehnter Epithelverlust statt, vielmehr legt sich
das abgehobene Epithel, nachdem das Blut durchgetreten ist, oft der Schleimhaut wieder an. Stets aber
gehen zahlreiche Zellen in den Drüsen zugrunde, und einige Tage nach der Menstruation finden reichliche
Regenerationsvorgänge statt. Das in der Schleimhaut bleibende Blut wird wieder resorbiert. Diese
Periode stellt die sog. postmenstruelle dar. Es folgt darauf eine Ruheperiode, sodann beginnt der
Zyklus von neuem. Der Cervix beteiligt sich an dem ganzen Prozeß durch vermehrte Schleimsekretion.

Gravider
Uterus.

Die Größenzunahme des graviden Uterus beruht auf Hypertrophie seiner Muskelfasern (bis zum
fünffachen in der Breite und zum sieben- bis elffachen in der Länge.)

Der Uterus kann im späteren Leben auf einer der genannten Entwickelungs-
stufen stehen bleiben: **Uterus foetalis**, resp. **Uterus infantilis**; oder er kann auch einseitig
in allen seinen Verhältnissen eine geringere Entwickelung aufweisen. Der Uterus membrana-
ceus bildet nur eine häutige, dünnwandige, platte Tasche. Alle diese Zustände gehören zur Hypoplasie des Uterus.

1. Endometrium.

1. Endo-
metrium.

a) Zirkulationsstörungen u. dgl. des Endometrium.

a) Zirku-
lations-
störungen.

Menor-
rhagien.

Besonders starke Menses, welche als **Menorrhagien** bezeichnet werden, treten bei verschiedenen allgemeinen und lokalen Erkrankungen auf: bei Anämie, Chlorose, Endometritis
und Metritis, Tumoren des Uterus etc.

Dys-
menor-
rhoea
membrana-
cea.

Als **Dysmenorrhoea membranacea** bezeichnet man Menstruationsanomalien (deshalb soll diese Erkrankung wenn auch nicht direkt zu den Zirkulationsstörungen gehörig
hier mit angeführt werden), bei denen größere, aus Fibrin oder zusammenhängenden
Lagen von Uterusschleimhaut bestehende Membranen (Decidua menstrualis)

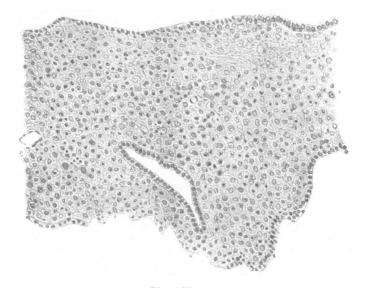

Fig. 807.
Decidua menstrualis bei Dysmenorrhoea membranacea.
Deckepithel und Uterindrüsen; Stratum proprium mit etwas vergrößerten, reichlich mit Leukozyten durchsetzten Zellen.
(Nach Amann, l. c.)

ausgeschieden werden; in manchen Fällen wird selbst die ganze Uterusmukosa in einem Stück, und zwar in Form eines dreizipfeligen Sackes ausgestoßen, welcher noch deutlich die Tubenmündungen erkennen läßt. Die ausgestoßenen Schleimhautfetzen zeigen sich bei der mikroskopischen Untersuchung aus Drüsen und einem bindegewebigen Stroma zusammengesetzt, welches oft sehr reichlich große, deziduazellenähnliche Gebilde aufweist; doch sind die letzteren hier nicht so zahlreich vorhanden, wie in der Decidua graviditatis (s. unten). Man bezeichnet den Prozeß auch als Endometritis exfoliativa. Die Membranen können auch Plattenepithel enthalten und der Portio und der Cervix entstammen.

Stauungshyperämie am Uterus findet sich bei allgemeinen Zirkulationsstörungen wie aus lokalen Ursachen, unter denen namentlich Lageveränderungen und Knickungen der Gebärmutter, Prolaps dieser, Verlegung der abführenden Venen, besonders Kompression des Plexus uterinus durch Tumoren oder narbige Prozesse im Parametrium, eine wichtige Rolle spielen. Durch die venöse Blutüberfüllung wird der Uterus vergrößert, livid verfärbt, seine Schleimhaut dunkel gerötet; in der Vaginalportion des Uterus und ihrer Umgebung kommt es manchmal zur Ausbildung von Phlebektasien, so bei Prolaps oder zur Zeit der Schwangerschaft. *Stauungshyperämie.*

Nicht menstruelle **Blutungen** aus dem Uterus werden als **Metrorrhagien** bezeichnet; es treten solche bei venöser Stauung (s. unten), im Gefolge von allgemeinen Infektionskrankheiten und von Intoxikationen (Phosphor), bei hämorrhagischen Diathesen, sowie bei Entzündungen des Endometriums auf. Eine wichtige und häufige Ursache von Blutungen aus dem Uterus stellen die Zustände dar, welche als chronische Metritis zusammengefaßt werden (s. unten). Ferner kommt es vielfach zu Blutungen bei Tumoren des Uterus, wobei die Hämorrhagie aus dem Tumor selbst oder aus der umgebenden, konsekutiv veränderten Mukosa erfolgen kann, endlich bei Gewebszerstörungen im Uterus, Verletzungen desselben etc. *Metrorrhagien.*

Bei alten Frauen mit atrophischem Uterus treten manchmal ausgedehnte hämorrhagische Durchsetzungen der Mukosa und zum Teil selbst der Muskulatur ein, welche zur Nekrose der blutig infarzierten Partien führen und als Apoplexia uteri bezeichnet werden; sie werden auch auf atherosklerotische Veränderungen der Blutgefäße des Uterus zurückgeführt (vgl. unten bei chronischer Metritis). *Apoplexia uteri.*

Die Atherosklerose tritt im Uterus an den Arterien besonders frühzeitig — vor allem nach Geburten — auf. Sie zeigt sich besonders in hyaliner Entartung der Media und Intima, mit Bildung enormer Massen elastischer Fasern um die Gefäße. Später verkalkt die Wandung häufig. *Atherosklerose der Uterusgefäße.*

b) Entzündungen des Endometriums.

Die **akute Endometritis** geht mit Kongestion, Sukkulenz und Auflockerung der Schleimhaut einher, welche dabei erheblich verdickt und meist von kleineren und größeren Blutungen durchsetzt erscheint. Dabei ist eine vermehrte Absonderung eines schleimigen, mehr oder weniger eiterig getrübten, meistens blutig tingierten Sekretes vorhanden. Mikroskopisch findet man die Epithelien der Oberfläche und der Drüsen in Trübung oder fettiger Degeneration, vielfach in Abschuppung, ferner die Mukosa kleinzellig infiltriert; in den Drüsenlumina und im Innern der Uterushöhle zeigen sich reichliche in Schleimmassen eingebettete Leukozyten, Epithelien und rote Blutkörperchen; doch sind die Befunde in den einzelnen Fällen verschieden, indem bald die Kongestion und Blutung, bald die Erscheinungen der gesteigerten Sekretion und katarrhalischen Abstoßung der Epithelien überwiegen. *b) Entzündungen des Endometriums. Akute Endometritis.*

Eine akute Endometritis schließt sich manchmal an eine Menstruation an. Vielfach ist selbst die Grenze zwischen besonders starker Kongestion zum Uterus — wie eine solche unter verschiedenen Verhältnissen bei den Menses vorkommt — und entzündlichen Prozessen der Schleimhaut schwer zu ziehen. Sehr häufig ist eine Endometritis gonorrhoischen Ursprungs und stellt sich dann meist in Form eines heftigen eiterigen Katarrhs der Schleimhaut, besonders des Cervix dar; des weiteren schließt sie sich an zurückgebliebene Plazentarreste besonders nach Abort an; endlich trifft eine oft mit starker Blutung einhergehende und in eine Endometritis übergehende Kongestion im Verlaufe vieler akuter Infektionskrankheiten auf, bei Typhus, Cholera, Pneumonie, Influenza, Pocken, Scharlach u. a. (Über die puerperale Endometritis s. unten.) Hier wie bei Ätzungen u. dgl. des

Pseudo-
membra-
nöse Endo-
metritis.

Chronische
Endo-
metritis.

Uteruskavums kann es auch zu diphtheritischer, pseudomembranöser Endometritis kommen.

Die als **chronische Endometritis** bezeichneten Erkrankungen stellen teils Ausgänge akuter, namentlich puerperaler oder gonorrhoischer Affektionen dar, teils treten sie allmählich und ohne nachweisbare besondere Ursache als Begleiterscheinung bei verschiedenen anderweitigen Erkrankungen des Uterus auf, bei Tumoren desselben, bei Metritiden, Stenose des Cervikalkanals, Lageveränderungen und Knickungen der Gebärmutter, sowie bei Erkrankungen der Uterusadnexe (der Ovarien, Tuben oder Ligamente), endlich vielfach bei allgemeinen Konstitutionskrankheiten und Bluterkrankungen, bei allgemeiner venöser Stauung infolge von Herzfehlern etc. An ihrem Zustandekommen sind jedenfalls vasomotorische und nervöse Einflüsse mitbeteiligt. Je nach der Dauer und dem Stadium der Erkrankung findet man auch hier die Uterusmukosa in einem Zustande mehr oder weniger hochgradiger Hyperämie und entzündlicher Schwellung, die mit stark erhöhter Sekretion verbunden sind. Auch Blutungen in die Schleimhaut und Pigmentierung dieser sind häufige Befunde. Besonders aber treten hyperplastische Erscheinungen an der Schleimhaut in den Vordergrund (Fig. 808).

Hyper-
plastische
Prozesse.

Plasma-
zellen.

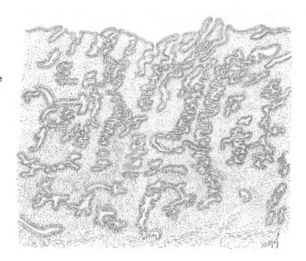

Fig. 808.
Endometritis corporis. Hypertrophie der Drüsen ($\frac{40}{1}$).
(Nach Amann, l. c.)

Die Zellen des Interstitiums werden bei der Endometritis sehr groß (zum Teil deziduaartig) und sehr zahlreich. Zwischen diesen großen Zellen liegen Rundzellen, nicht selten auch in Form von Follikeln, oder auch polymorphkernige Leukozyten vereinzelt oder in kleinen Haufen. Plasmazellen finden sich meist in größerer Menge, was bei der Diagnosenstellung der Endometritis von Wichtigkeit ist, da man sonst entzündliche Vorgänge leicht mit einfach hyperplastischen, wie sie im Zyklus der Menstruation dem prämenstruellen Stadium entsprechen, verwechselt. Plasmazellen sind meist sehr beweisend für wirkliche Entzündung, doch soll man sich nicht allein auf sie verlassen.

Bei Beurteilung der Endometritis muß stets das Stadium der periodischen Schwankungen des Uterus (s. oben) in Betracht gezogen werden. Sonst wird gar manches als Endometritis bezeichnet, was physiologisch ist.

Ausgänge.

Als schließlicher Ausgang stellt sich in vielen Fällen eine Atrophie der Schleimhaut ein, wobei die Drüsen mehr und mehr schwinden und die Oberflächenepithelien niedrigere, mehr kubische Formen annehmen, stellenweise selbst ganz zugrunde gehen können (Fig. 809). Das Interstitium erleidet eine narbige Schrumpfung und die Mukosa wird verdünnt, blaß, derb, induriert. Durch narbige Verwachsung gegenüberliegender ulzerierter Wandstellen kann eine partielle oder selbst totale Obliteration des Uteruslumens eintreten. In einzelnen Fällen wurde auch ein Ersatz des Zylinderepithels durch Plattenepithel konstatiert, welches selbst eine Verhornung eingehen kann (Psoriasis uteri). Bei der chronischen Endometritis treten wie schon erwähnt besonders hyperplastische Wucherungen in den Vordergrund, wobei entweder vorzugsweise die Drüsen oder vorwiegend das interstitielle Bindegewebe betroffen sein können. Es werden je nach dem Vorwiegen der drüsigen oder interstitiellen Wucherung glanduläre und interstitielle Formen

Glan-
duläre
und inter-
stitielle
Formen.

der hyperplastischen Endometritis unterschieden. Die Drüsen erfahren dabei eine Vergrößerung, namentlich Verlängerung und werden hierdurch oft geschlängelt und korkzieherartig gewunden, so daß sie auf Schnitten durch die Schleimhaut säge-förmig gezackt erscheinen (Fig. 808); vielfach zeigen sie auch Ausbuchtungen und Ver-zweigungen sowie oft in das Lumen hineinragende papilläre Wucherungen.

Diese Wucherungen können unter Umständen so hohe Grade erreichen — Endo-metritis glandularis hyperplastica —, daß förmlich geschwulstartige Wucherungen zustande kommen, welche bald mehr umschriebenen Adenomen (s. unten) gleichen, bald sich in diffuser Ausdehnung über die Innenfläche des Uterus erstrecken, nicht selten auch polypös gestielt sind. Man spricht dann von einer Endometritis fungosa oder poly-posa. Sehr oft ist der Prozeß mit Bildung kleinerer und größerer Zysten verbunden; auch die polypösen Hervorragungen sind des öfteren aus zystisch erweiterten Drüsen zusammen-gesetzt. Endo-metritis glandularis hyper-plastica und polyposa.

In manchen Fällen findet man das Stroma der gewucherten Uterusschleimhaut mehr oder weniger dicht von dezidualen Zellen durchsetzt, welche sich von den übrigen Endo-metritis decidualis.

Fig. 809.
Atrophierende Endometritis.
Bildung von induriertem Bindegewebe, Schwund der Drüsen und des Oberflächenepithels.
Nach Döderlein, in Veits Handb. d. Gyn. Bd. II.

Bindegewebszellen der normalen und der entzündeten Uterusschleimhaut schon durch ihre bedeutendere Größe, ihren großen, hellen Kern und durch ihre manchmal epithelähnliche Zusammenlagerung unterscheiden: Endometritis decidualis. Der Prozeß kommt nament-lich im Anschluß an Aborte zur Ausbildung, und dann handelt es sich um persistierende Elemente einer echten Dezidua, welche anstatt sich zurückzubilden, in Wucherung geraten und auch die übrigen Schleimhautelemente zur Proliferation anregen. Doch können sich auch sonst aus den interstitiellen Zellen der Uterusschleimhaut bei Endometritis ganz dezidua-artige Zellen bilden.

Über die Endometritis exfoliativa s. S. 779.

Die Schleimhaut des Cervikalkanals und die Außenfläche der Portio cervicalis nehmen in vielen Fällen an den chronisch-entzündlichen Veränderungen teil; als Eingangs-pforte für die Entzündungserreger ist die Cervikalschleimhaut vielfach sogar in erster Linie beteiligt, während die hauptsächlich durch zirkulatorische oder nervöse Einflüsse unterhal-tenen Hyperplasien der Uterusschleimhaut (s. oben) oft am inneren Muttermund abschneiden. Auch der Cervikalkatarrh ist durch entzündliche Rötung und Schwellung der Schleimhaut mit zellig-seröser Durchtränkung sowie durch vermehrte Schleimsekretion ausgezeichnet; daneben bestehen auch hier lebhafte Wucherungen an den Drüsen und im interstitiellen Cervikal-katarrh.

Bindegewebe. Eine besondere Eigentümlichkeit der Cervikalschleimhaut besteht darin, daß sehr häufig in ihren tieferen Lagen Abschnürungen der gewucherten Drüsen stattfinden, welche sich zu kleinen, mit Schleim oder eiteriger Masse gefüllten Retentionszysten erweitern; sie stellen in vielen Fällen die als Ovula Nabothi bekannten Gebilde dar.

Ovula Nabothi.

Ektropion. An der Außenfläche der Portio cervicalis sind das Ektropion und die sog. Erosionen die wichtigsten Vorkommnisse. Ein Ektropion (Umstülpung der Muttermundslippen nach außen) kann nach Einrissen an dem Cervix dadurch zustande kommen, daß das Orificium externum stark zum Klaffen kommt, und dadurch die Cervikalschleimhaut nach außen evertiert wird (Lazerationsektropion); oder das Ektropion entsteht dadurch, daß die Eversion der Schleimhaut des Muttermundes durch entzündliche Schwellung oder durch neoplastische Verdickung derselben eintritt, oder durch ringsum wirkenden, nach oben gerichteten Zug am Scheidengewölbe, wie er namentlich bei Prolaps und Retroflexio uteri eintreten kann.

Erosionen. Unter Erosion versteht man eigentümliche, dunkelrot gefärbte, feuchtglänzende, etwas unebene Stellen an der Portio, welche sich bei der mikroskopischen Untersuchung dadurch charakterisieren, daß sich in ihrem Bereich statt des normalerweise die Portioschleimhaut überziehenden Plattenepithels eine Lage von einschichtigem Zylinderepithel vorfindet; d. h. diese gewöhnlich als „Erosion" bezeichnete Veränderung stellt schon ein späteres Stadium dar, in dem bei Heilung eines entzündlichen Oberflächendefektes (eigentliche Erosion, kleines Ulcus, der anderer Schleimhäute entsprechend) das Zylinderepithel atypisch gewuchert ist. Es kommen entsprechende Stellen offenbar oft angeboren vor („angeborene histologische Erosion"). Sehr häufig findet man an Erosionen starke Wucherungen des Zylinderepithels und der Cervikaldrüsen, welche oft tief in das Gewebe eindringen und nicht selten sogar bis in die Muskulatur hineinwachsen; durch sehr zahlreiche, tief greifende Einsenkungen von Drüsen und papilläre Wucherungen des dazwischen liegenden, entzündlich infiltrierten Schleimhautgewebes kann die Erosion eine zerklüftete, papilläre Oberfläche erhalten, man spricht dann auch von papillärer Erosion; durch zystische Erweiterung der neugebildeten Drüsen entsteht die follikuläre Erosion.

Papilläre und follikuläre Erosion.

Polypen. Die Cervikalschleimhaut hat endlich eine besondere Neigung zur Bildung von **Polypen**, gestielten Schleimhautwucherungen, gewöhnlich entzündlichen Charakters, in welchen alle Elemente der Mukosa vertreten sein können, welche oft aber einen ausgesprochen zystischen oder auch kavernösen Bau aufweisen.

c) Infektiöse Granulationen des Endometriums.
Tuberkulose.

c) Infektiöse Granulationen des Endometrium.

Die **Tuberkulose** der Uterusschleimhaut ist durch die Einlagerung mehr oder weniger zahlreicher, manchmal erst mikroskopisch nachweisbarer Knötchen in die verdickte Mukosa charakterisiert; im weiteren Verlauf entwickelt sich das gewöhnliche Bild der Schleimhauttuberkulose mit zahlreichen, zum Teil konfluierenden, verkäsenden Herden und Geschwüren (S. 157). Man kann dann eine mit Käse und Eiter gefüllte Höhle finden, die von gelber verkäster und verfetzter Schleimhaut umgeben ist. Die Geschwürsbildung kann selbst auf die Muskulatur übergreifen und ausgedehnte Zerstörungen zustande bringen. Meistens findet sich die Tuberkulose am Uteruskörper, sehr selten an der Schleimhaut des Cervix; sie nimmt ihren Ausgang fast immer von den Tuben her und tritt meist auch in der Gegend der Tubenmündungen zuerst auf. Die Tuberkulose kann bis in die Vagina hinabreichen.

Syphilis. **Syphilis** kommt hie und da in Form von Primäraffekten an der Portio vaginalis uteri vor.

2. Myometrium.

d) Involutionsvorgänge und Atrophie des Uterus.

Eine physiologische Involution des Uterus findet im Klimakterium, in noch stärkerem Maße im höheren Alter als senile Atrophie statt; der Uterus wird im ganzen kleiner, seine Wand mehr und mehr bindegewebig, derb, dabei schlaff, während die verdickten Gefäße sehr stark hervortreten. Ohne nachweisbare spezielle Ursache kommt ein ähnlicher Zustand auch in früherem Alter bei Klimacterium praecox, sowie als präsenile Atrophie vor, ebenso auch nach vollkommener Entfernung oder Verödung der Ovarien (Kastrationsatrophie).

Bei der puerperalen Involution verkleinern sich die Muskelfasern unter Auftreten von Fetttröpfchen, ohne daß sie jedoch dabei völlig zugrunde gingen. Der Muttermund bleibt bis zum 10.—11. Tage nach der Entbindung offen; in der ersten Zeit finden sich Einrisse in dem Cervix; auf Durchschnitten durch die Wand des Uterus zeigen sich seine Gefäße sehr stark klaffend; die Innenfläche des Kavum ist mit leicht abziehbaren Deziduaresten belegt; die Plazentarstelle zeigt reichliche thrombosierte Gefäße. Die Zeit der Rückbildung beträgt ungefähr 6—8 Wochen; während derselben ist der Uterus von weicher, schlaffer Konsistenz. Das Lochialsekret ist vom 10. Tag ab nicht mehr blutig, sondern hell, rahmartig (Lochia alba).

Der nach der Gravidität zurückgebildete Uterus kehrt nicht ganz auf das Volumen und die Form des virginalen Uterus zurück; er bleibt etwas größer und mehr abgerundet, sein Zervikalteil ist gegenüber dem Körper klein, das Ostium externum stellt einen mehr rundlichen, zackigen, narbig eingekerbten Spalt dar (Maße: Höhe 9—10, Dicke 2, Breite zwischen den Tuben 5,5—7,5 cm); auf Durchschnitten durch die Wand zeigen sich die Gefäße dickwandig, stärker hervortretend. Die Veränderungen sind im allgemeinen um so stärker ausgesprochen, je mehr Graviditäten durchgemacht worden sind.

Unter puerperaler Atrophie versteht man einen Zustand von Rückbildung des puerperalen Uterus, wobei seine Muskelfasern nicht nur, wie bei der physiologischen puerperalen Involution verkleinert werden, sondern in mehr oder weniger großer Zahl durch Nekrose vollständig zugrunde gehen; die puerperale Atrophie schließt sich an Erkrankungen im Wochenbett, insbesondere an infektiöse Genitalerkrankungen an. Ihr steht die sog. Metritis dissecans nahe, bei welcher umschriebene größere Partien von Uterusgewebe völlig zugrunde gehen.

Bei stillenden Frauen findet regelmäßig eine Hyperinvolution des Uterus statt, d. h. er wird absolut kleiner, als unter normalen Verhältnissen: Laktationsatrophie. Während diese für gewöhnlich einen transitorischen Zustand darstellt, kann sie unter pathologischen Verhältnissen höhere Grade annehmen und dauernd werden.

Zum Teil restitutionsfähige, zum Teil dauernde Atrophien des Uterus können sich ferner im Anschluß an verschiedene Allgemeinerkrankungen auch außerhalb des Wochenbettes einstellen; zum Teil schließen sich diese Atrophien des Uterus erst sekundär an Verödung der Ovarien an, wie letztere bei akuten Infektionskrankheiten, bei Diabetes, Morbus Addisonii, Basedowscher Krankheit vorkommen kann; endlich kann eine Atrophie des Myometriums auch im Gefolge von anderweitigen Erkrankungen des Uterus selbst eintreten.

Die äußere Form des Uterus ist bei seinen atrophischen Zuständen verschieden; in vielen Fällen bleibt die Cervix verhältnismäßig unbeteiligt, resp. nimmt nur in dem Maße an der Verkleinerung teil, in welchem die Organe des gesamten Geschlechtsapparates überhaupt eine Reduktion ihres Volumens dabei erfahren. Wird der Uterus im ganzen kleiner, so bezeichnet man den Prozeß auch als konzentrische Atrophie; nimmt hauptsächlich die Wanddicke des Organs ab, so daß seine Höhle dabei unverhältnismäßig weit wird, so spricht man von exzentrischer Atrophie. In vielen Fällen behält der atrophische Uterus, wie bei der puerperalen Rückbildung, eine abnorm weiche Konsistenz (Marzidität desselben).

e) Zirkulationsstörungen und Entzündungen des Myometrium.

Akute entzündliche Prozesse in der Uterusmuskulatur, welche als akute Metritis bezeichnet werden, schließen sich namentlich an puerperale (s. unten) und gonorrhoische Formen der Endometritis, ferner an Verletzungen des Uterus an; man findet den Uterus in diesem Zustande angeschwollen; seine Muskularis zellig-serös infiltriert. Über die eiterige Form s. S. 805).

2. Myometrium.

d) Involutionsvorgänge und Atrophie des Uterus.

Physiologische Involution.

Präsenile Atrophie.

Puerperale Involution und Atrophie.

Laktationsatrophie.

Sonstige Atrophien.

e) Zirkulationsstörungen und Entzündungen des Myometriums.

Akute Metritis.

Unter dem Namen **chronische Metritis** faßt man Zustände dauernder Vergrößerung des Uterus zusammen, welche in einer Hyperplasie der das Myometrium zusammensetzenden Gewebselemente begründet sind.. In manchen Fällen, welche vielleicht als frühe
Stadien gedeutet werden dürfen, zeigt sich eine Durchtränkung und Auflockerung
des Myometriums, während dies mit der Dauer des Prozesses immer mehr und mehr
eine derbe, narbenartig zähe Beschaffenheit annimmt. Als Endeffekt des Prozesses darf
man wohl eine auf Kosten der Muskulatur erfolgende, in erster Linie die perivaskulären
Züge betreffende Zunahme des Bindegewebes betrachten. Von manchen Untersuchern
wird aber auch über eine Hypertrophie der Muskelelemente des Myometriums berichtet,
einen Zustand, welcher vielleicht auf mangelhafte puerperale Involution zu beziehen ist.
Vielfach wird auch eine ausgesprochene venöse Überfüllung und eine Dilatation der Lymphräume betont. Die Wanddicke des Organs kann bis auf 2—3 cm zunehmen. Allem Anschein
nach handelt es sich um Zustände, welche sich aus verschiedenen Veranlassungen entwickeln
können und einerseits eine venöse Stauung im Uterus, andererseits ein Zurücktreten der
Muskulatur mit relativem oder absolutem Überwiegen des Bindegewebes, schließlich auch
richtige fibröse Induration gemeinsam haben. So entsteht der Gesamtprozeß zum Teil
wohl als Folge einer chronischen Entzündung der Uteruswand, zum Teil beruht er auf
mangelhafter Rückbildung der während der Gravidität hochgradig veränderten
Uteruswand; in anderen Fällen ist er vielleicht auf, durch nervöse und vasomotorische
Einflüsse bedingte, kongestive Zustände zurückzuführen, die mit Neubildungen oder Adnex-
erkrankungen häufig verbunden sind, und sich auch am Endometrium oft geltend machen
(S. 780). In wieder anderen Fällen ist an eine hypoplastische Ausbildung der Uteruswand, und endlich an allgemeine Zirkulationsstörungen (Herzfehler) zu denken.

Ob, wie neuerdings vermutet wurde, das Wesentliche der Erkrankung in einer durch mangelhafte
Kontraktionsfähigkeit des Uterus bedingten venösen Stauung begründet ist, durch welche dann auch
die gerade hier vielfach vorkommenden Menorrhagien zu erklären sein würden, müssen erst weitere Untersuchungen lehren.

Vielleicht kommt das Bild der chronischen Entzündungen des Uterus auch als Folge besonders
starker Menstruationen bei Affektionen des Ovarium zustande (Metropathia chronica nach Aschoff).

Als **Cervixhypertrophie** bezeichnet man eigentümliche Formen von Volumenzunahme des Cervix,
welche namentlich zu einer Verlängerung dieses führen, so daß es weit in die Scheide herabreicht und einen
Prolaps des Uterus vortäuschen kann; in gewissen Fällen folgt ein Prolaps der Vagina. Betrifft die
Vergrößerung nur die eine Muttermundslippe, so bildet diese einen rüsselförmigen Vorsprung. Zum Teil
handelt es sich bei diesen Formen um den Effekt entzündlicher Wucherungen (also Pseudohyper-
trophien), zum Teil treten sie aus unbekannten Anlässen auf.

Die **Tuberkulose** ergreift das Myometrium vom Endometrium aus.

f) Tumoren des Uterus.

Die oben beschriebenen hyperplastischen Wucherungen der Uterusschleimhaut

werden als **Adenome** bezeichnet, wenn sie in umschriebener Form auftreten; sie können
flache oder knotige Einlagerungen darstellen oder, was sehr häufig ist, als **gestielte Polypen**
hervorwachsen und selbst durch den Cervikalkanal hindurchtreten. Vielfach zeigen sich
auch die Drüsen zystisch erweitert und mit einem schleimigen oder kolloiden Sekret gefüllt
(zystische Polypen).

Auf Polypen beobachtet man nicht selten einen wenigstens stellenweisen Überzug von Plattenepithel an Stelle des Zylinderepithels. Bei einfacher Endometritis chronica ist eine derartige Epider-
moidisierung selten.

Unter follikulärer Hypertrophie der Portio vaginalis bezeichnet man adenomartige
Wucherungen, welche zu einer polypösen Verlängerung der Muttermundslippen führen.

Adenomatöse Wucherungen können sich aber auch in der Tiefe, also in der Muskularis
finden. Gehen die Drüsen schon normaliter etwas in die Muskulatur hinein, aber nur in die
obersten Lagen, so liegen hier die Epithelien in Drüsenform in größeren Konvoluten in der
Muskularis. Das Fehlen atypischer Wucherung zeigt, daß kein Karzinom vorliegt. Diese
Adenome sind gegen entzündliche Endometritiden mit Drüsenwucherungen
hingegen kaum scharf abzugrenzen. In einem Teil der Fälle handelt es sich offenbar
um Drüsenverlagerung im Sinne einer kongenitalen Gewebsmißbildung.

Das **Karzinom** des Uterus kann von der Außenfläche der Portio cervicalis oder von der Schleimhaut des Zervikalkanals, oder von der des Uteruskörpers seinen Ausgang nehmen. Am häufigsten ist das **Karzinom der Portio**; es beginnt mit Entstehung eines etwas vorragenden Knotens oder einer zottig-papillären, manchmal stark verzweigten, blumenkohlartig aussehenden Prominenz, bildet aber sehr bald ein zerklüftetes, leicht blutendes, mit aufgeworfenen Rändern versehenes Geschwür, welches in den ersten Stadien Ähnlichkeit mit einer Erosion (S. 782) haben kann. In den meisten Fällen ist das Karzinom der Portio ein Plattenepithelkrebs (**Kankroid**), welcher oft eine ausgesprochene Verhornung der Epithelnester erkennen läßt, doch kommen auch Krebse von Krompecher-schem Typus (s. S. 235), ferner mit kubischen oder polymorphen Epithelien, sowie Zylinderepithelkarzinome vor, welch letztere aus Herden von Zylinderepithel der Portio ihren Ausgang nehmen (S. 782).

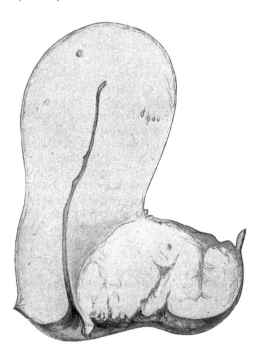

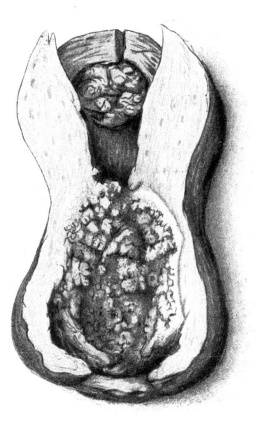

Fig. 810.
Infiltrierendes Karzinom einer Muttermunds-
lippe.
(Zeichnung von C. Ruge.)   (Aus Veit, l. c.)

Fig. 811.
Carcinoma cervicis mit Metastase im Corpus uteri.
(Nach Winter, in Veit, l. c.)

Im weiteren Verlauf durchsetzt das Karzinom sehr bald die Tiefe der Cervikalportion und greift in erster Linie auf das Scheidengewölbe und das perivaginale Bindegewebe über, hat dagegen wenig Neigung, den Uteruskörper in Mitleidenschaft zu ziehen; es hängt dies mit der Anordnung der Lymphbahnen und der Richtung des Lymphstromes zusammen; es vereinigen sich nämlich die Lymphgefäße der Portio und des Corpus uteri an der Kante des Cervix und verlaufen dann von da gemeinsam mit den Vasa uterina; es ist dies eine Richtung, welcher auch das Portiokarzinom in seiner weiteren Ausbreitung folgt.

Die Portiokarzinome sind nicht scharf zu trennen von den von der Schleimhaut des Cervikalkanals ausgehenden **Kollumkrebsen.** Sie sind am häufigsten Krompecherkarzinome (Basalzellenkarzinome) s. S. 235. Sie wachsen im allgemeinen rascher als die vorige Form und dringen nach oben in den Uteruskörper ein, ganz besonders auf dem Lymphwege. Auch die regionären Lymphdrüsen erreichen sie meist bald auf diesem Wege. Des weiteren greifen sie schneller auf die Umgebung, insbesondere die Blase und das Beckenbindegewebe über (s. unten). Auch Adenokarzinome und Schleimkrebse kommen an dem Zervix vor.

Fundus-karzinom. Seltener als die beiden eben angeführten Formen ist das **Karzinom des Uteruskörpers (Funduskrebs).** Es geht von den Drüsen der Uterusschleimhaut aus und beginnt mit Bildung markig aussehender, weißlicher oder flacher Knoten, welche die Uteruswand bald in großer Ausdehnung durchsetzen und sich oft auch in Form zerstörender Wucherungen an der Innenwand der Gebärmutter ausbreiten, so zwar, daß der Uteruskörper vollkommen verschwinden kann und an seiner Stelle nur noch eine von krebsigen Massen ausgekleidete Zerfallshöhle zu finden ist. Meist macht die Neubildung am Orificium internum uteri Halt; auch bei ausgedehnter Zerstörung des Uterus greift sie nur selten und erst spät auf den Cervikalteil über. Es sind Zylinderepithelkrebse und zwar können wir hier die malignen Adenome und Adenokarzinome unterscheiden. Die malignen Adenome sind besonders in Curettements oft schwer von gutartigen Adenomen oder auch von hyperplastischen glandulären Endometritiden zu unterscheiden. Liegen die Drüsen dicht aneinander („dos à dos") fast ohne Zwischensubstanz, so ist dies stets verdächtig. Atypischer Bau der Epithelien und evtl. mehrfache Schichtung der Zellen einzelner Drüsen beweisen dann die Malignität. Ist die Atypie eine größere und liegen außer drüsenartigen Bildungen auch solide Haufen oder Beginn solcher vor, so bezeichnen wir das Karzinom als Adenokarzinom. In weiteren Formen sieht man von allen solchen Bildungen nichts mehr. Viel mehr bilden die Karzinomzellen nur solide Massen und Stränge; solides oder indifferentes Karzinom. Sehr selten kommen Plattenepithelkrebse oder gemischte Zylinder- und Plattenepithelkarzinome im Corpus uteri zur Beobachtung.

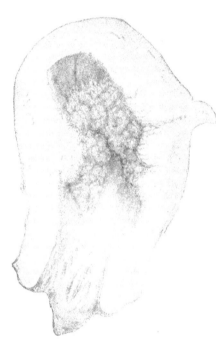

Fig. 812.
Carcinoma corporis.
(Zeichnung von C. Ruge.)
(Nach Winter, in Veit, l. c.)

Wachstum der Karzinome. Allen Krebsen des Uterus ist die Neigung zu Zerfall der neugebildeten Massen und Bildung eiternder oder stark jauchiger Geschwüre gemeinsam. Sie durchsetzen sehr bald das Beckenbindegewebe, welches oft in eine sehr derbe, von reichlichen zusammenhängenden Geschwulstknoten erfüllte Masse umgewandelt wird. Sehr frühzeitig kommt es ferner zum Übergreifen der Neubildung auf die Blase und die unteren Enden der Ureteren, welch letztere von dem Tumor komprimiert oder durchsetzt werden, so daß sich eine Hydronephrose (S. 629) ausbilden kann, und nicht selten urämische Symptome eintreten. Auch die Wand des Rektums wird in vielen Fällen von krebsigen Massen infiltriert. Durch den geschwürigen Zerfall der letzteren entstehen zwischen Uterus, Blase, Scheide und Mastdarm häufig Uterus-Blasenfisteln, Blasen-Scheidenfisteln und andere abnorme Kommunikationen.

Meta-stasen-bildung. Metastasen bilden die Uteruskarzinome in erster Linie in die Lymphdrüsen des kleinen Beckens, die inguinalen Lymphdrüsen, die retroperitonealen Lymphdrüsen, besonders in der Umgebung der Arteria und Vena iliaca, dann die um die Aorta abdominalis, später auch auf dem Blutwege in die verschiedensten Organe, namentlich Ovarien, Leber und Lungen.

Die Uteruskrebse, von denen man des weiteren noch weiche — Medullarkarzinome — und härtere, mehr skirrhöse Formen unterscheiden kann, gehören zu den am häufigsten vorkommenden Karzinomen überhaupt; sie machen ungefähr ein Viertel aller krebsigen Erkrankungen aus. Sie können auch aus den oben besprochenen hyperplastischen Schleimhautwucherungen hervorgehen. Karzinome des Uterus gehen sehr häufig mit Blutungen einher, oft das erste klinische Anzeichen. Es gesellen sich Entzündungen des Endo- und Myometriums hinzu, ferner durch Verschluß der Höhle Erweiterungen weiter aufwärts (s. unten). Häufigkeit.

Das Collumkarzinom ist etwa zehnmal so häufig als das Corpuskarzinom. Die Ovarialkarzinome betragen etwa 11%, die der Vulva 4%, der Vagina 2% und der Tuben 1% der Uteruskarzinome (nach Schottländer).

Fig. 813.
Großes Myom des Uterus (a). Die Vorderwand des Uterus ist aufgeschnitten (bei b). Rechts ist die Tube verkürzt (c). Links ist sie aufgetrieben und mit Eiter gefüllt = Pyosalpinx (d).

Von anderen Geschwülsten des Uterus kommen sehr häufig **Myome** vor. Sie enthalten, wie glattes Muskelgewebe überhaupt, geringe Mengen von Bindegewebe. Je nach ihrer Lage und der Richtung ihres Wachstums unterscheidet man subperitoneale Myome, wenn sie nach außen von der muskulösen Uteruswand wachsen, submuköse Formen, welche nach dem Lumen zu wachsen, die Schleimhaut vorstülpen und zu Polypen werden, intraparietale oder interstitielle Myome, welche mitten im glatten Muskelgewebe der Uteruswand gelegen sind, und endlich intraligamentöse Myome, welche in die Ligamenta lata hineinwachsen. Die polypösen Myome können durch den Muttermund hindurch in die Vagina herabtreten, ja sogar nach spontaner Abtrennung ihres Stieles ausgestoßen werden. Oft finden sich mehrere Myome nebeneinander. Die Myome sitzen im Corpus; in der Cervicalwand sind sie äußerst selten. Makroskopisch sehen die Myome, die meist Kugelgestalt haben und sehr verschieden groß aber auch ganz mächtig sein können, grauweiß, meist streifig aus. Die Knoten sind zumeist durch eine bindegewebige Kapsel scharf abgesetzt. Seltener ist ein großer Teil des Uterus diffus in Myom verwandelt (diffuse Myomatose). Myome. Verschiedene Formen.

50*

Die Myome gehen meist frühzeitig, zum Teil infolge schlechter Ernährung, regressive Metamorphosen ein. Es findet sich Nekrose, myxomatöse und hyaline Umwandlung, Verkalkung, auch Erweichung. Vor allem aber setzt sich Bindegewebe an die Stelle des zugrunde gegangenen bzw. zu Grunde gehenden Muskelgewebes, und so bestehen die Myome in späteren Zeiten zum großen Teil aus Bindegewebe; sie werden dann, aber nicht ganz richtig, als Fibromyome bezeichnet. Auch Umwandlung in Knorpel oder Knochen kommt vor. Durch Erweiterung von Lymphbahnen inmitten des Myoms können Zysten entstehen; durch Erweiterung der Blutgefäße kann ein kavernöses Aussehen resultieren.

Über Drüseneinschlüsse in den Myomen und die sog. **Adenomyome,** besonders der Tubenwinkel s. S. 199. In seltenen Fällen können aus ihnen auch Karzinome entstehen.

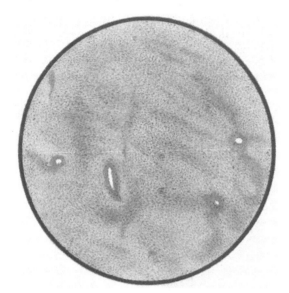

Fig. 813 a.
Myom des Uterus.

Muskulatur gelb, Bindegewebe rot.

Als Folgezustände kommen bei großen Myomen Verdrängung des übrigen Uterus und Lageveränderungen desselben sowie Formveränderungen der Höhle, Kompression der anderen Beckeneingeweide, Erschwerung von Befruchtung, Geburten etc. vor. Die Mucosa zeigt häufig neben den Myomen hyperplastische Wucherungszustände (S. 780), das Myometrium eine Hypertrophie oder Atrophie seiner Muskulatur mit relativem oder absolutem Überwiegen seiner bindegewebigen Bestandteile (chronische Metritis, s. S. 784).

Fig. 814.
Beginnende aber ausgedehnte hyaline Degeneration eines großen Korpusmyoms. Zeiß Lupe. Oc. 4.
(Nach Veit, l. c.)

Ihren Ursprung verdanken die Myome wahrscheinlich entwickelungsgeschichtlicher Anlage. So sind kleine, in ganz frühen Lebenszeiten gefundene Muskelherde, deren

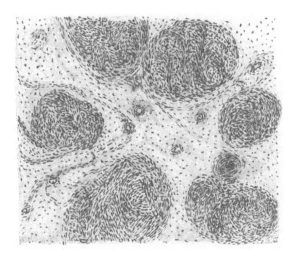

Fig. 815.
Beginnende schleimige Degeneration mit ungewöhnlich scharfer Abgrenzung gut erhaltener Myombündel.
Leitz. Oc. 3. Obj. 3.
(Nach Veit, Handb. d. Gynäk.)

Struktur etwas von der übrigen Uterusmuskulatur abweicht, als Grundlage der Myome gedeutet worden.

In seltenen Fällen sind die Myome malign und können dann auch eine **sarkomatöse** Struktur annehmen (s. Myosarkome, S. 199). Doch darf man nicht jedes zellreiche Myom

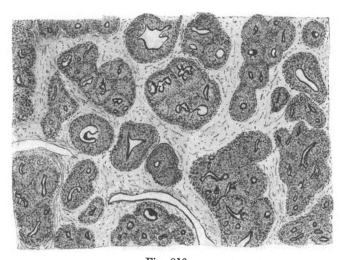

Fig. 816.
Adenomyom des Uterus aus Resten der Urniere oder des Wolffschen Ganges. Leitz. Oc. 1. Zeiß. Lupe 7.
(Nach Veit, l. c.)

für ein Myosarkom halten. Bei letzterem treten sehr ungleiche und große Zellen sowie Riesenzellen und besonders zahlreiche Mitosen auf. Daneben besteht infiltratives Wachstum und evtl. Metastasen. Weit seltener macht das Myom als solches, ohne sarkomatös zu entarten, Metastasen in andere Organe (**maligne Myome**).

Sarkome des Uterus sind überhaupt seltene Tumoren; sie treten entweder in Form knotiger, sich rasch ausbreitender Massen innerhalb des Myometriums auf oder nehmen ihren Ausgang von der Mucosa, teils mehr diffus, teils in Polypenform; mikroskopisch können sie sich aus allen möglichen Sarkomzellen zusammensetzen. Mischgeschwülste verschiedener Art (S. 243 ff.) kommen hie und da im Cervicalteil der Gebärmutter vor. Lipome und Lipomyome sind beobachtet.

g) Uterus-
höhle.

Stenose
und Atresie
der Uterus-
höhle.

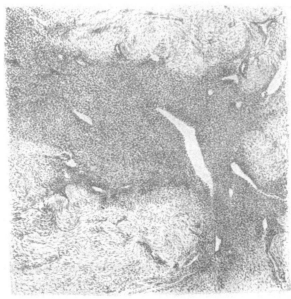

Fig. 817.

Rund-spindelzelliges Sarkom mit dilatierten Kapillaren durchzieht diffus in Zügen ein Myom. Leitz. Oc. 3. Obj. 3.
(Nach Veit, l. c.)

g) Uterushöhle.

Stenose und **Atresie** des Uterus kann angeboren oder erworben vorkommen; im letzteren Falle entstehen sie durch Tumoren, entzündliche Schwellung, Lageveränderungen oder Knickungen. Die Folgen äußern sich meist erst mit Beginn der Geschlechtsreife, indem mit Eintritt der Menses Blut in die Uterushöhle gelangt, hier aber zurückgehalten wird, sich ansammelt und mit Zunahme seiner Menge zur Erweiterung der Höhle führt: **Hämatometra.** Nach dem Zessieren der Menses sammelt sich in der verschlos-

senen Uterushöhle meist nur ein katarrhalisches Sekret an: **Hydrometra**; durch eiterigen Katarrh entsteht die **Pyometra.** Kommt es bei Hydrometra oder Pyometra durch Zersetzung des Inhalts zur Gasentwickelung, so entsteht die **Physometra.**

Einen ähnlichen Effekt wie die Atresie des Uterus hat der Verschluß der Scheide, nur daß dann die Erweiterung nicht auf die Gebärmutterhöhle beschränkt ist, sondern auch die Vagina betrifft (**Hämato-**

etc. -kolpos).

Die Erweiterung des Uterus kann zur Hypertrophie seiner Wand führen oder umgekehrt eine Atrophie und Verdünnung dieser zur Folge haben. Auch Perforationen in andere Hohlorgane des kleinen Beckens kommen als Ausgänge vor.

Auch Fremdkörper werden im Uterus gefunden: so liegengebliebene Tampons oder eingeführte Instrumente, ferner Plazentarreste in Gestalt der sog. Plazentarpolypen oder auch zu freien Körpern losgelöste Teile der Schleimhaut bzw. Tumorteile. Diese Dinge können sich mit Kalk inkrustieren (Uterussteine).

h) Lageveränderungen des Uterus.

Unter normalen Verhältnissen ist bekanntlich die Lage des Uterus eine wechselnde und vorzugsweise durch die Füllung der Blase, des Rektums und den intraabdominalen Druck bestimmt. Bei leerer Blase liegt der Uterus fast horizontal nach vorn und ist etwas über seine vordere Fläche geknickt (physiologische Anteversio und Anteflexio). Pathologische Lageveränderungen bestehen darin, daß der Uterus in einer bestimmten Lage fixiert wird. Dabei kann auch eine Veränderung seiner Gestalt in Form einer Knickung nach irgend einer Seite hin vorhanden sein. Die Lageveränderungen des Uterus haben häufiger außerhalb desselben als in seiner Wandung ihren Grund. Im ersteren Falle sind sie veranlaßt durch Tumoren im kleinen Becken, parametrale Exsudate, welche den Uterus aus seiner Lage verdrängen oder durch schrumpfendes Narbengewebe, das seine Bänder verkürzt und so einen Zug auf ihn ausübt. Im letzteren Falle sind es Tumoren des Uterus selbst, die durch ihr Gewicht seine Senkung in einer bestimmten Richtung bewirken, abnorme Starrheit der Wand, welche seine normale Beweglichkeit beeinträchtigt, oder umgekehrt abnorme Schlaffheit derselben, welche den oben genannten bewegenden Einflüssen an einer bestimmten Seite einen zu geringen Widerstand entgegensetzt, so daß die nach der entgegengesetzten Richtung wirkenden Kräfte das Übergewicht erlangen.

Die einzelnen Lageveränderungen sind:

Veränderungen des Höhestandes: abnormer Hochstand = **Elevatio** und Tiefstand = **Descensus uteri.** Erstere entsteht dadurch, daß der Uterus durch Tumoren aus dem kleinen Becken emporgehoben oder daß der puerperale Uterus durch Verwachsungen am Herabsteigen gehindert wird. Tiefstand des Uterus ist in erster Linie durch Schlaffheit der ihn fixierenden Teile (Beckenboden, Scheide, Ligamente) bedingt, wie sie sich am häufigsten nach Geburten herausbildet. Ferner wirken unter Umständen auch Tumoren, sowie stärkere Anstrengungen der Bauchpresse auf ein Tiefertreten des Uterus hin. Man unterscheidet drei Grade: den Descensus uteri, den unvollständigen und den vollständigen **Prolaps.** Als unvollständigen Prolaps bezeichnet man den Zustand, wenn der Uterus zum Teil aus dem Beckenausgang herausragt, als vollständigen, wenn auch der Fundus außerhalb des kleinen Beckens steht.

Als „Prolaps ohne Senkung" bezeichnet man jene Zustände von Hypertrophie der Vaginalportion, bei denen die letztere so an Länge zunimmt, daß sie aus dem Beckenausgang herausragt, ohne daß der Körper des Uterus einen tieferen Stand zeigen muß (S. 784).

Verlagerungen nach vorne oder hinten: Unter pathologischer **Anteversio** versteht man eine Verlagerung, bei welcher der Uterus in der nach vorn geneigten Lage fixiert ist, unter pathologischer **Anteflexio** eine nicht ausgleichbare Knickung desselben über seine vordere Fläche. Ursachen dieser Zustände sind narbige Adhäsionen an der vorderen Wand, Schrumpfungen der Ligamenta rotunda, die den Uterus nach vorn ziehen, schrumpfende Parametritis posterior, wodurch die Cervix nach hinten und damit der Körper nach vorn gelagert wird; in gleicher Weise wirkt narbige Verkürzung der Ligamenta rectouterina. Unter diesen Verhältnissen entsteht eine Anteflexio, wenn eine Knickung der vorderen Wand zustande kommt, die den Körper stärker gegen die Cervix neigt und nicht mehr ausgleichbar ist, ferner wenn durch mangelhafte Rückbildung im Puerperium die hintere Wand länger bleibt als die vordere, und überhaupt nach Geburten als Folge der Schlaffheit des Uterus.

Retroversio ist eine Dislokation des Uterus nach hinten, so daß seine Längsachse mit der des kleinen Beckens einen nach hinten offenen Winkel bildet. Ist der Uterus über seine hintere Fläche geknickt, so entsteht die **Retroflexio,** wobei der Fundus gegen den Douglasschen Raum herabsinkt. Ursachen sind Erschlaffung der Ligamenta rotunda (damit mangelhafte Fixation nach vorn), oder Parametritis anterior, welche bei der Schrumpfung die Cervix nach vorn zieht und damit den Körper nach hinten verlagert; oder endlich Zerrung und

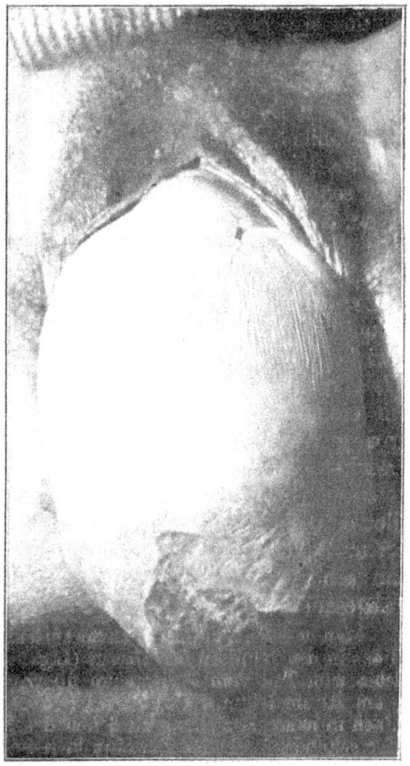

Fig. 818.

Sehr bedeutender typischer Vorfall mit großer Kystocele und beträchtlichem Dekubitalgeschwür.

Nach Veit, l. c.

Verlängerung der Ligamenta sacro-uterina, die ein Abweichen der Cervix nach vorn gestatten. Dabei sind die Wirkungen der Bauchpresse und die Füllung des Rektums unterstützende Faktoren; narbige Perimetritis posterior bewirkt einen Zug auf den Körper und neigt ihn so nach hinten und unten.

Lageveränderungen nach der Seite: **Lateroversio** und **Lateroflexio,** kommen meist mit Retroflexio verbunden vor und sind durch Kürze oder abnorme Adhäsionen des einen Ligamentum latum bedingt.

Drehung um die Längsachse, **Torsio uteri,** entsteht durch schrumpfende parametrale Exsudate oder durch Tumoren des Uterus, resp. der Ovarien, und ist ebenfalls meist mit anderen Lageveränderungen verbunden.

Die **Inversio uteri** besteht in einem Einsinken des Fundus uteri in dessen Höhle, also in einer Einstülpung seiner Wand, und kommt nur zustande, wenn die letztere stellenweise schlaff und die Höhle weit ist, Bedingungen, welche fast nur im Puerperium vorhanden sind; es kann auch am kurz vorher entbundenen Uterus ein geringer Zug auf den Fundus (Plazentarlösung), Druck von Myomen auf ihn etc. genügen, um eine Inversion einzuleiten, welche schließlich so weit fortschreiten kann, daß der

(Marginalien rechts:)

1. Veränderungen der Höhe.

Elevatio und Descensus uteri.

Prolaps.

2. Verlagerungen nach vorne oder hinten.

Anteversio.

Anteflexio.

Retroversio.

Retroflexio.

3. Lageveränderungen nach der Seite.

Lateroversio und Lateroflexio.

4. Drehung um die Längsachse.

Torsio uteri.

Inversio uteri.

ganze Uterus eingestülpt wird und durch den äußeren Muttermund heraustritt — **Inversio uteri completa.** Häufig ist Prolapsus uteri damit verbunden.

Ein Teil des Uterus kann nach operativem Einschnitt (Kaiserschnitt) eine Ausbuchtung — **Uterushernie** — zeigen.

D. Uterusbänder, Parametrium, Perimetrium.

In der Umgebung der Cervix uteri sowie in den breiten Mutterbändern um die Ovarien befinden sich größere Venenplexus, welche unter Umständen variköse Erweiterung, Thrombose und Bildung von Phlebolithen aufweisen können: **Variocele parovarialis superior** und **inferior.**

Durch Bersten solcher Varizen, ferner durch stärkere Blutungen beim Platzen Graafscher Follikel, bei starken Blutungen in die Tuben, insbesondere auch beim Bersten einer Hämatosalpinx oder Tubenschwangerschaft entstehen Blutungen in das kleine Becken. Nicht selten sind dabei besondere Gelegenheitsursachen, Traumen, starke menstruelle Blutungen, Infektionen oder Intoxikationen die nächste Veranlassung. Die Blutung erfolgt gewöhnlich in erster Linie in die Excavatio recto-uterina und, wenn sie hochgradig ist, auch in die Excavatio ante-uterina, seltener, bei Obliteration des erstgenannten Hohlraumes, in die Excavatio ante-uterina allein. Unter Umständen kann die Blutung so massenhaft sein, daß sie einen letalen Ausgang zur Folge hat; in anderen Fällen entwickelt sich, wenn gleichzeitig eine Infektion statthat, eine tödliche Peritonitis oder doch eine Pelveoperitonitis. Gewöhnlich wird die im kleinen Becken liegende Blutmasse nach einiger Zeit in der Art thrombotischer Gerinnsel organisiert (S. 125 ff.) und durch Bindegewebe abgekapselt, welches sich vom Peritoneum und vom Parametrium her entwickelt. Man findet dann nach längerer Zeit eine von Bindegewebssträngen und -membranen eingeschlossene Blutgeschwulst, ein sog. **Hämatom** oder eine **Hämatocele.** Diese bildet eine eingedickte, schwarzbraune Masse, welche in manchen Fällen vollkommen resorbiert und durch derbes, pigmenthaltiges Bindegewebe ersetzt werden kann. Vielfach erfolgt, wenn schon vorher peritonitische Verwachsungen vorlagen, die Blutung von vornherein in abgesackte Hohlräume.

Man versteht unter Paraemtrium das das Scheidengewölbe und die Cervix uteri umgebende und das in den Bändern des Uterus (Ligamenta lata, Ligamenta sacro-uterina) vorhandene Bindegewebe, welches zum Teil vom Peritoneum überzogen und zum Teil in dessen Duplikaturen eingeschlossen ist. Die am Parametrium vorkommenden Veränderungen stehen diesen anatomischen Verhältnissen zufolge vielfach in naher Beziehung zu denen des Beckenbauchfells. Zum größten Teile sind die Veränderungen beider sekundär und von den einzelnen im kleinen Becken gelegenen Organen (Uterus, Blase, Ovarien, Tuben, Parovarium, Rektum) her fortgeleitet.

Von den Entzündungen des Parametriums, **Parametritis,** kommen zellig-seröse und eiterige Formen vor; außerhalb des Wochenbettes entwickelt sich eine Parametritis meist von der Nachbarschaft her, am meisten vom Uterus aus. Sehr häufig ist eine gonorrhoische Infektion, seltener eine Wundinfektion oder eine Erkrankung des Mastdarms (Fistula ani, Periproctitis) die Ursache. Bei starker, namentlich phlegmonöser Ausbreitung kann das gesamte Beckenbindegewebe Sitz der Erkrankung werden und es können sich Perforationen nach verschiedenen Richtungen, in die Bauchhöhle, die Blase, das Rektum, die Scheide oder durch die Bauchdecken hindurch nach außen, sowie auch Senkung des Eiters und Bildung eines Psoasabszesses anschließen; auch Karies der Beckenknochen kann die Folge sein. In anderen Fällen nimmt der Prozeß einen mehr chronischen Verlauf und seinen Ausgang in Rückbildung oder indurative fibröse Wucherungen.

Als **Perimetritis** bezeichnet man Entzündungen der den Uterus überkleidenden Serosa, im weiteren Sinne Entzündungen des die Beckenorgane bekleidenden Bauchfells überhaupt (Pelveoperitonitis). In der Regel entsteht sie, soweit sie nicht Teilerscheinung einer allgemeinen Peritonitis ist, durch Fortleitung eines Entzündungsprozesses vom Uterus, den Tuben, dem Mastdarm oder dem Parametrium her. In ihrem anatomischen Verhalten entsprechen die akuten wie die chronischen Formen der Pelveoperitonitis ganz den Entzündungen des Bauchfells überhaupt; es finden sich fibrinöse und fibrinös-eiterige Exsudationen, fibröse Verdickungen der peritonealen Bekleidung der Beckeneingeweide, bindegewebige Spangen zwischen letzteren und Adhäsionen zwischen Uterus, Ovarien und Mastdarm. Durch solche Spangen oder durch narbige Retraktion der vom Peritoneum bekleideten Ligamenta lata oder Ligamenta retro-uterina entstehen häufig Lageveränderungen von Ovarien, Uterus oder Tuben oder Knickungen der letzteren. In manchen Fällen bewirken auch die Spangen und Adhäsionen abgesackte Hohlräume, in welche hinein sodann seröse Exsudation oder Eiterung stattfinden kann.

Über die puerperale Parametritis und Perimetritis s. S. 804.

Zysten und **zystenartige Bildungen** entstehen an den Ligamenta lata (von den Serosadeckzellen aus), vom Parovarium aus (Parovarialzysten), vielleicht auch aus Resten des unteren Teils des Wolffschen Körpers, bzw. vom Gartnerschen Gang aus mit Zylinderepithel, aber auch mit geschichtetem Plattenepithel, endlich bei partiellem Offenbleiben des Leistenkanals in der offenen Partie des Processus vaginalis peritonei. Zysten.

Tuberkulose entwickelt sich am Para- bzw. Perimetrium bei solcher der Tuben oder als Teilerscheinung allgemeiner Tuberkulose. Tuber-kulose.

Auf der Serosa des Uterus, der Tuben, Ovarien etc. finden sich zur Zeit der Schwangerschaft — uteriner wie extrauteriner — kleine Knötchen, welche makroskopisch ganz miliaren Tuberkeln gleichen. Es handelt sich hier um eine Entwickelung von Deciduazellen aus der direkt unter dem Oberflächenepithel (-endothel) gelegenen Bindegewebsschicht.

Von **Tumoren** kommen Lipome, Fibrome, Myome, Sarkome, endlich die sich subserös entwickelnden Ovarialkystome in den breiten Mutterbändern vor. Tumoren.

Von Resten des Gartnerschen Ganges aus können Adenome und Karzinome (Zylinderzellen- wie Plattenepithel-Karzinome) entstehen.

E. Vagina und äußere Genitalien.

E. Vagina und äußere Genitalien.

Die Vagina geht eine senile Atrophie ein; sie ist dann in allen Dimensionen kleiner, enger, ihre Wand dünn und schlaff. Senile Atrophie.

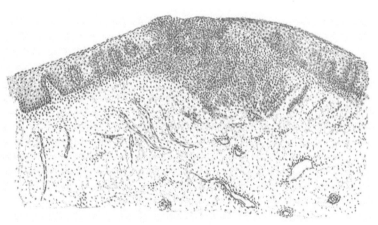

Fig. 819.
Chronische Colpitis.
(Aus Veit, Handbuch der Gynäkologie.)

Akute und chronische **Katarrhe** der Vaginalschleimhaut **(Colpitis)** entstehen am häufigsten im Puerperium und als Folge gonorrhoischer Infektion oder durch reizende Sekrete des Uterus (z. B. bei Karzinom desselben), ferner bei Allgemeinerkrankungen (Diabetes, Skrofulose u. a.). Die Schleimhaut zeigt Rötung, Schwellung, besonders der Columnae und der Papillen und Absonderung eines reichlichen, trüben, zum Teil stark eiterigen Sekrets (Fluor albus). Geht der Katarrh in ein chronisches Stadium über, so findet man eine mehr schieferige fleckige oder diffuse, livide Färbung; Akute und chronische Colpitis.

die geschwollenen Papillen nehmen wieder an Volumen ab, und die ganze Mukosa kann atrophisch verdünnt werden.

Pseudomembranöse Colpitis.
Kruppöse bzw. pseudomembranöse (diphtherische) Colpitis entsteht hie und da hämatogen bei gewissen Infektionskrankheiten (Cholera, Scharlach, Pocken).

Colpitis ulcerosa adhaesiva.
Im höheren Alter kommt eine eigentümliche entzündliche Erkrankung der Scheide vor, die **Colpitis ulcerosa adhaesiva.** An einzelnen Stellen schwindet der Epithelbelag, und es entsteht eine kleinzellige Infiltration; dadurch kommt es zu Verklebungen und Verwachsungen aneinanderliegender Partien der Scheidewände und zu partieller Verengerung oder sogar Verschluß des Lumens der Scheide.

Colpitis follicularis.
Manchmal entsteht, namentlich im oberen Abschnitt der Vagina und besonders im Anschluß an chronischen Scheidenkatarrh, eine **Colpitis follicularis** (miliaris). Dabei finden sich über die Schleimhaut meist stecknadelkopfgroße, grauweiße, mehr verwaschen oder dunkel pigmentierte und dann scharf abgegrenzte Flecken zerstreut, welche ganz flach, etwas prominent, oder vertieft sein können. Über ihnen finden sich ab und zu kleine Substanzverluste, selten Bläschen. Mikroskopisch zeigt sich an den Flecken eine diffuse Infiltration oder eine mehr abgegrenzte, den Lymphfollikeln der Dünndarmschleimhaut vollkommen entsprechende Anhäufung von Lymphocyten; im letzteren Falle finden sich im Zentrum der Herde Lymphräume, in deren Umgebung Lymphektasien.

Colpitis herpetica.
Eine seltene, mit Bläschenbildung einhergehende Erkrankung ist die sog. **Colpitis herpetica.**

Andere Erkrankungen der Vagina.
Seltene Affektionen der Vagina sind deren Erysipel, ferner auch tuberkulöse und syphilitische (gummöse) Entzündungen; von letzteren findet man an der Leiche hie und da die Narben; selten sind syphilitische Primäraffekte.

Lageveränderungen.
Lageveränderungen. Es kann eine Inversion der vorderen oder der hinteren Scheidenwand, d. h. eine Einstülpung derselben in das Lumen, endlich eine totale, ringförmige Einstülpung der Vagina stattfinden. Tritt die invertierte Stelle durch die

Inversion.
Vulva hindurch, so bezeichnet man den Zustand als **Inversio vaginae cum prolapsu.** Die Ursachen der Inversion liegen in der Schlaffheit der Scheide und ihrer Umgebung, wie sie am häufigsten nach Geburten entsteht. Auch sekundär, durch Tiefstand des Uterus, kann die Inversion bedingt sein. Mit der Inversion der vorderen Vaginalwand kann die hintere Blasenwand herabgezogen und so ein Teil des Blasenlumens aus dem

Cystocele und Rectocele vaginalis.
Beckenausgang herausgezogen werden: **Cystocele vaginalis.** In ähnlicher Weise entsteht auch eine Ausbuchtung der vorderen Wand des Rektums bei Inversion der hinteren Vaginalwand: **Rectocele vaginalis.** Die ringförmige totale Einstülpung der Scheide entsteht in der Regel sekundär durch Uterusvorfall und beginnt gewöhnlich im Vaginalgewölbe.

Andere Inversionen der hinteren Scheidenwand.
Seltener wird die hintere Scheidenwand durch höher gelegene Organe — Ovariocele vaginalis — Einstülpung durch ein vergrößertes Ovarium —, Enterocele vaginalis — durch Darmschlingen —, Hydrocolpocele vaginalis — durch Exsudat oder Transsudat in der Bauchhöhle —, Pyocolpocele — durch eiteriges Exsudat in derselben — invertiert.

Verletzungen: Fisteln und Narben.
Von den **Verletzungen** der Vagina und deren Folgen sollen nur die Scheidenfisteln und die Scheidennarben erwähnt werden. Erstere kommen seltener durch Fremdkörper, häufiger im Verlaufe von Geburten, durch zerfallende Tumoren, oder gangränöse Prozesse an Stellen zustande, wo die Scheide mit anderen Hohlorganen physiologisch oder durch pathologische Verwachsungen verbunden ist. Hierher gehören die Mastdarmscheidenfisteln, die Blasen- und Urethralscheidenfisteln, endlich Fisteln zwischen Vagina und ihr adhärenten Dünndarmschlingen.

Tumoren.
Neubildungen. Von Tumoren finden sich Fibrome, Myome, Adenomyome und Fibromyome, ferner Sarkome. Karzinome kommen selten primär, meist sekundär (von der Portio vaginalis des Uterus fortgeleitet) vor. Erstere leiten sich vielleicht z. T. von umschriebenen Plattenepithelverdickungen der Vagina, die man Leukoplakie nennt, ab. In beiden Fällen sind es Plattenepithelkrebse. Sekundär siedelt sich auch das Chorionepitheliom (S. 800) gerne in der Vagina an. An der Vulva kommt das sog. Adenoma tubulare hidradenoides von den Schweißdrüsen ausgehend vor. Besonders in jugendlichem Alter finden sich Mischgeschwülste; sie enthalten öfters glatte und quergestreifte Muskulatur.

Zysten.
Zysten kommen an der Scheide verhältnismäßig häufig vor und sind teils von Drüsen ausgehende Retentionszysten, teils aus dilatierten Lymphgefäßen oder von Resten

der Wolffschen Gänge etc. aus entstanden. Manchmal, besonders bei Schwangeren, ist die Scheide von einer größeren Zahl von Zysten besetzt (Colpohyperplasia cystica oder Colpitis cystica bzw. bei Bildung von Gasblasen Colpitis emphysematosa).

Von **Parasiten** findet sich — namentlich bei Scheidenkatarrhen — Trichomonas vaginalis (S. 322); ferner Soor. Oxyuris vermicularis kann vom Darm her einwandern.
Relativ häufig finden sich in der Vagina Fremdkörper, z. B. vom Uterus ausgestoßene Massen oder therapeutisch eingeführte Pessarien.

Die inneren Flächen der Vulva und die kleinen Schamlippen sind mit Schleimhaut überkleidet, welche an den letzteren allmählich in die äußere Haut übergeht. Dementsprechend findet man an diesen Teilen teils Veränderungen, wie sie an den Schleimhäuten, teils solche, wie sie an der äußeren Haut auftreten. Abgesehen von Verletzungen sind es Ödeme, Hämatome, Entzündungen (Vulvitis), spitze und breite Kondylome, syphilitische Primäraffekte, weicher Schanker, Lupus u. a.; außerdem Hyperplasien, besonders Elephantiasis an den großen Schamlippen, zirkumskripte Fibrome, Lipome, Angiome, Sarkome, Melanome. Das Karzinom tritt als Kankroid an den Schamlippen oder der Klitoris auf. Von zystischen Neubildungen finden sich Dermoide, Atherome, Zysten der Bartholinischen Drüsen u. a. An den letzteren kommen bei Gonorrhoe Entzündungen (Bartholinitis) vor; ferner (selten) Adenokarzinome.

F. Störungen von Schwangerschaft und Puerperium.

Vorbemerkungen.

Von den genaueren Umwandlungen, welche der Uterus unter der Einwirkung des befruchteten Eies eingeht, sowie über die von letzterem stammenden Elemente, — über welche die Lehrbücher der Geburtshilfe genauen Aufschluß geben — sei hier nur kurz folgendes angeführt.

Das Ei wird wahrscheinlich in der Tube nahe dem Uterus befruchtet und nistet sich dann erst im Uterus selbst ein. Die Uterusschleimhaut ist verändert. Ihre Bindegewebszellen (s. unten) werden zu den Deciduazellen, die Drüsen lockern sich auf, werden weit, korkzieherartig gewunden. Die Epithelien quellen, es treten papilläre Wucherungen im Innern der Drüsen auf.

Von den Fruchthüllen unterscheidet man das **Amnion,** eine zarte, von Epithel ausgekleidete Bindegewebsmembran, welche die vom Fruchtwasser erfüllte, den Embryo bergende Fruchthöhle unmittelbar umgibt; das **Chorion,** welches ursprünglich an seiner Außenfläche mit reichlichen Zotten bekleidet ist, die letzteren aber am größten Teile ihres Umfanges durch Rückbildung verliert; endlich die **Decidua,** von welcher wieder einzelne Teile unterschieden werden: Die Decidua vera entsteht durch Wucherung der Uterusschleimhaut; von der Anheftungsstelle des Eies wuchert die Decidua reflexa über dasselbe hinweg und hüllt es ein; sie verschmilzt gegen den fünften Entwickelungsmonat mit der Decidua vera; wo das Ei angeheftet ist, entwickelt sich die Decidua serotina. Bei der Umwandlung der Uterusschleimhaut zur Decidua bilden sich die wuchernden Bindegewebszellen der obersten Schleimhautlagen zu großen, hellen, blasigen Elementen, den Deciduazellen um, welche sich dicht aneinander legen, während die Drüsen allmählich verschwinden.

Im Bereich der Serotina entsteht durch eine eigentümliche Durchsetzung derselben und des wuchernden Chorions die **Plazenta,** von welcher ein fötaler und ein mütterlicher Anteil gebildet wird. Der erstere kommt dadurch zustande, daß im Bereich der Serotina die Chorionzotten nicht zugrunde gehen, sondern sehr stark wuchern und sich teils als Haftzotten an der Serotina ansetzen, teils frei in die von der Serotina her gebildeten mütterlichen Bluträume (intervillöse Räume) hineinwachsen, wo sie vom mütterlichen Blut umspült werden; sie bestehen aus einem zarten, von Gefäßen durchzogenen Schleimgewebe und sind von einer doppelten Lage von Epithelien überkleidet: einer inneren Lage, welche aus kubischen, gegeneinander abgegrenzten Zellen besteht — Langhanssche Zellschicht — und einer äußeren Lage protoplasmatischer, vielkerniger Elemente, welche nicht in einzelne Zellterritorien abteilbar ist. — Synzytium. Teilweise bildet dies Synzytium knospenartige Vorsprünge mit vielen Kernen — synzytiale Riesenzellen.

Die Langhanssche Zellschicht wird jetzt allgemein als Abkömmling des fötalen Ektoblasts aufgefaßt und demzufolge auch als ektodermale Lage bezeichnet, dagegen sind die Meinungen

über die Herkunft der synzytialen Lage noch geteilt; von den meisten wird sie ebenfalls als Abkömmling des fötalen Epithels betrachtet, während andere Autoren sie von den Uterusepithelien
herleiten. Jedenfalls findet ein starkes Hineinwachsen von Zellen des epithelialen Zottenüberzuges in die
Serotina statt. In den späteren Monaten der Schwangerschaft findet man nur noch einen synzytialen
Überzug über den Zotten; die Langhansschen Zellen sind nicht mehr zu erkennen. An der Oberfläche
der Zotten treten später immer reichlicher werdende hyaline Massen auf, welche auf Ausscheidung von
Fibrin beruhen, womit vielleicht auch eine Umwandlung von Gewebselementen in hyaline Massen verbunden ist.

Im Bereich der Serotina (mütterlicher Anteil der Plazenta) finden sich ungefähr vom fünften Monat
ab neben den Deciduazellen eigentümliche, mit mehrfachen oder einem einfachen, aber großen, vielgestaltigen
Kern versehene, sehr große Zellen, die sog. serotinalen Riesenzellen, welche auch in die oberen Lagen
der Uterusmuskulatur eindringen; sie verschwinden erst im Laufe der ersten acht Tage des Puerperiums

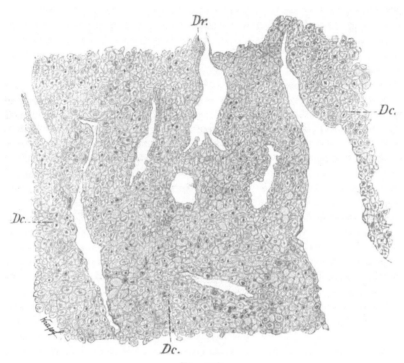

Fig. 820.
Decidua bei regulärer Gravidität.

Stratum proprium-Zellen in große Deciduazellen (*Dc.*) verwandelt; in dieselben eingelagert erweiterte Drüsen (*Dr.*) mit zum
Teil abgeflachtem Epithel.

(Nach Amann, l. c.)

wieder. Auch sie sind als Zellen des wuchernden fötalen Ektoderms zu betrachten, die in die Serotina
einwandern.

Am Ende der Schwangerschaft wird der Isthmus erweitert zum sog. unteren Uterinsegment. Durch
die Muskelkontraktionen wird die Frucht ausgestoßen. In der Involutionsperiode verkleinern sich die
Muskelfasern wieder. Die eröffneten Gefäße thrombosieren. Die Muskulatur des Uterus kontrahiert sich.
So steht die Blutung an der Plazentarstelle. Die Schleimhaut wird sodann gereinigt, und von den Resten
der tieferen Drüsenteile aus regeneriert sich die gesamte Uterusschleimhaut schnell. Die Gefäße der Schleimhaut zeigen später Verdickung der Wand oft mit Bildung hyaliner und enormer elastischer Massen.

Die ganze Schwangerschaft teilt Aschoff zweckmäßig in folgende Perioden ein:
1. Periode der Eiwanderung,
2. Periode der Eieinnistung und des Eiwachstums,
3. Periode der Fruchtausstoßung,
4. Periode der Involution und Regeneration.

a) Extrauteringravidität.

Wenn sich das befruchtete Ei außerhalb des Uterus entwickelt, so entsteht die **Extra-Uterinschwangerschaft,** von welcher man wieder drei Formen, eine tubare, eine ovariale und eine abdominale unterscheidet.

Weitaus am häufigsten von diesen ist die Tubenschwangerschaft. Bei ihr kann sich das Ei im äußeren Teile des Eileiters entwickeln und aus ihm herauswachsen oder auch in einer Tuboovarialzyste entwickeln (Tuboovarialschwangerschaft), oder sich im freien Teil der Tube (einfache Tubenschwangerschaft), oder endlich im Isthmus der Tube (Graviditas tubaria interstitialis) festsetzen. Von der Tubenschleimhaut aus entwickelt sich zwar eine Art von Plazenta, in welche die fötalen Zotten hineinwachsen; aber die Decidua bildet sich spät und unvollkommen, da der Boden weit ungünstiger als im Uterus ist. So wird die ganze Tubenwand von dem sich einfressenden Ei durchsetzt und zerstört, so daß fast nur noch die Bauchserosa als äußere Hülle übrig bleibt. Oft kommt es in den ersten Monaten der Schwangerschaft zu Zerreißungen des Fruchtsackes und

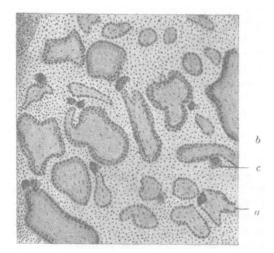

Fig. 821.
Plazentarzotten ($\frac{6 \cdot 0}{1}$)
bekleidet von Synzytium (a) und darunter der Langhansschen Zellschicht (b). Synzytiale Riesenzellen (c). Zwischen den Zotten Blut.

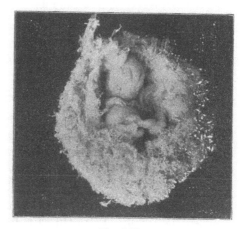

Fig. 822.
Abortivei aus dem Anfang des dritten Embryonalmonats, geöffnet.
Durch die Öffnung sieht man den 25 mm langen Embryo von vorn und etwas von rechts.
Aus Broman, l. c.

Blutungen in die Fruchthüllen und in die Bauchhöhle (Haematocele retro-uterina); soweit nicht ein tödlicher Ausgang erfolgt, bilden sich durch Organisation der Blutgerinnsel massenhafte bindegewebige Membranen, welche den Fruchtsack umhüllen. Das Ei kann frei in die Bauchhöhle gelangen. „Sekundäre Abdominalschwangerschaft" s. u. Bei der noch am relativ häufigsten Graviditas tubaria interstitialis gelangt das Ei, wenn seine Einnistung Blutungen und Durchbrüche durch die Tubenwand bewirkt, abgesehen von der Ruptur nach außen, Tubenruptur, zuweilen nach innen in das Tubenlumen — Tubenabort — und kann so evtl. weiter nach außen befördert werden (kompletter Abort).

Bei der — sehr seltenen — Ovarialschwangerschaft entwickelt sich das Ei an der Oberfläche des Eierstockes und zwar in einem geplatzten Graafschen Follikel, dessen Wand und Umgebung zunächst auch die Eihüllen liefern; im weiteren Verlauf bilden sich von der Umgebung her reichliche bindegewebige Umhüllungen um die Frucht und Verwachsungen mit den Fruchthüllen.

Bei der Abdominalschwangerschaft entwickelt sich das Ei in der Bauchhöhle, am häufigsten im Douglasschen Raum; die Bauchserosa bildet eine deciduaähnliche Wucherung, welche die Frucht einhüllt. Dieser Vorgang ist jedoch nicht sicher bewiesen, jedenfalls extrem selten; am relativ häufigsten kommt eine Bauchschwangerschaft sekundär dadurch zustande, daß eine tubare Sohwangerschaft durch Platzen des Fruchtsackes ein Austreten des Eies in die Bauchhöhle zur Folge hat (s. oben). Die Frucht stirbt meist ab. Der Fötus kann, wenn er nicht resorbiert wird, durch Einlagerung von Kalksalzen zum sog. Lithopädion werden.

Litho-pädion.

Überhaupt kann im Verlauf der Extra-Uterinschwangerschaft der Fötus frühzeitig absterben und resorbiert werden oder Entzündungen seiner Umgebung hervorrufen, welche zu allgemeiner Peritonitis oder zu Perforation in ein Hohlorgan (den Darm, besonders das Rektum) führen.

Decidua-bildung im Uterus.

Im Uterus wird bei einer Extra-Uterinschwangerschaft, wie bei der Uterusschwangerschaft, durch Schleimhautwucherung eine Decidua gebildet und am Ende der Gravidität, oft aber auch früher, ausgestoßen.

Ursachen der Tuben-schwanger-schaft.

Die Ursache der Tubenschwangerschaft ist in Hindernissen zu suchen, welche dem Ei den Weg zum Uterus verlegen: Verschluß des Tubenlumens, Verlust des Flimmerepithels, oder der Mukosa der Tuben, Knickungen, Divertikel etc.

Decidua-bildung der Serosa.

Die Serosa des Uterus und der Umgebung bildet wie bei der gewöhnlichen, so auch bei der Extra-Uteringravidität kleine Knötchen, welche ebenfalls aus Deciduazellen bestehen und unter den Deckzellen gelegen sind (s. oben).

b) Erkrankungen der Plazenta und Eihüllen.

b) Plazenta und Ei-hüllen.

Tritt während des Bestehens einer hyperplastischen Endometritis Schwangerschaft ein oder bildet sich, was namentlich infolge von interkurrenten Infektionskrankheiten vorkommen kann, während der Gravidität eine Endometritis aus, so zeigt auch die Decidua im allgemeinen die der hyperplastischen Endometritis (S. 780) entsprechenden Veränderungen. Namentlich die Decidua vera ist sehr verdickt und mit reichlichen knotigen Einlagerungen und Hervorragungen durchsetzt, die wesentlich durch Wucherung der größeren Deciduazellen bedingt sind. Ähnliche Veränderungen zeigen sich auch an der Decidua reflexa und Decidua serotina. Man bezeichnet den Prozeß als **Endometritis decidualis.**

Endo-metritis. decidualis.

In der Folge kann es zu Blutungen in die Eihäute mit Molenbildung (s. unten) kommen; in seltenen Fällen bleibt die Verwachsung zwischen Decidua vera und reflexa aus, und dann sammelt sich in dem zwischen beiden Häuten bleibenden Zwischenraum ein katarrhalisches Sekret an, welches durch Risse in den Eihäuten manchmal in großer Menge entleert wird: Hydrorrhoea gravidarum.

Hydror-rhoea gravi-darum.

Unter **Blutmolen** versteht man jene Abortiv-Eier, welche längere Zeit nach dem in den ersten Wochen der Schwangerschaft erfolgten Tode des Fötus im Uterus zurückbleiben und durch Blutungen in die Eihäute hinein verändert werden. Indem die Blutergüsse sich zwischen und in den Eihüllen flächenhaft ausbreiten, zum Teil auch ihre einzelnen Schichten voneinander abheben, kommt es zu einer starken Verdickung der Eihüllen, so daß die Eihöhle von einem dicken Mantel geronnenen Blutes umgeben erscheint. Die Blutung kann auch in die Eihöhle hinein durchbrechen. Der Fötus wird bei frühzeitigem Entstehen der Mole oft vollkommen verflüssigt und resorbiert, oder er wird doch in einem Zustand starker Erweichung (s. unten) gefunden. Bei längerem Verweilen im Uterus entfärbt sich die Blutmole durch allmähliche Lösung des Blutfarbstoffes, nimmt eine hellbraune bis gelbliche Farbe an und wird so zur „Fleischmole". Eine solche kann schließlich auch verkalken („Steinmole").

Blutmolen.

Fleisch-und Steinmole.

Von Lageanomalien der Plazenta ist die **Placenta praevia** geburtshilflich wichtig; hierbei bildet sich infolge zu tiefer Ansiedlung des Eies die Plazenta im unteren Teil des Uterus. Man unterscheidet die Placenta praevia marginalis, wenn ihr Rand bis an den inneren Muttermund reicht, die Placenta praevia lateralis, wenn ein Teil der Plazenta den inneren Muttermund deckt und die Placenta praevia centralis, wenn auch bei fast völlig erweitertem Muttermund die Plazenta den inneren

Placenta praevia.

Muttermund noch völlig einnimmt. Die Placenta praevia kann zugleich eine Placenta praevia cervicalis sein, d. h. es können sich plazentare Ausläufer bis tief in den Cervikalkanal, ja durch diesen bis auf die hintere Lippe des Scheidenteils erstrecken. Aschoff nimmt seiner Abgrenzung des Uterus in drei Teile entsprechend (s. oben) eine sehr klare Einteilung der Placenta praevia in Placenta praevia simplex — Sitz zum großen Teil tief unten im Corpus — isthmica und cervicalis vor. Durch die Placenta praevia können gefährliche Blutungen zustande kommen, da ihre Ansiedlungsorte normalerweise weit weniger als das Corpus sich an der decidualen Reaktion beteiligen und auch wenig zur Deciduabildung geeignet sind (und zwar die Cervix noch weniger als der Isthmus), und somit die Gefahr der Arrosion der Gefäße größer wird. Noch gefährlicher aber sind die Blutungen aus der Plazenta nach der Geburt infolge des abnormen Sitzes der Plazenta.

Die Plazenta kann zahlreiche Mißbildungen aufweisen, so eine Zwei- oder Dreiteilung, Hufeisenform oder Unterbrechung durch bindegewebige Septen.

Nicht selten bleiben Teile der Plazenta nach der Geburt in utero zurück. Einmal hindern sie die Involution des Uterus, sodann besteht große Neigung dieser Stellen zu Blutungen. Wird der Plazentarrest von Blut bedeckt, das gerinnt, so spricht man vom Plazentarpolyp. *Plazentarpolypen.*

Blutungen in das Gewebe der Plazenta hinein können Nekrosen in ihr zur Folge haben; sie bilden dunkelrote später hell werdende Stellen, die sich bindegewebig organisieren können. Während der Gravidität entstehende Blutungen aus der Plazenta können Ursache von Abort und Frühgeburt werden. *Blutungen in die Plazenta.*

Die sog. **Infarkte** oder Fibrinkeile der Plazenta bilden derbe keilförmige oder unregelmäßige, oft zackige Herde von weißlich-gelber Farbe, welche Linsen- bis Walnußgröße erreichen und gewöhnlich am Rande des Mutterkuchens gelegen sind, ihn aber auch der ganzen Dicke nach durchsetzen können und oft in reichlicher Zahl vorhanden sind. Sie kommen durch Thrombosen der intervillösen Bluträume der Plazenta zustande. Bei der mikroskopischen Untersuchung ist in ihrem Bereich reichliches, die Zotten umgebendes hyalines Fibrin (vgl. S. 66) nachzuweisen; die Zotten selbst zeigen Kernschwund (Nekrose). Ältere Infarkte können bindegewebig organisiert werden und bedingen dann narbige Einziehungen der Oberfläche. Seltener kommt eine puriforme Erweichung der Infarkte vor. *Infarkte der Plazenta.*

An der Plazenta kommen produktive, zu Bindegewebsbildung führende **Entzündungen** vor, welche knotige oder diffuse, fibröse, manchmal auch verkalkende Einlagerungen in das Plazentargewebe mit sich bringen; öfters schließt sich der Prozeß an den Verlauf der Gefäße an. Die Zotten gehen dabei zugrunde. Die indurierende Entzündung der Plazenta kann ihre vorzeitige Lösung herbeiführen oder auch umgekehrt ihre abnorm feste Verbindung mit dem Uterus verursachen (adhärente Plazenta.) *Entzündungen der Plazenta.*

Manche der indurierenden Entzündungen der Plazenta beruhen wahrscheinlich auf **Syphilis**; in seltenen Fällen sind auch Gummi-Knoten beschrieben worden. *Syphilis.*

Tuberkulose der Plazenta wird bei Tuberkulose der Mutter nicht selten nachgewiesen. Die Bazillen siedeln sich an der Oberfläche der Zotten an, die entstehenden Tuberkel liegen in den intervillösen Räumen, sie wachsen peripher; etwa eingeschlossene Zotten werden nekrotisch. Auch im Innern der Zotten (seltener) entwickeln sich Tuberkel. Ferner siedeln sich die Bazillen in der Decidua basalis an; es kommt hier zu verkäsenden Tuberkeln, welche bis in die intervillösen Räume vordringen. Selten wird die choriale Deckplatte und das Amnion tuberkulös, bzw. nekrotisch. Auch im Körper des Fötus sind Bazillen und Tuberkel nachgewiesen worden (vgl. S. 159), aber sehr selten. Für gewöhnlich scheint die bei Plazentartuberkulose eintretende Verödung der Zottengefäße den Durchtritt der Bazillen in die fötale Zirkulation hintanzuhalten. *Tuberkulose.*

Tumoren der Plazenta, wie Fibrome, Myxome, Angiome kommen vor. *Tumoren.*

Besonders bemerkenswert ist für die Eihäute die **Blasenmole** (Traubenmole, Myxoma chorii multiplex, Mola hydatidosa). Die sog. Blasen- oder Traubenmolen (s. Fig. 824) *Blasenmole.*

entstehen durch eigentümliche Umwandlung der Chorionzotten, welche dabei kolbige Anschwellungen bilden und das Aussehen von zystischen, mit Flüssigkeit gefüllten Blasen erhalten. Die anscheinenden Blasen bestehen aus einem sehr flüssigkeitsreichen, gallertigen Gewebe, welches beim Einstechen eine schleimähnlich aussehende Flüssigkeit entleert.

Der Umbildungsprozeß an den Zellen beruht teils auf Wucherungsvorgängen, an denen mindestens in vielen Fällen das Epithel einen wesentlichen Anteil nimmt, teils auf hydropischen Degenerationsvorgängen des bindegewebigen Gerüstes der Zotten und der wuchernden Epithelien. Die Ovarien zeigen oft gleichzeitig zystische Degeneration der Follikel und besonders starke Entwickelung der Luteinzellen.

Wenn der Umbildungsprozeß an den Zotten sich in einer frühen Entwickelungsperiode des Eies einstellt, so kann die ganze Chorionoberfläche mit traubenartigen Blasen bedeckt und das Ei in toto in eine Blasenmole umgewandelt werden, so daß von Fötus, Plazenta und einer Eihöhle nichts mehr

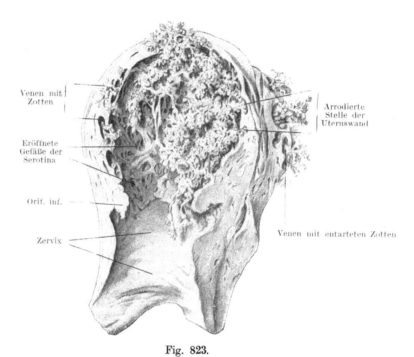

Fig. 823.
Uterus mit destruierender Blasenmole.
Aus Bumm, Grundriß der Geburtshilfe. Wiesbaden, Bergmann. 10. Aufl.

zu erkennen ist. Das ganze Konvolut wird von der Decidua oder, wenn ein solches Ei geboren wird, von Blutgerinnseln zusammengehalten. Auch bei späterem Eintritt der Erkrankung stirbt der Fötus meist ab.

In weniger hochgradigen Fällen betrifft die Molenbildung nur einen Teil des Chorion, oder es ist ein Teil der Plazenta in eine blasige Masse verwandelt. Bei solcher bloß geringer oder partieller Entwickelung der Molenbildung kann der Fötus gut entwickelt sein und sogar völlig ausreifen.

Die wuchernden Zellmassen können bei der Blasenmole auch in die Serotina und die Decidua eindringen und so auch in die Muskellagen des Uterus gelangen. **Destruierende Blasenmole.** Man spricht dann von **destruierender Blasenmole.** Das physiologische Vorbild ist das gewöhnliche Eindringen einzelner Chorionepithelien und Synzytialzellen in die Serotina. Doch ist das hier bei der Blasenmole weit stärker, und diese, besonders die destruierende, bildet somit den direkten Übergang zum malignen Chorionepitheliom.

Chorionepitheliom. Im Anschluß an Schwangerschaft tritt in seltenen Fällen eine eigentümliche Geschwulstform auf, welche als **malignes Chorionepitheliom** (Syncytioma malignum, Deciduom, letzteres kein guter Name, weil die Geschwulst sich nicht von der Decidua ableitet) bezeichnet wird. Es schließt sich zumeist an Blasenmole an und tritt überhaupt meist bei Aborten oder Frühgeburten auf. Der Tumor nimmt seinen Ausgang vom Epithel der Chorionzotten, welches dabei in Form von Zapfen und Strängen in die Uterusmuskulatur, namentlich in die Blutgefäße derselben eindringt, die Uteruswand durchsetzt und destruiert; es bildet schwammige, blutreiche, von nekrotischen Stellen und Blutungen durchsetzte Massen und macht sehr frühzeitig Metastasen. Solche entstehen auf dem Blutwege, indem die wuchernden Epithelien, manchmal sogar ganze Chorionzotten, in die Uterusvenen eindringen und mit dem Blut in verschiedene Organe, besonders in die Lungen, verschleppt werden; daneben entstehen auch oft Implantationsmetastasen (S. 183) in dem Cervix und der Scheide.

Bei der mikroskopischen Untersuchung zeigen sich die Geschwulstmassen in manchen Fällen sehr deutlich aus zwei Zellformen zusammengesetzt, welche den beiden, die Chorionzotten überziehenden Epitheltypen entsprechen: also den kleinen, voneinander scharf abgrenzbaren Zellen vom Charakter der Langhansschen Zellschicht und den großen, vielkernigen, synzytialen Elementen (S. 796), s. auch Fig. 825). Geht dieser charak-

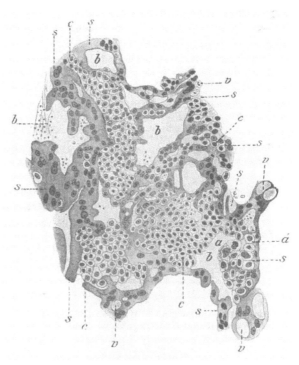

Fig. 825.
Chorionepitheliom.
s synzytiales Balkenwerk. c zelliges Gewebe. v Vakuolen. b Bluträume. a stark vergrößerte Zellen mit größeren Kernen. d große helle Zellen, zum Teil Mitosen in ihnen.
(Nach Marchand, aus Veit, l. c.)

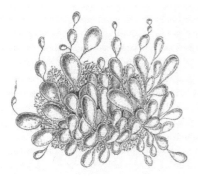

Fig. 824.
Blasenmole. (Nat. Größe.)

teristische Aufbau des Geschwulstgewebes verloren, so findet man bloß synzytiale Massen, oder es entstehen mehr diffuse unregelmäßig angeordnete Zellmassen, so daß der Tumor mehr die Struktur eines großzelligen Sarkoms annimmt. Es gibt auch Fälle, in denen sich Chorionepitheliommetastasen anderer Organe ohne Primärtumor in dem Uterus finden; sie sind offenbar hierher verschleppt und hier erst malign gewuchert. Die sehr bösartige Geschwulst soll in seltenen Fällen spontan ausgeheilt sein. Chorionepitheliomatöse Bildungen in Teratomen (s. S. 243) sind etwas ganz anderes als die eben besprochenen sich an Schwangerschaften anschließenden Chorionepitheliome.

An der Nabelschnur kommt von Veränderungen besonders vor: die Insertio marginalis am Rande der Plazenta und die Insertio velamentosa, wobei die Nabelschnur den Rand der Plazenta nicht erreicht, sondern sich in die Eihäute einsenkt und innerhalb dieser ein Stück weit ohne Warthonsche Sulze verläuft. Knotenbildung entsteht dadurch, daß die Frucht durch eine gekreuzte Schlinge des Nabelstranges hindurchschlüpft; selten ist Absterben der Frucht die Folge. Ferner kommen

Nabelschnuranomalien.

Umschlingung der Nabelschnur, welche selten schon vor der Geburt für den Fötus gefährlich wird; und abnorm starke Drehungen der Nabelschnur in der Längsachse mit Kompression der Gefäße, endlich abnorme Länge vor.

Nabelschnurveränderungen bei Syphilis. Bei Syphilis finden sich an den Gefäßen des Nabelstranges hie und da syphilitische Arteriitis und Phlebitis mit Intimaverdickung und Verengerung des Lumens (s. S. 430), sowie überhaupt Entzündung, die sich aber auch ohne Syphilis vorfindet, wenn auch viel seltener. Verschluß des Lumens der Nabelgefäße wird bei mazerierten Früchten öfters gefunden.

Über die vom Nabel aus entstehenden Infektionen s. S. 565. Über Hernien der Nabelschnur s. S. 281 u. 549.

Zu viel Fruchtwasser (Hydramnion). Von **Hydramnion** spricht man, wenn eine abnorme Menge von Fruchtwasser, mehr als 1—1$^1/_2$ Liter, vorhanden ist. Die Menge kann bis über das Zehnfache der normalen betragen. Ein Hydramnion findet sich unter verschiedenen Verhältnissen bei Erkrankungen der Mutter, doch ist der Zusammenhang seiner Entstehung mit den diesbezüglichen Veränderungen vielfach noch unklar und unsicher. Es sollen von ihnen erwähnt werden: Entzündungen der Decidua, Hyperplasie der Plazenta, Lues der Mutter, allgemeiner Hydrops etc. Oft finden sich bei Hydramnion auch pathologische Zustände am Fötus, welche ebenfalls zum Teil als Ursache der vermehrten Fruchtwasseransammlung angesehen werden, so schwere Mißbildungen desselben, wie Anencephalie, Rhachischisis usw. Infolge starken Hydramnions kann die Frucht atrophisch werden oder sogar absterben.

Bei eineiigen Zwillingen kommt es manchmal im Verlauf weniger Wochen zur Ausbildung eines akuten Hydramnion, und zwar mit Nieren- und Herzaffektion, sowie Hydrops des einen Fötus.

Zu wenig Fruchtwasser. Ist eine abnorm geringe Menge von Fruchtwasser vorhanden, so sind unter Umständen eine ungenügende Abhebung des Amnion von der Oberfläche des Fötus oder Verwachsungen des Amnion mit der Körperfläche des Fötus und die daraus sich ergebenden Mißbildungen (s. S. 267) die Folge.

Abnorme Beimengungen. Von Beimischungen zum Fruchtwasser kommen vor: Mekonium, welches der Fötus indes nur bei Asphyxie entleert; Blutfarbstoff und Zersetzungsprodukte, welche bei Fäulnis oder bei einfacher Mazeration der Frucht entstehen; durch den Blutfarbstoff wird das Fruchtwasser schmutzig verfärbt, durch andere Zersetzungsprodukte getrübt.

c) Veränderungen der Frucht und der Fruchthüllen bei vorzeitiger Beendigung der Schwangerschaft.

c) Veränderungen der Frucht und der Fruchthüllen bei vorzeitiger Beendigung der Schwangerschaft.

Abort und Partus praematurus. Als **Abort** bezeichnet man die vorzeitige Ausstoßung der Frucht, wenn sie in den ersten 16 Wochen der Schwangerschaft erfolgt, während nach dieser Zeit eintretende Unterbrechungen der Gravidität als **Partus immaturus** resp. **Partus praematurus** bezeichnet werden. Die häufigste Ursache des Eintretens des Abortus ist das Absterben der Frucht, welches wiederum durch verschiedene Ursachen, Veränderungen der Eihäute und der Plazenta (s. oben), Erkrankungen der Mutter oder solche der Frucht selbst bedingt sein kann. Von den Erkrankungen der Mutter sind hier besonders zu nennen: akute und chronische allgemeine Infektionen (Pneumonie, Typhus, Masern, Scharlach, Tuberkulose, Lues), Zirkulationsstörungen infolge von Herzfehlern oder Nierenkrankheiten, Vergiftungen. Die Frucht stirbt dabei teils durch direkte Wirkung der Infektion resp. der Intoxikation, teils durch Ernährungsstörungen und Störungen der Zirkulation innerhalb der Plazenta ab. Auch Raumbeengung des Uterus, z. B. durch Tumoren der Bauchhöhle, sowie starke körperliche und psychische Bewegungen können unter Umständen die Ursache des Abortes abgeben. Von seiten der Frucht sind es teils hochgradige Mißbildungen, teils fötale Erkrankungen, besonders Syphilis, welche ihren Tod und damit ihre Ausstoßung veranlassen. Weitaus die häufigste Ursache des intrauterinen Fruchttodes ist eben die kongenitale Syphilis.

Ausstoßen des Eies und der Eihäute. Bei Ausstoßung der Frucht kann das ganze Ei mit den Eihäuten und der Decidua vera abgehen, oder es reißen die Eihäute ein und es geht nur ein Teil derselben mit dem Embryo ab (Decidua reflexa, Chorion und Amnion, oder bloß die beiden letztgenannten, oder bloß das Amnion allein), oder endlich, es kann zunächst bloß der Embryo durchschlüpfen und geboren werden.

Veränderungen abgestorbener Früchte. Ist die Frucht abgestorben, so können doch noch die Eihäute, insbesondere die Chorionzotten, eine Zeitlang weiter wachsen ebenso muß sich nicht an das Absterben der Frucht mit Notwendigkeit sofort ihre Ausstoßung anschließen. Erfolgt der Tod der Frucht in den ersten Schwangerschaftswochen, so kommt es zu der als Molenbildung bekannten Veränderung der Eihäute (S. 799). Die abgestorbene Frucht erleidet Veränderungen, welche je nach der Schwangerschaftsperiode, in welcher der Tod eintritt, sowie nach der Zeit, die der abgestorbene Fötus im Uterus verweilt hat, verschieden gefunden werden. Bei sehr frühzeitigem Absterben, so bei der Molenbildung, wird der Embryo häufig mehr oder **Resorption derselben.** weniger vollständig resorbiert, oder es bleiben bloß einzelne fast unkenntliche Reste von ihm zurück; manchmal entstehen eigentümliche, den Mißbildungen ähnliche Formen, sog. „abortive Mißbildungen". In anderen Fällen, namentlich wenn der Embryo etwas älter geworden ist, kommt es bei längerem Liegen desselben im Uterus zur Mazeration durch die Wirkung des Fruchtwassers; die Epidermis wird **Mazeration derselben.** zunächst in Blasen abgehoben, später in Lagen abgestreift, die Knochen werden in ihrer Verbindung gelöst, schlotterig, die Schädelknochen übereinander geschoben, alle inneren Organe zeigen sich mehr oder weniger erweicht, von blutigem Serum durchtränkt; solches findet sich auch in den Körperhöhlen (Kolliquation **Foetus sanguinolentus.** der Frucht, **Foetus sanguinolentus**); in allen Organen finden sich dabei regelmäßig Hämatoidinkristalle. Daneben sind häufig noch Zeichen der kongenitalen Syphilis vorhanden.

Sind die Eihäute eingerissen, so kann es zu einer faulige Zersetzung der Frucht kommen. In anderen Fällen kann bei sehr langem Verweilen der abgestorbenen Frucht im Uterus ihre Vertrocknung (Mumifikation) eintreten.

Faulige Zersetzung und Mumifikation der Frucht.

d) Puerperale Infektionen.

d) Puerperale Infektionen.

Die puerperalen Entzündungen des Uterus sollen wegen ihres innigen Zusammenhanges mit den am übrigen Genitalapparat beim Puerperalfieber auftretenden Entzündungsprozessen hier gleichzeitig mit diesen letzteren besprochen werden.

Ihren Ausgang nehmen sie von Verwundungen an den äußeren Genitalien (der Vulva, von Dammrissen), der Scheide, der Cervix oder von der Innenfläche des Uterus, welche unmittelbar nach der Geburt stets zahlreiche wunde Stellen und durch frische Thromben verschlossene Gefäßmündungen, namentlich an der Plazentarstelle, aufweist. Als Infektionserreger wird meist der Streptococcus pyogenes gefunden. Wenn im Uterus faulige Zersetzungen stattfinden, so sind die Erscheinungen zum Teil auch auf die Resorption von Fäulnis-Toxinen zurückzuführen (vgl. S. 306). Die Infektionserreger werden durch die Untersuchung mit nicht genügend desinfizierten Händen, Instrumenten etc. eingeführt; es ist aber auch nachgewiesen, daß Eitererreger im Scheidensekret gesunder, nicht gravider Frauen, wie auch in den aus der Scheide stammenden Lochien nicht infizierter Wöchnerinnen vorkommen (nicht dagegen in den aus dem Uterus stammenden Lochien). Es können nun in der Vagina vorhandene Eiter- oder Fäulnisorganismen bei der Untersuchung in den Uterus „hinaufgeschoben" werden, sei es von Ärzten, Hebammen etc., sei es durch die Wöchnerin selbst. Es ist auch denkbar, daß bei mangelhafter Kontraktion des Uterus selbst, und somit auch der an seiner Innenfläche vorhandenen Wundlücken und bei Stagnation des Lochialsekretes die Bedingungen für die Vermehrung der schon anwesenden Bakterien günstiger werden, und so eine Infektion eingeleitet wird („Selbstinfektion"). Zu fauligen Zersetzungen geben besonders zurückgebliebene Plazentarreste Gelegenheit. Ferner sind außer den einfachen Verwundungen drucknekrotische, überhaupt gequetschte Stellen häufige Eingangspforten der Infektionserreger.

Infektionsweg.

Hat eine Infektion stattgefunden, so wandeln sich die Wunden an der Vulva, Vagina, der Cervix etc. bald in Geschwüre mit nekrotischem graugelbem Belag um. Die Geschwüre haben entschiedene Tendenz zu rascher Ausbreitung in die Tiefe und der Fläche nach; an der Vaginalschleimhaut entwickelt sich häufig eine mehr diffuse eiterige Kolpitis, von der aus Cervix- und Uterinschleimhaut ergriffen werden, oder die Infektion beginnt mit ähnlichen Geschwüren in den beiden letzten Teilen. An die Entstehung der Geschwüre schließt sich nun eine Reihe von entzündlichen Zuständen verschiedener Teile des Genitalapparates an, die einzeln für sich, oder miteinander kombiniert vorkommen, wieder zurückgehen oder zu allgemeiner Infektion führen können. Die einzelnen Formen sind:

Geschwürsbildung.

1. Die puerperale Endometritis; sie kann, wie erwähnt, primär durch Infektion der Uterusschleimhaut entstehen, oder von Entzündungen der tiefer gelegenen Teile aus fortgeleitet sein; sie ist eine eiterige oder eiterig-jauchige. Die Innenfläche des Uterus zeigt dabei einen eiterig-fibrinösen, erweichenden, teilweise schmierigen, gelbbraunen Belag, der die ganze Schleimhaut bedeckt, oder nur einzelnen Stellen, besonders der Plazentarstelle und etwaigen Cervixwunden aufliegt. Es handelt sich hierbei nicht nur um Deciduareste oder einfache fibrinöse Auflagerungen, sondern auch die Schleimhaut selbst ist zum Teil verschorft. Häufig finden sich daneben Blutungen. Nach Verletzungen und Druckgangrän oder nach Zurückbleiben von Eihautresten ist die Entzündung öfters eine jauchige (Putrescentia uteri).

1. Puerperale Endometritis.

2. Von den entzündlichen Affektionen des Endometriums aus wird bei der puerperalen Infektion fast regelmäßig auch das Myometrium in mehr oder weniger starker Intensität ergriffen und von zelligen Infiltrationen durchsetzt. Oft findet man auf Querschnitten durch dasselbe eine pralle Füllung der Lymphgefäße mit eiterigem Inhalt, welcher dieselben stellenweise zu großen, glattwandigen Höhlen erweitert; namentlich an den oberen seitlichen Ecken des Uteruskörpers, in der Nähe der Abgangsstellen der Tuben, wo sich die

2. Metritis.

Lymphgefäße sammeln, zeigt sich eine solche Metrolymphangitis oft in hohem Grade. In anderen Fällen weist die Muskulatur eine diffuse, phlegmonöse Infiltration auf, wodurch sie gleichmäßig geschwollen und gelblich verfärbt erscheint; oder es entstehen in ihr zirkumskripte Abszesse, welche sich von den mit Eiter gefüllten dilatierten Lymphbahnen durch ihre unregelmäßigen, fetzigen Ränder unterscheiden.

3. Salpingitis und Oophoritis.
3. Daß von den puerperalen Affektionen des Uterus aus Salpingitis und Oophoritis entstehen können, wurde bereits erwähnt.

4. Parametritis.
4. Von Verletzungen und Entzündungen der Vagina oder der Cervix aus, auch wenn diese an sich geringfügig erscheinen, ergreift die Affektion oft das den oberen Teil der Vagina und die Cervix umgebende und das zwischen den breiten Mutterbändern gelegene Bindegewebe, wie das Beckenbindegewebe überhaupt. Man bezeichnet diese Entzündung dann als Parametritis (s. oben). Mit zellig-seröser Exsudation zwischen den Bindegewebsfasern beginnend, kann sie in diesem Stadium wieder zurückgehen oder ihren Ausgang in schwere eiterige, abszedierende oder phlegmonöse Entzündung nehmen, bei Anwesenheit von Fäulnisorganismen auch einen jauchigen Charakter erhalten. Von dieser Parametritis aus entwickelt sich nicht selten in den Verzweigungen des Plexus uterinus eine Thrombophlebitis. In minder heftigen Fällen steht die Eiterung still und das Exsudat dickt sich zu derben Massen ein, welche knotige oder bandartige, harte Stellen bilden. In ihrer Umgebung entsteht eine indurierende, fibröse Entzündung. Eine solche kann sich auch von Anfang an einstellen, ohne daß es zu eiteriger Exsudation kommt (indurierende chronische Parametritis s. unten).

5. Perimetritis.
5. Eine Entzündung des das kleine Becken auskleidenden Bauchfells, Pelveoperitonitis oder Perimetritis, kann durch Fortleitung einer puerperalen Endometritis, Metritis oder Parametritis, ferner von den Tuben oder den Ovarien her (vgl. Salpingitis, Oophoritis) entstehen. Sie kann eine zellig-seröse, fibrinös-eiterige oder jauchig-eiterige sein. Die Entzündung kann lokal bleiben, wenn rasch durch Verklebungen und Adhäsionen ein Abschluß der nicht zu energisch um sich greifenden Eiterung erzielt wird, oder wenn diese von vornherein in bereits abgesackte Höhlen hinein statthat; in anderen Fällen wird sie zur allgemeinen tödlichen Peritonitis; auch bei den zirkumskripten Formen kann im weiteren Verlaufe eine nachträgliche Perforation in die Bauchhöhle eintreten, worauf diffuse Peritonitis folgt.

6. Thrombophlebitis der Plazentarstelle.
6. Die bei der Geburt eröffneten Gefäße der Uterusinnenfläche werden nach der Entbindung teils durch die Kontraktion des Uterus, teils durch Thromben vorläufig verschlossen, worauf der definitive Verschluß durch obliterierende Endarteriitis (S. 424) erfolgt. Durch faulige Zersetzung liegengebliebener Eihautreste oder durch Auftreten einer puerperalen Endometritis findet leicht eine Infektion der den Verschluß bewirkenden Thromben statt, namentlich an der zahlreiche eröffnete und thrombosierte Gefäße aufweisenden Plazentarstelle. Die Infektion der Thromben führt zur eiterigen oder eiterig-jauchigen Erweichung der Gerinnsel, sowie zu einer Thrombophlebitis. Einerseits pflanzt sich nun die Thrombose von der Wand des Uterus aus auf die Venen des Plexus uterinus, die Vena hypogastrica, Vena spermatica, ja die Cava inferior fort und ruft auch in ihnen Thrombophlebitis und Periphlebitis hervor; andererseits — und das ist eine Quelle sehr rascher Verbreitung und allgemeiner Infektion — entstehen von den erweichenden Gerinnseln aus metastatische Abszesse oder eiternde Infarkte in entfernt gelegenen Organen (S. 142).

7. Thrombophlebitis der Vena saphena. Phlegmasia alba dolens. Erysipel.
7. Außerdem greift die Entzündung von den Genitalien nicht selten auch auf die unteren Extremitäten über und zwar teils in Form einer Thrombophlebitis der Vena saphena magna mit Periphlebitis ihrer Umgebung und sekundärer Phlegmone der Schenkel, teils als Phlegmone der Schenkel ohne vorausgehende Thrormbose („Phlegmasia alba dolens"). Auch ein Erysipel der äußeren Genitalien, der Oberschenkel oder auch anderer Körperstellen kann sich an die puerperale Infektion anschließen.

Puerperalfieber.
Das Auftreten dieser, als Puerperalfieber zusammengefaßten Affektionen ist nicht so zu denken, daß alle die erwähnten Lokalisationen der Entzündung immer zusammen

vorkommen müßten. Auch in den schwersten, zu allgemeiner Infektion führenden Fällen ist es oft nur eine eiterige Parametritis ohne Affektion des Uterusinnern, oder nur eine Endometritis, oder eine Thrombophlebitis der Plazentarstelle, welche den tödlichen Ausgang herbeiführt; ja ganz kleine Wunden der Vulva, Vagina oder der Cervix können den Ausgangspunkt puerperaler Sepsis abgeben, so daß letztere fast ohne Lokalerscheinungen schnell tödlich verläuft.

G. Brustdrüse.

Normalerweise entwickelt sich die Brustdrüse erst stärker zur Zeit der Pubertät. Im ausgebildeten Zustande besteht sie wesentlich aus Bindegewebe mit Drüsengängen, die aber nur wenige Endbläschen (Drüsenbeeren) tragen. In der Gravidität bilden sich unter Anschwellung der ganzen Drüse reichlich Acini.

Agenesie der Mamma (Amazie) kommt einseitig oder doppelseitig, sowohl für sich allein, wie neben anderen Defektbildungen am Thorax (z. B. Fehlen von Rippen oder Teilen des M. pectoralis) vor. Hypoplastische Entwickelung der Brustdrüse tritt zuweilen zur Zeit der Geschlechtsreife in Erscheinung, indem das sonst zu dieser Zeit beginnende stärkere Wachstum der Mamma ausbleibt, und letztere auf einer kindlichen Entwickelungsstufe stehen bleibt: Mamma infantilis. Auch Zurückgehen in der zur Zeit der Gravidität eintretenden Ausbildung der Mamma und zu geringe Fähigkeit der Milchproduktion ist auf eine hypoplastische Anlage zurückzuführen und ein vererbbarer, einer Inaktivitätsatrophie analoger Zustand, welcher sich durch das gewohnheitsmäßige Nichtstillen der Kinder im Verlauf von Generationen herausgebildet hat und in manchen Gegenden (z. B. Oberbayern) geradezu endemisch ist.

Das Vorkommen akzessorischer Brustdrüsen (Polymastie) und Brustwarzen (Polythelie) wird auf atavistische Vererbung bezogen. Akzessorische Mammateile finden sich vor allem in der Gegend der Achselhöhle. Feminine Ausbildung der Brustdrüse beim Manne bezeichnet man als **Gynäkomastie.** Auch von dem beim Manne physiologisch vorhandenen Brustdrüsenrudiment können manche der unten zu erwähnenden Erkrankungen, insbesondere Tumoren, ihren Ausgang nehmen.

Im Alter geht die Brustdrüse eine Atrophie ein, wobei das Drüsengewebe, besonders die Endbläschen erheblich rarefiziert sind, das bindegewebige Stroma besonders stark entwickelt ist. Das elastische Gewebe ist sehr stark vertreten, aber degeneriert, plump, zusammengeballt (ähnlich wie in der senilen Haut). Eine entsprechende Atrophie findet sich nicht selten auch präsenil, evtl. verbunden mit Schmerzen (Hedinger).

Mastitis. Die meisten Entzündungen der Brustdrüse sind puerperalen Ursprungs und werden zum Teil durch die Zersetzung retinierter Milch („Milchfieber"), vor allem aber dadurch hervorgerufen, daß Infektionserreger von der Brustwarze aus durch die Milchgänge oder durch die Bindegewebsspalten eindringen, in welche sie von kleinen Verletzungen der Warze, Schrunden oder Geschwüren aus gelangen. Bleibt die Entzündung auf die Mamilla beschränkt, so spricht man von Thelitis, oder auf den Hof derselben, so bezeichnet man sie als Areolitis. Zumeist entwickelt sich die Entzündung über einzelne oder mehrere Lappen der Brustdrüse selbst. Es tritt eine auf entzündlicher Hyperämie und Infiltration beruhende Schwellung in die Erscheinung, welche in heftigen Graden der Entzündung zu phlegmonös-eiteriger Durchsetzung des Gewebes führt, wobei sich buchtige, lakunäre Eiterhöhlen bilden. In frühen Stadien kann der Prozeß durch Narbenbildung abheilen, oder er kann in eine chronische Mastitis übergehen. In anderen Fällen kommt es zur Perforation des Eiters durch die Haut oder in einen größeren Milchgang; wenn ein Milchgang mit einem Abszeß in offener Kommunikation steht und durch die nach außen gehende Perforationsöffnung desselben seinen Inhalt entleert, so bezeichnet man den Zustand als **Milchfistel.**

Eine chronische Mastitis, welche, wie erwähnt, aus einer akuten Entzündung hervorgehen kann, tritt entweder in Form mehrfacher kleinerer Herde auf, innerhalb derer sie zur Bildung derben narbigen Bindegewebes führt, oder die Mamma erleidet im ganzen

eine fibröse Umwandlung. Indem durch das Narbengewebe Ausführungsgänge der
Milchdrüse verschlossen werden, bilden sich nicht selten Retentionszysten, sog.
Galaktocelen. Auch sonst kommen gelegentlich einzelne Retentionszysten in der Mamma
vor. Bei nichtstillenden Frauen kann die angesammelte Milch eine zunächst blande **Reten-
tionsmastitis** bewirken. Selten sind die Fälle von **obliterierender Mastitis,** bei der die Endbläschen wie besonders die Ausführungsgänge durch Druck der Entzündungsprodukte komprimiert werden, und ihr Lumen ganz oder fast ganz obliteriert.

Außer den genannten Formen kommen Entzündungen der Brustdrüse manchmal
bei Neugeborenen sowie bei jungen Mädchen zur Zeit der Pubertät zur Entstehung.

Galakto-
celen.

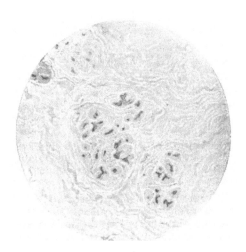
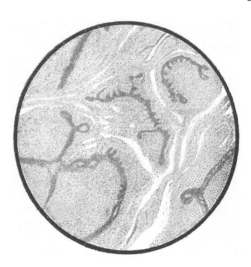

<table>
<tr><td style="text-align:center">Fig. 826.
Chronische Mastitis.
<small>Das Bindegewebe ist sehr vermehrt und derb, die
Drüsen sind atrophisch.</small></td><td style="text-align:center">Fig. 826 a.
Intrakanalikuläres Fibroadenom der Mamma.</td></tr>
</table>

Zysten kommen (abgesehen von den zu den Tumoren gehörenden Kystadenomen
s. unten, sowie traumatisch u. dgl. entstandenen) einmal als Retentionszysten in sklerotischen Mammae vor (sog. Mastitis cystica) und hierher gehören auch die **Galaktozelen**
(s. oben). Ferner finden sich nicht selten kleine und bis linsengroße Zysten, welche mit auffallend hellem Epithel ausgekleidet sind und in der Wand lange Muskelspindellagen
aufweisen. So gleichen sie aus Schweißdrüsen (der Achselhöhle) hervorgegangenen Zystchen
und werden von Krompecher von auf niedriger Entwickelungsstufe stehen gebliebenen
(die Brustdrüse entspricht phylogenetisch einer Schweißdrüse) Brustdrüsenanteilen abgeleitet. Sind zahlreiche solche Zysten vorhanden, so kann man von Hydrocystoma
mammae multiplex (Krompecher) sprechen. Es findet sich auch in anscheinend sonst
normalen Mammae. Diese Zysten mit „hellen Zellen" finden sich aber besonders auch
in Mammae mit Kystadenomen, Fibroadenomen und vor allem Karzinomen und es scheint,
daß sie besonders in letzteres selbst übergehen können.

Tuberkulöse Prozesse sind in der Brustdrüse relativ selten; sie treten in Form mehr
oder minder ausgedehnter Granulationsmassen auf, welche umschriebene Knötchen enthalten und teils verkäsen und vereitern, teils fibrös-indurative Veränderungen erleiden.
Die Erkrankung kann — seltener — hämatogen entstehen oder von tuberkulösen Prozessen der Nachbarschaft (von Drüsen, kariösen Rippen etc.) aus auf die Mamma übergreifen.

Von **syphilitischen** Veränderungen ist der Primäraffekt wichtig, welcher an der Brustwarze durch das Säugen kongenital-syphilitischer Kinder hervorgerufen wird. Auch

Zysten.
Tuber-
kulose.
Syphilis.

Gummiknoten und namentlich von solchen hergeleitete narbige Einlagerungen im Mammagewebe sind beschrieben worden.

Zu erwähnen ist endlich noch das Vorkommen der **Aktinomykose**, welche das Bild einer chronisch eiterigen und indurierenden Entzündung der Brustdrüse hervorbringt.

Hypertrophie. Eine Vergrößerung der Mamma, welche soweit gehen kann, daß sie ein Gewicht von mehreren Kilogramm erreicht, tritt in manchen Fällen zur Zeit der Pubertät ein und bleibt dann meistens auf der einmal erreichten Stufe stehen; die Struktur der vergrößerten Drüse ist jene der normalen jungfräulichen Mamma; wenn Gravidität eintritt, so kann eine weitere Größenzunahme durch entsprechend verstärkte Ausbildung von drüsigem Parenchym stattfinden und auch von enorm gesteigerter Milchproduktion begleitet sein. Auch außerhalb der Schwangerschaft sowie auch bei Gynäkomastie (s. oben) kommt manchmal eine hyperplastische Wucherung von Drüsengewebe ohne oder mit Milchsekretion vor. Über kompensatorische Hypertrophie der Mamma vgl. S. 100. Eine Pseudohypertrophie, welche auf einer Lipomatose der Mamma beruht, findet sich als Teilerscheinung allgemeiner Adipositas („Fettbrust").

Durch umschriebene Wucherungen von Drüsengewebe entstehen die **Adenome**; man unterscheidet solche, deren Bildungen den Drüsenbeeren der normalen resp. der laktierenden Mamma, und solche, bei denen sie den Ausführungsgängen der Mamma gleichen, und teilt sie demnach in azinöse und tubulöse Formen von Mammaadenomen ein.

Die Adenome sind an sich gutartige, meist scharf abgegrenzte Tumoren, welche großenteils auf angeborene Anlagen zurückgeführt werden. Doch können sich bösartige Neubildungen, papilläre oder gewöhnliche Karzinome aus ihnen entwickeln.

Meist sind die Adenome der Mamma sehr reich an bindegewebigem Stroma; **Fibro-Adenome.** Sie bilden umschriebene, grauweiße, harte Knoten.

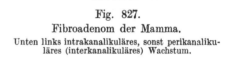

Fig. 827.
Fibroadenom der Mamma.
Unten links intrakanalikuläres, sonst perikanalikuläres (interkanalikuläres) Wachstum.

Randbemerkungen:

Aktinomykose.

Hypertrophie.

Pseudohypertrophie.

Adenome und Fibroadenome.

Intrakanalikuläres Wachstum der Fibroadenome.

Sehr häufig rufen eigentümliche Wachstumserscheinungen im bindegewebigen Anteil der Adenome besondere Formgestaltungen und Strukturen hervor. Man findet nämlich oft die Drüsen der Geschwulst zu schmalen, halbmondförmigen oder auch längeren, gewunden verlaufenden Gängen reduziert; das kommt dadurch zustande, daß die dem Drüsenepithel außen anliegende Bindegewebsschicht breite Sprossen treibt, welche in das Drüsenlumen hinein vordringen und evtl. das Epithel vor sich herschieben, so daß an den betreffenden Stellen das Lumen der Drüse mehr und mehr eingeengt wird, und sich die Wände fast berühren; es handelt sich also um eine Art von Papillenbildung, nur daß die papillären Vorragungen sehr breit sind und sich auch an ihren Seiten oft miteinander berühren. Man bezeichnet diese Fibroadenome als **intrakanalikuläre** (im Gegensatz zu den gewöhnlichen **perikanalikulären**).

Noch ausgesprochener kommen solche Wucherungen in den an der Mamma sehr häufigen **zystischen Adenomformen** — **Kystadenomen** — vor. Sie zeigen oft ähnliche Papillenbildung wie die papillären Eierstocktumoren (s. oben) **Kystadenoma papilliferum**; so bilden sich im Innern der Zysten große knollige, oder blumenkohlartig aussehende, auch wohl fein-papilläre Wucherungen. Auch treten oft sehr breite, das Epithel nach innen verdrängende Papillen auf und zwar oft in so großer Zahl, daß die Zystenräume zu schmalen Spalten eingeengt werden, aber immerhin schon mit bloßem Auge erkennbar sind; da um die Zysten meist besondere Lagen von Bindegewebe vorhanden sind, so erscheint die ganze Geschwulst auf den Durchschnitten wie aus zahlreichen, blattartigen Läppchen zusammengesetzt, welche in ihrer Mitte einen feinen Spalt enthalten; man bezeichnet solche Formen auch als **Adenoma phyllodes.**

Manche Kystadenome der Mamma zeigen auch eine gallertige Beschaffenheit ihres Stromas und der papillösen Protuberanzen, die oft gequollenen traubigen Massen ähnlich sehen, sog. Adenomyxofibrome. Hie und da zeigt endlich das Stroma der Adenome und Kystome einen sarkomatösen Bau. Meist handelt es sich dabei um Mischgeschwülste (S. 243ff.), doch kommen auch reine **Sarkome** mit und ohne Zystenbildung in der Mamma vor. Wenn in letzterem Falle eine starke Papillenbildung stattfindet, so werden die Tumoren auch als **Sarcoma proliferans** bezeichnet.

Randbemerkungen:

Kystadenome.

Papillenbildung der Kystadenome.

Adenomyxofibrome. Sarkome.

Karzinome.   Das **Karzinom** der Mamma — eine der häufigst vorkommenden Geschwusterkran-
kungen überhaupt — beginnt mit Bildung umschriebener Knoten, breitet sich aber dann
in großer Ausdehnung über das Mammagewebe aus und dringt durch die Haut und in die
Muskulatur vor. Oft kommt es vor dem Durchbruch durch die Haut zu nabelartigen Einziehungen der Brustwarze; diese sind dadurch bedingt, daß die Warze durch die noch nicht
ergriffenen großen Milchgänge fixiert ist, die Umgebung aber schon durch den Tumor vorgewölbt wird. Nach der Perforation entstehen schließlich Ulzerationen, doch gibt
es Formen, welche erst spät an die Oberfläche gelangen. In vorgeschrittenen Fällen findet
man auch die Haut in der Umgebung der erkrankten Brustdrüse, oft in großer Ausdehnung, von Krebsknoten durchsetzt (s. unten), ebenso auch die Thoraxwand
und die Pleura von solchen durchwachsen. Metastasen bilden sich in erster Linie in den
axillaren Lymphdrüsen, ferner sehr häufig (etwa in der Hälfte der Fälle) und sehr
ausgedehnt in den Knochen, besonders in der Wirbelsäule.

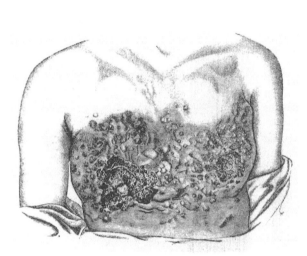

Fig. 828.
Karzinmatöse Dissemination. Cancer en cuirasse.
Nach Billroth.

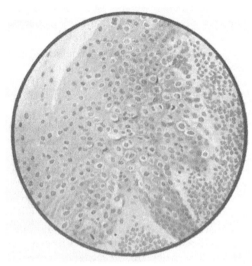

Fig. 829.
Pagetsche Erkrankung der Brustdrüse.
Der Tumor, zum großen Teil aus auffallend hellen Zellen
bestehend, ist in die Epidermis gewachsen.

Cancer en   In manchen Fällen wird von einem Mammakarzinom aus die ganze Thoraxhaut von
cuirasse.   zahllosen, platten, unter der Epidermis gelegenen, lentikulären Krebsknoten durchsetzt
und dadurch derb infiltriert und bretthart; man bezeichnet solche Formen als „Cancer
en cuirasse"; sie entstehen, wie die regionären Hautmetastasen vom Mammakarzinom
aus überhaupt, durch retrograde Verschleppung von Geschwulstkeimen.

Einzelne   Ihrer histologischen Beschaffenheit nach können die Mammakarzinome nach dem Typus
Karzinom-   des Adeno-Karzinoms gebaut sein oder die gewöhnliche Struktur eines Carcinoma
formen.   simplex aufweisen, oft mit kleinen Epithelien, die in Reihen alle Lymphspalten durchsetzen. Ausgedehntere Epithelmassen finden sich öfters auf dem Wege der Milchgänge gewuchert, in deren Wand sich dann enorme Massen verklumpter elastischer Fasern ausbilden.
Seltener sind Plattenepithelkrebse, welche dann zumeist von der Brustwarze ihren Ausgang nehmen. Oft findet sich Skirrhus, besonders stellenweise; auch Gallertkrebse
und Schleimkrebse, Psammokarzinome und Melanome kommen (selten) vor.

Pagetsche   Als Pagetsche Erkrankung der Brustdrüse wird eine besondere Form des Karzinoms bezeichnet,
Erkran-   welche wahrscheinlich von den Drüsengängen der Mamma ausgeht und in die Epidermis wuchert,
kung.   wobei eigenartige Degenerationsbilder — ganz helle Zellen — erscheinen (s. Fig. 829).

Lipome, Fibrome, Chondrome.

Von Bindesubstanzgeschwülsten kommen in der Brustdrüse Lipome, Fibrome und Chondrome vor; doch sind reine Fibrome selten, meist handelt es sich um Fibroadenome (s. oben). Knorpelhaltige Geschwülste sind meistens Mischgeschwülste (S. 243) und stammen von Mesenchymkeimen, welche während der Entwickelung in die Mammaanlage hinein versprengt worden sind. Großenteils gehören hierher auch die Sarkome der Mamma, namentlich die zystischen Formen derselben. Endlich finden sich in der Mamma manchmal Myome und Adenomyome (S. 198).

Myome.

II. Männliche Genitalien.

II. Männliche Geschlechtsorgane.

Angeborene Anomalien.

Angeborene Anomalien. Normale Anatomie

Beim männlichen Geschlecht differenziert sich die Keimdrüse zum Hoden, der Wolffsche Gang wird zum Vas deferens und zum Schwanz des Nebenhodens, dessen Kopf aus dem oberen Abschnitt der Urniere (des Wolffschen Körpers) entsteht; aus deren unterem Teil geht die Paradidymis hervor; die ungestielte Hydatide und der Sinus prostaticus (Uterus masculinus) sind Rudimente des Müllerschen Ganges (vgl. Fig. 363, S. 283).

Bekanntlich liegt der Hoden ursprünglich vom Peritoneum bedeckt und mit ihm verwachsen an der hinteren Bauchwand. Dann vollzieht sich aber ein Descensus testiculi (S. 546), wodurch der Hoden in eine, das spätere Skrotum darstellende Hautfalte gelangt, gleichzeitig mit einer blindsackartigen Fortsetzung des Peritoneums (Processus vaginalis peritonei), in welche der Hoden eingestülpt und von einem viszeralen und parietalen Blatt derselben (Scheidenhaut) überzogen wird. Der Processus vaginalis wird normaliter schließlich durch Bindegewebe gegen die Bauchhöhle abgeschlossen.

Hoden und Nebenhoden enthalten als drüsigen Bestandteil die Samenkanälchen, welche schließlich in das Vas epididymidis münden, das die Cauda des Nebenhodens durchzieht und aus ihr als Vas epididymidis deferens austritt.

Das Vas epididymidis besitzt blinde Abzweigungen in Gestalt der Vasa aberrantia.

Das Vas deferens verläuft bis zur Einmündung der Samenblasen in den Samenstrang gemeinsam mit den den Plexus pampiniformis bildenden Samenstrangvenen und der Arteria spermatica interna in einer bindegewebigen Umhüllung.

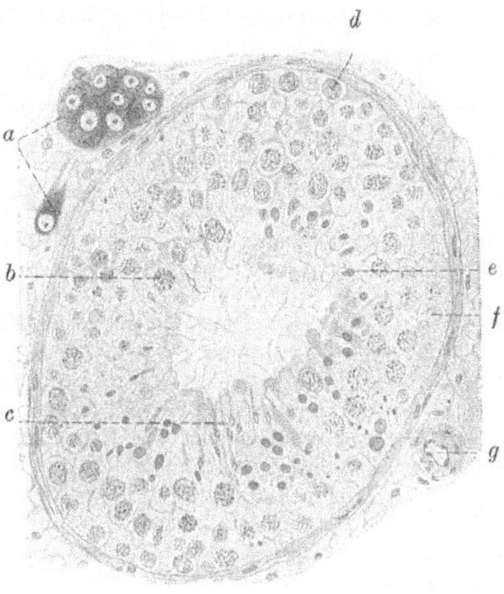

Fig. 830.
Schnitt durch ein gewundenes Hodenkanälchen des Menschen. 400 mal vergr.
a Interstitielle Zellen; *b* Spermatocyt; *c* Spermie; *d* Spermatogonie; *e* Spermatide; *f* Kern einer Stützzelle; *g* Blutgefäß.
(Aus Böhm-v. Davidoff, Histologie. III. Aufl.)

Die Scheidenhaut des Hodens (Tunica vaginalis propria) ist diejenige seiner Hüllen, welche vom Processus vaginalis peritonei (s. S. 546) gebildet wird, dessen viszerales Blatt mit der Albuginea fest verbunden ist. Das parietale Blatt ist von ersterem durch eine seröse Höhle, das Cavum vaginale, getrennt.

Auf einem Schnitt durch den Hoden sieht man von seinem fibrösen Überzug (der Albuginea) aus die bindegewebigen Septula testis etwas konvergierend zu einer Bindegewebsanhäufung, dem Corpus Highmori hinziehen. Zwischen den Septen liegt das Hodenparenchym, gebildet von den Samenkanälchen mit einem zarten interstitiellen Bindegewebe. In der Albuginea, den Septen und im Corpus Highmori verlaufen die größeren Gefäße.

Die Hodenkanälchen haben eine elastische Membrana propria. Im Kanälchen selbst liegen die samenbildenden Zellen, d. h. die Spermatogonien, Spermatozyten und Spermatiden (in dieser Reihenfolge von der Peripherie nach dem Zentrum zu), welche sich ineinander umformen und zu den Samenfäden (Spermatozoen) werden. Zudem liegen an der Peripherie die Sertolischen Fußzellen. Die Zwischensubstanz zwischen den Samenkanälchen trägt protoplasmareiche Zwischenzellen. Die Zellen des Hodens enthalten viel Fett und zwar im wachsenden Hoden mehr die Zwischenzellen, die auch Pigment enthalten und offenbar als trophisches Organ für den Hoden fungieren; im geschlechtsreifen tätigen Hoden mehr die Zellen der Samenkanälchen. Auch verschiedene Arten von Kristallen finden sich in bzw. zwischen den Zellen des Hodens, so die Reinke'schen zusammen mit den Spermatozoen. Das Rete testis, die Ductuli efferentes, der Ductus epididymidis und das Vas deferens tragen allmählich höher werdendes Zylinderepithel, das zum Teil Flimmerzellencharakter hat und mehrschichtig wird. Die drei letztgenannten Gänge enthalten in ihrer Wand eine Muskelfaserlage, das Vas deferens weist zwei longitudinale und dazwischen eine zirkuläre Muskelschicht auf. Die Samenbläschen zeigen Zylinderepithel, die Prostata tubulöse mit zylindrischem Epithel versehene Drüsen, dazwischen Bindegewebe und reichlich glatte Muskulatur.

Die sehr häufigen kleinen Konkremente in den Prostatadrüsen (**Corpora amylacea**, Fig. 86, S. 81) kommen wahrscheinlich durch Niederschläge aus dem Prostatasekret auf abgestorbene, hyalin umgewandelte Zellen zustande. Sie geben meist keine Amyloidreaktion; oft enthalten sie bräunliches Pigment oder Kalk. Die größeren dieser Gebilde weisen konzentrische Schichtung auf und können in die Urethra hervorragen, sie erscheinen für das bloße Auge als braune Pünktchen.

Anorchie, Mikrorchie, Monorchie.

Unter **Anorchie** versteht man das vollständige Fehlen beider Hoden; damit ist infantiler Habitus des Individuums verbunden. **Mikrorchie** ist die verkümmerte Entwickelung eines oder beider Hoden, **Monorchie** das Vorhandensein nur eines Hodens. Bei der Mikrorchie beiderseits besteht öfters allgemein eunuchoider Habitus, d. h. ein ähnlicher Zustand wie bei Kastraten: Adipositas, hohe Stimme, und sonstige an das weibliche Geschlecht erinnernde Charakteristika.

Eine mangelhafte Anlage des Hodens (Arypoplasie) mit mangelnder Spermatogenese soll sich bei Leuten mit „Status lymphaticus" (s. S. 376) finden.

Kryptorchismus. Hypoplasie des Hodens.

Als **Kryptorchismus** bezeichnet man einen unvollständigen Descensus der Testikel auf einer oder auf beiden Seiten, wobei der Hoden in der Bauchhöhle oder an irgend einer Stelle des Leistenkanals liegt (Retentio abdominalis und inguinalis). Ein vollständiges Herabsteigen des Hodens kann noch nachträglich stattfinden, so daß Kryptorchismus beim Neugeborenen ungleich häufiger als beim Erwachsenen gefunden wird. Nicht selten findet sich dabei eine Hypoplasie, d. h. eine mangelhafte Entwickelung des Hodens; er bleibt auf kindlicher Stufe stehen. Weiterhin können sich degenerative und atrophische Erscheinungen zeigen. Die degenerierten Epithelien weisen meist riesige Mengen großtropfigen Fettes auf. Nicht selten entstehen an dem zurückgebliebenen Hoden Geschwülste (Sarkome), auch sind Leistenhernien öfters mit Kryptorchismus verbunden. Die leere Skrotalhälfte pflegt bei ihm zu verkümmern.

Lageveränderungen des Hodens.

Außerdem kommen angeborene Lageveränderungen vor, wobei der Hoden in der Gegend des Peritoneums oder im Cruralring liegt (Aberratio bzw. Ectopia testis); er kann aber auch auf traumatischem Wege aus seiner normalen Lage gebracht werden (Luxation). Unter **Inversio** versteht man die Lagerung des Nebenhodens nach vorn, des Hodens nach rückwärts; sie kann auch durch Torsion des Samenstranges entstehen.

Mangelhafter Abschluß des Processus vaginalis peritonei.

Von großer Bedeutung für das Zustandekommen von Hernien ist der mangelhafte Abschluß des Processus vaginalis peritonei (s. S. 547) gegen den übrigen Peritonealsack. Darauf beruhen die erworbenen und angeborenen Leistenhernien (S. 546ff.), sowie manche kongenitale Hydrozelen (vgl. unten).

Anomalien des Nebenhodens, der Samenleiter und Samenblasen.

Der Nebenhoden pflegt an den Anomalien des Hodens teilzunehmen. Auf ersteren beschränkte Defekte (Fehlen der Cauda) sind selten.

Samenleiter und Samenblasen können nebst den übrigen, aus dem Wolffschen Gang entstehenden Gebilden (Nieren etc.) auf einer Seite fehlen; die Samenleiter können verschmolzen (s. auch unter Penisfistel), verschlossen, ohne Verbindung mit dem Hoden blind endigend, endlich in die Ureteren einmündend gefunden werden.

Anomalien des Penis.

Am Penis finden sich Aplasie, Epispadie, Hypoplasie und partielle Defekte (der Schwellkörper, des Präputiums), Verdoppelung und Spaltung.

Die Epispadie ist eine Hemmungsbildung, bei welcher die Harnröhre nach oben offen ist, resp. nach oben mündet und die Corpora cavernosa mangelhaft vereinigt sind. In schweren Fällen ist der Penis rudimentär verkürzt, oft bloß die Glans ausgebildet, mit einer Rinne an der oberen Fläche versehen; die Harnröhrenmündung liegt unter der Symphyse. Ist auch die Pars membranacea der Harnröhre gespalten, so entstehen Übergänge zur Ectopia vesicae (S. 281). In geringen Graden von Epispadie ist die Harnröhrenmündung nur etwas nach oben verlängert. Bei der Hypospadie mündet die Harnröhre an der unteren Seite des Penis oder ist der ganzen Länge nach, bis zur Pars membranacea, offen; in extremen Graden ist auch hier der Penis rudimentär, das Präputium mangelhaft entwickelt, das Skrotum gespalten, so daß seine beiden Hälften durchaus den Schamlippen ähnliche Wülste bilden: eine Form von Pseudohermaphroditismus (externus masculinus).

Außerdem kommen vor: die kongenitale Penisfistel, d. i. die Mündung eines oberhalb der Harnröhre den Penis durchziehenden, aus Vereinigung der Vasa deferentia zu einem selbständigen Kanal entstandenen Ganges; ferner Einlagerung von Knochenplatten, Atresie und Verengerung, Hyperplasie und elephantiatische Vergrößerung der Vorhaut und des Skrotums. Ferner zahlreiche paraurethrale Gänge, die meist nur bei Gonorrhoe eine Rolle spielen.

Am häufigsten ist eine lange und abnorm enge Vorhaut — angeborene Phimose.

A. Hoden, Nebenhoden, Scheidenhaut und Samenstrang.

a) Degenerative Veränderungen und Zirkulationsstörungen.

Von regressiven Veränderungen finden sich **Verfettung** und **Pigment**einlagerung sowohl an den Drüsenzellen, wie in dem interstitiellen Gewebe; oft ist dabei die Wand der Hodenkanälchen verdickt und hyalin gequollen. Mit der Atrophie der Samenkanälchen wuchern die Zwischenzellen. Makroskopisch erscheint der Hoden verkleinert, auf dem Schnitt gelblich oder gelbbraun verfärbt; bei vorwiegender Verfettung ist er von weicher, bei gleichzeitiger Zunahme des Interstitiums von derber Konsistenz. Man muß aber daran denken, daß auch der normale Hoden reich an Fett und Pigment ist (s. oben).

Die **Atrophie** der Hoden ist meist eine Erscheinung seniler, mitunter auch präseniler Involution. In kleinerer oder größerer Ausdehnung sind Hodenkanälchen verödet, haben ihr Epithel zum großen Teile oder ganz verloren, während die Membrana propria als dicker hyaliner Ring stark gewuchert ist. Auch können die Zwischenzellen dann wuchern. Eine der senilen ähnliche Atrophie kommt auch im früheren Alter vor: als Folge kachektischer Zustände, bei Status lymphaticus, als Ausgang von Entzündungen des Hodens, als Druckatrophie bei Hydrocele (selten), Tumoren oder Hernien, ferner als neurotische Atrophie (bei Kleinhirnverletzungen, Commotio cerebri, Paraplegien), und endlich bei Zirkulationshemmungen (Atherosklerose etc.). Ganz besonders findet sich Hodenatrophie mit den oben angegebenen histologischen Kriterien bei Potatorium, insbesondere wenn Leberzirrhose vorhanden ist. Nach Resektion oder Unterbindung des Vas deferens kommt nicht immer eine Atrophie des Hodens zustande. Über Nekrose s. unten. Überaus häufig ist aber eine Atrophie des Hodens dadurch vorgetäuscht, daß derselbe sich im frühesten Kindesalter nicht genügend weiter differenziert hat.

Eine häufige Begleiterscheinung der Hodenatrophie und Hodenerkrankungen überhaupt ist Einschränkung oder Wegfall der Spermatogenese, **Azoospermie**; mangelnde Entleerung von Spermatozoen kann aber auch durch Verlegung der ableitenden Samenwege bedingt sein (auch Azoospermatismus genannt).

Zuweilen verkalkt bei älteren Leuten die Muskularis des Vas deferens.

Unter **Varicocele** versteht man die variköse Erweiterung des Plexus pampiniformis, wobei die Venen den Samenstrang als dicke, vielfach geschlängelte und unregelmäßig erweiterte Stränge umgeben. Am häufigsten findet man sie im jugendlichen Alter, und zwar besonders links (rechts mündet die Vena spermatica direkt in die Cava inferior, links in die Vena renalis).

Anämie des Hodens entsteht meist durch Druck von Hydrocelen, Hämatocelen, venöse Hyperämie durch Kompression der Venen in dem durch Epididymidis geschwollenen Nebenhoden (s. unten).

Blutungen entstehen bei Verletzungen, Entzündungen und toxischen Zuständen. Neugeborene weisen oft Blutungen im Hoden als Geburtsschädigung besonders nach Beckenendlagen auf. Besonders große Hodenblutungen finden sich nach Asphyxie.

Verschluß der Arteria spermatica interna und der Samenstrangvenen (durch Embolie, Thrombose, Endarteriitis und besonders Torsion des Samenstranges) führt schließlich zu zirkumskripten hämorrhagischen Infarkten oder zumeist zu Nekrose und diffuser hämorrhagischer Infarzierung des Hodens und meist des Nebenhodens. Es bilden sich Narben (Fibrosis testis ex infarctu), oder es kommt bei Hinzutritt von Fäulniskeimen zu Gangrän.

Analoge Affektionen des Nebenhodens entstehen wie beim Hoden, nur kommt statt der Arteria spermatica interna hier die Arteria deferentialis in Betracht.

b) Entzün-
dungen.

b) Entzündungen.

Entzündungen werden am Hoden als Orchitis, am Nebenhoden als Epididymitis, und wenn sie die Scheidenhaut betreffen, als Periorchitis, diejenigen des Vas deferens als Deferentitis bezeichnet.

Orchitis.

Primäre Entzündungen des Hodens sind **Orchitiden** zuweilen traumatischen Ursprungs. Häufiger entsteht eine Orchitis sekundär durch Fortleitung von (vorzugsweise **gonorrhoischen**) Entzündungen der Harnröhre, Blase oder Prostata längs der Samenwege zunächst auf den Nebenhoden, sodann auf den Hoden. Der Verbreitungsweg ist wohl zumeist der Lymphweg; durchaus fraglich ist es, ob antiperistaltische Bewegungen in Betracht kommen. Seltener kommt die Entzündung auf hämatogenem Wege im Gefolge von Infektionskrankheiten (z. B. die Orchitis bei Parotitis, bei Variola, Orchitis wie Epididymitis bei Endocarditis ulcerosa, Pneumonie, Rotz, Typhus) zustande.

Akute
Orchitis.

Bei akuter **Orchitis** ist der Hoden gerötet und geschwollen, häufig von einem serösen Erguß in den Scheidenraum umgeben (akute Hydrocele), auch selbst stärker durchfeuchtet; mikroskopisch zeigt sich das Gewebe infiltriert, hie und da von kleinen Hämorrhagien durchsetzt. Ist die Orchitis eine eiterige, so können sich Abszesse bilden, diese sodann abgekapselt werden und narbig heilen; der Inhalt der Abszesse kann zu einer atheromartigen, cholesterinhaltigen, später oft verkalkenden Masse eindicken oder die Scheidenhaut und auch das Skrotum durchbrechen, in welchem Falle sich dann fungöse Granulationsmassen (Fungus benignus, vgl. unten) von dem Fistelgang aus entwickeln; weiterhin wird der letztere in einen narbigen Strang umgewandelt; es kann jedoch auch zur Verjauchung und Gangrän des Skrotums kommen. Heilen die Herde im Hoden aus, so bilden sich Narben.

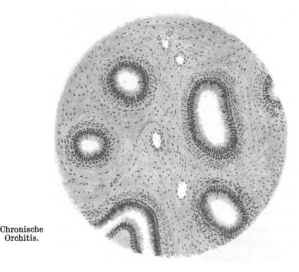

Fig. 831.
Chronische Epididymitis.
Kanälchen atrophisch, Zwischengewebe (Bindegewebe, rot)
stark gewuchert.

Chronische
Orchitis.

Die sog. chronische Orchitis macht sich vor allem durch primäre Atrophie und Degeneration der Hodenepithelien gefolgt von Verdickung der bindegewebigen Septa und der hyalinen bzw. elastischen Grenzmembranen bemerkbar, so daß die Kanälchen ganz obliterieren. Die Zwischenzellen können auch vikariierend wuchern. Die Erkrankung tritt im ganzen Hoden oder fleckweise (Hodenschwielen) auf. Der Hoden zeigt dabei schon makroskopisch die Zeichen der Atrophie; am Querschnitt fallen die geweihartig verzweigten und verdickten fibrösen Züge der Septa auf, zwischen welchen spärliches, gelblich verfärbtes Parenchym liegt. An der Verdickung und Verhärtung nimmt auch die Tunica vaginalis propria teil (s. Periorchitis; vgl. auch Syphilis). Diese Form der Orchitis, welche oft beiderseitig vorkommt, ist nicht nur wie man früher glaubte durch Syphilis bedingt, sondern auch durch andere Infektionen, besonders Gonorrhoe und durch Intoxikationen wie Alkoholismus. Sie findet sich auch bei Tuberkulose, Gelenkrheumatismus etc., an einzelnen Stellen des Hodens im Alter ganz gewöhnlich; vielleicht führen auch akute Hodenveränderungen bei Rheumatismus zuletzt zu diesem Ende. Man bezeichnet die Veränderung meist als Orchitis fibrosa, richtiger aber, da der Prozeß meist ein abgelaufener ist und oft gar keinen eigentlich entzündlichen Charakter trägt, als **Fibrosis testis** (Simmonds).

Epididymitis.

Die **Epididymitis** entsteht in den meisten Fällen vom Vas deferens aus, indem durch dieses Entzündungserreger von der Harnröhre aus in den Nebenhoden gelangen und gerade hier leicht liegen bleiben. Es besteht Hyperämie, sowie seröse und zellige Infiltration des stark anschwellenden Nebenhodens; an dessen Samenkanälchen zeigen sich, deutlicher als bei den Entzündungen des Hodens hervortretend, katarrhalische Erscheinungen (Desquamation der Epithelien, Ausfüllung mit Eiter und Schleim). Meistens ist die Entzündung **gonorrhoischen** Ursprungs und geht vollkommen zurück, kann jedoch auch in Abszeßbildung oder bindegewebige Induration, chronische Epididymitis mit Verhärtung des Nebenhodens und Obliteration des Vas deferens ausgehen. Im letzteren Falle können sich die katarrhalischen Ausfüllungsmassen in dem Nebenhoden anstauen und eine zystische Auftreibung desselben bewirken. Da die Spermatozoen nicht entleert werden können, besteht (einseitige oder doppelseitige) Azoospermie (s. oben). Öfters setzt sich die Epididymitis in eine Orchitis und Periorchitis fort, andererseits kann sich Epididymitis auch ihrerseits an Hodenentzündung anschließen. Auch andere Eitererreger — Kokken — können Epididymitiden bewirken, sei es, daß sie von der Harnröhre aus hierher gelangen (z. B. bei Zystitis), sei es, daß sie auf metastatischem Wege z. B. bei Sepsis den Nebenhoden erreichen.

Die meisten **Hydrocelen** sind entzündlichen Ursprungs und auf eine **Periorchitis,** eine Entzündung der Scheidenhaut, zurückzuführen. Die einfache Hydrocele (Wasserbruch) ist eine Ansammlung seröser oder durch Fibrinflocken getrübter Flüssigkeit, die nach Traumen, Tripperinfektion oder bei anderen, die Schleimhaut mitaffizierenden Hoden- und Nebenhodenentzündungen auftritt und das Cavum vaginale erheblich ausdehnen kann. Die Menge der angesammelten Flüssigkeit beträgt bis zu 3 Litern. Dem serösen oder serofibrinösen Exsudat kann auch Eiter oder Blut (Hämatocele) beigemischt sein; eine **Hämatocele** kann aber auch unabhängig von einer Periorchitis als traumatische Blutung oder bei hämorrhagischer Diathese, Skorbut etc. entstehen. In anderen Fällen finden sich in der Hydrocelenflüssigkeit Samenfäden, was darauf bezogen wird, daß ein Vas aberrans des Nebenhodens frei in das Cavum vaginale mündet; jedoch werden die meisten „**Spermatocelen**" überhaupt nicht von der Tunica vaginalis propria, sondern von oft ziemlich bedeutenden zystischen Erweiterungen der genannten Vas aberrantia, von der Morgagnischen Hydatide etc. gebildet.

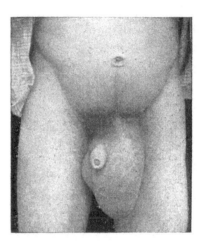

Fig. 831a.

Hydrocele sinistra.

Aus Pagenstecher, l. c.

Bei der Periorchitis purulenta, welche am häufigsten nach Verletzungen und bei eiterigen Prozessen am Hoden oder Nebenhoden entsteht, sammelt sich ein eiteriger oder eiterig-fibrinöser Belag an der Oberfläche der letztgenannten Organe an. Heilung kann durch Entfernung oder Abkapselung des Eiters unter Obliteration des Cavum vaginale stattfinden.

Chronische Periorchitis ist der Ausgang akuter Entzündungen (bei Gonorrhoe, Scharlach, Kontusionen etc.) oder Begleiterscheinung chronischer Hodenaffektionen. Sie geht teils mit chronischer Ausscheidung eines serösen Exsudats einher (chronische Hydrocele), teils mit fibrinöser Exsudation und Organisation der Auflagerungen, ganz analog den chronischen Prozessen der serösen Häute (S. 132f.). Diese produktiven Formen bezeichnet man auch als plastische Periorchitiden. Dabei entstehen auch an der Scheidenhaut (oft nur partielle) Verdickungen durch sklerotisches Bindegewebe, das da und dort verkalken kann; ferner kommt es zu Adhäsionen ihrer einander gegenüberliegenden Flächen und damit zu teilweiser Obliteration der Höhle. Manchmal bilden die abgeschiedenen Exsudatmassen derbere, zottige Massen, welche sich

Peri-
orchitis.

Hydrocele.

Hämato-
cele.

Spermato-
cele.

Peri-
orchitis
purulenta.

Chronische
(plastische)
Peri-
orchitis.

Chronische
Hydrocele
und Häma-
tocele.

als den freien Gelenkkörpern ähnliche **Corpora libera** loslösen können. Finden aus den Granulationsmassen stärkere Blutaustritte statt, so kommt es zur **chronischen Hämatocele.**

Eine Entzündung des Vas deferens, **Deferentitis,** ist auch zumeist eine eiterige **gonorrhoische** Entzündung, welche eine Obliteration (mit Azoospermie bzw. Azoospermatismus) bewirken und auf den Samenstrang fortgeleitet, zur **Thrombophlebitis seiner Venen** führen kann, so daß man dann auch von Entzündung des Samenstranges, **Funiculitis,** sprechen kann. Oder es liegt eine **chronisch indurative** Entzündung des perifunikulären Bindegewebes primär vor, welche dann selbst Verödung des Vas deferens sekundär (mit **Azoospermie**) bewirken kann (vgl. auch Syphilis).

Als **Perispermatitis** hat man Entzündungen des in einen bindegewebigen Strang umgewandelten Anteils des **Processus vaginalis peritonei** bezeichnet.

Eine **Hydrocele congenita** (H. processus vaginalis) entsteht, wenn der **Processus vaginalis peritonei** nach dem Descensus testiculorum offen bleibt; wird dann ein Exsudat in das Cavum vaginale ausgeschieden, so kann man dieses in die Bauchhöhle verschieben. Findet eine Exsudation in weiter oben stehen gebliebene Hohlräume statt, so entsteht die **Hydrocele funiculi spermatici.**

Ein ähnliches Bild erzeugt eine **Hydrocele herniosa,** welche durch Exsudation in den Bruchsack einer Leistenhernie entsteht. Durch Blutergüsse entsteht ein **Haematoma funiculi.**

c) Infektiöse Granulationen.

Tuberkulose des Hodens und Nebenhodens entsteht wohl meist **hämatogen** von einem anderen tuberkulös erkrankten Organ aus, doch kann sie sich auch **sekundär per continuitatem** an eine Urogenitaltuberkulose anschließen; für eine primäre **Nebenhoden-Hodentuberkulose** bildet wohl die Urethra die Eingangspforte. Auch spricht manches dafür, daß eine anderweitige (z. B. traumatische) Affektion häufig **erst der nachfolgenden Tuberkulose den Boden bereitet,** was besonders dann verständlich ist, wenn sich, wie häufig bei Tuberkulose anderer Organe, im Hoden Tuberkelbazillen vorfinden, ohne hier zunächst ·Veränderungen zu setzen.

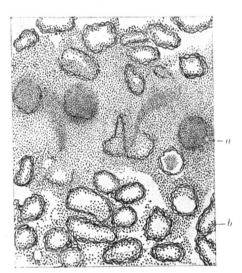

Fig. 832.
Tuberkulose des Hodens ($\frac{90}{1}$).

Färbung auf elastische Fasern (nach Weigert). Im tuberkulösen Gebiete (*a*) Samenkanälchen zum Teil noch an der Form erkennbar. Ihre Elastika, welche an den normalen Samenkanälchen (*b*) deutlich sichtbar ist, ist hier zum großen Teil zerstört.

Von den männlichen Geschlechtsorganen befällt die Tuberkulose am häufigsten die **Prostata** (s. dort) und die **Nebenhoden und Hoden.** Häufig sind diese Organe, sowie das verbindende **Vas deferens** gleichzeitig befallen. Über den Zusammenhang herrscht noch nicht völlige Übereinstimmung. Wahrscheinlich kommt eine Verbreitung der Tuberkulose gegen den Sekretstrom nur ausnahmsweise vor — **aszendierende Tuberkulose** — wenn ein Sekrethindernis besteht. Das gewöhnliche ist die **deszendierende Tuberkulose,** bei der also der Nebenhoden (bzw. Hoden) zuerst ergriffen wird, und die Veränderung sich durch das **Vas deferens auf die Prostata** fortpflanzt. Andererseits findet sich **Tuberkulose der Prostata** besonders häufig auf **hämatogenem** Wege entstanden. So können auch **Hoden und Prostata** gleichzeitig **hämatogen** infiziert werden. Bei der häufigen **kombinierten Urogenitaltuberkulose** sind in der Regel **mehrere hämatogen infizierte koordinierte Zentren** anzunehmen, z. B. Niere und Nebenhoden.

Bei der Tuberkulose, besonders bei der längs der Samenwege fortgeleiteten, wird zuerst und hauptsächlich der Nebenhoden, später der Hoden und an diesem vorzugsweise das **Corpus Highmori** ergriffen. Dies ist die gewöhnliche Art der tuberkulösen Verbreitung. Dabei folgen die tuberkulös-proliferativen Prozesse zunächst den Samenkanälchen d. h. es tritt zunächst an der **Wand der Kanälchen** Wucherung, Riesenzellen-

Tuber-
kulose des
Neben-
hodens und
des
Hodens.

bildung und Nekrose auf; so entstehen verkäsende Tuberkel,
und die Zerfallsmassen verstopfen das Lumen der Kanälchen;
außerdem wird ihre Wand in weiterer Ausdehnung infiltriert
und bis zur Obliteration des Lumens verdickt. Weiterhin bilden
sich verkäsende Tuberkel im intertubulären Bindegewebe, so
daß durch Konfluieren größere Käseknoten entstehen. Das
Bindegewebe in deren Umgebung zeigt diffuse Wucherung
und Infiltration mit Neigung zur Abkapselung der Knoten;
andererseits entstehen in ihm sekundäre Resorptionstuberkel,
welche neue Verkäsungszentren darstellen. Die Verbreitung
vom Nebenhoden auf den Hoden scheint die die Samenkanälchen begleitenden Lymphgefäße zu bevorzugen und die im
Hoden selbst geschieht ebenfalls durch die Lymphgefäße oder
evtl. die Kanälchen. Auch die Gefäße kommen in Betracht.
Der ganze Prozeß hat also mancherlei Analogien mit der
Verbreitung in den Lungen (s. S. 476). So kann es zu einem
mehr disseminierten Auftreten kleinerer käsiger Knoten oder
aber — wenn auch noch das dazwischen liegende Gewebe in
Verkäsung übergeht — zur Entstehung weniger, aber oft sehr
ausgedehnter, erweichender Käseherde kommen. Auch können
die tuberkulösen Massen eine Art Abheilung eingehen, indem
fibröse Umwandlung eintritt. Äußerlich ist der Hoden meist
bedeutend vergrößert. Außer dieser vom Nebenhoden auf den
Hoden übergehenden Tuberkulose kommt seltener ein direktes
Ergriffensein des Hodens auf hämatogen-metastatischem Wege
vor; zuweilen in Form kleiner Knötchen, in anderen Fällen in
Form ausgedehnterer Käseherde. Die hämatogene Tuberkulose besonders nimmt ihren Anfang im Zwischengewebe in
Form von Tuberkeleruptionen analog denjenigen
im interstitiellen Bindegewebe anderer Organe.

Die **Tunica vaginalis** beteiligt sich mit Bildung disseminierter kleiner Knötchen oder grös-
serer Herde, ferner durch Entstehung eines serösen
Ergusses (Hydrocele) oder produktiver tuberkulöser Entzündung mit Verwachsung der beiden
Blätter und Obliteration des Cavum vaginale.
Brechen tuberkulöse Granulationsmassen durch
die Tunica vaginalis und Skrotalhaut durch, so
bilden sie an der Oberfläche den sog. Fungus
testis; durch Perforation kavernöser Hohlräume
entstehen Hodenfisteln. Die Tuberkulose des
Hodens tritt ziemlich häufig und in jedem Lebensalter auf. Sie kann einseitig oder doppelseitig
(aber dann meist ungleichen Alters) sein.

Auch die **Tuberkulose des Samenstranges**
ist meist Teilerscheinung einer Urogenitaltuberkulose vom Nebenhoden fortgeleitet, oder evtl.
auch von den Ductus ejaculatorii, den Samenbläschen oder der Prostata (Sekretstromumkeh-
rung bei Sekrethindernis). Die Wand des Vas
deferens zeigt zentrale Verkäsung, welche das
Lumen mit Zerfallsmassen verstopft, im übrigen
ist sie verdickt und ebenso wie das umgebende
Bindegewebe von Tuberkeln durchsetzt.

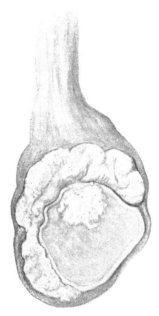

Fig. 833.
Tuberkulose des Nebenhodens.
Im Hoden (oben) ein großer
tuberkulös-käsiger Herd.

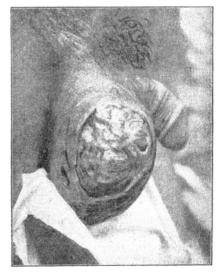

Tuber-
kulose der
Tunica
vaginalis.

Tuber-
kulose des
Samen-
strangs.

Fig. 834.
Tuberkulose des Testikels mit Zerstörung der
Skrotalhaut.

Aus Lang, Pathologie und Therapie der Syphilis.
Wiesbaden, Bergmann. 7. Aufl.

Syphilis.

Gegenüber der primären Nebenhodentuberkulose betrifft die **Syphilis** in der Regel zuerst und vorzugsweise den Hoden selbst und geht erst von diesem auf den Nebenhoden über. In einer Anzahl von Fällen tritt sie nur als indurierende, zu fibröser Entartung führende Orchitis auf, die mit deren oben erwähnten Formen übereinstimmt und histologisch keinen spezifischen Charakter trägt, also da sie (s. oben) auch ohne Syphilis vorkommt nicht als für Syphilis pathognostisch zu verwerten ist. Die Bindegewebsneubildung betrifft zunächst das Corpus Highmori, dann erst die Septen und das Interstitium; sie liefert anfangs lockeres, von Mastzellen durchsetztes Gewebe, kann aber später unter Atrophie der Tubul in diffuse Sklerose übergehen. In dieser Weise äußert sich auch die kongenitale, am Hoden stets doppelseitig auftretende Syphilis. In anderen Fällen von Syphilis des Hodens sind kleinere oder größere gummöse, verkäsende Herde in die fibrösen Massen eingelagert oder es treten isoliert Gummiknoten auf. In der Umgebung dieser Knoten, die miliar bis walnußgroß werden können, entstehen schwielige, derbe Narben, welche radiär in die Hodensubstanz ausstrahlen; auch die Gummata selbst erleiden schließlich eine schwielige Umwandlung. Es kann auch zum Durchbruch durch die Hüllen des Hodens und zur Entwickelung fungösen Granulationen kommen. Der Hoden im ganzen zeigt dann Schrumpfung, Verhärtung und unregelmäßige Einziehungen der Oberfläche.

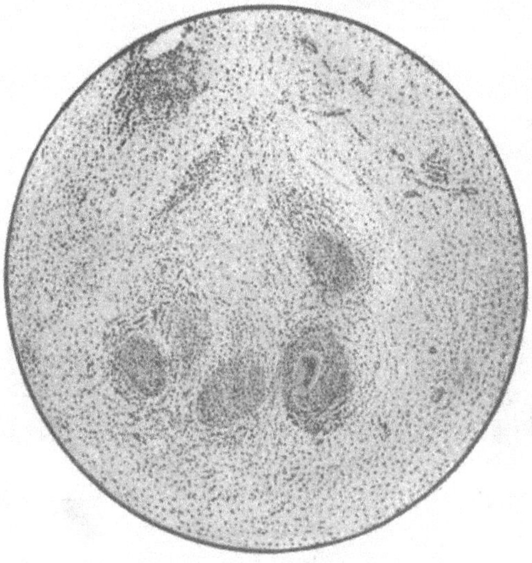

Fig. 835.
Tuberkulose des Vas deferens.
Riesenzellhaltige Knötchen in der Wand des Vas deferens mit Verschluß seines Lumens.

Histologische Unterscheidung zwischen Hodentuberkulose und Lues.

Im Endstadium kann die Unterscheidung von Hodenlues und Hodentuberkulose auch histologisch sehr schwierig sein. Hierbei kann die Färbung auf elastische Fasern eine gute Hilfsleistung bieten. Bei der Tuberkulose gehen die elastischen Fasern frühzeitig zugrunde (siehe auch Lunge), bei der Syphilis bleiben sie bestehen oder vermehren sich sogar meist.

Syphilis des Nebenhodens und Samenstranges.

Die Albuginea und die Tunica vaginalis zeigen Verdickung, Verwachsung oder ebenfalls gummöse Herde. Oft ist die Syphilis des Hodens von einer chronischen, serösen oder plastischen Periorchitis begleitet. Abgesehen von den kongenitalen Formen kommt die Syphilis des Hodens vorwiegend in späteren Stadien vor.

Seltener als im Hoden finden sich Gummiknoten des Nebenhodens und Samenstranges. Häufiger ist fibröse Verödung des letzteren.

Lepra und Leukämie.

Auch **lepröse** und **leukämische Neubildungen** kommen am Hoden vor, sie haben denselben Bau wie in anderen Organen. Die Lepra betrifft meist besonders den Nebenhoden und sodann den Hoden, zu dessen Atrophie sie führt.

d) Neubildungen.

d) Neubildungen.

Hypertrophie.

Tumoren.

Hypertrophie des einen Hodens entsteht bei jungen Individuen kompensatorisch nach Zugrundegehen oder bei Fehlen des anderen (vgl. S. 100). Der Hoden ist weit größerer Regeneration fähig — wenn nur Spermatogonien noch erhalten sind — als meist angenommen wird.

Mischgeschwülste und Teratome.

Unter den **Geschwülsten** des Hodens finden sich sehr viele Formen, welche auf eine Wucherung versprengter embryonaler Keime, die sich erst später in verschiedener Weise differenzieren, zurückgeführt werden müssen (S. 266); man findet daher vielfach teils **Mischgeschwülste und Teratome** (Teratoblastome s. S. 245), die aus einer oder mehreren zum Teil normalerweise im Hoden gar nicht vorkommenden Gewebsarten zusammengesetzt sind (Knorpel, Knochen, quergestreifte Muskulatur), teils karzinomatös oder sarkomatös gebaute Tumoren, welche durch heterologe Differenzierung der versprengten Anlagen entstanden sind. Wie in anderen Organen, so zeigen derartige Geschwülste auch im Hoden vielfach Zystenbildung, oft mit papillären Wucherungen im Innern. Nach dem histologischen Bau der einzelnen Tumoren lassen sich unterscheiden: Adenome, Kystadenome, Fibrome, Myxome, Leiomyome und Rhabdomyome, Lipome, Chondrome, Sarkome (klein- und großzellige Rundzellensarkome, Alveolärsarkome), **Karzinome** (wohl Karzinome. auch meist, wenn nicht stets, karzinomatös entarteten und einseitig entwickelten Mischgeschwülsten entsprechend), Endotheliome und besonders Mischungen dieser Geschwülste. Die malignen Formen der Hodengeschwülste brechen durch die Albuginea und die äußeren Hüllen des Hodens durch: „Fungus malignus testis". **Sarkome** auch **Hodensarkome** gehen von den Zwischenzellen des Hodens aus, gewinnen meist enorme Ausbreitung, wachsen sehr schnell und rezidivieren nach evtl. Operation meist bald. Manche sicher von den Zwischenzellen abzuleitende Sarkome stellen große lappige Tumoren von grobretikulärem Bau dar, und bestehen aus großen, Epithelien in Form und Anordnung sehr gleichenden, Zellen. Sie finden sich auch häufiger bei Kryptorchismus (s. oben) und hängen zuweilen mit einem Trauma zusammen. Noch zu erwähnen sind Chorionepitheliome bzw. Teratome mit derartigen Bildungen (s. a. S. 269). Die Chorionepithelien werden aber oftmals nur vorgetäuscht, während re vera Endothelien vorliegen. Auch sekundäre Tumoren kommen im Hoden vor. Der Samenstrang zeigt zuweilen Lipome und — selten — Myome.

Einfache **Zysten** des Hodens oder Nebenhodens (am häufigsten) sind die wohl zum Teil auch auf vermehrte Flüssigkeitsabsonderung zu beziehenden Retentionszysten, die von Hodenkanälchen oder Nebenhodenkanälchen aus entstehen. Zystische Umwandlung der Vasa aberrantia liegt, wie erwähnt, häufig der Spermatocele zugrunde.

Als Verletzungen des Hodens, des Nebenhodens und der Scheidenhaut kommen Stich- und Schußwunden, sowie Quetschungen in Betracht; ihre Folgen sind: Blutung, Entzündung, Narbenbildung. Bei Durchtrennung der Skrotalhaut kann der Hoden vorfallen, worauf an der Wundfläche eine Heilung durch Granulationsbildung zustande kommt (Fungus benignus testis).

Zysten.

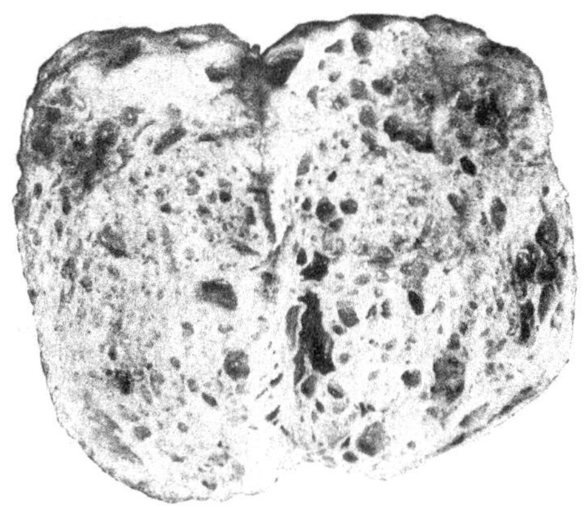

Fig. 836.
Mischgeschwulst des Hodens (sog. solides Embryom). 6jähr. Knabe.
(Nach Schultze, l. c.)

Verletzungen des Hodens.

B. Prostata.

B. Prostata.

a) Degenerative Veränderungen, Entzündungen und infektiöse Granulationen.

a) Degenerative Veränderungen, Atrophie

Von regressiven Metamorphosen kommen in der Prostata einfache Atrophie, fettige Degeneration, hyaline und fettige Entartung der Muskelfasern, hyaline Verdickung der Drüsenwandungen und braune Pigmentierung der Drüsenzellen vor. Sie sind Begleiterscheinungen entzündlicher und hypertrophischer Zustände; die Atrophie ist die Folge von Marasmus und Kastration. Auf letztere Beobachtung gründet sich der Versuch, Prostatahypertrophie (s. unten) durch Kastration operativ zu behandeln.

Entzün-
dungen und
infektiöse
Granula-
tionen.
Prostatitis. Die Entzündung der Prostata, die **Prostatitis,** entsteht meist durch Fortleitung von der Nachbarschaft, besonders der **gonorrhoisch** affizierten Urethra her; ferner durch Verletzungen oder auf metastatischem Weg und endlich auch bei Thrombophlebitis der paraprostatischen Venen. Die Prostatitis führt oft zu starker Kompression der Urethra; sie kann in eiterige Infiltration ihren Ausgang nehmen. Die Abszesse, die also zumeist gonorrhoischer Natur (evtl. Mischinfektionen bei dieser) sind, können klein sein und abgekapselt werden; oft greifen sie auf die Nachbarschaft über und brechen unter Fistelbildung in anliegende Hohlorgane (Mastdarm, Urethra) oder nach außen durch. Durch Verschleppung septischer Thromben des Plexus venosus prostaticus kann allgemeine Infektion entstehen.

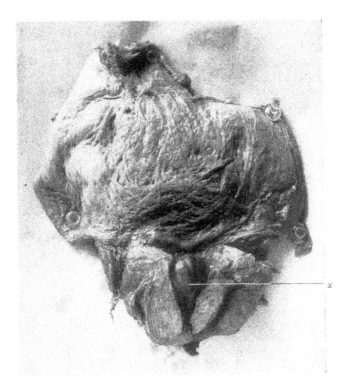

Fig. 837.
Prostatahypertrophie mit Bildung eines großen mittleren Lappens (bei *x*). Balkenblase.

Bei **Tuberkulose** des Urogenitalapparates (besonders bei ausgebildeter Nebenhodentuberkulose), wie besonders auch auf hämatogenem Wege bei Lungen- etc. Tuberkulose entstanden, finden sich auch innerhalb der Prostata sehr häufig miliare oder größere käsige Herde (s. oben). Die Tuberkel gehen auch in der Prostata von deren Drüsen aus, sei es, daß die Tuberkulose aus Harn- und Geschlechtswegen hierher fortgeleitet ist, sei es, daß die Bazillen hämatogen die Prostata erreichen (zumeist) und dann (ähnlich wie in der Niere s. dort) in die Drüsengänge ausgeschieden werden. Besonders bei der allgemeinen Miliartuberkulose liegen die Tuberkel auch interstitiell. Es kann Perforation der käsig-tuberkulösen Herde in die Blase, die Urethra und in den Mastdarm erfolgen. Öfters besteht dabei subepitheliale Tuberkulose der Urethra (Simmonds). Bei der Tuberkulose der männlichen Geschlechtsorgane sollen nach Simmonds die Prostata in 76%, die Samenbläschen in 62%, Nebenhoden in 54% ergriffen sein.

b) Neubildungen.

Ein überaus häufiges Vorkommnis ist, namentlich im höheren Alter, die **Hypertrophie** der Prostata, die auf einer Zunahme des Drüsengewebes wie auch des Interstitiums beruht und diffus oder in Knotenform auftritt. Es kann dabei die fibromyomatöse Wucherung des Zwischengewebes gegenüber derjenigen der Drüsenschläuche besonders

b) Neu-
bildungen.

Prostata-
hyper-
trophie.

Fibromyo-
matöse
Form.

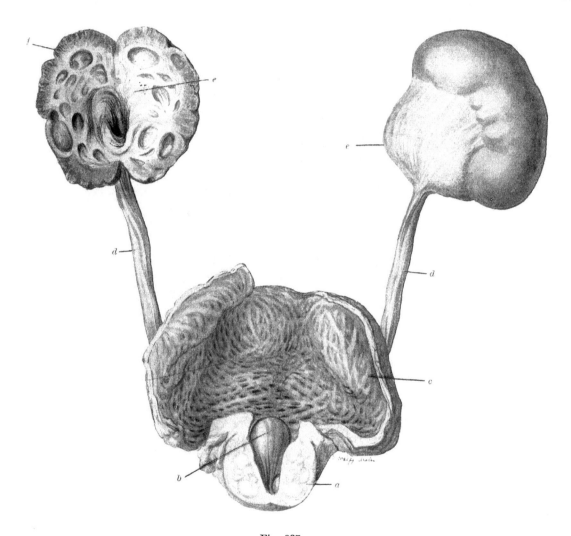

Fig. 837 a.

Prostatahypertrophie (a) mit Bildung eines großen mittleren Lappens (b); Balkenblase (c); beiderseits erweiterte Ureteren (d) und Hydronephrose (e), sowie hydronephrotische Schrumpfnieren (f)

hervortreten, nachdem letztere zum Teil atrophiert sind; die Drüse ist dann hart, auf dem Durchschnitt trocken, von grauen Streifen und Knoten durchsetzt. Anderseits kann eine adenomatöse Wucherung und Neubildung von Drüsenkanälchen durch Sprossung (zapfenartige Auswüchse) vorwiegen (s. Fig. 838); dabei ist die Prostata weich, meist mehr diffus vergrößert, die Schnittfläche ziemlich gleichmäßig graugelb; auf letzterer ist ein milchiger Saft ausdrückbar, welcher desquamierte, verfettete Epithelien enthält

Adeno-
matöse
Form.

52*

und die Drüsenschläuche zystisch auftreiben kann. Andere Zysten können von Resten der Müllerschen Gänge aus entstehen.

Entweder betrifft die Hypertrophie diffus einen großen Teil der ganzen Prostata (denn nach neueren Untersuchungen bleibt auch in diesen Fällen ein Teil der Prostata von der Hypertrophie verschont und geht sekundär druckatrophisch zugrunde) oder mehr zirkumskript, besonders einzelne Teile und dann meist die sog. Seitenlappen, oft aber auch besonders die Mitte der Prostata, den bei der Hypertrophie sich bildenden sog. mittleren Lappen der Drüse. Vielleicht geht dieser auch aus akzessorischem Prostatagewebe, das unter die Schleimhaut der Harnblase und Urethra versprengt ist, hervor. Besonders dieser mittlere Lappen komprimiert dann den Blasenhals und die Harnröhre, erschwert die Harnentleerung und kann in der Folge auch balkige Hypertrophie der Blase (siehe dort), Retentio urinae und Cystitis, ferner Hydronephrose (s. dort) hervorrufen.

Es handelt sich bei der Prostatahypertrophie wohl um eine echte Hpyertrophie

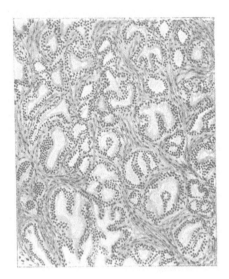

Fig. 838.
Prostatahypertrophie.
Adenomatöse Form derselben.

Fig. 839.
Kystokopisches Bild des 3. oder Homeschen Prostatalappens.
Aus Jahr, Die Krankheiten der Harnorgane, l. c.

im Sinne einer Geschwulstbildung, nicht, wie manche annehmen, um das Endresultat einer chronischen Entzündung, welche von einer Ureteritis posterior aus auf die Prostata überginge und in letzter Instanz meist auf Gonorrhoe zu beziehen wäre. Ribbert unterscheidet „Adenome im Körper der Prostata" (sog. Seitenlappen) und im „Sphinktergebiet der Urethra" (sog. mittleren Lappen) und leitet sie alle von „urethralen Prostatadrüsen" (d. h. im Bereich der muskulären Harnröhrenwand gelegen im Gegensatz zu den eigentlichen Prostatadrüsen) ab. Neuerdings ist die Hypertrophie auch als Folge einer im Alter durch die Lebensschädigungen auftretenden Atrophie (Simmonds) gedeutet worden.

Von **Neubildungen** finden sich zirkumskripte Adenome, selten Sarkome (Lymphosarkome, Adenosarkome), häufiger **Karzinome**. Das Karzinom bildet umschriebene Knoten in einem oder beiden Lappen der Prostata, kann sich aber auch diffus über die ganze Drüse ausbreiten und zu ihrer Vergrößerung führen, ohne zunächst über ihre Grenzen hinauszugreifen; das Bild gleicht dann manchmal so sehr dem einer einfachen mit Kompression der Urethra einhergehenden Prostatahypertrophie, daß die Diagnose erst mit dem Mikroskop gestellt werden kann. Im weiteren Verlauf wächst das Karzinom namentlich gegen den Blasenhals zu, wölbt die Wand der Blase vor und kann schließlich in das Lumen der letzteren oder auch in die Harnröhre durchbrechen und an der Oberfläche ulzerieren; auch das Beckenbindegewebe und die Wand des Mastdarms werden oft in sehr ausgedehnter Weise von Krebsknoten durchsetzt; manchmal so, daß der primäre Ausgangspunkt des Tumors jetzt schwer

Bildung des sog. mittleren Lappens der Prostata.

Folgezustände.

Pathogenese.

Tumoren.
Karzinome.

zu eruieren ist, zumal auch Krebse des Mastdarmes nicht selten auf die Prostata übergreifen und diese mehr oder weniger vollständig zerstören. Die primären Prostatakarzinome sind Zylinderepithelkrebse oder Krebse mit unregelmäßigen Zellformen, mehr medullär oder mehr skirrhös gebaut. Kankroide sind auch in der Prostata, aber sehr selten, beobachtet worden. Ein ähnliches Wachstum wie die Karzinome zeigen auch die Sarkome der Prostata; beide wurden auch schon bei Kindern beobachtet. Die Karzinome metastasieren besonders häufig in Knochen. Sehr selten sind Rhabdomyome der Prostata.

An den Cowperschen Drüsen kommen im Anschluß an Entzündungen der Harnröhre oder der Prostata abszedierende Entzündungen vor. Die Drüsen können bis zu Bohnengröße anschwellen; es kann Fistelbildung, vollständige Veröddung oder, bei Obliteration des Ausführungsganges, Zystenbildung entstehen. *Cowpersche Drüsen. Eiterige Entzündung.*

C. Samenbläschen und Ductus ejaculatorii.

C. Samenbläschen und Ductus ejaculatorii.

An den **Samenbläschen** finden sich katarrhalische und eiterig-katarrhalische Prozesse (Spermatozystitis), die meist vom Vas deferens her fortgeleitet werden. Es kann dabei zu bedeutender Erweiterung, zur Perforation, bei chronischem Verlauf zu Wandverdickung und Obliteration kommen. *Katarrhe.*

Außerdem entstehen in den Samenbläschen manchmal Konkremente, welche hie und da Samenfäden enthalten. *Konkremente.*

Bei Urogenitaltuberkulose werden die Samenbläschen meist und stark in Mitleidenschaft gezogen. Isolierte Tuberkulose entsteht wahrscheinlich durch Aufnahme vom Hoden ausgeschiedener Bazillen. Sie vermehren sich hier im stagnierenden Inhalt, führen einen Katarrh, dann tiefergehende Zerstörungen herbei. Zu allererst findet sich ohne Veränderung der Wandungen Eiter im Innern der Bläschen, der sich durch Anwesenheit von Bazillen als tuberkulöser dokumentiert (Spermatocystitis tuberculosa purulenta Simmonds). Später tritt typische Tuberkulose auf; die Bläschen zeigen Ausfüllung mit käsigen Massen und tuberkulöse Ulzerationen ihrer Schleimhaut. Wenn die Tuberkulose zur Heilung neigt, bilden sich schwielige Massen. Auch der Peritonealüberzug weist zumeist Tuberkel auf. Tuberkulöse Zerstörung und entzündliche Veröddung betreffen oft auch noch die Ductus ejaculatorii. Bei Obliteration der letzteren kommt es zur Bildung von Retentionszysten aus den Samenblasen. *Tuberkulose.*

Auch Karzinome der genannten Organe wurden beobachtet. *Karzinome.*

D. Penis und Skrotum.

D. Penis und Skrotum.

(Über die Urethra siehe Harnorgane; vergleiche auch Haut, Kap. IX.)

Skrotum und Penishaut sind in besonderem Maße zu Ödembildung (z. B. bei allgemeinem Hydrops) disponiert. *Ödem.*

Unter **Balanitis** versteht man eine Entzündung an der Schleimhaut der Eichel, die häufig mit einer solchen des inneren Blattes des Präputiums verbunden ist (Balanoposthitis). Sie ist Teilerscheinung einer Gonorrhoe, tritt ferner in Begleitung des Schankers oder des syphilitischen Primäraffektes auf, kommt aber auch sonst — durch Zersetzung des Smegma, mechanische Insulte etc. — vor. Durch entzündliche Schwellung des Präputiums kann die sog. entzündliche Phimose und, wenn die Vorhaut mit Gewalt über die Eichel zurückgeschoben wird, Paraphimose entstehen. Eine solche bildet sich außerdem auch an der nicht entzündeten Vorhaut aus, wenn sie — bei angeborenem mäßigem Grad von Phimose — mit Gewalt über die Glans zurückgeschoben wird und sie nun die Glans, sowie meist auch den unterliegenden Teil der umgestülpten Vorhaut selbst, einklemmt, wobei infolge der nun an der Eichel eintretenden venösen Stauung und ödematösen Schwellung die Reposition unmöglich wird. Wird die Paraphimose nicht gelöst, so kann es zu Gangrän der Glans kommen. Bei totaler Phimose kann die Vorhaut durch gestauten Harn zu einem faustgroßen Sack ausgedehnt werden, und es kann sich bei Balanitis eiteriges *Balanitis.* *Phimose und Paraphimose.*

Sekret in ihr ansammeln. Eine Art von Phimose kann auch durch narbige Verwachsungen und epitheliale Verklebungen entstehen (vgl. auch oben Mißbildungen).

Kavernitis. An den Schwellkörpern des Penis treten hier und da Entzündungen auf, welche auf traumatischem Wege oder durch Fortleitung entzündlicher Prozesse von der Harnröhrenschleimhaut her, seltener metastatisch bei Pyämie, Pocken, Typhus etc. zustande kommen. Es kann diffuse eiterige Infiltration oder Abszeßbildung mit Durchbruch in die Urethra, oder Hinterlassung schwieliger Narben die Folge sein.

Bezüglich der infektiösen Granulationen ist zu erwähnen, daß der Penis, besonders die Glans und die Stellen, wo die Präputialschleimhaut auf sie übertritt (Frenulum), besonders häufig Sitz des **syphilitischen Primäraffektes** ist. Auch das Ulcus molle, erzeugt durch die Ducrey-Unnaschen Bazillen (s. S. 313) und oft von Bubonen gefolgt, hat hier seinen Lieblingssitz. Im Verlauf syphilitischer und tuberkulöser Ulzerationen kann Durchbruch in die Urethra erfolgen. Syphilitische Prozesse im Innern des Hodensackes greifen auf diesen über und erzeugen die Verschieblichkeit des Skrotums beeinträchtigende Narben. Über die fungösen Granulationswucherungen, welche an der Außenfläche des Hodensackes zutage treten können, Fungus benignus und malignus, s. oben (S. 811, 815, 816).

Die spitzen (Gonorrhoe) und breiten **Kondylome** (Syphilis) sitzen im Gegensatz zu karzinomatösen Wucherungen der Basis verschieblich auf.

Von **Tumoren** am Penis tritt das **Karzinom** vorzugsweise als Kankroid (S. 234), meistens von der Glans penis oder dem Präputium ausgehend, besonders bei Phimose und bei syphilitischen Narben auf. Es ist vor Verwechselung mit stark entwickelten, ebenfalls blumenkohlartig aussehenden Kondylomen (s. oben) zu warnen; auch kommen Lipome, Balggeschwülste, Hauthörner (oft neben Kankroid), Teleangiektasien vor. Am Präputium bilden sich ferner zuweilen elephantiastische Wucherungen aus.

Am Skrotum kommen alle die Haut sonst befallenden Tumoren vor. Bevorzugt wird es von der im Orient (s. bei Filaria Bankrofti S. 336) häufigen, das verdickte Skrotum in einen bis mannskopfgroßen Sack verwandelnden Elephantiasis, **Elephantiasis scroti,** in die auch die Haut des Penis mit einbezogen wird. Infolgedessen ist von letzterem nur noch die fistelartig aussehende Ausmündungsstelle der Urethra aus dem Sacke zu sehen. Wichtig ist das **Karzinom** (Kankroid) des **Hodensackes.** Es befällt ihn in Gestalt von mehr oder weniger ulzerierenden Knoten und zwar besonders bei Kaminkehrern und Paraffinarbeitern (**Schornsteinfegerkrebs, Paraffinkrebs**). Hierbei wird die chronische Reizung als zum mindesten disponierendes Moment angesehen. Ziemlich häufig finden sich am Skrotum **Atherome, Dermoidzysten, Teratome.**

Präputialsteine entstehen durch sich ansammelndes und eindickendes Präputialsekret, welches sich auf verhornte Epithelien oder liegen gebliebene Blasensteine niederschlägt und sich mit Kalk imprägniert.

Verletzungen des Penis kommen vor als: Quetschung, Fraktur (d. i. Ruptur der bindegewebigen Scheide der Schwellkörper durch traumatische Knickung), in Form von oft bis auf die Urethra penetrierenden Wunden (Urethralfisteln mit Harninfiltration und konsekutiver Eiterung, Nekrose und Gangrän); seltener ist die Luxation, wobei der Penis aus seiner häutigen Scheide bis in die Regio inguinalis hinaufrutschen kann. Penisverletzungen sind ausgezeichnet durch starke Blutungen aus den Corpora cavernosa; bei der Vernarbung entstehen fibröse Knoten und narbige Knickungen.

(Marginalien:) Kavernitis. Syphilis. Kondylome. Tumoren. Elephantiasis scroti. Sog. Schornsteinfegerkrebs. Atherome, Dermoide, Teratome. Präputialsteine. Verletzungen.

Kapitel IX.
Erkrankungen der endokrinen Drüsen.

A. Schilddrüse.

Als angeborene Anomalien kommen Aplasie der Schilddrüse, gefolgt von den der
Kachexia strumipriva (s. S. 374) entsprechenden Erscheinungen, Mangel eines Lappens oder
des Isthmus zwischen beiden Lappen der Thyreoidea vor. Bei totaler oder einseitiger Thyreoidea-
aplasie finden sich zuweilen Tumoren vom Ductus thyreoglossus ausgehend, welche
Platten- und Flimmerepithel aufweisen und gutartig oder bösartig sein können. Andererseits
kommen auch sehr große Schilddrüsen vor. So kann der Isthmus einen großen, bis über
den Kehlkopf hinaufreichenden mittleren Lappen
bilden (wichtig wegen der Tracheotomie!). Neben
der Thyreoidea kommen auch akzessorische
Schilddrüsen vor (so auch am Zungengrund).

Entzündliche Prozesse sind in der
Schilddrüse nicht häufig; nach Verletzungen

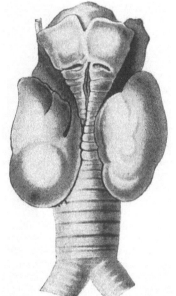

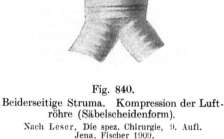

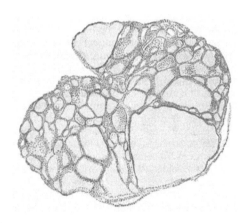

Fig. 839 a.
Struma colloides. Drüsenräume z. T. stark
erweitert, mit Kolloid gefüllt.

Fig. 840.
Beiderseitige Struma. Kompression der Luft-
röhre (Säbelscheidenform).
Nach Leser, Die spez. Chirurgie, 9. Aufl.
Jena, Fischer 1909.

oder bei Allgemeinerkrankungen auf metastatischem Wege entstehen hier und da eiterige
Entzündungen (Thyreoiditis suppurativa). Akute Thyreoiditis findet sich bei
Infektionskrankheiten, bei Rheumatismus oder idiopathisch. Es kann so zu Schwielen-
bildung und Atrophie der Schilddrüse kommen, evtl. mit anschließendem Myxödem (s. S. 374).
Bei der akuten allgemeinen Miliartuberkulose weist die Thyreoidea Tuberkel auf. Sonstige
Tuberkulose oder Gummata sind hier selten.

Die häufigsten und wichtigsten pathologischen Veränderungen der Thyreoidea sind
Hyperplasien, welche man als **Struma** oder **Kropf** bezeichnet; sie kommen in allen möglichen Graden und in manchen Gegenden mit besonderer Häufigkeit, in gewissen Hoch-
gebirgstälern geradezu endemisch, vor; bemerkenswert ist dabei das Zusammentreffen

solcher Formen mit Idiotie und Kretinismus. Man vermutet, daß es sich in solchen Fällen um die Wirkung einer miasmatischen Infektion handelt, wenigstens entwickeln sich Strumen in solchen Bezirken auch bei Personen, welche von auswärts eingewandert sind, und andererseits verliert sich in vielen Fällen der Kropf in Familien, wenn diese in strumafreie Gegenden übersiedeln. Als Infektionsquelle wird namentlich das Trinkwasser in Betracht gezogen. Zuleitung von Quellwasser kann die Zahl der endemischen Strumen sehr herabsetzen. Auch Tierversuche sprechen hierfür. Nach Bircher entsteht der Kropf durch ,,an gewisse Bodenformationen gebundene Toxinkolloide chemischer Natur und ist nur indirekt auf ein lebendes Virus zurückzuführen".

Formen der Strumen.

Die Hyperplasie kann die ganze Schilddrüse oder nur einen Lappen befallen, andererseits in den ergriffenen Partien in gleichmäßig diffuser Weise (,,Struma diffusa") oder in Form umschriebener, sich abkapselnder, adenomatöser Knoten, die wohl auf embryonalen Keimen beruhen, auftreten; im letzteren Falle erhält die Schilddrüse eine grobhöckerige, knollige Oberfläche (,,Struma nodosa").

Struma parenchymatosa.
Struma colloides.
Basedow-Struma.

Im einfachsten Falle beruht die Vergrößerung der Thyreoidea auf einer Vermehrung und Erweiterung der Drüsenbläschen, welche entweder gleichmäßig oder in bestimmten Bezirken hyperplastisch werden; man bezeichnet den Zustand dann als Struma parenchymatosa. Hierbei ist kein oder wenig Kolloid in den Follikeln gelegen, deren Zellen oft auch in ihrer Form Proliferationszeichen darbieten. Beruht die Vergrößerung des Organs in erster Linie auf vermehrter Kolloidproduktion und dadurch bewirkter Erweiterung der Drüsenbläschen und enthalten die neugebildeten Alveolen viel Kolloid, so spricht man von **Struma colloides** (Fig. 839a).

Für den Morbus Basedow, welcher mit Struma, Exophthalmus und Tachykardie einhergeht (s. S. 375) und meist als Hyperthyreoidose, von anderer Seite auch als Dyssekretion aufgefaßt wird, ist keine bestimmte Strumaart charakteristisch; bei weitem am häufigsten aber findet sich die parenchymatöse Struma mit wenig Kolloid, des weiteren finden sich papilläre Epithelwucherungen sowie solide, ganz an Karzinom erinnernde Wucherungen vielschichtiger Epithelien und besonders Hypertrophie und Hyperplasie der Follikel. Das alte aufgespeicherte Kolloid wird verflüssigt, neues nicht aufgespeichert (A. Kocher), dagegen findet sich öfters eine schleimähnliche Substanz. Lymphfollikel mit Keimzentren finden sich in den Basedowstrumen oft sehr ausgedehnt, kleinere Lymphfollikel kommen auch in der normalen Thyreoidea vor. Diese Veränderungen der Thyreoidea bei Morbus Basedow geben dem Gewebe einen kompakten Charakter und eine ausgesprochen graue Färbung. Sie können die ganze Schilddrüse diffus betreffen, oder in Form der Struma nodosa auftreten. Zur Zeit der Pubertät soll eine Vergrößerung der Schilddrüse zu finden sein, welche ähnliche histologische Details, aber in überaus weit geringerem Grade darbietet. Solche vergrößerten Thyreoideae wie Strumen überhaupt disponieren vielleicht zu Morbus Basedow (Kocher). Wir finden in uncharakteristischen Strumen oft nur an dieser oder jener Stelle die für Basedow typischen Veränderungen.

Struma fibrosa, ossea.

Auch das interstitielle Bindegewebe der Schilddrüse nimmt vielfach an ihrer Vergrößerung Anteil, indem es zwischen den hyperplastischen Parenchymteilen reichlichere und dickere Fasermassen entwickelt und besonders an die Stelle regressiv veränderten Strumaparenchyms tritt; dies Bindegewebe kann häufig eine hyaline Entartung, manchmal auch eine Verkalkung oder selbst echte Ossifikation erfahren, sog. Struma fibrosa, Struma calcarea, Struma ossea.

Transitorische Struma.
Struma vasculosa.
Struma cystica.

Eine besonders wichtige Rolle spielen bei der Struma die schon in der normalen Schilddrüse sehr stark entwickelten Blutgefäße; durch eine, auf Kongestion oder Stauung beruhende Hyperämie kann es zu vorübergehender bedeutender Anschwellung der Thyreoidea kommen, zur sog. transitorischen Struma; vielfach findet aber auch eine besonders starke Gefäßentwickelung in der hyperplastischen Schilddrüse statt (sog. Struma vasculosa); aus den erweiterten Gefäßen erfolgen häufig Blutungen mit hämorrhagischer Durchsetzung und Nekrose der Umgebung, woran sich wiederum Bildung bindegewebiger Narben oder erweichender, anfangs hämorrhagischer, später mit Hinterlassung von Pigment abblassender Stellen anschließen kann, die zuletzt ebenfalls vernarben oder zu Zysten werden.

Zysten (sog. Struma cystica) können in der Schilddrüse in verschiedener Weise zustande kommen. Teils entstehen sie, namentlich bei der Struma colloides, dadurch, daß einzelne Drüsenräume sich unter Atrophie der sie trennenden Scheidewände erweitern, die letzteren durchbrechen und dann zu großen Hohlräumen zusammenfließen; hiernach wandelt sich ihr Inhalt manchmal in eine hellere, dünnere, mehr seröse oder — durch Blutbeimischung — hämorrhagische Masse um. In anderen Fällen entstehen die Zysten als Erweichungszysten in der oben genannten Weise durch Blutungen und Nekrosen.

Als lokale Folgezustände der Struma kann sich Kompression der Nachbarschaft, Folgen der Strumen. namentlich der Trachea (Säbelscheidenform derselben), und der großen Gefäße einstellen, in welch letzterem Falle starke Stauungserscheinungen auftreten können; große, in das Mediastinum hinabwachsende Strumen oder hier isolierte Thyreoidalknoten (sog. substernale Strumen) können selbst in der Brusthöhle Kompressionserscheinungen herbeiführen. Ferner ist das „Kropfherz" zu nennen, eine durch thyreotoxische und evtl. nervöse Momente herbeigeführte Herzhypertrophie. Über Kachexia strumipriva und Myxödem s. S. 374.

Von echten Tumoren kommen in der Thyreoidea **Karzinome** und **Sarkome** (Spindel- Tumoren. zellensarkome) vor. Am wichtigsten sind die Karzinome. Sie können in Form multipler Knoten auftreten oder in diffuser Weise das Schilddrüsengewebe infiltrieren; im Gegensatz zu den benignen Strumen durchsetzen sie die Kapsel der Schilddrüse, dringen in die Nachbarschaft vor und zerstören diese, brechen auch oft in die Trachea oder Lymphgefäße und besonders die Blutgefäße ein und metastasieren vor allem ins Knochensystem. Die Karzinome der Schilddrüse wie die Metastasen (Knochen) produzieren meist noch Kolloid. Auch zu Blutungen und regressiven Metamorphosen kommt es in den Karzinomen häufig. Die Karzinome sind meist Zylinderzellkrebse, resp. solche mit kubischen Zellen und weniger charakteristischem Bau. Zuweilen aber sind die Tumoren ganz wie einfache Strumen gebaut, beweisen aber dadurch daß sie Metastasen machen, doch ihre Malignität. Die Unterscheidung des Karzinoms von einfacher Struma kann sehr schwer sein. Eine eigene relativ benigne Form ist noch unter der Bezeichnung wuchernde Struma abgegliedert worden, welche stets auf dem Blutweg, nicht Lymphweg zu metastasieren scheint. Ferner kommen zystisch-papilläre Karzinome und sehr selten Kankroide vor. Unter den **Sarkomen** gibt es Rundzellen, Spindelzellen-, Riesenzellen-, Hämangiosarkome etc., des weiteren kommen Blutgefäßendotheliome vor, teils von kavernösem Bau, teils an Karzinom erinnernd.

B. Epithelkörperchen.

Epithelkörperchen.

Über die **Epithelkörperchen** (Glandulae parathyreoideae, Nebenschilddrüsen), die gewöhnlich zu vier vorhanden und von der Thyreoidea zu trennen sind, siehe (insbesondere deren Beziehungen zu Tetanie und Morbus Basedow) S. 375.

Von ihren pathologischen Veränderungen seien Adenome und Karzinome, besonders in der Schilddrüse gelegen, die sog. Parastrumen genannt. Vielleicht haben Adenome der Epithelkörperchen Beziehungen zur sog. Paralysis agitans, ferner zu Rachitis und Osteomalacie.

C. Thymus.

Thymus.

Der **Thymus** ist ein epithelial angelegtes Organ; außer den großen Thymuszellen, die das Retikulum Normale Anatomie. darstellen, sind auch die sog. Hassalschen Körperchen, konzentrisch geschichtete Gebilde, welche man in dem Thymus findet, Reste dieser epithelialen Anlage. Sie können verfetten, verkalken oder verhornen und liegen in der Marksubstanz, neben der man eine Rindenschicht unterscheidet. Die größte Zahl der Zellen beider Schichten ähneln Lymphozyten. Nach den meisten Autoren handelt es sich auch um solche, welche nachträglich in das epithelial angelegte Organ eingewandert sind, nach anderen (Stöhr) aber um eigentümlich umgeformte Epithelien, verschieden in Mark und Rinde. Zwischen diesen Schichten liegen meist zahlreiche eosinophile Leukozyten.

Der Thymus enthält viel fein verteiltes Fett, und zwar in den epithelialen Retikulumzellen, und wird im späteren Leben, meist von der Pubertät ab, allmählich, zum größten Teil wenigstens, durch Fettgewebe substituiert, in welchem aber noch Thymusreste stets erhalten bleiben und selbst Hassalsche Körperchen noch neu gebildet werden (Thymusfettkörper, vgl. S. 376): Altersinvolution. Nicht ganz selten aber persistiert das Thymusgewebe auch. Andererseits fällt der Thymus auch bei Kindern schon häufig der sog. akzidentellen Involution anheim, besonders bei allen möglichen Infektionskrankheiten und vor allem bei Magendarmstörungen und Atrophie der Säuglinge. Der Thymus ist eine Drüse mit innerer Sekretion, anscheinend in Korrelationen mit anderen solchen stehend. Seine genaue Funktion ist nicht bekannt, vielleicht hängt sie unter anderem mit dem Knochenwachstum zusammen (s. auch Kap. IX, D des I. Teils).

Mangel des Thymus ist mit Anenzephalie zusammen beobachtet worden.

Von pathologischen Veränderungen des Thymus ist im allgemeinen wenig Genaues bekannt. Die wichtige akzidentelle Involution (sklerotische Atrophie Schriddes)

Duboissche Abszesse. ist schon erwähnt. Als Thymusabszesse (Duboissche Abszesse) werden eigentümliche, eiterartige Massen enthaltende Herde bezeichnet. Es handelt sich hier um mit Leukozyten gefüllte Höhlen, die von gewucherten Epithelien umsäumt werden, also nicht um eigentliche Abszesse. Sie enthalten die Spirochaete pallida, und diese Bildungen sind als Zeichen kongenitaler Syphilis zu deuten. Zum Teil liegt um die Höhlen geschichtetes Plattenepithel, wenn die Störung so früh einsetzt, daß noch die ursprünglichen Thymuskanäle bestehen und sich deren Epithel in mehrschichtiges Plattenepithel umbildet (Ribbert).

Unter anderen Verhältnissen, so bei Phlebitis umbilicalis oder bei Pyämie, kommen metastatische Abszesse in dem Thymus vor.

Hyperplasie. Eine Hyperplasie des Thymus findet sich (nach Schridde) in zwei Formen, als Vergrößerung des gesamten Thymus oder als isolierte Markhyperplasie. Letztere (und ebenso eine Persistenz des Thymus im höheren Alter) findet sich als Teilerscheinung einer **Status thymolymphaticus.** allgemeinen Lymphknotenhyperplasie, als **Status thymolymphaticus**, besonders bei Kindern (Genaueres s. S. 399).

Gummata. Tuberkel. An leukämischer Myelose und Lymphadenose kann der Thymus teilnehmen. In einzelnen Fällen wurden auch echte Gummen und Tuberkel in ihm beobachtet, letztere fast stets bei akuter allgemeiner Miliartuberkulose.

Verhältnismäßig umfangreiche Blutungen entstehen bei Vergiftungen (Phosphor) und machmal beim Erstickungstod.

Tumoren. Von Tumoren des Thymus kommen besonders maligne Formen vor, die man je nach der Auffassung der Thymuszellen als Sarkome, was zumeist geschieht, oder als Karzinome auffassen muß und am besten zunächst indifferent als maligne Thymusgeschwülste bezeichnen kann. Wahrscheinlich nehmen manche der diffus sich ausbreitenden **Mediastinallymphosarkome** ihren Ausgang von dem Thymus; sie greifen vielfach in diffuser Ausbreitung auf die Pleura (auch die Lunge) und den Herzbeutel über. In von dem Thymus ausgehenden Tumoren sind manchmal noch die Hassalschen Körperchen (s. o.) nachzuweisen. Auch Dermoide (S. 243 ff.) kommen im Thymus, wenn auch sehr selten, vor.

Befunde bei Myasthenia gravis. Ferner sind in mehreren Fällen von Myasthenia gravis (Erbsche Krankheit) Tumoren von sarkomartigem Aussehen in dem Thymus gefunden worden. Gleichzeitig finden sich in den Muskeln Zellanhäufungen, die teils als Metastasen der Thymustumoren, teils als Granulationsherde aufgefaßt werden. Doch werden auch die Thymusherde zum Teil nicht als Tumoren und nicht als primär aufgefaßt.

D. Nebennieren.

D. Nebennieren.

Normale Anatomie. Bekanntlich unterscheidet man an der Nebenniere Rinde und Mark, von denen die erstere von gelblicher Farbe und deutlich radiär gestreifter Beschaffenheit ist, während die Marksubstanz grau-rötlich erscheint. Mikroskopisch besteht die Rinde aus Gruppen epithelialer Zellen, die teils in Nestern (oberste Schicht = Zona glomerulosa), teils in säulenförmigen Zügen (mittlere Schicht = Zona fasciculata), teils in netzförmig verbundenen Zügen (unterste Schicht = Zona reticularis) angeordnet sind und ein bindegewebiges Stroma zwischen sich zeigen. Bemerkenswert ist, daß sich in den Zellen der Rinde, und zwar besonders an deren Randpartie, regelmäßig reichlich Tropfen von Fett und Lipoidsubstanzen vorfinden. Das Organ ist aber offenbar nicht Produktionsstätte des Cholesterins und der Lipoide, sondern Speicherungsstätte und dient ihrer weiteren Verwendung (Landau). Auch wechselt die Menge der Lipoidstoffe der Nebennierenrinde sehr, sie ist sehr groß bei Atherosklerose, Zirrhose, Nephritis, Gehirnblutungen, kardialer Stauung etc., sehr gering bei Typhus, schweren Enteritiden, und allerhand septischen Zuständen, überhaupt Infektionen und Intoxikationen (Weltmann). Das Mark hingegen ist vom Sympathicus abzuleiten und mit der Karotisdrüse, Steißdrüse etc. ihres Gehalts an chromaffinen Zellen (d. h. Zellen, welche sich mit Kaliumbichromatlösung braun färben, was dem Adrenalingehalte entspricht), Ganglienzellen und Nervenfasern wegen als „Paraganglion" aufzufassen. Die Menge des Adrenalins soll bei Verbrennungen, ferner vor allem bei Infektionskrankheiten und Konstitutionsanomalien herabgesetzt, besonders bei Nephritis erhöht sein (Lucksch). Doch sei betont, daß trotz der scharfen Scheidung des Nebennierenmarks und Rinde die Funktionen von Mark und Rinde doch offenbar zusammenarbeiten, was auch in der Pathologie des Organs eine große Rolle spielt.

Hypoplasie. **Hypoplasie** der Nebennieren kommt neben Anenzephalie und anderen schweren Mißbildungen des Großhirns vor; des weiteren auch mehr isoliert, besonders bei Status thymolymphaticus. Häufig sind die Nebennieren abnorm gelagert, sitzen z. B. ganz oder teilweise unter der fibrösen Kapsel der Niere, unmittelbar auf der letzteren. Sehr oft findet man ferner **akzessorische Nebennieren** an verschiedene Stellen versprengt, am häufigsten in die Umgebung der Nebennieren selbst, in die Nieren, die Leber, in die Gegend der Ovarien (Marchandsche Nebennieren) etc., sog. **Nebennierenkeime.** Sie bestehen stets aus Rindensubstanz. Versprengte Nebennierenkeime.

Von eigentlichen Erkrankungen der Nebennieren sind namentlich Blutungen, Tuberkulose, fibrös-indurierende Prozesse und gewisse Geschwülste von Wichtigkeit. Blutungen, **Nebennierenapoplexien,** findet sich vor allem bei infektiösen und toxischen Zuständen, sowie bei Stauung. Zu letzterer gehören vielleicht auch die häufigen kleinen Blutungen bei Neugeborenen. Noch weit häufiger als derartige größere Blutungen sind aber bei Neugeborenen bzw. besonders im ersten Lebensjahr zu findende kleine an der Grenze von Mark und Rinde gelegene Diapedesisblutungen mit intrazellulärem Auftreten von Hämosiderin, die dann später wieder verschwinden. Selten finden sich — zuweilen doppelseitig — infolge Gefäßverschlusses fast das ganze Organ durchsetzende (anämische) Infarkte). **Atrophien** der Nebennieren finden sich als senile Erscheinung oder bei kachektischen Zuständen oder als Endresultat von Entzündungen. Verfettung, hyaline und besonders **amyloide Degeneration** kommt vor. Die **akuten Entzündungen** der Nebennieren haben an sich wenig Charakteristisches. Sehr häufig ist eine **degenerativ-entzündliche** Veränderung der Nebenniere bei infektiös-toxischen Prozessen, so bei Peritonitis oder Gasödem. Ja die Nebenniere ist als besonders scharfer und frühzeitiger Reaktionsort bei allen derartigen Körperschädigungen zu bezeichnen (Dietrich). Die Veränderungen betreffen die Rinde und bestehen zunächst in Aufsplitterung und Randstellung der in den Zellen der Nebennierenrinde gehäuften Lipoide (s. o.) zusammen mit Lipoidschwund, sodann in vakuolärem Zerfall oder wabiger Aufquellung der Zellen und endlich entzündlichen Reaktionen in Gestalt von Hyperämie, Blutungen, Leukocytenansammlungen und Infiltrationsherden sowie Thrombenbildung (Dietrich).

Fibrös-indurierende Entzündungen sind in vielen Fällen wohl auf Syphilis, besonders kongenitale, zurückzuführen; auch gummöse Prozesse kommen, und zwar sowohl bei kongenitaler wie bei akquirierter Lues, in den Nebennieren vor. Besonders eine Entzündung der Nebennierenkapsel meist mit Randatrophie und schwieliger Veränderung in der Nebennierenrinde scheint für kongenitale Syphilis charakteristisch.

Die **Tuberkulose** tritt entweder in Form zunächst umschriebener, dann konfluierender Knoten oder von vornherein in Form einer diffusen, käsigen oder käsig-fibrösen Entzündung (S. 156) auf, welche zu erheblicher Vergrößerung des Organes und einerseits Erweichung und Einschmelzung der verkästen Massen, andererseits partieller fibröser Entartung des Gewebes führen kann. Selten ist die Tuberkulose der Nebenniere primär, meist entsteht sie im Verlauf anderweitiger Organtuberkulose, am häufigsten im Verlauf der Lungentuberkulose. Meist ist sie doppelseitig. (Über die Beziehungen zur Addisonschen Krankheit s. S. 376).

Hypertrophie der Nebenniere kann kompensatorischen Charakter tragen oder, wie angenommen wird, funktionellen. Besonders bei chronischen Nephritiden soll häufiger Hyperplasie der Nebenniere, besonders ihres Markes (Auftreten sympathoblastischer Zellen) bestehen. Ähnliches soll sich auch bei sog. Atherosklerose finden, doch sind diese Befunde völlig unsicher.

Unter den Geschwülsten verhalten sich die des Markes und die der Rinde ganz verschieden. Unter denen der letzteren sind besonders die sog. knotigen Hyperplasien und die **Adenome** zu nennen. Sie treten in Form umschriebener, bis über Kirschgröße erreichender Knoten auf und bestehen aus einem bindegewebigen Stroma und aus einem Parenchym, dessen Zellen den Epithelien der Rinde entsprechen und meist sehr viel Fett und Lipoid (gelbe Farbe), außerdem, wie auch jene, Glykogen enthalten. Sie sitzen zumeist in der Rinde, aber auch im Mark und sind ganz überaus häufig. Auch von versprengten Keimen können Adenome ausgehen. Mehr diffuse Hypertrophie bzw. Adenombildung des ganzen Organs wird als **Struma suprarenale** bezeichnet. Solche enthalten zuweilen kavernöse Bluträume und können in maligne Tumoren, d. h. Karzinome übergehen. Die **Karzinome** der Nebennieren (Rinde) kommen nicht allzu selten vor. Es sind meist solide indifferente Karzinome, die sehr weich sind, zu regressiven Metamorphosen (Verfettung) und vor allem zu ausgedehnten Blutungen neigen und auf diese Weise bunte Bilder bieten können, ähnlich wie die sog. Grawitzschen Tumoren der Niere (s. oben), die ja auch von Nebennierenkeimen abgeleitet werden. Doch bestehen histologisch Unterschiede zwischen diesen und den Karzinomen der Nebenniere selbst. Letztere können durch frühzeitiges Einbrechen in Venenlumina früh zahlreiche Metastasen veranlassen.

Vom sympathischen Nebennierenmark gehen die relativ häufigsten Tumoren des Sympathikusgebietes überhaupt aus. Auch kommen in ihnen öfters wie irgendwo anders neugebildete Ganglienzellen und Nervenfasern vor. Doch sind diese Tumoren auch hier sehr selten. Wir können unterscheiden das Neuroblastom; es besteht aus unreifen nervösen Elementen d. h. den Neuroblasten, den Vorstufen der Ganglienzellen, und aus von diesen gebildeten feinsten Neurofibrillen; dieser Tumor findet sich wohl nur angeboren bei kleinen Kindern und ist höchst malign. Und ferner die beiden reifen Tumorformen, das Ganglioneurom aus fertigen Ganglienzellen und Nervenfasern bestehend, sowie den sog. chrombraunen Tumor oder das Paragangliom aus chromaffinen Zellen (s. oben) bestehend. Die beiden letzten Tumorarten sind gutartiger Natur. Es kommen auch gemischte Formen der genannten Tumorarten vor.

Ferner finden sich in den Nebennieren kleinzellige Rundzellensarkome, großzellige Sarkome, sowie Endotheliome und selten melanotische Adenome und Karzinome. Außerdem kommen Zysten. in seltenen Fällen **Zysten** (Lymphzysten) vor.

Erweichung. Sehr oft aber findet man, namentlich bei älteren Leuten, die zentralen Partien der Nebennieren erweicht, in eine pulpöse blutähnliche Masse umgewandelt, ein Zustand, welcher auf einer eigentümlichen kadaverösen Erweichung des Gewebes beruht.

Tumoren der Steiß- und Karotisdrüse. Auch von der **Steißdrüse und Karotisdrüse,** welche mit dem Mark des Nebennierenmarks gleiche Genese haben, können Tumoren ausgehen, welche „chromaffine" Zellen enthalten. Die Tumoren bezeichnet man auch hier als Paragangliome. Sie können in ihrem Bau Endotheliomen und besonders sog. „Peritheliomen" sehr gleichen.

Über die Störungen der inneren Sekretion der Nebenniere s. S. 376.

E. Hypophysis und Epiphyse.

E. Hypophyse und Epiphyse.

Hypophysis. In der **Hypophysis,** welche in ihrem vorderen Lappen — wahrscheinlich dem physiologisch wichtigsten Teil — aus drüsigem der Thyreoidea ähnlich gebautem Gewebe mit ungranulierten und verschieden granulierten Zellen (chromophobe und chromophile Zellen, i. e. eosinophile und zyanophile Zellen), im hinteren Lappen aus gefäßhaltigem Bindegewebe und Glia mit Nervenzellen und Nervenfasern besteht, werden manchmal kolloide Zysten beobachtet. Die Hypophyse enthält eisenhaltiges und eisenfreies Pigment, welches vielleicht mit einer Blutkörperchen zerstörenden Tätigkeit des Organs zusammenhängt (Lubarsch). Angeborene Mißbildungen, Degenerationen und Atrophie, Entzündungen und infektiöse Granulationen, Tuberkulose (chronische Formen und besonders Miliartuberkel bei akuter allgemeiner Miliartuberkulose) wie Syphilis (öfters miliare Gummata), auch kongenitale, der Hypophyse kommen vor, sind aber im ganzen selten. Im Vorderlappen gibt es Embolien mit anämischen Infarkten. Auch im Anschluß an Schwangerschaft kommt Nekrose evtl. mit Übergang in fibröse Entartung vor. Es finden sich an Tuberkel erinnernde Bildungen mit Riesenzellen in und außerhalb der Herde, nach Simmonds auf Sekretanomalien des Organs zu beziehen. Von dem vorderen Lappen geht gelegentlich eine hyperplastische Wucherung aus, die zur Bildung ziemlich umfangreicher, manchmal hühnereigroßer Tumoren Adenome und Karzinome. führen kann, welche als **Adenome** (auch als Strumen) bezeichnet werden (s. Taf. VII, Fig. 842). Man kann diese Adenome den den Hypophysenvorderlappen zusammensetzenden Zellen entsprechend weiter einteilen, doch scheinen sie fast alle von Haus aus sog. Hauptzellenadenome zu sein (Kraus). Andere Tumoren sind sehr selten, doch können jene eben erwähnten Tumoren auch in den Knochen etc. vordringen, also **karzinomatösen Charakter** annehmen. Auch Plattenepithel führende Tumoren sind als sog. **Hypophysengangtumoren**

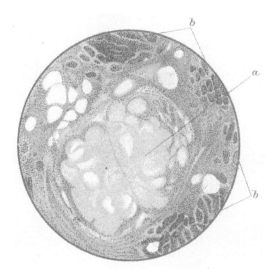

Fig. 841.
Fettgewebsnekrose des Pankreas.
In der Mitte (bei *a*) nekrotisches Fettgewebe, umgeben von infiltriertem Bindegewebe mit Pankreasdrüsengewebe (*b*).

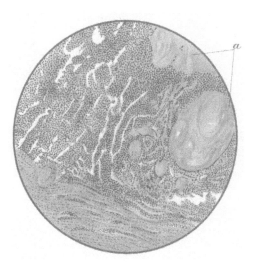

Fig. 842.
Adenom der Hypophyse bei Akromegalie.
Die Kolloidmassen sind bei *a* in kleinen Zysten gelegen.

bekannt. Es kommen Plattenepithelien schon normal, dem Hypophysenaufstieg entsprechend, hier vor. Bei Hypophysengangtumoren kann die Hypophyse selbst durch Druck untergehen und es kann sog. Paltaufscher Zwergwuchs resultieren, auch Nanosomia infantilis oder eben nach seiner Genese auch Nanosomia pituitaria (Erdheim) benannt. Weiter sind in der Hypophyse komplizierter gebaute Teratome beobachtet worden. Meist hat Vergrößerung oder Tumor bestimmter Teile der Hypophyse **Akromegalie** zur Folge (s. S. 104 u. 377). Auch zwischen **Störungen der Geschlechtsfunktionen** und **allgemeiner Fettleibigkeit** einerseits, der Hypophyse und zwar deren Hinterlappen andererseits scheinen Beziehungen zu bestehen.

Zur Zeit der Schwangerschaft, besonders bei Multiparen, geht die Hypophyse eine Hypertrophie ein mit Auftreten von den Hauptzellen abgeleiteter sog. Schwangerschaftszellen. Auch nach Kastration ist der Vorderlappen oft vergrößert bzw. er weist besonders viele eosinophile und wenig basophile Epithelien auf. Ähnliches findet sich bei angeborenem Mangel der Schilddrüse, bzw. bei ihrer Exstirpation; dabei vermehren sich die Hauptzellen.

In der **Epiphyse, Glandula pinealis** (Zirbeldrüse), kommt häufig eine reichliche Menge von Kalkkörnern vor (Hirnsand). Seltener werden hyperplastische Zustände (Adenome), Zysten und Geschwülste, so Sarkome bzw. Psammome, ferner Teratome beobachtet. Vielleicht hängen Veränderungen der Zirbeldrüse mit Stoffwechselstörungen (allgemeine oder lokalisierte Adipositas, frühzeitige Entwickelung oder Hypertrophie der Genitalien) zusammen. Über Diabetes insipidus vgl. S. 377.

Zirbel-
drüse.

Kapitel X.
Allgemeine pathologische Anatomie der äußeren Haut.

Vorbemerkungen.

Die äußere Haut besteht aus der Epithelschicht (Epidermis), der Kutis und dem subkutanen Bindegewebe, welch letzteres mehr oder weniger Fettgewebe enthält.

Normale
Anatomie.

I. In der **Epidermis** findet sich unten eine Zone zylindrischer, palisadenförmig angeordneter Zellen als Stratum basale (auch Stratum cylindricum oder germinativum genannt); dann folgt das Stratum spinosum, welches aus polygonalen durch Stacheln verbundenen Zellen, den Stachelzellen oder Riffelzellen besteht. Die Stacheln sind Fortsetzungen der in den Zellen vorhandenen Protoplasmafasern (Protoplasmabrücken). Die nächste Schicht besitzt abgeplattete Zellen mit körnigem keratohyalinhaltigem Protoplasma (Fig. 842a), Stratum granulosum. Diese 3 Schichten, also das Stratum basale, Stratum spinosum und Stratum granulosum bilden zusammen das Rete Malpighii. Die äußerste Zellage (also jenseits das Stratum granulosum) besteht aus eleidinhaltigen Zellen, Stratum lucidum, sodann aus platten verhornten Zellen, Hornschicht, Stratum corneum. Sie enthält auch Fette und Cholesterinester.

II. In der **Kutis** lassen sich zwei Schichten unterscheiden: unmittelbar unter der Epidermis liegt die Cutis vasculosa, Pars papillaris (der Papillarkörper oder die Gefäßhaut), welche Zapfen oder Papillen in die Epidermis hineinsendet; die zwischen den Papillen bleibenden, tiefer eindringenden Epidermispartien heißen Epidermiszapfen oder richtiger, da sie ein Netzwerk bilden, Epithelleisten; die Cutis vasculosa besteht aus kollagenen Bindegewebsfasern, welche sich in allen Richtungen durchkreuzen, und zwischen welche elastische Fasern eingestreut sind; diese Kutisschicht ist sehr reich an Gefäßen; besonders dicht liegen sie, ebenso wie auch die Nervenfasern, in den Papillen.

Die tiefer liegende, eigentliche Cutis propria, Pars reticularis, welche abgesehen von den sie durchziehenden, in die Oberhaut gelangenden Arterien und Venen keine eigenen Gefäße enthält, besteht aus Bindegewebsbündeln, welche sich in der Art maschenartig durchflechten, daß die Maschenräume längliche Rhomben bilden. Die größte Diagonale dieser Rhomben läuft der Spannungsrichtung der betreffenden Hautstelle parallel. Die Bindegewebsbündel der Kutis sind von Netzen elastischer Fasern umsponnen.

III. Die **Subkutis** besteht aus kollagenen Bindegewebsbündeln und elastischen Fasern, welche zu einem lockeren, weitmaschigen Netzwerk durchflochten sind, in dessen Maschenräumen sich mehr oder weniger reichlich Fettzellen eingelagert finden.

Außer groben Falten (über den Gelenken etc.) zeigt die Hautoberfläche eine feine Felderung, die sog. **Oberhautfelderung,** welche besonders deutlich an der dorsalen Fläche der Hände und Finger bemerkbar ist. Das Verhalten dieser Felderung ist auch diagnostisch wichtig.

Funktionell, sowie auch nach ihrem Verhalten unter krankhaften Bedingungen zeigen Epidermis und Cutis vasculosa (Papillarkörper) eine innige Zusammengehörigkeit und einen gewissen Gegensatz zur übrigen Kutis (C. propria), indem sie sich gegenüber der letzteren etwa analog verhalten, wie

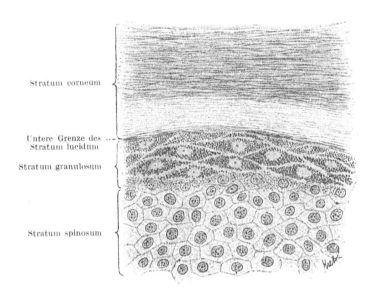

Stratum corneum

Untere Grenze des Stratum lucidum

Stratum granulosum

Stratum spinosum

Fig. 842 a.

Querschnitt durch die Epidermis des Menschen: die tieferen Schichten des Stratum Malpighii sind nicht dargestellt. 720 mal vergr.

(Nach Böhm-v. Davidoff, Lehrbuch der Histologie des Menschen.)

das Parenchym und das feinere Stützgewebe der drüsigen Organe gegenüber ihrem gröberen bindegewebigen Gerüst. Sie werden daher von Kromayer zusammen unter dem einheitlichen Namen „Parenchymhaut" der Cutis propria gegenübergestellt.

Zu der Haut gehören auch noch zwei Arten von **Drüsen,** die Knäueldrüsen oder Schweißdrüsen und die Talgdrüsen. Letztere sitzen an den Haaren, welche in ihrem tieferen Teil eine äußere Wurzelscheide (dem Rete Malpighii entsprechend) und eine innere Wurzelscheide (nach innen zu verhornt) besitzen. Um die Wurzelscheiden herum findet sich eine Bindegewebslage; zusammen bilden sie den Haarbalg, er sitzt an seinem unteren Ende der Haarpapille auf. Am Haarbalg setzt der Musculus Arrector pili (glatte Fasern) an.

a) Pigment-
verände-
rungen.

a) Veränderungen der Pigmentierung.

Das normale Hautpigment, eisenfreies Melanin, liegt in Form von kleinen Körnchen in den untersten Schichten der Epidermis, besonders in der Basalschicht, ferner in Bindegewebszellen (sog. Cromatophoren) der oberen Kutislage. Es entsteht wahrscheinlich durch eine spezifische Tätigkeit der Zellen aus ihnen zugeführten Stoffen, jedenfalls nicht direkt aus Blutfarbstoff.

Nävi.

In den pigmentierten **Nävi** (S. 207) liegt das Pigment zum großen Teil in den sog. Nävuszellen (S. 207), aber auch außerhalb dieser im Bindegewebe, sowie in der überkleidenden Epidermis.

Epheliden.

Ähnliche, wenn auch meist weniger ausgebildete und kleinere Zellnester finden sich bei den **Epheliden,** Sommersprossen, welche unter dem Einfluß des Sonnenlichtes besonders an unbedeckten Stellen der Haut zustande kommen und während des Sommers deutlicher hervortreten, während sie im Winter abblassen; sie entwickeln sich gewöhnlich im 6.—8. Lebensjahre und pflegen im späteren Alter wieder zu verschwinden; sie kommen besonders bei blonden Individuen, offenbar auf Grund angeborener Anlage, vor. Die **Lentigines,** Linsenflecken, sind nävusähnliche stecknadelkopfgroße bis linsengroße Flecken, welche aber im Gegensatz zu den Nävi nicht angeboren sind, sondern erst im späteren Leben auftreten. (Über Xanthelasmen s. unten.) Lentigines.

Eine zweite Gruppe von Pigmentierungen tritt in Zusammenhang mit bestimmten physiologischen und pathologischen Zuständen des Körpers auf, namentlich in Verbindung mit bestimmten Funktionen des Genitalapparates, Erkrankungen dieses oder bei allgemeiner Erkrankung des Körpers. Hierher gehört das **Chloasma uterinum** bzw. **gravidarum** der Schwangeren und solcher weiblicher Personen, welche an Erkrankungen des Genitalapparates leiden. Ein physiologisches Vorbild haben diese Pigmentierungen in der starken Pigmentierung der Warzenhöfe und der Linea alba während der Gravidität. Das **Chloasma cachecticorum** tritt bei erschöpfenden Krankheiten, besonders Phthisis pulmonum auf. Ähnliche Pigmentierungen finden sich bei kongenital syphilitischen Kindern. Chloasma uterinum. Chloasma cachecticorum.

Wieder andere Pigmentierungen entstehen durch äußere Einwirkungen thermischer, mechanischer oder chemischer Art als **Chloasma caloricum** („Verbranntwerden" durch Sonnenstrahlen), **Ch. toxicum** (Senfteig, Chanthariden, bei langdauernder Arsenbehandlung), **Ch. traumaticum**, endlich bei einer Anzahl von akuten und chronischen entzündlichen Prozessen, Ekzemen, Prurigo, Lichen, Geschwüren, besonders Unterschenkelgeschwüren, syphilitischen Exanthemen etc. In allen diesen Fällen ist die stärkere Pigmentierung der Haut nicht etwa bloß auf die vielfachen, in solchen Fällen auftretenden Blutungen zurückzuführen — wenn sich auch dabei vielfach Blutpigment neben dem Melanin findet — sondern vor allem auf eine vermehrte Pigmentbildung von seiten der Epidermiszellen selbst zu beziehen. Diese Pigmentierungen sind auch viel persistenter als die Färbung durch Blutpigment. Chloasma caloricum, toxicum, traumaticum.

Eine Vermehrung des physiologischen Pigmentes findet sich ferner beim **Morbus Addisonii** (S. 376). Morbus Addisonii.

Unter **Xeroderma pigmentosum** faßt man braune Pigmentierungen, besonders an Händen und Gesicht bei Kindern auftretend zusammen. Degenerationen des Bindegewebes und der elastischen Fasern, sowie Gefäß-Erweiterungen und evtl. -Wucherungen und geschwulstmäßige Epithelwucherungen können sich anschließen. Xeroderma pigmentosum.

Leukodermie (Pigmentmangel). Mangel des normalen Hautpigments kommt angeboren oder erworben vor; die angeborene Form, der **Albinismus,** ist allgemein über den ganzen Körper verbreitet und betrifft oder die Haut auch die Augen (die Pupille erscheint rot) und Haare (weiß), oder er ist partiell, **Leukopathia congenita partialis,** und betrifft nur einzelne Haarbüschel oder kleinere Hautflecke. Leukodermie. Albinismus.

Den erworbenen Pigmentmangel bezeichnet man als **Leukopathia acquisita** oder **Vitiligo**; er tritt in Form zirkumskripter pigmentloser Flecken auf, die gleichfalls pigmentlose Haare tragen können; die hellen Stellen vergrößern sich und konfluieren, wodurch ausgedehnte Strecken der Haut eine ganz helle Farbe annehmen können; daneben zeigt sich in der Umgebung der pigmentfreien Stellen stärkere Pigmenteinlagerung, so daß man den Eindruck erhält, als ob eine Verschiebung des Pigmentes von den weißen Stellen nach außen stattfände. Vitiligo.

Das **Leukoderma syphiliticum,** welches vorzugsweise beim weiblichen Geschlecht und zwar besonders am Hals und Nacken auftritt, beruht wahrscheinlich auf Verminderung des Pigmentes bei der Resorption luetischer Exantheme, wobei in der Umgebung eine Zunahme des Pigmentes stattfindet. Ein ähnlicher Pigmentschwund kommt auch bei anderen Hauterkrankungen, nach Psoriasis etc. vor, doch ist die Anordnung und Lokalisation der Flecken beim Leukoderma syphiliticum eine typische. (Näheres siehe in den Lehrbüchern der Syphilidologie.) Leukoderma syphiliticum.

Nach **Blutergüssen** in die Haut entstehen Pigmentierungen durch Hämosiderin und Hämatoidin teils in Körnern, teils in Kristallen (s. S. 72, 73); über Pigmentierung durch Gallenfarbstoff s. S. 74. Blutpigmentierungen.

Zur Pigmentierung durch von außen zugeführte Stoffe gehört die Tätowierung, ferner die graubraune Verfärbung, welche in der Haut wie auch in anderen Organen durch Silberniederschläge bei längerem inneren Gebrauch von Argentum nitricum auftritt, die **Argyrie.** Tätowierung. Argyrie.

b) Zirkulationsstörungen. b) Zirkulationsstörungen.

Die durch kongestive **Hyperämie** hervorgerufenen Rötungen der Haut bezeichnet man im allgemeinen als **Erytheme,** umschriebene kleine fleckige Rötungen speziell als **Roseolen**; doch ist die kongestive Hyperämie der Haut an der Leiche meist nicht mehr zu erkennen; am Lebenden ist sie dadurch ausgezeichnet, daß die Rötung auf Druck zeitweise verschwindet. Eryteme treten unter verschiedenen Umständen auf; auf reflektorischem Wege, durch thermische Einflüsse (Erythema solare, „Sonnenstich", E. caloricum), durch traumatische Einflüsse, durch toxische Einwirkungen, bei manchen Infektionskrankheiten (Roseola beim Typhus abdominalis, bei Typhus exanthematicus etc.). Die im Verlauf von Infektionskrankheiten auftretenden Rötungen kommen teils durch direkte Einwirkung der Infektionserreger, bzw. deren Toxine, teils auf reflektorische Weise zustande. In vielen Fällen handelt es sich Kongestive Hyperämie. Eryteme, Roseolen. Pathogenese derselben.

jedoch bei diesen Erythemen nicht mehr bloß um einfache kongestive Hyperämie, sondern bereits um entzündliche Erscheinungen (s. unten).

Acne
rosacea.

Mit Hyperämie und Kapillarerweiterung beginnt auch die **Acne rosacea,** die vor allem die Nase und die anstoßenden Backenteile befällt und eine Rötung und Verdickung der Haut hervorruft. Bald kommt hier allerdings Talgüberproduktion und Entzündung der Follikel evtl. mit Vereiterung hinzu. Es kann sich bindegewebige Hyperplasie anschließen, die zu entstellender Nasenverdickung, Rhinophyma (Pfundnase) führt.

Stauungs-
hyperämie.

Besser als die Wallungshyperämie erkennt man an der Leiche die Stauungshyperämie, wie sie nach allgemeiner oder lokaler Blutstauung, und zwar im ersteren Falle namentlich an den peripheren Teilen der Extremitäten und an den Lippen zustande kommt; sie ist durch die livide Färbung der Haut und die starke Füllung der Venen charakterisiert. Bei längerer Dauer treten dann zinnoberrote Flecken auf lividem Grunde auf, welche wahrscheinlich auf Diffusion von Blutfarbstoff beruhen.

Atonische
Hyper-
ämie.

Atonische oder asthenische Hyperämie (S. 16) der Haut kommt bei Herz- und Lungenkrankheiten, ferner auch durch lokale Einwirkungen zustande; namentlich durch Frost, wobei durch die Hyperämie die Kapillaren ebenfalls zuerst ausgedehnt werden und dann im Zustande der Atonie verbleiben, ferner beim Dekubitus (s. unten), wo der anfänglichen Druckanämie der aufliegenden Körperstellen eine atonische Hyperämie derselben folgt.

Anämie.

Allgemeine **Anämie** fällt an der Leiche nur in höheren Graden auf (bei Verblutungstod, Blutkrankheiten etc.). Umschriebene anämische Stellen entstehen durch lokale Einwirkungen infolge von Druck auf die Haut oder als Folge von Gefäßkontraktionen, wie sie durch Kälte oder durch vasomotorische Einflüsse hervorgerufen werden. Wahrscheinlich wirkt auch das Secale cornutum (Ergotin) durch zentral ausgelöste Erregung der Vasokonstriktoren.

Ödeme.

Unter den **ödematösen** Zuständen der Haut unterscheidet man die stärkere seröse Durchtränkung des subkutanen Gewebes und das Ödem der Papillarschicht.

Anasarka.

Bei dem subkutanen Ödem, dem gewöhnlichen **Anasarka** oder **Hyposarka,** ist die Haut angeschwollen und entweder derb, elastisch, gespannt („elastisches Ödem") oder teigig weich, so daß Fingereindrücke längere Zeit bestehen bleiben. Im ersteren Falle ist das Gefüge des Unterhautbindegewebes gelockert, und die Flüssigkeit läßt sich leicht an der Druckstelle verdrängen. Das Anasarka kommt als allgemeines Stauungsödem (S. 48) bei allgemeiner Stauung, besonders in bestimmten Gegenden (Beine, Füße) oder als lokales Ödem bei lokaler Zirkulationsstörung (Venenthrombose etc.), als dyskrasisches Ödem (S. 47), sowie als Fluxionsödem, besonders an gewissen mit lockerer Subkutis versehenen Stellen (Augenlider, Genitalien), vor.

Das sog. Papillarödem, welches ausschließlich in zirkumskripter Form auftritt, verursacht die Bildung flacher Erhabenheiten, welche in allmählicher Abdachung in die um-

Quaddel
(ödematöse
Papel).

gebende Haut übergehen — **ödematöse Papel** oder **Quaddel** (Urtica). Es kommt als Fluxionsödem vor und wird durch verschiedene lokale Reize, Insektenstiche, Brennessel, gewisse Medikamente oder Genußmittel hervorgerufen. Manche Individuen haben

Urtikaria.

für papilläre Ödeme eine besondere Disposition, **Urticaria, Nesseln.** Ausgelöst werden sie dann meist durch gewisse Speisen (Krebse, Erdbeeren etc.). Zum Teil kann das Papillarödem auch durch nervöse Einflüsse auf reflektorischem Wege hervorgerufen werden. Bei manchen Leuten rufen auch Berührungen der Haut z. B. durch Darüberstreifen mit dem Griffel lokal begrenzte Ödeme hervor — Urticaria factitia. Von den entzündlichen Prozessen (s. unten) unterscheidet sich die Urticaria durch das rasche Zurückgehen der Quaddeln, doch kann sie in entzündliche Zustände übergehen, resp. schon das Vorstadium von solchen darstellen.

Oedema
fugax.

Auf nervöse Einflüsse ist auch das **Oedema fugax** (Quincke) (S. 47) zu beziehen. Besonders am Gesicht und an den Extremitäten treten umschriebene tumorartige Ödeme auf, die meist bald wieder verschwinden (1—2 Tage), aber oft wiederkehren können.

An chronisches Ödem können sich hyperplastische und indurative Zustände der Haut, Elephantiasis, anschließen.

Blutungen entstehen aus sehr verschiedenen Anlässen und werden je nach ihrer Größe und Gestalt mit verschiedenen Namen bezeichnet. **Petechien** sind ganz kleine, punktförmige, scharf begrenzte Blutungen, **Vibices,** solche von streifiger Gestalt; etwas größere, zackig begrenzte Hauthämorrhagien heißen **Ekchymosen,** noch größere, nicht scharfbegrenzte Blutergüsse **Suggillationen.**

Die Blutungen in die Haut sind teils traumatischen Ursprungs, teils entstehen sie bei verschiedenen Exanthemen, bei perniziöser Anämie, Skorbut, Allgemeinerkrankungen, besonders **Sepsis** oder Vergiftungen. Bei Endocarditis ulcerosa treten an der Haut oft kleine embolische hämorrhagische Infarkte auf. Viele nicht traumatische Hautblutungen faßt man unter dem Namen **Purpura** zusammen; von solchen sind anzuführen die Purpura rheumatica, Purpura haemorrhagica (Morbus maculosus Werlhofii) (s. S. 25), die Purpura scorbutica und die Purpura senilis. Zum Teil sind die Purpurablutungen auf infektiöse (Purpura variolosa) oder chemische Einwirkungen (Phosphor, Jod), zum Teil auf Änderung in der Blutbeschaffenheit oder auf nervöse Einflüsse zurückzuführen.

c) Atrophien, Nekrosen und Ulzerationen.

Unter **Atrophie** der Haut versteht man im allgemeinen eine quantitative Abnahme ihrer Bestandteile, welche sich in Verdünnung ihrer einzelnen Schichten äußert. Eine solche Atrophie findet sich lokal an Stellen, welche einem stärkeren Druck ausgesetzt waren, z. B. über Tumoren, welche die Haut stark vortreiben, bei gewissen nervösen Einflüssen etc. Soweit die Atrophie die Parenchymhaut betrifft (S. 830), zeigen sich die Papillen und die dazwischen gelegenen Epithelleisten erniedrigt, die Oberhautfelderung verstrichen, die Hautoberfläche dadurch glatt, wie wir dies auch noch bei Narben im Kutisgewebe sehen werden.

Eine solche Atrophie der Parenchymhaut findet sich ferner bei den sog. Schwangerschaftsnarben; durch die Ausdehnung der Bauchdecken kommt es zur Dehnung und teilweisen Zerreißung von Bindegewebsfasern der Kutis; sie verlieren ihre normale maschenförmige Anordnung (S. 830) und legen sich parallel in der Richtung der Dehnung. Dadurch wird auch die Epidermis verändert, glatt und faltenlos. Ganz ähnliche Distentionsstreifen kommen auch bei Ausdehnung der Bauchhöhle durch andere Prozesse, Tumoren, Flüssigkeitsansammlung, Appendizitis etc. zustande.

Bei der senilen Atrophie der Haut zeigt sich ebenfalls eine allgemeine Verdünnung der Kutis und Epidermis. Die Bindegewebsbündel der Kutis werden dünner, wodurch die sie umspannenden elastischen Fasernetze dichter zusammenrücken. Außerdem erleiden beide Faserarten Degenerationen und eine eigentümliche hyaline Umwandlung, eine „Homogenisation", wodurch besonders die elastischen Fasern vielfach zu großen, homogenen Massen verschmelzen. Die Kutis verliert dabei an Elastizität; sie wird zwar durch die Körperbewegungen wie sonst gedehnt, kann sich aber nicht mehr entsprechend zusammenziehen; die Haut wird schlaff; statt der normalen Oberhautfelderung erhält sie gröbere Falten. Die Haare fallen aus und regenerieren sich nicht mehr. Auch die Talgdrüsen degenerieren.

Ähnliche Verhältnisse zeigen sich bei der marantischen Atrophie, die bei kachektischen Erkrankungen eintritt. Eine besondere Affektion, welche makroskopisch gelbe Flecken bildet, mikroskopisch durch Zerfall der elastischen Fasern charakterisiert ist, bezeichnet man als Pseudoxanthoma elasticum. Von der **amyloiden Degeneration** werden an der Haut vor allem die Talg- und Schweißdrüsen befallen.

Eine **Nekrose** kann in der Haut durch sehr verschiedenartige Einwirkungen zustande kommen. Zirkulatorische Nekrosen entstehen durch embolischen oder thrombotischen Arterienverschluß oder durch atheromatöse Erkrankung der Hautarterien, welch letztere einerseits die Entstehung von Thrombosen und Embolien begünstigt, andererseits direkt das Gefäßlumen einengt und durch Veränderung der Gefäßwände die Zirkulation erschwert. Embolien können von Thromben auf atheromatösen Gefäßwänden, in Aneurysmen oder

Marginal notes:
Blutungen.
Petechien, Vibices, Ekchymosen, Suggillationen.

Purpura.

c) Atrophien, Nekrosen, Ulzerationen.
Atrophie.

Schwangerschaftsnarben.

Senile Atrophie.

Marantische Atrophie. Pseudoxanthoma elasticum. Amyloiddegeneration.
Nekrose.
Zirkulatorische Nekrosen.

aus dem Herzen (marantische Herzthromben, thrombotische Auflagerungen auf den Klappen
etc.) herstammen. In solchen Fällen kommt es, wenn die nekrotischen Hautpartien ver-
Mumifika- trocknen, zur **Mumifikation,** dem trockenen Brand, sonst zum feuchten Brand; meist ist
tion und letzterer eine **Gangrän**, d. h. mit der Nekrose ist eine durch Fäulniserreger hervor-
Gangrän. gerufene Zersetzung der abgestorbenen Teile verbunden (S. 88). Besteht aber
gleichzeitig eine Schwäche des Herzens, so kann auch ohne vollkommene Verlegung des
Arterienlumens die Zirkulation in den feineren Ästen der peripheren Teile stocken;
Senile dabei kommt es zur Nekrose besonders an Füßen und Unterschenkeln, namentlich im
und kach- höheren Alter (**senile Gangrän**), sowie bei anderen marantischen Zuständen (**kachek-**
ektische **tische Gangrän**).
Gangrän.
Diabe-   Hierher gehört auch die **diabetische Gangrän,** welche fast stets auf Gefäßveränderungen
tische basiert und namentlich an den Zehen beginnt; ferner die **symmetrische Gangrän** (sog.
Gangrän. **Raynaudsche Krankheit**), welche ebenfalls zumeist Zehen und Finger befällt.
Sym-
metrische   In sehr vielen Fällen schließen sich derartige Formen, namentlich auch die senile
Gangrän. Gangrän, an Entzündungen an, welche durch kleine Verletzungen an peripheren
Entzünd- Körperteilen, besonders den Zehen oder Füßen überhaupt entstanden sind und infolge
liche der mangelhaften Zirkulation zur Nekrose führen. Es kann sich daran eine
Gangrän. ausgedehnte sekundäre Thrombose der Arterien des Fußes und Unterschenkels anschließen.

Noma und   Auf infektiöse Einflüsse sind ferner die **Noma** (S. 495), sowie der **Hospitalbrand**
Hospital- (Wunddiphtherie) zurückzuführen. Letzterer entsteht als Wundinfektionskrank-
brand. heit; die Wunde zeigt dabei einen grauweißen, nicht entfernbaren Belag, welcher durch
nekrotisierende Entzündung der Wundgranulationen zustande kommt, und namentlich in der vorantiseptischen Zeit vielfach durch Allgemeininfektion zum Tode führte.

Verbren-   Andere Formen von Nekrose entstehen durch äußere Einwirkungen, Traumen, Ätzung,
nung und Verbrennung, Erfrierung etc. (S. 293, 294). Auch sind Fälle von spontaner Gangrän
Erfrierung der Haut ohne nachweisbare Ursache bekannt.
etc.

Druck-   Der **Decubitus, Druckbrand,** kommt unter dem Drucke des Körpergewichts
brand. an solchen Stellen zustande, wo die aufliegenden Teile dem Drucke besonders ausgesetzt sind; bei Rückenlage in der Kreuzbein- und Steißbeingegend, an den Dorn-
fortsätzen der Rückenwirbel, dem Hinterhaupt und der Ferse; bei Seitenlage auch am
Trochanter, der Spina anterior, superior, dem Malleolus externus, sowie am Ellenbogen.
Indes sind beim Zustandekommen des Dekubitus auch wesentlich lokale Störungen der
Zirkulation beteiligt, welche an den dem Druck ausgesetzten Stellen bei Schwäche
der Herzkraft eintreten; die durch den Druck hervorgerufene Anämie wird sehr bald
durch eine atonische Hyperämie (S. 16) abgelöst. In sehr akuter Weise kann ein Decubitus
bei Erkrankungen des zentralen oder peripheren Nervensystems unter trophoneurotischen Einflüssen zur Ausbildung kommen (S. 84). So bilden sie sich fast stets
bei Rückenmarksleiden mit Lähmungen. Anfangs bilden sich durch Stase und
Diffusion des Blutfarbstoffes livid-rote Flecken, bald aber wandeln sich die dem
Druck ausgesetzten Stellen in schwarze, schorfartige oder weiche, brandige Massen
um, welche große Neigung zu gangränöser Zersetzung aufweisen; durch ihre Abstoßung
und Fortschreiten des brandigen Zerfalls entstehen ausgedehnte Geschwüre, welche
die Weichteile über große Strecken hin zerstören, die Knochen freilegen und sogar diese
noch angreifen können.

Von einem Decubitus können metastatische Eiterungen und septische Infektionen ihren Ausgang nehmen.

Haut-   Durch Abstoßung nekrotischer Hautteile oder allmähliche Einschmelzung
geschwüre. des Kutisgewebes kommt es bei allen diesen Formen zur Bildung von Substanzverlusten,
Benennun- welche als Geschwüre, **Ulcera,** bezeichnet werden (S. 138). Sie entstehen also aus den
gen ver- verschiedensten Ursachen mechanisch oder nach chronischen Einwirkungen, nach
schiedener Abstoßung von nekrotischen Bezirken, bei infektiösen Granulationen (Tuberkulose,
Formen. Syphilis, Aktinomykose), Geschwülsten etc. Je nach der äußeren Form unterscheidet
man: kallöse Geschwüre, d. h. solche mit aufgeworfenen infiltrierten Rändern,

sinuöse, solche mit unterminiertem Rand, fungöse, mit pilzartig wuchernden Granulationen am Grunde, fistulöse, kanalartige Defekte, welche durch Perforation eines tiefer liegenden Zerfallherdes entstanden sind, und serpiginöse Geschwüre, die an einer Seite zuheilen, während sie an der anderen weiterschreiten.

Kommt eine Heilung zustande, so erfolgt sie durch Granulierung und Narbenbildung (S. 118).

Von besonderen einzelnen Formen der Geschwüre seien erwähnt: *Besondere einzelne Formen:*

Das **Ulcus varicosum,** Ulcus cruris, Unterschenkelgeschwür, welches sich an venöse Stauung, besonders Varicen des Unterschenkels, anschließt und durch die in solchen Fällen bestehende Empfindlichkeit der Haut unter Einwirkung geringfügiger äußerer Einflüsse (leichte Exkoriationen durch Druck, Reibung, Traumen) zustande kommt. Die Tendenz zur Heilung ist eine geringe; zwar bilden sich am Grund und am Rande des Defektes Wundgranulationen, aber diese führen bloß teilweise und vorübergehend zur Vernarbung, zerfallen bald wieder selbst und vergrößern so den Defekt. Die Wundränder und deren Umgebung zeigen ein zackiges, derb infiltriertes Aussehen. Oft macht sich auch eine elephantiastische diffuse Verdickung der umgebenden Haut bemerkbar; durch fortdauernde Stauungsblutungen wird sie diffus oder fleckig pigmentiert. Nicht selten sind damit Periostwucherungen und selbst Knochenneubildungen von seiten des Periosts verbunden (S. 848ff.). *1. Unterschenkelgeschwür.*

Der weiche Schanker, das **Ulcus molle,** ist eine kontagiöse Erkrankung, die in Form von Papeln beginnt, welche sich in Pusteln mit weicher Infiltration der Umgebung umwandeln und durch Aufbruch zu Geschwüren mit scharf ausgeschnittenen unterminierten Rändern werden; sie weisen einen grauen, speckigen Eiter sezernierenden Grund auf. Der weiche Schanker sitzt meist an der Vorhaut. Hervorgerufen wird er durch einen eigenen Erreger, den in langen Ketten angeordneten Unna-Ducrey-Kreftingschen Streptobazillus (s. S. 313). Die Heilung erfolgt unter Narbenbildung. S. auch letztes Kapitel. *2. Weicher Schanker.*

Von besonderen Formen des Schankers sind zu nennen: der phagedänische Schanker, der durch rasches Fortschreiten der Geschwürsbildung nach der Fläche und Tiefe große Zerstörungen hervorrufen kann; der serpiginöse Schanker, welcher sich auf der einen Seite durch Fortschreiten des geschwürigen Zerfalls ausdehnt, während an der anderen Seite der Geschwürsrand vernarbt; der gangränöse Schanker mit ausgedehnter Gangrän des Gewebes. *Verschiedene Formen desselben.*

Das **Mal perforant du pied** beginnt mit einer Eiterung unter einer schwieligen Stelle der Haut, greift aber dann rasch in die Tiefe und zerstört auch die Knochen und Gelenke, auf welche es trifft; sein gewöhnlicher Sitz ist die Fußsohle, besonders die Gegend über den Metatarso-phalangealgelenken, oder die Haut der Ferse. Eigentümlich ist der Affektion ihr unaufhaltsames Fortschreiten, sowie die völlige Schmerzlosigkeit. Als Ursache sind mit Wahrscheinlichkeit trophoneurotische Einflüsse (S. 84) anzunehmen, zumal daneben fast immer andere trophische Störungen der Haut und der Nägel vorhanden sind. Die Erkrankung tritt namentlich im Verlauf von Affektionen des zentralen und peripheren Nervensystems, bei Tabes dorsalis, Syringomyelie, bei Lepra der Nerven (S. 703), ferner auch bei Diabetes mellitus auf. *3. Mal perforant du pied.*

Der **Ergotismus, Kriebelkrankheit,** stellt eine auf Vergiftung mit Secale cornutum (Mutterkorn) zurückzuführende Erkrankung, welche öfters zu Hautgangrän führt, dar. *4. Ergotismus.*

Ainhum wird eine Negererkrankung genannt, welche zu Gangrän und Abstoßung der 4. oder 5. Zehe führt. *5. Ainhum.*

Bei **Lepra mutilans** (S. 735), sowie bei Syringomyelie (S. 693) finden sich verschiedene Prozesse, Zirkulationsstörungen mit livider Verfärbung der Haut, Ödem, Blasenbildung, Panaritien, Knochennekrosen (besonders an den Fingerphalangen), Veränderungen der Nägel etc., Prozesse, welche zu hochgradiger Verstümmelung der Finger führen können. Hierher gehört ferner die **Morvansche Krankheit** (Parésie analgésique avec panaris des extrémités supérieures), welche wahrscheinlich ebenfalls auf Syringomyelie zurückzuführen ist. *6. Lepra mutilans, Syringomyelie. Morvansche Krankheit.*

Skorbutische Geschwüre entstehen durch Blutungen in die Haut mit nachfolgender Infektion. *7. Skorbutische Geschwüre.*

d) Entzündungen.

Über Erfrierungen und Verbrennungen siehe im allgemeinen Teil S. 292 ff.

Die entzündlichen Prozesse der Haut sind oberflächliche, d. h. solche, welche nur die Parenchymhaut (den Papillarkörper und die Epidermis) (S. 829) betreffen, oder tiefgreifende, welche auch die Kutis und das subkutane Gewebe ergreifen.

I. Entzündungen, wesentlich der Parenchymhaut.

1. Akute Formen.

Als leichteste Grade von **akuter Entzündung der Parenchymhaut** — **Exantheme** — lassen sich jene Affektionen betrachten, welche bloß mit kongestiver Hyperämie und geringer Exsudation einhergehen und ganz oberflächliche, meist bald wieder vorübergehende Erscheinungen darstellen. Es gehört hierher ein großer Teil der toxischen und infektiösen **Exantheme** und **Erytheme** (s. oben); unter ihnen besonders die sog. Exantheme bei Masern, Scharlach, Pellagra, verschiedene Dermatomykosen (S. 843) u. a. Solche Flecken werden als Maculae, zu denen auch die Roseola gehört, bezeichnet. Meist sind sie an der Leiche nicht mehr wahrnehmbar; an manche von ihnen schließt sich eine leichte Abschuppung der Epidermis an.

Entzündungen der Parenchymhaut, welche mit stärkerer Exsudation einhergehen, bewirken eine Anschwellung der Haut, welche entweder diffus über größere Strecken verbreitet oder auf kleinere Bezirke lokalisiert ist; im letzteren Falle entsteht die ent-

zündliche **Papel,** eine meist kegelförmige Erhebung der Haut, welche durch vermehrte Durchtränkung des Papillarkörpers und der Epidermis bedingt ist; auch kann die Erhebung in Form von größeren Knoten oder Quaddeln auftreten. Innerhalb der Epidermis kommt es durch Austreten von Flüssigkeit aus dem Papillarkörper zur Bildung von Bläschen,

Vesiculae, oder größeren **Blasen,** welche im einzelnen verschiedenen Sitz und verschiedene Formen haben können. Findet bei starker akuter Hautreizung ein plötzlicher Austritt von Flüssigkeit aus dem Papillarkörper statt, so kann die Epidermis einzelner Stellen in toto von der Unterlage abgehoben werden; die Flüssigkeit sitzt dann zwischen Epidermis und Papillen. In anderen Fällen breitet sich die ausgetretene Flüssigkeit innerhalb der intraepithelialen Spalträume aus, diese erweiternd und die Epithelien auseinander drängend; in wieder anderen Fällen kommt es zu Einschmelzung und Verflüssigung von Epithelien (Kolliquationsnekrose). Der Inhalt der Bläschen besteht zunächst aus klarer, seröser Flüssigkeit, der nur wenig Leukozyten beigemischt sind. Die Decke der Bläschen pflegt zu vertrocknen, oder die Bläschen platzen oder werden eingerissen, worauf sich die Decke dem Grunde des Bläschens anlegt; die Heilung erfolgt durch Epithelregeneration. Dauert die Entzündung an, so kann eine Sekretion nach außen stattfinden („nässen"); das Sekret kann zu Borken oder Krusten eintrocknen.

In anderen Fällen trübt sich der Inhalt der Bläschen oder Blasen, indem das Exsudat eiterig wird und mikroskopisch eine größere Zahl von Leukozyten erkennen läßt; so ent-

stehen die **Pusteln.** Auch an diesen kann Vertrocknung der Blasendecke oder länger dauerndes Nässen und Eintrocknung des Sekrets mit Bildung von Borken und Krusten stattfinden; letztere sind teils gelblich, teils durch beigemengten Blutfarbstoff schmutzigbraun gefärbt.

Die Heilung der oberflächlichen akuten Hautentzündungen erfolgt ohne Narbenbildung.

Unter den Ursachen der akuten Hautentzündungen sind in erster Linie lokale, mechanische, thermische oder chemische Reize sowie infektiöse Einflüsse anzuführen. Für die letzteren gilt dasselbe wie für die toxischen und toxisch-infektiösen Erytheme (s. oben). In manchen Fällen spielen auch trophoneurotische Einflüsse bei dem Zustandekommen und der Ausbreitung der Entzündung eine Rolle; so folgt der Herpes zoster (s. unten) dem Ausbreitungsgebiet von Hautnerven und wird auf eine auf die Spinalganglien lokalisierte Erkrankung zurückgeführt. Auch beim Zustandekommen der Prurigo, des Herpes labialis und genitalis sind vielleicht nervöse Einflüsse von Bedeutung. Endlich können verschiedene auf reflektorischem Wege entstandene Ödeme der Haut, wie die Urticaria und das Erythema exsudativum multiforme (s. unten) in entzündliche Prozesse übergehen.

Von den **einzelnen Formen** seien erwähnt:

Einzelne Formen:

α) einfache Exantheme bzw. Erytheme.

α) Einfache Exantheme bzw. Erytheme (mit geringer Exsudation).

Das **Masern-(Morbilli)Exanthem** stellt runde, flache oder wenige erhabene, mit zentralen Knötchen versehene Flecken dar, welche niemals allgemein konfluieren. Sie sitzen besonders im Gesicht. Die dem Exanthem nach 3—4 Wochen folgende Abschuppung, welche längere Zeit (bis etwa zehn Tage) anhalten kann, ist eine kleienförmige.

Masern-exanthem

Das Exanthem des **Scharlach (Skarlatina)** bildet ebenfalls flache oder nur schwach prominente, meist zuerst am Hals und Nacken, dann am Rumpf und den Extremitäten erscheinende, rote Flecken, welche sich rasch ausbreiten und zu einer gleichmäßigen Röte konfluieren. Das Exsudat soll erst in den obersten Kutisschichten, dann in der Epidermis auftreten. Die Abschuppung ist lamellös. Über Masern und Scharlach vgl. das letzte Kapitel.

Scharlach-exanthem.

Manche Medikamente, wie Chinin oder Salizyl, rufen Exantheme hervor, sog. **Arzneimittelexantheme.**

Das **Erythema exsudativum multiforme** besteht in starker kongestiver Hyperämie mit ödematöser Durchtränkung des Papillarkörpers, welche längere Zeit nach Ablauf der Hyperämie bestehen bleibt. Es beginnt mit kleinen Papeln, welche sich rasch bis zu Zehnpfennigstückgröße und mehr vergrößern, während die zentralen Partien einsinken. Außerdem kommen andere Formen von Effloreszenzen, große Blasen, ringförmige Bläschen etc. vor. Wahrscheinlich handelt es sich um eine akute Infektionskrankheit. Die einzelnen Erscheinungen werden teils auf nervöse und trophische, teils auf entzündliche Einflüsse zurückgeführt (s. oben).

Erythema exsudativum multiforme.

Ferner sei noch das **Erythema nodosum** erwähnt, welches besonders am Unterschenkel und Fußrücken seinen Sitz hat und oft recht große, erst blasse, dann rote Knoten bildet, die bald resorbiert werden. Es zieht sich durch 4—6 Wochen hin. Die Erscheinung tritt oft zusammen mit Gelenkschmerzen bei Infektionskrankheiten besonders Gelenkrheumatismus, Scharlach etc. auf.

Erythema induratum s. unter Tuberkulose.

β) Vesikuläre Exantheme.

β) Vesikuläre Exantheme.

Der Hauptrepräsentant dieser ist das **Ekzem,** von dem jedoch nicht nur das Bläschenstadium, sondern noch eine Reihe anderer Formen auftreten. So findet man im Beginn die Papeln, Stadium papulosum des Ekzems; diesem folgt das typische Bläschenexanthem als Stadium vesiculosum. Aus den Bläschen können Pusteln werden, indem sich ihr Inhalt trübt und eiterig wird — Stadium pustulosum. Sowohl die Bläschen wie die Pusteln können platzen, und dann entstehen kleine Exkoriationen, welche eine seröse Flüssigkeit absondern ("nässen") — Stadium madidans. Durch Eintrocknen der abgesonderten Flüssigkeit bilden sich an den Exkoriationen Krusten — Stadium crustosum; sammelt sich unter den Borken Eiter an, so entsteht das Stadium impetiginosum; endlich kann sich noch ein chronischer Reizzustand mit Wucherung und Desquamation verhornter Zellen anschließen — Stadium squamosum. Doch macht keineswegs jedes Ekzem alle diese Stadien nacheinander durch. Als Folgezustand treten beim Ekzem, besonders an den Händen und über den Gelenken, Einrisse der geschwollenen und unnachgiebigen Haut auf, die man als **Rhagaden** bezeichnet.

Ekzem.

Rhagaden.

Der Schweißfriesel, die **Miliaria,** besteht in der Eruption kleiner, wasserheller, einige Tage bestehender Bläschen und tritt im Verlauf mancher Infektionskrankheiten (Puerperalfieber, Typhus, akuter Gelenkrheumatismus) besonders am Rumpf, sowie als Folge der Reizwirkung des Schweißes auf.

Miliaria.

Als **Pemphigus (P. vulgaris)** bezeichnet man Erkrankungen, bei welchen ausgedehntere, haselnuß- bis walnußgroße, selbst handtellergroße Blasen gebildet werden (bullöses Exanthem); sie enthalten eine seröse, gelbliche, später sich eiterig trübende Flüssigkeit; gewöhnlich trocknen die Blasen zu bräunlich gefärbten Borken ein; sie heilen ohne Narbenbildung ab.

Pemphigus.

Der **Pemphigus neonatorum** ist eine mit kleinen, aber sich rasch vergrößernden Bläschen beginnende, unregelmäßig lokalisierte Erkrankung, meist ohne Störung des Allgemeinbefindens.

Pemphigus neonatorum.

Der **Pemphigus syphiliticus,** welcher ebenfalls bei Neugeborenen auftritt, zeichnet sich außer durch das gleichzeitige Bestehen noch anderer Zeichen der kongenitalen Lues durch symmetrische Lokalisation auf Handteller oder Fußsohlen aus, wobei auch noch an anderen Stellen Blasen vorhanden sein können.

Pemphigus syphiliticus.

Es gibt auch bösartige mit Pemphiguseruptionen einhergehende, progressive Erkrankungen, welche sich über den ganzen Körper sukzessive ausbreiten und nach Monaten unter den Erscheinungen des Marasmus zum Tode führen können. Hierher gehört der **Pemphigus foliaceus,** bei welchem das Korium in großer Ausdehnung bloßgelegt und von Borken bedeckt wird, und der **Pemphigus vegetans,** welcher ein serpiginöses Fortschreiten zeigt und meist zum Tode führt.

Pemphigus foliaceus und vegetans.

Der **Herpes** bildet gruppenförmig angeordnete, an bestimmten Körperregionen auftretende Bläschen mit anfangs klarem, später sich trübendem Inhalt, welche schließlich vertrocknen und unter Abstoßung

Herpes.

der kleinen Borken abheilen; selten werden die Spitzen der Papillen zerstört, worauf sich kleine Narben bilden. Der Herpes facialis tritt an den Lippen (labialis) oder der Haut der Nasenflügel auf, besonders bei fieberhaften Erkrankungen: heftigen Katarrhen, Influenza, Pneumonie, Typhus. Der Herpes genitalis findet sich am Präputium, der Glans oder den Labien.

Der **Herpes zoster** bildet Bläschen, die dem Ausbreitungsgebiet bestimmter Nervenstämme oder einzelner Äste dieser folgen. Er ist wahrscheinlich neurotischen Ursprungs (vgl. S. 836) und entsteht idiopathisch oder nach Infektionen und Intoxikationen. Manchmal enthalten die kleinen Bläschen blutige Flüssigkeit (Herpes zoster haemorrhagicus); in manchen anderen Fällen entwickeln sich an einer Gruppe von Bläschen oder in größerer Ausdehnung gangränöse Schorfe (Herpes zoster gangraenosus).

Die Neigung mancher Individuen, auf leichtesten Druck hin, z. B. durch die Kleidungsstücke pemphigusartige Blasen zu bilden, wird als **Epidermolysis bullosa (hereditaria)** bezeichnet.

γ) **Pustulöse Exantheme.**

Hier ist besonders die **Variola** wichtig. Die Blattern (Pocken) stellen eine kontagiöse allgemeine Infektionskrankheit dar, welche nach einem ca. zwei Wochen dauernden Inkubationsstadium mit Fieber, Erythem, manchmal auch Blutungen in die Haut beginnt und nach weiteren drei Tagen eine Eruption der charakteristischen Effloreszenzen zeigt. Letztere stellen von einem hämorrhagischen Hof umgebene Papeln dar, welche sich dann in Bläschen und schließlich in eiterhaltige Pusteln umwandeln, die auf der Höhe eine charakteristische Delle erkennen lassen; manchmal ist ihr Inhalt auch hämorrhagisch. Die Umgebung zeigt vielfach starke Schwellung und Rötung; die Pusteln trocknen ein oder platzen, worauf sich Schorfe als Auflagerungen bilden. In vielen Fällen verläuft die Erkrankung tödlich. Bei der mikroskopischen Untersuchung zeigt sich die Blattern-Effloreszenz durch Schwellung am Papillarkörper und an der Epidermis bedingt; in der letzteren zeigen die Zellen vielfach eine Koagulationsnekrose (S. 86); die Delle entspricht den nekrotischen Zellpartien. Nicht selten tritt eine intensive Entzündung und Gewebszerstörung auch an den Papillen und der oberflächlichen Kutisschicht auf und führt auch hier zur Nekrose; dann bleiben im Falle der Heilung weißliche, eingezogene Narben zurück.

Eine ganz leichte Form der Pocken, bei welcher die Effloreszenzen schon vor der Eiterung abheilen und welche besonders bei geimpften Menschen auftritt, nennt man **Variolois.**

Die bei den sog. **Varicellen** (Wasserpocken) auftretenden Pusteln sind ähnlich gebaut wie die der echten Pocken. Die bei Kindern auftretende Erkrankung heilt aber sehr bald. Die Varicellen werden teils als selbständige Erkrankung, teils als leichteste Form der echten Pocken betrachtet. Über Variola etc. vgl. auch das letzte Kapitel.

Als **Impetigo** bezeichnet man durch Konfluieren entstehende bis linsengroße Pusteln. Treten noch größere Pusteln auf, so bezeichnet man den Ausschlag als **Ekthyma.** Beide Arten von Effloreszenzen trocknen zu dicken, braunen Borken ein.

2. **Chronische Formen.**

Bei den Prozessen, welche gewöhnlich als **chronische Entzündungen** der Parenchymhaut bezeichnet werden, können zwar auch die bei den akuten Entzündungsformen vorhandenen Erscheinungen der serösen und zelligen Exsudation, Hyperämie, sowie Bildung von Bläschen und Pusteln vorhanden sein; die Hauptveränderung aber bildet, abgesehen von jenen Formen, welche bloß dadurch chronisch werden, daß akute Entzündungsprozesse fortwährend rezidivieren, die Anschwellung des Gewebes durch Proliferation der fixen Gewebselemente und Anhäufung einkerniger Rundzellen (S. 110); der Papillarkörper ist im ganzen geschwollen, die Papillen sind vergrößert und verlängert, die sie überziehende Epidermislage ist ebenfalls gewuchert und mehr oder weniger verdickt; so entstehen meist breitere, sich gegen die Umgebung flach abdachende, plateauartige Papeln oder ausgedehntere, oft scheibenförmige Effloreszenzen, bei denen die Erscheinungen der Hyperämie zurücktreten oder auch ganz vermißt werden. Mit der vermehrten Produktion von Epithelzellen geht eine andere Erscheinung einher, welche bei manchen der hierher gehörigen Formen ein charakteristisches Merkmal ausmacht, die **Abschuppung** der Epidermis. Diese Schuppung, welche ihren Grund in einer Verhornungsanomalie der wuchernden Epidermiszellen, Parakeratose etc. hat, und darauf zurückzuführen ist, daß diese bei der lebhaften Proliferation nicht die reguläre Verhornung durchmachen und vielfach nur lockere Verbände miteinander bilden, kommt als akzidenteller Zustand auch im Gefolge von akuten Entzündungen, selbst bei leichten

Erythemen, wie bei Scharlach oder Masern vor. In manchen Fällen bilden sich bloß kleine, kleienartige Schüppchen, während in anderen sich größere, fast hornartige Lamellen loslösen. Bei manchen Formen chronischer Entzündung bildet jene zur Abschuppung führende Verhornungsanomalie das Hauptmerkmal ("essentielle Schuppung"), so z. B. bei Psoriasis, chronischen Ekzemen u. a. Bei solchen können gerade die für die akuten Entzündungen charakteristischen Erscheinungen der Hyperämie vollkommen fehlen und bloß die Zellbildungsprozesse hervortreten. (Über Keratosis s. unten.)

Die Prozesse, welche die chronische Entzündung kennzeichnen, können sich in vielen Fällen wieder vollkommen zurückbilden und abheilen, ohne daß der Papillarkörper und die Epidermis eine dauernde Veränderung erleiden. In anderen Fällen und zwar in solchen, in denen sich in der verdickten Papillarschicht ein richtiges Granulationsgewebe (S. 118) mit spindeligen und epitheloiden Zellen gebildet hat, bleibt die Vergrößerung des Papillarkörpers eine dauernde, und es kommt schließlich zu seiner narbigen Umwandlung, indem das Granulationsgewebe einer Rückbildung zu völlig normalem Gewebe nicht mehr fähig ist.

Beispiele chronischer Entzündung der Parenchymhaut sind:

Die **chronischen Ekzeme** stellen zum Teil andauernde Rezidive der beim akuten Ekzem auftretenden Effloreszenzen dar. Sie gehen mit starker zelliger Infiltration des Papillarkörpers und chronischer Sekretion, Bildung von Borken und Schuppen einher und führen nicht bloß zu Hyperplasie des Papillarkörpers, sondern auch manchmal zur Zunahme und Sklerose des Kutisgewebes und der Subkutis, hier und da selbst zu elephantiasisähnlichen Veränderungen der Haut. Chronische Ekzeme.

Unter dem Einfluß von **Röntgenstrahlen** können sich chronische Ekzeme und vor allem ausgedehnte und tiefe Ulzera bilden. Hierbei zeigen die Gefäßveränderungen oft Veränderungen endarteriitischer Natur. Die Ulzera heilen meist sehr schlecht, und nicht selten schließen sich Karzinome an.

Bei dem sog. **Ekzema seborrhoicum** bilden sich keine Bläschen, sondern die dabei entstehenden Papeln zeigen ähnliche Schuppungserscheinungen wie die Psoriasis. Ekzema seborrhoicum.

Die **Psoriasis**, Schuppenflechte, ist der Typus der zu Schuppung führenden Proliferations- und Verhornungsanomalien der Epithelien. Auf der Oberfläche der teils knötchenförmigen, teils größeren Effloreszenzen bilden sich in sehr chronischem Verlauf teils feine weiße, trockene Schuppen, teils große scheibenförmige Platten. Je nach der Größe der Effloreszenzen und ihrer Form unterscheidet man die Psoriasis punctata mit größeren, scheibenartigen, in ihren Schuppenauflagerungen aufgespritzten Mörteltropfen gleichenden Erhebungen, ferner die P. diffusa mit ausgebreiteten und unregelmäßigen Effloreszenzen; die P. annularis entsteht dadurch, daß der Prozeß im Zentrum abheilt, während er am Rande der Scheiben kreisförmig fortschreitet. Psoriasis.

Die Psoriasis lokalisiert sich besonders in der Knie- und Ellenbogengegend, am behaarten Kopf und in der Skrotalgegend.

Die **Pityriasis rubra** ist eine seltene Erkrankung, die nach jahrelangem Verlauf unter Marasmus zum Tode führt. Zunächst besteht die Veränderung in zelliger Infiltration von Kutis und Papillarkörper; die Haut wird sodann atrophisch, Talgdrüsen und Hautfollikel veröden. Makroskopisch ist die Krankheit durch Rötung und Schuppung, später durch Hautatrophie ausgezeichnet. Ihre Ätiologie ist unbekannt. Pityriasis rubra.

Bei der als **Lichen** bezeichneten Hauterkrankung bilden sich Knötchen, welche als solche bestehen bleiben und keine weitere Umwandlung (zu Bläschen, Pusteln etc.) durchmachen. Der Papillarkörper erleidet dabei eine starke, zum Teil manchmal großzellige Hyperplasie, welche später zu narbiger Umwandlung führen kann. Die Erkrankung betrifft vor allem die Haarfollikel und deren Umgebung. Bei Lichen ruber planus bilden sich platte, anfänglich lebhaft rote, mit einer Delle versehene Knötchen mit weißer, netzförmig gezeichneter Epidermis darüber, ohne Schuppung. Bei Lichen acuminatus bilden sich schuppende kleine Knötchen. Lichen.

Der Lichen scrophulosus bildet flache, an der Spitze mit kleinen Schuppen bedeckte Knötchen, welche je einer Follikularmündung entsprechen. Er tritt besonders bei skrofulösen Individuen auf und ist den tuberkulösen Prozessen zuzurechnen.

Der **Lupus erythematodes** führt häufig, nicht immer, zur Bildung einer großzelligen, auch riesenzellenhaltigen Wucherung des Papillarkörpers, welche später in eine starke narbige Atrophie desselben ausgehen kann. In frischen Stadien finden sich rote, etwas erhabene Flecken, besonders im Gesicht, am Kopf und an den Händen, aber auch an den Extremitäten und dem Rumpf, oft symmetrisch. Die Ätiologie der Erkrankung ist nicht bekannt. Lupus erythematodes.

Die **Prurigo** ist eine im frühen Kindesalter, meist im Verlauf des zweiten Lebensjahres beginnende und in vorgeschrittenen Fällen unheilbare Erkrankung, welche das ganze Leben hindurch bestehen bleibt. Das Prurigoexanthem besteht aus Quaddeln und Papeln, wozu die in ihren Folgen meist sehr ausgedehnten Kratzeffekte kommen. Infolge der letzteren stellen sich ausgedehnte Pigmentierungen ein. In späteren Stadien entstehen Infiltrationen und Verdickungen der ganzen Haut, Abschuppung derselben etc. Durch Anschwellung der Lymphdrüsen entstehen die Prurigobubonen. Prurigo.

Die Prurigo lokalisiert sich in erster Linie auf die Streckseiten der unteren Extremitäten, besonders die Unterschenkel, die Kreuzbeingegend und die Haut der Nates, in geringerem Grade auf die oberen Extremitäten und das Abdomen. Gesicht, Ellenbogen und Kniebeuge bleiben stets frei.

II. Entzündungen, wesentlich der tieferen Kutis.

Eine **vorzugsweise auf die Kutis lokalisierte akute Entzündung** ist das **Erysipel** oder der Rotlauf, eine durch Wundinfektion, seltener auf hämatogenem Wege zustande kommende Erkrankung, welche am häufigsten durch Streptokokken (S. 308ff.) veranlaßt wird. Es befällt besonders häufig die Haut des Gesichtes. Neben einer starken (an der Leiche meist nicht mehr wahrnehmbaren) Hyperämie zeigt die Haut eine starke leukozytäre Infiltration der zwischen den Bindegewebsbündeln der Kutis hinziehenden Lymphspalten, welche jedoch in der Regel nicht zur Vereiterung führt, sondern sehr rasch abläuft. Allerdings kann sie auf benachbarte Gebiete übergreifen und so über große Hautgebiete wandern (Erysipelas migrans). In manchen Fällen bilden sich dabei Bläschen, oder Pusteln oder auch Borken auf der Epidermis; hie und da entstehen auch große, mit serösem oder eiterigem Inhalt gefüllte Blasen (Erysipelas bullosum), oder es kommt selbst zur Nekrose der Haut (Erysipelas gangraenosum).

Im Gegensatz zum Erysipel ist die **Phlegmone** eine zu rascher eiteriger Einschmelzung und Nekrose führende Erkrankung des subkutanen Gewebes, in welchem sie rasch eine große Ausbreitung erfahren und von wo sie auf die unterliegenden Teile (Muskulatur, Periost etc.), andererseits auch auf die Haut übergreifen kann (vgl. S. 140). Von besonderen Formen der Phlegmone sei das Panaritium, eine Phlegmone der Haut der Finger erwähnt.

Über die sog. **Gasphlegmone** und das **maligne Ödem** vgl. das letzte Kapitel.

e) Infektiöse Granulationen.

Tuberkulose tritt an der Haut in Form des Lupus, des Skrophuloderma und der sog. eigentlichen Hauttuberkulose auf. Die Tuberkelbazillen gelangen in die Haut durch direkte Einimpfung, oder vom umliegenden Gewebe, z. B. den Knochen aus, oder auf dem Blutwege.

Die häufigste Form der Hauttuberkulose ist der **Lupus**, der gewöhnlich mit der Bildung flacher, später etwas über die Haut prominierender Knötchen beginnt, die bis Erbsengröße erreichen können. Diese vom Kutisgewebe oder subkutanen Gewebe ausgehenden Knötchen bestehen aus einem zelligen Granulationsgewebe (Lymphozyten, Mastzellen und vor allem auch oft um die Gefäße Plasmazellen), in welches umschriebene epitheloidzellen- und riesenzellenhaltige Tuberkel eingelagert sind. Tuberkelbazillen sind meist nur äußerst spärlich vorhanden. Die Knötchen können sich zurückbilden, indem sie zunächst kleiner werden und schließlich durch Resorption ganz verschwinden; es bleiben dann narbige Einziehungen an ihrer Stelle zurück.

In manchen Fällen geht das tuberkulöse Gewebe in derbes, sklerotisches, die Knötchen einschließendes Narbengewebe über, es bildet mit Horn bedeckte Wärzchen — Lupus sclerosus oder verrucosus. In anderen Fällen entstehen durch Konfluieren der Knötchen ausgedehntere Infiltrate der Haut von scheibenförmiger, rundlicher oder unregelmäßiger Gestalt. Kommt es zu einer starken Wucherung des die Knötchen und Infiltrate umgebenden kutanen und subkutanen Gewebes, sowie auch des darüber gelegenen Epithels mit Wucherung der Papillen und der interpapillären Zapfen und starker diffuser Verdickung der Haut, so entsteht der Lupus hypertrophicus. Durch starke Abschuppung der gewucherten Epidermis entsteht der Lupus exfoliativus. In vielen Fällen erweichen die Knötchen und Infiltrate und brechen nach der Oberfläche zu auf, wodurch unregelmäßige, mit scharfen Rändern versehene, im Grunde mit eingetrocknetem Sekret bedeckte Geschwüre zustande kommen, welche sehr wenig Tendenz zur Heilung zeigen; vielmehr haben sie große Neigung, sich nach den Seiten und der Tiefe zu vergrößern und das darunterliegende Hautgewebe, das subkutane Gewebe und selbst knorpelige oder knöcherne Unterlagen zu zerstören: Lupus exulcerans. Heilen die Geschwüre schließlich ab, so entstehen ausgedehnte, zu starker Verunstaltung führende Narben.

Mit Vorliebe lokalisiert sich der Lupus an der Haut des Gesichts und zwar besonders an der Nase oder den Wangen; oft wird der vordere Teil der Nase durch Ulzeration vollkommen zerstört. Seltener tritt der Lupus an anderen Hautstellen auf, dagegen greift er von der Haut des Gesichts manchmal auf die Schleimhaut der Nase und der Lippen, von da auf den Gaumen, den Racheneingang, selbst auf den Kehlkopf, von den Augenlidern auf die Konjunktiva, die Kornea etc. über.

An Schleimhäuten führt der Lupus nicht zur Bildung von Knötchen, sondern von vornherein zu diffusen Infiltraten und Ulzerationen, schließlich vielfach zur Entstehung ausgedehnter, mit starker Verunstaltung der ergriffenen Teile einhergehender Narben. _Lupus der Schleimhäute._

Nicht selten geht von der Epidermis der Umgebung des Lupus eine atypische Wucherung aus, welche in ein Plattenepithelkarzinom (Kankroid) übergehen kann, welches sich überhaupt nicht selten an Lupus anschließt.

Beim **Skrophuloderma (Tuberculosis colliquativa)** bilden sich in der Haut oder zuerst im subkutanen Gewebe umschriebene Knoten, welche bald zu größeren, weichen, prominenten Massen heranwachsen und aus einem tuberkulösen Granulationsgewebe zusammengesetzt sind. Indem die Knoten schließlich nach der Oberfläche zu aufbrechen, entstehen Geschwüre oder Fistelgänge, welche sich durch fortschreitenden Zerfall an den Rändern und im Grunde zu sinuösen, großen Ulzerationen umwandeln; sie sondern ein dünnflüssiges, mit krustigen Borken vermischtes Sekret ab und zeigen einen sehr torpiden Charakter; doch können sie schließlich unter starker Narbenbildung heilen. Das Skrophuloderma kommt bei Kindern, meist neben skrofulösen Erkrankungen (S. 169 f.) vor und tritt besonders an der Haut des Halses, des Vorderarmes oder der Unterschenkel auf. Meist kommt es durch Übergreifen des Prozesses von den tuberkulösen Lymphdrüsen auf die Haut zustande. _Skrophuloderma._

Die eigentliche Hauttuberkulose, **Tuberculosis vera cutis,** entsteht in seltenen Fällen auf hämatogenem Wege, öfters durch Selbstinfektion mit Tuberkelbazillen auf mechanischem Wege bei Phthisikern. Sie beginnt mit der Eruption kleiner miliarer Tuberkel in der Haut; fast immer bilden sich dabei durch Zerfall der tuberkulösen Herde sehr rasch zackige, unregelmäßige Ulzerationen, welche am Rande manchmal frische Tuberkel erkennen lassen. In dem Geschwürssekret finden sich massenhaft Tuberkelbazillen. Es entstehen weiterhin derbe, blaurote Knoten, welche vom Korium ausgehen und von Wucherung des angrenzenden Epithels und Auflagerung von Schorfen oder verhornten Epidermismassen an der Kuppe begleitet sind. Seltener treten papilläre Formen auf (Tuberculosis verrucosa cutis). _Tuberculosis vera cutis_ _Tuberculosis verrucosa cutis._

Die sog. **Leichentuberkel** sitzen am Handrücken oder an der Dorsalseite der Finger. Sie entstehen durch direkte Einimpfung von Tuberkelbazillen bei der Sektion Tuberkulöser, doch bilden sich vor allem makroskopisch ganz entsprechende Bildungen auch durch andere Mikroorganismen (Eitererreger). In ähnlicher Weise können Tuberkel an den Händen von Leuten entstehen, welche, wie Fleischer, Tierärzte etc. mit tuberkulösen Tieren oder dem Fleisch von solchen in Berührung kommen. Diese also durch den Perlsuchtbazillus hervorgerufenen Tuberkulosen haben wenig Tendenz, sich weiter auszubreiten. Über Inokulationstuberkulose vgl. auch S. 161. _Leichentuberkel und dgl._

Einige andere nicht spezifisch tuberkulöse Erkrankungen der Haut, die bei Tuberkulösen auftreten und vielleicht auf Tuberkelbazillentoxine zu beziehen sind, stellen die sog. Tuberkulide dar. Hierher gehören der Lichen scrophulosus oder das Erythema induratum, d. h. rote derbinfiltrierte Hautplatten, die evtl. ulzerieren, oder die sog. Folliclis; von manchen Autoren wird auch der Lupus erythematodes hierher gerechnet.

Neuerdings wird behauptet, daß reine Tuberkelbazillentoxine in der Haut echte tuberkulöse Veränderungen erzeugen können.

Die durch **Syphilis** hervorgerufenen Hautveränderungen stellen sich unter sehr verschiedenen Formen dar. _Syphilis._

Primär-
affekt.

Sekundäre
Periode.

Über den syphilitischen Primäraffekt s. S. 170 und 171. Die der sekundären Periode der Syphilis angehörigen Hautaffektionen (Syphilide) beschränken sich in der Regel auf entzündliche Prozesse in der oberen Parenchymschicht und heilen ohne Narbenbildung ab. Die Infiltrate weisen zumeist eine auffallende Zahl von Plasmazellen auf. Die Syphilide erscheinen in Form breiter Kondylome, sog. Plaques muqueuses S. 171), ferner als erythematöses (die sog. Roseola syphilitica), papulöses, squamöses, pustulöses Syphilid, zu welch letzterem Akne syphilitica, Pemphigus

Tertiäre
Periode.

syphiliticus, Ekthyma und Rupia syphilitica gehören. In der tertiären Periode treten Gummata und gummöse Entzündungen auf, welche im Gegensatz zu den Effloreszenzen der sekundären Periode tiefgreifende Zerstörungen des präformierten Gewebes und starke Narbenbildung zur Folge haben (vgl. S. 174). Sie bilden flache oder rundliche, bis faustgroße, derbe Knoten, welche vom kutanen oder subkutanen Bindegewebe ihren Ausgang nehmen. Erst später wird der Papillarkörper in Mitleidenschaft gezogen; die Veränderung der Epidermis kann sich auf eine leichte Abschuppung beschränken. Manchmal werden solche Knoten wieder resorbiert, wobei eine narbige Einziehung der Oberfläche zurückbleiben kann; in anderen Fällen bildet sich eine pustelartige Erhebung der Epidermis, worauf eine Ulzeration der Oberfläche folgt (s. unten). In wieder anderen Fällen kommt es im Zentrum größerer Knoten zur Erweichung und Bildung einer schleimartigen, fadenziehenden, gummiähnlichen Masse und durch Perforation nach außen zu ausgedehnten Ulzerationen, welche serpiginös weiter um sich greifen. Solche Geschwüre heilen unter

Sog. Lupus
syphi-
liticus.

Bildung größerer unregelmäßiger, weißer Narben.

Manche Arten gummöser Hauterkrankungen zeigen eine große Ähnlichkeit mit gewissen Formen des Lupus und werden daher auch (nicht gut) als Lupus syphiliticus bezeichnet.

Pemphigus
syphi-
liticus.

Bei der kongenitalen Syphilis tritt neben den anderen Ausschlägen namentlich der **Pemphigus syphiliticus,** besonders an den Handflächen und Fußsohlen auf. S. S. 837.

Lepra.

Über **Lepra** s. S. 176.

Aktino-
mykose.

Die **Aktinomykose** (s. S. 178) kann die Haut primär oder sekundär befallen. Es kommt besonders zu Geschwüren, welche vernarben oder nach außen durchbrechen können. Der Aktinomykose nahe steht der besonders in den Tropen (Indien) heimische **Madurafuß.**

Rotz.

Malleus. Der Rotz (vgl. S. 176) der Haut entsteht in den meisten Fällen durch Wundinfektion und ruft dann Entzündungsprozesse an der Haut hervor, welche rasch zur Bildung von Geschwüren mit dünnen, angefressenen Rändern führen. Durch weitere Ausbreitung der Bazillen kann es zu erysipelatösen und phlegmonösen Entzündungen und zu Bildung von Pusteln kommen. Kam die Infektion der Haut auf hämatogenem Wege zustande, so bilden sich zunächst rote Flecken, dann pockenähnliche Pusteln oder auch pemphigusähnliche Blasen, welche aufbrechen und einen dicken, schleimigblutigen Eiter entleeren. In anderen Fällen bilden sich ulzerierende Beulen. Die Affektion kann sich über den ganzen Körper verbreiten.

Der akute Rotz weist eine Dauer von 2—4 Wochen, die chronische Form eine solche von meist 2—6 Monaten auf.

Pustula
maligna
(Milz-
brand).

Die **Pustula maligna,** der primäre **Hautmilzbrand** (s. letztes Kapitel), bildet in den ersten Stadien einen kleinen, sich rasch in ein Knötchen umwandelnden roten Fleck, sodann ein mit Eiter gefülltes Bläschen, welches meist aufgekratzt wird, worauf die exkoriierte Stelle verschorft. Die nächste Umgebung schwillt bald sehr stark an, und es bilden sich ein paar Zentimeter breite Beulen, in deren Bereich die Haut und das subkutane Gewebe stark ödematös und infiltriert ist (Milzbrand-Karbunkel). In der Beule und in dem in ihr enthaltenen Gewebssaft finden sich massenhaft Milzbrandbazillen.

In manchen Fällen fehlen initiale Bläschen und Schorfbildung, es entsteht bloß eine starke entzündlich-ödematöse Anschwellung der Haut — Anthrax-Ödem. (Vgl. auch S. 867 des letzten Kapitels.)

Rhino-
sklerom.

Das **Rhinosklerom** (s. auch S. 438) verursacht zunächst an der Schleimhaut und Haut der Nase, später auch der Oberlippe knötchenförmige, dann diffuse Verdickungen, welche in einer sich langsam entwickelnden zellig-faserigen Neubildung bestehen. Die Bazillen (S. 311) liegen in großen, hellen, wie gebläht aussehenden, hyaline Kugeln einschließenden, kernlosen Zellen (Mikuliczsche Zellen).

Die **Mykosis fungoides** (**Granuloma fungoides**), läßt sich als eine Art diffuser Ge- Mykosis
fungoides.
schwulstbildung auffassen, welche sich meist an ein vorhergehendes, lange dauerndes
Stadium einer ekzemartigen, zum Teil wieder verschwindenden und rezidivierenden Erkrankung der Haut anschließt. Es treten dann in der Haut ausgebreitete, multiple, flache
oder halbkugelige, manchmal pilzförmig gestaltete Infiltrate auf, welche bis handgroß werden und miteinander konfluieren können. An der Oberfläche sind sie trocken,
gerötet, oder nässend und mit Krusten besetzt. Die Erkrankung führt unter Auftreten von
Marasmus zum Tode. Die Neubildung beginnt in der Höhe des subpapillären Gefäßnetzes,
besteht aus kleinen Rundzellen und Spindelzellen mit besonders ausgesprochener Polymorphie und weist weite Gefäße auf. Die Ätiologie der Erkrankung ist unbekannt,
doch ist eine infektiöse wahrscheinlich. Von manchen Seiten werden Beziehungen zu den
Erkrankungen des Blutbildungssystems angenommen.

Teleangiektatische Granulome sitzen besonders an der Hand, dem Fuß, dem Gesicht Teleangi-
ektatische
Granulome.
und erreichen bis Dreimarkstückgröße, sind meist jedoch weit kleiner. Sie werden von manchen
Autoren als Botriomykosen aufgefaßt.

Auch bei **leukämischer** und **aleukämischer Lymphadenose** treten in der Haut manch- Leukämi-
sche und
aleukämi-
sche
Lymph-
adenose.
mal sarkomähnliche Infiltrate auf.

f) Dermatomykosen und Dermatozoonosen.

f) Derma-
tomykosen
und Der-
mato-
zoonosen.

Unter **Dermatomykosen** versteht man Hautinfektionen, welche durch Fadenpilze
hervorgerufen werden (vgl. S. 318) und besonders die Epidermis betreffen; die wichtigsten
derselben sind: Dermato-
mykosen:

Der **Favus** (die Erbgrind), verursacht durch das Achorion Schönleinii, tritt beson- Favus.
ders am Kopf in Form von zirkumskripten, linsengroßen gelblichen Borken auf, die in der
Mitte napfartig verdickt und meist von einem
Haar durchbohrt sind; sie werden als Skutula
bezeichnet. Diese Skutula bestehen der Hauptsache nach aus Hyphen und Konidien des
Favuspilzes, daneben aus Zellen, Detritus
etc. Die Pilzfäden liegen ursprünglich in der
Epidermis, dringen aber auch in die Haarschäfte,
Haarbälge und Wurzelscheiden ein. In ihrer
Umgebung bestehen allgemeine entzündliche Zeichen. Auch der Nagel kann degenerieren und
verkrüppeln: Onychogryphosis favosa.

Das Trichophyton tonsurans ist die
Ursache des **Herpes tonsurans**, jetzt auch **Trichophytia tonsurans** genannt, der zuerst in Bläschen, dann in Schuppen auftritt und durch
kreisförmige Anordnung und Ausbreitung
mit Abblassen vom Zentrum her charakterisiert ist. An behaarten Stellen dringt der
Pilz von den Haarfollikeln in den Haar-
schaft ein, wo man Fäden und Konidien vorfindet, und verursacht Haarausfall; an unbe-

Herpes
tonsurans.

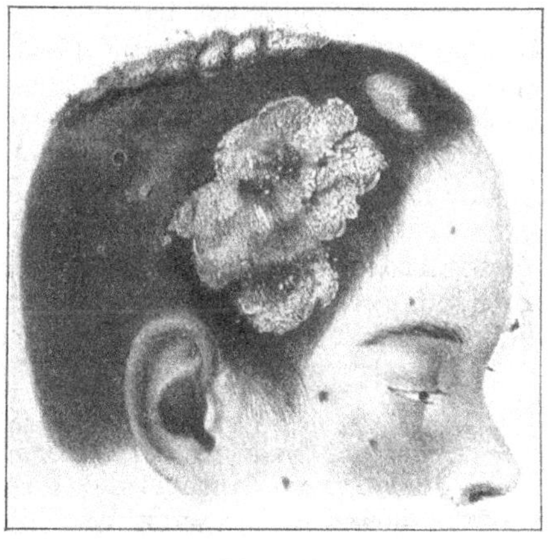

Fig. 843.
Favus des Kopfes.
Nach Lebert, l. c.

haarten Stellen liegen die Pilze in den tieferen Schichten des Rete Malpighii. Man kann diese
Formen als **Trichophytia superficialis** mit Eruption von Bläschen etc. zusammenfassen.

Im Bart entsteht durch das Trichophyton tonsurans die **Sycosis parasitaria** oder Sycosis
parasitaria.
Trichophytia profunda genannt, eine eiterige Entzündung der Haarbälge der Barthaare
und ihrer Umgebung, welche hauptsächlich durch die Rasierstuben verbreitet wird. Man
kann eine mehrzirkumskripte tumorartige und eine diffuse furunkelähnliche Form unterscheiden; die verursachenden Trichophyton-Pilze zeigen eine Reihe Spielarten; die zweite
oben genannte Form scheint vor allem durch das Trichophyton cerebriforme, die erste zum

Teil durch Trichophyton gipseum hervorgerufen zu werden (Jadassohn). Ferner unterscheidet man die **Trichophytia profunda tonsurans capillitii,** also der behaarten Kopfhaut. Selten sind Trichophytien an anderen nur mit Lanugohärchen bedeckten Hautgebieten.

Alle diese Pilzerkrankungen, bes. der behaarten Gegenden, werden klinisch wieder in weitere Unterarten geteilt. Die den Kopf befallenden oberflächlichen Formen finden sich vor allem bei noch nicht geschlechtsreifen Kindern. Auch zeigen die Trychophyton-Pilze eine größere Reihe verschiedener Formen; neben den eigentlichen großsporigen Trichophytiepilzen — die man wieder in Ektothrixarten und Endothrixarten, in solche menschlichen Ursprungs und solche tierischen Ursprungs (die dann aber auch vom Menschen weiter auf den Menschen übertragen werden) und weiterhin in einzelne Formen einteilt — kommen kleinsporige Pilze vor. Die regionäre Ausbreitung der einzelnen Pilzarten kann sehr verschieden sein.

Die **Pityriasis versicolor,** welche bräunliche Flecken mit Abschuppung der Epidermis bildet und besonders an Brust, Hals und Rücken auftritt, wird durch das Mikrosporon furfur hervorgerufen. Der Pilz findet sich in der Epidermis und in den Schuppen.

Das Erythrasma stellt rote bis braune Flecken der Inguinalregion (und Axillarzone) dar und wird durch das Mikrosporon minutissimum bewirkt.

Neuerdings spielt die **Sporotrichose** eine größere Rolle, welche klinisch, makroskopisch und selbst mikroskopisch Syphilis, zum Teil aber auch Tuberkulose sehr gleicht. Die Affektion lokalisiert sich vor allem in der Kutis und im subkutanen Gewebe. Eine Verbreitung findet auf dem Blut- und Lymphwege statt. Erreger ist das Sporotrichum de Beurmanns. In sehr seltenen Fällen sind **Hefepilze** als Erreger von Hautaffektionen nachgewiesen worden.

Zu den **Dermatozoonosen,** also der durch tierische Erreger hervorgerufenen Hautaffektionen, gehört vor allem die **Skabies,** die aber schon S. 340 besprochen wurde.

Wir reihen hier das **Molluscum contagiosum** an, welches kontagiös, dessen Erreger aber nicht mit Sicherheit bekannt ist (s. S. 324). Als Molluscum contagiosum bezeichnet man multipel auftretende, kleine Hautknoten, die selten über Erbsengröße erreichen und mit Vorliebe im Gesicht, an den Vorderarmen und am Penis vorkommen. Sie haben die Farbe der Haut, weiche Konsistenz, und lassen eine weißliche talgartige Masse ausdrücken. Auf dem Durchschnitt zeigen sie einen lappigen Bau; die einzelnen Lappen sind durch bindegewebige Septa getrennt, enthalten epitheliale Zellen vom Charakter der Zellen des Rete Malpighii, besonders zylindrische. Diese Gebilde sind in die Kutis vorgeschoben, indem sie deren Elemente auseinanderdrängen. Im Zentrum der Nester liegen, anfangs in Zellen eingeschlossen, später frei, die Molluskumkörperchen, rundliche oder ovale, aufgequollenen Stärkekörnern ähnliche Körper (s. S. 324).

Zu erwähnen ist noch die sog. **Dariersche Krankheit** (Psorospermose folliculaire vegetante), bei der sich kleine Krusten und hauthörnchenähnliche Auswüchse bilden, seltener größere tumorartige Gebilde. Homogene kleine Körperchen, die sich hierbei finden, hält Darier für Psorospermien, andere Autoren für Produkte des Verhornungsprozesses.

In den Tropen kommt die Orientbeule, Aleppobeule, Delhibeule etc. vor. Man faßt die Erkrankung der verschiedenen Gegenden, die durch den Leishman-Donovanschen Körperchen (s. S. 324) ähnliche Protozoen, auch Piroplasmen genannt, hervorgerufen wird, am besten als **Leishmaniosis ulcerosa cutis** zusammen. Es entwickelt sich
eine Papel, dann eine Pustel, die ulzeriert. Mikroskopisch findet man große Lymphozyten und Plasmazellen sowie Riesenzellen.

g) Regenerations- und Reparationsvorgänge (Narben).

Über die Vorgänge bei der regenerativen Neubildung von Bindegewebe im allgemeinen wurde schon S. 99 das Wichtigste mitgeteilt, so daß wir uns hier auf ein paar nachträgliche Bemerkungen beschränken können.

Nach Läsionen, welche bloß die Epidermis treffen, findet ein vollkommener Ersatz dieser statt; die neue Epidermis gleicht vollkommen der normalen, die Ausführungsgänge der Hautdrüsen regenerieren sich ebenfalls vollkommen, so daß also keine Narbe zustande kommt. Auch wenn die Läsion außer der Epidermis bloß noch die Cutis vasculosa (Parenchymhaut,

S. 830) trifft, kommt es zur Restitutio ad integrum. In dieser Schicht besitzen ja die Bindegewebs-
büschel nicht die regelmäßige Anordnung der rhombenförmigen Maschen (S. 830), wie in der eigentlichen Kutis, und daher weicht die Anordnung des nach Verlusten neugebildeten jungen Fasergewebes, in dem sich auch elastische Fasern wieder ziemlich frühzeitig bilden, kaum von der
normalen ab. Da die Elastizität des darunterliegenden Kutisgewebes erhalten bleibt, bilden
sich auch die Papillen und die Oberhautfelderung wieder aus, und die Oberfläche zeigt ein
normales Aussehen. Kommt dagegen ein Defekt im eigentlichen Kutisgewebe, sei es
durch Verwundung desselben oder durch entzündliche Prozesse, Geschwürsbildung etc. zustande,
so wird er durch Bildung einer Narbe gedeckt, welche aber nicht vollkommen die Struktur mit Narben-
bildung.
und Elastizität der normalen Kutis besitzt (S. 96); dadurch wird das Aussehen der Hautoberfläche in Mitleidenschaft gezogen: die Neubildung des Papillarkörpers und die Oberhaut-
faltung fehlen, die Oberfläche ist daher glatt.

Kommt es bei der Bildung einer Narbe nicht mehr zur vollkommenen Wiederherstellung Narbige
Atrophie.
des normalen Volumens, entsteht also eine Vertiefung der Oberfläche, so spricht man von narbiger
Atrophie. Diese unterscheidet sich also von der einfachen Atrophie dadurch, daß sie sich an
entzündliche Bindegewebsbildung (S. 111) anschließt.

Im Anschluß an Verbrennungen, entzündliche Prozesse, Ulzerationen, infektiöse Granulome
etc. findet je nach den einzelnen Fällen bald eine einfache Atrophie, bald eine Narbenbildung, bald eine narbige Atrophie statt.

h) Hyperplasien. — Nävi. — Geschwülste.

h) Hyper-
plasien,
Nävi,
Tumoren.

Hyperplasien der Epidermis, bei welchen die Zunahme der Hornschicht das wesent-
lichste Merkmal ausmacht, bezeichnet man als **Hyperkeratosen**; daneben kann eine Hyperplasie
der ganzen Parenchymhaut vorhanden sein, wie bei den Warzen oder Hauthörnern Hyper-
keratosen:

Fig. 843 a.
Ichthyosis mit Verkürzung der Haut.
Aus Lang, l. c.

(s. unten); anderseits kann es auch durch den von der verdickten Hornschicht ausgeübten Druck
zu einer Atrophie der Parenchymhaut kommen, so daß die verdickte Hornlage fast unmittelbar auf die Cutis propria zu liegen kommt. Die Ursache der Hyperkeratosen ist auf eine Veränderung des Bindegewebes der Cutis vasculosa zurückzuführen, welches dabei eine
sklerotische Umwandlung erleidet.

Callositas, Schwiele, ist eine umschriebene Verdickung der Hornschicht, die sich Callositas.
besonders an den Fußsohlen und Handtellern findet und auf Druckwirkung zurückzuführen ist.

Clavus (Hühnerauge, Leichdorn) ist eine, ebenfalls durch Druck entstandene, zirkum- Clavus.
skripte Hypertrophie der Hornschicht, welche in die Tiefe dringt und mit Atrophie des
Papillarkörpers an der betreffenden Stelle einhergeht. Die Verdickung dringt bis ins Korium
vor; es kann dabei zu entzündlicher Rötung und Schwellung der Umgebung, ja selbst zu ihrer
eiterigen Entzündung kommen.

Eine diffuse Keratose ist die Grundlage der als **Ichthyosis** bekannten Erkrankung; Ichthyosis.
dabei entstehen auf der Hautoberfläche hornartige Platten, oft in Form von Schuppen
oder Höckern; ist eine Hypertrophie der Papillen damit verbunden, so entstehen stachelige
Vorsprünge (I. hystrix). Die Ichthyosis kommt angeboren, ferner im Kindesalter entstanden vor.

Durch starke Wucherung der Hornschicht entstehen die sog. Hauthörner, **Cornua** Haut-
hörner.
cutanea, krallenartige oder hornartige Erhebungen der Epidermis, doch zeigen sich dabei auch

die Papillen verlängert und in die Hornmasse hineinragend. Die Hauthörner entwickeln sich auf sonst normaler Umgebung oder über Narben, Geschwülsten, Atheromen etc., besonders am Kopf.

Harte Warzen. Auf entzündliche Hyperplasie des Papillarkörpers und des Epithels ist die gewöhnliche harte Warze, die **Verruca vulgaris,** zurückzuführen. Die harten Warzen, welche mit Vorliebe multipel und namentlich an der Haut der Finger auftreten, sind infektiös und übertragbar.

Flache und senile Warzen. Es seien ferner noch erwähnt die meist am Hand- oder Fußrücken sitzenden sog. flachen Warzen (Verruca dorsi manus et pedis) und die senile Warze, die Verruca seborrhoica, Hornperlen und fettige Hornmassen enthaltend.

Spitzes Kondylom. Das spitze Kondylom, **Condyloma acuminatum,** spitze Warze, Feigwarze, entsteht durch den Reiz von Geschwürssekret oder zersetztem Smegma, am häufigsten

Fig. 844.
(Gewöhnliche) harte Warze. Hyperplasie der Epidermis und des Papillarkörpers. Epithel scharf begrenzt, nicht atypisch gewuchert (also kein Kankroid).

Fig. 844a.
Papillom (spitzes Kondylom).

durch Trippersekret, besonders an den Genitalien (am Sulcus coronarius penis, den kleinen Schamlippen, am Introitus vaginae) und in der Umgebung des Anus; es kann zu großen blumenkohlartig aussehenden Massen heranwachsen. Auch hier handelt es sich um eine entzündliche Hyperplasie der Papillen und der Epidermis (besonders des Stratum spinosum).

Elephantiasis. Die **Elephantiasis** beruht auf einer Hyperplasie des kutanen und subkutanen Bindegewebes, welche zu seiner Verdickung und damit zur Auftreibung der von ihm bekleideten Körperteile führt und mit Verdickung der sich meist schmutzig-braun verfärbenden Epidermis, Wucherung und Vergrößerung der Papillen etc. verbunden ist. Die Schweißdrüsen und Haarbälge gehen meistens zugrunde, ebenso verschwindet das subkutane Fettgewebe. Die ergriffenen Teile (es sind das in den meisten Fällen die Unterschenkel oder die Geschlechtsteile) werden durch die Erkrankung zu unförmigen, dicken, oft mit warzigen Vorsprüngen besetzten Massen; manchmal hängen elephantiastisch verdickte Hautpartien sackartig von der Körperoberfläche herab.

Die Ursache der bei uns vorkommenden Elephantiasis liegt meistens in chronischen Entzündungen der Haut, manchmal auch in wiederholten akuten Entzündungen, z. B. erysipelatösen Prozessen; ferner in Blut- und Lymphstauung (namentlich bei gleichzeitig bestehenden Unterschenkelgeschwüren, wobei sich oft auch eine Hyperostose der darunter liegenden Knochen hinzugesellt, oder nach Lymphdrüsenexstirpation etc.).

Häufig kommt die Elephantiasis in den Tropen vor, Elephantiasis Arabum. In vielen der hierher gehörigen Fällen ist der Prozeß auf die Wirkung eines tierischen Parasiten, der Filaria sanguinis, zurückzuführen, welche Erweiterungen der Lymphgefäße — sie haust in solchen — und chronische Entzündungen an den ergriffenen Teilen herbeiführt (lymphangiektatische Elephantiasis, s. S. 437). *Tropische Elephantiasis.*

Die sog. Elephantiasis congenita beruht auf diffuser Lymphangiombildung der Haut und Subkutis. *Elephantiasis congenita.*

(Über Elephantiasis Graecorum, d. h. Lepra, s. S. 176).

(Über Myxödem, eine teigige Anschwellung der Haut, s. S. 374).

Eine eigentümliche „sklerotische" Umwandlung erleidet die Haut bei gewissen in ihrer Ätiologie unbekannten Erkrankungen, von denen die **Sklerodermie** hier erwähnt werden soll. Bei ihr kommt es an mehr oder weniger ausgedehnten Hautbezirken zu einer Verhärtung des Gewebes (die Haut fühlt sich bretthart, wie die eines gefrorenen Leichnams an), welche schließlich in einer Atrophie der Haut ihren Ausgang nimmt. Bei der mikroskopischen Untersuchung findet man Bildung von Narbengewebe in der Kutis mit Verschmelzung der Fibrillen, Schwund der elastischen Fasern, zum Teil auch Zellwucherungen, Gefäßveränderungen etc. Auch bei neurotischen Atrophien sind ähnliche Befunde erhoben worden, doch ist das innere Wesen der Erkrankung unbekannt. *Sklerodermie.*

Bei Neugeborenen kommt ein eigentümlicher Zustand vor, in welchem die Haut verdickt, hart und gespannt erscheint, das **Sclerema neonatorum.** Die Ursache soll in einer, in Kollapszuständen beim Neugeborenen vorkommenden, Erstarrung des subkutanen Fettes, das bei Kindern sehr reich an Palmitin und Stearin mit ihrem höheren Schmelzpumkt ist, liegen: Sclerema adiposum; oder aber es liegt eher ein Ödem zugrunde, Sklerödem. *Sclerema neonatorum.*

Die **Nävi** oder Muttermäler beruhen auf umschriebenen Gewebsmißbildungen, mit oder ohne Pigmentanomalien (S. 831) der Haut und sind in vielen, aber nicht in allen Fällen erblich; die meisten Nävusarten haben wir bereits früher erwähnt; es seien hier noch einmal folgende Formen zusammengefaßt: *Nävi.*

N. verrucosus (S. 206), pigmentiert. *Einzelne Formen.*

N. pilosus, meist ebenfalls pigmentierte, behaarte Hervorragung der Haut, zu den warzigen Nävi gehörig.

N. molluciformis: weiches pigmentiertes Fibrom oder Lipom, welches polypenartig der Haut aufsitzt.

N. vasculosus, umschriebene Teleangiektasie der Kutis oder des subkutanen Bindegewebes, zu den Angiomen gehörig (s. unten); N. lymphaticus, umschriebene Lymphangiektasie der genannten Teile, evtl. zu den Lymphangiomen gehörig (s. unten).

N. linearis, papilläre, warzige, meist flachhöckerige Hervorragungen, welche in Reihen angeordnet sind und in manchen Fällen deutlich dem Verlauf von Hautnerven folgen („Nervennävi").

Über die von Nävi ausgehenden bösartigen Geschwülste s. unten und S. 221).

Wir kommen nun zu den **Geschwülsten der Haut.** *Geschwülste:*

Von bindegewebigen Geschwülsten finden sich in der Haut knotige **Fibrome.** Ihre Form kann sehr verschieden sein, sie sind glatt oder gerunzelt, öfters gelappt und hängen oft gestielt herab. Weiche, lockere Fibrome werden gerne als **Fibroma molluscum** bezeichnet. Die Fibrome werden meist unter Verlust der Papillen von der Epidermis glatt überzogen. *Fibrome.* *Fibroma molluscum.*

Über die Recklinghausensche Krankheit die sog. **Fibromata nervorum** bzw. **Neurinome** s. S. 202.

Über das **Keloid** s. S. 190. *Keloid.*

Das **Xanthom (Xanthelasma)** tritt meist in Form von kleinen, flachen oder wenig erhabenen, schwefelgelben bis strohgelben Knötchen auf, am häufigsten an den Augenlidern, seltener an anderen Teilen des Gesichts. Meist erreicht das Xanthom höchstens Linsen- oder Fingernagelgröße. Sehr selten bilden sich größere Geschwülste. Das Xanthom ist eine in die oberflächlichen Kutisschichten eingelagerte, zellreiche Geschwulst, deren um Gefäße angeordnete und von deren Adventitia abzuleitende Bindegewebszellen, massenhaft kleine doppeltbrechende Fettröpfchen enthalten, welche dem ganzen Tumor seine charakteristische Farbe verleihen. Über alle Einzelheiten, Genese etc. des *Xanthom.*

Xanthom und Xanthelasma s. S. 192. Des weiteren kommen besonders an den Phalangen, von deren Periost ausgehend, xanthomatöse Mischgeschwülste vor: Fibroma xanthosum, Fibrosarcoma xanthosum. Sie enthalten meist Riesenzellen und entsprechen so den nicht xanthomatösen Riesenzellensarkomen, besonders der Epulis.

Lipom.   **Lipome** finden sich besonders in dem subkutanen Gewebe des Rückens, des Gesäßes und der Oberschenkel. Sie sind öfters gelappt und kommen multipel, nicht selten angeboren und vererbt vor. Oft bilden sie polypöse Vorragungen (Lipoma polyposum).

Andere gutartige Hautgeschwülste.   Ferner finden sich, aber seltener, **Myome, Chondrome, Osteome, Myofibrome, Myxome** etc. Die sehr seltenen Myome sind meist multipel und gehen wahrscheinlich von überentwickelten Arrectores pilorum aus, seltener sind sie solitär und gehen dann zumeist von kleinen Gefäßen aus. Wuchern Bindegewebe und Epidermis gemeinsam in nicht maligner Weise, so kann man derartig entstandene Tumoren als **Fibroepitheliome** bezeichnen. Doch besteht hier kaum eine Grenze gegenüber den entzündlichen Hyperplasien, wie den spitzen Kondy-

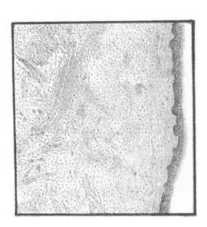

Fig. 844 b.
Xanthom der Haut.

Fig. 844 c.
Angiom der Haut.

lomen oder gegenüber den Warzen. Selten gehen **Adenome** von Talg- oder Schweißdrüsen aus (Adenoepitheliom der Talgdrüsen von Pick). **Angiome,** durch Erweiterung und Wucherung von Blutgefäßen entstehende Geschwülste, treten in der Haut auf als: Teleangiektasien, Naevi vasculosi (S. 847), kavernöse und plexiforme Angiome (S. 196), welche oft Neigung zu progressiver Ausbreitung zeigen; diese Geschwülste sind wenigstens zumeist kongenitaler Anlage. Teleangiektasien entwickeln sich ferner im Verlauf von erworbenen Hautkrankheiten (Acne rosacea, Lupus erythematodes) sowie auch spontan im höheren Alter. Lymphangiome (S. 197) sind ebenfalls meist angeboren. Ihnen stehen manche Formen von Nävi nahe. Das sog. Lymphangioma tuberosum multiplex ist wohl ein Endotheliom.

Von den oben erwähnten Nävi (S. 206, 830 und 847) gehen in relativ nicht seltenen *Melanome.* Fällen bösartige Tumoren aus, welche in der Regel den Charakter von **Melanomen** (S. 221) haben; die sie der Hautsache nach zusammensetzenden großen, pigmentführenden Zellen sind Abkömmlinge der Zellen der Nävusnester. Nach der Auffassung von der Abstammung dieser richtet sich auch die Bezeichnung der malignen Tumoren (s. S. 222).

Sarkome.   Von **Sarkomen** finden sich Spindelzellen- und Rundzellensarkome, Myosarkome etc.

Karzinome.   **Karzinome** der Haut entstehen namentlich an Übergangsstellen der äußeren Haut in Schleimhäute und finden sich besonders im Gesicht (an den Lippen, der Nase, den Augenlidern), ferner am Penis, dem Skrotum, der Klitoris, der Mamille. Manche der Karzinome nehmen ihren Ausgang von epithelialen Wucherungen der oben genannten Nävi (S. 207) und können dann pigmentiert sein; hier können aber auch sonst entzündliche Reizungen offenbar disponierende bzw. auslösende Momente für die Bildung von Hautkrebsen darstellen; Beispiele hierfür geben die Formen, welche sich aus Lupusnarben, aus Unterschenkelgeschwüren etc. entwickeln, sowie die als „Schornsteinfegerkrebs" und „Paraffinarbeiterkrebs" (S. 249) bekannten Hautkarzinome; auch im Anschluß an chronische Ekzeme wurde Karzinombildung konstatiert.

Man pflegt flache und tiefgreifende Hautkrebse zu unterscheiden. Erstere Form wird auch als Ulcus rodens bezeichnet, weil die kleinen Knötchen sehr bald oberflächliche, von einem knolligen Wall umgebene Geschwüre bilden, und die Geschwulst sodann ein in vielen Fällen äußerst langsames Wachstum und auch insofern ein relativ gutartiges Verhalten zeigt, als sie kaum je Metastasen und in manchen Fällen, nach vorgenommener Exstirpation, nicht einmal Rezidive macht; die von diesen Tumoren gebildeten Geschwüre weisen nicht selten auch eine partielle Vernarbung auf.

Flache Hautkrebse.

Ulcus rodens.

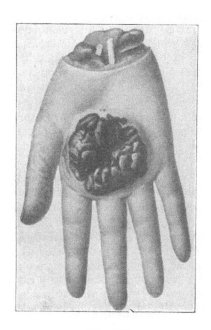

Fig. 845.
Malignes Melanom der Haut.
Nach Cruveilhier, l. c.

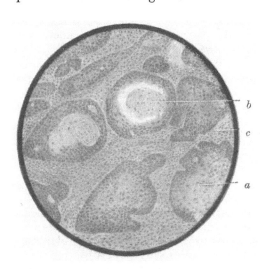

Fig. 845 a.
Kankroid (Plattenepithelkrebs) der äußeren Haut.
Epithelmassen außen mit höheren, dann mit großen platten, weiter innen konzentrisch geschichteten Zellen (a). Im Zentrum der Zellmassen zahlreiche Hornkugeln (b). Zwischen den Epithelmassen Stroma (c).

Bösartiger als die flachen Hautkrebse sind die tiefgreifenden Formen, welche bald ausgesprochene, rasch ulzerierende Geschwulstknoten bilden und als solche rasch das unterliegende Gewebe destruieren und Metastasen in Lymphdrüsen und anderen Organen hervorrufen.

Tiefgreifende Hautkrebse.

Manche, besonders oberflächliche Hautkrebse wachsen auch in Form papillärer Karzinome (S. 238).

Papilläre Hautkrebse.

Seiner histologischen Struktur nach ist der Hautkrebs ein **Plattenepithelkrebs (Kankroid)** S. 233 ff.); er nimmt seinen Ausgang von der Epidermis oder seltener von den Talgdrüsen oder Haarbälgen. Manche Formen zeigen sehr ausgeprägte Verhornung, und bei vielen der oben erwähnten, relativ gutartigen Formen findet auch eine ausgedehnte Verkalkung der Krebsnester statt (Atherokarzinome).

Kankroid.

Eine besondere Abart der Karzinome, welche wenig Neigung zur Verhornung zeigt, dagegen ausgedehnte, durch Ausfall regressiv veränderter Tumorzellen entstandene zentrale Hohlräume aufweist und im übrigen mehr aus höheren Epithelien besteht weswegen einige Autoren diese Krebse speziell wegen ihrer morphologischen Ähnlichkeit mit den Basalzellen der Epidermis als Basalzellenkrebs bezeichnen —, hat Krompecher genau beschrieben; diese **Krompecher-Karzinome** wurden früher oft als Endotheliome gedeutet. Auch manche an Zylindrome erinnernde Formen, die in der Haut nicht selten sind, gehören hierher. Wegen aller Einzelheiten vgl. S. 235.

Krompechersches Karzinom.

Sekundär wird die Haut besonders von Karzinomen der unter ihr liegenden Teile, am häufigsten von solchen der Mamma ergriffen; über den „Cancer en cuirasse" s. S. 808. Auch finden sich in der Haut metastatische Karzinomknoten.

Sekundäre Karzinome.

i) Erkrankungen der Hautanhänge (Hautdrüsen, Haare und Nägel).

i) Erkrankungen der Hautanhänge.

Die Talgdrüsen atrophieren bei Altersatrophie der Haut.

Seborrhoe ist eine vermehrte Sekretion der Talgdrüsen, die allgemein oder lokal, besonders am Kopf, im Gesicht oder an den Genitalien vorkommt. Man unterscheidet die Seborrhoea oleosa, bei welcher das abgesonderte Sekret eine flüssige, fettige Masse darstellt (besonders an Nase und Stirn vorkommend) und Seborrhoea sicca (squamosa), bei der hauptsächlich eingetrocknete Epidermiszellen abgestoßen werden (besonders am behaarten Kopf).

Seborrhoe.

Komedonen — Mitesser — beruhen auf Sebumanhäufung in den Talgdrüsen mit zystischer Erweiterung dieser; der oben aufsitzende schwarze Punkt entsteht durch äußere Verunreinigungen. Die Komedonen finden sich besonders im Gesicht, auf der Nase und der Stirn, an dem Hals und der Brust.

Komedonen.

Das **Milium** ist ein kleines, bis hirsekorngroßes, weißes Knötchen, das unmittelbar unter der Epidermis gelegen ist und durch Ansammlung von Epidermiszellen und Talg in Talgdrüsen entsteht. Besonders häufig entwickeln sich die Milien in der Gegend der Augenlider.

Milium.

Größere tumorartige Gebilde stellen die **Atherome** dar, die zum Teil ebenfalls Retentionszysten von Haarbälgen oder Talgdrüsen sind (Follikelzysten), aber bis Haselnußgröße und darüber erreichen. In anderen Fällen gehen Atherome, besonders die großen, von in die Kutis oder Subkutis versprengten (oder traumatisch verlagerten) Epithelkeimen oder von erhalten gebliebenen Kiemengangresten aus, entsprechen also Epidermoiden oder Dermoiden (S. 247). Die Atherome bestehen aus einer bindegewebigen Wand mit Plattenepithel, welche eine weiche oder breiige, grützeähnliche Masse einschließt. Diese Masse besteht aus verhornten Epithelien, Fett und Fettkristallen, Cholesterin etc. Bei den dermoidalen Atheromen zeigt die Wand den typischen Bau der äußeren Haut.

Atherome.

Von entzündlichen Zuständen der Hautdrüsen sind Akne, Furunkel und Karbunkel zu nennen. Die **Akne** entsteht durch eine eiterige Entzündung in den Haarbälgen oder Talgdrüsen (besonders aus Komedonen) und deren Umgebung, besonders zur Zeit der Pubertät oder wenn gleichzeitig Magendarmstörungen vorhanden sind, ferner nach Applikation gewisser reizender Stoffe auf die Haut oder nach innerlicher Aufnahme gewisser Medikamente (Jod, Brom). Auf den behaarten Stellen des Gesichtes tritt eine ähnliche Affektion als **Sykosis** auf (schon S. 843 erwähnt).

Entzündungen der Hautdrüsen: 1. Akne.

Sykosis.

Als **Furunkel** bezeichnet man eine durch Kokken hervorgerufene intensivere und ausgedehntere eiterige Entzündung der Hautfollikel und deren Umgebung mit einem nekrotisch gewordenen Zentrum, das schließlich als Pfropf ausdrückbar ist. Die Furunkel kommen besonders durch Einreiben von Kokken, z. B. durch den scheuernden Kragen zustande. Ausgedehnte Furunkulose findet sich häufig bei Diabetes mellitus.

2. Furunkel.

Karbunkel ist eine ähnliche zirkumskripte, aber stets größere Bezirke ergreifende, eiterig-nekrotisierende Entzündung mit zentraler Gangrän größerer

3. Karbunkel.

Teile der Haut und des Unterhautbindegewebes. An Furunkulose und besonders Karbunkulose schließt sich leicht Phlegmone an (s. S. 138).

Tumoren: Von den Talg- und Schweißdrüsen aus entstehen in seltenen Fällen Adenome und **Karzinome.** *Tumoren.*

Abnormitäten der Haare bestehen einerseits in ihrem frühzeitigem Ausfallen. Ausfallen der Haare ist auch Folge verschiedener lokaler Hautaffektionen, so der senilen Atrophie der Haut. Der gewöhnliche Altershaarschwund wird Alopecia senilis genannt; eine besondere Form stellt die Alopecia areata dar, bei welcher runde bis ovale Flecken haarlos werden, eine höchstwahrscheinlich auf Trophoneurose beruhende Erkrankung der Haare. Eine andere Form der Alopezie ist syphilitischen Ursprungs. Andererseits findet sich abnorme Haarbildung an sonst nicht behaarten Stellen (Hypertrichosis), besonders auf manchen Nävi (Naevi pilosi vgl. S. 847) oder allgemeine Hypertrichosis auch im Gesicht (Affenmenschen). *Abnormitäten der Haare.*

An den Nägeln findet sich die **Paronychia,** Entzündung des Nagelbettes, mit Ausgang in Eiterung, teils aus lokalen Ursachen, besonders im Anschluß an eingewachsene Nägel, teils (beiderseitig) als Manifestation der Syphilis. Die **Onychogryphosis** beruht auf einer Hypertrophie des unter dem Nagel liegenden Polsters, wodurch der Nagel emporgehoben und krallenförmig gekrümmt wird. **Onychomykosis** ist eine Erkrankung des Nagels durch den Favuspilz und den Pilz des Herpes tonsurans (S. 318). *Erkrankungen der Nägel.*

Eiterungen oder Blutungen in die Nagelmatrix bewirken, daß der Nagel abgestoßen wird. Entzündungen der Haut, Tumoren, welche unter dem Nagel wachsen, können ihn in Mitleidenschaft ziehen. Bei Psoriasis erkranken die Nägel häufig mit.

Kapitel XI.

(Akute) Infektionskrankheiten.

In diesem Kapitel sollen die hauptsächlichen anatomischen Veränderungen im Verlauf der wichtigsten Infektionskrankheiten, besonders der akuten, zusammengestellt werden. Über den Begriff der Infektionskrankheiten und manches Allgemeine hierzu s. S. 304 ff. Über die einzelnen Erreger vergleiche ebenfalls das Kapitel Parasiten; über die lokalen Veränderungen des Darmes bei Typhus und Dysenterie, der Halsorgane bei Diphtherie, der Lunge bei Pneumonie siehe die Beschreibungen unter den entsprechenden Organen im II. Teil, wo diese Veränderungen mitbesprochen werden mußten. Die mehr chronischen, in Gestalt entzündlicher Granulationen verlaufenden Infektionen wie Tuberkulose, Syphilis etc., sind schon im Kapitel III des I. Teils, die Eiterungen — Sepsis, Pyämie etc. — auch im selben Kapitel und unter ihren Erregern besprochen, einige Tropenkrankheiten, besonders die Schlafkrankheit, S. 323) kurz skizziert. *Allgemeine Vorbemerkungen.*

Die folgenden Infektionskrankheiten sind nicht nach einem „natürlichen System" geordnet. Zieht man ein solches der Erreger heran, so vernachlässigt man den ebenso wichtigen Faktor, die ganz verschiedene Reaktion des menschlichen Körpers. Eine Einteilung nach Infektion und Intoxikation, oder nach Exotoxinen, die von den Bakterien produziert in Umlauf kommen, und Endotoxinen, die erst bei Verfall der Erreger frei werden, ist auch kaum durchzuführen, da bei derselben Erkrankung meist alles dies, wenn auch quantitativ verschieden, zusammenwirkt; eher ist eine Einteilung möglich nach dem Hauptansiedlungs- bzw. Vermehrungsort der Erreger, wie Rößle eine solche in 1. Oberflächeninfektionen, *Möglichkeiten der Einteilung.*

2. Blut- und Lymphinfektionen, 3. Gewebsinfektionen gibt. Dann gehören zu 1. z. B. Gonorrhoe, Diphtherie, Ruhr, Cholera, Tetanus, Gasödem, zu 2. Typhus, Paratyphus, Pest, Milz
brand, zu 3. vor allem die Epitheleinschlußerkrankungen (Chlamydozoeneinschlüsse bei
Pocken etc.), Blutzellenschmarotzererkrankungen (wie Malaria) etc. Aber auch hier finden
wir vielfach Übergänge und Verschiedenheiten im Einzelfall, und Infektionsweg und -modus
sind uns vielfach nicht hinreichend bekannt, um z. B. zu wissen, ob die Verbreitung auf
dem Blutweg eine primäre vor der Gewebslokalisation oder sekundäre nach ihr ist. Es kommt
hinzu, daß wir bei einigen Krankheiten, wie Scharlach und Masern, den Erreger noch nicht
kennen. .

**Gemein-
same
Organ-
erkrankung
zahlreicher
Infektions-
krank-
heiten:** Manche Organe sind bei einer großen Zahl von Infektionskrankheiten verändert, so vor allem die Milz, ja oft der erste Hinweis bei der Sektion, daß überhaupt eine
Infektion vorliegt. Fast ausnahmslos handelt es sich um Milzschwellung, diese kann
charakteristisch und unterschiedlich sein wie bei Typhus oder Sepsis, völlig anders bei Malaria.
In anderen Fällen hat der Milztumor nichts für eine bestimmte Infektion Charakteristisches.
der Milz, Auch mikroskopisch kommen in der Milz bei vielen Infektionskrankheiten gemeinsame
Züge vor, so die phagozytäre Aufnahme geschädigter roter Blutkörperchen, die bei Typhus
wohl am stärksten, aber nicht charakteristisch ist. Auch Hämosiderinablagerung in Milz,
Leber etc. ist vielen gemeinsam, während andererseits die Ablagerung des Malariapigmentes,
das ja oft auch schon makroskopisch das Bild beherrscht, spezifisch für diese Erkrankung
**des
Knochen-
marks,** ist. Auch das Knochenmark ist bei einer Reihe Infektionskrankheiten oft in ähnlichem
Sinne, wenn auch graduell verschieden, mitbeteiligt. Ebenso das Blut, wenn auch Hyper-
des Blutes, leukozytose einerseits, Hypoleukozytose andererseits oft Schlüsse auf bestimmte Infektionen
(letztere besonders bei Typhus) zulassen. Bei sehr vielen Infektionskrankheiten ist auch
der Haut, die Haut beteiligt; Exantheme können, wie bei Scharlach oder Masern, das Bild völlig beherrschen. Sie sind fast stets an der Leiche weit schwerer als im Leben zu erkennen. Haut-
effloreszenzen treten auch bei Typhus, Paratyphus, Fleckfieber, Meningitis etc. auf. Während
sie oft allgemein entzündlicher Natur sind und wenn auch bei manchen Infektionen zellulär
etwas verschieden, nur schwer diagnostische Schlüsse zulassen, können sie andererseits,
wie vor allem beim Fleckfieber, ganz charakteristisch gebaut und so auch bei Exzision vom
Lebenden diagnostisch von großer Bedeutung sein. Eine Reihe toxisch gedeuteter
**Toxisch
bedingte
Verände-
rungen.** Erscheinungen tritt bei zahlreichen Infektionskrankheiten gemeinsam auf, so Degenerationen, besonders trübe Schwellung und Verfettung innerer Organe, besonders des
Herzmuskels, der Nieren, der Leber. Die Einwirkung der Bakterientoxine auf die feinsten
Zellbestandteile (Altmannsche Granula) ist auch experimentell in Angriff genommen.
Sehr vielen Infektionen gemeinsam ist auch Verfettung der Körpermuskulatur und ihr schol-
liger Zerfall, die sog. Zenkersche wachsartige Degeneration, besonders in den geraden
Bauchmuskeln und dem Zwerchfell. Diese sind auch auf Toxinwirkung (zusammen mit
mechanischen Momenten) zu beziehen und ebenso die auch bei vielen Infektionen (besonders
Typhus) auftretenden Zellwucherungen in der Leber, die sog. Lymphome. Zahlreichen
Blutungen. Infektionskrankheiten gemeinsam sind auch Blutungen verschiedenen Umfanges in Haut,
seröse Häute, Muskulatur, innere Organe, ferner Einwirkungen auf Gehirn und weiche Hirnhäute. Sehr oft sind Entzündungen der oberen Respirationsorgane, Bronchitis und Bronchopneumonien, Komplikationen, doch handelt es sich hier nur zum Teil um direkte Wirkung
der spezifischen Infektionserreger, zum großen Teil um Mischinfektion mit Eitererregern
u. dgl. Es soll besonders betont werden, daß überhaupt bei den meisten Infektions-
**Misch- und
Sekundär-
infektionen.** krankheiten Misch- oder Sekundärinfektionen — zu denen, sei es der Erreger
selbst neigt, sei es der geschwächte Boden Veranlassung gibt — eine sehr bedeutsame Rolle
spielen. Es kann dann zu sehr komplizierten Wechselwirkungen kommen. Sind Infektions-
**Chronische
Stadien.** krankheiten in ein chronisches Stadium getreten, so kann das Bild oft ein ganz anderes
Marasmus. als im akuten Stadium sein. Vielen ist im späteren Verlauf auch hochgradiger Marasmus
mit seinen anatomischen Kennzeichen gemeinsam. Zu erwähnen ist hier auch die bei vielen
Infektionskrankheiten keineswegs seltene — teils durch die infektiöse Gefäßwand- und evtl.
Blutveränderung, teils durch langes Liegen und Marasmus bedingte — Venenthrombose
mit der Gefahr der Lungenembolie.

Bei Infektionskrankheiten scheint auch die Nebennierenrinde an Lipoid zu ver- Störungen der inneren Sekretion.
armen und so zum tödlichen Ausgang beitragen zu können. Vielleicht sind auch überhaupt
Störungen der inneren Sekretion verschiedener endokriner Drüsen wichtiger, als bisher
bekannt ist.

Viele der angeführten Merkmale sind also zahlreichen Infektionskrankheiten gemeinsam,
nur nach Grad und Häufigkeit des Auftretens für die einzelnen verschieden; ja manche,
besonders auch toxische Veränderungen, können sich ebenso auch unter nicht infektiösen
toxischen Bedingungen finden, wie die Degenerationszeichen innerer Organe oder die
wachsartige Muskeldegeneration bei Vergiftungen mit Schlangengift, bei Autointoxikationen,
bei Anaphylaxie etc.

Bei allen Infektionskrankheiten, soweit uns die Erreger bekannt sind, ist die bak- Wichtigkeit bakteriologischer Untersuchung.
teriologische Untersuchung des Blutes, der Fäzes, des Urins, der Meningen- oder Ven-
trikelflüssigkeit oder der Organe kulturell, in Ausstrichen und in Schnittpräparaten vorzunehmen. Oft dient dies zur Unterstützung der anatomischen Diagnose, oft bei uncharakte-
ristischem Sektions- und histologischen Befund ermöglicht es überhaupt erst eine Diagnose.
Am schlimmsten sind wir in den Fällen daran, wo ein anatomischer, charakteristischer Befund nicht vorliegt und der Erreger überhaupt nicht bekannt ist, wie bei Scharlach, Masern.
Bei aller Wichtigkeit der ätiologischen Seite der Infektionskrankheiten, ist aber bei ihnen
wie bei allen Krankheiten zu betonen, daß der Erreger nur ein Moment ist, der
Zustand des Organismus ein ebenso wichtiges, und daß erst seine Reaktion die
Krankheit darstellt. Über Zustände der Immunität und Disposition etc. s. Kapitel VIII
des I. Teils. Erwähnt sei nur noch, daß sich der Zustand und damit die Reaktion des
Organismus auch im Verlauf einer Infektionskrankheit ändern kann; so scheint im zeitlichen Ablauf mancher derselben (s. auch unter Tuberkulose) eine während derselben erworbene Überempfindlichkeit — Anaphylaxie (s. S. 350) — eine wesentliche Rolle zu spielen.
Daß andererseits bei vielen Infektionskrankheiten eine Immunität durch Überstehen der
Erkrankung erworben wird, ist schon im Kapitel VIII besprochen und ja die Grundlage
der prophylaktischen Impfung gegen Pocken, aber auch gegen Typhus, Cholera etc.

Masern, Scharlach, Keuchhusten.

Masern, Morbilli.   Masern.

Der Erreger dieser hauptsächlich Kinder befallenden Krankheit ist unbekannt. Charakteristisch ist im Leben das Masernexanthem, welches besonders Gesicht (Stirn) und Rücken Exanthem.
befällt, von hier aus Hals, Stamm, Schultern und weiter abwärts zieht und aus nicht kon- Morbilli papilosi.
fluierenden roten Fleckchen mit zentralem Knötchen von Linsengröße und größer besteht.
Nach etwa 2 Tagen werden die Flecken blasser, gelblichbraun, dann schuppen sie kleienförmig
ab. Entsprechen die Knötchen in ihrem Sitz Follikelmündungen, so spricht man von Morbilli papilosi, selten werden die Flecken hämorrhagisch oder erreichen durch Konfluenz
größere Ausdehnung. Gleichzeitig besteht Fieber (das meist nach etwa 5 Tagen sich kritisch
löst) und Katarrh der oberen Luftwege, besonders in Gestalt einer fleckigen Röte am Katarrh der oberen Luftwege.
Gaumenbogen. Es kann auch zu Kehlkopfkatarrh kommen und es schließen sich in schweren
Formen — als Hauptsektionsbefund — Entzündungen der kleinen Bronchien und Bronchitis und Bronchopneumonien.
Bronchopneumonien an; besonders die Enden der Bronchiolen sind katarrhalisch erkrankt,
desgleichen kommt es zu Peribronchiolitis. Vereinzelt ist später bindegewebiger Verschluß
der Bronchiolen in Gestalt der Bronchiolitis fibrosa obliterans gefunden worden. Von den
Bronchiolen aus kommt es zu Bronchopneumonien, die oft relativ viel Fibrin aufweisen
und bei denen sich (wie auch bei denen bei Diphtherie, Keuchhusten etc.) öfters Riesenzellen-
bildungen der Alveolarepithelien finden. Auch abszedierende Bronchopneumonien, die
zu Lungenabszessen führen, kommen vor. Weiterhin werden Enteritiden mit Follikel- Enteritis.
schwellungen beobachtet. Wenn sich an Masern (und Scharlach) Tuberkulose (bei Kindern)

anschließt, so lag meist vorher schon solche der Lungenhiluslymphdrüsen vor, die jetzt auch
die Lungen ergreift.

Scharlach.

Scharlach, Skarlatina.

Auch hier werden meist Kinder befallen und auch hier kennen wir den Erreger nicht.
Ferner liegt auch bei dieser Erkrankung Fieber, Katarrh der oberen Luftwege und ein Haut-
Exanthem. exanthem vor; doch ist die Erkrankung meist wesentlich schwerer. Das Exanthem befällt
vor allem den Hals, den Rumpf und die obere Hälfte der Extremitäten, zuletzt einen großen
Teil des Körpers, am wenigsten das Gesicht, besonders nicht die Mundgegend. Das Exanthem
besteht aus bis linsengroßen, flachen, zuweilen etwas stärker hervorragenden tiefroten Flecken
in hellerer Umgebung. Sie stehen sehr dicht, konfluieren und bilden so die diffuse Schar-
lachröte. Nach 2—4 Tagen zumeist wird die Haut gelbbräunlich und die Flecken schuppen
dann, etwa nach 8 Tagen beginnend, kleienförmig oder in Gestalt größerer Lamellen ab.
Scharlach- Aus den Flecken können sich auch Bläschen — sog. Scharlachfriesel — bilden oder kleine
friesel. Papeln oder es kommt zu evtl. größeren Blutaustritten — Scarlatina haemorrhagica.
Hämor- Mikroskopisch handelt es sich um ein zellig (besonders Leukozyten) hämorrhagisches Exsudat,
rhagischer das in den oberen Kutisschichten beginnt; bei der Schuppung kommt zum Exsudat atypische
Scharlach. Verhornung (sog. Parakeratose) hinzu. Die Erkrankung der Nasen-, Mund- und Rachen-
Angina. höhle besteht besonders in einer katarrhalischen Angina mit mehr gleichmäßiger Rötung
von Gaumenbögen und Mandelgegend und evtl. feinerem, weichen, lockeren Belag. Häufig
kommt es aber zu weit schweren Veränderungen, zu Eiterungen und vor allem auch Nekrose,
Scharlach- der sog. Scharlachdiphtherie. Zum Unterschied gegenüber der durch typische Diphtherie-
diphtherie. bazillen hervorgerufenen Diphtherie (s. unten) handelt es sich hier weniger um Exsudatbeläge
als zunächst um schmutzig graue Flecken, die aus Nekrose der Schleimhaut hervorgehen,
die in der Tiefe durch einen demarkierenden Leukozytenwall abgegrenzt wird. Die nekrotischen
Partien stoßen sich ab und dann liegen Geschwüre vor, die besonders an den Tonsillen öfters
ausgedehnt tief greifen und durch Vernarbung heilen können. Bei dieser Scharlachdiphtherie
Misch- handelt es sich aber schon nicht um einfachen Scharlach, sondern um Misch- bzw. Sekun-
infektion därinfektion besonders mit Streptokokken. Diese sind überhaupt bei Scharlach
mit Strepto- äußerst häufig und gestalten ihn oft zu einer so schweren, selbst zum Tode führenden Krank-
kokken. heit. Außer der Scharlachdiphtherie kommt es dann auch häufig zu Schwellungen, Eiterungen und Nekrose in den benachbarten Lymphdrüsen, evtl. auch im Zellengewebe
des Halses evtl. mit tödlichen Gefäßarrosionen (Kaufmann). Eiterige Mittelohreiterungen schließen sich häufig an. Die komplizierenden Streptokokken können auch ins
Blut gelangen und so Endokarditis, Gelenkaffektionen, Sepsis etc. erzeugen. Beson-
Nephritis. ders häufig schließt sich an Scharlach Nephritis mit starken Ödemen an. Die meist erst
im weiteren Verlauf des Scharlach auftretende Nephritis verläuft gerade hier meist sehr
charakteristisch und weist anatomisch meist das Bild der typischen Glomerulonephritis,
relativ häufig auch das der exsudativ-lymphozytären Nephritis (s. unter Niere) auf.

Auch durch Haut- und Schleimhautverletzungen kann das Scharlachvirus den Körper
Puerperaler angreifen, so entsteht auf Grund kleiner Verletzungen bei Entbindungen auch puerperaler
Scharlach. Scharlach.

Plaut- Nur kurz erwähnt werden soll eine andere Form schwerer Angina, die **gangränös
Vincent-** **ulzerierende nach Plaut-Vincent** benannte. Hier finden sich an den Mandeln schnell fort-
sche schreitende Geschwüre von fetzig-schmutzigem, stinkendem Charakter, die von fusiformen
Angina. Bazillen (s. S. 315) in Symbiose mit der Spirochaete buccalis oder anderen Mund-
bewohnern hervorgerufen werden. Die Geschwüre weisen die Erreger besonders an der Grenze
der nekrotischen Massen auf und heilen narbig.

Keuch- Ferner soll der **Keuchhusten** nur kurz erwähnt werden, dessen nicht unbestrittener
husten. Erreger der Bordet-Gengousche Bazillus ist (s. S. 311). Hier besteht auch Katarrh
der oberen Respirationsorgane ohne anatomisch irgendwie charakteristisches Substrat
der meist langwierigen, aber ungefährlichen Erkrankung.

Grippe, Influenza.

Erreger ist der Influenzabazillus (s. S. 311). Die Erkrankung tritt epidemisch besonders zwischen Herbst und Frühjahr auf. Auch hier sind zunächst der Kehlkopf und die oberen Respirationswege erkrankt und zwar in Gestalt eines meist eiterigen Katarrhs. Es besteht Störung des Allgemeinbefindens mit Fieber. Dazu können Neuralgien, evtl. zerebrale Erscheinungen kommen.

Es findet sich ein meist eiteriger Katarrh der Nase, des Kehlkopfes und der Bronchien oft mit den Bazillen allein in großen Mengen (zum Teil intrazellulär) oder zusammen mit Kokken, besonders Pneumokokken oder dem Diplococcus catarrhalis, im grünlich-gelblichen, schleimig-eiterigen Sekret, das den geröteten Schleimhäuten aufsitzt. Besonders die kleinen Bronchioli respiratorii sind ergriffen und es schließen sich daher meist zunächst miliare Bronchopneumonien an, wobei vor allem das Zwischengewebe zellig infiltriert ist. Die Lungenherde sind oft eiterig, können aber auch nekrotisch und gangränös werden, oder es kann sich Karnifikation anschließen. Nekrotische Lungenpartien können sequesterartig abgestoßen werden (Pneumonia dissecans). Selten kommt es durch Mischinfektion mit Pneumokokken zu echter lobärer Pneumonie, wobei dann die daneben auch in nichtpneumonischen Gebieten bestehende eiterige Bronchitis auf Influenza hinweist (nach Kaufmann). Es kann auch zu eiteriger Pleuritis, Perikarditis und selbst Peritonitis kommen; Bronchiektasien scheinen auch entstehen zu können. In manchen Fällen wird das Gehirn befallen in Gestalt von Thromben und hämorrhagischer Enzephalitis, dazu kommen Meningitis und Venen- und Sinusthrombosen. Ferner können Myelitiden und Neuritiden entstehen. Auch kann sich allgemeine Sepsis anschließen.

Diphtherie.

Wir bezeichnen als solche am besten nur die Veränderungen, die als spezifische Infektionskrankheit durch den Diphtheriebazillus (s. S. 314) bewirkt werden. Die Erkrankung ist vor allem eine lokale der oberen Luftwege etc., während die übrigen Erscheinungen vor allem auf Toxinwirkung beruhen. Dementsprechend finden sich die Bazillen in den für die Erkrankung charakteristischen Pseudomembranen, besonders in deren oberflächlichen Lagen, oft zusammen mit Kokken, ferner in benachbarten Lymphdrüsen oder in den Lungen. Sie können aber auch ins Blut übergehen und im Urin gefunden werden. Nach überstandener Krankheit können die Bazillen noch lange im Hals und Nase bleiben, so daß Bazillenträger die Hauptansteckungsgefahr darstellen. Besonders Kinder (nach dem 1. bis zum 5. Lebensjahr) werden befallen. Antitoxinbehandlung hat sich prophylaktisch und therapeutisch als von äußerster Wichtigkeit erwiesen.

Die pseudomembranöse Entzündung, wegen der auf S. 134 ff. in allen Einzelheiten verwiesen sei, befällt Pharynx, Larynx, Nasenhöhle, Kehlkopf und Bronchien. Der Larynx ist selten primär erkrankt, seine Erkrankung ist meist schwerer als die des Pharynx (dagegen treten dann Mischinfektionen etc. meist sehr zurück). Mittelohr und Konjunktiven sind öfters mitbefallen. Die Trachea und großen Bronchien zeigen sehr oft auch Pseudomembranen, die kleinen Bronchien mehr Katarrh, zuweilen aber auch ganze fester haftende Ausgüsse, so daß es zur Erstickung kommen kann. Es schließen sich Bronchopneumonien der Lungen, durch Mischinfektion hervorgerufen, ganz besonders auch nach Tracheotomien (Hübschmann), evtl. auch kleine Atelektasen, andererseits Lungenblähung an. Von den Halsorganen aus können die benachbarten Lymphdrüsen entzündlich erkranken, es können sich — selten — auch am Hals diffuse, fibrinös-eiterige Entzündungen entwickeln. In leichten Fällen kann die Entzündung der Halsorgane in einer einfachen Rötung derselben bestehen, andererseits kommen besonders tiefgreifende, gangränöse Veränderungen (evtl. Mischinfektion mit Kokken) vor, das Typische ist die pseudomembranöse Entzündung. Die Pseudomembranen können zu Larynxstenose mit Erstickungsgefahr führen, so daß Tracheotomie indiziert ist. Die Hauptgefahr der Diphtherie liegt aber in der toxischen Wirkung aufs Herz. Dieses wird oft dilatiert gefunden. Es besteht hochgradige Verfet-

Pseudo-
membra-
nöse Ent-
zündung
der Hals-
organe etc.,
der
Bronchien.

Toxisch
bedingte
Verände-
rungen des
Herzens,
der Mus-
kulatur,
der
Nieren,

tung; oft auch scholliger Zerfall der Muskulatur und Myokarditis, oft mit zahlreichen Plasmazellen oder auch eosinophilen Leukozyten, welche selten das Reizleitungssystem isoliert befallen. Gerade auch in späteren Stadien tritt oft noch Herztod ein. Auch zu einer diffusen Bindegewebsvermehrung scheint die Diphtherie führen zu können (Herzzirrhose, Hübschmann). Ob richtige Regeneration der Herzmuskel nach Affektion desselben bei Diphtherie vorkommt, ist angenommen worden, aber sehr zweifelhaft. Dieselben Zwischenveränderungen wie der Herzmuskel zeigen die den Halsorganen benachbarten Muskeln, ferner besonders Verfettungen auch die übrige, quergestreifte Muskulatur, besonders auch das Zwerchfell. Die Nieren weisen öfters Degenerationen, sehr selten höchstens Glomerulonephritis,

der Milz. auf. Die Milz ist meist nicht sehr groß. In den Follikeln finden sich (bei Kindern auch sonst öfters, besonders bei Pneumonie) gewucherte und nekrotische Retikulumzellen (offenbar toxisch bedingt). Eine häufige Erscheinung nach Diphtherie, auch toxischen Ursprungs,

Lähmungen. sind Lähmungen, besonders des Kehlkopfes und Gaumens, aber auch sonst. In den Nerven und im Rückenmark werden anatomische erklärende Veränderungen nicht gefunden. In Ganglienzellen der Medulla oblongata sollen Veränderungen beobachtet sein.

Veränderungen der Nebennieren. Auch die Nebennieren sollen verändert sein, nach manchen Ansichten das Mark an chromaffiner Substanz (Adrenalin) verarmen, oder auch die Rinde lipoidarm werden, doch ist hier ein abschließendes Urteil noch nicht möglich. Auch im Magen (Kardia) kommen pseudomembranöse evtl. hämorrhagische Entzündungen mit zahlreichen Diphtheriebazillen an der Haut echte diphtherische Prozesse selten, dagegen häufiger hämorrhagische Entzündungsherde mit zahlreichen Leukozyten und Lymphozyten (Bazillen hier nicht nachweisbar) vor (E. Fränkel).

Scharlachdiphtherie. Die Diphtheriebazillen können auch an der Haut und den Schleimhäuten (z. B. Vulva bzw. Scheide bei Kindern) geschwürige Veränderungen, ohne daß Halsdiphtherie bestände, hervorrufen.

Außer durch den Diphtheriebazillus verursachten, pseudomembranösen Erkrankungen der Halsorgane (Diphtherie) kommen solche auch sonst vor. Besonders zu betonen ist hier die schon oben erwähnte, durch Kokken verursachte Scharlachdiphtherie. Äußere Unterschiede sind schon oben zitiert. Bei der Sektion spricht zudem Nephritis eher für Scharlach, Herzveränderungen für echte Diphtherie.

Pneumonie.

Pneumonie.

Verschiedene Formen. Die kruppöse, fibrinöse, genuine, lobäre Pneumonie stellt eine charakteristische Infektionskrankheit dar, welche zumeist durch den Pneumokokkus (s. S. 310) verursacht wird;

Nebenerkrankungen. aber auch Pneumobazillen (s. S. 311) und Streptokokken können sie bewirken. Die Pneumokokken gelangen meist wohl auf dem Luft-, seltener auf dem Blutweg zur Lunge. Die dort bewirkte lobäre fibrinöse Entzündung, welche meist zuerst den Unterlappen (rechts öfters als links) ergreift, der Verlauf in Stadien, der gewöhnliche und die atypischen Ausgänge, sind schon S. 455ff. geschildert. Die Veränderung breitet sich allmählich aus — sie wandert, Pneumonia migrans, seltener sprungweise. Die Pneumokokken bewirken das typische Bild der fibrinösen lobären Pneumonie meist nur bei in gutem Alter stehenden Personen, bei Greisen und Kachektischen sind die Bilder weniger typisch, die Entzündung ist weniger fibrinreich, die Körnelung tritt zurück, sog. schlaffe Pneumonie; bei Kindern kommt es meist nur zu lobärer Ausbreitung. Die Kokken finden sich in der Lunge besonders in Frühstadien der Erkrankung oft massenhaft, zum großen Teil in Leukozyten eingeschlossen; von der Lunge aus können direkt oder vor allem auf dem Lymphwege auch die oberen Luftwege infiziert werden, ebenso das Mediastinum, ferner kann es zu Peritonitis, besonders auch subphrenischem Abszeß, kommen. Auch Enteritis kommt vor, ferner

Pneumokokken als Eitererreger. Eiterungen der Nasennebenhöhlen, Otitis media und vor allem Leptomeningitis. Letztere kann auch auftreten, ohne daß eine Pneumonie vorangegangen ist, und doch durch Pneumokokken hervorgerufen sein, wohl vom Nasenrachenraum her. Auch im Blute können Pneumokokken nachgewiesen werden und es kann Endokarditis entstehen und zu Pneumokokkensepsis kommen. Osteomyelitis kommt auch vor. Relativ recht häufig sind im

Verlaufe der Pneumonie, meist leichte, Glomerulonephritiden. Alles in allem müssen wir die Pneumokokken auch als Eitererreger betrachten; zuweilen liegen Mischinfektionen mit anderen Kokken vor. Der Tod erfolgt zumeist an Herzschwäche, besonders auf dem Höhepunkte der Erkrankung. Besondere Veränderungen weist das Herz nicht auf. Die Pneumokokken finden sich häufig auch in der Mundhöhle Gesunder. Zur Infektion gehört offenbar noch ein Faktor hinzu. *Wirkung aufs Herz.*

Ein großer Teil auch der Bronchopneumonien, wie sie sich unspezifisch unter allen möglichen Bedingungen finden, wird durch Pneumokokken verursacht. Sie werden auch als Erreger von Konjunktivitiden und Ulcus corneae serpens sowie von Endometritiden und Salpingitiden angeschuldigt. *Sonstige durch Pneumokokken bewirkte Erkrankungen.*

Die durch den Friedländerschen Pneumokokkus hervorgerufene Pneumonie zeigt oft eine weniger gekörnte Lungenschnittfläche, dafür ein mehr schleimiges, fadenziehendes Exsudat.

Ulcus molle.
Ulcus molle.

Über den dies hervorrufenden Streptobazillus s. S. 313. Das durch den Koitus übertragene Geschwür sitzt an den Genitalien, besonders unten an der Vorhaut oder am Frenulum bzw. der Glans. Es kann aber auch an anderen Stellen auftreten. Durch Autoinfektion können multiple Geschwüre entstehen, so auch am Skrotum oder Oberschenkel. Zunächst entsteht ein Knötchen, das zu einer kleinen Pustel wird; aus dieser entwickelt sich das mit eiterig-blutigem Sekret bedeckte, oft wie ausgestoßen scharf erscheinende Geschwür, dessen Ränder auch nekrotische Massen aufweisen können; der Rand ist im übrigen infiltriert, aber nicht hart, zum Unterschied vom luetischen Ulcus durum, doch besteht nicht selten beides zusammen. Das Ulkus eitert ziemlich stark, das Sekret ist sehr kontagiös, die Bazillen finden sich frei oder in Leukozyten. Lymphangitis und eiterige Entzündung der Beckenlymphdrüsen (Bubonen), in denen sich die Bazillen teils finden, teils vermißt werden, schließen sich an. Später reinigen sich die Geschwüre und gehen in einigen Wochen in flache Narben über. *Multiple Geschwüre.* *Unterschiede gegenüber dem Ulcus durum.* *Bubonen.*

Gonorrhoe.
Gonorrhoe.

Der Erreger der durch den Koitus erworbenen Erkrankung ist der Gonokokkus (über denselben s. S. 310), auch die Konjunktivitis, die sog. Blennorrhoe, besonders der Neugeborenen, gegen die prophylaktisch Silbernitrat eingeträufelt wird, wird durch ihn hervorgerufen. Es handelt sich bei der Gonorrhoe um einen eiterigen Katarrh zunächst der Urethra, zuerst zumeist der Fossa navicularis — Urethritis anterior — er breitet sich dann der Oberfläche nach aus bis zur Pars membranacea — Urethritis posterior. Mikroskopisch findet sich eine Wucherung und besonders Desquamation des Epithels, im Gewebe darunter Leukozyten, Lymphozyten, und Plasmazellen. Die Gonokokken liegen zum großen Teil im und zwischen dem Epithel, sie dringen aber auch durch dies bis in die subepithelialen Bindegewebslagen ein. Im Eiter finden sie sich zum großen Teil intrazellulär. Wenn sie nicht bald abgetötet werden, so daß der akute Tripper mit Epitheldegeneration heilt, so kommt es zur chronischen Form. Die Gonokokken halten sich dann lange besonders in den Taschen der Schleimhaut gerade auch im Gebiete der Pars membranacea oder auch in sog. paraurethralen Gängen (mit verschieden gestaltetem Epithel) bzw. in den Littréschen Drüsen. Auch in die Lymphspalten dringen die Gonokokken ein, und gelangen so zu den Leistenlymphdrüsen, wo sie Bubonen bewirken. *Blennorrhoe.* *Urethritis anterior und posterior.* *Bubonen.*

Bei der chronischen Gonorrhoe nimmt das Sekret an Menge ab und mehr schleimigen Charakter an; so entstehen die sog. Tripperfäden, die im Urin diagnostisch wichtig sind. (Bei der Leiche meist wenig Sekret in der Harnröhre.) Der chronische Tripper heilt meist auch ab oder aber es bilden sich Narben, evtl. auch — seltener — erst Erosionen oder Geschwüre, die dann vernarben. Teils durch die Narbenschrumpfung, teils durch Umwandlung des Epithels in Plattenepithel (wohl von kleinen Inseln solcher aus), das verhornt (Prosopsatie, s. S. 93) kann es zu ringförmigen oder auf längere Strecken ausgedehnte, meist in *Chronische Gonorrhoe.* *Narben.*

Strikturen und Folge-erscheinungen.

Kompli-kationen in den männlichen Ge-schlechts-organen,

in den weiblichen.

Haut-erschei-nungen.

Gono-kokken-sepsis und Misch-infektionen.

der Pars membranacea sitzende Verengerungen — Strikturen — evtl., wenn auch das submuköse Gewebe infiltriert war, zu sehr derben sog. kallösen Strikturen kommen. Dahinter können sich Ektasien ausbilden oder evtl. papillomatöse Schleimhautwucherungen. Es kann zu Balkenblase und durch Harnstauung (evtl. auch Verunreinigungen beim Katheterisieren) zu Zystitis etc. sowie den anderen Folgen der Harnstauung (s. Nieren) kommen.

Der Tendenz der Oberflächenausbreitung folgend kommen oft eiterige Entzündungen der benachbarten Wege hinzu. Beim Mann kommt es zu Prostatitis, evtl. auch Prostata-abszessen, Spermatozystitis, Entzündung des Vas deferens besonders am Übergang zum Ductus epididymiditis. Entzündung des Nebenhodens (später außer den Leukozyten viel Plasmazellen), des Hodens und Periorchitis (evtl. mit Ausbildung einer Hydrozele oder mit Verwachsungen) schließen sich an. Bei der Frau kommt es zu Vaginitis, Vulvavaginitis (besonders bei weiblichen Kindern), aufsteigendem Katarrh des Uterus und der Tuben, der Ovarien und Bartholinischen Drüsen. Die gonorrhoische Salpingitis ist durch mächtige, subepitheliale Plasmazellen-Infiltration mit weniger Leukozyten und Durchwanderung beider, besonders letzterer, ins stark verengte Lumen meist sehr charakteristisch. In Zellen eingeschlossen finden sich oft Gonokokken. Durch Abschluß am Uterusende entstehen oft aus den Tuben große Eitersäcke. Später kommt es zu narbigen Verdickungen. An die Tubeneiterung schließen sich perimetritische und parametritische Entzündungen an; die Affektion ist meist sehr hartnäckig, die Frauen sind dauernd „leidend". Besonders beim Mann können auch die Harnwege bis zu den Ureteren ergriffen werden. Die Erkrankung der männlichen Geschlechtsorgane bewirkt sehr oft Sterilität. Auf der Haut entstehen öfters die Condylomata acuminata (Feigwarzen), die aus verdickten Epithellagen und mit Lymphozyten und Plasmazellen infiltriertem Bindegewebe bestehen. Bei bestimmter Infektionsart können auch im Mastdarm eiterige Entzündungen entstehen, bei Kindern öfter von gonorrhoischer Vulvavaginitis aus.

Aber die Gonokokken können auch ins Blut gelangen, noch häufiger tun dies andere, pyogene Kokken, welche, sich zu den Gonokokken hinzugesellend, überhaupt im Bilde der Gonorrhoe eine große Rolle spielen. Metastasisch kann es zu Entzündungen der Gelenke, teils eines, teils einer Reihe solcher, manchmal ohne sichtbare Veränderungen, oft mit Erguß (serösem oder eiterigem) kommen, oder zu Entzündungen der Sehnenscheiden — öfters Bursitis an der Achillessehne —; aber auch zu Endokarditis, Phlebitis, Metastasen im Auge, Nephritis und zu allgemeiner tödlicher Septikopyämie; es finden sich dann teils Gonokokken, seltener allein, öfters andere eitererregende Kokken. Relativ oft stellt eine Thrombose der Leistenvenen den Übergang zur Gonokokkensepsis dar (Socin).

Meningitis.

Infektions-art.

Meningitis.

Hier soll nur die eine spezifische Infektionskrankheit darstellende Meningitis Erwähnung finden, während über Meningitis im allgemeinen auf S. 694 ff. verwiesen wird. Diese Meningitis (cerebrospinalis) wird zumeist als epidemica bezeichnet, und sie ist wohl auch übertragbar, doch kommt es meist nur zu einigen Fällen, nicht zu wirklichen Epidemien. Es gehören offenbar zur Infektion außer dem Virus noch besondere, uns nicht näher bekannte Bedingungen (oft Erkältungen u. dgl., Auftreten besonders zwischen Herbst und Frühling). Zudem ist (Gruber) der Erreger besonders leicht hinfällig; dieser ist am häufigsten der spezifische **Meningokokkus** (Weichselbaum, s. S. 310), daneben kommt auch der Pneumokokkus in Betracht. Die Erkrankung bezeichnet man darnach am besten als Meningokokken-Meningitis (bzw. Pneumokokken-Meningitis). Die Infektion scheint vom Nasenrachenraum aus vor sich zu gehen, wo der Meningokokkus bei (gesunden) Bazillenwirten gefunden wird. Von hier aus soll er mit Ausscheidungen hinausgelangen und so auf dem Atmungswege Infektion erfolgen können. Dies ist jedoch ebensowenig sicher gestellt wie der genaue weitere Infektionsweg zum Gehirn. Vielleicht gelangt der Kokkus zunächst ins Blut und überschwemmt so den Körper, wobei die Hirnhäute nur zunächst und am stärksten als Prädilektionsort erkranken. Auf jeden Fall, wenn nicht primär, so doch sekundär, kommt es zu Anwesenheit der Kokken im Blut — Bakteriämie — und Ansiedlung auch Bakteri-
ämie. an anderen Orten, wie wir sogleich sehen werden.

Der Eiter findet sich in den Meningen besonders an der Konvexität des Großhirns, Sitz am
Gehirn. den Gefäßen folgend und greift dann auch auf Basis und evtl. Rückenmark über. Tela und Plexus chorioidei können mit ergriffen sein, herdförmige Entzündungsherde evtl. mit zahlreichen kleinen Blutungen oder eiterige Entzündungsherde sowie Ödem ziehen das Gehirn in Mitleidenschaft. Ähnlich kann das Rückenmark befallen sein. Im Gehirn kann es auch zu größeren Abszessen kommen. Ein großer Teil der Patienten erliegt der Erkrankung früh. Wird sie überstanden, so kann es zu chronischem, hochgradigem Hydrocephalus internus Hydro-
zephalus. (ein akuter begleitet oft die akute Erkrankung) kommen, an dem unter Zeichen der Verblödung und Ausfall der Zentren im Gehirnstamm die Patienten noch zugrunde gehen können. Daß es sich um eine allgemeine Infektion handelt, kann die große, weiche Milz zeigen. Ferner kann es zu metastatischen Abszessen in allen möglichen Organen, zu Trübungen Haut-
verände-
rungen. von Leber, Herz etc., ferner zu Blutungen in Schleimhäuten, serösen Häuten und besonders der Haut kommen. Diese Hautpetechien, Exantheme, große Blutungen oder andersgestaltete Ausschläge (Gruber führt verschiedene Formen auf) sind relativ häufig; sie treten gleich zu Beginn der Erkrankung (im Gegensatz zur Fleckfieberroseola) auf. Daß bei den Exanthemen auch metastasisch bedingte Prozesse vorliegen, geht daraus hervor, daß sich Meningokokken hier finden, besonders, zum großen Teil in Leukozyten eingeschlossen, in kleinen Gefäßen der Kutis. Es kann, besonders an kleinen Arterien, zu Infiltrationen, evtl. Nekrose der Gefäßwand und evtl. zu Thrombosen kommen, dann zu Austritt von roten Blutkörperchen und entzündlicher Zellanhäufung, insbesondere Leukozyten, wozu sich in kleinerer Zahl Lymphozyten etc. hinzugesellen. Auch außerhalb der Gefäße finden sich die Meningokokken. Das Überwiegen der Leukozyten (exsudativ-entzündlicher Prozeß) wie das Fehlen der für Fleckfieberroseola typischen histologischen Kennzeichen scheiden das Exanthem bei Meningitis, das im übrigen auch histologisch sich sehr variabel verhalten kann, von dem des Fleckfiebers. Auch in der Milz, den verschiedensten Organen — pneumonischen Lungen, endokarditischen Effloreszenzen, Eiter aus Perikard oder Pleuraabszessen — und dem Blut sind die Meningokokken nachzuweisen.

Neben der Bakteriämie spielen nach Gruber auch die Toxine der Kokken (z. B. bei Toxische
Wirkungen. den Nekrosen der verschiedenen Organe, sowie den Veränderungen des Herzmuskels) eine Rolle. Im Herzen finden sich nämlich häufig degenerative Erscheinungen der Muskelfasern einerseits, Myokarditiden (zunächst besonders Leukozyten, später besonders Lymphozyten) andererseits. Auch Glomerulonephritiden kommen wohl ebenfalls auf infektiöstoxischer Basis vor.

Typhus abdominalis. Typhus ab-
dominalis.

Über den Typhusbazillus s. S. 311. Er stammt vom Menschen und wird mit den Exkrementen oder Urin weiter verbreitet, kann den Menschen direkt infizieren oder auf dem Umwege durch ihn verunreinigten Wassers, Milch, Gemüse etc. Der Infektionsweg im Infektions-
weg. Menschen ist strittig. Die älteste und verbreitetste Ansicht ist die, daß die Bazillen verschluckt den Darm direkt infizieren. Eine andere läßt die Bazillen — sei es durch die Rachenorgane, z. B. Tonsillen, sei es durch den Darmkanal und den Lymphweg resorbiert — zunächst ins Blut gelangen und auf diesem Wege erst den Darmkanal als Prädilektionsort erkranken. In diesem Fall läge also eine primäre Bakteriämie vor, aber auch im ersteren kommt es auf jeden Fall durch Übertreten ins Blut bald zu einer solchen.

Im Darm ist der Typhus durch bestimmte Veränderungen besonders des lymphatischen Verände-
rungen
des Darms. Apparates, Lymphfollikel und insbesondere Peyersche Haufen charakterisiert. Es kommt zur markigen Schwellung, Verschorfung, Geschwürbildung, Heilung. Über alle Einzelheiten dieser Veränderungen, den Sitz, zeitlichen Ablauf, s. unter Darm.

Vom Lymphapparat des Darmes aus erkranken auf dem Lymphwege die mesenterialen der mesen-
terialen
Lymph-
drüsen. Lymphdrüsen, siehe auch unter Darm. Ebenso über die lokalen Gefahren der Darm-

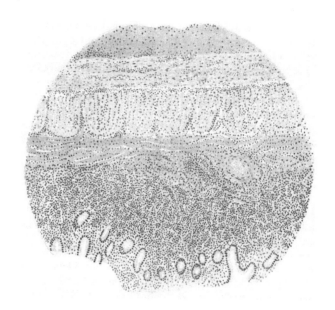

Fig. 846.
Typhus abdominalis.
Markige Schwellung des Darmes (3. Woche).

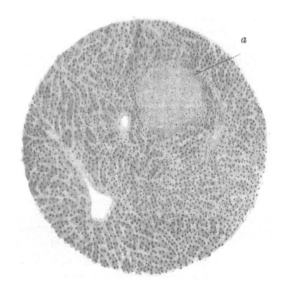

Fig. 847.
Nekrotischer Herd (a) in der Leber bei Typhus.

blutungen und Perforationen mit Peritonitis, sowie die Rezidive. Aber wie schon erwähnt, die Bazillen gelangen in das Blut, werden mit ihm — in dem sie meist leicht nachzuweisen sind — im Körper weiter verbreitet und rufen hier teils bazilläre, teils toxische weitere Veränderungen hervor. In erster Linie ist hier der konstante Milztumor zu nennen. Die der Milz, Milz ist sehr groß, kirschrot oder dunkelrot, Zeichnung undeutlich, Konsistenz weich, aber nicht zerfließlich (wie bei Sepsis). Die Pulpa ist blutreich; es finden sich mikroskopisch besonders viel rote Blutkörperchen oder pigmenthaltige Zellen, evtl. auch Nekrosen, ferner oft große Haufen der Bazillen oder auch phagozytierte Bazillen. In der Milz können ähnlich wie in den mesenterialen Lymphdrüsen auch Infarkte mit demarkierender Eiterung in die Erscheinung treten; es kann sich Peritonitis anschließen. In der Leber können Bazil- der Leber, lenhaufen inmitten nekrotischer Herde gefunden werden. Das Knochenmark zeigt des Umwandlung in Lymphoidmark. Es finden sich nekrotische, mit Fibrin durchsetzte Knochen-marks, Herde. Geschädigte rote Blutkörperchen werden hier in großen Mengen abgelagert und phagozytiert. Bazillen sind nachzuweisen. Besonders Rippen und Wirbel sind ergriffen. Durch Spondylitis können selbst benachbarte größere Gefäße arrodiert werden. Mit der Knochenmarkveränderung hängt die für den Typhus charakteristische, auch diagnostisch wichtige Verarmung des Blutes an Leukozyten (Leukopenie) zusammen. In der des Blutes, Haut, besonders Bauchhaut, treten meist Ende der ersten oder Anfang der zweiten Woche der Haut, typische Roseolen auf, die klinisch-diagnostisch wichtig sind. Gerade in ihnen finden sich auch Bazillen. Mikroskopisch handelt es sich (E. Fränkel) um metastatische Ablagerung der Bazillen in Lymphräumen und in deren Umgebung, um Anschwellung des Papillarkörpers mit Vergrößerung und Vermehrung der fixen Gewebszellen. Später kommt es zu regressiven Veränderungen und evtl. Nekrosen in Papillarkörper und Epidermis sowie Lockerung zwischen beiden. In dem so entstehenden Spalt finden sich in späteren Stadien die Typhusbazillen. Die Epidermis wird dann in Form feinster Schüppchen abgestoßen und es bleiben zunächst kleine braune Fleckchen zurück. Die Gewebszellen schwellen wieder ab, das nekrotische Material wird resorbiert, Narben bilden sich nie. Sehr wichtig sind die durch den Typhus-bazillus bewirkten Cholezystitiden; in der Gallenblase (auch ohne Entzündung ihrer Wand) halten sich die Typhusbazillen sehr lange (s. auch die Verwendung der Galle zur kulturellen der Gallen-Anreicherung der Bazillen im Blut); von hier aus können Bazillen in den Darm wieder aus- blase, geschieden werden und so Rezidive verursachen. Auch nach abgelaufener Erkrankung halten sich die Bazillen oft in den Gallenwegen und gelangen öfters in periodischen Abständen in den Darm — Dauerausscheider — und so stellen die Fäzes dieser eine Hauptinfektions-quelle dar. Des weiteren sollen sich an solche Cholezystitiden bei Typhus auch Gallensteine anschließen können. Es finden sich bei Typhus Osteomyelitis (s. auch oben), Ostitis und Periostitis meist in Form kleinerer Herde, besonders an den Rippen und Unterschen-keln, aber auch an anderen Knochen, in denen Bakterien zu finden sind; ferner Gelenkaffek- der tionen; es kann zu Zystitis, selten Orchitis etc. kommen. Knochen,

Respirationsorgane s. unter Darm bis auf letzten Satz. der Re-spirations-

Ferner kommen Mittelohrkatarrhe vor und des weiteren Meningitiden, besonders organe. seröse Formen. In manchen Fällen sind Bazillen zu finden, in anderen nicht; man spricht der dann von Meningismus und denkt auch an toxische Einwirkung. Im Verlauf des Typhus Meningen. kommt es auch öfter zu Thrombosen großer Körpervenen und evtl. Embolien. Mit Throm-bosen. dem Blute verteilt können die Bazillen auch in allen möglichen Organen Abszesse hervor- Abszesse. rufen, so in der Milz, den Muskeln, den Knochen, in der Prostata, Lunge, Schilddrüse etc. Die Abszesse bestehen oft noch jahrelang nach Ablauf der Erkrankung; bei ihrer Bildung spielen aber sicher vielfach Mischinfektionen mit Kokken etc. eine große Rolle. So bildet sich durch die Verbreitung der Bazillen im Blut das Bild der Sepsis oder Pyämie aus. Der Typhusbazillus ist an den verschiedensten Orten nachgewiesen, so in Milz, Roseolen, Leber, Gallenblase, pleuritischen und peritonealen Exsudaten, dem Zentralnervensystem etc.

Dazu kommen nun die als toxisch gedeuteten Affektionen. Von besonderer Wichtig-keit ist hier das Zentralnervensystem. Von der Taumeligkeit, Benommenheit rührt der Name der Erkrankung, sowie die populäre Bezeichnung „Nervenfieber" her. In den Muskeln, besonders den Bauchmuskeln, insbesondere den recti abdominis und Adduk-

Toxische Wirkungen.

toren findet sich sehr regelmäßig die sog. Zenkersche wachsartige Degeneration, daneben auch Muskelkernproliferationen und Infiltrationen. Die wachsartige Degeneration tritt sehr oft schon makroskopisch hervor; es kann aber besonders in den geraden Bauchmuskeln fast stets etwa symmetrisch auch zu großen Blutungen kommen, die zumeist in der dritten Woche auftreten und lange anhalten können.

An der Muskulatur des Herzens, in der Leber und der Niere treten trübe Schwellung oder Verfettung auf. Besonders in der Leber finden sich öfters Zellproliferationen, sog. Lymphome, die wahrscheinlich auch toxisch bedingt sind.

Es gibt beim Typhus auch leichte Fälle, sog. Fälle von Typhus ambulatorius, die oft nicht erkannt werden und so eine große Gefahr quoad infectionem darstellen. Besonders bei Kindern kommen Abortivfälle vor. Zuweilen finden sich auch schwere Typhusseptikämien mit den Bazillen im Blut ohne Darmbefund.

Daß die Dauerausscheider (Gallenblase) eine Hauptgefahr für die Weiterverbreiterung darstellen, ist oben geschildert. Überstehen der Krankheit macht den Träger derselben in der Regel immun. Die Typhusschutzimpfung (prophylaktisch) ist vor allem in bezug auf die Mortalität von gutem Einfluß.

Paratyphus.

Paratyphus.

Den Typhusbazillen stehen eine ganze Gruppe sog. Paratyphusbazillen nahe, sind aber von ihnen scharf abzugrenzen. Neben anderen Arten kommt besonders der Paratyphusbazillus A und B in Betracht. S. S. 312.

2 Hauptformen: Gastroenteritis paratyphosa,

Die durch die verschiedenen Paratyphusbazillen gesetzten anatomischen Veränderungen sind im Prinzip die gleichen, bei Paratyphus B sind die schwereren Erkrankungen häufiger. Die durch die Paratyphusbazillen hervorgerufenen Krankheiten verlaufen in zwei recht verschiedenen Formen. Einmal entsteht die meist ganz akute Gastroenteritis paratyphosa mit heftigen Durchfällen und Diarrhoen nach Art einer Cholera nostras. Hierher gehören zahlreiche Fälle von Fleischvergiftung, die früher dem Bacillus botulinus irrtümlich zugeschrieben wurden. Gerade hier sind die Paratyphusbazillen sehr wichtig. Anatomisch herrscht ein schwerer, diffuser Darmkatarrh, besonders auch des Dickdarmes, mit Hyperämie, Blutungen, Schwellung und Ödem der Schleimhaut, evtl. leichter Schwellung der Follikel; sonst findet sich bei der Sektion nichts Charakteristisches. Doch ist zu bedenken, daß es sich um eine akute Erkrankung handelt, die in der Regel bald zur Heilung, selten aber und dann auch recht schnell zum Tode führt. Dementsprechend sind die anatomischen Veränderungen weit schärfer ausgeprägt bei der zweiten Form, die klinisch mit weit protrahierterem, wochenlangem Verlauf oft ganz einem Typhus gleichen kann, dem sog. **Para-**

Paratyphus abdominalis.

typhus abdominalis. Hier findet sich bei Sektionen oft auch nur die ausgesprochene Enteritis bzw. Gastroenteritis in Gestalt eines schweren, den ganzen Darm, aber insbesondere den Dickdarm, betreffenden Katarrhs, weit diffuser und stärker als beim Typhus. Dazu kommen aber in den schwereren bzw. älteren Fällen Geschwüre, aber sie bevorzugen auch ganz besonders den Dickdarm (eventuell auch das unterste Ileum) und sitzen regellos, nicht an die Lymphfollikel oder Peyerschen Haufen gebunden, auch nicht auf markigem Grund und mit zerrissenen Rändern, sondern sind glatt, wie ausgestanzt, zumeist oberflächlicher und öfter quergestellt; so unterscheiden sich die Geschwüre auch hier von denen des Typhus. Besonders im unteren Dickdarm können die Geschwüre so zahlreich werden, daß die Schleimhaut in großem Umfange Zerstörungen aufweist und in alten Fällen ein an Ruhr sehr erinnerndes Bild entsteht. Mikroskopisch finden sich sehr große Massen Lymphozyten, Plasmazellen, größere einkernige Zellen und im Gebiet der Geschwüre Leukozyten, ferner mächtige Schleimproduktion (Becherzellen), Hyperämie, Blutungen etc. Paratyphusbazillen finden sich spärlich in der Schleimhaut. Des weiteren erkranken manchmal die mesenterialen Lymphdrüsen indem sie schwellen, aber lange nicht so regelmäßig und so hochgradig markig als beim Typhus. Auch ein Milztumor, wenn er sich überhaupt findet, ist keineswegs so ausgesprochen wie beim Typhus. Andererseits sollen auch im Paratyphus Fälle beobachtet sein, die auch anatomisch dem Typhus entsprachen. Die Regel ist dies auf jeden Fall nicht. Blutungen, Geschwürsperforationen, Thromben, Eiterungen in allen möglichen Organen, vor allem Bronchitis, Bronchopneumonien, wachsartige Muskeldegeneration evtl. mit Blutung, Leberlymphome, Nierendegenerationen, Herzdegeneration, Cholezystitis etc. finden sich beim Paratyphus — wenn auch zumeist im ganzen seltener — wie beim Typhus Zystitis und Pyelitis scheint relativ häufig zu sein. Es kommt wie beim Typhus zum Übertritt der Bazillen ins Blut — Bakteriämie —; an der Haut treten auch histologisch der entsprechenden Hautveränderung bei Typhus völlig gleichende (E. Fränkel) Roseolen auf.

Als dritte selbständige Form hat man auch durch den Paratyphusbazillus — ohne nachweisbare Darminfektion — hervorgerufene Pyelitiden, Cholezystitiden u. dgl. isolierte Einzelorganerkrankungen unterschieden.

Worauf der Unterschied in der Wirkungsweise der Bazillen in den obigen beiden unterschiedenen Hauptformen — der Gastroenteritis paratyphosa und dem Paratyphus abdominalis — beruht, ist vorläufig nicht mit Bestimmtheit zu sagen; doch gibt es Übergänge. Für die anatomischen Befunde spielt auf jeden Fall die Zeitdauer der Erkrankung eine große Rolle. Bei den ganz dem Typhus gleichenden Fällen ist auch an gleichzeitige Infektion mit Typhusbazillen, bei den der Dysenterie völlig entsprechenden auch an Doppelinfektion mit Dysenteriebazillen zu denken.

Auch Darminfektionen mit **Proteus, Bacterium enteritidis Gärtner,** und evtl. **Streptococcus lacticus** (bei Dysenterie erwähnt) können paratyphusartige Erkrankungen machen. Ausschlaggebend ist also die bakteriologische Feststellung und die gerade differentialdiagnostisch gegenüber Typhus wichtige Gruber-Widalsche Agglutinationsprobe des Blutes. Prophylaktisch zur Verhütung von Epidemien von Paratyphus ist natürlich auf die frühzeitige bakteriologische Erkennung, ebenso wie beim Typhus, da bei beiden der Mensch die Infektionsquelle für den Menschen ist, aller Nachdruck zu legen.

Paratyphusartige sonstige Erkrankungen.

Ruhr, Dysenterie.

Unter dieser Bezeichnung werden zwei verschiedene, aber Berührungspunkte aufweisende Krankheiten zusammengefaßt.

Die **Bazillenruhr** kommt in den nichttropischen Ländern vor, bei uns sporadisch oder epidemisch. Über die verschiedenen Erreger s. S. 312. Über die Darm-, besonders Dickdarmveränderungen s. S. 527 ff.

Bazillenruhr.

Die Bazillen finden sich in der veränderten Darmschleimhaut und gelangen wohl bis zu den mesenterialen Lymphdrüsen, die oft mäßig geschwollen und gerötet erscheinen, auch rufen wahrscheinlich ihre Toxine die auch bei der Bazillenruhr nicht seltenen Leberabszesse hervor, aber die Bazillen gelangen selten weiter, nur sehr selten ins Blut. Dementsprechend stellt die Ruhr zwar eine Allgemeinerkrankung mit wechselndem Fieber dar, aber die Lokalerscheinungen des Darmes — Diarrhöen (mit Schleim, Eiter, Blut), Koliken, Tenesmus — beherrschen das Bild; Erscheinungen von seiten anderer Organe treten völlig zurück. In der Niere kann es — selten — zu Glomerulonephritis kommen. Die Darmerscheinungen sind aber oft äußerst dauernd; es kommt zu chronischer Ruhr mit schwerstem Marasmus als Folgezustand und oft tödlichem Ausgang. Die Hauptansteckungsgefahr für die Bazillenruhr liegt in Dauerausscheidern.

Lokalerscheinungen.

Chronische Form.

Die schwersten Dysenterieformen machen zumeist die Shiga-Kruseschen Bazillen, zuweilen auch die Bazillen vom Flexner-Y-Typus. In Irrenanstalten treten öfters epidemisch leichtere, wenig oder nicht blutende Dysenterien auf, die durch Krusesche Pseudodiphtheriebazillen verursacht werden. Auch sonst sind diese oder ähnliche Bazillen Erreger der leichteren Ruhrfälle.

Die **Amöbenruhr,** besser vielleicht **Amöbenenteritis** (Löhlein) herrscht in den Tropen endemisch. Ihr Sitz ist ebenfalls der Dickdarm, aber mehr nach dem Cökum zu als analwärts. Zuerst entstehen auf den Faltenhöhen kleine Schleimhautnekrosen von Stecknadelkopf- bis Bohnengröße. Dann entstehen öfters tiefere Ulzerationen und Veränderungen

Amöbenruhr

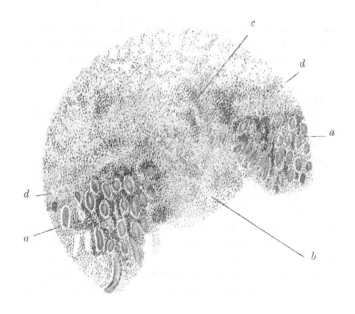

Fig. 848.
Dysenterie.
Schleimhaut bei *a*, in der Mitte in geringer Ausdehnung nekrotisch (bei *b*). In der Submukosa (*c*)
Zellansammlungen und Blutaustritte. Bei *d* Muscularis mucosae.

Fig. 849.
Dysenterie.
Nekrotische Schleimhaut. Starke Zellinfiltration bis in die Tiefe.

bis in die Submukosa hinein. Sie konfluieren auch oft; es bilden sich unregelmäßige, mit zackigen, überhängenden Rändern versehene Geschwüre. Sie können sehr dicht stehen, zum Teil schon im Narbenstadium. Die Amöben finden sich zuerst im Oberflächenepithel und rufen die nekrotisierenden Veränderungen hervor. Später finden sie sich dann an den Rändern der Ulzerationen, auch dringen sie in die tieferen Schichten ein, finden sich in der ödematösen Submukosa in der Umgebung eiteriger Bezirke, und auch zuweilen sehr zahlreich in stark erweiterten Gefäßen der Mukosa, aber auch tieferer Schichten. Öfters finden sich in den Tropen Amöben- und Bazillenruhr zusammen.

Balantidium coli scheint zuweilen im Dickdarm der Amöbenruhr ähnliche geschwürige Prozesse hervorrufen zu können. *Der Ruhr ähnliche Darmaffektionen.*

Es gibt nun aber auch Dickdarmprozesse, die der bei uns vorkommenden Ruhr sehr ähneln können, so durch Quecksilbervergiftung (besonders tiefe und ausgedehnte Veränderungen) und Urämie hervorgerufen, s. S. 531. Ferner bei Syphilis und bei Idiosynkrasie gegen Rizinusöl (v. Hansemann), zuweilen nach schweren Operationen (Laparotomien), im Rektum und der Flexura sigmoidea (Rößle). Alle diese Prozesse sind selten so ausgedehnt wie bei der echten Ruhr. Die sog. Colitis ulcerosa gehört vielleicht ins Gesamtgebiet der letzteren selbst. Ferner finden sich auch beim epidemischen Auftreten der Ruhr die verschiedenen Ruhrbazillen nur in einem gewissen Prozentsatz der Fälle. Hier ist zunächst daran zu denken, daß die Ruhrbazillen sehr schnell absterben und nur solche Fälle einwandsfrei sind, in denen das Material direkt dem Krankenbett entnommen, kulturell verimpft wird. Immerhin scheinen unter bestimmten Bedingungen — Disposition durch rohen Obstgenuß u. dgl. oder bei sehr marantischen Individuen — auch andere, sonst harmlose Darmschmarotzer, wie Proteus oder Streptococcus lacticus, vielleicht auch das Bacterium coli, leichteren katarrhalischen Ruhrformen mit kleinen Geschwüren ähnliche Enteritiden hervorrufen zu können, die zwar zum großen Teil auch ihren Sitz im Dickdarm, zuweilen aber auch im Dünndarm haben. Durch alle diese Verhältnisse ist der Begriff „Ruhr" und die Frage, ob er anatomisch-klinisch oder ätiologisch gefaßt werden soll, sehr umstritten. Zunächst ist das erstere wohl das richtige, doch wird sich bei epidemischem Auftreten dann in der Regel auch die ätiologische Seite leicht lösen lassen. Letzteres ist natürlich für prophylaktische Maßnahmen von Wichtigkeit.

Cholera asiatica.

Cholera asiatica.

Erreger der Cholera sind die Choleravibrionen (Kommabazillen s. S. 316), die sich im Darminhalt oft in sehr großen Mengen finden. Man unterscheidet bei der Cholera meist außer einem Prodromal-, bzw. Initialstadium, das wenig charakteristisch ist, ein **Stadium algidum** (bzw. asphycticum), das mit den charakteristischen, „reiswasserähnlichen", enorm häufigen Stuhlentleerungen, mit Untertemperatur, Schweißausbrüchen, Haut- und Schleimhautaustrocknungserscheinungen, Anurie, Zyanose, Herzschwäche, Muskelkrämpfen (Wadenkrämpfen), Bluteindickung (vielleicht nur peripher) einherzugehen pflegt und schon sehr häufig zum Tode führt, und das — sonst schon nach wenigen Tagen eintretende — **Choleratyphoid** (Stadium comatosum, das von anderen nur für eine Sekundärkrankheit gehalten wird), das mit Fieber, schwerer Benommenheit, oft mit Hautexanthemen, aber auch noch mit den Diarrhoen verläuft. Die meisten Symptome werden mit Einwirkung von Toxinen, besonders beim Zerfall der Vibrionen freiwerdenden, das Stadium algidum durch Einwirkung auf das Wärmeregulierungszentrum erklärt. Jochmann deutet das Choleratyphoid als Ausdruck einer infolge gesteigerten Zerfalls der Vibrionen eingetretenen Überempfindlichkeit. Lehndorff versucht die Erscheinungen des Stadium algidum mit einer toxischen, zentralen Lähmung der Vasomotoren besonders im Gebiete des Splanchnicus zu erklären; durch die so bedingte Gefäßlähmung werde die Verbreitung der Toxine im übrigen Körper gehindert, die im Choleratyphoid nach Aufhören der Zirkulationsstörung dann einträte. *Stadium algidum.* *Choleratyphoid.*

Allge-
meiner
Sektions-
befund.
Bei der äußeren Besichtigung von Choleraleichen fällt die starke Zyanose, sowie die Rigidität der Muskeln, insbesondere der Wadenmuskeln, auf; die Totenstarre tritt sehr rasch ein und bleibt sehr lange bestehen. Auffallend ist ferner oft, daß das Abdomen tief kahnförmig eingezogen ist.

Neben den Darmveränderungen ist die wichtigste Erscheinung der Cholera eine hochgradige Eindickung des Blutes. welche sich als Folge der massenhaften Flüssigkeitsentleerungen einstellt und jedenfalls an dem Entstehen der allgemeinen Erscheinungen der Erkrankung wesentlich mitbeteiligt ist. Außerdem aber handelt es sich bei letzteren um Wirkung toxischer Produkte, die von Erregern der Cholera produziert werden und durch ihre Resorption eine allgemeine Vergiftung des Körpers zur Folge haben (S. 307).

Vom übrigen Sektionsbefund sind zu erwähnen: Das Blut ist dunkel, dickflüssig und enthält nur wenige Gerinnsel, der linke Ventrikel ist meistens leer, der rechte Ventrikel und die großen Venen sind mit Blut gefüllt. Eine eigentümliche Beschaffenheit zeigen die serösen Häute (Brustfell, Bauchfell, Herzbeutel). Sie fühlen sich seifenartig an, was die Folge eines sie bedeckenden, sehr dicken, eiweißreichen, klebrigen Belages ist. Im Gegensatz zu anderen Infektionskrankheiten findet sich bei der Cholera keine eigentliche Milzschwellung, sie ist oft nur durch Stauung vergrößert, dagegen zeigen die Nieren vielfache Veränderungen, zumeist Stauung und Ödem, oft trübe Schwellung oder fettige Degeneration, seltener auch das ausgesprochene Bild der Nephritis (siehe Kap. V). Auch kommen Formen des Choleratyphoids vor, welche vorzugsweise die Erscheinungen der Nephritis und Urämie aufweisen. Ähnlich wie in der Niere finden sich parenchymatöse Dgenerationen auch in der Leber. Im Knochenmark finden sich Hyperämie und Blutungen (Stanischewskaja).

Darm-
befund.
Der Darmbefund ist am charakteristischsten. Besonders der Dünndarm (evtl. aber auch der Dickdarm, zuweilen auch erst vom unteren Ileum ab) ist „schwappend" mit dem typischen, reiswasserähnlichen, flüssigen Inhalt gefüllt. Der dünnflüssige Inhalt des Darmes kann auch durch Galle bräunlich, wenn die Vibrionen hämolytisch wirken auch dunkelrot gefärbt sein. In der Flüssigkeit flottieren häufig Membranen, die aus Schleim und evtl. nekrotischen Darmepithelien oder Rundzellen bestehen. Die Darmwandung ist durch Ödem stark verdickt und durch mächtige Gefäßfüllung (evtl. auch Mesenterium und mesenteriale Lymphdrüsen) hellrot gefärbt, die Hyperämie am stärksten im Bereich der Dünndarmzotten, besonders auch im subepithelialen Kapillargebiet. Eine Folge ist Flüssigkeitsaustritt: Ödem. Die Zotten schwellen so zu plumpen Keulenformen an (Störk), auch in das Darmlumen kommen große Mengen Flüssigkeit. Dann treten die roten Blutkörperchen aus, die Zotten sind hämorrhagisch infiltriert. Ferner kommt es zu Blutungen und zu Schleimhypersekretion. Schleimmassen lagern sich der Schleimhaut auf. Durch das Extravasat wird das Epithel gelockert und abgehoben, andererseits aber sehr reichlich neugebildet. Im Zottenstroma finden sich sehr reichlich Lymphozyten und Plasmazellen (nach Störk). Die Choleravibrionen finden sich besonders im Lumen der Krypten, aber auch in oberflächlichen Schleimhautschichten. Im Dickdarm treten die gleichen Veränderungen, nur geringeren Grades, auch kleine Nekrosen besonders des Epithels, auf. Das Bild der Darmveränderung wird also beherrscht durch die Hyperämie und toxische Schädigung der Gefäßwände wie des Epithels. Doch fehlen hier meist die Membranbildungen (vgl. auch unter „Darm").

Die Muskulatur — insbesondere der Stimmbandmuskel — zeigt (wie bei anderen Infektionskrankheiten) degenerative (besonders wachsartige Degeneration), proliferative und infiltrative Veränderungen (Störk). Als Komplikationen kommen vor allem Bronchopneumonien dazu. Da trotz allem der anatomische Sektionsbefund wenig charakteristisch ist, ist bakteriologische Ergänzung stets erforderlich. Die Mortalität der Erkrankung beträgt etwa 25—40%. Prophylaktische Choleraschutzimpfung hat gute Erfolge erzielt.

Milzbrand
Milzbrand, Anthrax.

Eingangs
pforten:
Der Erreger (s. S. 313) gelangt zum Menschen vom milzbrandkranken, auf der Weide infizierten Vieh, deshalb erkranken Leute, die mit dem Ausweiden oder mit den Tierfellen oder Haaren beschäftigt sind, wie Schäfer einerseits, Schlächter und Abdecker andererseits am relativ häufigsten. Auch Insektenstiche können die Krankheit übertragen. Sie ist im ganzen sehr selten. Als Eintrittsstellen kommt zumeist die Haut, ferner der Magendarmkanal, wo verschluckte Sporen auskeimen, und endlich wenn dasselbe mit inhalierten Sporen der Fall ist, die Lunge bei der sog. „Hadernkrankheit" in Betracht.

In der Haut entsteht, besonders am Arm oder Gesicht, zuerst die Milzbrand- *Haut,*
pustel, die dann zum erbsen- bis walnußgroßen Milzbrandkarbunkel (Pustula maligna)
wird. In der Umgebung besteht starkes, ausgedehntes Ödem. Der Karbunkel weist in der
Mitte einen trockenen, braunroten Schorf auf. Mikroskopisch besteht die Pustel aus eiterigem
Sekret, welches die Epidermis vom Papillarkörper abhebt. Der Schorf besteht aus abgestorbenem Gewebe mit Exsudatmassen. Das umgebende Gewebe zeigt starkes Ödem mit besonders perivaskulär angeordnetem Infiltrat, bestehend aus Fibrin, Leukozyten und evtl. roten
Blutkörperchen. Im Papillarkörper, besonders auch gegen das abgehobene Epithel hin
finden sich viele Milzbrandbazillen. Später nekrotisiert die Epidermis mit der benachbarten
Kutis. Seltener als die beschriebene Pustula maligna entwickelt sich auf Milzbrandinfektion
hin an der Haut nur das Milzbrandödem. Die Hautaffektion heilt narbig. Von der Haut
aus werden die regionären Lymphdrüsen infiziert. Sie sind rot, von Blutungen — besonders
nach dem Hilus zu — durchsetzt und weisen Zerfall und Nekrose von Lymphozyten mit
Auftreten von Makrophagen auf.

Der primäre Darmmilzbrand zeigt besonders im Dünndarm karbunkelartige Herde *Darm,*
mit Eiter und Schorfbildung, evtl. mit ödematösem Hof, die zu Geschwüren führen, die
zunächst braunschwarz und verschorft erscheinen, oder es besteht mehr diffuse hämorrhagisch-
nekrotisierende Entzündung. Vom Darm aus können die Bazillen die mesenterialen Lymphdrüsen infizieren. Bei der Hadernkrankheit entstehen primär in den Bronchien und
Lungenalveolen hämorrhagisch-entzündliche Herde. Die Bazillen finden sich vor allem in *Lunge.*
den Lymphwegen. Pleuritis, evtl. Mediastinitis, die durch blutig-seröses Verhalten charakteristisch sein kann (Kaufmann), und Infektion der bronchialen Lymphdrüsen kann erfolgen.
Vom Primärherd gelangen die Bazillen also meist nur mit dem Lymphstrom bis zu den Lymphdrüsen. Sie können aber auch ins Blut kommen und dann Metastasen machen, so im *Metasta-*
Magendarmkanal, oder auch bei andersweitigem Primärsitz in der Haut (sehr selten) oder *tische Af-*
fektionen.
vor allem im Gehirn, wo hämorrhagische Enzephalitis sowie Leptomeningitis
und Blutungen der Hirnhäute (hochgradige Arteriitis mit Zerreißungen) hervorgerufen
werden können. Bei letzterer besteht an den Arterien der weichen Hirnhäute eine eigenartige
Arteriitis acuta, welche von der Adventitia zur Intima fortschreitet, mit Lösung der einzelnen
Gefäßschichten und Blutungen, sowie Exsudatbildung; es finden sich große Bazillenmassen.
Dann wird meist auch Milztumor mit Bazillen gefunden.

Wundstarrkrampf, Tetanus.
Tetanus.

Der streng anaerobe Tetanusbazillus, bzw. seine Sporen finden sich in der Erde. Er
befällt den Körper, wenn unterminierte, zerfetzte Wunden, die mit Erde beschmutzt sind,
vorliegen, oder in diese beschmutzte Kleidungsstücke u. dgl. gelangen, also besonders auch
bei Granatverletzungen (s. auch S. 292).

Der Tetanus unterliegt im übrigen großen lokalen Schwankungen, die wohl besonders
mit dem verschiedenen Gehalt der Erde an Tetanusbazillen zusammenhängen, sowie periodischen Schwankungen, die mit der Witterung — Trockenheit oder Feuchtigkeit in ihrem
Einfluß auf Erdbeschmutzungen von Kleidern etc. — in Verbindung stehen können. Er
äußert sich klinisch besonders in Muskelkrämpfen unter Vorwiegen des bekannten Krampfes
der Kaumuskeln mit Kiefersperre (Trismus). Der Tetanus führt in einem großen Prozentsatz nach verschieden langer Dauer zum Tode.

Der anatomische Befund bei der Sektion ist — abgesehen von der Wunde — zumeist *Anatomi-*
äußerst gering. Es hängt dies damit zusammen, daß die Bazillen sich nur lokal entwickeln *scher*
Befund.
und ihre Toxine das Wirksame sind. Diese gelangen teils von der Verwundungsstelle — *Toxin-*
die fast ausnahmslos an Extremitäten und Rumpf liegt — den Nervenbahnen folgend, zum *aus-*
breitung.
größten Teil aber, indem sie ins Blut übergehen nun von allen möglichen peripheren Nerven
aus der Bahn dieser folgend zum Rückenmark. Hier werden besonders frühzeitig die
höher gelegenen Zentren ergriffen — so erklärt sich der Beginn mit Trismus. Die inneren
Organe werden oft besonders blutreich gefunden, im Gehirn und der Pia findet sich Ödem.

Muskeln, besonders die Bauchmuskeln, die Oberschenkelmuskulatur, das Zwerchfell etc.
zeigen oft Blutungen und Rupturen; erstere und beim Tetanus besonders der Ileopsoas
auch die ja bei sehr vielen Infektions- und Intoxikationskrankheiten auftretende wachsartige
Degeneration. Es handelt sich wenigstens bei den Zerreißungen und Blutungen z. gr. T.
wohl um Folgen intensiver Muskelkontraktionen. Die Milz ist bei reinem Tetanus nicht
vergrößert oder erweicht. Oft bestehen ausgedehnte bronchopneumonische Herde in den
Unterlappen, welche den Tod herbeiführen.

Misch-
infektionen.   Überaus häufig sind Mischinfektionen bzw. Sekundärinfektionen mit Eitererregern, dem Fränkelschen Gasbazillus, der ja unter den gleichen anaeroben Bedingungen
gedeiht, usw. Diese beherrschen dann anatomisch das Bild — z. B. Sepsis mit Milztumor
u. dgl. —; sie scheinen aber auch die Virulenz und Vermehrungsfähigkeit der Tetanusbazillen
zu steigern. Das Tetanusantitoxin ist prophylaktisch äußerst wirksam und daher bei allen
Verwundungen, die mit Erde usw. beschmutzt sind, möglichst sofort anzuwenden, bei aus-
gebrochener Erkrankung ist sein Wert kein großer.

Sog. rheu-
matischer
Tetanus.   Der sog. rheumatische Tetanus (ohne auffindbare Eingangspforte) ist vielleicht
durch Infektion von kleinsten unbeachteten Hautwunden oder von der Mundhöhle (Ton-
sillen) bzw. dem Respirationsweg her bedingt.

Gasgangrän
und malig-
nes Ödem.

Gasgangrän und malignes Ödem.

Hier handelt es sich um weitere Wundkrankheiten, indem sich diese schweren in einem
sehr großen Prozentsatz zum Tode führenden Erkrankungen an Verletzungen und auch
hier besonders vielfach zerrissene und zerquetschte in ihrer Ernährung gestörte solche —
also besonders an Granatverwundungen u. dgl. — anschließen. Die Quellen der Infektion
sind ähnliche wie beim Tetanus; auch hier werden infizierte Kleiderfetzen u. dgl. oft in den
Wunden gefunden. Wir können zunächst die beiden im Titel genannten Formen unterscheiden:
Gas-
gangrän. das Gasgangrän (Gasbrand, Gasphlegmone) ist bei weitem häufiger. Es darf nur keineswegs
alles, wo sich im Leben oder gar postmortal Gasblasen — wie dies unter den verschiedensten
Bedingungen möglich ist — finden, überhaupt in dies Kapitel gerechnet werden. Es kommt
beim Gasgangrän im Anschluß an die Verletzung zumeist von Extremitäten zunächst zu
Gasenwickelung im Unterhautzellgewebe (wo sich der Erreger zunächst vermehrt), welche
bei Berührung Knistern erzeugt. Nach dem weiteren Fortschreiten der Veränderung kann
man (Payr) zwei Hauptformen unterscheiden, eine leichtere epifasziale mit geringer Gasentwickelung und eine rapider und tiefer bzw. weiter um sich greifende muskuläre bzw.
Formen. subfasziale. Der Prozeß greift zumeist ganz schnell um sich, oft besonders bei der zweiten
Form mit sehr starker Gasentwickelung. Die Muskulatur zerfällt völlig zündrig, mikroskopisch
liegt Auflösung in Fibrillen und Scheiben vor. Auf der anderen Seite steht das weit seltenere
Malignes
Ödem. typische maligne Ödem, auf ähnliche Schußverletzungen und Infektionsmodus zurückzuführen. Hier findet sich eine sehr ausgedehnte Transsudation einer serös sanguinolenten
Flüssigkeit in die Gewebe, während eigentlich entzündliche Prozesse sehr in den Hintergrund
treten (E. Fränkel). Gasbläschen finden sich dabei in wechselnder Menge. Ergriffen ist
auch hier das Unterhautbindegewebe oder evtl. tiefere Schichten. Mikroskopisch ist die
Muskulatur auch in Fibrillen gespalten oder in klumpig schollige Massen zerfallen, andere
benachbarte Muskelgebiete sind intakt. Die Septen sind gequollen, die Gewebe mit Flüssigkeit durchsetzt. Durch Schwellung und Proliferation adventitieller und ähnlicher Zellen
kommt es auch zu umschriebenen Zellhaufen. Die Bazillen finden sich einzeln oder in dichten
Zügen besonders im Gebiet des stärksten Ödems (nach E. Fränkel). Die Erkrankung ist
ganz besonders infaust.

Das typische Gasgangrän wird hervorgerufen durch den (Welch-) Fränkelschen
Bazillus, das typische maligne Ödem durch den Kochschen malignen Ödembazillus, ferner
aber auch durch andere diesem sehr nahestehende. Es hat sich nun aber gezeigt, daß
gerade die durch Granatverletzungen hervorgerufenen schweren Gasinfektionen oft ein
klinisch und anatomisch von dem typischen Gasgangrän wie malignen Ödem etwas ab-

weichendes Bild — gewissermaßen ein gemischtes — darbieten, und als Erreger sind verschiedene neue Bazillen (von Aschoff, Conradi-Bieling, Pfeiffer und Bessau) gefunden worden, welche, in dieselbe Gruppe der Anaërobier gehörend, sich von den beiden obengenannten typischen Erregern doch wesentlich unterscheiden (besonders auch im Tierversuch). Da diese Bazillen und die durch sie hervorgerufene Erkrankung auch dem tierischen Rauschbrand nahe steht, kann man sie auch diesem vergleichen. Über die neue Einteilung Rauschbrand. aller dieser Bazillen s. S. 314. Die Vermischung des klinischen und anatomischen Bildes wird auch besonders durch die häufige Infektion mit mehreren der genannten Anaërobier bewirkt. Aschoff faßt daher die ganze Erkrankung mehr indifferent unter dem Namen Gasödem zusammen. Wie weit es sich hier um malignes Ödem (nach E. Fränkel), wie weit Zusammenfassung als um eine Zwischenform bzw. Mischform zwischen diesem und der eigentlichen Gasphlegmone, Gasödem. die demnach überhaupt nicht scharf zu trennen wären (Aschoff) handelt, unterliegt noch der Diskussion.

Bei diesen Formen kann man mit Aschoff drei Zonen unterscheiden: 1. Den Primär- Einteilung der affizierinfekt, von wo Verletzung und Infektion ausgeht, also zumeist die Umgebung des Schuß- ten Region kanals. Hier findet sich im Bindegewebe und Muskulatur Ödem mit mehr oder weniger in Zonen. Gasbildung; die Muskulatur ist schmutzig verfärbt; ist nicht sehr viel Gas gebildet. — die Gasbildung entsteht beim Absterben des Gewebes — so sieht die Muskulatur schmierig und feucht aus, überwiegt das Gas, so erscheint sie trocken zundrig, öfters wie gekocht. Benachbarte Muskelgebiete können dadurch ein ganz unterschiedliches Bild darbieten. Daneben findet sich hochgradiges Ödem sowie Zeichen von Entzündung in Gestalt von Fibrin und oft zahlreichen Leukozyten (besonders in den Interstitien), die auch die Bazillen phagozytär enthalten können. Als 2. Zone unterscheidet Aschoff eine an Breite sehr wechselnde des ausgesprochen blutigen oder hämolytischen Ödems; besonders das subkutane Fettgewebe ist hier schmutzig-rot verfärbt. Gas findet sich auch hier in wechselnder, oft noch sehr großer Menge. Das sich hieran nach außen anschließende 3. Gebiet zeigt hellgelbliches Ödem; Gas kann sich auch noch hier finden. Das Ödem folgt auch hier besonders den Bindegewebsscheiden der Muskulatur bzw. der bedeckenden Faszie. Daraus nun, daß sich in der letztgenannten Zone die erregenden Bazillen oder ihre Sporen nicht finden, muß geschlossen werden, daß die eigentliche Infektion nicht so weit reicht als es makroskopisch den Anschein hat, sondern das Ödem des äußeren Gebietes toxisch entstanden ist. Überhaupt handelt es sich im wesentlichen um eine Intoxikation, keine Sepsis; die Milz ist nicht vergrößert und beherbergt keine Bazillen. Ins Blut gelangt gehen die Bazillen meist schnell zugrunde. Der Blutfarbstoff wird verändert. Es findet sich in der Niere Hämaglobinurie. Allgemeine VerändeAuf Grund von Herzlähmung auf toxischer Basis erfolgt nach der gewöhnlichen Ansicht der rungen. Tod, während auch neuerdings degenerative Erscheinungen am Gehirnnervengewebe (Ganglienzellen zugleich mit Piaödem, Hydrocephalus internus etc.) mit Lähmung besonders des Atmungszentrums für denselben verantwortlich gemacht werden. Auch Verarmung der Nebenniere an Lipoid soll oft gefunden werden. Das Gift ist vielleicht ein durch Fermentwirkung der Bazillen aus dem Muskeleiweiß bei Zerfall der Muskulatur entstehendes Toxalbumin. Durch Mischinfektion kommt es aber auch oft zu Eiterung an dem Verwundungsgebiet und evtl. zu Sepsis.

Wesentlich anders gestaltet sich aber das Bild an der Leiche, wenn diese längere Zeit — Postmortale Bazillenbesonders warm — gelegen hat. Agonal oder besonders postmortal infolge der Verarmung verbreitung. des Blutes an Sauerstoff vermehren sich die Bazillen enorm, gelangen mit dem Blut in die inneren Organe und rufen hier, besonders in Leber, Milz etc., durch enorme Gasentwickelung, die sich in großen konfluierenden Blasen äußert, das Bild der sog. Schaumorgane hervor. Schaumorgane. Auch im Unterhautgewebe und Muskulatur erlangt der Prozeß eine enorme, über einen großen Teil des Körpers reichende Ausbildung; die ödematöse Beschaffenheit tritt gegenüber der enormen Gasbildung zurück. Ebenso wie hier sind auch bei der durch den Fränkelschen Bazillus erzeugten Gasgangrän die Schaumorgane nur postmortalen (bzw. agonalen) Ursprungs.

Malaria.

Über das Malariaplasmodium und seinen Entwickelungsgang, sowie die Übertragung durch die Anopheles etc. s. S. 341. Dort sind auch die drei Hauptformen der Malaria mit ihren etwas verschiedenen Erregern schon genannt: die Tertiana-, Quartana-Form **Formen.** und die Malaria perniciosa sive tropica. Die Erkrankung besteht in Fieberanfällen mit Kopfschmerz, Durst etc. Die Milz ist zunächst nur während des Anfalles geschwollen. Zwischen den Anfallstagen liegen bei der Tertiana je ein fieberfreier Tag, bei der Quartana deren zwei, eine quotidiana kommt auch durch doppelte Tertiana oder dreifache Quartana zustande; bei der tropischen Form sind die Anfälle unregelmäßiger verteilt, oft auch täglich. Sie tritt vor allem im Herbst und Sommer (Malaria autumno-aestivalis), die leichtere Tertiana im Frühjahr auf. Chinin ist geradezu ein Spezifikum bei der Malaria und kupiert die Anfälle meist oder verhütet sie prophylaktisch. Doch gehören zum Bild der typischen Malaria zahlreiche Rezidive, so daß die Malaria chronisch mit Kachexie verläuft.

Veränderungen der Milz, Bei der Sektion fällt die Milz meist sofort auf. Sie ist zunächst während der Anfälle stark vergrößert, zuerst weich, dann kommt es aber vor allem zu Hyperplasie des Gitterfasergerüstes der Milzpulpa; so wird die Milz sehr hart. Weicht die Krankheit, so kann die Milz abschwellen, bleibt aber derb. Da die Erkrankung meist aber chronisch bestehen bleibt, treten die Milzveränderungen dauernd immer mehr hervor und es findet sich dann bei der Sektion eine sehr große, sehr derbe, bindegewebsreiche Milz. Oft bestehen in ihr Nekrosen, oft in infarktartiger Keilform oder als Residuen solcher eingezogene Narben mit verdicktem Überzug. Ferner ist die Narbe charakteristisch, sie ist „rauchgrau“ bis grauschwarz. Dies rührt vom Pigment her, das für die Malaria charakteristisch ist. Die Malariaplasmodien **des Blutes.** befallen während des Anfalles die roten Blutkörperchen im strömenden Blut; diese leiden, sie werden im ganzen hämoglobinarm, zeigen Gestaltsveränderungen, basophile Granulationen oder Polychromasie; die von den Plasmodien befallenen gehen zumeist ganz zugrunde. So entsteht schwere Anämie; es finden sich auch kernhaltige rote Blutkörperchen (Erythroblasten) im Blut. Es werden dabei zwei verschiedene Farbstoffe frei, einmal das aus dem Zerfall der roten Blutkörperchen entstehende, eisenhaltige Pigment, das zu Hämosiderin **Pigmentbildung.** wird, sodann vor allem das von den Parasiten gebildete eisenfreie, melaninartige Pigment. Beide, besonders letzteres, wird teils frei, teils in Leukozyten aufgenommen, im Blute weiterverbreitet und von Endothelien verschiedener Organe, so besonders von den Sternzellen der Leber und Endothelien der Milz, des Knochenmarkes, evtl. auch der Nieren (Melanurie) in großen Mengen aufgenommen. In der Milz findet es sich vor allem in der Pulpa und um die Follikel in besonders großen Mengen und verleiht so dem Organ die charakteristische Farbe. Im Gehirn finden sich auch schiefergrau und dunkler pigmentierte Rindengebiete (bei der sog. Malaria perniciosa comatosa). Hier zeigen die Kapillaren ganze Ausgüsse von Plasmodien mit ihren Zerfallsprodukten; die Gefäßendothelien verhalten sich phagozytär und zeigen Degenerationen (besonders lipoide). Die Ganglienzellen etc. gehen zugrunde; es entstehen lokale Entzündungsherde; die Gliazellen wuchern (zunächst als Körnchenzellen in großen Massen perivaskulär gelegen) besonders stark und so entstehen wohl sklerotische Herde, die zum Bilde der multiplen Sklerose (s. dort) führen können (Dürck). Die Meningen über der Konvexität können Infiltrationen, selbst eiterige Meningitis, aufweisen.

Schwarzwasserfieber. Beim **Schwarzwasserfieber,** das in Afrika zum Teil als besonders schwere Malaria, zum Teil als Folge des Chiningenusses bei Malaria gedeutet wird, tritt Hämoglobinurie auf.

Febris recurrens.

Rückfallfieber, Febris recurrens.

Erreger ist die Spirochaete Obermeieri, s. S. 322. Als Überträger fungiert eine Zecke der Ornithodorus moubata. Das Weibchen saugt nachts Blut vom Menschen, die Spirochäten gelangen in deren Ovarium und so in die Eier und in die Embryonen. Auch Läuse und evtl. Wanzen sollen die Krankheit übertragen. Sie sollen ein echtes Wirtstier darstellen, in dem die Spirochäten einen Entwickelungsgang durchmachen. Die Erkrankung tritt vor allem bei Landstreichern, in Gefängnissen etc. auf, in Europa besonders im Osten.

Charakteristisch ist das Fieber, welches im ersten Anfall meist etwa eine Woche dauert, Fieber. dann nach 5—6 Tagen Pause im zweiten Anfall kürzer und so meist 3—4 Anfälle. Die Spirochäten gehen gegen Ende des Anfalles meist durch Auflösung zugrunde, Die Überlebenden rufen den neuen Anfall hervor, bis alle aufgelöst sind. Zur Zeit der vorkritischen Temperatursteigerung finden sich die Spirochäten auch in der Milz, wo sie, von Wanderzellen aufgenommen, absterben. Anatomisch findet sich ein großer, blasser Milztumor evtl. Veränderungen der
Milz. mit anämisch-nekrotischen Stellen. Die Milzfollikel sind oft gelb verfärbt und evtl. nekrotisch erweicht oder vereitert, die Pulpa zeigt Zelldegenerationen sowie gewucherte Zellen. Auch im Darm können die Lymphfollikel schwellen. Das Knochenmark kann Erweichungsherde aufweisen; die adventitiellen Zellen besonders im Mark der Diaphysen weisen zuweilen große Mengen Fett auf. Spirochäten finden sich in manchen Fällen, welche mit meningitischen Symptomen verlaufen, auch in der Lumbalflüssigkeit.

In Ägypten tritt die Krankheit mit Ikterus als sog. „biliöses Typhoid" auf (Grie- Identische
Erkran-
kungen. singer). Doch wird dies auch anders gedeutet, so von Hübener als zum Bilde der Weilschen Krankheit gehörend. In Afrika wird eine entsprechende Erkrankung mit dreitägigen Fieberperioden, das sog. „Zeckenfieber", durch die Spirochäte Duttoni hervorgerufen. In Amerika ist die Spirochaete Novyi der Erreger des dortigen Rekurrens.

Weilsche Krankheit, Icterus infectiosus.

Weilsche
Krankheit.

Es handelt sich hier um eine besonders bei Soldaten im Anschluß an baden in bestimmten Badeanstalten u. dgl. in kleinen Epidemien auftretende Erkrankung, die mit hochgradigen

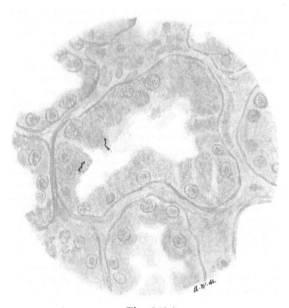

Fig. 850.
Weil'sche Krankheit.
Nierenschnitt mit 2 Exemplaren der Spirochaete nodosa.

Wadenschmerzen, Fieber, nephritischen Erscheinungen, Blutungen, oft Durchfällen und meist sehr starkem Ikterus verläuft; auch Hautausschläge (Exantheme) sind häufig; es liegt also keine Lebererkrankung, sondern eine Allgemeininfektion vor. Der Erreger ist uns jetzt in Gestalt der Spirochaete nodosa oder icterogenes (s. S. 323) bekannt. Blut von Frühfällen (1. Woche) oder Urin erzeugt bei Meerschweinchen eine der des Menschen sehr ähnliche Erkrankung. Blut und Organe des Tieres zeigen dann die Spirochaeten in größeren Mengen. Der Tierversuch ist diagnostisch sehr wichtig. Die Infektion der Menschen scheint durch kleinste Wunden der Haut bzw. Schleimhäute zu erfolgen. Miller nimmt vor allem die Nasen- und Mundrachenhöhle als Eintrittspforte, die Tonsillen als Sitz der ersten Veränderungen an. Vielleicht geschieht die Verbreitung durch infizierte Ratten mit deren Urin und Kot, wodurch besonders Badeanstalten verseucht werden könnten. Übertragung durch Stich der Hämatopota pluvialis ist auch angenommen worden, aber wohl nicht die Regel. Die Krankheit tritt zumeist im Juni—Juli—August auf. Die Mortalität beträgt etwa 10 bis 13%.

Bei der Sektion ist die Leber meist groß, intensiv gelb gefärbt. Mikroskopisch liegt kein Stauungsikterus vor, sondern offenbar ein toxisch wohl durch Schädigung der Leberzellen bedingter. Die Leberzellen zeigen diffus verteilte, allgemeine Degenerationszeichen (keine Verfettung), in späteren Fällen Regenerationsbilder in Gestalt auffallend zahlreicher, mehrkerniger Zellen und Mitosen. Das periportale Gewebe zeigt ähnliche Infiltrate, wie sie in der Niere sofort erwähnt werden sollen. Ob auch Leberveränderungen nach Art der akuten Leberatrophie mit etwaigem Ausgang in Zirrhose bei reinen Fällen von Weilscher Krankheit vorkommen, ist zweifelhaft. Die Nieren sind oft groß, grüngelb gefärbt, zuweilen mit dunkelroten Flecken an der Oberfläche. Mikroskopisch finden sich trübe Schwellung und Nekrose der Epithelien mit Gallenimbibition, Zylinder etc. und besonders am Interstitium (am meisten um die Gefäße der Mark-Rindengrenze) kleine Blutungen und herdförmige Zellhaufen, in denen (und ebenso in den hier gelegenen Kapillaren) die großen Lymphozyten vorherrschen und sich daneben Lymphozyten, Leukozyten (zum Teil auch eosino- phile), Plasmazellen und rote Blutkörperchen finden. Die Wadenmuskulatur (den klinisch hervortretenden Schmerzen entsprechend), aber auch andere Muskeln wie Pectoralis major, zeigen zumeist nur mikroskopisch auffallende Blutungen und hyalin-scholligen oder wabigen Zerfall wenn auch meist sehr verteilt. Die Milz ist sehr oft nicht wesentlich geschwollen oder weich, was mit dem meist ziemlich späten Zeitpunkt des Todes zusammenhängen kann.
Die Haut, aber auch die serösen Häute, weisen Blutungen auf, desgleichen auch sehr häufig die inneren Organe wie Lungen, Herz, Milz, Schleimhäute der oberen Luftwege, des Magendarmkanals (wo sich auch Nekrosen anschließen können), des Nierenbeckens, der Hirnhäute etc. Die Blutungen entstehen auf dem Wege der Diapedese.

In den Organen kann man die Spirochaete nodosa nachweisen, aber meist schwer, zumal sie bald aus ihnen zu verschwinden scheint. Am häufigsten findet man sie in der Leber und (offenbar auch am längsten) besonders der Niere; der Urin scheint auch besonders lange infektiös zu bleiben.

Fleckfieber, Typhus exanthematicus.

Diese bei uns ausgestorben gewesene Krankheit ist in Europa besonders noch in Rußland sowie sonst in Osteuropa heimisch. Die Mortalität ist eine mittlere, wenn aber Einwohner von Ländern, wo sie nicht vorherrscht, ergriffen werden, eine sehr hohe. Überstehen der Krankheit gewährt hohe Immunität. Als Erreger ist mit Wahrscheinlichkeit die von Da Rocha-Lima sog. Rickettsia Provazeki anzusehen. Hierüber und über die Weil-Felixsche Reaktion s. S. 312. Diese wird von einigen auch in dem Sinne gedeutet, daß der mutmaßliche Erreger in Symbiose mit einer Proteusart lebt. Als Überträger der Erkrankung ist mit Sicherheit nur die Laus bekannt. Sie infiziert sich am kranken Menschen, in ihr macht der Erreger wahrscheinlich eine Entwickelung durch; ihr Biß überträgt die Krankheit wieder auf den Menschen, wo sich die Erreger wohl im Blut verbreiten und so zu den Organen gelangen. Auf Entlausung ist daher prophylaktisch aller Nachdruck zu legen.

Der Sektionsbefund ergibt wenig Charakteristisches. Immerhin kann man in älteren Fällen eine besondere Atrophie des Fettgewebes, Trockenheit der Muskulatur, und einen merkwürdigen, schmierig-klebrigen Zustand der serösen Häute feststellen. Die Milz ist anfänglich geschwollen, wird aber bald kleiner oder klein. Die Milz wie die Leber, besonders erstere, zeigen hochgradige Braunfärbung, was auf besonders hochgradiger Phagozytose roter Blutkörperchen beruht. In den Nieren findet Hämoglobinausscheidung statt, die auch hier mit Hämosiderinablagerung verknüpft sein kann. Bronchitis und Bronchopneumonie finden sich sehr häufig, Leber, Nieren, Herzmuskel sind meist trübe. Die Muskeln, besonders die geraden Bauchmuskeln, sind sehr oft wachsartig degeneriert. Blutungen besonders an den serösen Häuten oder in Knochenmark oder sonstigen Organen kommen vor. Öfters schließt sich Gangrän von Extremitäten oder auch der Lunge, — zuweilen einer ganzen Lunge — an. Auch nekrotisierende und echte diphtherische Erkrankungen der Luftwege sowie eiterige Parotitiden sind häufige Sekundärinfektionen. So kann es auch zu Septikopyämie kommen. Auch das Ohr soll oft mit Tuben- und Mittelohrkatarrhen bzw. Eiterungen erkranken. Schwere Veränderungen zeigt natürlich die Haut in Gestalt eines typischen Hautver-
änderung.

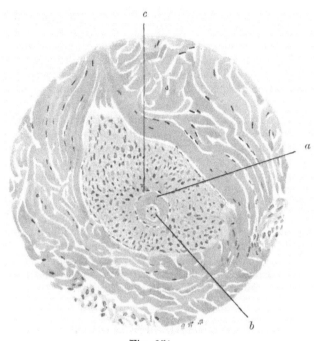

Fig. 851.
Fleckfieberoseola der Haut.

In der Niere (bei *a*) nekrotische Wand eines kleinen Gefäßes (bes. nach oben), in dessen Lumen eine kleine thrombotische Masse (*b*) liegt. Um das Gefäß gewucherte adventitielle Zellen (direkt um das Gefäß bei *c* in Nekrose übergehend).

Exanthems — an der Leiche natürlich schwerer als im Leben zu erkennen — welches das Gesicht meist frei läßt. Es ist eine reine Roseola, die petechial umgewandelt werden kann. Nur in Einzelfällen kommt es zu papulo-nekrotischer Veränderung. Auch Kehlkopfschleimhaut und Mundrachenraum können exanthematische Flecken aufweisen.

Von außerordentlicher Wichtigkeit sind die mikroskopischen, an Gefäße sich Gefäß-
verände-
rungen der
Haut, anschließenden Veränderungen, die von E. Fränkel zuerst klargelegt, ganz charakteristisch sind und die Schwere der Erkrankung erklären. Man kann von einer Systemerkrankung der kleinen Arterien sprechen, da sich der gleiche Prozeß in den verschiedensten Organen abspielt. Am wichtigsten sind zunächst die der Fleckfieberroseole zugrunde liegenden Prozesse, die bei Exzision am Lebenden die frühzeitige sichere Diagnose gestatten, ja zusammen mit der Weil-Felixschen Reaktion oft überhaupt erst ermöglichen. Es zeigen hier die kleinen Arterien bzw. Kapillaren an einzelnen Stellen Auftreibung, Abstoßung und Nekrose der Endothelien, ferner Quellung der ganzen Intima, und vor allem in einem Teil der Peripherie

Nekrose der Intima und evtl. Media. Dazu kommen hyaline oder fein granulierte Thromben, die oft nur einem Teil der Gefäßperipherie und zwar gerade dem veränderten aufliegen. Die Veränderung beginnt also endovaskulär; aber es schließen sich an die Gefäßwandschädigung an denselben Stellen sofort perivaskuläre Entzündungsherde an in Gestalt von Knötchen, die ganz besonders aus adventitiellen, gewucherten Zellen bestehen. Dazu kommen solche der Umgebung und Lymphozyten, große einkernige Elemente, evtl. (aber weniger) Plasmazellen und Leukozyten. Dadurch, daß diese Zellmassen oft nur einem Teil der Gefäßwand, da ja auch die Wundnekrose oft nur einen Teil der Peripherie betrifft, ansitzen, kommen Spindelformen u. dgl. zustande. Die feineren Veränderungen sind im übrigen je nach Hochgradigkeit und Alter der Erkrankung etwas unterschiedlich. Da man charakteristische Herde oft in etwas tieferen Schichten findet und an den erkrankten — im ganzen erweiterten — Gefäßen nur an dieser oder jener Stelle, soll man zu diagnostischen Zwecken nicht zu oberflächlich exzidieren. Bei petechialer Umwandlung finden sich besonders im Papillarkörper Anhäufungen von roten Blutkörperchen (aber erst später und lange nicht stets, da die perivaskuläre Zellanhäufung wohl den Austritt der Blutkörperchen verhindert). In späten Stadien können evtl. schon verschwundene Roseolen durch Anwendung der Staubinde wieder sichtbar gemacht und, wenn diagnostisch wichtig, noch exzidiert werden. In Endstadien scheinen die perivaskulären Zellanhäufungen Bindegewebswucherungen Platz zu machen, und in den Gefäßen selbst soll es durch denselben Vorgang zu Endarteriitis obliterans kommen.

des
Gehirns,
Die gleichen Veränderungen wie an der Haut spielen sich nun auch an anderen Organen ab; am wichtigsten ist hier das Gehirn. Die Gefäßchen zeigen das gleiche. An den perivaskulären Zellanhäufungen beteiligen sich auch Gliaabkömmlinge. Die Knötchen können sehr zahlreich sein; ein Prädilektionssitz ist anscheinend der Boden des 4. Ventrikels und die Medulla oblongata, auch die Pia ist beteiligt. Die Gehirnsubstanz selbst leidet sekundär. Die Ganglienzellen in der Umgebung der Gefäßveränderungen werden in Mitleidenschaft gezogen. Es kommt auch zu entzündlichem Hydrozephalus. Haut und Gehirn scheinen im der anderen Befallensein temporär zusammenzufallen und ebenso in den Verschiedenheiten der Schwere Organe. des einzelnen Falles. Aber die anderen Organe zeigen auch Veränderungen ihrer kleinen Gefäße ganz im gleichen Sinne, so Herz, Nieren, Hoden, Leber, Schilddrüse, Magendarmwand, periphere Nerven, Muskeln, Chorioidea. Die Schwere und Ausbreitung des Prozesses in allen Organen, besonders auch im Gehirn mit dem Einfluß auf das Organ selbst, lassen uns die Schwere der Krankheit beim Fleckfieber verstehen.

Wolhyni-
sches
Fieber.
(5 Tage-
Fieber.)

Wolhynisches Fieber.

Bei dem sog. 5 Tage-Fieber oder Wolhynischen Fieber sind anatomische Befunde im einzelnen nicht bekannt. Es treten auch hier Hautveränderungen, darunter Roseolen, auf. Mikroskopisch sollen sich dabei Hyperämie der Arteriolen der Kutis mit Lymphozytenansammlungen und vereinzelten Leukozyten um die Arteriolen, Ödem und Quellung der Bindegewebszellen finden, also rein entzündlich-exsudative Prozesse, völlig anders als beim Fleckfieber. Eine der Rickettsia des Fleckfiebers ähnliche Rickettsia quintana ist in ihrer ätiologischen Bedeutung sehr fraglich; Läuse sollen auch hier als Überträger dienen. Die Stellung des Wolhynischen Fiebers ist noch in jedem Punkte unsicher. Man hält es auch für milde Abortivformen von Rekurrens (Koch).

Gelbfieber.

Gelbfieber (und Kedani).

Diese Erkrankung tritt besonders in Mittel- und Südamerika sowie an der Westküste Afrikas auf und besteht zunächst in hohem Fieber mit Kopfschmerzen etc. sowie hochgradiger Hyperämie besonders des Gesichts. Nach 3—4 Tagen tritt Ikterus auf; es werden erst gallige dann dunklere Massen gebrochen. Am 6.—10. Tag tritt meist der Tod ein. Anatomisch findet sich vor: Verfettung und Nekrose in der intermediären Zone der

Leberazini, ferner Magen- und Darmblutungen (evtl. auch Hämorrhagien an anderen Schleimhäuten); im Magen ist daher kaffeesatzähnlicher Inhalt vorhanden (Da Rocha Lima). Der unbekannte Erreger scheint in den drei ersten Tagen im Blute zu kreisen; er scheint besonders klein zu sein und passiert Berkefeld- und Chamberlandfilter. Überträger ist eine Mücke — die Stegomyia calopus — in der der Erreger offenbar einen — 12 tägigen — Entwickelungsgang durchmacht. Die Infektion geht fast nur nachts von statten, da die Mücken zu einer Zeit, da das Virus in ihnen schon infektionstüchtig ist, fast nur noch nachts Menschen stechen.

Kedani (s. auch unter dem Überträger der Erkrankung, der Kedanimilbe) ist eine fieberhafte Erkrankung, welche sich in Japan im Anschluß an ein kleines Geschwür entwickelt, welches besonders in der Achselhöhle, an den Genitalien oder in der Leistengegend durch die Kedanimilbe als Überträger eines unbekannten Virus gesetzt wird und mit Lymphadenitis einhergeht. Die Mortalität beträgt etwa 30%.

Leber- und Magen-Darmveränderungen.

Kedani.

Papatacifieber (und Denguefieber).

Papatacifieber.

Ersteres tritt in den Gebieten um das Mittelmeer, besonders in der Türkei auf, auch in epidemischer Form. Der Erreger ist unbekannt, Überträger ist Phlebotomus papataci, die Sandfliege, in der der Erreger offenbar sich entwickelt und deren Stiche sich bei den Kranken besonders an Hand und Arm finden. Die Erkrankung setzt plötzlich ein mit starken Kopfschmerzen, Wadenschmerzen, Fieber, absoluter Apathie und Niedergeschlagenheit. Oft ist die Augenbindehaut besonders in der Lidspalte stark gerötet. Häufig bestehen Magen-Darmstörungen. Schon spätestens am zweiten Tag hört der Zustand, am dritten meist schon das Fieber auf, aber die Rekonvaleszenz dauert oft auffallend lange. Doch treten häufig (nach Tagen bis Wochen) — öfters mehrfache — Rückfälle auf. Die Krankheit ist im ganzen völlig harmlos. Ihr Hauptsymptom objektiv ist die Konjunktivitis besonders der Übergangsfalten, an der Haut finden sich gewöhnlich Röte und Roseolen, besonders am Rücken (Zlocisti). Es besteht leichte Angina. Wichtig ist die sehr plötzlich einsetzende und meist wieder bald verschwindende Leukopenie — besonders der eosinophilen Leukozyten, die überhaupt fast ganz verschwinden — mit Lymphozytose. Über andere anatomische Veränderungen ist nichts bekannt.

Klinisch ähnlich ist das in zahlreichen tropischen und subtropischen Ländern vorkommende mit Hautausschlag und Gelenkschmerzen einhergehende **Denguefieber**. Es dauert aber länger (bis über eine Woche). — Als Überträger wird eine Moskitoart — Culex fatigans — angenommen.

Denguefieber.

Pest.

Pest.

Über den Pestbazillus und die für die Pestepidemien höchst wichtigen Rattenerkrankungen an Pest s. S. 313. Die Pest stellt eine fieberhafte Allgemeinerkrankung dar, die schnell töten kann. Sie herrscht vor allem epidemisch bzw. endemisch in Indien und China. Die Bazillen werden von Menschen oder Ratten mit Exkrementen, Urin etc. entleert, halten sich lange trocken und infizieren so. Minimale Hautläsionen dienen zumeist als Eingangspforte, die nächst gelegenen Lymphdrüsen erkranken — **Bubonenpest**. Ähnlich können auch Schleimhäute der oberen Luftwege und wohl auch des Magendarmkanals primär ergriffen werden, bzw. als Infektionsort dienen. Oder die Erreger werden eingeatmet — **Lungenpest** — die zumeist schnell tödlich und sehr infektiös ist. Evtl. finden sich die beiden Hauptformen zusammen.

Bubonenpest.

Lungenpest.

Bei der Bubonenpest entsteht die Pestpustel, eine hämorrhagisch-furunkelartige Hautveränderung, von hier aus (oder auch ohne Hautaffektion) erkranken die benachbarten Lymphdrüsen, je nachdem der Hals-, Achsel-, Inguinalgegend usw. Sie werden durch Blutungen dunkelrot; es besteht starkes Ödem, Zellhyperplasie und zentral beginnende Nekrosen. Auch die Kapseln der Lymphdrüsen und ihre Umgebung sind mit Leukozyten

Veränderungen bei der Bubonenpest.

und roten Blutkörperchen durchsetzt. Die Bazillen vermehren sich vor allem in den Lymphdrüsen sehr stark. Die so stark vergrößerten Lymphdrüsen werden dann zum größten
Teil nekrotisch bezw. vereitern; sie brechen dann auf. Nekrotisierende und eiterige Herde
entstehen auch in der Mundrachenhöhle; Pestbronchitis soll häufig sein.

Veränderungen bei der Lungenpest. Die zweite Form, die **Lungenpest,** ist seltener. Sie stellt eine schlaffe, konfluierende
Pneumonie in Gestalt eines aus roten Blutkörperchen, Leukozyten, Fibrin und geblähten
Alveolarepithelien bestehenden Infiltrates mit ödematöser Umgebung dar. Überwiegen
gangränöse, mit Blutungen einhergehende Prozesse, so können dunkle, zerstörte Lungen-
massen ausgehustet werden — „schwarzer Tod" des Mittelalters. Bazillen finden sich
auch. Die Lunge kann auch sekundär nach einer Pestaffektion der Mundrachenhöhle
erkranken.

Bakteriämie. Besonders bei der Bubonenpest kommt es auch zum Übertritt der Bazillen ins
Blut. Die Milz ist groß und dunkelrot, weist evtl. Nekrosen, besonders der Gefäßwände
auf, und kann dann „chagriniert" erscheinen. Leber und Nieren zeigen Degenerationen.
Im Knochenmark finden sich nekrotische Herde mit Fibrin, Hyperämie und Blutungen,
sowie oft große Mengen von Pestbazillen. Die Lungen können auch sekundär metastatisch
ergriffen sein. In allen diesen Organen können sich bei der Pestsepsis auch Eiterungen entwickeln. Hier spielen evtl. auch Mischinfektionen eine Rolle.

Pocken.

Pocken, Variola.

Die Pocken stellen eine schwere, akute, fieberhafte, kontagiöse Allgemeinerkrankung
dar, die, obwohl der Erreger nicht mit Sicherheit bekannt ist, dank der gesetzlich durch-
geführten Impfung (s. S. 347) bei uns fast verschwunden ist. Schon das Prodromalstadium
setzt öfters mit hohem Fieber und scharlachartigem Exanthem ein. Dann (nach etwa
3 Tagen) kommt es, zunächst und besonders am Kopf und Gesicht, später über den ganzen
Haut-efflores-zenzen. Körper, zu den typischen Pockeneffloreszenzen der Haut, d. h. zunächst roten, derben,
etwa miliaren Knötchen mit hyperämischer Randzone, aus denen sich dann Bläschen mit
zentraler Delle entwickeln, die nach einigen Tagen vereitern und so Pusteln bilden. Mikroskopisch sieht man, daß sich diese Bildung in der Epidermis durch Aufquellung mit Trübung
und dann Koagulationsnekrose der Zellen des Rete Malpighi mit zunächst wässeriger Exsudation entwickelt hat; so kommt es zum mehrkämmerigen Bläschen, indem Zwischenleisten
aus nekrotischen Massen oder stehengebliebenen Epithelien bestehend gebildet werden.
Tritt dann die Eiterung ein, so werden diese Leisten weggeschmolzen und es entsteht die
einkammerige Pustel. Ihre Umgebung wird rot und sehr stark ödematös gedunsen, besonders stark oft im Gesicht. Die Pusteln platzen und trocknen dann unter Borken- oder Krusten-
bildung ein. Heilt der Prozeß ab, so kommt es zumeist zu zahlreichen kleinen, leicht eingesunkenen, glänzenden, weißen Narben, besonders im Gesicht. Nur wenn die Papillen verschont geblieben, heilen die Effloreszenzen mit leicht bräunlichen Flecken, aber ohne Narben
ab. Auch die Mundschleimhaut kann ergriffen sein, ebenso Ösophagus, eventuell auch das
Rektum.

Hämor-rhagische Pocken. Unter den atypischen Formen sind die von vorneherein oder nach dem Bläschenstadium
hämorrhagisch werdenden, die sog. „schwarzen Pocken" zu nennen. Treten diese in Form
großer Blutungen in Haut und inneren Organen auf, so erfolgt meist schnell der Tod. Zugleich
bestehen Blutungen an den serösen Häuten, im Knochenmark, Respirations- und Urogenital-
system etc., dagegen kaum Pusteln u. dgl. Der Tod tritt zu schnell ein. Von Allgemeinveränderungen finden sich Degenerationen in Herz, Leber, Nieren usw., im Knochenmark
Ödem, Nekrosen, evtl. Blutungen, auch in den weiblichen Geschlechtsorganen und anderen
Organen Blutungen. Auch Osteomyelitiden sind bekannt. Im Larynx und der Luftröhre
entstehen pseudomembranöse Entzündungen oder kleine Nekrosen oder Eiterherde; so bilden
sich hier Geschwüre. Die Lunge kann bronchopneumonische Herde aufweisen. Die Milz
ist im allgemeinen nicht vergrößert.

Es wird angenommen, daß die Infektion mit dem Pockenvirus den Körper in der Infektions-art. Schleimhaut der oberen Luftwege befällt, wo sich denen der Haut entsprechende Effloreszenzen finden. Und zwar soll der Virus auch vor allem aus diesen Organen, erst in zweiter Linie aus den Hautpusteln durch Platzen dieser, frei werden und im ersten Fall auf dem Wege der Tröpfeninfektion, im zweiten vor allem durch Eintrocknung, Verstäubung und Einatmung infizieren. Über das mutmaßliche Pockenvirus und die diagnostisch wichtigen, charakteristischen Guarnierischen Körperchen s. S. 324.

Diagnostisch soll die sog. Paulsche Reaktion wertvoll sein. Bei Impfung von Variola- Paulsche Reaktion. material auf die Kaninchenkornea entstehen nach 36—48 Stunden kleine Erhebungen, die bei kurzer Fixierung der Hornhaut in Sublimatalkohol, wenn es sich in der Tat um Pocken- material handelte, als kreideweiße (weißopake) Knötchen zutage treten; sie beruhen auf lebhafter Epithelproliferation.

Variolois sind — besonders bei Geimpften — ganz leicht verlaufende Pocken. Hier Variolois. trocknen die Bläschen vor der Eiterung ein.

Die **Kuhpocke** entspricht den menschlichen Pocken. Kuhpocke.

Varizellen. Windpocken, sind eine leichte Kinderkrankheit, bei welcher bis höchstens Varizellen. erbsengroße Bläschen der Haut mit klarem Inhalt, in den obersten Epithelschichten gebildet, auftreten, die dann schnell eintrocknen. Bei Ausstrichen sollen sich zahlreiche Riesenzellen finden, die bei Pocken meist vermißt werden (Paschen).

Anhang.

Die wichtigsten Maß- und Gewichtsangaben.

Durchschnittsgewichte der Organe normaler, erwachsener Individuen.
(Die Zahlen sind abgerundet; beim weiblichen Geschlecht sind die Gewichte durchschnittlich
etwas geringer und nähern sich mehr der niedrigeren hier angegebenen Zahl, beim männlichen Geschlecht nähern sie sich mehr der höheren Zahl.)

Gehirn	1200—1400 g
Herz	250—350 ,,
Lungen. Linke L.	325— 480 ,,
Rechte L.	350— 570 ,,
Milz	150— 250 ,,
Leber	1400—1600 ,,

Nieren (zusammen) 300 (die linke Niere ist um einige Gramm
schwerer als die rechte).

Durchschnittsmaße am (reifen) Neugeborenen.

Länge	50 cm

Gewicht. Männlich: 3250. Weiblich: 3000

Kopfdurchmesser: kleiner querer	8 ,,
,, großer querer	9,25 ,,
,, fronto-okzipitaler	12 ,,
Schädelumfang	34 ,,
Große Fontanelle: Länge	2—2,5 ,,
Länge der Nabelschnur	51 ,,

Durchmesser des Knochenkernes in der unteren
Femurepiphyse (nicht ganz konstant) . . . . 5 mm

Altersbestimmung der Frucht nach ihrer Länge.

Für die ersten 5 Schwangerschaftsmonate ist die Länge der Frucht gleich dem Quadrat
der Monatszahl. Es ergibt sich also die Reihe:

1×1, also Länge im 1. Monat 1 cm
2×2, ,, ,, ,, 2. ,,   4 ,,
3×3, ,, ,, ,, 3. ,,   9 ,,
4×4, ,, ,, ,, 4. ,,   16 ,,
5×5, ,, ,, ,, 5. ,,   25 ,,

Für die 5 letzten Schwangerschaftsmonate ergibt die Länge des Fötus dividiert durch
5 die Monatszahl; z. B. Länge 30 cm, also Alter: 6 Monate.

Alphabetisches Sachregister.

668. — Apoplexie (s. a. diese) 671. — Arteriitis syphilitica 703. — Atrophie 665, senile 666. — Zerebrospinalmeningitis, epidemische 695, 696. — Druckverhältnisse 675. — Durahämatom 705. — Duratuberkulose 706. — Duratumoren 706. — Entzündungen (s. a. Encephalitis) 675. — Ependymitis granulosa und Ependymtuberkel 683, 691. — Erschütterung 687. — Erweichung 40, 668. — Gehirnpurpura 678. — Gewicht, s. Anhang. — Gliome 685. — Hirnhaut, harte 704, weiche 694, Blutungen 690. — Hydrocephalus congenitus 690, erworbener 691, externus, entzündlicher 691, e vacuo 666, 692. — Hypophysis 828. — Hypoplasie 650. — Kinderlähmung (zerebrale Form) 678. — Kleinhirnwinkelbrückentumoren 708. — Konglomerattuberkulose 683. — Leptomeningitis 694, profunda, superficialis 697, 698. — Lymphzirkulationsstörungen 674. — Lyssa 667. — Meningealblutungen und -hämatome 705. — Meningealtumoren 706. — Meningitis chronica 697, eitrige 695 (metastatische 696), ossificans 698, serosa 694, syphilitica 701, tuberculosa 683, 699 (Ausgang 700). — Meningoencephalitis chronica 698, syphilitica 703. — Ödem 675. — Pacchionische Granulationen 699. — Pachymeningitis 704, carcinomatosa 706, cervicalis hypertrophica 706, externa 706, firbosa productiva 708, haemorrhagica interna 704, ossificans 706, purulenta 704, syphilitica 706. — Parasiten, tierische 686. — Plaques jaunes 698. — Pseudotumoren 686. — Quetschung (Kontusion) 687. — Resorptionstuberkel 683. — Sinusthrombose 704. — Solitärtuberkel 683. — Stauungs-Hydrocephalus internus 691. — Syphilis congenita 684, 703. — Tela chorioidea und Plexus, Corpora amylacea, Entzündungen, Kalkkörner, Tumoren 692. — Thrombophlebitis der Hirnsinus 704. — Tuberkulose 683, disseminierte 683. — Tumoren 684. — Ventrikel 690. — Ventrikelblutungen 692. — Verletzungen 687.

Gelbes Fieber 324, 562, 874.

Gelenke 739. — Anatomie, normale 739. — Ankylosen 746. — Arthritis 740, acuta (Ätiologie 740), adhaesiva 740, 742, chronica ohne Exsudationsprozesse 741 (Ätiologie 743), neuropathische Formen 743, deformans 742 (Histologie 742), fibrinosa 740, pauperum 742, purulenta 740 (chronica 741), rheumatica chronica 742, serofibrinosa 740 (chronica 741), serosa chronica 741, syphilitica 745, tuberculosa (s. a. diese) 743, ulcerosa sicca 742, urica 743. — Arthrocace 744. — Arthropathie tabétique 743. — asbestartige Degeneration des Knorpels 739. — Auffaserung des Knorpels 739. — Blutungen 740. — Caries sicca 744. — Chiragra 743. — Chondromalazie 739. — Corpora oryzoidea 744, 747. — Diarthrosen 739. — Distorsionen 746. — Entzündungen 740. — fettige Degeneration der Knorpelzellen 739. — Fistelgänge, tuberkulöse 745. — Fungus 743. — Ganglien 746. — Gelenkkörper, freie (Gelenkmäuse) 745. — Granulationen, infektiöse 743. — Hämarthrose 740. — Hydarthros acutus 740, 741, chronicus 741. — Hyperämie 740. — Knorpelveränderungen 739, Amyloiddegeneration 739, Karies 740, fibröse Umwandlung, Kalkablagerungen, Metaplasien 739, Nekrose 740, regressive Prozesse 739, Uratablagerungen 739, 743, Usuren, Verkalkung, Verknöcherung 739, 740. — Knorpelverletzungen 747. — Kongestionsabscesse 745. — Kontrakturen 746. — Kontusionen

741. — Lipoma arborescens 745. — Luxationen 746. — Malum senile 742. — Miliartuberkulose der Synovialis 743. — Ochronose 739. — Panarthritis 740. — Pigmentablagerungen 739. — Podagra 743. — Polyarthritis acuta 741. — Spondylitis ankylopoetica 742, 746, deformans 746. — Spontanluxationen 747. — Subluxationen 746. — Synarthrosen (Syndesmosen, Synchondrosen) 739. — Synovialis 739, 740. — Synovitis 739, granulosa 744, pannosa 740 (tuberculosa 743), serosa 740. — Tumor albus 744. — Tumoren 745. — Überbeine 746. — Verletzungen 746. — Zirkulationsstörungen 740.

Genitalien, männliche 809. — Anatomie, normale 809. — Anomalien, angeborene 809. — Anorchie 810. — Cowpersche Drüsen 821. — Epispadie 810. — Hoden 809, Entwickelungsstörungen, Hypoplasie 810, Lageveränderungen 810. — Hypospadie 810. — Kryptorchismus 810. — Mikrorhie 810. — Monorchie 810. — Nebenhoden 811, Anomalien 811. — Penis 810, 821. — Penisfistel, kongenitale 810. — Phimose, angeborene 811. — Processus vaginalis peritonei, mangelhafter Abschluß 810. — Prostata 817. — Pseudohermaphroditismus externus 810. — Samenbläschen und Ductus ejaculatoi ii 810, 821. — Samenleiter 810. — Samenstrang 810, 814. — Scheidenhaut 811. — Skrotum 821. — Vas deferens 811.

Genitalien, weibliche, Anomalien, angeborene 758. — Aplasie 759. — Atresia ani vaginalis 760, vaginae hymenalis 760. — Atresie 760. — äußere 793, Entwickelungsfehler 283. — Bildungshemmung 758. — Brustdrüse 805. — Doppelmißbildungen 759. — Endometrium 778. — Frucht und Fruchthüllen bei Partus praematurus (immaturus) 802. — Gravidität 795. — Hypophyse und 829. — Hypoplasie 759. — Menstruation 778. — Ovarien 760, angeborene Anomalien 760. — Puerperalinfektionen 795, 803. — Tuben, angeborene Anomalien 760. — Uterus 775, arcuatus 759, bicornis solidus 759 (unicollis 759), bilocularis 760, didelphys. 759, duplex bicornis 759 (separatus c. vagina separata 759), rudimentarius excavatus 759, septus duplex 760, unicornis 759. — Tuben 771. — Vagina 793, angeborene Anomalien 760. — Vulva 795.

Genu varum und valgum 752.

Gerinnsel, agonale und postmortale 11. — vitale 26.

Gerinnung 26.

Gerinnungszentren 29.

Geschlechtsdrüsen (s. a. Genitalien), Sekretion, innere 377.

Geschwülste, s. Tumoren.

Geschwulstembolie 43.

Geschwulstthrombose 34.

Geschwüre 135, 138 (s. a. Ulcera), des Knochens 725. — tuberkulöse 157. — Verlauf und Heilung 139.

Gesichtsspalten 279.

Gewebsflüssigkeit 45.

Gewebsmißbildungen 285. — Differenzierungsvorgänge, heteroplastische 286, hyperplastische 286, hypoplastische 285. — Tumoren und 287.

Gewichtsangaben, wichtige, s. Anhang.

Gibbus 732.

Gicht 373, 600, 743.

Gifte (s. a. Vergiftungen) 297. — Einteilung 298. — Eintrittspforten 298. — Wirkung 298.

Gingivitis 494, 495.

rote 669. — Gehirnhypoplasie 650. — Gehirnnerven, motorische 657, sekundäre Degenerationen 653, sensible 657. — Gehirnödem 674. Kennzeichen und Pathogenese 674. — Gowersches Bündel 658. — Guddensche Atrophie 654. — hernienartige Umstülpungen 649. — Hüllen des Zentralnervensystems 694. — Hydrocephalocele (-myelocele) 650. — Hydrocephalus externus und internus 690, e vacuo 692. — Hydromeningocele 650. — Hydromyelie 674. — Hydromyelus 650. — Hypoplasie (Agenesie) von Hirnlappen und Windungen 650. — Idiotie 650. — Kleinhirnseitenstrangbahn 658. — Kommissurenbahnen 659. — Kompression (Kontusion, Erschütterung) 687, 688. — Körnchenzellen (-kugeln) 651. — Kretinisumus 650. — Landrysche Paralyse 679. — Lateralsklerose, amyotrophische 662. — Lyssa 667. — Meningitis (s. a. diese) tuberculosa 690. — Mikrocephalie 650. — Mikrogyrie 650. — Mikromyelie 650. — motorisches System 655. — Muskelatrophie, progressive 661, progressive spinale 661. — Muskeldystrophien 661. — Myelitis (s. a. diese) 675. — Myelocele 650. — Myelomeningocele 650. — Negrische Körperchen 667. — Nekrobiose von Nervenelementen 651, der Nervenfasern 652. — Paralysis progressiva 666. — periphere Nerven (s. Nerven) 706. — Porencephalie 650. — postsyphilitische (meta-, parasyphilitische) Erkrankungen 684. — Purpura 678. — Pyramidenbahnen 655, sekundäre Degeneration 656. — Regeneration 687. — Rückenmark, Blutungen 674, Erweichungen 670, Mißbildungen 650, Ödem 675. — Schädelsynostose, prämature 650. — Schleife 658. — Schnitt- und Stichverletzungen 687. — sensibles System 657, sekundäre Degenerationen 660. — Sklerose, diffuse 681, multiple, 681, tuberöse 681. — Spinalparalyse, spastische 662, sekundäre, der Leitungsbahnen 655. — Syphilis 684. — Systemerkrankungen, kombinierte 665, primäre, im motorischen System 661, im sensiblen System 662. — Tabes dorsalis 662. — Tigrolyse 652. — Tuberkulose 683. — Tumoren 684. — Wallersches Gesetz 654. — Wundheilung 124, 687.

Neugeborene, Maß- und Gewichtsangaben, s. Anhang.

Neuritis degenerativa 707.

Neuroblastoma malignum 200, 828.

Neurofibrome 201.

Neurom 200.

Neurosarkome 200.

Neutralverfettung 61.

Niere 592. — Ablagerungen 599. — Abszesse 631. — Adenome, papilläre 596. — Albuminurie 601. — Amyloiddegeneration 602, 635. — Anämie 598. — Anatomie 592. — Anomalien, angeborene 595. — Aplasie 595. — Atrophien 601. — Bakteriurie 630. — bewegliche 596. — Bilirubininfarkt 600. — Blutungen 599. — Diabetes mellitus, Nekrosen 604, Entzündungen, nichteitrige 604, Pathogenese 604. — Epithelnekrosen, toxische 606. — Fettinfarkte 601. — Gallenfarbstoffdurchtränkung und -ablagerung 600. — Gewebsmißbildungen in der 595. — Gewicht, s. Anhang. — Gichtnekrosen 600, 604. — Glomerulonephritis 607; akute 608, subakute 611, chronische 615. — Glykogendegeneration 603. — Granularatrophie, genuine 626, sekundäre 621. — Grawitzsche Tumoren 635. — große bunte, rote und weiße (gelbe) 615. — Hämoglobininfarkte 600. — Harnsäureinfarkt 600. — Harnzylinder 611. —

Herdnephritis, embolische 621. — Hufeisenniere 595. — Hyalindegeneration 604. — Hyalinzylinder 601, 606. — Hydronephrose 629, 637. — Hyperämie, aktive 599. — Hypernephrome 635. — Hypoplasie 595. — Hypertrophie, vikariierende 595. — Induration, zyanotische 599, mit Ausgang in Schrumpfniere 599. — Infarkte 598, septische 630. — Kalkinfarkte 600. — Konkrementinfarkte 600. — Markfibrome 598. — Methämoglobinurie 600. — Morbus Brightii 604. — Narbenniere, embolische 599, 635. — Nebennierenkeime, versprengte 595, 635. — Nephritis (s. a. diese) 607, acuta 608, chronica 615. eitrige 630, exsudativ-lymphozytäre 622, papillaris desquamativa 632. — Nephrodystrophie 605, — Nephrolithiasis 638. — Nierenbecken und Ureter 637. — Ödem 599. — Parasiten 637. — Pyelenephritis 630, tuberculosa 632. — Pyonephrose 630. — Regeneration 602. — Renculi-Persistenz 595. — Schrumpfniere, amyloide 603, arteriosklerotische 622, arteriolosklerotische 624, embolische 599, genuine 626, granulierte (glatte, 618, 626, hydronephrotische 630, tuberkulöse 633) — Sekretionsstörungen 599. — Stauung 599- — Syphilis 634. — Tuberkulose 632. — Tumoren 635. — Uratablagerung 600. — Ureterverdoppelung 595. — Verfettung 602, 606. — Zirkulationsstörungen 598. — Zysten- 598. — Zystenbildung 596.

Nierenbecken, Blutungen 637. — Konkremente 638. — Mißbildungen 637. — Pyelitis 638. — Tumoren 638.

Noma 495, 834.

Normoblasten 384.

Nosologie 3.

Oberflächenpapillome des Ovariums 768.

Oberhautfelderung 830.

Ochronose 77. — in Gelenken 739.

Ödem 46. — akutes purulentes 138. — entzündliches 107. — kollaterales 47. — marantisches (seniles) 48. — der Muskulatur 756. — flüchtiges (fugax) 48, 832. — malignes 868. — Bazillen 363. — Stauungs- 17.

Ödemsklerose 65.

Odontome 195, 499.

Oidium albicans 318.

Oligozythämie 385.

Omphalocephalie 277.

Onychogryphosis 105, 851.

Onychomykosis 851.

Oophoritis acuta 763. — chronica 764. — degenerativa 763. — puerperalis 804. — purulenta 763.

Ophthalmoreaktion 349.

Opsonine 347.

Opticusgliome 708.

Orchitis 812, 858. — acuta 812. — chronica 812, Ätiologie 812. — fibrosa 812. — purulenta 812. — syphilitica 816.

Organisation 7, 92, 127.

Orientbeule 324, 844.

Ornithodorus monbata 870.

Ösophagus 501. — Anomalien, angeborene 501. — Divertikel auf Grund angeborener Anomalie 502. — Entzündungen 501. — Erweichung 501. — Erweiterungen 502. — Leukoplakie 503. — Narben 502. — Nekrosen 502. — Perforation 501. — phlegmonöse Prozesse 501. — Pulsionsdivertike

902   Alphabetisches Sachregister.